植物3.2万名前大辞典

日外アソシエーツ

A Name Dictionary of 32,000 Plants

Compiled by

Nichigai Associates, Inc.

© 2008 by Nichigai Associates, Inc.

Printed in Japan

本書はディジタルデータでご利用いただくことができます。詳細はお問い合わせください。

●編集担当● 星野 裕／児山 政彦
装 丁：浅海 亜矢子

刊行にあたって

　日本は狭い国土に比して植物相が豊かで、実に7,000種類以上の植物が生育している。しかし開発や採取などの影響で、全体の4分の1が絶滅の危機に直面していると言われている。また地球上の半分以上の植物が、2100年までに姿を消してしまうという予測もある。ただ日本では古来、詩歌・食文化・ことわざから、住居の材料や衣類の材料・染料に至るまで、生活の様々な局面で人々と植物は密接に結びついている。将来にわたっても、日本人の植物への愛着は変わることはないだろう。

　そうした文化的背景もあって、書店や図書館では多種多様な植物図鑑・植物事典が並んでいる。分野や種類を絞った小さな草花の事典から、様々な種類の花・植物を取り上げた何冊にもわたる大部な図鑑まで、色々な書籍が刊行されている。

　しかし実際に植物について調べようとすると、小型の専門的な事典類は目的の植物が収載されていない可能性があり、また分野別・種類別に分けられていることも多く、植物の基本的な情報を知らないと調べることが難しい。何巻にもわたる大きな図鑑であれば目的の植物が載っている可能性が高いが、これは調査に時間がかかってしまう。多数の植物が掲載されていて、予備知識なしに五十音順で引くことができる簡便なツールが必要となる所以である。

　本書は見出し数32,000という国内最大規模の収録数を誇る「植物の名前」辞典である。本格的な研究調査を始める前の「基礎調査」に役立つよう、学名・英名、科名、正式名・別名、分布

といった、最低限必要な情報を記載した。本書だけでも植物の概略が分かるので、この一冊で調査が完了することもあるかもしれない。また本書で"あたり"を付けておいて、さらに詳しい図鑑・事典を参照する、という使い方もできるだろう。

　なお目的の植物がどの植物図鑑にどんな見出しで掲載されているのかを調べるツールとして「植物レファレンス事典」(2004年1月刊)がある。併せてご利用いただきたい。

　本書が、植物の調査・研究の一助となることを願ってやまない。

　2008年5月

　　　　　　　　　　　　　　　　　　　　日外アソシエーツ

凡　　例

1．本書の内容

　　本書は、植物を名前の五十音順に並べた辞典である。見出しとしての植物名の他、漢字表記、学名、科名、正式名、大きさ、形状など、植物の特定に必要な情報を簡便に記載したものである。

2．収録対象

　　国内の代表的な図鑑・百科事典に掲載されている植物32,000件を収録した。

3．記載事項

〈例〉

　　ハナミズキ　花水木　〈*Cornus florida* L.〉　ミズキ科の落葉高木。別名アメリカヤマボウシ。高さは4〜10m。花は白色。樹皮は赤褐色ないし黒っぽい色。薬用植物。園芸植物。

(1) 植物名見出し

　　一般的な名称を見出しとして採用し、カナ読みを示した。漢字表記がある場合は、カナ読みの後に示した。見出しと異なる別名等は適宜、別見出しとして立てた。

(2) 排列

　1) 見出しの五十音順に排列した。
　2) 濁音・半濁音は清音扱いとし、ヂ→ジ、ヅ→ズとした。また拗促音は直音扱いとし、長音（音引き）は無視した。

(3) 記述

　　見出しとした植物に関する記述の内容と順序は以下の通りである。

　　　　　〈学名　または　英名〉　解説

1) 学名（英名）

　可能な限り学名を示した。学名が不明の場合は英名を示した。

2) 解説

　植物を同定するための情報して、科名、植物の種類及び生活形、別名、形式、形状、分布地などを示した。また解説末尾には、出典などにより明らかな場合に限り「高山植物」「熱帯植物」「薬用植物」「園芸植物」などの種別を示した。

植物3.2万 名前大辞典

【ア】

アアソウカイ 亜阿相界 パキポディウム・ジェエイの別名。

アイ 藍 〈*Persicaria tinctoria* (Lour.) H. Gross〉タデ科の草本。別名タデアイ。薬用植物。園芸植物。

アイアシ 間葦、藍葦 〈*Phacelurus latifolius* (Steud.) Ohwi〉イネ科の多年草。高さは80〜160cm。

アイアスカイノデ 〈*Polystichum longifrons* Kurata〉オシダ科の常緑性シダ。葉身は狭披針形に近く、やや細長。

アイイシカグマ 〈*Microlepia* × *kiusiana* Sa. Kurata, nom. nud.〉イノモトソウ科のシダ植物。

アイイズハナワラビ 〈*Botrychium* × *longistipitatum* (Sahashi) K. Iwats., nom. nud.〉ハナヤスリ科のシダ植物。

アイイヌタマシダ 〈*Dryopteris* × *yamashitae* Kurata〉オシダ科のシダ植物。

アイイロカブトゴケ 〈*Lobaria isidiosa* (Müll. Arg.) Vain.〉ヨロイゴケ科の地衣類。共生藻は藍藻。

アイイワヒトデ 〈*Colysis* × *kiusiana* Kurata〉ウラボシ科のシダ植物。

アイイワヒメワラビ 〈*Hypolepis alpina* (Blume) Hook. × *H. punctata* (Thunb.) Mett. ex Kuhn〉イノモトソウ科のシダ植物。

アイオオカグマ 〈*Woodwardia* × *intermedia* Christ〉シシガシラ科のシダ植物。

アイオワリンゴ 〈*Malus ioensis*〉バラ科の木本。樹高8m。樹皮は赤色または紫がかった褐色。

アイガイモ 〈*Marsdenia tinctoria* R. Br.〉ガガイモの蔓植物。熱帯植物。

アイカタイノデ 〈*Polystichum* × *iidanum* Kurata〉オシダ科のシダ植物。

アイカワタケ 〈*Laetiporus sulphureus* (Fr.) Murr.〉タコウキン科のキノコ。

アイキジノオ 〈*Plagiogyria* × *wakabae* Nakaike〉キジノオシダ科のシダ植物。

アイギョクイタビ カンテンイタビの別名。

アイグキゾウコンニャク 〈*Amorphophallus rex* Hook. f.〉サトイモ科。葉柄は藍緑色で縦線と小突起満布あり。高さ2m。熱帯植物。

アイグロウワバミ 〈*Elatostema latifolium* (Bl.) H. Schröt.〉イラクサ科の草本。熱帯植物。

アイグロマツ 間黒松 ピヌス・デンシ-ツンベルギーの別名。

アイコウヤクタケ 〈*Pulcherricium caeruleum* (Lamarck ex St. Amans) Parmasto〉コウヤクタケ科のキノコ。中型〜大型。子実体は背着生で、膜状。

アイコク 愛国 ツツジ科のサツキの品種。園芸植物。

アイコハチジョウシダ 〈*Pteris laurisilvicola* Kurata〉イノモトソウ科(ワラビ科)の常緑性シダ。葉身は長さ20〜35cm。広卵形。

アイコモチシダ 〈*Woodwardia orientalis* × *prolifera*〉シシガシラ科のシダ植物。

アイシメジ 〈*Tricholoma sejunctum* (Sow. : Fr.) Quél.〉キシメジ科のキノコ。中型。傘は黄色、暗緑色の放射状繊維あり。ひだは白色で外周付近は帯黄色。

アイスグリーン バラ科。花は黄色。

アイズシモツケ 会津下野 〈*Spiraea chamaedryfolia* L. var. *pilosa* (Nakai) Hara〉バラ科の落葉低木。別名シロバナシモツケ。

アイズスゲ 〈*Carex hondoensis* Ohwi〉カヤツリグサ科の多年草。高さは50〜70cm。

アイスバーグ 〈Iceberg〉バラ科。フロリバンダ・ローズ系。花は純白色。

アイズヒメアザミ 〈*Cirsium aidzuense* Nakai〉キク科の草本。

アイズミシラズ 会津身不知 カキノキ科のカキの品種。別名会津柿、身不知、西念寺。果皮は帯黄紅色。

アイスランド・ポッピー 〈*Papaver nudicaule* L.〉ケシ科。別名シベリア雛芥子、アイスランドポピー。高さは30cm。花は白、桃、黄など。園芸植物。切り花に用いられる。

アイセンボンタケ 〈*Psilocybe fasciata* Hongo〉モエギタケ科のキノコ。

アイゾメイグチ 〈*Gyroporus cyanescens* (Bull. : Fr.) Quél.〉イグチ科のキノコ。小型〜中型。傘は淡黄色〜帯褐色、毛羽立つ。フェルト状〜繊維状。

アイソメグサ 〈*Enantiocladia okamurai* Yamada〉フジマツモ科の海藻。扁平。体は10〜20cm。

アイゾメクロイグチ 〈*Tylopilus fumosipes* (Peck) A. H. Smith et Thiers〉イグチ科のキノコ。

アイゾメシバフタケ モエギタケ科。

アイゾメライトノキ 〈*Wrightia laevis* Hook. f.〉キョウチクトウ科の低木。熱帯植物。

アイーダ シュウカイドウ科のベゴニアの品種。園芸植物。

アイタケ 〈*Pussula virescens* (Schaeff. : Zanted.) Fr.〉ベニタケ科のキノコ。別名ナツアイタケ。中型〜大型。傘は淡灰緑色、ひび割れる。ひだは白色。

アイタデ アイの別名。

アイチアカ 愛知赤 リュウゼツラン科(ユリ科)のコルディリネの品種。園芸植物。

アイチャセンシダ 〈*Asplenium trichomanes* × *tripteropus*〉チャセンシダ科のシダ植物。

アイツヤナシイノデ 〈*Polystichum × amboversum* Kurata〉オシダ科のシダ植物。

アイデアル アヤメ科のダッチ・アイリスの品種。園芸植物。

アイトキワトラノオ 〈*Asplenium pekinense × sarelii*〉チャセンシダ科のシダ植物。

アイトゲカラクサイヌワラビ 〈*Athyrium × buzenense* Sa. Kurata, nom. nud.〉オシダ科のシダ植物。

アイナエ 藍苗 〈*Mitrasacme pygmaea* R. Br.〉マチン科(フジウツギ科)の一年草。高さは5～20cm。

アイヌソモソモ 〈*Poa fauriei* Hack.〉イネ科の草本。

アイヌタチツボスミレ 〈*Viola sachalinensis* H. Boiss.〉スミレ科の草本。花は紫色。高山植物。園芸植物。

アイヌリトラノオ 〈*Asplenium normale × oligophlebium*〉チャセンシダ科のシダ植物。

アイヌワカメ 〈*Alaria praelonga* Kjellman〉コンブ科の海藻。葉は広い線状。体は長さ1～7m。

アイノキ 〈*Wrightia tinctoria* R. Br.〉キョウチクトウ科の小木。葉はインジゴイドを含み染色用。熱帯植物。

アイノコイトモ 〈*Potamogeton orientalis* Hagstr.〉ヒルムシロ科の沈水植物。葉は線形、長さ4.5～7(～9)cm。

アイノコカラクサイノデ 〈*Polystichum × gassanense* Shimura et Segawa, nom. nud.〉オシダ科のシダ植物。

アイノコカンガレイ 〈*Schoenoplectus × uzenensis* (Ohwi ex T. Koyama) T. Koyama〉カヤツリグサ科の多年生の抽水植物。稈に稜が認められ、小穂が2～3つく。

アイノコクマワラビ 〈*Dryopteris × mituii* Serizawa〉オシダ科のシダ植物。

アイノコセンニンモ 〈*Potamogeton kyushuensis* Kadono & Wiegleb〉ヒルムシロ科の沈水植物。葉は線形、長さ4～8cm。

アイノコヘツカシダ 〈*Bolbitis heteroclita* (C. Presl) Ching × *B. subcordata* (Copel.) Ching〉オシダ科のシダ植物。

アイノコホシダ 〈*Thelypteris acuminata × parasitica*〉オシダ科のシダ植物。

アイノコレンギョウ フォーサイシア・インテルメディアの別名。

アイバソウ 〈*Scirpus wichurai* Böcklr. f. *wichurai*〉カヤツリグサ科の草本。別名エゾアブラガヤ、シデアブラガヤ。

アイビー セイヨウキヅタの別名。

アイビー・ゼラニウム 〈*Pelargonium peltatum* Ait.〉フウロソウ科。別名ツタバ、ゼラニウム。園芸植物。

アイヒホルニア・クラッシペス ホテイアオイの別名。

アイヒメイワトラノオ 〈*Asplenium × iwatae* Nakaike, nom. nud.〉チャセンシダ科のシダ植物。

アイヒメワラビ 〈*Macrothelypteris × subviridifrons* (Serizawa) Nakaike〉オシダ科のシダ植物。

アイファネス・アカントフィラ 〈*Aiphanes acanthophylla* (Mart.) Burret〉ヤシ科。高さは4.5m。花は白色。園芸植物。

アイファネス・エロサ 〈*Aiphanes erosa* (Linden) Burret〉ヤシ科。高さは6m。園芸植物。

アイファネス・カリオティフォリア 〈*Aiphanes caryotifolia* (H. B. K) H. Wendl.〉ヤシ科。別名ハリクジャクヤシ、オビレハリクジャクヤシ。高さは7.5～15m。花は白色。園芸植物。

アイファネス・トルンカタ 〈*Aiphanes truncata* (Brongn. ex Mart.) H. Wendl.〉ヤシ科。別名トゲハリクジャクヤシ。園芸植物。

アイフジ 〈*Lonchocarpus cyanescens* Benth.〉マメ科の半蔓木。葉に青色色素があり染料になる。熱帯植物。

アイフジシダ 〈*Monachosorum flagellare* (Maxim. ex Makino) Hayata × *M. maximowiczii* (Baker) Hayata〉イノモトソウ科のシダ植物。

アイホソイノデ 〈*Polystichum × fujisanense* Seriz.〉オシダ科のシダ植物。

アイホラシノブ 〈*Sphenomeris biflora* (Kaulf.) Tagawa × *S. chinensis* (L.) Maxon〉イノモトソウ科のシダ植物。

アイボリー バラ科。フロリバンダ・ローズ系。

アイラ・エレガンティッシマ ハナヌカススキの別名。

アイランツス・アルティッシマ シンジュの別名。

アイリス 〈*Iris hollandica* Hort.〉アヤメ科。別名イリス、オランダアヤメ。切り花に用いられる。

アイリス アヤメ科の属総称。別名キショウブ。

アイリッシュゴールド ヒノキ科のベイスギの品種。

アイリッシュ・ヒース ツツジ科。園芸植物。

アイロステラ・アルビフロラ 〈*Aylostera albiflora* (Ritt. et Buin.) Backeb.〉サボテン科のサボテン。球径2.5cm。花は白色。園芸植物。

アイロステラ・クッペリアナ 〈*Aylostera kupperiana* (Böd) Backeb.〉サボテン科のサボテン。別名優宝丸。径3cm。花は橙赤色。園芸植物。

アイロステラ・スピノシッシマ 〈*Aylostera spinosissima* (Backeb.) Backeb.〉サボテン科のサボテン。別名紅照丸。高さは4cm。花は帯橙赤色。園芸植物。

アイロステラ・デミヌタ ルリチョウの別名。

アイロステラ・フィーブリギー 〈*Aylostera fiebrigii* (Gürke) Backeb.〉サボテン科のサボテン。別名新玉。球形6cm。花は光沢ある橙黄ないし橙赤色。園芸植物。

アイロステラ・ヘリオサ 〈*Aylostera heliosa* Rausch〉サボテン科のサボテン。径2～3cm。園芸植物。

アウクバ・キネンシス 〈*Aucuba chinensis* Benth.〉ミズキ科の常緑低木。別名シナアオキ。高さは2～4m。園芸植物。

アウクバ・ヒマライカ 〈*Aucuba himalaica* Hook. f. et T. Thoms.〉ミズキ科の常緑低木。別名ヒマラヤアオキ。高さは2～3m。高山植物。園芸植物。

アウクバ・ヤポニカ アオキの別名。

アウストロキリンドロプンティア・ウェスティタ 〈*Austrocylindropuntia vestita* (Salm-Dyck) Backeb.〉サボテン科のサボテン。別名翁団扇。花は菫赤色。園芸植物。

アウストロキリンドロプンティア・キリンドリカ 〈*Austrocylindropuntia cylindrica* (Lam.) Backeb.〉サボテン科のサボテン。別名大蛇。高さは1～2m。花はピンク色。園芸植物。

アウストロキリンドロプンティア・クラワリオイデス キノコウチワの別名。

アウストロキリンドロプンティア・スブラタ ショウゲンの別名。

アウラクス・カンケラタ 〈*Aulax cancellata* (L.) Druce〉ヤマモガシ科の低木。高さは2m。花は黄色。園芸植物。

アウリクラリア・アウリクラ-ユダエ キクラゲの別名。

アウリクラリア・ポリトリカ アラゲキクラゲの別名。

アエオニウム ベンケイソウ科の属総称。

アエクメア・ティランドシオイデス 〈*Aechmea tillandsioides* (Mart. ex Schult.) Bak.〉パイナップル科の多年草、着生種。花は白黄色。園芸植物。

アエスクルス・カルネア ベニバナトチノキの別名。

アエスクルス・スプレンデンス 〈*Aesculus splendens* Sarg.〉トチノキ科の木本。高さは3m。花は紅色。園芸植物。

アエスクルス・ツルビナタ トチノキの別名。

アエスクルス・パルウィフロラ 〈*Aesculus parviflora* Walt.〉トチノキ科の木本。高さは2～4m。花は白色。園芸植物。

アエスクルス・ヒッポカスタヌム セイヨウトチノキの別名。

アエスクルス・フラワ キバナトチノキの別名。

アエスクルス・ムタビリス 〈*Aesculus × mutabilis* (Spach) Schelle〉トチノキ科の木本。花は赤と黄色。園芸植物。

アオアシアセタケ 〈*Inocybe calamistrata* (Fr. : Fr.) Gill.〉フウセンタケ科のキノコ。中型。傘は灰褐色、鱗片に覆われる。ひだは黄褐色～にぶい褐色。

アオアズキ 〈*Phaseolus aureus* Roxb.〉マメ科の草本。別名緑豆。莢は黒熟する。花は黄色。熱帯植物。

アオイ アオイ科の総称。園芸植物。

アオイ科 科名。

アオイカズラ 〈*Streptolirion volubile* Edgew.〉ツユクサ科の草本。

アオイガワラビ 〈*Diplazium kawakamii*〉オシダ科の常緑性シダ。葉身は長さ40～70cm。三角形。

アオイゴケ 葵苔 〈*Dichondra repens* J. R. et G. Forst.〉ヒルガオ科の多年生つる草。花は黄緑色。熱帯植物。園芸植物。

アオイゴケモドキ 〈*Geophila herbacea* Kuntze〉アカネ科の匍匐草。果実は赤熟する。熱帯植物。

アオイスミレ 葵菫 〈*Viola hondoensis* W. Becker et H. Boiss.〉スミレ科の多年草。別名ヒナブキ。高さは4～7cm。

アオイヌシメジ 〈*Clitocybe odora* (Bull. : Fr.) Kummer〉キシメジ科のキノコ。小型～中型。傘は淡青緑色。

アオイバカラスウリ 〈*Gymnopetalum integrifolium* Kurz〉ウリ科の匍匐性蔓草。葉は粗い。花は白色。熱帯植物。

アオイバハンゲ 〈*Typhonium fultum* Ridl.〉サトイモ科の草本。熱帯植物。

アオイマツリ 葵祭 アヤメ科のハナショウブの品種。園芸植物。

アオイマメ ヒメバラモミの別名。

アオイモドキ エノキアオイの別名。

アオウキクサ 青浮草 〈*Lemna aoukikusa* Beppu et Murata〉ウキクサ科の一年生の浮遊植物。別名チビウキクサ。葉状体は倒卵状広楕円形。長さは3～6mm。

アオウシノケグサ 〈*Festuca ovina* var. *coreana*〉イネ科。

アオウロコゴケ 〈*Omphalina luteolilacina* (Favre) Hendersen〉マツタケ科の地衣類。地衣体は新鮮時は表面濃緑色。

アオガシ ホソバタブの別名。

アオカズラ 青葛 〈*Sabia japonica* Maxim.〉アワブキ科の木本。別名ルビビョウタン。

アオカネシダ 碧鉄羊歯 〈*Asplenium wilfordii* Mett. ex Kuhn〉チャセンシダ科の常緑性シダ。葉身は長さ10～35cm。広披針形から狭楕円形。

アオカモジグサ 〈*Agropyron racemiferum* (Steud.) Koidz.〉イネ科の多年草。別名ケカモジグサ。高さは50〜120cm。

アオカモメヅル 〈*Cynanchum ambiguum* (Maxim.) Matsum.〉ガガイモ科の草本。

アオガヤツリ 青蚊帳釣 〈*Cyperus nipponicus* Franch. et Savat.〉カヤツリグサ科の一年草。別名オオタマガヤツリ。高さは10〜30cm。

アオカワキノリ 〈*Leptogium menziesii* Mont.〉イワノリ科の地衣類。地衣体は湿ったときは暗緑色。

アオガンピ 〈*Wikstroemia retusa* A. Gray〉ジンチョウゲ科の半常緑低木。別名オキナワガンピ。

アオキ 青木 〈*Aucuba japonica* Thunb.〉ミズキ科の常緑低木。別名アオキバ、トウヨウサンゴ。高さは1〜2m。花は紫褐色。薬用植物。園芸植物。

アオキガハラウサギシダ 〈*Gymnocarpium dryopteris* var. *aokigaharaense* Nakaike〉オシダ科のシダ植物。

アオギヌゴケ 〈*Brachythecium populeum* Bruch et Schimp.〉アオギヌゴケ科のコケ。別名スジナガサムシロゴケ。茎葉には縦じわがほとんどない。

アオキノリ 〈*Leptogium azureum* (Sw.) Mont.〉イワノリ科の地衣類。地衣体は青味を帯び、不透明。

アオキラン 〈*Epipogium japonicum* Makino〉ラン科の多年生腐生植物。高さは10〜20cm。

アオギリ 青桐 〈*Firmiana simplex* (L.) W. F. Wight〉アオギリ科の落葉高木。高さは20m。薬用植物。園芸植物。

アオグキイヌワラビ 〈*Athyrium viridescentipes* Sa. Kurata〉オシダ科の常緑性シダ。葉身は長さ30〜50cm。三角状卵形〜卵状長楕円形。

アオゲイトウ アオビユの別名。

アオコウガイゼキショウ 〈*Juncus papillosus* Franch. et Savat.〉イグサ科の多年草。別名ホソバノコウガイゼキショウ。高さは20〜40cm。

アオゴウソ 〈*Carex phacota* Spreng.〉カヤツリグサ科の多年草。別名ヒメゴウソ、ホナガヒメゴウソ。高さは30〜50cm。

アオコクタン 〈*Diospyros chloroxylon* Roxb.〉カキノキ科の小木。葉は表面無毛、葉裏は褐色毛あり。熱帯植物。

アオゴケ 〈*Saelania glaucescens* (Hedw.) Broth.〉キンシゴケ科のコケ。小形、茎は高さ1〜1.5cm、葉は披針形〜狭披針形。

アオコナハダ 〈*Liagora ceranoides* Lamouroux f. *leprosa* (J. Agardh) Yamada〉ベニモズク科の海藻。高さは10cm。

アオサ 〈*Ulva pertusa* Kjellman〉アオサ科の海藻。別名アナアオサ。大型。体は20〜30cm。

アオザメ 〈*Gibbaeum gibbosum* N. E. Br.〉ツルナ科の多年草。園芸植物。

アオサンゴ 青珊瑚 〈*Euphorbia tirucalli* L.〉トウダイグサ科の多肉植物。別名緑珊瑚。茎円形、白乳液が著しい。高さは5〜9m。熱帯植物。園芸植物。

アオジクウメ バラ科の木本。別名リョクガク。

アオジクスノキ ヒメウスノキの別名。

アオジソ 青紫蘇 〈*Perilla frutescens* (L.) Britton var. *acuta* Kudo forma *viridis* Makino.〉シソ科の薬用植物。

アオシッポゴケ 〈*Dicranum caesium* Mitt.〉シッポゴケ科のコケ。茎は長さ5〜10cm、葉は線状披針形。

アオシノブゴケ 〈*Thuidium pristocalyx* (Müll. Hal.) A. Jaeger〉シノブゴケ科のコケ。茎は2回羽状に分枝、茎葉は卵形。

アオシマヒメシワゴケ 〈*Aulacopilum trichophyllum* Ångstr. ex Müll. Hal.〉ヒナノハイゴケ科のコケ。ヒメシワゴケに似るが、葉先が1個の大形細胞からなる透明尖。

アオシマヤスデゴケ 〈*Frullania aoshimensis* Horik.〉ヤスデゴケ科のコケ。赤褐色で、茎は長さ5〜10cm。

アオシモゴケ 〈*Icmadophila ericetorum* (L.) Zahlbr.〉センニンゴケ科の地衣類。地衣体は淡緑から灰緑色。

アオジロムクムクゴケ ムクムクゴケの別名。

アオスゲ 青菅 〈*Carex breviculmis* R. Br.〉カヤツリグサ科の多年草。高さは5〜40cm。

アオスズラン エゾスズランの別名。

アオスダレ 青簾 リプサリス・バーチェリーの別名。

アオゾメサネゴケ 〈*Pyrenula japonica* Kurok.〉サネゴケ科の地衣類。地衣体は淡黄褐色または灰褐色。

アオゾメタケ 〈*Oligoporus caesius* (Schrad. : Fr.) Gilb. & Ryv.〉サルノコシカケ科のキノコ。小型〜中型。傘は白色。

アオゾラ 青空 〈Blue Sky, Aozora〉バラ科。ハイブリッド・ティーローズ系。花は藤色。

アオダケ フィロスタキス・ウィリディスの別名。

アオダモ 〈*Fraxinus lanuginosa* Koidz f. *serrata*〉モクセイ科の落葉高木。別名コバノトネリコ。

アオダモ アラゲアオダモの別名。

アオチドリ 青千鳥 〈*Coeloglossum viride* (L.) Hartm. var. *bracteatum* (Willd.) Richter〉ラン科の多年草。別名ネムロチドリ。高さは20〜50cm。高山植物。

アオチャセンシダ 青茶筌羊歯 〈*Asplenium viride* Huds.〉チャセンシダ科の常緑性シダ。葉身は長さ2〜12cm。線状披針形。

アオチリメンジソ 〈*Perilla frutescens* (L.) Britton var. *crispa* (Thunb.) Decne. ex L. H. Bailey f. *viridi-crispa* (Makino) Makino〉シソ科。

アオツヅラフジ 青葛藤 〈*Cocculus trilobus* (Thunb. ex Murray) DC.〉ツヅラフジ科のつる性木本。別名カミエビ、チンチンカズラ、ピンピンカズラ。花は黄白色。薬用植物。園芸植物。

アオツリバナ 青釣花 〈*Euonymus yakushimensis* Makino〉ニシキギ科の木本。

アオテンツキ 青点突 〈*Fimbristylis dipsacea* C. B. Clarke〉カヤツリグサ科の草本。

アオテンナンショウ 青天南星 〈*Arisaema tosaense* Makino〉サトイモ科の多年草。高さは20〜70cm。

アオテンマ 〈*Costrodia elata* form. *viridis*〉ラン科。

アオトドマツ 青椴松 〈*Abies sachalinensis* (Fr. Schm.) Masters var. *mayriana* Miyabe et Kudo〉マツ科の常緑高木。別名アオトド、トドマツ。高山植物。

アオナシ 青梨 〈*Pyrus ussuriensis* Maxim. var. *hondoensis* (Nakai et Kikuchi) Rehder〉バラ科の落葉高木。

アオナラガシワ 〈*Quercus aliena* Blume var. *pellucida* Blume〉ブナ科。

アオナリヒラ 〈*Semiarundinaria viridis* (Makino) Makino〉イネ科の木本。稈は青緑色。園芸植物。

アオネカズラ 青根葛 〈*Polypodium niponicum* Mett.〉ウラボシ科の冬緑性シダ。常緑広葉樹林帯上部の樹上や岩上に着生する。葉身は長さ15〜20cm。広披針形〜卵状楕円形。園芸植物。

アオネザサ 〈*Pleioblastus humilis* (Mitford) Nakai〉イネ科の木本。別名トヨオカザサ、ノビドメザサ、ウワゲネザサ。

アオノイワレンゲ 青岩蓮華 〈*Orostachys malacophyllus* (Pallas) Fisch.〉ベンケイソウ科の多年草。高さは10〜20cm。

アオノクマタケラン 青熊竹蘭 〈*Alpinia intermedia* Gagnep.〉ショウガ科の多年草。高さは50〜150cm。花は白色。薬用植物。園芸植物。

アオノツガザクラ 青栂桜 〈*Phyllodoce aleutica* (Spreng.) A. Heller〉ツツジ科の常緑小低木。高さは10〜30cm。花は淡黄緑色。高山植物。園芸植物。

アオノリ アオサ科の海藻。

アオハイゴケ 〈*Rhynchostegium riparioides* (Hedw.) Card.〉アオギヌゴケ科のコケ。大形、枝葉は長さ1.5〜2mm、広卵形〜ほぼ円形である。

アオバゴケ 〈*Striqula elegans* (Fée) Müll. Arg.〉アオバゴケ科の地衣類。地衣体は淡緑から灰緑色。

アオハコベ 〈*Stellaria uchiyamana* Makino f. *apetala* Kitamura〉ナデシコ科の草本。

アオバスゲ 〈*Carex insaniae* Koidz. var. *papillaticulmis* (Ohwi) Ohwi〉カヤツリグサ科の草本。

アオハダ 青膚 〈*Ilex macropoda* Miq.〉モチノキ科の落葉高木。高さは5〜8m。花は緑白色。園芸植物。

アオバナイチネングサ 〈*Sedum caeruleum* Vahl.〉ベンケイソウ科の多年草。

アオハナエビ 青花蝦 エキノケレウス・ウィリディフロルスの別名。

アオバナハイノキ 青花灰の木 〈*Symplocos caudata* Wall.〉ハイノキ科の常緑低木。別名ソウザンハイノキ、ヤエヤマクロバイ、エラブハイノキ。

アオバノキ 青葉木 〈*Symplocos patens* K. Presl〉ハイノキ科の常緑落葉。別名コウトウハイノキ。花は白色。園芸植物。

アオヒエスゲ 〈*Carex insaniae* Koidz. var. *subdita* (Ohwi) Ohwi〉カヤツリグサ科の草本。別名ナンカイスゲ。

アオヒメウツギ 〈*Deutzia gracilis* Sieb. et Zucc. f. *nagurai* (Makino) Sugimoto〉ユキノシタ科。

アオビユ 青莧 〈*Amaranthus retroflexus* L.〉ヒユ科の一年草。別名アオゲイトウ。高さは20〜150cm。花は白色。

アオビユ ホナガイヌビユの別名。

アオフタバラン 青二葉蘭 〈*Listera makinoana* Ohwi〉ラン科の多年草。

アオベンケイ 〈*Hylotelephium viride* (Makino) H. Ohba〉ベンケイソウ科の多年草。高さは20〜50cm。花は淡黄緑色。園芸植物。

アオホオズキ 〈*Physaliastrum savatieri* (Makino) Makino〉ナス科の多年草。別名タカオホオズキ。高さは30〜60cm。

アオホラゴケ 青洞苔 〈*Crepidomanes insigne* (v. d. Bosch) Fu〉コケシノブ科の常緑性シダ。別名コケホラゴケ、オガサワラホラゴケ。葉身は長さ2〜5cm。卵状長楕円形から三角状楕円形。

アオミズ 〈*Pilea pumila* (L.) A. Gray〉イラクサ科の一年草。高さは30〜50cm。

アオミドロ ホシミドロ科のアオミドロ属総称。

アオミノミズキ 〈*Cornus alternifolia*〉ミズキ科の木本。樹高6m。樹皮は灰色ないし褐色。

アオミヤマウズラ 〈*Goodyera schlechtendaliana* form. *similis*〉ラン科。

アオモグサ 〈*Boodlea coacta* (Dickie) Murray et De Toni〉アオモグサ科の海藻。海綿状団塊の群落をつくる。

アオモジ 青文字, 山鶏椒 〈*Litsea citriodora* (Sieb. et Zucc.) Hatusima〉クスノキ科の落葉低木。別

名コショウノキ、ショウガノキ。花は淡黄色。薬用植物。園芸植物。切り花に用いられる。

アオモリサナダゴケ 〈*Taxiphyllum aomoriense* (Besch.) Z. Iwats.〉ハイゴケ科のコケ。枝葉は長さ1.5～2mm、卵形～長卵形。

アオモリトドマツ オオシラビソの別名。

アオモリマンテマ 〈*Silene aomorensis* Mizushima ex Hara〉ナデシコ科の草本。

アオモリミズゴケ 〈*Sphagnum recurvum* P. Beauv.〉ミズゴケ科のコケ。中形、茎葉は三角形。

アオモリミミナグサ 〈*Cerastium arvense* var. *japonicum*〉ナデシコ科。

アオヤギソウ 青柳草 〈*Veratrum maackii* Regel var. *parviflorum* (Miq.) Hara et Mizushima〉ユリ科の草本。別名ヒロハアオヤギソウ。園芸植物。

アオヤギソウ アオヤギバナの別名。

アオヤギバナ 〈*Solidago yokusaiana* Makino〉キク科の多年草。別名オキナグサ、アオヤマギソウ。高さは15～60cm。

アオヤナギ 青柳 リプサリス・ケレウスクラの別名。

アオロウジ 〈*Albatrellus caeruleoporus* (Peck.) Pouz.〉ニンギョウタケモドキ科のキノコ。小型～大型。傘は不正円形～丸山形、青緑色～空色→退色。

アオワカメ 〈*Undaria peterseniana* (in Kjellman et Petersen) Okamura〉コンブ科(チガイソ科)の海藻。別名ミチナシワカメ。茎は下部扁円、上部扁圧。

アカアザタケ 〈*Collybia maculata* (Alb. & Schw. : Fr.) Quél.〉キシメジ科のキノコ。中型～大型。傘は平滑。

アカイカタケ 〈*Aseroe rubra* La Billardière〉アカカゴタケ科のキノコ。

アカイシキバナノコマノツメ 〈*Viola biflora* L. var. *akaishiensis* H. Takahashi et Ohba〉スミレ科の多年草。高山植物。

アカイシコウゾリナ 〈*Picris hieracioides* L. subsp. *japonica* (Thunb.) Krylov var. *akaishiensis* Kitam.〉キク科。

アカイシトリカブト 〈*Aconitum heptapetalum*〉キンポウゲ科。

アカイシリンドウ 赤石竜胆 〈*Gentianopsis furusei* H. Takahashi〉リンドウ科の草本。高山植物。

アカイタヤ 〈*Acer mono* Maxim. var. *mayrii* (Schwerin) Sugimoto〉カエデ科の雌雄同株の落葉高木。別名ベニイタヤ、アカメイタヤ。

アカイチイゴケ 〈*Pseudotaxiphyllum pohliaecarpum* (Sull. & Lesq.) Z. Iwats.〉ハイゴケ科(サナダゴケ科)のコケ。紅色をおびる。葉は卵形。

アカイボカサタケ 〈*Rhodophyllus quadratus* (Berk. et Curt.) Hongo〉イッポンシメジ科のキノコ。

アガウェ アガベ科の属総称。

アガウェ・アッテヌアタ 〈*Agave attenuata* Salm-Dyck〉リュウゼツラン科(ヒガンバナ科)の多肉植物。ロゼット径1m。花は緑黄色。園芸植物。

アガウェ・アリゾニカ 〈*Agave arizonica* Gentry et J. H. Weber〉リュウゼツラン科の多肉植物。ロゼット径30cm。園芸植物。

アガウェ・アングスチフォリア・マルギナータ ヒガンバナ科。園芸植物。

アガウェ・ヴィクトリアエ-レギナエ リュウゼツラン・ササノユキの別名。

アガウェ・ウニウィッタタ 〈*Agave univittata* Haw〉リュウゼツラン科の多肉植物。ロゼット径85cm。花は淡緑色。園芸植物。

アガウェ・オーカッティアナ 〈*Agave orcuttiana* Trel.〉リュウゼツラン科の多肉植物。花は緑黄色。園芸植物。

アガウェ・カルウィンスキー 〈*Agave karwinskii* Zucc.〉リュウゼツラン科の多肉植物。高さは3m。花は赤褐色。園芸植物。

アガウェ・グイエンゴラ 〈*Agave guiengola* Gentry〉リュウゼツラン科の多肉植物。ロゼット径1m。花は淡黄～黄白色。園芸植物。

アガウェ・ゲミニフロラ 〈*Agave geminiflora* (Tagl.) Ker-Gawl.〉リュウゼツラン科の多肉植物。別名ゲミニ乱れ雪。ロゼット径70cm。園芸植物。

アガウェ・ゴールドマニアナ 〈*Agave goldmaniana* Trel.〉リュウゼツラン科の多肉植物。花は黄色。園芸植物。

アガウェ・サルミアナ 〈*Agave salmiana* Otto ex Salm-Dyck〉リュウゼツラン科の多肉植物。別名立葉竜舌。花は緑黄色。園芸植物。

アガウェ・シサラナ サイザルアサの別名。

アガウェ・ショーイー 〈*Agave shawii* Engelm.〉リュウゼツラン科の多肉植物。花は緑黄色。園芸植物。

アガウェ・ショッティー 〈*Agave schottii* Engelm.〉リュウゼツラン科の多肉植物。花は黄色。園芸植物。

アガウェ・スキディゲラ タキノシライトの別名。

アガウェ・ストリアタ リュウゼツラン・フキアゲの別名。

アガウェ・ストリクタ 〈*Agave stricta* Salm-Dyck〉リュウゼツラン科の多肉植物。別名吹上。長さ25～35cm。園芸植物。

アガウェ・セバスティアナ 〈Agave sebastiana Greene〉リュウゼツラン科の多肉植物。花は黄色。園芸植物。

アガウェ・ソブリア 〈Agave sobria Brandeg.〉リュウゼツラン科の多肉植物。花は淡黄色。園芸植物。

アガウェ・ダティリオ 〈Agave datylio J. H. Weber〉リュウゼツラン科の多肉植物。ロゼット径1m。花は緑色。園芸植物。

アガウェ・デキピエンス 〈Agave decipiens Bak.〉リュウゼツラン科の多肉植物。ロゼット径10～20cm。園芸植物。

アガウェ・テキラナ 〈Agave tequilana J. H. Weber〉リュウゼツラン科の多肉植物。別名テキラリュウゼツ。長さ1m。園芸植物。

アガウェ・トゥーミアナ 〈Agave toumeyana Trel.〉リュウゼツラン科の多肉植物。別名竹の雪。長さ15～25m。花は淡緑黄色。園芸植物。

アガウェ・パーメリ 〈Agave palmeri Engelm.〉リュウゼツラン科の多肉植物。花は淡緑黄色。園芸植物。

アガウェ・パリイ 〈Agave parryi Engelm.〉リュウゼツラン科の多肉植物。ロゼット径1m。花は乳黄色。園芸植物。

アガウェ・パルウィフロラ 〈Agave parviflora Torr.〉リュウゼツラン科の多肉植物。別名ササノ雪。花は黄または緑黄色。園芸植物。

アガウェ・フィリフェラ 〈Agave filifera Salm-Dyck〉リュウゼツラン科の多肉植物。別名乱れ雪。ロゼット径40～50cm。花は緑色。園芸植物。

アガウェ・フェルシャフェルティー 〈Agave verschaffeltii Lem.〉リュウゼツラン科の多肉植物。別名雷神。園芸植物。

アガウェ・フェルナンディ-レギス 〈Agave fernandi-regis A. Berger〉リュウゼツラン科の多肉植物。別名笹吹雪。ロゼット径30～50cm。園芸植物。

アガウェ・フェロクス 〈Agave ferox K. Koch〉リュウゼツラン科の多肉植物。花は黄色。園芸植物。

アガウェ・プミラ 〈Agave pumila Bak.〉リュウゼツラン科の多肉植物。ロゼット径20cm。園芸植物。

アガウェ・フレクシスピナ 〈Agave flexispina Trel.〉リュウゼツラン科の多肉植物。長さ12～20cm。園芸植物。

アガウェ・ホリダ 〈Agave horrida Lem. ex Jacobi〉リュウゼツラン科の多肉植物。ロゼット径50～60cm。花は淡黄色。園芸植物。

アガウェ・マクロアカンタ 〈Agave macroacantha Zucc.〉リュウゼツラン科の多肉植物。ロゼット径60cm。花は赤色。園芸植物。

アガウェ・マルガリータエ 〈Agave margaritae Brandeg.〉リュウゼツラン科の多肉植物。ロゼット径40cm。花は淡黄色。園芸植物。

アガウェ・ユタエンシス 〈Agave utahensis Engelm.〉リュウゼツラン科の多肉植物。花は黄色。園芸植物。

アカウキクサ 赤浮草 〈Azolla imbricata (Roxb.) Nakai〉アカウキクサ(サンショウモ科)の浮遊性の水生シダ。夏は緑白色だが冬には赤色を帯びる。

アカウラヤイトゴケ 〈Solorina crocea (L.) Ach.〉ツメゴケ科の地衣類。地衣体は腹面に多少網脈がある。

アカウロコゴケ 〈Nardia assamica (Mitt.) Amakawa〉ツボミゴケ科のコケ。赤色をおびる。茎は長さ0.5～1.5cm。

アカウロコタケ 〈Hymenochaete mougeotii (Fr.) Cooke〉タバコウロコタケ科のキノコ。

アカエゾマツ 赤蝦夷松 〈Picea glehnii (Fr. Schm.) Masters〉マツ科の常緑高木。別名シコタンマツ。高さは40m。高山植物。園芸植物。

アカエナ・アンセリニフォリア 〈Acaena anserinifolia (J. R. Forst. et G. Forst.) Druce〉バラ科の多年草。高さは15cm。園芸植物。

アカエナ・イネルミス 〈Acaena inermis Hook. f.〉バラ科の多年草。高さは10cm。園芸植物。

アカエナ・カエシーグラウカ 〈Acaena caesiiglauca (Bitter) Bergmans〉バラ科の多年草。高さは20cm。園芸植物。

アカエナ・ノウァエ-ゼランディアエ 〈Acaena novae-zelandiae T. Kirk〉バラ科の多年草。高さは90cm。園芸植物。

アカエナ・ブキャナニー 〈Acaena buchananii Hook. f.〉バラ科の多年草。高さは40～50cm。園芸植物。

アカエナ・ミクロフィラ 〈Acaena microphylla Hook. f.〉バラ科の多年草。高さは30cm。園芸植物。

アカエボシ 赤烏帽子 オプンティア・ルフィダの別名。

アカカゴタケ アカカゴタケ科の属総称。

アカガシ 赤樫 〈Quercus acuta Thunb. ex Murray〉ブナ科の常緑高木。別名オオガシ、オオバガシ。高さは20m。園芸植物。

アカガシワ 〈Quercus rubra L.〉ブナ科の高木。高さは30m。樹皮は灰色。園芸植物。

アカカノコユリ ユリ科。園芸植物。

アカカバイロタケ 〈Russula compacta Frost & Peck apud Peck〉ベニタケ科のキノコ。中型～大型。傘は茶褐色。ひだはほぼ白色。

アカカリス・キアネア 〈Acacallis cyanea Lindl.〉ラン科。高さは60～70cm。花は藤紫色。園芸植物。

アカギ 赤木 〈*Bischofia javanica* Blume〉トウダイグサ科の半常緑高木。雌雄異株、心材は赤褐色。高さは20m以上。熱帯植物。園芸植物。

アカギ 赤城 フェロカクツス・マクロディスクスの別名。

アカギキンポウゲ 〈*Ranunculus japonicus* Thunb. var. *akagiensis* Hiyama〉キンポウゲ科。

アカギツツジ アケボノツツジの別名。

アカギツネガサ 〈*Leucoagaricus rubrotinctus* (Peck) Sing.〉ハラタケ科のキノコ。小型〜中型。傘は赤褐色。

アカキナノキ 〈*Cinchona succirubra* Pavon.〉アカネ科の高木。葉脈赤、樹皮を薬用にする。熱帯植物。薬用植物。

アカギニクイボゴケ 〈*Ochrolechia akagiensis* Yas. in Vain.〉トリハダゴケ科の地衣類。地衣体は灰白色。

アカギモドキ 〈*Allophyllus timorensis* (DC.) Blume〉ムクロジ科の木本。

アカグキニオイグサ 〈*Hedyotis verticillata* Lam.〉アカネ科の草本。茎は赤褐色、民間薬。花は白色。熱帯植物。

アカクダタマ 〈*Chasalia chartacea* Craib.〉アカネ科の小低木。葉脈や茎は紫、果柄は白から赤に変り肥大する。熱帯植物。

アカクローバー マメ科。

アカゲイチジク 〈*Ficus aurata* Miq.〉クワ科の低木。伐採跡、有毛、果嚢無柄熟。熱帯植物。

アカゲシメジ 〈*Tricholoma imbricatum* (Fr. : Fr.) Kummer〉キシメジ科のキノコ。

アカケンバ 赤剣葉 トウダイグサ科の木本。

アカゴムノキ ユーカリプタス・シデロクシロンの別名。

アカザ 藜 〈*Chenopodium album* L. var. *centrorubrum* Makino〉アカザ科の一年草。若芽は紅色。高さは150cm。薬用植物。園芸植物。

アカザ科 科名。

アカザカズラ 〈*Anredera cordifolia* (Ten.) Steenis〉ツルムラサキ科のつる性多年草。別名マデイラカズラ、ツルアカザ。花は淡緑色。

アカササゲ 〈*Vigna vexillata* (L.) A. Rich. var. *tsusimensis* Matsum.〉マメ科の草本。

アカササタケ 〈*Dermocybe phoenicea* (Bull.) Moser in Gams〉フウセンタケ科のキノコ。

アカサビゴケ 〈*Xanthoria manchurica* Asah.〉テロスキステス科の地衣類。地衣体は深赤橙色。

アカサヤクネスチス 〈*Cnestis palala* Merr.〉マメモドキ科の蔓木。茎と葉柄は黒、果実は褐緑色。花は白色。熱帯植物。

アカサルオガセ 〈*Usnea rubescens* Stirt.〉サルオガセ科の地衣類。地衣体は全長7〜15cm。

アカサルオガセモドキ 〈*Usnea pseudorubescens* Asah.〉サルオガセ科の地衣類。スチクチン酸を含む。

アカシア 〈*Acacia decurrens* Willd. var. *dealbata* F. v. Muell.〉マメ科の木本。園芸植物。切り花に用いられる。

アカシア・アラタ 〈*Acacia alata* R. Br.〉マメ科の木本。高さは1m。花はクリームあるいは黄色。園芸植物。

アカシア・インプレクサ 〈*Acacia implexa* Benth.〉マメ科の木本。高さは7〜13m。花は黄白色。園芸植物。

アカシア・ウェルティキラタ 〈*Acacia verticillata* (L'Hér.) Willd.〉マメ科の木本。別名スギバアカシア。高さは5m。花は淡黄色。園芸植物。

アカシア・ウンキナタ 〈*Acacia uncinata* Lindl.〉マメ科の木本。高さは4m。花は輝黄色。園芸植物。

アカシア・エラタ 〈*Acacia elata* A. Cunn. ex Benth.〉マメ科の木本。高さは16〜20m。花は淡いクリーム色。園芸植物。

アカシア・オクシケドルス 〈*Acacia oxycedrus* Sieber ex DC.〉マメ科の木本。高さは6m。花は輝くレモン色。園芸植物。

アカシア・キアノフィラ 〈*Acacia cyanophylla* Lindl.〉マメ科の木本。高さは6〜8m。花は黄金色。園芸植物。

アカシア・クルトリフォルミス サンカクバアカシアの別名。

アカシア・コンフサ ソウシジュの別名。

アカシア・スペクタビリス 〈*Acacia spectabilis* A. Cunn. ex Benth.〉マメ科の木本。高さは3〜5m。花は黄色。園芸植物。

アカシア・デアルバタ フサアカシアの別名。

アカシア・ディッフサ 〈*Acacia diffusa* Lindl〉マメ科の木本。高さは1〜2m。花は白黄色。園芸植物。

アカシア・ディーネイ 〈*Acacia deanei* (R. T. Bak.) R. T. Bak. ex Welch, Coombs, et McGlynn〉マメ科の木本。高さは7m。花は淡黄色。園芸植物。

アカシア・デクレンス 〈*Acacia decurrens* Willd.〉マメ科の木本。別名ミモサアカシア。高さは6〜18m。花は黄色。園芸植物。

アカシア・ドラモンディー 〈*Acacia drummondii* Lindl.〉マメ科の木本。高さは2m。花は黄金色。園芸植物。

アカシア・ピクナンタ 〈*Acacia pycnantha* Benth.〉マメ科の木本。高さは5〜8m。花は黄金色。園芸植物。

アカシア・ブアマニー 〈*Acacia boormanii* Maiden〉マメ科の木本。高さは4m。花は輝黄色。園芸植物。

アカシア・ファルカタ〈*Acacia falcata* Willd.〉マメ科の木本。高さは3～5m。花は黄白色。園芸植物。

アカシア・フィンブリアタ〈*Acacia fimbriata* A. Cunn. ex G. Don〉マメ科の木本。高さは7m。花はレモン色。園芸植物。

アカシア・プラウィッシマ〈*Acacia pravissima* F. J. Muell.〉マメ科の木本。高さは5～7m。花は黄金色。園芸植物。

アカシア・プロミネンス〈*Acacia prominens* A. Cunn. ex G. Don〉マメ科の木本。高さは20m。花はレモン色。園芸植物。

アカシア・フロリブンダ〈*Acacia floribunda* (Venten.) Willd.〉マメ科の木本。高さは6m。花は輝黄色。園芸植物。

アカシア・ベイリアナ ギンヨウアカシアの別名。

アカシア・ペンニネルウィス〈*Acacia penninervis* Sieber ex DC.〉マメ科の木本。高さは10～25m。花は白黄色。園芸植物。

アカシア・メラノクシロン〈*Acacia melanoxylon* R. Br.〉マメ科の木本。高さは35m。花は淡黄色。園芸植物。

アカシア・リネアタ〈*Acacia lineata* A. Cunn. ex G. Don〉マメ科の木本。高さは3m。花は輝黄色。園芸植物。

アカシア・ルビダ〈*Acacia rubida* A. Cunn.〉マメ科の木本。高さは3m。花は黄金色。園芸植物。

アカシア・レティノデス〈*Acacia retinodes* Schlechtend.〉マメ科の木本。花は黄色。園芸植物。

アカシア・ロンギフォリア ナガバアカシアの別名。

アカシガタ 明石潟 ツバキ科のツバキの品種。園芸植物。

アカジクカマシッポゴケ〈*Kiaeria starkei* (F. Weber & Mohr) Hag.〉シッポゴケ科のコケ。茎は高さ1～2cm、葉は狭披針形。

アカジクセントンイモ ホマロメナ・ルベスケンスの別名。

アカジクマツヨイグサ エノテラ・フルチコーサの別名。

アカジゴウ〈*Boletus speciosus* Frost〉イグチ科のキノコ。中型～大型。傘はばら紅色。

アカシデ 赤四手〈*Carpinus laxiflora* (Sieb. et Zucc.) Blume〉カバノキ科の落葉高木。別名シデノキ、コシデ、ソロノキ。樹皮は灰色。園芸植物。

アカシマル 明石丸 エキノケレウス・プルケルスの別名。

アカジョウ イワタバコ科のエピスキア・クプレアタの品種。園芸植物。

アカショウマ 赤升麻〈*Astilbe thunbergii* (Sieb. et Zucc.) Miq. var. *thunbergii*〉ユキノシタ科の多年草。高さは40～80cm。花は白色。園芸植物。

アカスジゴケ〈*Epipterygium tozeri* (Grev.) Lindb.〉ハリガネゴケ科のコケ。赤みがかった小形、茎は長さ1.5cm、葉は卵形～楕円形。

アカスジチモニ〈*Timonius peduncularis* Ridl.〉アカネ科の小木。花は淡橙色。熱帯植物。

アガスタチ・メキシカーナ シソ科の宿根草。

アカゼニゴケ〈*Preissia quadrata* (Scop.) Nees〉ゼニゴケ科のコケ。赤色、長さ2～4cm。

アカセンニンゴケ〈*Baeomyces rufus* (Huds.) Rabenh.〉センニンゴケ科の地衣類。地衣体は灰緑色。

アカソ 赤麻〈*Boehmeria sylvestrii* (Pamp.) W. T. Wang〉イラクサ科の多年草。高さは50～80cm。

アカゾメキクバゴケ〈*Parmelia tinctina* Mah. & Gillet.〉ウメノキゴケ科の地衣類。裂片の腹面は黒色。

アカゾメタケ〈*Hapalopilus rutilans* (Pers. : Fr.) Karst.〉タコウキン科のキノコ。

アカゾメトコブシゴケ〈*Cetrelia isidiata* (Asah.) W. Culb. & C. Culb.〉ウメノキゴケ科の地衣類。葉縁に裂芽をもつ。

アカダイジョ〈*Dioscorea alata* L.〉ヤマノイモ科のダイジョの芋の赤紫色のもの。葉身と葉柄との境は赤色。熱帯植物。

アカタカネゴケ〈*Marsupella revoluta* (Nees) Dumort.〉ミゾゴケ科のコケ。赤褐色～黒褐色、茎は長さ1～5cm。

アカタケ〈*Dermocybe sanguinea* (Wulf. : Fr.) Wünsche〉フウセンタケ科のキノコ。

アカタネノキ〈*Bouea macrophylla* Griff.〉ウルシ科の小木。花は黄色で褐変。熱帯植物。

アカダマタケ〈*Melanogaster intermedius* (Berk.) Zeller & Dodge〉メラノガステル科のキノコ。小型～中型。子実体は類球形。

アカチクビゴケ〈*Trypetheliopsis boninensis* Asah.〉ニセサネゴケ科の地衣類。地衣体は緑色。

アカチシオタケ〈*Mycena crocata* (Schrad. : Fr.) Kummer〉キシメジ科のキノコ。小型。傘は淡灰褐色～帯橙褐色。

アカチャツエタケ〈*Collybia neofusipes* Hongo〉キシメジ科のキノコ。中型～大型。傘は赤褐色、中央に丸い中丘。ひだは白色→赤褐色のしみ。

アカチュウ 赤中 ブナ科のクリ(栗)の品種。果皮は帯赤濃褐色。

アカチリメンチシャ キク科。別名サニーレタス。園芸植物。

アカツキ キク科のコスモスの品種。園芸植物。

アカツキノベニ 暁の紅 ヒルガオ科のアサガオの品種。園芸植物。

アカツブノリ 〈Synalissa symphorea (Ach.) Nyl.〉リキナ科の地衣類。地衣体は暗黒色。

アカツブフウセンタケ 〈Cortinarius bolaris (Pers.：Fr.) Fr.〉フウセンタケ科のキノコ。小型。傘は類白色の地に赤褐色鱗片、変色性である。ひだはクリーム色→肉桂色。

アカツボミゴケ 〈Jungermannia rubripunctata (S. Hatt.) Amakawa〉ツボミゴケ科のコケ。赤色をおびる。茎は長さ1cm。

アカツミタケ 〈Pholiota astragalina (Fr.) Sing.〉モエギタケ科のキノコ。小型～中型。傘は朱赤色、平滑、湿時粘性あり。ひだは黄色。

アカツメゴケ 〈Peltigera rufescens (Weiss.) Humb.〉ツメゴケ科の地衣類。裂片は短小。

アガティス ナンヨウスギ科の属総称。

アガティス・アウストラリス 〈Agathis australis hort. ex Lindl.〉ナンヨウスギ科の常緑高木。高さは40m。園芸植物。

アガティス・ダンマラ 〈Agathis dammara (Lamb.) L. Rich.〉ナンヨウスギ科の常緑高木。葉は卵形あるいは披針形。園芸植物。

アカテツ 赤鉄 〈Pouteria obovata (R. Br.) Baehni〉アカテツ科の常緑高木。

アカトゲノヤシ アカントフェニクス・ルブラの別名。

アカトド トドマツの別名。

アカナス トマトの別名。

アカニア アカニア科の木本。

アカニオイズイキ 〈Homalomena singaporensis Regel.〉サトイモ科。葉も葉柄も苞も辛味がある。熱帯植物。

アガニシア・プルケラ 〈Aganisia pulchella Lindl.〉ラン科。花は白色。園芸植物。

アカヌマソウ 〈Deinostema violaceum Yamazaki〉ゴマノハグサ科。

アカヌマフウロ 赤沼風露 〈Geranium yesoense Franch. et Savat. var. nipponicum Nakai〉フウロソウ科の多年草。

アカヌマフウロ ハクサンフウロの別名。

アカヌマベニタケ 〈Hygrocybe miniata (Fr.) Kummer〉ヌメリガサ科のキノコ。

アカネ 茜 〈Rubia argyi (Lév.) Hara〉アカネ科の多年草。別名アカネカズラ。長さは1～3m。薬用植物。

アカネ科 科名。

アカネスイセン 〈Eleutherine americana Merr.〉アヤメ科の草本。高さ30cm。花は白色。熱帯植物。

アカネスゲ 〈Carex poculisquama〉カヤツリグサ科。

アカネスミレ 茜菫 〈Viola phalacrocarpa Maxim. var. phalacrocarpa〉スミレ科の多年草。高さは5～10cm。花は紅紫色。園芸植物。

アカネハナワラビ 〈Botrychium × elegans (Sahashi) K. Iwats., nom. nud.〉ハナヤスリ科のシダ植物。

アカネマル 茜丸 デンモザ・ロダカンタの別名。

アカネムグラ 〈Rubia jesoensis (Miq.) Miyabe et Miyake〉アカネ科の多年草。根からアルカリを用いて赤色の染料をとる。高さは20～60cm。熱帯植物。

アカバ 〈Neodilsea yendoana Tokida〉リュウモンソウ科の海藻。基部は楔形。体は15～60cm。

アカバギンナンソウ 〈Gigartina japonica (Mikami) Kim〉スギノリ科の海藻。生時ルリ色の螢光をはなつ。体は10～30cm。

アカバグミ エラエアグヌス・スブマクロフィラの別名。

アカバシュスラン タネガシマカイロランの別名。

アカハダクスノキ 〈Beilschmiedia erythrophloia Hayata〉クスノキ科の木本。

アカハダコバンノキ 〈Margaritaria indica (Dalz.) Airy Shaw〉トウダイグサ科の木本。

アカハダノキ 〈Archidendron lucidum (Benth.) I. C. Nielsen〉マメ科の木本。別名タマザキゴウカン。

アカハダメグスリノキ 〈Acer griseum (Franch.) Pax〉カエデ科の落葉高木。幹が黄褐色。樹高15m。樹皮は帯赤色ないし淡黄褐色。園芸植物。

アカハツ 〈Lactarius akahatsu Tanaka〉ベニタケ科のキノコ。

アカバートレット バラ科のナシの品種。果皮は朱赤色。

アカバナ 赤花, 赤葉菜 〈Epilobium pyrricholophum Franch. et Savat.〉アカバナ科の多年草。別名トックリバナ。高さは15～90cm。薬用植物。

アカバナアメリカトチノキ 〈Aesculus pavia L.〉トチノキ科の木本。樹高5m。花は赤色。樹皮は濃灰色。園芸植物。

アカバナウチワ 〈Opuntia bergerana Web.〉サボテン科の多年草。

アカバナウドノキ 〈Leea rubra Bl.〉ウドノキ科の低木。花弁と萼は赤紫色。熱帯植物。園芸植物。

アカバナエビ 赤花蝦 エキノケレウス・コッキネウスの別名。

アカバナ科 科名。

アカバナカスミソウ 〈Gypsophila elegans M. Bieb. var. carminea Hort.〉ナデシコ科。園芸植物。

アカバナキョウチクトウ キョウチクトウ科。園芸植物。

アカバナサカズキアヤメ キペラ・ハーバーティーの別名。
アカバナジョチュウギク キク科。
アカバナセイヨウノコギリソウ キク科の宿根草。園芸植物。
アカバナセイヨウノコギリソウ アカムシヨケギクの別名。
アカバナチョウセンアサガオ ダツラ・サングイネアの別名。
アカバナトゲアオイ 〈Hibiscus radiatus Willd.〉アオイ科の草本。刺あり。高さは70〜150cm。花はややくすんだ黄色。熱帯植物。園芸植物。
アカバナトチノキ 赤花橡木 トチノキ科(ムクロジ科)。園芸植物。
アカバナハカマノキ 〈Bauhinia blakeana S. T. Dunn〉マメ科の常緑木。花は紫色。熱帯植物。園芸植物。
アカバナバナナノキ バンレイシ科の属総称。
アカバナバナナボク 〈Uvaria grandiflora Roxb.〉バンレイシ科の蔓木。ビワの葉に似る。果実は芳香あり。花は赤色。熱帯植物。
アカバナヒメアヤメ トリトニア・クロカタの別名。
アカバナヒルギモドキ 〈Lumnitzera coccinea Willd.〉シクンシ科の中高木、マングローブ植物。呼吸根。熱帯植物。
アカバナブラシマメ 〈Calliandra haematocephala Hassk.〉マメ科の常緑小高木。花は赤色。熱帯植物。園芸植物。
アカバナヘイシソウ サラセニア・ルブラの別名。
アカバナペンタス 〈Pentas coccinea Stapf〉アカネ科の観賞用低木。花は赤色。熱帯植物。
アカバナマツムシソウ マツムシソウ科の宿根草。
アカバナムグラ ハナヤエムグラの別名。
アカバナムショケギク アカムショケギクの別名。
アカバナヨウサイ 〈Ipomoea reptans Poir.〉ヒルガオ科の匍匐草。花は淡紅色。熱帯植物。
アカバナルリハコベ 〈Anagallis arvensis L. forma arvensis〉サクラソウ科の一年草。別名ベニバナルリハコベ。高さは10〜30cm。花は朱赤または黄赤色。
アカハナワラビ 〈Sceptridium nipponicum (Makino) Holub〉ハナヤスリ科の冬緑性シダ。葉は高さ20〜50cm。
アカバノキ 〈Acalypha wilkesiana Muell. Arg. var. macrophylla〉トウダイグサ科の観賞用低木。葉は赤いものが多い。熱帯植物。
アカバホクチビユ 〈Aerva sanguinolenta BL.〉ヒユ科の草本。葉は民間薬となる。熱帯植物。
アカハマキゴケ 〈Bryoerythrophyllum recurvirostre (Hedw.) P. C. Chen〉センボンゴケ科のコケ。茎は長さ1.5mm以下、葉は披針形〜広披針形。

アカバヤトロパ 〈Jatropha gossypifolia L.〉トウダイグサ科の低木。粘毛、葉は赤紫色。花は赤褐色。熱帯植物。
アカハラムカデゴケ 〈Physcia endococcina (Körb.) Nyl.〉ムカデゴケ科の地衣類。地衣体背面は灰褐黒色。
アガパンサス ユリ科の属総称。球根植物。別名アフリカンリリー、ムラサキクンシラン。園芸植物。切り花に用いられる。
アガパンツス・アフリカヌス 〈Agapanthus africanus (L.) Hoffmanns.〉ユリ科。高さは60cm。園芸植物。
アガパンツス・イナペルツス 〈Agapanthus inapertus Beauverd emend. Leighton〉ユリ科。高さは1m。花は淡青色。園芸植物。
アガパンツス・カンパヌラツス 〈Agapanthus campanulatus Leighton〉ユリ科。冬期休眠型。園芸植物。
アガパンツス・プラエコクス 〈Agapanthus praecox Willd. emend. Leighton〉ユリ科。高さは80〜100cm。園芸植物。
アカヒゲガヤ 〈Heteropogon contortus (L.) Beauv.〉イネ科の多年草。
アカヒゲゴケ 〈Usnea rubicunda Stirt.〉サルオガセ科の地衣類。地衣体は多少斜上する。
アカヒゲゴケモドキ 〈Usnea pseudorubicunda Asah.〉サルオガセ科の地衣類。サラチン酸、ノルスチクチン酸を含む。
アカヒダカラカサタケ 〈Melanophyllum echinatum (Roth：Fr.) Sing.〉ハラタケ科のキノコ。小型。傘は淡褐色、粉状。ひだは紅色のち暗褐色。
アカヒダササタケ 〈Dermocybe semisanguinea (Fr.) Moser in Gams〉フウセンタケ科のキノコ。小型。傘は帯黄土色〜橙黄褐色、絹糸状。ひだは血赤色→肉桂色。
アカヒダワカフサタケ 〈Hebeloma vinosophyllum Hongo〉フウセンタケ科のキノコ。小型〜中型。傘は饅頭形、湿時粘性、縁にクモの巣膜。ひだは肌色→赤褐色。
アカヒトデタケ 〈Aseroe coccinea Imaz. et Yoshimi ad interim〉アカカゴタケ科のキノコ。
アカヒメトウ ダエモノロプス・ルブラの別名。
アカフサスグリ フサスグリの別名。
アカフユノハナワラビ 〈Botrychium ternatum (Thunb.) Sw. var. pseudoternatum (Sahashi) M. Kato〉ハナヤスリ科のシダ植物。
アガペテス・オドンテケラ 〈Agapetes odontcera Hook. f.〉ツツジ科の常緑低木。
アガペテス・セルペンス 〈Agapetes serpens (Wight) Sleum.〉ツツジ科の常緑低木。高さは60〜80cm。花は赤色。園芸植物。

アガペテス・マクランタ 〈*Agapetes macrantha* Benth. et Hook. f.〉ツツジ科の常緑低木。

アガベボタン ネオゴメシア・アガウォイデスの別名。

アカボシシャクナゲ ロドデンドロン・ヒペリトルムの別名。

アカボシタツナミソウ 赤星立波草 〈*Scutellaria rubropunctata* Hayata〉シソ科の草本。

アカボシツリフネソウ 〈*Impatiens capensis* Meerb.〉ツリフネソウ科。花は橙黄色。

アカボダライタビ 〈*Ficus ruginervia* Corner〉クワ科の蔓本。果嚢は赤で、斑点がある。熱帯植物。

アカマツ 赤松 〈*Pinus densiflora* Sieb. et Zucc.〉マツ科の常緑高木。別名メマツ、メンマツ。樹高35m。樹皮は帯赤褐のち灰赤色。薬用植物。園芸植物。

アカマツリ 〈*Plumbago indica* L.〉イソマツ科の観賞用多年草。高さは1m。花はやや紫赤から緋紅色。熱帯植物。園芸植物。

アカマルハツカダイコン ラディシュの別名。

アカミカンジス 〈*Garcinia forbesii* King.〉オトギリソウ科の小木。果実は赤くリンゴ色、果肉は黄色。熱帯植物。

アカミゴケ 〈*Cladonia pleurota* (Flörke) Schaer.〉ハナゴケ科の地衣類。子柄は帯黄灰緑または灰緑色。

アカミゴケモドキ 〈*Cladonia metacorallifera* Asah.〉ハナゴケ科の地衣類。子柄は高さ1.0〜2.5cm。

アカミサンザシ 赤実山査子 バラ科の木本。別名アカミホーソン。

アカミタンポポ 〈*Taraxacum laevigatum* DC.〉キク科の多年草。瘦果が赤色。高さは10〜25cm。花は暗赤色。園芸植物。

アカミノイヌツゲ 赤実犬黄楊 〈*Ilex sugerokii* Maxim. var. *brevipedunculata* (Maxim.) S. Y. Hu〉モチノキ科の常緑低木。高山植物。

アカミノイヌホオズキ 〈*Solanum luteum* Mill.〉ナス科の一年草。別名ビロードイヌホオズキ。高さは20〜70cm。花は白色。

アカミノギボウシュゴケ ギボウシゴケの別名。

アカミノハリガネゴケ 〈*Bryum atrovirens* Vill. ex Brid.〉ハリガネゴケ科のコケ。茎は長さ5〜10mm、葉は長卵形〜卵状披針形、蒴は黄色。

アカミノヤブカラシ 〈*Cayratia yoshimurai* (Makino) Honda〉ブドウ科の草本。

アカミノルイヨウショウマ 〈*Actaea erythrocarpa* Fisch.〉キンポウゲ科の多年草。果実は赤熟。園芸植物。

アカミマンギス 〈*Garcinia hombroniana* Pierre〉オトギリソウ科の小木。果実はマンゴスチンに酷似する。熱帯植物。

アカミミズキ 赤身水木 〈*Wendlandia formosana* Cowan〉アカネ科の木本。

アカミヤドリギ 赤実宿生木 〈*Viscum album* L. subsp. *coloratum* Kom. f. *rubroaurantiacum* (Makino) Ohwi〉ヤドリギ科の木本。薬用植物。

アカムシヨケギク 赤虫除菊 〈*Chrysanthemum coccineum* Willd.〉キク科の草本。別名アカバナムシヨケギク、ペルシアジョチュウギク。花は紅色。薬用植物。園芸植物。

アカメチノキ 〈*Galearia finlaysonii* Hook.〉パンダ科の小木。枝は赤褐毛密布、葉裏はドリアンに似る。熱帯植物。

アカメイヌビワ 〈*Ficus benguetensis* Merr.〉クワ科の木本。別名ハルランイヌビワ、コウトウイヌビワ。

アカメイノデ 〈*Polystichum* × *kurokawae* Tagawa〉オシダ科のシダ植物。

アカメカエデ 〈*Acer trautvetteri* Medv.〉カエデ科の落葉高木。葉は5深裂。樹高15m。樹皮は淡灰色。園芸植物。

アカメガシワ 赤芽柏 〈*Mallotus japonicus* (Thunb. ex L. f.) Muell. Arg.〉トウダイグサ科の落葉高木。別名ゴサイバ(五菜葉)、サイモリバ(菜盛葉)。花は淡黄色。薬用植物。園芸植物。

アカメクジャク 〈*Diplazium* × *okudairaeoides* Kurata〉オシダ科のシダ植物。

アカメモチ カナメモチの別名。

アカメヤナギ 〈*Salix chaenomeloides* Kimura〉ヤナギ科の落葉大高木。別名マルバヤナギ。本州(仙台以南)、四国、九州、朝鮮半島、中国中部に分布。園芸植物。

アカメヤナギ フリソデヤナギの別名。

アカメルサワ 〈*Anisoptera megistocarpa* V. Steenis〉フタバガキ科の高木。葉裏褐毛、材は有用。熱帯植物。

アカモク 〈*Sargassum horneri* (Thrner) Agardh〉ホンダワラ科の海藻。茎は単条で円柱状。体は3〜5m。

アカモノ 赤物 〈*Gaultheria adenothrix* (Miq.) Maxim.〉ツツジ科のわい小低木。別名イワハゼ。高さは10〜30cm。花は白色。高山植物。薬用植物。園芸植物。

アカモミタケ 〈*Lactarius laeticolorus* (Imai) Imazeki〉ベニタケ科のキノコ。中型〜大型。傘は橙黄色、不明瞭な環紋あり。ひだは淡橙紅色。

アカヤエアネモネ アネモネ・フルゲンスの別名。

アカヤシオ 赤八汐、赤八塩 〈*Rhododendron pentaphyllum* var. *nikoense*〉ツツジ科の落葉低木。別名アカギツツジ、ゴヨウツツジ、ヤシオツツジ。園芸植物。

アカヤシオ アケボノツツジの別名。

アカヤジオウ ジオウの別名。

アカヤスデゴケ 〈*Frullania davurica* Hampe〉ヤスデゴケ科のコケ。赤褐色、腹葉が円形。

アカヤマタケ 〈*Hygrocybe conica* (Scop. : Fr.) Kumm.〉ヌメリガサ科(アカヤマタケ科)のキノコ。小型〜中型。傘は赤色〜橙色〜黄色、黒変、円錐形、粘性あり。ひだは淡黄色。

アカヤマドリ 〈*Leccinum extremiorientale* (L. Vass.) Sing.〉イグチ科のキノコ。大型。傘は橙褐色でビロード状。

アガリクス 〈*Agaricus blazei* Murill.〉ハラタケ科のキノコ。別名メマツタケ。薬用植物。

アガリバナ 〈*Planchonia valida* BL.〉サガリバナ科の高木。葉に鋸歯があり、花序は上向。熱帯植物。

アカリファ トウダイグサ科の属総称。別名エキノグサ。

アカリファ・ウィルクシアナ 〈*Acalypha wilkesiana* Muell. Arg.〉トウダイグサ科。花は赤みを帯びる。園芸植物。

アカリファ・ウィルケシアナ・マージナタ トウダイグサ科。別名フクリンアカリファ。園芸植物。

アカリファ・ウィルケシアナ・ムサイカ トウダイグサ科。別名ニシキアカリファ。園芸植物。

アカリファ・ヒスピダ ベニヒモノキの別名。

アガルミラ・パラシティカ 〈*Agalmyla parasitica* (Lam.) O. Kuntze〉イワタバコ科の着生植物。花は濃赤色。園芸植物。

アカンサス 〈*Acanthus mollis* L.〉キツネノマゴ科の宿根草。別名ベアーズブリーチ、ハアザミ。高さは90〜120cm。花は紫紅色を帯びた白色。薬用〜園芸植物。

アカンサス キツネノマゴ科の属総称。ハーブ。別名ハアザミ。切り花に用いられる。

アカンサス・カロリ-アレクサンドリ 〈*Acanthus caroli-alexandri* Hausskn.〉キツネノマゴ科。高さは30〜50cm。花は白か淡いピンク色。園芸植物。

アカンサス・ペリンギー 〈*Acanthus perringii* Siehe〉キツネノマゴ科。高さは30〜50cm。花は桃赤色。園芸植物。

アカンサス・モンタナス モモイロアカンサスの別名。

アカンサス・ロンギフォリウス 〈*Acanthus longifolius* Poir.〉キツネノマゴ科。高さは80〜100cm。花は赤みを帯びた淡紫色。園芸植物。

アカンツス・モンタヌス モモイロアカンサスの別名。

アカンテフィッピウム・ジャワニクム 〈*Acanthephippium javanicum* Blume〉ラン科。高さは20〜25cm。花は紫紅色。園芸植物。

アカンテフィッピウム・シルヘテンセ エンレイショウキランの別名。

アカンテフィッピウム・ストリアツム タイワンアオイランの別名。

アカンテフィッピウム・マンティニアヌム 〈*Acanthephippium mantinianum* Linden et Cogn.〉ラン科。高さは10cm。花は乳白色。園芸植物。

アカントカリキウム・ウィオラケウム 〈*Acanthocalycium violaceum* (Werderm.) Backeb.〉サボテン科のサボテン。別名紫盛丸。高さは20cm。花は淡紫を帯びた淡桃色。園芸植物。

アカントシキオス・ホリドゥス 〈*Acanthosicyos horridus* Welw. ex Hook. f.〉ウリ科の塊根植物。別名カラタチウリ。高さは1.5〜2m。花は黄緑色。園芸植物。

アカントスタキス マツカサアナナスの別名。

アカントパナクス・スキアドフィロイデス コシアブラの別名。

アカントパナックス・ギラルディイ 〈*Acanthopanax giraldii* Harms.〉ウコギ科の薬用植物。

アカントフェニクス・クリニタ 〈*Acanthophoenix crinita* (Bory) H. Wendl.〉ヤシ科。別名オニトゲノヤシ。高さは15m。花は白〜黄色。園芸植物。

アカントフェニクス・ルブラ 〈*Acanthophoenix rubra* (Bory) H. Wendl.〉ヤシ科。別名アカトゲノヤシ。高さは15〜18m。花は赤みまたは紫色。園芸植物。

アカントリモン・オリヴィエリ 〈*Acantholimon olivieri* (Jaub. et Spach) Boiss.〉イソマツ科の亜低木。園芸植物。

アカントリモン・グルマケウム 〈*Acantholimon glumaceum* (Jaub. et Spach) Boiss.〉イソマツ科の亜低木。花は桃色。園芸植物。

アカントリーモン・ベヌーストゥム 〈*Acantholimon venustum* Boiss.〉イソマツ科の多年草。

アカンペ・パピロサ 〈*Acampe papillosa* (Lindl.) Lindl.〉ラン科。茎の長さ60〜90cm。園芸植物。

アカンペ・リギダ 〈*Acampe rigida* (Sm.) P. F. Hunt〉ラン科。園芸植物。

アキー ムクロジ科の木本。

アギ 〈*Ferula assa-foetida* L.〉セリ科の薬用植物。

アキイヌワラビ 〈*Athyrium* × *akiense* Sa. Kurata〉オシダ科のシダ植物。

アキウエグラジオラス アヤメ科。園芸植物。

アキウロコゴケ 〈*Jamesoniella autumnalis* (DC.) Steph.〉ツボミゴケ科のコケ。赤色をおびる。茎は長さ1〜3cm。

アキカサスゲ 〈*Carex nemostachys* Steud.〉カヤツリグサ科の草本。

アキカラマツ 秋唐松 〈*Thalictrum minus* L. var. *hypoluecum* (Sieb. et Zucc.) Miq.〉キンポウゲ科の多年草。高さは40〜120cm。薬用植物。

アキギリ 〈*Salvia glabrescens* Makino〉シソ科の多年草。別名オオアキギリ。高さは20〜50cm。花は紫色。園芸植物。

アキグミ 秋茱萸 〈*Elaeagnus umbellata* Thunb. ex Murray〉グミ科の落葉低木。別名カワラグミ、マメグミ、シャシャブ。高さは3〜4m。花は帯黄白色。薬用植物。園芸植物。

アキザキシクラメン シクラメン・ネアポリタヌムの別名。

アキザキスノーフレーク 〈*Leucojum autumnale* L.〉ヒガンバナ科の球根植物。葉は長さ20〜25cm。花は淡い桃色。園芸植物。

アキザキナギラン 〈*Cymbidium javanicum* Blume var. *aspidistrifolium* (Fukuyama) F. Maek.〉ラン科の草本。日本絶滅危機植物。

アキザキフクジュソウ 秋咲福寿草 〈*Adonis annua* L.〉キンポウゲ科の一年草。高さは30cm。花は暗紅色。高山植物。園芸植物。

アキザキヤツシロラン ヤツシロランの別名。

アキザクラ コスモスの別名。

アキジンエイ 秋陣営 エキノフォッスロカクツス・ファウベリアヌスの別名。

アギスミレ 〈*Viola verecunda* A. Gray var. *semilunaris* Maxim.〉スミレ科の多年草。

アキタスギ スギ科の木本。

アキタブキ 〈*Petasites japonicus* (Siebold et Zucc.) Maxim. subsp. *giganteus* (G. Nicholson) Kitam.〉キク科の多年草。高さは葉柄150〜200cm。

アキダンテラ アシダンセラの別名。

アキチョウジ 秋丁字 〈*Isodon longitubus* (Miq.) Kudo〉シソ科の多年草。別名キリツボ。高さは70〜100cm。

アギナシ 顎無 〈*Sagittaria aginashi* Makino〉オモダカ科の抽水性〜湿生の多年草。別名オトガイナシ、トバエグワイ。全長8〜40cm、果実は倒卵形。高さは20〜80cm。

アキニレ 秋楡 〈*Ulmus parvifolia* Jacq.〉ニレ科(トチュウ科)の落葉高木。別名イシゲヤキ、カワラゲヤキ。高さは15m。樹皮は灰褐色。薬用植物。園芸植物。

アキネタ・クリサンタ 〈*Acineta chrysantha* (C. Morr.) Lindl. et Paxt.〉ラン科。園芸植物。

アキネタ・スペルバ 〈*Acineta superba* (H. B. K.) Rchb. f.〉ラン科。花は淡黄〜赤褐色。園芸植物。

アキネタ・バーケリ 〈*Acineta barkeri* (Batem.) Lindl.〉ラン科。高さは10cm。園芸植物。

アキノアシナガイグチ 〈*Boletellus longicollis* (Ces.) Pegler et Young〉オニイグチ科のキノコ。

アキノウナギヅル アキノウナギツカミの別名。

アキノウナギツカミ 秋鰻掴 〈*Persicaria sagittata* (L.) H. Gross ex Loesn. var. *sibirica* (Meisn.) Miyabe〉タデ科の一年生つる草。長さは20〜100cm。

アキノエノコログサ 秋狗(犬)子草 〈*Setaria faberii* Herrm.〉イネ科の一年草。高さは50〜100cm。

アキノキリンソウ 秋麒麟草 〈*Solidago virga-aurea* L. subsp. *asiatica* Kitamura〉キク科の多年草。別名アワダチソウ、キンカ。高さは60〜90cm。薬用植物。園芸植物。

アキノギンリョウソウ 秋銀竜草 〈*Monotropa uniflora* L.〉イチヤクソウ科の多年生腐生植物。別名ギンリョウソウモドキ。高さは10〜30cm。

アキノス・アルピヌス シソ科。高山植物。

アキノス・アルベンシス 〈*Acinos arvensis* Dandy〉シソ科の一年草。

アキノスズ 秋の鈴 キク科のキクの品種。園芸植物。

アキノタムラソウ 秋田村草 〈*Salvia japonica* Thunb. ex Murray〉シソ科の多年草。高さは20〜80cm。薬用植物。園芸植物。

アキノニシキ 秋の錦 アヤメ科のハナショウブの品種。園芸植物。

アキノノゲシ 秋野芥子 〈*Lactuca indica* L. var. *indica*〉キク科の一年草。高さは60〜200cm。

アキノハナワラビ ヒメハナワラビの別名。

アキノハハコグサ 〈*Gnaphalium hypoleucum* DC.〉キク科の一年草。高さは30〜60cm。

アキノベニバナサルビア サルビア・グレッギーの別名。

アキノミチヤナギ 〈*Polygonum polyneuron* Franch. et Savat.〉タデ科の一年草。別名ハマミチヤナギ。高さは40〜80cm。

アキノムラサキ 秋の紫 アブラナ科のストックの品種。園芸植物。

アキノヨソオイ 秋の装 サクラソウ科のサクラソウの品種。園芸植物。

アキバギク 〈*Aster ageratoides* subsp. *sugimotoi* Kitam.〉キク科の草本。別名キヨスミギク。

アキメニ・フロールス イワタバコ科のストレプトカルプスの品種。園芸植物。

アキメネス 〈*Achimenes hybrida* Hort.〉イワタバコ科。

アキメネス イワタバコ科のハナギリソウ属総称。球根植物。別名キューピッズボワー、ジャパニーズパンジー。

アキメネス・エレクタ 〈*Achimenes erecta* (Lam.) H. P. Fuchs〉イワタバコ科の球根植物。高さは15〜30cm。花は赤〜桃赤色。園芸植物。

アキメネス・エーレンベルギー 〈*Achimenes ehrenbergii* H. E. Moore〉イワタバコ科の多年草。

アキメネス・カンディダ 〈Achimenes candida Lindl.〉イワタバコ科の球根植物。高さは20～30cm。花は白色。園芸植物。

アキメネス・グランディフロラ サビハハナギリソウの別名。

アキメネス・スキネリ 〈Achimenes skinneri Lindl.〉イワタバコ科の球根植物。高さは30～60cm。花は濃橙赤色。園芸植物。

アキメネス・パテンス 〈Achimenes patens Benth.〉イワタバコ科の球根植物。高さは20～30cm。花は濃赤紫色。園芸植物。

アキメネス・フラヴァ 〈Achimenes flava C. V. Mort.〉イワタバコ科の球根植物。高さは40～60cm。花は濃黄色。園芸植物。

アキメネス・ヘテロフィラ 〈Achimenes heterophylla (Mart.) DC.〉イワタバコ科の球根植物。高さは20～30cm。花は橙赤色。園芸植物。

アキメネス・ペドゥンクラタ 〈Achimenes pedunculata Benth.〉イワタバコ科の球根植物。高さは40～100cm。花は橙赤色。園芸植物。

アキメネス・メキシカナ 〈Achimenes mexicana (Seem.) Benth. et Hook. f. ex Fritsch〉イワタバコ科の球根植物。高さは30～50cm。花は菫ないし淡青色。園芸植物。

アキメネス・ロンギフロラ ハナギリソウの別名。

アキメヒシバ 秋雌日芝 〈Digitaria violascens Link〉イネ科の一年草。高さは20～50cm。

アキヤマタケ 〈Hygrocybe flavescens (Kauffm.) Sing.〉ヌメリガサ科のキノコ。小型。傘はレモン色、条線・粘性あり。ひだは淡黄色。

アキヨシアザミ 〈Cirsium dipsacolepis var. calcicola〉キク科。

アキラセンセ ギムノカリキウム・アキラセンセの別名。

アキランテス・ビデンタータ 〈Achyranthes bidentata Blume.〉ヒユ科の薬用植物。

アキレア キク科の属総称。別名ハゴロモソウ。切り花に用いられる。

アキレア キバナノコギリソウの別名。

アキレア・アゲラティフォリア 〈Achillea ageratifolia (Sibth. et Sm.) Boiss.〉キク科の多年草。高さは7～12cm。花は白色。園芸植物。

アキレア・アトラータ 〈Achillea atrata L.〉キク科。高山植物。

アキレア・アルピナ ドロニクム・プランタギネウムの別名。

アキレア・ヴィルチェキー 〈Achillea × wilczekii Sünderm.〉キク科の多年草。高さは20cm。花は白色。園芸植物。

アキレア・ウンベラタ 〈Achillea umbellata Sibth. et Sm.〉キク科の多年草。高さは12～20cm。花は白色。園芸植物。

アキレア・クラベネー 〈Achillea clavennae L.〉キク科。高山植物。

アキレア・グランディフォリア 〈Achillea grandifolia Friv.〉キク科の多年草。高さは1.5m以上。花は白色。園芸植物。

アキレア・クリソコマ 〈Achillea chrysocoma Friv.〉キク科の多年草。高さは20cm。花は黄色。園芸植物。

アキレア・ケラレリ 〈Achillea × kellereri Sünderm.〉キク科の多年草。花は白色。園芸植物。

アキレア・タイゲテア 〈Achillea taygetea Boiss. et Heldr.〉キク科の多年草。高さは30cm。花は黄色。園芸植物。

アキレア・デコロランス 〈Achillea decolorans Schrad.〉キク科の多年草。高さは40cm。花は白または白黄色。園芸植物。

アキレア・トメントサ ヒメノコギリソウの別名。

アキレア・ナナ 〈Achillea nana L.〉キク科。別名ケノコギリソウ。高山植物。

アキレア・フィリペンドゥリナ キバナノコギリソウの別名。

アキレア・プタルミカ オオバナノコギリソウの別名。

アキレア・ミレフォリウム セイヨウノコギリソウの別名。

アキレア・モスカタ 〈Achillea moschata Wulfen〉キク科の多年草。別名ジャコウノコギリソウ。高さは15～20cm。花は白色。園芸植物。

アキレア・ヤボルネギー 〈Achillea × jaborneggii Halácsy〉キク科の多年草。高さは20cm。花は白色。園芸植物。

アキレア・リングラタ 〈Achillea lingulata Waldst. et Kit.〉キク科の多年草。高さは50cm。花は白色。園芸植物。

アキレジア アクイレギア・アルピナの別名。

アクア バラ科のバラの品種。切り花に用いられる。

アクイレギア 〈Aquilegia hybrida Hort.〉キンポウゲ科。

アクイレギア キンポウゲ科のオダマキ園芸品種。宿根草。

アクイレギア・アルピナ 〈Aquilegia alpina L.〉キンポウゲ科。高山植物。園芸植物。

アクイレギア・ウィリディフロラ 〈Aquilegia viridiflora Pall.〉キンポウゲ科の多年草。高さは20～35cm。園芸植物。

アクイレギア・ウルガリス セイヨウオダマキの別名。

アクイレギア・エインセレアーナ 〈Aquilegia einseleana Schultz〉キンポウゲ科。高山植物。

アクイレギア・カエルレア 〈Aquilegia caerulea Jamg〉キンポウゲ科。高山植物。

アクイレギア・スキネリー 〈Aquilegia skinneri Hook.〉キンポウゲ科の多年草。高さは1m。花は淡黄色。園芸植物。

アクイレギア・タリクトリフォリア 〈Aquilegia thalictrifolia Schott et Kotscy〉キンポウゲ科の多年草。高さは60cm。花は紫青色。園芸植物。

アクイレギア・ディスコロル 〈Aquilegia discolor Levier et Leresche〉キンポウゲ科の多年草。高さは30cm。花は白色。園芸植物。

アクイレギア・ビュルゲリアナ ヤマオダマキの別名。

アクイレギア・ピレナイカ 〈Aquilegia pyrenaica DC.〉キンポウゲ科の多年草。高さは30cm。花は紫色。高山植物。園芸植物。

アクイレギア・フラベラタ オダマキの別名。

アクイレギア・ロンギッシマ 〈Aquilegia longissima A. Gray et S. Wats.〉キンポウゲ科の多年草。高さは80cm。花は淡黄色。園芸植物。

アクイロウスタケ 〈Cantharellus cinereus (Pers.) Fr.〉アンズタケ科のキノコ。小型〜中型。傘は灰褐色〜黒褐色、漏斗形。

アクエリアス バラ科。花は濃紅色。

アクシバ 灰汁柴 〈Vaccinium japonicum Miq.〉ツツジ科の落葉低木。高山植物。

アクシバモドキ 〈Vaccinium yakushimense Makino〉ツツジ科の木本。

アクセント ヒガンバナ科のスイセンの品種。園芸植物。

アークタイアー ヒガンバナ科のスイセンの品種。園芸植物。

アクタエア・アシアティカ ルイヨウショウマの別名。

アクタエア・エリトロカルパ アカミノルイヨウショウマの別名。

アクタエア・パキポダ 〈Actaea pachypoda Elliott〉キンポウゲ科の多年草。果実は白色。園芸植物。

アクタエア・ルブラ 〈Actaea rubra (Ait.) Willd.〉キンポウゲ科の多年草。高さは20〜60cm。園芸植物。

アクティニディア・アルグタ サルナシの別名。

アクティニディア・コロミクタ ミヤママタタビの別名。

アクティニディア・ポリガマ マタタビの別名。

アクティニディア・ルファ シマサルナシの別名。

アクティノータス・ヘリアンシイ 〈Actinotus helianthii Labill.〉セリ科の多年草。

アクテフィラ 〈Actephila excelsa Muell. Arg.〉トウダイグサ科の小木。熱帯植物。

アークトチス キク科の属総称。

アークトチス・グランディス 〈Arctotis grandis Thunb.〉キク科。園芸植物。

アークトチス・ベヌスタ 〈Arctotis venusta T. Norl.〉キク科の多年草。高さは60cm。花は紫紅色。園芸植物。

アクニオイタケ 〈Mycena stipata Maas G. & Schwöbel〉キシメジ科のキノコ。小型。傘は帯黒褐色→ベージュ色。

アグノヤシ コッコトリナクス・アルゲンテアの別名。

アグラオネマ サトイモ科の属総称。

アグラオネマ・アングスティフォリウム 〈Aglaonema angustifolium N. E. Br.〉サトイモ科。高さは50cm。園芸植物。

アグラオネマ・クリスプム 〈Aglaonema crispum (hort. Pitcher et Manda) Nicols.〉サトイモ科。高さは1m以上。園芸植物。

アグラオネマ・コスタツム 〈Aglaonema costatum N. E. Br.〉サトイモ科。別名セスジグサ。園芸植物。

アグラオネマ・コンムタツム シラフイモカズラの別名。

アグラオネマ・シンプレクス 〈Aglaonema simplex Blume〉サトイモ科。別名リョクチク。高さは50〜100cm。園芸植物。

アグラオネマ・トルービー 〈Aglaonema treubii Engl.〉サトイモ科。園芸植物。

アグラオネマ・ニティドゥム 〈Aglaonema nitidum (Jack) Kunth〉サトイモ科。高さは1m。園芸植物。

アグラオネマ・ピクツム 〈Aglaonema pictum (Roxb.) Kunth〉サトイモ科の草本。別名ナガバセスジクサ。高さは30〜50cm。熱帯植物。園芸植物。

アグラオネマ・ブレウィスパツム 〈Aglaonema brevispathum (Engl.) Engl.〉サトイモ科。葉長20cm。園芸植物。

アクリドカルプス・ナタリティウス 〈Acridocarpus natalitius Juss.〉キントラノオ科のつる性低木。

アグリモニー セイヨウキンミズヒキの別名。

アグリモニア・エウパトリア 〈Agrimonia euquatoria L.〉バラ科。高山植物。

アグリモニア・ピロサ キンミズヒキの別名。

アクロクリニウム ハナカンザシの別名。

アクロコミア・アクレアタ 〈Acrocomia aculeata (Jacq.) Lodd.〉ヤシ科。高さは15〜16m。園芸植物。

アクロコミア・クリスパ 〈Acrocomia crispa (Kunth) C. F. Bak. ex Becc.〉ヤシ科。別名グルグルヤシ。高さは7〜18m。園芸植物。

アクロコミア・トタイ 〈Acrocomia totai Mart.〉ヤシ科。高さは15m。園芸植物。

アクロコミア・メキシカナ アメリカアブラヤシの別名。

アグロスティス・カニナ ヒメヌカボの別名。

アグロスティス・ギガンテア コヌカグサの別名。

アグロスティス・ストロニフェラ ハイコヌカグサの別名。

アグロスティス・ネブロサ 〈*Agrostis nebulosa* Boiss. et Reut.〉イネ科の草本。高さは40cm。園芸植物。

アグロステンマ ナデシコ科。

アグロステンマ・ギタゴ ムギセンノウの別名。

アクロトレマ 〈*Acrotrema costatum* Jack〉ビワモドキ科。花は黄色。熱帯植物。

アクロドン・ベリディフロルス 〈*Acrodon bellidiflorus* (L.) N. E. Br.〉ツルナ科。別名争魚。花は白に赤の縁どり。園芸植物。

アクロポリス ヒガンバナ科のスイセンの品種。園芸植物。

アケビ 木通, 通草 〈*Akebia quina* (Thunb. ex Murray) Decne.〉アケビ科のつる性の落葉木。別名ヤマヒメ、アケビカズラ、ハダカズラ。花は紅紫色。薬用植物。園芸植物。

アケビ アケビ科の属総称。

アケビア・トリフォリアタ ミツバアケビの別名。

アケビア・ペンタフィラ ゴヨウアケビの別名。

アケビ科 科名。

アケビカズラ 〈*Dischidia rafflesiana* Wall.〉ガガイモ科の着生植物。別名アケビモドキ。花は黄白色。園芸植物。

アケボノ 曙 ツツジ科のツツジの品種。別名タカネシボリ。園芸植物。

アケボノ 曙 バラ科のウメ(梅)の品種。果皮は淡緑黄色。

アケボノアキニレ ニレ科。園芸植物。

アケボノアセビ ツツジ科の木本。園芸植物。

アケボノアワタケ 〈*Tylopilus chromapes* (Frost.) A. H. Smith & Thiers〉イグチ科のキノコ。中型〜大型。傘は淡紅灰色〜淡赤褐色。

アケボノオシロイタケ 〈*Tyromyces incarnatus* Imazeki〉サルノコシカケ科(タコウキン科)のキノコ。小型〜中型。傘は紅色。

アケボノクロトン トウダイグサ科のクロトンノキの品種。

アケボノサクラシメジ 〈*Hygrophorus fagi* Becker et Bon〉ヌメリガサ科のキノコ。

アケボノザサ 暁笹 プレイオブラスツス・アルゲンテオストリアツスの別名。

アケボノシュスラン 曙繻子蘭 〈*Goodyera maximowicziana* Makino〉ラン科の多年草。高さは5〜10cm。

アケボノショウマ 〈*Astilbe* × *rosea* hort. van Waveren et Kruijff〉ユキノシタ科の多年草。園芸植物。

アケボノスギ メタセコイアの別名。

アケボノスミレ 曙菫 〈*Viola rossii* Hemsl.〉スミレ科の多年草。高さは10〜15cm。花は淡紅色。高山植物。園芸植物。

アケボノセンノウ 〈*Silene dioica* (L.) Clairv.〉ナデシコ科の多年草。高さは15〜80cm。花は紅紫色。高山植物。

アケボノソウ 曙草 〈*Ophelia bimaculata* Sieb. et Zucc.〉リンドウ科の一年草または越年草。高さは50〜80cm。花は黄白色。園芸植物。

アケボノツツジ 曙躑躅 〈*Rhododendron pentaphyllum* Maxim. var. *pentaphyllum*〉ツツジ科の落葉低木。花は淡桃色。園芸植物。

アケボノフウロ 曙風露 〈*Geranium sanguineum* L.〉フウロソウ科の宿根草。高さは20〜60cm。花は紅紫色。園芸植物。

アケボノフジ 〈*Wisteria floribunda* (Willd.) DC. f. *alborosea* (Makino) Okuyama〉マメ科。園芸植物。

アケボノモズク 〈*Trichogloea requienii* (Montagne) Kuetzing〉ベニモズク科の海藻。蠕虫状。

アケラス・アントロポフォルム 〈*Aceras anthropophorum* Ait. f.〉ラン科の多年草。

アゲラータム オオカッコウアザミの別名。

アゲラツム キク科の属総称。

アゲラツム・ヒューストニアヌム オオカッコウアザミの別名。

アケリフィルム・ロッシー イワヤツデの別名。

アケル・アクミナツム 〈*Acer acuminatum* Wall. ex D. Don〉カエデ科の落葉高木。葉柄は赤色。高さは7m。園芸植物。

アケル・アンプルム 〈*Acer amplum* Rehd.〉カエデ科の落葉高木。葉は大きい。園芸植物。

アケル・ウィルソニー 〈*Acer wilsonii* Rehd.〉カエデ科の落葉高木。葉は3深裂。園芸植物。

アケル・ウェルティヌム ペルシヤカジカエデの別名。

アケル・エリアンツム 〈*Acer erianthum* Schwer.〉カエデ科の落葉高木。果実は桃色の翼をもつ。園芸植物。

アケル・オパルス オパールカエデの別名。

アケル・オリヴェリアヌム 〈*Acer oliverianum* Pax〉カエデ科の落葉高木。葉は5〜7裂。園芸植物。

アケル・カエシウム 〈*Acer caesium* Wall. ex Brandis〉カエデ科の落葉高木。葉は3裂。園芸植物。

アケル・カッパドキクム モミジイタヤの別名。

アケル・カンペストレ コブカエデの別名。

アケル・キッシフォリウム ミツデカエデの別名。

アケル・キャンベリー 〈*Acer campbellii* Hook. f. et T. Thoms. ex Hiern〉カエデ科の落葉高木。葉縁に細欠刻がある。園芸植物。

19

アケルキル

アケル・キルキナツム　ツタカエデの別名。
アケル・クラタエギフォリウム　ウリカエデの別名。
アケル・グラブルム　〈Acer glabrum Torr.〉カエデ科の落葉高木。樹皮は赤褐色から灰色。園芸植物。
アケル・グランディデンタツム　〈Acer grandidentatum Nutt. ex Torr. et A. Gray〉カエデ科の落葉高木。別名オオキレハカエデ。葉は3裂。園芸植物。
アケル・グロッセリ　〈Acer grosseri Pax〉カエデ科の落葉高木。幹に白い縞。園芸植物。
アケル・サッカリヌム　ギンヨウカエデの別名。
アケル・サッカルム　サトウカエデの別名。
アケル・シーボルディアヌム　コハウチワカエデの別名。
アケル・シラサワヌム　オオイタヤメイゲツの別名。
アケル・ジラルディー　〈Acer giraldii Pax〉カエデ科の落葉高木。葉は幅広である。園芸植物。
アケル・ステルクリアケウム　〈Acer sterculiaceum Wall.〉カエデ科の落葉高木。葉は掌状に5裂する。園芸植物。
アケル・スピカツム　アメリカヤマモミジの別名。
アケル・センペルウィレンス　〈Acer sempervirens L.〉カエデ科の落葉高木。常緑革質葉をもつ。園芸植物。
アケル・ダヴィディー　シナカエデの別名。
アケル・ツェーシェンセ　〈Acer × zoeschense Pax〉カエデ科の落葉高木。葉色は濃緑色。園芸植物。
アケル・ディヴェルゲンス　〈Acer divergens Pax〉カエデ科の落葉高木。葉は5裂。園芸植物。
アケル・ディーキー　〈Acer × dieckii (Pax) Pax〉カエデ科の落葉高木。葉は5裂。園芸植物。
アケル・テトラメルム　〈Acer tetramerum Pax〉カエデ科の落葉高木。冬期枝は赤色。園芸植物。
アケル・トゥルケスタニクム　〈Acer turkestanicum Pax〉カエデ科の落葉高木。葉は3〜5裂。園芸植物。
アケル・トリフロルム　オニメグスリの別名。
アケル・トンプソニー　〈Acer thompsonii Miq.〉カエデ科の落葉高木。葉は5裂。園芸植物。
アケル・ニグルム　〈Acer nigrum Michx. f.〉カエデ科の落葉高木。幹は灰黒色。園芸植物。
アケル・ニコエンセ　メグスリノキの別名。
アケル・ネグンド　ネグンドカエデの別名。
アケル・パクシー　〈Acer paxii Franch.〉カエデ科の落葉高木。葉は3裂。園芸植物。
アケル・バルビネルウェ　〈Acer barbinerve Maxim.〉カエデ科の落葉高木。葉縁に粗い欠刻がある。園芸植物。
アケル・パルマツム　イロハモミジの別名。

アケル・ピクナンツム　ハナノキの別名。
アケル・ビュルゲリアヌム　トウカエデの別名。
アケル・ヒルカヌム　〈Acer hyrcanum Fisch. et C. A. Mey.〉カエデ科の落葉高木。葉は5裂。園芸植物。
アケル・ファブリ　〈Acer fabri Hance〉カエデ科の落葉高木。葉は長披針形。高さは10m。園芸植物。
アケル・フォレスティー　〈Acer forrestii Diels〉カエデ科の落葉高木。幹に縞あり。園芸植物。
アケル・プセウドプラタヌス　セイヨウカジカエデの別名。
アケル・プラタノイデス　ヨーロッパカエデの別名。
アケル・フラベラツム　〈Acer flabellatum Rehd.〉カエデ科の落葉高木。葉は7〜9裂。高さは10m。園芸植物。
アケル・フルウェスケンス　〈Acer fulvescens Rehd.〉カエデ科の落葉高木。葉は3〜5裂。園芸植物。
アケル・フロリダヌム　〈Acer floridanum (Chapm.) Pax〉カエデ科の落葉高木。北アメリカ南東部原産。園芸植物。
アケル・ペクティナツム　〈Acer pectinatum Wall. ex Nichols.〉カエデ科の落葉高木。幹は紫紅色〜褐色から灰色。園芸植物。
アケル・ヘルトライヒー　〈Acer heldreichii Orph. ex Boiss.〉カエデ科の落葉高木。葉は長楕円形。園芸植物。
アケル・ペンシルヴァニクム　シロスジカエデの別名。
アケル・ペンタフィルム　〈Acer pentaphyllum Diels〉カエデ科の落葉高木。葉は5裂。園芸植物。
アケル・ヘンリー　シナミツバカエデの別名。
アケル・マクシモヴィッチー　〈Acer maximowiczii Pax〉カエデ科の落葉高木。葉は三角形。園芸植物。
アケル・マクロフィルム　ヒロハカエデの別名。
アケル・マンシュリクム　〈Acer mandschuricum Maxim.〉カエデ科の落葉高木。別名マンシュウカエデ。葉は3出複葉。園芸植物。
アケル・モノ　エゾイタヤの別名。
アケル・モリソネンセ　〈Acer morrisonense Hayata〉カエデ科の落葉高木。別名タカサゴウリカエデ。葉は5浅裂。園芸植物。
アケル・モンスペッスラヌム　〈Acer monspessulanum L.〉カエデ科の落葉高木。別名フランスモミジ。葉は3裂。園芸植物。
アケル・ヤポニクム　ハウチワカエデの別名。
アケル・ラエウィガツム　〈Acer laevigatum Wall.〉カエデ科の落葉高木。葉は細い披針形。園芸植物。

アケル・ラクシフロルム 〈*Acer laxiflorum* Pax〉カエデ科の落葉高木。葉は二等辺三角形状。園芸植物。

アケル・ルフィネルウェ ウリハダカエデの別名。

アケル・ルブルム アメリカハナノキの別名。

アケル・ローベリー ロベールカエデの別名。

アコウ 雀榕 〈*Ficus superba* (Miq.) Miq. var. *japonica* Miq.〉クワ科の常緑高木。別名アコギ、アコミズキ。園芸植物。

アコウグンバイ 〈*Lepidium draba* L.〉アブラナ科の多年草。別名アコウグンバイナズナ、イヌグンバイナズナ。高さは50cm。花は白色。

アコウザンショウ 〈*Zanthoxylum ailanthoides* Sieb. et Zucc. var. *boninshimae* (Koidz.) Yamazaki〉ミカン科の落葉高木。

アコウネッタイラン 〈*Tropidia calcarata*〉ラン科。

アコエロラフェ・ライティー 〈*Acoelorraphe wrightii* (Griseb. et H. Wendl.) H. Wendl. ex Becc.〉ヤシ科。高さは3〜8m。花はクリーム色。園芸植物。

アコカンテラ・スペクタビリス サンタンカモドキの別名。

アゴニス・フレクスオサ 〈*Agonis flexuosa* (Willd.) Sweet〉フトモモ科の低木ないし小高木。高さは15m。花は白色。園芸植物。

アゴニス・ユニペリナ 〈*Agonis juniperina* Schauer〉フトモモ科の低木ないし小高木。高さは5〜15m。花は白色。園芸植物。

アコニタム トリカブトの別名。

アコニツム・アングリクム 〈*Aconitum anglicum* Stapf〉キンポウゲ科の多年草。高さは1m。花は藤色。園芸植物。

アコニツム・ウルパリア 〈*Aconitum vulparia* Rchb.〉キンポウゲ科の多年草。高さは1m。花は淡黄色。高山植物。園芸植物。

アコニツム・カーマイケリー トリカブトの別名。

アコニツム・カンマルム 〈*Aconitum cammarum* L.〉キンポウゲ科の多年草。高さは1〜1.2m。花は紫、青色。園芸植物。

アコニツム・クスネゾフィー 〈*Aconitum Kusnezofii* Reichb.〉キンポウゲ科の薬用植物。

アコニツム・セプテントリオナーレ キンポウゲ科の宿根草。

アコニツム・ナペルス 〈*Aconitum napellus* L.〉キンポウゲ科の多年草。別名ヨウシュトリカブト。高さは1m。花は菫色。高山植物。園芸植物。

アコニツム・ビコロル 〈*Aconitum × bicolor* Schult.〉キンポウゲ科の多年草。高さは1m。花は白で紫の縁どり。園芸植物。

アコニツム・フェロクス 〈*Aconitum ferox* Wall. ex Ser.〉キンポウゲ科の多年草。高さは1m。花はややくすんだ青色。園芸植物。

アコニツム・ブラキポドム 〈*Aconitum brachypodum* Diels.〉キンポウゲ科の薬用植物。

アコニツム・ホケリー 〈*Aconitum hookeri.*〉キンポウゲ科。高山植物。

アコニツム・ヤポニクム オクトリカブトの別名。

アコニツム・ロクツィアヌム レイジンソウの別名。

アコルス・グラミネウス セキショウの別名。

アサ 麻 〈*Cannabis sativa* L.〉クワ科の一年草。別名タイマ。雌雄異株。高さは1〜3m。熱帯植物。薬用植物。

アサイトゴケ 〈*Pseudoleskeopsis zippelii* (Dozy & Molk.) Broth.〉ウスグロゴケ科のコケ。茎は這い、枝葉は広卵形。

アサイヤシ ヤシ科。

アサ科 科名。

アサガオ 朝顔 〈*Pharbitis nil* (L.) Choisy〉ヒルガオ科の一年草のつる植物。薬用植物。園芸植物。

アサガオ ヒルガオ科の属総称。

アサガオカラクサ 〈*Evolvulus alsinoides* (L.) L.〉ヒルガオ科の匍匐草。花はコバルト色。熱帯植物。

アサガスミ キンポウゲ科のクレマチスの品種。

アサガラ 麻殻 〈*Pterostyrax corymbosa* Sieb. et Zucc.〉エゴノキ科の落葉高木。

アサギイセン フリージア・ブルーレディの別名。

アサギリカク 朝霧閣 リッテロケレウス・プルイノスの別名。

アサギリソウ 朝霧草 〈*Artemisia schmidtiana* Maxim.〉キク科の宿根草。別名ハクサンヨモギ。高さは15〜40cm。高山植物。園芸植物。

アサクサノリ 浅草海苔 〈*Porphyra tenera* Kjellman〉ウシケノリ科の海藻。厚さ14〜26μ。

アサグモ 朝雲 〈Asagumo, Oriental Dawn〉バラ科。ハイブリッド・ティーローズ系。花は黄色。

アサクラザンショウ 朝倉山椒 〈*Zanthoxylum piperitum* (L.) DC. forma *inerme* Makino.〉ミカン科の薬用植物。別名タンバサンショウ、ジョウコウジサンショウ。

アサザ 浅沙 〈*Nymphoides peltata* (Gmel.) O. Kuntze〉ミツガシワ科(リンドウ科)の多年生の浮葉植物。別名スイレンダマシ、イヌジュンサイ、ハナジュンサイ。葉身は卵型〜円形、裏面は紫色がかり粒状の腺点が顕著。花は黄色。園芸植物。日本絶滅危機植物。

アサヅマブネ 浅妻舟 アヤメ科のハナショウブの品種。園芸植物。

アサダ 〈*Ostrya japonica* Sargent〉カバノキ科の落葉高木。別名ミノカブリ、ハネカワ。樹高17m。樹皮は灰褐色。

アサタテバガシワ 〈*Mallotus subpeltatus* Muell. Arg.〉トウダイグサ科の小木。葉柄は浅く楯状につく。熱帯植物。

アサツキ 浅葱 〈*Allium schoenoprasum* L. var. *foliosum* Regel〉ユリ科の多年草。別名イトツキ、イトネギ。高さは30～60cm。薬用植物。園芸植物。

アサトビラキ 朝戸開 アヤメ科のハナショウブの品種。園芸植物。

アサノハカエデ 麻葉楓 〈*Acer argutum* Maxim.〉カエデ科の雌雄異株の小高木。別名ミヤマモミジ。高山植物。

アサバソウ ピレア・カディエレイの別名。

アサヒ 旭 〈McIntosh Red〉 バラ科のリンゴ(苹果)の品種。果皮は濃紅色。

アサヒエビネ 〈*Calanthe hattorii* Schltr.〉ラン科。別名シマエビネ。日本絶滅危機植物。

アサヒカズラ 〈*Antigonon leptopus* Hook. et Arn.〉タデ科の観賞用蔓性半木。別名ニトベカズラ。花は赤～ピンク色。熱帯植物。園芸植物。

アサヒナゴケ 〈*Solenospora asahinae* Zahlbr.〉チャシブゴケ科の地衣類。地衣体は鱗片状。

アサヒナサルオガセ 〈*Usnea torquescens* Stirt. var. *asahinae* (Mot.) Asah.〉サルオガセ科の地衣類。地衣体は伸長し、樹皮より垂れ下がる。

アサヒマル 旭丸 アヤメ科のハナショウブの品種。園芸植物。

アサヒマル 朝日丸 マミラリア・ロダンタの別名。

アサヒヤマ バラ科のサクラの品種。

アサヒラン サワランの別名。

アザブタデ 麻布蓼 〈*Persicaria hydropiper* (L.) Spach var. *fastigiata* (Makino) Araki〉タデ科。別名エドタデ。

アサマキスゲ 〈*Hemerocallis vespertina*〉ユリ科。

アサマヒゴタイ 〈*Saussurea nipponica* var. *savatieri*〉キク科。

アサマフウロ 浅間風露 〈*Geranium soboliferum* Komarov var. *soboliferum*〉フウロソウ科の多年草。高さは60～80cm。花は紅紫色。園芸植物。

アサマリンドウ 朝熊竜胆 〈*Gentiana sikokiana* Maxim.〉リンドウ科の多年草。高さは7～25cm。

アザミ 〈*Cirsium*〉キク科の属総称。

アザミ ノアザミの別名。

アザミカンギク 〈*Chrysanthemum indicum* L. var. *hortense* Makino〉キク科。

アザミギク キク科。園芸植物。

アザミゲシ 薊芥子 〈*Argemone mexicana* L.〉ケシ科の観賞用多年草。高さは30～60cm。花は淡黄色。熱帯植物。薬用植物。

アザミコギク 〈*Chrysanthemum* × *morifolium* Ramat.〉キク科。

アサミドリシオグサ 〈*Cladophora sakaii* Abbott〉シオグサ科の海藻。生のものは深緑色。

アザミヤグルマ 〈*Centaurea americana* Nutt.〉キク科の一年草。高さは2m。花は淡紫紅色。園芸植物。

アサムマンゴウ 〈*Mangifera quadrifida* Jack.〉ウルシ科の高木。葉はマンゴウに似る。花は黄色。熱帯植物。

アサーラ・インテグリフォリア 〈*Azara integrifolia* Ruiz et Pav.〉イイギリ科の常緑木。高さは1.5m。花は黄色。園芸植物。

アサーラ・デンタタ 〈*Azara dentata* Ruiz et Pav.〉イイギリ科の常緑木。高さは2.5～3m。花は黄色。園芸植物。

アサーラ・ミクロフィラ コバノアサーラの別名。

アサリナ・アンティリニフロラ 〈*Asarina antirrhiniflora* (Humb. et Bonpl.) Penn.〉ゴマノハグサ科の多年草。花は紫または帯桃白色。園芸植物。

アサリナ・エルベスケンス 〈*Asarina erubescens* (D. Don) Penn.〉ゴマノハグサ科の多年草。花は桃紅色。園芸植物。

アサリナ・バークレイアナ 〈*Asarina barclaiana* (Lindl.) Penn.〉ゴマノハグサ科の多年草。花は紫色。園芸植物。

アサリナ・プロクンベンス 〈*Asarina procumbens* (Mill.)〉ゴマノハグサ科の多年草。花は白～淡黄色。園芸植物。

アサリナ・ロセイ 〈*Asarina rosei* (Munz) Penn.〉ゴマノハグサ科の多年草。花は桃色。園芸植物。

アサルム・アサロイデス タイリンアオイの別名。

アサルム・アスペルム ミヤコアオイの別名。

アサルム・ウンゼン ウンゼンカンアオイの別名。

アサルム・エウロパエウム オウシュウサイシンの別名。

アサルム・カウダツム 〈*Asarum caudatum* Lindl.〉ウマノスズクサ科の多年草。別名セイガンサイシン。葉は円形。園芸植物。

アサルム・カウレスケンス フタバアオイの別名。

アサルム・キュウシアヌム ツクシアオイの別名。

アサルム・クルウィスティグマ カギガタアオイの別名。

アサルム・クロサワエ イワタカンアオイの別名。

アサルム・コスタツム トサノアオイの別名。

アサルム・サヴァティエリ オトメアオイの別名。

アサルム・サカワヌム サカワサイシンの別名。

アサルム・サツメンセ サツマアオイの別名。

アサルム・シーボルディー ウスバサイシンの別名。

アサルム・スブグロボスム マルミカンアオイの別名。

アサルム・タカオイ ヒメカンアオイの別名。

アサルム・タマエンセ タマノカンアオイの別名。

アサルム・ディミディアツム　クロフネサイシンの別名。
アサルム・トリギヌム　サンコカンアオイの別名。
アサルム・ニッポニクム　カンアオイの別名。
アサルム・フォルベシ　〈*Asarum forbesii* Maxim.〉ウマノスズクサ科の薬用植物。
アサルム・ブルメイ　ランヨウアオイの別名。
アサルム・ヘクサロブム　サンヨウアオイの別名。
アサルム・ヘテロトロポイデス　オクエゾサイシンの別名。
アサルム・ミナミタニアヌスム　オナガカンアオイの別名。
アサルム・ムラマツイ　アマギカンアオイの別名。
アサルム・メガカリクス　コシノカンアオイの別名。
アサルム・レプトフィルム　オナガサイシンの別名。
アザレア　ツツジ科の園芸品種群。木本。別名オランダツツジ、セイヨウツツジ。園芸植物。
アシ　ヨシの別名。
アジアンタム　イノモトソウ科(ホウライシダ科、ワラビ科)のクジャクシダ属の総称。
アジアンタム・カウダツム　〈*Adiantum caudatum* L.〉ワラビ科。別名クジャクデンダ。葉長10〜30cm。園芸植物。
アジアンタム・クネアータム　ホウライシダ科(ウラボシ科)。別名カラクサホウライシダ、コバホウライシダ。園芸植物。
アジアンタム・ディアファヌム　スキヤクジャクの別名。
アジアンタム・テネルム　〈*Adiantum tenerum* Swartz〉ワラビ科。高さは1m。園芸植物。
アジアンタム・テラペジフォルメ　〈*Adiantum trapeziforme* L.〉ワラビ科。別名ヒシガタホウライシダ。園芸植物。
アジアンタム・ビクトリエー　ホウライシダ科(ウラボシ科)。別名オカメホウライシダ、アメリカホウライシダ。園芸植物。
アジアンタム・ヒスピドゥルム　〈*Adiantum hispidulum* Swartz〉ワラビ科。別名アラゲクジャク。葉長20〜40cm。園芸植物。
アジアンタム・フィリペンセ　〈*Adiantum philippense* L.〉ワラビ科。別名ハンゲツクジャク。葉長20cm。園芸植物。
アジアンタム・ペルーウィアヌム　〈*Adiantum peruvianum* Klotzsch〉ワラビ科。園芸植物。
アジアンタム・マクロフィルム　〈*Adiantum macrophyllum* Swartz〉ワラビ科(ウラボシ科)。別名ヒロハクジャク。葉長15〜30cm。園芸植物。
アジアンタム・ミクロピンヌルム　ウラボシ科。別名カスミホウライシダ。園芸植物。

アジアンタム・ラッディアヌム　〈*Adiantum raddianum* K. Presl〉ワラビ科。別名カラクサホウライシダ、コバホウライシダ。葉長15〜30cm。園芸植物。
アジアンタム・レニフォルメ　〈*Adiantum reniforme* L.〉ワラビ科。園芸植物。
アシウスギ　メタセコイアの別名。
アシウテンナンショウ　〈*Arisaema ovale* Nakai var. *ovale*〉サトイモ科の草本。
アシカキ　足掻　〈*Leersia japonica* Makino〉イネ科の半抽水植物。高さ20〜50cm、花序は5〜10本あまりの枝が斜上して総状。
アシガタシダ　〈*Pteris grevilleana* Wall. ex Agardh〉イノモトソウ科(ワラビ科)の常緑性シダ。葉身は長さ8〜20cm。卵形からほぼ円形。
アシグロタケ　〈*Polyporus badius* (Pers. ∶ S. F. Gray) Schw.〉サルノコシカケ科のキノコ。中型〜大型。傘は黄褐色〜黒褐色、無毛平滑。
アシグロホウライタケ　〈*Marasmiellus nigripes* (Schw.) Sing.〉キシメジ科のキノコ。
アジサイ　紫陽花　〈*Hydrangea macrophylla* (Thunb. ex Murray) Ser.〉ユキノシタ科の落葉低木。観賞用植物。高さは2〜3m。花は白色。熱帯植物。薬用植物。園芸植物。切り花に用いられる。
アジサイ　ユキノシタ科の属総称。別名ナナヘンゲ、テマリバナ。
アシズリノジギク　〈*Chrysanthemum japonense* var. *ashizuriense*〉キク科。
アシダカシコロゴケ　〈*Parmeliella nigrocinerea* (Nyl.) Vain. var. *asahinae* Räs.〉ハナビラゴケ科の地衣類。地衣体は褐色。
アシタカジャコウソウ　〈*Chelonopsis yagiharana* Hisauchi et Matuno ex Hisauchi〉シソ科。
アシタカツツジ　愛鷹躑躅　〈*Rhododendron komiyamae* Makino〉ツツジ科の半常緑の低木または高木。
アシタバ　明日葉　〈*Angelica keiskei* (Miq.) Koidz.〉セリ科のハーブ。別名アシタグサ、ハチジョウソウ。若い茎葉や蕾を食用とする。高さは80〜120cm。薬用植物。園芸植物。
アシダンセラ　アヤメ科の属総称。球根植物。別名ピーコックオーキッド。
アシダンセラ・ビコロル　〈*Acidanthera bicolor* Hochst.〉アヤメ科の球茎植物。高さは60cm。花はクリーム白色。園芸植物。
アシダンセラ・ムリエレー　〈*Acidanthera bicolor* Hochst. var. *murieliae* R. H. Perry〉アヤメ科の球根植物。別名ニオイグラジオラス。園芸植物。
アシツキ　葦付　ネンジュモ科。
アシナガイグチ　〈*Boletellus elatus* Nagasawa〉オニイグチ科のキノコ。小型〜中型。傘は赤褐色〜栗褐色。

アシナガイタチタケ 〈*Psathyrella spadiceogrisea* (Schaeff. : Fr.) Maire〉ヒトヨタケ科のキノコ。小型〜中型。傘は橙褐色〜暗褐色、幼時被膜あり。ひだは暗紫褐色。

アシナガタケ 〈*Mycena polygramma* (Bull. : Fr.) S. F. Gray〉キシメジ科のキノコ。小型。傘は淡灰褐色〜灰褐色。ひだは赤褐色のしみ。

アシナガトマヤタケ 〈*Inocybe acutata* Takahito Kobayashi & Nagasawa〉フウセンタケ科のキノコ。小型。傘は暗褐色、繊維状、放射状に裂ける。ひだは黄褐色。

アシナガヌメリ 〈*Hebeloma spoliatum* (Fr.) Karst.〉フウセンタケ科のキノコ。小型〜中型。傘は饅頭形→平ら、湿時粘性、褐色。ひだは白色→汚色色。

アシナガムシトリスミレ 〈*Pinguicula caudata* Schlect.〉タヌキモ科の多年草。

アシパシア・ウァリエガタ 〈*Aspasia variegata* Lindl.〉ラン科。花は淡緑色。園芸植物。

アシパシア・エピデンドロイデス 〈*Aspasia epidendroides* Lindl.〉ラン科。花は淡桃色。園芸植物。

アシパシア・ルナタ 〈*Aspasia lunata* Lindl.〉ラン科。高さは10〜15cm。花は黄緑地に紫褐色の斑点。園芸植物。

アシブトアミガサタケ 〈*Morchella crassipes* (Vent.) Pers.〉アミガサタケ科のキノコ。

アシベツキゴケ 〈*Stereocaulon myriocarpum* Th. Fr. (lobaric acid strain)〉キゴケ科の地衣類。頭状体は灰色。

アシベニイグチ 〈*Boletus calopus* Fr.〉イグチ科のキノコ。中型〜大型。傘は黄褐色〜淡褐色。

アシボソ 足細 〈*Microstegium vimineum* (Trin.) A. Camus〉イネ科の一年草。高さは60〜90cm。

アシボソアカバナ 足細赤花 〈*Epilobium dielsii* Lév.〉アカバナ科の草本。別名ナガエアカバナ。高山植物。

アシボソアミガサタケ 〈*Morchella deliciosa* Fr.〉アミガサタケ科のキノコ。

アシボソクリタケ 〈*Naematoloma dispersum* Karst.〉モエギタケ科のキノコ。

アシボソスゲ シロウマスゲの別名。

アシボソチチタケ 〈*Lactarius gracilis* Hongo〉ベニタケ科のキノコ。小型。傘は淡褐色、中央に小突起。細粒状。ひだは淡肉色。

アシボソトマヤタケ 〈*Inocybe calospora* Quél.〉フウセンタケ科のキノコ。

アシボソノボリリュウタケ 〈*Helvella elastica* Bull. : Fr.〉ノボリリュウタケ科のキノコ。小型。頭部は鞍形、黄土色〜淡褐色。

アシボソムラサキハツ 〈*Russula gracillima* J. Schäffer〉ベニタケ科のキノコ。

アジュガ セイヨウキランソウの別名。

アシュラ 阿修羅 〈*Huernia pillansii* N. E. Br.〉ガガイモ科の多肉植物。高さは3〜4cm。花は黄緑地に赤い毛茸様のものを全面につける。園芸植物。

ア・シュロップシャー・ラド 〈A Shropshire Lad〉バラ科。イングリッシュローズ系。花は薄いピンク。

アジロンダック ブドウ科のブドウ(葡萄)の品種。果皮は紫黒、濃黒色。

アスカ 飛鳥 ナヴァホア・ピーブレシアナの別名。

アスカイノデ 〈*Polystichum fibrilloso-paleaceum* (Kodama) Tagawa〉オシダ科の常緑性シダ。葉柄下部の鱗片は狭披針形。

アズキ 小豆 〈*Vigna angularis* (Willd.) Ohwi et Ohashi var. *angularis*〉マメ科の薬用植物。別名ショウズ。花は黄色。園芸植物。

アズキナシ 小豆梨 〈*Sorbus alnifolia* (Sieb. et Zucc.) K. Koch〉バラ科の落葉高木。別名カタスギ、ハカリノメ。高さは20m。花は白色。樹皮は暗褐色。園芸植物。

アスクレピアス ガガイモ科の属総称。別名パンヤソウ、トウワタ、オオトウワタ。

アスクレピアス ヤナギトウワタの別名。

アスクレピアス・インカルナタ 〈*Asclepias incarnata* L.〉ガガイモ科の多年草。高さは60〜120cm。花は深紅色。園芸植物。

アスクレピアス・ウェルティキラタ 〈*Asclepias verticillata* L.〉ガガイモ科の多年草。高さは40〜60cm。花は緑白色。園芸植物。

アスクレピアス・クラッサウィカ トウワタの別名。

アスクレピアス・シリアカ オオトウワタの別名。

アスクレピアス・ツベロサ ヤナギトウワタの別名。

アスコグロッスム・カロプテルム 〈*Ascoglossum calopterum* (Rchb. f.) Schlechter〉ラン科。花は濃紫紅色。園芸植物。

アスコケンダ ラン科の属総称。

アスコケンダ・アイリーン・ビューティー 〈× *Ascocenda* Elieen Beauty〉ラン科。花は濃橙赤色。園芸植物。

アスコケンダ・アラヤ 〈× *Ascocenda* Araya〉ラン科。花は紫紅色。園芸植物。

アスコケンダ・イプ・サム・ワー 〈× *Ascocenda* Yip Sum Wah〉ラン科。花は橙赤色。園芸植物。

アスコケンダ・ウィラス 〈× *Ascocenda* Wilas〉ラン科。花はピンク、赤、オレンジ色。園芸植物。

アスコケンダ・オオイ・ブーン・ハート 〈× *Ascocenda* Ooi Boon Hart〉ラン科。花はピンクまたはブルー。園芸植物。

アスコケンダ・カセム 〈× *Ascocenda* Kasem〉ラン科。花は濃青紫色。園芸植物。

アスコケンダ・クイーン・フローリスト 〈× *Ascocenda* Queen Florist〉ラン科。花は濃紫紅色。園芸植物。

アスコケンダ・ゴールデン・グロー 〈× *Ascocenda* Golden Glow〉ラン科。花は濃黄、橙黄色。園芸植物。

アスコケンダ・ジョージ・リビー 〈× *Ascocenda* George Libby〉ラン科。高さは35cm。花はピンク、ブルー。園芸植物。

アスコケンダ・タン・チャイ・ベン 〈× *Ascocenda* Tan Chai Beng〉ラン科。花は濃青紫色。園芸植物。

アスコケンダ・ネイヴィー・ブルー 〈× *Ascocenda* Navy Blue〉ラン科。花は青紫色。園芸植物。

アスコケンダ・ピスウォング 〈× *Ascocenda* Piswong〉ラン科。花はピンク、紫紅色、オレンジ色。園芸植物。

アスコケンダ・ファイラト 〈× *Ascocenda* Phairot〉ラン科。園芸植物。

アスコケンダ・フィフィティース・ステイト・ビューティー 〈× *Ascocenda* 50th State Beauty〉ラン科。花はピンク、赤、オレンジ色。園芸植物。

アスコケンダ・ブルー・ボーイ 〈× *Ascocenda* Blue Boy〉ラン科。花はブルー。園芸植物。

アスコケンダ・ペギー・フー 〈× *Ascocenda* Peggie Foo〉ラン科。園芸植物。

アスコケンダ・ボナンザ 〈× *Ascocenda* Bonanza〉ラン科。花はピンク、赤、橙赤色。園芸植物。

アスコケンダ・メダ・アーノルド 〈× *Ascocenda* Meda Arnold〉ラン科。花は青、桃、赤、橙色。園芸植物。

アスコケンダ・メダサンド 〈× *Ascocenda* Medasando〉ラン科。花はややピンクみが濃い色。園芸植物。

アスコケンダ・レディー・ブーンクア 〈× *Ascocenda* Lady Boonkua〉ラン科。園芸植物。

アスコケントルム ラン科の属総称。

アスコケントルム・アンプラケウム 〈*Ascocentrum ampullaceum* (Roxb.) Schlechter〉ラン科。高さは10〜15cm。花は鮮桃紫色。園芸植物。

アスコケントルム・クルウィフォリウム 〈*Ascocentrum curvifolium* (Lindl.) Schlechter〉ラン科。高さは20〜25cm。園芸植物。

アスコケントルム・ケム・タイ 〈*Ascocentrum* Khem Thai〉ラン科。花は橙黄色。園芸植物。

アスコケントルム・サガリク・ゴールド 〈*Ascocentrum* Sagarik Gold〉ラン科。高さは15cm。花は橙紫色。園芸植物。

アスコケントルム・プミルム 〈*Ascocentrum pumilum* (Hayata) Schlechter〉ラン科。高さは5〜8cm。花は鮮紫紅色。園芸植物。

アスコケントルム・ヘンダーソニアヌム 〈*Ascocentrum hendersoninum* (Rchb. f.) Schlechter〉ラン科。高さは5〜10cm。花は桃色。園芸植物。

アスコフィネティア・チェリー・ブロッサム 〈× *Ascofinetia* Cherry Blossom〉ラン科。花は鮮紫桃色。園芸植物。

アスコフィネティア・トゥインクル 〈× *Ascofinetia* Twinkle〉ラン科。花は橙黄色。園芸植物。

アスコフィネティア・ピーチェス 〈× *Ascofinetia* Peaches〉ラン科。花は橙赤色。園芸植物。

アスコラノ 〈White Olive, Ascoli〉モクセイ科のオリーブ(Olive)の品種。果皮はdark wine color色。

アズサ 梓 〈*Betula grossa* Sieb. et Zucc. var. *grossa*〉カバノキ科の木本。別名ヨグソミネバリ、アズサカンバ。

アズサ ヨグソミネバリの別名。

アズサバラモミ 〈*Picea maximowiczii* Regel var. *senanensis* (Nakai) Hayashi〉マツ科の常緑高木。

アスター 〈*Callistephus chinensis* (L.) Nees〉キク科の一年草。別名サツマコンギク、エゾギク、サツマギク。花は紫から淡紅あるいは白色。園芸植物。切り花に用いられる。

アスター キク科の属総称。別名エゾギク。

アスター・アゲラトイデス 〈*Aster ageratoides* Turcz.〉キク科の多年草。別名ノヤマコンギク、シベリアノコンギク、チョウセンノコンギク。花は淡青、濃紫、白など。園芸植物。

アスター・アメルス 〈*Aster amellus* L.〉キク科の多年草。高さは45〜75cm。花は青藤紫色。園芸植物。

アスター・アルピヌス 〈*Aster alpinus* L.〉キク科の多年草。高さは15〜25cm。高山植物。園芸植物。

アスター・エリコイデス 〈*Aster ericoides* L.〉キク科の多年草。花は白色。園芸植物。

アスター・コルディフォリウス 〈*Aster cordifolius* L.〉キク科の多年草。高さは1.5m。花は菫または青色。園芸植物。

アスター・スブスピカツス 〈*Aster subspicatus* Nees〉キク科の多年草。高さは1m。花は紫色。園芸植物。

アスター・セディフォリウス 〈*Aster sedifolius* L.〉キク科の多年草。高さは1m。花は紫紅青色。園芸植物。

アスター・タタリクス シオンの別名。

アスター・ドゥモスス 〈*Aster dumosus* L.〉キク科の多年草。高さは1m。花は藤または青色。園芸植物。

アスター・トムソニー 〈Aster thomsonii C. B. Clarke〉キク科の多年草。高さは150cm。花はラベンダー・ブルー。園芸植物。

アスター・トラデスカンティー 〈Aster tradescantii L.〉キク科の多年草。高さは60cm。花は淡青色。園芸植物。

アスター・ノウァエ-アングリアエ ネバリノギクの別名。

アスター・ノウィ-ベルギー ユウゼンギクの別名。

アスター・ヒマライクス 〈Aster himalaicus C. B. Clarke〉キク科の多年草。高さは35cm。花は紫紅青色。園芸植物。

アスター・ピレナエウス 〈Aster pyrenaeus DC.〉キク科の多年草。高さは60cm。花は紫紅藤色。園芸植物。

アスター・プタルミコイデス テリアツバギクの別名。

アスター・フリカルティー 〈Aster × frikartii Frikart〉キク科の多年草。高さは75～80cm。花は紫青色。園芸植物。

アスター・ユンナネンシス 〈Aster yunnanensis Franch.〉キク科の多年草。高さは60～70cm。花は青紫色。園芸植物。

アスター・ラエヴィシィー 〈Aster laevis L. var. geyeri Gray〉キク科。高山植物。

アスター・ラドゥラ 〈Aster radula Ait.〉キク科の多年草。高さは1m。花は淡藤色。園芸植物。

アスター・リノシリス 〈Aster linosyris (L.) Bernh.〉キク科の多年草。高さは60cm。花は濃黄色。園芸植物。

アスティルベ ユキノシタ科の属総称。

アスティルベ・アレンジー 〈Astilbe × arendsii Arends〉ユキノシタ科の多年草。別名アワモリソウ。園芸植物。切り花に用いられる。

アスティルベ・キネンシス 〈Astilbe chinensis (Maxim.) Franch. et Sav.〉ユキノシタ科の多年草。高さは60cm。花は白色。園芸植物。

アスティルベ・クリスパ 〈Astilbe × crispa (Arends) Bergmans〉ユキノシタ科の多年草。高さは12～18cm。園芸植物。

アスティルベ・シンプリキフォリア ヒトツバショウマの別名。

アスティルベ・タケッティー 〈Astilbe taquetii (Lév) Koidz.〉ユキノシタ科の多年草。高さは60～90cm。花は紫紅からライラック色。園芸植物。

アスティルベ・ツンベルギー アカショウマの別名。

アスティルベ・ヤポニカ アワモリショウマの別名。

アスティルベ・ロセア アケボノショウマの別名。

アステキウム サボテン科の属総称。サボテン。

アステキウム・リッテリ 〈Aztekium ritteri (Böd.) Böd.〉サボテン科のサボテン。別名花笼。径4～5cm。花は淡桃色。園芸植物。

アズテック フウロソウ科のペラルゴニウムの品種。園芸植物。

アズテック・ジョイ ツツジ科のアザレアの品種。園芸植物。

アステリア・ソランドリー 〈Astelia solandri Cunn.〉ユリ科の多年草。

アステロギネ・マルティアナ 〈Asterogyne martiana (H. Wendl.) H. Wendl. ex Hemsl.〉ヤシ科。高さは1.5m。花は白色。園芸植物。

アストラガルス・アドスルゲンス ムラサキモメンヅルの別名。

アストラガルス・アルピヌス 〈Astragalus alpinus L.〉マメ科。高さは10～15cm。花は淡青紫色。高山植物。園芸植物。

アストラガルス・グリキィフィルロス 〈Astragalus glycyphyllos L.〉マメ科の多年草。

アストラガルス・コキネウス 〈Astragalus coccineus Brandegee〉マメ科の多年草。

アストラガルス・シニクス ゲンゲの別名。

アストラガルス・センペルビレンス 〈Astragalus sempervirens Lam.〉マメ科。高山植物。

アストラガルス・ダニクス 〈Astragalus danicus Retz〉マメ科の多年草。

アストラガルス・フリギドゥス 〈Astragalus frigidus A. Gray〉マメ科。高山植物。

アストラガルス・メンブラナケウス タイツリオウギの別名。

アストランティア・カリニオリカ 〈Astrantia carniolica Vul'f〉セリ科の多年草。高さは20～30cm。花は白色。園芸植物。

アストランティア・マヨール 〈Astrantia major L.〉セリ科の多年草。高さは30～60cm。花は白色。高山植物。園芸植物。切り花に用いられる。

アストランティア・ミノール 〈Astrantia minor L.〉セリ科。高山植物。

アストリディア・ウェルティナ 〈Astridia velutina (Dinter) Dinter〉ツルナ科。別名明日紅。高さは30cm。花は白または淡桃色。園芸植物。

アストリディア・ハリー 〈Astridia hallii L. Bolus〉ツルナ科。別名明日帆。高さは30cm。花は白色。園芸植物。

アストリディア・ヘレイ 〈Astridia herrei L. Bolus〉ツルナ科。別名明日春。高さは30cm。花は濃緋赤色。園芸植物。

アストロカリウム・アクレアツム 〈Astrocaryum aculeatum G. F. Mey.〉ヤシ科。別名ホシダネヤシ、クロガネヤシ。高さは8m。花は白色。園芸植物。

アストロフィツム サボテン科の属総称。サボテン。

アストロフィツム・アステリアス　カブトマルの別名。

アストロフィツム・オルナツム　ハンニャの別名。

アストロフィツム・カプリコルネ　〈Astrophytum capricorne (A. Dietr.) Britt. et Rose〉サボテン科のサボテン。別名瑞鳳玉。高さは30cm。花は黄色。園芸植物。

アストロフィツム・コアウィレンセ　〈Astrophytum coahuilense (H. Moell.) Kayser〉サボテン科のサボテン。別名白鷺鳳玉。高さは50cm。花は黄色。園芸植物。

アストロフィツム・セニレ　〈Astrophytum senile Friç.〉サボテン科のサボテン。別名群鳳玉。高さは50cm。花は黄色。園芸植物。

アストロフィツム・ミリオスティグマ　ランホウギョクの別名。

アストロロバ・アスペラ　〈Astroloba aspera (Haw.) Uitew〉ユリ科の多年草。花は緑白色。園芸植物。

アストロロバ・コンゲスタ　〈Astroloba congesta (Salm-Dyck) Uitew〉ユリ科の多年草。ロゼット径6.5cm。園芸植物。

アストロロバ・スキネリ　〈Astroloba skinneri (A. Berger) Uitew.〉ユリ科の多年草。高さは15cm。園芸植物。

アストロロバ・フォリオロサ　〈Astroloba foliolosa (Haw.) Uitew.〉ユリ科の多年草。別名多宝塔。高さは30cm。園芸植物。

アスナロ　明日檜, 翌檜　〈Thujopsis dolabrata (L. f.) Sieb. et Zucc.〉ヒノキ科の常緑高木。別名アスヒ、シラビ、ヒバ。高さは30m。樹皮は紫褐色。薬用植物。

アスパラガス　〈Asparagus officinalis L.〉ユリ科の葉菜類。別名オランダウド、松葉ウド、オランダキジカクシ。若い茎を食用とする。高さは1.5m。花は緑白色。薬用植物。園芸植物。切り花に用いられる。

アスパラガス　ユリ科の属総称。別名クサスギカズラ、スギノハカズラ、シダレキジカクシ。

アスパラガス・アクティフォリウス　〈Asparagus acutifolius L.〉ユリ科。高さは2m。園芸植物。

アスパラガス・アスパラゴイデス　〈Asparagus asparagoides (L.) W. F. Wight〉ユリ科。別名アスパラゴイデス、クサナギカズラ。高さは2〜3m。花は緑白色。園芸植物。切り花に用いられる。

アスパラガス・アフリカヌス　〈Asparagus africanus Lam.〉ユリ科。長さ3〜4から20m。花は白色。園芸植物。

アスパラガス・ウィルガツス　〈Asparagus virgatus Bak.〉ユリ科。高さは1〜2m。花は緑白色。園芸植物。

アスパラガス・ウェルティキラツス　〈Asparagus verticillatus L.〉ユリ科。高さは2〜5m。園芸植物。

アスパラガス・オリゴクロノス　タマボウキの別名。

アスパラガス・クリスプス　〈Asparagus crispus Lam.〉ユリ科。園芸植物。

アスパラガス・コキンキネンシス　クサスギカズラの別名。

アスパラガス・スカンデンス　〈Asparagus scandens Thunb.〉ユリ科。別名ニオイシュロラン。高さは2m。花は帯緑白色。園芸植物。

アスパラガス・スコベリオイデス　キジカクシの別名。

アスパラガス・スプレンゲリー　ユリ科。別名スギノハカズラ、シダレキジカクシ。園芸植物。

アスパラガス・ズールーエンシス　〈Asparagus zuluensis N. E. Br.〉ユリ科。園芸植物。

アスパラガス・セタケウス　〈Asparagus setaceus (Kunth) Jessop〉ユリ科。花は白色。園芸植物。

アスパラガス・デンシフロルス　〈Asparagus densiflorus (Kunth) Jessop〉ユリ科。高さは50〜60cm。花は淡桃ないし白色。園芸植物。

アスパラガス・ピグマエウス　タチテンモンドウの別名。

アスパラガス・ファルカツス　ヤナギバテンモンドウの別名。

アスパラガス・フィリキヌス　〈Asparagus filicinus Buch.-Ham. ex D. Don〉ユリ科。高さは1m。花は緑白色。園芸植物。

アスパラガス・プルモーサス　〈Asparagus plumosus Baker〉ユリ科。園芸植物。

アスパラガス・プルモーサス・ナナス　ユリ科。別名シノブボウキ。園芸植物。

アスパラガス・マコーワニー　〈Asparagus macowanii Bak.〉ユリ科。高さは1〜2m。花は白色。園芸植物。

アスパラガス・マダガスカリエンシス　〈Asparagus madagascariensis Bak.〉ユリ科。高さは30cm。花は乳白色。園芸植物。

アスパラガス・ミリオクラダス　〈Asparagus myriocladus Hort.〉ユリ科。別名タチボウキ。園芸植物。

アスパラガス・メデオロイデス　アスパラガス・アスパラゴイデスの別名。

アスパラガス・レトロフラクツス　〈Asparagus retrofractus L.〉ユリ科。高さは2m。花は白色。園芸植物。

アスパラゴイデス　アスパラガス・アスパラゴイデスの別名。

アスヒカズラ　明日檜葛　〈Lycopodium complanatum L.〉ヒカゲノカズラ科の常緑性

アスヒテイ

シダ。表面は緑色で裏面は淡緑色。高さ10〜30cm。

アスピディストラ・アッテヌアタ 〈*Aspidistra attenuata* Hayata〉ユリ科の常緑多年草。別名アリサンバラン。根茎は長さ9〜30cm。園芸植物。

アスピディストラ・エラティオル ハランの別名。

アスピドスペルマ・ケブラコブランコ 〈*Aspidosperma quebracho-blanco* Schl.〉キョウチクトウ科の薬用植物。

アスフォデリネ・リブルニカ 〈*Asphodeline liburnica* (Scop.) Rchb.〉ユリ科の多年草。高さは30〜60cm。花は黄色。園芸植物。

アスフォデリネ・ルテア 〈*Asphodeline lutea* (L.) Rchb.〉ユリ科の多年草。高さは90〜150cm。花は黄色。園芸植物。

アスフォデルス・アルブス 〈*Asphodelus albus* Mill.〉ユリ科の多年草。高さは45〜120cm。花は白色。高山植物。園芸植物。

アスフォデルス・ケラシフェルス 〈*Asphodelus cerasiferus* J. Gay〉ユリ科の多年草。高さは1〜1.5m。花は白色。園芸植物。

アスフォデルス・フィスツロッス ハナツルボランの別名。

アスフォデルス・ミクロカルプス 〈*Asphodelus microcarpus* Salzm. et Viv.〉ユリ科の多年草。高さは1m。花は白色。園芸植物。

アスプレニウム チャセンシダ科の属総称。別名チャセンシダ。

アスプレニウム・アンティクーム オオタニワタリの別名。

アスプレニウム・ウニラテラレ ホウビシダの別名。

アスプレニウム・オリゴフレビウム カミガモシダの別名。

アスプレニウム・カウダツム 〈*Asplenium caudatum* G. Forst.〉チャセンシダ科。葉長30〜100cm。園芸植物。

アスプレニウム・スコロペンドリウム コタニワタリの別名。

アスプレニウム・ダウキフォリウム 〈*Asplenium daucifolium* Lam.〉チャセンシダ科。葉長60cm。園芸植物。

アスプレニウム・ツンベルギー 〈*Asplenium thunbergii* Kunze〉チャセンシダ科。葉長15〜30cm。園芸植物。

アスプレニウム・トリコマネス チャセンシダの別名。

アスプレニウム・ニドウス シマオオタニワタリの別名。

アスプレニウム・ノルマレ ヌリトラノオの別名。

アスプレニウム・ブルビフェルム 〈*Asplenium bulbiferum* G. Forst.〉チャセンシダ科。葉長30〜80cm。園芸植物。

アスプレニウム・プロロンガツム ヒノキシダの別名。

アスプレニウム・ポリオドン ムニンシダの別名。

アスプレニウム・ルタ-ムラリア イチョウシダの別名。

アスプレニウム・ルプレヒティー クモノスシダの別名。

アスペルラ・オリエンタリス 〈*Asperula orientalis* Boiss. et Hohen.〉アカネ科の草本。別名タマクルマバソウ。高さは20〜30cm。花は青紫色。園芸植物。

アスペルラ・グッソーネイ 〈*Asperula gussonei* Boiss.〉アカネ科の草本。花は帯桃白色。園芸植物。

アスペルラ・ティンクトリア 〈*Asperula tinctoria* L.〉アカネ科の草本。高さは30〜60cm。花は白色。園芸植物。

アスペルラ・ヒルタ 〈*Asperula hirta* Ramond〉アカネ科の草本。花は白色。園芸植物。

アスペルラ・ヘクサフィラ 〈*Asperula hexaphylla* All.〉アカネ科の草本。高さは10〜45cm。花は白色。園芸植物。

アズマイチゲ 東一花,東一華 〈*Anemone raddeana* Regel〉キンポウゲ科の多年草。別名ウラベニイチゲ。高さは15〜20cm。花は白色。薬用植物。園芸植物。

アズマイバラ ヤマテリハノイバラの別名。

アズマカガミ 吾妻鏡 ツツジ科のサツキの品種。園芸植物。

アズマガヤ 〈*Asperella longe-aristata* (Hack.) Ohwi〉イネ科の多年草。高さは80〜130cm。

アズマギク 東菊 〈*Erigeron thunbergii* A. Gray subsp. *thunbergii*〉キク科の多年草。高さは10〜37cm。花は帯紫青色。園芸植物。

アズマザサ 東笹 〈*Sasaella ramosa* (Makino) Makino〉イネ科の常緑中型笹。別名アサヒシノ、イワキハマダケ、ウセンアズマシノ。高さは1〜2m。園芸植物。

アズマシャクナゲ 吾妻石楠花 〈*Rhododendron degronianum* Carr. var. *degronianum*〉ツツジ科の常緑低木。別名シャクナゲ。高さは1.8m。花は淡桃〜濃桃色。高山植物。薬用植物。

アズマシロカネソウ 東白銀草 〈*Dichocarpum nipponicum* (Franch.) W. T. Wang et Hsiao〉キンポウゲ科の多年草。高さは10〜30cm。

アズマスゲ 〈*Carex lasiolepis* Franch.〉カヤツリグサ科の草本。

アズマゼニゴケ 〈*Wiesnerella denudata* (Mitt.) Steph.〉アズマゼニゴケ科のコケ。別名アズマゴケ。淡緑色で光沢があり、長さ1〜5cm。

アズマタケ 〈*Inonotus vallatus* (Berk.) Núñez & Ryv.〉タバコウロコタケ科のキノコ。中型。傘は黄褐色〜褐色。

アズマツメクサ 東爪草 〈*Crassula aquatica* (L.) Schönl.〉ベンケイソウ科の一年草。高さは2〜6cm。

アズマツリガネツツジ 〈*Menziesia multiflora* Maxim. var. *multiflora*〉ツツジ科の落葉低木。別名ウラジロヨウラク、ツリガネツツジ。高さは1m。花は紫紅色。高山植物。園芸植物。

アズマツリガネツツジ ツリガネツツジの別名。

アズマナルコ 〈*Carex shimidzensis* Franch.〉カヤツリグサ科の多年草。別名ミヤマナルコ。高さは40〜80cm。

アズマネザサ 東根笹 〈*Pleioblastus chino* (Franch. et Savat.) Makino var. *chino*〉イネ科の常緑大型笹。別名ムラサキシノ、ヒロハアズマネザサ、ボウシュウメダケ。園芸植物。

アズマビジン 東美人 〈× *Pachyveria pachyphytoides* (De Smet) Walth.〉ベンケイソウ科。花は淡紅色。園芸植物。

アズマホシクサ 〈*Eriocaulon takae* Koidz.〉ホシクサ科の草本。

アズマヤマアザミ 〈*Cirsium microspicatum* Nakai〉キク科の多年草。高さは1.5〜2m。

アズマレイジンソウ 〈*Aconitum pterocaule* Koidz.〉キンポウゲ科の草本。薬用植物。

アズミイヌノヒゲ 〈*Eriocaulon mikawanum* Satake et T. Koyama var. *azumianum* Hid. Takah. et Hid. Suzuki〉ホシクサ科の一年草。高さは5〜15cm。

アズミホソイノデ 〈*Polystichum* × *sarukurense* Serizawa〉オシダ科のシダ植物。

アズレオケレウス・ヘルトリンギアヌス 〈*Azureocereus hertlingianus* (Backeb.) Backeb. ex Rauh〉サボテン科のサボテン。別名仏塔。高さは8m。花は白色。園芸植物。

アゼオトギリ 畦弟切 〈*Hypericum oliganthum* Franch. et Savat.〉オトギリソウ科の草本。日本絶滅危機植物。

アゼガヤ 畦茅 〈*Leptochloa chinensis* (L.) Nees〉イネ科の一年草。高さは40〜80cm。

アゼガヤツリ 畦蚊帳釣 〈*Cyperus globosus* All.〉カヤツリグサ科の一年草。高さは20〜40cm。

アゼガヤモドキ 〈*Bouteloua curtipendula* (Michx.) Torr.〉イネ科の多年草。

アゼゴケ 〈*Physcomitrium sphaericum* (Ludw.) Fürnr.〉ヒョウタンゴケ科のコケ。小形、葉は長さ3mm以下。

アゼスゲ 畦菅 〈*Carex thunbergii* Steud.〉カヤツリグサ科の多年草。高さは20〜80cm。

アゼタケ 〈*Inocybe rimosa* Quél〉フウセンタケ科。和名ドクスギタケ。

アゼテンツキ 畦点突 〈*Fimbristylis squarrosa* Vahl〉カヤツリグサ科の一年草。高さは6〜25cm。

アゼトウガラシ 畦唐辛子 〈*Lindernia angustifolia* (Benth.) Wettst.〉ゴマノハグサ科の一年草。高さは8〜25cm。

アゼトウナ 〈*Crepidiastrum keiskeanum* (Maxim.) Nakai〉キク科の多年草。高さは10cm。

アゼナ 畔菜 〈*Lindernia procumbens* (Krock.) Philcox〉ゴマノハグサ科の一年草。高さは7〜20cm。

アゼナルコスゲ 〈*Carex dimorpholepis* Stend.〉カヤツリグサ科の多年草。高さは40〜80cm。

アセビ 馬酔木 〈*Pieris japonica* (Thunb. ex Murray) D. Don〉ツツジ科の常緑低木。別名アセボ、アセミ、ウマクワズ。高さは1〜3m。花は白色。薬用植物。園芸植物。

アゼムシロ ミゾカクシの別名。

アセロラ キントラノオ科。

アセンヤクノキ 阿仙薬木 ペグノキの別名。

アソシケシダ 〈*Lunathyrium otomasui* Kurata〉オシダ科の夏緑性シダ。葉身は長さ30〜50cm。三角状卵形。

アソノコギリソウ 〈*Achillea alpina* L. subsp. *subcartilaginea* (Heimerl) Kitam.〉キク科。

アゾリナ・ヴィダリ 〈*Azorina vidalli* (H. Wats.) Feer〉キキョウ科。高さは50〜60cm。花は紫紅色を帯びた白色。園芸植物。

アダ・アウランティアカ 〈*Ada aurantiaca* Lindl.〉ラン科。花は橙赤色。園芸植物。

アダ・ケイリアナ 〈*Ada keiliana* (Rchb. f. ex Lindl.) N. H. Williams〉ラン科。花は黄白色。園芸植物。

アタゴ 愛宕 カキノキ科のカキの品種。果皮は橙黄色。

アダトダ・バシカ 〈*Adhatoda vasica* Nees〉キツネノマゴ科の低木。苞は大形。高さ3m、葉は長さ30cm。熱帯植物。薬用植物。

アダムキングサリ 〈+ *Laburnocytisus adamii* (Poit.) C. K. Schneid.〉マメ科の木本。樹高6m。花は黄色。樹皮は暗灰色。園芸植物。

アダン 阿檀 〈*Pandanus odoratissimus* L. f.〉タコノキ科の常緑高木。

アダン パンダヌス・テクトリウスの別名。

アダンソニア・ディギタタ バオバブの別名。

アダンソニア・マダガスカリエンシス 〈*Adansonia madagascariensis* Baill.〉パンヤ科。高さは10〜35m。花は鮮赤色。園芸植物。

アツイタ 厚板 〈*Elaphoglossum yoshinagae* (Yatabe) Makino〉オシダ科（ツルキジノオ科）のシダ植物。別名アツイタシダ。葉身は長さ10〜30cm。長楕円状披針形。園芸植物。日本絶滅危機植物。

アツカワハナノエダ 〈*Botryocladia skottsbergii* (Boergesen) Levring〉ダルス科の海藻。小形。体は1～1.5cm。

アッケシソウ 厚岸草 〈*Salicornia europaea* L.〉アカザ科の一年草。別名ヤチサンゴ、ハママツ。高さは10～35cm。

アッサムチャ 〈*Camellia sinensis* (L.) O. Kuntze var. *assamica* (Masters) Kitamura〉ツバキ科の低木。別名ホソバチャ。葉は製茶用。高さ3m。花は白色。熱帯植物。薬用植物。

アッサムニオイザクラ アカネ科。園芸植物。

アッタレア・フニフェラ 〈*Attalea funifera* Mart. ex K. Spreng.〉ヤシ科。別名ブラジルゾウゲヤシ。高さは5～9m。園芸植物。

アッツザクラ 〈*Rhodohypoxis baurii* (Bak.) Nel〉キンバイザサ科の球根植物。別名アツザクラ。花は桃、白色。園芸植物。

アツバアサガオ 〈*Ipomoea stolonifera* (Cyr.) J. F. Gmel.〉ヒルガオ科の匍匐草。花は白色中心黄色。熱帯植物。

アツバイチジク 〈*Ficus xylophylla* Wall.〉クワ科。葉は厚質、果嚢黄色、無柄。熱帯植物。

アツバオオサンキライ 〈*Smilax kingii* Hook. f.〉ユリ科の蔓木。葉は長さ40cm、革質で濃緑色。熱帯植物。

アツバカリメニア 〈*Callymenia crassiuscula* Okamura〉ツカサノリ科の海藻。あつい膜質。体は径25cm。

アツバキノボリシダ 〈*Diplazium donianum* var. *aphanoneuron* (Ohwi) Tagawa〉オシダ科のシダ植物。

アツバキミガヨラン 厚葉君代蘭 〈*Yucca gloriosa* L.〉リュウゼツラン科(ユリ科)の常緑低木。別名アメリカキミガヨラン。高さは50～250cm。花は白色。園芸植物。

アツバキンチャクソウ カルセオラリア・スカビオサエフォリアの別名。

アツバクコ 〈*Lycium sandwicense* A. Gray〉ナス科の落葉低木。別名ハマクコ。

アツバサイハイゴケ 〈*Mannia fragrans* (Balb.) Frye & L. Clark〉ジンガサゴケ科のコケ。ロゼット状で、縁は紅紫色。

アツバシノブ ダヴァーリア・ソリダの別名。

アツバシマザクラ 〈*Hedyotis pachyphylla*〉アカネ科の木本。

アツバジョウゴゴケ 〈*Cladonia pyxidata* (L.) Fr.〉ハナゴケ科の地衣類。皮層は部分的に平滑。

アツバスジギヌ 〈*Nitophyllum yezoensis* (Yamada et Tokida in Yamada) Mikami〉コノハノリ科の海藻。膜質。体は20～30cm。

アツバセフリイヌワラビ 〈*Athyrium* × *calochromum* Sa. Kurata, nom. nud.〉オシダ科のシダ植物。

アツバセンネンボク コルディリネ・インディウィサの別名。

アツバタツナミソウ 〈*Scutellaria tsusimensis* Hara〉シソ科の草本。

アツバチトセラン 〈*Sansevieria trifasciata* Prain〉リュウゼツラン科の多年草。葉長1m。花は淡緑色。園芸植物。

アツバチョウチンゴケ 〈*Plagiomnium succeulentum* (Mitt.) T. J. Kop.〉チョウチンゴケ科のコケ。葉は楕円形、長さ10mm。

アツバニガナ ヤナギニガナの別名。

アツバニクズク 〈*Myristica crassa* King.〉ニクズク科の高木。葉は厚く、果実はニクズクと同様に用いる。熱帯植物。

アツバニンジンボク 〈*Vitex coriacea* C. B. Clarke〉クマツヅラ科の低木。複葉の各片はシリブカガシの葉に酷似。熱帯植物。

アツバノリ 〈*Sarcodia ceylanica* Harvey ex Kützing〉アツバノリ科の海藻。細い糸状細胞を持つ。体は10～30cm。

アツバベンケイ セドウム・パキフィルムの別名。

アツバミゾカクシ 〈*Lobelia succulenta* BL.〉キキョウ科の水辺の草本。葉は多肉、花は扇形。熱帯植物。

アツバヤマニクズク 〈*Knema laurina* Warb.〉ニクズク科の高木。葉は厚質、裏面短毛。熱帯植物。

アツバヨロイゴケ 〈*Sticta wrightii* Tuck.〉ヨロイゴケ科の地衣類。地衣体は湿時灰青緑色。

アツブサゴケ 〈*Homalothecium laevisetum* Sande Lac.〉アオギヌゴケ科のコケ。茎は基物に密着し、葉は広披針形。

アツブサゴケモドキ 〈*Palamocladium leskeoides* (Hook.) E. G. Britton〉アオギヌゴケ科のコケ。葉は長さ1.5～2mm、三角状披針形。

アップル・ゼラニウム フウロソウ科のハーブ。別名センテッドペラゴニウム、ニオイテンジクアオイ。

アップル・ブロッサム ヒガンバナ科のアマリリスの品種。園芸植物。

アップル・ミント シソ科のハーブ。別名ラウンドリーブドミント、マルバ・ハッカ。

アップル・リーフ トウダイグサ科のクロトンノキの品種。園芸植物。

アップルローズ ロサ・ポミフェラの別名。

アツミカンアオイ 〈*Heterotropa rigescens* (F. Maekawa) F. Maekawa ex Nemoto〉ウマノスズクサ科の草本。

アツミゲシ 〈*Papaver setigerum* DC.〉ケシ科の越年草。別名セチゲルムゲシ。高さは30～70cm。花は赤～赤紫～淡紫～白色。

アツモリソウ 敦盛草 〈*Cypripedium macranthum* Sw. var. *speciosum* (Rolfe) Koidz.〉ラン科の多年

草。高さは20〜40cm。高山植物。園芸植物。日本絶滅危惧植物。

アーティスト ユリ科のチューリップの品種。切り花に用いられる。

アーティチョーク 〈*Cynara scolymus* L.〉キク科の多年草。別名キナラ・スコリムス、チョウセンアザミ。高さは1.5〜2m。花は淡紫色。薬用植物。園芸植物。切り花に用いられる。

アディナ・ピルリフェラ タニワタリノキの別名。

アディナ・ラケモサ ヘツカニガキの別名。

アディナ・ルベラ 〈*Adina rubella* (Hance)〉アカネ科。高さは1〜3m。花は紫色。園芸植物。

アティリウム・フィリクス-フェミナ 〈*Athyrium filix-femina* (L.) Roth〉イワデンダ科のシダ植物。別名セイヨウメシダ。長さ40〜80cm。園芸植物。

アデク 〈*Syzygium buxifolium* Hook. et Arn.〉フトモモ科の常緑高木。別名アカテツノキ。

アテツマンサク 〈*Hamamelis japonica* var. *bitchuensis*〉マンサク科の木本。

アデナンドラ・ウニフロラ 〈*Adenandra uniflora* Willd.〉ミカン科の常緑低木。高さは60〜90cm。花は桃色。園芸植物。

アデナンドラ・フラグランス 〈*Adenandra fragrans* (Sims.) Roem. et Schult.〉ミカン科の常緑低木。高さは1m。花は桃色。園芸植物。

アデニア トケイソウ科の属総称。

アデニア・グラウカ 〈*Adenia glauca* Schinz〉トケイソウ科。別名幻蝶カズラ。花は黄色。園芸植物。

アデニア・グロボサ 〈*Adenia globosa* Engl.〉トケイソウ科。高さは1m。花は緑黄から乳黄色。園芸植物。

アデニア・ペシュエリー 〈*Adenia pechuelii* (Engl.) Harms〉トケイソウ科。塊茎径50cm。園芸植物。

アデニウム キョウチクトウ科の属総称。別名砂漠のバラ。

アデニウム・オベスム 〈*Adenium obesum* (Forssk.) Roem. et Schult.〉キョウチクトウ科の多肉質の低木。花は赤、中央黄色。熱帯植物。園芸植物。

アデニウム・ソマレンセ 〈*Adenium somalense* Balf. f.〉キョウチクトウ科の多肉質の低木。花は白からピンク色。園芸植物。

アデノスティレス・アリアリアエ 〈*Adenostyles alliariae* Kerner〉キク科。高山植物。

アデノフォラ・ストリクタ トウシャジンの別名。

アデノフォラ・タケダエ イワシャジンの別名。

アデノフォラ・テトラフィラ 〈*Adenophora tetraphylla* (Thunb.) Fisch.〉キキョウ科の薬用植物。

アデノフォラ・トリフィラ サイヨウシャジンの別名。

アデノフォラ・ニコエンシス ヒメシャジンの別名。

アドニス・アエスティウァリス ナツザキフクジュソウの別名。

アドニス・アムーレンシス フクジュソウの別名。

アドニス・アンヌア アキザキフクジュソウの別名。

アドニス・ウェルナリス ヤマシャクヤクの別名。

アドニス・クリソキアントゥス 〈*Adonis chrysocyanthus* Hook. f. et Thoms. ex Hook. f.〉キンポウゲ科の多年草。

アドニス・ピイレナイカ 〈*Adonis pyrenaica* DC.〉キンポウゲ科。高山植物。

アドニス・ブレビスティラ 〈*Adonis brevistyla* Franch〉キンポウゲ科。高山植物。

アドニス・モンタムス 〈*Adonis montams* Willd.〉キンポウゲ科。高山植物。

アトラクション スイレン科のスイレンの品種。園芸植物。

アトラクティロデス・マクロケファラ オオバナオケラの別名。

アトラスシーダー 〈*Cedrus atlantica*〉マツ科の木本。樹高40m。樹皮は濃灰色。園芸植物。

アトリクム・ウンドゥラツム タチゴケの別名。

アトリプレクス・パチュラ 〈*Atriplex patula* L.〉アカザ科の一年草。

アトール 〈Atoll〉バラ科。ハイブリッド・ティーローズ系。花は明るい朱色。

アトロセルレア キンポウゲ科のアネモネの品種。園芸植物。

アドロミスクス・クーペリ 〈*Adromischus cooperi* (Bak.) A. Berger〉ベンケイソウ科の多肉植物。別名錦鈴殿。花は白色。園芸植物。

アドロミスクス・クリスタツス 〈*Adromischus cristatus* (Haw.) Lem.〉ベンケイソウ科の多肉植物。花は白色。園芸植物。

アドロミスクス・シンソウキョク アドロミスクス・ペールニッチアヌスの別名。

アドロミスクス・ペールニッチアヌス 〈*Adromischus poellnitzianus* Werderm.〉ベンケイソウ科の多肉植物。別名神想曲。花は白色。園芸植物。

アドロミスクス・ヘレイ 〈*Adromischus herrei* (W. F. Barker) Poelln.〉ベンケイソウ科の多肉植物。花は紫赤色。園芸植物。

アドロミスクス・ルピコルス 〈*Adromischus rupicolus* C. A. Sm.〉ベンケイソウ科の多肉植物。別名御所錦。園芸植物。

アナアオサ アオサの別名。

アナイワタケ 〈*Umbilicaria torrefacta* (Lightf.) Schrad.〉イワタケ科の地衣類。地衣体背面は黒褐色。

アナガリス・アルウェンシス ルリハコベの別名。

アナガリス・アルベンシス・ホエミナ 〈*Anagallis arvensis foemina* Schinzet Thell〉サクラソウ科の一年草。

アナガリス・テネラ 〈*Anagallis tenella* L.〉サクラソウ科の多年草。

アナガリス・モネリ 〈*Anagallis monelli* L.〉サクラソウ科の一年草。高さは10～50cm。花は青または赤色。園芸植物。

アナカンプセロス・アルストニー 〈*Anacampseros alstonii* Schönl.〉スベリヒユ科の多肉植物。別名毂錦。花は白ないし淡桃色。園芸植物。

アナカンプセロス・クイナリア 〈*Anacampseros quinaria* E. Mey. ex Sond.〉スベリヒユ科の多肉植物。別名群蚕。花は帯紫桃色。園芸植物。

アナカンプセロス・パピラケア 〈*Anacampseros papyracea* E. Mey. ex Sond.〉スベリヒユ科の多肉植物。別名琴粧女。花は帯緑白色。園芸植物。

アナカンプセロス・ルフェスケンス 〈*Anacampseros rufescens* (Haw.) Sweet〉スベリヒユ科の多肉植物。別名吹雪の松。花は淡紅色。園芸植物。

アナカンプティス・ピラミダリス 〈*Anacamptis pyramidalis* Rich.〉ラン科の多年草。

アナキクルス・アトランティクス 〈*Anacyclus atlanticus* Litard. et Maire〉キク科の一年草。園芸植物。

アナキクルス・ディプレサス キク科。園芸植物。

アナキクルス・デプレスス 〈*Anacyclus depressus* J. Ball〉キク科の一年草。高さは5cm。花は白色。園芸植物。

アナキクルス・ピレトルム 〈*Anacyclus pyrethrum* (L.) Link.〉キク科の薬用植物。

アナキクルス・マロッカヌス 〈*Anacyclus maroccanus* (J. Ball) J. Ball〉キク科の一年草。花は白色。園芸植物。

アナゴマゴケ 〈*Polyblastia japonica* Yas. & Vain.〉アナイボゴケ科の地衣類。地衣体は痂状。

アナシッポゴケモドキ 〈*Pseudosymblepharis angustata* (Mitt.) P. C. Chen〉センボンゴケ科のコケ。大形、茎は長さ5cm、葉は線状披針形。

アナスタティカ・ヒエロクンティカ 〈*Anastatica hierochuntica* L.〉アブラナ科の一年草。

アナダルス 〈*Rhodymenia pertusa* (Postels et Ruprecht) J. Agardh〉ダルス科の海藻。体は倒卵形。体は10～60cm。

アナツブゴケ 〈*Coccotrema cucurbitula* (Mont.) Müll. Arg.〉トリハダゴケ科の地衣類。地衣体は灰緑から灰白。

アナナシタケ 〈*Dendrocalamus strictus* Nees〉イネ科。タケノコの葉鞘は黄褐色、根に近い枝は下に向う。熱帯植物。

アナナシツノゴケ 〈*Megaceros flagellaris* (Mitt.) Steph.〉ツノゴケ科のコケ。暗緑色、長さ3～5cm。

アナナス パイナップル科の科総称。

アナナス・パイナップル パイナップル科。別名アナナス、オーナメンタルアナナス、パイン。

アナナス・ブラクテアツス 〈*Ananas bracteatus* (Lindl.) Schult.〉パイナップル科の地生植物。苞は赤色。園芸植物。

アナファリス・アルピコラ タカネヤハズハハコの別名。

アナファリス・マルガリタケア ヤマハハコの別名。

アナマスミレ 〈*Viola mandshurica* W. Becker f. *crassa* (Tatew.) F. Maek.〉スミレ科。

アナミルタ・コックルス 〈*Anamirta cocculus* (L.) Wight et Arnott.〉ツヅラフジ科の蔓木、薬用植物。果実は半球形、エンドウ大。熱帯植物。

アナメ 〈*Agarum cribrosum* Bory〉コンブ科の海藻。扁圧。体は長さ30～90cm。

アニゴザンサス ヒガンバナ科の属総称。

アニゴザンサス・マングレシイ 〈*Anigozanthos manglesii* D. Don〉ヒガンバナ科(ハエモドルム科)の多年草。花は緑色。園芸植物。

アニゴザントス ハエモドルム科の属総称。別名オーストラリアンスウォードリリー。

アニゴザントス・ビコロル 〈*Anigozanthos bicolor* Endl.〉ハエモドルム科の多年草。花は緑色。園芸植物。

アニゴザントス・フラウィドゥス 〈*Anigozanthos flavidus* DC.〉ハエモドルム科の多年草。花は黄緑色。園芸植物。

アニゴザントス・プルケリムス 〈*Anigozanthos pulcherrimus* Hook.〉ハエモドルム科の多年草。花は濃黄色。園芸植物。

アニサカンツス・ウィルグラリス 〈*Anisacanthus virgularis* Nees〉キツネノマゴ科の亜低木。高さは40～50cm。花は朱赤色。園芸植物。

アニス 〈*Pimpinella anisum* L.〉セリ科のハーブ。別名ミツバグサ。高さは40～50cm。花は白色。薬用植物。園芸植物。

アニス セリ科の属総称。宿根草。別名シュッコンレースフラワー、ピンクレースフラワー。

アニスヒソップ シソ科のハーブ。別名ノースアメリカンミント。切り花に用いられる。

アニスワンピ 〈*Clausena anisum-olens* Merr.〉ミカン科の小木。ウイキョウの香がある。熱帯植物。

アニソンドンテア・カペンシス 〈*Anisodontea capensis* (L.) Bates〉アオイ科。高さは1m。花は赤紫色。園芸植物。

アニソンドンテア・スカブロサ 〈*Anisodontea scabrosa* (L.) Bates〉アオイ科。高さは1.8m。花は白～赤紫色。園芸植物。

アネクトキールス・アルボリネアツス 〈*Anoectochilus albolineatus* Par. et Reichb. f.〉ラン科の多年草。

アネクトキルス・ブルマンニクス 〈*Anoectochilus burmannicus* Rolfe〉ラン科。高さは40cm。花は黄色。園芸植物。

アネクトキルス・ロクスブリギー 〈*Anoectochilus roxburghii* (Wall.) Lindl.〉ラン科。園芸植物。

アネチドリ ポネロルキス・タイワネンシスの別名。

アネミア フサシダ科の属総称。

アネミア・アディアンティフォリア 〈*Anemia adiantifolia* (L.) Swartz〉フサシダ科。葉長30～50cm。園芸植物。

アネミア・フィリティディス 〈*Anemia phyllitidis* (L.) Swartz〉フサシダ科。葉長60cm。園芸植物。

アネミア・ロツンディフォリア 〈*Anemia rotundifolia* Schrad.〉フサシダ科。葉長50cm。園芸植物。

アネモネ キンポウゲ科の属総称。別名イチリンソウ、イチゲソウ。

アネモネ アネモネ・コロナリアの別名。

アネモネ・アペンニナ 〈*Anemone apennina* L.〉キンポウゲ科の多年草。高さは15～20cm。花は青または白色。園芸植物。

アネモネ・アルタイカ 〈*Anemone altaica* Fisch. ex C. A. Mey.〉キンポウゲ科の薬用植物。

アネモネ・ウィティフォリア 〈*Anemone vitifolia* Buch.-Ham. ex DC.〉キンポウゲ科の多年草。高さは30～90cm。花は白色。高山植物。園芸植物。

アネモネ・オブツシローバ 〈*Anemone obtusiloba* D. Don〉キンポウゲ科。高山植物。

アネモネ・カナデンシス 〈*Anemone canadensis* L.〉キンポウゲ科の多年草。高さは30～40cm。花は白色。園芸植物。

アネモネ・ケイスケアナ ユキワリイチゲの別名。

アネモネ・コロナリア 〈*Anemone coronaria* L.〉キンポウゲ科の球根植物。別名ベニバナオキナグサ(紅花翁草)、ボタンイチゲ(牡丹一花)、ハナイチゲ(花一華)。高さは25～40cm。花は赤、桃、紫、藍、白など。薬用植物。園芸植物。切り花に用いられる。

アネモネ・シルウェストリス 〈*Anemone sylvestris* L.〉キンポウゲ科の多年草。別名バイカイチゲ。高さは20～40cm。花は白色。園芸植物。

アネモネ・トリフォリア 〈*Anemone trifolia* L.〉キンポウゲ科の多年草。花は白色。園芸植物。

アネモネ・ナルキッシフロラ ハクサンイチゲの別名。

アネモネ・ニコエンシス イチリンソウの別名。

アネモネ・ネモローサ ヤブイチゲの別名。

アネモネ・パウォニナ 〈*Anemone pavonina* Lam.〉キンポウゲ科の多年草。高さは20～30cm。花は紫、赤、ピンク、白など。園芸植物。

アネモネ・パウォニナ・オケラアタ 〈*Anemone pavonina* Lam. var. *ocellata* Bowles et Stern〉キンポウゲ科の多年草。

アネモネ・パテンス 〈*Anemone patens* L.〉キンポウゲ科。高山植物。

アネモネ・バルデンシス 〈*Anemone baldensis* L.〉キンポウゲ科の多年草。高さは10～15cm。花は乳白色。高山植物。園芸植物。

アネモネ・ヒブリダ 〈*Anemone* × *hybrida* Paxt.〉キンポウゲ科の多年草。園芸植物。

アネモネ・プセウドアルタイカ キクザキイチゲの別名。

アネモネ・フペヘンシス 〈*Anemone hupehensis* V. Lemoine〉キンポウゲ科の多年草。高さは0.3～1m。花は淡緑色。園芸植物。

アネモネ・フラッキダ ニリンソウの別名。

アネモネ・ブランダ ハナアネモネの別名。

アネモネ・フルゲンス 〈*Anemone* × *fulgens* Gáyer〉キンポウゲ科の多年草。別名アカヤエアネモネ。花は緋色。園芸植物。

アネモネ・ホルテンシス 〈*Anemone hortensis* L.〉キンポウゲ科の多年草。高さは20～30cm。花は紫紅色。園芸植物。

アネモネ・ムルティフィダ 〈*Anemone multifida* Poir.〉キンポウゲ科の多年草。高さは30～60cm。花は淡黄色。園芸植物。

アネモネラ・タリクトロイデス 〈*Anemonella thalictroides* (L.) Spach〉キンポウゲ科の多年草。別名バイカカラマツソウ。高さは20cm。花は淡紅紫色。園芸植物。

アネモネ・ラッデアナ アズマイチゲの別名。

アネモネ・ラヌンクロイデス 〈*Anemone ranunculoides* L.〉キンポウゲ科の多年草。花は黄色。園芸植物。

アネモネ・リブラリス 〈*Anemone rivularis* Buch.-Ham.〉キンポウゲ科。高山植物。

アネモネ・ルピコラ 〈*Anemone rupicola* Camb.〉キンポウゲ科の多年草。高さは10～25cm。花は白色。園芸植物。

アノマテカ ヒメヒオウギの別名。

アノマレシア・クノニア 〈*Anomalesia cunonia* (L.) N. E. Br.〉アヤメ科。高さは60cm。園芸植物。

アーノルド サンザシ バラ科。園芸植物。

アバタゴケ 〈*Leptotrema desquamescens* (Vain.) Zahlbr.〉チブサゴケ科の地衣類。地衣体は灰緑色。

アバランチェ バラ科。

アバロン バラ科。フロリバンダ・ローズ系。花はオレンジ色。

アバンチュール 〈Aventure〉 バラ科。ハイブリッド・ティーローズ系。

アビウ アカテツ科。

アピウム・ノディフロルム 〈*Apium nodiflorum* Lag.〉セリ科の多年草。

アビエス・アマビリス 〈*Abies amabilis* (Dougl. ex Loud.) Dougl. ex J. Forbes〉マツ科の常緑高木。別名ウツクシモミ、シルバーモミ。高さは80m。園芸植物。

アビエス・アルバ ヨーロッパモミの別名。

アビエス・ヴィーチー シラビソの別名。

アビエス・グラディス アメリカオオモミの別名。

アビエス・コレアナ チョウセンシラベの別名。

アビエス・コンコロル コロラドモミの別名。

アビエス・サハリネンシス トドマツの別名。

アビエス・シビリカ 〈*Abies sibirica* Ledeb.〉マツ科の常緑高木。別名シベリアモミ。高さは30m。園芸植物。

アビエス・スペクタビリス 〈*Abies spectabilis* (D. Don) Spach〉マツ科の常緑高木。別名ヒマラヤモミ。高さは50m。園芸植物。

アビエス・ヌミディカ アルジェリアモミの別名。

アビエス・ネフロレピス 〈*Abies nephrolepis* Maxim.〉マツ科の常緑高木。別名トウシラベ。高さは15～18m。園芸植物。

アビエス・ノルドマニアナ コーカサスモミの別名。

アビエス・バルサメア 〈*Abies balsamea* (L.) Mill.〉マツ科の常緑高木。別名バルサムモミ。高さは25m。園芸植物。

アビエス・ピンサポ スペインモミの別名。

アビエス・フィルマ モミの別名。

アビエス・フレイゼリ 〈*Abies fraseri* (Pursh) Poir.〉マツ科の常緑高木。別名コバノバルサムモミ。園芸植物。

アビエス・プロケラ ノーブルモミの別名。

アビエス・ホモレピス ウラジロモミの別名。

アビエス・マリーシー オオシラビソの別名。

アビエス・ラシオカルパ ミヤマバルサムモミの別名。

アピオス マメ科の属総称。

アビゲイル 〈Abigaile〉 バラ科。フロリバンダ・ローズ系。花はクリーム色。

アピホルトノキ 〈*Elaeocarpus stipularis* BL.〉ホルトノキ科の高木。葉裏有毛、果実は球形。熱帯植物。

アヒルイボクサ 〈*Aneilema nudiflorum* R. Br.〉ツユクサ科の草本。茎はやや赤。花は紫色。熱帯植物。

アービンギヤ 〈*Irvingia malayana* Oliv.〉ニガキ科の高木。葉は表面光りカキの葉に似る。熱帯植物。

アフェランドラ 〈*Aphelandra squarrosa* Nees〉キツネノマゴ科。花は黄色。園芸植物。

アフェランドラ キツネノマゴ科の属総称。別名ダニア、キンヨウボク(金葉木)。

アフェランドラ・オーランティアカ 〈*Aphelandra aurantiaca* (Scheidw.) Lindl.〉キツネノマゴ科。別名ダニア。高さは1m。花は緋赤色。園芸植物。

アフェランドラ・シャミッツーニアナ 〈*Aphelandra chamissoniana* Nees〉キツネノマゴ科。高さは1m。花は鮮黄色。園芸植物。

アフェランドラ・シンクレリアナ 〈*Aphelandra sinclairiana* Nees〉キツネノマゴ科。高さは3m。花は淡紫紅色。園芸植物。

アフェランドラ・スクアロサ アフェランドラの別名。

アフェランドラ・スクァローサ・ルイセ キツネノマゴ科。別名ハクヨウボク。園芸植物。

アフェランドラ・スクァローサ・レオポルディー キツネノマゴ科。別名キンヨウボク。園芸植物。

アフェランドラ・プルケリマ 〈*Aphelandra pulcherrima* (Jacq.) H. B. K.〉キツネノマゴ科。花は朱赤色。園芸植物。

アフゼリア・クアンゼンシス 〈*Afzelia quanzensis* Welw.〉マメ科の高木。

アブティロン アオイ科の属総称。別名ウキツリボク(浮釣木)、ショウジョウカ(猩々花)、ホクチガラ。

アブティロン・ウィティフォリウム 〈*Abutilon vitifolium* (Cav.) K. Presl〉アオイ科。高さは5m。花は白か藤色。園芸植物。

アブティロン・オクセニー 〈*Abutilon ochsenii* Phil.〉アオイ科。花は青紫色。園芸植物。

アブティロン・ストリアツム 〈*Abutilon striatum* G. Dickson ex Lindl.〉アオイ科。別名ショウジョウカ(猩々花)。花は橙色。園芸植物。

アブティロン・スンテンセ 〈*Abutilon* × *suntense* Brickell〉アオイ科。高さは3～4m。花は淡紫色。園芸植物。

アブティロン・ダーウィニー 〈*Abutilon darwinii* Hook. f.〉アオイ科。花は暗橙赤色。園芸植物。

アブティロン・テオフラスティ イチビの別名。

アブティロン・ミレリ 〈*Abutilon* × *milleri* hort.〉アオイ科。花は黄色。園芸植物。

アブティロン・メガポタミクム ウキツリボクの別名。

アプテニア・コルディフォリア ハナズルソウの別名。

アブノメ 虻の眼 〈*Dopatrium junceum* (Roxb.) Buch.-Ham.〉ゴマノハグサ科の一年草。別名パチパチグサ。高さは10～30cm。

アプライト・レインボー クマツヅラ科のバーベナの品種。園芸植物。

アブラガヤ 油茅 〈*Scirpus wichurai* Böcklr. f. *concolor* (Maxim.) Ohwi〉カヤツリグサ科の多年草。別名ナキリ、カニガヤ。高さは80～160cm。

アブラガヤ アイバソウの別名。

アブラカンギク 油寒菊 〈*Chrysanthemum indicum* L. var. *hortense* Makino〉キク科。

アブラギク 油菊 〈*Chrysanthemum indicum* L. var. *indicum*〉キク科の多年草。別名シマカンギク、ハマカンギク。高さは30～80cm。花は黄色。薬用植物。園芸植物。

アブラギリ 油桐 〈*Aleurites cordata* (Thunb.) Muell. Arg.〉トウダイグサ科の落葉高木。別名ドクエ。高さは15m。園芸植物。

アブラゴケ 〈*Hookeria acutifolia* Hook. & Grev.〉アブラゴケ科のコケ。葉は白緑色、卵形で全縁。

アブラシバ 〈*Carex satzumensis* Franch. et Savat.〉カヤツリグサ科の多年草。高さは10～30cm。

アブラシメジ 〈*Cortinarius elatior* Fr.〉フウセンタケ科のキノコ。中型～大型。傘はオリーブ褐色、著しい粘液が包む。ひだは粘土褐色。

アブラスギ 油杉 〈*Keteleeria davidiana* (Bertrand) Beissn.〉マツ科の常緑高木。別名シマモミ。高さは10～20m。園芸植物。

アブラススキ 油薄 〈*Eccoilopus cotulifer* (Thunb. ex Murray) A. Camus〉イネ科の多年草。高さは90～160cm。

アブラチャン 油瀝青 〈*Lindera praecox* (Sieb. et Zucc.) Blume〉クスノキ科の落葉低木。別名ムラダチ、ズサ、ゴロハラ。花は雄花は黄、雌花は緑黄色。園芸植物。

アブラツツジ 油躑躅 〈*Enkianthus subsessilis* (Miq.) Makino〉ツツジ科の落葉低木。別名ホウキドウダン、ヤマドウダン。

アブラツバキ 油椿 ツバキ科の木本。別名ユチャ。

アブラナ 油菜 〈*Brassica campestris* L. subsp. *napus* Hook. f. et Anders. var. *nippo-oleifera* Makino〉アブラナ科の多年草。別名ナノハナ、ナバナ。高さは60～80cm。花は黄色。薬用植物。園芸植物。切り花に用いられる。

アブラナ科 科名。

アブラハイゴケ 〈*Chaetomitrium papillifolium* Bosch & Sande Lac.〉アブラゴケ科のコケ。茎は這い、長さ5cm、葉は密につき長卵形。

アブラハム・ダービー 〈*Abraham Darby*〉バラ科。イングリッシュローズ系。花はピンク。

アブラヤシ 油椰子 〈*Elaeis guineensis* Jacq.〉ヤシ科の薬用植物。別名アフリカアブラヤシ。4年で結実し、ウメボシ大の果が人頭大の果序に集合。高さは10～20m。熱帯植物。園芸植物。

アブラヤシ ヤシ科の属総称。

アフリカイネ 〈*Oryza glaberrima* Steud.〉イネ科。アフリカの西部で栽培している種類でモミに毛がない。熱帯植物。

アフリカウチワヤシ 〈*Latania loddigesii* Mart.〉ヤシ科の観賞用植物。葉柄短大。熱帯植物。園芸植物。

アフリカオウギヤシ ボラッスス・アエティオプムの別名。

アフリカギク アークトチス・グランディスの別名。

アフリカキノカリン 〈*Pterocarpus erinaceus* Lam.〉マメ科の高木。莢の中央に細かい刺が密生。熱帯植物。

アフリカギョウギシバ 〈*Cynodon transvalensis* Davy〉イネ科の草本。熱帯植物。園芸植物。

アフリカキンセンカ 〈*Dimorphotheca sinuata* DC.〉キク科の草本。高さは30cm。花は橙黄色。園芸植物。

アフリカスミレ セントポーリア・イオナンタの別名。

アフリカチリヤシ フバエオプシス・カフラの別名。

アフリカーナ バラ科。ハイブリッド・ティーローズ系。花は黒色。

アフリカナガバモウセンゴケ モウセンゴケ科。園芸植物。

アフリカヌカボ 〈*Agrostis lachnantha* Nees〉イネ科。外花穎に3脈しかない。

アフリカハマユウ 〈*Crinum longifolium* Thunb.〉ヒガンバナ科の観賞用植物。花は白色で外側は赤味を帯びる。熱帯植物。

アフリカヒゲシバ 〈*Chloris gayana* Kunth〉イネ科の多年草。別名ローズソウ。牧草。高さは50～150cm。熱帯植物。

アフリカヒナギク 〈*Lonas annua* (L.) Vines et Druce〉キク科。高さは30～40cm。花は濃黄色。園芸植物。

アフリカフウチョウソウ 〈*Cleome rutidosperma* DC.〉フウチョウソウ科の一年草。高さは30～90cm。

アフリカホウセンカ 〈*Impatiens walleriana* Hook. f. ex D. Oliver〉ツリフネソウ科。高さは30～60cm。花は緋紅、青紫色。園芸植物。

アフリカマキ 〈*Podocarpus gracilior* Pilger〉マキ科の小木。種子柄は肥大しない。熱帯植物。

アフリカワスレナグサ アンクサ・カペンシスの別名。

アフリカン・マリーゴールド センジュギクの別名。

アフリカン・リリー アガパンサスの別名。

アプリコット・クイーン フウロソウ科のゼラニウムの品種。園芸植物。

アプリコットパロット ユリ科のチューリップの品種。切り花に用いられる。

アブルス・カントニエンシス 〈*Abrus cantoniensis* Hance.〉マメ科の薬用植物。

アブロニア 〈*Abronia umbellata* Lam.〉オシロイバナ科の草本。別名ハイビジョザクラ。花は淡紅色。園芸植物。

アブロニア・ウィロサ 〈*Abronia villosa* S. Wats.〉オシロイバナ科の草本。花は淡紅色。園芸植物。

アブロニア・ウンベラタ アブロニアの別名。

アブロニア・ラティフォリア 〈*Abronia latifolia* Eschsch.〉オシロイバナ科の草本。花はレモン色。園芸植物。

アベイ・ドゥ・クリュニー バラ科。花はオレンジ色。

アベオクタコーヒー 〈*Coffea abeokutae* Cramer〉アカネ科の小木。花は白、蕾は肉色。熱帯植物。

アベマキ 樮,阿部槙 〈*Quercus variabilis* Blume〉ブナ科の落葉高木。別名アベ、ワタクヌギ、ワタマキ。高さは15m。樹皮は淡灰褐色。薬用植物。園芸植物。

アベ・マリア ユキノシタ科のセイヨウアジサイの品種。

アベリア 〈*Abelia* × *grandiflora* (Rovelli ex André) Rehd.〉スイカズラ科の半常緑低木。別名ハナゾノツクバネウツギ、ハナツクバネウツギ、ニワツクバネウツギ。花は白色。園芸植物。

アベリア スイカズラ科の属総称。

アベリア・ウニフロラ 〈*Abelia uniflora* R. Br. ex Wall.〉スイカズラ科。高さは2m。花は淡紅色を帯びた白色。園芸植物。

アベリア・キネンシス タイワンツクバネウツギの別名。

アベリア・グランディフロラ アベリアの別名。

アベリア・シューマニー 〈*Abelia schumannii* (Graebn.) Rehd.〉スイカズラ科。高さは1m。花は濃いピンク色。園芸植物。

アベリア・トリフロラ ヒマラヤツクバネウツギの別名。

アベリオフィルム・ディスティクム ウチワノキの別名。

アペルドーン ユリ科のチューリップの品種。園芸植物。

アベルモスクス・マニホト トロロアオイの別名。

アベルモスクス・モスカツス ニオイトロロアオイの別名。

アヘンボク 〈*Mitragyna speciosa* Korth.〉アカネ科の高木。タイでは時に栽培、葉にミトラギニンあり。熱帯植物。

アポイ キキョウ科のキキョウの品種。園芸植物。

アポイアズマギク 〈*Erigeron thunbergii* A. Gray var. *angustifolius* Hara〉キク科の多年草。高山植物。

アポイカンバ 〈*Betula apoiensis* Nakai〉カバノキ科の落葉低木。別名ヒダカカンバ、マルミカンバ。高山植物。

アポイタチツボスミレ 〈*Viola sachalinensis* H. Boiss. var. *alpine* Hara〉スミレ科の多年草。高山植物。

アポイツメクサ 〈*Arenaria katoana* Makino var. *lanceolata* Tatew.〉ナデシコ科の多年草。高山植物。

アポイヤマブキショウマ 〈*Alchemilla dioicus* Fernald. var. *subrotundatus* Hara〉バラ科の多年草。高山植物。

アボカド 〈*Persea americana* Mill.〉クスノキ科の小木。別名ワニナシ。果実は黄、緑、くり、えび茶、黒紫など。高さは6〜25m。熱帯植物。薬用植物。園芸植物。

アポキヌム・ベネーツム バシクルモンの別名。

アポテカリーローズ ロサ・ガリカ・オフィキナリスの別名。

アポノゲトン・ウンドゥラツス 〈*Aponogeton undulatus* Roxb.〉レースソウ科の水生植物。長さ10〜15cm。花は白色。園芸植物。

アポノゲトン・マダガスカリエンシス 〈*Aponogeton madagascariensis* (Mirb.) Van Brugg.〉レースソウ科の水生植物。長さ30cm。花は白または淡紅色。園芸植物。

アポロカクツス・フラゲリフォルミス キンヒモの別名。

アポロゴムノキ クワ科の木本。

アポロサ 〈*Aporosa maingayi* Hook. f.〉トウダイグサ科の小木。熱帯植物。

アマ 亜麻 〈*Linum usitatissimum* L.〉アマ科の一年草。別名リンシード、リナム。高さは60〜130cm。花は青または白色。薬用植物。園芸植物。

アマ アマ科の属総称。

アマウイキョウ 〈*Foeniculum vulgare* Mill. var. *dulce* (Mill.) Thell.〉セリ科のハーブ。別名ローマウイキョウ。園芸植物。切り花に用いられる。

アマ科 科名。

アマガシタ 天ヶ下 ツバキ科のツバキの品種。

アマギアマチャ 天城甘茶 〈*Hydrangea serrata* (Thunb. ex Murray) Ser. var. *angustata*

(Franch. et Savat.) H. Ohba〉ユキノシタ科の木本。

アマギイノデ 〈*Polystichum* × *mashikoi* Kurata〉オシダ科のシダ植物。

アマギイワギボウシ 〈*Hosta longipes* var. *latifolia*〉ユリ科。

アマギウメノキゴケ 〈*Parmelia denegans* Nyl.〉ウメノキゴケ科の地衣類。髄は橙色または橙黄色。

アマギカンアオイ 〈*Heterotropa muramatsui* (Makino) F. Maekawa〉ウマノスズクサ科の多年草。葉柄が緑色。園芸植物。

アマギザサ 〈*Sasa tsuboiana* Makino〉イネ科の常緑中型笹。別名ツボイザサ。

アマギシャクナゲ 〈*Rhododendron degronianum* Carr. var. *amagianum* Yamazaki〉ツツジ科の常緑低木。

アマギツツジ 天城躑躅 〈*Rhododendron amagianum* Makino〉ツツジ科の落葉低木または高木。

アマクサギ 〈*Clerodendron trichotomum* Thunb. ex Murray var. *yakusimense* (Nakai) Ohwi〉クマツヅラ科の木本。

アマクサキリンサイ 〈*Eucheuma amakusaensis* Okamura〉ミリン科の海藻。円柱状又は扁圧。体は10～20cm。

アマクサシダ 天草羊歯 〈*Pteris dispar* Kunze〉イノモトソウ科(ワラビ科)の常緑性シダ。葉身は長さ20～40cm。広披針形から長楕円形。園芸植物。

アマクサミツバツツジ 〈*Rhododendron viscistylum* Nakai var. *amakusaense* Takeda〉ツツジ科の木本。日本絶滅危機植物。

アマグリ 甘栗 〈*Castanea mollissima* Blume〉ブナ科。別名チュウゴクグリ、シナグリ。高さは18m。園芸植物。

アマシバ 〈*Symplocos formosana* Brand〉ハイノキ科の木本。

アマヅル 甘蔓 〈*Vitis saccharifera* Makino〉ブドウ科の落葉つる植物。別名オトコブドウ。

アマゾン キク科のマトリカリアの品種。切り花に用いられる。

アマゾンドコ アロカシア・アマゾニカの別名。

アマゾンユリ 〈*Eucharis grandiflora* Planch. et Linden〉ヒガンバナ科の多年草。別名ギボウシズイセン。高さは60cm。花は白色。熱帯植物。園芸植物。切り花に用いられる。

アマゾン・リリー アマゾンユリの別名。

アマダオシ 〈*Cuscuta epilinum* Weihe〉ヒルガオ科のつる性の一年草。花は黄色。

アマタケ 〈*Collybia confluens* (Pers. : Fr.) Kummer〉キシメジ科のキノコ。小型。傘は肉色。ひだは類白色。

アマダマシ 〈*Nierembergia scoparia* Sendtn.〉ナス科。別名アマモドキ。

アマダマシ ニーレンベルギア・フルテスケンスの別名。

アマチャ 甘茶 〈*Hydrangea serrata* (Thunb. ex Murray) Ser. var. *thunbergii* (Sieb.) H. Ohba〉ユキノシタ科の落葉低木。別名コアマチャ。薬用植物。園芸植物。

アマチャヅル 甘茶蔓 〈*Gynostemma pentaphyllum* (Thunb. ex Murray) Makino〉ウリ科の多年生つる草。別名ツルアマチャ、アマクサ。薬用植物。

アマツオトメ 天津乙女 〈Amatsu-Otome〉バラ科のバラの品種。ハイブリッド・ティーローズ系。花は濃黄色。園芸植物。

アマドクムギ 〈*Lolium remotum* Schrank〉イネ科の一年草。小穂は長さ8～14mm。

アマドコロ 甘野老 〈*Polygonatum odoratum* (Mill.) Druce var. *pluriflorum* (Miq.) Ohwi〉ユリ科の多年草。別名イズイ、カラスユリ、エミグサ。高さは35～85cm。薬用植物。園芸植物。

アマナ 甘菜 〈*Tulipa edulis* (Miq.) Baker〉ユリ科の多年草。別名ムギグワイ。高さは15～30cm。薬用植物。園芸植物。

アマナズナ 〈*Camelina alyssum* (Mill.) Thell.〉アブラナ科の一年草。別名タマナズナ。高さは10～70cm。花は黄色。

アマナツ ミカン科。園芸植物。

アマナラン プレティラ・フォルモサナの別名。

アマニシキ 甘錦 バラ科のリンゴ(苹果)の品種。果皮は黄緑色。

アマニュウ 〈*Angelica edulis* Miyabe ex Yabe〉セリ科の多年草。別名マルバエゾニュウ。高さは1～2m。薬用植物。

アマノウロコゴケ 〈*Heteroscyphus aselliformis* (Reinw., Blume & Nees) Schiffn.〉ウロコゴケ科のコケ。葉の先が2裂して長毛状。

アマノガワ 天の川 〈Amanogawa〉バラ科。フロリバンダ・ローズ系。花は純黄色。

アマノガワ バラ科のサクラの品種。

アマノホシクサ 〈*Eriocaulon amanoanum* T. Koyama〉ホシクサ科。

アマノリ ウシケノリ科のアマノリ属総称。

アマバアサガオ 〈*Merremia hirta* Merr.〉ヒルガオ科の蔓物。花梗、葉柄に褐色短毛。花は黄色。熱帯植物。

アマハステビア ステビアの別名。

アマヒャクメ 甘百目 カキノキ科のカキの品種。別名比丘尼丸、橙丸、東京柿。果皮は橙黄色。

アマビリスファー マツ科の木本。

アママツバ ギリア・リニフロラの別名。

アマミアオ

アマミアオネカズラ 〈*Polypodium amamianum* Tagawa〉ウラボシ科の冬緑性シダ。葉身は長さ15〜25cm。長楕円状披針形。

アマミアラカシ 〈*Quercus glauca* Thunb. var. *amamiana* (Hatus.) Hatus.〉ブナ科。

アマミイワウチワ 〈*Shortia rotundifolia* (Maxim.) Makino var. *amamiana* Ohwi〉イワウメ科。日本絶滅危機植物。

アマミエビネ 〈*Calanthe amamiana* Fukuyama〉ラン科の多年草。花は白または淡桃色。園芸植物。日本絶滅危機植物。

アマミカタバミ 〈*Oxalis amamiana* Hatus.〉カタバミ科の草本。日本絶滅危機植物。

アマミクサアジサイ 〈*Cardiandra amamiohsimensis* koidz.〉ユキノシタ科の草本。日本絶滅危機植物。

アマミクラマゴケ 〈*Selaginella limbata* Alston〉イワヒバ科の常緑性シダ。茎は長さ50cm、葉は緑色〜鮮緑色。

アマミゴヨウ ヤクタネゴヨウの別名。

アマミザラッカ サラカヤシの別名。

アマミサンショウソウ 〈*Elatostema oshimense*〉イラクサ科。

アマミシダ 〈*Diplazium amamianum* Tagawa〉オシダ科の常緑性シダ。葉身は長さ1.5m。広披針形。

アマミスミレ 〈*Viola amamiana* Hatus.〉スミレ科。花は白色。園芸植物。日本絶滅危機植物。

アマミセイシカ 〈*Rhododendron latoucheae* Franch. var. *amamiense* (Ohwi) T. Yamaz.〉ツツジ科の常緑低木ときに高木。

アマミデンダ 〈*Polystichum obai* Tagawa〉オシダ科の常緑性シダ。別名ヒメデンダ。葉身は長さ3〜5cm。線形〜線状披針形。日本絶滅危機植物。

アマミテンナンショウ 〈*Arisaema heterocephalum* Koidz. subsp. *heterocephalum*〉サトイモ科の多年草。鳥足状の複葉を有する。園芸植物。

アマミナツヅタ 〈*Parthenocissus heterophylla* (Blume) Merr.〉ブドウ科の木本。

アマミヒイラギモチ 〈*Ilex dimorphophylla* Koidz.〉モチノキ科の木本。花は緑白色。園芸植物。日本絶滅危機植物。

アマミヒサカキ 〈*Eurya osimensis* Masam.〉ツバキ科の木本。

アマミフユイチゴ 〈*Rubus amamiana* Hatusima et Ohwi〉バラ科の木本。日本絶滅危機植物。

アマメシバ 〈*Sauropus androgynus* Merr.〉トウダイグサ科の小木。直立、茎は緑色円く滑、葉は濃緑。熱帯植物。

アマモ 〈*Zostera marina* L.〉ヒルムシロ科(アマモ科)の多年生水草。別名アジモ、モシオグサ、モバ。長さは50〜100cm。

アマモ科 科名。海藻。

アマモシシラン 甘藻獅子蘭 〈*Vittaria zosterifolia* Willd.〉シシラン科の常緑性シダ。葉長3〜100cm。葉身は線状。園芸植物。

アマモドキ ニーレンベルギア・フルテスケンスの別名。

アマランサス ヒユ科。別名アマランタス、アマランツス。切り花に用いられる。

アマランサス・コーダタス ヒモゲイトウの別名。

アマランサス・ホットビスケット ヒユ科。切り花に用いられる。

アマランサス・ロサリー ヒユ科。切り花に用いられる。

アマリリス 〈*Hippeastrum* × *hortorum* Maatsch.〉ヒガンバナ科の球根植物。別名ヒッペアストラム。園芸植物。

アマリリス ヒガンバナ科の属総称。球根植物。別名ヒペアストラム、バーバドスリリー、ナイトスターリリー。切り花に用いられる。

アマリリス・ベラドンナ ホンアマリリスの別名。

アマルクリヌム・ハワーディー 〈× *Amarcrinum howardii*〉ヒガンバナ科。花は淡紅色。園芸植物。切り花に用いられる。

アミアオサ 〈*Ulva reticulata* Forsskål〉アオサ科の海藻。うすい。

アミエマ・ファシクラーツム 〈*Amyema fasciculatum* Danser〉マツグミ科の小低木。

アミガサギリ 〈*Alchornea liukiuensis* Hayata〉トウダイグサ科の木本。

アミガサタケ 〈*Morchella esculenta* (L. : Fr.) Pers. var. *esculenta*〉アミガサタケ科(チャワンタケ科、ノボリリュウタケ科)のキノコ。別名モリーユ、モレル、モルケル。中型。頭部は卵形、灰褐色。

アミガサユリ バイモの別名。

アミクサ 〈*Ceramium boydenii* Gepp〉イギス科の海藻。軟骨質。

アミグダリス・オリエンタリス 〈*Amygdalus orientalis* Mill.〉バラ科の低木。

アミジグサ 〈*Dictyota dichotoma* (Hudson) Lamouroux〉アミジグサ科の海藻。黄褐色。

アミシダ 網羊歯 〈*Stegnogramma griffithii* (Hook. f et Thoms.) K. Iwatsuki var. *wilfordii* (Hook. f. et Thoms.) K. Iwatsuki〉オシダ科(ヒメシダ科)の常緑性シダ。葉身は長さ10〜30cm。狭三角形。

アミスギタケ 〈*Polyporus arcularius* Bastch. : Fr.〉サルノコシカケ科のキノコ。小型。傘はベージュ色、鱗片あり。

アミタケ 網茸 〈*Suillus bovinus* (L. : Fr.) Kuntze〉イグチ科のキノコ。別名スドウシ、アミモタセ、シバタケ。中型〜大型。傘は肉桂色〜黄土色、粘性。園芸植物。

アミトスティグマ・ケイスケイ イワチドリの別名。

アミトスティグマ・レピドゥム オキナワチドリの別名。

アミドリウム・メディウム 〈Amydrium medium (Zoll. et Moritzi) Nicols.〉サトイモ科のつる性植物。園芸植物。

アミバゴケ 〈Anastrophyllum michauxii (F. Weber) H. Buch〉ツボミゴケ科のコケ。赤色をおびる。茎は長さ1.5cm。

アミハナイグチ 〈Boletinus cavipes (Opat.) Kalchbr.〉イグチ科のキノコ。小型～中型。傘は黄褐色～褐色、綿毛状～繊維状細鱗片。

アミヒカリタケ 〈Filoboletus manipularis (Berk.) Sing.〉キシメジ科のキノコ。小型。傘は類白色。

アミヒダタケ 〈Campanella junghuhnii (Mont.) Sing.〉キシメジ科のキノコ。

アミヒラタケ 〈Polyporus squamosus Fr.〉タコウキン科のキノコ。

アミミドロ アミミドロ科の藻。

アミメヘイシソウ 〈Sarracenia leucophylla Raf.〉サラセニア科の多年草。高さは100cm。花は暗赤またはえび茶色。園芸植物。

アミメロン 〈Cucumis melo L. var. reticulatus Ser.〉ウリ科。別名ジャコウウリ、マスクメロン。

アミモジゴケ 〈Glyphis cicatricosa Ach.〉モジゴケ科の地衣類。子器は放射状。

アミモヨウ 〈Microdictyon japonicum Setchell〉アオモグサ科の海藻。網の目は小さい。

アムソニア・アングスティフォリア 〈Amsonia angustifolia Michx.〉キョウチクトウ科。別名ホソバチョウジソウ。高さは30～100cm。花は淡青色。園芸植物。

アムソニア・イルストリス 〈Amsonia illustris Woodson〉キョウチクトウ科。高さは60～70cm。花は淡青色。園芸植物。

アムソニア・エリプティカ チョウジソウの別名。

アムソニア・タベルナエモンタナ 〈Amsonia tabernaemontana Walt.〉キョウチクトウ科。別名ヤナギバチョウジソウ。高さは50～100cm。花は淡藍色。園芸植物。

アムラタマゴノキ 〈Spondias pinnata Kurz〉ウルシ科の小木。果実は酸くリンゴの香あり。熱帯植物。

アムールテンナンショウ アリサエマ・アムーレンセの別名。

アメジスト クマツヅラ科のバーベナの品種。園芸植物。

アメランキエル・アルニフォリア 〈Amelanchier alnifolia (Nutt.) Nutt.〉バラ科の木本。高さは1～8m。花はクリーム色。園芸植物。

アメランキエル・オウァリス 〈Amelanchier ovalis Medik.〉バラ科の木本。高さは3m。園芸植物。

アメリカアカミノサンザン 〈Crataegus mollis〉バラ科の木本。樹高12m。樹皮は赤褐色。園芸植物。

アメリカアサ 〈Apocynum cannabium L.〉キョウチクトウ科の薬用植物。

アメリカアサガオ 〈Pharbitis hederacea (L.) Choisy〉ヒルガオ科の一年草。花は白、桃、紅紫、青紫など。園芸植物。

アメリカアサガラ 〈Halesia carolina L.〉エゴノキ科の落葉小高木～高木。別名シルバーベルツリー。高さは10m。樹皮は淡褐色。園芸植物。

アメリカアサダ 〈Ostrya virginiana〉カバノキ科の木本。樹高20m。樹皮は灰褐色。

アメリカアゼナ 〈Lindernia dubia (L.) Pennell〉ゴマノハグサ科の一年草。高さは10～30cm。花は淡紫色。

アメリカアセビ ピエリス・フロリブンダの別名。

アメリカアツモリソウ シプリペディウム・レギナエの別名。

アメリカアブラヤシ 〈Acrocomia mexicana Karw. ex Mart.〉ヤシ科。葉の羽片は捩れる。葉裏粉白。高さは10m。熱帯植物。園芸植物。

アメリカアブラヤシ コロゾ・オレイフェラの別名。

アメリカアワゴケ 〈Callitriche terrestris Raf.〉アワゴケ科の一年草。長さは2～5cm。

アメリカイヌホオズキ 〈Solanum americanum Mill〉ナス科の一年草。高さは40～80cm。花は白色。

アメリカイモ 〈Ipomoea batatas Lam.〉ヒルガオ科。

アメリカイワナンテン 〈Leucothoe walteri (Willd.) Melvin〉ツツジ科の低木。高さは1.5m。花は白色。園芸植物。

アメリカウラベニイロガワリ 〈Boletus subvelutipes Peck〉イグチ科のキノコ。中型～大型。傘は帯赤褐色～暗褐色、ビロード状。

アメリカウロコモミ チリーマツの別名。

アメリカエノキ 〈Celtis occidentalis〉ニレ科の木本。樹高25m。樹皮は灰色。

アメリカオオバコ 〈Plantago aristata Michx.〉オオバコ科の一年草。別名ノゲオオバコ。高さは15～40cm。花は淡褐色。

アメリカオオモミ 〈Abies grandis (Dougl. ex D. Don) Lindl.〉マツ科の常緑高木。別名ベイモミ。高さは30～100m。樹皮は灰褐色。園芸植物。

アメリカオダマキ セイヨウオダマキの別名。

アメリカオニアザミ 〈Cirsium vulgare (Savi) Tenore〉キク科の多年草。別名セイヨウオニアザミ。高さは50～150cm。花は淡紅紫色。

アメリカガキ 〈*Diospyros virginiana* L.〉カキノキ科の木本。高さは20m。花は緑黄色。樹皮は暗褐色ないし黒色。園芸植物。

アメリカカスミノキ 〈*Cotinus obovatus*〉ウルシ科の木本。樹高10m。樹皮は灰褐色。園芸植物。

アメリカカゼクサ 〈*Eragrostis ciliaris* (L.) R. Br.〉イネ科の一年草。高さは15〜40cm。

アメリカガヤ 〈*Torreya californica*〉イチイ科の木本。樹高30m。樹皮は灰褐色。園芸植物。

アメリカカラマツ 〈*Larix laricina*〉マツ科の木本。樹高20m。樹皮は紅か赤みを帯びた褐色。

アメリカカンバ 〈*Betula nigra*〉カバノキ科の木本。樹高30m。樹皮は淡紅灰色。

アメリカキカシグサ 〈*Rotala ramosior* (L.) Koehne〉ミソハギ科の一年草。高さは10〜40cm。花は白または桃色。

アメリカギク 〈*Boltonia asteroides* (L.) L'Hér.〉キク科の多年草。高さは20〜70cm。花は白または淡紫色。園芸植物。

アメリカキササゲ 〈*Catalpa bignonioides* Walt.〉ノウゼンカズラ科の落葉高木。樹高15m。樹皮は灰褐色。薬用植物。園芸植物。

アメリカキュウリグサ 〈*Plagiobothrys stypitatus* (Greene) I. M. Johnst.〉ムラサキ科の一年草。高さは10cm。

アメリカキレハガシワ 〈*Quercus falcata*〉ブナ科の木本。樹高25m。樹皮は暗黒褐色。

アメリカキンゴジカ 〈*Sida spinosa* L.〉アオイ科の一年草。高さは30〜60cm。花は淡黄色。

アメリカクサイ 〈*Juncus dudleyi* Wiegand〉イグサ科の多年草。高さは30〜80cm。花は緑色。

アメリカクサノボタン 〈*Clidemia hirta* Don.〉ノボタン科の草状低木。葉はやや赤色。高さ70cm。花は白色。熱帯植物。園芸植物。

アメリカクサレダマ 〈*Lysimachia ciliata* L.〉サクラソウ科。葉は卵形〜狭卵形。

アメリカグリ 〈*Castanea dentata* (Marsh.) Borkh.〉ブナ科の木本。樹高30m。樹皮は暗褐色。園芸植物。

アメリカクロウルシ 〈*Rhus copallina*〉ウルシ科の木本。樹高10m。樹皮は濃灰色。

アメリカクロミザクラ 〈*Prunus serotina*〉バラ科の木本。樹高30m。樹皮は暗灰色。園芸植物。

アメリカコクタン 〈*Brya ebenus* DC.〉マメ科の小木。材は真黒で堅い。花は黄色。熱帯植物。

アメリカコナギ 〈*Heteranthera limosa* (Sw.) Willd.〉ミズアオイ科の抽水性の一年草。花は先端がやや尖ったヘラ形。青紫と白の2型色がある。

アメリカコリンゴ 〈*Malus coronaria*〉バラ科の木本。樹高9m。樹皮は赤褐色。

アメリカサイカチ 〈*Gleditsia triacanthos* L.〉マメ科の落葉高木。高さは45m。花は淡黄色。樹皮は暗灰色。園芸植物。

アメリカザイフリボク 〈*Amelanchier canadensis* Medikus〉バラ科の落葉低木。園芸植物。

アメリカサトイモ 〈*Xantosoma sagittifolium* Schott.〉サトイモ科の野菜。葉の縁に環走脈がある。葉柄粉白(紫のもある)。熱帯植物。

アメリカサナエタデ 〈*Persicaria pensylvanica* (L.) M. Gómez〉タデ科の一年草。高さは30〜100cm。花は淡紅色。

アメリカシオン ネバリノギクの別名。

アメリカシシガシラ ブレクヌム・オッキデンタレの別名。

アメリカシソクサ 〈*Bacopa dianthera* (Sw.) Descole et Borisini〉ゴマノハグサ科の湿地性草本。茎はやや赤色。花は白色。熱帯植物。

アメリカシナノキ 〈*Tilia americana*〉シナノキ科の木本。樹高25m。樹皮は褐色ないし灰色。園芸植物。

アメリカシバ イヌシバの別名。

アメリカシャガ 〈*Neomarica northiana* (Schneev.) T. Sprague〉アヤメ科の多年草。高さは1m以上。花は黄白色。熱帯植物。園芸植物。

アメリカシャクナゲ カルミアの別名。

アメリカシラカンバ 〈*Betula papyrifera*〉カバノキ科の木本。樹高30m。樹皮は淡紅橙色。

アメリカシロゴヨウ ピヌス・アルビカウリスの別名。

アメリカスグリ リベス・ヒルテルムの別名。

アメリカスズカケノキ 〈*Platanus occidentalis* L.〉スズカケノキ科の落葉高木。高さは40〜50m。樹皮は灰色、褐色、乳黄色。園芸植物。

アメリカスズメノヒエ 〈*Paspalum notatum* Flugge〉イネ科の多年草。高さは30〜80cm。

アメリカヅタ 〈*Parthenocissus quinquefolia* (L.) Planch.〉ブドウ科のつる植物。別名バージニアヅタ。葉脈は紫紅色。花は黒青色。園芸植物。

アメリカスミレサイシン 〈*Viola cucullata* Ait.〉スミレ科の多年草。長さは5〜12cm。花は青紫色。園芸植物。

アメリカスモモ 〈*Prunus americana* Marshall〉バラ科の木本。

アメリカゼ 〈*Sapium jamaicense* Swartz〉トウダイグサ科。白乳液、葉はインドゴムに似る。熱帯植物。

アメリカセンダングサ 〈*Bidens frondosa* L.〉キク科の一年草。別名セイタカタウコギ。高さは1〜1.5m。花は黄色。

アメリカセンニチソウ ヒユ科。別名キバナセンニチコウ。園芸植物。

アメリカセンノウ 〈*Lychnis chalcedonica* L.〉ナデシコ科の一年草または多年草。高さは0.5〜1m。花は鮮紅色。園芸植物。

アメリカタカサブロウ 〈*Eclipta alba* (L.) Hassk.〉キク科の一年草。高さは10〜60cm。花は白色。熱帯植物。

アメリカタツタソウ ジェファソニア・ディフィラの別名。

アメリカタラノキ 〈*Aralia spinosa* L.〉ウコギ科の木本。高さは5m。花は緑白色。樹皮は灰色。園芸植物。

アメリカチャボヤシ ラインハルティア・シンプレクスの別名。

アメリカチョウセンアサガオ 〈*Datura innoxia* Mill.〉ナス科の一年草。高さは1m。花は白色。薬用植物。園芸植物。

アメリカツガ 米栂 〈*Tsuga heterophylla* (Raf.) Sarg.〉マツ科の常緑高木。小枝は有毛。樹高70m。樹皮は紫褐色。園芸植物。

アメリカツノクサネム 〈*Sesbania exaltata* (Raf.) Cory〉マメ科の一年草。高さは1〜3m。花は黄色。

アメリカデイゴ 〈*Erythrina crista-galli* L.〉マメ科の落葉小高木。別名カイコウズ、ホソバデイコ。高さは6m。花は黄を帯びた赤色。園芸植物。

アメリカテマリシモツケ フィソカルプス・オプリフォリウスの別名。

アメリカトガサワラ 〈*Pseudotsuga menziesii* (Mirb.) Franco〉マツ科の常緑高木。別名ベイマツ。樹高60〜90m。樹皮は紫褐色。園芸植物。

アメリカトゲミギク 〈*Acanthospermum hispidum* DC.〉キク科の多年草。高さは1m。花は黄色。

アメリカトネリコ 〈*Fraxinus americana* L.〉モクセイ科の落葉高木。高さは40m。樹皮は灰褐色。園芸植物。

アメリカドルステニヤ 〈*Dorstenia contrajerva* L.〉クワ科の草本。別名アメリカハナグワ、ハナグワ。盤状花序、薬用。高さは30cm。花は緑色。熱帯植物。園芸植物。

アメリカーナ 〈Americana〉バラ科。ハイブリッド・ティーローズ系。花は濃紅色。

アメリカナガボソウ 〈*Stachytarpheta mutabilis* Vahl.〉クマツヅラ科の草本。葉裏白毛。花は赤色。熱帯植物。

アメリカナツツバキ 〈*Stewartia malacodendron*〉ツバキ科の木本。樹高6m。樹皮は淡灰色ないし褐色。園芸植物。

アメリカナデシコ ヒゲナデシコの別名。

アメリカナナカマド 〈*Sorbus americana*〉バラ科の木本。樹高8m。樹皮は灰色。園芸植物。

アメリカニガキ 〈*Quassia amara* L.〉ニガキ科の観賞用低木。葉脈と花は赤色。熱帯植物。薬用植物。園芸植物。

アメリカニレ ウルムス・アメリカナの別名。

アメリカニワトコ 〈*Sambucus canadensis* L.〉スイカズラ科の木本。別名カナダニワトコ。高さは4m。花は白黄色。熱帯植物。園芸植物。

アメリカニンジン 〈*Panax quinquefolium* L.〉ウコギ科の薬用植物。

アメリカヌスビトハギ 〈*Desmodium obtusum* (Muhl. ex Willd.) DC.〉マメ科の多年草。高さは50〜150cm。花は淡紅紫〜白色。

アメリカネズコ ベイスギの別名。

アメリカネナシカズラ 〈*Cuscuta pentagona* Engelm〉ヒルガオ科の寄生の一年生つる草。花は白色。薬用植物。

アメリカネム 〈*Samanea saman* (Jacq.) Merrill〉マメ科の中高木。別名アメフリノキ。枝を傘状に拡げる。高さは20〜30m。花は淡黄色。熱帯植物。園芸植物。

アメリカノウゼンカズラ 〈*Campsis radicans* Seem.〉ノウゼンカズラ科の落葉低木。別名コノウゼンカズラ。花は緋黄色。園芸植物。

アメリカノウゼンカズラ カンプシス・ラディカンスの別名。

アメリカノキビ 〈*Eriochloa contracta* Hitchc.〉イネ科の一年草。高さは30〜80cm。

アメリカハイネズ ユニペルス・ホリゾンタリスの別名。

アメリカハギ デスモディウム・カナデンセの別名。

アメリカハナシノブ ギリア・トリコロルの別名。

アメリカハナズオウ 〈*Cercis canadensis* L.〉マメ科の木本。樹高10m。花は淡紅桃色。樹皮は暗灰褐色ないし黒色。園芸植物。

アメリカハナノキ 〈*Acer rubrum* L.〉カエデ科の落葉高木。別名ベニカエデ。樹高25m。花は深紅色。樹皮は濃灰色。園芸植物。

アメリカハマグルマ ヴェーデリア・トリロバタの別名。

アメリカハリグワ 〈*Maclura Pomifera*〉クワ科の木本。樹高15m。樹皮は橙褐色。

アメリカハリフタバ 〈*Spermacoce glabra* Michx.〉アカネ科の多年草。別名アメリカムグラ。高さは20〜60cm。花は白色。

アメリカハリモミ 〈*Picea pungens* Engelm.〉マツ科の常緑高木。別名コロラドトウヒ、ブンゲンストウヒ。高さは30〜40m。樹皮は紫灰色。園芸植物。

アメリカハンゲショウ サウルルス・ケルヌースの別名。

アメリカバンマツリ ブルンフェルシア・アメリカナの別名。

アメリカヒイラギ 〈*Ilex opaca* Ait.〉モチノキ科の木本。高さは6m。花は乳白色。樹皮は灰色。園芸植物。

アメリカヒイラギ オスマンツス・アメリカヌスの別名。

アメリカヒトツバタゴ 〈Chionanthus virginicus L.〉モクセイ科の木本。高さは6〜12m。樹皮は灰色。園芸植物。

アメリカヒトツバマツ 〈Pinus monophylla〉マツ科の木本。樹高15m。樹皮は灰色。

アメリカビユ イヌヒメシロビユの別名。

アメリカビロードノボタン 〈Miconia hookeriana Tr.〉ノボタン科の観賞用小木。葉は褐毛密布、表面はビロード状。熱帯植物。園芸植物。

アメリカフウ モミジバフウの別名。

アメリカフウロ 〈Geranium carolinianum L.〉フウロソウ科の一年草または越年草。高さは10〜40cm。花は淡紅からほとんど白色。園芸植物。

アメリカフジ ウィステリア・フルテスケンスの別名。

アメリカブドウ ウィティス・ラブルスカの別名。

アメリカブナ 〈Fagus grandifolia〉ブナ科の木本。樹高30m。樹皮は灰色。園芸植物。

アメリカフヨウ 〈Hibiscus moscheutos L.〉アオイ科。別名クサフヨウ。高さは1〜1.8m。花は桃色。園芸植物。

アメリカホウライシダ アジアンタム・ビクトリエーの別名。

アメリカホドイモ 〈Apios americana Medik.〉マメ科のつる性多年草。長さは1〜3m。花は紫褐色。園芸植物。

アメリカマコモ 〈Zizania aquatica L.〉イネ科。

アメリカマンサク 〈Hamamelis virginiana L.〉マンサク科の薬用植物。高さは2〜5m。花は鮮黄色。園芸植物。

アメリカミコシガヤ 〈Carex brachyglossa Mack.〉カヤツリグサ科の多年草。別名マルミノヤガミスゲ。高さは60〜80cm。

アメリカミズキンバイ ルドヴィギア・ロンギフォリアの別名。

アメリカミズバショウ 〈Lysichiton americanum Hult. et St. John〉サトイモ科の多年草。仏炎苞が黄色を帯びる。高山植物。園芸植物。

アメリカミズメ 〈Betula lenta〉カバノキ科の木本。樹高25m。樹皮は赤褐色。

アメリカミズユキノシタ 〈Ludwigia repens Forster〉アカバナ科の多年草。高さは1m。花は黄色。

アメリカミズワラビ ケラトプテリス・プテリドイデスの別名。

アメリカミヤマゴヨウ ピヌス・モンティコラの別名。

アメリカヤガミスゲ 〈Carex scoparia Schk. ex Willd.〉カヤツリグサ科の多年草。高さは40〜60cm。

アメリカヤマゴボウ ヨウシュヤマゴボウの別名。

アメリカヤマタマガサ ケファランツス・オッキデンタリスの別名。

アメリカヤマボウシ ハナミズキの別名。

アメリカヤマモミジ 〈Acer spicatum Lam.〉カエデ科の落葉高木。葉は3裂。樹高8m。樹皮は灰褐色。園芸植物。

アメリカユウゲショウ エノテラ・ロゼアの別名。

アメリカユクノキ 〈Cladrastis lutea〉マメ科の木本。樹高15m。樹皮は灰色。

アメリカリョウブ 〈Clethra alnifolia L.〉リョウブ科の落葉低木。高さは3m。花は白色。園芸植物。

アメリカロウバイ 〈Calycanthus floridus L. var. glaucus (Willd.) Torr. et A. Gray〉クスノキ科の木本。

アメリカロウバイ カリカンツス・フェルティリスの別名。

アメリカン・レッド・クロス カンナ科のカンナの品種。園芸植物。

アモムム・ウリギノスム ショウガモドキの別名。

アモムム・キサンティオイデス ショウガ科の薬用植物。別名ハナミョウガ。

アモムム・クサントフレビウム オオショウガモドキの別名。

アモムム・クラバン 〈Amomum kravanh Pierre ex Gagnep.〉ショウガ科の薬用植物。

アモムム・コンパクツム ビャクズクの別名。

アモムム・ツァオコ 〈Amomum tsao-ko Crevost et Lemaire.〉ショウガ科の薬用植物。

アモルファ・フルティコサ イタチハギの別名。

アモルフォファルス サトイモ科の属総称。別名スマトラオオコンニャク。

アモルフォファルス・アビシニクス 〈Amorphophallus abyssinicus N. E. Br.〉サトイモ科の多年草。

アモルフォファルス・カンパヌラツス ゾウゴンニャクの別名。

アモルフォファルス・リヴィエリ 〈Amorphophallus rivieri Durieu〉サトイモ科の多年草。

アーモンド 〈Prunus amygdalus Stokes〉バラ科のハーブ。高さは6〜9m。花は淡紅または白色。薬用植物。園芸植物。

アヤオリ 〈Ayaori〉バラ科。別名マイ。フロリバンダ・ローズ系。花は赤色。

アヤカフィテマツ 〈Pinus ayacahuite〉マツ科の木本。樹高35m。

アヤギヌ 〈Caloglossa leprieurii (Montagne) J. Agardh〉コノハノリ科の海藻。扁平、葉状。

アヤゴロモ 綾衣 マミラリア・ブロスフェルディアナの別名。

アヤナミ 綾波 ホマロケファラ・テクセンシスの別名。

アヤニシキ 〈*Martensia denticulata* Harvey〉コノハノリ科の海藻。基部に円形に近い膜状部。体は5〜15cm。

アヤニシキ 綾錦 アロエ・アリスタタの別名。

アヤメ 菖蒲,文目 〈*Iris sanguinea* Hornem. var. *sanguinea*〉アヤメ科の多年草。別名ハナアヤメ。高さは30〜50cm。花は紫色。薬用植物。園芸植物。切り花に用いられる。

アヤメイグチ 〈*Boletellus chrysenteroides* (Snell) Snell〉オニイグチ科のキノコ。小型〜中型。傘は褐色〜暗褐紫色。

アヤメ科 科名。

アユガ シソ科の属総称。

アユガ・キア 〈*Ajuga chia* Schreb.〉シソ科の草本。高さは30cm。花は黄色。園芸植物。

アユガ・ゲネウェンシス 〈*Ajuga genevensis* L.〉シソ科の多年草。高さは10〜45cm。花は青色。園芸植物。

アユガ・ピラミダリス 〈*Ajuga pyramidalis* L.〉シソ科の草本。花は青色。高山植物。園芸植物。

アユガ・レプタンス セイヨウキランソウの別名。

アライアンス バラ科。花は赤色。

アライトツメクサ 〈*Sagina procumbens* L.〉ナデシコ科の一年草または多年草。別名トヨハラツメクサ。高さは〜10cm。花は白色。高山植物。

アラウカリア・アラウカナ チリーマツの別名。

アラウカリア・アングスティフォリア ブラジルマツの別名。

アラウカリア・カニンガミー ナンヨウスギの別名。

アラウカリア・コルムナリス 〈*Araucaria columnaris* (G. Forst.) Hook.〉ナンヨウスギ科の常緑大高木。高さは60m。園芸植物。

アラウカリア・ビドウィリー ヒロハノナンヨウスギの別名。

アラウカリア・ヘテロフィラ シマナンヨウスギの別名。

アラウジア・セリキフェラ チョウトリカズラの別名。

アラウジア・ホルトヌム 〈*Araujia* × *hortonum* hort.〉ガガイモ科のつる性低木。花は桃色。園芸植物。

アラエノヒツジゴケ 〈*Brachythecium reflexum* (Starke) Schimp.〉アオギヌゴケ科のコケ。茎葉は長さ2mm以下、葉身部は広三角形〜三角状卵形。

アラカシ 粗樫 〈*Quercus glauca* Thunb. ex Murray〉ブナ科の常緑高木。高さは10〜20m。園芸植物。

アラクニオデス・アリスタタ ホソバカナワラビの別名。

アラクニオデス・キネンシス オニカナワラビの別名。

アラクニオデス・シンプリキオル ハカタシダの別名。

アラクニオデス・スタンディッシー リョウメンシダの別名。

アラクニオデス・スポラドソラ コバノカナワラビの別名。

アラクニス・フロス-アエリス 〈*Arachnis flos-aeris* (L.) Rchb. f〉ラン科の多年草。茎の長さ3〜10cm。花は淡黄緑色。園芸植物。

アラクニス・マギー・オエイ 〈*Arachnis* Maggie Oei〉ラン科。園芸植物。

アラクニス・メインゲイー 〈*Arachnis* × *maingayi* (Hook. f.) Rchb. f.〉ラン科。花は乳白〜帯紫白色。園芸植物。

アラゲアオダモ 〈*Fraxinus lanuginosa* Koidz.〉モクセイ科の落葉高木。別名コバノトネリコ、ケアオダモ。薬用植物。

アラゲカエンソウ カエンソウの別名。

アラゲカワキタケ 〈*Panus rudis* Fr.〉ヒラタケ科のキノコ。小型〜中型。傘は漏斗形、粗毛状。

アラゲカワラタケ 〈*Coriolus hirsutus* (Wulf : Fr.) Quél.〉タコウキン科のキノコ。

アラゲキクラゲ 〈*Auricularia polytricha* (Mont.) Sacc.〉キクラゲ科のキノコ。小型〜中型。子実体は耳形、背面は白色細毛。園芸植物。

アラゲクジャク ホウライシダ科。園芸植物。

アラゲクジャク アジアンタム・ヒスピドゥルムの別名。

アラゲコイチジク 〈*Ficus recurva* BL.〉クワ科の蔓木。葉に剛毛、葉は厚く硬質。熱帯植物。

アラゲコベニチャワンタケ 〈*Scutellinia scutellata* (L.) Lambotte〉ピロネマキン科のキノコ。

アラゲサンショウソウ 〈*Pellionia brevifolia* Benth.〉イラクサ科の草本。

アラゲシプリ 〈*Cypripedium barbatum* Lindl.〉ラン科の地生植物。花は内花蓋紫条、唇弁紫黒色。熱帯植物。

アラゲシュンギク 〈*Chrysanthemum segetum* L.〉キク科の一年草。別名リュウキュウシュンギク。高さは60〜70cm。花は濃黄色。園芸植物。

アラゲスミレノキ 〈*Rinorea hirtella* Mildbr.〉スミレ科の小木。枝は多毛。熱帯植物。

アラゲツユクサ 〈*Cyanotis somaliensis* C. B. Clarke〉ツユクサ科の多年草。高さは20cm。花は青色。園芸植物。

アラゲナツハゼ 〈*Vaccinium ciliatum* Thunb.〉ツツジ科の木本。

アラゲニオイグサ 〈*Hedyotis costata* Kurz〉アカネ科の草本。熱帯植物。

アラゲニクハリタケ 〈*Steccherinum rhois* (Schw.) Banker〉ニクハリタケ科のキノコ。

アラゲハンゴンソウ 粗毛反魂草 〈*Rudbeckia hirta* L. var. *pulcherrima* Farwell〉キク科の観賞用草

本。別名キヌガサギク、マツカサギク。高さは40〜90cm。花は橙黄色。熱帯植物。園芸植物。

アラゲヒナノチャワンタケ 〈*Trichopezizella otanii* Hain.〉ヒナノチャワンタケ科のキノコ。

アラゲヒメワラビ 〈*Thelypteris torresiana* (Gaud.) Alston〉オシダ科のシダ植物。

アラゲヒョウタンボク オオヒョウタンボクの別名。

アラゲホコリタケ 〈*Lycoperdon echinatum* Pers. : Pers.〉ホコリタケ科のキノコ。小型。子実体は球形〜洋ナシ形、外皮は刺。

アラゲホコリタケモドキ 〈*Lycoperdon pedicellatum* Peck〉ホコリタケ科のキノコ。

アラゲムグラモドキ 〈*Anotis hirsuta* Miq.〉アカネ科の匍匐性草本。花は黄白色。熱帯植物。

アラゲムラサキ 〈*Amsinckia barbata* Greene〉ムラサキ科。花は黄色。

アラシグサ 嵐草 〈*Boykinia lycoctonifolia* (Maxim.) Engl.〉ユキノシタ科の多年草。高さは15〜40cm。高山植物。

アラシヤマ バラ科のサクラの品種。

アラスカヒノキ 〈*Chamaecyparis nootkatensis* (D. Don) Spach〉ヒノキ科の常緑高木。別名ベイヒバ、イエローシーダー、アメリカヒノキ。高さは30〜40m。花は黄色。樹皮は灰褐色ないし橙褐色。園芸植物。

アラスカヤノネゴケ 〈*Bryhnia hultenii* E. B. Bartram〉アオギヌゴケ科のコケ。枝は長さ1cm以下、葉身部は広卵形。

アラセイトウ 紫羅欄花,荒里伊登宇 〈*Matthiola incana* (L.) R. Br.〉アブラナ科の一年草または多年草。別名ストック。高さは75cm。花は紫、赤から白色。園芸植物。切り花に用いられる。

アラナミ 荒波 〈*Faucaria tuberculosa* (Rolfe) Schwant.〉ツルナ科の多肉植物。葉縁には発達した鋸歯がある。花は鮮黄色。園芸植物。

アラハシラガゴケ 〈*Leucobryum bowringii* Mitt.〉シラガゴケ科のコケ。葉長10mm前後で披針形〜線形。

アラハヒツジゴケ 〈*Brachythecium brotheri* Paris〉アオギヌゴケ科のコケ。茎は不規則に分枝し、茎葉は広披針形。

アラビアコーヒー コーヒーノキの別名。

アラビアゴムノキ 〈*Acacia senegal* Willd.〉マメ科の薬用植物。

アラビアンナイト 〈Arabian Nights〉バラ科。フロリバンダ・ローズ系。花は薄いサーモンオレンジ色。

アラビス アラビス・アルピナの別名。

アラビス・アルピナ 〈*Arabis alpina* L.〉アブラナ科の草本。別名ユキハタザオ。高さは10〜20cm。花は白色。高山植物。園芸植物。

アラビス・カウカシカ 〈*Arabis caucasica* Willd. ex Schlechtend.〉アブラナ科の草本。高さは20〜25cm。花は白色。園芸植物。

アラビス・セラタ フジハタザオの別名。

アラビス・ソイエリ 〈*Arabis soyeri* Reut. et Huet〉アブラナ科の草本。花は白色。園芸植物。

アラビス・ヒルスタ ヤマハタザオの別名。

アラビス・フェルディナンディ-コブルギ 〈*Arabis ferdinandi-coburgi* Kellerer et Sündern.〉アブラナ科の草本。花は白色。園芸植物。

アラビス・ブレファロフィラ 〈*Arabis blepharophylla* Hook. et Arn.〉アブラナ科の草本。高さは8〜10cm。花は紫紅色。園芸植物。

アラビス・プロクレンス 〈*Arabis procurrens* Waldst. et Kit.〉アブラナ科の草本。花は白色。園芸植物。

アラビデア 〈*Arrabidaea magnifica* Sprague〉ノウゼンカズラ科の観賞用蔓木。花は紫色で花筒内面白黄色。熱帯植物。

アラマニア・プニケア 〈*Alamania punicea* Llave et Lex.〉ラン科。花は朱赤色。園芸植物。

アラマンダ キョウチクトウ科の属総称。別名アリアケカズラ。

アラマンダ・ネリーフォリア ヒメアリアケカズラの別名。

アラム アルムの別名。

アラムシャ 荒武者 エキノケレウス・ストラミネウスの別名。

アラメ 荒布 〈*Eisenia bicyclis* (Kjellman in Kjellman et Petersen) Setchell〉コンブ科(チガイソ科)の海藻。別名カジメ。茎は円柱状。体は長さ1.5m。

アラリア プセウドパナクス・クラッシフォリウスの別名。

アラリア ポリスキアス・ギルフォイレイの別名。

アラリア・キネンシス 〈*Aralia chinensis* L.〉ウコギ科の木本。別名シナタラノキ。高さは12m。園芸植物。

アラリア・スピノサ アメリカタラノキの別名。

アラリア・ヘンリイ 〈*Aralia henryi* Harms.〉ウコギ科の薬用植物。

アランギウム・プラタニフォリウム モミジウリノキの別名。

アランダ ラン科の属総称。切り花に用いられる。

アランダ・ウェンディー・スコット 〈× *Alanda* Wendy Scott〉ラン科。花は桃紫色。園芸植物。

アランダ・クリスティーン 〈× *Alanda* Chrisitne〉ラン科。花は鮮桃、紫桃、紫紅色。園芸植物。

アランダ・クリーン・オブ・パープルズ 〈× *Alanda* Queen of Purples〉ラン科。高さは2m。花は桃紫色。園芸植物。

アランテラ・ジェイムズ・ストリー 〈× *Aranthera* James Storie〉ラン科。花は朱紅色。園芸植物。

アラン・ブランシャール 〈Alain Blanchard〉 バラ科。ガリカ・ローズ系。花は濃ピンク。

アリアケ キク科のアスターの品種。園芸植物。

アリアケカズラ 有明蔓 〈Allamanda cathartica L. var. Hendersonii (Bull) L. H. Bailey et Raffill〉キョウチクトウ科の常緑つる性植物。別名アラマンダ・カタルティカ。花は黄、蕾は褐色。熱帯植物。薬用植物。園芸植物。

アリアケスミレ 有明菫 〈Viola betonicifolia Smith var. albescens (Nakai) F. Maekawa et Hashimoto〉スミレ科の草本。

アリアリア・ペティオラータ 〈Alliaria petiolata Cavara et Grande〉アブラナ科の多年草。

アリウム ユリ科のネギ属総称。球根植物。

アリウム・アカカ 〈Allium akaka S. G. Gmel. ex Roem. et Schult.〉ユリ科。花は淡紫紅色。園芸植物。

アリウム・アフラツネンセ 〈Allium aflatunense B. Fedtsch.〉ユリ科。花は淡紫紅色。園芸植物。

アリウム・ウニフォリウム 〈Allium unifolium Kellogg〉ユリ科。高さは40cm。花は桃色。園芸植物。

アリウム・ウルシヌム 〈Allium ursinum L.〉ユリ科の多年草。花は白色。高山植物。園芸植物。

アリウム・エラツム 〈Allium elatum Regel〉ユリ科。高さは1m。花は紫紅色。園芸植物。

アリウム・オレオフィルム 〈Allium oreophilum C. A. Mey.〉ユリ科。高さは30cm。花は紅色。園芸植物。

アリウム・カエシウム 〈Allium caesium Schrenk〉ユリ科。花は白色。園芸植物。

アリウム・カエルレウム 〈Allium caeruleum Pall.〉ユリ科。高さは50～60cm。花は青色。園芸植物。

アリウム・カラタヴィエンセ 〈Allium karataviense Regel〉ユリ科。花は白または淡紫色。園芸植物。

アリウム・ギガンテウム 〈Allium giganteum Regel〉ユリ科。別名アリューム。花は紫紅色。園芸植物。切り花に用いられる。

アリウム・キロスム 〈Allium cirrhosum Vand.〉ユリ科。高さは50cm。園芸植物。

アリウム・クリストフィー 〈Allium christophii Trautv.〉ユリ科。高さは70～80cm。花は暗紫紅色。園芸植物。

アリウム・ケルヌーム 〈Allium cernuum Roth〉ユリ科。高さは40～50cm。花は白、桃、淡紫紅など。高山植物。園芸植物。

アリウム・コワニー アリウム・ネアポリタヌムの別名。

アリウム・シューベルティー 〈Allium schubertii Zucc.〉ユリ科。園芸植物。切り花に用いられる。

アリウム・ショエノプラスム エゾネギの別名。

アリウム・スコエノプラスム エゾネギの別名。

アリウム・ゼブダネンセ 〈Allium zebdanense Boiss. et Noë〉ユリ科。花は白色。園芸植物。

アリウム・トリクエトルム 〈Allium triquetrum L.〉ユリ科。高さは40cm。花は白色。園芸植物。切り花に用いられる。

アリウム・ナルキッシフロルム 〈Allium narcissiflorum Vill.〉ユリ科。高さは30cm。花は淡紅色。園芸植物。

アリウム・ネアポリタヌム 〈Allium neapolitanum Cyr.〉ユリ科。高さは30～40cm。花は白色。園芸植物。切り花に用いられる。

アリウム・ビクトリアリス ユリ科の多年草。球根植物。高山植物。

アリウム・ビクトリアリス ギョウジャニンニクの別名。

アリウム・ビネアーレ 〈Allium vineale L.〉ユリ科の多年草。高山植物。

アリウム・ヒメノリズム 〈Allium hymenorrhizum Ledeb.〉ユリ科。高さは40～50cm。花は淡紅色。園芸植物。

アリウム・フラウム 〈Allium flavum L.〉ユリ科。高さは50～60cm。花は黄色。園芸植物。

アリウム・ヘルドライヒー 〈Allium heldreichii Boiss.〉ユリ科。高さは45cm。花は紅色。園芸植物。

アリウム・モーリー キバナノギョウジャニンニクの別名。

アリウム・ローゼンバッヒアヌム 〈Allium rosenbachianum Regel〉ユリ科の多年草。高さは1m。花は暗紫紅色。園芸植物。

アリオカルプス サボテン科の属総称。サボテン。

アリオカルプス・スカファロストルス 〈Ariocarpus scapharostrus Böd.〉サボテン科のサボテン。別名竜角牡丹。径10cm。花は赤紫色。園芸植物。

アリオカルプス・トリゴヌス サンカクボタンの別名。

アリオカルプス・フルフラケウス 〈Ariocarpus furfuraceus (S. Wats.) C. H. Thomps.〉サボテン科のサボテン。別名花牡丹。いぼの先端が細く突き出る。園芸植物。

アリオカルプス・レツスス イワボタンの別名。

アリキシヤ 〈Alyxia stellata R. et S.〉キョウチクトウ科の低木。樹皮は白色で芳香あり。熱帯植物。

アリクリヤシ アリクリロバ・スキゾフィラの別名。

アリクリロバ・スキゾフィラ 〈Arikuryroba schizophylla (Mart.) L. H. Bailey〉ヤシ科。別名アリクリヤシ。無幹。高さは3m。花はクリーム色。熱帯植物。

アーリー・コール ヒルガオ科のアサガオの品種。園芸植物。

アリサエマ　サトイモ科の属総称。球根植物。別名ユキモチソウ。

アリサエマ・アムーレンセ　〈Arisaema amurense Maxim.〉サトイモ科の多年草。別名アムールテンナンショウ。園芸植物。

アリサエマ・ウラシマ　ウラシマソウの別名。

アリサエマ・カンディディッシムム　〈Arisaema candidissimum W. W. Sm.〉サトイモ科の多年草。小葉は広卵形～円形。園芸植物。

アリサエマ・グリフィティ　〈Arisaema griffithii Shott〉サトイモ科。高山植物。

アリサエマ・コスターツム　〈Arisaema costatum Mart.〉サトイモ科。高山植物。

アリサエマ・コンサグィネウム　サトイモ科の薬用植物。

アリサエマ・スペキオースム　〈Arisaema speciosum Mort.〉サトイモ科の多年草。高山植物。

アリサエマ・ニコエンセ　ユモトマムシグサの別名。

アリサエマ・ネギシー　シマテンナンショウの別名。

アリサエマ・フィムビリアツム　〈Arisaema fimbriatum Masters〉サトイモ科の多年草。

アリサエマ・ヘテロケファルム　アマミテンナンショウの別名。

アリサエマ・リンゲンス　ムサシアブミの別名。

アリサルム　アリサエマの別名。

アリサンバラン　アスピディストラ・アッテヌアタの別名。

アリサンヒメバラン　ペリオサンテス・アリサネンシスの別名。

アリサンミズ　〈Pilea brevicornuta Hayata〉イラクサ科。別名シマミズ。

アリシビイヌワラビ　〈Athyrium × anceps Sa. Kurata〉オシダ科のシダ植物。

アリスター・ステラ・グレイ　〈Alister Stella Gray〉バラ科。

アリステア・エクロニー　〈Aristea ecklonii Bak.〉アヤメ科の多年草。高さは60～80cm。花は青色。園芸植物。

アリステア・エンシフォリア　〈Aristea ensifolia Muir ex Weimarck〉アヤメ科の多年草。

アリステア・スピラリス　〈Aristea spiralis Ker-Gawl.〉アヤメ科の多年草。高さは45cm。園芸植物。

アリステア・ティルシフロラ　〈Aristea thyrsiflora (D. Delar.) N. E. Br.〉アヤメ科の多年草。高さは1～1.5m。花は青色。園芸植物。

アリストロキア　ウマノスズクサ科の属総称。別名オオパイプカズラ。

アリストロキア・ウェストランディー　〈Aristolochia westlandii Hemsl.〉ウマノスズクサ科。舷部に赤紫色の網目模様。園芸植物。

アリストロキア・エレガンス　サラサバナの別名。

アリストロキア・カウリフロラ　〈Aristolochia cauliflora Ule〉ウマノスズクサ科。葉には黄白色の縞。園芸植物。

アリストロキア・ギガンテア　〈Aristolochia gigantea Mart. et Zucc.〉ウマノスズクサ科のつる性低木。花は淡緑色。園芸植物。

アリストロキア・キューエンシス　〈Aristolochia × kewensis hort.〉ウマノスズクサ科。花は鈍い黄色。園芸植物。

アリストロキア・グランディフロラ　〈Aristolochia grandiflora Swartz〉ウマノスズクサ科。花は濃赤紫色。園芸植物。

アリストロキア・グリフィシィ　〈Aristolochia griffithii Hooker fil. et Thomson〉ウマノスズクサ科。高山植物。

アリストロキア・クレマティティス　〈Aristolochia clematitis L.〉ウマノスズクサ科。花は黄色。園芸植物。

アリストロキア・ケンペリ　オオバウマノスズクサの別名。

アリストロキア・サカータ　〈Aristolochia saccata Wall.〉ウマノスズクサ科のつる性多年草。

アリストロキア・サルピンクス　〈Aristolochia salpinx M. T. Mast.〉ウマノスズクサ科。花はクリーム色。園芸植物。

アリストロキア・デビリス　ウマノスズクサの別名。

アリストロキア・ドゥリオル　〈Aristolochia durior J. Hill〉ウマノスズクサ科。勢いよく伸びるつる性低木。園芸植物。

アリストロキア・トリカウダタ　〈Aristolochia tricaudata Lem.〉ウマノスズクサ科。園芸植物。

アリストロキア・トリロバタ　〈Aristolochia trilobata L.〉ウマノスズクサ科。偽托葉は卵円形。園芸植物。

アリストロキア・ファンチイ　〈Aristolochia fangchi Y. C. Wu ex Chow et Hwang.〉ウマノスズクサ科の薬用植物。

アリストロキア・フィンブリアタ　〈Aristolochia fimbriata Cham.〉ウマノスズクサ科。花は黄色。園芸植物。

アリストロキア・ブラジリエンシス　〈Aristolochia brasiliensis Mart. et Zucc.〉ウマノスズクサ科。花は黄褐色。園芸植物。

アリストロキア・ヘテロフィラ　〈Aristolochia heterophylla Hemsl.〉ウマノスズクサ科の薬用植物。

アリストロキア・マンシュリエンシス　マンシュウウマノスズクサの別名。

アリストロキア・ラビオサ 〈Aristolochia labiosa Ker-Gawl.〉ウマノスズクサ科。花はクリーム色。園芸植物。

アリストロキア・リンゲンス 〈Aristolochia ringens Vahl〉ウマノスズクサ科。花は緑色。園芸植物。

アリストロキア・ロツンダ 〈Aristolochia rotunda L.〉ウマノスズクサ科の多年草。

アリスマ・カナリクラツム ヘラオモダカの別名。

アリスマ・グラミネウム 〈Alisma gramineum Lej.〉オモダカ科の多年草。葉長1m。花は白〜淡紅色。園芸植物。

アリスマ・トリウィアレ 〈Alisma triviale Pursh〉オモダカ科の多年草。園芸植物。

アリスマ・プランタゴ-アクアティカ 〈Alisma plantago-aquatica L.〉オモダカ科の多年草。葉長5〜15cm。花は白色。園芸植物。

アリスマ・ランケオラツム 〈Alisma lanceolatum With.〉オモダカ科の多年草。花は淡紅色。園芸植物。

アリセアラ・モーリー・アイランド 〈× Aliceara Maury Island〉ラン科。花は黄に赤褐色の斑点。園芸植物。

アリゾナ 〈Arizona〉バラ科。ハイブリッド・ティーローズ系。花は橙色。

アリゾナイトスギ クプレッスス・アリゾニカの別名。

アリゾナトウヒ ピケア・エンゲルマニーの別名。

アーリーダイバスチン キンポウゲ科のデルフィニウムの品種。切り花に用いられる。

アリタケ 〈Cordyceps japonensis Hara〉バッカクキン科のキノコ。

アリタソウ 有田草 〈Chenopodium ambrosioides L. var. ambrosioides〉アカザ科の一年草。別名ルウダソウ。高さは30〜80cm。薬用植物。

アリッスム 〈Lobularia maritima (L.) Desv.〉アブラナ科の草本。別名ニワナズナ。高さは10〜15cm。花は白またはラベンダー色。園芸植物。

アリッスム アブラナ科の属総称。

アリッスム・アルペストレ 〈Alyssum alpestre L.〉アブラナ科。花は淡黄色。高山植物。園芸植物。

アリッスム・サクサティレ オオニワナズナの別名。

アリッスム・スピノスム 〈Alyssum spinosum L.〉アブラナ科。高さは15cm。花は白、桃色。園芸植物。

アリッスム・モンタヌム 〈Alyssum montanum L.〉アブラナ科。花はレモンイエロー。園芸植物。

アリテラ 〈Arytera littoralis BL.〉ムクロジ科の高木。果実は橙色、芳香、果肉食用。熱帯植物。

アリドオシ 蟻通 〈Damnacanthus indicus Gaertn. f.〉アカネ科の常緑低木。高さは30〜60cm。花は白色。園芸植物。

アリドオシラン 蟻通し蘭 〈Myrmechis japonica (Reichb. f.) Rolfe〉ラン科の多年草。高さは3〜8cm。高山植物。

アリノオヤリ 〈Tetraphis geniculata Girg. ex Milde〉ヨツバゴケ科のコケ。葉は狭長で鋭く尖る。

アリノスクサギ 〈Clerodendron deflexum Wall.〉クマツヅラ科の大低木。果実は初め緑色。花は黄白色。熱帯植物。

アリノスダマ 〈Hydnophytum formicarum Jacq.〉アカネ科の樹上着生小低木。葉は常緑で、楕円形、厚質、茎の基部は塊状。熱帯植物。園芸植物。

アリノスフクロトウ 〈Korthalsia scaphigera Griff.〉ヤシ科の蔓木。葉鞘膨出し中にはアリの住居。幹径5ミリ。熱帯植物。園芸植物。

アリノタイマツ 〈Multiclavula clara (Berk. & Curt.) Petersen〉シロソウメンタケ科のキノコ。小型。形は棍棒状、緑藻類上生。

アリノトウグサ 蟻の塔草 〈Gonocarpus micranthus Thunb.〉アリノトウグサ科の多年草。高さは10〜40cm。薬用植物。

アリノトウグサ科 科名。

アーリー・ブルー イソマツ科のスターチスの品種。園芸植物。

アリマウマノスズクサ 〈Aristolochia onoei Franch. et Savat. ex Koidz.〉ウマノスズクサ科の草本。別名ホソバウマノスズクサ。

アリマグミ 〈Elaeagnus murakamiana Makino〉グミ科の木本。

アリモリソウ 〈Codonacanthus pauciflorus (Nees) Nees〉キツネノマゴ科の草本。

アリヤクイヌワラビ オシダ科のシダ植物。

アリヤドリタンポタケ 〈Cordyceps myrmecogena Kobayasi et Shimizu〉バッカクキン科のキノコ。

アリュウシャンノコギリヒバ 〈Odonthalia aleutica (Mertens ex C. Agardh) J. Agardh〉フジマツモ科の海藻。叢生。体は10〜20cm。

アリュオーディア ディディエレア科の属総称。別名二つ葉金棒の木。

アリュオーディア・アスケンデンス 〈Alluaudia ascendens (Drake) Drake〉ディディエレア科の木本。主幹は軽く緻密。園芸植物。

アリュオーディア・ドゥモサ 〈Alluaudia dumosa Drake〉ディディエレア科の木本。刺は少ない。園芸植物。

アリュオーディア・プロケラ 〈Alluaudia procera Drake〉ディディエレア科の木本。別名亜竜木。高さは15m。園芸植物。

アリユオテ

アリュオーディオプシス・フィヘレネンシス 〈*Alluaudiopsis fiherenensis* Humbert〉ディディエレア科の石灰岩植物。高さは3m。花は黄白か鮮深紅色。園芸植物。

アリューム アリウム・ギガンテウムの別名。

アーリー・ロケット キンポウゲ科のラークスパーの品種。園芸植物。

アルカネット アンクサ・オッフィキナリスの別名。

アルカンゲリシヤ 〈*Arcangelisia flava* Merr.〉ツヅラフジ科の蔓木。茎はベルベリンを含み黄色で苦味、駆虫薬。熱帯植物。

アルカンナ アンクサ・オッフィキナリスの別名。

アルカンナ・ティンクトーリア 〈*Alkanna tinctoria* Tausch〉ムラサキ科の多年草。薬用植物。

アルギレイア・ネルウォサ 〈*Argyreia nervosa* (Burm. f.) Bojer〉ヒルガオ科の低木。高さは7m。花は周辺が淡紫色。園芸植物。

アルギロデルマ・オクトフィルム 〈*Argyroderma octophyllum* (Haw.) Schwant.〉ツルナ科。別名銀鈴。花は黄色。園芸植物。

アルギロデルマ・フィッスム 〈*Argyroderma fissum* (Haw.) L. Bolus〉ツルナ科。別名宝槌玉。花は黄色。園芸植物。

アルギロデルマ・フレイムシー 〈*Argyroderma framesii* L. Bolus〉ツルナ科。花は桃紫色。園芸植物。

アルギロデルマ・ブレウィペス 〈*Argyroderma brevipes* (Schlechter) L. Bolus〉ツルナ科。別名薔薇玉。花は紫紅色。園芸植物。

アルギロデルマ・ロセウム 〈*Argyroderma roseum* (Haw.) Schwant.〉ツルナ科。別名赤花金鈴。花は紫桃色。園芸植物。

アルクティウム・ミヌス 〈*Arctium minus* Bernh.〉キク科の多年草。

アルクトティス・アカウリス 〈*Arctotis acaulis* L.〉キク科。高さは20cm。花は白から赤色。園芸植物。

アルクトティス・ブレウィスカパ 〈*Arctotis breviscapa* Thunb.〉キク科。花は橙黄色。園芸植物。

アルケア・フィキフォリア 〈*Alcea ficifolia* L.〉アオイ科の草本。高さは1.5〜2.0m。花は黄か橙色。園芸植物。

アルケア・ロセア タチアオイの別名。

アルケミラ・アルピナ 〈*Alchemilla alpina* L.〉バラ科の多年草。高さは20cm。花は黄色。高山植物。園芸植物。

アルケミラ・ウルガリス 〈*Alchemilla vulgaris* L.〉バラ科の多年草。高さは30cm。高山植物。園芸植物。

アルケミラ・クサントクロラ 〈*Alchemilla xanthochlora* Rothm.〉バラ科。高さは60cm。花は淡黄緑色。園芸植物。

アルケミラ・コンユンクタ 〈*Alchemilla conjuncta* Bab.〉バラ科の多年草。

アルケミラ・モリス ハゴロモグサの別名。

アルゲモネ・オクロレウカ 〈*Argemone ochroleuca* Sweet〉ケシ科。高さは80〜100cm。花は黄色。園芸植物。

アルゲモネ・グランディフロラ 〈*Argemone grandiflora* Sweet〉ケシ科。高さは1m。花は純白色。園芸植物。

アルゲモネ・プラティケラス 〈*Argemone platyceras* Link et Otto〉ケシ科。高さは30〜70cm。花は白か淡黄色。園芸植物。

アルゲモネ・メキシカナ アザミゲシの別名。

アルゲンテオーストリアタ ユリ科のサンセヴィエリアの品種。別名シロシマチトセラン。園芸植物。

アルコントフェニクス・アレグザンドラエ ユスラヤシの別名。

アルコントフェニクス・カニンガミアナ 〈*Archontophoenix cunninghamiana* (H. Wendl.) H. Wendl. et Drude〉ヤシ科。別名ユスラヤシモドキ。高さは18〜22m。園芸植物。

アルジェリアモミ 〈*Abies numidica* De Lannoy ex Carrière〉マツ科の常緑高木。高さは30〜40m。樹皮は灰紫色。園芸植物。

アルストロメリア ヒガンバナ科のユリズイセン属総称。球根植物。別名ユリズイセン、インカノユリ、ペルビアンリリー。切り花に用いられる。

アルストロメリア・オーランティアカ 〈*Alstroemeria aurantiaca* D. Don ex Sweet〉ヒガンバナ科。高さは60〜80cm。花は橙黄色。園芸植物。

アルストロメリア・ハエマンタ 〈*Alstroemeria haemantha* Ruiz et Pav.〉ヒガンバナ科。高さは1m。花は赤色。園芸植物。

アルストロメリア・ヒブリダ 〈*Alstroemeria hybrida* Hort.〉ヒガンバナ科。

アルストロメリア・ペレグリナ ヒガンバナ科。園芸植物。

アルストロメリア・リグツ 〈*Alstroemeria ligtu* L.〉ヒガンバナ科の多年草。高さは60〜70cm。花は桃、淡藤、赤色。園芸植物。

アルストロメリア・リグツ・ハイブリッド ヒガンバナ科。園芸植物。

アールスメールゴールド 〈Aalsmeer Gold〉バラ科。ハイブリッド・ティーローズ系。花は濃黄色。

アルソビア・ディアンティフロラ 〈*Alsobia dianthiflora* (H. E. Moore et R. G. Wils.)

Wiehl.〉イワタバコ科の多年草。花は白色。園芸植物。

アルソビア・プンクタタ 〈Alsobia punctata (Lindl.) Hanst.〉イワタバコ科の多年草。花は黄みがかった白色。園芸植物。

アルタエア・オッフィキナリス ビロードアオイの別名。

アルタクリアヒイラギ 〈Ilex × altaclerensis〉モチノキ科の木本。樹高20m。樹皮は灰色。

アルタボトリス 〈Artabotrys uncinatus (Lam.) Merr.〉バンレイシ科の蔓木。葉はオガタマに似る。花は黄緑色。熱帯植物。

アルディシア・クリスパ カラタチバナの別名。

アルディシア・クレナタ マンリョウの別名。

アルディシア・ヤポニカ ヤブコウジの別名。

アルティシモ 〈Altissimo〉 バラ科。クライミング・ローズ系。

アルテス75 〈Altesse 75〉 バラ科のバラの品種。ハイブリッド・ティーローズ系。花はクリーム色。園芸植物。

アルテミシア・アノマラ 〈Artemisia anomala S. Moore.〉キク科の薬用植物。

アルテミシア・アブロタヌム 〈Artemisia abrotanum L.〉キク科の薬用植物。高さは1m。園芸植物。

アルテミシア・アルボレスケンス 〈Artemisia arborescens L.〉キク科。高さは1m。園芸植物。

アルテミシア・キナ シナヨモギの別名。

アルテミシア・グロメラタ ハハコヨモギの別名。

アルテミシア・ジーフェルシアナ ニガヨモギの別名。

アルテミシア・シュミッティアナ アサギリソウの別名。

アルテミシア・ステレリアナ シロヨモギの別名。

アルテミシア・ドラクンクルス エストラゴンの別名。

アルテミシア・プリンケプス ヨモギの別名。

アルテミシア・ブルガリス 〈Artemesia vulgaris L.〉キク科の多年草。

アルテミシア・ペドゥンクロサ ミヤマオトコヨモギの別名。

アルテミシア・マリティマ ミブヨモギの別名。

アルテミシア・ラキニアタ シコタンヨモギの別名。

アルテミシア・ラクティフロラ ヨモギナの別名。

アルテルナンテラ・デンタタ 〈Alternanthera dentata (Moench) Stuchlík ex R. E. Fries〉ヒュ科。高さは45cm。花は白または緑白色。園芸植物。

アルドロヴァンダ・ウェシクロサ ムジナモの別名。

アルニカ キク科の属総称。

アルニカ・コルディフォリア 〈Arnica cordifolia Hook〉キク科。高山植物。

アルニカ・モンタナ 〈Arnica montana L.〉キク科の多年草。高さは20〜60cm。花は卵黄色。高山植物。薬用植物。園芸植物。

アルニカ・ロンギフォリア 〈Arnica longifolia DC.〉キク科の多年草。高さは60cm。花は黄色。園芸植物。

アルヌス・シーボルディアナ オオバヤシャブシの別名。

アルヌス・フィルマ ヤシャブシの別名。

アルヌス・ペンドゥラ ヒメヤシャブシの別名。

アルヌス・マクシモヴィッチー ミヤマハンノキの別名。

アルヌス・マツムラエ ヤハズハンノキの別名。

アルヌス・ヤポニカ ハンノキの別名。

アルネビア・エウクロマ 〈Arnebia euchroma (Royle) Johnst.〉ムラサキ科の薬用植物。

アルネビア・エキオイデス 〈Arnebia echioides Hook〉ムラサキ科の一年草。

アルネビア・ティンクトリア 〈Arnebia tinctoria Forssk.〉ムラサキ科。高さは5〜12cm。花は淡青紫色。園芸植物。

アルネビア・デクンベンス 〈Arnebia decumbens (Venten.) Cross. et Kral.〉ムラサキ科。高さは5〜40cm。花は黄色。園芸植物。

アルネビア・プルクラ 〈Arnebia pulchra (Willd. ex Roem. et Schult.) Edmondson〉ムラサキ科。高さは10〜40cm。花は黄色。園芸植物。

アルネビア・ベンザミイ 〈Arnebia benthamii DC.〉ムラサキ科の多年草。園芸植物。

アルネビア・ユークロマ ムラサキ科。高山植物。

アルバ キク科のブラキカムの品種。園芸植物。

アルビジア・グラブリオル 〈Albizia glabrior (Koidz.) Ohwi.〉マメ科の木本。別名ヒロハネム。小葉が大形。園芸植物。

アルビジア・ユリブリッシン ネムノキの別名。

アルビジア・レッベク オオバネムノキの別名。

アルピナ マツムシソウ科のスカビオサ・コルンバリアの品種。宿根草。別名ヒメマツムシソウ。

アルピニア ゲットウの別名。

アルピニア・アルボリネアタ シロフイリゲットウの別名。

アルピニア・インテルメディア アオノクマタケランの別名。

アルピニア・オキシフィラ 〈Alpinia oxyphylla Miq.〉ショウガ科の薬用植物。

アルピニア・オフィキナルム 〈Alpinia officinarum Hance.〉ショウガ科の薬用植物。

アルピニア・カツマダイ 〈Alpinia katsumadai Hayata.〉ショウガ科の薬用植物。

アルピニア・サンデラエ フイリゲットウの別名。

アルピニア・プルプラタ 〈*Alpinia purpurata* (Vieill.) K. Schum.〉ショウガ科の多年草。高さは4m。花は白色。園芸植物。

アルピニア・ヤポニカ アモムム・キサンティオイデスの別名。

アルビノ ユリ科のチューリップの品種。園芸植物。

アルファルファ ムラサキウマゴヤシの別名。

アルブカ ユリ科の属総称。切り花に用いられる。

アルブカ・カナデンシス 〈*Albuca canadensis* (L.) Leighton〉ユリ科。高さは50～60cm。花は黄色。園芸植物。

アルブカ・ネルソニー 〈*Albuca nelsonii* N. E. Br.〉ユリ科。高さは1.2～1.5m。花は純白色。園芸植物。

アルプスオトメ バラ科のカイドウの品種。園芸植物。

アルプスキングサリ 〈*Laburnum alpinum*〉マメ科の木本。樹高6m。樹皮は暗灰色。園芸植物。

アルブツス・ウネド イチゴノキの別名。

アルベルタ・マグナ 〈*Alberta magna* E. Mey.〉アカネ科の木本。高さは3～4m。花は赤色。園芸植物。

アルペングロー スミレ科のガーデン・パンジーの品種。園芸植物。

アルペン・ブルー リンドウ科のリンドウの品種。園芸植物。

アルペンローゼ ツツジ科。

アルボビッタータ ツユクサ科のトラデスカンティア・アルビフローラの品種。園芸植物。

アルボフィルム・アルピヌム 〈*Aepophyllum alpinum* Lindl.〉ラン科。花は紫桃色。園芸植物。

アルボフィルム・スピカツム 〈*Aepophyllum spicatum* Llave et Lex〉ラン科。花は深紅から桃色。園芸植物。

アルボレウム ツツジ科の木本。

アルマニア 〈*Allmania nodiflora* R. Br. var. *esculentus*〉ヒユ科の草本。葉を食用とする。熱帯植物。

アルミニウム・プラント ピレア・カディエレイの別名。

アルム サトイモ科の属総称。球根植物。別名アダムアンドイブ、ローズアンドレイディース、ピエドボウ。

アルム・イタリクム 〈*Arum italicum* Mill.〉サトイモ科の塊茎植物。高さは30cm。花は淡黄緑色。園芸植物。

アルム・オリエンタレ 〈*Arum orientale* Bieb.〉サトイモ科の塊茎植物。花は褐色。園芸植物。

アルム・クレティクム 〈*Arum creticum* Boiss. et Heldr.〉サトイモ科の塊茎植物。高さは40cm。花は乳白色。園芸植物。

アルム・ディオスコリディス 〈*Arum dioscoridis* Siebth. et Sm.〉サトイモ科の塊茎植物。花は黒紫色。園芸植物。

アルム・パラエスティヌム 〈*Arum palaestinum* Boiss.〉サトイモ科の塊茎植物。高さは25～30cm。花は暗紫紅色。園芸植物。

アルム・マクラートゥム 〈*Arum maculatum* L.〉サトイモ科の多年草。

アルメリア イソマツ科の属総称。別名ハマカンザシ。切り花に用いられる。

アルメリア・アリアケア オオハマカンザシの別名。

アルメリア・アルピナ 〈*Armeria alpina* (DC.) Willd.〉イソマツ科の多年草。高さは5cm。花はピンク色。園芸植物。

アルメリア・カエスピトサ 〈*Armeria caespitosa* (Quer ex Cav.) Boiss.〉イソマツ科の多年草。数cm。園芸植物。

アルメリア・セタケア 〈*Armeria setacea* Delile ex Nym.〉イソマツ科の多年草。高さは6～10cm。花は淡桃色。園芸植物。

アルメリア・プランタギネア オオハマカンザシの別名。

アルメリア・ブルガリス スターチス・ボンデュエリ・エローの別名。

アルメリア・マリティマ スターチス・ボンデュエリ・エローの別名。

アルメリア・マルティマ・ハーレェリー 〈*Armeria martima* Willed. subsp. *halleri*〉イソマツ科。高山植物。

アルンクス・ディオイクス 〈*Aruncus dioicus* (Walt.) Fern.〉バラ科の多年草。高さは1.5～2m。花は白色。園芸植物。

アルンディナ・バンブシフォリア ナリヤランの別名。

アルンド・ドナクス ダンチクの別名。

アルンド・フォルモサナ ヒナヨシの別名。

アレウリテス・コルダタ アブラギリの別名。

アレウリテス・フォーディー シナアブラギリの別名。

アレウリトプテリス・アルゲンテア ヒメウラジロの別名。

アレウリトプテリス・クーニー 〈*Aleuritopteris kuhnii* (Milde) Ching〉ワラビ科。別名イワマウラジロ。葉身は下面が粉白色。園芸植物。

アレウリトプテリス・ファリノサ 〈*Aleuritopteris farinosa* (Forssk.) Fée〉ワラビ科。葉身は裏面が白色または黄色の粉状物でおおわれる。園芸植物。

アレカ・カテク ビンロウジュの別名。

アレカストルム・ロマンゾフィアヌム ジョオウヤシの別名。

アレカ・トリアンドラ 〈Areca triandra Roxb.〉ヤシ科。別名カブダチビンロウジュ。長さ3m。園芸植物。

アレカヤシ 〈Chrysalidocarpus lutescens (Bory) H. Wendl.〉ヤシ科。別名コガネタケヤシ。高さは8m。熱帯植物。園芸植物。切り花に用いられる。

アレカ・ラングロアシアナ 〈Areca langloisiana Potzt.〉ヤシ科。高さは3～4m。花は黄色。園芸植物。

アレキ マスカット・オブ・アレキサンドリアの別名。

アレキサンドリア マスカット・オブ・アレキサンドリアの別名。

アレキサンドリアセンナ 〈Cassia acutifolia Delile.〉マメ科の薬用植物。

アレクイパ・スピノシッシマ 〈Arequipa spinosissima Ritt.〉サボテン科のサボテン。別名白夢翁。花は洋紅色。園芸植物。

アレクシス バラ科。花は黄色。

アレゲニーザイフリボク 〈Amelanchier laevis Wieg.〉バラ科の木本。高さは10m。樹皮は灰褐色。園芸植物。

アレチアザミ 荒地薊 〈Breea segetum (Bunge) Kitam.〉キク科の薬用植物。

アレチイヌノフグリ 〈Veronica opaca Fries〉ゴマノハグサ科の越年草。長さは7～18cm。花は濃青紫色。

アレチイネガヤ 〈Oryzopsis miliacea (L.) Benth. et Hook. f. ex Asch. et Schweinf.〉イネ科の多年草。高さは60～150cm。

アレチウイキョウ 〈Bunium bulbocastanum L.〉セリ科の多年草。高さは30～50cm。花は白色。

アレチウリ 荒地瓜 〈Sicyos angulatus L.〉ウリ科の一年生つる草。頭状花序。花は白黄色。熱帯植物。

アレチオグルマ 〈Heterotheca subaxillaris (Lam.) Britt. et Rusby〉キク科の多年草。高さは60～90cm。花は橙黄色。

アレチギシギシ 荒地羊蹄 〈Rumex conglomeratus Murray〉タデ科の多年草。高さは40～120cm。

アレチキンギョソウ 〈Misopatens orontium (L.) Rafin.〉ゴマノハグサ科の一年草。高さは20～50cm。花は淡紅紫色。

アレチクグ 〈Cyperus aggregatus (Willd.) Endl.〉カヤツリグサ科。小穂の基部にのみ関節あり。

アレチタチドジョウツナギ 〈Puccinellia distans (L.) Parl.〉イネ科の多年草。高さは20～40cm。

アレチタバコ 〈Nicotiana trigonophylla Dunal〉ナス科。東京大学総合資料館の脇に生えていた。

アレチナズナ 〈Alyssum alyssoides (L.) L.〉アブラナ科の一年草または二年草。高さは10～30cm。花は淡黄色。

アレチニガナ 〈Crepis setosa Hallerf.〉キク科の一年草または越年草。高さは30～100cm。花は淡黄色。

アレチニシキソウ 〈Chamaesyce sp.〉トウダイグサ科の一年草。長さは8.5～23cm。

アレチヌスビトハギ 〈Desmodium paniculatum (L.) DC.〉マメ科の多年草。高さは30～100cm。花は紅紫色。

アレチノエンドウ 〈Vicia monantha Retz.〉マメ科の一年草。花は淡紫色。

アレチノギク 〈Erigeron bonariensis L.〉キク科の一年草または越年草。別名ノジオウギク。高さは30～60cm。花は白黄色。熱帯植物。

アレチノギク アレノノギクの別名。

アレチノチャヒキ 〈Bromus sterilis L.〉イネ科の一年草または越年草。別名ニセキツネガヤ。高さは30～70cm。

アレチハナガサ 〈Verbena brasiliensis Vell.〉クマツヅラ科の多年草。高さは1.5m。花は淡紫色。

アレチハマスゲ 〈Cyperus filicullnis Vahl〉カヤツリグサ科。別名センダイガヤツリ。

アレチヒジキ 〈Corispermum hyssopifolium L.〉アカザ科。葉は線形、長さ1.5～4cm。

アレチベニバナ 〈Carthamus lanatus L.〉キク科の一年草。高さは30～70cm。花は黄色。

アレチマツヨイグサ 荒地待宵草 〈Oenothera parviflora L.〉アカバナ科の二年草。別名ヒメマツヨイグサ。高さは0.3～1.5m。花は黄色。薬用植物。

アレチムラサキ 〈Heliotropium curassavicum L.〉ムラサキ科。

アレチモウズイカ 〈Verbascum virgatum Stokes〉ゴマノハグサ科の越年草。高さは0.7～1.5m。花は黄色。

アレックス・レッド 〈Alec's Red〉バラ科。ハイブリッド・ティーローズ系。花は赤色。

アレナテルム・エラティウス オオカニツリの別名。

アレナリア・アッグレガタ 〈Arenaria aggregata (L.) Loisel.〉ナデシコ科。高さは5～6cm。園芸植物。

アレナリア・オブツシローバ 〈Arenaria obtusiloba Rydb.〉ナデシコ科。高山植物。

アレナリア・カトーアナ カトウハコベの別名。

アレナリア・キリアータ 〈Arenaria ciliata L.〉ナデシコ科。高山植物。

アレナリア・グランディフロラ 〈Arenaria grandiflora L.〉ナデシコ科。高さは5～8cm。花は白色。園芸植物。

アレナリア・テトラクエトラ 〈Arenaria tetraquetra L.〉ナデシコ科。葉は灰緑色。園芸植物。

アレナリア・バレアリカ 〈*Arenaria balearica* L.〉ナデシコ科。別名ハイユキソウ。花は純白色。園芸植物。

アレナリア・プルプラスケンス 〈*Arenaria purpurascens* Ramond ex DC.〉ナデシコ科。花は紫紅色。高山植物。園芸植物。

アレナリア・プロケラ 〈*Arenaria procera* Spreng.〉ナデシコ科の多年草。

アレナリア・メルキオイデス 〈*Arenaria merckioides* Maxim.〉ナデシコ科。別名メアンカフスマ。高さは5〜8cm。園芸植物。

アレナリア・モンタナ 〈*Arenaria montana* L.〉ナデシコ科。高さは8〜10cm。花は白色。園芸植物。

アレノノギク 荒野野菊,山路野菊〈*Aster hispidus* Thunb. ex Murray〉キク科の越年草。別名ヤマジノギク。高さは30〜100cm。

アレンガ ヤシ科の属総称。

アレンガ・トレムラ コミノクロツグの別名。

アレンガ・ピンナタ サトウヤシの別名。

アレンフラスコモ 〈*Nitella allenii* Imah.〉シャジクモ科。

アロイノプシス・オーペニー 〈*Aloinopsis orpenii* (N. E. Br.) L. Bolus〉ツルナ科。花は黄色。園芸植物。

アロイノプシス・スクーニーシー 〈*Aloinopsis schooneesii* L. Bolus〉ツルナ科。花は橙黄色。園芸植物。

アロイノプシス・スパツラタ 〈*Aloinopsis spathulata* (Thunb.) L. Bolus〉ツルナ科。花は濃桃色。園芸植物。

アロエ 〈*Aloe arborescens* Mill.〉ユリ科の多肉性多年草。別名キダチアロエ、キダチロカイ、イシャイラズ。高さは1〜2m。花は鮮紅色。薬用植物。園芸植物。

アロエ ユリ科の属総称。

アロエ・アクレアタ 〈*Aloe aculeata* Pole-Evans〉ユリ科の多肉性多年草。長さ60cm。花はレモンイエロー。園芸植物。

アロエ・アフリカナ 〈*Aloe africana* Mill.〉ユリ科の多肉性多年草。別名キボウホウロカイ(喜望峰蘆薈)、ミカドニシキ(帝錦)。高さは2〜4m。花は黄から橙黄色。園芸植物。

アロエ・アリスタタ 〈*Aloe aristata* Haw.〉ユリ科の多肉性多年草。別名ホソバキダチロカイ(細葉木立蘆薈)、アヤニシキ(綾錦)。ロゼット径12〜15cm。花は帯紅黄色。園芸植物。

アロエ・アルビフロラ 〈*Aloe albiflora* Guillaum〉ユリ科の多肉性多年草。別名雪女王。花は白色。園芸植物。

アロエ・アルボレスケンス アロエの別名。

アロエ・アレニコラ 〈*Aloe arenicola* Reynolds〉ユリ科の多肉性多年草。別名極楽錦。披針形の葉をもつ。園芸植物。

アロエ・イネルミス 〈*Aloe inermis* Forssk.〉ユリ科の多肉性多年草。花は赤色。園芸植物。

アロエ・イマロテンシス 〈*Aloe imalotensis* Reynolds〉ユリ科の多肉性多年草。葉は淡緑色。園芸植物。

アロエ・ウィッケンジー 〈*Aloe wickensii* Pole-Evans〉ユリ科の多肉性多年草。別名紫光錦。花はクロムイエロー。園芸植物。

アロエ・オルトロファ 〈*Aloe ortholopha* Christian et Milne-Redh.〉ユリ科の多肉性多年草。別名白夜錦。長さ50cm。花は橙紅ないし血赤色。園芸植物。

アロエ・カラスベルゲンシス 〈*Aloe karasbergensis* Pillans〉ユリ科の多肉性多年草。別名烏山錦。長さ90cm。園芸植物。

アロエ・カルカイロフィラ 〈*Aloe calcairophila* Reynolds〉ユリ科の多肉性多年草。高さは20〜25cm。花は白色。園芸植物。

アロエ・カンペリ 〈*Aloe camperi* G. Schweinf.〉ユリ科の多肉性多年草。高さは90cm。花は帯赤黄か赤色。園芸植物。

アロエ・クリプトポダ 〈*Aloe cryptopoda* Bak.〉ユリ科の多肉性多年草。別名黒太刀。長さ90cm。花は赤色。園芸植物。

アロエ・コンプトニー 〈*Aloe comptonii* Reynolds〉ユリ科の多肉性多年草。別名南阿城。ロゼット径60cm。園芸植物。

アロエ・シンカタナ 〈*Aloe sinkatana* Reynolds〉ユリ科の多肉性多年草。花は黄〜橙色。園芸植物。

アロエ・スコビニフォリア 〈*Aloe scobinifolia* Reynolds〉ユリ科の多肉性多年草。花は黄、橙、朱赤色。園芸植物。

アロエ・ストリアタ 〈*Aloe striata* Haw.〉ユリ科の多肉性多年草。別名慈光錦。花は桃赤色。園芸植物。

アロエ・スラデニアナ 〈*Aloe sladeniana* Pole-Evans〉ユリ科の多肉性多年草。別名素芳錦。ロゼット径9cm。花は鈍いピンク色。園芸植物。

アロエ・ゼブリナ 〈*Aloe zebrina* Bak.〉ユリ科の多肉性多年草。別名御室錦、孔雀錦。花は赤色。園芸植物。

アロエ・ダヴィアナ 〈*Aloe davyana* Schönl.〉ユリ科の多肉性多年草。別名ホシフリュウゼツ(星斑竜舌)、ダビニシキ(蛇尾錦)。高さは60〜70cm。花は淡桃色。園芸植物。

アロエ・ツラスキー 〈*Aloe thraskii* Bak.〉ユリ科の多年草。

アロカシア

アロエ・ディウァリカタ 〈*Aloe divaricata* A. Berger〉ユリ科の多肉性多年草。別名竹仙人。高さは60～200cm。花は緋色。園芸植物。

アロエ・ディコトマ 〈*Aloe dichotoma* Masson〉ユリ科の多肉性多年草。別名タカロカイ(高蘆薈)。高さは10m。花は鮮黄色。園芸植物。

アロエ・デスコイングシー 〈*Aloe descoingsii* Reynolds〉ユリ科の多肉性多年草。ロゼット径2～3cm。花は柿色。園芸植物。

アロエ・デルトイデオドンタ 〈*Aloe deltoideodonta* Bak.〉ユリ科の多肉性多年草。長さ7.5～30cm。園芸植物。

アロエ・ドロテアエ 〈*Aloe dorotheae* A. Berger〉ユリ科の多肉性多年草。花は赤色。園芸植物。

アロエ・ドロミティカ 〈*Aloe dolomitica* Groenewald〉ユリ科の多肉性多年草。長さ30cm。花は緑黄～赤色。園芸植物。

アロエ・ノビリス 〈*Aloe nobilis* Haw.〉ユリ科の多肉性多年草。別名不夜城。ロゼット径13～15cm。花は赤色。園芸植物。

アロエ・ハエマンティフォリア 〈*Aloe haemanthifolia* Marloth et A. Berger〉ユリ科の多肉性多年草。別名眉刷毛錦。葉は黄緑色。園芸植物。

アロエ・バルバデンシス 〈*Aloe barbadensis* Mill.〉ユリ科の多肉性多年草。別名バルバドスアロエ、シンロカイ。高さは1m。花は黄色。園芸植物。

アロエ・ハワーシオイデス 〈*Aloe haworthioides* Bak.〉ユリ科の多肉性多年草。別名羽生錦、瑠璃姫孔雀。ロゼット径4～5cm。園芸植物。

アロエ・ヒルデブランティー 〈*Aloe hildebrandtii* Bak.〉ユリ科の多肉性多年草。別名黄星錦。高さは1m。花は黄ないし淡橙色。園芸植物。

アロエ・フミリス 〈*Aloe humilis* (L.) Mill.〉ユリ科の多肉性多年草。別名帝王錦。高さは25～40cm。花は朱紅色。園芸植物。

アロエ・プラテンシス 〈*Aloe pratensis* Bak.〉ユリ科の多肉性多年草。別名雪娘。ロゼット径12cm。花は淡紅色。園芸植物。

アロエ・プリカティリス 〈*Aloe plicatilis* (L.) Mill.〉ユリ科の多肉性多年草。別名乙姫の舞扇。高さは3～5m。花は赤色。園芸植物。

アロエ・ブルーミー 〈*Aloe broomii* Schönl.〉ユリ科の多肉性多年草。別名獅子錦。葉は泥緑色。園芸植物。

アロエ・ブレウィフォリア 〈*Aloe brevifolia* Mill.〉ユリ科の多肉性多年草。別名竜山。ロゼット径10～20cm。花は淡紅色。園芸植物。

アロエ・プレトリエンシス 〈*Aloe pretoriensis* Pole-Evans〉ユリ科の多肉性多年草。別名白美錦。ロゼット径8～12cm。花は赤色。園芸植物。

アロエ・ペグレラエ 〈*Aloe peglerae* Schönl.〉ユリ科の多肉性多年草。花はピンク～淡いレモンイエロー。園芸植物。

アロエ・ベラ アロエ・バルバデンシスの別名。

アロエ・ポリフィラ 〈*Aloe polyphylla* Schönl. ex Pillans〉ユリ科の多肉性多年草。ロゼット径60～80cm。花は淡赤～サーモンピンク色。園芸植物。

アロエ・ミクロスティグマ 〈*Aloe microstigma* Salm-Dyck〉ユリ科の多肉性多年草。別名華厳錦。高さは50cm。花は橙色。園芸植物。

アロエ・ミトリフォルミス 〈*Aloe mitriformis* Mill.〉ユリ科の多肉性多年草。別名不死鳥。長さ1.5m。花は鈍い深紅色。園芸植物。

アロエ・メラナカンタ 〈*Aloe melanacantha* A. Berger〉ユリ科の多肉性多年草。別名唐錦。ロゼット径30cm。園芸植物。

アロエ・ユウェウナ 〈*Aloe juveuna*〉ユリ科の多肉性多年草。別名翡翠殿。高さは1m。花は赤色。園芸植物。

アロエ・ユクンダ 〈*Aloe jucunda* Reynolds〉ユリ科の多肉性多年草。ロゼット径6～8cm。花はにぶいピンク色。園芸植物。

アロエ・ラモシッシマ 〈*Aloe ramosissima* Pillans〉ユリ科の多肉性多年草。別名羅紋錦。高さは2～3m。花は黄緑ないし鮮黄色。園芸植物。

アロエ・ロンギスティラ 〈*Aloe longistyla* Bak.〉ユリ科の多肉性多年草。別名鯱錦、百鬼夜行。ロゼット径20cm。花はサーモンピンク～ローズレッド。園芸植物。

アロカシア サトイモ科の属総称。別名クワズイモ。

アロカシア アロカシア・アマゾニカの別名。

アロカシア・アマゾニカ 〈*Alocasia amazonica* Hort.〉サトイモ科。別名アマゾンダコ。園芸植物。

アロカシア・オドラ クワズイモの別名。

アロカシア・ククラタ タイワンクワズイモの別名。

アロカシア・クプレア 〈*Alocasia cuprea* K. Koch〉サトイモ科の多年草。別名キッコウウダコ(亀甲凧)。長さ30cm。園芸植物。

アロカシア・サンデリアナ 〈*Alocasia sanderiana* Bull〉サトイモ科の多年草。別名コウライダコ(高麗凧)。葉縁が波状に切れ込む。園芸植物。

アロカシア・デヌダタ ニシキクワズイモの別名。

アロカシア・マクロリザ 〈*Alocasia macrorrhiza* (L.) G. Don〉サトイモ科の多年草。別名インドクワズイモ。高さは2m。園芸植物。

アロカシア・ローウィー 〈*Alocasia lowii* Hook. f.〉サトイモ科の多年草。別名ナガバクワズイモ。葉長30cm。園芸植物。

アローカシア・ロンギローバ サトイモ科。別名カブトダコ。園芸植物。

アローカリア　ナンヨウスギ科の属総称。

アローカリア　シマナンヨウスギの別名。

アロテロシバ　〈*Alloteropsis cimicina* Stapf〉イネ科の草本。葉にクマリンがあり芳香。熱帯植物。

アロニア・アルブティフォリア　〈*Aronia arbutifolia* (L.) Pers.〉バラ科の落葉低木。高さは3m。園芸植物。

アロニア・プルニフォリア　〈*Aronia prunifolia* (Marsh.) Rehd.〉バラ科の落葉低木。園芸植物。

アロニア・メラノカルパ　〈*Aronia melanocarpa* (Michx.) Elliott〉バラ科の落葉低木。高さは1～2m。園芸植物。

アロフィア　チリアヤメの別名。

アロフィア・アモエナ　〈*Alophia amoena* (Griseb.) O. Kuntze〉アヤメ科。花は淡紫色。園芸植物。

アロフィア・ラフエ　〈*Alophia lahue* (Mol.) Espinosa〉アヤメ科。高さは20cm。花は淡青紫色。園芸植物。

アロプレクタス・シュリミー　アロプレクツス・シュリミーの別名。

アロプレクツス・アンビグース　〈*Alloplectus ambiguus* Urb.〉イワタバコ科の低木あるいは多年草。花は黄色。園芸植物。

アロプレクツス・ウィッタツス　〈*Alloplectus vittatus* Linden et André〉イワタバコ科の低木あるいは多年草。別名ビロードイワギリ。高さは60cm。花は黄色。園芸植物。

アロプレクツス・カピタツス　〈*Alloplectus capitatus* Hook.〉イワタバコ科の低木あるいは多年草。高さは60～90cm。花は黄色。園芸植物。

アロプレクツス・シュリミー　〈*Alloplectus schlimii* Planch et Linden〉イワタバコ科の低木あるいは多年草。花は黄色。園芸植物。

アロプレクツス・ヌンムラリア　〈*Alloplectus nummularia* (Hanst.) Wiehl.〉イワタバコ科の低木あるいは多年草。花は朱色。園芸植物。

アロモルフィヤ　〈*Allomorphia exigua* BL.〉ノボタン科の小低木。雄蕊は紫色。熱帯植物。

アロールート　クズウコン科。

アロンソア・アクティフォリア　〈*Alonsoa acutifolia* Ruiz et Pav.〉ゴマノハグサ科。高さは50～60cm。花は朱紅色。園芸植物。

アロンソア・ヴァルシェヴィッチー　〈*Alonsoa warscewiczii* Regel〉ゴマノハグサ科。別名ベニゴチョウ。高さは50～60cm。花は赤または橙色。園芸植物。

アロンソア・リネアリス　〈*Alonsoa linearis* (Jacq.) Ruiz et Pav.〉ゴマノハグサ科。高さは30～50cm。花は鮮緋紅色。園芸植物。

アロンゾア・ワルセウィッチー　アロンソア・ヴァルシェヴィッチーの別名。

アロンソア・ワルセウィッチー・コンパクタ　ゴマノハグサ科。園芸植物。

アワ　粟，梁，禾　〈*Setaria italica* (L.) Beauv. var. *italica*〉イネ科の草本。別名オオアワ。高さは1m。花は黄または紫色。薬用植物。園芸植物。切り花に用いられる。

アワガエリ　粟還り　〈*Phleum paniculatum* Huds. var. *annuum* Honda〉イネ科の草本。

アワコガネギク　泡黄金菊　〈*Chrysanthemum boreale* (Makino) Makino〉キク科の多年草。別名アブラギク。高さは1～1.5m。薬用植物。

アワゴケ　泡苔　〈*Callitriche japonica* Engelm. ex Hegelm.〉アワゴケ科の一年草。高さは1～4cm。

アワコバイモ　〈*Fritillaria muraiana*〉ユリ科。

アワジ　淡路　バラ科のウメの品種。園芸植物。

アワジモツレサネゴケ　〈*Pseudopyrenula awajiensis* Vain.〉ニセサネゴケ科の地衣類。地衣体は灰白または灰青。

アワジリナリア　〈*Dirinaria aspera* (Magn.) Awas.〉ムカデゴケ科の地衣類。地衣体は粉芽はない。

アワスゲ　トダスゲの別名。

アワタケ　〈*Xerocomus subtomentosus* (L. : Fr.) Quél.〉イグチ科のキノコ。

アワダン　〈*Melicope triphylla* (Lam.) Merr.〉ミカン科の木本。

アワチドリ　安房千鳥　〈*Orchis graminifolia* (Reichb. f.) Tang et Wang var. *suzukiana* Ohwi〉ラン科。園芸植物。日本絶滅危惧植物。

アワノミツバツツジ　ツツジ科の木本。

アワビゴケ　〈*Cetraria asahinae* Sato〉ウメノキゴケ科の地衣類。地衣体背面は淡黄緑色。

アワブキ　泡吹　〈*Meliosma myriantha* Sieb. et Zucc.〉アワブキ科の落葉高木。

アワブキ科　科名。

アワボスゲ　〈*Carex brownii* Tuckerm.〉カヤツリグサ科の多年草。別名アワスゲ。高さは30～70cm。

アワムヨウラン　〈*Lecanorchis trachycaula* Ohwi〉ラン科の草本。

アワモチゴケ　〈*Lecanora decorata* Vain.〉チャシブゴケ科の地衣類。地衣体は黄。

アワモリショウマ　泡盛升麻　〈*Astilbe japonica* (Morren et Decne.) A. Gray〉ユキノシタ科の多年草。高さは30～60cm。花は白色。園芸植物。

アワモリソウ　アスティルベ・アレンジーの別名。

アワモリハッカ　〈*Pycnanthemum flexuosum* (Walt.) B. S. P.〉シソ科。イブキジャコウソウに似た香り。

アワユキエリカ　エリカ・スパルサの別名。

アワユキハコベ　〈*Stellaria holostea* L.〉ナデシコ科。高山植物。園芸植物。

アン・アーファン　カンナ科のカンナの品種。園芸植物。

アンギオプテリス・フォキエンシス　ヒノタニリュウビンタイの別名。

アンギオプテリス・リゴディーフォリア　リュウビンタイの別名。

アンキストロカクツス・シェイリ　〈Ancistrocactus scheeri (Salm-Dyck) Britt. et Rose〉サボテン科のサボテン。別名黒羅紗。高さは10～15cm。花は帯緑黄色。

アンキストロカクツス・メガリズス　〈Ancistrocactus megarhizus (Rose) Britt. et Rose〉サボテン科のサボテン。別名金羅紗。径5～6cm。花は帯緑黄色。園芸植物。

アンキストロキルス・トムソニアヌス　〈Ancistrochilus thomsonianus (Rchb. f.) Rolfe〉ラン科。高さは15～25cm。花は乳白色。園芸植物。

アンクサ・アズレア　〈Anchusa azurea Mill.〉ムラサキ科の多年草。別名ウシノシタグサ。高さは1～1.5m。花は藍青色。園芸植物。

アンクサ・アルベンシス　〈Anchusa arvensis L.〉ムラサキ科の一年草または多年草。

アンクサ・アングスティッシマ　〈Anchusa angustissima K. Koch〉ムラサキ科の草本。高さは30～60cm。花は紫青色。園芸植物。

アンクサ・オッフィキナリス　〈Anchusa officinalis L.〉ムラサキ科のハーブ。高さは50cm。花は藍青色。薬用植物。園芸植物。切り花に用いられる。

アンクサ・カエスピトサ　〈Anchusa caespitosa Lam.〉ムラサキ科の草本。花は紫色。園芸植物。

アンクサ・カペンシス　〈Anchusa capensis Thunb.〉ムラサキ科の草本。別名アフリカワスレナグサ。高さは20～60cm。園芸植物。

アンクサ・ストリゴサ　〈Anchusa strigosa Labill.〉ムラサキ科の草本。高さは70～90cm。花は紫紅色。園芸植物。

アングラカム・セスキペダレー　アングレクム・セスクイペダレの別名。

アンクルウォルター　〈Uncle Walter〉バラ科。ハイブリッド・ティーローズ系。花は濃赤色。

アングレクム　ラン科の属総称。

アングレクム・アイヒレリアヌム　〈Angraecum eichlerianum Kränzl.〉ラン科。花は緑白色。園芸植物。

アングレクム・アラバスター　〈Angraecum Alabaster〉ラン科。花は白色。園芸植物。

アングレクム・インフンディブラレ　〈Angraecum infundibulare Lindl.〉ラン科。花は白色。園芸植物。

アングレクム・ヴィギエリ　〈Angraecum viguieri Schlechter〉ラン科。高さは30～50cm。花は橙赤色。園芸植物。

アングレクム・ヴィーチ　〈Angraecum Veitch〉ラン科。花は白色。園芸植物。

アングレクム・エブルネウム　〈Angraecum eburneum Bory〉ラン科。高さは80cm。花は白色。園芸植物。

アングレクム・エレクツム　〈Angraecum erectum Summerh.〉ラン科。高さは50cm。花は乳白色。園芸植物。

アングレクム・オーキッドグレイド　〈Angraecum Orchidglade〉ラン科。花は白色。園芸植物。

アングレクム・コンパクツム　〈Angraecum compactum Schlechter〉ラン科。高さは10cm。花は白色。園芸植物。

アングレクム・スコッティアヌム　〈Angraecum scottianum Rchb. f.〉ラン科の多年草。高さは30～50cm。花は緑白色。園芸植物。

アングレクム・セスクイペダレ　〈Angraecum sesquipedale Thouars〉ラン科の多年草。花は象牙白色。園芸植物。

アングレクム・ソロリウム　〈Angraecum sororium Schlechter〉ラン科。高さは40～80cm。花は純白色。園芸植物。

アングレクム・ディスティクム　〈Angraecum distichum Lindl.〉ラン科の多年草。高さは15cm。花は雪白色。園芸植物。

アングレクム・ディディエリ　〈Angraecum didieri Baill. ex Finet〉ラン科。高さは10～15cm。花は白色。園芸植物。

アングレクム・テレティフォリウム　〈Angraecum teretifolium Ridl.〉ラン科。高さは20～40cm。花は赤褐色を含む半透明白色。園芸植物。

アングレクム・プラエスタンス　〈Angraecum praestans Schlechter〉ラン科。高さは10～20cm。花は白色。園芸植物。

アングレクム・マグダレナエ　〈Angraecum magdalenae Schlechter et Perr.〉ラン科。花は象牙白色。園芸植物。

アングレクム・レオニス　〈Angraecum leonis (Rchb. f.) hort. Veitch〉ラン科。花は白～乳白色。園芸植物。

アングレコプシス・グラキリマ　〈Angraecopsis gracillima (Rolfe) Summerh.〉ラン科。高さは10～15cm。花は白色。園芸植物。

アングロア・ウニフロラ　〈Anguloa uniflora Ruiz et Pav.〉ラン科。高さは10～15、15～25cm。花は白色。園芸植物。

アングロア・クラウシー　〈Anguloa clowesii Lindl.〉ラン科。高さは10～15cm。花は黄色。園芸植物。

アングロア・クリフトニー　〈Anguloa cliftonii Rolfe〉ラン科。高さは10～15cm。花は淡黄色。園芸植物。

アングロア・ルケリ　〈Anguloa ruckeri Lindl.〉ラン科の多年草。高さは40～50cm。花は褐色に黄緑色を帯びる。高山植物。園芸植物。

アングロカステ・アポロ 〈× *Angulocaste* Apollo〉ラン科。花は濃黄色。園芸植物。

アングロカステ・オリンパス 〈× *Angulocaste* Olympus〉ラン科。花は白、クリーム、黄、橙黄など。園芸植物。

アングロカステ・ジュピター 〈× *Angulocaste* Jupiter〉ラン科。園芸植物。

アングロカステ・チューダー 〈× *Angulocaste* Tudor〉ラン科。萼片はよく展開する。園芸植物。

アングロカステ・ハイランド・ピーク 〈× *Angulocaste* Highland Peak〉ラン科。園芸植物。

アンゲローニア 〈*Angelonia salicariifolia* Humb. et Bonpl.〉ゴマノハグサ科の観賞用草本。別名アンゲロンソウ、ヤナギバアンゲローニア。花は紫青色。熱帯植物。園芸植物。切り花に用いられる。

アンコクオウ 暗黒王 ネオポルテリア・クラウァタの別名。

アンコハナワラビ 〈*Botrychium* × *pulchrum* (Sahashi) K. Iwats., nom. nud.〉ハナヤスリ科のシダ植物。

アンゴフォラ・コスタタ 〈*Angophora costata* Druce〉フトモモ科の木本。高さは15～25m。花は白色。園芸植物。

アンゴフォラ・コルディフォリア 〈*Angophora cordifolia* Cav.〉フトモモ科の木本。高さは1.2～4.5m。園芸植物。

アンザンアヤメ イリス・ティグリディアの別名。

アンジェラ 〈Angela〉バラ科。クライミング・ローズ系。花はピンク。

アンジェリアナラ 〈*Quercus canariensis*〉ブナ科の木本。樹高30m。樹皮は暗灰色。

アンジラノキ 〈*Andira inermis* H. B. et K.〉マメ科の高木。花は紅紫色。熱帯植物。

アンズ 杏 〈*Prunus armeniaca* L. var. *ansu* Maxim.〉バラ科の木本。別名カラモモ。薬用植物。園芸植物。

アンズタケ 〈*Cantharellus cibarius* Fr.〉アンズタケ科のキノコ。別名ジロール、シャンテレル。中型。傘は卵黄色。

アンスリウム 〈*Anthurium nymphaeifolium* K. et A.〉サトイモ科の観賞用草本。苞は白または赤。熱帯植物。

アンスリウム サトイモ科の属総称。別名ベニウチワ(紅団扇)、オオウチワ(大団扇)、ウシノシタ(牛の舌)。切り花に用いられる。

アンスリウム・アムニコラ 〈*Anthurium amnicola* Dressl.〉サトイモ科の多年草。高さは20～30cm。花は白地に淡紅紫色。園芸植物。

アンスリウム・アンドレアヌム オオベニウチワの別名。

アンスリウム・ヴィーチー 〈*Anthurium veitchii* M. T. Mast.〉サトイモ科の多年草。仏炎苞は淡緑色。園芸植物。

アンスリウム・ウェンドリンゲリ 〈*Anthurium wendlingeri* G. Barroso〉サトイモ科の多年草。葉長100cm。園芸植物。

アンスリウム・ウンダツム 〈*Anthurium undatum* Schott ex Kunth〉サトイモ科の多年草。仏炎苞の中心は紫紅色。園芸植物。

アンスリウム・エンネアフィルム 〈*Anthurium enneaphyllum* (Vell.) Stellf.〉サトイモ科の多年草。仏炎苞は淡緑色。園芸植物。

アンスリウム・オルファーシアヌム 〈*Anthurium olfersianum* Kunth〉サトイモ科の多年草。園芸植物。

アンスリウム・キューベンセ 〈*Anthurium cubense* Engl.〉サトイモ科の多年草。高さは20cm。園芸植物。

アンスリウム・クラッシネルウィウム 〈*Anthurium crassinervium* (Jacq.) G. Don〉サトイモ科の多年草。葉長60～80cm。園芸植物。

アンスリウム・クラリネルウィウム 〈*Anthurium clarinervium* Matuda〉サトイモ科の多年草。高さは30cm。園芸植物。

アンスリウム・クリスタリヌム 〈*Anthurium crystallinum* Linden et André〉サトイモ科の多年草。別名シロシマウチワ。高さは60cm。園芸植物。

アンスリウム・クレナツム 〈*Anthurium crenatum* Kunth〉サトイモ科の多年草。高さは60～80cm。園芸植物。

アンスリウム・シェルツェリアヌム ベニウチワの別名。

アンスリウム・シグナツム 〈*Anthurium signatum* K. Koch et Mathieu〉サトイモ科の多年草。仏炎苞は淡黄緑色。園芸植物。

アンスリウム・スカンデンス 〈*Anthurium scandens* (Aubl.) Engl.〉サトイモ科の多年草。仏炎苞は白～淡白緑色。園芸植物。

アンスリウム・スブシグナツム 〈*Anthurium subsignatum* Schott〉サトイモ科の多年草。仏炎苞は淡黄色。園芸植物。

アンスリウム・ディギタツム 〈*Anthurium digitatum* (Jacq.) G. Don〉サトイモ科の多年草。仏炎苞は赤紫色。園芸植物。

アンスリウム・フォルゲティー 〈*Anthurium forgetii* N. E. Br.〉サトイモ科の多年草。葉は暗黄緑色。園芸植物。

アンスリウム・フォルモスム 〈*Anthurium formosum* Schott〉サトイモ科の多年草。葉は盾形。園芸植物。

アンスリウム・フッケリ 〈*Anthurium hookeri* Kunth〉サトイモ科の多年草。別名ハランウチワ。高さは10～15cm。園芸植物。

アンスリウム・ベイケリ 〈*Anthurium bakeri* Hook. f.〉サトイモ科の多年草。液果は赤色。園芸植物。

アンスリウム・ペダトラディアツム 〈*Anthurium pedatoradiatum* Schott〉サトイモ科の多年草。別名ヤツデウチワ。葉は濃緑色で光沢がある。園芸植物。

アンスリウム・ペンタフィルム 〈*Anthurium pentaphyllum* (Aubl.) G. Don〉サトイモ科の多年草。仏炎苞は淡緑色。園芸植物。

アンスリウム・ポリスキスツム 〈*Anthurium polyschistum* R. E. Schult. et Idrobo〉サトイモ科の多年草。別名モミジバウチワ。長さ2m以上。園芸植物。

アンスリウム・ホルトニアヌム 〈*Anthurium holtonianum* Schott〉サトイモ科の多年草。高さは50～60cm。園芸植物。

アンスリウム・マグニフィクム 〈*Anthurium magnificum* Linden〉サトイモ科の多年草。別名ビロードウチワ。仏炎苞は淡緑色。園芸植物。

アンスリウム・マクロロブム 〈*Anthurium macrolobum* Bull ex M. T. Mast. et T. Moore〉サトイモ科の多年草。仏炎苞は灰白緑色。園芸植物。

アンスリウム・リットラレ 〈*Anthurium littorale* Engl.〉サトイモ科の多年草。葉長20cm。園芸植物。

アンスリウム・レウコネウルム 〈*Anthurium leuconeurum* Lem.〉サトイモ科の多年草。葉は濃緑色のビロード状。園芸植物。

アンスリウム・ワテルマリエンセ 〈*Anthurium watermaliense* L. H. Bailey〉サトイモ科の多年草。液果は黄～橙色。園芸植物。

アンスリウム・ワロケアナム ナガバオオウチワの別名。

アンセミス コウヤカミツレの別名。

アンセリア・アフリカナ 〈*Ansellia africana* Lindl.〉ラン科。高さは0.5～1m。園芸植物。

アンセリア・ギガンテア 〈*Ansellia gigantea* Rchb. f.〉ラン科の多年草。高さは30～60cm。花は黄色。園芸植物。

アンゼリカ セリ科の属総称。ハーブ。別名エンジェルスフード、ヨロイグサ、ヨーロッパトウキ。

アンゼリカ・シルベストリス 〈*Angelica sylvestris* L.〉セリ科の多年草。高山植物。

アンゼリカ・ダフリカ・キバイチ セリ科の薬用植物。

アンゼリカ・ビセラタ セリ科の薬用植物。

アンソクコウノキ 安息香 〈*Styrax benzoin* Dryand.〉エゴノキ科の薬用植物。

アンソニーメイアン 〈Anthony Meilland〉バラ科。フロリバンダ・ローズ系。花は黄色。

アンソリーザ アヤメ科。別名ザイフリアヤメ、ハビロ。園芸植物。

アンソリーザ・エチオピカ アヤメ科。園芸植物。

アンソリーザ・リンゲンス 〈*Antholyza ringens* L.〉アヤメ科の球茎植物。花は紅色。園芸植物。

アンタカツツジ ツツジ科の木本。

アンダマンカリン 〈*Pterocarpus dalbergioides* Roxb.〉マメ科の高木。葉は滑で光沢、材は紅色で高級家具用。熱帯植物。

アンダルシア バラ科。

アンチゴケ 〈*Anzia opuntiella* Müll. Arg.〉アンチゴケ科の地衣類。裂片はサボテン状につらなる。

アンチゴケモドキ 〈*Anzia colpota* Vain.〉アンチゴケ科の地衣類。地衣体はよく白粉をつける。また髄層が均一の菌糸層でできている。

アンチューサ アンクサ・アズレアの別名。

アンチューサ アンクサ・オッフィキナリスの別名。

アンツリスクス・カウカリス 〈*Anthriscus caucalis* Bieb.〉セリ科の多年草。

アンティゴノン・レプトプス アサヒカズラの別名。

アンティリス・バルバ-ヨウィス 〈*Anthyllis barba-jovis* L.〉マメ科。高さは2m。花は淡黄色。園芸植物。

アンティリス・ヘルマニアエ 〈*Anthyllis hermanniae* L.〉マメ科。高さは1m。花は黄色。園芸植物。

アンティリス・モンタナ 〈*Anthyllis montana* L.〉マメ科。花は紅～紫色。園芸植物。

アンティリヌム・マユス キンギョソウの別名。

アンティルゾンビヤシ ゾンビア・アンティラルムの別名。

アンデスイチイマキ 〈*Podocarpus andinus*〉マキ科の木本。樹高15m。樹皮は暗灰色。

アンテミス キク科の属総称。

アンテミス・コツラ カミツレモドキの別名。

アンテミス・ティンクトリア コウヤカミツレの別名。

アンテミス・ノビリス ローマカミツレの別名。

アンテミス・モンタナ 〈*Anthemis montana* L.〉キク科の草本。高さは10～20cm。花は白色。園芸植物。

アンテリクム・ラモスム 〈*Anthericum ramosum* L.〉ユリ科の多年草。花は白色。園芸植物。

アンテリクム・リリアゴ 〈*Anthericum liliago* L.〉ユリ科の多年草。花は白色。高山植物。園芸植物。

アンテナ

アンテンナリア・ディオイカ エゾノチチコグサの別名。

アントクメ 〈*Eckloniopsis radicosa* (Kjellman in Kjellman et Petersen) Okamura〉コンブ科の海藻。茎は扁平。

アントケルキス・アルビカンス 〈*Anthocercis albicans* A. Cunn.〉ナス科の低木。高さは2m。花はクリームないし淡黄色。園芸植物。

アントケルキス・ウィスコサ 〈*Anthocercis viscosa* R. Br.〉ナス科の低木。高さは6m。花は白色。園芸植物。

アントニア・リッジ 〈*Antonia Ridge*〉バラ科。ハイブリッド・ティーローズ系。花は紅色。

アンドログラフィス・パニクラータ 〈*Andrographis paniculata* Nees〉キツネノマゴ科の草本。花白色、紫点あり。熱帯植物。薬用植物。

アンドロサケ・アルピナ 〈*Androsace alpina* Lam.〉サクラソウ科。高山植物。

アンドロサケ・オブツシフォリア 〈*Androsace obtusifolia* All.〉サクラソウ科。高山植物。

アンドロサケ・カマエヤスメ 〈*Androsace chamaejasme* Wulfen emend. Host〉サクラソウ科の多年草。高さは5cm。花は白〜ピンク色。高山植物。園芸植物。

アンドロサケ・カルネア 〈*Androsace carnea* L.〉サクラソウ科の多年草。別名イワハナガタ。高さは3〜5cm。花はピンク色。高山植物。園芸植物。

アンドロサケ・キリンドリカ 〈*Androsace cylindrica* DC. in Lam. et DC.〉サクラソウ科の多年草。高さは5cm。花は淡紅紫色。高山植物。

アンドロサケ・サルメントサ ツルハナガタの別名。

アンドロサケ・センペルウィウォイデス 〈*Androsace sempervivoides* Jacquem. ex Duby〉サクラソウ科の多年草。高さは10cm。花は淡紅色。園芸植物。

アンドロサケ・ビロサ 〈*Androsace villosa* L.〉サクラソウ科。高山植物。

アンドロサケ・ヘルウェティカ 〈*Androsace helvetica* (L.) All.〉サクラソウ科の多年草。花白色。高山植物。園芸植物。

アンドロサケ・ムスコイデア 〈*Androsace muscoidea* Duby〉サクラソウ科。高山植物。

アンドロサケ・ラクテア 〈*Androsace lactea* L.〉サクラソウ科。別名ユキハナガタ。高山植物。

アンドロサケ・ラヌギノサ 〈*Androsace lanuginosa* Wall.〉サクラソウ科の多年草。花はピンク色。園芸植物。

アンドロシンビューム ユリ科の属総称。球根植物。

アンドロメダ・ポリフォリア ヒメシャクナゲの別名。

アンドンタケ 〈*Clathrus ruber* (Micheli) Pers. f. *kusanoi* Y. Kobayasi〉アカカゴタケ科のキノコ。小型。子実体は楕円形籠形、托は鮮紅色。

アンドンマユミ 〈*Euonymus oligospermus* Ohwi〉ニシキギ科の木本。

アンヌ・ブルダ 〈*Aenne Burda*〉バラ科。ハイブリッド・ティーローズ系。花は濃赤色。

アンヌ・ボレイン 〈*Anne Boleyn*〉バラ科。イングリッシュローズ系。花はピンク。

アンネット・ヘッグ・ホット・ピンク トウダイグサ科のポインセチアの品種。園芸植物。

アンネ・マリー ユリ科のヒアシンスの品種。園芸植物。

アンバークイーン 〈*Amber Queen*〉バラ科。フロリバンダ・ローズ系。花は琥珀色。

アンバリアサ ケナフの別名。

アンビアンス バラ科。ハイブリッド・ティーローズ系。花は黄色。

アンファンド・ニース ナデシコ科のカーネーションの品種。園芸植物。

アンフィブレンマ・キモスム 〈*Amphiblemma cymosum* (Schrad. et J. C. Wendl.) Naud.〉ノボタン科。花は桃色。園芸植物。

アンブリッジ・ローズ 〈*Ambridge Rose*〉バラ科。イングリッシュローズ系。花は淡いアプリコット色。

アンブロストマ・トリダクティルム 〈*Amblostoma tridactylum* (Lindl.) Rchb. f.〉ラン科。高さは20cm。花は黄白色。園芸植物。

アンペライ ネビキグサの別名。

アンペラソウ 〈*Lepironia articulata* Domin〉カヤツリグサ科。茎は円柱形、横の隔壁がある。茎高さ2m。熱帯植物。

アンペロプシス・カントニエンシス ウドカズラの別名。

アンペロプシス・グランドゥロサ 〈*Ampelopsis glandulosa* (Wall.) Momiyama〉ブドウ科のつる性。花は淡緑色。園芸植物。

アンボンジソ 〈*Coleus amboinicus* Lour.〉シソ科の草本。葉は緑色厚質、多毛、芳香あり。熱帯植物。

アン・マリー・ド・モントラベル 〈*Anne-Marie de Montravel*〉バラ科。ポリアンサ・ローズ系。花は純白色。

アンミ 〈*Ammi visnaga* (L.) Lam.〉セリ科の薬用植物。別名イトバドクゼリモドキ。

アンミ・マユス ドクゼリモドキの別名。

アンモビウム・アラツム カイザイクの別名。

アンモビュウム カイザイクの別名。

【イ】

イ 蘭 〈*Juncus effusus* L. var. *decipiens* Buchen.〉イグサ科の多年草。別名トウシンソウ。高さは20～100cm。薬用植物。

イイギリ 飯桐 〈*Idesia polycarpa* Maxim.〉イイギリ科の落葉高木。別名ナンテンギリ。高さは10m。花は帯緑黄色。樹皮は灰白色。園芸植物。

イイギリ科 科名。

イイシバゴケ 〈*Lescuraea mutabilis* (Brid.) Lindb. ex Hag.〉ウスグロゴケ科のコケ。茎は這い、小さな線形～披針形の毛葉を少数つける。

イイシバヤバネゴケ 〈*Iwatsukia jishibae* (Steph.) N. Kitag.〉ヤバネゴケ科のコケ。茎は長さ5～30mm、ムチゴケ型分枝。

イイジマスナゴ カエデ科のカエデの品種。

イイデリンドウ 飯豊竜胆 〈*Gentiana nipponica* Maxim. var. *robusta* Hara〉リンドウ科。高山植物。

イイヌマムカゴ 〈*Platanthera iinumae* (Makino) Makino〉ラン科の多年草。高山植物。

イイノカナワラビ 〈*Arachniodes* × *mirabilis* Sa. Kurata〉オシダ科のシダ植物。

イヴ・シルバ バラ科。花は淡いシルバーピンク。

イヴ・ミオラ バラ科。花はピンク。

イェッセニア・オリゴカルパ 〈*Jessenia oligocarpa* Griseb. et H. Wendl.〉ヤシ科。別名オニサケヤシモドキ。高さは16m。園芸植物。

イエデロ アメリカツガの別名。

イエローキューピッド キク科のビデンスの品種。切り花に用いられる。

イエロー・キング・ハンバート カンナ科のカンナの品種。園芸植物。

イエロー・クィーン アヤメ科のダッチ・アイリスの品種。園芸植物。

イェロー・サルタン 〈*Centaurea moschata* L.〉キク科の草本。別名キバナノイオヤグルマ、スイートサルタン、キバナヤグルマギク。高さは50～80cm。花は淡桃、紫青、白など。園芸植物。切り花に用いられる。

イエローサルタン スイート・サルタンの別名。

イエロー・ジャイアント 〈Yellow Giant〉バラ科。ハイブリッド・ティーローズ系。花は黄色。

イエロー・チャールズ・オースチン 〈Yellow Charles Austin〉バラ科。イングリッシュローズ系。花はレモンイエロー。

イエロー・ドッド バラ科。花はクリーム黄色。

イエロー・ドラゴン キク科。別名セファリプテラム、セファリプテルム。切り花に用いられる。

イエロー・ドール バラ科のバラの品種。園芸植物。

イエロー・バター アヤメ科のスプリア・アイリスの品種。園芸植物。

イエロー・パレット バラ科。花は濃い黄色。

イエロー・フェアリー 〈Yellow Fairy〉バラ科。シュラブ・ローズ系。

イエロー・ボタン 〈Yellow Button〉バラ科。イングリッシュローズ系。花はクリーム色。

イエロー・メイアンディナ 〈Yellow Meillandina〉バラ科。ミニアチュア・ローズ系。花は黄色。

イエロー・ユニーク バラ科。ハイブリッド・ティーローズ系。花は黄色の蛍光色。

イオウウチワ 硫黄団扇 オプンティア・スルフレアの別名。

イオウジマハナヤスリ 〈*Ophioglossum parvifolium* Hook. et Grev.〉ハナヤスリ科の夏緑性シダ。葉身は長さ0.3～1.8cm。楕円形からほぼ円形。

イオウトウキイチゴ 〈*Rubus boninensis* Koidz.〉バラ科の木本。別名オガサワラカジイチゴ。

イオクロマ・キアネウム 〈*Iochroma cyaneum* (Lindl.) M. L. Green〉ナス科の低木。花は青紫色。園芸植物。

イオクロマ・グランディフロルム 〈*Iochroma grandiflorum* Benth.〉ナス科の低木。花は紫青色。園芸植物。

イオクロマ・コッキネウム 〈*Iochroma coccineum* Scheidw.〉ナス科の低木。花は朱赤色。園芸植物。

イオノプシス・ウトリクラリオイデス 〈*Ionopsis utricularioides* (Swartz) Lindl.〉ラン科。高さは30～50cm。花は淡紅紫色。園芸植物。

イオノプシス・サティリオイデス 〈*Ionopsis satyrioides* (Swartz) Rchb. f.〉ラン科。高さは8～10cm。花は白色。園芸植物。

イガオナモミ 〈*Xanthium italicum* Moretti〉キク科の一年草。高さは50～150cm。

イガガシワ 〈*Quercus macrocarpa*〉ブナ科の木本。樹高40m。樹皮は灰色。園芸植物。

イガガヤツリ 〈*Cyperus polystachyos* Rottb.〉カヤツリグサ科の一年草。高さは10～40cm。

イガギク 〈*Calotis cuneifolia* R. Brown〉キク科の多年草。別名ゴウシュウヨメナ、ヨシカワギク。高さは15～30cm。花は白～淡紫色。

イガクサ 〈*Rhynchospora rubra* (Lour.) Makino〉カヤツリグサ科の多年草。高さは30～70cm。

イガゴヨウ ピヌス・アリスタタの別名。

イカダカズラ 筏葛 〈*Bougainvillea spectabilis* Willd.〉オシロイバナ科の観賞用半蔓性低木。別名ブーゲンビレア、ココノエカズラ。刺あり。熱帯植物。園芸植物。

イカタケ 〈*Aseroe arachnoidea* E. Fischer〉アカカゴタケ科のキノコ。中型。イカ形、白色。

イガタツナミ 伊賀立波 〈*Scutellaria laeteviolacea* Koidz. var. *kurokawae* (Hara) Hara〉シソ科の草本。

イガタマノキ 〈*Commersonia bartramia* Merr.〉アオギリ科の小木。全株褐短毛、果実は刺状毛球。熱帯植物。

イガナガクリガシ 〈*Castanopsis costata* A. DC.〉ブナ科の高木。葉長30cm、イガは細く長く軟、材は堅い。熱帯植物。

イガニガクサ 〈*Hyptis capitata* Jacq.〉シソ科の草本。熱帯植物。

イカノアシ 〈*Gigartina mamillosa* (Goodenough et Woodward) J. Agardh〉スギノリ科の海藻。暗紅色。体は7〜14cm。

イガフシタケ 〈*Cephalostachyum pergracile* Munro〉イネ科。若桿は粉白、桿径5cm、桿の節からイガ状に刺枝が出る。熱帯植物。

イガホオズキ 〈*Physaliastrum japonicum* (Franch. et Savat.) Honda〉ナス科の多年草。高さは50〜70cm。

イガヤグルマギク 〈*Centaurea solstitialis* L.〉キク科の一年草あるいは二年草。高さは30〜100cm。

イカリソウ 碇草 〈*Epimedium grandiflorum* Morren et Decne. subsp. *grandiflorum*〉メギ科の多年草。別名サンシクヨウソウ(三枝九葉草)。高さは20〜40cm。花は淡紫または白色。薬用植物。園芸植物。

イカワイノデ 〈*Polystichum ohmurae* × *ovato-paleaceum*〉オシダ科のシダ植物。

イギイチョウゴケ 〈*Lophozia igiana* S. Hatt.〉ツボミゴケ科のコケ。別名イギイチョウウロコゴケ。緑褐色、茎は長さ1cm。

イキシア・ビリディフロラ イクシア・ウィリディフロラの別名。

イキシオリリオン ヒガンバナ科。切り花に用いられる。

イキシオリリオン・バラシー イキシオリリオン・モンターヌムの別名。

イキシオリリオン・モンターヌム ヒガンバナ科。別名イキシオリリオン・バラシー。園芸植物。

イギス 〈*Ceramium kondoi* Yendo〉イギス科の海藻。所々三叉状に分岐する。体は5〜50cm。

イキソラ サンタンカの別名。

イギリスアヤメ イングリッシュ・アイリスの別名。

イグアヌラ・ウォリッキアナ 〈*Iguanura wallichiana* (Wall. ex Mart.) Hook. f.〉ヤシ科。園芸植物。

イグアヌラ・ゲオノミフォルミス 〈*Iguanura geonomiformis* Mart.〉ヤシ科。別名ウスバマラヤヒメヤシ、パチャットヤシ。高さは50〜100cm。園芸植物。

イグサ イの別名。

イグサ科 科名。

イクシア アヤメ科の属総称。球根植物。別名ヤリズイセン、アフリカンコーンリリー、コーンリリー。園芸植物。切り花に用いられる。

イクシア・ウィリディフロラ 〈*Ixia viridiflora* Lam.〉アヤメ科の多年草。高さは40〜60cm。花は青緑色。園芸植物。

イクシア・カンパヌラタ 〈*Ixia campanulata* Houtt.〉アヤメ科。高さは15〜30cm。花は深紅色。園芸植物。

イクシア・ハイブリダ 〈*Ixia hybrida* Hort.〉アヤメ科。園芸植物。

イクシア・パニクラタ 〈*Ixia paniculata* D. Delar〉アヤメ科。高さは30〜90cm。花はクリーム白色。園芸植物。

イクシア・ポリスタキア 〈*Ixia polystachya* L.〉アヤメ科。高さは60cm。花は白色。園芸植物。

イクシア・マクラタ ヤリズイセンの別名。

イクシアンテス・レツィオイデス 〈*Ixianthes retzioides* Benth.〉ゴマノハグサ科の低木。

イクシオリリオン・タタリクム 〈*Ixiolirion tataricum* (Pall.) Herb.〉ヒガンバナ科の球根植物。花は鮮青紫色。

イクソナンテス 〈*Ixonanthes reticulata* Jack.〉アマ科の小木。材は有用。熱帯植物。

イクソラ アカネ科の属総称。別名サンタンカ。

イクソラ・キネンシス サンタンカの別名。

イクソラ・コクキネア ベニデマリの別名。

イクソラ・ジャワニカ ジャワサンタンカの別名。

イクソラ・ダッフィー 〈*Ixora duffii* T. Moore〉アカネ科。花は濃赤色。

イクソラ・パルウィフロラ 〈*Ixora parviflora* Vahl〉アカネ科。別名シロバナサンタンカ。高さは6m。花は白色。園芸植物。

イクソラ・ボルボニカ 〈*Ixora borbonica* Cordem.〉アカネ科。葉長20〜25cm。園芸植物。

イクタイヌワラビ 〈*Athyrium* × *ikutae* Sa. Kurata〉オシダ科のシダ植物。

イグチ イグチ科のキノコ。別名アミタケ。

イクビゴケ 〈*Diphyscium fulvifolium* Mitt.〉キセルゴケ科のコケ。別名チャイロイクビゴケ。葉は光沢がなく、長楕円形披針形で微突頭、長さ約5mm。

イケガキセイヨウサンザシ 〈*Crataegus monogyna*〉バラ科の木本。樹高10m。樹皮は橙褐色。園芸植物。

イケノミズハコベ 〈*Callitriche stagnalis* Scop.〉アワゴケ科の多年草。茎はよく分枝して長く伸びる。

イケマ 生馬 〈*Cynanchum caudatum* (Miq.) Maxim.〉ガガイモ科の多年生つる草。別名ヤマコガメ、コサ。薬用植物。

イケミネナライシダ 〈*Leptorumohra × ikeminensis* (Serizawa) Nakaike〉オシダ科のシダ植物。

イコマウメノキゴケ 〈*Parmelia ikomae* Asah.〉ウメノキゴケ科の地衣類。地衣体は径8cm。

イサベリア・ウィルギナリス 〈*Isabelia virginalis* Barb.-Rodr.〉ラン科。高さは5〜6cm。花は淡桃色。園芸植物。

イサベル・デ・オルティッツ 〈Isabel de Ortiz〉バラ科。ハイブリッド・ティーローズ系。花はピンク。

イザヨイバラ 十六夜薔薇 〈*Rosa hirtula* Nakai var. *glabra* Makino〉バラ科の落葉低木。別名イザヨイイバラ。園芸植物。

イザヨイバラ ロサ・ロックスブルギーの別名。

イサワゴケ 〈*Syrrhopodon tosaensis* Card.〉カタシロゴケ科のコケ。小形、白緑色、茎は長さ6〜10mm。

イサワラビ 〈*Diplazium tetsu-yamanakae* Kurata〉オシダ科のシダ植物。

イシイモ キクイモモドキの別名。

イシイワセ 石井早生 バラ科のナシの品種。

E.G.ウォーターハウス ツバキ科のツバキの品種。

イシガキキヌラン 〈*Zeuxine flava* (Lindl.) Benth.〉ラン科の草本。

イシカグマ 〈*Microlepia strigosa* (Thunb.) K. Presl〉ワラビ科(イノモトソウ科、コバノイシカグマ科)のシダ植物。葉は常緑で全長60〜150cm。卵状長楕円形から広披針形。園芸植物。

イシカリキイチゴ 〈*Rubus exsul* Focke〉バラ科の落葉低木。高さは150cm。花は白色。

イシカワウンシュウ 石川温州 ミカン科のミカンの品種。果肉は濃色。

イシゲ 〈*Ishige okamurai* Yendo〉イシゲ科の海藻。叉状に分岐。体は10cm。

イシス! バラ科。開花するにつれて外弁がグリーンに変わる。

イシズカウサギシダ 〈*Gymnocarpium × achariosporum* Sarvela〉オシダ科のシダ植物。

イシヅチイチゴ 〈*Rubus idaeus* L. subsp. *nipponicus* Focke var. *shikokianus* (Ohwi et Inobe) Kitam. et Naruh.〉バラ科の木本。

イシヅチウスバアザミ 〈*Cirsium tenue* var. *ishizuchiense*〉キク科。

イシヅチエビネ ラン科。別名イシヅチラン。園芸植物。

イシヅチカラマツ 〈*Thalictrum minus* var. *yamamotoi*〉キンポウゲ科。

イシヅチコウボウ 〈*Anthoxanthum odoratum* var. *sikokianum*〉イネ科。

イシヅチゴケ 〈*Oedipodium griffithianum* (Dicks.) Schwägr.〉オオツボゴケ科のコケ。小形、灰緑色、葉はさじ形。

イシヅチザクラ 〈*Cerasus shikokuensis* (Moriya) H. Ohba〉バラ科の木本。

イシヅチテンナンショウ 〈*Arisaema ishizuchiense* Murata subsp. *ishizuchiense*〉サトイモ科の草本。

イシヅチドウダン 〈*Enkianthus campanulatus* var. *makinoi*〉ツツジ科。

イシヅチボウフウ 〈*Angelica saxicola* Makino ex Yabe〉セリ科の草本。高山植物。

イシダテクサタチバナ 〈*Cynanchum calcareum*〉ガガイモ科。

イシノハナ 〈*Mastophora rosea* (C. Agardh) Setchell〉サンゴモ科の海藻。叉状又は掌状に分岐。

イシノミ 〈*Goniolithon* sp.〉サンゴモ科の海藻。殻皮状。

イシバイイワノリ 〈*Collema tenax* (Sw.) Ach. var. *ceranoides* (Borr.) Degel.〉イワノリ科の地衣類。地衣体は中形。

イシバイキノリ 〈*Thyrea pulvinata* (Schaer.) Mass.〉リキナ科の地衣類。地衣体は暗赤褐色から暗緑色。

イシバイジョウゴゴケ 〈*Cladonia pocillum* (Ach.) O. Rich.〉ハナゴケ科の地衣類。屋根瓦状配列を示す。

イシミカワ 石見川, 石膠 〈*Persicaria perfoliata* (L.) H. Gross〉タデ科の一年生つる草。別名サデクサ。果実は暗青色。長さは1〜2m。熱帯植物。薬用植物。

イシモズク 〈*Sphaerotrichia divaricata* (Agardh) Kylin〉ナガマツモ科の海藻。体は20cm。

イシモチソウ 石持草 〈*Drosera peltata* Smith. var. *nipponica* (Masamune) Ohwi〉モウセンゴケ科の多年生食虫植物。高さは10〜30cm。高山植物。日本絶滅危機植物。

イジュ 〈*Schima wallichii* (DC.) Korthals〉ツバキ科の常緑高木。高山植物。薬用植物。園芸植物。

イズアサツキ 〈*Allium schoenoprasum* L. var. *idzuense* (H. Hara) H. Hara〉ユリ科。

イズ・イエロー キク科のマーガレットの品種。園芸植物。

イズイヌワラビ 〈*Athyrium × amagi-pedis* Kurata〉オシダ科のシダ植物。

イズカニコウモリ 〈*Cacalia amagiensis* Kitamura〉キク科の草本。

イズカワホリゴケ 〈*Collema idzuense* Zahlbr.〉イワノリ科の地衣類。地衣体は暗黒緑色。

イズクリハラン 〈*Neocheiropteris ensata* var. *izuensis* Kurata et Satake〉ウラボシ科のシダ植物。

イズコゴメグサ 〈*Euphrasia iinumae* var. *idzuensis*〉ゴマノハグサ科。

イズコモチシダ 〈*Woodwardia* × *izuensis* Kurata〉シシガシラ科のシダ植物。

イスズギョク 五十鈴玉 〈*Fenestraria aurantiaca* N. E. Br.〉ツルナ科の多肉植物。茎はなく、葉は円柱状。花は輝く橙黄色。園芸植物。

イズセンリョウ 伊豆千両 〈*Maesa japonica* (Thunb.) Moritzi〉ヤブコウジ科の常緑小低木。別名ウバガネモチ。高さは1m。花は黄白色。薬用植物。園芸植物。

イースターカクタス サボテン科の属総称。サボテン。園芸植物。

イズドコロ 〈*Dioscorea izuensis* Akahori〉ヤマノイモ科の多年生つる草。

イスノキ 柞, 蚊母樹 〈*Distylium racemosum* Sieb. et Zucc.〉マンサク科の常緑高木。別名ヒョンノキ、ユシノキ。高さは20m。園芸植物。

イズノシマダイモンジソウ 〈*Saxifraga fortunei* var. *crassifolia*〉ユキノシタ科。

イズノシマホシクサ 〈*Eriocaulon zyotanii* Satake〉ホシクサ科の草本。

イズハハコ 〈*Conyza japonica* (Thunb. ex Murray) Less.〉キク科の一年草または越年草。別名ヤマジオウギク、イズホオコ。高さは25〜55cm。

イスパハン 〈Ispahan〉 バラ科。ダマスク・ローズ系。花は明桃色。

イズヤブソテツ 〈*Cyrtomium atropunctatum* Kurata〉オシダ科のシダ植物。

イスラギョク 伊須羅玉 イスラヤ・イスラエンシスの別名。

イスラヤ・イスラエンシス 〈*Islaya islayensis* (C. F. Först.) Backeb.〉サボテン科のサボテン。別名伊須羅玉。花は黄色。園芸植物。

イセウキヤガラ 〈*Bolboschoenus planiculmis* (F. Schm.) T. Koyama〉カヤツリグサ科の一年生の抽水植物。全高40〜80cm、稈が鋭三稜形、葉身の横断面が三角形、花序は側生状。高さは25〜100cm。

イセギク キク科。別名マツサカイトラレギク。園芸植物。

イセザキトラノオ 〈× *Asplenium kitazawae* (Kurata et Hutoh) Nakaike〉チャセンシダ科のシダ植物。

イセナデシコ 伊勢撫子 〈*Dianthus* × *isensis* Hirahata et Kitam.〉ナデシコ科の多年草。別名オオサカナデシコ(大阪撫子)、ゴショウナデシコ(御所撫子)。高さは30cm。園芸植物。

イセノイトツルゴケ 〈*Heterocladiuim capillaceum* Iisiba〉シノブゴケ科のコケ。微小で糸状、茎葉は広披針形で鋭頭。

イセハナビ 〈*Strobilanthes japonicus* (Thunb. ex Murray) Miq.〉キツネノマゴ科の多年草。高さは30〜50cm。花は淡紫色。園芸植物。

イセハラ キンポウゲ科のクレマチスの品種。

イソウギョク 偉壮玉 フェロカクツス・ロスティーの別名。

イソオオバコ 〈*Plantago togashii*〉オオバコ科。

イソカラタチゴケ 〈*Ramalina litoralis* Asah.〉サルオガセ科の地衣類。地衣体は高さ1〜3cm。

イソカラタチゴケモドキ 〈*Ramalina sublitoralis* Asah.〉サルオガセ科の地衣類。地衣体は擬盃点がある。

イソガワラ 〈*Ralfsia fungiformis* (Gunnerus) Setchell et Gardner〉イソガワラ科の海藻。覆瓦状。

イソカンギク カンヨメナの別名。

イソギク 磯菊 〈*Chrysanthemum pacificum* Nakai〉キク科の多年草。別名アワギク。高さは30〜40cm。園芸植物。

イソキリ 〈*Bossiella cretacea* (Postels et Ruprecht) Johansen〉サンゴモ科の海藻。2〜3叉状分岐。体は10cm。

イソキルス・リネアリス 〈*Isochilus linearis* (Jacq.) R. Br.〉ラン科。花は乳白色から桃紫色。園芸植物。

イソシノブ 〈*Euptilota articulata* (J. Agardh) Schmitz〉イギス科の海藻。下部は円柱状に近い。体は5〜15cm。

イソスギナ 〈*Halicoryne wrightii* Harvey〉カサノリ科の海藻。石灰藻。

イソスミレ 磯菫 〈*Viola grayi* Franch. et Savat.〉スミレ科の多年草。別名セナミスミレ。高さは10〜15cm。花は濃紫または淡紫色。園芸植物。

イソダイダイゴケ 〈*Caloplaca scopularis* (Nyl.) Lett.〉テロスキステス科の地衣類。地衣体は黄から橙または赤橙色。

イソダンツウ 〈*Caulacanthus okamurai* Yamada〉キジノオ科の海藻。叉状様羽状に分かれる。体は2cm。

イソチドリ 磯千鳥 アヤメ科のハナショウブの品種。園芸植物。

イソツツジ 磯躑躅 〈*Ledum palustre* L. subsp. *diversipilosum* (Nakai) Hara var. *nipponicum* Nakai〉ツツジ科の常緑小低木。別名エゾイソツツジ。高山植物。薬用植物。

イソテンツキ 磯点突 〈*Fimbristylis pacifica* Ohwi〉カヤツリグサ科の草本。

イソニガナ 〈*Ixeris dentata* (Thunb.) Nakai subsp. *nipponica* Kitam.〉キク科。日本絶滅危機植物。

イソノキ 磯の木 〈*Rhamnus crenata* Sieb. et Zucc.〉クロウメモドキ科の落葉低木。高さは1〜3m。花は黄緑色。園芸植物。

イソノギク 磯野菊 〈*Aster asa-grayi* Makino〉キク科の草本。

イソノギク ハマベノギクの別名。

イソハギ 〈*Heterosiphonia japonica* Yendo〉ダジア科の海藻。羽状に分岐。体は20cm。

イソバショウ 〈*Neurymenia fraxinifolia* (Mertens ex Turner) J. Agardh〉フジマツモ科の海藻。皮膜状。体は10〜20cm。

イソハリ 〈*Amphiroa rigida* Lamouroux〉サンゴモ科の海藻。叉状又は不規則分岐。体は1〜3cm。

イソハリガネ 〈*Amphiroa valonioides* Yendo〉サンゴモ科の海藻。叢生。体は1cm。

イソヒユ 〈*Philoxerus wrightii* Hook. f.〉ヒユ科の多年草。高さは2〜5cm。

イソフジ 磯藤 〈*Sophora tomentosa* L.〉マメ科の常緑低木。葉裏白毛密布。熱帯植物。

イソブドウ 〈*Botrytella micromora* Bory〉シオミドロ科の海藻。生時は黄褐色。体は5〜6cm。

イソプレクシス・カナリエンシス 〈*Isoplexis canariensis* (L.) Lindl. ex G. Don〉ゴマノハグサ科の常緑低木。高さは1m。花は黄色。園芸植物。

イソホウキ 〈*Kochia littorea* (Makino) Makino〉アカザ科の草本。

イソポゴン・アネモニフォリウス 〈*Isopogon anemonifolius* J. Knight〉ヤマモガシ科の低木。高さは2m。花は黄色。園芸植物。

イソポゴン・ダウソニー 〈*Isopogon dowsonii* R. T. Bak.〉ヤマモガシ科の低木。高さは1〜2m。花は白色。園芸植物。

イソマツ 磯松 〈*Limonium wrightii* (Hance) O. Kuntze var. *arbusculum* (Maxim.) Hara〉イソマツ科の多年草。別名イソハナビ、ムラサキイソマツ。高さは5〜20cm。日本絶滅危機植物。

イソマツ 〈*Coeloseira pacifica* Dawson〉ワツナギソウ科の海藻。多少叉状に分岐。体は7cm。

イソマツ科 科名。

イソムメモドキ 〈*Hyalosiphonia caespitosa* Okamura〉リュウモンソウ科の海藻。囊果は球状。体は10〜30cm。

イソムラサキ 〈*Symphyocladia latiuscula* (Harvey) Yamada〉フジマツモ科の海藻。扁圧。体は15cm。

イソモク 〈*Sargassum hemiphyllum* (Turner) Agardh〉ホンダワラ科の海藻。単条。体は50cm。

イソモッカ 〈*Catenella opuntia* (Goodenough et Woodward) Greville〉イソモッカ科の海藻。叉状又は不規則に分岐。体は1〜3cm。

イソヤマアオキ 〈*Cocculus laurifolius* DC.〉ツヅラフジ科のつる植物。別名イソヤマダケ、ゴメゴメジン。花は黄色。熱帯植物。園芸植物。

イソヤマテンツキ 磯山点突 〈*Fimbristylis ferruginea* (L.) Vahl var. *sieboldii* (Miq.) Ohwi〉カヤツリグサ科の多年草。大株をなす。高さは15〜40cm。熱帯植物。

イソラトケレウス・デュモルティエリ 〈*Isolatocereus dumortieri* (Scheidw.) Backeb.〉サボテン科のサボテン。別名碧塔。高さは15m。花は白色。園芸植物。

イタジイ スダジイの別名。

イタチガヤ 〈*Pogonatherum crinitum* (Thunb. ex Murray) Kunth〉イネ科の草本。

イタチゴケ 〈*Leucodon sapporensis* Besch.〉イタチゴケ科のコケ。葉は長さ2.5〜3.5mm、卵形。

イタチササゲ 鼬豇豆 〈*Lathyrus davidii* Hance〉マメ科の多年草。別名エンドウソウ。高さは60〜200cm。

イタチシダ 鼬羊歯 〈*Dryopteris bissetiana* (Baker) C. Chr.〉オシダ科。別名ヤマイタチシダ。

イタチタケ 〈*Psathyrella candolleana* (Fr.：Fr.) Maire〉ヒトヨタケ科のキノコ。小型〜中型。傘は淡黄褐色、縁に白色破片。ひだは白色→紫褐色。

イタチナミハタケ 〈*Lentinellus ursinus* (Fr.) Kühner〉ミミナミハタケ科(ヒラタケ科)のキノコ。小型〜中型。傘は半円形〜扇形、淡黄褐色のち褐色で軟毛状。

イタチノシッポ ヒノキゴケの別名。

イタチハギ 鼬萩 〈*Amorpha fruticosa* L.〉マメ科の落葉低木。別名クロバナエンジュ、クロバナクララ。高さは1.5〜3m。花は暗紫黒色。園芸植物。

イタドリ 虎杖, 伊多止利 〈*Reynoutria japonica* Houtt. var. *japonica*〉タデ科の多年草。別名サイタヅマ、タチヒ。茎には縦条、葉柄赤。高さは30〜150cm。熱帯植物。薬用植物。園芸植物。

イタニグサ 〈*Ahnfeltia plicata* (Hudson) E. Fries〉オキツノリ科の海藻。叢生。体は6〜10cm。

イタビカズラ 崖石榴, 崖爬藤 〈*Ficus nipponica* Franch. et Savat.〉クワ科の常緑つる植物。別名ツタカズラ。

イタヤカエデ 板屋楓 〈*Acer mono* Maxim. var. *marmoratum* (Nichols.) Hara f. *heterophyllum* Nakai〉カエデ科の木本。別名アサヒカエデ、エンコウカエデ、ナナバケイタヤ。高山植物。園芸植物。

イタヤカエデ エンコウカエデの別名。

イタヤメイゲツ コハウチワカエデの別名。

イタリアカサマツ ピヌス・ピネアの別名。

イタリアギキョウ カンパニュラ・ガルガニカの別名。

イタリアスギ 〈*Cupressus sempervirens* L.〉ヒノキ科の常緑高木。別名イタリアン・サイプレス、イ

トスギ、セイヨウイトスギ。高さは45m。樹皮は灰褐色。園芸植物。

イタリアンソウ 〈*Moricandia arvensis* DC.〉アブラナ科の一年草または多年草。別名モリカンドソウ。花は紅紫色。園芸植物。

イタリアポプラ ポプラの別名。

イタリアヤマナラシ ポプラの別名。

イタリアン・サイプレス イタリアスギの別名。

イタリアンライグラス ネズミムギの別名。

イタリアンルスカス ユリ科。別名ササバルスカス、ホソバルスカス。切り花に用いられる。

イタリヤカサマツ 〈*Pinus pinea*〉マツ科の木本。樹高20m。樹皮は橙褐色。園芸植物。

イタリヤハンノキ 〈*Alnus cordata*〉カバノキ科の木本。樹高25m。樹皮は灰色。

イタリヤマドロナ 〈*Arbutus andrachne* L.〉ツツジ科の常緑低木。高さは3～6m。花は灰白色。樹皮は赤褐色。園芸植物。

イタリヤリンゴ 〈*Malus florentina*〉バラ科の木本。樹高8m。樹皮は赤褐色ないし紫褐色。

イダルゴ 〈Hidalgo〉バラ科。ハイブリッド・ティーローズ系。花は紅色。

イチイ 一位 〈*Taxus cuspidata* Sieb. et Zucc. var. *cuspidata*〉イチイ科の常緑高木。別名アララギ、オンコ、オッコ。高さは20m。高山植物。薬用植物。園芸植物。

イチイ科 科名。

イチイガシ 一位樫 〈*Quercus gilva* Blume〉ブナ科の常緑高木。別名イチイ、イチガシ。高さは30m。園芸植物。

イチイモドキ セコイアオスギの別名。

イチゲイチヤクソウ 一花一薬草 〈*Moneses uniflora* A. Gray〉イチヤクソウ科の草本。高山植物。

イチゲキスミレ キスミレの別名。

イチゲサクラソウ 〈*Primula vulgaris* (L.) Huds.〉サクラソウ科の多年草。花は黄色。

イチゲフウロ 一花風露 〈*Geranium sibiricum* L. var. *glabrium* (Hara) Ohwi〉フウロソウ科の多年草。高さは30～50cm。

イチゴ バラ科のフラガリア属総称。園芸植物。

イチゴ オランダイチゴの別名。

イチゴイチジク 〈*Ficus crassiramea* Miq.〉クワ科の高木。葉濃緑、インドゴムに似る。熱帯植物。

イチゴツナギ 苺繋 〈*Poa sphondylodes* Trin.〉イネ科の多年草。別名カワライチゴツナギ、ヒメイチゴツナギ、ザラツキイチゴツナギ。高さは30～70cm。

イチゴノキ 〈*Arbutus unedo* L.〉ツツジ科の常緑低木から小高木。高さは5～10m。花は白あるいはピンク色。樹皮は赤褐色。薬用植物。園芸植物。

イチゴ・ピンクパンダ バラ科の総称。別名パンダイチゴ。

イチゴマドロナ 〈*Arbutus* × *andrachnoides*〉ツツジ科の木本。樹高10m。樹皮は赤褐色。

イチジク 無花果 〈*Ficus carica* L.〉クワ科の落葉低木。別名トウガキ、ナンバンガキ。高さは3～6m。花は淡紅白色。樹皮は灰色。薬用植物。園芸植物。

イチジク 〈*Ficus* spp.〉クワ科の属総称。高木。灌木。熱帯植物。

イチジクタケ 〈*Melocanna bambusoides* Trin.〉イネ科。タケノコの葉鞘は緑色で少し白軟毛がある。熱帯植物。

イチハツ 〈*Iris tectorum* Maxim.〉アヤメ科の多年草。別名コヤスグサ。高さは30～50cm。花は藤色。薬用植物。園芸植物。

イチハラトラノオ バラ科のサクラの品種。

イチバンボシ 〈Ichibanboshi〉バラ科。花はオレンジ色。

イチビ 〈*Abutilon theophrasti* Medik.〉アオイ科の一年草。別名ホクサギラ。葉は多毛。高さは50～100cm。花は橙黄色。熱帯植物。薬用植物。園芸植物。

イチベンバナ 〈*Swartzia pinnata* Willd.〉マメ科の小木。葉は厚く光沢、花弁は1枚。淡黄色。熱帯植物。

イチメガサ 〈*Carpomitra cabrerae* (Clemente) Kützing〉ケヤリモ科の海藻。細い線状。体は30cm。

イチヤクソウ 一薬草 〈*Pyrola japonica* Klenze〉イチヤクソウ科の常緑多年草。高さは15～30cm。花は白色。高山植物。薬用植物。園芸植物。

イチヤクソウ科 科名。

イーチャンレモン 〈*Citrus wilsonii* Tanaka.〉ミカン科の薬用植物。

イチョウ 公孫樹, 銀杏 〈*Ginkgo biloba* L.〉イチョウ科の落葉高木。別名ギンナン(銀杏)。高さは30m。樹皮は褐灰色。薬用植物。園芸植物。

イチョウ イチョウ科の属総称。

イチョウ バラ科のサクラの品種。園芸植物。

イチョウウキゴケ 銀杏浮苔 〈*Ricciocarpus natans* (L.) Corda〉ウキゴケ科のコケ。別名イチョウウキクサ、イチョウモ、イチョウゴケ。緑色、秋になると赤紫色、長さ1～1.5cm。

イチョウ科 科名。

イチョウゴケ 〈*Tritomaria exsecta* (Schmidel) Loeske〉ツボミゴケ科のコケ。別名イチョウウロコゴケ。褐色をおびる。茎は長さ1.5cm。

イチョウシダ 銀杏羊歯 〈*Asplenium ruta-muraria* L.〉チャセンシダ科の常緑性シダ。葉身は長さ2～7cm。円形、披針形、倒卵形。園芸植物。

イチョウタケ 〈*Paxillus panuoides* (Fr. : Fr.) Fr.〉ヒダハタケ科のキノコ。小型～中型。傘は貝殻形、汚黄土色。ひだは帯黄土色。

イチョウバイカモ 〈*Ranunculus nipponicus* (Makino) Nakai var. *nipponicus*〉キンポウゲ科。浮葉は長さ1～2cm、先は裂ける。
イチョウボク 銀杏木 〈*Portulacaria afra* Jacq.〉スベリヒユ科の多肉植物。別名銀公孫樹。高さは2m。園芸植物。
イチョウラン 一葉蘭 〈*Dactylostalix ringens* Reichb. f.〉ラン科の多年草。別名ヒトハラン。高さは10～20cm。
イチリンソウ 一輪草 〈*Anemone nikoensis* Maxim.〉キンポウゲ科の多年草。別名イチゲソウ、ウラベニイチゲ。高さは20～30cm。花は白色。園芸植物。
イチリン・ハクサンイチゲ 〈*Anemone narcissiflora* L. var. *japonomonantha* Tamura〉キンポウゲ科。高山植物。
イツキイヌワラビ 〈*Athyrium* × *cantilenae* Sa. Kurata, nom. nud.〉オシダ科のシダ植物。
イツキイノモトソウ 〈*Pteris* × *calcarea* Sa. Kurata〉イノモトソウ科のシダ植物。
イツキカナワラビ 〈*Arachniodes cantilenae* Kurata〉オシダ科の常緑性シダ。葉身は3―4回羽状複生。
イッケイキュウカ 一茎九花 〈*Cymbidium faberi* Rolfe〉ラン科。花は淡緑、淡黄緑、淡紫紅色。園芸植物。
イッショウノハル ツツジ科のサツキの品種。
イッスンキンカ 一寸金花 〈*Solidago virga-aurea* var. *minutissima*〉キク科の草本。
イッスンテンツキ 一寸天突 〈*Fimbristylis kadzusana* Ohwi〉カヤツリグサ科の草本。
イッテンシカイ 一天四海 スイレン科のハスの品種。園芸植物。
イッポンシメジ 一本占地 〈*Rhodophyllus sinuatus* (Bull.：Fr) Sing.〉イッポンシメジ科のキノコ。
イッポンシメジ タンヨウバナマの別名。
イッポンスゲ シロハリスゲの別名。
イッポンワラビ 一本蕨 〈*Cornopteris crenulatoserrulata* (Makino) Nakai〉オシダ科の夏緑性シダ。別名オオミヤマイヌワラビ。葉身は長さ35～60cm。三角状～三角状楕円形。
イテア・イリキフォリア 〈*Itea ilicifolia* D. Oliver〉ユキノシタ科の木本。高さは5～6m。花は緑白色。園芸植物。
イテア・ヴァージニカ コバノズイナの別名。
イテア・オウルダミー ヒイラギズイナの別名。
イテア・ヤポニカ ズイナの別名。
イデシア・ポリカルパ イイギリの別名。
イデユコゴメ イデユコゴメ科。
イトアシ 糸葦 リプサリス・バッキフェラの別名。
イトイ 糸藺 〈*Juncus maximowiczii* Buchen.〉イグサ科の多年草。高さは5～15cm。高山植物。

イトイヌノハナヒゲ 〈*Rhynchospora faberi* C. B. Clarke〉カヤツリグサ科の多年草。高さは10～50cm。
イトイヌノヒゲ 〈*Eriocaulon decemflorum* Maxim.〉ホシクサ科の一年草。別名コイヌノヒゲ。高さは5～30cm。
イトイバラモ 〈*Najas yezoensis* Miyabe〉イバラモ科。
イトキツネノボタン 〈*Ranunculus arvensis* L.〉キンポウゲ科の一年草。別名トゲミオトコゼリ。高さは30～50cm。
イトキンスゲ 糸金菅 〈*Carex hakkodensis* Franch.〉カヤツリグサ科の多年草。高さは10～40cm。
イトキンポウゲ 糸金鳳花 〈*Ranunculus reptans* L.〉キンポウゲ科の多年草。高さは2～3cm。高山植物。
イトグサ フジマツモ科。
イトクサボタン 〈*Clematis hexapetala* Pall.〉キンポウゲ科の薬用植物。別名サンリョウ。園芸植物。
イトクズグサ 〈*Tolypiocladia glomerulata* (C. Agardh) Schmitz in Engler et Plantl〉フジマツモ科の海藻。暗紅色。体は長さ10cm。
イトクズバナ 〈*Pentaclethra filamentosa* Benth.〉マメ科の小木。花は密な穂に集る。熱帯植物。
イトクズモ 糸屑藻 〈*Zannichellia palustris* L.〉イトクズモ科の沈水植物。別名ミカヅキイトモ。葉は対生もしくは輪生状、線形、果実は背面に歯牙のある三日月状の果体、花柱部分からなる。日本絶滅危機植物。
イトゲイトウ ヒユ科。園芸植物。
イトゲジゲジゴケ 〈*Anaptychia boryi* (Fée) Mass.〉ムカデゴケ科の地衣類。地衣体は灰白または汚灰色。
イトゲジゲジゴケモドキ 〈*Anaptychia leucomela* (L.) Mass.〉ムカデゴケ科の地衣類。地衣体は糸状の裂片よりなる。
イトゲノマユハキ 〈*Chlorodesmis caespitosa* J. Agardh〉ミル科の海藻。叢生し、糸は約300μ。
イトゴケ 〈*Barbella pendula* (Sull.) M. Fleisch.〉ハイヒモゴケ科のコケ。糸状、葉身細胞に2～4個の小さなパピラが1列に並ぶ。
イトコヌカグサ 〈*Agrostis capillaris* L.〉イネ科の多年草。高さは20～50cm。
イトコミミゴケ 〈*Lejeunea parva* (S. Hatt.) Mizut.〉クサリゴケ科のコケ。黄緑色、茎は長さ約5mm。
イトザクラ シダレザクラの別名。
イトササバゴケ 〈*Calliergon stramineum* (Brid.) Kindb.〉ヤナギゴケ科のコケ。茎は長く、茎葉は長い卵形。園芸植物。

イトシノフ

イトシノブ 〈*Plumariella yoshikawai* Okamura〉イギス科の海藻。漸深帯に生ずる。体は7〜10cm。

イトシャジクモ 〈*Chara fibrosa* Agardh subsp. *gymnopitys* Zaneveld〉シャジクモ科。

イトシャジン 〈*Campanula rotundifolia* L.〉キキョウ科の多年草。高さは15〜45cm。花は青色。高山植物。園芸植物。

イトスギ 糸杉 ヒノキ科(モチノキ科)の属総称。

イトスゲ 〈*Carex sachalinensis* Fr. Schm. var. *fernaldiana* (Lév. et Vaniot) T. Koyama〉カヤツリグサ科の多年草。高さは10〜30cm。

イトススキ 糸薄 〈*Miscanthus sinensis* Andersson var. *sinensis* f. *gracillimus* (Hitchc.) Ohwi〉イネ科の多年草。

イトスズメガヤ 〈*Eragrostis brownii* (Kunth) Nees〉イネ科の草本。

イトタヌキモ ミカワタヌキモの別名。

イトツメクサ 〈*Sagina apetala* Ard.〉ナデシコ科の一年草。高さは2.5〜10cm。

イトテンツキ 糸点突 〈*Bulbostylis densa* (Wall.) Hand.-Mazz. var. *capitata* Ohwi〉カヤツリグサ科の草本。

イトトリゲモ 〈*Najas japonica* Nakai〉イバラモ科の一年生水草。全長は10〜30cm、種子が2個並んで付く。

イトナルコスゲ 〈*Carex laxa*〉カヤツリグサ科。

イトノコノキ 〈*Pseudopanax ferox*〉ウコギ科の木本。樹高5m。樹皮は灰色。

イトアワダチソウ 〈*Solidago graminifolia* (L.) Salisb.〉キク科。

イトハイゴケ 〈*Hypnum tristo-viride* (Broth.) Paris〉ハイゴケ科のコケ。小形で、茎葉は三角形〜卵形。

イトバギク 〈*Schkuhria pinnata* (Lam.) O. Kuntze var. *abrotanoides* (Roth) Gabrena〉キク科の一年草。高さは30〜80cm。花は黄色。

イトハコベ 〈*Stellaria filicaulis* Makino〉ナデシコ科の草本。

イトバタコノキ パンダヌス・グラミニフォリウスの別名。

イトハナビテンツキ 糸花火点突 〈*Bulbostylis densa* (Wall.) Hand.-Mazz. var. *densa*〉カヤツリグサ科の一年草。高さは10〜40cm。

イトバハルシャギク 〈*Coreopsis verticillata* L.〉キク科の草本。高さは90cm。花は濃黄色。園芸植物。

イトハユリ リリウム・テヌイフォリウムの別名。

イトヒキフタゴゴケ 〈*Didymodon leskeoides* K. Saito〉センボンゴケ科のコケ。チョウゴクネジクチゴケによく似る。

イトヒキフデノホゴケ 〈*Isocladiella surcularis* (Dixon) B. C. Tan & Mohamed〉ナガハシゴケ科のコケ。小形で、枝葉は卵形。

イトヒバゴケ 〈*Cryphaea obovatocarpa* S. Okam.〉イトヒバゴケ科のコケ。一次茎は細くは、二次茎は長さ3〜4cmで立ち上がり、枝葉は卵形。

イトヒメハギ 糸姫萩 〈*Polygala tenuifolia* Willd.〉ヒメハギ科の薬用植物。別名オンジ。

イトフジマツ 〈*Rhodomela subfusca* (Woodward) C. Agardh〉フジマツモ科の海藻。生時は黄褐色。体は20cm。

イトフノリ 〈*Gloiosiphonia capillaris* (Hudson) Carmichael in Barkeley〉イトフノリ科の海藻。円柱状。体は10〜30cm。

イトミル 〈*Codium tenue* (Kützing) Kützing〉ミル科の海藻。太さは2〜3mm。

イトモ 糸藻 〈*Potamogeton pusillus* L.〉ヒルムシロ科の小形の沈水植物。別名イトヤナギモ。葉は線形、無柄、鋭頭、全縁。

イトヤシ ヤシ科。

イトヤナギ 〈*Pterosiphonia bipinnata* (Postels et Ruprecht) Falkenberg〉フジマツモ科の海藻。叢生。体は5〜15cm。

イトヤナギゴケモドキ 〈*Platydictya subtilis* (Hedw.) H. A. Crum〉ヤナギゴケ科のコケ。微小、茎葉は卵形。

イトヤナギモ イトモの別名。

イトラッキョウ 〈*Allium virgunculae* F. Maek. et Kitam.〉ユリ科の草本。

イトラッキョウゴケ 〈*Anoectangium thomsonii* Mitt.〉センボンゴケ科のコケ。茎は長さ1〜4cmで黄緑色の密なタクトを形成。

イトラン 糸蘭 〈*Yucca filamentosa* L.〉リュウゼツラン科(ユリ科)の木本。別名ジュモウラン。長さ30〜50cm。花は白色。園芸植物。

イドリア・コルムナリス 〈*Idria columnaris* Kellogg〉フーキエリア科。別名観宝玉。高さは18m。園芸植物。

イナイノデ ヤシャイノデの別名。

イナカギク 田舎菊 〈*Aster semiamplexicaulis* Makino ex Koidz.〉キク科の多年草。別名ヤマシロギク。高さは60〜100cm。

イナゴマメ 〈*Ceratonia siliqua* L.〉マメ科の常緑高木。別名ヨハンパンノキ。高さは12〜15m。薬用植物。園芸植物。

イナヅミ 稲積 バラ科のウメ(梅)の品種。果皮は淡緑色。

イナデンダ 〈*Polystichum inaense* (Tagawa) Tagawa〉オシダ科の夏緑性シダ。葉身は長さ4〜8cm。線状披針形。

イナトウヒレン 〈*Saussurea inaensis* Kitam.〉キク科の草本。

イナノキシノブ 〈*Lepisorus* × *inaense* Tatsumi et Nakaike, nom. nud.〉ウラボシ科のシダ植物。

イナバラン 〈*Odontochilus inaba* Hayata〉ラン科の草本。

イナベアザミ 〈*Cirsium magofukui* Kitam.〉キク科の草本。

イナモリソウ 稲荷森草 〈*Pseudopyxis depressa* Miq.〉アカネ科の多年草。別名ヨツバハコベ。高さは5～10cm。

イヌアワ 犬粟 〈*Setaria chondrachne* (Steud.) Honda〉イネ科の多年草。高さは50～90cm。

イヌイ 〈*Juncus yokoscensis* (Franch. et Savat.) Satake〉イグサ科の多年草。別名ヒライ、ネジレイ、ツクシイヌイ。高さは20～50cm。

イヌイトモ 〈*Potamogeton obtusifolius* Mert. et Koch〉ヒルムシロ科の沈水植物。葉は線形、無柄で鈍頭。

イヌイノモトソウ 〈*Lindsaea ensifolia* Sw.〉ホングウシダ科(ワラビ科)の直立する常緑性シダ。葉身は長さ25cm。単羽状。

イヌイワガネソウ 〈*Coniogramme* × *fauriei* Hieron.〉イノモトソウ科のシダ植物。

イヌイワデンダ 〈*Woodsia intermedia* Tagawa〉オシダ科の夏緑性シダ。葉身は単羽状複生から2回羽状複生。

イヌウラジロ ホウライシダ科。

イヌエンゴサク 〈*Corydalis bungeana* Turcz.〉ケシ科の薬用植物。

イヌエンジュ 犬槐 〈*Maackia amurensis* Ruprech. et Maxim. var. *buergeri* (Maxim.) C. K. Schneid.〉マメ科の落葉高木。別名エンジュ、オオエンジュ、エニス。

イヌカキネガラシ 犬垣根辛子 〈*Sisymbrium orientale* L.〉アブラナ科の一年草。高さは20～80cm。花は黄色。

イヌガシ 犬樫 〈*Neolitsea aciculata* (Blume) Koidz.〉クスノキ科の常緑高木。別名マツラニッケイ。

イヌカタヒバ 〈*Selaginella moellendorffii*〉イワヒバ科の常緑性シダ。葉はわら色。

イヌカミツレ 〈*Matricaria inodora* L.〉キク科の二年草。別名イヌカミルレ。高さは30～60cm。花は白色。園芸植物。

イヌカモジグサ 〈*Elymus gmelinii* (Ledeb.) Tzvelev var. *tenuisetus* (Ohwi) Osada〉イネ科の草本。

イヌガヤ 犬榧 〈*Cephalotaxus harringtonia* (Knight) K. Koch. var. *harringtonia*〉イヌガヤ科の常緑高木。別名ヘボガヤ、ヘダマ。樹高10m。樹皮は褐色。園芸植物。

イヌガヤ科 科名。

イヌガラシ 犬芥子 〈*Rorippa indica* (L.) Hiern.〉アブラナ科の多年草。高さは10～50cm。花は黄色。熱帯植物。

イヌカラマツ 〈*Pseudolarix Kaempferi* (Lamb.) Gord.〉マツ科の落葉高木。高さは30～40m。樹皮は灰褐色。薬用植物。園芸植物。

イヌカンゾウ 犬甘草 〈*Glycyrrhiza pallidiflora* Maxim.〉マメ科。

イヌガンソク 犬雁足 〈*Matteuccia orientalis* (Hook.) Trev.〉オシダ科(イワデンダ科)の夏緑性シダ。別名オオクグマ、オオクサソテツ、イヌクサソテツ。葉身は長さ4～12cm。単羽状。薬用植物。園芸植物。

イヌクグ 〈*Cyperus cyperoides* (L.) O. Kuntze〉カヤツリグサ科の多年草。高さは20～80cm。

イヌクログワイ 犬黒慈姑 〈*Eleocharis dulcis* (Burm. f.) Trin.〉カヤツリグサ科の多年生の抽水植物。塊茎は茶色、肉は純白色。高さは50～80cm。薬用植物。園芸植物。

イヌケゴケ 〈*Schwetschkeopsis fabronia* (Schwägr.) Broth.〉コゴメゴケ科のコケ。茎は這い、葉は卵形～羽状披針形。

イヌケホシダ 〈*Thelypteris dentata* (Forssk.) St. John〉オシダ科(ヒメシダ科)の常緑性シダ。葉身は長さ25～40cm。広披針形。園芸植物。

イヌゲンゲ 〈*Amblytropis Multiflora* (Bge.) Kitagawa.〉マメ科の薬用植物。

イヌコウジュ 犬香薷 〈*Mosla punctulata* (J. F. Gmel.) Nakai〉シソ科の一年草。別名ニセハッカ、ノハッカ。高さは20～60cm。薬用植物。

イヌコクサゴケ 〈*Neobarbella comes* (Griff.) Nog.〉トラノオゴケ科のコケ。二次茎はひも状、葉は卵形。

イヌコスギイヌワラビ 〈*Athyrium* × *kawabataeoides* Sa. Kurata〉オシダ科のシダ植物。

イヌコハコベ 〈*Stellaria pallida* (Dumort.) Piré〉ナデシコ科の一年草。高さは10～20cm。

イヌゴマ 犬胡麻 〈*Stachys riederi* Cham. var. *intermedia* (Kudo) Kitamura〉シソ科の多年草。別名チョロギダマシ。高さは40～70cm。

イヌコモチナデシコ 〈*Petrorhagia nanteuilii* (Burnat) P. W. Ball et Heywood〉ナデシコ科の越年草。種子の背面に円錐状の微細な突起。

イヌコリヤナギ 犬行李柳 〈*Salix integra* Thunb. ex Murray〉ヤナギ科の落葉低木。別名オオバコリヤナギ、フタバヤナギ。小川の緑や湿地にふつうな低木。園芸植物。

イヌザクラ 犬桜 〈*Prunus buergeriana* Miq.〉バラ科の落葉高木。別名シロザクラ。高さは10m。花は白色。園芸植物。

イヌサナダゴケ 〈*Platygyrium repens* (Brid.) Bruch & Schimp.〉ハイゴケ科のコケ。小形で、茎は這い、茎葉は卵形。

イヌサフラン 犬泪夫藍 〈*Colchicum autumnale* L.〉ユリ科の多年草。高さは15〜20cm。花は淡藤桃色。高山植物。薬用植物。園芸植物。切り花に用いられる。

イヌサフラン ユリ科の属の総称。

イヌザンショウ 犬山椒 〈*Zanthoxylum schinifolium* Sieb. et Zucc.〉ミカン科の落葉低木。薬用植物。

イヌシケチイヌワラビ 〈× *Cornoathyrium petiolulatum* (Kurata) Nakaike〉オシダ科のシダ植物。

イヌジシャ カキバチャノキの別名。

イヌシダ 犬羊歯 〈*Dennstaedtia hirsuta* (Sw.) Mett. ex Miq.〉イノモトソウ科(コバノイシカグマ科、ワラビ科)の夏緑性シダ。葉身は長さ7〜25cm。披針形。

イヌシデ 犬四手 〈*Carpinus tschonoskii* Maxim.〉カバノキ科の落葉高木。別名シロシデ、ソネ。葉に毛が多い。園芸植物。

イヌシバ 犬芝 〈*Stenotaphrum secundatum* Trin.〉イネ科の匍匐性低草。別名アメリカシバ。芝生用または牧草。葉の長さ5〜15cm。熱帯植物。園芸植物。

イヌシマイヌワラビ 〈*Athyrium* × *yakumonticola* Sa. Kurata〉オシダ科のシダ植物。

イヌショウガ 〈*Zingiber odoriferum* BL.〉ショウガ科の草本。多毛、花穂長さ30cm、苞は赤色。高さ1.5m。熱帯植物。

イヌショウマ 犬升麻 〈*Cimicifuga biternata* (Sieb. et Zucc.) Miq.〉キンポウゲ科の多年草。高さ60〜90cm。

イヌスギナ 犬杉菜 〈*Equisetum palustre* L.〉トクサ科の抽水性〜湿生の多年草。高さ20〜60cm。薬用植物。

イヌセンナ 〈*Cassia absus* L.〉マメ科の草本。多毛。花は黄赤色。熱帯植物。

イヌセンブリ 犬千振 〈*Ophelia diluta* (Turcz.) Ledeb. var. *tosaensis* (Makino) Toyokuni〉リンドウ科の一年草または越年草。高さ5〜35cm。薬用植物。日本絶滅危機植物。

イヌセンボンタケ 〈*Coprinus disseminatus* (Pers.：Fr.) S. F. Gray〉ヒトヨタケ科のキノコ。超小型。傘は白色〜灰色、傘の表面は微毛状。ひだは白色→暗灰色。

イヌタデ 犬蓼 〈*Persicaria longiseta* (De Bruyn) Kitagawa〉タデ科の一年草。別名アカノマンマ。高さ5〜40cm。花は淡紅色。薬用植物。園芸植物。

イヌタヌキマメ 〈*Flemingia congesta* Roxb.〉マメ科の半低木。葉裏細点、脈上褐毛。熱帯植物。

イヌタヌキモ 〈*Utricularia tenuicaulis* Miki〉タヌキモ科の多年生の浮遊植物。全長は約1m、花弁は黄色。

イヌタマシダ 〈*Dryopteris hayatae* Tagawa〉オシダ科の常緑性シダ。葉身は長さ15〜35cm。披針形〜卵状披針形。

イヌタムラソウ 〈*Salvia longipes* (Nakai) Satake〉シソ科。

イヌチャセンシダ 〈*Asplenium tripteropus* Nakai〉チャセンシダ科の常緑性シダ。中軸にはしばしば無性芽をつける。

イヌツゲ 犬黄楊 〈*Ilex crenata* Thunb. ex Murray var. *crenata*〉モチノキ科(ヒノキ科)の常緑低木。別名ヤマツゲ。花は緑白色。園芸植物。

イヌツメゴケ 〈*Peltigera canina* (L.) Willd.〉ツメゴケ科の地衣類。地衣体は淡灰褐色。

イヌツルダカナワラビ 〈*Arachniodes* × *repens* Sa. Kurata〉オシダ科のシダ植物。

イヌトウキ 〈*Angelica shikokiana* Makino ex Yabe〉セリ科の多年草。別名クマノダケ。高さは50〜80cm。

イヌトウバナ 犬塔花 〈*Clinopodium micranthum* (Regel) Hara〉シソ科の多年草。高さは20〜50cm。

イヌドクサ 犬木賊 〈*Equisetum ramosissimum* Desf. var. *japonicum* Milde〉トクサ科の常緑性シダ。別名カワラドクサ、ハマドクサ。茎は高さ1m。

イヌナギナタガヤ 〈*Vulpia bromoides* (L.) S. F. Gray〉イネ科の一年草または越年草。高さは5〜60cm。

イヌナズナ 犬薺 〈*Draba nemorosa* L. var. *hebecarpa* Ledeb.〉アブラナ科の越年草。高さは10〜30cm。薬用植物。

イヌナツメ 〈*Ziziphus mauritiana* Lam〉クロウメモドキ科の低木。葉裏淡褐色、果実は橙色。高さは3〜6m。花は黄緑色。熱帯植物。園芸植物。

イヌナンカクラン シダ植物。

イヌニッケイ 〈*Cinnamomum iners* BL.〉クスノキ科の高木。果実は食用、樹皮の香は強弱種々。熱帯植物。

イヌノハゴケ 〈*Cynodontium polycarpum* (Hedw.) Schimp.〉シッポゴケ科のコケ。小形、茎は長さ1〜2cm、葉は線状披針形。

イヌノハナヒゲ 〈*Rhynchospora rugosa* Gale〉カヤツリグサ科の多年草。高さは30〜90cm。

イヌノヒゲ 〈*Eriocaulon miquelianum* Koern.〉ホシクサ科の草本。

イヌノヒゲモドキ 〈*Eriocaulon sekimotoi* Honda〉ホシクサ科の草本。

イヌノフグリ 犬陰嚢 〈*Veronica didyma* Tenore var. *lilacina* (Hara) Yamazaki〉ゴマノハグサ科

の越年草。別名ヒョウタングサ、テンニンカラクサ。高さは5～25cm。

イヌハギ 犬萩 〈*Lespedeza tomentosa* (Thunb. ex Murray) Sieb. ex Maxim.〉マメ科の多年草。高さは60～150cm。

イヌハコネトリカブト 〈*Aconitum parahakonense* Nakai〉キンポウゲ科の草本。

イヌハッカ 〈*Nepeta cataria* L.〉シソ科の多年草。別名キャットネップ。高さは40～100cm。花は淡い青色。園芸植物。切り花に用いられる。

イヌビエ 犬稗 〈*Echinochloa crus-galli* (L.) Beauv. var. *crus-galli*〉イネ科の一年草。別名サルビエ。高さは60～100cm。

イヌヒメコヅチ 〈*Salvia reflexa* Hornem.〉シソ科の一年草。高さは15～50cm。花は青色。

イヌヒメシロビユ 〈*Amaranthus blitoides* S. Watson〉ヒユ科の一年草。

イヌビユ 犬莧 〈*Amaranthus lividus* L. var. *ascendens* (Lois.) Thell.〉ヒユ科の一年草。別名ヒョーナ、ヒューナ、オトコヒョーナ。茎は赤味あり。高さは30～70cm。熱帯植物。薬用植物。

イヌヒレアザミ 〈*Carduus tenuiflorus* Curtis〉キク科の一年草あるいは二年草。高さは30～100cm。花は淡紅紫色。

イヌビワ 犬枇杷 〈*Ficus erecta* Thunb.〉クワ科の落葉低木。別名イタビ、チチノミ、コイチジク。高さは3～5m。薬用植物。園芸植物。

イヌフグリ イヌノフグリの別名。

イヌフトイ 〈*Scirpus littoralis* Schrad. subsp. *thernalis* Must.〉カヤツリグサ科。茎は円柱形。高さ1.5m。熱帯植物。

イヌブナ 犬橅, 犬椈 〈*Fagus japonica* Maxim.〉ブナ科の落葉高木。園芸植物。

イヌホウキギ 〈*Axyris amaranthoides* L.〉アカザ科。別名ヒロハクサボウキ。葉は狭卵形。

イヌホオズキ 犬酸漿 〈*Solanum nigrum* L.〉ナス科の一年草。果実は黒熟、温帯では毒草とされる。高さは30～60cm。花は白色。高山植物。熱帯植物。薬用植物。

イヌホタルイ 〈*Schoenoplectus juncoides* (Roxb.) Palla subsp. *juncoides*〉カヤツリグサ科の抽水植物。桿は高さ40～70cm、果実は両側にやや凸状。

イヌマキ 犬槇 〈*Podocarpus macrophyllus* (Thunb. ex Murray) D. Don var. *macrophyllus*〉マキ科の常緑高木。別名クサマキ、ホンマキ。高さは25m。薬用植物。園芸植物。

イヌマルバヤナギ 犬丸葉柳 〈*Salix yezoalpina* var. *neo-reticulata*〉ヤナギ科。

イヌムギ 〈*Bromus unioloides* H. B. K.〉イネ科の越年草または多年草。高さは40～100cm。

イヌムクムクゴケ 〈*Trichocoleopsis sacculata* (Mitt.) S. Okamura〉サワラゴケ科のコケ。赤褐色をおびる。茎は長さ約2cm。

イヌムラサキ 犬紫草 〈*Lithospermum arvense* L.〉ムラサキ科の越年草。高さは20～40cm。花は白色。

イヌムラサキシキブ 〈*Callicarpa* × *shirasawana* Makino〉クマツヅラ科。

イヌヤチスギラン 〈*Lycopodium carolinianum* L.〉ヒカゲノカズラ科の常緑性シダ。茎は高さ5～30cm。

イヌヤマハッカ 〈*Isodon umbrosus* (Maxim.) Hara〉シソ科の多年草。高さは60～80cm。

イヌヨモギ 犬蓬 〈*Artemisia keiskeana* Miq.〉キク科の多年草。高さは30～80cm。

イヌラ オオグルマの別名。

イヌラ・アカウリス 〈*Inula acaulis* Schott et Kotschy ex Boiss.〉キク科の草本。高さは10cm。花は黄色。園芸植物。

イヌラ・エンシフォリア 〈*Inula ensifolia* L.〉キク科の草本。高さは30～60cm。花は黄色。園芸植物。

イヌラ・オリエンタリス 〈*Inula orientalis* Lam.〉キク科の草本。高さは60cm。花は橙黄色。園芸植物。

イヌラ・グランディフロラ 〈*Inula grandiflora* Willd.〉キク科の草本。高さは60～120cm。花は橙黄色。園芸植物。

イヌラ・サリキナ 〈*Inula salicina* L.〉キク科の草本。高さは60～80cm。花は黄色。園芸植物。

イヌラ・ブリタンニカ 〈*Inula britannica* L.〉キク科の草本。高さは20～60cm。花は黄色。園芸植物。

イヌリンゴ オオカンザクラの別名。

イヌワカナシダ 〈*Dryopteris* × *yuyamae* Kurata〉オシダ科のシダ植物。

イヌワラビ 犬蕨 〈*Athyrium niponicum* (Mett.) Hance〉オシダ科(イワデンダ科)の夏緑性シダ。別名コカグマ。高さは20～60cm、葉身は長さ20～50cm。卵形～卵状長楕円形。園芸植物。

イネ 稲, 禾, 伊禰 〈*Oryza sativa* L.〉イネ科の草本。高さは60～180cm。薬用植物。園芸植物。

イネ イネ科の属総称。

イネ科 科名。

イネガヤ 〈*Oryzopsis obtusa*〉イネ科。

イノウエシダ 〈*Dryopteris* × *yasuhikoana* Kurata, nom. nud.〉オシダ科のシダ植物。

イノウエネジクチゴケ 〈*Barbula hiroshii* K. Saito〉センボンゴケ科のコケ。大形、緑色～暗緑色、茎は長さ20～40mm。

イノカシラフラスコモ 〈*Nitella mirabilis* Nordst. var. *inokasiraensis* Kasaki ex Wood〉シャジクモ科。

イノコシバ ハイノキの別名。
イノコズチ 牛膝,豕槌,猪小槌 〈Achyranthes bidentata Blume var. japonica Miq.〉ヒユ科の多年草。別名フシダカ、コマノヒザ。高さは50～100cm。薬用植物。
イノコズチモドキ 〈Cyathula prostrata BL.〉ヒユ科の草本。若葉はゆでて食し、根は民間薬とする。熱帯植物。
イノセンス ラン科のブラソカトレヤ・パストラルの品種。園芸植物。
イノデ 猪手 〈Polystichum polyblepharum (Roem.) Presl〉オシダ科の常緑性シダ。別名イノデ。葉柄は長さ10～25cm。葉身は披針形。園芸植物。
イノデモドキ 猪之手擬 〈Polystichum tagawanum Kurata〉オシダ科の常緑性シダ。葉身は長さ70cm。狭披針形～披針形。
イノベハナゴケ 〈Cladonia inobeana Asah.〉ハナゴケ科の地衣類。
イノモトソウ 井口辺草,井の許草,鳳尾草 〈Pteris multifida Poir.〉イノモトソウ科(ワラビ科)の常緑性シダ。別名ケイソクソウ、トリノアシ。葉身は長さ60cm。頂羽片のはっきりした単羽状。薬用植物。園芸植物。
イノンド ヒメウイキョウの別名。
イバラゴケ 〈Calyptrochaeta japonica (Card. & Thér.) Z. Iwats. & Nog.〉アブラゴケ科のコケ。別名ケムシゴケ。茎の基部は褐色の仮根で覆われる。
イバラノリ 〈Hypnea charoides Lamouroux〉イバラノリ科の海藻。膜質。体は20cm。
イバラモ 茨藻 〈Najas marina L.〉イバラモ科の一年生の沈水植物。葉身は線形で長さ2～6cm、雌雄異株。
イバラモ科 科名。
イバリシメジ 〈Lyophyllum tylicolor (Fr. : Fr.) M. Lange & Sivertsen〉キシメジ科のキノコ。小型。傘は黒褐色～赤褐色で中央部突出、湿時条線。
イフェイオン・ウニフロルム ハナニラの別名。
イブキ 伊吹 〈Juniperus chinensis L. var. chinensis〉ヒノキ科の常緑高木。別名ビャクシン、イブキビャクシン、カマクラビャクシン。高さは3～5m。樹皮は赤褐色。園芸植物。
イブキ 伊吹 ブナ科のクリ(栗)の品種。別名クリ農林2号、E—6。果肉は淡黄白色。
イブキアカツブエダカレキン 〈Pithya cupressina (Batsch : Fr.) Fuckel〉ベニチャワンタケ科のキノコ。
イブキカモジグサ 〈Elymus caninus (L.) L.〉イネ科の多年草。穂状花序は長さ6～17cm。

イブキキンモウゴケ 〈Ulota perbreviseta Dixon & Sakurai〉タチヒダゴケ科のコケ。全形はカラフトキンモウゴケに似る。蒴柄が非常に短い。
イブキザサ アマギザサの別名。
イブキシダ 伊吹羊歯 〈Thelypteris esquirolii (Christ) Ching var. glabrata (Christ) K. Iwatsuki〉オシダ科(ヒメシダ科)の常緑性シダ。葉身は長さ1m弱。広い披針形。
イブキシモツケ 伊吹下野 〈Spiraea nervosa Franch. et Savat. var. nervosa〉バラ科の落葉低木。別名キビノシモツケ。
イブキシモツケ スピラエア・ネルウォサの別名。
イブキジャコウソウ 伊吹麝香草 〈Thymus quinquecostatus Čelak.〉シソ科の草本状小低木。別名イワジャコウソウ。高さは3～15cm。高山植物。薬用植物。
イブキスミレ 〈Viola mirabilis L.〉スミレ科の多年草。高さは10～30cm。
イブキゼリ 伊吹芹 〈Tilingia holopetala (Maxim.) Kitagawa〉セリ科。高山植物。
イブキソモソモ 〈Poa radula〉イネ科。
イブキトラノオ 伊吹虎の尾 〈Bistorta vulgaris Hill〉タデ科の多年草。別名ホソバイブキトラノオ。高さは30～100cm。花は白または淡桃色。高山植物。薬用植物。園芸植物。
イブキトリカブト 〈Aconitum ibukiense〉キンポウゲ科。
イブキヌカボ 伊吹糠穂 〈Milium effusum L.〉イネ科の多年草。高さは60～120cm。園芸植物。
イブキノエンドウ 伊吹野豌豆 〈Vicia sepium L.〉マメ科のつる性多年草。長さは30～100cm。花は淡紫色。
イブキボウフウ 伊吹防風 〈Seseli libanotis (L.) Koch. subsp. japonica (Boiss.) Hara〉セリ科の多年草。別名ヤマニンジン、ボウフウ。高さは40～80cm。高山植物。薬用植物。
イブキレイジンソウ 〈Aconitum chrysopilum Nakai〉キンポウゲ科の草本。
イプシランテ 〈Ipsilanté〉バラ科。ガリカ・ローズ系。花は淡いライラックピンク。
イプシロプス・ロンギフォリア 〈Ypsilopus longifolia (Kränzl.) Summerh.〉ラン科。高さは10～15cm。花は白色。園芸植物。
イプスウィッチ キク科のデンドランテマの品種。切り花に用いられる。
イブスキイノモトソウ 〈Pteris × namegatae Kurata〉イノモトソウ科のシダ植物。
イブダケキノボリシダ 〈Diplazium crassiusculum Ching〉オシダ科の常緑性シダ。葉身は長さ3～5mm。披針形～長楕円状披針形。
イブ・ピアッジェ 〈Yves Piaget〉バラ科。ハイブリッド・ティーローズ系。

イブリハナワラビ 〈*Botrychium microphyllum* (Sahashi) K. Iwats.〉ハナヤスリ科の冬緑性シダ。葉身は長さ4cm。三角形状。

イブリモツレグサ 〈*Spongomorpha heterocladia* Sakai〉シオグサ科の海藻。下部錯綜。体は3～5cm。

イベリス アブラナ科の属総称。別名クッキョクカ、マガリバナ。切り花に用いられる。

イベリス・アマラ マガリバナの別名。

イベリス・ウンベラタ 〈*Iberis umbellata* L.〉アブラナ科。高さは30～40cm。花は桃、淡紅、紫赤など。園芸植物。

イベリス・オドラタ 〈*Iberis odorata* L.〉アブラナ科。別名ニオイナズナ。高さは15～40cm。花は白色。園芸植物。

イベリス・クレナタ 〈*Iberis crenata* Lam.〉アブラナ科。高さは35cm。花は白色。園芸植物。

イベリス・コリフォリア 〈*Iberis corifolia* (Sims) Sweet〉アブラナ科。高さは20～30cm。花は白色。園芸植物。

イベリス・ジブラルタリカ 〈*Iberis gibraltarica* L.〉アブラナ科。別名ジブラルタルマガリバナ。高さは20～30cm。花は白色。園芸植物。

イベリス・センペルウィレンス 〈*Iberis sempervirens* L.〉アブラナ科の宿根草。別名トキワナズナ。高さは20～30cm。花は白色。園芸植物。

イベリス・ピンナタ 〈*Iberis pinnata* L.〉アブラナ科。高さは30～35cm。花は白または藤色。園芸植物。

イベリス・プルイティー 〈*Iberis pruitii* Tineo〉アブラナ科。高さは40cm。花は白または藤色。園芸植物。

イベリス・プロクンベンス 〈*Iberis procumbens* J. Lange〉アブラナ科。高さは20～25cm。花は白色。園芸植物。

イベリス・ベルナルディアナ 〈*Iberis bernardiana* Gren. et Godr.〉アブラナ科。高さは30～40cm。花は白または淡桃色。園芸植物。

イベルヴィレア・ソノラエ 〈*Ibervillea sonorae* Greene〉ウリ科のつる性植物。灰白色で扁平な塊茎。園芸植物。

イベルビレア ウリ科の属総称。

イボイボカタシロゴケ 〈*Calymperes strictifolium* (Mitt.) Roth〉カタシロゴケ科のコケ。茎は長さ2cm以下、中肋の背腹両面と葉縁に、こぶ状の多細胞の突起。

イボウキクサ 疣浮草 〈*Lemna gibba* L.〉ウキクサ科の帰化植物。葉状体は広楕円形で長さ4～6mm。

イボエチャボシノブゴケ 〈*Thuidium contortulum* (Mitt.) A. Jaeger〉シノブゴケ科のコケ。茎は2回羽状に分枝し、毛葉は短い。

イボエホウオウゴケ 〈*Fissidens hollianus* Dozy & Molk.〉ホウオウゴケ科のコケ。葉は披針形、長さ0.9～1.6mm。

イボカタウロコゴケ 〈*Mylia verrucosa* Lindb.〉ツボミゴケ科のコケ。黄緑色～赤緑色、茎は長さ2～3cm。

イボクサ 疣草 〈*Murdannia keisak* (Hassk.) Hand.-Mazz.〉ツユクサ科の稀に沈水性の一年草。別名イボトリクサ。高さ20～30cm、沈水状態では葉は明るい緑白色。

イボザ シソ科の属総称。別名フブキバナ。

イボザ・リパリア エオランツス・レペンスの別名。

イボセイヨウショウロ 〈*Tuber indicum* Cooke & Massee〉セイヨウショウロタケ科のキノコ。小型～中型。子実体は類球形。

イボソコマメゴケ 〈*Saccogynidium muricellum* (De Not.) Grolle〉ウロコゴケ科のコケ。別名ナンゴクソコマメゴケ。不透明な緑色、茎は長さ0.5～1cm。

イボタクサギ 伊保多臭木 〈*Clerodendrum neriifolium* Wall. ex Schauer〉クマツヅラ科の木本。別名ガジャンギ、コバノサギ。葉は厚くネズミモチに似る。高さは1～2m。花は白色。熱帯植物。園芸植物。

イボタケ 〈*Thelephora terrestris* Fr.〉イボタケ科のキノコ。

イボタチゴケモドキ 〈*Oligotrichum aligerum* Mitt.〉スギゴケ科のコケ。茎は高さ0.8～2.2cm、葉は披針形。

イボタノキ 水蝋樹 〈*Ligustrum obtusifolium* Sieb. et Zucc.〉モクセイ科の落葉低木。高さは2～5m。花は白色。薬用植物。園芸植物。

イボタヒョウタンボク 〈*Lonicera demissa* Rehder〉スイカズラ科の落葉低木。高山植物。

イボツヅラフジ 〈*Tinospora crispa* (L.) Miers.〉ツヅラフジ科の蔓木。茎に疣が多く、気根を垂下。熱帯植物。薬用植物。

イボナシツヅラフジ 〈*Tinospora crispa* (L.) Miers.〉ツヅラフジ科の蔓木。径2ミリのひも状気根を垂下。熱帯植物。

イボノリ 〈*Mastocarpus pacificus* (Kjellman) Perestenko〉イボノリ科(スギノリ科)の海藻。叉状に分岐。体は6cm。

イボヒメクサリゴケ 〈*Cololejeunea macounii* (Spruce ex Underw.) A. Evans〉クサリゴケ科のコケ。茎は長さ3～5mm、背片は卵形。

イボフクロゴケ 〈*Hypogymnia subcrustacea* (Flot.) Kurok.〉ウメノキゴケ科の地衣類。裂片の背面に裂芽がある。

イボホウオウゴケ 〈*Fissidens serratus* Müll. Hal.〉ホウオウゴケ科のコケ。茎は葉を含めて長さ0.8～2.7mm、葉は披針形～狭披針形。

イボマツバゴケ 〈*Leucoloma okamurae* Broth.〉シッポゴケ科のコケ。茎は長さ2cm以下、葉は鎌形に曲がる。

イボミキンポウゲ 〈*Ranunculus sardous* Crantz〉キンポウゲ科の一年草。高さは10〜65cm。花は黄色。

イボミズゴケ 〈*Sphagnum Papillosum* Lindb.〉ミズゴケ科のコケ。大形、枝葉の葉緑細胞と接する透明細胞の側壁面に多くの細かいパピラがある。

イボミスジヤバネゴケ 〈*Clastobryum cucculigerum* (Sande Lac.) Tixier〉ナガハシゴケ科のコケ。茎は断面でやや三角形、枝葉は披針形。

イポメア ヒルガオ科の属総称。

イポメア・カイリカ モミジヒルガオの別名。

イポメア・クラシィペス 〈*Ipomea crassipes* Hook.〉ヒルガオ科の多年草。

イポメア・クラッシカウリス 〈*Ipomoea crassicaulis* (Benth.) B. L. Robinson〉ヒルガオ科。別名コダチアサガオ。高さは1〜2m。花は淡紅色。園芸植物。

イポメア・ディギタタ ヤツデアサガオの別名。

イポメア・トリコロル ソライロアサガオの別名。

イポメア・プルガ ヤラッパの別名。

イポメア・ホースフォーリアエ ゴヨウアサガオの別名。

イポメア・レアリー 〈*Ipomoea learii* Paxt.〉ヒルガオ科の多年草。

イボモモノキ 〈*Dracontomelum mangiferum* BL〉ウルシ科の高木。花は白色。熱帯植物。

イボヤマトイタチゴケ 〈*Leucodon atrovirens* Nog.〉イタチゴケ科のコケ。一次茎細く、葉は楕円状卵形。

イマショウジョウ ツツジ科のツツジの品種。

イマムラアキ 今村秋 バラ科のナシの品種。別名土佐冬、土佐城、土佐重。果皮は錆褐色。

イモカタバミ 〈*Oxalis articulata* Savigny〉カタバミ科の多年草。別名フシネハナカタバミ。高さは5〜15cm。花は濃厚な桃色。園芸植物。

イモジソ 〈*Coleus tuberosus* Benth.〉シソ科の匍匐草。乾地を好む、地下の芋は色も味もジャガイモに似る。熱帯植物。

イモタケ 〈*Terfezia gigantea* Imai〉イモタケ科のキノコ。

イモニガショウガ 〈*Zingiber zerumbet* (L.) Sm.〉ショウガ科の草本。楕円形扁圧の肥大根。高さ60cm。熱帯植物。

イモネアサガオ 〈*Ipomoea pandurata* (L.) G. F. W. Meyer〉ヒルガオ科の多年草。長さは2〜3m。花は白色。

イモネノホシアサガオ 〈*Ipomoea tricocarpa* Eil.〉ヒルガオ科の多年生つる草。花は桃色。

イモネヤガラ 〈*Eulophia zollingeri* (Reichb. fil.) J. J. Smith〉ラン科の草本。

イモノキ タカノツメの別名。

イモバビロードカズラ 〈*Philodendron acrocardium* Schott.〉サトイモ科の観賞用蔓木。葉はサトイモに似た形。熱帯植物。

イモヒルムシロ 〈*Aponogeton monostachyon* L.〉レースソウ科の水草。球根を食す。熱帯植物。

イモラン 〈*Eulophia toyoshimae*〉ラン科。

イヨカズラ 伊予葛 〈*Cynanchum japonicum* Morren et Decne.〉ガガイモ科の多年生つる草。別名スズメノオゴケ。高さは30〜80cm。

イヨカン 伊予蜜柑 〈*Citrus iyo* hort. ex T. Tanaka〉ミカン科の木本。別名アナドミカン（穴門蜜柑）。果皮は帯赤濃橙色。花は白色。園芸植物。

イヨクジャク 伊予孔雀 〈*Diplazium okudairae* Makino〉オシダ科の夏緑性シダ。葉身は三角状披針形。

イヨトンボ 〈*Habenaria iyoensis* Ohwi〉ラン科の草本。日本絶滅危機植物。

イヨフウロ 伊予風露 〈*Geranium shikokianum* Matsum.〉フウロソウ科の多年草。別名シコクフウロ。高さは30〜70cm。高山植物。

イラクサ 刺草 〈*Urtica thunbergiana* Sieb. et Zucc.〉イラクサ科の多年草。別名イタイタグサ、イライラクサ。高さは40〜80cm。薬用植物。

イラクサ イラクサ科の属総称。

イラクサ科 科名。

イラゲダケ 〈*Ochlandra setigera* Gamb.〉イネ科。タケノコの葉鞘の毛は紫色で痛い。熱帯植物。

イラモミ 〈*Picea bicolor* Mayr〉マツ科の常緑針葉高木。別名ヤツガダケトウヒ。高さは30m。高山植物。園芸植物。

イラモミ ピケア・ビコロルの別名。

イランイランノキ 〈*Cananga odorata* (Lam.) Hook. f. et T. Thoms.〉バンレイシ科の常緑高木。別名パヒュームツリー。高さは15m。花は蕾時から開いて成長、幼緑色、老成し黄色。熱帯植物。園芸植物。

イリアルテア・ウェントリコサ 〈*Iriartea ventricosa* Mart.〉ヤシ科。高さは15〜25m。花は淡クリーム色。園芸植物。

イリオス バラ科のバラの品種。切り花に用いられる。

イリオス！ バラ科。花は黄色。

イリオモテアザミ キク科。

イリオモテガヤ 〈*Chikusichloa brachyathera*〉イネ科。

イリオモテクマタケラン 〈*Alpinia flabellata*〉ショウガ科。

イリオモテシャミセンヅル 〈*Lygodium microphyllum* (Cav.) R. Br.〉フサシダ科の常緑

性シダ。葉は明るい黄緑色。葉柄は長さ10cm。葉身はつる状。園芸植物。

イリオモテソウ 〈*Argostemma solaniflorum* Elmer〉アカネ科の草本。

イリオモテニシキソウ 〈*Euphorbia thymifolia* L.〉トウダイグサ科の草本。

イリオモテホウオウゴケ 〈*Fissidens bogoriensis* M. Fleisch.〉ホウオウゴケ科のコケ。小形、茎は葉を含めて長さ0.5～2.3mm、葉は披針形～卵状披針形。

イリオモテヨウラン 〈*Stereosandra javanica*〉ラン科。

イリオモテムラサキ 〈*Callicarpa oshimensis* var. *iriomotensis*〉クマツヅラ科。

イリオモテラン 〈*Trichoglottis luchuensis* (Rolfe) Garay et H. R. Sweet ex Garay〉ラン科。別名ニュウメンラン。園芸植物。

イリキウム・フロリダヌム 〈*Illicium floridanum* Ellis〉モクレン科の常緑小高木。

イリス・アティカ 〈*Iris attica* Boiss. et Heldr.〉アヤメ科の多年草。

イリス・アトロウィオラケア 〈*Iris atroviolacea* J. Lange〉アヤメ科の多年草。花は赤紫色。園芸植物。

イリス・アトロフスカ 〈*Iris atrofusca* Bak.〉アヤメ科の多年草。花は濃紫茶色。園芸植物。

イリス・アフィラ 〈*Iris aphylla* L.〉アヤメ科の多年草。高さは20cm。花は紫色。園芸植物。

イリス・インノミナタ 〈*Iris innominata* L. F. Henders.〉アヤメ科の多年草。高さは11cm。花は黄色。園芸植物。

イリス・ヴァージニカ 〈*Iris virginica* L.〉アヤメ科の多年草。高さは30～100cm。花は紫色。園芸植物。

イリス・ウァリエガタ 〈*Iris variegata* L.〉アヤメ科の多年草。高さは38cm。花は黄色。園芸植物。

イリス・ウェルシコロル 〈*Iris versicolor* L.〉アヤメ科の多年草。高さは60cm。花は青紫色。園芸植物。

イリス・ウェルナ 〈*Iris verna* L.〉アヤメ科の多年草。花は藤青色。園芸植物。

イリス・ウォッティー 〈*Iris wattii* Bak. ex Hook. f.〉アヤメ科の多年草。高さは60cm。花は淡藤色。園芸植物。

イリス・ウングイクラリス カンザキアヤメの別名。

イリス・オクロレウカ 〈*Iris ochroleuca* L.〉アヤメ科の多年草。別名オクロレウカ、チョウダイアイリス。高さは90～120cm。花は白色。園芸植物。切り花に用いられる。

イリス・カマエイリス キバナチャボアヤメの別名。

イリス・ギガンティカエルレア 〈*Iris giganticaerulea* Small〉アヤメ科の多年草。高さは1m以上。花は藤青色。園芸植物。

イリス・クシフィウム スペインアヤメの別名。

イリス・クマオネンシス 〈*Iris Kumaonensis* Wall.〉アヤメ科の多年草。高山植物。

イリス・グラキリペス ヒメシャガの別名。

イリス・グラミネア 〈*Iris graminea* L.〉アヤメ科の多年草。高さは23cm。花はクリーム色。園芸植物。

イリス・クラルケイ 〈*Iris clarkei* Baker〉アヤメ科。高山植物。

イリス・クリスタタ 〈*Iris cristata* Soland〉アヤメ科の多年草。高さは10cm。花は藤色。園芸植物。

イリス・クリソグラフェス 〈*Iris chrysographes* Dykes〉アヤメ科の多年草。花は濃赤紫色。園芸植物。

イリス・ケルネリアナ 〈*Iris kerneriana* Asch. et Sint.〉アヤメ科の多年草。高さは15～30cm。花は濃黄色。園芸植物。

イリス・ゲルマニカ ジャーマン・アイリスの別名。

イリス・コロルコウィー 〈*Iris korolkowii* Regel〉アヤメ科の多年草。高さは30～45cm。園芸植物。

イリス・サングイネア アヤメの別名。

イリス・シビリカ コアヤメの別名。

イリス・スシアナ 〈*Iris susiana* L.〉アヤメ科の多年草。高さは30～45cm。花は淡色。園芸植物。

イリス・ストロニフェラ 〈*Iris stolonifera* Maxim.〉アヤメ科の多年草。高さは30～60cm。花は赤紫色。園芸植物。

イリス・スプリア 〈*Iris spuria* L.〉アヤメ科の多年草。高さは50cm。花は藤色。園芸植物。

イリス・セトサ ヒオウギアヤメの別名。

イリス・ダグラシアナ 〈*Iris douglasiana* Herb.〉アヤメ科の多年草。高さは70cm。花は赤紫紅色。園芸植物。

イリス・ダンフォルディアエ 〈*Iris danfordiae* Boiss.〉アヤメ科の多年草。

イリス・ティグリディア 〈*Iris tigridia* Bunge〉アヤメ科の多年草。別名アンザンアヤメ。花は藤紫色。園芸植物。

イリス・テクトルム イチハツの別名。

イリス・デコラ 〈*Iris decora* Wall.〉アヤメ科の多年草。高さは25cm。花は藤色。園芸植物。

イリス・テナクス 〈*Iris tenax* Dougl. ex Lindl.〉アヤメ科の多年草。高さは30cm。花は濃青紫、藤白、クリーム、黄など。園芸植物。

イリス・ネパレンシス 〈*Iris nepalensis* Don〉アヤメ科の多年草。高山植物。

イリス・パリダ 〈*Iris pallida* Lam.〉アヤメ科の多年草。高さは60～90cm。花は淡藤紫色。園芸植物。

イリス・ヒストリオイデス 〈*Iris histrioides* Dykes〉アヤメ科の多年草。

イリス・フォエティデッシマ 〈*Iris foetidissima* L.〉アヤメ科の多年草。別名ミナリアヤメ。高さは30～90cm。花は紫灰や黄色。園芸植物。

イリス・フォレスティー 〈*Iris forrestii* Dykes〉アヤメ科の多年草。高さは35cm。花は黄色(紫褐色の筋)。園芸植物。

イリス・ブカリカ 〈*Iris bucharica* M. Foster〉アヤメ科の多年草。高さは38cm。花は黄色。園芸植物。

イリス・プセウダコルス キショウブの別名。

イリス・プミラ ナンキンアヤメの別名。

イリス・プリスマティカ 〈*Iris prismatica* Pursh〉アヤメ科の多年草。花は白色。園芸植物。

イリス・フルバ チャショウブの別名。

イリス・ブレウィカウリス 〈*Iris brevicaulis* Raf.〉アヤメ科の多年草。高さは15～30cm。花は青色。園芸植物。

イリス・フロレンティナ ニオイイリスの別名。

イリス・ヘルモナ 〈*Iris hermona* Dinsmore〉アヤメ科の多年草。

イリス・ホーギアナ 〈*Iris hoogiana* Dykes〉アヤメ科の多年草。高さは60cm。花は灰青色。園芸植物。

イリス・ミズーリエンシス 〈*Iris missouriensis* Nutt.〉アヤメ科の多年草。高さは60cm。花は白か淡い藤色。園芸植物。

イリス・ミヌトアウレア キンカキツバタの別名。

イリス・ヤポニカ シャガの別名。

イリス・ラエウィガタ カキツバタの別名。

イリス・ラクテア ネジアヤメの別名。

イリス・ラティフォリア イングリッシュ・アイリスの別名。

イリス・ルテニカ コカキツバタの別名。

イリス・ルリダ 〈*Iris × lurida* Ait.〉アヤメ科の多年草。高さは45cm。花は赤みのある栗と黄が混色。園芸植物。

イリス・レゲリオキクルス アヤメ科。園芸植物。

イリス・レティキュラータ イリス・レティクラタの別名。

イリス・レティクラタ 〈*Iris reticulata* Bieb.〉アヤメ科の多年草。高さは2.5cm。花は淡紫色。園芸植物。

イリス・ロッシー エヒメアヤメの別名。

イリス・ロルテティー 〈*Iris lortetii* Barb. ex Boiss.〉アヤメ科の多年草。花は淡い灰色がかったライラック色。園芸植物。

イリタマゴゴケ 〈*Parmelia incurva* (Pers.) Fr.〉ウメノキゴケ科の地衣類。地衣体背面は灰黄～緑黄色。

イリッペ 〈*Madhuca latifolia* Macbr.〉アカテツ科の高木。花と葉は同時に出る。果実は初め褐毛。熱帯植物。

イリノイヌスビトハギ 〈*Desmodium illinoense* A. Gray〉マメ科の多年草。高さは50～100cm。花は紅紫～白色。

イルカ 入鹿 マカエロケレウス・エルカの別名。

イルスレー シュウカイドウ科のベゴニアの品種。園芸植物。

イレクス・アクイフォリウム ヒイラギモチの別名。

イレクス・インテグラ モチノキの別名。

イレクス・オパカ アメリカヒイラギの別名。

イレクス・クレナタ イヌツゲの別名。

イレクス・コルヌタ シナヒイラギの別名。

イレクス・スゲロキー クロソヨゴの別名。

イレクス・セラタ ウメモドキの別名。

イレクス・ディモルフォフィラ アマミヒイラギモチの別名。

イレクス・ニッポニカ ミヤマウメモドキの別名。

イレクス・ペドゥンクロサ ソヨゴの別名。

イレクス・ペルニー 〈*Ilex pernyi* Franch.〉モチノキ科の木本。別名ペルニーヒイラギ。花は黄色。園芸植物。

イレクス・マクロポダ アオハダの別名。

イレクス・ラティフォリア タラヨウの別名。

イレクス・ロツンダ クロガネモチの別名。

イレシネ ヒユ科(スベリヒユ科)。別名マルバビユ、ケショウビユ。園芸植物。

イレシネ ヒユ科のマルバビユ属総称。

イレシネ・ハープスティー マルバヒユの別名。

イレシネ・リンデニー 〈*Iresine lindenii* Van Houtte〉ヒユ科。葉は暗赤色。園芸植物。

イレックス・コルヌータ シナヒイラギの別名。

イレーネ・ワッツ 〈*Irene Watts*〉バラ科。チャイナ・ローズ系。花はオレンジ色。

イロガワリ 〈*Boletus pulverulentus* Opat.〉イグチ科のキノコ。小型～中型。傘はオリーブ褐色～黒褐色、ビロード状。

イロガワリキヒダタケ 〈*Phylloporus bellus* (Massee) Corner var. *cyanescens* Corner〉イグチ科のキノコ。小型～中型。傘は灰褐色～オリーブ褐色、ビロード状。ひだは鮮黄色。

イロガワリコンニャク 〈*Amorphophallus variabilis* BL.〉サトイモ科。花序高さ60cm。熱帯植物。

イロガワリシロカラカサタケ 〈*Macrolepiota alborubescens* (Hongo) Hongo〉ハラタケ科のキノコ。小型～中型。傘は鱗片。

イロガワリシロハツ 〈*Russula metachroa* Hongo〉ベニタケ科のキノコ。

イロガワリフウセンタケ 〈*Cortinarius rubicundulus* (Rea) Pearson〉フウセンタケ科のキノコ。中型。傘は淡帯黄色、変色性。ひだは淡黄土色→橙黄肉桂色。

イロガワリベニタケ 〈*Russula rubescens* Beardslee〉ベニタケ科のキノコ。

イロハモミジ 〈*Acer palmatum* Thunb. ex Murray var. *Palmatum*〉カエデ科の雌雄同株の落葉高木。別名タカオカエデ、イロハカエデ、コハモミジ。高さは10〜15m。樹皮は灰褐色。園芸植物。

イロハヤマ 伊呂波山 ツツジ科のツツジの品種。園芸植物。

イロマツヨイ 色待宵 〈*Godetia amoena* G. Don〉アカバナ科の一年草。高さは20〜60cm。花は淡紅〜藤色。園芸植物。

イロモドリノキ 〈*Bauhinia kockiana* Korth.〉マメ科の蔓木。葉は2裂せず。花は黄から橙赤になり再び黄にもどる。熱帯植物。

イロロ 〈*Ishige sinicola* (Setchell et Gardner) Chihara〉イシゲ科の海藻。円柱状。体は20cm。

イワアカザ 〈*Chenopodium bryoniaefolium* Bunge〉アカザ科の草本。別名ミドリアカザ。

イワアカバナ 岩赤花 〈*Epilobium cephalostigma* Hausskn.〉アカバナ科の多年草。高さは15〜60cm。高山植物。

イワイ 祝 〈American summer pearmain〉バラ科のリンゴ(苹果)の品種。別名14号、大中、中成子。果皮は緑黄色。

イワイタチシダ 〈*Dryopteris varia* var. *saxifraga* (H. Ito) H. Ohba〉オシダ科の常緑性シダ。葉身は長さ20〜30cm。

イワイチョウ 〈*Fauria crista-galli* (Menz.) Makino subsp. *japonica* (Franch.) Gillett〉ミツガシワ科の多年草。高さは15〜40cm。花は白色。園芸植物。

イワイチョウ 〈*Fauria cristagalli*〉リンドウ科の草本。別名ミズイチョウ。高山植物。

イワイトゴケ 〈*Haploymenium triste* (Ces.) Kindb.〉シノブゴケ科のコケ。茎は這い、不規則に分枝し、枝葉は卵形。

イワイトゴケモドキ 〈*Haplohymenium sieboldii* (Dozy & Molk.) Dozy & Molk.〉シノブゴケ科のコケ。茎はやや羽状に分枝し、枝葉は卵形〜卵状楕円形。

イワイヌワラビ 〈*Athyrium nikkoense*〉オシダ科の夏緑性シダ。葉身は披針形〜狭披針形。

イワイブキトラノオ 〈*Polygonum lapidosa* Kitag. ex Fang.〉タデ科の薬用植物。別名ホソバイブキトラノオ。

イワインチン 岩茵蔯 〈*Chrysanthemum rupestre* Matsum. et Koidz.〉キク科の多年草。別名インチンヨモギ。高さは10〜20cm。高山植物。

イワウサギシダ 〈*Gymnocarpium robertianum* (Hoffm.) Newman〉オシダ科の夏緑性シダ。葉身は長さ30cm。三角状卵形。

イワウチワ 岩団扇 〈*Shortia uniflora* (Maxim.) Maxim. var. *kantoensis* Yamazaki〉イワウメ科の多年草。別名オオイワウチワ、トクワカンソウ。高さは3〜10cm。花は淡紅色。高山植物。園芸植物。

イワウメ 岩梅 〈*Diapensia lapponica* L. subsp. *obovata* (Fr. Schm.) Hultén〉イワウメ科のわい小低木。別名フキヅメソウ、スケロクイチヤク。高さは2〜4cm。高山植物。

イワウメ科 科名。

イワウメヅル 〈*Celastrus flagellaris* Rupr.〉ニシキギ科の落葉つる植物。

イワウラジロ 〈*Cheilanthes krameri* Fr. et Sav.〉ホウライシダ科(ワラビ科)の夏緑性シダ。葉身は長さ5〜8cm。卵状三角形。

イワウロコゴケ 〈*Endocarpon pusillum* Hedw.〉アナイボゴケ科の地衣類。地衣体は微小な鱗片状。

イワオ 巌 〈*Echinocactus ingens* Zucc.〉サボテン科の園芸品種。サボテン。高さは1.5m。花は赤みがかった黄色。園芸植物。

イワオウギ 岩黄耆 〈*Hedysarum vicicoides* Turcz.〉マメ科の多年草。別名タテヤマオウギ。高さは10〜80cm。花は淡黄色。高山植物。薬用植物。園芸植物。

イワオトギリ 岩弟切 〈*Hypericum kamtschaticum* Ledeb.〉オトギリソウ科の多年草。別名ハイオトギリ。高さは10〜30cm。高山植物。薬用植物。

イワオモダカ 岩沢瀉 〈*Pyrrosia tricuspis* (Sw.) Tagawa〉ウラボシ科の常緑性シダ。別名トキワオモダカ。葉身は長さ5〜15cm。三角状披針形〜披針形。園芸植物。

イワカガミ 岩鏡 〈*Schizocodon soldanelloides* Sieb. et Zucc. var. *soldanelloides*〉イワウメ科の多年草。別名オオイワカガミ、コイワカガミ。高さは6〜15cm。花は淡紅または紅色。高山植物。園芸植物。

イワカゲワラビ 〈*Dryopteris laeta* (Kom.) C. Chr.〉オシダ科の夏緑性シダ。葉身は長さ30〜45cm。卵状長楕円形。

イワガサ 岩傘 〈*Spiraea blumei* G. Don〉バラ科の落葉低木。別名タンゴイワガサ。

イワガスミ ナデシコ科の宿根草。

イワガネ 岩根 〈*Oreocnide fruticosa* (Gaud.) Hand.-Mazz.〉イラクサ科の落葉低木。別名ヤブマオ、コシヨウボク、カワシロ。

イワガネゼンマイ 岩根薇 〈*Coniogramme intermedia* Hieron.〉イノモトソウ科(ホウライシ

イワカネソ

ダ科、ワラビ科)の常緑性シダ。葉身は長さ40〜60cm。卵状長楕円形。

イワガネソウ 岩根草 〈*Coniogramme japonica* (Thunb. ex Murray) Diels〉ホウライシダ科(イノモトソウ科、ワラビ科)の常緑性シダ。葉身は長さ35〜50cm。長卵形から広卵形。

イワカミツレ キク科の宿根草。別名モロッコギク。

イワカラクサ 岩唐草 〈*Erinus alpinus* L.〉ゴマノハグサ科の多年草。花は紫桃色。高山植物。園芸植物。

イワカラタチゴケ 〈*Ramalina yasudae* Räs.〉サルオガセ科の地衣類。地衣体は高さ3cm内外。

イワカラマツ 〈*Thalictrum minus* var. *sekimotoanum*〉キンポウゲ科の草本。別名ナツカラマツ。

イワガラミ 岩絡 〈*Schizophragma hydrangeoides* Sieb. et Zucc.〉ユキノシタ科の落葉性つる植物。別名ユキカズラ、ウリヅタ。花は白色。園芸植物。

イワガリヤス イワノガリヤスの別名。

イワカンスゲ 〈*Carex makinoensis*〉カヤツリグサ科の草本。

イワキアブラガヤ 〈*Scirpus hattorianus* Makino〉カヤツリグサ科。

イワギキョウ 岩桔梗 〈*Campanula lasiocarpa* Cham.〉キキョウ科の多年草。高さは5〜12cm。花は青色。高山植物。園芸植物。

イワギク 〈*Chrysanthemum zawadskii* Herbich〉キク科の草本。別名エゾノソナレギク、ピレオギク。花は白〜淡紅色。園芸植物。

イワスゲ 〈*Carex mertensii* Presc. var. *urostachys* (Franch.) Kükenth.〉カヤツリグサ科の多年草。別名キンチャクスゲ。高さは30〜70cm。

イワギボウシ 岩擬宝珠 〈*Hosta longipes* (Franch. et Savat.) Matsum.〉ユリ科の多年草。葉柄に紫点が出る。高さは25〜40cm。園芸植物。

イワギリソウ 岩桐草 〈*Opithandra primuloides* (Miq.) B. L. Burtt〉イワタバコ科の多年草。高さは10〜20cm。花は淡紫色。園芸植物。日本絶滅危機植物。

イワキンバイ 岩金梅 〈*Potentilla dickinsii* Franch. et Savat.〉バラ科の多年草。高さは10〜20cm。花は黄色。高山植物。園芸植物。

イワキンポウゲ ラナンキュラス・アルペストリスの別名。

イワゴケ 〈*Racodium rupestre* Pers.〉マツタケ科の不完全地衣。地衣体は黒褐色から黒色。

イワザクラ 岩桜 〈*Primula tosaensis* Yatabe〉サクラソウ科の多年草。高さは10〜15cm。日本絶滅危機植物。

イワザクロゴケ 〈*Haematomma lapponicum* Räs.〉チャシブゴケ科の地衣類。地衣体は痂状。

イワサルオガセ 〈*Usnea misamiensis* (Vain.) Mont. var. *subtrichodea* (Asah.) Asah.〉サルオガセ科の地衣類。主枝の基部は黒色。

イワザンショウ 〈*Zanthoxylum beecheyanum* K. Koch〉ミカン科のほふく性常緑低木。

イワシデ 岩四手 〈*Carpinus turczaninovii* Hance〉カバノキ科の落葉高木。別名コシデ、チョウセンソロ。葉長2〜5cm。園芸植物。

イワシモツケ 岩下野 〈*Spiraea nipponica* Maxim. var. *nipponica*〉バラ科の落葉低木。高山植物。

イワシモツケ スピラエア・ニッポニカの別名。

イワシャジン 岩沙参 〈*Adenophora takedae* Makino〉キキョウ科の多年草。別名イワツリガネソウ。高さは30〜40cm。花は紫青色。高山植物。園芸植物。

イワショウ 岩菖蒲 〈*Tofieldia japonica* Miq.〉ユリ科の多年草。別名ムシトリゼキショウ。高さは20〜50cm。高山植物。

イワシロイノデ 〈*Polystichum ovato-paleaceum* var. *coraiense* (Christ) Kurata〉オシダ科のシダ植物。

イワシロイノデモドキ 〈*Polystichum ovato-paleaceum* var. *coraiense* × *tagawanum*〉オシダ科のシダ植物。

イワスゲ 岩菅 〈*Carex stenantha* Franch. et Savat.〉カヤツリグサ科の多年草。別名タカネスゲ。高さは15〜40cm。

イワヅタ イワヅタ科。

イワセントウソウ 〈*Pternopetalum tanakae* (Franch. et Savat.) Hand.-Mazz.〉セリ科の多年草。高さは10〜30cm。高山植物。

イワダイゲキ 岩大戟 〈*Euphorbia jolkini* Boiss.〉トウダイグサ科の多年草。別名フジタイゲキ。高さは30〜80cm。薬用植物。

イワダイコンソウ ゲウム・モンタヌムの別名。

イワタカンアオイ 〈*Asarum kurosawae* Sugimoto〉ウマノスズクサ科の多年草。葉は卵円形。園芸植物。

イワタケ 岩茸 〈*Umbilicaria esculenta* (Miyoshi) Mink.〉イワタケ科の地衣類。地衣体背面は灰褐色。薬用植物。

イワタケソウ 〈*Asperella japonica* Hack.〉イネ科の多年草。

イワタケモドキ 〈*Umbilicaria koidzumii* Yas.〉イワタケ科の地衣類。胞子は褐色。

イワタバコ 岩煙草 〈*Conandron ramondioides* Sieb. et Zucc.〉イワタバコ科の多年草。別名イワナイワジサ。高さは10〜15cm。花は紫色。薬用植物。園芸植物。

イワタバコ イワタバコ科の属総称。

イワタバコ科 科名。

イワダレゴケ 岩垂苔 〈*Hylocomium splendens* (Hedw.) Bruch et Schimp.〉イワダレゴケ科のコケ。茎は密に規則正しく2〜3回羽状に平らに分枝。

イワダレソウ 〈*Lippia nodiflora* (L.) L. C. Rich. ex Michx.〉クマツヅラ科の多年草または低木。葉を茶として飲む。花はピンク色。熱帯植物。園芸植物。

イワダレヒトツバ 〈*Pyrrosia davidii* (Gies.) Ching〉ウラボシ科の常緑性シダ。葉身は長さ3〜8cm。披針形。

イワチドリ 岩千鳥 〈*Amitostigma keiskei* (Maxim.) Schltr.〉ラン科の多年草。別名ヤチヨ。高さは8〜15cm。花は紅紫色。園芸植物。日本絶滅危機植物。

イワツクバネウツギ 岩衝羽根空木 〈*Abelia integrifolia* (Koidz.) Makino〉スイカズラ科の木本。

イワツツジ 岩躑躅 〈*Vaccinium praestans* Lamb.〉ツツジ科のわい小低木。高さは2〜5cm。花は淡紅色。高山植物。園芸植物。

イワツメクサ 岩爪草 〈*Stellaria nipponica* Ohwi〉ナデシコ科の多年草。別名オオバツメクサ。高さは10〜20cm。花は白色。高山植物。園芸植物。

イワテシオガマ 〈*Pedicularis iwatensis* Ohwi〉ゴマノハグサ科の草本。

イワテトウキ 岩手当帰 〈*Angelica iwatensis* Kitagawa〉セリ科の多年草。別名ナンブトウキ、ミヤマトウキ。高さは20〜80cm。高山植物。薬用植物。

イワテヒゴタイ 〈*Saussurea brachycephala* Franch.〉キク科の草本。

イワデマリ トサシモツケの別名。

イワデンダ 〈*Woodsia polystichoides* Eaton〉オシダ科（イワデンダ科）の夏緑性シダ。葉身は長さ10〜25cm。狭披針形から線形。園芸植物。

イワトダシバ 〈*Arundinella riparia* Honda〉イネ科。別名ミギワトダシバ。

イワトユリ スカシユリの別名。

イワトラノオ 岩虎の尾 〈*Asplenium varians* Wall. ex Hook. et Grev.〉チャセンシダ科の常緑性シダ。葉身は長さ2〜15cm。広披針形から三角状長楕円形。

イワナシ 岩梨 〈*Epigaea asiatica* Maxim.〉ツツジ科の常緑小低木。別名イバナシ。高さは10〜25cm。高山植物。園芸植物。

イワナンテン 岩南天 〈*Leucothoe keiskei* Miq.〉ツツジ科の常緑低木。別名イワツバキ、イワツツジ。高さは1.5m。花は白色。園芸植物。

イワニガナ ジシバリの別名。

イワニクイボゴケ 〈*Ochrolechia parellula* (Müll. Arg.) Zahlbr.〉トリハダゴケ科の地衣類。地衣体は灰白から淡桃。

イワニンジン 〈*Angelica hakonensis* Maxim.〉セリ科の多年草。高さは60〜120cm。高山植物。

イワネコノメソウ 〈*Chrysosplenium echinus* Maxim.〉ユキノシタ科の多年草。高さは3〜15cm。

イワネシボリ 岩根絞 ツバキ科のツバキの品種。園芸植物。

イワノガリヤス 岩野刈安 〈*Calamagrostis langsdorffii* (Link) Trin.〉イネ科の多年草。高さは80〜130cm。

イワノコギリゴケ 〈*Duthiella wallichii* (Mitt.) Müll. Hal.〉ムジナゴケ科のコケ。葉は長さ3〜3.5mm。

イワノリ ウシケノリ科の海藻。

イワノリ 〈*Collema*〉イワノリ科の科名。葉状地衣。

イワハゼ アカモノの別名。

イワハタザオ 岩旗竿 〈*Arabis serrata* Franch. et Savat. var. *japonica* Ohwi〉アブラナ科の多年草。高さは15〜45cm。

イワハナガタ アンドロサケ・カルネアの別名。

イワハリガネワラビ 〈*Thelypteris japonica* var. *formosa* (C. Chr.) Nakaike〉オシダ科のシダ植物。

イワヒゲ 〈*Myelophycus simplex* (Harvey) Papenfuss〉コモンブクロ科（マツモ科）の海藻。往々ねじれる。体は15cm。

イワヒゲ 岩髭 〈*Cassiope lycopodioides* (Pallas) D. Don〉ツツジ科の常緑の亜低木。花は淡紅色。高山植物。園芸植物。

イワヒトデ 岩人手 〈*Colysis elliptica* (Thunb. ex Murray) Ching〉ウラボシ科の常緑性シダ。別名イワショウガ、セイリョウカズラ、ニッコウシダ。葉身は長さ10〜25cm。広卵形。

イワヒバ 岩檜葉 〈*Selaginella tamariscina* (Beauv.) Spring〉イワヒバ科の常緑性シダ。別名イワマツ、イワクミ。葉は上面は暗緑色、下面は淡緑色から灰白色。薬用植物。園芸植物。

イワヒバ イワヒバ科の属総称。

イワヒメワラビ 岩姫蕨 〈*Hypolepis punctata* (Thunb. ex Murray) Mett. ex Kuhn〉イノモトソウ科（ワラビ科）のシダ植物。

イワブクロ 岩袋 〈*Penstemon frutescens* Lamb.〉ゴマノハグサ科の多年草。別名タロマイソウ。高さは10〜20cm。高山植物。

イワブスマ 〈*Umbilicaria leiocarpa* (DC.) Frey〉イワタケ科の地衣類。地衣体は黒褐色。

イワブスマモドキ 〈*Umbilicaria rigida* (Du Rietz) Frey〉イワタケ科の地衣類。地衣体は腹面にパピラ様の亀裂。

イワヘゴ 〈*Dryopteris atrata* (Wall. ex kunze) Ching〉オシダ科の常緑性シダ。別名タカクマキ

ジノオ。葉身は長さ40〜80cm。倒披針形から長楕円状倒披針形。園芸植物。

イワヘゴモドキ 〈*Dryopteris × mayebarae* Tagawa〉オシダ科のシダ植物。

イワベンケイ 岩弁慶 〈*Rhodiola rosea* L.〉ベンケイソウ科の多年草。別名ナガバノイワベンケイ、イワキリンソウ。長さ10〜30cm。花は緑黄色。高山植物。園芸植物。

イワホウライシダ 〈*Adiantum ogasawarense*〉ワラビ科。

イワボシゴケ 〈*Lecanactis premnea* (Ach.) Arn.〉イワボシゴケ科の地衣類。地衣体は灰緑色。

イワボタン 岩牡丹 〈*Ariocarpus retusus* Scheidw.〉サボテン科のサボテン。径25cm。花は白あるいは淡いピンク色。園芸植物。

イワボタン 岩牡丹 〈*Chrysosplenium macrostemon* Maxim.〉ユキノシタ科の多年草。別名ミヤマネコノメソウ、ヨツバユキノシタ。高さは3〜20cm。

イワマウラジロ アレウリトプテリス・クーニーの別名。

イワマエビゴケ エビゴケの別名。

イワミツバ 〈*Aegopodium podagraria* L.〉セリ科の多年草。高さは40〜80cm。花は白色。園芸植物。

イワムラサキ 〈*Hackelia deflexa* (Wahlenb.) Opiz〉ムラサキ科の草本。別名オカムラサキ。

イワヤクシソウ ナガバヤクシソウの別名。

イワヤシダ 岩屋羊歯 〈*Diplaziopsis cavaleriana* (Christ) C. Chr.〉オシダ科の夏緑性シダ。葉身は長さ30〜70cm。披針形〜広披針形。

イワヤツデ 岩八手 〈*Mukdenia rossii* (Oliver) Koidz.〉ユキノシタ科の多年草。別名タンチョウソウ。花は白色。園芸植物。

イワヤナギシダ 岩柳羊歯 〈*Loxogramme salicifolia* (Makino) Makino〉ウラボシ科の常緑性シダ。葉身は長さ15〜20cm。狭倒披針形から線形。

イワユキノシタ 岩雪之下 〈*Tanakaea radicans* Franch. et Savat.〉ユキノシタ科の多年草。高さは10〜30cm。

イワヨモギ 〈*Artemisia iwayomogi* Kitam.〉キク科の草本。別名カムイヨモギ。

イワヨモギ イワインチンの別名。

イワレンゲ 岩蓮華 〈*Orostachys iwarenge* (Makino) Hara var. *iwarenge*〉ベンケイソウ科の多年草。高さは10〜20cm。花は白色。園芸植物。

インカルヴィレア・オルガエ 〈*Incarvillea olgae* Regel〉ノウゼンカズラ科の多年草。高さは90cm。花は淡桃色。園芸植物。

インカルヴィレア・シネンシス 〈*Incarvillea sinensis* Lam.〉ノウゼンカズラ科の多年草。高さは20cm。花は赤〜紫紅色。園芸植物。

インカルヴィレア・ドゥラヴェーイー 〈*Incarvillea delavayi* Bur. et Franch.〉ノウゼンカズラ科の多年草。別名ウンナンハナゴマ。花は桃色。園芸植物。

インカルヴィレア・メーレイ 〈*Incarvillea mairei* (Lév.) Grierson〉ノウゼンカズラ科の多年草。花は紅色。園芸植物。

イングラミー キンポウゲ科のアネモネの品種。園芸植物。

イングリッシュ・アイリス 〈*Iris xiphioides* J. F. Ehrh.〉アヤメ科の多年草。高さは60cm。花は紫青色。園芸植物。

イングリッシュ・エレガンス 〈English Elegance〉バラ科。イングリッシュローズ系。花はサーモン色。

イングリッシュ・ガーデン 〈English Garden〉バラ科。イングリッシュローズ系。花は淡い黄色。

イングリッシュカモミール レオントポディウム・スリーエイの別名。

イングリッシュフィンガーゼラニウム レモン・ゼラニウムの別名。

イングリッシュ・ラベンダー シソ科のハーブ。別名スパイカ・ラベンダー。

イングリッド キク科のガーベラの品種。切り花に用いられる。

イングリッド・ウエイブル 〈Ingrid Weibull〉バラ科。フロリバンダ・ローズ系。花は朱赤色。

イングリッド・バーグマン 〈Ingrid Bergman〉バラ科。ハイブリッド・ティーローズ系。花は濃赤色。

インゲンマメ 〈*Phaseolus vulgaris* L.〉マメ科の野菜、蔓性植物。別名サンドマメ。立性、赤道付近では生育がよくない。花は白〜黄白または淡紫色。熱帯植物。園芸植物。

インコアナナス 〈*Vriesea carinata* Wawra〉パイナップル科の多年草。ロゼット径25cm。花は黄色。園芸植物。

インジゴ マメ科のコマツナギ属で染料インジゴを採る数種の総称。

インターナショナルヘラルド・トリビューン 〈International Herald Tribune〉バラ科。別名 Viorita, Violetta。フロリバンダ・ローズ系。

インディアン・カーペット ナデシコ科のナデシコの品種。園芸植物。

インディアン・メイアンディナ 〈Indian Meillandina〉バラ科。ミニアチュア・ローズ系。花は濃いローズピンク。

インディゴ・スパイア シソ科のサルビアの品種。宿根草。

インディゴフェラ・アンブリアンタ 〈*Indigofera amblyantha* Craib〉マメ科。高さは2m。花は淡桃から濃桃色。園芸植物。

インディゴフェラ・イカンゲンシス 〈*Indigofera ichangensis* Craib.〉マメ科の薬用植物。

インディゴフェラ・キリロウィー チョウセンニワフジの別名。

インディゴフェラ・デコラ ニワフジの別名。

インディゴフェラ・フォルツネイ 〈*Indigofera fortunei* Craib.〉マメ科の薬用植物。

インディゴフェラ・ヘテランタ 〈*Indigofera heterantha* Wall. ex Brandis〉マメ科。別名コダチニワフジ。高さは1m。花は濃桃色または紅色。園芸植物。

インディペンデンス 〈Independence〉バラ科。フロリバンダ・ローズ系。花は真赤色。

インド 印度 バラ科のリンゴ(苹果)の品種。果皮は緑黄、陽光部淡赤褐色。

インドアカネ 〈*Rubia cordifolia* L.〉アカネ科の草本。若葉を食し、また民間薬となる。

インドイネ 〈*Oryza sativa* L. var. *indica*〉イネ科。穀実は熟しても落下せず。熱帯植物。

インドイノコズチ 〈*Achyranthes aspera* L.〉ヒユ科の草本。若葉は食用、利尿薬、また傷薬となる。熱帯植物。

インドオオウドノキ 〈*Leea indica* Merr.〉ウドノキ科の低木。托葉は紅紫色で大。熱帯植物。

インドガキ 〈*Diospyros malabarica* Kostel〉カキノキ科の高木。葉厚く光沢がある。熱帯植物。

インドカクラン 〈*Phaius wallichii* Lindl.〉ラン科の地生植物。花は赤褐色。熱帯植物。

インドガムボジ インドガンボジの別名。

インドカラスウリ ウリ科。園芸植物。

インドカリン ヤエヤマシタンの別名。

インドガンピ 〈*Wikstroemia viridiflora* Meissn.〉ジンチョウゲ科の低木。果実は赤色、種子は黒色。花は黄緑色。

インドガンボジ 〈*Garcinia morella* Desr.〉オトギリソウ科。樹皮の乳液からガンボジを採る。熱帯植物。

インドギョボク 〈*Crataeva roxburghii* R. Br.〉フウチョウソウ科の低木。花は白色。熱帯植物。

インドクワズイモ アロカシア・マクロリザの別名。

インドコカ 〈*Erythroxylum monogynum* Roxb.〉コカノキ科の小木。材はビャクダンに似た香あり。

インドゴムノキ 印度護謨の木 〈*Ficus elastica* Roxb.〉クワ科の木本。気根を垂下、葉は厚く光る。高さは30m。熱帯植物。薬用植物。園芸植物。

インドサルサ 〈*Hemidesmus indicus* R. Br.〉ガガイモ科の蔓植物。熱帯植物。

インドジャボク 印度蛇木 〈*Rauwolfia serpentina* (L.) Benth.〉キョウチクトウ科の小低木。果実は紫黒色、花序枝は赤。花は白または淡赤色。熱帯植物。薬用植物。園芸植物。

インドジュズノキ 〈*Elaeocarpus sphaericus* (Gae.) K. Schum.〉ホルトノキ科の高木。葉は厚くホルトノキに酷似している。熱帯植物。

インドシュスボク 〈*Chloroxylon swietenia* DC.〉ミカン科の高木。若枝は褐色、古枝は紫黒色。熱帯植物。

インドスズメウリ 〈*Melothria indica* Lour.〉ウリ科の蔓草。熱帯植物。

インドスズメノヒエ 〈*Paspalidium flavidum* Retz〉イネ科の草本。牧草。熱帯植物。

インドセンダン 〈*Melia indica* Brandis〉センダン科の高木。花は白色。熱帯植物。

インドセンニンソウ 〈*Clematis triloba* Heyne〉キンポウゲ科の観賞用蔓草。花は白色。熱帯植物。

インドソケイ 印度素馨 〈*Plumeria rubra* L.〉キョウチクトウ科の常緑低木。花は白、黄、桃、赤色。熱帯植物。薬用植物。園芸植物。

インドチャンチン 〈*Cedrela toona* Roxb.〉センダン科の観賞用高木。熱帯植物。

インドツルウメモドキ 〈*Celastrus paniculata* Willd.〉ニシキギ科の半蔓木。葉光沢、ツルウメモドキに似る。熱帯植物。

インドトゲタケ 〈*Bambusa arundinacea* Willd.〉イネ科。密集束生、刺は方向不定、タケノコの葉鞘は紫条。熱帯植物。

インドトチノキ 〈*Aesculus indica*〉トチノキ科の木本。樹高30m。花は白色。樹皮は灰色。園芸植物。

インドハマユウ 〈*Crinum latifolium* L.〉ヒガンバナ科の園芸品。高さは50〜60cm。花は白く花被外側はやや赤色。熱帯植物。園芸植物。

インドヒエ 〈*Echinochloa colona* Link.〉イネ科の草本。熱帯植物。

インドボダイジュ 印度菩提樹 〈*Ficus religiosa* L.〉クワ科の木本。別名ボダイジュ、テンジクボダイジュ。気根を垂らす。葉は光沢あり。高さは20m以上。熱帯植物。園芸植物。

インドヤコウボク 〈*Nyctanthes arbo-tristis* L.〉モクセイ科の低木。花は夜開き朝散る。白色で、花筒は橙色。熱帯植物。園芸植物。

インドヤシ 〈*Phoenix rupicola* Anders.〉ヤシ科。やや大形のフェニックスで葉は垂れる。幹径25cm。熱帯植物。園芸植物。

インドヤツデ ツピダンツス・カリプツラッスの別名。

イントリーグ 〈Intrigue〉バラ科。フロリバンダ・ローズ系。花はワインレッド。

インドルカム 〈*Flacourtia indica* Merr.〉イイギリ科の小木。幹に刺多し。熱帯植物。

インドルリソウ　キノグロッサム・フルカツムの別名。

インドワタ　ゴッシピウム・ヘルバケウムの別名。

インノイノデ　〈Polystichum lomgifrons × shizuokaense〉オシダ科のシダ植物。

インノオクマワラビ　〈Dryopteris × gotenbaensis Nakaike〉オシダ科のシダ植物。

インパティエンス　ツリフネソウ科の属総称。

インパティエンス・アウリコマ　〈Impatiens auricoma Baill.〉ツリフネソウ科。高さは60cm。花は黄色。園芸植物。

インパティエンス・アルグータ　〈Impatiens arguta Hook. fil. et Thoms.〉ツリフネソウ科。高山植物。

インパティエンス・ウォレリアナ　アフリカホウセンカの別名。

インパティエンス・カーリアエ　〈Impatiens kerriae Craib〉ツリフネソウ科。高さは1m。園芸植物。

インパティエンス・カルキコラ　〈Impatiens calcicola Craib〉ツリフネソウ科。高さは50cm。園芸植物。

インパティエンス・キネンシス　〈Impatiens chinensis L.〉ツリフネソウ科。花は紫色。園芸植物。

インパティエンス・シアメンシス　〈Impatiens siamensis T. Shimizu〉ツリフネソウ科。花は紅紫、白色。園芸植物。

インパティエンス・スルカータ　〈Impatiens sulcata〉ツリフネソウ科。高山植物。

インパティエンス・ズルタニー　〈Impatiens sultanii Hook. f.〉ツリフネソウ科。

インパティエンス・テクストリー　ツリフネソウの別名。

インパティエンス・ノリ-タンゲレ　キツリフネの別名。

インパティエンス・ヒポフィラ　ハガクレツリフネの別名。

インパティエンス・プセウドキネンシス　〈Impatiens pseudochinensis T. Shimizu〉ツリフネソウ科。花は濃紅紫色。園芸植物。

インパティエンス・フラッキダ　〈Impatiens flaccida Arn.〉ツリフネソウ科。高さは20～60cm。花は紅紫または白色。園芸植物。

インパティエンス・プラティペタラ　〈Impatiens platypetala Lindl.〉ツリフネソウ科。高さは20～50cm。花は紅紫色。園芸植物。

インパティエンス・マクロセパラ　〈Impatiens macrosepala Hook. f.〉ツリフネソウ科。高さは0.3～1m。花は白から淡青紫色。園芸植物。

インパティエンス・ミラビリス　〈Impatiens mirabilis Hook. f.〉ツリフネソウ科の草本。茎は多肉。高さは1～2m。花は黄または淡紅色。熱帯植物。園芸植物。

インパティエンス・メイソニー　〈Impatiens masonii Hook. f.〉ツリフネソウ科。高さは50～150cm。花は濃紅紫色。園芸植物。

インパティエンス・ラケモサ　〈Impatiens racemosa Hook. f.〉ツリフネソウ科。花は黄、淡紅色。高山植物。園芸植物。

インパティエンス・ラーセニー　〈Impatiens larsenii T. Shimizu〉ツリフネソウ科。高さは5～30cm。花は紅色。園芸植物。

インパティエンス・ラセモーサ　インパティエンス・ラケモサの別名。

インパティエンス・リウァリス　〈Impatiens rivalis Wight〉ツリフネソウ科。高さは30cm。園芸植物。

インパティエンス・レペンス　〈Impatiens repens Moon〉ツリフネソウ科。花は黄色。園芸植物。

インバモ　〈Potamogeton × inbaensis Kadono〉ヒルムシロ科の沈水植物。ササバモとガシャモクの雑種。

インペラータ・キリンドリカ　チガヤの別名。

インペリアル・ジャイアント　スミレ科のガーデン・パンジーの品種。園芸植物。

インベルサ　マツ科のヨーロッパトウヒの品種。

インメンセ　シュウカイドウ科のベゴニアの品種。園芸植物。

インヨウチク　陰陽竹　〈× Hibanobambusa tranquillans (Koidz.) Maruyama et H. Okamura〉イネ科の木本。高さは3～5m。園芸植物。

【ウ】

ヴァイゲラ・コラエエンシス　ハコネウツギの別名。

ヴァイゲラ・デコラ　ニシキウツギの別名。

ヴァイゲラ・フロリダ　オオベニウツギの別名。

ヴァイゲラ・フロリブンダ　ヤブウツギの別名。

ヴァイゲラ・ホルテンシス　タニウツギの別名。

ヴァイゲラ・マクシモヴィッチー　キバナウツギの別名。

ヴァイゲラ・ミッデンドルフィアナ　ウコンウツギの別名。

ヴァイゲラ・ヤポニカ　ツクシヤブウツギの別名。

ヴァインガルティア・ネオカミンギー　〈Weingartia neocumingii Backeb.〉サボテン科のサボテン。別名花笠丸。径10cm。花は黄金～橙黄色。園芸植物。

ウァッカリア・ピラミダタ　ドウカンソウの別名。

ウァッキニウム・ウィティス-イダエア　コケモモの別名。

ウイオラサ

ウァッキニウム・ウリギノスム　クロマメノキの別名。
ウァッキニウム・オクシコックス　ツルコケモモの別名。
ウァッキニウム・プラエスタンス　イワツツジの別名。
ウァッキニウム・ミクロカルプム　ヒメツルコケモモの別名。
ウァッヘンドルフィア・ティルシフロラ　〈*Wachendorfia thyrsiflora* L.〉ハエモドルム科の球根植物。高さは1〜1.5m。花は黄色。園芸植物。
ヴァーノニア・クリニタ　ヤナギアザミの別名。
ヴァーノニア・ノウェボラケンシス　〈*Vernonia noveboracensis* (L.) Michx.〉キク科。別名ヤナギタムラソウ。高さは1〜2m。花は紫色。園芸植物。
ヴァーノニア・ファスキクラタ　〈*Vernonia fasciculata* Michx.〉キク科。高さは60〜150cm。園芸植物。
ヴァーノニア・ポドコマ　〈*Vernonia podocoma* Schultz-Bip. ex G. Schweinf. et Asch.〉キク科。花は淡紫紅色。園芸植物。
ヴァーノニア・ボールドウィニー　〈*Vernonia baldwinii* Torr.〉キク科。高さは1〜2m。花は紫色。園芸植物。
ヴァルトシュタイニア・ゲオイデス　〈*Waldsteinia geoides* Willd.〉バラ科の多年草。花は黄色。園芸植物。
ヴァルトシュタイニア・テルナタ　コキンバイの別名。
ヴァルトシュタイニア・パルウィフロラ　〈*Waldsteinia parviflora* Small〉バラ科の多年草。花は黄色。園芸植物。
ヴァルトシュタイニア・フラガリオイデス　〈*Waldsteinia fragarioides* (Michx.) Tratt.〉バラ科の多年草。花は黄色。園芸植物。
ヴァルトシュタイニア・ロバタ　〈*Waldsteinia lobata* (Baldw.) Torr. et A. Gray〉バラ科の多年草。花は黄色。園芸植物。
ウァレリアナ・オッフィキナリス　セイヨウカノコソウの別名。
ウァレリアナ・フォーリー　カノコソウの別名。
ヴァーレンベルギア・トリコギナ　〈*Wahlenbergia trichogyna* Stearn〉キキョウ科の草本。高さは25〜60cm。花は淡青色。園芸植物。
ヴァーレンベルギア・ヘデラケア　〈*Wahlenbergia hederacea* (L.) Rchb.〉キキョウ科の草本。別名ヨウシュヒナギキョウ。高さは10〜30cm。花は淡青紫色。園芸植物。
ヴァーレンベルギア・マルギナタ　ヒナギキョウの別名。

ヴァロータ・スペキオサ　〈*Vallota speciosa* (L. f.) T. Durand et Schinz〉ヒガンバナ科の多年草。高さは30〜45cm。花は朱紅色。園芸植物。
ウィウィリー　ナデシコ科のナデシコの品種。園芸植物。
ウィオラ　ニオイスミレの別名。
ウィオラ・アクミナタ　エゾノタチツボスミレの別名。
ウィオラ・アマミアナ　アマミスミレの別名。
ウィオラ・アリアリーフォリア　ジンヨウキスミレの別名。
ウィオラ・アルベンシス　〈*Viola arvensis* Murray〉スミレ科の一年草。
ウィオラ・イェゾエンシス　ヒカゲスミレの別名。
ウィオラ・イェドエンシス　ノジスミレの別名。
ウィオラ・イワガワエ　ヤクシマスミレの別名。
ウィオラ・ウァギナタ　スミレサイシンの別名。
ウィオラ・ウィオラケア　シハイスミレの別名。
ウィオラ・ヴィットロキアナ　パンジーの別名。
ウィオラ・ウェレクンダ　ツボスミレの別名。
ウィオラ・ウチネンシス　オキナワスミレの別名。
ウィオラ・エイザネンシス　エイザンスミレの別名。
ウィオラ・オドラタ　ニオイスミレの別名。
ウィオラ・オブツサ　ニオイタチツボスミレの別名。
ウィオラ・オリエンタリス　キスミレの別名。
ウィオラ・カエロフィロイデス　ナンザンスミレの別名。
ウィオラ・カニナ　〈*Viola canina* L.〉スミレ科の多年草。
ウィオラ・カルカラータ　〈*Viola calcarata* L.〉スミレ科の多年草。高山植物。
ウィオラ・キタミアナ　シレトコスミレの別名。
ウィオラ・ククラタ　アメリカスミレサイシンの別名。
ウィオラ・グラベラ　〈*Viola glabella* Nutt.〉スミレ科の多年草。高山植物。
ウィオラ・グリポケラス　タチツボスミレの別名。
ウィオラ・グレイー　イソスミレの別名。
ウィオラ・ケイスケイ　ケマルバスミレの別名。
ウィオラ・ケニシア　〈*Viola cenisia* L.〉スミレ科。高山植物。
ウィオラ・コルヌタ　〈*Viola cornuta* L.〉スミレ科の多年草。別名ツノスミレ。花は紫〜藤色。園芸植物。
ウィオラ・コンフサ　〈*Viola confusa* Champ. ex Benth.〉スミレ科。園芸植物。
ウィオラ・サクサティリス　〈*Viola saxatilis* F. W. Schmidt〉スミレ科の多年草。
ウィオラ・サハリネンシス　アイヌタチツボスミレの別名。

81

ウィオラ・シコキアナ　シコクスミレの別名。
ウィオラ・シーボルディー　フモトスミレの別名。
ウィオラ・セルカーキー　ミヤマスミレの別名。
ウィオラ・ソロリア　〈*Viola sororia* Willd.〉スミレ科。花は青紫色。園芸植物。
ウィオラ・タシロイ　ヤエヤマスミレの別名。
ウィオラ・ディッフサ　〈*Viola diffusa* Ging.〉スミレ科。花は淡い桃色。園芸植物。
ウィオラ・デルフィニィアンタ　〈*Viola delphiniantha* Boiss.〉スミレ科の草本。高山植物。
ウィオラ・トクブチアナ　フジスミレの別名。
ウィオラ・トリコロル　〈*Viola tricolor* L.〉スミレ科の一年草または多年草。花は紫、黄、白など。高山植物。園芸植物。
ウィオラ・トリロバ　〈*Viola triloba* Schweinitz〉スミレ科。別名ミツデスミレ。花は濃紫または淡紫色。園芸植物。
ウィオラ・パトラニー　シロスミレの別名。
ウィオラ・ハーリー　〈*Viola hallii* A. Gray〉スミレ科の多年草。
ウィオラ・パルストリス　〈*Viola palustris* L.〉スミレ科の多年草。
ウィオラ・ビセッティー　ナガバノスミレサイシンの別名。
ウィオラ・ビタータ　〈*Viola vittata* Greene〉スミレ科の多年草。
ウィオラ・ビフロラ　キバナノコマノツメの別名。
ウィオラ・ヒルティペス　キバナノコマノツメの別名。
ウィオラ・ファラクロカルパ　アカネスミレの別名。
ウィオラ・フォリーアナ　テリハタチツボスミレの別名。
ウィオラ・ブランディフォルミス　ウスバスミレの別名。
ウィオラ・フルテニー　チシマウスバスミレの別名。
ウィオラ・ブレウィスティプラタ　オオバキスミレの別名。
ウィオラ・ペダタ　〈*Viola pedata* L.〉スミレ科。花は紅紫色。園芸植物。
ウィオラ・ヘデラケア　〈*Viola hederacea* Labill.〉スミレ科のつる性多年草。別名ツタスミレ、ツルスミレ。花は白色。園芸植物。
ウィオラ・ベトニキフォリア　〈*Viola betonicifolia* Sm.〉スミレ科。花は白または淡紫色。園芸植物。
ウィオラ・ボワシウアナ　ヒメミヤマスミレの別名。
ウィオラ・マクシモヴィッチアナ　コミヤマスミレの別名。
ウィオラ・マンシュリカ　スミレの別名。
ウィオラ・ヤザワナ　ヒメスミレサイシンの別名。
ウィオラ・ヤポニカ　コスミレの別名。
ウィオラ・ユーバリアナ　シソバキスミレの別名。
ウィオラ・ラクティフロラ　〈*Viola lactiflora* Nakai〉スミレ科。別名シロコスミレ。花は白色。園芸植物。
ウィオラ・ラッデアナ　タチスミレの別名。
ウィオラ・ラングスドルフィー　オオバタチツボスミレの別名。
ウィオラ・リビニアーナ　〈*Viola riviniana* Reichb.〉スミレ科の多年草。
ウィオラ・ルテア　〈*Viola lutea* Hadson〉スミレ科の多年草。
ウィオラ・ルペストリス　〈*Viola rupestris* F. W. Schmidt〉スミレ科の多年草。
ウィオラ・レペンス　タニマスミレの別名。
ウィオラ・ロシー　アケボノスミレの別名。
ウィオラ・ロストラタ　〈*Viola rostrata* Muhlenb.〉スミレ科。花は淡紫色。園芸植物。
ヴィガンディア・カラカサナ　〈*Wigandia caracasana* Kunth in H. B. K.〉ハゼリソウ科。高さは3m。花は藤色。園芸植物。
ウイキョウ　茴香　〈*Foeniculum vulgare* Mill.〉セリ科の香辛野菜。別名クレノオモ。高さは1〜2m。花は黄色。熱帯植物。薬用植物。園芸植物。切り花に用いられる。
ウイキョウ　セリ科の属総称。
ウイキョウモ　〈*Dictyosiphon foeniculaceus* (Hudson) Greville〉ウイキョウモ科の海藻。円柱状。体は40cm。
ウィギンジア・アレカバレタイ　〈*Wigginsia arechavaletai* (K. Schum. ex Speg.) D. M. Porter〉サボテン科のサボテン。別名綺羅玉。花は黄金色。園芸植物。
ウィギンジア・エリナケア　〈*Wigginsia erinacea* (Haw.) D. M. Porter〉サボテン科のサボテン。別名地久丸。高さは15cm。花は淡黄色。園芸植物。
ウィギンジア・セッシリフロラ　〈*Wigginsia sessiliflora* (hort. Mackie ex Hook.) D. M. Porter〉サボテン科のサボテン。別名四刺玉。径20cm。花は黄色。園芸植物。
ウィギンジア・テフラカンタ　〈*Wigginsia tephracantha* (Link et Otto) D. M. Porter〉サボテン科のサボテン。別名世昌玉。高さは15cm。花は明黄色。園芸植物。
ウィギンジア・フォルヴェルキアナ　ハッケンギョクの別名。
ウィクストロエミア・インディカ　〈*Wikstroemia indica* C. A. Meyer.〉ジンチョウゲ科の薬用植物。
ヴィクトリア・アマゾニカ　オオオニバスの別名。
ヴィクトリア・クルシアナ　〈*Victoria cruziana* Orb.〉スイレン科の水生植物。別名パラグアイオ

ニバス。葉径1〜1.5m。花は白で後に桃色。園芸植物。

ウイサズラ 〈*Wissadula periplocifolia* Presl.〉アオイ科の草本。葉有毛、靭皮繊維はやや強い。花は白色。熱帯植物。

ウィスキー 〈Whisky〉 バラ科。フロリバンダ・ローズ系。花は黄色。

ウィスキー シュウカイドウ科のベゴニアの品種。園芸植物。

ウィスクム・アルブム 〈*Viscum album* L.〉ヤドリギ科の常緑の寄生低木。別名セイヨウヤドリギ。高さは0.3〜1.2m。園芸植物。

ウィステリア・シネンシス シナフジの別名。

ウィステリア・ブラキボトリス 〈*Wisteria brachybotrys* Sieb. et Zucc.〉マメ科の落葉のつる性木本。花は紫色。園芸植物。

ウィステリア・フルテスケンス 〈*Wisteria frutescens* (L.) Poir.〉マメ科の落葉のつる性木本。別名アメリカフジ。花は紫藤色。園芸植物。

ウィステリア・フロリブンダ フジの別名。

ヴィーチア・アレキナ 〈*Veitchia arecina* Becc.〉ヤシ科。高さは20m。園芸植物。

ヴィーチア・ウイニン 〈*Veitchia winin* H. E. Moore〉ヤシ科。高さは20m。園芸植物。

ヴィーチア・メリリー 〈*Veitchia merrillii* (Becc.) H. E. Moore〉ヤシ科。別名マニラヤシ。高さは5m。花は淡緑色。園芸植物。

ヴィーチア・モントゴメリアナ 〈*Veitchia montgomeryana* H. E. Moore〉ヤシ科。高さは12m。園芸植物。

ヴィーチア・ヨアニス 〈*Veitchia joannis* H. Wendl.〉ヤシ科。高さは32m。園芸植物。

ウィッタリア・ゾステリフォリア アマモシシランの別名。

ウィッタリア・フレクスオサ シシランの別名。

ウィティス・ラブルスカ 〈*Vitis labrusca* L.〉ブドウ科の栽培植物。別名アメリカブドウ。園芸植物。

ウィテクス・アグヌス-カスツス セイヨウニンジンボクの別名。

ウィテクス・カンナビフォリア ニンジンボクの別名。

ウィテクス・トリフォリア ナンヨウハマゴウの別名。

ウィテクス・ネグンド タイワンニンジンボクの別名。

ウィドリントニア・クプレッソイデス 〈*Widdringtonia cupressoides* (L.) Endl.〉ヒノキ科の常緑針葉高木。高さは3m。園芸植物。

ウィドリントニア・ホワイテイ 〈*Widdringtonia whytei* Rendle〉ヒノキ科の常緑針葉高木。幼葉は針葉状。園芸植物。

ウィドリントニア・ユニペロイデス 〈*Widdringtonia juniperoides* (L.) Endl.〉ヒノキ科の常緑針葉高木。高さは18m。園芸植物。

ウィーピングラブグラス シナダレスズメガヤの別名。

ウィブルヌム・アルニフォリウム 〈*Viburnum alnifolium* Marsh.〉スイカズラ科の落葉低木。

ウィブルヌム・エルベスケンス 〈*Viburnum erubescens* Wall.〉スイカズラ科。高山植物。

ウィブルヌム・オドラティッシムム サンゴジュの別名。

ウィブルヌム・オプルス ヨウシュカンボクの別名。

ウィブルヌム・カールケファルム 〈*Viburnum* × *carlcephalum* Burkw. ex Pike〉スイカズラ科の低木ないし小高木。高さは1.5m。花は純白色。園芸植物。

ウィブルヌム・カールジー オオチョウジガマズミの別名。

ウィブルヌム・グランディフロルム 〈*Viburnum grandiflorum* Wall. ex DC.〉スイカズラ科の低木ないし小高木。花は濃桃ないし桃紫を帯びた白色。園芸植物。

ウィブルヌム・ジャッディー 〈*Viburnum* × *juddii* Rehd.〉スイカズラ科の低木ないし小高木。花は白色。園芸植物。

ウィブルヌム・ススペンスム ゴモジュの別名。

ウィブルヌム・ダヴィディー 〈*Viburnum davidii* Franch.〉スイカズラ科の低木ないし小高木。花は白色。園芸植物。

ウィブルヌム・ティヌス 〈*Viburnum tinus* L.〉スイカズラ科の常緑低木ないし小高木。別名オオデマリ。高さは3〜5m。花は白あるいは少し赤みを帯びた白色。園芸植物。切り花に用いられる。

ウィブルヌム・ティヌス オオデマリの別名。

ウィブルヌム・ディラタツム ガマズミの別名。

ウィブルヌム・バークウッディー 〈*Viburnum* × *burkwoodii* Burkw. et Skipw.〉スイカズラ科の低木ないし小高木。高さは1.5〜2m。花は白色。園芸植物。

ウィブルヌム・ファレリ 〈*Viburnum farreri* Stearn〉スイカズラ科の低木ないし小高木。高さは3〜5m。花は白または淡桃色。園芸植物。

ウィブルヌム・フォエテンス 〈*Viburnum foetens* Decne〉スイカズラ科の落葉低木。高山植物。

ウィブルヌム・ブッドレイーフォリウム 〈*Viburnum buddleiifolium* C. H. Wright〉スイカズラ科の低木ないし小高木。高さは2m。花は白色。園芸植物。

ウィブルヌム・プリカツム オオデマリの別名。

ウィブルヌム・フルカツム オニヒョウタンボクの別名。

ウィブルヌム・プルニフォリウム 〈*Viburnum prunifolium* L.〉スイカズラ科の薬用植物。

ウィブルヌム・マクロケファルム 〈*Viburnum macrocephalum* Fort.〉スイカズラ科の低木ないし小高木。高さは3m。花は白色。園芸植物。

ウィブルヌム・ヤポニクム ハクサンボクの別名。

ウィブルヌム・リギドゥム 〈*Viburnum rigidum* Venten.〉スイカズラ科の低木ないし小高木。高さは2〜3m。花は白色。園芸植物。

ウィブルヌム・リティドフィルム 〈*Viburnum rhytidophyllum* Hemsl.〉スイカズラ科の低木ないし小高木。高さは5〜6m以上。花は白色。園芸植物。

ウイリー サクラソウ科のシクラメンの品種。園芸植物。

ウィリアム・サード 〈William III〉バラ科。ハイブリッド・スピノシッシマ・ローズ系。花はライラックピンク。

ウィリアム・シェークスピア 〈William Shakespeare〉バラ科。イングリッシュローズ系。花は濃紅色。

ウィリアム・シェークスピア2000 〈Willam Shakespeare 2000〉バラ科。イングリッシュローズ系。花は深紅色。

ウィリアムズ・ダブル・イエロー 〈William's Double Yellow〉バラ科。ハイブリッド・スピノッシマ・ローズ系。

ウィリアム・ストーン スイレン科のスイレンの品種。園芸植物。

ウィリアム・ピット ユリ科のチューリップの品種。園芸植物。

ウィリアム・マレイ ラン科のカランテの品種。園芸植物。

ウイリアム・ロブ 〈William Lobb〉バラ科。別名Old Velvet Rose。モス・ローズ系。花は暗紅紫色。

ウィルケシア・ギムノキシフィウム 〈*Wilkesia gymnoxiphium* A. Gray〉キク科の多年草。

ウィルコクシア・シュモリー シュモウチュウの別名。

ウィルコクシア・ポーゼルゲリ 〈*Wilcoxia poselgeri* (Lem.) Britt. et Rose〉サボテン科のサボテン。別名銀紐。花は淡紫色。園芸植物。

ウィルソナラ・アン-マリー・ヴィクマン 〈× *Wilsonara* Anne-Marie Wichmann〉ラン科。花はチョコレート色。園芸植物。

ウィルソナラ・イヴンソング 〈× *Wilsonara* Evensong〉ラン科。花は濃紅紫色。園芸植物。

ウィルソナラ・フランツ・ヴィクマン 〈× *Wilsonara* Franz Wichmann〉ラン科。花はチョコレート色。園芸植物。

ウィルソナラ・マリー・エル 〈× *Wilsonara* Marie Elle〉ラン科。花は銅赤色。園芸植物。

ウィルソナラ・マリー・エレ ウィルソナラ・マリー・エルの別名。

ウィルソナラ・ミヤジマ 〈× *Wilsonara* Miyazima〉ラン科。花は赤橙色。園芸植物。

ウィルトニー ヒノキ科のアメリカハイビャクシンの品種。

ヴィル・ド・リヨン キンポウゲ科のクレマティスの品種。園芸植物。

ウィルヘルム 〈Wilhelm〉バラ科。ハイブリッド・ムスク・ローズ系。

ウイルマ ヒノキ科のモントレーイトスギの品種。

ウィルマッテア・ミヌティフロラ 〈*Wilmattea minutiflora* Britt. et Rose〉サボテン科のサボテン。別名姫花蔓柱。花は赤みがかっている。園芸植物。

ウィンカ・マヨル ツルニチニチソウの別名。

ウィンカ・ミノル ヒメツルニチニチソウの別名。

ウインターグラジオラス アヤメ科の総称。別名スキゾスティリス、シゾスティリス。

ウインターコスモス キクザキセンダングサの別名。

ウィンター・サボリー シソ科のハーブ。別名ウィンターセボリー、セボリー、ヤマカダチハッカ。切り花に用いられる。

ウィンター・セボリー サツレヤ・モンタナの別名。

ウィンタードリミス 〈*Drimys winteri* J. R. et G. Forst〉シキミモドキ科の常緑小高木。樹高15m。樹皮は灰褐色。

ウインチェスター・カセドラル 〈Winchester Cathedral〉バラ科。イングリッシュローズ系。花は白色。

ウインドフラワー 〈Windflower〉バラ科。イングリッシュローズ系。花はソフトピンク。

ウィンナー・チャーム バラ科のバラの品種。園芸植物。

ウエスタンマグワート キク科のアルテミシアの品種。ハーブ。

ウエスト・ファーレン ユキノシタ科のアジサイの品種。園芸植物。

ウエスト・ポイント ユリ科のチューリップの品種。園芸植物。

ヴェッチモクレン 〈*Magnolia* × *veitchii*〉モクレン科の木本。樹高30m。樹皮は灰色。

ヴェッティニア・アウグスタ 〈*Wettinia augusta* Poepp.〉ヤシ科。高さは10〜13m。花は白色。園芸植物。

ヴェッティニア・ヴェベルバウエリ 〈*Wettinia weberbaueri* Burret〉ヤシ科。高さは10m。園芸植物。

ヴェッティニア・マイネンシス 〈*Wettinia maynensis* Spruce〉ヤシ科。高さは12m。園芸植物。

ウェットラ 〈Wettra〉 バラ科。フロリバンダ・ローズ系。花は赤色。

ウェディング キク科のマーガレットの品種。切り花に用いられる。

ヴェーデリア・トリロバタ 〈Wedelia trilobata (L.) A. S. Hitchc.〉キク科。別名アメリカハマグルマ。長さ2m。花は黄〜橙黄色。園芸植物。

ヴェーデリア・ビフロラ キダチハマグルマの別名。

ウェンディウム・デクレンス ベニジウム・デクールレンスの別名。

ウェンディウム・ファスツオスム ベニジウムの別名。

ウエバグサ 〈Weberella micans Hauptfleisch in Engler et Prantl〉ダルス科の海藻。扁平。

ヴェーベロケレウス・ツニラ 〈Weberocereus tunilla Britt. et Rose〉サボテン科のサボテン。別名姫花柱。花はサーモンピンク色。園芸植物。

ウエマツソウ 〈Sciaphila tosaensis Makino〉ホンゴウソウ科の多年生腐生植物。別名トキヒサソウ。高さは6〜10cm。日本絶滅危機植物。

ウェラトルム・アルブム 〈Veratrum album L.〉ユリ科の多年草。高さは120cm。花は緑色。高山植物。薬用植物。園芸植物。

ウェラトルム・カリフォルニクム 〈Veratrum californicum E. Durand〉ユリ科の多年草。高さは1〜2m。花は鈍い白色。園芸植物。

ウェラトルム・スタミネウム コバイケイソウの別名。

ウェラトルム・マーキー ホソバシュロソウの別名。

ウェルウィッチア 〈Welwitschia mirabilis Hook. f.〉ウェルウィッチア科。別名サバクオモト、奇想天外。高さは30〜45cm。花は紅色。園芸植物。

ヴェルヴィッチア・ミラビリス ウェルウィッチアの別名。

ウェルシュ・オニオン ユリ科のハーブ。別名ナガネギ。

ウェルバスクム・シェクシー 〈Verbascum chaixii Vill.〉ゴマノハグサ科。高さは90cm。花は黄色。園芸植物。

ウェルバスクム・タプシフォルメ 〈Verbascum thapsiforme Schrad.〉ゴマノハグサ科。高さは60〜150cm。花は黄色。園芸植物。

ウェルバスクム・ドゥムロスム 〈Verbascum dumulosum P. H. Davis et Hub.-Mor.〉ゴマノハグサ科の多年草。高さは30cm。花はレモン黄色。園芸植物。

ウェルバスクム・ピラミダレ 〈Verbascum × pyramidale Host〉ゴマノハグサ科。高さは90〜120cm。花は黄色。園芸植物。

ウェルバスクム・フォエニケウム 〈Verbascum phoeniceum L.〉ゴマノハグサ科の多年草。高さは50〜150cm。花は紫、赤色。園芸植物。

ウェルバスクム・ブラッタリア モウズイカの別名。

ウェルバスクム・フロモイデス 〈Verbascum phlomoides L.〉ゴマノハグサ科。高さは1.2m。花は黄色。園芸植物。

ウェルバスクム・ペスタロッツアエ 〈Verbascum pestalozzae Boiss.〉ゴマノハグサ科。高さは20cm。花は黄色。園芸植物。

ウェルバスクム・リクニティス 〈Verbascum lychnitis L.〉ゴマノハグサ科の多年草。

ウェルバスクム・ルビギノスム 〈Verbascum × rubiginosum Waldst. et Kit.〉ゴマノハグサ科。高さは60〜90cm。花は赤紫色。園芸植物。

ヴェルフィア・ジョージー 〈Welfia georgii H. Wendl. ex Burret〉ヤシ科。高さは10〜20m。園芸植物。

ウェルベナ・カナデンシス バーベナ・カナデンシスの別名。

ウェルベナ・コリンボサ バーベナ・コリンボサの別名。

ウェルベナ・テネラ ヒメビジョザクラの別名。

ウェルベナ・ハスタタ バーベナ・ハスタタの別名。

ウェルベナ・ビピンナティフィダ バーベナ・ビピンナティフィダの別名。

ウェルベナ・ヒブリダ バーベナの別名。

ウェルベナ・ブラクテアタ ミナトクマツヅラの別名。

ウェルベナ・フロギフロラ ビジョザクラの別名。

ウェルベナ・ボナリエンシス ヤナギハナガサの別名。

ウェルベナ・ラキニアタ バーベナ・ラキニアタの別名。

ウェルベナ・リギダ シュッコンバーベナの別名。

ウェロニカ・オノエイ グンバイヅルの別名。

ウェロニカ・オルナタ トウテイランの別名。

ウェロニカ・キウシアナ ツクシトラノオの別名。

ウェロニカ・ゲンティアノイデス 〈Veronica gentianoides Vahl〉ゴマノハグサ科の多年草。高さは25〜60cm。花は淡青色。園芸植物。

ウェロニカ・スピカタ 〈Veronica spicata L.〉ゴマノハグサ科。高さは20〜60cm。花は淡青あるいは白色。園芸植物。

ウェロニカ・ニッポニカ ヒメクワガタの別名。

ウエンディ・カッソンズ 〈Wendy Cussons〉バラ科。ハイブリッド・ティーローズ系。

ウェンドランドツルナス 〈Solanum wendlandii Hook. f.〉ナス科の多年草。園芸植物。

ウエンロック 〈Wenlock〉バラ科。イングリッシュローズ系。花はローズピンク。

ウォーターカンナ トラフヒメバショウの別名。
ウォータークレス オランダガラシの別名。
ウォーターベントグラス 〈*Polypogon viridis* (Gouan) Breistr.〉イネ科。小穂は分解せずに柄とともに脱落。
ウォーター・ホーソーン レースソウ科。別名キボウホウヒルムシロ。園芸植物。
ウォーター・ポピー 〈*Hydrocleys nymphoides* (Willd.) Buchenau〉ハナイ科の水生植物。別名ミズヒナゲシ。花は鮮黄色。園芸植物。
ウォーター・リリー ユリ科のコルチカムの品種。園芸植物。
ウォッキニウム・アシェイ 〈*Vaccinium ashei* Reade〉ツツジ科。別名ラビットアイ・ブルーベリー。高さは1.5～6m。花は淡紅色。園芸植物。
ウォッキニウム・アングスティフォリウム 〈*Vaccinium angustifolium* Ait.〉ツツジ科。別名ローブッシュ・ブルーベリー。高さは5～20cm。花は白または淡紅色。園芸植物。
ウォッキニウム・オウァツム 〈*Vaccinium ovatum* Pursh.〉ツツジ科。白または淡紅。高さは1～5m。園芸植物。
ウォッキニウム・コリンボスム 〈*Vaccinium corymbosum* L.〉ツツジ科。別名ハイブッシュ・ブルーベリー。高さは1～3m。花は白で淡紅を帯びる。園芸植物。
ウォッキニウム・パリドゥム 〈*Vaccinium pallidm* Ait.〉ツツジ科。高さは30～80cm。花は白で淡紅を帯びる。園芸植物。
ウォッキニウム・メンブラナケウム 〈*Vaccinium membranaceum* Dougl.〉ツツジ科。高さは0.6～1.5m。花は淡紅色。園芸植物。
ウオトリギ 〈*Grewia biflora* G. Don var. *parviflora* (Bunge) Hand.-Mazz.〉シナノキ科。
ウオノメ 〈*Gynotroches axillaris* BL.〉ヒルギ科の中高木。葉はやや厚く表面滑。熱帯植物。
ウオーミヤ 〈*Dillenia suffruticosa* (Griff.) Martelli〉ビワモドキ科の小木。果実は開裂、種衣は赤色、枝は褐色。花は黄色。熱帯植物。
ウォリッキア・ディスティカ 〈*Wallichia disticha* T. Anderson〉ヤシ科。別名フタバアッサムヤシ。高さは6m。花は緑色。園芸植物。
ウォリッキア・デンシフロラ 〈*Wallichia densiflora* (Mart.) Mart.〉ヤシ科。別名ナガバアッサムヤシ。花は紫色。園芸植物。
ウオルスレヤ・プロケラ 〈*Worsleya procera* Traub〉ヒガンバナ科の多年草。
ウォーレア・コスタリケンシス 〈*Warrea costaricensis* Schlechter〉ラン科。高さは50cm。花は赤銅色。園芸植物。
ウガノモク 〈*Cystoseira hakodatense* (Yendo) Fensholt〉ホンダワラ科の海藻。葉は笹の葉状。体は1～2m。

ウカミカマゴケ 〈*Drepanocladus fluitans* (Hedw.) Warnst.〉ヤナギゴケ科のコケ。葉は緑色～褐色、卵状披針形で漸尖して鋭頭。
ウカルネム 〈*Serianthes grandiflora* Benth.〉マメ科の高木。一次羽軸に腺体列が並ぶ。熱帯植物。
ウキアゼナ 浮畔菜 〈*Bacopa reotundifolia* (Michx.) Wettst.〉ゴマノハグサ科の浮葉～湿生植物。長さ20～60cm、白～淡紅色の花。
ウキオリソウ 〈*Anadyomene wrightii* Harvey〉ウキオリソウ科の海藻。葉状。
ウキガヤ 〈*Glyceria depauperata* Ohwi〉イネ科の多年草。別名ヒメウキガヤ。葉身は狭線形、長さ3～13cm。高さは20～40cm。
ウキクサ 浮草 〈*Spirodela polyrhiza* (L.) Schleid.〉ウキクサ科の多年生の浮遊植物。別名カガミグサ、ナキモノグサ。葉状体は広倒卵形、裏面は赤紫色、長さ5～10mm。薬用植物。
ウキクサ科 科名。
ウキゴケ 浮苔 〈*Riccia fluitans* L.〉ウキゴケ科のコケ。別名カズノウキゴケ。淡緑色、長さ1～5cm。園芸植物。
ウキシバ 浮芝 〈*Pseudoraphis ukishiba* Ohwi〉イネ科の浮葉～半抽水植物。葉身は狭線形～広線形、長さ2～5cm。
ウキツリボク 浮釣木 〈*Abutilon megapotamicum* (Spreng.) St. Hil. et Naud.〉アオイ科の常緑低木。花は黄色。園芸植物。
ウキミクリ 〈*Sparganium gramineum* Georgi〉ミクリ科の多年生の浮葉植物。葉は長さ～120cm、花序に分枝が見られる。高山植物。
ウキヤガラ 浮矢柄 〈*Scirpus fluviatilis* (Torr.) A. Gray〉カヤツリグサ科の多年生の抽水植物。別名ヤガラ。稈の断面は三角形で高さ80～150cm。薬用植物。
ウキヤバネゴケ 〈*Cladopodiella fluitans* (Nees) H. Buch〉ヤバネゴケ科のコケ。赤褐色、茎は長さ1～3cm。
ウグイスカグラ 鶯神楽 〈*Lonicera gracilipes* Miq. var. *glabra* Miq.〉スイカズラ科の落葉低木。別名ウグイスノキ。園芸植物。
ウグイスカグラ ヤマウグイスカグラの別名。
ウグイスゴケ 〈*Cladonia gracilis* (L.) Willd. var. *dilatata* (Hoffm.) Vain.〉ハナゴケ科の地衣類。高さ5cm内外。
ウグイスチャチチタケ 〈*Lactarius necator* (Bull.: Fr.) Karst.〉ベニタケ科のキノコ。
ウクモリネーブル 鵜久森 ミカン科のミカン(蜜柑)の品種。果面はかなり粗。
ウケザキオオヤマレンゲ 受咲大山蓮華 〈*Magnolia × watsoni* Hook. f.〉モクレン科の落葉小高木。花は白色。園芸植物。
ウケザキカイドウ バラ科。別名ベニリンゴ、リンキ。園芸植物。

ウケバツチトリモチ 〈*Balanophora gracilis* V. Tiegh.〉ツチトリモチ科の寄生植物。花穂は赤色。熱帯植物。

ウゴアザミ 羽後薊 〈*Cirsium ugoense* Nakai〉キク科の草本。高山植物。

ウコギ ヒメウコギの別名。

ウコギ科 科名。

ウゴシオギク 〈*Chrysanthemum shiwogiku* var. *ugoense*〉キク科。

ウゴツクバネウツギ 〈*Abelia spathulata* Sieb. et Zucc. var. *stenophylla* Honda〉スイカズラ科。

ウコン 欝金 〈*Curcuma longa* L.〉ショウガ科の多年草。別名クルクマ、キゾメグサ、ウッチン。花序は葉叢中から出る。花は白色。熱帯植物。薬用植物。園芸植物。

ウコン カエデ科のカエデの品種。

ウコン ショウガ科の属総称。

ウコン バラ科のサクラの品種。

ウコンイソマツ 〈*Limonium wrightii* var. *luteum*〉イソマツ科。別名キバナイソマツ。

ウコンウツギ 欝金空木 〈*Weigela middendorffiana* (Carr.) K. Koch〉スイカズラ科の落葉低木。高さは1.5m。花は黄緑色。高山植物。園芸植物。

ウコンガサ 〈*Hygrophorus chrysodon* (Batsch：Fr.) Fr.〉ヌメリガサ科のキノコ。中型。傘は白色で周辺に黄色粒点があり、湿時粘性。ひだは白色。

ウコンハツ 〈*Russula flavida* Frost & Peck apud Peck〉ベニタケ科のキノコ。中型。傘は鮮やかな黄色、表面つやなし。ひだは黄色味強い。

ウコンバナ ダンコウバイの別名。

ウコンユリ リリウム・ネパレンシスの別名。

ウサギアオイ 〈*Malva parviflora* L.〉アオイ科の一年草。別名ハイアオイ。高さは20～50cm。花は淡紅色。

ウサギギク 兎菊 〈*Arnica unalaschensis* Less. var. *tschonoskyi* (Iljin) Kitamura et Hara〉キク科の多年草。別名エゾウサギギク。高さは20～35cm。高山植物。

ウサギシダ 兎羊歯 〈*Gymnocarpium dryopteris* (L.) Newman〉オシダ科（イワデンダ科）の夏緑性シダ。葉身は長さ15～22cm。3出葉的。

ウサギノオ 〈*Lagurus ovatus* L.〉イネ科の一年草。高さは10～40cm。園芸植物。

ウシオギボウシゴケ 〈*Schistidium maritimum* (Turner) Bruch & Schimp.〉ギボウシゴケ科のコケ。葉細胞に乳頭をもつ。

ウシオシカギク 〈*Cotula coronopifolia* L.〉キク科。高さは30cm。花は黄色。

ウシオスゲ 〈*Carex ramenskii*〉カヤツリグサ科。別名ウミベスゲ。

ウシオツメクサ ハマツメクサの別名。

ウシオハナツメクサ 〈*Spergularia bocconii* (Scheele) Asch. et Graebn.〉ナデシコ科の一年草または越年草。高さは5～15cm。花は下半部は白、上半部は紅紫色。

ウシカバ クロソヨゴの別名。

ウシクグ 〈*Cyperus orthostachyus* Franch. et Savat.〉カヤツリグサ科の一年草。高さは20～60cm。

ウシクサ 牛草 〈*Andropogon brevifolius* Sw.〉イネ科の一年草。高さは15～40cm。

ウシグソヒトヨタケ 〈*Coprinus cinereus* (Schaeff.：Fr.) S. F. Gray〉ヒトヨタケ科のキノコ。

ウシケノリ 〈*Bangia atropurpurea* (Roth) Agardh〉ウシケノリ科の海藻。糸は細く単条。

ウシコロシ 牛殺 〈*Photinia villosa* (Thunb. ex Murray) DC. var. *villosa*〉バラ科の落葉小高木。別名ケナシウシコロシ。

ウシタキソウ 牛滝草 〈*Circaea cordata* Royle〉アカバナ科の多年草。高さは40～60cm。高山植物。

ウシノケグサ 牛の毛草 〈*Festuca ovina* L. var. *vulgaris* Koch〉イネ科の多年草。別名ギンシンソウ。高さは20～40cm。花はやや密に淡紫を帯びた白緑色。園芸植物。

ウシノケグサ フェステュカ・グラウカの別名。

ウシノシタ 牛舌 〈*Streptocarpus wendlandii* Sprenger ex Dammann〉イワタバコ科の観賞用草本。葉は1枚。花は白っぽく、紫を帯びる。熱帯植物。園芸植物。

ウシノシタグサ アンクサ・アズレアの別名。

ウシノシッペイ 〈*Hemarthria sibirica* (Gandog.) Ohwi〉イネ科の多年草。別名バリン。高さは60～100cm。

ウシハコベ 牛繁縷 〈*Stellaria aquatica* (L.) Scop.〉ナデシコ科の多年草。高さは20～50cm。薬用植物。

ウジルカンダ 〈*Mucuna macrocarpa* Wall.〉マメ科の木本。別名イルカンダ、カマエカズラ、クズモダマ。

ウスイロカラチチタケ 〈*Lactarius pterosporus* Romagnesi〉ベニタケ科のキノコ。

ウスイロサンゴバナ 〈*Jacobinia pohliana* Lindau〉キツネノマゴ科の落葉低木。

ウスイロスゲ 〈*Carex pallida* C. A. Meyer〉カヤツリグサ科の草本。別名エゾカワズスゲ。

ウスイロタンポタケ 〈*Cordyceps gracilioides* Kobayasi〉バッカクキン科のキノコ。

ウスイロフクリンセンネンボク 薄色覆輪千年木 リュウゼツラン科の木本。

ウスイロホウビシダ 〈*Asplenium subnormale* Copel.〉チャセンシダ科の常緑性シダ。葉身は長さ10cm。狭長楕円形から広披針形。

ウスイロミヤマハナゴケ 〈*Cladonia pseudevansii* Asah.〉ハナゴケ科の地衣類。地衣体は淡く緑から緑黄。

ウスガサネ 〈*Cymopolia van bossei* Solms〉カサノリ科の海藻。臼を重ねたような体。

ウスガサネオオシマ 〈*Prunus speciosa* (Koidz.) Nakai cv. Semiplena〉バラ科。

ウスカワアリゾナイトスギ 〈*Cupressus glabra*〉ヒノキ科の木本。樹高20m。樹皮は赤褐や赤紫色。園芸植物。

ウスカワカニノテ 〈*Amphiroa zonata* Yendo〉サンゴモ科の海藻。叉状分岐。体は2〜5cm。

ウスカワゴケ 〈*Cetraria pseudocomplicata* Asah.〉ウメノキゴケ科の地衣類。地衣体は径10〜30cm。

ウスカワゴロモ 〈*Hydrobryum floribundum* Koidz.〉カワゴケソウ科の草本。葉状体が薄く、針状葉が見られる。長さ5〜8mm。日本絶滅危機植物。

ウスキエイランタイ 〈*Cetraria cucullata* (Bell.) Ach.〉ウメノキゴケ科の地衣類。地衣体は淡黄。

ウスギオウレン 薄黄黄連 〈*Coptis lutescens* Tamura〉キンポウゲ科の多年草。高さは15〜40cm。

ウスキキヌガサタケ 〈*Dictyophora indusiata* (Vent.：Pers.) Fisch. f. *lutea* Y. Kobayasi〉スッポンタケ科のキノコ。大型。傘は網目状隆起、釣鐘形。

ウスギクサギ 〈*Clerodendron serratum* Spreng.〉クマツヅラ科の低木。若葉は可食。花は黄緑色、唇part淡紫色。熱帯植物。

ウスギコンロンカ 〈*Mussaenda luteola* Del.〉アカネ科の観賞用低木。花は黄色。熱帯植物。園芸植物。

ウスキサナギタケ 〈*Cordyceps takaomontana* Yakushiji et Kumazawa〉バッカクキン科のキノコ。

ウスキシメリゴケ 〈*Hygrohypnum ochraceoum* (Wilson) Loeske〉ヤナギゴケ科のコケ。茎は不規則に分枝、葉は広披針形〜卵形。

ウスギタラウマ 〈*Talauma candollei* BL.〉モクレン科の観賞用小木。花は濃クリーム色。熱帯植物。

ウスキチチタケ 〈*Lactarius aspideus* (Fr.：Fr.) Fr.〉ベニタケ科のキノコ。小型。傘は淡黄土色、粘性あり。ひだは淡黄色。

ウスキテングタケ 〈*Amanita gemmata* (Fr.) Bertillon〉テングタケ科のキノコ。小型〜中型。傘は淡黄色、白色脱落性のいぼ・条線あり。

ウスキニセショウロ 〈*Scleroderma flavidum* Ell. et Ev.〉ニセショウロ科のキノコ。

ウスギヌ 〈*Nemastoma lancifolia* Okamura〉ヒカゲノイト科の海藻。広い披針形。体は30cm。

ウスキブナノミタケ 〈*Mycena luteopallens* (Peck) Sacc.〉キシメジ科のキノコ。超小型。傘は淡黄色〜淡橙色。ひだは淡黄色。

ウスギムヨウラン 〈*Lecanorchis kiusiana* Tuyama〉ラン科の草本。

ウスキモクセイ 薄黄木犀 〈*Osmanthus fragrans* Lour. var. *thunbergii* Makino〉モクセイ科の木本。別名シキザキモクセイ。園芸植物。

ウスキモミウラモドキ 〈*Rhodophyllus omiensis* Hongo〉イッポンシメジ科のキノコ。

ウスキモリノカサ 〈*Agaricus abruptibulbus* Peck〉ハラタケ科のキノコ。大型。傘は淡黄色、絹状のつや。ひだは白色のち帯紅色から紫褐色。

ウスギョウラク ツリガネツツジの別名。

ウスギワゴケ 〈*Parmelia centrifuga* (L.) Ach.〉ウメノキゴケ科の地衣類。地衣体は灰白または灰黄緑色。

ウスギワニグチソウ 〈*Polygonatum cryptanthum* Lév. et Van't〉ユリ科の草本。

ウスクモ 薄雲 ガガイモ科。園芸植物。

ウスグモ 薄雲 カエデ科のイタヤカエデの品種。園芸植物。

ウスゲクロモジ 〈*Lindera sericea* var. *glabrata*〉クスノキ科の落葉低木。

ウスゲシナハシドイ シリンガ・ウィロサの別名。

ウスゲタマブキ 〈*Cacalia farfaraefolia* Sieb. et Zucc.〉キク科の草本。

ウスゲチョウジタデ 〈*Ludwigia greatrexii* Hara〉アカバナ科の一年草。高さは30〜60cm。

ウスゲハシドイ シリンガ・ウェルティナの別名。

ウスゲホオズキ 〈*Physalis subglabrata* Mack. et Bush〉ナス科の多年草。高さは50〜100cm。花は黄色。

ウスゲマンネングサ セドゥム・ベルサデンセの別名。

ウスゲヤマニンジン 〈*Chaerophyllum reflexum* Lindl.〉セリ科の一年草。高さは50cm。花は白色。

ウズザクラ バラ科のサクラの品種。

ウスジロクモタケ 〈*Torrubiella flava* Petch〉バッカクキン科のキノコ。

ウスジロシモフリゴケ スナゴケの別名。

ウスズミ バラ科のサクラの品種。

ウスタケ 〈*Gomphus floccosus* (Schw.) Sing.〉ラッパタケ科のキノコ。小型〜大型。傘は朱〜黄〜茶色で赤〜木〜褐色の鱗片あり。ひだは肌色。

ウズタケ 〈*Coltricia montagnei* (Fr.) Murr. var. *greenii* (Berk.) Imaz.〉タコウキン科のキノコ。

ウスチャサラゴケ 〈*Dimerella epiphylla* (Müll. Arg.) Malme〉サラゴケ科の地衣類。地衣体は平滑で決してざらつかない。

ウスチャニキビゴケ 〈*Anthracothecium olivaceocinereum* Vain.〉サネゴケ科の地衣類。地衣体は灰白から淡褐色。

ウスツメゴケ 〈*Peltigera degenii* Gyeln〉ツメゴケ科の地衣類。腹面の脈は白色。

ウスノキ 臼木 〈*Vaccinium hirtum* Thunb. ex Murray var. *pubescens* (Koidz.) Yamazaki〉ツツジ科の落葉低木。別名アカモジ、カクミノスノキ。高山植物。

ウスバアオキノリ 〈*Leptogium moluccanum* (Pers.) Vain.〉イワノリ科の地衣類。地衣体は青みがかる。

ウスバアオノリ 〈*Enteromorpha linza* (Linné) J. Agardh〉アオサ科の海藻。葉状で披針形、腎臓形。

ウスバアカザ 〈*Chenopodium hybridum* L.〉アカザ科の一年草。別名オオバアカザ。高さは1〜2m。

ウスバアザミ 〈*Cirsium tenue* Kitam.〉キク科の草本。

ウスバアワビゴケ 〈*Cetraria rugosa* (Asah.) Sato〉ウメノキゴケ科の地衣類。地衣体背面は黄緑色。

ウスバイシカグマ 〈*Microlepia substrigosa* Tagawa〉ワラビ科(コバノイシカグマ科)の常緑性シダ。葉身は長さ50〜100cm。3回羽状複生。

ウスバオオイシカグマ 〈*Microlepia speluncae* var. *pubescens*〉イノモトソウ科。

ウスバカブトゴケ 〈*Lobaria linita* (Ach.) Rabenh.〉ヨロイゴケ科の地衣類。地衣体は多少薄手。

ウスバクジャク 薄葉孔雀 〈*Asplenium cheilosorum* Kunze ex Mett.〉チャセンシダ科の常緑性シダ。葉身は長さ20〜30cm。狭披針形。

ウスバサイシン 薄葉細辛 〈*Asiasarum sieboldii* (Miq.) F. Maekawa〉ウマノスズクサ科の多年草。別名サイシン、ニッポンサイシン。葉径5〜8cm。花は暗紫色。薬用植物。園芸植物。

ウスバシダ 薄葉羊歯 〈*Tectaria devexa* (Kunze) Copel.〉オシダ科の常緑性シダ。葉身は長さ20〜25cm。三角状卵形。

ウスバシダモドキ 〈*Tectaria dissecta* (Forst.) Lelling.〉オシダ科。日本絶滅危機植物。

ウスバシハイタケ 〈*Trichaptum fuscoviolaceum* (Fr.) Ryv.〉サルノコシカケ科(タコウキン科)のキノコ。小型。傘は灰白色、短毛。

ウスバスナゴショウ 〈*Peperomia pellucida* HB. et K.〉コショウ科の軟草。茎は半透明、キクの香あり。熱帯植物。

ウスバスミレ 薄葉菫 〈*Viola blandaeformis* Nakai〉スミレ科の多年草。高さは4〜7cm。花は白色。高山植物。園芸植物。

ウスバゼニゴケ 〈*Blasia pusilla* L.〉ウスバゼニゴケ科のコケ。別名ウスバゴケ。淡緑色、長さ1〜3cm。

ウズハツ 〈*Lactarius violascens* (Otto：Fr.) Fr.〉ベニタケ科のキノコ。

ウスバトコブシゴケ 〈*Platismatia interrupta* W. Culb. & C. Culb.〉ウメノキゴケ科の地衣類。地衣体背面は灰ленくい灰青。

ウスバトリカブト 〈*Aconitum yesoense* var. *corymbiferum*〉キンポウゲ科の多年草。

ウスバトリカブト エゾトリカブトの別名。

ウスバノリモドキ 〈*Hynenena tenuis* Yamada〉コノハノリ科の海藻。叉状様羽状分岐。体は3〜4cm。

ウスバヒオドシ 〈*Amansia mitsuii* Segawa〉フジマツモ科の海藻。羽状分岐。体は7cm。

ウスバヒメツバキ カメリア・ノコエンシスの別名。

ウスバヒメテーブルヤシ カマエドレア・ゲオノミフォルミスの別名。

ウスバヒョウタンボク 〈*Lonicera cerasina* Maxim.〉スイカズラ科の木本。

ウスバマラヤヒメヤシ イグアスラ・ゲオノミフォルミスの別名。

ウスバミヤマノコギリシダ 〈*Diplazium fauriei* var. *tenuifolium* (Kurata) Nakaike〉オシダ科のシダ植物。

ウスバモク 〈*Sargassum tenuifolium* Yamada〉ホンダワラ科の海藻。根は小盤状。体は長さ30〜50cm。

ウスバヤマモモノボタン 〈*Pternandra galeata* Ridl.〉ノボタン科の低木。花は淡紫色。熱帯植物。

ウスバワツナギソウ 〈*Champia expansa* Yendo〉ワツナギソウ科の海藻。扁平。体は7cm。

ウスヒメワラビ 薄姫蕨 〈*Acystopteris japonica* (Luerss.) Nakai〉オシダ科(イワデンダ科)の夏緑性シダ。葉身は長さ20〜50cm。三角状卵形。

ウスヒラタケ 〈*Pleurotus pulmonarius* (Fr.) Quél.〉ヒラタケ科のキノコ。小型〜中型。傘は貝殻状、淡灰色。

ウスフジフウセンタケ 〈*Cortinarius alboviolaceus* (Pers.：Fr.) Fr.〉フウセンタケ科のキノコ。中型。傘は淡紫色〜銀白色、絹状光沢。ひだは淡帯紫色→肉桂褐色。

ウスベニ 〈*Sorella repens* (Okamura) Hollenberg〉コノハノリ科の海藻。叉状様互生に分岐。体は2〜4cm。

ウスベニアオイ ゼニアオイの別名。

ウスベニイタチタケ 〈*Psathyrella bipellis* (Quél.) A. H. Smith〉ヒトヨタケ科のキノコ。小型。傘は暗紫褐色〜帯赤褐色。ひだは黒褐色で縁部は白色。

ウスベニカノコソウ 〈*Centranthus macrosiphon* Boiss.〉オミナエシ科の草本。高さは30〜50cm。花は藤色。園芸植物。

ウスベニツメクサ 〈*Spergularia rubra* (L.) J. et C. Presl〉ナデシコ科の一年草または多年草。高さは5〜15cm。花は紅紫色。

ウスベニニガナ 〈*Emilia sonchifolia* (L.) DC.〉キク科の一年草。花序は下垂。高さは25〜45cm。花は紅紫色。熱帯植物。

ウスベニハカマノキ ムラサキモクワンジュの別名。

ウスベニヒゲゴケ 〈*Usnea mutabilis* Stirt.〉サルオガセ科の地衣類。地衣体は汚赤色。

ウスベニミミタケ 〈*Otidea onotica* (Pers.) Funkel〉ピロネマキン科のキノコ。

ウズマキウマゴヤシ 〈*Medicago orbicularis* (L.) Bartal.〉マメ科の一年草。長さは10〜40cm。花は黄色。

ウスムラサキ 〈*Delesseriopsis elegans* Okamura〉イギス科の海藻。

ウスムラサキツリガネヤナギ ペンステモン・コバエアの別名。

ウスムラサキハツ 〈*Russula lilacea* Quél.〉ベニタケ科のキノコ。小型〜中型。傘は帯紫肉紅色〜肉紅色、周辺部に溝線。表皮ははぎとりやすい。ひだは白色。

ウスムラホウキタケ 〈*Ramaria fennica* var. sp.〉ホウキタケ科の総称。キノコ。中型〜大型。形はほうき状、地上生(広葉樹林)。

ウスユキウチワ 〈*Padina minor* Yamada〉アミジグサ科の海藻。半透明。体は10cm。

ウスユキクチナシグサ 〈*Monochasma savatieri* Franch.〉ゴマノハグサ科の草本。

ウスユキソウ 薄雪草 〈*Leontopodium japonicum* Miq.〉キク科の多年草。高さは25〜50cm。園芸植物。

ウスユキトウヒレン 薄雪唐飛廉 〈*Saussurea yanagisawae* var. *yanagisawae*〉キク科の草本。別名コタネキタアザミ。高山植物。

ウスユキナズナ 〈*Berteroa incana* (L.) DC.〉アブラナ科。全体に星状毛を密生して緑白色。

ウスユキマンネングサ 〈*Sedum hispanicum* L.〉ベンケイソウ科の多年草。高さは10〜20cm。花は白色。園芸植物。

ウスユキムグラ 〈*Asperula trifida* Makino〉アカネ科の草本。

ウズラタケ 〈*Perenniporia ochroleuca* (Berk.) Ryv.〉サルノコシカケ科のキノコ。小型。傘は淡褐色。

ウズラバハクサンチドリ 〈*Orchis aristata* f. puncrara Tatewaki〉ラン科の多年草。高山植物。

ウスリーノキシノブ レピソルス・ウスリーエンシスの別名。

ウスリーヒバ ヒノキ科の木本。

ウゼントリカブト 羽前鳥兜 〈*Aconitum okuyamae* Nakai〉キンポウゲ科。

ウダイカンバ 鵜松樺 〈*Betula maximowicziana* Regel〉カバノキ科の落葉高木。別名サイハダカンバ。高さは30m。樹皮は赤みのある褐色。園芸植物。

ウタゲ 宴 〈Utage〉バラ科。ハイブリッド・ティーローズ系。花は赤色。

ウダノキ 〈*Odina wodier* Roxb.〉ウルシ科の落葉性高木。樹脂をインドサラサ染めの糊料とする。熱帯植物。

ウタマロ 歌麿 〈Utamaro〉バラ科。ハイブリッド・ティーローズ系。花はローズ色。

ウチキアワビゴケ 〈*Nephromopsis ornata* (Müll. Arg.) Hue〉ウメノキゴケ科の地衣類。地衣体背面は黄色。

ウチキアワビゴケモドキ 〈*Cetraria endocrocea* (Asah.) Sato〉ウメノキゴケ科の地衣類。地衣体背面は黄緑色。

ウチキウメノキゴケ 〈*Parmelia homogenes* Nyl.〉ウメノキゴケ科の地衣類。地衣体は径15cm以上。

ウチキウラミゴケ 〈*Nephroma servetianum* Gyeln.〉ツメゴケ科の地衣類。地衣体は葉状。

ウチキクロボシゴケ 〈*Pyxine endochrysina* Nyl.〉ムカデゴケ科の地衣類。地衣体は淡黄灰または汚灰色。

ウチダシクロキ 〈*Symplocos kawakamii* Hayata〉ハイノキ科の常緑低木。別名オガサワラクロキ。日本絶滅危機植物。

ウチダシミヤマシキミ 打出深山樒 〈*Skimmia japonica* Thunb. var. *intermedia* Komatsu f. *intermedia*〉ミカン科の木本。

ウチバチソウ ユキノシタ科。

ウチュウ 宇宙 サクラソウ科のサクラソウの品種。園芸植物。

ウチュウデン 宇宙殿 〈*Echinocereus knippelianus* Liebn.〉サボテン科の園芸品種。高さは10cm。花は桃色。園芸植物。

ウチョウラン 羽蝶蘭 〈*Orchis graminifolia* (Reichb. f.) Tang et Wang〉ラン科の多年草。別名イワラン、コチョウラン、アリマラン。高さは8〜15cm。花は紅紫色。園芸植物。日本絶滅危機植物。

ウチワイワギリ 〈*Loxocarpus incana* R. Br.〉イワタバコ科の草本。葉は多肉、有毛。花は淡紫色。熱帯植物。

ウチワゴケ 団扇苔 〈*Gonocormus minutus* (Blume) v. d. Bosch〉コケシノブ科の常緑性シ

ダ。別名ムニンホラゴケ。葉身は長さ7〜15mm。うちわ形。

ウチワサボテングサ 〈*Halimeda discoidea* Decaisne〉ミル科の海藻。うすく石灰質を被る。

ウチワゼニクサ 団扇銭草 〈*Hydrocotyle verticillata* Thunb. var. *triradiata* (A. Rich.) Fern.〉セリ科の多年草。別名タテバチドメグサ。葉身は円形。

ウチワダイモンジソウ ダイモンジソウの別名。

ウチワタケ 〈*Microporus affinis* (Bl. & Nees : Fr.) Kuntze〉サルノコシカケ科のキノコ。小型〜中型。傘は黄褐色〜茶褐色、初期密毛。

ウチワチョウジゴケ 〈*Buxbaumia aphylla* Hedw.〉キセルゴケ科のコケ。胞子体は長さ10〜15mm。

ウチワチョウチンゴケ 〈*Mnium punctatum* Hedw.〉チョウチンゴケ科の蘚類。

ウチワツナギ 〈*Phyllodium pulchellum* (L.) Desv.〉マメ科の木本。

ウチワドコロ 団扇野老 〈*Dioscorea nipponica* Makino〉ヤマノイモ科の多年生つる草。別名コウモリドコロ。薬用植物。

ウチワノキ 〈*Abeliophyllum distichum* Nakai〉モクセイ科の落葉低木。別名シロバナレンギョウ。高さは1m。花は白色。園芸植物。

ウチワヤシ 団扇椰子 〈*Borassus flabellifer* L.〉ヤシ科。別名オウギヤシ。雌雄異株。高さは12〜18m。熱帯植物。園芸植物。

ウツギ 空木 〈*Deutzia crenata* Sieb. et Zucc.〉ユキノシタ科の落葉低木。別名ウノハナ、ウツギノハナ。高さは2m。花は白色。薬用植物。園芸植物。

ウツクシオトギリ 〈*Hypericum kamtschaticum* var. *decorum*〉オトギリソウ科。

ウツクシマツ タギョウショウの別名。

ウツクシモミ アビエス・アマビリスの別名。

ウッコンコウ アーティストの別名。

ウッジア・ポリスティコイデス イワデンダの別名。

ウッジア・マクロクラエナ コガネシダの別名。

ウッドウォーディア・ウニゲンマタ ハイコモチシダの別名。

ウッドウォーディア・オリエンタリス コモチシダの別名。

ウッドラフ クルマバソウの別名。

ウッドローズ 〈*Merremia tuberosa* (L.) Rendle〉ヒルガオ科のつる性。別名バラアサガオ。花は黄色。園芸植物。

ウップルイノリ 〈*Porphyra pseudolinearis* Ueda〉ウシケノリ科の海藻。長い笹の葉状。体は長さ10〜30cm。

ウツボカズラ 靫葛 〈*Nepenthes mirabilis* (Lour.) Druce〉ウツボカズラ科の食虫植物。高さは8m。熱帯植物。園芸植物。

ウツボカズラ 〈*Nepenthes*〉ウツボカズラ科の属総称。

ウツボカズラ ラフルスウツボの別名。

ウツボグサ 靫草 〈*Prunella vulgaris* L. subsp. *asiatica* (Nakai) Hara〉シソ科の多年草。別名カーペンターズハーブ、セイヨウウツボグサ、カゴソウ。ウツボグサの基本亜種。花は長さ1〜1.3cm。高さは10〜30cm。薬用植物。切り花に用いられる。

ウツリベニ ローター・アハトの別名。

ウツロイイグチ 〈*Xanthoconium affine* (Peck) Sing.〉イグチ科のキノコ。中型〜大型。傘は帯赤褐色〜暗褐色。

ウツロサンゴゴケ 〈*Sphaerophorus diplotypus* Vain.〉サンゴゴケ科の地衣類。地衣体は白または灰白。

ウツロヒゲゴケ 〈*Usnea bayleyi* (Stirt.) Zahlbr.〉サルオガセ科の地衣類。軟骨質の主軸が中空。

ウツロベニハナイグチ 〈*Boletinus asiaticus* Sing.〉イグチ科のキノコ。別名アジアカラマツイグチ。中型〜大型。傘は帯紫赤色、繊維状細鱗片。

ウド 独活 〈*Aralia cordata* Thunb.〉ウコギ科の葉菜類。高さは1.5〜2m。花は淡緑色。薬用植物。園芸植物。

ウドカズラ 独活葛 〈*Ampelopsis lecoides* (Maxim.) Planch〉ブドウ科の落葉つる植物。花は黄緑色。園芸植物。

ウドノキ 〈*Pisonia umbellifera* (J. R. Forst. et G. Forst.) Seem.〉オシロイバナ科の低木〜高木。別名オオクサボク。高さは6m。花はピンク〜黄緑色。園芸植物。

ウトリクラリア・アルピナ 〈*Utricularia alpina* Jacq.〉タヌキモ科。高さは20〜50cm。花は黄がかった白色。園芸植物。

ウトリクラリア・インテルメディア コタヌキモの別名。

ウトリクラリア・ウィオラケア 〈*Utricularia violacea* R. Br.〉タヌキモ科。高さは2〜6cm。園芸植物。

ウトリクラリア・ウルガリス 〈*Utricularia vulgaris* L.〉タヌキモ科。高さは5〜30cm。花は黄色。園芸植物。

ウトリクラリア・クリサンタ 〈*Utricularia chrysantha* R. Br.〉タヌキモ科。高さは10〜40cm。園芸植物。

ウトリクラリア・コルヌタ 〈*Utricularia cornuta* Michx.〉タヌキモ科。高さは10〜30cm。花は黄色。園芸植物。

ウトリクラリア・サンダーソニー 〈*Utricularia sandersonii* D. Oliver〉タヌキモ科。高さは2〜3cm。花はうすい藤色。園芸植物。

ウトリクラ

ウトリクラリア・スブラタ 〈*Utricularia subulata* L.〉タヌキモ科。高さは3～18cm。花は黄色。園芸植物。

ウトリクラリア・ネフロフィラ 〈*Utricularia nephrophylla* Benj.〉タヌキモ科。高さは1～1.5cm。花はピンクがかった紫色。園芸植物。

ウトリクラリア・プレヘンシリス 〈*Utricularia prehensilis* E. Mey.〉タヌキモ科。高さは3～40cm。花は黄色。園芸植物。

ウトリクラリア・ロンギフォリア 〈*Utricularia longifolia* G. Gardn.〉タヌキモ科。高さは30～60cm。花は赤紫色。園芸植物。

ウドンゲ クワ科のウドゥンバラ(Ficus glomerata)の花。

ウナギヅル ウナギツカミの別名。

ウナギツカミ 鰻攫 〈*Persicaria sagittata* (L.) H. Gross ex Loesn. var. *sibirica* (Meisn.) Miyabe f. *aestiva* (Ohki) Hara〉タデ科の草本。

ウナズキギボウシ ユリ科の草本。

ウニバヒシャクゴケ 〈*Scapania ciliata* Lac.〉ヒシャクゴケ科のコケ。不透明な黄緑色、茎は長さ1～4cm。

ウニバヨウジョウゴケ 〈*Cololejeunea spinosa* (Horik.) Pande et Misra〉クサリゴケ科のコケ。茎は長さ3～5mm、背片は卵形。

ウニヤバネゴケ 〈*Cephaloziella spinicaulis* Douin〉コヤバネゴケ科のコケ。茎は幅約0.1～0.2mm。

ウネメノコロモ 采女の衣 キンポウゲ科のシャクヤクの品種。園芸植物。

ウパス 〈*Antiaris toxicaria* Lesch.〉クワ科の高木。幹灰白縦条、葉裏黄色の葉脈突出。熱帯植物。

ウパスノキ ウパスの別名。

ウバタケギボウシ 〈*Hosta pulchella* N. Fujita〉ユリ科の多年草。花は濃淡のまだら色。園芸植物。

ウバタケニンジン 祖母岳人参 〈*Angelica ubatakensis* (Makino) Kitagawa〉セリ科の多年草。高さは40cm。高山植物。

ウバタマ 烏羽玉 〈*Lophophora williamsii* (Lem. ex Salm-Dyck) J. Coult.〉サボテン科の多年草。花はピンクから淡紅色。薬用植物。

ウバタマ 烏羽玉 〈*Lilium alexandrae* hort. Wallace〉ユリ科のユリの品種。多肉植物。別名ウケユリ。高さは40～70cm。花は純白色。園芸植物。日本絶滅危機植物。

ウバノカサ 〈*Camarophyllus pratensis* (Pers. : Fr.) Kummer〉ヌメリガサ科のキノコ。

ウバヒガン エドヒガンの別名。

ウバメガシ 姥目樫 〈*Quercus phillyraeoides* A. Gray〉ブナ科の常緑高木。別名ウバメ、イマメガシ、ウマメガシ。高さは15m。樹皮は暗灰色。園芸植物。

ウバユリ 姥百合 〈*Cardiocrinum cordatum* (Thunb. ex Murray) Makino var. *cordatum*〉ユリ科の多年草。別名カバユリ、ネズミユリ。高さは50～100cm。花は緑白色。薬用植物。園芸植物。

ウブゲグサ 〈*Spyridia filamentosa* (Wulfen) Harvey〉イギス科の海藻。枝は毛状小枝で覆われる。体は5～15cm。

ウブラリア ユリ科の宿根草。別名ウブラリア・ペルフォリアータ。高さは20～60cm。花は淡黄色。園芸植物。

ウブラリア・グランディフローラ 〈*Uvularia grandiflora* Smith.〉ユリ科の多年草。高さは60～70cm。花は淡黄色。園芸植物。

ウマイタドリ 〈*Polygonum cuspidatum* Sieb. et. Zucc. forma *compactum* Makino.〉タデ科の多年草。高山植物。

ウマグリ セイヨウトチノキの別名。

ウマゴヤシ 馬肥 〈*Medicago polymorpha* L.〉マメ科の一年草。別名マゴヤシ、ムマゴヤシ。長さは10～50cm。花は黄色。園芸植物。

ウマスギゴケ 馬杉苔 〈*Polytrichum commune* Hedw.〉スギゴケ科のコケ。大形、高さ5～20cm、葉鞘部は卵形。園芸植物。

ウマスゲ 〈*Carex idzuroei* Franch. et Savat.〉カヤツリグサ科の多年草。高さは40～60cm。

ウマセンナ 〈*Cassia grandis* L.〉マメ科の小木。莢は扁円筒形黒熟。花は黄色。熱帯植物。

ウマノアシガタ 馬足形 〈*Ranunculus japonicus* Thunb.〉キンポウゲ科の多年草。別名コマノアシガタ、オコリオトシ。高さは10～20cm。薬用植物。

ウマノケタケ 〈*Marasmius crinisequi* F. Müll. ex Kalchbr.〉キシメジ科のキノコ。

ウマノスズクサ 馬鈴草 〈*Aristolochia debilis* Sieb. et Zucc.〉ウマノスズクサ科の多年生つる草。高さは1～2m。花は紫褐色。薬用植物。園芸植物。

ウマノスズクサ科 科名。

ウマノチャヒキ 〈*Bromus tectorum* L. var. *tectorum*〉イネ科の一年草または多年草。別名ヤセチャヒキ、ヒゲナガチャヒキ。高さは20～70cm。

ウマノミツバ 馬三葉 〈*Sanicula chinensis* Bunge〉セリ科の多年草。別名オニミツバ、ヤマミツバ、ヤマジラミ。高さは30～120cm。薬用植物。

ウママンゴウ 〈*Mangifera foetida* Lour.〉ウルシ科の高木。葉はマンゴウより厚く凹形に曲る。熱帯植物。

ウミウチワ 〈*Padina arborescens* Holmes〉アミジグサ科の海藻。厚く革質。

ウミサビ 〈*Lithophyllum yendoi* (Foslie) Foslie〉サンゴモ科の海藻。殻皮状。体は厚さ1mm。

ウミサンゴジュ 〈*Scolopia rhinanthera* Clos〉イイギリ科の小木、マングローブ植物。熱帯植物。

ウミジグサ 〈*Halodule uninervis* (Forsk.) Aschers.〉イトクズモ科の草本。

ウミショウブ 〈*Enhalus acoroides* (L. f.) Royle〉トチカガミ科の沈水性植物。果実は生食、煮食。熱帯植物。

ウミゾウメン 海索麺 〈*Nemalion vermiculare* Suringer〉ベニモズク科の海藻。蠕虫状。体は20cm。

ウミソヤ 〈*Buchanania sessilifolia* BL.〉ウルシ科の高木。果実は赤。熱帯植物。

ウミトラノオ 〈*Sargassum thunbergii* (Mertens ex Roth) O. Kuntze〉ホンダワラ科の海藻。別名トラノオ、ネズミノオ。羽状に分岐。体は1m。

ウミヒルモ 海蛭藻 〈*Halophila ovalis* (R. Br.) Hook. f.〉トチカガミ科の多年生水草。

ウミヒルモ モ オオウミヒルモの別名。

ウミフシナシミドロ 〈*Vaucheria longicaulis* Hoppaugh〉フシナシミドロ科の海藻。生卵器・造精器が糸の先端に生ず。

ウミブドウ ハマベブドウの別名。

ウミベオリーブ 〈*Olea maritima* Wall.〉モクセイ科の低木。花は白黄色。熱帯植物。

ウミベガガイモ 〈*Finlaysonia obovata* Wall.〉ガガイモ科の蔓木。茎赤褐色、四稜、葉は厚質。熱帯植物。

ウミベマキ 〈*Podocarpus polystachyus* R. BR.〉マキ科の小木。熱帯植物。

ウミベマンリョウ 〈*Ardisia littoralis* Andr.〉ヤブコウジ科の低木。分岐性。熱帯植物。

ウミボス 〈*Nereia intricata* Yamada〉ケヤリモ科の海藻。生殖器床はあまり明瞭でない。

ウミマサキ 〈*Scyphiphora hydrophyllacea* Gaertn.〉アカネ科の低木、マングローブ植物。葉はマサキに似て厚質。花は白色。熱帯植物。

ウミミドリ 海緑 〈*Glaux maritima* L. var. *obtusifolia* Fern.〉サクラソウ科の多年草。別名シオマツバ。高さは5〜20cm。

ウメ 梅 〈*Prunus mume* (Sieb.) Sieb. et Zucc. var. *mume*〉バラ科の落葉小高木。別名ムメ、ニオイザクラ、ニオイグサ。果実はほぼ球形の石果で黄熟。高さは10m。薬用植物。園芸植物。

ウメウツギ 梅空木 〈*Deutzia uniflora* Shirai〉ユキノシタ科の落葉低木。別名ニッコウウツギ、ミヤマウツギ。

ウメガサソウ 梅笠草 〈*Chimaphila japonica* Miq.〉イチヤクソウ科の草本状わい小低木。高さは5〜15cm。高山植物。

ウメザキイカリソウ 〈*Epimedium* × *youngianum* Fisch. et C. A. Mey.〉メギ科の多年草。別名ヒメイカリソウ。高さは20〜30cm。花は白または淡紫色。園芸植物。

ウメザキウツギ リキュウバイの別名。

ウメノキゴケ 梅樹苔 〈*Parmelia tinctorum* Nyl.〉ウメノキゴケ科の地衣植物。地衣体背面は灰白から灰緑色。薬用植物。園芸植物。

ウメハタザオ 梅旗竿 〈*Arabis serrata* Franch. et Sav. var. *japonica* (H. Boissieu) Ohwi f. *grandiflora* (Nakai) Ohwi〉アブラナ科。

ウメバチソウ 梅鉢草 〈*Parnassia palustris* L. var. *multiseta* Ledeb.〉ユキノシタ科の多年草。別名コウメバチソウ。高さは10〜40cm。花は白色。高山植物。園芸植物。

ウメモドキ 梅擬 〈*Ilex serrata* Thunb. ex Murray〉モチノキ科の落葉低木。別名オオバウメモドキ。高さは3〜4m。花は淡紫色。園芸植物。

ウモウゲイトウ 羽毛鶏頭 ヒユ科。別名フサゲイトウ。園芸植物。切り花に用いられる。

ウヤク テンダイウヤクの別名。

ウラインウ 〈*Procris laevigata* BL.〉イラクサ科の多肉草。熱帯植物。

ウラギク 浦菊 〈*Aster tripolium* L.〉キク科の草。別名ハマシオン。高さは20〜70cm。

ウラギヌドクフジ 〈*Millettia sericea* Benth.〉マメ科の蔓木。葉裏、花、莢等に絹毛密布。熱帯植物。

ウラク ツバキ・タロウカジャの別名。

ウラグロエビラゴケ 〈*Lobaria fuscotomentosa* Yoshim.〉ヨロイゴケ科の地衣類。地衣体背面は淡黄褐色または淡灰褐色。

ウラグロニガイグチ 〈*Tylopilus eximius* (Peck) Sing.〉イグチ科のキノコ。中型〜大型。傘は焦茶色〜暗紫褐色。

ウラグロマツゲゴケ 〈*Parmelia ultralucens* Krog〉ウメノキゴケ科の地衣類。地衣体は腹面黒色。

ウラグロワゴケ 〈*Parmelia separata* Th. Fr.〉ウメノキゴケ科の地衣類。

ウラゲエンコウカエデ 〈*Acer pictum* Thunb. subsp. *dissectum* (Wesm.) H. Ohashi f. *connivens* (G. Nicholson) H. Ohashi〉カエデ科の木本。

ウラゲサルスベリ 〈*Lagerstroemia tomentosa* Presl.〉ミソハギ科の観賞用小木。葉裏短毛。花は白色。熱帯植物。

ウラゲドコロ 〈*Dioscorea polyclades* Hook. f.〉ヤマノイモ科の蔓草。葉裏毛多く、芋は焼くか数回煮出せば可食。熱帯植物。

ウラゲファエアントス 〈*Phaeanthus opthalmicus* (Roxb.) Sinclair〉バンレイシ科の低木。葉裏脈上褐毛。熱帯植物。

ウラゲベニカンコノキ 〈*Glochidion coronatum* Hook. f.〉トウダイグサ科の低木。果実はピンク。花は黄緑色。熱帯植物。

ウラゲミスミグサ 〈*Elephantopus tomentosus* L.〉キク科の草本。葉裏絹毛、吐剤。熱帯植物。

ウラゲモクセンナ 〈*Cassia spectabilis* DC.〉マメ科の観賞用小木。葉裏短毛。花は黄色。熱帯植物。

ウラゲヤブショウズク 〈*Elettariopsis pubescens* Ridl.〉ショウガ科の草本。ショウガ状、花のみ地上に出る。花弁は肉色。熱帯植物。

ウラシマソウ 浦島草 〈*Arisaema thunbergii* Blume subsp. *urashima* (Hara) Ohashi et J. Murata〉サトイモ科の多年草。子球を多くつくる。高さは20～40cm。薬用植物。園芸植物。

ウラシマツツジ 裏縞躑躅 〈*Arctous alpinus* (L.) Niedenzu var. *japonicus* (Nakai) Ohwi〉ツツジ科のわい小低木。別名アカミノクマコケモモ。高さは2～6cm。高山植物。

ウラジロ 裏白 〈*Gleichenia japonica* Spreng.〉ウラジロ科の常緑性シダ。別名ヤマクサ、ホナガ、モロムキ。葉柄は長さ30～100cm。薬用植物。園芸植物。

ウラジロアカザ 〈*Chenopodium glaucum* L.〉アカザ科の一年草。高さは10～40cm。

ウラジロアカメガシワ 〈*Mallotus paniculatus* (Lam.) Mull. Arg.〉トウダイグサ科の木本。熱帯植物。

ウラジロアナナス ビトケアニア・アンドレアナの別名。

ウラジロイカリソウ 〈*Epimedium sempervirens* var. *hypoglaucum*〉メギ科。

ウラジロイチゴ エビガライチゴの別名。

ウラジロイチジク 〈*Ficus grossularioides* Burm. f.〉クワ科の低木。葉裏白毛、果実は赤熟。熱帯植物。

ウラジロイワガサ 〈*Spiraea blumei* var. *hayalae*〉バラ科。別名ミヤジマシモツケ。

ウラジロウコギ 〈*Acanthopanax hypoleucus*〉ウコギ科の落葉低木。

ウラジロウツギ 裏白空木 〈*Deutzia maximowicziana* Makino〉ユキノシタ科の低木。葉身は長楕円状披針形。園芸植物。

ウラジロエノキ 裏白榎 〈*Trema orientalis* (L.) Blume〉ニレ科の常緑高木。別名ウラジロムク、ヤマフクギ。伐開跡の二次林。ムクノキに似る。熱帯植物。

ウラジロオオイワブスマ 〈*Umbilicaria asiae-orientalis* (Asah.) Sato〉イワタケ科の地衣類。地衣体は腹面淡褐色。

ウラジロオオサンキライ 〈*Smilax leucophylla* BL.〉ユリ科の蔓木。葉大、軟、裏面粉白。熱帯植物。

ウラジロカガノアザミ 〈*Cirsium furusei* Kitam.〉キク科の草本。

ウラジロガシ 裏白樫 〈*Quercus salicina* Blume〉ブナ科の常緑高木。高さは20m。薬用植物。園芸植物。

ウラジロカンコノキ 〈*Glochidion acuminatum* Muell. Arg.〉トウダイグサ科の木本。

ウラジロカンバ ネコシデの別名。

ウラジロギボウシ 〈*Hosta hypoleuca* Murata〉ユリ科の多年草。葉裏が白色を帯びる。高さは40～60cm。園芸植物。日本絶滅危機植物。

ウラジロキンバイ 裏白金梅 〈*Potentilla nivea* L.〉バラ科の草本。別名ユキバキンバイ。高山植物。園芸植物。

ウラジロゲジゲジゴケ 〈*Anaptychia hypoleuca* (Müll. Arg.) Mass.〉ムカデゴケ科の地衣類。裂片の縁が裂芽状にならず全縁。

ウラジロコムラサキ 〈*Callicarpa nishimurae* Koidz.〉クマツヅラ科の常緑低木。

ウラジロタデ 裏白蓼 〈*Aconogonum weyrichii* (Fr. Schm.) Hara var. *weyrichii*〉タデ科の草本。高山植物。

ウラジロタラノキ 〈*Aralia bipinnata* Blanco〉ウコギ科の木本。

ウラジロチチコグサ 〈*Gnaphalium spicatum* Lam〉キク科の一年草または越年草。高さは20～70cm。

ウラジロチョウジ 〈*Eugenia glauca* King〉フトモモ科の高木。葉裏粉白。花は緑白色。熱帯植物。

ウラジロデイコ 〈*Erythrina glauca* Willd.〉マメ科の観賞用小木。花は赤色。熱帯植物。

ウラジロナツメヤシ フェニクス・パルドサの別名。

ウラジロナナカマド 裏白七竈 〈*Sorbus matsumurana* (Makino) Koehne〉バラ科の落葉低木。高山植物。薬用植物。園芸植物。

ウラジロノキ 裏白の木 〈*Sorbus japonica* (Decne.) Hedlund〉バラ科の落葉高木。別名ゴロベツキ、マメナシ。高さは15m。園芸植物。

ウラジロハコヤナギ 裏白箱柳 〈*Populus alba* L.〉ヤナギ科の落葉高木。別名ギンドロ、ハクヨウ。高さは25m。樹皮は灰色。園芸植物。

ウラジロハナヒリノキ 裏白嚔の木 〈*Leucothoe grayana* Maxim. var. *glaucina* Koidz.〉ツツジ科の落葉小低木。高山植物。

ウラジロヒカゲツツジ 〈*Rhododendron keiskei* Miq. var. *hypoglaucum* Suto et Suzuki〉ツツジ科。日本絶滅危機植物。

ウラジロヒルギダマシ 〈*Avicennia alba* BL.〉クマツヅラ科の高木、マングローブ植物。葉裏無毛粉白。花は肉橙色。熱帯植物。

ウラジロフジウツギ フサフジウツギの別名。

ウラジロマタタビ 〈*Actinidia arguta* (Siebold et Zucc.) Planch. ex Miq. var. *hypoleuca* (Nakai) Kitam.〉マタタビ科(サルナシ科)の落葉つる植物。別名ウラジロシラクチヅル。

ウラジロミツバツツジ 〈*Rhododendron osuzuyamense* T. Yamaz.〉ツツジ科の木本。

ウラジロモミ 裏白樅 〈*Abies homolepis* Sieb. et Zucc.〉マツ科の常緑高木。別名ダケモミ、ニッコウモミ。高さは40m。樹皮は帯紅灰色。高山植物。園芸植物。

ウラシロヤマコウバシ 〈*Lindera glauca* BL.〉クスノキ科の小木。果実はコショウ代用。熱帯植物。

ウラジロヨウラク アズマツリガネツツジの別名。

ウラジロロウゲ ポテンテイラ・アルゲンテアの別名。

ウラスジチャワンタケ 〈*Helvella acetabulum* (L., Fr.) Quél.〉ノボリリュウタケ科のキノコ。

ウラハグサ 裏葉草 〈*Hakonechloa macra* (Munro) Makino〉イネ科の宿根草。別名フウチソウ。高さは40〜70cm。花は帯黄緑色。園芸植物。

ウラベニアナナス 〈*Nidularium innocentii* Lem.〉パイナップル科の多年草。花は白色。園芸植物。

ウラベニガサ 〈*Pluteus atricapillus* (Batsch) Fayod〉ウラベニガサ科のキノコ。

ウラベニグスタビヤ 〈*Gustavia superba* (Kunth) O. Berg〉サガリバナ科の観賞用低木。高さは15m。花は白色、蕾では萼の外面ピンク。熱帯植物。園芸植物。

ウラベニサンゴアナナス エクメア・フルゲンス・ディスコロールの別名。

ウラベニショウ 〈*Stromanthe sanguinea* Sond.〉クズウコン科の多年草。高さは150cm。花は白色。園芸植物。

ウラベニダイモンジソウ 〈*Saxifraga fortunei* var. *rubrifolia*〉ユキノシタ科。

ウラベニホテイシメジ 〈*Rhodophyllus crassipes* (Imaz. et Toki) Imaz. et Hongo〉イッポンシメジ科のキノコ。大型。傘は灰褐色、白色繊維紋、条線なし。ひだはピンク色。

ウラボシザクラ 〈*Prunus maackii*〉バラ科の木本。樹高15m。樹皮は黄褐色。

ウラボシノコギリシダ 裏星鋸羊歯 〈*Athyrium shearerii* (Baker) Ching〉オシダ科の常緑性シダ。葉身は長さ30cm。卵状三角形。

ウラボシヤハズ 〈*Dictyopteris membranacea* (Stackhouse) Batters〉アミジグサ科の海藻。中部の中肋から小葉片を副出。体は15cm。

ウラミゴケモドキ 〈*Nephroma helveticum* Ach.〉ツメゴケ科の地衣類。地衣体は褐色。

ウラムラサキ 〈*Laccaria amethystea* (Bull.) Murrill〉キシメジ科のキノコ。小型。傘は透明感あり。ひだは紫色〜濃紫色。

ウラムラサキ 〈*Strobilanthes dyerianus* M. T. Mast.〉キツネノマゴ科の低木。別名ビルマヤマアイ。高さは60〜90cm。花は紫色。園芸植物。

ウラムラサキシメジ 〈*Tricholosporum porphyrophyllum* (Imai) Guzmán〉キシメジ科のキノコ。中型。傘は饅頭形で湿時粘性。色は紫系の濃褐色のち淡紫褐色。ひだは強い紫色のち淡色。

ウラモサズキ 〈*Jania nipponica* Yendo〉サンゴモ科の海藻。叢生。体は2cm。

ウララ 〈Urara〉バラ科。

ウラルカンゾウ 〈*Glycyrrhiza uralensis* Fisch.〉マメ科の薬用植物。

ウリ ウリ科の果菜類。

ウリ科 科名。

ウリカエデ 瓜楓 〈*Acer crataegifolium* Sieb. et Zucc.〉カエデ科の落葉小高木。別名メウリノキ。樹幹が青緑色。高さは3〜5m。樹皮は緑色。園芸植物。

ウリカワ 瓜皮 〈*Sagittaria pygmaea* Miq.〉オモダカ科の沈水性〜抽水性〜湿生の小形の多年草。別名オオボシソウ。葉は根生し、線形、長さ4〜18cm。高さは10〜20cm。花は白色。園芸植物。

ウリクサ 瓜草 〈*Lindernia crustacea* (L.) F. Muell.〉ゴマノハグサ科の一年草。長さは10〜20cm。熱帯植物。

ウーリシア・クロスビー 〈*Ourisia crosbyi* Cockayne〉ゴマノハグサ科の多年草。高さは15cm。花は白色。園芸植物。

ウーリシア・ブレビフローラ 〈*Ourisia breviflora* Benth.〉ゴマノハグサ科の多年草。

ウーリシア・ミクロフィラ 〈*Ourisia microphylla* Poepp. et Endl.〉ゴマノハグサ科の多年草。高さは10cm。花は白色。園芸植物。

ウリノキ 瓜木 〈*Alangium platanifolium* (Sieb. et Zucc.) Harms var. *trilobum* (Miq.) Ohwi〉ウリノキ科の落葉低木。薬用植物。

ウリノキ科 科名。

ウリハダカエデ 瓜肌楓 〈*Acer rufinerve* Sieb. et Zucc.〉カエデ科の雌雄異株の落葉高木。高さは12m。花は黄色。樹皮は濃緑色。高山植物。園芸植物。

ウーリーブッシュ ヤマモガシ科。切り花に用いられる。

ウリョウチュウ 羽稜柱 ディーミア・テスツドの別名。

ウルイ ユリ科の山菜名。ギボウシ属の植物の芽吹いたばかりの若い葉。園芸植物。

ウルギネア・マリティマ カイソウの別名。

ウルケオリナ・ウルケオラータ 〈*Urceolina urceolata* M. L. Green〉ヒガンバナ科の多年草。

ウルケオリナ・ペルーウィアナ 〈*Urceolina peruviana* (K. Presl) Macbr.〉ヒガンバナ科の球根植物。高さは45cm。花は橙赤色。園芸植物。

ウルケオリナ・ペンドゥラ 〈*Urceolina pendula* Herb.〉ヒガンバナ科の球根植物。花は下半分は鮮黄、上半分は緑色。園芸植物。

ウルシ 漆 〈*Rhus verniciflua* Stockes〉ウルシ科の落葉高木。別名ウルシノキ。高さは10m。薬用植物。

ウルシ ウルシ科の属総称。

ウルシ科 科名。

ウルシグサ 〈*Desmarestia ligulata* (Stackhouse) Lamouroux〉ウルシグサ科の海藻。扁生膜質。体は60～100cm。

ウルシニア キク科の属総称。

ウルシニア・アネトイデス 〈*Ursinia anethoides* (DC.) N. E. Br.〉キク科。高さは30～60cm。花は光沢のある橙黄色。園芸植物。

ウルシニア・アンテモイデス 〈*Ursinia anthemoides* (L.) Poir.〉キク科。高さは20～30cm。花は黄色。園芸植物。

ウルシニア・カレンドゥリフロラ 〈*Ursinia calenduliflora* (DC.) N. E. Br.〉キク科。高さは40cm。花は濃橙色。園芸植物。

ウルシニア・スペキオサ 〈*Ursinia speciosa* DC.〉キク科。高さは30cm。花は黄色。園芸植物。

ウルセオラ 〈*Urceola elastica* Roxb.〉キョウチクトウ科の蔓木。葉裏にビロード状の毛あり。熱帯植物。

ウルセオリナ ヒガンバナ科の属総称。球根植物。

ウルップソウ 得撫草 〈*Lagotis glauca* Gaertn.〉ウルップソウ科の多年草。別名ハマレンゲ。高さは10～30cm。高山植物。園芸植物。

ウルップソウ科 科名。

ヴルフェニア・オリエンタリス 〈*Wulfenia orientalis* Boiss.〉ゴマノハグサ科。高さは30～45cm。園芸植物。

ヴルフェニア・カリンティアカ 〈*Wulfenia carinthiaca* Jacq.〉ゴマノハグサ科。高さは20～40cm。花は青紫色。高山植物。園芸植物。

ウルムス・アメリカナ 〈*Ulmus americana* L.〉ニレ科の落葉高木。別名アメリカニレ。高さは36m。園芸植物。

ウルムス・ウィミナリス 〈*Ulmus × viminalis* Lodd. ex Bean〉ニレ科の落葉高木。小形。園芸植物。

ウルムス・エレガンティッシマ 〈*Ulmus × elegantissima* Horwood〉ニレ科の落葉高木。園芸植物。

ウルムス・サルニエンシス 〈*Ulmus × sarniensis* (Loudon) H. H. Bancroft〉ニレ科の落葉高木。黄葉。園芸植物。

ウルムス・ダヴィディアナ 〈*Ulmus davidiana* Planch.〉ニレ科の落葉高木。高さは25m。花は褐紫色。園芸植物。

ウルムス・パルウィフォリア アキニレの別名。

ウルムス・プミラ ノニレの別名。

ウルムス・プロケラ 〈*Ulmus procera* Salisb.〉ニレ科の落葉高木。別名オウシュウニレ、ヨーロッパニレ。高さは30m。園芸植物。

ウルムス・プロティー 〈*Ulmus plotii* Druce〉ニレ科の落葉高木。高さは30m。園芸植物。

ウルムス・ラキニアタ オヒョウの別名。

ウルメール・ミュンスター 〈*Ulmer Münster*〉バラ科。シュラブ・ローズ系。花は紅色。

ウルモ 〈*Eucryphia cordifolia*〉エウクリフィア科の木本。樹高15m。樹皮は灰色。

ウルリッヒ・ブルナー・フィールズ 〈*Ulrich Brunner Fils*〉バラ科。花はチェリーピンク。

ウレクス・エウロパエウス ハリエニシダの別名。

ウレクス・パルウィフロルス 〈*Ulex parviflorus* Pourr.〉マメ科の夏緑低木。高さは0.6～1.5m。園芸植物。

ウレクス・ミノル 〈*Ulex minor* Roth〉マメ科の夏緑低木。高さは20～70cm。園芸植物。

ウーレティア・オドラティッシマ 〈*Houlletia odoratissima* Lindl.〉ラン科。花は濃赤茶色。園芸植物。

ウーレティア・ブロックルハースティアナ 〈*Houlletia brocklehurstiana* Lindl.〉ラン科。高さは40cm。花は赤褐色。園芸植物。

ウロコアカミゴケ 〈*Cladonia bellidiflora* (Ach.) Schaer.〉ハナゴケ科の地衣類。子柄は単一棒状。

ウロコイシ 〈*Lithoporella* sp.〉サンゴモ科の海藻。鱗片状。

ウロコウチワ 鱗団扇 キリンドロプンティア・フルギダの別名。

ウロコケシボウズタケ 〈*Tulostoma squamosum* Gmelin：Persoon〉ケシボウズタケ科のキノコ。

ウロコゴケ 〈*Heteroscyphus argutus* (Reinw., Blume & Nees) Schiffn.〉ウロコゴケ科のコケ。黄緑色～緑色、茎は長さ2～5cm。

ウロコゼニゴケ 〈*Fossombronia foveolata* Lindb. var. *cristula* (Austin) R. M. Schust.〉ウロコゼニゴケ科のコケ。茎は長さ約1cm、葉は円頭～凹頭。

ウロコタケ サルノコシカケ科の担子菌類、ウロコダケ属とその近縁のキノコの総称。

ウロコナズナ 〈*Lepidium campestre* (L.) R. Br.〉アブラナ科の一年草または二年草。高さは5～60cm。花は黄白色。

ウロコノキシノブ 〈*Lepisorus oligolepidus* (Bak.) Ching〉ウラボシ科の常緑性シダ。葉身は長さ15cm。狭披針形。

ウロコバアカミゴケ 〈*Cladonia macilenta* Hoffm. var. *ostreata* Nyl.〉ハナゴケ科の地衣類。子柄は単一、短小。

ウロコハナゴケ 〈*Cladonia squamosa* (Scop.) Hoffm.〉ハナゴケ科の地衣類。子柄は円筒形。

ウロコハナゴケモドキ 〈*Cladonia subsquamosa* (Nyl.) Vain.〉ハナゴケ科の地衣類。タムノール酸を含む。

ウロコブソラゴケ 〈*Lecidea scalaris* Ach.〉ヘリトリゴケ科の地衣類。地衣体は黄緑から灰緑色。

ウロコマリ 〈*Lepidagathis formosensis* C. B. Clarke ex Hayata.〉キツネノマゴ科の草本。

ウロコミズゴケ 〈*Sphagnum squarrosum* Crome〉ミズゴケ科のコケ。緑色〜明るい緑色で大形、茎葉は広い舌形。園芸植物。

ウワウルシ 〈*Arctostaphylos uva-ursi* (L.) Sprengel.〉ツツジ科の薬用植物。別名クマコケモモ。高山植物。

ウワバミゴケ 〈*Breutelia arundinifolia* (Duby) M. Fleisch.〉タマゴケ科のコケ。大形、茎はしばしばはい、葉は披針形。

ウワバミソウ 蟒蛇草 〈*Elatostema umbellatum* (Sieb. et Zucc.) Blume〉イラクサ科の多年草。別名ミズ、クチナワジョウゴ。茎は基部が紅色。高さは20〜50cm。薬用植物。

ウワミズザクラ 上溝桜, 上不見桜 〈*Prunus grayana* Maxim.〉バラ科の落葉高木。別名クソザクラ、コンゴウザクラ。高さは15m。花は白色。薬用植物。園芸植物。

ウンカリア・シネンシス 〈*Uncaria sinensis* (Oliv.) Havil.〉アカネ科の薬用植物。

ウンカリア・スカンデンス 〈*Uncaria scandens* (Sm.) Hutch.〉アカネ科の薬用植物。

ウンカリア・セッシリフルクツス 〈*Uncaria sessilifructus* Roxb.〉アカネ科の薬用植物。

ウンカリア・ヒルスタ 〈*Uncaria hirsuta* Havil.〉アカネ科の薬用植物。

ウンカリア・マクロフィラ 〈*Uncaria macrophylla* Wall.〉アカネ科の薬用植物。

ウンカリア・ユンナンエンシス 〈*Uncaria yunnanensis* K. C. Hsia.〉アカネ科の薬用植物。

ウンカリア・ラエビガタ 〈*Uncaria laevigata* Wall. ex G. Don.〉アカネ科の薬用植物。

ウンカリア・ランキフォリア 〈*Uncaria lancifolia* Hutch.〉アカネ科のつる性木本。薬用植物。

ウンカリア・ワンギイ 〈*Uncaria wangii* How.〉アカネ科の薬用植物。

ウンカリーナ・グランディディエリ 〈*Uncarina grandidieri* Stapf〉ゴマ科の低木。

ウンゲツ 雲月 ツツジ科のサツキの品種。園芸植物。

ウンコウソウ 〈*Cymbopogon distans* (Nees) W. Wats.〉イネ科の薬用植物。

ウンシフェラ 〈*Uncifera tenuicaulis* (Hook. f.) Holtt.〉ラン科の着生植物。葉、茎はやや赤色。花は黄色。熱帯植物。

ウンシュウミカン 温州蜜柑 〈*Citrus unshiu* (Makino) Marcov.〉ミカン科の木本。別名ウンシュウ。花は白色。薬用植物。園芸植物。

ウンゼンカンアオイ 〈*Heterotropa unzen* (F. Maekawa) F. Maekawa〉ウマノスズクサ科の多年草。別名ウンゼンアオイ。花柱背部が角状に伸びる。園芸植物。

ウンゼンツツジ 雲仙躑躅 〈*Rhododendron serpyllifolium* (A. Gray) Miq. var. *serpyllifolium*〉ツツジ科の半常緑の低木。花は白か極淡紅紫色。園芸植物。

ウンゼントリカブト 〈*Aconitum napiforme* var. *latifolium*〉キンポウゲ科。

ウンゼンマンネングサ 〈*Sedum polytrichoides* Hemsl.〉ベンケイソウ科の草本。別名ツシママンネングサ、ツクシマンネングサ、イソマンネングサ。

ウンナンウラジロノキ 〈*Malus yunnanensis*〉バラ科の木本。樹高10m。樹皮は暗灰褐色。

ウンナンソシンカ バウヒニア・ユンナネンシスの別名。

ウンナンツバキ 雲南椿 ツバキ科の木本。

ウンナンナナカマド 〈*Sorbus vilmorinii*〉バラ科の木本。樹高8m。樹皮は暗灰色。園芸植物。

ウンナンモミ 〈*Abies forrestii* C. C. Rogers〉マツ科の常緑高木。高さは40m。樹皮は灰色。園芸植物。

ウンヌケ 〈*Eulalia speciosa* (Deb.) O. Kuntze〉イネ科の多年草。高さは80〜120cm。

ウンヌケモドキ 〈*Eulalia quadrinervis* (Hack.) O. Kuntze〉イネ科の草本。

ウンポウ 雲峰 クラインツィア・ロンギフロラの別名。

ウンモンチク イネ科の木本。

ウンラン 海蘭 〈*Linaria japonica* Miq.〉ゴマノハグサ科の多年草。高さは15〜40cm。園芸植物。

ウンランモドキ 海蘭擬き 〈*Nemesia strumosa* Benth.〉ゴマノハグサ科の一年草。別名サットニー。高さは15〜16cm。園芸植物。

ウンリュウヤナギ 雲竜柳 〈*Salix matsudana* Koidz. var. *tortuosa* Vilmorin〉ヤナギ科の木本。別名ウンリュウシダレ、ペキンヤナギ。園芸植物。切り花に用いられる。

【 エ 】

エイカン エリカ・エリゲナの別名。

エイカン 英冠 エキノマスツス・ジョンソニーの別名。

エイキュウシボリ 永久絞り ツバキ科のサザンカの品種。園芸植物。
エイコウ 栄光 〈Eikoh〉バラ科。ハイブリッド・ティーローズ系。花は黄色。
エイコウ 栄光 キク科のダリアの品種。園芸植物。
エイコウ 栄光 ユリ科のアリウムの品種。園芸植物。
エイザンスミレ 叡山菫 〈Viola eizanensis Makino〉スミレ科の多年草。別名カクレミノ。高さは7〜10cm。花は淡紅紫色。園芸植物。
エイジマル 栄次丸 ギムノカリキウム・アイティアヌムの別名。
エイジュ エリカ・アルボレアの別名。
エイビギョク 衛美玉 エキノケレウス・フェンドレリの別名。
A.ベットフォード ツツジ科のシャクナゲの品種。園芸植物。
エイボン 〈Avon〉バラ科。ハイブリッド・ティーローズ系。花は暗紅色。
エイムジエラ・フィリピネンシス 〈Amesiella philippinensis (Ames) Garay〉ラン科。高さは3〜6cm。花は白色。園芸植物。
エイラク 永楽 〈Adoromischus cristatus Lem.〉ベンケイソウ科の多年草。別名テンショウ。
エイランタイ 英蘭苔 〈Cetraria islandica Ach. var. orientalis Asahina〉ウメノキゴケ科の薬用植物。地衣体はやや灌木状。
エウアデニア・エミネンス 〈Euadenia eminens Hook. f.〉フウチョウソウ科の常緑低木。
エウオディア・ダニエリー シュユの別名。
エウオディア・フペヘンシス 〈Euodia hupehensis Dode〉ミカン科。高さは18m。花は白色。園芸植物。
エウオディア・ヘンリー 〈Euodia henryi Dode〉ミカン科。高さは6〜10m。花は帯桃白色。園芸植物。
エウオディア・メリーフォリア ハマセンダンの別名。
エウオディア・ルティカルパ ゴシュユの別名。
エウオニムス・アラツス ニシキギの別名。
エウオニムス・エウロパエウス セイヨウマユミの別名。
エウオニムス・オクシフィルス ツリバナの別名。
エウオニムス・グランディフロルス 〈Euonymus grandiflorus Wall.〉ニシキギ科の木本。花は緑黄色。園芸植物。
エウオニムス・シーボルディアヌス マユミの別名。
エウオニムス・トリカルプス クロツリバナの別名。
エウオニムス・ハミルトニアヌス 〈Euonymus hamiltonianus Wall.〉ニシキギ科の木本。葉は赤色か黄色。園芸植物。

エウオニムス・ヤポニクス マサキの別名。
エウオニムス・ランケオラツス ムラサキマユミの別名。
エウカリス・グランディフロラ アマゾンユリの別名。
エウカリス・スペデンタタ 〈Eucharis subedentata (Bak.) Benth. et Hook. f.〉ヒガンバナ科の多年草。高さは30〜45cm。花は白色。園芸植物。
エウクリフィア・インテルメディア ミツバエウクリフィアの別名。
エウクリフィア・グルティノサ 〈Eucryphia glutinosa (Poepp. et Endl.) Baill.〉エウクリフィア科の落葉小高木。高さは3〜5m。花は白色。樹皮は灰色。園芸植物。
エウクリフィア・ニーマンゼンシス ニーマンズエウクリフィアの別名。
エウコミス・アウツムナリス 〈Eucomis autumnalis (Mill.) Chitt.〉ユリ科の球根植物。高さは40〜50cm。花は緑色。園芸植物。
エウコミス・ウンドラータ 〈Eucomis undulata Ait.〉ユリ科の多年草。
エウコミス・コモサ 〈Eucomis comosa (Hutt.) Wehrh.〉ユリ科の球根植物。高さは50〜60cm。花は白黄、ピンク、暗赤紫色。園芸植物。
エウコミス・ザンベジアカ 〈Eucomis zambesiaca Rchb. f.〉ユリ科の球根植物。熱帯性種。園芸植物。
エウコミス・ビコロル 〈Eucomis bicolor Bak.〉ユリ科の球根植物。高さは40〜50cm。花は黄白色。園芸植物。
エウコミス・プンクタータ 〈Eucomis punctata L' Her〉ユリ科の多年草。
エウコミス・ポール-エヴァンシー 〈Eucomis pole-evansii N. E. Br.〉ユリ科の球根植物。花は白黄色。園芸植物。
エウコンミア・ウルモイデス トチュウの別名。
エウスカフィス・ヤポニカ ゴンズイの別名。
エウストマ・グランディフロルム トルコギキョウの別名。
エウパトリウム・アトロルベンス 〈Eupatorium atroubens (Lem.) Nichols.〉キク科。高さは1m。花は淡いライラック色。園芸植物。
エウパトリウム・ヴァリアビレ ヤマヒヨドリの別名。
エウパトリウム・カンナビヌム 〈Eupatorium cannabinum L.〉キク科の多年草。
エウパトリウム・キネンセ 〈Eupatorium chinense L.〉キク科。高さは60〜150cm。園芸植物。
エウパトリウム・セッシリフォリウム 〈Eupatorium sessilifolium L.〉キク科。高さは1m。園芸植物。

エウパトリウム・ソルディドゥム 〈*Eupatorium sordidum* Less.〉キク科。高さは2m。花は紫紅色。園芸植物。

エウパトリウム・プルプレウム 〈*Eupatorium purpureum* L.〉キク科。高さは0.6～2m。花は紅色。園芸植物。

エウパトリウム・マクラツム 〈*Eupatorium maculatum* L.〉キク科。高さは1.5m。花は紅、紫紅色。園芸植物。

エウパトリウム・メガロフィルム 〈*Eupatorium megalophyllum* (Lem.) Klatt〉キク科。高さは1.5m。園芸植物。

エウパトリウム・ヤポニクム フジバカマの別名。

エウパトリウム・リパリウム 〈*Eupatorium riparium* Regel〉キク科。高さは60cm。園芸植物。

エウパトリウム・リンドレイアヌム サワヒヨドリの別名。

エウプテレア・ポリアンドラ フサザクラの別名。

エウフラシア・ニチドゥラ 〈*Euphrasia nitidula* Reuter〉ゴマノハグサ科の一年草。

エウフラシア・ネモロサ 〈*Euphrasia nemorosa* Reut.〉ゴマノハグサ科。高山植物。

エウリア・エマルギナタ ハマヒサカキの別名。

エウリア・ヤクシメンシス ヒメヒサカキの別名。

エウリア・ヤポニカ ヒサカキの別名。

エウリアレ・フェロクス オニバスの別名。

エウリコネ・ロスチャイルディアナ 〈*Eurychone rothschildiana* (O'Brien) Schlechter〉ラン科。茎の長さ10～15cm。花は白色。園芸植物。

エウロフィア・ギネーンシス 〈*Eulophia guineensis* Lindl.〉ラン科。高さは50～60cm。花は帯紫緑色。園芸植物。

エウロフィア・ストレプトペタラ 〈*Eulophia streptopetala* Lindl.〉ラン科。高さは50～80cm。花は鮮黄色。園芸植物。

エウロフィア・スペキオサ 〈*Eulophia speciosa* (R. Br. ex Lindl.) H. Bolus〉ラン科。高さは50～120cm。花は鮮黄色。園芸植物。

エウロフィエラ・レンプレリアナ 〈*Eulophiella roempleriana* (Rchb. f.) Schlechter〉ラン科。高さは1m。花は濃紫紅色。園芸植物。

エウロフィエラ・ロルフェイ 〈*Eulophiella* Rolfei〉ラン科。高さは1m。花は鮮紫桃色。園芸植物。

エウロフィディウム・ソーンダーシアヌム 〈*Eulophidium saundersianum* (Rchb. f) Summerh.〉ラン科。高さは60cm。花は白色。園芸植物。

エウロフィディウム・マクラツム 〈*Eulophidium maculatum* (Lindl.) Pfitz.〉ラン科。高さは30cm。花は白または淡いピンク色。園芸植物。

エオニウム・アルボレウム 〈*Aeonium arboreum* (L.) Webb et Berth.〉ベンケイソウ科。高さは1m。園芸植物。

エオニウム・ウルビクム 〈*Aeonium urbicum* (Chr. Sm. ex Hornem.) Webb et Berth.〉ベンケイソウ科。別名衆讃曲。高さは0.6～2m。花は緑白～淡桃色。園芸植物。

エオニウム・ウンドゥラツム 〈*Aeonium undulatum* Webb et Berth.〉ベンケイソウ科。別名誘芳楽。高さは1m。花は鮮黄色。園芸植物。

エオニウム・カナリエンセ 〈*Aeonium canariense* (L.) Webb et Berth.〉ベンケイソウ科。別名香炉盤。花は硫黄色。園芸植物。

エオニウム・シムジー 〈*Aeonium simsii* (Sweet) Stearn〉ベンケイソウ科。園芸植物。

エオニウム・セディフォリウム 〈*Aeonium sedifolium* (Webb) Pit. et Proust〉ベンケイソウ科。高さは10～25cm。花は輝黄色。園芸植物。

エオニウム・タブリフォルメ メイキョウの別名。

エオニウム・ノビレ 〈*Aeonium nobile* Praeg.〉ベンケイソウ科。別名鏡獅子。花は橙赤色。園芸植物。

エオニウム・ハワーシー ベニヒメの別名。

エオメコン・キオナンタ シラユキゲシの別名。

エオランツス・レペンス 〈*Aeollanthus repens* D.Oliver〉シソ科の常緑低木。花は白色。園芸植物。

エガオ ツバキ科のサザンカの品種。

エキウム ムラサキ科の属総称。

エキウム・アモエヌム ムラサキ科の宿根草。

エキウム・ウィルドプレッティー 〈*Echium wildpretii* H. Pearson ex Hook. f.〉ムラサキ科。高さは3m。花は淡紅色。園芸植物。

エキウム・クレティクム 〈*Echium creticum* L.〉ムラサキ科。高さは90cm。花は紅紫または桃紅色。園芸植物。

エキウム・ブルガエアヌム 〈*Echium bourgaeanum* Webb.〉ムラサキ科の低木。

エキウム・リコプシス 〈*Echium lycopsis* L.〉ムラサキ科の多年草。

エキサイゼリ 益斎芹 〈*Apodicarpum ikenoi* Makino〉セリ科の多年草。別名オバゼリ。高さは約30cm。日本絶滅危機植物。

エキサカム ベニヒメリンドウの別名。

エキセルサコーヒー 〈*Coffea excelsa* A. Chev〉アカネ科。リベリヤコーヒーとアラビアコーヒーの中間種。熱帯植物。

エキゾチカ キツネノマゴ科のヘミグラフィスの品種。園芸植物。

エキドノプシス・ケレイフォルミス 〈*Echidnopsis cereiformis* Hook. f.〉ガガイモ科の多年草。別名青竜角。高さは15～30cm。花は帯褐黄色。園芸植物。

エキナケア　ムラサキバレンギクの別名。

エキナセア・アングスティフォリア　〈*Echinacea angustifolia* DC.〉キク科の薬用植物。

エキノカクツス　サボテン科の属総称。サボテン。

エキノカクツス・インゲンス　イワオの別名。

エキノカクツス・グランディス　ベンケイの別名。

エキノカクツス・グルソニー　キンシャチの別名。

エキノカクツス・ポリケファルス　〈*Echinocactus polycephalus* Engelm. et Bigel.〉サボテン科のサボテン。別名大竜冠。高さは70cm。花は黄色。園芸植物。

エキノカクツス・ホリゾンタロニウス　〈*Echinocactus horizonthalonius* Lem.〉サボテン科のサボテン。高さは15cm。花は淡紅色。園芸植物。

エキノケレウス　サボテン科の属総称。サボテン。別名エビサボテン。

エキノケレウス・ウィリディフロルス　〈*Echinocereus viridiflorus* Engelm.〉サボテン科のサボテン。別名青花蝦。高さは2.5～7cm。花は淡緑色。園芸植物。

エキノケレウス・エンゲルマニー　〈*Echinocereus engelmannii* (Parry) ex Engelm.)Rümpler〉サボテン科のサボテン。別名武勇丸。高さは45cm。花は淡紫紅色。園芸植物。

エキノケレウス・オクタカンツス　ローマエビの別名。

エキノケレウス・クニッペリアヌス　ウチュウデンの別名。

エキノケレウス・クロランツス　〈*Echinocereus chloranthus* (Engelm.) Rümpler〉サボテン科のサボテン。別名白紅司。高さは15～30cm。花は帯褐緑色。園芸植物。

エキノケレウス・コッキネウス　〈*Echinocereus coccineus* Engelm.〉サボテン科のサボテン。別名赤花蝦。径3～5cm。花は緋赤色。園芸植物。

エキノケレウス・ストラミネウス　〈*Echinocereus stramineus* (Engelm.) Rümpler〉サボテン科のサボテン。別名荒武者。高さは12～25cm。花は紫紅色。園芸植物。

エキノケレウス・ダシアカンツス　〈*Echinocereus dasyacanthus* Engelm.〉サボテン科のサボテン。別名御旗。高さは30cm。花は鮮黄色。園芸植物。

エキノケレウス・デレーティー　〈*Echinocereus delaetii* Gürke〉サボテン科のサボテン。別名翁錦。高さは30cm。花は帯紫桃色。園芸植物。

エキノケレウス・トリグロキディアツス　〈*Echinocereus triglochidiatus* Engelm.〉サボテン科のサボテン。別名尠刺蝦。高さは15cm。園芸植物。

エキノケレウス・フェンドレリ　〈*Echinocereus fendleri* (Engelm.) Rümpler〉サボテン科のサボテン。別名衛美玉。高さは15cm。花は淡紫紅～濃紫紅色。園芸植物。

エキノケレウス・プルケルス　〈*Echinocereus pulchellus* (Mart.) K. Schum.〉サボテン科のサボテン。別名明石丸。高さは10cm。花は白から淡紅～桃色。園芸植物。

エキノケレウス・ベイレイー　〈*Echinocereus baileyi* Rose〉サボテン科のサボテン。別名花盃。高さは10cm。花は淡紅～淡紫紅色。園芸植物。

エキノケレウス・ペクティナツス　〈*Echinocereus pectinatus* (Scheidw.) Engelm.〉サボテン科のサボテン。別名三光丸。高さは15cm。花は淡桃～濃桃色。園芸植物。

エキノケレウス・ベルランディエリ　〈*Echinocereus berlandieri* (Engelm.) Palm.〉サボテン科のサボテン。別名金竜。径2.5cm。花は帯紫紅色。園芸植物。

エキノケレウス・ペンタロフス　ビカクの別名。

エキノケレウス・ポリアカンツス　〈*Echinocereus polyacanthus* Engelm.〉サボテン科のサボテン。別名多刺蝦。花は赤色。園芸植物。

エキノケレウス・メラノケントルス　〈*Echinocereus melanocentrus* Lowry emend. Backeb.〉サボテン科のサボテン。別名摺墨。径3.5～5cm。花は帯紫桃色。園芸植物。

エキノケレウス・ライヘンバッヒー　〈*Echinocereus reichenbachii* (Tersch.) F. A. Haage jr. ex Britt. et Rose〉サボテン科のサボテン。別名麗光丸。高さは20cm。花は帯紫紅色。園芸植物。

エキノケレウス・ルテウス　〈*Echinocereus luteus* Britt. et Rose〉サボテン科のサボテン。別名大仏殿。花は鮮黄色。園芸植物。

エキノドルス・インテルメディウス　〈*Echinodorus intermedius* (Mart.) Griseb.〉オモダカ科の水生植物。葉長3～5cm。花は白色。園芸植物。

エキノドルス・コルディフォリウス　〈*Echinodorus cordifolius* (L.) Griseb.〉オモダカ科の水生植物。花は白色。園芸植物。

エキノドルス・テネルス　〈*Echinodorus tenellus* (Mart.) Buchenau〉オモダカ科の水生植物。葉長10cm。花は白色。園芸植物。

エキノドルス・パニクラツス　〈*Echinodorus paniculatus* P. Micheli〉オモダカ科の水生植物。葉長25～45cm。花は白色。園芸植物。

エキノドルス・マルティー　〈*Echinodorus martii* P. Micheli〉オモダカ科の水生植物。葉長30～50cm。花は白色。園芸植物。

エキノフォスロカクタス　サボテン科の属総称。サボテン。

エキノフォッスロカクツス・アルバツス　〈*Echinofossulocactus albatus* (A. Dietr.) Britt. et Rose〉サボテン科のサボテン。別名雪渓丸。花は白色。園芸植物。

エキノフォッスロカクツス・ケレリアヌス 〈*Echinofossulocactus kellerianus* Krainz〉サボテン科のサボテン。別名剣恋玉。高さは4cm。花は白色。園芸植物。

エキノフォッスロカクツス・コプトノゴヌス リュウケンマルの別名。

エキノフォッスロカクツス・ハスタツス ヤリホギョクの別名。

エキノフォッスロカクツス・ファウペリアヌス 〈*Echinofossulocactus vaupelianus* (Werderm.) Tiegel et Oehme〉サボテン科のサボテン。別名秋陣営。花は淡黄色。園芸植物。

エキノフォッスロカクツス・ラメロッス 〈*Echinofossulocactus lamellosus* (A. Dietr.) Britt. et Rose〉サボテン科のサボテン。別名竜舌玉。高さは10cm。花は白色。園芸植物。

エキノフォッスロカクツス・ロイディー 〈*Echinofossulocactus lloydii* Britt. et Rose〉サボテン科のサボテン。別名振武王。花は淡桃色。園芸植物。

エキノプシス サボテン科の属総称。サボテン。

エキノプシス・エリエシー タンゲマルの別名。

エキノプシス・カロクロラ 〈*Echinopsis calochlora* K. Schum.〉サボテン科のサボテン。別名金盛丸。径6~9cm。花は白色。園芸植物。

エキノプシス・ツビフロラ カセイマルの別名。

エキノプシス・ムルティプレクス 〈*Echinopsis multiplex* (Pfeiff.) Zucc.〉サボテン科のサボテン。別名長盛丸。高さは30cm。花は淡紅色。園芸植物。

エキノプシス・レウカンタ 〈*Echinopsis leucantha* (Gillies) Walp.〉サボテン科のサボテン。別名魔剣丸、豪剣丸。径15cm。花は白色。園芸植物。

エキノプシス・ロドトリカ 〈*Echinopsis rhodotricha* K. Schum.〉サボテン科のサボテン。別名仁王丸。高さは70~80cm。花は白色。園芸植物。

エキノプス ルリタマアザミの別名。

エキノプス・スファエロケファルス 〈*Echinops sphaerocephalus* L.〉キク科の草本。高さは1.5~2.5m。花は青白色。園芸植物。

エキノプス・リトロ ルリタマアザミの別名。

エキノマスツス・インテルテクスツス 〈*Echinomastus intertextus* (Engelm.) Britt. et Rose〉サボテン科のサボテン。別名桜丸。径5~7cm。花は淡紫色。園芸植物。

エキノマスツス・ウングイスピヌス 〈*Echinomastus unguispinus* (Engelm.) Britt. et Rose〉サボテン科のサボテン。別名紫宝玉。高さは10~15cm。花は淡桃緑色。園芸植物。

エキノマスツス・ジョンソニー 〈*Echinomastus johnsonii* (Parry) Baxter〉サボテン科のサボテン。別名英冠。高さは25cm。花は白~淡紫桃色。園芸植物。

エキノマスツス・マクダウェリー 〈*Echinomastus macdowellii* (Rebut) Britt. et Rose〉サボテン科のサボテン。別名大白丸。花は紅ないし紫桃色。園芸植物。

エキノマスズ 駅路の鈴 サクラソウ科のサクラソウの品種。園芸植物。

エクイセツム・アルウェンセ スギナの別名。

エクイセツム・ウァリエガツム チシマヒメドクサの別名。

エクイセツム・スキルポイデス ヒメドクサの別名。

エクイセツム・ヒエマレ トクサの別名。

エクイセツム・フルウィアティレ ミズドクサの別名。

エクスコエカリア・コキンキネンシス セイシボクの別名。

エクソコルダ・ジラルディー 〈*Exochorda giraldii* Hesse〉バラ科の落葉低木。高さは4.5m。園芸植物。

エクソコルダ・セラティフォリア 〈*Exochorda serratifolia* S. L. Moore〉バラ科の落葉低木。高さは2~3m。園芸植物。

エクバリウム・エラテリウム テッポウウリの別名。

エクボカンアオイ エクボサイシンの別名。

エクボサイシン 〈*Heterotropa gelasina* F. Maek.〉ウマノスズクサ科の草本。

エクメア パイナップル科の属総称。別名シマサンゴアナナス。

エクメア・アラネオサ 〈*Aechmea araneosa* L. B. Sm.〉パイナップル科の着生種。高さは100~120cm。園芸植物。

エクメア・ヴァイルバッヒー 〈*Aechmea weilbachii* Didr.〉パイナップル科の着生種。花は淡紫色。園芸植物。

エクメア・ヴィクトリアナ 〈*Aechmea victoriana* L. B. Sm.〉パイナップル科の着生種。花は紫色。園芸植物。

エクメア・オーランディアナ 〈*Aechmea orlandiana* L. B. Sm.〉パイナップル科の着生種。別名オオシマサンゴアナナス。花は黄色。園芸植物。

エクメア・オルナタ 〈*Aechmea ornata* (Gaud.-Beaup.) Bak.〉パイナップル科の着生種。花は赤紫色。園芸植物。

エクメア・カウダタ 〈*Aechmea caudata* Lindm.〉パイナップル科の着生種。葉長60~80cm。花は黄色。園芸植物。

エクメア・カリクラタ 〈*Aechmea calyculata* (E. Morr.) Bak.〉パイナップル科の着生種。高さは40~50cm。花は鮮黄色。園芸植物。

エクメアセ

エクメア・セレスチス パイナップル科。別名シロツブアナナス。園芸植物。

エクメア・チャンティニー 〈Aechmea chantinii (Carrière) Bak.〉パイナップル科の着生種。高さは50～60cm。花は黄色。園芸植物。

エクメア・チランジオイデス・キーナスチー パイナップル科。園芸植物。

エクメア・ディクラミデア 〈Aechmea dichlamydea Bak.〉パイナップル科の着生種。高さは60～80cm。花は先端が白で基部は淡紫色。園芸植物。

エクメア・ディスティカンタ 〈Aechmea distichantha Lem.〉パイナップル科の着生種。花は淡紫赤色。園芸植物。

エクメア・トリアングラリス 〈Aechmea triangularis L. B. Sm.〉パイナップル科の着生種。花は紫色。園芸植物。

エクメア・ヌディカウリス 〈Aechmea nudicaulis (L.) Griseb.〉パイナップル科の着生種。花は淡黄色。園芸植物。

エクメア・ピネリアナ 〈Aechmea pineliana (Brongn. ex Planch.) Bak.〉パイナップル科の着生種。花は黄色。園芸植物。

エクメア・ファスキアタ シマサンゴアナナスの別名。

エクメア・フィリカウリス 〈Aechmea filicaulis (Griseb.) Mez〉パイナップル科の着生種。葉長40cm。花は白色。園芸植物。

エクメア・フォステリアナ 〈Aechmea fosteriana L. B. Sm.〉パイナップル科の着生種。葉長50～60cm。花は濃黄色。園芸植物。

エクメア・ブラクテアタ 〈Aechmea bracteata (Swartz) Griseb.〉パイナップル科の着生種。花は淡黄色。園芸植物。

エクメア・フルゲンス・ディスコロール パイナップル科。別名ウラベニサンゴアナナス。園芸植物。

エクメア・ペクティナタ 〈Aechmea pectinata Bak.〉パイナップル科の着生種。径50～60cm。花は緑色。園芸植物。

エクメア・ペンドゥリフロラ 〈Aechmea penduliflora André〉パイナップル科の着生種。花は黄色。園芸植物。

エクメア・マリアエ-レギナエ 〈Aechmea mariae-reginae H. Wendl.〉パイナップル科の着生種。花は淡紫色。園芸植物。

エクメア・ミニアタ 〈Aechmea miniata (Beer) hort. ex Bak.〉パイナップル科の着生種。花は青紫色。園芸植物。

エクメア・ラシーナエ 〈Aechmea racinae L. B. Sm.〉パイナップル科の着生種。花は黄色。園芸植物。

エクメア・ラマルケイ 〈Aechmea lamarchei Mez〉パイナップル科の着生種。花は淡黄色。園芸植物。

エクメア・リューデマニアナ 〈Aechmea lueddemanniana (K. Koch) Brongn. ex Mez〉パイナップル科の着生種。葉長50～60cm。花は淡紫色。園芸植物。

エクメア・レクルウァタ 〈Aechmea recurvata (Klotzsch) L. B. Sm.〉パイナップル科の着生種。花は桃紫色。園芸植物。

エクメア・ワイルバッキー パイナップル科。別名ショウジョウアナナス。園芸植物。

エグランティーヌ 〈Eglantyne〉バラ科。イングリッシュローズ系。花は淡ピンク。

エクレモカルプス・スカベル 〈Eccremocarpus scaber (D. Don) Ruiz et Pav.〉ノウゼンカズラ科のつる性低木。花は橙赤色。園芸植物。

エゴノキ 斎墩果 〈Styrax japonica Sieb. et Zucc.〉エゴノキ科の落葉小高木～高木。別名チシャノキ、セッケンノキ。高さは7～8m。花は白色。樹皮は濃灰褐色。薬用植物。園芸植物。

エゴノキ科 科名。

エゴノキタケ 〈Daedaleopsis styracina (P. Henn. & Shirai) Imazeki〉サルノコシカケ科のキノコ。中型。傘は茶褐色～黒褐色、環紋。

エゴノリ 恵胡海苔 〈Campylaephora hypnaeoides J. Agardh〉イギス科の海藻。別名エゴ、オキウド、カラクサイギス。大きな団塊となる。

エゴマ 荏胡麻 〈Perilla frutescens (L.) Britton var. japonica (Hassk.) Hara〉シソ科の薬用植物。別名エ、ジュウネ。種皮は黒～茶褐色や灰白色など。高さは60～150cm。花は白色。

エシャロット 〈Allium ascalonicum Linn.〉ユリ科。別名ジャージー・シャロット。園芸植物。

S.H.ビューティー カンナ科のカンナの品種。園芸植物。

エスカリョニア・エクソニエンシス 〈Escallonia × exoniensis hort. Veitch〉ユキノシタ科の木本。高さは4m。花は白色。園芸植物。

エスカリョニア・マクランタ 〈Escallonia macrantha Hook. et Arn.〉ユキノシタ科の木本。高さは3～4m。花は濃いピンク色。園芸植物。

エスカリョニア・ルブラ 〈Escallonia rubra (Ruiz et Pav.) Pers.〉ユキノシタ科の木本。高さは5m。花は赤色。園芸植物。

エスキナンサス・ロビアナ イワタバコ科。園芸植物。

エスキナンツス 〈Aeschynanthus parvifolia R. BR.〉イワタバコ科の樹上着生植物。葉は多肉。花は赤色。熱帯植物。

エスキナンツス イワタバコ科の属総称。

エスキナンツス・エリプティクス 〈Aeschynanthus ellipticus Lauterb. et K. Schum.〉イワタバコ科。花は輝橙赤色。園芸植物。

エスキナンツス・オブコニクス 〈Aeschynanthus obconicus C. B. Clarke〉イワタバコ科。花は暗赤色。園芸植物。

エスキナンツス・スペキオスス 〈Aeschynanthus speciosus Hook.〉イワタバコ科のつる性低木。花は橙色。園芸植物。

エスキナンツス・トリコロル 〈Aeschynanthus tricolor Hook.〉イワタバコ科。花は濃血赤色。園芸植物。

エスキナンツス・パラシティクス 〈Aeschynanthus parasiticus (Roxb.) Wall.〉イワタバコ科。花は橙赤色。園芸植物。

エスキナンツス・ヒルデブランティー 〈Aeschynanthus hildebrandtii Hemsl.〉イワタバコ科。花は緋紅色。園芸植物。

エスキナンツス・ミクランツス 〈Aeschynanthus micranthus C. B. Clarke〉イワタバコ科。花は暗赤色。園芸植物。

エスキナンツス・ラディカンス 〈Aeschynanthus radicans Jack〉イワタバコ科。花は緋紅色。園芸植物。

エスキナンツス・ロンギカウリス 〈Aeschynanthus longicaulis R. Br.〉イワタバコ科のつる性低木。花は黄緑色。園芸植物。

エスキナンツス・ロンギフロルス 〈Aeschynanthus longiflorus (Blume) A. DC.〉イワタバコ科のつる性低木。花は深紅色。園芸植物。

エスクルス・カルネア 〈Aesculus carnea Hayne〉トチノキ科。

エスコバーリア・ツベルクロサ 〈Escobaria tuberculosa (Engelm.) Britt. et Rose〉サボテン科のサボテン。別名松毬丸。高さは5～18cm。花は明桃色。園芸植物。

エスタ バラ科。花はクリームピンク。

エスター・オファリム バラ科。花はオレンジ色。

エステバリス ナツザキフクジュソウの別名。

エステル・ドゥ・メイアン バラ科。ハイブリッド・ティーローズ系。

エストラゴン 〈Artemisia dracunculus L.〉キク科。高さは40～70cm。園芸植物。

エスパルト 〈Stipa tenacissima L.〉イネ科。

エスポストア サボテン科の属総称。サボテン。

エスポストア・ミラビリス 〈Espostoa mirabilis F. Ritter〉サボテン科のサボテン。別名越天楽。径10cm。園芸植物。

エスポストア・ラナタ オイラクの別名。

エスポストア・リッテリ 〈Espostoa ritteri Buin.〉サボテン科のサボテン。別名老寿楽。高さは4m。花は白色。園芸植物。

エスメラルダ・キャスカーティー 〈Esmeralda cathcartii (Lindl.) Rchb. f.〉ラン科。高さは30～45cm。花は白色。園芸植物。

エスメラルダ・クラーケイ 〈Esmeralda clarkei (Rchb. f.) Rchb. f.〉ラン科。花は赤褐色。園芸植物。

エセオリミキ 〈Collybia butyracea (Bull. ：Fr.) Quél〉キシメジ科のキノコ。小型～中型。傘は湿時赤褐色、乾燥時帯白色。ひだは白色。

エセルトーナナカマド 〈Sorbus esserteauana〉バラ科の木本。樹高10m。樹皮は灰褐色。園芸植物。

エゾアオイスミレ 〈Viola collina Bess.〉スミレ科の草本。別名マルバケスミレ。

エゾアカバナ 〈Epilobium montanum L.〉アカバナ科の多年草。高山植物。

エゾアジサイ 蝦夷紫陽花 〈Hydrangea serrata (Thunb. ex Murray) Ser. var. megacarpa (Ohwi) H. Ohba〉ユキノシタ科の落葉低木。別名ムツアジサイ。

エゾアブラガヤ 〈Scirpus wichurai Böcklr. var. asiaticus (Beetle) T. Koyama〉カヤツリグサ科の草本。

エゾイシゲ 〈Pelvetia wrightii Yendo〉ヒバマタ科の海藻。気胞をもつ。体は50cm。

エゾイタヤ 〈Acer mono Maxim. var. glabrum (Lév. et Vaniot) Hara〉カエデ科の落葉高木。別名クロビイタヤ。高さは20m。園芸植物。

エゾイチゲ 蝦夷一花 〈Anemone soyensis H. Boiss〉キンポウゲ科の草本。別名ヒロハヒメイチゲ。

エゾイチゴ 蝦夷苺 〈Rubus idaeus L. var. aculeatissimus Regel et Tiling〉バラ科の落葉低木。別名カラフトイチゴ。

エゾイチヤクソウ 蝦夷一薬草 〈Pyrola minor L.〉イチヤクソウ科の多年草。高さは10～20cm。

エゾイトイ 〈Juncus potaninii Buchen.〉イグサ科の草本。

エゾイトゴケ 〈Anomodon rugelii (Müll. Hal.) Keissl.〉シノブゴケ科のコケ。二次茎は長さ2～4cm、葉は乾くとよく巻縮。

エゾイヌナズナ 蝦夷犬薺 〈Draba borealis DC.〉アブラナ科の多年草。別名シロバナノイヌナズナ。高さは5～20cm。花は白色。園芸植物。

エゾイヌノヒゲ 〈Eriocaulon perplexum Satake et Hara〉ホシクサ科の草本。

エゾイバラゴケ 〈Cladonia hokkaidensis Asah.〉ハナゴケ科の地衣類。子柄は細小で径0.2～1.0mm。

エゾイブキトラノオ 〈Polygonum bistorta〉タデ科。

エゾイラクサ 〈Urtica platyphylla Wedd.〉イラクサ科の多年草。高さは50～80cm。

エゾイワツメクサ 蝦夷岩爪草 〈*Stellaria pterosperma* Ohwi〉ナデシコ科の草本。高山植物。

エゾウキヤガラ 蝦夷浮矢幹 〈*Scirpus planiculmis* Fr. Schm.〉カヤツリグサ科の多年生の抽水性〜湿生植物。桿の断面は三角形で高さは20〜100cm。

エゾウコギ 〈*Acanthopanax senticosus* (Rupr. et Maxim.) Harms〉ウコギ科の落葉低木。別名ハリウコギ。薬用植物。

エゾウサギギク 蝦夷兎菊 〈*Arnica unalaschcensis* Less. var. *unalaschcensis*〉キク科の草本。

エゾウスユキソウ 蝦夷薄雪草 〈*Leontopodium discolor* Beauv.〉キク科の草本。別名レブンウスユキソウ。高山植物。

エゾエノキ 蝦夷榎 〈*Celtis bungeana* Blume var. *jessoensis* (Koidz.) Kudo〉ニレ科の落葉高木。別名オクジリエノキ、カンサイエノキ。高さは20m。園芸植物。

エゾエンゴサク 蝦夷延胡索 〈*Corydalis ambigua* Cham. et Schltr.〉ケシ科の多年草。高さは10〜30cm。花は青紫色。高山植物。薬用植物。園芸植物。

エゾオオケマン 〈*Corydalis curvicalcarata* Miyabe et Kudo〉ケシ科の草本。高山植物。

エゾオオサクラソウ 蝦夷大桜草 〈*Primula jesoana* var. *pubescense*〉サクラソウ科。別名ウスゲノエゾサクラソウ、エゾサクラソウ。高山植物。

エゾオオバコ 蝦夷大葉子、蝦夷車前 〈*Plantago camtschatica* Cham.〉オオバコ科の多年草。高さは7〜30cm。花は白色。園芸植物。

エゾオヤマハコベ 〈*Stellaria radians* L.〉ナデシコ科の多年草。高さは50〜80cm。

エゾオグルマ 蝦夷小車 〈*Senecio pseudo-arnica* Less.〉キク科の草本。

エゾオトギリ 〈*Hypericum yezoense* Maxim.〉オトギリソウ科の草本。高山植物。

エゾオヤマノエンドウ 蝦夷御山の豌豆 〈*Oxytropis japonica* var. *sericea*〉マメ科。高山植物。

エゾオヤマリンドウ 〈*Gentiana triflora* var. *montana*〉リンドウ科。

エゾカシラザキ 〈*Halopteris scoparia* (Linné) Sauvageau〉クロガシラ科の海藻。別名ハケカシラザキ。大形。

エゾカラマツ 〈*Thalictrum sachalinense* Lecoy.〉キンポウゲ科の草本。別名ミヤマアキカラマツ。

エゾカワラナデシコ 〈*Dianthus superbus* L.〉ナデシコ科の多年草。高さは30〜80cm。花は淡紅色。園芸植物。

エゾキイチゴ エゾイチゴの別名。

エゾギク アスターの別名。

エゾキケマン 〈*Corydalis speciosa* Maxim.〉ケシ科の草本。

エゾキゴケ 〈*Stereocaulon hokkaidense* Asah. & Lamb〉キゴケ科の地衣類。擬子柄は高さ1.2〜2cm。

エゾギシギシ エゾノギシギシの別名。

エゾキスゲ 〈*Hemerocallis flava* L. var. *yezoensis* (Hara) M. Hotta〉ユリ科の草本。

エゾキスミレ 蝦夷黄菫 〈*Viola brvistipulata* subsp. *hidakana*〉スミレ科。高山植物。

エゾキヌシッポゴケ 〈*Seligeria tristichoides* Kindb.〉キヌシッポゴケ科のコケ。葉が3列につき、葉先は鋭頭。

エゾキヌタゴケ 〈*Homomallium connexum* (Card.) Broth.〉ハイゴケ科のコケ。茎は這い、枝は長さ5〜10mm。

エゾキヌタソウ 〈*Galium boreale* L. var. *kamtschaticum* Maxim.〉アカネ科の草本。

エゾキンポウゲ 蝦夷金鳳花 〈*Ranunculus franchetii* H. Boiss.〉キンポウゲ科の草本。

エゾクガイソウ 〈*Veronicastrum sachalinense* (Boriss.) Yamazaki〉ゴマノハグサ科の草本。

エゾクロウスゴ クロウスゴの別名。

エゾクロクモソウ 蝦夷黒雲草 〈*Saxifraga fusca*〉ユキノシタ科。高山植物。

エゾコウゾリナ 蝦夷髪剃菜 〈*Hypochoeris crepidioides* (Miyabe et Kudo) Tatewaki et Kitamura〉キク科の草本。高山植物。

エゾコガネハイゴケ 〈*Campyliadelphus stellatus* (Hedw.) Kanda〉ヤナギゴケ科のコケ。茎は長さ5〜10cm、葉は黄色〜褐色。

エゾコゴメグサ 〈*Euphrasia maximowiczii* var. *yezoensis*〉ゴマノハグサ科。

エゾコザクラ 蝦夷小桜 〈*Primula cuneifolia* Ledeb. var. *cuneifolia*〉サクラソウ科の多年草。別名リシリコザクラ。高さは5〜15cm。花は紅紫色。高山植物。園芸植物。

エゾゴゼンタチバナ 蝦夷御前橘 〈*Cornus suecica* L.〉ミズキ科の多年草。高山植物。

エゾサイコ 〈*Bupleurum nipponicum* Koso-Polj. var. *yesoense* Hara〉セリ科の多年草。別名ホソバノコガネサイコ。高山植物。

エゾサワゴケ 〈*Philonotis yezoana* Besch. & Card.〉タマゴケ科のコケ。茎は長さ2〜5cm、葉は披針形。

エゾサワスゲ 〈*Carex viridula* Michx.〉カヤツリグサ科。別名ヒメサワスゲ。

エゾサンザシ 蝦夷山査子 〈*Crataegus jozana* C. K. Schneid.〉バラ科の木本。別名エゾノオオサンザシ。

エゾシオガマ 蝦夷塩竈 〈*Pedicularis yezoensis* Maxim.〉ゴマノハグサ科の多年草。別名シロバナ

シオガマ、キバナノシオガマ。高さは20～60cm。高山植物。

エゾシコロ 〈*Calliarthron yessoense* (Yendo) Manza〉サンゴモ科の海藻。集撒様叉状に分岐。体が7cm。

エゾシモツケ 蝦夷下野 〈*Spiraea sericea* Turcz.〉バラ科の落葉低木。別名エゾノシロバナシモツケ。

エゾシャクナゲ ロドデンドロン・ブラキカルプムの別名。

エゾシロネ 蝦夷白根 〈*Lycopus uniflorus* Michx.〉シソ科の多年草。高さは20～40cm。高山植物。

エゾスカシユリ 蝦夷透百合 〈*Lilium dauricum* Ker-Bawl.〉ユリ科の多肉植物。別名エゾユリ、ミカドユリ。高さは60～90cm。花は黄橙～橙赤色。高山植物。園芸植物。

エゾスギゴケ 〈*Polytrichum ohioense* Renaud & Card〉スギゴケ科のコケ。茎は高さ2～5cm、葉は卵形。

エゾスグリ 蝦夷須具利 〈*Ribes latifolium* Jancz.〉ユキノシタ科の落葉小低木。萼は紅紫。園芸植物。

エゾスズシロ 〈*Erysimum cheiranthoides* L.〉アブラナ科の一年草または二年草。別名キタミハタザオ。高さは10～60cm。花は黄色。

エゾスズシロモドキ 〈*Erysimum repandum* L.〉アブラナ科の一年草。高さは15～60cm。花は淡黄色。

エゾスズラン 〈*Epipactis papillosa* Franch. et Savat. var. *papillosa*〉ラン科の多年草。高さは30～60cm。花は淡緑色。高山植物。園芸植物。

エゾスナゴケ 〈*Racomitrium japonicum* (Dozy & Molk.) Dozy & Molk.〉ギボウシゴケ科のコケ。体は長さ3cmまでで、葉は卵状披針形～卵状楕円形。

エゾスミレ エイザンスミレの別名。

エゾセンノウ 蝦夷仙翁 〈*Lychnis fulgens* Fisch. ex Sims〉ナデシコ科の一年草または多年草。高さは50cm。花は鮮紅色。園芸植物。

エゾタカネセンブリ 蝦夷高嶺千振 〈*Swertia tetrapetala* Pall. subsp. *micrantha* Toyokuni var. *yoezo-alpina* Hara〉リンドウ科の多年草。高山植物。

エゾタカネツメクサ 蝦夷高嶺爪草 〈*Arenaria arctica* Stev. et Ser. var. *arctica*〉ナデシコ科。

エゾタカネニガナ 蝦夷高嶺苦菜 〈*Crepis gymnopus* Koidz.〉キク科の多年草。高山植物。

エゾタチカタバミ 〈*Oxalis fontana* Bunge〉カタバミ科の多年草。高さは20～40cm。

エゾタツナミソウ 〈*Scutellaria pekinensis* var. *ussuriensis*〉シソ科。

エゾタンポポ 〈*Taraxacum hondoense* Nakai ex H. Koidz.〉キク科の多年草。高さは10～30cm。花は濃黄色。園芸植物。

エゾチドリ 〈*Platanthera metabifolia* F. Maek.〉ラン科の草本。別名フタバツレサギ。

エゾチョウチンゴケ 〈*Trachycystis flagellaris* (Sull. & Lesq.) Lindb.〉チョウチンゴケ科のコケ。茎は長さ約2cm、茎葉は舌状披針形。

エゾツツジ 蝦夷躑躅 〈*Therorhodion camtschaticum* (Pallas) Small〉ツツジ科の落葉低木。別名カラフトツツジ。高山植物。

エゾツリスゲ 〈*Carex papulosa* Boott〉カヤツリグサ科の草本。

エゾツルキンバイ 蝦夷蔓金梅 〈*Potentilla egedei* Wormsk. var. *grandis* (Torr. et A. Gray) Hara〉バラ科の草本。

エゾデンダ 〈*Polypodium virginianum* L.〉ウラボシ科の常緑性シダ。葉脈は羽状に分枝し、葉縁に達しない。葉身は長さ7～20cm。長楕円状披針形から披針形。園芸植物。

エゾトウヒレン 〈*Saussurea riederi* var. *elongata*〉キク科。別名ヒダカトウヒレン。

エゾトサカ 〈*Cirrulicarpus gmelini* (Grunow) Tokida et Masaki〉ツカサノリ科の海藻。叉状、三叉状等に分岐。体は10～20cm。

エゾトサカゴケ 〈*Chiloscyphus japonicus* (Steph.) J. J. Engel & R. M. Schust.〉ウロコゴケ科のコケ。長さ3～6cm、葉は円頭。

エゾトリカブト 薄葉鳥兜 〈*Aconitum sachalinense* F. Schm. subsp. *yezoense* (Kadota) Kadota〉キンポウゲ科の草本。別名テリハブシ、ウスバトリカブト。薬用植物。

エゾナミキ 蝦夷波来 〈*Scutellaria yezoensis* Kudo〉シソ科。

エゾナメシ 〈*Turnerella mertensiana* (Postels et Ruprecht) Schmitz in Engler et Prantl〉ミリン科の海藻。膜状。体は30cm。

エゾニガクサ 蝦夷苦草 〈*Teucrium veronicoides* Maxim.〉シソ科の草本。別名ヒメニガクサ。

エゾニュウ 蝦夷にう 〈*Angelica ursina* (Rupr.) Maxim.〉セリ科の草本。高山植物。

エゾニワトコ 蝦夷接骨木 〈*Sambucus racemosa* L. subsp. *kamtschatica* (E. Wolf) Hultén〉スイカズラ科の落葉低木または高木。別名オオバニワトコ。薬用植物。

エゾヌカボ 蝦夷糠穂 〈*Agrostis hiemalis* B. S. P.〉イネ科の草本。

エゾネギ 蝦夷葱 〈*Allium schoenoprasum* L. var. *schoenoprasum*〉ユリ科。高山植物。園芸植物。

エゾネギ ラケナリア・オーレアの別名。

エゾネコノメソウ 〈*Chrysosplenium alternifolium* L. var. *sibiricum* Seringe ex DC.〉ユキノシタ科の多年草。別名カラフトネコノメソウ。

エゾネジクチゴケ 〈*Barbula convoluta* Hedw.〉センボンゴケ科のコケ。小形、茎は長さ5mm、葉は狭舌状。

エゾノアオイスミレ エゾアオイスミレの別名。

エゾノイヌナズナ エゾイヌナズナの別名。

エゾノイワハタザオ 〈*Arabis serrata* var. *glauca*〉アブラナ科。高山植物。

エゾノウワミズザクラ 蝦夷上溝桜 〈*Prunus padus* L.〉バラ科の落葉高木。別名カバザクラ、カップザクラ。樹高15m。樹皮は濃い灰色。薬用植物。

エゾノカワヂシャ 〈*Veronica americana* (Rafin.) Schwein.〉ゴマノハグサ科の草本。

エゾノカワヤナギ 〈*Salix miyabeana* Seemen〉ヤナギ科の木本。北海道、本州北部に分布。園芸植物。

エゾノギシギシ 蝦夷羊蹄 〈*Rumex obtusifolius* L.〉タデ科の多年草。別名ヒロハギシギシ。高さは50〜130cm。花は淡緑か帯赤色。薬用植物。

エゾノキツネアザミ 〈*Cirsium arvense* Scop. var. *setosum* Ledeb.〉キク科の多年草。高さは50〜180cm。薬用植物。

エゾノキヌヤナギ 蝦夷絹柳 〈*Salix petsusu* Kimura〉ヤナギ科の木本。別名ギンヤナギ、ウラジロヤナギ。水辺に生える高木。園芸植物。

エゾノキリンソウ 〈*Sedum kamtschaticum* Fisch.〉ベンケイソウ科の草本。高山植物。

エゾノクサイチゴ 蝦夷の草苺 〈*Fragaria yezoensis* Hara〉バラ科の草本。

エゾノクサタチバナ 〈*Cynanchum inamoenum* (Maxim.) Loesen.〉ガガイモ科の草本。

エゾノクモマグサ 蝦夷の雲間草 〈*Saxifraga nishidae* Miyabe et Kudo〉ユキノシタ科の草本。高山植物。日本絶滅危機植物。

エゾノコウボウムギ 〈*Carex macrocephala* Willd.〉カヤツリグサ科の多年草。高さは10〜30cm。

エゾノコギリソウ 蝦夷鋸草 〈*Achillea ptarmica* L. subsp. *macrocephala* (Rupr.) Heimerl〉キク科の草本。

エゾノコブゴケ 〈*Oncophorus wahlenbergii* Brid.〉シッポゴケ科のコケ。茎は高さ2〜5cm、蒴は褐色。

エゾノコリンゴ 蝦夷の小林檎 〈*Malus baccata* (L.) Borkh. var. *mandshurica* C. K. Schneid.〉バラ科の落葉高木。別名ヒロハオオズミ、ヒメリンゴ、マンシュウズミ。

エゾノサヤヌカグサ 〈*Leersia oryzoides* (L.) Sw.〉イネ科の草本。

エゾノサワアザミ 〈*Cirsium pectinellum* A. Gray〉キク科の草本。

エゾノシシウド 〈*Coelopleurum gmelinii* (DC.) Ledeb.〉セリ科の草本。

エゾノシジミバナ 〈*Spiraea fauriena* C. K. Schneid.〉バラ科。

エゾノシモツケソウ 蝦夷の下野草 〈*Filipendula yezoensis* Hara〉バラ科の多年草。高さは1m。花は淡紅色。園芸植物。

エゾノジャニンジン 蝦夷の蛇胡蘿蔔 〈*Cardamine schinziana* O. E. Schulz〉アブラナ科の多年草。高山植物。

エゾノシロバナシモツケ 蝦夷の白花下野 〈*Spiraea miyabei* Koidz.〉バラ科の落葉低木。高山植物。

エゾノタウコギ 〈*Bidens radiata* Thuill. var. *pinnatifida* (Turcz.) Kitamura〉キク科の草本。

エゾノタカネツメクサ 〈*Minuartia arctia* Asch. et Graebn.〉ナデシコ科の多年草。別名オオタカネツメクサ。高山植物。

エゾノタカネヤナギ 〈*Salix yezoalpina* Koidz.〉ヤナギ科の落葉小低木。北海道の高山に分布。高山植物。園芸植物。

エゾノタチツボスミレ 〈*Viola acuminata* Ledeb.〉スミレ科の多年草。高さは20〜40cm。花は淡紫または白色。高山植物。園芸植物。

エゾノダッタンコゴメグサ 〈*Euphrasia tatarica* Fischer var. *obtusiserrata* Yamazaki〉ゴマノハグサ科の草本。

エゾノタマゴケ 〈*Plagiopus oederi* (Brid.) Limpr.〉タマゴケ科のコケ。タマゴケにやや似るが、小形、葉は線状披針形。

エゾノチチコグサ 蝦夷の父子草 〈*Antennaria dioica* (L.) Gaertn.〉キク科の多年草。高さは6〜25cm。花は桃〜濃桃色。高山植物。薬用植物。園芸植物。日本絶滅危機植物。

エゾノチャルメルソウ 〈*Mitella integripetala* H. Boiss.〉ユキノシタ科の草本。高山植物。

エゾノツガザクラ 蝦夷の栂桜 〈*Phyllodoce caerulea* (L.) Babingt. var. *caerulea*〉ツツジ科の常緑小低木。高さは10〜30cm。花は紅紫色。高山植物。園芸植物。

エゾノトウウチソウ 〈*Sanguisorba japonensis* (Makino) Kudo〉バラ科の草本。

エゾノハクサンイチゲ 蝦夷の白山一花 〈*Anemone narcissiflora* L. var. *schalinensis* Miyabe et Miyake〉キンポウゲ科の多年草。高山植物。

エゾノハクサンボウフウ ハクサンボウフウの別名。

エゾノバッコヤナギ ヤナギ科の木本。

エゾノハナシノブ ミヤマハナシノブの別名。

エゾノハハコグサ ヒメチチコグサの別名。

エゾノヒメクラマゴケ 〈*Selaginella helvetica* (L.) Link〉イワヒバ科の常緑性シダ。主茎は長さ10cm。葉は1〜2cm。園芸植物。

エゾノヒメクワガタ エゾヒメクワガタの別名。

エゾノヒモカズラ 蝦夷の紐蔓 〈Selaginella sibirica (Milde) Hieron.〉イワヒバ科の常緑性シダ。葉は披針形。茎は高さ1〜2cm。園芸植物。

エゾノヒラツボゴケ 〈Isopterygiopsis muelleriana (Schimp.) Z. Iwats.〉サナダゴケ科のコケ。小形で、黄緑色の光沢のある小さなマットをつくる。

エゾノヒルムシロ 蝦夷の蛭蓆 〈Potamogeton gramineus L. var. heterophyllus (Schreb.) Fries〉ヒルムシロ科の沈水植物〜浮葉植物。沈水葉は線形〜倒披針形。

エゾノヘビイチゴ エゾヘビイチゴの別名。

エゾノホソバトリカブト 蝦夷の細葉鳥兜 〈Aconitum yuparense Takada var. yuparense〉キンポウゲ科の草本。高山植物。

エゾノマルバシモツケ 〈Spiraea betulifolia Pallas var. aemiliana Koidz.〉バラ科。高山植物。

エゾノミクリゼキショウ 蝦夷の実栗石菖 〈Juncus mertensianus Bongard〉イグサ科の草本。別名クモアミクリゼキショウ。高山植物。

エゾノミズタデ 〈Persicaria amphibia (L.) S. F. Gray〉タデ科の多年生水草。淡紅色〜白色の花が密生。

エゾノミツモトソウ 〈Potentilla norvegica L.〉バラ科の一年草または二年草。高さは20〜50cm。花は黄色。

エゾノムカシヨモギ エゾムカシヨモギの別名。

エゾノムラサキニガナ 〈Lactuca sibirica (L.) Benth.〉キク科。

エゾノヨツバムグラ 蝦夷の四葉葎 〈Galium kamtschaticum〉アカネ科。高山植物。

エゾノヨロイグサ 蝦夷鎧草 〈Angelica sachaliensis Maxim.〉セリ科の薬用植物。

エゾリュウキンカ エゾリュウキンカの別名。

エゾノレイジンソウ オオレイジンソウの別名。

エゾノレンリソウ 蝦夷連理草 〈Lathyrus palustris L. subsp. pilosus (Cham.) Hultén〉マメ科の薬用植物。別名ヒメレンリソウ、ベニザラサ。

エゾハイゴケ 〈Hypnum lindbergii Mitt.〉ハイゴケ科のコケ。大形で、茎は長さ10cm以上。

エゾハコベ 〈Stellaria humifusa Rottb.〉ナデシコ科の草本。

エゾハタザオ 蝦夷旗竿 〈Arabis pendula L.〉アブラナ科の草本。

エゾハナシノブ ミヤマハナシノブの別名。

エゾハハコヨモギ 蝦夷母子蓬 〈Artemisia trifurcata Steph. var. pedunculosa (Koidz.) Kitam.〉キク科の草本。高山植物。

エゾハマカラタチゴケ 〈Ramalina subbreviuscula Asah.〉サルオガセ科の地衣類。地衣体は表面に小さな顆粒を密布。

エゾハリイ 〈Eleocharis congesta D. Don var. thermalis (Hultén) T. Koyama〉カヤツリグサ科。

エゾハリガネゴケ 〈Bryum pallens Sw. ex Röhl.〉ハリガネゴケ科のコケ。小形、茎は長さ約5mm、葉は卵形。

エゾハリスゲ 〈Carex uda Maxim.〉カヤツリグサ科。別名オオハリスゲ。

エゾハリタケ 〈Climacodon septentrionalis (Fr.) Karst.〉エゾハリタケ科(ハリタケ科)のキノコ。大型。傘は細毛密生。

エゾヒツジグサ 〈Nymphaea tetragona var. tetragona〉スイレン科。

エゾヒトエグサ 〈Monostroma angicava Kjellman〉ヒトエグサ科の海藻。体は10cm。

エゾヒナノウスツボ 〈Scrophularia grayana Maxim.〉ゴマノハグサ科の多年草。高さは40〜100cm。

エゾヒメアマナ 〈Gagea vaginata〉ユリ科。

エゾヒメクラマゴケ エゾヒメクラマゴケの別名。

エゾヒメクワガタ 蝦夷姫鍬形 〈Veronica stelleri Pallas var. longistyla Kitagawa〉ゴマノハグサ科の多年草。高さは7〜15cm。高山植物。

エゾヒメソロイゴケ 〈Cryptocoleopsis imbricata Amakawa〉ツボミゴケ科のコケ。銀緑色、茎は長さ5〜8mm。

エゾヒメヤバネゴケ 〈Hygrobiella laxifolia (Hook.) Spruce〉ヤバネゴケ科のコケ。茎は長さ0.5〜2cm、しばしば鞭状。

エゾヒョウタンボク 蝦夷瓢箪木 〈Lonicera alpigena L. subsp. glehni (Fr. Schm.) Hara〉スイカズラ科の落葉低木。別名オオバブシダマ、オオバエゾヒョウタンボク。

エゾヒラゴケ 〈Neckera yezoana Besch.〉ヒラゴケ科のコケ。雌苞葉は線状披針形。

エゾヒルムシロ エゾノヒルムシロの別名。

エゾフウロ 蝦夷風露 〈Geranium yesoense Franch. et Savat. var. yesoense〉フウロソウ科。別名イブキフウロ。高山植物。園芸植物。

エゾフクロ 〈Coilodesme japonica Yamada〉エゾフクロ科の海藻。嚢状体は長さ15cm。

エゾフクロゴケ 〈Hypogymnia hokkaidensis Kurok.〉ウメノキゴケ科の地衣類。裂芽がある。

エゾフスマ 〈Stellaria fenzlii Regel〉ナデシコ科の草本。別名シライオイハコベ。高山植物。

エゾフユノハナワラビ 〈Sceptridium multifidum var. robustum (Rupr. ex Milde) Nishida ex Tagawa〉ハナヤスリ科の冬緑性シダ。別名ヤマハナワラビ。葉身は長さ2〜8cm。三角状長楕円形、鈍頭。

エゾヘビイチゴ 蝦夷蛇苺 〈Fragaria vesca L.〉バラ科の多年草。別名ヨーロッパクサイチゴ、ノイチゴ。芳香。高さは10〜20cm。花は白色。園芸植物。

エゾヘビノネゴザ 〈*Athyrium brevifrons* Nakai ex Kitag. × *A. yokoscense* (Franch. et Sav.) H. Christ〉オシダ科のシダ植物。

エゾホウオウゴケ 〈*Fissidens bryoides* Hedw.〉ホウオウゴケ科のコケ。小形、茎は葉を含め長さ2.0〜13.5mm。

エゾボウフウ 蝦夷防風 〈*Aegopodium alpestre* Ledeb.〉セリ科の多年草。高さは30〜50cm。

エゾホシクサ 〈*Eriocaulon monococcon* Nakai〉ホシクサ科の草本。

エゾホソイ 蝦夷細藺 〈*Juncus filiformis* L.〉イグサ科の多年草。別名リシリイ、カラフトホソイ。高さは30〜90cm。高山植物。

エゾホソバトリカブト エゾノホソバトリカブトの別名。

エゾマツ 蝦夷松 〈*Picea jezoensis* (Sieb. et Zucc.) Carr. var. *jezoensis*〉マツ科の常緑高木。別名クロエゾ、クロエゾマツ。高さは30〜40m。樹皮は灰褐色。高山植物。園芸植物。

エゾマメヤナギ 蝦夷豆柳 〈*Salix pauciflora* Koidz.〉ヤナギ科の木本。日本で最小のヤナギ。高山植物。園芸植物。

エゾマンテマ 〈*Silene foliosa* Maxim.〉ナデシコ科の多年草。

エゾミクリ 〈*Sparganium emersum* Rehmann〉ミクリ科の多年生の抽水性〜浮葉〜沈水植物。果実は紡錘形で長さ3.5〜5.5mm。

エゾミクリゼキショウ エゾノミクリゼキショウの別名。

エゾミズゼニゴケ 〈*Pellia neesiana* (Gott.) Limpr.〉ミズゼニゴケ科。

エゾミセバヤ 蝦夷見せばや 〈*Sedum pluricaule* var. *yezoense*〉ベンケイソウ科。高山植物。

エゾミソハギ 蝦夷禊萩 〈*Lythrum salicaria* L.〉ミソハギ科の多年草。別名ボンバナ、エント。高さは50〜150cm。花は紅紫色。薬用植物。園芸植物。

エゾミヤマクワガタ 蝦夷深山鍬形 〈*Veronica yezo-alpina* Takeda〉ゴマノハグサ科の多年草。高山植物。

エゾミヤマツメクサ 蝦夷深山爪草 〈*Minuartia marcrocarpa* var. *minutiflora*〉ナデシコ科。高山植物。

エゾミヤマヤナギ 〈*Salix hidewoi*〉ヤナギ科。

エゾムカシヨモギ 蝦夷昔蓬 〈*Erigeron acris* L. var. *acris*〉キク科の一年草または多年草。高さは15〜55cm。高山植物。

エゾムギ 〈*Elymus sibiricus* L.〉イネ科の草本。別名ホソテンキ。

エゾムグラ 〈*Galium dahuricum* Turcz. var. *manshuricum* (Kitagawa) Hara〉アカネ科の草本。

エゾムチゴケ 〈*Bazzania trilobata* (L.) Gray〉ムチゴケ科のコケ。茎は長さ5〜10cm。

エゾムラサキ 蝦夷紫 〈*Myosotis sylvatica* (Ehrh.) Hoffm.〉ムラサキ科の多年草。別名ミヤマワスレナグサ。高さは20〜40cm。花は青色。高山植物。園芸植物。

エゾムラサキツツジ 蝦夷紫躑躅 〈*Rhododendron dauricum* L.〉ツツジ科の半常緑低木。別名トキワツツジ、トキワゲンカイ。高さは2.4m。花は紫紅色。高山植物。園芸植物。

エゾメシダ 蝦夷雌羊歯 〈*Athyrium brevifrons* Nakai ex Kitagawa〉オシダ科の夏緑性シダ。葉身は長さ60cm弱。広卵状披針形〜披針形。

エゾメンヅル 〈*Astragalus japonicus* H. Boiss.〉マメ科の草本。高山植物。

エゾヤナギ 蝦夷柳 〈*Salix rorida* Lackschewitz〉ヤナギ科の木本。小石の多い河岸に生える高木。園芸植物。

エゾヤナギモ 〈*Potamogeton compressus* L.〉ヒルムシロ科の沈水植物。葉は線形、無柄、先端が円頭凸端型。

エゾヤハズ 〈*Dictyopteris divaricata* (Okamura) Okamura〉アミジグサ科の海藻。広い膜様。体は20cm。

エゾヤハズゴケ 〈*Hattorianthus erimonus* (Steph.) R. M. Schust. & Inoue〉クモノスゴケ科のコケ。幅約5mm、2本の中心束がある。

エゾヤマアザミ 〈*Cirsium heiianum* Koidz.〉キク科の草本。別名トノオアザミ。

エゾヤマオダマキ 〈*Aquilegia buergeriana* Sieb. et Zucc. var. *oxysepala* Kitamura〉キンポウゲ科の多年草。高山植物。

エゾヤマゼンコ 蝦夷山前胡 〈*Eryngium amethystinum* L.〉セリ科の多年草。高さは45〜60cm。花は青色。高山植物。園芸植物。

エゾヤマナラシ ヤナギ科の木本。

エゾユズリハ 蝦夷譲葉 〈*Daphniphyllum macropodum* Miq. var. *humile* (Maxim.) Rosenth.〉ユズリハ科(トウダイグサ科)の常緑低木。薬用植物。

エゾヨモギギク ヨモギギクの別名。

エゾリュウキンカ 蝦夷の立金花 〈*Caltha palustris* var. *barthei*〉キンポウゲ科。高山植物。

エゾリンドウ 蝦夷竜胆 〈*Gentiana triflora* Pallas var. *japonica* (Kusn.) Hara〉リンドウ科の宿根草。高さは30〜100cm。高山植物。薬用植物。園芸植物。

エゾルリソウ 蝦夷瑠璃草 〈*Mertensia pterocarpa* (Turcz.) Tatewaki et Ohwi var. *yezoensis* Tatewaki et Ohwi〉ムラサキ科の草本。高山植物。

エゾルリトラノオ 〈*Veronica kiusiana* var. *villosa*〉ゴマノハグサ科の草本。別名ホソバエゾルリトラノオ。

エゾワサビ 蝦夷山葵 〈*Cardamine yezoensis* Maxim.〉アブラナ科の草本。別名アイヌワサビ。

エゾワタスゲ 蝦夷綿菅 〈*Eriophorum scheuchzeri*〉カヤツリグサ科。

エダウチアカバナ 〈*Epilobium fastigiatoramosum* Nakai〉アカバナ科の草本。日本絶滅危惧植物。

エダウチイシモ 〈*Lithothamnion erubescens* Foslie〉サンゴモ科の海藻。ほぼ円柱状。体は径1.5〜2.5mm。

エダウチクジャク 〈*Lindsaea heterophylla* Dry.〉ワラビ科(ホングウシダ科)の常緑性シダ。葉身は長さ10〜45cm。長楕円形から三角状。

エダウチチカラシバ 〈*Pennisetum orientale* Rich.〉イネ科の多年草。高さは80〜140cm。

エダウチチヂミザサ 〈*Oplismenus compositus* (L.) Beauv.〉イネ科の草本。熱帯植物。

エダウチチコグサ 〈*Gnaphalium sylvaticum* L.〉キク科の多年草。高さは15〜50cm。花は淡褐色。

エダウチトウ 〈*Plectocomia griffithii* Becc.〉ヤシ科。幹径7cm、羽片長さ30cm。熱帯植物。園芸植物。

エダウチヘゴ 〈*Cyathea tuyamae* H. Ohba〉ヘゴ科の常緑性シダ。葉身は長さ30〜40cm。倒卵状長楕円形。

エダウチホコリタケモドキ 〈*Dendrosphaera ederhardti* Pat.〉エダウチホコリタケモドキ科のキノコ。

エダウチホングウシダ 枝打ち本宮羊歯 〈*Lindsaea chienii* Ching〉イノモトソウ科(ホングウシダ科、ワラビ科)の常緑性シダ。葉身は長さ5〜10cm。三角形から長楕円形。

エダウチヤイトゴケ 〈*Solorina saccata* Ach. var. *spongiosa* Nyl.〉ツメゴケ科の地衣類。地衣体背面は淡灰色。

エダウチヤガラ 〈*Eulophia ramosa*〉ラン科。別名オキナワイモネヤガラ。

エダウチヤシ 〈*Hyphaene thebaica* Mart.〉ヤシ科。幹は分岐性、若果は可食。熱帯植物。園芸植物。

エダウロコゴケモドキ 〈*Fauriella tenuis* (Mitt.) Card.〉ヒゲゴケ科のコケ。茎は白緑色、茎葉は卵円形〜ほぼ円形。

エダツヤゴケ 〈*Entodon rubicundus* (Mitt.) A. Jaeg. et Sauerb.〉ツヤゴケ科のコケ。黄緑色、茎は長さ10cm前後、茎葉は広卵形。園芸植物。

エダフトダケ 〈*Dendrocalamus hamiltonii* Nees et Arn.〉イネ科。稈は弓状に湾曲、稈の途中から上向きにタケノコが出る。熱帯植物。

エダマメ ダイズの別名。

エチェベリア・アガウォイデス シノノメの別名。

エチェベリア・アッフィニス 〈*Echeveria affinis* Walth.〉ベンケイソウ科。別名古紫。ロゼット径10cm。花は濃紅色。園芸植物。

エチェベリア・アルビカンス 〈*Echeveria albicans* Walth.〉ベンケイソウ科。ロゼット径5〜8cm。花は明紅色。園芸植物。

エチェベリア・エレガンス 〈*Echeveria elegans* Rose〉ベンケイソウ科。別名月影。ロゼット径8〜13cm。花は淡赤色。園芸植物。

エチェベリア・カルニコロル 〈*Echeveria carnicolor* (Bak.) E. Morr.〉ベンケイソウ科。別名銀明色。ロゼット径10〜15cm。花は橙ないし朱紅色。園芸植物。

エチェベリア・ギッビフロラ 〈*Echeveria gibbiflora* DC.〉ベンケイソウ科の半低木。ロゼット径60cm。花は鮮紅色。園芸植物。

エチェベリア・キリアタ 〈*Echeveria ciliata* Moran〉ベンケイソウ科。別名王妃錦司晃。ロゼット径10cm。花は輝赤色。園芸植物。

エチェベリア・グラウカ 〈*Echeveria glauca* Bak.〉ベンケイソウ科の多年草。別名高咲蓮花、玉蝶。ロゼット径10〜20cm。花は基部は濃紅、中部は朱紅色。園芸植物。

エチェベリア・クレヌラタ 〈*Echeveria crenulata* Rose〉ベンケイソウ科。別名乙姫の花笠。高さは30cm。花は帯黄赤から黄土色。園芸植物。

エチェベリア・シャウィアナ 〈*Echeveria shaviana* Walth.〉ベンケイソウ科。別名祇園の舞。ロゼット径10cm。花は淡紅色。園芸植物。

エチェベリア・スカフォフィラ 〈*Echeveria × scaphophylla* hort. ex A. Berger〉ベンケイソウ科。別名祝いの松、大明月。高さは20cm。園芸植物。

エチェベリア・セト-オリウェル 〈*Echeveria × set-oliver* Walth.〉ベンケイソウ科。別名錦の司。葉長5〜8cm。園芸植物。

エチェベリア・セトサ 〈*Echeveria setosa* Rose et J. Purpus〉ベンケイソウ科の多年草。別名錦司晃。ロゼット径8〜10cm。花は朱紅色。園芸植物。

エチェベリア・チワエンシス 〈*Echeveria chihuahuaensis* Poelln.〉ベンケイソウ科。ロゼット径8〜12cm。花は淡紅色。園芸植物。

エチェベリア・デレンベルギー 〈*Echeveria derenbergii* J. Purpus〉ベンケイソウ科。別名静夜。高さは10cm。花は紅赤色。園芸植物。

エチェベリア・ノドゥロサ 〈*Echeveria nodulosa* (Bak.) Otto〉ベンケイソウ科。別名紅司。高さは10cm。花は鮮黄色。園芸植物。

エチェベリア・ハヴィー 〈*Echeveria hoveyi* Rose〉ベンケイソウ科。別名花車。園芸植物。

エチェベリア・パーパソルム 〈Echeveria purpusorum A. Berger〉ベンケイソウ科。別名大和錦。ロゼット径7～10cm。花は朱赤で先は黄色。園芸植物。

エチェベリア・パリダ 〈Echeveria pallida Walth.〉ベンケイソウ科。別名霜の鶴、桃姫。ロゼット径20～30cm。花は桃色。園芸植物。

エチェベリア・ハルムシー 〈Echeveria harmsii Macbr.〉ベンケイソウ科。別名花司、錦の司。花は赤色。園芸植物。

エチェベリア・ヒアリナ 〈Echeveria hyalina Walth.〉ベンケイソウ科。ロゼット径10～15cm。花は桃色。園芸植物。

エチェベリア・ピーコッキー 〈Echeveria peacockii (Bak.) E. Morr.〉ベンケイソウ科。別名養老。ロゼット径7～8cm。花は淡紅色。園芸植物。

エチェベリア・プリドーニス 〈Echeveria pulidonis Walth.〉ベンケイソウ科。別名ハナウララ。ロゼット径8～10cm。花はレモン・イエロー。園芸植物。

エチェベリア・プルウィナタ 〈Echeveria pulvinata Rose〉ベンケイソウ科。別名錦光星。ロゼット径7～9cm。花は朱紅色。園芸植物。

エチェベリア・モラニー 〈Echeveria moranii Walth.〉ベンケイソウ科。ロゼット径8～12cm。花は朱紅～朱赤色。園芸植物。

エチェベリア・ラウイ 〈Echeveria laui Moran et Meyrán〉ベンケイソウ科。ロゼット径8～12cm。花は橙紅色。園芸植物。

エチェベリア・ルテア 〈Echeveria lutea Rose〉ベンケイソウ科。ロゼット径15～20cm。花は鮮黄色。園芸植物。

エチェベリア・ルニョニー 〈Echeveria runyonii Rose ex Walth.〉ベンケイソウ科。ロゼット径8～12cm。花は鮮紅色。園芸植物。

エチェベリア・レウコトリカ 〈Echeveria leucotricha J. Purpus〉ベンケイソウ科。別名白兎耳。ロゼット径10～15cm。花は朱紅色。園芸植物。

エチゴカニノテ 〈Amphiroa echigoensis Yendo〉サンゴモ科の海藻。下部円柱状、中部以上扁圧。体は3cm。

エチゴキゴケ 〈Stereocaulon etigoense (Asah.) Lamb〉キゴケ科の地衣類。擬子柄は木賀様。

エチゴキジムシロ 〈Potentilla togasii Ohwi〉バラ科の草本。

エチゴトラノオ 〈Pseudolysimachion kiusianum (Furumi) Holub subsp. maritimum (Nakai) Yamazaki〉ゴマノハグサ科の多年草。高さは40～100cm。

エチゴルリソウ 〈Omphalodes krameri var. laevisperma〉ムラサキ科の草本。

エチゼンダイモンジソウ 〈Saxifraga acerifolia Wakabayashi et Satomi〉ユキノシタ科の草本。日本絶滅危機植物。

エチュベリア ベンケイソウ科の属総称。

エチュベリア・キンコウセイ ベンケイソウ科。園芸植物。

エチュベリア・スブリギーダ 〈Echeveria subrigida Rose〉ベンケイソウ科の多年草。園芸植物。

エチュベリア・デレンベルギー ベンケイソウ科。別名セイヤ。園芸植物。

エツキアヤニシキ 〈Martensia flabelliformis Harvey〉コノハノリ科の海藻。膜質。体は4cm。

エツキイワノカワ 〈Peyssonnelia caulifera Okamura〉イワノカワ科の海藻。裏面に黄白色の短毛を密生。

エツキクロコップタケ 〈Urnula craterium (Schw.) Fr.〉クロチャワンタケ科のキノコ。小型。子嚢盤は深い椀形、黒色。

エツキセンスゴケ 〈Sticta gracilis (Müll. Arg.) Zahlbr.〉ヨロイゴケ科の地衣類。地衣体背面は灰青。

エツキマダラ 〈Fauchea stipitata Yamada et Segawa in Yamada〉ダルス科の海藻。叉状分岐。体は4～7cm。

エッケスポイント・ローリー・ピンク トウダイグサ科のポインセチアの品種。園芸植物。

エッショルチア・カエスピトサ 〈Eschscholzia caespitosa Benth.〉ケシ科の草本。別名ヒメハナビソウ。高さは20～30cm。花は淡黄色。園芸植物。

エッショルチア・カリフォルニカ ハナビシソウの別名。

エッジワーシア・ガルドネリ 〈Edgeworthia gardneri Meisner〉ジンチョウゲ科。高山植物。

エッジワーシア・クリサンタ ミツマタの別名。

エティオネマ・グランディフロルム 〈Aethionema grandiflorum Boiss. et Hohen.〉アブラナ科の草本。高さは35cm。花は桃色。園芸植物。

エティオネマ・コリディフォリウム 〈Aethionema coridifolium DC.〉アブラナ科の草本。高さは20cm。花は桃または赤みを帯びた藤色。園芸植物。

エティオネマ・サクサティレ 〈Aethionema saxatile (L.) R. Br.〉アブラナ科の草本。高さは30cm。花は白または桃色。園芸植物。

エティオネマ・スティロスム 〈Aethionema stylosum DC.〉アブラナ科の草本。高さは20cm。花は淡桃色。園芸植物。

エディズ・クリムソン 〈Eddies Crimson〉バラ科。ハイブリッド・モエシー・ローズ系。花は真紅色。

エディスコーレア・グランディス 〈*Edithcolea grandis* N. E. Br.〉ガガイモ科の多肉植物。高さは30cm。花は淡黄色。園芸植物。

エーデルワイス 〈*Leontopodium alpinum* Cass.〉キク科の多年草。別名セイヨウウスユキソウ。高さは10～20cm。高山植物。園芸植物。

エテンラク 越天楽 エスポストア・ミラビリスの別名。

エド 江戸 バラ科のサクラの品種。園芸植物。

エドコマチ 江戸小町 サクラソウ科のプリムラ・マラコイデスの品種。園芸植物。

エドドコロ ヒメドコロの別名。

エトナ キク科のデージーの品種。園芸植物。

エトナヒトツバエニシダ 〈*Genista aetnensis*〉マメ科の木本。樹高10m。樹皮は灰褐色。

エドニシキ 江戸錦 アヤメ科のハナショウブの品種。園芸植物。

エドヒガン 江戸彼岸 〈*Prunus pendula* Maxim. f. *ascendens* (Makino) Ohwi〉バラ科の落葉高木。別名アズマヒガン、ヒガンザクラ、ウバヒガン。薬用植物。園芸植物。

エドムラサキ 江戸紫 〈*Kalanchoe marmorata* Bak.〉ベンケイソウ科の多肉植物。花は白色。園芸植物。

エドムラサキ 江戸紫 キク科のストケシアの品種。園芸植物。

エドムラサキ キンポウゲ科のクレマチスの品種。園芸植物。

エドライアンツス・グラミニフォリウス 〈*Edraianthus graminifolius* (L.) A. DC.〉キキョウ科の多年草。高さは5～10cm。花は紫色。園芸植物。

エドライアンツス・ダルマティクス キキョウ科の宿根草。

エドライアンツス・プミリオ 〈*Edraianthus pumilio* (Portenschl.) A. DC.〉キキョウ科の多年草。花は紫色。園芸植物。

エトロフヨモギ 〈*Artemisia insularis* Kitam.〉キク科の草本。

エナガクロチャワンタケ 〈*Plectania nannfeldtii* Korf〉クロチャワンタケ科のキノコ。小型。子嚢盤は浅い椀形、黒色。

エナガジュズモ 〈*Chaetomorpha antennina* (Bory) Kützing〉シオグサ科の海藻。叢生し、基部の細胞は3～5mm。

エナシガタパチヤ 〈*Palaquium rostratum* Burck.〉アカテツ科の高木。熱帯植物。

エナシカリメニア 〈*Callymenia sessilis* Okamura〉ツカサノリ科の海藻。うすい膜質。体は径35cm。

エナシダジア 〈*Dasya sessilis* Yamada〉ダジア科の海藻。羽状に分岐。体は15cm。

エナシヒゴクサ 〈*Carex aphanolepis* Franch. et Savat.〉カヤツリグサ科の多年草。別名サワスゲ。高さは20～40cm。

エニシダ 金雀児 〈*Cytisus scoparius* (L.) Link〉マメ科の落葉小低木。高さは1～3m。花は黄色。薬用植物。園芸植物。

エニシダ マメ科の属総称。

エニシダ・ベニバナエニシダ マメ科。園芸植物。

エノウラヘリトリゴケ 〈*Lecidea adpressula* Müll. Arg.〉ヘリトリゴケ科の地衣類。地衣体は少し黄みがかる。

エノキ 榎 〈*Celtis sinensis* Pers. var. *japonica* (Planch.) Nakai〉ニレ科の落葉高木。別名エ。高さは20m。花は淡黄色。薬用植物。

エノキアオイ 〈*Malvastrum coromandelianum* (L.) Garcke〉アオイ科の一年草または多年草。別名アオイモドキ。朝皮繊維は強い。高さは20～150cm。花は黄色。熱帯植物。

エノキグサ 榎草 〈*Acalypha australis* L.〉トウダイグサ科の一年草。別名アミガサソウ。高さは20～40cm。

エノキタケ 榎茸 〈*Flammulina velutipes* (Curt.∶Fr.) karst.〉キシメジ科(シメジ科)のキノコ。別名ユキノシタ、カンタケ、ナメタケ。小型～中型。傘は黄褐色、強粘性。園芸植物。

エノキフジ 〈*Discocleidion ulmifolium* (Mull. Arg.) Pax et K. Hoffm.〉トウダイグサ科の木本。

エノキマメ 〈*Flemingia macrophylla* (Willd.) Merr. var. *philippinensis* (Merr. et Rolfe) H. Ohashi〉マメ科の木本。

エノコログサ 狗尾草 〈*Setaria viridis* (L.) Beauv. var. *viridis*〉イネ科の一年草。別名ネコジャラシ、エノコグサ。高さは20～80cm。

エノコロスゲ 〈*Carex frankii* Kunth〉カヤツリグサ科。湿地や流水縁に生える。

エノテラ・フルチコーサ アカバナ科。別名アカジクマツヨイグサ。園芸植物。

エノテラ・ミソリエンシス 〈*Oenothera missouriensis* Sims〉アカバナ科。園芸植物。

エノテラ・ロゼア アカバナ科。別名アメリカユウゲショウ。園芸植物。

エバ 〈Eva〉バラ科。ハイブリッド・ムスク・ローズ系。花は赤に近いピンク。

エパクリス エパクリス科の属総称。

エパクリス・インプレッサ 〈*Epacris impressa* Labill.〉エパクリス科の常緑の低木。高さは1.2m。花は白、桃、濃紅色。園芸植物。

エパクリス・オブツシフォリア 〈*Epacris obtusifolia* Smith〉エパクリス科の常緑小低木。

エパクリス・ミクロフィラ 〈*Epacris microphylla* R. Br.〉エパクリス科の常緑小低木。

エパクリス・ロンギフロラ 〈*Epacris longiflora* Cav.〉エパクリス科の常緑の低木。高さは0.5〜2m。花は赤色。園芸植物。

エバーゴールド 〈Evergold〉バラ科。花は純黄色。

エビアマモ 海老甘藻 〈*Phyllospadix japonicus* Makino〉アマモ科の海藻。

エビイモ サトイモ科の京野菜。

エビウラタケ 〈*Gloeoporus dichrous* (Fr.) Bres.〉タコウキン科のキノコ。

エビウロコタケ 〈*Hymenochaete rubiginosa* (Dicks. : Fr.) Lév.〉タバコウロコタケ科のキノコ。

エピガエア・アシアティカ イワナシの別名。

エピガエア・レペンス 〈*Epigaea repens* L.〉ツツジ科の常緑小低木。

エヒガサ バラ科のバラの品種。

エピカトレヤ・アン・アンダーソン 〈× *Epicattleya* Anne Anderson〉ラン科。花は濃紅紫色。園芸植物。

エピカトレヤ・ヴィエナ・ウッズ 〈× *Epicattleya* Vienna Woods〉ラン科。花は緑色。園芸植物。

エピカトレヤ・ヴォラ 〈× *Epicattleya* Voila〉ラン科。花は紫紅色。園芸植物。

エピカトレヤ・エンヴィー 〈× *Epicattleya* Envy〉ラン科。花は淡緑色。園芸植物。

エピカトレヤ・オーペッティー 〈× *Epicattleya* Orpetii〉ラン科。高さは60〜90cm。花は鮮紫紅色。園芸植物。

エピカトレヤ・パープル・グローリー 〈× *Epicattleya* Purple Glory〉ラン科。花は濃紅紫色。園芸植物。

エピカトレヤ・ピンク・ジュエル 〈× *Epicattleya* Pink Jewel〉ラン科。花は桃色。園芸植物。

エピカトレヤ・ロジータ 〈× *Epicattleya* Rosita〉ラン科。花は紫紅色。園芸植物。

エビガライチゴ 海老殻苺 〈*Rubus phoenicolasius* Maxim.〉バラ科の落葉つる性低木。別名ウラジロイチゴ、ミヤマアシクダシ。

エビガライチゴ ピコティの別名。

エビガラシダ 〈*Cheilanthes chusana* Hook.〉イノモトソウ科(ホウライシダ科、ワラビ科)の常緑性シダ。葉身は長さ5〜25cm。狭披針形〜長楕円形。

エピゲネイウム・アクミナツム 〈*Epigeneium acuminatum* (Rolfe) Summerh.〉ラン科。高さは40〜50cm。花は暗紅色。園芸植物。

エピゲネイウム・キンビディオイデス 〈*Epigeneium cymbidioides* (Blume) Summerh.〉ラン科。高さは15〜20cm。花は淡黄または麦わら色。園芸植物。

エピゲネイウム・コエロギネ 〈*Epigeneium coelogyne* (Rchb. f.) Summerh.〉ラン科。花は濃紫色。園芸植物。

エピゲネイウム・ファルジェシー 〈*Epigeneium fargesii* (Finet) Gagnep.〉ラン科。別名ナカハラセッコク。花は褐色。園芸植物。

エビコウヤクタケ 〈*Cylindrobasidium evolvens* (Fr. : Fr.) Jül.〉コウヤクタケ科のキノコ。

エビゴケ 〈*Bryoxiphium norvegicum* (Brid.) Mitt. subsp. *japonicum* (Berggr.) Loewe et Loewe〉エビゴケ科のコケ。別名イワマエビゴケ。小形、多数の葉を2列につける。葉は披針形。

エピスキア イワタバコ科の属総称。

エピスキア・クプレアタ ベニハエギリの別名。

エピスキア・フィンブリアタ 〈*Episcia fimbriata* Fritsch〉イワタバコ科の多年草。花は白色。園芸植物。

エピスキア・リラキナ 〈*Episcia lilacina* Hanst.〉イワタバコ科の多年草。葉長7〜10cm。花は藤色。園芸植物。

エピスキア・レプタンス 〈*Episcia reptans* Mart.〉イワタバコ科の多年草。葉長5〜10cm。花は赤色。園芸植物。

エビスグサ 夷草 〈*Cassia obtusifolia* L.〉マメ科の一年草。別名ロッカクソウ。悪臭、小葉間の腺体は尖り橙色。高さは0.5〜1.5m。花は黄色。熱帯植物。薬用植物。園芸植物。

エビスゴケ 〈*Himantocladium plumula* Nees〉M. Fleisch.〉ヒラゴケ科のコケ。二次茎は立ち上がって長さ6cm、葉は卵形。

エピスシア ベニハエギリの別名。

エビヅル 海老蔓 〈*Vitis thunbergii* Sieb. et Zucc.〉ブドウ科の落葉つる植物。別名カマエビ、イヌエビ、エビ。薬用植物。

エビタケ 〈*Trachyderma tsunodae* (Yasuda) Imaz.〉マンネンタケ科のキノコ。

エピテランタ サボテン科の属総称。サボテン。

エピテランタ・ミクロメリス ツキセカイの別名。

エピデンドルム ラン科の属総称。

エピデンドルム・アドウェナ 〈*Epidendrum advena* Rchb. f.〉ラン科。高さは60cm。花は黄あるいは黄緑色。園芸植物。

エピデンドルム・アラツム 〈*Epidendrum alatum* Batem.〉ラン科。園芸植物。

エピデンドルム・アロマティクム 〈*Epidendrum aromaticum* Batem.〉ラン科。花は白色。園芸植物。

エピデンドルム・アンケプス 〈*Epidendrum anceps* Jacq.〉ラン科。高さは1m。花は明るい緑褐色、濃赤色。園芸植物。

エピデンドルム・イバグエンセ 〈*Epidendrum ibaguense* H. B. K.〉ラン科の観賞用着生植物。

高さは2～3m、1m。花は橙赤か黄色。熱帯植物。園芸植物。

エピデンドルム・ウィテリヌム 〈*Epidendrum vitellinum* Lindl.〉ラン科。高さは4cm。花は朱赤色。園芸植物。

エピデンドルム・ウィルガツム 〈*Epidendrum virgatum* Lindl.〉ラン科。高さは120cm。花は赤褐色または緑褐色。園芸植物。

エピデンドルム・ウェスパ 〈*Epidendrum vespa* Vell.〉ラン科。茎の長さ30cm。花は白～黄白色。園芸植物。

エピデンドルム・エンドレシー 〈*Epidendrum endresii* Rchb. f.〉ラン科。高さは23cm。花は白色。園芸植物。

エピデンドルム・オクラケウム 〈*Epidendrum ochraceum* Lindl.〉ラン科。花は白色。園芸植物。

エピデンドルム・オドラティッシムム 〈*Epidendrum odoratissimum* Lindl.〉ラン科。花は黄色。園芸植物。

エピデンドルム・オレンジ・グロー 〈*Epidendrum* Orange Glow〉ラン科。花は赤橙色。園芸植物。

エピデンドルム・オンキディオイデス 〈*Epidendrum oncidioides* Lindl.〉ラン科。高さは90～180cm。花は白、黄、クリーム色。園芸植物。

エピデンドルム・カカオエンセ 〈*Epidendrum chacaoense* Rchb. f.〉ラン科。花は緑黄色。園芸植物。

エピデンドルム・カンドレイ 〈*Epidendrum candollei* Lindl.〉ラン科。高さは60cm。花は白色。園芸植物。

エピデンドルム・キリアレ 〈*Epidendrum ciliare* L.〉ラン科の多年草。高さは30cm。花は白色。園芸植物。

エピデンドルム・キンナバリヌム 〈*Epidendrum cinnabarinum* Salzm. ex Lindl.〉ラン科。高さは1m。花は輝緋色。園芸植物。

エピデンドルム・クネミドフォルム 〈*Epidendrum cnemidophorum* Lindl.〉ラン科。花は乳白色。園芸植物。

エピデンドルム・クーペリアヌム 〈*Epidendrum cooperianum* Batem.〉ラン科。高さは1m。花は黄緑色。園芸植物。

エピデンドルム・グラキレ 〈*Epidendrum gracile* Lindl.〉ラン科。花は黄色。園芸植物。

エピデンドルム・コクレアツム 〈*Epidendrum cochleatum* L.〉ラン科。花は暗紫色。園芸植物。

エピデンドルム・コルディゲルム 〈*Epidendrum cordigerum* (H. B. K.) Foldats〉ラン科。高さは40cm。花は白色。園芸植物。

エピデンドルム・コロナツム 〈*Epidendrum coronatum* Ruiz et Pav.〉ラン科。高さは60cm。花は褐緑色と白色。園芸植物。

エピデンドルム・シュレヒテリアヌム 〈*Epidendrum schlechterianum* Ames〉ラン科。花は黄緑あるいは赤緑～淡桃紫色。園芸植物。

エピデンドルム・スタンフォーディアヌム 〈*Epidendrum stamfordianum* Batem.〉ラン科。花は黄～黄白色。園芸植物。

エピデンドルム・ステノペタルム 〈*Epidendrum stenopetalum* Hook.〉ラン科。高さは60cm。花は淡紅紫色。園芸植物。

エピデンドルム・セクンドゥム 〈*Epidendrum secundum* Jacq.〉ラン科。花は白、黄、橙、淡紅、紫紅色。園芸植物。

エピデンドルム・セリゲルム 〈*Epidendrum selligerum* Batem. ex Lindl.〉ラン科。高さは1m。花は緑褐あるいは黄色。園芸植物。

エピデンドルム・タンペンセ 〈*Epidendrum tampense* Lindl.〉ラン科。高さは3～6cm。花は白色。園芸植物。

エピデンドルム・ディクロムム 〈*Epidendrum dichromum* Lindl.〉ラン科。花は淡桃色。園芸植物。

エピデンドルム・ディッフォルメ 〈*Epidendrum difforme* Jacq.〉ラン科。高さは40cm。花は淡黄緑色。園芸植物。

エピデンドルム・ディッフスム 〈*Epidendrum diffusum* Swartz.〉ラン科。花は緑黄～赤黄色。園芸植物。

エピデンドルム・ネモラレ 〈*Epidendrum nemorale* Lindl.〉ラン科。花は白色。園芸植物。

エピデンドルム・ノクツルヌム 〈*Epidendrum nocturnum* Jacq.〉ラン科。高さは1m。花は白色。園芸植物。

エピデンドルム・パーキンソニアヌム 〈*Epidendrum parkinsonianum* Hook.〉ラン科の多年草。花は白色。園芸植物。

エピデンドルム・バクルス 〈*Epidendrum baculus* Rchb. f.〉ラン科。高さは3cm。花は黄白～クリーム白色。園芸植物。

エピデンドルム・パテンス 〈*Epidendrum patens* Swartz〉ラン科。茎の長さ60cm。花は緑黄白色。園芸植物。

エピデンドルム・パニクラツム 〈*Epidendrum paniculatum* Ruiz et Pav.〉ラン科。花は緑～白～紅紫色。園芸植物。

エピデンドルム・バルベヤヌム 〈*Epidendrum barbeyanum* Kränzl.〉ラン科。高さは40cm。花は淡緑色。園芸植物。

エピデンドルム・ピグマエウム 〈*Epidendrum pygmaeum* Hook.〉ラン科。花は褐緑色。園芸植物。

エピデンドルム・フカツム 〈*Epidendrum fucatum* Lindl.〉ラン科。花は緑黄色。園芸植物。

エピデンドルム・ブーシー 〈*Epidendrum boothii* (Lindl.) L. O. Williams〉ラン科。高さは5cm。花は白色。園芸植物。

エピデンドルム・ブラクテスケンス 〈*Epidendrum bractescens* Lindl.〉ラン科。高さは4cm。花は白色。園芸植物。

エピデンドルム・フラグランス 〈*Epidendrum fragrans* Swartz〉ラン科。花はクリーム白色。園芸植物。

エピデンドルム・ブラッサヴォラエ 〈*Epidendrum brassavolae* Rchb. f.〉ラン科。高さは18cm。花は基部は淡橙黄で先は暗桃紫色。園芸植物。

エピデンドルム・プリスマトカルプム 〈*Epidendrum prismatocarpum* Rchb. f.〉ラン科。花は先端は淡桃紫色。園芸植物。

エピデンドルム・ポルパクス 〈*Epidendrum porpax* Rchb. f.〉ラン科。花は褐緑色。園芸植物。

エピデンドルム・マリアエ 〈*Epidendrum mariae* Ames〉ラン科。高さは5cm。花は黄緑色。園芸植物。

エピデンドルム・ラディアツム 〈*Epidendrum radiatum* Lindl.〉ラン科。花はクリーム色。園芸植物。

エピデンドルム・ラディカンス エピデンドルム・イバグエンセの別名。

エピデンドルム・ルソーアエ 〈*Epidendrum rousseauae* Schlechter〉ラン科。園芸植物。

エピデンドルム・レモン・ライム 〈*Epidendrum* Lemon Lime〉ラン科。花は白色。園芸植物。

エピデンドルム・ロザリー 〈*Epidendrum* Rosalie〉ラン科。茎の長さ60cm。花は鮮桃色。園芸植物。

エピトニア・ドンナ・ヒルダ 〈× *Epitonia* Donna Hilda〉ラン科。花は濃紅色。園芸植物。

エビネ 海老根, 蝦根 〈*Calanthe discolor* Lindl. var. *discolor*〉ラン科の多年草。高さは30～50cm。花は白色。園芸植物。日本絶滅危機植物。

エビネ 海老根 ラン科の属総称。

エピパクチス・ヘルレボリス 〈*Epipactis helleborine* Crantz〉ラン科の多年草。

エピパクティス・ツンベルギー カキランの別名。

エピパクティス・パピロサ エゾスズランの別名。

エピパクティス・パルストリス 〈*Epipactis palustris* (L.) Crantz〉ラン科の多年草。高さは15～50cm。花は淡褐紫色。園芸植物。

エピフィルム・オクシペタルム ゲッカビジンの別名。

エピフィルム・ダラーヒー 〈*Epiphyllum darrahii* (K. Schum.) Britt. et Rose〉サボテン科のサボテン。別名白眉孔雀。花は黄色。園芸植物。

エピフィルム・フッケリ 〈*Epiphyllum hookeri* (Link et Otto) Haw.〉サボテン科のサボテン。別名待宵孔雀。長さ2～3m。花は白色。園芸植物。

エピフィルム・プミルム 〈*Epiphyllum pumilum* Britt. et Rose〉サボテン科のサボテン。長さ80～150cm。花は白色。園芸植物。

エピフィロプシス・ゲルトネリ ゲシクジャクの別名。

エピプレムヌム・ギガンテウム 〈*Epipremnum giganteum* Schott〉サトイモ科のつる植物。葉長1m。園芸植物。

エピプレムヌム・ミラビレ ハブカズラの別名。

エピフロニティス・ヴィーチー 〈× *Epiphronitis* Veitchii〉ラン科。高さは20cm。花は濃赤色。園芸植物。

エピフロニティス・ラディアンス 〈× *Epiphronitis* Radians〉ラン科。花は濃紅赤色。園芸植物。

エヒメアヤメ 愛媛菖蒲 〈*Iris rossii* Baker〉アヤメ科の多年草。別名タレユエソウ。高さは5～15cm。花は青紫色。園芸植物。日本絶滅危機植物。

エピメディウム・アルピヌム 〈*Epimedium alpinum* L.〉メギ科の多年草。高さは20～30cm。花は黄色。園芸植物。

エピメディウム・グランディフロルム イカリソウの別名。

エピメディウム・サギッタツム ホザキイカリソウの別名。

エピメディウム・ディフィルム バイカイカリソウの別名。

エピメディウム・ピンナツム 〈*Epimedium pinnatum* Fisch〉メギ科の多年草。高さは30cm。園芸植物。

エピメディウム・ブレビコルヌム 〈*Epimedium brevicornum* Maxim.〉メギ科の薬用植物。

エピメディウム・ヤンギアヌム ウメザキイカリソウの別名。

エビモ 海老藻, 蝦藻 〈*Potamogeton crispus* L.〉ヒルムシロ科の多年生水草。別名エビクサ。多数の鋸歯、葉脈はふつう赤味がかる。

エビラゴケ 〈*Lobaria discolor* (Bory) Hue〉ヨロイゴケ科の地衣類。地衣体は径約10cm。

エビラシダ 箙羊歯 〈*Gymnocarpium oyamense* (Baker) Ching〉オシダ科の夏緑性シダ。葉身は長さ10～20cm。三角状卵形。

エビラフジ 箙藤 〈*Vicia venosa* (Willd.) Maxim. var. *cuspidata* Maxim.〉マメ科の多年草。高さは30～100cm。

エピレリア・アイヴォリー・インプ 〈× *Epilaelia* Ivory Imp〉ラン科。花は淡朱黄色。園芸植物。

エピレリア・スターファイアー 〈× *Epilaelia* Starfire〉ラン科。花は朱赤色、橙赤色。園芸植物。

エピレリア・マリー・ルイーズ 〈× *Epilaelia* Marie Louise〉ラン科。花は黄色。園芸植物。

エピレリオカトレヤ・メイ・ブライ 〈× *Epilaeliocattleya* Mae Bly〉ラン科。園芸植物。

エピロビウム・アナガリディフォリウム 〈*Epilobium anagallidifolium*〉アカバナ科。高山植物。

エピロビウム・アルシニフォリウム 〈*Epilobium alsinifolium*〉アカバナ科。高山植物。

エピロビウム・ダブリクム 〈*Epilobium davuricum* Fisch.〉アカバナ科の多年草。

エピロビウム・ヌンムラリーフォリウム 〈*Epilobium nummulariifolium* R. Cunn. ex A. Cunn.〉アカバナ科の草本。花は淡紅または白色。園芸植物。

エピロビウム・フレイシェリイ 〈*Epilobium fleischeri* Hochst.〉アカバナ科。高山植物。

エピロビウム・ラティフォリウム 〈*Epilobium latifolium* L.〉アカバナ科。高山植物。

エフェドラ・エクイセチナ 〈*Ephedra equisetina* Bunge.〉マオウ科の薬用植物。

エフェドラ・ジェラーディアナ 〈*Ephedra gerardiana* Wall. ex. Stapf〉マオウ科の半低木状の裸子植物。高さは60〜120cm。園芸植物。

エフェドラ・シニカ マオウの別名。

エフクレタヌキモ 〈*Utricularia inflata* Walter〉タヌキモ科。花茎の立つ基部の葉が放射状につく。

F.J.グルーテンドルスト 〈F. J. Grootendorst〉バラ科。ハイブリッド・ルゴサ・ローズ系。花は紅色。

エブリコ 恵布里古 〈*Laricifomes officinalis* (Vill. : Fr.) Kotl. et Pouz.〉サルノコシカケ科。薬用植物。

エブリン 〈Evelyn〉バラ科。イングリッシュローズ系。花はアプリコット色。

F1サンリッチオレンジ キク科のヒマワリの品種。切り花に用いられる。

F1サンリッチパイン45 キク科のヒマワリの品種。切り花に用いられる。

エボルブルス 〈*Evolvulus pilosus*〉ヒルガオ科の宿根草。別名アメリカンブルー。

エマニュエル 〈Emanuel〉バラ科。イングリッシュローズ系。花はソフトピンク。

エミネンス 〈Eminence〉バラ科。ハイブリッド・ティーローズ系。花はラベンダー色。

エミリー 〈Emily〉バラ科。イングリッシュローズ系。花はソフトピンク。

エミリア・サギッタタ ベニヒガナの別名。

エメラルドベニギリ 〈*Episcia fulgida* Hook. f.〉イワタバコ科の観賞用草本。花は赤色。熱帯植物。

エメラルドリップル コショウ科のペペロミア・カペラタの品種。別名オオバチヂミシマアオイソウ。園芸植物。

エメリー バラ科。ハイブリッド・ティーローズ系。花はクリーム色。

エモリ 江守 〈*Ferocactus emoryi* (Engelm.) Backeb.〉サボテン科のサボテン。高さは1m。花は黄橙色。園芸植物。

エラエアグヌス・アングスティフォリア ヤナギバグミの別名。

エラエアグヌス・ウンベラタ アキグミの別名。

エラエアグヌス・グラブラ ツルグミの別名。

エラエアグヌス・コンムタタ 〈*Elaeagnus commutata* Bernh. ex Rydb.〉グミ科の木本。別名ギンヨウグミ。高さは2〜3m。花は黄色。園芸植物。

エラエアグヌス・スブマクロフィラ 〈*Elaeagnus × submacrophylla* Serv.〉グミ科の木本。別名オオバツルグミ、アカバグミ、タイワンアキグミ。葉長5〜9cm。園芸植物。

エラエアグヌス・プンゲンス ナワシログミの別名。

エラエアグヌス・マクロフィラ マルバグミの別名。

エラエアグヌス・ムルティフロラ ナツグミの別名。

エラエアグヌス・モンタナ マメグミの別名。

エラエアグヌス・ヨシノイ ナツアサドリの別名。

エラエイス・ギネーンシス アブラヤシの別名。

エラエオカルプス・シルウェストリス 〈*Elaeocarpus sylvestris* (Lour.) Poir.〉ホルトノキ科の高木。葉は革質で倒披針形。園芸植物。

エラエオカルプス・ストルキイ 〈*Elaeocarpus storckii* Seem.〉ホルトノキ科の常緑高木。

エラエオカルプス・ヤポニクス コバンモチの別名。

エラグロスティス・エレガンス 〈*Eragrostis elegans* Nees〉イネ科の草本。高さは30〜60cm。園芸植物。

エラグロスティス・クルウラ シナダレスズメガヤの別名。

エラグロスティス・ニグラ 〈*Eragrostis nigra* Nees ex Steud.〉イネ科の草本。葉は線形。園芸植物。

エラチオール・ベゴニア リーガース・ベゴニアの別名。

エラフォグロッスム・クリニツム 〈*Elaphoglossum crinitum* (L.) Christ〉オシダ科。長さ60cm。園芸植物。

エラフォグロッスム・トサエンセ ヒロハアツイタの別名。

エラフォグロッスム・ヨシナガエ アツイタの別名。

エラブコウモリシダ 〈*Thelypteris × insularis* (K. Iwats.) K. Iwats.〉オシダ科のシダ植物。

エランギス・アーティザン 〈*Aerangis* Artisan〉ラン科。茎の長さ30cm。花は純白色。園芸植物。

115

エランキス

エランギス・アマド・バスケス 〈Aerangis Amado Vasquez〉ラン科。花は純白色。園芸植物。

エランギス・アルティクラタ 〈Aerangis articulata (Rchb. f.) Schlechter〉ラン科。高さは20〜30cm。花は白色。園芸植物。

エランギス・キトラタ 〈Aerangis citrata (Thouars) Schlechter〉ラン科。茎の長さ20〜40cm。花は乳白色。園芸植物。

エランギス・クリプトドン 〈Aerangis cryptodon (Rchb. f.) Schlechter〉ラン科。高さは30cm。花は白にやや橙赤色。園芸植物。

エランギス・コッチアナ 〈Aerangis kotschyana (Rchb. f.) Schlechter〉ラン科。花は白色。園芸植物。

エランギス・スティロサ 〈Aerangis stylosa (Rolfe) Schlechter〉ラン科。茎の長さ30cm。花は白色。園芸植物。

エランギス・ビロバ 〈Aerangis biloba (Lindl.) Schlechter〉ラン科。茎の長さ20〜30cm。花は白色。園芸植物。

エランギス・ファスツオサ 〈Aerangis fastuosa (Rchb. f.) Schlechter〉ラン科。花は紅色。園芸植物。

エランギス・プミリオ 〈Aerangis pumilio Schlechter〉ラン科。花は白色。園芸植物。

エランギス・ブライアン・パーキンズ 〈Aerangis Brain Perkins〉ラン科。花は褐黄色。園芸植物。

エランギス・ブラキカルパ 〈Aerangis brachycarpa (A. Rich.) T. Durand et Schinz〉ラン科。茎の長さ30cm。花は白色。園芸植物。

エランギス・フリーシオルム 〈Aerangis friesiorum Schlechter〉ラン科。茎の長さ20〜30cm。花は白色。園芸植物。

エランギス・ミスタキディー 〈Aerangis mystacidii (Rchb. f.) Schlechter〉ラン科。茎の長さ15cm。花は白色。園芸植物。

エランギス・ロドスティクタ 〈Aerangis rhodosticta (Kränzl.) Schlechter〉ラン科。花は白〜乳白色。園芸植物。

エランセマム ルリハナガサの別名。

エランティス キンポウゲ科の属総称。球根植物。別名キバナセツブンソウ。

エランティス・キリキリカ キバナセツブンソウの別名。

エランティス・チュベルゲニー 〈Eranthis × tubergenii Bowles〉キンポウゲ科の多年草。園芸植物。

エランティス・ヒエマリス 〈Eranthis hyemalis (L.) Salisb.〉キンポウゲ科の多年草。別名オオバナキバナセツブンソウ。高さは10cm。園芸植物。

エランティス・ピンナティフィダ セツブンソウの別名。

エランテス・グランディフロルス 〈Aeranthes grandiflorus Lindl.〉ラン科。花は淡緑色。園芸植物。

エランテス・ラモスス 〈Aeranthes ramosus Rolfe〉ラン科。茎の長さ30cm。園芸植物。

エランテムム・ウォッティー ワットエランテムムの別名。

エランテムム・プルケルム ルリハナガサの別名。

エリア・アケルワタ 〈Eria acervata Lindl.〉ラン科。花は白色。園芸植物。

エリア・オウアタ リュウキュウセッコクの別名。

エリア・コーネリ オオオサランの別名。

エリア・コロナリア 〈Eria coronaria (Lindl.) Rchb. f.〉ラン科。高さは7〜15cm。花は乳白色。園芸植物。

エリアシタンポタケ 〈Cordyceps valvatostipitata Kobayasi et Shimizu〉バッカクキン科のキノコ。

エリア・ジャワニカ 〈Eria javanica (Swartz) Blume〉ラン科。高さは30〜50cm。花は紫色。園芸植物。

エリア・ストリクタ 〈Eria stricta Lindl.〉ラン科。高さは6〜13cm。花は白色。園芸植物。

エリア・スピカタ 〈Eria spicata (D. Don.) Hand.-Mazz.〉ラン科。高さは5〜20cm。花は白色。園芸植物。

エリア・トメントシフロラ 〈Eria tomentosiflora Hayata〉ラン科。高さは7〜15cm。花は淡黄緑色。園芸植物。

エリア・パンネア 〈Eria pannea Lindl.〉ラン科。高さは3〜5cm。花は橙黄白色。高山植物。園芸植物。

エリア・ヒアキントイデス 〈Eria hyacinthoides (Blume) Lindl.〉ラン科。高さは20〜25cm。花は白色。園芸植物。

エリア・ビフロラ 〈Eria biflora Griff.〉ラン科。花は乳白色。園芸植物。

エリア・フラウア 〈Eria flava Lindl.〉ラン科。高さは15〜20cm。花は緑黄色。園芸植物。

エリア・ブラクテスケンス 〈Eria bractescens Lindl.〉ラン科。花は淡黄色。園芸植物。

エリア・プルウィナタ 〈Eria pulvinata Lindl.〉ラン科。高さは25〜30cm。花は白色。園芸植物。

エリア・レプタンス オサランの別名。

エリアンツス・ラウェンナエ 〈Erianthus ravennae (L.) Beauvois〉イネ科の多年草。高さは1〜4m。花は青紫から銀白色。園芸植物。

エリオカクツス サボテン科の属総称。サボテン。

エリオカクツス・シューマニアヌス 〈Eriocactus schumannianus (hort. Nicolai) Backeb.〉サボテン科のサボテン。別名金冠。高さは1m。花は黄色。園芸植物。

エリオカクツス・マグニフィクス 〈*Eriocactus magnificus* F. Ritter〉サボテン科のサボテン。径10〜17cm。花は鮮黄色。園芸植物。

エリオカクツス・レニングハウシー キンコウマルの別名。

エリオケレウス・トルツオスス 〈*Eriocereus tortuosus* (J. Forbes ex Otto et A. Dietr.) Riccob.〉サボテン科のサボテン。別名臥竜。花は白色。園芸植物。

エリオケレウス・マルティニー 〈*Eriocereus martinii* (Labour.) Riccob.〉サボテン科のサボテン。別名新橋。長さ1〜2m。花は白色。園芸植物。

エリオケレウス・ユスベルティー 〈*Eriocereus jusbertii* (Rebut) Riccob.〉サボテン科のサボテン。別名袖ケ浦。花は褐色がかった緑色。園芸植物。

エリオゴヌム・ウンベラツム 〈*Eriogonum umbellatum* Torr.〉タデ科。高さは30cm。花は濃黄、クリーム色。園芸植物。

エリオゴヌム・クロカツム 〈*Eriogonum crocatum* A. Davids.〉タデ科。高さは30cm。花は黄色。園芸植物。

エリオゴヌム・ジェイムジー 〈*Eriogonum jamesii* Benth.〉タデ科。花は白、クリーム、黄など。園芸植物。

エリオゴヌム・トリーアヌム 〈*Eriogonum torreyanum* A. Gray〉タデ科。高さは40〜50cm。花は黄色。園芸植物。

エリオゴヌム・ファスキクラツム 〈*Eriogonum fasciculatum* Benth.〉タデ科。高さは1m。花は白または桃色。園芸植物。

エリオシケ・ケラティステス 〈*Eriosyce ceratistes* (Otto) Britt. et Rose〉サボテン科のサボテン。別名極光丸。径50cm。花は赤色。園芸植物。

エリオステモン・ミオポロイデス 〈*Eriostemon myoporoides* DC.〉ミカン科の低木。高さは1〜2m。花は白または桃色。園芸植物。

エリオッティア・ラケモサ 〈*Elliottia racemosa* Muhlenb. ex Elliott〉ツツジ科の落葉性低木。高さは6m。園芸植物。

エリオフィルム・ラナツム 〈*Eriophyllum lanatum* (Pursh) J. Forbes〉キク科。高さは60cm。花は濃黄色。園芸植物。

エリオフォルム・アングスティフォリウム 〈*Eriophorum angustifolium* Honckeny〉カヤツリグサ科の多年草。

エリオフォルム・ウァギナツム ワタスゲの別名。

エリオプシス・ビロバ 〈*Eriopsis biloba* Lindl.〉ラン科。高さは20cm。花は黄金色。園芸植物。

エリオラエナ・カンドレイ 〈*Eriolaena candollei* Wall.〉アオギリ科の落葉小高木。

エリカ 〈*Erica canaliculata* Andr.〉ツツジ科の低木。別名ジャノメエリカ、クロシベエリカ、アフリカエリカ。高さは2m。花は桃色。園芸植物。切り花に用いられる。

エリカ ツツジ科の属総称。別名ハイデ。

エリカ・アウストラリス 〈*Erica australis* L.〉ツツジ科の低木。高さは1〜1.5m。花は紫紅色。園芸植物。

エリカ・アリスタタ 〈*Erica aristata* Andr.〉ツツジ科の低木。高さは60cm。花は基部と上部が濃紅色。園芸植物。

エリカ・アルボレア 〈*Erica arborea* L.〉ツツジ科の低木。別名エイジュ。高さは2〜3m。花は白色。園芸植物。

エリカ・インフンディブリフォルミス 〈*Erica infundibuliformis* Andr.〉ツツジ科の低木。高さは90cm。花は桃ないし白色。園芸植物。

エリカ・ヴァガンス 〈*Erica vagans* L.〉ツツジ科の低木。高さは40〜60cm。花は桃色。園芸植物。

エリカ・ウェスティタ 〈*Erica vestita* Thunb.〉ツツジ科の低木。高さは90cm。花は白、黄、濃桃、紅など。園芸植物。

エリカ・ウェルティキラタ 〈*Erica verticillata* Bergius〉ツツジ科の低木。高さは1.5m。花は淡桃または淡藤色。園芸植物。

エリカ・ウェントリコサ 〈*Erica ventricosa* Thunb.〉ツツジ科の低木。高さは60cm。花は桃色。園芸植物。

エリカ・ウルナ-ビリディス 〈*Erica urna-viridis* Bolus〉ツツジ科の小低木。

エリカ・エリゲナ 〈*Erica erigena* R. Ross〉ツツジ科の低木。別名エイカン。高さは2〜3m。花は桃紅色。園芸植物。

エリカ・カナリクラタ エリカの別名。

エリカ・カルネア カンザキエリカの別名。

エリカ・カルネラ ミヤコノツチゴケの別名。

エリカ・キネレア 〈*Erica cinerea* L.〉ツツジ科の常緑小低木。高さは20〜40cm。花は桃紫色。園芸植物。

エリカ・キリアリス 〈*Erica ciliaris* L.〉ツツジ科の低木。別名ケエリカ。高さは20〜30cm。花は淡紅色。園芸植物。

エリカ・グラキリス 〈*Erica gracilis* J. C. Wendl.〉ツツジ科の低木。高さは50cm。花は紅、桃、白色。園芸植物。

エリカ・グランディフロラ 〈*Erica grandiflora* L. f.〉ツツジ科の低木。高さは1.5m。花は橙赤色。園芸植物。

エリカ・ケリントイデス 〈*Erica cerinthoides* L.〉ツツジ科の低木。高さは30〜90cm。花は紅色。園芸植物。

エリカコロ

エリカ・コロランス 〈*Erica colorans* Andr.〉ツツジ科の低木。高さは50〜70cm。花は白〜淡桃色。園芸植物。

エリカ・シティティエンス 〈*Erica sititiens* Klotzsch〉ツツジ科の低木。高さは60cm。花は紅色。園芸植物。

エリカ・シャノネア 〈*Erica shannonea* Andr.〉ツツジ科の低木。高さは50cm。花は光沢のある白色。園芸植物。

エリカ・シャミッソーニス 〈*Erica chamissonis* Klotzsch ex Benth.〉ツツジ科の低木。高さは50cm。花は明るい桃色。園芸植物。

エリカ・ジュノニア 〈*Erica junonia* Bolus〉ツツジ科の低木。

エリカ・スパルサ 〈*Erica sparsa* Lodd.〉ツツジ科の低木。別名アワユキエリカ。高さは50cm。花は桃色。園芸植物。

エリカ・セッシリフロラ 〈*Erica sessiliflora* L. f.〉ツツジ科の低木。高さは1.5m。花は緑白色。園芸植物。

エリカ・タクシフォリア 〈*Erica taxifolia* Dryand.〉ツツジ科の低木。高さは60cm。花は桃色。園芸植物。

エリカ・ダーリーエンシス 〈*Erica × darleyensis* Bean〉ツツジ科の低木。別名キョッコウ。高さは50〜60cm。花は桃、淡紅色。園芸植物。

エリカ・ティミフォリア 〈*Erica thimifolia* J. C. Wendl.〉ツツジ科の低木。花は桃色。園芸植物。

エリカ・テトラリクス 〈*Erica tetralix* L.〉ツツジ科の常緑小低木。高さは20〜40cm。花は淡紅色。高山植物。園芸植物。

エリカ・テルミナリス 〈*Erica terminalis* Salisb.〉ツツジ科の低木。高さは3m。花は桃色。園芸植物。

エリカ・トランスパレンス 〈*Erica transparens* Bergius〉ツツジ科の低木。高さは70〜80cm。花は淡桃色。園芸植物。

エリカ・ナナ 〈*Erica nana* Salisb.〉ツツジ科の低木。花は帯緑淡黄色。園芸植物。

エリカ・バウエラ 〈*Erica bauera* Andr.〉ツツジ科の小低木。高さは1m。花は桃または白色。園芸植物。

エリカ・パターソニア 〈*Erica patersonia* Andr.〉ツツジ科の低木。高さは1m。花は濃黄色。園芸植物。

エリカ・ハリカカバ 〈*Erica halicacaba* L.〉ツツジ科の低木。高さは2m。花は淡黄緑白色。園芸植物。

エリカ・ヒルティフロラ 〈*Erica hirtiflora* Curtis〉ツツジ科の低木。別名オトメエリカ。高さは50cm。園芸植物。

エリカ・フォリアケア 〈*Erica foliacea* Andr.〉ツツジ科の低木。高さは90cm。花は緑を帯びた淡黄色。園芸植物。

エリカ・フォルモサ 〈*Erica formosa* Thunb.〉ツツジ科の低木。別名スズランエリカ。高さは60cm。花は白色。園芸植物。

エリカ・ブランドフォーディア 〈*Erica blandfordia* Andr.〉ツツジ科の低木。高さは90cm。花はやや緑を帯びた黄色。園芸植物。

エリカ・プルクネティー 〈*Erica plukenetii* L.〉ツツジ科の低木。高さは60cm。花は桃色。園芸植物。

エリカ・プレーゲリ 〈*Erica × praegeri* Ostenf.〉ツツジ科の低木。花は淡桃色。園芸植物。

エリカ・ホロセリケア 〈*Erica holosericea* Salisb.〉ツツジ科の低木。花は濃いバラ色。園芸植物。

エリカ・マッケイアナ 〈*Erica mackaiana* Bab.〉ツツジ科の低木。高さは30cm。花は濃桃色。園芸植物。

エリカ・メランセラ エリカの別名。

エリカモドキ 〈*Bauera rubioides* Andr.〉ユキノシタ科の常緑低木。別名アイノカンザシ。高さは2m。花はやや紫を帯びたピンクまたは白色。園芸植物。

エリカ・ラテラリス 〈*Erica lateralis* Willd.〉ツツジ科の低木。高さは90cm。花は桃色。園芸植物。

エリカ・ルシタニカ 〈*Erica lusitanica* K. Rudolphi〉ツツジ科の常緑低木。高さは3〜4m。花は白色。園芸植物。

エリカ・レギア 〈*Erica regia* Bartl.〉ツツジ科の低木。花は先半分が鮮紅基部が白色。園芸植物。

エリカ・ワトソニー 〈*Erica × watsonii* (Benth.) Bean〉ツツジ科の低木。花は鮮桃色。園芸植物。

エリキナ・エキナタ 〈*Erycina echinata* (H. B. K.) Lindl.〉ラン科。高さは12cm。花は黄色。園芸植物。

エリキャンペイン オオグルマの別名。

エリゲロン・アウランティアクス 〈*Erigeron aurantiacus* Regel〉キク科の多年草。高さは30cm。花は橙赤色。園芸植物。

エリゲロン・アウレウス 〈*Erigeron aureus* Greene〉キク科の多年草。高さは20cm。園芸植物。

エリゲロン・アルピヌス 〈*Erigeron alpinus* L.〉キク科の多年草。別名ヨウシュタカネアズマギク。高さは10〜30cm。花は淡紫色。高山植物。園芸植物。

エリゲロン・ウニフロルス 〈*Erigeron uniflorus* L.〉キク科の多年草。高さは15〜20cm。花は紫紅色。園芸植物。

エリゲロン・グラウクス 〈*Erigeron glaucus* Ker-Gawl.〉キク科の多年草。高さは60cm。花は淡紫または白色。園芸植物。

エリゲロン・コウルテリ 〈*Erigeron coulteri* T. C. Porter〉キク科の多年草。高さは45cm。花は淡桃色。園芸植物。

エリゲロン・コンポシツス 〈*Erigeron compositus* Pursh〉キク科の多年草。高さは5～20cm。花は白、ピンクまたは青色。園芸植物。

エリゲロン・シンプレクス 〈*Erigeron simplex* Greene〉キク科の多年草。高さは10cm。花は青、ピンク、まれに白色。園芸植物。

エリゲロン・スペキオスス 〈*Erigeron speciosus* (Lindl.) DC.〉キク科の多年草。高さは60cm。花は桃色。園芸植物。

エリゲロン・ツンベルギー アズマギクの別名。

エリゲロン・ヒブリドゥス 〈*Erigeron* × *hybridus* Bergmans〉キク科の多年草。高さは45～75cm。花は淡紅紫色。園芸植物。

エリゲロン・ピンナティセクツス 〈*Erigeron pinnatisectus* (A. Gray) A. Nels〉キク科の多年草。花は青または帯紫白色。園芸植物。

エリゲロン・フミリス 〈*Erigeron humilis* R. C. Grah.〉キク科の多年草。高さは25cm。花は白色。園芸植物。

エリゲロン・プルケルス 〈*Erigeron pulchellus* Michx.〉キク科の多年草。高さは30cm。花は淡紫色。園芸植物。

エリゲロン・ムルティラディアツス 〈*Erigeron multiradiatus* (Lindl. ex DC.) Benth.〉キク科の多年草。高さは60cm。花は淡紫色。園芸植物。

エリザ バラ科。ハイブリッド・ティーローズ系。

エリシオフィルム・ピナーツム キクガラクサの別名。

エリシムム アブラナ科の属総称。宿根草。

エリシムム・アスペルム 〈*Erysimum asperum* (Nutt.) DC.〉アブラナ科の草本。高さは30～60cm。花は黄または橙色。園芸植物。

エリシムム・アリオニー 〈*Erysimum* × *allionii* hort.〉アブラナ科の草本。高さは30cm。花は鮮明な橙黄か黄色。園芸植物。

エリシムム・カピタツム 〈*Erysimum capitatum* (Dougl.) Greene〉アブラナ科の草本。別名キバナアブラセイトウ。高さは30～50cm。花は黄か白色。園芸植物。

エリシムム・フミレ 〈*Erysimum humile* Pers.〉アブラナ科の草本。高さは50cm。花は黄色。園芸植物。

エリシムム・プルケルム 〈*Erysimum pulchellum* (Willd.) J. Gay〉アブラナ科の草本。高さは30cm。花は濃黄色。園芸植物。

エリシムム・ヘルウェティクム 〈*Erysimum helveticum* (Jacq.) DC.〉アブラナ科の草本。高さは30～40cm。花は純黄色。高山植物。園芸植物。

エリシムム・ペロフスキナム 〈*Erysimum perofskianum* Fisch. et Mey.〉アブラナ科の一年草。

エリシムム・リニフォリウム 〈*Erysimum linifolium* (Pers.) J. Gay〉アブラナ科の草本。高さは50cm。花はバイオレット、紫紅色。園芸植物。

エリスリナ マメ科の属総称。別名デイコ。園芸植物。

エリスリナ・アカントカルパ 〈*Erythrina acanthocarpa* E. Mey.〉マメ科。高さは1～3m。花は朱赤色。園芸植物。

エリスリナ・アメリカナ 〈*Erythrina americana* Mill.〉マメ科。高さは5m。花は鮮赤色。園芸植物。

エリスリナ・アルボレスケンス 〈*Erythrina arborescens* Roxb.〉マメ科。別名ネパールデイコ。高さは6～7m。花は紅色。園芸植物。

エリスリナ・カフラ 〈*Erythrina caffra* Thunb.〉マメ科。高さは18m。花は朱赤またはれんが色。園芸植物。

エリスリナ・クリスタ-ガリ アメリカデイゴの別名。

エリスリナ・コラロデンドロン 〈*Erythrina corallodendron* L.〉マメ科。高さは5m以下。花は濃赤色。園芸植物。

エリスリナ・スペキオサ 〈*Erythrina speciosa* Andr.〉マメ科。別名ブラジルデイコ。高さは4m以下。花は赤色。園芸植物。

エリスリナ・タヒテンシス 〈*Erythrina tahitensis* Nadeaud〉マメ科。別名ハワイデイコ。高さは5～6m。花は橙赤～黄色。園芸植物。

エリスリナ・ビドウィリー サンゴシトウの別名。

エリスリナ・ヘルバケア 〈*Erythrina herbacea* L.〉マメ科。高さは5m以下。花は緋色。園芸植物。

エリスロニウム ユリ科の属総称。別名セイヨウカタクリ(西洋片栗)、カタクリ(片栗)。

エリスロニウム カタクリの別名。

エリダクニス・ボゴール 〈× *Aeridachnis* Bogor〉ラン科。花は淡黄色。園芸植物。

エリテ バラ科。花は黄色がかったピンク。

エリテア・アルマタ 〈*Erythea armata* (S. Wats.) S. Wats.〉ヤシ科。別名トゲハクセンヤシ。高さは12m。花は白色。園芸植物。

エリテア・エドゥリス 〈*Erythea edulis* (H. Wendl. ex S. Wats.) S. Wats.〉ヤシ科。別名メキシコハクセンヤシ。高さは10～12m。園芸植物。

エリテア・ブランデジーイ 〈*Erythea brandegeei* C. Purpus〉ヤシ科。高さは10～12m。花は白色。園芸植物。

エリデス ラン科の属総称。

エリテスウ

エリデス・ウァンダルム　〈*Aerides vandarum* Rchb. f.〉ラン科。花は白色。高山植物。園芸植物。

エリデス・クインクエウルネルム　〈*Aerides quinquevulnerum* Lindl.〉ラン科。花は白色。園芸植物。

エリデス・クラッシフォリウム　〈*Aerides crassifolium* C. Parish et Rchb. f.〉ラン科。茎の長さ30～40cm。花は紅紫色花色。園芸植物。

エリデス・クリスプム　〈*Aerides crispum* Lindl.〉ラン科。高さは50～80cm。花は濃紫紅色。園芸植物。

エリデス・ジャーキアヌム　〈*Aerides jarckianum* Schlechter〉ラン科。花は桃または白色。園芸植物。

エリデス・ファルカツム　〈*Aerides falcatum* Lindl.〉ラン科。高さは50～100cm。園芸植物。

エリデス・フィールディンギー　〈*Aerides fieldingii* Jennings〉ラン科。高さは10～25cm。花は淡桃色。園芸植物。

エリデス・マクロスム　〈*Aerides macrosum* Lindl.〉ラン科。高さは30～40cm。花は白色。園芸植物。

エリデス・ミトラツム　〈*Aerides mitratum* Rchb. f.〉ラン科。花は白色。園芸植物。

エリデス・ムルティフロルム　〈*Aerides multiflorum* Roxb.〉ラン科。高さは10～25cm。花は白～淡桃色。園芸植物。

エリデス・ローレンセアエ　〈*Aerides lawrenceae* Rchb. f.〉ラン科。高さは1m。花は白色。園芸植物。

エリドケントルム・チャンパトン　〈× *Aeridocentrum* Champatong〉ラン科。園芸植物。

エリドバンダ・ツルコ・イワサキ　〈× *Aeridovanda* Tsuruko Iwasaki〉ラン科。高さは40cm。花はやや黄褐色。園芸植物。

エリドバンダ・ピンク・グローリー　〈× *Aeridovanda* Pink Glory〉ラン科。高さは30cm。花は淡桃色。園芸植物。

エリドバンダ・ブルー・スパー　〈× *Aeridovanda* Blue Spur〉ラン科。花は淡青色。園芸植物。

エリドバンダ・ブルー・ハワイ　〈× *Aeridovanda* Blue Hawaii〉ラン科。花は淡桃または青紫色。園芸植物。

エリトリキウム・ナヌム　〈*Eritrichium nanum* Schrader〉ムラサキ科。高山植物。

エリトリナ・ポエピギアナ　〈*Erythrina poeppigiana* Skeels〉マメ科の低木。

エリトリナ・リシステモン　〈*Erythrina lysistemon* Hutchins.〉マメ科の落葉高木。園芸植物。

エリトロクシルム・コカ　コカノキの別名。

エリトロニウム・アメリカヌム　〈*Erythronium americanum* Ker-Gawl.〉ユリ科の多年草。高さは7～30cm。花は黄色。園芸植物。

エリトロニウム・アルビドゥム　〈*Erythronium albidum* Nutt.〉ユリ科の多年草。高さは10～30cm。花は淡紫紅色。園芸植物。

エリトロニウム・カリフォルニクム　〈*Erythronium californicum* Purdy〉ユリ科の多年草。高さは10～35cm。花は白～黄色。園芸植物。

エリトロニウム・グランディフロルム　〈*Erythronium grandiflorum* Pursh〉ユリ科の多年草。高さは30～60cm。花は鮮黄色。高山植物。園芸植物。

エリトロニウム・ツオルムネンセ　〈*Erythronium tuolumnense* Appleg.〉ユリ科の多年草。花は黄色。園芸植物。

エリトロニウム・デンス-カニス　〈*Erythronium dens-canis* L.〉ユリ科の多年草。高さは10～30cm。花は赤～紫色。高山植物。園芸植物。

エリトロニウム・ヘンダーソニー　〈*Erythronium hendersonii* S. Wats.〉ユリ科の多年草。高さは30cm。花は淡藤色。園芸植物。

エリトロニウム・ムルティスカポイデウム　〈*Erythronium multiscapoideum* (Kellogg) A. Nels. et Kennedy〉ユリ科の多年草。高さは25cm。花は白色。園芸植物。

エリトロニウム・ヤポニクム　カタクリの別名。

エリトロニウム・レウォルツム　〈*Erythronium revolutum* Sm.〉ユリ科の多年草。高さは20～40cm。花は赤紫色。園芸植物。

エリヌス　イワカラクサの別名。

エリマキツチグリ　〈*Geastrum triplex* (Jungh.) Fisch.〉ヒメツチグリ科のキノコ。別名エリマキツチガキ。中型～大型。柄はなし、外皮は星形裂開。

エリムス・アレナリウス　〈*Elymus arenarius* L.〉イネ科の多年草。高さは0.6～2.5m。園芸植物。

エリンギ　ヒラタケ科のキノコ。別名エリンギ、カオリヒラタケ、常念茸。

エリンギウム　セリ科の属総称。別名シーホリー、ヒゴタイサイコ。切り花に用いられる。

エリンギウム・アガウィフォリウム　〈*Eryngium agavifolium* Griseb.〉セリ科の多年草。高さは1.5m。花は白色。園芸植物。

エリンギウム・アメティスティヌム　エゾヤマゼンコの別名。

エリンギウム・アルピヌム　〈*Eryngium alpinum* L.〉セリ科の多年草。高さは60～90cm。花は青または白色。園芸植物。

エリンギウム・ギガンテウム　〈*Eryngium giganteum* Bieb.〉セリ科の多年草。高さは1m。花は青または淡緑色。園芸植物。

エリンギウム・スピナルバ 〈*Eryngium spinalba* Vill.*〉*セリ科の多年草。高さは50cm。花は青色。園芸植物。

エリンギウム・セルビクム 〈*Eryngium serbicum* Panč.〉セリ科の多年草。園芸植物。

エリンギウム・トリクスピダツム 〈*Eryngium tricuspidatum* L.〉セリ科の多年草。花は紫色。園芸植物。

エリンギウム・トリパルティツム 〈*Eryngium tripartitum* Desf.〉セリ科の多年草。花は紫色。園芸植物。

エリンギウム・プラヌム 〈*Eryngium planum* L.〉セリ科の多年草。高さは1m。花は青色。園芸植物。

エリンギウム・ブールガティー 〈*Eryngium bourgatii* Gouan〉セリ科の多年草。高さは30〜60cm。園芸植物。

エリンギウム・ブロメリーフォリウム 〈*Eryngium bromeliifolium* F. Delar〉セリ科の多年草。園芸植物。

エリンギウム・マリティムム 〈*Eryngium maritimum* L.〉セリ科の多年草。高さは40〜60cm。花は紫色。園芸植物。

エリンギウム・ユッキフォリウム 〈*Eryngium yuccifolium* Michx.〉セリ科の多年草。高さは1m。花は淡青色。園芸植物。

エリンネルング・アン・ブロド 〈Erinnerung an Brod〉バラ科。別名Souv.de Brod。ハイブリッド・セティゲラ・ローズ系。花は紫色。

エルヴァタミア・コロナリア サンユウカの別名。

エルウッズゴールド ヒノキ科のローソンヒノキの品種。別名ゴールドスター。

エルウッディ ヒノキ科のローソンヒノキの品種。別名シルバースター。

エルカ・ウェシカリア 〈*Eruca vesicaria* (L.) Cav.〉アブラナ科の草本。高さは70cm。花は乳白色。園芸植物。

エルサレム・セージ フロミスの別名。

エルダ セイヨウニワトコの別名。

エルディ・ブレイスウエイト 〈L. D. Braithwaite〉バラ科。イングリッシュローズ系。花は赤色。

エル・ドラド キク科のダリアの品種。園芸植物。

エルナンディア・ソノラ ハスノハギリの別名。

エルフルト 〈Erfurt〉バラ科。ハイブリッド・ムスク・ローズ系。花はピンク。

エルム 〈*Ulmus glabra* Huds.〉ニレ科の木本。別名セイヨウハルニレ。高さは40m。園芸植物。

エルメス バラ科。花はサーモンピンク。

エレオルキス・ヤポニカ サワランの別名。

エレガンス 〈Elegance〉バラ科。

エレガンス・シャンペン ツバキ科のツバキの品種。園芸植物。

エレガンス・スプレンダー ツバキ科のツバキの品種。園芸植物。

エレガンティシマ ヒノキ科のコノテガシワの品種。別名ビャクダン。

エレギア・ユンケア 〈*Elegia juncea* L.〉レスティオ科の一年草。

エレッタリア・カルダモムム カルダモンの別名。

エレムルス ユリ科の属総称。球根植物。別名キングススペアー、デザートキャンドル、フォックステイルリリー。切り花に用いられる。

エレムルス・イサベリヌス 〈*Eremurus* × *isabellinus* P. L. Vilm.〉ユリ科の多年草。高さは160〜180cm。花は黄、オレンジ、桃色。園芸植物。

エレムルス・エルウィジー 〈*Eremurus elwesii* M. Micheli〉ユリ科の多年草。花は桃色。園芸植物。

エレムルス・オルガエ 〈*Eremurus olgae* Regel〉ユリ科の多年草。

エレムルス・ステノフィルス 〈*Eremurus stenophyllus* (Boiss. et Buhse) Bak.〉ユリ科の多年草。長さ1〜1.3m。花は黄またはオレンジ色。園芸植物。

エレムルス・ヒマライクス 〈*Eremurus himalaicus* Bak.〉ユリ科の多年草。葉長50〜60cm。花は純白色。園芸植物。

エレムルス・ブンゲイ 〈*Eremurus bungei* Bak.〉ユリ科。園芸植物。

エレムルス・ルイテリ 〈*Eremurus* × *ruiteri*〉ユリ科の多年草。高さは150cm。園芸植物。

エレムルス・ロブストゥス 〈*Eremurus robustus* Regel〉ユリ科の多年草。高さは2m。花は淡い桃色。園芸植物。

エレモスターキス・ラキニアタ 〈*Eremostachys laciniata* Bunge〉シソ科の多年草。

エレン 〈Ellen〉バラ科。イングリッシュローズ系。花は濃アプリコット色。

エレン・ウイルモット 〈Ellen Willmott〉バラ科。ハイブリッド・ティーローズ系。花はクリーム色。

エロー キツネノマゴ科のクロッサンドラの品種。園芸植物。

エロー・サルタン スイート・サルタンの別名。

エロージョイ キク科のユーリオプス・デージーの品種。園芸植物。

エロデア・カナデンシス カナダモの別名。

エロデア・デンサ オオカナダモの別名。

エロディウム フウロソウ科の属総称。別名オランダフウロソウ。

エロディウム・キクタリウム オランダフウロの別名。

エロディウム・グルイニウム 〈*Erodium gruinum* L' Hérit.〉フウロソウ科の一年草。

エロディウム・コルシクム 〈*Erodium corsicum* Léman〉フウロソウ科。花は淡紅色。園芸植物。

エロディウム・コルビアヌム 〈*Erodium* × *kolbianum* Sünderm. ex R. Knuth〉フウロソウ科。花は白、桃など。園芸植物。

エロディウム・ペトラエウム 〈*Erodium petraeum* (Gouan) Willd.〉フウロソウ科。高さは15cm。花は明紅紫色。高山植物。

エロディウム・ペトラエウム・グランドロサム 〈*Erodium petraeum glandalosum* Bonnier〉フウロソウ科の一年草または多年草。

エロディウム・ペラルゴニーフロルム 〈*Erodium pelargoniiflorum* Boiss. et Heldr.〉フウロソウ科。高さは30cm。花は白色。園芸植物。

エロディウム・マネスカビィ 〈*Erodium manescavi* Cosson〉フウロソウ科の宿根草。高山植物。

エロディウム・ライハルディー 〈*Erodium reichardii* (J. Murr.) DC.〉フウロソウ科。花は白色。園芸植物。

エロー・ナギット キク科のマリーゴールドの品種。園芸植物。

エンキアンツス・ケルヌース 〈*Enkianthus cernuus* (Sieb. et Zucc.) Makino〉ツツジ科の落葉低木。別名シロドウダン。高さは2～3m。花は白色。園芸植物。

エンケファラルトス・アルテンシュタイニー 〈*Encephalartos altensteinii* Lehm.〉ソテツ科。球花は黄緑。高さは3m。園芸植物。

エンケファラルトス・ウィロスス 〈*Encephalartos villosus* (Gaertn.) Lem.〉ソテツ科。別名ナガゲオニソテツ。球花は黄緑～明黄。園芸植物。

エンケファラルトス・カフェル 〈*Encephalartos caffer* (Thunb.) Miq.〉ソテツ科。別名カフェルオニソテツ。高さは60～90cm。園芸植物。

エンケファラルトス・キカディフォリウス 〈*Encephalartos cycadifolius* (Jacq.) Lehm.〉ソテツ科。球花は白。長さ90～120cm。園芸植物。

エンケファラルトス・グラツス 〈*Encephalartos gratus* Prain〉ソテツ科。高さは1.2m。園芸植物。

エンケファラルトス・トランスウェノッス 〈*Encephalartos transvenosus* Stapf et Davy〉ソテツ科。高さは9m。園芸植物。

エンケファラルトス・バーテリ 〈*Encephalartos barteri* Carruth. ex Miq.〉ソテツ科。高さは15m。園芸植物。

エンケファラルトス・ヒルデブランティー 〈*Encephalartos hildebrandtii* A. Braun et Bouché〉ソテツ科。球花は明るい黄色。高さは3m。園芸植物。

エンケファラルトス・フェロクス 〈*Encephalartos ferox* Bertol.〉ソテツ科。別名トゲオニソテツ。球果は鮭肉色～明赤色。高さは90～180cm。園芸植物。

エンケファラルトス・ホリドゥス ヒメオニソテツの別名。

エンケファラルトス・レボンボエンシス 〈*Encephalartos lebomboensis* Verd.〉ソテツ科。球果は黄色。高さは3.6m。園芸植物。

エンケファラルトス・レーマニー 〈*Encephalartos lehmannii* Lehm.〉ソテツ科。高さは90～180cm。園芸植物。

エンケファラルトス・ローレンティアヌス 〈*Encephalartos laurentianus* De Wild.〉ソテツ科。高さは9m。園芸植物。

エンケファラルトス・ロンギフォリウス 〈*Encephalartos longifolius* (Jacq.) Lehm.〉ソテツ科。別名ナガバオニソテツ。高さは2.7m。園芸植物。

エンケファロカルプス・ストロビリフォルミス 〈*Encephalocarpus strobiliformis* (Werderm.) A. Berger〉サボテン科のサボテン。別名銀牡丹、松毬玉。径4～6cm。花は紫紅色。園芸植物。

エンゲルハルドチア・クリソレピス 〈*Engelhardtia chrysolepis* Hance.〉クルミ科の薬用植物。

エンゲルマントウヒ マツ科の木本。

エンゲルマンハリイ 〈*Eleocharis engelmanni* Steud.〉カヤツリグサ科の多年草。別名シバヤマハリイ。高さは10～30cm。

エンコウカエデ 〈*Acer mono* Maxim. var. *marmoratum* (Nichols.) Hara f. *dissectum* (Wesmael) Rehder〉カエデ科の雌雄同株の落葉高木。別名アサヒカエデ。

エンコウスギ 猿猴杉 〈*Cryptomeria japonica* (L. f.) D. Don cv. Araucarioides〉スギ科。別名アヤスギ。園芸植物。

エンコウソウ 猿猴草 〈*Caltha palustris* L. var. *enkoso* Hara〉キンポウゲ科の多年草。

エンコウソウ リュウキンカの別名。

エンゴサク 延胡索 〈*Corydalis turtschaninovii* Bess. f. *yanhusuo* Y. H. Chou et C. C. Hsu.〉ケシ科の薬用植物。

エンサイ ヨウサイの別名。

エンシクリア・マリエ ラン科。園芸植物。

エンジマダラ 〈*Hildenbrandtia prototypus* Nardo〉ベニマダラ科の海藻。別名ベニマダラ。濃いえんじ色。

エンジュ 槐 〈*Sophora japonica* L.〉マメ科の落葉高木。高さは20m。樹皮は灰褐色。薬用植物。園芸植物。

エンシュウシャクナゲ 細葉石南花 〈*Rhododendron makinoi* Tagg ex Nakai〉ツツジ科の常緑低木。別名ホソバシャクナゲ。高さは2.5m。花はピンク色。園芸植物。

エンシュウツリフネ 〈*Impatiens hypophylla* var. *microhypophylla*〉ツリフネソウ科。

エンシュウヌリトラノオ 〈*Asplenium normale* × *shimurae*〉チャセンシダ科のシダ植物。

エンシュウハグマ 遠州羽熊 〈*Ainsliaea dissecta* Franch. et Savat.〉キク科の草本。別名ランコウハグマ。

エンセテ バショウ科。

エンゼル ナデシコ科のベビーカーネーションの品種。園芸植物。

エンゼル ノウゼンカズラ科のソケイノウゼンの品種。園芸植物。

エンゼルランプ ブリオフィルム・ウニフロルムの別名。

エンダイブ 〈*Cichorium endivia* L.〉キク科の葉菜類。別名ニガヂシャ、キクヂシャ、チリメンヂシャ。花は紫青色。園芸植物。

エンチャントメント ユリ科。園芸植物。

エンディミオン・ノンスクリプトゥス 〈*Endymion non-scriptus* Garcke〉ユリ科の多年草。

エントウ 円刀 ベンケイソウ科。園芸植物。

エンドウ 豌豆 〈*Pisum sativum* L.〉マメ科の果菜類。別名アカエンドウ、ノラマメ。蔓の長さ1m。園芸植物。

エンドウコンブ 〈*Laminaria yendoana* Miyabe in Okamura〉コンブ科の海藻。叉状に分岐。体は長さ60〜90cm。

エンドウモク 〈*Sargassum yendoi* Okamura et Yamada in Yamada〉ホンダワラ科の海藻。根は小盤状根。体は40〜50cm。

エントドン・ルビクンドゥス エダツヤゴケの別名。

エンドネマ・レツィオイデス 〈*Endonema retzioides* Sond.〉ペナエア科の小低木。

エンバク 〈*Avena sativa* L.〉イネ科の一年草。別名オートムギ。高さは40〜140cm。

エンビセンノウ 燕尾仙翁 〈*Lychnis wilfordi* Maxim.〉ナデシコ科の一年草または多年草。高さは50cm。花は鮮やかな鮮橙色。園芸植物。日本絶滅危機植物。

エンピツビャクシン 鉛筆柏槇 〈*Juniperus virginiana* L.〉ヒノキ科の木本。高さは12〜30m。樹皮は赤褐色。園芸植物。

エンブセン 円武扇 オプンティア・フミフサの別名。

エンプレス・ジョゼフィーヌ 〈*Empress Josephine*〉バラ科。ガリカ・ローズ系。

エンペトルム・ニグルム 〈*Empetrum nigrum* L.〉ガンコウラン科の常緑小低木。別名ガンコウラン。高さは5〜20cm。高山植物。園芸植物。

エンペラー・ドゥ・マロク 〈*Empereur du Maroc*〉バラ科。ハイブリッド・パーペチュアルローズ系。花は暗濃紅色。

エンペラー・フレデリック イワタバコ科のグロクシニアの品種。園芸植物。

エンベリア 〈*Embelia ribes* Burm.〉ヤブコウジ科の蔓木。茎は紫黒色、葉はソヨゴに似る。熱帯植物。薬用植物。

エンレイショウキラン 〈*Acanthephippium sylhetense* Lindl.〉ラン科の草本。高さは10〜20cm。花は淡黄色。園芸植物。

エンレイソウ 延齢草 〈*Trillium smallii* Maxim.〉ユリ科の多年草。別名ヤマミツバ、オオミツバ。高さは20〜40cm。高山植物。薬用植物。園芸植物。

【 オ 】

オーアケシゴケ 〈*Cetraria oakesiana* Tuck.〉ウメノキゴケ科の地衣類。地衣体背面は黄緑色。

オーアケシゴケモドキ 〈*Cetraria gilva* Asah.〉ウメノキゴケ科の地衣類。地衣体背面は帯緑褐色。

オアハカマンネングサ セドゥム・オアハカヌムの別名。

オイラク 老楽 〈*Espostoa lanata* (H. B. K.) Britt. et Rose〉サボテン科のサボテン。高さは4m。園芸植物。

オイラセクチキムシタケ 〈*Cordyceps rubiginosoperitheciata* Kobayasi et Shimizu〉バッカクキン科のキノコ。

オイランアザミ 花魁薊 〈*Cirsium spinosum* Kitamura〉キク科の草本。高山植物。

オウカン 王冠 ツツジ科のアザレアの品種。園芸植物。

オウカンザキジギタリス ゴマノハグサ科。園芸植物。

オウカンユリ 〈*Lilium regale* E. H. Wils.〉ユリ科の多肉植物。別名ホソバハカタユリ。高さは60〜150cm。花は白色。高山植物。園芸植物。

オウカンリュウ 王冠竜 フェロカクツス・グラウケスケンスの別名。

オウギカズラ 扇蔓 〈*Ajuga japonica* Miq.〉シソ科の多年草。高さは8〜20cm。

オウギゴケ 〈*Dicranoweisia crispula* (Hedw.) Lindb. ex Milde〉シッポゴケ科のコケ。茎は長さ2cm、葉は狭く鋭頭。

オウギシマヒメハリイ 〈*Eleocharis erythropoda* Steud.〉カヤツリグサ科。小穂は黒褐色。

オウギタケ 〈*Gomphidius roseus* (Fr.) Karst.〉オウギタケ科のキノコ。小型〜中型。傘はバラ色、平滑、湿時ゼラチン質。ひだは灰白色→帯紫暗灰褐色。

オウギバショウ 扇芭蕉 〈*Ravenala madagascariensis* J. F. Gmel.〉バショウ科。別名タビビトノキ。高さは3〜10m。花は白色。熱帯植物。園芸植物。

オウギバショウモドキ 〈*Strelitzia alba* (L. f.) H. C. Skeels〉バショウ科。園芸植物。

オウギホウオウゴケ 〈*Fissidens flabellulus* Thwaites & Mitt.〉ホウオウゴケ科のコケ。微小、葉身細胞が平滑。

オウギヤシ ウチワヤシの別名。

オウコチョウ 黄胡蝶 カエサルピニア・プルケリマの別名。

オウゴンカシワ 黄金柏 ブナ科の木本。

オウゴンカズラ ポトスの別名。

オウゴンクジャクヒバ 〈*Chamaecyparis obtusa* (Siebold et Zucc.) Endl. 'Filicoides-aurea'〉ヒノキ科。別名キンクジャク、モエギクジャク。園芸植物。

オウゴンコデマリ バラ科。

オウゴンシノブヒバ 黄金忍檜葉 〈*Chamaecyparis pisifera* (Siebold et Zucc.) Endl. 'Plumosa Aurea'〉ヒノキ科。別名ホタルヒバ。園芸植物。

オウゴンスギ 黄金杉 スギ科。別名セッカンスギ。園芸植物。

オウゴンチャボヒバ 黄金矮鶏檜葉 〈*Chamaecyparis obtusa* Sieb. et Zucc.〉ヒノキ科。別名オウゴンヒバ、キンヒバ。園芸植物。

オウゴンノボウシ 黄金の帽子 バッケベルギア・ミリタリスの別名。

オウゴンヒバ オウゴンチャボヒバの別名。

オウゴンヒヨクヒバ 黄金比翼檜葉 ヒノキ科の木本。

オウゴンヤグルマ 黄金矢車草 〈*Centaurea macrocephala* Pushk. ex Willd.〉キク科の草本。別名オオサルタン、オウゴンヤグルマギク。高さは1m。花は黄色。園芸植物。切り花に用いられる。

オウサイギョク 黄彩玉 フェロカクツス・シュワルツィーの別名。

オウシュウアカマツ ヨーロッパアカマツの別名。

オウシュウイワカガミ サクラソウ科。

オウシュウサイシン 欧州細辛 〈*Asarum europaeum* L.〉ウマノスズクサ科の多年草。別名セイヨウカンアオイ、アサルム。花は緑褐色。薬用植物。園芸植物。

オウシュウトボシガラ 〈*Festuca gigantea* (L.) Vill.〉イネ科の多年草。高さは45～150cm。園芸植物。

オウシュウナナカマド ヨーロッパ・ナナカマドの別名。

オウシュウニレ ウルムス・プロケラの別名。

オウシュウハルニレ ウルムス・グラブラの別名。

オウシュウヒレアザミ 〈*Carduus acanthoides* L.〉キク科の多年草。高さは0.5～1m。高山植物。園芸植物。

オウシュマル 黄朱丸 プセウドロビウィア・ロンギスピナの別名。

オウシュンギョク 謳春玉 〈*Ruschia perfoliata* Schwant〉ツルナ科の低木状の多肉植物。葉は3稜、基部は長い鞘。花は淡紫紅色。園芸植物。

オウショウマル 黄裳丸 〈*Pseudolobivia aurea* (Britt. et Rose) Backeb.〉サボテン科のサボテン。高さは10cm。花は鮮黄色。園芸植物。

オウセンギョク 黄仙玉 スブマツカナ・アウランティアカの別名。

オウトウ サクランボの別名。

オウナタケ 〈*Bolbitius* sp.〉オキナタケ科のキノコ。

オウバイ 黄梅 〈*Rhipsalis rhombea* (Salm-Dyck) Pfeiff.〉サボテン科のサボテン。花は乳白色。園芸植物。

オウバイ 黄梅 〈*Jasminum nudiflorum* Lindl.〉モクセイ科の落葉小低木。高さは1～1.5m。花は黄色。薬用植物。園芸植物。

オウバイモドキ 〈*Jasminum mesnyi* Hance〉モクセイ科の低木。別名ウンナンオウバイ。高さは2m。花は鮮黄色。園芸植物。

オウホウマル 翁宝丸 〈*Rebutia senilis* Backbg.〉サボテン科の多年草。園芸植物。

オウムゴケ 〈*Gymnostomum recurvirostrum* Hedw.〉センボンゴケ科のコケ。体は15mm以下、葉は披針形。

オウメイウン 鴬鳴雲 メロカクツス・アズレウスの別名。

オウレイ 王鈴 バラ科のリンゴ(苹果)の品種。果皮は黄色。

オウレン 黄連 〈*Coptis japonicus* (Thunb.) Makino var. *japonicus*〉キンポウゲ科の多年草。別名キクバオウレン。高さは15～40cm。花は白色。薬用植物。園芸植物。

オウレンシダ 黄連羊歯 〈*Dennstaedtia wilfordii* (Moore) Christ ex C. Chr.〉イノモトソウ科(コバノイシカグマ科、ワラビ科)の夏緑性シダ。葉身は長さ10～30cm。長楕円状披針形。

オエオニア・オンキディフロラ 〈*Oeonia oncidiflora* Kränzl.〉ラン科。茎の長さ15～20cm。花は乳白色。園芸植物。

オエオニエラ・ポリスタキス 〈*Oeoniella polystachys* (Thouars) Schlechter〉ラン科。高さは10～20cm。園芸植物。

オエノカルプス・バカバ 〈*Oenocarpus bacaba* Mart.〉ヤシ科。別名バカバヤシ。高さは15～20m。園芸植物。

オエノカルプス・パナマヌス 〈*Oenocarpus panamanus* L. H. Bailey〉ヤシ科。別名パナマバカバヤシ。高さは25m。花はクリーム色。園芸植物。

オエノテラ・アカウリス 〈*Oenothera acaulis* Cav.〉アカバナ科の草本。別名ツキミタンポポ、

チャボツキミソウ。高さは15cm。花は初め白で、しだいに紅に変わる。園芸植物。

オエノテラ・カエスピトサ 〈*Oenothera caespitosa* Nutt.〉アカバナ科の多年草。

オエノテラ・カエスピトサ・マルギナータ 〈*Oenothera caespitosa marginata* Munz〉アカバナ科の多年草。

オエノテラ・スペキオサ ヒルザキツキミソウの別名。

オエノテラ・テトラゴナ 〈*Oenothera tetragona* Roth〉アカバナ科の草本。高さは30〜90cm。花は黄色。園芸植物。

オエノテラ・テトラプテラ ツキミソウの別名。

オエノテラ・フルティコサ 〈*Oenothera fruticosa* L.〉アカバナ科の多年草。高さは30〜60cm。花は黄色。園芸植物。

オエノテラ・ミズウリエンシス ミズリーマツヨイグサの別名。

オエノテラ・ロセア ユウゲショウの別名。

オオアオガネシダ 〈*Asplenium austrochinense* Ching〉チャセンシダ科。日本絶滅危機植物。

オオアオグキイヌワラビ 〈*Athyrium* × *satsumense* Seriz.〉オシダ科のシダ植物。

オオアオサ 〈*Ulva sublittoralis* Segawa〉アオサ科の海藻。体は20〜30cm。

オオアオシノブゴケ 〈*Thuidium subglaucinum* Card.〉シノブゴケ科のコケ。茎は2回羽状に分枝、毛葉は糸状。

オオアオホラゴケ 〈*Crepidomanes bipunctatum*〉コケシノブ科の常緑性シダ。葉身は長さ3〜12cm。卵状長楕円形。

オオアカウキクサ 大赤浮草 〈*Azolla japonica* Fr. et Sav.〉アカウキクサ科(サンショウモ科)の多年生の浮遊植物。色は淡い紅色。植物体は長さ1.5〜7cm。

オオアカネ 〈*Rubia hexaphylla* (Makino) Makino〉アカネ科の多年草。高さは1〜3m。高山植物。

オオアカバナ 〈*Epilobium hirsutum* L. var. *villosum* Hausskn.〉アカバナ科の多年草。

オオアガリバナ 〈*Planchonia grandis* Ridl.〉サガリバナ科の高木。幹赤褐色。熱帯植物。

オオアザミ 大薊 〈*Silybum marianum* (L.) Gaertn.〉キク科の一年草あるいは二年草。別名マリアアザミ。高さは20〜150cm。花は紅紫色。薬用植物。園芸植物。

オオアゼスゲ 〈*Carex thunbergii* var. *appendiculata*〉カヤツリグサ科。

オオアブノメ 大虻の眼 〈*Gratiola japonica* Miq.〉ゴマノハグサ科の草本。日本絶滅危機植物。

オオアブラガヤ 〈*Scirpus ternatanus* Reinw.〉カヤツリグサ科の草本。高さ2m。熱帯植物。

オオアブラススキ 大油薄 〈*Spodiopogon sibiricus* Trin.〉イネ科の多年草。高さは80〜120cm。

オオアマクサシダ 〈*Pteris semipinnata* L.〉イノモトソウ科(ワラビ科)の常緑性シダ。葉身は長さ15〜40cm。三角状長楕円形から卵形。

オオアマナ オルニトガルム・ウンベラツムの別名。

オオアマナ オルニトガルム・オーレウムの別名。

オオアマモ 〈*Zostera asiatica* Miki〉アマモ科の海藻。

オオアミガサタケ 〈*Morchella smithiana* Cooke〉アミガサタケ科のキノコ。

オオアミハ 〈*Struvea orientalis* Gepp〉マガタモ科の海藻。茎には全体に環状のくびれ。体は6〜20cm。

オオアメリカミコシガヤ 〈*Carex fissa* Mack.〉カヤツリグサ科。茎は幅4〜6mm。

オオアラセイトウ ハナダイコンの別名。

オオアリドオシ 〈*Damnacanthus indicus* Gaertn. f. subsp. *major* (Siebold et Zucc.) T. Yamaz.〉アカネ科の木本。

オオアレチノギク 大荒地野菊 〈*Erigeron sumatrensis* Retz.〉キク科の越年草。高さは80〜180cm。花は汚白色。

オオアワガエリ 大粟還り 〈*Phleum pratense* L.〉イネ科の多年草。高さは50〜130cm。

オオアワダチソウ 大泡立草 〈*Solidago gigantea* Ait. var. *leiophylla* Fern.〉キク科の多年草。高さは50〜150cm。花は黄色。園芸植物。

オオアワビゴケ 〈*Cetraria nephromoides* (Nyl.) Vain〉ウメノキゴケ科の地衣類。地衣体背面は緑黄。

オオイシカグマ 〈*Microlepia speluncae* (L.) Moore〉イノモトソウ科(コバノイシカグマ科、ワラビ科)の常緑性シダ。葉身は長さ70cm。3〜4回羽状複生。園芸植物。

オオイシワセ 大石早生 バラ科のスモモ(李)の品種。果皮は淡黄緑色。

オオイタチシダ 〈*Dryopteris varia* var. *hikonensis* (H. Ito) Kurata〉オシダ科の常緑性シダ。葉柄下部の鱗片は黒褐色〜黒色。

オオイタドリ 大虎杖 〈*Reynoutria sachalinensis* (Fr. Schm.) Nakai〉タデ科の多年草。高さは1〜2m。高山植物。

オオイタビ 大木蓮子 〈*Ficus pumila* L.〉クワ科の常緑うる植物。熱帯植物。薬用植物。園芸植物。

オオイタマル 大分丸 レピドコリファンタ・マクロメリスの別名。

オオイタヤメイゲツ 大板屋明月 〈*Acer shirasawanum* Koidz.〉カエデ科の雌雄同株の落葉高木。高さは20m。樹皮は灰褐色。高山植物。園芸植物。

オオイチゴツナギ 大苺繋 〈*Poa nipponica* Koidz.〉イネ科の一年草または越年草。別名カラスノカタビラ。高さは30〜50cm。

オオイチョウタケ 〈*Leucopaxillus giganteus* (Sow. : Fr.) Sing.〉キシメジ科のキノコ。中型〜超大型。傘は浅い漏斗形、白色。ひだはクリーム白色。

オオイトスギ クプレッスス・トルロサの別名。

オオイトスゲ 〈*Carex sachalinensis* Fr. Schm. var. *alterniflora* (Franch.) Ohwi〉カヤツリグサ科の多年草。高さは20〜50cm。

オオイナゴマメ 〈*Hymenaea courbaril* L.〉マメ科の高木。莢の内層は粉状で甘酸。熱帯植物。

オオイヌタデ 大犬蓼 〈*Persicaria lapathifolia* (L.) S. F. Gray subsp. *nodosa* (Pers.) A. Löve〉タデ科の一年草。水面上に群生することがある。高さは50〜120cm。

オオイヌノハナヒゲ 〈*Rhynchospora fauriae* Franch.〉カヤツリグサ科の草本。

オオイヌノフグリ 大犬陰嚢 〈*Veronica persica* Poir.〉ゴマノハグサ科の多年草。長さは10〜30cm。花は青紫色。

オオイヌホオズキ 〈*Solanum nigrescens* Mart. et Gal.〉ナス科の一年草。花は白色。

オオイノデモドキ 〈*Polystichum* × *suginoi* Kurata〉オシダ科のシダ植物。

オオイボマル 大疣丸 マミラリア・ヴィンテラエの別名。

オオイワインチン 大岩茵蔯 〈*Dendranthema pallasianum* (Fischer ex Bess.) Vorosh.〉キク科の草本。別名トガクシインチン。

オオイワカガミ 大岩鏡 〈*Schizocodon soldanelloides* Sieb. et Zucc. var. *magnus* (Makino) Hara〉イワウメ科。高山植物。

オオイワギリソウ 〈*Sinningia speciosa* (Lodd.) Hiern〉イワタバコ科の球根植物。別名グロクシニア。高さは10cm。花は濃紅、赤、紫、桃、白など。園芸植物。

オオイワツメクサ 大岩爪草 〈*Stellaria nipponica* Ohwi var. *yezoensis* Hara〉ナデシコ科の多年草。高山植物。

オオイワヒトデ 大岩人手 〈*Colysis pothifolia* (D. Don) Presl〉ウラボシ科の常緑性シダ。葉身は長さ40〜80cm。狭卵形。

オオイワヒトデモドキ 〈*Colysis* × *kawabatae* Nakaike, nom. nud.〉ウラボシ科のシダ植物。

オオイワヒメワラビ 〈*Hypolepis tenuifolia* (Forst. f.) Bernh. ex Presl〉コバノイシカグマ科。日本絶滅危機植物種。

オオイワブスマ 〈*Umbilicaria pennsylvanica* Hoffm.〉イワタケ科の地衣類。地衣体は腹面黒色。

オオインコアナナス 〈*Vriesea* × *poelmannii* hort.〉パイナップル科の多年草。葉は長さ30〜35cm。園芸植物。

オオウキモ コンブ科。

オオウコン 〈*Curcuma colorata* Valeton〉ショウガ科の草本。ガジュツに酷似。高さ1m。熱帯植物。

オオウサギギク 大兎菊 〈*Arnica sachalinensis* (Regel) A. Gray〉キク科の草本。高山植物。日本絶滅危機植物。

オオウシノケグサ 大牛の毛草 〈*Festuca rubra* L.〉イネ科の多年草。高さは20〜60cm。園芸植物。

オオウシノシタ ストレプトカルプス・グランディスの別名。

オオウスムラサキフウセンタケ 〈*Cortinarius traganus* (Fr. : Fr.) Fr.〉フウセンタケ科のキノコ。

オオウバタケニンジン 〈*Angelica ubatakensis* var. *valid*〉セリ科。

オオウバユリ 大姥百合 〈*Cardiocrinum cordatum* (Thunb. ex Murray) Makino var. *glehni* (Fr. Schm.) Hara〉ユリ科の多年草。高山植物。

オオウマノアシガタ 大馬の脚形 〈*Ranunculus grandis* Honda var. *grandis*〉キンポウゲ科の草本。

オオウミヒルモ 海蛭藻 〈*Halophila euphlebia* Makino〉トチカガミ科の草本。

オオウメガサソウ 〈*Chimaphila umbellata* (L.) W. Barton〉イチヤクソウ科の草本状わい小低木。高さは5〜15cm。高山植物。

オオウラジロノキ 大酸実 〈*Malus tshonoskii* (Maxim.) C. K. Schneid.〉バラ科の落葉高木。別名オオズミ、ヤマリンゴ、ズミノキ。樹高12m。樹皮は紫褐色。

オオウラヒダイワタケ 〈*Umbilicaria muehlenbergii* (Ach.) Tuck.〉イワタケ科の地衣類。地衣体は淡褐色。

オオウロコゴケ 〈*Heteroscyphus coalitus* (Hook.) Schiffn.〉ウロコゴケ科のコケ。葉は矩形、先が切頭。

オオウロコタケ 〈*Xylobolus princeps* (Jungh.) Boiden〉ウロコタケ科のキノコ。

オオエゾデンダ 〈*Polypodium vulgare* L.〉ウラボシ科の常緑性シダ。エゾデンダによく似ている。葉身は長さ6〜20cm。卵状長〜広披針形。園芸植物。

オオエノコロ 〈*Setaria* × *pycnocoma* Henrard〉イネ科の草本。

オオエビネ 大蝦根 〈*Calanthe discolor* Lindl. var. *bicolor* Makino〉ラン科の多年草。別名キンエビネ。花は橙、赤紅色。園芸植物。

オオエビネ キエビネの別名。

オオエビラシダ 〈*Gymnocarpium* × *bipinnatifidum* Miyamoto〉オシダ科のシダ植物。

オオキナワキジノオ 〈*Bolbitis* × *laxireticulata* K. Iwats.〉オシダ科のシダ植物。

オオゴノリ 〈*Gracilaria gigas* Harvey〉オゴノリ科の海藻。軟骨質。体は長さ2m。

オオサラン 大筬蘭 〈*Eria corneri* Rchb. f.〉ラン科の草本。別名ホザキオサラン。高さは4～7cm。園芸植物。

オオオナモミ 〈*Xanthium occidentale* Bertol.〉キク科の一年草。高さは50～200cm。雄花は黄白、雌花は淡緑色。

オオオニドコロ 〈*Dioscorea macroura* Harms〉ヤマノイモ科の蔓草。葉は巨大、塊根も大、ムカゴを生ず。熱帯植物。

オオオニノヒゲ 〈*Alectoria confusa* Awas.〉サルオガセ科の地衣類。地衣体は黒～淡色。

オオオニバス 大鬼蓮 〈*Victoria amazonica* (Poepp.) J. De C. Sowerby〉スイレン科の水生植物。別名ダイオウバス。葉径1.5～2m。園芸植物。

オオオニバス スイレン科の属総称。

オオガエビネ カランテ・ロンギカルカラタの別名。

オオカグマ 〈*Woodwardia japonica* (L. f.) Smith〉シシガシラ科の常緑性シダ。葉身は長さ30～70cm。狭長楕円形から卵状披針形。

オオカサゴケ 大傘苔 〈*Rhodobryum giganteum* (Schwaegr.) Par.〉カサゴケ科。別名カラカサゴケ、レンゲゴケ。園芸植物。

オオカサスゲ 大笠菅 〈*Carex rhynchophysa* C. A. Meyer〉カヤツリグサ科の多年草。高さは60～100cm。

オオカサモチ 大傘持 〈*Pleurospermum camtschaticum* Hoffm.〉セリ科の多年草。高さは100～150cm。高山植物。

オオカタウロコタケ 〈*Xylobolus annosus* (Berk. & Br.) Boidin〉ウロコタケ科のキノコ。中型～大型。傘は暗褐色。

オオカタシロゴケ 〈*Calymperes serratum* A. Braun ex Müll. Hal.〉カタシロゴケ科のコケ。葉はリボン状で、長さ約2cm。

オオガタホウケン 大形宝剣 〈*Opuntia maxima* Mill.〉サボテン科のサボテン。花は橙赤色。園芸植物。

オオカッコウアザミ 〈*Ageratum houstonianum* Mill.〉キク科の草本。別名メキシカンアゲラタム。高さは60cm。花は青紫色。園芸植物。切り花に用いられる。

オオカナダオトギリ 〈*Hypericum majus* (A. Gray) Britton〉オトギリソウ科の多年草。高さは20～50cm。花は黄色。

オオカナダモ 大加奈陀藻 〈*Egeria densa* Planch.〉トチカガミ科の常緑の沈水植物。葉は広線形、花弁は白色で3枚。長さは1.5～4cm。園芸植物。

オオカナメモチ 大要黐 〈*Photinia serratifolia* (Desf.) Kalkm.〉バラ科の常緑高木。別名ナガバカナメモチ。高さは6～14m。花は白色。樹皮は灰褐色。薬用植物。園芸植物。

オオカナワラビ 大鉄蕨 〈*Arachniodes amabilis* (Blume) Tindale〉オシダ科の常緑性シダ。葉身は長さ35～75cm。卵状楕円形。

オオカニコウモリ 〈*Cacalia nikomontana* Matsum.〉キク科の多年草。別名ニッコウコウモリ。高さは30～100cm。高山植物。

オオカニツリ 〈*Arrhenatherum elatius* Mert. et Koch〉イネ科の多年草。高さは80～130cm。園芸植物。

オオカノコゴケ 〈*Pertusaria multipuncta* (Turn.) Nyl.〉トリハダゴケ科の地衣類。盤が黒色がかる。

オオガハス 大賀蓮 スイレン科のハスの品種。園芸植物。

オオカムリゴケ 〈*Pilophoron aciculare* (Ach.) Nyl.〉キゴケ科の地衣類。中軸は中空。

オオカメノキ オニヒョウタンボクの別名。

オオカモメヅル 〈*Tylophora aristolochioides* Miq.〉ガガイモ科の多年生つる草。

オオカラカサゴケ オオカサゴケの別名。

オオカラクサイヌワラビ 〈*Athyrium* × *tokashikii* Kurata〉オシダ科のシダ植物。

オオカラシナ 〈*Brassica juncea* Coss. var. *foliosa* Bail.〉アブラナ科の野菜。中国種のカラシナ。高さ60cm。熱帯植物。

オオカラスウリ 〈*Trichosanthes bracteata* (Lam.) Voigt〉ウリ科の草本。薬用植物。

オオカラスノエンドウ 〈*Vicia sativa* L.〉マメ科の一年草または多年草。別名コモンベッチ。

オオカラマツ コカラマツの別名。

オオカワヂシャ 〈*Veronica anagallis-aquatica* L.〉ゴマノハグサ科の一年草または多年草。高さは0.3～1m。花は淡紫色。高山植物。

オオカワズスゲ 大蛙菅 〈*Carex stipata* Mühlenb.〉カヤツリグサ科の多年草。高さは30～60cm。

オオガンクビソウ 〈*Carpesium macrocephalum* Franch. et Savat.〉キク科の多年草。高さは100cm。

オオカンザクラ バラ科の木本。別名ヒメリンゴ。樹高10m。樹皮は紫褐色ないし灰褐色。

オオカンシノブホラゴケ 〈*Nesopteris pseudoblepharistoma* (Tagawa) Masamune〉コケシノブ科の常緑性シダ。別名ヤエヤマカンシノブホラゴケ。葉身は長さ12～55cm。卵状長楕円形。

オオキコケ

オオキゴケ 〈*Stereocaulon sorediiferum* Hue〉キゴケ科の地衣類。棘枝は円柱状からサンゴ状。

オオキジノオ 〈*Plagiogyria euphlebia* (Kunze) Mett.〉キジノオシダ科の常緑性シダ。葉身は長さ25～75cm。

オオキセワタ フロミス・マクシモヴィッチーの別名。

オオキツネタケ 〈*Laccaria bicolor* (Maire) P. D. Orton〉キシメジ科のキノコ。大型。ひだは赤紫色をおびた肉色。

オオキツネノカミソリ 〈*Lycoris sanguinea* Maxim. var. *kiushiana* (Makino) Makino ex Akasawa〉ヒガンバナ科。

オオキツネヤナギ 大狐柳 〈*Salix futura* Seemen〉ヤナギ科の木本。別名オオネコヤナギ。若枝は白色または帯褐黄色の軟毛を有する。園芸植物。

オオキヌタゴケ 〈*Oedicladium serricuspe* (Broth.) Nog. & Z. Iwats.〉ナワゴケ科のコケ。二次茎は長さ7～20mmで立ち上がり、葉は披針形。

オオキヌタソウ 〈*Rubia chinensis* Regel et Maack〉アカネ科の多年草。高さは30～60cm。高山植物。

オオキヌハダトマヤタケ 〈*Inocybe fastigiata* (Schaeff.) Quél.〉フウセンタケ科のキノコ。中型。傘は黄色～黄褐色。ひだは黄褐色。

オオキノボリイグチ 〈*Boletellus mirabilis* (Murrill) Sing.〉オニイグチ科のキノコ。中型～大型。傘は暗赤褐色、帯黄色の斑点。

オオキバナアツモリソウ 〈*Cypripedium calceolus* L.〉ラン科の多年草。高さは25～40cm。花は褐色、黄色。高山植物。園芸植物。日本絶滅危機植物。

オオキバナカタバミ キイロハナカタバミの別名。

オオキバナムカシヨモギ ナガバコウゾリナの別名。

オオギボウシゴケモドキ 〈*Anomodon giraldii* Müll. Hal.〉シノブゴケ科のコケ。全体が樹状になり、枝の中部の葉は卵形。

オオギミシダ 〈*Woodwardia harlandii* Hook.〉シシガシラ科の常緑性シダ。葉身は長さ20cm。単羽状。

オオギミラン 〈*Odontochilus tashiroi*〉ラン科。

オオキヨズミシダ 〈*Polystichum tsus-simense* var. *mayebarae* (Tagawa) Kurata〉オシダ科のシダ植物。

オオキリシマエビネ ニオイエビネの別名。

オオキレハカエデ アケル・グランディデンタツムの別名。

オオキンケイギク 大金鶏菊 〈*Coreopsis lanceolata* L.〉キク科の多年草。高さは30～70cm。花は橙黄色。園芸植物。

オオキンバイザサ 〈*Curculigo capitulata* (Lour.) O. Kuntze〉キンバイザサ科の多年草。別名オオバセンボウ(大葉仙茅)。長さ1m。花は黄色。熱帯植物。園芸植物。

オオキンレイカ 〈*Patrinia takeuchiana* Makino〉オミナエシ科の草本。

オオクグ 〈*Carex rugulosa* Kükenth.〉カヤツリグサ科の草本。別名オオムシャスゲ。

オオクサアジサイ 〈*Cardiandra moellendorffii* (Hance) Migo〉ユキノシタ科の草本。

オオクサキビ 〈*Panicum dichotomiflorum* Michx.〉イネ科の一年草。高さは40～100cm。

オオクサボタン 〈*Clematis speciosa* (Makino) Makino〉キンポウゲ科の草本。

オオクジャクシダ 〈*Dryopteris dickinsii* (Fr. et Sav.) C. Chr.〉オシダ科の常緑性シダ。葉身は長さ40～70cm。倒披針形。

オオクボ 大久保 バラ科のモモ(桃)の品種。果皮は乳白色。

オオクボシダ 〈*Xiphopteris okuboi* (Yatabe) Copel.〉ウラボシ科(ヒメウラボシ科)の常緑性シダ。別名ムカデシダ、ヒメコシダ、ヨウラクシダ。葉身は長さ15cm。狭披針形から線形。

オオクマヤナギ 大熊柳 〈*Berchemia racemosa* Sieb. et Zucc. var. *magna* Makino〉クロウメモドキ科の木本。別名ケオオクマヤナギ。

オオグミモドキ 〈*Croton argyratum* BL.〉トウダイグサ科の小木。茎や葉柄は金粉に被われ、葉裏は銀白。熱帯植物。

オオクラマゴケモドキ 〈*Porella grandiloba* Lindb.〉クラマゴケモドキ科のコケ。褐色、茎は長さ3～8cm。

オオクリノイガ 〈*Cenchrus tribuloides* L.〉イネ科。総苞は長さ10～15mm。

オオグルマ 大車 〈*Inula helenium* L.〉キク科の草本。高さは1.8m。花は黄色。薬用植物。園芸植物。切り花に用いられる。

オオクログワイ イヌクログワイの別名。

オオクロニガイグチ 〈*Tylopilus alboater* (Peck) Sing.〉イグチ科のキノコ。

オオクロボシゴケ 〈*Pyxine berteriana* (Fée) Imsh.〉ムカデゴケ科の地衣類。地衣体は灰白色。

オオゲジゲジゴケ 〈*Anaptychia diademata* (Tayl.) Kurok.〉ムカデゴケ科の地衣類。地衣体は灰白色。

オオケタデ 大毛蓼 〈*Persicaria pilosa* (Roxb.) Kitagawa〉タデ科の一年草。別名オオベニタデ、ベニバナオオケタデ、ハブテコブラ。高さは1.8m。花は淡紅～紅紫色。薬用植物。園芸植物。

オオケタネツケバナ 大毛種付花 〈*Cardamine dentipetala* Matsum.〉アブラナ科の草本。

オオケビラゴケ 〈*Radula perrottetii* Gottsche ex Steph.〉ケビラゴケ科のコケ。緑褐色、茎は長さ3〜6cm。

オオケムラサキ 〈*Callicarpa tomentosa* Murr.〉クマツヅラ科の高木。葉柄や茎に褐毛、葉は厚く裏面粉白。熱帯植物。

オオコウモリシダ 〈*Pronephrium liukiuense* (Christ ex Matsum.) Nakaike〉オシダ科(ヒメシダ科)の常緑性シダ。葉身は長さ30〜50cm。広披針形。

オオゴカヨウオウレン 〈*Coptis ramosa* (Makino) Tamura〉キンポウゲ科の草本。

オオコクモウクジャク 〈*Diplazium virescens* var. *sugimotoi*〉オシダ科。

オオコケシノブ 〈*Mecodium flexile* (Makino) Copel.〉コケシノブ科の常緑性シダ。別名ミヤマコケシノブ、チヂレコケシノブ。葉身は長さ6〜20cm。卵状長楕円形から広披針形。

オオコゲチャイグチ 〈*Boletus obscureumbrinus* Hongo〉イグチ科のキノコ。大型〜超大型。傘は焦茶色、ビロード状。

オオコゲボシゴケ 〈*Bombiliospora japonica* Zahlbr.〉ヘリトリゴケ科の地衣類。地衣体はやや厚味のある痂状。

オオコマツナギ 〈*Indigofera finlaysoniana* Forst. f.〉マメ科の低木。花はピンク色。熱帯植物。

オオコマユミ 小小真弓 〈*Euonymus alatus* (Thunb. ex Murray) Sieb. var. *rotundatus* (Makino) Hara〉ニシキギ科の落葉低木。別名ソガイコマユミ。

オオゴムタケ 〈*Galiella celebica* (P. Henn.) Nannf.〉クロチャワンタケ科のキノコ。中型。子嚢盤は半球形、黒褐色。

オオコメツツジ 大米躑躅 〈*Rhododendron tschonoskii* Maxim. var. *trinerve* (Franch. et Boiss.) Makino〉ツツジ科の落葉低木。別名シロバナノコメツツジ。高山植物。

オオゴンチク 〈*Schizostachyum brachycladum* Kurz〉イネ科。密集束生、稈は黄色、時に緑色の条がある。熱帯植物。

オオコンナルス 〈*Connarus grandis* Jack.〉マメモドキ科の蔓木。葉は厚く葉裏白、緑色の脈が著しい。熱帯植物。

オオサイハイゴケ 〈*Asterella cruciata* (Steph.) Horik.〉ジンガサゴケ科のコケ。別名チチブサイハイゴケ、ドクダミサイハイゴケ。独特なドクダミ臭、長さ1〜2cm。

オオサカズキ 大盃 ツツジ科のサツキの品種。園芸植物。

オオサカバサトメシダ 〈*Athyrium* × *paludicola* Sa. Kurata ex Seriz.〉オシダ科のシダ植物。

オオサクラソウ 大桜草 〈*Primula jesoana* Miq.〉サクラソウ科の多年草。別名ミヤマサクラソウ。高さは20〜40cm。花は紅紫色。高山植物。園芸植物。

オオササエビモ 〈*Potamogeton anguillanus* Koidz.〉ヒルムシロ科の沈水植物。葉身は狭披針形〜狭長楕円形。

オオサトメシダ 〈*Athyrium* × *multifidum* Rosenst.〉オシダ科のシダ植物。

オオサナダゴケ 〈*Plagiothecium neckeroideum* Schimp.〉サナダゴケ科のコケ。体は黄緑色、葉は卵状披針形。

オオサナダゴケモドキ 〈*Plagiothecium euryphyllum* (Card. & Thér.) Z. Iwats.〉サナダゴケ科のコケ。葉は卵状楕円形〜卵形。

オオサヤヤマネム 〈*Albizzia pedicellata* Baker.〉マメ科の高木。枝と葉柄は褐色短毛。熱帯植物。

オオサワゴケ 〈*Philonotis turneriana* (Schwägr.) Mitt.〉タマゴケ科のコケ。茎は長さ2〜5cm、葉は狭三角状披針形。

オオサワトリカブト 大沢鳥兜 〈*Aconitum isidzukae* Nakai〉キンポウゲ科の草本。

オオサワラゴケ 〈*Mastigophora diclados* (Brid.) Nees〉オオサワラゴケ科のコケ。黄褐色、茎は長さ3〜7cm。

オオサンカクイ 〈*Scirpus grossus* L.〉カヤツリグサ科。茎は三角柱で敷物を編むに用いる。高さ1.5m。熱帯植物。

オオサンザシ 大山査子 〈*Crataegus pinnatifida* Bunge〉バラ科。薬用植物。園芸植物。

オオサンショウソウ 〈*Pellionia radicans* (Sieb. et Zucc.) Wedd.〉イラクサ科の草本。

オオサンショウモ 大山椒藻 〈*Salvinia molesta* D. S. Mitch.〉サンショウモ科のシダ植物。葉長1〜2cm。園芸植物。

オオシイバモチ 〈*Ilex warburgii* Loes.〉モチノキ科の木本。

オオシオグサ 〈*Cladophora japonica* Yamada〉シオグサ科の海藻。別名コミドリシオグサ。小枝は束状にでる。体は20cm。

オオシカゴケ 〈*Neodolichomitra yunnanensis* (Besch.) T. J. Kop.〉イワダレゴケ科のコケ。大形で、茎は赤褐色で斜上し、茎葉は卵形。

オオシケシダ 〈*Lunathyrium bonincola* (Nakai) H. Ohba〉オシダ科の常緑性シダ。葉身は長さ55〜75cm。披針形。

オオシコロ 〈*Serraticardia maxima* (Yendo) Silva〉サンゴモ科の海藻。叢生。体は20cm。

オオジシバリ 大地縛 〈*Ixeris debilis* A. Gray〉キク科の多年草。別名ツルニガナ、ジシバリ。高さは10〜15cm。薬用植物。

オオシタバケビラゴケ 〈*Radula cavifolia* Hampe ex Gottsche, Lindenb. & Nees〉ケビラゴケ科のコケ。茎は長さ5〜10mm。

オオシッポゴケ 〈*Dicranum nipponense* Besch.〉シッポゴケ科のコケ。茎は高さ2〜5cm、仮根は褐色。

オオシッポゴケ シッポゴケの別名。

オオシナノオトギリ 〈*Hypericum ovalifolium* Koidz.〉オトギリソウ科の草本。

オオシノブゴケ 〈*Thuidium tamariscinum* (Hedw.) Schimp.〉シノブゴケ科のコケ。茎葉は広卵形で縦ひだがある。

オオシビレタケ 〈*Psilocybe subaeruginascens* Höhnel〉モエギタケ科のキノコ。

オオシマウツギ 〈*Deutzia naseana*〉ユキノシタ科の木本。

オオシマガマズミ 〈*Viburnum tashiroi* Nakai〉スイカズラ科の木本。

オオシマカンスゲ 〈*Carex oshimensis* Nakai〉カヤツリグサ科。

オオシマガンピ 〈*Diplomorpha phymatoglossa* (Koidz.) Nakai〉ジンチョウゲ科の木本。

オオシマコバンノキ 〈*Breynia officinalis* Hemsl.〉トウダイグサ科の木本。別名タカサゴコバンノキ。

オオシマザクラ 大島桜 〈*Prunus speciosa* (Koidz.) Nakai〉バラ科の落葉高木。薬用植物。園芸植物。

オオシマザクラ プルヌス・ランネシアナの別名。

オオシマサンゴアナナス エクメア・オーランディアナの別名。

オオシマツツジ 〈*Rhododendron obtusum* (Lindl.) Planch. var. *macrogemma* (Nakai) Kitamura〉ツツジ科の半落葉の低木。

オオシマノジギク 〈*Dendranthema crassum* (Kitam.) Kitam.〉キク科の草本。

オオシマハイゴケ 〈*Ectropothecium ohsimense* Card. & Thér.〉ハイゴケ科のコケ。小形で、黄緑色〜黄色。

オオシマハイネズ 〈*Juniperus conferta* Parl. var. *maritima* Wils.〉ヒノキ科の常緑はふく性低木。

オオシマベニシダ 〈*Dryopteris* × *izuoshimensis* Yamamoto et Nakaike, nom. nud.〉オシダ科のシダ植物。

オオシマムラサキ 〈*Callicarpa oshimensis* Hayata var. *oshimensis*〉クマツヅラ科の木本。

オオジャゴケ ジャゴケの別名。

オオシャジクモ 〈*Chara corallina* Willd.〉シャジクモ科。

オオシュロソウ 〈*Veratrum maackii* Regel var. *japonicum* T. Shimizu〉ユリ科の多年草。高山植物。

オオショウガモドキ 〈*Amomum xanthophlebium* Bak.〉ショウガ科の多年草。高さ3m、葉長50cm。花は白色。熱帯植物。園芸植物。

オオヂョウチン バラ科のサクラの品種。

オオシラガゴケ 〈*Leucobryum scabrum* S. Lac.〉シラガゴケ科のコケ。別名オキナゴケ、トラゴケ。茎は長さ5cm以上、葉は披針形。園芸植物。

オオシラタマカズラ 〈*Psychotria boninensis*〉アカネ科の常緑つる植物。

オオシラタマソウ 〈*Silene conoidea* L.〉ナデシコ科の一年草。高さは50〜80cm。花は紅紫または白色。

オオシラタマホシクサ 〈*Eriocaulon sexangulare* L.〉ホシクサ科の草本。

オオシラヒゲソウ 〈*Parnassia foliosa* var. *japonica*〉ユキノシタ科。高山植物。

オオシラビソ 大白檜曽 〈*Abies mariesii* Masters〉マツ科の常緑高木。別名リュウセン、オオリュウセン、トド。高さは30m。高山植物。園芸植物。

オオシラフカズラ スキンダプスス・ピクツスの別名。

オオシロアリタケ 〈*Termitomyces eurhizus* (Berk.) Heim〉キシメジ科のキノコ。中型〜大型。傘は市女笠状で、淡褐色〜灰褐色、中央部は濃色。ひだは白色→淡紅色。薬用植物。

オオシロカラカサタケ 〈*Chlorophyllum molybdites* (Meyer : Fr.) Massee〉ハラタケ科のキノコ。中型〜大型。傘は白色→緑色、白地に反り返った鱗片。

オオシロシマセンネンボク ドラセナ・デレメンシス・バウセイの別名。

オオシロショウジョウバカマ ヘロニオプシス・レウカンタの別名。

オオシロソケイ ヤスミヌム・ニティドゥムの別名。

オオシワカラカサタケ 〈*Cystoderma japonicum* Thoen et Hongo〉ハラタケ科のキノコ。

オオシワタケ 〈*Crystidiophorus castaneus* (Lloyd) Imaz.〉ウロコタケ科のキノコ。

オオシンジュガヤ 〈*Scleria terrestris*〉カヤツリグサ科。

オオスイレン 〈*Nymphaea pubescens* Willd.〉スイレン科の水草。葉裏有毛。花は白(紅)色。熱帯植物。

オオスギゴケ 大杉苔 〈*Polytrichum formosum* J. Hedw.〉スギゴケ科のコケ。茎は高さ3〜13cm、鞘部は卵形。園芸植物。

オオズキンカブリタケ 〈*Ptychoverpa bohemica* (Krombh.) Boud.〉アミガサタケ科のキノコ。

オオスズメウリ 大雀瓜 〈*Thladiantha dubia* Bunge〉ウリ科の多年草。別名キバナカラスウリ。長さは2m。花は黄色。

オオスズメガヤ スズメガヤの別名。

オオスズメノカタビラ 〈*Poa trivialis* L. subsp. *trivialis*〉イネ科の多年草。高さは20〜100cm。

オオスズメノテッポウ 大雀の鉄砲 〈*Alopecurus pratensis* L.〉イネ科の多年草。別名ヨウシュセトガヤ。高さは40〜120cm。

オオスパトロカズラ 〈*Spatholobus gyrocarpus* Benth.〉マメ科の蔓木。木質はビワに似る。熱帯植物。

オオスマ 大須磨 サクラソウ科のサクラソウの品種。園芸植物。

オオズミ オオウラジロノキの別名。

オオスミイワヘゴ 〈*Dryopteris* × *pseudo-commixta* Kurata〉オシダ科のシダ植物。

オオスミヤスデゴケ 〈*Frullania osuniensis* (S. Hatt.) S. Hatt.〉ヤスデゴケ科のコケ。黄褐色〜赤褐色、長さ3〜4cm。

オオスルメゴケ 〈*Cetraria ulophylloides* Asah.〉ウメノキゴケ科の地衣類。地衣体背面は黄褐ないし褐色。

オオセミタケ 〈*Cordyceps heteropoda* Y. Kobayasi〉バッカクキン科のキノコ。中型。子実体はタンポ形、長さは全長10〜12cm。

オオセンダンキササゲ 〈*Stereospermum fimbriatum* DC.〉ノウゼンカズラ科の高木。花は淡紫色。熱帯植物。

オオセンナリ 大千成 〈*Nicandra physalodes* (L.) Gaertn.〉ナス科の一年草。高さは60〜200cm。花は淡紅紫色。園芸植物。

オオセンニンゴケ 〈*Haematomma pachycarpum* (Müll. Arg.) Zahlbr.〉チャシブゴケ科の地衣類。地衣体は灰白。

オオソゾ 〈*Laurencia nipponica* Yamada〉フジマツモ科の海藻。羽状分岐。体は10〜20cm。

オオゾラ 大空 ツバキ科のサザンカの品種。園芸植物。

オオダイアシベニイグチ 〈*Boletus odaiensis* Hongo〉イグチ科のキノコ。中型〜大型。傘は帯赤黄色〜黄褐色。

オオダイコンソウ 〈*Geum aleppicum* Jacq.〉バラ科の多年草。高さは60〜100cm。園芸植物。

オオダイトウヒレン 〈*Saussurea nipponica* Miq. subsp. *nipponica*〉キク科の多年草。高さは50〜100cm。

オオダイブシ 〈*Aconitum grosse-dentatum* var. *odaiense*〉キンポウゲ科。別名アシブトウズ。

オオタカネナナカマド 〈*Sorubs sambucifolia* M. Roem.〉バラ科の落葉低木。高山植物。

オオタカネバラ 大高嶺薔薇 〈*Rosa acicularis*〉バラ科の落葉低木。別名オオミヤマバラ。高山植物。園芸植物。

オオタガヤツリ 〈*Cyperus oxylepis* Nees ex Steud.〉カヤツリグサ科。アメリカ原産。

オオタコノキ 〈*Pandanus atrocarpus* Griff.〉タコノキ科の木本。高さは30m。熱帯植物。園芸植物。

オオタチツボスミレ 〈*Viola kusanoana* Makino〉スミレ科の多年草。別名クサノスミレ。高さは5〜20cm。高山植物。

オオタチヤナギ 〈*Salix pierotii* Miq.〉ヤナギ科の木本。

オオタニイノデ 〈*Polystichum* × *ohtanii* Kurata〉オシダ科のシダ植物。

オオタニワタリ 大谷渡 〈*Neottopteris antiqua* (Makino) Masamune〉チャセンシダ科(ウラボシ科)の常緑性シダ。別名タニワタリ、ミツナガシワ。葉身は長さ1m。広披針形。園芸植物。日本絶滅危機植物。

オオタニワタリ 大谷渡 チャセンシダ科の属総称。

オオダネカボチャ 〈*Hodgsonia macrocarpa* Cogn.〉ウリ科の蔓木。果実も種子も大きい。熱帯植物。

オオタマコモチイトゴケ 〈*Clastobryopsis robusta* (Broth.) M. Fleisch.〉ナガハシゴケ科のコケ。枝は長さ1〜2cm、葉は卵状披針形。

オオタマツリスゲ 〈*Carex filipes* Franch. et Sav. var. *rouyana* (Franch.) Kuk.〉カヤツリグサ科の草本。

オオチクビゴケ 〈*Trypethelium virens* Tuck.〉ニセチネゴケ科の地衣類。地衣体は灰白。

オオチゴザサ 〈*Isachne albens* Trin.〉イネ科の草本。熱帯植物。

オオチゴユリ 〈*Disporum viridescens* (Maxim.) Nakai〉ユリ科の草本。別名アオチゴユリ。

オオチヂレマツゲゴケ 〈*Parmelia subcrinita* Nyl.〉ウメノキゴケ科の地衣類。地衣体は腹面褐色。

オオチダケサシ 〈*Astilbe chinensis* var. *davidii*〉ユキノシタ科。

オオチドメ 〈*Hydrocotyle ramiflora* Maxim.〉セリ科の多年草。別名ヤマチドメ。高さは10〜15cm。

オオチャヒキ 〈*Bromus lanceolatus* Roth〉イネ科。小穂は長さ3cm以上。高さは60cm。園芸植物。

オオチャラン 〈*Chloranthus elatior* R. BR.〉センリョウ科の低木。全株を茶として飲用。熱帯植物。

オオチャルメルソウ 〈*Mitella japonica* Maxim.〉ユキノシタ科の多年草。高さは20〜35cm。

オオチャワンタケ 〈*Peziza vesiculosa* Bull.〉チャワンタケ科のキノコ。別名フクロチャワンタケ。中型〜大型。子嚢盤は浅い椀形、子実層は淡褐色。

オオチョウジガマズミ 〈*Viburnum carlesii* Hemsl.〉スイカズラ科の低木ないし小高木。高さは1.5〜2.5m。花は淡紅色。園芸植物。

オオチリメンタケ 〈*Trametes gibbosa* (Pers.) Fr.〉タコウキン科のキノコ。

オオツカサノリ 〈*Kallymenia sagamiana* Yamada〉ツカサノリ科の海藻。円形。体は径20cm。

オオツガタケ 〈*Cortinarius claricolor* (Fr.) Fr. var. *turmalis* (Fr.) Moser〉フウセンタケ科のキノコ。大型。傘は橙褐色、湿時粘性、縁部は内側に巻く。

オオツクバネウツギ 大衝羽根空木 〈*Abelia tetrasepala* Hara et Kurosawa〉スイカズラ科の落葉低木。別名メツクバネウツギ。

オオツヅラフジ 〈*Sinomenium actum*〉ツヅラフジ科の薬用植物。別名ツヅラフジ。

オオツボゴケ 〈*Splachnum ampullaceum* Hedw.〉オオツボゴケ科のコケ。葉は卵状披針形。

オオツメクサ 大爪草 〈*Spergula arvensis* L.〉ナデシコ科の一年草または越年草。別名ノハラツメクサ。高さは15～30cm。花は白色。

オオツリバナ 大吊花,大釣花 〈*Euonymus planipes* (Koehne) Koehne〉ニシキギ科の落葉低木。別名ニッコウツリバナ。

オオツルイタドリ 〈*Fallopia dentato-alata* (Fr. Schm.) Holub〉タデ科の草本。

オオツルウメモドキ 大蔓梅擬 〈*Celastrus stephanotiifolius* (Makino) Makino〉ニシキギ科の落葉つる植物。別名シタキツルウメモドキ。

オオツルコウジ 〈*Ardisia montana* (Miq.) Sieb. ex Franch. et Savat.〉ヤブコウジ科の木本。

オオツルタケ 〈*Amanita punctata* (Cleland & Cheel) Reid〉テングタケ科のキノコ。中型～大型。傘は灰褐色～暗灰色。ひだは縁は暗灰色。

オオツルボ スキラ・ペルーウィアナの別名。

オオツルマサキ ニシキギ科の常緑低木。別名ツルオオバマサキ。

オオディーフェンバキア 〈*Dieffenbachia magnifica* Lind. et Rod.〉サトイモ科の観賞用植物。葉柄および葉面に白色斑。熱帯植物。

オオデマリ 大手毬 〈*Viburnum plicatum* Thunb. ex Murray var. *plicatum* f. *plicatum*〉スイカズラ科の低木ないし小高木。別名テマリバナ、スノーボール、ビブルナム。高さは3～5m。花は白あるいは少し赤みを帯びた白色。園芸植物。切り花に用いられる。

オオテンニンギク 大天人菊 〈*Gaillardia aristata* Pursh〉キク科の宿根草。別名ゲーラルディア。高さは60～90cm。花は紫紅色。園芸植物。切り花に用いられる。

オオトウヒレン 〈*Saussurea nipponica* var. *robusta*〉キク科。

オオトウワタ 大唐綿 〈*Asclepias syriaca* L.〉ガガイモ科の多年草。高さは60～90cm。花は暗紫紅色。園芸植物。

オオトガリアミガサタケ 〈*Morchella elata* Fr.〉アミガサタケ科のキノコ。

オオトキワシダ 〈*Asplenium laserpitiifolium* Lam.〉チャセンシダ科の常緑性シダ。葉身は長さ30～40cm。楕円形から三角状長楕円形。

オオトゲミモザ 〈*Mimosa invisa* Mart.〉マメ科の草本。多刺。花はピンク色。熱帯植物。

オオトネリコ 〈*Fraxinus rhynchophylla* Hance.〉モクセイ科の薬用植物。別名チョウセンネリコ。

オオトボシガラ 〈*Festuca extremiorientalis* Ohwi〉イネ科の草本。

オオトモエソウ 〈*Hypericum ascyron* L. var. *longistylum* Maxim.〉オトギリソウ科。

オオトヨグチイノデ 〈*Polystichum × kaimontamum* Serizawa〉オシダ科のシダ植物。

オオトラノオゴケ 〈*Thamnobryum subseriatum* (Mitt. ex Sande Lac.) B. C. Tan〉ヒラゴケ科 (オオトラノオゴケ科) のコケ。大形、二次茎は立ち上がって、長さ5～10cm。枝葉は卵形。

オオトリゲモ 〈*Najas oguraensis* Miki〉イバラモ科の沈水植物。葉は対生、葉身は線形、多数の鋸歯。

オオトリハダゴケ 〈*Pertusaria variolosa* (Kremp.) Vain.〉トリハダゴケ科の地衣類。地衣体は灰緑から灰白色。

オオナガミクダモノトケイ オオミノトケイソウの別名。

オオナギナタガヤ 〈*Vulpia myuros* (L.) C. C. Gmel. var. *megalura* (Nutt.) Rydb.〉イネ科の草本。

オオナキリスゲ 〈*Carex autumnalis* Ohwi〉カヤツリグサ科。

オオナズナ 大薺 〈*Capsella bursa-pastoris* Medicus〉アブラナ科の越年草。

オオナナカマド 〈*Sorbus commixta* Hedlund var. *sachalinensis* Koidz.〉バラ科。

オオナルコユリ 〈*Polygonatum macranthum* (Maxim.) Koidz.〉ユリ科の草本。

オオナワシログミ グミ科の木本。

オオナンバンギセル 〈*Aeginetia sinensis* G. Beck〉ハマウツボ科の一年生寄生植物。別名オオキセルソウ、ヤマナンバンギセル。高さは20～30cm。

オオナンヨウカルカヤ 〈*Themeda villosa* D. et J.〉イネ科の草本。若茎は甘く食用。高さ3m。熱帯植物。

オオナンヨウノボタン 〈*Melastoma decemfidum* Roxb.〉ノボタン科の低木。花は紅紫色。熱帯植物。

オオニガナ 大苦菜 〈*Prenanthes tanakae* (Franch. et Savat.) Koidz.〉キク科の多年草。高さは60～90cm。

オオニジ 大虹 〈*Hamatocactus hamatacanthus* (Mühlenpf.) F. M. Knuth〉サボテン科のサボテン。高さは30cm。花は黄色。園芸植物。

オオニシキソウ 〈*Euphorbia maculata* L.〉トウダイグサ科の一年草。長さは18〜63cm。花は白色。

オオニワナズナ 〈*Alyssum saxatile* L.〉アブラナ科の宿根草。長さ5〜8cm。花は濃黄色。園芸植物。

オオニワホコリ 〈*Eragrostis pilosa* (L.) P. Beauv.〉イネ科の草本。

オオニンジンボク 〈*Vitex quinata*〉クマツヅラ科。

オオヌスビトハギ 大葉盗人萩 〈*Desmodium laxum* DC. subsp. *laxum*〉マメ科。別名サイコクトキワヤブハギ。

オオヌマハリイ ヌマハリイの別名。

オオヌラブクロ 〈*Chrysymenia grandis* Okamura〉ダルス科の海藻。叉状様分岐。体は30cm。

オオネズミガヤ 大鼠茅 〈*Muhlenbergia longistolon* Ohwi〉イネ科の多年草。高さは50〜120cm。

オオネバリタデ 〈*Persicaria makinoi* (Nakai) Nakai〉タデ科の草本。

オオノアザミ 大野薊 〈*Cirsium aomorense* Nakai〉キク科の多年草。別名アオモリアザミ。高さは50〜100cm。高山植物。薬用植物。

オオノウタケ 〈*Calvatia boninesis* S. Ito et Imai〉ホコリタケ科のキノコ。

オオノノリ 〈*Porphyra onoi* Ueda〉ウシケノリ科の海藻。卵形。体は長さ5〜15cm。

オオバアコウ 〈*Ficus caulocarpa* (Miq.) Miq.〉クワ科の木本。

オオバアサガオ ヒルガオ科。園芸植物。

オオバアサガラ 大葉麻殻 〈*Pterostyrax hispida* Sieb. et Zucc.〉エゴノキ科の落葉高木。別名ケアサガラ。樹高12m。樹皮は淡い灰褐色。

オオバアワセンダン 〈*Evodia roxburghiana* Benth.〉ミカン科の小木。熱帯植物。

オオバイカイカリソウ 大梅花碇草 〈*Epimedium × setosum* Koidz.〉メギ科の草本。別名スズフリイカリソウ。

オオバイカモ 〈*Ranunculus ashibetsuensis* Wiegleb〉キンポウゲ科の沈水植物。全長は2〜4m、葉の長さは4〜9cm。

オオバイヌビワ 大葉犬枇杷 〈*Ficus septica* Burm. f.〉クワ科の木本。

オオバイヒモゴケ 〈*Meteorium miquelianum* (Müll. Hal.) M. Fleisch. subsp. *atrovariegatum* (Card. & Thér.) Nog.〉ハイヒモゴケ科のコケ。茎は長さ20cm、茎や枝の先を除き褐〜黒褐色。

オオバイボタ 大葉水蝋樹 〈*Ligustrum ovalifolium* Hassk. var. *ovalifolium*〉モクセイ科の半常緑小高木あるいは低木。高さは2〜6m。花は白色。園芸植物。

オオバハイホラゴケ 〈*Vendenboschia radicans* var. *naseana*〉コケシノブ科の常緑性シダ。別名リュウキュウコガネ。葉身は長さ15〜30cm。広披針形から広卵状披針形。

オオバウマノスズクサ 大葉馬鈴草 〈*Aristolochia kaempferi* Willd.〉ウマノスズクサ科の多年生つる草。葉径8〜15cm。花は黄色。薬用植物。園芸植物。

オオバウメモドキ ウメモドキの別名。

オオバウラジロアサガオ 〈*Argyreia speciosa* Sweet〉ヒルガオ科の観賞用蔓木。花は紅色、花筒内濃紅色。熱帯植物。

オオバオウソウカモドキ 〈*Polyalthia oblonga* King.〉バンレイシ科の小木。熱帯植物。

オオバオキツバラ 〈*Constantinea subulifera* Setchell〉リュウモンソウ科の海藻。茎は円柱状。体は5〜12cm。

オオバカンアオイ 〈*Heterotropa lutchuensis* (T. Ito) Honda〉ウマノスズクサ科の草本。

オオバギ 大葉木 〈*Macaranga tanaria* Muell. Arg.〉トウダイグサ科の木本。葉に細毛、葉裏粉白。熱帯植物。

オオバキスミレ 大葉黄菫 〈*Viola brevistipulata* (Franch. et Savat.) W. Becker var. *brevistipulata*〉スミレ科の多年草。高さは10〜30cm。花は黄色。高山植物。園芸植物。

オオバキセワタ フロミス・マクシモヴィッチーの別名。

オオハキダメグサ 〈*Eleutheranthera ruderalis* Sch. Bip.〉キク科の匍匐草。茎は赤色、頭状花序は花後下向。熱帯植物。

オオバキノリ 〈*Thyrea latissima* Asah.〉リキナ科の地衣類。地衣体背面は黒藍。

オオバキハダ 〈*Phellodendron amurense* Rupr. var. *japonicum* (Maxim.) Ohwi〉ミカン科。

オオバギボウシ 大葉擬宝珠 〈*Hosta sieboldiana* (Lodd.) Engl. var. *sieboldiana*〉ユリ科の多年草。花被内側は一様に着色。高さは60〜100cm。薬用植物。園芸植物。

オオバキリシマリンドウ リンドウ科。園芸植物。

オオバキントキ 〈*Cryptonemia schmitziana* (Okamura) Okamura〉ムカデノリ科の海藻。短い茎上に葉片をつける。体は40cm。

オオハクウンラン 〈*Vexillabium fissum* F. Maek.〉ラン科の草本。

オオバグサ ケシ科の草本。

オオバクサフジ 大葉草藤 〈*Vicia pseudo-orobus* Fisch. et C. A. Meyer〉マメ科の多年草。高さは80〜150cm。

オオハクサンサイコ　大白山柴胡　〈*Bupleurum longiradiatum* Turcz. var. *pseudo-niponicum* Kitagawa〉セリ科の多年草。高山植物。

オオバグミ　マルバグミの別名。

オオバクロモジ　〈*Lindera umbellata* Thunb. var. *membranacea* (Maxim.) Momiyama〉クスノキ科の落葉低木。

オオバケアサガオ　〈*Lepistemon binectariferum* (Wall.) O. Kuntze var. *trichocarpum* (Gagnep.) Oopstr.〉ヒルガオ科の草本。

オオバゲッケイ　〈*Acronychia laurifolia* BL.〉ミカン科の小木。葉は厚くチョウジの香。熱帯植物。

オオバコ　大葉子　〈*Plantago asiatica* L.〉オオバコ科の多年草。別名オンバコ、スモトリバナ。高さは10〜50cm。熱帯植物。薬用植物。園芸植物。

オオバコ　オオバコ科の属総称。

オオバコ　セイヨウオオバコの別名。

オオバコエンドロ　〈*Eryngium foetidum* L.〉セリ科の草本。全草強香。熱帯植物。

オオバコ科　科名。

オオバコプシア　〈*Kopsia macrophylla* Hook. f.〉キョウチクトウ科の低木。葉はタマムシのように光る。花は白色。熱帯植物。

オオハコベ　〈*Stellaria bungeana* Fenzl〉ナデシコ科の草本。別名エゾノミヤマハコベ。

オオバザサ　大葉笹　〈*Sasa megalophylla* Makino et Uchida〉イネ科。高さは1.5〜2m。園芸植物。

オオバザラッカ　サラッカ・コンフェルタの別名。

オオバサルスベリ　〈*Lagerstroemia loudonii* T. et B.〉ミソハギ科の観賞用小木。花は白から淡紫色に変る。熱帯植物。

オオバサンザシ　〈*Crataegus maximowiczii* C. K. Schneid.〉バラ科の落葉小高木。別名アラゲアカサンザシ。絶滅危機植物。

オオハシカグサ　〈*Hedyotis lindleyana* Hook. ex Wight et Arn. var. *glabra* (Honda) Hara〉アカネ科の多年草。

オオハシゴシダ　〈*Thelypteris angulariloba* Ching〉オシダ科(ヒメシダ科)の常緑性シダ。葉身は長さ20cm。広披針形。

オオバシラン　〈*Vittaria forrestiana* Ching〉シラン科の常緑性シダ。葉身は長さ15〜30cm。線状披針形。日本絶滅危機植物。

オオバシダソテツ　スタンゲリア・エリオプスの別名。

オオバジタノキ　〈*Alstonia macrophylla* Wall.〉キョウチクトウ科の高木。葉は長さ30cm、濃緑色光沢、中肋白。熱帯植物。

オオハシシバミ　大榛　〈*Corylus heterophylla* Fisch.〉カバノキ科の低木。別名オヒョウハシバミ。高さは3〜4m。薬用植物。園芸植物。

オオバシムラサキ　〈*Callicarpa subpubescens* Hook. et Arn.〉クマツヅラ科の常緑低木。

オオバジャノヒゲ　大葉蛇鬚　〈*Ophiopogon planiscapus* Nakai〉ユリ科の多年草。高さは15〜30cm。花は淡紫か白色。薬用植物。園芸植物。

オオバショウマ　大葉升麻　〈*Cimicifuga japonica* (Thunb. ex Murray) Spreng. var. *japonica*〉キンポウゲ科の多年草。高さは40〜100cm。花は白色。園芸植物。

オオバショリマ　大葉ショリマ　〈*Thelypteris quelpaertensis* (Christ) Ching〉オシダ科（ヒメシダ科）の夏緑性シダ。葉身は長さ50〜80cm。倒披針形。

オオバシロテツ　〈*Boninia grisea* Planch.〉ミカン科の常緑高木または低木。

オオバスノキ　大葉酢木　〈*Vaccinium smallii* A. Gray〉ツツジ科の落葉低木。高山植物。

オオバセッコク　〈*Dendrobium crumenatum* Swartz〉ラン科の着生植物。花は白色。熱帯植物。園芸植物。

オオバセンキュウ　大葉川芎　〈*Angelica genuflexa* Nutt. ex Torr. et A. Gray〉セリ科の多年草。高さは1〜2m。

オオバセンボウ　ヒガンバナ科。別名オオキンバイザサ。園芸植物。

オオバタケシマラン　大葉竹縞蘭　〈*Streptopus amplexifolius* (L.) DC. var. *papillatus* Ohwi〉ユリ科の多年草。高さは50〜100cm。

オオバタチツボスミレ　〈*Viola langsdorfii* Fisch. subsp. *sachalinensis* W. Becker〉スミレ科の草本。花は紅紫または淡紅紫色。高山植物。園芸植物。

オオバタヌキマメ　〈*Crotalaria verrucosa* L.〉マメ科の草本。多毛。高さは60cm。花は青白色。熱帯植物。園芸植物。

オオバタネツケバナ　大葉種漬花　〈*Cardamine regeliana* Miq.〉アブラナ科の多年草。高さは10〜40cm。薬用植物。

オオバタンキリマメ　トキリマメの別名。

オオバチヂミシマアオイソウ　エメラルドリップルの別名。

オオバチドメグサ　大葉血止草　〈*Hydrocotyle javanica* Thunb.〉セリ科の多年草。高さは5〜25cm。

オオバチョウチンゴケ　〈*Plagiomnium vesicatum* (Besch.) T. J. Kop.〉チョウチンゴケ科のコケ。匍匐茎は長さ5cm以下、葉は卵形〜楕円形。

オオバツツジ　大葉躑躅　〈*Rhododendron nipponicum* Matsumura〉ツツジ科の落葉低木。高山植物。

オオバツメクサ　イワツメクサの別名。

オオバツユクサ　〈*Commelina obliqua* Ham.〉ツユクサ科の草本。花は紫色。熱帯植物。

オオバツルグミ　エラエアグヌス・スブマクロフィラの別名。

オオバナアザミ 〈*Rhaponticum uniflorum* (L.) DC.〉キク科の薬用植物。

オオハナウド 大花独活 〈*Heracleum dulce* Fisch.〉セリ科の多年草。高さは100～200cm。高山植物。薬用植物。

オオバナエンレイソウ オオバナノエンレイソウの別名。

オオバナオオヤマサギソウ 〈*Platanthera sachalinensis* var. *hondoensis*〉ラン科。別名フガクオオヤマサギソウ。

オオバナオケラ 大花朮 〈*Atractylodes macrocephala* Koidz.〉キク科の多年草。高さは30～40cm。花は紫紅色。薬用植物。園芸植物。

オオバナキバナセツブンソウ エランティス・ヒエマリスの別名。

オオバナサイカク 大花犀角 〈*Stapelia grandiflora* Masson〉ガガイモ科。花は黒紫色。園芸植物。

オオバナサルスベリ 〈*Lagerstroemia speciosa* (L.) Pers.〉ミソハギ科の落葉高木。別名ジャワザクラ。高さは15～20m。花は朝は紅紫、夕は紫色。熱帯植物。園芸植物。

オオバナセッコク コウキセッコクの別名。

オオバナソケイ 〈*Jasminum officinale* L. var. *grandiflorum* (L.) Robuski.〉モクセイ科のハーブ。別名ポエツ・ジャスミン。薬用植物。

オオバナチョウセンアサガオ 大花朝鮮朝顔 〈*Datura suaveolens* Humb. et Bonpl. ex Willd.〉ナス科の常緑低木。別名カシワバチョウセンアサガオ、キダチチョウセンアサガオ。高さは3～4.5m。花は白色。園芸植物。

オオバナチロフォラ 〈*Tylophora grandiflora* R. BR.〉ガガイモ科の蔓草。熱帯植物。

オオバナナスビ 〈*Solanum wrightii* Benth.〉ナス科の観賞用小木。花は紫色。熱帯植物。

オオバナニガナ オオニガナの別名。

オオバナノエンレイソウ 大花の延齢草 〈*Trillium kamtschaticum* Pallas〉ユリ科の多年草。高さは30～50cm。花は白色。園芸植物。

オオバナノコギリソウ 大花鋸草 〈*Achillea ptarmica* L.〉キク科の多年草。高さは60～80cm。花は白色。高山植物。園芸植物。

オオバナノヒメシャジン 〈*Adenophora nikoensis* Fr. et Sav. forma *macrocalyx* Tak.〉キキョウ科の多年草。高山植物。

オオバナノミミナグサ オオバナミミナグサの別名。

オオバナハンゴンソウ キク科。園芸植物。

オオバナヒエンソウ デルフィニウム・グランディフロルムの別名。

オオハナビセンコウ ハエマンツス・カテリナエの別名。

オオバナフウチョウソウ 〈*Gynandropsis speciosa* DC.〉フウチョウソウ科の観賞用草本。花は白または紫色。熱帯植物。

オオバナホルトノキ 〈*Elaeocarpus grandiflorus* Smith〉ホルトノキ科の高木。熱帯植物。

オオバナミサオノキ 〈*Randia macrantha* DC.〉アカネ科の低木。花は多数揃って垂下する。白色。熱帯植物。

オオバナミミナグサ 大花耳菜草 〈*Cerastium fischerianum* Ser.〉ナデシコ科の多年草。別名リシリミミナグサ。高さは50cm。

オオハナワラビ 大花蕨 〈*Sceptridium japonicum* (Prantl) Lyon〉ハナヤスリ科の冬緑性シダ。葉身は長さ10～25cm。五角形。園芸植物。

オオバナンヨウムク 〈*Gironniera subaequalis* Planch〉ニレ科の小木。果実は黄褐色。熱帯植物。

オオバニハスギゴケ セイタカスギゴケの別名。

オオバヌスビトハギ 〈*Desmodium laxum* DC.〉マメ科の草本。別名サイコクトキワヤブハギ。

オオバネサラン 〈*Shorea macroptera*〉フタバガキ科の高木。用材。熱帯植物。

オオバネムノキ 〈*Albizia lebbeck* (L.) Benth.〉マメ科の木本。別名ビルマゴウカン、オオバネム、ビルマネムノキ。莢は白褐色、種子褐色。高さは15m。花は緑黄色。熱帯植物。園芸植物。

オオハネモ 〈*Bryopsis maxima* Okamura〉ハネモ科の海藻。体は20cm。

オオバノアカツメクサ 〈*Trifolium medium* L.〉マメ科の多年草。高さは15～45cm。花は赤紫色。

オオバノアマクサシダ 大葉の天草羊歯 〈*Pteris excelsa* Gaud. var. *simplicior* (Tagawa) Smith〉イノモトソウ科。

オオバノイノモトソウ 大葉井許草 〈*Pteris cretica* L.〉イノモトソウ科(ワラビ科)の常緑性シダ。葉身は長さ15～40cm。頂羽片のはっきりした単羽状。園芸植物。

オオバノコギリモク 〈*Sargassum giganteifolium* Yamada〉ホンダワラ科の海藻。茎は円柱状。体は2m以上。

オオバノセンナ 〈*Cassia sophera* L.〉マメ科の低木。別名ホソバハブソウ。莢はやや円柱形。高さは1～2m。花は鮮黄色。熱帯植物。園芸植物。

オオバノタケシマラン 〈*Streptopus amplexifolius* DC.〉ユリ科の多年草。高山植物。

オオバノトンボソウ 大葉蜻蛉草 〈*Platanthera minor* (Miq.) Reichb. f.〉ラン科の多年草。高さは20～60cm。

オオバノハチジョウシダ 大葉の八丈羊歯 〈*Pteris excelsa* Gaud. var. *excelsa*〉イノモトソウ科(ワラビ科)の常緑性シダ。葉柄は長さ0.4～1m。葉身は長楕円状卵形。

オオバノヒノキシダ 〈*Asplenium trigonopterum* Kunze〉チャセンシダ科の常緑性シダ。別名オオバノコウザキシダ。葉身は長さ50cm。卵状長楕円形。

オオバノフトモモ 〈*Eugenia pergamentacea* King〉フトモモ科の小木。葉は大型、果実はイチジクに似る。熱帯植物。

オオバノボタン ミコニア・カルウェスケンスの別名。

オオバノヤエムグラ 〈*Galium pseudo-asprellum* Makino〉アカネ科の多年草。高さは100～200cm。

オオバノヨツバムグラ 大葉の四葉葎 〈*Galium kamtschaticum* Stell. var. *acutifolium* Hara〉アカネ科の多年草。高さは20～40cm。高山植物。

オオバハナゴケ 〈*Cladonia verticillata* (Hoffm.) Schaer. var. *cervicornis* (Ach.) Flörke〉ハナゴケ科の地衣類。子柄は高さ1～1.5cm。

オオバハナゴケモドキ 〈*Cladonia macrophyllodes* Nyl.〉ハナゴケ科の地衣類。子柄は有盃。

オオババナナボク 〈*Uvaria cordata* (Dunal) Alston〉バンレイシ科の蔓木。果実は食用。花は赤く中央黄色。熱帯植物。

オオバハマアサガオ 〈*Stictocardia tiliifolia* (Dest) Hallier. f.〉ヒルガオ科の大蔓木。別名マルバアサガオ。花は淡紅紫色、花筒内濃紅紫色。熱帯植物。

オオバヒイラギナンテン マホニア・ビーレイの別名。

オオバヒメトウ ダエモノロプス・グランディスの別名。

オオバヒメマオ ヤンバルツルマオの別名。

オオバヒョウタンボク 〈*Lonicera strophiophora*〉スイカズラ科の木本。別名アラゲヒョウタンボク。

オオバヒルギ ヤエヤマヒルギの別名。

オオバピンポン 〈*Sterculia macrophylla* Vent.〉アオギリ科の高木。花は赤褐色。熱帯植物。

オオバフアガレア 〈*Fagraea auriculata* Jack.〉マチン科の小木。初め樹上着生生活、葉は厚く光沢あり。熱帯植物。

オオバフジボグサ 〈*Uraria lagopodioides* (L.) Desv. ex DC.〉マメ科の木本。別名ヤエヤマフジボグサ。

オオバベニガシワ 大葉紅柏 〈*Alchornea davidii* Franch.〉トウダイグサ科の落葉低木。別名オオバアカメガシワ。発芽時の若葉は鮮紅色。園芸植物。

オオバボダイジュ 大葉菩提樹 〈*Tilia maximowicziana* Shirasawa〉シナノキ科の落葉広葉高木。別名アオジナ。高さは25m。園芸植物。

オオバボンテンカ 〈*Urena lobata* L. var. *tomentosa* (Blume) Walp.〉アオイ科の草本。葉縁に暗色のシミがある。熱帯植物。

オオハマオモト 〈*Crinum giganteum* Andr.〉ヒガンバナ科の観賞用植物。花は白色。熱帯植物。園芸植物。

オオハマガヤ 〈*Ammophila breviligulata* Fern.〉イネ科の多年草。別名アメリカカイガンソウ、アメリカハマニンニク。高さは60～100cm。

オオハマカンザシ 大浜簪 〈*Armeria plantaginea* Willd.〉イソマツ科の多年草。高さは30～40cm。花は淡い紫紅色。高山植物。園芸植物。

オオハマギキョウ 〈*Lobelia boninensis* Koidz.〉キキョウ科の木本。日本絶滅危機植物。

オオハマグルマ 〈*Wedelia robusta* (Makino) Kitamura〉キク科の草本。

オオハマボウ 大浜朴 〈*Hibiscus tiliaceus* L.〉アオイ科の常緑小高木。花は黄、中心暗赤色。熱帯植物。

オオハマホガニー 〈*Swietenia macrophylla* King〉センダン科の高木。果実は褐色。花は黄緑色。熱帯植物。

オオハマボッス 〈*Lysimachia rubida*〉サクラソウ科。

オオバマンサク 〈*Hamamelis japonica* Siebold et Zucc. var. *megalophylla* (Koidz.) Kitam.〉マンサク科の木本。

オオバミサオノキ 〈*Randia anisophylla* Hook. f.〉アカネ科の小木。葉裏褐色、熟果の種皮は甘い。花は白色。熱帯植物。

オオバミズヒキゴケ ミズスギモドキの別名。

オオバミゾホオズキ 大葉溝酸漿 〈*Mimulus sessilifolius* Maxim.〉ゴマノハグサ科の多年草。別名サワホオズキ。高さは20～35cm。高山植物。

オオバミネカエデ 〈*Acer tschonoskii* Maxim. var. *macrophyllum* Nakai〉カエデ科の落葉高木。

オオバメギ 大葉目木 〈*Berberis tschonoskiana* Regel〉メギ科の落葉低木。別名ミヤマヘビノボラズ、ミヤマメギ、シコクメギ。薬用植物。

オオバメドハギ 〈*Lespedeza davurica* (Laxm.) Schindl.〉マメ科の小低木。高さは1m。花は黄緑色。

オオバモク 大葉藻屑 〈*Sargassum ringgoldianum* Harvey〉ホンダワラ科の海藻。別名ガラモ、ササバモク。茎は円柱状。体は1～1.5m。

オオバモクレン 〈*Magnolia macrophylla* Michx.〉モクレン科の木本。樹高15m。花は帯黄白色。樹皮は淡灰色。園芸植物。

オオバヤシャブシ 大葉夜叉五倍子 〈*Alnus sieboldiana* Matsum.〉カバノキ科の落葉高木。薬用植物。園芸植物。

オオバヤダケ 大葉矢竹 〈*Pseudosasa tessellata* (Munro) Hatus.〉イネ科の常緑大型笹。高さは3.5〜4m。園芸植物。

オオバヤドリギ 大葉宿生木 〈*Scurrula yadoriki* (Sieb.) Danser〉ヤドリギ科の常緑低木。別名コガノヤドリギ。

オオバヤナギ 大葉柳 〈*Toisusu urbaniana* (Seemen) Kimura〉ヤナギ科の落葉大高木。別名アカヤナギ。高山植物。

オオバユキザサ ヤマトユキザサの別名。

オオバヨウラクラン 〈*Oberonia makinoi* Masam.〉ラン科の草本。園芸植物。日本絶滅危機植物。

オオバヨツバムグラ オオバノヨツバムグラの別名。

オオバヨメナ 大葉嫁菜 〈*Aster miquelianus* Hara〉キク科の草本。高山植物。

オオバライチゴ 大薔薇苺 〈*Rubus croceacanthus* Lév.〉バラ科の木本。別名キシュウイチゴ、イセイチゴ。

オオバランブタン 〈*Nephelium eriopetalum* Miq.〉ムクロジ科の高木。小葉片は巨大。熱帯植物。

オオハリガネゴケ 〈*Bryum pseudotriquetrum* (Hedw.) Gaertn.〉ハリガネゴケ科のコケ。茎は赤く、長さ10cm、葉は卵形、縁状披針形。

オオハリソウ 〈*Symphytum asperum* Lepech.〉ムラサキ科の多年草。花冠裂片の先端は直立。園芸植物。

オオバリンドウ 〈*Gentiana macrophylla* Pall.〉リンドウ科の薬用植物。

オオバルエリヤ 〈*Ruellia macrophylla* Vahl.〉キツネノマゴ科の観賞用低木状草本。花は赤色。熱帯植物。

オオバルリミノキ 〈*Lasianthus verticillatus* (Lour.) Merr.〉アカネ科の木本。

オオバロニア 〈*Valonia ventricosa* J. Agardh〉バロニア科の海藻。単条、球状。体は1.5cm。

オオバンガジュツ 〈*Gastrochilus panduratum* Ridl〉ショウガ科。根茎の側根肥大。花はピンク。熱帯植物。

オオハンゲ 大半夏 〈*Pinellia tripartita* (Blume) Schott〉サトイモ科の多年草。仏炎苞は緑色または帯紫色。高さは20〜50cm。薬用植物。園芸植物。

オオハンゴンソウ 大反魂草 〈*Rudbeckia laciniata* L.〉キク科の多年草または一年草。高さは60〜300cm。花は黄色。園芸植物。

オオバンマツリ 〈*Brunfelsia calycina* Benth.〉ナス科の観賞用低木。花は青紫色であるが翌日は白色。熱帯植物。

オオヒエンソウ デルフィニウム・グランディフロルムの別名。

オオヒエンソウ デルフィニウム・ベラドンナの別名。

オオビカクシダモドキ プラティケリウム・コロナリウムの別名。

オオヒカゲミズ 〈*Parietaria pensylvanica* Muhl.〉イラクサ科。

オオヒキヨモギ 大蟇艾 〈*Siphonostegia laeta* S. Moore〉ゴマノハグサ科の草本。

オオヒシャクゴケ 〈*Scapania ampliata* Steph.〉ヒシャクゴケ科のコケ。葉はキールに翼がなく、背片が背方に偏向するように開出。

オオヒナノウスツボ 大雛の臼壺 〈*Scrophularia kakudensis* Franch.〉ゴマノハグサ科の多年草。高さは100cm。

オオヒナユリ カマッシア・ライヒトリニーの別名。

オオヒメノカサ 〈*Hygrocybe ovina* (Bull. : Fr.) Kühner〉ヌメリガサ科のキノコ。中型。傘は黒褐色、粘性なし。

オオヒメヒナゴケ 〈*Schwetschkeopsis robustula* (Broth.) Ando〉コゴメゴケ科のコケ。枝は立ち上がり、乾くと湾曲、枝葉は広披針形〜卵状披針形。

オオヒメワラビ 大姫蕨 〈*Deparia okuboana* (Makino) M. Kato〉オシダ科の夏緑性シダ。葉身は長さ35〜80cm。三角状、卵形または卵状披針形。

オオヒメワラビモドキ 〈*Lunathyrium unifurcatum* (Bak.) Kurata〉オシダ科の夏緑性シダ。葉身は長さ25〜65cm。広披針形から三角状。

オオヒモゴケ 〈*Aulacomnium palustre* (Hedw.) Schwägr.〉ヒモゴケ科のコケ。茎は長さ2〜10cm、密な褐色の仮根で覆われる。葉は披針形。

オオヒョウタンボク 大瓢箪木 〈*Lonicera tschonoskii* Maxim.〉スイカズラ科の落葉低木。高山植物。

オオヒラウスユキソウ 大平薄雪草 〈*Leontopodium hayachinense* Hara et Kitam. var. *miyabeanum* S. Watanabe〉キク科の多年草。高山植物。

オオヒラツボゴケ 〈*Ectropothecium zollingeri* (Müll. Hal.) A. Jaeger〉ハイゴケ科のコケ。葉は卵状披針形。

オオヒラミガシ 〈*Quercus cyclophora* Endl.〉ブナ科の高木。果実は扁球形、果裏粉白。熱帯植物。

オオビランジ 〈*Silene keiskei* Miq.〉ナデシコ科の草本。花は淡桃から濃紫紅色。高山植物。園芸植物。日本絶滅危機植物。

オオヒレアザミ 〈*Onopordum acanthium* L.〉キク科の多年草。高さは30〜150cm。花は淡紫色。高山植物。

オオビロードカンコ 〈*Glochidion superbum* Baill.〉トウダイグサ科の小木。葉は大形で厚く両面ビロード毛。熱帯植物。

オオヒロハチトセラン サンセヴィエリア・グランディスの別名。

オオピンゴケ 〈*Calicium japonicum* Asah.〉ピンゴケ科の地衣類。地衣体は灰色。

オオフカノキ 〈*Brassaia actinophylla* Muell.〉ウコギ科の観賞用小木。葉裏褐色。熱帯植物。

オオフクチク 大福竹 バンブサ・ウェントリコサの別名。

オオフクロタケ 〈*Volvariella speciosa* (Fr. : Fr.) Sing. var. *gloiocephala* (DC. : Fr.) Sing.〉ウラベニガサ科のキノコ。

オオブサ 〈*Gelidium pacificum* Okamura〉テングサ科の海藻。別名アラッチ。扁圧。体は25cm以上。

オオフサゴケ 〈*Rhytidiadelphus triquetrus* (Hedw.) Warnst.〉イワダレゴケ科のコケ。大形で茎葉は長さ約4mm、卵形。

オオフサモ 大房藻 〈*Myriophyllum aquaticum* (Vell.) Verdc.〉アリノトウグサ科の多年生の抽水植物。別名ヌマフサモ。茎は径5mm前後、赤みがかる。長さ1m。園芸植物。

オオフジイバラ ヤマテリハノイバラの別名。

オオフジシダ 大富士羊歯 〈*Monachosorum flagellare* (Maxim. ex Makino) Hayata〉イノモトソウ科(コバノイシカグマ科、ワラビ科)の常緑性シダ。別名キシュウシダ。葉身は長さ20～60cm。三角状広披針形。

オオブタクサ 大豚草 〈*Ambrosia trifida* L.〉キク科の一年草。高さは1～3m。

オオフタゴゴケ 〈*Didymodon giganteus* (Funck) Jur.〉センボンゴケ科のコケ。体は壮大、茎は長さ2～3cm、葉は狭披針形。

オオフタバムグラ 〈*Diodia teres* Walt.〉アカネ科の一年草。別名タチフタバムグラ。長さは10～50cm。花は白または淡桃色。

オオブドウホオズキ ホオズキトマトの別名。

オオフユイチゴ 〈*Rubus pseudosieboldii* Makino〉バラ科の常緑低木。

オオブリエチア ムラサキナズナの別名。

オオヘツカシダ 〈*Bolbitis heteroclita* (K. Presl) Ching〉オシダ科(ツルキジノオ科)の常緑性シダ。湿潤な林床に生える。葉身は長さ7～15cm。頂羽片と5対以下の側羽片のある単羽状。園芸植物。

オオベニウチワ 〈*Anthurium andreanum* Linden corr. André〉サトイモ科の多年草。仏炎苞は朱赤色。葉長20～40cm。園芸植物。

オオベニウツギ 大紅空木 〈*Weigela florida* (Bunge) A. DC.〉スイカズラ科の落葉低木。オオタニウツギ、カラタニウツギ。高さは2～3m。花は紅色。園芸植物。日本絶滅危機植物。

オオベニシダ 〈*Dryopteris hondoensis* Koidz.〉オシダ科の常緑性シダ。葉身は長さ30～50cm。卵形から三角状広卵形。

オオベニタデ 〈*Persicaria orientalis* (L.) Assenov〉タデ科。別名オオケタデ。

オオベニハイゴケ 〈*Hypnum sakuraii* (Sakurai) Ando〉ハイゴケ科のコケ。大形、黄緑色だが赤褐色になることが多い。

オオベニミカン 大紅蜜柑 〈*Citrus tangerina* Hort. ex Tanaka〉ミカン科。別名ベニミカン。果頂部が著しくくぼんでいる。園芸植物。

オオベンケイソウ 大弁慶草 〈*Hylotelephium spectabile* (Boreau) H. Ohba〉ベンケイソウ科の多年草。高さは30～70cm。花は紅色。薬用植物。園芸植物。

オオホウカンボク 大宝冠木 〈*Brownea grandiceps* Jacq.〉マメ科の観賞用小木。若葉垂下。花は濃桃か赤色。熱帯植物。園芸植物。

オオホウキギク 〈*Aster exilis* Elliot〉キク科の一年草または越年草。別名ナガエホウキギク。高さは40～100cm。花は淡紅桃色。

オオホウキゴケ 〈*Jungermannia infusca* (Mitt.) Steph.〉ツボミゴケ科のコケ。赤色をおびる。茎は長さ2～3cm。

オオボウシバナ 大帽子花 〈*Commelina communis* L. var. *hortensis* Makino〉ツユクサ科。園芸植物。

オオホウライタケ 〈*Marasmius maximus* Hongo〉キシメジ科のキノコ。中型～大型。傘は淡褐色、放射状の溝、肉は薄く革質。

オオホザキアヤメ フクジンソウの別名。

オオホシクサ 大星草 〈*Eriocaulon buergerianum* Koernicke〉ホシクサ科の草本。薬用植物。

オオホシダ 〈*Cyclosorus boninensis* (Kodama ex Koidz.) Nakaike〉オシダ科(ヒメシダ科)の常緑性シダ。別名サキミノホシダ。葉身は長さ1～1.3m。広披針形。

オオホシチドリ 〈*Odontoglossum grande* Lindl.〉ラン科の多年草。園芸植物。

オオホソバシケシダ 〈*Deparia conilii* × *japonica*〉オシダ科のシダ植物。

オオボタンタケ 〈*Hypocrea grandis* Imai〉ニクザキン科のキノコ。

オオボタンヤシ ヤシ科。

オオホナガアオゲイトウ 〈*Amaranthus palmeri* S. Watson〉ヒユ科の一年草。別名タリノホアオゲイトウ。高さは2m。

オオボンテンカ オオバボンテンカの別名。

オオマツゴケ 〈*Parmelia reticulata* Tayl.〉ウメノキゴケ科の地衣類。地衣体背面に網目状の白斑。

オオマツバシバ 〈*Aristida takeoi* Ohwi〉イネ科。

オオマツユキソウ ガランツス・エルウィジーの別名。

オオマツユキソウ スノーフレークの別名。

オオマツヨイグサ 大待宵草 〈*Oenothera erythrosepala* Borbás〉アカバナ科の二年草または多年草。別名ツキミソウ、オイランバナ。高さは0.5～1.5m。花は黄色。薬用植物。

オオマトイ 大纒 〈*Hylocereus triangularis* (L.) Britt. et Rose〉トウダイグサ科(サボテン科)のサボテン。園芸植物。

オオマドカズラ サトイモ科。園芸植物。

オオマムシグサ カントウマムシグサの別名。

オオマメノキ 〈*Millettia atropurpurea* Benth.〉マメ科の高木。葉は光沢、莢は大、赤紫色。熱帯植物。

オオマルバコンロンソウ 〈*Cardamine arakiana* Koidz.〉アブラナ科。

オオマルバノテンニンソウ トサノミカエリソウの別名。

オオマルバノホロシ 大丸葉保呂之 〈*Solanum megacarpum* Koidz.〉ナス科の草本。

オオマルボン 大丸盆 オプンティア・ロブスタの別名。

オオミアカテツ 〈*Lucuma mammosa* Gaertn.〉アカテツ科の高木。果実は橙色。熱帯植物。

オオミアポロサ 〈*Aporosa prainiana* King.〉トウダイグサ科の小木。熱帯植物。

オオミウミサンゴ 〈*Scolopia roxburghii* Clos〉イイギリ科の小木。葉はやや厚質。熱帯植物。

オオミカンソウ 〈*Phyllanthus pulcher* Wall.〉トウダイグサ科の草状低木。茎は赤褐色。高さ60cm。花は赤色。熱帯植物。園芸植物。

オオミカンムリゴケ 〈*Micromitrium megalosporum* Austin〉カゲロウゴケ科のコケ。カンムリゴケに似る。胞子は径45～75μmm。

オオミクリ 大実栗 〈*Sparganium stoloniferum* Buch.-Ham. var. *macrocarpum* (Makino) Hara〉ミクリ科の多年生の抽水植物。別名アズマミクリ。果実は際だって幅広。

オオミゴケ 〈*Drummondia sinensis* Müll. Hal.〉タチヒダゴケ科のコケ。枝葉は長さ2～2.5mm、舌形。

オオミコゴメグサ ミヤマコゴメグサの別名。

オオミゴシュ 〈*Evodia macrocarpa* King.〉ミカン科の小木。小葉大形。熱帯植物。

オオミサンキライ 〈*Smilax megacarpa* DC.〉ユリ科の蔓木。根茎は赤色、果、根、茎は食用可。熱帯植物。

オオミサンザシ 大実山査子 〈*Crataegus pinnatifida* Bunge var. *major* N. E. Br.〉バラ科の薬用植物。高さは6m。花は白色。園芸植物。

オオミジュラン 〈*Aglaia trichostemon* C. DC.〉センダン科の高木。芳香。熱帯植物。

オオミズオオバコ トチカガミ科の草本。

オオミズゴケ 〈*Sphagnum palustre* L.〉ミズゴケ科のコケ。茎は長さ10cm以上、茎葉は舌形、枝葉は長さ1.5～2mm。園芸植物。

オオミズトンボ 〈*Habenaria linearifolia* Maxim.〉ラン科の多年草。別名サワトンボ。

オオミズヒキモ 〈*Potamogeton kamogawaensis* Miki〉ヒルムシロ科の沈水植物または浮葉植物。別名カモガワモ。沈水葉は細長い線形。

オオミゾウゲヤシ 〈*Phytelephas macrocarpa* Ruiz et Pav.〉ヤシ科。ほとんど無幹、雌雄異株、水辺、果実は頭状に集団し1果4～5種子。高さは1.8m。熱帯植物。園芸植物。

オオミゾソバ 〈*Persicaria thunbergii* (Sieb. et Zucc.) H. Gross var. *stolonifera* (Fr. Schm.) Nakai ex Hara〉タデ科。

オオミツバカズラ シンゴニウム・アウリツムの別名。

オオミツバショウマ 大三葉升麻 〈*Cimicifuga heracleifolia* Komar.〉キンポウゲ科の薬用植物。

オオミツバタヌキマメ 〈*Crotalaria mucronata* Desv.〉マメ科の草本。茎は円く、多枝、放散性、葉裏多毛。熱帯植物。

オオミツヤゴケ 〈*Entodon conchoplyllus* Card.〉ツヤゴケ科のコケ。茎葉は長さ1.5～2mm、卵形～楕円状卵形。

オオミテングヤシ マウリティア・フレクスオサの別名。

オオミナト 大湊 バラ科のウメの品種。園芸植物。

オオミネイワヘゴ 〈*Dryopteris lunanensis* (Christ) C. Chr.〉オシダ科の常緑性シダ。

オオミネコザクラ 〈*Primula reinii* var. *okamotoi*〉サクラソウ科の植物。

オオミネヤバネゴケ 〈*Cephaloziella kiaeri* (Austin) Douin〉コヤバネゴケ科のコケ。長さ75～100μmm。

オオミノクロアワタケ 〈*Boletus griseus* Frost var. *fuscus* Hongo〉イグチ科のキノコ。中型～大型。傘は銀灰色、なめし皮様。

オオミノトケイソウ 大実時計草 〈*Passiflora quadrangularis* L.〉トケイソウ科のつる性常緑低木。別名オオナガミクダモノトケイ。花は桃から赤紫色。熱帯植物。薬用植物。園芸植物。

オオミノトベラ 〈*Pittosporum chichijimense* Nakai ex Tuyama〉トベラ科の常緑低木。

オオミノビロウモドキ 〈*Pholidocarpus macrocarpus* Becc.〉ヤシ科。果実は褐色、網目を現わす。幹径30cm。熱帯植物。

オオミノミサオノキ 〈*Randia exaltata* Griff.〉アカネ科の小木。果実は大きく黒色染料になる。花は白、花筒内面紫点あり。熱帯植物。

オオミノミ

オオミノミツバブドウ 〈*Vitis mollissima* Wall.〉ブドウ科の蔓木。葉は厚く粗剛、光沢、葉裏短毛、果実は大。熱帯植物。

オオミノミミブサタケ 〈*Wynnea americana* Thaxter〉ベニチャワンタケ科のキノコ。

オオミノリゴケ 〈*Schiffneriolejeunea tumida* (Nees & Mont.) Gradst. var. *haskarliana* (Gottsche) Gradst. & Terken〉クサリゴケ科のコケ。橙褐色、茎は長さ3～5cm。

オオミフタバガキ 〈*Dipterocarpus grandiflorus* Blanco〉フタバガキ科の高木。山地、ビワの葉に似て葉柄褐色。熱帯植物。

オオミブラヘアヤシ ブラヘア・ドゥルキスの別名。

オオミマツ 〈*Pinus coulteri*〉マツ科の木本。樹高25m。樹皮は紫褐色。園芸植物。

オオミミガタシダ 〈*Polystichum formosanum* Rosenst.〉オシダ科の常緑性シダ。別名タイワンノコギリシダ、シマノコギリシダ。葉身は長さ15～30cm。線形。

オオミミゴケ 〈*Meteoriella soluta* (Mitt.) S. Okam.〉ヒムロゴケ科のコケ。一次茎は長くはい、葉は卵形。

オオミヤマガマズミ 〈*Viburnum wrightii* Miq. var. *stipellatum* Nakai〉スイカズラ科の落葉低木。

オオムカデゴケ ムチゴケの別名。

オオムカデノリ 〈*Halymenia acuminata* (Holmes) J. Agardh〉ムカデノリ科の海藻。膜質。体は45～60cm。

オオムギ 大麦 〈*Hordeum vulgare* L. var. *vulgare*〉イネ科の草本。別名フトムギ、カチカタ。高さは1.2m。薬用植物。園芸植物。

オオムラサキ 大紫 〈*Rhododendron pulchrum* Sweet cv. Ohmurasaki〉ツツジ科の常緑低木。別名オオサカズミ、オオムラサキリュウキュウ。花は紅紫色。園芸植物。

オオムラサキアンズタケ 〈*Gomphus purpuraceus* (Iwade) K. Yokoyama〉ラッパタケ科のキノコ。大型。形は不規則な扇形の集合体、形は縁部波状。

オオムラサキシキブ 〈*Callicarpa japonica* Thunb. ex Murray var. *luxurians* Rehder〉クマツヅラ科の落葉低木。薬用植物。

オオムラサキツツジ ツツジ科の木本。

オオムラサキツユクサ 大紫露草 〈*Tradescantia virginiana* L.〉ツユクサ科の宿根草。高さは20～60cm。花は紫色。園芸植物。

オオムラサキツユクサ トラデスカンティア・ヴァージニアナの別名。

オオムラサキツユクサ ムラサキツユクサの別名。

オオムラザクラ バラ科のサクラの品種。

オオムラホシクサ 〈*Eriocaulon omuranum* T. Koyama〉ホシクサ科の草本。

オオムレスズメ カラガナ・アルボレスケンスの別名。

オオメシダ 大雌羊歯 〈*Deparia pterorachis* (Christ) M. Kato〉オシダ科の夏緑性シダ。葉身は長さ50～100cm。長楕円形～広披針形。

オオメシダモドキ 〈*Deparia × kikuchii* Kurata ex Nakaike, nom. nud.〉オシダ科のシダ植物。

オオメノマンネングサ 〈*Sedum rupifragum* Koidz.〉ベンケイソウ科の草本。

オオモクゲンジ 〈*Koelreuteria bipinnata* Franch.〉ムクロジ科の落葉高木。高さは15～20m。花は明るい黄色。薬用植物。園芸植物。

オオモクセイ 〈*Osmanthus rigidus* Nakai〉モクセイ科の木本。

オオモミジ 大紅葉 〈*Acer palmatum* Thunb. ex Murray var. *amoenum* (Carr.) Ohwi〉カエデ科の雌雄同株の落葉高木。別名ヒロハモミジ。

オオモミジガサ 大紅葉傘 〈*Miricacalia makineana* (Yatabe) Kitamura〉キク科の多年草。別名トサノモミジガサ。高さは55～80cm。高山植物。

オオモミタケ 〈*Catathelasma imperiale* (Fr.) Sing.〉キシメジ科のキノコ。大型。傘は縁部内側に巻く。

オオヤエクチナシ 〈*Gardenia jasminoides*〉アカネ科の薬用植物。別名ガーデニア。園芸植物。

オオヤグルマシダ 大矢車羊歯 〈*Dryopteris wallichiana* (Spreng.) Alston et Bonner〉オシダ科の常緑性シダ。別名マキヒレシダ。葉身は長さ2m。披針形から広披針形。日本絶滅危機植物。

オオヤシャイグチ 〈*Austroboletus subvirens* (Hongo) Wolfe〉オニイグチ科のキノコ。

オオヤナギアザミ 〈*Cirsium hupehense* Pamp.〉キク科。総苞内片と中片の先端に扇状の付属体をもつ。

オオヤハズエンドウ 〈*Vicia sativa* L. var. *sativa*〉マメ科の一年草。別名ザートヴィッケ。長さは30～150cm。花は紅紫色。

オオヤブツルアズキ 大藪蔓小豆 〈*Vigna reflexopilosa* Hayata〉マメ科。

オオヤマイチジク 〈*Ficus iidaiana* Rehder et E. H. Wilson〉クワ科の常緑高木。

オオヤマカタバミ 〈*Oxalis obtriangulata* Maxim.〉カタバミ科の多年草。高さは4～25cm。

オオヤマコンニャク 〈*Amorphophallus praini* Hook. f.〉サトイモ科の草本。葉柄は藍緑色で点紋がありさらに白色の円斑が散在。高さ2m。熱帯植物。

オオヤマサギソウ 大山鷺草 〈*Platanthera sachalinensis* Fr. Schm.〉ラン科の多年草。高さは40～60cm。高山植物。

オオヤマザクラ 大山桜 〈*Prunus sargentii* Rehder〉バラ科の落葉高木。別名エゾヤマザクラ、ベニヤマザクラ。高さは25m。花は紅紫色。樹皮は赤褐色。園芸植物。

オオヤマショウガ 〈*Zingiber spectabile* Griff.〉ショウガ科の多年草。高さ5m、花序長さ30cm、太さ15cm。花は黄白色。熱帯植物。園芸植物。

オオヤマツツジ 〈*Rhododendron transiens* Nakai〉ツツジ科の木本。

オオヤマハコベ 〈*Stellaria monosperma* Buch.-Ham. ex D. Don var. *japonica* Maxim〉ナデシコ科の多年草。高さは40〜80cm。

オオヤマブシ 〈*Aconitum oyamense*〉キンポウゲ科。

オオヤマフスマ 大山襖 〈*Moehringia lateriflora* (L.) Fenzl〉ナデシコ科の多年草。別名ヒメタガソデソウ。高さは10〜20cm。

オオヤマレンゲ 大山蓮華 〈*Magnolia sieboldii* K. Koch subsp. *japonica* Ueda〉モクレン科の落葉大形低木。別名オオバオオヤマレンゲ。花は白色。高山植物。薬用植物。園芸植物。

オオユウガギク 〈*Aster incisus* Fisch.〉キク科の草本。別名チョウセンヨメナ。園芸植物。

オオユキノハナ 〈*Galanthus elwesii* Hook. f.〉ヒガンバナ科。園芸植物。

オオユズ 大柚子 ミカン科の木本。別名シシユズ。

オオユリワサビ 〈*Eutrema tenuis* (Miq.) Makino var. *okinosimensis* (Takenouchi) Hara〉アブラナ科。日本絶滅危惧植物。

オオヨドカワゴロモ 〈*Hydrobryum koribanum* Imamura ex S. Nakayama et Minamitani〉カワゴケソウ科。

オオヨモギ 大蓬、大艾 〈*Artemisia montana* (Nakai) Pamp.〉キク科の多年草。別名ヤマヨモギ、イブキヨモギ、ヌマヨモギ。高さは20〜60cm。薬用植物。

オオルリソウ 大瑠璃草 〈*Cynoglossum zeylanicum* (Vahl) Thunb.〉ムラサキ科の越年草。高さは50〜100cm。薬用植物。

オオレイジンソウ 〈*Aconitum gigas* Lév. et Vaniot〉キンポウゲ科の多年草。別名ダイセツレイジンソウ。高さは50〜100cm。高山植物。

オオロウゲ ポテンティラ・アルギロフィラの別名。

オオロウソクゴケ 〈*Xanthoria fallax* (Hepp) Arn.〉テロスキステス科の地衣類。地衣体は鮮黄から橙黄色。

オオロベリアンソウ ロベリア・シフィリティカの別名。

オオワクノテ 〈*Clematis serratifolia* Rehd.〉キンポウゲ科の草本。葉は2回3出複葉。園芸植物。日本絶滅危惧植物。

オオワタヨモギ 〈*Artemisia koidzumii* Nakai〉キク科の草本。別名ヒロハウラジロヨモギ。

オオフライタケ 〈*Gymnopilus spectabilis* (Fr.) Sing.〉フウセンタケ科のキノコ。中型〜大型。傘はこがね色、繊維状鱗片。ひだはさび褐色。

オカイヌノハゴケ 〈*Cynodontium fallax* Limpr.〉シッポゴケ科のコケ。葉は乾くと強く巻縮。

オカウコギ 〈*Acanthopanax japonicus* Franch. et Savat.〉ウコギ科の落葉低木。別名マルバウコギ、ツクシウコギ。

オカウツボ 〈*Orobanche coerulescens* form. *nipponica*〉ハマウツボ科の一年草。

オカウツボ ハマウツボの別名。

オカオグルマ 丘小車 〈*Senecio integrifolius* (L.) Clairv. var. *spathulatus* (Lév. et Vaniot) Hara〉キク科の多年草。高さは20〜65cm。薬用植物。

オカカヅノゴケ ミヤマフタマタゴケの別名。

オカガビア・リンドレヤナ 〈*Ochagavia lindleyana* Mez〉パイナップル科の多年草。

オガサワラアオグス 〈*Machilus boninensis* Koidz.〉クスノキ科の常緑高木。別名ムニンイヌグス、テリハコブガシ。

オガサワラアザミ 〈*Cirsium boninense* Koidz.〉キク科の草本。

オガサワラカラタチゴケ 〈*Ramalina boninensis* Asah.〉サルオガセ科の地衣類。地衣体は長さ5〜15cm。

オガサワラクサリゴケ 〈*Lejeunea anisopyhlla* Mont.〉クサリゴケ科のコケ。腹葉は長さと幅が同長。

オガサワラクチナシ 〈*Gardenia boninensis*〉アカネ科の常緑低木。

オガサワラグミ 〈*Elaeagnus rotundata*〉グミ科の常緑低木。

オガサワラグワ 〈*Morus boninensis* Nakai〉クワ科の木本。日本絶滅危惧植物。

オガサワラゴシュユ ウンシュウミカンの別名。

オガサワラシコウラン 小笠原指甲蘭 〈*Bulbophyllum boninense* Makino〉ラン科。日本絶滅危惧植物。

オガサワラシュスラン 〈*Goodyera boninensis*〉ラン科。別名ムニンシュスラン。

オガサワラシロダモ 〈*Neolitsea boninensis* Koidz.〉クスノキ科の木本。

オガサワラスズメノヒエ 〈*Paspalum conjugatum* Berg.〉イネ科の草本。小穂は長さ約1.5mm。熱帯植物。

オガサワラスミレモモドキ 〈*Coenogonium boninense* Sato〉サラゴケ科の地衣類。地衣体は灰緑色。

オガサワラツツジ ムニンツツジの別名。

オガサワラツルキジノオ 〈*Lomariopteris boninensis*〉オシダ科。

オガサワラハチジョウシダ 〈*Pteris boninensis* H. Ohba〉イノモトソウ科の常緑性シダ。葉身は長さ20～35cm。2回羽状複葉。

オガサワラピルギルス 〈*Pyrgillus boninensis* Asah.〉ヒョウモンゴケ科の地衣類。地衣体は淡黄。

オガサワラビロウ 〈*Livistona chinensis* (N. J. Jacq.) R. Br. ex Martius var. *boninensis* Becc.〉ヤシ科の常緑高木。

オガサワラボチョウジ 〈*Psychotria homalosperma* A. Gray〉アカネ科の常緑低木または高木。

オガサワラミカンソウ 〈*Phyllanthus debilis* Klein ex Willd.〉トウダイグサ科。

オガサワラモクマオ 〈*Boehmeria boninensis*〉イラクサ科の常緑低木。

オガサワラモクマオ モクマオの別名。

オガサワラモクレイシ 〈*Geniostoma glabrum* Matsum.〉マチン科の常緑中高木。

オガサワラリュウビンタイ 〈*Angiopteris boninensis*〉リュウビンタイ科。

オカスズメノヒエ 〈*Luzula pallescens* (Wahlenb.) Besser〉イグサ科の草本。

オカスミレ 〈*Viola phalacrocarpa* Maxim var. *glaberrima* W. Becker〉スミレ科の多年草。

オカゼリ 〈*Cnidium monnieri* (L.) Cusson.〉セリ科の薬用植物。

オカダゲンゲ 〈*Oxytropis revoluta* Ledeb.〉マメ科。別名ヒダカゲンゲ。高山植物。

オガタチイチゴツナギ 〈*Poa ogamontana*〉イネ科。

オカタツナミソウ 丘立草 〈*Scutellaria brachyspica* Nakai et Hara〉シソ科の多年草。茎には密に下向きの毛がある。高さは10～50cm。園芸植物。

オガタテンナンショウ 緒方天南星 〈*Arisaema ogatae* Makino〉サトイモ科の草本。別名ツクシテンナンショウ。日本絶滅危機植物。

オガタマノキ 小賀玉木 〈*Michelia compressa* (Maxim.) Sargent〉モクレン科の常緑高木。別名トキワコブシ。高さは20m。花は白色。園芸植物。

オカトラノオ 岡虎の尾 〈*Lysimachia clethroides* Duby〉サクラソウ科の宿根草。高さは40～100cm。花は白色。園芸植物。

オカノリ 陸海苔 〈*Malva verticillata* L. var. *crispa* (L.) Makino〉アオイ科の葉菜類。別名ハタケナ、ノリナ。フユアオイの変種。薬用植物。園芸植物。

オカヒジキ 陸鹿尾菜 〈*Salsola komarovi* Iljin〉アカザ科の葉菜類。別名オカミル、ミルナ。葉は円柱状多肉質。高さは10～30cm。花は淡緑色。薬用植物。園芸植物。

オカムラゴケ 〈*Okamuraea hakoniensis* (Mitt.) Broth.〉ウスグロゴケ科のコケ。茎は長くはい、葉は卵形～楕円状卵形。

オカメザサ 阿亀笹 〈*Shibataea kumasaca* (Zoll.) Nakai〉イネ科の常緑小型の竹。別名カグラザサ（神楽笹）、ゴマイザサ（五枚笹）。高さは0.5～2m。園芸植物。

オカメホウライシダ アジアンタム・ビクトリエーの別名。

オカヤマワセ 岡山早生 バラ科のモモ（桃）の品種。別名早生水蜜、菊水、福光。果肉は淡黄白色、白色。

オガラバナ 麻幹花 〈*Acer ukurunduense* Trautv. et C. A. Meyer〉カエデ科の雌雄同株の落葉小高木。別名ホザキカエデ。高山植物。

オガルカヤ 雄刈茅, 雄刈萱 〈*Cymbopogon tortilis* (Presl) A. Camus var. *goeringii* Hand.-Mazz.〉イネ科の多年草。別名スズメカルカヤ、カルカヤ。高さは60～100cm。園芸植物。

オギ 荻 〈*Miscanthus sacchariflorus* (Maxim.) Benth. et Hook. f.〉イネ科の多年草。別名オギヨシ。高さは100～250cm。

オキザリス カタバミ科の属総称。球根植物。別名カタバミ、オクサリス、ウールソレル。

オキザリス・アデノフィラ 〈*Oxalis adenophylla* Gillies〉カタバミ科の草本。花は淡紫紅色。園芸植物。

オキザリス・アルティクラタ イモカタバミの別名。

オキザリス・エネエアフィーラ 〈*Oxalis enneaphylla* Cav.〉カタバミ科の多年草。

オキザリス・オルトギージー 〈*Oxalis ortgiesii* Regel〉カタバミ科の多年草。高さは40～50cm。花は淡黄色。園芸植物。

オキザリス・スックレンタ 〈*Oxalis succulenta* Barnéoud〉カタバミ科の草本。高さは10～20cm。園芸植物。

オキザリス・セルヌア 〈*Oxalis cernua* Thunb.〉カタバミ科。

オキザリス・ディスパート ガリハギカタバミの別名。

オキザリス・デッペイ 〈*Oxalis deppei* Lodd. ex Sweet〉カタバミ科の草本。高さは30cm。花は紫紅色。園芸植物。

オキザリス・バリアビリス フヨウカタバミの別名。

オキザリス・プティコクラーダ 〈*Oxalis ptychoclada* Diels〉カタバミ科の多年草。

オキザリス・ブラジリエンシス ベニカタバミの別名。

オキザリス・プルプレア フヨウカタバミの別名。

オキザリス・ペス-カプラエ キイロハナカタバミの別名。

オキザリス・ヘディサロイデス 〈*Oxalis hedysaroides* H. B. K.〉カタバミ科の低木または小低木。高さは1m。花は淡黄色。園芸植物。

オキザリス・ボーウィー ハナカタバミの別名。

オキザリス・ボーウィアーナ カタバミ科。園芸植物。

オキザリス・ポリフィラ 〈*Oxalis polyphylla* Jacq.〉カタバミ科の草本。高さは20cm。花は紫紅色。園芸植物。

オキザリス・マジェラニカ 〈*Oxalis magellanica* G. Forst.〉カタバミ科の草本。高さは4cm。園芸植物。

オキザリス・メガロリザ 〈*Oxalis megalorrhiza* Jacq.〉カタバミ科の草本。別名ツヤカタバミ。高さは10～20cm。花は鮮黄色。園芸植物。

オキザリス・ルスキフォルミス 〈*Oxalis rusciformis* Milkan〉カタバミ科の多年草。

オキザリス・ルテオラ 〈*Oxalis luteola* Jacq.〉カタバミ科の草本。花は純黄色。園芸植物。

オキザリス・ロバタ 〈*Oxalis lobata* Sims.〉カタバミ科の草本。高さは7～10cm。花は濃黄色。園芸植物。

オキシグラフィス・グラキアリス 〈*Oxygraphis glacialis* Bunge〉キンポウゲ科。高山植物。

オキシステルマ 〈*Oxystelma esculentum* R. BR.〉ガガイモ科の観賞用蔓植物。熱帯植物。

オキシスポラ・パニクラタ 〈*Oxyspora paniculata* DC.〉ノボタン科。高山植物。

オキシトロピス・カムペストリス 〈*Oxytropis champestris* DC.〉マメ科。高山植物。

オキシノブ 〈*Dasyphila plumarioides* Yendo〉イギス科の海藻。低潮線付近の岩上に生ずる。体は9cm。

オキジムシロ 〈*Potentilla supina* L.〉バラ科の一年草または二年草。高さは15～40cm。花は黄色。

オキシャクナゲ 〈*Rhododendron japonoheptamerum* Kitam. var. *okiense* T. Yamaz.〉ツツジ科の木本。

オキソニアン アヤメ科のクロッカスの品種。園芸植物。

オキタンポポ 〈*Taraxacum maruyamanum*〉キク科。

オキチモズク ベニモズク科。

オキツ 興津 バラ科のモモ(桃)の品種。果皮は黄色。

オキツノリ 興津海苔 〈*Gymnogongrus flabelliformis* Harvey in Perry〉オキツノリ科の海藻。別名オキチノリ、キクノリ。叉状分岐。体は7cm。

オキナアサガオ 〈*Jacquemontia tamnifolia* (L.) Griseb.〉ヒルガオ科の一年草。花は青紫色。

オキナアザミ 〈*Cirsium tanakae* var. *niveum*〉キク科。

オキナウチワ 〈*Padina japonica* Yamada〉アミジグサ科の海藻。扇形。体は6cm。

オキナウチワ 翁団扇 アウストロキリンドロプンティア・ウェスティタの別名。

オキナグサ 翁草 〈*Pulsatilla cernua* (Thunb. ex Murray) Spreng.〉キンポウゲ科の多年草。別名シラガグサ(白髪草)、ウバシラガ(姥白髪)、ジイガヒゲ(爺髭)。高さは10～40cm。花は暗赤紫色。薬用植物。園芸植物。日本絶滅危機植物。

オキナクサハツ 〈*Russula senis* Imai〉ベニタケ科のキノコ。中型。傘は黄褐色、しわ・溝線あり。ひだは黒褐色の縁どり。

オキナタケ 翁茸 〈*Bolbitius variicolor* Atkinson〉オキナタケ科のキノコ。

オキナダケ 翁竹 プレイオブラスツス・アルゲンテオストリアツスの別名。

オキナダマ 翁玉 マミラリア・クリシンギアナの別名。

オキナダンチク 〈*Arundo donax* L. cv. Versicolor〉イネ科。別名フイリダンチク、シマダンチク。園芸植物。

オキナニシキ 翁錦 エキノケレウス・デレーティーの別名。

オキナマル 翁丸 〈*Cephalocereus senills* (Haw.) Pfeiff.〉サボテン科のサボテン。高さは10m。花は淡いピンク色。園芸植物。

オキナヤシ 〈*Washingtonia filifera* (Linden ex André) H. Wendl.〉ヤシ科の木本。高さは20m。園芸植物。

オキナヤシモドキ 〈*Washingtonia robusta* H. Wendl.〉ヤシ科の草本。高さは30～35m。園芸植物。

オキナワイボタ 〈*Ligustrum liukiuense* Koidz.〉モクセイ科の木本。別名コバノタマツバキ。

オキナワウラジロガシ 沖縄裏白樫 〈*Quercus miyagii* Koidz.〉ブナ科の木本。別名ヤエヤマガシ。

オキナワウラボシ 沖縄裏星 〈*Microsorium scolopendria* (Burm.) Copel.〉ウラボシ科の常緑性シダ。葉質は厚く革質で、細脈は通常見えない。葉身は長さ40cm。卵状長楕円形から三角状。園芸植物。

オキナワエビネ カランテ・オキナウェンシスの別名。

オキナワカナワラビ 〈*Arachniodes okinawensis* Nakaike〉オシダ科のシダ植物。

オキナワギク 〈*Aster miyagii* Koidz.〉キク科の草本。日本絶滅危機植物。

オキナワキジノオ 〈*Bolbitis appendiculata* (Willd.) K. Iwats.〉オシダ科(ツルキジノオ科)の常緑性シダ。葉身は長さ10～30cm。披針形。

オ

オキナワキョウチクトウ ミフクラギの別名。
オキナワクジャク 〈Adiantum flabellatum L.〉イノモトソウ科(ホウライシダ科、ワラビ科)の常緑性シダ。別名オキナワクジャクシダ。葉身は長さ20cm。掌状に分岐するか、3回羽状複生。園芸植物。
オキナワコウバシ 〈Lindera communis Hemsl. var. okinawensis Hatus.〉クスノキ科の木本。
オキナワコクモウクジャク 〈Diplazium virescens var. okinawaense (Tagawa) Kurata〉オシダ科のシダ植物。
オキナワサイハイゴケ 〈Asterella liukiuensis (Horik.) Horik.〉ジンガサゴケ科のコケ。雌器床がやや平らな半球形。
オキナワシゲリゴケ 〈Pycnolejeunea minutiobula (Amakawa) Amakawa〉クサリゴケ科のコケ。淡緑色、茎は長さ1〜1.5cm。
オキナワスズムシソウ 〈Strobilanthes tashiroi Hayata〉キツネノマゴ科の草本。
オキナワスズメウリ 〈Diplocyclos palmatus (L.) C. Jeffrey〉ウリ科。
オキナワスミレ 〈Viola utchinensis Koidz.〉スミレ科。花は淡青紫〜白色。園芸植物。
オキナワセッコク 〈Dendrobium okinawense Hatusima et Ida〉ラン科。日本絶滅危惧植物。
オキナワソケイ 〈Jasminum sinense Hemsl.〉モクセイ科の低木。花は白色。園芸植物。
オキナワチドリ 沖縄千鳥 〈Amitostigma lepidum (Rchb. f.) Schlechter〉ラン科の草本。高さは8〜15cm。花は淡紅紫色。園芸植物。
オキナワツゲ 〈Buxus liukiuensis Makino〉ツゲ科の木本。
オキナワテイカカズラ 〈Trachelospermum gracilipes Hook. f. var. liukiuense (Hatus.) Kitam.〉キョウチクトウ科の木本。別名リュウキュウテイカカズラ。
オキナワテイショウソウ キク科。
オキナワハイネズ 〈Juniperus taxifolia var. lutchuensis〉ヒノキ科の木本。別名オオシマハイネズ。
オキナワハグマ 〈Ainsliaea macroclinidioides Hayata var. okinawensis (Hayata) Kitam.〉キク科の草本。
オキナワバライチゴ 沖縄薔薇苺 〈Rubus okinawensis Koidz.〉バラ科。別名リュウキュウバライチゴ。熱帯植物。
オキナワヒメウツギ 〈Deutzia naseana Nakai var. amanoi (Hatusima) Hatusima〉ユキノシタ科。日本絶滅危惧植物。
オキナワマツバボタン 〈Portulaca okinawensis Walker et Tawada〉スベリヒユ科。
オキナワミチシバ 〈Chrysopogon aciculatus (Retz.) Trin.〉イネ科。

オキナワムヨウラン 〈Lecanorchis brachycarpa〉ラン科。
オキナワモズク 〈Cladosiphon okamuranus Tokida〉ナガマツモ科の海藻。体は20cm。
オキナワヤブムラサキ 〈Callicarpa oshimensis Heyata var. okinawensis (Nakai) Hatusima〉クマツヅラ科。
オキナアブラギク 〈Dendranthema okiense (Kitam.) Kitam.〉キク科の草本。
オキノクリハラン 〈Leptochilus lanceolatus Fée〉ウラボシ科の常緑性シダ。葉身は長さ30cm。長楕円形から長楕円状披針形。
オギノツメ 〈Hygrophila salicifolia (Vahl) Nees〉キツネノマゴ科の多年草。高さは30〜60cm。花は淡紫色で下弁先端のみ濃紫色。
オキノナミ ツバキ科のツバキの品種。
オキマヤブシキ 〈Sonneratia griffithii Kurz〉ハマザクロ科の高木、マングローブ植物。萼は緑色。熱帯植物。
オキムム・サンクツム トゥルシーの別名。
オキムム・バシリクム バジルの別名。
オーギュスト・ルーセル 〈Auguste Roussel〉バラ科。ラージ・クライミング・ローズ系。花はサーモンピンク。
オーク ブナ科の属総称。
オクエゾガラガラ 〈Rhinanthus glaber Lam.〉ゴマノハグサ科。
オクエゾサイシン 〈Asiasarum heterotropoides (Fr. Schm.) F. Maekawa〉ウマノスズクサ科の多年草。花は緑紫色。園芸植物。
オクキタアザミ 奥北薊 〈Saussurea riederi var. yezoensis f. japonica〉キク科。高山植物。
オクキヌイノデ 〈Polystichum braunii × retrosopaleaceum (Kodama) Tagawa〉オシダ科のシダ植物。
オククルマムグラ 奥車葎 〈Galium trifloriforme〉アカネ科の草本。別名チョウセンクルマムグラ。
オクサンキチ 晩三吉 バラ科のナシの品種。別名晩三、三吉。果皮は黄褐色。
オクシトロピス・ハレリ 〈Oxytropis halleri Koch〉マメ科の多年草。
オクシモハギ 〈Lespedeza davidii Franch〉マメ科の半低木から低木。高さは1〜3m。花は紅紫色。
オクセラ・プルケラ 〈Oxera pulchella Labill.〉クマツヅラ科の低木。
オクタマシダ 〈Asplenium pseudo-wilfordii Tagawa〉チャセンシダ科の常緑性シダ。葉身は広披針形〜狭五角形。
オクタマゼンマイ 〈Osmunda × intermedia (Honda) Sugimoto〉ゼンマイ科のシダ植物。
オクチョウジザクラ 奥丁字桜 〈Prunus apetala Franch. et. Savat. subsp. pilosa (Koidz.) H. Ohba〉バラ科の落葉高木。

オクトネホシクサ〈*Eriocaulon kanaii* Satake〉ホシクサ科の草本。

オクトメリア・グラミニフォリア〈*Octomeria graminifolia* (L.) R. Br.〉ラン科。高さは3～4cm。花は淡黄色。園芸植物。

オクトリカブト 奥鳥兜〈*Aconitum japonicum* Thunb. ex Murray subsp. *subcuneatum* Kadota〉キンポウゲ科の多年草。花は青紫色。薬用植物。園芸植物。

オクナ オクナ科の属総称。

オクナ・アトロプルプレア〈*Ochna atropurpurea* DC.〉オクナ科の落葉低木。

オクナ・カーキー キバナオクナの別名。

オクナ・セルラータ オクナ科。園芸植物。

オクナ・セルラタ〈*Ochna serrulata* (Hochst.) Walp.〉オクナ科の落葉低木。高さは1.5m。花は黄色。園芸植物。

オクナ・マクロカリクス〈*Ochna macrocalyx* Oliv.〉オクナ科の落葉低木。

オクニッカワクモタケ〈*Torrubiella miyagiana* Kobayasi et Shimizu〉バッカクキン科のキノコ。

オクノカンスゲ〈*Carex foliosissima* Fr. Schm.〉カヤツリグサ科の多年草。鞘は暗褐色。高さは15～40cm。園芸植物。

オクマイタチシダ〈*Dryopteris* × *yuzaensis* Nakaike, nom. nud.〉オシダ科のシダ植物。

オクマワラビ 雄熊蕨〈*Dryopteris uniformis* (Makino) Makino〉オシダ科の常緑性シダ。葉身は長さ40～60cm。長楕円状披針形から長楕円形。

オクミシマサイコ〈*Bupleurum scorzoneraefolium* Willd.〉セリ科の薬用植物。

オクモミジハグマ 奥紅葉白熊〈*Ainsliaea acerifolia* Sch. Bip. var. *subapoda* Nakai〉キク科の多年草。高さは40～80cm。

オクヤマオトギリ〈*Hypericum erectum* var. *longistylum*〉オトギリソウ科。

オクヤマガラシ 奥山芥子〈*Cardamine torrentis* Nakai〉アブラナ科の多年草。高山植物。

オクヤマコウモリ〈*Parasenecio maximowiczianus* (Nakai et F. Maek. ex H. Hara) H. Koyama var. *alatus* (F. Maek.) H. Koyama〉キク科。

オクヤマシダ〈*Dryopteris amurensis* Christ〉オシダ科の夏緑性シダ。葉身は長さ15～25cm。五角状広卵形。

オクヤマツガゴケ〈*Distichophyllum carinatum* Dixon & Nichol.〉アブラゴケ科のコケ。小形、葉は長さ1～1.3mmで先は短く尖る。

オクヤマニガイグチ〈*Tylopilus rigens* Hongo〉イグチ科のキノコ。中型～大型。傘はオリーブ褐色、ビロード状。

オクヤマムクゲタケ〈*Hygrophorus inocybiformis* A. H. Smith〉ヌメリガサ科のキノコ。中型。傘は濃灰色で繊維状鱗片、乾性。

オクヤマワラビ 奥山蕨〈*Athyrium alpestre* (Hoppe) Rylands〉オシダ科の夏緑性シダ。葉身は長さ30～60cm。狭長楕円形から卵状長楕円形。

オクラ〈*Abelmoschus esculentus* (L.) Moench〉アオイ科の果菜類。別名アメリカネリ、オカレンコン。果は緑色。高さは5～6m。花は黄、中心赤色。熱帯植物。園芸植物。

オグラギク〈*Chrysanthemum zawadskii* Herbich var. *campanulatum* (Makino) Kitamura〉キク科。

オグラコウホネ〈*Nuphar oguraense* Miki〉スイレン科の水生植物。沈水葉は広卵型～円心形で長さ8～14cm。花は黄色。園芸植物。日本絶滅危機植物。

オグラセンノウ〈*Lychnis kiusiana* Makino〉ナデシコ科の草本。日本絶滅危機植物。

オグラノフサモ〈*Myriophyllum oguraense* Miki〉アリノトウグサ科の多年生の沈水植物。葉は4～5輪生で羽状葉の全長2～4cm。

オクラホマ〈Oklahoma〉バラ科。ハイブリッド・ティーローズ系。花は暗紅色。

オクラレルカ イリス・オクロレウカの別名。

オークリーフィッシャー バラ科。

オグルマ 小車〈*Inula britannica* L. var. *japonica* (Thunb. ex Murray) Franch. et Savat.〉キク科の多年草。別名オオヨモギ。高さは1.5～2m。薬用植物。

オグルマ オオヨモギの別名。

オクルリヒゴダイ〈*Echinops latifolius* Tausch.〉キク科の薬用植物。

オクロカルプス〈*Ochrocarpus siamensis* T. Anders.〉オトギリソウ科の高木。果実は色も質もビワの果に似る。熱帯植物。

オクロシヤ〈*Ochrosia oppositifolia* Sch.〉キョウチクトウ科の高木。葉は厚く3輪生。熱帯植物。

オクロレウカ イリス・オクロレウカの別名。

オケラ 朮, 白朮〈*Atractylis ovata* Thunb. ex Murray〉キク科の多年草。若い葉は綿毛をかぶってやわらかい。高さは30～100cm。花は帯白色。薬用植物。園芸植物。

オゴノリ 海髪〈*Gracilaria verrucosa* (Hudson) Papenfuss〉オゴノリ科の海藻。別名オゴ、ナゴヤ、ウゴ。密に羽状に分枝。体は20～30cm。

オサシダ 筬羊歯〈*Blechnum amabile* Makino〉シシガシラ科の常緑性シダ。葉身は長さ2～10cm。園芸植物。

オサバグサ 筬葉草〈*Pteridophyllum racemosum* Sieb. et Zucc.〉ケシ科の多年草。高さは5～15cm。高山植物。

オサバフウロ 〈*Biophytum sensitivum* DC.〉カタバミ科の多年草。高さは15cm。花は黄色。熱帯植物。園芸植物。

オサムシタケ 〈*Tilachlidiopsis nigra* Yakushiji & Kumazawa〉バッカクキン科のキノコ。小型。長さは2〜7cm、柄は黒色針金状。

オサラン 筬蘭 〈*Eria reptans* (Franch. et Savat.) Makino〉ラン科の多年草。別名バッコクラン。高さは2cm。花は白色。園芸植物。

オジギソウ 含羞草 〈*Mimosa pudica* L.〉マメ科の多年草または一年草。別名ネムリグサ。葉敏感に運動、緑肥。高さは30〜50cm。花はピンク色。熱帯植物。園芸植物。

オジギソウ マメ科の属総称。

オシダ 雄羊歯 〈*Dryopteris crassirhizoma* Nakai〉オシダ科の夏緑性シダ。葉身は長さ60〜120cm。倒披針形。薬用植物。園芸植物。

オシマオトギリ 〈*Hypericum vulcanicum* Koidz.〉オトギリソウ科の草本。

オシャグジデンダ 〈*Polypodium fauriei* Christ〉ウラボシ科の冬緑性シダ。別名オシャゴジデンダ。根茎は横にはい、鱗片におおわれる。葉身は長さ5〜20cm。狭卵形から広披針形。園芸植物。

オシラスイヌジシャ 〈*Cordia fragrantissima* Kurz〉ムラサキ科の落葉樹。葉はアカメガシワ位の大きさで裏面軟毛。熱帯植物。

オシロイシメジ 〈*Lyophyllum connatum* (Schum. : Fr.) Sing〉キシメジ科のキノコ。小型〜中型。傘は白色、縁部は波打つ。

オシロイタケ 〈*Oligoporus tephroleucus* (Fr.) Gilbn. et Ryv.〉タコウキン科のキノコ。

オシロイバナ 白粉花 〈*Mirabilis jalapa* L.〉オシロイバナ科の多年草。別名ユウゲショウ。高さは60〜100cm。花は赤、桃、白、赤紫、黄色で夕方開く。熱帯植物。薬用植物。園芸植物。

オシロイバナ オシロイバナ科の属総称。

オシロイバナ科 科名。

オステオスペルムム・エクロニス 〈*Osteospermum ecklonis* (DC.) Norl.〉キク科。高さは1m。園芸植物。

オステオスペルムム・バーベラエ 〈*Osteospermum barberae* (Harv.) Norl.〉キク科。高さは20cm。花は紫紅色。園芸植物。

オステオスペルムム・フルティコスム 〈*Osteospermum fruticosum* (L.) Norl.〉キク科。高さは60cm。花は白色。園芸植物。

オステオスペルムム・ユクンドゥム 〈*Osteospermum jucundum* (E. P. Phillips) Norl.〉キク科。花は紫紅から白色。園芸植物。

オステオメレス・アンティリディフォリア テンノウメの別名。

オストボ・レッド ツツジ科のアメリカシャクナゲの品種。園芸植物。

オーストラリアンカッパーローズ ロサ・フェティダ・ビカラーの別名。

オーストリアン・ブライアー 〈*Rosa foetida* Herrm.〉バラ科の落葉低木。園芸植物。

オストロフスキア・マグニフィカ 〈*Ostrowskia magnifica* Regel〉キキョウ科の多年草。高さは1.5〜2.5m。花は淡藤色。園芸植物。

オスベッキア・アスペラ 〈*Osbeckia aspera* Blume〉ノボタン科。花弁は5個で卵形〜三角形。園芸植物。

オスベッキア・キネンシス ヒメノボタンの別名。

オスベッキア・キューエンシス 〈*Osbeckia kewensis* C. E. Fisch.〉ノボタン科。花は淡紫色。園芸植物。

オスベッキア・クリニタ 〈*Osbeckia crinita* Benth.〉ノボタン科。高さは1〜2.5m。花は紫〜淡紫色。園芸植物。

オスベッキア・ネパレンシス 〈*Osbeckia nepallnsis* Hook〉ノボタン科。高山植物。

オスマンツス・アメリカヌス 〈*Osmanthus americanus* (L.) A. Gray〉モクセイ科の常緑木。別名アメリカヒイラギ。高さは13m。花はクリームか黄白色。園芸植物。

オスマンツス・インスラリス シマモクセイの別名。

オスマンツス・フォーチュネイ ヒイラギモクセイの別名。

オスマンツス・フラグランス ギンモクセイの別名。

オスマンツス・ヘテロフィルス ヒイラギの別名。

オスムンダ ゼンマイ類総称。

オスムンダ・キンナモメア 〈*Osmunda cinnamomea* L.〉ゼンマイ科のシダ植物。園芸植物。

オスムンダ・クレイトニアナ オニゼンマイの別名。

オスムンダ・バンクシーフォリア シロヤマゼンマイの別名。

オスムンダ・ヤポニカ ゼンマイの別名。

オスムンダ・ランケア ヤシャゼンマイの別名。

オスムンダ・レガリス 〈*Osmunda regalis* L.〉ゼンマイ科のシダ植物。別名セイヨウゼンマイ。園芸植物。

オスモキシロン ウコギ科の属総称。

オゼオオサトメシダ 〈*Athyrium* × *multifidum* Rosenst. notho f.*sakuraii* (Rosenst.) Sa. Kurata〉オシダ科のシダ植物。

オゼキンポウゲ シコタンキンポウゲの別名。

オゼコウホネ 尾瀬河骨 〈*Nuphar pumilum* (Timm.) DC. var. *ozeense* (Miki) Hara〉スイレン科の多年生水草。柱頭盤が赤く色付く。葉径約10cm。高山植物。

オゼソウ 尾瀬草 〈*Japonolirion osense* Nakai〉ユリ科の多年草。別名テシオソウ。高さは15〜35cm。高山植物。日本絶滅危機植物。

オゼヌマアザミ 尾瀬沼薊 〈*Cirsium homolepis* Nakai〉キク科。高山植物。

オゼヌマタイゲキ 〈*Euphorbia togakusensis* var. *ozensis*〉トウダイグサ科。

オゼノサワトンボ 〈*Habenaria yezoensis* var. *longicalcarata*〉ラン科。

オゼミズギク 〈*Inula ciliaris* (Miq.) Maxim. var. *glandulosa* Kitam.〉キク科。

オセロ 〈Othello〉バラ科。イングリッシュローズ系。花は濃い黒赤色。

オソレヤマヤバネゴケ 〈*Cephaloziella divaricata* (Sm.) Schiffn.〉コヤバネゴケ科のコケ。多細胞性の突起がある。

オタカラコウ 雄宝香 〈*Ligularia fischeri* (Ledeb.) Turcz.〉キク科の多年草。高さは1〜2m。高山植物。園芸植物。

オダサムタンポポ 〈*Taraxacum platypecidum*〉キク科。高山植物。

オタネニンジン チョウセンニンジンの別名。

オタフクギボウシ 〈*Hosta decorata* L. H. Bailey〉ユリ科。園芸植物。

オダマキ 苧環 〈*Aquilegia flabellata* Sieb. et Zucc. var. *flabellata*〉キンポウゲ科の多年草。別名アクイレギア、イトクリソウ(糸繰草)、ツルシガネ(吊るし鐘)。高さは30〜50cm。花は紫、白色。園芸植物。

オタルスゲ 〈*Carex otaruensis* Franch.〉カヤツリグサ科の多年草。別名ヒメテキリスゲ。高さは30〜80cm。

オタルヤバネゴケ 〈*Cephalozia otaruensis* Steph.〉ヤバネゴケ科のコケ。赤色、茎は長さ5〜10mm。

オチクラブシ 〈*Aconitum otikurense* Nakai〉キンポウゲ科の草本。

オチフジ 〈*Meehania montis-koyae* Ohwi〉シソ科の草本。

オーチャードグラス カモガヤの別名。

オックスフォード ユリ科のチューリップの品種。園芸植物。

オッタチカタバミ 〈*Oxalis dillenii* Jacq.〉カタバミ科の多年草。高さは20〜50cm。花は黄色。

オツネンタケ 〈*Coltricia perennis* (L. : Fr.) Murr.〉タコウキン科のキノコ。

オツネンタケモドキ 〈*Polyporellus brumalis* (Fr.) Karst.〉タコウキン科のキノコ。

オーデコロン・ベルガモットミント オーデコロン・ミントの別名。

オーデコロン・ミント シソ科のハーブ。別名オーデコロン・ベルガモットミント、オレンジミント、ラベンダーミント。

オテダマゼキショウ 〈*Juncus torreyi* Coville〉イグサ科の多年草。高さは60〜70cm。

オトギリソウ 弟切草 〈*Hypericum erectum* Thunb. ex Murray var. *erectum*〉オトギリソウ科の多年草。別名アオクスリ、タカノキズクスリ。高さは50〜60cm。薬用植物。園芸植物。

オトギリソウ オトギリソウ科の属総称。

オトギリソウ科 科名。

オトコエシ 男郎花 〈*Patrinia villosa* (Thunb. ex Murray) Juss. ex DC.〉オミナエシ科の多年草。別名オトコメシ、シロオミナエシ、シロアワバナ。高さは80〜100cm。花は白色。薬用植物。園芸植物。切り花に用いられる。

オトコシダ 男羊歯 〈*Arachniodes assamica* (Kuhn) Ohwi〉オシダ科の常緑性シダ。葉身は長さ30〜65cm。長楕円状披針形。

オトコゼリ 男芹 〈*Ranunculus tachiroei* Franch. et Savat.〉キンポウゲ科の一年草または越年草。高さは30〜100cm。薬用植物。

オトコブドウ アマヅルの別名。

オトコヨウゾメ 〈*Viburnum phlebotrichum* Sieb. et Zucc.〉スイカズラ科の落葉低木。別名コネソ。

オトコヨモギ 男蓬,男艾 〈*Artemisia japonica* Thunb. ex Murray〉キク科の多年草。高さは40〜140cm。薬用植物。

オトヒメ 乙姫 〈Otohime〉バラ科。ハイブリッド・ティーローズ系。

オトヒメ 乙姫 ベンケイソウ科。園芸植物。

オトマスイヌワラビ 〈*Athyrium* × *fuscopaleaceum* Sa. Kurata〉オシダ科のシダ植物。

オトマスイノモトソウ 〈*Pteris* × *otomasui* Sa. Kurata〉イノモトソウ科のシダ植物。

オートムギ エンバクの別名。

オトムネ 乙宗 ブナ科のクリ(栗)の品種。果皮は淡褐色。

オトメアオイ 〈*Heterotropa savatieri* (Franch.) F. Maekawa subsp. *savatieri*〉ウマノスズクサ科の多年草。萼筒はやや丸みを帯びた筒形。葉径5〜7cm。園芸植物。

オトメアゼナ 〈*Herpestis monniera* H. B. et K.〉ゴマノハグサ科の湿地性匍匐草。花は淡紫色。熱帯植物。

オトメイヌゴマ 〈*Stachys palustris* L.〉シソ科。花は濃桃紫色。高山植物。

オトメエリカ エリカ・ヒルティフロラの別名。

オトメカワヂシャ 〈*Veronica anagalloides* Guss.〉ゴマノハグサ科。花序は細長く密に上向きの多数の花をつける。

オトメギキョウ 乙女桔梗 〈*Campanula portenschlagiana* Schult.〉キキョウ科の多年草。別名カンパニュラ・ベルフラワー。高さは10〜15cm。花は紫青色。園芸植物。

オトメキホ

オトメギボウシ 〈*Hosta venusta* F. Maek.〉ユリ科の多年草。苞は舟形。園芸植物。

オトメクジャク 乙女孔雀 〈*Adiantum edgeworthii* Hook.〉イノモトソウ科(ホウライシダ科、ワラビ科)の常緑性シダ。葉身は長さ20cm。線形。

オトメザクラ 乙女桜 〈*Primula malacoides* Franch.〉サクラソウ科の多年草。別名ケショウザクラ(化粧桜)。高さは20～50cm。花は桃、淡紫、白など。園芸植物。

オトメサルビア サルビア・オブツサの別名。

オトメシダ 〈*Asplenium tenerum* Forst.〉チャセンシダ科の常緑性シダ。葉身は長さ25cm。単羽状複生。

オトメシャジン 乙女沙参 〈*Adenophora puellaris* Honda〉キキョウ科。

オトメセッコク 乙女石斛 〈*Dendrobium bigibbum* Lindl.〉ラン科。園芸植物。

オトメセンダングサ 〈*Bidens aristosa* (Michaux) Britton〉キク科の一年草または越年草。高さは1m。花は濃黄色。

オトメツバキ 乙女椿 ツバキ科のツバキの品種。

オトメノカサ 〈*Camarophyllus virgineus* (Wulf. : Fr.) Kummer〉ヌメリガサ科のキノコ。小型。傘は白色、粘性なし。ひだは白色。

オトメフウロ 〈*Geranium dissectum* L.〉フウロソウ科の一年草。長さは10～30cm。花は濃桃紫色。

オトメフラスコモ 〈*Nitella hyalina* Agardh〉シャジクモ科。

オトメユリ ヒメサユリの別名。

オトメレンリソウ 〈*Lathyrus clymenum* L.〉マメ科の一年草。花は濃紅紫色。

オドリコカグマ 〈*Microlepia izu-peninsulae* Kurata〉ワラビ科(コバノイシカグマ科)の常緑性シダ。小羽片の切れ込みが浅い。

オドリコソウ 踊子草 〈*Lamium album* L. var. *barbatum* (Sieb. et Zucc.) Franch. et Savat.〉シソ科の多年草。高さは30～50cm。薬用植物。

オドンタデニア・グランディフロラ オドントアデニヤの別名。

オドンティオダ・アーンリエット・ルクーフル 〈× *Odontioda* Henriette Lecoufle〉ラン科。花は赤紫色。園芸植物。

オドンティオダ・エタンセル 〈× *Odontioda* Etincelle〉ラン科。花は濃赤色。園芸植物。

オドンティオダ・エルフェオン 〈× *Odontioda* Elpheon〉ラン科。花は鮮赤色。園芸植物。

オドンティオダ・カリビアン・ホリデー 〈× *Odontioda* Caribbean Holiday〉ラン科。園芸植物。

オドンティオダ・シルヴァー・ジュビリー 〈× *Odontioda* Silver Jubilee〉ラン科。花は紫紅色。園芸植物。

オドンティオダ・タウ 〈× *Odontioda* Taw〉ラン科。花は濃朱紅色。園芸植物。

オドンティオダ・バレク 〈× *Odontioda* Balek〉ラン科。花は濃橙色。園芸植物。

オドンティオダ・ファイアーフラワー 〈× *Odontioda* Fireflower〉ラン科。花は濃赤紅色。園芸植物。

オドンティオダ・ベルケイド 〈× *Odontioda* Bellcade〉ラン科。花は赤紫色。園芸植物。

オドンティオダ・ルマンブランス 〈× *Odontioda* Remenbrance〉ラン科。花は濃桃色。園芸植物。

オドンティテス・ベルナ 〈*Odontites verna* Dumort.〉ゴマノハグサ科の一年草。

オドントアデニヤ 〈*Odontadenia grandiflora* K. Schum.〉キョウチクトウ科の観賞用やや蔓性小木。長さ30cm。花は肉紅色。熱帯植物。園芸植物。

オドントキディウム・ウィンターゴールド 〈× *Odontocidium* Wintergold〉ラン科。花は鮮黄色。園芸植物。

オドントキディウム・オータム・グロー 〈× *Odontocidium* Autumn Glow〉ラン科。花は黄色。園芸植物。

オドントキディウム・セルスフィールド・ゴールド 〈× *Odontocidium* Selsfield Gold〉ラン科。花は鮮濃黄色。園芸植物。

オドントキディウム・タイガー・バター 〈× *Odontocidium* Tiger Butter〉ラン科。花は濃黄色。園芸植物。

オドントキディウム・ティーガー・ハンビューレン 〈× *Odontocidium* Tiger Hambühren〉ラン科。花は濃黄色。園芸植物。

オドントグロッスム ラン科の属総称。

オドントグロッスム・インスレイー 〈*Odontoglossum insleayi* (G. Barker ex Lindl.) Lindl.〉ラン科。高さは30cm。花は黄色。園芸植物。

オドントグロッスム・ヴァリシー 〈*Odontoglossum wallisii* Linden et Rchb. f.〉ラン科。高さは40～45cm。花は白色。園芸植物。

オドントグロッスム・ウィリアムシアヌム 〈*Odontoglossum williamsianum* Rchb. f.〉ラン科。高さは40～50cm。花は黄色。園芸植物。

オドントグロッスム・エジャトニー 〈*Odontoglossum egertonii* Lindl.〉ラン科。高さは10～12、30～40cm。花は白色。園芸植物。

オドントグロッスム・エドワーディー 〈*Odontoglossum edwardii* Rchb. f.〉ラン科。高さは70～90cm。花は暗赤紫色。園芸植物。

オドントグロッスム・オドラツム 〈*Odontoglossum odratum* Lindl.〉ラン科。高さは70～90cm。花は黄色。園芸植物。

オドントグロッスム・カリニフェルム 〈*Odontoglossum cariniferum* Rchb. f.〉ラン科。高さは1m。花は褐色。園芸植物。

オドントグロッスム・キロスム 〈*Odontoglossum cirrhosum* Lindl.〉ラン科。高さは40〜50cm。花は白色。園芸植物。

オドントグロッスム・クイスト 〈*Odontoglossum* Quisto〉ラン科。高さは80cm。花は淡い藤色。園芸植物。

オドントグロッスム・クラメリ 〈*Odontoglossum krameri* Rchb. f.〉ラン科。高さは20cm。花は淡紅色。園芸植物。

オドントグロッスム・クリスプム 〈*Odontoglossum crispum* Lindl.〉ラン科。高さは6〜10cm。花は白色。園芸植物。

オドントグロッスム・コルダツム 〈*Odontoglossum cordatum* Lindl.〉ラン科。高さは20〜30cm。花は白色。園芸植物。

オドントグロッスム・シェリーペリアヌム 〈*Odontoglossum schlieperianum* Rchb. f.〉ラン科。高さは25cm。花は緑黄色。園芸植物。

オドントグロッスム・セルバンテシー 〈*Odontoglossum cervantesii* Llave et Lex.〉ラン科。高さは15cm。花は白色。園芸植物。

オドントグロッスム・トリウンファンス 〈*Odontoglossum triumphans* Rchb. f.〉ラン科。高さは45cm。花は赤褐色。園芸植物。

オドントグロッスム・トリプディアンス 〈*Odontoglossum tripudians* Rchb. f. et Warsz.〉ラン科。高さは60〜70cm。花は白色。園芸植物。

オドントグロッスム・ネブロスム 〈*Odontoglossum nebulosum* Lindl.〉ラン科。花は白色。園芸植物。

オドントグロッスム・ノビレ 〈*Odontoglossum nobile* Rchb. f.〉ラン科。高さは50〜60cm。花は白色。園芸植物。

オドントグロッスム・パラディーセ 〈*Odontoglossum* Paradiese〉ラン科。花は緑黄色。園芸植物。

オドントグロッスム・ハリーアヌム 〈*Odontoglossum harryanum* Rchb. f.〉ラン科。茎の長さ20〜30cm。花は濃紫色。園芸植物。

オドントグロッスム・ハンビューレン・ゴルド 〈*Odontoglossum* Hambühren Gold〉ラン科。花は鮮黄色。園芸植物。

オドントグロッスム・ビクトニエンセ 〈*Odontoglossum bictoniense* Lindl.〉ラン科。高さは50〜80cm。花は淡桃色。園芸植物。

オドントグロッスム・ヒラストロ 〈*Odontoglossum* Hyrastro〉ラン科。花は白色。園芸植物。

オドントグロッスム・プルケルム 〈*Odontoglossum pulchellum* Batem. ex Lindl.〉ラン科。高さは25〜30cm。花は白色。園芸植物。

オドントグロッスム・ペロリア 〈*Odontoglossum* Perolia〉ラン科。花は白色。園芸植物。

オドントグロッスム・ペンドゥルム 〈*Odontoglossum pendulum* (Llave et Lex.) Batem.〉ラン科。高さは30〜40cm。花は淡桃色。園芸植物。

オドントグロッスム・ホーリー 〈*Odontoglossum hallii* Lindl.〉ラン科。高さは50〜60cm。花は暗黄色。園芸植物。

オドントグロッスム・マクラツム 〈*Odontoglossum maculatum* Llave et Lex.〉ラン科。高さは50〜60cm。花は黄色。園芸植物。

オドントグロッスム・ユロスキネリ 〈*Odontoglossum uroskinneri* Lindl.〉ラン科。高さは50〜70cm。花は桃赤色。園芸植物。

オドントグロッスム・ラエウェ 〈*Odontoglossum laeve* Lindl.〉ラン科。茎の長さ60〜70cm。花は白色。園芸植物。

オドントグロッスム・リンドレイアヌム 〈*Odontoglossum lindleyanum* Rchb. f. et Warsz.〉ラン科。高さは35cm。花は栗色。園芸植物。

オドントグロッスム・ルテオプルプレウム 〈*Odontoglossum luteopurpureum* Lindl.〉ラン科。高さは1m。園芸植物。

オドントグロッスム・ロシー 〈*Odontoglossum rossii* Lindl.〉ラン科。高さは15cm。花は白色。園芸植物。

オドントニア・アマタ 〈× *Odontonia* Amata〉ラン科。花は白色。園芸植物。

オドントニア・ダイアン 〈× *Odontonia* Diane〉ラン科。花は鮮黄色。園芸植物。

オドントニア・デビュターント 〈× *Odontonia* Debutante〉ラン科。花は褐紫色。園芸植物。

オドントニア・ノーナ・ミズタ 〈× *Odontonia* Norna Mizuta〉ラン科。花は濃紫桃色。園芸植物。

オドントニア・ブソル 〈× *Odontonia* Boussole〉ラン科。花は白色。園芸植物。

オドントニア・モリエール 〈× *Odontonia* Moliere〉ラン科。花は白色。園芸植物。

オドントニア・ルーリ 〈× *Odontonia* Lulli〉ラン科。花は明桃色。園芸植物。

オドントニア・ワイオマオ 〈× *Odontonia* Waiomao〉ラン科。花は白色。園芸植物。

オドントネマ・ションバーキアヌム 〈*Odontonema schomburgkianum* (Nees) O. Kuntze〉キツネノマゴ科。高さは1〜2m。花は赤色。園芸植物。

オドントネマ・ストリクツム 〈*Odontonema strictum* (Nees) O. Kuntze〉キツネノマゴ科。高さは2m。花は鮮赤色。園芸植物。

オトンナエ

オトンナ・エウフォルビオイデス 〈*Othonna euphorbioides* Hutch.〉キク科の多年草。花は黄色。園芸植物。

オトンナ・オブツシロバ 〈*Othonna obtusiloba* Harv.〉キク科の多年草。高さは7～15cm。花は黄色。園芸植物。

オトンナ・カペンシス 〈*Othonna capensis* L. H. Bailey〉キク科の多年草。花は黄色。園芸植物。

オトンナ・カルノサ 〈*Othonna carnosa* Less.〉キク科の多年草。高さは30cm。花は黄色。園芸植物。

オトンナ・ヘレイ 〈*Othonna herrei* Pillans〉キク科の多年草。高さは7～20cm。花は黄色。園芸植物。

オトンナ・ミニマ 〈*Othonna minima* DC.〉キク科の多年草。花は黄色。園芸植物。

オトンナ・レトロルサ 〈*Othonna retrorsa* DC.〉キク科の多年草。高さは5～6cm。花は黄色。園芸植物。

オナガエビネ 〈*Calanthe masuca* Lindl.〉ラン科の草本。園芸植物。

オナガカンアオイ 〈*Heterotropa minamitaniana* (Hatusima) F. Maekawa ex Y. Maekawa〉ウマノスズクサ科の多年草。園芸植物。日本絶滅危機植物。

オナガサイシン 〈*Asarum leptophyllum* Hayata〉ウマノスズクサ科の多年草。別名カツウダケカンアオイ。葉は三角状卵形。園芸植物。

オーナメンタルアナナス アナナス・パイナップルの別名。

オナモミ 葈耳 〈*Xanthium strumarium* L.〉キク科の一年草。果実は利尿薬、全草心臓毒。高さは20～100cm。熱帯植物。薬用植物。

オニアザミ 鬼薊 〈*Cirsium borealinipponense* Kitamura〉キク科の多年草。別名オニノアザミ。高さは50～100cm。高山植物。

オニアマノリ 〈*Porphyra dentata* Kjellman〉ウシケノリ科の海藻。体は長さ10～15cm。

オニイグチ 〈*Strobilomyces strobilaceus* (Scop. : Fr.) Berk.〉オニイグチ科のキノコ。

オニイグチモドキ 〈*Strobilomyces confusus* Sing.〉オニイグチ科のキノコ。中型。傘は黒色、繊維質のかたい刺状鱗片。

オニイタヤ 〈*Acer mono* var. *ambiguum*〉カエデ科の木本。

オニイノデ 〈*Polystichum rigens* Tagawa〉オシダ科の常緑性シダ。葉身は長さ40～70cm。広披針形。

オニウシノケグサ 鬼牛毛草 〈*Festuca arundinacea* Schreb.〉イネ科の多年草。別名ヒロハノウシノケグサ。高さは50～120cm。園芸植物。

オニウスタケ 〈*Gomphus kauffmanii* (A. H. Smith) Corner〉ラッパタケ科のキノコ。中型～大型。傘は淡肌色、黄褐色大形の粗鱗片。

オニウロコアザミ 〈*Onopordum illyricum* L.〉キク科。

オニオオノアザミ 〈*Cirsium diabolicum* Kitam.〉キク科の草本。

オニオトコヨモギ 〈*Artemisia congesta* Kitam.〉キク科の草本。

オニオン タマネギの別名。

オニガヤツリ 〈*Cyperus pilosus* Vahl〉カヤツリグサ科の多年草。高さは40～100cm。

オニカラスノエンドウ 〈*Vicia lutea* L.〉マメ科の一年草。長さは20～80cm。花は黄色。

オニカラスムギ 〈*Avena sterilis* L. subsp. *ludoviciana* (Durieu) Nyman〉イネ科の一年草。高さは50～150cm。

オニカワウソタケ 〈*Inonotus ludovicianus* (Pat.) Murrill〉タバコウロコタケ科のキノコ。大型。傘は半円形、短毛密。

オニキランソウ 〈*Ajuga dictyocarpa* Hayata〉シソ科の草本。

オニキリマル 鬼切丸 〈*Aloe marlothii* A. Berger〉ユリ科の多肉性多年草。高さは2～4m。花は黄橙～橙色。園芸植物。

オニク 御肉 〈*Boschniakia rossica* (Cham. et Schltdl.) Fedtsch.〉ハマウツボ科の寄生植物。別名オカサタケ、キムラタケ。高さは15～30cm。高山植物。薬用植物。

オニクサ 〈*Gelidium japonicum* (Harvey) Okamura〉テングサ科の海藻。体は数cmから10cm。

オニクサヨシ 〈*Phalaris aquatica* L.〉イネ科の多年草。高さは60～200cm。

オニクラマゴケ 〈*Selaginella doederleinii* Hieron.〉イワヒバ科の常緑性シダ。茎は長さ35cm、葉は緑色から深緑色。

オニグルミ 鬼胡桃 〈*Juglans mandshurica* Maxim. var. *sachalinensis* (Miyabe et Kudo) Kitamura〉クルミ科の落葉高木。高さは20～25m。樹皮は灰褐色。薬用植物。園芸植物。

オニゲシ 鬼罌粟 〈*Papaver orientale* L.〉ケシ科の多年草。別名オオゲシ、オリエンタル ポピー。高さは1～1.5m。花は白に黄色斑点。薬用植物。園芸植物。

オニゴケ 〈*Pseudospiridentopsis horrida* (Card.) M. Fleisch.〉ムジナゴケ科のコケ。大形、茎は長さ15cm、葉は卵形、基部から漸尖。

オニコケシノブ 鬼苔忍 〈*Mecodium badium* (Hook. et Grev.) Copel.〉コケシノブ科のシダ植物。別名オオコケシノブ。

オニコナスビ 〈*Lysimachia tashiroi* Makino〉サクラソウ科の草本。

オニコバカナワラビ 〈*Arachniodes* × *pseudosporadosora* Nakaike, nom. nud.〉オシダ科のシダ植物。

オニサケヤシモドキ イェッセニア・オリゴカルパの別名。

オニサネゴケ 〈*Pyrenula gigas* Zahlbr.〉サネゴケ科の地衣類。胞子は褐色。

オニサルビア 〈*Salvia sclarea* L.〉シソ科の草本。高さは1m。園芸植物。

オニシオガマ 鬼塩竈 〈*Pedicularis nipponica* Makino〉ゴマノハグサ科の多年草。高さは30～100cm。高山植物。

オニシバ 鬼芝 〈*Zoysia macrostachya* Franch. et Savat.〉イネ科の多年草。高さは15～45cm。

オニシバリ 鬼縛 〈*Daphne pseudo-mezereum* A. Gray subsp. *pseudo-mezereum*〉ジンチョウゲ科の落葉小低木。別名ナツボウズ。薬用植物。園芸植物。

オニシメリゴケ 〈*Leptodictyum mizushimae* (Sakurai) Kanda〉ヤナギゴケ科のコケ。大形で茎葉は卵形。

オニシモツケ 鬼下野 〈*Filipendula kamtschatica* (Pallas) Maxim.〉バラ科の多年草。高さは1～2m。花は白あるいは淡紅色。高山植物。園芸植物。

オニショウガ 〈*Hornstedtia scyphifera* Steud.〉ショウガ科の草本。花序は地表にタケノコ状に出て苞が。高さ5m。熱帯植物。

オニスゲ 鬼菅 〈*Carex dickinsii* Franch. et Savat.〉カヤツリグサ科の多年草。別名ミクリスゲ。高さは20～50cm。

オニゼンマイ 鬼薇 〈*Osmunda claytoniana* L.〉ゼンマイ科の夏緑性シダ。葉身は長さ30～40cm。狭長楕円形。園芸植物。

オニソテツ ソテツ科の属総称。

オニタケ 〈*Lepiota acutesquamosa* (Weinm. : Fr.) Gill. s. lat.〉ハラタケ科のキノコ。中型。傘は褐色、暗褐色の小突起。ひだは白色。

オニタチゴショウ 〈*Piper umbellatum* L.〉コショウ科の大型の草本。葉長30cm。熱帯植物。

オニタビラコ 鬼田平子 〈*Youngia japonica* (L.) DC.〉キク科の一年草または多年草。高さは20～100cm。薬用植物。

オニチャヒキ 〈*Bromus danthoniae* Trin.〉イネ科。外花頴の芒は3個。

オニツリフネソウ 〈*Impatiens glandulifera* Royle〉ツリフネソウ。別名ロイルツリフネソウ、ダキバツリフネソウ。花は紅色。園芸植物。

オニトウ 〈*Daemonorops grandis* Mart.〉ヤシ科。葉裏は緑色。高さは18m。熱帯植物。園芸植物。

オニトゲノヤシ アカントフェニクス・クリニタの別名。

オニドコロ 鬼野老 〈*Dioscorea tokoro* Makino〉ヤマノイモ科の多年生つる草。別名トコロ、ナガトコロ。薬用植物。

オニナベナ ラシャカキグサの別名。

オニナルコスゲ 鬼鳴子菅 〈*Carex vesicaria* L.〉カヤツリグサ科の多年草。高さは30～100cm。

オニニクズク 〈*Myristica maxima* Warb.〉ニクズク科の高木。果実は長さ9cm。葉は長さ40cm。花は黄色。熱帯植物。

オニノガリヤス 〈*Calamagrostis gigas* Takeda〉イネ科の草本。

オニノゲシ 鬼野芥子 〈*Sonchus asper* (L.) Hill〉キク科の一年草または多年草。高さは20～100cm。花は黄色。

オニノケヤリタケ 〈*Queletia mirabilis* Fr.〉ケシボウズタケ科のキノコ。

オニノダケ 〈*Angelica gigas*〉セリ科の草本。薬用植物。

オニノヤガラ 鬼矢柄 〈*Gastrodia elata* Blume〉ラン科の多年生腐生植物。別名カミノヤガラ、ヌスビトノアシ。高さは40～100cm。薬用植物。

オニバサル サバル・カウシアルムの別名。

オニバス 鬼蓮 〈*Euryale ferox* Salisb.〉スイレン科の一年生の浮葉植物。別名ミズブキ。花弁は紫色、種子は淡紅色の斑点をもつ。浮葉径30～120cm。薬用植物。園芸植物。日本絶滅危機植物。

オニハナゴケ 〈*Cladonia uncialis* (L.) Web.〉ハナゴケ科の地衣類。子柄は高さ2～5cm。

オニハナゴケモドキ 〈*Cladonia pseudostellata* Asah.〉ハナゴケ科の地衣類。スカマート酸を含まない。

オニハマダイコン 〈*Cakile edentula* (Bigel.) Hook.〉アブラナ科の一年草または二年草。高さは15～50cm。

オニヒカゲワラビ 鬼日陰蕨 〈*Diplazium nipponicum* Tagawa〉オシダ科の常緑性シダ。葉身は長さ40～70cm。広卵状三角形。

オニヒゲスゲ ヒゲスゲの別名。

オニビシ 鬼菱 〈*Trapa natans* L. var. *japonica* Nakai〉ヒシ科の一年生の浮葉植物。果実は4本の刺を持ち、全幅45～75mm。

オニヒノキシダ 〈*Asplenium* × *kenzoi* Kurata〉チャセンシダ科のシダ植物。

オニヒバ 〈*Calocedrus decurrens* (Torr.) Florin〉ヒノキ科の常緑高木。高さは40m。樹皮は赤褐色。園芸植物。

オニヒョウタンボク 鬼瓢箪木 〈*Lonicera vidalii* Franch. et Savat.〉スイカズラ科の落葉低木。

オニヒレゴケ 〈*Cladonia macroptera* Räs.〉ハナゴケ科の地衣類。子柄は高さ5～15cm。

オニフウセンタケ 〈*Cortinarius nigrosquamosus* Hongo〉フウセンタケ科のキノコ。

151

オニブキ グンネラ・マニカタの別名。

オニフスベ 鬼燻 〈Lanopila nipponica (Kawam.) Kobayasi〉ホコリタケ科のキノコ。別名ヤブダマ。超大型。外皮は白色〜茶褐色。薬用植物。

オニフスベ ホコリタケ科の属総称。別名ホコリタケ。

オニヘゴ クロヘゴの別名。

オニホラゴケ 鬼洞苔 〈Selenodesmium obscurum (Blume) Copel.〉コケシノブ科の常緑性シダ。葉身は長さ2.5〜15cm。卵状楕円形。

オニマタタビ キーウィフルーツの別名。

オニマツヨイグサ 〈Oenothera jamesii Torr. et A. Gray〉アカバナ科の二年草。高さは1.8m。花は黄色。

オニマメヅタ 〈Lepidogrammitis pyriformis (Ching) Ching〉ウラボシ科の常緑性シダ。葉身は長さ2〜4cm。卵形から洋梨形。日本絶滅危機植物。

オニメグスリ 〈Acer triflorum Kom.〉カエデ科の落葉高木。葉は3小葉からなる。樹高12m。樹皮は淡褐色ないし灰褐色。園芸植物。

オニヤブソテツ 鬼藪蘇鉄 〈Cyrtomium falcatum (L. f.) Presl〉オシダ科の常緑性シダ。別名オニシダ、イソヘゴ、ウシゴミシダ。葉身は長さ15〜60cm。広披針形。園芸植物。

オニヤブマオ 鬼藪真麻 〈Boehmeria holosericea Blume〉イラクサ科の多年草。高さは1〜1.5m。

オニユリ 鬼百合 〈Lilium lancifolium Thunb.〉ユリ科の多肉植物。別名テンガイユリ、サツマユリ、ノユリ。高さは100〜180cm。花は橙赤色。薬用植物。園芸植物。

オニルリソウ 鬼瑠璃草 〈Cynoglossum asperrimum Nakai〉ムラサキ科の越年草。高さ60〜120cm。

オニレンゲゴケ 〈Cladonia subdecaryana Yoshim.〉ハナゴケ科の地衣類。子柄は長さ2〜4cm。

オネヘンリキア・シベッティー 〈Neohenricia sibbettii (L. Bolus) L. Bolus〉ツルナ科。別名姫天女。花は黄みがかった茶色。園芸植物。

オノエガリヤス タカネノガリヤスの別名。

オノエスゲ 尾上菅 〈Carex tenuiformis Lév. et Vaniot〉カヤツリグサ科の多年草。別名レブンスゲ。高さは10〜40cm。

オノエテンツキ 〈Fimbristylis fusca (Nees) C. B. Clarke〉カヤツリグサ科の草本。熱帯植物。園芸植物。

オノエヤナギ 尾上柳 〈Salix sachalinensis Fr. Schm.〉ヤナギ科の落葉低木〜小高木。別名カラフトヤナギ、ヤブヤナギ。湿地や河岸に生える。高山植物。薬用植物。

オノエラン 尾上蘭 〈Orchis fauriei Finet〉ラン科の多年草。高さは10〜15cm。高山植物。

オノエリンドウ 尾上竜胆 〈Gentianella amarella (L.) Börner subsp. takedae (Kitagawa) Toyokuni〉リンドウ科の草本。別名オクヤマリンドウ。高山植物。

オノオレ 斧折 〈Betula schmidtii Regel〉カバノキ科の落葉高木。別名オノオレカンバ、アズサミネバリ。

オノオレカンバ オノオレの別名。

オノクレア・オリエンタリス イヌガンソクの別名。

オノクレア・センシビリス 〈Onoclea sensibilis L.〉オシダ科。園芸植物。

オノスマ・エキオイデス 〈Onosma echioides L.〉ムラサキ科の草本。高さは40cm。花は淡黄色。園芸植物。

オノスマ・ステルラタ 〈Onosma stellulata Waldst. et Kit.〉ムラサキ科の草本。高さは30cm。花は淡黄色。園芸植物。

オノスマ・パニクラタ 〈Onosma paniculata Bur. et Franch.〉ムラサキ科の草本。高さは40〜100cm。花は暗紅色。園芸植物。

オノスマ・フッケリ 〈Onosuma hookeri Clarke〉ムラサキ科。高山植物。

オノニス 〈Ononis spimosa L.〉マメ科の薬用植物。

オノニス・スピノサ ハリモクシュクの別名。

オノニス・ナトリクス 〈Ononis natrix L.〉マメ科。高さは30〜50cm。花は黄色。園芸植物。

オノニス・レクリナタ 〈Ononis reclinata L.〉マメ科。高さは5〜25cm。花は桃色。園芸植物。

オノニス・レペンス 〈Ononis repens L.〉マメ科の多年草。

オノブリキス・モンターナ 〈Onobrychis montana DC.〉マメ科。高山植物。

オノブリシス・ビシフォリア 〈Onobrychis veciifolia Scop.〉マメ科の多年草。

オノポルダム・アカンティウム オオヒレアザミの別名。

オノマンネングサ 雄万年草 〈Sedum lineare Thunb. ex Murray〉ベンケイソウ科の多年草。別名カノツメ、イチゲソウ。高さは10〜25cm。花は黄色。園芸植物。

オノリーヌ・ドゥ・ブラバン 〈Honorine de Brabant〉バラ科。花は薄ピンク。

オバクサ 〈Pterocladia capillacea (Gmel.) Bornet in Bornet et Thuret〉テングサ科の海藻。別名ガニクサ、ドラクサ、ヨタグサ。体は10〜20cm。

オハグロノキ 〈Cratoxylon ligustrinum BL.〉オトギリソウ科の高木。葉はヤマコウバシに似て下面粉白。熱帯植物。

オハツキガラシ 〈Erucastrum gallicum (Willd.) O. E. Schulz〉アブラナ科の一年草。高さは20〜60cm。花は淡黄色。

オバナハネモ 〈*Bryopsis hypnoides* Lamouroux〉ハネモ科の海藻。主軸は余り太くない。

オハラメアザミ 〈*Cirsium microspicatum* var. *kiotense*〉キク科の草本。

オパール ヒノキ科のヒノキの品種。

オパールカエデ 〈*Acer opalus* Mill.〉カエデ科の落葉高木。葉は5浅裂。樹高20m。花は黄色。樹皮は灰を帯びた淡紅色。園芸植物。

オヒゲシバ 〈*Chloris virgata* Sw.〉イネ科の一年草。別名セイヨウヒゲシバ、チョウセンオヒシバ。花は紫色。

オヒシバ 雄日芝 〈*Eleusine indica* (L.) Gaertn.〉イネ科の一年草。別名チカラグサ。茎をサナダに編む。高さは20～60cm。熱帯植物。

オピタンドラ・プリムロイデス イワギリソウの別名。

オビナヨウジョウゴケ 〈*Cololejeunea pseudoflocosa* (Horik.) Benedix〉クサリゴケ科のコケ。背片のパピラは細胞の約1/3径。

オヒョウ 於瓢 〈*Ulmus laciniata* (Trautv.) Mayr〉ニレ科の落葉高木。別名オヒョウニレ、アツシ、アツニヤジナ。高さは25m。薬用植物。園芸植物。

オヒルギ 雄蛭木 〈*Bruguiera gymnorrhiza* (L.) Lam.〉ヒルギ科の常緑高木、マングローブ植物。別名アカバナヒルギ、ベニガクヒルギ。高さ20m。萼は赤色。熱帯植物。

オヒルムシロ 雄蛭筵,雄蛭蓆 〈*Potamogeton natans* L.〉ヒルムシロ科の多年生水草。別名オオヒルムシロ。沈水葉は互生、針状で長さ12～30cm。

オビレハリクジャクヤシ アイフアネス・カリオティフオリアの別名。

オフィオポゴシ・プラニスカプス オオバジャノヒゲの別名。

オフィオポゴシ・ヤブラン ノシランの別名。

オフィオポゴシ・ヤポニクス ジャノヒゲの別名。

オーフィツム・オウィフォルメ 〈*Oophytum oviforme* (N. E. Br.) N. E. Br.〉ツルナ科。高さは1.2～2cm。花は紫がかったピンク色。園芸植物。

オフェリア 〈*Ophelia*〉バラ科。ハイブリッド・ティーローズ系。花はアプリコットピンク。

オプシアンドラ・マヤ 〈*Opsiandra maya* O. F. Cook〉ヤシ科。別名マヤヤシ。高さは18m。園芸植物。

オプシスティリス・スリー 〈× *Opsistylis* Suree〉ラン科。花は濃紅色。園芸植物。

オプシスティリス・メモリア・メアリー・ナットラス 〈× *Opsistylis* Memoria Mary Nattrass〉ラン科。高さは40～70cm。花は淡黄色。園芸植物。

オプシスティリス・ランナ・タイ 〈× *Opsistylis* Lanna Thai〉ラン科。園芸植物。

オフタルモフィルム・ウェルコスム 〈*Ophthalmophyllum verrucosum* Lavis〉ツルナ科。高さは2.5～3cm。花は白色。園芸植物。

オフタルモフィルム・モーガニー 〈*Ophthalmophyllum maughanii* (N. E. Br.) Schwant.〉ツルナ科。別名麗山。高さは3～4cm。花は白色。園芸植物。

オフタルモフィルム・リディアエ 〈*Ophthalmophyllum lydiae* Jacobsen〉ツルナ科。花は白に縁がピンクがかる。園芸植物。

オフタルモフィルム・ルフェスケンス 〈*Ophthalmophyllum rufescens* (N. E. Br.) Tisch.〉ツルナ科。高さは1.5～2.4cm。花は白色。園芸植物。

オプチミスト ヒガンバナ科のネリネの品種。園芸植物。

オブツサアガチス 〈*Agathis obtusa* Masters.〉ナンヨウスギ科の高木。熱帯植物。

カメシパリス・オブツーサ・ナナ ヒノキ科の品種。

オーブリエタ・グラキリス 〈*Aubrieta gracilis* Sprun. ex Boiss.〉アブラナ科の常緑多年草。高さは10cm。花は紅色。園芸植物。

オーブリエタ・クルトルム 〈*Aubrieta* × *cultorum* Bergmans〉アブラナ科の常緑多年草。花は濃桃から濃紅まで色。園芸植物。

オーブリエタ・コルムナエ 〈*Aubrieta columnae* Guss.〉アブラナ科の常緑多年草。花は濃桃または淡紫紅色。園芸植物。

オーブリエチア アブラナ科の属総称。

オーブリエチア ムラサキナズナの別名。

オフリス・アピフェラ 〈*Ophrys apifera* Hudson〉ラン科の多年草。

オフリス・インセクティフェラ 〈*Ophrys insectifera* L.〉ラン科の多年草。

オフリス・スフェゴデス 〈*Ophrys sphegodes* Miller〉ラン科の多年草。

オフリス・フキフロラ 〈*Ophrys fuciflora* (F. W. Schmidt) Moench〉ラン科。高さは30cm。花は緑～桃色。園芸植物。

オフリス・フスカ 〈*Ophrys fusca* Link〉ラン科の多年草。

オブレゴニア・ドゥネイグリー テイカンの別名。

オプンティア サボテン科の属総称。サボテン。

オプンティア・ウィオラケア 〈*Opuntia violacea* Engelm.〉サボテン科のサボテン。径20cm。花は黄色。園芸植物。

オプンティア・ウルガリス タンシウチワの別名。

オプンティア・エリナケア 〈*Opuntia erinacea* Engelm. et Bigel.〉サボテン科のサボテン。別名

オフンテイ

白毛青、銀毛扇。花は濃桃または黄色。園芸植物。

オプンティア・エンゲルマニー 〈*Opuntia engelmannii* Salm-Dyck〉サボテン科のサボテン。高さは2m。花は黄色。園芸植物。

オプンティア・オルビクラタ シロタエの別名。

オプンティア・キュンリヒアナ 〈*Opuntia kuehnrichiana* Werderm. et Backeb.〉サボテン科のサボテン。茎節は淡緑色。園芸植物。

オプンティア・クイテンシス 〈*Opuntia quitensis* A. Web.〉サボテン科のサボテン。花は赤色。園芸植物。

オプンティア・クロロティカ 〈*Opuntia chlorotica* Engelm. et Bigel.〉サボテン科のサボテン。高さは2m。花は黄色。園芸植物。

オプンティア・シッケンダンツィー 〈*Opuntia schickendantzii* A. Web.〉サボテン科のサボテン。別名執権団扇。高さは1～2m。花は黄色。園芸植物。

オプンティア・スルフレア 〈*Opuntia sulphurea* G. Don.〉サボテン科のサボテン。別名硫黄団扇、村雲。高さは50cm。花は硫黄色。園芸植物。

オプンティア・ディレニー 〈*Opuntia dillenii* (Ker-Gawl.) Haw.〉サボテン科のサボテン。別名金武扇。高さは3m。花はレモン色。園芸植物。

オプンティア・トメントサ 〈*Opuntia tomentosa* Salm-Dyck〉サボテン科のサボテン。別名ビロード団扇。高さは3～6m。花は橙色。園芸植物。

オプンティア・バシラリス 〈*Opuntia basilaris* Engelm. et Bigel.〉サボテン科のサボテン。花は紅紫色。園芸植物。

オプンティア・ファエアカンタ 〈*Opuntia phaeacantha* Engelm.〉サボテン科のサボテン。別名土人団扇。高さは1m。花は黄色。園芸植物。

オプンティア・フィクス-インディカ サボテンの別名。

オプンティア・フミフサ 〈*Opuntia humifusa* (Raf.) Raf.〉サボテン科のサボテン。別名円武扇。花は鮮黄色。園芸植物。

オプンティア・ポリアカンタ 〈*Opuntia polyacantha* Haw.〉サボテン科のサボテン。別名修羅道。径10cm。花はレモン色。園芸植物。

オプンティア・マクシマ オオガタホウケンの別名。

オプンティア・マクロケントラ 〈*Opuntia macrocentra* Engelm.〉サボテン科のサボテン。別名天鼓。高さは1m。花は黄色。園芸植物。

オプンティア・マクロリザ 〈*Opuntia macrorhiza* Engelm.〉サボテン科の多年草。高さは1m。花は黄色。園芸植物。

オプンティア・ミクロダシス キンエボシの別名。

オプンティア・ラグナエ 〈*Opuntia lagunae* Baxter〉サボテン科のサボテン。別名大極殿。園芸植物。

オプンティア・リットラリス 〈*Opuntia littoralis* (Engelm.) Cockerell〉サボテン科のサボテン。別名海岸団扇。花は黄色。園芸植物。

オプンティア・リングイフォルミス 〈*Opuntia linguiformis* Griffiths〉サボテン科のサボテン。別名火焔太鼓。高さは1m。花は黄色。園芸植物。

オプンティア・リンドハイメリ ルリキョウの別名。

オプンティア・ルフィダ 〈*Opuntia rufida* Engelm.〉サボテン科のサボテン。別名赤烏帽子。高さは0.2～1.5m。花は黄ないし橙色。園芸植物。

オプンティア・レウコトリカ 〈*Opuntia leucotricha* DC.〉サボテン科のサボテン。別名銀世界。長さ18～27cm。花は黄色。園芸植物。

オプンティア・ロブスタ 〈*Opuntia robusta* H. L. Wendl.〉サボテン科のサボテン。別名御鏡、大丸盆。径25cm。花は黄色。園芸植物。

オヘビイチゴ 雄蛇苺 〈*Potentilla sundaica* (Blume) O. Kuntze var. *robusta* (Franch. et Savat.) Kitagawa〉バラ科の多年草。別名オトコヘビイチゴ。高さは20～40cm。薬用植物。

オベロニア・イリディフォリア 〈*Oberonia iridifolia* (Roxb.) Lindl.〉ラン科。高さは24cm。花は淡緑または茶色。園芸植物。

オベロニア・マキノイ オオバヨウラクランの別名。

オホーツクノハル リンドウ科のトルコギキョウの品種。切り花に用いられる。

オボロヅキ 朧月 〈*Graptopetalum paraguayense* (N. E. Br.) Walth.〉ベンケイソウ科の多年草。別名ハツシモ(初霜)。花は白色。園芸植物。

オマツリライトノキ 〈*Wrightia religiosa* Benth.〉キョウチクトウ科の観賞用低木。花は白色。熱帯植物。

オミナエシ 女郎花 〈*Patrinia scabiosaefolia* Fisch.〉オミナエシ科の多年草。別名オミナメシ(女飯)、アワバナ(粟花)。高さは60～100cm。花は黄色。薬用植物。園芸植物。切り花に用いられる。

オミナエシ科 科名。

オムナグサ 〈*Drymaria cordata* Willd. var. *pacifica* Mizushima〉ナデシコ科の草本。

オモエザサ 〈*Sasa pubiculmis* Makino〉イネ科の木本。

オモゴウテンナンショウ 面河天南星 〈*Arisaema iyoanum* Makino subsp. *iyoanum*〉サトイモ科の多年草。別名アキテンナンショウ。高さは20～60cm。

オモゴテンナンショウ オモゴウテンナンショウの別名。

オモダカ 沢瀉, 面高 〈*Sagittaria trifolia* L. var. *trifolia*〉オモダカ科の抽水性の多年草。別名ハナグワイ。矢尻形の葉身。高さは20～80cm。花は白色。薬用植物。園芸植物。

オモダカ科 科名。

オモチャカボチャ ウリ科。別名コナタウリ。園芸植物。

オモト 万年青 〈*Rohdea japonica* (Thunb. ex Murray) Roth〉ユリ科の多年草。葉長30～50cm。花は淡黄色。薬用植物。園芸植物。

オモト ユリ科の属総称。

オモトギボウシ ユリ科の草本。

オモリカトウヒ 〈*Picea omorika* (Panč.) Purk.〉マツ科の常緑高木。高さは35m。樹皮は紫褐色。園芸植物。

オモロカンアオイ 〈*Heterotropa dissita* F. Maekawa〉ウマノスズクサ科の草本。

オヤコゴケ 〈*Lophozia cornuta* (Steph.) S. Hatt.〉ツボミゴケ科のコケ。淡緑色、茎は長さ1cm。

オヤブジラミ 〈*Torilis scabra* (Thunb. ex Murray) DC.〉セリ科の越年草。別名ヒメウイキョウ。果実は三日月形。高さは30～70cm。花は白色。園芸植物。

オヤマシモツケ 〈*Spiraea japonica* var. *alpina*〉バラ科。

オヤマソバ 御山蕎麦 〈*Aconogonum nakaii* (Hara) Hara〉タデ科の多年草。高さは15～50cm。高山植物。

オヤマノエンドウ 御山豌豆 〈*Oxytropis japonica* Maxim.〉マメ科の小型半低木。高さは5～10cm。高山植物。

オヤマボクチ 御山火口 〈*Synurus pungens* (Franch. et Savat.) Kitamura〉キク科の多年草。高さは1～1.5m。

オヤマリンドウ 御山竜胆 〈*Gentiana makinoi* Kusn.〉リンドウ科の多年草。高さは20～60cm。高山植物。薬用植物。園芸植物。

オヤリハグマ 〈*Pertya triloba* (Makino) Makino〉キク科の草本。

オラクス 〈*Olax imbricata* Roxb.〉ボロボロノキ科の小木、半寄生植物。熱帯植物。

オラニア・シルウィコラ マライドクヤシの別名。

オラニア・パリンダン フィリピンドクヤシの別名。

オランダアヤメ グラジオラスの別名。

オランダアヤメ ダッチ・アイリスの別名。

オランダイチゴ 和蘭陀苺 〈*Fragaria* × *magna* Thuill.〉バラ科の野菜。花は白色。薬用植物。園芸植物。

オランダエンゴサク コリダリス・ブルボサの別名。

オランダカイウ 和蘭陀海芋 〈*Zantedeschia aethiopica* (L.) Spreng.〉サトイモ科の多年草。別名カラー、バンカイウ。高さは1m。仏炎苞は白色。園芸植物。

オランダガラシ 和蘭芥子 〈*Nasturtium officinale* R. Br.〉アブラナ科の抽水植物。別名オランダゼリ。全長20～70cm、総状花序に白い小さな花を多数付ける。高さは20～60cm。熱帯植物。薬用植物。園芸植物。

オランダキジカクシ アスパラガスの別名。

オランダシャクヤク 〈*Paeonia officinalis* L.〉ボタン科の薬用植物。高さは40～60cm。花は紅赤色。園芸植物。

オランダセキチク カーネーションの別名。

オランダセンニチ 和蘭千日 〈*Spilanthes acmella* L. var. *oleracea* Clarke〉キク科の一年草。別名センニチモドキ。葉は初め紫でシソの葉の感じ。熱帯植物。薬用植物。園芸植物。

オランダニレ 〈*Ulmus* × *hollandica*〉ニレ科の木本。樹高30m。樹皮は灰褐色。園芸植物。

オランダハッカ 緑薄荷 〈*Mentha spicata*. L. var. *crispa* (Benth.) Danert〉シソ科の多年草。別名グリーンミント、ミドリハッカ。高さは30～100cm。花は藤、ピンク、白色。薬用植物。切り花に用いられる。

オランダビユ 〈*Cullen corylifolius* (L.) Medikus〉マメ科の一年草。高さは30～120cm。花は淡紫色。薬用植物。

オランダフウロ 和蘭風露 〈*Erodium cicutarium* L'Hérit.〉フウロソウ科の一年草または越年草。高さは10～60cm。花は紅紫または白色。高山植物。薬用植物。園芸植物。

オランダボダイジュ シナノキ科の木本。

オランダミズ ペリオニア・ダヴォーアナの別名。

オランダミミナグサ 〈*Cerastium glomeratum* Thuill.〉ナデシコ科の越年草。別名アオミミナグサ。高さは10～30cm。花は白色。

オランダワレモウコウ 〈*Sanguisorba minor* Scop.〉バラ科の多年草。別名ガーデンバネット、ガーデンバーネット。高さは20～45cm。花は緑または帯紫色。園芸植物。

オーランティアカ ケシ科のカリフォルニア・ポピーの品種。園芸植物。

オーリア バラ科。花は黄色。

オリエンタル・ゴールド キンポウゲ科のシャクヤクの品種。園芸植物。

オリエンタル・ポピー オニゲシの別名。

オリエントトウヒ 〈*Picea orientalis*〉マツ科の木本。樹高50m。樹皮は帯紅褐色。園芸植物。

オリエントブナ 〈*Fagus orientalis*〉ブナ科の木本。樹高30m。樹皮は灰色。

オリガヌム・ウルガレ オレガノの別名。

オリガヌム・スカブルム 〈*Origanum scabrum* Boiss. et Heldr.〉シソ科。高さは40cm。花は紫紅色。園芸植物。
オーリキュラ 〈*Primula auricula* L.〉サクラソウ科。別名アツバサクラソウ。花は黄色。高山植物。園芸植物。
オリクサ・ヤポニカ コクサギの別名。
オリコフラグムス・ウィオラケウス ハナダイコンの別名。
オリザ・サティウァ イネの別名。
オリヅルシダ 〈*Polystichum lepidocaulon* (Hook.) J. Smith〉オシダ科の常緑性シダ。別名ツルカンジュ、ツルキジノオ。葉身は長さ20〜40cm。単羽状複生。
オリヅルスミレ 〈*Viola stoloniflora* Yokota et Higa〉スミレ科。日本絶滅危機植物。
オリヅルラン 折鶴蘭 〈*Chlorophytum comosum* (Thunb. ex Murray) Jacq.〉ユリ科の多年草。別名チョウラン、フウチョウラン。花は白色。園芸植物。切り花に用いられる。
オリヅルラン ユリ科の属総称。別名クロロフィタム。
オリーブ 橄欖 〈*Olea europaea* L.〉モクセイ科の常緑高木。別名オレイフ。果実は長卵形の石果。高さは10m。花は乳白色。薬用植物。園芸植物。
オリーブ モクセイ科の属総称。
オリーブ玉 リトプス・オリーブギョクの別名。
オリーブゴケ 〈*Parmelia olivacea* (L.) Nyl. var. albopunctata* (Asah.) Ahti〉ウメノキゴケ科の地衣類。地衣体はロゼット状。
オリーブゴケモドキ 〈*Parmelia huei* Asah.〉ウメノキゴケ科の地衣類。レカノール酸を含む。
オリーブサカズキタケ 〈*Gerronema nemorale* Har. Takahashi〉キシメジ科のキノコ。超小型。傘は漏斗形、黄色。ひだは淡黄色。
オリーブツボミゴケ 〈*Nardia subclavata* (Steph.) Amakawa〉ツボミゴケ科のコケ。葉は円頭〜凹頭。
オリベトールゴケ 〈*Cetrelia olivetorum* (Nyl.) W. Culb. & C. Culb.〉ウメノキゴケ科の地衣類。擬盃点は小さい。
オリベトールゴケモドキ 〈*Cetrelia pseudolivetorum* (Asah.) W. Culb. & C. Culb.〉ウメノキゴケ科の地衣類。裂芽は単一粒状またはサンゴ状。
オリベランサス ベンケイソウ科。
オルキス ラン科の属総称。
オルキス・ウスツラタ 〈*Orchis ustulata* L.〉ラン科の多年草。高山植物。
オルキス・シミア 〈*Orchis simia* Lam.〉ラン科の多年草。高さは20〜45cm。花は白〜淡紅紫色。園芸植物。
オルキス・スズチドリ 〈*Orchis* Suzuchidori〉ラン科。高さは10〜20cm。園芸植物。
オルキス・チュスーア 〈*Orchis chusua* Don〉ラン科。高山植物。
オルキス・トリデンタタ 〈*Orchis tridentata* Scop.〉ラン科。高さは15〜40cm。花は濃紅紫〜白色。園芸植物。
オルキス・パピリオナケア 〈*Orchis papilionacea* L.〉ラン科。高さは20〜40cm。花は紅紫〜淡紅紫色。園芸植物。
オルキス・マスクラ 〈*Orchis mascula* L.〉ラン科の多年草。高さは20〜55cm。花は濃紅紫〜淡紅紫色。高山植物。園芸植物。
オルキス・モリオ 〈*Orchis morio* L.〉ラン科の多年草。高さは8〜30cm。花は濃紅紫〜白色。薬用植物。園芸植物。
オルキス・ラクシフロラ 〈*Orchis laxiflora* Lam.〉ラン科の多年草。高さは30〜60cm。園芸植物。
オルキス・ロンギコルヌ 〈*Orchis longicornu* Poir.〉ラン科。高さは10〜35cm。花は濃紅紫〜桃色。園芸植物。
オルクットギョク フェロカクツス・オーカッティーの別名。
オールコーネア・トレウィオイデス オオバベニガシワの別名。
オールゴールド 〈Allgold〉バラ科。フロリバンダ・ローズ系。花は鮮やかな濃黄色。
オールスパイス 〈*Pimenta officinalis* Lindl.〉フトモモ科のハーブ。別名ピメンタ、ヒャクミコショウ。葉はトベラに似た硬葉。熱帯植物。薬用植物。
オルテゴカクツス・マクドーガリー 〈*Ortegocactus macdougallii* Alexand.〉サボテン科のサボテン。径4cm。花は黄色。園芸植物。
オルデンブルギア・アルブスクラ 〈*Oldenburgia arbuscula* DC.〉キク科の低木。高さは1〜2m。花は先は紫紅基部は灰白色。園芸植物。
オールドカルメン バラ科。花は濃紅色。
オールドゴールド ヒノキ科のビャクシンメディアの品種。
オルトシフォン・アリスタツス ネコノヒゲの別名。
オルトシフォン・スタミネウス 〈*Orthosiphon stamineus* Benth.〉シソ科の薬用植物。
オールドファンタジー バラ科のバラの品種。切り花に用いられる。
オールド・ブラッシュ 〈Old Blush〉バラ科。チャイナ・ローズ系。
オルニティディウム・コキニウム 〈*Ornithidium coccineum* Salisb.〉ラン科の多年草。
オルニトガルム ユリ科の属総称。球根植物。
オルニトガルム・アラビクム 〈*Ornithogalum arabicum* L.〉ユリ科。別名クロボシオオアマナ。

オルニトガルム・ウンベラツム 〈*Ornithogalum umbellatum* L.〉ユリ科の多年草。別名オオアマナ。花は白色。園芸植物。

オルニトガルム・エクススカプム 〈*Ornithogalum exscapum* Ten.〉ユリ科。高さは2.5～4cm。花は白色。園芸植物。

オルニトガルム・オーレウム ユリ科。別名オオアマナ。切り花に用いられる。

オルニトガルム・カウダツム 〈*Ornithogalum caudatum* Ait.〉ユリ科。別名コモチカイソウ。高さは30～80cm。花は白色。園芸植物。

オルニトガルム・ティルソイデス 〈*Ornithogalum thyrsoides* Jacq.〉ユリ科。高さは45cm。花は白色。園芸植物。切り花に用いられる。

オルニトガルム・ナルボネンセ 〈*Ornithogalum narbonense* L.〉ユリ科。高さは50cm。花は白色。園芸植物。

オルニトガルム・ヌタンス 〈*Ornithogalum nutans* L.〉ユリ科。高さは60cm。花は白覆輪の緑色。園芸植物。

オルニトガルム・ピラミダレ 〈*Ornithogalum pyramidale* L.〉ユリ科。高さは50～60cm。花は純白色。園芸植物。

オルニトガルム・マクラツム 〈*Ornithogalum maculatum* Jacq.〉ユリ科。高さは30cm。花は黄橙色。園芸植物。

オルニトガルム・ミニアツム 〈*Ornithogalum miniatum*〉ユリ科。高さは18～30cm。花は黄色。園芸植物。

オルニトガルム・モンタヌム 〈*Ornithogalum montanum* Cyr.〉ユリ科の多年草。

オルニトガルム・ラクテウム 〈*Ornithogalum lacteum* Jacq.〉ユリ科。高さは30～60cm。花は乳白色。園芸植物。

オルニトケファルス・ビコルニス 〈*Ornithocephalus bicornis* Lindl.〉ラン科。花は緑白色。園芸植物。

オルニトケファルス・ミルティコラ 〈*Ornithocephalus myrticola* Lindl.〉ラン科。花は緑色。園芸植物。

オルニトフォラ・ラディカンス 〈*Ornithophora radicans* (Linden et Rchb. f.) Garay et G. Pabst〉ラン科。花は白色。園芸植物。

オルビグニア・コウネ 〈*Orbignya cohune* (Mart.) Dahlgr. ex Standl.〉ヤシ科。別名コフネヤシ。高さは10～20m。園芸植物。

オルビリア・アウリコロール オルビリアキン科のキノコ。

オルフィウム・フルテスケンス 〈*Orphium frutescens* (L.) E. Mey.〉リンドウ科。高さは60cm。花は淡紫色。園芸植物。

オルレアン キク科のサンティニマムの品種。切り花に用いられる。

オレア・アフリカナ 〈*Olea africana* Mill.〉モクセイ科の木本。高さは5～10m。花は緑白色。園芸植物。

オレア・エウロパエア オリーブの別名。

オレア・エクサスペラタ 〈*Olea exasperata* Jacq.〉モクセイ科の木本。高さは1～2m。花は白色。園芸植物。

オレア・カペンシス 〈*Olea capensis* L.〉モクセイ科の木本。花は白またはクリーム色。園芸植物。

オレアリア・アヴィケンニーフォリア 〈*Olearia avicenniifolia* Hook. f.〉キク科の木本。高さは2～3m。花は白色。園芸植物。

オレアリア・アルビダ 〈*Olearia albida* (Hook. f.) Hook. f.〉キク科の木本。高さは6～7m。花は白色。園芸植物。

オレアリア・チーズマニー 〈*Olearia cheesemanii* Cockayne et Allan〉キク科の木本。花は白色。園芸植物。

オレアリア・トメントサ 〈*Olearia tomentosa* (J. C. Wendl.) DC.〉キク科の木本。花は白色。園芸植物。

オレアリア・ハステイ キク科。園芸植物。

オレアリア・パニクラタ 〈*Olearia paniculata* (J. R. Forst. et G. Forst.) Druce〉キク科の木本。高さは6～7m。花は白色。園芸植物。

オレアリア・パンノサ 〈*Olearia pannosa* Hook.〉キク科の木本。高さは1m。花は白色。園芸植物。

オレオケレウス・トローリー ハクウンニシキの別名。

オレオケレウス・ネオケルシアヌス 〈*Oreocereus neocelsianus* Backeb.〉サボテン科のサボテン。別名ライオン錦。高さは1m。園芸植物。

オレオケレウス・フォッスラツス 〈*Oreocereus fossulatus* (Labour.) Backeb.〉サボテン科のサボテン。別名白恐竜。高さは2m。花は紫紅色。園芸植物。

オレオルキス・パテンス コケイランの別名。

オレガノ 〈*Origanum vulgare* L.〉シソ科の多年草、ハーブ。別名ワイルドオレガノ、ハナハッカ。高さは60cm。花は紫、ピンク、白など。高山植物。薬用植物。園芸植物。切り花に用いられる。

オレゴンハンノキ 〈*Alnus rubra*〉カバノキ科の木本。樹高15m。樹皮は淡い灰色。

オレバヤシ 〈*Dypsis decipiens* Hort.〉ヤシ科の観賞用植物。羽片は折れ曲る。幹径20cm。熱帯植物。

オーレリアン・エロー ユリ科のユリの品種。園芸植物。

オレンジ 〈*Citrus sinensis* Osbeck〉ミカン科の常緑高木。別名スイートオレンジ。熱帯植物。

オレンジ・アマダイダイ　ワシントン・ネーブルの別名。
オレンジウロフィルム　〈*Urophyllum griffithianum* Hook. f.〉アカネ科の小木。果実は橙黄色。熱帯植物。
オレンジ・グロウ　バラ科のピラカンサの品種。園芸植物。
オレンジ・グローリー　サボテン科のサボテンの品種。園芸植物。
オレンジ・コルダーナ　〈Orange Kordana〉バラ科。ミニアチュア・ローズ系。花はオレンジ朱色。
オレンジ・ジュビリー　キク科のマリーゴールドの品種。園芸植物。
オレンジ・スプラッシュ　〈Orange Splash〉バラ科。フロリバンダ・ローズ系。花はオレンジ色。
オレンジ・ツバキ　キク科のダリアの品種。園芸植物。
オレンジ・デライト　キク科のキンセンカの品種。園芸植物。
オレンジーナ　バラ科のバラの品種。切り花に用いられる。
オレンジ・パレット　バラ科。花はオレンジレッド。
オレンジミント　オーデコロン・ミントの別名。
オレンジ・メイアンディナ　〈Orange Meillandina〉バラ科。ミニアチュア・ローズ系。花はオレンジ朱色。
オレンジ・メイアンディナ　バラ科のバラの品種。
オレンジ・ユニーク　バラ科。ハイブリッド・ティーローズ系。
オレンジ・ワンダー　ユリ科のチューリップの品種。園芸植物。
オロシタケ　〈*Heterochaete delicata* (Kl. ex Berk.) Bres.〉ヒメキクラゲ科のキノコ。
オロシマチク　於呂島竹　〈*Pleioblastus distichus* (Mitf.) Nakai〉イネ科の常緑小型の笹。高さは40〜50cm。園芸植物。
オロシャギク　コシカギクの別名。
オロスタキス　ベンケイソウ科の属総称。
オロスタキス・イワレンゲ　イワレンゲの別名。
オロスタキス・ヤポニクス　ツメレンゲの別名。
オロチ　大蛇　アウストロキリンドロプンティア・キリンドリカの別名。
オロバンケ・ラプムゲニスタエ　〈*Orobanche rapum-genistae* Thuill〉ハマウツボ科の多年草。
オロバンケ・ラモサ　〈*Orobanche ramosa* L.〉ハマウツボ科の多年草。
オロヤ・スブオックルタ　〈*Oroya subocculta* Rauh et Backeb.〉サボテン科のサボテン。別名錦髯玉。高さは15cm。花は淡紅〜深紅色。園芸植物。
オロヤ・ペルーウィアナ　〈*Oroya peruviana* (K. Schum.) Britt et Rose.〉サボテン科のサボテン。別名美髯玉、彩髯玉。径14cm。花は洋紅色。園芸植物。
オロヤ・ボルハーシー　〈*Oroya borchersii* (Böd.) Backeb.〉サボテン科のサボテン。別名暮雲閣。径20cm。花は鮮黄色。園芸植物。
オワセシダ　〈*Diplazium* × *owaseanum* Kurata〉オシダ科のシダ植物。
オワセベニシダ　〈*Dryopteris ryo-itoana* Kurata〉オシダ科の常緑性シダ。葉身は長さ40cm。三角状卵形。
オワリウメノキゴケ　〈*Parmelia owariensis* Asah.〉ウメノキゴケ科の地衣類。地衣体は腹面黒色。
オワンバノキ　〈*Nothopanax scutellarium* Merr.〉ウコギ科の観賞用低木。葉柄紫黒色のものが多い。熱帯植物。
オンガタイノデ　〈*Polystichum* × *ongataense* Kurata〉オシダ科のシダ植物。
オンガタヒゴタイ　〈*Saussurea* × *satowi*〉キク科。
オンコバ・スピノサ　〈*Oncoba spinosa* Forsk.〉イイギリ科の高木。
オンシティウム・バアリコーサム・ロゲルシイ　ラン科。園芸植物。
オンシディウム　ラン科の属総称。別名ムレスズメラン（群雀蘭）。切り花に用いられる。
オンシディウム・アルティッシムム　〈*Oncidium altissimum* (Jacq.) Swartz〉ラン科。茎の長さ1m。花は淡黄褐色。園芸植物。
オンシディウム・アンシフェルム　〈*Oncidium ansiferum* Rchb. f.〉ラン科。高さは1m。花は黄色。園芸植物。
オンシディウム・アントクレネ　〈*Oncidium anthocrene* Rchb. f.〉ラン科。高さは1m。花は栗褐色。園芸植物。
オンシディウム・アンプリアツム　〈*Oncidium ampliatum* Lindl.〉ラン科。高さは50〜100cm。花は鮮黄色。園芸植物。
オンシディウム・インクルウム　〈*Oncidium incurvum* G. Barker ex Lindl.〉ラン科。高さは1m。花は桃色。園芸植物。
オンシディウム・ウァリエガツム　〈*Oncidium variegatum* (Swartz) Swartz〉ラン科。高さは30cm。花は白〜桃色。園芸植物。
オンシディウム・ウァリコスム　〈*Oncidium varicosum* Lindl.〉ラン科。高さは60〜150cm。花は濁黄色。園芸植物。
オンシディウム・ウィルバー　〈*Oncidium* Wilbur〉ラン科。花は白色。園芸植物。
オンシディウム・ウェントワーシアヌム　〈*Oncidium wentworthianum* Batem. ex Lindl.〉ラン科。高さは1m。花は黄色。園芸植物。

オンシディウム・エラ 〈*Oncidium* Ella〉ラン科。花は黄色。園芸植物。

オンシディウム・エンデリアヌム 〈*Oncidium enderianum* Sander ex M. T. Mast.〉ラン科。高さは70cm。花は褐色。園芸植物。

オンシディウム・オヌスツム 〈*Oncidium onustum* Lindl.〉ラン科。高さは60cm。花は鮮黄色。園芸植物。

オンシディウム・オブリザツム 〈*Oncidium obryzatum* Rchb. f.〉ラン科。高さは50〜100cm。花は淡黄色。園芸植物。

オンシディウム・オブロンガツム 〈*Oncidium oblongatum* Lindl.〉ラン科。高さは60〜140cm。花は鮮黄色。園芸植物。

オンシディウム・オルニトリンクム 〈*Oncidium ornithorhynchum* H. B. K.〉ラン科。茎の長さ30cm。花は紫〜淡桃色。園芸植物。

オンシディウム・カウェンディシアヌム 〈*Oncidium cavendishianum* Batem.〉ラン科。高さは60〜150cm。花は黄緑色。園芸植物。

オンシディウム・ガードネリ 〈*Oncidium gardneri* Lindl.〉ラン科。高さは45〜90cm。花は黄色。園芸植物。

オンシディウム・カノア 〈*Oncidium* Kanoa〉ラン科。園芸植物。

オンシディウム・カバグラエ 〈*Oncidium cabagrae* Schlechter〉ラン科。高さは80cm。花は黄色。園芸植物。

オンシディウム・カリヒ 〈*Oncidium* Kalihi〉ラン科。園芸植物。

オンシディウム・カルタゲネンセ 〈*Oncidium carthagenense* (Jacq.) Swartz〉ラン科。高さは3cm。花は緑白色。園芸植物。

オンシディウム・カロキルム 〈*Oncidium calochilum* Cogn.〉ラン科。高さは4cm。花は鮮黄色。園芸植物。

オンシディウム・ギアネンセ 〈*Oncidium guianense* (Aubl.) Garay〉ラン科。高さは40cm。花は黄色。園芸植物。

オンシディウム・ギースブレヒティアヌム 〈*Oncidium ghiesbreghtianum* A. Rich. et Galeotti〉ラン科。高さは15cm。園芸植物。

オンシディウム・キャスリン・トンプキンス 〈*Oncidium* Katherine Tompkins〉ラン科。高さは80〜100cm。花は黄色。園芸植物。

オンシディウム・キリアツム 〈*Oncidium ciliatum* Lindl.〉ラン科。高さは35cm。花は鮮黄色。園芸植物。

オンシディウム・キンセイ 〈*Oncidium* Kinsei〉ラン科。花は黄色。園芸植物。

オンシディウム・ククー 〈*Oncidium* Kukoo〉ラン科。高さは8cm。花は黄褐色。園芸植物。

オンシディウム・クラメリアヌム 〈*Oncidium kramerianum* Rchb. f.〉ラン科。高さは80cm。花は赤褐色。園芸植物。

オンシディウム・クリスプム 〈*Oncidium crispum* Lodd.〉ラン科。高さは40〜100cm。花は栗褐色。園芸植物。

オンシディウム・ケイロフォルム 〈*Oncidium cheirophorum* Rchb. f.〉ラン科。高さは25cm。花は黄色。園芸植物。

オンシディウム・ケボレタ 〈*Oncidium cebolleta* (Jacq.) Swartz〉ラン科。高さは60〜150cm。花は黄色。園芸植物。

オンシディウム・ゴールデン・ゲイトウェイ 〈*Oncidium* Golden Gateway〉ラン科。花は黄色。園芸植物。

オンシディウム・ゴールデン・サンセット 〈*Oncidium* Golden Sunset〉ラン科。高さは10cm。花は黄、桃、白色。園芸植物。

オンシディウム・コンコロル 〈*Oncidium concolor* Hook.〉ラン科。高さは10〜30cm。花は明黄色。園芸植物。

オンシディウム・サルコデス 〈*Oncidium sarcodes* Lindl.〉ラン科。茎の長さ1.5m。花は黄色。園芸植物。

オンシディウム・サルタマイア 〈*Oncidium* Sultamyre〉ラン科。高さは5cm。花は黄色。園芸植物。

オンシディウム・ジャワ 〈*Oncidium* Java〉ラン科。園芸植物。

オンシディウム・ジョーンシアヌム 〈*Oncidium jonesianum* Rchb. f.〉ラン科。高さは30〜50cm。花は白色。園芸植物。

オンシディウム・スター・ウォーズ 〈*Oncidium* Star Wars〉ラン科。高さは80〜100cm。花は黄色。園芸植物。

オンシディウム・ステイシー 〈*Oncidium stacyi* Garay〉ラン科。茎の長さ30〜50cm。花は淡緑黄色。園芸植物。

オンシディウム・ステノティス 〈*Oncidium stenotis* Rchb. f.〉ラン科。茎の長さ1.5m。花は黄色。園芸植物。

オンシディウム・ストラミネウム 〈*Oncidium stramineum* Batem. ex Lindl.〉ラン科。園芸植物。

オンシディウム・スパニッシュ・ビューティー 〈*Oncidium* Spanish Beauty〉ラン科。高さは10〜15cm。花は黄色。園芸植物。

オンシディウム・スピロプテルム 〈*Oncidium spilopterum* Lindl.〉ラン科。高さは60〜100cm。花は濃黄色。園芸植物。

オンシディウム・スファケラツム 〈*Oncidium sphacelatum* Lindl.〉ラン科。茎の長さ1.8m。花は黄色。園芸植物。

オンシテイ

オンシディウム・スフェギフェルム 〈*Oncidium sphegiferum* Lindl.〉ラン科。茎の長さ1m。花は濁紫色。園芸植物。

オンシディウム・スプレンディドゥム 〈*Oncidium splendidum* A. Rich. ex Duchartre〉ラン科。高さは1m。花は鮮黄色。園芸植物。

オンシディウム・スペルビエンス 〈*Oncidium superbiens* Rchb. f.〉ラン科。茎の長さ1m。花はチョコレート褐色。園芸植物。

オンシディウム・チサコ 〈*Oncidium* Chisako〉ラン科。花は黄色。園芸植物。

オンシディウム・ディウァリカツム 〈*Oncidium divaricatum* Lindl.〉ラン科。高さは1〜2m。花は黄色。園芸植物。

オンシディウム・ティグリヌム 〈*Oncidium tigrinum* Llave et Lex.〉ラン科。茎の長さ50〜90cm。園芸植物。

オンシディウム・テトラペタルム 〈*Oncidium tetrapetalum* (Jacq.) Willd.〉ラン科。高さは60cm。花は白色。園芸植物。

オンシディウム・トリクエトルム 〈*Oncidium triquetrum* R. Br.〉ラン科。高さは17cm。花は白色。園芸植物。

オンシディウム・ナヌム 〈*Oncidium nanum* Lindl.〉ラン科。高さは10〜25cm。花は黄色。園芸植物。

オンシディウム・ヌビゲナム 〈*Oncidium nubigenum* Lindl.〉ラン科。高さは40cm。花は淡藤紫色。園芸植物。

オンシディウム・ノナ 〈*Oncidium* Nona〉ラン科。高さは80〜100cm。花は黄色。園芸植物。

オンシディウム・バハメンセ 〈*Oncidium bahamense* Nash ex Britt. et Millsp.〉ラン科。高さは50cm。花は白色。園芸植物。

オンシディウム・ハリソニアヌム 〈*Oncidium harrisonianum* Lindl.〉ラン科。高さは30cm。花は黄色。園芸植物。

オンシディウム・バルバツム 〈*Oncidium barbatum* Lindl.〉ラン科。高さは60cm。花は黄色。園芸植物。

オンシディウム・パロロ・ゴールド 〈*Oncidium* Palolo Gold〉ラン科。高さは3.5〜4cm。花は黄色。園芸植物。

オンシディウム・ビカロスム 〈*Oncidium bicallosum* Lindl.〉ラン科。高さは30〜80cm。花は黄色。園芸植物。

オンシディウム・ヒファエマティクム 〈*Oncidium hyphaematicum* Rchb. f.〉ラン科。高さは1.5m。園芸植物。

オンシディウム・ファラエノプシス 〈*Oncidium phalaenopsis* Linden et Rchb. f.〉ラン科。高さは30cm。花は白色。園芸植物。

オンシディウム・フィマトキルム 〈*Oncidium phymatochilum* Lindl.〉ラン科。高さは50〜150cm。花は淡黄色。園芸植物。

オンシディウム・フォーブシー 〈*Oncidium forbesii* Hook.〉ラン科。高さは45〜90cm。花は栗褐色。園芸植物。

オンシディウム・プベス 〈*Oncidium pubes* Lindl.〉ラン科。高さは35〜60cm。花は黄色。園芸植物。

オンシディウム・プミルム 〈*Oncidium pumilum* Lindl.〉ラン科。高さは8〜15cm。花は黄色。園芸植物。

オンシディウム・ブランシェティー 〈*Oncidium blanchetii* Rchb. f.〉ラン科。高さは60〜140cm。花は黄色。園芸植物。

オンシディウム・プルケルム 〈*Oncidium pulchellum* Hook.〉ラン科。高さは50cm。花は淡桃色。園芸植物。

オンシディウム・プルシム 〈*Oncidium pusillum* (L) Rchb. f.〉ラン科。高さは3〜6cm。園芸植物。

オンシディウム・フレクスオスム 〈*Oncidium flexuosum* Sims〉ラン科。高さは60〜100cm。花は鮮黄色。園芸植物。

オンシディウム・ベイトマニアヌム 〈*Oncidium batemanianum* Parm. ex Knowles et Westc.〉ラン科。高さは80〜130cm。花は黄色。園芸植物。

オンシディウム・ペクトラレ 〈*Oncidium pectorale* Lindl.〉ラン科。高さは40〜70cm。花は黄または褐色。園芸植物。

オンシディウム・ヘニケニー 〈*Oncidium henekenii* Schomb. ex Lindl.〉ラン科。花は黒紫色。園芸植物。

オンシディウム・ポプリ 〈*Oncidium* Potpourri〉ラン科。花は白色。園芸植物。

オンシディウム・ボワシエンセ 〈*Oncidium* Boissiense〉ラン科。花は黄色。園芸植物。

オンシディウム・マカリー 〈*Oncidium* Makalii〉ラン科。園芸植物。

オンシディウム・マクラツム 〈*Oncidium maculatum* (Lindl.) Lindl.〉ラン科。高さは50cm。花は白色。園芸植物。

オンシディウム・マクランツム 〈*Oncidium macranthum* Lindl.〉ラン科。茎の長さ60〜300cm。花は紫褐色。園芸植物。

オンシディウム・マクロニクス 〈*Oncidium macronyx* Rchb. f.〉ラン科。高さは25cm。花は淡緑黄色。園芸植物。

オンシディウム・マクロペタルム 〈*Oncidium macropetalum* Lindl.〉ラン科。高さは30〜70cm。花は鮮黄色。園芸植物。

オンシディウム・マーシャリアヌム 〈*Oncidium marshallianum* Rchb. f.〉ラン科。高さは1m。花は鮮黄色。園芸植物。

オンシディウム・ミクロキルム 〈*Oncidium microchilum* Batem. et Lindl.〉ラン科。高さは100〜140cm。花は白色。園芸植物。

オンシディウム・ランセアヌム 〈*Oncidium lanceanum* Lindl.〉ラン科。高さは20〜30cm。園芸植物。

オンシディウム・リーツィー 〈*Oncidium lietzii* Regel〉ラン科。高さは40〜70cm。花は緑黄色。園芸植物。

オンシディウム・リミングヘイ 〈*Oncidium limminghei* E. Morr. ex Lindl.〉ラン科。高さは1.5〜2cm。花は黄色。園芸植物。

オンシディウム・レウコキルム 〈*Oncidium leucochilum* Lindl.〉ラン科。高さは3m。花は緑黄色。園芸植物。

オンシディウム・レフグレニー 〈*Oncidium loefgrenii* Cogn.〉ラン科。高さは20cm。花は淡黄色。園芸植物。

オンシディウム・ロレイン・ク 〈*Oncidium* Lorraine Ku〉ラン科。高さは80〜100cm。花は黄色。園芸植物。

オンシディウム・ロンギコルヌ 〈*Oncidium longicornu* Mutel〉ラン科。高さは25〜45cm。花は淡黄色。園芸植物。

オンシディウム・ロンギペス 〈*Oncidium longipes* Lindl. et Paxt.〉ラン科。高さは13cm。花は黄色。園芸植物。

オンセンゴケ 〈*Bryum cellulare* Hook.〉ハリガネゴケ科のコケ。茎は長さ0.5〜1cm、葉は卵形〜楕円状卵形。

オンタケクサリゴケ 〈*Cheilolejeunea khasiana* (Mitt.) N. Kitag.〉クサリゴケ科のコケ。茎は長さ5〜10mm、背片は卵形。

オンタケヒモゴケ 〈*Parmelia ontakensis* Asah.〉ウメノキゴケ科の地衣類。白色の擬盃点をもたない。

オンタケブシ 〈*Aconitum metajaponicum* Nakai〉キンポウゲ科の草本。

オンタデ 御蓼 〈*Aconogonum weyrichii* (Fr. Schm.) Hara var. *alpinum* (Maxim.) Hara〉タデ科の多年草。別名イワタデ、ハクサンタデ、ミヤマイタドリ。高さは20〜80cm。高山植物。

オンタリオポプラ 〈*Pipulus* × *candicans*〉ヤナギ科の木本。樹高30m。樹皮は灰色。

オンツツジ 雄躑躅 〈*Rhododendron weyrichii* Maxim. var. *weyrichii*〉ツツジ科の落葉低木。別名ツクシアカツツジ。花は紅色。園芸植物。

オンファロデス・カッパドキア 〈*Omphalodes cappadocia* (Willd.) DC.〉ムラサキ科の草本。高さは20cm。花は淡い紫青色。園芸植物。

オンファロデス・ベルナ ハナルリソウの別名。

オンファロデス・ヤポニカ ヤマルリソウの別名。

オンファロデス・リニフォリア 〈*Omphalodes linifolia* (L.) Moench〉ムラサキ科の草本。高さは0.2〜1m。花は白または紫青色。園芸植物。

オンブレ・パルフェ 〈Ombrée Parfaite〉バラ科。ガリカ・ローズ系。花は紫色。

【カ】

カイエンナッツ パンヤ科の木本。

カイオウセイ 海王星 ドリコテレ・ウベリフォルミスの別名。

カイオウマル 海王丸 サボテン科のサボテン。園芸植物。

カイガネクロゴケ 〈*Didymodon nigrescens* (Mitt.) K. Saito〉センボンゴケ科のコケ。体は緑褐色〜黒緑色、茎は1cm、葉は広卵形〜広披針形。

カイガラゴケ 〈*Myurella julacea* (Schwägr.)〉ヒゲゴケ科のコケ。茎は高さ1〜2cm、葉は円形〜心臓形。

カイガラサルビア 〈*Moluccella laevis* L.〉シソ科の一年草。別名モルッケラ。高さは40〜90cm。花は白色。園芸植物。切り花に用いられる。

カイガラタケ 〈*Lenzites betulinus* (L. : Fr.) Fr.〉サルノコシカケ科のキノコ。中型〜大型。傘は灰色、環紋。

カイガラムシツブタケ 〈*Cordyceps coccidiicola* Kobayasi et Shimizu〉バッカクキン科のキノコ。

カイガンウチワ 海岸団扇 オプンティア・リットラリスの別名。

カイガンショウ ピヌス・ピナステルの別名。

カイガンマツ ピヌス・ピナステルの別名。

カイケイジオウ 懐慶地黄 〈*Rehmannia glutinosa* Libosch. forma *hueichingensis* (Chao et Schih) Hsiao.〉ゴマノハグサ科の薬用植物。

カイコバイモ 甲斐小貝母 〈*Fritillaria kaiensis* Naruhashi〉ユリ科の多年草。別名ハハグリ。高さは10〜20cm。日本絶滅危惧植物。

カイザイク 貝細工 〈*Ammobium alatum* R. Br.〉キク科の一年草。別名アンモビウム。高さは60〜80cm。花は白色。園芸植物。

カイザキギク キク科。園芸植物。

カイザースクルーン ユリ科のチューリップの品種。園芸植物。

カイジンドウ 〈*Ajuga ciliata* Bunge var. *villosior* A. Gray〉シソ科の多年草。高さは30〜40cm。園芸植物。

カイヅカイブキ 〈*Juniperus chinensis* L. 'Kaizuka'〉ヒノキ科の木本。別名カイヅカビヤクシン。園芸植物。

カイセイトウ ダイダイの別名。

カイソウ

カイソウ 〈*Urginea maritima* (L.) Bak.〉ユリ科の球根植物。高さは1m。花は白色。薬用植物。園芸植物。

カイソウギョク 怪巣玉 ミラ・カエスピトサの別名。

カイソウギョク 魁壮玉 ホリドカクツス・ツベリスルカツスの別名。

カイタカラコウ 甲斐宝香 〈*Ligularia kaialpina* Kitamura〉キク科の多年草。高さは30〜50cm。高山植物。

カイドウ 海棠 〈*Malus micromalus* Makino〉バラ科の木本。別名ミカイドウ、ナガサキリンゴ。

カイドウ マルス・ハリアナの別名。

カイドウズミ 〈*Malus floribunda*〉バラ科の木本。樹高5m。樹皮は紫褐色。

カイトウヒレン 〈*Saussurea rara*〉キク科。

カイドウマル ツバキ科のサザンカの品種。

カイトウランマ 快刀乱麻 〈*Rhombophyllum nelii* Schwant.〉ツルナ科の高度多肉植物。葉は銀緑色で、やや暗緑色の斑点でおおわれる。花は黄色。園芸植物。

カイナンサラサドウダン 海南更紗灯台 〈*Enkianthus campanulatus* var. *sikokianus*〉ツツジ科の落葉低木。

カイニット 〈*Chrysophyllum cainito* L.〉アカテツ科の小木。花は弁白緑色。熱帯植物。

カイニンソウ マクリの別名。

カイノカワ 〈*Cruoriopsis japonica* Segawa〉イワノカワ科の海藻。殻状。

カイノリ 〈*Gigartina intermedia* Suringar〉スギノリ科の海藻。硬い軟骨質。

カイフウロ 〈*Geranium shikokianum* var. *kaimontanum*〉フウロソウ科。

カイメンソウ 〈*Ceratodictyon spongiosum* Zanardini〉オゴノリ科の海藻。海綿状。

カイメンタケ 〈*Phaeolus schweinitzii* (Fr.) Pat.〉サルノコシカケ科のキノコ。大型。傘は鮮橙色→暗褐色、ビロード状。

ガイヤールディア キク科の属総称。

ガイヤールディア・ランケオラタ 〈*Gaillardia lanceolata* Michx.〉キク科の草本。別名ホソバテンニンギク。高さは60〜90cm。花は黄または黄銅色。園芸植物。

カイラギアバタゴケ 〈*Leptotrema polycarpum* Müll. Arg.〉チブサゴケ科の地衣類。地衣体は痂状。

カイラン 芥藍 〈*Brassica oleracea* Linn. var. *alboglabra* Linn. H. Bailey〉アブラナ科の中国野菜。別名チャイニーズケール、カランチョウ。園芸植物。

カイリュウマル 怪竜丸 ギムノカリキウム・ボーデンベンデリアヌムの別名。

カイリョウポプラ ヤナギ科の木本。樹高30m。樹皮は淡灰色。

カイワレダイコン アブラナ科。園芸植物。

ガウェニア・ティンゲンス 〈*Govenia tingens* Poepp. et Endl.〉ラン科。高さは60〜90cm。花は乳白〜黄白色。園芸植物。

ガウシア・アッテヌアタ 〈*Gaussia attenuata* (O. F. Cook) Becc.〉ヤシ科。別名カヤバオヤマヤシ。高さは18〜30m。園芸植物。

ガウシア・プリンケプス 〈*Gaussia princeps* H. Wendl.〉ヤシ科。別名トノサマオヤマヤシ。高さは5〜6m。園芸植物。

ガウラ アカバナ科の属総称。

ガウルテリア・プロクンベンス ヒメコウジの別名。

カウンテイ・フェア 〈County Fair〉バラ科。フロリバンダ・ローズ系。花はピンク。

カエサルピニア・ギリージー 〈*Caesalpinia gilliesii* (Wall. ex Hook. f.) Benth.〉マメ科。別名ベニジャケツイバラ。高さは2〜3m。花は淡黄色。園芸植物。

カエサルピニア・サッパン スオウの別名。

カエサルピニア・デカペタラ 〈*Caesalpinia decapetala* (Roth) Alston〉マメ科。別名シナジャケツイバラ。高さは1〜2m。園芸植物。

カエサルピニア・ヌガ ナンテンカズラの別名。

カエサルピニア・プルケリマ 〈*Caesalpinia pulcherrima* (L.) Swartz〉マメ科の常緑高木。別名オウコチョウ(黄胡蝶)。高さは2〜5m。花は橙〜黄色。熱帯植物。園芸植物。

カエデ カエデ科の属総称。園芸植物。

カエデ科 科名。

カエデダイモンジソウ 〈*Saxifraga cortusaefolia* var. *partita* Makino〉ユキノシタ科。

カエデドコロ 楓野老 〈*Dioscorea quinquelobata* Thunb. ex Murray〉ヤマノイモ科の多年生つる草。

カエデバアズキナシ 〈*Sorbus torminalis*〉バラ科の木本。樹高15m。樹皮は暗褐色。園芸植物。

カエデバコリンゴ 〈*Malus trilobata*〉バラ科の木本。樹高15m。樹皮は暗灰褐色。

カエデバスズカケノキ モミジバスズカケノキの別名。

カエルデグサ 〈*Binghamia californica* J. Agardh〉ワツナギソウ科の海藻。扁平。体は長さ1.5〜4cm。

カエロフィルム・テムレントゥム 〈*Chaerophyllum temulentum* L.〉セリ科の多年草。

カエンウン 火焔雲 メロカクツス・エリトランツスの別名。

カエンキセワタ 〈*Leonotis leonurus* (L.) R. Br.〉シソ科の多年草。別名レオノティス、クシダン

ゴ。高さは2m。花は橙紅色。園芸植物。切り花に用いられる。

カエンソウ　火焔草〈*Manettia inflata* Sprague〉アカネ科のつる性草本。別名カエンカズラ(火焔葛)。花は上部赤色、筒部は黄色。熱帯植物。園芸植物。

カエンダイコ　火焔太鼓　オプンティア・リングイフォルミスの別名。

カエンタケ〈*Podostroma cornu-damae* (Pat.) Boedijn〉ニクザキン科のキノコ。中型〜大型。子実体は棒状〜とさか状、肉質はかたい。

カエンボク　火炎木〈*Spathodea campanulata* Beauvois〉ノウゼンカズラ科の観賞用中高木。花は樹頂に開き大形。高さは20m。緋紅色。熱帯植物。園芸植物。

カエンリュウ　火焔竜　デンモザ・エリトロケファラの別名。

カオウ　花王　キンポウゲ科のボタンの品種。園芸植物。

カオリツムタケ〈*Pholiota malicola* (Kauffm.) A. H. Smith var. *macropoda* A. H. Smith & Hesler〉モエギタケ科のキノコ。小型〜中型。傘は淡黄褐色、平滑、やや粘性、橙色のしみ。

ガガイモ　蘿摩〈*Metaplexis japonica* (Thunb. ex Murray) Makino〉ガガイモ科の多年生つる草。別名クサワタ、クサパンヤ、イガナスビ。薬用植物。

ガガイモ科　科名。

カカオ〈*Theobroma cacao* L.〉アオギリ科の常緑小高木。別名カカオノキ。果実は長さ20cm。高さは6〜8m。花は桃または黄色。熱帯植物。薬用植物。園芸植物。

カカオ　アオギリ科の属総称。

ガカク　蛾角〈*Huernia brevirostris* N. E. Br.〉ガガイモ科の多肉植物。高さは4〜5cm。花は黄白〜黄緑地に赤褐色の小斑点。園芸植物。

ガガクノマイ　スベリヒユ科のポーチュラカリアの品種。園芸植物。

カガシラ〈*Scleria caricina* (R. Br.) Benth.〉カヤツリグサ科の一年草。別名ヒメシンジュガヤ。高さは5〜15cm。

カカツガユ　和活柚〈*Maclura cochinchinensis* (Lour.) Corner var. *gerontogea* (Sieb. et Zucc.) Ohashi〉クワ科の木本。別名ヤマミカン、ソンノイゲ。若葉は生食、材や根は黄色染料になる。熱帯植物。

カガノアザミ　加賀野薊〈*Cirsium kagamontanum* Nakai〉キク科の草本。

ガガブタ　鏡蓋〈*Nymphoides indica* (L.) O. Kuntze〉ミツガシワ科(リンドウ科)の多年生の浮葉植物。葉の表面には紫褐色の斑状模様、花弁は白色で径約15mm。日本絶滅危機植物。

カガミゴケ〈*Brotherella henonii* Fleisch.〉ナガハシゴケ科のコケ。茎は這い、茎葉は長さ1.5mmに達し、卵形。

カガヤキ〈Kagayaki〉バラ科。ハイブリッド・ティーローズ系。花は鮮紅色。

カガヤキ　輝　ヒユ科のケイトウの品種。園芸植物。

カカヤンバラ〈*Rosa bracteata* H. Wendl.〉バラ科の常緑低木。別名ヤエヤマノイバラ。園芸植物。

カカラナツメ〈*Zizyphus calophylla* Wall.〉クロウメモドキ科の蔓性低木。多刺、サルトリイバラ状。熱帯植物。

カカリア　キク科の属総称。

カカリア　ベニニガナの別名。

カガリビ　篝火　バラ科のバラの品種。園芸植物。

カガリビイワタバコ〈*Cyrtandra pendula* BL.〉イワタバコ科の草本。葉裏短毛密布。花淡黄色紫斑あり。熱帯植物。

カガワラ・テオ・ブーン・ヒアン〈× *Kagawara* Teo Boon Hian〉ラン科。花は桃赤色。園芸植物。

カガワラ・レッド・エルフ〈× *Kagawara* Red Elf〉ラン科。花はオレンジ赤色。園芸植物。

カキ　柿〈*Diospyros kaki* Thunb. ex Murray〉カキノキ科の落葉高木。別名シュカ(朱果)、セキツカ(赤実果)、マメガキ。樹高15m。樹皮は淡灰色。薬用植物。園芸植物。

カギアマカズラ〈*Roucheria griffithiana* Planch.〉アマ科の蔓木。鉤があり、果実は赤色。花は黄色。熱帯植物。

カギイバラノリ〈*Hypnea japonica* Tanaka〉イバラノリ科の海藻。団塊をつくる。体は7〜20cm。

カギウスバノリ〈*Acrosorium uncinatum* (Turner) Kylin〉コノハノリ科の海藻。先端はよく鉤状に曲がって他物に捲きつく。

カキオ　キンポウゲ科のクレマチスの品種。

カギカズラ　鉤葛〈*Uncaria rhynchophylla* Miq.〉アカネ科の常緑つる植物。別名タケカズラ、フジトリバリ、カラスノカギズル。薬用植物。

カギガタアオイ〈*Heterotropa curvistigma* (F. Maekawa) F. Maekawa〉ウマノスズクサ科の多年草。葉は卵形ないし楕円形。園芸植物。

カギカモジゴケ〈*Dicranum hamulosum* Mitt.〉シッポゴケ科のコケ。茎は高さ2〜2.5cm、葉は線状披針形。

カギクルマバナルコユリ〈*Polygonatum sibiricum* Redoute ex Redouté.〉ユリ科の薬用植物。

カギノリ〈*Asparagopsis taxiformis* (Delile) Trev.〉カギノリ科の海藻。質は多肉。体は10〜20cm。

カギザケハコベ〈*Holosteum umbellatum* L.〉ナデシコ科。花は散状に3〜8個つく。

カキヂシャ キク科の野菜。別名クキヂシャ、セルタス。

カキジマコンブ 〈*Laminaria longipedalis* Okamura〉コンブ科の海藻。葉は広い披針形。体は45〜60cm。

カキシメジ 〈*Tricholoma ustale* (Fr. : Fr.) Kummer〉キシメジ科のキノコ。中型。傘は赤褐色〜栗褐色で湿時粘性、表面平滑。ひだは白色に赤褐色のしみ。

カキソゾ 〈*Laurencia hamata* Yamada〉フジマツモ科の海藻。枝の先端が鉤状に屈曲。体は長さ16cm。

カキツバタ 杜若,燕子花 〈*Iris laevigata* Fisch.〉アヤメ科の多年草。別名カオバナ、カオヨグサ。高さは50〜70cm。花は紫色。薬用植物。園芸植物。

カキドオシ 垣通 〈*Glechoma hederacea* L. subsp. *grandis* (A. Gray) Hara〉シソ科の多年草。別名カントリソウ。高さは5〜25cm。薬用植物。

カキネガラシ 垣根芥子 〈*Sisymbrium officinale* Scop.〉アブラナ科の一年草または多年草。高さは40〜80cm。花は黄色。

カキネナツメ 〈*Zizyphus brunoniana* C. B. Clarke〉クロウメモドキ科の半蔓状低木。垣根に作る。熱帯植物。

カキネミカン 〈*Citrus swinglei* Burkill〉ミカン科の低木。葉柄無翼。熱帯植物。

カキノハカズラ 〈*Limacia oblonga* Miers.〉ツヅラフジ科の蔓木。葉はカキに似、葉脈白、果実が黄色。熱帯植物。

カキノハグサ 柿葉草 〈*Polygala reinii* Franch. et Savat.〉ヒメハギ科の多年草。別名ナガバノカキノハグサ。高さは20〜35cm。薬用植物。

カキノミタケ 〈*Penicilliopsis clavariaeformis* Solms-Laubach.〉マユハキタケ科のキノコ。小型。カキの種子に発生。

カギノリ 〈*Bonnemaisonia hamifera* Hariot〉カギノリ科の海藻。外形円錐形に分岐。体は10〜15cm。

カギハイゴケ 〈*Sanionia uncinata* (Hedw.) Loeske〉ヤナギゴケ科のコケ。茎は這い、長さ5〜10cm、茎葉は披針形。

カキバカンコノキ 〈*Glochidion zeylanicum* (Gaertn.) A. Juss.〉トウダイグサ科の木本。

カギバシラ 鉤柱 セレニケレウス・ハマツスの別名。

カキバダンツウゴケ ミノゴケの別名。

カキバチサノキ 〈*Cordia dichotoma* J. R. Forst.〉ムラサキ科の木本。熱帯植物。

カギバニワスギゴケ 〈*Pogonatum inflexum* (Lindb.) Lac.〉スギゴケ科のコケ。別名コスギゴケ。茎は高さ1〜5cm、葉の鞘部は卵形。

カギフタマタゴケ 〈*Metzgeria leptoneura* Spruce〉フタマタゴケ科のコケ。長さ2〜7cm。

カギミギシギシ 〈*Rumex brownii* Campd.〉タデ科の多年草。高さは30〜60cm。

カギヤスデゴケ 〈*Frullania hamatiloba* Steph.〉ヤスデゴケ科のコケ。黄褐色〜赤褐色。

カギヤノネゴケ 〈*Brachythecium uncinifolium* Broth. & Paris〉アオギヌゴケ科のコケ。小形で、茎葉は全長約1.5mm、葉身部は卵形。

カキラン 柿蘭 〈*Epipactis thunbergii* A. Gray〉ラン科の多年草。別名スズラン。高さは30〜70cm。花は橙色。園芸植物。

カギリニシキ 限り錦 カエデ科のイロハモミジの品種。園芸植物。

カキレ・マリティマ 〈*Cakile maritima* Scop.〉アブラナ科の多年草。

ガクアジサイ 額紫陽花 〈*Hydrangea macrophylla* (Thunb. ex Murray) Ser. f. *normalis* (Wils.) Hara〉ユキノシタ科の落葉・半常緑低木。別名ハマアジサイ、ガクバナ、ガクソウ。園芸植物。

ガクウツギ 額空木 〈*Hydrangea scandens* (L. f.) Ser.〉ユキノシタ科の落葉低木。別名コンテリギ。高さは1.5m。花は白色。園芸植物。

ガクウラジロヨウラク 〈*Menziesia multiflora* Maxim. var. *longicalyx* Kitamura〉ツツジ科の落葉低木。

カクウン 赫雲 メロカクツス・マクラカンツスの別名。

カクチョウラン 鶴頂蘭 〈*Phaius tankervilleae* (Banks ex L'Her.) Blume〉ラン科の草本。別名カクラン(鶴蘭)。高さは1m。花は紅紫色。園芸植物。日本絶滅危機植物。

カクテル 〈Cocktail〉バラ科。シュラブ・ローズ系。花は明紅色。

カクバヒギリ 〈*Clerodendrum paniculatum* L.〉クマツヅラ科の観賞用低木。別名シマヒギリ、リュウセンカ(竜船花)。花は深紅色。熱帯植物。園芸植物。

カクミノシメジ 〈*Lyophyllum sykosporum* Hongo & Clémençon〉キシメジ科のキノコ。中型〜大型。傘は帯褐灰色。ひだは白色。

カグラジシ 神楽獅子 アヤメ科のハナショウブの品種。園芸植物。

カクラン カクチョウランの別名。

カクレイマル 鶴嶺丸 モラウェッチア・ドエルジアナの別名。

カクレゴケ 〈*Garovaglia elegans* (Dozy & Molk.) Hampe ex Bosch & Sande Lac.〉ヒムロゴケ科のコケ。中形、一次茎は短くはい、二次茎は立つ、葉は卵形。

カクレスジ 〈*Cryptopleura membranacea* Yamada〉コノハノリ科の海藻。複叉状に分岐。体は10cm。

カクレヒビダマ 〈*Spermothamnion endophytica* Okamura〉イギス科の海藻。ミル属の小嚢の間に仮根を入れて着生。

カクレミノ 隠蓑 〈*Dendropanax trifidus* (Thunb. ex Murray) Makino〉ウコギ科の常緑高木。花は淡黄緑色。薬用植物。園芸植物。切り花に用いられる。

カクワツガユ カカツガユの別名。

カゲツ 花月 〈*Crassula portulacea* Lam.〉ベンケイソウ科の多肉植物。花は帯桃白〜淡桃色。園芸植物。

カゲツ 花月 ツツジ科のサツキの品種。園芸植物。

カゲツニシキ 花月錦 ベンケイソウ科のフチベニベンケイの品種。園芸植物。

カケハシナナカマド 〈*Sorbus scalaris*〉バラ科の木本。樹高6m。樹皮は灰色。

カゲロウ 陽炎 マミラリア・ペンニスピノサの別名。

カゲロウゴケ 〈*Ephemerum spinulosum* Bruch & Schimp.〉カゲロウゴケ科のコケ。微小な配偶体、葉は線形で長さ1mm以下。

カゲロウラン 〈*Hetaeria agyokuana* (Fukuyama) Nackejima〉ラン科の草本。別名オオスミキヌラン。

カゴシマ バラ科のウメの品種。

カゴシマヤスデゴケ 〈*Frullania kagoshimensis* Steph.〉ヤスデゴケ科のコケ。腹片は幅が長さの約2倍。

カゴタケ 〈*Ileodictyon gracile* Berk.〉アカカゴタケ科のキノコ。子実体は類球形籠形、托は白色。

カゴノキ 古加之木 〈*Litsea coreana* Lév.〉クスノキ科の常緑高木。別名コガノキ、カゴガシ、カノコガ。薬用植物。

カコマハグマ 〈*Pertya* × *hybrida* Makino〉キク科。

カゴメノリ 〈*Hydroclathrus clathratus* (Agardh) Howe〉カヤモノリ科の海藻。体は径30cm。

カゴメラン 〈*Goodyera hachijoensis* var. *matsumurana*〉ラン科の草本。

カザグルマ 風車 〈*Clematis patens* Morren et Decne.〉キンポウゲ科の落葉性つる植物。花は紫または白色。薬用植物。園芸植物。日本絶滅危機植物。

カザグルマ 風車 サクラソウ科のサクラソウの品種。園芸植物。

カザグルマ 風車 フウロソウ科のゼラニウムの品種。園芸植物。

カサゴケ 〈*Rhodobryum roseum* (Hedw.) Limpr.〉ハリガネゴケ科のコケ。傘の部分の葉の数は16〜21枚、葉はへら形〜倒卵形。園芸植物。

カサゴケモドキ 〈*Rhodobryum ontariense* (Kindb.) Kindb.〉ハリガネゴケ科のコケ。傘の部分の葉は1茎に20〜50枚、倒卵形〜楕円形。

カサザキウオトリギ 〈*Grewia umbellata* Roxb.〉シナノキ科の小低木。枝は垂下。花弁表面は肉色、裏面緑色。熱帯植物。

カサザキルピナス カサバルピナスの別名。

カザシグサ 〈*Griffithsia japonica* Okamura〉イギス科の海藻。潮間帯から漸深帯にかけての他海藻の上に着生。

カサスゲ 笠菅 〈*Carex dispalata* Boott var. *dispalata*〉カヤツリグサ科の多年草。別名ミノスゲ、スゲ。高さは50〜100cm。薬用植物。園芸植物。

カサナリゴケ 〈*Anthelia juratzkana* (Limpr.) Trevis.〉カサナリゴケ科のコケ。別名ヒメカサナリゴケ。灰緑色、茎は長さ2〜4mm。

ガザニア キク科の属総称。宿根草。別名クンショウギク(勲章菊)。

ガザニア クンショウギクの別名。

ガザニア・ウニフロラ 〈*Gazania uniflora* (L. f.) Sims〉キク科の多年草。高さは15〜20cm。花は黄色。園芸植物。

ガザニア・ニウェア 〈*Gazania nivea* DC.〉キク科の多年草。高さは25cm。花は雪白色。園芸植物。

ガザニア・パウォニア 〈*Gazania pavonia* (Andr.) R. Br.〉キク科の多年草。花は赤またはれんが色。園芸植物。

ガザニア・リゲンス 〈*Gazania rigens* (L.) Gaertn.〉キク科の多年草。高さは40cm。花は黄色。園芸植物。

カサネオウギ 〈*Tradescantia navicularis* Ortega〉ツユクサ科の多年草。花は紅紫色。園芸植物。

カサノリ 傘海苔 〈*Acetabularia ryukyuensis* Okamura et Yamada〉カサノリ科の海藻。傘上部の色は鮮緑色。

カサバルピナス 〈*Lupinus hirsutus* L.〉マメ科。別名ケノボリフジ。高さは60〜80cm。花は紫青色。園芸植物。

カサヒダタケ 〈*Pluteus thomsonii* (Berk. & Br.) Dennis〉ウラベニガサ科のキノコ。小型。傘は暗褐色、網目状に隆起したしわ・周辺に条線あり。ひだは褐色。

カサホオノキ モクレン科の木本。樹高12m。樹皮は淡い灰色。

カサマツ 〈*Dermonema frappieri* (Montagne et Millardet) Boergesen〉ベニモズク科の海藻。軟骨質。体は2〜7cm。

カサモチ 〈*Nothosmyrnium japonicum* Miq.〉セリ科の草本。別名ソラシ、サワソラシ、ウタメ。薬用植物。

カサヤマイノデ 〈*Polystichum* × *kasayamense* Kurata〉オシダ科のシダ植物。

カザリシダ 飾羊歯 〈*Pseudodrynaria coronans* (Wall. ex Mett.) Ching〉ウラボシ科の常緑性シ

ダ。葉身は長さ40cm弱。三角状狭披針形。日本絶滅危惧植物。

カザリナス ヒラナスの別名。

カザンテマリ 華山手毬 〈*Pyracantha crenulata* (D. Don) M. J. Roem.〉バラ科の常緑性低木。別名ヒマラヤトキワサンザシ、インドトキワサンザシ。葉は長楕円形または倒披針形。園芸植物。

カシ ブナ科。

カジイチゴ 梶苺 〈*Rubus trifidus* Thunb. ex Murray〉バラ科の落葉低木。別名トウイチゴ、エドイチゴ。果実は淡黄色。花は白色。園芸植物。

カシオーペ・テトラゴナ 〈*Cassiope tetragona* D. Don ssp. *saximontana* Porsild〉ツツジ科。高山植物。

カシオーペ・ファスティギアータ 〈*Cassiope fastigiata* D. Dor〉ツツジ科。高山植物。

カシオーペ・メルテンシアナ 〈*Cassiope mertensiana* (Bong.) D. Don〉ツツジ科の常緑の亜低木。花は白から淡紅色。園芸植物。

カシオーペ・リコポディオイデス イワヒゲの別名。

カジカエデ 梶楓 〈*Acer diabolicum* Blume ex K. Koch〉カエデ科の雌雄異株の落葉高木。別名オニモミジ。

カシグルミ テウチグルミの別名。

カジスグス 〈*Cinnamomum parthenoxylon* Meissn.〉クスノキ科の高木。葉裏粉白、樹皮と葉と熟果は芳香。熱帯植物。

カシタケ 〈*Russula* sp.〉ベニタケ科のキノコ。

カージナル キンポウゲ科のデルフィニウムの品種。切り花に用いられる。

カジノキ 梶木 〈*Broussonetia papyrifera* (L.) Vent.〉クワ科の落葉高木。葉表剛毛、葉裏白毛、複合葉の単果は赤色。樹高15m。樹皮は灰褐色。熱帯植物。薬用植物。園芸植物。

カシノキラン 〈*Saccolabium japonicum* Makino〉ラン科の多年草。長さは3～10cm。日本絶滅危機植物。

カジノハラセンソウ 〈*Triumfetta bartramia* L.〉シナノキ科の草本。やや木質。熱帯植物。

カジバラセンソウ カジノハラセンソウの別名。

カシミアナナカマド 〈*Sorbus cashmiriana*〉バラ科の木本。樹高8m。樹皮は灰色ないし帯赤色。園芸植物。

カシミールイトスギ 〈*Cupressus cashmeriana* Royle ex Carrière〉ヒノキ科の常緑高木。葉は銀青色。樹高20m。樹皮は赤褐色。園芸植物。

カシミールクマノゴケ 〈*Theriotia kashimirensis* H. Rob.〉キセルゴケ科のコケ。葉は乾くと強く巻縮。

カジメ 搗布 〈*Ecklonia cava* Kjellman in Kjellman et Petersen〉コンブ科の海藻。別名ノロカジメ、アマタ。円柱状。体は1～2m。

ガシャモク 〈*Potamogeton dentatus* Hagstr.〉ヒルムシロ科の多年生水草。葉身は狭長楕円形、節間部が肥大。日本絶滅危惧植物。

カシュウイモ 何首烏芋 〈*Dioscorea bulbifera* L. f. *domestica* Makino et Nemoto〉ヤマノイモ科の蔓草。大きなムカゴを生ずる。熱帯植物。

カシュウコメススキ 〈*Deschampsia danthonioides* (Trin.) Munro ex Benth.〉イネ科。

ガジュツ 莪朮 〈*Curcuma zedoaria* (Christm.) Roscoe〉ショウガ科の多年草。別名シロウコン。若葉は表裏共中肋赤。高さ1m。花は淡黄色。熱帯植物。薬用植物。園芸植物。

カシューナッツ 〈*Anacardium occidentale* L.〉ウルシ科の小木。別名カシュー。肥大果柄は漿果状で黄色甘酸生食。高さは10～15m。花は白もしくはうすい緑色。熱帯植物。薬用植物。園芸植物。

ガジュマル 榕樹 〈*Ficus microcarpa* L. f.〉クワ科の常緑高木。別名タイワンマツ、ヨウジュ(榕樹)。高さは20m。薬用植物。園芸植物。

カショウクズマメ 〈*Mucuna membranacea* Hayata〉マメ科の木本。別名ハネミノモダマ。

ガジョウマル 牙城丸 〈*Turbinicarpus macrochele* (Werderm.) Buxb. et Backeb.〉サボテン科のサボテン。径3cm。花は帯淡桃白色。園芸植物。

カショウレン 嘉祥蓮 スイレン科のハスの品種。園芸植物。

カショクノテン 華燭の典 キンポウゲ科のシャクヤクの品種。園芸植物。

カシラザキ 〈*Halopteris filicina* (Grateloup) Kützing〉クロガシラ科の海藻。羽状に互生。

カシワ 柏, 槲, 檞 〈*Quercus dentata* Thunb. ex Murray〉ブナ科の落葉高木。別名カシワギ、カシワノキ、モチガシワ。高さは10～15m。薬用植物。園芸植物。

カシワギイノモトソウ 〈*Pteris × matsumotoi* Sa. Kurata〉イノモトソウ科のシダ植物。

カシワバアジサイ ヒドランゲア・クエルキフォリアの別名。

カシワバコノハノリ 〈*Phycodrys fimbriata* (De La Pylaie ex J. Agardh) Kylin〉コノハノリ科の海藻。羽状に分裂。

カシワバゴムノキ 〈*Ficus lyrata* Warb.〉クワ科の木本。高さは12～15m。園芸植物。

カシワバハグマ 柏葉白熊 〈*Pertya robusta* (Maxim.) Beauv.〉キク科の多年草。高さは30～70cm。

カスアリナ・エクイセティフォリア トキワギョリュウの別名。

カスアリナ・カニンガミアナ 〈*Casuarina cunninghamiana* Miq.〉モクマオウ科の木本。高さは20m。園芸植物。

カスアリナ・ストリクタ モクマオウの別名。

カスアリナ・ヒューゲリアナ 〈*Casuarina huegeliana* Miq.〉モクマオウ科の木本。高さは12m。園芸植物。

カスアリナ・リットラリス 〈*Casuarina littoralis* Salisb.〉モクマオウ科の木本。高さは16m。園芸植物。

カスガ 春日 キク科のダリアの品種。園芸植物。

カスガノ バラ科のウメの品種。

カスカラサグラダ 〈*Rhamnus purshiana* DC.〉クロウメモドキ科の薬用植物。

カスカリラ 〈*Croton eluteria* Benn.〉トウダイグサ科の薬用植物。

カスカルティア・ビローサ 〈*Cathcartia villosa* Hooker fil.〉ケシ科。高山植物。

カズサキコウゾリナ 〈*Blumea myriocephala* DC.〉キク科の草本。葉はリウゼツナに似る。高さ2m。熱帯植物。

カズサキハカマカズラ 〈*Bauhinia corymbosa* Roxb. ex DC.〉マメ科の常緑木。花は白色。熱帯植物。園芸植物。

カズザキヨモギ ヨモギの別名。

カスタネア・クレナタ クリの別名。

カスタネア・サティウァ ヨーロッパグリの別名。

カスタネア・セガニー 〈*Castanea seguinii* Dode〉ブナ科。別名モーパングリ。高さは9m。園芸植物。

カスタネア・デンタタ アメリカグリの別名。

カスタネア・プミラ 〈*Castanea pumila* (L.) Mill.〉ブナ科。別名チンカピングリ。高さは13m。園芸植物。

カスタネア・ヘンリー 〈*Castanea henryi* (Skan) Rehd. et E. H. Wils〉ブナ科。別名ヘンリーグリ。高さは27m。園芸植物。

カスタネア・モリッシマ アマグリの別名。

カスタノスペルマム マメ科の属総称。別名ジャクトマメノキ。

カスタノプシス・クスピダタ ツブラジイの別名。

ガステリア ユリ科の属総称。

ガステリア・アキナキフォリア 〈*Gasteria acinacifolia* (Jacq.) Haw.〉ユリ科。ロゼット径50cm。園芸植物。

ガステリア・アームストロンギー 〈*Gasteria armstrongii* Schönl.〉ユリ科。別名臥牛。葉長10〜15cm。園芸植物。

ガステリア・ウェルコサ 〈*Gasteria verrucosa* (Mill.) H. Duval〉ユリ科。別名白星竜。葉長10cm。園芸植物。

ガステリア・カリナタ 〈*Gasteria carinata* (Mill.) Haw.〉ユリ科。葉長12〜15cm。園芸植物。

ガステリア・カンディカンス 〈*Gasteria candicans* Haw.〉ユリ科の多年草。

ガステリア・グラキリス 〈*Gasteria gracilis* Bak.〉ユリ科。別名虎の巻。葉長10cm。園芸植物。

ガステリア・スタイネリ 〈*Gasteria stayneri* Poelln.〉ユリ科。葉長10cm。園芸植物。

ガステリア・ディクタ 〈*Gasteria dicta* N. E. Br.〉ユリ科。葉長7〜8cm。園芸植物。

ガステリア・ネリアナ 〈*Gasteria neliana* Poelln.〉ユリ科。葉長12〜13cm。園芸植物。

ガステリア・ピランシー 〈*Gasteria pillansii* Kensit〉ユリ科。別名恐竜。葉長10〜15cm。園芸植物。

ガステリア・フミリス 〈*Gasteria humilis* Poelln.〉ユリ科。葉長5cm。園芸植物。

ガステリア・ベイツィアナ 〈*Gasteria batesiana* Rowley〉ユリ科。別名春鴬囀。葉長8〜9cm。園芸植物。

ガステリア・ベッケリ 〈*Gasteria beckeri* Schönl.〉ユリ科。別名聖牛。葉長12cm。園芸植物。

ガステリア・マルモラタ 〈*Gasteria marmorata* Bak.〉ユリ科。葉長9cm。園芸植物。

ガステリア・リリプタナ 〈*Gasteria liliputana* Poelln.〉ユリ科。葉長6cm。園芸植物。

カステレエイア・ミニアータ 〈*Casteleia miniata* Dougl.〉ゴマノハグサ科。高山植物。

ガストルキス・アンブロティー 〈*Gastorchis humblotii* (Rchb. f.) Schlechter〉ラン科。高さは60cm。花は桃赤色。園芸植物。

ガストロキルス・アクティフォリウス 〈*Gastrochilus acutifolius* (Lindl.) O. Kuntze〉ラン科。高さは10〜35cm。花は緑黄色。園芸植物。

ガストロキルス・カルケオラリス 〈*Gastrochilus calceolaris* (Buch.-Ham. ex Sm.) D. Don〉ラン科。高さは5〜15mm。花は淡緑色。園芸植物。

ガストロキルス・ベリヌス 〈*Gastrochilus bellinus* (Rchb.) O. Kuntze〉ラン科。花は黄褐色。園芸植物。

ガストロレア ユリ科。園芸植物。

カヅノウキゴケ ウキゴケの別名。

カズノコグサ 数子草 〈*Beckmannia syzigachne* (Steud.) Fern.〉イネ科の一年草または越年草。高さは30〜100cm。

カズノゴケ ウキゴケの別名。

カスピダアター カメリア・クスピダタの別名。

カスマグサ 〈*Vicia tetrasperma* (L.) Schreb.〉マメ科の越年草。高さ30〜60cm。

カスマンテ・アエティオピカ 〈*Chasmanthe aethiopica* (L.) N. E. Br.〉アヤメ科。高さは1m以上。花は橙赤色。園芸植物。

カスマンテ・フロリブンダ 〈*Chasmanthe floribunda* (Salisb.) N. E. Br.〉アヤメ科。高さは1.5m以上。花は橙赤色。園芸植物。

カスミザクラ 霞桜 〈*Prunus verecunda* Koehne〉バラ科の落葉高木。別名ケヤマザクラ。高さは20m。花は微紅またはほとんど白色。樹皮は灰褐色。園芸植物。

カスミソウ 霞草 〈*Gypsophila elegans* M. Bieb.〉ナデシコ科。別名ムレナデシコ。高さは20〜50cm。花は白色。園芸植物。

カスミソウ 霞草 ナデシコ科の総称。別名ジプソフィラ。切り花に用いられる。

カスミノキ ハグマノキの別名。

カスミホウライシダ アジアンタム・ミクロピンヌルムの別名。

カズラ・ヤポニカ サネカズラの別名。

カズラ・ロンギペドゥンクラータ 〈*Kadsura longipedunculata* Finet et Gagnep.〉マツブサ科の薬用植物。

カセイ 火星 ユリ科のユリの品種。園芸植物。

カセイマル 花盛丸 〈*Echinopsis tubiflora* (Pfeill.) Zucc.〉サボテン科のサボテン。高さは80cm。花は白色。園芸植物。

カセイマル 火星丸 ギムノカリキウム・カロクルムの別名。

カゼクサ 風草 〈*Eragrostis ferruginea* (Thunb. ex Murray) Beauv.〉イネ科の多年草。高さは30〜80cm。

カセンソウ 歌仙草 〈*Inula salicina* L. var asiatica# Kitamura〉キク科の多年草。高さは60〜80cm。

カセンニシキ カエデ科のカエデの品種。別名ハナイズミニシキ。

カタイノデ 堅猪之手 〈*Polystichum makinoi* (Tagawa.) Tagawa〉オシダ科の常緑性シダ。葉身は長さ25〜60cm。狭卵状長楕円形。

カタイノデモドキ 〈*Polystichum × izuense* Kurata〉オシダ科のシダ植物。

カタウロコゴケ 〈*Mylia taylorii* (Hook.) Gray〉ツボミゴケ科のコケ。葉は円形〜卵形。

カタバクサ 〈*Pterocladia densa* Okamura〉テングサ科の海藻。体は10〜15cm。

カタガワヤガミスゲ 〈*Carex unilateralis* Mack.〉カヤツリグサ科。果胞には広い翼あり。

カタガワヤバネノキ 〈*Pterospermum semisagittatum* Buch-Ham.〉アオギリ科の観賞用高木。花は白黄色。熱帯植物。

カタクリ 片栗 〈*Erythronium japonicum* Decne.〉ユリ科の球根植物。別名カタカゴ、カッタコ、クゾ。高さは15〜30cm。花は紅紫色。薬用植物。園芸植物。

カタクリモドキ ドデカテオン・メアーディアの別名。

カタシオグサ 〈*Cladophora ohkuboana* Holmes〉シオグサ科の海藻。鮮緑色。

カタシャジクモ 硬車軸藻 〈*Chara globularis* Thuil〉シャジクモ科。

カタシロゴケ 〈*Syrrhopodon japonicus* (Besch.) Broth.〉カタシロゴケ科のコケ。茎は高さ2cm、葉は卵形の基部。

カタスゲ 〈*Carex macrandrolepis* Lév.〉カヤツリグサ科。別名シャリョウスゲ。

カタセツム ラン科の属総称。

カタセツム・アトラツム 〈*Catasetum atratum* Lindl.〉ラン科。高さは20〜30cm。園芸植物。

カタセツム・オーキッドグレイド 〈*Catasetum Orchidglade*〉ラン科。高さは30cm。花は緑黄、橙黄、褐赤色など。園芸植物。

カタセツム・グノムス 〈*Catasetum gnomus* Lindl. ex Rchb. f.〉ラン科。高さは30〜50cm。花は乳白色。園芸植物。

カタセツム・グレイス・ダン 〈*Catasetum* Grace Dunn〉ラン科。園芸植物。

カタセツム・ケルヌーム 〈*Catasetum cernuum* (Lindl.) Rchb. f.〉ラン科。高さは20〜30cm。花は茶褐色。園芸植物。

カタセツム・サッカツム 〈*Catasetum saccatum* Lindl.〉ラン科。高さは30〜40cm。園芸植物。

カタセツム・テネブロスム 〈*Catasetum tenebrosum* Kränzl.〉ラン科。園芸植物。

カタセツム・トルラ 〈*Catasetum trulla* Lindl.〉ラン科。高さは20〜40cm。園芸植物。

カタセツム・バルバツム 〈*Catasetum barbatum* (Lindl.) Lindl.〉ラン科。花は白色。園芸植物。

カタセツム・ピレアツム 〈*Catasetum pileatum* Rchb. f.〉ラン科。高さは20〜40cm。花は淡黄色。園芸植物。

カタセツム・フィンブリアツム 〈*Catasetum fimbriatum* (C. Morr.) Lindl.〉ラン科。高さは30〜40cm。花は緑白色。園芸植物。

カタセツム・マクロカルブム 〈*Catasetum macrocarpum* L. Rich. ex Kunth〉ラン科。高さは15〜30cm。花は緑色。園芸植物。

カタセツム・レベッカ・ノーザン 〈*Catasetum* Rebecca Northen〉ラン科。園芸植物。

カタトゲパンノキ 〈*Artocarpus rigidus* BL.〉クワ科の高木。果実の刺は硬く、材は黄褐色で耐久性あり。熱帯植物。

カタナワゴケ 〈*Oedicladium fragile* Card.〉ナワゴケ科のコケ。葉は長さ2.5〜5mm。

カタナンセ ルリニガナの別名。

カタナンピイノデ 〈*Polystichum × minamitanii* Kurata ex Serizawa〉オシダ科のシダ植物。

カタノリ 〈*Grateloupia divaricata* Okamura〉ムカデノリ科の海藻。別名ムカデノリ。叢生。体は7〜20cm。

カタノリ　ムカデノリの別名。

カタバコショウ　〈*Piper miniatum* BL.〉コショウ科の観賞用蔓木。葉はサルトリイバラのような質。熱帯植物。

カタバスジミココヤシ　シアグルス・フレクスオサの別名。

ガタパチヤノキ　〈*Palaquium gutta* Burck.〉アカテツ科の高木。葉裏黄褐色短毛密布。花は緑色。熱帯植物。

カタハノハネモ　〈*Broypsis harveyana* J. Agardh〉ハネモ科の海藻。羽枝が偏生し短くほぼ同じ長さに並ぶ。

カタハマキゴケ　〈*Hyophila involuta* (Hook.) A. Jaeger〉センボンゴケ科のコケ。葉縁の上部に低いまばらな鋸歯あり。無性芽はいがぐり状。

カタバミ　酢漿草　〈*Oxalis corniculata* L.〉カタバミ科の多年草。別名スイモノグサ。蓚酸あり。高さは10〜30cm。花は黄色。熱帯植物。薬用植物。

カタバミ科　科名。

カタヒバ　片檜葉　〈*Selaginella involvens* (Sw.) Spring〉イワヒバ科の常緑性シダ。別名ヒメヒバ、メヒバ。地下茎は淡黄緑色。高さは10〜40cm。薬用植物。園芸植物。

カタヒラゴケ　〈*Neckera polyclada* Müll. Hal.〉ヒラゴケ科のコケ。大形、二次茎は長さ10cm以上、葉は狭舌形〜狭楕円形。

カタベニフクロノリ　〈*Halosaccion firmum* (Postels et Ruprecht) Kuetzing〉ダルス科。

カタボウシノケグサ　片穂牛の毛草　〈*Desmazeria rigida* (L.) Tutin〉イネ科の一年草。高さは2〜30cm。

カタホソイノデ　〈*Polystichum × kunioi* Kurata〉オシダ科のシダ植物。

カタマリイチジク　〈*Ficus scortechinii* King.〉クワ科。幹の根元に果嚢の大集団を生ずる。果嚢は紫黒色で白斑。熱帯植物。

カタマリケゴケ　〈*Spilonema revertens* Nyl.〉カワラゴケ科の地衣類。地衣体はごく小さい綿屑状。

カタマリスギゴケ　ウマスギゴケの別名。

カタランツス・ロセウス　ニチニチソウの別名。

カタリーナ・ツァイメット　〈Katharina Zeimet〉バラ科。ポリアンサ・ローズ系。

カタルパ・オウタ　キササゲの別名。

カタルパ・スペキオサ　ハナキササゲの別名。

カタルパ・ブンゲイ　トウキササゲの別名。

カタロカイゴケ　〈*Aloina rigida* (Hedw.) Limpr.〉センボンゴケ科のコケ。葉が鈍歯。

カタワベニヒバ　〈*Neoptilota asplenioides* (Turner) Kylin〉イギス科の海藻。軟骨質。体は30cm。

カーチス　クルミ科のペカンの品種。殻果は小形。

ガチンノキ　〈*Petunga venulosa* Hook. f.〉アカネ科の低木。若葉を生食、果実は料理に用いる。熱帯植物。

カツウダケエビネ　〈*Calanthe discolor* Lindl. var. *kanashiroi* Fukuyama〉ラン科。日本絶滅危機植物。

カツウダケカンアオイ　オナガサイシンの別名。

カッカザン　活火山　ギムノカリキウム・ヴァルニチェキアヌムの別名。

カッコウアザミ　藿香薊　〈*Ageratum conyzoides* L.〉キク科の一年草。別名アゲラータム。葉は悪臭とハッカ臭との混合。高さは30〜60cm。花は紫または白色。熱帯植物。園芸植物。

カッコウセンノウ　〈*Lychnis flos-cuculi* L.〉ナデシコ科の多年草。花は紅紫色。高山植物。

カッコウチョロギ　〈*Stachys officinalis* (L.) Trevisan〉シソ科の多年草。高さは50cm。花は紅紫色。高山植物。園芸植物。

カッコソウ　〈*Primula kisoana* Miq.〉サクラソウ科の多年草。別名キソザクラ。高さは10〜15cm。花は紅紫色。園芸植物。日本絶滅危機植物。

ガッサンチドリ　月山千鳥　〈*Platanthera ophrydioides* var. *uzenensis*〉ラン科の草本。高山植物。

カッシア　マメ科の属総称。別名カワラケツメイ。

カッシア・アラタ　ハネセンナの別名。

カッシア・アングスティフォリア　センナの別名。

カッシア・オッキデンタリス　ハブソウの別名。

カッシア・オブツシフォリア　エビスグサの別名。

カッシア・コリンボサ　ハナセンナの別名。

カッシア・コルテオイデス　〈*Cassia coluteoides* Collad.〉マメ科。別名コバノセンナ。高さは1〜2m。花は黄金色。園芸植物。

カッシア・ジャワニカ　コチョウセンナの別名。

カッシア・スラッテンシス　モクセンナの別名。

カッシア・ソフェラ　オオバノセンナの別名。

カッシア・ディディモボトリア　コヤシセンナの別名。

カッシア・トーラ　〈*Cassia tora* L.〉マメ科の薬用植物。

カッシア・フィスツラ　ナンバンサイカチの別名。

カッシア・ルムティユガ　〈*Cassia multijuga* A. Rich.〉マメ科。高さは6〜7m。花は黄色。園芸植物。

カッパマグナ　ラン科のパフィオペティルムの品種。園芸植物。

カッパリス・スピノサ　ケーパーの別名。

カツモウイノデ　〈*Ctenitis subglandulosa* (Hance) Ching〉オシダ科の常緑性シダ。葉身は長さ45〜70cm。卵状三角形。

カツモウピンポン　〈*Sterculia rubiginosa* Vent.〉アオギリ科の小木。葉裏や枝は褐毛。花弁は線状でピンク。熱帯植物。

カツラ

カツラ 桂 〈*Cercidiphyllum japonicum* Sieb. et Zucc.〉カツラ科の落葉高木。別名マッコノキ、コウノキ、オコウノキ。高さは30m。樹皮は灰褐色。薬用植物。園芸植物。

カツラウリ 桂瓜 ウリ科の京野菜。

カツラ科 科名。

カツラギグミ 〈*Elaeagnus takeshitae*〉グミ科の本木。

カーディナル・クライマー 〈*Quamoclit cardinalis* Hort.〉ヒルガオ科。

カーディナル・ド・リシュリュー 〈Cardinal de Richelieu〉バラ科。ガリカ・ローズ系。花は濃い紫色。

カーディナル・ヒューム 〈Cardinal Hume〉バラ科。シュラブ・ローズ系。花は紅紫色。

カテスベア 〈*Catesbaea spinosa* L.〉アカネ科の観賞用低木。枝は多刺。花は黄色。熱帯植物。

カデティア・テイロリ 〈*Cadetia taylori* (F. J. Muell.) Schlechter〉ラン科。高さは10〜15cm。花は白色。園芸植物。

ガーデニア・ジャスミノイデス・ロンギカルパ オオヤエクチナシの別名。

ガーデニア・タイテンシス 〈*Gardenia taitensis* DC.〉アカネ科の常緑低木。花は白色。園芸植物。

ガーデニア・ヤスミノイデス クチナシの別名。

ガーデン・ジャイアント ヒガンバナ科のスイセンの品種。園芸植物。

カテンソウ 花点草 〈*Nanocnide japonica* Blume〉イラクサ科の多年草。別名ヒシバカキドオシ。高さは10〜30cm。

ガーデン・パーティー 〈Garden Party〉バラ科のバラの品種。ハイブリッド・ティーローズ系。花は白色。園芸植物。

カトウゴケ 〈*Palisadula katoi* (Broth.) Z. Iwats.〉ナワゴケ科のコケ。葉は卵形〜倒卵形。

カトウハコベ 加藤繁縷 〈*Arenaria katoana* Makino〉ナデシコ科の多年草。別名カーネーション。高さは5〜10cm。高山植物。園芸植物。日本絶滅危機植物。

カトブラスツス・ドルデイ 〈*Catoblastus drudei* O. F. Cook et Doyle〉ヤシ科。別名ホソジクヤシ。高さは3〜5m。園芸植物。

カトルセゾン・ブラン・ムスー 〈Quatre Saisons Blanc Mousseux〉バラ科。モス・ローズ系。

ガートルード・ジェキル 〈Gertrude Jekyll〉バラ科。イングリッシュローズ系。花は濃いピンク。

カトレイオプシス・オルトギーシアナ 〈*Cattleyopsis ortgiesiana* (Rchb. f.) Cogn.〉ラン科。高さは20cm。花は明るい紫紅〜淡紅色。園芸植物。

カトレイオプシス・リンデニー 〈*Cattleyopsis lindenii* (Lindl.) Cogn.〉ラン科。茎の長さ30〜90cm。花は淡桃紫色。園芸植物。

カトレイトニア・キース・ロス 〈× *Cattleytonia* Keith Roth〉ラン科。花は濃い赤紅色。園芸植物。

カトレイトニア・ジャマイカ・レッド 〈× *Cattleytonia* Jamaica Red〉ラン科。花は淡い赤紅色。園芸植物。

カトレイトニア・ジョイ・バシン 〈× *Cattleytonia* Joy Bassin〉ラン科。花は濃赤紅色。園芸植物。

カトレイトニア・ホワイ・ノット 〈× *Cattleytonia* Why Not〉ラン科。園芸植物。

カトレイトニア・マウイ・メイド 〈× *Cattleytonia* Maui Maid〉ラン科。花は白色。園芸植物。

カトレイトニア・ロージー・ジュエル 〈× *Cattleytonia* Rosy Jewel〉ラン科。園芸植物。

カトレヤ ラン科の属総称。切り花に用いられる。

カトレヤ・アイリス 〈*Cattleya* Iris〉ラン科。花は緑みを帯びた鮮黄色。園芸植物。

カトレヤ・アイリーン・オールギーン 〈*Cattleya* Irene Holguin〉ラン科。園芸植物。

カトレヤ・アヴェ・マリア 〈*Cattleya* Ave Maria〉ラン科。花は白色。園芸植物。

カトレヤ・アウランティアカ 〈*Cattleya aurantiaca* (Batem. ex Lindl.) P. Don〉ラン科。高さは30〜50cm。花は橙黄色。園芸植物。

カトレヤ・アクランディアエ 〈*Cattleya aclandiae* Lindl.〉ラン科。高さは10〜15cm。園芸植物。

カトレヤ・アベ・ケール 〈*Cattleya* Abe Kehr〉ラン科。花は白色。園芸植物。

カトレヤ・アメティストグロッサ 〈*Cattleya amethystoglossa* Linden et Rchb. f.〉ラン科。高さは40〜50cm。花は淡桃色。園芸植物。

カトレヤ・アンジェラ 〈*Cattleya* Angela〉ラン科。花は濃紅色。園芸植物。

カトレヤ・イーディシアエ 〈*Cattleya* Edithiae〉ラン科。花は白色。園芸植物。

カトレヤ・イーニド 〈*Cattleya* Enid〉ラン科。花は桃色。園芸植物。

カトレヤ・イリコロル 〈*Cattleya iricolor* Rchb. f.〉ラン科。高さは10〜15cm。園芸植物。

カトレヤ・インテルメディア 〈*Cattleya intermedia* R. C. Grah.〉ラン科の多年草。花は白〜淡紅色。園芸植物。

カトレヤ・ヴァルセヴィチー 〈*Cattleya warscewiczii* Rchb. f.〉ラン科。高さは40cm。花は深赤紫色。園芸植物。

カトレヤ・ウィオラケア 〈*Cattleya violacea* (H. B. K.) Rolfe〉ラン科。花は深紫紅色。園芸植物。

カトレヤ・ウェルティナ 〈*Cattleya velutina* Rchb. f.〉ラン科。高さは5〜8cm。花は白色。園芸植物。

カトレヤ・ウォーケリアナ 〈*Cattleya walkeriana* G. Gardn.〉ラン科。高さは5cm。花は桃紫色。園芸植物。

カトレヤ・ウォーネリ 〈*Cattleya warneri* T. Moore〉ラン科。花は桃色。園芸植物。

カトレヤ・ウォールターシアナ 〈*Cattleya* Woltersiana〉ラン科。花は濃紫紅色。園芸植物。

カトレヤ・エルドラド 〈*Cattleya eldorado* Linden〉ラン科。高さは15cm。花はクリーム白色。園芸植物。

カトレヤ・エンゼルウォーカー 〈*Cattleya* Angelwalker〉ラン科。花は白色。園芸植物。

カトレヤ・エンゼル・ベルズ 〈*Cattleya* Angel Bells〉ラン科。園芸植物。

カトレヤ・エンプレス・フレデリック 〈*Cattleya* Empress Frederick〉ラン科。花は濃桃色。園芸植物。

カトレヤ・エンプレス・ベルズ 〈*Cattleya* Empress Bells〉ラン科。花は純白色。園芸植物。

カトレヤ・オールド・ホワイティ 〈*Cattleya* Old Whitey〉ラン科。花は純白色。園芸植物。

カトレヤ・ガスケリアナ 〈*Cattleya gaskelliana* Rchb. f. ex B. S. Williams〉ラン科。花は淡紫紅色。園芸植物。

カトレヤ・カラエ・リン・スギヤマ 〈*Cattleya* Karae Lyn Sugiyama〉ラン科。花は白色。園芸植物。

カトレヤ・カリフロラ 〈*Cattleya* Califlora〉ラン科。花は白色。園芸植物。

カトレヤ・キトリーナ 〈*Cattleya citrina* Lindl.〉ラン科の多年草。

カトレヤ・キャンディー・タフト 〈*Cattleya* Candy Tuft〉ラン科。花はやわらかい感じの桃色。園芸植物。

カトレヤ・グッタタ 〈*Cattleya guttata* Lindl.〉ラン科。花は黄緑色。園芸植物。

カトレヤ・クラウン・プリンセス・ミチコ 〈*Cattleya* Crown Princess Michiko〉ラン科。花は白色。園芸植物。

カトレヤ・グラヌロサ 〈*Cattleya granulosa* Lindl.〉ラン科。花はオリーブ緑色。園芸植物。

カトレヤ・グロリエット 〈*Cattleya* Gloriette〉ラン科。花は濃紅色。園芸植物。

カトレヤ・ジェネラル・パットン 〈*Cattleya* General Patton〉ラン科。花は純白色。園芸植物。

カトレヤ・シュレーデラエ 〈*Cattleya schroederae* hort. Sander〉ラン科。高さは13〜15cm。花は淡桃藤色。園芸植物。

カトレヤ・ジョイス・ハニントン 〈*Cattleya* Joyce Hannington〉ラン科。花は白色。園芸植物。

カトレヤ・シレリアナ 〈*Cattleya schilleriana* Rchb. f.〉ラン科。茎の長さ10〜12cm。花は白色。園芸植物。

カトレヤ・スアヴィアー 〈*Cattleya* Suavior〉ラン科。花は白色。園芸植物。

カトレヤ・スキネリ 〈*Cattleya skinneri* Batem.〉ラン科。高さは25〜30cm。花は桃〜紫紅色。園芸植物。

カトレヤ・セドルスカム 〈*Cattleya* Sedlescombe〉ラン科。花は白色。園芸植物。

カトレヤ・タイタス 〈*Cattleya* Titus〉ラン科。高さは70〜80cm。花は赤紫紅色。園芸植物。

カトレヤ・ダイナ 〈*Cattleya* Dinah〉ラン科。花は濃桃色。園芸植物。

カトレヤ・ダウィアナ 〈*Cattleya dowiana* Batem. et Rchb. f.〉ラン科。高さは20cm。花は黄色。園芸植物。

カトレヤ・チョコレート・ドロップ 〈*Cattleya* Chocolate Drop〉ラン科。花は光沢のあるチョコレート赤色。園芸植物。

カトレヤ・ディック・ウィティントン 〈*Cattleya* Dick Whittington〉ラン科。花は純白色。園芸植物。

カトレヤ・ティティアス 〈*Cattleya* Tityus〉ラン科。花は濃紫紅色。園芸植物。

カトレヤ・ドゥビオサ 〈*Cattleya* Dubiosa〉ラン科。花は淡い桃色。園芸植物。

カトレヤ・トリアナエ 〈*Cattleya trianae* Linden et Rchb. f.〉ラン科。花は白、桃、紫紅など。園芸植物。

カトレヤ・ドロサ 〈*Cattleya* Dolosa〉ラン科。花は淡い紫紅色。園芸植物。

カトレヤ・ニグレラ 〈*Cattleya* Nigrella〉ラン科。花は濃い紫紅色。園芸植物。

カトレヤ・ハイライト 〈*Cattleya* High Light〉ラン科。花は白色。園芸植物。

カトレヤ・バクティア 〈*Cattleya* Bactia〉ラン科。花は光沢のあるワイン紅色。園芸植物。

カトレヤ・パーシヴァリアナ 〈*Cattleya percivalliana* (Rchb. f.) O'Brien〉ラン科。高さは20cm。花は桃紫色。園芸植物。

カトレヤ・ハーディアナ 〈*Cattleya* Hardyana〉ラン科。花は濃紫紅色。園芸植物。

カトレヤ・パール・ハーバー 〈*Cattleya* Pearl Harbor〉ラン科。花は純白色。園芸植物。

カトレヤ・ビコロル 〈*Cattleya bicolor* Lindl.〉ラン科。高さは30〜40cm。花は深紅色。園芸植物。

カトレヤ・ピンク・エレファンツ 〈*Cattleya* Pink Elephants〉ラン科。花は桃色。園芸植物。

カトレヤ・ファセリス 〈*Cattleya* Fascelis〉ラン科。高さは25cm。花は紫紅色。園芸植物。

カトレヤ・フィーティ ラン科。園芸植物。

カトレヤ・フェイビア 〈*Cattleya* Fabia〉ラン科。花は濃桃色。園芸植物。

カトレヤ・フェイビンギアナ 〈*Cattleya* Fabingiana〉ラン科。花は濃桃色。園芸植物。

カトレヤ・フォーブシー 〈*Cattleya forbesii* Lindl.〉ラン科。高さは15～20cm。花は淡桃色。園芸植物。

カトレヤ・プリンセス・ベルズ 〈*Cattleya* Princess Bells〉ラン科。花は白色。園芸植物。

カトレヤ・ベビー・ケイ 〈*Cattleya* Baby Kay〉ラン科。花は淡いライムグリーン。園芸植物。

カトレヤ・ベラ・シンプソン 〈*Cattleya* Bella Simpson〉ラン科。花は淡紅色。園芸植物。

カトレヤ・ポーシア 〈*Cattleya* Portia〉ラン科。園芸植物。

カトレヤ・ポーシャ 〈*Cattleya* Porcia〉ラン科。花は紫紅色。園芸植物。

カトレヤ・ボブ・ベッツ 〈*Cattleya* Bob Betts〉ラン科。花は白色。園芸植物。

カトレヤ・ホリス 〈*Cattleya* Horace〉ラン科。園芸植物。

カトレヤ・ボーリンギアナ 〈*Cattleya bowringiana* O'Brien〉ラン科の多年草。高さは20～25cm。花は紫紅色。園芸植物。

カトレヤ・マイケル・コリンズ 〈*Cattleya* Michael Collins〉ラン科。花は白色。園芸植物。

カトレヤ・マギー・ラファエル 〈*Cattleya* Maggie Raphael〉ラン科。花は紫紅色。園芸植物。

カトレヤ・マクシマ 〈*Cattleya maxima* Lindl.〉ラン科。花は藤紫色。園芸植物。

カトレヤ・メアリー・アン・バーネット 〈*Cattleya* Mary Ann Barnett〉ラン科。花は白色。園芸植物。

カトレヤ・メンデリー 〈*Cattleya mendelii* Backh.〉ラン科。花はビロード状深紅色。園芸植物。

カトレヤ・モシアエ 〈*Cattleya mossiae* Hook.〉ラン科。高さは20cm。花はライラック色。園芸植物。

カトレヤ・ラビアタ 〈*Cattleya labiata* Lindl.〉ラン科。別名ヒノデラン。高さは10～30cm。園芸植物。

カトレヤ・ランデイト 〈*Cattleya* Landate〉ラン科。高さは25cm。園芸植物。

カトレヤ・ルシル・スモール 〈*Cattleya* Lucille Small〉ラン科。花は白色。園芸植物。

カトレヤ・ルテオラ 〈*Cattleya luteola* Lindl.〉ラン科。高さは15～20cm。花は緑黄色。園芸植物。

カトレヤ・レイミー・ショレー 〈*Cattleya* Remy Chollet〉ラン科。花は桃色。園芸植物。

カトレヤ・レダ 〈*Cattleya* Leda〉ラン科。花は濃紫紅色。園芸植物。

カトレヤ・ロディギシー 〈*Cattleya loddigesii* Lindl.〉ラン科。花は淡紫藤色。園芸植物。

カトレヤ・ローレンセアナ 〈*Cattleya lawrenceana* Rchb. f.〉ラン科。高さは30～40cm。花は桃紫色。園芸植物。

カナヴァリア・エンシフォルミス タチナタマメの別名。

カナヴァリア・グラディアタ ナタマメの別名。

カナウツギ 格空木 〈*Stephanandra tanakae* Franch. et Savat.〉バラ科の落葉低木。花は白色。

カナクギノキ 金釘の木 〈*Lindera erythrocarpa* Makino〉クスノキ科の落葉高木。

カナダアキノキリンソウ 〈*Solidago canadensis* L.〉キク科の多年草。高さは40～120cm。園芸植物。

カナダイチイ タクスス・カナデンシスの別名。

カナダオダマキ 〈*Aquilegia canadensis* L.〉キンポウゲ科の多年草。高さは30～60cm。花は黄色。園芸植物。

カナダカエデ カエデ科。別名サトウカエデ。園芸植物。

カナダツガ 〈*Tsuga canadensis* (L.) Carrière〉マツ科の常緑高木。高さは20～30m。樹皮は紫灰色。園芸植物。

カナダトウヒ 〈*Picea glauca* (Moench) Voss〉マツ科の常緑高木。別名シロトウヒ。高さは30m。樹皮は灰褐色。園芸植物。

カナダピンオーク 〈*Quercus ellipsoidalis*〉ブナ科の木本。樹高25m。樹皮は灰色。園芸植物。

カナダモ 〈*Elodea canadensis* Michx.〉トチカガミ科の多年草。花は白色。園芸植物。

カナビキソウ 金引草 〈*Thesium chinense* Turcz.〉ビャクダン科の多年草。別名イワガネソウ。高さは10～25cm。薬用植物。

カナビキボク 〈*Champereia manillana* Merr.〉カナビキボク科の低木。寄生性、根は白、雌雄異株、果実は黄～赤熟色。熱帯植物。

カナムグラ 金葎 〈*Humulus japonicus* Sieb. et Zucc.〉クワ科の一年生つる草。別名ビンボウカズラ、ヤエムグラ。薬用植物。

カナメモチ 要黐 〈*Photinia glabra* (Thunb. ex Murray) Maxim.〉バラ科の常緑高木。別名アカメモチ、ソバノキ。高さは3～5m。花は白色。園芸植物。

カナリー 〈Canary〉バラ科。ハイブリッド・ティーローズ系。花は黄色。

カナリウム・ウルガレ クナリカンランの別名。

カナリウム・ルツオニクム マニラエレミの別名。

カナリーキヅタ 〈*Hedera canariensis* Willd.〉ウコギ科の常緑つる性低木。葉長15～20cm。園芸植物。

カナリークサヨシ 〈*Phalaris canariensis* L.〉イネ科の一年草。高さは40～100cm。園芸植物。

カナリーグラス カナリークサヨシの別名。

カナリナ・アビシニカ 〈*Canarina abyssinica* Engler〉キキョウ科の多年草。

カナリナ・カナリエンシス 〈*Canarina canariensis* (L.) O. Kuntze〉キキョウ科の多年草。高さは1～1.5m。花は黄を帯びた紫または橙色。園芸植物。

カナリー・バード 〈Canary Bird〉バラ科。シュラブ・ローズ系。花はカナリヤイエロー。

カナリー・バード アヤメ科のスペインアヤメの品種。園芸植物。

カナリーヤシ 〈*Phoenix canariensis* Hort. ex Chabaud〉ヤシ科の常緑高木。果実は橙色、果序の枝は橙色扁平。高さは15～20m。花は黄色。熱帯植物。園芸植物。

カナリーヤシ ナツメヤシの別名。

カナリヤヅル 〈*Tropaeolum peregrinum* L.〉ノウゼンハレン科のつる性一年草。高さは4m。花はレモンイエロー。園芸植物。

カナルギョク 加奈留玉 コピアポア・カナラレンシスの別名。

カナワラビ オシダ科のカナワラビ属の内光沢あるシダの総称。

カナンガ バンレイシ科の属総称。別名イランイランノキ。

カナンガ・オドラタ イランイランノキの別名。

カニクサ 蟹草 〈*Lygodium japonicum* (Thunb. ex Murray) Sw.〉フサシダ科の夏緑性シダ。別名シャミセンヅル、ツルシノブ。葉柄は長さ30cm。葉身はつる状。薬用植物。園芸植物。

カニコウモリ 蟹蝙蝠 〈*Cacalia adenostyloides* (Franch. et Savat.) Matsum.〉キク科の多年草。高さは60～95cm。高山植物。

カニサボテン 〈*Schlumbergera russelliana* (G. Gardn.) Britt. et Rose〉サボテン科のサボテン。別名カンバサボテン、カニバサボテン。花は紫紅色。園芸植物。

カニストルム・キアティフォルメ 〈*Canistrum cyathiforme* Mez〉パイナップル科の着生。花は黄色。園芸植物。

カニストルム・リンデニー 〈*Canistrum lindenii* (Regel) Mez〉パイナップル科の着生。ロゼット径80～90cm。花は白色。園芸植物。

カニタケ 〈*Disciotis venosa* (Pers.) Arnauld〉アミガサタケ科のキノコ。

カニツリグサ 蟹釣草 〈*Trisetum bifidum* (Thunb. ex Murray) Ohwi〉イネ科の多年草。高さは40～80cm。

カニツリススキ チシマカニツリの別名。

カニツリノガリヤス 〈*Calamagrostis fauriei* Hack.〉イネ科の多年草。高さは30～75cm。

カニノツメ 〈*Linderia bicolumnata* (Lloyd) Cunn.〉アカカゴタケ科のキノコ。小型～中型。カニのハサミ様、托はピンク色～橙黄色。

カニノテ 〈*Amphiroa dilatata* Lamouroux〉サンゴ科の海藻。叉状分岐。体は10cm。

カニメゴケ 〈*Acroscyphus sphaerophoroides* Lév.〉サンゴゴケ科の地衣類。地衣体は生品は灰色。

カニンガミア・ランケオラタ コウヨウザンの別名。

カーネギア サボテン科の属総称。サボテン。

カーネギエア・ギガンテア ベンケイチュウの別名。

カネコシダ 金子羊歯 〈*Gleichenia laevissima* Christ〉ウラジロ科の常緑性シダ。羽片は卵状長楕円形。

カーネーション 〈*Dianthus caryophyllus* L.〉ナデシコ科。別名ジャコウナデシコ(麝香撫子)、アンジャベル、オランダセキチク。高さは40～50cm。花は肉色。園芸植物。

カーネーション・イエロー シュウカイドウ科のベゴニアの品種。園芸植物。

カーネーション・ウェストプリティ ナデシコ科の園芸品種。別名ダイアンサス・ジプシー。切り花に用いられる。

ガーネット 〈Garnette〉バラ科。フロリバンダ・ローズ系。

カネマルテングサゴケ 〈*Riccardia crassa* (Schwägr.) C. Massal.〉スジゴケ科のコケ。葉状体の表面に著しい縞状のベルカをもつ。

ガネモ グネツム・グネモンの別名。

カネラ・ウインテラーナ 〈*Canella winterana* Gaertn.〉カネラ科の薬用植物。

カノコソウ 鹿子草 〈*Valeriana fauriei* Briq.〉オミナエシ科の多年草。別名ハルオミナエシ。高さは40～80cm。花は白～淡紅色。薬用植物。園芸植物。

カノコユリ 鹿子百合 〈*Lilium speciosum* Thunb. var. *speciosum*〉ユリ科の多肉植物。別名イワユリ、タキユリ、ドヨウユリ。高さは1～1.5m。花は桃～濃紅色。園芸植物。

カノシタ 〈*Hydnum repandum* L.：Fr.〉カノシタ科(ハリタケ科)のキノコ。小型～中型。傘は肌色、不整円形。

カノツメソウ 鹿の爪草 〈*Spuriopimpinella calycina* (Maxim.) Kitagawa〉セリ科の多年草。別名ダケゼリ。高さは50～80cm。

ガノデルマ・シネンセ 〈*Ganoderma sinense* Zhao, Xu et Zhang.〉サルノコシカケ科の薬用植物。

カバ 〈*Piper methysticum* G. Forst.〉コショウ科の低木。別名カワカワ、シャカオ。肥大根はメチスチジンを含みやや麻酔性。高さは2m。熱帯植物。薬用植物。園芸植物。

カバイロイワモジゴケ 〈*Graphis cervina* Müll. Arg.〉モジゴケ科の地衣類。地衣体は黄褐色または類白。

カバイロオオホウライタケ 〈*Marasmius aurantioferrugineus* Hongo〉キシメジ科のキノコ。中型。傘は赤橙色、放射状のしわ。ひだは白色。

カバイロコナテングタケ 〈*Amanita rufoferruginea* Hongo〉テングタケ科のキノコ。中型。傘は帯褐橙色粉質。

カバイロサカズキタケ 〈*Helvella leucomelaena* (Pers.) Nannf.〉ノボリリュウタケ科のキノコ。

カバイロタケ 〈*Hypholoma squamosum* (Pers. : Fr.) Sing. var. *thraustum* (Schlz. in Kalchbr.) Hongo〉モエギタケ科のキノコ。小型～中型。傘は赤褐色、早落性小鱗片付着。ひだは白色。

カバイロチャワンタケ 〈*Pachyella clypeata* (Schw.) Le Gal〉チャワンタケ科のキノコ。

カバイロツルタケ 〈*Amanita fulva* (Schaeff.) Pers.〉テングタケ科のキノコ。中型。傘は茶褐色、条線あり。

カバイロテングノメシガイ 〈*Geoglossum fallax* Durand var. *fallax*〉テングノメシガイ科のキノコ。

カバイロトマヤタケ 〈*Inocybe aureostipes* Y. Kobayasi〉フウセンタケ科のキノコ。小型。傘は明褐色、絹繊維状。ひだは灰褐色。

カバイロトルネラ 〈*Turnera aurantiaca* Benth.〉トルネラ科の観賞用草本。花は橙黄色。熱帯植物。

カバイロヒナラン 〈*Ascocentrum miniatum* (Lindl.) Schlechter〉ラン科の着生植物。葉は厚く折満状。高さは10～15cm。花は橙色。熱帯植物。

カバニレシア・アルボレア 〈*Cavanillesia arborea* K. Schum.〉パンヤ科。別名サカダルノキ。高さは20m。園芸植物。

カバネミア・スペルフルア 〈*Capanemia superflua* (Rchb. f.) Garay〉ラン科。高さは6～10cm。花は半透明の白色。園芸植物。

カバネミア・テレシアエ 〈*Capanemia theresiae* Barb.-Rodr.〉ラン科。園芸植物。

カバノアナタケ 〈*Fuscoporia obliqua* (Pers. : Fr.) Aoshi.〉タバコウロコタケ科のキノコ。

カバノキ カバノキ科の属総称。

カバノキ科 科名。

カバノハミナミブナ 〈*Nothofagus betuloides*〉ブナ科の木本。樹高25m。樹皮は濃い灰色。

カバノリ 〈*Gracilaria textorii* (Suringar) Hariot〉オゴノリ科の海藻。内部に大きな柔細胞を持つ。体は20cm。

カバリス・マリアーナ 〈*Capparis spinosa* L. var. *mariana* Schum.〉フウチョウソウ科の多年草。

カビゴケ 〈*Leptolejeunea elliptica* (Lehm. & Lindenb.) Schiffn.〉クサリゴケ科のコケ。淡緑色、茎は長さ5～10mm。

ガビザン 峨眉山 ペニオケレウス・ジョンストニーの別名。

カブ 蕪 〈*Brassica campestris* L. subsp. *rapa* Hook. f. et Anders.〉アブラナ科の根菜類。別名ブラシカ・ラバ、アブラナ、カブラ。根直径20cm。花は鮮黄色。薬用植物。園芸植物。

カフェルオニソテツ エンケファラルトス・カフェルの別名。

カプシクム ゴシキトウガラシの別名。

カブシメジ シメジ科の野菜。別名ホンシメジ。

カブス ダイダイの別名。

カブスゲ 〈*Carex caespitosa* L.〉カヤツリグサ科。別名クロオスゲ。

カブダチアッケシソウ 〈*Salicornia virginica* L.〉アカザ科の多年草。根茎は横にはって木化。

カブダチクジャクヤシ 株立孔雀椰子 〈*Caryota mitis* Lour.〉ヤシ科の小木。やや叢生、生長点を食し、髄から澱粉をとる。高さは3.6～12m。熱帯植物。園芸植物。

カブダチソテツジュロ フェニックス・レクリナタの別名。

カブダチビンロウジュ アレカ・トリアンドラの別名。

カブトゴケ ヨロイゴケ科。

カブトゴケモドキ 〈*Lobaria kurokawae* Yoshim.〉ヨロイゴケ科の地衣類。湿時背面は緑藍色。

カブトダコ アローカシア・ロンギローバの別名。

カブトマル 兜丸, 甲丸 〈*Astrophytum asterias* (Zucc.) Lem.〉サボテン科の多年草。別名星冠。径20cm。花は黄色。園芸植物。

カブベニタケ 〈*Collybia acervata* Kummer〉キシメジ科のキノコ。

カブラアセタケ 〈*Inocybe asterospora* Quél.〉フウセンタケ科のキノコ。

カブラギキョウモドキ カンパニュラ・ラプンキュロイデスの別名。

カブラテングタケ 〈*Amanita gymnopus* Corner & Bas〉テングタケ科のキノコ。大型。傘はクリーム色、淡黄色のいぼ・縁部につばの破片あり、条線なし。

カブラマツタケ 〈*Squamanita umbonata* (Sumst.) Bas〉ハラタケ科のキノコ。小型～中型。傘は円錐形、茶褐色の繊維状鱗片。ひだは白色。

カプリンチェリー バラ科。

カブレゴケ 〈*Leptotrema sendaiense* (Vain.) Yas.〉チブサゴケ科の地衣類。地衣体は顆粒状。

カベイラクサ 〈*Parietaria diffusa* Mert. et Koch〉イラクサ科の多年草。別名ヨーロッパヒカゲミズ。高さは30〜40cm。

カーペット キク科のアスターの品種。園芸植物。

ガーベラ 〈*Gerbera jamesonii* H. Bolus ex Hook. f.〉キク科の観賞用草本。別名ハナグルマ(花車)、アフリカギク、オオセンボンヤリ(大千本槍)。花は赤または黄色。熱帯植物。園芸植物。切り花に用いられる。

ガーベラ・ウィリディフォリア 〈*Gerbera viridifolia* Schultz-Bip.〉キク科の多年草。花は白、桃、紫紅色。園芸植物。

ガーベラ・サニークリスタル キク科の園芸品種。切り花に用いられる。

ガーベルホウオウゴケ 〈*Fissidens gardneri* Mitt.〉ホウオウゴケ科のコケ。小形、葉は長楕円状披針形〜披針形。

カベンタケ 〈*Ramariopsis laeticolor* (Berk. & Curt.) Petersen〉シロソウメンタケ科のキノコ。小型〜中型。形は紡錘形〜へら状、黄色。

カーペンテリア・カリフォルニカ 〈*Carpenteria californica* Torr.〉ユキノシタ科の常緑低木。高さは2〜5m。花は純白色。園芸植物。

カホウ ツツジ科のサツキの品種。

カホクザンショウ 〈*Zanthoxylum simulans*〉ミカン科の木本。樹高6m。樹皮は灰色。薬用植物。

カボス 〈*Citrus sphaerocarpa* hort. ex T. Tanaka〉ミカン科。別名カボスユ(香酸柚)、シャンス。果肉は柔軟多汁。園芸植物。

カボチャ 南瓜 〈*Cucurbita moschata* (Duch.) Poir. var. *melonaeformis* (Carr.) Makino. f. *toonas* (Makino) Hara〉ウリ科の果菜類。別名ニホンカボチャ、トウナス。鮮果の果肉に芳香。花は黄色。熱帯植物。薬用植物。園芸植物。

カボチャアデク 〈*Eugenia uniflora* Berg.〉フトモモ科の観賞用小木。葉は薄質、果実は赤く縦溝。熱帯植物。

カボチャタケ 〈*Pycnoporellus fulgens* (Fr.) Donk〉タコウキン科のキノコ。

カボチャダマノキ 〈*Leptonychia heteroclita* Sch.〉アオギリ科の小木。果実は球状縦溝あり。熱帯植物。

カポック 〈*Ceiba pentandra* (L.) Gaertn.〉パンヤ科(キワタ科)の高木。高さは50m。花は白黄色。熱帯植物。園芸植物。

ガマ 蒲 〈*Typha latifolia* L.〉ガマ科の多年生の抽水植物。別名ミスクサ、カバ、ガンバ。全高1.5〜2.5m、葉は緑白色。高さは1〜2m。薬用植物。園芸植物。

カマエアロエ・アフリカナ 〈*Chamaealoe africana* (Haw.) A. Berger〉ユリ科。長さ10〜12cm。花は帯緑白色。園芸植物。

カマエアンギス・ウェシカタ 〈*Chamaeangis vesicata* Schlechter〉ラン科。花は黄〜緑黄色。園芸植物。

カマエカズラ ウジルカンダの別名。

カマエキパリス・オブツサ ヒノキの別名。

カマエキパリス・ティオイデス ヌマヒノキの別名。

カマエキパリス・ヌートカテンシス アラスカヒノキの別名。

カマエキパリス・ピシフェラ サワラの別名。

カマエキパリス・フォルモセンシス 〈*Chamaecyparis formosensis* Matsum.〉ヒノキ科の常緑高木。別名タイワンヒノキ、タイワンサワラ、ベニヒ。高さは20m。園芸植物。

カマエケレウス・シルヴェストリー ビャクダンの別名。

カマエダフネ・カリクラタ ヤチツツジの別名。

カマエドレア・エラティオル 〈*Chamaedorea elatior* Mart.〉ヤシ科。花は灰緑色。園芸植物。

カマエドレア・エルンペンス 〈*Chamaedorea erumpens* H. E. Moore〉ヤシ科。別名キレバテーブルヤシ。高さは3m。花は黄色。園芸植物。

カマエドレア・オブロンガタ 〈*Chamaedorea oblongata* Mart.〉ヤシ科の常緑低木。高さは3m。園芸植物。

カマエドレア・オレオピラ 〈*Chamaedorea oreophila* Mart.〉ヤシの常緑小高木。

カマエドレア・カタラクタルム 〈*Chamaedorea cataractarum* Mart.〉ヤシ科。果実は球状、径0.6cm、黒色。園芸植物。

カマエドレア・ゲオノミフォルミス 〈*Chamaedorea genomiformis* H. Wendl.〉ヤシ科。別名ウスバヒメテーブルヤシ。高さは1.2〜1.8m。花は黄色。園芸植物。

カマエドレア・コンコロル 〈*Chamaedorea concolor* Mart.〉ヤシ科。果実は黄色。園芸植物。

カマエドレア・ザイフィリッツィー 〈*Chamaedorea seifrizii* Burret〉ヤシ科。ほふく枝を生じて叢生し、サトウキビ状の茎をもつ。園芸植物。

カマエドレア・テネラ 〈*Chamaedorea tenella* H. Wendl.〉ヤシ科。高さは60cm。花は黄色。園芸植物。

カマエドレア・テペジロテ 〈*Chamaedorea tepejilote* Liebm.〉ヤシ科。高さは3〜6m。花は黄色。園芸植物。

カマエドレア・ミクロスパディクス 〈*Chamaedorea microspadix* Burret〉ヤシ科。高さは2.4m。花はクリーム色を帯びた白色。園芸植物。

カマエドレア・ラディカリス 〈*Chamaedorea radicalis* Mart.〉ヤシ科。高さは3m。花は黄色。園芸植物。

カマエネリオン・アングスティフォリウム ヤナギランの別名。

カマエネリオン・ドドナエイ 〈*Chamaenerion dodonaei* (Vill.) Schur ex Fuss〉アカバナ科の多年草。高さは20〜110cm。園芸植物。

カマエネリオン・ラティフォリウム 〈*Chamaenerion latifolium* (L.) Sweet〉アカバナ科の多年草。別名ヒメヤナギラン。高さは30〜60cm。園芸植物。

カマエラエキウム フトモモ科の属総称。

カマエランテムム・ウェノスム 〈*Chamaeranthemum venosum* M. B. Foster ex Wassh. et L. B. Sm.〉キツネノマゴ科の矮性多年草〜亜低木。葉長7〜8cm。花は淡桃紫色。園芸植物。

カマエランテムム・ゴーディショーディー 〈*Chamaeranthemum gaudichaudii* Nees〉キツネノマゴ科の矮性多年草〜亜低木。高さは15cm。花は淡桃紫色。園芸植物。

カマエロプス・フミリス チャボトウジュロの別名。

ガマ科 科名。

カマガタナガダイゴケ ユミダイゴケの別名。

カマクラヒバ チャボヒバの別名。

カマサワゴケ 〈*Philonotis falcata* (Hook.) Mitt.〉タマゴケ科のコケ。茎は長さ2〜5cm、葉は卵状披針形。

カマシア カマッシアの別名。

カマシャグマゴケ 〈*Cratoneuron commutatum* (Hedw.) G. Roth.〉ヤナギゴケ科のコケ。茎に中心束がなく、毛葉は糸状〜披針形。

ガマズミ 莢蒾 〈*Viburnum dilatatum* Thunb. ex Murray〉スイカズラ科の低木ないし小高木。別名ヨツズミ、ヨソゾメ、ヨウゾメ。高さは2〜3m。花は白色。薬用植物。園芸植物。

カマタフジ ボタン科の木本。園芸植物。

カマツカ ウシコロシの別名。

カマッシア ユリ科の属総称。球根植物。別名ヒナユリ。

カマッシア・キュシッキー 〈*Camassia cusickii* S. Wats.〉ユリ科の球根植物。花は淡青ないし青紫色。園芸植物。

カマッシア・クァマッシュ 〈*Camassia quamash* (Pursh) Greene〉ユリ科の球根植物。別名ヒナユリ。高さは75cm。花は白から淡青色。高山植物。園芸植物。

カマッシア・ライヒトリニー 〈*Camassia leichtlinii* (Bak.) S. Wats.〉ユリ科の球根植物。別名オオヒナユリ。高さは1.2m。花は白〜乳白色。園芸植物。

カマバアカシヤ 〈*Acacia auriculiformis* A. Cunn〉マメ科の小木。偽葉は曲がる。莢はラセン形に開裂。花は黄色。熱帯植物。

カマハコミミゴケ 〈*Lejeunea discreta* Lindenb.〉クサリゴケ科のコケ。黄緑色、茎は長さ5〜10mm。

カマバコモチゴケ 〈*Habrodon perpusillus* (De Not.) Limpr.〉ウスグロゴケ科のコケ。小形で、糸くず状、葉は卵形。

ガマハダダイフウシ 〈*Hydnocarpus wightiana* BL.〉イイギリ科の中高木。果径6cm、褐色、表面凸凹。熱帯植物。薬用植物。

カマヤマショウブ 〈*Iris sanguinea* Hornem. var. *violacea* Makino〉アヤメ科の多年草。

カマヤリソウ 鎌鎗草 〈*Thesium refractum* C. A. Meyer〉ビャクダン科の草本。

カマルドレンシス フトモモ科の木本。別名レッド・リバー・ガム。

カミウロコタケ 〈*Lopharia crassa* (Lev.) Boidin〉コウヤクタケ科のキノコ。中型〜大型。傘は短毛。

カミエビ アオツヅラフジの別名。

カミガモシダ 上賀茂羊歯 〈*Asplenium oligophlebium* Baker〉チャセンシダ科の常緑性シダ。別名ヒメチャセンシダ。葉身は長さ7〜20cm。線形〜狭披針形。園芸植物。

カミガモソウ 〈*Gratiola fluviatilis* Koidz.〉ゴマノハグサ科。日本絶滅危惧植物。

カミガヤツリ 〈*Cyperus papyrus* L.〉カヤツリグサ科の一年草あるいは多年草。別名カミイ(紙藺)。高さは1.5〜2.5m。熱帯植物。園芸植物。

カミカワタケ 〈*Phlebiopsis gigantea* (Fr.) Jül.〉コウヤクタケ科のキノコ。

カミツレ 〈*Matricaria chamomilla* L.〉キク科の一年草または越年草。別名カミルレ、カミレ、ゲルマンカミツレ。高さは30〜60cm。花は白色。薬用植物。園芸植物。

カミツレ キク科の属総称。

カミツレモドキ 〈*Anthemis cotula* L.〉キク科の一年草。高さは20〜50cm。花は白色。園芸植物。

カミニンギョウ 〈*Scyphostegia borneensis* Stapf.〉カミニンギョウ科の小木。花は淡緑色。熱帯植物。

カミヤツデ 紙八手 〈*Tetrapanax papyrifer* (Hook.) K. Koch〉ウコギ科の常緑または落葉低木。別名ツウソウ、ツウダツボク。高さは3〜5m。花は帯黄緑白色。薬用植物。園芸植物。

カミヤマテンナンショウ 〈*Arisaema hakonecolla*〉サトイモ科。

カミーラ サトイモ科のディフェンバキア・ピクタの品種。園芸植物。

カミルレ カミツレの別名。

カムイビランジ 〈*Melandryum hidaka-alpinum* Miyabe et Tatew.〉ナデシコ科の多年草。高山植物。

カムウッド 〈*Baphia nitida* Afzel.〉マメ科の小木。葉柄の中間に関節、材は赤褐色。花は白色。熱帯植物。

カムサッカノコギリヒバ 〈*Odonthalia camtschatica* (Ruprecht in Middendorff) J. Agardh〉フジマツモ科の海藻。叢生。体は10～30cm。

カムリゴケ 〈*Pilophorus clavatus* Th. Fr.〉キゴケ科の地衣類。地衣体は汚れた灰緑色。

カムロザサ 禿笹 〈*Pleioblastus viridistriatus* (Sieb.) Makino〉イネ科。葉が黄金色地に多数の緑条をもつ。園芸植物。

カメゴケ 〈*Amphidium lapponicum* (Hedw.) Schimp.〉タチヒダゴケ科のコケ。茎は長さ5mm前後、葉は披針形～線状披針形。

カメゴケモドキ 〈*Zygodon viridissimus* (Dicks.) Brid.〉タチヒダゴケ科のコケ。小形、茎は長さ1以下、葉は楕円状披針形。

カメバヒキオコシ 亀葉引起 〈*Isodon kameba* Okuyama〉シソ科の多年草。別名カメバソウ。高さは50～100cm。薬用植物。

カメムシタケ 〈*Cordyceps nutans* Pat.〉バッカクキン科のキノコ。別名ミミカキタケ。長さは5～17cm、柄は黒色針金状。

カメラウキウム・ウンキナツム 〈*Chamelaucium uncinatum* Schauer〉フトモモ科。高さは2～3m。花は白、桃、赤、赤紫、紫色。園芸植物。

カメリア・アッシミリス 〈*Camellia assimilis* Champ. ex. Benth.〉ツバキ科の木本。別名ユカリツバキ(縁椿)。花は淡紅色。園芸植物。

カメリア・イラワディエンシス 〈*Camellia irrawadiensis* P. K. Barua〉ツバキ科の木本。花は白色。園芸植物。

カメリア・ヴィエトナメンシス 〈*Camellia vietnamensis* T. C. Huang ex H. H. Hu〉ツバキ科の木本。花は白色。園芸植物。

カメリア・ウェルナリス 〈*Camellia × vernalis* Makino〉ツバキ科の木本。別名ハルサザンカ。花は紅や桃色。園芸植物。

カメリア・オクトペタラ 〈*Camellia octopetala* H. H. Hu〉ツバキ科の木本。枝の先に着花。園芸植物。

カメリア・ギガントカルパ 〈*Camellia gigantocarpa* H. H. Hu et T. C. Huang〉ツバキ科の木本。花は白色。園芸植物。

カメリア・キシート ガリバサザンカの別名。

カメリア・クスピダタ 〈*Camellia cuspidata* (Kochs) Wright ex Gard.〉ツバキ科の木本。花は白色。園芸植物。

カメリア・クラプネリアナ 〈*Camellia crapnelliana* Tutcher〉ツバキ科の木本。花は白色。園芸植物。

カメリア・グランサミアナ グランサムツバキの別名。

カメリア・クリサンタ キンカチャの別名。

カメリア・ケキアンゴレオサ 〈*Camellia chekiangoleosa* H. H. Hu〉ツバキ科の木本。別名セッコウベニバナユチャ(浙江紅花油茶)。花は赤色。園芸植物。

カメリア・ササンクア サザンカの別名。

カメリア・サリキフォリア 〈*Camellia salicifolia* Champ. ex Benth.〉ツバキ科の木本。別名ヤナギバサザンカ。花は白色。園芸植物。

カメリア・サルエンシス サルインツバキの別名。

カメリア・シネンシス チャノキの別名。

カメリア・セミセラタ 〈*Camellia semiserrata* Chi〉ツバキ科の木本。花は紅または白色。園芸植物。

カメリア・タリエンシス 〈*Camellia taliensis* (W. W. Sm.) Melchior〉ツバキ科の木本。花は白色。園芸植物。

カメリア・トランサリサネンシス 〈*Camellia transarisanensis* (Hayata) Cohen-Stuart〉ツバキ科の木本。別名タイワンヒメサザンカ。花は白色。園芸植物。

カメリア・ドルピフェラ 〈*Camellia drupifera* Lour.〉ツバキ科の木本。別名ユチャ。花は白色。園芸植物。

カメリア・ノコエンシス 〈*Camellia nokoensis* Hayata〉ツバキ科の木本。別名ウスバヒメツバキ。花は白色。園芸植物。

カメリア・ヒエマリス カンツバキの別名。

カメリア・ピタルディー 〈*Camellia pitardii* Cohen-Stuart〉ツバキ科の木本。別名ピタールツバキ。花は濃桃または白色。園芸植物。

カメリア・フォレスティー 〈*Camellia forrestii* (Diels) Cohen-Stuart〉ツバキ科の木本。花は白色。園芸植物。

カメリア・フラテルナ 〈*Camellia fraterna* Hance〉ツバキ科の木本。別名シラハトツバキ。花は白色。園芸植物。

カメリア・フラワード ツリフネソウ科のホウセンカの品種。園芸植物。

カメリア・フレイシー 〈*Camellia grijsii* Hance〉ツバキ科の木本。花は白色。園芸植物。

カメリア・ポリオドンタ 〈*Camellia polyodonta* How ex H. H. Hu〉ツバキ科の木本。花は濃紅色。園芸植物。

カメリア・ホンコンエンシス ホンコンツバキの別名。

カメリアマ

カメリア・マリフロラ 〈Camellia maliflora Lindl.〉ツバキ科の木本。別名テマリツバキ。花は淡桃色。園芸植物。
カメリア・ヤポニカ ツバキの別名。
カメリア・ユーシエンシス 〈Camellia yuhsienensis H. H. Hu〉ツバキ科の木本。花は白色。園芸植物。
カメリア・ルスティカナ ユキツバキの別名。
カメリア・ルチュエンシス ヒメサザンカの別名。
カメリア・レティクラタ トウツバキの別名。
カメリア・ロシフロラ 〈Camellia rosiflora Hook.〉ツバキ科の木本。花は濃桃色。園芸植物。
カメリア・ワビスケ ワビスケの別名。
カモガシラノリ 鴨頭海苔 〈Dermonema pulvinatum (Grunow in Holmes) Fan〉カサマツ科(ベニモズク科)の海藻。別名イソモチ、トオヤマノリ。軟骨質。
カモガシラノリ クジャクシダの別名。
カモガヤ 鴨茅 〈Dactylis glomerata L.〉イネ科の多年草。別名オーチャードグラス。高さは40～120cm。園芸植物。
カモガワ ツバキ科のツバキの品種。
カモジグサ 髢草 〈Agropyron tsukushiense (Honda) Ohwi var. transiens (Hack.) Ohwi〉イネ科の多年草。別名ナツノチャヒキグサ、ヒナガサ、カラスムギ。高さは50～100cm。
カモジゴケ 〈Dicranum scoparium Hedw.〉シッポゴケ科のコケ。茎は長さ2～10cm、多くの褐色の仮根をつける。園芸植物。
カモジゴケ モナルデラ・マクランタの別名。
カモナス 賀茂茄子 ナス科の京野菜。
カモノハシ 鴨嘴 〈Ischaemum aristatum L. var. glaucum (Honda) T. Koyama〉イネ科の多年草。高さは30～80cm。
カモノハシガヤ 〈Bothriochloa ischaemum (L.) Keng〉イネ科。高さは20～80cm。
カモホンアミ 加茂本阿弥 ツバキ科のツバキの品種。園芸植物。
カモミール カミツレの別名。
カモメソウ カモメランの別名。
カモメラン 鴎蘭 〈Gymnadenia cyclochila (Franch. et Savat.) Korsh.〉ラン科の多年草。別名イチョウチドリ、カモメソウ。高さは10～20cm。花は深紅紫色。高山植物。園芸植物。
カモルキス・アルピナ 〈Chamorchis alpina L. C. Rich.〉ラン科。高山植物。
ガモレプシス・タゲテス キク科。園芸植物。
カモンギョク 花紋玉 〈Lithops karasmontana (Dinter et Schwant.) N. E. Br.〉ツルナ科の球体は長倒円すい形。割れ目はやや深く、暗色の枝状の線模様がある。高さは3～4cm。花は純白。園芸植物。

カヤ 榧 〈Torreya nucifera (L.) Sieb. et Zucc.〉イチイ科の常緑高木または低木。別名カヤノキ、ホンガヤ。高さは30m。薬用植物。園芸植物。
カヤタケ 〈Clitocybe gibba (Pers.∶Fr.) Kummer〉キシメジ科のキノコ。中型。傘は淡クリーム色～淡赤褐色。ひだは白色～淡クリーム色。
カヤツリグサ 蚊帳釣草 〈Cyperus microiria Steud.〉カヤツリグサ科の一年草。別名キガヤツリ。高さは20～70cm。
カヤツリグサ シペラス・イソクラドスの別名。
カヤツリグサ科 科名。
カヤツリスゲ 〈Carex bohemica Schreb.〉カヤツリグサ科の多年草。高さは15～30cm。
ガヤドリナガミツブタケ 〈Cordyceps tuberculata (Leb.) Maire f. moelleri (Henn.) Kobayasi〉バッカクキン科のキノコ。
カヤバオヤマヤシ ガウシア・アッテヌアタの別名。
カヤプテ カユプテの別名。
カヤモノリ 萱藻海苔 〈Scytosiphon lomentaria (Lyngbye) Link〉カヤモノリ科の海藻。体は60cm。
カヤラン 榧蘭 〈Sarcochilus japonicus Miq.〉ラン科の多年草。長さは3～10cm。
カユプテ 〈Melaleuca leucadendron L.〉フトモモ科の高木。別名コバノブラッシュノキ。樹皮白、葉は硬く両面性。熱帯植物。薬用植物。
カラー サトイモ科のオランダカイウ属総称(ヒメカイウ属とは異なる)。球根植物。別名カイウ、カラ、カラリリー。切り花に用いられる。
カラー サトイモ科の属総称。別名ヒメカイウ。
カラアキグミ 〈Elaeagnus umbellata Thunb. var. coreana (H. Lev.) H. Lev.〉グミ科の木本。
カラー・アルボマクラータ・スルフレア 〈Zantedeschia albomaculata (Hook. f.) Baill.〉サトイモ科。別名シラホシカイウ。高さは60cm。仏炎苞は乳白色。
カライトソウ 唐糸草 〈Sanguisorba hakusanensis Makino〉バラ科の多年草。高さは30～100cm。高山植物。園芸植物。切り花に用いられる。
カライヌエンジュ マーキア・アムーレンシスの別名。
カラー・エリオチアナ キバナカイウの別名。
カラカサタケ 〈Macrolepiota procera (Scop.∶Fr.) Sing.〉ハラタケ科のキノコ。別名ニギリタケ、ツルタケ。大型。傘は大きな鱗片。
カラガナ・アルボレスケンス 〈Caragana arborescens Lam.〉マメ科の落葉低木。別名オオムレスズメ。高さは4～5m。花は黄色。園芸植物。
カラガナ・ミクロフィラ 〈Caragana microphylla Lam.〉マメ科の落葉低木。別名コバノムレスズメ。花は黄色。園芸植物。

ガラガラ 〈*Galaxaura fastigiata* Decaisne〉ガラガラ科の海藻。叉状に分岐。

ガラガラモドキ 〈*Rhodopeltis borealis* Yamada〉ナミノハナ科の海藻。厚く石灰質を沈積。体は4〜6cm。

ガラキシア ユリ科の属総称。球根植物。

カラキシメジ 〈*Tricholoma aestuans* (Fr.) Gill.〉キシメジ科のキノコ。中型。傘は黄色で中央部が突出。ひだは黄色。

カラクサイヌワラビ 唐草犬蕨 〈*Athyrium clivicola* Tagawa〉オシダ科の夏緑性シダ。別名オオヒロハノイヌワラビ。葉身は長さ30〜60cm。楕円形〜長楕円形。

カラクサイノデ 唐草猪手 〈*Polystichum microchlamys* (H. Christ) Matsum.〉オシダ科の夏緑性シダ。別名シノブイノデ。葉身は長さ60〜90cm。長楕円状披針形〜広披針形。

カラクサガラシ 〈*Coronopus didymus* (L.) Smith〉アブラナ科の一年草。別名インチンナズナ、カラクサナズナ。高さは10〜20cm。花は白〜淡黄色。

カラクサキンポウゲ 〈*Ranunculus gmelinii* DC.〉キンポウゲ科の草本。

カラクサケマン 唐草華鬘 〈*Fumaria officinalis* L.〉ケシ科の一年草または越年草。花は淡紅紫〜紅紫色。薬用植物。

カラクサゴケ 〈*Parmelia squarrosa* Hale〉ウメノキゴケ科の地衣類。地衣体は腹面黒色。

カラクサシダ 〈*Pleurosoriopsis makinoi* (Maxim. ex Makino) Fomin〉イノモトソウ科(ホウライシダ科、ワラビ科)のシダ植物。葉身は長さ1.5〜7cm。卵状長楕円形、鋭頭。

カラクサナズナ カラクサガラシの別名。

カラクサハナガサ 〈*Verbena tenuisecta* Briq.〉クマツヅラ科。別名キレハビジョザクラ。葉は3深裂。

カラクサホウライシダ アジアンタム・クネアータムの別名。

カラクサホウライシダ アジアンタム・ラッディアヌムの別名。

ガラクス・ウルケオラダ 〈*Galax urceolata* (Poir.) Brumm.〉イワウメ科の多年草。高さは20cm。花は白色。園芸植物。

カラコギカエデ 唐子木楓 〈*Acer ginnala* Maxim.〉カエデ科の雌雄同株の落葉小高木。樹高10m。樹皮は暗灰褐色。

カラゴロモ 〈*Vanvoorstia coccinea* J. Agardh〉コノハノリ科の海藻。網状の葉状体。

カラコンテリギ 〈*Hydrangea chinensis* Maxim.〉ユキノシタ科。

カラサキモリイヌワラビ 〈*Athyrium clivicola* Tagawa × *A. oblitescens* Sa. Kurata〉オシダ科のシダ植物。

カラシ 〈*Brassica nigra* (L.) W. D. J. Koch〉アブラナ科の一年草。高さは40〜150cm。花は黄色。

カラシナ 芥子菜 〈*Brassica juncea* (L.) Czern. var. *juncea*〉アブラナ科の一年草。高さは30〜100cm。花は黄色。薬用植物。園芸植物。

カラスウリ 烏瓜 〈*Trichosanthes cucumeroides* (Ser.) Maxim.〉ウリ科の多年生つる草。果実は朱赤色。花は白色。薬用植物。園芸植物。

カラスキバサンキライ 唐鋤刃山奇粮 〈*Heterosmilax japonica* Kunth〉ユリ科の草本。

カラスザンショウ 鴉山椒、烏山椒 〈*Zanthoxylum ailanthoides* Sieb. et Zucc. var. *ailanthoides*〉ミカン科の落葉高木。別名カラスノサンショウ。樹高15m。樹皮は灰と緑の縞色。薬用植物。

カラスシキミ 烏樒 〈*Daphne miyabeana* Makino〉ジンチョウゲ科の常緑低木。高山植物。

カラスタケ 〈*Polyzellus multiplex* (Undrew.) Murrill〉イボタケ科のキノコ。大型。藍色〜黒色、マイタケ形。

カラスノエンドウ 烏豌豆 〈*Vicia angustifolia* L. var. *angustifolia*〉マメ科の越年草。別名ヤハズエンドウ、エンドウチャ、キツネマメ。高さ60〜150cm。薬用植物。

カラスノゴマ 〈*Corchoropsis tomentosa* (Thunb.) Makino〉シナノキ科の一年草。高さは30〜60cm。薬用植物。

カラスノチャヒキ 〈*Bromus secalinus* L.〉イネ科の一年草または越年草。高さは40〜100cm。

カラスビシャク 烏柄杓 〈*Pinellia ternata* (Thunb. ex Murray) Breit.〉サトイモ科の多年草。別名ハンゲ、スズメノヒシャク、シャクソウ。仏炎苞は緑色または帯紫色。高さは20〜40cm。薬用植物。園芸植物。

カラスムギ 烏麦 〈*Avena fatua* L.〉イネ科の越年草。別名チャヒキグサ、スズメムギ。高さは60〜100cm。

カラセンキュウ 〈*Ligusticum chuanxiong* Hort.〉セリ科の薬用植物。

カラダイオウ 唐大黄 〈*Rheum rhabarbarum* L.〉タデ科の薬用植物。

カラタチ 枸橘 〈*Poncirus trifoliata* (L.) Rafin.〉ミカン科の落葉または常緑低木。別名キコク。高さは2m。花は白色。薬用植物。園芸植物。

カラタチウリ アカントシキオス・ホリドゥスの別名。

カラタチゴケ 〈*Ramalina conduplicans* Vain.〉サルオガセ科の地衣類。地衣体は狭帯状。

カラタチバナ 唐橘 〈*Ardisia crispa* (Thunb. ex Murray) DC.〉ヤブコウジ科の常緑小低木。別名コウジ、タチバナ。高さは50cm。花は白色。園芸植物。

カラタニイ

カラタニイヌワラビ 〈*Athyrium* × *purpureipes* Kurata*〉* オシダ科のシダ植物。

カラタネオガタマ 唐種小賀玉木 〈*Michelia figo* (Lour.) K. Spreng.〉モクレン科の観賞用低木。別名トウオガタマ。葉は厚い。高さは3～5m。花は黄白色。熱帯植物。園芸植物。

カラー・チルドシアナ サトイモ科。別名シキザキカイウ。園芸植物。

カラッパヤシ アクティノリティス・カラッパリアの別名。

カラテア クズウコン科の属総称。別名ヒメバショウ。切り花に用いられる。

カラテア・アルギラエア 〈*Calathea argyraea* Körn.〉クズウコン科の多年草。高さは30cm。園芸植物。

カラテア・アルビカンス 〈*Calathea albicans* Brongn. ex Gris〉クズウコン科の多年草。高さは30cm。園芸植物。

カラテア・アングスティフォリア 〈*Calathea angustifolia* Koern.〉クズウコン科の多年草。

カラテア・インシグニス ヤバネシハイヒメバショウの別名。

カラテア・ヴァルセヴィッチー 〈*Calathea warscewiczii* (Mathieu ex Planch.) Körn.〉クズウコン科の多年草。高さは70～80cm。花は白色。園芸植物。

カラテア・ヴィーチアナ 〈*Calathea veitchiana* J. G. Veitch ex Hook. f.〉クズウコン科の多年草。高さは1m。園芸植物。

カラテア・ウンドゥラタ 〈*Calathea undulata* Linden et André〉クズウコン科の多年草。高さは20cm。花は白色。園芸植物。

カラテア・オルナタ 〈*Calathea ornata* (Linden) Körn.〉クズウコン科の多年草。高さは30～40cm。園芸植物。

カラテア・クロカタ 〈*Calathea crocata* E. Morr. et Le Jolis〉クズウコン科の多年草。高さは20～25cm。花は橙黄色。園芸植物。

カラテア・クロタリフェラ 〈*Calathea crotalifera* S. Wats.〉クズウコン科の多年草。高さは1～2m。花は黄色。園芸植物。

カラテア・ゼブリナ トラフヒメバショウの別名。

カラテア・バヘミアナ 〈*Calathea bachemiana* E. Morr.〉クズウコン科の多年草。高さは30～40cm。園芸植物。

カラテア・ピクツラタ 〈*Calathea picturata* (Linden) K. Koch et Linden〉クズウコン科の多年草。高さは20cm。園芸植物。

カラテア・プリンケプス 〈*Calathea princeps* (Linden) Regel〉クズウコン科の多年草。別名ナガジクヤバネショウ。高さは1m。園芸植物。

カラテア・プリンセプス カラテア・プリンケプスの別名。

カラテア・ブルレ-マルクシー 〈*Calathea burle-marxii* H. Kennedy〉クズウコン科の多年草。高さは0.8～1.5m。園芸植物。

カラテア・ベラ 〈*Calathea bella* (Bull) Regel〉クズウコン科の多年草。高さは50cm。園芸植物。

カラテア・マコヤーナ ゴシキヤバネバショウの別名。

カラテア・ムサイカ 〈*Calathea musaica* (Bull) L. H. Bailey〉クズウコン科の多年草。別名フイリヒメバショウ。高さは20～30cm。園芸植物。

カラテア・メディオピクタ 〈*Calathea mediopicta* (E. Morr.) Regel〉クズウコン科の多年草。高さは40～50cm。園芸植物。

カラテア・ランキフォリア 〈*Calathea lancifolia* Boom〉クズウコン科の多年草。高さは30～40cm。園芸植物。

カラテア・リーツェイ 〈*Calathea lietzei* E. Morr.〉クズウコン科の多年草。高さは30～60cm。花は白色。園芸植物。

カラテア・ルイーザエ 〈*Calathea louisae* Gagnep.〉クズウコン科の多年草。高さは30cm。花は白色。園芸植物。

カラテア・ルフィバルバ 〈*Calathea rufibarba* Fenzl〉クズウコン科の多年草。高さは45～50cm。花は黄色。園芸植物。

カラテア・レオパルディナ 〈*Calathea leopardina* (Bull) Regel〉クズウコン科の多年草。高さは30～40cm。花は黄色。園芸植物。

カラテア・ロゼオピクタ クズウコン科。別名チャボベニスジヒメバショウ。園芸植物。

カラテア・ロセオピクタ マルバカラテヤの別名。

カラテア・ロツンディフォリア 〈*Calathea rotundifolia* (K. Koch) Körn.〉クズウコン科の多年草。高さは30cm。園芸植物。

カラディウム サトイモ科の属総称。別名ニシキイモ、ハイモ。

カラディウム・ションバーキー 〈*Caladium schomburgkii* Schott〉サトイモ科の多年草。葉長20cm。園芸植物。

カラディウム・ピクツラツム 〈*Caladium picturatum* K. Koch et Bouché〉サトイモ科の多年草。葉長30cm。園芸植物。

カラディウム・フンボルティー 〈*Caladium humboldtii* Schott〉サトイモ科の多年草。別名ヒメハニシキ、ヒメハイモ、ヒメカラジウム。葉長10cm。園芸植物。

カラデニア・カルネア 〈*Caladenia carnea* R. Br.〉ラン科。高さは8～20cm。花は桃色。園芸植物。

カラトウキ 〈*Angelica sinensis* (Oliv.) Diels.〉セリ科の薬用植物。

ガラナ 〈*Paullinia cupana* Kunth.〉ムクロジ科の薬用植物。

カラナシ 〈*Baliospermum montanum* Muell. Arg.〉トウダイグサ科の草状低木。根と葉は峻下剤。高さ2m。熱帯植物。

カラハツタケ 〈*Lactarius torminosus* (Schaeff.: Fr.) S. F. Gray〉ベニタケ科のキノコ。中型。傘は淡赤褐色〜淡茶褐色、濃い環紋あり。縁部は内側に巻く。

カラハナソウ 唐花草 〈*Humulus lupulus* L. var. *cordifolius* (Miq.) Maxim.〉クワ科の多年生つる草。薬用植物。

カラ・パルストリス ヒメカイウの別名。

カラフトアカバナ 〈*Epilobium glandulosum* Lehm. var. *asiaticum* Hara〉アカバナ科の草本。

カラフトアツモリソウ オオキバナアツモリソウの別名。

カラフトイチヤクソウ 樺太一薬草 〈*Pyrola faurieana* H. Andres〉イチヤクソウ科の草本。別名エゾイチヤクソウ。高山植物。

カラフトイバラ 樺太岩菅 〈*Rosa marretii* Lév.〉バラ科の落葉低木。別名ヤマハマナス、カラフトバラ。高山植物。

カラフトイワスゲ 樺太岩菅 〈*Carex rupestris* Bell. ex All.〉カヤツリグサ科。

カラフトエビラゴケ 〈*Lobaria quercizans* Michx.〉ヨロイゴケ科の地衣類。地衣体は淡褐灰色。

カラフトカブトゴケ 〈*Lobaria sachalinensis* Asah.〉ヨロイゴケ科の地衣類。葉体背面に裂芽も粉芽もない。

カラフトカワキノリ 〈*Leptogium hildenbrandii* Nyl.〉イワノリ科の地衣類。地衣体はねずみから暗赤褐色。

カラフトキンモウゴケ 〈*Ulota crispa* (Hedw.) Brid.〉タチヒダゴケ科のコケ。茎は長さ5〜10mm、葉は広楕円形〜披針形。

カラフトグワイ 〈*Sagittaria natans* Pallas〉オモダカ科の浮葉性の多年草。別名ウキオモダカ。浮葉は矢尻形、長さ7〜12cm。

カラフトゲンゲ 樺太紫雲英 〈*Hedysarum hedysaroides* (L.) Schinz et Thell.〉マメ科の草本。別名チシマゲンゲ。高さは10〜40cm。花は紅紫色。高山植物。園芸植物。

カラフトシノブゴケ 〈*Helodium sachalinense* (Lindb.) Broth.〉シノブゴケ科のコケ。茎は長さ5〜6cm、1回羽状に分枝。

カラフトスゲ 〈*Carex mackenziei* V. Krecz.〉カヤツリグサ科。別名ノルゲスゲ。

カラフトダイコンソウ 樺太大根草 〈*Geum macrophyllum* Willd. var. *sachalinense* (Koidz.) Hara〉バラ科の草本。高山植物。

カラフトツヤゴケ 〈*Entodon scabridens* Lindb.〉ツヤゴケ科のコケ。茎葉は全長約3mm、卵形。

カラフトドジョウツナギ 〈*Glyceria lithuanica* (Gorski) Gorski〉イネ科の草本。

カラフトニンジン 樺太人参 〈*Conioselinum kamtschaticum* Rupr.〉セリ科の草本。

カラフトネコノメソウ エゾネコノメソウの別名。

カラフトノダイオウ 樺太の大黄 〈*Rumex gmelini* Turcz.〉タデ科の草本。高山植物。

カラフトハナシノブ 樺太花忍 〈*Polemonium laxiflorum*〉ハナシノブ科。高山植物。

カラフトハナビゼキショウ 〈*Juncus articulatus* L.〉イグサ科の多年草。別名コバナノハイゼキショウ。高さは10〜60cm。花は緑色。

カラフトヒヨクソウ 〈*Veronica chamaedrys* L.〉ゴマノハグサ科の多年草。高さは15〜30cm。花は淡青紫色。高山植物。

カラフトブシ 樺太太付子 〈*Aconitum sachalinense* F. Schm. subsp. *sachalinense*〉キンポウゲ科の草本。

カラフトホシクサ 〈*Eriocaulon sachalinense* Miyabe et Nakai〉ホシクサ科の草本。

カラフトホソバハコベ 〈*Stellaria graminea* L.〉ナデシコ科の多年草。高さは10〜45cm。花は白色。園芸植物。

カラフトマンテマ 〈*Silene repens* var. *repens*〉ナデシコ科の草本。別名アポイマンテマ。高山植物。

カラフトミセバヤ 〈*Hylotelephium pluricaule* (Maxim.) H. Ohba〉ベンケイソウ科の多年草。別名ゴケンミセバヤ、エゾミセバヤ、ヒメミセバヤ。長さ5〜10cm。花は紅紫色。園芸植物。

カラフトミヤマシダ 樺太深山羊歯 〈*Athyrium spinulosum* (Maxim.) Milde〉オシダ科の夏緑性シダ。別名ミヤマイヌワラビ。葉身は長さ20〜30cm。広三角形。

カラフトメンマ 樺太綿馬 〈*Dryopteris coreanomontana* Nakai〉オシダ科の夏緑性シダ。色は淡い茶色。

カラフトモメンヅル 〈*Astragalus schelichovii*〉マメ科。

カラマツ 唐松, 落葉松 〈*Larix kaempferi* (Lamb.) Carr.〉マツ科の落葉高木。別名シンシュウカラマツ、ニホンカラマツ。高さは30m。樹皮は帯赤褐色。高山植物。園芸植物。

カラマツシメジ 〈*Tricholoma psammopus* (Kalchor.) Quél.〉キシメジ科のキノコ。

カラマツソウ 唐松草 〈*Thalictrum aquilegifolium* L. var. *intermedium* Nakai〉キンポウゲ科の多年草。高さは50〜120cm。高山植物。

カラマツソウ キンポウゲ科の属総称。別名タリクトラム。切り花に用いられる。

カラマツチチタケ 〈*Lactarius porninsis* Rolland〉ベニタケ科のキノコ。小型〜中型。傘は橙黄土色、環紋あり。湿時粘性。

カラマツベニハナイグチ 〈*Boletinus paluster* (Peck) Peck〉イグチ科のキノコ。小型〜中型。

カラマンシ

蕚は赤紫色～ローズピンク色、綿毛～繊維状鱗片。

カラマンシー シキキツの別名。

カラミザクラ プルヌス・パウキフロラの別名。

カラミンタ シソ科の属総称。宿根草。

カラミンタ・ネペタ 〈*Calamintha nepeta* (L.) Savi〉シソ科の多年草。高さは40～50cm。花は淡紫色。園芸植物。

カラムシ 苧、苧麻 〈*Boehmeria nivea* (L.) Gaud. var. *concolor* Makino〉イラクサ科の多年草。別名マオ、コロモグサ。高さは50～100cm。薬用植物。

カラムス・フォルモサヌス 〈*Calamus formosanus* Becc.〉ヤシ科。別名タイワントウ、シマトウ。高さは7～8m。花は黄緑色。園芸植物。

カラムス・ロタング 〈*Calamus rotang* L.〉ヤシ科。別名ロタントウ。果実はやや球形～楕円形で淡黄色。園芸植物。

カラムラサキハツ 〈*Russula omiensis* Hongo〉ベニタケ科のキノコ。

カラメドハギ 〈*Lespedeza juncea* (L. f.) Pers.〉マメ科の小低木。高さは1m。園芸植物。

カラメラ バラ科。フロリバンダ・ローズ系。

カラモモ バラ科のモモの品種。別名ジュセイトウ。園芸植物。

カラヤスデゴケ 〈*Frullania muscicola* Steph.〉ヤスデゴケ科のコケ。やや赤褐色、茎は長さ1～2cm。

カラユキヤナギ フォンタネシア・フォーチュネイの別名。

カラリョウキョウ 〈*Languas conchigera* Burkill〉ショウガ科の草本。果実は黄色。高さは1m。花は肉色。熱帯植物。

カラルマ・エウロパエア 〈*Caralluma europaea* (Guss.) N. E. Br.〉ガガイモ科の多肉植物。別名赤縞牛角、カクレミノ。花は緑黄色。園芸植物。

カラルマ・キーシー 〈*Caralluma keithii* R. A. Dyer〉ガガイモ科の多肉植物。高さは7～10cm。園芸植物。

カラルマ・ディオスコリディス 〈*Caralluma dioscoridis* Lavr.〉ガガイモ科の多肉植物。高さは10cm。花は濃赤茶色。園芸植物。

カラルマ・ホッテントトルム 〈*Caralluma hottentotorum* (N. E. Br.) N. E. Br.〉ガガイモ科の多肉植物。別名南蛮角。高さは10～15cm。花は淡黄緑色。園芸植物。

カラルマ・ルゴールディー 〈*Caralluma lugardii* N. E. Br.〉ガガイモ科の多肉植物。別名瑠雅玉。高さは10～15cm。園芸植物。

カラルマ・ルテア 〈*Caralluma lutea* N. E. Br.〉ガガイモ科の多肉植物。別名大竜角。高さは5～10cm。園芸植物。

カラルマ・レトロスピキエンス 〈*Caralluma retrospiciens* (C. G. Ehrenb.) N. E. Br.〉ガガイモ科の多肉植物。高さは60cm。花は紫紅色。園芸植物。

カラー・レーマニー モモイロカイウの別名。

ガランガ ヘディキウム・コッキネウムの別名。

カランコエ ベンケイソウ科の属総称。別名ベニベンケイ(紅弁慶)。

**カランコエ・ベニベンケイの別名。

カランコエ・エリオフィラ 〈*Kalanchoe eriophylla* Hilsenb. et Bojer〉ベンケイソウ科の多肉植物。別名福兎耳、白雪姫。花は青紫色。園芸植物。

カランコエ・オルギアリス 〈*Kalanchoe orgyalis* Bak.〉ベンケイソウ科の多肉植物。別名仙人の舞。高さは1～1.5m。花は黄色。園芸植物。

カランコエ・ガストニス-ボニエリ 〈*Kalanchoe gastonis-bonnieri* Hamet et Perr.〉ベンケイソウ科の多肉植物。花は黄色。園芸植物。

カランコエ・シンセパラ 〈*Kalanchoe synsepala* Bak.〉ベンケイソウ科の多肉植物。花は白ないし淡桃色。園芸植物。

カランコエ・セラタ 〈*Kalanchoe serrata* O. Mannoni et Boiteau〉ベンケイソウ科の多肉植物。高さは30～60cm。花は橙赤色。園芸植物。

カランコエ・ティルシフロラ 〈*Kalanchoe thyrsiflora* Harv.〉ベンケイソウ科の多肉植物。別名唐印、銀盤の舞。高さは50～70cm。花は黄色。園芸植物。

カランコエ・トメントサ ツキトジの別名。

カランコエ・プミラ 〈*Kalanchoe pumila* Bak.〉ベンケイソウ科の多肉植物。別名白銀の舞。高さは10～15cm。花は帯紅紫色。園芸植物。

カランコエ・ブロスフェルディアナ ベニベンケイの別名。

カランコエ・ベハレンシス センニョノマイの別名。

カランコエ・マルモラタ エドムラサキの別名。

カランコエ・マンギニー 〈*Kalanchoe manginii* Hamet et Perr.〉ベンケイソウ科の多肉植物。別名紅提灯。葉面は光沢のある淡緑ないし緑色。園芸植物。

カランコエ・ヨングマンシー 〈*Kalanchoe jongmansii* Hamet et Perr.〉ベンケイソウ科の多肉植物。高さは5～10cm。花は鮮黄色。園芸植物。

カランコエ・ロンギフロラ 〈*Kalanchoe longiflora* Schlechter ex J. M. Wood〉ベンケイソウ科の多肉植物。高さは30～50cm。園芸植物。

カランコエ・ロンボピロサ 〈*Kalanchoe rhombopilosa* O. Mannoni et Boiteau〉ベンケイソウ科の多肉植物。別名扇雀。葉は灰緑色。園芸植物。

カランセ エビネの別名。

ガランツス・イカリアエ 〈*Galanthus ikariae* Bak.〉ヒガンバナ科の球根植物。高さは8cm。園芸植物。

ガランツス・カウカシクス 〈*Galanthus caucasicus* (Bak.) Grossh.〉ヒガンバナ科の球根植物。灰緑色の葉色。園芸植物。

ガランツス・キリキクス 〈*Galanthus cilicicus* Bak.〉ヒガンバナ科の球根植物。内花被片基部の緑斑はない。園芸植物。

ガランツス・グラエクス 〈*Galanthus graecus* Orph. ex Boiss.〉ヒガンバナ科の球根植物。高さは8～12cm。園芸植物。

ガランツス・ニウァリス スノードロップの別名。

ガランツス・ビザンティヌス 〈*Galanthus byzantinus* Bak.〉ヒガンバナ科の球根植物。園芸植物。

ガランツス・フォステリ 〈*Galanthus fosteri* Bak.〉ヒガンバナ科の球根植物。葉が濃緑色。園芸植物。

ガランツス・プリカツス 〈*Galanthus plicatus* Bieb.〉ヒガンバナ科の球根植物。葉が反り返っている。高さは25cm。園芸植物。

カランテ・アマミアナ アマミエビネの別名。

カランテ・アリサネンシス 〈*Calanthe arisanensis* Hayata〉ラン科の多年草。高さは30～45cm。花は白色。園芸植物。

カランテ・アリスツリフェラ キリシマエビネの別名。

カランテ・アリスミフォリア 〈*Calanthe alismifolia* Lindl.〉ラン科の多年草。高さは25～60cm。花は白色。園芸植物。

カランテ・イズ-インスラリス ニオイエビネの別名。

カランテ・ヴィーチー 〈*Calanthe* Veitchii〉ラン科の多年草。花は桃紫色。園芸植物。

カランテ・ウェスティタ 〈*Calanthe vestita* Lindl.〉ラン科の多年草。高さは15～20cm。花は白～桃色。園芸植物。

カランテ・エリプティカ 〈*Calanthe elliptica* Hayata〉ラン科の多年草。高さは30～50cm。花は白色。園芸植物。

カランテ・オキナウェンシス 〈*Calanthe okinawensis* Hayata〉ラン科の多年草。別名オキナワエビネ。花は赤紫色。園芸植物。

カランテ・カウダティラベラ 〈*Calanthe caudatilabella* Hayata〉ラン科の多年草。花は白～淡黄色。園芸植物。

カランテ・カルディオグロッサ 〈*Calanthe cardioglossa* Schlechter〉ラン科の多年草。高さは7～8cm。花は橙色。園芸植物。

カランテ・キョウト 〈*Calanthe* Kyoto〉ラン科の多年草。花は濃紅紫色。園芸植物。

カランテ・グラキリフロラ 〈*Calanthe graciliflora* Hayata〉ラン科の多年草。高さは30～50cm。花は緑褐色。園芸植物。

カランテ・シーボルディー キエビネの別名。

カランテ・ストリアタ オオエビネの別名。

カランテ・ディスコロル エビネの別名。

カランテ・デンシフロラ タマザキエビネの別名。

カランテ・トクノシメンシス トクノシマエビネの別名。

カランテ・トリカリナタ サルメンエビネの別名。

カランテ・トリプリカタ ツルランの別名。

カランテ・ハーシー 〈*Calanthe* Harrsii〉ラン科の多年草。花は乳白色。園芸植物。

カランテ・ハマタ 〈*Calanthe hamata* Hand.-Mazz.〉ラン科の多年草。高さは40～60cm。花は白色。園芸植物。

カランテ・フォルモサナ 〈*Calanthe formosana* Rolfe〉ラン科の多年草。高さは35～45cm。花は鮮黄色。園芸植物。

カランテ・ブライアン 〈*Calanthe* Bryan〉ラン科の多年草。花は白淡紅色。園芸植物。

カランテ・プランタギネア 〈*Calanthe plantaginea* Lindl.〉ラン科の多年草。高さは30～50cm。花は紅紫色。高山植物。園芸植物。

カランテ・プリンス・フシミ 〈*Calanthe* Prince Fushimi〉ラン科の多年草。花は濃紅色。園芸植物。

カランテ・プルクラ 〈*Calanthe pulchra* (Blume) Lindl.〉ラン科の多年草。高さは40～60cm。花は橙赤色。園芸植物。

カランテ・ブレウィコルヌ 〈*Calanthe brevicornu* Lindl.〉ラン科の多年草。高さは50～60cm。花は褐赤色。園芸植物。

カランテ・ベスチータ・ニバリス ラン科。園芸植物。

カランテ・ヘルバケア 〈*Calanthe herbacea* Lindl.〉ラン科の多年草。高さは30～40cm。花は白色。園芸植物。

カランテ・マダガスカリエンシス 〈*Calanthe madagascariensis* Rolfe〉ラン科の多年草。高さは20cm。花は菫紫色。園芸植物。

カランテ・マツダエ 〈*Calanthe matsudae* Hayata〉ラン科の多年草。高さは60～100cm。花は緑黄色。園芸植物。

カランテ・ヤポニカ ダルマエビネの別名。

カランテ・ルベンス 〈*Calanthe rubens* Ridl.〉ラン科の多年草。高さは10cm。花は明桃色。園芸植物。

カランテ・レフレクサ ナツエビネの別名。

カランテ・ロセア 〈*Calanthe rosea* (Lindl.) Benth.〉ラン科の多年草。高さは10～15cm。花は明桃色。園芸植物。

カランテ・ロンギカルカラタ 〈Calanthe longicalcarata Hayata〉ラン科の多年草。別名オオガエビネ。花は藤色。園芸植物。
カランドリーニア スベリヒユ科の属総称。
カランドリーニア・グランディフロラ 〈Calandrinia grandiflora Lindl.〉スベリヒユ科の一年草または多年草。高さは30〜90cm。花は桃または淡紫紅色。園芸植物。
カランドリーニア・バロネンシス 〈Calandrinia balonensis Lindl.〉スベリヒユ科の一年草または多年草。
カリアンテムム・ケルネリアヌム 〈Callianthemum kernerianum Freyn ex A. Kern.〉キンポウゲ科の多年草。高さは2〜10cm。花は帯紫白色。園芸植物。
カリアンテムム・コリアンドリフォリウム 〈Callianthemum coriandrifolium Rchb.〉キンポウゲ科の多年草。高さは5〜15cm。花は白色。園芸植物。
カリアンテムム・ホンドエンセ キタダケソウの別名。
カリアンテムム・ミヤベアヌム ヒダカソウの別名。
カリアンドラ マメ科の属総称。別名ベニゴウカン。
カリアンドラ ベニゴウカンの別名。
カリアンドラ・エマルギナタ 〈Calliandra emarginata (Humb. et Bompl.) Benth.〉マメ科の常緑低木。花は紅色。園芸植物。
カリアンドラ・スリナメンシス 〈Calliandra surinamensis Benth.〉マメ科の常緑低木。花は濃桃色。園芸植物。
カリアンドラ・トゥィーディー 〈Calliandra tweedii Benth.〉マメ科の常緑低木。花は赤色。園芸植物。
カリアンドラ・ポルトリケンシス 〈Calliandra portoricensis (Jacq.) Benth.〉マメ科の常緑低木。高さは3〜7m。花は緑色。園芸植物。
ガリウム・オドラツム 〈Galium odoratum Scop.〉アカネ科の多年草。高山植物。
ガリウム・クルキアータ 〈Galium cruciata L.〉アカネ科の多年草。
カリエイス・ヘテロフィラ 〈Charieis heterophylla Cass.〉キク科の一年草。高さは30cm。花は青色。園芸植物。
カリエスゴケ 〈Cladonia cariosa (Ach.) Spreng.〉ハナゴケ科の地衣類。子柄は高さ1〜2.5cm。
カリオカル バタナットの別名。
カリオタ ヤシ科。
カリオタ・ウレンス クジャクヤシの別名。
カリオタ・カミンギー 〈Caryota cumingii Lodd. ex Mart.〉ヤシ科。高さは12〜18m。園芸植物。

カリオタ・ミティス カブダチクジャクヤシの別名。
カリオフィルス・ディアンツス カーネーションの別名。
カリオプテリス・インカナ ダンギクの別名。
カリガネソウ 雁草 〈Caryopteris divaricata (Sieb. et Zucc.) Maxim.〉クマツヅラ科の多年草。別名ホカケソウ。高さは100cm以上。
カリカルパ・ディコトマ コムラサキの別名。
カリカルパ・フォルモサナ ホウライムラサキの別名。
カリカルパ・モリス ヤブムラサキの別名。
カリカルパ・ヤポニカ ムラサキシキブの別名。
カリカルパ・ルベラ 〈Callicarpa rubella Lindl.〉クマツヅラ科の多年草。別名ナンバンムラサキ。高山植物。
ガリカ・ローズ バラ科のハーブ。別名ローズ、バラ、ゲッキカ。
カリカンツス・オキデンタリス 〈Calycanthus occidentalis Hook. et Arn.〉ロウバイ科の落葉低木。
カリカンツス・フェルティリス 〈Calycanthus fertilis Walt.〉ロウバイ科の落葉低木。別名クロバナロウバイ、アメリカロウバイ。高さは1〜2.5m。花は暗紫紅色。園芸植物。
カリカンツス・フロリドゥス クロバナロウバイの別名。
カリコマ・セラティフォリア 〈Callicoma serratifolia Andr.〉クノニア科の常緑小高木。高さは6m。花はクリーム色。園芸植物。
カリシア・エレガンス 〈Callisia elegans Alexand. ex H. E. Moore〉ツユクサ科の多年草。花は白色。園芸植物。
カリシア・フラグランス 〈Callisia fragrans (Lindl.) Woodson〉ツユクサ科の多年草。別名シダレツユクサ。高さは30〜50cm。花は白色。園芸植物。
カリシア・レペンス 〈Callisia repens L.〉ツユクサ科の多年草。花は白色。園芸植物。
カリステギア・シルバティカ 〈Calystegia silvatica Griseb.〉ヒルガオ科の多年生つる植物。
カリステギア・セピウム ヒロハヒルガオの別名。
カリステギア・ソルダネラ ハマヒルガオの別名。
カリステギア・ヘデラケア コヒルガオの別名。
カリステギア・ヤポニカ ヒルガオの別名。
カリステフス・キネンシス アスターの別名。
カリステモン フトモモ科の属総称。別名ブラシノキ、キンポウジュ。切り花に用いられる。
カリステモン・ウィミナリス 〈Callistemon viminalis (Soland. ex Gaertn.) Cheel〉フトモモ科の常緑性低木または小高木。花は緋紅色。園芸植物。

カリステモン・キトリヌス 〈*Callistemon citrinus* (Curtis) Stapf〉フトモモ科の常緑性低木または小高木。別名ハナマキ、キンポウジュ（金宝樹）。高さは5m以下。花は濃赤色。園芸植物。

カリステモン・サリグヌス 〈*Callistemon salignus* (Sm.) DC.〉フトモモ科の常緑性低木または小高木。別名シロバナブラシノキ。高さは1～2m。花はクリーム色。園芸植物。

カリステモン・スペキオスス ブラッシノキの別名。

カリステモン・ピニフォリウス 〈*Callistemon pinifolius* (J. C. Wendl.) DC.〉フトモモ科の常緑性低木または小高木。高さは2～5m。花は黄緑色。園芸植物。

カリステモン・ブラキアンドラス 〈*Callistemon brachyandrus* Lindl.〉フトモモ科の常緑低木。

カリステモン・マクロプンクタツス 〈*Callistemon macropunctatus* (Dum.-Cours.) Court〉フトモモ科の常緑性低木または小高木。高さは1.5～3m。花は緋色。園芸植物。

カリステモン・リギドゥス マキバブラシノキの別名。

カリステモン・リネアリス 〈*Callistemon linearis* (Schrad. et J. C. Wendl.) DC.〉フトモモ科の常緑性低木または小高木。別名ホソバブラシノキ。高さは1～2m。花は緋紅色。園芸植物。

カリステモン・リラキヌス 〈*Callistemon lilacinus* Cheel〉フトモモ科の常緑性低木または小高木。高さは2.5～4m。花は紫紅色。園芸植物。

ガーリック ニンニクの別名。

ガーリックバイン ノウゼンカズラ科。別名ニンニクカズラ。

カリッサ 〈*Carissa carandas* L.〉キョウチクトウ科の常緑低木。別名オオバナカリッサ。刺あり。高さは5m。花は白く筒部は淡紅色。熱帯植物。園芸植物。

カリッサ・カランダス カリッサの別名。

カリッサ・ビスピノサ 〈*Carissa bispinosa* (L.) Desf. ex Brenan〉キョウチクトウ科の常緑低木。高さは3m。花は白色。園芸植物。

カリッサ・マクロカルパ 〈*Carissa macrocarpa* (Eckl.) A. DC.〉キョウチクトウ科の常緑低木。高さは6m。花は白色。園芸植物。

カリトリス・グラウカ 〈*Callitris glauca* R. Br.〉ヒノキ科の常緑高木。高さは30m。園芸植物。

カリトリス・ドラモンディー 〈*Callitris drummondii* Benth. et Hook. f.〉ヒノキ科の常緑高木。高さは3～15m。園芸植物。

カリーナ 〈*Carina*〉バラ科のバラの品種。別名カリナ。ハイブリッド・ティーローズ系。花はピンク。園芸植物。

カリネラ 〈*Carinella*〉バラ科。ハイブリッド・ティーローズ系。花はピンク。

カリバオウギ 〈*Astragalus yamamotoi* Miyabe et Tatewaki〉マメ科の草本。日本絶滅危機植物。

カリバヌス・フッケリ 〈*Calibanus hookeri* Trel.〉リュウゼツラン科。高さは20～30cm。花は紫紅色。園芸植物。

カリピソ・ブルボーサ ヒメホテイランの別名。

カリフォルニア・アイリス アヤメ科の園芸品種群。花は白、黄、桃、紫など。園芸植物。

カリフォルニア・アヤメ カリフォルニア・アイリスの別名。

カリフォルニアクログルミ ユグランス・ハインジーの別名。

カリフォルニアゲッケイジュ 〈*Umbellularia californica*〉クスノキ科の木本。樹高30m。樹皮は暗灰色。

カリフォルニアスズカケノキ プラタヌス・ラケモサの別名。

カリフォルニアトチノキ 〈*Aesculus californica* (Spach) Nutt.〉トチノキ科の木本。樹高12m。花は白またはピンク色。樹皮は淡灰色。園芸植物。

カリフォルニアホクシャ ツァウシュネーリア・カリフォルニカの別名。

カリフォルニアレッドファー マツ科の木本。

カリフォルニアアカモミ 〈*Abies magnifica* A. Murr.〉マツ科の常緑高木。高さは60m。樹皮は灰色。園芸植物。

カリプソ・ブルボサ ヒメホテイランの別名。

カリプトロギネ・ギースブレヒティアナ 〈*Calyptrogyne ghiesbreghtiana* (Linden et H. Wendl.) H. Wendl.〉ヤシ科。高さは90cm。園芸植物。

カリプトロキルム・クリスティアヌム 〈*Calyptrochilum christyanum* (Rchb. f.) Summerh.〉ラン科。花は白色。園芸植物。

カリプトロノマ・ドゥルキス 〈*Calyptronoma dulcis* (Wright ex Griseb.) L. H. Bailey〉ヤシ科。別名キューバマナックヤシ。高さは7m。園芸植物。

カリフラワー 〈*Brassica oleracea* L. var. *botrys* L.〉アブラナ科の葉菜類。別名ハナヤサイ、ハナハボタン、ハナナ。葉は長楕円形、純白の花らい。園芸植物。

カリホギョク 刈穂玉 フェロカクツス・グラキリスの別名。

カリマタガヤ 〈*Dimeria ornithopoda* Trin. var. *tenera* (Trin.) Hack.〉イネ科の一年草。高さは10～45cm。

カリマタスズメノヒエ キシュウスズメノヒエの別名。

ガリメギイヌノヒゲ 〈*Eriocaulon tutidae* Satake〉ホシクサ科の草本。

カリヤス 刈安 〈*Miscanthus tinctorius* (Steud.) Hack.〉イネ科の多年草。別名オウミカリヤス、ヤマカリヤス。高さは90〜120cm。園芸植物。

カリヤスモドキ 刈安擬 〈*Miscanthus oligostachyus* Stapf〉イネ科の多年草。山原に自生。高さは60〜100cm。園芸植物。

ガリュウ 臥竜 エリオケレウス・トルツオススの別名。

カリロク シクンシ科。

カリン 榠樝 〈*Choenomeles sinensis* (Thouin) Koehne〉バラ科の落葉小高木〜高木。別名アンランジュ。果皮は黄色。高さは8m。花は淡紅色。薬用植物。園芸植物。

カリン 〈*Pterocarpus macrocarpus* Kurz〉マメ科の高木。心材は濃赤褐色。熱帯植物。

カリン バラ科の属総称。

カルアンサス・カニヌス 〈*Carruanthus caninus* Schwant〉ツルナ科の高度多肉植物。葉は十字対生。花は黄色で外側が赤色。園芸植物。

カルイザワテンナンショウ 〈*Arisaema sinanoense*〉サトイモ科。

カルイザワトウヒレン 〈*Saussurea × karuizawensis*〉キク科。

ガルサニア・スブエリプティカ フクギの別名。

カルシチロフォラ 〈*Tylophora calcicola* Hend.〉ガガイモ科の蔓草。熱帯植物。

カルセオラリア 〈*Calceolaria × herbeohybrida* Voss〉ゴマノハグサ科。別名キンチャクソウ。高さは20〜25cm。花は緋赤、濃桃、黄など。園芸植物。切り花に用いられる。

カルセオラリア・アラクノイデア 〈*Calceolaria arachnoidea* R. C. Grah.〉ゴマノハグサ科。葉長4〜10cm。園芸植物。

カルセオラリア・インテグリフォリア 〈*Calceolaria integrifolia* J. Murr.〉ゴマノハグサ科。別名チリメンキンチャクソウ。高さは1〜1.8m。花は黄または赤褐色。園芸植物。

カルセオラリア・クレナティフロラ 〈*Calceolaria crenatiflora* Cav.〉ゴマノハグサ科。高さは45〜75cm。花は濃黄色。園芸植物。

カルセオラリア・コリンボサ 〈*Calceolaria corymbosa* Ruiz et Pav.〉ゴマノハグサ科。別名キンチャクソウ。高さは30〜45cm。花は黄金色。園芸植物。

カルセオラリア・スカビオサエフォリア ゴマノハグサ科。別名アツバキンチャクソウ。園芸植物。

カルセオラリア・ダーウィニー 〈*Calceolaria darwinii* Benth.〉ゴマノハグサ科の多年草。高さは10cm。花は黄色。園芸植物。

カルセオラリア・ピクタ 〈*Calceolaria picta* Phil.〉ゴマノハグサ科。高さは60cm。花は黄色。園芸植物。

カルセオラリア・ビコロル 〈*Calceolaria bicolor* Ruiz et Pav.〉ゴマノハグサ科。高さは3m。花は黄色。園芸植物。

カルセオラリア・ビフロラ 〈*Calceolaria biflora* Lam.〉ゴマノハグサ科。花は黄色。園芸植物。

カルセオラリア・フィーブリギアナ 〈*Calceolaria fiebrigiana* Kränzl.〉ゴマノハグサ科。花は純黄色。園芸植物。

カルセオラリア・プルプレア 〈*Calceolaria purpurea* R. C. Grah.〉ゴマノハグサ科。高さは75cm。花は紫菫色。園芸植物。

カルセオラリア・フレクスオーサ ゴマノハグサ科の宿根草。

カルセオラリア・プロフサ 〈*Calceolaria × profusa* hort.〉ゴマノハグサ科。高さは1m。花は黄色。園芸植物。

カルセオラリア・ポリリザ 〈*Calceolaria polyrrhiza* Cav.〉ゴマノハグサ科。花は黄色。園芸植物。

カルセオラリア・メキシカナ 〈*Calceolaria mexicana* Benth.〉ゴマノハグサ科。高さは10cm。花は淡黄色。園芸植物。

カルセオラリア・ローレンツィー 〈*Calceolaria lorentzii* Griseb.〉ゴマノハグサ科。高さは20cm。園芸植物。

カルタ・ディオナアイフォーリア 〈*Caltha dionaeifolia* Hook. f.〉キンポウゲ科の多年草。

カルタ・パルストリス シベリアリュウキンカの別名。

カルダミネ・エネアフィロス 〈*Cardamine enneaphyllos* Crantz〉アブラナ科。高山植物。

カルダミネ・デプレサ 〈*Cardamine depressa* Hook. f. var. *stellata* Hook. f.〉アブラナ科の多年草。

カルダミネ・プラテンシス ハナタネツケバナの別名。

カルダミネ・ベリディフォリア 〈*Cardamine bellidifolia*〉アブラナ科。高山植物。

カルダミネ・レセディフォリア 〈*Cardamine resedifolia* L.〉アブラナ科。高山植物。

カルタムス・ティンクトリウス ベニバナの別名。

カルダモン 〈*Elettaria cardamomum* (L.) Maton〉ショウガ科の多年草。ショウガ状。高さ3m、葉長50cm。花は白色。熱帯植物。薬用植物。園芸植物。

カルダモン ショウガ科の属総称。別名ショウズク。

カルダリア・ドラバ 〈*Cardaria draba* Desv.〉アブラナ科の多年草。

カルタ・レプトセパラ 〈*Caltha leptosepala* DC.〉キンポウゲ科。高山植物。

カルディアンドラ・アルテルニフォリア クサアジサイの別名。

カルディオクリヌム・カタイアヌム
〈*Cardiocrinum cathayanum* (E. H. Wils.) Stearn〉ユリ科の多年草。高さは1.5m。花は緑白色。園芸植物。

カルディオクリヌム・ギガンテウム
〈*Cardiocrinum giganteum* (Wall.) Makino〉ユリ科の多年草。別名ヒマラヤウバユリ。花は白色。高山植物。園芸植物。

カルディオクリヌム・コルダツム　ウバユリの別名。

カルディオスペルムム・ハリカカブム　フウセンカズラの別名。

カルディオスペルムム・ヒルスツム
〈*Cardiospermum hirsutum* Willd.〉ムクロジ科。花は白色。園芸植物。

カルデシア・パルナッシーフォリア　マルバオモダカの別名。

ガルデニア　クチナシの別名。

ガルデニア・スパツリフォリア　〈*Gardenia spatulifolia* Stapf. et Hutchins.〉アカネ科の常緑小高木。

ガルテンツァーバー84　〈Gartenzauber'84〉バラ科。フロリバンダ・ローズ系。

カルドゥース・アカントイデス　オウシュウヒレアザミの別名。

カルドゥース・ヌタンス　〈*Carduus nutans* L.〉キク科の多年草。高さは0.2～1m。花は赤みがかった紫色。高山植物。園芸植物。

ガルトニア　ユリ科の属総称。球根植物。別名ツリガネオモト、サマーヒアシンス。

ガルトニア　ツリガネオモトの別名。

カルドパティウム・コリンボスム　〈*Cardopatium corymbosum* Pers.〉キク科の多年草。

カルト・ブランシェ　〈Carte Blanche〉バラ科。フロリバンダ・ローズ系。花は白色。

カルドン　〈*Cynara cardunculus* L.〉キク科のハーブ。別名チョウセンアザミ、スパニッシュアーティチョーク。高さは1.5～2m。花は紫青色。薬用植物。園芸植物。

カルーナ　ギョリュウモドキの別名。

カルナウバヤシ　〈*Copernicia cerifera* Mart.〉ヤシ科。幹の基方は葉柄の残りで被われる。熱帯植物。

カルピヌス・カロライニアナ　カロライナシデの別名。

カルピヌス・チョーノスキー　イヌシデの別名。

カルピヌス・トゥルクザニノウィー　イワシデの別名。

カルピヌス・ベツルス　セイヨウシデの別名。

カルピヌス・ラクシフロラ　アカシデの別名。

ガルフィミア　キントラノオ科の属総称。別名キントラノオ。

ガルフィミア　キントラノオの別名。

カルプルニア・アウレア　〈*Calpurnia aurea* Benth.〉マメ科の低木。

カルポブロツス・アキナキフォルミス
〈*Carpobrotus acinaciformis* (L.) L. Bolus〉ツルナ科。花は洋紅色。園芸植物。

カルポブロツス・エドゥリス　バクヤギクの別名。

カルポブロツス・ザウエラエ　〈*Carpobrotus sauerae* Schwant.〉ツルナ科。花は濃紫紅色。園芸植物。

カルポブロツス・デリキオスス　〈*Carpobrotus deliciosus* (L. Bolus) L. Bolus〉ツルナ科。花は紫紅色。園芸植物。

カルポブロツス・ミュアリー　〈*Carpobrotus muirii* (L. Bolus) L. Bolus〉ツルナ科。別名高麗剣。花は深紅色。園芸植物。

カルミア　〈*Kalmia latifolia* L.〉ツツジ科の常緑低木。別名ハナガサシャクナゲ、シャクナゲ。薬用植物。園芸植物。切り花に用いられる。

カルミア　ツツジ科の属総称。

カルミア・アングスティフォリア　ナガバハナガサシャクナゲの別名。

カルミア・ポリーフォリア　〈*Kalmia poliifolia* Wangenh.〉ツツジ科。高さは50～90cm。花は紅紫色。高山植物。園芸植物。

カルミア・ラティフォリア・ファスケータ
〈*Kalmia latifolia* Linn.〉ツツジ科。別名ムラサキスジカルミ。園芸植物。

カルミオプシス・リーチアナ　〈*Kalmiopsis leachiana* (L. F. Henders.) Rehd.〉ツツジ科の常緑低木。高さは30cm。花は赤色。園芸植物。

カルム・カルウィ　オヤブジラミの別名。

カルメン　キク科のマリーゴールドの品種。園芸植物。

カルリナ・アカウリス　〈*Carlina acaulis* L.〉キク科。別名チャボアザミ。葉長30cm。花は白～紫褐色。園芸植物。

カルリナ・ウルガリス　〈*Carlina vulgaris* L.〉キク科の多年草。高さは10～60cm。高山植物。園芸植物。

ガルリヤ・エリプティカ　〈*Garrya elliptica* Douglas〉ウコギ科の常緑低木。

カルリロエ　アオイ科の属総称。

カルルテルシア・スカンデンス　〈*Carruthersia scandens* Seem.〉キョウチクトウ科の多年草。

カルルドウィカ・パルマタ　パナマソウの別名。

カール・ローゼンフィールド　キンポウゲ科のシャクヤクの品種。園芸植物。

ガレアリス・キクロキラ　カモメランの別名。

ガレアンドラ・ディウェス　〈*Galeandra dives* Rchb. f. et Warsz.〉ラン科。高さは15cm。花はやや茶を帯びた黄金色。園芸植物。

ガレアンドラ・デヴォニアナ 〈*Galeandra devoniana* Schomb. ex Lindel.〉ラン科。高さは90cm。花は白色。園芸植物。

ガレアンドラ・バイリキー 〈*Galeandra beyrichii* Rchb. f.〉ラン科。高さは90cm。花は白色。園芸植物。

ガレアンドラ・バウエリ 〈*Galeandra baueri* Lindl.〉ラン科。高さは27cm。花は白色。園芸植物。

カレエダタケ 〈*Clavulina cristata* (Fr.) Schroet.〉カレエダタケ科のキノコ。小型～中型。形はほうき状、白色。

ガレオプシス・スペキオーサ 〈*Galeopsis speciosa* Mill.〉シソ科の一年草。

ガレオプシス・セゲツム 〈*Galeopsis segetum* Necker.〉シソ科の薬用植物。

ガレガ・オッフィキナリス 〈*Galega officinalis* L.〉マメ科の多年草。高さは1～1.2m。花は青と白色。薬用植物。園芸植物。

ガレガソウ マメ科。薬用植物。

ガレガ・ハートランディー 〈*Galega* × *hartlandii* Hartland〉マメ科の多年草。花は白色で藤色を帯びる。園芸植物。

カレキグサ 〈*Tichocarpus crinitus* (Gmelin) Ruprecht in Middendorff〉カレキグサ科の海藻。扁圧。体は15～30cm。

カレクス・シデロスティクタ タガネソウの別名。

カレクス・ディスパラタ カサスゲの別名。

カレクス・フォリオシッシマ オクノカンスゲの別名。

カレクス・ムルティフォリア ミヤマカンスゲの別名。

カレクス・モロウィー カンスゲの別名。

カレクス・ランケオラタ ヒカゲスゲの別名。

カレクタシア・キアネエア 〈*Calectasia cyanea* R. Br.〉ザントロエア科の小低木。

カレックス スゲの別名。

カレックス・アレナリア 〈*Carex arenaria* L.〉カヤツリグサ科の薬用植物。

カレバキツネタケ 〈*Laccaria vinaceoavellanea* Hongo〉キシメジ科のキノコ。小型～中型。くすんだ色合いで地上生(林内)。

カレバハツ 〈*Russula castanopsidis* Hongo〉ベニタケ科のキノコ。中型。傘は褐色をおびた灰色、ひび割れる。ひだは白色のち黄味をおびる。

カレープラント キク科のハーブ。別名ハーブ・オブ・グレース、エバーラスティング。切り花に用いられる。

カレンコウアミシダ 〈*Tectaria simonsii* (Bedd.) Ching〉オシダ科の常緑性シダ。葉身は長さ30～40cm、ほぼ五角形。

カレンドゥラ・ウルウェンシス キンセンカの別名。

カレンドゥラ・オッフィキナリス トウキンセンの別名。

カロケドルス・デクレンス オニヒバの別名。

カロケファルス・ブラウニー 〈*Calocephalus brownii* (Cass.) F. J. Muell.〉キク科の低木。高さ60～90cm。園芸植物。

カロコルツス ユリ科の属総称。球根植物。別名グローブチューリップ、スターチューリップ、バタフライチューリップ。

カロコルツス・プルケラス 〈*Calochortus pulchellus* Dougl. ex Benth.〉ユリ科の多年草。

カロコロルツス・アルブス 〈*Calochortus albus* (Benth.) Dougl. ex Benth.〉ユリ科の多年草。高さは30～60cm。花は白色。園芸植物。

カロコロルツス・ウェヌスツス 〈*Calochortus vemustus* Dougl. ex Benth.〉ユリ科の多年草。別名ホワイトマリポサ。高さは50cm。花は白から黄、赤、紫色。園芸植物。切り花に用いられる。

カロコロルツス・ウニフロルス 〈*Calochortus uniflorus* Hook. et Arn.〉ユリ科の多年草。高さは15～20cm。花はライラック色。園芸植物。

カロコロルツス・ガニソニー 〈*Calochortus gunnisonii* S. Wats.〉ユリ科の多年草。高さは45cm。花は白～紫色。園芸植物。

カロコロルツス・バルバツス 〈*Calochortus barbatus* (H. B. K.) Painter〉ユリ科の多年草。高さは60cm。花は黄色。園芸植物。

カロデンドラム・カペンセ 〈*Calodendrum capense* Thunb.〉ミカン科の常緑性高木。

カロトロピス・ギガンテア 〈*Calotropis gigantea* (L.) Dryand.〉ガガイモ科の木本。葉に白毛密布。高さは5m。花は淡紫色。熱帯植物。園芸植物。

カロトロピス・プロケラ 〈*Calotropis procera* (Ait.) Dryand.〉ガガイモ科の木本。高さは2m。花は紅色。園芸植物。

カロニクティオン・アクレアツム ヨルガオの別名。

カロニクティオン・ムリカツム ハリアサガオの別名。

カロパナクス・ピクツス ハリギリの別名。

カロフィルム・イノフィルム テリハボクの別名。

カロポゴン・バルバツス 〈*Calopogon barbatus* (Walt.) Ames〉ラン科。高さは40cm。花は濃いピンク色。園芸植物。

カロライナアオイゴケ 〈*Dichondra repens* Forst. var. *carolinensis*〉ヒルガオ科の多年草。花は白色。

カロライナシデ 〈*Carpinus caroliniana* T. Walt.〉カバノキ科の木本。高さは12m。樹皮は灰色。園芸植物。

カロライナジャスミン 〈*Gelsemium sempervirens*〉マチン科。園芸植物。

カロライナツガ 〈*Tsuga caroliniana* Engelm.〉マツ科の常緑高木。高さは20m。樹皮は赤褐色。園芸植物。

カロリンゾウゲヤシ メトロクシロン・アミカルムの別名。

カロリンノヤシ クリノスティグマ・カロリネンセの別名。

カワイワタケ カワイワタケ科。

カワウソタケ 〈*Inonotus mikadoi* (Lloyd) Imazeki〉タバコウロコタケ科のキノコ。小型～中型。傘は黄褐色～さび褐色、密毛。

カワカワ カバの別名。

カワグチヒメノボタン 〈*Ochthocharis borneensis* BL.〉ノボタン科の低木。熱帯植物。

カワゴケ 〈*Fontinalis hypnoides* Hartm.〉カワゴケ科のコケ。別名ムクムクシミズゴケ。葉は狭卵状披針形。

カワゴケソウ 川苔草 〈*Cladopus japonicus* Imamura〉カワゴケソウ科の多年草。葉状体は偏平で細長く、幅2～4mm。

カワゴケソウ科 科名。

カワゴロモ 川衣 〈*Hydrobryum japonicum* Imamura〉カワゴケソウ科の多年草。葉状体は濃緑色で偏平。

カワチシャ 川萵苣 〈*Veronica undulata* Wall.〉ゴマノハグサ科の越年草。高さは10～60cm。薬用植物。

カワヂシャモドキ 〈*Veronica catanata* Pennell〉ゴマノハグサ科。果実は球形で長さ2～3mm。

カワシワタケ 〈*Meruliopsis corium* (Fr.) Ginns〉シワタケ科のキノコ。

カワズカナワラビ 〈*Arachniodes* × *kenzo-satakei* (kurata) Kurata〉オシダ科のシダ植物。

カワヅザクラ バラ科の木本。

カワズスゲ 〈*Carex omiana* var. *monticola*〉カヤツリグサ科。

カワゼンゴ 〈*Angelica tenuisecta* (Makino) Makino〉セリ科の草本。

カワタケ 〈*Peniophora quercina* (Pers. : Fr.) Cooke〉コウヤクタケ科のキノコ。

カワチブシ 河内付子 〈*Aconitum grosse-dentatum* Nakai〉キンポウゲ科の草本。

カワチマル 河内丸 〈*Notocactus apricus* (Arech.) A. Berger〉サボテン科のサボテン。径5～7cm。花は輝黄色。園芸植物。

カワツルモ 川蔓藻 〈*Ruppia maritima* L.〉ヒルムシロ科(カワツルモ科)の多年生水草。葉は針状で互生、葉縁に鋸歯。日本絶滅危惧植物。

カワノリ カワノリ科。

カワバタクジャク 〈*Dryopteris* × *kawabatae* Nakaike, nom. nud.〉オシダ科のシダ植物。

カワバタハチジョウシダ 〈*Pteris kawabata* Kurata〉イノモトソウ科(ワラビ科)の常緑性シダ。葉身は長さ25～40cm。卵形。

カワバタホシダ 〈*Thelypteris* × *incesta* W. H. Wagner〉オシダ科のシダ植物。

カワブチゴケ 〈*Cyptodontopsis obtusifolia* (Nog.) Nog.〉イトヒバゴケ科のコケ。葉は卵状楕円形。

カワホリゴケ 〈*Collema complanatum* Hue〉イワノリ科の地衣類。地衣体背面は暗緑ないし黒褐色。

カワミドリ 藿香,排草香 〈*Agastache rugosa* (Fisch. et C. A. Meyer) O. Kuntze〉シソ科のハーブ。別名コリアンミント。高さは40～100cm。薬用植物。切り花に用いられる。

カワムラジンガサタケ 〈*Phaeocollybia festiva* (Fr.) Heim〉フウセンタケ科のキノコ。中型。傘は粘性、円錐形→中高の平ら。

カワムラフウセンタケ 〈*Cortinarius purpurascens* (Fr.) Fr.〉フウセンタケ科のキノコ。別名フウセンタケ。中型～大型。傘は褐色、周辺部は帯紫色、湿時粘性。ひだは紫色→褐色。

カワヤナギ ナガバカワヤナギの別名。

カワヤナギ ネコヤナギの別名。

カワラアカザ 河原藜 〈*Chenopodium virgatum* Thunb.〉アカザ科の一年草。高さは30～50cm。

カワライシモ 〈*Lithothamnion simulans* (Foslie) Foslie in Weber van Bosse et Foslie〉サンゴモ科の海藻。殻片が覆瓦状に重なる。体は径15cm。

カワラウスユキソウ 〈*Leontopodium japonicum* Miq. var. *perniveum* (Honda) Kitam.〉キク科。

カワラキゴケ 〈*Stereocaulon commixtum* (Asah.) Asah.〉キゴケ科の地衣類。擬子柄は高さ3.5cm。

カワラケツメイ 河原決明 〈*Cassia mimosoides* L. subsp. *nomame* (Sieb.) Ohashi〉マメ科の一年草。別名コウボウチャ、ハマチャ、マメチャ。葉は茶にして飲む。高さは30～60cm。花は黄色。熱帯植物。薬用植物。

カワラサイコ 河原柴胡 〈*Potentilla chinensis* Ser.〉バラ科の多年草。高さは30～70cm。薬用植物。

カワラスガナ 〈*Cyperus sanguinolentus* Vahl〉カヤツリグサ科の一年草。高さは10～40cm。

カワラスゲ 〈*Carex incisa* Boott〉カヤツリグサ科の多年草。別名タニスゲ。高さは20～50cm。

カワラタケ 瓦茸 〈*Coriolus versicolor* (L. : Fr.) Quél.〉サルノコシカケ科のキノコ。別名サルタケ。中型。傘は暗褐色～黒色、環紋。薬用植物。

カワラナデシコ ナデシコの別名。

カワラニガナ 河原苦菜 〈*Ixeris tamagawaensis* (Makino) Kitamura〉キク科の多年草。高さは15～30cm。

カワラニンジン 河原人参 〈*Artemisia apiacea* Hance〉キク科の一年草または越年草。別名クサ

カワラノキ

ヨモギ、クサニンジン、ノラニンジン。高さ40～150cm。薬用植物。

カワラノギク 河原野菊 〈*Aster kantoensis* Kitamura〉キク科の越年草または多年草。別名ヤマジノギク。高さは40～60cm。日本絶滅危惧植物。

カワラハハコ 河原母子 〈*Anaphalis yedoensis* Maxim.〉キク科の多年草。高さは30～50cm。薬用植物。

カワラバムカデゴケ 〈*Physcia imbricata* Vain.〉ムカデゴケ科の地衣類。地衣体背面は灰緑から灰褐色。

カワラハンノキ 河原榛木 〈*Alnus serrulatoides* Callier〉カバノキ科の落葉高木。別名メハリノキ。

カワラボウフウ 河原防風 〈*Peucedanum terebinthinaceum* Fisch. ex Reichb. f.〉セリ科の多年草。別名シラカワボウフウ、ヤマニンジン。高さは30～90cm。

カワラマツバ 河原松葉 〈*Galium verum* L. var. *asiaticum* Nakai f. *nikkoense* Ohwi〉アカネ科の多年草。高さは30～80cm。

カワラヨモギ 河原蓬、河原艾 〈*Artemisia capillaris* Thunb. ex Murray〉キク科の多年草。別名ネズミヨモギ、カトリグサ。高さは30～100cm。薬用植物。

カワリウスバシダ 〈*Tectaria phaeocaulis* (Rosenst.) C. Chr.〉オシダ科の常緑性シダ。別名ウスバカワリシダ、クログキシダ。葉身は長さ80cm弱。卵状長楕円形。

カワリバアサガオ 〈*Ipomoea polymorpha* Roem. et Schult.〉ヒルガオ科の草本。

カワリバアマクサシダ 〈*Pteris cadieri*〉イノモトソウ科の常緑性シダ。葉身は2回羽状深裂、革質で無毛。

カワリバイラクサ 〈*Girardinia heterophylla* Decne〉イラクサ科の草本。刺毛は皮膚を刺し痛さ甚し。熱帯植物。

カワリバクロトン 〈*Codiaeum variegatum* BL.〉トウダイグサ科の観賞用低木。葉形葉色種々。熱帯植物。園芸植物。

カワリハツ 〈*Russula cyanoxantha* (Schaeff.) Fr.〉ベニタケ科のキノコ。中型～大型。傘は緑色、紫色など変化に富む。ひだは白色。

カワリミタンポポモドキ 〈*Leontodon taraxacoides* (Vill.) Mérat〉キク科の多年草。別名タンポポモドキ。高さは25～35cm。花は濃黄色。

カンアオイ 寒葵 〈*Heterotropa nipponica* (F. Maekawa) F. Maekawa〉ウマノスズクサ科の多年草。別名カントウカンアオイ。葉径6～10cm。花は暗紫ないし緑紫色。園芸植物。

カンエンガヤツリ 〈*Cyperus exaltatus* Retz. var. *iwasakii* (Makino) T. Koyama〉カヤツリグサ科の一年草。稈を敷物等に編む。高さは50～170cm。熱帯植物。

カンカケイニラ 〈*Allium togashii* Hara〉ユリ科の草本。

カンガルーポー ヒガンバナ科(ハエモドルム科)の属総称。宿根草。別名アニゴザントス、オーストラリアン・スウォードリリー。切り花に用いられる。

カンガレイ 寒枯蘭 〈*Scirpus triangulatus* Roxb.〉カヤツリグサ科の多年生の抽水植物。稈は長さ50～130cm、小穂は長楕円形。熱帯植物。園芸植物。

カンキギョク 寒鬼玉 ピロカクツス・ウマデアウェの別名。

カンギク 寒菊 〈*Chrysanthemum indicum* L. var. *hibernum* Makino〉キク科。

カンキチク 寒忌竹 〈*Homalocladium platycladum* (F. J. Muell.) L. H. Bailey〉タデ科の多年草。別名カンメイチク。高さは50～60cm。熱帯植物。園芸植物。

ガンクビソウ 雁首草 〈*Carpesium divaricatum* Sieb. et Zucc.〉キク科の草本。別名キバナガンクビソウ。

カンコウバイ 寒紅梅 バラ科の木本。

ガンコウラン 岩高蘭 〈*Empetrum nigrum* L. var. *japonicum* K. Koch〉ガンコウラン科のわい小低木。別名イワモモ。高さは10～20cm。高山植物。薬用植物。

ガンコウラン エンペトルム・ニグルムの別名。

ガンコウラン科 科名。

カンコノキ 饅飼木 〈*Glochidion obovatum* Sieb. et Zucc.〉トウダイグサ科の落葉低木。

カンコモドキ 〈*Bridelia monoica* Merr.〉トウダイグサ科の小木。雌雄異株、葉軟、樹皮タンニン。熱帯植物。

カンサイタンポポ 関西蒲公英 〈*Taraxacum japonicum* Koidz.〉キク科の多年草。高さは10～30cm。薬用植物。

カンザキアヤメ 〈*Iris unguicularis* Poir.〉アヤメ科の多年草。花は藤色。園芸植物。

カンザキエリカ 〈*Erica carnea* L.〉ツツジ科の常緑小低木。高さは15～30cm。花は桃赤色。園芸植物。

カンザクラ 寒桜 〈*Cerasus* × *kanzakura* (Makino) H. Ohba〉バラ科の木本。

カンザクラ 寒更紗 バラ科のボケの品種。別名カントンボケ。園芸植物。

カンザシギボウシ 〈*Hosta capitata* (Koidz.) Nakai〉ユリ科の多年草。別名イヤギボウシ。高さ50～65cm。花は濃い赤紫色。園芸植物。

カンザシヒメハギ 〈*Polygala sanguinea* L.〉ヒメハギ科。総状花序は頭状～短円筒状。

カンザシワラビ 簪蕨 〈*Schizaea biroi* Richt.〉フサシダ科の常緑性シダ。根茎は短く匍匐。

カンザブロウノキ 勘三郎の木 〈*Symplocos theophrastaefolia* Sieb. et Zucc.〉ハイノキ科の常緑高木。花は白色。園芸植物。

カンサラサ バラ科のボケの品種。

カンザン セキヤマの別名。

カンザンチク 寒山竹 〈*Pleioblastus hindsii* (Munro) Nakai〉イネ科の常緑大型笹。高さは5〜6m。園芸植物。

カンシコウ 寒紫紅 キンポウゲ科のカンボタンの品種。園芸植物。

カンジス 〈*Garcinia globulosa* Ridl.〉オトギリソウ科の小木。葉も果も小形。熱帯植物。

カンシノブホラゴケ 〈*Nesopteris thysanostoma* (Makino) Copel.〉コケシノブ科のシダ植物。

カンシノブホラゴケ オオカンシノブホラゴケの別名。

ガンジュアザミ 岩手薊 〈*Cirsium ganjuense* Kitam.〉キク科の多年草。高さは70〜100cm。高山植物。

カンショコウ ナルドスタキス・ヤタマンシーの別名。

カンスゲ 寒菅 〈*Carex morrowii* Boott〉カヤツリグサ科の多年草。高さは15〜30cm。園芸植物。

カンスコラセンブリ 〈*Canscora decussata* Schult.〉リンドウ科。花は黄色。熱帯植物。

ガンセキチュウ 岩石柱 サボテン科のサボテン。園芸植物。

ガンゼキラン 岩石蘭 〈*Phaius flavus* (Blume) Lindl.〉ラン科の多年草。高さは30〜70cm。花は淡黄色。園芸植物。

カンゾウ 甘草 〈*Glycyrrhiza glabra* L.〉マメ科の多年草。高さは60〜90cm。花は淡青色。薬用植物。園芸植物。

カンゾウ 甘草 マメ科の属総称。

カンゾウ ユリ科の属総称。別名キスゲ(黄菅)、ゼンテイカ(禅庭花)。

カンゾウタケ 〈*Fistulina hepatica* Schaeff. : Fr.〉カンゾウタケ科のキノコ。大型。傘は赤色、半円形〜ベら状。

ガンタケ 〈*Amanita rubescens* Pers. : Fr.〉テングタケ科のキノコ。中型〜大型。傘は赤褐色、灰白色〜淡褐色のいぼあり、条線なし。

カンタベリー 〈Canterbury〉バラ科。イングリッシュローズ系。花はピンク。

ガンダルサ 〈*Gendarussa vulgaris* Nees〉キツネノマゴ科の低木。茎は紫色のものが多い。熱帯植物。

ガンダルサモドキ 〈*Clinacanthus nutans* Burm.〉キツネノマゴ科の低木状草本。俗にPeristrope acuminataと呼ばれるものの一部。熱帯植物。

カンタン 〈*Nicolaia elatior* (Jack) Horan.〉ショウガ科の多年草。別名トーチジンジャー。ショウガ状で巨大。高さは2〜3m。花は紅色。熱帯植物。園芸植物。

カンチク 寒竹 〈*Chimonobambusa marmorea* (Mitf.) Makino〉イネ科の常緑大型笹。稈は紫色を帯びる。高さは1〜3m。園芸植物。

カンチコウゾリナ タカネコウゾリナの別名。

カンチスゲ 〈*Carex gynocrates*〉カヤツリグサ科。

カンチヤチハコベ 寒地谷地繁縷 〈*Stellaria calycantha* (Ledeb.) Bongard〉ナデシコ科の草本。

カンチョウジ ブヴァルディア・レイアンタの別名。

カンツア・ブクシフォリア 〈*Cantua buxifolia* J. Juss. ex Lam.〉ハナシノブ科の常緑低木。高さは1m。花は黄色。園芸植物。

カンツバキ 寒椿 〈*Camellia* × *hiemalis* Nakai〉ツバキ科の木本。花は紅色。園芸植物。

カンツワブキ 〈*Farfugium hiberniflorum* (Makino) Kitamura〉キク科の草本。

カンディダム サトイモ科のカラディウムの品種。別名シラサギ。園芸植物。

カンテンイタビ 〈*Ficus awkeotsang* Makino〉クワ科の木本。別名アイギョクシ(愛玉子)。台湾に分布する常緑つる性植物。薬用植物。園芸植物。

カンテンカズラ 〈*Cyclea barbata* Miers.〉ツヅラフジ科の蔓木。塊根にチクレインあり解熱用。熱帯植物。

カントウ フキタンポポの別名。

カントウカンアオイ カンアオイの別名。

カントウ5ゴウ 缶桃5号 バラ科のモモ(桃)の品種。果皮は橙黄色。

カントウ12ゴウ 缶桃12号 バラ科のモモ(桃)の品種。果皮は黄色。

カントウ14ゴウ 缶桃14号 バラ科のモモ(桃)の品種。果皮は橙黄色。

カントウタンポポ 関東蒲公英 〈*Taraxacum platycarpum* Dahlst.〉キク科の多年草。別名アズマタンポポ。有性生殖を行う。高さは10〜30cm。薬用植物。園芸植物。

カントウ2ゴウ 缶桃2号 バラ科のモモ(桃)の品種。果皮は橙黄色。

カントウマムシグサ 〈*Arisaema serratum* (Thunb.) Schott〉サトイモ科の多年草。別名ムラサキマムシグサ。葉は鳥足状に切れ込む。高さは15〜75cm。薬用植物。園芸植物。

カントウヨメナ 〈*Kalimeris pseudoyomena* Kitam.〉キク科の多年草。高さは40〜100cm。

カントリス 寒鳥巣 ベンケイソウ科。園芸植物。

カントリー・リビング 〈Country Living〉バラ科。イングリッシュローズ系。花は淡いピンク。

カンナ 〈*Canna generalis* Bailey〉カンナ科。
カンナ カンナ科の属総称。別名ダンドク。
カンナ ハナカンナの別名。
カンナ・イリディフロラ 〈*Canna iridiflora* Ruiz et Pav.〉カンナ科の多年草。高さは1.5～2m。花は濃桃色。園芸植物。
カンナ・インディカ ダンドクの別名。
カンナ・ヴァルセヴィッチー 〈*Canna warscewiczii* A. Dietr.〉カンナ科の多年草。高さは1.5m。花は緋色。園芸植物。
カンナクズウコン 〈*Clinogyne grandis* Benth.〉クズウコン科の草本。果実は緑色。茎は高さ5m、葉30cm。花は白色。熱帯植物。
カンナ・フラッキダ 〈*Canna flaccida* Salisb.〉カンナ科の多年草。高さは1.5m。花は黄色。園芸植物。
カンニンガムモクマオウ モクマオウ科の木本。
ガンネ 岸根 ブナ科のクリ(栗)の品種。果肉は白色。
カンノンジュロ ヤシ科。
カンノンチク 観音竹 〈*Rhapis excelsa* (Thunb. ex Murray) Henry ex Rehder〉ヤシ科の常緑低木。別名リュウキュウシュロチク、ウマブチ。葉の裂片は3～5。高さは2～3m。熱帯植物。園芸植物。
カンパイ 乾杯 〈*Kanpai*〉バラ科のバラの品種。ハイブリッド・ティーローズ系。花は濃紅色。園芸植物。
カンパク 寒白 バラ科のモモの品種。園芸植物。
カンパク 関白 マミラリア・シュヴァルツィーの別名。
カンバタケ 〈*Piptoporus betulinus* (Bull. : Fr.) Karst.〉サルノコシカケ科のキノコ。大型。傘は淡褐色、半円形～腎臓形、なめし皮状。
カンハタゴケ 〈*Riccia nipponica* S. Hatt. ex Shimizu & S. Hatt.〉ウキゴケ科のコケ。長さ1～2cm。
カンパニュラ キキョウ科の属総称。宿根草。別名ツリガネソウ(釣鐘草)、フウリンソウ(風鈴草)。切り花に用いられる。
カンパニュラ・アリアリーフォーリア 〈*Campanula alliariifolia* Willd.〉キキョウ科の多年草。高さは60～120cm。花は乳白色。園芸植物。
カンパニュラ・アルウァティカ 〈*Campanula arvatica* Lag.〉キキョウ科の多年草。花は紫青色。園芸植物。
カンパニュラ・アルピナ 〈*Campanula alpina* Jacq.〉キキョウ科の多年草。花は青色。園芸植物。
カンパニュラ・アルペストリス 〈*Campanula alpestris* All.〉キキョウ科の多年草。花は青紫色。高山植物。園芸植物。

カンパニュラ・イソフィラ 〈*Campanula isophylla* Moretti〉キキョウ科の多年草。高さは10～20cm。花は菫青、淡青、白など。園芸植物。
カンパニュラ・イソフィラ・アルバ キキョウ科。別名スター・オブ・ベツレヘム。園芸植物。
カンパニュラ・インクルウァ 〈*Campanula incurva* Auch. ex A. DC.〉キキョウ科の多年草。高さは30～50cm。花は白または淡紫色。園芸植物。
カンパニュラ・エクスキーサ 〈*Campanula excisa* Schleich. ex Murith〉キキョウ科の多年草。高さは10～25cm。花は淡紫色。高山植物。園芸植物。
カンパニュラ・エラティネス 〈*Campanula elatines* L.〉キキョウ科の多年草。花は白または淡青色。園芸植物。
カンパニュラ・オーシェリ 〈*Campanula aucheri* A. DC.〉キキョウ科の多年草。花は紫青色。園芸植物。
カンパニュラ・カシオカルパ イワギキョウの別名。
カンパニュラ・カシュメリアナ 〈*Campanula cashmeriana* Royle〉キキョウ科の多年草。高さは25cm。花は淡青色。園芸植物。
カンパニュラ・カリカンテマ キキョウ科。園芸植物。
カンパニュラ・ガルガニカ 〈*Campanula garganica* Ten.〉キキョウ科の多年草。別名ホンギキョウ、イタリアギキョウ。高さは15cm。花は青色。園芸植物。
カンパニュラ・カルパティカ 〈*Campanula carpatica* Jacq.〉キキョウ科の多年草。高さは15～30cm。花は青紫、青、淡青、白など。園芸植物。
カンパニュラ・グロッセキー 〈*Campanula grossekii* Heuff.〉キキョウ科の多年草。別名ハンガリーギキョウ。高さは60～90cm。花は菫色。園芸植物。
カンパニュラ・グロメラタ 〈*Campanula glomerata* L.〉キキョウ科の多年草。別名リンドウザキカンパヌラ。高さは30～90cm。花は紫、青色。高山植物。園芸植物。
カンパニュラ・ケニシア 〈*Campanula cenisia* L.〉キキョウ科。高山植物。
カンパニュラ・コクレアリフォリア 〈*Campanula cochleariifolia* Lam.〉キキョウ科の多年草。高さは5～15cm。花は淡青または白色。高山植物。園芸植物。
カンパニュラ・コリナ 〈*Campanula collina* Bieb.〉キキョウ科の多年草。高さは50cm。花は淡紫色。園芸植物。
カンパニュラ・サキシフラガ 〈*Campanula saxifraga* Bieb.〉キキョウ科の多年草。高さは

20cm。花は紫色。園芸植物。

カンパニュラ・サクサティリス 〈*Campanula saxatilis* L.〉キキョウ科の多年草。花は淡紫色。園芸植物。

カンパニュラ・サートリー 〈*Campanula sartorii* Boiss. et Heldr.〉キキョウ科の多年草。長さ30cm。花は白色。園芸植物。

カンパニュラ・サルマティカ 〈*Campanula sarmatica* Ker-Gawl.〉キキョウ科の多年草。高さは30〜60cm。花は灰紫白色。園芸植物。

カンパニュラ・シビリカ 〈*Campanula sibirica* L.〉キキョウ科の多年草。高さは50cm。花は菫色。園芸植物。

カンパニュラ・シャミッソーニス チシマギキョウの別名。

カンパニュラ・ゾイシー 〈*Campanula zoysii* Wulf.〉キキョウ科。高山植物。

カンパニュラ・ティルソイデス 〈*Campanula thyrsoides* L.〉キキョウ科の多年草。高さは80cm。花は黄白色。高山植物。園芸植物。

カンパニュラ・テッセラ 〈*Campanula thessela* Maire〉キキョウ科の多年草。花は淡紫紅色。園芸植物。

カンパニュラ・トラケリウム 〈*Campanula trachelium* L.〉キキョウ科の多年草。別名ヒゲギキョウ。高さは60〜90cm。花は青紫色。園芸植物。

カンパニュラ・トリデンタタ 〈*Campanula tridentata* Schreb.〉キキョウ科の多年草。高さは10cm。花は濃青色。園芸植物。

カンパニュラ・パイペリ 〈*Campanula piperi* T. J. Howell〉キキョウ科の多年草。高さは13〜15cm。花は淡紫色。園芸植物。

カンパニュラ・パケリオン 〈*Campanula hybrida* Pakelion Hort.〉キキョウ科。

カンパニュラ・パツラ 〈*Campanula patula* L.〉キキョウ科の多年草。高さは50〜60cm。花は淡紫色。園芸植物。

カンパニュラ・パリダ 〈*Campanula pallida* Wallich〉キキョウ科。高山植物。

カンパニュラ・バルバタ 〈*Campanula barbata* L.〉キキョウ科の多年草。花は淡青または白色。高山植物。園芸植物。

カンパニュラ・ビダリイ 〈*Campanula vidalii* H. C. Wats.〉キキョウ科の多年草。

カンパニュラ・ピラミダリス 〈*Campanula pyramidalis* L.〉キキョウ科の多年草。高さは150cm。花は淡青色。園芸植物。

カンパニュラ・プーラ 〈*Campanula pulla* L.〉キキョウ科の多年草。高さは10cm。花は濃青色。高山植物。園芸植物。

カンパニュラ・フラギリス 〈*Campanula fragilis* Cyr.〉キキョウ科の多年草。長さ40cm。花は淡青色。園芸植物。

カンパニュラ・プロイデス 〈*Campanula* × *pulloides* hort.〉キキョウ科の多年草。花は暗紫から濃紫色。園芸植物。

カンパニュラ・プロピンカ 〈*Campanula propinqua* Fish et Meyer var. *grandiflora* Milne-Redhead〉キキョウ科の多年草。

カンパニュラ・プンクタタ ホタルブクロの別名。

カンパニュラ・ポシャルスキアナ 〈*Campanula poscharskyana* Degen〉キキョウ科の多年草。高さは25cm。花は淡紫青色。園芸植物。

カンパニュラ・ボノニエンシス 〈*Campanula bononiensis* L.〉キキョウ科の多年草。高さは70〜100cm。園芸植物。

カンパニュラ・ポルテンシュラギアナ オトメギキョウの別名。

カンパニュラ・メディウム フウリンソウの別名。

カンパニュラ・ライネリー 〈*Campanula raineri* Perp.〉キキョウ科の多年草。高さは10cm。花は淡青色。高山植物。園芸植物。

カンパニュラ・ラクティフロラ 〈*Campanula lactiflora* Bieb.〉キキョウ科の多年草。高さは1〜2m。花は淡青または乳白色。園芸植物。

カンパニュラ・ラティフォーリア 〈*Campanula latifolia* L.〉キキョウ科の多年草。花は紫青色。高山植物。園芸植物。

カンパニュラ・ラプンキュロイデス 〈*Campanula rapunculoides* L.〉キキョウ科の多年草。別名カブラギキョウモドキ。高さは60〜120cm。花は淡菫青色。園芸植物。

カンパニュラ・ラプンクルス 〈*Campanula rapunculus* L.〉キキョウ科の多年草。高さは90cm。花は淡青または白色。園芸植物。

カンパニュラ・ルシタニカ 〈*Campanula lusitanica* L. ex Loefl.〉キキョウ科の多年草。高さは30cm。花は紫紅または紫青色。園芸植物。

カンパニュラ・ルペストリス 〈*Campanula rupestris* Risso〉キキョウ科の多年草。

カンパニュラ・ロツンディフォリア イトシャジンの別名。

ガンピ 雁皮 〈*Diplomorpha sikokiana* (Franch. et Savat.) Honda〉ジンチョウゲ科の落葉低木。別名カミノキ。

ガンピ 岩菲 〈*Lychnis coronata* Thunb. ex Murray〉ナデシコ科の一年草または多年草。別名ガンピセンノウ。高さは40〜60cm。花は朱紅色。園芸植物。

カンヒザクラ 寒緋桜 〈*Prunus campanulata* Maxim.〉バラ科の落葉高木。別名タイワンザクラ（台湾桜）、ヒザクラ（緋桜）。花は暗紅紫か桃紅色。園芸植物。

ガンビヤ ガンビールの別名。
ガンビール 〈*Uncaria gambir* Roxb.〉アカネ科のやや蔓性の小木。熱帯植物。薬用植物。
カンピロケントルム・パキリズム 〈*Campylocentrum pachyrrhizum* (Rchb. f.) Rolfe〉ラン科。高さは4cm。花は黄緑色。園芸植物。
カンピロケントルム・ミクランツム 〈*Campylocentrum micranthum* (Lindl.) Rolfe〉ラン科。高さは30cm。花は白色。園芸植物。
カンプシス・グランディフロラ ノウゼンカズラの別名。
カンプシス・タグリアブアナ 〈*Campsis × tagliabuana* (Vis.) Rehd.〉ノウゼンカズラ科のつる性木本。園芸植物。
カンプトテカ・アクミナタ 〈*Comptotheca acuminata* Decne.〉ニッサ科の落葉高木。別名カンレンボク(旱蓮木)、キジュ(喜樹)。高さは20～25cm。園芸植物。
カンペリア・ザノニア 〈*Campelia zanonia* (L.) H. B. K.〉ツユクサ科の多年草。高さは1m。花は白色。園芸植物。
カンポウラン 寒鳳蘭 〈*Cymbidium dayanum* Reichb. f.〉ラン科。花は白色。園芸植物。
カンボク 肝木 〈*Viburnum opulus* L. var. *calvescens* (Rehder) Hara〉スイカズラ科の落葉低木。別名ケナシカンボク。薬用植物。園芸植物。
カンボケ バラ科のボケの品種。
ガンボジ 〈*Garcinia hanburyi* Hook. f.〉オトギリソウ科の高木。樹脂は黄褐色。花は白色。熱帯植物。
カンボタン 寒牡丹 〈*Paeonia suffruticosa* Andrews var. *hiberniflora* Makino〉ボタン科。
カンボタン 寒牡丹 ツツジ科のアザレアの品種。別名ローレライ。園芸植物。
カンムリゴケ 〈*Micromitrium tenerum* (Bruch & Schimp.) Crosby〉カゲロウゴケ科のコケ。小形、茎は長さ0.5～4mm、葉は披針形に伸びる。
カンムリタケ 〈*Mitrula paludosa* Fr.〉テングノメシガイ科のキノコ。超小型。地上生(湿地に発生)、頭部はほぼ棍棒状。
カンムリヤマサトメシダ 〈*Athyrium × watanabei* Seriz.〉オシダ科のシダ植物。
カンヨメナ 磯寒菊 〈*Aster pseudo-asa-grayi* Makino〉キク科。別名ミヤマカンギク。園芸植物。
カンラン 橄欖 〈*Canarium album* (Lour.) Raeusch.〉カンラン科の高木。別名ウオノホネヌキ。熱帯植物。
カンラン 寒蘭 〈*Cymbidium kanran* Makino〉ラン科の多年草。花は赤茶、紫褐、緑、紅、紅紫、赤、桃、黄、クリーム色。園芸植物。日本絶滅危機植物。
カンラン属 カンラン科の属総称。熱帯植物。
カンレン 漢蓮 スイレン科のハスの品種。園芸植物。
カンレンボク 〈*Camptotheca acuminata* Decne.〉ヌマミズキ科(オオギリ科)の薬用植物。
カンレンボク 旱蓮木 カンプトテカ・アクミナタの別名。

【 キ 】

キアイ 〈*Indigofera tinctoria* L.〉マメ科の半低木、薬用植物。別名インドアイ。翼弁は赤、旗弁と龍骨弁緑褐。熱帯植物。
キアサガオ 〈*Ipomoea carnea* Jacq.〉ヒルガオ科の観賞用低木。花は淡紫色。熱帯植物。
キアシグロタケ 〈*Polyporus varius* Pers. : Fr.〉サルノコシカケ科のキノコ。小型～中型。傘は淡黄褐色、放射状繊維紋。
キアストフィルム・オッポシティフォリウム 〈*Chiastophyllum oppositifolium* (Ledeb.) A. Berger ex Nordm.〉ベンケイソウ科の多肉植物。高さは30cm。花は帯黄白色。園芸植物。
キアツラ・オフィキナリス 〈*Cyathula officinalis* Kuan.〉ヒユ科の薬用植物。
キアテア・アウストラリス 〈*Cyathea australis* (R. Br.) Domin〉ヘゴ科。別名ゴウシュウヘゴ。高さは15m。園芸植物。
キアテア・スピヌロサ ヘゴの別名。
キアテア・ハンコッキー クサマルハチの別名。
キアテア・ポドフィラ クロヘゴの別名。
キアテア・メッテニアナ チャボヘゴの別名。
キアテア・メルテンシアナ マルハチの別名。
キアテア・レピフェラ ヒカゲヘゴの別名。
キアナストルム・コルディフォリウム 〈*Cyanastrum cordifolium* D. Oliver〉キアナストルム科の多年草。高さは5～10cm。園芸植物。
キアナンツス・ロバーツス 〈*Cyananthus lobatus* Benth.〉キキョウ科。高山植物。
キアノティス・キューエンシス 〈*Cyanotis kewensis* (Hassk.) C. B. Clarke〉ツユクサ科の多年草。花は紅色。園芸植物。
キアノティス・ソマリエンシス アラゲツユクサの別名。
キアブラシメジ 〈*Cortinarius vibratilis* (Fr.) Fr.〉フウセンタケ科のキノコ。
キアミアシイグチ 〈*Boletus ornatipes* Peck〉イグチ科のキノコ。小型～大型。傘は暗オリーブ色～帯黄褐色。
キアミダネヤシ ディクティオスペルマ・アウレウムの別名。

キアミゴケ 〈*Syrrhopodon kiiensis* Z. Iwats.〉カタシロゴケ科のコケ。茎は長さ2〜3cm、葉は狭披針形。

キイウリゴケ 〈*Brachymenium nepalense* Hook.〉ハリガネゴケ科のコケ。茎は長さ1cm、下部に仮根が多い。葉は狭倒卵形〜卵形。

キイジョウロウホトトギス 〈*Tricyrtis macranthopsis* Masam.〉ユリ科の多年草。高さは40〜80cm。

キイセンニンソウ 紀伊仙人草 〈*Clematis ovatifolia* T. Ito〉キンポウゲ科の草本。

キイチゴ 木苺, 紅葉苺 〈*Rubus palmatus* Thunb. ex Murray〉バラ科の落葉低木。別名カジイチゴ、トウイチゴ、エドイチゴ。薬用植物。

キイチゴ バラ科の属総称。

キイチゴ・オドラツス 〈*Rubus odoratus* L.〉バラ科の低木。高さは2〜3m。花は紫紅まれに白色。園芸植物。

キイチゴ・ストリゴスス 〈*Rubus strigosus* Michx.〉バラ科の低木。高さは1m。花は白色。園芸植物。

キイチゴ・トリフィドゥス カジイチゴの別名。

キイチゴ・フレイゼリ 〈*Rubus* × *fraseri* Rehd.〉バラ科の低木。花はバラ色。園芸植物。

キイチゴ・ロシフォリウス トキンイバラの別名。

キイボカサタケ 〈*Entoloma murraii* (Berk. & Curt.) Sacc.〉イッポンシメジ科のキノコ。小型。傘は黄色で円錐形、中央に鉛筆芯状突起あり。湿時条線。ひだは黄色。

ギイマ ギーマの別名。

キイムヨウラン 〈*Lecanorchis kiiensis* Murata〉ラン科の草本。

キイレツチトリモチ 喜入土鳥黐 〈*Balanophora wrightii* Makino〉ツチトリモチ科の多年草。別名トベラニンギョウ。ネズミモチ等の根に寄生、全体黄色。高さは10〜15cm。熱帯植物。

キイロアセタケ 〈*Inocybe lutea* Y. Kobayasi & Hongo in Y. Kobayasi〉フウセンタケ科のキノコ。小型。傘は橙黄色、放射状の繊維。ひだは黄色。

キイロイグチ 〈*Pulveroboletus ravenelii* (Berk. & Curt.) Murrill〉イグチ科のキノコ。小型〜中型。傘はレモン黄色、粉質。

キイロエビラゴケ 〈*Lobaria japonica* (Zahlbr.) Asah. fo. *exsecta* (Nyl.) Yoshim.〉ヨロイゴケ科の地衣類。

キイロサンゴバナ ジャスティシア・クリソステファナの別名。

キイロスッポンタケ 〈*Phallus costatus* (Penzig) Lloyd〉スッポンタケ科のキノコ。

キイロハナカタバミ 〈*Oxalis pes-caprae* L.〉カタバミ科の多年草。高さは15cm。花は黄色。園芸植物。

キイロヒメボタンタケ 〈*Vibrissea letospora* (B. et B.) Phill.〉オストロパ科のキノコ。

キウイ キーウィフルーツの別名。

キーウィフルーツ 〈*Actinidia chinensis* Planch.〉マタタビ科(サルナシ科、ビワモドキ科)の蔓木。別名シナサルナシ、オニマタタビ。多毛、果実は長さ5cm、褐毛、果肉は翠緑色。熱帯植物。薬用植物。園芸植物。

キウメノキゴケ 〈*Parmelia caperata* Ach.〉ウメノキゴケ科の地衣類。地衣体は黄緑色。園芸植物。

キウラゲジゲジゴケ 〈*Anaptychia obscurata* (Nyl.) Vain.〉ムカデゴケ科の地衣類。地衣体は黄色。

キウラゲジゲジゴケモドキ 〈*Anaptychia dendritica* (Pers.) Vain.〉ムカデゴケ科の地衣類。地衣体は黄色。

キウリ キュウリの別名。

キウリグサ キュウリグサの別名。

キウロコゴケ 〈*Notoscyphus paroicus* Schiffn.〉ツボミゴケ科のコケ。茎は長さ5〜10mm。

キウロコタケ 〈*Stereum hirsutum* (Willd. : Fr.) S. F. Gray〉ウロコタケ科のキノコ。

キウロコテングタケ 〈*Amanita alboflavescens* Hongo〉テングタケ科のキノコ。

キエビネ 黄蝦根 〈*Calanthe sieboldii* Decne.〉ラン科の多年草。高さは20〜40cm。花は黄色。園芸植物。日本絶滅危機植物。

キエビネ オオエビネの別名。

キオウギタケ 〈*Gomphidius maculatus* (Scop.) Fr.〉オウギタケ科のキノコ。小型〜中型。傘は淡黄白色、平滑、湿時ゼラチン質。

キオキナタケ 〈*Bolbitius variicolor* Atkinson〉オキナタケ科のキノコ。中型。傘はオリーブ色→レモン色、強粘性。ひだは白色→肉桂色。

キオゲネス・ヒスピドゥラ 〈*Chiogenes hispidula* (L.) Torr. et A. Gray ex Torr.〉ツツジ科の常緑矮性低木。園芸植物。

キオナンツス・ヴァージニクス アメリカヒトツバタゴの別名。

キオナンツス・レツスス ヒトツバタゴの別名。

キオノグラフィス・キネンシス 〈*Chionographis chinensis* Krause〉ユリ科。高さは15〜30cm。花は白色。園芸植物。

キオノグラフィス・コイズミアナ チャボシライトソウの別名。

キオノグラフィス・ヤポニカ シライトソウの別名。

キオノドクサ・サルデンシス 〈*Chionodoxa sardensis* Barr et Sugdon〉ユリ科の球根。高さは10cm。園芸植物。

キオノドクサ・リュシーリアエ ユキゲユリの別名。

キオビフウセンタケ 〈*Cortinarius crocolitus* Quél.〉フウセンタケ科のキノコ。中型〜大型。傘は黄土色、湿時粘性。ひだは淡紫色→肉桂褐色。

キオン 黄苑 〈*Senecio nemorensis* L.〉キク科の多年草。別名ヒゴオミナエシ。高さは50〜100cm。高山植物。

ギオンシュ 祇園守 アオイ科のムクゲの品種。園芸植物。

キカイガラタケ 〈*Gloeophyllum sepiarium* (Wulf. : Fr.) Karst.〉タコウキン科のキノコ。

キカシグサ 〈*Rotala indica* (Willd.) Koehne var. *uliginosa* (Miq.) Koehne〉ミソハギ科の一年草。高さは10〜15cm。

キカス・キルキナリス ジャワソテツの別名。

キカス・ノーマンビアナ 〈*Cycas normanbyana* F. J. Muell.〉ソテツ科。別名ノーマンビーソテツ。高さは3m。園芸植物。

キカス・メディア 〈*Cycas media* R. Br.〉ソテツ科。高さは5.4m。園芸植物。

キカズラ ディスキディア・ヌンムラリアの別名。

キカス・ルンフィー 〈*Cycas rumphii* Miq.〉ソテツ科。別名ルンフソテツ。高さは6m。園芸植物。

キカス・レウォルタ ソテツの別名。

キカノコユリ 黄鹿子百合 〈*Lilium henryi* Bak.〉ユリ科の多肉植物。別名キンコウデン。高さは1.5〜2cm。花は橙黄色。園芸植物。

キカノコユリ アカンペ・リギダの別名。

キカラスウリ 黄烏瓜 〈*Trichosanthes kirilowii* Maxim. var. *japonica* (Miq.) Kitamura〉ウリ科の多年生つる草。果実は黄色。薬用植物。園芸植物。

キカラハツタケ 〈*Lactarius scrobiculatus* (Scop. : Fr.) Fr.〉ベニタケ科のキノコ。

キカラハツモドキ 〈*Lactarius zonarius* (Bull.) Fr.〉ベニタケ科のキノコ。中型。傘は淡黄土色、環紋あり。湿時粘性。

キガンピ 黄雁皮 〈*Diplomorpha trichotoma* (Thunb.) Nakai〉ジンチョウゲ科の落葉低木。別名キコガンピ。

キキュウ ポドフィルム・ウェルシペラの別名。

キキョウ 桔梗 〈*Platycodon grandiflorum* (Jacq.) A. DC.〉キキョウ科の多年草。別名オカトトキ。高さは40〜100cm。花は青紫色。薬用植物。園芸植物。切り花に用いられる。

キキョウ科 科名。

キキョウソウ 〈*Specularia perfoliata* (L.) A. DC.〉キキョウ科の一年草。別名ダンダンキキョウ。高さは15〜100cm。花は鮮紫色。

キキョウナデシコ 〈*Phlox drummondii* Hook.〉ハナシノブ科の一年草。高さは50cm。花は白、淡黄、ピンク、紅、紫紅など。園芸植物。

キキョウラン 桔梗蘭 〈*Dianella ensifolia* (L.) DC.〉ユリ科の多年草。葉は硬質。高さは50〜80cm。花は青色。熱帯植物。園芸植物。

キク 〈*Chrysanthemum* × *morifolium* Ramat.〉キク科の観賞用草本。別名イエギク。花は黄色。熱帯植物。薬用植物。園芸植物。

キクアザミ 菊薊 〈*Saussurea ussuriensis* Maxim.〉キク科の多年草。高さは30〜120cm。

キクイシコンブ 〈*Thalassiophyllum clathrus* (Gmelin) Postels et Ruprecht〉コンブ科の海藻。繊維状根をもって立つ。体は1〜2m。

キクイモ 菊芋 〈*Helianthus tuberosus* L.〉キク科の多年草。別名カライモ、シシイモ、ブタイモ。塊茎の皮色は赤紫、黄、白など。高さは1.5〜3m。花は黄色。熱帯植物。薬用植物。園芸植物。

キクイモモドキ 〈*Heliopsis helianthoides* (L.) Sweet〉キク科の多年草。別名ヒメキクイモ。高さは1〜1.5m。花は黄または橙黄色。園芸植物。切り花に用いられる。

キク科 科名。

キクガラクサ 菊唐草 〈*Ellisiophyllum pinnatum* (Wall.) Makino var. *reptans* (Maxim.) Yamazaki〉ゴマノハグサ科の多年草。高さは5〜9cm。高山植物。

キクキシア・エラティネ ヒメツルウンランの別名。

キクゴボウ 〈*Scorzonera hispanica* L.〉キク科の多年草。別名キバナバラモンジン。高さは60〜90cm。花は黄色。園芸植物。

キクザアサガオ 〈*Ipomoea pes-tigridis* L.〉ヒルガオ科の蔓草。多毛、花は数個集団で、夜開き朝はしぼむ。白色。熱帯植物。

キクザキイチゲ 菊咲一花 〈*Anemone pseudo-altaica* Hara〉キンポウゲ科の多年草。別名キクザキイチリンソウ、ルリイチゲソウ。高さは10〜30cm。花は淡紫または白色。園芸植物。

キクザキイチリンソウ キクザキイチゲの別名。

キクザキセンダングサ 〈*Bidens laevis* (L.) B. S. P.〉キク科の一年草。別名ウィンター・コスモス。高さは30〜100cm。花は黄色。園芸植物。

キクザキラフレシア 〈*Rhizanthes lowii* (Becc.) Harms〉ラフレシア科の寄生草。全株赤紫褐色、ブドウ科の根又は匍匐茎に寄生。熱帯植物。

キクジャ エンダイブの別名。

キクジドウ 菊慈童 マミラリア・カウペラエの別名。

キクシノブ 菊忍 〈*Humata repens* (L. f.) Diels〉シノブ科の常緑性シダ。葉身は長さ2.5〜10cm。三角状長楕円形から五角形状。園芸植物。

キクスイ 菊水 〈*Strombocactus disciformis* (DC.) Britt. et Rose〉サボテン科のサボテン。径8〜9cm。花は帯黄白色。園芸植物。

キクイ 菊水 バラ科のナシの品種。果皮は黄緑色。
キク・スプレーマム スプレーマムの別名。
キクタニギク アワコガネギクの別名。
キクトサカ 〈Meristotheca coacta Okamura〉ミリン科の海藻。扁圧。
キクニガナ チコリーの別名。
キクノケス・ウェントリコスム 〈Cycnoches ventricosum Batem.〉ラン科。高さは20～30cm。花は乳白色。園芸植物。
キクノケス・エジャトニアヌム 〈Cycnoches egertonianum Batem.〉ラン科。花は緑黄色。園芸植物。
キクノケス・クロロキロン 〈Cycnoches chlorochilon Klotzsch〉ラン科の多年草。
キクノケス・ハーギー 〈Cycnoches haagii Barb.-Rodr.〉ラン科。花は白色。園芸植物。
キクノケス・ペンタダクティロン 〈Cycnoches pentadactylon Lindl.〉ラン科。高さは30～40cm。園芸植物。
キクノケス・ロディギシー 〈Cycnoches loddigesii Lindl.〉ラン科。花は白色。園芸植物。
キクノハアオイ 〈Modiola caroliniana (L.) G. Don〉アオイ科の一年草。高さは50cm。花は紅色。
キクバクワガタ 菊葉鍬形 〈Pseudolysimachion schmidtianum (Regel) Holub subsp. schmidtianum〉ゴマノハグサ科の多年草。高さは10～20cm。高山植物。
キクバゴケ 〈Parmelia conspersa (L.) Ach.〉ウメノキゴケ科の地衣類。地衣体は黄、葉状。
キクバゴケモドキ 〈Parmelia subramigera Gyeln.〉ウメノキゴケ科の地衣類。地衣体は腹面淡褐色。
キクバサンシチ 〈Gynura procumbens (Lour.) Merrill〉キク科。茎は紫紅色。園芸植物。
キクバジシバリ 〈Ixeris stolonifera A. Gray forma sinuata Ohwi〉キク科。高山植物。
キクバテンジクアオイ 菊葉天竺葵 〈Pelargonium radens H. E. Moore〉フウロソウ科。園芸植物。
キクバドコロ 菊葉野老 〈Dioscorea septemloba Thunb. ex Murray〉ヤマノイモ科の多年生つる草。別名モミジドコロ。薬用植物。
キクバナイグチ 〈Boletellus emodensis (Berk.) Sing.〉オニイグチ科のキノコ。中型～大型。傘は赤褐色、フェルト状大型鱗片、縁部に皮膜。
キクバフウロ 菊葉風露 〈Erodium stephanianum Willd.〉フウロソウ科の薬用植物。
キクバヤマボクチ 菊葉山火口 〈Synurus palmatopinnatifidus (Makino) Kitamura〉キク科の草本。
キクヒオドシ 〈Amansia glomerata C. Agardh〉フジマツモ科の海藻。膜質。体は3～7cm。

キクムグラ 〈Galium kikumugura Ohwi〉アカネ科の多年草。別名ヒメムグラ。高さは20～50cm。
キクモ 菊藻 〈Limnophila sessiliflora Blume〉ゴマノハグサ科の沈水性～抽水性～湿生植物。葉は異形葉、花の花弁は筒状で紅紫色。高さは10～60cm。
キクモバホラゴケ 〈Callistopteris apiifolia (Pr.) Copel.〉コケシノブ科の常緑性シダ。葉身は長さ12～35cm。
キクモモ バラ科のモモの品種。別名ケモモ、イシモモ、ゲンジグルマ。園芸植物。
キクラゲ 木耳 〈Auricularia auricula (Hook.) Underw.〉キクラゲ科のキノコ。別名ミミキノコ、モクジ。小型～中型。子実体は耳形、肉はゼラチン質。薬用植物。園芸植物。
キクランテラ・ブラキスタキア バクダンウリの別名。
キクランテラ・ペダタ 〈Cyclanthera pedata (L.) Schrad.〉ウリ科のつる。高さは3～5m。園芸植物。
キケマン 黄華鬘 〈Corydalis heterocarpa Sieb. et Zucc. var. japonica (Franch. et Savat.) Ohwi〉ケシ科の一年草。高さは40～60cm。薬用植物。
キケルビタ・アルピナ 〈Cicerbita alpina Wallr.〉キク科の多年草。高山植物。
キケンショウマ オオバショウマの別名。
キコガサタケ 〈Conocybe lactea (J. E. Lange) Métrod〉オキナタケ科のキノコ。小型。傘は釣鐘形～円錐形、淡黄色。ひだは黄褐色。
キゴケ 〈Stereocaulon exutum Nyl.〉キゴケ科の地衣類。子柄は長さ3～8cm。
キゴノナワシロイチゴ バラ科の木本。
キコブタケ 〈Phellinus igniarius (L. : Fr.) Quél.〉タバコウロコタケ科のキノコ。
キゴヘイゴケ 〈Parmeliopsis ambigua (Wulf.) Nyl.〉ウメノキゴケ科の地衣類。地衣体は葉状。
キサケツバタケ 〈Stropharia rugosoannulata Farlow in Murrill f. lutea Hongo〉モエギタケ科のキノコ。中型。傘は淡黄褐色、平滑。ひだは暗紫灰色。
キサゴゴケ 〈Hypnodontopsis apiculata Z. Iwats. & Nog.〉タチヒダゴケ科のコケ。茎は長さ2～3mm、葉は舌形～へら形。
キササゲ 楸 〈Catalpa ovata G. Don.〉ノウゼンカズラ科の落葉高木。高さは10m。花は淡黄色。薬用植物。園芸植物。
キササゲ属 ノウゼンカズラ科の高木。園芸植物。
キザバカンラン 〈Canarium rufum Benn.〉カンラン科の高木。葉片は鋸歯がありモクセイに似る。熱帯植物。

キサマツモドキ 〈*Tricholomopsis decora* (Fr.) Sing.〉キシメジ科のキノコ。小型〜中型。傘は黄色の地に暗緑色細鱗片。ひだは黄色。

キザミイチョウゴケ 〈*Lophozia incisa* (Schrad.) Dumort.〉ツボミゴケ科のコケ。別名キザミイチョウウロコゴケ。青緑色、葉は縁が明瞭な鋸歯状。

キサラギカナワラビ 〈× *Leptoarachniodes mitsuyoshiana* (Kurata) Nakaike〉オシダ科のシダ植物。

キサントソーマ サトイモ科の属総称。

キサントソーマ・ビオラセウム サトイモ科。園芸植物。

キシウシダ オオフジシダの別名。

キシカク 鬼子角 〈*Cylindropuntia imbricata* (Haw.) F. M. Knuth〉サボテン科のサボテン。高さは3m。花は淡紅ないし帯紫紅色。園芸植物。

キジカクシ 雉隠 〈*Asparagus schoberioides* Kunth〉ユリ科の多年草。高さは50〜100cm。園芸植物。

ギシギシ 羊蹄 〈*Rumex japonicus* Houtt.〉タデ科の多年草。別名ウマスイバ。高さは40〜100cm。薬用植物。

キシス・アウレア 〈*Chysis aurea* Lindl.〉ラン科の多年草。花は淡黄色。園芸植物。

キシス・ブラクテスケンス 〈*Chysis bractescens* Lindl.〉ラン科。花は白色。園芸植物。

キシダマムシグサ 〈*Arisaema kishidae* Makino ex Nakai〉サトイモ科の草本。別名ムロウマムシグサ。

キシツツジ 岸躑躅 〈*Rhododendron ripense* Makino〉ツツジ科の半常緑の低木。別名イソツツジ。花は淡紫色。園芸植物。

キシッポゴケ 〈*Arctoa fulvella* (Dicks.) Bruch & Schimp.〉シッポゴケ科のコケ。茎は高さ5〜10mm、葉は弓形に曲がる。

キジノオ 〈*Phacelocarpus japonicus* Okamura〉キジノオ科の海藻。複羽状。体は15〜20cm。

キジノオ キジノオシダの別名。

キジノオゴケ 〈*Cyathophorella tonkinensis* (Broth. & Paris) Broth.〉クジャクゴケ科のコケ。二次茎は長さ4〜5cm、葉は黒緑色、狭楕円状卵形。

キジノオシダ 雉尾羊歯 〈*Plagiogyria adnata* Bedd.〉キジノオシダ科の常緑性シダ。葉身は長さ15〜50cm。

キジムシロ 雉蓆 〈*Potentilla fragarioides* L. var. *major* Maxim.〉バラ科の多年草。高さは5〜30cm。

キシメジ 黄占地 〈*Tricholoma flavovirens* (Pers.: Fr.) Lund.〉キシメジ科のキノコ。

キシメニヤ 〈*Xymenia americana* L.〉ボロボロノキ科の低木。寄生性、果実は黄色。熱帯植物。

キジュ 喜樹 カンプトテカ・アクミナタの別名。

キシュウギク ホソバノギクの別名。

キシュウスズメノヒエ 〈*Paspalum distichum* L.〉イネ科の半抽水植物。高さ10〜50cm、葉身は線形。

キシュウナキリスゲ 〈*Carex nachiana* Ohwi〉カヤツリグサ科。

キシュウミカン 紀州蜜柑 〈*Citrus kinokuni* Hort. ex Tanaka〉ミカン科。別名コミカン、ホンミカン。果面は橙黄色。薬用植物。園芸植物。

キショウゲンジ 〈*Descolea flavoannulata* (L. Vassil.) Horak〉フウセンタケ科のキノコ。中型。傘は黄土色〜暗黄褐色、放射状のしわ、黄綿屑状の被膜片。ひだは縁は黄色。

キショウブ 黄菖蒲 〈*Iris pseudoacorus* L.〉アヤメ科の多年生の抽水植物。葉は2列に根生、花はあざやかな黄色。高さは50〜100cm。園芸植物。

キジョラン 鬼女蘭 〈*Marsdenia tomentosa* Morren et Decne.〉ガガイモ科の多年生つる草。薬用植物。

キシリス・カペンシス 〈*Xyris capensis* Thunb.〉トウエンソウ科の多年草。

キシワタケ 〈*Pseudmerulius aureus* (Fr.) Jülich〉イドタケ科のキノコ。

キジンマル 黄神丸 サボテン科のサボテン。園芸植物。

キズイセン 黄水仙 〈*Narcissus jonquilla* L.〉ヒガンバナ科の多年草。園芸植物。

キスゲ ユウスゲの別名。

キスジキヌイトゴケ 〈*Anomodon viticulosus* (Hedw.) Hook. & Taylor〉シノブゴケ科のコケ。二次茎は長さ4〜10cm、葉は広卵形。

キヅタ 木蔦 〈*Hedera rhombea* (Miq.) Bean〉ウコギ科の常緑つる性低木。別名オニヅタ、フユヅタ。長さ30〜40m。薬用植物。園芸植物。

キスタンケ・デセルチコラ 〈*Cistanche deserticola* Y. C. Ma〉ハマウツボ科の薬用植物。

キスツス 〈*Cistus villosus* Lam.〉ハンニチバナ科。

キスツス・キプリウス 〈*Cistus* × *cyprius* Lam.〉ハンニチバナ科。高さは2〜2.5m。花は白色。園芸植物。

キスツス・クレティクス 〈*Cistus creticus* L.〉ハンニチバナ科。高さは60〜120cm。花は紫紅〜淡紅色。園芸植物。

キスツス・コルバリエンシス 〈*Cistus* × *corbariensis* Pourr.〉ハンニチバナ科。高さは60〜90cm。花は白色。園芸植物。

キスツス・サルウィーフォリウス 〈*Cistus salviifolius* L.〉ハンニチバナ科の常緑小低木。高さ60cm。花は純白色。園芸植物。

キスツス・ニグリカンス 〈*Cistus* × *nigricans* Pourr.〉ハンニチバナ科。花は淡桃色。園芸植物。

キスツス・パリーニャエ 〈*Cistus palhinhae* C. Ingram〉ハンニチバナ科。高さは45〜60cm。花は純白色。園芸植物。

キスツス・プシロセパルス 〈*Cistus psilosepalus* Sweet〉ハンニチバナ科。高さは1m。花は白色。園芸植物。

キスツス・プルプレウス 〈*Cistus* × *purpureus* Lam.〉ハンニチバナ科。高さは1〜1.3m。花は紅色。園芸植物。

キスツス・モンスペリエンシス 〈*Cistus monspeliensis* L.〉ハンニチバナ科。高さは60〜120cm。花は白色。園芸植物。

キスツス・ラウリフォリウス 〈*Cistus laurifolius* L.〉ハンニチバナ科。高さは2〜2.5m。花は純白色。園芸植物。

キスツス・ラダニフェル 〈*Cistus ladanifer* L.〉ハンニチバナ科の常緑小低木。高さは1〜1.5m。花は白色。園芸植物。

キスツス・ルシタニクス 〈*Cistus* × *lusitanicus* Maund〉ハンニチバナ科。高さは1m。花は白色。園芸植物。

キストゥス キスツスの別名。

キスミレ 黄菫 〈*Viola orientalis* (Maxim.) W. Becker〉スミレ科の多年草。別名イチゲスミレ。高さは10〜15cm。花は黄色。園芸植物。日本絶滅危機植物。

キセイギョク 貴青玉 〈*Euphorbia meloformis* Ait.〉トウダイグサ科の多肉植物。別名玉司、林檎麒麟。幹は扁球形で、後に高さ10cm以上の長球形。園芸植物。

キセガワノリ 〈*Thyrea asahinae* (Yoshim.) Yoshim.〉リキナ科の地衣類。地衣体は暗赤褐色から暗緑褐色。

キセッコウ 黄雪晃 ブラジリカクツス・グレースネリの別名。

キセランセマム クセランテムム・アンスームの別名。

キセルアザミ 真薊 〈*Cirsium sieboldii* Miq.〉キク科の多年草。別名ミズアザミ、マアザミ。高さは50〜100cm。

キセロネマ・カリステモン 〈*Xeronema callistemon* W. R. B. Oliver〉ユリ科の多年草。

キセワタ 着綿 〈*Leonurus macranthus* Maxim.〉シソ科の多年草。高さは60〜100cm。薬用植物。

キセンギョク 奇仙玉 スブマツカナ・マディソニオルムの別名。

キソウメンタケ 〈*Ramariopsis helvola* (Pers. : Fr.) Petersen〉シロソウメンタケ科のキノコ。形は梶棒状、黄色〜橙黄色。

キソウロコゴケ 〈*Dermatocarpon kisovense* Zahlbr.〉アナイボゴケ科の地衣類。地衣体は褐色鱗片状。

キソエビネ 〈*Calanthe alpina* Hook. fil. var. *schlechteri* (Hara) F. Maek.〉ラン科の多年草。別名コラン。長さは25〜35cm。高山植物。園芸植物。日本絶滅危機植物。

キソキイチゴ 木曽木苺 〈*Rubus kisoensis* Nakai〉バラ科。

キソケイ 黄素馨 〈*Jasminum humile* L. var. *revolutum* (Sims) Stokes〉モクセイ科の常緑低木。別名ヒマラヤソケイ。高さは2m。花は黄色。園芸植物。

キソケイ ヤスミヌム・オドラティッシムムの別名。

キソケトン 〈*Chisocheton paucijugus* Miq.〉センダン科の小木。花は白色。熱帯植物。

キソジノカンアオイ 〈*Asarum takaoi* var. *hisauchii*〉ウマノスズクサ科。別名ゼニバカンアオイ。

キソチドリ 木曽千鳥 〈*Platanthera ophrydioides* Fr. Schm.〉ラン科の多年草。別名ヒトツバキソチドリ。高さは15〜30cm。高山植物。

キゾメカミツレ 〈*Anthemis arvensis* L.〉キク科の一年草。別名アレチカミツレ。高さは20〜50cm。花は白色。園芸植物。

キゾメカミルレ キゾメカミツレの別名。

キゾメコアカミゴケ 〈*Cladonia vulcanica* Zoll.〉ハナゴケ科の地衣類。基本葉体の鱗葉は深裂。

キタイシモ 〈*Clathromorphum circumscriptum* (Strömfelt) Foslie〉サンゴモ科の海藻。殻皮状。体は厚さ1〜5mm。

キタイタチゴケ 〈*Leucodon sciuroides* (Hedw.) Schwägr〉イタチゴケ科のコケ。茎は高さ4cm、葉は卵形。

キダイモンジ 黄大文字 〈*Trichocereus spachianus* (Lem.) Riccob.〉サボテン科のサボテン。高さは2m。花は白色。園芸植物。

キタイワヒゲ 〈*Melanosiphon intestinalis* (Saunders) Wynne〉コモンブクロ科の海藻。別名エゾイワヒゲ。

キタカ 黄鷹 ヘリアントケレウス・パサカナの別名。

キタコブシ 〈*Magnolia praecocissima* Koidz. var. *borealis* (Sargent) Koidz.〉モクレン科。薬用植物。

キタゴヨウマツ 北五葉松 〈*Pinus parviflora* Sieb. et Zucc. var. *pentaphylla* (Mayr) Henry〉マツ科の常緑高木。高山植物。

キタザワブシ 北沢付子 〈*Aconitum nipponicum* Nakai subsp. *micranthum* (Nakai) Kadota〉キンポウゲ科。

キタダケイチゴツナギ 〈*Poa glauca* var. *kitadakensis*〉イネ科。

キタダケカニツリ 北岳蟹釣 〈*Trisetum spicatum* var. *kitadakense*〉イネ科。

キタダケキンポウゲ 北岳金鳳花 〈*Ranunculus kitadakeanus* Ohwi〉キンポウゲ科の多年草。高さは10〜20cm。高山植物。日本絶滅危機植物。

キタダケソウ 北岳草 〈*Callianthemum hondoense* Nakai et Hara〉キンポウゲ科の多年草。別名ウメザキサバノオ。高さは10〜20cm。花は白色。高山植物。園芸植物。日本絶滅危機植物。

キタダケデンダ 北岳連朶 〈*Woodsia subcordata*〉オシダ科の夏緑性シダ。別名ヒメデンダ。葉身は長さ5〜12cm。狭披針形。

キタダケトリカブト 北岳鳥兜 〈*Aconitum kitadakense* Nakai〉キンポウゲ科の草本。高山植物。

キタダケナズナ 北岳薺 〈*Draba kitadakensis* Koidz.〉アブラナ科の多年草。別名ハクウンナズナ、ヤツガタケナズナ。高さは10〜15cm。高山植物。

キタダケヨモギ 北岳蓬 〈*Artemisia kitadakensis* Hara et Kitamura〉キク科の草本。高山植物。

キダチアミガサソウ 木立編笠草 〈*Acalypha indica* L.〉トウダイグサ科の草本。熱帯植物。

キダチアメリカザイフリボク 〈*Amelanchier arborea*〉バラ科の木本。樹高12m。樹皮は灰色。

キダチアロエ アロエの別名。

キダチイズセンリョウ 〈*Maesa ramentacea* Wall.〉ヤブコウジ科の小木。果実は白色。花は白色。熱帯植物。

キダチキツネアザミ 〈*Centaurea salmantica* L.〉キク科の一年草あるいは二年草。高さは100cm。花は淡紅紫色。

キダチキンバイ 〈*Ludwigia octovalvis* (Jacq.) Raven var. *sessiliflora* (Micheli) Raven〉アカバナ科の水辺の草本。花は黄色。熱帯植物。

キダチクジャクゴケ 〈*Dendrocyathophorum paradoxum* (Broth.) Dixon〉クジャクゴケ科のコケ。別名フチナシクジャクゴケ。二次茎は長さ2〜3cm、側葉は卵形。

キダチゴケ 〈*Hypnodendron vitiense* Mitt.〉キダチゴケ科のコケ。大形、茎は長さ5cm、枝葉は卵形。

キダチコミカンソウ 木立小蜜柑草 〈*Phyllanthus niruri* L. subsp. *amarus* Leandri〉トウダイグサ科。熱帯植物。

キダチコンギク 木立紺菊 〈*Aster pilosus* Willd.〉キク科の多年草。高さは40〜120cm。花は白色。

キダチスズムシソウ 〈*Uroskinnera spectabilis* Lindl.〉ゴマノハグサ科の観賞用低木。花は淡紫色。熱帯植物。

キダチチョウセンアサガオ オオバナチョウセンアサガオの別名。

キダチトウガラシ 〈*Capsicum frutescens* L.〉ナス科のやや低木性植物。花は淡緑色、萼は淡紫色。熱帯植物。薬用植物。

キダチトウダイ 〈*Euphorbia synadenium* Ridl.〉トウダイグサ科の低木。多肉葉、白乳液。熱帯植物。

キダチニンドウ 木立忍冬 〈*Lonicera hypoglauca* Miq.〉スイカズラ科の木本。別名トウニンドウ、チョウセンニンドウ。高山植物。

キダチノジアオイ 〈*Melochia compacta* Hochreut. var. *villosissima* (Presl) B. C. Stone〉アオギリ科の小低木。

キダチノネズミガヤ 〈*Muhlenbergia ramosa* (Hack.) Makino〉イネ科の多年草。別名ヤブネズミガヤ。高さは40〜110cm。

キダチハッカ サツレヤ・ホルテンシスの別名。

キダチハッカ サマー・サボリーの別名。

キダチハナカタバミ 〈*Oxalis hirta* L.〉カタバミ科。高さは30cm。花は濃紅、桃、白、クリームなど。園芸植物。

キダチハブソウ 〈*Cassia floribunda* Cav.〉マメ科の小木。花は黄色。熱帯植物。

キダチハマグルマ 〈*Wedelia biflora* (L.) DC. ex Wight〉キク科の草本。別名トキワハマグルマ。葉は厚く卵形。熱帯植物。園芸植物。

キダチハリナスビ 〈*Solanum linnaeanum* Hepper et Jaeger〉ナス科。果実は萼に包まれず、完全に露出。

キダチヒダゴケ 〈*Thamnobryum plicatulum* (Sande Lac.) Z. Iwats.〉オオトラノオゴケ科のコケ。二次茎の下部に小形の三角形の葉がまばらにつく。

キダチヒラゴケ 〈*Homaliodendron flabellatum* (Sm.) M. Fleisch.〉ヒラゴケ科のコケ。大形、二次茎は長さ4〜5cm、茎葉は長卵形〜卵形。

キダチベニノウゼン 〈*Tabebuia rosea* DC.〉ノウゼンカズラ科の観賞用小木。花は紅紫色。熱帯植物。園芸植物。

キダチミズゴケ 〈*Sphagnum compactum* DC. ex Lam. & DC.〉ミズゴケ科のコケ。中形、淡緑色〜褐色、ときに紫色。茎葉は長さ約0.5mm。

キダチミモサ 〈*Mimosa sepiaria* Benth.〉マメ科の小木。多刺。花は黄色。熱帯植物。

キダチヤンバルゴマ 〈*Helicteres hirsuta* Lour.〉アオギリ科の低木。靭皮はロープに作る。花はピンク色。熱帯植物。

キダチヨウラク 〈*Gmelina arborea* Roxb.〉クマツヅラ科の観賞用高木。葉裏白毛。花は橙黄色。熱帯植物。

キダチロカイ アロエの別名。

キタノエゾデンダ 〈*Polypodium hokkaidoense* Nakaike, nom. nud.〉ウラボシ科のシダ植物。

キタノカワズスゲ 〈*Carex echinata*〉カヤツリグサ科。

キタノミヤマシダ 〈*Diplazium sibiricum* (Turcz. ex Kunze) Kurata〉オシダ科のシダ植物。

キダマ 黄玉 〈Governor wood, wood〉バラ科のオウトウ(桜桃)の品種。別名8号。果皮は黄色。

キタマゴタケ 〈*Amanita javanica* (Corner & Bas) Oda, Tanaka & Tsuda〉テングタケ科のキノコ。中型～大型。傘は黄色、条線あり。ひだは帯黄色。

キタミソウ 北見草 〈*Limosella aquatica* L.〉ゴマノハグサ科の一年草。長さは5～15cm。

キタヤマブシ 〈*Aconitum japonicum* var. *eizanese*〉キンポウゲ科。

キチジョウソウ 吉祥草 〈*Reineckea carnea* (Andr.) Kunth〉ユリ科の多年草。高さは5～13cm。花は淡紅紫色。園芸植物。

キチチタケ 〈*Lactarius chrysorrheus* Fr.〉ベニタケ科のキノコ。

キチャハツ 〈*Russula sororia* (Fr.) Romell〉ベニタケ科のキノコ。小型～中型。傘は淡セピア色、粒状線。

キチャホウライタケ 〈*Xeromphalina cauticinalis* (Fr.) Kühn. et Mre.〉キシメジ科のキノコ。

キチャワンタケ 〈*Caloscypha fulgens* (Pers.) Boud.〉ピロネマキン科のキノコ。小型。子嚢盤は椀形、子実層は黄色。

キチョウジ 黄丁子 〈*Cestrum aurantiacum* Lindl.〉ナス科のやや蔓性の観賞用低木。花は橙黄色。熱帯植物。園芸植物。

キチンギア・ペルタタ 〈*Kitchingia peltata* Bak.〉ベンケイソウ科の多年草。高さは1～2m。花は淡桃色。園芸植物。

キチャアワタケ 〈*Xerocomus chrysenteron* (Bull.) Quél.〉イグチ科のキノコ。

キッコウグサ 〈*Dictyosphaeria cavernosa* (Forsskål) Boergesen〉バロニア科の海藻。球状、半球状又は長楕円形。体は1～3cm。

キッコウスギタケ 〈*Pholiota destruens* (Brond.) Gillet〉モエギタケ科のキノコ。中型～大型。傘は淡黄土色、綿毛状鱗片、湿時粘性。ひだは白色。

キッコウダコ 亀甲凧 アロカシア・クプレアの別名。

キッコウチク 亀甲竹 〈*Phyllostachys heterocycla* Mitf.〉イネ科の木本。別名ブツメンチク。園芸植物。

キッコウチリメン ディコリサンドラ・モサイカ・ウンダータの別名。

キッコウツゲ 亀甲黄楊 〈*Ilex crenata* Thunb. ex Murray var. *crenata* f. *nummularia* (Franch. et Savat.) Hara〉モチノキ科の木本。

キッコウハグマ 亀甲白熊 〈*Ainsliaea apiculata* Sch. Bip.〉キク科の多年草。高さは10～30cm。

キッコウボタン 亀甲牡丹 〈*Roseocactus fissuratus* (Engelm.) A. Berger〉サボテン科のサボテン。高さは15cm。花は紫赤からうすいピンク色。園芸植物。

キッサス・アデノポーダス 〈*Cissus adenopodus* Sprague〉ブドウ科のつる性多年草。

キッショウカン 吉祥冠 リュウゼツラン科のリュウゼツランの品種。園芸植物。

キッスス・アデノポダ 〈*Cissus adenopoda* T. Sprague〉ブドウ科。花は淡黄色。園芸植物。

キッスス・アンタルクティカ 〈*Cissus antarctica* Venten.〉ブドウ科。葉長10cm。園芸植物。

キッスス・オブロンガ 〈*Cissus oblonga* (Benth.) Planch.〉ブドウ科。葉長5～6cm。園芸植物。

キッスス・クアドラングラ ヒスイカクの別名。

キッスス・ストリアタ 〈*Cissus striata* Ruiz et Pav.〉ブドウ科。掌状複葉。園芸植物。

キッスス・ディスコロル セイシカズラの別名。

キッスス・ロツンディフォリア 〈*Cissus rotundifolia* (Forssk.) Vahl〉ブドウ科。円形の葉。園芸植物。

キッスス・ロンビフォリア 〈*Cissus rhombifolia* Vahl〉ブドウ科。園芸植物。

キツネアザミ 狐薊 〈*Hemistepta carthamoides* (Buch.-Ham.) O. Kuntze〉キク科の越年草。高さは60～80cm。

キツネガヤ 狐茅 〈*Bromus pauciflorus* (Thunb. ex Murray) Hack.〉イネ科の多年草。高さは70～120cm。

キツネゴケ 〈*Rigodiadelphus robustus* (Lindb.) Nog.〉ウスグロゴケ科(ハナゴケ科)のコケ。大形、枝葉は披針形。

キツネササゲ ノササゲの別名。

キツネタケ 〈*Laccaria laccata* (Scop. : Fr.) Berk. et Br.〉キシメジ科のキノコ。

キツネタケモドキ 〈*Laccaria ohiensis* (Mont.) Sing.〉キシメジ科のキノコ。小型。傘は帯褐黄色～肉桂色。ひだは肉色。

キツネタンポポ 〈*Taraxacum variabile*〉キク科。

キツネナスビ ツノナスの別名。

キツネノエフデ 狐絵筆 〈*Mutinus bambusinus* (Zoll.) Fisch.〉スッポンタケ科のキノコ。小型～中型。托は先の尖った円筒形、つばがある。

キツネノオ 〈*Spongocladia vaucheriaeformis* Areschoug〉アオモグサ科の海藻。海綿状で円柱状。

キツネノオゴケ 〈*Thamnobryum alopecurum* (Hedw.) Nieuwl.〉オオトラノオゴケ科のコケ。二次茎は長さ6cm。

キツネノカミソリ 狐剃刀 〈*Lycoris sanguinea* Maxim.〉ヒガンバナ科の多年草。高さは30〜50cm。薬用植物。園芸植物。

キツネノカラカサ 〈*Lepiota cristata* (Bolt. : Fr.) Kummer〉ハラタケ科のキノコ。小型。傘は中央部赤褐色、白地に褐色の鱗片。ひだは白色。

キツネノタイマツ 狐炬火 〈*Phallus rugulosus* (Fish.) Kuntze〉スッポンタケ科のキノコ。中型。傘は長釣鐘形、しわ状〜いぼ状。

キツネノチャブクロ 〈*Lycoperdon pertatum* Pers. : Pers.〉サルノコシカケ科。別名ホコリタケ。薬用植物。

キツネノチャブクロ オニフスベの別名。

キツネノチャブクロ ホコリタケの別名。

キツネノテブクロ ジギタリスの別名。

キツネノハナガサ 〈*Leucocoprinus fragilissimus* (Rav.) Pat.〉ハラタケ科のキノコ。小型。傘は粉状鱗片、淡黄。

キツネノヒガサ 〈*Crossandra undulaefolia* Salisb.〉キツネノマゴ科の観賞用低木。花は橙黄色。熱帯植物。

キツネノボタン 狐牡丹 〈*Ranunculus silerifolius* Lév.〉キンポウゲ科の多年草。高さは30〜50cm。薬用植物。

キツネノマゴ 狐孫 〈*Justicia procumbens* L.〉キツネノマゴ科の一年草。高さは10〜40cm。薬用植物。

キツネノマゴ科 科名。

キツネノメシガイソウ ヘリアンフォラ・ヌタンスの別名。

キツネノロウソク 〈*Mutinus caninus* (Huds. : Pers.) Fr.〉スッポンタケ科のキノコ。中型。托は先の細い円柱形、頭部と柄の境は明瞭。

キツネヤナギ 狐柳 〈*Salix vulpina* Andersson〉ヤナギ科の落葉低木。丘陵や山地に生える低木。園芸植物。

ギッバエウム・アルブム 〈*Gibbaeum album* N. E. Br.〉ツルナ科。花は白色。園芸植物。

ギッバエウム・アングリペス 〈*Gibbaeum angulipes* (L. Bolus) N. E. Br.〉ツルナ科。花は紫紅色。園芸植物。

ギッバエウム・ウェルティヌム 〈*Gibbaeum velutinum* (L. Bolus) Schwant.〉ツルナ科。別名大鮫。花は桃色。園芸植物。

ギッバエウム・クリプトポディウム 〈*Gibbaeum cryptopodium* (Kensit) L. Bolus〉ツルナ科。別名藻玲玉。花は淡紅色。園芸植物。

ギッバエウム・ゲミヌム 〈*Gibbaeum geminum* N. E. Br.〉ツルナ科。別名青珠子玉。花は紫紅色。園芸植物。

ギッバエウム・シャンディー 〈*Gibbaeum shandii* N. E. Br.〉ツルナ科。別名銀鮫、苔鮮玉。花は桃色。園芸植物。

ギッバエウム・ディスパル 〈*Gibbaeum dispar* N. E. Br.〉ツルナ科。別名無比玉。花は淡紅色。園芸植物。

ギッバエウム・パキポディウム 〈*Gibbaeum pachypodium* L. Bolus〉ツルナ科。別名初鮫。花は淡紅または紅色。園芸植物。

ギッバエウム・ハーゲイ 〈*Gibbaeum haagei* Schwant.〉ツルナ科。別名波枕。花は白色。園芸植物。

ギッバエウム・ヒーシー 〈*Gibbaeum heathii* (N. E. Br.) L. Bolus〉ツルナ科。別名銀光玉。園芸植物。

ギッバエウム・ピロスルム 〈*Gibbaeum pilosulum* (N. E. Br.) N. E. Br.〉ツルナ科。別名翠滴玉。花は紫紅色。園芸植物。

ギッバエウム・プベスケンス 〈*Gibbaeum pubescens* (Haw.) N. E. Br.〉ツルナ科。別名立鮫。花は淡紅色。園芸植物。

ギッバエウム・ペトレンセ 〈*Gibbaeum petrense* (N. E. Br.) Tisch.〉ツルナ科。別名春琴玉。花は紫紅色。園芸植物。

キツブナラタケ 〈*Armillaria* sp.〉キシメジ科のキノコ。小型〜大型。傘は山吹色、粒〜刺状鱗片。

キツリフネ 黄釣船 〈*Impatiens noli-tangere* L.〉ツリフネソウ科の一年草。別名ホラガイノ花。高さは30〜80cm。花は黄色。高山植物。園芸植物。

キティスス・アルプス シロエニシダの別名。

キティスス・スコパリウス エニシダの別名。

キティスス・ステノペタルス 〈*Cytisus stenopetalus* (Webb) Christ〉マメ科の木本。高さは1m。花は黄色。園芸植物。

キティスス・デクンベンス 〈*Cytisus decumbens* (Durande) Spach〉マメ科の木本。高さは20cm。花は純黄色。園芸植物。

キティスス・バタンディエリ 〈*Cytisus battandieri* Maire〉マメ科の木本。高さは4m。花は黄色。園芸植物。

キティスス・プラエコクス 〈*Cytisus* × *praecox* Bean〉マメ科の木本。高さは1〜1.5m。花は硫黄色。園芸植物。

キティスス・ムルティフロルス シロバナエニシダの別名。

キティスス・ラケモスス 〈*Cytisus* × *racemosus* Marnock ex Nichols.〉マメ科の木本。高さは1m。花は黄色。園芸植物。

キティスス・ラセモースス キティスス・ラケモススの別名。

キティヌス・ヒポキスティス 〈*Cytinus hypocistis* L.〉ラフレシア科の多年草。

キテングサゴケ 〈*Riccardia flavovirens* Furuki〉スジゴケ科のコケ。葉状体がやや黄色。

キドイノモトソウ 〈*Pteris kidoi* Kurata〉イノモトソウ科(ワラビ科)の常緑性シダ。葉身は長さ7〜20cm。

キトルス・アウランチウム ダイダイの別名。

キトルス・メディカ シトロンの別名。

キナゴケ 〈*Coniocybe furfuracea* (L.) Ach.〉ピンゴケ科の地衣類。地衣体は黄緑色。

キナノキ アカネ科の属総称。

キナバルエランテマム 〈*Eranthemum cinnabarinum* Wall.〉キツネノマゴ科の観賞用草本。花は赤色。熱帯植物。

キナバルラフレシア 〈*Rafflesia* sp.-Kinabalu-〉ラフレシア科。ブドウ科の根茎に寄生。花は赤褐色。熱帯植物。

キナメツムタケ 〈*Pholiota spumosa* (Fr.) Sing.〉モエギタケ科のキノコ。小型〜中型。傘は黄褐色、綿毛状小鱗片点在、粘性。

キナモドキ 〈*Hymenodictyon excelsum* Wall.〉アカネ科の観賞用大低木。葉は厚く肋白、種子有翼。熱帯植物。

キナンクム・グラウケセンス 〈*Cynanchum glaucescens* (Decne.) Hand.-Mazz.〉ガガイモ科の薬用植物。

キナンクム・スタウントニイ 〈*Cynanchum stauntonii* (Decne) Schltr. ex Lévl.〉ガガイモ科の薬用植物。

キナンクム・ブンゲリ 〈*Cynanchum bungeri* Decne.〉ガガイモ科の薬用植物。

キナンクム・ペリエリ 〈*Cynanchum perrieri* Choux〉ガガイモ科の半つる性の植物。花は黄色。園芸植物。

キナンクム・ベルシコロル 〈*Cynanchum versicolor* Bunge.〉ガガイモ科の薬用植物。

ギナンドリリス・シシリンキウム 〈*Gynandriris sisyrinchium* (L.) Parl.〉アヤメ科。高さは10〜40cm。花は青紫色。園芸植物。

ギナンドリリス・セティフォリア 〈*Gynandriris setifolia* (L. f.) R. Foster〉アヤメ科。高さは5〜20cm。花はうすい青紫色。園芸植物。

ギナンドリリス・プリツェリアナ 〈*Gynandriris pritzeliana* (Diels) P. Goldblatt〉アヤメ科。高さは25cm。花は青色。園芸植物。

ギナンドロプシス・ギナンドラ フウチョウソウの別名。

ギニアアブラヤシ アブラヤシの別名。

キニガイグチ 〈*Tylopilus ballouii* (Peck) Sing.〉イグチ科のキノコ。中型〜大型。傘は黄褐色。

キニラ 黄薤 ユリ科の中国野菜。別名コガネニラ。

キヌイトカザシグサ 〈*Griffithsia subcylindrica* Okamura〉イギス科の海藻。低潮線下の他海藻の上に着生。

キヌイトグサ 〈*Callithamnion callophyllidicola* Yamada〉イギス科の海藻。トサカモドキ属の体の上に着生。

キヌイトゴケ 〈*Anomodon longifolius* (Brid.) Hartm.〉シノブゴケ科のコケ。小形、二次茎は長さ2〜3cm、不規則に分枝し、葉は披針形。

キヌオオフクロタケ 〈*Volvariella bombycina* (Schaeff.：Fr.) Sing.〉ウラベニガサ科のキノコ。大型。傘は淡黄白色、白色絹糸状の密毛。ひだは白色→肉色。

キヌガサ 衣笠 〈Kinugasa〉バラ科のバラの品種。ハイブリッド・ティーローズ系。花は淡いピンク。園芸植物。

キヌガサギク アラゲハンゴンソウの別名。

キヌガサソウ 衣笠草 〈*Kinugasa japonica* (Franch. et Savat.) Tatewaki et Sudo〉ユリ科の多年草。高さは40〜100cm。花は白色。高山植物。園芸植物。

キヌガサタケ 絹傘茸, 衣笠茸 〈*Dictyophora indusiata* (Vent.：Pers.) Fisch.〉スッポンタケ科のキノコ。別名コムソウタケ。大型。傘は釣鐘形。

キヌカワミカン 〈*Citrus glaberrima* hort. ex T. Tanaka〉ミカン科。別名コウジロキツ(神代橘)、コウジロミカン(神代ミカン)。食味は淡白。高さは4〜5m。園芸植物。

キヌクサ 〈*Gelidium linoides* Kuetzing〉テングサ科の海藻。別名ヒゲモグサ。細い。体は25〜30cm。

キヌゲチチコグサ 〈*Facelis retusa* (Lam.) Sch. Bip.〉キク科の一年草。高さは20〜25cm。

キヌゴケ 〈*Pylaisiella brotheri* (Besch.) Z. Iwats. & Nog.〉ハイゴケ科のコケ。茎は這い、羽状に長さ2〜3mmの枝を出す。

キヌシオグサ 〈*Cladophora stimpsonii* Harvey〉シオグサ科の海藻。淡緑色。体は35cm。

キヌシッポゴケモドキ 〈*Brachydontium trichodes* (F. Weber) Milde〉キヌシッポゴケ科のコケ。茎は長さ1mm以下、葉は卵形。

キヌタソウ 砧草 〈*Galium kinuta* Nakai et Hara〉アカネ科の多年草。高さは30〜60cm。

キヌハダ 〈*Pugetia japonica* Kylin〉ツカサノリ科の海藻。体は概形円。体は径3〜20cm。

キヌハダトマヤタケ 〈*Inocybe cookei* Bres.〉フウセンタケ科のキノコ。

キヌハダニセトマヤタケ 〈*Inocybe paludinella* (Peck) Sacc.〉フウセンタケ科のキノコ。

キヌヒバゴケ 〈*Dicradiella trichophora* (Mont.) Redf. & B. C. Tan〉ハイヒモゴケ科のコケ。光沢があり、下部はときに褐色。

キヌフラスコモ 〈*Nitella mucronata* Miquel var. *gracilens* (Morioka) Imah.〉シャジクモ科。

キヌメリガサ 〈*Hygrophorus lucorum* Kalchbr.〉ヌメリガサ科のキノコ。小型。傘はレモン色、粘性。

キヌモミウラタケ 〈*Entoloma sericellum* (Bull. : Fr.) Kummer〉イッポンシメジ科のキノコ。小型。傘は白色、絹状。ひだはピンク色。

キヌヤナギ 絹柳 〈*Salix kinuyanagi* Kimura〉ヤナギ科の落葉低木〜小高木。雄株のみ知られている。園芸植物。

ギヌラ キク科の属総称。別名サンシチソウ。

ギヌラ・アウランティアカ ビロードサンシチの別名。

ギヌラ・サルメントーサ キクバサンシチの別名。

ギヌラ・プロクンベンス キクバサンシチの別名。

ギヌラ・ヤポニカ サンシチソウの別名。

キヌラン 〈*Zeuxine strateumatica* (L.) Schltr.〉ラン科の多年草。別名ホソバラン。高さは5〜10cm。

ギネアキビ 〈*Panicum maximum* Jacq.〉イネ科の多年草。別名ギニアキビ。高さは1.5〜2m。

キノア アカザ科の属総称。別名ケノボディウム。

キノウエノケゴケ 〈*Schwetschkea matsumurae* Besch.〉コゴメゴケ科のコケ。小形で、茎は這い、葉は披針形。

キノウエノコハイゴケ 〈*Hypnum pallescens* (Hedw.) P. Beauv.〉ハイゴケ科のコケ。小形で、茎は這い、茎葉は卵形。

キノエアナナス ティランジア・アエラントスの別名。

キノエササラン 〈*Liparis uchiyamae*〉ラン科。

キノクニウラボシ 〈*Crypsinus × ohorae* Nakaike, nom. nud.〉ウラボシ科のシダ植物。

キノクニオカクラゴケ 〈*Okamuraea plicata* Card.〉ウスグロゴケ科のコケ。葉は弱い光沢があり、広卵形。

キノクニキヌタゴケ 〈*Palisadula chrysophylla* (Card.) Toyama〉ナワゴケ科のコケ。二次茎は高さ2〜5mm、茎葉は披針形。

キノクニシオギク 〈*Chrysanthemum shiwogiku* var. *kinokuniensis*〉キク科。別名キイシオギク。

キノクニスゲ 〈*Carex matsumurae* Franch.〉カヤツリグサ科の草本。別名キシュウスゲ。

キノクニスズカケ 〈*Veronicastrum tagawae* (Ohwi) Yamazaki〉ゴマノハグサ科の草本。日本絶滅危惧植物。

キノグロッスム・アマビレ シナワスレナグサの別名。

キノグロッスム・オフィキナーレ 〈*Cynoglossum officinale* L.〉ムラサキ科の多年草。高山植物。

キノグロッスム・ネルウォスム 〈*Cynoglossum nervosum* Benth. ex Hook. f.〉ムラサキ科の草本。高さは1m。花はるり色。園芸植物。

キノグロッスム・フルカツム 〈*Cynoglossum furcatum* Wall.〉ムラサキ科の草本。別名インドルリソウ。高さは80cm。花は碧色。園芸植物。

キノコ 総称。園芸植物。

キノコウチワ 茸団扇 〈*Austrocylindropuntia clavarioides* (Pfeiff.) Backeb.〉サボテン科のサボテン。別名白鶏冠。花は帯赤緑褐色。園芸植物。

ギノスタキウム 〈*Gymnostachyum diversifolium* Clarke〉キツネノマゴ科の草本。茎や葉は紫黒色。花は白、下唇のみ紫色。熱帯植物。

キノドン・ダクティロン ギョウギシバの別名。

キノボリイグチ 〈*Suillus spectabilis* (Peck) O. Kuntze〉イグチ科のキノコ。

キノボリシダ 木登羊歯 〈*Diplazium donianum* (Mett.) Tard.-Blot〉オシダ科の常緑性シダ。葉身は長さ15〜25cm。単羽状。

キノボリツノゴケ 〈*Dendroceros japonicus* Steph.〉ツノゴケ科のコケ。不規則に二叉状に分枝し、長さ2〜3cm。

キノボリヤバネゴケ 〈*Sphenolobosis pearsonii* (Spruce) R. M. Schust.〉ツボミゴケ科のコケ。緑褐色、茎は長さ0.5cm。

キノルキス・ウンキナタ 〈*Cynorkis uncinata* H. Perr.〉ラン科。高さは20〜30cm。花は桃色。園芸植物。

キノルキス・ギッボサ 〈*Cynorkis gibbosa* Ridl.〉ラン科。高さは30〜40cm。花は橙赤色。園芸植物。

キハギ 木萩 〈*Lespedeza buergeri* Miq.〉マメ科の落葉低木。別名ノハギ。高さは1.5〜2m。園芸植物。

ギバシス・ペルキダ 〈*Gibasis pellucida* (M. Martens et Galeotti) D. R. Hunt〉ツユクサ科の草本。花は白色。園芸植物。

キハダ 黄膚 〈*Phellodendron amurense* Rupr. var. *amurense*〉ミカン科の落葉高木。別名ヒロハノキハダ。高さは15m。樹皮は灰褐色。高山植物。薬用植物。園芸植物。

キハダカンバ 〈*Betula alleghaniensis*〉カバノキ科の木本。樹高30m。樹皮は黄褐色。

キハツダケ 〈*Lactarius tottoriensis* Matsuura〉ベニタケ科のキノコ。中型〜大型。傘は白色〜淡汚黄色、淡青緑色のしみあり。ひだは淡黄色。

キバナアキギリ 黄花秋桐 〈*Salvia nipponica* Miq.〉シソ科の多年草。高さは20〜40cm。花は黄色。園芸植物。

キバナアマ 黄花亜麻 〈*Reinwardtia indica* Dumort.〉アマ科の常緑小低木。高さは60〜120cm。花は濃黄色。園芸植物。

キバナアラセイトウ エリシュム・カピタツムの別名。

キバナイカリソウ 黄花碇草 〈*Epimedium grandiflorum* Morren et Decne. subsp. *koreanum*

(Nakai) Kitamura〉メギ科の多年草。別名シロバナイカリソウ。高さは20～40cm。高山植物。薬用植物。園芸植物。

キバナウツギ 黄花空木 〈*Weigela maximowiczii* (S. Moore) Rehder〉スイカズラ科の落葉低木。高さは1～1.5m。花は淡黄色。高山植物。園芸植物。

キバナウンラン 〈*Linaria genistifolia* (L.) Miller subsp. *dalmatica* (L.) Maire et Petitomengen〉ゴマノハグサ科の多年草。高さは30～100cm。花は黄色。

キバナオクナ 〈*Ochna kirkii* D. Oliver〉オクナ科の観賞用低木。葉はチャに似る。高さは4.5m。花は黄色。熱帯植物。園芸植物。

キバナオモダカ 〈*Limnocharis flava* Buchenau〉ハナイ科の水田の草本。葉は粉白。花は黄色。熱帯植物。

キバナオランダセンニチ 〈*Spilanthes acmella* Murr.〉キク科の草本。別名キバナセンニチモドキ、ハトウガラシ。花は黄色。熱帯植物。薬用植物。

キバナカイウ 黄花海芋 〈*Zantedeschia elliottiana* (W. Wats.) Engl.〉サトイモ科の多年草。別名サンライト。高さは90cm。園芸植物。

キバナカラスノエンドウ 〈*Vicia grandiflora* Scopoli〉マメ科の一年草。高さは30～60cm。花は黄色。

キバナカラマツソウ 黄花河原松葉 〈*Thalictrum flavum* L.〉キンポウゲ科の多年草。高さは60～90cm。花は黄色。園芸植物。

キバナカワラマツバ 黄花河原松葉 〈*Galium verum* L. var. *asiaticum* Nakai〉アカネ科の草本。

キバナキョウチクトウ 黄花夾竹桃 〈*Thevetia peruviana* (Pers.) K. Schum.〉キョウチクトウ科の観賞用低木。花は黄、ときに橙黄色。熱帯植物。薬用植物。園芸植物。

キバナクリンソウ プリムラ・ヘロドクサの別名。

キバナクレス 〈*Barbarea verna* (Mill.) Asch.〉アブラナ科の草本。根生葉は羽状に深裂。高さは30～60cm。園芸植物。

キバナコウリンカ 〈*Senecio furusei* Kitamura〉キク科の草本。日本絶滅危機植物。

キバナコウリンタンポポ 〈*Hieracium caespitosum* Dumor.〉キク科の多年草。別名ノハラタンポポ。高さは25～50cm。花は黄色。

キバナコクラン 〈*Liparis nigra* Seidenf. var. *sootenzanensis* (Fukuyama) Liu et Su〉ラン科。日本絶滅危機植物。

キバナコスモス 〈*Cosmos sulphureus* Cav.〉キク科の観賞用草本。高さは60～200cm。花は黄または橙色。熱帯植物。園芸植物。

キバナコツクバネ コツクバネウツギの別名。

キバナザキバラモンジン キバナバラモンジンの別名。

キバナサバノオ 〈*Dichocarpum pterigionocaudatum* (Koidz.) Tamura et Lauener〉キンポウゲ科の草本。

キバナシオガマ 黄花塩竃 〈*Pedicularis oederi* Vahl var. *heteroglossa* Prain〉ゴマノハグサ科の多年草。高さは10～20cm。高山植物。

キバナジギタリス ジギタリス・ルテアの別名。

キバナシャクナゲ 黄花石南花 〈*Rhododendron aureum* Georgi〉ツツジ科の常緑低木。高さは30cm。花はクリーム色。高山植物。園芸植物。

キバナシャボンソウ サポナリア・ルテアの別名。

キバナシュクシャ 黄花縮砂 〈*Hedychium gardnerianum* Roscoe〉ショウガ科の多年草。高さは1～2m。花は黄色。園芸植物。

キバナシュスラン 〈*Anoectochilus formosanus* Hayata〉ラン科。高さは20cm。花は白色。園芸植物。

キバナスズシロ 〈*Eruca vesicaria* (L.) Cav. subsp. *sativa* (Mill.) Thell.〉アブラナ科の一年草。別名エルーカ、ロケットサラダ。花は淡黄色。

キバナスズシロモドキ 〈*Coincya monensis* (L.) Greuter et Burdet subsp. *cheiranthos* (Vill.) Aedo, Leadlay et Munoz Garm.〉アブラナ科の一年草あるいは多年草。高さは20～50cm。

キバナセツブンソウ 〈*Eranthis cilicica* Schott et Kotschy〉キンポウゲ科の多年草。高さは5cm。花は黄色。園芸植物。

キバナセンニチコウ 黄花千日紅 ゴンフレナ・ハーゲアナの別名。

キバナタカサブロウ 〈*Guizotia abyssinica* (L. f.) Cass.〉キク科の一年草。別名ヌグ、ニゲル。高さは40～100cm。花は橙黄色。

ギバナタマスダレ 〈*Sternbergia lutea* (L.) Roem. et Schult.〉ヒガンバナ科の球根植物。別名シュテルンベルギア、ウインターダッフォルディ。花は黄色。熱帯植物。園芸植物。

キバナタラウマ 〈*Talauma lanigera* Hook. f.〉モクレン科の小木。花は橙黄色。熱帯植物。

キバナチユリ 〈*Disporum lutescens* (Maxim.) Koidz.〉ユリ科の草本。

キバナチャボアヤメ 〈*Iris chamaeiris* Bertol.〉アヤメ科の多年草。高さは2.5～25cm。花は青紫、赤紫、黄、白色。園芸植物。

キバナツノクサネム 〈*Sesbania aculeata* Pers.〉マメ科の草本。花は黄色。熱帯植物。

キバナツノゴマ ツノゴマ科。園芸植物。

キバナツノノキ 〈*Dolichandrone caudafelina* Benth.〉ノウゼンカズラ科の小木。花は黄緑色、花筒外面黄赤色。熱帯植物。

キバナドチカガミ 〈*Hydrocleis comersonii* Rich.〉トチカガミ科の観賞用水草。花は黄色。熱帯植物。

キバナトチノキ 〈*Aesculus flava* Soland.〉トチノキ科の木本。高さは30m。花は淡黄色。樹皮は灰褐色。園芸植物。

キバナトリカブト 〈*Aconitum Koreanum* R. Raymund.〉キンポウゲ科の薬用植物。

キバナナデシコ ディアンツス・ナッピーの別名。

キバナニオイヤグルマ ケンタウレア・スアウェオレンスの別名。

キバナニオイヤグルマ スイート・サルタンの別名。

キバナノアツモリソウ 黄花の敦盛草 〈*Cypripedium yatabeanum* Makino〉ラン科の多年草。高さは10～30cm。花は淡黄緑色。高山植物。園芸植物。日本絶滅危惧植物。

キバナノアマナ 黄花甘菜 〈*Gagea lutea* (L.) Ker-Gawl.〉ユリ科の多年草。高さは15～25cm。

キバナノカワラマツバ 黄花の河原松葉 〈*Galium verum* L.〉アカネ科の多年草。高山植物。

キバナノキキョウラン ディアネラ・ストラミネアの別名。

キバナノギョウジャニンニク 〈*Allium moly* L.〉ユリ科の多年草。別名アリューム、アリアム。高さは30～40cm。花は黄色。園芸植物。切り花に用いられる。

キバナノクリンザクラ 黄花九輪桜 〈*Primula veris* L.〉サクラソウ科の多年草。花は硫黄色。薬用植物。園芸植物。

キバナノクリンザクラ プリムラ・ベリスの別名。

キバナノコオニユリ リリウム・ライヒトリニーの別名。

キバナノコギリソウ 黄花鋸草 〈*Achillea filipendulina* Lam.〉キク科の多年草。高さは30～70cm。花は黄色。園芸植物。

キバナノコマノツメ 黄花の駒の爪 〈*Viola biflora* L.〉スミレ科の多年草。高さは5～20cm。高山植物。園芸植物。

キバナノシオガマ キバナシオガマの別名。

キバナノジギク 〈*Chrysanthemum ornatum* var. *spontaneum* form. *flauescens*〉キク科。

キバナノショウキラン 〈*Yoania amagiensis* Nakai et F. Maek.〉ラン科の多年生腐生植物。高さは20～50cm。

キバナノセッコク 黄花石斛 〈*Dendrobium tosaense* Makino〉ラン科の多年草。長さは20～40cm。花は黄緑色。園芸植物。日本絶滅危惧植物。

キバナノタマスダレ ギバナタマスダレの別名。

キバナノツキヌキニンドウ ロニケラ・ブラウニーの別名。

キバナノツキヌキホトトギス 〈*Tricyrtis perfoliata* Masam.〉ユリ科の多年草。高さは60～90cm。花は鮮黄色。園芸植物。日本絶滅危機植物。

キバナノノコギリソウ キバナノコギリソウの別名。

キバナノハウチワマメ 黄花葉団扇豆 〈*Lupinus luteus* L.〉マメ科の薬用植物。別名ノボリフジ、ハウチワマメ。高さは40～60cm。花は黄色。園芸植物。

キバナノハタザオ キバナハタザオの別名。

キバナノホトトギス 黄花杜鵑草 〈*Tricyrtis flava* Maxim.〉ユリ科の多年草。高さは10～40cm。花は鮮黄色。園芸植物。

キバナノマツバニンジン 黄花松葉人参 〈*Linum virginianum* L.〉アマ科の一年草。別名キバナマツバナデシコ。高さは20～70cm。花は黄色。

キバナノレンリソウ 〈*Lathyrus pratensis* L.〉マメ科の多年草。長さは120cm。花は濃黄色。高山植物。

キバナハカマカズラ 〈*Bauhinia flammifera* Ridl.〉マメ科の蔓木。花は黄色、後褐色に変る。熱帯植物。

キバナハギ 〈*Crotalaria pallida* L.〉マメ科。別名オオミツバタスキマメ。葉は3小葉。

キバナハス 黄花蓮 〈*Nelumbo lutea* (Willd.) Pers.〉スイレン科の多年草。別名アメリカハス。花は淡黄色。園芸植物。

キバナハタザオ 黄花旗竿 〈*Sisymbrium luteum* (Maxim.) O. E. Schulz〉アブラナ科の多年草。別名ヘスペリソウ。高さは80～120cm。

キバナバラモンジン 黄花婆羅門参 〈*Tragopogon pratensis* L.〉キク科の多年草。別名キバナザキバラモンジン、バラモンギク。薬用植物。園芸植物。

キバナバンダ 〈*Vandopsis gigantea* (Lindl.) Pfitz〉ラン科の着生植物。花は黄色。熱帯植物。園芸植物。

キバナヒエンソウ デルフィニウム・セミバルバツムの別名。

キバナヒメフウチョウ 〈*Cleome icosandra* L.〉フウチョウソウ科の草本。花は白黄色。熱帯植物。

キバナビラゴケ 〈*Pannaria lepidella* (Räs.) Kurok.〉ハナビラゴケ科の地衣類。地衣体は径10cm。

キバナブーゲンビレア オシロイバナ科。園芸植物。

キバナヘイシソウ サラセニア・フラワの別名。

キバナホウチャクソウ 〈*Disporum uniflorum* Baker〉ユリ科の宿根草。別名キバナアマドコロ、コガネホウチャクソウ。園芸植物。

キバナホトトギス キバナノホトトギスの別名。

キバナボンテンカ 〈*Pavonia spinifex* Cav.〉アオイ科の観賞用低木。花は黄色。熱帯植物。園芸植物。

キバナマーガレット 〈*Chrysanthemum frutescens* L.〉キク科。別名キバナモクシュンギク。園芸植物。

キバナマツバギク 〈*Lampranthus aureus* N. E. Br.〉ツルナ科。茎は直立。葉は対生で葉先はあまりとがらない。花は鮮黄色。園芸植物。

キバナマツバニンジン キバナノマツバニンジンの別名。

キバナミソハギ 黄花禊萩 〈*Heimia myrtifolia* Cham. et Schltdl.〉ミソハギ科の低木。高さは1m。園芸植物。

キバナムギナデシコ キバナバラモンジンの別名。

キバナモクセイソウ 〈*Reseda lutea* L.〉モクセイソウ科の一年草。高さは20〜60cm。花は淡黄色。薬用植物。

キバナモクワンジュ 〈*Bauhinia tomentosa* L.〉マメ科の常緑低木。高さは4m。花は淡黄、後に淡紅黄色、弁の基部に黒紫点。熱帯植物。園芸植物。

キバナヤグルマ オウゴンヤグルマの別名。

キバナヤグルマギク スイート・サルタンの別名。

キバナユリズイセン ヒガンバナ科。園芸植物。

キバナヨウラク グメリナ・ヒストリクスの別名。

キバナルピナス キバナノハウチワマメの別名。

キバナルリソウ 〈*Cerinthe major* L.〉ムラサキ科の一年草。

キバナワタモドキ 〈*Cochlospermum gossypium* L.〉ワタモドキ科の小木。花後に花序は根状になる。花は黄色。熱帯植物。

キハネゴケ 〈*Plagiochila trabeculata* Steph.〉ハネゴケ科のコケ。葉は矩形、長さ1.5〜2mm。

キハマギク 黄浜菊 キク科。園芸植物。

キバラ 〈*Kibara serrulata* Perk.〉モニミヤ科の小木。葉はアオキに似る。熱帯植物。

キハリタケ 〈*Hydnellum aurantiacum* (Bastch.：Fr.) Karst.〉イボタケ科のキノコ。小型。傘は偏平〜浅い漏斗状、朱褐色〜橙黄色、環紋不明瞭。

キバンジロウ 〈*Psidium littorale* Raddi〉フトモモ科の常緑高木。別名キバンザクロ。

キビ 黍 〈*Panicum miliaceum* L.〉イネ科の草本。別名コキビ、キミ。

キヒシャクゴケ 〈*Scapania bolanderi* Austin〉ヒシャクゴケ科のコケ。緑色〜黄褐色、茎は長さ5cm。

キビステテス・ロンギフォリア 〈*Cybistetes longifolia* (L.) Milne-Redh. et Schweick.〉ヒガンバナ科の球根植物。高さは20cm。花は白からうすいピンク、濃いピンク色。園芸植物。

キヒダカラカサタケ 〈*Lepiota subcitrophylla* Hongo〉ハラタケ科のキノコ。小型。傘は淡黄色、褐色の小鱗片。ひだはレモン色。

キヒダタケ 〈*Phylloporus bellus* (Massee) Corner〉イグチ科のキノコ。小型〜中型。傘は灰褐色〜オリーブ褐色、ビロード状。ひだは鮮黄色。

キヒダマツシメジ 〈*Tricholoma fulvum* (DC.：Fr.) Sacc.〉キシメジ科のキノコ。

キビナワシロイチゴ 吉備苗代苺 〈*Rubus yoshinoi* Koidz.〉バラ科の落葉低木。

キビノクロウメモドキ 〈*Rhamnus yoshinoi* Makino〉クロウメモドキ科の落葉低木。

キビノミノボロスゲ 〈*Carex levissima* Nakai〉カヤツリグサ科。

キビヒトリシズカ 〈*Chloranthus fortunei* (A. Gray) Solms-Laub.〉センリョウ科の草本。

キヒモカワタケ 〈*Phanerochaete chrysorhiza* (Torr.) Budington et Gilb.〉コウヤクタケ科のキノコ。

キヒラタケ 〈*Phyllotopsis nidulans* (Pers.：Fr.) Sing.〉ヒラタケ科のキノコ。小型〜中型。傘は半円形、鮮黄色、粗毛状。ひだは橙黄色。

キヒラトユリ リリウム・ライヒトリニーの別名。

キフアブチロン アオイ科。園芸植物。

ギフイヌワラビ 〈*Athyrium deltoidofrons* Makino × *A. wardii* (Hook.) Makino〉オシダ科のシダ植物。

キフォステンマ・ウテル 〈*Cyphostemma uter* (Exell et Mendoncaça) Desc.〉ブドウ科。塊茎は多く分枝。園芸植物。

キフォステンマ・クラメリアヌム 〈*Cyphostemma cramerianum* (Schinz) Desc.〉ブドウ科。高さは4m。園芸植物。

キフォステンマ・クラーリー 〈*Cyphostemma currorii* (Hook. f.) Desc.〉ブドウ科。塊茎は肥大。園芸植物。

キフォステンマ・ベインジー 〈*Cyphostemma bainesii* (Hook. f.) Desc.〉ブドウ科。高さは60cm。園芸植物。

キフォステンマ・ユッタエ ブドウカズラの別名。

キフォフェニクス・エレガンス 〈*Cyphophoenix elegans* (Brongn. et Gris) H. Wendl. ex Salomon〉ヤシ科。別名ヘソノヤシ。高さは10m。花は褐色。園芸植物。

キフォマンドラ・ベタケア トマトノキの別名。

キフゲットウ ショウガ科。園芸植物。

キブサズイセン 〈*Narcissus* × *odorus* L.〉ヒガンバナ科。別名カンランズイセン。高さは38cm。花は黄色。園芸植物。

キブシ 木五倍子 〈*Stachyurus praecox* Sieb. et Zucc.〉キブシ科の落葉低木。別名キフジ、マメフジ。高さは4m。花は黄色。薬用植物。園芸植物。

キブシ科 科名。
キフジン 貴婦人 シュウカイドウ科。園芸植物。
ギプソフィラ・エレガンス カスミソウの別名。
ギプソフィラ・パニクラタ シュッコンカスミソウの別名。
ギプソフィラ・レペンス 〈Gypsophila repens L.〉ナデシコ科。高さは25cm。花は白ときに淡紫色。高山植物。園芸植物。
キフタコノキ 黄斑蛸木 タコノキ科の木本。
キフトネゴケ 〈Parmelia abstrusa Vain.〉ウメノキゴケ科の地衣類。地衣体は類黄または帯黄灰緑色。
キフトネゴケモドキ 〈Parmelia subturgida Kurok.〉ウメノキゴケ科の地衣類。地衣体は褐色から黒褐色。
キブネゴケ 〈Rhachithecium nipponicum (Toyama) Wijk & Margad.〉タチヒダゴケ科のコケ。小形、茎は立ち、長さ3〜4mm、葉は倒卵形〜へら形。
キブネダイオウ 貴船大黄 〈Rumex nepalensis Spreng.〉タデ科の草本。日本絶滅危機植物。
ギフベニシダ 〈Dryopteris kinkiensis Koidz. ex Tagawa〉オシダ科の常緑性シダ。葉身は卵状長楕円形〜長楕円形。
キブリイトグサ 〈Polysiphonia japonica Harvey〉フジマツモ科の海藻。灌木状。体は10cm。
キブリイボタケ 〈Thelephora multipartita Fr.〉イボタケ科のキノコ。
キブリツボミゴケ 〈Jungermannia virgata (Mitt.) Steph.〉ツボミゴケ科のコケ。緑色〜緑赤色、長さ1〜2cm。
キブリナギゴケ 〈Kindbergia arbuscula (Broth.) Ochyra〉アオギヌゴケ科のコケ。大形で二次茎は樹状になる。葉は広卵形。
キブリハネゴケ 〈Pinnatella makinoi (Broth.) Broth.〉ヒラゴケ科のコケ。枝は長さ10〜15mm、若い枝の葉は緑色。
キブリモサズキ 〈Jania arborescens (Yendo) Yendo〉サンゴモ科の海藻。体は2cm。
キプロスイチイガシ 〈Quercus alnifolia〉ブナ科の木本。樹高8m。樹皮は暗灰色。
キプロスシーダー 〈Cedrus brevifolia〉マツ科の木本。樹高20m。樹皮は濃灰色。
キペラ・ハーバーティー 〈Cypella herbertii (Lindl.) Herb.〉アヤメ科の球根植物。別名トラユリモドキ、アカバナサカズキアヤメ。高さは30〜50cm。花はオレンジイエロー。園芸植物。
キペラ・プルンベア 〈Cypella plumbea Lindl.〉アヤメ科の球根植物。高さは45〜60cm。花は暗い鉛色を帯びた青色。園芸植物。
キペルス・アルテルニフォリウス シュロガヤツリの別名。

キペルス・アルボストリアツス 〈Cyperus albostriatus Schrad.〉カヤツリグサ科の一年草あるいは多年草。高さは20〜30cm。園芸植物。
キペルス・イソクラドゥス 〈Cyperus isocladus Kunth〉カヤツリグサ科の一年草あるいは多年草。高さは30cm。園芸植物。
キペルス・パピルス カミガヤツリの別名。
キペロルキス・エレガンス 〈Cyperorchis elegans (Lindl.) Blume〉ラン科。茎の長さ60cm。花は淡黄色。園芸植物。
キペロルキス・マスターシー 〈Cyperorchis mastersii (Griff. ex Lindl.) Benth.〉ラン科。茎の長さ35〜45cm。花は乳白色。園芸植物。
キペロルキス・ロセア 〈Cyperorchis rosea (J. J. Sm.) Schlechter〉ラン科。茎の長さ35cm。花は白色。園芸植物。
キボウ 希望 〈Kiboh〉バラ科。ハイブリッド・ティーローズ系。花は緋紅色。
キホウキタケ 〈Ramaria sp.〉ホウキタケ科の属総称。キノコ。形はほうき状、レモン色→黄土色。
ギボウシ 擬宝珠 〈Hosta undulata (Otto et A. Dietr.) L. H. Bailey var. erromena (Stearn) F. Maekawa〉ユリ科の多年草。別名ウルイ、タキナ、ヤマカンピョウ。園芸植物。
ギボウシ ユリ科の属総称。宿根草。別名デイリー、プランテンリリー、ギボシ。切り花に用いられる。
ギボウシゴケ 〈Schistidium apocarpum (Hedw.) Bruch et Schimp.〉ギボウシゴケ科のコケ。別名アカミノギボウシゴケ。体は暗緑色、茎は長さ4cm、明瞭な中心束をもつ。
ギボウシゴケモドキ 〈Anomodon minor (Hedw.) Lindb. subsp. integerrimus (Mitt.) Z. Iwats.〉シノブゴケ科のコケ。二次茎は長さ2〜6cm、葉は広卵形の基部から舌形に伸びる。
キボウシノ 〈Pleioblastus kodzumae Makino〉イネ科の木本。別名フシダカシノ、ヒゴメダケ。
ギボウシモドキ 〈Eurycles amboinensis Loud.〉ヒガンバナ科の草本。葉はタマノカンザシ状。熱帯植物。
ギボウシラン 〈Liparis auriculata Blume〉ラン科の草本。別名キンポクラン。高さは15〜30cm。花は白色。園芸植物。
キボウホウグーズベリー ナス科。
キボウホウヒルムシロ ウォーター・ホーソーンの別名。
キボウホウロカイ 喜望峰蘆薈 アロエ・アフリカナの別名。
キボウマル 希望丸 マミラリア・アルビラナタの別名。
キホコリタケ 〈Lycoperdon spadiceum Pers.〉ホコリタケ科のキノコ。中型。幼時は白色、内皮は黄色(成熟時)。

キポステンマ　ブドウ科の属総称。
キボタン　黄牡丹　パエオニア・ルテアの別名。
キホトトギス　キバナノホトトギスの別名。
キボリア・アメンタケア　キンカクキン科のキノコ。
ギーマ　〈*Vaccinium wrightii* A. Gray〉ツツジ科の木本。
キマフィラ・ウンベラータ　オオウメガサソウの別名。
キマメ　〈*Cajanus cajan* (L.) Millsp.〉マメ科の低木。別名カヤヌス・カヤン。種皮の色は淡緑色、灰色、暗褐色、赤褐色など。高さは2m。花は黄色。熱帯植物。園芸植物。
キミガヨラン　〈*Yucca recurvifolia* Salisb.〉ユリ科の常緑低木。別名ネジイトラン、イトナシイトラン。園芸植物。
キミキフガ・アメリカナ　〈*Cimicifuga americana* Michx.〉キンポウゲ科。高さは60〜180cm。花は白色。園芸植物。
キミキフガ・シンプレクス　サラシナショウマの別名。
キミキフガ・ヤポニカ　オオバショウマの別名。
キミキフガ・ラケモサ　〈*Cimicifuga racemosa* (L.) Nutt.〉キンポウゲ科の薬用植物。高さは1〜2.5m。花は白色。園芸植物。
キミズ　〈*Pellionia scabra* Benth.〉イラクサ科の草本。
キミズカワセ　君塚早生　バラ科のナシの品種。果皮は銹褐色。
キミズモドキ　〈*Pellionia japonica* Hatus.〉イラクサ科の草本。
キミノセンリョウ　〈*Sarcandra glabra* (Thunb.) Nakai f. *flava* (Makino) Okuyama〉センリョウ科。園芸植物。
キミノトケイソウ　〈*Passiflora laurifolia* L.〉トケイソウ科のつる性植物。別名ミズレモン。果実は黄熟。副花冠は紫色。熱帯植物。園芸植物。
キミノマンギス　〈*Garcinia griffithii* T. And.〉オトギリソウ科の高木。葉は光沢あり。熱帯植物。
キミバシラ　黄実柱　ケレウス・クサントカルプスの別名。
キミミタケモドキ　〈*Otidea concinna* (Pers. : Fr.) Sacc.〉ピロネマキン科のキノコ。小型。子嚢盤は小型、全体明黄色。
ギムナデニア・コノセプラ　テガタチドリの別名。
ギムノカクツス・ベギニー　〈*Gymnocaetus beguinii* (A. Web.) Backeb.〉サボテン科のサボテン。別名白琅玉。高さは10〜15cm。花は紫桃色。園芸植物。
ギムノカリキウム　サボテン科の属総称。サボテン。
ギムノカリキウム・アイティアヌム　〈*Gymnocalycium eytianum* Cardenas〉サボテン科のサボテン。別名栄次丸。径20〜30cm。花は純白色。園芸植物。
ギムノカリキウム・アキラセンセ　〈*Gymnocalycium achirasense* H. Till et S. Schatzl〉サボテン科のサボテン。別名アキラセンセ。径10〜15cm。花は濃いピンク色。園芸植物。
ギムノカリキウム・アニシチー　〈*Gymnocalycium anisitsii* (K. Schum.) Britt. et Rose〉サボテン科のサボテン。別名翠晃冠。径10〜12cm。花は白から淡いピンク色。園芸植物。
ギムノカリキウム・ヴァイシアヌム　〈*Gymnocalycium weissianum* Backeb.〉サボテン科のサボテン。別名華武者。花はくすんだピンクまたは淡いピンク色。園芸植物。
ギムノカリキウム・ヴァッテリ　〈*Gymnocalycium vatteri* Buin.〉サボテン科のサボテン。別名春秋の壺、バッテリー。径10cm。花は白色。園芸植物。
ギムノカリキウム・ヴァルニチェキアヌム　〈*Gymnocalycium valnicekianum* Jajó〉サボテン科のサボテン。別名活火山。高さは30cm。花は白色。園芸植物。
ギムノカリキウム・エウプレウルム　〈*Gymnocalycium eupleurum* Pitt.〉サボテン科のサボテン。別名勇将丸。径8〜12cm。花はピンク色。園芸植物。
ギムノカリキウム・オエナンテムム　〈*Gymnocalycium oenanthemum* Backeb.〉サボテン科のサボテン。別名純緋玉。径10〜15cm。花は赤ブドウ酒色。園芸植物。
ギムノカリキウム・カルデナシアヌム　〈*Gymnocalycium cardenasianum* F. Ritter〉サボテン科のサボテン。別名光琳玉。径20cm。花はピンクからくすんだ白色。園芸植物。
ギムノカリキウム・カロクロルム　〈*Gymnocalycium calochlorum* (Böd.) Y. Ito〉サボテン科のサボテン。別名火星丸。径5〜6cm。花は淡いピンク色。園芸植物。
ギムノカリキウム・ギッボスム　〈*Gymnocalycium gibbosum* (Haw.) Pfeiff.〉サボテン科のサボテン。別名九紋竜。高さは30〜50cm。花は白色。園芸植物。
ギムノカリキウム・キューリアヌム　〈*Gymnocalycium quehlianum* (F. A. Haage jr.) A. Berger〉サボテン科の多年草。別名竜頭。花は白色。園芸植物。
ギムノカリキウム・サグリオニス　シンテンチの別名。
ギムノカリキウム・ステラツム　〈*Gymnocalycium stellatum* Speg.〉サボテン科のサボテン。別名守殿玉。花は灰白色。園芸植物。

ギムノカリキウム・スペガッツィーニー テンペイマルの別名。

ギムノカリキウム・ゼガラエ 〈*Gymnocalycium zegarrae* Cardenas〉サボテン科のサボテン。別名ゼガラエ。径10～15cm。花は淡いピンクから白色。園芸植物。

ギムノカリキウム・チュブテンセ 〈*Gymnocalycium chubutense* Speg.〉サボテン科のサボテン。別名穹天丸。植物体は扁平球状。園芸植物。

ギムノカリキウム・テヌダツム 〈*Gymnocalycium denudatum* Pfeiff.〉サボテン科のサボテン。別名蛇竜丸。径15cm。花は白色。園芸植物。

ギムノカリキウム・ニグリアレオラツム 〈*Gymnocalycium nigriareolatum* Backeb.〉サボテン科のサボテン。別名睡装玉。径10～15cm。園芸植物。

ギムノカリキウム・ニドゥランス 〈*Gymnocalycium nidulans* Backeb.〉サボテン科のサボテン。別名猛鷲玉。径10～15cm。花は白色。園芸植物。

ギムノカリキウム・ハンマーシュミッディー 〈*Gymnocalycium hammerschmidii* Backeb.〉サボテン科のサボテン。別名良寛。径10～15cm。花はピンク色。園芸植物。

ギムノカリキウム・プフランツィー 〈*Gymnocalycium pflanzii* (Vaup.) Werderm.〉サボテン科のサボテン。別名天賜玉。径10～15cm。花は淡いピンクから濃いピンク色。園芸植物。

ギムノカリキウム・フライシェリアヌム 〈*Gymnocalycium fleischerianum* Backeb.〉サボテン科のサボテン。別名蛇紋玉。花は白から淡いピンク色。園芸植物。

ギムノカリキウム・ブルヒー 〈*Gymnocalycium bruchii* (Speg.) Hosseus〉サボテン科のサボテン。別名羅星丸。径2～3cm。花は淡いピンクまたは白色。園芸植物。

ギムノカリキウム・ホセイ 〈*Gymnocalycium hossei* (F. A. Haage jr.) A. Berger〉サボテン科のサボテン。別名五大州。径10～12cm。花は白色。園芸植物。

ギムノカリキウム・ボーデンベンデリアヌム 〈*Gymnocalycium bodenbenderianum* (Hosseus) A. Berger〉サボテン科のサボテン。別名怪竜丸。花は灰白色。園芸植物。

ギムノカリキウム・ホリディスピヌム 〈*Gymnocalycium horridispinum* G. Frank〉サボテン科のサボテン。別名恐竜丸。花はピンク色。園芸植物。

ギムノカリキウム・ボールディアヌム 〈*Gymnocalycium baldianum* (Speg.) Speg.〉サボテン科のサボテン。別名緋花玉。径5～8cm。花は濃いブドウ酒色。園芸植物。

ギムノカリキウム・マザネンセ 〈*Gymnocalycium mazanense* Backeb.〉サボテン科のサボテン。別名摩天竜。径10～15cm。花は桃褐またはピンク色。園芸植物。

ギムノカリキウム・ムルティフロルム 〈*Gymnocalycium multiflorum* (Hook.) Britt. et Rose〉サボテン科のサボテン。別名多花玉。花は淡いピンク色。園芸植物。

ギムノカリキウム・モスティー 〈*Gymnocalycium mostii* (Gürke) Britt. et Rose〉サボテン科のサボテン。別名紅蛇丸。花は白色。園芸植物。

ギムノカリキウム・モンヴィレイ 〈*Gymnocalycium monvillei* (Lem.) Britt. et Rose〉サボテン科のサボテン。別名モンビレイ。径20～25cm。花は淡いピンク色。園芸植物。

ギムノクトーデ 〈*Gynochthodes sublanceolata* Miq.〉アカネ科の蔓木。葉や根は民間薬。熱帯植物。

ギムノクラドゥス・ディオイクス 〈*Gymnocladus dioicus* (L.) K. Koch.〉マメ科の落葉高木。高さは20m。園芸植物。

キムラシキザキクチナシ アカネ科。園芸植物。

キムラタケ オニクの別名。

キメンカク 鬼面角 〈*Cereus peruvianus* (L.) Mill.〉サボテン科のサボテン。高さは10m。花は白色。園芸植物。

キモクレン 〈*Magnolia acuminata* (L.) L.〉モクレン科の木本。高さは30m。花は緑あるいは黄色。樹皮は褐灰色。園芸植物。

キモッコウバラ 〈*Rosa banksiae* var. *lutea*〉バラ科。別名黄木香。花は黄色。園芸植物。

キモナンツス・プラエコクス ロウバイの別名。

キャサリン・モーレー 〈Katharyn Morley〉バラ科。イングリッシュローズ系。花はパールピンク。

キヤスデゴケ 〈*Frullania gaudichaudii* (Nees & Mont.) Nees & Mont.〉ヤスデゴケ科のコケ。褐色、茎は長さ10cm以上。

キャッコウ 脚光 ナデシコ科のナデシコの品種。園芸植物。

キャッサバ 〈*Manihot esculenta* Crantz〉トウダイグサ科の薬用植物。別名タピオカノキ、イモノキ。塊根は長さは15～100cm。高さは1～5m。熱帯植物。園芸植物。

キャッツテール ベニヒモノキの別名。

キャットニップ イヌハッカの別名。

キャットミント シソ科のハーブ。園芸植物。

キャットミント イヌハッカの別名。

キャニモモ 〈*Garcinia dulcis* Kurz〉オトギリソウ科の高木。別名タマノキ。枝に縦溝、葉はインドゴム状。花は白緑色。熱帯植物。

キャプテン・ジョン・イングラム 〈Captaine John Ingram〉バラ科。モス・ローズ系。花は暗紫紅色。

キャプテン・ヘイワード 〈Captain Hayward〉バラ科。ハイブリッド・パーペチュアルローズ系。花はクリムソン色。

キャプテン・ローウェス ツバキ科のトウツバキの品種。園芸植物。

キャプリス・ド・メイアン 〈Caprice de Meilland〉バラ科。ハイブリッド・ティーローズ系。花は濃紅色。

キャベジヤシ 〈Roystonea oleracea Cook.〉ヤシ科。生長点を食用とする。幹径35cm。熱帯植物。園芸植物。

キャベジローズ ロサ・ケンティフォリアの別名。

キャベツ 〈Brassica oleracea L. var. capitata L.〉アブラナ科の葉菜類。別名カンラン(甘藍)、タマナ。薬用植物。園芸植物。

キャメル! バラ科。花はくすんだピンク。

キャラ 伽羅 カキノキ科のカキの品種。別名元山。果皮は暗橙黄色。

キャラウェー セリ科の属総称。別名ヒメウイキョウ。

キャラハゴケ 〈Taxiphyllum taxirameum (Mitt.) M. Fleisch.〉ハイゴケ科のコケ。茎は這い、葉は卵状披針形。

キャラハゴケモドキ 〈Taxiphyllopsis iwatsukii Higuchi & Deguchi〉ハイゴケ科のコケ。茎は這い、枝葉は卵状披針形。

キャラハラッコゴケ 〈Gollania taxiphylloides Ando & Higuchi〉ハイゴケ科のコケ。茎は長さ6cm、茎葉は卵形。

キャラボク 伽羅木 〈Taxus cuspidata Sieb. et Zucc. var. nana Rehder〉イチイ科の常緑低木。別名ダイセンキャラボク。高山植物。園芸植物。

キャラボクゴケ 〈Fissidens taxifolius Hedw.〉ホウオウゴケ科のコケ。茎は葉を含め長さ5〜15mm、葉は披針形。

キャロリーヌ・ド・モナコ 〈Caroline de Monaco〉バラ科。ハイブリッド・ティーローズ系。花はクリーム色。

キャロル ヒルガオ科のアサガオの品種。園芸植物。

キャンディ・ケーン キク科のヒャクニチソウの品種。園芸植物。

キャンディー・ケーン ヒガンバナ科のアマリリスの品種。園芸植物。

キャンディータフト マガリバナの別名。

キャンディド・プロフィッタ バラ科。ハイブリッド・ティーローズ系。

キャンドゥ・リオネーゼ 〈Candeur Lyonnaise〉バラ科。ハイブリッド・パーペチュアルローズ系。花は白色。

キャンベル・アーリー ブドウ科のブドウ(葡萄)の品種。果皮は紫黒色。

キュアンミンセン・ビオラセウム 〈Chuanminshen violaceum Sheh et Shan.〉セリ科の薬用植物。

ギュウカク 牛角 〈Stapelia variegata L.〉ガガイモ科。高さは5〜10cm。園芸植物。

キュウケイカンラン コールラビの別名。

キュウコンアイリス ダッチ・アイリスの別名。

キュウコンイリス ダッチ・アイリスの別名。

キュウコンベゴニア 〈Begonia × tuberhybrida Voss〉シュウカイドウ科の球根植物。別名ハイブリッドチューベローズベゴニア。ベゴニア交雑品種の総称。園芸植物。

キュウシャクフジ 九尺藤 マメ科のフジの品種。園芸植物。

キュウシュウイノデ 〈Polystichum kiusiuense Tagawa〉オシダ科の常緑性シダ。葉身は長さ50〜90cm。広卵状披針形。

キュウシュウコゴメグサ 〈Euphrasia iinumae var. kiusiana〉ゴマノハグサ科。

キュウシュウツチトリモチ 〈Balanophora kiusiana〉ツチトリモチ科。

キュウシュウホウオウゴケ 〈Fissidens closteri Austin subsp. kiushuensis (Sakurai) Z. Iwats.〉ホウオウゴケ科のコケ。配偶体は芽状、葉は卵形。

ギュウシンリ 牛心梨 〈Annona reticulata L.〉バンレイシ科の低木。葉はクリに酷似、果実は生食。熱帯植物。

キュウテンマル 九天丸 コリファンタ・クラウァの別名。

キュウテンマル 穹天丸 ギムノカリキウム・チュブテンセの別名。

キュウバンタケ 〈Mycena stylodates (Pers. : Fr.) Kummer〉キシメジ科のキノコ。

キュウブンマル 給分丸 ネオベッシア・ミズーリエンシスの別名。

キュウリ 胡瓜 〈Cucumis sativus L.〉ウリ科の果菜類。果実は長さ20〜50cm。熱帯植物。薬用植物。園芸植物。

キュウリグサ 胡瓜草 〈Trigonotis peduncularis (Trevir.) Benth.〉ムラサキ科の越年草。高さは10〜30cm。薬用植物。

キューコザクラ プリムラ・キューエンシスの別名。

キュソニア・パニクラタ 〈Cussonia paniculata Eckl. et Zeyh.〉ウコギ科の木本。高さは5m。園芸植物。

キューティ スミレ科のタフテッド・パンジーの品種。園芸植物。

キューバサバル サバル・パルウィフロラの別名。

キューバマナックヤシ カリプトロノマ・ドゥルキスの別名。

キューバヤシ サバル・パルウィフロラの別名。

キューピット キク科のヒャクニチソウの品種。園芸植物。

ギョイコウ 御衣黄 バラ科のサクラの品種。園芸植物。

キョウオウ 姜黄 〈*Curcuma aromatica* Salisb.〉ショウガ科の多年草。高さは90〜140cm。花は黄色。薬用植物。園芸植物。

キョウガノコ 京鹿子 〈*Filipendula purpurea* Maxim. var. *purpurea*〉バラ科の多年草。別名エゾノシモツケソウ。高さは60〜150cm。花は紅紫色。園芸植物。

ギョウギシバ 行儀芝 〈*Cynodon dactylon* (L.) Pers.〉イネ科の匍匐性草本。芝生用あるいは牧草。高さは15〜40cm。熱帯植物。園芸植物。

ギョウザン ツツジ科のアザレアの品種。

ギョウジャアザミ 〈*Cirsium gyojanum* Kitam.〉キク科の草本。

ギョウジャニンニク 行者忍辱 〈*Allium victorialis* L. var. *platyphyllum* (Hultén) Makino〉ユリ科のハーブ。別名ヤマニンニク、エイザンニンニク、タケシマニンニク。高さは30〜50cm。花は白色。高山植物。薬用植物。園芸植物。

ギョウジャノミズ サンカクヅルの別名。

キョウダイマル 鏡台丸 バラ科のアンズ(杏)の品種。果皮は濃紅色。

キョウチクトウ 夾竹桃 〈*Nerium indicum* Mill.〉キョウチクトウ科の常緑低木。乳液は無色。花は紅色。熱帯植物。薬用植物。園芸植物。

キョウチクトウ キョウチクトウ科の属総称。

キョウチクトウ科 科名。

キョウナ 京菜 〈*Brassica campestris* Linn. var. *laciniifolia*〉アブラナ科の野菜。別名ミズナ、ヒイラギナ。園芸植物。

キョウノヒモ 〈*Grateloupia okamurai* Yamada〉ムカデノリ科の海藻。別名ヒモノリ、ハサッペイ、ミノジノリ。体は長さ60cm。

キョウマルシャクナゲ 〈*Rhododendron japonoheptamerum* Kitam. var. *kyomaruense* (T. Yamaz.) Kitam.〉ツツジ科の木本。

キョウリュウカク 恐竜閣 コリオカクタス・プラキペタルスの別名。

キョウリュウマル 恐竜丸 ギムノカリキウム・ホリディスピズムの別名。

ギョクエイ 玉英 バラ科のウメ(梅)の品種。果皮は淡緑黄色。

キョクコウ 旭光 ナス科のトウガラシの品種。園芸植物。

ギョクコウイン 玉光院 キク科のキクの品種。園芸植物。

ギョクシンカ 玉心花 〈*Tarenna gracilipes* (Hayata) Ohwi〉アカネ科の常緑低木。

ギョクハイ 〈*Umbilicus rupestris* Dandy.〉ベンケイソウ科の多年草。園芸植物。

ギョザンコウレン 漁山紅蓮 スイレン科のハスの品種。園芸植物。

キョシソウ 〈*Saxifraga bracteata* D. Don〉ユキノシタ科の草本。

キョシュウギョク 巨鷲玉 フェロカクタス・ホリドゥスの別名。

キヨスミイトゴケ 〈*Barbella flagellifera* (Card.) Nog.〉ハイヒモゴケ科のコケ。二次茎は糸状、基部の葉は長さ2〜2.5mm、卵状楕円形。

キヨスミイノデ 〈*Polystichum* × *kiyozumianum* Kurata〉オシダ科のシダ植物。

キヨズミイボタ 〈*Ligustrum tschonoskii* Decne. var. *kiyozumianum* (Nakai) Ohwi〉モクセイ科。

キヨスミウツボ 清澄靫 〈*Phacellanthus tubiflorus* Sieb. et Zucc.〉ハマウツボ科の寄生植物。別名オウトウカ。高さは5〜10cm。

キヨズミオオクジャク 〈*Dryopteris namegatae* (Kurata) Kurata〉オシダ科の常緑性シダ。葉柄や中軸の鱗片が黒色。

キヨスミギボウシ 清澄擬宝珠 〈*Hosta kiyosumiensis* F. Maek.〉ユリ科の多年草。葉裏脈上に小突起。高さは30〜65cm。園芸植物。

キヨスミコケシノブ 清澄苔忍 〈*Mecodium oligosorum* (Makino) H. Ito〉コケシノブ科の常緑性シダ。葉身は長さ2〜4cm。卵状長楕円形から卵状披針形。

キヨスミサワアジサイ 清澄沢紫陽花 ユキノシタ科の木本。

キヨスミヒメワラビ 清澄姫蕨 〈*Ctenitis maximowicziana* (Miq.) Ching〉オシダ科の常緑性シダ。別名シラガシダ。葉身は長さ35〜55cm。広卵状長楕円形。

キヨスミミツバツツジ 清澄三葉躑躅 〈*Rhododendron kiyosumense* Makino〉ツツジ科の木本。花は紫色。園芸植物。

キヨズミメシダ 〈*Deparia* × *kiyozumiana* (Kurata) Shimura〉オシダ科のシダ植物。

キョゾウマル 巨象丸 コリファンタ・アンドレアエの別名。

キヨタキシダ 清滝羊歯 〈*Athyrium squamigerum* (Mett.) Ohwi〉オシダ科の夏緑性シダ。葉身は長さ30〜50cm。三角形。

キョッコウ 極光 アヤメ科のハナショウブの品種。園芸植物。

キョッコウ 旭光 バラ科のリンゴ(苹果)の品種。

キョッコウ エリカ・ダーリーエンシスの別名。

キョッコウニシキ 旭光錦 ツツジ科のサツキの品種。園芸植物。

キョッコウマル 極光丸 エリオシケ・ケラティステスの別名。

キヨヒメ 清姫 ツツジ科のツツジの品種。園芸植物。

キョホウ 巨峰 ブドウ科のブドウ(葡萄)の品種。果皮は濃紫黒色。

ギョボク 魚木 〈*Crataeva religiosa* G. Forst.〉フウチョウソウ科の半常緑高木。別名アマギ。花は黄白色。熱帯植物。薬用植物。

キヨミ 清見 ミカン科の園芸品種。別名タンゴール農林1号。葯が退化しているため花粉を生じない。園芸植物。

ギョリュウ 御柳 〈*Tamarix chinensis* Lour.〉ギョリュウ科の落葉小高木。別名サツキギョリュウ。高さは6m。花は淡紅色。薬用植物。園芸植物。

ギョリュウバイ 〈*Leptospermum scoparium* J. R. Forst. et G. Forst.〉フトモモ科の常緑の低木ないし小高木。別名ニュージーランドティーツリー、ギョリュウバイ。高さは3～5m。花は白色。園芸植物。

ギョリュウモドキ 〈*Calluna vulgaris* (L.) Hull〉ツツジ科の常緑小低木。別名ナツザキエリカ。高さは20～50cm。花は桃紫色。高山植物。園芸植物。

キョレイマル 巨麗丸 ヘリアントケレウス・グランディフロルスの別名。

キラエア・デペンデンス 〈*Cirrhaea dependens* Rchb. f.〉ラン科。茎の長さ30～40cm。花は緑色。園芸植物。

キラギョク 綺羅玉 ウィギンジア・アレカバレタイの別名。

キラタンヤシ ラタニア・フェルシャフェルティーの別名。

キララタケ 〈*Coprinus micaceus* (Bull. : Fr.) Fr.〉ヒトヨタケ科のキノコ。小型。傘は淡黄褐色、雲母状鱗片あり。鐘形～円錐形。ひだは白色→黒色。

キラライヨウジョウゴケ 〈*Cololejeunea ceratilobula* (P. C. Chen) R. M. Schust.〉クサリゴケ科のコケ。背片の縁は全体が波形の透明細胞で縁取られる。

ギランイヌビワ 〈*Ficus variegata* Blume〉クワ科の常緑高木。別名コニシイヌビワ。熱帯植物。

キランソウ 金瘡小草 〈*Ajuga decumbens* Thunb. ex Murray〉シソ科の多年草。別名ジゴクノカマノフタ。薬用植物。

キラントデンドロン・ペンタダクティロン 〈*Chiranthodendron pentadactylon* Larreat.〉アオギリ科の常緑高木。

キリ 桐 〈*Paulownia tomentosa* (Thunb. ex Murray) Steud.〉ゴマノハグサ科(ノウゼンカズラ科)の落葉高木。別名キリノキ、ヒトハグサ。樹高15m。花は紫色。樹皮は灰色。薬用植物。園芸植物。

キリ パウロウニア・トメントサの別名。

ギリア ハナシノブ科の属総称。別名ヒメハナシノブ。

ギリア・アキレイフォリア 〈*Gilia achilleifolia* Benth.〉ハナシノブ科。高さは90cm。花は菫か青菫色。園芸植物。

ギリア・アグレガータ 〈*Gillia aggregata* Spreng.〉ハナシノブ科。高山植物。

ギリア・カピタタ 〈*Gilia capitata* Sims〉ハナシノブ科。別名タマザキヒメハナシノブ。高さは90cm。花は青、菫、白色。園芸植物。切り花に用いられる。

ギリア・トリコロル 〈*Gilia tricolor* Benth.〉ハナシノブ科。別名アメリカハナシノブ、ヒメハナシノブ。高さは60～70cm。花は藤か菫色。園芸植物。切り花に用いられる。

ギリア・ラキニアタ 〈*Gilia laciniata* Ruiz et Pav.〉ハナシノブ科。高さは20～30cm。花は淡紅色。園芸植物。

ギリア・ラティフォリア 〈*Gilia latifolia* S. Wats.〉ハナシノブ科。高さは20cm。花は淡黄色。園芸植物。

ギリア・リニフロラ 〈*Gilia liniflora* Benth.〉ハナシノブ科。別名アママツバ。高さは45cm。花は白、パールピンク、青色。園芸植物。

ギリア・ルテア 〈*Gilia lutea* (Benth.) Steud.〉ハナシノブ科。高さは20cm。花は紫、紅、桃、黄、白など。園芸植物。

ギリア・ルブラ 〈*Gilia rubra* (L.) A. Heller〉ハナシノブ科。高さは1.5m。花は緋色。園芸植物。

キリエノキ 〈*Trema cannabina* Lour.〉ニレ科の木本。別名コバフンギ。

キリカズラ 〈*Lophospermum erubescens* Zucc.〉ゴマノハグサ科の多年草。

キリガミネアサヒラン 〈*Eleorchis japonica* var. *conformis*〉ラン科の草本。

キリガミネキンバイソウ 〈*Trollius hondoensis* Nakai var. *akiyamae* (Toyok.) Okuyama〉キンポウゲ科。

キリガミネスゲ 〈*Carex middendorffii* Fr. Schm. var. *kirigaminensis* Ohwi〉カヤツリグサ科。別名オニアゼスゲ。

キリガミネトウヒレン 〈*Saussurea modesta* Kitamura〉キク科の多年草。高さは35～70cm。高山植物。

キリガミネヒオウギアヤメ 〈*Iris setosa* Pall var. *hondoensis* Honda〉アヤメ科の多年草。高山植物。

キリシマ キリシマツツジの別名。

キリシマイワヘゴ 〈*Dryopteris hangchowensis* Ching〉オシダ科のシダ植物。

キリシマエビネ 霧島蝦根 〈*Calanthe aristulifera* Reichb. f.〉ラン科の多年草。高さは30～40cm。花は帯紫微紅または白色。園芸植物。日本絶滅危機植物。

キリシマゴケ 〈*Herbertus aduncus* (Dicks.) Gray〉キリシマゴケ科のコケ。別名マタバゴケ。やや光沢のある緑褐色、茎は長さ3～10cm。

キリシマシャクジョウ 〈*Burmannia liukiuensis* Hayata〉ヒナノシャクジョウ科の多年生腐生植物。高さは5～15cm。

キリシマタヌキノショクダイ 〈*Thismia tuberculata*〉ヒナノシャクジョウ科。

キリシマツツジ 霧島躑躅 〈*Rhododendron obtusum* (Lindl.) Planch. var. *obtusum*〉ツツジ科の常緑低木。別名イマショウジョウキリシマ、ミヤマキリシマ、ウンゼンツツジ。園芸植物。

キリシマテンナンショウ 霧島天南星 〈*Arisaema sazensoo* (Blume) Makino〉サトイモ科の草本。別名ヒメテンナンショウ。

キリシマノガリヤス 〈*Calamagrostis autumnalis*〉イネ科。

キリシマヒゴタイ 〈*Saussurea scaposa* Franch. et Savat.〉キク科の草本。

キリシマヘビノネゴザ 〈*Athyrium kirisimaense* Tagawa〉オシダ科の夏緑性シダ。葉身は長さ25～30cm。広楕円形～広卵状披針形。

キリシマミズキ 霧島水木 〈*Corylopsis glabrescens* Franch. et Savat.〉マンサク科の木本。高さは2～5m。花は淡黄色。園芸植物。

キリシマミツバツツジ 〈*Rhododendron nudipes* Nakai var. *kirishimense* T. Yamaz.〉ツツジ科の木本。

キリシマリンドウ 霧島竜胆 〈*Gentiana kirishimamontana*〉リンドウ科。園芸植物。

キリシマワカナシダ 〈*Dryopteris* × *pseudohangchowensis* Miyamoto〉オシダ科のシダ植物。

ギリシャモミ 〈*Abies cephalonica* Loud.〉マツ科の常緑高木。高さは30m。樹皮は濃灰色。園芸植物。

キリズミマル 霧棲丸 マミラリア・ウッジーの別名。

キリタ・シネンシス 〈*Chirita sinensis* Lindl.〉イワタバコ科。花は淡紫青色。園芸植物。

キリタ・ミクロムサ 〈*Chirita micromusa* B. L. Burtt〉イワタバコ科。高さは10～30cm。花は濃黄色。園芸植物。

キリタ・ラウアンドゥラケア ソライロツノギリソウの別名。

キリノミタケ ベニチャワンタケ科(クロチャワンタケ科)のキノコ。

キリバヨウアスパラガス ユリ科。園芸植物。

キリモドキ 〈*Jacaranda filicifolia* (Anders.) D. Don〉ノウゼンカズラ科の観賞用小木。花は淡紫色。熱帯植物。

キリン 麒麟 ツツジ科のツツジの品種。園芸植物。

キリンウチワ 麒麟団扇 ペレスキオプシス・ウェルティナの別名。

キリンカク 麒麟角 〈*Euphorbia neriifolia* L.〉トウダイグサ科の多肉植物。別名夾竹桃麒麟。若茎5角、白乳液、刺黒色。高さは数m。熱帯植物。園芸植物。

キリンカン キリン冠 ユーフォルビア・グランディコルニスの別名。

キリンギク 麒麟菊 〈*Liatris spicata* (L.) Willd.〉キク科の多年草。別名ユリアザミ。高さは150cm。花は桃色。園芸植物。

キリンサイ 〈*Eucheuma denticulatum* (Burman) Collins et Harvey〉ミリン科の海藻。別名リュウキュウツノマタ。多肉で軟骨質。体は10～25cm。

キリンソウ 麒麟草, 黄輪草 〈*Sedum aizoon* L. var. *floribundum* Nakai〉ベンケイソウ科の多年草。高さは10～30cm。薬用植物。園芸植物。

キリンタケ 〈*Amanita excelsa* (Fr.) Bertillon〉テングタケ科のキノコ。別名ヒメキノコ。中型。傘は褐色、白色～淡灰色粉状のいぼ、条線なし。

キリンドロフィルム・カラミフォルメ 〈*Cylindrophyllum calamiforme* (L.) Schwant.〉ツルナ科。別名勝鉾。花は淡桃色。園芸植物。

キリンドロプンティア・インブリカタ キシカクの別名。

キリンドロプンティア・コラ 〈*Cylindropuntia cholla* (A. Web.) F. M. Knuth〉サボテン科のサボテン。別名瘤珊瑚。園芸植物。

キリンドロプンティア・ビゲロウィー マツアラシの別名。

キリンドロプンティア・フルギダ 〈*Cylindropuntia fulgida* (Engelm.) F. M. Knuth〉サボテン科のサボテン。別名鱗団扇。径10～20cm。花は淡紅色。園芸植物。

キリンドロプンティア・プロリフェラ 〈*Cylindropuntia prolifera* (Engelm.) F. M. Knuth〉サボテン科のサボテン。高さは1～2m。花は赤色。園芸植物。

キリンヤシ 〈*Phoenicophorium borsigianum* (K. Koch) Stuntz〉ヤシ科。高さは8～15m。園芸植物。

キルカエアステル キルカエアステル科。

キルカエア・ルテティアナ 〈*Circaea lutetiana* L.〉アカバナ科の多年草。

キルシウム・アカウロン 〈*Cirsium acaulon* Scop.〉キク科の多年草。

キルシウム・アルベンセ セイヨウトゲアザミの別名。

キルシウム・エゾエンセ サワアザミの別名。

キルシウム・スピノシシマム オイランアザミの別名。

キルシウム・ブルガレ アメリカオニアザミの別名。

キルシウム・プルプラツム フジアザミの別名。

キルシウム・ヘレニウム 〈Cirsium helenium〉キク科の多年草。

キルシウム・マリティムム ハマアザミの別名。

キルシウム・ヤポニクム ノアザミの別名。

キルタンツス 〈Cyrtanthus hybridus Hort.〉ヒガンバナ科。

キルタンツス ヒガンバナ科の属総称。球根植物。別名ファイアリリー。切り花に用いられる。

キルタンツス・アクグスティフォリウス 〈Cyrtanthus angustifolius (L. f.) Ait.〉ヒガンバナ科の球根植物。高さは30cm。園芸植物。

キルタンツス・オブリクース 〈Cyrtanthus obliquus (L. f.) Ait.〉ヒガンバナ科の球根植物。高さは50cm。花は黄色、オレンジ色。園芸植物。

キルタンツス・カルネウス 〈Cyrtanthus carneus Lindl.〉ヒガンバナ科の球根植物。高さは50cm。花はサーモンピンク色。園芸植物。

キルタンツス・コントラクツス 〈Cyrtanthus contractus N. E. Br.〉ヒガンバナ科の球根植物。花は緋色。園芸植物。

キルタンツス・サングイネウス 〈Cyrtanthus sanguineus (Lindl.) Hook.〉ヒガンバナ科の球根植物。花は緋色。園芸植物。

キルタンツス・パルウィフロルス 〈Cyrtanthus parviflorus Bak.〉ヒガンバナ科の球根植物。花は橙赤色。園芸植物。

キルタンツス・ブレウィフロルス 〈Cyrtanthus breviflorus Harv.〉ヒガンバナ科の球根植物。花は鮮黄色。園芸植物。

キルタンツス・マッケニー 〈Cyrtanthus mackenii Hook. f.〉ヒガンバナ科の球根植物。花は乳白色。園芸植物。

キルトスタキス・ラッカ 〈Cyrtostachys lakka Becc.〉ヤシ科の観賞用植物。別名ヒメショウジョウヤシ。高さは3.6〜4.5m。熱帯植物。園芸植物。

キルトスタキス・レンダ ショウジョウヤシの別名。

キルトスペルマ 〈Cyrtosperma edule Schott〉サトイモ科。

キルトスペルマ・シャミッソーニス 〈Cyrtosperma chamissonis (Schott) Merrill〉サトイモ科の多年草。高さは2〜2.5m。園芸植物。

キルトスペルマ・ジョンストニー 〈Cyrtosperma johnstonii (Bull) N. E. Br.〉サトイモ科の多年草。高さは1m。園芸植物。

キルトスペルマ・セネガレンシス 〈Cyrtosperma senegalensis Engl.〉サトイモ科の多年草。高さは1〜2m。園芸植物。

キルトポディウム・アンダーソニー 〈Cyrtopodium andersonii (Lamb. ex André) R. Br.〉ラン科。高さは1m。花はレモン色。園芸植物。

キルトポディウム・プンクタツム 〈Cyrtopodium punctatum (L) Lindl.〉ラン科。花は緑黄色。園芸植物。

キルトミウム・ファルカツム オニヤブソテツの別名。

キルトルキス・アルクアタ 〈Cyrtorchis arcuata (Lindl.) Schlechter〉ラン科。高さは50cm。花は乳白色。園芸植物。

キルトルキス・クラッシフォリア 〈Cyrtorchis crassifolia Schlechter〉ラン科。花は白色。園芸植物。

キルトルキス・プラエテルミッサ 〈Cyrtorchis praetermissa Summerh.〉ラン科。高さは20cm。花は白色。園芸植物。

キールンカンコノキ トウダイグサ科の木本。

キレハアラリア ポリスキアス・フィリキフォリアの別名。

キレハイヌガラシ 〈Rorippa sylvestris (L.) Besser〉アブラナ科の多年草。別名ヤチイヌガラシ。高さは10〜60cm。花は黄色。

キレハウマゴヤシ 〈Medicago laciniata (L.) Miller〉マメ科の一年草。長さは10〜40cm。花は黄色。

キレハオオクボシダ 〈Ctenopteris sakaguchiana (Koidz.) H. Ito〉ウラボシ科（ヒメウラボシ科）の常緑性シダ。葉身は長さ4〜8cm。線状披針形から線形。

キレバキノボリシダ 〈Diplazium lobatum (Tagawa) Tagawa〉オシダ科の常緑性シダ。葉身は長さ25cm。広いくさび形からほぼ切形。

キレハゴシュ 〈Evodia quercifolia Ridl.〉ミカン科の観賞用低木。花は白色。熱帯植物。

キレバサンザシ オオミサンザシの別名。

キレバテーブルヤシ カマエドレア・エルンペンスの別名。

キレバヒメヤシ 〈Didymosperma hastata Becc.〉ヤシ科の小木。黒赤。熱帯植物。

キレハヒルガオ メレミア・ディッセクタの別名。

キレハマメグンバイナズナ 〈Lepidium bonariense L.〉アブラナ科の一年草または二年草。高さは30〜50cm。花は白色。

キレハマルオウギ 〈Licuala peltata Roxb.〉ヤシ科の小木。幹径9cm、葉面の半径90cm。熱帯植物。園芸植物。

キレハミズゴケ 〈Sphagnum aongstroemii C. Hartm.〉ミズゴケ科のコケ。中形〜大形、枝葉が切頭で、細歯がある。茎葉は長さ約1〜1.2mm。

キレンゲショウマ 黄蓮華升麻 〈Kirengeshoma palmata Yatabe〉ユキノシタ科の多年草。高さ

は80〜120cm。高山植物。園芸植物。日本絶滅危機植物。

キレンゲツツジ 黄蓮華躑躅〈*Rhododendron japonicum* (A. Gray) Suringer f. *flavum* Nakai〉ツツジ科。園芸植物。

キロスキスタ・ウスネオイデス〈*Chiloschista usneoides* (D. Don) Lindl.〉ラン科。花は白、淡紅、黄緑色。園芸植物。

キロスキスタ・プシラ〈*Chiloschista pusilla* (J. König) Schlechter〉ラン科。花は黄緑色。園芸植物。

キロスキスタ・ルニフェラ〈*Chiloschista lunifera* (Rchb. f.) J. J. Sm.〉ラン科。花は黄色。園芸植物。

キワタ〈*Bombax ceiba* L.〉パンヤ科の落葉高木。別名キワタノキ、インドワタノキ。花は紅色。園芸植物。

ギンイロユーカリ〈*Eucalyptus cordata*〉フトモモ科の木本。樹高15m。樹皮は白色。

キンエノコロ 金狗(犬)子〈*Setaria glauca* (L.) Beauv.〉イネ科の一年草。高さは20〜50cm。園芸植物。

キンエボシ 金烏帽子〈*Opuntia microdasys* (Lehm.) Pfeiff.〉サボテン科のサボテン。別名金小判。高さは40〜60cm。花は黄色。園芸植物。

キンエンチュウ 金焔柱 ハーゲオケレウス・コシケンシスの別名。

キンオウギョク 錦翁玉 パロディア・クリサカンティオンの別名。

ギンオウギョク 銀翁玉〈*Neoporteria nidus* (Söhrens ex K. Schum.) Britt. et Rose〉サボテン科のサボテン。花は紅〜淡紫紅色。園芸植物。

キンカキツバタ〈*Iris minutoaurea* Makino〉アヤメ科の多年草。高さは10cm。花は黄色。園芸植物。

キンカク 金閣 キンポウゲ科のボタンの品種。園芸植物。

キンカザン 金華山 サボテン科のサボテン。園芸植物。

キンカチャ 金花茶〈*Camellia chrysantha* (H. H. Hu) Tuyama〉ツバキ科の木本。花は黄色。園芸植物。

キンカラン〈*Tinospora capillipes* Gagnep.〉ツヅラフジ科の薬用植物。

キンカン〈*Fortunella japonica* (Thunb. ex Murray) Swingle var. *margarita* (Lour.) Makino〉ミカン科の木本。別名ナガキンカン、ナガミキンカン。果実は縦径3〜3.5cm。高さは1.5m。薬用植物。園芸植物。

キンカン ミカン科の属総称。

キンカン 金冠 エリオカクツス・シューマニアヌスの別名。

キンカンショク 金環飾 コリファンタ・パリダの別名。

キンカンリュウ 金冠竜 フェロカクツス・クリサカンツスの別名。

キンキカサスゲ〈*Carex dispalata* Boott var. *takeuchii* (Ohwi) Ohwi〉カヤツリグサ科の草本。

キンキジュ〈*Pithecellobium dulce* Benth.〉マメ科の高木。莢は少しく回曲。花は緑色。熱帯植物。

キンギディウム・デクンベンス〈*Kingidium decumbens* (Griff.) P. F. Hunt〉ラン科。花は淡黄〜白色。園芸植物。

キンキメザクラ〈*Prunus incisa* Thunb. subsp. *kinkiensis* Kitamura〉バラ科の木本。

キンギョクト 金玉兎 セティケレウス・イコサゴヌスの別名。

キンギョソウ 金魚草〈*Antirrhinum majus* L.〉ゴマノハグサ科の多年草。高さは0.2〜1m。花は白、黄、桃、濃桃、橙、濃紅、紫紅、緋赤色など。園芸植物。切り花に用いられる。

キンギョツバキ ツバキ科のツバキの品種。園芸植物。

キンギョボク ツンベルギア・エレクタの別名。

キンギョモ ホザキノフサモの別名。

キンキリン 錦麒麟 トウダイグサ科。園芸植物。

キンギンソウ〈*Goodyera procera* (Ker-Gawl.) Hook.〉ラン科の多年草。高さは40〜80cm。花は白色。園芸植物。

キンギンツカサ 金銀司 マミラリア・ニウォサの別名。

キンギンナスビ 金銀茄子〈*Solanum aculeatissimum* Jacq.〉ナス科の多年草。別名ニシキハリナスビ。刺多く、果実は橙黄色に熟す。高さは0.5〜1m。花は白色。熱帯植物。園芸植物。

キンギンボク ヒョウタンボクの別名。

キング・アルフレッド ヒガンバナ科のスイセンの品種。園芸植物。

ギンクゴ・ビロバ イチョウの別名。

キングサリ 金鎖〈*Laburnum anagyroides* Medik.〉マメ科の木本。別名キバナフジ、ゴールデン・チェーン。高さは7〜10m。樹皮は暗灰色。園芸植物。切り花に用いられる。

キングス・ランサム〈King's Ransom〉バラ科。ハイブリッド・ティーローズ系。花は澄んだ黄色。

キングフィッシャー・デージー キク科。園芸植物。

キング・ヘンリー スミレ科のタフテッド・パンジーの品種。園芸植物。

キンケイギク 金鶏菊〈*Coreopsis basalis* (Otto et A. Dietr.) S. F. Blake〉キク科の一年草。高さは30〜70cm。花は濃黄色。園芸植物。

キンケイラン ラン科。別名ホシケイラン。園芸植物。

キンケイリュウ　金鶏竜　トリコケレウス・チロエンシスの別名。

ギンゲツ　銀月　〈*Senecio haworthii* (Sweet) Schultz-Bip.〉キク科の園芸品種。高さは20～30cm。花は黄色。園芸植物。

ギンケンソウ　〈*Argyroxyphium sandwicense* DC.〉キク科の多年草。

キンコウ　金晃　キンポウゲ科のボタンの品種。園芸植物。

キンコウカ　金黄花　〈*Narthecium asiaticum* Maxim.〉ユリ科の多年草。高さは20～40cm。高山植物。

キンゴウカン　〈*Acacia farnesiana* Willd.〉マメ科の低木。別名キンネム。有刺、芳香。花は黄色。熱帯植物。園芸植物。

ギンゴウカン　ギンネムの別名。

キンコウジ　〈*Citrus obovoidea* hort. ex T. Tanaka〉ミカン科。果面は滑らかで濃黄色。園芸植物。

キンコウセイ　金晃星　ベンケイソウ科。別名寒月。園芸植物。

キンコウチュウ　金煌柱　ハーゲオケレウス・アクランツスの別名。

キンコウボク　金厚朴　〈*Michelia champaca* L.〉モクレン科の観賞用高木。芳香、葉裏粉白。花は橙黄色。熱帯植物。薬用植物。園芸植物。

キンコウボク　モクレン科の属総称。

ギンコウボク　銀厚朴　〈*Michelia × alba* DC.〉モクレン科の観賞用高木。別名ギョクラン。芳香。高さは10m。花は白色。熱帯植物。園芸植物。

キンコウマル　金晃丸　〈*Eriocactus leninghausii* (F. A. Haage jr) Backeb.〉サボテン科のサボテン。高さは1m。花は緑色。園芸植物。

キンコウリュウ　金光竜　トリコケレウス・カマルグエンシスの別名。

ギンゴケ　〈*Bryum argenteum* Hedw.〉カサゴケ科(ハリガネゴケ科)のコケ。別名シロガネマゴケ。小形、白緑色。茎は長さ5～10mm。葉は広卵形～ほぼ円形。園芸植物。

キンゴジカ　金午時花　〈*Sida rhombifolia* L.〉アオイ科の多年草。民間薬、靭皮繊維はロープ用。高さは30～150cm。花は淡黄色。熱帯植物。園芸植物。

キンゴジカモドキ　シダルケア・カンディダの別名。

キンサイ　芹菜　セリ科の中国野菜。別名スープセロリ、中国セロリ。

キンサイ　金采　ツツジ科のサツキの品種。園芸植物。

ギンサカズキ　ギンバイソウの別名。

キンサクシダ　〈*Diplazium amamianum × doederleinii*〉オシダ科のシダ植物。

ギンサマル　銀紗丸　サボテン科のサボテン。園芸植物。

キンシゴケ　〈*Ditrichum pallidum* (Hedw.) Hampe〉キンシゴケ科のコケ。茎は長さ5～10mm、葉は卵形。

キンジシ　金獅子　サボテン科のサボテン。園芸植物。

ギンシダ　〈*Pityrogramma calomelanos* (L.) Link〉ホウライシダ科(ワラビ科)の常緑性シダ。葉身は長さ15～60cm。長楕円形。園芸植物。

キンシナガダイゴケ　〈*Trematodon ambiguus* (Hedw.) hornsch.〉シッポゴケ科のコケ。葉は卵形～長楕円形。

キンシバイ　金糸梅　〈*Hypericum patulum* Thunb. ex Murray〉オトギリソウ科の半常緑小低木。別名ダンダンゲ、ビョウオトギリ。高さは0.5～1m。薬用植物。園芸植物。

キンシベ　金蕊　ツツジ科のツツジの品種。園芸植物。

キンシャチ　金鯱　〈*Echinocactus grusonii* Hildm.〉サボテン科のサボテン。高さは1.3m。花は褐色。園芸植物。

ギンシャチ　銀鯱　ドリコテレ・スルクロサの別名。

キンジュ　金寿　モクレン科のモクレンの品種。園芸植物。

キンシュウギョク　錦繡玉　〈*Parodia aureispina* Backeb.〉サボテン科のサボテン。花は黄金色。園芸植物。

キンショウギョク　金松玉　サボテン科のサボテン。園芸植物。

ギンショウギョク　銀粧玉　パロディア・ニウォサの別名。

キンジョウマル　金城丸　トリコケレウス・カンディカンスの別名。

キンシンサイ　ユリ科の中国野菜。別名ノカンゾウ、萱草。

ギンシンソウ　フェステュカ・グラウカの別名。

キンスゲ　金菅　〈*Carex pyrenaica* Wahl.〉カヤツリグサ科の多年草。別名セイタカキンスゲ。高さは10～40cm。

キンセイマル　金盛丸　エキノプシス・カロクロラの別名。

キンセイラン　〈*Calanthe nipponica* Makino〉ラン科の多年草。高さは30～60cm。日本絶滅危機植物。

ギンセカイ　銀世界　オプンティア・レウコトリカの別名。

キンセキリュウ　金赤竜　フェロカクツス・ヴィスリツェニーの別名。

ギンセン　銀線　キク科のダリアの品種。園芸植物。

キンセンカ　金盞花　〈*Calendula arvensis* L.〉キク科の多年草。別名チョウシュンカ、ゴジカ、カレ

ンデュラ。高さは30cm。花は硫黄色。薬用植物。園芸植物。

キンセンカ キク科の属総称。

キンセンカ トウキンセンの別名。

ギンセンカ 銀盞花 〈*Hibiscus trionum* L.〉アオイ科の一年草または越年草。別名ゴジカ。高さ30〜60cm。花は淡黄色。園芸植物。

ギンゼンギョク 錦髩玉 オロヤ・スブオックルタの別名。

ギンセンソウ 銀扇草 〈*Lunaria annua* L.〉アブラナ科の一年草。別名ゴウダソウ(合田草)、ルナリア。花は紅紫あるいは白色。園芸植物。

キンタイザサ 〈*Sasa senanensis* (Franch. et Sav.) Rehder f. *nobilis* (Makino et Uchida) Sad. Suzuki〉イネ科。園芸植物。

キンチャクアオイ 〈*Heterotropa hexaloba* (F. Maekawa) F. Maekawa var. *perfecta* F. Maekawa〉ウマノスズクサ科。

キンチャクゴケ 〈*Ocellularia bicavata* (Nyl.) Müll. Arg.〉チブサゴケ科の地衣類。地衣体は灰白。

キンチャクスゲ イワキスゲの別名。

キンチャクソウ カルセオラリアの別名。

キンチャクタケ 〈*Nidularia farcta* (Roth. : Pers.) Fr.〉チャダイゴケ科のキノコ。

キンチャクマメ 〈*Pycnospora lutescens* (Poir.) Schindl.〉マメ科の木本。

キンチャフウセンタケ 〈*Cortinarius aureobrunneus* Hongo〉フウセンタケ科のキノコ。

キンチャヤマイグチ 〈*Leccinum versipelle* (Fr.) Snell〉イグチ科のキノコ。中型〜大型。傘は橙黄色、縁部表皮下垂。

キンチャワンタケ 〈*Aleuria rheana* Fuckel〉ピロネマキン科(チャワンタケ科)のキノコ。小型。子嚢盤は椀形、子実層は鮮黄色。

キンチョウ 錦蝶 〈*Bryophyllum tubiflorum* Harv.〉ベンケイソウ科の多肉植物。別名カミホコ。高さは1m。花は朱〜朱紅色。園芸植物。

キンテイ ボタン科のボタンの品種。

ギンテマリ 銀手毬 マミラリア・グラキリスの別名。

キントウガ 金冬瓜 〈*Cucurbita pepo* L. cv. Kintoga〉ウリ科。

キントキ 〈*Carpopeltis angusta* (Okamura) Okamura〉ムカデノリ科の海藻。硬い軟骨質。体は10〜30cm。

キントキシロヨメナ 〈*Aster ageratoides* var. *sawadanus*〉キク科。

キントキニンジン 金時人参 ウコギ科の京野菜。

キントキヒゴタイ 〈*Saussurea nipponica* var. *glabrescens*〉キク科の草本。別名センゴクヒゴタイ。

キントラノオ 〈*Galphimia glauca* (Poir.) Cav.〉キントラノオ科の観賞用低木。花は黄色。熱帯植物。園芸植物。

ギンドロ ウラジロハコヤナギの別名。

キンナモムム・ウェルム セイロンニッケイの別名。

キンナモムム・カッシア シナニッケイの別名。

キンナモムム・カンフォラ クスノキの別名。

キンナモムム・シーボルディー ニッケイの別名。

ギンナンソウ 〈*Chondrus yendoi* Yamada et in Mikami〉スギノリ科の海藻。別名ホトケノミミ、ミミ。基脚は楔形。体は7〜20cm。

ギンネマ 〈*Gymnema sylvestre* BR.〉ガガイモ科の蔓木。葉裏には短褐毛。熱帯植物。薬用植物。

ギンネム 銀合歓 〈*Leucaena leucocephala* (Lam.) de Wit〉マメ科の常緑小高木。別名ギンゴウカン、タマザキセンナ。若葉はゆでて可食。高さは10m。花は白黄色。熱帯植物。園芸植物。

ギンバイカ 銀梅花 〈*Myrtus communis* L.〉フトモモ科の常緑低木。別名イワイノキ、ギンコウボク。高さは1.5〜2m。花は白または わずかに紅を帯びる。薬用植物。園芸植物。

キンバイカク フーディア・バイニイの別名。

キンバイザサ 金梅笹 〈*Curculigo orchioides* Gaertn.〉キンバイザサ科(ヒガンバナ科、ユリ科)の草本。果実は甘く生食。葉高さ60cm。花は黄色。熱帯植物。薬用植物。

キンバイソウ 金梅草 〈*Trollius hondoensis* Nakai〉キンポウゲ科の多年草。高さは40〜80cm。高山植物。

ギンバイソウ 銀梅草 〈*Deinanthe bifida* Maxim.〉ユキノシタ科の多年草。高さは40〜70cm。花は白色。園芸植物。

ギンパイソウ 銀杯草 〈*Nierembergia rivularis* Miers〉ナス科。高さは5cm。花は白色。園芸植物。

キンバイタウコギ 〈*Bidens aurea* (Aiton) Sherff.〉キク科の多年草。高さは40〜80cm。花は橙黄色。

キンバコデマリ バラ科の木本。

キンバデマリ スイカズラ科。別名キバコデマリ、オウゴンコデマリ。切り花に用いられる。

ギンパニシキ 銀波錦 〈*Cotyledon undulata* Haw.〉ベンケイソウ科の低木。別名キノコヒメ。高さは30〜60cm。花は帯白橙赤色。園芸植物。

ギンバペペロミア コショウ科。別名ギンバシマアオイソウ。園芸植物。

キンバラリア・ムラリス ツタバウンランの別名。

キンヒモ 金紐 〈*Aporocactus flagelliformis* (L.) Lem.〉サボテン科のサボテン。花は鮮深紅色。園芸植物。

ギンヒモ 銀紐 ウィルコクシア・ポーゼルゲリの別名。

キンブセン 金武扇 オプンティア・ディレニーの別名。

キンブチゴケ 〈*Pseudocyphellaria aurata* (Ach.) Vain.〉ヨロイゴケ科の地衣類。地衣体は葉状。

キンポウゲ ウマノアシガタの別名。

キンポウゲ科 科名。

キンポウジュ 金宝樹 カリステモン・キトリヌスの別名。

キンポウマル 錦宝丸 ルブティア・クリサカンタの別名。

ギンポウマル 銀宝丸 ルブティア・ヴェスネリアナの別名。

キンポウラン 金峰蘭 リュウゼツラン科(ユリ科)の園芸品種。園芸植物。

キンボシ 金星 ドリコテレ・ロンギマンマの別名。

ギンボタン 銀牡丹 エンケファロカルプス・ストロビリフォルミスの別名。

キンボポゴン・キトラツス レモングラスの別名。
キンボポゴン・トルティリス オガルカヤの別名。
キンボポゴン・ナルドゥス コウスイガヤの別名。

キンマ 〈*Piper betle* L.〉コショウ科の蔓木。葉は卵状楕円形から卵円形。熱帯植物。薬用植物。園芸植物。

ギンマルバユーカリ 銀丸葉有加利 〈*Eucalyptus cinerea* F. J. Muell. ex Benth.〉フトモモ科。高さは6～8m。花は白色。園芸植物。

キンミズヒキ 金水引 〈*Agrimonia pilosa* Ledeb. var. *japonica* (Miq.) Nakai〉バラ科の多年草。高さは30～150cm。花は黄色。薬用植物。園芸植物。

キンメイチク 金明竹 〈*Phyllostachys bambusoides* Siebold et Zucc. f. *castillonis* (Mitford) Muroi〉イネ科の木本。別名シマダケ、ヒョンチク、キンギンチク。園芸植物。

キンメイモウソウ 金明孟宗 〈*Phyllostachys heterocycla* Mitf. var. *pubescens* Ohwi f. *nabeshimana* Muroi〉イネ科の木本。園芸植物。

キンメキャラボク イチイ科の木本。別名キンキャラ。

キンメヤナギ オオキツネヤナギの別名。

キンモウイノデ 〈*Ctenitis lepigera*〉オシダ科の常緑性シダ。葉身は長さ40～50cm。広卵形。

キンモウカキノハカズラ 〈*Limacia velulina* Miers.〉ツヅラフジ科の蔓木。葉脈は初め黄色毛、傷つけると黄色汁が出る。熱帯植物。

キンモウゴヨウブドウ 〈*Vitis compositifolia* Laws.〉ブドウ科の蔓木。葉脈赤褐色、葉裏に白毛。熱帯植物。

ギンモウセン 銀毛扇 オプンティア・エリナケアの別名。

キンモウヤノネゴケ 〈*Bryhnia trichomitria* Dixon & Thér.〉アオギヌゴケ科のコケ。茎葉は長さ2～2.5mm、三角状卵形。

キンモウワラビ 金毛蕨 〈*Hypodematium fauriei* (Kodama) Tagawa〉オシダ科の夏緑性シダ。別名オオバノキンモウワラビ。葉身は長さ50cm。五角形から三角状長楕円形。

キンモクセイ 金木犀 〈*Osmanthus fragrans* Lour. var. *aurantiacus* Makino〉モクセイ科の常緑小高木。別名モクセイ。薬用植物。園芸植物。

ギンモクセイ 銀木犀 〈*Osmanthus fragrans* Lour. var. *fragrans*〉モクセイ科の常緑小高木。高さは3～6m。花は白色。園芸植物。

ギンヨウアカシア 銀葉アカシア 〈*Acacia baileyana* F. Muell.〉マメ科の常緑高木。別名ギンバアカシア、ハナアカシア。高さは5～10m。花は黄金色。園芸植物。

ギンヨウカエデ 銀葉楓 〈*Acer saccharinum* L.〉カエデ科の落葉高木。葉裏が銀色。樹高30m。樹皮は灰色。園芸植物。

ギンヨウグミ エラエアグヌス・コンムタタの別名。

ギンヨウジュ 〈*Leucadendron argenteum* (L.) R. Br.〉ヤマモガシ科の常緑高木。別名ギンノキ。高さは10m。園芸植物。

ギンヨウセンネンボク ドラセナ・サンデリアナの別名。

ギンヨウノウゼン 〈*Tabebuia argentea* Britl.〉ノウゼンカズラ科の観賞用小木。葉は掌状複葉、銀灰色。熱帯植物。園芸植物。

キンヨウボク アフェランドラ・スクァローサ・レオポルディーの別名。

ギンヨウボダイジュ 〈*Tilia tomentosa*〉シナノキ科の木本。樹高30m。樹皮は灰色。園芸植物。

キンヨウマル 金洋丸 マミラリア・マルクシアナの別名。

ギンヨセ 銀寄 ブナ科のクリ(栗)の品種。別名銀善、銀由、銀義。果皮は帯黒濃褐色。

キンラシャ 金羅紗 アンキストロカクツス・メガリズスの別名。

キンラン 金蘭 〈*Cephalanthera falcata* (Thunb. ex Murray) Lindl.〉ラン科の多年草。別名オウラン、キサンラン、アサマソウ。高さは30～60cm。花は黄色。園芸植物。

ギンラン 銀蘭 〈*Cephalanthera erecta* (Thunb. ex Murray) Blume var. *erecta*〉ラン科の多年草。高さは20～30cm。花は白色。園芸植物。

キンリュウ 金竜 エキノケレウス・ベルランディエリの別名。

ギンリュウ 銀竜 〈*Pedilanthus tithymaloides* (L.) Poit.〉トウダイグサ科の観賞用低木。多肉直立、

濃緑。高さは1.2～1.8cm。花は赤色。熱帯植物。園芸植物。

ギンリュウ　銀竜　ツバキ科のハルサザンカの品種。園芸植物。

ギンリョウソウ　銀竜草　〈*Monotropastrum humile* (D. Don) Hara〉イチヤクソウ科の多年生腐生植物。別名ユウレイタケ、マルミノギンリョウソウ。高さは8～20cm。高山植物。薬用植物。

ギンリョウソウモドキ　アキノギンリョウソウの別名。

キンリョウヘン　金稜辺　〈*Cymbidium floribundum* Lindl.〉ラン科。別名チョウジュラン。花は紫褐色。園芸植物。

キンレイ　金鈴　〈*Argyroderma roseum* Schwant. f. *delaetii* Rowley〉ツルナ科の多肉植物。茎はなく、葉は卵球形または半円柱状。花は鮮黄色。園芸植物。

キンレイ　金鈴　バラ科のリンゴ(苹果)の品種。果皮は黄金色。

ギンレイ　銀鈴　ブナ科のクリ(栗)の品種。果皮は濃褐色。

ギンレイ　銀鈴　ラン科のカンランの品種。園芸植物。

キンレイカ　金鈴花　〈*Patrinia triloba* (Miq.) Miq. var. *palmata* (Maxim.) Hara〉オミナエシ科の多年草。別名ハクサンオミナエシ。高さは20～60cm。高山植物。

ギンレイカ　銀鈴花　〈*Lysimachia acroadenia* Maxim.〉サクラソウ科の多年草。別名ミヤマタゴボウ。高さは30～60cm。

キンレンカ　金蓮花　〈*Tropaeolum majus* L.〉ノウゼンハレン科の一年草。別名ナスタチウム、ノウゼンハレン。花はオレンジか黄色。薬用植物。園芸植物。切り花に用いられる。

キンロバイ　金露梅　〈*Potentilla fruticosa* L.〉バラ科の落葉小低木。別名キンロウバイ。高山植物。園芸植物。日本絶滅危機植物。

ギンロバイ　銀露梅　〈*Potentilla fruticosa* var. *mandshurica*〉バラ科の落葉低木。別名ハクロバイ。高山植物。

【ク】

クアドリカラー　クズウコン科のクテナンスの品種。園芸植物。

グアバ　〈*Psidium guajava* L.〉フトモモ科の常緑低木～小高木。別名バンザクロ、バンジロウ。果皮は黄色ないし黄緑色、果肉は白色。高さは4～9m。花は白色。熱帯植物。薬用植物。園芸植物。

クアモクリト・ウルガリス　ルコウソウの別名。

クアモクリト・コッキネア　マルバルコウソウの別名。

クアモクリト・ムルティフィダ　〈*Quamoclit* × *multifida* Raf.〉ヒルガオ科の草本。別名ハゴロモルコウ、モミジバルコウ。花は赤色。園芸植物。

クアモクリト・ロバタ　〈*Quamoclit lobata* (Cerv.) House〉ヒルガオ科の草本。花は赤後にオレンジから黄、白色。園芸植物。

クイアベンティア・カコエンシス　〈*Quiabentia chacoensis* Backeb.〉サボテン科のサボテン。別名舟乗団扇。花は赤色。園芸植物。

グイオア　〈*Guioa bijuga* Radlk.〉ムクロジ科の小木。果実は黒緑色。花は白色。熱帯植物。

クイサキガミ　喰裂紙　サクラソウ科のサクラソウの品種。園芸植物。

クイシイワタケ　〈*Umbilicaria cinereorufescens* (Schaer.) Frey〉イワタケ科の地衣類。地衣体は淡灰から濃灰色。

クイシウメノキゴケ　〈*Parmelia crenata* Kurok.〉ウメノキゴケ科の地衣類。

クイスクアリス・インディカ　シクンシの別名。

グイマツ　〈*Larix gmelini* Gordon〉マツ科の木本。別名シコタンマツ、カラフトマツ。

クィーン・エリザベス　〈Queen Elizabeth〉バラ科のバラの品種。ハイブリッド・ティーローズ系。園芸植物。

クィーン・オブ・ザ・ムスク　〈Queen of the Musks〉バラ科。ハイブリッド・ムスク・ローズ系。花は白色。

クィーン・オブ・デンマーク　〈Queen of Denmark〉バラ科。アルバ・ローズ系。花はピンク。

クィーン・オブ・ナイト　ユリ科のチューリップの品種。園芸植物。切り花に用いられる。

クィーン・ソフィア　キク科のマリーゴールドの品種。園芸植物。

クィーン・ネフェルテイテイ　〈Queen Nefertiti〉バラ科。イングリッシュローズ系。花はペールイエロー。

クウィニマンゴー　〈*Mangifera odorata* Griff.〉ウルシ科の高木。葉はマンゴウに酷似、葉柄上側に溝がない。熱帯植物。

クエスターツノミザミア　ケラトザミア・クエステリアナの別名。

クエルクス・アクタ　アカガシの別名。

クエルクス・アクティッシマ　クヌギの別名。

クエルクス・イリキフォリア　〈*Quercus ilicifolia* Wangenh.〉ブナ科の高木。高さは4～6m。園芸植物。

クエルクス・インカナ　〈*Quercus incana* Bartr.〉ブナ科の高木。高さは7～8m。園芸植物。

クエルクス・インフェクトリア　〈*Quercus infectoria* Oliv.〉ブナ科の薬用植物。

クエルクス・ヴァージニアナ 〈*Quercus virginiana* Mill.〉ブナ科の高木。高さは18〜20m。園芸植物。

クエルクス・ワリアビリス アベマキの別名。

クエルクス・エンゲルマニー 〈*Quercus engelmannii* Greene〉ブナ科の高木。高さは18m。園芸植物。

クエルクス・ギルワ イチイガシの別名。

クエルクス・グラウカ アラカシの別名。

クエルクス・クリソレピス 〈*Quercus chrysolepis* Liebm.〉ブナ科の高木。高さは12〜18m。園芸植物。

クエルクス・ケロッギー 〈*Quercus kelloggii* Newb.〉ブナ科の高木。高さは15〜18m。園芸植物。

クエルクス・コキフェラ 〈*Quercus coccifera* L.〉ブナ科の常緑低木。

クエルクス・サリキナ ウラジロガシの別名。

クエルクス・スベル コルクガシの別名。

クエルクス・セッシリフォリア ツクバネガシの別名。

クエルクス・セラタ コナラの別名。

クエルクス・ダグラシー 〈*Quercus douglasii* Hook. et Arn.〉ブナ科の高木。葉は長楕円形。園芸植物。

クエルクス・デンタタ カシワの別名。

クエルクス・ドゥモサ 〈*Quercus dumosa* Nutt.〉ブナ科の高木。葉は長楕円形。園芸植物。

クエルクス・ビコロル 〈*Quercus bicolor* Willd.〉ブナ科の高木。葉は羽状浅裂。園芸植物。

クエルクス・フィリラエオイデス ウバメガシの別名。

クエルクス・ヘテロフィラ 〈*Quercus* × *heterophylla* Michx. f.〉ブナ科の高木。葉は長楕円形または広卵形。園芸植物。

クエルクス・ミルシニフォリア シラカシの別名。

クエルクス・モンゴリカ 〈*Quercus mongolica* Fisch. ex Turcz.〉ブナ科の高木。別名モンゴリナラ。高さは10m。園芸植物。

クエルクス・ルブラ アカガシの別名。

クエルクス・レティクラタ 〈*Quercus reticulata* Humb. et Bonpl.〉ブナ科の高木。葉には脈が目立つ。園芸植物。

クガイソウ 九蓋草,九階草 〈*Veronicastrum sibiricum* (L.) Pennell var. *japonicum* (Nakai) Hara〉ゴマノハグサ科の多年草。別名クカイソウ、トラノオ。高さは80〜150cm。高山植物。薬用植物。切り花に用いられる。

クギゴケ 〈*Stenocybe major* Nyl.〉ピンゴケ科の地衣類。地衣体はほとんど不明瞭。

クギタケ 〈*Chroogomphus rutilus* (Schaeff.：Fr.) O. K. Miller〉オウギタケ科のキノコ。小型〜大型。傘は中央突出した丸山形、帯赤褐色、湿時粘性。

クグ イヌクグの別名。

クグ シオクグの別名。

ククイノキ 〈*Aleurites moluccana* Willd.〉トウダイグサ科の高木。果実はクルミ状で核は堅い。花は白色。熱帯植物。

クグガヤツリ 莎草蚊帳吊 〈*Cyperus compressus* L.〉カヤツリグサ科の一年草。高さは10〜40cm。

クグテンツキ 〈*Fimbristylis dichotoma* (L.) Vahl var. *floribunda* (Miq.) T. Koyama〉カヤツリグサ科の草本。

ククルビタ・フィキフォリア クロダネカボチャの別名。

ククルビタ・フォエティディシマ 〈*Cucurbita foetidissima* Kunth〉ウリ科の多年草。

ククルビタ・ペポ ペポカボチャの別名。

ククルビタ・マクシマ セイヨウカボチャの別名。

ククルビタ・モスカタ カボチャの別名。

クゲヌマラン 鵠沼蘭 〈*Cephalanthera erecta* (Thunb. ex Murray) Blume var. *Shizuoi* (F. Maekawa) Ohwi〉ラン科の多年草。高さは30〜50cm。

クコ 枸杞 〈*Lycium chinense* Mill.〉ナス科の落葉低木。果実は赤、葉・果・根は民間薬。高さは1〜2m。花は淡紫紅色。熱帯植物。薬用植物。園芸植物。

クサアジサイ 草紫陽花 〈*Cardiandra alternifolia* Sieb. et Zucc.〉ユキノシタ科の多年草。高さは20〜80cm。園芸植物。

クサイ 草藺 〈*Juncus tenuis* Willd.〉イグサ科の多年草。別名シラネイ。高さは30〜60cm。

クサイチゴ 草苺 〈*Rubus hirsutus* Thunb.〉バラ科の落葉低木。別名ワセイチゴ、ナベイチゴ、カンスイイチゴ。果実は赤く食用。熱帯植物。

クサイヌジャ 〈*Cordia cylindrostachya* R. et S.〉ムラサキ科の草性低木。葉は粗剛、葉裏白短毛。熱帯植物。

クサイロアカネタケ 〈*Russula olivacea* (Schaeff.) Fr.〉ベニタケ科のキノコ。大型。傘はワイン赤色〜オリーブ褐色。ひだは濃い黄土色。

クサイロハツ 〈*Russula aeruginea* Lindbl. apud Fr.〉ベニタケ科のキノコ。中型〜大型。傘は草色、周辺溝線。ひだは淡黄色。

クサウラベニタケ 〈*Entoloma rhodopolium* (Fr.) Kummer〉イッポンシメジ科のキノコ。中型。傘は灰色、やや条線、乾くと淡色。ひだはピンク色。

クサギ 臭木 〈*Clerodendron trichotomum* Thunb. ex Murray var. *trichotomum*〉クマツヅラ科の落葉低木。花は白色。薬用植物。園芸植物。

クサキョウチクトウ 草夾竹桃 〈*Phlox paniculata* L.〉ハナシノブ科の多年草。別名オイランソウ。

クサクロト

高さは60～120cm。花は淡紫紅または白色。園芸植物。

クサクロトン　〈*Croton hirtus* Herit.〉トウダイグサ科の草状低木。熱帯植物。

クサコアカソ　〈*Boehmeria gracilis* C. H. Wright〉イラクサ科の多年草。高さは60～120cm。

クサゴケ　〈*Callicladium haldanianum* (Grev.) H. A. Grum〉ハイゴケ科のコケ。大形で、茎は這い、枝葉は卵形～卵状披針形。

クササンダンカ　草山丹花, 草山段花　〈*Pentas lanceolata* (Forssk.) Deflers〉アカネ科の観賞用草本。高さは30～130cm。花は赤、桃、白など。熱帯植物。園芸植物。切り花に用いられる。

クサシャジクモ　〈*Chara foetida* A. Br.〉シャジクモ科。

クサスギカズラ　草杉葛　〈*Asparagus cochinchinensis* (Lour.) Merr. var. *cochinchinensis*〉ユリ科のつる生多年草。別名テンモンドウ。長さは1～2m。花は淡黄色。薬用植物。園芸植物。

クサスゲ　〈*Carex rugata* Ohwi〉カヤツリグサ科の草本。

クサセンナ　ハブソウの別名。

クサソテツ　草蘇鉄　〈*Matteuccia struthiopteris* (L.) Todaro〉オシダ科(イワデンダ科)の夏緑性シダ。別名ニワソテツ、ガンソク、コゴミ。葉身は長さ50～150cm。倒卵形から倒卵状披針形。園芸植物。

クサタチバナ　草橘　〈*Cynanchum ascyrifolium* (Franch. et Savat.) Matsum.〉ガガイモ科の多年草。高さは30～60cm。薬用植物。

クサツゲ　ヒメツゲの別名。

クサトケイソウ　〈*Passiflora foetida* L.〉トケイソウ科の蔓草。花弁は白、副花冠は紫色。熱帯植物。園芸植物。

クサトベラ　〈*Scaevola sericea* Vahl.〉クサトベラ科の常緑低木。葉淡緑、肉質、光沢。花は白の変色して汚黄色。熱帯植物。園芸植物。

クサナギオゴケ　〈*Cynanchum katoi* Ohwi〉ガガイモ科の草本。

クサナギカズラ　アスパラガス・アスパラゴイデスの別名。

クサネム　草合歓　〈*Aeschynomene indica* L.〉マメ科の一年草。高さは50～100cm。薬用植物。

クサノオウ　草王　〈*Chelidonium majus* L.〉ケシ科の一年草または越年草。別名イボクサ、タムジクサ、チドメグサ。高さは10～30cm。高山植物。薬用植物。園芸植物。

クサノオウ　ケシ科の属総称。

クサノオウバノギク　〈*Paraixeris chelidoniifolia* (Makino) Nakai〉キク科の草本。別名クサノオウバノヤクシソウ。高山植物。

クサハツ　〈*Russula foetens* Pers. : Fr.〉ベニタケ科のキノコ。中型～大型。傘は淡褐色、溝線。ひだは淡黄褐色。

クサハツモドキ　〈*Russula laurocerasi* Melzer〉ベニタケ科のキノコ。中型。傘は淡黄土色、粒状線。

クサハリタケ　〈*Phellodon melaleucus* (Fr. : Fr.) Karst.〉イボタケ科のキノコ。小型～中型。傘は偏平～浅い漏斗形。

クサビガタハウチワ　〈*Avrainvillea lacerata* Harbey ex J. Agardh f. *robustior* (A. et E. S. Gepp) Okamura〉ミル科の海藻。褐色を帯びた緑色。体は5～7cm。

クサビガヤ　〈*Sphenopholis obtusata* (Michx.) Scribn.〉イネ科の多年草。高さは40～80cm。

クサビラゴケ　〈*Ochrolechia rosella* (Tuck.) Vers.〉トリハダゴケ科の地衣類。地衣体は灰白、汚灰または淡褐色。

クサフジ　草藤　〈*Vicia cracca* L.〉マメ科のつる性多年草。高さは80～150cm。薬用植物。

クサボケ　草木瓜　〈*Choenomeles japonica* (Thunb. ex Murray) Lindl.〉バラ科の落葉小低木。別名ジナシ、シドミ、ノボケ。高さは30～50cm。花は朱に近い淡紅色。薬用植物。園芸植物。

クサボタン　草牡丹　〈*Clematis stans* Sieb. et Zucc.〉キンポウゲ科の多年草。高さは1m位。花は淡紫色。薬用植物。園芸植物。

クサマオ　カラムシの別名。

クサマルハチ　草丸八　〈*Cyathea hancockii* Copel.〉ヘゴ科の常緑性シダ。葉身は長さ100cm。三角状長楕円形。園芸植物。

クサミズキ　草水木　〈*Nothapodytes foetida* (Wight) Sleumer〉クロタキカズラ科の木本。

クサミノシカタケ　〈*Pluteus petasatus* (Fr.) Gillet〉ウラベニガサ科のキノコ。

クサヤツデ　草八手　〈*Diaspananthus uniflora* (Sch. Bip.) Kitamura〉キク科の多年草。別名ヨシノソウ、カンボクソウ。高さは40～100cm。

クサヨシ　草葦　〈*Phalaris arundinacea* L. var. *arundinacea*〉イネ科の多年草。高さは80～180cm。園芸植物。

クサリウスクロゴケ　〈*Pseudoleskeella catenulata* (Schrad.) Kindb.〉ウスグロゴケ科のコケ。茎は細く糸状で、茎葉の下部は広卵形。

クサリゴケ　クサリゴケ科。

クサレダマ　草連玉　〈*Lysimachia vulgaris* L. var. *davurica* (Ledeb.) Kunth〉サクラソウ科の多年草。別名イオウソウ。高さは80～90cm。花は黄に橙の斑点。高山植物。園芸植物。

クサンテランテムム・イグネウム　〈*Xantheranthemum igneum* (Linden) Lindau〉キツネノマゴ科の多年草。高さは8～10cm。花は黄色。園芸植物。

クサントソマ・ウィオラケウム 〈*Xanthosoma violaceum* Schott〉サトイモ科の多年草。葉柄や葉脈が濃い紫色を帯び白粉をかぶる。園芸植物。

クサントソマ・サギッティフォリウム 〈*Xanthosoma sagittifolium* Schott〉サトイモ科の多年草。根茎直径10〜20cm。高さは2m。園芸植物。

クサントロエア・プライシー 〈*Xanthorrhoea preissii* Endl.〉ユリ科。高さは5m。園芸植物。

クシザクルマ 〈*Chloris pectinata* Benth.〉イネ科の草本。名古屋市で採集された。熱帯植物。

クシガヤ 〈*Cynosurus cristatus* L.〉イネ科の多年草。高さは30〜75cm。

クシノハゴケ 〈*Ctenidium capillifolium* (Mitt.) Broth.〉ハイゴケ科のコケ。茎は這い、葉身部は三角形。

クシノハゴケモドキ 〈*Campylophyllum halleri* (Hedw.) M. Fleisch.〉ヤナギゴケ科のコケ。茎は長さ2〜5cm、茎葉は黄色〜褐色。

クシノハサルオガセ 〈*Usnea pectinata* Tayl.〉サルオガセ科の地衣類。地衣体は皮層がある。

クシノハシダ 〈*Cyclosorus subpubescens* (Bl.) Ching〉オシダ科(ヒメシダ科)の常緑性シダ。葉身は長さ45〜75cm。広披針形。

クシノハスジゴケ 〈*Riccardia multifida* (L.) Gray subsp. *decrescens* (Steph.) Furuki〉スジゴケ科のコケ。緑色、長さ1〜3cm。

クシノハタケモドキ 〈*Russula pectinatoides* Peck〉ベニタケ科のキノコ。中型。傘は灰白色→淡赤褐色に変色、粒状線。ひだはクリーム色で淡赤褐色に変色。

クシノハホシダ オシダ科のシダ植物。

クシノハモドキ 〈*Dasyclonium ocellatum* (Yendo) Scagel〉フジマツモ科の海藻。糸状体。

クシバタンポポ 〈*Taraxacum pectinatum*〉キク科。

クシバツメクサ 〈*Trifolium angulatum* Waldst. et Kit.〉マメ科の一年草。花は帯紅色。

クシヒゲシバ クシザクルマの別名。

クシベニヒバ 〈*Ptilota pectinata* (Gunnerus) Kjellman〉イギス科の海藻。やや軟骨質。体は10〜40cm。

クジャクアスター キク科の総称。宿根草。別名クジャクソウ、シロクジャク。高さは60〜150cm。花は白色。園芸植物。切り花に用いられる。

クジャクゴケ 〈*Hypopterygium fauriei* Besch.〉クジャクゴケ科のコケ。二次茎は長さ1.5〜2.5cm、側葉は卵形〜卵状楕円形。

クジャクサボテン サボテン科のエピフィルム属・ノパールホッキア属その他の総称。サボテン。高さは20〜200cm。園芸植物。

クジャクシダ 孔雀羊歯 〈*Adiantum pedatum* L.〉ホウライシダ科(イノモトソウ科、ワラビ科)の夏緑性シダ。別名イソモチ、トオヤマノリ。葉身は長さ15〜25cm。卵形からほぼ円形。園芸植物。

クジャクソウ 紅黄草 〈*Tagetes patula* L.〉キク科の草本。別名コウオウソウ(紅黄草)、マンジュギク(万寿菊)。高さは50cm。花は黄、オレンジ色。園芸植物。切り花に用いられる。

クジャクソウ クジャクアスターの別名。

クジャクツバキ ツバキ科のツバキの品種。

クジャクデンダ アジアンタム・カウダツムの別名。

クジャクヒバ 孔雀檜葉 〈*Chamaecyparis obtusa* (Sieb. et Zucc.) Sieb. et Zucc. ex Endl. cv. Filicoides〉ヒノキ科。園芸植物。

クジャクフモトシダ 〈*Microlepia marginata* var. *bipinnata* Makino〉ワラビ科のシダ植物。

クジャクマル 孔雀丸 〈*Euphorbia flanaganii* N. E. Br.〉トウダイグサ科の多肉植物。別名孔雀姫、蘭蛇丸。高さは2.5〜5cm。園芸植物。

クジャクヤシ 孔雀椰子 〈*Caryota urens* L.〉ヤシ科の薬用植物。幹のシュロ毛はKittulといい、ロープ用になる。高さは12〜18m。花は赤みを帯びる。熱帯植物。園芸植物。

クジュウスゲ 〈*Calex alterniflora* var. *elongata*〉カヤツリグサ科。

クジョウネギ 九条葱 ユリ科の京野菜。

クジラグサ 鯨草 〈*Descurainia sophia* (L.) Webb.〉アブラナ科の一年草または二年草。高さは25〜75cm。花は黄白色。薬用植物。

クジラタケ 〈*Trametes orientalis* (Yasuda) Imazeki〉サルノコシカケ科のキノコ。中型〜大型。傘は灰白色、粉毛→無毛。

クシロサルオガセ 〈*Usnea kushiroensis* Asah.〉サルオガセ科の地衣類。地衣体は軟らかい。

クシロチドリ 〈*Herminium monorchis* (L.) R. Br.〉ラン科の草本。

クシロネナシカズラ 〈*Cuscuta europaea* L.〉ヒルガオ科の草本。

クシロビウム・ワリエガツム 〈*Xylobium variegatum* (Ruiz et Pav.) Garay et Dunst.〉ラン科。花は微桃色。園芸植物。

クシロビウム・エロンガツム 〈*Xylobium elongatum* (Lindl. et Paxt.) Hemsl.〉ラン科。花は白、乳白色。園芸植物。

クシロビウム・パウエリー 〈*Xylobium powellii* Schlechter〉ラン科。高さは15cm。花は黄、黄褐色。園芸植物。

クシロビウム・フォウェアツム 〈*Xylobium foveatum* (Lindl.) Nichols.〉ラン科。高さは10cm。花白色。園芸植物。

クシロホシクサ 〈*Eriocaulon kusiroense* Miyabe et Kudo ex Satake〉ホシクサ科の草本。

クシロヤガミスゲ 〈*Carex crawfordii* Fern.〉カヤツリグサ科の多年草。高さは30～60cm。

クシロワチガイソウ 釧路輪違い 〈*Pseudostellaria sylvatica* (Maxim.) Pax〉ナデシコ科の草本。高山植物。

クズ 葛 〈*Pueraria lobata* (Willd.) Ohwi〉マメ科の木本性つる草。別名マクズ、クズカズラ。長さは10m前後。薬用植物。園芸植物。

クズ マメ科の属総称。

クズイモ 〈*Pachyrhizus erosus* (L.) Urb.〉マメ科の蔓植物。径30cm。花は白または濃紫色。熱帯植物。薬用植物。園芸植物。

クズインゲン 〈*Pueraria phaseoloides* Benth.〉マメ科の木質蔓木。葉裏多毛、肥大根は食用。熱帯植物。

クズウコン 葛鬱金 〈*Maranta arundinacea* L.〉クズウコン科の多年草。葉柄の上部に間節があり、赤色の葉枕を作る。熱帯植物。園芸植物。

クスクスヨウラクラン 〈*Oberonia kusukusensis*〉ラン科。

クスクスラン 〈*Bulbophyllum affine* Lindl.〉ラン科。花は白～淡緑色。園芸植物。日本絶滅危機植物。

グスタフィア・スペルバ ウラベニグスタビヤの別名。

クスダマツメクサ 〈*Trifolium campestre* Schreb.〉マメ科の一年草。別名ホップツメクサ。長さは5～30cm。花は鮮黄色。

クスドイゲ 〈*Xylosma congestum* (Lour.) Merr.〉イイギリ科の常緑低木。

クスノキ 楠, 樟 〈*Cinnamomum camphora* (L.) Presl〉クスノキ科の常緑高木。別名クス、ナンジャモンジャ。高さは15～30m。花は淡黄色。薬用植物。園芸植物。

クスノキ 楠 バラ科のビワの品種。果肉は橙黄色。

クスノキ科 科名。

クスノハカエデ 〈*Acer oblongum* Wall. ex DC. subsp. *itoanum* (Hayata) Hatus. ex Shimabuku〉カエデ科の木本。

クスノハガシワ 障葉柏 〈*Mallotus philippinensis* Muell.-Arg.〉トウダイグサ科の木本。葉は光沢、葉柄と花序は褐色。熱帯植物。薬用植物。

クズヒトヨタケ 〈*Coprinus patouillardi* Quél.〉ヒトヨタケ科のキノコ。

グズマニア パイナップル科の属総称。別名マグニフィカ。

グズマニア・インシグニス 〈*Guzmania* × *insignis* hort.〉パイナップル科。花は濃黄色。園芸植物。

グズマニア・サングイネア 〈*Guzmania sanguinea* (André) André ex Mez〉パイナップル科。花は橙黄色。園芸植物。

グズマニア・ツァーニー 〈*Guzmania zahnii* (Hook. f.) Mez〉パイナップル科。花は黄色。園芸植物。

グズマニア・ニカラグエンシス 〈*Guzmania nicaraguensis* Mez et C. F. Bak. ex Mez〉パイナップル科。花は鮮黄色。園芸植物。

グズマニア・ベルテロニアナ 〈*Guzmania berteroniana* (Schult. f.) Mez〉パイナップル科。ロゼット径40～50cm。花は濃黄色。園芸植物。

グズマニア・マグニフィカ 〈*Guzmania* × *magnifica* W. Richt.〉パイナップル科。花は赤橙色。園芸植物。

グズマニア・ムサイカ 〈*Guzmania musaica* (Linden et André) Mez〉パイナップル科の多年草。花は黄白色。園芸植物。

グズマニア・メリノニス 〈*Guzmania melinonis* Regel〉パイナップル科。花は黄色。園芸植物。

グズマニア・モノスタキア 〈*Guzmania monostachia* (L.) Rusby ex Mez〉パイナップル科。花は白色。園芸植物。

グズマニア・リングラタ 〈*Guzmania lingulata* (L.) Mez〉パイナップル科。花は朱赤色。園芸植物。

クズモドキ 〈*Calopogonium mucunoides* Desv.〉マメ科の蔓草。多毛、ゴム林のカバークロップ。熱帯植物。

クズレウチキウメノキゴケ 〈*Parmelia entotheiochroa* Hue〉ウメノキゴケ科の地衣類。地衣体背面は灰緑～灰黄色。

クズレウメノキゴケ 〈*Parmelia infirma* Kurok.〉ウメノキゴケ科の地衣類。

クズレフクロゴケ 〈*Hypogymnia fragillima* (Hillm.) Rass.〉ウメノキゴケ科の地衣類。裂片は同長状状分岐。

クセランテムム・アンヌーム 〈*Xeranthemum annuum* L.〉キク科の草本。高さは60cm。花は紫紅または桃色。園芸植物。

クセロシキオス・ダンギュイー 〈*Xerosicyos danguyi* Humbert〉ウリ科の多肉植物。別名彩の太鼓。花は淡黄白色。園芸植物。

クセロフィルム・テナックス 〈*Xerophyllum tenax* Nutt.〉ユリ科。高山植物。

クソニンジン 糞人参 〈*Artemisia annua* L.〉キク科の一年草。別名ホソバニンジン。高さは1m以上。花は白緑色。薬用植物。

クダアカゲシメジ 〈*Tricholoma vaccinum* (Pers. : Fr.) Kummer〉キシメジ科のキノコ。中型。傘は赤褐色、綿屑状鱗片。ひだは白色。

クダネダシグサ 〈*Siphonocladus tropicus* (Crouan) J. Agardh〉マガタマモ科の海藻。初め棍棒状。

クダハナゴケ 〈*Cladonia cenotea* (Ach.) Schaer.〉ハナゴケ科の地衣類。子柄は灰白色。

クダモノトケイ パッション・フルーツの別名。

クダモノトケイソウ パッション・フルーツの別名。

クタンバ 〈Nauclea subdita Merr.〉アカネ科の小木。集果、若葉を食用とする。熱帯植物。

クチアキカズラ 〈Aristolochia hians Willd.〉ウマノスズクサ科の観賞用蔓草。花は黄緑色で紫褐色の斑あり。熱帯植物。

クチキゴケ 〈Odontoschisma denudatum (Mart.) Dumort.〉ヤバネゴケ科のコケ。赤色をおび、光沢がある。茎は長さ1〜2cm。

クチキトサカタケ 朽木鶏冠茸 〈Ascoclavulina sakaii Otani〉ズキンタケ科のキノコ。

クチキノアカゴケ ヨツバゴケの別名。

クチキハイゴケ 〈Hypnum densirameum Ando〉ハイゴケ科のコケ。密に規則的に羽状分枝し、茎葉は卵形。

クチナシ 梔子,卮子 〈Gardenia jasminoides Ellis var. jasminoides〉アカネ科の常緑低木。別名ガーデニア。高さは1.5mから数m。花は純白色。薬用植物。園芸植物。

クチナシ アカネ科の属総称。

クチナシグサ 梔子草 〈Monochasma sheareri (S. Moore) Maxim.〉ゴマノハグサ科の半寄生越年草。別名カガリビソウ。高さは10〜30cm。

クチナシミサオ 〈Randia mussdenda DC.〉アカネ科の低木。花弁は裏面に緑色条あり。白色。熱帯植物。

クチバシグサ 〈Lindernia ruelloides (Colsm.) Pennell〉ゴマノハグサ科。

クチベニスイセン 〈Narcissus poeticus L.〉ヒガンバナ科の多年草。高山植物。園芸植物。

クチベニタケ 〈Calostoma japonicum P. Henn.〉クチベニタケ科のキノコ。小型。頂孔部は赤色。

クチベニヒメゴケ 〈Venturiella japonica Broth.〉ヒナノハイゴケ科の蘚類。

クッカバラ サトイモ科。別名オーシェ、フィロデンドロン。切り花に用いられる。

グッタペルカノキ 〈Palaquium oblongifolium (Hook.) Burck.〉アカテツ科の薬用植物。

グッディエラ・ウェルティナ シュスランの別名。

グッディエラ・オブロンギフォリア 〈Goodyera oblongifolia Raf.〉ラン科。高さは20〜45cm。花は帯緑白色。園芸植物。

グッディエラ・グランディス ナンバンキンギンソウの別名。

グッディエラ・シュレヒテンダリアナ ミヤマウズラの別名。

グッディエラ・テッセラタ 〈Goodyera tesslata Lodd.〉ラン科。花は白、微桃色。園芸植物。

グッディエラ・ハチジョーエンシス ハチジョウシュスランの別名。

グッディエラ・フォリオサ 〈Goodyera foliosa (Lindl.) Benth. ex Hook. f.〉ラン科。別名ヒマラヤシュスラン。高さは10cm。園芸植物。

グッディエラ・プベスケンス 〈Goodyera pubescens (Willd.) R. Br.〉ラン科。花は緑色がかった白色。園芸植物。

グッディエラ・プロケラ キンギンソウの別名。

グッディエラ・ペンドゥラ ツリシュスランの別名。

グッディエラ・マクランタ ベニシュスランの別名。

グッディエラ・レペンス ヒメヤマウズラの別名。

クテナンテ クズウコン科の属総称。別名ミイロヒメバショウ。

クテナンテ ミイロヒメバショウの別名。

クテナンテ・オッペンハイミアナ 〈Ctenanthe oppenheimiana (E. Morr.) K. Schum.〉クズウコン科の多年草。高さは1m。園芸植物。

クテナンテ・クンメリアナ 〈Ctenanthe kummeriana (E. Morr.) Eichl.〉クズウコン科の多年草。高さは50〜75cm。園芸植物。

クテナンテ・セトサ 〈Ctenanthe setosa (Roscoe) Eichl.〉クズウコン科の多年草。高さは60〜90cm。園芸植物。

クテナンテ・ブルレ-マルクシー 〈Ctenanthe burle-marxii H. Kennedy〉クズウコン科の多年草。高さは20〜40cm。園芸植物。

クテナンテ・リュベルシアナ 〈Ctenanthe lubbersiana (E. Morr.) Eichl. ex Petersen〉クズウコン科の多年草。高さは1m。園芸植物。

クドンドン 〈Canarium sp.〉カンラン科の高木。葉裏無毛、核中に3種子がある。熱帯植物。

クナウティア・アルベンシス 〈Knautia arvensis Coulter〉マツムシソウ科の多年草。

クナウティア・イリリカ 〈Knautia illyrica G. Beck〉マツムシソウ科の草本。高さは15〜50cm。花は淡紫色。園芸植物。

クナウティア・マケドニカ 〈Knautia macedonica Griseb.〉マツムシソウ科の草本。高さは25〜50cm。花は暗紫色。園芸植物。

クナウティア・ロンギフォリア 〈Knautia longifolia (Waldst. et Kit.) W. D. J. Koch〉マツムシソウ科の草本。高さは40〜80cm。花は淡紅紫色。園芸植物。

グナファリウム・スピナム 〈Gnaphalium supinum L.〉キク科。高山植物。

クナリカンラン 〈Canarium vulgare Leenh.〉カンラン科の常緑高木。別名カナリアノキ、カナリアジュ。葉柄縦条。高さは20〜45m。花は黄色。熱帯植物。

クニガミサンショウヅル 〈Elatostema suzukii〉イラクサ科。

クニガミトンボソウ 〈*Platanthera sonoharai* Masamune〉ラン科。日本絶滅危機植物。
クニガミヒサカキ 〈*Eurya zigzag* Masam.〉ツバキ科の木本。別名ヤエヤマヒサカキ。
クニフォフィア・ウバリア シャグマユリの別名。
クニフォフィア・コラリナ 〈*Kniphofia* × *corallina* (hort. ex De Nob.) Bak.〉ユリ科の多年草。高さは50〜75cm。花は珊瑚赤〜黄色。園芸植物。
クニフォフィア・スノーデニー 〈*Kniphofia snowdenii* C. H. Wright〉ユリ科の多年草。高さは80cm。花は橙赤色。園芸植物。
クニフォフィア・ツキー 〈*Kniphofia tuckii* Leichtl. ex Bak.〉ユリ科の多年草。高さは1.5m。花は硫黄色。園芸植物。
クニフォフィア・トリアングラリス 〈*Kniphofia triangularis* Kunth〉ユリ科の多年草。花は鮮黄色。園芸植物。
クニフォフィア・ムルティフロラ 〈*Kniphofia multiflora* J. M. Wood et M. Evans〉ユリ科の多年草。花は白または緑白色。園芸植物。
クニフォフィア・ルファ 〈*Kniphofia rufa* Leichtl. ex Bak.〉ユリ科の多年草。花は上部で赤、下部で淡黄色。園芸植物。
クニフォフィア・ルーペリ 〈*Kniphofia rooperi* Lem.〉ユリ科の多年草。高さは70〜80cm。花は黄色。園芸植物。
クニフォフィア・ロジャーシー 〈*Kniphofia rogersii* E. A. Bruce〉ユリ科の多年草。花は橙赤色。園芸植物。
グニューカリ ユーカリノキの別名。
クヌギ 椚,櫟,橡 〈*Quercus acutissima* Carruth.〉ブナ科の落葉高木。別名クノギ、ドングリ、ドングリマキ。高さは10〜15m。樹皮は灰褐色。薬用植物。園芸植物。
クヌギタケ 〈*Mycena galericulata* (Scop. : Fr.) S. F. Gray〉キシメジ科のキノコ。小型〜中型。傘は淡褐色〜灰褐色、放射状のしわ。ひだは灰白色→淡紅色。
クネオルム・トリコッコン 〈*Cneorum tricoccon* L.〉クネオルム科の常緑低木。高さは1.5m。花は濃黄色。園芸植物。
グネツム・グネモン 〈*Gnetum gnemon* L.〉グネツム科の小木。別名グネツム、ユミヅルノキ、ガネモ。種子は赤熟、胚乳は殿粉質。高さは15m。熱帯植物。園芸植物。
グネモン グネツム・グネモンの別名。
クネンボ 九年母 〈*Citrus nobilis* Lour.〉ミカン科。別名クニブ。果面は濃橙色。園芸植物。
クノニア クノニア科。
クノニア・カペンシス 〈*Cunonia capensis* L.〉クノニア科の木本。高さは3〜5m。花は白またはクリーム色。園芸植物。

クビナガタマバナノキ 〈*Anthocephalus cadamba* Miq.〉アカネ科の高木。球状集果は肉質。熱帯植物。
クビナガバレリヤ 〈*Barleria cristata* L.〉キツネノマゴ科の観賞用草本。苞は古くなると乾いて白色になる。高さは1〜1.5m。花は紫青色。熱帯植物。園芸植物。
クビナガバンマツリ 〈*Brunfelsia undulata* SW.〉ナス科の観賞用大低木。花は白黄色、花弁の辺縁は褐色。熱帯植物。園芸植物。
クビレケビラゴケ 〈*Radula constricta* Steph.〉ケビラゴケ科のコケ。背片の縁に無性芽を豊富にもつ。
クビレミドロ 〈*Pseudodichotomosiphon constricta* Yamada〉フシナシミドロ科の海藻。叢生。
クフェア 〈*Cuphea micropetala*〉ミソハギ科。別名クサミソハギ、ハナヤナギ。高さは1m。花は紅色。園芸植物。切り花に用いられる。
クフェア ミソハギ科の属総称。別名ベニチョウジ、クサミソハギ、タバコソウ。
クフェア・イグネア ベニチョウジの別名。
クフェア・ヒッソピフォリア 〈*Cuphea hyssopifolia* H. B. K.〉ミソハギ科。高さは50〜60cm。花は濃紫〜淡紫色。園芸植物。
クフェア・ランケオラータ 〈*Cuphea lanceolata* Baill.〉ミソハギ科の低木。
クプレッスス・アリゾニカ 〈*Cupressus arizonica* Greene〉ヒノキ科の常緑高木。別名アリゾナイトスギ。葉は淡緑色。園芸植物。
クプレッスス・カシュメリアナ カシミールイトスギの別名。
クプレッスス・センペルウィレンス イタリアスギの別名。
クプレッスス・トルロサ 〈*Cupressus torulosa* D. Don〉ヒノキ科の常緑高木。別名オオイトスギ。高さは45m。園芸植物。
クプレッスス・フネブリス シダレイトスギの別名。
クプレッスス・マクナビアナ 〈*Cupressus macnobiana* A. Murr.〉ヒノキ科の常緑高木。別名マクナブイトスギ。高さは12m。園芸植物。
クプレッスス・ルシタニカ メキシコイトスギの別名。
クプレッソキパリス・レイランディー レイランドヒノキの別名。
クーペリー ベンケイソウ科。園芸植物。
クーペリア・スモーリー 〈*Cooperia smallii* Alexand.〉ヒガンバナ科の小球根植物。高さは40cm。花は緑がかった黄色。園芸植物。
クーペリア・ドラモンディー 〈*Cooperia drummondii* Herb.〉ヒガンバナ科の小球根植物。高さは10〜25cm。花は白色。園芸植物。

クボミヤイトゴケ 〈*Solorina saccata* Ach.〉ツメゴケ科の地衣類。地衣体背面は淡灰色。

クマイザサ 九枚笹 〈*Sasa senanensis* (Franch. et Sav.) Rehder〉イネ科の常緑中型笹。別名シナノザサ。

クマイチゴ 熊苺 〈*Rubus crataegifolius* Bunge〉バラ科の落葉低木。別名エゾノクマイチゴ、タチイチゴ。

クマオシダ 〈*Dryopteis × tokudai* Sugimoto〉オシダ科のシダ植物。

クマガイソウ 熊谷草 〈*Cypripedium japonicum* Thunb. ex Murray〉ラン科の多年草。別名クマガエソウ、ホテイソウ、ホロカケソウ。高さは15〜40cm。花は淡緑色。園芸植物。日本絶滅危機植物。

クマガイソウ ラン科の属総称。

クマガワイノモトソウ 〈*Pteris deltodon* Baker〉イノモトソウ科(ワラビ科)の常緑性シダ。葉身は長さ10〜20cm。線状長楕円形。

クマガワブドウ 〈*Vitis quinqueangularis* Rehder〉ブドウ科の木本。別名ツクシガネブ。

クマザサ 隈笹 〈*Sasa veitchii* (Carr.) Rehder〉イネ科の常緑中型笹。別名アタゴザサ、キンキザサ、コクマザサ。高さは1〜2m。薬用植物。園芸植物。

クマシデ 熊四手 〈*Carpinus japonica* Blume〉カバノキ科の落葉高木。別名オオクマシデ、オオソネ、イシソネ。樹高15m。樹皮は灰色。園芸植物。

クマシメジ 〈*Tricholoma terreum* (Schaeff. : Fr.) Kummer〉キシメジ科のキノコ。中型。傘は黒褐色、繊維状。ひだは灰白色。

クマタケラン 熊竹蘭 〈*Alpinia kumatake* Makino〉ショウガ科の多年草。高さは100〜200cm。

クマツクシイワヘゴ 〈*Dryopteris × pseudomayebarae* Nakaike, nom. nud.〉オシダ科のシダ植物。

クマツヅラ 熊葛 〈*Verbena officinalis* L.〉クマツヅラ科の多年草。別名ホーリーウォート、バベンソウ。高さは30〜80cm。薬用植物。

クマツヅラ科 科名。

クマナリヒラ セミアルンディナリア・フォルティスの別名。

クマノアシツメクサ 〈*Anthyllis vulneraria* L.〉マメ科の一年草または多年草。高さは10〜60cm。花は黄、赤、紫、オレンジ、白など。高山植物。薬用植物。園芸植物。

クマノギク 熊野菊 〈*Wedelia chinensis* (Osbeck) Merr.〉キク科の草本。別名ハマグルマ、シオカゼ。

クマノゴケ 〈*Theriotia lorifolia* Card.〉キセルゴケ科のコケ。葉はひも状に長く伸び、長さ6〜12mm。

クマノチョウジゴケ 〈*Buxbaumia minakatae* S. Okam.〉キセルゴケ科のコケ。蒴がほぼ円筒形で側部に稜がない。

クマノミズキ 熊野水木 〈*Cornus brachypoda* C. A. Meyer〉ミズキ科の落葉高木。高さは5〜10m。花は灰黄色。樹皮は濃い灰色。園芸植物。

クマモトヤブソテツ 〈*Cyrtomium × kaii* Nakaike, nom. nud.〉オシダ科のシダ植物。

クマヤナギ 熊柳 〈*Berchemia racemosa* Sieb. et Zucc. var. *racemosa*〉クロウメモドキ科の落葉つる植物。長さ5〜6m。花は緑色。薬用植物。園芸植物。

クマヤブソテツ 〈*Cyrtomium microindusium* Kurata〉オシダ科のシダ植物。

クマヤマグミ 〈*Elaeagnus epitricha* Momiyama〉グミ科の木本。別名キリシマグミ。

クマワラビ 熊蕨 〈*Dryopteris lacera* (Thunb. ex Murray) O. Kuntze〉オシダ科の常緑性シダ。葉身は長さ30〜60cm。楕円形〜長楕円形。

グミ グミ科の属総称。

グミ トウグミの別名。

グミアオギリ 〈*Pterospermum jackianum* Wall.〉アオギリ科の高木。葉裏白毛。花は白色。熱帯植物。

グミ科 科名。

クミスクチン ネコノヒゲの別名。

グミモドキ 〈*Croton cascarilloides* Raeusch.〉トウダイグサ科の木本。葉裏銀白鱗毛密布。熱帯植物。

クミン 〈*Cuminum cyminum* L.〉セリ科のハーブ。別名クミヌム・キミヌム。花は白か桃色。園芸植物。

クミン セリ科の属総称。

グメリナ・ヒストリクス 〈*Gmelina hystrix* Kurz〉クマツヅラ科の低木。別名キバナヨウラク。高さは5〜6m。花は鮮黄色。園芸植物。

クモイ 雲井 バラ科のナシの品種。別名ナシ農林1号、ロー5号。果皮は淡緑褐色。

クモイイカリソウ 雲居碇草 〈*Epimedium grandiflorum* var. *coelestre*〉メギ科。高山植物。

クモイオトギリ 〈*Hypericum hyugamontanum* Y. Kimura〉オトギリソウ科の草本。

クモイカグマ オシダ科。

クモイコゴメグサ 〈*Euphrasia multifolia* var. *kirisimana*〉ゴマノハグサ科。

クモイコザクラ 雲居小桜 〈*Primula reinii* Franch. et Savat. var. *kitadakensis* (Hara) Ohwi〉サクラソウ科。別名キヨサトコザクラ。高山植物。日本絶滅危機植物。

クモイナスナ 雲居薺 〈*Arabis tanakana* Makino〉アブラナ科の草本。高山植物。

クモイハタザオ クモイナズナの別名。

クモイミミナグサ クモマミミナグサの別名。

クモイヤシ 〈*Attalea cohune* Mart.〉ヤシ科の木本。別名コフネヤシ。総苞は長さ1m余、果実は採油用。幹径45cm。熱帯植物。

クモイリンドウ トウヤクリンドウの別名。

クモイワトラノオ 〈× *Asplenium akaishiense* (K. Otsuka) Nakaike〉チャセンシダ科のシダ植物。

クモキリソウ 雲切草 〈*Liparis kumokiri* F. Maekawa〉ラン科の多年草。高さは10〜20cm。花は緑色。園芸植物。

クモタケ 〈*Nomuraea atypicola* (Yasuda) Samson〉スチルベラ科の不完全菌類、クモタケ目の菌の総称。

クモノオオトガリツブタケ 〈*Torrubiella globosa* Kobayasi et Shimizu〉バッカクキン科のキノコ。

クモノスゴケ 〈*Pallavicinia subciliata* (Aust.) Steph.〉クモノスゴケ科のコケ。淡緑色〜鮮緑色、長さ3〜6cm。

クモノスシダ 蜘蛛の巣羊歯 〈*Camptosorus sibiricus* Rupr.〉チャセンシダ科の常緑性シダ。葉は長さ2〜20cm。狭披針形から狭三角形。園芸植物。

クモノスバンダイソウ 蜘蛛巣万代草 ベンケイソウ科の属総称。

クモノスバンダイソウ 蜘蛛巣万代草 センペルウィウム・アラクノイデウムの別名。

クモノスヒメゴケ 〈*Herposiphonia tenella* (C. Agardh) Naegeli〉フジマツモ科の海藻。円柱状。

クモマキンポウゲ 雲間金鳳花 〈*Ranunculus pygmaeus* Wahl.〉キンポウゲ科の多年草。高さは3〜7cm。高山植物。

クモマグサ 雲間草 〈*Saxifraga merkii* Fisch. var. *idsuroei* (Franch. et Savat.) Engl. ex Matsum.〉ユキノシタ科の多年草。別名セイヨウクモマグサ、ヨウシュクモマグサ。高さは2〜10cm。高山植物。

クモマシバスゲ 〈*Carex subumbellata* Meinsh. var. *verecunda* Ohwi〉カヤツリグサ科。別名オオシバスゲ。

クモマスズメノヒエ 雲間雀の稗 〈*Luzula arcuata* Sw. subsp. (Buchen. *unalascensis* Hultén.〉イグサ科の多年草。高さは15〜25cm。

クモマスミレ タカネスミレの別名。

クモマタマゴケ 〈*Bartramia halleriana* Hedw.〉タマゴケ科のコケ。茎は長く、6〜10cm。

クモマタンポポ 雲間蒲公英 〈*Taraxacum trigonolobum* Dahlst.〉キク科の草本。高山植物。

クモマナズナ 雲間薺 〈*Draba nipponica* Makino〉アブラナ科の多年草。高さは5〜15cm。花は白色。高山植物。園芸植物。

クモマニガナ 雲間苦菜 〈*Ixeris dentata* var. *kimurana*〉キク科。高山植物。

クモマミミナグサ 〈*Cerastium rupicola*〉ナデシコ科。高山植物。

クモマムクゲゴケ 〈*Lescuraea incurvata* (Hedw.) E. Lawton〉ウスグロゴケ科のコケ。茎は長さ3cm以下、小形で披針形の毛葉を多くつける。

クモマユキノシタ 雲間雪之下 〈*Saxifraga laciniata* Nakai et Takeda ex Nakai〉ユキノシタ科の多年草。別名ヒメヤマハナソウ。高さは2〜10cm。高山植物。

クモラン 蜘蛛蘭 〈*Taeniophyllum glandulosum* Blume〉ラン科の多年草。

クモンリュウ 九紋竜 ギムノカリキウム・ギッポスムの別名。

クラアサム 〈*Eugenia densiflora* Duthie〉フトモモ科の小木。熱帯植物。

クライエラ・ヤポニカ サカキの別名。

クライノヒモ 位の紐 ツツジ科のツツジの品種。園芸植物。

クラインツィア・ギュルツォヴィアナ 〈*Krainzia guelzowiana* (Werderm.) Backeb.〉サボテン科のサボテン。別名麗光殿。高さは7cm。花は淡桃から濃桃色。園芸植物。

クラインツィア・ロンギフロラ 〈*Krainzia longiflora* (Britt. et Rose) Backeb.〉サボテン科のサボテン。別名雲峰。径3〜5cm。花は濃桃ないし紫桃色。園芸植物。

グラウカ マツ科のアトラスシーダーの品種。

グラウカペンデュラ マツ科のアトラスシーダーの品種。

グラウカモクマオウ 〈*Casuarina glauca* Sieber ex Spreng.〉モクマオウ科の木本。

グラウキウム・コルニクラツム 〈*Glaucium corniculatum* (L.) J. H. Rudolph〉ケシ科の草本。花は鮮紅色。園芸植物。

クラウシア・ヴァルセヴィチー 〈*Clowesia warscewiczii* (Lindl. et Paxt.) Dodson〉ラン科。花は緑色を帯びた白色。園芸植物。

クラウシア・ティラキオキラ 〈*Clowesia thylaciochila* (Lem.) Dodson〉ラン科。花は緑色。園芸植物。

クラウシア・ラッセリアナ 〈*Clowesia russelliana* (Hook.) Dodson〉ラン科。花は淡緑色。園芸植物。

クラウシア・ロセア 〈*Clowesia rosea* Lindl.〉ラン科。花は淡紅色。園芸植物。

クラウス・シュテルベカー 〈Klaus Störtebeker〉バラ科。ハイブリッド・ティーローズ系。花は濃赤色。

クラウドベリー ホロムイイチゴの別名。

クラガタノボリリュウタケ 〈*Helvella ephippium* Lév.〉ノボリリュウタケ科のキノコ。

クラカタワセ 倉方早生 バラ科のモモ(桃)の品種。果肉は白色。

クラガリシダ 暗がり羊歯 〈*Drymotaenium miyoshianum* (Makino) Makino〉ウラボシ科の常緑性シダ。別名キヒモ、オウジノヒゲ。葉身は長さ30〜50cm。狭線形。

クラーキア アカバナ科の属総称。別名サンジソウ。切り花に用いられる。

クラーキア・ウングイクラタ 〈*Clarkia unguiculata* Lindl.〉アカバナ科の一年草。別名サンジソウ。高さは30〜80cm。花は赤、桃、紫紅、白など。園芸植物。

クラーキア・コンキンナ 〈*Clarkia concinna* (Fisch. et C. A. Mey.) Greene〉アカバナ科。高さは25〜45cm。花は桃色。園芸植物。

クラーキア・プルケラ 〈*Clarkia pulchella* Pursh〉アカバナ科。別名ホソバノサンジソウ。葉は細くて鋸歯がない。園芸植物。

クラークゴケ 〈*Cetraria endocrocea* fo. *clarkii* (Tuck.) Sato〉ウメノキゴケ科の地衣類。髄は白色。

グラジオラス 〈*Gladiolus gandavensis* Van Houtte.〉アヤメ科の球根植物。別名オランダアヤメ、トウショウブ、スウォードリリー。園芸植物。

グラジオラス アヤメ科の属総称。別名トウショウブ、オランダアヤメ。切り花に用いられる。

グラジオラス・アラツス 〈*Gladiolus alatus* L.〉アヤメ科。高さは15〜25cm。花はレンガ赤、鯨肉、橙赤など。園芸植物。

グラジオラス・イタリクス 〈*Gladiolus italicus* Mill.〉アヤメ科。高さは45〜90cm。花は鮮紫紅色。園芸植物。

グラジオラス・イリリクス 〈*Gladiolus illyricus* W. D. J. Koch〉アヤメ科。高さは90cm。花は淡桃紫色。園芸植物。

グラジオラス・オッポシティフロルス 〈*Gladiolus oppositiflorus* Herb.〉アヤメ科。高さは1.5m。花は白色。園芸植物。

グラジオラス・カルディナリス 〈*Gladiolus cardinalis* Curtis〉アヤメ科の多年草。高さは60〜110cm。花は緋紅または深紅色。園芸植物。

グラジオラス・カルネウス 〈*Gladiolus carneus* D. Delar.〉アヤメ科。高さは20〜100cm。花は白、クリーム、桃または藤色。園芸植物。

グラジオラス・グラキリス 〈*Gladiolus gracilis* Jacq.〉アヤメ科。高さは30〜50cm。花は淡青、藤青色。園芸植物。

グラジオラス・コンムニス 〈*Gladiolus communis* L.〉アヤメ科。高さは40〜80cm。花は鮮紫色。園芸植物。

グラジオラス・トリスティス 〈*Gladiolus tristis* L.〉アヤメ科。高さは50〜70cm。花は淡いクリームまたは黄色。園芸植物。

グラジオラス・ナターレンシス 〈*Gladiolus natalensis* (Eckl.) Reinw. ex Hook.〉アヤメ科。高さは1〜1.5m。花は緑、茶、橙、黄など。園芸植物。

グラジオラス・ビザンティヌス 〈*Gladiolus byzantinus* Mill.〉アヤメ科。高さは45〜90cm。花は鮮紫色。園芸植物。

クラスタマメ 〈*Cyamopsis psoralioides* DC.〉マメ科の草本。龍骨弁は白色。高さは1m。花はピンク色。熱帯植物。

グラスピー マメ科。

クラスペディア 〈*Craspedia globosa*〉キク科。別名ビリーボタン、ゴールドスティック。切り花に用いられる。

クラスペディア・ユニフローラ 〈*Craspedia uniflora* G. Forst.〉キク科の一年草または多年草。

クラタエグス・アザロルス 〈*Crataegus azarolus* L.〉バラ科の木本。高さは6〜7m。花は白色。園芸植物。

クラタエグス・アーノルディアナ 〈*Crataegus arnoldiana* Sarg.〉バラ科の木本。高さは5〜7m。花は白色。園芸植物。

クラタエグス・アルタイカ 〈*Crataegus altaica* (Loud.) J. Lange〉バラ科の木本。高さは3〜6m。花は白色。園芸植物。

クラタエグス・クネアタ サンザシの別名。

クラタエグス・クリソカルパ 〈*Crataegus chrysocarpa* Ashe〉バラ科の木本。果実は輝赤色。園芸植物。

クラタエグス・グリニョネンシス 〈*Crataegus × grignonensis* Mouill.〉バラ科の木本。花は白色。園芸植物。

クラタエグス・クロロサルカ クロミサンザシの別名。

クラタエグス・コッキニオイデス 〈*Crataegus coccinioides* Ashe〉バラ科の木本。高さは6m。園芸植物。

クラタエグス・スックレンタ 〈*Crataegus succulenta* Schard.〉バラ科の木本。高さは6m。花は白色。園芸植物。

クラタエグス・スブモリス 〈*Crataegus submollis* Sarg.〉バラ科の木本。高さは5〜6m。園芸植物。

クラタエグス・ダグラシー 〈*Crataegus douglasii* Lindl.〉バラ科の木本。花は白色。園芸植物。

クラタエグス・ラエウィガタ セイヨウサンザシの別名。

クラタケ 〈*Cudonia helvelloides* Ito et Imai〉テングノメシガイ科のキノコ。

クラダンツス・アラビクス 〈*Cladanthus arabicus* (L.) Cass.〉キク科。高さは40〜60cm。花は黄色。園芸植物。

クラッグ・フォード ヒガンバナ科のスイセンの品種。園芸植物。

クラッスラ ベンケイソウ科の属総称。別名フチベニベンケイ、カネノナルキ。

クラッスラ・アルストニー 〈*Crassula alstonii* Marloth〉ベンケイソウ科の多肉植物。高さは5〜10cm。花は白色。園芸植物。

クラッスラ・アルタ 〈*Crassula arta* Schönl.〉ベンケイソウ科の多肉植物。別名玉稚児。花は鮮黄から淡黄色。園芸植物。

クラッスラ・アルボレスケンス 〈*Crassula arborescens* (Mill.) Willd.〉ベンケイソウ科の多肉植物。別名紫の円盤。高さは3〜4m。花は淡桃色。園芸植物。

クラッスラ・オルビクラリス 〈*Crassula orbiculais* L.〉ベンケイソウ科の多肉植物。別名蔓蓮華。花は白色。園芸植物。

クラッスラ・カペンシス 〈*Crassula capensis* (L.) Baill.〉ベンケイソウ科の多肉植物。葉は長さ2〜3cm。園芸植物。

クラッスラ・コルヌタ 〈*Crassula cornuta* Schönl. et Bak. f.〉ベンケイソウ科の多肉植物。花は帯黄白色。園芸植物。

クラッスラ・コルムナリス 〈*Crassula columnaris* Thunb.〉ベンケイソウ科の多肉植物。別名麗人。花は白色。園芸植物。

クラッスラ・コンユンクタ 〈*Crassula conjuncta* N. E. Br〉ベンケイソウ科の多肉植物。花は白色。園芸植物。

クラッスラ・スザンナエ 〈*Crassula susannae* Rauh et Friedr.〉ベンケイソウ科の多肉植物。花は白色。園芸植物。

クラッスラ・タマツバキ タマツバキの別名。

クラッスラ・デケプトル 〈*Crassula deceptor* Schönl. et Bak. f.〉ベンケイソウ科の多肉植物。別名稚児姿。花は淡黄ないし淡桃色。園芸植物。

クラッスラ・テトラゴナ 〈*Crassula tetragona* L.〉ベンケイソウ科の多肉植物。別名桃源境、竜陽。花は白色。園芸植物。

クラッスラ・テレス タマツバキの別名。

クラッスラ・バルバタ 〈*Crassula barbata* Thunb.〉ベンケイソウ科の多肉植物。別名月光。花は白色。園芸植物。

クラッスラ・ピラミダリス リョクトウの別名。

クラッスラ・ファルカタ ジントウの別名。

クラッスラ・ヘミスファエリカ 〈*Crassula hemisphaerica* Thunb.〉ベンケイソウ科の多肉植物。名巴。花は白色。園芸植物。

クラッスラ・ペルフォラタ 〈*Crassula perforata* Thunb.〉ベンケイソウ科の多肉植物。別名星乙女。花は黄色。園芸植物。

クラッスラ・ポルツラケア カゲツの別名。

クラッスラ・マルニエリアナ 〈*Crassula marnieriana* Huber et Jacobsen〉ベンケイソウ科の多肉植物。別名珠寿星。花は白色。園芸植物。

クラッスラ・ムルティカウナ 〈*Crassula multicava* Lem.〉ベンケイソウ科の多肉植物。別名磯辺の松、鳴戸。花は淡桃色。園芸植物。

クラッスラ・メセンブリアンテモプシス 〈*Crassula mesembryanthemopsis* Dinter〉ベンケイソウ科の多肉植物。別名都星。花は白色。園芸植物。

クラッスラ・リコポディオイデス セイサリュウの別名。

クラッスラ・ルペストリス 〈*Crassula rupestris* Thunb.〉ベンケイソウ科の多肉植物。葉長5〜15mm。園芸植物。

クラトキシロン 〈*Cratoxylon arborescens* BL.〉オトギリソウ科の高木。花は濃赤色。熱帯植物。

クラドニア・クレンペルフベリ ヤグラゴケの別名。

クラドニア・ランギフェリアナ ハナゴケの別名。

クラドラスティス・ケンツケア 〈*Cladrastis kentukea* (Dum.-Cours.) Rudd〉マメ科の木本。高さは5〜10m。花は白色。園芸植物。

クラドラスティス・シネンシス 〈*Cladrastis sinensis* Hemsl.〉マメ科の木本。高さは15m。花は赤みがかった白色。園芸植物。

クラドラスティス・プラティカルパ フジキの別名。

クラナリイヌワラビ 〈*Athyrium clivicola* Tagawa × *A. subrigescens* Hayata〉オシダ科のシダ植物。

グラハム・トーマス 〈Graham Thomas〉バラ科。イングリッシュローズ系。花は黄色。

グラプトフィルム キツネノマゴ科の属総称。別名キンシボク。

グラプトフィルム・ピクツム 〈*Graptophyllum pictum* (L.) Griff.〉キツネノマゴ科の常緑低木。高さは1〜2.5m。花は暗赤紫色。園芸植物。

グラプトペタルム・バラグアイエンセ オボロヅキの別名。

グラプトペタルム・フィリフェルム 〈*Graptopetalum filiferum* (S. Wats.) Whitehead〉ベンケイソウ科の多年草。別名黒奴。花は白色。園芸植物。

グラプトペタルム・ルスビー 〈*Graptopetalum rusbyi* (Greene) Rose〉ベンケイソウ科の多年草。花は灰白色。園芸植物。

グラヘイニイア・ヤポニカ ウラジロの別名。

クラペルトニア・フィキフォリア 〈Clappertonia ficifolia Decne.〉シナノキ科の低木。
クラマゴケ 鞍馬苔 〈Selaginella remotifolia Spring〉イワヒバ科の常緑性シダ。別名アタゴゴケ、エイザンゴケ、ヨウラクゴケ。鮮緑色、主茎は地上を長く匍匐。園芸植物。
クラマゴケモドキ 〈Porella perrottetiana (Mont.) Trevis.〉クラマゴケモドキ科のコケ。褐色、長さ5〜10cm。
グラマトフィラム グランマトフィルムの別名。
クラマノジャガイモタケ 〈Octavianina asterosperma (Vitt.) Kuntze〉ジャガイモタケ科のキノコ。中型。子実体は類球形。
グラマー・ピコティ シュウカイドウ科のベゴニア・センパフローレンスの品種。園芸植物。
グラミス・カースル 〈Glamis Castle〉バラ科。イングリッシュローズ系。花は純白色。
クラミドモナス クラミドモナス科の属総称。
クラムワジ・スーペリユール 〈Cramoisi Supérieur〉バラ科。チャイナ・ローズ系。
クラメリア・トリアンドラ 〈Krameria triandra Ruiz and Pavon.〉クラメリア科の薬用植物。
クラヤミイグチ 〈Boletus fuscopunctatus Hongo et Nagasawa〉イグチ科のキノコ。
クララ バラ科。花はパステルピンク。
クララ 苦参, 久良良, 眩草 〈Sophora flavescens Ait.〉マメ科の多年草。別名マトリグサ、クサエンジュ。高さは60〜150cm。薬用植物。
クラリー・セージ ヤエヤマキランソウの別名。
クラリンドウ 〈Clerodendrum wallichii Merrill〉クマツヅラ科の観賞用低木。別名タガヤサン。花は穂状の花序に集り垂下。高さは1m。熱帯植物。園芸植物。
グランサムツバキ 〈Camellia granthamiana Sealy〉ツバキ科の木本。花は白色。園芸植物。
クランジノキ 〈Dialium indum L.〉マメ科の高木。果実は黒色市販。熱帯植物。
グランディス ベンケイソウ科のエチュベリアの品種。園芸植物。
グランドゥリカクツス・ウンキナツス 〈Glandulicactus uncinatus (Galeotti) Backeb.〉サボテン科のサボテン。別名羅紗錦。高さは10〜20cm。花は紫褐色。園芸植物。
グランドゥリカクツス・クラッシハマツス 〈Glandulicactus crassihamatus (A. Web.) Backeb.〉サボテン科のサボテン。別名慶松玉。径15cm。花は紫紅色。園芸植物。
グランドファー アメリカオオモミの別名。
クランベ・タタリア 〈Crambe tataria Sebeók〉アブラナ科の草本。全体に密に剛毛がある。園芸植物。
クランベ・ヒスパニカ 〈Crambe hispanica L.〉アブラナ科の草本。高さは25〜100cm。園芸植物。

クランベリー 〈Vaccinium macrocarpon Ait.〉ツツジ科。別名オオミノツルコケモモ。果実は紅色または暗紅色。花は淡紅色。園芸植物。
グランマトフィルム ラン科の属総称。
グランマトフィルム・スクリプツム 〈Grammatophyllum scriptum Blume〉ラン科。高さは2m。花はオリーブグリーン。園芸植物。
グランマトフィルム・スペキオスム 〈Grammatophyllum speciosum Blume〉ラン科。高さは3m。花は黄緑色。園芸植物。
グランマトフィルム・メジャーシアヌム 〈Grammatophyllum measuresianum Weathers〉ラン科。高さは2m。花は乳黄色。園芸植物。
グランマンギス・エリシー 〈Grammangis ellisii Rchb. f.〉ラン科。花は黄色。園芸植物。
クリ 栗 〈Castanea crenata Sieb. et Zucc.〉ブナ科の落葉高木。別名シバグリ、チョウセングリ。高さは17m。花は色。薬用植物。園芸植物。
クリ ブナ科の属総称。
クリア・クリスタル スミレ科のガーデン・パンジーの品種。園芸植物。
クリアンツス・フォルモスス 〈Clianthus formosus (G. Don) Ford et Vickery〉マメ科の常緑低木。高さは60〜120cm。花は鮮紅色。園芸植物。
クリアンツス・プニケウス 〈Clianthus puniceus (G. Don) Soland. ex Lindl.〉マメ科の常緑低木。高さは1〜2m。園芸植物。
クリイロイグチ 〈Gyroporus castaneus (Bull. : Fr.) Quél.〉イグチ科のキノコ。
クリイロイグチモドキ 〈Gyroporus longicystidiatus Nagasawa & Hongo ined.〉イグチ科のキノコ。中型。傘は褐色〜黄褐色、フェルト状。
クリイロカラカサタケ 〈Lepiota castanea Quél.〉ハラタケ科のキノコ。小型。傘は栗褐色の鱗片。ひだは白色。
クリイロシダレキノリ 〈Cornicularia satoana (Gyeln.) Asah.〉サルオガセ科の地衣類。樹皮生。
クリイロスゲ 〈Carex diandra〉カヤツリグサ科。
クリイロチャワンタケ 〈Peziza babia Pers. : Fr.〉チャワンタケ科のキノコ。
クリイロトゲキノリ 〈Cornicularia divergens Ach.〉サルオガセ科の地衣類。地衣体は濃い栗色。
クリイロムクエタケ 〈Macrocystidia cucumis (Pers. : Fr.) Joss.〉キシメジ科のキノコ。小型。傘は褐色で湿時条線。中心に突起。
クリヴィア・ノビリス 〈Clivia nobilis Lindl.〉ヒガンバナ科の常緑草。花は緋紅色。園芸植物。
クリヴィア・ミニアタ クンシランの別名。
クリオザサ 〈Sasaella masamuneana (Makino) Hatus. et Muroi〉イネ科の木本。

クリオソフィラ・ヴァルセヴィチー 〈*Cryosophila warscewiczii* (H. Wendl.) Bartlett〉ヤシ科。別名パナマハリネヤシ。高さは6〜12m。花はクリーム色。園芸植物。

クリカボチャ セイヨウカボチャの別名。

クリカワヤシャイグチ 〈*Austroboletus gracilis* (Peck) Wolfe〉オニイグチ科のキノコ。

グリキリザ・グラブラ カンゾウの別名。

グリキルリザ・インフラタ 〈*Glycyrrhiza inflata* Batal.〉マメ科の薬用植物。

クリゲノチャヒラタケ 〈*Crepidotus badiofloccosus* Imai〉チャヒラタケ科(フウセンタケ科)のキノコ。小型。傘は腎臓形〜半球形、褐色綿毛。

グリケリア・マクシマ 〈*Glyceria maxima* (Hartm.) Holmberg〉イネ科の多年草。高さは90cm。園芸植物。

クリサリドカルプス・カバダエ 〈*Chrysalidocarpus cabadae* H. E. Moore〉ヤシ科。高さは9m。園芸植物。

クリサリドカルプス・マダカスカリエンシス 〈*Chrysalidocarpus madagascariemsis* Becc.〉ヤシ科。高さは9m。園芸植物。

クリサリドカルプス・ルテスケンス アレカヤシの別名。

クリサンセマム 〈*Chrysanthemum* cvs〉キク科の総称。切り花に用いられる。

クリサンセマム・アルクティクム 〈*Chrysanthemum arcticum* L.〉キク科の草本。別名チシマコハマギク。高さは10〜50cm。花は白色。園芸植物。

クリサンセマム・アルピヌム 〈*Chrysanthemum alpinum* L.〉キク科。高山植物。

クリサンセマム・カタナンケ 〈*Chrysanthemum catananche* Ball〉キク科の多年草。

クリサンセマム・コロナリウム 〈*Chrysanthemum coronarium* L.〉キク科。

クリサンセマム・デンスム 〈*Chrysanthemum densum* (Labill.) Steud.〉キク科の草本。高さは40cm。花は黄色。園芸植物。

クリサンセマム・ハラディアニー 〈*Chrysanthemum haradjanii* Rech. f.〉キク科の草本。高さは60cm。花は黄色。園芸植物。

クリサンセマム・ムルチコーレ 〈*Chrysanthemum multicaule* Desf.〉キク科の草本。花は黄色。園芸植物。

クリサンテムム・インディクム アブラギクの別名。

クリサンテムム・ウルガレ ヨモギギクの別名。

クリサンテムム・オッキデンタリヤポネンセ ノジギクの別名。

クリサンテムム・カリナツム ハナワギクの別名。

クリサンテムム・キネラリーフォリウム ジョチュウギクの別名。

クリサンテムム・コッキネウム アカムシヨケギクの別名。

クリサンテムム・ザワーズキー イワギクの別名。

クリサンセマム・スペクタビレ 〈*Chrysanthemum* × *spectabile* (Lilja) Arvid Nilss.〉キク科の草本。花は白色。園芸植物。

クリサンテムム・セゲツム アラゲシュンギクの別名。

クリサンテムム・ニッポニクム ハマギクの別名。

クリサンテムム・パキフィクム イソギクの別名。

クリサンテムム・バーバンキー シャスター・デージーの別名。

クリサンテムム・パルテニウム ナツシロギクの別名。

クリサンセマム・パルドスム 〈*Chrysanthemum paludosum* Poir.〉キク科の草本。高さは15〜20cm。園芸植物。

クリサンテムム・マキノイ リュウノウギクの別名。

クリサンテムム・リネアレ ミコシギクの別名。

クリサンテムム・レウカンテムム フランスギクの別名。

グリス・アン・アーヘン 〈Gruss an Aachen〉バラ科。フロリバンダ・ローズ系。花はクリーム白色。

クリスタータ ワラビ科のオオバノイノモトソウの品種。園芸植物。

クリスタル ユキノシタ科のアジサイの品種。園芸植物。

クリスタル リュウゼツラン科のコルディリネの品種。園芸植物。

クリスチャン バラ科。花は濃いピンク。

クリスチャン・ディオール 〈Christian Dior〉バラ科のバラの品種。ハイブリッド・ティーローズ系。園芸植物。

クリスティア・ウェスペルティリオニス 〈*Christia vespertilionis* (L. f.) Bekh. f.〉マメ科の草本。別名ヒコウキソウ。高さは50〜90cm。花は白色。園芸植物。

クリスマスカクタス 〈*Schlumbergera* × *buckleyi* (T. Moore) Tjaden〉サボテン科のサボテン。茎は扁平な葉状。園芸植物。

クリスマス・チア ツツジ科のアセビの品種。園芸植物。

クリスマス・ビューティー ツバキ科のツバキの品種。

クリスマスブッシュ クノニア科。切り花に用いられる。

クリスマス・ベゴニア 〈*Begonia* × *cheimantha* T. H. Everett ex C. Web.〉シュウカイドウ科。別名ハナベゴニア、フユザキベゴニア。高さは30〜50cm。花は濃紅、桃、白など豊富色。園芸植物。

クリスマスベル サンダーソニア・アウランティアカの別名。

クリスマスランタン サンダーソニア・アウランティアカの別名。

クリスマスローズ 〈Helleborus niger L.〉キンポウゲ科の多年草。別名ヘレボラ、ヘレボルス、レテンローズ。花は白色。高山植物。薬用植物。園芸植物。切り花に用いられる。

クリスマスローズ キンポウゲ科の属総称。宿根草。別名ヘレボラス、ヘレボルス、レンテンローズ。

グリセリーニア・リットラリス 〈Griselinia littoralis Raoul〉ミズキ科。高さは15m。園芸植物。

グリセリーニア・ルキダ 〈Griselinia lucida G. Forst.〉ミズキ科。高さは2〜6m。園芸植物。

クリソゴヌム・ヴァージニアヌム 〈Chrysogonum virginianum L.〉キク科の多年草。高さは20cm。花は黄色。園芸植物。

クリソコマ・コマ-アウレア 〈Chrysocoma coma-aurea L.〉キク科の低木。高さは60cm。花は黄色。園芸植物。

クリソストム・アワーキング ラン科のパフィオペディルムの品種。園芸植物。

クリソスプレニウム・グリフィティ 〈Chrysosplenium griffithii Hook. fil. et Thomas.〉ユキノシタ科。高山植物。

クリンテミス・フリードリッヒスターリアナ 〈Chrysothemis friedrichsthaliana (Hanst.) H. E. Moore〉イワタバコ科。高さは30〜50cm。花は黄ないし橙黄色。園芸植物。

クリソテミス・プルケラ 〈Chrysothemis pulchella (J. Donn ex Sims) Decne.〉イワタバコ科。高さは30cm。花は黄色。園芸植物。

クリソバクトロン・ロシイ 〈Chrysobactron rossii Hook.〉ユリ科の多年草。

クリタケ 栗茸 〈Naematoloma sublateritium (Fr.) Karst.〉モエギタケ科のキノコ。別名ヤマドリタケ、アカキノコ、キジタケ。小型〜超大型。傘は明茶褐色、白色鱗片付着。ひだは黄白色。園芸植物。

クリダンツス・フラグランス 〈Chlidanthus fragrans Herb.〉ヒガンバナ科。葉長20〜30cm。花は黄色。園芸植物。

クリトストマ 〈Clytostoma callistegioides (Cham.) Bur.〉ノウゼンカズラ科のつる性木本。別名ハリミノウゼン。花は淡紫色。熱帯植物。園芸植物。

クリトムム・マリティムム 〈Crithmum maritimum L.〉セリ科の多年草。

クリトリア マメ科の属総称。

クリトリア・テルナテア チョウマメの別名。

クリナム ヒガンバナ科の属総称。球根植物。別名ハマユウ、ハマオモト。

グリーニヤ 〈Greenea corymbosa K. Schum.〉アカネ科の小木。葉は民間薬。花は黄(萼は緑色)色。熱帯植物。

クリヌム・アシアティクム 〈Crinum asiaticum L.〉ヒガンバナ科。高さは50〜80cm。花は白色。園芸植物。

クリヌム・アマビレ 〈Crinum amabile J. Donn〉ヒガンバナ科。高さは60〜90cm。花は紫赤色。園芸植物。

クリヌム・スカブラム 〈Crinum scabrum Herb.〉ヒガンバナ科の多年草。

クリヌム・ナタンス 〈Crinum natans Bak.〉ヒガンバナ科。花は白色。園芸植物。

クリヌム・パウエリー 〈Crinum × powellii hort. ex Bak.〉ヒガンバナ科。高さは60cm。花は淡緑色。園芸植物。

クリヌム・フラクシダム 〈Crinum flaccidum Herb.〉ヒガンバナ科の多年草。

クリヌム・ブルビスペルムム 〈Crinum bulbispermum (Burm. f.) Milne-Redh. et Schweick.〉ヒガンバナ科。高さは40〜60cm。花は白色。園芸植物。

クリヌム・ムーレイ 〈Crinum moorei Hook. f.〉ヒガンバナ科。花は淡桃色。園芸植物。

クリヌム・ラティフォリウム インドハマユウの別名。

クリノイガ 〈Cenchrus brownii Roem. et Schult〉イネ科の一年草。花序には密に総苞がつく。高さは25〜60cm。熱帯植物。

グリーノウィア・アウレア 〈Greenovia aurea (C. A. Sm. ex Hornem.) Webb et Berth.〉ベンケイソウ科の多年草。花は黄金色。園芸植物。

グリーノウィア・ドドランタリス 〈Greenovia dodrantalis (Willd.) Webb et Berth.〉ベンケイソウ科の多年草。別名笹の露、姫玉椿。花は黄色。園芸植物。

クリノスティグマ・カロリネンセ 〈Clinostigma carolinense (Becc.) H. E. Moore et Fosb.〉ヤシ科。別名カロリンヤシ、シマオトコヤシ。高さは12〜15m。園芸植物。

クリノスティグマ・セイヴァリアヌム ノヤシの別名。

クリノスティグマ・ポナペンセ 〈Clinostigma ponapense (Becc.) H. E. Moore et Fosb.〉ヤシ科。別名ポナペノヤシ。高さは20m。園芸植物。

クリノデンドロン・パタグア 〈Crinodendron patagua Mol.〉ホルトノキ科の常緑低木。葉長3〜7cm。花は白色。園芸植物。

クリノデンドロン・フッケリアヌム 〈Crinodendron hookerianum C. Gay〉ホルトノキ科の常緑低木。花は赤色。園芸植物。

クリノポデウム・ブルガレ 〈Clinopodium vulgare L.〉シソ科の多年草。

クリハラン 栗葉蘭 〈Neocheiropteris ensata (Thunb.) Ching〉ウラボシ科の常緑性シダ。別名ホシヒトツバ、ウラボシ。葉身は長さ25～40cm。広披針形。園芸植物。

クリビア クンシランの別名。

クリーピング・タイム シソ科のハーブ。別名セルピルムソウ、ヨウシュイブキジャコウソウ。切り花に用いられる。

クリフウセンタケ 〈Cortinarius tenuipes (Hongo) Hongo〉フウセンタケ科のキノコ。中型。傘は淡黄土褐色、湿時粘性。ひだは類白色→肉桂褐色。

クリプシー ヒノキ科のヒノキの品種。

クリプタンサス パイナップル科の属総称。別名ヒメアナナス、クリプ。園芸植物。

クリプタンサス・アカリウス ヒメアナナスの別名。

クリプタンサス・アコーリス・ルーベル パイナップル科。別名ムラサキヒメアナナス。園芸植物。

クリプタンサス・ゾナタス 〈Cryptanthus zonatus (Vis.) Beer〉パイナップル科の地生種。別名トラフヒメアナナス。葉長15～20cm。園芸植物。

クリプタンサス・バヒアヌス 〈Cryptanthus bahianus L. B. Sm.〉パイナップル科の地生種。葉長25cm。園芸植物。

クリプタンサス・ビビッタタス ビロードヒメアナナスの別名。

クリプタンサス・ブロメリオイデス 〈Cryptanthus bromelioides Otto et A. Dietr.〉パイナップル科の地生種。別名ナガバヒメアナナス。高さは20～30cm。園芸植物。

クリプタンサス・ブロメリオイデス・トリコロール パイナップル科。別名斑入ナガバヒメアナナス。園芸植物。

クリプタンサス・ベウケリー パイナップル科の地生種。別名ヘラハヒメアナナス。葉長8～13cm。園芸植物。

クリプタンサス・フォステリアヌス 〈Cryptanthus fosterianus L. B. Sm.〉パイナップル科の地生種。葉長20～30cm。園芸植物。

クリプトキルス・サングイネウス 〈Cryptochilus sanguineus Wall.〉ラン科。高さは15～20cm。花は血赤色。園芸植物。

クリプトコリネ・ウィリシー 〈Cryptocoryne willisii Engl. ex H. Baum〉サトイモ科の水生多年草。葉長9～12cm。園芸植物。

クリプトコリネ・キリアタ 〈Cryptocoryne ciliata (Roxb.) Fish. ex Schott〉サトイモ科の水生多年草。葉長15～40cm。園芸植物。

クリプトコリネ・ベケッティー 〈Cryptocoryne beckettii Thwaites ex Trimen〉サトイモ科の水生多年草。葉長8～15cm。園芸植物。

クリプトジョウゴゴケ 〈Cladonia cryptochlorophaea Asah.〉ハナゴケ科の地衣類。葉体の鱗片は小形。

クリプトスティリス・アラクニテス 〈Cryptostylis arachnites (Blume) Hassk.〉ラン科。高さは30～40cm。花は赤橙色。園芸植物。

クリプトステギア 〈Cryptostegia madagascariensis Boj.〉ガガイモ科の蔓木。樹皮の繊維はロープ用。花は淡紅紫色。熱帯植物。

クリプトステギア ガガイモ科の属総称。

クリプトステギア・グランディフロラ 〈Cryptostegia grandiflora (Roxb.) R. Br.〉ガガイモ科のつる性低木。花は淡赤紫色。園芸植物。

グリプトストロブス スギ科の属総称。

グリプトストロブス・ペンシリス 〈Glyptostrobus pensilis (D. Don) K. Koch〉スギ科の落葉小高木。別名スイショウ、ミズスギ。球果は倒卵形。園芸植物。

クリプトフォランツス・アトロプルプレウス 〈Cryptophoranthus atropurpureus (Lindl.) Rolfe〉ラン科。高さは5cm。花は暗紅、紫紅色。園芸植物。

クリプトプス・エラツス 〈Cryptopus elatus (Thouars) Lindl.〉ラン科。高さは50～80cm。花は乳白色。園芸植物。

クリプトモナス クリプトモナス科。

クリベ・ロセア 〈Crybe rosea Lindl.〉ラン科。花は紫赤色。園芸植物。

クリマキウム・ヤポニクム 〈Climacium japonicum S. Lindb.〉コウヤノマンネングサ科。別名コウヤノマンネングサ。園芸植物。

クリミヤ 〈Kurrimia paniculata Wall.〉ニシキギ科の中高木。葉は厚く、材は暗赤色で有用。熱帯植物。

クリムソン・ウェーブ サトイモ科のカラディウムの品種。園芸植物。

クリムソン・キング キンポウゲ科のクレマティスの品種。園芸植物。

クリムソン・キング マメ科のエニシダの品種。園芸植物。

クリムソン・グローリー 〈Crimson Glory〉バラ科。ハイブリッド・ティーローズ系。花は濃紅色。

クリムソンパレット バラ科。花は濃いダークレッド。

クリムノキ 〈Dysoxylum excelsum BL.〉センダン科の高木。熱帯植物。

クリヤマハハコ 〈Anaphalis sinica Hance var. viscosissima (Honda) Kitamura〉キク科。

グリーンアイル アヤメ科のグラジオラスの品種。切り花に用いられる。

グリーン・エンビー キク科のヒャクニチソウの品種。園芸植物。

グリーン・ゴールド　コショウ科のペペロミアの品種。園芸植物。

グリーンコーン　ヒノキ科のニオイヒバの品種。

クリンザクラ　プリムラ・ポリアンサの別名。

グリーンスケール　コバンソウの別名。

クリンソウ　九輪草　〈*Primula japonica* A. Gray〉サクラソウ科の多年草。高さは40〜80cm。花は紅紫色。薬用植物。園芸植物。

グリーンテッポウ　ユリ科。切り花に用いられる。

グリンデリア・チロエンシス　〈*Grindelia chiloensis* (Cornelissen) Cabr.〉キク科の多年草。高さは60cm。花は黄色。園芸植物。

グリンデリア・ラティフォリア　〈*Grindelia latifolia* Kellogg〉キク科の多年草。高さは60cm。花は黄土か橙黄色。園芸植物。

グリンデリア・ロブスタ　〈*Grindelia robusta* Nutt.〉キク科の多年草。高さは1.2m。花は濃黄色。園芸植物。

クリントニア・アンドルーシアナ　〈*Clintonia andrewsiana* Torr.〉ユリ科の多年草。高さは30〜60cm。花は深紅紫色。園芸植物。

クリントニア・ウデンシス　ツバメオモトの別名。

クリントニア・ユニフローラ　〈*Clintonia uniflora* Kunth〉ユリ科。高山植物。

グリーンネックレス　セネキオ・ブラシカの別名。

グリーンマジック　ナデシコ科のカーネーションの品種。草本。切り花に用いられる。

クリンユキフデ　九輪雪筆　〈*Bistorta suffulta* (Maxim.) Greene〉タデ科の多年草。高さは20〜40cm。高山植物。

グリーンローズ　〈*Rosa chinensis viridiflora*〉バラ科。別名青花。チャイナ・ローズ系。切り花に用いられる。

グルアール・ド・ギラン　〈Gloire de Guilan〉バラ科。ダマスク・ローズ系。花は明桃色。

グルーイア・オッキデンタリス　〈*Grewia occidentalis* L.〉シナノキ科の木本。花は淡藤、桃色。園芸植物。

グルーイア・カフラ　〈*Grewia caffra* Meissn.〉シナノキ科の木本。花は黄または桃色。園芸植物。

クルクマ　ショウガ科の属総称。球根植物。別名クィーンリリー、ヒドンリリー。切り花に用いられる。

クルクマ　ウコンの別名。

クルクマ・アロマティカ　キョウオウの別名。

クルクマ・ゼドアリア　ガジュツの別名。

クルクマ・ペティオラタ　〈*Curcuma petiolata* Roxb.〉ショウガ科の多年草。花は淡黄色。園芸植物。

クルクマ・ロスコエアナ　〈*Curcuma roscoeana* Wall.〉ショウガ科の多年草。

クルクマ・ロンガ　ウコンの別名。

クルクリゴ　オオバセンボウの別名。

クルクリゴ・カピツラタ　オオキンバイザサの別名。

グルグルヤシ　アクロコミア・クリスパの別名。

グルゴノキ　〈*Garcinia atroviridis* Griff.〉オトギリソウ科の小木。枝は垂下、葉厚く光沢、雌雄異花、萼は赤。熱帯植物。

クルシア　オトギリソウ科の属総称。

クルシア・ロセア　〈*Clusia rosea* Jacq.〉オトギリソウ科の観賞用小木。枝は垂下、気根を出す。花は桃色。熱帯植物。園芸植物。

クルシャ　クルシア・ロセアの別名。

グルソニア・ブラッティアナ　〈*Grusonia bradtiana* (T. Coult.) Britt. et Rose〉サボテン科のサボテン。別名白峰。径4〜7cm。花は輝黄色。園芸植物。

クルソンカナワラビ　〈*Arachniodes × minamitanii* Sa. Kurata〉オシダ科のシダ植物。

クルチダイフウシ　〈*Hydnocarpus kurzii* Warb.〉イイギリ科の小木。果実は径10cm、球形、褐毛、柱頭三岐。熱帯植物。

グルック　ユリ科のチューリップの品種。園芸植物。

クルティシー　サトイモ科のアグラオネマの品種。園芸植物。

クルマアザミ　車薊　〈*Cirsium tanakae* (Franch. et Savat.) Matsum. f. *obvallatum* (Nakai) Makino〉キク科。

クルマギク　〈*Aster tenuipes* Makino〉キク科の草本。

クルマザキボタン　車咲き牡丹　ヒルガオ科のアサガオの品種。園芸植物。

クルマシダ　車羊歯　〈*Asplenium wrightii* Eaton var. *wrightii*〉チャセンシダ科の常緑性シダ。別名クリュウシダ。葉身は長さ30〜80cm。広披針形。

クルマバアカネ　〈*Rubia cordifolia* L. var. *pratensis* Maxim.〉アカネ科の草本。

クルマバサイコ　〈*Bupleurum fontanesii* Guss. ex Caruel〉セリ科の一年草。別名チゴサイコ。葉は線形で鎌状。

クルマバザクロソウ　〈*Mollugo verticillata* L.〉ツルナ科の一年草。高さは10〜20cm。花は白色。

クルマバジョウザン　車葉常山　クレロデンドルム・インディクムの別名。

クルマバソウ　車葉草　〈*Asperula odorata* L.〉アカネ科のハーブ。別名レディスベッドストロウ。高さ25〜40cm。

クルマバツクバネソウ　車葉衝羽根草　〈*Paris verticillata* M. Bieb.〉ユリ科の多年草。高さは50〜90cm。花は緑色。高山植物。薬用植物。園芸植物。

クルマバナ 車花 〈*Clinopodium chinense* (Benth.) O. Kuntze var. *parviflorum* (Kudo) Hara〉シソ科の多年草。高さは20〜80cm。

クルマバハグマ 〈*Pertya rigidula* (Miq.) Makino〉キク科の多年草。高さは50〜80cm。

クルマバヒメハギ 〈*Polygala verticillata* L.〉ヒメハギ科。葉は茎の下部から中央部までは輪生。

クルマバモウセンゴケ ドロセラ・バーマニーの別名。

クルマムグラ 〈*Galium trifloriforme* Komarov var. *nipponicum* (Makino) Nakai〉アカネ科の多年草。高さは15〜50cm。

ク クルマユリ 車百合 〈*Lilium medeoloides* A. Gray〉ユリ科の多肉植物。別名カサユリ、コメユリ。高さは70〜100cm。花は朱赤色。高山植物。園芸植物。

クルミ クルミ科の属総称。

クルミ科 科名。

クルミタケ 〈*Hydnotrya tulasnei* Berk. & Br.〉セイヨウショウロタケ科(ジマタケ科)のキノコ。小型。子嚢果は表面には凸凹あり、暗赤褐色。

クルメケイトウ 久留米鶏頭 ヒユ科。園芸植物。

クルメツツジ 久留米躑躅 〈*Rhododendron obtusum* Planch.〉ツツジ科の園芸品種群。木本。園芸植物。

グルワール・ド・ディジョン 〈Gloire de Dijon〉バラ科。ティー・ローズ系。花はくすんだアプリコット色。

グルワール・ド・ドゥシェール 〈Gloire Ducher〉バラ科。濃紅。

グルワール・ド・フランス 〈Gloire de France〉バラ科。ガリカ・ローズ系。

クレアー・ローズ 〈Claire Rose〉バラ科。イングリッシュローズ系。花は薔薇色。

グレイア・ステルランディ 〈*Greyia sutherlandii* Hook. et Harv.〉メリアンツス科の小高木。

クレイエラ・ヤポニカ・ワリキアーナ 〈*Cleyera japonica* Thunb. var. *wallichiana* Sealy〉ツバキ科。別名サカキ。高山植物。

グレイオウル ヒノキ科のエンピツビャクシンの品種。

グレイギア・スファケラタ 〈*Greigia sphacelata* (Ruiz et Pav.) Regel〉パイナップル科。高さは1〜2m。園芸植物。

グレイシャー ウコギ科のヘデラの品種。園芸植物。切り花に用いられる。

グレイジョウゴゴケ 〈*Cladonia grayi* Merr. ex Sandst.〉ハナゴケ科の地衣類。

クレイステス・ディヴァリカタ 〈*Cleistes divaricata* (L.) Ames〉ラン科。花は桃赤から白色。園芸植物。

クレイストカクツス・アングイネウス 〈*Cleistocactus anguineus* (Gürke) Britt. et Rose〉サボテン科のサボテン。別名蛇形柱。花はオレンジ色。園芸植物。

クレイストカクツス・シュトラウシー 〈*Cleistocactus straussii* (Heese) Backeb.〉サボテン科のサボテン。別名吹雪柱。高さは1m。花は赤色。園芸植物。

クレイストカクツス・ヒアラカンツス 〈*Cleistocactus hyalacanthus* (K. Schum.) Rol.-Goss.〉サボテン科のサボテン。別名白閃。高さは1〜1.5m。花は明るい赤色。園芸植物。

クレイストカクツス・フフイエンシス 〈*Cleistocactus jujuyensis* (Backeb.) Backeb.〉サボテン科のサボテン。別名優吹雪。高さは1m。花は明るい赤色。園芸植物。

クレイソケントロン・トリクロムム 〈*Cleisocentron trichromum* (Rchb. f.) Brühl〉ラン科。花は淡褐色。園芸植物。

クレイソストマ・スコロペンドリフォリウム ムカデランの別名。

クレイソストマ・ラケミフェルム 〈*Cleisostoma racemiferum* (Lindl.) Garay〉ラン科。葉は革質。園芸植物。

クレイソメリア・ラナツム 〈*Cleisomeria lanatum* (Lindl.) Lindl. ex G. Don〉ラン科。花は濃褐色。園芸植物。

クレイトニア・アルクティカ 〈*Claytonia arctica* Adams〉スベリヒユ科の多年草。

クレイトニア・ヴァージニカ 〈*Claytonia virginica* L.〉スベリヒユ科の草本。花は白色。園芸植物。

クレイトニア・ランセオラータ 〈*Claytonia lanceolata* Pursh〉スベリヒユ科。高山植物。

クレイマーズ・シュプリーム ツバキ科のツバキの品種。

グレヴィレア ハゴロモノキの別名。

グレヴィレア・アカンティフォリア 〈*Grevillea acanthifolia* A. Cunn.〉ヤマモガシ科の木本。高さは3m。花は赤色。園芸植物。

グレヴィレア・アルピナ 〈*Grevillea alpina* Lindl.〉ヤマモガシ科の常緑低木。高さは60cm。花は黄ないし黄赤色。園芸植物。

グレヴィレア・ゴーディショーディー 〈*Grevillea × gaudichaudii* R. Br.〉ヤマモガシ科の木本。花は赤色。園芸植物。

グレヴィレア・トリネルウィス 〈*Grevillea trinervis* R. Br.〉ヤマモガシ科の木本。高さは50cm。花はアンズ色。園芸植物。

グレヴィレア・バウエリ 〈*Grevillea baueri* R. Br.〉ヤマモガシ科の木本。高さは1.5m。花は黄色。園芸植物。

グレヴィレア・バンクシー 〈*Grevillea banksii* R. Br.〉ヤマモガシ科の木本。高さは5〜9m。花は白あるいは赤色。園芸植物。

グレヴィレア・ビテルナタ 〈*Grevillea biternata* Meissn.〉ヤマモガシ科の木本。高さは1.2m。花は白色。園芸植物。

グレヴィレア・フッケリアナ 〈*Grevillea hookeriana* Meissn.〉ヤマモガシ科の木本。高さは3m。花は赤色。園芸植物。

グレヴィレア・フロリブンダ 〈*Grevillea floribunda* R. Br.〉ヤマモガシ科の木本。高さは1.5m。園芸植物。

グレヴィレア・ユニペリナ 〈*Grevillea juniperina* R. Br.〉ヤマモガシ科の木本。高さは2m。花は黄緑ないし赤色。園芸植物。

グレヴィレア・ラヴァンドゥラケア 〈*Grevillea lavandulacea* Schlechtend.〉ヤマモガシ科の木本。高さは1m。花は白ないし輝桃色。園芸植物。

グレヴィレア・ロスマリニフォリア モモイロハゴロモノキの別名。

グレヴィレア・ロブスタ ハゴロモノキの別名。

クレオメ フウチョウソウ科の属総称。別名スイチョウカ(酔蝶花)、セイヨウフウチョウソウ(西洋風蝶草)。

クレオメ・アングスティフォリア 〈*Cleome angustifolia* A. Rich.〉フウチョウソウ科の一年草。

クレオメ・グラウェオレンス ミツバフウチョウソウの別名。

クレオメ・ハスレリアナ セイヨウフウチョウソウの別名。

グレコマ・ヘデラケア 〈*Glechoma hederacea* L.〉シソ科の多年草。高さは5～25cm。園芸植物。

グレゴリーメンデル イワタバコ科のグロクシニアの品種。園芸植物。

クレシィダ 〈Cressida〉バラ科。イングリッシュローズ系。花はアプリコットピンク。

クレス 茎葉に辛味のある野菜の総称。園芸植物。

グレース 〈Grace〉バラ科。

クレストウッド・リンダ ユリ科のヘメロカリスの品種。園芸植物。

グレースランド 〈Graceland〉バラ科。ハイブリッド・ティーローズ系。花は澄んだ黄色。

クレソン オランダガラシの別名。

グレディチア・トリアカントス アメリカサイカチの別名。

グレディチア・ヤポニカ サイカチの別名。

グレート・ウエスターン 〈Great Westerm〉バラ科。花は紫色味がかったレッドピンク。

グレート・メイデンス・ブラッシュ 〈Great Maiden's Blush〉バラ科。アルバ・ローズ系。花は白色。

クレトラ・アルニフォリア アメリカリョウブの別名。

クレトラ・アルボレア 〈*Clethra arborea* Ait.〉リョウブ科の木本。高さは6～8m。花は白色。園芸植物。

クレトラ・バルビネルウィス リョウブの別名。

クレナイロケア ロケアの別名。

クレノユキ 暮の雪 ツツジ科のツツジの品種。園芸植物。

クレピス キク科の属総称。

クレピス・カピラリス 〈*Crepis capillaris* Wallr.〉キク科の一年草または多年草。

クレピス・ルブラ センボンタンポポの別名。

グレビレア ヤマモガシ科の属総称。

グレビレア・プニセア 〈*Grevillea punicea* R. Br.〉ヤマモガシ科の常緑低木。

グレープ・アイビー ブドウ科。園芸植物。

グレープフルーツ 〈*Citrus* × *paradisi* Macfad.〉ミカン科のハーブ。果皮は黄白色と赤みを帯びたものとある。園芸植物。

クレマストラ・アッペンディクラタ サイハイランの別名。

クレマストラ・ウングイクラタ トケンランの別名。

クレマティス 〈*Clematis hybrida* Hort.〉キンポウゲ科。園芸植物。

クレマティス キンポウゲ科の属総称。宿根草。別名ボタンヅル、テッセン、カザグルマ。切り花に用いられる。

クレマティス・アピーフォリア ボタンヅルの別名。

クレマティス・アルピナ 〈*Clematis alpina* (L.) Mill.〉キンポウゲ科。花は空色。高山植物。園芸植物。

クレマティス・アルマンディー 〈*Clematis armandii* Franch.〉キンポウゲ科の薬用植物。葉は常緑。園芸植物。

クレマティス・インテグリフォリア 〈*Clematis integrifolia* L.〉キンポウゲ科。花は紫色。園芸植物。

クレマティス・ウィオルナ 〈*Clematis viorna* L.〉キンポウゲ科。花は暗紫色。園芸植物。

クレマティス・ウィタルバ 〈*Clematis vitalba* L.〉キンポウゲ科のつる性多年草。葉は羽状複葉。高山植物。園芸植物。

クレマティス・ウィティケラ 〈*Clematis viticella* L.〉キンポウゲ科。花は青または紫色。園芸植物。

クレマティス・ウィリアムシー シロバナハンショウヅルの別名。

クレマティス・ウェドラリエンシス 〈*Clematis* × *vedrariensis* hort.〉キンポウゲ科。花は桃色。園芸植物。

クレマティス・オコテンシス ミヤマハンショウヅルの別名。

クレマティ

クレマティス・オリエンタリス 〈*Clematis orientalis* L.〉キンポウゲ科のつる性多年草。花は黄色。園芸植物。

クレマティス・クリスパ 〈*Clematis crispa* L.〉キンポウゲ科。葉は羽状複葉。園芸植物。

クレマティス・クリソコマ 〈*Clematis chrysocoma* Franch.〉キンポウゲ科。花は白または淡桃色。園芸植物。

クレマティス・コロンビアーナ 〈*Clematis columbiana* T & G.〉キンポウゲ科。高山植物。

クレマティス・シビリカ 〈*Clematis sibirica* (L.) Mill.〉キンポウゲ科。花は白ないし黄白色。園芸植物。

クレマティス・ジャックマニー 〈*Clematis* × *jackmanii* T. Moore〉キンポウゲ科。花は濃紫紅色。園芸植物。

クレマティス・ジューアニアナ 〈*Clematis* × *jouiniana* C. K. Schneid.〉キンポウゲ科。花は黄白色。園芸植物。

クレマティス・スタンス クサボタンの別名。

クレマティス・セラティフォリア オオワクノテの別名。

クレマティス・タングティカ 〈*Clematis tangutica* (Maxim.) Korsh.〉キンポウゲ科。花は黄色。園芸植物。

クレマティス・テクセンシス 〈*Clematis texensis* Buckl.〉キンポウゲ科。花は赤色。園芸植物。

クレマティス・デュランディー 〈*Clematis* × *durandii* O. Kuntze〉キンポウゲ科。高さは2m。園芸植物。

クレマティス・テルニフロラ センニンソウの別名。

クレマティス・トサエンシス トリガタハンショウヅルの別名。

クレマティス・パテンス カザグルマの別名。

クレマティス・バレアリカ 〈*Clematis balearica* L. Rich.〉キンポウゲ科。花は黄緑色。園芸植物。

クレマティス・フスカ クロバナハンショウヅルの別名。

クレマティス・プベスケンス 〈*Clematis pubescens* Benth.〉キンポウゲ科。花は白色。園芸植物。

クレマティス・プラティセパラ 〈*Clematis platysepala* (Trautv. et C. A. Mey.) Hand.-Mazz.〉キンポウゲ科。花は淡紫色。園芸植物。

クレマティス・フランムラ 〈*Clematis flammula* L.〉キンポウゲ科。葉は2回羽状複葉。園芸植物。

クレマティス・フロリダ テッセンの別名。

クレマティス・ヘラクレイフォリア 〈*Clematis heracleifolia* DC.〉キンポウゲ科。萼片は上部で広がる。園芸植物。

クレマティス・マクロペタラ 〈*Clematis macropetala* Ledeb.〉キンポウゲ科。花は青紫色。園芸植物。

クレマティス・ミクロフィーラ 〈*Clematis microphylla* DC.〉キンポウゲ科のつる植物。

クレマティス・ヤポニカ ハンショウヅルの別名。

クレマティス・ラシアンドラ タカネハンショウヅルの別名。

クレマティス・ラヌギノサ 〈*Clematis lanuginosa* Lindl.〉キンポウゲ科。花は淡紫色。園芸植物。

クレマティス・ラヌンクロイデス 〈*Clematis ranunculoides* Franch.〉キンポウゲ科。花は淡紅紫色。園芸植物。

クレマティス・レクタ 〈*Clematis recta* L.〉キンポウゲ科。葉は1回羽状複葉。園芸植物。

クレマティス・レーデリアナ 〈*Clematis rehderiana* Craib〉キンポウゲ科。花は淡黄色。園芸植物。

クレマティス・ロイレイ 〈*Clematis roylei* Rehd.〉キンポウゲ科。花は帯黄色。園芸植物。

クレマトプシス・ウヘヘンシス 〈*Clematopsis uhehensis* Staner et Léonard〉キンポウゲ科の多年草。

クレメンタイン バラ科。花はオレンジ色。

クレメンタイン キク科のガーベラの品種。園芸植物。

クレルモンティア・アルボレセンス 〈*Clermontia arborescens* Hillebrandt〉キキョウ科の低木。

クレルモンティア・パルビフローラ 〈*Clermontia parviflora* Gaudich. ex A. Gray〉キキョウ科の低木。

クレロデンドルム クマツヅラ科の属総称。別名クサギ、クレロデンドロン。

クレロデンドルム・インディクム 〈*Clerodendrum indicum* (L.) O. Kuntze〉クマツヅラ科の木本。別名クルマバジョウザン。高さは60〜120cm。花は白色。園芸植物。

クレロデンドルム・ウォリキー クラリンドウの別名。

クレロデンドルム・ウガンデンセ 〈*Clerodendrum ugandense* Prain〉クマツヅラ科の木本。高さは1〜3m。花は淡紫色。園芸植物。

クレロデンドルム・ウンベラツム 〈*Clerodendrum umbellatum* Poir.〉クマツヅラ科の木本。花は白色。園芸植物。

クレロデンドルム・カピタツム 〈*Clerodendrum capitatum* Schum. et Thou.〉クマツヅラ科の木本。花は白色。園芸植物。

クレロデンドルム・スプレンデンス 〈*Clerodendrum splendens* G. Don〉クマツヅラ科のつる性低木。葉長8〜15cm。花は深紅色。園芸植物。

クレロデンドルム・スペキオシッシムム　ジャワヒギリの別名。

クレロデンドルム・スペキオスム　〈*Clerodendrum × speciosum* Dombr.〉クマツヅラ科の木本。別名ベニゲンペイカズラ。花は淡紅色。園芸植物。

クレロデンドルム・トムソニアエ　ゲンペイクサギの別名。

クレロデンドルム・トリコトムム　クサギの別名。

クレロデンドルム・ネリーフォリウム　イボタクサギの別名。

クレロデンドルム・パニクラツム　カクバヒギリの別名。

クレロデンドルム・フラグランス　〈*Clerodendrum fragrans* (Venten.) R. Br.〉クマツヅラ科の木本。高さは1〜2m。園芸植物。

クレロデンドルム・ブンゲイ　ボタンクサギの別名。

クレロデンドルム・ホルチュナルム　クマツヅラ科の薬用植物。

クレロデンドルム・マクロシフォン　〈*Clerodendrum macrosiphon* Hook. f.〉クマツヅラ科の木本。花は純白色。園芸植物。

クレロデンドルム・ヤポニクム　ヒギリの別名。

グレーンスゲ　〈*Carex parciflora* Boott var. *parciflora*〉カヤツリグサ科。

クロアオヤスデゴケ　〈*Frullania pedicellata* Steph.〉ヤスデゴケ科のコケ。赤褐色、茎は長さ2〜4cm。

クロアカゴケ　〈*Mycoblastus japonicus* Müll. Arg.〉ヘリトリゴケ科の地衣類。地衣体は灰白。

クロアカゴケモドキ　〈*Mycoblastus sanguinarius* (L.) Th. Fr.〉ヘリトリゴケ科の地衣類。地衣体はやや顆粒状。

クロアザアワタケ　〈*Xerocomus nigromaculatus* Hongo〉イグチ科のキノコ。小型〜中型。傘は黄褐色〜褐色、肉は青変、赤変→黒変。

クロアザミ　〈*Centaurea nigra* Willd.〉キク科の多年草。

クロアシゲジゲジゴケ　〈*Anaptychia japonica* (Sato) Kurok.〉ムカデゴケ科の地衣類。地衣体は腹面白色。

クロアシボソノボリリュウタケ　〈*Helvella atra* Koenig: Fr.〉ノボリリュウタケ科のキノコ。小型。頭部は不規則鞍形、黒灰色。

クロアブラガヤ　〈*Scirpus sylvaticus* L. var. *Maximowiczii* Regel〉カヤツリグサ科の多年草。別名ヤマアブラガヤ。高さは80〜120cm。

クロアワタケ　〈*Boletus griseus* Frost〉イグチ科のキノコ。

クロアンテス・パルビフローラ　〈*Chloanthes parviflora* Walp.〉クマツヅラ科の多年草。

クロイグチ　〈*Tylopilus porphyrosporus* (Fr.) A. H. Smith et Thiers〉イグチ科のキノコ。

クロイゲ　〈*Sageretia theezans* (L.) Brongn.〉クロウメモドキ科の常緑低木。

クロイシヒツジゴケ　〈*Brachythecium kuroishicum* Besch.〉アオギヌゴケ科のコケ。茎は這い、枝は長さ1〜1.5cm、葉身部は卵形。

クロイチゴ　黒苺　〈*Rubus mesogaeus* Focke〉バラ科の落葉低木。

クロイトグサ　〈*Polysiphonia fragilis* Suringar〉フジマツモ科の海藻。生時暗褐色。体は5〜7cm。

クロイドン・セレネ　キク科のダリアの品種。園芸植物。

クロイヌノヒゲ　黒犬の髭　〈*Eriocaulon atrum* Nakai〉ホシクサ科の草本。

クロイヌノヒゲモドキ　〈*Eriocaulon atroides* Satake〉ホシクサ科の草本。

クロイボゴケ　〈*Lecanora atra* (Huds.) Ach.〉チャシブゴケ科の地衣類。地衣体は痂状。

クロイボモドキ　〈*Lecanora atra* var. *americana* Vain.〉チャシブゴケ科の地衣類。子嚢上層が紫黒色または紫褐色。

クロイワザサ　〈*Thuarea involuta* (G. Forst.) R. Br.〉イネ科。

クロウエア・サリグナ　〈*Crowea saligna* Andr.〉ミカン科の常緑低木。

クロウスゴ　黒臼子　〈*Vaccinium ovalifolium* Smith〉ツツジ科の落葉低木。別名エゾクロウスゴ。高山植物。

クロウメモドキ　黒梅擬　〈*Rhamnus japonica* Maxim.〉クロウメモドキ科の落葉低木。別名コバノクロウメモドキ。高さは2〜6m。薬用植物。園芸植物。

クロウメモドキ科　科名。

クロウラカワイワタケ　〈*Dermatocarpon moulinsii* (Mont.) Zahlbr.〉アナイボゴケ科の地衣類。別名イワタケモドキ。地衣体は腹面黒色。

クロウロコゴケ　〈*Lopholejeunea nigricans* (Lindenb.) Schiffn.〉クサリゴケ科のコケ。茎は長さ1〜3cm。

クロガシワ　〈*Quercus velutina*〉ブナ科の木本。樹高30m。樹皮は暗褐色。園芸植物。

クロガネイチジク　〈*Ficus vasculosa* Wall.〉クワ科の小木。葉はクロガネモチに似る。熱帯植物。

クロガネシダ　黒鉄羊歯　〈*Asplenium coenobiale* Hance〉チャセンシダ科の常緑性シダ。別名ホウオウシダ。葉身は長さ4〜8cm。狭三角形。

クロガネシダモドキ　〈× *Asplenium tosaense* (Kurata) Nakaike〉チャセンシダ科のシダ植物。

クロガネモチ　黒鉄黐　〈*Ilex rotunda* Thunb. ex Murray〉モチノキ科の常緑高木。別名フクラシバ、フクラモチ。高さは15m。花は淡紫色。園芸植物。

クロカネヤ

クロガネヤシ アストロカリウム・アクレアツムの別名。

クロカミラン 黒髪蘭 〈*Ponerorchis kurokamiana* (Ohwi et Hatus.) F. Maek.〉ラン科。園芸植物。日本絶滅危機植物。

クロガヤ 〈*Gahnia tristis* Nees ex Hook. et Arn.〉カヤツリグサ科。

クロガラシ カラシの別名。

クロカワ 黒皮 〈*Boletopsis leucomelaena* (Pers.) Fayod〉イボタケ科(クロカワ科)のキノコ。別名ウシビタイ、ナベタケ、ロウジ。中型～大型。傘は灰色～黒色、微毛。

クロカワキノリ 〈*Leptogium trichophorum* Müll. Arg.〉イワノリ科の地衣類。地衣体背面は帯黒または暗藍。

クロカワゴケ 〈*Fontinalis antipyretica* Hedw.〉カワゴケ科のコケ。大形で茎は長く、葉は卵形。

クロカワサルオガセ 〈*Usnea kurokawae* Asah.〉サルオガセ科の地衣類。ソラリアが微小。

クロカワスズゲ 〈*Carex arenicola* Fr. Schm.〉カヤツリグサ科の多年草。高さは10～40cm。

クロカンバ 黒樺 〈*Rhamnus costata* Maxim.〉クロウメモドキ科の落葉高木。葉は楕円形。高山植物。園芸植物。

クロキ 黒木 〈*Symplocos lucida* Sieb. et Zucc.〉ハイノキ科の常緑高木。果実は長楕円形。園芸植物。

クロキヅタ 〈*Caulerpa scalpelliformis* (Turner) C. Agardh var. *scalpelliformis*〉イワヅタ科の海藻。匍枝は円柱状。体は15cm。

クロキナデシコ ナデシコ科。別名カラスナデシコ。園芸植物。

グロクシニア イワタバコ科の属総称。球根植物。別名バイオレットスリッパ。

グロクシニア・ギムノストマ 〈*Gloxinia gymnostoma* Griseb.〉イワタバコ科の多年草。高さは30～60cm。花は緋赤色。園芸植物。

グロクシニア・シルヴァティカ 〈*Gloxinia sylvatica* (H. B. K.) Wiehl.〉イワタバコ科の多年草。高さは30～50cm。花は橙赤色。園芸植物。

グロクシニア・ネマタントデス 〈*Gloxinia nematanthodes* (O. Kuntze) Wiehl.〉イワタバコ科の多年草。高さは20～30cm。花は鮮橙色。園芸植物。

グロクシニア・ペレンニス 〈*Gloxinia perennis* (L.) Fritsch〉イワタバコ科の多年草。高さは50～70cm。花は淡青紫色。園芸植物。

グロクシニア・リンデニアナ 〈*Gloxinia lindeniana* (Regel) Fritsch〉イワタバコ科の多年草。高さは30cm。花は白色。園芸植物。

グロクス・マリティマ 〈*Glaux maritima* L.〉サクラソウ科の多年草。

クロクモソウ 黒雲草 〈*Saxifraga fusca* Maxim. var. *kikubuki* Ohwi〉ユキノシタ科の多年草。別名キクブキ。高さは10～30cm。高山植物。

クロクルミ 黒胡桃 〈*Juglans nigra* L.〉クルミ科の木本。別名ニグラクルミ、ブラックウォルナット。高さは45m。樹皮は濃灰褐色ないし帯黒色。園芸植物。

クログワイ 黒慈姑 〈*Eleocharis kuroguwai* Ohwi〉カヤツリグサ科の多年生の抽水植物。別名クワイヅル、イゴ、ゴヤ。桿は高さ25～90cm、円筒形で暗緑色、両性花。熱帯植物。

クロゲナラタケ 〈*Armillaria cepistipes* Velen.〉キシメジ科のキノコ。小型～中型。傘は帯紅褐色、繊維状黒褐色鱗片。ひだは淡褐白色。

クロゲパンゴケ 〈*Peltula japonica* (Asah.) Yoshim.〉ヘッブゴケ科の地衣類。地衣体背面は黒または黒褐色。

クロゲンジミタケ 〈*Resupinatus trichotis* (Pers.) Sing.〉キシメジ科のキノコ。超小型。傘は灰色貝殻形～扇形で無柄、基部黒色毛あり。

クロコウガイゼキショウ 黒笄石菖 〈*Juncus triceps* Rostkov.〉イグサ科の草本。高山植物。

クロゴケ 黒苔 〈*Andreaea rupestris* Hedw.〉クロゴケ科のコケ。別名タカネクロゴケ。黒赤色、茎は高さ1～2cm。

クロコゴケ 〈*Luisierella barbula* (Schwägr.) Steere〉センボンゴケ科のコケ。非常に小形、長さ1～1.5mm、葉は舌状。

クロコスミア・アウレア ヒオウギズイセンの別名。

クロコスミア・クロコスミーフロラ ヒメヒオウギズイセンの別名。

クロコスミア・ポッツィー 〈*Crocosmia pottsii* (Bak.) N. E. Br.〉アヤメ科。高さは75～120cm。花は橙黄色。園芸植物。

クロコスミア・メイソニオルム 〈*Crocosmia masoniorum* (L. N. E. Bolus) Br.〉アヤメ科。花は鮮緋紅色。園芸植物。

クロコバン 黒小判 コンソレア・ルベスケンスの別名。

クロコブタケ 〈*Hypoxylon truncatum* (Schw. : Fr.) Miller〉クロサイワイタケ科のキノコ。小型。子実体は半球形、表面はキイチゴの果実様。

クロコボシゴケ 〈*Megalospora marginiflexa* (Tayl.) Zahlbr.〉ヘリトリゴケ科の地衣類。地衣体は灰白、淡黄。

グロー・コールマン ブドウ科のブドウ(葡萄)の品種。別名コールマン。果皮は紫黒色。

クロサカズキシメジ 〈*Pseudoclitocybe cyathiformis* (Bull. : Fr.) Sing.〉キシメジ科のキノコ。小型～中型。傘は漏斗形、湿時焦茶色。ひだは灰褐色。

クロサビゴケ 〈*Placynthium nigrum* (Huds.) Gray〉クロサビゴケ科の地衣類。地衣体は黒色。

クロサルノコシカケ 〈*Famitopsis nigra* (Berk.) Imaz.〉タコウキン科のキノコ。

クロシオグサ 〈*Cladophora rugulosa* Martens〉シオグサ科の海藻。茎の基部に環状のくびれ。体は5～8cm。

クロシオメ 〈*Hedophyllum kuroshioense* Segawa〉コンブ科の海藻。初め倒卵形、傾臥している。

クロシキブ 〈*Callicarpa cana* L.〉クマツヅラ科の低木。果実は紫黒色、葉裏白毛。花は内面紫色。熱帯植物。

クロジクビジンショウ バショウ科。園芸植物。

クロシワオキナタケ 〈*Bolbitius reticulatus* (Pers. : Fr.) Ricken〉オキナタケ科のキノコ。小型～中型。傘は黒紫色放射状のしわ、強粘性。ひだは淡紅色～さび色。

クロシンジュ 黒真珠 〈Kuroshinju, Black Pearl〉バラ科。ハイブリッド・ティーローズ系。花は黒赤色。

クロスグリ リベス・ニグルムの別名。

クロスゲ ホロムイスゲの別名。

クロスサンドラ クロッサンドラの別名。

クロスジタヌキマメ 〈*Crotalaria anagyroides* H. B. & K.〉マメ科の草本。花は黄色。熱帯植物。

クロヅル 〈*Tripteygium regelii* Sprague et Takeda〉ニシキギ科の落葉つる植物。別名アカネカズラ、ギョウジャカズラ、ベニヅル。高山植物。

クロンゾ 〈*Laurencia intermedia* Yamada〉フジマツモ科の海藻。叢生。体は5～20cm。

クロソヨゴ 牛樺 〈*Ilex sugerokii* Maxim. var. *sugerokii*〉モチノキ科の常緑低木。別名ウシカバ。高さは2～5m。花は白色。園芸植物。

クロダ バラ科のウメの品種。

クロタキカズラ 黒滝葛 〈*Hosiea japonica* (Makino) Makino〉クロタキカズラ科の落葉つる植物。

クロダケトコブシゴケ 〈*Asahinea kurodakensis* (Asah.) W. Culb. & C. Culb.〉ウメノキゴケ科の地衣類。地衣体は径3～14cm。

クロダネカボチャ 〈*Cucurbita ficifolia* Bouché〉ウリ科の野菜。果実は短楕円または球形。花は黄色。園芸植物。

クロタネソウ 黒種子草 〈*Nigella damascena* L.〉キンポウゲ科の一年草。別名フェンネルフラワー、ラブインナミスト。高さは60～80cm。花は青または白色。薬用植物。園芸植物。切り花に用いられる。

クロタマガヤツリ 〈*Fuirena ciliaris* (L.) Roxb.〉カヤツリグサ科の草本。

クロタマゴテングタケ 〈*Amanita fuliginea* Hongo〉テングタケ科のキノコ。中型。ひだは暗褐色～黒色、繊維状。

クロタマノキ 〈*Psychotria angulata* Korth.〉アカネ科の低木。果実は黒色。熱帯植物。

クロタラリア コガネタヌキマメの別名。

クロタラリア・アガティフローラ 〈*Crotalaria agatiflora* Schwein.〉マメ科の低木。

クロタラリア・アラタ ヤハズマメの別名。

クロタラリア・ウェルコサ オオバタヌキマメの別名。

クロタラリア・カニンガミー 〈*Crotalaria cunninghamii* R. Br.〉マメ科。高さは0.6～2.5m。花は緑黄色。園芸植物。

クロタラリア・カペンシス 〈*Crotalaria capensis* Jacq.〉マメ科。高さは1.5m。花は鮮黄色。園芸植物。

クロタラリア・グレイヴェイ 〈*Crotalaria grevei* Drake〉マメ科。花は朱紅色。園芸植物。

クロタラリア・ザンジバリカ 〈*Crotalaria zanzibarica* Benth.〉マメ科。花は黄色。園芸植物。

クロタラリア・ユンケア サンヘンプの別名。

クロチク 黒竹 〈*Phyllostachys nigra* (Lodd.) Munro var. *nigra*〉イネ科の常緑中型竹。別名シチク。園芸植物。

クロチチタケ 〈*Lactarius lignyotus* Fr.〉ベニタケ科のキノコ。小型～中型。傘は黒褐色、放射状のしわ、ビロード状。ひだは白色。

クロチチダマシ 〈*Lactarius gerardii* Peck〉ベニタケ科のキノコ。小型～中型。傘は暗黒褐色、放射状のしわ。ひだは縁部は黒く縁どられる。

クロチャワンタケ 〈*Pseudoplectania nigrella* (Pers.) Funckel〉クロチャワンタケ科のキノコ。

クロッカス アヤメ科のサフラン属球根植物。球根植物。別名ハナサフラン。園芸植物。

クロッカス・アルビフロルス 〈*Crocus albiflorus* Kit〉アヤメ科。高山植物。

クロッカス・アンキレンシス 〈*Crocus ancyrensis* (Herb.) Maw〉アヤメ科。花は黄色。園芸植物。

クロッカス・インペラーティ 〈*Crocus imperati* Ten.〉アヤメ科。別名ハナサフラン、ムラサキサフラン。花は淡黄色。高山植物。園芸植物。

クロッカス・ウェルヌス ハナサフランの別名。

クロッカス・オクロレウクス 〈*Crocus ochroleucus* Boiss. et Gaillardot〉アヤメ科。花はクリーム色。園芸植物。

クロッカス・クリサンツス 〈*Crocus chrysanthus* (Herb.) Herb.〉アヤメ科。花は黄色。園芸植物。

クロッカス・コッツィアヌス 〈*Crocus kotschyanus* K. Koch〉アヤメ科。花は淡紅藤色。園芸植物。

クロツカス

クロッカス・コルシクス 〈*Crocus corsicus* Vanucci ex Maw〉アヤメ科。花はライラック色。園芸植物。

クロッカス・コロルコフィー 〈*Crocus korolkowii* Maw et Regel〉アヤメ科の多年草。花は濃青銅色。園芸植物。

クロッカス・サティウス サフランの別名。

クロッカス・シエベリ 〈*Crocus sieberi* J. Gay〉アヤメ科の多年草。花は白色。園芸植物。

クロッカス・スペキオスス 〈*Crocus speciosus* Bieb.〉アヤメ科の多年草。花はライラック青色。園芸植物。

クロッカス・トンマシーニアヌス 〈*Crocus tommasinianus* Herb.〉アヤメ科。花はライラック色。園芸植物。

クロッカス・ニベウス 〈*Crocus niveus* Bowies〉アヤメ科の多年草。

クロッカス・ビフロルス 〈*Crocus biflorus* Mill.〉アヤメ科。花は青、白色。園芸植物。

クロッカス・フライシェリ 〈*Crocus fleischeri* J. Gay〉アヤメ科。花は白色。園芸植物。

クロッカス・フラウス 〈*Crocus flavus* Weston〉アヤメ科。花は淡黄ないし濃橙黄色。園芸植物。

クロッカス・プルケルス 〈*Crocus pulchellus* Herb.〉アヤメ科。花はライラック青色。園芸植物。

クロッカス・ベルヌス ハナサフランの別名。

クロッカス・ミニムス 〈*Crocus minimus* DC.〉アヤメ科。花はライラック紫色。園芸植物。

クロッカス・メーシャクス アヤメ科。園芸植物。

クロッカス・メディウス 〈*Crocus medius* Balb.〉アヤメ科。花は鮮濃青色。園芸植物。

クロツグ 〈*Arenga tremula* (Blanco) Becc. var. *engleri* (Becc.) Hatus. ex Shimabuku〉ヤシ科の常緑低木。別名ツグ、アマニ、ヤマシュロ。園芸植物。

クロッサンドラ 〈*Crossandra infundibuliformis* (L.) Ness〉キツネノマゴ科の常緑小低木。別名クロッサンドラ、クロサンドラ、ヘリトリオシベ。高さは30〜80cm。花は黄橙色。園芸植物。切り花に用いられる。

クロッサンドラ キツネノマゴ科の属総称。別名ヘリトリオシベ。

クロッサンドラ・ニロティカ 〈*Crossandra nilotica* D. Oliver〉キツネノマゴ科。花は淡橙色。園芸植物。

クロッサンドラ・プベルラ 〈*Crossandra puberula* Klotzsch〉キツネノマゴ科。花は淡黄橙色。園芸植物。

クロッサンドラ・フラウァ 〈*Crossandra flava* Hook.〉キツネノマゴ科。高さは15〜20cm。花は鮮黄色。園芸植物。

クロッサンドラ・プンゲンス 〈*Crossandra pungens* Lindau〉キツネノマゴ科。高さは20〜60cm。花は淡黄橙色。園芸植物。

クロッサンドラ・マッサイカ 〈*Crossandra massaica* Midbr.〉キツネノマゴ科。花は朱赤色。園芸植物。

クロッソステフィウム・アルテミシオイデス モクビャッコウの別名。

グロッティフィルム・ネイリー 〈*Glottiphyllum neilii* N. E. Br.〉ツルナ科。別名早乙女。花は黄色。園芸植物。

グロッティフィルム・フラグランス 〈*Glottiphyllum fragrans* (Salm-Dyck) Schwant.〉ツルナ科。花は黄金色。園芸植物。

グロッバ 〈*Globba pendula* Roxb.〉ショウガ科の草本。別名ガローバ、タイノマイヒメ、シャムノマイヒメ。花は橙黄色、褐紫斑点。熱帯植物。切り花に用いられる。

グロッバ ショウガ科の属総称。別名ガローバ、タイノマイヒメ、シャムノマイヒメ。

グロッバ・ウィニティー 〈*Globba winitii* C. H. Wright〉ショウガ科の多年草。高さは90cm。花は黄色。園芸植物。

クロツバキ 黒椿 ツバキ科のツバキの品種。園芸植物。

グロッバ・ションバーキー 〈*Globba schomburgkii* Hook.〉ショウガ科の多年草。高さは60〜70cm。花は黄色。園芸植物。

クロツバラ 〈*Rhamnus davurica* Pallas var. *nipponica* Makino〉クロウメモドキ科の落葉低木。別名オオクロウメモドキ、ウシコロシ、ナベコウジ。花は黄緑色。薬用植物。園芸植物。

クロブガマホタケ 〈*Typhula subsclerotioides* Imai〉シロソウメンタケ科のキノコ。

クロツリバナ 黒吊花 〈*Euonymus tricarpus* Koidz.〉ニシキギ科の落葉低木。別名ムラサキツリバナ。高さは2〜3m。花は暗紫色。園芸植物。

クロツリバリゴケ 〈*Campylopus atro-virens* De Not.〉シッポゴケ科のコケ。茎は長さ5〜7cm、上部は黄色または光沢のある緑色。

クロテンツキ 〈*Fimbristylis diphylloides* Makino〉カヤツリグサ科の一年草または多年草。高さは10〜40cm。

クロトウヒ 〈*Picea mariana* (Mill.) Britt., E. E. Sterns et Poggenb.〉マツ科の常緑高木。別名アメリカクロトウヒ。高さは20m。樹皮は淡褐色。園芸植物。

クロトウヒレン 黒唐飛廉 〈*Saussurea nikoensis* var. *sessiliflora*〉キク科。高山植物。

クロトサカモドキ 〈*Callophyllis adhaerens* Yamada〉ツカサノリ科の海藻。巾は2〜5mm。体は10cm。

クロトマヤタケ 〈Inocybe lacera (Fr. : Fr.) Kummer〉フウセンタケ科のキノコ。

クロトマヤタケモドキ 〈Inocybe cincinnata (Fr. : Fr.) Quél.〉フウセンタケ科のキノコ。

クロトン 〈Codiaeum variegatum Blume var. pictum Muell. Arg.〉トウダイグサ科。別名ヘンヨウボク。園芸植物。切り花に用いられる。

クロトン トウダイグサ科のCodiaeum属総称。別名ヘンヨウボク。

クロナナコ 黒斜子 ライヘオカクツス・プセウドライヘアヌスの別名。

クロニガイグチ 〈Tylopilus nigropurpureus (Corner) Hongo〉イグチ科のキノコ。中型。傘は黒褐色〜帯紫黒色、ビロード状。

クロヌマハリイ 〈Eleocharis palustris (L.) Roem. et Schult. var. major Sonder〉カヤツリグサ科。

クロヌラクサ 〈Sebdenia polydactyla (Boergesen)〉ムカデノリ科の海藻。糸状細胞に腺細胞をもつ。

クロノボリリュウタケ 〈Helvella lacunosa Afz. : Fr.〉ノボリリュウタケ科のキノコ。

クローバー マメ科のシャジクソウ属総称。

グロバ グロッパの別名。

クロバイ 黒灰 〈Symplocos prunifolia Sieb. et Zucc.〉ハイノキ科の常緑高木。別名ハイノキ、トチシバ。花は白色。園芸植物。

クロハエマクサギ 〈Premna divaricata Wall.〉クマツヅラ科の低木。花序部の枝は黒色。花は緑色。熱帯植物。

クロハギンナンソウ ギンナンソウの別名。

クロハグネモン 〈Gnetum microcarpum BL.〉グネツム科の蔓性植物。葉は濃緑黒色。熱帯植物。

クロハツ 〈Russula nigricans (Bull.) Fr.〉ベニタケ科のキノコ。中型〜大型。傘は白色→黒色、平滑。ひだは白色→黒色。

クロハツメクサ マメ科。園芸植物。

クロハツモドキ 〈Russula densifolia (Secr.) Gill.〉ベニタケ科のキノコ。中型。傘は白色→灰褐色〜黒色。ひだは淡クリーム色。

クロハトベラ 〈Pittosporum tenuifolium〉トベラ科の木本。樹高10m。樹皮は暗灰色。園芸植物。

クロバナイリス 〈Hermodactylus tuberosus (L.) Mill.〉アヤメ科。別名ヘルモダクチルス。花は緑色。園芸植物。

クロバナウマノミツバ 黒花馬の三葉 〈Sanicula rubriflora Fr. Schm. ex Maxim.〉セリ科の多年草。高さは20〜50cm。

クロバナカズラ 〈Periploca sepium Bge.〉ガガイモ科の薬用植物。

クロバナキハギ 〈Lespedeza melanantha Nakai〉マメ科。高さは30〜50cm。花は暗紅紫色。園芸植物。

クロバナギボウシ 〈Hosta rectifolia var. atropurpurea〉ユリ科。別名ヤチギボウシ。

クロバナタシロイモ 〈Tacca chantieri Ridl.〉タシロイモ科の草本。苞は線形。花も苞も黒紫色。熱帯植物。園芸植物。

クロバナハンショウヅル 〈Clematis fusca Turcz.〉キンポウゲ科の草本。花は赤紫色。園芸植物。

クロバナヒキオコシ 黒花引起 〈Isodon trichocarpus (Maxim.) Kudo〉シソ科の多年草。高さは50〜150cm。高山植物。薬用植物。

クロハナビラタケ 〈Ionomidotis frondosa (Y. Kobayasi) Y. Kobayasi〉ズキンタケ科のキノコ。小型。子実体は花びら状、黒色。

クロハナビラニカワタケ 〈Tremella fimbriata Pers. : Fr.〉シロキクラゲ科のキノコ。小型〜中型。子実体は八重咲きの花状、表面は平滑。

クロバナロウゲ 黒花狼牙 〈Potentilla palustris (L.) Scop.〉バラ科の多年草。高さは30〜100cm。高山植物。

クロバナロウバイ 〈Calycanthus floridus L.〉ロウバイ科の落葉低木。別名ニオイロウバイ、フロリダロウバイ。花は暗赤褐色。園芸植物。

クロバナロウバイ カリカンツス・フェルティリスの別名。

クロハリイ 〈Eleocharis kamtschatica (C. A. Meyer) Komarov〉カヤツリグサ科の一年生または多年生の抽水性〜沈水植物。別名ヒメハリイ。穂は紫褐色で先は尖る。

クロハリタケ 〈Phellodon niger (Fr. : Fr.) Karst.〉イボタケ科のキノコ。

グロービア・ガレアタ 〈Grobya galeata Lindl.〉ラン科。花は淡緑褐色。園芸植物。

クロビイタヤ 黒皮板屋 〈Acer miyabei Maxim.〉カエデ科の雌雄同株の落葉高木。別名エゾイタヤ、ミヤベイタヤ。樹高20m。樹皮は灰褐色。

クロヒナスゲ 〈Carex gifuensis Franch.〉カヤツリグサ科の草本。

クロヒメオニタケ 〈Cystoagaricus strobilomyces (Murr.) Sing.〉ハラタケ科のキノコ。

クロヒメカラカサタケ 〈Lepiota fusciceps Hongo〉ハラタケ科のキノコ。

クロヒメゴケ 〈Herposiphonia subdisticha Okamura〉フジマツモ科の海藻。枝は円柱状。

クロヒメシャクナゲ 〈Rhododendron × kurohimense〉ツツジ科。

クロヒメピンゴケ 〈Calicium abietinum Pers.〉ピンゴケ科の地衣類。地衣体は灰白色。

クローブ チョウジの別名。

クロフチシカタケ ウラベニガサ科のキノコ。

クロブチシコロゴケ 〈Parmeliella nigrocincta (Mont.) Müll. Arg.〉ハナビラゴケ科の地衣類。裂芽を欠く。

クロフネサイシン 〈*Asiasarum dimidiatum* (F. Maekawa) F. Maekawa〉ウマノスズクサ科の多年草。葉径7～15cm。花は緑紫色。園芸植物。

クロフネツツジ ロドデンドロン・シュリッペンバヒーの別名。

グロブラリア・インカネスケンス 〈*Globularia incanescens* Viv.〉グロブラリア科。高山植物。

グロブラリア・ウルガリス 〈*Globularia vulgaris* L.〉グロブラリア科。高さは30cm。園芸植物。

グロブラリア・トリコサンタ 〈*Globularia trichosantha* Fisch. et C. A. Mey.〉グロブラリア科。花は紫青色。園芸植物。

グロブラリア・ヌディカウリス 〈*Globularia nudicaulis* L.〉グロブラリア科。高さは10cm。花は灰青色。高山植物。

グロブラリア・ベリディフォリア 〈*Globularia bellidifolia* Ten.〉グロブラリア科。花は灰青色。園芸植物。

クロベ 黒部 〈*Thuja standishii* (Gord.) Carr.〉ヒノキ科の常緑高木。別名クロビ、ゴロウヒバ。高さは15～25m。樹皮は赤褐色。高山植物。園芸植物。

クロヘゴ 〈*Cyathea podophylla* (Hook.) Copel.〉ヘゴ科の常緑性シダ。別名オニヘゴ。葉身は長さ60cm。2回羽状に複生。園芸植物。

クロボウモドキ 〈*Polyalthia liukiuensis* Hatus.〉バンレイシ科の木本。

グロボーサ ヒノキ科のニオイヒバの品種。

クロボシオオアマナ オルニトガルム・アラビクムの別名。

クロホシクサ 〈*Eriocaulon parvum* Koern.〉ホシクサ科の一年草。高さは10～20cm。

クロボシソウ 〈*Luzula rufescens* Fisch.〉イグサ科の多年草。

クロボスゲ 〈*Carex atrata* var. *japonalpina*〉カヤツリグサ科の草本。

クロマツ 黒松 〈*Pinus thunbergii* Parl.〉マツ科の常緑高木。別名オマツ、オトコマツ。樹高35m。樹皮は灰色。園芸植物。

クロマメノキ 黒豆木 〈*Vaccinium uliginosum* L.〉ツツジ科の落葉低木。別名クロモモ、アサマブドウ、コウザンブドウ。高さは10～80cm。花は白または淡紅色。高山植物。薬用植物。園芸植物。

クロミキゴケ 〈*Stereocaulon nigrum* Hue〉キゴケ科の地衣類。子嚢下層が褐色。

クロミグワ 黒実桑 〈*Morus nigra*〉クワ科の木本。樹高10m。樹皮は橙褐色。

クロミサンザシ 黒味山査子 〈*Crataegus chlorosarca* Maxim.〉バラ科の木本。果実は暗橙色。園芸植物。

クロミダイゴケ 〈*Melanotheca collospora* (Vain.) Zahlbr.〉ニセサネゴケ科の地衣類。別名ムレサネゴケ。地衣体は樹皮内に埋没する。

クロミナミブナ 〈*Nothofagus solandri*〉ブナ科の木本。樹高25m。樹皮は暗灰色。

クロミウグイスカグラ 黒実の鶯神楽 〈*Lonicera caerulea* L. subsp. *edulis* (Turcz.) Hultén var. *emphyllocalyx* (Maxim.) Nakai〉スイカズラ科の落葉低木。別名クロウグイス。高山植物。

クロミノオキナワスズメウリ 〈*Melothria liukiuensis* Nakai〉ウリ科の草本。

クロミノサワフタギ 〈*Symplocos tanakana* Nakai〉ハイノキ科の落葉低木。園芸植物。

クロミノニシゴリ 〈*Symplocos paniculata* (Thunb. ex Murray) Miq.〉ハイノキ科の落葉低木。別名シロサワフタギ、ニシゴリ。果実は卵球形。園芸植物。

クロミノハリスグリ 〈*Ribes horridum* Rupr. ex Maxim.〉ユキノシタ科の木本。

クロミマンリョウ 〈*Ardisia lurida* BL.〉ヤブコウジ科の小木。花は中央ピンク、他部は紫黒点がある。熱帯植物。

クロミル 〈*Codium divaricatum* Holmes〉ミル科の海藻。分岐点付近は平たい。

クロムスカリ ムスカリ・ネグレクツムの別名。

クロムスカリ ムスカリ・モスカツムの別名。

クロムヨウラン 〈*Lecanorchis nigricans* Honda〉ラン科の多年草。別名ムラサキムヨウラン。高さは10～30cm。

クロメ 〈*Ecklonia kurome* Okamura〉コンブ科の海藻。羽状葉。

クロメヤナギ クロヤナギの別名。

クロモ 黒藻 〈*Hydrilla verticillata* (L. f.) Casp.〉トチカガミ科の多年生の沈水植物。別名クルマモ。葉は無柄で線形、花弁は半透明。

クロモ 〈*Papenfussiella kuromo* (Yendo) Inagaki〉ナガマツモ科の海藻。黒褐色の長毛を密生。体は50cm。

クロモウズイカ 黒毛蕊花 〈*Verbascum nigrum* L.〉ゴマノハグサ科の多年草。高さは60～90cm。花は黄色。高山植物。園芸植物。

クロモジ 黒文字 〈*Lindera umbellata* Thunb. var. *umbellata*〉クスノキ科の落葉低木。花は黄色。薬用植物。園芸植物。切り花に用いられる。

クロヤガミスゲ 〈*Carex limnophila* F. J. Herm.〉カヤツリグサ科。果胞は狭卵形～披針形。

クロヤスデゴケ 〈*Frullania amplicrania* Steph.〉ヤスデゴケ科のコケ。黒褐色、茎は長さ1～2cm。

クロヤツシロラン ラン科の多年生腐生植物。高さは3～8cm。

クロヤナギ 黒柳 〈*Salix gracilistyla* Miq. f. *melanostachys* (Makino) H. Ohashi〉ヤナギ科の木本。園芸植物。

クロヤマナラシ 黒山鳴らし 〈Populus nigra〉ヤナギ科の木本。別名セイヨウヤマナラシ。樹高30m。樹皮は暗灰褐色。園芸植物。
クロユリ 黒百合 〈Fritillaria camtschatcensis (L.) Ker-Gawl.〉ユリ科の球根性多年草。高さは10〜50cm。花は黒紫色。高山植物。園芸植物。切り花に用いられる。
クロヨナ 〈Pongamia pinnata (L.) Pierrs〉マメ科の常緑高木。花は紅紫色。熱帯植物。
クロラシャ 黒羅紗 アンキストロカクツス・シェイリの別名。
クロラッパタケ 〈Craterellus cornucopioides (L. : Fr.) Pers.〉アンズタケ科のキノコ。別名クロウスタケ。小型〜中型。傘は黒褐色。ひだは灰白色〜淡灰紫色。
クロランツス・グラベル センリョウの別名。
クロランツス・スピカツス チャランの別名。
クロランツス・セラツス フタリシズカの別名。
クロランツス・ヤポニクス ヒトリシズカの別名。
グロリア バラ科。ハイブリッド・ティーローズ系。花は純黄色。
グロリオサ ユリ科の属総称。球根植物。別名グロリオーサ、ユリグルマ、キツネユリ。園芸植物。切り花に用いられる。
グロリオサ・カルソニー 〈Gloriosa carsonii Bak.〉ユリ科。花はワイン紫色。園芸植物。
グロリオサ・シンプレックス 〈Gloriosa simplex L.〉ユリ科の多年草。
グロリオサ・スーパーバ ユリグルマの別名。
グロリオサ・スペルバ ユリグルマの別名。
グロリオサ・デージー キク科のルドベキアの品種。園芸植物。
グロリオサデージー ルドベキア・ヒルタの別名。
グロリオサ・ハーモニー グロリオサの別名。
グロリオサ・プランティー 〈Gloriosa plantii Loud.〉ユリ科。花はオレンジ色。園芸植物。
グロリオサ・ロスチャイルディアナ 〈Gloriosa rothschildiana O'Brien〉ユリ科の多年草。花は濃赤色。園芸植物。
グローリー・オブ・エドゼル 〈Glory of Edzell〉バラ科。ハイブリッド・スピノシッシマ・ローズ系。花は紅色。
クロリス 〈Chloris〉 バラ科。ダマスク・ローズ系。花はソフトピンク。
グローリーピア マメ科のクリアンツス・ダンピエリーの品種。園芸植物。
クロルリソウ 〈Veratrum nigrum L.〉ユリ科の薬用植物。
クロレラ オオキスタ科の属総称。クロレラ科。
クロロフィツム・コモスム オリヅルランの別名。
クロロフィツム・ビケティー 〈Chlorophytum bichetii (Karrer) Backer〉ユリ科の多年草。別名シャムオリヅルラン。葉長20cm。園芸植物。

クロンダイク ツツジ科のアザレアの品種。園芸植物。
クワ 桑 〈Morus bombycis Koidz.〉クワ科の薬用植物。別名ヤマグワ。園芸植物。
クワ クワ科の属総称。
クワ マグワの別名。
クワ ヤマグワの別名。
クワイ 慈姑 〈Sagittaria trifolia L. var. edulis (Sieb.) Ohwi〉オモダカ科の根菜類。別名シロクワイ、ツラワレ、タイモ。長さ30cm。花は白色。薬用植物。園芸植物。
クワイ サギッタリア・サギッティフォリアの別名。
クワイバカンアオイ 〈Heterotropa kumageana (Masam.) F. Maek.〉ウマノスズクサ科の草本。
クワ科 科名。
クワガタソウ 鍬形草 〈Veronica miqueliana Nakai〉ゴマノハグサ科の多年草。高さは10〜30cm。
クワガタノキ 〈Dyera costulata Hook. f.〉キョウチクトウ科の大高木。果実は大、梢の上方に目立つ。熱帯植物。
クワクサ 桑草 〈Fatoua villosa (Thunb. ex Murray) Nakai〉クワ科の一年草。高さは30〜80cm。
クワズイモ 不喰芋 〈Alocasia odora (Lodd.) Spach〉サトイモ科の多年草。別名イシイモ、デシイモ、ドクイモ。葉の先端は上向、根茎澱粉質。高さは約100cm。熱帯植物。薬用植物。園芸植物。
クワズイモ アロカシアの別名。
クワノハイチゴ 〈Rubus nesiotes Focke〉バラ科の木本。
クワノハエノキ 〈Celtis boninensis Koidz.〉ニレ科の落葉高木。別名オガサワラエノキ、ムニンエノキ、リュウキュウエノキ。
グワバ グアバの別名。
クワモドキ オオブタクサの別名。
クワレシダ 〈Diplazium esculentum (Retz.) Swartz〉オシダ科の常緑性シダ。高さは30〜60cm。葉身は広卵形。園芸植物。
グンギョク 群玉 〈Fenestraria rhopalophylla (Schlechter et Diels) N. E. Br.〉ツルナ科の多年草。葉は前種より短く、先が太い。花は白色。園芸植物。
クンショウギク 勲章菊 〈Gazania linearis (Thunb.) Druce〉キク科の多年草。高さは20cm。花は濃黄またはオレンジ色。園芸植物。
クンショウモ アミミドロ科の藻。
クンシラン 君子蘭 〈Clivia miniata Regel〉ヒガンバナ科の常緑草。別名ウケザキクンシラン、オオバナクンシラン、ハナラン。高さは40〜50cm。花は橙、緋赤色。園芸植物。

クンシラン ラン科の属総称。

クンシラン クリヴィア・ノビリスの別名。

グンセンクロガシラ 〈*Sphacelaria tribuloides* Meneghini〉クロガシラ科の海藻。胚芽枝は軍扇状。

クンソウギョク 睡装玉 ギムノカリキウム・ニグリアレオラツムの別名。

グンナイキンポウゲ 〈*Ranunculus grandis* Honda var. *mirissimus* (Hisauti) H. Hara〉キンポウゲ科。

グンナイフウロ 郡内風露 〈*Geranium eriostemon* Fisch. var. *reinii* (Franch. et Savat.) Maxim.〉フウロソウ科の多年草。高さは30〜50cm。高山植物。薬用植物。

グンナイフウロ タカネグンナイフウロの別名。

グンネラ アリノトウグサ科の属総称。

グンネラ・ティンクトリア 〈*Gunnera tinctoria* (Mol.) Mirb.〉アリノトウグサ科の多年草。別名コウモリガサウ。花は全体に赤い。園芸植物。

グンネラ・マゲラニカ 〈*Gunnera magellanica* Lam.〉グンネラ科の多年草。

グンネラ・マニカタ 〈*Gunnera manicata* Linden ex André〉アリノトウグサ科の多年草。別名オニブキ。高さは2m。花は緑色。園芸植物。

グンバイヅル 〈*Veronica onoei* Franch. et Savat.〉ゴマノハグサ科の多年草。別名マルバクワガタ。花は青紫色。高山植物。園芸植物。

グンバイナズナ 軍配薺 〈*Thlaspi arvense* L.〉アブラナ科の一年草または多年草。高さは10〜80cm。花は白色。薬用植物。

グンバイヒルガオ 軍配昼顔 〈*Ipomoea pes-caprae* (L.) Sweet〉ヒルガオ科の多年生つる草。葉は厚く光沢。花は紅紫色。熱帯植物。

グンポウギョク 群鳳玉 アストロフィツム・セニレの別名。

クンリュウギョク 曛竜玉 ネオポルテリア・ニグリホリダの別名。

【ケ】

ケアオイゴケモドキ 〈*Geophila pilosa* Pearson〉アカネ科。草本。熱帯植物。

ケアオダモ アラゲアオダモの別名。

ケアクシバ 〈*Vaccinium japonicum* var. *ciliare*〉ツツジ科の落葉低木。

ケアシホウキタケ 〈*Clavulina castaneipes* (Atk.) Corner〉カレエダタケ科のキノコ。形は二叉状、灰白色〜淡黄褐色。

ケアノツス・アメリカヌス 〈*Ceanothus americanus* L.〉クロウメモドキ科の木本。高さは1m。花は灰白色。園芸植物。

ケアノツス・インカヌス 〈*Ceanothus incanus* Torr. et A. Gray〉クロウメモドキ科の木本。高さは4m。花は白色。園芸植物。

ケアノツス・インプレッスス 〈*Ceanothus impressus* Trel.〉クロウメモドキ科の木本。高さは1.5m。花は濃青色。園芸植物。

ケアノツス・グリセウス 〈*Ceanothus griseus* (Trel.) McMinn〉クロウメモドキ科の木本。高さは2.5m。花は淡青色。園芸植物。

ケアノツス・コエルレウス 〈*Ceanothus coeruleus* Lag.〉クロウメモドキ科の木本。高さは7m。花は青または淡青色。園芸植物。

ケアノツス・スピノスス 〈*Ceanothus spinosus* Nutt.〉クロウメモドキ科の木本。高さは3m。花は淡青または白色。園芸植物。

ケアノツス・ティルシフロルス 〈*Ceanothus thyrsiflorus* Eschsch.〉クロウメモドキ科の常緑低木または小高木。花は輝青色。園芸植物。

ケアノツス・デリリアヌス 〈*Ceanothus × delilianus* Spach〉クロウメモドキ科の木本。高さは1m。花は青色。園芸植物。

ケアノツス・パリドゥス 〈*Ceanothus × pallidus* Lindl.〉クロウメモドキ科の木本。花は淡青色。園芸植物。

ケアノツス・リギドゥス 〈*Ceanothus rigidus* Nutt.〉クロウメモドキ科の木本。高さは2m。花は青色。園芸植物。

ケアフリー・ゴールデン シソ科のコリウスの品種。園芸植物。

ケアフリー・ピンク フウロソウ科のゼラニウムの品種。園芸植物。

ケアリタンソウ 毛有田草 〈*Chenopodium ambrosioides* L.〉アカザ科の一年草。高さは50〜100cm。熱帯植物。薬用植物。

ケイオウザクラ バラ科の木本。

ケイガイ 荊芥 〈*Schizonepeta tenuifolia* (Benth.) Briquet var. *japonica* (Maxim.) Kitagawa〉シソ科の草本。別名アリタソウ。薬用植物。園芸植物。

ケイギス 〈*Ceramium tenerrimun* (Martens) Okamura〉イギス科の海藻。複叉状に分岐。

ケイショウギョク 慶松玉 グランドゥリカクツス・クラッシハマツスの別名。

ケイタオフウラン 〈*Thrixspermum pricei* (Rolfe) Schltr.〉ラン科。日本絶滅危惧植物。

ケイチク 桂竹 フィロスタキス・マキノイの別名。

ゲイッソリザ アヤメ科の属総称。球根植物。切り花に用いられる。

ゲイッソリザ・インフレクサ 〈*Geissorhiza inflexa* (D. Delar.) Ker-Gawl.〉アヤメ科。高さは12〜30cm。花は紫、ピンク、赤、白、クリーム色。園芸植物。

ゲイッソリザ・エウリスティグマ 〈*Geissorhiza eurystigma* L. Bolus〉アヤメ科。高さは8〜15cm。花は濃青色。園芸植物。

ゲイッソリザ・オルニトガロイデス 〈*Geissorhiza ornithogaloides* Klatt〉アヤメ科。高さは4〜10cm。花は明るい黄色。園芸植物。

ゲイッソリザ・コルガタ 〈*Geissorhiza corrugata* Klatt〉アヤメ科。高さは5cm。花は黄色。園芸植物。

ゲイッソリザ・スプレンディディッシマ 〈*Geissorhiza splendidissima* Diels〉アヤメ科。高さは8〜20cm。花は青紫色。園芸植物。

ゲイッソリザ・セクンダ 〈*Geissorhiza secunda* (Bergius) Ker-Gawl.〉アヤメ科。高さは8〜35cm。花は濃青ないし紫色。園芸植物。

ゲイッソリザ・ツルバゲンシス 〈*Geissorhiza tulbaghensis* F. Bolus〉アヤメ科。高さは6〜15cm。花は白色。園芸植物。

ゲイッソリザ・フミリス 〈*Geissorhiza humilis* (Thunb.) Bak.〉アヤメ科。高さは8〜14cm。園芸植物。

ゲイッソリザ・プルプレオルテア 〈*Geissorhiza purpureolutea* Bak.〉アヤメ科。高さは6〜12cm。花は淡黄ないしクリーム色。園芸植物。

ゲイッソリザ・モナントス 〈*Geissorhiza monanthos* Ecki.〉アヤメ科。高さは10〜20cm。花は濃青紫色。園芸植物。

ゲイッソリザ・ラディアンス 〈*Geissorhiza radians* (Thunb.) P. Goldblatt〉アヤメ科。高さは8〜16cm。花は濃青色。園芸植物。

ゲイッソリザ・ロケンシス 〈*Geissorhiza rochensis* Ker-Gawl.〉アヤメ科の多年草。

ケイトウ 鶏頭 〈*Celosia cristata* L.〉ヒユ科の観賞用草本。別名カラアイ、サキワケケイトウ。葉を食用とする。高さは60〜90cm。花は赤、黄、橙など。熱帯植物。薬用植物。園芸植物。切り花に用いられる。

ケイトウ ヒユ科の属総称。別名セロシア、ケロシア、カラアイ。

ケイトカルプス 〈*Chaetocarpus castaneicarpus* Thwaltes〉トウダイグサ科の小木。雄花は葉腋に球状集団をつける。花は淡緑色。熱帯植物。

ケイヌビエ 毛犬稗 〈*Echincholoa crus-galli* (L.) Beauv. var. *caudata* (Roshev.) Kitagawa〉イネ科の草本。別名クロイヌビエ。

ケイヌホオズキ 〈*Solanum sarachioides* Sendtner〉ナス科の一年草。高さは20〜50cm。花は白色。

ケイノコズチ 〈*Achyranthes obtusifolia* Lam.〉ヒユ科。別名シマイノコズチ。

ケイパー ケーパーの別名。

ケイバ・ペンタンドラ バルサの別名。

ケイビアナナス パイナップル科。園芸植物。

ケイビラン 鶏尾蘭 〈*Alectorurus yedoensis* (Maxim.) Makino〉ユリ科の多年草。高さは10〜40cm。

ゲイラックス イワウメ科。切り花に用いられる。

ケイランツス・ケイリ ニオイアラセイトウの別名。

ケイランテア・リネアリス 〈*Cheiranthea linearis* A. Cunn.〉トベラ科の小低木。

ケイリドプシス・アクミナタ 〈*Cheiridopsis acuminata* L. Bolus〉ツルナ科。別名京魚。花は淡黄色。園芸植物。

ケイリドプシス・アスペラ 〈*Cheiridopsis aspera* L. Bolus〉ツルナ科。別名朱蟹玉。花は黄色。園芸植物。

ケイリドプシス・インスペルサ 〈*Cheiridopsis inspersa* (N. E. Br.) N. E. Br.〉ツルナ科。別名紅魚。花は淡黄色。園芸植物。

ケイリドプシス・カンディディッシマ 〈*Cheiridopsis candidissima* (Haw.) N. E. Br.〉ツルナ科。別名慈晃錦。花は淡黄色。園芸植物。

ケイリドプシス・キガレッティフェラ サカホコの別名。

ケイリドプシス・ギッボサ 〈*Cheiridopsis gibbosa* Schick et Tisch.〉ツルナ科。別名擬宝珠。花は黄色。園芸植物。

ケイリドプシス・クアドリフォリア 〈*Cheiridopsis quadrifolia* L. Bolus〉ツルナ科。別名四葉玉。花は淡黄色。園芸植物。

ケイリドプシス・クプレア 〈*Cheiridopsis cuprea* (L. Bolus) N. E. Br.〉ツルナ科。別名晩光。花は銅紅色。園芸植物。

ケイリドプシス・クラッサ 〈*Cheiridopsis crassa* L. Bolus〉ツルナ科。別名新院。花は黄色。園芸植物。

ケイリドプシス・ツベルクラタ 〈*Cheiridopsis tuberculata* (Mill.) N. E. Br.〉ツルナ科。別名雄飛玉。花は黄色。園芸植物。

ケイリドプシス・デンティクラタ 〈*Cheiridopsis denticulata* (Haw.) N. E. Br.〉ツルナ科。別名氷嶺。花は黄色。園芸植物。

ケイリドプシス・トルンカタ 〈*Cheiridopsis truncata* L. Bolus〉ツルナ科。別名彩帆。花は黄色。園芸植物。

ケイリドプシス・ピランシー 〈*Cheiridopsis pillansii* L. Bolus〉ツルナ科。別名神風玉。花は黄色。園芸植物。

ケイリドプシス・ファンゼイリー 〈*Cheiridopsis vanzijlii* L. Bolus〉ツルナ科。別名麗玉。花は黄色。園芸植物。

ケイリドプシス・プルプラスケンス 〈*Cheiridopsis purpurascens* (Salm-Dyck) N. E. Br.〉ツルナ科。別名凌雲。花は濃黄色。園芸植物。

ケイリドプシス・プルプレア 〈*Cheiridopsis purpurea* L. Bolus〉ツルナ科。別名春意玉。花は濃紫紅色。園芸植物。

ケイリドプシス・ペクリアリス 〈*Cheiridopsis peculiaris* N. E. Br.〉ツルナ科。別名翔鳳。花は黄色。園芸植物。

ケイリドプシス・ヘレイ 〈*Cheiridopsis herrei* L. Bolus〉ツルナ科。別名弥生。花は黄色。園芸植物。

ケイリドプシス・マイエリ 〈*Cheiridopsis meyeri* N. E. Br.〉ツルナ科。園芸植物。

ケイリドプシス・ロンギペス 〈*Cheiridopsis longipes* L. Bolus〉ツルナ科。別名朗月。花は黄色。園芸植物。

ケイリンギボウシ 〈*Hosta minor*〉ユリ科。

ケイリンサイシン 〈*Asiasarum heterotropoides* Fr. Schmidt var. *mandshuricum* (Maxim.) F. Maekawa.〉ウマノスズクサ科の薬用植物。

ケイレイマル 馨麗丸 サボテン科のサボテン。園芸植物。

ゲウム・カルティフォリウム 〈*Parageum calthaefolium* (Smith) Nakai et Hara〉バラ科。花は黄色。園芸植物。

ゲウム・コッキネウム ゲウム・トリフロールムの別名。

ゲウム・チロエンセ 〈*Geum chiloense* Balb.〉バラ科。別名チリダイコンソウ。高さは50〜60cm。花は緋紅色。園芸植物。

ゲウム・トリフロールム バラ科。高山植物。

ゲウム・ピレナイクム 〈*Geum pyrenaicum* Mill.〉バラ科。高さは30cm。花は黄色。園芸植物。

ゲウム・ペンタペタルム チングルマの別名。

ゲウム・ボリシイ 〈*Geum* × *borisii* Kellerer ex Sünderm.〉バラ科。花はオレンジから赤色。園芸植物。

ゲウム・モンタヌム 〈*Geum montanum* L.〉バラ科。別名イワダイコンソウ。高さは20〜30cm。花は黄色。高山植物。園芸植物。

ゲウム・ヤポニクム ダイコンソウの別名。

ゲウム・リウァレ 〈*Geum rivale* L.〉バラ科。高さは60cm。花は淡桃色。高山植物。園芸植物。

ゲウム・レプタンス 〈*Geum reptans* L.〉バラ科。高山植物。

ケウラミゴケ 〈*Nephroma resupinatum* (L.) Ach.〉ツメゴケ科の地衣類。地衣体背面は灰褐色または褐色。

ケウルシグサ 〈*Desmarestia viridis* (Müller) Lamouroux〉ウルシグサ科の海藻。別名毒草。下部円柱状。

ケウロフィルム 〈*Urophyllum villosum* Jack.〉アカネ科の低木。葉は硬く長い尾端がある。熱帯植物。

ケエリカ エリカ・キリアリスの別名。

ゲオゲナンツス・ペーピヒー 〈*Geogenanthus poeppigii* (Miq.) Faden〉ツユクサ科。高さは20cm。花は菫色。園芸植物。

ゲオドルム・デンシフロルム トサカメオトランの別名。

ゲオドルム・ピクツム 〈*Geodorum pictum* (R. Br) Lindl.〉ラン科。高さは30〜60cm。花は淡桃赤色。園芸植物。

ゲオノマ・ビネルウィア 〈*Geonoma binervia* Oerst.〉ヤシ科。別名ホソウスバヒメヤシ。高さは4.5m。花は白色。園芸植物。

ゲオヒントニア サボテン科の属総称。サボテン。

ケガキ 毛柿 〈*Diospyros discolor* Willd.〉カキノキ科の高木。葉はインドゴムのよう。花は白色。熱帯植物。

ケカモノハシ 毛鴨の嘴 〈*Ischaemum anthephoroides* (Steud.) Miq.〉イネ科の草本。別名ツクシケカモノハシ。

ケカラスウリ 〈*Trichosanthes rostrata* Kitam.〉ウリ科の草本。

ケガワタケ 〈*Panus tigrinus* (Bull. : Fr.) Sing.〉ヒラタケ科のキノコ。

ケガンビヤ 〈*Uncaria lanosa* Wall.〉アカネ科の大蔓木。全株多毛。熱帯植物。

ケキツネノボタン 毛狐野牡丹 〈*Ranunculus cantoniensis* DC.〉キンポウゲ科の一年草または越年草。高さは45〜60cm。薬用植物。

ケギボウシゴケ 〈*Grimmia pilifera* P. Beauv.〉ギボウシゴケ科のコケ。体は暗緑色、茎は2cmまで、葉は卵状披針形。

ゲキリュウギョク 逆竜玉 ネオポルテリア・スブギッボサの別名。

ゲキリンマル 逆鱗丸 コピアポア・ヘーゼルトニアナの別名。

ケキンシゴケ 〈*Distichium capillaceum* (Hedw.) Bruch & Schimp.〉キンシゴケ科のコケ。茎は長さ1〜4cm、2列の葉をつける。

ケキンモウワラビ 〈*Hypodematium glandulosopilosum* (Tagawa) Ohwi〉オシダ科の夏緑性シダ。葉身は長さ25cm。

ケクズゴケ 〈*Polychidium dendriscum* (Nyl.) Henss.〉クロサビゴケ科の地衣類。地衣体は汚藍。

ケクロモジ 毛黒文字 〈*Lindera sericea* (Sieb. et Zucc.) Blume〉クスノキ科の木本。

ケグワ 〈*Morus cathayana* Hemsl.〉クワ科の木本。

ケーゲリエラ・アトロピロサ 〈*Kegeliella atropilosa* L. O. Williams et A. H. Heller〉ラン科。花は淡黄緑色。園芸植物。

ケケンポナシ 〈*Hovenia tomentella* (Makino) Nakai ex Y. Kimura〉クロウメモドキ科の木本。

ケコナハダ 〈*Ganonema farinosa* (Lamouroux) Fan et Wang〉ベニモズク科。

ケゴン 華厳 ハーゲオケレウス・クリサカンツスの別名。

ケゴンアカバナ 華厳赤花 〈*Epilobium amurense* Hausskn.〉アカバナ科の多年草。高さは6〜40cm。高山植物。

ケコンロンカ 〈*Mussaenda frondosa* L.〉アカネ科の低木。花は橙色。熱帯植物。園芸植物。

ケサンカクヅル 〈*Vitis flexuosa* Thunb. var. *rufo-tomentosa* Makino〉ブドウ科の木本。

ケシ 芥子,罌粟 〈*Papaver somniferum* L.〉ケシ科の一年草。高さは100〜170cm。花は純白から深紅または紫など。薬用植物。園芸植物。

ケシ科 科名。

ケジギタリス 〈*Digitalis lanata* J. F. Ehrh.〉ゴマノハグサ科の草本。高さは0.5〜1m。花は黄白色。薬用植物。園芸植物。

ゲシクジャク ゲ氏孔雀 〈*Epiphyllopsis gaertneri* (Regel) A. Berger〉サボテン科のサボテン。花は明赤色。園芸植物。

ゲジゲジシダ 蚰蜒羊歯 〈*Phegopteris decursive-pinnata* (van Hall) Fée〉オシダ科(ヒメシダ科)の夏緑性シダ。葉身は長さ30〜50cm。披針形。

ケシゲリゴケ 〈*Nipponolejeunea pilifera* (Steph.) S. Hatt.〉クサリゴケ科のコケ。白緑色、茎は長さ1〜3cm。

ケシッポゴケ 〈*Dicranum setifolium* Card.〉シッポゴケ科のコケ。茎は長さ7〜9cm。

ケシボウズタケ 〈*Tulostoma brumale* Pers. : Pers.〉ケシボウズタケ科のキノコ。小型、頭部は類球形、柄部は細長い。

ケショウシロハツ 〈*Lactarius controversus* (Pers. : Fr.) Fr.〉ベニタケ科のキノコ。大型。傘は白色、淡赤褐色の斑紋あり。縁部は内側に巻く。ひだは肌色。

ケショウトチノキ 〈*Aesculus* × *neglecta* Lindl.〉トチノキ科の木本。樹高15m。花は淡黄色。樹皮は灰褐色。園芸植物。

ケショウハツ 〈*Russula violeipes* Quél.〉ベニタケ科のキノコ。中型。傘は淡黄地に淡い桃色、表面粉状。ひだはクリーム色。

ケショウボク 〈*Dalechampia roezliana* Muell. Arg.〉トウダイグサ科の常緑小低木。別名フウチョウガシワ。高さは30〜120cm。園芸植物。

ケショウヤグルマハッカ 〈*Monarda punctata* L.〉シソ科。花は白〜ピンク色。

ケショウヤナギ 化粧柳 〈*Chosenia arbutifolia* (Pallas) Skvortsov〉ヤナギ科の落葉大高木。別名カラフトクロヤナギ。高山植物。

ケショウヨモギ 〈*Artemisia dubia* Wall. ex DC.〉キク科の草本。

ケシラタマ 〈*Psychotria ovoidea* Wall.〉アカネ科の低木。葉は厚く短毛あり、果実は白色。熱帯植物。

ケシロハツ 〈*Lactarius vellereus* (Fr.) Fr.〉ベニタケ科のキノコ。大型。傘は白色、細毛に覆われる。縁部は内側に巻く。

ケシロハツモドキ 〈*Lactarius subvellereus* Peck〉ベニタケ科のキノコ。

ケシンジュガヤ 毛真珠茅 〈*Scleria rugosa* B. Br. var. *rugosa*〉カヤツリグサ科の一年草。高さは10〜30cm。

ケシンテンルリミノキ 〈*Lasianthus curtisii* King et Gamble〉アカネ科の木本。

ケスゲ 〈*Carex sachalinensis* Fr. Schm. var. *duvaliana* (Franch. et Savat.) T. Koyama〉カヤツリグサ科の多年草。高さは20〜40cm。

ケスジスギゴケ 〈*Pogonatum dentatum* (Brid.) Brid.〉スギゴケ科のコケ。小形、茎は高さ1〜2cm。

ケススメウリ 〈*Melothria marginata* Cogn.〉ウリ科の蔓草。熱帯植物。

ケストルム ナス科の属総称。別名ヤコウボク。

ケストルム・ニューエリー 〈*Cestrum newellii* (Veitch) Nichols.〉ナス科の木本。花は濃紅赤色。園芸植物。

ケストルム・ノクツルヌム ヤコウボクの別名。

ケストルム・ファスキクラツム 〈*Cestrum fasciculatum* (Endl.) Micers〉ナス科の木本。高さは1.5〜2.5m。花は朱紅色。園芸植物。

ゲスネリア レクステイネリア・カルディナリスの別名。

ゲスネリア・ウェントリコサ 〈*Gesneria ventricosa* Swartz〉イワタバコ科。花は橙赤色。園芸植物。

ゲスネリア・クネイフォリア 〈*Gesneria cuneifolia* (Moç. et Sessé ex DC.) Fritsch〉イワタバコ科。花は輝赤色。園芸植物。

ゲスネリア・テスツード パイナップル科。園芸植物。

ゲスネリア・ペディケラリス 〈*Gesneria pedicellaris* Alain〉イワタバコ科。高さは50〜70cm。花は赤または黄色。園芸植物。

ケヅメサンザシ 〈*Crataegus crus-galli*〉バラ科の木本。樹高8m。樹皮は暗褐色。園芸植物。

ケゼニゴケ 毛銭苔 〈*Dumortiera hirsuta* (Sw.) Nees〉ゼニゴケ科(アズマゼニゴケ科)のコケ。別名オオゼニゴケ。表面に微小な乳頭状をした同化糸があり。長さ3〜15cm。

ケセンナ 〈*Cassia tomentosa* L.〉マメ科の草本。全株短毛。熱帯植物。

ケタガネソウ 〈*Carex ciliato-marginata* Nakai〉カヤツリグサ科。

ケタマノキ

ケダマノキ 〈*Pseuduvaria macrophylla* (Oliv.) Merr.〉バンレイシ科の小木。葉は厚質、葉柄と葉脈(裏面)は褐毛。熱帯植物。

ケチドメ 毛血止 〈*Hydrocotyle dichondroides* Makino〉セリ科。

ケチャペ 〈*Sandoricum nervosum* BL.〉センダン科の高木。葉はビロード状。花は緑色。熱帯植物。

ケチョウセンアサガオ アメリカチョウセンアサガオの別名。

ケチョウチンゴケ 〈*Rhizomnium tuomikoskii* T. Kop.〉チョウチンゴケ科のコケ。茎は長さ1〜3cm、全面に黒褐色の大仮根が密生、葉は幅広い倒卵形。

ゲッカギョク 月華玉 ペディオカクツス・シンプソニーの別名。

ゲッカコウ チューベローズの別名。

ゲッカビジン 月下美人 〈*Epiphyllum oxypetalum* (DC.) Haw.〉サボテン科のサボテン。長さ3m。花は白色。園芸植物。

ゲッキカ ガリカ・ローズの別名。

ゲッキカ ダマスク・ローズの別名。

ゲッキカ ロック・ローズの別名。

ゲッキツ 月橘 〈*Murraya paniculata* (L.) Jack.〉ミカン科の常緑低木。別名イヌツゲ。葉は濃緑、芳香、果実は赤熟。花は白色。熱帯植物。薬用植物。園芸植物。

ゲッキツ ミカン科の属総称。

ゲッキュウデン 月宮殿 〈*Mammillaria senislis* Lodd.〉サボテン科のサボテン。高さは6〜12cm。花は橙赤〜橙紅色。園芸植物。

ゲッケイジュ 月桂樹 〈*Laurus nobilis* L.〉クスノキ科の常緑高木。別名ローレル、セイヨウニッケイ。高さは5〜10m。花は黄色。樹皮は暗灰色。薬用植物。園芸植物。

ゲッケイジュ クスノキ科の属総称。

ゲッコウ 月光 バラ科のスモモ(李)の品種。別名大石スモモ6号。果皮は緑黄、黄色。

ゲッコウ 月光 ユリ科のオモトの品種。園芸植物。

ゲッコウ 月光 ラン科のシュンランの品種。園芸植物。

ゲッコウデン 月光殿 キク科のキクの品種。園芸植物。

ゲッソウキョク 月想曲 コロラドア・メサエ-ウェルダエの別名。

ゲットウ 月桃 〈*Alpinia speciosa* (Wendl.) K. Schum.〉ショウガ科の観賞用植物。別名サンニン、サニン。花序は垂下。高さは2〜3m。花の唇弁は赤色、黄斑あり。熱帯植物。薬用植物。園芸植物。

ゲットウ ショウガ科の属総称。別名ハナショウガ、アルピニア。

ケットゴケ 〈*Dictyonema sericeum* (Sw.) Berk.〉ケットゴケ科の地衣類。地衣体は表面は深緑藍。

ケツリガネヒルガオ 〈*Hewittia bicolor* Wight〉ヒルガオ科の蔓草。有毛型。花は淡黄、中心紫黒色。熱帯植物。

ケツルアズキ 〈*Vigna mungo* (L.) Hepper〉マメ科の蔓木。花は黄色。熱帯植物。園芸植物。

ケテイカカズラ 〈*Trachelospermum jasminoides* (Lindl.) Lem. var. *pubescens* Makino〉キョウチクトウ科の木本。

ゲティリス・アフラ 〈*Gethyllis afra* L.〉ヒガンバナ科。花は白またはピンク色。園芸植物。

ゲティリス・ウェルティキラタ 〈*Gethyllis verticillata* R. Br.〉ヒガンバナ科。花は白色。園芸植物。

ゲティリス・リネアリス 〈*Gethyllis linearis* L. Bolus〉ヒガンバナ科。花は白色。園芸植物。

ケテガタゴケ 〈*Ptilidium ciliare* (L.) Hampe〉テガタゴケ科のコケ。葉の腹縁基部に毛が密生する。

ケテリハベゴニア ベゴニア・メタリカの別名。

ケテレーリア・イヴリニアナ 〈*Keteleeria evelyniana* M. T. Mast.〉マツ科の常緑高木。高さは12m。園芸植物。

ケテレーリア・フォーチュネイ 〈*Keteleeria fortunei* (A. Murr.) Carrière〉マツ科の常緑高木。園芸植物。

ケドウレラ・シネンシス チャンチンの別名。

ケードネズ 〈*Juniperus oxycedrus*〉ヒノキ科の木本。樹高10m。樹皮は紫褐色。園芸植物。

ケドルス・デオダラ ヒマラヤスギの別名。

ケドルス・リバニ レバノンスギの別名。

ケドロスティス・アフリカナ 〈*Kedrostis africana* (L.) Cogn.〉ウリ科のつる性多年草。高さは4〜6m。園芸植物。

ケナガエサカキ 〈*Adinandra yaeyamensis* Ohwi〉ツバキ科の木本。

ケナガシャジクモ 〈*Chara fibrosa* Agardh subsp. *benthamii* Zaneveld〉シャジクモ科。

ケナシオヤコゴケ 〈*Gottschea nuda* (Horik.) Grolle & Zijlatra〉オヤコゴケ科のコケ。茎は長さ2〜4cm。

ケナシサルトリイバラ 〈*Smilax grabra* Roxb.〉ユリ科の薬用植物。

ケナシチョウチンゴケ 〈*Rhizomnium nudum* (E. G. Britton & Williams) T. J. Kop.〉チョウチンゴケ科のコケ。葉はときに広卵形、乾くと暗緑色。

ケナシヒメムカシヨモギ 〈*Erigeron pusillus* Nutt.〉キク科の一年草または越年草。高さは60〜150cm。花は白色。

ケナシムカシヨモギ 〈*Erigeron pusillus* Nutt.〉キク科。

250

ケナシロウヤシ　コペルニキア・グラブレスケンスの別名。

ケナフ　〈Hibiscus cannabinus L.〉アオイ科の草本。別名ガンボアサ、アンバリアサ。高さは1.2～2m。花白黄色で中心は赤色。熱帯植物。園芸植物。

ケニア・ツルビナタ　〈Cenia turbinata Pers.〉キク科の多年草。

ケニオイグサ　〈Hedyotis tenelliflora Blune〉アカネ科のやや匍匐性の草本。花は白色。熱帯植物。

ケニギン・ベアトリックス　〈Königin Beatrix〉バラ科。花は橙色。

ゲニスタ・サギッタリス　〈Genista sagittalis L.〉マメ科の落葉低木。高さは30cm。花は黄色。園芸植物。

ゲニスタ・ティンクトリア　ヒトツバエニシダの別名。

ゲニスタ・デルフィネンシス　〈Genista delphinensis J. Verl.〉マメ科の落葉低木。高さは10～50cm。花は明るい黄色。園芸植物。

ゲニスタ・ヒスパニカ　〈Genista hispanica L.〉マメ科の落葉低木。別名ヒトツバエニシダ。高さは30～50cm。園芸植物。

ゲニスタ・ラディアタ　〈Genista radiata (L.) Scop.〉マメ科の落葉低木。高さは1m。花は濃い黄色。園芸植物。

ケネザサ　毛根笹　〈Pleioblastus shibuyanus Makino ex Nakai var. basihirsutus Sad. Suzuki〉イネ科の木本。別名ミヤコネザサ、ムロネザサ、オニメダケ。

ケーネタラヨウ　〈Ilex × koehneana〉モチノキ科の木本。樹高6m。樹皮は灰色。

ゲネツム　グネツム・グネモンの別名。

ケネディア・コッキネア　〈Kennedia coccinea Venten.〉マメ科のつる植物。花は緋色。園芸植物。

ケネディア・ニグリカンス　〈Kennedia nigricans Lindl.〉マメ科のつる植物。花は暗紫色。園芸植物。

ケネディア・マクロフィラ　〈Kennedia macrophylla Benth.〉マメ科のつる植物。花は赤色。園芸植物。

ケネディア・ルビクンダ　〈Kennedia rubicunda (Schneev.) Venten.〉マメ科のつる植物。花は濃赤色。園芸植物。

ケネバリタデ　ネバリタデの別名。

ケネリア・アルウェンシス　〈Quesnelia arvensis (Vell.) Mez〉パイナップル科。高さは2m。花は白～淡桃紫色。園芸植物。

ケネリア・ケネリアナ　〈Quesnelia quesneliana (Brongn.) L. B. Sm.〉パイナップル科。高さは70～120cm。花は白色。園芸植物。

ケネリア・テスツド　〈Quesnelia testudo Lindm.〉パイナップル科。高さは30cm。花は淡紫色。園芸植物。

ケネリア・マルモラタ　〈Quesnelia marmorata (Lem.) Read〉パイナップル科。花は青色。園芸植物。

ケネリア・リボニアナ　〈Quesnelia liboniana (De Jonghe ex Ysab.) Mez〉パイナップル科。花は濃青色。園芸植物。

ケノポディウム・ポリスペルムム　〈Chenopodium polyspermum L.〉アカザ科の一年草。

ケーパー　〈Capparis spinosa L.〉フウチョウソウ科の常緑低木。高さは1m。花は淡紅を帯びた白色。薬用植物。

ケハギ　〈Lespedeza patens Nakai〉マメ科。別名ヤマミヤギノハギ。花は紅紫色。園芸植物。

ケハコネシケチシダ　〈Cornopteris × christenseniana f. katoi Nakaike, nom. nud.〉オシダ科のシダ植物。

ケハダルリミノキ　アカネ科の木本。

ケハネグサ　〈Pterosiphonia fibrillosa Okamura〉フジマツモ科の海藻。扁円。体は8～10cm。

ケハネゴケモドキ　〈Marsupidium knightii Mitt.〉チチブイチョウゴケ科のコケ。茎は長さ1～2cm、葉は卵形。

ゲパンゴケ　〈Peltula euploca (Ach.) Wetm.〉ヘッブゴケ科の地衣類。地衣体は灰褐色。

ケヒツジゴケ　〈Brachythecium garovaglioides Müll. Hal.〉アオギヌゴケ科のコケ。大形で茎は不規則に分枝し、茎葉は卵形。

ケープ・アイビー　キク科。園芸植物。

ケファエリス・アキュミナタ　〈Cephaelis acuminata Karsten.〉アカネ科の薬用植物。

ケファラリア・アルピナ　〈Cephalaria alpina (L.) Roem. et Schult.〉マツムシソウ科の草本。高さは1～2m。花は黄色。園芸植物。

ケファラリア・ギガンテア　〈Cephalaria gigantea (Ledeb.) Bobrov〉マツムシソウ科の草本。高さは2m。花は黄色。園芸植物。

ケファランツス・オッキデンタリス　〈Cephalanthus occidentalis L.〉アカネ科の低木。別名タマガサノキ、アメリカヤマタマガサ。高さは1～4m。花は白色。園芸植物。

ケファランテラ・エレクタ　ギンランの別名。

ケファランテラ・ダマソニウム　〈Cephalanthera damasonium Druce〉ラン科の多年草。

ケファランテラ・ファルカタ　キンランの別名。

ケファランテラ・ルブラ　〈Cephalanthera rubra L. C. M. Richard〉ラン科の多年草。高山植物。

ケファランテラ・ロンギブラクテアタ　ササバギンランの別名。

ケープアロエ 〈*Aloe ferox* Mill.〉ユリ科の多肉性多年草、薬用植物。高さは1〜3m。花は赤色。園芸植物。

ケファロケレウス サボテン科の属総称。サボテン。

ケファロケレウス・セニリス オキナマルの別名。

ケファロタクスス・オリヴェリ 〈*Cephalotaxus oliveri* M. T. Mast.〉イヌガヤ科。種子から油をとる。園芸植物。

ケファロタクスス・シネンシス 〈*Cephalotaxus sinensis* (Rehd. et E. H. Wils.) H. L. Li〉イヌガヤ科。高さは4m。園芸植物。

ケファロタクスス・ハリントニア イヌガヤの別名。

ケファロフィルム・アウレオルブルム 〈*Cephalophyllum aureorubrum* L. Bolus〉ツルナ科。別名赫麗。花は中心が黄色。園芸植物。

ケファロフィルム・オルストニー 〈*Cephalophyllum alstonii* Marloth ex L. Bolus〉ツルナ科。別名旭峰。花は濃紅色。園芸植物。

ケファロフィルム・カレドニクム 〈*Cephalophyllum caledonicum* L. Bolus〉ツルナ科。別名黎明。花は黄色。園芸植物。

ケファロフィルム・クプレウム 〈*Cephalophyllum cupreum* L. Bolus〉ツルナ科。別名円新麗。花は下部が黄、先端に向かって銅紅色。園芸植物。

ケファロフィルム・グラキレ 〈*Cephalophyllum gracile* L. Bolus〉ツルナ科。別名円秀炎。花は黄金色。園芸植物。

ケファロフィルム・コンフスム 〈*Cephalophyllum confusum* (Dinter) Dinter et Schwant.〉ツルナ科。別名粧炎。花は黄色。園芸植物。

ケファロフィルム・スポンギオスム 〈*Cephalophyllum spongiosum* (L. Bolus) L. Bolus〉ツルナ科。別名竜炎。花は緋紅色。園芸植物。

ケファロフィルム・ディウェルシフィルム 〈*Cephalophyllum diversiphyllum* (Haw.) N. E. Br.〉ツルナ科。別名帝王杞。花は輝黄色。園芸植物。

ケファロフィルム・トリコロルム 〈*Cephalophyllum tricolorum* (Haw.) N. E. Br.〉ツルナ科。別名止利巧。花は黄色。園芸植物。

ケファロフィルム・パルウィフロルム 〈*Cephalophyllum parviflorum* L. Bolus〉ツルナ科。別名彩炎。花は黄金色。園芸植物。

ケファロフィルム・ピランシー 〈*Cephalophyllum pillansii* L. Bolus〉ツルナ科。園芸植物。

ケファロフィルム・プルケルム 〈*Cephalophyllum pulchellum* L. Bolus〉ツルナ科。別名叢麗。花は淡桃色。園芸植物。

ケファロフィルム・フルテスケンス 〈*Cephalophyllum frutescens* L. Bolus〉ツルナ科。別名揺炎。花は黄色。園芸植物。

ケファロフィルム・プロクンベンス 〈*Cephalophyllum procumbens* (Haw.) L. Bolus〉ツルナ科。別名翠炎。花は黄金色。園芸植物。

ケファロフィルム・ロレウム 〈*Cephalophyllum loreum* (L.) Schwant.〉ツルナ科。別名楼炎。花は黄金色。園芸植物。

ケファロペンタンドラ・エキロサ 〈*Cephalopentandra ecirrhosa* (Cogn.) C. Jeffr.〉ウリ科。長さ0.5〜1m。花は黄色。園芸植物。

ケフェルシュタイニア・グラミネア 〈*Kefersteinia graminea* (Lindl.) Rchb. f.〉ラン科。花は淡緑色。園芸植物。

ケフェルシュタイニア・サングイノレンタ 〈*Kefersteinia sanguinolenta* Rchb. f.〉ラン科。高さは15cm。花は淡黄色。園芸植物。

ケブカチロフォラ 〈*Tylophora hirsuta* Wight〉ガガイモ科の蔓草。熱帯植物。

ケブカツルイチジク 〈*Ficus trichocarpa* BL.〉クワ科の蔓木。葉も果嚢も多毛、果嚢赤色。熱帯植物。

ケブカルリミノキ 〈*Lasianthus tomentosus* BL.〉アカネ科の低木。多毛、果実は濃コバルト色。花は上部紫色。熱帯植物。

ケブカワタ 〈*Gossypium hirsutum* L.〉アオイ科の草本。高さは1.5m。花は白っぽい黄色。熱帯植物。園芸植物。

ケフシグロ 〈*Silene firma* Sieb. et Zucc. f. *pubescens* (Makino) Ohwi et Ohashi〉ナデシコ科。

ケフタマタゴケ 〈*Apometzgeria pubescens* (Schrank) Kuwah.〉フタマタゴケ科のコケ。長さ2〜3cm、幅0.8〜1.5mm。

ケープヒルムシロ 〈*Aponogeton distachyos* L. f.〉レースソウ科の多年草、水生植物。葉は長さ7〜15cm。花は白または淡紅色。園芸植物。

ケヘチマゴケ 〈*Pohlia flexuosa* Hook.〉ハリガネゴケ科のコケ。茎は長さ1〜2cm、葉は披針形。

ケベリグサ 〈*Cutleria adspersa* (Roth) De Notaris〉ムチモ科の海藻。扇状又は腎臓形で傾臥。体は径15cm。

ケホウヤクイヌワラビ 〈*Athyrium × neoelegans* Sa. Kurata notho f. *pulvereum* Sa. Kurata〉オシダ科のシダ植物。

ケホシダ 毛穂羊歯 〈*Cyclosorus parasiticus* (L.) Farwell〉オシダ科(ヒメシダ科)の常緑性シダ。葉身は長さ80cm。披針形〜広披針形。園芸植物。

ケマルバスミレ 毛丸葉菫 〈*Viola keiskei* Makino〉スミレ科の多年草。高さは5〜10cm。花は白色。園芸植物。

ケマンソウ 華鬘草 〈*Dicentra spectabilis* (L.) Lemaire〉ケシ科の多年草。別名タイツリソウ、フジボタン。高さは40～60cm。花は紅色。薬用植物。園芸植物。切り花に用いられる。

ケミズキ 〈*Cornus walteri*〉ミズキ科の木本。樹高14m。樹皮は淡灰褐色。

ゲミニミダレユキ ゲミニ乱れ雪 アガウェ・ゲミニフロラの別名。

ケミノゴケ 〈*Macromitrium comatum* Mitt.〉タチヒダゴケ科のコケ。枝葉は長さ2～3mm、上部は竜骨状となる。

ケミノヤマナラシ 〈*Populus lasiocarpa*〉ヤナギ科の木本。樹高20m。樹皮は灰褐色。

ケミヤマタニタデ 〈*Circaea alpina* subsp. *caulescens*〉アカバナ科。

ケムラサキオトメイヌワラビ 〈*Athyrium × purpurascens* (Tagawa) Sa. Kurata f. *pilosum* (Sa. Kurata) Sa. Kurata〉オシダ科のシダ植物。

ケムラサキニガナ 〈*Lactuca sororia* Miq. var. *pilipes* (Migo) Kitam.〉キク科。

ケモミウラモドキ 〈*Entoloma japonicum* (Hongo) Hongo〉イッポンシメジ科のキノコ。小型。傘は灰褐色、綿毛状繊維。ひだは帯褐灰色。

ケヤキ 欅 〈*Zelkova serrata* (Thunb. ex Murray) Makino〉ニレ科の落葉高木。高さは30m。樹皮は淡灰色。園芸植物。

ケヤブハギ 毛藪萩 〈*Desmodium podocarpum* DC. subsp. *fallax* (Schindl.) Ohashi〉マメ科の多年草。高さは30～120cm。

ケヤマウコギ 毛山五加 〈*Acanthopanax divaricatus* (Sieb. etZucc.) Seem.〉ウコギ科の落葉低木。別名オニウコギ、オオウコギ。

ケヤマタカネサトメシダ 〈*Athyrium × pseudopinetorum* Seriz. notho f.*pilosum* Nakaike, nom. nud.〉オシダ科のシダ植物。

ケヤマタニイヌワラビ 〈*Athyrium × quaesitum* Sa. Kurata notho f. *pulvereum* Sa. Kurata〉オシダ科のシダ植物。

ケヤマハンノキ ヤマハンノキの別名。

ケヤマメシダ オシダ科のシダ植物。

ケヤリ 〈*Sporochnus scoparius* Harvey〉ケヤリモ科の海藻。枝は硬く円柱状。体は30cm。

ケヤリギボウシ 〈*Hosta densa*〉ユリ科。

ケヨノミ 〈*Lonicera caerulea* var. *edulis*〉スイカズラ科の木本。

ケラスティウム ナデシコ科の属総称。

ケラスティウム・アルウェンセ セイヨウミミナグサの別名。

ケラスティウム・エアルレイ 〈*Cerastium earlei* Rydb.〉ナデシコ科。高山植物。

ケラスティウム・スキゾペタルム ミヤマミミナグサの別名。

ケラスティウム・ボアシエリ 〈*Cerastium boissieri* Gren.〉ナデシコ科。高さは10～30cm。花は白色。園芸植物。

ケラスティウム・ユニフロルム 〈*Cerastium uniflorum* Cloirv.〉ナデシコ科。高山植物。

ケラスティウム・ラティフォリウム 〈*Cerastium latifolium* L.〉ナデシコ科。高さは5～20cm。花は白色。高山植物。園芸植物。

ケラストルス・オルビクラツス ツルウメモドキの別名。

ケラザミア・クエステリアナ 〈*Ceratozamia kuesteriana* Regel〉ソテツ科。別名クエスターツノミザミア。幹は円筒状。園芸植物。

ケラトザミア・メキシカナ 〈*Ceratozamia mexicana* Brongn.〉ソテツ科。別名ナガバツノミザミア。高さは30～120cm。園芸植物。

ケラトスティグマ・ウィルモッティアヌム 〈*Ceratostigma willmottianum* Stapf〉イソマツ科の低木。高さは0.6～1m。花は明るい青色。園芸植物。

ケラトスティグマ・グリフィシィ 〈*Ceratostigma griffithii* Clarke〉イソマツ科。高山植物。

ケラトスティグマ・プルンバギノイデス ルリマツリモドキの別名。

ケラトスティリス・ルブラ 〈*Ceratostylis rubra* Ames〉ラン科。花はレンガ赤色。園芸植物。

ケラトニア・シリクア イナゴマメの別名。

ケラトフィルム・デメルスム マツモの別名。

ケラトプテリス・タリクトロイデス ミズワラビの別名。

ケラトプテリス・プテリドイデス 〈*Ceratopteris pteridoides* (Hook.) Hieron.〉ミズワラビ科のシダ植物。別名アメリカミズワラビ。葉柄は太く短く、上部がもっとも太い。園芸植物。

ケラトペタルム・グムニフェルム 〈*Ceratopetalum gummiferum* Smith.〉クノニア科の常緑高木。

ゲラニウム・アルゲンテウム 〈*Geranium argenteum* L.〉フウロソウ科。高さは5～20cm。花は淡紅色。園芸植物。

ゲラニウム・アルボレウム 〈*Geranium arboreum* A. Gray〉フウロソウ科。高さは2～4m。花は紅色。園芸植物。

ゲラニウム・イェゾエンセ エゾフウロの別名。

ゲラニウム・エリアンツム チシマフウロの別名。

ゲラニウム・エリオステモン 〈*Geranium eriostemon* Fisch. ex DC.〉フウロソウ科。園芸植物。

ゲラニウム・カロライニアヌム アメリカフウロの別名。

ゲラニウム・キネレウム 〈*Geranium cinereum* Cav.〉フウロソウ科の宿根草。高さは8～15cm。花は紅紫色。高山植物。園芸植物。

ケラニウム

ゲラニウム・サングイネウム　アケボノフウロの別名。
ゲラニウム・シルウァティクム　〈Geranium sylvaticum L.〉フウロソウ科。高さは30〜80cm。花は青紫色。高山植物。園芸植物。
ゲラニウム・ソボリフェルム　アサマフウロの別名。
ゲラニウム・ダルマティクム　〈Geranium dalmaticum (G. Beck) Rech. f.〉フウロソウ科の宿根草。花は淡紅色。園芸植物。
ゲラニウム・ツベロスム　〈Geranium tuberosum L.〉フウロソウ科の多年草。
ゲラニウム・ツンベルギー　ゲンノショウコの別名。
ゲラニウム・ビスコシシマム　〈Geranium viscosissimum Fisch. & Mey.〉フウロソウ科。高山植物。
ゲラニウム・ヒマライエンセ　〈Geranium himalayense Klotzch〉フウロソウ科。花は青色。園芸植物。
ゲラニウム・ファエウム　〈Geranium phaeum L.〉フウロソウ科の多年草。高山植物。
ゲラニウム・プシルム　チゴフウロの別名。
ゲラニウム・プラテンセ　ノラフウロの別名。
ゲラニウム・マクロリズム　〈Geranium macrorrhizum L.〉フウロソウ科。高さは10〜30cm。花は紅色。園芸植物。
ゲラニウム・ルシドゥム　〈Geranium lucidum L.〉フウロソウ科の一年草。
ケラマツツジ　慶良間躑躅　〈Rhododendron scabrum D. Don var. scabrum〉ツツジ科の常緑低木。花は淡紅色。園芸植物。
ケラリア・ナマクエンシス　〈Ceraria namaquensis Pears. et E. L. Steph.〉スベリヒユ科。高さは2m。花は白または淡桃色。園芸植物。
ケラリア・ピグマエア　〈Ceraria pygmaea Pill.〉スベリヒユ科。径30cm。花は淡桃色。園芸植物。
ケリア・ヤポニカ　ヤマブキの別名。
ケリケリア・エリノイデス　〈Koellikeria erinoides (DC.) Mansf.〉イワタバコ科の草本。花は上面は赤、下面は白色。園芸植物。
ケリドニウム・マジュス　クサノオウの別名。
ケリドニウム・ヤポニクム　ヤマブキソウの別名。
ゲーリュサッキア・ウルシナ　〈Gaylussacia ursina Torr. et A. Gray〉ツツジ科の低木。高さは1.8m。花は白または淡紅色。園芸植物。
ゲーリュサッキア・ドゥモサ　〈Gaylussacia dumosa (Andr.) Torr. et A. Gray ex A. Gray〉ツツジ科の低木。高さは45cm。花は白または淡紅色。園芸植物。
ゲーリュサッキア・バッカタ　〈Gaylussacia baccata (Wangenh.) K. Koch〉ツツジ科の低木。高さは90cm。花は赤を帯びる。園芸植物。

ゲーリュサッキア・ブラキケラ　〈Gaylussacia brachycera (Michx.) A. Gray〉ツツジ科の低木。高さは45cm。花は白または淡紅色。園芸植物。
ゲーリュサッキア・フロンドサ　〈Gaylussacia frondosa (L.) Torr. et A. Gray ex Torr.〉ツツジ科の低木。高さは1.8m。花は白または緑がかった紫色。園芸植物。
ケリンテ・ミノール　〈Cerinthe minor L.〉ムラサキ科。高山植物。
ケール　〈Brassica oleracea L. var. acephala DC.〉アブラナ科の野菜。別名ハゴロモカンラン(羽衣甘藍)、リョクヨウカンラン(緑葉甘藍)。園芸植物。
ケルキス・カナデンシス　アメリカハナズオウの別名。
ケルキス・キネンシス　ハナズオウの別名。
ケルキス・シリクアストルム　セイヨウハナズオウの別名。
ケルキディフィルム・マグニフィクム　ヒロハカツラの別名。
ケルキディフィルム・ヤポニクム　カツラの別名。
ケルシー　〈Kelsey〉バラ科のスモモ(李)の品種。別名池田李、カブトスモモ。果皮は緑黄色。
ゲルセミウム　マチン科の属総称。
ケルティス・イェッソエンシス　エゾエノキの別名。
ケルティス・シネンシス　エノキの別名。
ケルティス・レヴェイレイ　コバノチョウセンエノキの別名。
ケルネラ・サクサティリス　〈Kernera saxatills Rchb.〉アブラナ科。高山植物。
ゲルフォルト・ジャイアント　ケシ科のアイスランド・ポッピーの園芸品種。園芸植物。
ゲルベ・ダグマー・ハストラップ　〈Gelbe Dagmer Hastrup〉バラ科。花は黄色。
ケルベラ・オドラン　〈Cerbera odollan Gaertn.〉キョウチクトウ科の木本。高さは10〜16m。園芸植物。
ケルベラ・マンガス　ミフクラギの別名。
ケルミシア・コリアケア　〈Celmisia coriacea (G. Forst.) Hook. f.〉キク科の多年草。長さ20〜60cm。花は白色。園芸植物。
ケルミシア・スペクタビリス　〈Celmisia spectabilis Hook. f.〉キク科の多年草。長さ10〜15cm。花は白色。園芸植物。
ケルミシア・フーリケイ　〈Celmisia hookeri Cockayne〉キク科の多年草。
ケルリソウ　〈Trigonotis radicans (Turcz.) Steven〉ムラサキ科の草本。
ケールロイテリア・パニクラタ　モクゲンジの別名。
ケールロイテリア・フォルモサナ　〈Koelreuteria formosana Hayata〉ムクロジ科の落葉高木。別

名タイワンモクゲンジ、タイワンセンダンボダイジュ。高さは10～15m。花は黄色。園芸植物。

ケレウス・ウァリドゥス 〈*Cereus validus* Haw.〉サボテン科のサボテン。別名有力柱。高さは3m。花は白色。園芸植物。

ケレウス・クサントカルプス 〈*Cereus xanthocarpus* K. Schum.〉サボテン科のサボテン。別名黄実柱。高さは6～8m。花は白色。園芸植物。

ケレウス・ネオテトラゴヌス 〈*Cereus neotetragonus* Backeb.〉サボテン科のサボテン。別名連城角。高さは3m。花は赤みあり。園芸植物。

ケレウス・ヘクサゴヌス 〈*Cereus hexagonus* (L.) Mill.〉サボテン科のサボテン。別名鱗片柱。高さは15m。花は白色。園芸植物。

ケレウス・ペルーウィアヌス キメンカクの別名。

ケレウス・ヤマカル 〈*Cereus jamacaru* DC.〉サボテン科のサボテン。別名ヤマカル柱。高さは10m。花は鮮やかな赤色。園芸植物。

ケレンシュタイニア・グラミネア 〈*Koellensteinia graminea* (Lindl.) Rchb. f.〉ラン科。高さは12～15cm。花は黄色。園芸植物。

ケロウジ 〈*Sarcodon scabrosus* (Fr.) Karst.〉イボタケ科のキノコ。中型～大型。傘は微毛～鱗片状。

ケロクシロン・アルピヌム ロウヤシの別名。

ケロシア・クリスタタ ケイトウの別名。

ケロノプシス・モスカタ ジャコウソウの別名。

ケロノプシス・ロンギペス タニジャコウソウの別名。

ケロペギア・アンプリアタ 〈*Ceropegia ampliata* E. Mey.〉ガガイモ科。花は淡黄色。園芸植物。

ケロペギア・ウッディー ハートカズラの別名。

ケロペギア・サンダーソニー 〈*Ceropegia sandersonii* Decne. ex Hook.〉ガガイモ科。花は淡緑色。園芸植物。

ケロペギア・デビリス 〈*Ceropegia debilis* N. E. Br.〉ガガイモ科。花は黒紫色。園芸植物。

ケロペギア・ハイガルティー 〈*Ceropegia haygarthii* Schlechter〉ガガイモ科のつる性小低木。花は暗紫色(紋)。園芸植物。

ケロペギア・バークリー 〈*Ceropegia barkleyi* Hook. f.〉ガガイモ科。花は黒紫色。園芸植物。

ケロペギア・バリアーナ 〈*Ceropegia ballyana* Bllock〉ガガイモ科のつる植物。

ケロペギア・フスカ 〈*Ceropegia fusca* Bolle〉ガガイモ科。別名濃雲。高さは2m。花は暗赤茶色。園芸植物。

ケロペギア・リネアリス 〈*Ceropegia linearis* E. Mey.〉ガガイモ科。花は淡緑色。園芸植物。

ケンウン 巻雲 メロカクツス・ネリーの別名。

ゲンカイイワレンゲ 〈*Sedum iwarenge* var. *genkaiense*〉ベンケイソウ科。

ゲンカイツツジ 玄海躑躅 〈*Rhododendron mucronulatum* Turcz. var. *ciliatum* Nakai〉ツツジ科の落葉または半常緑低木。別名ケゲンカイツツジ。園芸植物。日本絶滅危機植物。

ゲンカイミミナグサ 〈*Cerastium fischerianum* Ser. var. *molle* Ohwi〉ナデシコ科。日本絶滅危機植物。

ケンキョウ ツバキ科のツバキの品種。

ケンキョウ 見驚 バラ科のウメの品種。園芸植物。

ゲンゲ 翹揺、紫雲英 〈*Astragalus sinicus* L.〉マメ科の多年草。別名レンゲ、ホウゾバナ。高さは10～25cm。花は紫紅色。薬用植物。園芸植物。

ケンザンデンダ 〈*Woodsia hancockii*〉オシダ科。

ゲンジスミレ 源氏菫 〈*Viola variegata* Fisch.〉スミレ科の多年草。高さは5～15cm。園芸植物。

ゲンジバナ 〈*Torenia glabra* Osbeck〉ゴマノハグサ科の草本。別名コバナツルリクサ。

ケンタウリウム・スキロイデス 〈*Centaurium scilloides* (L. f.) Samp.〉リンドウ科の草本。高さは5～15cm。花は鮮濃紅色。園芸植物。

ケンタウリウム・プルケルム 〈*Centaurium pulchellum* (Swartz) Druce〉リンドウ科の一年草。高さは15cm。花は紅～帯紅紫色。高山植物。園芸植物。

ケンタウレア・アトロプルプレア 〈*Centaurea atropurpurea* Waldst. et Kit.〉キク科の草本。高さは1m。花は濃紫紅色。園芸植物。

ケンタウレア・アメリカナ アザミヤグルマの別名。

ケンタウレア・インウォルクラタ 〈*Centaurea involucrata* Desf.〉キク科の草本。高さは50～60cm。花は黄色。園芸植物。

ケンタウレア・オリエンタリス 〈*Centaurea orientalis* L.〉キク科の草本。高さは60～90cm。園芸植物。

ケンタウレア・カナリエンシス 〈*Centaurea canariensis* Willd.〉キク科の草本。高さは1m。花は淡桃色。園芸植物。

ケンタウレア・キアヌス ヤグルマギクの別名。

ケンタウレア・キナロイデス 〈*Centaurea cynaroides* Link〉キク科の草本。高さは1m。花は紅色。園芸植物。

ケンタウレア・キネラリア 〈*Centaurea cineraria* L.〉キク科の草本。別名シロタエギク。高さは1m。花は紫紅色。園芸植物。

ケンタウレア・キネラリア シロタエギクの別名。

ケンタウレア・ギムノカルパ 〈*Centaurea gymnocarpa* Moris et De Not.〉キク科の草本。高さは1m。花は紫紅色。園芸植物。

ケンタウレア・コリナ 〈*Centaurea collina* L.〉キク科の草本。高さは1m。花は黄色。園芸植物。

ケンタウレア・サロニタナ 〈Centaurea salonitana Vis.〉キク科の多年草。高さは60cm。花は黄色。園芸植物。

ケンタウレア・シンプリキカウリス 〈Centaurea simplicicaulis Boiss. et Huet〉キク科の草本。高さは50cm。花は桃紅色。園芸植物。

ケンタウレア・スアウェオレンス 〈Centaurea suaveolens Willd.〉キク科の草本。別名キバナニオイヤグルマ。高さは60〜80cm。花は鮮やかな濃黄色。園芸植物。

ケンタウレア・スカビオサ 〈Centaurea scabiosa L.〉キク科の多年草。高さは1.5m。花は紅色。園芸植物。

ケンタウレア・スルフレア 〈Centaurea sulphurea Willd.〉キク科の草本。高さは60〜70cm。花は黄色。園芸植物。

ケンタウレア・デアルバタ 〈Centaurea dealbata Willd.〉キク科の草本。高さは50〜60cm。花は桃または紅色。園芸植物。

ケンタウレア・トリウムフェティー 〈Centaurea triumfettii All.〉キク科の草本。高さは60cm。花は紫紅色。園芸植物。

ケンタウレア・ニカエンシス 〈Centaurea nicaeensis All.〉キク科の草本。高さは50cm。園芸植物。

ケンタウレア・ニグラ クロアザミの別名。

ケンタウレア・ヒポレウカ 〈Centaurea hypoleuca DC.〉キク科の一年草または多年草。高さは50cm。園芸植物。

ケンタウレア・プラタ 〈Centaurea pullata L.〉キク科の草本。高さは60〜70cm。花は紅色。園芸植物。

ケンタウレア・プルケリマ 〈Centaurea pulcherrima Willd.〉キク科の草本。高さは70cm。花は濃桃色。園芸植物。

ケンタウレア・ベラ 〈Centaurea bella Trautv.〉キク科の草本。高さは50cm。花は桃紅色。園芸植物。

ケンタウレア・マクロケファラ オウゴンヤグルマの別名。

ケンタウレア・モスカタ スイート・サルタンの別名。

ケンタウレア・モンタナ 〈Centaurea montana L.〉キク科の宿根草。別名ヤマヤグルマギク。高さは60cm。花は白、青、紫紅青、桃、紫など。園芸植物。

ケンタウレア・ルテニカ 〈Centaurea ruthenica Lam.〉キク科の草本。高さは1m。花は淡黄色。園芸植物。

ケンタッキー・ブルーグラス ナガハグサの別名。

ケンチャヤシ 〈Howea belmoreana (C. Moore et F. J. Muell.) Becc.〉ヤシ科。別名フォースターホウエィア。高さは7m。園芸植物。

ゲンティアナ・アカウリス 〈Gentiana acaulis L.〉リンドウ科。別名チャボリンドウ。高さは5〜10cm。花は濃青色。高山植物。園芸植物。

ゲンティアナ・アスクレピアデア 〈Gentiana asclepiadea L.〉リンドウ科の多年草。別名トウワタリンドウ。高さは20〜60cm。花は深青色。高山植物。園芸植物。

ゲンティアナ・アルピナ 〈Gentiana alpina Vill.〉リンドウ科。高さは10〜15cm。花は青色。高山植物。園芸植物。

ゲンティアナ・アングスティフォリア 〈Gentiana angustifolia Vill.〉リンドウ科。高さは10cm。花は空色。園芸植物。

ゲンティアナ・インヴェルリース 〈Gentiana × inverleith hort.〉リンドウ科。花は空色。園芸植物。

ゲンティアナ・ウェルナ 〈Gentiana verna L.〉リンドウ科。高さは5〜10cm。花は鮮青色。高山植物。園芸植物。

ゲンティアナ・オルナタ 〈Gentiana ornata Wall.〉リンドウ科の多年草。高山植物。

ゲンティアナ・カシュミリカ 〈Gentiana cachemirica Decne.〉リンドウ科の多年草。花は空色。高山植物。園芸植物。

ゲンティアナ・クラウサ 〈Gentiana clausa Raf.〉リンドウ科。高さは60cm。園芸植物。

ゲンティアナ・グラキリペス 〈Gentiana gracilipes Turrill〉リンドウ科。高さは30cm。花は紫青色。園芸植物。

ゲンティアナ・クルキアタ 〈Gentiana cruciata L.〉リンドウ科。高さは15〜60cm。花は紫青色。園芸植物。

ゲンティアナ・コンキナ 〈Gentiana concinna Hook. f.〉リンドウ科の多年草。

ゲンティアナ・サクソサ 〈Gentiana saxosa G. Forst.〉リンドウ科。高さは15cm。花は白色。園芸植物。

ゲンティアナ・シノ-オルナタ 〈Gentiana sino-ornata Balf. f.〉リンドウ科の多年草。高さは15〜20cm。花は深青色。高山植物。園芸植物。

ゲンティアナ・スカブラ トウリンドウの別名。

ゲンティアナ・スチロフォラ 〈Gentiana stylophora Clarke〉リンドウ科。高山植物。

ゲンティアナ・ステウェナゲンシス 〈Gentiana × stevenagensis hort. ex F. Barker〉リンドウ科。花は紫青色。園芸植物。

ゲンティアナ・ストラミネア リンドウ科の薬用植物。

ゲンティアナ・セファランサ 〈Gentiana cephalantha Fr.〉リンドウ科の多年草。

ゲンティアナ・セプテンフィダ ナツリンドウの別名。

ゲンティアナ・ツォリンゲリ フデリンドウの別名。

ゲンティアナ・ツンベリー ハルリンドウの別名。

ゲンティアナ・ディナリカ 〈Gentiana dinarica G. Beck〉リンドウ科。高さは7cm。花は純青色。園芸植物。

ゲンティアナ・ティベティカ 〈Gentiana tibetica King ex Hook. f.〉リンドウ科の薬用植物。高さは60cm。花は帯緑白色。園芸植物。

ゲンティアナ・テネラ 〈Gentiana tenella Fries.〉リンドウ科の一年草。

ゲンティアナ・デプレサ 〈Gentiana depressa Don〉リンドウ科の多年草。高山植物。

ゲンティアナ・トリフロラ 〈Gentiana triflora Pall.〉リンドウ科。別名トウオヤマリンドウ。花は濃青～淡青色。

ゲンティアナ・ニッポニカ ミヤマリンドウの別名。

ゲンティアナ・ニバリス 〈Gentiana nivalis L.〉リンドウ科の一年草。高山植物。

ゲンティアナ・ハスコンベンシス 〈Gentiana × hascombensis hort.〉リンドウ科。花は淡紫色。園芸植物。

ゲンティアナ・ババリカ 〈Gentiana bavarica L.〉リンドウ科。高山植物。

ゲンティアナ・ピレナイカ 〈Gentiana pyrenaica L.〉リンドウ科。高山植物。

ゲンティアナ・ファレリ 〈Gentiana farreri Balf. f.〉リンドウ科。高さは10～15cm。花は鮮青色。園芸植物。

ゲンティアナ・プネウモナンテ 〈Gentiana pneumonanthe L.〉リンドウ科の多年草。高山植物。

ゲンティアナ・ブラキフィラ 〈Gentiana brachyphylla Vill.〉リンドウ科。高山植物。

ゲンティアナ・プルプレア 〈Gentiana purpurea L.〉リンドウ科。高さは20～60cm。花は紫赤、黄色。園芸植物。

ゲンティアナ・プンクタータ 〈Gentiana punctata L.〉リンドウ科。高山植物。

ゲンティアナ・ヘクサフィラ 〈Gentiana hexaphylla Maxim. ex Kuzn.〉リンドウ科。高さは15cm。花は青色。園芸植物。

ゲンティアナ・マキノイ オヤマリンドウの別名。

ゲンティアナ・ヤクシメンシス ヤクシマリンドウの別名。

ゲンティアナ・リゲスケンス リンドウ科の薬用植物。

ゲンティアナ・ルテア 〈Gentiana lutea L.〉リンドウ科の多年草。高さは50～200cm。花は黄色。高山植物。薬用植物。園芸植物。

ゲンティアナ・ロウレイリィ リンドウ科の薬用植物。

ゲンティアネラ・カムペストリス 〈Gentianella campestris Börner〉リンドウ科の一年草または多年草。高山植物。

ゲンティアネラ・ラモサ 〈Gentiana ramosa J. Holub.〉リンドウ科。高山植物。

ケンティオプシス・オリウィフォルミス 〈Kentiopsis oliviformis (Brongn. et Gris) Brongn.〉ヤシ科。高さは27m。花は白色。園芸植物。

ケンティフォーリア・ブラータ 〈Centifolia Bullata〉バラ科。花はソフトピンク。

ケントラデニア・グランディフォリア 〈Centradenia grandifolia (Schlechtend.) Endl.〉ノボタン科。高さは2m。花はローズピンク色。園芸植物。

ケントラデニア・フロリブンダ 〈Centradenia floribunda Planch.〉ノボタン科。花は桃色。園芸植物。

ケントランツス・マクロシフォン ウスベニカノコソウの別名。

ケントランツス・ルベル ベニカノコソウの別名。

ケントロポゴン・コルヌタス 〈Centropogon cornutus Druce〉キキョウ科の低木。

ケンネディア・ベックシアーナ 〈Kennedia beckxiana F. Muell.〉マメ科のつる植物。

ゲンノショウコ 現証拠 〈Geranium nepalense Sweet subsp. thunbergii (Sieb. et Zucc.) Hara〉フウロソウ科のハーブ。別名ミコシグサ、ネコノアシグサ。高さは30～50cm。花はわずかに紅紫を帯びた白または紅紫色。薬用植物。園芸植物。

ケンパス 〈Koompassia malaccensis Benth.〉マメ科の大高木。熱帯植物。

ゲンペイクサギ 〈Clerodendron thomsoniae Balf.〉クマツヅラ科の観賞用蔓木。別名ゲンペイカズラ、ハリガネカズラ。花は深紅色。熱帯植物。園芸植物。

ゲンペイシダレ 源平枝垂 バラ科のモモの品種。園芸植物。

ゲンペイモモ バラ科のモモの品種。別名サキワケモモ。

ケンペリア バンウコンの別名。

ケンペリア・ガランガ バンウコンの別名。

ケンペリア・ギルバーティー 〈Kaempferia gilbertii Bull〉ショウガ科の多年草。花は白色。園芸植物。

ケンペリア・ロスコエアナ 〈Kaempferia roscoeana Wall.〉ショウガ科の多年草。花は純白色。園芸植物。

ケンペリア・ロツンダ 〈Kaempferia rotunda L.〉ショウガ科の多年草。花は淡紫～紅色。園芸植物。

ケンポナシ

ケンポナシ　玄圃梨　〈*Hovenia dulcis* Thunb.〉クロウメモドキ科の落葉高木。高さは15〜20m。花は紫色。薬用植物。園芸植物。

ゲンラク　幻楽　プセウドエスポストア・メラノステレの別名。

ケンレンギョク　剣恋玉　エキノフォッスロカクツス・ケレリアヌスの別名。

ケンロクエンキクザクラ　バラ科のサクラの品種。園芸植物。

【コ】

コアカエガマホタケ　〈*Typhula erythropus* (Pers.) Fr.〉シロソウメンタケ科のキノコ。

コアカザ　小藜　〈*Chenopodium serotinum* L.〉アカザ科の一年草。高さは30〜60cm。薬用植物。

コアカソ　小赤麻　〈*Boehmeria spicata* (Thunb. ex Murray) Thunb.〉イラクサ科の小低木。別名キアカソ。高さは50〜100cm。

コアカバナ　ミヤマアカバナの別名。

コアカミゴケ　〈*Cladonia floerkeana* (Fr.) Somm.〉ハナゴケ科の地衣類。子柄は長さ1〜3cm。園芸植物。

コアカミゴケモドキ　〈*Cladonia pseudodidyma* Asah.〉ハナゴケ科の地衣類。子柄は高さ1〜3cm。

コアサガオ　〈*Pharbitis nil* (L.) Choisy var. *nil*〉ヒルガオ科の一年草。花ははり色。

コアジサイ　小紫陽花　〈*Hydrangea hirta* (Thunb. ex Murray) Sieb. et Zucc.〉ユキノシタ科の落葉小低木。別名シバアジサイ。高さは1m。花は淡碧色。園芸植物。

コアゼガヤツリ　小畦蚊帳釣　〈*Cyperus haspan* L.〉カヤツリグサ科の多年草。高さは20〜45cm。

コアゼテンツキ　小畦点突　〈*Fimbristylis aestivalis* (Retz.) Vahl〉カヤツリグサ科の草本。

コアツモリソウ　小敦盛草　〈*Cypripedium debile* Reichb. f.〉ラン科の多年草。高さは10〜20cm。花は淡緑色。園芸植物。

コアナミズゴケ　〈*Sphagnum microporum* Warnst. ex Card.〉ミズゴケ科のコケ。大形、茎葉は舌形〜三角状舌形。

コアニチドリ　小阿仁千鳥　〈*Amitostigma kinoshitae* (Makino) Schltr.〉ラン科の多年草。高さは10〜20cm。高山植物。

コアブラゴケ　〈*Hookeriopsis utacamundiana* (Mont.) Broth.〉アブラゴケ科のコケ。茎は長さ2〜3cm、葉は卵形〜狭卵形で非相称。

コアブラススキ　〈*Spodiopogon depauperatus* Hack.〉イネ科の多年草。別名ミヤマアブラススキ。高さは60〜80cm。

コアブラツツジ　〈*Enkianthus nudipes* (Honda) Ohwi〉ツツジ科の木本。

コアマチャ　オオチャルメルソウの別名。

コアマモ　小甘藻　〈*Zostera japonica* Aschers. et Graebn.〉ヒルムシロ科(アマモ科)の海藻。

コアミミゾゴケ　〈*Matsupella commutata* (Limpr.) Bernet〉ミゾゴケ科のコケ。花被がなく、長さ5〜10mm。

コアメリカスズメノヒエ　〈*Paspalum minus* E. Fourn.〉イネ科。小穂は長さ2.2〜2.5mm。

コアヤメ　〈*Iris sibirica* L.〉アヤメ科の多年草。高さは90cm。花は青紫色。園芸植物。

コアラセイトウ　〈*Matthiola incana* (L.) R. Br.〉アブラナ科の一年草。

コアラホウキタケ　〈*Ramaria* sp.〉ホウキタケ科の属総称。キノコ。形はほうき状、地上生(腐植土上)。

コアワ　小粟　〈*Setaria italica* (L.) Beauv. var. *germanica* Schrad.〉イネ科。別名エノコアワ。

コアワガエリ　小粟還り　〈*Phleum paniculatum* Huds. var. *annuum* Honda f. *japonicum* (Franch. et Savat.) Makino〉イネ科。

コアンチゴケ　〈*Anzia stenophylla* Asah.〉アンチゴケ科の地衣類。地衣体は裂片は狭い。

コイクス・マ-イウエン　ハトムギの別名。

コイクス・ラクリマ-ヨビ　ジュズダマの別名。

コイケマ　〈*Cynanchum wilfordi* (Maxim.) Hemsl.〉ガガイモ科の草本。薬用植物。

コイサン　〈Koisan〉　バラ科。ハイブリッド・ティーローズ系。花は淡いピンク。

コイチゴツナギ　〈*Poa compressa* L.〉イネ科の多年草。高さは10〜60cm。

コイチヤクソウ　小一薬草　〈*Orthilia secunda* (L.) House〉イチヤクソウ科の多年草。高さは10〜25cm。高山植物。

コイチヨウラン　小一葉蘭　〈*Ephippianthus schmidtii* Reichb. f.〉ラン科の多年草。高さは10〜20cm。高山植物。

コイヌガラシ　小犬芥　〈*Rorippa cantoniensis* (Lour.) Ohwi〉アブラナ科の一年草または越年草。高さは10〜40cm。

コイヌノエフデ　〈*Jansia borneensis* (Cesati) Fisch.〉スッポンタケ科のキノコ。小型。托は円筒状、托上部は赤褐色。

コイヌノハナヒゲ　〈*Rhynchospora fujiiana* Makino〉カヤツリグサ科の多年草。高さは10〜40cm。

コイブキアザミ　〈*Cirsium confertissimum* Nakai〉キク科の草本。

コイマギョク　恋魔玉　ネオポルテリア・コイマセンシスの別名。

コイワカガミ　小岩鏡　〈*Schizocodon soldanelloides* f. *alpinus*〉イワウメ科。高山植物。

コイワカンスゲ 〈*Carex chrysolepis*〉カヤツリグサ科。

コイワザクラ 小岩桜 〈*Primula reinii* Franch. et Savat. var. *reinii*〉サクラソウ科の多年草。高さは5〜10cm。花は淡紅色。高山植物。園芸植物。

コイワタデ 〈*Polygonum ajanense* Grig.〉タデ科の多年草。高山植物。

コイワレンゲ 〈*Sedum iwarenge* var. *aggregeatum*〉ベンケイソウ科。別名アオノイワレンゲ。

コウエンボク 〈*Peltophorum pterocarpum* (DC.) Bak. ex K. Heyne〉マメ科の高木。莢は赤褐色。高さは15〜30m。花は黄より橙色に変化。熱帯植物。園芸植物。

コウオウソウ クジャクソウの別名。

コウカ 紅華 ゴマノハグサ科のキンギョソウの品種。園芸植物。

コウガイゼキショウ 笄石菖 〈*Juncus leschenaultii* Gay〉イグサ科の多年草。別名ヒラコウガイゼキショウ。高さは20〜40cm。

コウガイモ 笄藻 〈*Vallisneria denseserrulata* (Makino) Makino〉トチカガミ科の多年生の沈水植物。葉は根生、線形(リボン状)。

コウカマル 香花丸 ドリコテレ・ボイミーの別名。

コウキ 紅輝 ショウガ科のジンジャーの品種。園芸植物。

コウキクサ 小浮草 〈*Lemna minor* L.〉ウキクサ科の常緑の浮遊植物。

コウキセッコク 高貴石斛 〈*Dendrobium nobile* Lindl.〉ラン科の多年草。花は白色。薬用植物。園芸植物。

コウキノツカサ 皇輝の司 ユリ科のユリの品種。園芸植物。

コウキヤガラ エゾウキヤガラの別名。

コウギョク 晃玉 〈*Euphorbia obesa* Hook. f.〉トウダイグサ科の多肉植物。別名オベサ、麒麟丸、貴宝玉。高さは10〜12cm。園芸植物。

コウギョク ツバキ科のサザンカの品種。

コウギョク 紅玉 〈Jonathan〉バラ科のリンゴ(苹果)の品種。別名6号、千成、満江。果皮は濃紅色。

コウグイスカグラ 〈*Lonicera ramosissima* Franch. et Savat.〉スイカズラ科の落葉低木。別名チチブヒョウタンボク、ヒメヒョウタンボク、キタウグイスカグラ。高山植物。

コウゲツ 好月 ツツジ科のサツキの品種。園芸植物。

ゴウケンマル 豪剣丸 エキノプシス・レウカンタの別名。

コウサイタイ 紅菜苔 アブラナ科の中国野菜。別名紅菜花。園芸植物。

コウザキシダ 〈*Asplenium ritoense* Hayata〉チャセンシダ科の常緑性シダ。葉身は長さ10〜18cm。卵形から三角状長楕円形。

コウザン 晃山 〈*Leuchtenbergia principis* Hook.〉サボテン科のサボテン。別名光山。高さは15〜20cm。花は輝鮮黄色。園芸植物。

コウザン 晃山 ツツジ科のサツキの品種。園芸植物。

コウザンアセビ 興山馬酔木 ツツジ科の木本。

コウジ 柑子 〈*Citrus leiocarpa* hort. ex T. Tanaka〉ミカン科の薬用植物。別名ウスカワミカン、ツチコウジ。高さは3〜4m。園芸植物。

ゴウシウビャクダン 〈*Santalum lanceolatum* R. BR.〉ビャクダン科の半寄生植物。熱帯植物。

コウジタケ 〈*Boletus fraternus* Peck〉イグチ科のキノコ。小型〜中型。傘は赤褐色〜紅色、ビロード状、細かいひび割れ。

コウシノシタ 〈*Streptocarpus saundersii* Hook.〉イワタバコ科の多年草。

コウシャクエビ 公爵蝦 サボテン科のサボテン。園芸植物。

コウシュウ 甲州 ブドウ科のブドウ(葡萄)の品種。果皮は赤紫色。

ゴウシュウアリタソウ 〈*Chenopodium pumilio* R. Br.〉アカザ科の一年草。別名コアリタソウ、ゴウシュウアカザ。高さは15〜40cm。

コウシュウウヤク イソヤマアオキの別名。

コウシュウオオミ 甲州大実 バラ科のアンズ(杏)の品種。果皮はやや淡橙色。

コウシュウギョク 紅繡玉 パロディア・シュウェブシアナの別名。

コウシュウサイショウ コウメの別名。

コウシュウサンジャク 甲州3尺 ブドウ科のブドウ(葡萄)の品種。別名3尺。果皮は淡紅色。

コウシュウヒゴタイ 〈*Saussurea amabilis* Kitamura〉キク科の多年草。高さは40〜60cm。

コウシュウヒャクメ 甲州百目 カキノキ科のカキの品種。別名蜂屋、百目、渋百目。果皮は帯黄紅色。

ゴウシュウビロウ 〈*Livistona decipiens* Becc.〉ヤシ科。高さは18〜20m、幹径25cm。熱帯植物。園芸植物。

ゴウシュウヘゴ キアテア・アウストラリスの別名。

ゴウシュウヤシ ユスラヤシの別名。

ゴウシュウヤブジラミ 〈*Daucus glochidiatus* (Labill.) Fisch., C. A. Mey. et Ave-Lall.〉セリ科。大散形花序は3〜9個。

コウシュンカズラ 〈*Tristellateia australasiae* A. Rich.〉キントラノオ科のつる性低木。葉は黄緑色。花は光沢のある黄色。熱帯植物。園芸植物。

コウシュンシダ 〈*Microlepia obtusiloba* Hayata〉コバノイシカグマ科の常緑性シダ。別名ヤクシ

マカグマ。葉身は長さ30～80cm。長楕円状披針形。

コウシュンシュスラン 〈Anoectochilus koshunensis〉ラン科。

コウシュンツゲ 〈Decaspermum fruticosum Forst〉フトモモ科の小木。葉はネズミモチに似、果実は黒color。花は白色。熱帯植物。

コウジョウノツキ 荒城の月 バラ科のバラの品種。園芸植物。

コウショウマル 紅照丸 アイロステラ・スピノシッシマの別名。

コウシンソウ 庚申草 〈Pinguicula ramosa Miyoshi〉タヌキモ科の多年生食虫植物。高さは3～15cm。高山植物。日本絶滅危機植物。

コウシンバラ 庚申薔薇 〈Rosa chinensis Jacq.〉バラ科の常緑低木。別名チョウシュン。高さは1～2m。花は淡桃から濃紅色。園芸植物。

コウスイ 幸水 バラ科のナシの品種。別名ナシ農林3号、キ－26。果皮は赤で、成熟すると黄緑褐色。

コウスイガヤ 〈Cymbopogon nardus (L.) Rendle〉イネ科の多年草。葉はやや粉白。高さ1m、花茎高さ2m。熱帯植物。園芸植物。

コウスイボク ボウシュウボクの別名。

コウヅシマヤマツツジ 〈Rhododendron × koudzumontanum Hid. Takah. et Katsuyama〉ツツジ科の木本。

コウスユキソウ 〈Leontopodium japonicum forma. spathulatum〉キク科。

コウセンガヤ ヒゲシバの別名。

コウゾ 姫楮 〈Broussonetia kazinoki Sieb.〉クワ科の落葉低木。別名ヒメコウゾ、カミキ。葉は卵形。薬用植物。園芸植物。

ゴウソ 郷麻 〈Carex maximowiczii Miq.〉カヤツリグサ科の多年草。別名タイツリスゲ、カミキサ。高さは30～70cm。

コウゾリナ 髪剃菜 〈Picris hieracioides L. var. japonica (Thunb. ex Murray) Regel〉キク科の多年草。葉や茎に赤褐色の鋭い剛毛。高さは10～25cm。園芸植物。

コウタケ 革茸, 茅蕈, 皮茸, 香茸 〈Sarcodon aspratus (Berk.) S. Ito〉イボタケ科のキノコ。別名シシタケ、クマタケ。大型。傘は漏斗形、中央は窪む。表面に顕著な鱗片。

ゴウダソウ ギンセンソウの別名。

コウダマル 紅蛇丸 ギムノカリキウム・モスティーの別名。

コウチク フィロスタキス・ウィリディスの別名。

コウチワチョウチンゴケ 〈Rhizomnium parvulum (Mitt.) T. J. Kop.〉チョウチンゴケ科のコケ。小形、葉はさじ形。

コウチワヤシ 〈Borassus machadonis Ridl.〉ヤシ科。ウチワヤシより小形、葉も軟。熱帯植物。

コウツギ 〈Deutzia floribunda Nakai〉ユキノシタ科の木本。

コウツボカズラ 〈Nepenthes gracilis Korth.〉ウツボカズラ科の食虫植物。葉は無毛。高さは2～4m。熱帯植物。園芸植物。

コウツボソウ サラセニア・ミノルの別名。

コウテングワ クワ科。園芸植物。

コウテンバイ バラ科のウメの品種。別名ウンリュウバイ。

コウテンボケ 香籇木瓜 バラ科のボケの品種。園芸植物。

コウトウアデク 〈Eugenia claviflora Roxb.〉フトモモ科の小木。熱帯植物。

コウトウサンユウカ 〈Ervatamia dichotoma Burkkill.〉キョウチクトウ科の小木。葉はタイサンボクに似て葉裏粉白。熱帯植物。

コウトウシュウカイドウ 〈Begonia fenicis〉シュウカイドウ科。

コウトウラン 〈Spathoglottis plicata Blume〉ラン科の地生植物。高さは100cm。花は藤、青紫色。熱帯植物。園芸植物。

コウトウノボタン メラストマ・ポリアンツムの別名。

コウトウマオ 〈Boehmeria sidaefolia Wedd.〉イラクサ科の低木。熱帯植物。

コウトウマメモドキ科 科名。

コウトウヤマヒハツ 〈Antidesma pentandrum (Blanco) Merr. var. barbatum (C. Presl) Merr.〉トウダイグサ科の木本。別名シマヤマヒハツ。

コウトウラン ツベロラビウム・コトエンセの別名。

コウバイ 紅梅 ツツジ科のサツキの品種。園芸植物。

コウバイタケ 〈Mycena adonis (Bull. : Fr.) S. F. Gray〉キシメジ科のキノコ。超小型。傘は淡紅色。ひだは白色。

コウベクリノイガ 〈Cenchrus incertus M. A. Curtis〉イネ科。総苞の刺は数個～30個。

コウボウ 香茅 〈Hierochloe odorata (L.) Beauv.〉イネ科の多年草。高さは20～50cm。

コウボウシバ 弘法芝 〈Carex pumila Thunb. ex Murray〉カヤツリグサ科の多年草。高さは10～20cm。

コウボウフデ 〈Battarrea japonica (Kawamura) Otani〉コウボウフデ科のキノコ。中型～大型。幼菌は長卵形、汚白色～黄褐色。

コウホウマル 紅鳳丸 プセウドロビヴィア・ケルメシナの別名。

コウボウムギ 弘法麦 〈Carex kobomugi Ohwi〉カヤツリグサ科の多年草。別名フデクサ。高さは10～30cm。

コウホネ 河骨 〈Nuphar japonicum DC.〉スイレン科の多年生水草。別名カワホネ。花は径3～

5cmで黄色。果実は卵形で緑色。長さ20～30cm。薬用植物。園芸植物。

コウマ シナノキ科のCorchorus属総称。

コウマクカラクサゴケ 〈*Parmelia adaugescens* Nyl.〉ウメノキゴケ科の地衣類。網状の白斑がある。

コウマゴヤシ 小馬肥 〈*Medicago minima* (L.) Bartal.〉マメ科の一年草。長さは5～30cm。花は淡黄色。

コウマノケン 降魔の剣 ノバレア・デイエクタの別名。

コウマンヨウ ツツジ科のサツキの品種。

コウメ 〈*Prunus mume* Sieb. et Zucc. var. *microcarpa* Makino〉バラ科の落葉小高木。別名シナノウメ、コウシュウメ。果皮は黄緑で、陽向面は紅色。園芸植物。

コウメバチソウ 小梅鉢草 〈*Parnassia palustris* L. tenuis〉ユキノシタ科の多年草。高山植物。

コウモリガサソウ グンネラ・ティンクトリアの別名。

コウモリカズラ 蝙蝠葛 〈*Menispermum dauricum* DC.〉ツヅラフジ科のつる性木本。花は淡緑色。薬用植物。園芸植物。

コウモリシダ 蝙蝠羊歯 〈*Pronephrium triphyllum* (Sw.) Holttum〉オシダ科（ヒメシダ科）の常緑性シダ。別名スケモリシダ。葉身は長さ10～25cm。3出葉、頂羽片は広披針形。

コウモリソウ 蝙蝠草 〈*Cacalia hastata* L. var. *farfaraefolia* (Maxim.) Kitamura〉キク科の多年草。高さは30～70cm。

コウモリタケ 〈*Albatrellus dispansus* (Lloyd) Canf. & Gilb.〉ニンギョウタケモドキ科のキノコ。中型～大型。色は黄色。

コウヤイボゴケ 〈*Buellia crocata* Zahlbr.〉スミイボゴケ科の地衣類。地衣体は灰白色。

コウヤウメノキゴケ 〈*Parmelia koyaensis* Asah.〉ウメノキゴケ科の地衣類。地衣体は腹面黒色。

コウヤカミツレ 〈*Anthemis tinctoria* L.〉キク科の多年草。別名ダイヤーズカモマイル。高さは20～60cm。花は濃黄または淡黄色。園芸植物。切り花に用いられる。

コウヤカミルレ コウヤカミツレの別名。

コウヤカンアオイ 〈*Asarum kooyanum* var. *kooyanum*〉ウマノスズクサ科。

コウヤクゴケ 〈*Sticta fuliginosa* (Dicks.) Ach.〉ヨロイゴケ科の地衣類。地衣体背面は暗黒褐色。

コウヤグミ 高野茱萸 〈*Elaeagnus numajiriana* Makino〉グミ科の落葉低木。

コウヤケビラゴケ 〈*Radula kojana* Steph.〉ケビラゴケ科のコケ。青緑色、茎は長さ1～2cm。

コウヤコケシノブ 高野苔忍 〈*Hymenophyllum barbatum* (V. d. Bosch) Baker〉コケシノブ科の常緑性シダ。葉身は長さ4～8cm。長楕円形。

コウヤザサ 高野笹 〈*Brachyelytrum japonicum* Hack.〉イネ科の多年草。高さは50～70cm。

コウヤサルオガセ 〈*Usnea koyana* Asah.〉サルオガセ科の地衣類。地衣体は直立。

コウヤシロカネソウ 〈*Dichocarpum numajirianum* (Makino) W. T. Wang et Hsiao〉キンポウゲ科の草本。

コウヤノマンネングサ 〈*Climacium americanum* Brid. subsp. *japonicum* (Lindb.) Perss〉コウヤノマンネングサ科のコケ。大形、一次茎は小さな鱗片状の葉と多くの仮根をつける。枝葉は狭い三角形～披針形。

コウヤノマンネンゴケ コウヤノマンネングサ科。

コウヤノマンネンゴケ コウヤノマンネングサ科。

コウヤハナゴケ 〈*Cladonia koyaensis* Asah.〉ハナゴケ科の地衣類。表面は平滑。

コウヤハナゴケモドキ 〈*Cladonia botrytes* (Hag.) Willd.〉ハナゴケ科の地衣類。粉芽をつけない。

コウヤハンショウヅル 〈*Clematis obvallata* Tamura〉キンポウゲ科の草本。

コウヤボウキ 高野箒 〈*Pertya scandens* (Thunb. ex Murray) Sch. Bip.〉キク科の小低木。別名タマボウキ。高さは60～100cm。

コウヤマキ 高野槙 〈*Sciadopitys verticillata* (Thunb. ex Murray) Sieb. et Zucc.〉コウヤマキ科の常緑高木。別名ホンマキ。樹高30m。樹皮は赤褐色。園芸植物。

コウヤマキ科 科名。

コウヤミズキ 高野水木 〈*Corylopsis gotoana* Makino〉マンサク科の落葉低木。別名イヨミズキ。高さは2～5m。園芸植物。

コウヤワラビ 高野蕨 〈*Onoclea sensibilis* L. var. *interrupta* Maxim.〉オシダ科（イワデンダ科）の夏緑性シダ。別名ゼンマイワラビ。葉身は長さ8～30cm。広卵形から三角状楕円形。

コウヨウザン 広葉杉 〈*Cunninghamia lanceolata* (Lamb.) Hook.〉スギ科の常緑高木。別名オランダモミ、カントンスギ。高さは30m。樹皮は赤褐色。園芸植物。

コウヨウツカズラ 〈*Huperzia cunninghamioides* (Hayata) Holub〉ヒカゲノカズラ科の常緑性シダ。長さ70cm。葉身は葉は披針形。

コウヨウハクトウ 高陽白桃 バラ科のモモ(桃)の品種。果皮は乳白色。

コウヨウマル 紅洋丸 フェロカクツス・フォーディーの別名。

コウライイチゴケ 〈*Taxiphyllum alternans* (Card.) Z. Iwats.〉ハイゴケ科のコケ。枝葉は長さ2～4mm。卵形～広卵形。

コウライイヌワラビ 〈*Deparia coreana* (H. Christ) M. Kato〉オシダ科の夏緑性シダ。葉身は長さ30～60cm。広披針形から卵状披針形。

コウライシ

コウライシバ 高麗芝 〈*Zoysia tenuifolia*〉イネ科。

コウライショウマ 〈*Cimicifuga foetida* L.〉キンポウゲ科の薬用植物。

コウライダコ 高麗凧 アロカシア・サンデリアナの別名。

コウライタマゴケ 〈*Bartramia ithyphylla* Brid.〉タマゴケ科のコケ。茎は長さ1〜3cm。

コウライバッコヤナギ 〈*Salix hultenii* Floderus〉ヤナギ科の木本。園芸植物。

コウライブシ 〈*Aconitum jaluense* Kom.〉キンポウゲ科。日本絶滅危機植物。

コウライワニグチソウ 〈*Polygonatum desoulavyi* Komar. var. *yezoense* (Miyabe et Tatew.) Satake〉ユリ科の草本。

コウラカナワラビ 〈*Arachniodes* × *clivorum* Sa. Kurata〉オシダ科のシダ植物。

コウラノキシノブ 〈*Lepisorus thunbergianus* × *uchiyame*〉ウラボシ科のシダ植物。

コウラボシ 小裏星 〈*Lepisorus uchiyamae* (Makino) H. Ito〉ウラボシ科の常緑性シダ。葉身は長さ15cm弱。狭披針形。

コウリバヤシ 〈*Corypha umbraculifera* L.〉ヤシ科。高さは24〜30m。園芸植物。

コウリャン 〈*Sorghum nervosum* Besser〉イネ科。

コウリン 光琳 ツツジ科のサツキの品種。園芸植物。

コウリンカ 紅輪花 〈*Senecio flammeus* Turcz. ex DC. var. *glabrifolius* Cufod.〉キク科の多年草。高さは50〜60cm。

コウリンギク 〈*Senecio argunensis* Turcz.〉キク科の草本。日本絶滅危機植物。

コウリンギョク 光琳玉 ギムノカリキウム・カルデナシアヌムの別名。

コウリンタンポポ 〈*Hieracium aurantiacum* L.〉キク科の多年草。別名エフデタンポポ。高さは10〜50cm。花は朱赤色。園芸植物。

コウレイ 紅麗 バラ科のスモモ(李)の品種。別名大石スモモ10号。果皮は黄緑色。

コウレイ 光鈴 バラ科のリンゴ(苹果)の品種。果皮は黄金色。

コウレイギョク 姣麗玉 ツルビニカルプス・ロフォフォロイデスの別名。

コウロウピタ・ギアネンシス ホウガンノキの別名。

コエゾツガザクラ 〈*Phyllodoce aleutica* (Spreng.) A. Heller × *P. caerulea* (L.) Bab.〉ツツジ科。高山植物。

コエダアカミゴケ 〈*Cladonia pseudomacilenta* Asah.〉ハナゴケ科の地衣類。子柄は円筒状。

コエノメレス・スペキオサ ボケの別名。

コエノメレス・ヤポニカ クサボケの別名。

コエノメレス・ラゲナリア 〈*Choenomeles lagenaria* (Loisel.) Koidz.〉バラ科の低木。別名マボケ。高さは3m。花は白色。園芸植物。

コエビソウ 小海老草 〈*Beloperone guttata* Brandeg.〉キツネノマゴ科の観賞用小低木。別名ブルベローネ。苞は赤褐色。高さは30〜60cm。花は白色。熱帯植物。園芸植物。

ゴエフツツジ シロヤシオの別名。

コエリア・トリプテラ 〈*Coelia triptera* (Sm.) G. Don ex Steud.〉ラン科。花は白色。園芸植物。

コエリオプシス・ヒアキントスマ 〈*Coeliopsis hyacinthosma* Rchb. f.〉ラン科。花は乳白色。園芸植物。

コエログロサム・ビリデ 〈*Coeloglossum viride* Hartm.〉ラン科。高山植物。

コエンドロ コリアンダーの別名。

コオイゴケ 子負苔 〈*Diplophyllum plicatum* Lindb.〉ヒシャクゴケ科のコケ。黄緑色、茎は長さ3〜7cm。

コオウレン 〈*Picrorhiza kurrooa* Benth.〉ゴマノハグサ科の草本。マライに輸入の漢方薬。熱帯植物。薬用植物。

コオズエビネ ラン科。園芸植物。

コオトギリ 小弟切 〈*Hypericum hakonense* Franch. et Savat.〉オトギリソウ科の多年草。高さは10〜50cm。

コオトメノカサ 〈*Camarophyllus niveus* (Scop.) Wünsche〉ヌメリガサ科のキノコ。

コオニイグチ 〈*Strobilomyces seminudus* Hongo〉オニイグチ科のキノコ。別名ススケオニイグチ。小型〜中型。傘は灰褐色〜暗灰色、綿毛状小鱗片、鱗片はやわらかい。

コオニシバ 〈*Zoysia sinica*〉イネ科。別名オオハリシバ。

コオニタビラコ 小鬼田平子 〈*Lapsana apogonoides* Maxim.〉キク科の越年草。別名カワラケナ。高さは4〜20cm。

コオニビシ 〈*Trapa natans* L. var. *pumila* Nakano〉ヒシ科。果実は4刺、全幅が3〜5cmしかない。

コオニユリ 小鬼百合 〈*Lilium leichtlinii* Hook. f. var. *maximowiczii* (Regel) Baker〉ユリ科の多年草。別名ナツユリ、アカヒラトユリ、スゲユリ。高さは1〜2m。高山植物。薬用植物。園芸植物。

コオレバヤシ 〈*Dypsis madagascariensis* Hort.〉ヤシ科。羽片は折れ曲る。幹径10cm。熱帯植物。

コオロギラン 〈*Stigmatodactylus sikokianus* Maxim.〉ラン科の多年生腐生植物。高さは3〜10cm。高山植物。日本絶滅危機植物。

コカキツバタ 小燕子花 〈*Iris ruthenica* Ker-Gawl.〉アヤメ科の多年草。別名マンシュウアヤメ。高さは3〜15cm。花は淡色。園芸植物。

コガク ホソバコガクの別名。

コガクウツギ　小額空木　〈*Hydrangea luteo-venosa* Koidz.〉ユキノシタ科の落葉低木。

コカゲラン　〈*Didymoplexiella siamensis* (Rolfe ex Downie) Seidenf.〉ラン科。日本絶滅危機植物。

コカゲロウゴケ　〈*Ephemerum serratum* (Hedw.) Hampe〉カゲロウゴケ科のコケ。カゲロウゴケに似るが、葉縁の歯が比較的上方に向く。

コーカサスカシワ　〈*Quercus macranthera*〉ブナ科の木本。樹高20m。樹皮は灰褐色。

コーカサスキリンソウ　セドウム・スプリウムの別名。

コーカサスクヌギ　〈*Quercus castaneifolia*〉ブナ科の木本。樹高30m。樹皮は灰色。

コーカサスケヤキ　〈*Zelkova carpinifolia*〉ニレ科の木本。樹高25m。樹皮は灰色。

コーカサスサワグルミ　〈*Pterocarya fraxinifolia*〉クルミ科の木本。樹高30m。樹皮は白っぽい灰色。

コーカサスボダイジュ　〈*Tilia × euchlora*〉シナノキ科の木本。樹高20m。樹皮は灰色。

コーカサスマツムシソウ　スカビオサ・コーカシカの別名。

コーカサスモミ　〈*Abies nordmanniana* (Steven) Spach〉マツ科の常緑高木。高さは25～50m。樹皮は灰色。園芸植物。

コガサタケ　〈*Conocybe tenera* (Schaeff.：Fr.) Fayod〉オキナタケ科のキノコ。

コカナダモ　小加奈陀藻　〈*Elodea nuttallii* (Planch.) St. John〉トチカガミ科の常緑の沈水植物。葉はふつう3輪生、線形、花は乳白色。長さは5～15mm。園芸植物。

コガネイチゴ　黄金苺　〈*Rubus pedatus* Smith〉バラ科のほふく性低木。長さは3～10cm。高山植物。

コガネウスバタケ　〈*Hydnochaete tabacinoides* (Yasuda) Imaz.〉タバコウロコタケ科のキノコ。

コガネエイランタイ　〈*Cetraria nivalis* (L.) Ach.〉ウメノキゴケ科の地衣類。地衣体は淡黄から黄金。

コガネガヤツリ　〈*Cyperus strigosus* L.〉カヤツリグサ科の一年草または多年草。高さは20～60cm。

コガネギシギシ　〈*Rumex maritimus* L.〉タデ科の草本。

コガネキヌカラカサタケ　〈*Leucocoprinus birnbaumii* (Corda) Sing.〉ハラタケ科のキノコ。小型～中型。傘はレモン色、溝線あり。

コガネキノリ　〈*Alectoria ochroleuca* (Hoffm.) Mass.〉サルオガセ科の地衣類。地衣体は8cm以下。

コガネシダ　〈*Woodsia macrochlaena* Mett. ex Kuhn〉オシダ科の夏緑性シダ。葉身は長さ5～15cm。長楕円状披針形。園芸植物。

コガネシノブ　ハイホラゴケの別名。

コガネシワウロコタケ　〈*Phlebia radiata* Fr.〉コウヤクタケ科のキノコ。

コガネタケ　〈*Phaeolepiota aurea* (Matt.：Fr.) Maire〉ハラタケ科のキノコ。大型。傘はこがね、粉状。

コガネタヌキマメ　〈*Crotalaria assamica* Benth〉マメ科の一年草。高さは1.5m。花は黄色。熱帯植物。薬用植物。園芸植物。

コガネテングタケ　〈*Amanita flavipes* Imai〉テングタケ科のキノコ。中型。傘は黄褐色、条線なし、黄色のいぼあり。

コガネトコブシゴケ　〈*Asahinea chrysantha* (Tuck.) W. Culb. & C. Culb.〉ウメノキゴケ科の地衣類。地衣体背面は鮮黄から黄金。

コガネニカワタケ　〈*Tremella mesenterica* Retz：Fr.〉シロキクラゲ科のキノコ。

コガネノコメソウ　〈*Chrysosplenium pilosum* Maxim. var. *sphaerospermum* (Maxim.) Hara〉ユキノシタ科の多年草。高さは4～10cm。

コガネバリコウヤクタケ　〈*Phlebia chrysocrea* (Berk. et Curt.) Burdsall〉コウヤクタケ科のキノコ。

コガネハイゴケ　〈*Campyliadelphus chrysophyllus* (Brid.) Kanda〉ヤナギゴケ科のコケ。光沢のあるマットをつくる。

コガネバナ　黄金花　〈*Scutellaria baicalensis* Georgi〉シソ科の草本。別名コガネヤナギ。高さは60cm。花は青紫色。薬用植物。園芸植物。

コガネホウキタケ　〈*Ramaria sp.*〉ホウキタケ科の属総称。キノコ。中型～大型。形はほうき状、地上生(林内)。

コガネマル　黄金丸　サボテン科のサボテン。園芸植物。

コガネムシタンポタケ　〈*Cordyceps neovolkiana* Kobayasi〉バッカクキン科のキノコ。

コガネヤナギ　コガネバナの別名。

コガネヤマドリ　〈*Boletus auripes* Peck〉イグチ科のキノコ。中型～大型。傘は鮮黄褐色～黄土色、平滑。

コガネレプラゴケ　〈*Lepraria sp.*〉マツタケ科の不完地衣。地衣体は鮮やかな卵黄から黄金。

コカノキ　〈*Erythroxylum coca* Lam.〉コカノキ科の木本。別名ジャバコカ。高さは2m。花は白黄緑色。薬用植物。園芸植物。

コガノキ　カゴノキの別名。

コカブイヌシメジ　〈*Clitocybe fragrans* (With.：Fr.) Kummer〉キシメジ科のキノコ。小型。傘は淡黄灰色。

コガマ 小蒲 〈*Typha orientalis* Presl〉ガマ科の多年生の抽水植物。全高1〜1.5m、花粉は単粒。高さは1〜1.5m。薬用植物。園芸植物。

コカモジゴケ 〈*Dicranum mayrii* Broth.〉シッポゴケ科のコケ。葉身上部の縁に明らかな歯がある。

コカモメヅル 小鴎蔓 〈*Tylophora floribunda* Miq.〉ガガイモ科の多年生つる草。別名トサノカモメヅル。

コカヤゴケ 〈*Rhynchostegium pallidifolium* (Mitt.) A. Jaeger〉アオギヌゴケ科のコケ。茎は這い、全体に緑色、茎葉は卵状披針形。

コカラカサタケ 〈*Macrolepiota neomastoidea* (Hongo) Hongo〉ハラタケ科のキノコ。別名ドクカラカサタケ。中型〜大型。傘は大型の鱗片。ひだは白色→赤色味。

コカラスザンショウ 小鴉山椒 〈*Zanthoxylum fauriei* (Nakai) Ohwi〉ミカン科の木本。

コカラマツ 小唐松 〈*Thalictrum minus* var. *stipellatum*〉キンポウゲ科。別名ウスバカラマツ、オオカラマツ。高山植物。

コカリヤス ウンヌケモドキの別名。

コカンスゲ 〈*Carex reinii* Franch. et Savat.〉カヤツリグサ科の多年草。高さは30〜60cm。

コガンピ 小雁皮 〈*Diplomorpha gampi* (Sieb. et Zucc.) Nakai〉ジンチョウゲ科の落葉低木。別名イヌガンピ、イヌカゴ。

コーキ 〈*Pterocarpus santalinus* L.〉マメ科の小木。葉裏面は短い絹毛密布、心材は血赤色。熱帯植物。

コキア ホウキギの別名。

コキアケオケオ ヒビスクス・コキオの別名。

コキィニア・クインクエロバ 〈*Coccinia quinqueloba* Cogn.〉ウリ科のつる性多年草。

コキイロウラベニタケ 〈*Rhodophyllus ater* Hongo〉イッポンシメジ科のキノコ。

コキクザキイチリンソウ 〈*Anemone pseudoaltaica* form. *gracilis*〉キンポウゲ科。

コキクモ 〈*Limnophila indica* (L.) Druce subsp. *trichophylla* (Komar.) Yamazaki〉ゴマノハグサ科の沈水性〜抽水植物。別名タイワンキクモ、エナガキクモ。果実が有柄。

コギシギシ 〈*Rumex nipponicus* Franch. et Savat.〉タデ科の草本。

コキジノオゴケ 〈*Cyathophorella hookeriana* (Griff.) M. Fleisch.〉クジャクゴケ科のコケ。二次茎は長さ約2cm、葉は黄緑色、卵形。

ゴキヅル 合器蔓 〈*Actinostemma lobatum* Maxim. ex Franch. et Savat.〉ウリ科の一年生つる草。

コーキセンダン 〈*Melia excelsa* Jack.〉センダン科の高木。小葉片に鋸歯がない。花は白色。熱帯植物。

ゴキダケ イネ科の木本。別名イヨスダレ、チョウジャザサ、シノネザサ。

コキツネノボタン 小狐の牡丹 〈*Ranunculus chinensis* Bunge〉キンポウゲ科の草本。

コキヌシッポゴケ 〈*Seligeria pusilla* (Hedw.) Bruch & Schimp.〉キヌシッポゴケ科のコケ。茎は長さ1〜2mm、葉は縁に不明瞭な鈍歯。

コキララタケ 〈*Coprinus radians* (Desm.：Fr.) Fr.〉ヒトヨタケ科のキノコ。小型、傘は淡黄褐色、ふけ状鱗片。ひだは白色→帯紫黒色。

コキリオステマ・ジャコビアヌム 〈*Cochliostema jacobianum* K. Koch et Lindl.〉ツユクサ科の多年草。

コキリカズラ 〈*Maurandia scandens* Pers.〉ゴマノハグサ科の観賞用蔓草。花は赤紫色。熱帯植物。

コキンシゴケモドキ 〈*Ditrichum heteromallum* (Hedw.) E. G. Britton〉キンシゴケ科のコケ。小形、茎は長さ3〜10mm、葉は卵形。

コキンバイ 小金梅 〈*Waldsteinia ternata* (Steph.) Fritsch〉バラ科の多年草。高さは10〜20cm。花は黄色。高山植物。園芸植物。

コキンバイ サクラガスミの別名。

コキンバイザサ 〈*Hypoxis aurea* Lour.〉キンバイザサ科の多年草。高さは10〜25cm。園芸植物。

コキンモウイノデ 〈*Ctenitis microlepigera*〉オシダ科の常緑性シダ。葉身は長さ30〜45cm。

コキンラン 古金襴 ツバキ科のツバキの品種。園芸植物。

コキンレイカ 〈*Patrinia triloba* (Miq.) Miq.〉オミナエシ科の多年草。別名ハクサンオミナエシ。高さは30〜50cm。花は黄色。高山植物。園芸植物。

コクオウマル 黒王丸 〈*Copiapoa cinerea* (Phil.) Britt. et Rose〉サボテン科のサボテン。径10cm。花は淡黄色。園芸植物。

コクカンマル 黒冠丸 ネオチレニア・パウキコスタの別名。

コクサギ 小臭木 〈*Orixa japonica* Thunb.〉ミカン科の落葉低木。高さは2m。薬用植物。園芸植物。

コクサゴケ 〈*Dolichomitriopsis diversiformis* (Mitt.) Nog.〉トラノオゴケ科のコケ。葉は長さ1〜2mm、卵形〜卵状披針形。

コクサリゴケ 〈*Lejeunea ulicina* (Tayl.) Gottsche, Lindenb. & Nees〉クサリゴケ科のコケ。微細で糸状、長さ1〜3mm。

コクシノハゴケ 〈*Ctenidium hastile* (Mitt.) Lindb.〉ハイゴケ科のコケ。茎葉は長さ約1mm、葉身部は広三角形〜卵形。

コクソウ 黒蒼 コリファンタ・ニッケルシアエの別名。

コクゾウマル 黒象丸 コリファンタ・マイツ=タブラセンシスの別名。

コクタン 黒檀 〈*Diospyros ebenum* Koenig〉カキノキ科の高木。心材は真黒で緻密で堅い。熱帯植物。

コクチナシ 〈*Gardenia jasminoides* Ellis var. *radicans* (Thunb.) Makino ex H. Hara〉アカネ科。別名ヒメクチナシ。園芸植物。

コクテール バラ科のバラの品種。園芸植物。

コクテンギ 黒檀木 〈*Euonymus tanakae* Maxim.〉ニシキギ科の常緑低木。別名クロトチュウ、コクタンノキ。

コクテンマゾシア 〈*Mazosia bombusae* (Vain.) Sant.〉キゴウゴケ科の地衣類。地衣体は粒状突起がある。

コクハイカク 黒盃閣 ガガイモ科。別名剣竜閣、ジュンロクカク(馴鹿角)。園芸植物。

コクホウ 黒鳳 トリコケレウス・テレゴヌスの別名。

コクボタン 黒牡丹 〈*Roseocactus kotschoubeyanus* (Lem.) A. Berger〉サボテン科のサボテン。径10cm。花は紫紅色。園芸植物。

コクマザサ イネ科。園芸植物。

コクモウクジャク 〈*Diplazium virescens* Kunze〉オシダ科の常緑性シダ。葉身は長さ30〜75cm。三角形〜卵状三角形。

ゴクラクチョウカ 〈*Strelitzia reginae* Banks〉バショウ科の観賞用植物。高さは1m。花は橙黄色。熱帯植物。園芸植物。切り花に用いられる。

コクラン 黒蘭 〈*Liparis nervosa* (Thunb. ex Murray) Lindl.〉ラン科の多年草。高さは20〜35cm。花は淡紫色。園芸植物。

コクリオステマ・オドラティッシムム 〈*Cochliostema odoratissimum* Lem.〉ツユクサ科の多年草。長さ60〜100cm。花は青紫色。園芸植物。

コクリオダ・ネーツリアナ 〈*Cochlioda noezliana* Rolfe〉ラン科。花は橙赤色。園芸植物。

コクリオダ・ロセア 〈*Cochlioda rosea* (Lindl.) Beneth.〉ラン科。花は濃桃赤色。園芸植物。

コクリノカサ 〈*Hygrophorus arbustivus* Fr.〉ヌメリガサ科のキノコ。

コクリュウ 黒竜 プテロカクツス・ツベロススの別名。

コクレアリア・オフィシナリス 〈*Cochlearia officinalis* L.〉アブラナ科の多年草。高山植物。

コクレアンテス・ディスコロル 〈*Cochleanthes discolor* (Lindl.) R. E. Schult. et Garay〉ラン科の多年草。花は淡緑色。園芸植物。

コクレアンテス・フラベリフォルミス 〈*Cochleanthes flabelliformis* (Swartz) R. E. Schult. et Garay〉ラン科の多年草。花は白、緑白色。園芸植物。

コクレイマル 黒麗丸 スルコルブティア・ウラシーの別名。

コクワガタ 〈*Veronica miqueliana* Nakai f. *takedana* (Makino) T. Yamaz.〉ゴマノハグサ科。

コケイラン 小恵蘭 〈*Oreorchis patens* (Lindl.) Lindl.〉ラン科の多年草。高さは20〜40cm。花は乳白色。園芸植物。

コゲイロカイガラタケ 〈*Gloeophyllum abietinum* (Bull. : Fr.) Karst.〉サルノコシカケ科のキノコ。小型〜中型。傘は褐色、ビロード状〜無毛。

コケイロサラタケ 〈*Chlorencoelia versiformis* (Pers.) Dixon〉ズキンタケ科のキノコ。

コケイワヅタ 〈*Caulerpa webbiana* Montagne f. *tomentella* (Harvey) Weber van Bosse〉イワヅタ科の海藻。匍枝は輪廓円柱状。

コゲエノヘラタケ 〈*Spathularia velutipes* Cooke et Farlow〉テングノメシガイ科のキノコ。

コケオトギリ 苔弟切 〈*Sarothra laxa* (Blume) Y. Kimura〉オトギリソウ科の一年草。高さは5〜10cm。花は黄色。園芸植物。

コケカタヒバ 〈*Selaginella leptophylla* Bak.〉イワヒバ科の常緑性シダ。主茎は長さ10〜15cm。

コケコゴメグサ 苔小米草 ゴマノハグサ科の一年草。高山植物。

コケサンゴ 苔珊瑚 〈*Nertera granadensis* (Mutis ex L. f.) Druce〉アカネ科の多年草。別名タマツヅリ。果実は朱赤色。園芸植物。

コケシコタンソウ サクシフラガ・アスペラの別名。

コケシダ オオクボシダの別名。

コケシノブ 苔忍 〈*Mecodium wrightii* (v. d. Bosch) Copel.〉コケシノブ科の常緑性シダ。葉身は長さ3〜5cm。卵状長楕円形から三角状卵形。

コケスギラン 苔杉蘭 〈*Selaginella selaginoides* (L.) Link〉イワヒバ科の常緑性シダ。小枝は高さ1〜8cm。

コケスミレ 〈*Viola verecunda* var. *yakusimana*〉スミレ科。

コケセンボンギク 〈*Lagenophora lanata* A. Cunn.〉キク科の草本。

コケタンポポ 〈*Solenogyne mikadoi* Koidz.〉キク科。日本絶滅危機植物。

コゲチャイロガワリ イグチ科のキノコ。

コゲチャケクズゴケ 〈*Polychidium muscicola* (Sw.) Gray〉クロサビゴケ科の地衣類。地衣体はこげ茶。

コケヌマイヌノヒゲ 〈*Eriocaulon satakeanum* Tatew. et Ko. Ito〉ホシクサ科の草本。

コケハイホラゴケ 〈*Lacosteopsis subclathrata* (K. Iwats.) Nakaike〉コケシノブ科の常緑性シダ。別名ニセアミホラゴケ。葉身は長さ1〜10cm。三角状卵形から卵状披針形。

コケハナワラビ 〈*Botrychium simplex* var. *tenebrosum*〉ハナヤスリ科。

コケホラゲ 〈*Crepidomanes insigne* var. *makinoi* (C. Chr.) Kurata〉コケシノブ科のシダ植物。

コケマンテマ 〈*Silene acaulis* L.〉ナデシコ科の多年草。園芸植物。

コケミエア・セティスピナ 〈*Cochemiea setispina* (Engelm. ex J. Coult.) Walton〉サボテン科のサボテン。別名竜珠。高さは30cm。花は鮮紅色。園芸植物。

コケミエア・ポーゼルゲリ 〈*Cochemiea poselgeri* (Hildm.) Britt. et Rose〉サボテン科のサボテン。別名幡紫竜。高さは2m。花は鮮赤色。園芸植物。

コケミズ 〈*Pilea peploides* (Gaud.) Hook. et Arn.〉イラクサ科の一年草。高さは7〜15cm。熱帯植物。

コケモドキ 〈*Bostrychia tenella* (Vahl) J. Agardh〉フジマツモ科の海藻。複羽状に分岐。

コケモモ 苔桃 〈*Vaccinium vitis-idaea* L.〉ツツジ科の常緑小低木。高さは8〜20cm。花は白または淡紅色。高山植物。薬用植物。園芸植物。

コケラナラ 〈*Quercus imbricaria*〉ブナ科の木本。樹高25m。樹皮は灰褐色。

コケリンドウ 〈*Gentiana squarrosa* Ledeb.〉リンドウ科の一年草。高さは2〜10cm。

ゴコウマル 御幸丸 マミラリア・ハイデリの別名。

ココス 〈*Butia capitata* (Mart.) Becc.〉ヤシ科。別名ブラジルヤシ。高さは6m。園芸植物。

ココス・ヌキフェラ ココヤシの別名。

ココノエギリ パウロウニア・フォーチュネイの別名。

ココプラム バラ科。

コゴメイ 〈*Juncus* sp.〉イグサ科の多年草。高さは80〜150cm。

コゴメイヌガラシ 〈*Rorippa teres* (Michx.) Stuckey〉アブラナ科の一年草または越年草。長角果は曲がらず。

コゴメイヌノフグリ 〈*Veronica cymbalaria* Bodard〉ゴマノハグサ科の越年草。長さは10〜20cm。花は白色。

コゴメウツギ 小米空木 〈*Stephanandra incisa* (Thunb. ex Murray) Zabel〉バラ科の落葉低木。高さは1〜2m。花は白色。園芸植物。

コゴメオドリコソウ 〈*Lagopsis supina* (Stephan ex Willd.) Ikonn.-Gal. ex Knorring〉シソ科の多年草。別名ミナトメハジキ。高さは20〜50cm。花は白色。

コゴメカゼクサ 小米風草 〈*Eragrostis japonica* (Thunb. ex Murray) Trin.〉イネ科の草本。

コゴメガヤツリ 小米蚊帳釣 〈*Cyperus iria* L.〉カヤツリグサ科の一年草。別名カヤツリグサ。高さは20〜70cm。

コゴメカラマツ 〈*Thalictrum microspermum* Ohwi〉キンポウゲ科の草本。

コゴメギク 〈*Galinsoga parviflora* Cav.〉キク科の一年草。筒状花の冠毛の先は房状に裂ける。

コゴメキノエラン 〈*Liparis elliptica* Wight〉ラン科。園芸植物。日本絶滅危機植物。

コゴメグサ 小米草 〈*Euphrasia insignis* Wettst. subsp. *iinumai* (Takeda) Yamazaki〉ゴマノハグサ科の草本。別名イブキコゴメグサ。

コゴメゴケ 〈*Fabronia matsumurae* Besch.〉コゴメゴケ科のコケ。小形で、全体が糸くず状、枝葉は卵形〜長卵形。

コゴメスゲ 〈*Carex brunnea* Thunb. ex Murray〉カヤツリグサ科の多年草。別名コゴメナキリスゲ。高さは40〜80cm。

コゴメタチヒゴケ 〈*Orthotrichum erubescens* Müll. Hal.〉タチヒダゴケ科のコケ。小形、茎は長さ3.5mmくらい、葉は狭い舌形。

コゴメヌカボシ 小米糠星 〈*Luzula piperi* M. E. Jones〉イグサ科の草本。高山植物。

コゴメハギ メリロッス・アルバの別名。

コゴメビエ 〈*Paspalidium tuyamae* Ohwi〉イネ科。日本絶滅危機植物。

コゴメビユ 〈*Herniaria glabra* L.〉ナデシコ科の一年草。葉は長さ2〜5mm。

コゴメヒョウタンボク 〈*Lonicera linderifolia* Maxim. var. *konoi* (Makino) Okuyama〉スイカズラ科の落葉低木。別名クモイヒョウタンボク。

コゴメマンネングサ 小米万年草 〈*Sedum uniflorum* Hook. et Arn.〉ベンケイソウ科。別名タイワンタイトゴメ。

コゴメミズ 〈*Pilea microphylla* (L.) Liebm.〉イラクサ科の一年草または越年草。高さは5〜20cm。花は緑系または帯紅紫色。

コゴメヤナギ 小米柳 〈*Salix serissaefolia* Kimura〉ヤナギ科の落葉高木。湿地に生える。薬用植物。園芸植物。

ココヤシ 〈*Cocos nucifera* L.〉ヤシ科の高木。別名ホンヤシ、ヤシ。胚乳(コプラ)、果中の水(サンタン)を食用。高さは12〜24m。熱帯植物。薬用植物。園芸植物。

ココヤシ ヤシ科の属総称。

コサガリバナ 〈*Barringtonia spicata* BL.〉サガリバナ科の小木。果実は四角柱形。花はピンク色。熱帯植物。

ゴサクイノデ 〈*Polystichum* × *gosakui* Kurata, nom. nud.〉オシダ科のシダ植物。

コササガヤ 〈*Perotis indica* O. K.〉イネ科の草本。熱帯植物。

ゴザダケザサ 御座岳笹 イネ科の木本。

ゴザダケシダ 〈*Tapeinidium pinnatum* (Cav.) C. Chr.〉イノモトソウ科(ホングウシダ科、ワラビ科)の常緑性シダ。葉身は長さ15〜50cm。長楕円形。

コザネモ 〈*Symphyocladia marchantioides* (Harvey) Falkenberg〉フジマツモ科の海藻。羽状に分岐。体は5〜15cm。

コザラミノシメジ 〈*Melanoleuca melaleuca* (Pers. : Fr.) Murrill〉キシメジ科のキノコ。中型。傘は淡灰褐色、平滑で中高。

コサルスベリ ラジェルストレーミア・アマビリスの別名。

ゴジアオイ 〈*Cistus albidus* L.〉ハンニチバナ科の小低木。園芸植物。

コシアブラ 漉油 〈*Acanthopanax sciadophylloides* Franch. et Savat.〉ウコギ科の落葉高木。別名ゴンゼツ、ナマドウフ、コセアブラ。長さ7〜30cm。花は黄緑色。高山植物。薬用植物。園芸植物。

コジイ ツブラジイの別名。

コシオガマ 小塩釜 〈*Phtheirospermum japonicum* (Thunb. ex Murray) Kanitz〉ゴマノハグサ科の半寄生一年草。高さは20〜70cm。

ゴジカ 午時花 〈*Pentapetes phoenicea* L.〉アオギリ科の一年草。別名キンセンカ。高さは50〜200cm。花は赤色。熱帯植物。園芸植物。

コシカギク 小鹿菊 〈*Matricaria matricarioides* (Less.) Portet〉キク科の一年草。別名オロシャギク。高さは20〜40cm。花は黄緑色。薬用植物。

コシガヤホシクサ 〈*Eriocaulon heleocharioides* Satake〉ホシクサ科の草本。日本絶滅危機植物。

コジキイチゴ 乞食苺 〈*Rubus sumatranus* Miq.〉バラ科の落葉低木。

ゴシキトウガラシ 五色唐辛子 〈*Capsicum annuum* L. var. *cerasiforme* (Mill.) Irish〉ナス科。別名カンショウヨウトウガラシ。園芸植物。切り花に用いられる。

ゴシキパイナップル パイナップル科。園芸植物。

ゴシキヤバネバショウ 〈*Calathea makoyana* E. Morr.〉クズウコン科の多年草。高さは30cm。園芸植物。

コシジシモツケソウ 越路下野草 〈*Filipendula purpurea* Maxim. var. *auriculata* Ohwi〉バラ科の草本。

コシダ 小羊歯 〈*Dicranopteris dichotoma* (Thunb. ex Murray) Willd.〉ウラジロ科の常緑性シダ。副枝は長楕円状披針形、長さ15〜40cm。葉長3m。薬用植物。園芸植物。

コシッポゴケ 〈*Blindia japonica* Broth.〉キヌシッポゴケ科のコケ。小形、茎は長さ5〜10mm。

コシナ ヒガンバナ科のアルストロメリアの品種。切り花に用いられる。

コシナガワハギ 〈*Melilotus indicus* (L.) All.〉マメ科の一年草。高さは60cm。花は黄色。

コシノウスグロゴケ 〈*Leskea polycarpa* Ehrh. ex Hedw.〉ウスグロゴケ科のコケ。茎は這い、枝葉は広披針形。

コシノカンアオイ 越寒葵 〈*Heterotropa megacalyx* F. Maekawa〉ウマノスズクサ科の多年草。萼筒は暗紫色。葉径8〜14cm。園芸植物。

コシノサトメシダ 〈*Athyrium neglectum* Seriz.〉オシダ科の夏緑性シダ。

コシノシンジゴケ 〈*Mielichhoferia sasaokae* Broth.〉ハリガネゴケ科のコケ。茎は長さ1cm以下、葉は披針形〜狭三角形。

コシノチャルメルソウ 〈*Mitella koshiensis* Ohwi〉ユキノシタ科の多年草。高さは15〜50cm。

コシノネズミガヤ ミヤマネズミガヤの別名。

コシノヤバネゴケ 〈*Dichelyma japonicum* Card.〉カワゴケ科のコケ。茎はふつう15cm前後、葉は狭卵状披針形。

コシヘビノネゴザ 〈*Athyrium neglectum* Seriz. × *A. yokoscense* (Franch. et Sav.) H. Christ〉オシダ科のシダ植物。

コシミノナズナ 〈*Lepidium perfoliatum* L.〉アブラナ科の一年草または二年草。高さは30cm。花は淡黄色。

コジミ・リドルフィ 〈*Cosimo Ridolfi*〉バラ科。ガリカ・ローズ系。花は濃ライラック色。

コジュズスゲ 〈*Carex parciflora* Boott var. *macroglossa* (Franch. et Savat.) Ohwi〉カヤツリグサ科の多年草。高さは15〜30cm。

ゴシュユ 呉茱萸 〈*Euodia rutaecarpa* (Juss.) Benth.〉ミカン科の落葉低木。別名ニセゴシュユ。高さは2.5m。薬用植物。園芸植物。

コシュロガヤツリ シペラス・アルテルニフォリウス・グラシリスの別名。

ゴショ 御所 カキノキ科のカキの品種。別名大和御所、目黒御所、砂糖丸。果皮は橙紅色。

ゴショイチゴ 御所苺 〈*Rubus chingii* Hu〉バラ科の落葉低木。薬用植物。日本絶滅危機植物。

コショウ 胡椒 〈*Piper nigrum* L.〉コショウ科の蔓木。気根で吸着、葉裏粉白、果実は赤熟。熱帯植物。薬用植物。園芸植物。

コショウイグチ 〈*Chalciporus piperatus* (Bull. : Fr.) Bataille〉イグチ科のキノコ。小型〜中型。傘は黄土色。

コショウ科 科名。

コショウジョウバカマ 〈*Heloniopsis umbellata* Bak.〉ユリ科の多年草。別名シマショウジョウバカマ。花は白色。園芸植物。日本絶滅危機植物。

コショウソウ 胡椒草 〈*Lepidium sativum* L.〉アブラナ科の野菜。別名ガーデンクレス。園芸植物。

コショウノキ 胡椒木 〈*Daphne kiusiana* Miq.〉ジンチョウゲ科の常緑小低木。別名ハナチョウジ、ヤマジンチョウゲ。果実は赤色。園芸植物。

コショウハッカ セイヨウハッカの別名。

コショウボク 〈*Schinus molle* L.〉ウルシ科の高木。別名ペルーコショウ。果実はピペリンを含み

飲料に作る。高さは5～15m。花は黄白色。熱帯植物。園芸植物。

コショウヤマコウバシ 〈*Lindera pipericarpa* Boerl.〉クスノキ科の小木。葉裏粉白、果実はコショウ状で芳香。熱帯植物。

ゴショザクラ 御所桜 バラ科のサクラの品種。園芸植物。

ゴショニシキ 御所錦 ベンケイソウ科。園芸植物。

コシロオニタケ 〈*Amanita castanopsidis* Hongo〉テングタケ科のキノコ。小型～中型。傘は白色、細かな錐形のいぼ多数、縁部につばの破片。

コシロネ サルダヒコの別名。

コシロノセンダングサ 〈*Bidens pilosa* L. var. *minor* (Blume) Sherff〉キク科の草本。別名シロノセンダングサ。薬用植物。

ゴシンザクラ バラ科のサクラの品種。

コシンジュガヤ 〈*Scleria parvula* Steud.〉カヤツリグサ科の一年草。高さは25～60cm。

コスギイタチシダ 〈*Dryopteris yakusilvicola* Sa. Kurata〉オシダ科の常緑性シダ。根茎や葉柄の鱗片は卵状披針形。

コスギイヌワラビ 〈*Athyrium* × *kawabatae* Sa. Kurata〉オシダ科のシダ植物。

コスギゴケ カギバニワスギゴケの別名。

コスギダニキジノオ 〈*Plagiogyria yakumonticola* Nakaike〉キジノオシダ科のシダ植物。

コスギトウゲシバ 〈*Lycopodium somae*〉ヒカゲノカズラ科の常緑性シダ。葉身は長さ2～4mm。披針形から狭長楕円形。

コスギバゴケ 〈*Kurzia makinoana* (Steph.) Grolle〉ムチゴケ科のコケ。茎は長さ0.5～2cm、枝の先端は稀に鞭状。

コスギラン 小杉蘭 〈*Lycopodium selago* L.〉ヒカゲノカズラ科の常緑性シダ。葉身は線状披針形から狭披針形。

コスジサエダ 〈*Microcladia dentata* Okamura〉イギス科の海藻。細い線状で扁圧。体は4～6cm。

コスジノリ 〈*Porphyra angusta* Okamura et Ueda〉ウシケノリ科の海藻。細長い笹の葉状。体は長さ6～12cm。

コスジフシツナギ 〈*Lomentaria hakodatensis* Yendo〉ワツナギソウ科の海藻。叢生。体は10～15cm。

コスズメガヤ 小雀茅 〈*Eragrostis poaeoides* Beauv.〉イネ科の一年草。高さは10～50cm。

コスズメノチャヒキ 〈*Bromus inermis* Leyss.〉イネ科の多年草。別名エゾチャヒキ、マンシュウチャヒキ、イヌムギモドキ。高さは50～100cm。

コースター マツ科のコロラドトウヒの品種。別名ブルースプルース。

コスツス ショウガ科。別名フクジンソウ、オオホギアヤメ。

コスツス・イグネウス ベニバナフクジンソウの別名。

コスツス・ステノフィルス 〈*Costus stenophyllus* Standl. et L. O. Williams〉ショウガ科の多年草。高さは2m。花は淡黄色。園芸植物。

コスツス・スピカツス 〈*Costus spicatus* (Jacq.) Swartz〉ショウガ科の多年草。高さは2.5m。花は黄～桃色。園芸植物。

コスツス・スピラリス 〈*Costus spiralis* Roscoe〉ショウガ科の多年草。高さは1～1.5m。花は赤く色。園芸植物。

コスツス・スペキオスス フクジンソウの別名。

コスツス・ディスコロル 〈*Costus discolor* Roscoe〉ショウガ科の多年草。高さは1～1.3m。花は白色。園芸植物。

コストマリー キク科のハーブ。別名エールコスト、バルサムギク。

コスミレ 〈*Viola japonica* Langsd.〉スミレ科の多年草。高さは6～12cm。花は淡紫または紫色。園芸植物。

コスモス 〈*Cosmos bipinnatus* Cav.〉キク科の一年草。別名オオハルシャギク(大春車菊)、アキザクラ(秋桜)。高さは2～3m。花は白、淡紅または濃紅色。園芸植物。切り花に用いられる。

コスモス キク科の属総称。別名アキザクラ、オオハルシャギク。

コスモス・スルフレウス キバナコスモスの別名。

コスモス・チョコレートコスモス 〈*Cosmos atrosanguineus*〉キク科。切り花に用いられる。

コスリコギタケ 〈*Clavariadelphus ligula* (Fr.) Donk〉シロソウメンタケ科のキノコ。形は棍棒状、淡黄褐色。

ゴスンセキチク 五寸石竹 ナデシコ科。園芸植物。

コセイタカシケシダ 〈*Deparia conilii* × *lasiopteris*〉オシダ科のシダ植物。

コセイタカスギゴケ 〈*Pogonatum contortum* (Brid.) Lesq.〉スギゴケ科のコケ。別名チジレバニワスギゴケ。茎は高さ4～10cm、葉の鞘部は卵形。

ゴセチノマイ 五節の舞 キク科のキクの品種。園芸植物。

ゴゼンタチバナ 御前橘 〈*Cornus canadensis* L.〉ミズキ科の多年草。高さは5～15cm。花は緑白色。高山植物。園芸植物。

コセンダングサ 〈*Bidens pilosa* L.〉キク科の一年草。果実は衣類に付着。高さは50～120cm。舌状花は白。熱帯植物。薬用植物。園芸植物。

コソノキ 〈*Hagenia abyssinica* J. F. Gmel.〉バラ科の薬用植物。

ゴダイシュウ 五大州 ボタン科の木本。園芸植物。

ゴダイシュウ 五大州 ギムノカリキウム・ホセイの別名。

コダカラベンケイ 〈*Bryophyllum daigremontianum* (Hamet et Perr.) A. Berger〉ベンケイソウ科の多肉植物。高さは50～60cm。花は帯粉淡桃色。園芸植物。

コダチアサガオ イポメア・クラッシカウリスの別名。

コダチアロエ ユリ科。薬用植物。

コダチチョウセンアサガオ 〈*Datura arborea* L.〉ナス科の低木。高さは3m。花は白色。薬用植物。園芸植物。

コダチニワフジ インディゴフェラ・ヘテランタの別名。

コダチノニワフジ マメ科。園芸植物。

コダチハカタカラクサ ディコリサンドラ・レギナエの別名。

コダチヒダゴケ 〈*Orthotrichum exiguum* Sull.〉タチヒダゴケ科のコケ。小形、茎は長さ3～5mm、葉は楕円形～卵状楕円形。

コダチヒメギリソウ 〈*Streptocarpus kirkii* Hook. f.〉イワタバコ科の多年草。花はごくうすい淡紫色。園芸植物。

コダチヤハズカズラ ツンベルギア・エレクタの別名。

コタニワタリ 小谷渡 〈*Phyllitis scolopendrium* (L.) Newm.〉チャセンシダ科の常緑性シダ。葉身は長さ12～50cm。披針形。

コタヌキモ 小狸藻 〈*Utricularia intermedia* Heyne〉タヌキモ科の多年生食虫植物。茎は長さ約20cm。高さは3～15cm。花は黄色。園芸植物。

コタヌキラン 小狸蘭 〈*Carex doenitzii* Böcklr. var. *doenitzii*〉カヤツリグサ科の多年草。高さは30～60cm。

コダネクマデヤシ トリナクス・ミクロカルパの別名。

コタネツケバナ 〈*Cardamine parviflora* L.〉アブラナ科の越年草。別名ヒメタネツケバナ。高さは5～20cm。花は白色。

コダマイヌイワガネ 〈*Coniogramme* × *fauriei* Hieron. notho f. *kojimae* Nakaike nom. nud.〉イノモトソウ科の常緑性シダ。別名コハチジョウシダ。葉身は長さ30～60cm。葉柄に傾いてつく。

コタマゴテングタケ 〈*Amanita citrina* (Schaeff.) Pers. var. *citrina*〉テングタケ科のキノコ。

コチヂミザサ 〈*Oplismenus undulatifolius* (Arduino) Roem. et Schult. var. *japonicus* (Steud.) Koidz.〉イネ科。

コチニールウチワ ノパレア・コケニリフェラの別名。

コチニールサボテン サボテン科の属総称。サボテン。

コーチビロウ 〈*Livistona saribas* Merr.〉ヤシ科。幹の根元に葉の跡が残る。葉は粉白、果実は青色。熱帯植物。

コーチモクタマツナギ 〈*Desmos cochinchinensis* Lour.〉バンレイシ科の蔓木。花は緑色。熱帯植物。

コチャダイゴケ 〈*Nidula niveo-tomentosa* (P. Henn.) Lloyd〉チャダイゴケ科のキノコ。小型。材上生、小塊粒はへその緒なし。

コチャメルソウ コチャルメルソウの別名。

コチャルメルソウ 〈*Mitella pauciflora* Rosend.〉ユキノシタ科の多年草。高さは20～40cm。

コチョウセッコク 胡蝶石斛 〈*Dendrobium phalaenopsis* R. Fitzg.〉ラン科の多年草。高さは40～60cm。花は紫紅色。園芸植物。切り花に用いられる。

コチョウセンナ 〈*Cassia javanica* L.〉マメ科の観賞用小木。別名ジャワセンナ。高さは3～20m。花はピンクから濃赤さらに白色。熱帯植物。園芸植物。

コチョウゾロイ 胡蝶揃 ツツジ科のツツジの品種。別名セイカ。園芸植物。

コチョウチンゴケ 〈*Mnium heterophyllum* (Hook.) Schwägr.〉チョウチンゴケ科のコケ。茎は長さ1～2cm、葉は卵状披針形～披針形。

コチョウノマイ 胡蝶の舞 ベンケイソウ科。園芸植物。

コチョウラン 胡蝶蘭 〈*Phalaenopsis aphrodite* Reichb. f.〉ラン科。高さは50～80cm。花は白色。園芸植物。

コチョウラン 胡蝶蘭 ラン科の属総称。切り花に用いられる。

コチョウラン ファレノプシス・シレリアナの別名。

コッカイナラ 〈*Quercus pontica*〉ブナ科の木本。樹高6m。樹皮は灰色ないし紫褐色。

コッカサギリ 国華狭霧 キク科のキクの品種。園芸植物。

コツガザクラ 小栂桜 〈*Phyllodoce alpina* Koidz.〉ツツジ科の常緑小低木。別名オオツガザクラ。高山植物。

コッカユウコウヨウ 国華夕紅葉 キク科のキクの品種。園芸植物。

コツクシサワゴケ 〈*Philonotis thwaitesii* Mitt.〉タマゴケ科のコケ。小形、葉は披針形。

コツクバネウツギ 小衝羽根空木 〈*Abelia serrata* Sieb. et Zucc.〉スイカズラ科の落葉低木。別名キバナコツクバネ。

コックルス・カロリヌス 〈*Cocculus carolinus* (L.) DC.〉ツヅラフジ科のつる植物。花は白色。園芸植物。

コックルス・トリロブス アオツヅラフジの別名。

コックルス・ラウリフォリウス イソヤマアオキの別名。

コッコウ バラ科のボケの品種。

コッコウ 国光 〈Rallus, Rallus Janet〉バラ科のリンゴ(苹果)の品種。別名49号、雪の下。果皮は黄緑色。

コッコトリナクス・アウストラリス 〈Coccothrinax australis L. H. Bailey〉ヤシ科。高さは15～16m。園芸植物。

コッコトリナクス・アルゲンテア 〈Coccothrinax argentea (Lodd. ex Schult. et Schult. f.) Sarg. ex Becc.〉ヤシ科。別名アグノヤシ。高さは12m。園芸植物。

コッコトリナクス・サバナ 〈Coccothrinax sabana L. H. Bailey〉ヤシ科。高さは6m。園芸植物。

コッコトリナクス・ディスクレアタ 〈Coccothrinax discreata L. H. Bailey〉ヤシ科。高さは15m。園芸植物。

コッコトリナクス・デュシアナ 〈Coccothrinax dussiana L. H. Bailey〉ヤシ科。高さは15～16m。園芸植物。

コッコトリナクス・ボクシー 〈Coccothrinax boxii L. H. Bailey〉ヤシ科。高さは24m。園芸植物。

コッコトリナクス・マルティニカエンシス 〈Coccothrinax martinicaensis Becc.〉ヤシ科。高さは8m。園芸植物。

コッコロバ タデ科。

コッコロバ・ウウィフェラ ハマベブドウの別名。

コッコロバ・プベスケンス 〈Coccoloba pubescens L.〉タデ科の木本。高さは20m。園芸植物。

ゴッシピウム・アルボレウム ワタの別名。

ゴッシピウム・サーベリ 〈Gossypium thurberi Tod.〉アオイ科。高さは0.9～4m。花は白またはやや黄色。園芸植物。

ゴッシピウム・スターティアヌム 〈Gossypium sturtianum Willis〉アオイ科。高さは0.9～2.5m。花はやや赤みのある藤色。園芸植物。

ゴッシピウム・バルバデンセ 〈Gossypium barbadense L.〉アオイ科。別名ペルーワタ。高さは1～3m。花は黄色。園芸植物。

ゴッシピウム・ヒルスツム ケブカワタの別名。

ゴッシピウム・ヘルバケウム 〈Gossypium herbaceum L.〉アオイ科。別名インドワタ。高さは0.3～1.5m。花は黄色。園芸植物。

コットン ワタの別名。

コッヒア・スコパリア ホウキギの別名。

コップウツボ 〈Nepenthes ampullaria Jack〉ウツボカズラ科の食虫植物。高さは5～6m。花は緑色。熱帯植物。

コッフェア・アラビカ コーヒーノキの別名。

コツブガチンノキ 〈Petunga microcarpa DC.〉アカネ科の小木。若葉を生食。熱帯植物。

コツブキンエノコロ 〈Setaria pallide-fusca (Schumach.) Stapf et C. E. Hubb.〉イネ科の草本。

コツブゴケ 〈Polyblastiopsis bella Zahlbr.〉ニセサネゴケ科の地衣類。地衣体は灰白。

コツブセンニンゴケ 〈Baeomyces aggregatus Asah.〉センニンゴケ科の地衣類。子柄は高さ1～1.5mm。

コツブタケ 〈Pisolithus tinctorius (Pers.) Coker & Couch〉コツブタケ科のキノコ。中型～大型。頭部は類球形～洋ナシ形、断面は小粒状。

コツブヌマハリイ 〈Eleocharis parvinux Ohwi〉カヤツリグサ科の多年草。高さは30～50cm。

コツブヒメヒガサヒトヨタケ 〈Coprinus leiocephalus P. D. Orton〉ヒトヨタケ科のキノコ。

コツブヒョウモンゴケ 〈Cyphelium tigillare Ach.〉ヒョウモンゴケ科の地衣類。地衣体は鮮黄緑色。

コツブボダイジュ 〈Ficus krishnae DC.〉クワ科の観賞用植物。葉はコップ状。熱帯植物。

コツブラッシタケ 〈Favolaschia fujisanensis Kobayasi〉キシメジ科のキノコ。

コツボゴケ 〈Plagiomnium acutum (Lindb.) T. Kop.〉チョウチンゴケ科のコケ。別名コツボチョウチンゴケ。ツボゴケに非常によく似るが、葉はやや狭く、葉身細胞は大きさがより均一。

コツボチョウチンゴケ コツボゴケの別名。

コツマトリソウ 〈Trientalis europaea var. arctica〉サクラソウ科。高山植物。

コツラ・スクアリダ 〈Cotula squalida (Hook. f.) Hook. f.〉キク科の草本。花は紫色。園芸植物。

コツリガネゴケ 〈Physcomitrium japonicum (Hedw.) Mitt.〉ヒョウタンゴケ科のコケ。小形、茎は長さ3～5mm、葉は卵状披針形。

コティヌス・コッギグリア ハグマノキの別名。

コティレドン・ウォリキー 〈Cotyledon wallichii Harv.〉ベンケイソウ科の低木。別名奇峰錦。高さは30～50cm。園芸植物。

コティレドン・ウンドゥラタ ギンパニシキの別名。

コティレドン・オルビクラタ 〈Cotyledon orbiculata L.〉ベンケイソウ科の低木。別名輪廻。高さは50～90cm。花は橙色。園芸植物。

コティレドン・カカリオイデス 〈Cotyledon cacalioides L. f.〉ベンケイソウ科の低木。別名鐘鬼。高さは50cm。花は黄色。園芸植物。

コティレドン・シェフェリアナ 〈Cotyledon schaeferiana Dinter〉ベンケイソウ科の低木。花は淡桃色。園芸植物。

コティレドン・デクッサタ セイトウの別名。

コティレドン・テレティフォリア サオヒメの別名。

コティレドン・トメントサ 〈Cotyledon tomentosa Harv.〉ベンケイソウ科の低木。別名熊童子。高さは10～15cm。花はにぶい赤色。園芸植物。

コティレドン・パニクラタ 〈*Cotyledon paniculata* L. f.〉ベンケイソウ科の低木。別名阿房宮。高さは50〜60cm。花は茶褐〜暗赤色。園芸植物。

コティレドン・ピグマエア 〈*Cotyledon pygmaea* W. F. Barker〉ベンケイソウ科の低木。別名銀砂錦。高さは5〜10cm。花は白色。園芸植物。

コティレドン・ブッフホルツィアナ 〈*Cotyledon buchholziana* Schuldt et P. Steph.〉ベンケイソウ科の低木。高さは10〜20cm。花は白色。園芸植物。

コティレドン・マクランタ 〈*Cotyledon macrantha* L.〉ベンケイソウ科の低木。高さは1m。花は鮮赤色。園芸植物。

コティレドン・ルテオスクアマタ 〈*Cotyledon luteosquamata* Poelln.〉ベンケイソウ科の低木。高さは8cm。花は黄緑色。園芸植物。

コティレドン・レティクラタ 〈*Cotyledon reticulata* Thunb.〉ベンケイソウ科の低木。別名万物相。花は黄緑色。園芸植物。

コテージ・ローズ 〈Cottage Rose〉バラ科。イングリッシュローズ系。花はピンク。

ゴデチア アカバナ科の属総称。別名ゴデチャ、ゴデティア、イロマツヨイグサ。切り花に用いられる。

ゴデチア・グランディフローラ 〈*Godetia grandiflora* Lindl.〉アカバナ科の一年草。高さは20〜30cm。花は光沢のある淡紅色。園芸植物。

ゴーデティア・アモエナ イロマツヨイの別名。

ゴーデティア・グランディフロラ ゴデチア・グランディフローラの別名。

コデマリ 小手毬 〈*Spiraea cantoniensis* Lour.〉バラ科の落葉低木。別名テマリバナ、スズカケ。高さは1〜2m。花は白色。園芸植物。切り花に用いられる。

コーデュラ アヤメ科のグラジオラスの品種。園芸植物。

ゴーテリア・アデノトリクス アカモノの別名。

ゴーテリア・クネアタ 〈*Gaultheria cuneata* (Rehd. et E. H. Wils.) Bean〉ツツジ科の常緑低木。高さは30〜40cm。花は白色。園芸植物。

ゴーテリア・シネンシス 〈*Gaultheria sinensis* Anth.〉ツツジ科の常緑低木。高さは12〜20cm。花は白色。園芸植物。

ゴーテリア・シャロン シャロンの別名。

ゴーテリア・フォレスティー 〈*Gaultheria forrestii* Diels〉ツツジ科の常緑低木。別名チタンコウ。高さは1m。花は白色。園芸植物。

ゴーテリア・プロクンベンス ヒメコウジの別名。

ゴーテリア・ミクエリアナ シラタマノキの別名。

コテリハキンバイ 〈*Potentilla riparia* var. *miyajimensis*〉バラ科。

ゴテングクワガタ 〈*Veronica serpyllifolia* L. subsp. *serpyllifolia*〉ゴマノハグサ科の多年草。高さは10〜15cm。花は淡青紫色。

コテングタケ 〈*Amanita porphyria* (Alb. & Schw. : Fr.) Secr.〉テングタケ科のキノコ。中型。傘は茶褐色〜灰褐色、ややかすり模様で条線なし。

コテングタケモドキ 〈*Amanita pseudoporphyria* Hongo〉テングタケ科のキノコ。中型〜大型。傘は暗褐色〜灰褐色、ややかすり模様、条線なし。

ゴテンバイノデ 〈*Polystichum* × *yuyamae* Kurata, nom. nud.〉オシダ科のシダ植物。

コトイトマル 琴糸丸 サボテン科のサボテン。園芸植物。

ゴトウヅル ツルアジサイの別名。

コトカケヤナギ ポプルス・エウフラティカの別名。

コトジツノマタ 琴柱角叉 〈*Chondrus elatus* Holmes〉スギノリ科の海藻。別名ナガツノマタ、カイソウ。扁圧。体は20cm。

コトジホウキタケ ホウキタケ科。

コドナンテ・グラキリス 〈*Codonanthe gracilis* Hanst.〉イワタバコ科の着生植物。花は白色。園芸植物。

コドナンテ・ディグナ 〈*Codonanthe digna* Wiehl.〉イワタバコ科の着生植物。葉楕円形。園芸植物。

コドナンテ・ルテオラ 〈*Codonanthe luteola* Wiehl.〉イワタバコ科の着生植物。花は薄黄色。園芸植物。

ゴードニア・アクシラリス 〈*Gordonia axillaris* (Roxb. ex Ker-Gawl.) D. Dietr.〉ツバキ科の木本。別名タイワンツバキ。花は白色。園芸植物。

コトネアスター バラ科のバラ科シャリントウ属の総称。

コトネアステル・アクミナツス 〈*Cotoneaster acuminatus* Lindl.〉バラ科の低木。高さは2〜3m。花は桃色。園芸植物。

コトネアステル・アドプレッスス 〈*Cotoneaster adpressus* Bois〉バラ科の低木。高さは30〜45cm。園芸植物。

コトネアステル・インテゲリムス 〈*Cotoneaster integerrimus* Medik.〉バラ科の低木。高さは1〜2m。花は白色。園芸植物。

コトネアステル・ウォーテレリ 〈*Cotoneaster* × *watereri* Exell〉バラ科の低木。高さは5m。園芸植物。

コトネアステル・コルヌピア 〈*Cotoneaster* × *cornubia* hort.〉バラ科の低木。高さは6m。園芸植物。

コトネアステル・コンゲスツス 〈*Cotoneaster congestus* Bak.〉バラ科の低木。高さは50〜70cm。花は桃白色。園芸植物。

コトネアステル・コンスピクース 〈*Cotoneaster conspicuus* Marq.〉バラ科の低木。高さは2.5m。花は白色。園芸植物。

コトネアス

コトネアステル・サリキフォリウス 〈Cotoneaster salicifolius Franch.〉バラ科の低木。高さは5m。園芸植物。

コトネアステル・ダメリ 〈Cotoneaster dammeri C. K. Schneid.〉バラ科の低木。花は白色。園芸植物。

コトネアステル・ディスティクス 〈Cotoneaster distichus J. Lange〉バラ科の低木。高さは1～2.5m。花は白色。園芸植物。

コトネアステル・トメントスス 〈Cotoneaster tomentosus (Ait.) Lindl.〉バラ科の低木。高さは2m。園芸植物。

コトネアステル・ハロヴィアヌス 〈Cotoneaster harrovianus E. H. Wils.〉バラ科の低木。高さは2m。園芸植物。

コトネアステル・パンノスス 〈Cotoneaster pannosus Franch.〉バラ科の低木。果実は濃赤色。園芸植物。

コトネアステル・ブラツス 〈Cotoneaster bullatus Bois〉バラ科の低木。高さは3～4m。花は淡桃色。園芸植物。

コトネアステル・フランシェティー 〈Cotoneaster franchetii Bois〉バラ科の低木。高さは3m。花は白色。園芸植物。

コトネアステル・ホリゾンタリス ベニシタンの別名。

コトネアステル・ミクロフィルス 〈Cotoneaster microphyllus Wall. ex Lindl.〉バラ科の低木。高さは1m。花は白色。園芸植物。

コトネアステル・ムルティフロルス 〈Cotoneaster multiflorus Bunge〉バラ科の低木。高さは4m。花は白色。園芸植物。

コトネアステル・ラクテウス 〈Cotoneaster lacteus W. W. Sm.〉バラ科の低木。高さは2～4m。園芸植物。

コトネアステル・リンドレイー 〈Cotoneaster lindleyi Steud.〉バラ科の低木。高さは3m。花は白色。園芸植物。

コトネアステル・ロツンディフォリウス 〈Cotoneaster rotundifolius Wall. ex Lindl.〉バラ科の低木。高さは1～2.5m。園芸植物。

コドノプシス・ウスリーエンシス バアソブの別名。

コドノプシス・オウァタ 〈Codonopsis ovata Benth.〉キキョウ科の多年草。高さは15～30cm。花は淡青色。高山植物。

コドノプシス・クレマティデア 〈Codonopsis clematidea (Schrenk ex Fisch. et C. A. Mey.) C. B. Clarke〉キキョウ科の草本。高さは30～50cm。花は淡青色。高山植物。園芸植物。

コドノプシス・コンウォルウラケア 〈Codonopsis convolvulacea Kurz〉キキョウ科の草本。長さ2m。花は紫青色。高山植物。園芸植物。

コドノプシス・タリクトリフォリア 〈Codonopsis thalictorifolia Wall.〉キキョウ科の草本。高さは15～30cm。花は淡紫色。高山植物。園芸植物。

コドノプシス・タングシェントウジンの別名。

コドノプシス・ファエテンス 〈Codonosis ovata Benth.〉キキョウ科。高山植物。

コドノプシス・ランケオラタ ツルニンジンの別名。

コトブキ 寿 〈Haworthia retusa (L.) H. Duval.〉ユリ科。ロゼット径7～9cm。園芸植物。

コトブキギク 〈Tridax procumbens L.〉キク科の多年草。長さは80cm。花はクリームがかった白色。熱帯植物。

コートリア・グラキリス 〈Cautleya gracilis (Sm.) Dandy〉ショウガ科。花は黄色。園芸植物。

コートリア・スピカタ 〈Cautleya spicata (Sm.) Bak.〉ショウガ科。花は鮮黄色。園芸植物。

コトリハダゴケ 〈Pertusaria velata (Turn.) Nyl.〉トリハダゴケ科の地衣類。地衣体は類白。

コナアオキノリ 〈Leptogium pichneum (Ach.) Nyl.〉イワノリ科の地衣類。地衣体は青味を帯びる。

コナアカハラムカデゴケ 〈Physcia orbicularis (Neck.) Poetsch fo. rubropulchra Degel.〉ムカデゴケ科の地衣類。地衣体は髄層が朱赤色。

コナアカミゴケ 〈Cladonia bacillaris (Del.) Nyl.〉ハナゴケ科の地衣類。子柄は径1～2mm。

コナアツバベンケイ セドゥム・フルフラケウムの別名。

コナイボゴケ 〈Lecanora pulverulenta Müll. Arg.〉チャシブゴケ科の地衣類。地衣体は淡黄灰ないし黄。

コナウチキウメノキゴケ 〈Parmelia aurulenta Tuck.〉ウメノキゴケ科の地衣類。地衣体は葉状。

コナウミウチワ 〈Padina crassa Yamada〉アミジグサ科の海藻。やや厚き扇状。

コナカブトゴケ 〈Lobaria pulmonaria (L.) Hoffm.〉ヨロイゴケ科の地衣類。葉体背面に網目状の凹凸がある。

コナカブリテングタケ 〈Amanita griseofarinosa Hongo〉テングタケ科のキノコ。中型。傘は灰色～暗褐灰色、粉状～綿状、条線なし。

コナカワラゴケ 〈Coccocarpia cronia (Tuck.) Vain.〉カワラゴケ科の地衣類。地衣体は鉛灰色。

コナギ 小水葱 〈Monochoria vaginalis (Burm. f.) Presl var. plantaginea (Roxb.) Solms-Laub.〉ミズアオイ科の抽水性の一年草。花は青紫(コバルト)色で径1.5～2cm。高さは10～30cm。熱帯植物。薬用植物。

コナクロコボシゴケ 〈Megalospora submarginiflexa (Vain.) Zahlbr.〉ヘリトリゴケ科の地衣類。地衣体は細かい顆粒状。

コナジョウゴゴケ 〈Cladonia major (Hag.) Sandst.〉ハナゴケ科の地衣類。子柄はラッパ状の盃。

コナスビ 小茄子 〈Lysimachia japonica Thunb. ex Murray〉サクラソウ科の多年草。高さは15〜20cm。花は黄色。園芸植物。

コナツミカン ヒュウガナツの別名。

コナハイイロキゴケ 〈Stereocaulon vesuvianum Pers. var. nodulosum (Wallr.) Lamb〉キゴケ科の地衣類。地衣体はずんぐりして丈夫。

コナハイマツゴケ 〈Cetraria pinastri (Scop.) Röhl.〉ウメノキゴケ科の地衣類。地衣体背面は黄緑色。

コナヒメウメノキゴケ 〈Parmelia spumosa Asah.〉ウメノキゴケ科の地衣類。地衣体背面は類白、灰または灰緑色。

コナボウズゴケ 〈Stereocaulon pileatum Ach.〉キゴケ科の地衣類。地衣体は顆粒状。

コナマタゴケ 〈Cladonia farinacea (Vain.) Evans〉ハナゴケ科の地衣類。子柄は高さ5cm。

コナマツゲゴケ 〈Parmelia rampoddensis Nyl.〉ウメノキゴケ科の地衣類。粉芽が粉末状。

コナミキ 小波来 〈Scutellaria guilielmii A. Gray〉シソ科の草本。

コナヨタケ 〈Psathyrella obtusata (Fr.) A. H. Smith.〉ヒトヨタケ科のキノコ。

コナラ 小楢 〈Quercus serrata Thunb. ex Murray〉ブナ科の落葉高木。別名イシナラ、ナラ。高さは15〜20m。薬用植物。園芸植物。

コナリボンゴケ 〈Hypogymnia submundata (Oxn.) Rass.〉ウメノキゴケ科の地衣類。裂片は幅0.5〜3mm。

コナンドロン・ラモンディオイデス イワタバコの別名。

コニオセリヌム・バギナツム 〈Conioselinum vaginatum (Spr.) Thell.〉セリ科の薬用植物。

ゴニオタラムス 〈Goniothalamus tapis Miq.〉バンレイシ科の小木。果実は赤色。花は白緑色。熱帯植物。

ゴニオラクス ベリジニウム科。

コニカ マツ科のカナダトウヒの品種。

コニコシア・カペンシス 〈Conicosia capensis (Haw.) N. E. Br.〉ツルナ科。別名枯渓吹上。花は黄色。園芸植物。

コニコシア・プギオニフォルミス 〈Conicosia pugioniformis (L.) N. E. Br.〉ツルナ科。別名石渓吹上。花は硫黄色。園芸植物。

コニシイヌビワ ギランイヌビワの別名。

コニシキソウ 小錦草 〈Euphorbia supina Rafin.〉トウダイグサ科の一年草。長さは6.5〜38cm。薬用植物。

コニセショウロ 〈Scleroderma reae Guzmán〉ニセショウロ科のキノコ。小型。子実体は類球形、外皮は頂部に穴があく。

コニャック サトイモ科のアンスリウムの品種。切り花に用いられる。

コヌカグサ 小糠草 〈Agrostis palustris Huds.〉イネ科の多年草。高さは50〜100cm。花は赤色。園芸植物。

ゴネエル スイレン科のスイレンの品種。園芸植物。

コネジレゴケ 〈Tortella japonica (Besch.) Broth.〉センボンゴケ科のコケ。茎は長さ5mm以下、葉は披針形〜狭披針形。

コネズミガヤ 〈Muhlenbergia schreberi J. F. Gmel.〉イネ科の多年草。高さは10〜30cm。

コネッシ 〈Holarrhena antidysenterica Wall.〉キョウチクトウ科の低木。多数の幹を叢生。花は白、花筒や花盤は赤色。熱帯植物。薬用植物。

コネモルファ 〈Chonemorpha macrophylla G. Don.〉キョウチクトウ科の蔓木。葉裏多毛、芳香、果実は緑色赤条。花は白色。熱帯植物。

コネモルファ・フラグランス 〈Chonemorpha fragrans (Moon) Alston〉キョウチクトウ科のつる性木本。花は白色。園芸植物。

コネモルファ・ペナンゲンシス 〈Chonemorpha penangensis Ridl.〉キョウチクトウ科のつる性木本。花は白色。園芸植物。

コーネリア 〈Cornelia〉バラ科。花は薄い桃色。

コノエチュウ 近衛柱 〈Stetsonia coryne (Salm-Dyck) Britt. et Rose〉サボテン科のサボテン。別名近衛。高さは8m。花は白色。園芸植物。

コノテガシワ 児手柏 〈Thuja orientalis L.〉ヒノキ科の観賞用小木。多枝上向性。高さは1〜2m。熱帯植物。薬用植物。園芸植物。

コノハノリ 〈Congregatocarpus pacifica (Yamada) Mikami〉コノハノリ科の海藻。細長い葉状。

コノフィツム ツルナ科の属総称。

コノフィツム・ウェルティヌム ヒナバトの別名。

コノフィツム・エリシャエ 〈Conophytum elishae (N. E. Br.) N. E. Br.〉ツルナ科。別名式典。花は黄色。園芸植物。

コノフィツム・オウィゲルム 〈Conophytum ovigerum Schwant.〉ツルナ科。花は黄色。園芸植物。

コノフィツム・オックルツム 〈Conophytum occultum L. Bolus〉ツルナ科。別名王宮殿。花は淡黄色。園芸植物。

コノフィツム・オブツスム 〈Conophytum obtusum N. E. Br.〉ツルナ科。花は黄色。園芸植物。

コノフィツム・オブメタレ 〈*Conophytum obmetale* N. E. Br.〉ツルナ科。花は白色。園芸植物。

コノフィツム・カルピアヌム 〈*Conophytum carpianum* L. Bolus〉ツルナ科。花は白色。園芸植物。

コノフィツム・カンディドゥム 〈*Conophytum candidum* L. Bolus〉ツルナ科。花は白色。園芸植物。

コノフィツム・グロボスム 〈*Conophytum globosum* N. E. Br.〉ツルナ科。花は明るいピンク色。園芸植物。

コノフィツム・ケレシアヌム 〈*Conophytum ceresianum* L. Bolus〉ツルナ科。別名雲映玉。花は淡黄色。園芸植物。

コノフィツム・コルニフェルム 〈*Conophytum corniferum* Schick et Tisch.〉ツルナ科。別名小笛。花は黄色。園芸植物。

コノフィツム・コンカウム 〈*Conophytum concavum* L. Bolus〉ツルナ科。花は白色。園芸植物。

コノフィツム・コンプトニー 〈*Conophytum comptonii* N. E. Br.〉ツルナ科。花は暗黄〜オレンジ黄色。園芸植物。

コノフィツム・ショウショウ 少将 〈*Conophytum bilobum* (Marloth) N. E. Br.〉ツルナ科。花は黄色。園芸植物。

コノフィツム・スブグロボスム 〈*Conophytum subglobosum* Tisch.〉ツルナ科。花は白色。園芸植物。

コノフィツム・スプリングボッケンセ 〈*Conophytum springbokense* N. E. Br.〉ツルナ科。別名桜貝。花は黄色。園芸植物。

コノフィツム・スペクタビレ 〈*Conophytum spectabile* Lavis〉ツルナ科。花は淡いピンク色。園芸植物。

コノフィツム・ツリゲルム 〈*Conophytum turrigerum* (N. E. Br.) N. E. Br.〉ツルナ科。別名春侍玉。花はピンク色。園芸植物。

コノフィツム・トルンカツム 〈*Conophytum truncatum* N. E. Br.〉ツルナ科。別名紅翠玉。花は淡黄色。園芸植物。

コノフィツム・ニウェウム 〈*Conophytum niveum* L. Bolus〉ツルナ科。花は白色。園芸植物。

コノフィツム・パルウィプンクツム 〈*Conophytum parvipunctum* Tisch.〉ツルナ科。花は黄色。園芸植物。

コノフィツム・ピアソニー 〈*Conophytum pearsonii* N. E. Br.〉ツルナ科。花は紫紅色。園芸植物。

コノフィツム・ヒアンス 〈*Conophytum hians* N. E. Br.〉ツルナ科。花は淡桃色。園芸植物。

コノフィツム・ビィオラキィフロラム コノフィツム・メイソウギョクの別名。

コノフィツム・ビカリナツム 〈*Conophytum bicarinatum* L. Bolus〉ツルナ科。花は白色。園芸植物。

コノフィツム・ピクツム チュウナゴンの別名。

コノフィツム・ピクツラツム 〈*Conophytum picturatum* N. E. Br.〉ツルナ科。花は淡いピンク色。園芸植物。

コノフィツム・ビュルゲリ 〈*Conophytum burgeri* L. Bolus〉ツルナ科。花は桃色。園芸植物。

コノフィツム・ピランシー 〈*Conophytum pillansii* Lavis ex L. Bolus〉ツルナ科。別名翠光玉。花は紫紅色。園芸植物。

コノフィツム・ファンヘールデイ 〈*Conophytum vanheerdei* Tisch.〉ツルナ科。花は濃紫色。園芸植物。

コノフィツム・フィキフォルメ 〈*Conophytum ficiforme* (Haw.) N. E. Br.〉ツルナ科。花は明るいピンク色。園芸植物。

コノフィツム・フェネストラツラム 〈*Conophytum fenestratum* Schwant.〉ツルナ科。別名秋想。花は白色。園芸植物。

コノフィツム・フラギレ 〈*Conophytum fragile* Tisch.〉ツルナ科。花は淡ピンクか濃ピンク色。園芸植物。

コノフィツム・プルケルム 〈*Conophytum pulchellum* Fisch.〉ツルナ科。別名群螢。花は白またはピンク色。園芸植物。

コノフィツム・フルテスケンス ジャッコウの別名。

コノフィツム・フレイムシー 〈*Conophytum framesii* Lavis ex L. Bolus〉ツルナ科。花はクリーム色。園芸植物。

コノフィツム・ペルキドゥム 〈*Conophytum pellucidum* Schwant.〉ツルナ科。別名勲章玉。花は白色。園芸植物。

コノフィツム・ヘレイ 〈*Conophytum herrei* Schwant.〉ツルナ科。花は紫紅色。園芸植物。

コノフィツム・ポリアンドルム 〈*Conophytum polyandrum* Lavis〉ツルナ科。花は桃色。園芸植物。

コノフィツム・マイエラエ 〈*Conophytum meyerae* Schwant.〉ツルナ科。別名朱螢玉。花は黄色。園芸植物。

コノフィツム・マクシムム 〈*Conophytum maximum* Tisch.〉ツルナ科。花はピンク色。園芸植物。

コノフィツム・マルギナツム 〈*Conophytum marginatum* Lavis〉ツルナ科。花はピンク色。園芸植物。

コノフィツム・ミヌスクルム 〈*Conophytum minusculum* (N. E. Br.) N. E. Br.〉ツルナ科。花は紫紅色。園芸植物。

コノフィツム・ムンドゥム 〈*Conophytum mundum* N. E. Br.〉ツルナ科。花はピンク色。園芸植物。

コノフィツム・メイソウギョク 明窓玉 ツルナ科。別名コノフィツム・ビィオラキィフロラム。園芸植物。

コノフィツム・ルイーザエ 〈*Conophytum luisae* Schwant.〉ツルナ科。花は黄色。園芸植物。

コノフィツム・ルックホフィー 〈*Conophytum luckhoffii* Lavis〉ツルナ科。花は紫紅色。園芸植物。

コノフィツム・ルテウム 〈*Conophytum luteum* N. E. Br.〉ツルナ科。花は輝黄色。園芸植物。

コノフィツム・レガレ 〈*Conophytum regale* Lavis〉ツルナ科。花はピンク色。園芸植物。

コノフィツム・レティクラツム 〈*Conophytum reticulatum* L. Bolus〉ツルナ科。花は洋紅色。園芸植物。

コノフィツム・ロルフィー 〈*Conophytum rolfii* De Boer〉ツルナ科。花は白色。園芸植物。

コノフィルム・グランデ 〈*Conophyllum grande* (N. E. Br.) L. Bolus〉ツルナ科。花は不死鳥。高さは20cm。花は光沢のある白色。園芸植物。

コノフィルム・ディッシツム 〈*Conophyllum dissitum* (N. E. Br.) Schwant.〉ツルナ科。別名幻想鳥。高さは30cm。花は黄色。園芸植物。

コノポデウム・マジュス 〈*Conopodium majus* Loret〉セリ科の多年草。

コバイケイソウ 小梅恵草 〈*Veratrum stamineum* Maxim.〉ユリ科の多年草。高さは60～100cm。花は白色。高山植物。薬用植物。園芸植物。

コハイヒモゴケ 〈*Meteorium buchananii* (Broth.) Broth. subsp. *helminthocladulum* (Card.) Noguchi〉ハイヒモゴケ科のコケ。別名モッポレサガリゴケ。小形、葉は舌形で長さ1～2mm。

コバイモ 小貝母 〈*Fritillaria japonica* Miq.〉ユリ科の球根性多年草。別名テンガイユリ。高さは10～20cm。花は淡桃色。園芸植物。

コハウチワカエデ 小羽団扇楓 〈*Acer sieboldianum* Miq.〉カエデ科の雌雄同株の落葉高木。別名イタヤメイゲツ、キバナハウチワカエデ。葉は円形で7～9に中裂。樹高10m。花は黄白色。樹皮は濃い灰褐色。高山植物。園芸植物。

コバギボウシ 小葉擬宝珠 〈*Hosta sieboldii* (Paxton) J. Ingram f. *lancifolia* (Miq.) Hara〉ユリ科の多年草。高さは30～100cm。花は赤紫色。園芸植物。

コハクウンボク 小白雲木 〈*Styrax shiraiana* Makino〉エゴノキ科の落葉高木。高さは5～8m。園芸植物。

コハクサンボク 〈*Viburnum japonicum* var. *fruticosum*〉スイカズラ科。

コハクラン 〈*Kitigorchis itoana* F. Maek.〉ラン科の多年草。高さは20～40cm。

コハコベ ハコベの別名。

コバザケシダ 〈*Cyclosorus taiwanensis* (C. Chr.) H. Ito〉オシダ科(ヒメシダ科)の常緑性シダ。葉身は長さ50～80cm。広披針形。

コハシゴシダ 〈*Thelypteris glanduligera* var. *elatior* (Eat.) Kurata〉オシダ科(ヒメシダ科)の常緑性シダ。葉身は長さ10～17cm。披針形。

コバタ 小旗 アオイ科の木本。

コバタゴ フォンタネシア・フォーチュネイの別名。

コハチジョウシダ ハチジョウシダモドキの別名。

コバテイシ モモタマナの別名。

コバナアヤメ シシリンキウム・イリィディフォリウムの別名。

コバナアリアケカズラ 〈*Allamanda cathartica* L.〉キョウチクトウ科。野化し半蔓木で他の木に匍い上がる。花は黄色。熱帯植物。

コハナガサノキ ムニンハナガサノキの別名。

コバナガンクビソウ 〈*Carpesium faberi* Winkler〉キク科の草本。別名バンジンガンクビソウ。

コバナキジムシロ 〈*Potentilla amurensis* Maxim.〉バラ科の一年草または二年草。別名アメリカキジムシロ。長さは5～30cm。花は黄色。

コバナクマデヤシ トリナクス・パルウィフロラの別名。

コバナスジミココヤシ シアグルス・コロナタの別名。

コバナチロフォラ 〈*Tylophora squarrosa* Ridl.〉ガガイモ科の蔓草。熱帯植物。

コバナツルウリクサ ゲンジバナの別名。

コバナデイコ 〈*Erythrina subumbrans* Merr.〉マメ科の高木。花は赤色。熱帯植物。

コバナノワレモコウ 〈*Sanguisorba tenuifolia* Fisch. ex Link var. *parviflora* Maxim.〉バラ科の草本。

コバナピンポン 〈*Sterculia parviflora* Roxb.〉アオギリ科の高木。果実は大形、赤色。熱帯植物。

コバナミズヒイラギ 〈*Acanthus ebracteatus* Wall.〉キツネノマゴ科の低木。花は白色。熱帯植物。

コハナヤスリ 小花鑢 〈*Ophioglossum thermale* Komarov var. *nipponicum* (Miyabe. et Kudo) Nishida〉ハナヤスリ科の多年草。

コハナヤスリ ハナヤスリの別名。

コバナヤマモモソウ 〈*Gaura parviflora* Douglas〉アカバナ科の一年草。別名イヌヤマモモソウ。高さは0.3～2m。花は淡紅～紅色。

コハネゴケ 〈*Plagiochila sciophila* Nees ex Lindenb.〉ハネゴケ科のコケ。黄緑色、茎は長さ2〜4cm。

コバノアオキノリ 〈*Leptogium moluccanum* (Pers.) Vain. var. *myriophyllinum* (Müll. Arg.) Asah.〉イワノリ科の地衣類。地衣体は灰青。

コバノアカテツ 〈*Pouteria obovata* var. *dubia*〉アカテツ科。

コバノアサーラ 〈*Azara microphylla* Hook. f.〉イイギリ科の常緑木。高さは3m。花は黄色。樹皮は灰色。園芸植物。

コバノアマミフユイチゴ 〈*Rubus amamiana* Hatusima et Ohwi var. *minor* Hatusima〉バラ科。日本絶滅危惧植物。

コバノアリアケカズラ 〈*Allamanda cathartica* L. v. *williamsii*〉キョウチクトウ科の観賞用低木性植物。花は黄色。熱帯植物。

コバノイクビゴケ 〈*Diphyscium perminutum* Takaki〉キセルゴケ科のコケ。小形、葉は線状披針形で、長さ約1mm。

コバノイシカグマ 〈*Dennstaedtia scabra* (Wall. ex Hook.) Moore〉イノモトソウ科(コバノイシカグマ科、ワラビ科)の常緑性シダ。葉身は長さ20〜60cm。三角状長楕円形。

コバノイチヤクソウ 小葉の一薬草 〈*Pyrola alpina* H. Andres〉イチヤクソウ科の多年草。高さは10〜20cm。高山植物。

コバノイトゴケ 〈*Haplohymenium pseudo-triste* (Müll. Hal.) Broth.〉シノブゴケ科のコケ。小形で、枝葉は円頭〜広い鋭頭。

コバノイラクサ 〈*Urtica laetevirens* Maxim.〉イラクサ科の多年草。高さは50〜100cm。

コバノイワノリ 〈*Collema coccophorum* Tuck.〉イワノリ科の地衣類。地衣体はロゼット状。

コバノウシノシッペイ 〈*Hemarthria compressa* (L. f.) R. Br.〉イネ科の草本。

コバノウラジロサガオ 〈*Argyreia obtusifolia* Choisy〉ヒルガオ科の蔓木。花の外面に絹毛あり。花は白、花筒内のみ紫色。熱帯植物。

コバノエゾシノブゴケ 〈*Thuidium recognitum* var. *delicatulum* (Hedw.) Warnst.〉シノブゴケ科のコケ。毛葉の細胞の中央に1個のパピラ。

コバノカキドオシ 〈*Glechoma hederacea* L. subsp. *hederacea*〉シソ科。花は長さ約15mm。

コバノカナワラビ 〈*Arachniodes sporadosora* (Kunze) Nakaike〉オシダ科の常緑性シダ。葉柄は長さ50cm。葉身は4回羽状深裂。園芸植物。

コバノガマズミ 小葉莢蒾 〈*Viburnum erosum* Thunb. ex Murray〉スイカズラ科の落葉低木。

コバノカモメヅル 小葉鴎蔓 〈*Cynanchum sublanceolatum* (Miq.) Matsum.〉ガガイモ科の多年生つる草。

コバノカンジス 〈*Garcinia parvifolia* Miq.〉オトギリソウ科の小木。熱帯植物。

コバノキササゲ 〈*Catalpa fargesii*〉ノウゼンカズラ科の木本。樹高10m。樹皮は濃灰色。園芸植物。

コバノクシベニヒバ 〈*Ptilota pectinata* (Grunow) Kjellman f. *litoralis* Kjellman〉イギス科の海藻。体は6〜10cm。

コバノクロヅル 〈*Tripterygium doianum* Ohwi〉ニシキギ科の木本。

コバノゲジゲジゴケ 〈*Anaptychia fragilissima* Kurok.〉ムカデゴケ科の地衣類。地衣体は灰白色。

コバノコゴメグサ 小葉の小米草 〈*Euphrasia matsumurae* Nakai〉ゴマノハグサ科の草本。

コバノコゴメグサ ヒメコゴメグサの別名。

コバノゴムビワ クワ科。園芸植物。

コバノシダレベゴニア ベゴニア・フォリオサの別名。

コバノズイナ 〈*Itea virginica* L.〉ユキノシタ科の木本。葉は楕円形か倒卵形。園芸植物。

コバノスナゴケ 〈*Racomitrium barbuloides* Card.〉ギボウシゴケ科のコケ。エゾスナゴケに似るが、茎は羽状によく分枝。

コバノセンダングサ 〈*Bidens bipinnata* L.〉キク科の一年草。高さは30〜90cm。花は黄色。

コバノセンナ カッシア・コルテオイデスの別名。

コバノタツナミ 〈*Scutellaria indica* L. var. *parvifolia* (Makino) Makino〉シソ科の草本。別名ビロウドタツナミ。

コバノチョウセンエノキ 小葉朝鮮榎 〈*Celtis leveillei* Nakai〉ニレ科の高木。別名サキシマエノキ。葉は卵状長楕円形。園芸植物。

コバノチョウチンゴケ 小葉の提灯苔 〈*Trachycystis microphylla* Lindb.〉チョウチンゴケ科のコケ。茎は立ち、長さ2〜3cm、茎葉は披針形。園芸植物。

コバノツメクサ 小葉の爪草 〈*Arenaria verna* L. var. *japonica* (Hara) Hara〉ナデシコ科の多年草。別名ホソバツメクサ。高さは〜10cm。高山植物。

コバノトベラ 〈*Pittosporum parvifolium* Hayata〉トベラ科の常緑小高木。日本絶滅危惧植物。

コバノトンボソウ 小葉の蜻蛉草 〈*Platanthera nipponica*〉ラン科の多年草。高さは20〜40cm。高山植物。

コバノナンヨウオオイタビ 〈*Ficus aurantiacea* Griff. var. *parvifolia* Corner〉クワ科の蔓木。葉裏赤味があり、果嚢は橙色で淡色の斑がある。熱帯植物。

コバノナンヨウスギ シマナンヨウスギの別名。

コバノニシキソウ リュウキュウタイゲキの別名。

コバノニセジュズネノキ アカネ科。

コバノハネミエンジュ 〈*Sophora microphylla*〉マメ科の木本。樹高10m。樹皮は灰か灰褐色。園芸植物。

コバノバルサムモミ アビエス・フレイゼリの別名。

コバノヒノキシダ 小葉の檜羊歯 〈*Asplenium sarelii* Hook.〉チャセンシダ科の常緑性シダ。葉身は長さ5〜15cm。広披針形から長楕円形。

コバノヒハツ 〈*Piper pedicellosum* Wall.〉コショウ科の蔓木。果実はヒッチョウカモドキに似る。熱帯植物。

コバノヒルムシロ 〈*Potamogeton cristatus* Regel et Maack〉ヒルムシロ科の小形の浮葉植物。別名トゲミミズヒキモ。背稜にニワトリのとさか状の著しい突起。日本絶滅危機植物。

コバノフユイチゴ 小葉冬苺 〈*Rubus pectinellus* Maxim.〉バラ科の常緑低木。別名マルバフユイチゴ。

コバノボタンヅル 〈*Clematis pierotii* Miq.〉キンポウゲ科の草本。

コバノマンギス 〈*Garcinia brevirostris* Sch.〉オトギリソウ科の小木。葉も果も小さい。熱帯植物。

コバノミズゴケ 〈*Sphagnum calymmatophyllum* Warnst. & Card.〉ミズゴケ科のコケ。茎葉は多型、同葉性が異葉性。

コバノミツバツツジ 小葉の三葉躑躅 〈*Rhododendron reticulatum* D. Don〉ツツジ科の落葉低木。花は紅紫色。園芸植物。

コバノミヤマノボタン 〈*Bredia okinawensis*〉ノボタン科の常緑低木。

コバノムレスズメ カラガナ・ミクロフィラの別名。

コバノモクズゴケ 〈*Pannaria microphylla* (Sw.) Mass.〉ハナビラゴケ科の地衣類。地衣体は青黒色。

コバノモダマ 〈*Entada spiralis* Ridl.〉マメ科の蔓木。葉はモダマより小さい。花は黄色。熱帯植物。

コバノヤスデゴケモドキ 〈*Phylliscum microphyllum* Asah.〉リキナ科の地衣類。地衣体はロゼット状。

コバノヤバネゴケ 〈*Cephaloziella mucrophylla* (Steph.) Douin〉コヤバネゴケ科のコケ。茎は長さ1〜3mm。

コバノランタナ 〈*Lantana montevidensis* (K. Spreng.) Briq.〉クマツヅラ科。花は淡紅紫色。園芸植物。

コバノレイシモドキ 〈*Xerospermum laevigatum* Radik.〉ムクロジ科の高木。熱帯植物。

コバホウライシダ アジアンタム・クネアータムの別名。

コバホウライシダ アジアンタム・ラッディアヌムの別名。

コハマギク 小浜菊 〈*Chrysanthemum arcticum* L. subsp. *maekawanum* Kitamura〉キク科の多年草。高さは10〜50cm。園芸植物。

コハマジンチョウ 〈*Myoporum bonininse* Koidz.〉ハマジンチョウ科の木本。

コハマナシ ロサ・イワラの別名。

コバヤシアセタケ 〈*Inocybe kobayasii* Hongo〉フウセンタケ科のキノコ。小型〜中型。傘はクリーム褐色〜黄褐色、鱗片状。ひだはクリーム褐色。

コハリスゲ 小針菅 〈*Carex hakonensis* Franch. et Savat.〉カヤツリグサ科の多年草。別名コケスゲ。高さは10〜30cm。

ゴハリマツモ 〈*Ceratophyllum demersum* L. var. *quadrispinum* Makino〉マツモ科の沈水性の浮遊植物。別名ヨツバリキンギョモ。果実の上下にそれぞれ2本の突起がある。

コーパルノキ コーパル樹脂を採る植物の総称。

コバンコナスビ ヨウシュコナスビの別名。

コバンソウ 小判草 〈*Briza maxima* L.〉イネ科の一年草。別名タワラムギ。高さは10〜60cm。花は黄褐色。園芸植物。切り花に用いられる。

ゴバンノアシ 〈*Barringtonia asiatica* (L.) Kurz〉サガリバナ科の高木。葉は肉質。高さは15〜20m。花は白色。熱帯植物。園芸植物。

コバンノキ 小判の木 〈*Phyllanthus flexuosus* (Sieb. et Zucc.) Muell. Arg.〉トウダイグサ科の落葉低木。

コバンボダイジュ 〈*Ficus deltoidea* Jack〉クワ科の木本。高さは2m。熱帯植物。園芸植物。

コバンムグラ 〈*Hedyotis chrysotricha* (Palib.) Merr.〉アカネ科の草本。

コバンモチ 小判糯 〈*Elaeocarpus japonicus* Sieb. et Zucc.〉ホルトノキ科の常緑高木。別名シラキ、ヅキ。ホルトノキより幅広く、葉柄が長い。園芸植物。

コーヒー アカネ科の属総称。園芸植物。

コピアポア サボテン科の属総称。サボテン。

コピアポア・カナラレンシス 〈*Copiapoa chanaralensis* F. Ritter〉サボテン科のサボテン。別名加奈留玉。オリーブ緑色。園芸植物。

コピアポア・キネラスケンス 〈*Copiapoa cinerascens* (Salm-Dyck) Britt. et Rose〉サボテン科のサボテン。別名竜牙玉。径8cm。花は黄色。園芸植物。

コピアポア・キネレア コクオウマルの別名。

コピアポア・ヘーゼルトニアナ 〈*Copiapoa haseltoniana* Backeb.〉サボテン科のサボテン。別名逆鱗丸。径10〜15cm。花は淡黄〜黄色。園芸植物。

コピアポア・マルギナタ 〈*Copiapoa marginata* (Salm-Dyck) Britt. et Rose〉サボテン科のサボテン。別名竜鱗玉。高さは60cm。花は黄色。園芸植物。

コピアポア・モンタナ 〈*Copiapoa montana* F. Ritter〉サボテン科のサボテン。別名妖鬼玉。径5〜10cm。花は淡黄色。園芸植物。

コピウエ ユリ科。

コヒガンザクラ 〈*Prunus subhirtella* Miq.〉バラ科の落葉高木。別名ヒガンザクラ。樹高6m。樹皮は灰褐色。

コヒガンザクラ 小彼岸桜 ポール・リコーの別名。

コヒゲ 〈*Juncus effusus* L. var. *decipiens* Buchen. f. *utilis* Makino〉イグサ科の多年草。

コーヒーサイカチ 〈*Gymnocladus dioica*〉マメ科の木本。樹高25m。樹皮は暗褐色。

コーヒーダマシ 〈*Canthium dicoccum* Merr.〉アカネ科の小木。材は堅く有用、ボート材。花は白緑色。熱帯植物。

コビチャニガイグチ 〈*Tylopilus otsuensis* Hongo〉イグチ科のキノコ。中型〜大型。傘はオリーブ色。

コビトイヌワラビ 〈*Athyrium × pygmaei-silvae* Sa. Kurata〉オシダ科のシダ植物。

コビトホラシノブ 〈*Sphenomeris minutula* Kurata〉ホングウシダ科の常緑性シダ。葉身は長さ1〜2cm。卵形から長卵形。日本絶滅危機植物。

コビナアカミゴケ 〈*Cladonia incrassata* Flörke〉ハナゴケ科の地衣類。子柄は2〜5mm。

コヒナリンドウ 〈*Gentiana aquatica* var. *laeviuscula*〉リンドウ科。

ゴビニシキ 護美錦 ツツジ科のサツキの品種。園芸植物。

コーヒーノキ 珈琲木 〈*Coffea arabica* L.〉アカネ科の常緑低木。別名アラビアンコーヒー、コーヒー。高さは4.5m。花は白、後に黄色。熱帯植物。薬用植物。園芸植物。

コヒマワリ 小向日葵 〈*Helianthus decapetalus* L.〉キク科。別名ノヒマワリ。高さは0.6〜1.5m。花は淡黄色。園芸植物。

コヒメビエ ワセビエの別名。

コヒメリボンゴケ 〈*Hypogymnia fujisanensis* (Asah.) Kurok.〉ウメノキゴケ科の地衣類。地衣体は粉芽が全然ない。

コヒラ 〈*Gelidium tenue* Okamura〉テングサ科の海藻。短小枝は密に羽状に配列。体は15〜20cm。

コヒラミツメゴケ 〈*Peltigera nigripunctata* Bitt.〉ツメゴケ科の地衣類。地衣体背面に頭状体がある。

コヒルガオ 小昼顔 〈*Calystegia hederacea* Wall.〉ヒルガオ科の多年草。ヒルガオと同様つる性。薬用植物。園芸植物。

コヒルギ 〈*Ceriops tagal* C. B. Robins〉ヒルギ科の小木、マングローブ植物。葉はシキミ状。熱帯植物。

コヒロハタマシケシダ 〈*Deparia japonica × pseudo-conilii* var. *subdeltoidofrons*〉オシダ科のシダ植物。

コヒロハハナヤスリ ハナヤスリの別名。

コヒロハホソバシケシダ 〈*Deparia conilii × pseudo-conilii* var. *subdeldoidofrons*〉オシダ科のシダ植物。

コビンロウジ 〈*Areca glandiformis* Lam.〉ヤシ科。果実はビンロウジ代用。幹径8cm。熱帯植物。

コブアセタケ 〈*Inocybe nodulosospora* Kobayasi〉フウセンタケ科のキノコ。

コブイシ 〈*Hydrolithon reinboldii* (W. v. Bosse et Foslie) Foslie〉サンゴモ科の海藻。塊状。体は径10cm。

コフウロ 小風露 〈*Geranium tripartitum* R. Knuth〉フウロソウ科の多年草。高さは20〜50cm。

コブカエデ 〈*Acer campestre* L.〉カエデ科の落葉高木。葉は5裂。樹高15m。樹皮は淡褐色。園芸植物。

コブガシ 榴樫 〈*Machilus kobu* Maxim.〉クスノキ科の常緑高木。

コフキアンチゴケ 〈*Anzia ornata* (Zahlbr.) Asah.〉アンチゴケ科の地衣類。地衣体は辺縁に細微な裂芽をもつ。

コフキイバラキノリ 〈*Alectoria nidulifera* Norrl.〉サルオガセ科の地衣類。地衣体は糸状。

コフキウグイスゴケ 〈*Cladonia cornuta* (L.) Schaer. fo. *subdilatata* Asah.〉ハナゴケ科の地衣類。子柄に粉芽をつける。

コフキカラクサゴケ 〈*Parmelia sulcata* Tayl.〉ウメノキゴケ科の地衣類。擬盃点は大きい。

コフキカラタチゴケ 〈*Ramalina intermediella* Vain.〉サルオガセ科の地衣類。地衣体は長さ10cm弱。

コフキキゴケ 〈*Stereocaulon coniophyllum* Lamb.〉キゴケ科の地衣類。擬子柄は長さ5cm。

コフキクロツチガキ 〈*Geastrum pectinatum* Pers.〉ヒメツチグリ科のキノコ。中型。地上生、外皮は裂開反turn、内皮は青鉛色。

コフキゲジゲジゴケ 〈*Anaptychia subascendens* Asah.〉ムカデゴケ科の地衣類。地衣体は腹面黄色。

コフキザクロゴケ 〈*Haematomma fuliginosum* Asah.〉チャシブゴケ科の地衣類。子器盤は幼時常に白粉をもつ。

コフキサルノコシカケ 〈*Elfvingia applanata* (Pers.) Karst.〉マンネンタケ科(サルノコシカケ科)のキノコ。大型。傘は灰白色〜灰褐色。薬用植物。

コフキヂリナリア 〈*Dirinaria applanata* (Fée) Awas.〉ムカデゴケ科の地衣類。地衣体は葉状。

コフキシロムカデゴケ 〈*Physcia caesia* (Hoffm.) Hampe〉ムカデゴケ科の地衣類。地衣体背面は青灰または灰白色。

コフキセンスゴケ 〈*Sticta limbata* (Sm.) Ach.〉ヨロイゴケ科の地衣類。裂片の縁から背面にかけて粉芽をつける。

コフキチョロギウメノキゴケ 〈*Parmelia metarevoluta* Asah.〉ウメノキゴケ科の地衣類。髄層中にチョロギ細胞。

コフキツノハナゴケ 〈*Cladonia cornuta* (L.) Schaer.〉ハナゴケ科の地衣類。子柄は高さ12cm。

コフキツメゴケ 〈*Peltigera pruinosa* (Gyeln.) Inum.〉ツメゴケ科の地衣類。地衣体背面は褐色。

コフキトコブシゴケ 〈*Cetrelia chicitae* (W. Culb.) W. Culb. & C. Culb.〉ウメノキゴケ科の地衣類。地衣体は径10～16cm。

コフキトコブシゴケモドキ 〈*Cetrelia cetrarioides* (Del.) W. Culb. & C. Culb.〉ウメノキゴケ科の地衣類。擬盃点は小さい。

コフキハナビラゴケ 〈*Pannaria pityrea* (DC.) Degel.〉ハナビラゴケ科の地衣類。地衣体は葉状で深裂。

コフキハリガネキノリ 〈*Alectoria nadvornikiana* Gyeln.〉サルオガセ科の地衣類。地衣体は糸状。

コフキホソピンゴケ 〈*Chaenotheca aeruginosa* (Turn. ex Sm.) Smith.〉ピンゴケ科の地衣類。地衣体は粉状。

コフキヤマヒコノリ 〈*Evernia mesomorpha* Nyl.〉サルオガセ科の地衣類。粉芽を生ずる。

コブクレカワホリゴケ 〈*Collema pulcellum* Ach.〉イワノリ科の地衣類。地衣体背面は暗緑ないし黒褐色。

コフクレサルオガセ 〈*Usnea bismolliuscula* Zahlbr.〉サルオガセ科の地衣類。地衣体は長さ15cm。

コフクロタケ 〈*Volvariella subtaylori* Hongo〉ウラベニガサ科のキノコ。

コブクロモク 〈*Sargassum crispifolium* Yamada〉ホンダワラ科の海藻。根は盤状根。体は50cm。

コフサゴケ 〈*Rhytidiadelphus japonicus* (Reimers) T. J. Kop.〉イワダレゴケ科のコケ。大形で、茎は赤褐色、葉は広卵形。

コブサンゴ 瘤珊瑚 キリンドロプンティア・コラの別名。

コブシ 辛夷 〈*Magnolia praecocissima* Koidz. var. *praecocissima*〉モクレン科の落葉高木。別名ヤマアララギ、コブシハジカミ、イモウエバナ。樹高20m。花は白色。樹皮は灰色。薬用植物。園芸植物。

コプシア 〈*Kopsia flavida* BL.〉キョウチクトウ科の観賞用低木。果実は暗赤色。花は白色。熱帯植物。

コプシア・オルナタ 〈*Kopsia ornata* hort.〉キョウチクトウ科の木本。花は白色。園芸植物。

コプシア・フルティコサ 〈*Kopsia fruticosa* A. DC.〉キョウチクトウ科の木本。高さは1～2m。花は淡紅色。園芸植物。

コフジウツギ 小藤空木 〈*Buddleja curviflora* Hook. ex Arn.〉フジウツギ科の落葉低木。

コブシトリカブト 〈*Aconitum japonicum* var. *kobusiense*〉キンポウゲ科。

コブシミル 〈*Codium pugniformis* Okamura〉ミル科の海藻。球形。

コブシモドキ 〈*Magnolia pseudokobus* Abe et Akasawa〉モクレン科。日本絶滅危機植物。

コブソゾ 〈*Laurencia undulata* Yamada〉フジマツモ科の海藻。膜質でかなりかたい。体は10cm。

コブタカナ アブラナ科の中国野菜。

コフタバラン フタバランの別名。

コプティス・オメイエンシス 〈*Coptis omeiensis* (Chen) C. Y. Cheng.〉キンポウゲ科の薬用植物。

コプティス・キネンシス 〈*Coptis chinensis* Franch.〉キンポウゲ科の薬用植物。

コプティス・クインクエフォリア バイカオウレンの別名。

コプティス・テータ 〈*Coptis teeta* Wall.〉キンポウゲ科の薬用植物。

コプティス・デルトイデア 〈*Coptis deltoidea* C. Y. Cheng et Hsiao.〉キンポウゲ科の薬用植物。

コプティス・トリフォリア ミツバオウレンの別名。

コプティス・トリフォリアタ ミツバノバイカオウレンの別名。

コプティス・ヤポニカ オウレンの別名。

コブトリハダゴケ 〈*Pertusaria laeviganda* Nyl.〉トリハダゴケ科の地衣類。地衣体は灰緑または多少黄灰色。

コブナグサ 小鮒草 〈*Arthraxon hispidus* (Thunb. ex Murray) Makino〉イネ科の一年草。別名カイナグサ、カリヤス。高さは20～50cm。

コフネヤシ オルビグニア・コウネの別名。

コブハテマリ 〈*Pavetta indica* L.〉アカネ科の低木。葉脈上に窒素固定細菌瘤あり。花は白色。熱帯植物。

コブミカン 〈*Citrus hystrix* DC.〉ミカン科の低木。果実は凸凹著しく、果皮は少し甘く苦い。熱帯植物。

コフミヅキタケ 〈*Agrocybe paludosa* (J. E. Lange) Kühner & Romagn.〉オキナタケ科のキノコ。小型。傘は黄褐色→淡色、平滑。ひだは白色→暗褐色。

コフミノアセタケ 〈*Inocybe napipes* J. E. Lange〉フウセンタケ科のキノコ。小型。傘は暗赤褐色、繊維状、放射状に裂ける。ひだは暗褐色。

コブミノコガサタケ 〈*Conocybe nodulosospora* (Hongo) Watling〉オキナタケ科のキノコ。小型～中型。傘は黄土褐色。ひだは黄土褐色。
コブラ バラ科。花は赤色。
コプラグサ 〈*Ophiorrhiza mungos* L.〉アカネ科の草本。花は白色。熱帯植物。
コブラン 昆布蘭 〈*Ophioglossum pendulum* L.〉ハナヤスリ科の常緑性シダ。葉身は長さ30～80cm。帯状。日本絶滅危惧植物。
コプロスマ・カーキー 〈*Coprosma* × *kirkii* Cheesem.〉アカネ科。葉は線形。園芸植物。
コプロスマ・ピートリエイ 〈*Coprosma petriei* Cheesem.〉アカネ科。果実は青。園芸植物。
コプロスマ・ルキダ 〈*Coprosma lucida* J. R. Forst et G. Forst〉アカネ科。オレンジ色の果実。園芸植物。
コプロスマ・レペンス 〈*Coprosma repens* A. Rich.〉アカネ科。高さは1.5m。園芸植物。
コプロスマ・ロブスタ 〈*Coprosma robusta* Raoul.〉アカネ科。高さは5m。園芸植物。
コベア ツルコベアの別名。
コーベア・ホーケラーナ 〈*Cobaea hookerana* Standl.〉ハナシノブ科のつる性低木。
ゴヘイゴケ 〈*Parmeliopsis aleurites* (Ach.) Nyl.〉ウメノキゴケ科の地衣類。地衣体は腹面白から淡褐色。
ゴヘイゴケモドキ 〈*Parmeliopsis hyperopta* (Ach.) Arn.〉ウメノキゴケ科の地衣類。地衣体は白または灰白。
ゴヘイコンブ 〈*Laminaria yezoensis* Miyabe in Okamura〉コンブ科の海藻。根が円盤状。体は長さ75cm。
コベニヤマタケ 〈*Hygrocybe imazekii* (Hongo) Hongo〉ヌメリガサ科のキノコ。
コヘラナレン 〈*Crepidiastrum grandicollum* (Koidz.) Nakai〉キク科。別名アシブトワダン。日本絶滅危惧植物。
コペルニキア・アルバ 〈*Copernicia alba* Morong〉ヤシ科。別名シロロウヤシ。高さは30m。園芸植物。
コペルニキア・グラブレスケンス 〈*Copernicia glabrescens* H. Wendl. ex Becc.〉ヤシ科。別名ケナシロウヤシ。高さは4～6m。園芸植物。
コペルニキア・プルニフェラ 〈*Copernicia prunifera* (Mill.) H. E. Moore〉ヤシ科。別名ブラジルロウヤシ。高さは10～15m。園芸植物。
コペルニキア・ベイレヤナ 〈*Copernicia baileyana* Léon〉ヤシ科。別名ヒロエロウヤシ。高さは10～15m。園芸植物。
コペルニキア・マクログロッサ 〈*Copernicia macroglossa* H. Wendl. ex Becc.〉ヤシ科。別名タチバロウヤシ。高さは7m。園芸植物。

コペルニキア・ヤレイ 〈*Copernicia yarey* Burret〉ヤシ科。高さは6～8m。園芸植物。
コベントガーデン・マーケット ナデシコ科のカスミソウの品種。園芸植物。
コヘンルウダ 〈*Ruta chalepensis* L. var. *bracteosa* Halacsy〉ミカン科。園芸植物。
ゴボウ 牛蒡 〈*Arctium lappa* L.〉キク科の多年草。別名キタイス、キタキス、ウマフブキ。高さは3m。花は紫紅色。薬用植物。園芸植物。
ゴボウアザミ モリアザミの別名。
コホウオウゴケ 〈*Fissidens adelphinus* Besch.〉ホウオウゴケ科のコケ。茎は葉を含め長さ5～10mm、葉は披針形。
コホクナナカマド 〈*Sorbus hupehensis*〉バラ科の木本。樹高12m。樹皮は灰色。園芸植物。
コホソバツヤゴケ 〈*Orthothecium intricatum* (Hartm.) Schimp.〉ツヤゴケ科のコケ。枝葉は長さ約1.5mm、披針形。
コホタルイ 〈*Schoenoplectus komarovii* (Roshev.) Sojak〉カヤツリグサ科の草本。
コボタンヅル 〈*Clematis apiifolia* DC. var. *biternata* Makino〉キンポウゲ科。
ゴマ 胡麻 〈*Sesamum indicum* L.〉ゴマ科の草本。高さは1m。花は白、桃、紫など。熱帯植物。薬用植物。園芸植物。
コマアスター キク科。別名サツマギク、アイギク、エゾギク。切り花に用いられる。
コマイワヤナギ 駒岩柳 〈*Salix rupifraga*〉ヤナギ科の落葉低木。
コマウスユキソウ キク科の多年草。高さは4～7cm。
ゴマ科 科名。
コマガタケスグリ 駒ガ岳酸塊 〈*Ribes japonicum* Maxim.〉ユキノシタ科の落葉低木。高さは2m。高山植物。園芸植物。
ゴマギ 胡麻木 〈*Viburnum sieboldi* Miq.〉スイカズラ科の落葉低木。
コマクサ 駒草 〈*Dicentra peregrina* (Rudolph) Makino〉ケシ科の多年草。別名キンギンソウ、オコマクサ。高さは5～10cm。花は紅色。高山植物。薬用植物。園芸植物。
ゴマクサ 胡麻草 〈*Centranthera cochinchinensis* (Lour.) Merr. subsp. *lutea* (Hara) Yamazaki〉ゴマノハグサ科の一年草。高さは10～60cm。日本絶滅危惧植物。
ゴマゴケ 〈*Arthopyrenia japonica* Vain.〉ニセネゴケ科の地衣類。別名ヤマトホシゴケモドキ。地衣体は痂状。
ゴマシオホシクサ 〈*Eriocaulon senile* Honda〉ホシクサ科の草本。
コマストマ・テネラ 〈*Comastoma tenella* Toyokuni〉リンドウ科。高山植物。

ゴマダラクサリゴケ 〈*Stictolejeunea iwatsukii* Mizut.〉クサリゴケ科のコケ。褐色、茎は長さ1〜1.5cm。

コマチ 小町 キキョウ科のキキョウの品種。園芸植物。

コマチ 小町 ノトカクツス・スコパの別名。

コマチイワヒトデ 〈*Colysis elegans* Kurata〉ウラボシ科のシダ植物。

コマチゴケ 〈*Haplomitrium mnioides* (Lindb.) Schust.〉コマチゴケ科のコケ。緑色、長さ約2cm。

コマチダケ イネ科の木本。

コマツカサススキ 〈*Scirpus fuirenoides* Maxim.〉カヤツリグサ科の多年草。高さは60〜120cm。

コマツナ 〈*Brassica rapa* L. var. *perviridis* L. H. Bailey〉アブラナ科。別名ウグイスナ、フユナ。園芸植物。

コマツナギ 駒繋 〈*Indigofera pseudo-tinctoria* Matsum.〉マメ科の草本状小低木。別名クサハギ。高さは60〜90cm。

コマツヨイグサ 小待宵草 〈*Oenothera laciniata* Hill〉アカバナ科の一年草または多年草。別名キレハマツヨイグサ。高さは20〜60cm。花は黄、淡い黄色。

コマドメ 駒止 サクラソウ科のサクラソウの品種。園芸植物。

ゴマナ 胡麻菜 〈*Aster glehni* Fr. Schm.〉キク科の多年草。高さは100〜150cm。高山植物。

コマノキヌイトゴケ 〈*Anomodon thraustus* Müll. Hal.〉シノブゴケ科のコケ。二次茎は一般に密に枝分かれする。

ゴマノハグサ 胡麻葉草 〈*Scrophularia buergeriana* Miq.〉ゴマノハグサ科の多年草。高さは80〜150cm。薬用植物。

ゴマノハグサ科 科名。

コマノヒツジゴケ 〈*Brachythecium coreanum* Card.〉アオギヌゴケ科のコケ。茎葉は広披針形。

コマノヒモ 〈*Pericampylos glaucus* Miers.〉ツヅラフジ科の蔓木。茎は強靱で子供がコマ廻しのひもに用いる。熱帯植物。

ゴマフガヤツリ 〈*Cyperus sphacelatus* Rottb.〉カヤツリグサ科の一年草。高さは10〜30cm。

ゴマモドキ 〈*Artanema angustifolium* Benth.〉ゴマノハグサ科の草本。花は紫色。熱帯植物。

コマユミ 小真弓 〈*Euonymus alatus* (Thunb. ex Murray) Sieb. var. *alatus* f. *striatus* (Thunb. ex Murray) Makino〉ニシキギ科の落葉低木。別名ヤマニシキギ。薬用植物。

コマユリ リリウム・アマビレの別名。

コマンチョウ 〈*Gelsemium elegans* Benth.〉マチン科のつる性低木。長さ10cm。花は淡黄色。熱帯植物。薬用植物。園芸植物。

コミカンソウ 小蜜柑草 〈*Phyllanthus urinaria* L.〉トウダイグサ科の一年草。別名キツネノチャブクロ。白乳液、キダチミカンソウに似る。高さは10〜30cm。熱帯植物。園芸植物。

コミダケシダ 〈*Ctenitis iriomotensis* (H. Ito) Nakaike〉オシダ科の常緑性シダ。葉身は長さ15cm。

コミネカエデ 小峰楓 〈*Acer micranthum* Sieb. et Zucc.〉カエデ科の落葉高木。高山植物。

コミノクロツグ 〈*Arenga tremula* (Blanco) Becc.〉ヤシ科。高さは3m。園芸植物。

コミノゾウゲヤシ 〈*Phytelephas microcarpa* Ruiz et Pav.〉ヤシ科。種子は4 × 3cm。熱帯植物。

コミミゴケ 〈*Lejeunea compacta* (Steph.) Steph〉クサリゴケ科のコケ。白緑色、茎は長さ1〜2cm。

コミヤマカタバミ 小深山酢漿草 〈*Oxalis acetosella* L.〉カタバミ科の多年草。高さは5〜15cm。

コミヤマスミレ 〈*Viola maximowicziana* Makino〉スミレ科の多年草。高さは5〜10cm。花は白色。園芸植物。

コミヤマヌカボ 小深山糠穂 〈*Agrostis mertensii*〉イネ科。

コミヤマハンショウヅル 〈*Clematis ochotensis* Poiret var. *fauriei* Tamura〉キンポウゲ科の落葉低木。高山植物。

コミヤマミズ 〈*Pilea notata* C. H. Wright〉イラクサ科の草本。

ゴムカズラ 〈*Ecdysanthera utilis*〉キョウチクトウ科の木本。

コムギ 小麦 〈*Triticum aestivum* L.〉イネ科の薬用植物。別名パンコムギ、マムギ、フツウコムギ。

コムギ イネ科のコムギ属総称。

コムギセンノウ 〈*Silene coelirosa* (L.) Godr.〉ナデシコ科。園芸植物。

ゴムタケ 〈*Bylgaria inquinans* Fr.〉ズキンタケ科のキノコ。こま形→椀形、上面は暗黒褐色、側面は褐色。

コムチゴケ 〈*Bazzania tridens* (Reinw., Blume & Nees) Trevis.〉ムチゴケ科のコケ。別名シロムチゴケ。やや褐色をおび、長さ1〜5cm。

ゴムノキ クワ科。

ゴムファンドラ 〈*Gomphandra maingayi* King. var. *pubescens* Ridl.〉クロタキカズラ科の低木。花は白色。熱帯植物。

ゴムフォロビウム・ポリモルフム 〈*Gompholobium polymorphum* R. Br.〉マメ科のつる性低木。

コムブレツム・グランディフロルム 〈*Combretum grandiflorum* G. Don〉シクンシ科のつる性常緑低木。

ゴムヤシ 〈*Dictyosperma album* (Bory) H. Wendl. et Drude ex Scheff.〉ヤシ科の観賞用植物。葉柄やや赤。高さは12～15m、幹径15cm、羽片長60cm。熱帯植物。園芸植物。

コムラサキ 小紫 〈*Callicarpa dichotoma* (Lour.) K. Koch〉クマツヅラ科の落葉低木。別名コシキブ。高さは1.2～2m。花は淡紫紅色。薬用植物。園芸植物。

コムラサキイッポンシメジ 〈*Rhodophyllus violaceus* (Murr.) Sing.〉イッポンシメジ科のキノコ。

コムラサキシキブ コムラサキの別名。

コムラサキシメジ 〈*Lepista sordida* (Schum. : Fr.) Sing.〉キシメジ科のキノコ。小型～中型。傘は平滑。

コメガヤ 〈*Melica nutans* L.〉イネ科の多年草。別名スズメノコメ。高さは25～60cm。

ゴメサ・クリスパ 〈*Gomesa crispa* (Lindl.) Klotzsch et Rchb. f.〉ラン科。花は淡黄白色。園芸植物。

ゴメサ・プラニフォリア 〈*Gomesa planifolia* (Lindl.) Klotzsch et Rchb. f.〉ラン科。花は淡緑色。園芸植物。

ゴメサ・レクルヴァ 〈*Gomesa recurva* (Lindl.) R. Br〉ラン科。花は淡黄緑色。園芸植物。

コメススキ 米薄 〈*Deschampsia flexuosa* (L.) Nees〉イネ科の多年草。別名エゾヌカススキ。高さは25～60cm。

コメツガ 米栂 〈*Tsuga diversifolia* (Maxim.) Masters〉マツ科の常緑高木。別名クロツガ、ヒメツガ。高さは25～30m。高山植物。

コメツツジ 米躑躅 〈*Rhododendron tschonoskii* Maxim. var. *tschonoskii*〉ツツジ科の落葉低木。花は白色。高山植物。園芸植物。

コメット アヤメ科のグラジオラスの品種。園芸植物。

コメツブアデク 〈*Eugenia polita* King〉フトモモ科の小木。花は密集花序、果実は白色小粒。熱帯植物。

コメツブウマゴヤシ 米粒馬肥 〈*Medicago lupulina* L.〉マメ科の一年草または多年草。長さは10～60cm。花は黄色。

コメツブツメクサ 米粒詰草 〈*Trifolium dubium* Sibth.〉マメ科の一年草。別名キバナツメクサ。高さは20～40cm。花は淡黄～黄色。

コメツブノボタン 〈*Memecylon coeruleum* Jack.〉ノボタン科の低木。花は青色。熱帯植物。

コメツブヤエムグラ 〈*Galium divaricatum* Pourr. ex Lam.〉アカネ科の多年草。別名ヒメヤエムグラ。高さは5～30cm。花は橙黄色。

コメナモミ 〈*Siegesbeckia glabrescens* Makino〉キク科の一年草。高さは35～100cm。薬用植物。

コメノリ 〈*Carpopeltis prolifera* (Holmes) Kawaguchi et Masuda〉ムカデノリ科の海藻。基部楔形。体は7cm。

コメバキヌゴケ 〈*Haplocladium microphyllum* (Hedw.) Broth.〉シノブゴケ科のコケ。茎は這い、枝葉は小形で広披針形。

コメバギボウシゴケ 〈*Schistidium liliputanum* (Müll. Hal.) Deguchi〉ギボウシゴケ科のコケ。暗赤褐色または暗緑色、葉は狭披針形。

コメバツガザクラ 米葉栂桜 〈*Arcterica nana* (Maxim.) Makino〉ツツジ科の常緑小低木。別名ハマザクラ。高さは5～15cm。高山植物。

コメバミソハギ 〈*Lythrum hyssopifolia* L.〉ミソハギ科の一年草。高さは20～40cm。花は紫紅色。

コメヒシバ 〈*Digitaria radicosa* (Presl) Miq.〉イネ科の一年草。高さは25～40cm。

コメリンスゴケ 〈*Neckera fleximarea* Card.〉ヒラゴケ科のコケ。茎は長く15～20cm、葉は長卵形。

コモウセンゴケ 小毛氈苔 〈*Drosera spathulata* Labill.〉モウセンゴケ科の多年生食虫植物。高さは5～15cm。園芸植物。

コモジゴケ 〈*Graphis intricata* Fée〉モジゴケ科の地衣類。地衣体は灰白。

ゴモジュ 〈*Viburnum suspensum* Lindl.〉スイカズラ科の低木ないし小高木。別名コウルメ。高さは1.5～3m。園芸植物。

コモチイチイゴケ 〈*Isopterygium propaguliferum* Toyama〉ハイゴケ科のコケ。枝には小さな葉が圧着し、その頂端に無性芽が集まっている。

コモチイトゴケ 〈*Pylaisiadelpha tenuirostris* (Bruch et schimp.) Buck〉ナガハシゴケ科のコケ。茎は長さ5mm前後、枝葉は披針形。

コモチイヌワラビ 〈*Athyrium strigillosum* (Lowe) T. Moore ex Salomon〉オシダ科の夏緑性シダ。葉身は長さ25～42cm。披針形。

コモチイノデ 〈*Polystichum eximium* (Mett. ex Kuhn) C. Chr.〉オシダ科の常緑性シダ。葉身は長さ35～50cm。狭卵状長楕円形。

コモチイワレンゲ 子持ち岩蓮華 〈*Orostachys iwarenge* (Makino) Hara var. *boehmeri* (Makino) H. Ohba.〉ベンケイソウ科。

コモチオーニソガラム オルニトガルム・カウダツムの別名。

コモチカイソウ オルニトガルム・カウダツムの別名。

コモチクジャクヤシ カブダチクジャクヤシの別名。

コモチケンチャヤシ 〈*Ptychosperma macarthurii* (H. Wendl.) Nichols.〉ヤシ科。別名シュロチクヤシ。高さは6m。花は黄緑または白色。熱帯植物。園芸植物。

コモチシダ 子持羊歯 〈*Woodwardia orientalis* Sw.〉シシガシラ科の常緑性シダ。別名オニゼンマイ、ホウビシダ。葉身は長さ30〜200cm。広卵形。園芸植物。

コモチナデシコ 〈*Petrorhagia prolifera* (L.) P. W. Ball et Heywood〉ナデシコ科の越年草。高さは10〜50cm。花は紅紫色。園芸植物。

コモチナナバケシダ 〈*Tectaria fauriei* Tagawa〉オシダ科の常緑性シダ。葉身は長さ45cm。単葉から単羽状、単羽状の場合長楕円形〜卵形。

コモチネジレゴケ 〈*Tortula pagorum* (Milde) De Not.〉センボンゴケ科のコケ。茎は長さ5mm以下、弱い中心束がある。

コモチハネゴケ 〈*Xenochila integrifolia* (Mitt.) Inoue〉ハネゴケ科のコケ。茎は長さ約1cm。

コモチフタマタゴケ 〈*Metzgeria temperata* Kuwah.〉フタマタゴケ科のコケ。縁に円盤状の無性芽を密に。

コモチヘチマゴケ 〈*Pohlia bulbifera* (Warnst.) Warnst.〉ハリガネゴケ科のコケ。茎は長さ約1cm、葉は披針形。

コモチマンネングサ 子持万年草 〈*Sedum bulbiferum* Makino〉ベンケイソウ科の越年草。高さは7〜20cm。

コモチモミジツメゴケ 〈*Peltigera elizabethae* Gyeln.〉ツメゴケ科の地衣類。裂芽様の小裂片をつける。

コモチレンゲ 〈*Sedum iwarenge* var. *boehmeri*〉ベンケイソウ科。

コモドーレ 〈Kommodore〉バラ科。シュラブ・ローズ系。花は濃赤色。

コモノギク 〈*Aster komonoensis* Makino〉キク科の草本。別名タマギク。

コモロコシガヤ 〈*Sorghum nitidum* (Vahl) Pers. var. *nitidum*〉イネ科。

コモンギョク 小紋玉 〈*Conophytum wiggettae* N. E. Br.〉ツルナ科の中形のたけの低い丸形種。体側は紫色を帯び、頂部は暗緑色でへこみがある。花は夜開性で淡黄白色。園芸植物。

コモングサ 〈*Spatoglossum pacificum* Yendo〉アミジグサ科の海藻。叉状に分岐。体は30cm。

コモンソウ コリウス・プミルスの別名。

コモンナガブクロ 〈*Asperococcus turneri* (Dillwyn ex Smith) Hooker〉コモンブクロ科の海藻。腸状。

コモンベッチ オオカラスノエンドウの別名。

コモン・マロウ アオイ科のハーブ。別名マロウ、マロー、ウスベニアオイ。切り花に用いられる。

コヤエヤマアオキ 〈*Morinaa elliptica* Ridl.〉アカネ科の低木。花は白色。熱帯植物。

コヤイセンナ 〈*Cassia didymobotrya* Fresen.〉マメ科の大低木。別名フタホセンナ。高さは1.5〜3.5m。花は鮮黄色。熱帯植物。園芸植物。

コヤスノキ 子安木 〈*Pittosporum illicioides* Makino〉トベラ科の常緑低木。別名クロバトベラ。園芸植物。切り花に用いられる。

コヤブタバコ 小藪煙草 〈*Carpesium cernuum* L.〉キク科の多年草。別名ガンクビソウ。高さは50〜100cm。

コヤブラン 小藪蘭 〈*Liriope spicata* Lour.〉ユリ科の多年草。別名リュウキュウヤブラン。花は淡紫色。園芸植物。

コヨウ ポプルス・エウフラティカの別名。

ゴヨウアケビ 五葉木通 〈*Akebia* × *pentaphylla* Makino〉アケビ科のつる性の落葉木。葉縁に波状の鋸歯。園芸植物。

ゴヨウアサガオ 〈*Ipomoea horsfalliae* Hook.〉ヒルガオ科の観賞用蔓草。別名ホザキアサガオ。茎は暗紫色。花は赤〜赤紫色。熱帯植物。園芸植物。

ゴヨウイチゴ 五葉苺 〈*Rubus ikenoensis* Lév. et Vaniot〉バラ科の落葉低木。高山植物。

ゴヨウカタバミ 〈*Oxalis pentaphylla* Sims〉カタバミ科。別名マツバカタバミ。園芸植物。

ゴヨウザンヨウラク 〈*Menziesia goyozanensis* M. Kikuchi〉ツツジ科の木本。

ゴヨウツツジ アカモノの別名。

ゴヨウドコロ 〈*Dioscorea pentaphylla* Hook. f.〉ヤマノイモ科の蔓植物。熱帯植物。

ゴヨウヒルガオ 〈*Ipomoea quinata* R. BR.〉ヒルガオ科の観賞用蔓草。葉は五深裂。花は白または淡紅色。熱帯植物。

ゴヨウマツ 五葉松 〈*Pinus parviflora* Sieb. et Zucc. var. *parviflora*〉マツ科の木本。別名ヒメコマツ、マルミゴヨウ。高さは20〜30m。樹皮は灰色。高山植物。園芸植物。

コヨウラクツツジ 小瓔珞躑躅 〈*Menziesia pentandra* Maxim.〉ツツジ科の落葉低木。別名アオツリガネツツジ。高さは1〜3m。花は黄白色。高山植物。園芸植物。

コヨツバゴケ 〈*Tetrodontium brownianum* (Dicks.) Schwägr. var. *repandum* (Funck) Limpr.〉ヨツバゴケ科のコケ。体は微小、全高4〜6mm。

コヨメナ 〈*Kalimeris indica* (L.) Sch. Bip.〉キク科の草本。

コラ・アクミナタ ヒメコラの別名。

ゴライアス ラン科のカトレアの品種。園芸植物。

コーラス 〈Chorus〉バラ科。フロリバンダ・ローズ系。花は朱赤色。

コーラスライン バラ科。ハイブリッド・ティー・ローズ系。花はチェリーピンク。

コーラノキ 〈*Cola nitida* A. Chev.〉アオギリ科の中高木。別名コラナットノキ、コラノキ。枝は横に拡がる。花は白黄色で紫黒条あり。熱帯植物。

コーラル ナデシコ科のカーネーションの品種。園芸植物。

コラロリサ・トリフィダ 〈Corallorhiza trifida Chatel.〉ラン科の多年草。高山植物。

コラロリザ・マクラータ 〈Corallorhiza maculata Raf.〉ラン科。高山植物。

コラン 〈Cymbidium koran Makino〉ラン科の草本。

コリアリア・ヤポニカ ドクウツギの別名。

コリアンダー 〈Coriandrum sativum L.〉セリ科の中国野菜。別名チャイニーズ・パセリ、カメムシソウ、コエンドロ。高さは30〜50cm。花は白から桃紫色。熱帯植物。薬用植物。園芸植物。

コリアンダー セリ科の属総称。別名コエンドロ。

コリアンテス・スペキオサ 〈Coryanthes speciosa (Hook.) Hook.〉ラン科。花は緑黄〜黄褐色。園芸植物。

コリアンテス・マクランタ 〈Coryanthes macrantha (Hook.) Hook.〉ラン科。花は黄色。園芸植物。

コリウス 〈Coleus blumei Benth.〉シソ科の多年草、観賞用草本。別名キンランジソ、サヤバナ、ニシキジソ。葉は赤あるいは赤と黄の斑。高さは20〜80cm。熱帯植物。園芸植物。

コリウス シソ科の属総称。別名ニシキジソ、キンランジソ。

コリウス・プミルス 〈Coleus pumilus Blanco〉シソ科の多年草。別名コモンソウ、ヒメコリウス。横臥性がある。園芸植物。

コリオカクツス・ブラキペタルス 〈Carryocactus brachypetalus (Vaup.) Britt. et Rose〉サボテン科のサボテン。別名恐竜閣。花は濃いオレンジ色。園芸植物。

コリオカクツス・ブレウィスティルス 〈Carryocactus brevistylus (K. Schum. ex Vaup.) Britt. et Rose〉サボテン科のサボテン。別名新緑閣。高さは3m。花は明るい黄色。園芸植物。

ゴリカナワラビ 〈Arachniodes × pseudohekiana Sa. Kurata〉オシダ科のシダ植物。

コリゼマ・アキクラレ 〈Chorizema aciculare C. Gardn.〉マメ科の半つる性植物。花は黄、赤、あるいは桃色。園芸植物。

コリゼマ・イリシフォリウム ヒイラギハギの別名。

コリダリス・アンビグア エゾエンゴサクの別名。

コリダリス・カシュメリアナ 〈Corydalis cashmeriana Royle〉ケシ科の多年草。花は明るい青色。高山植物。園芸植物。

コリダリス・クラウィクラタ 〈Corydalis claviculata DC.〉ケシ科の一年草。高さは20〜100cm。花は白色。園芸植物。

コリダリス・ソリダ 〈Corydalis solida (L.) Swartz〉ケシ科の多年草。苞葉にはやや深い切れ込み。高山植物。園芸植物。

コリダリス・デクンベンス ジロボウエンゴサクの別名。

コリダリス・パリダ フウロケマンの別名。

コリダリス・ブルボサ 〈Corydalis bulbosa (L.) DC.〉ケシ科の草本。別名オランダエンゴサク。花は紅紫色。園芸植物。

コリダリス・ヘテロカルパ ツクシキケマンの別名。

コリダリス・リネアリロバ ヤマエンゴサクの別名。

コリダリス・ルテア 〈Corydalis lutea (L.) DC.〉ケシ科の草本。高さは10〜40cm。花は黄色。園芸植物。

コリダリス・ルティフォリア 〈Corydalis rutifolia DC.〉ケシ科の多年草。高山植物。

コリノプンティア・インウィクタ 〈Corynopuntia invicta (Brandeg.) F. M. Knuth〉サボテン科のサボテン。別名武者団扇。高さは50cm。花は黄色。園芸植物。

コリノプンティア・スタンリー 〈Corynopuntia stanlyi (Engelm.) F. M. Knuth〉サボテン科のサボテン。高さは10〜15cm。花は鮮黄色。園芸植物。

コリファ・ウンブラクリフェラ コウリバヤシの別名。

コリファ・エラタ 〈Corypha elata Roxb.〉ヤシ科。高さは18〜21m。花は青白を帯びた黄色。園芸植物。

コリファンタ サボテン科の属総称。サボテン。

コリファンタ・アンドレアエ 〈Coryphantha andreae (J. Purpus et Böd.) A. Berger〉サボテン科のサボテン。別名巨象丸。径7〜8cm。花は明黄色。園芸植物。

コリファンタ・ウィウィパラ 〈Coryphantha vivipara (Nutt.) Britt. et Rose〉サボテン科のサボテン。別名北極丸。径5cm。花は淡桃〜桃色。園芸植物。

コリファンタ・エレクタ 〈Coryphantha erecta (Lem.) Lem.〉サボテン科のサボテン。別名楊貴妃。径8cm。花は淡黄色。園芸植物。

コリファンタ・エレファンティデンス ゾウゲマルの別名。

コリファンタ・クラウァ 〈Coryphantha clava (Pfeiff.) Lem.〉サボテン科のサボテン。別名九天丸。高さは30cm。花は輝黄色。園芸植物。

コリファンタ・コルニフェラ 〈Coryphantha cornifera (DC.) Lem.〉サボテン科のサボテン。別名獅子奮迅。高さは12〜15cm。花はレモン黄色。園芸植物。

コリファンタ・ニッケルシアエ 〈Coryphantha nickelsiae (K. Brandeg.) Britt. et Rose〉サボテン科のサボテン。別名黒蒼。径7cm。花は淡黄色。園芸植物。

コリファンタ・パリダ 〈*Coryphantha pallida* Britt. et Rose〉サボテン科のサボテン。別名金環飾。高さは15cm。花は明緑色。園芸植物。

コリファンタ・ブマンマ テンシマルの別名。

コリファンタ・ポーゼルゲリアナ 〈*Coryphantha poselgeriana* (A. Dietr.) Britt. et Rose〉サボテン科のサボテン。別名大祥丸。高さは15～20cm。花は淡黄色に赤みを帯びる。園芸植物。

コリファンタ・マイツ-タブラセンシス 〈*Coryphantha maiz-tablasensis* Backeb.〉サボテン科のサボテン。別名魔象丸、黒象丸。高さは3cm。花は明黄色。園芸植物。

コリファンタ・レクルウァタ 〈*Coryphantha recurvata* (Engelm.) Britt. et Rose〉サボテン科のサボテン。別名麗陽丸。径20cm。花はレモン黄色。園芸植物。

コリファンタ・レツサ 〈*Coryphantha retusa* (Pfeiff.) Britt. et Rose〉サボテン科のサボテン。別名鳳華丸。径10cm。花は黄色。園芸植物。

コリブリ'79 〈Colibri'79〉バラ科。ミニアチュア・ローズ系。花は黄色。

コリヤナギ 行李柳 〈*Salix koriyanagi* Kimura〉ヤナギ科の落葉低木。枝は淡黄緑色またはわずかに褐色を帯びる。高さは2～3m。園芸植物。

コリルス・アウェラナ セイヨウハシバミの別名。

コリルス・シーボルディアナ ツノハシバミの別名。

コリルス・ヘテロフィラ オオハシバミの別名。

コリルス・マキシマ 〈*Corylus maxima* Mill.〉カバノキ科の落葉低木。

コリロプシス・ヴィーチアナ 〈*Corylopsis veitchiana* Bean〉マンサク科の木本。高さは1～2m。園芸植物。

コリロプシス・ウィルモッティアエ 〈*Corylopsis willmottiae* Rehd. et E. H. Wils.〉マンサク科の木本。高さは2～3m。花は鮮黄色。園芸植物。

コリロプシス・グラブレスケンス キリシマミズキの別名。

コリロプシス・ゴトアナ コウヤミズキの別名。

コリロプシス・シネンシス シナミズキの別名。

コリロプシス・スピカタ トサミズキの別名。

コリロプシス・パウキフロラ ヒュウガミズキの別名。

コリロプシス・プラティペタラ 〈*Corylopsis platypetala* Rehd. et E. H. Wils.〉マンサク科の木本。高さは1～2.5m。園芸植物。

コリンクチナシ 〈*Gardenia jasminoides* Ellis〉アカネ科の常緑低木。薬用植物。

コリンシア 〈*Collinsia heterophylla* Buist ex R. C. Grah.〉ゴマノハグサ科。別名フタイロコリンソウ。高さは60cm。花は紅か紫色。園芸植物。切り花に用いられる。

コリンジア・ヘテロフィラ コリンシアの別名。

ゴール ゴールデン・デリシアスの別名。

コルウェイネウ メタリナの別名。

コルキイクム・アウツムナーレ イヌサフランの別名。

コルキクム・アウツムナレ イヌサフランの別名。

コルキクム・アグリッピヌム 〈*Colchicum agrippinum* hort. ex Bak.〉ユリ科。花は淡藤紫色。園芸植物。

コルキクム・ギガンテウム 〈*Colchicum giganteum* Leichtl. ex. S. Arn.〉ユリ科。花は濃紫桃色。園芸植物。

コルキクム・スペキオスム 〈*Colchicum speciosum* Steven〉ユリ科。花は淡紫桃色。園芸植物。

コルキクム・ビザンティヌム 〈*Colchicum byzantinum* Ker-Gawl.〉ユリ科。花は淡藤桃色。園芸植物。

コルキクム・マクロフィルム 〈*Colchicum macrophyllum* B. L. Burtt〉ユリ科。花はきわめて淡いライラック色。園芸植物。

コルキクム・ルテウム 〈*Colchicum luteum* Bak.〉ユリ科。花は鮮黄色。園芸植物。

コルクウィッチア・アマビリス 〈*Kolkwitzia amabilis* Graebn.〉スイカズラ科の落葉低木。園芸植物。

コルクガシ 〈*Quercus suber* L.〉ブナ科の高木。コルクを採取する。樹高20m。樹皮は淡い灰色。園芸植物。

コルクゴヨウブドウ 〈*Vitis polystachya* Wall.〉ブドウ科の蔓木。茎と葉裏脈状のみワタ毛がある。熱帯植物。

コルクスリュー・ベゴニア シュウカイドウ科。園芸植物。

コルクノウゼン 〈*Millingtonia hortensis* L.〉ノウゼンカズラ科の小木。幹にコルクが発達する。花は白色。熱帯植物。

コルクホウニア・コクキネア 〈*Colquhounia coccinea* Wall.〉シソ科の低木。高山植物。

コルコルス・オリトリウス シナノキの別名。

コルコルス・カプスラリス ツナソの別名。

コルシカキヅタ ヘデラ・コルキカの別名。

コルジリーネ 〈*Cordyline terminalis* Kunth〉ユリ科。

コルジリネ・インディビサ・アトロプルプレア ユリ科。別名ムラサキアツバセンネンボクラン。園芸植物。

コルタデリア・クイラ 〈*Cortaderia quila* (Mol.) Stapf〉イネ科の多年草。花は淡紫色。園芸植物。

コルタデリア・ゼロアナ パンパスグラスの別名。

コルタルシア・エキノメトラ ホソバフクロトウの別名。

コルタルシア・フラゲラリス 〈*Korthalsia flagellaris* Miq.〉ヤシ科。高さは20m。園芸植物。

コルチカム ユリ科の属総称。球根植物。別名イヌサフラン、オータムクロッカス。園芸植物。
コルチカム イヌサフランの別名。
コルツサ・マッティオリ 〈*Cortusa matthioli* L.〉サクラソウ科の多年草。高さは20～30cm。花は紅紫色。園芸植物。
コルテア・アルボレスケンス 〈*Colutea arborescens* L.〉マメ科の落葉低木。別名ボウコウマメ。高さは4m。花は鮮黄色。園芸植物。
コルテア・オリエンタリス 〈*Colutea orientalis* Mill.〉マメ科の落葉低木。高さは1～2m。花は褐赤色または銅色。園芸植物。
コルテア・キリキカ 〈*Colutea cilicica* Boiss. et Bal.〉マメ科の落葉低木。花は黄色。園芸植物。
コルテア・ブレウィアラタ 〈*Colutea brevialata* J. Lange〉マメ科の落葉低木。高さは1～1.2m。花は黄色。園芸植物。
コルテア・メディア 〈*Colutea × media* Willd.〉マメ科の落葉低木。花は帯褐赤色または橙赤色。園芸植物。
コルディリネ リュウゼツラン科の属総称。
コルディリネ・アウストラリス アスパラガス・スカンデンスの別名。
コルディリネ・インディウィサ 〈*Cordyline indivisa* (G. Forst.) Steud.〉リュウゼツラン科。別名アツバセンネンボク。葉は緑色、裏面は青緑色。園芸植物。
コルディリネ・ストリクタ 〈*Cordyline stricta* (Sims) Endl.〉リュウゼツラン科の低木。高さは2～3m。園芸植物。
コルディリネ・テルミナリス センネンボクの別名。
コルディリネ・バンクシー 〈*Cordyline banksii* Hook. f.〉リュウゼツラン科。葉は倒披針形。園芸植物。
コルデス・パーフェクタ 〈Kordes' Perfecta〉バラ科。ハイブリッド・ティーローズ系。花はクリーム色。
ゴールデン・イヤーズ 〈Golden Years〉バラ科。フロリバンダ・ローズ系。花はゴールデンイエロー。
ゴールデン・ウイングス 〈Golden Wings〉バラ科。シュラブ・ローズ系。花は硫黄色。
ゴールデン・ウェディング 〈Golden Wedding〉バラ科。ハイブリッド・ティーローズ系。花は純黄色。
ゴールデン・オックスフォード ユリ科のチューリップの品種。園芸植物。
ゴールデンカラー キバナカイウの別名。
ゴールデンクラッカー キク科のユリオプスの品種。切り花に用いられる。
ゴールデン・ゲート ラン科のシンビディウム・サガミの品種。園芸植物。

ゴールデン・スリッパーズ 〈Golden Slippers〉バラ科。フロリバンダ・ローズ系。花は黄色。
ゴールデン・セプター 〈Golden Scepter〉バラ科。ハイブリッド・ティーローズ系。花は濃黄色。
ゴールデン・セレブレーション 〈Golden Celebration〉バラ科。イングリッシュローズ系。花は深い山吹色。
ゴールデン・チェルソニーズ 〈Golden Chersonese〉バラ科。シュラブ・ローズ系。花は黄色。
ゴールデン・デリシアス バラ科のリンゴ(苹果)の品種。別名ゴール。
ゴールデン・ハート マルニエラ・クリソカルディウムの別名。
ゴールデン・ベル アオイ科のハイビスカスの品種。園芸植物。
ゴールデンボーダー 〈Golden Border〉バラ科。フロリバンダ・ローズ系。花は黄色。
ゴールデン・ボール キク科のマトリカリアの品種。園芸植物。
ゴールデン・メダリヨン 〈Golden Medallion〉バラ科。ハイブリッド・ティーローズ系。花は濃黄色。
ゴールデンモップ ヒノキ科のサワラの品種。
ゴールデン・レモンバーム シソ科のハーブ。別名メリッサ、ビーバーム。薬用植物。
ゴールデンロッド アキノキリンソウの別名。
ゴールドクレスト ヒノキ科のモントレーイトスギの品種。
ゴールドクローネ 〈Goldkrone〉バラ科のバラの品種。別名Gold Crown。ハイブリッド・ティーローズ系。花はゴールデンイエロー。園芸植物。
ゴールドコースト ヒノキ科のビャクシンメディアの品種。
ゴールド・ストゥルム キク科のルドベキアの品種。園芸植物。
ゴールドストライク バラ科。花は濃い黄色。
ゴールドハート ウコギ科のヘデラの品種。園芸植物。
ゴールド・バニー 〈Gold Bunny〉バラ科。フロリバンダ・ローズ系。花は鮮やかな黄色。
ゴールド・ベリー ブドウ科のブドウ(葡萄)の品種。果皮は黄白色。
ゴールド・マリー'84 〈Goldmarie'84〉バラ科。フロリバンダ・ローズ系。花は濃い黄色。
ゴールドライダー ヒノキ科のレイランドヒノキの品種。
コルトリリオン・アンゴレンセ 〈*Chortolirion angolense* (Bak.) A. Berger〉ユリ科。葉は淡緑色。園芸植物。

コルヌス・アルバ 〈*Cornus alba* L.〉ミズキ科。別名シラタマミズキ、シロミズキ。高さは3m。園芸植物。

コルヌス・オッフィキナリス サンシュユの別名。

コルヌス・カナデンシス ゴゼンタチバナの別名。

コルヌス・コウサ ヤマボウシの別名。

コルヌス・コントロウェルサ ミズキの別名。

コルヌス・フロリダ ハナミズキの別名。

コルヌス・マクロフィラ クマノミズキの別名。

コルポトリナクス・ライティー 〈*Colpothrinax wrightii* Griseb. et H. Wendl. ex A. Siebert et Voss〉ヤシ科。別名タルヤシ。高さは5～10m。園芸植物。

コルマナラ・サチコ・ナガタ 〈× *Colmanara* Sachiko Nagata〉ラン科。花は濃紫色。園芸植物。

コルマナラ・マルティン・オレンシュタイン 〈× *Colmanara* Martin Orenstein〉ラン科。高さは50～60cm。花は鮮黄色。園芸植物。

コールマン グロー・コールマンの別名。

コルムナリスグラウカ ヒノキ科のローソンヒノキの品種。別名ベイヒ。

コルムネア 〈*Columnea stavanger* Hort.〉イワタバコ科。

コルムネア イワタバコ科の属総称。

コルムネア・アウレオニテンス 〈*Columnea aureonitens* Hook.〉イワタバコ科。花は橙色。園芸植物。

コルムネア・アルグタ 〈*Columnea arguta* C. V. Mort.〉イワタバコ科。花は橙赤色。園芸植物。

コルムネア・ウェレクンダ 〈*Columnea verecunda* C. V. Mort.〉イワタバコ科。高さは30～60cm。花は淡赤または黄色。園芸植物。

コルムネア・エリトロファエア 〈*Columnea erythrophaea* Decne. ex Houll.〉イワタバコ科。花は橙赤色。園芸植物。

コルムネア・エルステッティアナ 〈*Columnea oerstediana* Klotzsch ex Oerst.〉イワタバコ科。萼片は卵形。園芸植物。

コルムネア・クラッシフォリア 〈*Columnea crassifolia* Brongn.〉イワタバコ科。花は輝赤色。園芸植物。

コルムネア・グロリオサ 〈*Columnea gloriosa* T. Sprague〉イワタバコ科。花は緋紅色。園芸植物。

コルムネア・サングイネア 〈*Columnea sanguinea* (Pers.) Hanst.〉イワタバコ科。花は淡黄色。園芸植物。

コルムネア・シーデアナ 〈*Columnea schiedeana* Schlechtend.〉イワタバコ科。花は黄色。園芸植物。

コルムネア・ツーラエ 〈*Columnea tulae* Urb.〉イワタバコ科。園芸植物。

コルムネア・ニカラグエンシス 〈*Columnea nicaraguensis* Oerst.〉イワタバコ科。花は緋色。園芸植物。

コルムネア・ヒルタ 〈*Columnea hirta* Klotzsch et Hanst.〉イワタバコ科。花は朱赤色。園芸植物。

コルムネア・ピロシッシマ 〈*Columnea pilosissima* Standl.〉イワタバコ科。花は暗橙赤色。園芸植物。

コルムネア・フェンドレリ 〈*Columnea fendleri* Sprague〉イワタバコ科の多年草。

コルムネア・ペルクラッサ 〈*Columnea percrassa* C. V. Mort.〉イワタバコ科。花は橙赤色。園芸植物。

コルムネア・ミクロフィラ 〈*Columnea microphylla* Klotzsch et Hanst. ex Oerst.〉イワタバコ科。花は緋紅色。園芸植物。

コルムネア・ムーレイ 〈*Columnea moorei* C. V. Mort.〉イワタバコ科。花は桃赤色。園芸植物。

コルムネア・モートニー 〈*Columnea mortonii* Raym.〉イワタバコ科。花は深紅色。園芸植物。

コルムネア・リネアリス 〈*Columnea linealis* Oerst.〉イワタバコ科。花は淡紅色。園芸植物。

コールラビ 〈*Brassica oleracea* var. *gongylodes* L.〉アブラナ科の栽培植物。葉菜類。別名キュウケイカンラン(球茎甘藍)、カブカンラン、カブラハボタン。径4～10cm。園芸植物。

コレア ミカン科の属総称。別名タスマニアンベル。

コレア・アルバ 〈*Correa alba* Andr.〉ミカン科の低木。高さは1.5m。花は白色。園芸植物。

コレア・シュレヒテンダリー 〈*Correa schlechtendalii* Behr〉ミカン科の低木。高さは2m。花は赤色。園芸植物。

コレア・デクンベンス 〈*Correa decumbens* F. J. Muell.〉ミカン科の低木。高さは30cm。花は紅色。園芸植物。

コレア・バクホウシアーナ 〈*Correa backhousiana* Hook.〉ミカン科の常緑低木。

コレア・レフレクサ 〈*Correa reflexa* (Labill.) Venten.〉ミカン科の低木。高さは1.5m。花は赤色。園芸植物。

コレア・レフレクサ・カーディナリス 〈*Correa reflexa* Vant. var. *cardinalis* Court.〉ミカン科の常緑小低木。

コレウス コリウスの別名。

コレオプシス オオキンケイギクの別名。

コレオプシス・アウリクラタ 〈*Coreopsis auriculata* L.〉キク科の草本。高さは30～50cm。花は黄色。園芸植物。

コレオプシス・ウェルティキラタ イトバハルシャギクの別名。

コレオ프シス・ギガンテア 〈*Coreopsis gigantea* (Kellogg) H. M. Hall〉キク科の草本。高さは1m。花は純黄色。園芸植物。

コレオプシス・グランディフロラ 〈*Coreopsis grandiflora* T. Hogg ex Sweet〉キク科の草本。高さは60cm。花は濃黄色。園芸植物。

コレオプシス・スチルマニー キク科。園芸植物。

コレオプシス・ダグラシー 〈*Coreopsis douglasii* (DC.) H. M. Hall〉キク科の草本。高さは30～45cm。花は純黄色。園芸植物。

コレオプシス・ティンクトリア ハルシャギクの別名。

コレオプシス・ドラモンディー キンケイギクの別名。

コレオプシス・プベスケンス 〈*Coreopsis pubescens* Elliott〉キク科の草本。高さは1m。花は濃黄色。園芸植物。

コレオプシス・ランケオラタ オオキンケイギクの別名。

コレオプシス・ロセア 〈*Coreopsis rosea* Nutt.〉キク科の草本。高さは30～60cm。花はごく淡い桃色。園芸植物。

コレラタケ 〈*Galerina fasciculata* Hongo〉フウセンタケ科のキノコ。別名ドクアジロガサ。小型、傘は饅頭形、平滑、湿時条線。

コーレリア・アマビリス 〈*Kohleria amabilis* (Planch. et Linden) Fritsch〉イワタバコ科。高さは30～60cm。花は濃桃赤色。園芸植物。

コーレリア・エリアンタ 〈*Kohleria eriantha* (Benth. ex Decne.) Hanst.〉イワタバコ科。高さは1m。花は橙赤色。園芸植物。

コーレリア・ディギタリフロラ 〈*Kohleria digitaliflora* (Linden et André) Fritsch〉イワタバコ科。高さは1m。花は淡紅色。園芸植物。

コーレリア・ボゴテンシス 〈*Kohleria bogotensis* (Nichols.) Fritsch〉イワタバコ科の多年草。高さは30～60cm。花は緋紅色。園芸植物。

ゴレンシ 五斂子 〈*Averrhoa carambola* L.〉カタバミ科の常緑小高木。果実は黄熟、甘酸混。高さは5～12m。花は赤紫あるいは桃色。熱帯植物。薬用植物。園芸植物。

ゴレンシ カタバミ科の属総称。

コロカシア サトイモ科の属総称。別名サトイモ。

コロカシア・ギガンテア ハスイモの別名。

コロキア・ウィルガタ 〈*Corokia* × *virgata* Turrill〉ミズキ科の常低。小枝が多い。園芸植物。

コロキア・コトネアステル 〈*Corokia cotoneaster* Raoul.〉ミズキ科の常低。高さは2m。花は黄色。園芸植物。

コロシントウリ 〈*Citrullus colocynthis* (L.) Schrad.〉ウリ科の蔓草。熱帯植物。薬用植物。

コロゾ・オレイフェラ 〈*Corozo oleifera* (Kunth) L. H. Bailey〉ヤシ科。別名アメリカアブラヤシ。高さは1.5～3m。園芸植物。

コロゾナット ヤシ科。

ゴロツキアザミ オオヒレアザミの別名。

コロニラ・ワリア 〈*Coronilla varia* L.〉マメ科。高さは20～120cm。花は白、ピンクまたは紫色。園芸植物。

コロニラ・エメルス 〈*Coronilla emerus* L.〉マメ科。高さは1m。花は淡黄色。園芸植物。

コロニラ・グラウカ 〈*Coronilla glauca* L.〉マメ科。葉は灰青色。園芸植物。

コロニラ・コロナタ 〈*Coronilla coronata* L.〉マメ科。高さは10～70cm。花は黄色。園芸植物。

コロニラ・ユンケア 〈*Coronilla juncea* L.〉マメ科。高さは20～100cm。花は黄色。園芸植物。

コロネーション・ゴールド スミレ科のガーデン・パンジーの品種。園芸植物。

コロノプス・スクアマツス 〈*Coronopus squamatus* Ascherson〉アブラナ科の一年草。

コロハ 胡盧巴 〈*Trigonella foenum-graecum* L.〉マメ科の薬用植物。

コロビル アヤメ科の属総称。別名コロビリー、トウショウブ、グラジオラス。切り花に用いられる。

コロマンソウ 〈*Asystasia gangetica* (L.) T. Anderson〉キツネノマゴ科の多年草または低木。長さ1m。花は白黄、紫青色。熱帯植物。園芸植物。

コロミア・カバニレシー 〈*Collomia cavanillesii* Hook. et Arn.〉ハナシノブ科の草本。高さは60cm。花は紅桃色。園芸植物。

コロミア・グランディフロラ 〈*Collomia grandiflora* Dougl. ex Hook.〉ハナシノブ科の草本。高さは1m。花は鮭肉黄色から、クリーム色。園芸植物。

コロラドア・メサエ-ウェルダエ 〈*Coloradoa mesae-verdae* Boissev. et C. Davids.〉サボテン科のサボテン。別名月窟曲。高さは8cm。花はクリームないし黄色。園芸植物。

コロラドビャクシン 〈*Juniperus scopulorum*〉ヒノキ科の木本。樹高12m。樹皮は赤褐色。

コロラドモミ 〈*Abies concolor* (Gord. et Glend.) Lindl.〉マツ科の常緑高木。別名ベイモミ、ベイマツ。高さは40m。樹皮は灰色。園芸植物。

コロンボ 〈*Jateorhiza columba* Miers.〉ツヅラフジ科の薬用植物。

コロンボモドキ 〈*Coscinium fenestratum* Colebr.〉ツヅラフジ科の蔓木。葉裏褐毛、根は黄色。熱帯植物。

コーワイ マメ科。

コーワガンボジ 〈*Garcinia cowa* Roxb.〉オトギリソウ科の高木。葉は厚く光沢、サカキに似る。熱帯植物。

コワニグチソウ 〈*Polygonatum miserum* Satake〉ユリ科の草本。

コワバニボン 〈*Oncosperma horrida* Scheff.〉ヤシ科。叢生、葉はニボンヤシより硬く垂下しない。熱帯植物。園芸植物。

コーン トウモロコシの別名。

コンイロイッポンシメジ 〈*Rhodophyllus cyanoniger* (Hongo) Hongo〉イッポンシメジ科のキノコ。

コンウァラリア・ケイスケイ スズランの別名。

コンウァラリア・マヤリス ドイツスズランの別名。

コンウォルウルス・アルウェンシス セイヨウヒルガオの別名。

コンギク 紺菊 〈*Aster ageratoides* Turcz. subsp. *ovatus* (Franch. et Savat.) Kitamura var. *hortensis* (Makino) Kitamura〉キク科。園芸植物。

コンゲヤ 〈*Congea tomentosa* Roxb.〉クマツヅラ科の観賞用やや蔓性の木。苞は4個淡紅。熱帯植物。

ゴンゲンゴケ 〈*Parmelia formosana* Zahlbr.〉ウメノキゴケ科の地衣類。地衣体背面は灰白から灰緑色。

ゴンゲンゴケモドキ 〈*Parmelia adjuncta* Hale〉ウメノキゴケ科の地衣類。エキノカルプ酸を含む。

ゴンゲンスゲ 権現菅 〈*Carex sachalinensis* Fr. Schm. var. *sachalinensis*〉カヤツリグサ科の多年草。高さは10～30cm。

コンゴウセキ 金剛石 マミラリア・ウンキナタの別名。

コンゴコーヒー 〈*Coffea robusta* Linden〉アカネ科の低木。枝は垂下性、葉は薄く淡緑波縁。花は白色。熱帯植物。

コンコード ブドウ科のブドウ(葡萄)の品種。果皮は紫黒色。

ゴンゴラ・アルメニアカ 〈*Gongora armeniaca* (Lindl. et Paxt.) Rchb. f.〉ラン科の多年草。花は橙、赤褐色。園芸植物。

ゴンゴラ・ガレアタ 〈*Gongora galeata* (Lindl.) Rchb. f.〉ラン科。園芸植物。

ゴンゴラ・クインクエネルウィス 〈*Gongora quinquenervis* Ruiz et Pav.〉ラン科。花は淡黄色。園芸植物。

ゴンゴラ・トルンカタ 〈*Gongora truncata* Lindl.〉ラン科。花は黄白色。園芸植物。

ゴンゴラ・ブフォニア 〈*Gongora bufonia* Lindl.〉ラン科。花は桃赤、赤色。園芸植物。

コーンサラダ ノヂシャの別名。

コンジキヤガラ 〈*Gastrodia javanica*〉ラン科。

ゴンズイ 権萃 〈*Euscaphis japonica* (Thunb. ex Murray) Kanitz〉ミツバウツギ科の落葉小高木。別名キツネノチャブクロ、クロクサギ。高さは3～6m。花は淡緑色。園芸植物。

ゴンズイ ミツバウツギ科の属総称。

コンスタンス・スプライ 〈Constance Spry〉バラ科。イングリッシュローズ系。花はピンク。

コンズランゴ 〈*Marsdenia condurango* Reichbach f.〉ガガイモ科の薬用植物。

コンソリダ・アンビグア ヒエンソウの別名。

コンソリダ・オリエンタリス 〈*Consolida orientalis* (J. Gay) Schrödinger〉キンポウゲ科の一年草。高さは1m。園芸植物。

コンソリダ・レガリス 〈*Consolida regalis* S. F. Gray〉キンポウゲ科の一年草。別名ルリヒエンソウ。高さは20～90cm。花は青、藤、桃、白色など。園芸植物。

コンソレア サボテン科の属総称。サボテン。

コンソレア・ルベスケンス 〈*Consolea rubescens* (Salm-Dyck) Lem.〉サボテン科のサボテン。別名黒小判、墨烏帽子、墨小判。高さは3～6m。花は黄、橙や赤色。園芸植物。

コンチェルティーノ 〈Concertino〉バラ科。フロリバンダ・ローズ系。

コンテス・セシル・ド・シャブリリアン 〈Comtesse Cécile de Chabrilliant〉バラ科。ハイブリッド・パーペチュアルローズ系。花はピンク。

コンテス・ド・ムリネ 〈Comtesse de Murinais〉バラ科。モス・ローズ系。花はクリーム白色。

コンテス・バンダル 〈Comtesse Vandal〉バラ科。ハイブリッド・ティーローズ系。花はサーモンピンク。

コンテ・ド・シャンボール 〈Comte de Chambord〉バラ科。ポートランド・ローズ系。花はピンク。

コンテリクラマゴケ 紺照鞍馬苔 〈*Selaginella uncinata* Spring〉イワヒバ科の常緑性シダ。主茎は長さ30～60cm、葉は表面紺色。園芸植物。

コンテリケゴケ 〈*Helicodontium doii* (Sakurai) Taoda〉コゴメゴケ科のコケ。枝は長さ3～5mm、枝葉は卵状披針形。

コンテリミツバカズラ シンゴニウム・アルボリネアタムの別名。

コントルタマツ 〈*Pinus contorta*〉マツ科の木本。樹高10m。樹皮は赤褐色。園芸植物。

コンドロリンカ・アロマティカ 〈*Chondrorhyncha aromatica* (Rchb. f.) P. Allen〉ラン科。花は黄色を帯びる緑黄色。園芸植物。

コンナルス コンナルス科の属総称。

コンニャク 蒟蒻 〈*Amorphophallus konjac* K. Koch〉サトイモ科の薬用植物。球茎は扁球状で皮色は淡褐ないし濃褐色。園芸植物。

コンバラリア・マヤリス ドイツスズランの別名。

コンパレッティア・コッキネア 〈*Comparettia coccinea* Lindl.〉ラン科。花は朱赤色。園芸植物。

コンパレッティア・ファルカタ 〈*Comparettia falcata* Poepp. et Endl.〉ラン科。花は桃赤紫色。園芸植物。

コンパレッティア・マクロプレクトロン 〈*Comparettia macroplectron* Rchb. f. et Triana〉ラン科。花は淡白紫赤色。園芸植物。

コンブ 〈*Laminaria* sp.〉コンブ科の属総称。薬用植物。

コンフィダンス 〈Confidence〉バラ科のバラの品種。ハイブリッド・ティーローズ系。花は淡いピンク。園芸植物。

コンフェティ 〈Confetti〉バラ科。フロリバンダ・ローズ系。花は濃黄色。

ゴンフォカルプス・フルティコスス フウセントウワタの別名。

コンプトニア ヤマモモ科。

コンブモドキ 〈*Akkesiphycus lubricum* Yamada et Tanaka〉ムラチドリ科の海藻。うすく、さけやすい。

コーンフラワー ヤグルマギクの別名。

コンフリー 〈*Symphytum officinale* L.〉ムラサキ科の多年草。別名ニットボーン、ヒレハリソウ。花は淡青紫、淡紅色。高山植物。薬用植物。園芸植物。切り花に用いられる。

コンフリー ムラサキ科の属総称。別名ヒレハリソウ(鰭玻璃草)、オオハリソウ(大玻璃草)。

コンプリカータ 〈Complicata〉バラ科。ガリカ・ローズ系。花はピンク。

ゴンフレナ・グロボサ センニチコウの別名。

ゴンフレナ・ハーゲアナ 〈*Gomphrena haageana* Klotzsch〉ヒユ科の草本。別名キバナセンニチコウ。高さは60〜70cm。花は橙黄色。園芸植物。

コンペイトウグサ 〈*Triumfetta repens* (Blume) Merr. et Rolfe〉シナノキ科の木本。

コンボウアミガサタケ 〈*Morchella miyabeana* Imai〉アミガサタケ科のキノコ。

コンボルブルス・アルテエオイデス 〈*Convolvulus althaeoides* L.〉ヒルガオ科の多年草。

コンボルブルス・アルベンシス 〈*Covolvulus arvensis* L.〉ヒルガオ科。別名セイヨウヒルガオ。高山植物。

コンボルブルス・クネオルム 〈*Convolvulus cneorum* L.〉ヒルガオ科の小低木。

コンボルブルス・サバティウス ヒルガオ科の宿根草。別名ブルーカーペット、コンボルブルス・モウリタニクス。

コンボルブルス・モウリタニクス コンボルブルス・サバティウスの別名。

コンミフォラ・サクシコラ 〈*Commiphora saxicola* Engl.〉カンラン科の木本。園芸植物。

コンメリナ・コンムニス ツユクサの別名。

コンラッド・フェルディナンド・マイヤー 〈Conrad Ferdinand Meyer〉バラ科。ハイブリッド・ルゴサ・ローズ系。花はシルバーピンク。

コンラッド・ヘンケル 〈Konrad Henkel〉バラ科。ハイブリッド・ティーローズ系。花は鮮やかな赤色。

コンランギョク 混乱玉 ネオポルテリア・ウィロサの別名。

コンロンカ 崑崙花 〈*Mussaenda parviflora* Miq.〉アカネ科の常緑低木。高さは1〜1.5m。花は白色。園芸植物。

コンロンコク 崑崙黒 ツバキ科のツバキの品種。園芸植物。

コンロンソウ 崑崙草 〈*Cardamine leucantha* (Tausch.) O. E. Schulz〉アブラナ科の多年草。別名オオミズガラシ。高さは30〜70cm。薬用植物。

コンロンマル 崑崙丸 マミラリア・コロンビアナの別名。

【サ】

サイウンカク 彩雲閣 トウダイグサ科。別名三角麒麟。園芸植物。

サイカイヤブマオ 〈*Boehmeria pannosa* Nakai et Satake〉イラクサ科の草本。

サイカチ 皂莢 〈*Gleditschia japonica* Miq.〉マメ科の落葉高木。別名カワラフジノキ。高さは15m。花は黄緑色。薬用植物。園芸植物。

サイキョウカボチャ カボチャの別名。

サイコクイカリソウ 〈*Epimedium diphyllum* (Morren et Decne.) Lodd. subsp. *kitamuranum* (Yamanaka) K. Suzuki〉メギ科。

サイゴクイノデ 西国猪之手 〈*Polystichum pseudo-makinoi* Tagawa〉オシダ科の常緑性シダ。葉身は長さ40〜60cm。長楕円状披針形。

サイゴクイボタ 〈*Ligustrum ibota* Sieb. ex Sieb. et Zucc.〉モクセイ科の木本。

サイゴクキツネヤナギ 〈*Salix alopochroa* Kimura〉ヤナギ科の木本。本州(近畿以西)、四国、九州北部に分布。園芸植物。

サイゴクサバノオ 〈*Dichocarpum dicarpon* var. *univalve*〉キンポウゲ科。

サイコクヌカボ 〈*Persicaria foliosa* (H. Lindb.) Kitag. var. *nikaii* (Makino) H. Hara〉タデ科。

サイゴクベニシダ 西国紅羊歯 〈*Dryopteris championii* (Benth.) C. Chr. ex Ching〉オシダ科の常緑性シダ。葉身は長さ30〜60cm。卵形〜卵状長楕円形。

サイゴクホングウシダ 西国本宮羊歯 〈*Lindsaea japonica* (Bakera) Diels〉イノモトソウ科(ワラビ科)。

サイコクミツバツツジ 西国三葉躑躅 〈*Rhododendron nudipes* Nakai〉ツツジ科の木本。花は紅紫色。園芸植物。

サイザルアサ 〈*Agave sisalana* Perrine〉リュウゼツラン科の多肉植物。珠芽をつける。葉の繊維はロープ用。高さは1m。花は緑色。熱帯植物。薬用植物。園芸植物。

サイシュウホラゴケモドキ 〈*Eocalypogeia quelpaertensis* (S. Hatt. & Inoue) R. M. Schust.〉ツキヌキゴケ科のコケ。緑褐色、茎は長さ5〜8mm。

サイジョウ 西条 カキノキ科のカキの品種。果皮は淡橙黄色。

サイジョウコウホネ 〈*Nuphar japonicum* DC. var. *saijoense* Shimoda〉スイレン科。柱頭盤が赤く、葉は卵形に近い。

サイシン 細辛 アブラナ科の中国野菜。

サイシン ウスバサイシンの別名。

サイゼンギョク 彩髯玉 オロヤ・ペルーウィアナの別名。

サイダイバラ 〈*Hypnea saidana* Holmes〉イバラノリ科の海藻。瘉⽌し、球状の団塊をつくる。体は10cm。

サイトウガヤ 西塔茅 〈*Calamagrostis arundinacea* Roth var. *sciuroides* Hack.〉イネ科。

サイネリア シネラリアの別名。

サイノメアミハ 〈*Struvea anastomosans* (Harvey) Piccone et Grunow in Piccone〉マガタマモ科の海藻。極めて小形。体は1.2cm。

サイハイラン 采配蘭 〈*Cremastra appendiculata* (D. Don) Makino〉ラン科の多年草。高さは30〜50cm。花は淡紫褐色。薬用植物。園芸植物。

ザイフリボク 采振木 〈*Amelanchier asiatica* (Sieb. et Zucc.) Endl. ex Walp.〉バラ科の落葉高木。別名シデザクラ、ニレザクラ。高さは10m。花は白色。樹皮は灰褐色。園芸植物。

サイミ 〈*Ahnfeltia concinna* J. Agardh〉オキツノリ科の海藻。叢生。体は5〜6cm。

ザイモクイグチ 〈*Pulveroboletus pseudolignicola* Neda〉イグチ科のキノコ。中型〜大型。傘は饅頭形で平滑、黄色〜茶褐色。

サイヨウシャジン 細葉沙参 〈*Adenophora triphylla* (Thunb. ex Murray) A. DC. var. *triphylla*〉キキョウ科。別名ナガサキシャジン。高さは40〜100cm。花は淡青色。園芸植物。

サー・ウォルター・ローリー 〈Sir Walter Raleigh〉バラ科。イングリッシュローズ系。花はクリアーローズピンク。

サウザン・ベル アオイ科のアメリカフヨウの品種。園芸植物。

ザウシュネリア・カリフォルニカ 〈*Zauschneria californica* K. Presl〉アカバナ科の多年草。高さは30〜70cm。園芸植物。

サウスレア・アルピナ 〈*Saussurea alpina* DC.〉キク科。高山植物。

サウスレア・インボルカラータ 〈*Saussurea involcarata* Kar. et Kir.〉キク科。高山植物。

サウスレア・ゴシピフォラ 〈*Saussurea gossypiphora* Don〉キク科の多年草。高山植物。

サウスレア・シムプソニイアーナ 〈*Saussurea simpsoniana*〉キク科。高山植物。

サウスレア・ラニケプス 〈*Saussurea laniceps* Hand.-Mazz.〉キク科の薬用植物。

サウラウイア・スブスピノサ 〈*Saurauia subspinosa* Anthony〉サルナシ科。高山植物。

サウラウジヤ 〈*Saurauja tristyla* DC.〉ツバキ科の小木。花はピンク色。熱帯植物。

サウルルス・ケルヌース 〈*Saururus cernuus* L.〉ドクダミ科の多年草。別名アメリカハンゲショウ。園芸植物。

サウロマツム・グッタツム 〈*Sauromatum guttatum* (Wall.) Schott〉サトイモ科の多年草。高さは40〜60cm。園芸植物。

サエダ 〈*Microcladia elegans* Okamura〉イギス科の海藻。扁平。体は5〜10cm。

サー・エドワード・エルガー 〈Sir Edward Elgar〉バラ科。イングリッシュローズ系。花はクリムゾン色。

ザオウゴヨウ ピヌス・ハッコデンシスの別名。

ザオウニシキ 蔵王錦 バラ科のオウトウ(桜桃)の品種。果皮は淡赤黄色。

サオヒメ 佐保姫 〈*Cotyledon teretifolia* Thunb.〉ベンケイソウ科の低木。別名ギンコウセイ(銀光星)、ギンカンザイ(銀簪)。高さは20cm。花は黄緑色。園芸植物。

サオヒメゴケ 〈*Callicostella papillata* (Müll. Hal.) Mitt.〉アブラゴケ科のコケ。茎の背側の葉は舌形で長さ1.8mm。

サカイツツジ 境躑躅 〈*Rhododendron parvifolium* Adams〉ツツジ科の常緑低木。高さは90cm。花は紅紫色。高山植物。園芸植物。

サカキ 榊, 栄樹, 賢木, 神木 〈*Cleyera japonica* Thunb.〉ツバキ科の常緑小高木。別名ミサカキ、ホンサカキ。高さは10m。花は白で後に黄色。園芸植物。

サカキ クレイエラ・ヤポニカ・ワリキアーナの別名。

サカキカズラ 栄樹葛 〈*Anodendron affine* (Hook. et Arn.) Druce〉キョウチクトウ科の常緑つる植物。別名ニシキラン。

サガギク キク科のキクの品種。園芸植物。

サカゲイノデ 〈*Polystichum retroso-paleaceum* (Kodama) Tagawa〉オシダ科の夏緑性シダ。葉身は長さ1m。長楕円状披針形。

サカゲイワシロイノデ 〈*Polystichum ovato-paleaceum* var. *coraiense* × *retrosopaleaceum*〉オシダ科のシダ植物。

サカゲカタイノデ 〈*Polystichum* × *microlepis* Kurata〉オシダ科のシダ植物。

サカサマンネングサ 〈*Sedum reflexum* L.〉ベンケイソウ科の多年草。別名サカサベンケイ。園芸植物。

サカズキカワラタケ 〈*Poronidulus conchifer* (Schw.) Murr.〉タコウキン科のキノコ。

サカヅキキクラゲ 〈*Exidia recisa* Fr.〉ヒメキクラゲ科のキノコ。

サカダルノキ カバニレシア・アルボレアの別名。

サカナミ 逆波 〈*Faucaria lupina* (Haw.) Schwant.〉ツルナ科の常緑高木。花は黄色。園芸植物。

サカネラン 逆根蘭 〈*Neottia nidus-avis* (L.) L. C. Rich. var. *mandshurica* Komarov〉ラン科の多年生腐生植物。高さは20～40cm。高山植物。

サカバイヌワラビ 〈*Athyrium reflexipinnum* Hayata〉オシダ科の夏緑性シダ。葉身は長さ25cm。披針形～線状披針形。

サカバサトメシダ 〈*Athyrium palustre* Seriz.〉オシダ科の夏緑性シダ。葉身は長さ1m。披針形～線状披針形。

サカホコ 逆鋒 〈*Cheiridopsis cigarettifera* (A. Berger) N. E. Br.〉ツルナ科の高度多肉植物。葉は対生し、上方は4分の1からほとんど全長が合着。休眠期は下方の1対が鞘状となって、上方の葉を包むことが多い。花はレモンイエロー。園芸植物。

サガミギク 〈*Aster ageratoides* var. *harae*〉キク科。

サガミジョウロウホトトギス 〈*Tricyrtis ishiiana* (Kitag. et T. Koyama) Ohwi et Okuyama〉ユリ科の多年草。高さは20～50cm。

サガミトリゲモ 〈*Najas foveolata* A. Br.〉イバラモ科の沈水植物。長さ1.5～3cm、葉輎は切形または円形。

サガミノアケボノ 相模の曙 ヒルガオ科のアサガオの品種。園芸植物。

サガミノヒカリ 相模の光 ヒルガオ科のアサガオの品種。園芸植物。

サガミベニ 相模紅 アブラナ科のストックの品種。園芸植物。

サガリトウガラシ 〈*Capsicum annuum* L. var. *longum* (DC.) Sendt.〉ナス科。

サガリバナ 下花 〈*Barringtonia racemosa* (L.) Spreng.〉サガリバナ科の常緑高木。高さは15m。花は白または赤を帯び、夜開き朝は落下する。熱帯植物。園芸植物。

サガリハリタケ 〈*Radulodon copelandii* (Pat.) Maekawa〉コウヤクタケ科のキノコ。中型～大型。傘は類白色～薄茶色。

サガリヘンスロウイヤ 〈*Henslowia frutescens* Champ.〉ビャクダン科の半寄生植物。熱帯植物。

サガリヤスデゴケ 〈*Frullania trichodes* Mitt.〉ヤスデゴケ科のコケ。光沢がなく、背片は円頭～鋭頭。

サガリラン 〈*Diploprora championii* Hook. f.〉ラン科。花は淡黄色。園芸植物。日本絶滅危機植物。

サガリラン パフィオペディルム・ホワイト・フリンジの別名。

サカワサイシン 〈*Heterotropa sakawana* (Makino) F. Maekawa〉ウマノスズクサ科の多年草。葉径6～10cm。花は暗紫色。園芸植物。

サカワヤスデゴケ 〈*Frullania sackawana* Steph.〉ヤスデゴケ科のコケ。褐色、茎は長さ5～10cm。

ザ・カントリーマン 〈The countryman〉バラ科。イングリッシュローズ系。花はローズピンク。

サギゴケ 紫鷺苔 〈*Mazus miquelii* Makino〉ゴマノハグサ科の多年草。別名サギシバ。高さは7～15cm。花は白色。園芸植物。

サキシフラガ サクシフラガの別名。

サキシマスオウノキ 先島蘇方木 〈*Heritiera littoralis* Dryand.〉アオギリ科の常緑高木。葉裏銀白、褐点。熱帯植物。

サキシマスケロラン 〈*Lecanorchis flavicans*〉ラン科。

サキシマツツジ 〈*Rhododendron amanoi*〉ツツジ科の常緑低木。別名クメジマツツジ。

サキシマハマボウ 〈*Thespesia populnea* (L.) Soland. ex Correa〉アオイ科の小高木。別名トウユウナ。ヤマアサに似るが葉は鋸歯がない。花は黄、後に紫色。熱帯植物。園芸植物。

サキシマヒサカキ 〈*Eurya sakishimensis* Hatus.〉ツバキ科の木本。

サキシマフヨウ 先島芙蓉 〈*Hibiscus makinoi* Jotani et H. Ohba〉アオイ科の落葉または半常緑の低木または小高木。

サキシマボタンヅル 〈*Clematis chinensis* Osbeck〉キンポウゲ科の薬用植物。別名シナボタンヅル。

サキシマホラゴケ 先島牡丹蔓 〈*Cephalomanes acranthum* (H. Ito) Tagawa〉コケシノブ科の常緑161。葉身は長さ1.5cm。卵状長楕円形から広披針形。

サギスゲ 鷺菅 〈*Eriophorum gracile* Koch〉カヤツリグサ科の多年草。別名ワセワタスゲ。高さは20～50cm。

サギソウ 鷺草 〈*Habenaria radiata* (Thunb.) Spreng.〉ラン科の球根植物。別名シラサギソウ（白鷺草）。高さは20〜30cm。園芸植物。日本絶滅危機植物。

サギタリア・リギダ 〈*Sagittaria rigida* Pursh〉オモダカ科の多年草。

サギッタリア・グラミネア ナガバオモダカの別名。

サギッタリア・サギッティフォリア 〈*Sagittaria sagittifolia* L.〉オモダカ科の多年草。地下に球状塊茎を生じる。花は基部は赤色。熱帯植物。園芸植物。

サギッタリア・スブラタ 〈*Sagittaria subulata* (L.) Buchenau〉オモダカ科の多年草。花は白色。園芸植物。

サギッタリア・トリフォリア オモダカの別名。

サギッタリア・ピグマエア ウリカワの別名。

サギナ・カエスピトサ 〈*Sagina caespitosa* Lange〉ナデシコ科の多年草。

サギナ・スブラタ 〈*Sagina subulata* (Swartz) K. Presl〉ナデシコ科の草本。高さは12〜13cm。園芸植物。

サギナ・ノドサ 〈*Sagina nodosa* Fenzl.〉ナデシコ科の多年草。高山植物。

サキビロアミジ 〈*Dictyota dilatata* Yamada〉アミジグサ科の海藻。膜状。

サキビロモサズキ 〈*Jania ungulata* (Yendo) Yendo〉サンゴモ科の海藻。細く、扁圧。体は2.5cm。

サキブトミル 〈*Codium contractum* Kjellman〉ミル科の海藻。枝の尖端が太い。

サキモリイヌワラビ 〈*Athyrium oblitescens* Kurata〉オシダ科の常緑性シダ。葉身は長さ30〜50cm。三角状卵形〜卵状長楕円形。

サキモリヒロハイヌワラビ 〈*Athyrium oblitescens* Sa. Kurata × *A. wardii* (Hook.) Makino〉オシダ科のシダ植物。

サクシフラガ 〈*Saxifraga caespitosa* L.〉ユキノシタ科。

サクシフラガ・アイゾイデス 〈*Saxifraga aizoides* L.〉ユキノシタ科。高山植物。

サクシフラガ・アイゾオン 〈*Saxifraga aizoon* Jacq.〉ユキノシタ科。別名ホシツヅリ。高山植物。

サクシフラガ・アーヴィンギー 〈*Saxifraga* × *irvingii* hort. ex A. S. Thompson〉ユキノシタ科の多年草。高さは3〜5cm。花は濃桃色。園芸植物。

サクシフラガ・アクアティカ 〈*Saxifraga aquatica* Lapeyr.〉ユキノシタ科。高山植物。

サクシフラガ・アスペラ 〈*Saxifraga aspera* L.〉ユキノシタ科。別名コケシコタンソウ。高山植物。

サクシフラガ・アピクラタ 〈*Saxifraga* × *apiculata* Engl.〉ユキノシタ科の多年草。花はクリーム色。園芸植物。

サクシフラガ・アルコーウァレーイ 〈*Saxifraga* × *arco-valleyi* Sünderm.〉ユキノシタ科の多年草。花は紫紅色。園芸植物。

サクシフラガ・アングリカ 〈*Saxifraga* × *anglica* Horný, Soják et Webr〉ユキノシタ科の多年草。高さは2〜3cm。花は桃色。園芸植物。

サクシフラガ・アンドロサケア 〈*Saxifraga androsacea* L.〉ユキノシタ科。高山植物。

サクシフラガ・ウルビウム 〈*Saxifraga* × *urbium* D. A. Webb.〉ユキノシタ科の多年草。花は白色。園芸植物。

サクシフラガ・ウンブロサ 〈*Saxifraga umbrosa* L.〉ユキノシタ科の多年草。花は白色。園芸植物。

サクシフラガ・エリザベサエ 〈*Saxifraga* × *elizabethae* Sünderm.〉ユキノシタ科の多年草。高さは10cm。花は黄色。園芸植物。

サクシフラガ・オッポシティフォリア 〈*Saxifraga oppositifolia* L.〉ユキノシタ科の多年草。高山植物。園芸植物。

サクシフラガ・カイエイ 〈*Saxifraga* × *kayei* Horny, Sojak et Webr〉ユキノシタ科の多年草。園芸植物。

サクシフラガ・カエシア 〈*Saxifraga caesia* L.〉ユキノシタ科の多年草。高さは4〜10cm。花は白色。高山植物。園芸植物。

サクシフラガ・カロサ 〈*Saxifraga callosa* Sm.〉ユキノシタ科の多年草。花は白色。園芸植物。

サクシフラガ・キンバラリア 〈*Saxifraga cymbalaria* L.〉ユキノシタ科の多年草。花は黄色。園芸植物。

サクシフラガ・クネイフォリア 〈*Saxifraga cuneifolia* L.〉ユキノシタ科の多年草。高さは30cm。花は白色。高山植物。園芸植物。

サクシフラガ・グラヌラタ 〈*Saxifraga granulata* L.〉ユキノシタ科の多年草。花は白色。園芸植物。

サクシフラガ・グリゼバヒー 〈*Saxifraga grisebachii* Degen et Dörfl.〉ユキノシタ科の多年草。高さは6〜8cm。花は濃紅色。園芸植物。

サクシフラガ・クルスタタ 〈*Saxifraga crustata* Vest〉ユキノシタ科の多年草。高さは16〜20cm。花は白色。園芸植物。

サクシフラガ・ゲウム 〈*Saxifraga* × *geum* L.〉ユキノシタ科の多年草。ロゼット径3〜6cm。花は白色。園芸植物。

サクシフラガ・ケスピトサ 〈*Saxifraga cespitosa* L.〉ユキノシタ科の多年草。高さは20cm。花は白色。園芸植物。

サクシフラガ・ケベンネンシス 〈*Saxifraga cebennensis* Rouy et E. Camus〉ユキノシタ科の多年草。高さは10cm。花は純白色。園芸植物。

サクシフラガ・ゲラニオイデス 〈*Saxifraga geranioides* L.〉ユキノシタ科。高山植物。

サクシフラガ・コクレアリス 〈*Saxifraga cochlearis* Rchb.〉ユキノシタ科の多年草。高さは20〜30cm。花は白色。園芸植物。

サクシフラガ・コチレドン 〈*Saxifraga cotyledon* L.〉ユキノシタ科の多年草。高さは15〜50cm。園芸植物。

サクシフラガ・スカルディカ 〈*Saxifraga scardica* Griseb.〉ユキノシタ科の多年草。花は白または桃色。園芸植物。

サクシフラガ・ステラリス 〈*Saxifraga stellaris* L.〉ユキノシタ科の多年草。高山植物。

サクシフラガ・ストリブルニー 〈*Saxifraga stribrnyi* (Velen.) Podp.〉ユキノシタ科の多年草。花は紫紅色。園芸植物。

サクシフラガ・ストロニフェラ ユキノシタの別名。

サクシフラガ・セドイデス 〈*Saxifraga sedoides* L.〉ユキノシタ科。高山植物。

サクシフラガ・ニバリス 〈*Saxifraga nivalis* L.〉ユキノシタ科。高山植物。

サクシフラガ・パニクラタ 〈*Saxifraga paniculata* Mill.〉ユキノシタ科の多年草。高さは10cm。花は白または淡いクリーム色。園芸植物。

サクシフラガ・ビテルナタ 〈*Saxifraga biternata* Boiss.〉ユキノシタ科の多年草。高さは20〜25cm。花は白色。園芸植物。

サクシフラガ・ヒプノイデス 〈*Saxifraga hypnoides* L.〉ユキノシタ科の多年草。高さは10〜15cm。花は白色。園芸植物。

サクシフラガ・ヒルクルス 〈*Saxifraga hirculus* L.〉ユキノシタ科。高山植物。

サクシフラガ・フォーチュネイ 〈*Saxifraga fortunei* Hook. f.〉ユキノシタ科の多年草。中国と朝鮮半島に分布。

サクシフラガ・フラゲラリス 〈*Saxifraga flagellaris* Willd ex Sternb.〉ユキノシタ科の多年草。高山植物。

サクシフラガ・ブリオイデス 〈*Saxifraga bryoides* L.〉ユキノシタ科。高山植物。

サクシフラガ・ブルセリアナ 〈*Saxifraga burseriana* L.〉ユキノシタ科の多年草。高さは6〜8cm。花は白色。高山植物。園芸植物。

サクシフラガ・プレエテルミッサ 〈*Saxifraga praetermissa* D. A. Webb〉ユキノシタ科。高山植物。

サクシフラガ・ブロンキアリス 〈*Saxifraga bronchialis* L.〉ユキノシタ科。高山植物。

サクシフラガ・ペデモンタナ 〈*Saxifraga pedemontana* All.〉ユキノシタ科の多年草。高さは10cm。花は白色。園芸植物。

サクシフラガ・ボイディー 〈*Saxifraga* × *boydii* Dewar〉ユキノシタ科の多年草。高さは5cm。花は黄色。園芸植物。

サクシフラガ・ホルニブルッキー 〈*Saxifraga* × *hornibrookii* Horny, Sojak et Webr〉ユキノシタ科の多年草。高さは3.5〜5cm。花は濃紫紅色。園芸植物。

サクシフラガ・マーキー チシマクモマグサの別名。

サクシフラガ・マルギナタ 〈*Saxifraga marginata* Sternb.〉ユキノシタ科の多年草。高さは3〜9cm。花は白または淡桃色。園芸植物。

サクシフラガ・モスカタ 〈*Saxifraga moschata* Wulfen〉ユキノシタ科の多年草。高さは1〜10cm。花は黄、紫紅、白など。高山植物。園芸植物。

サクシフラガ・ロサケア 〈*Saxifraga rosacea* Moench〉ユキノシタ科の多年草。花は白、桃、赤など。園芸植物。

サクシフラガ・ロツンディフォリア 〈*Saxifraga rotundifolia* L.〉ユキノシタ科の多年草。高さは60cm。花は白色。高山植物。園芸植物。

サクシフラガ・ロンギフォリア 〈*Saxifraga longifolia* Lapeyr.〉ユキノシタ科の多年草。高さは25〜30cm。花は白色。園芸植物。

サクセス クルミ科のペカンの品種。果皮は濃褐色。

サクユリ 佐久百合 〈*Lilium platyphyllum* (Nichols.) Makino〉ユリ科。別名タメトモユリ、ハチジョウユリ。園芸植物。

サクラ バラ科の属総称。

サクライウズ 〈*Aconitum sakuraii*〉キンポウゲ科。

サクライカグマ 〈*Dryopteris gymnophylla* (Baker) C. Chr.〉オシダ科の常緑性シダ。葉身は長さ20〜40cm。五角状広卵形。

サクライソウ 〈*Petrosavia sakuraii* (Makino) J. J. Smith ex van Steenis〉ユリ科の多年生腐生植物。無葉緑菌根植物。高さは10〜20cm。熱帯植物。日本絶滅危機植物。

サクライツノブエゴケ 〈*Rhynchostegiella sakuraii* Takaki〉アオギヌゴケ科のコケ。非常に小形で、茎葉は狭披針形。

サクラオグルマ 〈*Inula yosezatoana* Makino〉キク科。

サクラガスミ 桜霞 〈*Sakuragasumi*〉バラ科。フロリバンダ・ローズ系。

サクラガンピ 桜雁皮 〈*Diplomorpha pauciflora* (Franch. et Savat.) Nakai〉ジンチョウゲ科の落葉低木。別名ヒメガンピ。

サクラガンピ ミヤマガンピの別名。
サクラキリン 桜麒麟 〈*Pereskia bleo* (H. B. K.) DC.〉サボテン科のサボテン。高さは7m。花は淡桃〜紅色。園芸植物。
サクラジマイノデ 〈*Polystichum piceopaleaceum* Tagawa〉オシダ科の常緑性シダ。別名シンイノデ。葉身は長さ25〜60cm。狭長楕円形。日本絶滅危機植物。
サクラジマエビネ 〈*Calanthe oblanceolata* Ohwi et T. Koyama〉ラン科の草本。日本絶滅危機植物。
サクラジマダイコン アブラナ科。
サクラジマツヤゴケ 〈*Entodon calycinus* Card.〉ツヤゴケ科のコケ。茎葉は披針形〜卵状披針形で長さ2.5〜3mm。
サクラジマハナヤスリ 〈*Ophioglossum Kawamurae* Tagawa〉ハナヤスリ科の夏緑性シダ。葉身は長さ3〜5cm。日本絶滅危機植物。
サクラジマホウオウゴケ 〈*Fissidens crispulus* Brid.〉ホウオウゴケ科のコケ。小形、葉は披針形〜狭披針形。
サクラシメジ 〈*Hygrophorus russula* (Schaeff. : Fr.) Quél.〉ヌメリガサ科(アカヤマタケ科)のキノコ。別名アカンボ、アカキノコ、アカタケ。中型〜大型。傘はワイン色で湿時粘性。ひだは白色にワイン色のしみ。
サクラシメジモドキ 〈*Hygrophorus purpurascens* (Alb. & Schw. : Fr.) Fr.〉ヌメリガサ科のキノコ。中型。傘はワイン色で湿時粘性。ひだは白色でワイン色のしみ。
サクラスミレ 桜菫 〈*Viola hirtipes* S. Moore〉スミレ科の多年草。高さは7〜15cm。園芸植物。
サクラソウ 桜草 〈*Primula sieboldii* E. Morren〉サクラソウ科の多年草。高さは15〜40cm。花は淡紅色。薬用植物。園芸植物。日本絶滅危機植物。
サクラソウ プリムラの別名。
サクラソウ科 科名。
サクラソウモドキ 桜草擬 〈*Cortusa matthioli* L. var. *yezoensis* (Miyabe et Tatewaki) Hara〉サクラソウ科の多年草。高さは10〜30cm。高山植物。
サクラタケ 〈*Mycena pura* (Pers. : Fr.) Kummer〉キシメジ科のキノコ。小型〜中型。傘は淡紅色〜淡紫色。
サクラタデ 桜蓼 〈*Persicaria conspicua* (Nakai) Nakai〉タデ科の草本。
サクラタデ ポリゴヌム・コンスピクームの別名。
サクラツカサ 桜司 ツバキ科のツバキの品種。園芸植物。
サクラツツジ 桜躑躅 〈*Rhododendron tashiroi* Maxim. var. *tashiroi*〉ツツジ科の常緑低木。花は桜色。園芸植物。

サクラノリ 〈*Grateloupia imbricata* Holmes〉ムカデノリ科の海藻。複叉状に分岐。体は10cm。
サクラバサンザシ 〈*Crataegus prunifolia*〉バラ科の木本。樹高6m。樹皮は紫褐色。園芸植物。
サクラバハンノキ 桜葉榛木 〈*Alnus trabeculosa* Hand.-Mazz.〉カバノキ科の木本。
サクラバブドウ 〈*Vitis glaberrima* Wall.〉ブドウ科の蔓木。葉は厚くアオキに似る。果実は淡赤紫色。熱帯植物。
サクラバラ 桜薔薇 〈*Rosa multiflora* Thunb. ex Murray var. *platyphylla* Thory〉バラ科。
サー・クラフ 〈Sir Clough〉バラ科。イングリッシュローズ系。花はピンク。
サクラフジ 桜富士 マミラリア・ブーリーの別名。
サクラマル 桜丸 エキノマスツス・インテルテクススの別名。
サクラマンテマ 〈*Silene pendula* L.〉ナデシコ科の一年草。別名フクロマンテマ、オオマンテマ。花は紅紫色。園芸植物。
サクララン 桜蘭 〈*Hoya carnosa* (L. f.) R. Br.〉ガガイモ科の多年草。花は白色。園芸植物。
サクランボ 桜桃 〈*Prunus avium*〉バラ科。別名オウトウ、セイヨウミザクラ。薬用植物。園芸植物。
ザクロ 安石榴 〈*Punica granatum* L.〉ザクロ科の落葉高木。別名ジャクロ、ジャクリュウ。果皮は黄、陽向面は紅色。花は赤色。熱帯植物。薬用植物。園芸植物。
ザクロ ザクロ科の属総称。
ザクロゴケ 〈*Haematomma puniceum* (Sm.) Mass. subsp. *pacificum* Asah.〉チャシブゴケ科の地衣類。赤色の子器盤。
ザクロソウ 石榴草 〈*Mollugo pentaphylla* L.〉ツルナ科の一年草。砂地に多い。高さは10〜30cm。熱帯植物。
ザクロソウ科 科名。
サケツバタケ 〈*Stropharia rugosoannulata* Farlow in Murrill〉モエギタケ科のキノコ。中型〜大型。傘はブドウ酒色〜赤褐色、繊維状。ひだは暗紫灰色。
サケバタケ 〈*Paxillus curtisii* Berk. in Berk & Curt.〉ヒダハタケ科のキノコ。中型。傘は黄色。ひだは黄色。
サケバナヨトウ 〈*Calamus penicillatus* Roxb.〉ヤシ科の細い蔓木。羽片は少数、頂端羽片は二叉。熱帯植物。
サケバハンゲ 〈*Typhonium flagelliforme* BL.〉サトイモ科の草本。熱帯植物。薬用植物。
サケバヒヨドリ 〈*Eupatorium laciniatum* Kitam.〉キク科の草本。
サケバミミイヌガラシ 〈*Rorippa amphibia* (L.) Bess.〉アブラナ科。葉が羽状に裂ける。

サケハムチ

サケバムチゴケ 〈*Bazzania tricrenata* (Wahlenb.) Lindb.〉ムチゴケ科のコケ。緑褐色、茎は長さ3〜8cm。

サケバヤトロパ 〈*Jatropha multifida* L.〉トウダイグサ科の観賞用低木。花は赤色。熱帯植物。園芸植物。

サケミヤシモドキ ヤシ科。

サケラフィア ラフィア・ウィニフェラの別名。

サゴソテツ ザミア・インテグリフォリアの別名。

サゴヤシ 〈*Metroxylon sagu* Rottb.〉ヤシ科の湿地性植物。別名マサゴヤシ、ホンサゴ。地下茎で増殖、15年で開花しその幹は枯死する。高さは12m。熱帯植物。園芸植物。

サゴヤシ ヤシ科の属総称。

ササ イネ科のタケササ類総称。園芸植物。

ザーサイ 搾菜 〈*Brassica juncea* (Linn.) Czern. et Coss. var. *tumida* Tsen et Lee〉アブラナ科の中国野菜。

ササ・ヴィーチー クマザサの別名。

ササウチワ スパティフィルム・パタニーの別名。

ササエビモ 笹蝦藻 〈*Potamogeton nipponicus* Makino〉ヒルムシロ科の沈水植物。葉身は倒披針形〜狭長楕円形。

ササエラ・グラブラ 〈*Sasaella glabra* (Nakai) Koidz.〉イネ科。別名シイヤザサ。園芸植物。

ササエラ・ササキアナ 〈*Sasaella sasakiana* Makino et Uchida〉イネ科。別名トウゲザサ、トウゲダケ。高さは1〜3m。園芸植物。

ササエラ・ラモサ アズマザサの別名。

ササオカゴケ 〈*Sasaokaea aomoriensis* (Paris) Kanda〉ヤナギゴケ科のコケ。大形、茎は羽状に分枝し、糸状。

ササガヤ 〈*Microstegium nudum* (Trin.) A. Camus〉イネ科の多年草。高さは30前後。

ササキカズラ 〈*Ryssopterys timoriensis* (DC.) A. Juss.〉キントラノオ科の木本。

ササキビ 〈*Setaria palmifolia* (Koenig) Stapf〉イネ科の高木性草本。熱帯植物。

ササクサ 笹草 〈*Lophatherum gracile* Brongn.〉イネ科の多年草。別名ツカミグサ、イチロク、クサノハグサ。高さは40〜80cm。薬用植物。

ササクレアワビゴケ 〈*Cetraria microphyllina* W. Culb. & C. Culb.〉ウメノキゴケ科の地衣類。刺状突起を1列につける。

ササクレカラタチゴケ 〈*Ramalina roesleri* (Hochst.) Nyl.〉サルオガセ科の地衣類。地衣体は細微な粉芽がある。

ササクレシロオニタケ 〈*Amanita cokeri* (Gilb. & Kühner) Gilb. f. *roseotincta* Nagasawa & Hongo〉テングタケ科のキノコ。中型。傘は白色、細かな錐形のいぼ。

ササクレヒトヨタケ 〈*Coprinus comatus* (Müller：Fr.) Pers.〉ヒトヨタケ科のキノコ。中型〜大型。傘は淡灰色、淡黄土色のささくれ状鱗片あり。時間とともに液化。ひだは白色→黒色。

ササクレフウセンタケ 〈*Cortinarius pholideus* (Fr. : Fr.) Fr.〉フウセンタケ科のキノコ。中型。傘は濃褐色、細かいささくれ状。ひだは帯紫色→肉桂色。

ササクレマタゴケ 〈*Cladonia scabriuscula* (Del. ex Duby) Leightf.〉ハナゴケ科の地衣類。子柄は長さ3〜8cm。

ササゲ 豇豆 〈*Vigna unguiculata* (L.) Walp.〉マメ科の果菜類。別名ナガササゲ、ジュウロウササゲ。花は白あるいは紫色。薬用植物。園芸植物。

ササタケ 〈*Dermocybe cinnamomea* (L. : Fr.) Wünsche〉フウセンタケ科のキノコ。小型〜中型。傘は黄褐色〜オリーブ褐色、繊維状。ひだは黄橙色→肉桂色。

サザナミ 〈*Sazanami*〉バラ科。ミニアチュア・ローズ系。花は淡いピンク。

サザナミ カエデ科のカエデの品種。

サザナミイグチ 〈*Boletus subcinnamomeus* Hongo〉イグチ科のキノコ。中型〜大型。傘は明褐色、ビロード状。

サザナミツバフウセンタケ 〈*Cortinarius bovinus* Fr.〉フウセンタケ科のキノコ。中型。傘は肉桂褐色〜灰褐色。ひだは灰褐色→肉桂褐色。

サザナミニセフウセンタケ 〈*Cortinarius obtusus* (Fr.) Fr.〉フウセンタケ科のキノコ。

ササノハスゲ 〈*Carex pachygyna* Franch. et Savat.〉カヤツリグサ科の草本。別名タキノムラサキ。

ササノユキ 笹の雪 〈*Agave victorae-reginae* T. Moore〉ヒガンバナ科。園芸植物。

ササバギンラン 笹葉銀蘭 〈*Cephalanthera longibracteata* Blume〉ラン科の多年草。高さは30〜50cm。園芸植物。

ササバゴケ 〈*Calliergon cordifolium* (Hedw.) Kindb.〉ヤナギゴケ科のコケ。茎は長く、不規則に羽状に分枝、茎葉は長い卵形。

ササバナリヤラン 〈*Arundina graminifolia* Lindl.〉ラン科の多年草、地生植物。花は紅紫色、唇弁濃紅紫色。熱帯植物。

ササバモ 笹葉藻 〈*Potamogeton malaianus* Miq.〉ヒルムシロ科の沈水植物〜浮葉植物。別名サジバモ。葉身は長楕円状線形〜狭披針形、花は4心皮。

ササバヤナギノリ 〈*Chondria lancifolia* Okamura〉フジマツモ科の海藻。羽状に分岐。体は2〜3cm。

ササバラン 〈*Liparis odorata* (Willd.) Lindl.〉ラン科の草本。高さは20〜40cm。花は黄緑色。園芸植物。

ササ・パルマタ チマキザサの別名。
ササフブキ 笹吹雪 ヒガンバナ科。園芸植物。
ササ・ボレアリス スズタケの別名。
ササ・メガロフィラ オオバザサの別名。
ササメユキ ささめ雪 アガウェ・パルウィフロラの別名。
ササユリ 笹百合 〈*Lilium japonicum* Thunb. ex Murray〉ユリ科の多肉植物。別名サユリ、サツキユリ。高さは50〜100cm。花は濃淡の桃色。園芸植物。
ササラゴケ 〈*Cladonia substrepsilis* Sandst.〉ハナゴケ科の地衣類。地衣体は長さ2mm。
サザンウッド キク科のアルテミシアの品種。ハーブ。
サザンカ 山茶花 〈*Camellia sasanqua* Thunb. ex Murray〉ツバキ科の常緑小高木。別名コツバキ、アブラチャ、カイコウ。高さは7〜10m。花は白色。薬用植物。園芸植物。
サザンカ ツノノゴマの別名。
サザンクロス ミカン科。
サージェントナナカマド 〈*Sorbus sargentiana*〉バラ科の木本。樹高10m。樹皮は紫褐色。
サジオモダカ 匙沢瀉 〈*Alisma plantago-aquatica* L. var. *orientale* Samuels.〉オモダカ科の抽水性〜湿生の多年草。花弁は3枚で白色〜淡い桃色。高さは10〜90cm。薬用植物。
サジオモダカ オモダカ科の属総称。
サジガンクビソウ 〈*Carpesium glossophyllum* Maxim.〉キク科の多年草。高さは25〜50cm。
サジタケ 〈*Onnia scaura* (Lloyd) Imaz.〉タバコウロコタケ科のキノコ。
サジバエボウシゴケ 〈*Dolichomitriopsis obtusifolia* (Dixon) Nog.〉トラノオゴケ科のコケ。二次茎の葉は長さ1〜1.5mm、卵形〜卵状楕円形。
サジバモウセンゴケ 匙葉毛氈苔 〈*Drosera obovata* Mert. et Koch〉モウセンゴケ科。
サジバモヨウビユ モヨウビユの別名。
サジビユ 〈*Amaranthus crassipes* Schltdl.〉ヒユ科。花被片はさじ形。
サシベニキササゲ 〈*Catalpa × erubescens*〉ノウゼンカズラ科の木本。樹高15m。樹皮は灰褐色。
サジラン 匙蘭 〈*Loxogramme saziran* Tagawa〉ウラボシ科の常緑性シダ。別名ウスイタ、タカノハ、イワミノ。葉身は長さ15〜45cm。倒披針形。
ザ・スクワイヤー 〈The Squire〉バラ科。イングリッシュローズ系。花は濃紅色。
ザセツシダレ バラ科のモモの品種。園芸植物。
ザゼンソウ 座禅草 〈*Symplocarpus foetidus* Nutt. var. *latissimus* (Makino) Hara〉サトイモ科の多年草。別名ダルマソウ、ベコノシタ。苞は暗紫色または淡紫色。高さは20〜40cm。高山植物。薬用植物。園芸植物。
ザゼンソウ サトイモ科の属総称。
ザ・ダーク・レディー 〈The Dark Lady〉バラ科。イングリッシュローズ系。花は濃紅色。
サタケンティア・リウキウエンシス ヤエヤマヤシの別名。
サダソウ 佐田草 〈*Peperomia japonica* Makino〉コショウ科の多年草。別名スナゴショウ。高さは10〜30cm。園芸植物。
サタツツジ 〈*Rhododendron sataense* Nakai〉ツツジ科の木本。別名ヒメマルバサツキ。高さは2m。花は淡紫紅色。園芸植物。
サツキ 皐月, 五月躑躅, 皐月躑躅, 杜鵑花 〈*Rhododendron indicum* (L.) Sweet〉ツツジ科の半常緑の低木。別名サツキツツジ。花は紅色。園芸植物。
サツキ ツツジ科の園芸品種群。木本。園芸植物。
サツキギョリュウ ギョリュウ科の木本。
サツキギョリュウ ギョリュウの別名。
サツキツツジ サツキの別名。
サツキヒナノウスツボ 〈*Scrophularia musashiensis* Bonati〉ゴマノハグサ科の多年草。高さは40〜80cm。
サッコウフジ ムラサキナツフジの別名。
サッコラビウム・プシルム 〈*Saccolabium pusillum* Blume〉ラン科。花は白、帯黄白色。園芸植物。
サッサフラス・ツム 〈*Sassafras tzumu* Hemsl.〉クスノキ科の落葉高木。葉柄が長い。園芸植物。
サッサフラスノキ 〈*Sassafras albidum* (Nutt.) Nees〉クスノキ科の落葉高木。樹高20m。樹皮は赤褐色。薬用植物。園芸植物。
ザッショクノボリフジ ルピヌス・ムタビリスの別名。
サッポロスゲ 〈*Carex pilosa* Scop.〉カヤツリグサ科の草本。別名ハナマガリスゲ。
サツマアオイ 〈*Heterotropa satsumensis* (F. Maekawa) F. Maekawa〉ウマノスズクサ科の多年草。花柱背部の突起が短い翼状。園芸植物。
サツマイナモリ 薩摩稲森 〈*Ophiorrhiza japonica* Blume〉アカネ科の多年草。別名キダチイナモリソウ。高さは10〜20cm。
サツマイモ 薩摩芋, 甘薯 〈*Ipomoea batatas* Lam. var. *edulis* Makino〉ヒルガオ科の根菜類。別名カライモ(唐藷)、カンショ(甘藷)。皮色は白、黄褐、紫紅など。花は白あるいは淡紅色。熱帯植物。薬用植物。園芸植物。
サツマイモ ヒルガオ科の属総称。別名カライモ、カンショ。
サツマイワノリ 〈*Collema kiushianum* Asah.〉イワノリ科の地衣類。果殻が異形菌糸組織。

サツマオモト 〈*Rohdea japonica* Roth var. *latifolia* Hatusima〉ユリ科。日本絶滅危機植物。
サツマクジャク 〈*Diplazium* × *satsumense* Kurata〉オシダ科のシダ植物。
サツマサンキライ 〈*Smilax bracteata* Presl.〉ユリ科の草本。
サツマシケシダ 〈*Deparia japonica* × *petersenii*〉オシダ科のシダ植物。
サツマシダ 〈*Ctenitis sinii* (Ching) Ohwi〉オシダ科の常緑性シダ。葉身は長さ60cm。下部が広い卵状長楕円形。日本絶滅危機植物。
サツマスゲ 〈*Carex ligulata* Nees〉カヤツリグサ科の草本。
サツマチドリ 〈*Orchis graminifolia* (Reichb. f.) Tang et Wang var. *micropunctata* F. Maekawa〉ラン科。日本絶滅危機植物。
サツマノギク 〈*Chrysanthemum ornatum* Hemsl.〉キク科の草本。
サツマハチジョウシダ 〈*Pteris satsumana* Kurata〉ワラビ科のシダ植物。
サツマビャクゼン 〈*Cynanchum doianum* Koidz.〉ガガイモ科の草本。日本絶滅危機植物。
サツマフジ 薩摩富士 ユリ科のオモトの品種。園芸植物。
サツマフジ フジモドキの別名。
サツマホウオウゴケ 〈*Fissidens hyalinus* Hook. & Wilson〉ホウオウゴケ科のコケ。小形、茎は葉を含め長さ1.5～3mm、葉は披針形。
サツママンネングサ 〈*Sedum satsumense* Hatusima〉ベンケイソウ科の草本。日本絶滅危機植物。
サツマルリミノキ 〈*Lasianthus japonicus* Miq. f. *satsumensis* (Matsum.) Kitam.〉アカネ科。
サツレヤ・ホルテンシス 〈*Satureja hortensis* L.〉シソ科。別名キダチハッカ、セボリー。高さは30～45cm。花は白から赤紫色。園芸植物。
サツレヤ・モンタナ 〈*Satureja montana* L.〉シソ科。別名ウィンター・セボリー。高さは15～30cm。花は白色。園芸植物。
サティリウム・カルネウム 〈*Satyrium carneum* R. Br.〉ラン科。高さは30～60cm。花は桃紅色。園芸植物。
サティリウム・キリアツム 〈*Satyrium ciliatum* Lindl.〉ラン科。高さは30cm。花は白色。園芸植物。
サティリウム・コリーフォリウム 〈*Satyrium coriifolium* Swartz〉ラン科。高さは18～77cm。花は赤みがかった明橙～鮮黄色。園芸植物。
サティリウム・プリンケプス 〈*Satyrium princeps* Bolus〉ラン科の多年草。
サデクサ 〈*Persicaria maackiana* (Regel) Nakai〉タデ科の一年草。別名ミゾサデクサ。高さは40～100cm。

ザ・テレサ バラ科。花はローズピンク。
サトイモ 里芋 〈*Colocasia esculenta* (L.) Schott〉サトイモ科の根菜類。別名タイモ、ハタイモ。芋作物。熱帯植物。薬用植物。園芸植物。
サトイモ科 科名。
サトイモカズラ 〈*Philodendron erubescens* K. Koch et Augustin〉サトイモ科の多年草。葉は長さ20～30cm。園芸植物。
サトイモカズラ アグラオネマ・ピクツムの別名。
ザートウィッケン マメ科。
サトウカエデ 〈*Acer saccharum* Marsh.〉カエデ科の落葉高木。樹液から砂糖を採取。樹高30m。樹皮は灰褐色。薬用植物。園芸植物。
サトウキビ 砂糖黍 〈*Saccharum officinarum* L.〉イネ科の薬用植物。別名カンショウ、カンショ、カンシャ。砂糖を採る。熱帯植物。
サトウキビ イネ科の属総称。
サトウジャ サトウダイコンの別名。
サトウダイコン 〈*Beta vulgaris* L. var. *rapa* Dumort.〉アカザ科の薬用植物。
サトウナツメヤシ 〈*Phoenix sylvestris* (L.) Roxb.〉ヤシ科。高さは10～15m。花は白色。園芸植物。
サトウニシキ 佐藤錦 バラ科のオウトウ(桜桃)の品種。果皮は淡赤斑黄色。
サトウモロコシ 〈*Sorghum bicolor* (L.) Moench 'Dulciusculum'〉イネ科。
サトウヤシ 砂糖椰子 〈*Arenga pinnata* (Wurmb) Merrill〉ヤシ科の薬用植物。幹に黒毛、葉裏銀灰色。高さは7～14m。熱帯植物。園芸植物。
サトザクラ 里桜 バラ科の園芸品種群。木本。樹高10m。園芸植物。
サドスゲ 〈*Carex sadoensis* Franch.〉カヤツリグサ科の多年草。高さは30～70cm。
サトトネリコ トネリコの別名。
サトミヨツデゴケ 〈*Pseudolepicolea andoi* (R. M. Schust.) Inoue〉マツバウロコゴケ科のコケ。茎は長さ約1cm。
サトメシダ 里雌羊歯 〈*Athyrium deltoidofrons* Makino〉オシダ科の夏緑性シダ。葉身は長さ25～70cm。三角形～卵状三角形。
サナエタデ 早苗蓼 〈*Persicaria scabra* (Moench) Moldenke〉タデ科の一年草。高さは20～60cm。
サナギイチゴ 〈*Rubus pungens* Camb.〉バラ科の落葉低木。高山植物。
サナギスゲ 〈*Carex grallatoria* Maxim. var. *heterocliata* (Franch.) Kükenth.〉カヤツリグサ科の多年草。高さは5～20cm。
サナギタケ 〈*Cordyceps militaris* (Vuill.) Fr.〉バッカクキン科のキノコ。小型。子実体は棍棒形、橙黄色。

サナダグサ 〈*Pachydictyon coriaceum* (Holmes) Okamura〉アミジグサ科の海藻。黄褐色。体は40cm。

サナダゴケモドキ 〈*Aerobryum speciosum* (Dozy & Molk.) Dozy & Molk.〉ハイヒモゴケ科のコケ。大形、二次茎は長さ10〜20cm、葉は広卵形。

ザ・ナン 〈The Num〉バラ科。イングリッシュローズ系。花は純白色。

サニギク 〈*Vernonia anthelmintica* Willd.〉キク科の草本。種子はショモラジン(グルコシド)を含む。熱帯植物。薬用植物。

サニクラ・エウロパエア 〈*Sanicula europaea* L.〉セリ科の多年草。高山植物。

サニー・ゴールド キク科のキバナコスモスの品種。園芸植物。

サヌキトラノオ 〈*Asplenium* × *susumui* Nakaike, nom. nud.〉チャセンシダ科のシダ植物。

サネカズラ 実葛, 真葛 〈*Kadsura japonica* (Thunb.) Dunal〉マツブサ科の常緑つる植物。別名ビナンカズラ。花は黄白色。薬用植物。園芸植物。

サネブトナツメ 核太棗, 実太棗 〈*Zizyphus jujuba* Mill. var. *spinosa* (Bunge) Hu〉クロウメモドキ科の薬用植物。別名シナナツメ。花は黄色。園芸植物。

ザーネンバーク ユリ科のベニバナニラの品種。園芸植物。

サハシコウ バラ科のウメの品種。

サバティア・アングラリス 〈*Sabatia angularis* Pursh〉リンドウ科の一年草。

サバノオ 鯖の尾 〈*Dichocarpum dicarpon* (Miq.) W. T. Wang et Hsiao〉キンポウゲ科の草本。

ザ・ハーバリスト 〈The Herbalist〉バラ科。イングリッシュローズ系。花は濃いローズピンク。

サハラ'98 〈Sahara'98〉バラ科。花はオレンジ色。

サバル ヤシ科の属総称。

サバル・エトニア 〈*Sabal etonia* Swing ex Nash〉ヤシ科。別名フロリダサバル。高さは1.5〜2m。園芸植物。

サバル・カウシアルム 〈*Sabal causiarum* (O. F. Cook) Becc.〉ヤシ科。別名オニバサル。高さは10〜16m。園芸植物。

サバル・テキサナ 〈*Sabal texana* (O. F. Cook) Becc.〉ヤシ科。別名テキサスサバル、テキサスパルメットヤシ。高さは16m。園芸植物。

サバル・バミューダナ 〈*Sabal bermudana* L. H. Bailey〉ヤシ科。別名バミューダサバル。高さは10〜13m。花は白色。園芸植物。

サバル・パルウィフロラ 〈*Sabal parviflora* Becc.〉ヤシ科。別名キューバサバル、キューバヤシ。高さは16m。園芸植物。

サバル・パルメット パルメットヤシの別名。

サバル・マウリティーフォルミス 〈*Sabal mauritiiformis* (Karst.) Griseb. et H. Wendl.〉ヤシ科。別名テングサバル。高さは10〜23m。花は白色。園芸植物。

サバル・ミノル ミキナシサバルの別名。

サバル・メキシカナ 〈*Sabal mexicana* Mart.〉ヤシ科。別名メキシコサバル。高さは6〜18m。花はやや白色。園芸植物。

サバル・ヤパ 〈*Sabal yapa* Wright ex Becc.〉ヤシ科。別名ヤパサバル。高さは6〜10m。園芸植物。

サビイボゴケ 〈*Lopadium ferrugineum* Müll. Arg.〉ヘリトリゴケ科の地衣類。地衣体は灰白。

サビイロクビオレタケ 〈*Cordyceps ferruginosa* Kobayasi et Shimizu〉バッカクキン科のキノコ。

サービスツリー 〈*Sorbus domestica*〉バラ科の木本。樹高20m。樹皮は暗褐色。

サビッツキゴケ 〈*Stereocaulon saviczii* Du Rietz〉キゴケ科の地衣類。擬子柄は高さ1.5〜2.5cm。

サビバナナカマド 銹葉七竈 〈*Sorbus commixa* Hedlund var. *rufo-ferruginea* C. K. Schneid.〉バラ科の落葉小高木。薬用植物。

サビハハナギリソウ 〈*Achimenes grandiflora* (Schiede) DC.〉イワタバコ科の観賞用草本。葉は特に裏面が赤色を帯びる。高さは30〜60cm。花は赤みがかった菫色。熱帯植物。園芸植物。

サビフイシスチグマ 〈*Fissistigma rubiginosum* Merr.〉バンレイシ科の蔓木。内果皮は紅褐色。花は淡褐色。熱帯植物。

サビモドキ 〈*Yamadaea melobesioides* Segawa〉サンゴモ科の海藻。殻皮状。

ザ・ピルグリム 〈The Pilgrim〉バラ科。イングリッシュローズ系。花は黄色。

サピンドゥス・ムコロッシ ムクロジの別名。

ザ・フェアリー 〈The Fairy〉バラ科。花はソフトピンク。

サプカイア サガリバナ科のサプカイア属の数種の果樹の総称。

ザブカヨノキ 〈*Lecythis zabucajo* Aubl.〉サガリバナ科の高木。果実の殻は堅い。熱帯植物。

サブクローバー マメ科。

サプライズ バラ科。花は淡いピンク。

サプライズ キク科のガーベラの品種。切り花に用いられる。

サフラワー ベニバナの別名。

サフラン 泊夫藍 〈*Crocus sativus* L.〉アヤメ科の球根植物。別名サフランクロッカス、バンコウカ。花は淡紫色。薬用植物。園芸植物。

サフランモドキ 泊夫藍擬 〈*Zephyranthes grandiflora* Lindl.〉ヒガンバナ科の小球根植物。花は鮮桃色。園芸植物。

サフランモドキ ゼフィランテス・ロセアの別名。

ザ・ブリオレス 〈The Prioress〉 バラ科。イングリッシュローズ系。花は白色。

サプリヤ 〈Sapria himalayana Griff.〉ラフレシア科。ブドウ科の蔓に寄生。花は赤色白斑。熱帯植物。

ザ・プリンス 〈The Prince〉 バラ科。イングリッシュローズ系。花はくすんだ紫色。

サフロン・クィーン ツツジ科のシャクナゲの品種。園芸植物。

サポジラ 〈Manilkara zapota (L.) Van Royen〉アカテツ科の木本。別名サポーテ、チューインガムノキ。果肉は黄褐色ないし赤褐色。高さは10〜15m。花は黄白色。熱帯植物。園芸植物。

サボテン 〈Opuntia ficus-indica (L.) Mill.〉サボテン科のサボテン。高さは4〜5m。花は明るい黄色。薬用植物。園芸植物。

サボテンアンチゴケ 〈Anzia japonica (Tuck.) Müll. Arg.〉アンチゴケ科の地衣類。地衣体は裂片は2岐。

サボテングサ 〈Halimeda opuntia (Linnaeus) Lamouroux〉ミル科の海藻。大きな団塊をなす。

サボテンタイゲキ 〈Euphorbia antiquorum L.〉トウダイグサ科の多肉低木。別名ユーホルビウム。角柱。熱帯植物。薬用植物。

サポナリア ナデシコ科の属総称。

サポナリア・オキモイデス 〈Saponaria ocymoides L.〉ナデシコ科の宿根草。別名ツルコザクラ。高さは15〜20cm。花は桃紅色。高山植物。園芸植物。

サポナリア・カエスピトサ 〈Saponaria caespitosa DC.〉ナデシコ科の草本。高さは7〜8cm。園芸植物。

サポナリア・ルテア 〈Saponaria lutea L.〉ナデシコ科の草本。別名キバナシャボンソウ。高さは10cm。花は黄色。園芸植物。

サポナリア・レンペルギー 〈Saponaria × lempergii hort.〉ナデシコ科の草本。高さは10cm。花は鮮桃色。園芸植物。

ザボン 〈Citrus maxima (Burm.) Merr.〉ミカン科の木本。別名ジャボン。果肉は白と紅とある。熱帯植物。

サボンアカシヤ 〈Acacia rugata (L.) Merr.〉マメ科の高木。莢はエンジュの果のように膠質に軟化。熱帯植物。

サボンソウ 〈Saponaria officinalis L.〉ナデシコ科の多年草。別名サポナリア。高さは50〜80cm。花は淡紅または白色。薬用植物。園芸植物。切り花に用いられる。

サボンノキ 〈Randia dumetorum Lam.〉アカネ科の小木。果実にはサポニンあり石鹸代用。熱帯植物。

サマー・カーニバル アオイ科のタチアオイの品種。園芸植物。

サマー・サボリー シソ科のハーブ。別名セボリー、キダチハッカ。切り花に用いられる。

サマー・サンシャイン 〈Summer Sunshine〉 バラ科のバラの品種。ハイブリッド・ティーローズ系。花は黄色。園芸植物。

サマー・スノー 〈Summer Snow Climbing〉 バラ科。クライミング・ローズ系。花は純白色。

サマー・スノー アヤメ科のグラジオラスの品種。園芸植物。

サマーセット ジンチョウゲ科のジンチョウゲの品種。園芸植物。

サマーセボリー サマー・サボリーの別名。

ザ・マッカートニー・ローズ 〈The McCartney Rose〉バラ科。ハイブリッド・ティーローズ系。

サマツモドキ 〈Tricholomopsis rutilans (Schaeff. : Fr.) Sing.〉キシメジ科のキノコ。中型〜大型。傘はなめし皮様、黄色の地に赤褐色細鱗片。ひだは黄色。

サマデラ 〈Samadera indica Gaertn〉ニガキ科の小木。マングローブの要素あり。熱帯植物。

サマー・ドゥフト 〈Sommerduft〉 バラ科。ハイブリッド・ティーローズ系。花は黒赤色。

サマー・ドリーム 〈Summer Dream〉 バラ科。ハイブリッド・ティーローズ系。

サマニオトギリ 様似弟切 〈Hypericum samaniense Miyabe et Y. Kimura〉オトギリソウ科。高山植物。

サマニヨモギ 様似蓬 〈Artemisia arctica Less.〉キク科の多年草。高さは20〜50cm。高山植物。園芸植物。

サマネア・サマン アメリカネムの別名。

サマー・ホリデー バラ科のバラの品種。園芸植物。

ザミア ソテツ科の属総称。別名フロリダソテツ。切り花に用いられる。

ザミア・アングスティフォリア 〈Zamia angustifolia Jacq.〉ソテツ科。幹は卵状の円錐形。園芸植物。

ザミア・インテグリフォリア 〈Zamia integrifolia Ait.〉ソテツ科。別名サゴソテツ。高さは45cm。園芸植物。

ザミア・スキネリ 〈Zamia skinneri Warsz.〉ソテツ科。別名タテジマザミア。高さは90cm。園芸植物。

ザミア・デビリス 〈Zamia debilis Ait.〉ソテツ科。高さは15cm。園芸植物。

ザミア・フィッシェリ 〈Zamia fischeri Miq.〉ソテツ科。種子は朱赤色。園芸植物。

ザミア・プミラ 〈Zamia pumila L.〉ソテツ科。高さは15cm。園芸植物。

ザミア・フロリダナ フロリダソテツの別名。

ザミア・ロッディギシー 〈*Zamia loddigesii* Miq.〉ソテツ科。別名ナガバザミア。高さは20cm。園芸植物。

ザミオクルカス・ザミーフォリア 〈*Zamioculcas zamiifolia* (Lodd.) Engl.〉サトイモ科。高さは30～60cm。園芸植物。

サミダレシオン キク科。園芸植物。

サミルニウム・オルサトルム 〈*Smyrnium olusatrum* L.〉セリ科の多年草。

サムライ 〈Samourai〉 バラ科。ハイブリッド・ティーローズ系。花は濃赤色。

サメジマタスキ 〈*Pseudobarbella attenuata* (Thwaites & Mitt.) Nog.〉ハイヒモゴケ科のコケ。二次茎は長く、葉は光沢があり、長卵形で細く糸状に漸尖。

サメズグサ 〈*Kjellmania arasakii* Yamada〉ヨコジマノリ科の海藻。細線状。体は30cm。

サメハダツメゴケ 〈*Peltigera scabrosa* Th. Fr.〉ツメゴケ科の地衣類。地衣体背面は黄褐色ないし褐色。

サモルス・バレランディ 〈*Samolus valerandi* L.〉サクラソウ科の多年草。

サヤゴケ 莢苔 〈*Glyphomitrium humillimum* Card.〉ヒナノハイゴケ科のコケ。別名ヒメハイカゴケ。小形、茎は長さ5～10(～20)mm、葉は狭披針形。

サヤシロスゲ 〈*Carex gravida* L. H. Bailey var. *lunelliana* (Mack.)〉カヤツリグサ科の多年草。1節に1個の小穂をつける。高さは60～120cm。

サヤスゲ 鞘菅 〈*Carex vaginata* var. *petersii*〉カヤツリグサ科。別名ケヤリスゲ。

サヤナギナタタケ 〈*Clavaria fumosa* Fr.〉シロソウメンタケ科のキノコ。形は円筒状、薄淡黄色～淡灰褐色。

サヤヌカグサ 莢糠草 〈*Leersia sayanuka* Ohwi〉イネ科の多年草。高さは40～70cm。

サヤヒゲシバ 〈*Sporobolus vaginiflorus* (Torr. ex A. Gray) A. W. Wood〉イネ科の一年草。高さは20～50cm。

サヤミドロ サヤミドロ科の科名。

サヨウ 〈*Cynomorium songaricum* Rupr.〉キノモリア科の薬用植物。

ザラエノハラタケ 〈*Agaricus subrutilescens* (Kauffm.) Hotson & Stuntz〉ハラタケ科のキノコ。中型～大型。傘は白地に紫褐色の鱗片。ひだは白色のち淡紅色～黒褐色。

ザラエノヒトヨタケ 〈*Coprinus lagopus* (Fr.) Fr.〉ヒトヨタケ科のキノコ。

サラカ・デクリナタ 〈*Saraca declinata* (Jack) Miq.〉マメ科の高木。萼は橙黄。園芸植物。

サラカヤシ 〈*Salacca edulis* Reinw.〉ヤシ科。別名サラッカ、アマミザラッカ。高さは4.5～6m。花は雄花は赤、雌花は黄緑色。園芸植物。

サラサ 更紗 ヒガンバナ科のアマリリスの品種。園芸植物。

サラサドウダン エンキアンツス・カンパヌラツスの別名。

サラサドウダン ドウダンツツジの別名。

サラサドウダンツツジ 〈*Enkianthus campanulatus* Nichol.〉ツツジ科の落葉小高木。別名フウリンツツジ。高さは4～5m。花は淡紅色。高山植物。園芸植物。

サラサバナ 〈*Aristolochia elegans* M. T. Mast〉ウマノスズクサ科の常緑つる性低木。別名パイプカズラ、パイプバナ。花は白緑色、紫黒色の斑点がある。熱帯植物。園芸植物。

サラサモクレン モクレン科。別名サラサレンゲ。園芸植物。

サラシナショウマ 晒菜升麻 〈*Cimicifuga simplex* Wormsk.〉キンポウゲ科の多年草。高さは80～150cm。花は白色。高山植物。薬用植物。園芸植物。

サラシナショウマ キンポウゲ科の属総称。

サラセニア サラセニア科の属総称。別名ヘイシソウ。

サラセニア・アラタ 〈*Sarracenia alata* (A. Wood) A. Wood〉サラセニア科。高さは70cm。花は深黄色。園芸植物。

サラセニア・ドラモンティ サラセニア科。園芸植物。

サラセニア・フォルモサナ 〈*Sarracenia* × *formosana* hort. Veitch ex M. T. Mast.〉サラセニア科。長さ10～20cm。花は黄色。園芸植物。

サラセニア・プシッタキナ 〈*Sarracenia psittacina* Michx.〉サラセニア科。別名コウツボソウ、ヒメヘイシソウ。高さは30cm。花はえび茶～栗色。園芸植物。

サラセニア・フラワ 〈*Sarracenia flava* L.〉サラセニア科。別名キバナヘイシソウ。高さは120cm。花は黄色。園芸植物。

サラセニア・プルプレア 〈*Sarracenia purpurea* L.〉サラセニア科の多年草。別名トランペットピッチャー、ヘイシソウ。長さ30cm。花は桃、淡紅～暗赤色。園芸植物。切り花に用いられる。

サラセニア・ミノル 〈*Sarracenia minor* Walt.〉サラセニア科。別名コウツボソウ。高さは70cm。花は淡黄色。園芸植物。

サラセニア・ルブラ 〈*Sarracenia rubra* Walt.〉サラセニア科。別名アカバナヘイシソウ。高さは70cm。花は赤茶～赤紫色。園芸植物。

サラセニア・レウコフィラ アミメヘイシソウの別名。

サラソウジュ 〈*Shorea robusta* Gaertn. f.〉フタバガキ科の常緑高木。別名サラノキ。仏教の聖木。花は淡黄緑色。熱帯植物。園芸植物。

サラダナ レタスの別名。

サラダノキ 〈Pisonia alba Span.〉オシロイバナ科の小木。葉は金黄緑色で軟。熱帯植物。
サラダバーネット オランダワレモコウの別名。
サラダマスタード アブラナ科のハーブ。別名マスタード・サラダ、セイヨウカラシナ。
サラッカ サラカヤシの別名。
サラッカ・アッフィニス 〈Salacca affinis Griff.〉ヤシ科。別名ザラッカモドキ。長さ2〜3m。園芸植物。
サラッカ・エドゥリス サラカヤシの別名。
サラッカ・コンフェルタ 〈Salacca conferta Griff.〉ヤシ科。別名オオバザラッカ。長さ5〜6m。園芸植物。
ザラッカモドキ サラッカ・アッフィニスの別名。
サラッカヤシ ヤシ科のサラッカ属総称。
ザラツキエノコログサ 〈Setaria verticillata (L.) Beauv.〉イネ科の一年草。高さは30〜100cm。
ザラツキカタワタケ 〈Scleroderma verrucosum Pers.〉ニセショウロ科のキノコ。
ザラツキキトマヤタケ 〈Inocybe dulcamara (Alb. & Schw.) Kummer〉フウセンタケ科のキノコ。小型。傘は黄褐色、中央に鱗片。ひだは黄褐色。
ザラツキゴケ 〈Brachythecium auriculatum A. Jaeger〉アオギヌゴケ科のコケ。茎は這い、葉は褐色〜黄緑色。
サラバンド 〈Sarabande〉バラ科のバラの品種。フロリバンダ・ローズ系。花は朱色。園芸植物。
サラ・バン・フリート 〈Sarah Van Fleet〉バラ科。花はピンク。
サラ・ベルナール キンポウゲ科のシャクヤクの品種。園芸植物。
サラングボチョウジ 〈Psychotria stipulacea Wall.〉アカネ科の小木。托葉大、根と葉は民間薬。熱帯植物。
サリクス・アロポクロア サイコクキツネヤナギの別名。
サリクス・イェゾアルピナ エゾノタカネヤナギの別名。
サリクス・イェッソエンシス シロヤナギの別名。
サリクス・インテグラ イヌコリヤナギの別名。
サリクス・ウルピナ キツネヤナギの別名。
サリクス・カエノメロイデス アカメヤナギの別名。
サリクス・キヌヤナギ キヌヤナギの別名。
サリクス・ギルギアナ ナガバカワヤナギの別名。
サリクス・グラキリスティラ ネコヤナギの別名。
サリクス・ケノエンシス チチブヤナギの別名。
サリクス・コリヤナギ コリヤナギの別名。
サリクス・サハリネンシス ノヤナギの別名。
サリクス・スブオッポシタ ノヤナギの別名。
サリクス・スブフラギリス タチヤナギの別名。

サリクス・セリッサエフォリア コゴメヤナギの別名。
サリクス・タライカエンシス タライカヤナギの別名。
サリクス・ナカムラナ タカネイワヤナギの別名。
サリクス・パウキフロラ エゾマメヤナギの別名。
サリクス・バッコ ヤマネコヤナギの別名。
サリクス・バビロニカ シダレヤナギの別名。
サリクス・パルディコラ ミヤマヤチヤナギの別名。
サリクス・ピエロティー ジャヤナギの別名。
サリクス・フツラ オオキツネヤナギの別名。
サリクス・フルテニー コウライバッコヤナギの別名。
サリクス・ペトスス エゾノキヌヤナギの別名。
サリクス・マツダナ 〈Salix matsudana Koidz.〉ヤナギ科の高木。中国東北部から北部にかけて分布する。園芸植物。
サリクス・ミヤベアナ エゾノカワヤナギの別名。
サリクス・ヨシノイ ヨシノヤナギの別名。
サリクス・ライニー ミヤマヤナギの別名。
サリクス・レウコピテキア フリソデヤナギの別名。
サリクス・ロリダ エゾヤナギの別名。
ザリコミ 〈Ribes maximowiczianum Komarov〉ユキノシタ科の落葉低木。高さは1m。園芸植物。
サリックス・アイギィプティアカ 〈Salix aegyptiaca L.〉ヤナギ科の落葉低木。
サリックス・キネレア 〈Salix cinerea L.〉ヤナギ科の落葉低木。
ザ・リーブ 〈The Reeve〉バラ科。イングリッシュローズ系。花は濃ピンク。
サルインツバキ 〈Camellia saluenensis Stapf ex Bean〉ツバキ科の木本。花は紫を帯びた淡桃色。園芸植物。
サルヴィーニア・ナタンス サンショウモの別名。
サルヴィーニア・モレスタ オオサンショウモの別名。
サルオガセ サルオガセ科。
サルオガセモドキ スパニッシュモスの別名。
サルカケミカン 〈Toddalia asiatica (L.) Lam.〉ミカン科の常緑つる植物。
サルガッスム・パリドゥム 〈Sargassum pallidum (Turn.) C. Ag.〉ホンダワラ科の薬用植物。
サルカントス 〈Sarcanthus scortechinii Hook. f.〉ラン科の着生植物。花は褐紫色。熱帯植物。
サルクラハンノキ カバノキ科の木本。
サルゲントドクサ・クネアータ 〈Sargentodoxa cuneata (Oliv.) Rehd. et Wils.〉アケビ科の薬用植物。
サルコイアシ 猿恋葦 ハティオラ・サリコルニオイデスの別名。

サルコカウロン・パターソニー 〈Sarcocaulon patersonii (DC.) G. Don〉フウロソウ科の低木。花は鮮赤色。園芸植物。

サルコカウロン・フラウェスケンス 〈Sarcocaulon flavescens Rehm〉フウロソウ科の低木。高さは30cm。花は淡黄色。園芸植物。

サルコカウロン・ブルマニー 〈Sarcocaulon burmannii (DC.) Sweet emend. Rehm〉フウロソウ科の低木。別名竜骨葵。高さは10～30cm。花は白または淡桃色。園芸植物。

サルコカウロン・ムルティフィドゥム 〈Sarcocaulon multifidum E. Mey. ex R. Knuth〉フウロソウ科の低木。別名月界。長さ8～10cm。花は白またはうすいピンク色。園芸植物。

サルコカウロン・レリティエリ 〈Sarcocaulon lheritieri Sweet〉フウロソウ科の低木。高さは40cm。花は淡黄色。園芸植物。

サルコキルス・セシリアエ 〈Sarcochilus ceciliae F. J. Muell.〉ラン科。花は淡紅紫、紫、白色。園芸植物。

サルコキルス・ハルトマニー 〈Sarcochilus hartmannii F. J. Muell.〉ラン科。高さは5～30cm。花は白～淡桃色。園芸植物。

サルコキルス・ファルカツス 〈Sarcochilus falcatus R. Br.〉ラン科。花は白、クリーム色。園芸植物。

サルコキルス・フィッツジェラルディー 〈Sarcochilus fitzgeraldii F. J. Muell.〉ラン科。高さは1～1.2m。花は白、淡桃色。園芸植物。

サルコグロッティス・メタリカ 〈Sarcoglottis metallica (Rolfe) Schlechter〉ラン科。高さは50～60cm。花は緑色。園芸植物。

サルココッカ・フッケリアナ 〈Sarcococca hookeriana Baill.〉ツゲ科の常緑低木。高さは2m。花は白色。園芸植物。

サルココッカ・フミリス 〈Sarcococca humilis (Rehd. et E. H. Wils.) Stapf〉ツゲ科の常緑小低木。花は白色。園芸植物。

サルココッカ・ルスキフォリア 〈Sarcococca ruscifolia Stapf〉ツゲ科の常緑低木。高さは60～120cm。花は乳白色。園芸植物。

サルコステンマ・ウィミナレ 〈Sarcostemma viminale (L.) R. Br.〉ガガイモ科の亜低木。花は白色。園芸植物。

サルシフィ バラモンジンの別名。

サルシフィー キク科。

サルスベリ 猿滑,百日紅,紫薇 〈Lagerstroemia indica L.〉ミソハギ科の落葉小高木。高さは2～10m。花は紅、桃、白、紫紅色など。熱帯植物。

サルゾゴヤブミョウガ 〈Pollia sarzogonensis Endl.〉ツユクサ科の草本。果実は白。熱帯植物。

サルダヒコ 〈Lycopus ramosissimus Makino var. japonicus (Matsum. et Kudo) Kitamura〉シソ科の多年草。別名コシロネ、イヌシロネ。高さは20～80cm。

サルトリイバラ 猿捕茨 〈Smilax china L.〉ユリ科(サルトリイバラ科)のつる生低木。別名ガンタチイバラ、カカラ。葉長5cm。花は黄緑色。薬用植物。園芸植物。切り花に用いられる。

サルナシ 猿梨 〈Actinidia arguta (Sieb. et Zucc.) Planch. ex Miq.〉マタタビ科(サルナシ科)の落葉性つる植物。別名コクワ、コクワヅル。花は白色。薬用植物。園芸植物。

サルノコシカケ サルノコシカケ科の担子菌類、サルノコシカケ目サルノコシカケ科・マンネンタケ科・キコブタケ科のキノコの総称。

サルノジリン 〈Pithecellobium clypearia Benth.〉マメ科の小木。莢は少し回曲性で、橙赤色。花は白色。熱帯植物。

サルノトウナス 〈Hura crepitans L.〉トウダイグサ科の高木。果実は大音を発して開裂。花は暗朱色。熱帯植物。

サルビア 緋衣草 〈Salvia splendens Sello ex Roem. et Schult.〉シソ科の落葉小低木。別名ヒゴロモソウ、ヒゴロモサルビア、オオバナベニサルビア。高さは1m。花は鮮紅色。園芸植物。切り花に用いられる。

サルビア シソ科の属総称。

サルビア サルビア・ウリギノーサの別名。

サルビア セージの別名。

サルビア・アウレア 〈Salvia aurea L.〉シソ科の多年草。

サルビア・アズレア 〈Salvia azurea Michx. ex Lam.〉シソ科の草本。高さは30～130cm。花は青から白色。園芸植物。

サルビア・アルゲンテア 〈Salvia argentea L.〉シソ科の草本。別名ビロードアキギリ。高さは60～100cm。花はピンクがかった白色。園芸植物。

サルビア・インウォルクラタ 〈Salvia involucrata Cav.〉シソ科の草本。高さは90～120cm。花はピンク～紅色。園芸植物。

サルビア・インディカ 〈Salvia indica L.〉シソ科の多年草。

サルビア・ウィリディス ムラサキサルビアの別名。

サルビア・ウェルティキラタ 〈Salvia verticillata L.〉シソ科の草本。高さは60～90cm。花は紫青色。園芸植物。

サルビア・ウリギノーサ 〈Salvia uliginosa Benth.〉シソ科の宿根草。高さは1.5m。花は青色。園芸植物。

サルビア・エレガンス 〈Salvia elegans Vahl〉シソ科の多年草。高さは1m。花は赤色。園芸植物。

サルビア・オッフィキナリス セージの別名。

サルビア・オブツサ 〈*Salvia obtusa* Mart. et Galeotti〉シソ科の草本。別名オトメサルビア。高さは50〜80cm。花は紅色。園芸植物。

サルビア・グアラニティカ 〈*Salvia guaranitica* St.-Hil. ex Benth.〉シソ科の草本。高さは1〜1.5m。花は暗青菫色。園芸植物。

サルビア・グラブレスケンス アキギリの別名。

サルビア・グランディフロラ 〈*Salvia grandiflora* Etling.〉シソ科の草本。高さは1.5m。花はピンク、青色。園芸植物。

サルビア・グレッギー 〈*Salvia greggii* A. Gray〉シソ科の草本。別名アキノベニバナサルビア。高さは90cm。花は赤〜紫紅色。園芸植物。

サルビア・ゲスネリーフロラ 〈*Salvia gesneriiflora* Lindl. et Paxt.〉シソ科の草本。高さは60〜90cm。花は赤色。園芸植物。

サルビア・コッキネア ベニバナサルビアの別名。

サルビア・スクラレア オニサルビアの別名。

サルビア・スプレンデンス サルビアの別名。

サルビア・スペルバ 〈*Salvia* × *superba* Stapf.〉シソ科の草本。高さは90cm。花は紫色。園芸植物。

サルビア・ツビフロラ 〈*Salvia tubiflora* Sm.〉シソ科の草本。高さは60〜70cm。花は赤色。園芸植物。

サルビア・ドミニカ 〈*Salvia dominica* L.〉シソ科の草本。花は白色。園芸植物。

サルビア・ニッポニカ キバナアキギリの別名。

サルビア・ネウレピア 〈*Salvia neurepia* Fern.〉シソ科の草本。花は明るい紅色。園芸植物。

サルビア・パテンス ソラィロサルビアの別名。

サルビア・ヒアンス 〈*Salvia hians* Royle〉シソ科の多年草。高山植物。

サルビア・ファリナケア ブルーサルビアの別名。

サルビア・プラテンシス 〈*Salvia pratensis* L.〉シソ科の多年草。高さは30〜90cm。花は紫、ピンク色。高山植物。園芸植物。

サルビア・フルゲンス 〈*Salvia fulgens* Cav.〉シソ科の草本。別名メキシコサルビア。高さは60〜120cm。花は濃赤色。園芸植物。

サルビア・プルツェバルスキイ 〈*Salvia przewalskii* Maxim.〉シソ科の薬用植物。

サルビア・プルツェバルスキイ・マンダリノルム 〈*Salvia przewalskii* Maxim. var. *mandarinorum* (Diels) Stib.〉シソ科の薬用植物。

サルビア・フルティコサ 〈*Salvia fruticosa* Mill.〉シソ科の草本。高さは60〜130cm。花は淡紫またはピンク色。園芸植物。

サルビア・ブレファロフィラ 〈*Salvia blepharophylla* Epl.〉シソ科の草本。高さは30cm。花は緋色。園芸植物。

サルビア・ヘーリー 〈*Salvia heerii* Regel〉シソ科の草本。高さは1.5m。花は濃赤色。園芸植物。

サルビア・ミクロフィラ 〈*Salvia microphylla* H. B. K.〉シソ科の草本。高さは1〜1.2m。花は濃紅色。園芸植物。

サルビア・ヤポニカ アキノタムラソウの別名。

サルビア・ユリシチー 〈*Salvia jurisicii* Košanin〉シソ科の草本。高さは60cm。花は藤色。園芸植物。

サルピグロッシス サルメンバナの別名。

サルマメ 猿豆 〈*Smilax biflora* Sieb. ex Miq. var. *trinervula* (Miq.) Hatusima〉ユリ科の木本。高さは30〜50cm。

サルミエンタ・スカンデンス 〈*Sarmienta scandens* (Brandis) Pers.〉イワタバコ科のつる性植物。花は橙赤ないし珊瑚色。園芸植物。

サルミエンタ・レペンス 〈*Sarmienta repens* Ruiz et Pav.〉イワタバコ科の低木。

サルメンエビネ 猿面蝦根 〈*Calanthe tricarinata* Lindl.〉ラン科の多年草。高さは30〜60cm。花は緑、緑黄色。高山植物。園芸植物。日本絶滅危機植物。

サルメンカジャ 猿面冠者 アヤメ科のハナショウブの品種。園芸植物。

サルメンバナ 〈*Salpiglossis sinuata* Ruiz. et Pav.〉ナス科の一年草。別名アサガオタバコ。園芸植物。切り花に用いられる。

サワアザミ 沢薊 〈*Cirsium yezoense* (Maxim.) Makino〉キク科の多年草。別名キセルアザミ。園芸植物。

サワアザミ キセルアザミの別名。

サワオグルマ 沢小車 〈*Senecio pierotii* Miq.〉キク科の多年草。高さは50〜80cm。薬用植物。

サワオトギリ 〈*Hypericum pseudopetiolatum* R. Keller〉オトギリソウ科の多年草。高さは10〜15cm。高山植物。

サワギキョウ 沢桔梗 〈*Lobelia sessilifolia* Lamb.〉キキョウ科の多年草。高さは40〜100cm。花は紫色。高山植物。薬用植物。園芸植物。切り花に用いられる。

サワギク 沢菊 〈*Senecio nikoensis* Miq.〉キク科の多年草。別名ボロギク。高さは35〜110cm。高山植物。

サワクサリゴケ 〈*Lejeunea aquatica* Horik.〉クサリゴケ科のコケ。茎は長さ1〜4cm。

サワグルミ 沢胡桃 〈*Pterocarya rhoifolia* Sieb. et Zucc.〉クルミ科の落葉高木。別名カワグルミ、フジグルミ。高さは30m。花は淡黄緑色。樹皮は濃い灰色。高山植物。薬用植物。園芸植物。

サワゴケ 〈*Philonotis fontana* (Hedw.) Brid.〉タマゴケ科のコケ。茎は立ち、単一で、長さ10cm以下、葉は卵状披針形。

サワゴケモドキ 〈*Conostomum tetragonum* (Hedw.) Lindb.〉タマゴケ科のコケ。小形〜中

形、灰色がかって見え、茎は長さ1〜2cm、葉は広披針形。

サワシバ 沢柴 〈*Carpinus cordata* Blume〉カバノキ科の落葉高木。別名ヒメサワシバ、サワシデ。樹高15m。樹皮は灰褐色。

サワシロギク 沢白菊 〈*Aster rugulosus* Maxim.〉キク科の多年草。高さは30〜60cm。

サワダツ 沢立 〈*Euonymus melananthus* Franch. et Savat.〉ニシキギ科の落葉低木。別名アオジクマユミ、サワダチ。高山植物。

サワトウガラシ 沢唐辛子 〈*Deinostema violaceum* (Maxim.) Yamazaki〉ゴマノハグサ科の一年草。高さは10〜20cm。

サワトラノオ 〈*Lysimachia leucantha* Miq.〉サクラソウ科の草本。別名ミズトラノオ。日本絶滅危機植物。

サワノキ 〈*Mimusops kauki* L.〉アカテツ科の高木。葉は厚く、果実は橙色。熱帯植物。

サワハコベ 〈*Stellaria diversiflora* Maxim. var. *diandra* (Maxim.) Makino〉ナデシコ科の多年草。別名ツルハコベ。高さは5〜30cm。

サワヒヨドリ 沢鵯 〈*Eupatorium lindleyanum* DC.〉キク科の宿根草。高さは50〜100cm。花は白または淡紫色。薬用植物。園芸植物。

サワフタギ 沢塞, 沢蓋木 〈*Symplocos chinensis* (Lour.) Druce var. *leucocarpa* (Nakai) Ohwi f. *pilosa* (Nakai) Ohwi〉ハイノキ科の落葉低木。別名ニシゴリ、ルリミウシコロシ。園芸植物。

サワフタギタケ 〈*Perenniporia minutissima* (Yasuda) Hattori & Ryv.〉サルノコシカケ科のキノコ。小型〜中型。傘は赤褐色。

サワラ 椹, 花柏 〈*Chamaecyparis pisifera* (Sieb. et Zucc.) Sieb. et Zucc. ex Endl.〉ヒノキ科の常緑高木。別名サワラギ。高さは30〜40m。花は紫褐色。樹皮は赤褐色。高山植物。園芸植物。

サワライヌワラビ 〈*Athyrium × sadaoi* Sa. Kurata, nom. nud.〉オシダ科のシダ植物。

サワラゴケ 〈*Neotrichocolea bissetii* (Mitt.) S. Hatt.〉サワラゴケ科(ムクムクゴケ科)のコケ。別名ムクムクサワラゴケ。茎は長さ3〜10cm。

サワラン 沢蘭 〈*Eleorchis japonica* (A. Gray) F. Maekawa〉ラン科の多年草。別名アサヒラン。高さは10〜20cm。花は紅紫色。高山植物。園芸植物。

サワルリソウ 沢瑠璃草 〈*Ancistrocarya japonica* Maxim.〉ムラサキ科の多年草。高さは50〜80cm。

サンインギク 〈*Chrysanthemum aphrodita*〉キク科。

サンインクワガタ 〈*Veronica muratae* Yamazaki〉ゴマノハグサ科の草本。別名ニシノヤマクワガタ。

サンインシロカネソウ 〈*Dichocarpum ohwianum* (Koidz.) Tamura et Lauener〉キンポウゲ科の草本。別名ソコベニシロカネソウ。

サンイントラノオ 〈*Pseudolysimachion ogurae* Yamazaki〉ゴマノハグサ科。

サンインヤマトリカブト 〈*Aconitum napiforme* var. *saninense*〉キンポウゲ科。別名ダイセントリカブト。

サン・オブ・スター アヤメ科のジャーマン・アイリスの品種。園芸植物。

サンカ 讃歌 〈Sanka〉バラ科。ハイブリッド・ティーローズ系。

サンカオウトウ 酸果桜桃 バラ科の木本。別名スミノミザクラ。

サンカクイ 三角藺 〈*Scirpus triqueter* L.〉カヤツリグサ科の多年生の抽水植物。別名サギノシリサシ、タイコウイ。桿は高さ50〜130cm、三角形、小穂は長楕円状卵形。熱帯植物。園芸植物。

サンカクキヌシッポゴケ 〈*Seligeria austriaca* T. Schauer〉キヌシッポゴケ科のコケ。葉はほぼ3列につく。

サンカクヅル 三角蔓 〈*Vitis flexuosa* Thunb. var. *flexuosa*〉ブドウ科の落葉つる植物。別名ギョウジャノミズ。

サンカクチュウ 三角柱 〈*Hylocereus guatemalensis* (Eichlam) Britt. et Rose〉サボテン科のサボテン。別名カズラサボテン。径3〜7cm。花は白色。園芸植物。

サンカクバアカシア 〈*Acacia cultriformis* A. Cunn. ex G. Don〉マメ科の常緑低木。高さは2〜3m。花は淡黄色。園芸植物。

サンカクホタルイ 〈*Schoenoplectus × trapezoideus* (Koidz.) T. Koyama〉カヤツリグサ科の多年生の抽水植物。桿は細長く、高さ50〜90cm。

サンカクボタン 三角牡丹 〈*Ariocarpus trigonus* (A. Web.) K. Schum.〉サボテン科のサボテン。花はうすい黄からややピンク色。園芸植物。

サンカクホングウシダ 〈*Lindsaea javanensis* Blume〉ホングウシダ科(ワラビ科)の林床生の常緑性シダ。葉身は長さ7〜20cm。三角形から長楕円形。

サンガブリエル・ブルー キク科のブルー・デージーの品種。園芸植物。

サンカヨウ 山荷葉 〈*Diphylleia cymosa* Michx. var. *grayi* (Fr. Schm.) Maxim.〉メギ科の多年草。高さは30〜60cm。高山植物。薬用植物。

サンキスト ヒノキ科のニオイヒバの品種。

サンギネア ラン科のレリア・パープラータの品種。園芸植物。

サンキライ サルトリイバラの別名。

サングイソルバ・カナデンシス 〈*Sanguisorba canadensis* L.〉バラ科の多年草。高さは30〜80cm。花は帯白色。園芸植物。

サングイソルバ・テヌイフォリア 〈*Sanguisorba tenuifolia* Fisch. ex Link〉バラ科の多年草。園芸植物。

サングイナリア・カナデンシス 〈*Sanguinaria canadensis* L.〉ケシ科の多年草。花は白または桃色。薬用植物。園芸植物。

サンケジア 〈*Sanchezia nobilis* Hook. f.〉キツネノマゴ科の観賞用低木。葉の中肋は広く白色。花は黄色。熱帯植物。

サンケジア・スペキオサ 〈*Sanchezia speciosa* J. Léonard〉キツネノマゴ科。高さは150cm。花は橙黄色。園芸植物。

ザンゲツ 残月 キンポウゲ科のシャクヤクの品種。園芸植物。

サンゴアナナス 〈*Aechmea fulgens* Bron.〉パイナップル科の多年草。葉長35〜45cm。花は鮮紫青色。園芸植物。

サンゴアブラギリ 珊瑚油桐 〈*Jatropha podagrica* Hook.〉トウダイグサ科の落葉小低木。高さは50〜80cm。花は朱赤色。園芸植物。

サンゴアブラギリ タイワンアブラギリの別名。

サンコウノツキ 三晃の月 ツツジ科のサツキの品種。園芸植物。

サンコウマル 三光丸 エキノケレウス・ペクティナツスの別名。

サンゴカク カエデ科のカエデの品種。

サンコカンアオイ 〈*Asarum trigynum* (F. Maek.) Araki〉ウマノスズクサ科の多年草。葉は三角状卵形。園芸植物。

サンゴキゴケ 〈*Stereocaulon intermedium* (Sav.) Magn.〉キゴケ科の地衣類。子柄は叢生。

サンゴゴケ 珊瑚苔 〈*Sphaerophorus meiophorus* (Nyl.) Vain.〉サンゴゴケ科の地衣類。地衣体は小灌木状。

サンゴサキジロゴケ 〈*Gymnomitrion corallioides* Nees〉ミゾゴケ科のコケ。銀緑色、茎は長さ5〜20mm。

サンゴシトウ 珊瑚刺桐 〈*Erythrina* × *bidwillii* Lindl.〉マメ科の木本。別名ヒシバデイコ。高さは4m。花は鮮濃赤色。

サンゴジュ 珊瑚樹 〈*Viburnum odoratissimum* Ker-Gawl. var. *awabuki* (K. Koch) Zabel〉スイカズラ科の常緑低木または高木。高さは10m以上。花は白色。園芸植物。

サンゴジュスズメウリ 〈*Melothria maderaspatana* (L.) Cogn.〉ウリ科の草本。

サンゴタケ 三鈷茸 〈*Pseudocolus schellenbergiae* (Sumst.) Johnson〉アカカゴタケ科のキノコ。小型〜中型、腕(托枝)は3本(まれに4〜5本)、悪臭。

サンゴトリハダゴケ 〈*Pertusaria corallina* (L.) Arn.〉トリハダゴケ科の地衣類。地衣体は灰白。

サンゴノボタン 〈*Pogonanthera pulverulenta* BL.〉ノボタン科の低木。熱帯植物。

サンゴバナ 珊瑚花 〈*Jacobinia carnea* (Lindl.) Nichols.〉キツネノマゴ科の観賞用低木状草本。別名ユスチシア、マンネンカ。高さは1.5〜2m。花は濃桃赤色。熱帯植物。園芸植物。

サンゴハリタケ 〈*Hericium ramosum* (Merat) Banker〉サンゴハリタケ科のキノコ。

サンゴミズキ ミズキ科の木本。別名ベニミズキ、サンゴモミジ。切り花に用いられる。

サンゴモ 〈*Corallina officinalis* Linné〉サンゴモ科の海藻。叢生。体は5〜8cm。

サンゴヤシ 〈*Pinanga malayana* Scheff.〉ヤシ科。幹は細く、羽軸は黄色。果実は黄緑色、後に黒熟する。熱帯植物。園芸植物。

サンゴールド キク科のヒマワリの品種。園芸植物。

サンサイ 山菜 総称。園芸植物。

サンザシ 山査子 〈*Crataegus cuneata* Sieb. et Zucc.〉バラ科の落葉低木。別名オオバサンザシ。高さは1.5m。花は白色。薬用植物。園芸植物。

サンザシ オオミサンザシの別名。

サンザシカリン 〈× *Crataemespilus grandiflora*〉バラ科の木本。樹高8m。樹皮は淡橙褐色。

サンシキアサガオ 三色朝顔 〈*Convolvulus tricolor* L.〉ヒルガオ科の一年草。別名サンシキヒルガオ。園芸植物。

サンシキウツギ 三色空木 〈*Weigela* × *fujisanensis* (Makino) Nakai〉スイカズラ科の木本。別名フジサンシキウツギ。

サンシキカミツレ ハナワギクの別名。

サンシキスミレ パンジーの別名。

サンジソウ 山字草 クラーキア・ウングイクラタの別名。

サンシチソウ 三七草 〈*Gynura japonica* (Thunb. ex Murray) Juel〉キク科の多年草。別名サンシチ。葉裏紅色、葉や塊根を薬用とする。高さは60〜120cm。花は黄色。熱帯植物。薬用植物。園芸植物。

サンシチニンジン 三七人参 〈*Panax notoginseng* (Burk.) F. H. Chen.〉ウコギ科の薬用植物。

サン・シティ バラ科。花はイエロー。

ザンジバルコパール 〈*Trachylobium verrucosum* Oliv.〉マメ科の小木。枝は開散状、葉は光沢。花は白色。

サンジバルツルゴム 〈*Landolphia kirkii* Dyer.〉キョウチクトウ科の蔓木。乳液が多い。熱帯植物。

ザンジバレンシス・ロゼア スイレン科のスイレンの品種。園芸植物。

サンシャイン キク科のガザニアの品種。園芸植物。

サンジャクバナナ バショウ科。園芸植物。

サンジャクバーベナ ヤナギハナガサの別名。

サンシュユ 山茱萸 〈Cornus officinalis Sieb. et Zucc.〉ミズキ科の落葉高木。別名アキサンゴ、ハルコガネバナ。高さは6〜7m。花は黄色。薬用植物。園芸植物。

サンシュユ ミズキ科の属総称。

サンショウ 山椒 〈Zanthoxylum piperitum (L.) DC.〉ミカン科の落葉低木。別名ハジカミ、ハジカミラ。高さは3m。花は黄緑色。薬用植物。園芸植物。

サンショウソウ 山椒草 〈Pellionia minima Makino〉イラクサ科の多年草。別名アラゲサンショウソウ。高さは10〜30cm。

サンショウバラ 山椒薔薇 〈Rosa hirtula Nakai var. hirtula〉バラ科の落葉低木〜小高木。別名サンショウイバラ。高さは5〜6m。花は淡紅色。園芸植物。

サンショウバラ ロサ・ロックスブルギー・ヒルツラの別名。

サンショウミカン 〈Merrillia caloxylon Swingle〉ミカン科の小木。花は緑色で早落する。熱帯植物。

サンショウモ 山椒藻 〈Salvinia natans (L.) All.〉サンショウモ科のシダ植物。茎は長さ3〜10cm、葉は3枚ずつ輪生。浮葉の長さは1〜1.5cm。園芸植物。

サンショウモドキ 〈Schinus terebinthifolius Raddi〉ウルシ科の常緑低木。別名アカツユ。高さは6m。園芸植物。

サンショウサ ディクタムヌス・アルブスの別名。

サンシルク 〈Sunsilk〉 バラ科。フロリバンダ・ローズ系。花はレモンイエロー。

サンスマイル ヒルガオ科のアサガオの品種。園芸植物。

サンズンセキチク 三寸石竹 ナデシコ科。園芸植物。

サンセヴィエリア リュウゼツラン科の属総称。別名チトセラン。

サンセヴィエリア・アエティオピカ 〈Sansevieria aethiopica Thunb.〉リュウゼツラン科の多年草。葉長40cm。花は白色。園芸植物。

サンセヴィエリア・アルボレスケンス 〈Sansevieria arborescens Cornu〉リュウゼツラン科の多年草。高さは1m。園芸植物。

サンセヴィエリア・インターメディア リュウゼツラン科。園芸植物。

サンセヴィエリア・エーレンベルギー 〈Sansevieria ehrenbergii G. Schweinf.〉リュウゼツラン科の多年草。葉は三角形状で尖頭。園芸植物。

サンセヴィエリア・キリンドリカ 〈Sansevieria cylindrica Bojer〉リュウゼツラン科の多年草。別名ボウチトセラン。葉長75〜150cm。花は黄白色。園芸植物。

サンセヴィエリア・グランディス 〈Sansevieria grandis Hook. f.〉リュウゼツラン科の多年草。別名オオヒロハチトセラン。葉長1m。花は白色。園芸植物。

サンセヴィエリア・コンスピクア 〈Sansevieria conspicua N. E. Br.〉リュウゼツラン科の多年草。葉長22〜70cm。花は白色。園芸植物。

サンセヴィエリア・スタッキー 〈Sansevieria stuckyii Godefr.〉リュウゼツラン科の多年草。別名ツッチトセラン。葉長80cm。園芸植物。

サンセヴィエリア・スッフルティコサ 〈Sansevieria suffruticosa N. E. Br.〉リュウゼツラン科の多年草。葉長15〜60cm。花は緑白色。園芸植物。

サンセヴィエリア・スブスピカタ 〈Sansevieria subspicata Bak.〉リュウゼツラン科の多年草。花は白色。園芸植物。

サンセヴィエリア・ドゥーネリ 〈Sansevieria dooneri N. E. Br.〉リュウゼツラン科の多年草。葉長10〜15cm。花は紫紅色。園芸植物。

サンセヴィエリア・トリファスキアタ アツバチトセランの別名。

サンセヴィエリア・パルウァ 〈Sansevieria parva N. E. Br.〉リュウゼツラン科の多年草。葉長40〜60cm。花は暗赤色。園芸植物。

サンセヴィエリア・ヒアキントイデス 〈Sansevieria hyacinthoides (L.) Druce〉リュウゼツラン科の多年草。別名ヒロハチトセラン。葉長50cm。花は緑白色。園芸植物。

サンセヴィエリア・メタリカ 〈Sansevieria metallica Gérôme et Labroy〉リュウゼツラン科の多年草。葉長100cm。園芸植物。

サンセヴィエリア・ローレンチー ユリ科。別名フクリンチトセラン、トラノオ。園芸植物。

ザンセツ 残雪 サボテン科のサボテン。園芸植物。

サンセット バラ科。花は夕焼け色。

サンセット キク科のキバナコスモスの品種。園芸植物。

サンダーソニア・アウランティアカ 〈Sandersonia aurantiaca Hook.〉ユリ科の球根植物。別名クリスマスベル、クリスマスランタン、チャイニーズランタン。花は明るいオレンジ色。園芸植物。切り花に用いられる。

サンタルチアモミ 〈Abies bracteata〉マツ科の木本。樹高35m。樹皮は濃灰色。

サンタルム・アルブム ビャクダンの別名。

サンタ・ローザ バラ科のスモモ(李)の品種。別名プラムコット、三太郎。果皮は濃紅色。

サンタンカ 山丹花 〈*Ixora chinensis* Lam.〉アカネ科の観賞用低木。高さは1m。花は赤色。熱帯植物。薬用植物。園芸植物。切り花に用いられる。

サンタンカモドキ 〈*Acokanthera spectabilis* (Sond.) Hook. f.〉キョウチクトウ科の観賞用低木。強い芳香。花は白色。熱帯植物。園芸植物。

サンダンザキ 三段咲 キンポウゲ科のフクジュソウの品種。園芸植物。

サンチリヤ 〈*Santiria laevigata* BL.〉カンラン科の高木。葉光沢、葉裏緑色が著しい。熱帯植物。

ザンテデスキア・アエティオピカ オランダカイウの別名。

ザンテデスキア・アルボマクラタ カラー・アルボマクラータ・スルフレアの別名。

ザンテデスキア・エリオッティアナ キバナカイウの別名。

ザンテデスキア・レーマニー モモイロカイウの別名。

サンデリー ウコギ科の観葉植物。園芸植物。

サンデリアナ クズウコン科のカラテアの品種。別名ベニスジヒメバショウ。園芸植物。

サントウサイ アブラナ科。

ザントクシルム・ピペリツム サンショウの別名。

サントリソウ 〈*Cnicus benedictus* L.〉キク科の薬用植物。別名キバナアザミ。

サントリナ 〈*Santolina chamaecyparissus* L.〉キク科の宿根草。別名コットンラベンダー、ワタスギギク。高さは50cm。花は黄色。園芸植物。切り花に用いられる。

サントリナ・ネアポリタナ 〈*Santolina neapolitana* Jord. et Fourr.〉キク科。花は明るい黄色。園芸植物。

サントリナ・ロスマリニフォリア 〈*Santolina rosmarinifolia* L.〉キク科。葉色が緑色。園芸植物。

サンナ 山奈 〈*Hedychium spicatum* Buch.-Ham.〉ショウガ科の多年草。根茎は芳香。高さは1m。花は黄色。熱帯植物。薬用植物。園芸植物。

サンネンモ 〈*Potamogeton biwaensis* Miki〉ヒルムシロ科の沈水植物。葉は無柄で線形、長さ3.5～5.5cm。

ザンパ ユリ科のチューリップの品種。園芸植物。

サンビタリア 〈*Sanvitalia procumbens* Lam.〉キク科。別名メキシカンジニア、クリーピングジニア、ジャノメギク(蛇の目菊)。高さは15cm。花は橙黄色。園芸植物。

サンフェルナンド 〈San Fernando〉バラ科。ハイブリッド・ティーローズ系。花は深紅色。

サンブクス・カナデンシス アメリカニワトコの別名。

サンブクス・キネンシス ソクズの別名。

サンブクス・ニグラ セイヨウニワトコの別名。

サンブクス・ラケモサ セイヨウアカニワトコの別名。

サンプクリンドウ 〈*Comastoma pulmonarium* (Turcz.) Toyokuni subsp. *sectum* (Satake) Toyokuni〉リンドウ科の草本。高山植物。

サンブライト 〈Sunbright〉バラ科のバラの品種。ハイブリッド・ティーローズ系。花は濃黄色。園芸植物。

サンフラワー ヒマワリの別名。

サンフランシスコ 〈San Fransisco〉バラ科。ハイブリッド・ティーローズ系。

サンフレアー 〈Sun Flare〉バラ科。フロリバンダ・ローズ系。

サンベイサワアザミ サンベサワアザミの別名。

サンベサワアザミ 〈*Cirsium tenuisquamatum* Kitam.〉キク科の草本。

サンベリナ キク科のヒャクニチソウの品種。園芸植物。

サンヘンプ 〈*Crotalaria juncea* L.〉マメ科の一年草。軟毛、葉は褐毛。高さは1～2.5m。花は鮮黄色。熱帯植物。

サンポウカン 三宝柑 〈*Citrus sulcata* hort. ex Takahashi〉ミカン科。別名達磨柑、丁字蜜柑、蔕高。病気・害虫に対する抵抗性が比較的強く、豊産性。園芸植物。

サンミヤクイチジク 〈*Ficus parietalis* BL.〉クワ科の蔓木。葉は表裏無毛、果嚢黄赤色。熱帯植物。

サンユウカ 〈*Ervatamia coronaria* (Jacq.) Stapf〉キョウチクトウ科の観賞用低木。花は単弁、白色。1～3m。熱帯植物。園芸植物。

サンヨー ラン科のデンドロビウム・オリトピアの品種。園芸植物。

サンヨウアオイ 〈*Heterotropa hexaloba* (F. Maekawa) F. Maekawa var. *hexaloba*〉ウマノスズクサ科の多年草。花は淡紫褐色。園芸植物。

サンヨウカナワラビ 〈*Arachniodes* × *masakii* Sa. Kurata〉オシダ科のシダ植物。

サンヨウブシ 山陽付子 〈*Aconitum sanyoense* Nakai〉キンポウゲ科の草本。別名サンヨウトリカブト。

サンリョウアシ 三稜葦 レピスミウム・クルキフォルメの別名。

サンリンソウ 三輪草 〈*Anemone stolonifera* Maxim.〉キンポウゲ科の草本。

【 シ 】

シアグルス・オレラケア 〈*Syagrus oleracea* (Mart.) Becc.〉ヤシ科。別名ワカメスジミココヤシ。高さは10～20m。花はクリーム色。園芸植物。

シアグルス・コモサ 〈*Syagrus comosa* (Mart.) Mart.〉ヤシ科。高さは3m。園芸植物。

シアグルス・コロナタ 〈*Syagrus coronata* (Mart.) Becc.〉ヤシ科。別名コバナスジミココヤシ。高さは9m。園芸植物。

シアグルス・フレクスオサ 〈*Syagrus flexuosa* (Mart.) Becc.〉ヤシ科。別名カタバスジミココヤシ。高さは4.5m。園芸植物。

シアーバターノキ アカテツ科。

ジアレキサンドラ・ローズ 〈The Alexandra Rose〉バラ科。イングリッシュローズ系。花は淡い黄色。

シイ ブナ科。

シイクリガシ 〈*Castanopsis inermis* Ben. et Hook. f.〉ブナ科の高木。葉裏銀灰色、イガは短突起、果実はクリ状。熱帯植物。

シイタケ 椎茸 〈*Lentinus edodes* (Berk.) Sing.〉キシメジ科のキノコ。別名ニラブサ、ニラムサ、ナバ。中型～大型。傘は茶褐色、綿毛状鱗片付着し、しばしば亀甲状。ひだは白色。薬用植物。園芸植物。

シイタケ 〈*Lentinula edodes* (Berk.) Pegler〉ヒラタケ科(シメジ科)のキノコ。別名ナバ。

シイノキカズラ 椎木蔓 〈*Derris trifoliata* Lour.〉マメ科の木本。

シイノトモシビタケ 〈*Mycena lux-coeli* Corner〉キシメジ科のキノコ。小型。傘は淡紫褐色、縁部は紫褐色。ひだは白色。

シイノミカンアオイ 〈*Asarum savatieri* var. *furusei*〉ウマノスズクサ科。

シイモチ 〈*Ilex buergeri* Miq.〉モチノキ科の木本。

シイヤザサ ササエラ・グラブラの別名。

シウリザクラ 〈*Prunus ssiori* Fr. Schm.〉バラ科の落葉高木。別名シオリザクラ、ミヤマイヌザクラ。高さは15m。花は帯黄白色。園芸植物。

シェイラーズ・ホワイト・モス 〈Shailer's White Moss〉バラ科。モス・ローズ系。花は白色。

ジェット・スプレー 〈Jet Spray〉バラ科。ミニアチュア・ローズ系。花はピンク。

ジェニー・ジェニングス ツツジ科のアザレアの品種。園芸植物。

ジェネラル・クレバー 〈Général Kléber〉バラ科。モス・ローズ系。花はピンク。

ジェネラル・ジャクミノ 〈Général Jacqueminot〉バラ科。ハイブリッド・パーペチュアルローズ系。花は暗赤色。

ジェネラル・シャブリキネ 〈Général Schablikine〉バラ科。ティー・ローズ系。花は銅色を帯びた赤と、濃いバラ色が混ざった色。

ジェネラル・ラマルク 〈General Lamarque〉バラ科。ハイブリッド・パーペチュアルローズ系。花は淡いピンク。

ジェファソニア・ディフィラ 〈*Jeffersonia diphylla* (L.) Pers.〉メギ科の多年草。別名アメリカタツタソウ。高さは15～20cm。花は白色。園芸植物。

ジェファソニア・ドゥビア タツタソウの別名。

ジェフリーマツ 〈*Pinus jeffreyi*〉マツ科の木本。樹高40m。樹皮は暗灰褐色。

シェフレラ ウコギ科の属総称。別名ヤドリフカノキ。

シェフレラ・アクティノフィラ 〈*Schefflera actinophylla* Harms.〉ウコギ科の常緑高木。園芸植物。

シェフレラ・アルボリコラ ヤドリフカノキの別名。

シェフレラ・オクトフィラ フカノキの別名。

シェフレラ・ディギタタ 〈*Schefflera digitata* J. R. Forst. et G. Forst.〉ウコギ科。高さは3～6m。花は緑黄色。園芸植物。

ジェームズ・ビーチ 〈James Veitch〉バラ科。モス・ローズ系。花は渋い紅紫色。

ジェラーダンツス・マクロリズス 〈*Gerrardanthus macrorhizus* Harv.〉ウリ科のつる性植物。別名眠り布袋。径60cm。園芸植物。

シェル・ピンク キキョウ科のキキョウの品種。園芸植物。

シェーレア・ウルバニアナ 〈*Scheelea urbaniana* Burret〉ヤシ科。高さは10～13m。花は淡黄色。園芸植物。

シェーレア・オスマンタ 〈*Scheelea osmantha* Barb.-Rodr.〉ヤシ科。高さは10～12m。花はライラック色。園芸植物。

シェーレア・クルウィフロンス 〈*Scheelea curvifrons* L. H. Bailey〉ヤシ科。高さは12～16m。花はクリーム色。園芸植物。

シェーレア・ゾネンシス 〈*Scheelea zonensis* L. H. Bailey〉ヤシ科。高さは9m。花はクリーム色。園芸植物。

ジェーン・オースチン 〈Jayne Austin〉バラ科。イングリッシュローズ系。花は黄色。

シオ キク科のガーベラの品種。切り花に用いられる。

ジオウ 地黄 〈*Rehmannia glutinosa* (Gaertn.) Libosch.〉ゴマノハグサ科の多年草。別名アカヤジオウ、サオヒメ。高さは10～30cm。花は黄白色。薬用植物。園芸植物。

シオカゼテンツキ 潮風点突 〈*Fimbristylis cymosa* (Lam.) R. Br.〉カヤツリグサ科の草本。別名シバテンツキ。

シオガマギク 塩竈菊 〈*Pedicularis resupinata* L. var. *oppositifolia* Miq.〉ゴマノハグサ科の多年草。高さは25～100cm。高山植物。

シオキク

シオギク 潮菊 〈*Chrysanthemum shiwogiku* Kitamura〉キク科の多年草。別名シオカゼギク。高さは25〜35cm。

シオクグ 塩莎草 〈*Carex scabrifolia* Steud.〉カヤツリグサ科の多年草。別名ハマクグ。高さは30〜50cm。

シオグサ シオグサ科。

シオグサゴロモ 〈*Contarinia okamurai* Segawa〉ナミノハナの海藻。円柱状、糸状。

ジオクレア 〈*Dioclea lasiocarpa* Mart.〉マメ科の蔓木。花は紫色。熱帯植物。

シオザキソウ 〈*Tagetes minuta* L.〉キク科の一年草。別名コゴメコウオウソウ、コゴメセンジュギク。高さは50〜100cm。花は淡黄色。園芸植物。

シオジ 塩地 〈*Fraxinus platypoda* Oliv.〉モクセイ科の落葉大高木。高さは25m。園芸植物。

シオツメクサ 潮爪草 〈*Spergularia marina* (L.) Griseb.〉ナデシコ科の草本。別名ウシオツメクサ、オニツメクサ。

シオツメクサ ハマツメクサの別名。

シオデ 牛尾菜 〈*Smilax riparia* A. DC. var. *ussuriensis* (Regel) Hara et T. Koyama〉ユリ科の多年生つる草。別名ヒデコ、ソデコ。花は淡黄色。薬用植物。園芸植物。

シオニラ 〈*Syringodium isoetifolium* (Aschers.) Dandy〉イトクズモ科の草本。別名ボウアマモ。

シオミドロ シオミドロ科。

シオン 紫苑,紫薗 〈*Aster tataricus* L. f.〉キク科の多年草。別名オニノシュグサ。高さは100〜200cm。花は青紫色。薬用植物。日本絶滅危機植物。

シカイナミ 四海波 〈*Faucaria tigrina* (Haw.) Schwant.〉ツルナ科の常緑高木。花は輝黄色。園芸植物。

シカギク 鹿菊 〈*Matricaria tetragonosperma* (Fr. Schm.) Hara et Kitamura〉キク科の一年草。高さは15〜50cm。

シカクイ 〈*Eleocharis tetraquetra* Nees var. *wichurai* (Böcklr.) Makino〉カヤツリグサ科の多年草。高さは20〜70cm。

シカクギブドウ 〈*Vitis quadrangularis* Wall.〉ブドウ科の蔓草。茎は多肉で鋭四角柱。熱帯植物。

シカクコンブレツム 〈*Combretum quadrangulare* Kurz〉シクンシ科の小木。熱帯植物。

シカクダケ シホウチクの別名。

シカクホタルイ 〈*Schoenoplectus* × *trapezoideus* (Koidz.) Hayas. et H. Ohashi〉カヤツリグサ科。

シカクマメ 四角豆 〈*Psophocarpus tetragonolobus* (L.) DC.〉マメ科の果菜類。莢は4条の翼があり食用。莢の長さは15〜30cm。花は淡青色。熱帯植物。園芸植物。

シカゴ・ピース 〈Chicago Peace〉バラ科。ハイブリッド・ティーローズ系。花はピンク、オレンジ、黄色。

シーカーシャー 〈*Citrus depressa* Hayata〉ミカン科の常緑低木。別名ヒラミレモン。花は頂生または腋生。園芸植物。

シカタケ 〈*Datronia mollis* (Sommerf. : Fr.) Donk〉タコウキン科のキノコ。

ジガデヌス・エレガンス 〈*Zigadenus elegans* Pursh〉ユリ科。高山植物。

ジガデヌス・グラウクス 〈*Zigadenus glaucus* Nutt.〉ユリ科の多年草。高さは1m。花は綿白色。園芸植物。

ジガデヌス・シビリクス リシリソウの別名。

ジガデヌス・ミクランツス 〈*Zigadenus micranthus* East.w.〉ユリ科の多年草。高さは40〜50cm。花は淡黄色。園芸植物。

ジガバチソウ 似我蜂草 〈*Liparis krameri* Franch. et Savat.〉ラン科の多年草。高さは10〜20cm。花は帯暗紫色。園芸植物。

ジガミグサ 〈*Stypopodium zonale* (Lamouroux) Papenfuss〉アミジグサ科の海藻。扇状。体は25cm。

シカモアカエデ セイヨウカジカエデの別名。

シキキツ 四季橘 〈*Citrus madurensis* Lour.〉ミカン科の低木。別名トウキンカン(唐金柑)。果面は平滑で鮮橙色。熱帯植物。園芸植物。

シキザキベゴニア 〈*Begonia cucullata* Willd. var. *hookeri* (A. DC.) L. B. Smith et Schub.〉シュウカイドウ科の多年草。園芸植物。

シキザクラ バラ科のサクラの品種。

シギタツサワ 鴫立沢 カエデ科のヤマモミジの品種。園芸植物。

ジギタリス 〈*Digitalis purpurea* L.〉ゴマノハグサ科の多年草。別名ウィッチズグローブス、キツネノテブクロ。高さは120cm。花は紫紅色。薬用植物。園芸植物。切り花に用いられる。

ジギタリス ゴマノハグサ科の属総称。別名キツネノテブクロ。

ジギタリス・グランディフロラ 〈*Digitalis grandiflora* Mill.〉ゴマノハグサ科の多年草。高さは90cm。花は黄色。高山植物。園芸植物。

ジギタリス・タプシ 〈*Digitalis thapsi* L.〉ゴマノハグサ科の草本。高さは60〜80cm。園芸植物。

ジギタリス・ドゥビア 〈*Digitalis dubia* Rodr.〉ゴマノハグサ科の草本。高さは40〜50cm。花は桃または紫紅色。園芸植物。

ジギタリス・フェルギネア 〈*Digitalis ferruginea* L.〉ゴマノハグサ科の草本。高さは2m。花は黄褐色。園芸植物。

ジギタリス・メルトネンシス 〈*Digitalis* × *mertonensis* Buxt. et Darl.〉ゴマノハグサ科の草本。高さは30〜45cm。花は紅桃色。園芸植物。

ジギタリス・ラナタ ケジギタリスの別名。

ジギタリス・ルテア 〈*Digitalis lutea* L.〉ゴマノハグサ科の草本。別名キバナジギタリス。高さは1m。花は黄か白色。園芸植物。

シキチョウ 四喜蝶 ラン科のシナシュンランの品種。園芸植物。

シキミ 樒,梻 〈*Illicium anisatum* L.〉シキミ科(モクレン科)の常緑小高木。別名ハナノキ、コウノキ、ハカバナ。花被は細長く淡黄色。熱帯植物。薬用植物。園芸植物。

シキミモドキ シキミモドキ科。

シギョク 紫玉 〈Sigyoku〉バラ科。花は紫色。

シキン 賜金 キンポウゲ科のシャクヤクの品種。園芸植物。

シキンカラマツ 紫金唐松, 紫錦唐松 〈*Thalictrum rochebrunianum* Franch. et Savat.〉キンポウゲ科の多年草。高さは50〜100cm。園芸植物。

シギンカラマツ 紫銀唐松 〈*Thalictrum actaefolium* Sieb. et Zucc.〉キンポウゲ科の多年草。高さは40〜80cm。園芸植物。

シキンジョウ 紫禁城 フェロカクツス・ディギュティーの別名。

シキンノリ 〈*Gigartina teedii* (Roth) Lamouroux〉スギノリ科の海藻。軟かい軟骨質。体は10〜17cm。

シキンリュウ 紫金竜 マミラリア・ミクロカルパの別名。

シグナル キク科のダリアの品種。園芸植物。

シグマトスタリクス・グアテマレンシス 〈*Sigmatostalix guatemalensis* Schlechter〉ラン科。花は淡緑色。園芸植物。

シグマトスタリクス・ヒメナンタ 〈*Sigmatostalix hymenantha* Schlechter〉ラン科。花は緑色。園芸植物。

シクラメン 〈*Cyclamen persicum* Mill.〉サクラソウ科の多年草。別名カガリビバナ、カガリビソウ、ブタノマンジュウ。花は濃桃色。薬用植物。園芸植物。

シクラメン サクラソウ科の属総称。球根植物。別名カガリビソウ、カガリビバナ、ブタノマンジュウ。

シクラメン・アフリカヌム 〈*Cyclamen africanum* Boiss. et Reut.〉サクラソウ科の多年草。花は紫紅から淡桃色。園芸植物。

シクラメン・アルピヌム 〈*Cyclaman alpinum* Spreng.〉サクラソウ科の多年草。

シクラメン・キリキウム 〈*Cyclamen cilicium* Boiss. et Heldr.〉サクラソウ科の多年草。花は白から紫桃色。園芸植物。

シクラメン・グラエクム 〈*Cyclamen graecum* Link〉サクラソウ科の多年草。花は淡桃色。園芸植物。

シクラメン・コウム 〈*Cyclamen coum* Mill.〉サクラソウ科の多年草。花は桃から深紅色。園芸植物。

シクラメン・ネアポリタヌム サクラソウ科。別名アキザキシクラメン、ナボリタンシクラメン。園芸植物。

シクラメン・プセウディベリクム 〈*Cyclamen pseudibericum* Hildebrand〉サクラソウ科の多年草。花は濃い桃紫色。園芸植物。

シクラメン・プルプラスケンス マルバシクラメンの別名。

シクラメン・ヘデリフォリウム 〈*Cyclamen hederifolium* Ait.〉サクラソウ科の多年草。花は深紅から桃色。園芸植物。

シクラメン・ペルシクム シクラメンの別名。

シクラメン・ミラビレ 〈*Cyclamen mirabile* Hildebrand〉サクラソウ科の多年草。花は淡桃色。園芸植物。

シクラメン・リバノティクム 〈*Cyclamen libanoticum* Hildebrand〉サクラソウ科の多年草。花は桃色。園芸植物。

シクラメン・レパンドゥム ツタバシクラメンの別名。

シクラメン・ロールフシアヌム 〈*Cyclamen rohlfsianum* Asch.〉サクラソウ科の多年草。花は桃色。園芸植物。

シグレヤナギ 〈*Salix* × *eriocataphylla*〉ヤナギ科。

シークワシャー シーカーシャーの別名。

シクンシ 使君子 〈*Quisqualis indica* L.〉シクンシ科のつる性低木。別名カラクチナシ。高さは7〜8m。花は初め白、後赤色。熱帯植物。薬用植物。園芸植物。

シクンシモドキ 〈*Lophopetalum pallidum* Lawson〉ニシキギ科の小木。葉はサンゴジュのような光沢がある。熱帯植物。

シケシダ 湿気羊歯 〈*Deparia japonica* (Thunb. ex Murray) M. Kato〉オシダ科(イワデンダ科)の夏緑性シダ。別名シケクサ、イドシダ。葉身は長さ20〜50cm。長楕円形から長楕円状倒披針形。

シケチイヌワラビ 〈× *Cornoathyrium cornopteroides* (Kurata) Nakaike〉オシダ科のシダ植物。

シケチシダ 湿気地羊歯 〈*Cornopteris decurrentialata* (Hook.) Nankai〉オシダ科(イワデンダ科)の夏緑性シダ。葉身は長さ25〜50cm。広披針形からほぼ楕円形。

シゲリクラマゴケモドキ 〈*Porella densifolia* (Steph.) S. Hatt. var. *fallax* (C. Massal.) S. Hatt.〉クラマゴケモドキ科のコケ。やや朱色、茎は長さ5〜10cm。

シゲリケビラゴケ 〈*Radula javanica* Gottsche〉ケビラゴケ科のコケ。黄緑色、葉は長卵形。

シゲリゴケ 〈*Cheilolejeunea imbricata* (Nees) S. Hatt.〉クサリゴケ科のコケ。淡緑色、茎は長さ1〜4cm、背片は卵形。

シコウカ 指甲花 〈*Lawsonia inermis* L.〉ミソハギ科の低木。別名ツマクレナイ、ヘンナ。少し刺がある。花は白または紅色。熱帯植物。薬用植物。園芸植物。

ジコウニシキ 慈光錦 ユリ科。別名ストリアータ。園芸植物。

シコウラン 〈*Bulbophyllum macraei* (Lindl.) Rchb. f.〉ラン科の草本。高さは10〜20cm。花は黄白〜黄緑色。園芸植物。日本絶滅危機植物。

シコクイチゲ 〈*Anemone sikokiana* Makino〉キンポウゲ科の草本。日本絶滅危機植物。

シコクカッコソウ 〈*Primula kisoana* Miq. var. *shikokiana* Makino〉サクラソウ科。日本絶滅危機植物。

シコクギボウシ 〈*Hosta shikokiana* N. Fujita〉ユリ科の多年草。高さは30〜60cm。園芸植物。

シコクサルオガセ 〈*Usnea shikokiana* Asah.〉サルオガセ科の地衣類。基部は黒色。

シコクシモツケソウ 〈*Filipendula tsuguwoi* Ohwi〉バラ科の草本。

シコクシロギク 〈*Aster ageratoides* subsp. *yoshinaganus* Kitam.〉キク科の草本。

シコクスミレ 〈*Viola shikokiana* Makino〉スミレ科の多年草。別名ハコネスミレ。高さは5〜10cm。花は白色。園芸植物。

シコクチャルメルソウ 〈*Mitella stylosa* H. Boiss. var. *makinoi* (Hara) Wakabayashi〉ユキノシタ科の草本。

シコクテンナンショウ 四国天南星 〈*Arisaema iyoanum* Makino subsp. *nakaianum* (Kitag. et Ohba) H. Ohashi et J. Murata〉サトイモ科の草本。

シコクハタザオ 〈*Arabis serrata* Franch. et Savat. var. *sikokiana* Ohwi〉アブラナ科の多年草。高さは20〜40cm。

シコクハナゴケ 〈*Cladonia shikokiana* Asah.〉ハナゴケ科の地衣類。子柄は高さ3〜7cm。

シコクビエ 四国稗 〈*Eleusine coracana* (L.) Gaertn.〉イネ科。別名コウボウビエ。オヒシバの栽培種。熱帯植物。

シコクヒロハテンナンショウ 四国広葉天南星 〈*Arisaema longipedunculatum* M. Hotta〉サトイモ科の草本。

シコクフウロ イヨフウロの別名。

シコクママコナ 〈*Melampyrum laxum* Miq. var. *laxum*〉ゴマノハグサ科。

シコクヤスデゴケ 〈*Frullania valida* Steph.〉ヤスデゴケ科のコケ。腹片の先が著しく内曲。

ジゴスタテス・ルナタ 〈*Zygostates lunata* Lindl.〉ラン科。花は淡黄緑色。園芸植物。

シコタンキンポウゲ 〈*Ranunculus grandis* var. *austrokurilensis*〉キンポウゲ科。

シコタンスゲ 〈*Carex scita* Maxim. var. *scabrinervia* (Franch.) Kükenth.〉カヤツリグサ科。

シコタンソウ 色丹草 〈*Saxifraga cherlerioides* D. Don var. *rebunshirensis* (Engl. et Irmsch.) Hara〉ユキノシタ科の多年草。別名レブンクモマグサ。高さは3〜12cm。高山植物。

シコタンタンポポ 〈*Taraxacum shikotanense* Kitam.〉キク科の草本。別名ネムロタンポポ。

シコタンハコベ 色丹繁縷 〈*Stellaria ruscifolia* Pallas〉ナデシコ科の多年草。高さは8〜15cm。花は白色。高山植物。園芸植物。

シコタンヨモギ 色丹蓬 〈*Artemisia laciniata* Willd.〉キク科の草本。別名キクヨモギ。高さは25〜40cm。高山植物。園芸植物。

ジゴペタルム ラン科の属総称。

ジゴペタルム・アルトゥア・エレ 〈*Zygopetalum* Artur Elle〉ラン科。花は黄緑色。園芸植物。

ジゴペタルム・インテルメディウム 〈*Zygopetalum intermedium* Lindl.〉ラン科の多年草。花は緑色。園芸植物。

ジゴペタルム・クリニツム 〈*Zygopetalum crinitum* Lodd.〉ラン科。高さは40cm。花は緑色。園芸植物。

ジゴペタルム・ヘレン-ク 〈*Zygopetalum* Helen-Ku〉ラン科。花は緑色。園芸植物。

ジゴペタルム・マクシラレ 〈*Zygopetalum maxillare* Lodd.〉ラン科。花は緑色。園芸植物。

ジゴペタルム・マッケイー 〈*Zygopetalum mackayi* Hook.〉ラン科の多年草。園芸植物。

シコロベンケイ 鍜弁慶 ベンケイソウ科。別名ハナゴチョウ(花胡蝶)、コダカラベンケイ(子宝弁慶)。園芸植物。

シコンアジロガサ 〈*Stropharia stercoraria* (Bull. : Fr.) Quél.〉モエギタケ科のキノコ。小型〜中型。傘はわら色、やや粘性。ひだは紫褐色。

シコンカズラ 〈*Dichapetalum lauro-cerasus* Engl.〉ディカペタルム科の蔓木。葉質はツバキに似て枝は紫黒色。熱帯植物。

シコンカズラ フィロデンドロン・ベルコーサムの別名。

シコンノボタン 紫紺野牡丹 〈*Tibouchina semidecandra* Cogn.〉ノボタン科の常緑半低木。別名ノボタン(野牡丹)。多毛。熱帯植物。園芸植物。

シコンノボタン ティボウキナ・ウルヴィレアナの別名。

シコンノボタン ノボタンの別名。

シサス ブドウ科の属総称。別名ヒレブドウ。

シサス・ディスコロール 〈*Cisus discolor* Blume〉ブドウ科。

シサス・ロンビフォリア 〈*Cisus rhombifolia* Vahl.〉ブドウ科。

シザンサス 〈*Schizanthus pinnatus* Ruiz et Pav.〉ナス科。別名スキザンサス、コチョウソウ(胡蝶草)。園芸植物。

シシアクチ 〈*Ardisia quinquegona* Blume〉ヤブコウジ科の木本。別名ミヤマアクチノキ。

シシウド 〈*Angelica pubescens* Maxim.〉セリ科の多年草。別名タカオキョウカツ、ウドタラシ、ミヤマシシウド。高さは80～150cm。薬用植物。

シシオウマル 獅子王丸 ノトカクツス・スブマンムロスの別名。

シシガシラ 獅子頭 〈*Blechnum niponicum* (Kunze) Makino〉シシガシラ科の常緑性シダ。別名ムカデグサ、ヤブソテツ、オサバ。葉身は長さ40cm。披針形。園芸植物。

シシガシラ 獅子頭 ツバキ科のツバキの品種。園芸植物。

シシガシラ 獅子頭 バラ科のウメの品種。園芸植物。

シシガシラ 獅子頭 テロカクツス・ロフォテレの別名。

シシガタニカボチャ 鹿ヶ谷南瓜 ウリ科の京野菜。

シジギウム・アロマティクム チョウジの別名。

シジギウム・マラッケンセ マレーフトモモの別名。

シジギウム・ヤンボス フトモモの別名。

シシギョク 四刺玉 ウィギンジア・セッシリフロラの別名。

シシゴケ 〈*Brothera leana* (Sull.) Müll. Hal.〉シッポゴケ科のコケ。小形、茎は長さ5～10mm、葉は白緑色。

シシタケ イボタケ科。

シシトウガラシ 獅子唐辛子 〈*Capsicum annuum* L. var. *angulosum* Mill.〉ナス科。別名シシウマトウガラシ。トウガラシの変種。

シシバタニワタリ ウラボシ科。園芸植物。

ジシバリ 〈*Ixeris stolonifera* A. Gray〉キク科の多年草。別名ハイジシバリ。高さは約5cm。薬用植物。

シシヒトツバ 〈*Pyrrosia lingua* (Thunb.) Farw. 'Cristata'〉ウラボシ科。園芸植物。

ジジフス・インクルウァ 〈*Ziziphus incurva* Roxb.〉クロウメモドキ科。果実は楕円形。園芸植物。

ジジフス・ジュジュバ サネブトナツメの別名。

ジジフス・スピクナ-クリスティ 〈*Ziziphus spina-christi* Willd.〉クロウメモドキ科。果実は食用。園芸植物。

ジジフス・マウリティアナ イヌナツメの別名。

ジジフス・モンタナ 〈*Ziziphus montana* W. W. Sm.〉クロウメモドキ科。高さは3m。花は黄色。園芸植物。

ジジフス・ルゴサ 〈*Ziziphus rugosa* Lam.〉クロウメモドキ科。果実は球形ないし倒卵形。園芸植物。

ジジフス・ロツス 〈*Ziziphus lotus* (L.) Lam.〉クロウメモドキ科。園芸植物。

シシフンジン 獅子奮迅 コリファンタ・コルニフェラの別名。

シシボネ 鹿骨 アブラナ科のハボタンの品種。園芸植物。

シシミタケ 〈*Resupinatus applicatus* (Batsch：Fr.) S. F. Gray〉キシメジ科のキノコ。

シジミバナ 蜆花 〈*Spiraea prunifolia* Sieb. et Zucc.〉バラ科の落葉低木。別名コゴメバナ、ハゼバナ。園芸植物。

シシラン 獅子蘭 〈*Vittaria flexuosa* Fée〉シシラン科の常緑性シダ。葉身は長さ15～45cm。線状。園芸植物。

シシリンキウム アヤメ科の属総称。宿根草。

シシリンキウム・アングスティフォリウム ニワゼキショウの別名。

シシリンキウム・イリディフォリウム 〈*Sisyrinchium iridifolium* H. B. K.〉アヤメ科の草本。別名コバナアヤメ。花は黄白色。園芸植物。

シシリンキウム・カムペストレ 〈*Sisyrinchium campestre* Bickn.〉アヤメ科の多年草。

シシリンキウム・カリフォルニクム 〈*Sisyrinchium californicum* (Ker-Gawl.) Dryand.〉アヤメ科の草本。高さは15～30cm。花は黄色。園芸植物。

シシリンキウム・グラミニフォリウム 〈*Sisyrinchium graminifolium* Lindl.〉アヤメ科の草本。高さは25cm。花は黄色。園芸植物。

シシリンキウム・ストリアツム 〈*Sisyrinchium striatum* Sm.〉アヤメ科の草本。花は帯黄色。園芸植物。

シシリンキウム・ダグラシー 〈*Sisyrinchium douglasii* A. Dietr.〉アヤメ科の草本。高さは25cm。花は紫色。園芸植物。

シシリンキウム・バーミュディアナ 〈*Sisyrinchium bermudiana* L.〉アヤメ科の草本。高さは30～60cm。花は紫、中心は黄色。園芸植物。

シシリンキウム・フィリフォリウム 〈*Sisyrinchium filifolium* Gaud.-Beaup.〉アヤメ科の草本。花は白色。園芸植物。

シシリンキウム・ベルム 〈*Sisyrinchium bellum* S. Wats.〉アヤメ科の草本。高さは10～50cm。花は青紫色。園芸植物。

シシリンキウム・マクロカルプム 〈*Sisyrinchium macrocarpum* Hieron.〉アヤメ科の草本。花は黄色。園芸植物。

シシリンキウム・マコーニー 〈*Sisyrinchium macounii* Bickn.〉アヤメ科の草本。高さは15cm。花は紫色。園芸植物。

シシリンキウム・ロスラツム 〈*Sisyrinchium rosulatum* Bickn.〉アヤメ科の草本。別名ニワゼキショウ。高さは10〜15cm。花はピンクまたは青紫色。園芸植物。

シシンデン 紫宸殿 〈*Shishindenia ericoides* Makino〉ヒノキ科の木本。別名ホウオウヒバ。

シシンラン 〈*Lysionotus pauciflorus* Maxim.〉イワタバコ科のわい小低木。高さは10〜50cm。花は淡桃色。園芸植物。

シズイ 〈*Scirpus nipponicus* Makino〉カヤツリグサ科の多年生の抽水植物。別名テガヌマイ。桿の断面は三角形で高さ40〜70cm。

シセイマル 紫盛丸 アカントカリキウム・ウィオラケウムの別名。

シセン 紫泉 アヤメ科のフリージアの品種。園芸植物。

シセンドロ 〈*Populus szechuanica*〉ヤナギ科の木本。樹高30m。樹皮は帯紅灰色。

シセンハシドイ シリンガ・レフレクサの別名。

シセンボタン 四川牡丹 パエオニア・スツェチュアニカの別名。

シソ 柴蘇 〈*Perilla frutescens* (L.) Britton var. *crispa* (Thunb.) Decne. ex L. H. Bailey f. *purpurea* Makino〉シソ科の香辛野菜。花は白または淡紫色。薬用植物。園芸植物。

シソアオイ 〈*Hibiscus eetveldeanus* Willd.〉アオイ科の草本。多岐、葉や茎は濃赤色。高さ1m。熱帯植物。

ジゾウカンバ 地蔵樺 〈*Betula globispica* Shirai〉カバノキ科の落葉高木。別名イヌブシ。高山植物。

シソ科 科名。

シソクサ 〈*Limnophila chinensis* (Osbeck) Merr. subsp. *aromatica* (Lam.) Yamazaki〉ゴマノハグサ科の一年草。高さは10〜30cm。

シソクサ ゴマノハグサ科の属総称。草本。芳香、生食、煮食。熱帯植物。

シゾスティリス・コッキネア スキゾスティリス・コッキネアの別名。

シソノミグサ 〈*Knoxia corymbosa* Willd.〉アカネ科の草本。

シソバウリクサ 紫蘇葉瓜草 〈*Lindernia setulosa* (Maxim.) Tuyama〉ゴマノハグサ科の草本。

シソバキスミレ 紫蘇葉黄菫 〈*Viola yubariana* Nakai〉スミレ科。花は濃黄色。園芸植物。

シソバスミレ 〈*Viola yubariana* Nakai〉スミレ科の多年草。高山植物。

シソバタツナミ 紫蘇葉立浪 〈*Scutellaria laetevioIacea* Koidz. var. *laetevioIacea*〉シソ科の多年草。高さは5〜20cm。

シソモドキ 〈*Hemigraphis alternata* (Burm. f.) T. Anderson〉キツネノマゴ科の観賞用葉植物。

葉の裏や茎は濃紫色。花は白色。熱帯植物。園芸植物。

シタキソウ 〈*Stephanotis japonica* Makino〉ガガイモ科の多年生つる草。別名シタキリソウ。

シタゴケ 〈*Bissetia lingulata* (Mitt.) Broth.〉ヒラゴケ科のコケ。二次茎は長さ10cm、葉は舌形で、円頭。

シダノキ 〈*Filicium decipiens* Thwaites〉ムクロジ科の観賞用高木。材は赤褐色で有用。花は白色。熱帯植物。

ジタノキ 〈*Alstonia scholaris* R. BR.〉キョウチクトウ科の高木。別名トバノキ。キササゲ状の果実を垂下。熱帯植物。薬用植物。

シダ・ファラクス 〈*Sida fallax* Walp.〉アオイ科。高さは1m。花は黄から橙色。園芸植物。

シダモク 〈*Sargassum filicinum* Harvey〉ホンダワラ科の海藻。茎は単条、円柱状。体は1.5m。

シダルケア アオイ科の属総称。宿根草。

シダルケア・カンディダ 〈*Sidalcea candida* A. Gray〉アオイ科。別名キンジジカモドキ。高さは45〜90cm。花は淡黄色。園芸植物。

シダルケア・マルウィフロラ 〈*Sidalcea malviflora* (DC.) A. Gray〉アオイ科。高さは45〜90cm。花は紫色。園芸植物。

シダレイトスギ 枝垂糸杉 〈*Cupressus funebris* Endl.〉ヒノキ科の常緑高木。枝は垂下性。高さは20m。熱帯植物。園芸植物。

シダレイバラキノリ 〈*Alectoria asiatica* Du Rietz〉サルオガセ科の地衣類。地衣体は淡いとび色または類褐色。

シダレインドゴム 〈*Ficus depressa* BL.〉クワ科。葉は厚くインドゴムのようで枝は下垂。熱帯植物。

シダレウニゴケ 〈*Symphyodon perrottetii* Mont.〉ウニゴケ科のコケ。茎葉は卵形〜卵状披針形。

シダレオオサルスベリ 〈*Duabanga sonneratioides* Buch.-Ham.〉ハマザクロ科の高木。枝は垂下。花は白色。熱帯植物。

シダレガジュマル ベンジャミンゴムの別名。

シダレカンバ 〈*Betula pendula*〉カバノキ科の木本。樹高30m。樹皮は白色。薬用植物。

シダレキゴケ 〈*Stereocaulon pendulum* Asah.〉キゴケ科の地衣類。子柄は灰白色。

シダレキジカクシ アスパラガス・スプレンゲリーの別名。

シタレキシルム 〈*Citharexylum quadrangulare* Jacq.〉クマツヅラ科の観賞用大低木。葉柄やや赤色。花は白色。熱帯植物。

シダレグワ クワ科。園芸植物。

シダレゴヘイゴケ 枝垂御幣苔 〈*Ptychanthus striatus* (Lehm. et Lindenb.) Nees.〉クサリゴケ科のコケ。緑褐色、茎は長さ3〜6cm。

シダレザクラ 枝垂桜 〈*Prunus pendula* Maxim.〉バラ科の落葉高木。園芸植物。

シダレツユクサ カリシア・フラグランスの別名。

シダレハナビタケ 〈*Deflexula fascicularis* (Bres. et Pat.) Corner〉シロソウメンタケ科のキノコ。

シダレベイトウヒ ピケア・ブルーアリアナの別名。

シダレペトレア 〈*Petrea volubilis* L.〉クマツヅラ科の観賞用低木。苞は淡紫色で花被のように見える。長さ12m。花は淡青色。熱帯植物。園芸植物。

シダレマツ 枝垂松 〈*Pinus densiflora* Siebold et Zucc. 'Pendula'〉マツ科。別名枝垂赤松、下がり松。園芸植物。

シダレモクマオウ 〈*Casuarina nodiflora* Thunb.〉モクマオウ科の高木。熱帯植物。

シダレモルッカヤシ ロパロブラステ・ケラミカの別名。

シダレヤスデゴケ 〈*Frullania tamarisci* (L.) Dum. subsp. *obscura* (Verd.) Hatt.〉ヤスデゴケ科のコケ。灰緑色〜赤褐色、茎は長さ3〜7cm。

シダレヤナギ 枝垂柳 〈*Salix babylonica* L.〉ヤナギ科の落葉高木。別名ヤナギ、イトヤナギ、タレヤナギ。枝は細く、下垂し、やや光沢を帯びる。樹高15m。樹皮は灰褐色。園芸植物。

ジタロウイノデ 〈*Polystichum* × *jitaroi* Kurata〉オシダ科のシダ植物。

シダ・ロンビフォリア キンゴジカの別名。

シタン 〈*Dalbergia cochinchinensis* Pierre〉マメ科の高木。心材は暗赤色で硬く高級家具用。熱帯植物。

シタン ヤエヤマシタンの別名。

シタンマメ 〈*Lysidice rhodostegia* Hance〉マメ科の高木。苞は淡紅紫色。花は紅紫色。熱帯植物。

シチク 刺竹 バンブサ・ステノスタキアの別名。

シチクフジン ツバキ科のサザンカの品種。

シチゴサンアオイ 〈*Althaea armeniaca* Ten.〉アオイ科。花はピンク色。

シチトウ 七島 〈*Cyperus monophyllus* Vahl〉カヤツリグサ科の多年草。別名リュウキュウイ、ブンゴイ。茎は三角柱。高さは1〜1.5m。熱帯植物。

シチトウハナワラビ 〈*Sceptridium atrovirens* Sahashi〉ハナヤスリ科の冬緑性シダ。葉身は長さ6〜21cm。五角形。

シチフクジン 七福神 キンポウゲ科のボタンの品種。園芸植物。

シチヘンゲ ランタナの別名。

シチメンソウ 七面草 〈*Suaeda japonica* Makino〉アカザ科の草本。別名サンゴジュマツナ。

シチョウゲ 紫丁花 〈*Leptodermis pulchella* Yatabe〉アカネ科の落葉小低木。別名ムラサキチョウジ、イワハギ。高さは1m。花は紫色。園芸植物。

ジツゲツニシキ ボタン科のボタンの品種。

シッケンウチワ 執権団扇 オプンティア・シッケンダンツィーの別名。

シッシングハースト・キャッスル 〈Sissinghurt Castle〉バラ科。ガリカ・ローズ系。花は濃い紫紅色。

シッソノキ 〈*Dalbergia sissoo* Roxb. ex DC.〉マメ科の木本。別名シッシェム、インドウダン。熱帯植物。

シッピア・コンコロル 〈*Schippia concolor* Burret〉ヤシ科。高さは10m。園芸植物。

ジッピブ マスカット・オブ・アレキサンドリアの別名。

シッポウジュ 七宝樹 キク科。園芸植物。

シッポウニシキ 七宝錦 キク科。園芸植物。

シッポゴケ 尻尾苔 〈*Dicranum japonicum* Mitt.〉シッポゴケ科のコケ。別名オオシッポゴケ。大形、茎は長さ10cm、白っぽい仮根をつける。

シデ カバノキ科。

シティ・オブ・ハーレム ユリ科のヒアシンスの品種。園芸植物。

シデコブシ 幣辛夷、四手辛夷 〈*Magnolia stellata* (Sieb. et Zucc.) Maxim.〉モクレン科の落葉低木。別名ヒメコブシ、ベニコブシ。花は白〜淡紅色。園芸植物。日本絶滅危機植物。

シデサツキ 〈*Rhododendron indicum* Sweet f. *laciniatum* Makino〉ツツジ科。

シデシャジン 四手沙参 〈*Asyneuma japonicum* (Miq.) Briq.〉キキョウ科の多年草。高さは50〜100cm。

シデラシス・フスカタ 〈*Siderasis fuscata* (Lodd.) H. E. Moore〉ツユクサ科の多年草。園芸植物。

シドウ 士童 フライレア・カスタネアの別名。

シトカトウヒ シトカハリモミの別名。

シトカハリモミ 〈*Picea sitchensis* (Bong.) Corrière〉マツ科の常緑高木。別名シトカトウヒ、ベイトウヒ。高さは50m。樹皮は灰及び紫灰色。園芸植物。

シトレンジ ミカン科のカラタチとスイートオレンジの雑種の総称。

シトロネラソウ イネ科。

シトロン 〈*Citrus medica* L. var. *medica*〉ミカン科の常緑木。別名マルブシュカン。晩霜や高温に弱く、温和な気候を好む。花は淡紫〜白色。園芸植物。

シナアオキ アウクバ・キネンシスの別名。

シナアブラギリ 〈*Aleurites fordii* Hemsl.〉トウダイグサ科の落葉高木。別名オオアブラギリ。花は白色。熱帯植物。園芸植物。

シナイヌガヤ 〈*Cephalotaxus fortunei*〉イヌガヤ科の木本。樹高9m。樹皮は赤褐色。薬用植物。園芸植物。

シナイボタ 〈*Ligustrum sinense* Lour.〉モクセイ科の低木。芳香。花は白色。熱帯植物。

シナオケラ 〈*Atractylodes chinensis* (DC.) Koidz.〉キク科の薬用植物。

シナカエデ 〈*Acer davidii* Franch.〉カエデ科の落葉高木。葉はヒトツバカエデに似る。樹高15m。樹皮は緑色。園芸植物。

シナカマツカ 〈*Photinia beauverdiana*〉バラ科の木本。樹高6m。樹皮は灰色。

シナガワハギ 品川萩 〈*Melilotus officinalis* (L.) Pallas〉マメ科の一年草または越年草。別名セイヨウエビラハギ、メリロートソウ。高さは120～250cm。花は黄色。薬用植物。園芸植物。

シナキハダ フェロデンドロン・キネンセの別名。

シナギリ パウロウニア・ファルジェシーの別名。

シナクサギ クマツヅラ科。

シナクジャクゴケ 〈*Hypopterygium tenellum* Müll. Hal.〉クジャクゴケ科のコケ。二次茎は長さ20mm以下。

シナクスモドキ 〈*Cryptocarya chinensis* (Hance) Hemsl.〉クスノキ科の木本。

シナサワグルミ 〈*Pterocarya stenoptera* C. DC.〉クルミ科の落葉高木。葉軸に翼があり、堅果の翼が狭長。樹高30m。樹皮は灰褐色。園芸植物。

シナジャケツイバラ カエサルピニア・デカペタラの別名。

シナジンコウ 〈*Aquilaria sinensis* (Lour.) Gilg.〉ジンチョウゲ科の小木、薬用植物。古木から沈香を得る。熱帯植物。

シナダイフウシ 〈*Taraktogenus hainanensis* Merr.〉イイギリ科の高木。熱帯植物。

シナタラノキ アラリア・キネンシスの別名。

シナダレスズメガヤ 〈*Eragrostis curvula* (Schrad.) Nees〉イネ科の多年草。別名セイタカスズメガヤ。高さは60～120cm。園芸植物。

シナチヂレゴケ 〈*Ptychomitrium gardneri* Lesq.〉ギボウシゴケ科のコケ。体は高さ5cm、葉は卵状長楕円形～線状披針形。

シナデニウム・グランティー トウダイグサ科。園芸植物。

シナナシ 支那梨 バラ科。別名チュウゴクナシ。園芸植物。

シナニッケイ 〈*Cinnamomum cassia* Presl〉クスノキ科の小木。別名ケイ、トンキンニッケイ。高さは7～12m。花は淡黄色。熱帯植物。薬用植物。園芸植物。

シナノ 信濃 クルミ科のクルミの品種。別名信濃改良胡桃。果実は平均11～17g。

シナノアキギリ 〈*Salvia koyamae* Makino〉シソ科の草本。

シナノウメノキゴケ 〈*Parmelia shinanoana* Zahlbr.〉ウメノキゴケ科の地衣類。地衣体は径20cm。

シナノオトギリ 信濃弟切 〈*Hypericum senanense* Maxim.〉オトギリソウ科の草本。別名ミヤマオトギリ、イワオトギリ。高山植物。

シナノガキ 信濃柿 〈*Diospyros lotus* L.〉カキノキ科の薬用植物。別名リュウキュウマメガキ。

シナノキ 科木 〈*Tilia japonica* (Miq.) Simonk.〉シナノキ科の落葉広葉高木。高さは20m。薬用植物。園芸植物。

シナノキイチゴ 〈*Rubus yabei* var. *marmoratus*〉バラ科の木本。

シナノキ科 科名。

シナノキシノブ 〈*Microsorium fortunei* (Moore) Ching〉ウラボシ科のシダ植物。

シナノキンバイ 信濃金梅 〈*Trollius riederianus* Fisch. et C. A. Meyer var. *japonicus* Miq.〉キンポウゲ科の多年草。高さは20～80cm。高山植物。

シナノコザクラ 〈*Primula tosaensis* Yatabe var. *brachycarpa* (H. Hara) Ohwi〉サクラソウ科。

シナノザサ イネ科の木本。

シナノセンボンゴケ 〈*Encalypta procera* Bruch〉ヤリカツギ科のコケ。大形、茎は2cm以上、葉はへら形。

シナノトウヒレン 〈*Saussurea tobitae*〉キク科。

シナノナデシコ 信濃撫子 〈*Dianthus shinanensis* (Yatabe) Makino〉ナデシコ科の多年草。別名ミヤマナデシコ。高さは25～40cm。高山植物。

シナノヒメクワガタ 信濃姫鍬形 〈*Veronica nipponica* var. *shinanoalpina*〉ゴマノハグサ科。高山植物。

シナハシドイ シリンガ・プベスケンスの別名。

シナハゼ 〈*Rhus cotinus* L.〉ウルシ科の小木。心材は黄色でフィセチンを含み染料になる。熱帯植物。

シナヒイラギ 支那柊 〈*Ilex cornuta* Lindl. ex Paxt.〉モチノキ科の常緑低木。別名ヒイラギモドキ、チャイニーズ・ホーリー。高さは4m。花は黄色。薬用植物。園芸植物。

シナヒイラギナンテン メギ科。園芸植物。

シナビロウ 〈*Livistona chinensis* (Jacq.) R. Br. ex Mart.〉ヤシ科。果実は暗青色。高さは20m。熱帯植物。園芸植物。

シナフジ 〈*Wisteria sinensis* (Sims) Sweet〉マメ科の落葉のつる性木本。花は紫から濃紫色。園芸植物。

シナマオウ マオウの別名。

シナマンサク 支那満作 〈*Hamamelis mollis* D. Oliver〉マンサク科の落葉小高木。高さは3～7m。花は黄金色。園芸植物。

シナミザクラ 支那実桜 〈*Prunus pseudo-cerasus* Lindl.〉バラ科。別名シロバナカラミザクラ。高さは7～8m。園芸植物。

シナミズキ 〈*Corylopsis sinensis* Hemsl.〉マンサク科の落葉低木。高さは5m。園芸植物。

シナミズニラ 〈*Isoëtes sinensis* Palmer〉ミズニラ科の沈水性～湿生植物。大胞子表面の模様が不規則でうね状あるいはいぼ状。

シナミツバカエデ 〈*Acer henryi* Pax〉カエデ科の落葉高木。葉は3出複葉。高さは10cm。樹皮は灰色。園芸植物。

シナモン クスノキ科の属総称。別名ニッケイ。

シナモン ニッケイの別名。

シナモンローズ ロサ・シンナモエアの別名。

シナヤブコウジ 〈*Ardisia chinensis* Benth.〉ヤブコウジ科の木本。

シナヤマツツジ 〈*Rhododendron simsii*〉ツツジ科の木本。別名トウサツキ、タイワンヤマツツジ。

シナユリノキ 〈*Liriodendron chinense* (Hemsl.) Sarg.〉モクレン科の落葉高木。高さは15m。花は緑色。樹皮は灰色。薬用植物。園芸植物。

シナヨモギ 〈*Artemisia cina* O. Berg〉キク科の薬用植物。高さは50cm。園芸植物。

シナレンギョウ 支那連翹 〈*Forsythia viridissima* Lindl.〉モクセイ科の落葉低木。高さは3m。花は帯緑黄色。薬用植物。園芸植物。

ジーナ・ロロブリジーダ 〈Gina Lollobrigida〉バラ科。ハイブリッド・ティーローズ系。花は濃黄色。

シナワスレナグサ 〈*Cynoglossum amabile* Stapf et J. R. Drumm.〉ムラサキ科の草本。別名チャイニーズ・フォゲット・ミー・ノット。高さは50cm。花は碧色。園芸植物。切り花に用いられる。

ジニア ヒャクニチソウの別名。

ジニア・アングスティフォリア ホソバヒャクニチソウの別名。

ジニア・エレガンス ヒャクニチソウの別名。

ジニア・グランディフロラ 〈*Zinnia grandiflora* Nutt.〉キク科の一年草。別名シュッコンヒャクニチソウ。高さは2.6m。花は硫黄後に白色。園芸植物。

ジニア・ハーゲアナ メキシコ・ジニアの別名。

ジニア・リネアリス ホソバヒャクニチソウの別名。

ジニンギア オオイワギリソウの別名。

ジニンギア・エウモルファ 〈*Sinningia eumorpha* H. E. Moore〉イワタバコ科の多年草。高さは20～30cm。花は白色。園芸植物。

ジニンギア・カルディナリス 〈*Sinningia cardinalis* (Lehm.) H. E. Moore〉イワタバコ科の多年草。高さは15～20cm。花は白色。園芸植物。

ジニンギア・コンキンナ 〈*Sinningia concinna* (Hook. f.) Nichols.〉イワタバコ科の多年草。花は上部は紫下部は白色。園芸植物。

ジニンギア・バルバタ 〈*Sinningia barbata* (Nees et Mart.) Nichols.〉イワタバコ科の多年草。高さは30cm。花は白色。園芸植物。

ジニンギア・ヒルスタ 〈*Sinningia hirsuta* (Lindl.) Nichols.〉イワタバコ科の多年草。花は白色。園芸植物。

ジニンギア・プシラ 〈*Sinningia pusilla* (Mart.) Baill.〉イワタバコ科の多年草。花は藤色。園芸植物。

ジニンギア・マクロポダ 〈*Sinningia macropoda* (T. Sprague) H. E. Moore〉イワタバコ科の多年草。花は赤紅色。園芸植物。

ジニンギア・リッチー 〈*Sinningia richii* Clayb.〉イワタバコ科の多年草。高さは15cm。花は白色。園芸植物。

ジニンギア・レウコトリカ 〈*Sinningia leucotricha* (Hoehne) H. E. Moore〉イワタバコ科の多年草。高さは25cm。花は橙赤色。園芸植物。

ジニンギア・レギナ 〈*Sinningia regina* T. Sprague〉イワタバコ科の多年草。高さは20cm。花は紫色。園芸植物。

シネイレシス・アコニティフォリア 〈*Syneilesis aconitifolia* (Bunge) Maxim.〉キク科の多年草。別名ホソバヤブレガサ。高さは70～120cm。花は帯紅色。園芸植物。

シネイレシス・パルマタ ヤブレガサの別名。

シネカンツス・ヴァルセヴィチアヌス 〈*Synechanthus warscewiczianus* H. Wendl.〉ヤシ科。別名ボラヤシ。高さは5.4m。園芸植物。

シネカンツス・フィブロッス 〈*Synechanthus fibrosus* (H. Wendl.) H. Wendl.〉ヤシ科。高さは5.4m。園芸植物。

シネラリア 〈*Senecio cruentus* (Masson ex L'Hérit.) DC.〉キク科の多年草。別名フキザクラ(蕗桜)、フキギク(蕗菊)、フウキギク(富貴菊)。高さは60～90cm。花は紫紅色。園芸植物。

シネラリア・フラワード キク科のアスターの品種。園芸植物。

シノクラッスラ・デンシロスラタ 〈*Sinocrassula densirosulata* (Praeg.) A. Berger〉ベンケイソウ科の多肉植物。別名立田鳳。ロゼット径3～5cm。花は紅色。園芸植物。

シノクラッスラ・ユンナネンシス 〈*Sinocrassula yunnanensis* (Franch.) A. Berger〉ベンケイソウ科の多肉植物。別名四馬路。葉長さ15～25mm。園芸植物。

シノグロッサム シナワスレナグサの別名。

シノテイア アヤメ科の球根植物。

シノティア

シノティア・ワァリエガタ 〈*Synnotia variegata* Sweet〉アヤメ科。高さは25～40cm。花は青紫ないし紫色。園芸植物。

シノティア・ウイロサ 〈*Synnotia villosa* (Burm. f.) N. E. Br.〉アヤメ科。高さは15～35cm。花は淡黄色。園芸植物。

シノディルシア・ユンナネンシス 〈*Sinodielsia yunnanensis* Wolff.〉セリ科の薬用植物。

シノノメ 東雲 〈*Echeveria agavoides* Lem.〉ベンケイソウ科。ロゼット径10～15cm。花は橙赤色。園芸植物。

シノノメ 東雲 ツバキ科のサザンカの品種。園芸植物。

シノノメソウ 〈*Ophelia umbellata* (Makino) Toyokuni〉リンドウ科の草本。高山植物。

シノバンブサ・トーチク トウチクの別名。

シノブ 忍 〈*Davallia mariesii* Moore ex Baker〉シノブ科(ウラボシ科)の夏緑性シダ。葉身は長さ10～20cm。三角状卵形。園芸植物。

シノブイトゴケ 〈*Floribundaria floribunda* (Dozy & Molk.) M. Fleisch.〉ハイヒモゴケ科のコケ。二次茎は基物上をはうか下垂し、枝葉は卵形。

シノブカグマ 〈*Arachniodes mutica* (Franch. et Savat.) Ohwi〉オシダ科の常緑性シダ。葉身は長さ40～60cm。卵状長楕円形。

シノブグサ 〈*Herpopteros zonaricola* Okamura〉フジマツモ科の海藻。糸状。

シノブゴケ シノブゴケ科のコケ。

シノブチョウチンゴケ 〈*Cyrtomnium hymenophylloides* (Huebener) T. J. Kop.〉チョウチンゴケ科のコケ。小形、茎は長さ2cm以下、黒みがあり、葉は卵形～ほぼ円形。

シノブノキ ハゴロモノキの別名。

シノブヒバ 忍檜葉 〈*Chamaecyparis pisifera* (Sieb. et Zucc.) Sieb. et Zucc. ex Endl. cv. Plumosa〉ヒノキ科。別名ニッコウヒバ。園芸植物。

シノブヒバゴケ 〈*Hylocomiastrum himalayanum* (Mitt.) Broth.〉イワダレゴケ科のコケ。大形で、茎葉はほぼ三角形。

シノブボウキ アスパラガス・プルモーサス・ナナスの別名。

シノブホラゴケ 忍洞苔 〈*Vandenboschia maxima* (Blume) Copel.〉コケシノブ科の常緑性シダ。葉身は長さ20～40cm。三角状楕円形から広楕円形。

シノブホングウシダ 〈*Lindsaea kawabatae* Kurata〉ホングウシダ科(イノモトソウ科、ワラビ科)の常緑性シダ。葉身は長さ8～15cm。三角状長楕円形。日本絶滅危機植物。

シノブモクセイソウ 〈*Reseda alba* L.〉モクセイソウ科。高さは90cm。花は緑白色。園芸植物。

シバ 芝 〈*Zoysia japonica* Steud.〉イネ科の多年草。別名ノシバ、ヤマシバ。高さは10～20cm。園芸植物。

シハイスミレ 紫背菫 〈*Viola violacea* Makino var. *violacea*〉スミレ科の多年草。葉は狭卵形または広披針形。高さは4～10cm。園芸植物。

シハイタケ 〈*Trichaptum abietinum* (Dicks.：Fr.) Ryv.〉タコウキン科のキノコ。

シバゴケ 〈*Racopilum aristatum* Mitt.〉ホゴケ科のコケ。別名ホゴケ。茎は這い、側葉は楕円形または卵形。

シバザクラ 芝桜 〈*Phlox subulata* L.〉ハナシノブ科の多年草。別名ハナツメクサ(花爪草)。花は濃桃、ピンク、白など。園芸植物。

シバザクラ 芝桜 ハナシノブ科の属総称。宿根草。

シバスゲ 〈*Carex caryophyllea* Latour. var. *nervata* (Franch. et Savat.) T. Koyama〉カヤツリグサ科の多年草。高さは10～30cm。

シバタエア・クマサカ オカメザサの別名。

シバツメクサ 〈*Scleranthus annuus* L.〉ナデシコ科の一年草または越年草。高さは3～20cm。

シバナ 塩場菜 〈*Triglochin maritimum* L.〉シバナ科の多年草。別名モシオグサ。高さは10～50cm。日本絶滅危機植物。

シバナ 〈*Triglochin maritimum* var. *asiaticum*〉ホロムイソウ科の草本。別名オオシバナ、マルミノシバナ。

シバナ科 科名。

シバニッケイ 〈*Cinnamomum doederleinii* Engl.〉クスノキ科の木本。

シバネム 〈*Smithia ciliata* Royle〉マメ科の草本。別名シバクサネム。

シバハギ 柴萩 〈*Desmodium heterocarpon* (L.) DC.〉マメ科の草本状小低木。別名クサハギ。高さは100前後。

シバフウラベニタケ 〈*Entoloma pulchellum* (Hongo) Hongo〉イッポンシメジ科のキノコ。小型、傘は淡黄橙色、湿時条線、中央部はへそ状。ひだはピンク色。

シバフタケ 〈*Marasmius oreades* (Bolt.：Fr.) Fr.〉キシメジ科のキノコ。別名ワヒダタケ。

シバムギ 〈*Elymus repens* (L.) Gould〉イネ科の多年草。別名ヒメカモジグサ。高さは40～90cm。

シバヤナギ 柴柳 〈*Salix japonica* Thunb. ex Murray〉ヤナギ科の落葉低木。

シー・パール 〈Sea Pearl〉バラ科。フロリバンダ・ローズ系。花はソフトピンク。

シビイタチシダ 〈*Dryopteris shibipedis* Kurata〉オシダ科の常緑性シダ。葉身は2回羽状複生。

シビイヌワラビ 〈*Athyrium kenzo-satakei* Kurata〉オシダ科の常緑性シダ。葉身は長さ30cm。狭卵形～狭長楕円状三角形。

シビイワヘゴ 〈*Dryopteris × shibisanensis* Kurata〉オシダ科のシダ植物。

シビカナワラビ 〈*Arachniodes hekiana* Kurata〉オシダ科の常緑性シダ。最下羽片の下向きの第1小羽片は羽状に中裂。

ジビジビ 〈*Caesalpinia coriaria* Willd.〉マメ科の小木。莢はタンニン原料。熱帯植物。

シビレクズウコン 〈*Thaumatococcus daniellii* Benth.〉クズウコン科の草本。葉は広卵形、花は地表に近く生ず。高さ2m。熱帯植物。

シビレタケ モエギタケ科。

ジーフェキンギア・スアウィス 〈*Sievekingia suavis* Rchb. f.〉ラン科。花は橙色。園芸植物。

シフォカムピルス・オルビグニアヌス 〈*Siphocampylus orbignianus* A. DC.〉キキョウ科の低木。

シフォケンティア・ベガニー 〈*Siphokentia beguinii* Burret〉ヤシ科。高さは6m。園芸植物。

シーフォーム 〈Sea Foam〉バラ科。シュラブ・ローズ系。花は白色。

シブカワツツジ 〈*Rhododendron sanctum* Nakai var. *lasiogynum* Nakai ex H. Hara〉ツツジ科の落葉低木。

ジプシー ナデシコ科。別名ダイアンサス・ジプシー、カーネーションソネット。切り花に用いられる。

ジプシークリオーサ バラ科のバラの品種。切り花に用いられる。

シブツアサツキ 至仏浅葱 〈*Allium schoenoprasum* var. *shibutuense*〉ユリ科。高山植物。

シフネルゴケ 〈*Schiffneria hyalina* Steph.〉ヤバネゴケ科のコケ。茎は長さ2～3cm。

シブヤザサ 〈*Pleioblastus shibuyanus* Makino ex Nakai〉イネ科の常緑中型笹。葉の縁辺と中央とに緑条が残り、他の部分は白い。園芸植物。

シブヤザサ 渋谷笹 プレイオブラスツス・シブヤヌスの別名。

ジブラルタル ツツジ科のアザレアの品種。園芸植物。

ジブラルタルマガリバナ イベリス・ジブラルタリカの別名。

シプリペディウム ラン科の属総称。

シプリペディウム・アカウレ 〈*Cypripedium acaule* Ait.〉ラン科。高さは20cm。花は帯緑褐色。園芸植物。

シプリペディウム・カリフォルニクム 〈*Cypripedium californicum* A. Gray〉ラン科。高さは1.2m。花は黄、黄緑色。園芸植物。

シプリペディウム・カルケオルス オオキバナアツモリソウの別名。

シプリペディウム・コルディゲルム 〈*Cypripedium cordigerum* D. Don〉ラン科。高さは25～30cm。花は紫褐色。園芸植物。

シプリペディウム・デウィレ コアツモリソウの別名。

シプリペディウム・マクランツム 〈*Cypripedium macranthum* Swartz〉ラン科。高さは25～40cm。花は淡紅紫色。園芸植物。

シプリペディウム・ヤタベアヌム キバナノアツモリソウの別名。

シプリペディウム・ヤポニクム クマガイソウの別名。

シプリペディウム・レギナエ 〈*Cypripedium reginae* Walt.〉ラン科の多年草。別名アメリカアツモリソウ。高さは50～70cm。花は白、桃色。園芸植物。

シベナガムラサキ 〈*Echium vulgare* L.〉ムラサキ科の越年草。高さは40～80cm。花は青紫色。高山植物。園芸植物。

シペラス カヤツリグサ科の属総称。別名カヤツリグサ。

シペラス・アルテルニフォリウス シュロガヤツリの別名。

シペラス・アルテルニフォリウス・グラシリス カヤツリグサ科。別名コシュロガヤツリ。園芸植物。

シペラス・イソクラドス カヤツリグサ科。別名ミニパピルス、カヤツリグサ。切り花に用いられる。

シペラ・ハーバーティー キペラ・ハーバーティーの別名。

シベリア・アイリス アヤメ科の園芸品種群。花は白、紫、青、紅色。園芸植物。

シベリア・ウォールフラワー アブラナ科。別名チェランサス。園芸植物。

シベリアコリンゴ 〈*Malus baccata* (L.) Borkh.〉バラ科の落葉高木。樹高15m。樹皮は灰褐色。園芸植物。

シベリアノコンギク アスター・アゲラトイデスの別名。

シベリアヒナゲシ シベリア雛芥子 アイスランド・ポッピーの別名。

シベリアモミ アビエス・シビリカの別名。

シベリアリュウキンカ 〈*Caltha palustris* L.〉キンポウゲ科の多年草。高さは50～80cm。花は黄色。高山植物。園芸植物。

シベリウス キク科のデージーの品種。園芸植物。

シベリペジューム・ヒマライクム 〈*Cypripedium himalaicum* Rolfe〉ラン科の多年草。高山植物。

シベリヤツルボ スキラ・シビリカの別名。

シホウギョク 紫宝玉 エキノマスツス・ウングイスピヌスの別名。

シホウチク 四方竹 〈*Tetragonocalamus angulatus* (Munro) Nakai〉イネ科の常緑中型竹。別名シカクダケ、ホウチク。稈径20～30mm。園芸植物。

シホウデン　紫鳳殿　アヤメ科のハナショウブの品種。園芸植物。

シホウリュウ　紫鳳竜　フェロカクツス・オーカッティーの別名。

シボタン　紫牡丹　パエオニア・ドゥラヴェイーの別名。

シボチク　〈*Phyllostachys bambusoides* Siebold et Zucc. 'Marliacea'〉イネ科の木本。マダケの変種。

シボリアミモヨウ　〈*Microdictyon vanbosseae* Setchell〉アオモグサ科の海藻。網の目に大小2種あり。

シボリイリス　アヤメ科。園芸植物。

シボリカタバミ　〈*Oxalis versicolor* L.〉カタバミ科。高さは6〜25cm。花は白、紫紅色。園芸植物。

シーボルトノキ　〈*Rhamnus utilis* Decne.〉クロウメモドキ科の木本。高さは2〜4m。園芸植物。

シマアオイソウ　〈*Peperomia argyreia* (Miq.) E. Morr.〉コショウ科の多年草。高さは15cm。園芸植物。

シマアケボノソウ　〈*Swertia makinoana*〉リンドウ科。

シマアザミ　〈*Cirsium brevicaule* A. Gray〉キク科の草本。

シマイガクサ　〈*Rhynchaspora boninensis*〉カヤツリグサ科。

シマイズセンリョウ　〈*Maesa tenera* Mez〉ヤブコウジ科の常緑小低木。別名カラウバガネ。花は白色。園芸植物。

シマイスノキ　〈*Distylium lepidotum* Nakai〉マンサク科の常緑低木。別名マルバイスノキ。

シマイチビ　〈*Abutilon indicum* Don.〉アオイ科の草本。葉裏白短毛、茎は紫。花は黄色。熱帯植物。薬用植物。

シマイヌノエフデ　〈*Jansia boninensis* (Fisch.) Lloyd〉スッポンタケ科のキノコ。

シマイヌワラビ　〈*Athyrium tozanense* (Hayata) Hayata〉オシダ科の夏緑性シダ。別名ホウライイヌワラビ。葉身は長さ13〜35cm。披針形。

シマイボクサ　〈*Murdannia loriformis* (Hassk.) R. Rao et Kammathy〉ツユクサ科の草本。別名ハナイボクサ。

シマイワカガミ　〈*Shortia rotundifolia*〉イワウメ科。別名シマイワウチワ。

シマウツボ　〈*Orobanche boninsimae* (Maxim.) Tuyama〉ハマウツボ科の寄生草。全株黄色、粗毛密布。花は黄色。熱帯植物。

シマウリカエデ　〈*Acer insulare* Makino〉カエデ科の木本。

シマウリクサ　島瓜草　〈*Lindernia anagallis* (Burm. f.) Pennell〉ゴマノハグサ科の草本。

シマウリノキ　島瓜木　〈*Alangium premnifolium* Ohwi〉ウリノキ科の落葉低木または高木。

シマエンジュ　島槐　〈*Maackia tashiroi* (Yatabe) Makino〉マメ科の落葉低木。別名シマイヌエンジュ。

シマオオギ　〈*Zonaria diesingiana* J. Agardh〉アミジグサ科の海藻。いくつもの葉片からなる。体は径5cm。

シマオオタニワタリ　島大谷渡　〈*Neottopteris nidus* (L.) J. Smith〉チャセンシダ科の常緑性シダ。葉長1〜1.5m。葉身は披針形。園芸植物。

シマオトコヤシ　クリノスティグマ・カロリネンセの別名。

シマオバナゴケ　〈*Trematodon semitortidens* Sakurai〉シッポゴケ科のコケ。茎は長さ3〜6mm。

シマカコソウ　〈*Ajuga boninsimae* Maxim.〉シソ科。日本絶滅危機植物。

シマカスリソウ　ディフェンバキア・リトゥラータの別名。

シマカナビキソウ　〈*Scoparia dulcis* L.〉ゴマノハグサ科の草本。花は白色。熱帯植物。

シマカナメモチ　〈*Photinia wrightiana* Maxim.〉バラ科の常緑高木。

シマガマズミ　〈*Viburnum brachyandrum* Nakai〉スイカズラ科の落葉低木。

シマガヤ　リボングラスの別名。

シマガラガラ　〈*Galaxaura subverticillata* Kjellman〉ガラガラ科の海藻。枝端付近の毛が輪生する。体は3〜7cm。

シマカンギク　アブラギクの別名。

シマカンスゲ　カヤツリグサ科。園芸植物。

シマキクシノブ　〈*Humata trifoliata* Cav.〉シノブ科の常緑性シダ。葉身は長さ14cm。三角状長楕円形。

シマキケマン　〈*Corydalis tashiroi* Makino〉ケシ科の草本。

シマキツネノボタン　島狐の牡丹　〈*Ranunculus sieboldii* Miq.〉キンポウゲ科の草本。別名ヤエヤマキツネノボタン。

シマギョクシンカ　〈*Tarenna subsessilis*〉アカネ科の常緑低木。

シマキンレイカ　〈*Patrinia triloba* var. *kozushimensis*〉オミナエシ科。

シマギンレイカ　シマギンレイソウの別名。

シマギンレイソウ　〈*Lysimachia decurrens* G. Forst.〉サクラソウ科の草本。

シマクサギ　〈*Clerodendrum izuinsulare* K. Inoue, M. Haseg. et S. Kobay.〉クマツヅラ科の木本。

シマクジャク　〈*Diplazium longicarpum* Kodama〉オシダ科の常緑性シダ。葉身は長さ80cm。単羽状複生。

シマクマタケラン 〈*Alpinia boninsimensis*〉ショウガ科。別名ヤマソウカ。

シマクモキリソウ 〈*Liparis hostaefolia* Koidz.〉ラン科。日本絶滅危惧植物。

シマグワ 〈*Morus australis* Poir.〉クワ科の薬用植物。

シマケンザン 縞剣山 〈*Dyckia brevifolia* Bak.〉パイナップル科の小形の多肉草。葉は厚く裏面縦縞。高さは8cm。花は鮮黄色。熱帯植物。園芸植物。

シマゴショウ 〈*Peperomia boninsimensis* Makino〉コショウ科。

シマコバンノキ 〈*Phyllanthus reticulatus* Poir.〉トウダイグサ科の木本。熱帯植物。

シマザクラ 〈*Hedyotis grayi* Benth.〉アカネ科の常緑低木。

シマサクラガンピ 島桜雁皮 〈*Diplomorpha yakusimensis* (Makino) Masamune〉ジンチョウゲ科の木本。別名シマコガンピ。

シマササ チゴザサの別名。

シマササバラン 〈*Liparis formosana* var. *hachijoensis*〉ラン科。

シマサジラン 〈*Loxogramme salicifolia* var. *toyoshimae*〉ウラボシ科。

シマサルスベリ 島猿滑 〈*Lagerstroemia subcostata* Koehne〉ミソハギ科の落葉高木。別名タイワンサルスベリ。高さは10m。花はうすい紫～白色。園芸植物。

シマサルナシ 〈*Actinidia rufa* (Sieb. et Zucc.) Planch. ex Miq.〉マタタビ科(サルナシ科)のつる性低木。別名ナシカズラ。園芸植物。

シマサンゴアナナス 〈*Aechmea fasciata* (Lindl.) Bak.〉パイナップル科の着生種。花は先端が淡青紫色。園芸植物。

シマジタムラソウ 〈*Salvia isensis* Nakai〉シソ科の草本。

シマシャクナゲ ロドデンドロン・カワカミーの別名。

シマシャジン 〈*Adenophora tashiroi* Makino et Nakai〉キキョウ科の草本。

シマシャリンバイ 〈*Phaphiolepis integerrima*〉バラ科。別名オガサワラシャリンバイ。

シマジュウモンジシダ タイワンジュウモンジシダの別名。

シマシュスラン 〈*Goodyera viridiflora* (Blume) Blume〉ラン科の草本。別名イチゲシュスラン。日本絶滅危惧植物。

シマシラキ 〈*Excoecaria agallocha* L.〉トウダイグサ科の木本。別名オキナワジンコウ。マングローブ、鋸歯不明瞭。熱帯植物。

シマシロヤマシダ 〈*Diplazium doederleinii* (Luerss.) Makino〉オシダ科の常緑性シダ。葉柄は長さ30～50cm。葉身は卵状三角形。

シマスズメノヒエ 〈*Paspalum dilatatum* Poir.〉イネ科の多年草。高さは50～150cm。

シマセンネンショウ リュウゼツラン科。園芸植物。

シマセンネンボク ドラセナ・フラグランス・マッサンゲアナの別名。

シマセンブリ 〈*Centaurium japonicum* (Maxim.) Druce〉リンドウ科の草本。

シマソケイ 〈*Neisosperma iwasakianum* (Koidz.) Fosberg et Sachet〉キョウチクトウ科の木本。

シマダイジン 島大臣 キンポウゲ科のボタンの品種。園芸植物。

シマタイミンタチバナ 〈*Myrsine maximowiczii*〉ヤブコウジ科の常緑小高木。

シマタキミシダ 〈*Antrophyum formosanum* Hieron.〉シシラン科の常緑性シダ。葉身は長さ10～30cm。倒披針形から長楕円形。

シマタゴ 〈*Fraxinus retusa* Champ. ex Benth.〉モクセイ科の木本。

シマタコノキ パンダヌス・ヴィーチーの別名。

シマダジア 〈*Heterosiphonia pulchra* (Okamura) Falkenberg〉ダジア科の海藻。羽状に分岐。

シマタニワタリノキ アカネ科。園芸植物。

シマタヌキラン 〈*Carex doenitzii* Böcklr. var. *okuboi* (Franch.) Kükenth.〉カヤツリグサ科。

シマチカラシバ 〈*Pennisetum sordidum* Koidz.〉イネ科。

シマチョウセンマツ ピヌス・アルマンディーの別名。

シマツナソ 〈*Corchorus aestuans* L.〉シナノキ科。花は濃黄色。熱帯植物。園芸植物。

シマツユクサ 〈*Commelina diffusa* Burm. fil.〉ツユクサ科の草本。別名ハダカツユクサ。

シマツルアズキ 〈*Phaseolus calcaratus* Roxb.〉マメ科の蔓草。種子赤。花は黄色。熱帯植物。

シマテングサ 〈*Gelidiella acerosa* (Forsskål) Feldmann et Hamel〉テングサ科の海藻。円柱状。

シマテングヤシ マウリティア・セティゲラの別名。

シマテンツキ 〈*Fimbristylis sieboldii* Miq. ex Franch. et Sav. subsp. *anpinensis* (Hayata) T. Koyama〉カヤツリグサ科。

シマテンナンショウ 島天南星 〈*Arisaema negishii* Makino〉サトイモ科の多年草。別名ヘゴダマ。仏炎苞は緑色。園芸植物。

シマトウ カラムス・フォルモサヌスの別名。

シマトウガラシ キダチトウガラシの別名。

シマトウヒレン 〈*Saussurea insularis* Kitam.〉キク科の草本。

シマトキン

シマトキンソウ 〈*Soliva anthemifolia* (Juss.) Less.〉キク科の一年草。別名タカサゴトキンソウ、イガトキンソウ。高さは10cm。花は黄緑色。

シマトネリコ 島十練子 〈*Fraxinus griffithii* C. B. Clarke〉モクセイ科の落葉高木。別名タイワンシオジ。4裂する花冠。園芸植物。

シマトベラ 〈*Pittosporum undulatum* Vent.〉トベラ科の常緑高木。別名トウショゴ。園芸植物。

シマナンヨウスギ 島南洋杉 〈*Araucaria heterophylla* (Salisb.) Franco〉ナンヨウスギ科の常緑大高木。別名コバノナンヨウスギ。高さは50～60m。園芸植物。

シーマニア グロクシニア・シルヴァティカの別名。

シマニシキソウ 島錦草 〈*Euphorbia hirta* L.〉トウダイグサ科の草本。別名タイワンニシキソウ。多毛、白乳液。熱帯植物。薬用植物。

シマノガリヤス キリシマノガリヤスの別名。

シマハスノハカズラ 〈*Stephania tetrandra* S. Moore.〉ツヅラフジ科の薬用植物。

シマハナビラゴケ 〈*Pannaria mariana* (Fr.) Müll. Arg.〉ハナビラゴケ科の地衣類。裂芽が全くない。

シマバライチゴ 島原苺 〈*Rubus lambertianus* Ser.〉バラ科の木本。

シマバランウ 〈*Bergia ammannioides* Roxb. ex Roth〉ミゾハコベ科の草本。別名ヤンバルミゾハコベ。

シマハラン ハランの別名。

シマヒゲシバ ムラサキシマヒゲシバの別名。

シマヒョウタンゴケ 〈*Entosthodon wichurae* M. Fleisch.〉ヒョウタンゴケ科のコケ。小形、茎は長さ6mm以下、葉は長楕円状披針形。

シマビロウ 〈*Livistona woodfordii* Ridl.〉ヤシ科。葉は軟、果実は青より橙色。熱帯植物。

シマフクロハイゴケ 〈*Vesicularia reticulata* (Dozy & Molk.) Broth.〉ハイゴケ科のコケ。茎は密に羽状に分枝し、茎葉は卵状披針形～広披針形。

シマフジバカマ 〈*Eupatorium luchuense* Nakai〉キク科の草本。

シマフデノホゴケ 〈*Acroporium secundum* (Reinw. & Hornsch.) M. Fleisch.〉ナガハシゴケ科のコケ。葉は楕円状卵形。

シマフトイ カヤツリグサ科。別名シマオイ、シママルイ。園芸植物。切り花に用いられる。

シマフムラサキツユクサ 〈*Zebrina pendula* Schnitzlein〉ツユクサ科の多年草。別名ハカタカラクサ。熱帯植物。園芸植物。

シマホザキラン 〈*Malaxis boninensis* (Koidz.) Nackejima〉ラン科。日本絶滅危機植物。

シマホタルブクロ 〈*Campanula punctata* Lam. var. *microdonta* (Koidz.) Ohwi〉キキョウ科。

シマホルトノキ 〈*Elaeocarpus photiniaefolia* Hook. et Arn.〉ホルトノキ科の常緑高木。

シママンネンタケ 〈*Ganoderma boninense* Pat.〉マンネンタケ科のキノコ。

シマミサオノキ 〈*Aidia canthioides* (Champ. ex Benth.) Masam.〉アカネ科の木本。

シマムカデシダ 島百足羊歯 〈*Prosaptia kanashiroi* (Hayata) Nakai ex Yamamoto〉ヒメウラボシ科(ウラボシ科)の常緑性シダ。別名カナグスクシダ、イワクジャクシダ。葉身は長さ10～30cm。狭披針形。

シマムラサキ 〈*Callicarpa glabra*〉クマツヅラ科の常緑低木。

シマムロ 〈*Juniperus taxifolia* Hook. et Arn.〉ヒノキ科の常緑低木。別名ヒデ。高さは2～3m。園芸植物。

シマムロ シャモヒバの別名。

シマモクセイ 〈*Osmanthus insularis* Koidz.〉モクセイ科の常緑高木。別名サツマモクセイ、ハチジョウモクセイ、ナタオレノキ。高さは18m。花は白色。園芸植物。

シマモチ 〈*Ilex mertensii* Maxim.〉モチノキ科の木本。

シマヤマソテツ 〈*Plagiogyria stenoptera* (Hance) Diels〉キジノオシダ科の常緑性シダ。葉身は長さ20～50cm。

シマヤマブキショウマ 〈*Aruncus dioicus* (Walt.) Fern. var. *insularis* Hara〉バラ科。

シマヤワラシダ 〈*Thelypteris gracilescens* (Bl.) Ching〉オシダ科(ヒメシダ科)の常緑性シダ。葉身は長さ25～35cm。長楕円状披針形から披針形。

シマユキカズラ 〈*Pileostegia viburnoides* Hook. f. et Thomson〉ユキノシタ科の木本。

シマリュウゼツラン リュウゼツラン科(ヒガンバナ科)。園芸植物。

シミシフガ・ラセモーサ キミキフガ・ラケモサの別名。

シミタケ 〈*Oligoporus fragilis* (Fr.) Gilb. & Ryv.〉サルノコシカケ科のキノコ。中型～大型。傘は白色→赤褐色。

ジムカデ 地蜈蚣, 地百足 〈*Harrimanella stelleriana* (Pallas) Cov.〉ツツジ科のわい小低木。高山植物。

ジムカデゴケ 〈*Didymodon rigidicaulis* (Müll. Hal.) K. Saito〉センボンゴケ科のコケ。茎は長さ15mmまで、葉は広卵形～披針形。

シムフィツム・オリエンターレ 〈*Symphytum orientale* L.〉ムラサキ科の多年草。

シムフィツム・ツベロスム 〈*Symphytum tuberosum* L.〉ムラサキ科の多年草。

シムライノデ 〈*Polystichum shimurae* Sa. Kurata ex Seriz.〉オシダ科の常緑性シダ。葉身は長さ30〜75cm。広披針形〜狭長楕円形。

シムラニンジン 志村人参 〈*Pterygopleurum neurophyllum* (Maxim.) Kitagawa〉セリ科の草本。

シメジ 〈*Lyophyllum shimeji* (Kawam.) Hongo〉キシメジ科(シメジ科)のキノコ。別名カブシメジ、ダイコクシメジ、センボンシメジ。中型〜大型。高さは3〜10cm。傘は淡灰褐色、かすり模様。ひだは白色。園芸植物。

シメジモドキ 〈*Rhodophyllus clypeatus* (L.) Quél.〉イッポンシメジ科のキノコ。別名ハルシメジ。

シメリイワゴケ 〈*Dichodontium pellucidum* (Hedw.) Schimp.〉シッポゴケ科のコケ。茎は長さ2〜5cm、葉は披針形〜舌形。

シメリカギハイゴケ 〈*Drepanocladus aduncus* (Hesw.) Warnst.〉ヤナギゴケ科のコケ。茎はやや羽状に分枝、茎葉は卵状三角形〜披針形。

シメリゴケ 〈*Hygrohypnum luridum* (Hedw.) Jenn.〉ヤナギゴケ科のコケ。中形で茎葉は楕円形〜卵状楕円形。

シメリヒョウタンゴケ ヒョウタンゴケの別名。

シーメン キク科のダリアの品種。園芸植物。

ジモグリツメクサ 〈*Trifolium subterraneum* L.〉マメ科の一年草。長さは5〜30cm。花は淡黄色。

シモクレン モクレンの別名。

シモコシ 〈*Tricholoma auratum* (Fr.) Gillet〉キシメジ科のキノコ。中型〜大型。傘は硫黄色、中央は帯赤褐色。ひだは硫黄色。

シモダカナワラビ 〈*Arachniodes* × *sasamotoi* Kurata〉オシダ科のシダ植物。

シモダカンアオイ 〈*Asarum muramatsui* var. *shimodanum*〉ウマノスズクサ科。

シモダヌリトラノオ 〈*Asplenium boreale* × *normale*〉チャセンシダ科のシダ植物。

シモダマツゲゴケ 〈*Parmelia grayana* Hue〉ウメノキゴケ科の地衣類。葉体はやや厚手。

シモツケ 下野 〈*Spiraea japonica* L. f.〉バラ科の落葉低木。別名キシモツケ。園芸植物。

シモツケソウ 下野草 〈*Filipendula multijuga* Maxim.〉バラ科の多年草。別名クサシモツケ。高さは30〜100cm。花は淡紅色。高山植物。園芸植物。

シモツケヌリトラノオ 〈*Asplenium normale* var. *boreale* Ohwi ex Kurata〉チャセンシダ科のシダ植物。

シモバシラ 霜柱 〈*Keiskea japonica* Miq.〉シソ科の多年草。別名ユキヨセソウ。高さは40〜70cm。

シモフリゴケ 霜降苔 〈*Racomitrium lanuginosum* (Hedw.) Brid.〉ギボウシゴケ科のコケ。別名タカネシモフリゴケ。中形〜大形、暗緑色〜黒緑色、葉は狭披針形。

シモフリシメジ 〈*Tricholoma portentosum* (Fr.) Quél.〉キシメジ科のキノコ。別名ギンタケ、ヌノバイ、ユキノシタ。中型。傘は暗灰色で湿時粘性、放射状繊維。ひだは帯黄白色。

シモフリヌメリガサ 〈*Hygrophorus hypothejus* (Fr. : Fr.) Fr. f. *hypothejus*〉ヌメリガサ科のキノコ。小型〜中型。傘はオリーブ色、粘性。

シモフリヒジキゴケ ヒジキゴケの別名。

シモンジア・キネンシス ホホバの別名。

ジャイアント・インペリアル キンポウゲ科のラークスパーの品種。園芸植物。

ジャイアント・シャボー ナデシコ科のカーネーションの品種。園芸植物。

ジャイアント・パシフィックス キンポウゲ科のラークスパーの品種。園芸植物。

ジャイアント・バタフライ フウロソウ科のペラルゴニウムの品種。園芸植物。

ジャイアント・ホワイト ナデシコ科のナデシコの品種。園芸植物。

シャウエリア・カリコトリカ 〈*Schauelia calycotricha* (Link et Otto) Nees〉キツネノマゴ科。高さは60〜100cm。花は淡黄色。園芸植物。

シャガ 射干, 著莪, 胡蝶花 〈*Iris japonica* Thunb.〉アヤメ科の多年草。別名コチョウカ。高さは30〜70cm。花は白色。園芸植物。

ジャガー ラン科のパフィオペディルム・スパーショルトの品種。

ジャガイモ 馬鈴薯 〈*Solanum tuberosum* L.〉ナス科の根菜類。別名ジャガタライモ、五升イモ、二度イモ。長さ60〜100cm。花は白、淡紅、紫など。薬用植物。園芸植物。

ジャガイモカズラ 〈*Faradaya splendida* F. Muell.〉クマツヅラ科の観賞用蔓木。果実はジャガイモのような色。花は白色。熱帯植物。

シャカシメジ 釈迦占地 〈*Lyophyllum fumosum* (Pers. : Fr.) P. D. Orton〉キシメジ科のキノコ。別名センボンシメジ。小型〜中型。傘は灰褐色。ひだは灰白色。

ジャガタラズイセン 咬吧水仙 〈*Hippeastrum reginae* (L.) Herb.〉ヒガンバナ科の多年草、球根植物。花は赤色。園芸植物。

ジャカランダ 〈*Jacaranda acutifolia* Humb. et Bonpl.〉ノウゼンカズラ科の木本。高さは3m。花は青色。園芸植物。

ジャカランダ ノウゼンカズラ科の属総称。

ジャカランダ・オブツシフォリア 〈*Jacaranda obtusifolia* Humb. et Bonpl.〉ノウゼンカズラ科の木本。高さは18m。花は青藤色。園芸植物。

ジャカランダ・クスピディフォリア 〈*Jacaranda cuspidifolia* Mart.〉ノウゼンカズラ科の木本。高さは9m。花は青藤色。園芸植物。

シャク 杓 〈*Anthriscus aemula* Schischk.〉セリ科の多年草。別名コシャク。高さは80～140cm。高山植物。薬用植物。

シャクシゴケ 〈*Cavicularia densa* Steph.〉ウスバゼニゴケ科のコケ。別名ミドリシャクシゴケ。不透明な緑色、長さ3～10cm。

シャクシナ アブラナ科。

シャクジョウソウ 錫杖草 〈*Monotropa hypopithys* L.〉イチヤクソウ科の多年生腐生植物。高さは10～25cm。高山植物。

シャクジョウバナ シャクジョウソウの別名。

シャクチリソバ 赤地利蕎麦 〈*Fagopyrum dibotrys* (D. Don) Hara〉タデ科の多年草。別名シュッコンソバ。高さは50～120cm。花は白色。薬用植物。園芸植物。

シャクトリムシマメ 〈*Scorpiurus muricatus* L. var. *subvillosus* L.〉マメ科の一年草。

シャクナゲ 〈*Rhododendron japonoheptamerum* Kitamura var. *japonoheptamerum*〉ツツジ科の木本。別名ホン・ハクサン・ヤエハクサンシャクナゲ、ヒシバツ、フチベニアズマシャクナゲ。薬用植物。

シャクナゲ 石南花 ツツジ科の属総称。別名シャクナン。園芸植物。

シャクナゲ アズマシャクナゲの別名。

シャクナゲモドキ ロドレイア・チャンピオニーの別名。

シャクナンガンピ 〈*Daphnimorpha kudoi* (Makino) Nakai〉ジンチョウゲ科の落葉低木。別名ヤクシマガンピ。

シャグマアミガサタケ 〈*Gyromitra esculenta* (Pers.：Fr.) Fr.〉ノボリリュウタケ科のキノコ。中型～大型。頭部は脳状、赤褐色。

シャグマハギ 〈*Trifolium arvense* L.〉マメ科の一年草。別名シャグマツメクサ。高さは5～30cm。花は淡紅～白色。

シャグマユリ 〈*Kniphofia uvaria* (L.) Oken〉ユリ科の多年草。高さは1m。花は黄色。園芸植物。切り花に用いられる。

ジャクモンアサガオ 〈*Jacquemontia violacea* Choi.〉ヒルガオ科の蔓草。花は青色。熱帯植物。

シャクヤク 芍薬 〈*Paeonia lactiflora* Pallas〉ボタン科(キンポウゲ科)の多年草。高さは50～90cm。花は白～赤色。薬用植物。園芸植物。切り花に用いられる。

シャクヤク ボタン科の属総称。宿根草。

シャクヤクマル 芍薬丸 ノトカクツス・ユーベルマニアヌスの別名。

ジャケイチュウ 蛇形柱 クレイストカクツス・アングイネウスの別名。

ジャケツイバラ 蛇結茨 〈*Caesalpinia decapetala* (Roth) Alst. var. *japonica* (Sieb. et Zucc.)

Ohashi〉マメ科のつる性落葉低木。別名カワラフジ。高山植物。薬用植物。

ジャコウアオイ 麝香葵 〈*Malva moschata* L.〉アオイ科の多年草。高さは30～60cm。花は白または淡紅色。園芸植物。切り花に用いられる。

ジャコウオランダフウロ 〈*Erodium moschatum* (L.) L'Hér.〉フウロソウ科の一年草または越年草。高さは10～50cm。花は紫または紅紫色。園芸植物。

ジャコウシダ 〈*Dictyodroma formosana* (Rosenst.) Ching〉オシダ科の常緑性シダ。葉身は長さ30cm。長楕円形。

ジャコウソウ 麝香草 〈*Chelonopsis moschata* Miq.〉シソ科の多年草。高さは60～100cm。花は淡紅色。園芸植物。

ジャコウソウモドキ リオンの別名。

ジャコウチュウ 麝香柱 ヤスミノケレウス・トゥアールシーの別名。

ジャコウノコギリソウ アキレア・モスカタの別名。

ジャコウフジ ニオイフジの別名。

ジャコウレンリソウ スイートピーの別名。

ジャコウレンリソウ スイート メモリーの別名。

ジャゴケ 蛇苔 〈*Conocephalum conicum* (L.) Dum.〉ジャゴケ科のコケ。灰緑色でしばしば赤みをおび、長さ3～15cm。

シャコバサボテン 〈*Zygocactus truncatus* Schum.〉サボテン科の多年草。園芸植物。

ジャコビニア キツネノマゴ科。園芸植物。

ジャコブスラダー ハナシノブ科のハーブ。別名グリークバレリアン、ハナシノブ。

シャジクソウ 車軸草 〈*Trifolium lupinaster* L.〉マメ科の多年草。別名カタワグルマ、アミダガサ、ボサツソウ。高さは15～50cm。高山植物。園芸植物。

シャジクモ 車軸藻 〈*Chara braunii* Gmel.〉シャジクモ科。

シャシャンボ 小小ん坊 〈*Vaccinium bracteatum* Thunb. ex Murray〉ツツジ科の常緑低木。別名ワクラハ、サシブノキ。

シャジン キキョウ科の属総称。

シャスター・デージー 〈*Chrysanthemum* × *burbankii* Makino〉キク科の草本。高さは50～60cm。花は白色。園芸植物。切り花に用いられる。

ジャスティシア キツネノマゴ科の属総称。別名キツネノマゴ。

ジャスティシア・アウレア 〈*Justicia aurea* Schlechtend.〉キツネノマゴ科。高さは3m。花は濃黄色。園芸植物。

ジャスティシア・アダトダ 〈*Justicia adhatoda* L.〉キツネノマゴ科。高さは2～3m。花は白色。園芸植物。

ジャスティシア・エクステンサ 〈*Justicia extensa* T. Anderson〉キツネノマゴ科。高さは1〜3m。花は淡緑色。園芸植物。

ジャスティシア・カルネア サンゴバナの別名。

ジャスティシア・ギースブレヒティアナ フリワケサンゴバナの別名。

ジャスティシア・クリソステファナ 〈*Justicia chrysostephana*〉キツネノマゴ科。別名キイロサンゴバナ。高さは40〜60cm。花は橙黄色。園芸植物。

ジャスティシア・スピキゲラ 〈*Justicia spicigera* Schlechtend.〉キツネノマゴ科。高さは1〜1.5m。花は橙赤色。園芸植物。

ジャスティシア・フラウア 〈*Justicia flava* (Forssk.) Vahl〉キツネノマゴ科。高さは30〜100cm。花は黄色。園芸植物。

ジャスティシア・ベトニカ リスノシッポの別名。

ジャスティシア・リジニー 〈*Justicia rizzinii* Wassh.〉キツネノマゴ科。高さは30〜60cm。花は黄〜橙赤色。園芸植物。

ジャスミナム・ポリアンツム ヤスミヌム・ポリアンツムの別名。

ジャスミヌム・ギラルディ ヤスミヌム・ギラルディの別名。

ジャスミン モクセイ科のソケイ属総称。別名マツリカ。

ジャスミン オオバナソケイの別名。

シャゼンムラサキ 〈*Echium plantagineum* L.〉ムラサキ科。高さは50cm。花は赤みを帯びた紫色。園芸植物。

シャチガシラ 鯱頭 〈*Ferocactus acanthodes* (Lem.) Britt. et Rose〉サボテン科のサボテン。高さは2〜3m。花は黄〜黄橙色。園芸植物。

シャッキョウ 石橋 ツツジ科のツツジの品種。園芸植物。

ジャックエネッタ 〈*Jaquennetta*〉バラ科。イングリッシュローズ系。花は濃いアプリコット色。

ジャック・カルテイエ 〈*Jacques Cartier*〉バラ科。ポートランド・ローズ系。花はピンク。

ジャックフルーツ パラミツの別名。

ジャッコウ 寂光 〈*Conophytum frutescens* Schwant.〉ツルナ科の足袋形種。長い茎が脱皮のたびに伸び、古くなると低木状となる。高さ4〜5cm。花はオレンジ色。園芸植物。

ジャニーズ・エンド ユリ科のユリの品種。園芸植物。

ジャニンジン 蛇胡蘿蔔 〈*Cardamine impatiens* L.〉アブラナ科の一年草または越年草。高さは10〜80cm。

シャネル バラ科。花はピンク。

ジャノヒゲ 蛇髭 〈*Ophiopogon japonicus* (L. f.) Ker-Gawl.〉ユリ科の多年草。別名リュウノヒゲ。高さは7〜15cm。花は淡紫色。薬用植物。園芸植物。

ジャノメアカマツ 蛇の目赤松 マツ科のアカマツの園芸品種。園芸植物。

ジャノメエリカ エリカの別名。

ジャノメゴケ 〈*Diploschistes cinereocaesius* (Sw.) Vain.〉キッコウゴケ科の地衣類。地衣体は灰色。

ジャノメゴヨウ 蛇の目五葉 マツ科。園芸植物。

ジャノメマツ 蛇の目松 マツ科のクロマツの園芸品種。園芸植物。

ジャバコカ 〈*Erythroxylum nova-granatense* Hieron.〉コカノキ科の低木。葉は淡緑、裏面粉白。高さ2m。熱帯植物。

ジャバシラガゴケ 〈*Leucobryum javense* (Brid.) Mitt.〉シラガゴケ科のコケ。葉長18mm。

ジャパニーズ・ローズ ハマナスの別名。

ジャバホウオウゴケ 〈*Fissidens javanicus* Dozy & Molk.〉ホウオウゴケ科のコケ。茎は葉を含め長さ0.5〜2cm、葉は披針形〜狭披針形。

ジャバヨウジョウゴケ 〈*Cololejeunea peraffinis* (Schiffn.) Schiffn.〉クサリゴケ科のコケ。茎は長さ2〜4mm、背片は長楕円形。

ジャバノリ 〈*Leveillea jungermannioides* (Hering et Martens) Harvey〉フジマツモ科の海藻。葉はゆがんだ卵円形。

シャブレー 〈Bigarreau Jaboulay, Bigarreau do Lyons〉バラ科のオウトウ(桜桃)の品種。別名リヨン。果肉は濃赤色。

シャポー・ド・ナポレオン 〈*Chapeau de Napoléon*〉バラ科。モス・ローズ系。

シャボンソウ サボンソウの別名。

ジャーマン・アイリス 〈*Iris germanica* L.〉アヤメ科の多年草。別名ドイツアヤメ、ムラサキイリス。高さは60〜90cm。花は紫色。園芸植物。

ジャーマン・アイリス アヤメ科の園芸品種群。花は白、黄、オレンジ、紫など。園芸植物。

ジャーマン・カモミール カミツレの別名。

ジャーマンダー ニガクサの別名。

シャミラ バラ科。ハイブリッド・ティーローズ系。花はオレンジサーモン色。

シャムアンソクコウノキ 〈*Styrax tonkinensis* (Pier.) Craib.〉エゴノキ科の薬用植物。

シャムオリヅルラン クロロフィツム・ビケティーの別名。

シャムサクララン ホヤ・カーリーの別名。

シャムソテツ 〈*Cycas siamensis* Miq.〉ソテツ科の観賞用植物。羽片はジャワソテツより細く間隔も密。熱帯植物。

シャムダケ 〈*Thyrsostachys siamensis* Gamb.〉イネ科。密集束生、稈は径30ミリ。熱帯植物。

シャムロック ウコギ科のヘデラの品種。園芸植物。

シャーメイン 〈Charmaine〉 バラ科。ポリアンサ・ローズ系。花はサーモンピンク。

シャモヒバ 〈Chamaecyparis obtusa (Sieb. et Zucc.) Sieb. et Zucc. ex Endl. cv. Lycopodioides〉ヒノキ科の木本。別名ヒデ。

ジャヤナギ 蛇柳 〈Salix pierotii Miq.〉ヤナギ科の木本。別名オオシロヤナギ。本州、四国、九州に分布。園芸植物。

シャリファ・アスマ 〈Sharifa Asma〉バラ科。イングリッシュローズ系。花は白色。

シャリンバイ 車輪梅 〈Rhaphiolepis umbellata (Thunb. ex Murray) Makino var. integerrima (Hook. et Arn.) Rehder〉バラ科の常緑低木。別名マルバシャリンバイ、タチシャリンバイ。薬用植物。園芸植物。

ジャルダン・ドゥ・フランス 〈Jardins de France〉バラ科。花はサーモンピンク。

シャルル・ド・ゴール 〈Charles de Gaulle〉バラ科。ハイブリッド・ティーローズ系。花は藤色。

シャルル・ド・ミル 〈Charles de Mills〉バラ科。ガリカ・ローズ系。花は濃紅色。

シャルル・マルラン 〈Charles Mallerin〉バラ科。ハイブリッド・ティーローズ系。花は濃赤色。

シャーレー・シングル ケシ科のヒナゲシの品種。園芸植物。

シャーレー・ダブル ケシ科のヒナゲシの品種。園芸植物。

シャーロット 〈Charlotte〉バラ科。イングリッシュローズ系。花は黄色。

シャロット 〈Allium ascalonicum L.〉ユリ科の変種群。野菜。葉は円筒形で鱗茎は分げつしても集合している。高さは15〜30cm。花は淡緑白色。熱帯植物。園芸植物。

シャロン 〈Gaultheria shallon Pursh〉ツツジ科の常緑低木。高さは0.65〜2m。花は帯桃白色。園芸植物。

シャロン スミレ科のガーデン・パンジーの品種。園芸植物。

ジャワイズセンリョウ 〈Maesa blumei Don.〉ヤブコウジ科の低木。果実は白色。熱帯植物。

ジャワエノキフジ 〈Cleidion spiciflorum Merr.〉トウダイグサ科の小木。熱帯植物。

ジャワサンタンカ 〈Ixora javanica (Blume) DC.〉アカネ科の低木。花は皆平行して上向、橙赤色。高さは1.5〜5m。熱帯植物。園芸植物。

ジャワストロファントス 〈Strophanthus jackianus Wall.〉キョウチクトウ科の蔓木。花は内面赤色。熱帯植物。

ジャワセンブリ 〈Swertia javanica BL〉リンドウ科。熱帯植物。

ジャワソテツ 〈Cycas circinalis L.〉ソテツ科の小木。別名ナンヨウソテツ、シダヤシ。種子にはパコイン、フイトステリンあり有毒。高さは6〜12m。熱帯植物。園芸植物。

ジャワツチトリモチ 〈Balanophora elongata BL.〉ツチトリモチ科の寄生植物。熱帯植物。

ジャワドクヤシ 〈Orania regalis Miq.〉ヤシ科。果実は橙黄色、堅い。果も生長点も有毒。熱帯植物。

ジャワナガコショウ 〈Piper retrofractum Vahl〉コショウ科の蔓木。果実をスパイスや胃腸薬とする。熱帯植物。

ジャワハッカ 〈Mentha javanica BL.〉シソ科の匍匐草。茎赤色、葉は皺多く芳香。熱帯植物。

ジャワヒギリ 〈Clerodendrum speciosissimum Van Geert〉クマツヅラ科の観賞用低木。高さは1〜2m。花も花序も赤色。熱帯植物。園芸植物。

ジャワフトモモ 〈Eugenia javanica Lam.〉フトモモ科の高木。別名オオフトモモ。葉は薄質、果実は白緑または赤。花は白色。熱帯植物。園芸植物。

ジャワマユミ 〈Euonymus javanicus BL.〉ニシキギ科の低木。葉はヤブニッケイに似る。花は緑色。熱帯植物。

ジャワミズキ 〈Nyssa javanica Wangerin〉ジャワミズキ科の高木。熱帯植物。

ジャワムカゴコンニャク 〈Amorphophallus oncophyllus Prain.〉サトイモ科の草本。葉柄は緑色に白斑。熱帯植物。

ジャワライトカズラ 〈Wrightia javanica DC.〉キョウチクトウ科の小木。葉裏白毛。花は白色。熱帯植物。

ジャワルカム 〈Flacourtia rukam Zoll.〉イイギリ科の低木。有刺、果実は橙赤色。熱帯植物。

シャンサイカ 〈Gymnopetalum penicaudii Gagnep.〉ウリ科の蔓草。花は白色。熱帯植物。

シャンツァイ コリアンダーの別名。

ジャンヌ・ダルク 〈Jeanne d'Arc〉バラ科。アルバ・ローズ系。花は白色。

ジャンボンアデク 〈Eugenia operculata Roxb.〉フトモモ科の高木。熱帯植物。

シュイロハツ 〈Russula pseudointegra Arnould et Goris〉ベニタケ科のキノコ。

ジュウェル スベリヒユ科のマツバボタンの品種。園芸植物。

シュウカイドウ 秋海棠 〈Begonia evansiana Andr.〉シュウカイドウ科の多年草。別名ヨウラクソウ。高さは40〜50cm。花は淡紅色。薬用植物。園芸植物。

シュウカイドウ科 科名。

ジュウガツザクラ 十月桜 〈Prunus subhirtella Miq. cv. Autumnalis〉バラ科。別名シキザクラ。

ジュウガツザクラ バラ科のサクラの品種。

シュウゲツ 秋月 〈*Shugetus*〉 バラ科。ハイブリッド・ティーローズ系。花は濃黄色。

シュウゲツ バラ科のバラの品種。

シュウセンギョク 秋仙玉 サボテン科のサボテン。園芸植物。

ジュウニノマキ 十二の巻 〈*Haworthia fasciata* (Willd.) Haw.〉ユリ科の多年草。ロゼット径5〜7cm。園芸植物。

ジュウニヒトエ 十二単衣 〈*Ajuga nipponensis* Makino〉シソ科の多年草。高さは5〜15cm。薬用植物。

ジュウニヒトエ 十二単衣 サクラソウ科のサクラソウの品種。園芸植物。

ジュウニヒトエ 十二単衣 ツツジ科のアザレアの品種。別名フレデリック・サンダー。園芸植物。

シュウブンソウ 秋分草 〈*Rhynchospermum verticillatum* Reinw.〉キク科の多年草。高さは50〜100cm。

ジュウマンウンシュウ 十万温州 ミカン科のミカン(蜜柑)の品種。果実は扁円形。

シュウメイギク 秋明菊 〈*Anemone hupehensis* Lemoine var. *japonica* (Thunb. ex Murray) Bowles et Stearn〉キンポウゲ科の多年草。別名キフネギク、アキボタン。高さは30〜100cm。花は紅紫色。園芸植物。切り花に用いられる。

ジュウモンジシダ 十文字羊歯 〈*Polystichum tripteron* (Kunze) Presl〉オシダ科の夏緑性シダ。別名シュモクシダ、ミツデカグマ。葉身は長さ20〜50cm。披針形、三角状狭長楕円形。園芸植物。

ジュウロクササゲ マメ科の野菜。熱帯植物。

シュウン 朱雲 メロカクツス・マタンサヌスの別名。

ジュエル・ボックス ヒユ科のケイトウの品種。園芸植物。

シュオウ 朱王 〈Shu-oh〉バラ科。ハイブリッド・ティーローズ系。

シュクシャ 縮砂 〈*Hedychium angustifolium* Roxb.〉ショウガ科の観賞用草本。別名ジンジャー。高さ1m。花は紅色。熱帯植物。

ジュコウ ツツジ科のサツキの品種。

ジュズガラガラ 〈*Galaxaura robusta* Kjellman〉ガラガラ科の海藻。叉状に分岐。体は4〜10cm。

ジュズサンゴ 数珠珊瑚 〈*Rivina humilis* L.〉ヤマゴボウ科の木本。高さは40〜60cm。園芸植物。

ジュズスゲ 数珠菅 〈*Carex ischnostachya* Steud.〉カヤツリグサ科の多年草。高さは30〜60cm。

ジュズダマ 数珠球 〈*Coix lachryma-jobi* L. var. *lachryma-jobi*〉イネ科の多年草。別名ズズゴ、トウムギ。苞鞘は緑から黒、灰白と変化。高さは80〜200cm。熱帯植物。薬用植物。園芸植物。

ジュズネノキ 数珠根の木 〈*Damnacanthus macrophyllus* Sieb. et Zucc. var. *macrophyllus*〉アカネ科の常緑低木。別名オオバジュズネノキ。

ジュズフサノリ 〈*Scinaia moniliformis* J. Agardh〉ガラガラ科の海藻。叉状に分岐。体は6〜12cm。

ジュズモ 属総称。別名フトジュズモ、タマジュズモ。

ジュズモ シオグサ科の緑藻類、シオグサ目の総称。

シュスラン 繻子蘭 〈*Goodyera velutina* Maxim.〉ラン科の多年草。別名ビロードラン。高さは10〜15cm。花は桃色。園芸植物。

シュタケ 〈*Pycnoporus cinnabarinus* (Jacq.：Fr.) Karst.〉サルノコシカケ科のキノコ。

シュチュウギョク 酒中玉 サクラソウ科のサクラソウの品種。園芸植物。

シュッコンアマ 宿根亜麻 〈*Linum perenne* L.〉アマ科。高さは50〜70cm。花は青紫または白色。園芸植物。

シュッコンカスミソウ 〈*Gypsophila paniculata* L.〉ナデシコ科。別名コゴメナデシコ。高さは90cm。花は白か淡桃色。園芸植物。

シュッコンスイートピー マメ科。別名ジャコウレンリソウ。切り花に用いられる。

シュッコンソバ シャクチリソバの別名。

シュッコンツユクサ ツユクサ科。園芸植物。

シュッコンハゼラン タリヌム・パテンスの別名。

シュッコンバーベナ 〈*Verbena rigida* K. Spreng.〉クマツヅラ科の多年草。高さは25〜45cm。花は紫紅色。園芸植物。

シュッコンヒャクニチソウ ジニア・グランディフロラの別名。

シュテルンベルギア・フィッシェリアナ 〈*Sternbergia fischeriana* (Herb.) Rupr.〉ヒガンバナ科の球根植物。花は黄色。園芸植物。

シュデンギョク 守殿玉 ギムノカリキウム・ステラツムの別名。

ジュード・ジ・アブスキュアー 〈Jude the Obscure〉バラ科。イングリッシュローズ系。花は黄色。

ジュニア・ミス ミズキ科のハナミズキの品種。園芸植物。

ジュニパー セイヨウネズの別名。

シュネーツベルグ 〈Schneezwerg〉バラ科。ハイブリッド・ルゴサ・ローズ系。花は純白色。

シュネーリヒト 〈Schneelicht〉バラ科。ハイブリッド・ルゴサ・ローズ系。花は純白色。

シュバイツァー・ゴールド 〈Schweizer Gold〉バラ科。ハイブリッド・ティーローズ系。花はクリーム黄色。

ジュピター アヤメ科のグラジオラスの品種。園芸植物。

ジュピター キク科のシネラリアの品種。園芸植物。

ジュビレ・デュ・プリンス・ドゥ・モナコ 〈Jubilé du Prince de Monaco〉バラ科。花は鮮赤色。

シュプレケリア・フォルモシッシマ ツバメズイセンの別名。

シュミットザクラ 〈*Prunus* × *schmittii*〉バラ科の木本。樹高15m。樹皮は紫赤色。

シュムシュノコギリソウ 〈*Achillea alpina* Linn. subsp. *camtschatica* (Heimerl) Kitam.〉キク科の草本。

ジュメレア・アルボレスケンス 〈*Jumellea arborescens* H. Perr.〉ラン科。高さは30~50cm。花は純白色。園芸植物。

ジュメレア・サギッタタ 〈*Jumellea sagittata* H. Perr.〉ラン科。花は象牙白色。園芸植物。

ジュメレア・フラグランス 〈*Jumellea fragrans* (Thouars) Schlechter〉ラン科。高さは30cm。花は白色。園芸植物。

シュモウチュウ 珠毛柱 〈*Wilcoxia schmollii* (Weing.) Backeb.〉サボテン科のサボテン。花は紫紅色。園芸植物。

シュユ 〈*Euodia danielli* (J. Benn.) Hemsl.〉ミカン科の木本。別名イヌシュユ。高さは7~15m。花は白色。樹皮は灰色。園芸植物。

ジュラク 聚楽 ツバキ科のツバキの品種。園芸植物。

ジュラクマル 寿楽丸 マミラリア・スウィングレイの別名。

シュラドウ 修羅道 オプンティア・ポリアカンタの別名。

ジュラン 〈*Aglaia odorata* Lour.〉センダン科の観賞用低木。芳香。花は黄色。熱帯植物。

ジュリア 〈Julia's Rose〉バラ科。

ジュリアナハイブリッド プリムラ・ジュリエの別名。

ジュリオ・ヌチオ ツバキ科のツバキの品種。

シュルンベルゲラ・トルンカタ 〈*Schlumbergera truncata* (Haw.) Moran〉サボテン科のサボテン。花は赤または橙色。園芸植物。

シュルンベルゲラ・バックリー クリスマスカクタスの別名。

シュルンベルゲラ・ラッセリアナ カニサボテンの別名。

シュロ 棕櫚 〈*Trachycarpus fortunei* (Hook.) H. Wendl〉ヤシ科の常緑高木。別名ワジュロ。高さは5~10m。花は緑がかった淡黄色。樹皮は褐色。薬用植物。園芸植物。

ジュロウジン 寿老人 サボテン科のサボテン。園芸植物。

シュロガヤツリ 棕櫚蚊屋吊 〈*Cyperus alternifolius* L.〉カヤツリグサ科の一年草あるいは多年草。別名カラカサガヤツリ。高さは60~120cm。花は白緑色。園芸植物。

シュロソウ 棕櫚草 〈*Veratrum maackii* Regel var. *reymondianum* (Loes. f.) Hara〉ユリ科の多年草。高さは50~100cm。薬用植物。

シュロチク 棕櫚竹 〈*Rhapis humilis* Blume〉ヤシ科の常緑低木。別名イヌシュロチク、ソウチク。葉は7~8片に分裂。高さは2~4m。熱帯植物。園芸植物。

シュロチク ヤシ科の属総称。

シュロップシャー・ラス 〈Shropshire Lass〉バラ科。イングリッシュローズ系。花はブラッシュピンク。

シュワベンランド シュウカイドウ科のベゴニアの品種。園芸植物。

シュワルツ・マドンナ 〈Schwarze Madonna〉バラ科。ハイブリッド・ティーローズ系。花は濃い赤色。

シュンギク 春菊 〈*Chrysanthemum coronarium* L. var. spatiosum# L. H. Bailey〉キク科の葉菜類。温帯植物であるからマライでは高木地に作る。花は黄、黄と白、白など。熱帯植物。園芸植物。

ジュンサイ 蓴菜 〈*Brasenia schreberi* J. F. Gmel.〉スイレン科の多年生の浮葉植物。別名コハムソウ、サセンソウ。葉身は楕円形、裏面は赤紫色。葉径5~10cm。暗赤色の花被片をもつ。薬用植物。園芸植物。

シュンジュギク 春寿菊 〈*Aster savatieri* Makino var. *pygmanea* Makino〉キク科の多年草。別名シンジュギク、アサマギク。花は紅紫色。園芸植物。

ジュンヒギョク 純緋玉 ギムノカリキウム・オエナンテムムの別名。

ジューンブライド! バラ科。スプレー種。

シュンラン 春蘭 〈*Cymbidium goeringii* (Reichb. f.) Reichb. f.〉ラン科の多年草。別名ホクロ、ジジババ。高さは10~25cm。花は緑、桃、赤、黄、朱金、橙黄、紫色。薬用植物。園芸植物。

シュンロウ 春楼 フェロカクツス・ヘレラエの別名。

ジョアキムボウラン 〈*Vanda teres* Lindl. var. *joaquim*〉ラン科。地生であるが杭に倒上らせる。熱帯植物。

ショウガ 生姜、生薑 〈*Zingiber officinale* (Willd.) Rosc.〉ショウガ科の根菜類。高さは50~70cm。花は赤紫色。熱帯植物。薬用植物。園芸植物。

ショウガ ショウガ科の属総称。

ショウガ科 科名。

ショウガツ 正月 カキノキ科のカキの品種。別名御前、小春。果皮は暗い橙黄色。

ショウガモドキ 〈*Amomum uliginosum* J. König ex Retz.〉ショウガ科の多年草。ショウガに似て

やや大、花のみ地表に出る。高さは3m。花は白色。熱帯植物。園芸植物。

ショウガール 〈Show Girl〉バラ科。ハイブリッド・ティーローズ系。花はローズピンク。

ショウキズイセン ショウキランの別名。

ショウキュウギョク 松毬玉 エンケファロカルプス・ストロビリフォルミスの別名。

ショウキュウマル 松毬丸 エスコバーリア・ツベルクロサの別名。

ショウキラン 鐘馗蘭 〈Lycoris aurea (L'Hérit.) Herb.〉ヒガンバナ科の多年草。別名ショウキズイセン。高さは30～60cm。花は鮮黄または橙黄色。園芸植物。

ショウキラン 鐘馗蘭 〈Yoania japonica Maxim.〉ラン科の多年生腐生植物。別名ランテンマ。高さは10～25cm。高山植物。

ショウグン 将軍 〈Austrocylindropuntia sublata (Mühlenpf) Backeb.〉サボテン科のサボテン。高さは4m。花は紅～赤色。園芸植物。

ショウゲツ 松月 バラ科のサクラの品種。園芸植物。

ショウゲンジ 〈Rozites caperata (Pers.：Fr.) Karst.〉フウセンタケ科のキノコ。別名コムソウ、コモソウ、ボウズ。中型～大型。傘は黄土色、初め絹状繊維で覆う。放射状のしわあり。ひだは類白色→さび色。

ショウゴインカブ 聖護院蕪 アブラナ科の京野菜。

ショウゴインダイコン 聖護院大根 アブラナ科の京野菜。

ショウコウシ 小公子 〈Conophytum nelianum Schwant〉ツルナ科の大形の足袋型種。体色は白青緑色がかっており、胴は太い。高さは5cm。花は鮮黄色。園芸植物。

ジョウゴゴケ 〈Cladonia chlorophaea (Flörke ex Somm.) Spreng.〉ハナゴケ科の地衣類。子柄は高さ1～2.5cm。

ジョウザン 〈Dichroa febrifuga Lour.〉ユキノシタ科の常緑低木。高山植物。薬用植物。

ジョウザンアジサイ ジョウザンの別名。

ジョウシュウアズマギク 上州東菊 〈Erigeron thunbergii var. heterotrichus〉キク科。高山植物。

ジョウシュウオニアザミ 上州鬼薊 〈Cirsium okamotoi Kitam.〉キク科の草本。高山植物。

ジョウシュウトリカブト 〈Aconitum tonense Nakai〉キンポウゲ科の草本。

ショウジョウアナナス エクメア・ワイルバッキーの別名。

ショウジョウカ 猩々花 アブチロン・ストリアツムの別名。

ショウジョウスゲ 猩猩菅 〈Carex blepharicarpa Franch.〉カヤツリグサ科の多年草。高さは10～60cm。

ショウジョウソウ 猩猩草 〈Euphorbia heterophylla L.〉トウダイグサ科の観賞用草本。別名クサショウジョウ。上部の葉は基部赤。高さは50～60cm。花は黄色。熱帯植物。園芸植物。

ショウジョウトラノオ 〈Warszewiczia coccinea Klotzsch〉アカネ科の観賞用小木。枝は細長く伸び芽も長大。熱帯植物。

ショウジョウバカマ 猩猩袴 〈Heloniopsis orientalis (Thunb. ex Murray) C. Tanaka〉ユリ科の多年草。高さは20～30cm。花は紅紫色。高山植物。園芸植物。

ショウジョウフクシア 〈Fuchsia fulgens Moç. et Sessé ex DC.〉アカバナ科の落葉低木。高さは1m。花は明赤色。園芸植物。

ショウジョウヤシ 〈Cyrtostachys renda Blume〉ヤシ科。高さは10m。園芸植物。

ショウジョウヤシ キルトスタキス・ラッカの別名。

ショウズク カルダモンの別名。

ショウーティア・ウニフロラ イワウチワの別名。

ショウーティア・ガラキフォリア 〈Shortia galacifolia Torr. et A. Gray〉イワウメ科の多年草。高さは15～20cm。花は白色。園芸植物。

ショウーティア・ソルダネロイデス イワガミの別名。

ジョウテイカク 上帝閣 ロフォケレウス・ショッティーの別名。

ショウドシマレンギョウ 〈Forsythia togashii Hara〉モクセイ科の落葉低木。高さは1～2m。花は緑を帯びた黄色。園芸植物。

ショウナンマル 湘南丸 ヘリアントケレウス・フアスカの別名。

ジョウネツ 情熱 〈Jonetsu〉バラ科。ハイブリッド・ティーローズ系。花は濃紅色。

ショウノスケバラ ロサ・ムルティフロラ・ワトソニアーナの別名。

ショウブ 菖蒲 〈Acorus calamus L.〉サトイモ科の抽水植物。別名アヤメ、アヤメグサ、ノキアヤメ。葉は長さ50～120cm、鋭ッ先で中央脈は隆起、葉は黄色を帯びた明るい緑色。高さは50～90cm。花は淡黄緑色。薬用植物。園芸植物。

ショウブ ハナショウブの別名。

ショウベンノキ 小便の木 〈Turpinia ternata Nakai〉ミツバウツギ科の常緑低木。

ショウヨウダイオウ ルバーブの別名。

ショウヨウマル 湘陽丸 ソエレンシア・ブルヒーの別名。

ショウリュウマル 昇竜丸 サボテン科のサボテン。園芸植物。

ジョウレンホウオウゴケ 〈Fissidens geppii M. Fleisch.〉ホウオウゴケ科のコケ。葉は狭披針形～披針形、長さ1.2～2.7mm。

ショウロ 松露 〈*Rhizopogon rubescens* Tul.〉ショウロ科のキノコ。小型〜中型。芳香〜悪臭、表皮は白色〜黄褐色→赤変。

ジョウロウスゲ 〈*Carex capricornis* Meinsh.〉カヤツリグサ科の多年草。高さは40〜70cm。

ジョウロウホトトギス 上﨟杜鵑草 〈*Tricyrtis macrantha* Maxim.〉ユリ科の多年草。別名トサジョウロウホトトギス。花は鮮黄色。園芸植物。日本絶滅危惧植物。

ジョウロウラン 〈*Disperis orientalis*〉ラン科。

ショウロギョク 松露玉 ブロスフェルディア・リリプタナの別名。

ショウワノサカエ 昭和の栄 ツバキ科のサザンカの品種。園芸植物。

ジョオウヤシ 〈*Arecastrum romanzoffianum* (Cham.) Becc.〉ヤシ科。別名ギリバヤシ。高さは9〜12m。花はクリーム色。園芸植物。

ショカツサイ ハナダイコンの別名。

ショクダイゴケ 〈*Cladonia crispata* (Ach.) Flot.〉ハナゴケ科の地衣類。子柄は高さ1〜10cm。

ショクヨウガヤツリ 〈*Cyperus esculentus* L.〉カヤツリグサ科の多年草。別名チョウセンラッカセイ、チョウセンナンキンマメ。高さは30〜70cm。

ショクヨウカンナ 〈*Canna edulis* Ker.〉カンナ科の草本。葉縁銅色、茎は緑色、仮化雄蕊は赤と黄。熱帯植物。

ショクヨウギク 食用菊 〈*Dendrothemum morifolium* Ramat.〉キク科の葉菜類。別名料理菊、甘菊。薬用植物。

ショクヨウキュウコンキンレンカ 〈*Tropaeolum tuberosum* Ruiz et Pav.〉ノウゼンハレン科のつる性多年草。別名タマノウゼンハレン。園芸植物。

ショクヨウトケイソウ パッション・フルーツの別名。

ショクヨウヌスビトハギ 〈*Desmodium umbellatum* DC.〉マメ科の低木。花は白色。熱帯植物。

ショクヨウホオズキ 〈*Physalis pruinosa* L. H. Bailey〉ナス科の果菜類。果実は黄色。高さは30cm。園芸植物。

ショクヨウミロバラン 〈*Terminalia edulis* F. Muell.〉シクンシ科の高木。熱帯植物。

ジョーゼット ユリ科のチューリップの品種。園芸植物。

ジョセフィン・ブルース 〈Josephine Bruce〉バラ科。ハイブリッド・ティーローズ系。花は濃紅色。

ジョセフィン・ベーカー 〈Joséphine Baker〉バラ科。ハイブリッド・ティーローズ系。花は濃紅色。

ジョゼフロック 〈*Sorbus* 'Joseph Rock'〉バラ科のナナカマドの品種。木本。樹高10m。樹皮は灰色。

ジョチュウギク 白虫除菊 〈*Chrysanthemum cinerariifolium* (Trev.) Vis.〉キク科の草本。別名シロバナムシヨケギク、シロムシヨケギク、ダルマチヤジョチュウギク。高さは60cm。花は白色。薬用植物。園芸植物。

ショッキング アヤメ科のグラジオラスの品種。園芸植物。

ショッキング・ブルー 〈Shocking Blue〉バラ科。フロリバンダ・ローズ系。花は紫色。

ショッコウ 燭光 ヒルガオ科のアサガオの品種。園芸植物。

ショッコウニシキ 蜀光錦 イワヒバ科のイワヒバの品種。園芸植物。

ショッコウニシキ 蜀光錦 ツツジ科のサツキの品種。園芸植物。

ショッコウレン 蜀紅蓮 スイレン科のハスの品種。園芸植物。

ショッチアリアケ 〈*Allamanda shottii* Pohl.〉キョウチクトウ科の観賞用植物。花は黄色。熱帯植物。

ショートケーキ 〈Shortcake〉バラ科。ミニアチュア・ローズ系。花は赤色。

ジョー・ヘイドン シュウカイドウ科のベゴニアの品種。園芸植物。

ショレア・ロブスタ サラソウジュの別名。

ジョロモク 〈*Myagropsis myagroides* Fensholt〉ウガノモク科(ホンダワラ科)の海藻。気胞は紡錘形。体は1〜3m。

ショワジア・テルナタ 〈*Choisya ternata* H. B. K.〉ミカン科の常緑低木。高さは2m。花は白色。園芸植物。

ジョン・ウオーターラー 〈John Waterer〉バラ科。ハイブリッド・ティーローズ系。花は濃紅色。

ジョン・エイ・ジョンソン アオイ科のハイビスカスの品種。園芸植物。

ジョン・S.アームストロング 〈John S. Armstrong〉バラ科。ハイブリッド・ティーローズ系。花は濃紅色。

ジョン・エフ・ケネディー 〈John F. Kennedy〉バラ科のバラの品種。ハイブリッド・ティーローズ系。花は純白色。園芸植物。

ジョン・クレア 〈John Clare〉バラ科。イングリッシュローズ系。花は深紅色。

ジョンソン・ブルー フウロソウ科のフウロソウの品種。園芸植物。

ションバーグキア・ウンドゥラタ 〈*Schomburgkia undulata* Lindl.〉ラン科。高さは50〜150cm。花は暗紫褐、暗紫赤色。園芸植物。

ションバーグキア・クリスパ 〈*Schomburgkia crispa* Lindl.〉ラン科。高さは1m。花はカバ色。園芸植物。

ションバーグキア・スペルビエンス 〈*Schomburgkia superbiens* (Lindl.) Rolfe〉ラン科。高さは1～2m。花は桃紫色。園芸植物。

ションバーグキア・ティビキニス 〈*Schomburgkia tibicinis* Batem. ex Lindl.〉ラン科。花は鮮紫紅、褐色みのある橙色。園芸植物。

ションバーグキア・トムソニアナ 〈*Schomburgkia thomsoniana* Rchb. f.〉ラン科。高さは10～25cm。花は淡黄色。園芸植物。

ションバーグキア・ライアンシー 〈*Schomburgkia lyonssi* Lindl.〉ラン科。高さは1～1.5m。花は白色。園芸植物。

ションボカトレヤ・ポルト ラン科。園芸植物。

シラー ユリ科の属総称。球根植物。別名ワイルドヒアシンス、ツルボ、オオツボ。切り花に用いられる。

シラー・アメシスチナ スキラ・プラテンシスの別名。

シライキン 〈*Shiraia bambusicola* Henn.〉ニクザキン科の薬用植物。

シライトソウ 白糸草 〈*Chionographis japonica* Maxim.〉ユリ科の多年草。高さは30～60cm。花は白色。園芸植物。

シライヤナギ 白井柳 〈*Salix shiraii* Seemen〉ヤナギ科の落葉低木。

シライワシャジン 白岩沙参 〈*Adenophora teramotoi* Hurusawa ex Yamazaki〉キキョウ科。

シラウオタケ 〈*Multiclavula mucida* (Fr.) Petersen〉シロソウメンタケ科のキノコ。別名キリタケ。小型。形は棍棒状、緑藻類上生。

シラオイハコベ エゾフスマの別名。

シラガゴケ シラガゴケ科。

シラガゴケモドキ 〈*Exostratum blumii* (Nees et Hampe) L. T. Ellis〉カタシロゴケ科のコケ。小形で、白緑色、茎は長さ3cm以下。

シラカシ 白樫 〈*Quercus myrsinaefolia* Blume〉ブナ科の常緑高木。別名クロガシ、ササガシ、ホソバガシ。高さは15～20m。樹皮は濃い灰色。薬用植物。園芸植物。

シラガシダ オシダ科。

シラガツバフウセンタケ 〈*Cortinarius hemitrichus* (Pers.：Fr.) Fr.〉フウセンタケ科のキノコ。

シラカバ シラカンバの別名。

シラガブドウ 〈*Vitis amurensis* Rupr.〉ブドウ科の木本。

シラカワスゲ ヌマクロボスゲの別名。

シラカンバ 白樺 〈*Betula platyphylla* Sukatschev var. *japonica* (Miq.) Hara〉カバノキ科の落葉高木。別名シラカバ、カバ、カンバ。高山植物。薬用植物。園芸植物。

シラー・カンパヌラタ スキラ・ヒスパニカの別名。

シラキ 白木 〈*Sapium japonicum* (Sieb. et Zucc.) Pax et Hoffm.〉トウダイグサ科の落葉小高木。

シラギヌマル 白絹丸 マミラリア・レンタの別名。

シラキノウゼン 〈*Tabebuia leucoxylon* DC〉ノウゼンカズラ科の観賞用蔓状低木。花は淡紫色。熱帯植物。

シラゲアセタケ 〈*Inocybe maculata* Boud.〉フウセンタケ科のキノコ。小型、傘は暗赤褐色、中央に白菌糸。ひだは灰褐色。

シラゲオニササガヤ 〈*Dichanthium sericeum* (R. Br.) A. Camus〉イネ科。北アメリカに帰化する。

シラゲガヤ 〈*Holcus lanatus* L.〉イネ科の多年草。円錐花序は長さ7～17cm。高さは30～100cm。花は帯淡紫白色。園芸植物。

シラゲテンノウメ 〈*Osteomeles lanata* Nakai ex Tuyama〉バラ科。

シラゲヒメジソ 〈*Mosla hirta* Hara〉シソ科の草本。別名ヒカゲヒメジソ。

シラゲムカデゴケ 〈*Physcia hirtuosa* Kremp.〉ムカデゴケ科の地衣類。地衣体は灰白または汚灰色。

シラコスゲ 白子菅 〈*Carex rhizopoda* Maxim.〉カヤツリグサ科の多年草。高さは20～50cm。

シラサギ 白鷺 キク科のダリアの品種。園芸植物。

シラサギ 白鷺 マミラリア・アルビフロラの別名。

シラスゲ 白菅 〈*Carex doniana* Spreng.〉カヤツリグサ科の多年草。高さは30～70cm。

シラタマカズラ 白玉蔓 〈*Psychotria serpens* L.〉アカネ科の常緑つる植物。別名イワヅタイ、ワラベナカセ。花は白色。園芸植物。切り花に用いられる。

シラタマソウ 白玉草 〈*Silene vulgaris* (Moench) Garcke〉ナデシコ科の多年草。高さは20～50cm。花は白色。高山植物。切り花に用いられる。

シラタマタケ 〈*Kobayasia nipponica* (Y. Kobayasi) Imai & Kawamura〉プロトファルス科のキノコ。子実体は不整球形、地中生～半地中生。

シラタマツバキ ツバキ科の木本。

シラタマノキ 白玉木 〈*Gaultheria miqueliana* Takeda〉ツツジ科の常緑小低木。別名シロモノ。高さは10～30cm。花は白色。高山植物。薬用植物。園芸植物。

シラタマハギ 〈*Flueggia virosa* Baill.〉トウダイグサ科の低木。葉はハギに似て葉裏粉白。熱帯植物。

シラタマヒョウタンボク 〈*Symphoricarpos albus* B'ake〉スイカズラ科の落葉小低木。別名セッコウボク、オオデマリ。園芸植物。切り花に用いられる。

シラタマホシクサ 白玉星草 〈*Eriocaulon nudicuspe* Maxim.〉ホシクサ科の一年草。別名コンペイトウグサ。高さは20〜40cm。

シラタマミズキ コルヌス・アルバの別名。

シラタマモ 〈*Lamprothamnium succinctum* (Braun) Wood〉シャジクモ科。

シラタマヤシ 〈*Iguanura spectabilis* Ridl.〉ヤシ科の小木。果序の枝は濃緑色、果実は白色、果頂は円い。熱帯植物。

シラタマユリ シロカノコユリの別名。

シラチャウメノキゴケ 〈*Parmelia aptata* Kremp.〉ウメノキゴケ科の地衣類。地衣体背面は灰白または白茶色。

シラチャカワラゴケ 〈*Coccocarpia parmelioides* (Hook.) Trev.〉カワラゴケ科の地衣類。地衣体背面は灰青から暗灰色。

シラチャフトネゴケ 〈*Parmelia isidiza* Nyl.〉ウメノキゴケ科の地衣類。地衣体は灰白。

シラネアオイ 〈*Glaucidium palmatum* Sieb. et Zucc.〉シラネアオイ科(キンポウゲ科)の多年草。別名ハルフヨウ、ヤマフヨウ。高さは30〜60cm。高山植物。園芸植物。

シラネアザミ 白根薊 〈*Saussurea nikoensis* Franch. et Savat.〉キク科の多年草。高さは35〜65cm。

シラネセンキュウ 白根川芎 〈*Angelica polymorpha* Maxim.〉セリ科の多年草。別名スズカゼリ。高さは80〜150cm。高山植物。薬用植物。

シラネニンジン 白根人参 〈*Tilingia ajanense* Regel〉セリ科の多年草。別名チシマニンジン。高さは10〜30cm。高山植物。

シラネヒゴタイ 白根平江帯 〈*Saussurea tripetera* Maxim. var. *minor* (Takeda) Kitam.〉キク科。

シラネワラビ 白根蕨 〈*Dryopteris austriaca* (Jacq.) Woynar ex Schinz et Thell.〉オシダ科の夏緑性シダ。葉身は長さ20〜60cm。やや五角状の長楕円状卵形。園芸植物。

シラハギ 白萩 〈*Lespedeza japonica* L. H. Bailey〉マメ科。別名シロバナハギ。花は白色。園芸植物。

シラハトツバキ カメリア・フラテルナの別名。

シラヒゲソウ 白鬚草 〈*Parnassia foliosa* Hook. f. et Thoms. var. *nummularia* (Maxim.) T. Ito〉ユキノシタ科の多年草。高さは15〜30cm。

シラビソ 白檜曽 〈*Abies veitchii* Lindl.〉マツ科の常緑高木。別名シラベ、コリュウゼン。高さは25m。樹皮は灰色。高山植物。園芸植物。

シラフイモカズラ 〈*Aglaonema commutatum* Schott〉サトイモ科の草本。果実は赤。高さは50cm。熱帯植物。

シラフカズラ スキンダプスス・ピクタス・アルギレウスの別名。

シラフジ マメ科。園芸植物。

シラフジ シロカピタンの別名。

シラベ シラビソの別名。

シラボシイチジク 〈*Ficus chartacea* Wall.〉クワ科の小木。葉の表に白点がある。熱帯植物。

シラボシカイウ カラー・アルボマクラータ・スルフレアの別名。

シラボシカズラ 〈*Poikilospermum suaveolens* (BL.) Merr.〉クワ科の蔓木。茎と葉柄は褐色、葉に白点散布。熱帯植物。

シラボシベゴニア ベゴニア・マクラータの別名。

シラホスゲ カヤツリグサ科の草本。別名フサスゲ。

シラミシバ 〈*Tragus racemosus* (L.) All.〉イネ科の一年草。高さは10〜40cm。

シラモ 白藻 〈*Gracilaria bursa-pastoris* (Gmelin) Silva〉オゴノリ科の海藻。軟骨質。体は30cm。

シラヤマギク 白山菊 〈*Aster scaber* Thunb. ex Murray〉キク科の多年草。高さは100〜150cm。

シラユキゲシ 〈*Eomecon chionantha* Hance〉ケシ科の多年草。高さは30cm。園芸植物。

シラワシ 白鷲 サクラソウ科のサクラソウの品種。園芸植物。

シラン 紫蘭 〈*Bletilla striata* (Thunb. ex Murray) Reichb. f.〉ラン科の多年草。別名シュラン、イモラン。茎の長さ30〜50cm。花は紅紫色。薬用植物。園芸植物。日本絶滅危機植物。

シランモドキ 〈*Spathoglottis affinis* De Vries〉ラン科の地生植物。葉はシランのようで細い。花は黄色、褐条あり。熱帯植物。園芸植物。

シリアネズ 〈*Juniperus drupacea*〉ヒノキ科の木本。樹高10m。樹皮は橙褐色。

シリオミドロ 〈*Urospora penicilliformis* (Roth) Areschoug〉シオグサ科の海藻。黄緑色又は暗緑色。体は1〜8cm。

シリブカガシ 尻深樫 〈*Lithocarpus glabra* (Thunb. ex Murray) Nakai〉ブナ科の常緑高木。高さは15m。園芸植物。

シリブカトベラガシ 〈*Quercus lucida* Roxb.〉ブナ科の高木。葉はトベラに似る。果頂に毛がある。熱帯植物。

シリブム・マリアヌム オオアザミの別名。

シリュウノマイ ツツジ科のサツキの品種。

シリンガ・アムーレンシス マンシュウハシドイの別名。

シリンガ・ウィロサ 〈*Syringa villosa* Vahl〉モクセイ科の木本。別名ウスゲシナハシドイ。高さは2.5m。花は桃色。園芸植物。

シリンガ・ウェルティナ 〈*Syringa velutina* Kom.〉モクセイ科の木本。別名ウスゲハシドイ。高さは3m。花は淡紅色。園芸植物。

シリンガ・ウルガリス ライラックの別名。

シリンガ・エモディ 〈*Syringa emodi* Wall. ex Royle〉モクセイ科の木本。別名ヒマラヤハシドイ。高さは4〜5m。花は淡紫色。園芸植物。

シリンガ・キネンシス 〈*Syringa* × *chinensis* Willd.〉モクセイ科の木本。高さは3〜5m。花は紫紅、紅または白色。園芸植物。

シリンガ・トメンテラ 〈*Syringa tomentella* Bur. et Franch.〉モクセイ科の木本。別名ワタゲハシドイ。高さは3m。花は淡紫色、帯白色。園芸植物。

シリンガ・ピンナティフォリア 〈*Syringa pinnatifolia* Hemsl.〉モクセイ科の木本。別名トネリバハシドイ。高さは2m。花は白色。園芸植物。

シリンガ・プベスケンス 〈*Syringa pubescens* Turcz.〉モクセイ科の木本。別名シナハシドイ。高さは2m。花は淡紫紅色。園芸植物。

シリンガ・ペキネンシス 〈*Syringa pekinensis* Rupr.〉モクセイ科の木本。別名ペキンハシドイ。高さは3〜4m。花は白色。園芸植物。

シリンガ・ヘンリー 〈*Syringa* × *henryi* C. K. Schneid.〉モクセイ科の木本。花は淡紫紅色。園芸植物。

シリンガ・ミクロフィラ チャボハシドイの別名。

シリンガ・ヨシカエア 〈*Syringa josikaea* Jacq. f. ex Rchb.〉モクセイ科の木本。別名ハンガリーハシドイ。高さは3m。園芸植物。

シリンガ・レティクラタ ハシドイの別名。

シリンガ・レフレクサ 〈*Syringa reflexa* C. K. Schneid.〉モクセイ科の木本。別名シセンハシドイ。高さは3.6m。花は淡紅色。園芸植物。

ジリンゴ ワリンゴの別名。

シリンゴデア・ロンギツバ 〈*Syringodea longituba* (Klatt) O. Kuntze〉アヤメ科の球根植物。高さは8cm。花は青紫色。園芸植物。

ジリンマメ 〈*Pithecellobium jiringa* Prain.〉マメ科の高木。莢は大形。花は白黄色。熱帯植物。

ジル バラ科。花は白色で雄しべは黄色。

シルヴァン・ビューティー イワタバコ科のエピスキア・クプレアタの品種。園芸植物。

シルエット バラ科のバラの品種。園芸植物。

シルバーキング キク科のアルテミシアの品種。ハーブ。

シルバーキング サトイモ科のアグラオネマの品種。園芸植物。

シルバー・ジュウェル シュウカイドウ科のベゴニアの品種。園芸植物。

シルバー・ジュビリー77 〈Silver Jubilee〉バラ科。ハイブリッド・ティーローズ系。花はアプリコット色。

シルバータイム シソ科のハーブ。切り花に用いられる。

シルバーダスト ヒノキ科のレイランドヒノキの品種。

シルバー・ツリー イラクサ科のピレアの品種。園芸植物。

シルバー・パフ アオイ科のタチアオイの品種。園芸植物。

シルバーフォックス バラ科のバラの品種。切り花に用いられる。

シルバーポトス マーブル・クィーンの別名。

シルバーモミ アビエス・アマビリスの別名。

シルバー・ライニング 〈Silver Lining〉バラ科。ハイブリッド・ティーローズ系。花はシルバーピンク。

シレトコスミレ 知床菫 〈*Viola kitamiana* Nakai〉スミレ科の草本。花は白色。高山植物。園芸植物。

シレトコブシ 〈*Aconitum misaoanum* Tamura et Namba〉キンポウゲ科の草本。別名シレトコトリカブト。

シレネ ナデシコ科の属総称。別名マンテマ。

シレネ・アカウテス 〈*Silene acautis* L.〉ナデシコ科。高山植物。

シレネ・アルペストリス 〈*Silene alpestris* Jacq.〉ナデシコ科。高さは10〜30cm。花は白色。園芸植物。

シレネ・アルメリア ムシトリナデシコの別名。

シレネ・ヴァージニカ 〈*Silene virginica* L.〉ナデシコ科。高さは20cm。花は真紅色。園芸植物。

シレネ・エリサベタ 〈*Silene elisabetha* Jan〉ナデシコ科。高山植物。

シレネ・ケイスケイ オオビランジの別名。

シレネ・コロラタ 〈*Silene colorata* Poiret〉ナデシコ科の一年草。

シレネ・ヌタンス 〈*Silene nutans* L.〉ナデシコ科の多年草。高山植物。

シレネ・バレシア 〈*Silene vallesia* L.〉ナデシコ科。別名スイスマンテマ。高山植物。

シレネ・マリティマ 〈*Silene maritima* With.〉ナデシコ科の多年草。高さは10cm。花は白色。園芸植物。

シレネ・ルペストリス 〈*Silene rupestris* L.〉ナデシコ科。高山植物。

シロアツバベンケイ セドゥム・アラントイデスの別名。

シロアミメグサ 白網目草 キツネノマゴ科。園芸植物。

シロアンズタケ 〈*Gomphus pallidus* (Yasuda) Corner〉ラッパタケ科のキノコ。中型。傘は肉質、放射状に裂けやすい。

シロイチイゴケ 〈*Isopterygium albescens* (Hook.) A. Jaeger〉ハイゴケ科のコケ。茎は這い、糸状、葉身部は卵形。

シロイヌナズナ 白犬薺 〈*Arabidopsis thaliana* (L.) Heynh.〉アブラナ科の一年草または越年草。高さは10〜40cm。花は白色。

シロイヌノヒゲ 〈*Eriocaulon shikokianum* Maxim.〉ホシクサ科の一年草。別名オオイヌノヒゲ。高さは15〜40cm。

シロイボカサタケ 〈*Rhodophyllus murraii* (Berk. et Curt.) Sing. f. *albus* (Hiroe) Hongo〉イッポンシメジ科のキノコ。

ジロウ 次郎 カキノキ科のカキの品種。果皮は黄紅色。

シロウマ キク科のシャスター・デージーの品種。園芸植物。

シロウマアカバナ 白馬赤花 〈*Epilobium shiroumense* Matsum. et Nakai〉アカバナ科の草本。高山植物。

シロウマアサツキ 白馬浅葱 〈*Allium schoenoprasum* L. var. *orientale* Regel〉ユリ科の多年草。高さは30〜50cm。高山植物。

シロウマイタチシダ 〈*Dryopteris shiroumensis* Kurata et Nakamura〉オシダ科の夏緑性シダ。葉身は長さ50cm。広卵形。

シロウマイノデ 〈*Polystichum* × *shin-tashiroi* Sa. Kurata〉オシダ科のシダ植物。

シロウマイワノリ 〈*Collema shiroumanum* Yas.〉イワノリ科の地衣類。地衣体は暗黒緑色。

シロウマオウギ 白馬黄耆 〈*Astragalus shiroumensis* Makino〉マメ科の多年草。高さは10〜40cm。高山植物。

シロウマオトギリ ダイセンオトギリの別名。

シロウマスゲ 白馬菅 〈*Carex scita* Maxim. var. *brevisquama* (Koidz.) Ohwi〉カヤツリグサ科。

シロウマタンポポ 白馬蒲公英 〈*Taraxacum alpicola* var. *shiroumense*〉キク科。高山植物。

シロウマチドリ 白馬千鳥 〈*Platanthera hyperborea* (L.) Lindl.〉ラン科の多年草。別名ユウバリチドリ。高さは25〜50cm。高山植物。

シロウマナズナ 白馬薺 〈*Draba shiroumana* Makino〉アブラナ科の多年草。高さは5〜10cm。高山植物。

シロウマヤリカツギ 〈*Encalypta alpina* Sm.〉ヤリカツギ科のコケ。ヤリカツギに似るが、葉先が細く漸尖。

シロウマリンドウ 〈*Gentianopsis yabei.* (Takeda et Hara) Ma〉リンドウ科の草本。高山植物。日本絶滅危機植物。

シロウリ 白瓜 〈*Cucumis melo* L. var. *conomon* (Thunb. ex Murray) Makino〉ウリ科の野菜。別名アサウリ、ツケウリ。園芸植物。

シロエゾホシクサ 〈*Eriocaulon pallescens* (Nakai) Satake〉ホシクサ科の草本。

シロエニシダ 〈*Cytisus albus* Hacq.〉マメ科の木本。高さは0.6〜1m。花は白または淡いクリーム色。園芸植物。

シロエンドウ 白豌豆 〈*Pisum sativum* L.〉マメ科の越年草。別名エンドウ(豌豆)。

シロエンドウ エンドウの別名。

シロオオハラタケ 〈*Agaricus arvensis* Schaeff.：Fr.〉ハラタケ科のキノコ。

シロオニタケ 〈*Amanita virgineoides* Bas〉テングタケ科のキノコ。大型。傘は白色、細かな錐形いぼ多数、縁部につばの破片。

シロオニタケモドキ 〈*Amanita hongoi* Bas〉テングタケ科のキノコ。大型。傘は淡褐色、細かな錐形のいぼ多数。

シロカイメンタケ 〈*Piptoporus soloniensis* (Dub.：Fr.) Pilát〉サルノコシカケ科のキノコ。大型。傘は鮮橙色→類白色。

シロカガ 白加賀 バラ科のウメ(梅)の品種。果皮は淡緑黄色。

シロカガ 白加賀 バラ科のウメの品種。別名カガノシロウメ。園芸植物。

シロカゼクサ 〈*Eragrostis silveana* Swallen〉イネ科の多年草。高さは40〜60cm。

シロガタパチヤ 〈*Palaquium obovatum* Engl.〉アカテツ科の高木。花は緑色。熱帯植物。

シロガネカズラ フィロデンドロン・ソディロイの別名。

シロガネカラクサ 〈*Evolvulus alsinoides*〉ヒルガオ科。

シロカネソウ 白銀草 〈*Dichocarpum stoloniferum* (Maxim.) W. T. Wang et Hsiao〉キンポウゲ科の多年草。別名ツルシロカネソウ。高さは10〜20cm。高山植物。

シロガネマゴケ ギンゴケの別名。

シロガネヨシ パンパスグラスの別名。

シロカノコユリ 白玉百合 〈*Lilium speciosum* Thunb. var. *tametomo* Sieb. et Zucc.〉ユリ科。別名シラタマユリ、オキナユリ。園芸植物。

シロカノシタ 〈*Hydnum repandum* L.：Fr. var. *album* Quél.〉カノシタ科のキノコ。小型〜中型。傘は白色、不整円形。

シロカピタン マメ科。別名シラフジ。園芸植物。

シロガヤツリ 〈*Cyperus pacificus* (Ohwi) Ohwi〉カヤツリグサ科の一年草。高さは5〜30cm。

シロガラシ 白芥 〈*Sinapis alba* L.〉アブラナ科の一年草。高さは30〜80cm。花は黄色。薬用植物。

シロカンチョウゲ ブヴァルディア・フンボルティーの別名。

シロキクラゲ 〈*Tremella fuciformis* Berk.〉シロキクラゲ科のキノコ。薬用植物。

シロキツネノサカズキ 〈*Microstoma floccosum* (Schw.) Rativ.〉ベニチャワンタケ科のキノコ。小型。子嚢盤は洋盃形、内面は赤色。

シロキリシマ 白霧島 ツツジ科のツツジの品種。園芸植物。

シロクサリゴケ 〈*Leucolejeunea xanthocarpa* (Lehm. & Lindenb.) A. Evans〉クサリゴケ科のコケ。茎は長さ2〜3cm、背片は卵形。
シロクジャク 白孔雀 ツツジ科のツツジの品種。園芸植物。
シロクジャク クジャクアスターの別名。
シロクモタケ 〈*Torrubiella corniformis* Kobayasi et Shimizu〉バッカクキン科のキノコ。別名クロツブシロクモタケ。
シロクローバー シロツメクサの別名。
シログワイ イヌクログワイの別名。
シロケシメジ 〈*Tricholoma columbetta* (Fr.) Kummer〉キシメジ科のキノコ。
シロコオイゴケ 〈*Diplophyllum albicans* (L.) Dunort.〉ヒシャクゴケ科のコケ。葉に明瞭なビッタ。
シロコスミレ ウィオラ・ラクティフロラの別名。
シロゴチョウ 〈*Sesbania grandiflora* Pers.〉マメ科の小木。直立。花は白色。熱帯植物。園芸植物。
シロコップタケ 〈*Boedijnopeziza institia* (Berk. & Curt.) S. Ito & Imai〉ベニチャワンタケ科のキノコ。小型。子嚢盤は洋盃形、内面は白色。
シロコナカブリ 〈*Mycena osmundicola* J. Lange〉キシメジ科のキノコ。
シロコヤマモモ ミリカ・ケリフェラの別名。
シロザ 白藜 〈*Chenopodium album* L.〉アカザ科の一年草。別名シロアカザ。高さは1〜1.5m。薬用植物。
シロサマニヨモギ 白様似蓬 〈*Artemisia arctica* Less. var. *villosa* Tatewaki ex Kitamura〉キク科の多年草。高山植物。
シロサワフタギ クロミノニシゴリの別名。
シロサンゴ 白珊瑚 アブラナ科のハボタンの品種。園芸植物。
シロシキブ 〈*Callicarpa longifolia* Lam.〉クマツヅラ科の低木。茎は褐毛、果実は白。花は紫色。熱帯植物。
シロジクカスリソウ ディフェンバキア・セグイネの別名。
シロジシマル 白獅子丸 ノトカクツス・ボイニンギーの別名。
シロシマアオイソウ ペペロミア・マグノリアエフォリア・バリエガタの別名。
シロシマウチワ アンスリウム・クリスタリヌムの別名。
シロシマセンネンボク 白縞千年木 〈*Dracaena deremensis* Engl.〉リュウゼツラン科の木本。高さは3〜5m。園芸植物。
シロシメジ 〈*Tricholoma japonicum* Kawamura〉キシメジ科のキノコ。別名ヌノビキ。
シロシャクジョウ 白錫杖 〈*Burmannia cryptopetala* Makino〉ヒナノシャクジョウ科の草本。

シロシラガゴケ 〈*Leucobryum glaucum* (Hedw.) Ångstr.〉シラガゴケ科のコケ。茎は長さ5cm、葉は披針形。
シロスジアマリリス ヒガンバナ科。園芸植物。
シロスジカエデ 〈*Acer pensylvanicum* L.〉カエデ科の落葉高木。幹に白い縞。樹高8m。樹皮は緑色。園芸植物。
シロスジビロードカズラ 〈*Philodendron gloriosum* André〉サトイモ科の多年草。つる性の種で、葉は草質。熱帯植物。園芸植物。
シロスズメナスビ 〈*Solanum indicum* L.〉ナス科の小低木。葉は小、葉裏刺多し。花は紫色。熱帯植物。
シロスズメノワン 〈*Humaria hemisphaerica* (Wiggers：Fr.) Funckel〉ピロネマキン科のキノコ。
シロスミクラ ツバキ科のツバキの品種。
シロスミレ 〈*Viola patrinii* DC.〉スミレ科の多年草。別名シロバナスミレ。高さは7〜15cm。花は白色。園芸植物。
シロソウメンタケ 〈*Clavaria vermicularis* Swartz：Fr.〉シロソウメンタケ科のキノコ。形は円筒状〜細長い紡錘形、白色。
シロソケイ モクセイ科。別名シロバナツルソケイ。園芸植物。
シロタエ 白妙 〈*Opuntia orbiculata* Salm-Dyck〉サボテン科のサボテン。高さは1m。花は黄色。園芸植物。
シロタエ 〈Shirotae〉バラ科。フロリバンダ・ローズ系。花は純白色。
シロタエ ツツジ科のツツジの品種。
シロタエ バラ科のサクラの品種。
シロタエギク 白妙菊 〈*Senecio bicolor* (Willd.) Tod.〉キク科の宿根草。高さは1m。花は紫紅色。園芸植物。
シロタエセッコク デンドロビウム・ディアレイの別名。
シロタエヒマワリ 白妙向日葵 〈*Helianthus argophyllus* Torr. et A. Gray〉キク科。別名ハクモウヒマワリ。高さは1.2〜2m。花は橙黄色。園芸植物。
シロタマゴテングタケ 〈*Amanita verna* (Bull.：Fr.) Roques〉テングタケ科のキノコ。
シロダモ 〈*Neolitsea sericea* (Blume) Koidz.〉クスノキ科の常緑高木。別名シロダブ、タマガラ、ウラジロ。花は黄色。園芸植物。
シロタモギタケ ブナシメジの別名。
シロチョウマメモドキ 〈*Centrosema plumierii* Benth.〉マメ科の蔓草。花は白黄色一部紫黒色。熱帯植物。
シロツチガキ 〈*Geastrum fimbriatum* (Fr.) Fisch.〉ヒメツチグリ科のキノコ。中型。円座なし、柄なし。

シロツノゴケ 〈*Siphula ceratites* (Wahlenb.) Fr.〉マツタケ科の不完全地衣。地衣体は灰白。

シロツブ 白粒 〈*Caesalpinia bonduc* (L.) Roxb.〉マメ科の常緑つる性木本。熱帯植物。

シロツブアナナス エクメア・セレスチスの別名。

シロツメクサ 白詰草 〈*Trifolium repens* L.〉マメ科の多年草。別名クローバー、ツメクサ、オランダゲンゲ。高さは20〜30cm。花は白〜淡紅色。薬用植物。園芸植物。

シロツリフネ ツリフネソウ科。園芸植物。

シロツルタケ 〈*Amanita vaginata* (Bull.：Fr.) Vitt. var. *alba* Gill.〉テングタケ科のキノコ。中型。傘は白色、条線あり。

シロテツ 〈*Boninia glabra* Planch.〉ミカン科の常緑高木または低木。

シロデマリ 〈*Ixora finlaysoniana* Wall.〉アカネ科の低木。葉は厚くサンゴジュの葉に似る。花は白色。熱帯植物。

シロテングタケ 〈*Amanita neoovoidea* Hongo〉テングタケ科のキノコ。中型〜大型。傘は白色粉状、淡黄土色のつぼの破片あり。

シロトウアズキ 〈*Abrus frutlculosus* Wall.〉マメ科の蔓草。種子白。熱帯植物。

シロドウダン 〈*Enkianthus cernus*〉ツツジ科の木本。別名ベニドウダン。園芸植物。

シロドウダン エンキアンツス・ケルヌースの別名。

シロトゲサンカクトウ 〈*Plectocomiopsis wrayi* Becc.〉ヤシ科の蔓木。幹は三角形で径3cm、濃緑色、白刺。熱帯植物。園芸植物。

シロトベラ 〈*Pittosporum boninense* Koidz.〉トベラ科の常緑小高木。

シロトマヤタケ 〈*Inocybe geophylla* (Sow.：Fr.) Kummer〉フウセンタケ科のキノコ。小型。傘は白色、平滑。ひだは灰褐色。

シロナナコ 白斜子 ソリシア・ペクティナタの別名。

シロナメツムタケ 〈*Pholiota lenta* (Fr.) Sing.〉モエギタケ科のキノコ。小型〜中型。傘は白茶色、綿毛状小鱗片を点在、粘性。

シロナンテン 白南天 〈*Nandina domestica* Thunb. var. *leucocarpa* Makino.〉メギ科の薬用植物。別名シロミナンテン。園芸植物。

シロナンヨウニシキギ 〈*Salacia grandiflora* Kurz〉ヒポクラテア科の低木。枝は垂下、果実は橙色。花は白色。熱帯植物。

シロニカワタケ 〈*Tremella pulvinaria* Kobayasi〉シロキクラゲ科のキノコ。

シロニセトマヤタケ 〈*Inocybe umbratica* Quél.〉フウセンタケ科のキノコ。小型。傘は白色、平滑。ひだは灰褐色。

シロヌメリイグチ 〈*Suillus laricinus* (Berk. in Hook.) Kuntze〉イグチ科のキノコ。中型〜大型。傘は汚白色、著しい粘性を帯びる。

シロヌメリカラカサタケ 〈*Limacella illinata* (Fr.：Fr.) Murrill〉テングタケ科のキノコ。中型。傘は白色、粘性。ひだは白色。

シロネ 白根 〈*Lycopus lucidus* Turcz.〉シソ科の多年草。高さは100cm以上。薬用植物。

シロノヂシャ 〈*Valerianella radiata* (L.) Dufr. forma *parviflora* (Dyal) Egg. Ware〉オミナエシ科。ノヂシャに似て果実の形が異なる。

シロノダフジ マメ科。別名シロバナフジ。園芸植物。

シロバイ 白灰 〈*Symplocos lancifolia* Sieb. et Zucc.〉ハイノキ科の常緑低木。花は白色。園芸植物。

シロハイゴケ 〈*Isopterygium minutirameum* (Müll. Hal.) A. Jaeger〉ハイゴケ科のコケ。シロイチイゴケに似る。枝葉は披針形。

シロハカワラタケ 〈*Trichaptum elongatum* (Berk.) Imaz.〉タコウキン科のキノコ。

シロハツ 〈*Russula delica* Fr.〉ベニタケ科のキノコ。中型〜大型。傘は白色、平滑。ひだは白色。

シロハツモドキ 〈*Russula japonica* Hongo〉ベニタケ科のキノコ。大型。傘は白色〜淡黄土色。ひだは白色→淡黄土色。

シロハトマル 白鳩丸 マミラリア・ネオミスタクスの別名。

シロバナ 曙風露'白花' フウロソウ科のアケボノフウロの品種。宿根草。

シロバナイガコウゾリナ 〈*Elephantopus mollis* H. B. K.〉キク科の草本。

シロバナイナモリソウ 〈*Pseudopyxis heterophylla* (Miq.) Maxim.〉アカネ科の多年草。高さは10〜30cm。

シロバナイヌナズナ エゾイヌナズナの別名。

シロバナインドソケイ 〈*Plumeria alba* L.〉キョウチクトウ科の観賞用低木。花は白色。熱帯植物。

シロバナウチワ 白花団扇 サトイモ科のオオベニウチワの改良品種。園芸植物。

シロバナウンゼン 〈*Rhododendron serpyllifolium* (A. Gray) Miq. var. *albiflorum* Makino〉ツツジ科の半常緑の低木。

シロバナエニシダ 〈*Cytisus multiflorus* (L'Hér. ex Ait.) Sweet〉マメ科の小低木。別名シロバナセッカエニシダ。高さは3m。花は白色。園芸植物。切り花に用いられる。

シロバナエンレイソウ ミヤマエンレイソウの別名。

シロバナキョウチクトウ キョウチクトウ科。園芸植物。

シロバナクサフジ 〈*Tephrosia candida* DC.〉マメ科の低木。花は白色。熱帯植物。

シロバナクサボケ 〈*Chaenomeles japonica* (Thunb.) Lindl. ex Sprach f. *alba* (Nakai) Ohwi〉 バラ科。園芸植物。

シロバナグスタビヤ 〈*Gustavia marcgraviana* Miers.〉サガリバナ科の観賞用小木。花は白色。熱帯植物。園芸植物。

シロバナクモマニガナ キク科。

シロバナサギゴケ サギゴケの別名。

シロバナサクラタデ 白花桜蓼 〈*Persicaria japonica* (Meisn.) H. Gross〉タデ科の多年草。高さは40〜100cm。

シロバナサルスベリ ミソハギ科。園芸植物。

シロバナサンタロイデス 〈*Santaloides concolor* Kuntze〉マメモドキ科の蔓木。花弁は白色、萼はピンク。熱帯植物。

シロバナサンタンカ アカネ科。園芸植物。

シロバナサンタンカ イクソラ・パルウィフロラの別名。

シロバナシナガワハギ 〈*Melilotus alba* Medic.〉マメ科の草本。高さは30〜120cm。花は白色。園芸植物。

シロバナショウジョウバカマ 〈*Heloniopsis orientalis* var. *flavida*〉ユリ科。

シロバナジンチョウゲ 〈*Daphne odora* Thunb. f. *alba* (Hemsley) Hara〉ジンチョウゲ科。園芸植物。

シロバナスミレ シロスミレの別名。

シロバナソシンカ 〈*Bauhinia candida* L.〉マメ科の観賞用小木。熱帯植物。

シロバナタンポポ 白花蒲公英 〈*Taraxacum albidum* Dahlst.〉キク科の多年草。高さは10〜30cm。花は白色。薬用植物。園芸植物。

シロバナチョウセンアサガオ 白花朝鮮朝顔 〈*Datula stramonium* L.〉ナス科の薬用植物。

シロバナトウウチソウ 白花唐打草 〈*Sanguisorba albiflora* Makino〉バラ科の草本。高山植物。

シロバナトルネラ 〈*Turnera trioniflora* Sims〉トルネラ科の観賞用草本。花は白色。熱帯植物。園芸植物。

シロバナニオイテンジクアオイ フウロソウ科。園芸植物。

シロバナネコノメソウ 〈*Chrysosplenium album* Maxim.〉ユキノシタ科の草本。

シロバナノシナガワハギ メリロッス・アルバの別名。

シロバナノヘビイチゴ 森苺 〈*Fragaria nipponica* Makino〉バラ科の多年草。高さは10〜30cm。高山植物。

シロバナハギ シラハギの別名。

シロバナハナマキ フトモモ科。園芸植物。

シロバナハンショウヅル 〈*Clematis williamsii* A. Gray〉キンポウゲ科の多年草。花は白色。園芸植物。

シロバナヒガンバナ シロバナマンジュシャゲの別名。

シロバナヒメトケイソウ パッシフロラ・カプスラリスの別名。

シロバナヒルギ 〈*Bruguiera cylindrica* BL.〉ヒルギ科の高木、マングローブ植物。熱帯植物。

シロバナヒルギモドキ ヒルギモドキの別名。

シロバナフジ シロノダフジの別名。

シロバナブラシノキ カリステモン・サリグヌスの別名。

シロバナマンジュシャゲ 白花曼珠沙華 〈*Lycoris albiflora* Koidz.〉ヒガンバナ科の多年草。花は白色。園芸植物。

シロバナマンテマ 〈*Silene gallica* L. var. *gallica*〉ナデシコ科の一年草または越年草。高さは30〜50cm。花は白または淡紅色。

シロバナムクゲ 白花木槿 〈*Hibiscus syriacus* f. *albus*〉アオイ科の落葉低木。

シロバナムシヨケギク ジョチュウギクの別名。

シロバナヤエウツギ 〈*Deutzia crenata* Sieb. et Zucc. f. *candidissima* (Bon.) Hara〉ユキノシタ科。園芸植物。

シロバナヤコウボク 〈*Cestrum diurnum* L.〉ナス科の観賞用低木。花は白色。熱帯植物。

シロバナヤブツバキ 白花藪椿 ツバキ科の木本。別名ヤブジロ。

シロバナヤマブキ 〈*Kerria japonica* (L.) DC. f. *albescens* (Makino) Ohwi〉バラ科。

シロバナロウゲ ポテンティラ・ルペストリスの別名。

シロハリスゲ 〈*Carex tenuiflora* Wahl.〉カヤツリグサ科の草本。

シロヒジキゴケ ヒジキゴケの別名。

シロヒナノチャワンタケ 〈*Lachnum virgineum* (Batsch : Fr.) Karst.〉ヒナノチャワンタケ科のキノコ。

シロヒメカラカサタケ 〈*Lepiota cygnea* J. Lange〉ハラタケ科のキノコ。

シロヒメホウキタケ 〈*Ramariopsis kuntzei* (Fr.) Donk〉シロソウメンタケ科のキノコ。形はほうき状、白色。

シロフイリゲットウ 白斑入月桃 〈*Alpinia albolineata* hort.〉ショウガ科の多年草。葉は濃緑色。園芸植物。

シロフクロタケ 〈*Volvariella speciosa* (Fr. : Fr.) Sing. var. *speciosa*〉ウラベニガサ科のキノコ。

シロフハカタカラクサ バリエガタの別名。

シロフハカタツユクサ バリエガタの別名。

シロフヨウ 白芙蓉 〈*Hibiscus mutabilis* f. *albiflorus*〉アオイ科の木本。園芸植物。

シロペタラム・ツーアルシー ラン科。園芸植物。

シロヘリウツボ 〈*Nepenthes albomarginata* Lobb〉ウツボカズラ科の食虫植物。葉柄は基部まで翼があり葉身との境は明らかでない。高さは数m。熱帯植物。園芸植物。

ジロボウエンゴサク 次郎坊延胡索 〈*Corydalis decumbens* (Thunb.) Pers.〉ケシ科の多年草。高さは10〜20cm。花は紅紫色。薬用植物。園芸植物。

シロホウライタケ 〈*Marasmiellus candidus* (Bolt.) Sing.〉キシメジ科のキノコ。

シロボケ バラ科。園芸植物。

シロボシ 白星 〈*Mammillaria plumosa* A. Web.〉サボテン科のサボテン。径4〜7cm。花は淡黄白色。園芸植物。

シロマツ 白松 〈*Pinus bungeana* Zucc. ex Endl.〉マツ科の木本。別名サンコノマツ、ハクショウ。高さは20〜30m。樹皮は灰緑と乳白色。園芸植物。

シロマツタケモドキ 〈*Tricholoma radicans* Hongo〉キシメジ科のキノコ。中型。傘は鱗片。

シロマツリ 〈*Jasminum subtriplinerve* BL.〉モクセイ科の観賞用蔓木。芳香。花は白色。熱帯植物。

シロミズキ コルヌス・アルバの別名。

シロミノカンコノキ 〈*Glochidion laevigatum* Hook. f.〉トウダイグサ科の小木。葉裏灰白。熱帯植物。

シロミノナンテン シロナンテンの別名。

シロミノハリイ カヤツリグサ科の草本。

シロミミズ アカネ科の木本。

シロミミナグサ 〈*Cerastium tomentosum* L.〉ナデシコ科の宿根草。高山植物。園芸植物。

シロムシヨケギク ジョチュウギクの別名。

シロモジ 白文字 〈*Lindera triloba* (Sieb. et Zucc.) Blume〉クスノキ科の落葉低木。別名アカジシャ、ヂシャグラ、ムラダチ。花は淡黄色。薬用植物。園芸植物。

シロモッコウ ヤスミヌム・オッフィキナレの別名。

シロヤエムクゲ 白八重木槿 アオイ科の木本。

シロヤシオ 白矢地黄 〈*Rhododendron quinquefolium* Bisset et Moore〉ツツジ科の落葉低木または高木。別名ゴヨウツツジ、マツハダ。高山植物。

シロヤジロウ 〈*Rehmannia glutinosa* (Gaertn.) Libosch. f. *lutea* Matsuda〉ゴマノハグサ科。

シロヤナギ 白柳 〈*Salix jessoensis* Seemen〉ヤナギ科の落葉高木。一年生の枝は分岐点がもろく、折れやすい。園芸植物。

シロヤバネゴケ 〈*Pleurocladula albescens* (Hook.) Grolle〉ヤバネゴケ科のコケ。白緑色、茎は長さ5〜10cm。

シロヤマイグチ 〈*Leccinum holopus* (Rostk. in Sturm) Watling〉イグチ科のキノコ。小型〜中型。傘は白色→灰緑色に変色。

シロヤマシダ 城山羊歯 〈*Diplazum hachijoense* Nakai〉オシダ科の常緑性シダ。葉身は長さ50〜100cm。三角形〜三角状卵形。

シロヤマゼンマイ 城山銭巻 〈*Osmunda banksiaefolia* (Presl) Kuhn〉ゼンマイ科の常緑性シダ。葉身は長さ1〜1.8m。単羽状複葉。園芸植物。

シロヤマブキ 白山吹 〈*Rhodotypos scandens* (Thunb.) Makino〉バラ科の落葉低木。高さは1.5m。花は白色。薬用植物。園芸植物。

シロヤリタケ 〈*Clavaria acuta* Fr.〉シロソウメンタケ科のキノコ。

シロヨメナ ヤマシロギクの別名。

シロヨモギ 白蓬, 白艾 〈*Artemisia stelleriana* Bess.〉キク科の多年草。高さは20〜60cm。園芸植物。

シロワン 〈*Pentacme contorta* Merr.〉フタバガキ科の高木。用材。熱帯植物。

シロリュウキュウ リュウキュウツツジの別名。

シロロウヤシ コペルニキア・アルバの別名。

シロワビスケ ツバキ科のツバキの品種。

シワイワタケ 〈*Umbilicaria caroliniana* Tuck.〉イワタケ科の地衣類。地衣体は薄い葉状。

シワカラカサタケ 〈*Cystoderma amianthinum* (Scop. : Fr.) Fayod〉ハラタケ科のキノコ。

シワカラカサモドキ 〈*Cystoderma neoamianthinum* Hongo〉ハラタケ科のキノコ。小型。傘は黄色、粉状。ひだは白色。

シワタケ 〈*Phlebia tremellosa* (Schrad. : Fr.) Nakasone & Burdsall〉シワタケ科のキノコ。中型〜大型。傘は白色、柔毛。

シワチャヤマイグチ 〈*Leccinum hortonii* (A. H. Smith & Thiers) Hongo & Nagasawa〉イグチ科のキノコ。中型〜大型。傘は赤褐色、著しいしわがある。

シワナシキオキナタケ 〈*Bolbitius vitellinus* (Pers. : Fr.) Fr.〉オキナタケ科のキノコ。

シワナシチビイタチゴケ 〈*Felipponea esquirolii* (Thér.) H. Akiyama〉イタチゴケ科のコケ。長さ2〜3cm、葉は卵形。

シワノカワ 〈*Petrospongium rugosum* (Okamura) Setchell et Gardner〉ネバリモ科の海藻。ほぼ円形。

シワバエビネ 〈*Calanthe veratrifolia* R. BR.〉ラン科の地生植物。花は白、唇弁黄色。熱帯植物。

シワハナゴケ 〈*Cladonia submitis* Evans〉ハナゴケ科の地衣類。子柄は帯黄灰色。

シワヒトエグサ 〈*Monostroma undulatum* Wittrock〉ヒトエグサ科の海藻。別名エダヒトエグサ。披針形。体は長さ20cm。

シワヤハズ〈*Dictyopteris undulata* Holmes〉アミジグサ科の海藻。中肋は隆起。体は25cm。

シワラッコゴケ〈*Gollania ruginosa* (Mitt.) Broth.〉ハイゴケ科のコケ。葉は卵形～長卵形。

シンインド 新印度 バラ科のリンゴ(苹果)の品種。果皮は鮮黄色。

シンエダウチホングウシダ〈*Lindsaea commixta* Tagawa〉ワラビ科のシダ植物。

シンカイノイロ 深海の色 アヤメ科のハナショウブの品種。園芸植物。

ジンガサゴケ 陣笠苔〈*Reboulia hemisphaerica* (L.) Raddi〉ジンガサゴケ科のコケ。別名ハナガタジンガサゴケ。縁と腹面は紫紅色、長さ1～4cm。

ジンガサタケ〈*Anellaria semiovata* (Sow.：Fr.) Pears. & Dennis〉ヒトヨタケ科のキノコ。小型～中型。傘は淡黄褐色、鐘形。湿時粘性。ひだは灰白色→黒色。

ジンギベル・スペクタビレ オオヤマショウガの別名。

ジンギベル・ゼルンベト ニガショウガの別名。

シンギョク 神玉 バラ科のモモ(桃)の品種。果皮は乳白色。

シンギョク 新玉 アイロステラ・フィーブリギーの別名。

シンキリシマリンドウ〈*Gentiana hybrida* Hort.〉リンドウ科。園芸植物。

ジングウスゲ〈*Carex sacrosancta* Honda〉カヤツリグサ科。別名ヒメナキリスゲ。

ジングウツツジ 神宮躑躅〈*Rhododendron sanctum* Nakai var. *sanctum*〉ツツジ科の落葉低木。

ジングウツツジ ドウダンツツジの別名。

ジングウホウオウゴケ〈*Fissidens linearis* Brid. var. *obscurirete* (Broth. & Paris) I. G. Stone〉ホウオウゴケ科のコケ。小形、茎は葉を含め長さ1.4～4.0mm、葉は披針形～線状披針形。

シンクリノイガ〈*Cenchrus echinatus* L.〉イネ科の一年草。高さは15～80cm。

シングル・ピンク・チャイナ〈Single Pink China〉バラ科。花はピンク。

シンゲツ 新月〈*Senecio scaposus* DC.〉キク科。花は黄色。園芸植物。

シンコウ 新興 バラ科のナシの品種。果皮は黄褐色。

シンコウ 新光 バラ科のリンゴ(苹果)の品種。果皮は黄緑色。

ジンコウ 沈香〈*Aquilaria agallocha* Roxb.〉ジンチョウゲ科の高木。樹皮は短毛密布。熱帯植物。薬用植物。

シンゴニウム サトイモ科の属総称。

シンゴニウム・アウリツム〈*Syngonium auritum* (L.) Schott〉サトイモ科のつる植物。別名オオミツバカズラ。花は淡黄か紫色。園芸植物。

シンゴニウム・アルボビレンス サトイモ科。園芸植物。

シンゴニウム・アルボリネアタム サトイモ科。別名コンテリミツバカズラ。園芸植物。

シンゴニウム・ヴェロジアヌム〈*Syngonium vellozianum* Schott〉サトイモ科のつる植物。小葉は卵形から長卵形。園芸植物。

シンゴニウム・ポドフィルム〈*Syngonium podophyllum* Schott〉サトイモ科の観賞用蔓植物。苞白。葉長20cm。熱帯植物。園芸植物。

シンゴニウム・マウロアナム サトイモ科。別名セスジミツバカズラ。園芸植物。

シンゴニウム・マクロフィルム〈*Syngonium macrophyllum* Engl.〉サトイモ科のつる植物。闊大な狭心臓形の葉。園芸植物。

ジンジソウ 人字草〈*Saxifraga cortusaefolia* Sieb. et Zucc.〉ユキノシタ科の多年草。別名モミジバダイモンジソウ。高さは10～30cm。

ジンジャー〈*Hedychium hybridum* Hort.〉ショウガ科のハーブ。別名ハナシュクシャ、シュクシャ。園芸植物。

ジンジャー ショウガ科の属総称。球根植物。別名シュクシャ、ガーランドリリー、ジンジャーリリー。切り花に用いられる。

ジンジャー・ミント シソ科のハーブ。

ジンジャーロジャース〈Ginger Rogers〉バラ科。ハイブリッド・ティーローズ系。花はサーモンピンク。

シンジュ 神樹〈*Ailanthus altissima* Swingle〉ニガキ科の落葉高木。別名ニワウルシ。高さは20m以上。花は黄緑色。樹皮は灰褐色。薬用植物。園芸植物。

シンジュ 真珠 フェロカクツス・レクルウスの別名。

シンシュウダイオウ 信州大黄〈*Rheum coreanum* Nakai × *R. palmatum* L.〉タデ科の薬用植物。

シンジュガヤ〈*Scleria levis* Retz.〉カヤツリグサ科の多年草。高さは50～120cm。

シンジュノキ 真珠の木〈*Pernettya*〉ツツジ科の属総称。切り花に用いられる。

シンセイ 新星 バラ科のリンゴ(苹果)の品種。果皮は緑黄色。

シンセイキ 新世紀 バラ科のナシの品種。果皮は黄緑色。

シンセカイ 新世界 ブラキカリキウム・ティルカレンセの別名。

シンセツ 新雪〈Shin-Setsu〉バラ科のバラの品種。クライミング・ローズ系。花は白色。園芸植物。

シンセラ 〈Sincera〉 バラ科。ハイブリッド・ティーローズ系。花は白色。

シンセリティ キク科のガーベラの品種。切り花に用いられる。

シンセンギョク 神仙玉 フェロカクツス・コロッスの別名。

シンタイヨウ 新太陽 ツツジ科のサツキの品種。園芸植物。

シンチクヒメハギ 〈Polygala chinensis L.〉ヒメハギ科の草本。

ジンチョウゲ 沈丁花 〈Daphne odora Thunb. ex Murray〉ジンチョウゲ科の常緑低木。別名チョウジグサ、リンチョウ、ズイコウ。高さは1m。薬用植物。園芸植物。

ジンチョウゲ科 科名。

ジンテ 〈Baccaurea polyneura Hook. f.〉トウダイグサ科の小木。葉脈褐毛密布、果実は垂下、褐色。熱帯植物。

シンテッポウユリ 新鉄砲百合 〈Lilium × formolongi hort.〉ユリ科の多肉植物。高さは50〜150cm。花は純白色。園芸植物。

シンデレラ ツツジ科のアザレアの品種。園芸植物。

シンデレラ バラ科のバラの品種。園芸植物。

シンテンウラボシ 新天裏星 〈Colysis shintenensis (Hayata) H. Ito〉ウラボシ科の常緑性シダ。別名オオヤリノホラン、ワカメシダ。葉身は長さ25〜50cm。三角状、裂片を除いた部分は披針形。

シンテンチ 新天地 〈Gymnocalycium saglionis (J. F. Cels) Britt. et Rose〉サボテン科のサボテン。径30〜40cm。花は白または淡いピンク色。園芸植物。

ジントウ 神刀 〈Crassula falcata H. Wendl.〉ベンケイソウ科の多肉植物。花は鮮赤〜橙色。園芸植物。

シンドラノキ 〈Sindora wallichii Benth.〉マメ科の高木。種子黒褐色、仮種衣は赤色。熱帯植物。

シンナイウツボ プルネラ・ウェッビアナの別名。

シンナモムム・オブツシフォリウム ヒマラヤニッケイの別名。

シンナモムム・カッシア シナニッケイの別名。

シンナモムム・ブルマンニ 〈Cinnamomum burmanni (C. G. et Th. Nees) Blume.〉クスノキ科の薬用植物。

シンニョノツキ 真如の月 ツツジ科のサツキの品種。園芸植物。

シンノウヤシ 親王椰子 〈Phoenix roebelenii O'Brien〉ヤシ科の観賞用植物。小形のヤシで幹に葉の跡が残る。高さは2〜4m。熱帯植物。園芸植物。

ジンバイソウ 〈Platanthera florenti Franch. et Savat.〉ラン科の多年草。別名ミズモラン。高さは20〜40cm。高山植物。

シンバシ 新橋 エリオケレウス・マルティニーの別名。

ジンパティー 〈Sympathie〉 バラ科。花は濃い赤色。

ジーン・バーナー 〈Gene Boemer〉 バラ科。フロリバンダ・ローズ系。花は濃いピンク。

シンビディウム ラン科の属総称。園芸植物。

シンビディウム・アイアンソニー 〈Cymbidium × iansonii Rolfe〉ラン科。花は帯黄色。園芸植物。

シンビディウム・アキバ 〈Cymbidium Akiba〉ラン科。花は黄金色。園芸植物。

シンビディウム・アストロノート 〈Cymbidium Astronaut〉ラン科。花は黄〜帯紅黄色。園芸植物。

シンビディウム・アトロプルプレウム 〈Cymbidium atropurpureum Rolfe〉ラン科の多年草。

シンビディウム・アフリカン・アドヴェンチャー 〈Cymbidium African Adventure〉ラン科。花は深緑色。園芸植物。

シンビディウム・アヤコ・タナカ 〈Cymbidium Ayako Tanaka〉ラン科。花は純白色。園芸植物。

シンビディウム・アラビアン・ナイツ 〈Cymbidium Arabian Nights〉ラン科。花は白、淡ピンク色。園芸植物。

シンビディウム・アーリアナ 〈Cymbidium Earlyana〉ラン科。花は純白色。園芸植物。

シンビディウム・アレグザンデリ 〈Cymbidium Alexanderi〉ラン科。花は純白色。園芸植物。

シンビディウム・アレグロ 〈Cymbidium Allegro〉ラン科。花はローズピンク色。園芸植物。

シンビディウム・アロイフォリウム 〈Cymbidium aloifolium (L.) Swartz〉ラン科。花は黄褐色。園芸植物。

シンビディウム・アン・グリーン 〈Cymbidium Ann Green〉ラン科。花はクリーム色。園芸植物。

シンビディウム・アン・ドミニク 〈Cymbidium Ann Dominic〉ラン科。花は緑白色。園芸植物。

シンビディウム・インシグネ 〈Cymbidium insigne Rolfe〉ラン科。花は淡乳白色。園芸植物。

シンビディウム・ウララ 〈Cymbidium Urara〉ラン科。花は透白色。園芸植物。

シンビディウム・エイコウ 〈Cymbidium Eikoh〉ラン科。花は赤褐色。園芸植物。

シンビディウム・エクスカリバー 〈Cymbidium Excalibur〉ラン科。花は小豆色。園芸植物。

シンビディウム・エタ・バーロー 〈Cymbidium Etta Barlow〉ラン科。花は純白色。園芸植物。

シンビディウム・エドナ・コブ 〈Cymbidium Edna Cobb〉ラン科。花は純白色。園芸植物。

シンビディウム・エブルネウム 〈*Cymbidium eburneum* Lindl.〉ラン科。花は象牙色。園芸植物。

シンビディウム・エリトロスティルム 〈*Cymbidium erythrostylum* Rolfe〉ラン科。花は白色。園芸植物。

シンビディウム・エル・カピタン 〈*Cymbidium* El Capitan〉ラン科。花は純白色。園芸植物。

シンビディウム・エンシフォリウム スルガランの別名。

シンビディウム・エンドレ・オスボ 〈*Cymbidium* Endre Ostbo〉ラン科。花は緑黄色。園芸植物。

シンビディウム・カキューマ 〈*Cymbidium* Cachuma〉ラン科。花はピンク色。園芸植物。

シンビディウム・カナリクラツム 〈*Cymbidium canaliculatum* R. Br.〉ラン科の多年草。花は黄緑色。園芸植物。

シンビディウム・カリガラ 〈*Cymbidium* Carigara〉ラン科。花は緑黄色。園芸植物。

シンビディウム・カリフォルニア 〈*Cymbidium* California〉ラン科。花はベージュ色。園芸植物。

シンビディウム・カンラン カンランの別名。

シンビディウム・ギガンテウム 〈*Cymbidium giganteum* Wall. ex Lindl.〉ラン科。花は明黄緑色。園芸植物。

シンビディウム・ギロ 〈*Cymbidium* Giro〉ラン科。花はレモン黄色。園芸植物。

シンビディウム・キング・アーサー 〈*Cymbidium* King Arthur〉ラン科。花は黄緑色。園芸植物。

シンビディウム・キングレット 〈*Cymbidium* Kinglet〉ラン科。花は純黄色。園芸植物。

シンビディウム・グウェン・シャーマン 〈*Cymbidium* Gwen Sherman〉ラン科。花はクリームピンク色。園芸植物。

シンビディウム・グランディフロールム 〈*Cymbidium grandiflorum* Griff.〉ラン科。高山植物。

シンビディウム・クリーム・グロー 〈*Cymbidium* Cream Glow〉ラン科。花は白色。園芸植物。

シンビディウム・グーリンギー シュンランの別名。

シンビディウム・グレイト・デー 〈*Cymbidium* Great Day〉ラン科。花は白、緑白色。園芸植物。

シンビディウム・グレイト・ワルツ 〈*Cymbidium* Great Waltz〉ラン科。花はソフトピンク色。園芸植物。

シンビディウム・クレオ・シャーマン 〈*Cymbidium* Cleo Sherman〉ラン科。花はピンク色。園芸植物。

シンビディウム・ケニー 〈*Cymbidium* Kenny〉ラン科。花は紫赤色。園芸植物。

シンビディウム・ゲライント 〈*Cymbidium* Geraint〉ラン科。花は緑黄色。園芸植物。

シンビディウム・ゴールデンウィール 〈*Cymbidium* Goldenwheel〉ラン科。花は鮮黄色。園芸植物。

シンビディウム・ゴールデン・ランド 〈*Cymbidium* Golden Land〉ラン科。花は純黄色。園芸植物。

シンビディウム・サイゴン 〈*Cymbidium* Saigon〉ラン科。花は濃桃色。園芸植物。

シンビディウム・サイレント・ナイト 〈*Cymbidium* Silent Night〉ラン科。花は白色。園芸植物。

シンビディウム・サザナミ 〈*Cymbidium* Sazanami〉ラン科。花は濃桃紅色。園芸植物。

シンビディウム・サン・フランシスコ 〈*Cymbidium* San Francisco〉ラン科。花は濃緑黄色。園芸植物。

シンビディウム・サン・ミゲル 〈*Cymbidium* San Miguel〉ラン科。花は黄みを加えたグリーン。園芸植物。

シンビディウム・シネンセ ホウサイランの別名。

シンビディウム・シムランス 〈*Cymbidium simulans* Rolfe〉ラン科。園芸植物。

シンビディウム・シュレーデリ 〈*Cymbidium schroederi* Rolfe〉ラン科。花は明緑色。園芸植物。

シンビディウム・ショーガール 〈*Cymbidium* Showgirl〉ラン科。花はクリーム白色。園芸植物。

シンビディウム・ジョージ・オブ・アーク 〈*Cymbidium* Joan of Arc〉ラン科。花は純白色。園芸植物。

シンビディウム・スアウェ 〈*Cymbidium suave* R. Br〉ラン科。花は緑、褐緑色。園芸植物。

シンビディウム・スイートハート 〈*Cymbidium* Sweetheart〉ラン科。花は淡乳白色。園芸植物。

シンビディウム・スタンリー・フォーレイカー 〈*Cymbidium* Stanley Fouraker〉ラン科。花はピンク色。園芸植物。

シンビディウム・チャネル・アイランズ 〈*Cymbidium* Channel Islands〉ラン科。花はピンク色。園芸植物。

シンビディウム・ティグリヌム 〈*Cymbidium tigrinum* C. Parish ex Hook. f.〉ラン科。花は帯黄緑色。園芸植物。

シンビディウム・ティンセル 〈*Cymbidium* Tinsel〉ラン科。花はピンク色。園芸植物。

シンビディウム・デヴォニアヌム 〈*Cymbidium devonianum* Paxt.〉ラン科。花は緑色。園芸植物。

シンビディウム・デヤヌム カンポウランの別名。

シンビディウム・デルロサ 〈*Cymbidium* Delrosa〉ラン科。花は純白色。園芸植物。

シンビディウム・ドクター・ロイド・ホーキンソン 〈*Cymbidium* Doctor Lloyd Hawkinson〉ラン科。花は緑色。園芸植物。

シンビディウム・ドリス・アウレア 〈*Cymbidium* Doris Aurea〉ラン科。花は黄褐色。園芸植物。

シンビディウム・トレイシアヌム 〈*Cymbidium tracyanum* L. Castle〉ラン科。花は帯黄色。園芸植物。

シンビディウム・ニッキエッタ 〈*Cymbidium* Nikkietta〉ラン科。花は黄緑色。園芸植物。

シンビディウム・ニラ 〈*Cymbidium* Nila〉ラン科。花は鮮緑色。園芸植物。

シンビディウム・ハーヴィーズ・プライド 〈*Cymbidium* Harvey's Pride〉ラン科。花は緑色。園芸植物。

シンビディウム・パトリシア・アン 〈*Cymbidium* Patricia Anne〉ラン科。花はピンク色。園芸植物。

シンビディウム・バーナデット 〈*Cymbidium* Bernadette〉ラン科。花は白色。園芸植物。

シンビディウム・バビロン 〈*Cymbidium* Babylon〉ラン科。花はピンク色。園芸植物。

シンビディウム・パリシー 〈*Cymbidium parishii* Rchb. f.〉ラン科。花はクリーム白色。園芸植物。

シンビディウム・バルキス 〈*Cymbidium* Balkis〉ラン科。花は白色。園芸植物。

シンビディウム・バルシナ 〈*Cymbidium* Balshina〉ラン科。花は緑黄色。園芸植物。

シンビディウム・バルセロナ 〈*Cymbidium* Barcelona〉ラン科。花は緑黄色。園芸植物。

シンビディウム・バルトルメ・フェレロ 〈*Cymbidium* Bartolme Ferrero〉ラン科。花は純白色。園芸植物。

シンビディウム・ピーター・パン 〈*Cymbidium* Peter Pan〉ラン科。花は緑黄色。園芸植物。

シンビディウム・ヒロシマ・ゴールデン・カップ 〈*Cymbidium* Hiroshima Golden Cup〉ラン科。花は明淡黄色。園芸植物。

シンビディウム・ファベリ イッケイキュウカの別名。

シンビディウム・ファンタジア・ラプソディ 〈*Cymbidium* Fantasia Rhapsody〉ラン科。

シンビディウム・ファンファーレ 〈*Cymbidium* Fanfare〉ラン科。花は濃緑色。園芸植物。

シンビディウム・フェアー・メドーズ 〈*Cymbidium* Fair Meadows〉ラン科。花は淡緑色。園芸植物。

シンビディウム・フェアリー・ワンド 〈*Cymbidium* Fairy Wand〉ラン科。花は小豆色。園芸植物。

シンビディウム・フェザー・ヒル 〈*Cymbidium* Feather Hill〉ラン科。花は濃紅色。園芸植物。

シンビディウム・フッケリアヌム 〈*Cymbidium hookerianum* Rchb. f.〉ラン科。花は明緑色。園芸植物。

シンビディウム・プベスケンス 〈*Cymbidium pubescens* Lindl.〉ラン科。花は淡緑色。園芸植物。

シンビディウム・ブルー・スモーク 〈*Cymbidium* Blue Smoke〉ラン科。花は鮮緑色。園芸植物。

シンビディウム・フレッド・スチュアート 〈*Cymbidium* Fred Stewart〉ラン科。花は純白色。園芸植物。

シンビディウム・ベツレヘム 〈*Cymbidium* Bethlehem〉ラン科。花は濃黄金色。園芸植物。

シンビディウム・ベンガル・ベイ 〈*Cymbidium* Bengal Bay〉ラン科。花は濃黄色。園芸植物。

シンビディウム・ペンドゥルム 〈*Cymbidium pendulum* (Roxb.) Swartz〉ラン科。花は明黄色。園芸植物。

シンビディウム・ホワイト・クリスタル 〈*Cymbidium* White Crystal〉ラン科。花はピンク色。園芸植物。

シンビディウム・マディドゥム 〈*Cymbidium madidum* Lindl.〉ラン科。花は緑色。園芸植物。

シンビディウム・ミニアチュアー 〈*Cymbidium* Jill Green Star〉ラン科。

シンビディウム・ミレッタ 〈*Cymbidium* Miretta〉ラン科。花はグリーン。園芸植物。

シンビディウム・メアリー・ビー 〈*Cymbidium* Mary Bea〉ラン科。花は純白色。園芸植物。

シンビディウム・メアリー・マーガレット 〈*Cymbidium* Mary Margaret〉ラン科。花は緑黄色。園芸植物。

シンビディウム・メモリア・S.G.アレグザンダー 〈*Cymbidium* Memoria S. G. Alexander〉ラン科。花はレモン黄色。園芸植物。

シンビディウム・メモリア・フランシス・コブ 〈*Cymbidium* Memoria Francis Cobb〉ラン科。花は乳白色。園芸植物。

シンビディウム・メロディー・フェアー 〈*Cymbidium* Melody Fair〉ラン科。花はピンク色。園芸植物。

シンビディウム・ラグーン 〈*Cymbidium* Lagoon〉ラン科。花は緑黄色。園芸植物。

シンビディウム・ラッキー・レインボー 〈*Cymbidium* Lucky Rainbow〉ラン科。花は鮮赤桃色。園芸植物。

シンビディウム・ランキフォリウム ナギランの別名。

シンビディウム・ランスロット 〈*Cymbidium* Lancelot〉ラン科。花は淡桃色。園芸植物。

シンビディウム・リオネロ 〈*Cymbidium* Lionello〉ラン科。花は純白色。園芸植物。

シンビディウム・リージャ・クリーオン 〈*Cymbidium* Leedja Cleon〉ラン科。花は白色。園芸植物。

シンビディウム・リリアン・スチュアート 〈*Cymbidium* Lillian Stewart〉ラン科。花はソフトピンク色。園芸植物。

シンビディウム・リンカン 〈*Cymbidium* Rincon〉ラン科。花は紅色。園芸植物。

シンビディウム・ルイス・スチュアート 〈*Cymbidium* Louis Stewart〉ラン科。花は純白色。園芸植物。

シンビディウム・レディー・モクサム 〈*Cymbidium* Lady Moxham〉ラン科。花は橙色。園芸植物。

シンビディウム・ローウィアヌム 〈*Cymbidium lowianum* (Rchb. f.) Rchb. f.〉ラン科。花は鮮緑黄色。園芸植物。

シンビディウム・ロザリタ 〈*Cymbidium* Rosarita〉ラン科。花は純白、濃紫紅色。園芸植物。

シンビディウム・ロザンナ 〈*Cymbidium* Rosanna〉ラン科。花は淡桃色。園芸植物。

シンビディウム・ワカクサ 〈*Cymbidium* Wakakusa〉ラン科。花は緑白色。園芸植物。

シンビディウム・ワル 〈*Cymbidium* Walu〉ラン科。花は明黄緑色。園芸植物。

シンビディウム・ワルツ 〈*Cymbidium* Waltz〉ラン科。花は鮮紅色。園芸植物。

シンビディエラ・フラベラタ 〈*Cymbidiella flabellata* (Thouars) Rolfe〉ラン科。花は黄緑色。園芸植物。

シンビディエラ・ロドキラ 〈*Cymbidiella rhodochila* (Rolfe) Rolfe〉ラン科。花は緑色。園芸植物。

シンフィアンドラ・ウォネリ 〈*Symphyandra wanneri* (Rochel) Heuff.〉キキョウ科の草本。高さは15cm。花は菫青色。園芸植物。

シンフィアンドラ・クレティカ 〈*Symphyandra cretica* A. DC.〉キキョウ科の多年草。

シンフィアンドラ・ペンドゥラ 〈*Symphyandra pendula* (Bieb.) A. DC.〉キキョウ科の宿根草。高さは60cm。花は黄白色。園芸植物。

シンフィアンドラ・ホフマニー 〈*Symphyandra hoffmannii* Pant.〉キキョウ科の草本。高さは30～60cm。花は白色。園芸植物。

シンフィツム・アスペルム オオハリソウの別名。

シンフィツム・オフィキナーレ コンフリーの別名。

シンフォニー 〈Symphonie〉バラ科。イングリッシュローズ系。花は黄色。

シンフォリカルプス・ホワイトパール シラタマヒョウタンボクの別名。

シンフォリカルポス・オルビクラツス 〈*Symphoricarpos orbiculatus* Moench〉スイカズラ科の落葉低木。高さは0.6～1.5m。花は桃色。園芸植物。

シンフォリカルポス・モリス 〈*Symphoricarpos mollis* Nutt.〉スイカズラ科の落葉低木。花は淡紅か白色。園芸植物。

シンブギョク 振武王 エキノフォッスロカクツス・ロイディーの別名。

シンプリーレッド バラ科。花は赤色。

シンプロカルプス・ニッポニクス ヒメザゼンソウの別名。

シンプロカルプス・レニフォリウス ザゼンソウの別名。

シンプロコス・キネンシス 〈*Symplocos chinensis* (Lour.) Druce〉ハイノキ科の木本。別名タイワンサワフタギ。花は白色。園芸植物。

シンプロコス・グラウカ ミミズバイの別名。

シンプロコス・タナカエ ヒロハノミミズバイの別名。

シンプロコス・タナカナ クロミノサワフタギの別名。

シンプロコス・ティンクトリア 〈*Symplocos tinctoria* (L.) L'Hér〉ハイノキ科の木本。高さは9m。花は帯黄色。園芸植物。

シンプロコス・テオフラスティフォリア カンザブロウノキの別名。

シンプロコス・パテンス アオバノキの別名。

シンプロコス・パニクラタ クロミノニシゴリの別名。

シンプロコス・プルニフォリア クロバイの別名。

シンプロコス・ミルタケア ハイノキの別名。

シンプロコス・ランキフォリア シロバイの別名。

シンプロコス・ルキダ クロキの別名。

シンベライン 〈Cymbeline〉バラ科。イングリッシュローズ系。花は薄桃色。

ジーン・マリー・デ・モンターギュ ツツジ科のシャクナゲの品種。園芸植物。

シンミズヒキ 〈*Antenoron neofiliforme* (Nakai) Hara〉タデ科の多年草。高さは30～80cm。

ジンムジカナワラビ オシダ科のシダ植物。

シンモエスギゴケ 〈*Pogonatum nipponicum* Nog. & Osada〉スギゴケ科のコケ。小形、茎は高さ1～2cm。

ジンヤクラン 〈*Arachnis labrosa* (Lindl. ex Paxt.) Reichb. f.〉ラン科。日本絶滅危機植物。

ジンヨウイチヤクソウ 腎葉一薬草 〈*Pyrola renifolia* Maxim.〉イチヤクソウ科の常緑多年草。高さは10～20cm。花は白色。高山植物。園芸植物。

ジンヨウキスミレ 腎葉黄菫 〈*Viola alliariaefolia* Nakai〉スミレ科。花は黄色。高山植物。園芸植物。

ジンヨウスイバ 〈*Oxyria digyna* (L.) Hill〉タデ科の多年草。高さは10～30cm。高山植物。

シンリュウ 神竜 イワヒバ科のイワヒバの品種。園芸植物。
シンリョクカク 新緑閣 コリオカクツス・ブレウィスティルスの別名。
シンリョクチュウ 新緑柱 ステノケレウス・ステラッスの別名。
シンロカイ アロエ・バルバデンシスの別名。
ジンロクデン 神鹿殿 ガガイモ科。園芸植物。

【ス】

スイカ 西瓜, 水瓜 〈*Citrullus lanatus* (Thunb.) Matsum. et Nakai〉ウリ科の野菜。蔓の長さ7～10m。花は黄色。熱帯植物。薬用植物。園芸植物。
スイカズラ 忍冬 〈*Lonicera japonica* Thunb. ex Murray〉スイカズラ科の半常緑つる性低木。別名ニンドウ。花は初め白後に黄色。薬用植物。園芸植物。
スイカズラ スイカズラ科の属総称。
スイカズラ科 科名。
スイカン 翠冠 ツツジ科のサツキの品種。園芸植物。
スイガン ボタン科のボタンの品種。
スイカンギョク 翠冠玉 ロフォフォラ・ディッフサの別名。
スイギュウカク 水牛角 ガガイモ科。別名水牛、若松。園芸植物。
ズイコウ 瑞晃 ラン科のケイランの品種。園芸植物。
スイコウカン 翠晃冠 ギムノカリキウム・アニシチーの別名。
スイシカイドウ 垂糸海棠 マルス・ハリアナの別名。
スイショウ 水松 〈*Glyptostrobus lineatus* (Poir.) Druce〉スギ科の木本。別名イヌスギ、ミズマツ。樹高10m。樹皮は灰褐色。園芸植物。
スイショウ グリプトストロブス・ペンシリスの別名。
スイス・ジャイアント スミレ科のガーデン・パンジーの品種。園芸植物。
スイスマンテマ シレネ・バレシアの別名。
スイセイ 翠星 バラ科のナシの品種。別名ナシ農林2号、リ―30号。果皮は黄緑色。
スイセイジュ テトラケントロン・シネンセの別名。
スイセイデン 彗星殿 ローデンティオフィラ・アタカメンシスの別名。
スイセン 水仙 〈*Narcissus tazetta* L.〉ヒガンバナ科の多年草。薬用植物。園芸植物。
スイセン ヒガンバナ科の属総称。球根植物。別名ダッフォディル、セッチュウカ(雪中花)、キンサンギンダイ(金盞銀台)。切り花に用いられる。

スイセンアヤメ 〈*Tritonia lineata* Ker-Gawl.〉アヤメ科。高さは30～40cm。花は白ないし淡桃色。園芸植物。
スイゼンジナ 水前寺菜 〈*Gynura bicolor* (Willd.) DC.〉キク科の多年草。別名ハルタマ。葉裏紫色。高さは30～60cm。花は黄赤色。熱帯植物。園芸植物。
スイゼンジノリ スピルリナ科。
スイゼンジノリ 淡水産藻類。
スイセンノウ 酔仙翁 〈*Lychnis coronaria* (L.) Desr.〉ナデシコ科の一年草または多年草。別名フランネルソウ。高さは1m。花は明るい紫紅色。園芸植物。
スイセン・バルボコジューム ヒガンバナ科。切り花に用いられる。
スイセン・ビリディーフロールス ヒガンバナ科。切り花に用いられる。
スイタグワイ オモダカ科。別名マメグワイ、コグワイ。薬用植物。
スイートオレンジ オレンジの別名。
スイートガーリック ツルバギア・フラグランスの別名。
スイートコーン 玉蜀 〈*Zea mays* Linn. var. *saccharata* Sturt.〉イネ科の果菜類。
スイート・サルタン 〈*Centaurea imperialis* Hort.〉キク科の草本。別名キバナニオイヤグルマ、キバナヤグルマギク。園芸植物。
スイートサルタン スイート・サルタンの別名。
スイート・ジュリエット 〈Sweet Juliet〉バラ科。イングリッシュローズ系。花は淡アプリコット色。
スィート・バイオレット ニオイスミレの別名。
スィート・バジル バジルの別名。
スイートピー 〈*Lathyrus odoratus* L.〉マメ科の一年草。別名ジャコウエンドウ(麝香豌豆)、ジャコウレンリソウ(麝香連理草)。長さ4m。園芸植物。切り花に用いられる。
スイートピー マメ科の属総称。別名ジャコウエンドウ。
スイートマジョラム シソ科のハーブ。別名マジョラム、マージョラム。切り花に用いられる。
スイートメモリー マメ科のスイートピーの品種。切り花に用いられる。
ズイナ 瑞菜 〈*Itea japonica* Oliv.〉ユキノシタ科の落葉低木。別名ヨメナノキ。高さは1～2m。園芸植物。
スイバ 酸葉 〈*Rumex acetosa* L.〉タデ科の多年草。別名リトルビネガープラント、ガーデンソレル。高さは50～80cm。薬用植物。園芸植物。
スイバノキ 〈*Oxydendrum arboreum*〉ツツジ科の木本。樹高20m。樹皮は灰褐色。園芸植物。
スイヒレン 酔妃蓮 スイレン科のハスの品種。園芸植物。

スイフヨウ 酔芙蓉 〈Hibiscus mutabilis L. f. versicolor Makino〉アオイ科の木本。園芸植物。

ズイホウカブト 瑞鳳兜 サボテン科のサボテン。園芸植物。

スイホウギョク 瑞鳳玉 アストロフィツム・カプリコルネの別名。

スイミツトウ 水蜜桃 バラ科の果汁が甘く果肉が軟らかいモモの総称。

スイミナスビ 〈Solanum ferox L.〉ナス科の低木。多刺、葉は紫脈、果実は黄熟、多毛。花は白色。熱帯植物。

スイラン 〈Hololeion krameri (Franch. et Savat.) Kitamura〉キク科の草本。

スイリュウヒバ 垂柳檜葉 〈Chamaecyparis obtusa (Sieb. et Zucc.) Sieb. et Zucc. ex Endl. cv. Pendula〉ヒノキ科。別名シダレヒバ、ヒリュウヒバ、エンバヒバ。

スイレン スイレン科の属総称。別名ヒツジグサ。園芸植物。

スイレン科 科名。

スウィング・タイム アカバナ科のフクシアの品種。園芸植物。

スウェインソナ・オッキデンタリス 〈Swainsona occidentalis F. J. Muell.〉マメ科の亜低木。高さは60〜90cm。花は紫青色。園芸植物。

スウェインソナ・ガレギフォリア 〈Swainsona galegifolia (Andr.) R. Br.〉マメ科の亜低木。高さは60〜120cm。花は濃赤色。園芸植物。

スウェインソナ・グレイアナ 〈Swainsona greyana Lindl.〉マメ科の亜低木。高さは60〜90cm。花はピンク色。園芸植物。

スウェーデンアズキナシ 〈Sorbus intermedia〉バラ科の木本。樹高10m。樹皮は灰色。園芸植物。

スウェーデンカブ ルタバガの別名。

スウェルティア・ビマクラタ アケボノソウの別名。

スウェルティア・プセウドキネンシス 〈Swertia pseudochinensis Hara〉リンドウ科の草本。高さは50〜70cm。花は淡紫色。園芸植物。

スウェルティア・ヤポニカ センブリの別名。

スヴニール・ドゥ・アンネフランク 〈Souvenir de Anne Frank〉バラ科。

スエコザサ 〈Sasaella ramosa (Makino) var. suwekoana (Makino) S. Suzuki〉イネ科の常緑中型笹。

スエツムハナ 末摘花 ツツジ科のツツジの品種。園芸植物。

スエヒロタケ 〈Schizophyllum commune Fr. : Fr.〉スエヒロタケ科(ヒラタケ科)のキノコ。小型。傘は綿毛密生、灰褐色。薬用植物。

スエヒロヒビダマ 〈Tiffaniella suyehiroi (Okamura) Kaneko〉イギス科の海藻。叢生。体は3〜4cm。

スオウ 蘇芳 〈Caesalpinia sappan L.〉マメ科の小木。多刺、果実は暗赤紫色。高さは5m。花は黄色。熱帯植物。薬用植物。園芸植物。

スカイ・ラーク アヤメ科のシベリアアヤメの品種。園芸植物。

スカイロケット ヒノキ科のコロラドビャクシンの品種。

スカエウォラ・フルテスケンス クサトベラの別名。

スカシタゴボウ 透田牛蒡 〈Rorippa islandica (Oeder) Borlás〉アブラナ科の多年草。高さは30〜100cm。

スカシユリ 透百合 〈Lilium maculatum Thunb.〉ユリ科の多肉植物。別名ナツスカシユリ、イソユリ、ハマユリ。高さは50〜80cm。花は橙赤色。園芸植物。

スガダイラゴケ 〈Brachydontium olympicum (E. G. Britt.) T. T. McIntosh & J. R. Spence〉キヌシッポゴケ科のコケ。微小、葉は鋭頭で長さ1.5mm以下。

スカチリマ 〈Aganosma marginata G. Don.〉キョウチクトウ科のやや蔓性低木。葉縁は波状、若茎は赤く上面光沢。熱帯植物。

スカビオサ・アトロプルプレア セイヨウマツムシソウの別名。

スカビオサ・オクロレウカ 〈Scabiosa ochroleuca L.〉マツムシソウ科の草本。高さは60〜80cm。花は淡黄色。園芸植物。

スカビオサ・カウカシカ スカビオサ・コーカシカの別名。

スカビオサ・コーカシカ 〈Scabiosa caucasica Bieb.〉マツムシソウ科の多年草。別名コーカサスマツムシソウ。高さは60〜100cm。花は淡青色。園芸植物。切り花に用いられる。

スカビオサ・コルンバリア 〈Scabiosa columbaria L.〉マツムシソウ科の多年草。

スカビオサ・ステルンクーゲル マツムシソウ科。別名スカビオサファンタジー。切り花に用いられる。

スカビオサファンタジー スカビオサ・ステルンクーゲルの別名。

スカビオサ・ヤポニカ マツムシソウの別名。

スカビオサ・ルキダ 〈Scabiosa lucida Vill.〉マツムシソウ科の宿根草。高さは10〜30cm。花は淡紅紫色。高山植物。園芸植物。

スカフォセパルム・エンドレシアヌム 〈Scaphosepalum endresianum Kränzl.〉ラン科。花は暗紫赤色。園芸植物。

スガモ 〈Phyllospadix iwatensis Makino〉ヒルムシロ科の多年生水草。長さは1〜1.5m。

スカレシア キク科の属総称。

スカーレット・エース アカバナ科のフクシアの品種。園芸植物。

スカーレット・オハラ ヒルガオ科のアサガオの品種。園芸植物。
スカーレット・ジェム 〈Scarlet Gem〉 バラ科のバラの品種。ミニアチュア・ローズ系。園芸植物。
スカーレット・フレーム キク科のヒャクニチソウの品種。園芸植物。
スガワラビランジ 菅原ビランジ 〈*Melandrium affine* J. Vahl.〉ナデシコ科の多年草。高山植物。
スギ 杉 〈*Cryptomeria japonica* (L. f.) D. Don〉スギ科の常緑高木。別名ヨシノスギ、オモテスギ、マキ。樹高40m。樹皮は橙褐色。薬用植物。園芸植物。
スギエダタケ 〈*Strobilurus ohshimae* (Hongo & Matsuda) Hongo〉キシメジ科のキノコ。小型～中型。傘は白色、微毛に覆われる。ひだは白色。
スギ科 科名。
スギカズラ 杉蔓 〈*Lycopodium annotinum* L.〉ヒカゲノカズラ科の常緑性シダ。側枝は長さ6～20cm。葉身は線状披針形。
スギゴケ 〈*Polytrichum juniperinum* Willd. ex Hedw.〉スギゴケ科のコケ。茎は高さ3～10cm、葉は卵状楕円形。
スギゴケ科 科総称。
スギゴケテンツキ イソテンツキの別名。
スキザンツス・レツスス 〈*Schizanthus retusus* Hook.〉ナス科の草本。側裂片は線状のみ形。園芸植物。
スキザンツス・ワイズトネンシス 〈*Schizanthus* × *wisetonensis* Low〉ナス科の草本。花は黄色。園芸植物。
スキサンドラ・キネンシス チョウセンゴミシの別名。
スキサンドラ・スフェナンテラ 〈*Schisandra sphenanthera* Rehd. et Wils.〉マツブサ科の薬用植物。
スキサンドラ・ネグレクタ 〈*Schisandra negrecta* A. C. Smith〉モクレン科。高山植物。
スキサンドラ・ルブリフローラ 〈*Schisandra grandiflora* Hook. et Thoms. var. *rubriflora* Schneid.〉モクレン科のつる性低木。
スキスマトグロッティス・クリスパタ 〈*Schismatoglottis crispata* Hook. f.〉サトイモ科の常緑草本。園芸植物。
スキスマトグロッティス・ネオグイネーンシス 〈*Schismatoglottis neoguineensis* (Linden) N. E. Br.〉サトイモ科の常緑草本。園芸植物。
スキスマトグロッティス・ランキフォリア 〈*Schismatoglottis lancifolia* Hallier f. et Engl.〉サトイモ科の常緑草本。高さは20～50cm。園芸植物。

スキスマトグロッティス・ルペストリス 〈*Schismatoglottis rupestris* Zoll. et Moritzi〉サトイモ科の常緑草本。園芸植物。
スキスマトンマ 〈*Schismatomma caesitium* Zahlbr.〉イワボシゴケ科の地衣類。地衣体は灰白。
スキゾスティリス・コッキネア 〈*Schizostylis coccinea* Backh. et Harv.〉アヤメ科の多年草。高さは30～90cm。花は黄赤ないし紫赤色。園芸植物。
スキゾフラグマ・ヒドランゲオイデス イワガラミの別名。
スギタケ 〈*Pholiota squarrosa* (Müller : Fr.) Kummer〉モエギタケ科のキノコ。中型。傘は黄色、赤褐色鱗片。
スギタケモドキ 〈*Pholiota squarrosoides* (Peck) Sacc.〉モエギタケ科のキノコ。中型。傘は黄白色、刺状鱗片、やや粘性。
スギナ 杉菜 〈*Equisetum arvense* L. var. *arvense*〉トクサ科の夏緑性シダ。別名ツギマツ。栄養茎は高さ20～40cm。薬用植物。園芸植物。
スギナモ 杉菜藻 〈*Hippuris vulgaris* L.〉スギナモ科の多年生の沈水性～抽水植物。茎は軟質で長さ10～60cm。高さは5～50cm。花は濃紅紫色。
スキヌス・テレビンティフォリウス サンショウモドキの別名。
スキヌス・モレ コショウボクの別名。
スギノハカズラ アスパラガス・スプレンゲリーの別名。
スギノリ 〈*Gigartina tenella* Harvey〉スギノリ科の海藻。暗紅色。体は5～12cm。
スギバアカシア アカシア・ウェルティキラタの別名。
スギバゴケ 〈*Lepidozia vitrea* Steph.〉ムチゴケ科のコケ。茎は長さ1.5～4cm。
スギバミズゴケ 〈*Sphagnum capillifolium* (Ehrh.) Hedw.〉ミズゴケ科のコケ。小形、茎葉は舌状三角形で広く鋭頭。
スギヒラタケ 〈*Pleurocybella porrigens* (Pers. : Fr.) Sing.〉キシメジ科のキノコ。小型～中型。傘はほとんど無柄で耳形～扇形、基部に短毛。
スギモク 〈*Coccophora langsdorfii* (Turner) Greville〉ホンダワラ科(ウシケノリ科)の海藻。茎は円柱状。体は40～50cm。
スギモリケイトウ 〈*Amaranthus paniculatus* L.〉ヒユ科の観賞用草本。種子を食用とする。熱帯植物。
スギヤクジャク 〈*Adiantum diaphanum* Blume〉ワラビ科(イノモトソウ科、ホウライシダ科)の常緑性シダ。葉身は長さ6～15cm。単羽状か、2回羽状。
スギヤマウンシュウ 杉山温州 ミカン科のミカン(蜜柑)の品種。別名県母樹1号。果皮は着色濃厚。

スキラ・アウツムナリス 〈*Scilla autumnalis* L.〉ユリ科の多年草。花は淡青紫～淡桃紫色。園芸植物。

スキラ・アドラミー 〈*Scilla adlamii* Bak.〉ユリ科の多年草。花は赤を帯びた桃から紫色。園芸植物。

スキラ・イタリカ 〈*Scilla italica* L.〉ユリ科の多年草。花は淡紫青色。園芸植物。

スキラ・ウェルナ 〈*Scilla verna* Huds.〉ユリ科の多年草。花は菫青色。園芸植物。

スキラ・シベリカ 〈*Scilla siberica* Andr.〉ユリ科の多年草。別名シベリヤツルボ。花は濃青色。園芸植物。

スキラ・チュベルゲニアナ 〈*Scilla tubergeniana* J. M. C. Hoog ex Stearn〉ユリ科の多年草。花は青～白色。園芸植物。

スキラ・ナターレンシス 〈*Scilla natalensis* Planch.〉ユリ科の多年草。花は青色。園芸植物。

スキラ・ノン-スクリプタ 〈*Scilla non-scripta* (L.) Hoffmanns. et Link〉ユリ科の多年草。花は紫青色。園芸植物。

スキラ・ヒアキントイデス 〈*Scilla hyacinthoides* L.〉ユリ科の多年草。花は青色。園芸植物。

スキラ・ヒスパニカ 〈*Scilla hispanica* Mill.〉ユリ科の多年草。別名ツリガネズイセン。花は青から淡紅紫色。園芸植物。

スキラ・ビフォリア 〈*Scilla bifolia* L.〉ユリ科の多年草。花は青色。園芸植物。

スキラ・プラテンシス 〈*Scilla pratensis* Waldst. et Kit.〉ユリ科の多年草。花は淡紫青色。園芸植物。

スキラ・ペルーウィアナ 〈*Scilla peruviana* L.〉ユリ科の多年草。別名オオツルボ。花は暗青、帯赤、帯白色。園芸植物。

スギラン 杉蘭 〈*Lycopodium cryptomerinum* Maxim.〉ヒカゲノカズラ科の常緑性シダ。高さは10～30cm。葉身は線状披針形から狭披針形。園芸植物。

スキルプス・タベルナエモンタニ フトイの別名。

スキルプス・トリクエテル サンカクイの別名。

ズキンタケ 〈*Leotia lubrica* (Scop. : Fr.) Pers. : Fr. f. *lubrica*〉ズキンタケ科のキノコ。超小型。黄土色～緑色、半透明。

スキンダプスス・ピクタス・アルギレウス サトイモ科。別名シラフカズラ。園芸植物。

スキンダプスス・ピクツス 〈*Scindapsus pictus* Hassk.〉サトイモ科。別名オオシラフカズラ。仏炎苞は白色。園芸植物。

スキンダプスス・ヘデラケウス 〈*Scindapsus hederaceus* Schott〉サトイモ科。花は黄白色。園芸植物。

スキンミア・ヤポニカ ミヤマシキミの別名。

スキンミア・ラウレオラ 〈*Skimmia laureola* Sieb. et Zucc.〉ミカン科の常緑低木。高さは1m。花は緑黄色。園芸植物。

スキンミア・リーヴシアナ 〈*Skimmia reevesiana* Fort.〉ミカン科の常緑低木。高さは60～90cm。花は白色。園芸植物。

スキンミア・レペンス ツルシキミの別名。

ズク 〈*Lansium domesticum* Jack. var. *duku* Jack.〉センダン科の小木。果実は浅緑色、房は粗、果皮厚し。熱帯植物。

スクァイアー ヒガンバナ科のスイセンの品種。園芸植物。

スグキナ 酸茎菜 〈*Brassica campestris* L. subsp. *rapa* Hook. f. et Anders. var. *sugukina* Makino〉アブラナ科の野菜。別名カモナ。園芸植物。

スクシサ・プラテンシス スッキサ・プラテンシスの別名。

スクタンニオイグサ 〈*Hedyotis capitellata* Wall.〉アカネ科の蔓植物。葉厚く葉裏白緑色。花は肉色。熱帯植物。

スクティカリア・スティーリー 〈*Scuticaria steelii* (Hook.) Lindl.〉ラン科。花は黄色。園芸植物。

スクティカリア・ハドウェニー 〈*Scuticaria hadwenii* (Lindl.) Hook.〉ラン科。花は黄色。園芸植物。

スクテラリア・アモエナ 〈*Scutellaria amoeana* C. H. Wright.〉シソ科の薬用植物。

スクテラリア・アルピナ 〈*Scutellaria alpina* L.〉シソ科。高山植物。

スクテラリア・インカナ 〈*Scutellaria incana* K. Spreng.〉シソ科の草本。花は紫紅色。園芸植物。

スクテラリア・インディカ タツナミソウの別名。

スクテラリア・ヴァントナティー 〈*Scutellaria ventenatii* Hook.〉シソ科の草本。高さは60cm。花は緋赤色。園芸植物。

スクテラリア・ガレリクラータ 〈*Scutellaria galericulata* L.〉シソ科の多年草。

スクテラリア・コスタリカナ 〈*Scutellaria costaricana* H. Wendl.〉シソ科の草本。高さは1m。花は黄色。園芸植物。

スクテラリア・ジャワニカ 〈*Scutellaria javanica* Jungh.〉シソ科の草本。花は暗紫色。園芸植物。

スクテラリア・ストリギロサ ナミキソウの別名。

スクテラリア・バイカレンシス コガネバナの別名。

スクテラリア・バルバータ 〈*Scutellaria barbata* D. Don.〉シソ科の薬用植物。

スクテラリア・ブラキスピカ オカタツナミソウの別名。

スクテラリア・ミノル 〈*Scutellaria minor* Hudson〉シソ科の多年草。

スクテラリア・モシニアナ 〈*Scutellaria mociniana* Benth.〉シソ科の草本。花は緋色。園芸植物。

スクテルリニア・エリナケウス ピロネマキン科のキノコ。

スグリ 酸塊 〈*Ribes sinanense* F. Maekawa〉ユキノシタ科の落葉低木。高さは1m。園芸植物。

スグリ ユキノシタ科のスグリ属総称。

スクレロカクツス・ポリアンキストルス 〈*Sclerocactus polyancistrus* (Engelm. et Bigel.) Britt. et Rose〉サボテン科のサボテン。別名白虹山。高さは1〜1.5cm。花は深紅色。園芸植物。

スクロフラリア ゴマノハグサ科の属総称。切り花に用いられる。

スクロフラリア・クリサンタ 〈*Scrophularia chrysantha* Jaub. et Spach〉ゴマノハグサ科の草本。高さは50cm。花は黄金色。園芸植物。

スクロフラリア・ニンポエンシス 〈*Scrophularia ningpoensis* Hemsl.〉ゴマノハグサ科の薬用植物。

スクロフラリア・ノドサ 〈*Scrophularia nodosa* L.〉ゴマノハグサ科の多年草。高さは1m。花は赤褐色。園芸植物。

スゲ カヤツリグサ科の属総称。

スケバウロコゴケ 〈*Chiloscyphus pallescens* (Hoffm.) Dumort.〉ウロコゴケ科のコケ。茎は長さ2〜5cm。

スケルツォ 〈Scherzo〉バラ科のバラの品種。フロリバンダ・ローズ系。花は朱に紅のはいる色。園芸植物。

スケロクイチヤク イワウメ科。別名イワウメ。高山植物。

スコエノルキス・ユンキフォリア 〈*Schoenorchis juncifolia* Blume〉ラン科。園芸植物。

スコッチタマシダ ツルシダ科のタマシダの品種。園芸植物。

スコットタマシダ ウラボシ科。園芸植物。

スコティア・ブラキペタータ 〈*Schotia brachypetata* Sond.〉マメ科の高木。

スサビノリ 〈*Porphyra yezoensis* Ueda〉ウシケノリ科の海藻。卵形。体は長さ15〜23cm。

スーザン・ハンプシャー 〈Susan Hampshire〉バラ科。ハイブリッド・ティーローズ系。花は淡いピンク。

スージー ヒガンバナ科のスイセンの品種。園芸植物。

スジアオノリ 〈*Enteromorpha prolifera* (Oeder) J. Agardh〉アオサ科の海藻。別名トゲアオノリ。筒状。

スジウスグロゴケ 〈*Leskeella nervosa* (Brid.) Loeske〉ウスグロゴケ科のコケ。茎は這い、茎葉は卵形。

スジウスバノリ 〈*Acrosorium polyneurum* Okamura〉コノハノリ科の海藻。細脈がみられる。

スジオチバタケ 〈*Marasmius purpureostriatus* Hongo〉キシメジ科のキノコ。小型。傘は淡黄土色、放射状紫褐色の溝あり。

スジギヌ 〈*Myriogramme polyneura* Okamura〉コノハノリ科の海藻。膜質。

スジギボウシ 筋擬宝珠 〈*Hosta undulata* (Otto et A. Dietr.) L. H. Bailey var. *undulata*〉ユリ科の多年草。花は淡暗赤紫色。園芸植物。

スージー・Q 〈Suzy Q〉バラ科。ミニアチュア・ローズ系。花はピンク。

スジコノリ 〈*Coelarthrum boergesenii* Weber van Bosse〉ダルス科の海藻。粘質を帯びた膜質。

スジチャダイゴケ 〈*Cyathus striatus* Willd. : Pers.〉チャダイゴケ科のキノコ。小型。子実体はコップ形、内壁は縦すじ。

スジチョウチンゴケ 〈*Rhizomnium striatulum* (Mitt.) T. J. Kop.〉チョウチンゴケ科のコケ。基部は少数の褐色の大仮根で覆われる。葉は狭倒卵形。

スジナガサムシロゴケ アオギヌゴケの別名。

スジナシグサ 〈*Lenormandiopsis lorenzii* (Weber van Bosse) Papenfuss〉フジマツモ科の海藻。扁平、葉状。体は10〜30cm。

スジヌマハリイ 〈*Eleocharis equisetiformis* B. Fedtsch.〉カヤツリグサ科の多年草。高さは30〜60cm。

スジヒトツバ 筋一つ葉 〈*Cheiropleuria bicuspis* (Blume) Presl〉スジヒトツバ科(ウラボシ科)の常緑性シダ。葉身は長さ10〜20cm。広卵形。

スジムカデ 〈*Grateloupia ramosissima* Okamura〉ムカデノリ科の海藻。下部は円柱状、上部は扁円。体は15〜20cm。

スジメ 〈*Costaria costata* Saunders〉コンブ科の海藻。別名ザラメ、アラメ、カゴメ。茎は円柱状。

スジモジゴケ 〈*Graphina inabensis* (Vain.) Zahlbr.〉モジゴケ科の地衣類。別名シロモジゴケ。果殻は淡色。

スジヤハズ 〈*Dictyopteris plagiogramma* (Montagne) Vickers〉アミジグサ科の海藻。巾は2〜2.5mm。体は5cm。

スズカアザミ 〈*Cirsium suzukaense* Kitam.〉キク科の多年草。高さは1〜1.5m。

スズカカンアオイ 〈*Asarum kooyanum* var. *brachypodion*〉ウマノスズクサ科。

スズカケカズラ 〈*Poikilospermum scortechinii* (King.) Merr.〉クワ科の蔓木。花序は球状、雌雄別花序。熱帯植物。

スズカケセンネンボク 〈*Dracaena maingayi* Hook. f〉リュウゼツラン科。花白く淡紅紫色の縦条がある。熱帯植物。

スズカケソウ 鈴懸草 〈*Veronicastrum villosulum* (Miq.) Yamazaki〉ゴマノハグサ科の草本。日本絶滅危機植物。

スズカケノキ 鈴懸木 〈*Platanus orientalis* L.〉スズカケノキ科の落葉高木。高さは30m。樹皮は灰色、赤褐色、乳黄色。園芸植物。

ススカケベニ 〈*Halarachnion latissimum* Okamura〉ススカケベニ科の海藻。円形。体は10～30cm。

スズカケモ 〈*Tydemania expeditionis* W. v. Bosse〉ミル科の海藻。団塊をなす。体は15cm。

スズカゼ キキョウ科のカンパニュラの品種。切り花に用いられる。

ススキ 薄,芒 〈*Miscanthus sinensis* Andersson var. *sinensis*〉イネ科の多年草。別名カヤ、オバナ。叢生して円形の大株となって育つ。高さは70～220cm。園芸植物。

ススキゴケ 〈*Dieranella heteromalla* (Hedw.) Schimp.〉シッポゴケ科のコケ。茎は長さ1～4cm、葉は三角形。

ススキノキ 〈*Xanthorrhoea australis* R. Br.〉ユリ科の多年草。

ススケヤマドリタケ 〈*Boletus hiratsukae* Nagasawa〉イグチ科のキノコ。中型～大型。傘は焦茶色、ビロード状。

スズコウジュ 〈*Perillula reptans* Maxim.〉シソ科の草本。

スズゴケ 〈*Forsstroemia trichomitria* (Hedw.) Lindb.〉イトヒバゴケ科のコケ。葉は卵形～卵状披針形。

スズサイコ 鈴柴胡 〈*Cynanchum paniculatum* (Bunge) Kitagawa〉ガガイモ科の多年草。別名マダガスカルジャスミン、マダガスカルタキソウ。高さは40～100cm。花は純白色。薬用植物。園芸植物。

スズシロソウ 清白草,鈴白草 〈*Arabis flagellosa* Miq.〉アブラナ科の多年草。高さは10～25cm。

スズシロノリ 〈*Neoholmesia japonica* (Okamura) Mikami〉コノハノリ科の海藻。葉は披針形。体は10～15cm。

スズタケ 篠竹 〈*Sasamorpha borealis* (Hack.) Nakai〉イネ科の常緑中型笹。別名ジダケ、スズ。園芸植物。

スズフリホンゴウソウ 〈*Sciaphila okabeana* Tuyama〉ホンゴウソウ科の草本。

ススム 〈*Susum anthelminticum* BL.〉トウツルモドキ科の湿地性草本。熱帯植物。

スズムシソウ 鈴虫草 〈*Liparis makinoana* Schltr.〉ラン科の多年草。高さは8～30cm。花は暗紫褐色。園芸植物。

スズムシソウ スズムシバナの別名。

スズムシバナ 〈*Strobilanthes oliganthus* Miq.〉キツネノマゴ科の草本。

スズウリ 雀瓜 〈*Melothria japonica* (Thunb. ex Murray) Maxim. ex Cogn.〉ウリ科の一年生つる草。

スズメガヤ 〈*Eragrostis cilianensis* (All.) Lutati〉イネ科の草本。

スズメナスビ 〈*Solanum torvum* Swartz〉ナス科の草性低木。花は白色。熱帯植物。園芸植物。

スズメノエンドウ 雀野豌豆 〈*Vicia hirsuta* (L.) S. F. Gray〉マメ科の一年草。高さは30～60cm。

スズメノオゴケ ガガイモ科。

スズメノカタビラ 雀帷子 〈*Poa annua* L.〉イネ科の一年草または越年草。高さは5～25cm。

スズメノキビ 〈*Paspalidium geminatum* (Forssk.) Stapf〉イネ科の多年草。高さは25～80cm。

スズメノコビエ 〈*Paspalum orbiculare* J. R. et G. Forst.〉イネ科の草本。

スズメノチャヒキ 雀茶挽 〈*Bromus japonicus* Thunb. ex Murray〉イネ科の一年草。高さは30～80cm。

スズメノテッポウ 雀鉄砲 〈*Alopecurus aequalis* Sobol. var. *amurensis* (Komarov) Ohwi〉イネ科の一年草。別名スズメノヤリ、スズメノマクラ、ヤリクサ。高さは20～40cm。

スズメノトウガラシ 〈*Lindernia antipoda* (L.) Alston〉ゴマノハグサ科の一年草。高さは8～20cm。

スズメノナギナタ 〈*Parapholis incurva* (L.) C. E. Hubb.〉イネ科の一年草。高さは2～25cm。

スズメノハコベ スズメハコベの別名。

スズメノヒエ 雀稗 〈*Paspalum thunbergii* Kunth〉イネ科の多年草。飼料。高さは40～90cm。熱帯植物。

スズメノヤリ 雀槍 〈*Luzula capitata* (Miq.) Miq.〉イグサ科の多年草。別名スズメノヒエ、シバイモ。高さは10～30cm。

スズメノレンリソウ 〈*Lathyrus inconspicuus* L.〉マメ科の一年草。旗弁は淡青紫色。

スズメハコベ 〈*Microcarpaea minima* (Koenig) Merr.〉ゴマノハグサ科の一年草。長さは5～20cm。

スズメハラミツ 〈*Artocarpus lanceifolius* Roxb.〉クワ科の高木。果実は褐色、食用、材は黄色で柱や小舟用。熱帯植物。

スズメヒゲシバ 〈*Sporobolus cryptandrus* (Torr.) A. Gray〉イネ科の多年草。高さは30～100cm。

スズラン 鈴蘭 〈*Convallaria majalis* L. var. *keiskei* (Miq.) Makino〉ユリ科の多年草。別名タニマノヒメユリ(谷間の姫百合)、ドイツスズラン、キミカゲソウ(君影草)。高さは20～35cm。花

は白色。高山植物。薬用植物。園芸植物。切り花に用いられる。
スズラン ユリ科の属総称。別名キミカゲソウ。
スズランエリカ エリカ・フォルモサの別名。
スズランノキ 〈*Zenobia pulverulenta* (Bartr. ex Willd.) Pollard〉ツツジ科の半常緑低木。高さは1〜1.5m。花は白色。園芸植物。
スソゴノイト 裾濃の糸 ツツジ科のツツジの品種。園芸植物。
スター スターキング・デリシアスの別名。
スターアップル アカテツ科。
スタウロプシス・ウンデュラータ 〈*Stauropsis undulata* Bth.〉ラン科。高山植物。
スター・オブ・テキサス キク科。園芸植物。
スター・オブ・ベツレヘム カンパニュラ・イソフィラ・アルバの別名。
スタキウルス・キネンシス 〈*Stachyurus chinensis* Franch.〉キブシ科の落葉低木。高さは3m。花は淡黄色。園芸植物。
スタキウルス・プラエコクス キブシの別名。
スタキス シソ科の属総称。宿根草。別名ワタチョロギ。
スタキス・オッフィキナリス カッコウチョロギの別名。
スタキス・オフィキナリス カッコウチョロギの別名。
スタキス・グランディフロラ 〈*Stachys grandiflora* (Steven ex Willd.) Benth.〉シソ科。別名タイリンカッコウ。高さは30cm。花は紫色。園芸植物。
スタキス・シルバティカ 〈*Stachys sylvatica* L.〉シソ科の多年草。高山植物。
スタキス・ビザンティナ 〈*Stachys byzantina* K. Koch〉シソ科。別名ワタチョロギ。高さは40cm。花は紫色。園芸植物。
スターキング スターキング・デリシアスの別名。
スターキング・デリシアス バラ科のリンゴ(苹果)の品種。別名スターキング、スター。果皮は暗濃紅色。
スター・ザン・ストライプス 〈Stars'n'Stripes〉バラ科のバラの品種。ミニアチュア・ローズ系。花は白と紅の絞り色。園芸植物。
スダジイ 〈*Castanopsis sieboldii* (Makino) Hatusima ex Yamazaki et Mashiba〉ブナ科の常緑高木。別名イタジイ、ナガジイ、シイ。園芸植物。
スターシャイン バラ科。花は黄色。
スダチ 酢橘,酢立 〈*Citrus sudachi* hort. ex Shirai〉ミカン科。枝条は細小で、ふつうは棘がある。園芸植物。
スターチス 〈*Limonium sinuatum* (L.) Mill.〉イソマツ科の多年草。別名リモニウム、ハナハマサジ。高さは60〜90cm。花は白か黄色。園芸植物。切り花に用いられる。

スターチス イソマツ科のリモニウム属総称。
スターチス リモニウム・ブルーファンタジアの別名。
スターチス・インカーナ イソマツ科。園芸植物。
スターチス・カスピア 〈*Limonium bellidifolium* (Gouan) Dumort.〉イソマツ科の多年草。高さは30〜60cm。花は淡紫紅色。園芸植物。
スターチス・シネンシス タイワンハマサジの別名。
スターチス・デュモーサ 〈*Limonium dumosum* Mill.〉イソマツ科の多年草。高さは30〜40cm。花は藤青色。園芸植物。切り花に用いられる。
スターチス・ハイブリッドシネンシス・キノセリーズ イソマツ科。別名リモニウム、タイワンハマサジ。切り花に用いられる。
スターチス・ペレジー 〈*Limonium perezii* (Stapf) F. T. Hubb.〉イソマツ科の多年草。高さは30〜60cm。花は白色。園芸植物。
スターチス・ボンデュエリー 〈*Limonium bonduellei* (Lestib.) O. Kuntze〉イソマツ科の多年草。高さは60cm。花は黄色。園芸植物。
スターチス・ボンデュエリ・エロー イソマツ科の一年草。高さは50〜60cm。園芸植物。
スターチス・ラチフォリア ニワハナビの別名。
スタフィレア・ブマルダ ミツバウツギの別名。
スター・フロックス ハナシノブ科。別名ホシザキフロックス。園芸植物。
スタペリア ガガイモ科の属総称。
スタペリア・ワリエガタ ギュウカクの別名。
スタペリア・オリウァケア 〈*Stapelia olivacea* N. E. Br.〉ガガイモ科。別名紫水角。高さは7〜13cm。花は暗緑色。園芸植物。
スタペリア・ギガンテア 〈*Stapelia gigantea* N. E. Br.〉ガガイモ科。別名王犀角。高さは15〜25cm。花は淡黄色。園芸植物。
スタペリア・クウェベンシス 〈*Stapelia kwebensis* N. E. Br.〉ガガイモ科。別名マイマイ角。高さは15cm。花は内面は暗茶色。園芸植物。
スタペリア・グランディフロラ オオバナサイカクの別名。
スタペリア・ゲットレフィー 〈*Stapelia gettleffii* R. Pott〉ガガイモ科。別名高天閣。高さは20〜25cm。花は明るい紫色。園芸植物。
スタペリア・ノビリア 〈*Stapelia nobilis* N. E. Br.〉ガガイモ科の多年草。別名テイオウサイカク。
スタペリア・ヒルスタ 〈*Stapelia hirsuta* L.〉ガガイモ科。別名犀角、英犀角。高さは20〜50cm。花は青緑色。園芸植物。
スタペリア・レーンデルツィアエ 〈*Stapelia leendertziae* N. E. Br.〉ガガイモ科。別名鐘楼角。高さは15〜20cm。園芸植物。

スタペリアンツス・ピロスス 〈Stapelianthus pilosus Lavr. et Hardy〉ガガイモ科の多肉植物。花は淡黄色。園芸植物。

スタペリアンツス・マダガスカリエンシス ライカクの別名。

スタペリアンツス・モンタニャキー 〈Stapelianthus montagnacii (Boiteau) Boiteau et A. Bertrand〉ガガイモ科の多肉植物。別名木骨竜。花は赤色。園芸植物。

ズダヤクシュ 喘息薬種 〈Tiarella polyphylla D. Don〉ユキノシタ科の多年草。高さは10～40cm。花は白色。高山植物。薬用植物。園芸植物。

スタリナ 〈Starina〉バラ科のバラの品種。ミニアチュア・ローズ系。花は朱赤色。園芸植物。

スターリング・シルバー バラ科のバラの品種。園芸植物。

スダレヤシ 〈Eugeissona tristis Griff.〉ヤシ科。無幹、葉は地から出て長さ3m。熱帯植物。

スダレヨシ イネ科。

スタンウェル・パーペチュアル 〈Stanwell Perpetual〉バラ科。ハイブリッド・スピノシッシマ・ローズ系。花は白色。

スーダングラス 〈Sorghum × drummondii (Nees ex Steud.) Millsp. et Chase〉イネ科。乾燥牧草。

スタンゲリア・エリオプス 〈Stangeria eriopus (Kunze) Nash〉ソテツ科。別名オオバシダソテツ。高さは30cm。園芸植物。

スタンパーランド ラン科のブイルステケアラ・エドナの品種。園芸植物。

スタンホペア ラン科の属総称。

スタンホーペア・イェニシアナ 〈Stanhopea jenischiana C. Cramer ex Rchb. f.〉ラン科。花は橙黄色。園芸植物。

スタンホーペア・インシグニス 〈Stanhopea insignis Frost ex Hook.〉ラン科。花は黄白、濁橙黄色。園芸植物。

スタンホーペア・エコルヌタ 〈Stanhopea ecornuta Lem.〉ラン科。花はクリーム色。園芸植物。

スタンホーペア・オクラタ 〈Stanhopea oculata (Lodd.) Lindl.〉ラン科の多年草。花は黄色。園芸植物。

スタンホーペア・カンディダ 〈Stanhopea candida Barb.-Rodr.〉ラン科。花は純白色。園芸植物。

スタンホーペア・グラウェオレンス 〈Stanhopea graveolens Lindl.〉ラン科。花は白、クリーム色。園芸植物。

スタンホーペア・ティグリナ 〈Stanhopea tigrina Batem.〉ラン科の多年草。花は黄色。園芸植物。

スーダンモロコシ スーダングラスの別名。

スチグモフィルム 〈Stigmaphyllon sagraeanum A. Juss.〉キントラノオ科の観賞用低木。花は黄色。熱帯植物。

スチュアーティア・シネンシス 〈Stewartia sinensis Rehd. et Wilson〉ツバキ科の落葉小高木。薬用植物。

スチュアーティア・セラタ ヒコサンヒメシャラの別名。

スチュアーティア・プセウドカメリア ナツツバキの別名。

スチュアーティア・モナデルファ ヒメシャラの別名。

スチュアート クルミ科のペカンの品種。果肉は淡褐色。

スッキサ・プラテンシス 〈Succisa pratensis (L.) Moench〉マツムシソウ科の多年草。花は青紫色。園芸植物。

ズッキーニ 〈Cucurbita pepo Linn. var. melopepo〉ウリ科の果菜類。別名ポンキン、キントウガ。園芸植物。

スッポンタケ 〈Phallus impudicus Pers.〉スッポンタケ科のキノコ。大型。傘は釣鐘状、表面は網目状。

スティグマフィロン・ディウェルシフォリウム 〈Stigmaphyllon diversifolium A. Juss.〉キントラノオ科のつる性木本。花は黄色。園芸植物。

スティパ・ギガンテア 〈Stipa gigantea Link〉イネ科の多年草。花は紫を帯び銀色。園芸植物。

スティパ・ペキネンシス ハネガヤの別名。

スティパ・ペンナタ 〈Stipa pennata L.〉イネ科の多年草。別名ナガホハネガヤ。高さは60～90cm。園芸植物。

スティフェリア・ツビフローラ 〈Styphelia tubiflora Sm.〉エパクリス科の低木。

スティフティア・クリサンタ 〈Stifftia chrysantha Mikan〉キク科の多年草。

スティラクス・オバッシア ハクウンボクの別名。

スティラクス・シライアヌス コハクウンボクの別名。

スティラクス・ヤポニクス エゴノキの別名。

スティリディウム・クラシフォリウム 〈Stylidium crassifolium R. Br.〉スティリディウム科の多年草。

スティリディウム・スパツラータム 〈Stylidium spathulatum R. Br.〉スティリディウム科の多年草。

スティリディウム・ブレビスカプム 〈Stylidium breviscapum G. Br.〉スティリディウム科の小低木。

ステイロディスカス 〈Steirodiscus tagetes〉キク科。

スティロメコン・ヘテロフィーラ 〈Stylomecon heterophylla G. Taylor〉ケシ科の一年草。

ステゴビル 捨小蒜 〈Caloscordum inutile (Makino) Okuyama et Kitagawa〉ユリ科の草本。

ステッキトウ〈*Calamus scipionum* Lour.〉ヤシ科の蔓木。最優秀な籐で節間の長いものはステッキ用。熱帯植物。

ステットソニア サボテン科の属総称。サボテン。

ステットソニア・コリネ コノエチュウの別名。

ステトソニア ステットソニアの別名。

ステナンドリウム・リンデニー〈*Stenandrium lindenii* N. E. Br.〉キツネノマゴ科の草本。高さは5～10cm。花は濃黄色。園芸植物。

ステニア・グッタタ〈*Stenia guttata* Rchb. f.〉ラン科。花は麦わら、淡黄緑色。園芸植物。

ステノカルプス・サリグヌス〈*Stenocarpus salignus* R. Br.〉ヤマモガシ科の木本。高さは15m。花は淡黄色。園芸植物。

ステノカルプス・シヌアツス〈*Stenocarpus sinuatus* (A. Cunn.) Endl.〉ヤマモガシ科の木本。高さは10～30m。花は鮮赤色。園芸植物。

ステノグロッティス・ロンギフォリア〈*Stenoglottis longifolia* Hook. f.〉ラン科。別名ムレチドリ。花は淡桃色。園芸植物。

ステノケレウス・ステラツス〈*Stenocereus stellatus* (Pfeiff.) Riccob.〉サボテン科のサボテン。別名新緑柱。高さは3m。花は白色。園芸植物。

ステノコリネ・ウィテリナ〈*Stenocoryne vitellina* (Lindl.) Kränzl.〉ラン科。花は黄橙色。園芸植物。

ステノコリネ・セクンダ〈*Stenocoryne secunda* (Vell.) Hoehne〉ラン科。花は緑黄色。園芸植物。

ステノコリネ・ラケモサ〈*Stenocoryne racemosa* (Hook.) Kränzl.〉ラン科。花は黄緑色。園芸植物。

ステノタフルム・セクンダツム イヌシバの別名。

ステビア〈*Stevia rebaudiana* Hemsl.〉キク科のハーブ。別名アマハステビア。薬用植物。園芸植物。切り花に用いられる。

ステビア キク科の属総称。

ステファナンドラ・インキサ コゴメウツギの別名。

ステファナンドラ・タナカエ カナウツギの別名。

ステファニア・グラブラ〈*Stephania glabra* Miers〉ツヅラフジ科。花は緑色。園芸植物。

ステファノティス ガガイモ科の属総称。別名シタキソウ。

ステファノティス スズサイコの別名。

ステファノティス・フロリブンダ スズサイコの別名。

ステモナ・ヤポニカ ビャクブの別名。

ステモヌルス〈*Stemonurus capitalus* Becc.〉クロタキカズラ科の小木。葉はサカキのようで暗緑色、蕾は黄色。熱帯植物。

ステラリア・グラミネア カラフトホソバハコベの別名。

ステラリア・ディコトーマ・ランセオラータ〈*Stellaria dichotoma* L. var. *lanceolata* Bge.〉ナデシコ科の薬用植物。

ステラリア・ニッポニカ イワツメクサの別名。

ステラリア・ネモルム〈*Stellaria nemorum* L.〉ナデシコ科の草本。高さは20～60cm。花は白色。園芸植物。

ステラリア・ルスキフォリア シコタンハコベの別名。

ステリス・アルゲンタタ〈*Setlis argentata* Lindl.〉ラン科。花は緑、暗褐紫色。園芸植物。

ステリス・ルベンス〈*Setlis rubens* Schlechter〉ラン科。高さは15～20cm。花は薄紫色。園芸植物。

ステリフォマ・パラドクサ〈*Steriphoma paradoxa* Endl.〉フウチョウソウ科の低木。

ステルクリア アオギリ科の属総称。別名ピンポンノキ。

ステルクリア・フォエティダ ヤツデアオギリの別名。

ステルクリア・ムレクス〈*Sterculia murex* Hemsl.〉アオギリ科の高木。

ステルクリア・リクノフェラ〈*Sterculia lychnophera* Hance.〉アオギリ科の薬用植物。

ステルランディア・フルテスケンス〈*Sutherlandia frutescens* R. Br.〉マメ科の低木。

ステルンベルギア ヒガンバナ科の属総称。

ステルンベルギア キバナタマスダレの別名。

ステレオキルス・ダラテンシス〈*Stereochilus dalatensis* (Guillaum.) Garay〉ラン科。花は白色。園芸植物。

ステレラ・カマエヤスメ〈*Stellera chamaejasme* L.〉ジンチョウゲ科の薬用植物。

ステワルチア・シネンシス スチュアーティア・シネンシスの別名。

ストエカス・ラベンダー フレンチ・ラベンダーの別名。

ストケシア〈*Stokesia laevis* (Hill) Greene〉キク科の多年草。別名シュッコンヤグルマギク(宿根矢車菊)、シュッコンヤグルマソウ(宿根矢車草)、ルリギク(瑠璃菊)。高さは30～60cm。花は紫青色。園芸植物。切り花に用いられる。

ストック アラセイトウの別名。

ストマティウム・ダシアエ〈*Stomatium duthiae* L. Bolus〉ツルナ科。別名笹船玉。花は黄色。園芸植物。

ストランウァエシア・ダヴィディアナ〈*Stranvaesia davidiana* Decne.〉バラ科の木本。果実は紅熟。園芸植物。

ストランウァエシア・ヌッシア 〈Stranvaesia nussia (D. Don) Decne.〉バラ科の木本。高さは5cm。花は白色。園芸植物。

ストルマリア ヒガンバナ科の属総称。球根植物。

ストルマリア・ソルテリ 〈Strumaria salteri W. F. Barker〉ヒガンバナ科の球根植物。花は濃いピンク色。園芸植物。

ストルマリア・トルンカタ 〈Strumaria truncata Jacq.〉ヒガンバナ科の球根植物。花は白色。園芸植物。

ストレート・カラー サクラソウ科のジュリアンハイブリッドの品種。園芸植物。

ストレプタンセラ アヤメ科の属総称。球根植物。

ストレプタンセラ・エレガンス 〈Streptanthera elegans Sweet〉アヤメ科。花は白色。園芸植物。

ストレプタンセラ・クプレア 〈Streptanthera cuprea Sweet〉アヤメ科。高さは20～30cm。花は帯銅桃色。園芸植物。

ストレプトカリクス・フルステンベルギー 〈Streptocalyx furstenbergii E. Morr.〉パイナップル科。葉長60～90cm。花は青紫色。園芸植物。

ストレプトカリクス・フロリブンドゥス 〈Streptocalyx floribundus (Mart. ex Schult.) Mez〉パイナップル科。葉長90～150cm。花は暗青色。園芸植物。

ストレプトカリクス・ペーピヒー 〈Streptocalyx poeppigii Beer〉パイナップル科。花は先端は青で下部は白色。園芸植物。

ストレプトカルプス 〈Streptocarpus × hybridus Voss〉イワタバコ科の雑種群。別名ウシノシタ。雑種群。園芸植物。

ストレプトカルプス・ヴェンドランディー ウシノシタの別名。

ストレプトカルプス・カウレスケンス 〈Streptocarpus caulescens Vatke〉イワタバコ科。高さは1m。花は紫または白色。園芸植物。

ストレプトカルプス・カーキー コダチヒメギリソウの別名。

ストレプトカルプス・ガーデニー 〈Streptocarpus gardenii Hook.〉イワタバコ科。花は淡紫色。園芸植物。

ストレプトカルプス・カンディドゥス 〈Streptocarpus candidus Hilliard〉イワタバコ科。花は白色。園芸植物。

ストレプトカルプス・グランディス 〈Streptocarpus grandis N. E. Br.〉イワタバコ科。別名オオウシノシタ。花は淡紫色。園芸植物。

ストレプトカルプス・サクソルム 〈Streptocarpus saxorum Engl.〉イワタバコ科。花は淡紫色。園芸植物。

ストレプトカルプス・ストマンドルス 〈Streptocarpus stomandrus B. L. Burtt〉イワタバコ科。花は淡紫色。園芸植物。

ストレプトカルプス・ソレナンツス 〈Streptocarpus solenanthus Mansf.〉イワタバコ科。花は白または淡紫色。園芸植物。

ストレプトカルプス・ダニー 〈Streptocarpus dunnii M. T. Mast. ex Hook. f.〉イワタバコ科。花は赤色。園芸植物。

ストレプトカルプス・ヒブリドゥス ストレプトカルプスの別名。

ストレプトカルプス・プリムリフォリウス 〈Streptocarpus primulifolius Gand.〉イワタバコ科。花は淡紫または白色。園芸植物。

ストレプトカルプス・ヘイガーシー 〈Streptocarpus haygarthii N. E. Br. ex C. B. Clarke〉イワタバコ科。花は淡紫色。園芸植物。

ストレプトカルプス・ポリアンツス 〈Streptocarpus polyanthus Hook.〉イワタバコ科。花は白色。園芸植物。

ストレプトカルプス・ホルスティー 〈Streptocarpus holstii Engl.〉イワタバコ科。花は紫色。園芸植物。

ストレプトカルプス・ヨハニス 〈Streptocarpus johannis L. L. Britten〉イワタバコ科。花は白色。園芸植物。

ストレプトカルプス・レクシー ヒメギリソウの別名。

ストレプトソレン ナス科の属総称。別名マーマレードノキ。

ストレプトソレン・ジェイムソニー 〈Streptosolen jamesonii (Benth.) Miers〉ナス科の常緑低木。高さは1～3m。花は橙赤か濃黄色。園芸植物。

ストレリチア バショウ科の属総称。別名ゴクラクチョウカ。園芸植物。

ストレリチア・ニコライ 〈Strelitzia nicolai Regel et Körn.〉バショウ科の草本。花は淡青～白色。園芸植物。

ストロビランセス ウラムラサキの別名。

ストロビランテス キツネノマゴ科の属総称。

ストロビランテス・アニソフィルス 〈Strobilanthes anisophyllus (Wall. ex Lodd.) T. Anderson〉キツネノマゴ科の低木。高さは60～90cm。花は淡紫赤色。園芸植物。

ストロビランテス・クシア リュウキュウアイの別名。

ストロビランテス・クンティアヌス 〈Strobilanthes kunthianus T. Anderson〉キツネノマゴ科の低木。高さは30～50cm。花は淡青紫色。園芸植物。

ストロビランテス・ダイエリアヌス ウラムラサキの別名。

ストロビランテス・マクラツス 〈*Strobilanthes maculatus* (Wall.) Nees〉キツネノマゴ科の低木。高さは60〜120cm。花は淡青紫色。園芸植物。
ストロファンツス 〈*Strophanthus kombe* Oliv.〉キョウチクトウ科の薬用植物。
ストロファンツス キョウチクトウ科の属総称。
ストロファンツス・グラツス ニオイストロファントスの別名。
ストロファンツス・ディウァリカツス 〈*Strophanthus divaricatus* (Lour.) Hook. et Arn.〉キョウチクトウ科の低木。花は黄色。園芸植物。
ストロファンツス・ディコトムス ムラサキストロファントスの別名。
ストロファンツス・ヒスピドゥス 〈*Strophanthus hispidus* DC.〉キョウチクトウ科の半蔓木。枝紫色。花は黄色。熱帯植物。薬用植物。園芸植物。
ストロファンツス・プレウシイ 〈*Strophanthus preussii* Engler & Pax.〉キョウチクトウ科のつる性常緑低木。
ストローブゴヨウマツ 〈*Pinus strobus*〉マツ科の木本。樹高50m。樹皮は濃灰色。園芸植物。
ストロベリーキャンドル ベニバナツメクサの別名。
ストロマンテ・アマビリス 〈*Stromanthe amabilis* (Linden) E. Morr.〉クズウコン科の多年草。表面は青緑色。園芸植物。
ストロマンテ・サンギネア ウラベニショウの別名。
ストロマンテ・サングイネア ウラベニショウの別名。
ストロンギロドン・マクロボトリス 〈*Strongylodon macrobotrys* A. Gray〉マメ科のつる性低木。花は青碧色。園芸植物。
ストロンギロドン・ルキダス 〈*Strongylodon lucidus* Seem.〉マメ科のつる性低木。
ストロンボカクツス・ディスキフォルミス キクスイの別名。
ストロンボヤシ 〈*Strombosia javanica* BL.〉ボロボロノキ科の高木。茎は黒色平滑。熱帯植物。
ストーントニア・ヘクサフィラ ムベの別名。
スナゴケ 〈*Racomitrium canescens* Brid. subsp. *latifolium* Frisvoll〉ギボウシゴケ科。別名ウスジロシモフリゴケ。園芸植物。
スナゴウセ 砂子早生 バラ科のモモ(桃)の品種。果皮は乳白色。
スナザサ 〈*Thuarea sarmentosa* Pers.〉イネ科。匍匐地下茎。熱帯植物。
スナジアセタケ 〈*Inocybe niigatensis* Hongo〉フウセンタケ科のキノコ。小型。傘は灰褐色〜赤褐色、繊維状。ひだはオレンジ褐色。
スナジカゼクサ 〈*Eragrostis trichodes* (Nutt.) A. W. Wood.〉イネ科。

スナジタイゲキ 〈*Euphorbia chamissonis* Boiss.〉トウダイグサ科の草本。白乳液。熱帯植物。
スナジマメ 砂地豆 〈*Zornia cantoniensis* Mohlenb.〉マメ科の草本。熱帯植物。
スナジミチヤナギ 〈*Polygonum calcatum* Lindm.〉タデ科の草本。
スナヅル 砂蔓 〈*Cassytha filiformis* L.〉クスノキ科の寄生蔓草。別名ハマソウメン、ネナシハマカズラ、シマネナシカズラ。蔓は淡緑または黄色、果実は淡黄色。熱帯植物。薬用植物。
スナップエンドウ マメ科。別名スナックエンドウ。園芸植物。
スナビキソウ 砂引草 〈*Messerschmidia sibirica* L.〉ムラサキ科の多年草。別名ハマムラサキ。高さは30〜50cm。花は白色。園芸植物。
スネークウッド クワ科。
スノウグース 〈Snow Goose〉バラ科。イングリッシュローズ系。花は白色。
スノウドン 〈Snowdon〉バラ科。イングリッシュローズ系。花は純白色。
スノキ 酸木 〈*Vaccinium smallii* A. Gray var. *glabrum* Koidz.〉ツツジ科の落葉低木。別名オオバスノキ。
スノー・シャワー 〈Snow Shower〉バラ科。
スノードロップ 〈*Galanthus nivalis* L.〉ヒガンバナ科の球根植物。別名マツユキソウ。葉幅は1cm前後。高山植物。園芸植物。
スノードロップ ヒガンバナ科の属総称。球根植物。別名ガランサス、ユキノハナ(雪の花)、マツユキソウ(松雪草)。
スノーフレーク 〈Snowflake〉バラ科。ティー・ローズ系。花は純白色。
スノーフレーク 〈*Leucojum aestivum* L.〉ヒガンバナ科の球根植物。別名スズランスイセン、オオマツユキソウ、ジャイアントスノーフレーク。葉は長さ30〜40cm。花は白色。園芸植物。切り花に用いられる。
スノーボール オオデマリの別名。
スノーホワイト キンポウゲ科のヘレボルスの品種。宿根草。
スノー・マウンド アヤメ科のジャーマン・アイリスの品種。園芸植物。
スパイカ・ラベンダー イングリッシュ・ラベンダーの別名。
スパークル クマツヅラ科のバーベナの品種。園芸植物。
スパーク・ローズ ツリフネソウ科のインパティエンスの品種。園芸植物。
スーパー・ジャイアント キク科のガーベラの品種。園芸植物。
スーパー・スター 〈Super Star〉バラ科のバラの品種。別名Tropicana。ハイブリッド・ティー・ローズ系。花は朱橙色。園芸植物。

スパソロブス・スベレクツス 〈*Spatholobus suberectus* Dunn.〉マメ科の薬用植物。

スパティカルパ・サギッティフォリア 〈*Spathicarpa sagittifolia* Schott〉サトイモ科の多年草。葉の基部は心臓形。園芸植物。

スパティカルパ・ハスティフォリア 〈*Spathicarpa hastifolia* Hook.〉サトイモ科の多年草。葉柄20～30cm。園芸植物。

スパティフィルム サトイモ科の属総称。別名ササウチワ。

スパティフィルム・オルトギージー 〈*Spathiphyllum ortgiesii* Regel〉サトイモ科の多年草。高さは50～60cm。園芸植物。

スパティフィルム・カンニフォリウム 〈*Spathiphyllum cannifolium* (Dryand.) Schott〉サトイモ科の観賞用植物。葉は倒長卵～長楕円形。高さは1m。花序は黄色。熱帯植物。園芸植物。

スパティフィルム・コクレアリスパツム 〈*Spathiphyllum cochlearispathum* (Liebm.) Engl.〉サトイモ科の多年草。高さは1.5m。園芸植物。

スパティフィルム・コッヒー 〈*Spathiphyllum kochii* Engl. et Kurt Krause〉サトイモ科の多年草。高さは1m。園芸植物。

スパティフィルム・コンムタツム 〈*Spathiphyllum commutatum* Schott〉サトイモ科の多年草。高さは1m。園芸植物。

スパティフィルム・パティニー 〈*Spathiphyllum patinii* (Hogg) N. E. Br.〉サトイモ科の多年草。別名ササウチワ。花に芳香がある。園芸植物。

スパティフィルム・ブランドゥム 〈*Spathiphyllum blandum* Schott〉サトイモ科の多年草。葉は長楕円～狭長卵形。園芸植物。

スパティフィルム・フリニーフォリウム 〈*Spathiphyllum phryniifolium* Schott〉サトイモ科の多年草。柄は2cm以下。園芸植物。

スパティフィルム・フロリブンドゥム 〈*Spathiphyllum floribundum* (Linden et André) N. E. Br.〉サトイモ科の多年草。数10cm。園芸植物。

スパティフィルム・ワリシー 〈*Spathiphyllum wallisii* Regel〉サトイモ科の多年草。

スパトグロッティス・アウレア 〈*Spathoglottis aurea* Lindl.〉ラン科。高さは60cm。花は濃黄色。高山植物。園芸植物。

スパトグロッティス・トメントサ 〈*Spathoglottis tomentosa* Lindl.〉ラン科。高さは45cm。花は藤、白、黄色。園芸植物。

スパトグロッティス・プリカタ コウトウシランの別名。

スパトグロッティス・ロビー 〈*Spathoglottis lobbii* Rchb. f.〉ラン科。花は黄色。園芸植物。

スパトデア・ニロティカ 〈*Spathodea nilotica* Seem.〉ノウゼンカズラ科の常緑高木。高さは5m。園芸植物。

スパトデア・ラエウィス 〈*Spathodea laevis* Beauvois〉ノウゼンカズラ科の常緑高木。高さは12m。花は白、桃色。園芸植物。

スパトロカズラ 〈*Spatholobus ferrugineus* Benth.〉マメ科の蔓木。葉はクズに似て厚く葉裏葉柄褐毛。熱帯植物。

スパニッシュ・ビューティー 〈Spanish Beauty〉バラ科。

スパニッシュモス 〈*Tillandsia usneoides* L.〉パイナップル科の多年草。別名サルオガセモドキ。園芸植物。

スハマソウ 州浜草 〈*Hepatica nobilis* Schreber var. *japonica* Nakai f. *variegata* Kitamura〉キンポウゲ科の多年草。別名ユキワリソウ。高さは10～15cm。園芸植物。

スパラクシス アヤメ科の属総称。球根植物。別名スイセンアヤメ。

スパラクシス・グランディフロラ 〈*Sparaxis grandiflora* (D. Delar.) Ker-Gawl.〉アヤメ科。高さは45～60cm。花はクリーム、黄または紫色。園芸植物。

スパラクシス・トリコロル 〈*Sparaxis tricolor* (Curtis) Ker-Gawl.〉アヤメ科。高さは30～45cm。花は鮭桃ないし朱橙色。園芸植物。

スパラクシス・ピランシー 〈*Sparaxis pillansii* L. Bolus〉アヤメ科。高さは60cm。花は淡紅色。園芸植物。

スパラクシス・ブルビフェラ 〈*Sparaxis bulbifera* (L.) Ker-Gawl.〉アヤメ科。高さは30～60cm。花はクリームがかった白色。園芸植物。

スパルティウム・ユンケウム レダマの別名。

スパルティナ・ペクティナタ 〈*Spartina pectinata* Link〉イネ科の多年草。葉長0.7～1.5m。園芸植物。

スパルマンニア・アフリカナ 〈*Sparmannia africana* L. f.〉シナノキ科の落葉低木～小高木。

スパンゴールド キク科のマリーゴールドの品種。園芸植物。

スピゲリヤ 〈*Spigelia anthelmia* L.〉マチン科の草本。スピゲリンを含み有毒。熱帯植物。

スピラエア・カントニエンシス コデマリの別名。

スピラエア・サリキフォリア ホザキシモツケの別名。

スピラエア・ツンベルギー ユキヤナギの別名。

スピラエア・ニッポニカ 〈*Spiraea nipponica* Maxim.〉バラ科の落葉低木。別名イワシモツケ。高さは1m。花は白色。園芸植物。

スピラエア・ネルウォサ 〈*Spiraea nervosa* Franch. et Sav.〉バラ科の落葉低木。別名イブキシモツケ。高さは1～2m。花は白色。園芸植物。

スピラエア・ベツリフォリア 〈Spiraea betulifolia Pall.〉バラ科の落葉低木。別名マルバシモツケ。高さは0.5～1m。花は白色。園芸植物。
スピランテス・シネンシス ネジバナの別名。
スピランテス・スピラリス 〈Spiranthes spiralis Ames〉ラン科の多年草。
スピランテス・スペキオサ 〈Spiranthes speciosa (J. F. Gmel.) A. Rich〉ラン科。高さは30～50cm。花は赤色。園芸植物。
スピランテス・ロマンゾフィアーナ 〈Spiranthes romanzoffiana Cham. & Schlecht.〉ラン科。高山植物。
スピルリナ ユレモ科の属総称。
スピロクセネ・カナリクラタ 〈Spiloxene canaliculata Garside〉キンバイザサ科。花はオレンジまたは黄色。園芸植物。
スピロクセネ・カペンシス 〈Spiloxene capensis (L.) Garside〉キンバイザサ科の球根植物。高さは10～30cm。花は白、黄、またはピンク色。園芸植物。
スファエラルケア・ウンベラータ 〈Sphaeralcea umbellata Don〉アオイ科の低木。
スファエロスポレルラ・ブルンネア ピロネマキン科のキノコ。
スファグヌム・スクアロスム ウロコミズゴケの別名。
スファグヌム・パルストレ オオミズゴケの別名。
スフィンクトリナ 〈Sphinctorina tubaeformis Mass.〉ヒョウモンゴケ科の地衣類。子実体は黒色。
スフェノデスメ 〈Sphaenodesme pentandra Jack.〉クマツヅラ科の蔓木。花は黄色。熱帯植物。
スブタ 簀蓋 〈Blyxa echinosperma (C. B. Clarke) Hook. f.〉トチカガミ科の一年生の沈水植物。別名ナガバスブタ、コスブタ。葉は線形、花弁は3枚、細長く白色。日本絶滅危機植物。
スブニール・ド・セント・アンズ 〈Souv. de St. Anne's〉バラ科。ブルボン・ローズ系。花は淡いピンク。
スーブニール・ド・マダム・オーガスト 〈Souvenir de Mme. Auguste〉バラ科。花はソフトピンク。
スブニール・ド・マダム・レオニー・ビエンノ 〈Souv. de Mme. Léonie Viennot〉バラ科。花は黄色。
スブニール・ド・ラ・マルメゾン 〈Souv. de la Malmaison〉バラ科。ブルボン・ローズ系。花は淡ピンク。
スブマツカナ・アウランティアカ 〈Submatucana aurantiaca (Vaup.) Backeb.〉サボテン科のサボテン。別名黄仙玉。径15cm。花は暗赤色。園芸植物。

スブマツカナ・マディソニオルム 〈Submatucana madisoniorum (P. C. Hutchison) Backeb.〉サボテン科のサボテン。別名奇仙玉。花は赤色。園芸植物。
スプラッシュ サトイモ科のアンスリウムの品種。切り花に用いられる。
スプリングダイム バラ科のシャリンバイの品種。園芸植物。
スプリング・チャーム キク科のウルシニアの品種。園芸植物。
スプリンター・レッド フウロソウ科のゼラニウムの品種。園芸植物。
スプレイ・カーネーション ナデシコ科。別名オランダセキチク。園芸植物。切り花に用いられる。
スプレーウィット バラ科。花は白色。
スプレーギク スプレーマム・ベスビオの別名。
スプレケリア ヒガンバナ科の属総称。球根植物。別名ツバメズイセン、オーキッドアマリリス、ツバメザキアマリリス。
スプレケリア ツバメズイセンの別名。
スプレーマム キク科。別名スプレーギク。切り花に用いられる。
スプレーマム・ベスビオ キク科。別名スプレーギク。切り花に用いられる。
スプレーローズ バラ科。花は明るいピンク。
スプレーロード バラ科。花はダークピンク。
スプレーロマン バラ科。花はピンク。
スプレンダー キク科のシネラリアの品種。園芸植物。
スペア・ミント オランダハッカの別名。
スペインアヤメ 〈Iris xiphium L.〉アヤメ科の多年草。別名スパニッシュ・アイリス。高さは50cm。花は紫や青色。園芸植物。
スペインモミ 〈Abies pinsapo Boiss.〉マツ科の常緑高木。高さは20m。樹皮は濃灰色。園芸植物。
スペクトラ 〈Spectra〉バラ科。クライミング・ローズ系。花は黄色。
スーベニール・デュ・ボーン アオイ科のアブティロンの品種。園芸植物。
スペリー ヒガンバナ科のリコリスの品種。園芸植物。
スベリヒユ 滑莧 〈Portulaca oleracea L. var. oleracea〉スベリヒユ科の匍匐草本。別名ポルツラカ、ハナスベリヒユ。種々の変異があって食用種もある。高さは10～30cm。熱帯植物。薬用植物。園芸植物。切り花に用いられる。
スベリヒユ科 科名。
スベリヒユモドキ 〈Trianthema portulacastrum L.〉ツルナ科の匍匐性の草本。多肉。長さは20～50cm。花は淡紅紫～白色。熱帯植物。
ズボイシア ナス科の属総称。
ズボイシア・ミオポロイデス 〈Duboisia myoporoides R. Br.〉ナス科の薬用植物。

スホウチク イネ科の木本。

スポッテッド・ガム レモン・ユーカリの別名。

スポッテッド・ネットル シソ科のハーブ。別名スポテッドピードネトル。

スポテッドピードネトル スポッテッド・ネットルの別名。

スマイラックス アスパラガス・アスパラゴイデスの別名。

スマック 〈*Rhus typhina* Linnaeus〉ウルシ科の木本。樹高10m。樹皮は暗褐色。園芸植物。

スマトラアンソクコウ 〈*Styrax benzoin* Dryand.〉エゴノキ科の高木。幹から樹脂として安息香を採る。熱帯植物。

スマトラジンコウ 〈*Aquilaria microcarpa* Baill.〉ジンチョウゲ科の高木。古木から沈香を得るであろう。熱帯植物。

スマトラシンジュガヤ 〈*Scleria sumatrensis* Retz〉カヤツリグサ科の草本。茎は三角柱、果実は赤色。高さ2m。熱帯植物。

スマトラヤッコソウ 〈*Mitrastemon sumatrana* Nakai〉ラフレシア科の寄生植物。Pasania spicata BERSTの根に寄生。熱帯植物。

スマメカズラ 〈*Millettia eriantha* Benth.〉マメ科の蔓木。花は多毛、外は黄で、内は紫色。熱帯植物。

スマラグド ヒノキ科のニオイヒバの品種。別名エメラルド。

ズミ 〈*Malus toringo* (Sieb.) Sieb. ex Vriese〉バラ科の落葉小高木。別名ヒメカイドウ、コリンゴ、ミツバカイドウ。高さは10m。花は白色。樹皮は暗灰色。園芸植物。

スミウルシノキ 〈*Semecarpus anacardium* L.〉ウルシ科の小木。果実は扁圧、果梗肥大。熱帯植物。

スミエボシ 墨烏帽子 コンソレア・ルベスケンスの別名。

スミコバン 墨小判 コンソレア・ルベスケンスの別名。

スミザンセツ 墨残雪 モンヴィレア・スペガッツニ-の別名。

スミシアンタ・キンナバリナ 〈*Smithiantha cinnabarina* (Linden) O. Kuntze〉イワタバコ科の球根植物。高さは30〜50cm。花は上面が朱赤、下面が黄白色。園芸植物。

スミシアンタ・ゼブリナ 〈*Smithiantha zebrina* (Paxt.) O. Kuntze〉イワタバコ科の球根植物。高さ60cm。花は上面は緋、下面は黄色。園芸植物。

スミシアンタ・ムルティフロラ トラフビロードの別名。

スミゾメ 墨染 ベンケイソウ科。園芸植物。

スミゾメシメジ 〈*Lyophyllum semitale* (Fr.) Kühner〉キシメジ科のキノコ。中型。傘は帯褐灰色。ひだは白色。

スミゾメヤマイグチ 〈*Leccinum griseum* (Quél.) Sing.〉イグチ科のキノコ。中型。傘は暗褐色、表面凹凸。

スミティナンディア・ミクランタ 〈*Smitinandia micrantha* (Lindl.) Holtt.〉ラン科。花は白色。園芸植物。

スミノミザクラ 酸実実桜 〈*Prunus cerasus* L.〉バラ科の木本。別名酸果桜桃。高さは6〜9m。樹皮は紫褐色。園芸植物。

スミホコ 墨鉾 〈*Gasteria maculata* Haw.〉ユリ科の多年草。園芸植物。

スミラキナ・イェゾエンシス ヒロハユキザサの別名。

スミラキナ・ホンドエンシス ヤマトユキザサの別名。

スミラキナ・ヤポニカ ユキザサの別名。

スミラクス・キナ サルトリイバラの別名。

スミラクス・ビフロラ ヒメカカラの別名。

スミラクス・リパリア 〈*Smilax riparia* A. DC.〉ユリ科。長さ5〜15cm。園芸植物。

スミラシナ・ステラータ 〈*Smilacina stellata* Desf.〉ユリ科。高山植物。

スミラックス・オフィキナリス 〈*Smilax officinalis* Kurth.〉ユリ科の薬用植物。

スミラックス・スコビニカウリス 〈*Smilax scobinicaulis* C. H. Wright.〉ユリ科の薬用植物。

スミレ 菫 〈*Viola Mandshurica* W. Becker〉スミレ科の多年草。別名スモウトリバナ、スモウトリグサ、ジロッコタロッコ。高さは5〜20cm。花は紫色。薬用植物。園芸植物。

スミレ スミレ科の属総称。別名スモウトリクサ(相撲取草)、フタバクサ(二葉草)、ヒトヨクサ(一夜草)。

スミレウコロタケ 〈*Laeticorticium roseocarneum* (Schw.) Boidin〉コウヤクタケ科のキノコ。

スミレ科 科名。

スミレサイシン 菫細辛 〈*Viola vaginata* Maxim.〉スミレ科の多年草。高さは10〜20cm。花は淡紫色。高山植物。薬用植物。園芸植物。

スミレノキ 〈*Rinorea pachycarpa* Craib.〉スミレ科の小木。果皮は外部革質、内部軟骨質。熱帯植物。

スミレバアオイゴケモドキ 〈*Geophila melanocarpa* Ridl.〉アカネ科。葉裏および葉脈は紫色。花は緑色。熱帯植物。

スミレホコリタケ 〈*Calvatia cyathiformis* (Bosc.) Morg.〉ホコリタケ科の薬用植物。

スミレマル 菫丸 ノトカクツス・ユーベルマニアヌスの別名。

スミレモ スミレモ科。

スミレモドキ 〈*Coenogonium nigropunctatum* Kurok.〉サラゴケ科の地衣類。地衣体は黄緑色。

スメルノキ 〈*Clausena excavata* Burm.〉ミカン科の小木。強臭、果実は垂下、白またはピンク。熱帯植物。

スモーク・ツリー ハグマノキの別名。

スモークブッシュ ヤマモガシ科。切り花に用いられる。

スモモ 李 〈*Prunus salicina* Lindl.〉バラ科の落葉小高木。別名ハタンキョウ、イクリ。果肉は黄色または紫紅色。花は白色。薬用植物。園芸植物。

スヤマイノデ 〈*Polystichum* × *suyamanum* Kurata ex Serizawa〉オシダ科のシダ植物。

スリコギヅタ 〈*Caulerpa racemosa* (Forsskål) J. Agardh var. *laete-virens* (Montagne) Weber van Bosse〉イワヅタ科の海藻。小枝が棍棒状。体は5〜10cm。

スリコギタケ 〈*Clavariadelphus pistillaris* (Fr.) Donk〉シロソウメンタケ科のキノコ。

スリーズ・ブーケ 〈Cerise Bouquet〉バラ科。

スルガ 駿河 カキノキ科のカキの品種。別名カキ農林1号、D—15。果皮は橙紅色。

スルガクマワラビ 〈*Dryopteris* × *sugino-takaoi* Kurata〉オシダ科のシダ植物。

スルガダイニオイ バラ科のサクラの品種。

スルガテンナンショウ 〈*Arisaema yamatense* (Nakai) Nakai subsp. *sugimotoi* (Nakai) Ohashi et J. Murata〉サトイモ科。

スルガヒョウタンボク 〈*Lonicera alpigena* var. *viridissima*〉スイカズラ科。

スルガフジ 駿河富士 ユリ科。園芸植物。

スルガラン 駿河蘭 〈*Cymbidium ensifolium* (L.) Sw.〉ラン科の多年草。別名ジラン(地蘭)、ケイラン(薫蘭)、オラン(雄蘭)。花は乳白色。園芸植物。

スルコルブティア・ウラシー 〈*Sulcorebutia rauschii* Frank〉サボテン科のサボテン。別名黒麗丸。花は深紅色。園芸植物。

スルコルブティア・シュタインバッヒー 〈*Sulcorebutia steinbachii* (Werderm.) Backeb.〉サボテン科のサボテン。別名宝珠丸。径3cm。花は緋紅色。園芸植物。

スルスミ 摺墨 エキノケレウス・メラノケントルスの別名。

スルボ ツルボの別名。

スルメゴケ 〈*Cetraria sepincola* (Ehrh.) Ach.〉ウメノキゴケ科の地衣類。地衣体は径1〜2cm。

スルメゴケ 〈*Tayloria splachnoides* (Schwägr.) Hook.〉オオツボゴケ科のコケ。茎は長さ10mm前後、葉は長い倒卵形〜卵状披針形。

スルメタケ 〈*Rigidoporus zonalis* (Berk.) Imaz.〉タコウキン科のキノコ。

スレース・スー アオイ科のハワイアン・ハイビスカスの品種。

スー・ロウレイ 〈Sue Lawley〉バラ科。フロリバンダ・ローズ系。花は赤色。

スワニー 〈Swany〉バラ科。ミニアチュア・ローズ系。

スワンギ ミカン科。

スンカワング 〈*Shorea sumatrana* (V. Sl.) Sym.〉フタバガキ科の高木。果の油脂は食用可、材はバルの一種。熱帯植物。

スンデノキ 〈*Payena leerii* Kurz〉アカテツ科の高木。葉裏褐色。熱帯植物。

【 セ 】

セイオウボ 西王母 ツバキ科の木本。

セイオウボ 西王母 サクラソウ科のサクラソウの品種。園芸植物。

セイオウマル 青王丸 〈*Notocactus ottonis* (Lehm.) A. Berger〉サボテン科のサボテン。径5〜8cm。花は濃黄色。園芸植物。

セイカ 聖火 〈Seika〉バラ科。ハイブリッド・ティーローズ系。花はローズ紅色。

セイカ 聖火 バラ科のバラの品種。園芸植物。

セイガンサイシン アサルム・カウダツムの別名。

セイギョク 青玉 サボテン科のサボテン。園芸植物。

セイギョク 清玉 バラ科のナシの品種。果皮は黄緑色。

セイゲン カエデ科のカエデの品種。

セイコウ 星光 〈Seikoh〉バラ科。ハイブリッド・ティーローズ系。花は黄色。

セイコウデン 精巧殿 〈*Pelecyphora pseudopectinata* Backeb.〉サボテン科のサボテン。高さは6〜8cm。花は白桃ないし淡桃色。園芸植物。

セイコウノクモ 精興の雲 キク科のキクの品種。園芸植物。

セイコウマル 精巧丸 ペレキフォラ・アセリフォルミスの別名。

セイコノヨシ 西湖葭 〈*Phragmites karka* (Retz.) Trin.〉イネ科の多年草。別名セイタカヨシ。高さは200〜400cm。園芸植物。

セイザノヒカリ 星座の光 リプサリス・バキプテラの別名。

セイサリュウ 青鎖竜 〈*Crassula lycopodioides* Lam.〉ベンケイソウ科の多肉植物。花は帯黄白色。園芸植物。

セイシカ 聖紫花 〈*Rhododendron latoucheae* Franch.〉ツツジ科の常緑低木またはまれに高木。別名タイトンシャクナゲ。高さは5m。花は淡桃色。園芸植物。

セイシカズラ 青紫葛 〈*Cissus discolor* Blume〉ブドウ科。葉長15cm。花は帯黄色。園芸植物。

セイジギョク 青磁玉 〈*Lithops helmutii* L. Bolus〉ツルナ科。体形は割れ目が深く、さす又状に広く開いている。体色は白っぽい青緑色。花は黄金色。園芸植物。

セイシボク 青紫木 〈*Excoecaria cochinchinensis* Lour.〉トウダイグサ科の観賞用低木。葉裏暗赤色。高さは2m。熱帯植物。園芸植物。

セイシボク 青紫木 トウダイグサ科の属総称。別名エクスコエカリア。

セイシュンギョク 青春玉 〈*Conophytum wiggettae* N. E. Br.〉ツルナ科の中形のくら形種。若緑色の地に、はっきりとした小さな斑点が特徴。午後から開花、夜もなお開く。花は淡桃色。園芸植物。

セイタカアカミゴケ 〈*Cladonia graciliformis* Zahlbr.〉ハナゴケ科の地衣類。子柄は太さ1〜2mm。

セイタカアヤメ アヤメ科。園芸植物。

セイタカアワダチソウ 背高泡立草 〈*Solidago altissima* L.〉キク科の多年草。別名セイタカアキノキリンソウ。高さは100〜250cm。花は濃黄色。薬用植物。園芸植物。

セイタカイグチ 〈*Boletellus russellii* (Frost) Gilb.〉オニイグチ科のキノコ。中型。傘は帯褐灰色。

セイタカイワヒメワラビ コバノイシカグマ科の常緑性シダ。葉身は長さ70〜100cm。長楕円形から三角状卵形。

セイタカオトギリ 〈*Hypericum momoseanum* Makino〉オトギリソウ科の草本。

セイタカカワズスゲ 〈*Carex laevivaginata* (Kük.) Mack.〉カヤツリグサ科。鞘の腹面に横しわが生じない。

セイタカコゴメハギ 〈*Melilotus altissimus* Thuill.〉マメ科。花は黄色。

セイタカシケシダ 〈*Lunathyrium lasiopteris* (Kunze) Nakaike〉オシダ科のシダ。葉身は長さ幅が15〜30cm。ほぼ二形になる。

セイタカスギゴケ 背高杉苔 〈*Pogonatum japonicum* Sull. et Lesq.〉スギゴケ科のコケ。別名オオバニワスギゴケ。大形、茎は高さ8〜20cm。

セイタカスズムシソウ 〈*Strobilanthes glandulifera* Hatusima〉キツネノマゴ科の多年草。高さは1m。

セイタカスズムシソウ 〈*Liparis japonica* (Miq.) Maxim.〉ラン科の多年草。高さは10〜40cm。花は淡緑または帯紫色。園芸植物。

セイタカセイヨウサクラソウ プリムラ・エラティオールの別名。

セイタカタンポポ 〈*Taraxacum elatum* Kitam.〉キク科の草本。

セイタカチョウチンゴケ 〈*Rhizomnium magnifolium* (Horik.) T. J. Kop.〉チョウチンゴケ科のコケ。葉は倒卵形、長さ7〜10mm。

セイタカトウヒレン トウヒレンの別名。

セイタカナチシケシダ 〈*Deparia lasiopteris* × *petersenii*〉オシダ科のシダ植物。

セイタカニオイグサ 〈*Hedyotis philippensis* Merr.〉アカネ科の草本。全草可食、民間薬。高さ1m。花は白色。熱帯植物。

セイタカヌカボシソウ 〈*Luzula elata* Satake〉イグサ科の草本。

セイタカハマスゲ 〈*Cyperus longus* L.〉カヤツリグサ科の多年草。高さは20〜120cm。

セイタカハリイ 〈*Eleocharis attenuata* (Franch. et Savat.) Palla〉カヤツリグサ科の多年草。別名オオハリイ。高さは25〜55cm。

セイタカヒゴタイ キク科。

セイタカビロウ 〈*Livistona rotundifolia* (Lam.) Mart.〉ヤシ科。別名セイタカビロウ、マルバビロウ。日本のシュロに酷似、果実は赤熟。高さは30m。花は鮮赤色。熱帯植物。園芸植物。

セイタカフイリゲットウ ショウガ科。園芸植物。

セイタカフトモモ 〈*Eugenia grandis* Wight〉フトモモ科の高木。葉は厚く光沢。熱帯植物。

セイタカフモトシケシダ 〈*Deparia lasiopteris* × *pseudo-conilii*〉オシダ科のシダ植物。

セイタカミヤマノコギリシダ 〈*Diplazium* × *yamamotoi* Shimura, nom. nud.〉オシダ科のシダ植物。

セイタカミロバラン 〈*Terminalia belerica* Roxb.〉シクンシ科の高木。熱帯植物。

セイタカヨシ セイコノヨシの別名。

セイタカヨモギ 〈*Artemisia selegensis* Turcz.〉キク科の多年草。別名タカヨモギ。高さは1〜2m。

セイテンギョク 聖典玉 〈*Lithops framesii* L. Bol.〉ツルナ科の大形種。長倒円すい形、灰緑色。分球して40頭位の大形株になる。高さは4cm。花は白色。園芸植物。

セイトウ 聖塔 〈*Cotyledon decussata* Sims〉ベンケイソウ科の低木。別名ハクビジン(白美人)、セイトウ(聖刀)。高さは75cm。花は黄色。園芸植物。

セイドウリュウ 青銅竜 ブラウニンギア・カンデラリスの別名。

セイナンヒラゴケ 〈*Neckeropsis calcicola* Nog.〉ヒラゴケ科のコケ。大形、二次茎は長く、葉は舌形。

セイバンナスビ ナス科の木本。別名ヤイマナスビ。

セイバンモロコシ 〈*Sorghum halepense* (L.) Pers.〉イネ科の多年草。高さは100〜300cm。

セイフカラ

セイブカラマツ 〈*Larix occidentalis*〉マツ科の木本。樹高50m。樹皮は帯赤褐色。

セイブビャクシン 〈*Juniperus occidentalis*〉ヒノキ科の木本。樹高20m。樹皮は赤褐色。

セイブミズキ 〈*Cornus nuttallii*〉ミズキ科の木本。樹高25m。樹皮は灰色。

セイボリー シソ科。

セイヤ エチュベリア・デレンベルギーの別名。

セイヤブシ 誠哉付子 〈*Aconitum ito-seiyanum* Miyabe et Tatew.〉キンポウゲ科の草本。

セイヨウアカニワトコ 〈*Sambucus racemosa* L.〉スイカズラ科の木本。高さは3m。花は黄白色。園芸植物。

セイヨウアカネ 西洋茜 〈*Rubia tinctorum* L.〉アカネ科の薬用植物。別名ムツバアカネ。

セイヨウアキレア セイヨウノコギリソウの別名。

セイヨウアジサイ ユキノシタ科。別名ハナアジサイ、ハイドランジャ、ヒドランゲア。園芸植物。

セイヨウアブラナ 〈*Brassica napus* L.〉アブラナ科の一年草または二年草。高さは30〜150cm。花は鮮黄色。

セイヨウイソノキ 〈*Rhamnus frangula*〉クロウメモドキ科の木本。樹高5m。樹皮は灰色。薬用植物。

セイヨウイチイ 西洋一位 〈*Taxus baccata* Linn.〉イチイ科の木本。別名オウシュウイチイ。樹高20m。樹皮は紫褐色。園芸植物。

セイヨウイチイ タクスス・バッカタの別名。

セイヨウイラクサ 〈*Urtica dioica* L.〉イラクサ科の多年草。高さは30〜150cm。

セイヨウウキガヤ 〈*Glyceria occidentalis* (Piper) J. C. Nelson〉イネ科。小穂は長さ13〜22mm。

セイヨウウツボグサ ウツボグサの別名。

セイヨウエゴノキ 〈*Styrax officinalis* L.〉エゴノキ科の落葉小高木〜低木。

セイヨウオオバコ 〈*Plantago major* L.〉オオバコ科の多年草。別名オニオオバコ。高さは50cm。園芸植物。

セイヨウオキナグサ 〈*Pulsatilla vulgaris* Mill.〉キンポウゲ科の多年草。別名ヨウシュオキナグサ。高さは15cm。高山植物。園芸植物。

セイヨウオダマキ 西洋苧環 〈*Aquilegia vulgaris* L.〉キンポウゲ科の多年草。高さは60cm。花は紫色。高山植物。薬用植物。園芸植物。

セイヨウオトギリソウ 西洋弟切草 〈*Hypericum perforatum* L.〉オトギリソウ科の多年草。別名ヒペリカム。高さは30〜60cm。花は黄色。薬用植物。園芸植物。

セイヨウオニフスベ 〈*Calvatia gigantea* (Batsch：Pers.) Lloyd.〉ホコリタケ科の薬用植物。

セイヨウカジカエデ 〈*Acer pseudoplatanus* L.〉カエデ科の落葉高木。園芸品種多数。樹高30m。樹皮は桃色ないし黄がかった灰色。園芸植物。

セイヨウカノコソウ 西洋鹿子草 〈*Valeriana officinalis* L.〉オミナエシ科の多年草。別名オールヒール。花は白〜淡紅色。高山植物。薬用植物。園芸植物。

セイヨウカボチャ 西洋南瓜 〈*Cucurbita maxima* Duchesne〉ウリ科の野菜。別名クリカボチャ(栗南瓜)、ナタワレカボチャ(刀割南瓜)。葉や花はカボチャに似る。熱帯植物。園芸植物。

セイヨウカボチャ ペポカボチャの別名。

セイヨウカリン 〈*Mespilus germanica* L.〉バラ科の落葉小高木。果実は暗いミカン色。高さは5m。花は白または淡紅色。樹皮は灰褐色。園芸植物。

セイヨウキヅタ 西洋木蔦 〈*Hedera helix* L.〉ウコギ科の常緑つる性低木。別名イングリッシュ・アイビー。高さは30m。高山植物。園芸植物。

セイヨウキョウチクトウ 西洋夾竹桃 〈*Nerium oleander* L.〉キョウチクトウ科の常緑小低木。花は桃、白のほかに紅、橙色。熱帯植物。園芸植物。

セイヨウキランソウ 〈*Ajuga reptans* L.〉シソ科の多年草。別名ビューグル。高さは10〜30cm。花は青紫色。高山植物。園芸植物。

セイヨウキンシバイ 〈*Hypericum calycinum* Linn.〉オトギリソウ科。高さは30〜40cm。花は明るい黄色。園芸植物。

セイヨウキンバイ 西洋金梅 〈*Trollius europaeus* L.〉キンポウゲ科の多年草。別名キンバイソウ。高さは10〜70cm。花は黄緑色。園芸植物。切り花に用いられる。

セイヨウキンポウゲ 〈*Ranunculus acris* L.〉キンポウゲ科の多年草。別名アクリスキンポウゲ。高さは20〜90cm。花は黄色。高山植物。園芸植物。

セイヨウキンミズヒキ 西洋金水引 〈*Agrimonia eupatoria* L.〉バラ科の多年草。薬用植物。

セイヨウグリ ヨーロッパグリの別名。

セイヨウグルミ ペルシャグルミの別名。

セイヨウクロウメモドキ 〈*Rhamnus cathartica*〉クロウメモドキ科の木本。樹高10m。樹皮は暗橙褐色。薬用植物。

セイヨウコウボウ 〈*Hierochloe odorata* (L.) P. Beauv. var. *odorata*〉イネ科の多年草。円錐花序は長さ3〜14cm。

セイヨウコバンノキ 〈*Breynia nivosa* Small〉トウダイグサ科。

セイヨウサクラソウ キバナノクリンザクラの別名。

セイヨウサンザシ 西洋山査子 〈*Crataegus oxyacantha* L.〉バラ科の落葉低木または小高木。高さは5〜6m。花は白色。樹皮は灰色。薬用植物。園芸植物。

セイヨウサンシュユ 〈*Cornus mas* L.〉ミズキ科の落葉小高木。

セイヨウシデ 〈*Carpinus betulus* L.〉カバノキ科の木本。高さは20m。樹皮は淡灰色。園芸植物。

セイヨウシナノキ 西洋科樹 〈*Tilia* × *vulgaris* Hayne〉シナノキ科の落葉広葉高木。花は黄白色。園芸植物。

セイヨウシバ 西洋芝 イネ科。園芸植物。

セイヨウショウロ セイヨウショウロタケ科のキノコ。別名トリュフ、トラッフル、トリュッフェル。

セイヨウスオウ セイヨウハナズオウの別名。

セイヨウスグリ 西洋酸塊 〈*Ribes uva-crispa* L.〉ユキノシタ科の落葉低木。別名オオスグリ。高さは1.2m。園芸植物。

セイヨウスモモ 西洋李 〈*Prunus domestica*〉バラ科の木本。別名ヨーロッパスモモ。樹高10m。樹皮は灰褐色。薬用植物。

セイヨウゼンマイ オスムンダ・レガリスの別名。

セイヨウダイコンソウ 〈*Geum urbanum* L.〉バラ科の薬用植物。別名ゲウム。高山植物。

セイヨウタマシダ ネフロレピス・エクサルタタの別名。

セイヨウタンポポ 西洋蒲公英 〈*Taraxacum officinale* Weber〉キク科の多年草。別名ショクヨウタンポポ。痩果は淡褐色～暗褐色。高さは10～45cm。花は黄色。薬用植物。園芸植物。

セイヨウツゲ 西洋黄楊 ツゲ科の木本。別名スドウツゲ。樹高6m。樹皮は灰色。園芸植物。

セイヨウトゲアザミ 〈*Cirsium arvense* (L.) Scop.〉キク科の多年草。高さは50～120cm。花は淡紅紫色。

セイヨウトチノキ 〈*Aesculus hippocastanum* L.〉トチノキ科(ムクロジ科)の落葉高木。別名マグリ、マロニエ。高さは35m。花は白黄色。樹皮は赤褐色または灰色。薬用植物。園芸植物。

セイヨウトネリコ 〈*Fraxinus excelsior* L.〉モクセイ科の落葉高木。別名オウシュウトネリコ。高さは45m。樹皮は淡灰色。園芸植物。

セイヨウトラノオ ベロニカ・ロンギフォリアの別名。

セイヨウナシ 西洋梨 〈*Pyrus communis* L.〉バラ科の落葉高木。果実は緑色。高さは15～20m。樹皮は濃い灰色。薬用植物。園芸植物。

セイヨウナツユキソウ 〈*Filipendula ulmaria* (L.) Maxim.〉バラ科の多年草。高さは60～120cm。花は白色。薬用植物。園芸植物。

セイヨウニガナ 〈*Crepis callaris* (L.) Wallr.〉キク科。別名ナイトウニガナ。茎葉基部に耳状の裂片がある。

セイヨウニワトコ 西洋接骨木 〈*Sambucus nigra* L.〉スイカズラ科のハーブ。別名エルダー。高さは4.5～6m。花は黄白色。園芸植物。

セイヨウニンジンボク 〈*Vitex agnus-castus* L.〉クマツヅラ科の木本。高さは2～3m。花は淡紫色。薬用植物。園芸植物。

セイヨウヌカボ 〈*Apera spica-venti* (L.) Beauv.〉イネ科の一年草。高さは20～100cm。

セイヨウネズ 〈*Juniperus communis* L.〉ヒノキ科のハーブ。別名セイヨウビャクシン、ヨウシュネズ。高さは15m。花は雄花は黄、雌花は緑色。樹皮は赤褐色。園芸植物。

セイヨウノコギリソウ 西洋鋸草 〈*Achillea millefolium* L.〉キク科の多年草。別名アキレア、アキレス。高さは30～100cm。花は白または淡紅色。高山植物。薬用植物。園芸植物。切り花に用いられる。

セイヨウノダイコン 〈*Raphanus raphanistrum* L.〉アブラナ科の一年草または二年草。高さは20～120cm。花は淡黄色。

セイヨウバイカウツギ フィラデルフス・グランディフロルスの別名。

セイヨウバクチノキ 西洋博打木 〈*Prunus laurocerasus* L.〉バラ科の木本。高さは6m。花は白色。樹皮は灰褐色。薬用植物。園芸植物。

セイヨウハコヤナギ ポプラの別名。

セイヨウハシバミ 西洋榛 〈*Corylus avellana* L.〉カバノキ科の低木。別名ヨーロッパヘーゼル。園芸植物。

セイヨウハッカ 西洋薄荷 〈*Mentha* × *piperita* L.〉シソ科の多年草。高さは30～90cm。花は藤を帯びたピンク色。薬用植物。園芸植物。

セイヨウハッカ ペパー・ミントの別名。

セイヨウハナズオウ 西洋花蘇芳 〈*Cercis siliquastrum* L.〉マメ科の落葉小高木。別名セイヨウスオウ。葉は灰緑色。樹高10m。樹皮は灰色。園芸植物。

セイヨウハバノリ 〈*Petalonia fascia* (Müller) Kuntze〉カヤモノリ科の海藻。細長くてうすい。

セイヨウバラ 〈*Rosa* × *borboniana* Desp.〉バラ科。園芸植物。

セイヨウハルニレ ウルムス・グラブラの別名。

セイヨウハンノキ 〈*Alnus incana* (L.) Moench.〉カバノキ科の落葉木。高さは20m。樹皮は濃い灰色。園芸植物。

セイヨウヒイラギ モチノキ科の属総称。

セイヨウヒイラギ ヒイラギモチの別名。

セイヨウヒイラギカシ 〈*Quercus ilex* L.〉ブナ科の常緑高木。樹高20m。樹皮は黒色。園芸植物。

セイヨウヒイラギナンテン マホニア・アクイフォリウムの別名。

セイヨウヒキヨモギ 〈*Parentucellia viscosa* (L.) Caruel〉ゴマノハグサ科の一年草。高さは20～70cm。花は黄色。

セイヨウヒメミヤコグサ 〈*Lotus subbiflorus* Lag.〉マメ科の一年草。長さは30cm。花は黄色。

セイヨウヒルガオ 西洋昼顔 〈*Convolvulus arvensis* L.〉ヒルガオ科の多年生つる草。別名ヒメヒルガオ。長さは1〜2m。花は白または淡紅色。園芸植物。

セイヨウヒルガオ コンボルブルス・アルベンシスの別名。

セイヨウフウチョウソウ 西洋風蝶草 〈*Cleome spinosa* L.〉フウチョウソウ科の一年草。別名クレオメソウ。高さは80〜100cm。花は白〜淡紅紫色。園芸植物。

セイヨウフクジュソウ ヨウシュフクジュソウの別名。

セイヨウボダイジュ 〈*Tilia platyphylla* Scop.〉シナノキ科の木本。別名ヨウシュボダイジュ。樹高40m。樹皮は灰褐色。

セイヨウマツムシソウ 〈*Scabiosa atropurpurea* L.〉マツムシソウ科の草本。別名スケイビアス。高さは60〜90cm。花は深紅色。園芸植物。切り花に用いられる。

セイヨウマユミ 〈*Euonymus europaeus* L.〉ニシキギ科の落葉小高木。樹高6m。花は黄緑色。樹皮は灰色。園芸植物。

セイヨウミザクラ 西洋実桜 〈*Prunus avium* L.〉バラ科の木本。別名甘果桜桃。高さは十数m。花は白色。樹皮は赤褐色。園芸植物。

セイヨウミズユキノシタ 〈*Ludwigia palustris* (L.) Elliott〉アカバナ科の多年草、水生植物。高さは20〜40cm。花は黄色。園芸植物。

セイヨウミミナグサ 〈*Cerastium arvense* L.〉ナデシコ科の多年草。別名エダウチミミナグサ、カラフトミミナグサ。花序は疎花、白色。高さは5〜40cm。高山植物。園芸植物。

セイヨウミヤコグサ 〈*Lotus corniculatus* L. var. *corniculatus*〉マメ科の多年草。長さは5〜40cm。花は黄〜鮮黄色。

セイヨウムラサキ 西洋紫 〈*Lithospermum officinale* L.〉ムラサキ科の多年草。花は紫色。高山植物。

セイヨウメシダ アティリウム・フィリクス-フェミナの別名。

セイヨウヤチヤナギ 〈*Myrica gale* L.〉ヤマモモ科の落葉低木。

セイヨウヤドリギ ウィスクム・アルブムの別名。

セイヨウヤブイチゴ 〈*Rubus armeniacus* Focke〉バラ科の低木。高さは150cm。花は白〜淡紅色。

セイヨウヤブイチゴ ブラックベリーの別名。

セイヨウヤブジラミ 〈*Torilis leptophylla* (L.) Reichb. f.〉セリ科。別名ヒメヤブジラミ。茎は直立。

セイヨウヤマカモジ 〈*Brachypodium distachyon* (L.) Beauv.〉イネ科の一年草。別名ミナトカモジグサ。高さは5〜40cm。

セイヨウヤマハッカ レモン・バジルの別名。

セイヨウヤマハンノキ 〈*Alnus glutinosa* (L.) Gaertn.〉カバノキ科の落葉木。高さは20m以上。樹皮は濃い灰色。園芸植物。

セイヨウユキワリソウ 〈*Primula farinosa* L.〉サクラソウ科の多年草。別名ヨウシュユキワリソウ。高山植物。園芸植物。

セイヨウリンゴ 西洋林檎 〈*Malus domestica* Borkh.〉バラ科の木本。果皮は、紅、赤、暗赤、黄、緑黄など。高さは数m。花は白色。樹皮は灰褐色ないし紫褐色。薬用植物。園芸植物。

セイヨウワサビ ワサビダイコンの別名。

セイリギア・アンベルティー 〈*Seyrigia humbertii* Keraudr.〉ウリ科の多年草。花は黄白色。園芸植物。

セイリョウデン 清涼殿 バラ科のバラの品種。園芸植物。

セイロウ 清郎 ツツジ科のアザレアの品種。別名スーベニール・ド・サン・ホゼ。園芸植物。

セイロンアデク 〈*Eugenia spicata* Lam.〉フトモモ科の小木。芳香あり。熱帯植物。

セイロン・オリーブ 〈*Elaeocarpus serratus* L.〉ホルトノキ科(ブドウ科)の高木。果実は長さ2cmオリーブ状。熱帯植物。

セイロン・グースベリー イイギリ科の木本。

セイロンコクタン コクタンの別名。

セイロンスグリ イイギリ科。

セイロンテツボク 〈*Mesua ferrea* L.〉オトギリソウ科の観賞用植物。別名タガヤサン、テッサイノキ。葉裏粉白。高さは20m。花は白色。熱帯植物。園芸植物。

セイロンニッケイ 〈*Cinnamomum verum* J. Presl〉クスノキ科の小高木。樹皮は甘く芳香。高さは10m。花は黄白色。熱帯植物。薬用植物。園芸植物。

セイロンニボン 〈*Oncosperma fasciculatum* Thw.〉ヤシ科。叢生、果序の枝は淡赤色、果実は黒色。幹径9cm。熱帯植物。園芸植物。

セイロンハクカ 〈*Leucas zeylanica* R. BR.〉シソ科の草本。葉は香辛料、民間薬。花は白色。熱帯植物。

セイロンハコベ 〈*Hydrolea zeylanica* Vahl.〉ムラサキ科の草本。葉は殺菌性あり。花は碧色。熱帯植物。

セイロンベンケイ トウロウソウの別名。

セイロンマツリ 〈*Plumbago zeylanica* L.〉イソマツ科の草本。別名インドマツリ。全株有毒。高さは1m。花は白色。熱帯植物。薬用植物。園芸植物。

セイント・ニコラス 〈St. Nicholas〉バラ科。ダマスク・ローズ系。

セカモネ 〈*Secamone emetica* R. BR.〉ガガイモ科の蔓草。熱帯植物。

ゼガラエ ギムノカリキウム・ゼガラエの別名。

セキカヤナギ 石化柳 ヤナギ科。園芸植物。

セキショウ 石菖 〈*Acorus gramineus* Soland.〉サトイモ科の多年草。高さは20〜50cm。薬用植物。園芸植物。

セキショウイ 〈*Juncus prominens* (Buchen.) Miyabe et Kudo〉イグサ科の草本。

セキショウモ 石菖藻 〈*Vallisneria natans* (Lour.) Hara〉トチカガミ科の多年生の沈水植物。別名ヘラモ、イトモ。葉は根生、線形(リボン状)。園芸植物。

セキチク 石竹 〈*Dianthus chinensis* L.〉ナデシコ科の多年草。別名カラナデシコ。高さは30cm。花は紅、淡紅、白色。園芸植物。

セキチク ナデシコ科の属総称。

セキチク・トコナツ 常夏 〈*Dianthus chinensis* Linn.〉ナデシコ科。園芸植物。

セキデラ 関寺 ツツジ科のツツジの品種。園芸植物。

セキトメホオズキ 〈*Withania somnifera* Dunal〉ナス科の低木。麻酔性物質があるらしく鎮咳薬。熱帯植物。薬用植物。

セキホウ 赤鳳 フェロカクタス・ステインジーの別名。

セキモンウライソウ 〈*Procris boninensis* Tuyama〉イラクサ科。日本絶滅危機植物。

セキモンスゲ 〈*Carex toyoshimae*〉カヤツリグサ科。

セキモンノキ 〈*Claoxylon centinarium* Koidz.〉トウダイグサ科の木本。

セキヤノアキチョウジ 関屋秋丁字 〈*Isodon effusus* (Maxim.) Hara〉シソ科の多年草。高さは70〜100cm。

セキヤマ 関山 バラ科のサクラの品種。落葉高木。園芸植物。

セキヨウ 赤陽 〈Seki-Yoh〉バラ科。ハイブリッド・ティーローズ系。花は朱色。

セコイア 〈*Sequoia sempervirens* (Lamb.) Endl.〉スギ科の針葉高木。別名セコイアメスギ、イチイモドキ。樹皮は赤褐色。樹高110m。樹皮は赤褐色。園芸植物。

セコイアオスギ 〈*Sequoiadendron giganteum* (Lindl.) Buchholz〉スギ科の木本。別名セコイアデンドロン。樹高100m。花は雄花は黄褐色。樹皮は赤褐色。園芸植物。

セコイアオスギ スギ科の属総称。

セサモタムヌス・ルガーディー 〈*Sesamothamnus lugardii* N. E. Br. ex Stapf〉ゴマ科の多肉植物。花は白色。園芸植物。

セージ 〈*Salvia officinalis* L.〉シソ科の香辛野菜。別名ガーデンセージ、ヤクヨウサルビア。高さは60cm。花は青からピンク色。薬用植物。園芸植物。切り花に用いられる。

セージ シソ科の属総称。別名ヤクヨウサルビア。

セシエレンヤシ 〈*Stevensonia grandifolia* Dunc.〉ヤシ科。羽片の長さは30cm、羽片中裂。幹径10cm。熱帯植物。

セシル・ブルンネ 〈Cécile Brunner〉バラ科。ポリアンサ・ローズ系。花は淡いアプリコット色。

セスジアンチゴケ 〈*Anzia hypoleucoides* Müll. Arg.〉アンチゴケ科の地衣類。地衣体は裂片は紐状。

セスジグサ アグラオネマ・コスタツムの別名。

セスジシロモジゴケ 〈*Phaeographina chlorocarpoides* (Nyl.) Zahlbr.〉モジゴケ科の地衣類。果殻は褐色または白色。

セスジミツバカズラ シンゴニウム・マウロアナムの別名。

セスジモジゴケ 〈*Graphis proserpens* Vain.〉モジゴケ科の地衣類。地衣体は痂状。

セストラム ナス科の属総称。

ゼスネリア レクステイネリア・カルディナリスの別名。

セスバニア・セスバン ツノクサネムの別名。

セタカイヌヘラヤシ ヘテロスパテ・エラタの別名。

セダカシロジクトウ プレクトコミア・エロンガタの別名。

セダカニセダイオウヤシ プセウドフェニクス・レディニアナの別名。

セダム トウダイグサ科の属総称。

セダム セドゥムの別名。

セダム・アトラトゥム 〈*Sedum atratum* L.〉ベンケイソウ科。高山植物。

セダム・アングリウム 〈*Sedum anglicum* Huds.〉ベンケイソウ科の多年草。

セダム・ステノペタラム 〈*Sedum stenopetalum* Pursh〉ベンケイソウ科。高山植物。

セダム・プセウドスブティレ 〈*Sedum pseudosubtile* Hara〉ベンケイソウ科。高山植物。

セダム・ローダンツム 〈*Sedum rhodantum* Gray〉ベンケイソウ科。高山植物。

セタリア・イタリカ アワの別名。

セタリア・グラウカ キンエノコロの別名。

セッカエニシダ シロバナエニシダの別名。

セッカスギ 石化杉 スギ科の木本。

セッカタマシダ 石化玉羊歯 ウラボシ科。園芸植物。

セッカタマシダ ツルシダ科のタマシダの品種。園芸植物。

セッカヤナギ オノエヤナギの別名。

セッケイマル 雪渓丸 エキノフォッスロカクツス・アルパツスの別名。

セツゲツカ 雪月花 アヤメ科のハナショウブの品種。園芸植物。

セツコウ

セッコウ 雪晃 〈*Brasilicactus haselbergii* (F. A. Haage jr) Backeb.〉サボテン科のサボテン。球径10cm。花は橙～赤色。園芸植物。

セッコウベニバナユチャ 淅江紅花油茶 カメリア・ケキアンゴレオサの別名。

セッコク 石斛 〈*Dendrobium moniliforme* (L.) Sw.〉ラン科の多年草。別名セキコク。高さは5～25cm。花は白色。薬用植物。園芸植物。

セツザン 雪山 ヒガンバナ科。別名白覆輪笹の雪。園芸植物。

セツザン 雪山 ツバキ科のサザンカの品種。園芸植物。

セツザンバラ ロサ・ペンドゥリナの別名。

セッチュウカ スイセン・バルボコジュームの別名。

セッチュウノマツ ツツジ科のサツキの品種。

セットウマル 雪頭丸 マミラリア・キオノケファラの別名。

セッパクマル 雪白丸 マミラリア・カンデイダの別名。

セッピコテンナンショウ 〈*Arisaema seppikoense* Kitam.〉サトイモ科の草本。

セツブンソウ 節分草 〈*Shibateranthis pinnatifida* (Maxim.) Satake et Okuyama〉キンポウゲ科の多年草。高さは5～15cm。花は藤色がかった白色。園芸植物。日本絶滅危機植物。

セティケレウス・イコサゴヌス 〈*Seticereus icosagonus* (H. B. K.) Backeb.〉サボテン科のサボテン。別名金玉兎。高さは60cm。花は鮮やかな赤色。園芸植物。

セディレア・ヤポニカ ナゴランの別名。

セトウチギボウシ 〈*Hosta pycnophylla* F. Maek.〉ユリ科の多年草。葉は淡緑色。園芸植物。

セトウチホトトギス 〈*Tricyrtis setouchiensis* H. Takahashi〉ユリ科の草本。

セトウチマンネングサ 〈*Sedum yabeanum* var. *setouchiense*〉ベンケイソウ科。

セドゥム ベンケイソウ科の属総称。別名マンネングサ。

セドゥム・アイゾーン ホソバノキリンソウの別名。

セドゥム・アドルフィー メイゲツの別名。

セドゥム・アラントイデス 〈*Sedum allantoides* Rose〉ベンケイソウ科の草本。別名シロアツバベンケイ。高さは20cm。花は白色。園芸植物。

セドゥム・アルブム 〈*Sedum album* L.〉ベンケイソウ科の草本。高さは10～25cm。花は白色。園芸植物。

セドゥム・オアハカヌム 〈*Sedum oaxacanum* Rose〉ベンケイソウ科の草本。別名オアハカマンネングサ。花は黄色。園芸植物。

セドゥム・オリジフォリウム タイトゴメの別名。

セドゥム・オレガヌム 〈*Sedum oreganum* Nutt.〉ベンケイソウ科の草本。花は黄色。園芸植物。

セドゥム・グレッギー 〈*Sedum greggii* Hemsl.〉ベンケイソウ科の草本。別名萌黄匂。花は硫黄黄色。園芸植物。

セドゥム・コリネフィルム 〈*Sedum corynephyllum* (Rose) Fröd.〉ベンケイソウ科の草本。別名ミドリアツバベンケイ、八千代。高さは15～20cm。花は淡黄緑色。園芸植物。

セドゥム・シュターリー タマバの別名。

セドゥム・スプリウム 〈*Sedum spurium* Bieb.〉ベンケイソウ科の草本。別名コーカサスキリンソウ。花は桃色。園芸植物。

セドゥム・セルスキアヌム 〈*Sedum selskianum* Regel et Maack〉ベンケイソウ科の草本。高さは30～45cm。花は黄色。園芸植物。

セドゥム・ダシフィルム ヒメホシビジンの別名。

セドゥム・デンドロイデウム 〈*Sedum dendroideum* Moç. et Sessé ex DC.〉ベンケイソウ科の草本。高さは30～60cm。花は黄色。園芸植物。

セドゥム・トリリーセイ 〈*Sedum treleasei* Rose〉ベンケイソウ科の草本。別名トガリアツバベンケイ。花は黄色。園芸植物。

セドゥム・パキフィルム 〈*Sedum pachyphyllum* Rose〉ベンケイソウ科の草本。別名アツバベンケイ、乙女心。花は輝黄色。園芸植物。

セドゥム・ヒスパニクム ウスユキマンネングサの別名。

セドゥム・ヒントニー 〈*Sedum hintonii* R. T. Clausen〉ベンケイソウ科の草本。高さは10cm。花は白色。園芸植物。

セドゥム・フルフラケウム 〈*Sedum furfuraceum* Moran〉ベンケイソウ科の草本。別名コナアツバベンケイ、玉蓮、群毛豆。花は帯桃白色。園芸植物。

セドゥム・ベルサデンセ 〈*Sedum versadense* C. H. Thomps.〉ベンケイソウ科の草本。別名ウスゲマンネングサ。高さは10cm。花は白色。園芸植物。

セドゥム・マキノイ マルバマンネングサの別名。

セドゥム・ムルティケプス 〈*Sedum multiceps* Coss. et Durieu〉ベンケイソウ科の草本。花は淡黄色。園芸植物。

セドゥム・ヤポニクム メノマンネングサの別名。

セドゥム・リネアレ オノマンネングサの別名。

セトガヤ 瀬戸茅 〈*Alopecurus japonicus* Steud.〉イネ科の一年草。高さは20～60cm。

セトガヤモドキ 〈*Phalaris paradoxa* L.〉イネ科の一年草。高さは40～60cm。

セトクレアセア 〈*Setcreasea palliada* Rose〉ツユクサ科の多年草。別名ムラサキゴテン。高さは40

～60cm。花はラベンダーピンクから白色。園芸植物。

セトクレアセア　ツユクサ科の属総称。

セトシシラン　〈*Vittaria flexuosa × fudzinoi*〉シシラン科のシダ植物。

セトヤナギスブタ　〈*Blyxa alternifolia* (Miq.) Den Hartog〉トチカガミ科の一年生沈水植物。葉の長さ6～8cm、表面に低い隆起が2～10個ある。

セナミスミレ　イソスミレの別名。

ゼニアオイ　銭葵　〈*Malva sylvestris* L.〉アオイ科の越年草。高さは60～150cm。花は淡紫色。薬用植物。園芸植物。

ゼニゴケ　銭苔　〈*Marchantia polymorpha* L.〉ゼニゴケ科のコケ。灰緑色、長さ3～10cm。園芸植物。

ゼニゴケシダ　銭苔羊歯　〈*Microgonium tahitense* (Nadeaud) Tindale〉コケシノブ科の常緑性シダ。葉身は楯状につく。

ゼニバアオイ　〈*Malva neglecta* Wallr.〉アオイ科の越年草。高さは30～60cm。花は白色。

セネガ　ポリガラ・セネガの別名。

セネキオ　キク科の属総称。

セネキオ・アドニディフォリウス　〈*Senecio adonidifolius* Loisel.〉キク科。高さは60cm。花は純黄色。園芸植物。

セネキオ・アルティクラツス　〈*Senecio articulatus* (L. f.) Schultz-Bip.〉キク科。別名七宝樹。高さは30～60cm。園芸植物。

セネキオ・アレナリウス　〈*Senecio arenarius* Thunb.〉キク科。花は紫紅色。園芸植物。

セネキオ・アンテウフォルビウム　〈*Senecio anteuphorbium* (L.) Schultz-Bip.〉キク科。別名鳳美竜、柳葉七宝樹。高さは1.5m。花は黄を帯びた白色。園芸植物。

セネキオ・エラエアグニフォリウス　〈*Senecio elaeagnifolius* Hook. f.〉キク科。高さは1～2.5m。花は黄色。園芸植物。

セネキオ・エリティエリ　〈*Senecio heritieri* DC.〉キク科。高さは1m。花は紫紅色。園芸植物。

セネキオ・エレガンス　〈*Senecio elegans* L.〉キク科。別名ムラサキオグルマ。高さは30～60cm。花は紫紅色。園芸植物。

セネキオ・カンディカンス　〈*Senecio candicans* Wall.〉キク科。高さは50～60cm。花は黄色。園芸植物。

セネキオ・キトリフォルミス　〈*Senecio citriformis* Rowley〉キク科。別名白寿楽。高さは10～15cm。花は白色。園芸植物。

セネキオ・クライニア　〈*Senecio kleinia* (L.) Less.〉キク科。別名天竜。高さは3m。花は黄白色。園芸植物。

セネキオ・グラスティフォリウス　〈*Senecio glastifolius* L. f.〉キク科。高さは1.5m。花は紫紅色。園芸植物。

セネキオ・クラッシッシムス　〈*Senecio crassissimus* Humbert〉キク科。別名魚尾冠、紫章。高さは30cm。花は黄色。園芸植物。

セネキオ・グランティー　ヒノカンムリの別名。

セネキオ・クリテモイデス　〈*Senecio chrythemoides* DC.〉キク科。高山植物。

セネキオ・グレイー　〈*Senecio greyi* Hook. f.〉キク科。高さは1m。花は黄色。園芸植物。

セネキオ・コンパクツス　〈*Senecio compactus* T. Kirk.〉キク科。高さは0.5～1.2m。花は黄色。園芸植物。

セネキオ・コンフューサス　キク科。園芸植物。

セネキオ・スカポッス　シンゲツの別名。

セネキオ・スタペリーフォルミス　テッシャクジョウの別名。

セネキオ・セルペンス　マンボウの別名。

セネキオ・タモイデス　〈*Senecio tamoides* DC.〉キク科のつる性多年草。

セネキオ・デフレルシー　〈*Senecio deflersii* Schwartz〉キク科。高さは15～20cm。花は濃黄～帯朱黄色。園芸植物。

セネキオ・トリアングラリス　〈*Senecio triangularis* Hook.〉キク科。高山植物。

セネキオ・ハワーシー　ギンゲツの別名。

セネキオ・ビコロル　シロタエギクの別名。

セネキオ・ヒブリドゥス　シネラリアの別名。

セネキオ・フィコイデス　〈*Senecio ficoides* (L.) Schultz-Bip.〉キク科。別名大型万宝。高さは50cm。花は白色。園芸植物。

セネキオ・ブラシカ　〈*Senecio brassica* R. E. & Th. Fries〉キク科の多年草。高山植物。

セネキオ・ペタシティス　〈*Senecio petasitis* (Sims) DC.〉キク科。高さは1m。花は黄色。園芸植物。

セネキオ・ヘレアヌス　〈*Senecio herreanus* Dinter〉キク科。別名大弦月城。園芸植物。

セネキオ・ペンドゥルス　ハッタカの別名。

セネキオ・マンボウ　マンボウの別名。

セネキオ・メドリー-ウッディー　〈*Senecio medley-woodii* Hutch.〉キク科。高さは20cm。花は黄色。園芸植物。

セネキオ・モンロイ　〈*Senecio monroi* Hook. f.〉キク科。高さは1m。花は黄色。園芸植物。

セネキオ・ヤコブセニー　〈*Senecio jacobsenii* Rowley〉キク科。花は橙色。園芸植物。

セネキオ・ライノルディー　〈*Senecio reinoldii* Endl.〉キク科。高さは1.5～8m。花は黄色。園芸植物。

セネキオ・ラクシフォリウス 〈*Senecio laxifolius* J. Buchan.〉キク科。高さは1m。花は黄色。園芸植物。

セネキオ・ラディカンス 〈*Senecio radicans* (L. f.) Schultz-Bip.〉キク科。別名弦月、田毎の月。花は白色。園芸植物。

セネキオ・レウコスタキス 〈*Senecio leucostachys* Bak.〉キク科。高さは60cm。花は灰緑色。園芸植物。

セネキオ・レウコフィルス 〈*Senecio leucophyllus* DC.〉キク科。高さは20cm。花は黄色。園芸植物。

ゼノビア・プルウェルレンタ スズランノキの別名。

セバスチソウ 〈*Sebastiana chamaelea* Muell-Arg.〉トウダイグサ科の草本。熱帯植物。

セーバー・ローズ シソ科のコリウスの品種。園芸植物。

セビラーノ モクセイ科のオリーブ(Olive)の品種。果実は卵形で極大。

セファリプテルム イエロー・ドラゴンの別名。

セファロセレウス ケファロケレウスの別名。

ゼフィランサス ヒガンバナ科の属総称。球根植物。別名タマスダレ、サフランモドキ。切り花に用いられる。

ゼフィランサス・バレス ヒガンバナ科。園芸植物。

ゼフィランテス・ウェレクンダ 〈*Zephyranthes verecunda* Herb.〉ヒガンバナ科の小球根植物。花は白色。園芸植物。

ゼフィランテス・カンディダ タマスダレの別名。

ゼフィランテス・キトリナ 〈*Zephyranthes citrina* Bak.〉ヒガンバナ科の小球根植物。花は黄金色。園芸植物。

ゼフィランテス・グランディフロラ サフランモドキの別名。

ゼフィランテス・タウベルティアナ 〈*Zephyranthes taubertiana* Harms〉ヒガンバナ科の小球根植物。花は桃色。園芸植物。

ゼフィランテス・ツビフロラ 〈*Zephyranthes tubiflora* (L'Hér.) Schinz〉ヒガンバナ科の小球根植物。花は鮮やかな黄色。園芸植物。

ゼフィランテス・リンドレイアナ 〈*Zephyranthes lindleyana* Herb.〉ヒガンバナ科の小球根植物。花は淡紅色。園芸植物。

ゼフィランテス・ロセア 〈*Zephyranthes rosea* (K. Spreng.) Lindl.〉ヒガンバナ科の小球根植物。花は濃桃色。熱帯植物。園芸植物。

ゼフィリン・ドルヒン 〈Zephirine Drouhin〉バラ科。ブルボン・ローズ系。花は濃いピンク。

セプタード・アイル 〈Sceptre'd Isle〉バラ科。イングリッシュローズ系。花はソフトピンク。

セフリアブラガヤ 〈*Scirpus georgianus* R. M. Harper〉カヤツリグサ科の多年草。高さは90〜150cm。

セフリイヌワラビ オシダ科のシダ植物。

セフリイノモトソウ 〈*Pteris* × *sefuricola* Kurata〉イノモトソウ科のシダ植物。

ゼブリナ ヒノキ科のベイスギの品種。

ゼブリナ シマフムラサキツユクサの別名。

ゼブリーナ・プルプシー 〈*Zebrina purpusii* Brückn.〉ツユクサ科の多年草。花は濃桃色。園芸植物。

セブンティーン 〈Seventeen〉バラ科。フロリバンダ・ローズ系。花はピンク。

セボリー ウィンター・サボリーの別名。

セボリー サツレヤ・ホルテンシスの別名。

セボリー サマー・サボリーの別名。

セボリーヤシ ノヤシの別名。

セミアクイレギア・アドクソイデス ヒメウズの別名。

セミアルンディナリア・ウィリディス アオナリヒラの別名。

セミアルンディナリア・カガミアナ リクチュウダケの別名。

セミアルンディナリア・ファスツオサ ナリヒラダケの別名。

セミアルンディナリア・フォルティス 〈*Semiarundinaria fortis* Koidz.〉イネ科。別名クマナリヒラ。園芸植物。

セミタケ 蝉茸 〈*Cordyceps sobolifera* (Hill.) Berk. et Br.〉バッカクキン科のキノコ。ニイニイゼミの幼虫に寄生、子実体は棍棒状。薬用植物。

セミノール 〈*Citrus* × *tangelo* 'Seminole'〉ミカン科の栽培品種。果実は扁円形。園芸植物。

セメンシナ シナヨモギの別名。

セラギネラ・インウォルウェンス カタヒバの別名。

セラギネラ・ウンキナタ コンテリクラマゴケの別名。

セラギネラ・サングイノレンタ 〈*Selaginella sanguinolenta* (L.) Spring〉イワヒバ科。別名タチハリガネヒバ。胞子嚢穂は四角柱形。園芸植物。

セラギネラ・シネンシス 〈*Selaginella sinensis* (Desv.) Spring〉イワヒバ科。別名モウコカタヒバ。胞子嚢穂は四角柱状。園芸植物。

セラギネラ・シビリカ エゾノヒモカズラの別名。

セラギネラ・シャコタネンシス ヒモカズラの別名。

セラギネラ・タマリスキナ イワヒバの別名。

セラギネラ・ニッポニカ タチクラマゴケの別名。

セラギネラ・ヘルウェティカ エゾノヒメクラマゴケの別名。

セラギネラ・レピドフィラ 〈*Selaginella lepidophylla* (Hook. et Grev.) Spring〉イワヒバ科。別名テマリカタヒバ。葉は鱗片状。園芸植物。

セラギネラ・レピドフィラ クラマゴケの別名。

セラギネラ・レモティフォリア クラマゴケの別名。

セラギネラ・ロッシー 〈*Selaginella rossii* (Bak.) Warb.〉イワヒバ科。別名ハリガネヒバ。胞子嚢穂は四角柱状。園芸植物。

セラスティウム・トメントースム シロミミナグサの別名。

セラチュラ・キネンシス 〈*Serratula chinensis* S. Moore.〉キク科の薬用植物。

セラチュラ・ティンクトーリア 〈*Serratula tinctoria*〉キク科の多年草。高山植物。

セラトスチグマ ルリマツリモドキの別名。

ゼラニウム 〈*Pelargonium gravedens* Her.〉フウロソウ科。別名ペラルゴニウム、テンジクアオイ。園芸植物。

ゼラニウム ヒガンバナ科のスイセンの品種。園芸植物。

ゼラニウム フウロソウ科の属総称。

ゼラニウム アイビー・ゼラニウムの別名。

ゼラニウム モンテンジクアオイの別名。

セラピアス・コルディゲラ 〈*Serapias cordigera* L.〉ラン科。高さは20〜30cm。花は暗紫赤色。園芸植物。

セラピアス・リングア 〈*Serapias lingua* L.〉ラン科。高さは10〜30cm。花は紫赤色。園芸植物。

セリ 芹 〈*Oenanthe javanica* (Blume) DC.〉セリ科の香辛野菜。別名カワナ(川菜)、カワラグサ(川菜草)。高さは30〜80cm。花は白色。熱帯植物。薬用植物。切り花に用いられる。

セリ科 科名。

セリッサ・ヤポニカ ハクチョウゲの別名。

セリバオウレン 芹葉黄連 〈*Coptis japonicus* (Thunb.) Makino var. *dissecta* (Yatabe) Nakai〉キンポウゲ科。高山植物。

セリバシオガマ 芹葉塩竈 〈*Pedicularis keiskei* Franch. et Savat.〉ゴマノハグサ科の多年草。高さは20〜50cm。高山植物。

セリバノセンダングサ 〈*Glossogyne tenuifolia* (Labill.) Cass.〉キク科。

セリバヒエンソウ 〈*Delphinium anthriscifolium* Hance〉キンポウゲ科の一年草。高さは30〜80cm。花は白色。薬用植物。

セリバヤマブキソウ 芹葉山吹草 〈*Hylomecon japonicum* (Thunb. ex Murray) Prantl var. *dissectum* (Franch. et Savat.) Makino〉ケシ科。

セリホン アブラナ科の中国野菜。別名葉カラシナ、遅菜。

セリモドキ 芹擬 〈*Dystaenia ibukiensis* (Makino ex Yabe) Kitagawa〉セリ科の多年草。別名タニセリモドキ。高さは30〜90cm。

ゼルコウァ・セラタ ケヤキの別名。

セルシア ゴマノハグサ科。

セルシア・アルクツルス 〈*Celsia arcturus* (L.) Jacq.〉ゴマノハグサ科の草本。高さは1m。花は黄色。園芸植物。

セルシア・クレティカ 〈*Celsia cretica* L. f.〉ゴマノハグサ科の草本。高さは1〜2m。花は黄色。園芸植物。

セルシアナ 〈Celsiana〉バラ科。ダマスク・ローズ系。花は淡ピンク。

セルピルムソウ クリーピング・タイムの別名。

セルピルムソウ ティムス・セルピルムの別名。

セルフヒール ウツボグサの別名。

セルマ・ラゲロフ ヒガンバナ科のスイセンの品種。園芸植物。

セルリー セロリの別名。

セルリア ヤマモガシ科の属総称。

セルリアック 〈*Apium graveolens* Linn. var. *rapaceum* (Mill.) DC.〉セリ科の根菜類。別名カブラミツバ、コンヨウセルリー。園芸植物。

セルリア・バルビゲラ 〈*Serruria barbigera* J. Knight〉ヤマモガシ科。花被と総苞に銀白色の毛がある。園芸植物。

セルリア・フロリダ 〈*Serruria florida* J. Knight〉ヤマモガシ科の常緑低木。高さは1〜3m。花は淡い桃色。園芸植物。切り花に用いられる。

セレウス ハシラサボテンの別名。

セレスティアル 〈Celestial〉バラ科。アルバ・ローズ系。花はソフトピンク。

セレニケレウス・グランディフロルス 〈*Selenicereus grandiflorus* (L.) Britt. et Rose〉サボテン科の多年草。別名大輪柱。径2〜2.5cm。花は白色。園芸植物。

セレニケレウス・ハマツス 〈*Selenicereus hamatus* (Scheidw.) Britt. et Rose〉サボテン科のサボテン。別名鉤柱。径2cm。花は白色。園芸植物。

セレニケレウス・プテランツス 〈*Selenicereus pteranthus* (Link et Otto) Britt. et Rose〉サボテン科のサボテン。別名夜の王女。花は白色。園芸植物。

セレニケレウス・マクドナルディアエ 〈*Selenicereus macdonaldiae* (Hook.) Britt. et Rose〉サボテン科のサボテン。別名夜の女王。径2〜3cm。花は白色。園芸植物。

セレノア・レペンス 〈*Serenoa repens* (Bartr.) Small〉ヤシ科。別名ノコギリパルメット。高さは3m。園芸植物。

セロシア ノゲイトウの別名。

セロギネ ラン科の属総称。

セロジネ・アスペラタ 〈Coelogyne asperata Lindl.〉ラン科。花は乳白色。園芸植物。
セロジネ・インテゲリマ 〈Coelogyne integerrima Ames〉ラン科。花は淡緑色。園芸植物。
セロジネ・インテルメディア 〈Coelogyne Intermedia〉ラン科。花は純白色。園芸植物。
セロジネ・オウァリス 〈Coelogyne ovalis Lindl.〉ラン科。花は黄褐色。園芸植物。
セロジネ・クリスタタ 〈Coelogyne cristata Lindl.〉ラン科の多年草。花は雪白色。高山植物。園芸植物。
セロジネ・コリンボサ 〈Coelogyne corymbosa Lindl.〉ラン科。花は乳白色。高山植物。園芸植物。
セロジネ・スペキオサ 〈Coelogyne speciosa (Blume) Lindl.〉ラン科。花は淡緑黄色。園芸植物。
セロジネ・デヤナ 〈Coelogyne dayana Rchb. f.〉ラン科。花は淡黄褐色。園芸植物。
セロジネ・トメントサ 〈Coelogyne tomentosa Lindl.〉ラン科。花は明橙色。園芸植物。
セロジネ・ニティダ 〈Coelogyne nitida Lindl.〉ラン科の多年草。花は白色。高山植物。園芸植物。
セロジネ・バルバタ 〈Coelogyne barbata Lindl. ex Griff.〉ラン科。園芸植物。
セロジネ・パンドゥラタ 〈Coelogyne pandurata Lindl.〉ラン科の多年草。花は淡緑色。園芸植物。
セロジネ・ヒュットネリアナ 〈Coelogyne huettneriana Rchb. f.〉ラン科。花は白色。園芸植物。
セロジネ・ブラキプテラ 〈Coelogyne brachyptera Rchb. f.〉ラン科。花は緑白色。園芸植物。
セロジネ・フラッキダ 〈Coelogyne flaccida Lindl.〉ラン科。花は白色。高山植物。園芸植物。
セロジネ・マサンジェアナ 〈Coelogyne massangeana Rchb. f.〉ラン科。花は淡黄褐色。園芸植物。
セロジネ・ムーレアナ 〈Coelogyne mooreana Rolfe〉ラン科。高さは50cm。花は雪白色。園芸植物。
セロダマ 世呂玉 ウィギンジア・テフラカンタの別名。
セロペギア ガガイモ科の属総称。
セローム ヒトデカズラの別名。
セロリ 〈Apium graveolens L.〉セリ科の葉菜類。別名セレリー、オランダミツバ。高さは60～80cm。薬用植物。園芸植物。
セロリ セリ科の総称。園芸植物。
セロリアック セルリアックの別名。
センウズモドキ 川烏頭擬 〈Aconitum jaluense Komarov subsp. iwatekense (Nakai) Kadota〉キンポウゲ科。

センキュウ 川芎 〈Cnidium officinale Makino〉セリ科の薬用植物。
センゴウノリュウ 泉郷の竜 キク科のキクの品種。園芸植物。
センコウハナビ 〈Haemanthus multiflorus Martyn.〉ヒガンバナ科の観賞用草本。花は赤色、花糸も赤色。熱帯植物。園芸植物。
センシエビ 剗刺蝦 エキノケレウス・トリグロキディアッスの別名。
センシゴケ 〈Menegazzia terebrata (Hoffm.) Mass〉ウメノキゴケ科の地衣類。地衣体背面は灰緑、淡灰褐色。
ゼンジマル 禅寺丸 カキノキ科のカキの品種。別名王禅寺丸、枝柿、キザ柿。果皮は帯黄紅色。
センジュガンピ 〈Lychnis gracillima (Rohrb.) Makino〉ナデシコ科の多年草。高さは40～100cm。高山植物。
センジュギク 千寿菊 〈Tagetes erecta L.〉キク科の草本。別名アフリカン・マリゴールド。花は黄から橙色。
センジュラン 千寿蘭 リュウゼツラン科(ユリ科)。別名チモラン。園芸植物。
センジョウアザミ 仙丈薊 〈Cirsium senjoense Kitamura〉キク科。別名キソアザミ。高山植物。
センジョウスゲ 〈Carex lehmannii〉カヤツリグサ科。
センジョウデンダ 〈Polystichum gracilipes var. gemmiferum〉オシダ科の常緑性シダ。葉身は長さ5～10cm。線形～線状披針形。
センショウノユキ 先勝の雪 アブラナ科のストックの品種。園芸植物。
センジョウノユキ 仙丈の雪 リンドウ科のトルコギキョウの品種。切り花に用いられる。
センセキシャク 〈Paeonia veitchii Lynch.〉ボタン科の薬用植物。園芸植物。
センセーション キク科のコスモスの品種。園芸植物。
センソウ 〈Mesona procumbens Hemsl.〉シソ科。乾燥をマライに輸入しゼリー食品の香料とする。熱帯植物。
センダイザサ イネ科の木本。
センダイスゲ 〈Carex sendaica Franch. var. sendaica〉カヤツリグサ科の草本。
センダイソウ 〈Saxifraga sendaica Maxim.〉ユキノシタ科の草本。高山植物。
センダイタイゲキ 仙台大戟 〈Euphorbia sendaica Makino〉トウダイグサ科の草本。
センダイトウヒレン 〈Saussurea nipponica var. sendaica〉キク科の草本。別名ナンブトウヒレン。
センダイハギ 先代萩, 千代萩 〈Thermopsis lupinoides (L.) Link〉マメ科の多年草。別名キ

バナセンダイハギ。高さは40〜80cm。花は黄色。園芸植物。

センダイハグマ 〈*Pertya* × *koribana* (Nakai) Makino et Nemoto〉キク科。

センタウリウムソウ 〈*Erythraea centaurium* Pers.〉リンドウ科の薬用植物。

センダン 栴檀 〈*Melia azedarach* L. var. *subtripinnata* Miq.〉センダン科の落葉高木。薬用植物。園芸植物。

センダン科 科名。

センダンキササゲ ラデルマケラ・シニカの別名。

センダングサ 栴檀草 〈*Bidens biternata* (Lour.) Merr. et Sherff〉キク科の一年草。高さは30〜150cm。

ゼンテイカ 〈*Hemerocallis dumortieri* Morren var. *esculenta* (Koidz.) Kitamura〉ユリ科の多年草。別名ニッコウキスゲ、エゾゼンテイカ。種の形容語は人名にちなむ。高さは60〜90cm。高山植物。園芸植物。切り花に用いられる。

センテッド・ゼラニウム フウロソウ科のハーブ。別名センテッドペラゴニウム、ニオイテンジクアオイ。

センテッドペラゴニウム アップル・ゼラニウムの別名。

センテッドペラゴニウム センテッド・ゼラニウムの別名。

センテッドペラゴニウム レモン・ゼラニウムの別名。

センテッドペラゴニウム ローズ・ゼラニウムの別名。

セントウソウ 仙洞草 〈*Chamaele decumbens* (Thunb. ex Murray) Makino var. *decumbens*〉セリ科の多年草。別名オウレンダマシ。高さは10〜25cm。

セントジョンズワート セイヨウオトギリソウの別名。

セント・スイザン 〈St. Swithun〉バラ科。イングリッシュローズ系。花はソフトピンク。

セント・セシリア 〈St. Cecilia〉バラ科。イングリッシュローズ系。花はパールピンク。

セント・ブリッジト キンポウゲ科のアネモネの品種。園芸植物。

セントポーリア イワタバコ科の属総称。別名アフリカスミレ。

セントポーリア・イオナンタ 〈*Saintpaulia ionantha* H. Wendl.〉イワタバコ科の観賞用草本。別名アフリカスミレ。葉は多毛裏面紫。花はうすい青紫色。熱帯植物。園芸植物。

セントポーリア・ウェルティナ 〈*Saintpaulia velutina* B. L. Burtt〉イワタバコ科の多年草。葉はほぼ円形。園芸植物。

セントポーリア・オルビクラリス 〈*Saintpaulia orbicularis* B. L. Burtt〉イワタバコ科の多年草。花は青紫色。園芸植物。

セントポーリア・グランディフォリア 〈*Saintpaulia grandifolia* B. L. Burtt〉イワタバコ科の多年草。花は青紫色。園芸植物。

セントポーリア・グローテイ 〈*Saintpaulia grotei* Engl.〉イワタバコ科の多年草。花はうすい青紫色。園芸植物。

セントポーリア・コンフサ 〈*Saintpaulia confusa* B. L. Burtt〉イワタバコ科の多年草。花は青紫色。園芸植物。

セントポーリア・シュメンシス 〈*Saintpaulia shumensis* B. L. Burtt〉イワタバコ科の多年草。花は青紫色。園芸植物。

セントポーリア・ディッフィキリス 〈*Saintpaulia difficilis* B. L. Burtt〉イワタバコ科の多年草。花は淡紫色。園芸植物。

セントポーリア・ディプロトリカ 〈*Saintpaulia diplotricha* B. L. Burtt〉イワタバコ科の多年草。花はとてもうすい青紫色。園芸植物。

セントポーリア・トングウェンシス 〈*Saintpaulia tongwensis* B. L. Burtt〉イワタバコ科の多年草。花は淡青紫色。園芸植物。

セントポーリア・ペンドゥラ 〈*Saintpaulia pendula* B. L. Burtt〉イワタバコ科の多年草。花は青紫色。園芸植物。

セントポーリア・マグンゲンシス 〈*Saintpaulia magungensis* E. P. Roberts〉イワタバコ科の多年草。花はうすい青紫色。園芸植物。

セントランサス ベニカノコソウの別名。

セントルイス・ゴールド スイレン科のスイレンの品種。園芸植物。

センナ 〈*Cassia angustifolia* Vahl〉マメ科。別名チンネベリー・センナ、ホソバセンナ。高さは2m以下。花は濃黄色。薬用植物。園芸植物。

センナ マメ科の属総称。

センナリヅタ 〈*Caulerpa racemosa* (Forsskål) J. Agardh var. *macrophysa* (Kützing)〉イワヅタ科の海藻。匍枝は円柱状。

センナリバナナ ムサ・キリオカルパの別名。

センナリホオズキ 千生酸漿 〈*Physalis angulata* L.〉ナス科の一年草。別名ハタケホオズキ、タンポホオズキ。果実は生食煮食、葉、果、根は民間薬。高さは20〜90cm。花は黄白色。熱帯植物。薬用植物。園芸植物。

センニチコウ 千日紅 〈*Gomphrena globosa* L.〉ヒユ科の一年草。別名センニチソウ(千日草)、センニチボウズ(千日坊主)、ゴンフレナ。高さは50cm。花は紫紅、肉桃、淡桃、白など。園芸植物。

センニチコウ 千日紅 ヒユ科の属総称。別名センニチソウ、ゴンフレナ。切り花に用いられる。

センニチノ

センニチノゲイトウ 〈*Gomphrena celosioides* Mart.〉ヒユ科の一年草。長さは10～40cm。花は白色。

センニチモドキ 〈*Spilanthes acmella* L. forma *fusca* Makino.〉キク科の薬用植物。

センニョノマイ 仙女の舞 〈*Kalanchoe beharensis* Drake〉ベンケイソウ科の多肉植物。高さは2～3m。園芸植物。

センニョハイ 仙女盃 〈*Dudleya brittonii* Johans.〉ベンケイソウ科。ロゼット径10～20cm。花は淡黄色。園芸植物。

センニンカズラ フィロデンドロン・パンドゥリフォルメの別名。

センニンコク ヒモゲイトウの別名。

センニンゴケ 〈*Baeomyces fungoides* (Sw.) Ach.〉センニンゴケ科の地衣類。地衣体は灰白痂状。

センニンソウ 仙人草 〈*Clematis terniflora* DC.〉キンポウゲ科の落葉性つる植物。別名ウマノハオトシ、ウシクワズ。葉は羽状複葉。薬用植物。園芸植物。

センニンタケ 〈*Albatrellus pescaprae* (Pers. : Fr.) Pouz.〉ニンギョウタケモドキ科のキノコ。

センニンモ 仙人藻 〈*Potamogeton maackianus* A. Benn.〉ヒルムシロ科の常緑性の沈水植物。葉は線形、葉縁に鋸歯。

センネンボク 〈*Cordyline fruticosa* (L.) A. Chev.〉リュウゼツラン科の観賞用直立低木。若葉を食用とする。高さは1～3m。花はクリーム色。熱帯植物。

センノウ 仙翁 〈*Lychnis senno* Sieb. et Zucc.〉ナデシコ科の一年草または多年草。別名センオウゲ、コウバイザサ。高さは50cm。花は深紅色。園芸植物。

センパオウレア ヒノキ科のコノテガシワの品種。別名オオゴンコノテガシワ。

センプウギョク 旋風玉 フェロカクツス・トルツロスピヌスの別名。

センブリ 千振 〈*Ophelia japonica* (Schult.) Griseb.〉リンドウ科の一年草または越年草。高さは5～25cm。花は白色。薬用植物。園芸植物。

センベイタケ 〈*Coriolopsis strumosa* (Fr.) Ryv.〉サルノコシカケ科のキノコ。中型～大型。傘はオリーブ褐色～褐色。

センペルウィウム・アラクノイデウム 〈*Sempervivum arachnoideum* L.〉ベンケイソウ科の多年草。別名クモノスバンダイソウ（蜘蛛巣万代草）、巻絹。ロゼット径2～3cm。花は淡桃色。高山植物。園芸植物。

センペルウィウム・ウルフェニイ 〈*Sempervivum wulfenii* Hoppe〉ベンケイソウ科。高山植物。

センペルウィウム・キリオスム 〈*Sempervivum ciliosum* Craib.〉ベンケイソウ科の多年草。花は帯黄緑色。園芸植物。

センペルウィウム・ピットーニー 〈*Sempervivum pittonii* Schott., Nyman et Kotschy〉ベンケイソウ科の多年草。ロゼット径3～5cm。花は淡黄色。園芸植物。

センペルウィウム・モンタヌム 〈*Sempervivum montanum* L.〉ベンケイソウ科の多年草。別名夕山桜。ロゼット径2～3cm。花は紫紅色。高山植物。園芸植物。

センボンアシナガタケ 〈*Mycena inclinata* (Fr.) Quél.〉キシメジ科のキノコ。小型。傘は白色～淡黄褐色。

センボンイチメガサ 〈*Kuehneromyces mutabilis* (Schaeff. : Fr.) Sing. & A. H. Smith〉モエギタケ科のキノコ。小型。傘はやや中高の丸山形、黄茶褐色、吸水性、湿時粘性、条線あり。

センボンウリゴケ 〈*Timmiella anomala* (Bruch & Schimp.) Limpr.〉センボンゴケ科のコケ。体は長さ20mm以下、葉は長楕円形～舌状または広披針形。

センボンクズタケ 〈*Psathyrella multissima* (Imai) Hongo〉ヒトヨタケ科のキノコ。小型。傘は焦茶色～淡褐色。ひだは白色→紫紅色。

センボンクヌギタケ 〈*Mycena laevigata* (Lasch) Gillet〉キシメジ科のキノコ。小型。傘は白色～淡灰褐色。ひだは白色→淡紅色。

センボンゴケ 〈*Pottia intermedia* (Turner) Fürnr.〉センボンゴケ科のコケ。小形、茎は単一かわずかに分枝、葉は狭卵形。

センボンサイギョウガサ 〈*Panaeolus subbalteatus* (Berk. et Br.) Sacc.〉ヒトヨタケ科のキノコ。

センボンシメジ シメジ科の野菜。別名シャカシメジ。

センボンタンポポ 〈*Crepis rubra* L.〉キク科の一年草。別名モモイロタンポポ。高さは30～40cm。花は淡紅色。園芸植物。

センボンヤリ 千本槍 〈*Leibnitzia anandria* (L.) Nakai〉キク科の多年草。別名ムラサキタンポポ。高さは春5～15、秋30～60cm。花は白色。園芸植物。

ゼンマイ 薇, 銭巻 〈*Osmunda japonica* Thunb. ex Murray〉ゼンマイ科の夏緑性シダ。別名コゼンマイ、ハゼンマイ、ホソバゼンマイ。葉身は長さ30～50cm。三角状広卵形。薬用植物。園芸植物。

ゼンマイゴケ 〈*Fissidens osmundoides* Hedw.〉ホウオウゴケ科のコケ。葉を含め長さ4～11mm、葉は卵状披針形～披針形。

センリコウ バラ科のサクラの品種。

センリゴマ 千里胡麻 〈*Rehmannia japonica* Makino〉ゴマノハグサ科の草本。別名ハナジオウ。高さは20～50cm。花は紅紫色。園芸植物。

センリョウ 千両, 仙蓼 〈*Sarcandra glabra* (Thunb.) Nakai〉センリョウ科の常緑小低木。高

さは50～100cm。花は黄緑色。薬用植物。園芸植物。
センリョウ センリョウ科の属総称。
センリョウ科 科名。

【ソ】

ソウウン 層雲 〈*Melocactus amoenus* (Hoffmanns.) Pfeiff.〉サボテン科のサボテン。径13～15cm。花は淡赤色。園芸植物。

ゾウゲマル 象牙丸 〈*Coryphantha elephantidens* (Lem.) Lem.〉サボテン科のサボテン。高さは14cm。花は帯桃白から紫紅色。園芸植物。

ゾウゴンニャク 〈*Amorphophallus campanulatus* (Roxb.) Blume ex Decne.〉サトイモ科の塊茎植物。芋は大きく皮は黒い。肉はうす赤。長さ20～40cm。熱帯植物。園芸植物。

ソウシアライ ツバキ科のツバキの品種。

ソウシジュ 相思樹 〈*Acacia confusa* Merr.〉マメ科の常緑高木。偽葉は硬質、莢は扁平。高さは3～15m。花は濃黄色。熱帯植物。園芸植物。

ソウシシヨウトチバニンジン ウコギ科。薬用植物。

ゾウダケ 〈*Dendrocalamus giganteus* Munro〉イネ科。やや密集束生。高さは20～30m、径25cm。熱帯植物。園芸植物。

ソウバイ 宋梅 ラン科のシナシュンランの品種。別名ソウキンシバイ。園芸植物。

ソウメイノツキ バラ科のウメの品種。

ソウモクカク 草木角 サボテン科のサボテン。園芸植物。

ソーエスト・ディジク キク科のダリアの品種。園芸植物。

ソエバヌスビトハギ 〈*Bauhinia acuminata* L.〉マメ科の常緑木。別名ソシンカ。葉柄有翼、托葉大、葉はタンニンを含む。高さは3m。花は純白色。熱帯植物。園芸植物。

ソエレンシア・フォルモサ 〈*Soehrensia formosa* (Pfeiff.) Backeb.〉サボテン科のサボテン。別名麗刺玉。径15～20cm。花は明黄ないし黄金色。園芸植物。

ソエレンシア・ブルヒー 〈*Soehrensia bruchii* (Britt. et Rose) Backeb.〉サボテン科のサボテン。別名湘南丸。径50cm。花は深紅色。園芸植物。

ソクシンラン 束心蘭 〈*Aletris spicata* (Thunb. ex Murray) Franch.〉ユリ科の多年草。高さは30～50cm。

ソクズ 〈*Sambucus chinensis* Lindl.〉スイカズラ科の多年草。別名クサニワトコ。高さは0.5～2m。花は白色。薬用植物。園芸植物。

ソクラテア・ドゥリッシマ 〈*Socratea durissima* (Oerst.) H. Wendl.〉ヤシ科。高さは25～30m。園芸植物。

ソケイ 素馨 〈*Jasminum officinale* L. f. *grandiflorum* (L.) Kobuski〉モクセイ科の常緑低木。別名タイワンソケイ、ツルマツリ。花は白色。園芸植物。

ソケイノウゼン 〈*Pandorea jasminoides* (Lindl.) K. Schum.〉ノウゼンカズラ科のつる生低木。別名ダイソケイ、ナンテンソケイ。花は白、花筒内淡紅色。熱帯植物。園芸植物。

ソケイモドキ ソラヌム・ヤスミノイデスの別名。

ソケイリュウタン 〈*Gentiana crassicaulis* Duthie ex Burkill.〉リンドウ科の薬用植物。

ソゴウコウ 〈*Liquidambar orientalis* Mill.〉マンサク科の落葉高木。高さは10～12m。樹皮は橙褐色。園芸植物。

ソゴウコウ マンサク科の属総称。別名ソゴウコウノキ。

ソコベニアオイ ヒビスクス・ミリタリスの別名。

ソコベニヒルガオ 〈*Ipomoea gracilis* R. BR.〉ヒルガオ科の匍匐草。花は淡紫色中央紫色。熱帯植物。

ソサエアティー・ガーリック ルリフタモジの別名。

ソシンカ モクワンジュの別名。

ソシンラン 素心蘭 ラン科。園芸植物。

ソシンロウバイ クスノキ科の木本。

ソシンロウバイ 〈*Meratia praecox* Rehd. et Wils. var. *lutea* Makino〉ロウバイ科の木本。

ソーセージノキ 〈*Kigelia aethiopum* (Fenzl.) Dandy〉ノウゼンカズラ科の観賞用小木。枝を横に拡げる。果実はソーセージ型。花は内面赤黒色。熱帯植物。園芸植物。

ソゾノハナ 〈*Laurencia brongniartii* J. Agardh〉フジマツモ科の海藻。鮮紅色。体は10～13cm。

ソデガウラ 袖ケ浦 エリオケレウス・ユスベルティーの別名。

ソデカクシ ツバキ科のツバキの品種。

ソデガラミ 〈*Actinotrichia fragilis* (Forsskal) Boergesen〉ガラガラ科の海藻。石灰質を沈積。体は5～8cm。

ソテツ 蘇鉄 〈*Cycas revoluta* Thunb. ex Murray〉ソテツ科の常緑低木。別名テツジュ。葉は濃緑で光沢あり。高さは3～5m。熱帯植物。薬用植物。園芸植物。

ソテツ ソテツ科の属総称。

ソテツジュロ フェニクス・ローレイリーの別名。

ソテツホラゴケ 蘇鉄洞苔 〈*Cephalomanes oblongifolium* Presl〉コケシノブ科の常緑性シダ。葉柄長さ6cm。葉身は卵状広披針形。

ソトベニハクモクレン ニシキモクレンの別名。

ソナレセンブリ 〈*Ophelia noguchiana* (Hatusima) Toyokuni〉リンドウ科の一年草または越年草。高さは10～14cm。

ソナレノキ

ソナレノギク 〈*Heteropappus hispidus* (Thunb.) subsp. *insularis* (Makino) Kitam.〉キク科の草本。

ソナレマツムシソウ 〈*Scabiosa japonica* Miq. f. *littoralis* Nakai〉キキョウ科。

ソナレムグラ 磯馴萢 〈*Hedyotis biflora* (L.) Lam. var. *parvifolia* Hook. et Arn.〉アカネ科の多年草。高さは5～20cm。

ソニア サクラソウ科のシクラメンの品種。園芸植物。

ソニア バラ科のバラの品種。園芸植物。

ソニア・ホルストマン バラ科のバラの品種。園芸植物。

ソネリラ・マルガリタケア 〈*Sonerila margaritacea* Lindl.〉ノボタン科。高さは13cm。花はラベンダーピンク色。園芸植物。

ソネリラ・マルガリタケア・アルゲンティア 〈*Sonerila margaritacea* Lindl. var. *argentea* Hort.〉ノボタン科の多年草。

ソバ 蕎麦 〈*Fagopyrum esculentum* Moench〉タデ科の薬用植物。別名ソバムギ。園芸植物。

ソバカスゴケ 〈*Arthothelium collosporum* (Vain.) Yoshim.〉ホシゴケ科の地衣類。胞子は淡褐色。

ソバカズラ 蕎麦葛 〈*Fallopia convolvulus* (L.) A. Löve〉タデ科のつる性一年草。長さは50～200cm。花は緑白色。

ソバガラウリクサ 〈*Torenia polygonoides* Benth.〉ゴマノハグサ科の匍匐草。花は上唇赤褐色下唇白色。熱帯植物。

ソバガラオオバギ 〈*Macaranga javanica* Muell. Arg.〉トウダイグサ科の小木。若葉や苞は褐色粉に被われる。熱帯植物。

ソバナ 蕎麦菜, 岨菜 〈*Adenophora remotiflora* (Sieb. et Zucc.) Miq.〉キキョウ科の多年草。別名ヤマソバ。高さは40～100cm。薬用植物。

ソハヤキイカリソウ 〈*Epimedium sempervirens* var. *multifoliolatum*〉メギ科。

ソハヤキミズ 〈*Pilea sohayakiensis* Kitam.〉イラクサ科の草本。

ソフィア バラ科。フリルの花弁。

ソフィーズ・パーペチュアル 〈Sophie's Perpetual〉 バラ科。花は濃ピンク。

ソフィーズ・ローズ 〈Sophie's Rose〉 バラ科。イングリッシュローズ系。花は赤色。

ソフィー・セシール シュウカイドウ科のベゴニアの品種。園芸植物。

ソフォラ・サブプロストラタ 〈*Sophora subprostrata* Chun et T. Chen.〉マメ科の薬用植物。

ソフォラ・ダヴィディー 〈*Sophora davidii* (Franch.) Skeels〉マメ科の多年草。花は白～淡青色。園芸植物。

ソフォラ・フランシェティアナ ツクシムレスズメの別名。

ソフォラ・ヤポニカ エンジュの別名。

ソブラリア・クサントレウカ 〈*Sobralia xantholeuca* hort. ex B. S. Williams〉ラン科。高さは180cm。花は黄色。園芸植物。

ソブラリア・デコラ 〈*Sobralia decora* Batem.〉ラン科。高さは30～70cm。花は白、青みを帯びた白色。園芸植物。

ソブラリア・マクランタ 〈*Sobralia macrantha* Lindl.〉ラン科。高さは50～200cm。花は桃紫、白色。園芸植物。

ソフロカトレヤ・キャロル・リン 〈× *Sophrocattleya* Carol Lynn〉ラン科。花は紫みを帯びた鮮黄紅色。園芸植物。

ソフロカトレヤ・クレオパトラ 〈× *Sophrocattleya* Cleopatra〉ラン科。花は銅紅色。園芸植物。

ソフロカトレヤ・ドリス 〈× *Sophrocattleya* Doris〉ラン科。高さは10cm。花は朱赤色。園芸植物。

ソフロカトレヤ・ドレア 〈× *Sophrocattleya* Dorea〉ラン科。高さは15～20cm。花は黄紅色。園芸植物。

ソフロカトレヤ・ベイトマニアナ 〈× *Sophrocattleya* Batemanniana〉ラン科。高さは10cm。花は紫紅色。園芸植物。

ソフロカトレヤ・ボウフォート 〈× *Sophrocattleya* Beaufort〉ラン科。花は鮮黄色。園芸植物。

ソフロニティス ラン科の属総称。

ソフロニティス・ケルヌア 〈*Sophronitis cernua* (Lindl.) Lindl.〉ラン科。花は朱赤、橙黄色。園芸植物。

ソフロニティス・コッキネア 〈*Sophronitis coccinea* Rchb. f.〉ラン科。花は緋赤色。園芸植物。

ソフロニティス・ブレウィペドゥンクラタ 〈*Sophronitis brevipedunculata* (Cogn.) Fowlie〉ラン科。花は赤紫、淡黄色。園芸植物。

ソフロニテラ・ウィオラケア 〈*Sophronitella violacea* (Lindl.) Schlechter〉ラン科。花はピンク色。園芸植物。

ソフロレリア・ヴァルダ 〈× *Sophrolaelia* Valda〉ラン科。高さは10～15cm。花は橙黄色。園芸植物。

ソフロレリア・オーペッティー 〈× *Sophrolaelia* Orpetii〉ラン科。高さは10cm。花は紫紅色。園芸植物。

ソフロレリア・カマルゴ 〈× *Sophrolaelia* Camargo〉ラン科。花は淡、濃赤色。園芸植物。

ソフロレリア・グラトリクシアエ 〈× *Sophrolaelia* Gratrixiae〉ラン科。花は朱橙、橙赤色。園芸植物。

ソフロレリア・サイケ 〈× *Sophrolaelia* Psyche〉ラン科。高さは10～15cm。花は朱橙～橙赤色。園芸植物。

ソフロレリア・ジン 〈× *Sophrolaelia* Jinn〉ラン科。高さは10～15cm。花は橙赤、濃赤色。園芸植物。

ソフロレリア・スパークレット 〈× *Sophrolaelia* Sparklet〉ラン科。高さは5～7cm。花は朱橙色。園芸植物。

ソフロレリア・チーリオ 〈× *Sophrolaelia* Cheerio〉ラン科。花は紫紅～鮮桃色。園芸植物。

ソフロレリア・マリオッティアナ 〈× *Sophrolaelia* Marriottiana〉ラン科。高さは15cm。花は橙、橙黄、濃黄色。園芸植物。

ソフロレリア・リトル・レッド・シーガル 〈× *Sophrolaelia* Little Red Seagull〉ラン科。高さは15cm。花は桃紅、紅色。園芸植物。

ソフロレリオカトレヤ・アンザック 〈× *Sophrolaeliocattleya* Anzac〉ラン科。花は赤紅色。園芸植物。

ソフロレリオカトレヤ・イエロー・ドール 〈× *Sophrolaeliocattleya* Yellow Doll〉ラン科。高さは10cm。花は淡橙色。園芸植物。

ソフロレリオカトレヤ・ヴァーミリオン・チェラブ 〈× *Sophrolaeliocattleya* Vermilion Cherub〉ラン科。高さは10cm。花は濃朱紅色。園芸植物。

ソフロレリオカトレヤ・ヴァルザック 〈× *Sophrolaeliocattleya* Vallezac〉ラン科。花は赤紅色。園芸植物。

ソフロレリオカトレヤ・エステラ・ジュエル 〈× *Sophrolaeliocattleya* Estella Jewel〉ラン科。花は深紅色。園芸植物。

ソフロレリオカトレヤ・エンゼル 〈× *Sophrolaeliocattleya* Angel〉ラン科。高さは40cm。花は黄色。園芸植物。

ソフロレリオカトレヤ・オリエント・アンバー 〈× *Sophrolaeliocattleya* Orient Amber〉ラン科。花は黄色。園芸植物。

ソフロレリオカトレヤ・カーナ 〈× *Sophrolaeliocattleya* Carna〉ラン科。花は濃紅色。園芸植物。

ソフロレリオカトレヤ・カリフォルニア・アプリコット 〈× *Sophrolaeliocattleya* California Apricot〉ラン科。花は黄、橙、杏黄、ワインレッド。園芸植物。

ソフロレリオカトレヤ・キャンザック 〈× *Sophrolaeliocattleya* Canzac〉ラン科。花は朱色を帯びた濃色。園芸植物。

ソフロレリオカトレヤ・グローイング・エンバーズ 〈× *Sophrolaeliocattleya* Glowing Embers〉ラン科。花は紅赤色。園芸植物。

ソフロレリオカトレヤ・サマヴィル 〈× *Sophrolaeliocattleya* Summerville〉ラン科。花は鮮朱色。園芸植物。

ソフロレリオカトレヤ・ジュエル・ボックス 〈× *Sophrolaeliocattleya* Jewel Box〉ラン科。花は橙赤、朱橙赤色。園芸植物。

ソフロレリオカトレヤ・ダイザック 〈× *Sophrolaeliocattleya* Dizac〉ラン科。花は深紅色。園芸植物。

ソフロレリオカトレヤ・ティキティ・ブー 〈× *Sophrolaeliocattleya* Tickety Boo〉ラン科。高さは20cm。花はミカン色。園芸植物。

ソフロレリオカトレヤ・ディクシー・ジュエル 〈× *Sophrolaeliocattleya* Dixie Jewel〉ラン科。花は濃赤紫色。園芸植物。

ソフロレリオカトレヤ・トロピック・ドーン 〈× *Sophrolaeliocattleya* Tropic Dawn〉ラン科。花は朱紅、深紅、帯黄紅色。園芸植物。

ソフロレリオカトレヤ・ナタリー・キャニペリ 〈× *Sophrolaeliocattleya* Natalie Canipelli〉ラン科。花は濃赤色。園芸植物。

ソフロレリオカトレヤ・パイピング・ホット 〈× *Sophrolaeliocattleya* Piping Hot〉ラン科。花は鮮深紅色。園芸植物。

ソフロレリオカトレヤ・パシフィック・ジェム 〈× *Sophrolaeliocattleya* Pacific Gem〉ラン科。花は濃黄色。園芸植物。

ソフロレリオカトレヤ・パプリカ 〈× *Sophrolaeliocattleya* Paprika〉ラン科。花は濃赤朱黄色。園芸植物。

ソフロレリオカトレヤ・ヒロタ 〈× *Sophrolaeliocattleya* Hirota〉ラン科。花は濃紫赤色。園芸植物。

ソフロレリオカトレヤ・ファイアー・ワゴン 〈× *Sophrolaeliocattleya* Fire Wagon〉ラン科。花は濃銅紅色。園芸植物。

ソフロレリオカトレヤ・ファルコン 〈× *Sophrolaeliocattleya* Falcon〉ラン科。花は純緋赤色。園芸植物。

ソフロレリオカトレヤ・ブランディーワイン 〈× *Sophrolaeliocattleya* Brandywine〉ラン科。花は濃桃赤色。園芸植物。

ソフロレリオカトレヤ・プレシャス・ストーンズ 〈× *Sophrolaeliocattleya* Precious Stones〉ラン科。花は濃赤褐紅色。園芸植物。

ソフロレリオカトレヤ・ヘイゼル・ボイド 〈× *Sophrolaeliocattleya* Hazel Boyd〉ラン科。花は濃赤、橙、黄色。園芸植物。

ソフロレリオカトレヤ・ベリセント 〈× *Sophrolaeliocattleya* Bellicent〉ラン科。花は濃紫赤色。園芸植物。

ソフロレリオカトレヤ・ヘレン・ベリツ 〈× *Sophrolaeliocattleya* Helen Veliz〉ラン科。花は橙紅色。園芸植物。

ソフロレリオカトレヤ・ホノルル 〈× *Sophrolaeliocattleya* Honolulu〉ラン科。花は濃紅色。園芸植物。

ソフロレリオカトレヤ・マッジ・フォーダイス 〈× *Sophrolaeliocattleya* Madge Fordyce〉ラン科。花は赤色。園芸植物。

ソフロレリオカトレヤ・マラソン 〈× *Sophrolaeliocattleya* Marathon〉ラン科。花は鮮桃紅色。園芸植物。

ソフロレリオカトレヤ・マリカナ 〈× *Sophrolaeliocattleya* Maricana〉ラン科。高さは15cm。花は濃黄、橙、朱色。園芸植物。

ソフロレリオカトレヤ・ミューズ 〈× *Sophrolaeliocattleya* Meuse〉ラン科。花は桃紅色。園芸植物。

ソフロレリオカトレヤ・メイ・ホーキンズ 〈× *Sophrolaeliocattleya* Mae Hawkins〉ラン科。花は濃暗赤色。園芸植物。

ソフロレリオカトレヤ・ラジャーズ・ルビー 〈× *Sophrolaeliocattleya* Rajah's Ruby〉ラン科。花は朱橙赤色。園芸植物。

ソフロレリオカトレヤ・レッドザック 〈× *Sophrolaeliocattleya* Redzac〉ラン科。花は濃赤、橙赤紅色。園芸植物。

ソープワート サボンソウの別名。

ソベニコフィア・ハンバーティアナ 〈*Sobennikoffia humbertiana* H. Perr.〉ラン科。高さは15～20cm。花は緑色を帯びた白色。園芸植物。

ソメイヨシノ 染井吉野 〈*Prunus × yedoensis* Matsum.〉バラ科の落葉高木。別名ヨシノザクラ、ヤマトザクラ。樹高12m。花は淡紅白色。樹皮は紫灰色。薬用植物。園芸植物。

ソメノイモ 〈*Dioscorea rhipogonoides* Oliv.〉ヤマノイモ科の蔓木。地下の芋を網や布の褐色染料とする。熱帯植物。薬用植物。

ソメノカズラ 〈*Marsdenia tinctoria* R. Br. var. *tomentosa* Masam.〉ガガイモ科の草本。

ソメノコメツブノボタン 〈*Memecylon edule* Roxb.〉ノボタン科の小木。熱帯植物。

ソメワケグサ 〈*Halothrix ambigua* Yamada〉ナミマクラ科の海藻。細胞糸からなる。

ソモニウム スターチス・デュモーサの別名。

ソヨゴ 冬青 〈*Ilex pedunculosa* Miq.〉モチノキ科の常緑低木。別名フクラシバ。高さは3～7m。花は白色。樹皮は灰緑色。園芸植物。

ソライロアサガオ 空色朝顔 〈*Ipomoea tricolor* Cav.〉ヒルガオ科。花は紫または青色。園芸植物。

ソライロサルビア 〈*Salvia patens* Cav.〉シソ科の落葉小低木。高さは50～80cm。花は空または青色。園芸植物。

ソライロタケ 〈*Rhodophyllus virescens* (Berk. et Curt.) Hongo〉イッポンシメジ科のキノコ。

ソライロツノギリソウ 〈*Chirita lavandulacea* Stapf〉イワタバコ科の多年草。高さは0.5～1m。花は淡紫青色。園芸植物。

ソラチコザクラ 空知小桜 〈*Primula sorachiana* Miyabe et Tatew.〉サクラソウ科の草本。

ソラニギボウシゴケ 〈*Grimmia longirostris* Hook.〉ギボウシゴケ科のコケ。ケギボウシゴケによく似るが、雌雄同株。

ソラヌム ナス科の属総称。別名ナス。切り花に用いられる。

ソラヌム・アウィクラレ 〈*Solanum aviculare* G. Forst.〉ナス科。高さは2.5～3m。花は紫青から藤色。園芸植物。

ソラヌム・インテグリフォリウム ヒラナスの別名。

ソラヌム・カプシカストルム 〈*Solanum capsicastrum* Link ex Schauer〉ナス科。高さは60cm。花は白色。園芸植物。

ソラヌム・グラウコフィルム ルリヤナギの別名。

ソラヌム・シーフォーシアヌム ルリイロツルナスの別名。

ソラヌム・ジロ 〈*Solanum gilo* Raddi〉ナス科。花は白色。園芸植物。

ソラヌム・ドゥルカマーラ 〈*Solanum dulcamara* L.〉ナス科のつる性低木。花は青紫色。高山植物。園芸植物。

ソラヌム・ニグラム イヌホオズキの別名。

ソラヌム・プセウドカプシクム フユサンゴの別名。

ソラヌム・マンモスム ツノナスの別名。

ソラヌム・ムリカツム 〈*Solanum muricatum* L'Hér. ex Ait.〉ナス科。別名ペピーノ。高さは1m。花は青紫色。園芸植物。

ソラヌム・ヤスミノイデス 〈*Solanum jasminoides* Paxt.〉ナス科。別名ツルハナナス、ソケイモドキ。花は白色。園芸植物。

ソラヌム・ラントネッティー 〈*Solanum rantonnetii* Carrière〉ナス科。高さは1.5～2m。花は暗青から紫色。園芸植物。

ソラヌム・リラツム ヒヨドリジョウゴの別名。

ソラマメ 空豆,曾良末米,蚕豆 〈*Vicia faba* L.〉マメ科の果菜類。別名トウマメ、ヤマトマメ。高さは1m。花は白か淡紫色。園芸植物。

ソランドラ ナス科の属総称。別名ラッパバナ。

ソランドラ・グッタタ 〈*Solandra guttata* D. Don ex Lindl.〉ナス科の低木。高さは3m。花は黄色。園芸植物。

ソランドラ・グランディフロラ ラッパバナの別名。

ソランドラ・マキシマ 〈*Solandra maxima* (Sessé et Moç.) P. S. Green〉ナス科のつる性低木。高さは3～5m。花は黄色。園芸植物。

ソランドラ・ロンギフロラ 〈*Solandra longiflora* Tussac〉ナス科の低木。別名ナガラッパバナ。高さは1.5～1.8m。花は白か淡黄色。園芸植物。

ソリア・フシフォルミス 〈*Sollya fusiformis* Bring.〉トベラ科の常緑つる性植物。

ソリア・ヘテロフィラ 〈*Sollya heterophylla* Lindl.〉トベラ科のつる性低木。別名ヒメツリガネ。高さは1m。花は桃～青紫色。園芸植物。

ソリザヤアズキ 〈*Teramnus labialis* Spreng〉マメ科の蔓草。熱帯植物。

ソリザヤノキ 〈*Oroxylum indicum* Vent〉ノウゼンカズラ科の高木。葉はタラノキに似、花は夜開。熱帯植物。薬用植物。

ソリシア・ペクティナタ 〈*Solisia pectinata* (Stein) Britt. et Rose〉サボテン科のサボテン。別名白斜子。高さは5～8cm。花は帯桃白色。園芸植物。

ソリシダレゴケ 〈*Chrysocladiuim retrorsum* (Mott.) M. Fleisch.〉ハイヒモゴケ科のコケ。長いひも状で長さ10cm、葉は広卵形。

ソリダゴ キク科の属総称。別名アワダチソウ、カナダアキノキリンソウ、オオアワダチソウ。切り花に用いられる。

ソリダゴ・アルティッシマ セイタカアワダチソウの別名。

ソリダゴ・ウィルガウレア アキノキリンソウの別名。

ソリダゴ・カエシア 〈*Solidago caesia* L.〉キク科の多年草。高さは60～90cm。園芸植物。

ソリダゴ・カナデンシス カナダアキノキリンソウの別名。

ソリダゴ・セロティナ オオアワダチソウの別名。

ソリダゴ・フレクシカウリス 〈*Solidago flexicaulis* L.〉キク科の多年草。高さは30～90cm。園芸植物。

ソリダゴ・ムルティラディアタ 〈*Solidago multiradiata* Ait.〉キク科の多年草。高さは30～60cm。花は黄色。園芸植物。

ソリダスター 〈×*Solidaster luteus* (Everett) M. L. Green〉キク科の人工雑種。多年草。別名ソリッドアスター。高さは60～70cm。花は黄色。園芸植物。切り花に用いられる。

ソリダステル・ルテウス ソリダスターの別名。

ソリチャ クロウメモドキ科。

ソリハゴケ 〈*Anacamptodon latidens* (Besch.) Broth.〉コゴメゴケ科のコケ。小形、枝葉は長さ0.35～0.5mm。

ソルグム・ビコロル モロコシの別名。

ソルゴー イネ科のモロコシの変種。

ソルダネラ・アウストリアカ 〈*Soldanella austriaca* Vierh.〉サクラソウ科の多年草。筒状花節。園芸植物。

ソルダネラ・アルピナ 〈*Soldanella alpina* L.〉サクラソウ科の多年草。花は紅紫色。高山植物。園芸植物。

ソルダネラ・ウィロサ 〈*Soldanella villosa* Darracq〉サクラソウ科の多年草。高さは10～30cm。花は紫色。園芸植物。

ソルダネラ・カルパティカ 〈*Soldanella carpatica* Vierh.〉サクラソウ科の多年草。高さは5～15cm。花は紫色。園芸植物。

ソルダネラ・プシラ 〈*Soldanella pusilla* Baumg.〉サクラソウ科の多年草。高山植物。園芸植物。

ソルダネラ・ミニマ 〈*Soldanella minima* Hoppe〉サクラソウ科の多年草。高山植物。園芸植物。

ソルダネラ・モンタナ 〈*Soldanella montana* Willd.〉サクラソウ科の多年草。高さは5～25cm。園芸植物。

ソルダム 〈Sordum〉バラ科のスモモ(李)の品種。果皮は橙黄色。

ソルバリア・アルボレア 〈*Sorbaria arborea* C. K. Schneid.〉バラ科の落葉低木。高さは6m。園芸植物。

ソルバリア・ソルビフォリア ホザキナナカマドの別名。

ソルブス・アウクパリア ヨーロッパナナカマドの別名。

ソルブス・アルニフォリア アズキナシの別名。

ソルブス・ケーネアナ 〈*Sorbus koehneana* C. K. Sohneid.〉バラ科の木本。高さは5m。園芸植物。

ソルブス・コンミクスタ ナナカマドの別名。

ソルブス・サンブキフォリア タカネナナカマドの別名。

ソルブス・スプレンディダ 〈*Sorbus* × *splendida* Hedl.〉バラ科の木本。果実は赤色。園芸植物。

ソルブス・ディスコロル 〈*Sorbus discolor* (Maxim.) Maxim.〉バラ科の木本。高さは10m。花は白色。園芸植物。

ソルブス・デコラ 〈*Sorbus decora* (Sarg.) C. K. Schneid.〉バラ科の木本。高さは10m。園芸植物。

ソルブス・プラッティー 〈*Sorbus prattii* Koehne〉バラ科の木本。園芸植物。

ソルブス・ポウアシャネンシス 〈*Sorbus pohuashanensis* (Hance) Hedl.〉バラ科の木本。高さは11m。園芸植物。

ソルブス・ホスティー 〈*Sorbus* × *hostii* (Jacq. f.) K. Koch〉バラ科の木本。高さは4m。花は白で桃を帯びる。園芸植物。

ソルブス・ポテリーフォリア 〈*Sorbus poteriifolia* Hand.-Mazz.〉バラ科の木本。高さは2～3m。花は桃色。園芸植物。

ソルスブミ

ソルブス・ミッチェリー 〈Sorbus mitchellii hort.〉バラ科の木本。花は白色。園芸植物。

ソルブス・ムジェオティー 〈Sorbus mougeotii Soy.-Willem. et Godr.〉バラ科の木本。園芸植物。

ソルブス・ヤポニカ ウラジロノキの別名。

ソルブス・リクチュエンシス 〈Sorbus × rikuchuensis Makino〉バラ科の木本。別名リクチュウナナカマド、ハゴロモナナカマド。葉は長さ6～12cm。園芸植物。

ソレイユ バラ科。ハイブリッド・ティーローズ系。花はオレンジ色。

ソレイユ・ドール 〈Soleil d'Or〉バラ科。ハイブリッド・フォエティダ・ローズ系。花はオレンジがかったアプリコットイエロー。

ソレル スイバの別名。

ソレロリア・ソレロリー 〈Soleirolia soleirolii (Req.) Dandy〉イラクサ科の多年草。葉は表面緑～濃緑。園芸植物。

ソロハギ マメ科の木本。

ゾンビア・アンティラルム 〈Zombia antillarum (Descourt. ex B. D. Jacks.) L. H. Bailey〉ヤシ科。別名アンティルゾンビヤシ。高さは2.4～3m。花は白色。園芸植物。

ソンブレロ キク科のヒャクニチソウの品種。園芸植物。

【タ】

タアサイ アブラナ科の中国野菜。別名如月菜、縮ミ雪菜。

タイアザミ トネアザミの別名。

ダイアンサス・ジプシー カーネーション・ウェストプリティの別名。

ダイアンサス・デルトイデス ヒメナデシコの別名。

ダイアンサス・プルマリウス タツタナデシコの別名。

ダイウイキョウ 大茴香 〈Illicium verum Hook. f.〉シキミ科の小木。別名トウシキミ。花被は短形で赤色、シキミより大形。熱帯植物。薬用植物。園芸植物。

ダイオウ 大黄 〈Rheum officinale Baill.〉タデ科の多年草。高さは3m。花は緑白色。薬用植物。園芸植物。

ダイオウ 大黄 タデ科の属総称。

ダイオウウラボシ フレボディウム・アウレウムの別名。

ダイオウグミ グミ科の木本。

ダイオウゴヘイヤシ リクアラ・ブレウィカリクスの別名。

ダイオウショウ 大王松 〈Pinus palustris Mill.〉マツ科の木本。別名ダイオウマツ。高さは40m。薬用植物。園芸植物。

ダイオウマツ ダイオウショウの別名。

ダイオウヤシ 〈Roystonea regia (Kunth) O. F. Cook〉ヤシ科。高さは20～25m。熱帯植物。園芸植物。

ダイオウヤシ ヤシ科の属総称。

ダイカイシ 〈Scaphium affine Pierre〉アオギリ科の高木。葉は硬質光沢、葉柄褐毛。熱帯植物。

タイガー・エロー ゴマノハグサ科のミムラスの品種。園芸植物。

ダイカグラ 太神楽 ツバキ科のツバキの品種。園芸植物。

タイキンギク 堆金菊 〈Senecio scandens Buch.-Ham. ex D. don〉キク科の草本。別名ユキミギク。薬用植物。

ダイゴクデン 大極殿 オプンティア・ラグナエの別名。

ダイコクマメグンバイナズナ 〈Lepidium africanum (Burm. f.) DC.〉アブラナ科の一年草。高さは20～60cm。花は先端紫色。

ダイコン 大根 〈Raphanus sativus L. var. hortensis Backer〉アブラナ科の栽培植物。熱帯植物。薬用植物。園芸植物。

ダイコン アブラナ科の属総称。

ダイコンソウ 大根草 〈Geum japonicum Thunb. ex Murray〉バラ科の多年草。別名ジューム、ゲウム。高さは60～80cm。花は黄色。薬用植物。園芸植物。

ダイコンドラ アオイゴケの別名。

ダイコンモドキ 〈Hirschfeldia incana (L.) Lagr.-Foss.〉アブラナ科の一年草または越年草。別名アレチガラシ。高さは20～100cm。花は淡黄色。

タイサイ 体菜 〈Brassica campestris Linn. var. chinensis (Linn.) Ito〉アブラナ科の野菜。別名タイナ、シャクシナ、ユキナ。

ダイサギソウ 大鷺草 〈Habenaria dentata (Sw.) Schltr.〉ラン科の多年草。高さは30～50cm。花は白色。園芸植物。

ダイサンチク 泰山竹 〈Bambusa vulgaris Schrad. ex J. C. Wendl.〉イネ科。庭園観賞用、製紙・建築用、防風用に栽培される。熱帯植物。園芸植物。

タイザンフクン バラ科のサクラの品種。

タイサンボク 泰山木 〈Magnolia grandiflora L.〉モクレン科の常緑高木。別名ハクレンボク。高さは30m。花は白色。樹皮は灰色。薬用植物。園芸植物。

タイシャクカモジ 〈Agropyron yezoense var. tashiroi〉イネ科。

ダイショ 大薯 〈*Dioscorea alata* L.〉ヤマノイモ科の蔓植物。いもは大形で、通常重さは2〜3kg。熱帯植物。園芸植物。

ダイショウカン 大祥冠 コリファンタ・ボーゼルゲリアナの別名。

ダイジョウカン ツバキ科のツバキの品種。

タイショウキリン 大正麒麟 〈*Euphorbia echinus* Hook. f. et Coss.〉トウダイグサ科の多肉植物。別名海胆麒麟。高さは1m。園芸植物。

ダイズ 大豆 〈*Glycine max* Merr.〉マメ科の果菜類。多毛、種子は黄、黒。高さは30〜90cm。花は白、紫、淡紅色。熱帯植物。薬用植物。園芸植物。

ダイス・コティニフォリア 〈*Dais cotinifolia* L.〉ジンチョウゲ科の低木。高さは1〜4m。花は桃〜藤色。園芸植物。

タイセイ 大青 〈*Isatis indigotica* Fortune〉アブラナ科の二年草。

タイセツイワスゲ 〈*Carex stenantha* var. *taisetsuensis*〉カヤツリグサ科。

ダイセツイワタケ 〈*Umbilicaria hyperborea* (Ach.) Ach.〉イワタケ科の地衣類。地衣体は暗褐色。

ダイセツトウウチソウ 〈*Sanguisorba stipulata* var. *riishirensis*〉バラ科。別名リシリトウウチソウ。

ダイセツトリカブト 大雪鳥兜 〈*Aconitum yamazakii* Tamura et Namba〉キンポウゲ科の草本。高山植物。

ダイセツヒゴタイ 〈*Saussurea riederi* var. *daisetsuensis*〉キク科。

ダイセツヒナオトギリ 〈*Hypericum yojiroanum*〉オトギリソウ科。高山植物。

ダイセンアシボソスゲ 〈*Carex scita* subsp. *parvisquama*〉カヤツリグサ科。

ダイセンオトギリ 〈*Hypericum asahinae* Makino〉オトギリソウ科の草本。高山植物。

ダイセンキスミレ 大山黄菫 〈*Viola brevistipulata* subsp. *minor*〉スミレ科。

ダイセンクワガタ 〈*Pseudolysimachion schmidtianum* (Regel) Holub subsp. *senanense* (Maxim.) Yamazaki var. *daisenense* (Yamazaki) Yamazaki〉ゴマノハグサ科。

ダイセンスゲ 〈*Carex daisenensis* Nakai〉カヤツリグサ科。

ダイセンヒョウタンボク 〈*Lonicera strophiophora* var. *glabra*〉スイカズラ科。

ダイセンミツバツツジ 〈*Rhododendron simsii* Planch.〉ツツジ科の木本。別名タイワンヤマツツジ。花は紅色。園芸植物。

ダイセンヤナギ ヤマヤナギの別名。

ダイダイ 橙 〈*Citrus aurantium* L.〉ミカン科の常緑低木。別名カイセイトウ(回青橙)、カブス(臭橙)。果面は濃橙色でやや粗い。薬用植物。園芸植物。

ダイダイイグチ 〈*Boletus laetissimus* Hongo〉イグチ科のキノコ。中型。全体が鮮やかな橙色、全体が強い青変性。

ダイダイガサ 〈*Cyptotrama asprata* (Berk.) Redhead & Ginns〉キシメジ科のキノコ。小型。傘は橙色の鱗片を密布。ひだは白色。

ダイダイグサ 〈*Speranskia tuberculata* (Bge) Baill.〉トウダイグサ科の薬用植物。

ダイダイゴケ 〈*Caloplaca aurantiaca* (Lightf.) Th. Fr.〉テロスキステス科の地衣類。地衣体は黄緑から橙黄色。

ダイダイサカズキタケ 〈*Gerronema postii* (Fr.) Sing.〉キシメジ科のキノコ。

ダイダイサラゴケ 〈*Dimerella lutea* (Dicks.) Trev.〉サラゴケ科の地衣類。地衣体は灰緑色。

ダイダイタケ 〈*Inonotus xeranticus* (Berk.) Imazeki & Aoshima〉タバコウロコタケ科のキノコ。小型〜中型。傘は黄褐色〜茶褐色、密毛。

タイタン・ローズ ナス科のペチュニアの品種。園芸植物。

タイツリオウギ 鯛釣黄耆 〈*Astragalus membranaceus* Bunge〉マメ科の多年草。高さは30〜70cm。花は淡黄色。高山植物。薬用植物。園芸植物。

タイツリソウ ケマンソウの別名。

タイトウウルシ 〈*Semecarpus vernicifera* Hay. et Kawa〉ウルシ科の小木。葉は厚くユズリハに似る。熱帯植物。

タイトウカマツカ ピラカンサタ・コイズミーの別名。

タイトウサンザシ ピラカンサタ・コイズミーの別名。

ダイトウセイシボク トウダイグサ科の木本。

タイトウベニシダ 〈*Dryopteris polita* Rosenst.〉オシダ科の常緑性シダ。葉身は長さ35〜70cm。長楕円状卵形。

ダイトウリョウ 大統領 〈*Thelocactus bicolor* (Galeotti) Britt. et Rose〉サボテン科のサボテン。高さは20cm。花は紫紅色。園芸植物。

タイトゴメ 大唐米 〈*Sedum oryzifolium* Makino〉ベンケイソウ科の多年草。高さは5〜12cm。花は濃黄色。園芸植物。

タイトトンボソウ 〈*Platanthera stenosepala*〉ラン科。別名イリオモテトンボソウ。

ダイナミック・レッド イワタバコ科のグロクシニアの品種。園芸植物。

タイニア・シマダイ 〈*Tainia shimadai* Hayata〉ラン科。高さは30〜40cm。花は紫褐色。園芸植物。

タイニアフ

タイニア・フッケリアナ 〈*Tainia hookeriana* King et Pantl.〉ラン科。高さ50〜80cm。花は褐色。園芸植物。

タイニア・ペナンギアナ 〈*Tainia penangiana* Hook. f.〉ラン科。高さ33〜45cm。花は淡黄色。園芸植物。

タイニア・ラクシフロラ ヒメトケンランの別名。

ダイニチアザミ 大日薊 〈*Cirsium babanum* Koidz.〉キク科。別名タテヤマアザミ。高山植物。

タイヌビエ イネ科の一年草。高さは50〜100cm。

タイノチャノキ 〈*Acalypha siamensis* D. Oliver ex Gage〉トウダイグサ科の低木。垣根用。熱帯植物。園芸植物。

タイハイ 大盃 キンポウゲ科のシャクヤクの品種。園芸植物。

タイハイスイセン 〈*Narcissus hybridus* Hort.〉ヒガンバナ科。

タイハクマル 大白丸 エキノマスツス・マクダウェリーの別名。

タイハクレン 太白蓮 スイレン科のハスの品種。園芸植物。

タイピンアソカ 〈*Saraca thaipingensis* Cantley〉マメ科の小木。幹生花で大きな花序に集る。花は黄色。熱帯植物。園芸植物。

ダイフウキ 大富貴 ラン科のシナシュンランの品種。園芸植物。

ダイフウシノキ 大風子 〈*Hydnocarpus anthelmintica* Pierre〉イイギリ科の高木。果実は褐色径10cm、種子褐色、種衣白。熱帯植物。薬用植物。

ダイフクマル 大福丸 マミラリア・ペルベラの別名。

ダイブツデン 大仏殿 エキノケレウス・ルテウスの別名。

タイヘイヨウクルミ 〈*Inocarpus edulis* Forst.〉マメ科の小木。果実は1種子。熱帯植物。

タイヘイヨウゾウゲヤシ ヤシ科。

タイヘイラク 泰平楽 イワヒバ科のイワヒバの品種。園芸植物。

タイマチク イネ科。

タイマツバナ 松明花 〈*Monarda didyma* L.〉シソ科の多年草。別名モナルダ、ビーバーム。高さは50〜150cm。花は深紅色。園芸植物。切り花に用いられる。

タイミンガサ 大明傘 〈*Cacalia peltifolia* Makino〉キク科の多年草。高さは40〜60cm。

タイミンガサモドキ ヤマタイミンガサの別名。

タイミンタチバナ 大明橘 〈*Myrsine seguinii* Lév.〉ヤブコウジ科の常緑高木。別名ヒチノキ、ソゲキ。

タイミンチク 大明竹 〈*Pleioblastus gramineus* (Bean) Nakai〉イネ科の常緑大型笹。別名ツウシチク。高さは2〜4m。園芸植物。

タイム 〈*Thymus vulgaris* L.〉シソ科の香辛野菜。別名コモンタイム、ガーデンタイム、タチジャコウソウ。高さは20cm。花は白から淡桃色。薬用植物。園芸植物。切り花に用いられる。

ダイモンジ 大文字 ニクトケレウス・セルペンティヌスの別名。

ダイモンジソウ 大文字草 〈*Saxifraga fortunei* Hook. f. var. *incisolobata* (Engl. et Irmsch.) Nakai〉ユキノシタ科の多年草。別名ウチワダイモンジソウ。高さは5〜35cm。高山植物。薬用植物。切り花に用いられる。

ダイモンジナデシコ 大文字撫子 ナデシコ科。園芸植物。

ダイヤーズ・カモミール コウヤカミツレの別名。

ダイヤーズバグロス アンクサ・オッフィキナリスの別名。

ダイヤモンド アヤメ科のグラジオラスの品種。園芸植物。

ダイヤモンド キク科のシロタエギクの品種。園芸植物。

タイヨウ 太陽 キク科のヒマワリの品種。園芸植物。

タイヨウ 太陽 ボタン科のボタンの品種。園芸植物。

タイヨウシダ 〈*Thelypteris erubescens* (Wall. ex Hook.) Ching〉オシダ科(ヒメシダ科)の常緑性シダ。葉身は長さ70〜130cm。広披針形。

タイヨウフウトウカズラ 〈*Piper postelsianum* Maxim.〉コショウ科。高さは1〜2m。園芸植物。

タイヨウベゴニア 〈*Begonia rex* Putz.〉シュウカイドウ科。別名オオバベゴニア。花は淡桃色。園芸植物。

ダイリ 内裏 バラ科のウメの品種。園芸植物。

ダイリギョク 内裏玉 マミラリア・デアルバタの別名。

ダイリュウカン 大竜冠 エキノカクツス・ポリケファルスの別名。

ダイリョウチュウ 大稜柱 トリコケレウス・マクロゴヌスの別名。

タイリンアオイ 〈*Heterotropa asaroides* Morren et Decne.〉ウマノスズクサ科の多年草。別名マルバカンアオイ。葉径8〜12cm。花は暗紫色。園芸植物。

タイリンウツボグサ プルネラ・グランディフロラの別名。

タイリンオモダカ 大輪面高 〈*Sagittaria montevidensis* Cham.〉オモダカ科の観賞用水草。花は淡黄、中心やや紫黒色。熱帯植物。園芸植物。

タイリンカッコウ スタキス・グランディフロラの別名。

ダイリンチュウ 大輪柱 セレニケレウス・グランディフロルスの別名。

タイリントキソウ 大輪朱鷺草 〈*Pleione formosana* Hayata〉ラン科。高さは25cm。花は白〜桃〜紫桃色。園芸植物。

タイリンフクシア スカーレット・エースの別名。

タイリンマル 大輪丸 ネオロイディア・グランディフロラの別名。

タイリンミミナグサ ナデシコ科。園芸植物。

タイリンムクゲ ヒビスクス・シノシリアクスの別名。

タイリンルリマガリバナ 〈*Browallia speciosa* Hook.〉ナス科の半低木。園芸植物。

タイワニア・クリプトメリオイデス タイワンスギの別名。

タイワンアオイラン 〈*Acanthephippium striatum* Lindl.〉ラン科。高さは5〜15cm。花は白色。園芸植物。日本絶滅危機植物。

タイワンアオネカズラ 台湾青根葛 〈*Polypodium formosanum* Bak.〉ウラボシ科の冬緑性シダ。別名シマアオネカズラ。樹幹や岩上に着生する。葉身は長さ30〜60cm。狭長楕円形。園芸植物。

タイワンアキグミ エラエアグヌス・スブマクロフィラの別名。

タイワンアサガオ モミジヒルガオの別名。

タイワンアセビ ピエリス・タイワネンシスの別名。

タイワンアブラギリ 台湾油桐 〈*Jatropha curcas* L.〉トウダイグサ科の落葉小低木。別名ナンヨウアブラギリ。果実は黒熟、種子は黒。高さは5m。花は黄緑色。熱帯植物。薬用植物。園芸植物。切り花に用いられる。

タイワンアマクサシダ 〈*Pteris formosana* Bak.〉イノモトソウ科（ワラビ科）の常緑性シダ。葉身は長さ60〜100cm。卵形から卵状披針形。

タイワンアリサンイヌワラビ オシダ科の常緑性シダ。別名アリサンイヌワラビ。葉身は長さ30〜50cm。三角状卵形〜卵状長楕円形。

タイワンウオクサギ クマツヅラ科の木本。別名シマウオクサギ。

タイワンウラジロイチゴ バラ科の木本。別名ウラジロシマイチゴ。

タイワンオオカグマ ミクロレピア・プラティフィラの別名。

タイワンオオキゴケ 〈*Stereocaulon massartianum* Hue var. *chlorocarpoides* (Zahlbr.) Lamb (lobaric acid strain)〉キゴケ科の地衣類。棘枝は円筒状からサンゴ状。

タイワンオニク 〈*Boschniakia himalaica* Hook. f. et Thoms.〉ハマウツボ科の高木山植物。シャクナゲ類の根に寄生。熱帯植物。

タイワンカグマ ミクロレピア・プラティフィラの別名。

タイワンカモノハシ 〈*Ischaemum aristatum* Linn. var. *aristatum*〉イネ科。

タイワンクジャク オシダ科の常緑性シダ。葉身は長さ25〜45cm。長楕円状披針形。

タイワンクリハラン 〈*Colysis hemionitidea* (Wall. ex Mett.) Pr.〉ウラボシ科の常緑性シダ。葉身は長さ20〜60cm。長楕円形〜長楕円状披針形。

タイワンクロヅル 〈*Tripterygium wilfordii* Hook. f.〉ニシキギ科の薬用植物。

タイワンクワズイモ 〈*Alocasia cucullata* (Lour.) G. Don〉サトイモ科の多年草。別名シマクワズイモ。葉滑、根茎は澱粉が多く食用。熱帯植物。園芸植物。

タイワンコマツナギ キアイの別名。

タイワンコミカンソウ 〈*Phyllanthus simplex* Retz〉トウダイグサ科の草本。萼は中肋緑、両縁白。熱帯植物。

タイワンサギゴケ 〈*Staurogyne concinnula* (Hance) O. Kuntze〉キツネノマゴ科の草本。

タイワンササキビ 〈*Ichnanthus vicinus* (F. M. Bailey) Merr.〉イネ科。

タイワンサワフタギ シンプロコス・キネンシスの別名。

タイワンサワラ カマエキパリス・フォルモセンシスの別名。

タイワンサンゴゴケ 〈*Sphaerophorus formosanus* (Zahlbr.) Asah.〉サンゴゴケ科の地衣類。地衣体は基部は円柱状。

タイワンジュウモンジシダ 〈*Polystichum hancockii* (Hance) Diels〉オシダ科の常緑性シダ。葉身は長さ15〜35cm。

タイワンスウキラン ラン科の属総称。

タイワンスギ 台湾杉 〈*Taiwania cryptomerioides* Hayata〉スギ科の常緑高木。別名アサン。高さは50m。樹皮は赤褐色。園芸植物。

タイワンセンダン 〈*Melia azedarach* L.〉センダン科の高木。高さは7〜15m。花は淡紫色。熱帯植物。園芸植物。

タイワンセンダンボダイジュ ケールロイテリア・フォルモサナの別名。

タイワンツクバネウツギ 〈*Abelia chinensis* R. Br.〉スイカズラ科の木本。花は白色。園芸植物。日本絶滅危機植物。

タイワンツナン 〈*Corchorus olitorius* L.〉シナノキ科。熱帯植物。

タイワンツバキ ゴードニア・アクシラリスの別名。

タイワントウ カラムス・フォルモサヌスの別名。

タイワントウカエデ トウカエデ・ミヤサマカエデの別名。

タイワントラノオゴケ 〈*Taiwanobryum speciosum* Nog.〉タイワントラノオゴケ科のコケ。大形、二次茎は長さ10cm、葉は長卵形。

タイワントリアシ 〈*Boehmeria formosana* Hayata〉イラクサ科の草本。

タイワンニシキソウ シマニシキソウの別名。

タイワンニンジンボク 〈*Vitex negundo* L.〉クマツヅラ科の低木。葉裏粉白。高さは5m。花は淡紫色。熱帯植物。園芸植物。

タイワンネム 〈*Albizzia procera* Benth〉マメ科の高木。莢扁平。花は白色。熱帯植物。

タイワンノコギリシダ オオミミガタシダの別名。

タイワンハシゴシダ 〈*Thelypteris castanea*〉オシダ科(ヒメシダ科)。別名タイワンハリガネシダ。

タイワンハチジョウナ 〈*Sonchus arvensis* L. var. *arvensis*〉キク科の多年草。高さは10〜60cm。花は黄色。

タイワンバナナ ムサ・アクミナタの別名。

タイワンハマサジ 〈*Limonium sinense* (Girard) O. Kuntze〉イソマツ科の多年草。別名カタバナハマサジ。高さは30〜50cm。花は黄色。園芸植物。

タイワンハマサジ スターチス・ハイブリッドシネンシス・キノセリーズの別名。

タイワンハリガネワラビ 〈*Thelypteris uraiensis* (Rosenst.) Ching〉オシダ科(ヒメシダ科)の常緑性シダ。葉身は長さ15〜30cm。三角状長卵形から披針形。

タイワンヒノキ カマエキパリス・フォルモセンシスの別名。

タイワンヒメコバンノキ トウダイグサ科の木本。

タイワンヒメサザンカ カメリア・トランサリサネンシスの別名。

タイワンヒメワラビ 〈*Acrophorus nodosus* Pr.〉オシダ科の常緑性シダ。葉身は長さ1m。三角状長楕円形。

タイワンビャクシン ユニペルス・フォルモサナの別名。

タイワンヒヨドリバナ 〈*Eupatorium formosanum* Hayata〉キク科。

タイワンビロードシダ 〈*Pyrrosia linearifolia* var. *heterolepis*〉ウラボシ科。

タイワンフジウツギ 〈*Buddleia asiatica* Lour.〉フジウツギ科の低木。別名ニオイフジウツギ、タカサゴフジウツギ。葉裏短毛。花は白色。熱帯植物。園芸植物。

タイワンベニバナセッコク デンドロビウム・ミヤケイの別名。

タイワンホウビシダ チャセンシダ科の常緑性シダ。葉身は先端に向けてしだいに狭くなる。

タイワンホトトギス 台湾杜鵑草 〈*Tricyrtis formosana* Bak.〉ユリ科の多年草。別名ホソバホトトギス。高さは30〜50cm。花は紫紅色。園芸植物。

タイワンマダケ 台湾真竹 フィロスタキス・マキノイの別名。

タイワンミヤマトベラ マメ科の木本。別名リュウキュウミヤマトベラ。

タイワンモクゲンジ ケールロイテリア・フォルモサナの別名。

タイワンモミジ ポリスキアス・ギルフォイレイの別名。

タイワンモミジ ポリスキアス・フルティコサの別名。

タイワンヤッコソウ 〈*Mitrastemon kawa-sasakii* Hayata〉ラフレシア科。Castanopsisの根に寄生。熱帯植物。

タイワンヤマイ 〈*Scirpus wallichii* Nees〉カヤツリグサ科の多年草。高さは15〜40cm。

タイワンヤマツツジ シナヤマツツジの別名。

タイワンユリ タカサゴユリの別名。

タイワンルリソウ 〈*Cynoglossum formosanum* Nakai〉ムラサキ科の草本。

タイワンルリミノキ アカネ科の木本。

タイワンレンギョウ 〈*Duranta repens* L.〉クマツヅラ科のやや匍匐性の観賞用低木。別名ハリマツリ、ジュランカツラ。高さは2〜6m。花は藤か淡青紫色。熱帯植物。園芸植物。

タイワンレンゲゴケ 〈*Cladonia subpityrea* Sandst.〉ハナゴケ科の地衣類。プソローム酸を含む。

ダヴァーリア・ソリダ 〈*Davallia solida* (G. Forst.) Swartz〉シノブ科のシダ植物。別名アツバシノブ。園芸植物。

ダヴァーリア・ディヴァリカタ 〈*Davallia divaricata* Blume〉シノブ科のシダ植物。別名タカサゴシノブ。葉長120cm。園芸植物。

ダヴァーリア・デンティクラタ 〈*Davallia denticulata* (Burm. f.) Mett. ex Kuhn〉シノブ科のシダ植物。園芸植物。

ダヴィディア・インウォルクラタ ハンカチツリーの別名。

ダーウィニア・キトリオドラ 〈*Darwinia citriodora* (Endl.) Benth.〉フトモモ科の常低木。高さは1〜1.5m。花は赤と黄ないし赤と橙色。園芸植物。

ダーウィニア・ニールディアナ 〈*Darwinia nieldiana* F. J. Muell.〉フトモモ科の常低木。高さは0.5〜1m。花は緑からえび茶色。園芸植物。

ダーウィニア・マクロステギア 〈*Darwinia macrostegia* (Turcz.) Benth.〉フトモモ科の常低木。高さは1m。園芸植物。

ダーウィニア・ミボルディ 〈*Darwinia meeboldi* C. A. Gardner〉フトモモ科の常緑低木。

ダーウィニア・レヨスティラ 〈Darwinia lejostyla (Turcz.) Domin〉フトモモ科の常低木。高さは0.2～1m。園芸植物。

ダウクス・カロタ ノラニンジンの別名。

タウコギ 田五加木 〈Bidens tripartita L.〉キク科の一年草。高さは20～150cm。薬用植物。

タウンゼンディア・グランディフロラ 〈Townsendia grandiflora Nutt.〉キク科の草本。高さ5～8cm。花は白色。園芸植物。

タウンゼンディア・パリー 〈Townsendia parryi D. C. Eat.〉キク科の草本。高さは30cm。花は紫色。高山植物。園芸植物。

タウンゼンディア・フォルモサ 〈Townsendia formosa Greene〉キク科の草本。高さは30～60cm。花は白色。園芸植物。

タウンゼンディア・フロリフェラ 〈Townsendia florifera (Hook.) A. Gray〉キク科の草本。高さは30cm。花は桃色。園芸植物。

タエニアンテラ・アカウリス 〈Taenianthera acaulis (Mart.) Burret〉ヤシ科。別名ミキナシナガヤクヤシ。花は白～淡桃色。園芸植物。

タエニアンテラ・マクロスタキス 〈Taenianthera macrostachys (Mart.) Burret〉ヤシ科。別名ナガヤクヤシ。花は淡桃色。園芸植物。

ダエモノロプス・アングスティフォリア 〈Daemonorops angustifolia (Griff.) Griff. ex Mart.〉ヤシ科。別名ホソバヒメトウ。高さは10～15m。園芸植物。

ダエモノロプス・クルジアヌス 〈Daemonorops kurzianus Hook. f.〉ヤシ科。別名ドラゴンヒメトウ。園芸植物。

ダエモノロプス・マルガリータ エトウの別名。

ダエモノロプス・ルブラ 〈Daemonorops rubra (Reinw. ex Mart.) Blume〉ヤシ科。別名アカヒメトウ。高さは40m。園芸植物。

タオヤギソウ 〈Chrysymenia wrightii (Harvey) Yamada〉ダルス科の海藻。複羽状に分岐。体は15～30cm。

タカアザミ 〈Cirsium pendulum Fisch. ex DC.〉キク科の越年草。高さは1～2m。

タカウラボシ 高裏星 〈Microsorium rubidum (Kunze) Copel.〉ウラボシ科の常緑性シダ。別名ミズカザリシダ。葉身は長さ1m弱。長楕円形。

タカオ 高雄 〈Takao〉バラ科のバラの品種。ハイブリッド・ティーローズ系。花は濃黄色。園芸植物。

タカオイノデ 〈Polystichum × takaosanense Kurata〉オシダ科のシダ植物。

タカオカエデ イロハモミジの別名。

タカオカソウ メルテンシア・パニクラタの別名。

タカオヒゴタイ 〈Saussurea sinuatoides Nakai.〉キク科の多年草。高さは35～60cm。

タカオホロシ 〈Solanum japonense Nakai var. takaoyamense (Makino) Hara〉ナス科の多年草。

タカオモミジ イロハモミジの別名。

タカオワニグチソウ 〈Polygonatum desoulavyi var. azegamii〉ユリ科。

タカクマガンピ ジンチョウゲ科の木本。

タカクマソウ 〈Sciaphila takakumensis Ohwi〉ホンゴウソウ科の草本。

タカクマヒキオコシ 〈Isodon sikokianus var. intermodius (Kudo) Mutata.〉シソ科の多年草。高さは60～80cm。薬用植物。

タカクマホトトギス 高隈杜鵑草 ユリ科の宿根草。高さは20～50cm。

タカクマミツバツツジ ツツジ科の木本。

タカクマムラサキ クマツヅラ科の木本。別名ナガバムラサキ。

タカクラ 高倉 バラ科のモモ(桃)の品種。果皮は乳白色。

タカサキレンゲ 高咲蓮花 エチェベリア・グラウカの別名。

タカサゴ 高砂 〈Rockport Bigarreau〉バラ科のオウトウ(桜桃)の品種。別名米沢11号、伊達錦、白硫。果皮は帯赤黄色。

タカサゴ ナデンの別名。

タカサゴ 高砂 マミラリア・ボカサナの別名。

タカサゴイチイゴケモドキ 〈Phyllodon lingulatus (Card.) W. R. Buck〉ハイゴケ科のコケ。茎は長さ5cm、茎葉は舌形。

タカサゴイヌワラビ オシダ科の常緑性シダ。別名キノクニヌワラビ。葉身は長さ40cm弱。広卵形～広卵状三角形。

タカサゴウリカエデ アケル・モリソネンセの別名。

タカサゴギク 高砂菊 〈Blumea balsamifera DC.〉キク科の草本。葉裏、茎に白毛。高さ2m。花は黄色。熱帯植物。薬用植物。

タカサゴキゴケ 〈Stereocaulon verruculigerum Hue〉キゴケ科の地衣類。ロバール酸を含む。

タカサゴキジノオ 〈Plagiogyria rankanensis Hayata〉キジノオシダ科の常緑性シダ。葉身は長さ15～50cm。

タカサゴキリゴケ 〈Sematophyllum subpinnatum (Brid.) E. G. Britton〉ナガハシゴケ科のコケ。茎葉は長さ1～1.5mm、卵状楕円形。

タカサゴコバンノキ トウダイグサ科の木本。

タカサゴサガリゴケ 〈Pseudobarbella levieri (Renauld & Card.) Nog.〉ハイヒモゴケ科のコケ。二次茎の葉は小さく長さ1.5～2mm。

タカサゴサギソウ 〈Habenaria lacertifera (Lindl.) Benth.〉ラン科の草本。

タカサゴシ

タカサゴシダ 〈*Dryopteris formosana* (Christ) C. Chr.〉オシダ科の常緑性シダ。葉身は長さ30〜50cm。卵状三角形または五角状。

タカサゴシノブ ダヴァーリア・ディヴァリカタの別名。

タカサゴシラタマ マタタビ科の木本。

タカサゴソウ 高砂草 〈*Ixeris chinensis* (Thunb. ex Murray) Nakai subsp. *strigosa* (Lével. et Vant.) Kitamura〉キク科の多年草。高さは20〜50cm。

タカサゴソコマメゴケ 〈*Jackiella javanica* Schiffn.〉タカサゴソコマメゴケ科のコケ。赤緑色〜褐色、茎は長さ0.5〜2cm。

タカサゴハイヒモゴケ 〈*Meteoriopsis reclinata* (Müll. Hal.) M. Fleisch. var. *subreclinata* M. Fleisch.〉ハイヒモゴケ科のコケ。二次茎は葉を丸くつけてひも状。

タカサゴユリ 高砂百合 〈*Lilium formosanum* A. Wallace〉ユリ科の多肉植物。別名タイワンユリ、ホソバテッポウユリ、スジテッポウユリ。高さは30〜150cm。花は白色。園芸植物。

タカサブロウ 高三郎 〈*Eclipta prostrata* L.〉キク科の一年草。別名墨斗草、墨旱蓮。高さは10〜60cm。薬用植物。

タカサブロウ アメリカタカサブロウの別名。

タガンデソウ 誰袖草 〈*Cerastium pauciflorum* Stev. var. *oxalidiflorum* (Makino) Ohwi〉ナデシコ科の多年草。高さは30〜50cm。

タカダマ 多花玉 ギムノカリキウム・ムルティフロルムの別名。

タカチホイノデ 〈*Polystichum* × *hyugaense* Minamitani et Shimura, nom. nud.〉オシダ科のシダ植物。

タカチホイワヘゴ 〈*Dryopteris* × *takachihoensis* Miyamoto〉オシダ科のシダ植物。

タカツキヅタ 〈*Caulerpa peltata* Lamouroux var. *peltata*〉イワヅタ科の海藻。楯形の小枝を密につける。体は2〜3cm。

タカツルラン 〈*Galeola altissima* (Blume) Reichb. fil.〉ラン科のつる性植物。別名ツルツチアケビ。無葉緑、菌根性、全株赤橙色、茎は径5mm。熱帯植物。

タカトウダイ 高灯台 〈*Euphorbia pekinensis* Rupr.〉トウダイグサ科の多年草。別名イブキタイゲキ。高さは20〜80cm。薬用植物。

タカナ 高菜 〈*Brassica juncea* (L.) Czern. var. *integrifolia* Sinskaya〉アブラナ科の葉菜類。別名オオバガラシ、オオナ。園芸植物。

タカナタマメ 〈*Canavalia microcarpa* Piper〉マメ科の蔓草。莢に気室あり水に浮ぶ。花はピンク色。熱帯植物。

タカネ オオエビネの別名。

タカネアオチドリ 高嶺青千鳥 〈*Coeloglossum viride* Hartm. var. *akaishimontanum* Satomi〉ラン科の多年草。高山植物。

タカネアオヤギソウ 高嶺青柳草 〈*Veratrum maackii* Regel var. *longebracteatum* (Takeda) Hara〉ユリ科。高山植物。

タカネアカミゴケ 〈*Cladonia alpina* (Asah.) Yoshim.〉ハナゴケ科の地衣類。子柄は高さ2〜5cm。

タカネアミバゴケ 〈*Anastrophyllum assimile* (Mitt.) Steph.〉ツボミゴケ科のコケ。黒褐色、茎は長さ1.5cm。

タカネイ 高嶺藺 〈*Juncus triglumis* L.〉イグサ科の多年草。別名シロウマゼキショウ。高さは5〜15cm。高山植物。

タカネイバラ 〈*Rosa acicularis* var. *nipponensis*〉バラ科。別名フジバラ。高山植物。

タカネイブキボウフウ 高嶺伊吹防風 〈*Libanotis coreana* (Wolff) Kitag. var. *alpicola* Kitag.〉セリ科。

タカネイワタケ 〈*Umbilicaria vellea* (L.) Ach.〉イワタケ科の地衣類。地衣体背面は褐色から灰褐色。

タカネイワヤナギ 高嶺岩柳 〈*Salix nakamurana* Koidz.〉ヤナギ科の落葉ほふく低木。別名レンゲイワヤナギ。本州中部の高山に分布。高山植物。園芸植物。

タカネウシノケグサ 〈*Festuca ovina* var. *tateyamensis*〉イネ科。

タカネウスユキソウ タカネヤハズハハコの別名。

タカネオトギリ 高嶺弟切 〈*Hypericum sikokumontanum* Makino〉オトギリソウ科の草本。

タカネオミナエシ チシマキンレイカの別名。

タカネカマウロコゴケ 〈*Harpanthus flotovianus* (Nees) Nees〉ウロコゴケ科のコケ。黄緑色〜黄褐色、茎は長さ4cm。

タカネカモジゴケ 〈*Dicranum viride* (Sull. & Lesq.) Lindb. var. *hakkodense* (Card.) Takaki〉シッポゴケ科のコケ。茎は短くて2cm以下、葉は狭披針形。

タカネカラタチゴケ 〈*Ramalina almquistii* Vain.〉サルオガセ科の地衣類。地衣体は2〜5cm。

タカネキタアザミ 高嶺北薊 〈*Saussurea yanagisawae* var. *imperialis*〉キク科。

タカネキンポウゲ 高嶺金鳳花 〈*Ranunculus sulphureus* C. J. Phipps〉キンポウゲ科の多年草。別名チシマヒキノカサ。高さは8〜15cm。高山植物。

タカネクロゴケ クロゴケの別名。

タカネクロスゲ 高嶺黒菅 〈*Scirpus maximowiczii* C. B. Clarke〉カヤツリグサ科の多年草。別名ミヤマワタスゲ。高さは15〜40cm。

タカネグンナイフウロ 高嶺郡内風露 〈*Geranium eriostemon* var. *onoei*〉フウロソウ科の多年草。高さは20～50cm。

タカネグンバイ 高嶺軍配 〈*Thlaspi japonica* H. Boiss.〉アブラナ科の多年草。高さは8～20cm。高山植物。

タカネグンバイナズナ タカネグンバイの別名。

タカネコウゾリナ 〈*Picris hieracioides* var. *alpina*〉キク科。別名カンチコウゾリナ。高山植物。

タカネコウボウ 高嶺香茅 〈*Anthoxanthum japonicum* (Maxim.) Hack.〉イネ科の多年草。別名シラネコウボウ。高さは25～70cm。

タカネコウリンカ 高嶺高輪花 〈*Senecio flammeus* Turcz. ex DC. var. *flammeus*〉キク科の多年草。高さは20～40cm。高山植物。

タカネコウリンギク 〈*Senecio flammeus*〉キク科。

タカネゴケ 〈*Lescuraea saxicola* (Schimp.) Milde〉ウスグロゴケ科のコケ。小形で、茎は這い、少数の小さな三角形～披針形の毛葉がある。

タカネゴケ 〈*Parmelia stygia* Ach.〉ウメノキゴケ科の地衣類。地衣体は黒または黒褐色。

タカネゴケ 〈*Alectoria pubescens* (L.) Howe〉サルオガセ科の地衣類。地衣体は暗褐色から黒褐色。

タカネコゲノリ 〈*Umbilicaria cylindrica* (L.) Del.〉イワタケ科の地衣類。地衣体背面は灰褐色。

タカネゴケモドキ 〈*Cetraria hepatizon* (Ach.) Vain.〉ウメノキゴケ科の地衣類。地衣体は黒褐色。

タカネコメススキ 高嶺米薄 〈*Deschampsia atropurpurea* var. *paramushi rensis*〉イネ科。別名ユキワリガヤ。

タカネゴヨウ ピヌス・アルマンディーの別名。

タカネコンギク 高嶺紺菊 〈*Aster viscidulus* var. *alpinus*〉キク科。高山植物。

タカネサギソウ 高嶺鷺草 〈*Platanthera maximowicziana* Schltr.〉ラン科の多年草。高山植物。

タカネザクラ 高嶺桜 〈*Prunus nipponica* Matsum. var. *nipponica*〉バラ科の落葉高木。

タカネサトメシダ 高嶺里雌羊歯 〈*Athyrium pinetorum* Tagawa〉オシダ科の夏緑性シダ。葉身は長さ35cm。三角形～広卵状三角形。

タカネサンゴゴケ 〈*Sphaerophorus fragilis* (L.) Pers.〉サンゴゴケ科の地衣類。地衣体は淡灰褐色。

タカネシオガマ 高嶺塩竈 〈*Pedicularis verticillata* L.〉ゴマノハグサ科の一年草。別名ユキワリシオガマ。高さは5～20cm。高山植物。

タカネシダ 高嶺羊歯 〈*Polystichum lachenense* (Hook.) Bedd.〉オシダ科の夏緑性シダ。別名クモマシダ。葉身は長さ5～20cm。線形～線状披針形。

タカネシバスゲ 高嶺芝菅 〈*Carex capillaris* L.〉カヤツリグサ科。

タカネシメリゴケ 〈*Hygrohypnum eugyrium* (Bruch & Schimp.) Broth.〉ヤナギゴケ科のコケ。茎は這い、茎葉は卵形で漸尖。

タカネシモフリゴケ シモフリゴケの別名。

タカネシュロソウ 高嶺棕櫚草 〈*Veratrum maachii* var. *japonicum*〉ユリ科。別名ムラサキタカネアオヤギソウ。

タカネスイバ 高嶺酸葉 〈*Rumex montanus* Desf.〉タデ科の多年草。高さは30～80cm。高山植物。

タカネスギカズラ 高嶺杉蔓 〈*Lycopodium annotinum* var. *acrifolium*〉ヒカゲノカズラ科。

タカネスギゴケ 高嶺杉苔 〈*Pogonatum sphaerothecium* Besch.〉スギゴケ科のコケ。茎は高さ1～3cm、葉鞘部広披針形に伸びる。

タカネスズメノヒエ 高嶺雀の稗 〈*Luzula oligantha* G. Samuels.〉イグサ科の多年草。別名タカネスズメノヤリ。高さは10～20cm。高山植物。

タカネスミレ 高嶺菫 〈*Viola crassa* Makino〉スミレ科の多年草。別名タカネキスミレ。高さは5～12cm。花はオレンジイエロー。高山植物。園芸植物。

タカネセンブリ 〈*Swertia micrantha*〉リンドウ科。高山植物。

タカネセンボンゴケ 〈*Oreoweisia laxifolia* (Hook.) Kindb.〉シッポゴケ科のコケ。茎は長さ3cm、葉は披針形。

タガネソウ 鏨草 〈*Carex siderosticta* Hance〉カヤツリグサ科の多年草。葉が倒披針形。高さ10～40cm。園芸植物。

タカネソモソモ 高嶺そもそも 〈*Festuca takedana* Ohwi〉イネ科の草本。

タカネタンポポ 高嶺蒲公英 〈*Taraxacum yuparense* H. Koidz.〉キク科の草本。別名ユウバリタンポポ。高山植物。

タカネツキヌキゴケ 〈*Calypogeia neesiana* (C. Massal. & Carestia) Müll. Frib. subsp. *subalpina* (Inoue) Inoue〉ツキヌキゴケ科のコケ。白緑色～黄緑色、長さ2cm。

タカネツメクサ 高嶺爪草 〈*Minuartia arctica* (Stev.) Aschers. et Graebn. var. *hondoensis* Ohwi〉ナデシコ科の多年草。高さは～10cm。高山植物。

タカネツリガネニンジン ハクサンシャジンの別名。

タカネトウウチソウ 高嶺唐打草 〈*Sanguisorba stipulata* Rafin.〉バラ科の多年草。高さは30〜80cm。高山植物。

タカネトリカブト 高嶺鳥兜 〈*Aconitum zigzag* Lév. et Vaniot subsp. *zigzag*〉キンポウゲ科の草本。高山植物。

タカネトンボ 高嶺蜻蛉 〈*Platanthera chorisiana* (Cham.) Reichb. f.〉ラン科の多年草。高山植物。

タカネナデシコ 高嶺撫子 〈*Dianthus superbus* L. var. *speciosus* Reichb.〉ナデシコ科の多年草。高さは約20cm。高山植物。

タカネナナカマド 高嶺七竈 〈*Sorbus sambucifolia* (Cham. et Schltdl.) Roem.〉バラ科の落葉低木。別名オオミヤマナナカマド。高さは1〜2m。花は白くて紅を帯びる。薬用植物。園芸植物。

タカネナルコスゲ 高嶺鳴子 〈*Carex siroumensis* Koidz.〉カヤツリグサ科。

タカネニガナ 高峰苦菜 〈*Ixeris alpicola* (Makino) Nakai〉キク科の多年草。高さは7〜17cm。高山植物。

タカネノガリヤス 高嶺野刈安 〈*Calamagrostis sachalinensis* Fr. Schm.〉イネ科の草本。別名オノエガリヤス。

タカネノユキ 高嶺の雪 アヤメ科のハナショウブの品種。園芸植物。

タカネハナワラビ ハナヤスリ科の夏緑性シダ。葉身は長さ1.5〜5cm。

タカネハネゴケ 〈*Plagiochila semidecurrens* (Lehm. & Lindenb.) Lindenb.〉ハネゴケ科のコケ。黒褐色で光沢がある。

タカネバラ 高嶺薔薇 〈*Rosa nipponensis* Crépin〉バラ科の落葉低木。別名タカネイバラ、ミヤマハマナス。

タカネバラ タカネイバラの別名。

タカネハリスゲ 高嶺針菅 〈*Carex pauciflora* Lightf.〉カヤツリグサ科の草本。

タカネハンショウヅル 〈*Clematis lasiandra* Maxim.〉キンポウゲ科の草本。園芸植物。

タカネヒカゲノカズラ 高嶺日陰の蔓 〈*Lycopodium sitchense* Rupr. var. *nikoense* (Franch. et Savat.) Takeda〉ヒカゲノカズラ科の常緑性シダ。淡緑色。高さ3〜12cm。葉身は針状〜線状披針形。

タカネヒキノカサ ヤツガタケキンポウゲの別名。

タカネヒゴタイ 高嶺平江帯 〈*Saussurea triptera* form. *minor*〉キク科。高山植物。

タカネヒメイワカガミ イワウメ科。

タカネビランジ 高嶺ビランジ 〈*Silene keiskei* Miq. var. *akashialpina* (Yamazaki) Ohwi et Ohashi〉ナデシコ科。

タカネフタゴゴケ 〈*Bryoerythrophyllum brachystegium* (Besch.) K. Saito〉センボンゴケ科のコケ。茎は15mm以下、葉は広披針形。

タカネフタバラン 高嶺二葉蘭 〈*Listera yatabei* Makino〉ラン科の多年草。高さは15〜20cm。高山植物。

タカネマスクサ 〈*Carex planata* Franch. et Savat.〉カヤツリグサ科の多年草。高さは30〜60cm。

タカネマツムシソウ 高嶺松虫草 〈*Scabiosa japonica* Miq. var. *alpina* Takeda〉マツムシソウ科の多年草。高さは40〜80cm。高山植物。

タカネママコナ 高嶺飯子菜 〈*Melampyrum laxum* Miquel var. *arcuatum* (Nakai) Soó〉ゴマノハグサ科。高山植物。

タカネマンテマ 〈*Silene wahlbergella* Chowdh.〉ナデシコ科の多年草。高さは10〜20cm。高山植物。日本絶滅危機植物。

タカネマンネングサ 高嶺万年草 〈*Sedum tricarpum* Makino〉ベンケイソウ科の草本。

タカネミズキ 〈*Swida controversa* (Hemsl.) Soj. var. *alpina* (Wangerin) Hara〉ミズキ科の落葉低木。

タカネミゾゴケ 〈*Marsupella emarginata* (Ehrh.) Dumort. subsp. *tubulosa* (Steph.) N. Kitag.〉ミゾゴケ科のコケ。赤色をおび、光沢がある。茎は長さ1〜2cm。

タカネミミナグサ ホソバミミナグサの別名。

タカネミヤマメシダ オシダ科のシダ植物。

タカネムラサキ 高嶺紫 キク科のオオアッコウアザミの品種。園芸植物。

タカネメリンスゴケ 〈*Neckera konoi* Broth.〉ヒラゴケ科のコケ。大形、二次茎の葉は長楕円形。

タカネメンマ 〈*Dryopteris* × *nakamurae* Kurata, nom. nud.〉オシダ科のシダ植物。

タカネヤガミスゲ 高嶺八神菅 〈*Carex bipartita* All.〉カヤツリグサ科。

タカネヤハズハハコ 高嶺矢筈母子 〈*Anaphalis alpicola* Makino〉キク科の多年草。別名タカネウスユキソウ。高さは10〜30cm。花は白色。高山植物。園芸植物。

タカネヤバネゴケ 〈*Cephalozia leucantha* Spruce〉ヤバネゴケ科のコケ。茎は長さ3〜5mm。

タカネヨモギ 高嶺蓬 〈*Artemisia sinanensis* Yabe〉キク科の多年草。高さは20〜50cm。高山植物。

タガネラン 〈*Calanthe bungoana* Ohwi〉ラン科の草本。日本絶滅危機植物。

タカネリンドウ シロウマリンドウの別名。

タカノツメ 鷹爪 〈*Evodiopanax innovans* (Sieb. et Zucc.) Nakai〉ウコギ科の落葉高木。薬用植物。

タカノハ 鷹の羽 トウダイグサ科のクロトンノキの品種。園芸植物。

タカノハウラボシ 〈*Crypsinus engleri* (Luerss.) Copel.〉ウラボシ科の常緑性シダ。葉身は長さ10～30cm。線状披針形。

タカノハススキ 〈*Miscanthus sinensis* Andersson var. *sinensis* f. *zebrinus* (Nichols.) Nakai〉イネ科。別名ヤバネススキ、ヤハズススキ。園芸植物。切り花に用いられる。

タカノホシクサ 〈*Eriocaulon cauliferum* Makino〉ホシクサ科の草本。日本絶滅危機植物。

タカハシウメノキゴケ 〈*Parmelia pseudosinuosa* Asah.〉ウメノキゴケ科の地衣類。地衣体背面は灰白色。

タカハシテンナンショウ サトイモ科の草本。

タガヤサン 〈*Cassia siamea* Lam.〉マメ科の高木。葉や莢にアルカロイドあり。花は黄色。熱帯植物。園芸植物。

タカヤバネゴケ 〈*Cephalozia catenulata* (Huebener) Lindb. subsp. *nipponica* (S. Hatt.) Inoue〉ヤバネゴケ科のコケ。黄褐色、茎は長さ5～10mm。

タカヤマナライシダ 〈*Leptorumohra × takayamensis* (Serizawa) Nakaike〉オシダ科のシダ植物。

タカユイヌノヒゲ 〈*Eriocaulon miquelianum* var. *atrosepalum*〉ホシクサ科。

タカラグサ 宝草 〈*Haworthia × cuspidata* Haw.〉ユリ科。H.cymbiformis型であるが、より葉が肥厚。園芸植物。

タカラコウ 〈*Ligularia calthaefolia* Maxim.〉キク科。

タガラシ 田芥,田辛 〈*Ranunculus sceleratus* L.〉キンポウゲ科の多年草。別名タタラビ。高さは25～60cm。薬用植物。

タカラマメ 〈*Strychnos ignatii* Berg.〉マチン科の高木。種子にストリキニンとブルシンを含む。熱帯植物。薬用植物。

タカロカイ 高蘆薈 アロエ・ディコトマの別名。

タカワラビ 高蕨 〈*Cibotium barometz* (L.) J. Smith〉タカワラビ科(ワラビ科)の常緑性シダ。別名ヒツジシダ。葉身は長さ1.5～3m。3回羽状に深裂。薬用植物。園芸植物。

タキキビ 〈*Phaenosperma globosum* Munro〉イネ科の草本。別名カシマガヤ。

タキツス・ベルス 〈*Tacitus bellus* Moran et Meyrán〉ベンケイソウ科。葉長2～4cm。花は赤紅色。園芸植物。

タキノシライト 滝の白糸 〈*Agave schidigera* Lem.〉リュウゼツラン科のリュウゼツランの品種。多肉植物。花は赤褐色。園芸植物。

タキノヨソオイ 滝の粧 キンポウゲ科のシャクヤクの品種。園芸植物。

ダキバアレチハナガサ 〈*Verbena incompta* Michael〉クマツヅラ科の多年草。花は淡紫色。

ダキバキオン 〈*Senecio nemorensis* var. *japonicus*〉キク科。別名ミヤマキオン。

ダキバヒメアザミ 〈*Cirsium amplexifolium* Kitamura〉キク科の多年草。高さは1.5～2m。

タキミシダ 滝見羊歯 〈*Antrophyum obovatum* Baker〉シシラン科の常緑性シダ。葉身は長さ10cm。倒卵形。日本絶滅危機植物。

タキミチャルメルソウ 〈*Mitella leiopetala*〉ユキノシタ科。

タギョウショウ 多行松 〈*Pinus densiflora* Sieb. et Zucc. f. *umbraculifera* (Mayr) Sugimoto〉マツ科。別名ウツクシマツ、タンヨウショウ、タママツ。園芸植物。

タキンガ・フナリス 〈*Tacinga funalis* Britt. et Rose〉サボテン科のサボテン。別名狼煙台。花は淡黄色。園芸植物。

ダーク・オパル シソ科のバジルの品種。ハーブ。園芸植物。切り花に用いられる。

タクシフィルム・バルビエリ ミズキャラハゴケの別名。

タクスス・カナデンシス 〈*Taxus canadensis* Marsh.〉イチイ科の木本。別名カナダイチイ。高さは1.8m。園芸植物。

タクスス・クスピダタ イチイの別名。

タクソンディウム・ディスティクム ラクウショウの別名。

タクソンディウム・ムクロナツム 〈*Taxodium mucronatum* Ten.〉スギ科の高木。別名メキシコラクウショウ。高さは20～25m。園芸植物。

タクソントケイソウ 〈*Tacsonia quadriglandulosa* DC.〉トケイソウ科の観賞用蔓草。熱帯植物。

ダクティリス・グロメラタ カモガヤの別名。

ダクティロプシス・ディギタタ 〈*Dactylopsis digitata* (Ait.) N. E. Br.〉ツルナ科。花は白色。園芸植物。

ダクティロリザ・アリスタタ ハクサンチドリの別名。

ダクティロリザ・エラタ 〈*Dactylorhiza elata* (Poir.) Soó〉ラン科。花は紅紫色。園芸植物。

ダクティロリザ・フォリオサ 〈*Dactylorhiza foliosa* (Soland. ex Lowe) Soó〉ラン科。高さは40～70cm。花は紫紅色。園芸植物。

ダクティロリザ・フクシー 〈*Dactylorhiza fuchsii* (Druce) Soó〉ラン科の多年草。花は紫紅～淡桃～白色。高山植物。園芸植物。

ダクティロリザ・プルプレラ 〈*Dactylorhiza purpurella* (T. Stephenson et T. A. Stephenson) Soó〉ラン科。花は紅色。園芸植物。

ダクティロリザ・マクラタ 〈*Dactylorhiza maculata* (L.) Soó〉ラン科の多年草。高さは15～60cm。花は淡紅、紫紅、白色。園芸植物。

ダクティロリザ・マヤリス 〈Dactylorhiza majalis (Rchb.) P. F. Hunt et Summerh.〉ラン科。花は濃紅～紅紫色。園芸植物。

ダークテンポ ナデシコ科のカーネーションの品種。草本。切り花に用いられる。

ダーク・トライアンフ アヤメ科のジャーマン・アイリスの品種。園芸植物。

ダークネス ツツジ科のカルーナ・ウルガリスの品種。園芸植物。

タクヒデンダ 〈Polypodium × takuhinum Shimura, nom. nud.〉ウラボシ科のシダ植物。

タクヨウレンリソウ 〈Lathyrus aphaca L.〉マメ科の一年草。長さは14～60cm。花は黄色。

ダクリドスギ 〈Dacrydium elatum Wall.〉マキ科の高木。やや高地に多く、種子は黒熟、苞は赤色。熱帯植物。

タケ イネ科の属総称。園芸植物。

タケウマキリンヤシ フェルシェフェルティア・スプレンディダの別名。

タケウマヤシ ヤシ科の属総称。

ダケカンバ 岳樺 〈Betula ermanii Cham. var. ermanii〉カバノキ科の落葉高木。別名エゾノダケカンバ、ソウシカンバ。高さは20m。樹皮は淡黄白色。高山植物。園芸植物。

タケシマユリ 竹島百合 〈Lilium hansoni Leicht.〉ユリ科の多肉植物。別名オオクルマユリ。高さは80～150cm。花は橙黄色。園芸植物。

タケシマラン 竹縞蘭 〈Streptopus streptopoides (Ledeb.) Frye et Rigg var. japonicus (Maxim.) Fassett〉ユリ科の多年草。高さは25～35cm。高山植物。

ダケスゲ 岳菅 〈Carex paupercula Michx.〉カヤツリグサ科の多年草。高さは15～40cm。

タケダグサ 〈Erechtites valerianaefolia DC.〉キク科の一年草。別名シマボロギク。葉は3～9の羽片に中裂～深裂。熱帯植物。

タケダコメツキムシタケ 〈Cordyceps melolothae Sacc.〉バッカクキン科のキノコ。

タゲテス・エレクタ センジュギクの別名。

タゲテス・テヌイフォリア 〈Tagetes tenuifolia Cov.〉キク科の草本。別名ホソバクジャクソウ。高さは40cm。園芸植物。

タゲテス・パツラ クジャクソウの別名。

タケニグサ 竹煮草,竹似草 〈Macleaya cordata (Willd.) R. Br.〉ケシ科の多年草。別名チャンパギク。高さは1.5～2m。薬用植物。園芸植物。

タケノコ イネ科の葉菜類。

タケノコハクサイ アブラナ科の中国野菜。別名ショウサイ。園芸植物。

ダケモミ ウラジロモミの別名。

タケヤシ ヤシ科。

タケリタケ 〈Hypomyces sp.〉ヒポミケスキン科のキノコ。中型。全体に橙色、こけし状。熱帯植物。

タコアシオトギリ 〈Hypericum penthorodes Koidz.〉オトギリソウ科の草本。

タコガタサギソウ 〈Habenaria lacertifera (Lindl.) Benth. var. triangularis (F. Maekawa) Hatusima〉ラン科。別名ヒュウガトンボ。日本絶滅危機植物。

タゴトノツキ 田毎の月 ツバキ科のサザンカの品種。園芸植物。

タコノアシ 蛸足 〈Penthorum chinense Pursh〉ユキノシタ科の多年草。別名サワシオン。高さは30～80cm。日本絶滅危機植物。

タゴノウラ 田子の浦 サクラソウ科のサクラソウの品種。園芸植物。

タコノキ 蛸木 〈Pandanus boninensis Warb.〉タコノキ科の常緑高木。別名オガサワラタコノキ。高さは6～10m。花は黄色。園芸植物。

タゴノリ 〈Wrangelia tagoi (Okamura) Okamura et Segawa in Segawa〉イギス科の海藻。低潮線付近から漸深帯の岩上に生ずる。

タゴボウモドキ 〈Ludwigia hyssopifolia (G. Don) Exell〉アカバナ科の一年草。高さは1m。花は黄、後に橙黄色。

タコヤシ ヤシ科。

タシエビ 多刺蝦 エキノケレウス・ポリアカンツスの別名。

タシキギョク 多色玉 テロカクツス・ヘテロクロムスの別名。

タジマタムラソウ 〈Salvia omerocalyx Hayata〉シソ科の草本。

ダジモドキ 〈Rhodoptilum plumosum (Harbey et Bailey) Kylin〉ダジア科の海藻。扁圧。体は10cm。

タジリギンヨセ 田尻銀寄 ブナ科のクリ(栗)の品種。果皮は赤褐色。

ダシリリオン リュウゼツラン科。

ダシリリオン・グラウコフィルム 〈Dasylirion glaucophyllum Hook.〉リュウゼツラン科。高さは3～4m。花は淡い黄緑色。園芸植物。

ダシリリオン・セラティフォリウム 〈Dasylirion serratifolium (Karw. ex Schult.) Zucc.〉リュウゼツラン科。長さ1m。花は白色。園芸植物。

ダシリリオン・ホイーリ 〈Dasylirion wheeleri S. Wats.〉リュウゼツラン科。高さは1m。園芸植物。

ダシリリオン・レイオフィルム 〈Dasylirion leiophyllum Engelm.〉リュウゼツラン科。長さ100～120cm。園芸植物。

タシロイモ 〈Tacca leontopetaloides (L.) O. Kuntze〉タシロイモ科の多年草。高さは160cm。花は帯緑あるいは帯紫色。熱帯植物。園芸植物。

タシロカワゴケソウ 〈*Cladopus austroosumiensis* Shin, nom. nud.〉カワゴケソウ科。葉状体は0.5〜1mm。

タシロスゲ 〈*Carex sociata* Boott〉カヤツリグサ科の草本。別名クミアイスゲ。

タシロノガリヤス 〈*Calamagrostis tashiroi*〉イネ科。別名イシヅチノガリヤス。

タシロマメ 〈*Intsia bijuga* (Colebr.) Kuntze〉マメ科の木本。熱帯植物。

タシロラン 〈*Epipogium roseum* (D. Don) Lindl.〉ラン科の多年生腐生植物。高さは20〜50cm。日本絶滅危機植物。

タヅナシボリ 手綱絞り リプサリス・ペンタプテラの別名。

タスマニアシロユーカリ 〈*Eucalyptus coccifera*〉フトモモ科の木本。樹高25m。樹皮は灰と白色。

ダスラー サクラソウ科のサクラソウの品種。園芸植物。

タタラカンガレイ カヤツリグサ科の多年草。高さは25〜80cm。

タチアオイ 立葵 〈*Althaea cannabina* L.〉アオイ科の観賞用草本。別名ハナアオイ(花葵)、カラアオイ(唐葵)、ツユアオイ(梅雨葵)。多毛。高さは3m。花は赤、ピンク、黄、白など。熱帯植物。薬用植物。園芸植物。

タチアオイ属 アオイ科の属総称。

タチアザミ 〈*Cirsium inundatum* Makino〉キク科の多年草。高さは1〜2m。

タチアマモ 〈*Zostera caulescens* Miki〉アマモ科の海藻。

タチイチゴツナギ 〈*Poa nemoralis* L.〉イネ科。

タチイチョウゴケ 〈*Lophozia ascendens* (Warnst.) R. M. Schust.〉ツボミゴケ科のコケ。別名タチイチョウウロコゲケ。茎は長さ0.5cm。

タチイヌノフグリ 立犬陰嚢 〈*Veronica arvensis* L.〉ゴマノハグサ科の多年草。高さは10〜40cm。花は淡紫色。高山植物。

タチイバラ 〈*Hypnea variabilis* Okamura〉イバラノリ科の海藻。糸状根から叢生し複羽状に分岐。体は10cm。

タチオオバコ ツボミオオバコの別名。

タチオランダゲンゲ 〈*Trifolium hybridum* L.〉マメ科の多年草。高さは30〜50cm。花は白色。

タチガシワ 立柏 〈*Cynanchum magnificum* Nakai〉ガガイモ科の多年草。高さは30〜60cm。

タチカタバミ 立酸漿草 〈*Oxalis corniculata* L. f. *erecta* Makino〉カタバミ科。

タチカメバソウ 立亀葉草 〈*Trigonotis guilielmi* A. Gray ex Gürke〉ムラサキ科の多年草。高さは20〜40cm。

タチカモジ イネ科。

タチカモメヅル 〈*Cynanchum nipponicum* Matsum. var. *glabrum* (Nakai) Hara〉ガガイモ科の草本。別名クロバナカモメヅル。

タチギボウシ 〈*Hosta rectifolia* var. *rectifolia*〉ユリ科の草本。別名エゾギボウシ。高山植物。

タチキランソウ 〈*Ajuga makinoi* Nakai〉シソ科の多年草。高さは5〜15cm。

タチクモマゴケ 〈*Anastrepta orcadensis* (Hook.) Schiffn.〉ツボミゴケ科のコケ。茎は長さ5cm、葉は卵形。

タチクラマゴケ 立鞍馬苔 〈*Selaginella nipponica* Franch. et Savat.〉イワヒバ科の常緑性シダ。主茎は長さ5〜20cm。園芸植物。

タチコウガイゼキショウ 〈*Juncus krameri* Franch. et Savat.〉イグサ科の多年草。高さは30〜50cm。

タチゴケ 〈*Atrichum undulatum* (Hedw.) P. Beauv.〉スギゴケ科のコケ。別名ナミガタタチゴケ。茎は長さ4cm、分枝しない。葉は披針形。園芸植物。

タチゴケモドキ 〈*Oligotrichum parallelum* (Mitt.) Kindb.〉スギゴケ科のコケ。茎は高さ2〜6cm、葉は卵状楕円形〜卵状披針形。

タチコゴメグサ 立小米草 〈*Euphrasia maximowiczii* Wettst.〉ゴマノハグサ科の半寄生一年草。高さは10〜30cm。

タチシオデ 立牛尾菜 〈*Smilax nipponica* Miq.〉ユリ科の多年草。別名ヒデコ、ヒョウデコ。高さは1〜2m。薬用植物。

タチヂシャ キク科の野菜。

タチシノブ 立忍 〈*Onychium japonicum* (Thunb. ex Murray) Kunze〉ホウライシダ科(イノモトソウ科、ワラビ科)の常緑性シダ。別名カンシノブ、フユシノブ。葉身は長さ60cm。卵状披針形。園芸植物。

タチジャコウソウ タイムの別名。

タチシャリンバイ 立車輪梅 〈*Rhaphiolepis umbellata* (Thunb. ex Murray) Makino var. *umbellata*〉バラ科の常緑低木〜小高木。別名シャリンバイ。高さは2〜4m。花は白色。園芸植物。

タチスイゼンジナ 〈*Gynura ovalis* DC.〉キク科の草本。塊根は薬。熱帯植物。

タチスゲ 〈*Carex muculata* Boott〉カヤツリグサ科の草本。

タチスズシロソウ 〈*Arabis kawasakiana* Makino〉アブラナ科の草本。

タチスズメノヒエ 〈*Paspalum urvillei* Steud.〉イネ科の多年草。高さは70〜150cm。

タチスベリヒユ 立滑莧 〈*Portulaca oleracea* L. var. *sativa* (Haw.) DC.〉スベリヒユ科の葉菜類。別名大葉スベリヒユ。花は黄色。園芸植物。

タチスミレ 立菫 〈*Viola raddeana* Regel〉スミレ科の多年草。高さは30〜50cm。花は淡紫色。園芸植物。日本絶滅危機植物。

タチセンニンソウ 〈*Clematis manshurica* Rupr.〉キンポウゲ科の薬用植物。別名コウライセンニンソウ。

タチチチコグサ 〈*Gnaphalium calviceps* Fern.〉キク科の一年草または越年草。別名ホソバノチチコグサモドキ。高さは10〜30cm。花は淡褐色。

タチチョウチンゴケ 〈*Orthomnion dilatatum* (Mitt.) P. C. Chen〉チョウチンゴケ科のコケ。匍匐茎は長さ10cm前後、褐色の仮根を密につけ、葉は円形〜広楕円形。

タチツボスミレ 立壺菫 〈*Viola grypoceras* A. Gray〉スミレ科の多年草。高さは20〜30cm。花は淡紫色。薬用植物。園芸植物。

タチツルアズキ 〈*Phascolus lathyroides* L.〉マメ科の草本。立性。花は暗赤紫色。熱帯植物。

タチデンダ 〈*Polystichum deltodon* (Bak.) Diels〉オシダ科の常緑性シダ。葉身は長さ15〜40cm。線形〜線状披針形。

タチテンノウメ 立天の梅 〈*Osteomeles boninensis* Nakai〉バラ科の常緑低木。別名シラゲテンノウメ。

タチテンモンドウ 立天門冬 〈*Asparagus cochinchinensis* (Lour.) Merr. var. *pygmaeus* Makino〉ユリ科。高さは20〜30cm。園芸植物。

タチトウ 〈*Calamus erectus* Griff.〉ヤシ科。直立性。幹径35ミリ、節間10cm。熱帯植物。

タチドコロ 立野老 〈*Dioscorea gracillima* Miq.〉ヤマノイモ科の多年生つる草。

タチドジョウツナギ イネ科の草本。

タチナタマメ 立鉈豆 〈*Canavalia ensiformis* (L.) DC.〉マメ科の蔓草。別名ツルナシナタマメ。莢はやや細く、種子白色。高さは60〜120cm。花は赤または赤紫色。熱帯植物。薬用植物。園芸植物。

タチネコノメソウ 〈*Chrysosplenium tosaense* (Makino) Makino〉ユキノシタ科の多年草。別名トサネコノメ。高さは5〜12cm。

タチネズミガヤ 〈*Muhlenbergia hakonensis* (Hack.) Makino〉イネ科の多年草。高さは40〜90cm。

タチノウゼン 〈*Stenolobium stans* (L.) Seem.〉ノウゼンカズラ科の観賞用小木。花は黄色。熱帯植物。

タチバ リュウゼツラン科のコルディリネの品種。園芸植物。

タチハイゴケ 立這苔 〈*Pleurozium schreberi* (Brid.) Mitt.〉ヤナギゴケ科(イワダレゴケ科)のコケ。別名ミヤマシトネゴケ。大形で長く、やや羽状に平らに分枝する。茎は赤色で。

タチハコベ 〈*Moehringia trinervia* (L.) Clairv.〉ナデシコ科の一年草または多年草。

タチハコベ エゾフスマの別名。

タチバナ 橘 〈*Citrus tachibana* (Makino) T. Tanaka〉ミカン科の木本。別名ハナタチバナ、ヤマタチバナ。高さは3m。薬用植物。園芸植物。

タチバナアデク フトモモ科の木本。別名ビタンガ。

タチハナアナナス ティランジア・キアネアの別名。

タチバナゲットウ 〈*Languas hookeriana* Merr.〉ショウガ科の観賞用植物。ショウガ状。高さ3m。花は黄色に赤条。熱帯植物。

タチバナモドキ 橘擬 〈*Pyracantha angustifolia* C. K. Schneid.〉バラ科の常緑性低木。別名ホソバトキワサンザシ、ピラカンサス。果実は黄橙色。

タチバヒダゴケ 〈*Orthotrichum sordidum* Sull. & Lesq.〉タチヒダゴケ科のコケ。茎は長さ1〜2cm、葉は披針形〜卵状披針形。

タチハリガネヒバ セラギネラ・サンギノレンタの別名。

タチバロウヤシ コペルニキア・マクログロッサの別名。

タチヒゴケ 〈*Orthotrichum consobrinum* Card.〉タチヒダゴケ科のコケ。別名コダマゴケ。小形、茎は短く1cm前後、葉は披針形〜楕円状披針形。

タチヒメワラビ 立姫蕨 〈*Phegopteris bukoensis* (Tagawa) Tagawa〉オシダ科(ヒメシダ科)の夏緑性シダ。葉身は長さ40〜70cm。長楕円状披針形。

タチビャクシン カイヅカイブキの別名。

タチビャクブ 〈*Stemona sessilifolia* Miq.〉ビャクブ科の薬用植物。

タチヒラゴケ 〈*Homaliadelphus targionianus* (Mitt.) Dixon & P. de la Varde〉ヒラゴケ科のコケ。二次茎は長さ2cm、葉は広卵形〜円形。

タチフウロ 立風露 〈*Geranium krameri* Franch. et Savat.〉フウロソウ科の多年草。高さは60〜80cm。

タチペトレア 〈*Petraea rugosa* H. B. et K.〉クマツヅラ科の観賞用低木。葉面粗渋、苞は淡紫色。熱帯植物。

タチボウキ アスパラガス・ミリオクラダスの別名。

タチミゾカクシ 〈*Lobelia hancei* Hara〉キキョウ科の草本。日本絶滅危機植物。

タチムシャリンドウ ドラコケファルム・モルダウィカの別名。

タチモ 立藻 〈*Myriophyllum ussuriense* (Regel) Maxim.〉アリノトウグサ科の多年生の沈水性〜抽水性〜湿生植物。水中では茎の長さ20〜60cm、陸生形は高さ5〜15cm。

タチヤナギ 立柳 〈*Salix subfragilis* Andersson〉ヤナギ科の落葉小高木。成葉は披針状長楕円形から広楕円形。薬用植物。園芸植物。

タチヤナギゴケ 〈*Orthoamblystegium spuriosubtile* (Broth. & Paris) Kanda & Nog.〉ウスグロゴケ科のコケ。別名イトヤナギゴケ。小形で、茎は糸状で長くはい、披針形の毛葉が少数ある。

ダチョウゴケ 駝鳥苔 〈*Ptilium crista-castrensis* De Not.〉ハイゴケ科のコケ。茎は長さ10cm以上、茎葉は卵状披針形。

タチヨウラクボク 〈*Afgekia sericea* Craib〉マメ科のつる植物。花序は上向。長さ5〜6m。花は紫紅色。熱帯植物。園芸植物。

タチラクウショウ 〈*Taxodium ascendens*〉スギ科の木本。樹高30m。樹皮は赤褐色。園芸植物。

タチロウゲ 〈*Potentilla recta* L.〉バラ科の多年草。別名オオヘビイチゴ。高さは20〜60cm。花は淡黄色。園芸植物。

タッカ・アスペラ 〈*Tacca aspera* Kunth.〉タシロイモ科の多年草。

タッカ・インテグリフォーリア 〈*Tacca integrifolia* Ker. Gawl.〉タシロイモ科の多年草。

タツガシラ 竜頭 ギムノカリキウム・キューリアヌムの別名。

タッカ・レオントペタロイデス タシロイモの別名。

タックリ 〈*Sargassum tosaense* Yendo〉ホンダワラ科の海藻。茎は扁平、中肋あり。

タツタソウ 竜田草 〈*Jeffersonia dubia* (Maxim.) Benth. et Hook. f. ex Bak. et S. L. Moore〉メギ科の多年草。別名イトマキソウ。高さは10〜15cm。花はラベンダーブルー。薬用植物。園芸植物。

タツタナデシコ 立田撫子 〈*Dianthus plumarius* L.〉ナデシコ科の多年草。別名トコナデシコ。花は白から濃桃色。高山植物。園芸植物。

タツタニシキ 竜田錦 ツツジ科のアザレアの品種。別名ベルバエネアーナ。園芸植物。

ダッタンソバ 〈*Fagopyrum tataricum* Gaertn.〉タデ科。ジャワでは高木地に作るがマライでは低地でも栽培可能。熱帯植物。園芸植物。

ダッタンハマサジ 〈*Limonium tataricum* (L.) Mill.〉イソマツ科の多年草。高さは30〜45cm。花は桃、桃紅色。園芸植物。

ダッチ・アイリス アヤメ科の園芸品種群。球根植物。別名オランダアヤメ、キュウコンイリス。花は白、黄、青など。園芸植物。

ダッチ・アイリス アイリスの別名。

タッチ・オブ・クラス 〈Touch of Class〉バラ科。ハイブリッド・ティーローズ系。

ダッドリア・ヌビゲナ 〈*Dudleya nubigena* (Brandeg.) Britt. et Rose〉ベンケイソウ科。ロゼット径7〜12cm。花は明黄色。園芸植物。

ダッドリア・ブリトニー センニョハイの別名。

タツナデシコ タツタナデシコの別名。

タツナミソウ 立浪草 〈*Scutellaria indica* L.〉シソ科の多年草。高さは20〜40cm。薬用植物。園芸植物。

タツノオトシゴ 〈*Oxymitra affinis* Hook. f.〉バンレイシ科の蔓木。側枝の基方は巻ヒゲ状になる。葉裏粉白。熱帯植物。

タツノツメガヤ 〈*Dactyloctenium aegypticum* (L.) Beauv.〉イネ科の一年草。別名リュウノツメガヤ。砂地に多い。高さは10〜40cm。熱帯植物。

タツノヒゲ 〈*Diarrhena japonica* Franch. et Savat.〉イネ科の多年草。高さは40〜80cm。

タツマワセ 立間早生 ミカン科のミカン(蜜柑)の品種。果枝は紅色が強い。

ダツラ ナス科の属総称。別名マンダラゲ、キチガイナス。

ダツラ・アウレア 〈*Datura aurea* (Lagerh.) Saff.〉ナス科。高さは10m。花は白または黄色。園芸植物。

ダツラ・アルボレア オオバナチョウセンアサガオの別名。

ダツラ・インシグニス 〈*Datura × insignis* Barb. Rodr.〉ナス科。花は白または桃色。園芸植物。

ダツラ・カンディダ 〈*Datura × candida* (Pers.) Saff.〉ナス科。高さは2〜4m。花は淡黄で開くと白色。園芸植物。

ダツラ・コルニゲラ 〈*Datura cornigera* Hook.〉ナス科。高さは3m。花は白かクリーム色。園芸植物。

ダツラ・サングイネア 〈*Datura sanguinea* Ruiz et Pav.〉ナス科。別名アカバナチョウセンアサガオ。高さは2.5m。花は淡黄→淡紅→橙赤色。園芸植物。

ダツラ・スアウェオレンス オオバナチョウセンアサガオの別名。

ダツラ・メテル チョウセンアサガオの別名。

ダツラ・メテロイデス 〈*Datura meteloides* DC.〉ナス科。

ダツラ・ロセイ 〈*Datura rosei* Saff.〉ナス科の一年草。

タデ タデ科の香辛野菜。別名ホンタデ、マタデ。

ダティスカ 〈*Datisca cannabina* L.〉ダティスカ科。

ダテオウギ 伊達扇 アヤメ科のハナショウブの品種。園芸植物。

タデ科 科名。

タテガタツノマタタケ 〈*Guepiniopsis buccina* (Pers. : Fr.) Kennedy〉アカキクラゲ科のキノコ。

タテシナ キンポウゲ科のクレマチスの品種。園芸植物。

タテシマキ

タテジマキンメイシホウチク　イネ科のシホウチクの変種。園芸植物。

タテジマザミア　ザミア・スキネリの別名。

タデスミレ　〈*Viola thibaudieri* Franch. et Savat.〉スミレ科の多年草。高さは25〜35cm。

タデハギ　マメ科の木本。

タテバスナゴショウ　〈*Peperomia sandersii* A. DC.〉コショウ科の観賞用草本。葉に白い斑、葉柄赤紫色。熱帯植物。

タテバツヅラフジ　〈*Coscinium blumeanum* Miers.〉ツヅラフジ科の蔓性低木。葉表滑、葉柄、葉裏、茎は淡褐色毛密生。熱帯植物。

タテヤマアザミ　立山薊　〈*Cirsium babanum* Koidz. var. *otayae* (Kitam.) Kitam.〉キク科の多年草。高さは1〜1.5m。高山植物。

タテヤマウツボグサ　立山靭草　〈*Prunella prunelliformis* (Maxim.) Makino〉シソ科の多年草。高さは25〜50cm。花は紫色。高山植物。園芸植物。

タテヤマギク　立山菊　〈*Aster dimorphophyllus* Franch. et Savat.〉キク科の多年草。高さは30〜55cm。

タテヤマキンバイ　立山金梅　〈*Sibbaldia procumbens* L.〉バラ科の草本状小低木。高山植物。

タテヤマスゲ　〈*Carex aphyllopus* Kükenth.〉カヤツリグサ科の多年草。高さは30〜100cm。

タテヤマハギ　マメ科。

タテヤマリンドウ　〈*Gentiana thunbergii* var. *minor*〉リンドウ科。別名コミヤマリンドウ。高山植物。

ダナエ・ラケモサ　〈*Danae racemosa* (L.) Moench〉ユリ科の低木。高さは60〜120cm。花は黄緑色。園芸植物。

タナカ　田中　バラ科のビワ(枇杷)の品種。果皮は橙黄色。

タナカイヌワラビ　オシダ科のシダ植物。

タナカウメノキゴケ　〈*Parmelia texana* Tuck.〉ウメノキゴケ科の地衣類。粉芽がある。

タナケツム・ゴシィピニナム　〈*Tanacetum gossupinum* Hook. fil. and Thomsex C. B. Clark〉キク科。高山植物。

タナシツツジ　ツツジ科の木本。

ターナーナラ　〈*Quercus* × *turneri*〉ブナ科の木本。樹高20m。樹皮は暗灰色。

ダニア　アフェランドラ・オーランティアカの別名。

タニイチゴツナギ　〈*Poa sachalinensis* var. *yatsugatakensis*〉イネ科。

タニイヌワラビ　谷犬蕨　〈*Athyrium otophorum* (Miq.) Koidz.〉オシダ科の常緑性シダ。葉身は長さ30〜50cm。三角状卵形〜卵状長楕円形。

タニウツギ　谷空木　〈*Weigela hortensis* (Sieb. et Zucc.) K. Koch〉スイカズラ科の落葉低木。別名ヤマウツギ、サオトメウツギ、ベニサキウツギ。高さは2〜3m。花は紅色。高山植物。薬用植物。園芸植物。

タニオクマワラビ　〈*Dryopteris* × *miyagiensis* Nakaike, nom. nud.〉オシダ科のシダ植物。

タニオシダ　〈*Dryopteris* × *rokunohensis* Nakaike, nom. nud.〉オシダ科のシダ植物。

タニガワコンギク　〈*Aster ageratoides* Turcz. subsp. *ripensis* (Makino) Kitamura〉キク科。

タニガワスゲ　〈*Carex forficula* Franch. et Savat.〉カヤツリグサ科の多年草。高さは30〜60cm。

タニガワハンノキ　〈*Alnus inokumae*〉カバノキ科の落葉高木。別名コバノヤマハンノキ。

タニギキョウ　谷桔梗　〈*Peracarpa carnosa* (Wall. ex Roxb.) Hook. f. et Thoms. var. *circaeoides* (Fr. Schm.) Makino〉キキョウ科の多肉性高菜。高さは10cm。高山植物。

タニゴケ　〈*Brachythecium rivulare* Schimp.〉アオギヌゴケ科のコケ。茎は、多くの鞭枝を出し、茎葉は卵形。

タニサキモリイヌワラビ　オシダ科のシダ植物。

タニサトメシダ　オシダ科のシダ植物。

タニジャコウソウ　谷麝香草　〈*Chelonopsis longipes* Makino〉シソ科の多年草。花柄は3〜4cm。園芸植物。

タニズイキ　〈*Schismatoglottis calyptrata* Z. et M.〉サトイモ科。葉は光沢、苞は中途から切れて落ちる。熱帯植物。園芸植物。

タニゼキイノデ　〈*Polystichum* × *susonoense* Shimura, nom. nud.〉オシダ科のシダ植物。

タニソバ　谷蕎麦　〈*Persicaria nepalensis* (Meisn.) H. Gross〉タデ科の一年草。高さは10〜30cm。花は桃または白色。園芸植物。

タニタデ　谷蓼　〈*Circaea erubescens* Franch. et Savat.〉アカバナ科の多年草。高さは20〜50cm。

タニヘゴ　〈*Dryopteris tokyoensis* (Matsum.) C. Chr.〉オシダ科の夏緑性シダ。葉身は長さ1m。倒披針形。

タニヘゴモドキ　〈*Dryopteris* × *kominatoensis* Tagawa〉オシダ科のシダ植物。

タニホウライイヌワラビ　オシダ科のシダ植物。

タニマスミレ　谷間菫　〈*Viola repens* Turcz.〉スミレ科の草本。別名オクヤマスミレ。花は淡紫色。高山植物。園芸植物。

タニミツバ　谷三葉　〈*Sium serra* (Franch. et Savat.) Kitagawa〉セリ科の草本。

タニワタリノキ　谷渡りの木　〈*Nauclea orientalis* L.〉アカネ科の常緑低木。花は淡黄色。園芸植物。

タヌキアヤメ 狸菖蒲 〈*Philydrum lanuginosum* Banks〉タヌキアヤメ科の多年草。高さは50〜100cm。

タヌキコマツナギ 〈*Indigofera hirsuta* L.〉マメ科の半低木。茎に褐毛。花は紅色。熱帯植物。

タヌキジソ 〈*Galeopsis tetrahit* L.〉シソ科の一年草。高山植物。

タヌキノショクダイ 〈*Glaziocharis abei* Akazawa〉ヒナノシャクジョウ科の多年生腐生植物。無葉緑、花の頂部を僅かに地上に出す。高さは1〜4cm。熱帯植物。日本絶滅危機植物。

タヌキノチャブクロ 〈*Lycoperdon pyriforme* Shaeff.：Pers.〉ホコリタケ科のキノコ。

タヌキハブソウ 〈*Cassia hirsuta* L.〉マメ科の大形草本。多毛、悪臭。熱帯植物。

タヌキマメ 狸豆 〈*Crotalaria sessiliflora* L.〉マメ科の一年草。高さは20〜70cm。薬用植物。

タヌキモ 狸藻 〈*Utricularia japonica* Makino〉タヌキモ科の多年生の浮遊植物。多数の捕虫嚢、花弁は黄色。高さは10〜30cm。

タヌキモ科 科名。

タヌキラン 狸蘭 〈*Carex podogyna* Franch. et Savat.〉カヤツリグサ科の多年草。高さは30〜100cm。

タネガシマカイイロラン 〈*Cheirostylis liukiuensis* Masam.〉ラン科の草本。別名リュウキュウカイロラン。

タネガシマムヨウラン 〈*Aphyllorchis montana* Reichb. fil.〉ラン科の草本。

タネツケバナ 種付花 〈*Cardamine flexuosa* With.〉アブラナ科の一年草または越年草。別名タガラシ、コメナズナ。高さは10〜30cm。薬用植物。

タネナシパンノキ 〈*Artocarpus communis* Forst.〉クワ科の高木。葉無毛、果表やや平滑、材は黄色。熱帯植物。

タネパンノキ 〈*Artocarpus communis* Forst.〉クワ科の高木。葉は有毛、果表凸起著しく、材はシロアリに強い。熱帯植物。

タノモグサ 〈*Microdictyon okamurai* Setchell〉アオモグサ科の海藻。枝の先端は波形に凹凸のある盤状をとる。

タバコ 煙草 〈*Nicotiana tabacum* L.〉ナス科の草本。全株粘毛。花は淡紅色。熱帯植物。薬用植物。

タバコ ナス科の属総称。

タバコグサ 〈*Desmarestia tabacoides* Okamura〉ウルシグサ科の海藻。葉状卵円形の単葉。体は70cm。

タバコソウ ベニチョウジの別名。

タバスコ ナス科のトウガラシの1系統群。

タバナリイチジク 〈*Ficus fistulosa* Reinw.〉クワ科の小木。果嚢は有柄、太枝に集合。熱帯植物。

ターバンゴケ 〈*Cladonia capitata*（Michx.）Spreng.〉ハナゴケ科の地衣類。鱗葉は小形。

タピオカ キッコウキリンの別名。

タピオカノキ キッコウキリンの別名。

タヒチ ヒガンバナ科のスイセンの品種。園芸植物。

ダビドカナメモチ 〈*Photinia davidiana*〉バラ科の木本。樹高10m。樹皮は灰褐色。

ダビニシキ 蛇尾錦 アロエ・ダヴィアナの別名。

タビビトノキ バショウ科の属総称。別名オウギバショウ。

タビビトノキ オウギバショウの別名。

タビラコ コオニタビラコの別名。

ダブ 〈Dove〉バラ科。イングリッシュローズ系。花は白色。

タフクベンテン ツバキ科のツバキの品種。

ダフニフィルム・テースマニー ヒメユズリハの別名。

ダフニフィルム・マクロボドゥム ユズリハの別名。

ダフネ・アクティロバ 〈*Daphne acutiloba* Rehd.〉ジンチョウゲ科の低木。高さは1.5m。花は白色。園芸植物。

ダフネ・アルピナ 〈*Daphne alpina* L.〉ジンチョウゲ科の低木。高さは30cm。花は白色。園芸植物。

ダフネ・アルブスクラ 〈*Daphne arbuscula* Čelak.〉ジンチョウゲ科の低木。花はピンク色。園芸植物。

ダフネ・イェゾエンシス ナニワズの別名。

ダフネ・オドラ ジンチョウゲの別名。

ダフネ・キウシアナ コショウノキの別名。

ダフネ・クネオルム 〈*Daphne cneorum* L.〉ジンチョウゲ科の低木。高さは30cm。高山植物。園芸植物。

ダフネ・ゲンクワ フジモドキの別名。

ダフネ・コリナ 〈*Daphne collina* Sm.〉ジンチョウゲ科の低木。高さは30cm。花はピンク色。園芸植物。

ダフネ・ストリアタ 〈*Daphne striata* Tratt.〉ジンチョウゲ科。高山植物。

ダフネ・セリケア 〈*Daphne sericea* Vehl〉ジンチョウゲ科の低木。高さは20〜40cm。花はピンク色。園芸植物。

ダフネ・タングティカ 〈*Daphne tangutica* Maxim.〉ジンチョウゲ科の低木。高さは1m。花は紫紅がかった白色。園芸植物。

ダフネ・バークウッディー 〈*Daphne* × *burkwoodii* Turrill〉ジンチョウゲ科の低木。高さは70cm。花はピンク色。園芸植物。

ダフネ・プセウドメゼレウム チョウセンナニワズの別名。

ダフネ・ブホルア ジンチョウゲ科。高山植物。

ダフネ・ペトラエア 〈Daphne petraea Leyb.〉ジンチョウゲ科の低木。高さは7cm。花はピンク色。園芸植物。

ダフネ・ベレガヤナ 〈Daphne blagayana Hort.〉ジンチョウゲ科の常緑小低木。

ダフネ・ポンティカ 〈Daphne pontica L.〉ジンチョウゲ科の低木。高さは80cm。花は緑黄色。園芸植物。

ダフネ・メゼレウム ヨウシュジンチョウゲの別名。

ダフネ・ラウレオラ 〈Daphne laureola L.〉ジンチョウゲ科の常緑小低木。高さは1m。花は黄緑色。高山植物。園芸植物。

ダフネ・レッサ 〈Daphne retusa Hemsl.〉ジンチョウゲ科の低木。高さは70cm。花は濃いピンク色。園芸植物。

タブノキ 楠 〈Machilus thunbergii Sieb. et Zucc.〉クスノキ科の常緑高木。別名イヌグス、ダマ、ダモ。高さは10~15m。薬用植物。園芸植物。

ダブリン・ベイ 〈Dublin Bay〉 バラ科。花は深紅色。

ダブル・イベント ヒガンバナ科のスイセンの品種。園芸植物。

ダブル・カメリア シュウカイドウ科のベゴニアの品種。園芸植物。

ダブル・デライト 〈Double Delight〉 バラ科。ハイブリッド・ティーローズ系。花はクリーム色。

ダブル・バイカラー ツリフネソウ科のインパティエンスの品種。園芸植物。

ダブル・ハンギング シュウカイドウ科のベゴニアの品種。園芸植物。

ダブル・ブラウン アオイ科のハワイアン・ハイビスカスの品種。

ダブル・フレンチ・ローズ ロサ・ガリカ・オフィキナリスの別名。

ダブル・マンモス・ハイブリッド キンポウゲ科のハナキンポウゲの品種。園芸植物。

タペイノキロス・アナナッサエ 〈Tapeinochilos ananassae (Hassk.) K. Schum.〉ショウガ科。高さは1.5~2m。花は黄色。園芸植物。

タベブイア・インペティギノサ 〈Tabebuia impetiginosa (Mart. ex DC.) Toledo〉ノウゼンカズラ科。高さは6~7m。花は紫紅色。園芸植物。

タベブイア・ウンベラタ 〈Tabebuia umbellata (Sond.) Sandw.〉ノウゼンカズラ科。高さは5m。花は濃黄色。園芸植物。

タベブイア・クリサンタ 〈Tabebuia chrysantha (Jacq.) Nichols.〉ノウゼンカズラ科。花は鮮黄色。園芸植物。

タベブイア・クリソトリカ 〈Tabebuia chrysotricha (Mart. ex DC.) Standl.〉ノウゼンカズラ科。高さは10m。花は濃黄色。園芸植物。

タベブイア・セラティフォリア 〈Tabebuia serratifolia (Vahl) Nichols.〉ノウゼンカズラ科。高さは6~9m。花は輝黄色。園芸植物。

タベブイア・パリダ 〈Tabebuia pallida (Lindl.) Miers〉ノウゼンカズラ科。花は桃色。園芸植物。

タベブイア・ペンタフィラ 〈Tabebuia pentaphylla (L.) Hemsl.〉ノウゼンカズラ科。高さは6m。花は淡桃色または桃色。園芸植物。

タベルナエモンタナ キョウチクトウ科の属総称。別名サンユウカ。

タホウタウコギ 〈Bidens polylepis Blake〉キク科の一年草または越年草。高さは30~100cm。花は黄色。

ダボエキア・カンタブリカ 〈Daboecia cantabrica (Huds.) K. Koch〉ツツジ科の常緑小低木。高さは40~60cm。花は紅紫と白色。園芸植物。

ダボエシア・カンタブリカ ダボエキア・カンタブリカの別名。

タホカ・デージー キク科。園芸植物。

タマアジサイ 球紫陽花 〈Hydrangea involucrata Sieb.〉ユキノシタ科の落葉低木。高さは1~2m。花は白色。園芸植物。

タマアセタケ 〈Inocybe sphaerospora Kobayasi〉フウセンタケ科のキノコ。

タマイタダキ 〈Delisea fimbriata (Lamouroux) Lamouroux〉カギノリ科の海藻。嚢果が小枝の先端にある。体は20~25cm。

タマイブキ 玉伊吹 ヒノキ科。園芸植物。

タマウメ 玉梅 バラ科のウメ(梅)の品種。別名青軸。果皮は淡緑黄で、陽向部は橙黄色。

タマウラベニタケ 〈Entoloma abortivum (Berk. & Curt.) Donk〉イッポンシメジ科のキノコ。中型。傘は淡灰色。ひだはピンク色。

タマオキナ 玉翁 〈Mammillaria hahniana Werderm.〉サボテン科のサボテン。花は紫桃~紫紅色。園芸植物。

タマオリヒメ 玉織姫 ツツジ科のサツキの品種。園芸植物。

タマガキシダレ 玉垣枝垂 バラ科のウメの品種。園芸植物。

タマガサノキ ケファランツス・オッキデンタリスの別名。

タマガタシオミドロ 〈Ectocarpus breviarticulatus J. Agardh〉シオミドロ科の海藻。叢生。体は2~4cm。

タマガヤツリ 球蚊帳釣 〈Cyperus difformis L.〉カヤツリグサ科の一年草。高さは25~60cm。

タマガラシ 〈Neslia paniculata (L.) Desv.〉アブラナ科の一年草。高さは20~80cm。花は淡黄色。

タマカラマツ 〈Thalictrum watanabei Yatabe〉キンポウゲ科の草本。

タマガワホトトギス 玉川杜鵑草 〈*Tricyrtis latifolia* Maxim.〉ユリ科の多年草。高さは40〜80cm。高山植物。園芸植物。

タマキクラゲ 〈*Exidia uvapassa* Lloyd〉ヒメキクラゲ科のキノコ。小型。子実体は類球形、融合しない。

タマキチリメンゴケ 〈*Hypnum dieckii* Renauld & Card.〉ハイゴケ科のコケ。しばし赤褐色をおびる。茎葉は卵形。

タマキンポウゲ 〈*Ranunculus bulbosus* L.〉キンポウゲ科の多年草。別名セイヨウキンポウゲ、カブラキンポウゲ。高さは10〜30cm。花は黄色。高山植物。

タマクルマバソウ アスペルラ・オリエンタリスの別名。

タマゴケ 〈*Bartramia pomiformis* Hedw.〉タマゴケ科のコケ。別名チジレバタマゴケ。やや大形、茎は長さ4〜5cm、褐色の仮根に覆われる。葉はやや幅広い卵形。園芸植物。

タマゴタケ 〈*Amanita hemibapha* (Berk. et Br.) Sacc.〉テングタケ科のキノコ。別名ダシキノコ、アカダシ。中型〜大型。傘は赤色、条線あり。ひだは帯黄色。園芸植物。

タマゴダケ 〈*Schizostachyum zollingeri* Steud.〉イネ科。密集束生、桿は肉うすい。熱帯植物。

タマゴタケモドキ 〈*Amanita subjunquillea* Imai〉テングタケ科のキノコ。中型。傘はくすんだ橙黄色〜淡黄色、条線なし。ひだは白色。

タマゴテングタケ 〈*Amanita phalloides* (Fr.) Link〉テングタケ科。

タマゴテングタケモドキ 〈*Amanita longistriata* Imai〉テングタケ科のキノコ。小型〜中型。傘は灰褐色、条線あり。ひだはピンク色。

タマゴナス ナス科。園芸植物。

タマゴノキ 〈*Spondias cytherea* Sonn.〉ウルシ科の小木。葉光沢、果実は黄色、芳香。熱帯植物。

タマゴバムチゴケ 〈*Bazzania denudata* (Torr. ex Lindenb.) Trevis.〉ムチゴケ科のコケ。茎は長さ1〜3cm、葉は卵形。

タマゴバロニア 〈*Valonia macrophysa* Kuetzing〉バロニア科の海藻。団塊となる。体は径15cm。

タマゴホルトノキ 〈*Elaeocarpus floribundus* BL.〉ホルトノキ科の高木。熱帯植物。

タマコモチイトゴケ 〈*Gammiella tonkinensis* (Broth. & Paris) B. C. Tan〉ナガハシゴケ科のコケ。小形で、葉は黄緑色〜黄褐色。

タマザキエビネ 〈*Calanthe densiflora* Lindl.〉ラン科の多年草。花は黄色。園芸植物。

タマザキクサフジ 〈*Securigera varia* (L.) Lassen〉マメ科のつる性一年草。長さは30〜120cm。花は淡紅〜白色。

タマザキサクラソウ 〈*Primula denticulata* Sm.〉サクラソウ科の多年草。花はピンク色。高山植物。園芸植物。

タマザキサクララン 〈*Hoya ridleyi* King et Gamble〉ガガイモ科の蔓植物。葉は淡黄色で赤味を帯びる。熱帯植物。

タマザキツヅラフジ 〈*Stephania cephalantha* Hayata.〉ツヅラフジ科の薬用植物。

タマザキヒメハナシノブ ギリア・カピタタの別名。

タマザキユーカリ 〈*Eucalyptus corymbosa* Smith.〉フトモモ科の高木。花は白色。熱帯植物。

タマザキリアトリス 〈*Liatris ligulistylis* (A. Nels.) K. Schum.〉キク科。別名ユリアザミ、キリンギク。高さは90cm。花は紅紫色。園芸植物。切り花に用いられる。

タマサボテン エキノカクツスの別名。

タマサンゴ フユサンゴの別名。

タマシケシダ 〈*Deparia japonica* × *pseudoconilii*〉オシダ科のシダ植物。

タマヂシャ キク科の野菜。

タマシダ 玉羊歯 〈*Nephrolepis auriculata* (L.) Trimen〉シノブ科(ツルシダ科)の常緑性シダ。葉は長さ30〜100cm。線状披針形。園芸植物。

タマシダ 玉羊歯 シノブ科の属総称。切り花に用いられる。

タマシャジン キキョウ科。

タマジュズモ 〈*Chaetomorpha moniligera* Kjellman〉シオグサ科の海藻。叢生し淡緑色。

タマシロオニタケ 〈*Amanita abrupta* Peck〉テングタケ科のキノコ。中型。傘は角錐状のいぼ、帯白色、条線なし。

ダマスク・ローズ バラ科のハーブ。

タマスダレ 玉簾 〈*Zephyranthes candida* (Lindl.) Herb.〉ヒガンバナ科の小球根植物。花は淡紅色。熱帯植物。薬用植物。園芸植物。

タマダレニシキ 玉垂錦 ツツジ科のアザレアの品種。別名マダム・エル・ド・スメ。園芸植物。

タマチョレイタケ 〈*Polyporus tuberaster* (Pers. : Fr.) Fr.〉サルノコシカケ科のキノコ。小型〜大型。傘は黄褐色、濃色の鱗片。

タマツキカレバタケ 〈*Collybia cookei* (Bres.) J. D. Arnold〉キシメジ科のキノコ。超小型。傘は白色。

タマツヅリ 〈*Sedum morganianum* E. Walth.〉ベンケイソウ科の多年草。別名タマスダレ。園芸植物。

タマツナギ 〈*Desmodium gangeticum* DC.〉マメ科のやや木性の草本。莢は粘毛、葉裏粉白。花は緑色。熱帯植物。

タマツバキ 玉椿 〈*Crassula teres* Marloth〉ベンケイソウ科の多肉植物。花は白色。園芸植物。

タマツリス

タマツリスゲ 〈*Carex filipes* Franch. et Savat.〉カヤツリグサ科の多年草。高さは30～60cm。

タマツルソウ 〈*Bowiea volubilis* Harv. et Hook. f.〉ユリ科の鱗茎植物。別名タマツルクサ、蒼角殿。高さは2～3m。花は緑白色。園芸植物。

タマナシキャベツ 〈*Brassica alboglabra* Bail.〉アブラナ科の野菜。葉は厚くハボタン状、粉白。熱帯植物。

タマナシモク 〈*Sargassum nipponicum* Yendo〉ホンダワラ科の海藻。茎は単条、糸状。体は0.3～1m。

タマニョウソシメジ 〈*Lyophyllum gibberosum* (Schaeff.) M. Lange〉キシメジ科のキノコ。

タマネギ 玉葱 〈*Allium cepa* L.〉ユリ科のハーブ。薬用植物。園芸植物。

タマノウラ ツバキ科のツバキの品種。

タマノカンアオイ 多摩の寒葵 〈*Heterotropa tamaensis* (Makino) F. Maekawa〉ウマノスズクサ科の多年草。葉は広卵円形。葉径5～13cm。園芸植物。

タマノカンザシ 玉簪 〈*Hosta plantaginea* (Lam.) Aschers. var. *grandiflora* (Sieb.) Aschers. et Graebn.〉ユリ科の草本。園芸植物。

タマノヤガミスゲ 〈*Carex aenea* Fernald〉カヤツリグサ科。果胞の腹面はほとんど無脈。

タマノリイグチ 〈*Xerocomus astraeicola* Imazeki〉イグチ科のキノコ。

タマバ 玉葉 〈*Sedum stahlii* Solms-Laub.〉ベンケイソウ科の草本。花は黄色。園芸植物。

タマハジキタケ 〈*Sphaeroborus stellatus* Tode：Pers.〉タマハジキタケ科のキノコ。超小型。幼菌は白色。

タマバナノキ 〈*Nauclea maingayi* Hook. f.〉アカネ科の高木。集果は甘く食用、Authocephalusに似る。熱帯植物。

タマバロニア 〈*Valonia aegagropila* C. Agardh〉バロニア科の海藻。団塊をなす。

タマビンロウ 〈*Calyptrocalyx spicatus* BL.〉ヤシ科。果実は橙黄色、ビンロウジの果に代用。幹径7cm。熱帯植物。園芸植物。

タマブキ 珠蕗 〈*Cacalia farfaraefolia* Sieb. et Zucc. var. *bulbifera* (Maxim.) Kitamura〉キク科の多年草。高さは50～140cm。

タマフジウツギ 玉藤空木 〈*Buddleja globosa* Hope〉フジウツギ科の常緑低木。園芸植物。

タマフヨウ ボタン科のボタンの品種。

タマボウキ 〈*Asparagus oligoclonos* Maxim.〉ユリ科の草本。別名ツクシタマボウキ。高さは1m。花は黄緑色。園芸植物。日本絶滅危機植物。

タマホツチリモチ 〈*Balanophora sphaerica* V. Tiegh.〉ツチトリモチ科の寄生植物。熱帯植物。

タマミアデク 〈*Eugenia tumida* Duthie〉フトモモ科の高木。葉は淡緑、果皮はやや硬い。花は白色。熱帯植物。

タマミクリ 球実栗 〈*Sparganium glomeratum* Laest.〉ミクリ科の多年生の抽水植物。全高20～80cm、雄性頭花が少ない。高さは30～60cm。高山植物。

タマミズキ 玉水木 〈*Ilex micrococca* Maxim.〉モチノキ科の木本。別名アカミズキ。

タマミル 〈*Codium minus* (Schmidt) Silva〉ミル科の海藻。球形中実。

タマムクエタケ 〈*Agrocybe arvalis* (Fr.) Sing.〉オキナタケ科のキノコ。小型。傘は黄土褐色、中央部にしわ。ひだは暗褐色。

タマヤナギ 玉柳 レピスミウム・パラドクスムの別名。

タマヤブジラミ 〈*Torilis nodosa* (L.) Gaertn.〉セリ科の一年草。別名ツルヤブジラミ。長さは40cm。花は白色。

タマリクス・ガリカ 〈*Tamarix gallica* L.〉ギョリュウ科の木本。高さは3～4m。花は白または桃色。園芸植物。

タマリクス・キネンシス ギョリュウの別名。

タマリクス・テトランドラ 〈*Tamarix tetrandra* Pall. ex Bieb. emend. Willd.〉ギョリュウ科の木本。花はピンク色。園芸植物。

タマリクス・ペンタンドラ ヒナギョリュウの別名。

タマリシオグサ 〈*Cladophora rudolphiana* (Agardh) Harvey〉シオグサ科の海藻。細い毛の団塊からなる。

タマリンド 〈*Tamarindus indica* L.〉マメ科の高木。別名タマリンドゥス・インディカ、チョウセンモダマ。莢爽褐色。高さは24m。花は黄赤色。熱帯植物。薬用植物。園芸植物。

タムシバ 田虫葉 〈*Magnolia salicifolia* (Sieb. et Zucc.) Maxim.〉モクレン科の落葉低木。別名カムシバ、サトウシバ。樹高10m。花は白色。樹皮は灰色。高山植物。薬用植物。園芸植物。

タムス・コムムニス 〈*Tamus communis* L.〉ヤマノイモ科のつる性多年草。

ダムナカンツス・インディクス アリドオシの別名。

タムポイ 〈*Baccaurea reticulata* Hook. f.〉トウダイグサ科の高木。葉脈は細い。果実は垂下、褐色。熱帯植物。

タムラソウ 田村草 〈*Serratula coronata* L. subsp. *insularis* (Iljin) Kitamura〉キク科の多年草。別名タマボウキの別名。高さは30～140cm。

ターメリック ウコンの別名。

タモギタケ 〈*Pleurotus cornucopiae* (Pers.) Rolland〉ヒラタケ科(キシメジ科)のキノコ。別名ニレタケ、タモキノコ、タモワカイ。小型～中

型。傘は漏斗形、鮮黄色。ひだは白色。園芸植物。

タモトユリ 袂百合 〈*Lilium nobilissimum* (Makino) Makino〉ユリ科の多肉植物。別名タモツユリ、テモチユリ、コウユリ。高さは50～70cm。花は純白色。園芸植物。日本絶滅危機植物。

タモラ 〈*Tamora*〉バラ科。イングリッシュローズ系。花は杏色。

ダモンギョク 蛇紋玉 ギムノカリキウム・フライシェリアヌムの別名。

タライカヤナギ 〈*Salix taraikaensis* Kimura〉ヤナギ科の木本。北海道東部、サハリンに分布。園芸植物。

タラクサクム・アルビドゥム シロバナタンポポの別名。

タラクサクム・ウェヌスツム エゾタンポポの別名。

タラクサクム・オッフィキナレ セイヨウタンポポの別名。

タラクサクム・プラティカルプム カントウタンポポの別名。

タラクサクム・ラエウィガツム アカミタンポポの別名。

タラップノキ 〈*Artocarpus elasticus* Reinw.〉クワ科の高木。果実はハラミツに似る。葉長60cm。花は黄色。熱帯植物。

タラノキ 楤木 〈*Aralia elata* (Miq.) Seem.〉ウコギ科の落葉低木。別名ウドモドキ、タラッポ。高さは150cm。薬用植物。園芸植物。

タラノメ ウコギ科の山菜。別名ウドモドキ。

タラバフカノキ 〈*Schefflera heterophylla* Harms〉ウコギ科の小木。花は褐色。熱帯植物。

タラパヤシ 〈*Corypha utan* Lam.〉ヤシ科。30年で開花枯死。葉は経文用、編物、ウチワ、笠用。熱帯植物。

タラヨウ 多羅葉 〈*Ilex latifolia* Thunb. ex Murray〉モチノキ科の常緑高木。別名エカキバ、ノコギリバ、ノコギリモチ。高さは10m。花は黄緑色。樹皮は灰色。薬用植物。園芸植物。

タラヨウノビッソロマ 〈*Byssoloma rotuliforme* (Müll. Arg.) Sant.〉ヘリトリゴケ科の地衣類。地衣体は白から淡灰色。

ダリア 〈*Dahlia pinnata* Cav.〉キク科の多年草。別名ダーリヤ、テンジクボタン、イモボタン。高さは2m。花は緋赤色。薬用植物。園芸植物。切り花に用いられる。

ダリア キク科の属総称。球根植物。別名テンジクボタン。

ダリア・グラキリス 〈*Dahlia gracilis* Ortg.〉キク科の多年草。高さは1.2m。花は鮮やかな橙ないし深紅色。園芸植物。

ターリア・デアルバタ ミズカンナの別名。

ダリア・フアレシー 〈*Dahlia juarezii* hort. ex Sasaki〉キク科の多年草。花は輝く緋紅色。園芸植物。

ダリア・メルキー 〈*Dahlia merckii* Lehm.〉キク科の多年草。別名フジイロテンジクボタン。高さは2m。花は藤色。園芸植物。

タリエラヤシ ヤシ科の属総称。

タリクトルム・アクイレギーフォリウム 〈*Thalictrum aquilegiifolium* L.〉キンポウゲ科の多年草。高さは50～100cm。花は淡紅色。園芸植物。

タリクトルム・アクタエイフォリウム シギンカラマツの別名。

タリクトルム・アルピヌム 〈*Thalictrum alpinum* L.〉キンポウゲ科の多年草。高さは10～20cm。高山植物。園芸植物。

タリクトルム・キウシアヌム ツクシカラマツの別名。

タリクトルム・ケリドニー 〈*Thalictrum chelidonii* DC.〉キンポウゲ科の多年草。高さは50～100cm。園芸植物。

タリクトルム・コレアヌム 〈*Thalictrum coreanum* Lév.〉キンポウゲ科の多年草。別名ハスノハカラマツ。高さは20～30cm。花は白色。園芸植物。

タリクトルム・ディプテロカルプム 〈*Thalictrum dipterocarpum* Franch.〉キンポウゲ科の多年草。高さは50～150cm。園芸植物。

タリクトルム・デラバイ 〈*Thalictrum delavayi* Franch.〉キンポウゲ科の多年草。高さは60～120cm。園芸植物。

タリクトルム・フィラメントスム ミヤマカラマツの別名。

タリクトルム・フラウム キバナカラマツソウの別名。

タリクトルム・ホリオロスム 〈*Thalictrum foliolosum* DC.〉キンポウゲ科の薬用植物。

タリクトルム・ミヌス 〈*Thalictrum minus* L.〉キンポウゲ科の多年草。高さは50～150cm。高山植物。園芸植物。

タリクトルム・レニフォルメ キンポウゲ科。高山植物。

タリクトルム・ロシュブルニアヌム シキンカラマツの別名。

ダリスグラス イネ科。

タリスマン カンナ科のカンナの品種。園芸植物。

タリヌム・クラッシフォリウム ハゼランの別名。

タリヌム・パテンス 〈*Talinum patens* (L.) Willd.〉スベリヒユ科。別名シュッコンハゼラン。高さは30～60cm。花は洋紅色。園芸植物。

ダリュウマル 蛇竜丸 ギムノカリキウム・テヌダツムの別名。

ダーリングトニア・カリフォルニカ 〈*Darlingtonia californica* Torr.〉サラセニア科の多年草。別名ランチュウソウ。高さは36〜100cm。花はえび茶ないし紫色。高山植物。園芸植物。

ダーリン・レッド キク科のダリアの品種。園芸植物。

タルウマゴヤシ 〈*Medicago truncatula* Gaertner〉マメ科の一年草。高さは50cm。花は黄色。

ダルシャンピア・レーツリアナ ケショウボクの別名。

ダルス 〈*Palmaria palmata* (L.) O. Kuntze〉ダルス科の海藻。薄い膜質。体は15〜40cm。

ダルス ダルス科の紅藻植物、ダルス目の総称。

タルゼッタ・カティヌス ピロネマキン科のキノコ。

タルタルギョク 太留太留玉 ネオチレニア・タルタレンシスの別名。

ダルベルギア・オドリフェラ 〈*Dalbergia adorifera* T. Chen.〉マメ科の薬用植物。

ダールベルグデージー キク科。

タルホコムギ 〈*Aegilops triuncialis* L.〉イネ科。

タルマイスゲ 〈*Carex buxbaumii*〉カヤツリグサ科。

ダルマエビネ 〈*Calanthe japonica* Blume〉ラン科の多年草。別名ヒロハノカラン。花は白色。園芸植物。日本絶滅危機植物。

ダルマカズラ 〈*Adenia singaporeana* Eng.〉トケイソウ科の蔓草。葉は厚く先端反巻。熱帯植物。

ダルマギク 達磨菊 〈*Aster spathulifolius* Maxim.〉キク科の多年草。高さは20〜60cm。

ダルマヒオウギ アヤメ科。園芸植物。

タルヤシ コルポトリナクス・ライティーの別名。

ダルリンプルユーカリ 〈*Eucalyptus dalrympleana*〉フトモモ科の木本。樹高30m。樹皮は灰褐色。

タレナ 〈*Tarenna pulchra* Ridl.〉アカネ科の低木。花は緑白色。熱帯植物。

タレハタケ 〈*Oxytenanthera nigrociliata* Munro〉イネ科。タケノコの葉鞘の耳縁から粘液を出す。熱帯植物。

タレハヤシ 〈*Heterospathe elata* Ssheff.〉ヤシ科の観賞用植物。羽片長さ60cm、極めて軟く垂下する。熱帯植物。園芸植物。

タレユエソウ エヒメアヤメの別名。

タロイモ サトイモ科。

タロウアン 太郎庵 ツバキ科のツバキの品種。園芸植物。

タワラニガナ キク科。

ダンアミタケ 〈*Daedalea serialis* (Fr.) Aoshi.〉タコウキン科のキノコ。

タンカク 丹鶴 ラン科のカンランの品種。園芸植物。

タンカン 桶柑 〈*Citrus tankan* Hayata〉ミカン科。果面は濃橙色。園芸植物。

ダンカン・グレープフルート グレープフルーツの別名。

ダンギク 〈*Caryopteris incana* (Thunb. ex Murray) Miq.〉クマツヅラ科の多年草。別名カリオプテリス、ランギク(蘭菊)。花は紫色。園芸植物。切り花に用いられる。

タンキリマメ 痰切豆 〈*Rhynchosia volubilis* Lour.〉マメ科の多年生つる草。高さは2m前後。

ダンキンマル 断琴丸 マミラリア・ウアガスピナの別名。

タングートダイオウ 〈*Rheum tangticum* Maxim. ex Balf.〉タデ科の薬用植物。

タンゲブ 〈*Campanumoea lancifolia* (Roxb.) Merr.〉キキョウ科。別名タイワンツルギキョウ。

タンゲマル 短毛丸 〈*Echinopsis eyriesii* (Turp.) Zucc.〉サボテン科のサボテン。径12〜15cm。花は帯緑色。園芸植物。

ダンケルドカラマツ 〈*Larix × eurolepis*〉マツ科の木本。樹高35m。樹皮は帯赤褐色。

ダンコウバイ 檀香梅 〈*Lindera obtusiloba* Blume〉クスノキ科の落葉低木。別名ウコンバナ、シロジシャ。花は黄色。園芸植物。

ダンゴギク 団子菊 〈*Helenium autumnale* L.〉キク科の多年草。別名マツバハルシャギク(松葉波斯菊)、ヘレニューム。高さは60〜180cm。花は黄色。薬用植物。園芸植物。切り花に用いられる。

タンゴグミ 〈*Elaeagnus arakiana* Koidz.〉グミ科の木本。

ダンゴツメクサ 〈*Trifolium glomeratum* L.〉マメ科の一年草。長さは5〜20cm。花は淡紅色。

タンゴワラビ 〈*Diplazium × sacrosanctum* Kurata, nom. nud.〉オシダ科のシダ植物。

タンザワ 丹沢 ブナ科のクリ(栗)の品種。別名クリ農林1号、チ−30。果皮は褐色。

タンザワイケマ 〈*Cynanchum caudatum* (Miq.) Maxim. var. *tanzawamontanum* Kigawa〉ガガイモ科の多年生つる草。

タンザワトリカブト 〈*Aconitum unguiculatum*〉キンポウゲ科。

タンザワヒゴタイ 〈*Saussurea hisauchii* Nakai〉キク科。

タンジー ヨモギギクの別名。

タンシウチワ 単刺団扇 〈*Opuntia vulgaris* Mill.〉サボテン科の多年草。高さは2〜4m。花は黄または赤色。園芸植物。

ダンジュウロウ 団十郎 ヒルガオ科のアサガオの品種。園芸植物。

タンジン 丹参 〈*Salvia multiorhiza* Bunge〉シソ科の薬用植物。

ダンダタマツ 〈*Agathis robusta* (C. Moore ex F. J. Muell.) F. M. Bailey〉ナンヨウスギ科の常緑高木。葉は長楕円形か卵形。熱帯植物。園芸植物。

ダンダンゴケ 〈*Eucladium verticillatum* (Brid.) Bruch & Schimp.〉センボンゴケ科のコケ。茎は長さ20mm以下、葉は線状披針形。

ダンチク 葭竹 〈*Arundo donax* L.〉イネ科の多年草。別名ヨシタケ、トウヨシ。高さは200〜400cm。薬用植物。園芸植物。

タンチョウ 丹頂 〈Tanchoh〉バラ科。ハイブリッド・ティーローズ系。

ダンチョウゲ 段丁花 〈*Serissa japonica* Thunb. cv. Crassiramea〉アカネ科。別名ダンチョウボク。園芸植物。

タンチョウソウ イワヤツデの別名。

ダンディ・マリエッタ キク科のマリーゴールドの品種。園芸植物。

ダントウイノデ 〈*Polystichum* × *kumamontanum* Kurata〉オシダ科のシダ植物。

ダンドク 檀特 〈*Canna indica* L.〉カンナ科の観賞用草本。葉縁は銅色、茎は赤。高さは1〜1.5m。花は赤および黄色。熱帯植物。園芸植物。

タンドクマル 単独丸 マミラリア・ディオイカの別名。

ダンドシダ 〈*Diplazium* × *toriianum* Kurata〉オシダ科のシダ植物。

ダンドタムラソウ 〈*Salvia lutescens* var. *stolonifera*〉シソ科。

ダンドボロギク 段戸襤褸菊 〈*Erechtites hieracifolia* (L.) Rafin.〉キク科の一年草。花序は筒状花のみからなり、白色。高さは30〜150cm。熱帯植物。

タンナアカツツジ 〈*Rhododendron weyrichii* Maxim. var. *psilostylum* Nakai〉ツツジ科の木本。

タンナサワフタギ 耽羅沢塞 〈*Symplocos coreana* (Lév.) Ohwi〉ハイノキ科の落葉低木。園芸植物。

タンナチョウセンヤマツツジ 〈*Rhododendron yedoense* Maxim. ex Regel var. *hallaisanense* (H. Lev.) T. Yamaz.〉ツツジ科の木本。

タンナトリカブト 耽羅鳥兜 〈*Aconitum japonicum* Thunb. ex Murray subsp. *napiforme* Kadota〉キンポウゲ科の多年草。高さは15〜150cm。

タンナヤハズハハコ 〈*Anaphalis sinic* var. *morii*〉キク科。別名タンナヤマハハコ。

タンナワレモコウ バラ科の宿根草。

タンバノリ 〈*Pachymeniopsis elliptica* (Holmes) Yamada in Kawabata〉ムカデノリ科の海藻。別名オオバツノマタ、ホグロ。やや硬い革状。体は長さ20〜30cm。

タンバヤブレガサ 〈*Syneilesis aconitifolia* (Bunge) Maxim. var. *longilepis* Kitam.〉キク科の草本。日本絶滅危機植物。

タンポタケ 〈*Cordyceps capitata* (Fr.) Link.〉バッカクキン科のキノコ。中型。子実体は頭部と柄があり、頭部は球形。

タンポタケモドキ 〈*Cordyceps capitata* (Fr.) Link〉バッカクキン科のキノコ。

タンポポ キク科の属総称。

タンポポ カントウタンポポの別名。

タンポヤリ 〈*Chamaedoris orientalis* Okamura et Higashi in Okamura〉マガタマモ科の海藻。

タンヨウパナマ 〈*Ludovia crenifolia* Drude〉パナマソウ科。無幹。花の糸状体は白、花穂は黄色。熱帯植物。

タンヨウヤシ 〈*Teysmannia altifrons* Miq.〉ヤシ科。無幹、葉は無分裂。熱帯植物。

【 チ 】

チアガール サクラソウ科のプリムラの品種。園芸植物。

チアパシア・ネルソニー 〈*Chiapasia nelsonii* (Vaup.) Britt. et Rose〉サボテン科のサボテン。別名纏クラベ。長さ50〜120cm。花は帯紫淡桃色。園芸植物。

チイサンウシノケグサ 〈*Festuca ovina* var. *chiisanensis*〉イネ科。

チウロコタケ 〈*Stereum gausapatum* Fr. ：Fr.〉ウロコタケ科のキノコ。小型〜中型。傘は赤茶色、波状に屈曲。

チェランサス シベリア・ウォールフラワーの別名。

チェリーセージ シソ科のハーブ。切り花に用いられる。

チェリモヤ 〈*Annona cherimola* Mill.〉バンレイシ科の小木。果実は緑色、心皮面はやや凹曲。高さは4〜8m。熱帯植物。園芸植物。

チエルマイ 〈*Phyllanthus acidus* (L.) Skeels〉トウダイグサ科の小木。葉は淡緑でビリンビンの葉に似る。熱帯植物。園芸植物。

チェロン・リオニイ リオンの別名。

チオノドクサ ユリ科の属総称。球根植物。別名ユキゲユリ、キオノドクサ、グローリーオブザスノー。

チオノドクサ ユキゲユリの別名。

チオノドクサ・サルデンシス キオノドクサ・サルデンシスの別名。

チガイソ 千賀磯 〈*Alaria crassifolia* Kjellman in Kjellman et Petersen〉チガイソ科(コンブ科)。別名サルメン、サルメンワカメ。

チガーヌ バラ科のバラの品種。園芸植物。

チガヤ 茅萱 〈*Imperata cylindrica* (L.) Beauv.〉イネ科の多年草。別名チ、ツバナ、フシゲチガヤ。白毛の著しい穂を出す。高さは30～80cm。熱帯植物。薬用植物。園芸植物。

チカラシバ 力芝 〈*Pennisetum alopecuroides* (L.) Spreng.〉イネ科の多年草。別名ミチシバ。高さは30～80cm。

チギ 〈*Elaeocarpus sylvestris* (Lour.) Poir. var. *pachycarpa* (Koidz.) H. Ohba〉ホルトノキ科。

チキュウマル 地久丸 ウィギンジア・エリナケアの別名。

チギレハツタケ 〈*Russula vesca* Fr.〉ベニタケ科のキノコ。中型。傘は帯褐肉色、湿時粘性、成熟すると縁部の表皮がはがれる。ひだは白色。

チギレバヤシ 〈*Normanbya merrilli* Mue.〉ヤシ科。羽片長さ40cm、羽片の先端は截頭。幹径9cm。熱帯植物。

チーク 〈*Tectona grandis* L. f.〉クマツヅラ科の落葉性高木。別名サック、テック、ジャチ。花は白色。熱帯植物。薬用植物。

チクゴスズメノヒエ 〈*Paspalum distichum* L. var. *indutum* Shinners〉イネ科。高さ30～80cm。葉鞘の毛が著しい。

チグサ イネ科。別名シマヨシ、シマガヤ、シマクサヨシ。園芸植物。

チグサ リボングラスの別名。

チクセツラン 〈*Corymborchis subdensa*〉ラン科。日本絶滅危機植物。

チクビゴケ 〈*Trypethelium elutoriae* Spreng.〉ニセサネゴケ科の地衣類。地衣体は緑色。

チクマハッカ イヌハッカの別名。

チグリジア ティグリディアの別名。

チグリス 〈Tigris〉バラ科。ハイブリッド・フォェティダ・ローズ系。花は黄色。

チクリンカ 〈*Alpinia bilamellata* Makino〉ショウガ科。日本絶滅危機植物。

チクレア 〈*Cyclea laxiflora* Miers.〉ツヅラフジ科の蔓木。茎に縦条、根や葉は民間薬。熱帯植物。

チケイラン 〈*Liparis bootanensis* Griff.〉ラン科の草本。花は淡黄緑色。園芸植物。

チゴキンバイ ポテンティラ・ニティダの別名。

チゴザサ 稚児笹 〈*Isachne globosa* (Thunb. ex Murray) O. Kuntze〉イネ科の多年草。別名ヤナギバザサ。高さは30～80cm。熱帯植物。園芸植物。

チゴツメクサ 〈*Trifolium carolinianum* Michx.〉マメ科。花は白～淡紫色。

チゴフウロ 〈*Geranium pusillum* L.〉フウロソウ科の一年草または越年草。高さは10～30cm。花は淡紅色。園芸植物。

チゴユリ 稚児百合 〈*Disporum smilacinum* A. Gray〉ユリ科の多年草。高さは20～30cm。花は白色。園芸植物。

チコリ キク科の属総称。別名キクニガナ。

チコリ エンダイブの別名。

チコリー 〈*Cichorium intybus* L.〉キク科の多年草。別名キクニガナ。高さは40～150cm。花は淡青色。薬用植物。園芸植物。

チサレタスの別名。

チシオタケ 〈*Mycena haematopus* (Pers. : Fr.) Kummer〉キシメジ科のキノコ。小型。傘は淡赤褐色～暗赤色。

チシオハツ 〈*Russula sanguinaria* (Schumach.) Rauschert〉ベニタケ科のキノコ。中型。傘は赤色。ひだはやや黄土色。

チシス 〈*Chysis* sp.〉ラン科。園芸植物。

チシマアザミ 千島薊 〈*Cirsium kamtschaticum* Ledeb. ex DC.〉キク科の多年草。別名エゾアザミ。高さは1～2m。

チシマアマナ 千島甘菜 〈*Lloydia serotina* (L.) Reichb.〉ユリ科の多年草。高さは7～15cm。高山植物。

チシマイチゴ 〈*Rubus arcticus* L.〉バラ科。

チシマイワブキ 千島岩蕗 〈*Saxifraga punctata* L. subsp. *reniformis* (Ohwi) Hara〉ユキノシタ科の多年草。高さは5～25cm。高山植物。

チシマウスバスミレ 千島薄葉菫 〈*Viola hultenii* W. Becker〉スミレ科。別名ケウスバスミレ。花は白色。高山植物。園芸植物。

チシマウスユキソウ 〈*Leontopodium kurilense* Takeda〉キク科の草本。

チシマオドリコソウ 〈*Galeopsis bifida* Boenn.〉シソ科の一年草。別名イタチジソ。高さは20～50cm。花は淡紫色。

チシマカニツリ 千島蟹釣 〈*Trisetum sibiricum*〉イネ科の草本。

チシマガリヤス 〈*Calamagrostis stricta* var. *aculeolata*〉イネ科。

チシマギキョウ 千島桔梗 〈*Campanula chamissonis* Fed.〉キキョウ科の多年草。高さは40～80cm。花は青色。高山植物。園芸植物。

チシマキンバイ 千島金梅 〈*Potentilla megalantha* Takeda〉バラ科の多年草。高さは10～30cm。花は黄色。園芸植物。

チシマキンバイソウ 千島の金梅草 〈*Trollius riederianus* Fischer et C. A. Meyer var. *riederianus*〉キンポウゲ科。別名チシマノキンバイソウ、キタキンバイソウ。花は濃黄色。高山植物。園芸植物。

チシマキンレイカ 千島金鈴花 〈*Patrinia sibirica* (L.) Juss.〉オミナエシ科の多年草。別名タカネオミナエシ。高さは7～15cm。花は黄色。高山植物。園芸植物。

チシマクモマグサ 千島雲間草 〈*Saxifraga merkii* Fisch.〉ユキノシタ科の多年草。高さは2～10cm。花は白色。高山植物。園芸植物。

チシマゲンゲ マメ科の多年草。高山植物。
チシマゲンゲ カラフトゲンゲの別名。
チシマコザクラ トチナイソウの別名。
チシマコハマギク クリサンセマム・アルクチクムの別名。
チシマザクラ 千島桜 〈*Prunus nipponica* Matsum. var. *kurilensis* Wils.〉バラ科の落葉小高木。
チシマザサ 千島笹 〈*Sasa kurilensis* (Rupr.) Makino et Shibata〉イネ科の常緑中型笹。別名ネマガリダケ、コウライザサ、アサヒザサ。高さは2～3m。薬用植物。園芸植物。
チシマシッポゴケ 〈*Dicranum majus* Turner〉シッポゴケ科のコケ。茎は長さ5～8cm、葉は披針形。
チシマスズメノヒエ 〈*Luzula multiflora* D. C. var. *kjellmanniana* T. Shimizu〉イグサ科の多年草。高山植物。
チシマゼキショウ 千島石菖 〈*Tofieldia coccinea* Richards. var. *coccinea*〉ユリ科の多年草。高さは5～15cm。花は白または帯紫色。高山植物。園芸植物。
チシマセンブリ 〈*Frasera tetrapetala* (Pallas) Toyokuni〉リンドウ科の草本。別名コアケボノソウ。高山植物。
チシマツガザクラ 千島栂桜 〈*Bryanthus gmelinii* D. Don〉ツツジ科のわい小低木。高さは2～3.5cm。高山植物。
チシマツメクサ 千島爪草 〈*Sagina saginoides* (L.) Karsten〉ナデシコ科の草本。高山植物。
チシマドジョウツナギ 〈*Puccinellia pumila* (Vasey) Hitchc.〉イネ科の草本。
チシマネコノメソウ 〈*Chrysosplenium kamtschaticum* Fisch. ex Seringe〉ユキノシタ科の多年草。高さは3～20cm。
チシマヒカゲノカズラ 〈*Lycopodium alpinum*〉ヒカゲノカズラ科の常緑性シダ。高さ3～8cm。
チシマヒナゲシ 〈*Papaver miyabeanum* (Miyabe et Tatew.) Tatew.〉ケシ科。
チシマヒメドクサ 〈*Equisetum variegatum* Schleich. ex F. Web. et D. Mohr〉トクサ科の常緑性シダ。地上茎は高さ10～30cm。園芸植物。
チシマヒョウタンボク 千島瓢箪木 〈*Lonicera chamissoi* Bunge〉スイカズラ科の落葉低木。別名クロバナヒョウタンボク。高さは0.3～1m。花は濃紅色。高山植物。園芸植物。
チシマフウロ 千島風露 〈*Geranium erianthum* DC.〉フウロソウ科の多年草。高さは20～50cm。花は青紫色。高山植物。園芸植物。
チシマフクロノリ 〈*Soranthera ulvoidea* Postels et Ruprecht〉コモンブクロ科の海藻。卵形に近い嚢状。

チシマリウラ

チシママンテマ 〈*Silene repens* var. *latifolia*〉ナデシコ科。高山植物。
チシマミクリ 千島実栗 〈*Sparganium hyperboreum* Beurl. ex Laest.〉ミクリ科の多年生の浮葉植物。別名タカネミクリ。果実は倒卵形。高山植物。
チシマミズハコベ 〈*Callitriche hermaphroditica* L.〉アワゴケ科の沈水植物。沈水葉は暗緑色で半透明、茎は長さ15～50cm。
チシマムギクサ 〈*Hordeum brachyantherum* Nevski〉イネ科の多年草。高さは20～70cm。
チシマヨモギ 千島蓬 〈*Artemisia unalaskensis* Rydberg〉キク科の草本。高山植物。
チシマリンドウ 〈*Gentianella auriculata* (Pallas) Gillett〉リンドウ科の草本。高山植物。
チシマルリソウ メルテンシア・プテロカルパの別名。
チシマワレモコウ 千島吾木香 〈*Sanguisorba tenuifolia* Fisch. ex Link var. *grandiflora* Maxim.〉バラ科。別名オオバナワレモコウ。高山植物。
チヂミカヤゴケ 〈*Macvicaria uloplylla* (Steph.) S. Hatt.〉クラマゴケモドキ科のコケ。暗緑色。茎は長さ3～5cm。
チヂミクチヒゲゴケ 〈*Trichostomum crispulum* Bruch〉センボンゴケ科のコケ。茎は長さ3cm以下、黒色、葉は広披針形～線状披針形。
チヂミザサ 縮笹 〈*Oplismenus undulatifolius* (Arduino) Roem. et Schult. var. *undulatifolius*〉イネ科の多年草。別名コチヂミザサ。高さは10～30cm。
チヂミシバ ツルメヒシバの別名。
チヂミダマ 縮玉 サボテン科のサボテン。園芸植物。
チヂミバコブゴケ 〈*Onchophorus crispifolius* Lindb.〉シッポゴケ科のコケ。小形、茎は高さ3cm以下、蒴柄は赤褐色。
チヂミバペペロミア 〈*Peperomia caperata* Yunck.〉コショウ科の多年草。別名チヂミバシマアオイソウ。高さは10～15cm。園芸植物。
チシャ レタスの別名。
チシャノキ 萵苣木 〈*Ehretia ovalifolia* Hassk.〉ムラサキ科の落葉高木。別名カキノキダマシ。
チヂレアオキノリ 〈*Leptogium cyanescens* (Ach.) Körb.〉イワノリ科の地衣類。地衣体は青紫。
チヂレアカゾメトコブシゴケ 〈*Cetrelia sanguinea* (Schaer.) W. Culb. & C. Culb.〉ウメノキゴケ科の地衣類。葉縁が細裂。
チヂレウラジロゲジゲジゴケ 〈*Anaptychia microphylla* (Kurok.) Kurok.〉ムカデゴケ科の地衣類。地衣体は灰白色。
チヂレウラミゴケ 〈*Nephroma helveticum* var. *helveticum* fo. *caespitosum* Asah.〉ツメゴケ科の

チ

399

チシレカフ

地衣類。地衣体は裂芽状の扁平な小裂片を多数つける。

チヂレカブトゴケ 〈*Lobaria isidiophora* Yoshim.〉ヨロイゴケ科の地衣類。裂芽は円筒状。

チヂレカブトゴケモドキ 〈*Lobaria retigera* (Bory) Trev.〉ヨロイゴケ科の地衣類。裂芽は粒状または円筒状。

チヂレグワ クワ科。別名チリメングワ。園芸植物。

チヂレケゴケ 〈*Ephebe japonica* Asah. & Henss.〉リキナ科の地衣類。地衣体は多少褐色を帯びた暗黒色。

チヂレゲジゲジゴケ 〈*Anaptychia dissecta* Kurok.〉ムカデゴケ科の地衣類。地衣体は灰白色。

チヂレシナノゴケ 〈*Parmelia pseudoshinanoana* Asah.〉ウメノキゴケ科の地衣類。地衣体は灰白または灰緑色。

チヂレタケ 〈*Plicaturopsis crispa* (Fr.) Reid〉コウヤクタケ科のキノコ。超小型〜小型。傘は淡黄色〜淡黄褐色、扇形〜ほぼ円形。

チヂレツメゴケ 〈*Peltigera praetextata* (Flörke) Vain.〉ツメゴケ科の地衣類。葉体腹面は白脈がある。

チヂレトコブシゴケ 〈*Cetrelia japonica* (Zahlbr.) W. Culb. & C. Culb.〉ウメノキゴケ科の地衣類。地衣体は径10〜28cm。

チヂレバカワラゴケ 〈*Coccocarpia fenicis* Vain.〉カワラゴケ科の地衣類。地衣体は裂芽がある。

チジレバタマゴケ タマゴケの別名。

チヂレバツノゴケ 〈*Anthoceros subtilis* Steph.〉ツノゴケ科のコケ。胞子の求心面に刺状の突起。

チジレバニハスギゴケ コセイタカスギゴケの別名。

チヂレヒモウメノキゴケ 〈*Parmelia pseudolaevior* Asah.〉ウメノキゴケ科の地衣類。地衣体は葉縁が細裂。

チヂレマツゲゴケ 〈*Parmelia crinita* Ach.〉ウメノキゴケ科の地衣類。地衣体は腹面黒色。

チヂレヨロイゴケ 〈*Lobaria crassior* Vain.〉ヨロイゴケ科の地衣類。地衣体は大形葉状。

チズゴケ 地図苔 〈*Rhizocarpon geographicum* (L.) DC.〉チズゴケ科。地衣体は硫黄色。

チスジノリ チスジノリ科(ベニモズク科)。

チーゼル マツムシソウ科の属総称。別名ラシャカキグサ、オニナベナ。切り花に用いられる。

チーゼル ラシャカキグサの別名。

チゾメセンニンゴケ 〈*Baeomyces sanguineus* Asah. var. *ablutum* Asah.〉センニンゴケ科の地衣類。子柄内に共生藻がほとんどない。

チダケサシ 乳茸刺 〈*Astilbe microphylla* Knoll〉ユキノシタ科の多年草。高さは30〜80cm。薬用植物。

チタンコウ ゴーテリア・フォレスティーの別名。

チチアワタケ 〈*Suillus granulatus* (L. : Fr.) Kuntze〉イグチ科のキノコ。中型〜大型。傘は栗褐色、著しい粘性あり。

チチカズラ 〈*Willughbeia coriacea* Wall.〉キョウチクトウ科の蔓木。茎は褐色。熱帯植物。

チチコグサ 父子草 〈*Gnaphalium japonicum* Thunb. ex Murray〉キク科の多年草。高さは10〜25cm。薬用植物。

チチコグサモドキ 〈*Gnaphalium purpureum* L.〉キク科の一年草または越年草。別名タチチチコグサ。高さは20〜60cm。

チチジマイチゴ バラ科の常緑低木。

チチジマクロキ 〈*Symplocos pergracilis* (Nakai) Yamazaki〉ハイノキ科の常緑低木。日本絶滅危機植物。

チチタケ 〈*Lactarius volemus* (Fr.) Fr.〉ベニタケ科のキノコ。別名チタケ、チダケ、ドヨウモダシ。中型〜大型。傘は黄褐色〜赤褐色、ビロード状。ひだは白色〜淡黄色。

チチッパベンケイ 〈*Hylotelephium sordidum* (Maxim.) H. Ohba〉ベンケイソウ科の多年草。別名オオチッパベンケイ。高さは10〜25cm。花は淡黄緑色。高山植物。園芸植物。

チチブイチョウゴケ 〈*Acrobolbus ciliatus* (Mitt.) Schiffn.〉チチブイチョウゴケ科のコケ。茎は長さ1〜1.5cm。

チチブイノデ 〈*Polystichum* × *titibuense* Kurata〉オシダ科のシダ植物。

チチブイワザクラ 〈*Primula reinii* Franch. et Savat. var. *rhodotricha* (Nakai et F. Maekawa) Ohwi〉サクラソウ科。日本絶滅危機植物。

チチブシロカネソウ 〈*Enemion raddeanum* Regel〉キンポウゲ科の多年草。別名オオシロカネソウ。高さは20〜35cm。

チチブゼニゴケ 〈*Athalamia nana* (Shimizu & S. Hatt.) S. Hatt.〉ジンチョウゴケ科のコケ。別名グンバイゼニゴケ。淡緑色、長さ5〜10mm。

チチブドウダン ツツジ科。園芸植物。

チチブハイゴケ 〈*Hypnum calcicolum* Ando〉ハイゴケ科のコケ。茎束は狭卵形〜披針形。

チチブヒョウタンボク コウグイスカグラの別名。

チチブベンケイ 〈*Sedum shimizuanum*〉ベンケイソウ科。

チチブホラゴケ 〈*Lacosteopsis titibuensis* (H. Ito) Nakaike〉コケシノブ科の常緑性シダ。葉身は長さ1.5〜7cm。三角状卵形から卵状披針形。

チチブミネバリ 〈*Betula chichibuensis* H. Hara〉カバノキ科の木本。

チチブヤナギ 〈*Salix kenoensis* Koidz.〉ヤナギ科。埼玉県武甲山に分布し、石灰岩に生える。園芸植物。

チチブリンドウ 〈*Gentianopsis contorta* (Royle) Ma〉リンドウ科の草本。高山植物。

チトセカズラ 千歳葛 〈*Gardneria multiflora* Makino〉マチン科の木本。

チトセニシキ 千歳錦 ツツジ科のサツキの品種。園芸植物。

チトセバイカモ 〈*Ranunculus yezoensis* Nakai〉キンポウゲ科の沈水植物。別名ネムロウメバチモ。葉身の長さ2.5〜4.5cm、花床も果実も無毛。

チトセラン 千歳蘭 〈*Sansevieria zeylanica* (L.) Willd.〉リュウゼツラン科の硬質草。果実は赤色。熱帯植物。

チトニア 〈*Tithonia rotundifolia* (Mill.) S. F. Blake〉キク科の一年草。別名ヒロハヒマワリ(広葉向日葵)、メキシコヒマワリ。高さは1.5〜1.8m。花は橙赤色。園芸植物。

チトニア キク科の属総称。

チドメグサ 血止草 〈*Hydrocotyle sibthorpioides* Lam.〉セリ科の多年草。芳香。高さは1〜3cm。熱帯植物。薬用植物。

チドリソウ テガタチドリの別名。

チドリソウ ヒエンソウの別名。

チドリノキ 千鳥木 〈*Acer carpinifolium* Sieb. et Zucc.〉カエデ科の雌雄異株の落葉小高木。別名ヤマシバカエデ。樹高10m。樹皮は灰色。

チノリモ チノリモ科。

チハチェウィア・イサティデア 〈*Tchihatchewia isatidea* Boiss.〉アブラナ科の多年草。

チブサノキ 〈*Genipa americana* L.〉アカネ科の小高木。果実は淡褐色で豊産。熱帯植物。

チベットウラジロノキ 〈*Sorbus thibetica*〉バラ科の木本。樹高15m。樹皮は灰褐色。

チベットザクラ 〈*Prunus serrula*〉バラ科の木本。樹高15m。花は赤褐色。

チマキザサ 〈*Sasa palmata* (Marliac) Nakai〉イネ科の常緑中型笹。別名タテヤマザサ、デワノオオバザサ、オオバヤネフキザサ。高さは1〜2m。園芸植物。

チモシー オオアワガエリの別名。

チャアミガサタケ 〈*Morchella esculenta* (L.：Fr.) Pers. var. *umbrina* (Boud.) Imai〉アミガサタケ科のキノコ。中型。頭部は類球形、暗褐色。

チャイコフスキー ユリ科のチューリップの品種。園芸植物。

チャイナタウン 〈Chinatown〉バラ科。フロリバンダ・ローズ系。花は黄色。

チャイナ・ドル シュウカイドウ科のベゴニアの品種。園芸植物。

チャイニーズランタン サンダーソニア・アウランティアカの別名。

チャイブ ラケナリア・オーレアの別名。

チャイブス ラケナリア・オーレアの別名。

チャイロイクビゴケ イクビゴケの別名。

チャイロホウオウゴケ 〈*Fissidens pellucidus* Hornsch.〉ホウオウゴケ科のコケ。小形、やや茶色、葉は披針形。

チャイロホウオウゴケモドキ 〈*Fissidens crassinervis* Sande Lac.〉ホウオウゴケ科のコケ。葉は披針形〜狭披針形。

チャウロコタケ 〈*Stereum ostrea* (Bl. & Nees) Fr.〉ウロコタケ科のキノコ。中型。傘は灰白色〜暗褐色、環紋。

チャオニテングタケ 〈*Amanita sculpta* Corner & Bas〉テングタケ科のキノコ。大型。傘は暗褐色、表面が裂けていぼ状。ひだは淡灰色→暗褐色。

チャカイガラタケ 〈*Daedaleopsis tricolor* (Bull.：Fr.) Bond. & Sing.〉サルノコシカケ科のキノコ。中型。傘は茶褐色〜暗褐色、環紋。

チャガヤツリ 〈*Cyperus amuricus* Maxim.〉カヤツリグサ科の一年草。高さは10〜60cm。

チャキッコウゴケ 〈*Diploschistes actinostomus* (Pers.) Zahlbr var. *promineus* Vain.〉キッコウゴケ科の地衣類。地衣体は青白。

チャケビラゴケ 〈*Radula brunnea* Steph.〉ケビラゴケ科のコケ。褐色をおびる。茎は長さ2〜4cm。

チャコブタケ 〈*Daldinia concentrica* (Bolt.) Cesati & de Not.〉クロサイワイタケ科のキノコ。小型。子実体はこぶ形、径1〜3cm。

チャザクロゴケ 〈*Haematomma ochrophaeum* (Tuck.) Mass.〉チャシブゴケ科の地衣類。子器盤は赤褐色または淡褐色。

チャシオグサ 〈*Cladophora wrightiana* Harvey〉シオグサ科の海藻。生時は青みをおびた緑色。体は40cm。

チャシッポゴケ 〈*Dicranum fuscescens* Turner〉シッポゴケ科のコケ。茎は長さ2〜7cm、葉は狭披針形。

チャシバスゲ 〈*Carex caryophyllea* Latour. var. *microtricha* (Franch.) Kükenth.〉カヤツリグサ科。

チャシブゴケ 〈*Lecanora subfusca* (L.) Ach.〉チャシブゴケ科の地衣類。地衣体は痂状で薄い。

チャショウブ 〈*Iris fulva* Ker-Gawl.〉アヤメ科の多年草。高さは60〜90cm。花は赤銅色。園芸植物。

チャシワウロコタケ 〈*Phlebia rufa* (Fr.) M. P. Christ.〉コウヤクタケ科のキノコ。

チャセンシダ 茶筌羊歯 〈*Asplenium trichomanes* L.〉チャセンシダ科の常緑性シダ。葉身は長さ5〜25cm。線形。園芸植物。

チャダイゴケ チャダイゴケ科。

チャータース・ダブル アオイ科のタチアオイの品種。園芸植物。

チャタフーチー　ハナシノブ科のフロックスの品種。宿根草。別名フロックス'コンペキ'。
チャタマゴタケ　〈*Amanita similis* Boedijn〉テングタケ科のキノコ。中型〜大型。傘は暗褐色、条線あり。ひだは帯白色、縁は黄色。
チャツムタケ　〈*Gymnopilus liquiritiae* (Pers. : Fr.) Karst.〉フウセンタケ科のキノコ。小型。傘は黄褐色〜茶褐色。ひだは黄色→さび色。
チャナメツムタケ　〈*Pholiota lubrica* (Pers. : Fr.) Sing.〉モエギタケ科のキノコ。中型。傘はレンガ赤褐色、粘性あり、綿毛状小鱗片点在。
チャヌメリカラカサタケ　〈*Limacella glioderma* (Fr.) Maire〉テングタケ科のキノコ。中型。傘は赤褐色、粘性。ひだは白色。
チャノキ　茶　〈*Camellia sinensis* (L.) O. Kuntze var. *sinensis*〉ツバキ科の常緑低木。花は白色。薬用植物。園芸植物。
チャハリタケ　〈*Hydnellum concrescens* (Pers. ex Schw.) Bank.〉イボタケ科のキノコ。小型。傘は茶褐色〜さび色、偏平〜浅い漏斗状、放射状繊維模様、絹光沢。
チャヒメオニタケ　〈*Cystoderma terreii* (Berk. et Br.) Harmaja〉ハラタケ科のキノコ。
チャヒラタケ　〈*Crepidotus mollis* (Schaeff. : Fr.) Kummer〉フウセンタケ科のキノコ。
チャービル　〈*Anthriscus cerefolium* (L.) Hoffm.〉セリ科の香辛野菜。別名ガーデンチャービル、ウイキョウゼリ。高さは50〜60cm。園芸植物。
チャービル　セリ科の属総称。
チャボアザミ　カルリナ・アカウリスの別名。
チャボイ　〈*Eleocharis parvula* (Roem. et Schult.) Link〉カヤツリグサ科。日本絶滅危機植物。
チャボイナモリ　〈*Ophiorrhiza pumila* Champ.〉アカネ科の草本。別名ヤエヤマイナモリ。
チャボイノデ　〈*Polystichum igaense* Tagawa〉オシダ科の常緑性シダ。葉身は長さ40cm。
チャボイランイラン　〈*Cananginum odoratum* Baill. var. *fruticosum* Corner〉バンレイシ科の観賞用低木。芳香。花は黄緑色。熱帯植物。
チャホウキタケモドキ　〈*Ramaria apiculata* (Fr.) Donk〉ホウキタケ科のキノコ。
チャボウシノシッペイ　〈*Eremochloa ophiuroides* (Munro) Hack.〉イネ科の多年草。別名ムカデシバ。花は紫色。
チャボガヤ　矮鶏榧　〈*Torreya nucifera* Siebold et Zucc. var. *radicans* Nakai〉イチイ科の常緑低木。別名ハイガヤ。
チャボカラマツ　矮鶏唐松　〈*Thalictrum foetidum* var. *glabrescens*〉キンポウゲ科。高山植物。
チャボカワズスゲ　〈*Carex omiana* var. *yakushimana*〉カヤツリグサ科。
チャボカンノンチク　ラピス・グラキリスの別名。

チャボキントキ　〈*Carpopeltis maillardii* (Montagne et Millardet) Chiang〉ムカデノリ科の海藻。扁圧。体は5〜7cm。
チャボゴヘイゴケ　〈*Archilejeunea polymorpha* (Sande Lac.) Thiers & Gradst.〉クサリゴケ科のコケ。緑褐色、茎は長さ5〜13mm。
チャボゴヘイヤシ　リクアラ・プミラの別名。
チャボサヤゴケ　〈*Glyphomitrium minutissimum* (S. Okam.) Broth.〉ヒナノハイゴケ科のコケ。茎は長さ3〜5mm、葉は披針形。
チャボシノブゴケ　〈*Thuidium sparsifolium* (Mitt.) A. Jaeger〉シノブゴケ科のコケ。茎は細かく2〜3回羽状に分枝、茎葉は広い三角形。
チャボシライトソウ　〈*Chionographis koidzumiana* Ohwi et Okuyama〉ユリ科の多年草。高さは12〜30cm。花は白色。園芸植物。
チャボスギゴケ　〈*Pogonatum otaruense* Besch.〉スギゴケ科のコケ。茎は高さ1〜4cm、葉は広卵形で披針形に伸びる。
チャボスズゴケ　〈*Boulaya mittenii* (Broth.) Card.〉シノブゴケ科のコケ。大形で、茎は這い、茎葉は広卵形。
チャボゼキショウ　〈*Tofieldia coccinea* Richards. var. *kondoi* (Miyabe et Kudo) Hara〉ユリ科。別名ハコネハナゼキショウ。
チャボタイゲキ　〈*Euphorbia peplus* L.〉トウダイグサ科の一年草または多年草。茎長さは4〜7cm。
チャボチャヒキ　〈*Bromus rubens* L.〉イネ科の一年草。高さは15〜40cm。
チャボツキミソウ　オエノテラ・アカウリスの別名。
チャボツメレンゲ　〈*Meterostachys sikokiana* (Makino) Nakai〉ベンケイソウ科の草本。花は帯紅白色。園芸植物。
チャボトウジュロ　〈*Chamaerops humilis* L.〉ヤシ科の木本。別名ヨーロッパウチワヤシ。高さは1.5〜3m。園芸植物。
チャボトケイソウ　〈*Passiflora incarnata* L.〉トケイソウ科のつる性植物。高さは5〜6m。花は淡碧色。園芸植物。
チャボナツメヤシ　フェニックス・アカウリスの別名。
チャボニセダイオウヤシ　プセウドフェニックス・エクマニーの別名。
チャボノカタビラ　〈*Poa bulbosa* L. var. *bulbosa*〉イネ科の多年草。高さは5〜40cm。
チャボハシドイ　〈*Syringa microphylla* Diels〉モクセイ科の木本。高さは1m。花は暗淡紅色。園芸植物。
チャボハナヤスリ　〈*Ophioglossum parvum* M. Nishida et Kurita〉ハナヤスリ科の夏緑性シダ。葉身は長さ0.5〜1.5cm。狭披針形から楕円形。

チャボヒゲシバ 〈*Chloris truncata* R. Br.〉イネ科の多年草。別名メヒゲシバ。高さは20〜40cm。

チャボヒシャクゴケ 〈*Scapania stephanii* Müll. Frib.〉ヒシャクゴケ科のコケ。赤色をおびる。茎は長さ1〜2cm。

チャボヒバ 矮鶏檜葉 〈*Chamaecyparis obtusa* (Sieb. et Zucc.) Sieb. et Zucc. ex Endl. cv. Breviramea〉ヒノキ科。別名カマクラヒバ。園芸植物。

チャボヒラゴケ 〈*Neckera humilis* Mitt.〉ヒラゴケ科のコケ。二次茎は長さ3〜8cm、葉は卵形〜長楕円状卵形。

チャボフトエクマデヤシ プリチャーディア・レモタの別名。

チャボフラスコモ 〈*Nitella acuminata* Braun var. *capitulifera* Imah.〉シャジクモ科。

チャボヘゴ 〈*Cyathea metteniana* (Hance) C. Chr. et Tardieu〉ヘゴ科の常緑性シダ。葉身は長さ1.5m。長楕円状披針形。園芸植物。

チャボベニスジヒメバショウ カラテア・ロゼオピクタの別名。

チャボホウオウゴケ 〈*Fissidens tosaensis* Broth.〉ホウオウゴケ科のコケ。葉は披針形〜長楕円状披針形。

チャボホトトギス 矮鶏杜鵑 〈*Tricyrtis nana* Yatabe〉ユリ科の多年草。高さは2〜6cm。花は淡黄色。園芸植物。

チャボホラゴケモドキ 〈*Calypogeia arguta* Nees & Mont.〉ツキヌキゴケ科のコケ。茎は長さ約1cm、葉は広舌形〜三角形。

チャボマツバウロコゴケ 〈*Blepharostoma minus* Horik.〉マツバウロコゴケ科のコケ。茎は長さ約5mm。

チャボヤハズトウヒレン 矮鶏矢筈唐飛廉 〈*Saussurea sagitta* Franch. var. *yoshizawae* Kitam.〉キク科。

チャボリュウゼツラン 〈*Agave brachystachys* Cav.〉リュウゼツラン科の観賞用草質。花は緑色。熱帯植物。

チャボリンドウ ゲンティアナ・アカウリスの別名。

チャマエドレア ヤシ科の属総称。

チャマエドレア・テネラ ヤシ科。別名ヒメテーブルヤシ。園芸植物。

チャーミアン 〈Charmian〉バラ科。イングリッシュローズ系。花は深いピンク。

チャミズゴケ 〈*Sphagnum fuscum* (Schimp.) H. Klinggr.〉ミズゴケ科のコケ。中形、茎葉は長さ0.8〜1mm。

チャーム ナデシコ科のセキチクの品種。園芸植物。

チャラン 茶蘭 〈*Chloranthus spicatus* (Thunb.) Makino〉センリョウ科の観賞用低木。花や葉を茶に混じて香をつける。花は淡黄色。熱帯植物。園芸植物。

チャールズ・オースチン 〈Charles Austin〉バラ科。イングリッシュローズ系。花はアプリコット色。

チャールストン 〈Charleston〉バラ科のバラの品種。フロリバンダ・ローズ系。花は黄赤色。園芸植物。

チャールズ・レニー・マッキントッシュ 〈Charles Rennie Mackintosh〉バラ科。イングリッシュローズ系。花はライラック色。

チャルメルソウ 〈*Mitella furusei* Ohwi var. *subramosa* Wakab.〉ユキノシタ科の多年草。高さは30〜50cm。

チャワンタケ チャワンタケ科の総称。

チャワンタケモドキ 〈*Pannaria pezizoides* (Web.) Trev.〉ハナビラゴケ科の地衣類。地衣体は汚灰色。

チャンチン 香椿 〈*Toona sinensis* (A. Juss.) M. J. Roem.〉センダン科の落葉高木。別名アカメチャンチン、ライデンボク。中国野菜。高さは15〜20m。花は白色。樹皮が褐色。薬用植物。園芸植物。

チャンチンモドキ 〈*Choerospondias axillaris* (Roxb.) Burtt et Hill〉ウルシ科の木本。別名カナメノキ、クロセンダン。

チャンティ 〈Chianti〉バラ科。イングリッシュローズ系。花はパープル・マルーン色。

チャントリエリー サトイモ科のアロカシアの品種。園芸植物。

チャンピオン・オブ・ザワールド 〈Champion of the World〉バラ科。ハイブリッド・パーペチュアルローズ系。花はローズピンク。

チュウカザクラ 中華桜 〈*Primula praenitens* Ker-Gawl.〉サクラソウ科。別名チュウカサクラソウ、カンサクラソウ、カンザクラ。高さは15〜20cm。花は淡藤、後に桃赤色。園芸植物。

チュウゴクグルミ ユグランス・カタイエンシスの別名。

チュウゴクダイコン アブラナ科の中国野菜。

チュウゴクネジチゴケ 〈*Didymodon constrictus* (Mitt.) K. Saito〉センボンゴケ科のコケ。体は暗緑色、茎は長さ4cm以下、葉は卵状披針形。

チュウゴクハリモミ ピケア・アスペラタの別名。

チュウゴクボダイジュ 〈*Tilia chugokuensis* Hatusima〉シナノキ科。日本絶滅危機植物。

チュウコバンソウ 〈*Briza media* L.〉イネ科の草本。別名シュッコンコバンソウ。高さは30〜40cm。花は赤紫色。園芸植物。

チュウテンカク 〈*Euphorbia ingens* E. May.〉トウダイグサ科の常緑小高木。

チュウナゴン 中納言 〈*Conophytum pictum* N. E. Br.〉ツルナ科の小形丸型種。頂面には細かい

チユウマオ

点と線の模様が多数。夜、開花する。花は淡黄色。園芸植物。

チウマオウ 〈*Ephedra intermedia* Schrenke ex. C. A. Mey.〉マオウ科の薬用植物。

チューベローズ 〈*Polianthes tuberosa* L.〉リュウゼツラン科の観賞用草本。別名ゲッカコウ(月下香)、オランダスイセン。花は白色。熱帯植物。園芸植物。切り花に用いられる。

チューリップ 〈*Tulipa gesneriana* L.〉ユリ科の多年草。別名ウッコンコウ、ボタンユリ。薬用植物。園芸植物。

チューリップ ユリ科の属総称。球根植物。別名ウッコンコウ。切り花に用いられる。

チューリップ・アンスリウム ユリ科。切り花に用いられる。

チューリップ・スプリンググリーン ユリ科。切り花に用いられる。

チューリップ・ダーウィン 〈*Tulipa gesneriana* L.〉ユリ科。

チューリップ・ハイブリッド・ダーウィン 〈*Tulipa hybrid Darwin* Hort.〉ユリ科。

チューリップ・ピオニー 〈*Tulipa gesneriana* L.〉ユリ科。

チューリップ・ファンタジー ユリ科。切り花に用いられる。

チューリップ・ヘルミオネ ユリ科。切り花に用いられる。

チューリップ・ポッピー ケシ科。園芸植物。

チューリップ・ロココ ユリ科。切り花に用いられる。

チューリップ・ワンダフル ユリ科。切り花に用いられる。

チュリパ・アイヒレリ 〈*Tulipa eichleri* Regel〉ユリ科の球根花卉。高さは40cm。花は光沢のある朱赤色。園芸植物。

チュリパ・アウストラリス ユリ科。高山植物。

チュリパ・アクミナタ 〈*Tulipa acuminata* Vahl ex Hornem.〉ユリ科の球根花卉。高さは40cm。花は黄色。園芸植物。

チュリパ・イリエンシス 〈*Tulipa iliensis* Regel〉ユリ科の球根花卉。花は淡黄赤色。園芸植物。

チュリパ・ウィオラケア 〈*Tulipa violacea* Boiss. et Buhse〉ユリ科の球根花卉。高さは10～15cm。花は紫紅色。園芸植物。

チュリパ・ウィルソニアナ 〈*Tulipa wilsoniana* J. M. C. Hoog〉ユリ科の球根花卉。花は濃血赤色。園芸植物。

チュリパ・ヴヴェデンスキー 〈*Tulipa vvedenskyi* Z. Botsch.〉ユリ科の球根花卉。花は輝緋色。園芸植物。

チュリパ・ウルミエンシス 〈*Tulipa urumiensis* Stapf〉ユリ科の球根花卉。高さは6cm。花は青色。園芸植物。

チュリパ・オーシェリアナ 〈*Tulipa aucheriana* Bak.〉ユリ科の球根花卉。高さは15cm。花は淡桃色。園芸植物。

チュリパ・オルファニデア 〈*Tulipa orphanidea* Boiss. ex Heldr.〉ユリ科の球根花卉。高さは15～20cm。花は淡橙赤色。園芸植物。

チュリパ・カウフマニアナ 〈*Tulipa kaufmanniana* Regel〉ユリ科の球根花卉。花は紅色。園芸植物。

チュリパ・クルシアナ 〈*Tulipa clusiana* DC.〉ユリ科の球根花卉。花は白色。園芸植物。

チュリパ・グレイギー 〈*Tulipa greigii* Regel〉ユリ科の球根花卉。花は洋紅色。園芸植物。

チュリパ・コルパコフスキアナ 〈*Tulipa kolpakowskiana* Regel〉ユリ科の球根花卉。高さは20cm。花は純黄色。園芸植物。

チュリパ・サクサティリス 〈*Tulipa saxatilis* Sieber ex K. Spreng.〉ユリ科の球根花卉。花は淡紫桃色。園芸植物。

チュリパ・シュプレンゲリ 〈*Tulipa sprengeri* Bak.〉ユリ科の球根花卉。高さは35cm。花は黄色。園芸植物。

チュリパ・シュレンキー 〈*Tulipa schrenkii* Regel〉ユリ科の球根花卉。高さは20cm。花は緋色。園芸植物。

チュリパ・スアウェオレンス 〈*Tulipa suaveolens* Roth〉ユリ科の球根花卉。高さは15cm。花は赤色。園芸植物。

チュリパ・セルシアナ 〈*Tulipa celsiana* DC.〉ユリ科の球根花卉。高さは10～15cm。花は純黄色。園芸植物。

チュリパ・ソスノフスキー 〈*Tulipa sosnowskyi* Akhv. et Mirz.〉ユリ科の球根花卉。高さは30cm。園芸植物。

チュリパ・タルダ 〈*Tulipa tarda* Stapf〉ユリ科の球根花卉。高さは15cm。花は白色。園芸植物。

チュリパ・チュベルゲニアナ 〈*Tulipa tubergeniana* T. Hoog〉ユリ科の球根花卉。高さは40cm。花は朱赤色。園芸植物。

チュリパ・トゥルケスタニカ 〈*Tulipa turkestanica* (Regel) Regel〉ユリ科の球根花卉。高さは20～25cm。花は白色。園芸植物。

チュリパ・ハゲリ 〈*Tulipa hageri* Heldr.〉ユリ科の球根花卉。高さは15cm。花は銅褐色。園芸植物。

チュリパ・バタリニー 〈*Tulipa batalinii* Regel〉ユリ科の球根花卉。高さは20cm。花は鮮黄色。園芸植物。

チュリパ・ビフロラ 〈*Tulipa biflora* Pall.〉ユリ科の球根花卉。花は白に黄みを帯びる。園芸植物。

チュリパ・フォステリアナ 〈*Tulipa fosteriana* T. Hoog. ex W. Irving〉ユリ科の球根花卉。花は朱赤色。園芸植物。

チュリパ・フミリス 〈*Tulipa humilis* Herb.〉ユリ科の球根花卉。花は淡桃から紫色。園芸植物。

チュリパ・プラエコクス 〈*Tulipa praecox* Ten.〉ユリ科の球根花卉。花は白やクリーム色。園芸植物。

チュリパ・プラエスタンス 〈*Tulipa praestans* T. Hoog〉ユリ科の球根花卉。高さは20cm。花は朱赤色。園芸植物。

チュリパ・プルケラ 〈*Tulipa pulchella* (Regel) Fenzl ex Bak.〉ユリ科の球根花卉。高さは15cm。花は白の縁どりのある濃青色。園芸植物。

チュリパ・ベイケリ 〈*Tulipa bakeri* A. D. Hall〉ユリ科の球根花卉。花は紅色。園芸植物。

チュリパ・ホイッタリー 〈*Tulipa whittallii* A. D. Hall〉ユリ科の球根花卉。花は橙赤色。園芸植物。

チュリパ・ポリクロマ 〈*Tulipa polychroma* Stapf〉ユリ科の球根花卉。高さは12cm。花は白色。園芸植物。

チュリパ・マクシモヴィッチー 〈*Tulipa maximowiczii* Regel〉ユリ科の球根花卉。花は緋赤色。園芸植物。

チュリパ・モンタナ 〈*Tulipa montana* Lindl.〉ユリ科の球根花卉。高さは15cm。花は緋紅色。園芸植物。

チュリパ・ユリア 〈*Tulipa julia* K. Koch〉ユリ科の球根花卉。花は濃緋色。園芸植物。

チュリパ・ラナタ 〈*Tulipa lanata* Regel〉ユリ科の球根花卉。高さは50cm。花は緋に黄色を帯びる。園芸植物。

チュリパ・リニフォリア 〈*Tulipa linifolia* Regel〉ユリ科の球根花卉。高さは20cm。花は朱赤色。園芸植物。

チュレノキ 〈*Micromelum hirsutum* Oliv.〉ミカン科の小木。枝や葉裏多毛、果も毛がある。熱帯植物。

チヨ 千代 〈Chiyo〉バラ科。ハイブリッド・ティーローズ系。花は紅色。

チョイサム 〈*Brassica rapa*〉アブラナ科の野菜。マライ平地で開花結実。熱帯植物。

チョウカイアザミ 鳥海薊 〈*Cirsium chokaiense* Kitamura〉キク科の草本。高山植物。

チョウカイフスマ 雌阿寒衾 〈*Arenaria merckioides* Maxim. var. *chokaiensis* (Yatabe) Okuyama〉ナデシコ科の草本。高山植物。

チョウジ 丁子木 〈*Syzygium aromaticum* (L.) Merrill et L. M. Perry〉フトモモ科の常緑樹。別名チョウジノキ。葉は光沢、芳香。高さは10m。花は淡緑色。熱帯植物。薬用植物。園芸植物。

チョウジ シソ科の属総称。

チョウシウハクサイ 〈*Brassica chinensis* L.〉アブラナ科の野菜。葉柄基部まで翼と鋸歯が続く。熱帯植物。

チョウジガマズミ 〈*Viburnum carlesii* Hemsl. var. *bitchiuense* Nakai〉スイカズラ科の落葉低木。別名オオチョウジガマズミ。園芸植物。

チョウジギク 丁子菊, 丁子菊 〈*Arnica mallatopus* (Franch. et Savat.) Makino〉キク科の多年草。別名クマギク。高さは20〜85cm。高山植物。園芸植物。

チョウジグルマ 丁字車 ツバキ科のサザンカの品種。園芸植物。

チョウジコメツツジ 丁字米躑躅 〈*Rhododendron tetramerum* Nakai〉ツツジ科の落葉低木。高山植物。

チョウジザクラ 丁字桜, 丁子桜 〈*Prunus apetala* Franch. et Savat. subsp. *apetale*〉バラ科の落葉小高木。別名メジロザクラ。高さは3〜6m。花は白色。園芸植物。

チョウジソウ 丁字草, 丁子草 〈*Amsonia elliptica* (Thunb. ex Murray) Roem. et Schult.〉キョウチクトウ科の多年草。高さは40〜80cm。花は淡青色。薬用植物。園芸植物。日本絶滅危惧植物。

チョウジタデ 丁字蓼, 丁子蓼 〈*Ludwigia epilobioides* Maxim.〉アカバナ科の一年草。別名タゴボウ。高さは30〜70cm。花は黄色。熱帯植物。

チョウシチク 長枝竹 バンブサ・ドリコクラダの別名。

チョウジチチタケ 〈*Lactarius quietus* Fr.〉ベニタケ科のキノコ。中型。傘は赤褐色、不明瞭な環紋、湿時粘性。ひだは帯赤白色。

チョウジフクシア フクシア・トリフィラの別名。

チョウシュウチョイサム 〈*Brassica rapa* var. *perviridis* Bail.〉アブラナ科の野菜。マライ平地に開花結実。熱帯植物。

チョウジュウロウ 長十郎 バラ科のナシの品種。別名長十、出長。果皮は錆褐色。

チョウジュキンカン 長寿金柑 〈*Fortunella obovata* Tanaka〉ミカン科。別名フクシュウキンカン。果実は縦径3.8cmほど。園芸植物。

チョウジュバイ 長寿梅 バラ科のクサボケの品種。園芸植物。

チョウジュラク バラ科のボケの品種。

チョウジョウマル 長城丸 ツルビニカルプス・プセウドマクロケレの別名。

チョウセイマル 長盛丸 エキノプシス・ムルティプレクスの別名。

チョウセンアサガオ 朝鮮朝顔 〈*Datura metel* L.〉ナス科の草本。別名キダチチョウセンアサガオ（木立朝鮮朝顔）、キチガイナス、ナンバアサガオ。全株スコポラミンを含み有毒。高さは1.5m。花は白色。熱帯植物。薬用植物。園芸植物。切花に用いられる。

チョウセンアサガオ ナス科の属総称。別名マンダラゲ。

チヨウセン

チョウセンアザミ　キク科の属総称。
チョウセンアザミ　アーティチョークの別名。
チョウセンカメバソウ　〈*Trigonotis nakaii* Hara〉ムラサキ科の草本。
チョウセンガリヤス　朝鮮刈安　〈*Kengia hackelii* (Honda) Packer〉イネ科の多年草。別名ヒメガリヤス。高さは40〜90cm。
チョウセンキスゲ　朝鮮黄萱　〈*Hemerocallis coreana*〉ユリ科。
チョウセンキハギ　レスペデザ・マクシモヴィッチーの別名。
チョウセンキンミズヒキ　〈*Agrimonia coreana* Nakai〉バラ科の草本。
チョウセンゴシュユ　朝鮮呉茱萸　〈*Evodia danielli* (Benn.) Hemsley.〉ミカン科の薬用植物。別名イヌゴシュユ。
チョウセンゴミシ　朝鮮五味子　〈*Schizandra chinensis* (Turcz.) Baill.〉マツブサ科の落葉つる性植物。花は乳白色。高山植物。薬用植物。園芸植物。
チョウセンゴヨウ　朝鮮松　〈*Pinus koraiensis* Sieb. et Zucc.〉マツ科の常緑高木。別名チョウセンマツ、カラマツ。高さは30m。樹皮は暗灰色。高山植物。薬用植物。園芸植物。
チョウセンシオン　〈*Aster koraiensis* Nakai〉キク科の多年草。別名チョウセンヨメナ。高さは40〜80cm。花は淡紫色。
チョウセンシラベ　〈*Abies koreana* E. H. Wils.〉マツ科の常緑高木。高さは15m。樹皮は濃灰褐色。園芸植物。
チョウセンスイラン　〈*Hololeion maximowiczii* Kitamura〉キク科。別名マンシュウスイラン、イトスイラン。
チョウセンスナゴケ　〈*Racomitrium carinatum* Card.〉ギボウシゴケ科のコケ。中形で長さ数cm、葉は狭卵状披針形。
チョウセンダイオウ　朝鮮大黄　〈*Rheum coreanum* Nakai.〉タデ科の薬用植物。
チョウセンツバキ　ツバキ科のツバキの品種。
チョウセンナニワズ　〈*Daphne pseudomezereum* A. Gray〉ジンチョウゲ科の落葉低木。別名オニシバリ、ナツボウズ。高さは80cm。花は黄緑色。園芸植物。
チョウセンニレ　〈*Ulmus macrocarpa* Hance.〉ニレ科の薬用植物。
チョウセンニワフジ　朝鮮庭藤　〈*Indigofera kirilowii* Maxim.〉マメ科の木本。別名コウライニワフジ、コバノニワフジ。高さは30〜60cm。花は淡紅色。園芸植物。
チョウセンニンジン　〈*Panax ginseng* C. A. Meyer〉ウコギ科の多年草。別名オタネニンジン。高さは70〜80cm。花は黄緑色。薬用植物。園芸植物。

チョウセンノギク　朝鮮野菊　〈*Chrysanthemum zawadskii* subsp. *latilobum*〉キク科。
チョウセンノコンギク　アスター・アゲラトイデスの別名。
チョウセンヒメツゲ　朝鮮姫黄楊　〈*Buxus microphylla* Siebold et Zucc. var. *insularis* Nakai〉ツゲ科の木本。
チョウセンヒメユリ　ユリ科。別名コヒメユリ、トウヒメユリ。園芸植物。
チョウセンマキ　朝鮮槙　〈*Cephalotaxus harringtonia* (Knight) K. Koch. var. *fastigiata* (Carr.) Rehder〉イヌガヤ科。別名チョウセンガヤ、トウガヤ。園芸植物。
チョウセンマツ　チョウセンゴヨウの別名。
チョウセンヤマツツジ　朝鮮山躑躅　〈*Rhododendron yedoense*〉ツツジ科の木本。
チョウセンヨメナ　オオユウガギクの別名。
チョウセンレンギョウ　朝鮮連翹　〈*Forsythia viridissima* Lindl. var. *koreana* Rehder〉モクセイ科の木本。
チョウダイアイリス　イリス・オクロレウカの別名。
チョウタロウユリ　ユリ科。園芸植物。
チョウチョウスズメラン　〈*Oncidium papilio* Lindl.〉ラン科の多年草。
チョウチンゴケ　チョウチンゴケ科の属総称。
チョウチンノウゼン　ノウゼンカズラ科。
チョウチンハリガネゴケ　〈*Pohlia wahlenbergii* (F. Weber & Mohr) A. L. Andrews〉ハリガネゴケ科のコケ。茎は長さ2〜3cm、葉は卵状披針形。
チョウトリカズラ　〈*Araujia sericifera* Brot.〉ガガイモ科のつる性低木。花は白色。園芸植物。
チョウノスケソウ　長之助草　〈*Dryas octopetala* L. var. *asiatica* (Nakai) Nakai〉バラ科の草本状小低木。別名ミヤマグルマ、ミヤマチングルマ。高山植物。
チョウマメ　蝶豆　〈*Clitoria ternatea* L.〉マメ科のつる性一年草。花は濃青色。熱帯植物。園芸植物。
チョウマメ　マメ科の属総称。
チョウメイラク　長命楽　ユリ科のオモトの品種。園芸植物。
チョクレイハクサイ　〈*Brassica campestris* L. subsp. *napus* Hook. f. et Anders var. *pekinensis* Makino〉アブラナ科の野菜。
チョーサー　〈Chaucer〉バラ科。イングリッシュローズ系。花はローズピンク。
チヨダニシキ　千代田錦　〈*Aloe variegata* L.〉ユリ科の多肉性多年草。高さは30cm。花は紅〜朱紅色。
チヨダノマツ　千代田の松　ベンケイソウ科のパキフィツムの品種。園芸植物。

チヨノハル 千代の春 アヤメ科のハナショウブの品種。園芸植物。

チヨノマツ 千代の松 リプサリス・メセンブリアンテモイデスの別名。

チョヒガン バラ科。園芸植物。

チョマ カラムシの別名。

チョレイ サルノコシカケ科。

チョレイマイタケ 猪苓舞茸 〈*Polyporus umbellatus* Pers. : Fr.〉サルノコシカケ科のキノコ。中型～大型。傘は灰色～褐灰色、中央窪む。薬用植物。

チョロギ 草石蚕 〈*Stachys sieboldii* Miq.〉シソ科の根菜類。別名チョロウギ、チョロキチ、ショウロキ。高さは100～120cm。花は淡紅紫色。薬用植物。園芸植物。

チョロギウメノキゴケ 〈*Parmelia galbina* Ach.〉ウメノキゴケ科の地衣類。地衣体背面は灰緑から淡褐灰または暗灰色。

チランジア・シアネア ハナアナナスの別名。

チリアコラ 〈*Tiliacora racemosa* Coleb.〉ツラフジ科の蔓木。T.triandraに似たもの。熱帯植物。

チリーアヤメ 〈*Herbertia pulchella* Sweet〉アヤメ科の球根植物。園芸植物。

チリアヤメ アヤメ科の属総称。球根植物。別名ハーバティア。園芸植物。

チリウキクサ 智利浮草 〈*Lemna valdiviana* Philippi〉ウキクサ科。

チリーウチワ サボテン科のサボテン。園芸植物。

チリサケヤシ フバエア・チレンシスの別名。

チリソケイ 〈*Mandevilla laxa* (Ruiz et Pav.) Woodson〉キョウチクトウ科のつる植物。花は白～クリーム白色。園芸植物。

チリーダイコンソウ バラ科。園芸植物。

チリダイコンソウ ゲウム・チロエンセの別名。

チリタ・ラバンジュラセア ソライロツノギリソウの別名。

チリーニラ リュウココリネ・イキシオイデスの別名。

チリーヒバ 〈*Austrocedrus chilensis*〉ヒノキ科の木本。樹高25m。樹皮は灰緑色。

チリファイヤブッシュ 〈*Embothrium coccineum*〉ヤマモガシ科の木本。樹高10m。花は緋赤色。樹皮は紫褐色。園芸植物。

チリーマツ 〈*Araucaria araucana* (Mol.) K. Koch〉ナンヨウスギ科の常緑大高木。別名チリアロウカリア、ヨロイスギ。高さは5～45m。樹皮は灰色。薬用植物。園芸植物。

チリメンカエデ 縮緬楓 〈*Acer palmatum* Thunb. ex Murray var. *dissectum* Maxim.〉カエデ科の木本。別名キレニシキ。

チリメンキンチャクソウ カルセオラリア・インテグリフォリアの別名。

チリメンヂシャ キク科の野菜。

チリメンジソ 〈*Perilla frutescens* (L.) Britton var. *crispa* (Thunb.) Decne.〉シソ科の薬用植物。

チリメンシダ 縮緬羊歯 〈*Dryopteris erythrosora* (Eaton) O. Kuntze f. *prolifica* (Maxim. ex Franch. et Savat.) H. Ito〉オシダ科。

チリメンチチタケ 〈*Lactarius corrugis* Peck〉ベニタケ科のキノコ。中型～大型。傘は暗褐色、細かいしわ。ひだは淡黄色。

チリメンハクサイ 縮緬白菜 〈*Brassica campestris* L. subsp. *napus* Hook. f. et Anders. var. *pekinensis* Makino〉アブラナ科の野菜。

チリメンハナナ 〈*Brassica campestris* L. var. *pekinensis* Olsson〉アブラナ科。別名ナバナ。園芸植物。

チリモミジ 〈*Reinboldiella schmitziana* (Reinbold) De Toni〉イギス科の海藻。細線状。

チリーヤシ ヤシ科。

チルサカンサス 〈*Thyrsacanthus bracteolatus* Nees〉キツネノマゴ科の観賞用低木。花は赤色。熱帯植物。

チレッタセンブリ 〈*Swertia chirata* Buch-Ham.〉リンドウ科の草本。熱帯植物。薬用植物。

チンカー ヒガンバナ科のスイセンの品種。園芸植物。

チンカピングリ カスタネア・プミラの別名。

チングルマ 稚児車 〈*Geum pentapetalum* (L.) Makino〉バラ科の草本状小低木。別名イワグルマ。高さは10～20cm。花は白色。高山植物。園芸植物。

チンゲンサイ 青梗菜 アブラナ科の中国野菜。園芸植物。

チンシバイ ニワナナカマドの別名。

チンダロ 〈*Pahudia rhomboidea* Prain〉マメ科の高木。熱帯植物。

チンチャンアカギモドキ 〈*Allophylus cobbe* BL. var. *glaber* Corn.〉ムクロジ科の小木。熱帯植物。

チンチョウ 珍重 キク科のダリアの品種。園芸植物。

チンチン 〈Tchin Tchin〉バラ科。フロリバンダ・ローズ系。花は朱色。

【 ツ 】

ツァウシュネーリア・カリフォルニカ アカバナ科の宿根草。別名カリフォルニアホクシャ。

ツイディウム・カネダエ トヤマシノブゴケの別名。

ツインゴ バラ科。ハイブリッド・ティーローズ系。花はチェリーレッド。

ツインゴ サトイモ科のアンスリウムの品種。切り花に用いられる。

ツウダツボク カミヤツデの別名。

ツエタケ 〈*Oudemansiella radicata*（Relhan：Fr.）Sing.〉キシメジ科のキノコ。中型〜大型。傘は淡褐色で放射状のしわ。湿時強粘性あり。ひだは白色。
ツエハナゴケ 〈*Cladonia nemoxyna*（Ach.）Nyl.〉ハナゴケ科の地衣類。子柄は長さ2.5〜6cm。
ツガ 栂 〈*Tsuga sieboldii* Carr.〉マツ科の常緑高木。別名トガ、ホンツガ。高さは30m。園芸植物。
ツガ・カナデンシス カナダツガの別名。
ツガ・カロライニアナ カロライナツガの別名。
ツガコウヤクタケ 〈*Aleurodiscus tsugae* Yasuda〉コウヤクタケ科のキノコ。
ツガゴケ 〈*Distichophyllum maibarae* Besch.〉アブラゴケ科のコケ。茎は長さ2cm前後で斜上、側方に出る葉は倒卵形。
ツカサアミ 〈*Callymenia perforata* J. Agardh〉ツカサノリ科の海藻。網状。体は径60cm。
ツガザクラ 栂桜 〈*Phyllodoce nipponica* Makino〉ツツジ科の常緑小低木。高さは10〜20cm。花は淡紅色。高山植物。園芸植物。
ツガサルノコシカケ 〈*Famitopsis pinicola*（Fr.）Karst.〉サルノコシカケ科のキノコ。大型。傘は赤褐色〜黒褐色、ニス状光沢。
ツガ・シーボルディー ツガの別名。
ツガ・ディウェルシフォリア コメツガの別名。
ツガノマンネンタケ 〈*Ganoderma valesiacum* Boudier〉マンネンタケ科のキノコ。中型〜大型。傘は黄色〜赤褐色〜黒褐色、ニス状光沢。
ツガ・ヘテロフィラ アメリカツガの別名。
ツガマイタケ 〈*Osteina obducta*（Berk.）Donk〉タコウキン科のキノコ。
ツガ・メルテンシアナ 〈*Tsuga mertensiana*（Bong.）Carrière〉マツ科の常緑高木。高さは30〜50m。園芸植物。
ツガルフジ 津軽藤 〈*Vicia fauriei* Franch.〉マメ科の草本。
ツガルミセバヤ 〈*Hylotelephium tsugaruense*（Hara）H. Ohba〉ベンケイソウ科の多年草。高さは10〜40cm。花は乳白色。園芸植物。
ツキイゲ 〈*Spinifex littoreus*（Burm. f.）Merr.〉イネ科の匍匐性草本。葉は硬質。高さは30〜100cm。熱帯植物。
ツキガシダレ バラ科のウメの品種。
ツキカゲマル 月影丸 マミラリア・ファイルマニアナの別名。
ツキセカイ 月世界 〈*Epithelantha micromeris*（Engelm.）A. Web. ex Britt. et Rose〉サボテン科のサボテン。花は帯桃白から桃赤色。園芸植物。
ツキトジ 月兎耳 〈*Kalanchoe tomentosa* Bak.〉ベンケイソウ科の多肉植物。高さは50〜70cm。園芸植物。

ツキヌキオトギリ 〈*Hypericum sampsoni* Hance〉オトギリソウ科の草本。
ツキヌキゴケ 〈*Calypogeia angusta* Steph.〉ツキヌキゴケ科のコケ。茎は長さ1〜2cm、葉は半円形〜広舌形。
ツキヌキサイコ 〈*Bupleurum rotundifolium* L.〉セリ科の一年草。花は黄緑色。
ツキヌキソウ 〈*Triosteum sinuatum* Maxim.〉スイカズラ科の草本。
ツキヌキニンドウ 突抜忍冬 〈*Lonicera sempervirens* L.〉スイカズラ科の常緑つる性低木。高さは3m。花は明るい橙黄〜深紅色。園芸植物。
ツキヌキユーカリ 〈*Eucalyptus perriniana*〉フトモモ科の木本。樹高7m。樹皮は灰と褐色。園芸植物。
ツキノカツラ バラ科のウメの品種。
ツキノカツラ 月の桂 ペレスキア・フンボルティーの別名。
ツキノドウジ 月の童子 トゥーミア・パピラカンタの別名。
ツギハギハツ 〈*Russula eburneoareolata* Hongo〉ベニタケ科のキノコ。中型。傘は象牙色、ひび割れ・溝線あり。ひだは淡クリーム色。
ツキミセンノウ 〈*Silene noctiflora* L.〉ナデシコ科の一年草。高さは30〜60cm。花は帯紅白色。
ツキミソウ 月見草 〈*Oenothera tetraptera* Cav.〉アカバナ科の多年草。高さは30〜60cm。花は白または淡紅色。園芸植物。
ツキミタンポポ オエノテラ・アカウリスの別名。
ツキミマンテマ 〈*Silene nocturna* L.〉ナデシコ科の一年草または越年草。高さは10〜60cm。花は白か淡紅紫色。
ツキヨタケ 月夜茸 〈*Lampteromyces japonicus*（Kawam.）Sing.〉キシメジ科のキノコ。中型〜大型。傘は半円形〜腎臓形。ひだは白色。
ツクシ 〈*Equisetum arvense* L.〉トクサ科のスギナの胞子茎。山菜。別名エクイセツム・スギナ。園芸植物。
ツクシアオイ 〈*Heterotropa kiusiana*（F. Maekawa）F. Maekawa〉ウマノスズクサ科の多年草。葉は長楕円形。園芸植物。
ツクシアキヅルイチゴ 〈*Rubus hatusimae* Koidz.〉バラ科の木本。日本絶滅危機植物。
ツクシアケボノツツジ 〈*Rhododendron pentaphyllum* Maxim. var. *pentaphyllum*〉ツツジ科。
ツクシアザミ 築紫薊 〈*Cirsium suffultum*（Maxim.）Matsum.〉キク科の多年草。別名ツクシクルマアザミ。高さは1m。
ツクシアブラガヤ 〈*Scirpus rosthornii* Diels var. *kiushuensis* Ohwi〉カヤツリグサ科。

ツクシアマノリ 〈*Porphyra crispata* Kjellman〉 ウシケノリ科の海藻。雌雄同株。

ツクシアリドオシラン 〈*Myrmechis tsukusiana* Masam.〉ラン科の草本。

ツクシイヌツゲ 〈*Ilex crenata* Thunb. var. *fukasawana* Makino〉モチノキ科。

ツクシイヌワラビ 〈*Athyrium kuratae* Seriz.〉オシダ科の常緑性シダ。別名アリサンイヌワラビ。葉身は長さ30〜50cm。三角状卵形〜卵状長楕円形。

ツクシイバラ 〈*Rosa multiflora* Thunb. ex Murray var. *adenochaeta* (Koidz.) Ohwi〉バラ科の木本。花はソフトピンク。

ツクシイワシャジン 筑紫岩沙参 〈*Adenophora hatsushimae* Kitamura〉キキョウ科の草本。日本絶滅危機植物。

ツクシイワヘゴ 〈*Dryopteris commixta* Tagawa〉オシダ科の常緑性シダ。葉柄の鱗片は光沢がなく、黒褐色〜淡黒色。

ツクシオオガヤツリ 〈*Cyperus ohwii* Kükenth.〉カヤツリグサ科の草本。

ツクシオオクジャク 〈*Dryopteris handeliana* C. Chr.〉オシダ科の常緑性シダ。葉柄基部の鱗片は淡い茶色。

ツクシオクマワラビ 〈*Dryopteris* × *pseudohakonecola* Nkaike, nom. nud.〉オシダ科のシダ植物。

ツクシカイドウ 〈*Malus hupenensis* (Pamp.) Rehd.〉バラ科の落葉高木。別名チャカイドウ。高さは8m。花は白あるいは淡紅かった白色。樹皮は紫褐色。園芸植物。日本絶滅危機植物。

ツクシガシワ 〈*Cynanchum grandifolium* Hemsl.〉ガガイモ科の草本。

ツクシカシワバハグマ 〈*Pertya robusta* (Maxim.) Makino var. *kiushiana* Kitam.〉キク科。

ツクシガヤ 〈*Chikusichloa aquatica* Koidz.〉イネ科の草本。

ツクシガラガラ 〈*Galaxaura cuculligera* Kjellman〉ガラガラ科の海藻。多少扁圧。体は5cm。

ツクシカラマツ 筑紫唐松 〈*Thalictrum kiusianum* Nakai〉キンポウゲ科の多年草。高さは15cm。花は淡紅紫色。園芸植物。

ツクシカワタケ 〈*Peniophora nuda* (Fr.) M. P. Christ.〉コウヤクタケ科のキノコ。

ツクシキケマン 〈*Corydalis heterocarpa* Sieb. et Zucc.〉ケシ科の草本。花は黄色。園芸植物。

ツクシクガイソウ 〈*Veronicastrum sibiricum* var. *zuccarinii*〉ゴマノハグサ科の草本。

ツクシクサボタン 〈*Clematis stans* var. *austrojaponensis*〉キンポウゲ科。

ツクシクロイヌノヒゲ 〈*Eriocaulon nakasimanum* Satake〉ホシクサ科の草本。

ツクシコウモリソウ 〈*Cacalia nipponica* Miq.〉キク科の草本。

ツクシゴケ 〈*Helicodontium kiusianum* (Sakurai) Taoda〉コゴメゴケ科のコケ。枝葉は長さ0.9〜1.4mm、披針形〜狭披針形。

ツクシコゴメグサ 〈*Euphrasia multifolia* Wettst.〉ゴマノハグサ科の半寄生一年草。高さは10〜35cm。

ツクシシオガマ 筑紫塩竈 〈*Pedicularis refracta* (Maxim.) Maxim.〉ゴマノハグサ科の草本。

ツクシシャクナゲ 筑紫石南花 〈*Rhododendron metternichii* Sieb. et Zucc.〉ツツジ科の常緑低木。別名オキシャクナゲ、ホンシャクナゲ。高さは3.5m。花は淡紅色。高山植物。薬用植物。園芸植物。

ツクシシャクナゲ シャクナゲの別名。

ツクシショウジョウバカマ 〈*Heloniopsis orientalis* var. *breviscapa*〉ユリ科。

ツクシジングウゴケ 〈*Helicodontium hattorii* Nog.〉コゴメゴケ科のコケ。茎葉は卵状披針形。

ツクシスミレ 〈*Viola diffusa* Gingins var. *glabella* H. Boiss.〉スミレ科の多年草。高さは3〜10cm。

ツクシゼリ 筑紫芹 〈*Angelica longeradiata* (Maxim.) Kitagawa〉セリ科の草本。

ツクシタスキゴケ 〈*Sinskea flammea* (Mitt.) W. R. Buck〉ハイヒモゴケ科のコケ。二次茎の葉は長卵形。

ツクシタチドコロ 筑紫立波草 〈*Dioscorea asclepiadea* Prain et Burk.〉ヤマノイモ科の草本。

ツクシタツナミソウ 筑紫立波草 〈*Scutellaria kiusiana* Hara〉シソ科。

ツクシタニギキョウ 〈*Peracarpa carnosa* var. *pumila*〉キキョウ科。

ツクシチャルメルソウ 〈*Mitella kiusiana*〉ユキノシタ科。

ツクシツバナゴケ 〈*Coscinodon humilis* Nog.〉ギボウシゴケ科のコケ。茎は長さ0.5〜1mm、束状、葉は卵状披針形〜披針形。

ツクシツヤゴケ 〈*Entodon macropodus* (Hedw.) Müll. Hal.〉ツヤゴケ科のコケ。茎は長さ5cm前後、葉は卵形〜狭卵形。

ツクシテンツキ 〈*Fimbristylis tashiroana*〉カヤツリグサ科。

ツクシテンナンショウ オガタテンナンショウの別名。

ツクシドウダン 〈*Enkianthus campanulatus* (Miq.) G. Nicholson var. *longilobus* (Nakai) Makino〉ツツジ科の木本。

ツクシトウヒレン 〈*Saussurea nipponica* var. *kiushiana*〉キク科。

ツクシトネリコ 〈*Fraxinus longicuspis* Siebold et Zucc. var. *latifolia* Nakai〉モクセイ科。

ツクシトラノオ 〈*Veronica kiusiana* Furumi〉ゴマノハグサ科の草本。別名ヒロハトラノオ。高さは50～70cm。花は青紫色。園芸植物。日本絶滅危機植物。

ツクシナギゴケ 〈*Eurhynchium savatieri* Schimp. ex Besch.〉アオギヌゴケ科のコケ。茎葉は長さ1～1.5mm、心臓状卵形。

ツクシナギゴケモドキ 〈*Eurhynchium hians* (Hedw.) Sande Lac.〉アオギヌゴケ科のコケ。茎葉は長さ1～1.6mm、卵形～広卵形。

ツクシナルコ 〈*Carex subcernua* Ohwi〉カヤツリグサ科。

ツクシネコノメソウ 〈*Chrysosplenium rhabdospermum* Maxim.〉ユキノシタ科の草本。

ツクシキシノブ 筑紫軒忍 〈*Lepisorus tosaensis* (Makino) H. Ito〉ウラボシ科の常緑性シダ。別名オナガノキシノブ、トサノキシノブ。葉身は長さ15～30cm。披針形から線状披針形。

ツクシハギ 筑紫萩 〈*Lespedeza homoloba* Nakai〉マメ科の木本。別名ニッコウシラハギ、ヤブキハギ。高さは2m以上。花は白みのつい淡紅紫色。園芸植物。

ツクシハリガネゴケ 〈*Bryum billardieri* Schwägr.〉ハリガネゴケ科のコケ。葉は倒卵形～楕円状倒卵形。

ツクシヒトツバテンナンショウ 〈*Arisaema tashiroi* Kitam.〉サトイモ科の草本。

ツクシヒラツボゴケ 〈*Glossadelphus ogatae* Broth. & Yasuda〉ハイゴケ科のコケ。枝葉は卵形～倒卵形。

ツクシフウロ 〈*Geranium soboliferum* var. *kiusianum*〉フウロソウ科。

ツクシホウズキ 〈*Acrocystis nana* Zanardini〉フジマツモ科の海藻。ブドウ色。体は1cm。

ツクシボウフウ 〈*Pimpinella thellungiana* var. *gustavohegiana*〉セリ科の草本。

ツクシボダイジュ 〈*Tilia mandschurica* Rupr. et Maxim. var. *rufo-villosa* (Hatusima) Kitamura〉シナノキ科の落葉広葉高木。高さは20m。園芸植物。

ツクシポドステモン マノセカワゴケソウの別名。

ツクシマムシグサ 筑紫蛇草 〈*Arisaema maximowiczii* (Engl.) Nakai〉サトイモ科の多年草。別名ナガハシマムシソウ。高さは20～60cm。

ツクシミノボロスゲ 〈*Carex nubigena* D. Don var. *franchetiana* Ohwi (VI)〉カヤツリグサ科の草本。

ツクシミヤマノダケ 〈*Angelica cryptotaeniifolia* Kitag. var. *kyushiana* T. Yamaz.〉セリ科。

ツクシムレスズメ 筑紫群雀 〈*Sophora franchetiana* Dunn〉マメ科の多年草。花は白色。園芸植物。

ツクシメナモミ 〈*Siegesbeckia orientalis* L.〉キク科の草本。花は黄色。熱帯植物。薬用植物。

ツクシヤバネゴケ 〈*Cylindrocolea recurvifolia* (Steph.) Inoue〉コヤバネゴケ科のコケ。茎は長さ1～4cm。

ツクシヤブウツギ 〈*Weigela japonica* Thunb.〉スイカズラ科の落葉低木。高さは2～5m。花は初め白ないし黄緑後に紅色。園芸植物。

ツクシヤブソテツ 〈*Cyrtomium macrophyllum* var. *tukusicola* (Tagawa) Tagawa〉オシダ科のシダ植物。

ツクシヤワラシダ 〈*Thelypteris hattorii* var. *nemoralis* (Ching) Kurata〉オシダ科のシダ植物。

ツクシワラビ 〈*Diplazium chinense* × *fauriei*〉オシダ科のシダ植物。

ツクツクホウシタケ 〈*Isaria sinclairii* (Berk.) Lloyd〉バッカクキン科のキノコ。

ツクネイモ 捏芋 〈*Dioscorea batatas* Decne. f. *tsukune* Makino〉ヤマノイモ科。

ツクバ 筑波 ブナ科のクリ(栗)の品種。別名クリ農林3号、ソ-29。果皮は赤褐色。

ツクバキンモンソウ 〈*Ajuga yesoensis* Maxim. ex Franch. et Sav. var. *tsukubana* Nakai〉シソ科。

ツクバスゲ 〈*Carex blepharicarpa* var. *stenocarpa*〉カヤツリグサ科。

ツクバトリカブト 〈*Aconitum tsukubense* Nakai〉キンポウゲ科の多年草。高さは30～90cm。

ツクバネ 衝羽根 〈*Buckleya lanceolata* (Sieb. et Zucc.) Miq.〉ビャクダン科の落葉小低木。別名ハゴノキ、コギノコ。

ツクバネアサガオ 衝羽根朝顔 〈*Petunia nyctaginiflora* Juss.〉ナス科の観賞用草本。別名ペチュニア。熱帯植物。園芸植物。

ツクバネウツギ 衝羽根空木 〈*Abelia spathulata* Sieb. et Zucc. var. *spathulata*〉スイカズラ科の落葉低木。別名コツクバネ。園芸植物。

ツクバネウルシ 〈*Melanorrhoea wallichii* Hook. f.〉ウルシ科の高木。萼は翅のように生長する。熱帯植物。

ツクバネガキ ディオスピロス・ロンビフォリアの別名。

ツクバネガシ 衝羽根樫 〈*Quercus sessilifolia* Blume〉ブナ科の常緑高木。高さは20m。園芸植物。

ツクバネカズラ 〈*Ancistrocladus tectorius* (Lour.) Merr.〉ツクバネカズラ科の蔓木。熱帯植物。

ツクバネクロガシラ 〈*Sphacelaria yamadae* Segawa〉クロガシラ科の海藻。胚芽枝はつくばね状。

ツクバネソウ 衝羽根草 〈*Paris tetraphylla* A. Gray〉ユリ科の多年草。高さは15〜40cm。高山植物。薬用植物。

ツクバネバチカ 〈*Vatica pallida* Dyer.〉フタバガキ科の低木。葉はシラカシに似てうすく硬い。熱帯植物。

ツクバネモドキ 〈*Streblus taxoides* (Heyn.) Kurz〉クワ科の小木。花に4枚の紫黒色の苞あり。熱帯植物。

ツクモ 津雲 バラ科のビワ(枇杷)の品種。果皮は橙黄色。

ツクモグサ 九十九草 〈*Pulsatilla nipponica* (Takada) Ohwi〉キンポウゲ科の多年草。高さは10〜30cm。高山植物。園芸植物。

ツクモドウダン ヒロハドウダンツツジの別名。

ツクモノリ 〈*Nemalion multifidum* (Weber et Mohr) J. Agardh〉ベニモズク科の海藻。蠕虫状。体は60cm。

ツクモハイゴケ 〈*Herzogiella turfacea* (Lindb.) Z. Iwats.〉ハイゴケ科のコケ。小形、枝は葉を含めて幅1〜1.5mm。

ツクリタケ マッシュルームの別名。

ツゲ 黄楊、柘植 〈*Buxus microphylla* Sieb. et Zucc. var. *japonica* (Muell. Arg. ex Miq.) Rehder et Wils.〉ツゲ科の常緑低木。別名ホンツゲ、アサマツゲ、ヒメツゲ。薬用植物。園芸植物。

ツゲ科 科名。

ツケナ 漬菜 アブラナ科のアブラナ科不結球菜類総称。葉菜類。園芸植物。

ツゲモチ 黄楊鵝 〈*Ilex goshiensis* Hayata〉モチノキ科の木本。別名マルバノリュウキョウソヨゴ。

ツゲモドキ 〈*Drypetes matsumurae* (Koidz.) Kanehira〉トウダイグサ科の木本。別名モチツゲ。

ツゲモドキ 〈*Decaspermum montanum* Ridl.〉フトモモ科の低木。葉質はサザンカに似て小。熱帯植物。

ツシオフィルム・タナカエ ハコネコメツツジの別名。

ツジベゴヘイゴケ 〈*Tuzibéanthus chinensis* (Steph.) S. Hatt.〉クサリゴケ科のコケ。ゴヘイゴケ属に似るが、背片と雌苞葉は全縁。

ツシマカンコノキ 〈*Glochidion puberum* (L.) Hutch.〉トウダイグサ科の木本。

ツシマギボウシ 〈*Hosta tsushimensis* N. Fujita〉ユリ科の多年草。苞は舟形。園芸植物。

ツシマニオイシュンラン 〈*Cymbidium goeringii* (Reichb. f.) Reichb. f.〉ラン科。日本絶滅危機植物。

ツシマノダケ 〈*Tilingia tsusimensis*〉セリ科。

ツシマヒョウタンボク 〈*Lonicera harae*〉スイカズラ科の木本。別名ノヤマヒョウタンボク。

ツシマママコナ 対馬飯子菜 〈*Melampyrum roseum* Maxim. var. *roseum*〉ゴマノハグサ科の。

ツシマラン 〈*Evrardia poilanei* Gagnep.〉ラン科。日本絶滅危機植物。

ツシラーゴ・ファルファラ フキタンポポの別名。

ツヅラフジ 葛藤 〈*Sinomenium acutum* (Thunb. ex Murray) Rehder et Wils.〉ツヅラフジ科のつる性木本。別名ツヅラ、アオヅラ。

ツヅラフジ科 科名。

ツヅレカラタチゴケ 〈*Ramalina geniculata* Hook. et Tayl.〉サルオガセ科の地衣類。地衣体は団塊状。

ツヅレカラタチゴケモドキ 〈*Ramalina subgeniculata* Nyl.〉サルオガセ科の地衣類。地衣体は分枝は中空。

ツヅレニシキ 綴錦 アヤメ科のハナショウブの品種。園芸植物。

ツタ 蔦 〈*Parthenocissus tricuspidata* (Sieb. et Zucc.) Planch.〉ブドウ科の落葉つる植物。別名アマヅラ、ナツヅタ。葉は紅色に色づく。園芸植物。

ツタウルシ 蔦漆 〈*Rhus ambigua* Lav. ex Dipp.〉ウルシ科の落葉つる植物。別名ウルシヅタ。薬用植物。

ツタカエデ 〈*Acer circinatum* Pursh〉カエデ科の落葉高木。葉は円形。樹高6m。樹皮は灰褐色。園芸植物。

ツタカラクサ ツタバウンランの別名。

ツタスミレ ウィオラ・ヘデラケアの別名。

ツタノハヒルガオ 〈*Merremia hederacea* (Burm. f.) H. G. Hallier〉ヒルガオ科のつる性。別名アサガオモドキ。花は黄色。熱帯植物。園芸植物。

ツタバ アイビー・ゼラニウムの別名。

ツタバウンラン 〈*Cymbalaria muralis* P. Gaertn., B. Mey. et Schreb.〉ゴマノハグサ科の一年草または多年草。別名ウンランカヅラ、マルバノウンラン。長さは20〜60cm。花は紫青色。高山植物。園芸植物。

ツタバシクラメン 〈*Cyclamen repandum* Sibth. et Sm.〉サクラソウ科の多年草。花は濃紅から淡桃色。園芸植物。

ツタバテンジクアオイ 〈*Pelargonium lateripes* L'Her.〉フウロソウ科。別名タテバテンジクアオイ。園芸植物。

ツタンカーメン ヒガンバナ科のスイセンの品種。園芸植物。

ツチアケビ 土木通 〈*Galeola septentrionalis* Reichb. f.〉ラン科の多年生腐生植物。別名ヤマノカミノシャクジョウ、キツネノシャクジョウ、ヤマシャクジョウ。高さは50〜100cm。高山植物。薬用植物。

ツチカブリ 〈*Lactarius piperatus* (Scop. : Fr.) S. F. Gray〉ベニタケ科のキノコ。別名ジワリ。中型。傘は類白色、褐色のしみ。

ツチカブリモドキ 〈*Lactarius subpiperatus* Hongo〉ベニタケ科のキノコ。中型〜大型。傘は白色、黄褐色のしみ。

ツチクラゲ 〈*Rhizina undulata* Fr.〉ノボリリュウタケのキノコ。中型〜大型。子嚢盤は不規則伏せ皿形、子実層面は赤褐色。

ツチグリ 土栗 〈*Astraceus hygrometricus* Morg.〉ツチグリ科のキノコ。別名ツチガキ。中型〜大型。幼菌は類球形、外皮は星形裂開。

ツチグリ 土栗 〈*Potentilla discolor* Bunge〉バラ科の多年草。高さは15〜40cm。薬用植物。

ツチグリ ツチグリ科の属総称。

ツチグリニセショウロ 〈*Scleroderma geaster* Fr.〉ニセショウロ科のキノコ。中型〜大型。外皮は星形裂開。

ツチスギタケ 〈*Pholiota terrestris* Overholts〉モエギタケ科のキノコ。小型〜中型。傘は麦わら色、淡褐色鱗片。

ツチダンゴ 〈*Elaphomyces granulatus* Fr.〉ツチダンゴ科のキノコ。

ツチトリモチ 土鳥黐 〈*Balanophora japonica* Makino〉ツチトリモチ科の寄生植物。別名ヤマデラボウズ。塊根は淡褐色、鱗片葉は肉質。高さ5〜10cm。花穂は血赤色。熱帯植物。

ツチトリモチ科 科名。

ツチナメコ 〈*Agrocybe erebia* (Fr.) Kühner〉オキナタケ科のキノコ。小型〜中型。傘は暗褐色で粘性あり。しわあり。

ツチノウエノキゴケ 〈*Stereocaulon condensatum* (Ach.) Hoffm.〉キゴケ科の地衣類。子柄は高さ1〜2cm。

ツチノウエノコゴケ 〈*Weissia controversa* Hedw.〉センボンゴケ科のコケ。茎は長さ5mm、葉は披針形〜線状披針形。

ツチノウエノタマゴケ 〈*Weissia crispa* (Hedw.) mitt.〉センボンゴケ科のコケ。茎は長さ1.5mm、葉は狭披針形。

ツチノウエノハリゴケ 〈*Uleobryum naganoi* Kiguchi, I. G. Stone & Z. Iwats.〉センボンゴケ科のコケ。体は微小、葉は線状披針形。

ツチビノキ 〈*Daphnimorpha capitellata* (H. Hara) Nakai〉ジンチョウゲ科の木本。

ツツアナナス パイナップル科。

ツツアリドオシ ツルアリドオシの別名。

ツツイイワヘゴ 〈*Dryopteris tsutsuiana* Kurata〉オシダ科の常緑性シダ。葉柄から中軸にかけてやや密につく鱗片は黒褐色。日本絶滅危機植物。

ツツイモ 〈*Potamogeton panormitanus* Biv.〉ヒルムシロ科の沈水植物。葉は無柄、線形、花が上下2段に分かれて付く。

ツツクチヒゲゴケ 〈*Oxystegus tenuirostris* (Hook. & Taylor) A. J. E. Smith〉センボンゴケ科のコケ。茎は長さ15mm以下、葉は披針形〜線状披針形。

ツツジ ツツジ科の属総称。

ツツジ・オオムラサキ 大紫 ツツジ科。園芸植物。

ツツジ・ミヤマキリシマ ツツジ科。園芸植物。

ツッシラゴ・ファルファラ フキタンポポの別名。

ツツソロイゴケ 〈*Jungermannia subulata* A. Evans〉ツボミゴケ科のコケ。茎は長さ1〜3cm。

ツツチトセラン サンセヴィエリア・スタッキーの別名。

ツツナガクサギ 〈*Clerodendron incisum* Klotzsch. var. *macrosiphon*〉クマツヅラ科の観賞用低木。花は白色。熱帯植物。

ツツバナゴケ 〈*Alobiellopsis parvifolia* (Steph.) R. M. Schust.〉ヤバネゴケ科のコケ。赤色、茎は長さ3〜10mm。

ツナガイモ 〈*Marsdenia tenacissima* W. et A.〉ガガイモ科の蔓植物。茎と葉裏に褐毛。熱帯植物。

ツナソ 綱麻 〈*Corchorus capsularis* L.〉シナノキ科の草本。茎は緑。高さは1〜2.5m。熱帯植物。園芸植物。

ツニア ラン科の属総称。

ツニア・アルバ 〈*Thunia alba* (Lindl.) Rchb. f.〉ラン科。花は橙黄色。園芸植物。

ツニア・ウェノサ 〈*Thunia venosa* Rolfe〉ラン科。園芸植物。

ツニア・ブリメリアナ 〈*Thunia brymeriana* Rolfe〉ラン科。花は微桃色を帯びた白色。園芸植物。

ツニア・ベンソンニアエ 〈*Thunia bensoniae* Hook. f.〉ラン科。花は紫色を帯びた白色。園芸植物。

ツニア・マーシャリアナ 〈*Thunia marshalliana* Rchb. f.〉ラン科。花は白色。園芸植物。

ツネノチャダイゴケ 〈*Crucibulum laeve* (Huds ex Relh.) Kambly〉チャダイゴケ科のキノコ。

ツノアイアシ 〈*Rottboellia exaltata* L. f.〉イネ科。原産熱帯アジア。

ツノウマゴヤシ 〈*Ornithopus sativus* Brotero.〉マメ科の一年草。高さは20〜40cm。花は白〜淡紅色。

ツノギリソウ 角桐草 〈*Hemiboea bicornuta* (Hayata) Ohwi〉イワタバコ科の草本。

ツノクサネム 〈*Sesbania sesban* (L.) Merrill〉マメ科の低木。高さは1.5m。花は外面黒紫色、内面橙赤色。熱帯植物。園芸植物。

ツノクサリゴケ 〈*Ceratolejeunea balangeriana* (Gottsche) Steph.〉クサリゴケ科のコケ。褐色、茎は長さ1〜15mm。

ツノゲシ 角芥子 〈*Glaucium flavum* Crantz.〉ケシ科の薬用植物。園芸植物。

ツノゴケ　ツノゴケ科。
ツノゴケコケ　ツノゴケ科。
ツノゴケモドキ　〈*Notothylas orbicularis* (Schwein.) Sull.〉ツノゴケモドキ科のコケ。緑色、径1〜2cmのロゼット状。
ツノゴマ　角胡麻　〈*Proboscidea louisianica* (Mill.) Thell.〉ツノゴマ科の一年草。別名タビビトナカセ。園芸植物。
ツノスミレ　ウィオラ・コルヌタの別名。
ツノツマミタケ　〈*Lysurus mokusin* (L. : Pers.) Fr. f. *sinensis*〉アカカゴタケ科のキノコ。中型。先端は角あり、頭部は筆先状。
ツノナス　角茄子　〈*Solanum mammosum* L.〉ナス科の半低木。別名キツネナス、フォックスフェース。果実は橙色で基部突起。高さは1m。花は紫色。熱帯植物。園芸植物。切り花に用いられる。
ツノノキ　〈*Dolichandrone spathacea* K. Schum.〉ノウゼンカズラ科の小木。材は軽い。花は白色。熱帯植物。
ツノハシバミ　角榛　〈*Corylus sieboldiana* Blume〉カバノキ科の落葉低木。高さは3m。園芸植物。
ツノフリタケ　〈*Calocera cornea* (Batsch : Fr.) Fr.〉アカキクラゲ科のキノコ。小型。子実体は角状、子実層は平滑。
ツノマタ　角叉　〈*Chondrus ocellatus* Holmes〉スギノリ科の海藻。体は15cm。
ツノマタゴケ　〈*Evernia prunastri* (L.) Ach.〉サルオガセ科の地衣類。地衣体は灰緑色。
ツノマタゴケモドキ　〈*Parmelia cirrhata* Fr.〉ウメノキゴケ科の地衣類。地衣体は葉状。
ツノマタタケ　〈*Guepinia spathularia* (Schw.) Fr.〉アカキクラゲ科のキノコ。小型。子実体はへら状〜ツノマタ状、表面は粘性。
ツノミカンジス　〈*Garcinia nigrolineata* Planch.〉オトギリソウ科の高木。果実は食用、果肉は酸く種衣は甘い。花は黄色。熱帯植物。
ツノミチョウセンアサガオ　〈*Datura ferox* L.〉ナス科の一年草。高さは1m。花は白色。
ツノミナズナ　〈*Chorispora tenella* (Pall.) DC.〉アブラナ科の一年草。高さは10〜50cm。花は淡紅紫〜淡紫色。
ツノムカデ　〈*Prionitis cornea* (Okamura) Dawson〉ムカデノリ科の海藻。叢生。体は20cm。
ツノモ　ツノモ科のケラチウム属総称。
ツノヤブコウジ　〈*Aegiceras corniculatum* Blanco〉ヤブコウジ科の小木、マングローブ植物。熱帯植物。
ツバアブラシメジ　〈*Cortinarius collinitus* (Sow. : Fr.) Fr.〉フウセンタケ科のキノコ。中型。傘は粘土褐色〜橙黄褐色、著しい粘液あり。ひだは淡褐色→肉桂褐色。

ツバキ　椿　〈*Camellia japonica* L.〉ツバキ科の木本。別名タイトウカ、マンダラ。花は紅色。薬用植物。園芸植物。
ツバキ　椿　ツバキ科の属総称。
ツバキ科　科名。
ツバキカズラ　〈*Lapageria rosea* Ruiz et Pav.〉ユリ科のつる性常緑低木。園芸植物。
ツバキ・タロウカジャ　太郎冠者　ツバキ科。別名ウラク。園芸植物。
ツバキノキンカクチャワンタケ　〈*Ciborinia camelliae* Kohn〉キンカクキン科のキノコ。小型。地中に菌核、上面は暗褐色。
ツバナシフミヅキタケ　〈*Agrocybe farinacea* Hongo〉オキナタケ科のキノコ。小型〜中型。傘は黄土色、しわ。ひだは暗褐色。
ツバフウセンタケ　〈*Cortinarius armillatus* (Fr. : Fr.) Fr.〉フウセンタケ科のキノコ。中型〜大型。傘は赤褐色、粘性なし。ひだは淡肉桂色→暗さび褐色。
ツバメ　燕　ヒルガオ科のアサガオの品種。園芸植物。
ツバメオモト　燕万年青　〈*Clintonia udensis* Trautv. et C. A. Meyer〉ユリ科の多年草。高さは20〜30cm。花は白色。高山植物。園芸植物。
ツバメズイセン　燕水仙　〈*Sprekelia formosissima* (L.) Herb.〉ヒガンバナ科の球根植物。別名ツバメザキアマリリス。花はビロード状暗緋紅色。園芸植物。
ツバメセッコク　デンドロビウム・エクイタンスの別名。
ツピストラ・グランディス　〈*Tupistra grandis* Ridiley〉ユリ科の多年草。
ツピダンツス　ウコギ科の属総称。別名インドヤツデ。
ツピダンツス・カリプトラッス　〈*Tupidanthus calyptratus* Hook. f. et T. Thoms.〉ウコギ科の常緑小高木。別名インドヤツデ。葉の長さ15〜30cm。園芸植物。
ツブアオバゴケ　〈*Porina corruscans* (Rehm.) Sant.〉アオバゴケ科の地衣類。被子器の外壁は黒褐色。
ツブエノウラベニイグチ　〈*Boletus granulopunctatus* Hongo〉イグチ科のキノコ。小型〜中型。傘はくすんだピンク色。
ツブエノシメジ　〈*Melanoleuca verrucipes* (Fr.) Sing.〉キシメジ科のキノコ。小型〜中型。傘は中高の平ら、白色。ひだは白色。
ツブカブトゴケ　〈*Lobaria tuberculata* Yoshim.〉ヨロイゴケ科の地衣類。円筒状の裂芽が短くて粒状。
ツブカブトゴケモドキ　〈*Lobaria retigera* (Bory) Trev. var. *subisidiosa* (Asah.) Yoshim.〉ヨロイゴケ科の地衣類。共生藻は藍藻。

ツブカラカサタケ 〈*Leucocoprinus bresadolae* (Schulz.) S. Wasser〉ハラタケ科のキノコ。中型。傘は淡褐色〜暗褐色粒状鱗片。

ツブカワキノリ 〈*Leptogium saturninum* (Dicks.) Nyl.〉イワノリ科の地衣類。地衣体背面に顆粒状の裂芽。

ツブキクラゲ 〈*Tremellochaete japonica* (Yasuda) Raitv.〉ヒメキクラゲ科のキノコ。

ツブキゴケ 〈*Stereocaulon octomerellum* Müll. Arg.〉キゴケ科の地衣類。胞子柄は棍棒状。

ツブキゴケモドキ 〈*Stereocaulon pseudodepreaultii* Asah.〉キゴケ科の地衣類。基本葉体は永存。

ツブコナサルオガセ 〈*Usnea confusa* Asah.〉サルオガセ科の地衣類。粉芽は裂芽状。

ツブサンゴキゴケ 〈*Stereocaulon depreaultii* Del.〉キゴケ科の地衣類。擬子柄は高さ2cm以下。

ツブシフクロトウ 〈*Korthalsia rigida* BL.〉ヤシ科の蔓木。葉鞘に気室がない。幹径3cm。熱帯植物。園芸植物。

ツブシロミモジゴケ 〈*Graphina cleistoblephara* (Nyl.) Zahlbr.〉モジゴケ科の地衣類。果殻は黒色。

ツブノセミタケ 〈*Cordyceps prolifica* Kobayasi〉バッカクキン科のキノコ。

ツブミゴケ 〈*Gymnoderma insulare* Sharp & Yoshim.〉ハナゴケ科の地衣類。地衣体は長さ0.5〜1.5cm。

ツブミセンニンゴケ 〈*Baeomyces botryophorus* Zahlbr.〉センニンゴケ科の地衣類。子柄の内部に共生藻がある。

ツブラジイ 円椎 〈*Castanopsis cuspidata* (Thunb. ex Murray) Schottky〉ブナ科の常緑高木。別名コジイ、シイ。高さは20m。花は白色。園芸植物。

ツブラッパゴケ 〈*Cladonia granulans* Vain.〉ハナゴケ科の地衣類。子柄は高さ1〜4cm。

ツブラトンボ 〈*Platanthera tipuloides* var. *sororia*〉ラン科。

ツベロラビウム・コトエンセ 〈*Tuberolabium kotoense* Yamamoto〉ラン科。別名コウトウラン。花は白色。園芸植物。

ツボクサ 坪草, 壺草 〈*Centella asiatica* (L.) Urb.〉セリ科の多年草。別名クスリクサ、ゼニクサ、飼鳥草。芳香。高さは5〜10cm。熱帯植物。薬用植物。

ツボゴケ 〈*Plagiomnium cuspidatum* (Hedw.) T. J. Kop.〉チョウチンゴケ科のコケ。匍匐茎は長く伸び、葉は長さ2mm、卵形。

ツボサンゴ 〈*Heuchera villosa* Michx.〉ユキノシタ科の多年草。別名サンゴバナ。高さは1m。花は白色。園芸植物。

ツボサンゴ ホイヘラ・サングイネアの別名。

ツボスミレ 坪菫, 如意菫 〈*Viola verecunda* A. Gray var. *verecunda*〉スミレ科の多年草。別名ニョイスミレ。高さは5〜20cm。花は白色。園芸植物。

ツボゼニゴケ 〈*Plagiochasma pterospermum* C. Massal.〉ジンガサゴケ科のコケ。縁が赤色、長さ3cm以下。

ツボミオオバコ 〈*Plantago virginica* L.〉オオバコ科の一年草または二年草。別名タチオオバコ。長さは10〜50cm。

ツボミギボウシ ホスタ・クラウサの別名。

ツボミゴケ 〈*Jungermannia rosulans* (Steph.) Steph.〉ツボミゴケ科のコケ。茎は長さ1〜3cm、仮根は紫色。

ツボミユーカリ 〈*Eucalyptus urnigera*〉フトモモ科の木本。樹高12m。樹皮は淡灰色ないし乳黄白色。

ツマトリソウ 褄取草 〈*Trientalis europaea* L.〉サクラソウ科の多年草。高さは10〜15cm。花は白色。高山植物。園芸植物。

ツマベニアナナス 〈*Neoregelia spectabilis* (T. Moore) L. B. Sm.〉パイナップル科。花は淡青紫色。園芸植物。

ツマミタケ 〈*Lysurus mokusin* (L. : Pers.) Fr.〉アカカゴタケ科のキノコ。中型〜大型。先端は角なし、頭部は筆先状。

ツムウロコゴケ 〈*Jungermannia fusiformis* (Steph.) Steph.〉ツボミゴケ科のコケ。別名サイシュウソロイゴケ。赤みをおびる。茎は長さ1〜2cm。

ツメクサ 爪草 〈*Sagina japonica* (Sw.) Ohwi〉ナデシコ科の一年草または越年草。別名タカノツメ。高さは〜20cm。薬用植物。

ツメクサダオシ 〈*Cuscuta epithymum* Murr.〉ヒルガオ科のつる性の一年草。花は白または桃色。

ツメクサダマシ 〈*Trifolium fragiferum* L.〉マメ科の多年草。花は白〜淡紅色。

ツメクサリゴケ 〈*Prionolejeunea ungulata* Herzog〉クサリゴケ科のコケ。淡緑色、茎は長さ約5mm。

ツメゴケ ツメゴケ科。

ツメレンゲ 爪蓮華 〈*Orostachys japonicus* (Maxim.) A. Berger〉ベンケイソウ科の多年草。別名ヒロハツメレンゲ。ロゼット径15cm。花は白色。高山植物。園芸植物。日本絶滅危機植物。

ツヤウチワタケ 〈*Microporus vernicipes* (Berk.) Kuntze〉サルノコシカケ科(タコウキン科)のキノコ。小型〜中型。傘は淡褐色〜茶褐色、無毛平滑。

ツヤ・オッキデンタリス ニオイヒバの別名。
ツヤ・オリエンタリス コノテガシワの別名。
ツヤカタバミ オキザリス・メガロリザの別名。
ツヤゴケ ホソミツヤゴケの別名。

ツヤ・スタンディッシー クロベの別名。

ツヤツケリボンゴケ リボンゴケの別名。

ツヤナシイノデ 艶無猪の手 〈*Polystichum retroso-paleaceum* (Kodama) Tagawa var. *ovato-paleaceum* (Kodama) Tagawa〉オシダ科の夏緑性シダ。葉柄は長さ5～8mm。

ツヤナシイノデモドキ 〈*Polystichum* × *pseudo-ovato-paleaceum* Akasawa〉オシダ科のシダ植物。

ツヤナシエビラゴケ 〈*Lobaria japonica* (Zahlbr.) Asah.〉ヨロイゴケ科の地衣類。地衣体は腹面淡褐色。

ツヤナシマンネンタケ 〈*Pyrrhoderma sendaiense* (Yasuda) Imaz.〉タコウキン科のキノコ。

ツヤハリガネキノリ 〈*Alectoria nitidula* (Th. Fr.) Vain.〉サルオガセ科の地衣類。地衣体は濃い栗から黒色。

ツヤ・プリカタ ベイスギの別名。

ツヤベゴニア ベゴニア・マルガリテーの別名。

ツヤヘチマゴケ 〈*Pohlia cruda* (Hedw.) Lindb.〉ハリガネゴケ科のコケ。茎は長さ1～3cm、葉は卵状披針形。

ツヤマグソタケ 〈*Anellaria antillarum* (Fr.) Hongo〉ヒトヨタケ科のキノコ。小型。傘は半球形～鐘形、白色～淡黄褐色。湿時粘性。ひだは灰白色→黒色。

ツヤヨロイゴケ 〈*Sticta insinuans* Nyl.〉ヨロイゴケ科の地衣類。地衣体背面は赤ずむ。

ツユクサ 露草 〈*Commelina communis* L. var. *communis*〉ツユクサ科の一年草。別名アオバナ、ツキクサ、ボウシバナ。高さは20～50cm。花は青と白色。薬用植物。園芸植物。

ツユクサ科 科名。

ツユクサシュスラン 〈*Goodyera foliosa* var. *commelinoides*〉ラン科。

ツユクサモドキ 〈*Cyanotis cristata* Roem.〉ツユクサ科の草本。飼料。熱帯植物。

ツユノイト 〈*Pedobesia lamourouxii* (J. Agardh) J. Feldmann, Loreau, Codomier et Couté〉ツユノイト科の海藻。遊走子嚢は球形。体は5～6cm。

ツユノマイ 露の舞 リプサリス・ミクランタの別名。

ツヨプシス・ドラブラタ アスナロの別名。

ツリー・アーティミシア ニガヨモギの別名。

ツリウキソウ スカーレット・エースの別名。

ツリエノコロ 〈*Pennisetum latifolium* Spreng.〉イネ科。園芸植物。

ツリガネアサガオ 〈*Lettsomia maingayi* Clarke〉ヒルガオ科の蔓木。多毛、苞は大形。花は内面紅紫色。熱帯植物。

ツリガネオモト 〈*Galtonia candicans* (Bak.) Decne.〉ユリ科。高さは60～120cm。花は白色。園芸植物。

ツリガネカズラ 〈*Bignonia capreolata* L.〉ノウゼンカズラ科(グロブラリア科)の観賞用蔓木。高さは10m以上。花は黄赤色。熱帯植物。園芸植物。

ツリガネズイセン スキラ・ヒスパニカの別名。

ツリガネタケ 〈*Fomes fomentarius* (L. : Fr.) Kickx〉サルノコシカケ科のキノコ。小型～大型。傘は灰色～灰褐色。

ツリガネツツジ 〈*Menziesia cilicalyx* (Miq.) Maxim.〉ツツジ科の落葉低木。別名サイリンヨウラク。高山植物。園芸植物。

ツリガネニンジン 釣鐘人参 〈*Adenophora triphylla* (Thunb. ex Murray) A. DC. var. *japonica* (Regel) Hara〉キキョウ科の多年草。別名ツリガネソウ、トトキ、チョウチンバナ。高さは40～100cm。高山植物。薬用植物。

ツリガネヒルガオ 〈*Hewittia sublobata* O. K.〉ヒルガオ科の蔓草。無毛。花は淡黄、中心紫黒色。熱帯植物。

ツリガネヤナギ 釣鐘柳 〈*Penstemon campanulatus* (Cav.) Willd.〉ゴマノハグサ科。高さは50～60cm。花は深紅紫色。園芸植物。

ツリガネヤナギ 釣鐘柳 ペンステモン・グロキシニオイデスの別名。

ツリシャクジョウ 〈*Coronilla scorpioides* (L.) W. D. J. Koch〉マメ科の一年草。花は黄色。

ツリシュスラン 釣繻子蘭 〈*Goodyera pendula* Maxim.〉ラン科の多年草。高さは10～20cm。花は乳白色。高山植物。

ツリバナ 吊花 〈*Euonymus oxyphyllus* Miq.〉ニシキギ科の落葉低木。花は淡紫色。園芸植物。

ツリバナアデク 〈*Eugenia pendens* Duthie〉フトモモ科の小木。熱帯植物。

ツリバリゴケモドキ 〈*Bryohumbertia subcomosa* (Dixon) J.-P. Frahm〉シッポゴケ科のコケ。小形、茎は長さ約1cm。

ツリフネソウ 釣船草 〈*Impatiens textori* Miq.〉ツリフネソウ科の一年草。別名ムラサキツリフネソウ。高さは40～80cm。花は青紫色。薬用植物。園芸植物。

ツリフネソウ科 科名。

ツリミギボウシゴケ 〈*Grimmia apiculata* Hornsch.〉ギボウシゴケ科のコケ。体は緑色～緑褐色、茎は長さ1cm以下。

ツルアジサイ 蔓紫陽花 〈*Hydrangea petiolaris* Sieb. et Zucc.〉ユキノシタ科の落葉性つる植物。別名ゴトウヅル、ツルデマリ。高さは15m。花は白色。高山植物。園芸植物。

ツルアズキ 蔓小豆 〈*Vigna umbellata* (Thunb.) Ohwi et Ohashi〉マメ科。別名カニマメ、カニメ。

ツルアダン 蔓阿檀 〈*Freycinetia formosana* Hemsl.〉タコノキ科の常緑つる植物。葉の長さ60cm。園芸植物。

ツルアダン 蔓阿檀 タコノキ科の属総称。

ツルアブラガヤ 〈*Scirpus radicans* Schk.〉カヤツリグサ科。別名ケナシアブラガヤ。

ツルアラメ 〈*Ecklonia stolonifera* Okamura〉コンブ科の海藻。別名アラメ、ガガメ。葉は単条又は羽状分岐。体は長さ0.3～1m。

ツルアリドオシ 蔓蟻通 〈*Mitchella undulata* Sieb. et Zucc.〉アカネ科の多年草。長さは10～40cm。高山植物。

ツルウメキョウチク 〈*Vallaris glabra* Kuntze〉キョウチクトウ科の観賞用蔓木。花は黄白、花筒は緑色。熱帯植物。

ツルウメモドキ 蔓梅擬 〈*Celastrus orbiculatus* Thunb. ex Murray var. *orbiculatus*〉ニシキギ科のつる性落葉低木。別名ツルモドキ。花は淡緑色。園芸植物。切り花に用いられる。

ツルウリクサ 〈*Torenia concolor* Lindl. var. *formosana* Yamazaki〉ゴマノハグサ科。日本絶滅危機植物。

ツルカコソウ 蔓夏枯草 〈*Ajuga shikotanensis* Miyabe et Tatewaki〉シソ科の多年草。高さは10～30cm。

ツルガシワ 〈*Cynanchum grandifolium* Hemsl. var. *nikoense* (Maxim.) Ohwi〉ガガイモ科の多年生半つる草。高さは50～100cm。

ツルカタヒバ 〈*Selaginella flagellifera* W. Bull〉イワヒバ科の常緑性シダ。直立茎は高さ30cm。

ツルカノコソウ 蔓鹿子草 〈*Valeriana flaccidissima* Maxim.〉オミナエシ科の多年草。別名ヤマカノコソウ。高さは20～60cm。

ツルカミカワスゲ 〈*Carex sabynensis* var. *rostrata*〉カヤツリグサ科。

ツルカメバソウ 蔓亀葉草 〈*Trigonotis icumae* (Maxim.) Makino〉ムラサキ科の草本。

ツルギキョウ 〈*Campanumoea maximowiczii* Honda〉キキョウ科の多年草。

ツルキケマン 〈*Corydalis ochotensis* Turcz.〉ケシ科の一年草または越年草。別名ツルケマン。高さは1m。

ツルキジノオ 蔓雉之尾 〈*Lomariopsis spectabilis* (Kunze.) Mett.〉オシダ科(ツルキジノオ科)の常緑性シダ。別名オオキノボリシダ。葉身は長さ15～18cm。線状披針形。

ツルキジムシロ 蔓雉蓆 〈*Potentilla stolonifera* Lehm.〉バラ科の草本。

ツルキツネノボタン 〈*Ranunculus hakkodensis* Nakai〉キンポウゲ科の草本。高山植物。

ツルギテンナンショウ 〈*Arisaema abei*〉サトイモ科。

ツルギハナウド 〈*Heracleum mollendorffii* var. *tsurugisanense*〉セリ科。

ツルギミツバツツジ 〈*Rhododendron tsurugisanense* (T. Yamaz.) T. Yamaz.〉ツツジ科の落葉低木。

ツルギヤスデゴケ 〈*Frullania inflexa* Mitt.〉ヤスデゴケ科。赤褐色、茎は長さ1～2cm。

ツルキョウチクトウ 〈*Melodinus monogynus* Roxb.〉キョウチクトウ科の蔓状木。白乳液を含む。花は白色。熱帯植物。

ツルキントラノオ 〈*Stigmaphyllon ciliatum* Juss.〉キントラノオ科のつる植物。

ツルキンバイ 蔓金梅 〈*Potentilla yokusaiana* Makino〉バラ科の多年草。高さは10～20cm。

ツルクサギ 〈*Clerodendron scandens* Poir〉クマツヅラ科のややつる性低木。花は淡紅色、萼は後に赤。熱帯植物。

ツルグミ 蔓胡頹子 〈*Elaeagnus glabra* Thunb. ex Murray〉グミ科の常緑木。高さは1～2m。薬用植物。園芸植物。

ツル・グランメール・ジェニー 〈Cl. Grand'mere Jenny〉バラ科。クライミング・ローズ系。花は黄色。

ツルゲンゲ 〈*Astragalus complanatus* R. Br.〉マメ科の薬用植物。

ツルコウジ 蔓柑子 〈*Ardisia pusilla* DC.〉ヤブコウジ科の常緑小低木。

ツルコウゾ 蔓楮 〈*Broussonetia kaempferi* Sieb.〉クワ科の木本。別名ムキミカズラ、ムクミカズラ。葉は長楕円形。園芸植物。

ツルゴケ 〈*Pilotrichopsis dentata* (Mitt.) Besch.〉イトヒバゴケ科(ツルゴケ科)のコケ。別名チャイロシダレゴケ。大形、枝葉は長さ1.5～2mm、卵形～披針形。

ツルコケモモ 蔓苔桃 〈*Vaccinium oxycoccus* L.〉ツツジ科の常緑小低木。高さは1.5～8cm。花は紅紫色。高山植物。薬用植物。園芸植物。

ツルコザクラ サボナリア・オキモイデスの別名。

ツルコベア 〈*Cobaea scandens* Cav.〉ハナシノブ科のつる性多年草。園芸植物。

ツルザンショウ 〈*Zanthoxylum scandens* Blume〉ミカン科の木本。

ツルシキミ 蔓樒 〈*Skimmia japonica* Thunb. var. *intermedia* Komatsu f. *repens* (Nakai) Hara〉ミカン科の常緑低木。別名ツルミヤマシキミ、ハイミヤマシキミ。高山植物。薬用植物。園芸植物。

ツルシダ 〈*Oleandra wallichii* (Hook.) C. Presl〉ツルシダ科。

ツルシタン 〈*Dalbergia parviflora* Roxb.〉マメ科の大蔓木。古木の基部は芳香。熱帯植物。

ツルシノブ カニクサの別名。

ツルジャスミン 〈*Jasminum azoricum* L.〉モクセイ科の匍匐性の木。花は白色。熱帯植物。園芸植物。

ツルシラモ 〈*Gracilaria chorda* Holmes〉オゴノリ科の海藻。老成すれば軟骨質。体は長さ1m。

ツルシロカネソウ シロカネソウの別名。

ツルジンジソウ 〈*Saxifraga cortusaefolia* var. *stolonifera*〉ユキノシタ科。

ツルズイキ 〈*Rhaphidophora lobbii* Schott.〉サトイモ科の蔓木。葉は可食。熱帯植物。

ツルスゲ 〈*Carex pseudocuraica* F. Schmidt〉カヤツリグサ科の草本。別名ツルカワズスゲ。

ツルスズメノカタビラ 〈*Poa annua* L. var. *reptans* Haussk.〉イネ科の一年草。高さは3〜30cm。

ツルスチグモフィルム 〈*Stigmophyllum ellipticum* Jess〉キントラノオ科の観賞用蔓木。柱頭は緑。花は黄色。熱帯植物。

ツルスマル 鶴巣丸 テロカクツス・ニドゥランスの別名。

ツルスミレ ウィオラ・ヘデラケアの別名。

ツルソバ 〈*Persicaria chinensis* (L.) Nakai〉タデ科の多年生つる草。長さは1〜2m。

ツルタイヌワラビ 〈*Athyrium* × *tsurutanum* Sa. Kurata〉オシダ科のシダ植物。

ツルタイワンホトトギス 〈*Tricyrtis formosana* Baker. var. *stolonifera* Masamune〉ユリ科の多年草。

ツルダカナワラビ 〈*Arachniodes chinensis* (Rosenst.) Ching〉オシダ科の常緑性シダ。葉身は長さ45cm。2回羽状複生。園芸植物。日本絶滅危機植物。

ツルタガラシ 〈*Arabis gemmifera* (Matsum.) Makino〉アブラナ科の草本。

ツルタケ 〈*Dendrocalamus pendulus* Ridl.〉イネ科。桿は蔓状に他の木に匍い上り、タケノコの葉鞘は白毛。熱帯植物。

ツルタケ 〈*Amanita vaginata* (Bull. : Fr.) Vitt. var. *vaginata*〉テングタケ科のキノコ。中型。傘は灰色〜灰褐色、条線あり。

ツルタケダマシ 〈*Amanita spreta* (Peck) Sacc.〉テングタケ科のキノコ。小型〜中型。傘は灰褐色、条線あり。ひだは白色。

ツルダチスイゼンジナ 〈*Gynura procumbens* Merr.〉キク科のやや匍匐性の大形草本。葉は食用、薬用。熱帯植物。

ツルダチスズメナスビ 〈*Solanum trilobatum* L.〉ナス科の半蔓草。多刺、果実は白緑色。花は淡紫色。熱帯植物。

ツルタデ 〈*Fallopia dumetora* (L.) Holub〉タデ科のつる性一年草。別名ツルイタドリ。花は乳白〜帯赤色。

ツルチョウチンゴケ 〈*Plagiomnium maximoviczii* (Lindb.) T. J. Kop.〉チョウチンゴケ科のコケ。匍匐茎は多くの仮根をつけ、葉は水平に展開、舌形。

ツルツゲ 蔓黄楊 〈*Ilex rugosa* Fr. Schm.〉モチノキ科の常緑つる状小低木。別名イワツゲ、チリメンツゲ。高山植物。

ツルツチアケビ タカツルランの別名。

ツルツチトリモチ 〈*Exorhopala ruficeps* (Ridl.) V. St.〉ツチトリモチ科の寄生植物。匍匐根を持つ。熱帯植物。

ツルツル 〈*Grateloupia turuturu* Yamada〉ムカデノリ科の海藻。軟かい膜質。体は長さ30〜40cm。

ツルデマリ ツルアジサイの別名。

ツルデンダ 〈*Polystichum craspedosorum* (Maxim.) Diels〉オシダ科の常緑性シダ。葉身は長さ12〜20cm。線状披針形。園芸植物。

ツルドクダミ 蔓戯菜 〈*Pleuropterus multiflorus* (Thunb. ex Murray) Turcz.〉タデ科のつる性多年草。長さは1〜2m。花は白色。薬用植物。園芸植物。

ツルナ 蔓菜 〈*Tetragonia tetragonoides* (Pallas) O. Kuntze〉ツルナ科の匍匐性。別名ハマヂシャ、ハマナ。高さは40〜60cm。花は黄色。熱帯植物。薬用植物。園芸植物。

ツルナ科 科名。

ツルナシインゲンマメ 蔓無隠元豆 〈*Phaseolus vulgaris* L.〉マメ科。

ツルナシオオイトスゲ 〈*Carex sachalinensis* Fr. Schm. var. *tenuinervis* T. Koyama〉カヤツリグサ科。

ツルナシカラスノエンドウ 〈*Vicia angustifolia* L. var. *angustifolia* f. *normalis* (Makino) Ohwi〉マメ科。別名ツルナシヤハズエンドウ。

ツルニガクサ 蔓苦草 〈*Teucrium viscidum* Blume var. *miquelianum* (Hara) Hara〉シソ科の多年草。高さは20〜40cm。

ツルニチニチソウ 蔓日日草 〈*Vinca major* L.〉キョウチクトウ科のつる性多年草。別名ソーサラーズバイオレット。高さは1m以上。花は紫色。薬用植物。園芸植物。

ツルニンジン 蔓人参 〈*Codonopsis lanceolata* (Sieb. et Zucc.) Trautv.〉キキョウ科の多年草。別名キキョウカラクサ、ジイソブ。長さ2〜3m。花は白色。薬用植物。園芸植物。

ツルネコノメソウ 蔓猫眼草 〈*Chrysosplenium flagelliferum* Fr. Schm.〉ユキノシタ科の多年草。高さは3〜20cm。

ツルノゲイトウ 〈*Alternanthera sessilis* (L.) DC.〉ヒユ科の匍匐草。別名ホシノゲイトウ。茎はやや赤。長さは50cm。花は白色。熱帯植物。園芸植物。

ツルバギア・ウィオラケア　ルリフタモジの別名。

ツルバギア・ジムレリ　〈*Tulbaghia simmleri* Beauverd〉ユリ科の多年草。花は桃色。園芸植物。

ツルバギア・フラグランス　〈*Tulbaghia fragrans* Verd.〉ユリ科の球根植物。別名スイートガーリック、ピンクアガパンサス。高さは40〜50cm。花は濃い藤色。園芸植物。切り花に用いられる。

ツルハグマ　〈*Blumea chinensis* DC.〉キク科の大形の草本。特にチガヤの上に拡がり、萼は粗剛。熱帯植物。

ツルハコベ　〈*Stellaria diversiflora* Maxim. var. *diandra* (Maxim.) Makino〉ナデシコ科の多年草。

ツルハコベ　サワハコベの別名。

ツルハナガタ　〈*Androsace sarmentosa* Wall.〉サクラソウ科の多年草。花は濃桃色。園芸植物。

ツルハナナス　ソラヌム・ヤスミノイデスの別名。

ツルハナモツヤクノキ　〈*Butea superba* Roxb.〉マメ科の蔓性小木。幹よりキノをとる。花は橙色。熱帯植物。

ツルビニカルプス・プセウドマクロケレ　〈*Turbinicarpus pseudomacrochele* (Backeb.) Buxb. et Backeb.〉サボテン科のサボテン。別名長城丸。径2〜3cm。花は淡桃〜桃色。園芸植物。

ツルビニカルプス・マクロケレ　ガジョウマルの別名。

ツルビニカルプス・ロフォフォロイデス　〈*Turbinicarpus lophophoroides* (Werderm.) Buxb. et Backeb.〉サボテン科のサボテン。別名姣麗玉。径3〜6cm。花はほとんど白色。園芸植物。

ツルビニフォルミス　ユーフォルビア・ツルビニフォルミスの別名。

ツルヒメノボタン　〈*Anplectrum glaucum* TR.〉ノボタン科の蔓性低木。花は白色。熱帯植物。

ツルフジバカマ　蔓藤袴　〈*Vicia amoena* Fisch.〉マメ科の多年草。高さは80〜180cm。

ツルフタバムグラ　ハリフタバの別名。

ツルボ　蔓穂　〈*Scilla scilloides* (Lindl.) Druce〉ユリ科の多年草。別名スルボ、サンダイガサ。高さは20〜50cm。薬用植物。

ツルホラゴケ　蔓洞苔　〈*Vandenboschia auriculata* (Blume) Copel.〉コケシノブ科の常緑性シダ。葉身は長さ10〜30cm。線状披針形から広披針形。

ツルボラン　〈*Asphodelus ramosus* L.〉ユリ科。

ツルマオ　蔓苧麻　〈*Gonostegia hirta* (Blume) Miq.〉イラクサ科の多年草。高さは30〜50cm。

ツルマサキ　蔓柾　〈*Euonymus fortunei* (Turcz.) Hand.-Mazz.〉ニシキギ科の常緑の植物。別名リュウキュウツルマサキ。薬用植物。園芸植物。

ツルマメ　蔓豆　〈*Glycine soja* Sieb. et Zucc.〉マメ科の一年生つる草。

ツルマンネングサ　蔓万年草　〈*Sedum sarmentosum* Bunge〉ベンケイソウ科の多年草。高さは10〜20cm。花は黄色。薬用植物。

ツルマンリョウ　蔓万両　〈*Myrsine stolonifera* (Koidz.) Walker〉ヤブコウジ科の木本。別名アカミノイヌツゲ。

ツルミヤコグサ　ロッス・ベルテロティーの別名。

ツルムラサキ　蔓紫　〈*Basella alba* L.〉ツルムラサキ科のつる性越年草。別名セイロンホウレンソウ、バセラ、マルバナ。茎は紫色のものと緑色のものとある。花は白色。熱帯植物。薬用植物。園芸植物。

ツルムラサキ　バセラ・ルブラの別名。

ツルメヒシバ　〈*Axonopus compressus* (Sw.) Beauv.〉イネ科の低草。花桿は扁平。熱帯植物。

ツルモ　〈*Chorda filum* Lamouroux〉ツルモ科の海藻。紐状。体は長さ数m。

ツルモウリンカ　〈*Tylophora tanakae* Maxim.〉ガガイモ科の草本。

ツルヤブミョウガ　〈*Forrestia marginata* Hassk.〉ツユクサ科の草本。果実は紫。熱帯植物。

ツルヨシ　蔓葭　〈*Phragmites japonica* Steud.〉イネ科の多年草。別名ジシバリ。高さは150〜250cm。

ツルラン　〈*Calanthe triplicata* Ames〉ラン科の多年草。別名カラン。高さは40〜80cm。花は白、乳白色。園芸植物。

ツル・リリー・マルレーン　〈Lilli Marleen Cl.〉バラ科。クライミング・ローズ系。花は赤色。

ツルリンドウ　蔓竜胆　〈*Tripterospermum japonicum* (Sieb. et Zucc.) Maxim.〉リンドウ科のつる生多年草。高さは30〜80cm。薬用植物。

ツルレイシ　蔓茘枝　〈*Momordica charantia* L.〉ウリ科の野菜。別名ニガウリ、ニガゴイ、ニガグイ。果菜。花は黄色。熱帯植物。薬用植物。園芸植物。

ツルワダン　〈*Ixeris longirostrata*〉キク科。

ツレサギソウ　連鷺草　〈*Platanthera japonica* (Thunb. ex Murray) Lindl.〉ラン科の多年草。高さは30〜60cm。園芸植物。

ツワブキ　〈*Farfugium japonicum* (L.) Kitamura〉キク科の多年草。別名イワブキ、ヤマブキ。高さは30〜75cm。薬用植物。園芸植物。

ツンドラサンゴゴケ　〈*Sphaerophorus turfaceus* Asah.〉サンゴゴケ科の地衣類。地衣体は円筒形で灌木状。

ツンベルギア　キツネノマゴ科の属総称。別名ヤハズカズラ。

ツンベルギア・アラタ　ヤハズカズラの別名。

ツンベルギア・エレクタ　〈*Thunbergia erecta* (Benth.) T. Anderson〉キツネノマゴ科。別名コダチヤハズカズラ、キンギョボク。高さは1〜2m。花は濃青紫色。園芸植物。

ツンベルギア・カーキー ホソバヤハズカズラの別名。

ツンベルギア・グランディフロラ ベンガルヤハズカズラの別名。

ツンベルギア・クリスパ 〈Thunbergia crispa Burkill〉キツネノマゴ科。花は紫青色。園芸植物。

ツンベルギア・グレゴリー 〈Thunbergia gregorii S. Moore〉キツネノマゴ科。花は濃橙黄色。園芸植物。

ツンベルギア・コッキネア 〈Thunbergia coccinea (Nees) Wall.〉キツネノマゴ科。別名ベニバナヤハズカズラ。高さは6～9m。花は橙黄～橙赤色。園芸植物。

ツンベルギア・ナターレンシス 〈Thunbergia natalensis Hook.〉キツネノマゴ科。高さは1～1.5m。花は淡紫青色。園芸植物。

ツンベルギア・フォーゲリアナ 〈Thunbergia vogeliana Benth.〉キツネノマゴ科の観賞用低木。高さは1～5m。花は青紫色で花喉は淡青色。熱帯植物。園芸植物。

ツンベルギア・フラグランス ニオイヤハズカズラの別名。

ツンベルギア・マイソレンシス 〈Thunbergia mysorensis (Wight) T. Anderson〉キツネノマゴ科のつる性低木。高さは6～8m。花は暗褐赤色。園芸植物。

ツンベルギア・ローリフォリア ローレルカズラの別名。

【テ】

ティー チャノキの別名。

ディアカトレヤ・チャスティティー 〈× Diacattleya Chastity〉ラン科。花は紅紫色を帯びた白色。園芸植物。

ディアクリウム・ビコルヌツム 〈Diacrium bicornutum (Hook.) Benth.〉ラン科。花は白～乳白色。園芸植物。

ディアスキア ディアスキア・コルダータの別名。

ディアスキア・インテゲリマ 〈Diascia integerrima E. Mey. ex Benth.〉ゴマノハグサ科の草本。高さは50cm。園芸植物。

ディアスキア・コルダータ ゴマノハグサ科の宿根草。別名ディアスキア。

ディアスキア・バーベラエ 〈Diascia barberae Hook. f.〉ゴマノハグサ科の草本。高さは30～40cm。花は紅色。園芸植物。

ディアスキア・モルテネンシス 〈Diascia moltenensis Hiern.〉ゴマノハグサ科の草本。高さは50～60cm。花は紅色。園芸植物。

ディアスキア・リゲスケンス 〈Diascia rigescens E. Mey.〉ゴマノハグサ科の草本。高さは50～60cm。花は紅色。園芸植物。

ディアステマ・ウェクサンス 〈Diastema vexans H. E. Moore〉イワタバコ科の多年草。高さは15cm。花は白色。園芸植物。

ディアステマ・クインクエウルネルム 〈Diastema quinquevulnerum Planch. et Linden〉イワタバコ科の多年草。花は白色。園芸植物。

ディアネラ・エンシフォリア キキョウランの別名。

ディアネラ・カエルレア 〈Dianella caerulea Sims〉ユリ科の多年草。長さ60cm。花は青色。園芸植物。

ディアネラ・ストラミネア 〈Dianella straminea Yatabe〉ユリ科の多年草。別名キバナノキキョウラン。長さ30～60cm。花は淡黄色。園芸植物。

ディアネラ・タスマニカ 〈Dianella tasmanica Hook. f.〉ユリ科の多年草。長さ1m。花は淡青色。園芸植物。

ディアファナンテ・クサントポリニア 〈Diaphananthe xanthopollinia (Rchb. f.) Summerh.〉ラン科。花は緑白～黄緑色。園芸植物。

ディアファナンテ・フラグランティッシマ 〈Diaphananthe fragrantissima (Rchb. f.) Schlechter〉ラン科。花は緑白～黄色。園芸植物。

ディアファナンテ・ペルキダ 〈Diaphananthe pellucida (Lindl.) Schlechter〉ラン科。花は淡黄褐色。園芸植物。

ディアブロートニア・ニューキャッスル 〈× Diabroughtonia Newcastle〉ラン科。花は鮮桃色。園芸植物。

ディアペンシア・ラッポニカ スケロクイチヤクの別名。

ディアペンシア・ラッポニカ 〈Diapensia lapponica L.〉イワウメ科の矮性低木。別名ホソバイワウメ。花は白色。園芸植物。

ティアレラ・コルディフォリア 〈Tiarella cordifolia L.〉ユキノシタ科の多年草。花は白色。園芸植物。

ティアレラ・ポリフィラ ズダヤクシュの別名。

ディアレリア・スノーフレイク 〈× Dialaelia Snowflake〉ラン科。高さは25cm。花は白、極桃色。園芸植物。

ディアンツス・アルピヌス 〈Dianthus alpinus L.〉ナデシコ科の多年草。高さは12cm。花は紅紫色。高山植物。園芸植物。

ディアンツス・アレナリウス 〈Dianthus arenarius L.〉ナデシコ科の多年草。花は純白色。園芸植物。

ディアンツス・イセンシス イセナデシコの別名。

ディアンツ・カリオフィルス カトウハコベの別名。

ディアンツ・カルシツアノルム 〈Dianthus carthusianorum L.〉ナデシコ科の多年草。別名ホソバナデシコ。花は濃桃ないし紫紅色。園芸植物。

ディアンツ・キウシアヌス ヒメハマナデシコの別名。

ディアンツ・キネンシス セキチクの別名。

ディアンツ・クナーピー 〈Dianthus knappii (Pant.) Asch. et Kanitz ex Borb.〉ナデシコ科の多年草。別名ホタルナデシコ。高さは30～40cm。花は淡黄色。園芸植物。

ディアンツ・グラキアリス ナデシコ科。高山植物。

ディアンツ・グラチナポリタヌス 〈Dianthus gratianopolitanus Vill.〉ナデシコ科の多年草。

ディアンツ・シルウェストリス 〈Dianthus sylvestris Wulfen〉ナデシコ科の多年草。高さは10～70cm。園芸植物。

ディアンツ・スバカウリス 〈Dianthus subacaulis Vill.〉ナデシコ科の多年草。高さは25cm。花は淡桃色。高山植物。園芸植物。

ディアンツ・スペルブス エゾカワラナデシコの別名。

ディアンツ・デルトイデス ヒメナデシコの別名。

ディアンツ・ナッピー ナデシコ科。別名キバナナデシコ。園芸植物。

ディアンツ・バルバツス ヒゲナデシコの別名。

ディアンツ・プルマリウス タツタナデシコの別名。

ディアンツ・ペトラエウス 〈Dianthus petraeus Waldst. et Kit.〉ナデシコ科の多年草。高さは30cm。花は淡桃色。園芸植物。

ディアンツ・モンスペッスラヌス 〈Dianthus monspessulanus L.〉ナデシコ科の多年草。高さは60cm。花は白または淡桃色。園芸植物。

ディアンツ・ヤポニクス ハマツメクサの別名。

ディエテス・ウェゲタ 〈Dietes vegeta (L.) N. E. Br.〉アヤメ科。高さは30～60cm。花は白色。園芸植物。

ディエテス・グランディフロラ 〈Dietes grandiflora N. E. Br.〉アヤメ科。高さは1～1.5m。花は白色。園芸植物。

ディエテス・ビコロル 〈Dietes bicolor (Steud.) Sweet ex G. Don〉アヤメ科。高さは1m。花は明るいレモン黄色。園芸植物。

ディエテス・ロビンソニアナ 〈Dietes robinsoniana (F. J. Muell.) Klatt〉アヤメ科。高さは1～1.5m。花は白色。園芸植物。

ディエラマ・プルケリムム 〈Dierama pulcherrimum (Hook. f.) Bak.〉アヤメ科の球根植物。高さは1.5m。花は濃紫色。園芸植物。

ディエラマ・ペンドゥルム 〈Dierama pendulum (L. f.) Bak.〉アヤメ科の球根植物。高さは1m。花はピンク色。園芸植物。

ディエルビラ・セシリフォーリア 〈Diervilla sessilifolia Buckl.〉スイカズラ科の落葉低木。

テイオウキリン 帝王麒麟 トウダイグサ科。園芸植物。

テイオウサイカク スタペリア・ノビリアの別名。

ディオスコレア ヤマノイモ科の属総称。

ディオスコレア・アラタ ダイショの別名。

ディオスコレア・エレファンティペス 〈Dioscorea elephantipes (L'Hér.) Engl.〉ヤマノイモ科。別名亀甲竜。径1m。花は帯黄緑色。園芸植物。

ディオスコレア・キローサ ソメモノイモの別名。

ディオスコレア・コレッティ・ヒポグラウカ 〈Dioscorea colletti Hook. f. var. hypoglauca (Palib.) Pei et Ting.〉ヤマノイモ科の薬用植物。

ディオスコレア・シルウァティカ 〈Dioscorea sylvatica Eckl.〉ヤマノイモ科。園芸植物。

ディオスコレア・バタタス ナガイモの別名。

ディオスコレア・バルビフェラ 〈Dioscorea bulbifera L.〉ヤマノイモ科の薬用植物。

ディオスコレア・マクロスタキア 〈Dioscorea macrostachya Benth.〉ヤマノイモ科。別名メキシコ亀甲竜。葉は長さ6～12cm。園芸植物。

ディオスコレア・ヤポニカ ヤマノイモの別名。

ディオスピロス・ヴァージニアナ アメリカガキの別名。

ディオスピロス・カキ カキの別名。

ディオスピロス・ロンビフォリア 〈Diospyros rhombifolia Hemsl.〉カキノキ科の木本。別名ツクバネガキ。果実は橙紅色。園芸植物。

ディオスファエラ・アスペルロイデス 〈Diosphaera asperuloides Buser〉キキョウ科の多年草。

ディオナエア・ムスキプラ ハエジゴクの別名。

ディオニシア・オドーラ 〈Dionysia odora Fenzl〉サクラソウ科の多年草。

ディオニシア・クルビフローラ 〈Dionysia curviflora Bunge〉サクラソウ科の多年草。

ディオポゴン・ヒルツス 〈Diopogon hirtus (L.) H. P. Fuchs ex H. Huber〉ベンケイソウ科。花は帯緑色。園芸植物。

ディオポゴン・ホイフェリー 〈Diopogon heuffellii (Schott) H. Huber〉ベンケイソウ科。花は淡黄ないし帯黄白色。園芸植物。

ディオーン・エドゥレ 〈Dioon edule Lindl.〉ソテツ科。高さは60～90cm。園芸植物。

ディオーン・スピヌロスム 〈*Dioon spinulosum* Dyer〉ソテツ科。高さは6～15m。園芸植物。

ディオーン・ドーヒニー 〈*Dioon dohenyi* E. A. Howard〉ソテツ科。高さは1.2m。園芸植物。

ディオーン・パーパシー 〈*Dioon purpusii* Rose〉ソテツ科。高さは1m。園芸植物。

ディカエア・グラウカ 〈*Dichaea glauca* (Swartz) Lindl.〉ラン科。花は白、灰白色。園芸植物。

ディカエア・パナメンシス 〈*Dichaea panamensis* Lindl.〉ラン科。高さは17～18cm。花は白色。園芸植物。

テイカカズラ 定家葛 〈*Trachelospermum asiaticum* (Sieb. et Zncc.) Nakai〉キョウチクトウ科の常緑つる植物。別名チョウセンテイカカズラ。花は白色。薬用植物。園芸植物。

ディカソニア・ウェルニコサ 〈*Dickasonia vernicosa* L. O. Williams〉ラン科。高さは5～10cm。花は白色。園芸植物。

ディカペタルム ディカペタルム科の属総称。

テイカン 帝冠 〈*Obregonia denegrii* Friç〉サボテン科のサボテン。径13cm。花は淡紅色。

テイギョク 帝玉 〈*Pleiospilos nelii* Scwant.〉ツルナ科の玉形メセン。葉は赤かっ色を帯びた暗緑色で、無数の小斑点が散在している。花は橙黄色。園芸植物。

テイキン 帝錦 〈*Euphorbia lactea* Haw.〉トウダイグサ科の多肉植物。白乳液、葉面に白条が残る。径3～5cm。熱帯植物。園芸植物。

ディクソニア・アンタルクティカ 〈*Dicksonia antarctica* Labill.〉ワラビ科。高さは10m。園芸植物。

ディクタムヌス・アルブス 〈*Dictamnus albus* L.〉ミカン科の多年草。別名ヨウシュハクセン、サンショグサ。高さは1m。花は淡紅を帯びた白色。園芸植物。

ディクタムヌス・ダシカルプス ハクセンの別名。

ディクティオスペルマ・アウレウム 〈*Dictyosperma aureum* (Balf. f.) Nichols.〉ヤシ科。別名キアミダネヤシ。高さは8m。園芸植物。

ディクラヌム・スコパリウム モナルデラ・マクランタの別名。

ディクラノプテリス・リネアリス コシダの別名。

ティグリディア アヤメ科の属総称。球根植物。別名トラユリ、タイガーフラワー、トラフユリ。園芸植物。

ティグリディア・パウオニア 〈*Tigridia pavonia* (L. f.) Ker-Gawl.〉アヤメ科の多年草。別名トラユリ、トラフユリ。高さは45～60cm。園芸植物。

ティグリディア・プリングレイ 〈*Tigridia pringlei* Wats.〉アヤメ科の多年草。園芸植物。

ディクリプテラ・スベレクタ 〈*Dicliptera suberecta* (André) Bremek.〉キツネノマゴ科の小低木状の多年草。花は橙赤色。園芸植物。

ディケロステンマ ヒガンバナ科の属総称。球根植物。別名ワイルドヒアシンス。

ディケロステンマ・コンゲスツム 〈*Dichelostemma congestum* (Sm.) Kunth〉ヒガンバナ科。高さは30～90cm。花は淡紫紅または紫青色。園芸植物。

ディケロステンマ・ムルティフロルム 〈*Dichelostemma multiflorum* (Benth.) A. Heller〉ヒガンバナ科。高さは70～80cm。花は淡紫または藤色。園芸植物。

ディケントラ・エクシミア 〈*Dicentra eximia* (Ker-Gawl.) Torr.〉ケシ科の多年草。高さは25～30cm。花は淡紅または紅紫色。園芸植物。

ディケントラ・カナデンシス 〈*Dicentra canadensis* (J. Goldie) Walp.〉ケシ科の多年草。高さは15～30cm。花は白色。園芸植物。

ディケントラ・ククラリア 〈*Dicentra cucullaria* (L.) Bernh.〉ケシ科の多年草。高さは10～25cm。花は白色。園芸植物。

ディケントラ・クリサンタ 〈*Dicentra chrysantha* (Hook. et Arn.) Walp.〉ケシ科の多年草。高さは1.5m。花は黄金色。園芸植物。

ディケントラ・スペクタビリス ケマンソウの別名。

ディケントラ・フォルモサ ハナケマンソウの別名。

ディケントラ・ペレグリナ コマクサの別名。

デイコ 梯姑 〈*Erythrina variegata* L.〉マメ科の観賞用高木。別名デーク、ディーグ。花は赤色。熱帯植物。薬用植物。園芸植物。

デイコ マメ科の属総称。

ディコリサンドラ・ティルシフロラ 〈*Dichorisandra thyrsiflora* Mikan. f.〉ツユクサ科の多年草。高さは1～2m。花は濃青紫色。園芸植物。

ディコリサンドラ・モサイカ・ウンダータ ツユクサ科。別名キッコウチリメン。園芸植物。

ディコリサンドラ・レギナエ 〈*Dichorisandra reginae* (L. Linden et Rodig.) hort. ex W. Ludw.〉ツユクサ科の多年草。別名コダチハカタカラクサ。高さは20～30cm。花は濃紫桃色。園芸植物。

ディコンドラ・レペンス アオイゴケの別名。

ディサ ラン科の属総称。

ディサ・ヴィーチー 〈*Disa* Veitchii〉ラン科。花は白～淡桃色。園芸植物。

ディサ・ウニフロラ 〈*Disa uniflora* Bergius〉ラン科の多年草。花は朱赤、桃、黄色。園芸植物。

ディサ・キューエンシス 〈*Disa* Kewensis〉ラン科。花は鮮桃、朱桃、紅桃色。園芸植物。

ティサノータス・マルティフローラス 〈*Thysanotus multiflorus* R. Br.〉ユリ科の多年草。

ディサ・ワトソニー 〈*Disa* Watsonii〉ラン科。花は鮮紅、桃紅、赤、朱紅色。園芸植物。

ディサンツス・ケルキディフォリウス マルバノキの別名。

デイジーゴケ 〈*Placopsis criberans* (Nyl.) Räs.〉チャシブゴケ科の地衣類。地衣体は灰白。

ディジゴテカ ウコギ科の属総称。

デイジモカルプス 〈*Didymocarpus corchorifolia* BR.〉イワタバコ科の草本。花はピンク、萼は褐色。熱帯植物。

テイショウソウ 〈*Ainsliaea cordifolia* Franch. et Savat. var. *cordifolia*〉キク科の草本。別名ヒロハテイショウソウ。

ディスキディア・ヌンムラリア 〈*Dischidia nummularia* R. Br.〉ガガイモ科の着生植物。別名キカズラ。葉は円形。園芸植物。

ディスキディア・プラティフィラ 〈*Dischidia platyphylla* Schlecter〉ガガイモ科の着生植物。花は白色。園芸植物。

ディスキディア・ペクテノイデス 〈*Dischidia pectenoides* H. Pearson〉ガガイモ科の着生植物。別名フクロカズラ。花は紅色。園芸植物。

ディスキディア・ベンガレンシス 〈*Dischidia bengalensis* Colebr.〉ガガイモ科の着生植物。別名ベンガルアケビカズラ。花は白色。園芸植物。

ディスキディア・ラフレシアナ アケビカズラの別名。

ディスコカクツス・ホルスティー 〈*Discocactus horstii* Buin. et Brederoo〉サボテン科のサボテン。高さは2cm。花は純白色。園芸植物。

ディスコ・ダンサー 〈Disco Dancer〉バラ科。フロリバンダ・ローズ系。花はオレンジ赤色。

ディスティリウム・ラケモスム イスノキの別名。

ティスベー 〈Thisbe〉バラ科。ハイブリッド・ムスク・ローズ系。花はクリームイエロー。

ディスポルム・スミラキヌム チゴユリの別名。

ディスポルム・セッシレ ホウチャクソウの別名。

ディスポルム・プルム 〈*Disporum pullum* Salisb.〉ユリ科の多年草。別名トウチクラン。高さは50〜90cm。花は白ないし暗紫色。園芸植物。

ディスポルム・ボディニエリ 〈*Disporum bodinieri* (Levl. et Vnt.) Wang et Y. C. Tang.〉ユリ科の薬用植物。

ディソーティス・プリンケプス 〈*Dissotis princeps* Triana〉ノボタン科の常緑低木。

ティタノプシス ツルナ科の属総称。

ティタノプシス・カルカレア テンニョの別名。

ティタノプシス・シュヴァンテシー 〈*Titanopsis schwantesii* (Dinter ex Schwant.) Schwant.〉ツルナ科。別名天女冠。花は黄色。園芸植物。

ティタノプシス・プリモシー 〈*Titanopsis primosii* L. Bolus〉ツルナ科。別名天女影。花は黄色。園芸植物。

ディッキア・フリギダ 〈*Dyckia frigida* (Linden) Hook. f.〉パイナップル科。花は鮮黄色。園芸植物。

ディッキア・プリンケプス 〈*Dyckia princeps* Lem.〉パイナップル科。花は鮮黄色。園芸植物。

ディッキア・ブレビフォリア シマケンザンの別名。

ディッキア・マリティマ 〈*Dyckia maritima* Bak.〉パイナップル科。花は鮮黄色。園芸植物。

ディッキア・ラリフロラ 〈*Dyckia rariflora* Schult. f.〉パイナップル科。別名ホソバシマケンザン。花は鮮橙黄色。園芸植物。

ディッキア・レプトスタキア 〈*Dyckia leptostachya* Bak.〉パイナップル科。花はやや赤みを帯びたオレンジ色。園芸植物。

ディッキア・レモティフロラ 〈*Dyckia remotiflora* Otto et A. Dietr.〉パイナップル科。花は黄〜オレンジ色。園芸植物。

テイッチノー ユキノシタ科のアジサイの品種。園芸植物。

ティーツリー フトモモ科のハーブ。別名コバノブラシノキ。

ディディエレア科 科名。

ディディエレア・トローリー 〈*Didierea trollii* Capuron et Rauh〉ディディエレア科の高木。高さは4〜5m。花は淡緑黄色。園芸植物。

ディディエレア・マダガスカリエンシス 〈*Didierea madagascariensis* Baill.〉ディディエレア科の小高木。高さは4〜8m。園芸植物。

ディディサンドラ・アトロキアネア 〈*Didissandra atrocyanea* Ridley〉イワタバコ科の多年草。

ディディスカス セリ科。別名ソライロレースフラワー。園芸植物。切り花に用いられる。

ディディマオツス・ラピディフォルミス 〈*Didymaotus lapidiformis* (Marloth) N. E. Br.〉ツルナ科。別名霊石。花は白色。園芸植物。

デイディモクラエナ・トルンカツラ 〈*Didymochlaena truncatula* (Swartz) J. Sm.〉オシダ科。葉は長さ40〜80cm。園芸植物。

ティトニア・ツビフォルミス 〈*Tithonia tubiformis* Cass.〉キク科。高さは1〜2m。花は黄色。園芸植物。

ティトニア・ディウェルシフォリア ニトベギクの別名。

ティトニア・ロツンディフォリア チトニアの別名。

デイナンテ・ケエルレア 〈*Deinanthe caerulea* Stapt〉ユキノシタ科の多年草。

デイナンテ・ビフィダ ギンバイソウの別名。

テイネニガクサ 〈*Teucrium teinense* Kudo〉シソ科の草本。

ディネマ・ポリブルボン 〈*Dinema polybulbon* (Swartz) Lindl.〉ラン科。花は黄〜帯褐色。園芸植物。

ディピダクス・トリクエトラ 〈*Dipidax triquetra* Baker〉ユリ科の多年草。

ティファ・アングスタタ ヒメガマの別名。

ティファ・オリエンタリス コガマの別名。

ティファ・ミニマ 〈*Typha minima* Funck ex Hoppe〉ガマ科の抽水性水草。高さは70〜80cm。園芸植物。

ティファ・ラティフォリア ガマの別名。

ディフィレイア・キモサ 〈*Diphylleia cymosa* Michx.〉メギ科の多年草。高さは30〜60cm。花は白色。園芸植物。

ディフェンバキア サトイモ科の属総称。別名シロガスリソウ、ハブタエソウ。

ディフェンバキア・アモエナ 〈*Dieffenbachia amoena* hort.〉サトイモ科の多年草。高さは2m。園芸植物。

ディフェンバキア・エルステッディー 〈*Dieffenbachia oerstedii* Schott〉サトイモ科の多年草。葉は長さ20〜25cm。園芸植物。

ディフェンバキア・セグイネ 〈*Dieffenbachia seguine* (Jacq.) Schott〉サトイモ科の多年草。別名シロジクカスリソウ。葉は長さ35〜40cm。園芸植物。

ディフェンバキア・バウセイ 〈*Dieffenbachia × bausei* hort. ex M. T. Mast. et T. Moore〉サトイモ科の多年草。別名フクリンカスリソウ。葉は長さ30〜40cm。園芸植物。

ディフェンバキア・ピクタ 〈*Dieffenbachia picta* Schott〉サトイモ科。園芸植物。

ディフェンバキア・ホフマニー 〈*Dieffenbachia hoffmannii* hort.〉サトイモ科の多年草。葉は長さ25〜35cm。園芸植物。

ディフェンバキア・ボーマニー 〈*Dieffenbachia bowmannii* Carrière〉サトイモ科の観賞用植物。葉に白斑。葉は長さ40〜60cm。花序上半は白色の雄花。熱帯植物。園芸植物。

ディフェンバキア・マクラタ 〈*Dieffenbachia maculata* (Lodd.) G. Don〉サトイモ科の多年草。葉は長さ30cm。園芸植物。

ディフェンバキア・メモリア-コルシー 〈*Dieffenbachia × memoria-corsii* Fenzl〉サトイモ科の多年草。葉身は長楕円形。園芸植物。

ディフェンバキア・リトゥラータ サトイモ科。別名シマカスリソウ。園芸植物。

ディフェンバキア・レオポルディー 〈*Dieffenbachia leopoldii* Bull〉サトイモ科の多年草。葉は長さ30〜40cm。園芸植物。

ティフォニウム・フラゲリフォルメ サケバハンゲの別名。

ディプサクス・アスペル 〈*Dipsacus asper* Wall.〉マツムシソウ科の薬用植物。

ディプサクス・サティウス 〈*Dipsacus sativus* (L.) Honck.〉マツムシソウ科の草本。高さは1〜2m。花は淡青紫色。園芸植物。

ディプサクス・フロヌム ラシャカキグサの別名。

ディプシス・ピンナティフロンス 〈*Dypsis pinnatifrons* Mart.〉ヤシ科。園芸植物。

ディプシス・ルーヴリー 〈*Dypsis louvelii* Jumelle et Perr.〉ヤシ科。高さは1m。園芸植物。

ディプテランツス・グランディフロルス 〈*Dipteranthus grandiflorus* (Lindl.) Pabst〉ラン科。花は白色。園芸植物。

ディプテロカルプス・トリネリビス 〈*Dipterocarpus trinervis* Blume〉フタバガキ科の高木。

ティフトンシバ 〈*Cynodon dactylon* × *transvalensis*〉イネ科の多年草。

ディプラジウム・エクスレンツム クワレシダの別名。

ディプラジウム・スブシヌアツム ヘラシダの別名。

ディプラジウム・トミタロアヌム ノコギリヘラシダの別名。

ディプラデニア 〈*Dipladenia hybrida* Hort.〉キョウチクトウ科。

ディプラデニア・スプレンデンス キョウチクトウ科。園芸植物。

ディプロカウロビウム・グラブルム 〈*Diplocaulobium glabrum* (J. J. Sm.) Kränzl.〉ラン科。花は乳白色。園芸植物。

ディプロキアタ・キリアタ 〈*Dplocyatha ciliata* (Thunb.) N. E. Br.〉ガガイモ科。別名複盃角。高さは5〜7cm。花はほとんど白に近い淡黄緑色。園芸植物。

ディプロクリシア・キネンシス 〈*Diolcolisia chinensis* Merr.〉ツヅラフジ科の薬用植物。

ディプロソマ・レトロウェルスム 〈*Diplosoma retroversum* (Kensit) Schwant.〉ツルナ科。別名玉藻。花は上部がピンクまたは紫紅色。園芸植物。

ディプロプロラ・チャンピオニー パフィオペディルム・ホワイト・フリンジの別名。

ディプロメリス・ヒルスタ 〈*Diplomeris hirsuta* (Lindl.) Lindl.〉ラン科。高さは5〜8cm。花は白色。園芸植物。

ティボウキナ ノボタン科の属総称。別名シコンノボタン。

ティボウキナ・ウルヴィレアナ 〈*Tibouchina urvilleana* (DC.) Cogn.〉ノボタン科。別名シコンノボタン。高さは1〜3m。花は紫色。園芸植物。

テイホウキ

ティボウキナ・ラクサ 〈*Tibouchina laxa* (Desr.) Cogn.〉ノボタン科。高さは2m。花は紫色。園芸植物。

ディポディウム・パルドスム 〈*Dipodium paludosum* (Griff) Rchb. f.〉ラン科。高さは1m。花は淡黄色。園芸植物。

ディーミア・テスツド 〈*Deamia testudo* (Karw.) Britt. et Rose〉サボテン科のサボテン。別名羽稜柱。花は白色。園芸植物。

ティムス・ウルガリス タイムの別名。

ティムス・カエスピティティウス 〈*Thymus caespititius* Brot.〉シソ科の低木。花は桃紫か白色。園芸植物。

ティムス・キトリオドルス 〈*Thymus* × *citriodorus* (Pers.) Schreb.〉シソ科の低木。高さは10〜30cm。園芸植物。

ティムス・セルピルム 〈*Thymus serpyllum* L.〉シソ科の低木。別名セルピルムソウ。高さは10〜15cm。花は淡桃色。園芸植物。

ティムス・デルフレリ 〈*Thymus doerfleri* Ronn.〉シソ科の低木。花は桃紫色。園芸植物。

ティムス・パンノニクス 〈*Thymus pannonicus* All.〉シソ科の低木。高さは10cm。花は桃色。園芸植物。

ティムス・プラエコクス 〈*Thymus praecox* Opiz〉シソ科の低木。高さは10cm。花は紫色。園芸植物。

ティムス・プレギオイデス 〈*Thymus pulegioides* L.〉シソ科の小低木。高山植物。

ディモルフォセカ キク科の属総称。宿根草。別名アフリカキンセンカ。切り花に用いられる。

ディモルフォセカ アフリカキンセンカの別名。

ディモルフォセカ・エクロニス 〈*Dimorphotheca ecklonis* DC.〉キク科。園芸植物。

ディモルフォセカ・プルウィアリス 〈*Dimorphotheca pluvialis* (L.) Moench〉キク科の草本。高さは30〜35cm。花は輝白色。園芸植物。

ディモルフォルキス・ロウィー 〈*Dimorphorchis lowii* (Lindl.) Rolfe〉ラン科。高さは1〜2m。花は黄、赤褐色。園芸植物。

ティランジア パイナップル科の属総称。別名エアープランツ。園芸植物。

ティランジア・アエラントス 〈*Tillandsia aerantos* (Loisel.) L. B. Sm.〉パイナップル科。別名キノエアナナス。高さは5〜8cm。花は紫色。園芸植物。

ティランジア・アルゲンテア 〈*Tillandsia argentea* Griseb.〉パイナップル科。高さは25cm。花は鮮赤か紫色。園芸植物。

ティランジア・アンケプス 〈*Tillandsia anceps* Lodd.〉パイナップル科。花は青色。園芸植物。

ティランジア・アンドレアナ 〈*Tillandsia andreana* E. Morr. ex Andér〉パイナップル科。高さは30cm。花は赤色。園芸植物。

ティランジア・イオナンタ 〈*Tillandsia ionantha* Planch.〉パイナップル科。花は菫色。園芸植物。

ティランジア・インクルウァ 〈*Tillandsia incurva* Griseb.〉パイナップル科。高さは15〜40cm。花は黄色。園芸植物。

ティランジア・インペリアリス 〈*Tillandsia imperialis* E. Morr.〉パイナップル科の多年草。

ティランジア・ヴァルテリ 〈*Tillandsia walteri* Mez〉パイナップル科。高さは50〜80cm。花は濃いバラで黄に変わる。園芸植物。

ティランジア・ワァレンズエアナ 〈*Tillandsia valenzuelana* A. Rich.〉パイナップル科。高さは20〜60cm。花はライラックか菫色。園芸植物。

ティランジア・ヴィクトリア 〈*Tillandsia* × *victoria* M. B. Foster〉パイナップル科。高さは15〜20cm。花は菫色。園芸植物。

ティランジア・ウンベラタ 〈*Tillandsia umbellata* André〉パイナップル科。花は濃紺色。園芸植物。

ティランジア・エーゼリアナ 〈*Tillandsia* × *oeseriana* M. B. Foster〉パイナップル科。園芸植物。

ティランジア・エミリエ 〈*Tillandsia* × *emilie* hort.〉パイナップル科。花は濃菫色。園芸植物。

ティランジア・カプツ-メドゥサエ 〈*Tillandsia caput-medusae* E. Morr.〉パイナップル科。高さは15〜25cm。花は菫色。園芸植物。

ティランジア・カルヴィンスキアナ 〈*Tillandsia karwinskyana* Roem. et Shult.〉パイナップル科。高さは40〜60cm。花は帯緑黄色。園芸植物。

ティランジア・キアネア 〈*Tillandsia cyanea* Linden ex K. Koch〉パイナップル科。別名タチハナアナナス。高さは25cm。花は濃菫色。園芸植物。

ティランジア・キルキンナタ 〈*Tillandsia circinnata* Shlechtend.〉パイナップル科。高さは10〜40cm。花は淡紫色。園芸植物。

ティランジア・グランディス 〈*Tillandsia grandis* Schlechtend.〉パイナップル科。高さは50〜200cm。花は緑か緑がかった白色。園芸植物。

ティランジア・クリスパ 〈*Tillandsia crispa* (Bak.) Mez〉パイナップル科。高さは10〜30cm。園芸植物。

ティランジア・ゲミニフロラ 〈*Tillandsia geminiflora* Brongn.〉パイナップル科。高さは10〜15cm。花は淡赤紫色。園芸植物。

ティランジア・コンプラナタ 〈*Tillandsia complanata* Benth.〉パイナップル科。高さは30〜40cm。花は淡紅か紫か青色。園芸植物。

424

ティランジア・シーデアナ 〈*Tillandsia schiedeana* Steud.〉パイナップル科。高さは40cm。花は黄色。園芸植物。
ティランジア・ストリクタ 〈*Tillandsia stricta* Soland. ex Ker-Gawl.〉パイナップル科。高さは20cm。花は青から赤色。園芸植物。
ティランジア・ストレプトフィラ 〈*Tillandsia streptophylla* Scheidw.〉パイナップル科。高さは45cm。花は紫色。園芸植物。
ティランジア・スピクロサ 〈*Tillandsia spiculosa* Griseb.〉パイナップル科。高さは40〜90cm。花は黄色。園芸植物。
ティランジア・ディスティカ 〈*Tillandsia disticha* H. B. K.〉パイナップル科。高さは30cm。花は黄から黄白色。園芸植物。
ティランジア・デッペアナ 〈*Tillandsia deppeana* Steud.〉パイナップル科。高さは1〜2m。花は青色。園芸植物。
ティランジア・ドゥラ 〈*Tillandsia dura* Bak.〉パイナップル科。高さは20〜40cm。花は青色。園芸植物。
ティランジア・トリコロル 〈*Tillandsia tricolor* Schlechtend. et Cham.〉パイナップル科。高さは30〜45cm。花は菫色。園芸植物。
ティランジア・バルビシアナ 〈*Tillandsia balbisiana* Schult. f.〉パイナップル科。高さは13〜65cm。花は菫色。園芸植物。
ティランジア・ファスキクラタ 〈*Tillandsia fasciculata* Swarz〉パイナップル科。高さは20〜100cm。花は白〜ライラック色。園芸植物。
ティランジア・ファスキクラタ・コンベクシスピカ パイナップル科。園芸植物。
ティランジア・フィリフォリア 〈*Tillandsia filifolia* Schlechtend. et Cham.〉パイナップル科。高さは30cm。花は淡いライラック色。園芸植物。
ティランジア・フェスツコイデス 〈*Tillandsia festucoides* Brongn. ex Mez〉パイナップル科。高さは20〜55cm。花は紫赤色。園芸植物。
ティランジア・ブツィー 〈*Tillandsia butzii* Mez〉パイナップル科。高さは20〜30cm。花は菫色。園芸植物。
ティランジア・ブラキカウロス 〈*Tillandsia brachycaulos* Schlechtend.〉パイナップル科。花は菫色。園芸植物。
ティランジア・フラベラタ 〈*Tillandsia flabellata* Bak.〉パイナップル科。高さは20〜50cm。花は菫色。園芸植物。
ティランジア・プルイノサ 〈*Tillandsia pruinosa* Swartz〉パイナップル科。高さは8〜20cm。花は菫色。園芸植物。
ティランジア・プルケラ 〈*Tillandsia pulchella* Hook.〉パイナップル科。高さは25cm。花は淡青、白、淡紅色。園芸植物。

ティランジア・ブルボサ 〈*Tillandsia bulbosa* Hook.〉パイナップル科。別名ヒメキノエアナナス。高さは7〜32cm。花は青か菫色。園芸植物。
ティランジア・フレクスオサ 〈*Tillandsia flexuosa* Swartz〉パイナップル科。高さは20〜150cm。花は白、淡紅、紫色。園芸植物。
ティランジア・プンクツラタ 〈*Tillandsia punctulata* Shlechtend. et Cham.〉パイナップル科。別名ホソバアナナス。高さは25〜45cm。花は菫色。園芸植物。
ティランジア・ポリスタキア 〈*Tillandsia polystachia* (L.) L.〉パイナップル科。高さは20〜65cm。花は菫色。園芸植物。
ティランジア・ムルティカウリス 〈*Tillandsia multicaulis* Steud.〉パイナップル科。花は青色。園芸植物。
ティランジア・モナデルファ 〈*Tillandsia monadelpha* (E. Morr.) Bak.〉パイナップル科。高さは35cm。花は白か黄色。園芸植物。
ティランジア・ユンケア 〈*Tillandsia juncea* (Ruiz et Pav.) Poir.〉パイナップル科。高さは20〜40cm。花は菫色。園芸植物。
ティランジア・リネアリス 〈*Tillandsia linearis* Vell.〉パイナップル科。高さは13〜25cm。花は菫か青色。園芸植物。
ティランジア・リンデニー ハナアナナスの別名。
ティランジア・リンデニィ 〈*Tillandsia lindenii* Regel〉パイナップル科の多年草。園芸植物。
ティランジア・レクルウァタ 〈*Tillandsia recurvata* (L.) L.〉パイナップル科。花は白か淡菫色。園芸植物。
ティランジア・ワーダッキー 〈*Tillandsia wurdackii* L. B. Sm.〉パイナップル科。花はピンクか紫紅色。園芸植物。
ティランドシア パイナップル科の属総称。
ティランドシア ハナアナナスの別名。
ティリア・ウルガリス セイヨウシナノキの別名。
ティリア・キウシアナ ヘラノキの別名。
ティリア・コルダタ フユボダイジュの別名。
ティリア・プラティフィロス ナツボダイジュの別名。
ティリア・マクシモヴィッチアナ オオバボダイジュの別名。
ティリア・マンシュリカ マンシュウボダイジュの別名。
ティリア・ミクエリアナ ボダイジュの別名。
ティリア・ヤポニカ シナノキの別名。
ティリア・ルフォーウィロサ ツクシボダイジュの別名。
デイリリー 〈*Hemerocallis hybrida* Hort.〉ユリ科のハーブ。別名ヘメロカリス。園芸植物。
ディル ヒメウイキョウの別名。

テイレキ

テイレギ 〈Cardamine scutata Thunb.〉アブラナ科。別名オオバタネツケバナ、ヤマタネツケバナ。高さは20cm。花は白色。園芸植物。

ディレクターG.T.ムーア スイレン科のスイレンの品種。園芸植物。

ディレニア ビワモドキ科の属総称。別名ビワモドキ。

ディレニア・オボバータ 〈Dillenia obovata Hoogl.〉ビワモドキ科の高木。

ティロフォラ 〈Tylophora asthmatica Wight et Arn.〉ガガイモ科の蔓草。熱帯植物。

ティロフォラ・オバータ 〈Tylophora ovata (Lindl.) Hook. ex Steud.〉ガガイモ科の薬用植物。

ディンティ・ベス 〈Dainty Bess〉 バラ科。ハイブリッド・ティーローズ系。花はソフトピンク。

ディンテランツス・イネクスペクタッス 〈Dinteranthus inexpectatus (Dinter) Dinter〉 ツルナ科。別名春桃玉。花は黄色。園芸植物。

ディンテランツス・ウィルモティアヌス 〈Dinteranthus wilmotianus L. Bolus〉 ツルナ科。別名幻玉。花は黄金色。園芸植物。

ディンテランツス・ファンゼイリー 〈Dinteranthus vanzijlii (L. Bolus) Schwant.〉ツルナ科。別名綾燿玉。花は橙色。園芸植物。

ディンテランツス・プベルルス 〈Dinteranthus puberulus N. E. Br.〉ツルナ科。別名妖玉。花は黄金色。園芸植物。

ディンテランツス・ポール-エヴァンシー 〈Dinteranthus pole-evansii (N. E. Br.) Schwant.〉ツルナ科。別名南蛮玉。花は黄金色。園芸植物。

ディンテランツス・ミクロスペルムス 〈Dinteranthus microspermus (Dinter et Derenb.) Schwant. ex N. E. Br.〉ツルナ科。別名奇鳳玉。花は黄色。園芸植物。

テヴェティア・テヴェティオイデス 〈Thevetia thevetioides (H. B. K.) K. Schum.〉キョウチクトウ科の木本。高さは4〜5m。花はオレンジあるいは橙黄色。

テヴェティア・ペルーウィアナ キバナキョウチクトウの別名。

テウクリウム・アロアニウム 〈Teucrium aroanium Orph. ex Boiss.〉シソ科の多年草。花は白色。園芸植物。

テウクリウム・カマエドリス 〈Teucrium chamaedrys L.〉シソ科。高さは30〜50cm。花は淡紅色。園芸植物。

テウクリウム・スコロドニア 〈Teucrium scorodonia L.〉シソ科の多年草。

テウクリウム・フルティカンス 〈Teucrium fruticans L.〉シソ科。高さは50〜60cm。花は青色。園芸植物。

テウクリウム・ポリウム 〈Teucrium polium L.〉シソ科。高さは10〜30cm。花は白か赤色。園芸植物。

テウチグルミ 手打胡桃 〈Juglans regia L. var. orientis (Dode) Kitam.〉クルミ科の木本。別名カシグルミ、トウクルミ。薬用植物。

デウテジア・ロンギフォリア 〈Deutzia longifolia Franch.〉ユキノシタ科の落葉低木。高さは1.8m。花は白色。園芸植物。

テオシント 〈Euchlaena mexicana Schrad.〉イネ科。草状はトウモロコシに酷似する。熱帯植物。

テガタアオキノリ 〈Leptogium palmatum (Huds.) Mont.〉イワノリ科の地衣類。地衣体は褐色または灰褐色。

テガタアカミゴケ 〈Cladonia digitata Schaer.〉ハナゴケ科の地衣類。子柄は高さ1〜4cm。

テガタゴケ 手形苔 〈Ptilidium pulcherrimum (Weber) Vain.〉テガタゴケ科のコケ。茎は長さ2〜3cm、葉は不等に3〜4裂。

テガタゼニゴケ ヒトデゼニゴケの別名。

テガタチドリ 手形千鳥 〈Gymnadenia conopsea (L.) R. Br.〉ラン科の多年草。高さは30〜60cm。花は淡紅紫色。高山植物。園芸植物。

テガヌマフラスコモ 〈Nitella furcata Braun var. fallosa (Morioka) Imah.〉シャジクモ科。

デカベロネ・グランディフロラ レイショウカクの別名。

デカリア・マダガスカリエンシス 〈Decaryia madagascariensis Choux〉ディディエレア科。高さは4〜8m。園芸植物。

デ・カーン キンポウゲ科のアネモネの品種。園芸植物。

テキサスサバル サバル・テキサナの別名。

テキサスパルメットヤシ サバル・テキサナの別名。

テキーラ 〈Tequila〉 バラ科。フロリバンダ・ローズ系。花はオレンジ朱色。

テキラリュウゼツ アガウェ・テキラナの別名。

テキリスゲ 〈Carex kiotensis Franch. et Savat.〉カヤツリグサ科の多年草。高さは30〜70cm。

テクタリア・スブトリフィラ ミカワリシダの別名。

テクタリア・デクレンス ナナバケシダの別名。

デグルーツスパイアー ヒノキ科のニオイヒバの品種。

デゲネリア 〈Degeneria vitiensis I. W. Bailey et A. C. Smith〉デゲネリア科。

テコフィラエア テコフィラエア科の属総称。球根植物。別名チリアンクロッカス。

テコフィラエア・ウィオリフロラ 〈Tecophilaea violiflora Bertero ex Colla〉テコフィラエア科の球根植物。高さは20cm。花は淡青色。園芸植物。

テコフィラエア・キアノクロクス 〈*Tecophilaea cyanocrocus* Leyb.〉テコフィラエア科の球根植物。高さは10cm。花は濃い青色。園芸植物。

テコフィレア・シアノクロッカス ヒガンバナ科。園芸植物。

テコマ・ガローカ 〈*Tecoma garrocha* Hieron.〉ノウゼンカズラ科の低木。高さは1m。花は黄赤色。園芸植物。

テコマ・スタンス 〈*Tecoma stans* (L.) H. B. K.〉ノウゼンカズラ科の低木。高さは3m。花は黄金色。園芸植物。

テコマリア ヒメノウゼンカズラの別名。

テコマリア・カペンシス ヒメノウゼンカズラの別名。

テコマンテ・デンドロフィラ 〈*Tecomanthe dendrophila* K. Schum.〉ノウゼンカズラ科のつる植物。花は桃黄色。園芸植物。

デコラゴムノキ マルバインドゴムノキの別名。

デージー キク科の属総称。

デージー ヒナギクの別名。

テシオ キンポウゲ科のクレマチスの品種。

テシオコザクラ 天塩小桜 〈*Primula takedana* Tatewaki〉サクラソウ科の草本。高山植物。

テヅカチョウチンゴケ 〈*Plagiomnium tezukae* (Sakurai) T. J. Kop.〉チョウチンゴケ科のコケ。別名アズミチョウチンゴケ。匍匐茎の葉は長さ3～6mm、卵形～楕円形。

デスティック・ハイブリッド ユリ科のユリの品種。園芸植物。

デスティニー 〈Destiny〉バラ科。フロリバンダ・ローズ系。花はクリーム色。

デスプレス・ア・フルール・ジョーンズ 〈Desprez à Fleurs Jaunes〉バラ科。ノアゼット・ローズ系。花はアプリコットイエロー。

テスペシア・ポプルネア サキシマハマボウの別名。

デスモディウム・カナデンセ 〈*Desmodium canadense* (L.) DC.〉マメ科。別名アメリカハギ。高さは40～80cm。花は桃紫色。園芸植物。

デスモディウム・スティラキフォリウム 〈*Desmodium styracifolium* (Osbeck) Merr.〉マメ科の薬用植物。

デスモディウム・モトリウム マイハギの別名。

テーダマツ 〈*Pinus taeda* L.〉マツ科の木本。園芸植物。

テツイロハナビラゴケ 〈*Pannaria lurida* (Mont.) Nyl.〉ハナビラゴケ科の地衣類。地衣体は葉状、緑褐色から淡黄褐色。

テツカエデ 鉄楓 〈*Acer nipponicum* Hara〉カエデ科の雌雄同株の落葉高木。別名テツノキ、コクタン。高山植物。

デッケニア・ノビリス 〈*Deckenia nobilis* H. Wendl. ex Seem.〉ヤシ科。別名トゲノヤシモドキ。高さは30～40m。園芸植物。

テッケンバイ バラ科のウメの品種。別名チャセンバイ。

テッコウマル 鉄甲丸 〈*Euphorbia bupleurifolia* Jacq.〉トウダイグサ科の多肉植物。別名蘇鉄大戟。高さは3～20cm。園芸植物。

テッシャクジョウ 鉄錫杖 〈*Senecio stapeliiformis* E. P. Phillips〉キク科。別名花の司。花は赤色。園芸植物。

テッセン 鉄線 〈*Clematis florida* Thunb. ex Murray〉キンポウゲ科の落葉性つる植物。花は白色。薬用植物。園芸植物。切り花に用いられる。

テッポウウリ 鉄砲瓜 〈*Ecballium elaterium* (L.) A. Rich.〉ウリ科のつる植物。果実は長さ5cm。高さは2m。薬用植物。園芸植物。

テッポウムシタケ 〈*Cordyceps nakazawai* Kawamura〉バッカクキン科のキノコ。

テッポウユリ 鉄砲百合 〈*Lilium longiflorum* Thunb.〉ユリ科の多肉植物。別名リュウキュウユリ、サガリユリ、ツツナガユリ。高さは50～100cm。薬用植物。園芸植物。

テツホシダ 鉄穂羊歯 〈*Thelypteris interrupta* (Willd.) K. Iwatsuki〉オシダ科(ヒメシダ科)の夏緑性シダ。葉身は長さ30～50cm。広披針形。

テツヤマイノデ 〈*Polystichum × tetsuyamense* Kurata ex Serizawa〉オシダ科のシダ植物。

テディ・ジュニア ツルシダ科のタマシダの品種。園芸植物。

テディベアー バラ科。ミニアチュア・ローズ系。花は濃いピンク。

テトラケントロン・シネンセ スイセイジュ科。別名スイセイジュ。高山植物。

テトラゴニア・テトラゴノイデス ツルナの別名。

テトラゴノカラムス・クアドラングラリス シホウチクの別名。

テトラゴノセカ・ヘリアンソイデス キク科。園芸植物。

テトラゴノロブス・プルプレウス 〈*Tetragonolobus purpureus* Moench〉マメ科の一年草。

テトラゴリアス キク科のディモルフォセカの品種。園芸植物。

テトラスティグマ・ヴォアニエリアヌム 〈*Tetrastigma voinierianum* (Baltet) Pierre ex Gagnep.〉ブドウ科のつる性低木。葉は長さ25cm。園芸植物。

テトラスティグマ・ヘムスレヤヌム 〈*Tetranstigma hemsleyanum* Diels et Gllg.〉ブドウ科の薬用植物。

テトラテカ・キリアータ 〈*Tetratheca ciliata* Lindl.〉トレマンドラ科の低木。

テトラネマ メキシコジギタリスの別名。

テトラネマ・ロセウム メキシコジギタリスの別名。

テトラパナクス・パピリフェル カミヤツデの別名。

テトラミクラ・カナリクラタ 〈*Tetramicra canaliculata* (Aubl.) Urb.〉ラン科。高さは70cm。花は緑色。園芸植物。

テトラローズ キンポウゲ科のクレマティス・モンタナの品種。園芸植物。

テトリトクサ 〈*Equisetum* × *moorei* Newm.〉トクサ科のシダ植物。

デニソンムクゲ ヒビスクス・ストーキーの別名。

テネシーキゴケ 〈*Stereocaulon tennesseense* Magn.〉キゴケ科の地衣類。頭状体は暗色。

テバコマンテマ 〈*Silene yanoei* Makino〉ナデシコ科の草本。別名チョウセンマンテマ。日本絶滅危機植物。

テバコモミジガサ 〈*Cacalia tebakoensis* (Makino) Makino〉キク科の多年草。高さは40〜60cm。

テバコワラビ 〈*Athyrium atkinsonii* Bedd.〉オシダ科の夏緑性シダ。葉身は長さ25〜65cm。広卵形〜卵状三角形。

デビュッタント ツバキ科のツバキの品種。園芸植物。

テフ 〈*Eragrostis tef* (Zucc.) Trotter〉イネ科の作物。琉球では記録されていた。熱帯植物。

テーブルビート ビートの別名。

テーブルヤシ 〈*Collinia elegans* Liebm.〉ヤシ科。高さは2m。園芸植物。

テーブルヤシ ヤシ科の属総称。別名コリニア。

テフロカクツス・アルティクラツス 〈*Tephrocactus articulatus* (Pfeiff. ex Otto) Backeb.〉サボテン科のサボテン。別名武蔵野。花は白色。園芸植物。

テフロカクツス・グロメラツス 〈*Tephrocactus glomeratus* (Haw.) Backeb.〉サボテン科のサボテン。別名姫武蔵野。径1.5cm。花は橙黄色。園芸植物。

テベティア 〈*Thevetia nereifolia* Juss.〉キョウチクトウ科。

テマリシモツケ フィソカルプス・アムレンシスの別名。

テマリタマアジサイ 手毬球紫陽花 〈*Hydrangea involucrata* Siebold f. *sterilis* Hayashi〉ユキノシタ科の木本。

テマリツバキ カメリア・マリフロラの別名。

テマリツメクサ 〈*Trifolium aureum* Pollich〉マメ科。茎の上部につく葉は掌状3小葉。

テマリバナ オオデマリの別名。

デミヤカズラ 〈*Daemia extensa* R. BR.〉ガガイモ科の蔓草。吐剤。熱帯植物。

テムプレトニア・レッサ 〈*Templetonia retusa* R. Br.〉マメ科の低木。

デュヴァリア・アングスティロバ 〈*Duvalia angustiloba* N. E. Br〉ガガイモ科の多肉植物。別名司牛角。花は白色。園芸植物。

デュヴァリア・ポリタ 〈*Duvalia polita* N. E. Br.〉ガガイモ科の多肉植物。花は濃紅〜濃紫紅色。園芸植物。

デュエット 〈Duet〉バラ科。ハイブリッド・ティーローズ系。花は薄いピンク。

デュカット バラ科。花は黄色。

デューク・ド・ギシェ 〈Duc de Guiche〉バラ科。ガリカ・ローズ系。

デュッシェス・ド・モンテベロ 〈Duchesse de Montebello〉バラ科。ガリカ・ローズ系。花は淡ピンク。

デュランタ クマツヅラ科の属総称。別名タイワンレンギョウ。

デュランタ タイワンレンギョウの別名。

デラ バラ科。ハイブリッド・ティーローズ系。花はサーモンピンク。

デラウェア ブドウ科のブドウ(葡萄)の品種。別名イタリヤ、デラ。果皮は鮮紅色。

テラオカアザミ 寺岡薊 キク科のアザミの品種。園芸植物。

テララゴケ 〈*Telaranea iriomotensis* T. Yamag. & Mizut.〉ムチゴケ科のコケ。黄緑色、茎は長さ1〜2cm。

テランセラ ヒユ科の属総称。別名ツルノゲイトウ。

テランセラ モヨウビユの別名。

テリアツバギク 〈*Aster ptarmicoides* (Nees) Torr. et A. Gray〉キク科の多年草。高さは30〜70cm。花は白色。園芸植物。

デリシアス バラ科のリンゴ(苹果)の品種。別名デリ、赤デリ。果肉黄白色。

デリス 〈*Derris elliptica* (Wall.) Benth.〉マメ科の常緑つる性木本。別名ドクフジ。葉はフジに酷似。花は明るい赤色。熱帯植物。薬用植物。園芸植物。

デリス マメ科の属総称。

デリスターイエロー キク科のデンドランテマの品種。切り花に用いられる。

テリハアザミ 〈*Cirsium lucens* Kitam.〉キク科の草本。

テリハイカダカズラ 〈*Bougainvillea glabra* Choisy〉オシロイバナ科の落葉低木。高さは4〜5m。園芸植物。

テリハエウクリフィア 〈*Eucryphia lucida*〉エウクリフィア科の木本。樹高6m。樹皮は灰色。

テリハカブトゴケ 〈*Lobaria meridionalis* Vain. var. *subplana* (Asah.) Yoshim.〉ヨロイゴケ科の地衣類。円筒状の裂芽を生ずる。

テリハキンバイ 〈*Potentilla riparia* Murata〉バラ科の草本。

テリハコバノガマズミ スイカズラ科の落葉低木。
テリバザンショウ ミカン科の常緑つる植物。別名クメザンショウ。
テリハタチツボスミレ 〈Viola faurieana W. Becker〉スミレ科の草本。花は淡紫色。園芸植物。
テリハタマゴノキ 〈Spondias lutea L.〉ウルシ科の高木。熱帯植物。
テリハツルウメモドキ 〈Celastrus orbiculatus Thunb. ex Murray var. punctatus Rehder〉ニシキギ科の木本。別名コツルウメモドキ、ヒュウガツルウメモドキ。園芸植物。
テリハナスビ 〈Solanum macrocarpon L.〉ナス科の草本。花は淡紫色。熱帯植物。園芸植物。
テリハノイバラ 照葉野茨 〈Rosa wichuraiana Crépin〉バラ科の落葉ほふく性低木。別名ハイイバラ、ハマイバラ。花は白色。薬用植物。園芸植物。
テリハノギク 〈Aster taiwanensis〉キク科。
テリハバンジロウ 〈Psidium cattleyanum Sabine〉フトモモ科の低木。葉裏灰色、短毛密布、果実は赤紫色、芳香。熱帯植物。
テリハブシ 〈Aconitum lucidusculum〉キンポウゲ科。
テリハボク 照葉木 〈Calophyllum inophyllum L.〉オトギリソウ科の常緑高木。別名ヤラボ、ヤラブ、ヒイタマナ。葉は厚く光沢、中肋黄。花は白色。熱帯植物。薬用植物。園芸植物。
テリハミズハイゴケ 〈Hygrohypnum alpinum (Lindb.) Loeske var. tsurugizanicum (Card.) Nog. & Z. Iwats.〉ヤナギゴケ科のコケ。茎は不規則に分枝、葉は広卵形〜ほぼ円形。
テリハモモタマナ 〈Terminalia nitens C. Presl〉シクンシ科の木本。
テリハヨロイゴケ 〈Sticta nylanderiana Zahlbr.〉カブトゴケ科(ヨロイゴケ科)のコケ。地衣体は中〜大形の葉状。
テリハヨーロッパニレ 〈Ulmus minor〉ニレ科の木本。樹高30m。樹皮は灰褐色。園芸植物。
テリプテリス・デンタタ イヌケホシダの別名。
テリプテリス・パラシティカ ケホシダの別名。
テリプテリス・パルストリス ヒメシダの別名。
テリポゴン・クロエスス 〈Telipogon croesus Rchb. f.〉ラン科。高さは4〜5cm。花は淡黄、緑白色。園芸植物。
テリポゴン・ネルウォスス 〈Telipogon nervosus (L.) Druce〉ラン科。高さは20〜40cm。花はクリームがかった茶色。園芸植物。
テリミトラ・アリスタタ 〈Thelymitra aristata Lindl.〉ラン科。高さは20〜100cm。花は桃、青紫色。園芸植物。

テリミトラ・パウキフロラ 〈Thelymitra pauciflora R. Br〉ラン科。高さは15〜45cm。花は白、桃、青紫色。園芸植物。
テリミトラ・ルテオキリウム 〈Thelymitra luteochilium R. Fitzg.〉ラン科。高さは15〜35cm。花は桃〜桃赤色。園芸植物。
テリミノイヌホオズキ 照実の犬酸漿 〈Solanum nodiflorum Jacq.〉ナス科の草本。
デリーラ バラ科。ハイブリッド・ティーローズ系。花は紫ピンク。
デルフィニウム キンポウゲ科の属総称。別名オオヒエンソウ。切り花に用いられる。
デルフィニウムF_1オーロラ系 キンポウゲ科。別名オオヒエンソウ。切り花に用いられる。
デルフィニウム・エラツム 〈Delphinium elatum L.〉キンポウゲ科の草本。高さは0.6〜2m。花は青色。高山植物。園芸植物。
デルフィニウム・グランディフロルム 〈Delphinium grandiflorum L.〉キンポウゲ科の宿根草。別名オオヒエンソウ、オオバナヒエンソウ。高さは30〜90cm。花は青〜白色。園芸植物。
デルフィニウム・セミバルバツム 〈Delphinium semibarbatum Bienert ex Boiss.〉キンポウゲ科の草本。別名キバナヒエンソウ。高さは30〜75cm。花は淡黄色。園芸植物。切り花に用いられる。
デルフィニウム・タチエネンセ 〈Delphinium tatsienense Franch.〉キンポウゲ科の草本。高さは30〜50cm。花は紫青色。園芸植物。
デルフィニウム・ブルノニアヌム キンポウゲ科。高山植物。
デルフィニウム・ベラドンナ 〈Delphinium × belladonna hort. ex Bergmans〉キンポウゲ科の草本。別名オオヒエンソウ。高さは75〜120cm。花は青、桃、白など。園芸植物。切り花に用いられる。
デルフィニウム・マクロケントロン 〈Delphinium macrocentron Oliv.〉キンポウゲ科の多年草。
デルフィニウム・ラコステイ 〈Delphinium lacostei Danguy〉キンポウゲ科の多年草。
テルミナリア・カタッパ モモタマナの別名。
テルモプシス・ディワリカルパ 〈Thermopsis divaricarpa A. Nels.〉マメ科の多年草。高さは40〜50cm。花は黄色。園芸植物。
テルモプシス・バルバタ マメ科。高山植物。
テルモプシス・ファバケア 〈Thermopsis fabacea (Pall.) DC.〉マメ科の多年草。高さは30〜60cm。花は黄色。園芸植物。
テルモプシス・モンタナ 〈Thermopsis montana Nutt.〉マメ科の多年草。高さは30〜60cm。花は黄色。園芸植物。
テルモプシス・ルピノイデス センダイハギの別名。

テルンストレーミア・ギムナンテラ　モッコクの別名。

テレピンノキ　ピスタキア・テレビンツスの別名。

デロ　ドロヤナギの別名。

テロカクツス・ヴァグネリアヌス　〈*Thelocactus wagnerianus* (A. Berger) A. Berger ex Backeb. et F. M. Knuth〉サボテン科のサボテン。別名和光丸。高さは12～20cm。花は紫紅色。園芸植物。

テロカクツス・コノテロス　〈*Thelocactus conothelos* (Regel et Klein) F. M. Knuth〉サボテン科のサボテン。別名天照丸。高さは12～15cm。花は紫紅色。園芸植物。

テロカクツス・ニドゥランス　〈*Thelocactus nidulans* (Quehl) Britt. et Rose〉サボテン科のサボテン。別名鶴巣丸。高さは10cm。花は黄白色。園芸植物。

テロカクツス・ビコロル　ダイトウリョウの別名。

テロカクツス・フィマトテレ　〈*Thelocactus phymatothele* (Poselg.) Britt. et Rose〉サボテン科のサボテン。別名眠獅子。花は淡桃～淡紅色。園芸植物。

テロカクツス・ヘクサエドロフォルス　テンコウの別名。

テロカクツス・ヘテロクロムス　〈*Thelocactus heterochromus* (A. Web.) Van Ooststr.〉サボテン科のサボテン。別名多色玉、紅鷹。径15cm。花は紫紅色。園芸植物。

テロカクツス・ロフォテレ　〈*Thelocactus lophothele* (Salm-Dyck) Britt. et Rose〉サボテン科のサボテン。別名獅子頭。径15cm。花は淡黄白～硫黄、淡桃色。園芸植物。

デロスペルマ・アシュトニー　〈*Delosperma ashtonii* L. Bolus〉ツルナ科。花は紫紅色。園芸植物。

デロスペルマ・アバディーネンセ　〈*Delosperma aberdeenense* (L. Bolus) L. Bolus〉ツルナ科。別名花飛鳥。花は紫光色。園芸植物。

デロスペルマ・アビシニカ　〈*Delosperma abyssinica* (Regel) Schwant.〉ツルナ科。別名花宇治。花はピンク色。園芸植物。

デロスペルマ・エキナツム　ハナガサの別名。

デロスペルマ・カロリネンセ　〈*Delosperma carolinense* N. E. Br.〉ツルナ科。花は桃色。園芸植物。

デロスペルマ・クーペリ　〈*Delosperma cooperi* (Hook. f.) L. Bolus〉ツルナ科の宿根草。別名レイコウ、花嵐山。花は光沢のある紫色。園芸植物。

デロスペルマ・サザーランディー　〈*Delosperma sutherlandii* (Hook. f.) N. E. Br.〉ツルナ科。別名沙坐蘭。花は紫桃色。園芸植物。

デロスペルマ・ブルンタレリ　〈*Delosperma brummthaleri* (A. Berger) Schwant.〉ツルナ科。別名紅鱗菊。花は淡桃色。園芸植物。

デロスペルマ・マケルム　〈*Delosperma macellum* (N. E. Br.) N. E. Br.〉ツルナ科。別名花醍醐。花は淡紫または洋紅色。園芸植物。

デロスペルマ・レーマニー　〈*Delosperma rehmannii* (Eckl. et Zeyh.) Schwant.〉ツルナ科。花は淡黄色。園芸植物。

デロニクス・レギア　ホウオウボクの別名。

テロペア・オレアデス　〈*Telopea oreades* F. J. Muell.〉ヤマモガシ科の木本。高さは10～12m。花は深紅色。園芸植物。

テロペア・スペキオシッシマ　〈*Telopea speciosissima* (Sm.) R. Br.〉ヤマモガシ科の木本。高さは3m。花は輝赤色。園芸植物。切り花に用いられる。

テロペア・トルンカタ　〈*Telopea truncata* (Labill.) R. Br.〉ヤマモガシ科の木本。高さは3m。花は深紅色。園芸植物。

デワノタツナミソウ　出羽の立波草　〈*Scutellaria muramatsui* Hara〉シソ科の草本。

デワノミヤマベニシダ　〈*Dryopteris × dewaensis* Sagawa et Nakaike, nom. nud.〉オシダ科のシダ植物。

テンガイカブリタケ　〈*Verpa digitaliformis* Pers. : Fr. var. *digitaliformis*〉アミガサタケ科のキノコ。中型。頭部は釣鐘形、黄土褐色～褐色。

テンキグサ　ハマニンニクの別名。

テンキンショウ　天錦章　ベンケイソウ科。園芸植物。

テングクワガタ　天狗鍬形　〈*Veronica tenella* All.〉ゴマノハグサ科の多年草。高さは10～25cm。高山植物。

テングサ　〈*Gelidium amansii* (Lamouroux) Lamouroux〉テングサ科の海藻。別名マクサ、トコロテングサ、ヒメクサ。3回羽状に分岐。体は10～30cm。薬用植物。

テングサケヤシ　ヤシ科。

テングサバル　サバル・マウリティーフォルミスの別名。

テングスズメウリ　〈*Melothria heterophylla* Cogn.〉ウリ科の蔓草。熱帯植物。

テングタケ　天狗茸　〈*Amanita pantherina* (DC. : Fr.) Krombh.〉テングタケ科のキノコ。別名ハエトリタケ。中型～大型。傘は灰褐色～オリーブ褐色、白色のいぼ。ひだは白色。

テングタケダマシ　〈*Amanita sychnopyramis* Corner & Bas f. *subannulata* Hongo〉テングタケ科のキノコ。小型～中型。傘は灰褐色、尖った白色のいぼあり。

テングツルタケ　〈*Amanita ceciliae* (Berk. & Br.) Bas〉テングタケ科のキノコ。中型。傘は灰褐

色、黒褐色綿質のいぼ・条線あり。ひだは縁は暗灰色粉状。

テングノハウチワ 〈*Avrainvillea riukiuensis* Yamada〉ミル科の海藻。腎臓形。

テングノハナ 〈*Illigera luzonensis* (C. Presl) Merr.〉ハスノハギリ科の木本。

テングノメシガイ 〈*Trichoglossum hirsutum* (Pers.：Fr.) Boud.〉テングノメシガイ科のキノコ。小型。全体はビロード状、黒色。

テングヤシ ヤシ科。

テンケイマル 天恵丸 〈*Frailea cataphracta* (Dams) Britt. et Rose〉サボテン科のサボテン。径3〜4cm。花は明黄色。園芸植物。

テンコ 天鼓 オプンティア・マクロケントラの別名。

テンコウ 天晃 〈*Thelocactus hexaedrophorus* (Lem.) Britt. et Rose〉サボテン科のサボテン。径15cm。花は白色。園芸植物。

テンコウ 天香 〈*Magnolia* 'Heaven scent'〉モクレン科のモクレンの品種。木本。樹高10m。樹皮は灰色。

テンサイ サトウダイコンの別名。

テンシギョク 天賜玉 ギムノカリキウム・ブフランツィーの別名。

テンジクアオイ 天竺葵 〈*Pelargonium inquinans* (L.) L'Hérit. ex Ait.〉フウロソウ科。園芸植物。

テンジクスゲ 〈*Carex phyllocephala* T. Koyama〉カヤツリグサ科。園芸植物。

テンジクナスビ 〈*Solanum anguivi* Lam.〉ナス科の木本。

テンジクボダイジュ インドボダイジュの別名。

テンジクボタン ダリアの別名。

テンジクマモリ ヤツブサの別名。

テンジクメギ メギ科。園芸植物。

テンシコウ 天紫晃 ラン科のシュンランの品種。園芸植物。

テンジソウ 田字草 〈*Marsilea quadrifolia* L.〉デンジソウ科のあるいは湿生の夏緑性多年草。別名タノジモ、カタバミモ、ウォーター・クローバー。若い葉は渦巻き状、胞子嚢果は黒色〜褐色になる。葉身は長さ1〜2cm、倒三角形〜円形。園芸植物。日本絶滅危機植物。

テンシマル 司丸 〈*Coryphantha bumamma* (C. A. Ehrenb.) Britt. et Rose〉サボテン科のサボテン。径10cm。花は黄色。園芸植物。

テンショウマル 天照丸 テロカクツス・コノテロスの別名。

テンシン 天心 ラン科のシュンランの品種。園芸植物。

テンダイウヤク 天台烏薬 〈*Lindera strychnifolia* (Sieb. et Zucc.) F. Villar〉クスノキ科の常緑低木。別名ウヤク。花は黄色。薬用植物。園芸植物。

テンダーボール ユリ科の野菜。別名ハナニラ。園芸植物。

テンツキ 点突, 天衝 〈*Fimbristylis dichotoma* (L.) Vahl〉カヤツリグサ科の一年草(温帯)〜少数年生の多年草(暖帯・熱帯)。高さは10〜60cm(ナガボ除く)。

デントコーン イネ科の馬歯種とも呼ばれる品種群。

デンドロカラムス・ラティフロルス マチクの別名。

デンドロキルム・グルマケウム 〈*Dendrochilum glumaceum* Lindl.〉ラン科。花は白色。園芸植物。

デンドロキルム・コッビアヌム 〈*Dendrochilum cobbianum* Rchb. f.〉ラン科。花は淡黄白色。園芸植物。

デンドロキルム・フィリフォルメ 〈*Dendrochilum filiforme* Lindl.〉ラン科。花は淡黄色。園芸植物。

デンドロパナクス・トリフィドゥス カクレミノの別名。

デンドロビウム ラン科の属総称。

デンドロビウム・アエムルム 〈*Dendrobium aemulum* R. Br.〉ラン科。花は白色。園芸植物。

デンドロビウム・アキナキフォルメ 〈*Dendrobium acinaciforme* Roxb.〉ラン科。花は黄白色。園芸植物。

デンドロビウム・アクエウム 〈*Dendrobium aqueum* Lindl.〉ラン科。花は緑白色。園芸植物。

デンドロビウム・アサヒ 〈*Dendrobium* Asahi〉ラン科。花は紅色。園芸植物。

デンドロビウム・アダエ 〈*Dendrobium adae* F. M. Bailey〉ラン科。園芸植物。

デンドロビウム・アッグレガツム 〈*Dendrobium aggregatum* Roxb.〉ラン科。花は淡黄金色。園芸植物。

デンドロビウム・アッフィネ 〈*Dendrobium affine* (Decne.) Steud.〉ラン科。花は白色。園芸植物。

デンドロビウム・アドゥンクム 〈*Dendrobium aduncum* Wall. ex Lindl.〉ラン科。園芸植物。

デンドロビウム・アトロウィオラケウム 〈*Dendrobium atroviolaceum* Rolfe〉ラン科。花は緑白色。園芸植物。

デンドロビウム・アノスムム 〈*Dendrobium anosmum* Lindl.〉ラン科の多年草。花は桃〜紫色。園芸植物。

デンドロビウム・アフィルム 〈*Dendrobium aphyllum* (Roxb.) C. E. Fisch.〉ラン科の多年草。花は白、淡黄色。園芸植物。

デンドロビウム・アメティストグロッスム 〈*Dendrobium amethystoglossum* Rchb. f.〉ラン科。花は象牙白色。園芸植物。

デンドロビウム・アリス・イワナガ 〈*Dendrobium* Alice Iwanaga〉ラン科。花は白色。園芸植物。

デンドロビウム・アルボサングイネウム
〈*Dendrobium albosanguineum* Lindl.〉ラン科。花は乳黄色。園芸植物。

デンドロビウム・アロイフォリウム 〈*Dendrobium aloifolium* (Blume) Rchb. f.〉ラン科。花は白、淡紅色。園芸植物。

デンドロビウム・アンテンナツム 〈*Dendrobium antennatum* Lindl.〉ラン科。花は白色。園芸植物。

デンドロビウム・イセ 〈*Dendrobium* Ise〉ラン科。花は白〜緑黄色。園芸植物。

デンドロビウム・インシグネ 〈*Dendrobium insigne* (Blume) Rchb. f. ex Miq.〉ラン科。花は輝黄色。園芸植物。

デンドロビウム・インフンディブルム 〈*Dendrobium infundibulum* Lindl.〉ラン科。高さは30〜100cm。花は象牙白色。園芸植物。

デンドロビウム・ヴァラデーヴァ 〈*Dendrobium Valadeva*〉ラン科。園芸植物。

デンドロビウム・ウィオラケオフラウェンス 〈*Dendrobium violaceoflavens* J. J. Sm.〉ラン科。高さは1.5〜2m。花は黄緑色。園芸植物。

デンドロビウム・ヴィクトリアエ-レギナエ 〈*Dendrobium victoriae-reginae* Loher〉ラン科。園芸植物。

デンドロビウム・ウィリアムシアヌム 〈*Dendrobium williamsianum* Rchb. f.〉ラン科。高さは50cm。花は白色。園芸植物。

デンドロビウム・ウィリアムソニー 〈*Dendrobium williamsonii* Day et Rchb. f.〉ラン科。花は象牙白〜黄色。園芸植物。

デンドロビウム・ウェヌスツム 〈*Dendrobium venustum* Teijsm. et Binn.〉ラン科。高さは12〜30cm。花は淡緑色。園芸植物。

デンドロビウム・ウォーディアヌム 〈*Dendrobium wardianum* Warner〉ラン科。花は白色。園芸植物。

デンドロビウム・ウニクム 〈*Dendrobium unicum* Seidenf.〉ラン科。高さは10〜15cm。花は朱色。園芸植物。

デンドロビウム・ウニフロルム 〈*Dendrobium uniflorum* Griff.〉ラン科。花は乳白で古くなると黄色。園芸植物。

デンドロビウム・ウンキナツム 〈*Dendrobium uncinatum* Schlechter〉ラン科。花は橙、輝赤、暗紫色。園芸植物。

デンドロビウム・エインズウァーシー 〈*Dendrobium* Ainsworthii〉ラン科。園芸植物。

デンドロビウム・エカポル 〈*Dendrobium* Ekapol〉ラン科。園芸植物。

デンドロビウム・エクイタンス 〈*Dendrobium equitans* Kränzl.〉ラン科。別名ツバメセッコク。茎の長さ25〜40cm。花は白色。園芸植物。

デンドロビウム・エリーフロルム 〈*Dendrobium eriiflorum* Griff.〉ラン科。茎の長さ20cm。花は緑黄色。園芸植物。

デンドロビウム・オクレアツム 〈*Dendrobium ochreatum* Lindl.〉ラン科。花は黄金色。園芸植物。

デンドロビウム・オフィオグロッスム 〈*Dendrobium ophioglossum* Rchb. f.〉ラン科。花は白〜黄色。園芸植物。

デンドロビウム・カシオペ 〈*Dendrobium Cassiope*〉ラン科。花は白から紅紫色。園芸植物。

デンドロビウム・ガトン・サンレイ 〈*Dendrobium* Gatton Sunray〉ラン科。花は明黄色。園芸植物。

デンドロビウム・カナリクラツム 〈*Dendrobium canaliculatum* R. Br.〉ラン科。高さは10〜40cm。花は淡黄緑色。園芸植物。

デンドロビウム・カピリペス 〈*Dendrobium capillipes* Rchb. f.〉ラン科。花は輝黄色。園芸植物。

デンドロビウム・カプラ 〈*Dendrobium capra* J. J. Sm.〉ラン科。花は緑黄色。園芸植物。

デンドロビウム・カメレオン 〈*Dendrobium chameleon* Ames〉ラン科。花は白色。園芸植物。

デンドロビウム・カンディドゥム 〈*Dendrobium candidum* Wall. ex Lindl.〉ラン科。花は純白色。園芸植物。

デンドロビウム・ギブソニー 〈*Dendrobium gibsonii* Lindl.〉ラン科。茎の長さ60cm。花は濃橙色。園芸植物。

デンドロビウム・キンギアヌム 〈*Dendrobium kingianum* Bidw.〉ラン科。花は白〜濃赤紫色。園芸植物。

デンドロビウム・キンキンナツム 〈*Dendrobium cincinnatum* F. J. Muell.〉ラン科。花は乳白色。園芸植物。

デンドロビウム・クインクエコスタツム 〈*Dendrobium quinquecostatum* Schlechter〉ラン科。花は桃紫色。園芸植物。

デンドロビウム・ククメリヌム 〈*Dendrobium cucumerinum* W. Macleay ex Lindl.〉ラン科。花は白色。園芸植物。

デンドロビウム・クサントフレビウム 〈*Dendrobium xanthophlebium* Lindl.〉ラン科。高さは30cm。花は純白色。園芸植物。

デンドロビウム・クニコ 〈*Dendrobium* Kuniko〉ラン科。花は紫青色。園芸植物。

デンドロビウム・クムラツム 〈*Dendrobium cumulatum* Lindl.〉ラン科。花はバラ紫色。園芸植物。

デンドロビウム・グラキリカウレ 〈*Dendrobium gracilicaule* F. J. Muell.〉ラン科。茎の長さ20〜60cm。花は濁黄色。園芸植物。

デンドロビウム・グラティオシッシムム 〈*Dendrobium gratiosissimum* Rchb. f.〉ラン科。茎の長さ30〜90cm。花は橙色。園芸植物。

デンドロビウム・クリサンツム 〈*Dendrobium chrysanthum* Wall. ex Lindl.〉ラン科の薬用植物。花は黄金色。高山植物。園芸植物。

デンドロビウム・クリスタリヌム 〈*Dendrobium crystallinum* Rchb. f.〉ラン科。花は白色。園芸植物。

デンドロビウム・クリセウム 〈*Dendrobium chryseum* Rolfe〉ラン科。花は濃黄色。園芸植物。

デンドロビウム・クリソグロッスム 〈*Dendrobium chrysoglossum* Schlechter〉ラン科。花は淡橙色。園芸植物。

デンドロビウム・クリソトクスム 〈*Dendrobium chrysotoxum* Lindl.〉ラン科。花は黄金、黄橙色。園芸植物。

デンドロビウム・グリフィシアヌム 〈*Dendrobium griffithianum* Lindl.〉ラン科。茎の長さ30〜45cm。花は黄色。園芸植物。

デンドロビウム・クルエンツム 〈*Dendrobium cruentum* Rchb. f.〉ラン科。花は淡緑色。園芸植物。

デンドロビウム・グールディー 〈*Dendrobium gouldii* Rchb. f.〉ラン科。高さは70cm。花は白〜藤色。園芸植物。

デンドロビウム・グレイス 〈*Dendrobium* Glace〉ラン科。花は濃黄色。園芸植物。

デンドロビウム・クレピダツム 〈*Dendrobium crepidatum* Lindl. et Paxt.〉ラン科。花は白色。園芸植物。

デンドロビウム・ゲレロイ 〈*Dendrobium guerreroi* Ames et Quisumb.〉ラン科。高さは30cm。花は濁黄色。園芸植物。

デンドロビウム・コエルレスケンス 〈*Dendrobium coerulescens* Schlechter〉ラン科。花は淡青色。園芸植物。

デンドロビウム・コナンツム 〈*Dendrobium conanthum* Schlechter〉ラン科。花は黄金色。園芸植物。

デンドロビウム・コマツム 〈*Dendrobium comatum* (Blume) Lindl.〉ラン科。花はクリーム色。園芸植物。

デンドロビウム・ゴールデン・アヤ 〈*Dendrobium* Golden Aya〉ラン科。花は明黄色。園芸植物。

デンドロビウム・ゴールデン・アロー 〈*Dendrobium* Golden Arrow〉ラン科。

デンドロビウム・ゴールデン・ブロッサム 〈*Dendrobium* Golden Blossom〉ラン科。花は黄〜濃黄色。園芸植物。

デンドロビウム・コンパクツム 〈*Dendrobium compactum* Rolfe〉ラン科。花は黄緑色。園芸植物。

デンドロビウム・コンフィナレ 〈*Dendrobium confinale* Kerr〉ラン科。花は白色。園芸植物。

デンドロビウム・サイデンファーデニー 〈*Dendrobium seidenfadenii* Sengh. et Bockemühl〉ラン科。花は赤橙色。園芸植物。

デンドロビウム・サギムスメ 〈*Dendrobium* Sagimusume〉ラン科。花は純白色。園芸植物。

デンドロビウム・サクラガリ 〈*Dendrobium* Sakuragari〉ラン科。花は白色。園芸植物。

デンドロビウム・サンデラエ 〈*Dendrobium sanderae* Rolfe〉ラン科。高さは80cm。花は白色。園芸植物。

デンドロビウム・シュイッツェイ 〈*Dendrobium schuetzei* Rolfe〉ラン科。高さは15〜40cm。花は白色。園芸植物。

デンドロビウム・ジョンソニアエ 〈*Dendrobium johnsoniae* F. J. Muell.〉ラン科。花は白色。園芸植物。

デンドロビウム・シルシフロラム ラン科。園芸植物。

デンドロビウム・スカブリリンゲ 〈*Dendrobium scabrilingue* Lindl.〉ラン科。花は牙白色。園芸植物。

デンドロビウム・スターダスト 〈*Dendrobium* Stardust〉ラン科。花は橙黄色。園芸植物。

デンドロビウム・ステペンセ 〈*Dendrobium sutepense* Rolfe ex Downie〉ラン科。高さは30cm。花は白色。園芸植物。

デンドロビウム・ストラティオテス 〈*Dendrobium stratiotes* Rchb. f.〉ラン科。花は乳白色。園芸植物。

デンドロビウム・ストリオラツム 〈*Dendrobium striolatum* Rchb. f.〉ラン科。花はクリーム色。園芸植物。

デンドロビウム・ストリクランディアヌム キバナノセッコクの別名。

デンドロビウム・ストレプロケラス 〈*Dendrobium strebloceras* Rchb. f.〉ラン科。花は黄褐色。園芸植物。

デンドロビウム・スノーフレイク 〈*Dendrobium* Snowflake〉ラン科。花は赤色。園芸植物。

デンドロビウム・スペキオキンギアヌム 〈*Dendrobium* Speciokingianum〉ラン科。花は白または淡桃色。園芸植物。

デンドロビウム・スペキオスム 〈*Dendrobium speciosum* Sm.〉ラン科。茎の長さ10〜60cm。花は白〜黄色。園芸植物。

デンドロビウム・スペクタビレ 〈Dendrobium spectabile (Blume) Miq.〉ラン科。花はクリーム色。園芸植物。

デンドロビウム・スペルビエンス 〈Dendrobium × superbiens Rchb. f.〉ラン科。花は桃、赤、紅藤色。園芸植物。

デンドロビウム・スマイリアエ 〈Dendrobium smilliae F. J. Muell.〉ラン科。花は白、クリームまたは淡緑色。園芸植物。

デンドロビウム・スルカツム 〈Dendrobium sulcatum Lindl.〉ラン科。花は橙黄色。園芸植物。

デンドロビウム・セクンドゥム 〈Dendrobium secundum (Blume) Lindl.〉ラン科。花は明桃色。園芸植物。

デンドロビウム・セッコク セッコクの別名。

デンドロビウム・セニレ 〈Dendrobium senile C. Parish et Rchb. f.〉ラン科。花は濃黄色。園芸植物。

デンドロビウム・ソフロニテス 〈Dendrobium sophronites Schlechter〉ラン科。花は白、黄、紅、橙、紫色。園芸植物。

デンドロビウム・ソマイ 〈Dendrobium somai Hayata〉ラン科。花は黄緑色。園芸植物。

デンドロビウム・タウリヌム 〈Dendrobium taurinum Lindl.〉ラン科。高さは120cm。花は紫色。園芸植物。

デンドロビウム・チンサイ 〈Dendrobium Chinsai〉ラン科。花は白黄、橙黄、桃、桃紫色。園芸植物。

デンドロビウム・ディアレイ 〈Dendrobium dearei Rchb. f.〉ラン科。別名シロタエセッコク。花は純白色。園芸植物。

デンドロビウム・ディクサンツム 〈Dendrobium dixanthum Rchb. f.〉ラン科。高さは45～100cm。花は黄色。園芸植物。

デンドロビウム・ディクフム 〈Dendrobium dicuphum F. J. Muell.〉ラン科。茎の長さ5～50cm。花は白またはごくうすい緑色。園芸植物。

デンドロビウム・ディスコロル 〈Dendrobium discolor Lindl.〉ラン科の多年草。茎の長さ0.3～5m。花は濁黄金褐色。園芸植物。

デンドロビウム・ティルシフロルム 〈Dendrobium thyrsiflorum Rchb. f.〉ラン科。花は純白色。園芸植物。

デンドロビウム・デヴォニアヌム 〈Dendrobium devonianum Paxt.〉ラン科。花は白色。園芸植物。

デンドロビウム・テトラゴヌム 〈Dendrobium tetragonum Lindl.〉ラン科。花は淡黄緑色。園芸植物。

デンドロビウム・デヌダンス 〈Dendrobium denudans D. Don〉ラン科。茎の長さ10～20cm。花は緑白または黄緑色。園芸植物。

デンドロビウム・デリカツム 〈Dendrobium × delicatum (F. M. Bailey) F. M. Bailey〉ラン科。花は白、クリーム色。園芸植物。

デンドロビウム・テルミナレ 〈Dendrobium terminale C. Parish et Rchb. f.〉ラン科。花は白で桃がかる。園芸植物。

デンドロビウム・テレティフォリウム 〈Dendrobium teretifolium R. Br.〉ラン科。花は白～クリーム色。園芸植物。

デンドロビウム・デンシフロルム 〈Dendrobium densiflorum Lindl.〉ラン科の多年草。花は淡黄色。高山植物。園芸植物。

デンドロビウム・ドミニアヌム 〈Dendrobium Dominianum〉ラン科。園芸植物。

デンドロビウム・ドラコニス 〈Dendrobium draconis Rchb. f.〉ラン科。茎の長さ30～45cm。花は象牙白色。園芸植物。

デンドロビウム・トランスパレンス 〈Dendrobium transparens Lindl.〉ラン科。花は透きとおった白色。園芸植物。

デンドロビウム・トリゴノプス 〈Dendrobium trigonopus Rchb. f.〉ラン科。花は黄金金色。園芸植物。

デンドロビウム・トルティレ 〈Dendrobium tortile Lindl.〉ラン科。花は紫～淡紅がかった白色。園芸植物。

デンドロビウム・トレッサエ 〈Dendrobium toressae (F. M. Bailey) Dockr.〉ラン科。園芸植物。

デンドロビウム・ナガサキ 〈Dendrobium Nagasaki〉ラン科。花は白～淡桃色。園芸植物。

デンドロビウム・ニュー・ギニア 〈Dendrobium New Guinea〉ラン科。花は淡黄褐色。園芸植物。

デンドロビウム・ニュー・ホリゾン ラン科。園芸植物。

デンドロビウム・ネスター 〈Dendrobium Nestor〉ラン科。花は桃紫色。園芸植物。

デンドロビウム・ノビレ コウキセッコクの別名。

デンドロビウム・ハーヴィアヌム 〈Dendrobium harveyanum Rchb. f.〉ラン科。花は鮮黄色。園芸植物。

デンドロビウム・パーマー 〈Dendrobium Permer〉ラン科。園芸植物。

デンドロビウム・パーモス 〈Dendrobium Permos〉ラン科。花は紅紫色。園芸植物。

デンドロビウム・パリシー 〈Dendrobium parishii Rchb. f.〉ラン科。花は淡紅～紫色。園芸植物。

デンドロビウム・パルペブラエ 〈*Dendrobium palpebrae* Lindl.〉ラン科。花は白または淡紅色。園芸植物。

デンドロビウム・ハワイアン・キング 〈*Dendrobium* Hawaiian King〉ラン科。花は白色。園芸植物。

デンドロビウム・バンブシフォリウム 〈*Dendrobium bambusifolium* C. Parish et Rchb. f.〉ラン科。花は緑、白色。園芸植物。

デンドロビウム・ヒルデブランディー 〈*Dendrobium hidebrandii* Rolfe〉ラン科。花は明白黄色。園芸植物。

デンドロビウム・ファーメリ 〈*Dendrobium farmeri* Paxt.〉ラン科。茎の長さ20〜30cm。花は白または淡藤色。園芸植物。

デンドロビウム・ファルコロストルム 〈*Dendrobium falcorostrum* R. Fitzg.〉ラン科。茎の長さ15〜50cm。花は純白色。園芸植物。

デンドロビウム・ファレノプシス コチョウセッコクの別名。

デンドロビウム・ファンタジア 〈*Dendrobium* Fantasia〉ラン科。花は紅桃色。園芸植物。

デンドロビウム・フィニステラエ 〈*Dendrobium finisterrae* Schlechter〉ラン科。茎の長さ25cm。花は黄色。園芸植物。

デンドロビウム・フィンドリーアヌム 〈*Dendrobium findlayanum* C. Parish et Rchb. f.〉ラン科。茎の長さ5〜50cm。花は淡紫色。園芸植物。

デンドロビウム・フィンブリアツム 〈*Dendrobium fimbriatum* Hook.〉ラン科。別名フチトリセッコク。茎の長さ120cm。花は淡橙黄色。園芸植物。

デンドロビウム・フィンブリアツム・オクラツム 〈*Dendrobium fimbriatum* Hook. var. *oculatum* Hook.〉ラン科の薬用植物。園芸植物。

デンドロビウム・フォークネリ 〈*Dendrobium falconeri* Hook.〉ラン科。茎の長さ30〜90cm。花は白色。園芸植物。

デンドロビウム・フォーミダブル 〈*Dendrobium* Formidible〉ラン科。花は純白色。園芸植物。

デンドロビウム・フォルモスム 〈*Dendrobium formosum* Roxb.〉ラン科。高さは20〜45cm。花は白色。園芸植物。

デンドロビウム・プギオニフォルメ 〈*Dendrobium pugioniforme* A. Cunn.〉ラン科。花は白〜淡緑色。園芸植物。

デンドロビウム・ブライマリアヌム 〈*Dendrobium brymerianum* Rchb. f.〉ラン科。花は濃橙色。園芸植物。

デンドロビウム・ブラクテオスム 〈*Dendrobium bracteosum* Rchb. f.〉ラン科。高さは20〜40cm。花は白、桃、紫色。園芸植物。

デンドロビウム・プリカティレ 〈*Dendrobium plicatile* Lindl.〉ラン科。花は白またはクリーム色。園芸植物。

デンドロビウム・フリードリクシアヌム 〈*Dendrobium friedricksianum* Rchb. f.〉ラン科。高さは60cm。花は乳黄色。園芸植物。

デンドロビウム・プリマ・ドンナ ラン科。園芸植物。

デンドロビウム・プリムリヌム 〈*Dendrobium primulinum* Lindl.〉ラン科。茎の長さ30〜45cm。花は白色。園芸植物。

デンドロビウム・プルケルム 〈*Dendrobium pulchellum* Roxb. ex Lindl.〉ラン科。高さは100〜220cm。花は黄褐色がかった淡紅〜黄色。園芸植物。

デンドロビウム・フレッケリ 〈*Dendrobium fleckeri* Rupp et C. T. White〉ラン科。茎の長さ10〜37cm。花は白〜黄緑色。園芸植物。

デンドロビウム・ブレニアヌム 〈*Dendrobium bullenianum* Rchb. f.〉ラン科。花は桃〜黄色。園芸植物。

デンドロビウム・フロクス 〈*Dendrobium phlox* Schlechter〉ラン科。花は橙色。園芸植物。

デンドロビウム・ブロンカルティー 〈*Dendrobium bronckartii* De Wild.〉ラン科。花は白色。園芸植物。

デンドロビウム・ベイリー 〈*Dendrobium baileyi* F. J. Muell.〉ラン科。花は黄緑色。園芸植物。

デンドロビウム・ベクレリ 〈*Dendrobium beckleri* F. J. Muell.〉ラン科。花は白、桃色。園芸植物。

デンドロビウム・ヘテロカルプム 〈*Dendrobium heterocarpum* Lindl.〉ラン科。花は淡乳黄色。園芸植物。

デンドロビウム・ベラツルム 〈*Dendrobium bellatulum* Rolfe〉ラン科。花は淡乳白色。園芸植物。

デンドロビウム・ベンソニアエ 〈*Dendrobium bensoniae* Rchb. f.〉ラン科。花は白色。園芸植物。

デンドロビウム・ペンドゥルム 〈*Dendrobium pendulum* Roxb.〉ラン科。花は白色。園芸植物。

デンドロビウム・ポンパドール 〈*Dendrobium* Pompadour〉ラン科。花は紫紅色。園芸植物。

デンドロビウム・マイルド・ユミ 〈*Dendrobium* Mild Yumi〉ラン科。花は白色。園芸植物。

デンドロビウム・マクロフィルム 〈*Dendrobium macrophyllum* A. Rich.〉ラン科。花は淡黄緑色。園芸植物。

デンドロビウム・マルガリタケウム 〈*Dendrobium margaritaceum* Finet〉ラン科。園芸植物。

デンドロビウム・マロネス 〈*Dendrobium* Malones〉ラン科。花は紫紅色。園芸植物。

デンドロビウム・ミヤケイ 〈*Dendrobium miyakei* Schlechter〉ラン科。別名タイワンベニバナセッコク。花は濃赤紫色。園芸植物。
デンドロビウム・ミルベリアヌム 〈*Dendrobium mirbelianum* Gaud.-Beaup.〉ラン科。花は淡黄〜濃褐色。園芸植物。
デンドロビウム・メルラン 〈*Dendrobium* Merlin〉ラン科。花は紫紅色。園芸植物。
デンドロビウム・モスカツム 〈*Dendrobium moschatum* (Willd.) Swartz〉ラン科。茎の長さ150cm。花は淡黄色。高山植物。園芸植物。
デンドロビウム・モーティー 〈*Dendrobium mortii* F. J. Muell.〉ラン科。花はクリーム、淡緑、淡褐色。園芸植物。
デンドロビウム・モニリフォルメ セッコクの別名。
デンドロビウム・モントローズ 〈*Dendrobium* Montrose〉ラン科。花は黄色。園芸植物。
デンドロビウム・ユキダルマ 〈*Dendrobium* Yukidaruma〉ラン科。花は白色。園芸植物。
デンドロビウム・ユートピア 〈*Dendrobium* Utopia〉ラン科。花は桃紅色。園芸植物。
デンドロビウム・ヨハンニス 〈*Dendrobium johannis* Rchb. f.〉ラン科。花は輝灰褐色。園芸植物。
デンドロビウム・ラシアンテラ 〈*Dendrobium lasianthera* J. J. Sm.〉ラン科。花は暗赤褐色。園芸植物。
デンドロビウム・ラブリー・ヴァージン 〈*Dendrobium* Lovely Virgin〉ラン科。園芸植物。
デンドロビウム・ラメラツム 〈*Dendrobium lamellatun* (Blume) Lindl.〉ラン科。花は白色。園芸植物。
デンドロビウム・リオニイ ラン科。園芸植物。
デンドロビウム・リギドゥム 〈*Dendrobium rigidum* R. Br〉ラン科。花はクリームでやや淡紅〜赤がかる。園芸植物。
デンドロビウム・リケナストルム 〈*Dendrobium lichenastrum* (F. J. Muell.) Kränzl.〉ラン科。花は白、クリームまたは桃色。園芸植物。
デンドロビウム・リツイフロルム 〈*Dendrobium lituiflorum* Lindl.〉ラン科。花は白、淡藤〜濃紫色。園芸植物。
デンドロビウム・リトル・ライラック ラン科。園芸植物。
デンドロビウム・リングイフォルメ 〈*Dendrobium linguiforme* Swartz〉ラン科。高さは5〜15cm。花は白色。園芸植物。
デンドロビウム・リングエラ 〈*Dendrobium linguella* Rchb. f.〉ラン科。花は淡藤色。園芸植物。

デンドロビウム・ルッピアヌム 〈*Dendrobium ruppianum* Hawkes〉ラン科。花は白またはクリームで古くなると黄変する。園芸植物。
デンドロビウム・レウォルツム 〈*Dendrobium revolutum* Lindl.〉ラン科。花は白色。園芸植物。
デンドロビウム・レオニス 〈*Dendrobium leonis* (Lindl.) Rchb. f.〉ラン科。花は黄金色。園芸植物。
デンドロビウム・レディー・コールマン 〈*Dendrobium* Lady Colman〉ラン科。花は桃紫色。園芸植物。
デンドロビウム・レディー・ハミルトン 〈*Dendrobium* Lady Hamilton〉ラン科。花は紫桃色。園芸植物。
デンドロビウム・ローウィー 〈*Dendrobium lowii* Lindl.〉ラン科。花は濃黄色。園芸植物。
デンドロビウム・ロウジー 〈*Dendrobium lawesii* F. J. Muell.〉ラン科。花は紅〜紫色。園芸植物。
デンドロビウム・ロッディギシー 〈*Dendrobium loddigesii* Rolfe〉ラン科の薬用植物。花は藤〜紫色。園芸植物。
デンドロビウム・ロドスティクツム 〈*Dendrobium rhodostictum* F. J. Muell. et Kränzl.〉ラン科。花は白色。園芸植物。
デンドロビウム・ロドプテリギウム 〈*Dendrobium rhodopterygium* Rchb. f.〉ラン科。園芸植物。
デンドロビウム・ロンギコルヌ 〈*Dendrobium longicornu* Lindl.〉ラン科。花は白色。園芸植物。
デンドロビウム・ワスリー 〈*Dendrobium wassellii* S. T. Blake〉ラン科。高さは10〜20cm。花は白色。園芸植物。
デンドロビューム・ファレノプシス コチョウセッコクの別名。
デンドロメコン・リギダ 〈*Dendromecon rigida* Benth.〉ケシ科の常緑低木。高さは3m。花は黄色。園芸植物。
テンナンショウ サトイモ科。別名アオマムシグサ。
テンナンショウ アリサエマの別名。
テンニョ 天女 〈*Titanopsis calcarea* (Marloth) Schwant.〉ツルナ科の高度多肉植物。葉は十字対生、葉先は広がって扇形。花は赤黄色。園芸植物。
テンニョノマイ ツツジ科のツツジの品種。
テンニンカ 天人花 〈*Rhodomyrtus tomentosa* (Ait.) Hassk.〉フトモモ科の常緑小低木。別名ハシカミ、ローズアップル。葉は厚く葉裏灰白短毛密布。高さは1〜2m。花はバラ色。熱帯植物。園芸植物。
テンニンギク 天人菊 〈*Gaillardia pulchella* Foug.〉キク科の一年草。高さは30〜50cm。花は先端部は黄、基部は紫紅色。園芸植物。

テンニンギクモドキ ルドベキア・ビコロルの別名。

テンニンソウ 天人草 〈*Leucosceptrum japonicum* (Miq.) Kitamura et Murata〉シソ科の多年草。高さは50〜100cm。

テンノウメ 天梅 〈*Osteomeles subrotunda* K. Koch〉バラ科の常緑低木。別名イソザンショウ。高さは20cm。花は白色。園芸植物。日本絶滅危機植物。

デンファレ コチョウセッコクの別名。

テンプス 〈*Fagraea fragrans* Roxb.〉マチン科の高木。果実は朱色。花は黄白色。熱帯植物。園芸植物。

テンペイマル 天平丸 〈*Gymnocalycium spegazzinii* Britt. et Rose〉サボテン科のサボテン。高さは25cm。花はピンクからくすんだ白色。園芸植物。

デンマークカクタス サボテン科のサボテン。園芸植物。

デンモザ・エリトロケファラ 〈*Denmoza erythrocephala* (K. Schum.) A. Berger〉サボテン科のサボテン。別名火焔竜。高さは20〜60cm。園芸植物。

デンモザ・ロダカンタ 〈*Denmoza rhodacantha* (Salm-Dyck) Britt. et Rose〉サボテン科のサボテン。別名茜丸。花は赤色。園芸植物。

テンリュウカナモドキ 〈*Arachniodes* × *akiyoshiensis* Nakaike, nom. nud.〉オシダ科のシダ植物。

テンリュウカナワラビ 〈*Arachniodes* × *kurosawae* Shimura et Kurata〉オシダ科のシダ植物。

テンリュウヌリトラノオ 〈*Asplenium normale* var. *shimurae* H. Ito〉チャセンシダ科のシダ植物。

テンロウ 天狼 ユタヒア・ジレリの別名。

【ト】

トイ・クラウン バラ科のバラの品種。園芸植物。

ドイツアヤメ ジャーマン・アイリスの別名。

ドイツィア・ウィルソニー 〈*Deutzia wilsonii* Duthie〉ユキノシタ科の低木。高さは2m。園芸植物。

ドイツィア・ヴィルモラナエ 〈*Deutzia vilmorinae* V. Lemoine〉ユキノシタ科の低木。高さは2m。花は白色。園芸植物。

ドイツィア・グラキリス ヒメウツギの別名。

ドイツィア・クレナタ ウツギの別名。

ドイツィア・コリンボサ 〈*Deutzia corymbosa* R. Br.〉ユキノシタ科の低木。高さは2m。花は白色。園芸植物。

ドイツィア・スカブラ マルバウツギの別名。

ドイツィア・プルプラスケンス 〈*Deutzia purpurascens* (Franch. ex L. Henry) Rehd.〉ユキノシタ科の低木。高さは2m。花は白色。園芸植物。

ドイツィア・マクシモヴィッチアナ ウラジロウツギの別名。

ドイツィア・マグニフィカ 〈*Deutzia* × *magnifica* (V. Lemoine) Rehd.〉ユキノシタ科の低木。花は白色。園芸植物。

ドイツィア・モンベイギー 〈*Deutzia monbeigii* W. W. Sm.〉ユキノシタ科の低木。高さは1〜2m。花は白色。園芸植物。

ドイツィア・ルモアネイ 〈*Deutzia* × *lemoinei* V. Lemoine ex Bois〉ユキノシタ科の低木。花は白色。園芸植物。

ドイツィア・レフレクサ 〈*Deutzia reflexa* Duthie〉ユキノシタ科の低木。高さは1m。花は白色。園芸植物。

ドイツィア・ロセア 〈*Deutzia* × *rosea* (V. Lemoine) Rehd.〉ユキノシタ科の低木。花は紅色。園芸植物。

ドイツスズラン 〈*Convallaria majalis* L.〉ユリ科の多年草。花は白色。高山植物。薬用植物。園芸植物。

ドイツトウヒ 〈*Picea abies* (L.) Karst.〉マツ科の常緑高木。別名オウシュウトウヒ、ヨーロッパトウヒ。高さは50m以上。樹皮は赤褐色ないし灰色。園芸植物。

ドイツハゴロモナナカマド 〈*Sorbus* × *thuringiaca*〉バラ科の木本。樹高12m。樹皮は紫灰色。

トウ 藤 〈*Calamus margaritae* Hance〉ヤシ科。別名ヒメトウ、ショトウ。高さは8m。園芸植物。

トウ 藤 〈*Calamus marginatus*〉つる性ヤシ類総称。つる性植物、園芸植物。別名籐草（トウヨシ）。

トウアジサイ ヒドランゲア・ヘテロマラの別名。

トウアズキ 唐小豆 〈*Abrus precatorius* L.〉マメ科の蔓草。花は暗紫色。熱帯植物。薬用植物。

トウアニシキ 東亜錦 ラン科のキンリョウヘンの品種。園芸植物。

トウインドダマル 〈*Agathis alba* Foxw.〉ナンヨウスギ科の高木。葉はナギに酷似、幹は直生。熱帯植物。

トウエンソウ 〈*Xyris formosana* Hayata〉トウエンソウ科。

トウェンティーズ・クリスタル スミレ科のガーデン・パンジーの品種。園芸植物。

トウオオバコ 唐大葉子 〈*Plantago major* L. var. *japonica* (Franch. et Savat.) Miyabe〉オオバコ科の多年草。高さは50〜100cm。園芸植物。

トウオガタマ カラタネオガタマの別名。

トウオヤマリンドウ ゲンティアナ・トリフロラの別名。

トウガ トウガンの別名。

トウカエデ 唐楓 〈*Acer buergerianum* Miq.〉カエデ科の雌雄同株の落葉高木。別名通天、通天楓。高さは15m。樹皮は灰褐色。園芸植物。

トウカエデ・ミヤサマカエデ 宮様楓 カエデ科。別名タイワントウカエデ。園芸植物。

トウカセン ブフタルムム・サリキフォリウムの別名。

トウカマル 桃花丸 マミラリア・スクリップシアナの別名。

トウガラシ 唐辛子, 唐芥子, 番椒 〈*Capsicum annuum* L. var. *annuum*〉ナス科の京野菜。別名ウワムキトウガラシ、ソラムキトウガラシ。種子着点に辛味成分カプサイシンあり。花は白色。熱帯植物。薬用植物。

トウカラスウリ 唐烏瓜 〈*Trichosanthes kirilowii* Maxim.〉ウリ科の薬用植物。別名チョウセンカラスウリ。

トウガン 冬瓜 〈*Benincasa cerifera* Savi〉ウリ科の野菜。別名ベニンカーサ・ヒスピダ、カモウリ、トウガ。果皮色は濃緑色や灰緑色など。花は黄色。熱帯植物。薬用植物。園芸植物。

ドウカンソウ 道灌草 〈*Vaccaria hispanica* (Mill.) Rausch.〉ナデシコ科の一年草または越年草。別名サポナリア、バッカリア。高さは30～60cm。花はピンクから暗紅紫色。薬用植物。園芸植物。切り花に用いられる。

トウキ 当帰 〈*Angelica acutiloba* (Sieb. et Zucc.) Kitagawa〉セリ科の多年草。別名ニホントウキ。高さは20～80cm。高山植物。薬用植物。

トウキ セリ科の属総称。

トウキササゲ 〈*Catalpa bungei* C. A. Mey.〉ノウゼンカズラ科の高木。花は白色。薬用植物。園芸植物。

トウキビタコノキ 〈*Pandanus hollrungii* Warb.〉タコノキ科。果穂はトウモロコシに似て円柱状で総苞葉に囲まれ長さ30～70cm。熱帯植物。

トウギボウシ オオバギボウシの別名。

トウキョウイノデ 〈*Polystichum* × *tokyoense* Kurata ex Serizawa〉オシダ科のシダ植物。

トウキョウダルマ 東京達磨 キク科のシネラリアの品種。園芸植物。

トウキョウチクトウ トラケロスペルムム・ヤスミノイデスの別名。

トウキンセン 〈*Calendula officinalis* L.〉キク科。別名キンセン。高さは30～60cm。花は淡黄と橙黄色。園芸植物。

トウキンセンカ キンセンカの別名。

トウクサハギ 〈*Lespedeza floribunda* Bunge〉マメ科の小低木。高さは30～100cm。花は紅紫色。

トウグミ 唐茱萸 〈*Elaeagnus multiflora* Thunb. ex Murray var. *hortensis* (Maxim.) Serv.〉グミ科の落葉低木。別名タワラグミ。果皮は黄から赤紅色。園芸植物。

トウゲザサ ササエラ・ササキアナの別名。

トウゲシバ 峠柴 〈*Lycopodium serratum* Thunb. ex Murray〉ヒカゲノカズラ科の常緑性シダ。胞子嚢は黄白色。薬用植物。園芸植物。

トウゲダケ ササエラ・ササキアナの別名。

トウゲブキ 峠蕗 〈*Ligularia hodgsoni* Hook. f.〉キク科の多年草。別名タカラコウ、エゾタカラコウ。高さは30～80cm。高山植物。

トウゲン モクセイ科のムラサキハシドイの品種。

トウコウマル 桃香丸 プセウドロビヴィア・レウコロダンタの別名。

トウゴクサバノオ 東国鯖の尾 〈*Dichocarpum trachyspermum* (Maxim.) W. T. Wang et Hsiao〉キンポウゲ科の多年草。高さは10～20cm。

トウゴクシソバタツナミ 東国紫蘇葉立波 〈*Scutellaria laeteviolacea* Koidz. var. *abbreviata* (Hara) Hara〉シソ科。

トウゴクシダ 東谷羊歯 〈*Dryopteris nipponensis* Koidz.〉オシダ科の常緑性シダ。別名ヒロハベニシダ。葉身は広卵形。

トウゴクヘラオモダカ 〈*Alisma rariflorum* Samuelsson〉オモダカ科の抽水性～湿生の多年草。葉身の長さ5～10cm、萼の色は褐色。高さは10～80cm。

トウゴクミツバツツジ 東国三葉躑躅 〈*Rhododendron wadanum* Makino〉ツツジ科の落葉低木。

トウゴマ 唐胡麻 〈*Ricinus communis* L.〉トウダイグサ科の一年草。別名ヒマ。種子からヒマシ油をとる。高さは4～5m。熱帯植物。薬用植物。園芸植物。

トウサイカチ 〈*Gleditsia sinensis* Lam.〉マメ科の薬用植物。園芸植物。

トウササクサ 唐笹草 〈*Lophatherum sinense* Rendle〉イネ科の草本。

トウサワトラノオ 〈*Lysimachia candida* Lindl.〉サクラソウ科の草本。日本絶滅危機植物。

ドゥシェス・ド・ブラバン 〈Duchess de Brabant〉バラ科。ティー・ローズ系。

トウシモツケ 唐下野 〈*Spiraea nervosa* Franch. et Savat. var. *angustifolia* (Yatabe) Ohwi〉バラ科。別名ホソバノイブキシモツケ。

トウシャジン 唐沙参 〈*Adenophora stricta* Miq.〉キキョウ科の草本。別名マルバノニンジン。高さは60～100cm。花は紫色。薬用植物。園芸植物。

トウジュロ 唐棕櫚 〈*Trachycarpus wagnerianus* Becc.〉ヤシ科の常緑高木。別名リュウキュウジュロ。園芸植物。薬用植物。

ドウジョウハチヤ 堂上蜂屋 カキノキ科のカキの品種。別名蜂屋、堂上。果皮は暗い橙黄色。

トウシラベ アビエス・ネフロレピスの別名。

トウジン 〈*Codonopsis tangshen* D. Oliver〉キキョウ科の草本。高さは15〜30cm。花は淡黄緑色。薬用植物。園芸植物。

ドウシンタケ 〈*Amanita esculenta* Hongo & Matsuda〉テングタケ科のキノコ。中型。傘は灰褐色〜暗褐色、条線あり。ひだは白色。

トウジンビエ 〈*Pennisetum typhoideum* Rich.〉イネ科。

トウセンダン 唐栴檀 〈*Melia toosendan* Sieb. et Zucc.〉センダン科の薬用植物。

トウダイグサ 灯台草 〈*Euphorbia helioscopia* L.〉トウダイグサ科の一年草または多年草。別名スズフリバナ。高さは20〜50cm。薬用植物。

トウダイグサ科 科名。

ドウダンツツジ 灯台躑躅 〈*Enkianthus perulatus* (Miq.) C. K. Schneid.〉ツツジ科の落葉低木。高さは1〜3m。花は白色。園芸植物。切り花に用いられる。

ドウダンツツジ エンキアンツス・ペルラッツスの別名。

トウチク 唐竹 〈*Sinobambusa tootsik* Makino〉イネ科の常緑中型竹。別名ダイミョウチク、ハンショウダキ、ダンチク。園芸植物。

トウチクラン ディスポルム・ブルムの別名。

トウチャ 〈*Camellia sinensis* (L.) O. Kuntze var. *sinensis* f. *macrophylla* (Sieb. ex Miq.) Kitamura〉ツバキ科。別名ニガチャ。

トウチュウカソウ バッカクキン科の属総称。

トウツバキ 唐椿 〈*Camellia reticulata* Lindl.〉ツバキ科の常緑高木。花は桃色。園芸植物。

トウツルモドキ 藤蔓擬 〈*Flagellaria indica* L.〉トウツルモドキ科の蔓性の半木。果実は赤熟、果実は民間薬。熱帯植物。

ドゥーディア・アスペラ 〈*Doodia aspera* R. Br.〉シシガシラ科。葉柄は黒。園芸植物。

ドゥーディア・カウダタ 〈*Doodia caudata* (Cav.) R. Br.〉シシガシラ科。葉柄は明るい褐色。園芸植物。

ドゥーディア・メディア 〈*Doodia media* R. Br.〉シシガシラ科。葉柄には暗色の鱗片がある。園芸植物。

トウテイカカズラ トラケロスペルムム・ヤスミノイデスの別名。

トウテイラン 洞庭藍 〈*Pseudolysimachion ornatum* (Monjus.) Holub〉ゴマノハグサ科の宿根草。高さは50〜60cm。花は青紫色。園芸植物。日本絶滅危機植物。

トウデスカンティア ムラサキツユクサの別名。

ドゥドレヤ・グレエネイ 〈*Dudleya greenei* Rose〉ベンケイソウ科の低木。

トウネズミモチ 唐鼠黐 〈*Ligustrum lucidum* Ait.〉モクセイ科の常緑小高木から高木。高さは3〜10m。花は白色。樹皮は灰色。薬用植物。園芸植物。

トウバイ 唐梅 バラ科のウメの品種。園芸植物。

ドウバゴムノキ クワ科。園芸植物。

トウバナ 塔花 〈*Clinopodium gracile* (Benth.) O. Kuntze〉シソ科の多年草。高さは10〜30cm。

トウヒ 唐檜 〈*Picea jezoensis* (Sieb. et Zucc.) Carr. var. *hondoensis* (Mayr) Rehder〉マツ科の常緑高木。別名ニレモミ、テイノキ、トラノオモミ。高山植物。

トウヒ マツ科の属総称。

トウビシ ヒシの別名。

トウヒレン 唐飛廉 〈*Saussurea tanakae* Franch. et Savat.〉キク科の多年草。別名セイタカトウヒレン。高さは70〜100cm。

トウフジウツギ 〈*Buddleja lindleyana* Fort.〉フジウツギ科の木本。別名リュウキュウフジウツギ、シマヤマフジウツギ。高さは1〜1.5m。花は赤紫色。園芸植物。

ドゥフトツァウバー84 〈Duftzauber'84〉バラ科。ハイブリッド・ティーローズ系。花は赤色。

ドゥフトボルケ 〈Duftwolke〉バラ科。ハイブリッド・ティーローズ系。花は朱赤色。

トウホク3ゴウ 東北3号 バラ科のリンゴ(苹果)の品種。果皮は濃紅色。

トウホク7ゴウ 東北7号 バラ科のリンゴ(苹果)の品種。

トウホクメシダ 〈*Athyrium brevifrons* Nakai ex Tagawa × *A. vidalii* (Franch. et Sav.) Nakai〉オシダ科のシダ植物。

トウホク4ゴウ 東北4号 バラ科のリンゴ(苹果)の品種。果皮は濃紅色。

トゥーミア・パピラカンタ 〈*Toumeya papyracantha* (Engelm.) Britt. et Rose〉サボテン科のサボテン。別名月の童子。花は輝いた白色。園芸植物。

トウミョウ マメ科の中国野菜。

トウモクレン 唐木蓮 〈*Magnolia quinquepeta* (Buchoz) Dandy cv. Gracilis〉モクレン科の落葉低木。別名ヒメモクレン。園芸植物。

トウモロコシ 玉蜀黍, 唐唐黍 〈*Zea Mays* L.〉イネ科の野菜。別名ゼア・マイス、トウキビ、ナンバンキビ。種子は食用、茎葉は飼料。高さは4.5m。熱帯植物。薬用植物。園芸植物。切り花に用いられる。

トウモロコシ イネ科の属総称。

ドウモンワニグチソウ 〈*Polygonatum domonense* Satake〉ユリ科の草本。

トウヤクリンドウ 当薬竜胆 〈*Gentiana algida* Pallas〉リンドウ科の多年草。別名クモイリンドウ。高さは8〜20cm。高山植物。園芸植物。

トウユウナ サキシマハマボウの別名。

トウヨウチョウチンゴケ 〈*Mnium orientale* R. E. Wyatt, Odrykoski & T. J. Kop.〉チョウチンゴケ科のコケ。茎は長さ3cm、下部に多くの小さな三角形の葉をもつ。

トウヨウニシキ 東洋錦 バラ科のボケの品種。園芸植物。

トウヨウネジクチゴケ 〈*Barbula indica* (Hook.) Spreng.〉センボンゴケ科のコケ。大きなこぶ状のパピラがある。

トウヨウマル 登陽丸 ホリドカクツス・クルウィスピヌスの別名。

トゥラエア・オブツシフォリア 〈*Turraea obtusifolia* Hochst.〉センダン科の低木。高さは3m。花は純白色。園芸植物。

トゥラエア・フロリブンダ 〈*Turraea floribunda* Hochst.〉センダン科の低木。高さは3〜5m。花は黄白色。園芸植物。

トゥラスピ・アルピヌム アブラナ科。高山植物。

トゥラスピ・アルベンセ アブラナ科。高山植物。

トゥラスピ・ロツンディフォリウム アブラナ科。高山植物。

ドゥランタ タイワンレンギョウの別名。

ドゥランタ・レペンス タイワンレンギョウの別名。

ドウリョウイノデ 〈*Polystichum* × *anceps* Kurata〉オシダ科のシダ植物。

トウリンドウ 〈*Gentiana scabra* Bunge〉リンドウ科の薬用植物。別名チョウセンリンドウ。園芸植物。

トゥルシー 〈*Ocimum sanctum* L.〉シソ科。別名カミメボウキ。高さは60cm。花は紫紅色。熱帯植物。

トウロウソウ 灯籠草 〈*Bryophyllum pinnatum* (Lam.) Oken〉ベンケイソウ科の多肉葉をもつ草本。茎に紫斑あり。花は淡緑、紅暈。熱帯植物。園芸植物。

トウロウバイ 〈*Chimonanthus praecox* (L.) Link var. *grandiflora* (Rehder et Wils.) Makino〉ロウバイ科の落葉低木。別名ダンコウバイ。

トウロカイ 〈*Aloe vera* L. var. *chinensis*〉ユリ科の多肉草。葉に白斑、葉の粘液はアロインを含み薬用。熱帯植物。

トウワタ 唐綿 〈*Asclepias curassavica* L.〉ガガイモ科の一年草または多年草。高さは30〜200cm。花は濃橙赤色。熱帯植物。薬用植物。園芸植物。

トウワタ ガガイモ科の属総称。

トウワタリンドウ ゲンティアナ・アスクレピアデアの別名。

トガクシオトギリ 〈*Hypericum ovalitolium* var. *hisauchii*〉オトギリソウ科。高山植物。

トガクシコゴメグサ 〈*Euphrasia insignis* var. *togakusiensis*〉ゴマノハグサ科。

トガクシショウマ トガクシソウの別名。

トガクシソウ 戸隠升麻 〈*Ranzania japonica* (T. Ito) T. Ito〉メギ科の多年草。別名トガクシショウマ。高さは30〜50cm。花は淡紫色。高山植物。園芸植物。日本絶滅危機植物。

トガクシデンダ 戸隠連朶 〈*Woodsia glabella* R. Br. ex Richards.〉オシダ科の夏緑性シダ。別名ケンザンデンダ、カラフトイワデンダ。葉身は長さ4〜10cm。線状披針形から卵状披針形。

トガクシナズナ 戸隠薺 〈*Draba sakuraii* Makino〉アブラナ科の草本。高山植物。日本絶滅危機植物。

トガサワラ 〈*Pseudotsuga japonica* (Shirasawa) Beissn.〉マツ科の常緑高木。別名サワラトガ、マトガ、カワキ。高さは15〜30m。高山植物。園芸植物。

トガシアワビゴケ 〈*Cetraria togashii* Asah.〉ウメノキゴケ科の地衣類。地衣体は帯黄緑色。

トガスグリ 栂酸塊 〈*Ribes sachalinense* (Fr. Schm.) Nakai〉ユキノシタ科の落葉小低木。萼は淡黄緑色ときに紫紅色。高山植物。園芸植物。

トカチスグリ 十勝酸塊 〈*Ribes triste* Pall.〉ユキノシタ科の落葉低木。別名チシマスグリ。萼は紫あるいは淡紫。高山植物。園芸植物。

トカチスナゴケ 〈*Racomitrium laetum* Card.〉ギボウシゴケ科のコケ。中形で長さ数cm、葉は狭披針形。

トカチフウロ 〈*Geranium erianthum* DC. forma *pallescens* Nakai〉フウロソウ科の多年草。高山植物。

トカドヘチマ 十角糸瓜 〈*Luffa acutangula* Roxb.〉ウリ科の野菜。花は夜開性で黄色。熱帯植物。園芸植物。

トガヒゴタイ 〈*Saussurea nipponica* var. *muramatsui*〉キク科。

トガリアツバベンケイ セドゥム・トリリーセイの別名。

トガリアミガサタケ 〈*Morchella conica* Pers.〉アミガサタケ科のキノコ。中型〜大型。頭部は卵状円錐形、褐色。

トガリイタチゴケ 〈*Leucodon nipponicus* Nog.〉イタチゴケ科のコケ。二次茎は長さ2〜5cm、先は乾くと鋭頭。

トガリウラベニタケ 〈*Rhodophyllus acutoconius* Hongo〉イッポンシメジ科のキノコ。

トガリカイガラゴケ 〈*Myurella tenerrima* (Brid.) Lindb.〉ヒゲゴケ科のコケ。小形で、茎ははう。

トガリスギバゴケ 〈*Kurzia gonyotricha* (Sande Lac.) Grolle〉ムチゴケ科のコケ。腹葉が葉より著しく小さい。

トガリツキミタケ 〈*Hygrocybe acutoconica* (Clem.) Sing. f. *japonica* (Hongo) Hongo〉ヌメリガサ科のキノコ。小型〜中型。傘は黄色で中央部突出する円錐形、粘性あり。ひだは淡黄色。

トガリニセフウセンダケ 〈*Cortinarius galeroides* Hongo〉フウセンタケ科のキノコ。小型。傘は中央が突出、黄土色、湿時条線。

トガリバイチイゴケ 〈*Taxiphyllum cuspidifolium* (Card.) Z. Iwats.〉ハイゴケ科のコケ。枝葉は長さ2～2.5mm、卵形。

トガリバイヌワラビ 〈*Athyrium iseanum* form. *angustisectum*〉オシダ科。

トガリバインドソケイ 〈*Plumeria acutifolia* Poir〉キョウチクトウ科の観賞用低木。幹は白乳液多し。花は白、中央黄色。熱帯植物。園芸植物。

トガリハギカタバミ 〈*Oxalis dispar* N. E. Br.〉カタバミ科の観賞用草本。花は黄色。熱帯植物。

トガリバギボウシゴケ 〈*Brynorrisia acutifolia* (Mitt.) Enroth〉シノブゴケ科のコケ。枝葉は卵形。

トガリバサザンカ 尖葉山茶花 〈*Camellia kissii* Wall.〉ツバキ科の木本。花は白色。園芸植物。

トガリバスギゴケ 〈*Polytrichum attenuatum* Menz.〉ヒナノハイゴケ科の蘚類。

トガリバツメクサ 〈*Trifolium angustifolium* L.〉マメ科の一年草。高さは10～50cm。花は淡紅色。

トガリフクロツチグリ 〈*Geastrum lageniforme* (Vitt.) Imai〉ヒメツチグリ科のキノコ。

トガリベニヤマタケ 〈*Hygrocybe cuspidata* (Peck) Murrill〉ヌメリガサ科のキノコ。小型～中型。傘は鮮赤色で円錐形。中央部突出あり、粘性。

トガリワカクサタケ 〈*Hygrocybe olivaceoviridis* (Hongo) Hongo〉ヌメリガサ科のキノコ。

トキイロヒラタケ 〈*Pleurotus djamor* (Fr.) Boedijn var. *roseus* Corner〉ヒラタケ科のキノコ。小型～中型。傘は貝殻形でピンク色、やや綿毛状。ひだはピンク色。

トキイロラッパタケ 〈*Cantharellus luteocomus* Bigelow〉アンズタケ科のキノコ。小型。傘は白色～淡黄色、薄い。

トキソウ 朱鷺草 〈*Pogonia japonica* Reichb. f.〉ラン科の多年草。高さは15～20cm。花は紅紫色。高山植物。園芸植物。

トキホコリ 〈*Elatostema densiflorum* Franch. et Savat.〉イラクサ科の一年草。高さは10～25cm。

トキリマメ 吐切豆 〈*Rhynchosia acuminatifolia* Makino〉マメ科の多年生つる草。別名ベニカワ、オオバタンキリマメ。薬用植物。

トキワアケビ ムベの別名。

トキワアワダチソウ 〈*Solidago sempervirens* L.〉キク科の多年草。別名アツバアワダチソウ、オニアワダチソウ。高さは40～200cm。花は黄色。

トキワイカリソウ 常磐碇草 〈*Epimedium sempervirens* Nakai〉メギ科の多年草。別名オオイカリソウ。高さは20～60cm。薬用植物。

トキワイヌビワ 〈*Ficus boninsimae* Koidz.〉クワ科の常緑高木。別名オオトキワイヌビワ。

トキワガキ 常磐柿 〈*Diospyros morrisiana* Hance〉カキノキ科の常緑高木。別名トキワマメガキ、クロカキ。

トキワカモメヅル 〈*Tylophora japonica* Miq.〉ガガイモ科の草本。

トキワカワゴケソウ 〈*Cladopus austrosatsumensis* (Koidz.) Ohwi〉カワゴケソウ科の常緑植物。別名トキワポドステモン。葉状体が0.4～0.6mm。日本絶滅危機植物。

トキワギョリュウ 常磐檉柳 〈*Casuarina equisetifolia* J. R. et G. Forst.〉モクマオウ科の常緑高木。別名トクサバモクマオウ。高さは20m。園芸植物。

トキワザクラ 常盤桜 〈*Primula obconica* Hance〉サクラソウ科の多年草。別名シキザキサクラソウ。高さは10～20cm。花は淡桃色。園芸植物。

トキワサンザシ 常磐山査子 〈*Pyracantha coccinea* M. Roem.〉バラ科の常緑小低木。別名ピラカンタ、タチバナモドキ。果実は鮮紅色。高さは2m。園芸植物。

トキワシダ 常磐羊歯 〈*Asplenium yoshinagae* Makino〉チャセンシダ科の常緑性シダ。葉身は長さ20cm。披針形。

トキワシノブ フマタ・タイアマニーの別名。

トキワススキ 常磐薄 〈*Miscanthus floridulus* (Labill.) Warb.〉イネ科の多年草。別名カンススキ、アリハラススキ。高さは150～350cm。

トキワツユクサ 〈*Tradescantia fluminensis* Vellozo〉ツユクサ科の多年草。別名ノハカタカラクサ。花は緑色。園芸植物。

トキワトラノオ 〈*Asplenium pekinense* Hance〉チャセンシダ科の常緑性シダ。葉身は長さ10～20cm。広披針形。

トキワナズナ イベリス・センペルウィレンスの別名。

トキワナズナ ヒナソウの別名。

トキワバイカツツジ 〈*Rhododendron uwaense* Hara et Yamanaka〉ツツジ科の常緑低木。日本絶滅危機植物。

トキワハゼ 常盤黄櫨 〈*Mazus japonicus* (Thunb. ex Murray) O. Kuntze〉ゴマノハグサ科の一年草。高さは5～25cm。

トキワバナ キク科。別名ヒガサギク。園芸植物。

トキワマンサク 常磐万作 〈*Loropetalum chinense* (R. Br.) Oliver〉マンサク科の常緑小高木。高さは4～5m。花は白または淡黄色。薬用植物。園芸植物。

トキワミズキ・ポーロック 〈*Cornus* 'Porlock'〉ミズキ科の木本。樹高8m。樹皮は灰色。

トキワムシゴケ 〈*Thamnolia subuliformis* (Ehrh.) W. Culb.〉マツタケ科の不完全地衣。地衣体は白または灰白。

トキワヤブハギ 常磐藪萩 〈*Desmodium laxum* DC. subsp. *leptopus* (A. Gray ex Benth.) Ohashi〉マメ科。

トキワラン 常盤蘭 〈*Paphiopedilum insigne* (Wall. ex Lindl.) Pfitz.〉ラン科。別名パフィオペディルム。高さは20～40cm。花は褐色を帯びる。園芸植物。

トキワレンゲ 常磐蓮花 〈*Magnolia coco* (Lour.) DC.〉モクレン科の観賞用高木。別名シラタマモクレン。葉は厚く、萼は緑黄色。花は卵黄白色。熱帯植物。園芸植物。

トキンイバラ 頭巾茨 〈*Rubus tokin-ibara* (Hara) Naruhashi〉バラ科の落葉低木。別名ボタンイバラ。高さは1m。花は白色。

トキンソウ 吐金草 〈*Centipeda minima* (L.) A. Br. et Aschers.〉キク科の一年草。別名ハナヒリグサ、タネヒリグサ、シグレクサ。高さは5～20cm。薬用植物。

ドクアジロガサ コレラタケの別名。

ドクウツギ 毒空木 〈*Coriaria japonica* A. Gray〉ドクウツギ科の落葉低木。別名イチロベゴロシ。偽果は黒紫色。薬用植物。園芸植物。

ドクカラカサタケ コカラカサタケの別名。

トクガワザサ 〈*Sasa tokugawana* Makino〉イネ科の木本。

トクサ 木賊, 砥草 〈*Equisetum hyemale* L. var. *hyemale*〉トクサ科の常緑性シダ。茎は高さ数十cmから1m。薬用植物。園芸植物。切り花に用いられる。

ドクササコ 〈*Clitocybe acromelalga* Ichimura〉キシメジ科のキノコ。別名ヤブシメジ、ヤケドキン。中型。傘は橙褐色で漏斗形、縁部は内側に巻く。

トクサノキ 〈*Tetracera scandens* (L.) Merr.〉ビワモドキ科の半蔓木。葉はトクサ代用、煎汁は民間薬。花は白色。熱帯植物。

トクサバモクマオウ トキワギョリュウの別名。

トクサラン 〈*Calanthe gracilis* Lindl. var. *venusta* (Schltr.) F. Maek.〉ラン科の草本。

ドクゼリ 毒芹 〈*Cicuta virosa* L.〉セリ科の多年草。別名オオゼリ。高さは60～100cm。薬用植物。

ドクゼリ セリ科の属総称。

ドクゼリモドキ 〈*Ammi majus* L.〉セリ科の一年草または越年草。別名ホワイトレースフラワー。高さは30～100cm。花は白色。園芸植物。切り花に用いられる。

ドクターファウスト 〈Dr. Faust〉バラ科。フロリバンダ・ローズ系。花はサーモンピンク。

トクダマ 〈*Hosta sieboldiana* (Lodd.) Engl. var. *condensata* (Miq.) Kitamura〉ユリ科。園芸植物。

ドクダミ 蕺 〈*Houttuynia cordata* Thunb.〉ドクダミ科のハーブ。別名ジュウヤク。高さは30～50cm。花は白色。薬用植物。園芸植物。

ドクダミ科 科名。

ドクツルタケ 〈*Amanita virosa* (Fr.) Bertillon〉テングタケ科のキノコ。中型～大型。傘は白色、条線なし。

ドクニンジン 毒人参 〈*Conium maculatum* L.〉セリ科の多年草。高さは2m。花は白色。薬用植物。

トクノウコウ ピスタキア・テレビンッスの別名。

トクノシマエビネ 〈*Calanthe tokunoshimensis* Hatus. et Ida〉ラン科の多年草。花は暗褐色。園芸植物。日本絶滅危惧植物。

ドクベニタケ 〈*Russula emetica* (Schaeff. : Fr.) S. F. Gray〉ベニタケ科のキノコ。中型。傘は鮮紅色。ひだは白色。

ドクベニダマシ 〈*Russula neoemetica* Hongo〉ベニタケ科のキノコ。中型。傘は鮮赤色。ひだは白色。

ドクムギ 毒麦 〈*Lolium temulentum* L.〉イネ科の一年草。高さは30～90cm。

ドクヤマドリ 〈*Boletus venenatus* Nagasawa〉イグチ科のキノコ。大型～超大型。傘は淡黄褐色、ビロード状。

ドグラスファー マツ科の木本。別名ベイマツ、オレゴンパイン。

ドグラスファー コロラドモミの別名。

トクワカソウ 〈*Shortia uniflora* (Maxim.) Maxim. var. *orbicularis* Honda〉イワウメ科。

トゲアイバゴケ 〈*Chandonanthus hirtellus* (F. Weber) Mitt.〉ツボミゴケ科のコケ。緑褐色、茎は長さ3cm。

トゲアナツブゴケ 〈*Coccotrema porinopsis* (Nyl.) Imsh.〉トリハダゴケ科の地衣類。地衣体は多数裂芽に覆われる。

トゲイギス 〈*Centroceras clavulatum* (Agardh) Montagne〉イギス科の海藻。複叉状分岐。体は2～5cm。

トケイソウ 時計草 〈*Passiflora caerulea* L.〉トケイソウ科のつる性常緑低木。別名ボロンカズラ、ハナトケイソウ。花は白から桃紫色。園芸植物。

トケイソウ 時計草 トケイソウ科の属総称。別名パシフロラ。

トゲイヌツゲ 〈*Scolopia oldhamii* Hance〉イイギリ科の木本。

トゲイワタケ 〈*Umbilicaria deusta* (L.) Baumg.〉イワタケ科の地衣類。地衣体は黒褐色。

トゲウチキウメノキゴケ 〈*Parmelia perisidians* Nyl.〉ウメノキゴケ科の地衣類。髄が帯黄色。

トゲウメノキゴケ 〈*Parmelia dissecta* Nyl.〉ウメノキゴケ科の地衣類。地衣体背面は灰または灰緑色。

トゲエイランタイ 〈*Cetraria delisei* (Bory) Th. Fr.〉ウメノキゴケ科の地衣類。地衣体は淡緑褐ないし帯緑褐色。

トゲエイランタイモドキ 〈*Cornicularia odontella* (Ach.) Röhl.〉サルオガセ科の地衣類。地衣体は長さ1cm以下。

トゲオナモミ 〈*Xanthium spinosum* L.〉キク科の一年草。高さは30〜100cm。

トゲオニソテツ エンケファラルトス・フェロクスの別名。

トゲガシ 〈*Chrysolepis chrysophylla*〉ブナ科の木本。樹高35m。樹皮は灰色。

トゲカズラ 〈*Pisonia aculeata* L.〉オシロイバナ科の常緑藤本。

トゲカブトゴケ 〈*Lobaria kazawaensis* (Asah.) Yoshim.〉ヨロイゴケ科の地衣類。トリテルペンを含む。

トゲカラクサイヌワラビ 〈*Athyrium setuligerum* Kurata〉オシダ科のシダ植物。

トゲカワホリゴケ 〈*Collema subfurvum* (Müll. Arg.) Degel.〉イワノリ科の地衣類。地衣体は黒または暗黒緑色。

トゲキウメノキゴケ 〈*Parmelia conformata* Vain.〉ウメノキゴケ科の地衣類。地衣体は灰緑色。

トゲキクアザミ 〈*Saussurea spinulifera*〉キク科。

トゲキリンサイ 〈*Eucheuma serra* (J. Agardh) J. Agardh〉ミリン科の海藻。傾臥して叢生。

トゲゲジゲジゴケ 〈*Anaptychia isidiophora* (Nyl.) Vain.〉ムカデゴケ科の地衣類。裂芽がある。

トゲサゴ 〈*Metroxylon rumphii* Mart.〉ヤシ科の湿地性植物。葉は刺が多い。熱帯植物。

トゲサラカ 〈*Zalacca wallichiana* Mart.〉ヤシ科。短い幹があり、果実は刺が多い。熱帯植物。

トゲサルオガセ 〈*Usnea aciculifera* Vain.〉サルオガセ科の地衣類。地衣体は長さ5〜10cm。

トゲシコロゴケ 〈*Parmeliella nigrocincta* (Mont.) Müll. Arg. fo. *isidiosa* Kurok.〉ハナビラゴケ科の地衣類。地衣体は中央部は鱗片状。

トゲシバリ 〈*Cladia aggregata* (Sw.) Nyl.〉ハナゴケ科の地衣類。子柄は高さ2〜5cm。

トゲダイワントコブシゴケ 〈*Platismatia erosa* W. Culb. & C. Culb.〉ウメノキゴケ科の地衣類。地衣体背面は灰白から灰緑色。

トゲチシャ 〈*Lactuca scariola* L.〉キク科の一年草または越年草。別名アレチヂシャ。高さは1〜2m。花は黄白色。

トゲチビウメノキゴケ 〈*Parmelia horrescens* Tayl.〉ウメノキゴケ科の地衣類。地衣体背面は類白または灰白色。

トゲチョウチンゴケ 〈*Mnium spinosum* (Voit ex Sutrm) Schwägr.〉チョウチンゴケ科のコケ。大形、茎は長さ6cm、やや弓なりに湾曲、葉は楕円状披針形。

トゲツノマタ 〈*Chondrus pinnulatus* (Harvey) Okamura *f.* armatus# (Harvey) Yamada et Mikami in Mikami〉スギノリ科の海藻。扁円又は扁圧。体は10〜20cm。

トゲトゲヤシ 〈*Martinezia caryotaefolia* H. B. K.〉ヤシ科の観賞用植物。全株多刺。熱帯植物。

トゲトコブシゴケ 〈*Cetrelia braunsiana* (Müll. Arg.) W. Culb. & C. Culb.〉ウメノキゴケ科の地衣類。地衣体は葉状。

トゲドコロ 〈*Dioscorea esculenta* Burkill〉ヤマノイモ科の蔓本。茎に刺がある。熱帯植物。

トゲナシアダン 〈*Pandanus tectorius* Sol. var. *laevis*〉タコノキ科の小木。葉に刺がないので編物材料として栽培。熱帯植物。

トゲナシアダン パンダヌス・テクトリウスの別名。

トゲナシウメノキゴケ 〈*Parmelia eciliata* (Nyl.) Nyl.〉ウメノキゴケ科の地衣類。裂芽をつけない。

トゲナシカラクサゴケ 〈*Parmelia cochleata* Zahlbr.〉ウメノキゴケ科の地衣類。葉縁は灰白色に隈取られる。

トゲナシカラタチ 〈*Triphasia trifolia* P. Wills〉ミカン科の低木。果実は赤。花は白色。熱帯植物。

トゲナシキクバゴケ 〈*Parmelia taractica* Kremp.〉ウメノキゴケ科の地衣類。地衣体は腹面淡褐色。

トゲナシフトネゴケ 〈*Parmelia echinocarpa* Kurok.〉ウメノキゴケ科の地衣類。地衣体は裂芽がない。

トゲナシムグラ 〈*Galium mollugo* L.〉アカネ科の多年草。別名カスミムグラ。長さは30〜150cm。花は白または緑白色。

トゲナシヤエムグラ 〈*Galium spurium* L. var. *spurium*〉アカネ科。

トゲナシルカム 〈*Flacourtia inermis* Roxb.〉イイギリ科の大低木。葉はバクチノキに似て。花は緑色。熱帯植物。

トゲナシレイシモドキ 〈*Xerospermum wallichii* King.〉ムクロジ科の高木。熱帯植物。

トゲナス 〈*Solanum echinatum* L.〉ナス科。

トゲノヤシモドキ デッケニア・ノビリスの別名。

トケノリ

トゲノリ 〈*Acanthophora orientalis* J. Agardh〉フジマツモ科の海藻。羽状に分岐。体は5〜20cm。

トゲハアザミ 〈*Acanthus spinosus* L.〉キツネノマゴ科の多年草。高さは70〜100cm。花は白色。園芸植物。

トゲハクセンヤシ エリテア・アルマタの別名。

トゲハクテンゴケ 〈*Parmelia rudecta* Ach.〉ウメノキゴケ科の地衣類。地衣体は淡緑色または淡灰白色。

トゲハチジョウシダ 〈*Pteris setuloso-costulata* Hayata〉イノモトソウ科(ワラビ科)の常緑性シダ。葉身は長さ35〜70cm。卵状長楕円形。

トゲハヒシャクゴケ 〈*Scapania hirosakiensis* Steph. ex Müll. Frib.〉ヒシャクゴケ科のコケ。長さ5〜10mm。

トゲハリクジャクヤシ アイファネス・トルンカタの別名。

トゲバレリヤ 〈*Barleria prionitis* L.〉キツネノマゴ科の低木。別名トゲバーレリア。刺あり。高さは0.6〜2m。花は黄橙色。熱帯植物。園芸植物。

トゲバンレイシ 刺蕃荔枝 〈*Annona muricata* L.〉バンレイシ科の低木。別名オランダドリアン。葉はカキに酷似、果実は甘酸、食用。高さは3〜8m。花は淡黄色。熱帯植物。園芸植物。

トゲヒメゲジゲジゴケ 〈*Anaptychia isidiza* Kurok.〉ムカデゴケ科の地衣類。円筒状の裂芽がある。

トゲフトクリガシ 〈*Castanopsis malaccensis* Gamble〉ブナ科の高木。イガは太く短い。果実は褐色で面は粗く尻がない。熱帯植物。

トゲマダラ 〈*Fauchea spinulosa* Okamura et Segawa in Segawa〉ダルス科の海藻。縁にするどい刺。体は5〜20cm。

トゲミウドノキ 〈*Pisonia grandis* R. Br.〉オシロイバナ科の低木〜高木。高さは2〜3m。園芸植物。

トゲミサオノキ 〈*Randia longiflora* Lam.〉アカネ科の低木、マングローブ植物。曲刺あり。花は白色。熱帯植物。

トゲミシュクシャ 〈*Amomum aculeatum* Roxb.〉ショウガ科の草本。花序部のみ地上に出る。高さ2m。花は黄色。熱帯植物。

トゲミズズイキ 〈*Podolasia stipitata* N. E. BR.〉サトイモ科の水草。花序は白色。熱帯植物。

トゲミノイヌチシャ 〈*Cordia aspera* G. Forst. subsp. *kanehirae* (Hayata) H. Y. Liu〉ムラサキ科の木本。

トゲミノウマゴヤシ 〈*Medicago ciliaris* (L.) All.〉マメ科の一年草または越年草。小葉は楕円形。

トゲミノキツネノボタン 〈*Ranunculus muricatus* L.〉キンポウゲ科の一年草。別名トゲミキンポウゲ。高さは15〜50cm。花は黄色。

トゲムラサキ 〈*Asperugo procumbens* L.〉ムラサキ科の一年草。花は青紫色。

トゲモク 〈*Sargassum micracanthum* (Kützing) Kuntze〉ホンダワラ科の海藻。茎は三稜形。体は30cm。

トゲヤシ 〈*Acanthorhiza aculeata* Wendl.〉ヤシ科。幹から刺状に気根を生じ保護用と思われる。幹径20cm。熱帯植物。

トゲユウラク 〈*Gmelina philippensis* Cham.〉クマツヅラ科の小木。刺あり。花は黄色。熱帯植物。

トゲヨルガオ 〈*Calonyction aculeatum* House〉ヒルガオ科の蔓草。茎に刺あり、茎は紫褐色。花は白色。熱帯植物。

トゲヨロイゴケ 〈*Sticta weigelii* Isert.〉ヨロイゴケ科の地衣類。別名タキミヨロイゴケ。地衣体は褐色。

トゲレイシ 〈*Paranephelium macrophyllum* King.〉ムクロジ科の小木。果皮は刺を被り3裂する。花は赤色。熱帯植物。

トゲワタゲサルオガセ 〈*Usnea spinigera* Asah.〉サルオガセ科の地衣類。枝には細棘を密生。

トケンラン 杜鵑蘭 〈*Cremastra unguiculata* (Finet) Finet〉ラン科の多年草。高さは20〜40cm。花は黄褐色。高山植物。園芸植物。

トゴシ 戸越 バラ科のビワ(枇杷)の品種。果皮は橙黄色。

トコナツ 常夏 〈*Dianthus chinensis* L. var. *semperflorens* Makino〉ナデシコ科。園芸植物。

トコナツ 常夏 ツツジ科のツツジの品種。園芸植物。

トコブシゴケ 〈*Cetraria nuda* (Hue) W. Culb. et C. Culb.〉ウメノキゴケ科の地衣類。地衣体背面は灰白。

トコブシゴケ ウメノキゴケ科の属総称。

トコロ オニドコロの別名。

トコン 吐根 〈*Cephaelis ipecacuanha* Rich.〉アカネ科の草状低木。ヤブコウジの感じがある。熱帯植物。薬用植物。

トコン アカネ科の属総称。

トサオトギリ 〈*Hypericum tosaense* Makino〉オトギリソウ科の草本。別名シナオトギリ、セイタカオトギリ。

トサカイモムシタケ 〈*Cordyceps martialis* Speg.〉バッカクキン科のキノコ。

トサカカズラ フィロデンドロン・ラディアータムの別名。

トサカキヌゴケ 〈*Pylaisiella cristata* (Card.) Z. Iwats. & Nog.〉ハイゴケ科のコケ。大形で、枝は長さ5mmに達する。

トサカゴケ 〈*Chiloscyphus profundus* (Nees) J. J. Engel & R. M. Schust.〉ウロコゴケ科のコケ。茎は長さ1〜2cm、葉は矩形。

トサカノリ 鶏冠菜, 鳥坂苔, 鶏冠海苔 〈*Meristotheca papulosa* (Montagne) Kylin〉ミリン科の海藻。膜質。体は10〜30cm。

トサカホウオウゴケ 〈*Fissidens dubius* P. Beauv.〉ホウオウゴケ科のコケ。中形、茎は葉を含め長さ1〜3.5cm、葉は披針形。

トサカホウキタケ 〈*Ramaria obtusissima* (Peck) Corner〉ホウキタケ科のキノコ。

トサカマツ 〈*Carpopeltis crispata* Okamura〉ムカデノリ科の海藻。叢生し、団塊となる。体は6cm。

トサカメオトラン 〈*Geodorum densiflorum* (Lam.) Schlechter〉ラン科。高さは30cm。花は白色。園芸植物。

トサカモドキ ツカサノリ科のトサカモドキ属の総称。

トサクラマゴケモドキ 〈*Porella acutifolia* (Lehm. & Lindenb.) Trevis. subsp. *tosana* (Steph.) S. Hatt.〉クラマゴケモドキ科のコケ。背片は長卵形、雌雄異株。

トサシモツケ 土佐下野 〈*Spiraea nipponica* Maxim. var. *tosaensis* (Yatabe) Makino〉バラ科の落葉低木。園芸植物。

トサノアオイ 〈*Asarum costatum* (F. Maek.) F. Maek.〉ウマノスズクサ科の多年草。萼筒は短筒形。園芸植物。

トサノウミ 土佐の海 サクラソウ科のサクラソウの品種。園芸植物。

トサノオウゴンゴケ 〈*Leptodontium flexfolium* (Dicks. ex With.) Hampe〉センボンゴケ科のコケ。茎は平伏、葉は広いさじ形〜広い舌形。

トサノゼニゴケ 〈*Marchantia tosana* Steph.〉ゼニゴケ科のコケ。別名トサゼニゴケ。暗緑色、長さ2〜3cm。

トサノタスキゴケ 〈*Pseudobarbella laosiensis* (Broth. & Paris) Nog.〉ハイヒモゴケ科のコケ。枝先は小形の葉を丸くつけてひも状となる。

トサノチャルメルソウ 〈*Mitella yoshinagae* Hara〉ユキノシタ科の草本。

トサノミカエリソウ 土佐の見返り草 〈*Leucosceptrum stellipilum* (Miq.) Kitamura et Murata var. *tosaense* (Makino) Kitamura et Murata〉シソ科の木本。別名ツクシミカエリソウ、オオマルバノテンニンソウ。

トサノミゾシダモドキ 〈*Cyclogramma flexilis* (Christ) Tagawa〉オシダ科(ヒメシダ科)の常緑性シダ。葉身は長さ30〜60cm。長楕円状披針形。

トサノミツバツツジ 〈*Rhododendron decandrum*〉ツツジ科の落葉低木。

トサハネゴケ 〈*Plagiochila fruticosa* Mitt.〉ハネゴケ科のコケ。茎は長さ5〜10cm。

トサヒラゴケ 〈*Neckeropsis obtusata* (Mont.) M. Fleisch.〉ヒラゴケ科のコケ。茎が短く、分枝も少ない。葉先が円頭。

トサボウフウ 〈*Angelica yoshinagae*〉セリ科。

トサホラゴケモドキ 〈*Calypogeia tosana* (Steph.) Steph.〉ツキヌキゴケ科のコケ。白緑色、茎は長さ1〜2cm。

トサミズキ 土佐水木 〈*Corylopsis spicata* Sieb. et Zucc.〉マンサク科の落葉低木。別名ロウベンバナ。高さは2〜4m。園芸植物。

トサミノゴケ 〈*Macromitrium tosae* Besch.〉タチヒダゴケ科のコケ。葉身細胞が比較的薄壁。

トサムラサキ 〈*Callicarpa shikokiana* Makino〉クマツヅラ科の木本。別名ヤクシマコムラサキ。

トサワセ 土佐早生 バラ科のモモ(桃)の品種。果皮はクリーム色。

ドーシニア・マルモラタ 〈*Dossinia marmorata* (Blume) C. Morr.〉ラン科。高さは30cm。園芸植物。

ドジョウツナギ 〈*Glyceria ischyroneura* Steud.〉イネ科の多年草。高さは50〜120cm。

ドジンウチワ 土人団扇 オプンティア・ファエアカンタの別名。

ドジンノクシバシラ 土人の櫛柱 パキケレウス・ペクテン-アボリギヌムの別名。

トスカニー 〈Tuscany〉バラ科。ガリカ・ローズ系。花は濃紅色。

トスカニー・スパーブ 〈Tuscany Superb〉バラ科。ガリカ・ローズ系。花は黒紅色。

ドーソンモクレン 〈*Magnolia dawsoniana*〉モクレン科の木本。樹高12m。樹皮は灰色。

トダイアカバナ 〈*Epilobium formosanum* Masam.〉アカバナ科の草本。

トダイハハコ 戸台母子 〈*Anaphalis sinica* var. *pernivea*〉キク科。

トダシバ 戸田芝 〈*Arundinella hirta* (Thunb. ex Murray) C. Tanaka〉イネ科の多年草。別名バレンシバ。高さは60〜130cm。

トダスゲ 〈*Carex aequialta* Kükenth.〉カヤツリグサ科の草本。別名アワスゲ。日本絶滅危惧植物。

トチカガミ 水鼈 〈*Hydrocharis dubia* (Blume) Baker〉トチカガミ科の浮遊性の多年草。別名ドウガメバス、スッポンカガミ、カエルエンザ。葉身は円形、花弁は3枚で白色。園芸植物。

トチカガミ科 科名。

トーチ・ジンジャー カンタンの別名。

トチナイソウ 栃内草 〈*Androsace chamaejasme* Host subsp. *lehmanniana* (Spreng.) Hultén〉サクラソウ科の多年草。別名チシマコザクラ。高さは3〜7cm。高山植物。

トチノキ 栃, 橡 〈*Aesculus turbinata* Blume〉トチノキ科(ムクロジ科)の落葉高木。高さは30m。花はクリーム色。薬用植物。園芸植物。

- トチノキ科 科名。
- トチバニンジン 橡葉人参 〈Panax japonicum C. A. Meyer〉ウコギ科の多年草。別名チクセツニンジン。高さは50〜80cm。薬用植物。
- トチュウ 杜仲 〈Eucommia ulmoides D. Oliver〉トチュウ科の落葉高木。高さは20m。花は赤褐色。樹皮は淡い帯紫灰色。薬用植物。園芸植物。
- トックリアナナス パイナップル科。園芸植物。
- トックリイチゴ 徳利苺 〈Rubus coreanus Miq.〉バラ科の木本。
- トックリチカズラ 〈Leuconotis eugeniifolius DC.〉キョウチクトウ科の蔓木。花は筒部徳利形。クリーム色。熱帯植物。
- トックリツメクサ 〈Trifolium vesiculosum Savi〉マメ科。花は淡紅色。
- トックリヤシ 徳利椰子 〈Hyophorbe lagenicaulis (L. H. Bailey) H. E. Moore〉ヤシ科。高さは4m。花は黄緑色。園芸植物。
- トックリヤシ 徳利椰子 ヤシ科の属総称。
- トックリヤシモドキ 〈Mascarena verschaffeltii (H. Wendl.) L. H. Bailey〉ヤシ科。高さは9〜10m。花は橙色。園芸植物。
- トックリラン 〈Nolina recurvata (Lem.) Hemsl.〉リュウゼツラン科(ユリ科)。園芸植物。
- トックリラン 徳利蘭 リュウゼツラン科の属総称。別名ノリナ。
- トットリイヌワラビ 〈Athyrium × tottoriense Sa. Kurata, nom. nud.〉オシダ科のシダ植物。
- トップスター バラ科。花は白と濃いピンクの複色。
- トップ・マークス 〈Top Marks〉バラ科。ミニアチュア・ローズ系。花はオレンジ色。
- トツプレス バラ科。花はコーラルピンク。
- ドデカテオン サクラソウ科の属総称。
- ドデカテオン・ジェフリー 〈Dodecatheon jeffreyi Van Houtte〉サクラソウ科。高さは50cm。花は濃紫紅色。園芸植物。
- ドデカテオン・パウキフロルム 〈Dodecatheon pauciflorum (E. Durand) Greene〉サクラソウ科。高さは20〜30cm。花は濃紫色。園芸植物。
- ドデカテオン・プルケルム 〈Dodecatheon pulchellum Merr.〉サクラソウ科の多年草。
- ドデカテオン・ヘンダーソニー 〈Dodecatheon hendersonii A. Gray〉サクラソウ科。葉は長さ15cm。園芸植物。
- ドデカテオン・メアーディア 〈Dodecatheon meadia L〉サクラソウ科の多年草。別名カタクリモドキ。高さは50〜60cm。花は濃紅、紫から白色。園芸植物。
- ドテハナゴケ 〈Cladonia caespiticia (Pers.) Flörke〉ハナゴケ科の地衣類。地衣体背面は灰緑色。
- ドドナエア・ウィスコサ ハウチワノキの別名。
- トドマツ 椴松 〈Abies sachalinensis (Fr. Schm.) Masters var. sachalinensis〉マツ科の常緑高木。別名アカトドマツ。高さは25m。高山植物。園芸植物。
- トドマツオオウズラタケ 〈Oligoporus balsameus (Peck) Gilbn. et Ryv.〉タコウキン科のキノコ。
- トドロキ 轟 マミラリア・グロキディアタの別名。
- ドナクス 〈Donax cannaeformis (Forst.) Schum.〉クズウコン科。
- ドナルド・シードリング ユキノシタ科のエスカリョニアの品種。園芸植物。
- トーニンギア・サングイネア 〈Thonningia sanguinea Vahl〉ツチトリモチ科の多年草。
- トネアザミ 〈Cirsium incomptum Nakai〉キク科の多年草。別名タイアザミ。高さは1〜2m。
- ドーネーション ツバキ科のツバキの品種。園芸植物。
- トネテンツキ 利根点突 〈Fimbristylis tonensis Makino〉カヤツリグサ科の草本。
- トネハナヤスリ 〈Ophioglossum namegatae Nishida et Kurita〉ハナヤスリ科の常緑性シダ。葉身は長さ2.5〜11cm。広披針形から卵状三角形。
- トネリコ 戸練子,石檀,石楠,秦皮 〈Fraxinus japonica Blume〉モクセイ科の落葉高木。別名サトトネリコ、タモ。高さは15m。薬用植物。園芸植物。
- トネリコ モクセイ科の属総称。別名フラクシヌス。
- トネリバハシドイ シリンガ・ピンナティフォリアの別名。
- トネリバハゼノキ ランシンボクの別名。
- トノサマオヤマヤシ ガウシア・プリンケプスの別名。
- トパーズ アヤメ科のグラジオラスの品種。園芸植物。
- トビイロノボリリュウタケ 〈Gyromitra infula (Schaef. : Fr.) Quél.〉ノボリリュウタケ科のキノコ。別名ヒグマアミガサタケ。
- トビカズラ 飛蔓 〈Mucuna sempervirens Hemsl.〉マメ科の木本。別名アイラトビカズラ。
- トビシマカンゾウ 飛島萱草 〈Hemerocallis dumortierii var. exalata〉ユリ科の草本。
- トビシマセミタケ 〈Cordyceps ramosopulvinata Kobayasi et Shimizu〉バッカクキン科のキノコ。
- トビチャチチタケ 〈Lactarius uvidus (Fr. : Fr.) Fr.〉ベニタケ科のキノコ。
- トフィエルデア・プシルラ 〈Tofieldia pusilla Pers〉ユリ科の多年草。
- トフィエルデア・カリクラータ ユリ科。高山植物。

トフィールディア・コッキネア チシマゼキショウの別名。
トフィールディア・ヌダ ハナゼキショウの別名。
ドーフィン ビオレ・ドーフィンの別名。
トフンタケ 〈*Psilocybe coprophila* (Bull. : Fr.) Kummer〉モエギタケ科のキノコ。
トベラ 海桐花 〈*Pittosporum tobira* (Thunb. ex Murray) Ait.〉トベラ科の常緑低木または小高木。別名トビラギ、トビラノキ。高さは2～3m。花は白、後に淡黄色。薬用植物。
トボシガラ 唐法師殻 〈*Festuca parviglums* Steud.〉イネ科の多年草。高さは30～60cm。
トボネ 〈Toboné〉バラ科。ハイブリッド・ティーローズ系。花はピンク。
トマト 〈*Lycopersicon esculentum* Mill.〉ナス科の果菜類。別名リコペルシコン・エスクレンツム、アカナス。果実は赤色。高さは3m。熱帯植物。薬用植物。園芸植物。
トマト ナス科の属総称。
トマトダマシ 〈*Solanum rostratum* Dunal〉ナス科の一年草。高さは30～70cm。花は黄色。
トマトノキ 〈*Cyphomandra betacea* (Cav.) Sendtn.〉ナス科の低木。別名コダチトマト、トマトノキ。果実は紫色。高さは2～3m。花は淡桃色。熱帯植物。園芸植物。
ドミンゴア・ヒメノデス 〈*Domingoa hymenodes* (Rchb. f.) Schlechter〉ラン科。高さは4cm。花は白緑色。園芸植物。
ドムベヤ アオギリ科の属総称。
ドムベヤ・マステルシイ 〈*Dombeya mastersii* Hook. f.〉アオギリ科の常緑高木。
トモエオトギリ ヒペリクム・オリンピクムの別名。
トモエシオガマ 巴塩竈 〈*Pedicularis resupinatata* subsp. *caespitosa*〉ゴマノハグサ科。高山植物。
トモエソウ 巴草 〈*Hypericum ascyron* L.〉オトギリソウ科の多年草。高さは50～130cm。花は黄色。薬用植物。園芸植物。切り花に用いられる。
トモシリソウ 〈*Cochlearia oblongifolia* DC.〉アブラナ科の草本。
トヤデノタカ バラ科のウメの品種。
トヤマシノブゴケ 〈*Thuidium kanedae* Sakurai〉シノブゴケ科のコケ。別名アソシノブゴケ。大形で、茎葉はほぼ三角形で下部には深い縦じわ。園芸植物。
トヨグチイノデ 〈*Polystichum ohmurae* Kurata〉オシダ科の夏緑性シダ。葉身は長さ15～23cm。披針形～長楕円状披針形。
トヨグチウラボシ 〈*Lepisorus clathratus* (Clarke) Ching〉ウラボシ科の夏緑性シダ。葉身は長さ10～15cm。披針形から狭披針形。
トヨシマアザミ 〈*Cirsium toyoshimae* Koidz.〉キク科。日本絶滅危機植物。

トヨタマワセ 豊多摩早生 ブナ科のクリ(栗)の品種。果皮は濃褐色。
トヨラクサイチゴ 〈*Rubus toyorensis* Koidz.〉バラ科。
ドライアンドラ ヤマモガシ科の属総称。切り花に用いられる。
トライアンフ 〈Triumph〉バラ科。ハイブリッド・ティーローズ系。花は緋紅色。
トラウステイネラ・グロボーサ ラン科。高山植物。
トラウトヴェッテリア・ヤポニカ モミジカラマツの別名。
ドラカエナ・ゴルディエアナ トラフセンネンボクの別名。
ドラカエナ・コンキンナ ベニフクリンセンネンボクの別名。
ドラカエナ・スルクロサ ホシセンネンボクの別名。
ドラカエナ・デレメンシス シロシマセンネンボクの別名。
ドラカエナ・ドラコ リュウケツジュの別名。
トラキカルプス・ヴァグネリアヌス トウジュロの別名。
トラキカルプス・タキル 〈*Trachycarpus takil* Becc.〉ヤシ科。高さは12～15m。園芸植物。
トラキカルプス・フォーチュネイ シュロの別名。
トラキカルプス・マルティアヌス 〈*Trachycarpus martianus* (Wall.) H. Wendl.〉ヤシ科。高さは7～19m。花は帯黄白色。園芸植物。
トラキキスティス・ミクロフィラ コバノチョウチンゴケの別名。
トラキチラン 虎吉蘭 〈*Epipogium aphyllum* (F. W. Schm.) Sw.〉ラン科の多年生腐生植物。高さは10～30cm。高山植物。
トラキメネ・カエルレア 〈*Trachymene caerulea* R. C. Grah.〉セリ科の草本。高さは60cm。花は淡青色。園芸植物。
ドラクラ・エリトロカエテ 〈*Dracula erythrochaete* (Rchb. f.) C. A. Luer〉ラン科。花は汚白色。園芸植物。
ドラクラ・キマエラ 〈*Dracula chimaera* (Rchb. f.) C. A. Luer〉ラン科。園芸植物。
ドラクラ・ソディロイ 〈*Dracula sodiroi* (Schlechter) C. A. Luer〉ラン科。高さは20～30cm。園芸植物。
ドラクラ・チェスタトニー 〈*Dracula chestertonii* (Rchb. f.) C. A. Luer〉ラン科。花は白色。園芸植物。
ドラクラ・ベラ 〈*Dracula bella* (Rchb. f.) C. A. Luer〉ラン科。園芸植物。
ドラクラ・ロタクス 〈*Dracula lotax* (C. A. Luer) C. A. Lure〉ラン科。花は乳白色。園芸植物。
ドラクンクルス サトイモ科の属総称。

ドラクンクルス・ウルガリス 〈*Dracunculus vulgaris* Schott〉サトイモ科の多年草。高さは1m。花は背面は緑、内側は暗紫紅色。園芸植物。

トラケリウム・カエルレウム ユウギリソウの別名。

トラケロスペルムム・アシアティクム テイカカズラの別名。

トラケロスペルムム・ヤスミノイデス 〈*Trachelospermum jasminoides* (Lindl.) Lem.〉キョウチクトウ科の常緑つる性植物。別名トウキョウチクトウ、トウテイカカズラ。花は白色。園芸植物。

ドラコケファルム・アルグネンセ ムシャリンドウの別名。

ドラコケファルム・モルダウィカ 〈*Dracocephalum moldavica*〉シソ科の草本。別名タチムシャリンドウ。高さは50cm。花は淡い青紫または白色。園芸植物。

ドラコピス・アンプレクシカウリス 〈*Dracopis amplexicaulis* (Vahl) Cass.〉キク科の一年草。高さは1m。花は黄色。園芸植物。

ドラゴンヒメトウ ダエモノロプス・クルジアヌスの別名。

ドラゴンヘッド シソ科のハーブ。

ドラセナ リュウゼツラン科の属総称。別名リュウケツジュ、センネンボク。

ドラセナ センネンボクの別名。

ドラセナ・アングスティフォリア 〈*Dracaena angustifolia* Roxb.〉リュウゼツラン科の木本。葉は長さ15〜20cm。園芸植物。

ドラセナ・ゴルディアナ トラフセンネンボクの別名。

ドラセナ・コンキンナ ベニフクリンセンネンボクの別名。

ドラセナ・コンゲスタ 〈*Dracaena congesta* Hort.〉リュウゼツラン科(ユリ科)。

ドラセナ・サンデリアナ 〈*Dracaena sanderiana* Sander〉リュウゼツラン科(ユリ科)。別名ギンヨウセンネンボク。園芸植物。切り花に用いられる。

ドラセナ・タリオイデス 〈*Dracaena thalioides* hort. Makoy ex E. Morr.〉リュウゼツラン科の木本。花は白色。園芸植物。

ドラセナ・デレメンシス・バウセイ リュウゼツラン科(ユリ科)。別名オオシロシマセンネンボク。園芸植物。

ドラセナ・フッケリアナ 〈*Dracaena hookeriana* K. Koch〉リュウゼツラン科の木本。高さは1〜2m。園芸植物。

ドラセナ・フラグランス 〈*Dracaena fragrans* (L.) Ker-Gawl.〉リュウゼツラン科の木本。別名ニオイセンネンボク。高さは6m以上。花は帯黄色。園芸植物。

ドラセナ・フラグランス・マッサンゲアナ 〈*Dracaena fragrans* Ker. var. *massangeana* Hort.〉リュウゼツラン科(ユリ科)。別名シマセンネンボク。園芸植物。

ドラセナ・マサンゲアナ ドラセナ・フラグランス・マッサンゲアナの別名。

ドラセナ・マスフィアナ 〈*Dracaena* × *masseffiana* C. E. Pennock ex J. J. Bos〉リュウゼツラン科の木本。葉は長さ楕円形。園芸植物。

ドラセナ・マルギナタ 〈*Dracaena marginata* Lam.〉リュウゼツラン科の木本。高さは3m。園芸植物。

ドラセナ・レフレクサ 〈*Dracaena reflexa* Lam.〉リュウゼツラン科の木本。高さは3m以上。園芸植物。

トラックツチトリモチ 〈*Balanophora pedicellaris* Schlecht.〉ツチトリモチ科の寄生植物。雌雄異株。熱帯植物。

トラデスカンティア ムラサキツユクサの別名。

トラデスカンティア・アルビフロラ 〈*Tradescantia albiflora* Kunth〉ツユクサ科の多年草。園芸植物。

トラデスカンティア・アンダーソニアナ 〈*Tradescantia* × *andersoniana* W. Ludw. et Rohw.〉ツユクサ科の多年草。花は紫、青紫、赤紫、淡紅、白など。園芸植物。

トラデスカンティア・クラッシフォリア 〈*Tradescantia crassifolia* Cav.〉ツユクサ科の多年草。高さは60cm。花は紫紅色。園芸植物。

トラデスカンティア・シラモンタナ 〈*Tradescantia sillamontana* Matuda〉ツユクサ科のつる性多年草。花は紅紫色。園芸植物。

トラデスカンティア・パルドサ 〈*Tradescantia paludosa* E. Anderson et Woodson〉ツユクサ科の多年草。高さは30〜40cm。園芸植物。

トラデスカンティア・ブロスフェルディアナ 〈*Tradescantia blossfeldiana* Mildb.〉ツユクサ科の多年草。花は桃紅で基部は白色。園芸植物。

トラデスカンティア・ロンギペス 〈*Tradescantia longipes* E. Anderson et Woodson〉ツユクサ科の多年草。高さは10cm。花は紫か桃紫色。園芸植物。

トラデスカント 〈Tradescant〉バラ科。イングリッシュローズ系。花はワインレッド。

トラノオ クガイソウの別名。

トラノオ サンセヴィエリア・ローレンチーの別名。

トラノオオキナゴケ オオシラガゴケの別名。

トラノオゴケ 〈*Dolichomitra cymbifolia* (Lindb.) Broth.〉トラノオゴケ科のコケ。二次茎は長さ3〜5cm、上部で樹状となる。

トラノオジソ 〈*Perilla frutescens* (L.) Britton var. *hirtella* (Nakai) Makino et Nemoto〉シソ科。

トラノオシダ 虎の尾羊歯 〈*Asplenium incisum* Thunb.〉チャセンシダ科の常緑性シダ。葉身は長さ20cm。2回羽状複生。

トラノオスズカケ 虎尾鈴懸 〈*Veronicastrum axillare* (Sieb. et Zucc.) Yamazaki〉ゴマノハグサ科の多年草。

トラノオノキ ヘーベ・スペキオサの別名。

トラノオホングウシダ 〈*Lindsaea yaeyamensis* Tagawa〉ホングウシダ科(イノモトソウ科、ワラビ科)の常緑性シダ。葉身は長さ25～50cm。線形。

トラノコ 虎の子 フライレア・プミラの別名。

トラノツメ マクファディエナ・ウングイス-カティの別名。

トラノハナヒゲ 〈*Rhynchospora brownii* Roem. et Schult.〉カヤツリグサ科の草本。

ドラバ・アイゾイデス ハリイヌナズナの別名。

ドラバ・カリコサ 〈*Draba calycosa* Boiss. et Bal. ex Boiss.〉アブラナ科の草本。実生で増殖可。園芸植物。

ドラバ・クラシフォリア 〈*Draba crassifolia* Graham〉アブラナ科の多年草。

ドラバ・ディーディアナ 〈*Draba dedeana* Boiss. et Reut.〉アブラナ科の草本。高さは6～7cm。花は白色。園芸植物。

ドラバ・デウビア アブラナ科。高山植物。

ドラバ・トメントーサ アブラナ科。高山植物。

ドラバ・ニッポニカ クモマナズナの別名。

ドラバ・ポリトリカ 〈*Draba polytricha* Ledeb.〉アブラナ科の草本。花は黄色。園芸植物。

ドラバ・ボレアリス エゾイヌナズナの別名。

ドラバ・ヤポニカ ニオイアラセイトウの別名。

ドラバ・ラシオカルパ 〈*Draba lasiocarpa* Rochel〉アブラナ科の草本。高さは8～15cm。花はイオウ黄色。園芸植物。

トラフアナナス フリーセア・スプレンデンスの別名。

トラフセンネンボク 虎斑千年木 〈*Dracaena goldieana* hort. ex Bak.〉リュウゼツラン科の木本。高さは1～2m。花は白色。園芸植物。

トラフツツアナナス ビルベルギア・ゼブリナの別名。

トラフヒメアナナス クリプタンサス・ゾナタスの別名。

トラフヒメバショウ 〈*Calathea zebrina* (Sims) Lindl.〉クズウコン科の多年草。高さは1m。花は暗紫色。園芸植物。

トラフビロード 〈*Smithiantha multiflora* (M. Martens et Galeotti) Fritsch〉イワタバコ科の球根植物。高さは50cm。花は白ないし淡黄色。園芸植物。

トラフユリ ティグリディア・パウオニアの別名。

トラベラー アヤメ科のグラジオラスの品種。園芸植物。

トラマメ インゲンマメ科。

ドラモンディ カエデ科のノルウェーカエデの品種。園芸植物。

トラユリ ティグリディア・パウオニアの別名。

トラユリモドキ キベラ・ハーバーティーの別名。

トランペットピッチャー サラセニア・プルプレアの別名。

トランペット・フラワード イワタバコ科のグロクシニアの品種。園芸植物。

トリーア・グランディス イチイ科の薬用植物。

トリアシ ユイキリの別名。

トリアシショウマ 鳥足升麻 〈*Astilbe thunbergii* (Sieb. et Zucc.) Miq. var. *congesta* H. Boiss.〉ユキノシタ科の多年草。別名アカショウマ。高さは40～100cm。薬用植物。

トリアシスミレ スミレ科の宿根草。

ドリアス・オクトペタラ 〈*Dryas octopetala* L.〉バラ科の矮性低木。花は白色。高山植物。園芸植物。

ドリアス・ドラモンディ バラ科。高山植物。

ドリアス・フッケリアーナ バラ科。高山植物。

トリーア・ヌキフェラ カヤの別名。

トリアネイ ラン科。園芸植物。

トリアリステラ・ヒューブネリ 〈*Triaristella huebneri* (Schlechter) C. A. Luer〉ラン科。花は暗紫赤色。園芸植物。

ドリアン 〈*Durio zibethinus* Murray〉パンヤ科(キワタ科)の常緑高木。仮種皮を食用にする。高さは40m。花は黄白色。熱帯植物。園芸植物。

ドリアンドラ・ドラモンディ 〈*Dryandra drummondii* Meissn〉ヤマモガシ科の常緑低木。

ドリエラ・タイニー 〈× *Doriella* Tiny〉ラン科。高さは20cm。花は紫紅色。園芸植物。

トリエンタリス・エウロパエア ツマトリソウの別名。

トリオ 〈Trio〉バラ科。フロリバンダ・ローズ系。花は黄色。

ドリオプテリス・アトラタ イワヘゴの別名。

ドリオプテリス・エクスパンサ シラネワラビの別名。

ドリオプテリス・エリトロソラ ベニシダの別名。

ドリオプテリス・クラッシリゾマ オシダの別名。

ドリオプテリス・コンコロル 〈*Doryopteris concolor* (Langsd. et Fisch.) Kuhn〉ワラビ科のシダ植物。別名フウロシダ。高さは10～30cm。園芸植物。

ドリオプテリス・シーボルディー ナガサキシダの別名。

ドリオプテリス・パルマータ ワラビ科(ホウライシダ科)。園芸植物。

ドリオプテリス・ペダタ 〈*Doryopteris pedata* (L.) Fée〉ワラビ科のシダ植物。葉脈は結合して網目をつくる。園芸植物。

トリガタハンショウヅル 〈*Clematis tosaensis* Makino〉キンポウゲ科の多年生つる草。花は白色。園芸植物。

トリカブト 鳥兜, 鳥形半鐘蔓 〈*Aconitum chinense* Sieb.〉キンポウゲ科の多年草。別名カブトギク、カラトリカブト。高さは1m。花は濃青色。園芸植物。

トリカブト 鳥兜 キンポウゲ科の属総称。別名カブトギク、アコニタム、セイヨウトリカブト。切り花に用いられる。

トリカラー・レインボー リュウゼツラン科のドラセナの品種。園芸植物。

トリキルティス・ナナ チャボホトトギスの別名。

トリキルティス・ヒルタ ホトトギスの別名。

トリキルティス・フォルモサナ タイワンホトトギスの別名。

トリキルティス・フラウア キバナノホトトギスの別名。

トリキルティス・ペルフォリアタ キバナノツキヌキホトトギスの別名。

トリキルティス・マクランタ ジョウロウホトトギスの別名。

トリキルティス・マクロポダ ヤマホトトギスの別名。

トリゲモ 鳥毛藻 〈*Najas minor* All.〉イバラモ科の一年生水草。葉の長さ1～2cm、鋸歯が顕著。

トリコカウロン・クラウァツム 〈*Trichocaulon clavatum* (Willd.) H. Huber〉ガガイモ科の多肉植物。別名仏頭玉、阿羅漢、蕃扁玉。高さは10～15cm。花はクリームまたは黄緑色。園芸植物。

トリコカウロン・ピリフェルム 〈*Trichocaulon piliferum* N. E. Br.〉ガガイモ科の多肉植物。別名麻耶夫人。高さは20～30cm。花は濃赤色。園芸植物。

トリコグロッティス・ファスキアタ 〈*Trichoglottis fasciata* Rchb. f.〉ラン科。花は淡黄色。園芸植物。

トリコグロッティス・フィリピネンシス 〈*Trichoglottis philippinensis* Lindl.〉ラン科。高さは90cm。花は紫褐色。園芸植物。

トリコグロッティス・ルクエンシス イリオモテランの別名。

トリコグロッティス・ロセア 〈*Trichoglottis rosea* (Lindl.) Ames〉ラン科。花は淡紅色。園芸植物。

トリコケレウス・カマルグエンシス 〈*Trichocereus camarguensis* Cardenas〉サボテン科のサボテン。別名金光竜。高さは50cm。花は白色。園芸植物。

トリコケレウス・カンディカンス 〈*Trichocereus candicans* (Gillies) Britt. et Rose〉サボテン科のサボテン。別名金城丸。高さは70cm。花は白色。園芸植物。

トリコケレウス・スパキアヌス キダイモンジの別名。

トリコケレウス・チロエンシス 〈*Trichocereus chiloensis* (Colla) Britt. et Rose〉サボテン科のサボテン。別名金鶏竜。高さは3m。花は白色。園芸植物。

トリコケレウス・テレゴヌス 〈*Trichocereus thelegonus* (A. Web.) Britt. et Rose〉サボテン科のサボテン。別名黒鳳。径7cm。花は白色。園芸植物。

トリコケレウス・マクロゴヌス 〈*Trichocereus macrogonus* (Salm-Dyck) Riccob.〉サボテン科のサボテン。別名大稜柱。高さは3m。花は白色。園芸植物。

トリコケロス・パルウィフロルス 〈*Trichoceros parviflorus* H. B. K.〉ラン科。花は緑ないし淡黄色。園芸植物。

トリコケントルム・アルボコッキネウム 〈*Trichocentrum albococcineum* Linden〉ラン科。花は黄褐色。園芸植物。

トリコケントルム・カピストラツム 〈*Trichocentrum capistratum* Rchb. f.〉ラン科。高さは3～12cm。花は黄緑または帯褐黄白色。園芸植物。

トリコケントルム・ティグリヌム 〈*Trichocentrum tigrinum* Linden et Rchb. f.〉ラン科。花は淡緑黄色。園芸植物。

トリコケントルム・プファウィー 〈*Trichocentrum pfavii* Rchb. f.〉ラン科。花は白色。園芸植物。

トリコサンテス・アングイナ ヘビウリの別名。

トリコサンテス・ククメロイデス カラスウリの別名。

トリコサンテス・トルンカタ 〈*Trichosanthes truncata* C. B. Clarke.〉ウリ科の薬用植物。

トリコサンテス・フペヘンシス 〈*Trichosanthes hupehensis* .〉ウリ科の薬用植物。

トリコサンテス・ヤポニカ キカラスウリの別名。

ドリコス・ラブラブ フジマメの別名。

トリコディアデマ・ステラツム 〈*Trichodiadema stellatum* (Mill.) Schwant.〉ツルナ科の多年草。花は明るい紫か赤色。園芸植物。

トリコディアデマ・デンスム 〈*Trichodiadema densum* (Haw.) Schwant.〉ツルナ科。花は紫紅色。園芸植物。

ドリコテレ・ウベリフォルミス 〈*Dolichothele uberiformis* (Zucc.) Britt. et Rose〉サボテン科のサボテン。別名海王星。径10cm。花は黄色。園芸植物。

ドリコテレ・スファエリカ 〈Dolichothele sphaerica (A. Dietr.) Britt. et Rose〉サボテン科のサボテン。別名羽衣。株径50cm。花は明黄色。園芸植物。

ドリコテレ・スルクロサ 〈Dolichothele surculosa (Böd.) Backeb. ex Buxb.〉サボテン科のサボテン。別名銀鯱。径3cm。花は硫黄色。園芸植物。

ドリコテレ・デキピエンス 〈Dolichothele decipiens (Scheidw.) Treg.〉サボテン科のサボテン。別名三保の松。花は白色。園芸植物。

ドリコテレ・ボイミー 〈Dolichothele baumii (Böd.) Werderm. et Buxb.〉サボテン科のサボテン。別名香花丸、芳香丸。径5〜6cm。花は黄色。園芸植物。

ドリコテレ・ロンギマンマ 〈Dolichothele longimamma (DC.) Britt. et Rose〉サボテン科の多年草。別名金星。径10cm。花は白〜淡黄色。園芸植物。

トリゴニディウム・エジャートニアヌム 〈Trigonidium egertonianum Batem. ex Lindl.〉ラン科。高さは15cm。花は緑黄ないし淡桃色。園芸植物。

トリコバンダ・サン・ゴールド 〈× Trichovanda Sun Gold〉ラン科。花は鮮黄色。園芸植物。

トリコピリア・オイコフィラクス 〈Trichopilia oicophylax Rchb. f.〉ラン科。花は白色。園芸植物。

トリコピリア・スアウィス 〈Trichopilia suavis Lindl. et Paxt.〉ラン科。花は白色。園芸植物。

トリコピリア・ツリアルウァエ 〈Trichopilia turialvae Rchb. f.〉ラン科。花は白色。園芸植物。

トリコピリア・トルティリス 〈Trichopilia tortilis Lindl.〉ラン科。花は褐紫〜淡紫色。園芸植物。

トリコピリア・フラグランス 〈Trichopilia fragrans (Lindl.) Rchb. f.〉ラン科。花は緑白色。園芸植物。

トリコピリア・マルギナタ 〈Trichopilia marginata Henfr.〉ラン科。園芸植物。

トリコピリア・ユニネンシス 〈Trichopilia juninensis C. Schweinf.〉ラン科。高さは10〜15cm。花は白色。園芸植物。

トリコピリア・ラクサ 〈Trichopilia laxa (Lindl.) Rchb. f.〉ラン科。花は淡緑、桃褐色。園芸植物。

トリコピリア・レウコクサンタ 〈Trichopilia leucoxantha L. O. Williams〉ラン科。花は白色。園芸植物。

トリゴンアクラス 〈Trigonachras acuta Radlk.〉ムクロジ科の高木。葉柄は紫褐色、葉表は濃緑、葉裏は淡緑色。熱帯植物。

トリステラテイア・アウストララシアエ コウシンカズラの別名。

トリダクティレ・トリクスピス 〈Tridactyle tricuspis (H. Bolus) Schlechter〉ラン科。花は淡緑〜緑黄色。園芸植物。

ドリティス・タエニアリス ラン科。高山植物。

ドリティス・プルケリマ 〈Doritis pulcherrima Lindl.〉ラン科。高さは40〜60cm。花は鮮桃紅色。園芸植物。

ドリテノプシス・ウエルカム 〈× Doritaenopsis Welcome〉ラン科。花は白色。園芸植物。

ドリテノプシス・オドリコ 〈× Doritaenopsis Odoriko〉ラン科。花は白色。園芸植物。

ドリテノプシス・ギオン 〈× Doritaenopsis Gion〉ラン科。園芸植物。

ドリテノプシス・キョウト 〈× Doritaenopsis Kyoto〉ラン科。花は濃紫桃色。園芸植物。

ドリテノプシス・コーラル・グリーム 〈× Doritaenopsis Coral Gleam〉ラン科。花は濃桃紅色。園芸植物。

ドリテノプシス・ジェイソン・ビアド 〈× Doritaenopsis Jason Beard〉ラン科。花は白色。園芸植物。

ドリテノプシス・ジョージ・モラー 〈× Doritaenopsis George Moler〉ラン科。花は白色。園芸植物。

ドリテノプシス・ノーマン・ターター 〈× Doritaenopsis Norman Tatar〉ラン科。花は白色。園芸植物。

ドリテノプシス・ハッピー・ヴァレンタイン 〈× Doritaenopsis Happy Valentine〉ラン科。花は桃色。園芸植物。

ドリテノプシス・ハッピー・デイ 〈× Doritaenopsis Happy Day〉ラン科。花は淡紅桃色。園芸植物。

ドリテノプシス・ファイアー・クラッカー 〈× Doritaenopsis Fire Cracker〉ラン科。花は濃赤紅色。園芸植物。

ドリテノプシス・マリブ・クイーン 〈× Doritaenopsis Malibu Queen〉ラン科。花は紫紅色。園芸植物。

ドリテノプシス・メモリアル・クラレンス・シューバート 〈× Doritaenopsis Memoria Clarence Schubert〉ラン科。花は明紅桃色。園芸植物。

ドリテノプシス・レイヴンズウッド 〈× Doritaenopsis Ravenswood〉ラン科。花は濃桃紅色。園芸植物。

ドリテノプシス・レッド・コーラル 〈× Doritaenopsis Red Coral〉ラン科。花は濃桃紅色。園芸植物。

トリテレイア・グランディフロラ 〈Triteleia grandiflora Lindl.〉ユリ科。高さは30〜60cm。花は青〜白色。園芸植物。

トリテレイア・クロケア 〈*Triteleia crocea* (A. Wood) Greene〉ユリ科。高さは30cm。花は鮮黄色。園芸植物。

トリテレイア・チュベルゲニー 〈*Triteleia* × *tubergenii* Lenz〉ユリ科。高さは45〜60cm。花は濃紫色。園芸植物。

トリテレイア・ブリッジシー 〈*Triteleia bridgesii* (S. Wats.) Greene〉ユリ科。高さは30〜45cm。花は淡紫、青紫色。園芸植物。

トリテレイア・ペドゥンクラリス 〈*Triteleia peduncularis* Lindl.〉ユリ科。花は白、または帯淡紫色。園芸植物。

トリテレイア・ヘンダーソニー 〈*Triteleia hendersonii* Greene〉ユリ科。高さは30cm。花は黄色。園芸植物。

トリテレイア・ラクサ 〈*Triteleia laxa* Benth.〉ユリ科。高さは30〜75cm。花は菫紫、青色。園芸植物。

トリトニア アヤメ科の属総称。球根植物。別名トリトニー、ガルテンモントブレチア。

トリトニア・クロカタ 〈*Tritonia crocata* (L.) Ker-Gawl.〉アヤメ科。別名アカバナヒメアヤメ。高さは30〜50cm。花は橙赤色。園芸植物。切り花に用いられる。

トリトニア・スクアリダ 〈*Tritonia squalida* (Ait.) Ker-Gawl.〉アヤメ科。高さは40cm。花は濃い藤桃ないし淡い桃色。園芸植物。

トリトニア・セクリゲラ 〈*Tritonia securigera* (Ait.) Ker-Gawl.〉アヤメ科。高さは30cm。花は黄またはオレンジ色。園芸植物。

トリトニア・デウスタ 〈*Tritonia deusta* (Ait.) Ker-Gawl.〉アヤメ科。花は赤橙または黄桃色。園芸植物。

トリトニア・ドゥビア 〈*Tritonia dubia* Eckl. ex Klatt〉アヤメ科。高さは20cm。花は黄を帯びたピンク色。園芸植物。

トリトニア・パリダ 〈*Tritonia pallida* Ker-Gawl.〉アヤメ科。高さは40cm。花は白、クリームまたは淡藤色。園芸植物。

トリトニア・リネアタ スイセンアヤメの別名。

トリトマ ユリ科の属総称。宿根草。別名クニフォフィア、シャグマユリ(赤熊百合)。

トリトマ シャグマユリの別名。

トリートマト ナス科。

トリナクス・パルウィフロラ 〈*Thrinax parviflora* Swartz〉ヤシ科。別名コバナクマデヤシ。高さは3〜9m。園芸植物。

トリナクス・ミクロカルパ 〈*Thrinax microcarpa* Sarg.〉ヤシ科。別名コダネクマデヤシ。高さは10m。園芸植物。

トリナクス・モリシー 〈*Thrinax morrisii* H. Wendl.〉ヤシ科。別名モリスクマデヤシ。高さは2m。園芸植物。

ドリナリア・クエルキフォリア 〈*Drynaria quercifolia* (L.) J. Sm.〉ウラボシ科のシダ植物。葉は長さ1m。園芸植物。

ドリナリア・スパルシソラ 〈*Drynaria sparsisora* (Desv.) T. Moore〉ウラボシ科のシダ植物。園芸植物。

ドリナリア・バロニイ 〈*Drynaria baronii* (Christ) Diels.〉ウラボシ科の薬用植物。

ドリナリア・フォーチュネイ ハカマウラボシの別名。

ドリナリア・リギドゥラ 〈*Drynaria rigidula* (Swartz) Beddome〉ウラボシ科のシダ植物。園芸植物。

トリノスサルオガセ 〈*Usnea nidularis* Asah.〉サルオガセ科の地衣類。側枝が集中発生する。

トリハダゴケ トリハダゴケ科。

トリフォリウム・アルピヌム マメ科。高山植物。

トリフォリウム・バアディウム マメ科。高山植物。

トリフォリウム・レペンス シロツメクサの別名。

トリブルス・キストイデス 〈*Tribulus cistoides* L.〉ハマビシ科の多年草。長さ1m。花は黄色。園芸植物。

トリブルス・テレストリス ハマビシの別名。

トリペタレイア・パニクラタ ホツツジの別名。

トリペタレイア・ブラクテアタ ミヤマホツツジの別名。

ドリミオプシス・カーキー 〈*Drimiopsis kirkii* Bak.〉ユリ科の多年草。高さは35〜40cm。花は白色。園芸植物。

ドリミオプシス・マクラタ 〈*Drimiopsis maculata* Lindl. et Paxt.〉ユリ科の多年草。高さは25〜35cm。花は緑白色。園芸植物。

ドリーム ナス科のペチュニアの品種。園芸植物。

トリメジア・マルティニケンシス トリメジアヤメの別名。

トリメジアヤメ 〈*Trimezia martinicensis* (Jacq.) Herb.〉アヤメ科の多年草。高さは30cm。花は黄色。熱帯植物。園芸植物。

ドリモフロエウス・オリウィフォルミス 〈*Drymophloeus oliviformis* (Giseke) Miq.〉ヤシ科。高さは6m。園芸植物。

ドリモフロエウス・ベギニー 〈*Drymophloeus beguinii* (Burret) H. E. Moore〉ヤシ科。高さは3〜5m。園芸植物。

トリュフ セイヨウショウロ科。

トリリウム・ウンヅラーツム 〈*Trillium undulatum*. Willd.〉ユリ科の多年草。

トリリウム・エレクツム 〈*Trillium erectum* L.〉ユリ科の多年草。高さは45cm。花は淡紅から深紅色。園芸植物。

トリリウム・カムチャティクム オオバナノエンレイソウの別名。

トリリウム・クロロペタルム 〈Trillium chloropetalum Howell〉ユリ科の多年草。
トリリウム・スモーリー エンレイソウの別名。
トリリウム・セッシレ 〈Trillium sessile L.〉ユリ科の多年草。高さは30cm。花は紅褐色。園芸植物。
トリリウム・チョーノスキー ミヤマエンレイソウの別名。
トリリウム・デクンベンス 〈Trillium decumbens Harb.〉ユリ科。高さは20cm。花は紅紫色。園芸植物。
トリリウム・ニワレ 〈Trillium nivale Ridd.〉ユリ科。高さは15cm。園芸植物。
トリリウム・ルテウム 〈Trillium luteum (Muhlenb.) Harb.〉ユリ科。高さは50cm。花は黄色。園芸植物。
トルゥー・ラブ アヤメ科のグラジオラスの品種。園芸植物。
トルコギキョウ 〈Eustoma grandiflorum (Raf.) Shinn.〉リンドウ科の宿根草。別名ユーストマ、リシアンサス。高さは90cm。花は淡紫～濃紫、白、淡桃～濃桃など。園芸植物。
トルコギキョウ リンドウ科の属総称。別名ユーストマ、リシアンサス。切り花に用いられる。
トルコギキョウ・オホーツク リンドウ科。切り花に用いられる。
トルコギキョウ・ピッコローサスノー リンドウ科。切り花に用いられる。
トルコキハシバミ 〈Corylus colurna〉カバノキ科の木本。樹高25m。樹皮は灰色。
トルコナラ 〈Quercus cerris〉ブナ科の木本。樹高35m。樹皮は暗灰褐色。園芸植物。
ドルステニア 〈Dorstenia sp.〉クワ科の属総称。観賞用草本。熱帯植物。園芸植物。
ドルステニア・クリスパ 〈Dorstenia crispa Engler〉クワ科の多年草。
ドルステニア・コントライエルウァ アメリカドルステニヤの別名。
ドルステニア・ネルボサ 〈Dorstenia nervosa Desv.〉クワ科の多年草。
ドルステニア・フォエティダ 〈Dorstenia foetida (Forsk.) Schweinf.〉クワ科。葉は長さ5～7cm。園芸植物。
ドルステニア・ボルニミアナ 〈Dorstenia bornimiana Schweinf.〉クワ科。高さは3cm。園芸植物。
トール・ダブル マツムシソウ科のセイヨウマツムシソウの品種。園芸植物。
トール・ダブル・ミクスチュア アカバナ科のゴデチアの品種。園芸植物。
ドルチェヴィタ バラ科のバラの品種。切り花に用いられる。

ドルチェ・ビータ 〈Dolce Vita〉バラ科。ハイブリッド・ティーローズ系。花はサーモンピンク。
トルーディミミ バラ科。花は桃色。
トルネラ 〈Turnera ulmifolia L.〉トルネラ科の観賞用草本。花梗は葉柄と合着。花は黄色。熱帯植物。園芸植物。
トルーバルサム 〈Myroxylon balsamum Harms〉マメ科の高木。熱帯植物。
トールフェスク イネ科。
トルミーア・メンジージー 〈Tolmiea menziesii (Hook.) Torr. et A. Gray〉ユキノシタ科。葉は長さ20cm。園芸植物。
トール・ミックス ゴマノハグサ科のキンギョソウの品種。園芸植物。
トレヴェシア・パルマタ 〈Trevesia palmata (Roxb. ex Lindl.) Vis.〉ウコギ科の常緑小高木。高さは5～6m。花は黄白色。園芸植物。
ドレスデン・ドール 〈Dresden Doll〉バラ科。花はソフトピンク。
ドレス・パレード シソ科のサルビアの品種。園芸植物。
トレニア 〈Torenia fournieri Linden ex E. Fourn.〉ゴマノハグサ科の観賞用草本。別名ナツスミレ(夏菫)、ハナウリクサ(花瓜草)。高さは20～30cm。花は上唇青黄、下唇(3片)は先端濃紫色。熱帯植物。園芸植物。
トレバー・グリフィス 〈Trevor Griffiths〉バラ科。イングリッシュローズ系。花はローズピンク。
トレビス キク科の葉菜類。別名トレビッツ、トレビーツ、赤芽チコリ。
トレヤ・グランディス トリーア・グランディスの別名。
ドロイ 泥藺 〈Juncus gracillimus (Buchen.) V. Krecz. et Gontsch.〉イグサ科の草本。別名ミズイ。
トロイロス 〈Troilus〉バラ科。イングリッシュローズ系。花は黄色。
ドロガワサルオガセ 〈Usnea dorogawaensis Asah.〉サルオガセ科の地衣類。地衣体は小形。
トロコデンドロン・アラリオイデス ヤマグルマの別名。
ドロサンテムム・シェーンランディアヌム 〈Drosanthemum schoenlandianum (Schwant.) L. Bolus〉ツルナ科。別名玉輝、銀緑輝。花はクリームか白っぽい黄色。園芸植物。
ドロサンテムム・スペキオスム 〈Drosanthemum speciosum (Haw.) Schwant.〉ツルナ科。別名花猩猩。花は橙赤色。園芸植物。
ドロサンテムム・ビコロル 〈Drosanthemum bicolor L. Bolus〉ツルナ科。別名花狂想。花は紫色。園芸植物。

トロサンテ

ドロサンテムム・ヒスピドゥム 〈*Drosanthemum hispidum* (L.) Schwant.〉ツルナ科。別名花弥生。花は光沢ある紫色。園芸植物。

ドロサンテムム・フロリブンドゥム 〈*Drosanthemum floribundum* (Haw.) Schwant.〉ツルナ科。別名美光。園芸植物。

ドロセラ・アウリクラタ 〈*Drosera auriculata* Backh. ex Planch.〉モウセンゴケ科の食虫植物。花は白〜ピンク色。園芸植物。

ドロセラ・アデラエ 〈*Drosera adelae* F. J. Muell.〉モウセンゴケ科の食虫植物。長さ10〜20cm。花は赤〜赤茶色。園芸植物。

ドロセラ・インテルメディア 〈*Drosera intermedia* Hayne〉モウセンゴケ科の食虫植物。別名ナガエノモウセンゴケ。長さ1.5〜3.5cm。花は白色。園芸植物。

ドロセラ・カペンシス 〈*Drosera capensis* L.〉モウセンゴケ科の食虫植物。花はピンクがかった紫色。園芸植物。

ドロセラ・キスティフローラ 〈*Drosera cistiflora* L〉モウセンゴケ科の多年草。

ドロセラ・ディクロセパラ 〈*Drosera dichrosepala* Turcz.〉モウセンゴケ科の食虫植物。高さは5cm。園芸植物。

ドロセラ・ニティドゥラ 〈*Drosera nitidula* Planch.〉モウセンゴケ科の食虫植物。花は白色。園芸植物。

ドロセラ・バーマニー 〈*Drosera burmannii* Vahl〉モウセンゴケ科の食虫植物。別名クルマバモウセンゴケ。高さは6〜15cm。園芸植物。

ドロセラ・ハミルトニー 〈*Drosera hamiltonii* C. Andr.〉モウセンゴケ科の食虫植物。高さは20〜30cm。花はピンクがかった紫色。園芸植物。

ドロセラ・ピナタ ヨツマタモウセンゴケの別名。

ドロセラ・フォークネリ 〈*Drosera falconeri* Kondo et Tsang〉モウセンゴケ科の食虫植物。高さは5〜10cm。花はピンクがかった紫色。園芸植物。

ドロセラ・プロリフェラ 〈*Drosera prolifera* C. T. White〉モウセンゴケ科の食虫植物。長さ1.5cm。園芸植物。

ドロセラ・ペティオラリス 〈*Drosera petiolaris* R. Br. ex DC.〉モウセンゴケ科の食虫植物。花は白またはピンクがかった紫色。園芸植物。

ドロソフィルム・ルシタニクム 〈*Drosophyllum lusitanicum* (L.) Link〉モウセンゴケ科。高さは30cm。花は黄色。園芸植物。

ドロテアンツス・オクラツス 〈*Dorotheanthus oculatus* N. E. Br.〉ツルナ科。花は基部が赤、先端が黄色。園芸植物。

ドロニガナ 〈*Ixeris dentata* var. *kitayamensis*〉キク科。

ドロニクム 〈*Doronicum caucasicum* Bieb.〉キク科。園芸植物。

ドロニクム・アウストリアクム 〈*Doronicum austriacum* Jacq.〉キク科の多年草。高さは1m以上。園芸植物。

ドロニクム・カルペタヌム 〈*Doronicum carpetanum* Boiss. et Reut. ex Willk.〉キク科の多年草。花は黄色。園芸植物。

ドロニクム・グランディフロルム キク科。高山植物。

ドロニクム・コルムナエ 〈*Doronicum columnae* Ten.〉キク科の多年草。高さは30〜90cm。園芸植物。

ドロニクム・パルダリアンケス 〈*Doronicum pardalianches* L.〉キク科の多年草。高さは60〜100cm。園芸植物。

ドロニクム・フーケリィ キク科。高山植物。

ドロニクム・プランタギネウム 〈*Doronicum plantagineum* L.〉キク科の多年草。高さは60〜90cm。園芸植物。

ドロノキ ドロヤナギの別名。

トロパエオルム・アズレウム 〈*Tropaeolum azureum* Miers〉ノウゼンハレン科の草本。高さは2m。花は青色。園芸植物。

トロパエオルム・スペキオスム 〈*Tropaeolum speciosum* Poepp. et Endl.〉ノウゼンハレン科の草本。高さは3m。花は朱赤色。園芸植物。

トロパエオルム・トリコロル 〈*Tropaeolum tricolor* Swartz〉ノウゼンハレン科の草本。高さは3m。花は黄色。園芸植物。

トロパエオルム・ペルトフォルム 〈*Tropaeolum peltophorum* Benth.〉ノウゼンハレン科の草本。高さは4m。花は緋赤色。園芸植物。

トロパエオルム・ペレグリヌム カナリヤヅルの別名。

トロパエオルム・ポリフィルム 〈*Tropaeolum polyphyllum* Cav.〉ノウゼンハレン科の多年草。高さは1m以上。花は黄またはオレンジ色。園芸植物。

トロパエオルム・ミヌス 〈*Tropaeolum minus* L.〉ノウゼンハレン科の草本。別名ヒメキンレンカ。高さは60cm。花は濃黄または橙黄色。園芸植物。

トロビタ・オレンジ ミカン科のミカン(蜜柑)の品種。臍は生じない。

ドロヤナギ 泥柳 〈*Populus maximowiczii* Henry〉ヤナギ科の落葉高木。別名ドロノキ、ワタドロ。高さは30m。花は雄花は赤紫、雌花は黄緑色。高山植物。薬用植物。園芸植物。

トロリウス キンポウゲ科の属総称。別名セイヨウキンバイ、キンバイソウ。

トロリウス セイヨウキンバイの別名。

トロリウス・アジアティカ 〈*Trollius asiaticus* L.〉キンポウゲ科の多年草。

トロリウス・エウロパエウス セイヨウキンバイの別名。

トロリウス・キネンシス 〈*Trollius chinensis* Bunge〉キンポウゲ科の宿根草。高さは90cm。花は濃橙黄色。園芸植物。

トロリウス・ユウロペウス セイヨウキンバイの別名。

トロリウス・リーデリアヌス チシマキンバイソウの別名。

トロロアオイ 黄蜀葵 〈*Abelmoschus manihot* (L.) Medik.〉アオイ科の一年草または越年草。別名オウショッキ(黄蜀葵)、トロロ(薯蕷)、クサダモ。高さは1.5〜2.5m。花は黄色。熱帯植物。薬用植物。園芸植物。

トロロコンブ 〈*Kjellmaniella gyrata* (Kjellman) Miyabe in Okamura〉コンブ科の海藻。粘質にとむ。体は長さ1〜5m。

トロント ユリ科のチューリップの品種。園芸植物。

ドワーフ・ブルー ムラサキ科のワスレナグサの品種。園芸植物。

トンガリバナノキ 〈*Pyramidanthe prismatica* (Hook. f.) Sinclair〉バンレイシ科の蔓木。外花被は橙黄色、内花被は肉色。熱帯植物。

トンキンカズラ 〈*Telosma cordata* Merr.〉ガガイモ科の蔓木。花は夜開き淡黄色で内面黄橙色。熱帯植物。園芸植物。

ドングリ ナラ、クヌギ、カシなどの果実の総称。

トンビマイタケ 〈*Meripilus giganteus* (Pers. : Fr.) Karst.〉サルノコシカケ科のキノコ。大型。傘は茶褐色、大きい扇形。

トンブリ ホウキギの別名。

ドンベイミナミブナ 〈*Nothofagus dombeyi*〉ブナ科の木本。樹高40m。樹皮は暗灰色。

トンボソウ 蜻蛉草 〈*Platanthera ussuriensis* (Regel et Maack) Maxim.〉ラン科の多年草。別名コトンボソウ。高さは15〜35cm。

【ナ】

ナイナ バラ科。ハイブリッド・ティーローズ系。花は淡いピンクとクリームのクラデーション。

ナイモウオウギ 〈*Astragalus membranaceus* (Fisch.) Bge. var. *mongholicus* (Bge.) Hsiao.〉マメ科の薬用植物。

ナイヤガラ ブドウ科のブドウ(葡萄)の品種。果皮は黄緑色。

ナヴァホア・ピーブレシアナ 〈*Navajoa peeblesiana* Croiz.〉サボテン科のサボテン。別名飛島。高さは2.5〜5cm。園芸植物。

ナウクレア・ラティフォリア 〈*Nauclea latifolia* Sm.〉ガガイモ科の低木または多年草。

ナウティロカリクス・フォルジェティー 〈*Nautilocalyx forgetii* (T. Sprague) T. Sprague〉イワタバコ科の多年草。葉は茶色。園芸植物。

ナウティロカリクス・ブラッス 〈*Nautilocalyx bullatus* (Lem.) T. Sprague〉イワタバコ科の多年草。高さは60cm。園芸植物。

ナウティロカリクス・メリッティフォリウス 〈*Nautilocalyx melittifolius* (L.) Wiehl.〉イワタバコ科の多年草。花は赤色。園芸植物。

ナウティロカリクス・リンチー 〈*Nautilocalyx lynchii* (Hook. f.) T. Sprague〉イワタバコ科の多年草。高さは50cm。花は淡黄色。園芸植物。

ナエバキスミレ 〈*Viola brevistipulata* (Franch. et Savat.) W. Becker var. *minor* Nakai〉スミレ科。別名ダイセンキスミレ。高山植物。

ナガイタチゴケ 〈*Leucodon pendulus* Lindb.〉イタチゴケ科のコケ。葉は卵状楕円形で細く鋭頭。

ナガイモ 長芋 〈*Dioscorea batatas* Decne.〉ヤマノイモ科の野菜。別名ヤマイモ、ヤマノイモ。茎には稜があり、葉柄とともに紫色を帯びる。薬用植物。園芸植物。

ナガウブゲグサ 〈*Spyridia elongata* Okamura〉イギス科の海藻。生時赤褐色。体は20〜45cm。

ナガエアオイ 〈*Malva pusilla* Smith〉アオイ科の越年草。長さは30〜60cm。花は淡紅色。

ナガエカサ 〈*Eurycoma longifolia* Jack.〉ニガキ科の低木。葉は幹頂に密生しナンテン状。熱帯植物。

ナガエコナスビ コナスビの別名。

ナガエコミカンソウ 〈*Phyllanthus tenellus* Roxb.〉トウダイグサ科の一年草。別名ブラジルコミカンソウ。長さは8〜77cm。

ナガエサカキ 〈*Adinandra dumosu* Jack.〉ツバキ科の小木。日本のサカキに酷似。熱帯植物。

ナガエサクララン 〈*Hoya caudata* Hook. f. var. *crassifolia* Ridl.〉ガガイモ科の蔓植物。葉は赤緑色でやや反巻。花は肉色白毛。熱帯植物。

ナガエタチヒラゴケ 〈*Homalia trichomanoides* (Hedw.) Schimp.〉ヒラゴケ科のコケ。二次茎は這い、葉は倒卵形。

ナガエツルノゲイトウ 〈*Alternanthera philoxeroides* (Mart.) Griseb.〉ヒユ科の一年草。長さは1m以上。花は白色。

ナガエノアカミゴケ 〈*Cladonia pleurota* (Flörke) Schaer. var. *dahlii* Asah.〉ハナゴケ科の地衣類。子柄は長さ3cm。

ナガエノアザミ 〈*Cirsium longepedunculatum* Kitam.〉キク科の草本。

ナガエノウラベニイグチ 〈*Boletus quercinus* Hongo〉イグチ科のキノコ。中型〜大型。傘は灰白色。

ナガエノコアカミゴケ 〈*Cladonia angustata* Nyl.〉ハナゴケ科の地衣類。子柄は無盃で単一棒状。

ナガエノスギタケ 〈*Hebeloma radicosum* (Bull. : Fr.) Ricken〉フウセンタケ科のキノコ。中型〜大型。傘は饅頭形、湿時粘性。

ナガエノスナゴケ 〈*Racomitrium atroviride* Card.〉ギボウシゴケ科のコケ。大形、長さ10cm、光沢のない黄緑色〜緑褐色。

ナガエノチャワンタケ 〈*Helvella macropus* (Pers. : Fr.) Karst. var. *Macropus*〉ノボリリュウタケ科のキノコ。小型、頭部は皿形、灰色。

ナガエノホコリタケ 〈*Tulostoma fimbriatum* Fr. var. *campestre* (Morg.) Moreno〉ケシボウズタケ科のキノコ。別名ナガエノケシボウズタケ。小型。半地下生(砂地)、頭部は砂まじり。

ナガエノモウセンゴケ ドロセラ・インテルメディアの別名。

ナガエハゼ 〈*Sapium discolor* Muell-Arg.〉トウダイグサ科の小木。若枝と葉柄は赤、葉裏粉白。熱帯植物。

ナガエフアエアントス 〈*Phaeanthus crassipetalus* Becc.〉バンレイシ科の小木。果実は黄色。花は黄緑色。熱帯植物。

ナガエフタバムグラ 〈*Hedyotis diffusa* Willd. var. *longipes* Nakai〉アカネ科の草本。熱帯植物。

ナガエベンケイ 〈*Kalankoe velutina* Welw.〉ベンケイソウ科の低木。別名ダイオウカン。園芸植物。

ナガエホルトノキ 〈*Elaeocarpus petiolatus* Wall.〉ホルトノキ科の高木。頂芽はゴム質で被われる。花は白色。熱帯植物。

ナガエミカン 〈*Feronia limonia* Swing.〉ミカン科の小木。果実は白雲を被る。熱帯植物。

ナガエミクリ 〈*Sparganium japonicum* Rothert〉ミクリ科の多年生の抽水性〜浮葉植物。全高70〜130cm、抽水葉では背稜が顕著。高さは40〜100cm。

ナガオノキシノブ 〈*Lepisorus thunbergianus* var. *angustus* (Ching) Kurata〉ウラボシのシダ植物。

ナガオバネ 〈*Schimmelmania plumosa* (Setchell) Abbott〉イトフノリ科の海藻。主枝は扁圧。体は30cm。

ナガガクコンロンカ 〈*Mussaenda villosa* Wall.〉アカネ科のやや蔓性植物。花は内面橙黄色。熱帯植物。

ナガカワノギク 〈*Chrysanthemum yoshinaganthum* Makino〉キク科の草本。

ナガクビゴケ 〈*Plagiobryum zieri* (Hedw.) Lindb.〉ハリガネゴケ科のコケ。小形、茎は長さ約5mm、葉は広卵形〜卵形。

ナガクビサワゴケ 〈*Fleischerobryum longicolle* (Hampe) Loeske〉タマゴケ科のコケ。大形、茎は長さ5cm近く、褐色で平滑な仮根で覆われる。

ナガグロヒメカラカサタケ 〈*Lepiota praetervisa* Hongo〉ハラタケ科のキノコ。

ナガグロモリノカサ 〈*Agaricus praeclaresquamosus* Freeman〉ハラタケ科のキノコ。大型。傘は黒褐色の細鱗片。ひだは白色→淡紅色→紫褐色。

ナガゲオニソテツ エンケファラルトス・ウィロススの別名。

ナガケビラゴケ 〈*Radula fauriana* Steph.〉ケビラゴケ科のコケ。雌雄同株、無性芽はない。

ナガコノハノリ 〈*Hypophyllum middendorfii* (Ruprecht) Kylin〉コノハノリ科の海藻。膜質。体は8〜10cm。

ナガサキ・イッサイフジ 長崎一歳藤 マメ科のフジの品種。園芸植物。

ナガサキオトギリ 〈*Hypericum kiusianum* Koidz.〉オトギリソウ科。

ナガサキシダ 長崎羊歯 〈*Dryopteris sieboldii* (Houtt.) O. Kuntze〉オシダ科の常緑性シダ。別名オオミツデ。葉身は長さ30〜70cm。広卵形から円状卵形。園芸植物。

ナガサキシダモドキ 〈*Dryopteris × toyamae* Tagawa〉オシダ科の常緑性シダ。羽片は羽状に浅裂〜中裂。

ナガサキツノゴケ 〈*Anthoceros punctatus* L.〉ツノゴケ科のコケ。緑色、ロゼットとなり、径1〜1.5cm。

ナガサキテングサゴケ 〈*Riccardia nagasakiensis* (Steph.) S. Hatt.〉スジゴケ科のコケ。緑褐色〜暗緑色、長さ1〜4cm。

ナガサキホウオウゴケ 〈*Fissidens geminiflorus* Dozy & Molk.〉ホウオウゴケ科のコケ。茎は葉を含め長さ17〜60mm、葉は鮮緑色〜濃緑色で披針形。

ナガサキマンネングサ 長崎万年草 〈*Sedum nagasakianum* (Hara) H. Ohba〉ベンケイソウ科の草本。

ナガサヤキンモウゴケ 〈*Ulota drummondii* (Hook. & Grev.) Brid.〉タチヒダゴケ科のコケ。茎は傾くかややはい、葉は卵状披針形。

ナガサルオガセ 〈*Usnea longissima* Ach.〉サルオガセ科の地衣類。地衣体は側枝を密生。

ナガジクヤバネショウ カラテア・プリンケプスの別名。

ナガシタバヨウジョウゴケ 〈*Cololejeunea raduliloba* Steph.〉クサリゴケ科のコケ。腹片はつねに舌形。

ナガシッポゴケ 〈*Dicranum drummondii* Müll. Hal.〉シッポゴケ科のコケ。やや大形、葉は狭披針形。

ナガシマモク 〈*Sargassum segii* Yoshida〉ホンダワラ科の海藻。根は仮盤状根。体は長さ35～53cm。

ナガスジイトゴケ 〈*Haplohymenium louginerve* (Broth.) Broth.〉シノブゴケ科のコケ。中肋が葉先近くにまで達する。

ナガスジコモチイトゴケ 〈*Clastobryopsis brevinervis* M. Fleisch.〉ナガハシゴケ科のコケ。枝葉の先は漸尖して鋭頭。

ナガスジハリゴケ 〈*Claopodium prionophyllum* (Müll. Hal.) Broth.〉シノブゴケ科のコケ。茎はやや分枝、葉は広卵形、先端は針状。

ナガソデノマイ 長袖の舞 キンポウゲ科のシャクヤクの品種。園芸植物。

ナカツハクトウ 中津白桃 バラ科のモモ(桃)の品種。果肉は白色。

ナガトゲミカン 〈*Citrus retusa* Hort.〉ミカン科の小木。直立性、葉柄に翼がなく、節はある。熱帯植物。

ナガトゲムサシノ 長刺武蔵野 サボテン科のサボテン。園芸植物。

ナガネギ ウェルシュ・オニオンの別名。

ナガネツメゴケ 〈*Peltigera dolichorrhiza* (Nyl.) Nyl.〉ツメゴケ科の地衣類。黒褐色の網状膜が明瞭。

ナガノギイネ 〈*Oryza sativa* L.〉イネ科。

ナガバアカシア 〈*Acacia longifolia* (Andr.) Willd.〉マメ科の木本。高さは6～8m。花は黄金色。園芸植物。

ナガバアサガオ 〈*Aniseia martinicensis* (Jacq.) Choisy〉ヒルガオ科の蔓草。花は白色。熱帯植物。

ナガバアッサムヤシ ウォリッキア・デンシフロラの別名。

ナガバアメリカミコシガヤ 〈*Carex vulpinoidea* Michx.〉カヤツリグサ科の多年草。高さは60～80cm。

ナガバイヌツゲ 〈*Ilex maximowicziana* Loes.〉モチノキ科の木本。

ナガバイラクサ 〈*Urtica sikokiana* Makino〉イラクサ科の草本。高山植物。

ナガバウスバシダ 〈*Tectaria kusukusensis* (Hayata) Lellinger〉オシダ科の常緑性シダ。別名サキミウスバシダ。葉身は長さ45cm。長楕円形から広披針形。

ナガバウリノキ 〈*Alangium salviifolium* Wangerin〉ウリノキ科の小木。熱帯植物。

ナガバエビモ 〈*Potamogeton praelongus* Wulf.〉ヒルムシロ科の大形の沈水植物。葉は無柄、長楕円状線形～披針形。

ナガバオオウチワ 〈*Anthurium warocqueanum* T. Moore〉サトイモ科の多年草。別名ナガバビロードオオウチワ。葉は濃緑色のビロード状。園芸植物。

ナガバオニザミア ソテツ科。園芸植物。

ナガバオニソテツ エンケファラルトス・ロンギフォリウスの別名。

ナガバオモダカ 〈*Sagittaria graminea* Michx.〉オモダカ科の抽水植物。冬期は線形の沈水葉。高さは20～60cm。花は白色。園芸植物。

ナガバカゴノキ 〈*Actinodaphne maingayi* Hook. f.〉クスノキ科の高木。葉柄と若枝には褐毛を密布、葉裏灰白。花は淡黄色。熱帯植物。

ナガバカラマツ ホソバカラマツの別名。

ナガバカワヤナギ 長葉川柳 〈*Salix gilgiana* Seemen〉ヤナギ科の落葉低木～小高木。冬芽が赤く大きい。薬用植物。園芸植物。

ナガバギシギシ 長葉羊蹄 〈*Rumex crispus* L.〉タデ科の多年草。別名ウマダイオウ。高さは0.8～1.5m。花は緑白色。薬用植物。

ナガバキンチドリ 〈*Platanthera ophrydioides* var. *australis*〉ラン科。

ナガバキタアザミ 長葉北薊 〈*Saussurea riederi* Herder var. *yezoensis* Maxim.〉キク科の多年草。高さは10～40cm。高山植物。

ナガバキダチオウソウカ 〈*Polyalthia longifolia* (Sonnerat) Thm.〉バンレイシ科。葉狭長。花は緑色。熱帯植物。園芸植物。

ナガバキブシ 〈*Stachyurus macrocarpus* Koidz.〉キブシ科の常緑低木。

ナガバクコ 〈*Lycium barbarum* L.〉ナス科の薬用植物。

ナガハグサ 長葉草 〈*Poa pratensis* L.〉イネ科の多年草。別名ケンタッキー・ブルーグラス。高さは10～90cm。

ナガバクワズイモ アロカシア・ローウィーの別名。

ナガバコウゾリナ 〈*Blumea conspicua* Hayata〉キク科の草本。別名ツルヤブタバコ。

ナガバコウラボシ 〈*Grammitis tuyamae*〉ヒメウラボシ科(ウラボシ科)の常緑性シダ。葉身は長さ5～8cm。線状披針形から狭披針形。

ナガバコウラボシ ヒロハヒメウラボシの別名。

ナガバコゴケ 〈*Weissia longidens* Card.〉センボンゴケ科のコケ。よく発達した長い蒴歯をもつ。

ナガバコショウ 〈*Piper ramipilum* C. DC.〉コショウ科の蔓木。葉は狭長。熱帯植物。

ナガバコバンノキ 〈*Elaeocarpus multiflorus* F.-Vill.〉ホルトノキ科。

ナガバザミア ザミア・ロッディギシーの別名。

ナガバサワゴケ 〈*Philonotis lancifolia* Mitt.〉タマゴケ科のコケ。比較的大形、茎は長さ2～5cm、葉は広披針形。

ナガバサンショウソウ 〈*Pellionia yosiei* Hara〉イラクサ科の草本。

ナガハシゴケ 〈*Sematophyllum subhumile* (Müll. Hal.) M. Fleisch.〉ナガハシゴケ科のコケ。枝葉は狭卵形披針形。

ナガハシスミレ 〈*Viola rostrata* Pursh var. *japonica* (W. Becker et H. Boiss.) Ohwi〉スミレ科の多年草。別名テングスミレ。高さは10〜15cm。

ナガハシマムシソウ サトイモ科の草本。

ナガバジャスミン 〈*Jasminum adenophyllum* Wall.〉モクセイ科の蔓木。果実は黒色。花は白色。熱帯植物。

ナガバジャノヒゲ 〈*Ophiopogon japonicus* (Thunb.) Ker Gawl. var. *umbrosus* Maxim.〉ユリ科。

ナガバジュズネノキ 長葉数珠根の木 〈*Damnacanthus macrophyllus* Sieb. et Zucc. var. *giganteus* (Makino) Koidz.〉アカネ科の木本。

ナガバシュロソウ ホソバシュロソウの別名。

ナガハススメナスビ 〈*Solanum blumei* Nees〉ナス科の小低木。果実は赤熟、果実は甘く食用。花は紫色。熱帯植物。

ナガバスズメノヒエ 〈*Paspalum longifolium* Roxb.〉イネ科。別名ナンヨウスズメノヒエ。葉や葉鞘が無毛。

ナガバセスジクサ アグラオネマ・ピクツムの別名。

ナガバタチツボスミレ 〈*Viola ovato-oblonga* (Miq.) Makino〉スミレ科の多年草。高さは15〜40cm。

ナガバチヂレゴケ 〈*Ptychomitrium linearifolium* Reimers & Sakurai〉ギボウシゴケ科のコケ。体は高さ2〜4cm、葉は線状披針形。

ナガバツガザクラ 長葉栂桜 〈*Phyllodoce nipponica* var. *oblongo-ovata*〉ツツジ科。高山植物。

ナガバツノミザミア ケラトザミア・メキシカナの別名。

ナガバツメクサ 〈*Stellaria longifolia* L.〉ナデシコ科の草本。

ナガハデイコ 〈*Erythrina fusca* Lour.〉マメ科の高木。葉を食用とする。熱帯植物。園芸植物。

ナガハナアデク 〈*Eugenia longiflora* Fisch.〉フトモモ科の高木。材は黄白でやや強い。熱帯植物。

ナガバナオシロイバナ ミラビリス・ロンギフロラの別名。

ナガバナカンチョウジ ブヴァルディア・ロンギフロラの別名。

ナガバノイシモチソウ 〈*Drosera indica* L.〉モウセンゴケ科の一年生食虫植物。日本絶滅危機植物。

ナガバノイタチシダ 〈*Dryopteris sparsa* (Buch.-Ham.) O. Kuntze〉オシダ科の常緑性シダ。葉身は長さ30〜50cm。卵状長楕円形。

ナガバノウナギヅル ナガバノウナギツカミの別名。

ナガバノウナギツカミ 〈*Persicaria hastato-sagittata* (Makino) Nakai〉タデ科の草本。

ナガハノキ 〈*Trigonostemon longifolius* Baill.〉トウダイグサ科の低木。葉質ビワに似て長く軟。花は黒紫色。熱帯植物。

ナガバノコウヤボウキ 長葉高野箒 〈*Pertya glabrescens* Sch. Bip.〉キク科の小低木。高さは60〜100cm。

ナガバノシッポゴケ 〈*Paraleucobryum longifolium* (Hedw.) Loeske〉シッポゴケ科のコケ。茎は長さ5cm、葉長7〜10mm。

ナガバノスミレサイシン 〈*Viola bisseti* Maxim.〉スミレ科の多年草。高さは5〜12cm。花は淡紫色。園芸植物。

ナガバノモウセンゴケ 長葉の毛氈苔 〈*Drosera anglica* Huds.〉モウセンゴケ科の多年生食虫植物。高さは10〜20cm。高山植物。園芸植物。日本絶滅危機植物。

ナガバノモミジイチゴ バラ科。

ナガバノヤノネグサ 〈*Persicaria breviochreata* (Makino) Ohki〉タデ科の草本。別名ホソバノヤノネグサ。

ナガバノヤブマオ ナガバヤブマオの別名。

ナガバハグマ 〈*Ainsliaea oblonga* Koidz.〉キク科の草本。

ナガバハケヤシ ロバロスティリス・サピダの別名。

ナガバハッカ 〈*Mentha longifolia* (L.) Huds.〉シソ科の多年草。別名ケハッカ。高さは40〜120cm。花は藤または青色。園芸植物。

ナガバハナガサシャクナゲ 〈*Kalmia angustifolia* L.〉ツツジ科。高さは1.5m。花は紅紫、ピンク色。園芸植物。

ナガバハマミチヤナギ 〈*Polygonum tatewakianum* Ko. Ito〉タデ科の草本。

ナガバハリガネゴケ 〈*Bryum coronatum* Schwägr.〉ハリガネゴケ科のコケ。茎は長さ0.5〜1cm、葉は披針形〜卵状披針形。

ナガバビカクシダ ウラボシ科。園芸植物。

ナガバヒゲバゴケ 〈*Cirriphyllum piliferum* (Hedw.) Grout〉アオギヌゴケ科のコケ。茎葉は全長2.5〜3mm、葉身部は卵形。

ナガバヒメアナナス クリプタンサス・ブロメリオイデスの別名。

ナガバヒョウタンゴケ 〈*Chenia rhizophylla* (Sakurai) R. H. Zander〉センボンゴケ科のコケ。体は低い芝生状、葉は舌形〜さじ形。

ナガバホーヘレ 〈*Hoheria sexstylosa*〉アオイ科の木本。樹高8m。樹皮は灰色。

ナガバマツ ピヌス・ロクスバリーの別名。

ナガバマムシグサ サトイモ科。

ナガバミズギボウシ ミズギボウシの別名。

ナガバムシトリゴケ 〈*Colura tenuicornis* (A. Evans) Steph.〉クサリゴケ科のコケ。淡緑色、茎は長さ2〜4mm。

ナガバメヤブソテツ 〈*Cyrtonium* × *pseudocaryotideum* Shimura, Matsumoto et A. Yamam., nom. nud.〉オシダ科のシダ植物。

ナガバモミジイチゴ バラ科の木本。

ナガバモミジイチゴ キイチゴの別名。

ナガバヤクシソウ 〈*Youngia yoshinoi* (Makino) Kitam.〉キク科の草本。

ナガバヤブマオ 〈*Boehmeria sieboldiana* Blume〉イラクサ科の多年草。葉裏青白。高さは1〜2m。熱帯植物。

ナガバヤマニクズク 〈*Knema hookeriana* Warb.〉ニクズク科の高木。若葉は黄褐色の綿毛を被る。熱帯植物。

ナガバヤワラバノキ 〈*Claoxylon longifolium* Miq.〉トウダイグサ科の小木。葉は極く軟で切って放置すれば皺になる。熱帯植物。

ナガバユキノシタ 〈*Bergenia crassifolia* (L.) Fritsch〉ユキノシタ科の多年草。高さは50cm。花は桃藤色。園芸植物。

ナカハラクロキ 〈*Symplocos nakaharae* (Hayata) Masam.〉ハイノキ科の木本。別名リュウキュウクロキ。

ナカハラセッコク エピゲネイウム・ファルジェシーの別名。

ナガバラッコゴケ 〈*Gollania turgens* (Müll. Hal.) Ando〉ハイゴケ科のコケ。茎は長さ7cm、茎葉は披針形。

ナカハララン 〈*Liparis nakaharai* Hayata〉ラン科。

ナガバリュウノウ 〈*Dryobalanops oblongifolia* Dyer.〉フタバガキ科の高木。リュウノウより幹は短大。熱帯植物。

ナガヒツジゴケ 〈*Brachythecium buchananii* (Hook.) A. Jaeger〉アオギヌゴケ科のコケ。茎は這い、ときに5cm以上、茎葉は卵形。

ナガフクロゴケ 〈*Hypogymnia enteromorpha* (Ach.) Nyl. fo. *inactiva* (Asah.) Kurok.〉ウメノキゴケ科の地衣類。裂片は幅1〜4mm。

ナガボアミガサノキ ベニヒモノキの別名。

ナガホチロフォラ 〈*Tylophora tenuis* BL.〉ガガイモ科の蔓草。葉は薬用。熱帯植物。

ナガボテンツキ 長穂天突 〈*Fimbristylis longispica* Steud.〉カヤツリグサ科の多年草。高さは30〜80cm。

ナガボナツハゼ 〈*Vaccinium sieboldii* Miq.〉ツツジ科の落葉低木。

ナガボノウルシ 〈*Sphenoclea zeylanica* Gaertn.〉ナガボノウルシ科の水辺の草本。高さは80cm。花は穂状で黄緑色。熱帯植物。

ナガボノコジュズスゲ 〈*Carex parciflora* Boott var. *vaniotii* (Lév.) Ohwi〉カヤツリグサ科。別名アオジュズスゲ。

ナガボノシロワレモコウ 長穂の白吾木香 〈*Sanguisorba tenuifolia* Fisch. var. *alba* Trautv. et C. A. Meyer〉バラ科の多年草。高さは60〜130cm。

ナガホノナツノハナワラビ 長穂夏花蕨 〈*Botrypus strictus* (Und.) Holub〉ハナヤスリ科の夏緑性シダ。葉身は長さ15〜30cm。2〜3回羽状に深裂。

ナガホノフラスコモ 〈*Nitella spiciformis* Morioka〉シャジクモ科。

ナガホハネガヤ スティパ・ペンナタの別名。

ナガホブドウ 〈*Vitis cinnamomea* Wall.〉ブドウ科の蔓木。茎は白毛、葉裏褐色、果実は紫に熟す。熱帯植物。

ナガマツモ 〈*Chordaria flagelliformis* (Müller) Agardh〉ナガマツモ科の海藻。粘滑。体は30cm。

ナガミアマナズナ 〈*Camelina sativa* (L.) Crantz〉アブラナ科の一年草まれに越年草。高さは20〜100cm。花は淡黄色。

ナガミイボゴケ 〈*Bacidia palmularis* Zahlbr.〉ヘリトリゴケ科の地衣類。地衣体は径5cm。

ナガミオランダフウロ 〈*Erodium botrys* (Cav.) Bertol.〉フウロソウ科の一年草。別名ツノミオランダフウロ。高さは5〜40cm。花は紫色。

ナガミガキ 〈*Diospyros maingayi* (Hiern.) Bakh.〉カキノキ科の高木。樹皮黒色。熱帯植物。

ナガミカズラ 〈*Aeschynanthus acuminatus* Wall. ex DC.〉イワタバコ科。

ナガミカンジス 〈*Garcinia sp.*〉オトギリソウ科の小木。枝は紫黒色。花は肉色。熱帯植物。

ナガミキシロピヤ 〈*Xylopia stenopetala* Hook. f.〉バンレイシ科の高木。葉光沢、葉裏粉白。果実は赤熟。熱帯植物。

ナガミキンカン キンカンの別名。

ナガミゴケ 〈*Trichodon cylindricus* (Hedw.) Schimp.〉キンシゴケ科のコケ。小形、茎は長さ2cm以下。

ナガミサラカヤシ 〈*Zalacca glabrescens* Griff.〉ヤシ科。果実は長く赤色。熱帯植物。

ナガミシオミドロ 〈*Giffordia indica* (Sonder) Papenfuss et Chihara in Papenfuss〉シオミドロ科の海藻。匍匐部から叢生。体は5cm。

ナカミシシラン 中実獅子蘭 〈*Vittaria fudzinoi* Makino〉シシラン科の常緑性シダ。葉身は長さ25〜45cm。線形。

ナガミジュラン 〈*Aglaia macrostigma* King.〉センダン科の高木。熱帯植物。

ナガミゼリ 〈*Scandix pecten-veneris* L.〉セリ科の一年草。別名ナガミノセリモドキ。高さは20〜40cm。花は白色。

ナガミチョウチンゴケ 〈*Aulacomnium heterostichum* (Hedw.) Bruch & Schimp.〉ヒモゴケ科のコケ。茎は立ち、長さ2〜3cm、葉は多列、卵形〜長卵形。

ナガミニクズク 〈*Myristica elliptica* Wall.〉ニクズク科の高木。葉裏粉白、果実は緑褐色、滑。熱帯植物。

ナガミノオニシバ 長実鬼芝 〈*Zoysia sinica* var. *nipponica*〉イネ科の草本。

ナガミノゴケ 〈*Macromitrium prolongatum* Mitt.〉タチヒダゴケ科のコケ。茎は長くはい、枝葉は狭披針形。

ナガミノツルキケマン 〈*Corydalis raddeana*〉ケシ科。

ナガミノツルケマン 〈*Corydalis raddeana* Regel〉ケシ科。

ナガミノラフィヤ 〈*Raphia hookeri* M. et W.〉ヤシ科。葉裏は銀白によごれ、羽軸は橙黄色。羽片の長さ60cm。熱帯植物。

ナガミヒナゲシ 〈*Papaver dubium* L.〉ケシ科の一年草または越年草。高さは10〜60cm。高山植物。

ナガミボチョウジ 〈*Psychotria manillensis* Bartl. ex DC.〉アカネ科の木本。

ナガミル 長水松 〈*Codium cylindricum* Holmes〉ミル科の海藻。別名クズレミル、サメノタスキ。体は長さ15m。

ナガモツレ 〈*Rhizoclonium tortuosum* Kützing〉シオグサ科の海藻。毛糸状にもつれる。

ナガヤクヤシ タエニアンテラ・マクロスタキスの別名。

ナカヤス 中安 アブラナ科のハナナの品種。別名ナバナ。園芸植物。

ナカヤス 中安 キク科のキンセンカの品種。園芸植物。

ナカヤマキントウ 中山金桃 バラ科のモモ(桃)の品種。果皮は黄色。

ナガラッパバナ ソランドラ・ロンギフロラの別名。

ナギ 梛 〈*Podocarpus nagi* (Thunb. ex Murray) Zoll. et Moritzi ex Makino〉マキ科の常緑高木。別名チカラシバ、ベンケイノチカラシバ。高さは25m。花は黄白色。園芸植物。

ナギイカダ 梛筏 〈*Ruscus aculeatus* L.〉ユリ科の常緑小低木。高さは10〜100cm。園芸植物。

ナギナタガヤ 薙刀茅 〈*Festuca myuros* L.〉イネ科の一年草。別名ネズミノシッポ、シッポガヤ。葉身は幅0.5mmほどの円筒形。高さは20〜40cm。

ナギナタコウジュ 薙刀香薷 〈*Elsholtzia ciliata* (Thunb. ex Murray) Hylander〉シソ科の一年草。高さは30〜60cm。薬用植物。

ナギナタゴケ 〈*Cladonia nigripes* (Nyl.) Trass.〉ハナゴケ科の地衣類。子柄は高さ5〜15cm。

ナギナタタケ 〈*Ramariopsis fusiformis* (Sow. : Fr.) Petersen〉シロソウメンタケ科(ホウキタケ科)のキノコ。形はなぎなた状、黄色。

ナギバトウ 〈*Desmoncus orthocanthos* Mart.〉ヤシ科の蔓木。熱帯植物。

ナギラン 那木蘭 〈*Cymbidium lancifolium* Hook. f.〉ラン科の多年草。高さは10〜20cm。花は白、黄、淡緑色。園芸植物。日本絶滅危機植物。

ナキリスゲ 菜切菅 〈*Carex sendaica* Franch. var. *nakiri* T. Koyama〉カヤツリグサ科の多年草。高さは40〜80cm。

ナゲリエラ・プルプレア 〈*Nageliella purpurea* (Lindl.) L. O. Williams〉ラン科。高さは2〜5cm。花は紫紅色。園芸植物。

ナゴラン 名護蘭 〈*Sedirea japonica* (Linden ex Reichb. f.) Garay et Sweet〉ラン科の多年草。長さ5〜20cm。花は淡緑白色。園芸植物。日本絶滅危機植物。

ナシ 梨 〈*Pyrus pyrifolia* (Burm. f.) Nakai var. *culta* (Makino) Nakai〉バラ科の落葉高木。別名ヤマナシ、ジョウボウナシ、メツコナシ。果実は球形〜長球形。園芸植物。

ナシ バラ科のナシ属の総称。

ナシ ピルス・ピリフォリアの別名。

ナシカズラ シマサルナシの別名。

ナシガタソロイゴケ 〈*Jungermannia pyriflora* Steph.〉ツボミゴケ科のコケ。茎は長さ1〜1.5cm、仮根は多く、無色。

ナシゴケ 〈*Leptobryum pyriforme* (Hedw.) Wilson〉ハリガネゴケ科のコケ。小形、茎は長さ5〜10mm、線形の葉。

ナス 茄子 〈*Solanum melongena* L.〉ナス科の果菜類。刺の多少、果色(紫、黄、緑、白)果形等種々。花は淡紫または白色。熱帯植物。薬用植物。園芸植物。

ナス科 科名。

ナスコンイッポンシメジ 〈*Entoloma kujuense* (Hongo) Hongo〉イッポンシメジ科のキノコ。中型。傘は暗紫色、中高の平ら、微細な鱗片。ひだはピンク色。

ナスシッポゴケ 〈*Dicranum leiodontum* Card.〉シッポゴケ科のコケ。葉の先端は針状。

ナスターチウム キンレンカの別名。

ナズナ 薺 〈*Capsella bursa-pastoris* Medicus〉アブラナ科の一年草または多年草。別名ペンペングサ、バチグサ。高さは10〜50cm。花は白色。薬用植物。園芸植物。

ナスノクロイヌノヒゲ 〈*Eriocaulon nasuense* Satake〉ホシクサ科の草本。

ナスヒオオギアヤメ 〈*Iris setosa* var. *nasuensis*〉アヤメ科。

ナゼゴケ 〈*Lopidium nazeense* (Thér.) Broth.〉クジャクゴケ科のコケ。二次茎は立ち上がり、長さ約2cm、側葉は舌形。

ナタウリ ペポカボチャの別名。

ナタオレノキ シマモクセイの別名。

ナタオレボク 〈*Streblus elongatus* (Miq.) Corner〉クワ科の高木。有用材、材は木目があり赤褐色で重い。熱帯植物。

ナタギリシダ 〈*Cyclosorus truncatus* (Poir.) Farw.〉オシダ科(ヒメシダ科)の常緑性シダ。葉身は長さ1m。広披針形。

ナタネ アブラナ科の作物総称。園芸植物。

ナタネタビラコ 〈*Lapsana communis* L.〉キク科の一年草。高さは10〜70cm。花は淡黄色。

ナタネハタザオ 〈*Conringia orientalis* (L.) Dumort.〉アブラナ科の一年草。別名コバンガラシ。高さは20〜70cm。花は黄白〜緑白色。

ナタマメ 鉈豆 〈*Canavalia gladiata* (Jacq.) DC.〉マメ科の果菜類。莢はタチハキ、莢は巾広く種子は褐色。花は白、ピンク、赤紫色。熱帯植物。薬用植物。園芸植物。

ナチクジャク 那智孔雀 〈*Dryopteris decipiens* (Hook.) O. Kuntze〉オシダ科の常緑性シダ。葉身は長さ20〜40cm。披針形〜長楕円状披針形。

ナチシケシダ 〈*Lunathyrium petersenii* (Kunze) H. Ohba〉オシダ科の夏緑性シダ。葉身は長さ10〜50cm。線形、線状披針形、広披針形、長楕円形、狭三角形など。

ナチシダ 那智羊歯 〈*Pteris wallichiana* Agardh〉イノモトソウ科(ワラビ科)のシダ植物。葉身は長さ1m。五角形状。園芸植物。

ナチフモトシケシダ 〈*Deparia petersenii* × *pseudo-conilii*〉オシダ科のシダ植物。

ナチュラルスイートピンク! バラ科。花はピンク。

ナツアサドリ 〈*Elaeagnus yoshinoi* Makino〉グミ科の落葉低木。別名サツキアサドリ。高さは6m。園芸植物。

ナツエビネ 夏海老根 〈*Calanthe reflexa* Maxim.〉ラン科の多年草。高さは20〜40cm。花は淡藤色。園芸植物。日本絶滅危機植物。

ナツカ 長束 バラ科のウメ(梅)の品種。果皮は淡緑で、陽向面は深紅色。

ナツギク キク科。園芸植物。

ナツグミ 夏茱萸 〈*Elaeagnus multiflora* Thunb. ex Murray var. *multiflora*〉グミ科の落葉低木。別名ヤマグミ、タウエグミ、カワラグミ。高さは2〜4m。花は内面は淡黄色。薬用植物。園芸植物。

ナツザキソシンカ バウヒニア・モナンドラの別名。

ナツザキフクジュソウ 〈*Adonis aestivalis* L.〉キンポウゲ科の草本。別名アステバリス。高さは30〜50cm。花は赤または朱紅色。園芸植物。切り花に用いられる。

ナツシロギク 夏白菊 〈*Chrysanthemum parthenium* (L.) Bernh.〉キク科の多年草。別名マトリカリア、ワイルドカモミール。高さは30〜80cm。花は白色。薬用植物。園芸植物。切り花に用いられる。

ナツズイセン 夏水仙 〈*Lycoris squamigera* Maxim.〉ヒガンバナ科の多年草。高さは50〜60cm。花は淡紅紫色。薬用植物。園芸植物。

ナツダイダイ ナツミカンの別名。

ナツツバキ 夏椿 〈*Stewartia pseudo-camellia* Maxim.〉ツバキ科の落葉高木。別名シャラノキ。樹高15m。花は白色。樹皮は赤褐色。園芸植物。

ナツトウダイ 夏灯台 〈*Euphorbia sieboldiana* Morren et Decne.〉トウダイグサ科の多年草。高さ30〜50cm。薬用植物。

ナツノタムラソウ 〈*Salvia lutescens* Koidz. var. *intermedia* (Makino) Murata〉シソ科の多年草。高さは20〜50cm。

ナツノハナワラビ 夏花蕨 〈*Japonobotrychium virginianum* (L.) Nishida ex Tagawa〉ハナヤスリ科の夏緑性シダ。葉身は長さ5〜28cm。広五角形状。

ナツハゼ 夏櫨 〈*Vaccinium oldhamii* Miq.〉ツツジ科の落葉低木。別名ゴンスケハゼ、ゴスケハゼ。

ナツフジ 夏藤 〈*Milletia japonica* (Sieb. et Zucc.) A. Gray var. *japonica*〉マメ科のつる性落葉木。別名ドヨウフジ。花は黄白色。園芸植物。

ナツボダイジュ 夏菩提樹 〈*Tilia platyphyllos* Scop.〉シナノキ科の落葉広葉高木。高さは32m。樹皮は灰色。薬用植物。園芸植物。

ナツミカン 夏蜜柑 〈*Citrus natsudaidai* Hayata〉ミカン科の木本。別名夏柑、甘代。果実は扁球形。薬用植物。園芸植物。

ナツメ 棗 〈*Zizyphus jujuba* Mill. var. *jujuba*〉クロウメモドキ科の落葉高木。果皮は黄褐色。薬用植物。園芸植物。

ナツメ クロウメモドキ科の属総称。

ナツメヤシ 棗椰子 〈*Phoenix dactylifera* L.〉ヤシ科の木本。別名センショウボク。雌雄異株、果実は長さ4cm。高さは25〜30m。花は黄〜橙色。熱帯植物。園芸植物。

ナツメヤシ ヤシ科の属総称。別名シンノウヤシ。

ナツユキカズラ 〈*Fallopia aubertii* (L. Henry) Holub〉タデ科。園芸植物。

ナツユキカズラ ポリゴヌム・オーベールティーの別名。

ナツリンドウ 〈*Gentiana septemfida* Pall.〉リンドウ科の多年草。高さは15〜45cm。花は濃青色。園芸植物。

ナツロウバイ ロウバイ科。別名シャラメイ。

ナデシコ 撫子 〈*Dianthus superbus* L. var. *longicalycinus* (Maxim.) Williams〉ナデシコ科の多年草。別名カワラナデシコ、ヤマトナデシコ、トコナツ。高さは30〜80cm。薬用植物。園芸植物。

ナデシコ ナデシコ科の属総称。宿根草。別名ダイアンサス。切り花に用いられる。

ナデシコ科 科名。

ナデン 南殿 〈*Prunus sieboldii* (Carr.) Wittm.〉バラ科の木本。別名ムシャザクラ。

ナナ キンポウゲ科のカナダオダマキの品種。宿根草。

ナナカマド 七竃 〈*Sorbus commixta* Hedlund var. *commixta*〉バラ科の落葉高木。別名クマサンショウ、ヤマサンショウ、オヤマノサンショウ。高さは15m。花は白色。樹皮は灰色。高山植物。薬用植物。園芸植物。

ナナカマド バラ科の属総称。

ナナコギク キク科。園芸植物。

ナナコマル 七々子丸 マミラリア・ヴィルディーの別名。

ナナツガママンネングサ ハコベマンネングサの別名。

ナナバケアカミゴケ 〈*Cladonia gonecha* (Ach.) Asah.〉ハナゴケ科の地衣類。地衣体は硫黄。

ナナバケシダ 七化羊歯 〈*Tectaria decurrens* (Presl) Copel.〉オシダ科の常緑性シダ。葉は長さ50〜100cm。葉身は長楕円形〜卵形。園芸植物。

ナナフシ ナナフシ科。

ナナミノキ 〈*Ilex chinensis* Sims〉モチノキ科の常緑高木。別名ナナメノキ、カシノハモチ。樹高10m。樹皮は灰色。薬用植物。

ナニワイバラ 難波茨 〈*Rosa laevigata* Michx. var. *laevigata*〉バラ科の落葉する性低木。花は白色。薬用植物。園芸植物。

ナニワズ 〈*Daphne pseudo-mezereum* A. Gray subsp. *jezoensis* (Maxim.) Hamaya〉ジンチョウゲ科の落葉小低木。別名エゾナツボウズ、エゾニシバリ。葉は鈍頭〜円形。園芸植物。

ナニワバラ ナニワイバラの別名。

ナノハナ アブラナの別名。

ナハカノコソウ 〈*Boerhaavia diffusa* L.〉オシロイバナ科の匍匐草。葉は鋭頭、狭脚、果実は長柄。花は紅紫色。熱帯植物。

ナハキハギ 〈*Dendrolobium umbellatum* (L.) Benth.〉マメ科の木本。

ナピーアグラス 〈*Pennisetum purpureum* Schumach〉イネ科の多年草。高さは3m。

ナベナ 鍋菜 〈*Dipsacus japonicus* Miq.〉マツムシソウ科の越年草。高さは1m以上。薬用植物。

ナベワリ 鍋破 〈*Croomia heterosepala* (Baker) Okuyama〉ビャクブ科の多年草。高さは30〜60cm。

ナポリタンシクラメン シクラメン・ネアポリタヌムの別名。

ナポレオーナ サガリバナ科の属総称。

ナポレオナエア・インペリアリス ナポレオンノキの別名。

ナポレオン 那翁 〈Royal Ann〉バラ科のオウトウ(桜桃)の品種。別名10号。果皮は淡黄色。

ナポレオンノキ 〈*Napoleonaea imperialis* Beauv.〉サガリバナ科の観賞用低木。花弁外面黄、内面暗紫色。熱帯植物。

ナミイワタケ 〈*Tylotus lichenoides* Okamura〉オゴノリ科の海藻。生時は鮮紅色。体は径5cm。

ナミガタウメノキゴケ 〈*Parmelia austrosinensis* Zahlbr.〉ウメノキゴケ科の地衣類。葉体の辺縁は斜上〜直立。

ナミガタウメノキゴケモドキ 〈*Parmelia praesorediosa* Nyl.〉ウメノキゴケ科の地衣類。裂片の縁部波状。

ナミガタスジゴケ 〈*Riccardia chamedryfolia* (With.) Grolle〉スジゴケ科のコケ。油体は各細胞に1〜5個含まれ、微粒の集合。

ナミガタタチゴケ タチゴケの別名。

ナミガタチョウチンゴケ 〈*Plagiomnium confertidens* (Lindb. & Arn.) T. J. Kop.〉チョウチンゴケ科のコケ。葉は舌形、葉身に明瞭な横じわ。

ナミキソウ 浪来草 〈*Scutellaria strigillosa* Hemsl.〉シソ科の多年草。高さは10〜40cm。園芸植物。

ナミゴヘイゴケ 〈*Spruceanthus semirepandus* (Nees) Verd.〉クサリゴケ科のコケ。緑褐色、茎は長さ2〜5cm。

ナミシッポウゴケ 〈*Dicranum polysetum* Sw.〉シッポウゴケ科のコケ。茎は長さ10cmに達し、白っぽい仮根が密生。

ナミダタケ イドタケ科。

ナミノハナ 〈*Chondrococcus japonicus* Okamura〉ナミノハナ科の海藻。小枝の縁辺が鋸歯状になる。

ナミマゾシア 〈*Mazosia phyllosema* (Nyl.) Zahlbr.〉キゴウゴケ科の地衣類。地衣体は灰褐色から緑灰色。

ナムナムノキ 〈*Cynometra cauliflora* L.〉マメ科の低木。葉は2裂片。花はピンク色。熱帯植物。

ナメアシタケ 〈*Mycena epipterygia* (Scop. : Fr.) S. F. Gray〉キシメジ科のキノコ。小型。傘は淡灰黄色〜淡灰褐色、粘性あり。

ナメコ 滑子 〈*Pholiota nameko* (T. Ito) S. Ito et Imai in Imai〉モエギタケ科のキノコ。別名ナメスギタケ。中型～大型。高さは5cm。傘は明褐色、下面にゼラチン質膜、強粘性。ひだは淡黄色。園芸植物。

ナメニセムクエタケ 〈*Phaeocollybia christinae* (Fr.) Heim〉フウセンタケ科のキノコ。小型。傘は粘性、円錐形。

ナメハヤスジゴケ 〈*Rhabdoweisia crispata* (With.) Lindb.〉シッポゴケ科のコケ。非常に小形、茎は長さ5mm以下、葉は狭披針形。

ナメライノデ 〈*Polystichum × okanum* Kurata〉オシダ科のシダ植物。

ナメラウラミゴケ 〈*Nephroma bellum* (Spreng.) Tuck.〉ツメゴケ科の地衣類。地衣体は灰褐色または褐色。

ナメラカブトゴケ 〈*Lobaria orientalis* (Asah.) Yoshimura〉カブトゴケ科(ヨロイゴケ科)のコケ。地衣体は大形の葉状。

ナメラカラクサゴケ 〈*Parmelia fertilis* Müll. Arg. Syn.〉ウメノキゴケ科の地衣類。背面の白斑が線と点からなる。

ナメラヂリナリア 〈*Dirinaria confusa* Awas.〉ムカデゴケ科の地衣類。地衣体は粉芽もパスチュールももたない。

ナメリチョウチンゴケ 〈*Mnium laevinerve* Card.〉チョウチンゴケ科のコケ。茎は長さ1～3cm、葉は卵形～卵状披針形。

ナメルギボウシ 〈*Hosta sieboldiana* var. *glabra*〉ユリ科。

ナヤノシロチャワンタケ 〈*Peziza domiciliana* Cooke〉チャワンタケ科のキノコ。

ナヨシダ 〈*Cystopteris fragilis* (L.) Bernh.〉オシダ科(イワデンダ科)の夏緑性シダ。葉身は長さ5～23cm。長楕円状卵形～長楕円形。

ナヨタケ 〈*Psathyrella gracilis* (Fr.) Quél.〉ヒトヨタケ科のキノコ。小型。傘は湿時褐色、乾燥時帯白色。被膜なし。ひだは淡灰色→黒褐色、縁部はピンク色。

ナヨテンマ 〈*Gastrodia gracilis* Blume〉ラン科の草本。日本絶滅危機植物。

ナヨナヨコゴメグサ 〈*Euphrasia microphylla* Koidz.〉ゴマノハグサ科の草本。

ナヨナヨサガリゴケ 〈*Letharia togashii* Asah.〉サルオガセ科の地衣類。地衣体は細い紐状。

ナヨナヨサルオガセ 〈*Usnea flexilis* Stirt.〉サルオガセ科の地衣類。地衣体は中軸が細い。

ナラ ブナ科のコナラ属ナラ類の総称。

ナライシダ 奈良井羊歯 〈*Arachniodes miqueliana* (Maxim. ex Franch. et Savat.) Ohwi〉オシダ科の夏緑性シダ。別名ホソバナライシダ。葉身は長さ50cm。五角状形。

ナラガシワ 楢柏 〈*Quercus aliena* Blume〉ブナ科の木本。別名カシワナラ。園芸植物。

ナラザクラ ナラノヤエザクラの別名。

ナラサモ 〈*Sargassum nigrifolium* Yendo〉ホンダワラ科の海藻。根は瘤状。体は70cm。

ナラタケ 楢茸 〈*Armillariella mellea* (Vahl : Fr.) Karst.〉キシメジ科のキノコ。別名ハリガネタケ。小型～中型。傘は黄褐色、中央微毛鱗片。ひだは白色。

ナラタケモドキ 〈*Armillaria tabescens* (Scop.) Emel.〉キシメジ科のキノコ。小型～中型。傘は黄蜜色で微細な褐色鱗片あり。粘性なし。

ナラノヤエザクラ 奈良八重桜 バラ科。園芸植物。

ナラヤエザクラ バラ科のサクラの品種。別名ナラザクラ。

ナランガ バラ科。花はピンクオレンジ色。

ナランヒヤ ナス科。

ナリアイウメノキゴケ 〈*Parmelia quercina* (Willd.) Vain.〉ウメノキゴケ科の地衣類。地衣体は約10cm。

ナリヒラダケ 業平竹 〈*Semiarundinaria fastuosa* (Mitf.) Makino〉イネ科の常緑中型竹。別名ケナシナリヒラ。高さは7～8m。園芸植物。

ナリヤラン 成屋蘭 〈*Arundina bambusifolia* (Roxb.) Lindl.〉ラン科。高さは1m。花は淡桃色。園芸植物。

ナルキッスス・ナナス ヒガンバナ科。園芸植物。

ナルキッスス・アスツリエンシス 〈*Narcissus asturiensis* (Jord.) Pugsl.〉ヒガンバナ科。高さは8～18cm。花は黄色。園芸植物。

ナルキッスス・アトランティクス 〈*Narcissus atlanticus* F. C. Stern〉ヒガンバナ科。高さは8cm。花は乳白色。園芸植物。

ナルキッスス・ウィリディフロルス 〈*Narcissus viridiflorus* Schousb.〉ヒガンバナ科。高さは30～46cm。花はくすんだ緑色。園芸植物。

ナルキッスス・エレガンス 〈*Narcissus elegans* (Haw.) Spach〉ヒガンバナ科。花は純白色。園芸植物。

ナルキッスス・オドルス キブサズイセンの別名。

ナルキッスス・ガディタヌス 〈*Narcissus gaditanus* Boiss. et Reut.〉ヒガンバナ科。花は黄色。園芸植物。

ナルキッスス・カルキコラ 〈*Narcissus calcicola* Mendonça〉ヒガンバナ科。花は黄色。園芸植物。

ナルキッスス・カンタブリクス 〈*Narcissus cantabricus* DC.〉ヒガンバナ科。花は白色。園芸植物。

ナルキッスス・キクラミネウス 〈*Narcissus cyclamineus* DC.〉ヒガンバナ科の多年草。花は黄色。園芸植物。

ナルキツス

ナルキッスス・スカベルルス 〈*Narcissus scaberulus* Henriq.〉ヒガンバナ科。花は黄色。園芸植物。

ナルキッスス・セロティヌス 〈*Narcissus serotinus* L.〉ヒガンバナ科。花は白色。園芸植物。

ナルキッスス・トリアンドルス 〈*Narcissus triandrus* L.〉ヒガンバナ科の多年草。高さは15～25cm。花はクリーム色を帯びた白色。園芸植物。

ナルキッスス・ビフロルス 〈*Narcissus biflorus* Curtis〉ヒガンバナ科。高さは30～45cm。花は乳白色。園芸植物。

ナルキッスス・ブルーソーネティー 〈*Narcissus broussonetii* Lag.〉ヒガンバナ科。花は白色。園芸植物。

ナルキッスス・ブルボコディウム 〈*Narcissus bulbocodium* L.〉ヒガンバナ科の多年草。花は黄から白色。園芸植物。

ナルキッスス・ミノル 〈*Narcissus minor* L.〉ヒガンバナ科。高さは15～20cm。花は黄色。園芸植物。

ナルキッスス・ユンキフォリウス 〈*Narcissus juncifolius* Lag.〉ヒガンバナ科。高さは8～20cm。花は鮮黄色。園芸植物。

ナルキッスス・ヨンクイロイデス 〈*Narcissus jonquilloides* Willk.〉ヒガンバナ科。花径2cm。園芸植物。

ナルキッスス・ルピコラ 〈*Narcissus rupicola* Dufour〉ヒガンバナ科。花は黄色。園芸植物。

ナルキッスス・ワティエリ 〈*Narcissus watieri* Maire〉ヒガンバナ科。花は白色。園芸植物。

ナルコスゲ 鳴子菅 〈*Carex curvicollis* Franch. et Savat.〉カヤツリグサ科の多年草。高さは20～40cm。

ナルコビエ 〈*Eriochloa villosa* (Thunb. ex Murray) Kunth〉イネ科の多年草。別名スズメノアワ。高さは50～100cm。

ナルコユリ 鳴子百合 〈*Polygonatum falcatum* A. Gray〉ユリ科の多年草。別名アマドコロ、フイリアマドコロ。高さは50～130cm。薬用植物。園芸植物。切り花に用いられる。

ナルシサス スイセン・バルボコジュームの別名。

ナルテキウム・オスシフラグム 〈*Narthecium ossifragum* Hudson〉ユリ科の多年草。

ナルト 鳴門 ベンケイソウ科。園芸植物。

ナルト ナルトミカンの別名。

ナルトオウギ 〈*Astragalus sikokianus* Nakai〉マメ科の草本。日本絶滅危機植物。

ナルトサワギク 〈*Senecio madagascariensis* Poir.〉キク科の多年草。別名コウベギク。高さは30～70cm。花は濃黄色。

ナルドスタキス・キネンシス 〈*Nardostachys chinensis* Batal.〉オミナエシ科の薬用植物。

ナルドスタキス・ヤタマンシー オミナエシ科の薬用植物。別名カンショコウ。高山植物。

ナルトミカン 鳴門蜜柑 〈*Citrus medioglobosa* hort. ex T. Tanaka〉ミカン科。果面は橙黄色。園芸植物。

ナルミガタ 鳴海潟 ツバキ科のサザンカの品種。園芸植物。

ナロー・ウォーター 〈Narrow Water〉バラ科。ノアゼット・ローズ系。花はライラックピンク。

ナワシロイチゴ 苗代苺 〈*Rubus parvifolius* L.〉バラ科の落葉つる性低木。別名アシクダシ、サツキイチゴ、ワセイチゴ。薬用植物。

ナワシログミ 苗代茱萸 〈*Elaeagnus pungens* Thunb. ex Murray〉グミ科の常緑低木。高さは2～3m。花は淡黄白色。薬用植物。園芸植物。

ナワタケ 〈*Gigantochloa apus* Kurz〉イネ科。桿をそのまま砕いて捻りロープを作る。桿は直径6cm。熱帯植物。

ナンカイアオイ 〈*Heterotropa nakaiensis*〉ウマノスズクサ科。

ナンカイイタチシダ 〈*Dryopteris varia* (L.) O. Kuntze〉オシダ科の常緑性シダ。別名イタチシダモドキ。葉身は長さ30～60cm。広卵形～五角状広卵形。

ナンカイギボウシ 〈*Hosta tardiva* Nakai〉ユリ科の多年草。花は淡暗赤紫色。園芸植物。

ナンカイシダ 〈*Asplenium micantifrons* (Tuyama) ex H. Ohba〉チャセンシダ科の常性シダ。葉身は長さ25cm。卵状披針形。

ナンカイシュスラン 〈*Goodyera augustini*〉ラン科。

ナンカイヌカボ 〈*Agrostis avenacea* J. F. Gmel.〉イネ科の多年草。高さは20～60cm。

ナンカイモク 〈*Sargassum sandei* Reinbold in Weber van Bosse〉ホンダワラ科の海藻。茎は円柱状。

ナンカクラン 〈*Lycopodium fordii* Baker〉ヒカゲノカズラ科の常緑性シダ。高さは20～40cm。葉身は広披針形から長楕円形。園芸植物。

ナンキイヌワラビ 〈*Athyrium* × *minakuchii* Sa. Kurata〉オシダ科のシダ植物。

ナンキョウソウ 〈*Languas galanga* Stuntz.〉ショウガ科の草本。高さ3m。花は白色。熱帯植物。薬用植物。

ナンキョクブナ 〈*Nothofagus antarctica*〉ブナ科の木本。樹高15m。樹皮は暗灰色。

ナンキンアヤメ 〈*Iris pumila* L.〉アヤメ科の多年草。高さは10cm。花は紫、黄、白色。園芸植物。

ナンキンコザクラ ハクサンコザクラの別名。

ナンキンナナカマド 南京七竈 〈*Sorbus gracilis* (Siel. et Zucc.) K. Koch〉バラ科の落葉低木。別名コバノナナカマド。薬用植物。園芸植物。

ナンキンハゼ 南京櫨 〈*Sapium sebiferum* (L.) Roxb.〉トウダイグサ科の落葉高木。別名リュウキュウハゼ、カラハゼ。薬用植物。園芸植物。

ナンキンマメ ラッカセイの別名。

ナンゴクアオウキクサ 〈*Lemna aequinoctialis* Welw.〉ウキクサ科の常緑の浮遊植物。根端が鋭頭であり根鞘基部に翼がある。

ナンゴクイヌワラビ 〈*Athyrium × austrojaponense* Sa. Kurata〉オシダ科のシダ植物。

ナンゴクウラシマソウ 〈*Arisaema thunbergii* Blume subsp. *thunbergii*〉サトイモ科の草本。

ナンゴクオオクジャク 〈*Dryopteris × satsumana* Kurata〉オシダ科のシダ植物。

ナンゴクカモメヅル 〈*Cynanchum austrokiusianum* Koidz.〉ガガイモ科の草本。

ナンゴククガイソウ 〈*Veronicastrum sibiricum* subsp. *japonicum* var. *austrare*〉ゴマノハグサ科。

ナンゴククサスギカズラ 〈*Asparagus cochinchinensis*〉ユリ科。

ナンゴクシケチシダ 〈*Cornopteris opaca* (D. Don) Tagawa〉オシダ科の夏緑性シダ。別名アリサンシケチシダ。葉身は淡黄緑色～淡緑色。

ナンゴクスガナ カワラスガナの別名。

ナンゴクデンジソウ 〈*Marsilea crenata* K. Presl〉デンジソウ科の常緑性の水生シダ。小葉は長さ0.7～1.5(～2)cm、胞子嚢果は薄茶色～白色の毛が密生。園芸植物。

ナンゴクナライシダ 〈*Leptorumohra fargesii* (H. Christ) Nakaike et A. Yamam.〉オシダ科の常緑性シダ。葉身は長さ25～40cm。五角形。

ナンゴクヒメミソハギ 〈*Ammannia auriculata* Willd.〉ミソハギ科の一年草。別名アメリカミソハギ。高さは20～80cm。花は紫色。

ナンゴクホウビシダ 〈*Hymenasplenium murakami-hatanakae* Nakaike〉チャセンシダ科の常緑性シダ。羽片は鎌状になり、長さ約3.5cm。

ナンゴクミツバツツジ 南国三葉躑躅 〈*Rhododendron mayebarae*〉ツツジ科の木本。

ナンゴクミネカエデ 〈*Acer australe* (Momotani) Ohwi et Momotani〉カエデ科の木本。

ナンゴクヤマラッキョウ 〈*Allium austrokyushuense* M. Hotta〉ユリ科。

ナンザンスミレ 南山菫 〈*Viola chaerophylloides* (Regel) W. Becker var. *chaerophylloides*〉スミレ科の草本。花は淡紅紫色。園芸植物。

ナンシイヌエンジュ 〈*Maackia chinensis*〉マメ科の木本。樹高15m。樹皮は灰褐色。

ナンジャモンジャゴケ 〈*Takakia lepidozioides* S. Hatt. & Inoue〉ナンジャモンジャゴケ科のコケ。茎は長さ約1cm、下部から鞭枝を出す。

ナンジャモンジャゴケ ヤクシマナワゴケの別名。

ナンセイクサリゴケ 〈*Lepidolejeunea bidentula* (Steph.) R. M. Schust.〉クサリゴケ科のコケ。背片は四半円形、長さ約0.8mm。

ナンタイシダ 男体羊歯 〈*Arachniodes maximowiczii* (Baker) Ohwi〉オシダ科の夏緑性シダ。別名ヤマシノブ。葉身は長さ20～25cm。五角状卵形。

ナンタイブシ 男体付子 〈*Aconitum zigzag* Lév. et Vaniot subsp. *komatsui* (Nakai) Kadota〉キンポウゲ科の草本。別名トリカブト。高山植物。薬用植物。

ナンディナ・ドメスティカ ナンテンの別名。

ナンテン 南天 〈*Nandina domestica* Thunb.〉メギ科の観賞用植物。別名ナンテンジク(南天竺)、ナンテンチク(南天竹)。幹径2～3cm。花は白色。熱帯植物。薬用植物。園芸植物。切り花に用いられる。

ナンテン メギ科の属総称。

ナンテンカズラ 〈*Caesalpinia crista* L.〉マメ科の半蔓性木。茎は無刺、1種子。花は鮮黄色。熱帯植物。園芸植物。

ナンテンハギ 南天萩 〈*Vicia unijuga* A. Br.〉マメ科の多年草。別名フタバハギ、アズキナ、アズキッパ。葉は2小葉からなる。高さは30～100cm。薬用植物。園芸植物。

ナントウイガニガクサ 〈*Hyptis brevipes* Poit〉シソ科の草本。葉に粗毛、劣等な野菜。熱帯植物。

ナントウゴショウ 南藤胡椒 〈*Piper wallichii* (Miq.) Hand.-Mazz. var. *hupehense* (C. DC.) Hand.-Mazz.〉コショウ科の薬用植物。

ナンノロプス・リッチアナ 〈*Nannorrhops ritchiana* (Griff.) Aitch.〉ヤシ科。高さは2.4～3m。花はクリーム色を帯びた白色。園芸植物。

ナンバンアカアズキ 〈*Adenanthera pavonina* L.〉マメ科の落葉性高木。莢は乾けば反巻。花は黄色。熱帯植物。

ナンバンアカクロアズキ 〈*Adenanthera bicolor* Moon〉マメ科の高木。小羽片は厚質でネズミモチに似する。熱帯植物。

ナンバンアワブキ 〈*Meliosma squamulata* Hance〉アワブキ科の木本。

ナンバンウマノスズクサ 〈*Aristolochia tagala* Cham.〉ウマノスズクサ科の蔓草。花はウマノスズクサに似る。熱帯植物。

ナンバンカモメラン 〈*Macodes petola* (Blume) Lindl.〉ラン科。別名ナンバンカゴメラン。高さは20～25cm。花は茶褐色。園芸植物。

ナンバンカラムシ 〈*Boehmeria nivea* (L.) Gaudich. var. *tenacissima* (Gaudich.) Miq.〉イラクサ科の多年草。別名カラムシ、マオ。葉裏は白い。高さは2m。熱帯植物。薬用植物。

ナンバンカンコノキ 〈*Glochidion obscurum* BL.〉トウダイグサ科の小木。短毛密布、葉は民間薬。熱帯植物。

ナンバンギセル 南蛮煙管 〈*Aeginetia indica* L.〉ハマウツボ科の一年生寄生植物。別名オモイグサ。高さは15〜30cm。花冠淡紅色、弁部濃紅紫色。高山植物。熱帯植物。薬用植物。園芸植物。

ナンバンギセル ハマウツボ科の属総称。

ナンバンキブシ キブシ科。

ナンバンキンギンソウ 〈*Goodyera grandis* (Blume) Blume〉ラン科。高さは50〜100cm。花は黄茶褐色。園芸植物。

ナンバンクサフジ 〈*Tephrosia purpurea* Pers.〉マメ科の低木状の草本。熱帯植物。

ナンバンコマツナギ 〈*Indigofera suffruticosa* Mill.〉マメ科の半低木。全株短毛、果実は黒色。花は赤色。熱帯植物。

ナンバンサイカチ 〈*Cassia fistula* L.〉マメ科の高木。高さは10〜20m。花は鮮黄色。熱帯植物。薬用植物。園芸植物。

ナンバンハコベ 南蛮繁縷 〈*Cucubalus baccifer* L. var. *japonicus* Miq.〉ナデシコ科の多年生つる草。別名ツルセンノウ。

ナンバンハスノハカズラ 〈*Stephania hernandifolia* Walp.〉ツヅラフジ科の蔓草。根は球形で黄色、ピクロトキシンを含み猛毒。熱帯植物。

ナンバンホラゴケ 〈*Selenodesmium siamense* (Christ) Ching et Wang〉コケシノブ科のシダ植物。

ナンバンムラサキ カリカルパ・ルベラの別名。

ナンバンルリソウ 南蛮瑠璃草 〈*Heliotropium indicum* L.〉ムラサキ科の一年草。葉は皺質、葉は黒色染料になる。花は淡紫中央橙色。熱帯植物。

ナンピイノデ 〈*Polystichum otomasui* Kurata〉オシダ科の常緑性シダ。中軸下部にも黒褐色の鱗片が混じる。

ナンピイノモトソウ 〈*Pteris* × *austrohigoensis* Sa. Kurata〉イノモトソウ科のシダ植物。

ナンブアザミ 南部薊 〈*Cirsium nipponicum* (Maxim.) Makino var. *nipponicum*〉キク科の草本。

ナンブアザミ ナンブタカネアザミの別名。

ナンブイヌナズナ 南部犬薺 〈*Draba japonica* Maxim.〉アブラナ科の多年草。高さは5〜10cm。高山植物。

ナンブグサ 〈*Gelidium subfastigiatum* Okamura〉テングサ科の海藻。体は10〜25cm。

ナンブサナダゴケ 〈*Plagiothecium laetum* Schimp.〉サナダゴケ科のコケ。葉は卵状披針形。

ナンブスズ 〈*Sasa togashiana* Makino〉イネ科の常緑中型笹。別名ハコネナンブスズ。

ナンブソウ 南部草 〈*Achlys japonica* Maxim.〉メギ科の草本。高山植物。

ナンブソモソモ 南部そもそも 〈*Poa hayachinensis*〉イネ科の草本。

ナンブタカネアザミ 南部高嶺薊 〈*Cirsium nipponicum* Makino var. *nipponicum*〉キク科の多年草。別名ナンブアザミ、ナアザミ。高さは1〜2m。高山植物。

ナンブトウウチソウ 南部唐打草 〈*Sanguisorba obtusa* Maxim.〉バラ科の草本。高山植物。

ナンブトウヒレン センダイトウヒレンの別名。

ナンブトラノオ 南部虎の尾 〈*Bistorta hayachinensis* (Makino) H. Gross〉タデ科の草本。高山植物。

ナンブワチガイソウ 〈*Pseudostellaria japonica* (Korsh.) Pax〉ナデシコ科の草本。

ナンヨウアカギモドキ 〈*Allophylus timorensis* BL.〉ムクロジ科の小木。熱帯植物。

ナンヨウアブラギリ タイワンアブラギリの別名。

ナンヨウイチイガシ 〈*Quercus lamponga* Miq.〉ブナ科の高木。葉脈褐毛、葉裏銀白、イチイガシに似る。熱帯植物。

ナンヨウイナモリ 〈*Ophiorrhiza communis* Ridl.〉アカネ科の草本。民間薬。花は白色。熱帯植物。

ナンヨウイヌジシャ 〈*Cordia subcordata* Lam.〉ムラサキ科の低木。材は堅く良い器具材。花は朱色。熱帯植物。

ナンヨウイヌビワ 〈*Ficus annulata* BL.〉クワ科の着生植物。果嚢は球形、有柄。熱帯植物。

ナンヨウイラノキ 〈*Laportea stimulans* Miq.〉イラクサ科の小木。刺毛著し。熱帯植物。

ナンヨウウコギ 〈*Nothopanax fruticosum* Miq.〉ウコギ科の観賞用低木。熱帯植物。

ナンヨウエノキ 〈*Trema virgata* BL.〉ニレ科の小木。葉の鋸歯は鈍い。果実は朱色。熱帯植物。

ナンヨウオオイタビ 〈*Ficus aurantiacea* Griff.〉クワ科の蔓木。葉は硬質、果嚢は橙黄色。熱帯植物。

ナンヨウオオバツゲ 〈*Gelonium glomerulatum* Hassk.〉トウダイグサ科の小木。花は黄緑色。熱帯植物。

ナンヨウカラスウリ 〈*Trichosanthes wallichiana* Wight〉ウリ科の蔓草。果実は赤、有毒。熱帯植物。

ナンヨウカルカヤ 〈*Themeda triandra* Forsk.〉イネ科の草本。高さ1〜2m。熱帯植物。

ナンヨウカワラケツメイ 〈*Cassia leschenaultiana* DC.〉マメ科の草本。莢は扁平。花は黄色。熱帯植物。

ナンヨウクロモ 〈*Enhydrias angustipetala* Ridl〉トチカガミ科の沈水草。熱帯植物。

ナンヨウサクラ ヤトロファ・インテゲリマの別名。

ナンヨウザクラ 〈Muntingia calabura L.〉ホルトノキ科の低木。枝はカサのように展開。熱帯植物。

ナンヨウサクララン 〈Hoya diversifolia BL.〉ガガイモ科の着生植物。葉は厚い。花は桃黄色。熱帯植物。

ナンヨウサンカクゴケ 〈Drepanolejaunea ternatensis (Gottsche) Steph.〉クサリゴケ科のコケ。葉は著しく鎌状に曲がり、先端が鋭尖。

ナンヨウサンショウ 〈Murraya koenigii Spreng.〉ミカン科の低木。サンショウに似てやや大形。熱帯植物。

ナンヨウシュスラン属 ラン科の属総称。葉は暗緑色黄脈。花は白色。熱帯植物。

ナンヨウシラタマ 〈Gaultheria leucocarpa BL.〉ツツジ科の低木。葉は芳香。熱帯植物。

ナンヨウシラタマカズラ 〈Psychotria sarmentosa BL.〉アカネ科の匍匐性植物。葉はミヤマシキミ状。熱帯植物。

ナンヨウスイカズラ 〈Lonicera macrantha DC.〉スイカズラ科の低木。観賞用植物。高さは1.5〜2m。花は黄白色。熱帯植物。園芸植物。

ナンヨウスギ 南洋杉 〈Araucaria cunninghamii Ait. ex D. Don〉ナンヨウスギ科の常緑大高木。別名ダンマルジュ、インドナギ。高さは40〜60m。園芸植物。

ナンヨウスギ アローカリアの別名。

ナンヨウツユクサ 〈Commelina nudiflora L.〉ツユクサ科の草本。花は紫色。熱帯植物。

ナンヨウトゲハイゴケ 〈Wijkia hornschuchii (Dozy & Molk.) H. A. Crum〉ナガハシゴケ科のコケ。茎は這い、長さ2〜3cm、葉は黄緑色。

ナンヨウトベラ 〈Pittosporum ferrugineum Ait.〉トベラ科の時に高木。熱帯植物。

ナンヨウニガキ 〈Brucea amarissima Desv.〉ニガキ科の高木。果実は黒色。高さ2m。熱帯植物。

ナンヨウハンゲ 〈Typhonium cuspidatum BL.〉サトイモ科の草本。花序は黄色。熱帯植物。

ナンヨウヒナノカンザシ 〈Salomonia cantoniensis Lour.〉ヒメハギ科の草本。果実は褐色。花は紅紫色。熱帯植物。

ナンヨウヒメノマエガミ 〈Striga asiatica Kuntze〉ゴマノハグサ科の半寄生草本。全株短毛、葉小。花は黄色。熱帯植物。

ナンヨウヒメハギ 〈Polygala brachystachya BL.〉ヒメハギ科の草本。花は黄色、萼の半分が紫色。熱帯植物。

ナンヨウビャクブ 〈Stemona tuberosa Lour.〉ビャクブ科の蔓草。根は白色。花は暗赤紫色。熱帯植物。薬用植物。

ナンヨウヘクソカズラ 〈Paederia foetida L.〉アカネ科の蔓草。花は内側淡紅色、花筒内濃赤色。熱帯植物。

ナンヨウマテバシイ 〈Quercus conocarpa Oudem.〉ブナ科の高木。葉裏褐毛、葉脈にも褐毛、側脈顕著。熱帯植物。

ナンヨウムク 〈Gironniera parvifolia Planch.〉ニレ科の小木。果実は黄褐色。熱帯植物。

ナンヨウヤツデ 〈Trevesia cheirantha Ridl.〉ウコギ科の低木。熱帯植物。

ナンヨウヤドリギ 〈Dendrophthoe pentandra (L.) Miq.〉ヤドリギ科の半寄生植物。花は黄色。熱帯植物。

ナンヨウヤマイモ ヤマノイモ科の蔓植物。茎下部に刺あり、地表に近く木質の塊茎がある。熱帯植物。

ナンヨウヤマモモ 〈Myrica esculenta Buch.-Ham.〉ヤマモモ科の高木。日本のヤマモモと近似。熱帯植物。

ナンヨウユズノハカズラ 〈Pothos scandens L.〉サトイモ科の樹上着生植物。葉柄に翼がある。熱帯植物。

【 ニ 】

ニアウリカヤプテ 〈Melaleuca viridiflora Soland.〉フトモモ科の小木。葉は硬質、7条の縦走脈。熱帯植物。

ニイガタオオミ 新潟大実 バラ科のアンズ(杏)の品種。果皮は橙黄色。

ニイカタトウヒ ピケア・モリソニコラの別名。

ニイタカ 新高 バラ科のナシの品種。果皮は淡黄褐色。

ニイタカチドリ 〈Platanthera brevicalcarata Hayata〉ラン科の草本。別名ツクシチドリ。

ニイタカハンショウヅル 〈Clematis montana Buch.-Ham.〉キンポウゲ科の薬用植物。高山植物。園芸植物。

ニイタカマユミ 〈Euonymus trichocarpus Hayata〉ニシキギ科の木本。別名アバタマサキ。

ニオイアシナガタケ 〈Mycena filopes (Bull. : Fr.) Kummer〉キシメジ科のキノコ。超小型〜小型。傘は淡灰褐色。

ニオイアヤメ ニオイイリスの別名。

ニオイアラセイトウ 匂紫羅蘭花 〈Cheiranthus cheiri L.〉アブラナ科の一年草または多年草。高さは30〜80cm。花は黄色。薬用植物。園芸植物。

ニオイアラセイトウ アブラナ科の属総称。

ニオイイリス 〈Iris florentina L.〉アヤメ科の多年草。別名シロバナイリス、ニオイハナショウブ。高さは50cm。花は白色。薬用植物。園芸植物。

ニオイエビネ 匂蝦根 〈*Calanthe izu-insularis* (Satomi) Ohwi et Satomi〉ラン科の多年草。別名オオキリシマエビネ。高さは20〜45cm。花は白色。園芸植物。日本絶滅危機植物。

ニオイカラマツ 臭唐松 〈*Thalictrum foetidum* L. var. *iwatense* T. Shimizu〉キンポウゲ科の草本。

ニオイグラジオラス アシダンセラ・ムリエレーの別名。

ニオイコベニタケ 〈*Russula bella* Hongo〉ベニタケ科のキノコ。小型。傘は濃桃から紅色、表面粉状。ひだはクリーム色。

ニオイシダ 匂羊歯 〈*Dryopteris fragrans* (L.) Schott var. *remotiuscula* (Komarov) Fomin〉オシダ科の常緑性シダ。葉身は長さ6〜25cm。長楕円形〜倒披針形。

ニオイシュロラン 匂棕呂蘭 〈*Cordyline australis* (G. Forst.) Hook. f.〉リュウゼツラン科。別名センネンボクラン。高さは10m。花は白色。園芸植物。

ニオイシュロラン アスパラガス・スカンデンスの別名。

ニオイシラタマ 〈*Gaultheria malayana* Airy Shaw〉ツツジ科の低木。葉は芳香。熱帯植物。

ニオイズイキ 〈*Homalomena griffithii* Hook. f.〉サトイモ科。葉はショウガの香、葉柄を切ると糸が出る。熱帯植物。

ニオイストロファントス 〈*Strophanthus gratus* (Wall. et Hook. ex Benth.) Baill.〉キョウチクトウ科のつる性常緑低木。花は白から桃色。熱帯植物。園芸植物。

ニオイスミレ 匂菫 〈*Viola odorata* L.〉スミレ科の多年草。別名バイオレット、スウィートバイオレット。花は濃紫色。薬用植物。園芸植物。

ニオイセンネンボク ドラセナ・フラグランスの別名。

ニオイタコノキ 〈*Pandanus odorus* Ridl.〉タコノキ科の硬質低木。葉は淡緑、裏面粉白。高さ1m。熱帯植物。

ニオイタチツボスミレ 〈*Viola obtusa* (Makino) Makino〉スミレ科の多年草。高さは10〜30cm。花は紅紫色。薬用植物。

ニオイタデ 香蓼 〈*Persicaria viscosa* (Buch.-Ham.) H. Gross ex Nakai〉タデ科の一年草。高さは40〜150cm。花は淡紅〜紅色。薬用植物。

ニオイテンジクアオイ 〈*Pelargonium graveolens* L' Her.〉フウロソウ科のハーブ。別名センテッドペラゴニウム、パイナップル・ゼラニウム。熱帯植物。薬用植物。

ニオイテンジクアオイ アップル・ゼラニウムの別名。

ニオイテンジクアオイ センテッド・ゼラニウムの別名。

ニオイテンジクアオイ レモン・ゼラニウムの別名。

ニオイテンジクアオイ ローズ・ゼラニウムの別名。

ニオイトロロアオイ 〈*Abelmoschus moschatus* Medik.〉アオイ科の草本。別名トロロアオイモドキ、リュウキュウトロロアオイ。高さは1.5m。花は黄色、中心赤色。熱帯植物。園芸植物。

ニオイナゴラン 〈*Aerides odratum* Lour.〉ラン科の着生植物。高さは20〜30cm。花は白色、紅紫色。熱帯植物。園芸植物。

ニオイナズナ イベリス・オドラタの別名。

ニオイニガクサ 〈*Hyptis suaveolens* Poit〉シソ科の草本。芳香、若果は香辛料、パチョリに混用。熱帯植物。

ニオイニンドウ 匂忍冬 〈*Lonicera periclymenum* L.〉スイカズラ科の落葉低木。高さは5〜6m。花は洋紅色。園芸植物。

ニオイネズコ 〈*Thuja koraiensis*〉ヒノキ科の木本。樹高10m。樹皮は赤褐色。

ニオイバイカウツギ ユキノシタ科。園芸植物。

ニオイハイノキ 〈*Symplocos odoratissima* Choisy〉ハイノキ科の高木。熱帯植物。

ニオイハリタケ 〈*Hydnellum suaveolens* (Scop.: Fr.) Karst.〉イボタケ科のキノコ。中型〜大型。傘は白色。

ニオイハリタケモドキ 〈*Hydnellum caeruleum* (Hornem. ex Pers.) Karst.〉イボタケ科のキノコ。中型〜大型。傘は偏平〜皿状。

ニオイハンゲ ピネーリア・コルダタの別名。

ニオイバンマツリ 〈*Brunfelsia australis* Benth.〉ナス科の木本。別名ジャスミンタバコ。高さは3m。花は紫、後に白色。園芸植物。

ニオイヒバ 〈*Thuja occidentalis* L.〉ヒノキ科の木本。高さは10〜15m。樹皮は橙褐色。薬用植物。園芸植物。

ニオイフジ マメ科。別名ジャコウフジ。園芸植物。

ニオイフブキ ツバキ科のツバキの品種。

ニオイムラサキ ヘリオトロープの別名。

ニオイヤナギ 〈*Salix pentandra*〉ヤナギ科の木本。樹高15m。樹皮は灰褐色。

ニオイヤハズカズラ 〈*Thunbergia fragrans* Roxb.〉キツネノマゴ科の観賞用蔓草。花は白色。熱帯植物。園芸植物。

ニオイワチチタケ 〈*Lactarius subzonarius* Hongo〉ベニタケ科のキノコ。小型。傘は褐色と淡赤褐色の環紋。

ニオウシメジ 〈*Tricholoma giganteum* Massee〉キシメジ科のキノコ。

ニオウマル 仁王丸 エキノプシス・ロドトリカの別名。

ニオヤブマオ オニヤブマオの別名。

ニガイグチ 〈*Tylopilus felleus* (Bull.：Fr.) Karst.〉イグチ科のキノコ。中型〜大型。傘は黄褐色〜茶褐色。

ニガイグチモドキ 〈*Tylopilus neofelleus* Hongo〉イグチ科のキノコ。中型〜大型。傘はオリーブ褐色〜帯紅褐色、ビロード状。

ニガイチゴ 苦苺 〈*Rubus microphyllus* L. f.〉バラ科の落葉低木。別名ゴガツイチゴ。

ニガウリ ツルレイシの別名。

ニガカシュウ 苦何首烏 〈*Dioscorea bulbifera* L.〉ヤマノイモ科の多年生つる草。別名マルバドコロ。薬用植物。

ニガキ 苦木 〈*Picrasma quassioides* (D. Don) Benn.〉ニガキ科の落葉高木。薬用植物。

ニガキ科 科名。

ニガクサ 苦草 〈*Teucrium japonicum* Houtt.〉シソ科のハーブ。別名ウォールジャーマンダー、コモンジャーマンダー。高さは30〜70cm。薬用植物。

ニガクリタケ 〈*Naematoloma fasciculare* (Hudson：Fr.) Karst.〉モエギタケ科のキノコ。小型。傘は鮮黄色、吸水性。ひだは硫黄色。

ニガクリタケモドキ 〈*Naematoloma gracile* Hongo〉モエギタケ科のキノコ。

ニガーシード キバナタカサブロウの別名。

ニガショウガ 〈*Zingiber zerumbet* (L.) Sm.〉ショウガ科の多年草。別名ハナショウガ。高さは60〜100cm。花は白か淡黄色。熱帯植物。園芸植物。

ニガナ 苦菜 〈*Ixeris dentata* (Thunb. ex Murray) Nakai〉キク科の多年草。別名チチグサ、オトコジシバリ。高さは30cm。薬用植物。

ニガハッカ 苦薄荷 〈*Marrubium vulgare* L.〉シソ科の多年草。別名ホワイトフォアハウンド。高さは40〜60cm。花は白色。

ニガヨモギ 苦蓬 〈*Artemisia absinthium* L.〉キク科のハーブ。別名ハイイロヨモギ。高さは0.4〜1m。薬用植物。園芸植物。

ニカワアナタケ 〈*Favolaschia nipponica* Kobayasi〉キシメジ科のキノコ。

ニカワジョウゴタケ 〈*Phlogiotis helvelloides* (Fr.) Martin〉ヒメキクラゲ科のキノコ。小型。傘は柄と区別不明瞭。

ニカワチャワンタケ 〈*Neobulgaria pura* (Fr.) Petrak〉ズキンタケ科のキノコ。別名ゴムタケモドキ。材上生(ナラ類)、白色〜淡紫色。

ニカワノツノタケ 〈*Holtermannia corniformis* Y. Kobayasi〉シロキクラゲ科のキノコ。小型。子実体は角形、表面は平滑。

ニカワハリタケ 〈*Pseudohydnum gelatinosum* (Scop.：Fr.) Karst.〉ヒメキクラゲ科のキノコ。小型。子実体はへら状半円形、表面は灰色〜褐色。

ニカワホウキタケ 〈*Calocera viscosa* (Pers.：Fr.) Fr.〉アカキクラゲ科のキノコ。小型。子実体は珊瑚状、弱粘性。

ニカンドラ・フィサロイデス オオセンナリの別名。

ニクイロアナタケ 〈*Junghuhnia nitida* (Fr.) Ryv.〉タコウキン科のキノコ。

ニクイロシュクシャ 〈*Hedychium carneum* W. Carey ex Herb.〉ショウガ科の多年草。高さは1.5m。花は肉色。園芸植物。

ニクウスキコブタケ 〈*Phellinus acontextus* Ryv.〉タバコウロコタケ科のキノコ。中型。傘は茶褐色、環溝多数。

ニクウスバタケ 〈*Antrodiella zonata* (Berk.) Ryv.〉サルノコシカケ科のキノコ。小型〜中型。傘は肉色、繊維紋。

ニクウスバタケ ネオガードネリア・マリーアナの別名。

ニクウチワタケ 〈*Abortiporus biennis* (Bull.：Fr.) Sing.〉タコウキン科のキノコ。

ニクキビ 〈*Brachiaria subquadripara* (Trin.) Hitchc.〉イネ科。

ニクサエダ 〈*Herpochondria corallinae* (Martens) Falkenberg〉イギス科の海藻。線状。

ニクズク 肉豆蔲 〈*Myristica fragrans* Houtt.〉ニクズク科の小木。別名シシズク。果実は淡黄色芳香、種子褐色。熱帯植物。

ニクズク科 ニクズク科の属総称。

ニクトケレウス・セルペンティヌス 〈*Nyctocereus serpentinus* (Lag. et Rodr.) Britt. et Rose〉サボテン科のサボテン。別名大文字。長さ3m。花は白色。園芸植物。

ニクムカデ 〈*Grateloupia carnosa* Yamada et Segawa in Yamada〉ムカデノリ科の海藻。羽状分岐。体は15cm。

ニグラマルガ シュウカイドウ科のベゴニアの品種。園芸植物。

ニグリテラ・ニグラ ラン科。高山植物。

ニグリテラ・ミニアタ ラン科。高山植物。

ニゲラ クロタネソウの別名。

ニゲラ・アルウェンシス 〈*Nigella arvensis* L.〉キンポウゲ科の一年草。高さは40cm。花は淡青色。園芸植物。

ニゲラ・オリエンタリス キンポウゲ科。切り花に用いられる。

ニゲラ・キリアータ 〈*Nigella ciliata* DC.〉キンポウゲ科の一年草。

ニゲラ・ヒスパニカ 〈*Nigella hispanica* L.〉キンポウゲ科の一年草。高さは50〜60cm。花は青色。園芸植物。切り花に用いられる。

ニコケヌカ

ニコゲヌカキビ 〈*Panicum acuminatum* Sw.〉イネ科の多年草。高さは20〜70cm。

ニコティアナ 〈*Nicotiana alata* Link et Otto var. *grandiflora* Comes.〉ナス科。別名ハナタバコ。園芸植物。切り花に用いられる。

ニコティアナ ナス科の属総称。別名ハナタバコ。

ニコティアナ・アラタ 〈*Nicotiana alata* Link et Otto〉ナス科。高さは1〜1.5m。花は白色。園芸植物。

ニコティアナ・シルウェストリス 〈*Nicotiana sylvestris* Speg. et Comes〉ナス科。高さは1.5m。花は白色。園芸植物。

ニコティアナ・スアウェオレンス 〈*Nicotiana suaveolens* Lehm.〉ナス科。高さは30〜60cm。花は緑を帯びた紫紅色。園芸植物。

ニコバルタコノキ 〈*Pandanus leram* Jones〉タコノキ科の高木。気根巨大、気根の繊維はロープ。熱帯植物。

ニコバルヤシ 〈*Ptychorhaphis angusta* Becc.〉ヤシ科。幹径25cm、羽片長さ1m。熱帯植物。園芸植物。

ニコライア・エラティオル カンタンの別名。

ニコル 〈Nicole〉バラ科。フロリバンダ・ローズ系。花は薄いピンク。

ニコルソンヤシ ネオニコルソニア・ワトソニーの別名。

ニコロ・パガニーニ 〈Niccolo Paganini〉バラ科。フロリバンダ・ローズ系。

ニジガハマギク 〈*Chrysanthemum* × *shimotomaii* Makino〉キク科。

ニシキアオイ 〈*Anoda cristata* (L.) D. F. K. Schltdl.〉アオイ科の一年草。別名ミズイロアオイ。高さは30〜150cm。花は青色。

ニシキアカリファ アカリファ・ウィルケシアナ・ムサイカの別名。

ニシキイモ 葉錦 〈*Caladium bicolor* (Ait.) Vent.〉サトイモ科の観賞用草本。別名ハイモ、ハニシキ。葉は赤色斑。葉長35cm。熱帯植物。切り花に用いられる。

ニシキウツギ 二色空木 〈*Weigela decora* (Nakai) Nakai〉スイカズラ科の落葉低木。別名ハコネニシキウツギ。高さは2〜3m。花は帯緑ないし白色。園芸植物。

ニシキエ 錦絵 〈Nishiki-E〉バラ科のバラの品種。フロリバンダ・ローズ系。花は黄橙色。

ニシキギ 錦木 〈*Euonymus alatus* (Thunb. ex Murray) Sieb. var. *alatus*〉ニシキギ科の落葉低木。別名ヤハズニシキギ。高さは2m。花は帯黄白色。薬用植物。園芸植物。

ニシキギ科 科名。

ニシキクワズイモ 〈*Alocasia denudata* Engl.〉サトイモ科の多年草。葉柄は暗緑、赤色縦線、果実は朱色。高さ1m。熱帯植物。園芸植物。

ニシキコウジュ 〈*Elsholtzia splendens* Nakai ex F. Maekawa.〉シソ科の薬用植物。

ニシキゴロモ 錦衣 〈*Ajuga yesoensis* Maxim. ex Franch. et Savat.〉シソ科の多年草。別名キンモンソウ。高さは10〜25cm。

ニシキザサ イネ科。園芸植物。

ニシキジソ コリウスの別名。

ニシキヅタ ウコギ科。園芸植物。

ニシキソウ 錦草 〈*Euphorbia humifusa* Willd. var. *pseudochamaesyce* (Fisch., C. A. Meyer et Lallem.) Murata〉トウダイグサ科の一年草。高さは10〜30cm。

ニシキタケ 〈*Russula aurea* Pers.〉ベニタケ科のキノコ。中型。傘は鮮やかな黄赤色。ひだは黄土色。

ニシキノブドウ ノブドウの別名。

ニシキハギ 〈*Lespedeza japonica* Bailey var. *japonica* forma *angustifolia* (Nakai) Murata〉マメ科の草本状小低木。別名ビッチュウヤマハギ。高さは1〜1.5m。

ニシキバセンネンボク リュウゼツラン科。園芸植物。

ニシキマツ 錦松 マツ科。別名岩石松、荒皮松。園芸植物。

ニシキマル 錦丸 マミラリア・スピノシッシマの別名。

ニシキマンサク 〈*Hamamelis japonica* Siebold et Zucc. var. *discolor* (Nakai) Sugim. f. *flavopurpurascens* (Makino) Rehder〉マンサク科。園芸植物。

ニシキミゾホオズキ 〈*Mimulus luteus* L.〉ゴマノハグサ科の多年草。高さは30〜90cm。花は黄色。園芸植物。

ニシキモクレン 〈*Magnolia* × *soulangeana*〉モクレン科の木本。樹高9m。樹皮は灰色。園芸植物。

ニジッセイキ 二十世紀 バラ科のナシの品種。果皮は黄緑色。

ニシノコハチジョウシダ 〈*Pteris kiuschiuensis* Hieron.〉ワラビ科のシダ植物。

ニシノコハチジョウシダ コダマイヌイワガネの別名。

ニジノタマ 虹玉 〈*Sedum rubrotinctum* R. T. Clausen〉ベンケイソウ科。園芸植物。

ニシノホンモンジスゲ 〈*Carex stenostachys* Franch. et Savat.〉カヤツリグサ科の多年草。高さは30〜50cm。

ニシノヤマクワガタ サンインクワガタの別名。

ニシノヤマタイミンガサ 〈*Parasenecio yatabei* (Matsum. et Koidz.) H. Koyama var.

occidentalis (F. Maek. ex Kitam.) H. Koyama〉キク科。

ニシムラキイチゴ ハチジョウイチゴの別名。

ニシムラワセ 西村早生 カキノキ科のカキの品種。果皮は橙黄色。

ニショヨモギ 〈*Artemisia indica* Willd.〉キク科の草本。別名ヨモギ。

ニスビカヤゴケ 〈*Porella vernicosa* Lindb.〉クラマゴケモドキ科のコケ。緑褐色の金属光沢。茎は長さ3～5cm。

ニセアカシア ハリエンジュの別名。

ニセアシベニイグチ 〈*Boletus pseudocalopus* Hongo〉イグチ科のキノコ。中型～大型。傘は赤褐色～黄褐色。

ニセアゼガヤ 〈*Leptochloa uninervia* (J. Presl) Hitchc. et Chase〉イネ科の一年草または多年草。別名ニブイロアゼガヤ。高さは30～80cm。

ニセアブラシメジ クリフウセンタケの別名。

ニセアミホラゴケ コケハイホラゴケの別名。

ニセアレチギシギシ 〈*Rumex sanguineus* L.〉タデ科。葉は鋭頭で基部はくさび形。

ニセイシバイゴケ 〈*Tuerckheimia svihlae* (Bartr.) R. H. Zander〉センボンゴケ科のコケ。茎は弱い中心束をもつ、葉は線状披針形。

ニセウスカワゴケ 〈*Cetraria rhitidocarpa* Mont. & v. d. Bosch fo. *niponensis* Asah.〉ウメノキゴケ科の地衣類。脂肪酸を含む。

ニセウチキウメノキゴケ 〈*Parmelia subaurulenta* Nyl.〉ウメノキゴケ科の地衣類。髄層は淡黄色。

ニセウチキウラミゴケ 〈*Nephroma laevigatum* Ach.〉ツメゴケ科の地衣類。髄が黄色。

ニセエランテマム 〈*Pseuderanthemum reticulatum* (Hook. f.) Radlk.〉キツネノマゴ科の観賞用草本。葉はアジサイのような質。高さは90～150cm。花は白色。熱帯植物。園芸植物。

ニセオドリコカグマ 〈*Microlepia × austroizuensis* Nakato et Seriz.〉イノモトソウ科のシダ植物。

ニセカゲロウゴケ 〈*Pseudephemerum nitidum* (Hedw.) Reimers〉キンシゴケ科のコケ。微小、茎は長さ1～3mm、葉は披針形～線状披針形。

ニセカラタチゴケ 〈*Ramalina commixta* Asah.〉サルオガセ科の地衣類。棘は多少円柱状。

ニセカレキグサ 〈*Farlowia irregularis* Yamada〉リュウモンソウ科の海藻。下部扁圧、上部たい。体は25cm。

ニセキクバゴケ 〈*Parmelia piedmontensis* Hale〉ウメノキゴケ科の地衣類。地衣体は腹面黒褐色。

ニセキヌゴケ 〈*Pylaisiella selwynii* (Kindb.) H. A. Crum, Steere & L. E. Anderson〉ハイゴケ科のコケ。茎葉は長さ約1mm、葉身部は卵形。

ニセキンバイザサ 〈*Peliosanthes viridis* Ridl.〉ユリ科の草本。キンバイザサに似る。熱帯植物。

ニセキンブチゴケ 〈*Pseudocyphellaria crocata* (L.) Vain.〉ヨロイゴケ科の地衣類。地衣体は生時青緑色。

ニセクサキビ 〈*Leptoloma cognatum* (Schult.) Chase〉イネ科の多年草。高さは20～40cm。花は暗紫色。

ニセクサハツ クシノハタケモドキの別名。

ニセクロチャワンタケ 〈*Pseudoplectania melaena* (Fr.) Sacc.〉クロチャワンタケ科のキノコ。

ニセクロハツ 〈*Russula subnigricans* Hongo〉ベニタケ科のキノコ。

ニセコクモウジャク 〈*Diplazium virescens* var. *conterminum* (Christ) Kurata〉オシダ科のシダ植物。

ニセコシノサトメシダ 〈*Athyrium × bicolor* Seriz.〉オシダ科のシダ植物。

ニセゴシュユ ゴシュユの別名。

ニセコバンソウ 〈*Bromus briziformis* Fisch. et C. A. Mey.〉イネ科。外花頴は菱形。園芸植物。

ニセコフキカラタチゴケ 〈*Ramalina pacifica* Asah.〉サルオガセ科の地衣類。多量のウスニン酸を含む。

ニセゴンゲンゴケ 〈*Parmelia exsecta* Tayl.〉ウメノキゴケ科の地衣類。パスチュールあり。

ニセサクラジマホウオウゴケ 〈*Fissidens subangustus* M. Fleisch.〉ホウオウゴケ科のコケ。茎には明瞭な葉腋癌がある。

ニセザクロゴケ 〈*Protoblastenia amagiensis* Räs.〉ヘリトリゴケ科の地衣類。地衣体は灰白。

ニセササバゴケ 〈*Calliergon wickesii* Grout〉ヤナギゴケ科のコケ。茎は長さ5～10cm、茎葉は楕円状卵形。

ニセシイバサトメシダ 〈*Athyrium × bicolor* Seriz. nothosubsp. *shiibaense* Seriz.〉オシダ科のシダ植物。

ニセシケチイヌワラビ 〈× *Cornoathyrium glabrescens* (Serizawa) Nakaike〉オシダ科のシダ植物。

ニセシケチシダ 〈*Diplazium incomptum* Tagawa〉オシダ科の常緑性シダ。葉身は長さ50～60cm。卵状披針形。

ニセシダレキノリ 〈*Cornicularia pseudosatoana* Asah.〉サルオガセ科の地衣類。地衣体は濃い栗色。

ニセジュズネノキ ジュズネノキの別名。

ニセショウロ 〈*Scleroderma citrinum* Pers.〉ニセショウロ科のキノコ。

ニセシラゲガヤ 〈*Holcus mollis* L.〉イネ科の多年草。別名モリシラゲガヤ。高さは20～50cm。園芸植物。

ニセシロヤマシダ 〈*Diplazium taiwanense* Tagawa〉オシダ科の常緑性シダ。葉身は長さ50～70cm。三角形～卵状三角形。

ニセススメ

ニセスズメノトウガラシ 〈*Bonnaya serrata* Burkill〉ゴマノハグサ科の草本。花は白く紅紫色の斑あり。熱帯植物。

ニセタマウケゴケ 〈*Garckea flexuosa* (Griff.) Margad. & Nork.〉シッポゴケ科のコケ。小形、茎は長さ1.2〜2cm、葉は披針形。

ニセチャワンタケ 〈*Otidea alutacea* (Pers.) Massee var. *alutacea*〉ピロネマキン科のキノコ。

ニセツキヌキサイコ 〈*Bupleurum lancifolium* Hornem.〉セリ科。

ニセツクシノキシノブ 〈*Lepisorus* × *abei* Nakaike, nom. nud.〉ウラボシ科のシダ植物。

ニセツリガネゴケ 〈*Physcomitrella patens* subsp. *californica* (H. A. Crum & L. E. Anderson) Tan〉ヒョウタンゴケ科のコケ。小形、茎は長さ1〜2mm、ときに分枝する。葉は倒卵形。

ニセトコン 〈*Richardsonia brasiliensis* Gomez〉アカネ科の小低木。熱帯植物。

ニセハガクレカナワラビ 〈*Arachniodes* × *ikutae* Shimura, nom. nud.〉オシダ科のシダ植物。

ニセハツキイヌワラビ 〈*Athyrium* × *inabaense* Seriz.〉オシダ科のシダ植物。

ニセハブタエゴケ 〈*Leucophanes angustifolius* Renauld & Card.〉カタシロゴケ科のコケ。白緑色でやや絹様の光沢、茎は長さ4cm以下、葉は線形。

ニセヒガンザクラ 〈*Cratoxylon cochinchinense* BL.〉オトギリソウ科の高木。花はピンク色。熱帯植物。

ニセヒメチチタケ 〈*Lactarius camphoratus* (Bull. : Fr.) Fr.〉ベニタケ科のキノコ。

ニセビンロウジ 〈*Rhopaloblaste ceramica* Burr.〉ヤシの観賞用植物。葉鞘褐色、果実は朱赤色。幹径20cm、節間5cm。熱帯植物。

ニセフサノリ 〈*Scinaia okamurae* (Setchell) Huisman〉ガラガラ科の海藻。軟骨質。体は9cm。

ニセフジサルオガセ 〈*Usnea pseudomontis-fuji* Asah.〉サルオガセ科の地衣類。地衣体は皮層がある。

ニセフトモズク 〈*Eudesme virescens* (Carmichael ex Harvey in Hooker) J. Agardh〉ナガマツモ科の海藻。体は10cm。

ニセホウライタケ 〈*Crinipellis stipitaria* (Fr.) Pat.〉キシメジ科のキノコ。

ニセボリイゴケ 〈*Cladonia nipponica* Asah.〉ハナゴケ科の地衣類。子柄は黄灰色。

ニセホルトノキ 〈*Elaeodendron orientale* Jacq.〉ニシキギ科の小木。葉は厚くホルトノキに酷似。花は緑色。熱帯植物。

ニセマツカサシメジ 〈*Baeospora myosura* (Fr. : Fr.) Sing.〉キシメジ科のキノコ。超小型〜小型。傘は淡黄褐色〜褐色。

ニセマツゲゴケ 〈*Parmelia mellissii* Dodge〉ウメノキゴケ科の地衣類。地衣体背面に多少の亀裂。

ニセマツタケ 〈*Tricholoma fulvocastaneum* Hongo〉キシメジ科のキノコ。中型。傘は褐色、鱗片状。

ニセマユハキ 〈*Pseudochlorodesmis furcelata* (Zanardini) Boergesen〉ミル科の海藻。又状分岐。体は0.5〜1.5cm。

ニセマユミ 〈*Excoecaria quadrangularis* Muell. Arg.〉トウダイグサ科の低木。葉や茎の様子はマユミに似る。熱帯植物。

ニセマンジュウガサ 〈*Cortinarius allutus* Fr.〉フウセンタケ科のキノコ。

ニセミヤマキゴケ 〈*Stereocaulon curtatoides* Asah.〉キゴケ科の地衣類。胞子は円柱状。

ニセムクムクキゴケ 〈*Stereocaulon incrustatum* Flörke〉キゴケ科の地衣類。棘枝は小さい顆粒状。

ニセモジゴケ 〈*Graphis handelii* Zahlbr.〉モジゴケ科の地衣類。子器は黒色。

ニセモズク 〈*Acrothrix pacifica* Okamura et Yamada in Yamada〉ニセモズク科の海藻。頂端を除いて中空。体は長さ20cm。

ニセヤグラゴケ 〈*Cladonia dissimilis* (Asah.) Asah.〉ハナゴケ科の地衣類。子柄は有盃。

ニセヤハズゴケ 〈*Pallavicinia levieri* Schiffn.〉クモノスゴケ科のコケ。不透明な緑色。

ニセヤブタバコ 〈*Sparganophorus vaillantii* Gaertn.〉キク科の草本。高さ30cm。花は黄色。熱帯植物。

ニセヤマアイ 〈*Didissandra frutescens* C. B. Clarke〉イワタバコ科の草状低木。茎は褐毛密布。花は白、ただし花筒は紫色。熱帯植物。

ニセヤマゲジゲジゴケ 〈*Anaptychia tremulans* (Müll. Arg.) Kurok.〉ムカデゴケ科の地衣類。ヤマゲジゲジゴケに似る。

ニセヤマザクラ 〈*Cratoxylon maingayi* Dyer〉オトギリソウ科の落葉性高木。熱帯植物。

ニセヤマシコロゴケ 〈*Parmeliella subincisa* Zahlbr.〉ハナビラゴケ科の地衣類。地衣体は鱗片状。

ニセユビキゴケ 〈*Stereocaulon dendroides* Asah.〉キゴケ科の地衣類。棘枝を密につける。

ニセヨゴレイタチシダ 〈*Dryopteris hadanoi* Kurata〉オシダ科の常緑性シダ。葉身は2回羽状深裂〜複生。

ニセヨコワサルオガセ 〈*Usnea capilliformis* Asah.〉サルオガセ科の地衣類。プロトセトラール酸を含む。

ニセワゲサルオガセ 〈*Usnea pseudintumescens* Asah.〉サルオガセ科の地衣類。地衣体はプソローム酸を含む。

ニチゲツセイ ツバキ科のツバキの品種。

ニチナンオオバコ 〈*Plantago heterophylla* Nutt.〉オオバコ科の一年草。別名イトバオオバコ。長さは8〜17cm。

ニチニチカ ニチニチソウの別名。

ニチニチソウ 日日草 〈*Catharanthus roseus* (L.) G. Don〉キョウチクトウ科の多年草。別名ニチニチカ。高さは30〜50cm。花は赤と白色。熱帯植物。薬用植物。園芸植物。

ニッケイ 肉桂 〈*Cinnamomum loureirii* Nees〉クスノキ科の常緑高木。別名シナモン、セイロンケイヒ。高さは10〜15m。薬用植物。園芸植物。

ニッケイタケ 〈*Coltricia cinnamomea* (Pers.) Murrill〉サルノコシカケ科のキノコ。小型。傘はさび褐色、絹糸状光沢。

ニッケイバサンキライ 〈*Smilax calophylla* Wall.〉ユリ科の小低木。葉はニクケイに似る。高さ60cm。熱帯植物。

ニッコウ ツツジ科のサツキの品種。

ニッコウアザミ 日光薊 〈*Cirsium tanakae* var. *nikkoense*〉キク科の薬用植物。

ニッコウオトギリ 日光弟切 〈*Hypericum nikkoense* Makino〉オトギリソウ科。

ニッコウキスゲ ゼンテイカの別名。

ニッコウザサ 〈*Sasa chartacea* (Makino) Makino var. *nana* (Makino) Sad. Suzuki〉イネ科の常緑小型の笹。別名ミヤマスズ。

ニッコウシダ 日光羊歯 〈*Thelypteris nipponica* (Franch. et Savat.) Ching〉オシダ科（ヒメシダ科）の夏緑性シダ。葉身は長さ40cm。広披針形〜披針形。

ニッコウデン 日光殿 ラン科のシュンランの品種。園芸植物。

ニッコウトウガラシ ナス科。薬用植物。

ニッコウヒレン 〈*Saussurea nikoensis* var. *inovolucrata*〉キク科。

ニッコウナツグミ 〈*Elaeagnus nikoensis* Nakai ex Hara〉グミ科の落葉低木。別名ツクバグミ。

ニッコウハリスゲ 〈*Carex fulta* Franch.〉カヤツリグサ科の草本。別名ヒメタマスゲ。

ニッコウヒョウタンボク 日光瓢箪木 〈*Lonicera mochidzukiana* Makino〉スイカズラ科の木本。

ニッコウフクロゴケ 〈*Hypogymnia nikkoensis* (Zahlbr.) Rass.〉ウメノキゴケ科の地衣類。地衣体背面は灰褐色。

ニッサ・アクアティカ 〈*Nyssa aquatica* L.〉ニッサ科の落葉高木。高さは30m。園芸植物。

ニッサボク 〈*Nyssa sinensis* D. Oliver〉ヌマミズキ科（ニッサ科）の落葉高木。高さは10〜18m。樹皮は灰褐色。園芸植物。

ニッショウ ボタン科のボタンの品種。

ニッパヤシ 〈*Nipa fruticans* Wurmb.〉ヤシ科の常緑小高木。無幹、葉は屋根葺に最上。長さ3〜9m。熱帯植物。園芸植物。

ニッパラサルオガセ 〈*Usnea nipparensis* Asah.〉サルオガセ科の地衣類。地衣体は顆粒のほかにパピラがある。

ニッポンイヌノヒゲ 〈*Eriocaulon hondoense* Satake〉ホシクサ科の一年草。高さは10〜20cm。

ニッポンフラスコモ 〈*Nitella megacarpa* T. F. Allen var. *japonica* Imah.〉シャジクモ科。

ニディフォルミス マツ科のヨーロッパトウヒの品種。

ニデュラリウム・インノセンティ ウラベニアナナスの別名。

ニドゥラリウム パイナップル科の属総称。

ニドゥラリウム・シェレメティエフィー 〈*Nidularium scheremetiewii* Regel〉パイナップル科。花は青紫色。園芸植物。

ニドゥラリウム・バーチェリー 〈*Nidularium burchellii* (Bak.) Mez〉パイナップル科。花は白色。園芸植物。

ニドゥラリウム・ビルベルギオイデス 〈*Nidularium billbergioides* (Schult. f.) L. B. Sm.〉パイナップル科。花は白色。園芸植物。

ニドゥラリウム・フルゲンス 〈*Nidularium fulgens* Lem.〉パイナップル科。花はスミレ色。園芸植物。

ニドゥラリウム・プルプレウム 〈*Nidularium purpureum* Beer〉パイナップル科。花は朱赤色。園芸植物。

ニドゥラリウム・プロケルム 〈*Nidularium procerum* Lindm.〉パイナップル科。花は淡紅か白色。園芸植物。

ニドゥラリウム・レゲリオイデス 〈*Nidularium regelioides* Ule〉パイナップル科。花は赤色。園芸植物。

ニトベギク 〈*Tithonia diversifolia* (Hemsl.) A. Gray〉キク科の多年草。高さは4.5m。花はオレンジ黄色。熱帯植物。園芸植物。

ニードルポイント ウコギ科のアイビーの品種。切花に用いられる。

ニパ・フルティカンス ニッパヤシの別名。

ニブハタケナガゴケ 〈*Ectropothecium obtusulum* (Card.) Z. Iwats.〉ハイゴケ科のコケ。葉は長さ0.8〜1.2mm、卵形。

ニベルツ・ホワイト 〈Nyveldt's White〉バラ科。ハイブリッド・ルゴサ・ローズ系。花は白色。

ニホンイネ 〈*Oryza sativa* L. var. *japonica*〉イネ科。熱帯植物。

ニホンカイ 日本海 アヤメ科のハナショウブの品種。園芸植物。

ニホンカボチャ カボチャの別名。

ニホンズイセン 日本水仙 ヒガンバナ科。園芸植物。
ニホントウキ トウキの別名。
ニボンモドキ 〈Euterpe oleracea Mart.〉ヤシ科の観賞用植物。叢生、果実は可食。幹径8cm。熱帯植物。園芸植物。
ニボンヤシ 〈Oncosperma tigillaria Ridl.〉ヤシ科。生長点や花を食す。熱帯植物。園芸植物。
ニホンヤマナシ ピルス・ピリフォリアの別名。
ニーマンズエウクリフィア 〈Eucryphia × nymansensis Bausch〉エウクリフィア科の木本。樹高6m。花は白色。樹皮は灰色。園芸植物。
ニュウガサウメノキゴケ 〈Parmelia sinuosa (Sm.) Ach.〉ウメノキゴケ科の地衣類。地衣体背面は帯黄灰緑ないし緑黄色。
ニュウコウジュ 乳香樹 〈Boswellia carterii Birdw.〉カンラン科の低木。薬用植物。
ニュウコウジュ 乳香樹 カンラン科の属総称。別名ニュウコウ。
ニューカレドニアビャクダン 〈Santalum austro-caledonicum Vieill.〉ビャクダン科の半寄生植物。熱帯植物。
ニューギニア・インパティエンス ツリフネソウ科の園芸品種群。園芸植物。
ニューサイラン 新西蘭 〈Phormium tenax J. R. et G. Forst.〉ユリ科(リュウゼツラン科)の多年草。別名ニュージーランドアサ、マオラン。高さは5m。花は暗赤色。園芸植物。切り花に用いられる。
ニュー・ピコティ ツツジ科のアザレアの品種。園芸植物。
ニューヒポシルタ イワタバコ科。別名ヒポキルタ・グラブラ。園芸植物。
ニュー・ピンク アオイのハワイアン・ハイビスカスの品種。
ニューファッション バラ科のバラの品種。切り花に用いられる。
ニューミラクル バラ科のバラの品種。切り花に用いられる。
ニュー・ロッケリー アヤメ科のジャーマン・アイリスの品種。園芸植物。
ニョイスミレ ツボスミレの別名。
ニョホウチドリ 女峰千鳥 〈Orchis joo-iokiana Makino〉ラン科の多年草。高さは10～30cm。高山植物。
ニラ 韮 〈Allium tuberosum Rottl.〉ユリ科のハーブ。葉は扁平で細く強い香。高さは50cm。花は白色。熱帯植物。薬用植物。園芸植物。
ニラバラン 韮葉蘭 〈Microtis unifolia (Forst.) Reichb. f.〉ラン科の草本。
ニラモドキ 〈Nothoscordum bivalve (L.) Britton〉ユリ科の多年草。高さは10～30cm。花は白～緑白色。

ニラモドキ ノトスコルドゥム・ストリアツムの別名。
ニリスホウガン 〈Carapa moluccensis Lam.〉センダン科。果実は径10cmの球形。熱帯植物。
ニリンソウ 二輪草 〈Anemone flaccida Fr. Schm.〉キンポウゲ科の多年草。別名セキナ、ガショウソウ、コモチナ。高さは15～25cm。花は白色。薬用植物。園芸植物。
ニレ ニレ科のニレ属の総称。
ニレー バラ科。花は白とピンクの絞り。
ニレ科 科名。
ニーレンベルギア 〈Nierembergia caerulea Sealy.〉ナス科。
ニーレンベルギア ナス科の属総称。別名ギンパイソウ。
ニーレンベルギア・ヒッポマニカ 〈Nierembergia hippomanica Miers〉ナス科の宿根草。高さは15～30cm。花は淡紫色。園芸植物。
ニーレンベルギア・フルテスケンス 〈Nierembergia frutescens Durieu〉ナス科。別名アマモドキ、アマダマシ。高さは50cm。花は淡紫色。園芸植物。
ニワウメ 庭梅 〈Prunus japonica Thunb. ex Murray〉バラ科の落葉低木。別名コウメ、リンショウバイ、イクリ。花は淡紅または白色。薬用植物。園芸植物。
ニワウルシ シンジュの別名。
ニワザクラ 庭桜 〈Prunus glandulosa Thunb.〉バラ科の落葉低木。別名リンショウバイ。花は白あるいは淡紅色。園芸植物。
ニワシロユリ 〈Lilium candidum L.〉ユリ科の多肉植物。別名マドンナ・リリー。高さは80～150cm。花は純白色。園芸植物。
ニワゼキショウ 庭石菖 〈Sisyrinchium angustifolium Mill.〉アヤメ科の多年草。高さは20～40cm。花は菫、中心が黄色。園芸植物。
ニワゼキショウ シシリンキウム・ロスラツムの別名。
ニワタケ 〈Paxillus atrotomentosus (Batsch：Fr.) Fr.〉ヒダハタケ科のキノコ。中型～大型。傘は褐色、縁は内側に巻く。
ニワツノゴケ 〈Phaeoceros laevis (L.) Prosk. var. carolinianus (Mich.) Prosk.〉ツノゴケ科のコケ。長さ1～3cm、縁は不規則に波打つ。
ニワトコ 庭常 〈Sambucus racemosa L. subsp. sieboldiana (Miq.) Hara〉スイカズラ科の落葉低木。別名セッコツボク。薬用植物。園芸植物。
ニワトコ スイカズラ科の属総称。
ニワナナカマド 庭七竈 〈Sorbaria kirilowii (Regel) Maxim.〉バラ科の木本。
ニワハナビ 〈Limonium latifolium (Sm.) O. Kuntze〉イソマツ科の多年草。別名ヒロハノハマサジ。高さは40～60cm。花は青または紫色。園芸植物。

ニワフジ 庭藤 〈*Indigofera decora* Lindl.〉マメ科の多年草。別名イワフジ。高さは30〜60cm。花は紅紫色。園芸植物。

ニワホコリ 庭埃 〈*Eragrostis multicaulis* Beauv.〉イネ科の一年草。高さは10〜25cm。

ニワヤナギ ミチヤナギの別名。

ニンギョウタケ 〈*Albatrellus confluens* (Alb. & Schw.：Fr.) Kotl. & Pouz.〉ニンギョウタケモドキ科のキノコ。中型〜大型。傘は扇形〜不定形、黄土色〜クリーム色。

ニンジン 人参 〈*Daucus carota* L. var. *sativus* Hoffm.〉セリ科の栽培植物。別名セリニンジン、ナニンジン、ハタニンジン。薬用植物。園芸植物。

ニンジン チョウセンニンジンの別名。

ニンジンボク 人参木 〈*Vitex cannabifolia* Sieb. et Zucc.〉クマツヅラ科の木本。花は淡紫色。薬用植物。園芸植物。

ニンドウヤドリギ 〈*Scurrula lonicerifolia*〉ヤドリギ科の木本。

ニンニク 葫 〈*Allium sativum* L.〉ユリ科のハーブ。別名ヒル(蒜)、オオビル(葫)。高さは0.5〜1m。薬用植物。園芸植物。

ニンファエア・アルバ 〈*Nymphaea alba* L.〉スイレン科の多年草。

ニンファエア・エレガンス 〈*Nymphaea elegans* Hook.〉スイレン科の水生植物。花は淡菫色。園芸植物。

ニンファエア・オドラタ 〈*Nymphaea odorata* Ait.〉スイレン科の水生植物。径12〜25cm。花は白色。園芸植物。

ニンファエア・カエルレア 〈*Nymphaea caerulea* Savigny〉スイレン科の水生植物。長さ30cm。花は黄色。園芸植物。

ニンファエア・コロラタ 〈*Nymphaea colorata* Peter〉スイレン科の水生植物。径15cm。花は淡青色。園芸植物。

ニンファエア・ステラタ 〈*Nymphaea stellata* Willd.〉スイレン科の水生植物。花は淡青色。園芸植物。

ニンファエア・スルフレア 〈*Nymphaea sulfurea* Gilg〉スイレン科の水生植物。花は濃黄色。園芸植物。

ニンファエア・ツベロサ 〈*Nymphaea tuberosa* Paine〉スイレン科の水生植物。径15〜30cm。花は白色。園芸植物。

ニンファエア・メキシカナ 〈*Nymphaea mexicana* Zucc.〉スイレン科の水生植物。径10〜20cm。花は黄色。園芸植物。

ニンファエア・ルブラ 〈*Nymphaea rubra* Roxb.〉スイレン科の水生植物。径30〜45cm。花は濃紅色。園芸植物。

ニンファエア・ロツス 〈*Nymphaea lotus* L.〉スイレン科の水生植物。径40cm。花は白色。園芸植物。

ニンフォイデス・ペルタタ アサザの別名。

ニンポウキンカン 寧波金柑 〈*Fortunella crassifolia* Swingle〉ミカン科。別名ネイハキンカン、メイワキンカン。果実は縦径3cmほど。高さは2m。園芸植物。

【 ヌ 】

ヌイオスゲ 〈*Carex vanheurckii* Muell. Arg.〉カヤツリグサ科。別名シロウマヒメスゲ。

ヌイティシア・フロリブンダ 〈*Nuytsia floribunda* R. Br.〉マツグミ科のつる植物。

ヌイマオ イラクサ科の木本。別名オオイワガネ。

ヌカイタチシダ 〈*Dryopteris gymnosora* (Makino) C. Chr.〉オシダ科の常緑性シダ。葉身は長さ30〜45cm。卵状長楕円形〜卵形。

ヌカイタチシダマガイ 〈*Dryopteris simasakii* (H. Ito) Sa. Kurata〉オシダ科の常緑性シダ。葉身は2回羽状複生。

ヌカイタチシダモドキ 〈*Dryopteris indusiata* (Makino) Makino et Yamamoto ex Yamamoto〉オシダ科の常緑性シダ。葉身は長さ20〜40cm。広卵状三角形。

ヌカイトナデシコ 〈*Gypsophila muralis* L.〉ナデシコ科の一年草。高さは4〜25cm。花は紅紫色。

ヌカカゼクサ 〈*Eragrostis tenella* (L.) P. Beauv. ex Roem. et Schult.〉イネ科の一年草。高さは10〜50cm。

ヌカキビ 〈*Panicum bisulcatum* Thunb.〉イネ科の一年草。高さは30〜90cm。

ヌカスゲ 〈*Carex mitrata* Franch. et Savat.〉カヤツリグサ科の多年草。高さは10〜30cm。

ヌカススキ 〈*Aira caryophyllea* L.〉イネ科の一年草。別名コゴメススキ。高さは20〜50cm。

ヌカボ 糠穂 〈*Agrostis clavata* Trin. var. *nukabo* Ohwi〉イネ科の一年草。高さは30〜80cm。

ヌカボシクリハラン 糠星栗葉蘭 〈*Microsorium brachlepis* (Baker) Nakaike〉ウラボシ科の常緑性シダ。別名ヌカボシラン、ヌカボシシダ。葉身は長さ10〜25cm、幅1.5〜3cm。披針形〜狭披針形。園芸植物。

ヌカボシソウ 糠星草 〈*Luzula plumosa* E. Meyer var. *macrocarpa* (Buchen.) Ohwi〉イグサ科の多年草。高さは15〜25cm。

ヌカボタデ 〈*Persicaria taquetii* (Lév.) Koidz.〉タデ科の草本。別名コヌカボタデ。

ヌカボミチヤナギ 〈*Polygonum fusco-ochreatum* Kom.〉タデ科の草本。茎頂に花がやや花穂状につく。

ヌスビトハギ 盗人萩 〈*Desmodium podocarpum* DC. subsp. *oxyphyllum* (DC.) Ohashi var. *oxyphyllum*〉マメ科の多年草。高さは60〜120cm。

ヌナワタケ 〈*Mycena rorida* (Scop. : Fr.) Quél.〉キシメジ科のキノコ。

ヌノマオ 〈*Pipturus arborescens* (Link) C. B. Rob.〉イラクサ科の木本。

ヌノメワセ 布目早生 バラ科のモモ(桃)の品種。果皮は白色。

ヌファル・オグラエンセ オグラコウホネの別名。

ヌファル・スブインテゲリムム ヒメコウホネの別名。

ヌファール・ポリセパルム 〈*Nuphar polysepalum* Engelm.〉スイレン科の多年草。高山植物。

ヌファル・ヤポニクム コウホネの別名。

ヌファール・ルテア 〈*Nuphar lutea* Sibth. et Sm.〉スイレン科の多年草。

ヌマアカギモドキ 〈*Allophylus cobbe* BL. var. *limosus* Corn.〉ムクロジ科のマングローブ植物。熱帯植物。

ヌマアデク 〈*Eugenia scortechinii* King〉フトモモ科の小木。熱帯植物。

ヌマイチゴツナギ 〈*Poa palustris* L.〉イネ科の多年草。高さは30〜150cm。

ヌマガヤ 沼茅 〈*Molinia japonica* Hack.〉イネ科の多年草。別名カミスキスダレグサ。高さは70〜120cm。

ヌマガヤツリ 沼蚊帳釣 〈*Cyperus glomeratus* L.〉カヤツリグサ科の一年草。高さは30〜100cm。

ヌマキクナ 〈*Enhydra fluctuans* Lour〉キク科の草本。若い部を生食、煮食。熱帯植物。

ヌマクロトン 〈*Croton heteropetalum* Ster.〉トウダイグサ科の小木。熱帯植物。

ヌマクロボスゲ 〈*Carex meyeriana* kunth〉カヤツリグサ科の草本。

ヌマゴケ 〈*Pohlia longicollis* (Hedw.) Linndb.〉ハリガネゴケ科のコケ。弱い光沢、茎は長さ1〜5cm、葉は披針形。

ヌマシノブゴケ 〈*Helodium paludosum* (Austin) Broth.〉シノブゴケ科のコケ。茎葉は卵形〜広披針形で細かく漸尖。

ヌマズイノモトソウ 〈*Pteris multifida* Poir. × *P. nipponica* W. C. Hsieh〉イノモトソウ科のシダ植物。

ヌマスギ ラクウショウの別名。

ヌマスゲ 〈*Carex rostrata* var. *borealis*〉カヤツリグサ科。

ヌマステモヌルス 〈*Stemonurus secundiflorus* BL.〉クロタキカズラ科の高木。熱帯植物。

ヌマゼリ 沼芹 〈*Sium nipponicum* Maxim. var. *nipponicum*〉セリ科の多年草。別名サワゼリ。高さは60〜100cm。

ヌマダイオウ 〈*Rumex aquaticus* L.〉タデ科の草本。

ヌマダイコン 〈*Adenostemma viscosum* G. Forst.〉キク科の多年草。高さは30〜100cm。花は白色。熱帯植物。

ヌマチゴケ 〈*Paludella squarrosa* (Hedw.) Brid.〉ヌマチゴケ科のコケ。茎は立ち、長さ4〜7cm、密に褐色〜黒褐色の仮根で覆われる。

ヌマツルギク 〈*Acmella oppostifolia* (Lam.) R. K. Jenson〉キク科の多年草。長さは30〜100cm。花は黄色。

ヌマツルギクモドキ 〈*Acmella ciliata* (Humb., Bonpl. et Kunth) Cass.〉キク科。鋸歯は10対以上ある。

ヌマトラノオ 沼虎の尾 〈*Lysimachia fortunei* Maxim.〉サクラソウ科の多年草。高さは40〜100cm。

ヌマハコベ 沼繁縷 〈*Montia fontana* L. var. *lamprosperma* (Cham.) Ledeb.〉スベリヒユ科の草本。別名モンチソウ。

ヌマハリイ 沼針藺 〈*Eleocharis mamillata* Lindb. f. var. *cyclocarpa* Kitagawa〉カヤツリグサ科の多年生の抽水植物。別名オオヌマハリイ。鱗片は濃褐色、広披針形〜狭卵形。高さは30〜60cm。

ヌマハリガネゴケ 〈*Bryum weigelii* Spreng.〉ハリガネゴケ科のコケ。茎は長さ2cm、葉は卵形。

ヌマヒノキ 〈*Chamaecyparis thyoides* (L.) B. S. P.〉ヒノキ科の常緑高木。高さは15〜25m。樹皮は灰色ないし赤褐色。園芸植物。

ヌマホルスフィルジヤ 〈*Horsfieldia irya* Warb.〉ニクズク科の高木。枝は褐色。熱帯植物。

ヌマミズキ 沼水木 〈*Nyssa sylvatica*〉ヌマミズキ科の木本。別名ツーペロ。樹高30m。樹皮は濃い灰色。園芸植物。

ヌマミズキ科 科名。

ヌメハノリ 〈*Delesseria serrulata* Harvey〉コノハノリ科の海藻。下部は茎状。体は30cm。

ヌメリアイタケ 〈*Albatrellus yasudai* (Lloyd) Pouz.〉ニンギョウタケモドキ科のキノコ。中型。傘は円形、濃藍色。乾燥時ニス状光沢。

ヌメリアカチチタケ 〈*Lactarius hysginus* (Fr. : Fr.) Fr.〉ベニタケ科のキノコ。中型〜大型。傘は赤褐色、不明瞭な環紋あり。湿時粘性。

ヌメリイグチ 〈*Suillus luteus* (L. : Fr.) S. F. Gray〉イグチ科のキノコ。中型〜大型。傘は褐色、著しい粘性あり。

ヌメリグサ 滑めり草 〈*Sacciolepis indica* (L.) Chase var. *oryzetorum* (Makino) Ohwi〉イネ科の草本。

ヌメリコウジタケ 〈*Aureoboletus thibetanus* (Pat.) Hongo & Nagasawa〉イグチ科のキノコ。小型〜中型。傘は赤褐色〜明褐色、粘性あり。

ヌメリササタケ 〈*Cortinarius pseudosalor* J. E. Lange〉フウセンタケ科のキノコ。中型。傘はオリーブ褐色〜灰褐色、著しい粘液あり。ひだは淡紫色→さび褐色。

ヌメリスギタケ 〈*Pholiota adiposa* (Fr.) Kummer〉モエギタケ科のキノコ。

ヌメリスギタケモドキ 〈*Pholiota aurivella* (Batsch : Fr.) Kummer〉モエギタケ科のキノコ。中型〜大型。傘は黄色、褐色大形鱗片、強い粘性。

ヌメリタンポタケ 〈*Cordyceps canadensis* Ell. & Everh.〉バッカクキン科のキノコ。中型。子座は粘性、ツチダンゴ類に寄生。

ヌメリツバイグチ 〈*Suillus subluteus* (Peck) Snell〉イグチ科のキノコ。中型。傘は暗黄褐色、著しい粘性を帯びる。

ヌメリツバタケ 〈*Oudemansiella mucida* (Schrad. : Fr.) Höhnel〉キシメジ科のキノコ。中型。傘は白色〜淡灰褐色、強粘性。ひだは白色。

ヌメリツバタケモドキ 〈*Oudemansiella venosolamellata* (Imazeki & Toki) Imazeki & Hongo〉キシメジ科のキノコ。中型。傘は白色〜淡灰褐色、強粘性。

ヌメリニガイグチ 〈*Tylopilus castaneiceps* Hongo〉イグチ科のキノコ。小型〜中型。傘は栗褐色〜黄褐色、強い粘性。

ヌラクサ 〈*Sebdenia agardhii* (De Toni) Codomier〉ムカデノリ科の海藻。軟かい膜質。体は長さ8〜10cm。

ヌリア・ド・レコロン 〈Nuria de Recolons〉バラ科。ハイブリッド・パーペチュアルローズ系。

ヌリトラノオ 塗虎の尾 〈*Asplenium normale* D. Don〉チャセンシダ科の常緑性シダ。葉身は長さ10〜40cm。披針形から線状披針形。園芸植物。

ヌリワラビ 塗り蕨 〈*Athyrium mesosorum* (Makino) Makino〉オシダ科の夏緑性シダ。葉身は長さ30〜60cm。三角形〜卵状三角形。

ヌルデ 白膠、白膠木 〈*Rhus javanica* L. var. *roxburghii* (DC.) Rehder et Wils.〉ウルシ科の落葉高木。別名フシノキ。薬用植物。

ヌルデタケ 〈*Porodisculus pendulus* (Schw.) Murrill〉サルノコシカケ科のキノコ。小型。傘は淡褐色。

ヌルデモドキ 〈*Peronema canescens* Jack.〉クマツヅラ科の小高木。若茎は紫色で、葉は民間薬。熱帯植物。

ヌール・マハル 〈Nur Mahal〉バラ科。花はクリムゾン色。

【 ネ 】

ネイチワラビ 〈*Dryopteris* × *neichii* Nakaike, nom. nud.〉オシダ科のシダ植物。

ネオヴィーチア・ストーキー 〈*Neoveitchia storckii* (H. Wendl.) Becc.〉ヤシ科。高さは10m。園芸植物。

ネオガードネリア・ビノティ 〈*Neogardneria binoti* (De Wild.) Hoehne〉ラン科。花は明緑色。園芸植物。

ネオガードネリア・マリーアナ 〈*Neogardneria murrayana* (G. Gardn. ex Hook.) Schlechter〉ラン科のキノコ。花は鮮緑色。園芸植物。

ネオコニョークシア・ヘクサプテラ 〈*Neocogniauxia hexaptera* (Cogn.) Schlechter〉ラン科。花は橙赤色。園芸植物。

ネオコニョークシア・モノフィラ 〈*Neocogniauxia monophylla* (Griseb.) Schlechter〉ラン科。花は鮮橙赤色。園芸植物。

ネオゴメシア・アガウォイデス 〈*Neogomesia agavoides* Castañeda〉サボテン科のサボテン。別名アガベ牡丹。径1cm。花は紫紅色。園芸植物。

ネオスティリス・デインティー 〈× *Neostylis* Dainty〉ラン科。花は白に淡桃を彩る。園芸植物。

ネオスティリス・ルー・スニーリー 〈× *Neostylis* Lou Sneary〉ラン科。花は淡藤色。園芸植物。

ネオチレニア・カルデラナ 〈*Neochilenia calderana* (F. Ritter) Backeb.〉サボテン科のサボテン。径5〜8cm。花は黄白色。園芸植物。

ネオチレニア・タルタレンシス 〈*Neochilenia taltalensis* (Hutch.) Backeb.〉サボテン科のサボテン。別名太留太留玉。径8cm。花は紫紅色。園芸植物。

ネオチレニア・ナピナ 〈*Neochilenia napina* (Phil.) Backeb.〉サボテン科のサボテン。別名豹頭。花は淡黄色。園芸植物。

ネオチレニア・パウキコスタ 〈*Neochilenia paucicostata* (F. Ritter) Backeb.〉サボテン科のサボテン。別名黒冠丸。高さは20cm。花は白〜帯紅白色。園芸植物。

ネオチレニア・ライヘイ ハクシマルの別名。

ネオッティア・ニドゥスアビス 〈*Neottia nidus-avis* L. C. M. Richard〉ラン科の多年草。高山植物。

ネオッティアンテ・ククラタ ミヤマモジズリの別名。

ネオディプシス・デカリー 〈*Neodypsis decaryi* Jumelle〉ヤシ科。別名ミツヤヤシ。高さは9m。花は淡黄緑色。園芸植物。

ネオニコルソニア・ワトソニー 〈*Neonicholsonia watsonii* Dammer〉ヤシ科。別名ニコルソンヤシ。高さは3m。花は白色。園芸植物。

ネオバティエア・フィリコルヌ 〈*Neobathiea filicornu* Schlechter〉ラン科。花は淡緑褐色。園芸植物。

ネオバティエア・ペリエリ 〈Neobathiea perrieri (Schlechter) Schlechter〉ラン科。花は帯黄緑色。園芸植物。

ネオパナクス・アルボレウス 〈Neopanax arboreus (G. Forst.) Allan〉ウコギ科の木本。高さは7～8m。園芸植物。

ネオパナクス・ラエツス 〈Neopanax laetus (T. Kirk) Allan〉ウコギ科の木本。高さは7m。園芸植物。

ネオフィネティア・ファルカタ フウランの別名。

ネオベッシア・ミズーリエンシス 〈Neobesseya missouriensis (Sweet) Britt. et Rose〉サボテン科のサボテン。別名給分丸。高さは6cm。花は灰緑色。園芸植物。

ネオベンサミア・グラキリス 〈Neobenthamia gracilis Rolfe〉ラン科。高さは1～1.2m。花は白色。園芸植物。

ネオポルテリア・ウィロサ 〈Neoporteria villosa (Monv.) A. Berger〉サボテン科のサボテン。別名混乱玉。高さは15cm。花は淡桃～桃色。園芸植物。

ネオポルテリア・カスタネオイデス 〈Neoporteria castaneoides (J. F. Cels) Werderm.〉サボテン科のサボテン。別名魔竜玉。花は洋紅色。園芸植物。

ネオポルテリア・クラウァタ 〈Neoporteria clavata (Söhrens) Werderm.〉サボテン科のサボテン。別名暗黒王。高さは1.5m。花は紅色。園芸植物。

ネオポルテリア・ゲロケファラ 〈Neoporteria gerocephala Y. Ito〉サボテン科のサボテン。別名白翁玉。高さは7～12cm。花は紅～紫紅色。園芸植物。

ネオポルテリア・コイマセンシス 〈Neoporteria coimasensis F. Ritter〉サボテン科のサボテン。別名恋魔玉。花は紫桃色。園芸植物。

ネオポルテリア・スブギッボサ 〈Neoporteria subgibbosa (Haw.) Britt. et Rose〉サボテン科のサボテン。別名逆竜玉。高さは1m。園芸植物。

ネオポルテリア・ニグリホリダ 〈Neoporteria nigrihorrida (Backeb.) Backeb.〉サボテン科のサボテン。別名曛竜玉。花は明洋紅色。園芸植物。

ネオポルテリア・ニドウス ギンオウギョクの別名。

ネオ・マスカット ブドウ科のブドウ（葡萄）の品種。果皮は乳黄白色。

ネオマリカ アメリカシャガの別名。

ネオマリカ・カエルレア 〈Neomarica caerulea (Ker-Gawl.) T. Sprague〉アヤメ科の多年草。高さは1m。花は紫色。園芸植物。

ネオマリカ・グラキリス 〈Neomarica gracilis (Herb.) T. Sprague〉アヤメ科の多年草。花は乳白色。園芸植物。

ネオマリカ・ノーシアナ アメリカシャガの別名。

ネオムーレア・イロラタ 〈Neomoorea irrorata (Rolfe) Rolfe〉ラン科。花は赤褐色。園芸植物。

ネオライモンディア・ロシフロラ 〈Neoraimondia rosiflora (Werderm et Backeb.) Backeb.〉サボテン科のサボテン。花は明るいピンク色。園芸植物。

ネオラウタネニア・フィキフォリア 〈Neorautanenia ficifolia (Benth.) C. A. Sm.〉マメ科。長さ1～3m。花は黄色。園芸植物。

ネオラウヘア・プルケラ 〈Neolauchea pulchella Kränzl.〉ラン科。花は鮮桃赤色。園芸植物。

ネオリトセア・セリケア シロダモの別名。

ネオレゲリア パイナップル科の属総称。別名ネオリ。

ネオレゲリア・アンプラケア 〈Neoregelia ampullacea (E. Morr.) L. B. Sm.〉パイナップル科。花は開出部は青紫、下部は白色。園芸植物。

ネオレゲリア・ウィルソニアナ 〈Neoregelia wilsoniana M. B. Foster〉パイナップル科。花は白色。園芸植物。

ネオレゲリア・カロライナエ 〈Neoregelia carolinae (Beer) L. B. Sm.〉パイナップル科。ロゼット径50～60cm。園芸植物。

ネオレゲリア・カロリネー パイナップル科。園芸植物。

ネオレゲリア・カロリネー・トリコロール 〈Neoregelia carolinae (Beer) L. S. Smith var. tricolor M. B. Foster〉パイナップル科。園芸植物。

ネオレゲリア・クロロスティクタ 〈Neoregelia chlorosticta (Bak.) L. B. Sm.〉パイナップル科。高さは15～20cm。花は淡白青色。園芸植物。

ネオレゲリア・コンケントリカ 〈Neoregelia concentrica (Vell.) L. B. Sm.〉パイナップル科。高さは25cm。花は白に近いラベンダー色。園芸植物。

ネオレゲリア・スペクタビリス ツマベニアナナスの別名。

ネオレゲリア・ゾナタ 〈Neoregelia zonata L. B. Sm.〉パイナップル科。花は淡青色。園芸植物。

ネオレゲリア・ピネリアナ 〈Neoregelia pineliana (Lem.) L. B. Sm.〉パイナップル科。花は淡青紫色。園芸植物。

ネオレゲリア・ファリノサ 〈Neoregelia farinosa (Ule) L. B. Sm.〉パイナップル科。葉は長さ40～60cm。花は白色。園芸植物。

ネオレゲリア・マカヘンシス 〈Neoregelia macahensis (Ule) L. B. Sm.〉パイナップル科。葉は長さ35～40cm。花は白色。園芸植物。

ネオレゲリア・マクロケパラ 〈Neoregelia macrocepala L. B. Sm.〉パイナップル科。花は淡桃紫色。園芸植物。

ネオレゲリア・マルモラタ 〈Neoregelia marmorata (Bak.) L. B. Sm.〉パイナップル科。別名ミズタマアナナス。花は淡青紫色。園芸植物。

ネオレゲリア・ロセア 〈Neoregelia rosea L. B. Sm.〉パイナップル科。花は白色。園芸植物。

ネオロイディア・グランディフロラ 〈Neolloydia grandiflora (Otto) F. M. Knuth〉サボテン科のサボテン。別名大輪丸。高さは10cm。花は紫紅色。園芸植物。

ネギ 葱 〈Allium fistulosum L.〉ユリ科の葉菜類。花は白色。薬用植物。園芸植物。

ネギシゴヨウ 根岸五葉 マツ科。園芸植物。

ネクタリン 〈Prunus persica var. nucipersica (Suckow) C. K. Shneid.〉バラ科。別名ズバイモモ、ツバキモモ(椿桃)、ユトウ(油桃)。園芸植物。

ネクトリア・キンナバリナ ニクザキン科のキノコ。

ネグンドカエデ 〈Acer negundo L.〉カエデ科の落葉高木。別名トネリコバノカエデ、ネグンドモミジ。高さは20m。樹皮は灰褐色。園芸植物。

ネコアサガオ 〈Ipomoea sinensis (Ders.) Choisy〉ヒルガオ科の蔓草。多毛。花は白あるいは淡紅色。熱帯植物。

ネコアシコンブ 〈Arthrothamnus bifidus (Gmel.) Rupr. in Middendorff〉コンブ科の海藻。別名ミミコンブ、カナカケコンブ、ハタカセコンブ。葉は線状。体は長さ2〜4m。

ネコシデ 裏白樺 〈Betula corylifolia Regel et Maxim.〉カバノキ科の落葉高木。別名ウラジロカンバ。高山植物。

ネコノシタ 猫舌 〈Wedelia prostrata (Hook. et Arn.) Hemsl.〉キク科の多年草。高さは10〜16cm。

ネコノチチ 猫の乳 〈Rhamnella franguloides (Maxim.) Weberb.〉クロウメモドキ科の落葉低木。

ネコノツメ 〈Canthium horridum BL.〉アカネ科の低木。果実は黄色、酸味あり。花は白緑色。熱帯植物。

ネコノツメ マクファディエナ・ウングイス-カティの別名。

ネコノヒゲ 〈Orthosiphon aristatus (Blume) Miq.〉シソ科の多年草。高さ60cm。花は白色。熱帯植物。薬用植物。園芸植物。

ネコノメソウ 猫目草 〈Chrysosplenium grayanum Maxim.〉ユキノシタ科の多年草。別名ミズネコノメソウ。高さは4〜20cm。

ネコノメダマ 〈Nephelium malaiense Griff.〉ムクロジ科の高木。葉裏有毛、果実は褐色で斑点あり。熱帯植物。

ネコハギ 猫萩 〈Lespedeza pilosa (Thunb. ex Murray) Sieb. et Zucc.〉マメ科の多年草。長さは30〜100cm。花は白色。園芸植物。

ネコヤナギ 猫柳 〈Salix gracilistyla Miq.〉ヤナギ科の落葉低木。別名カワヤナギ、エノコロヤナギ、トウトウヤナギ。花は銀白色。園芸植物。

ネコヤマヒゴタイ キリガミネトウヒレンの別名。

ネザサ 根笹 〈Pleioblastus chino (Franch. et Savat.) Makino var. viridis (Makino) S. Suzuki〉イネ科の常緑大型笹。

ネザシノトサカモドキ 〈Callophyllis adnata Okamura〉ツカサノリ科の海藻。葉片は互に根をもって癒着。体は10cm。

ネザシミル 〈Codium coactum Okamura〉ミル科の海藻。扁圧。

ネジアヤメ 捩菖蒲 〈Iris lactea Pallas〉アヤメ科の多年草。高さは20cm。花は淡紫色。薬用植物。園芸植物。

ネジキ 捩木 〈Lyonia ovalifolia (Wall.) Drude var. elliptica (Sieb. et Zucc.) Hand.-Mazz.〉ツツジ科の落葉低木。別名カシオシミ。薬用植物。

ネジクチゴケ 〈Barbula unguiculata Hedw.〉センボンゴケ科のコケ。体は灰緑色〜緑褐色、葉は狭舌状〜広卵形。

ネジトウガラシ 〈Helicteres isora L.〉アオギリ科の低木。果実は捩れる。高さ3m。花は赤色。熱帯植物。

ネジバナ 捩花 〈Spiranthes sinensis (Pers.) Ames var. amoena (M. Bieb.) Hara〉ラン科の多年草。別名モジズリ。高さは10〜40cm。花は淡紅色。園芸植物。

ネジモク 〈Sargassum sagamianum Yendo〉ホンダワラ科の海藻。気胞は楕円形。体は30cm。

ネジリカワツルモ 〈Ruppia cirrhosa (Petagna) Grande〉ヒルムシロ科の多年生の沈水植物。受粉後、花茎がコイル状に巻く。

ネジレイトゴケ 〈Pterigynandrum filiforme Hedw.〉ウスグロゴケ科のコケ。小形で茎は這い、枝葉は倒卵形〜長卵形。

ネジレオニザミア マクロザミア・スピラリスの別名。

ネジレゴケモドキ 〈Tortella tortuosa (Hedw.) Limpr.〉センボンゴケ科のコケ。茎は長さ3cm以下、葉は披針形〜線状披針形。

ネジレコンブ 〈Streptophyllum spirale (Yendo) Miyabe et Nagai in Nagai〉コンブ科の海藻。初め傾収し倒卵形。

ネジレバハナゴケ 〈Cladonia strepsilis (Ach.) Vain.〉ハナゴケ科の地衣類。別名ユキノハナ。地衣体は長さ3〜20mm。

ネジレフサマメノキ 〈Parkia speciosa Hassk.〉マメ科の高木。莢は捩れる。熱帯植物。

ネジレモ 〈*Vallisneria asiatica* Miki var. *biwaensis* Miki〉トチカガミ科の多年生沈水植物。葉はら旋状にねじれる。

ネズ 杜松 〈*Juniperus rigida* Sieb. et Zucc.〉ヒノキ科の常緑低木。別名ネズミサシ、ムロ。高さは10～15m。薬用植物。園芸植物。

ネズ ヒノキ科の属総称。別名ネズミサシ。

ネズコ クロベの別名。

ネズミガヤ 鼠茅 〈*Muhlenbergia japonica* Steud.〉イネ科の多年草。高さは15～25cm。

ネズミサシ ネズの別名。

ネズミシバ 〈*Tripogon chinensis* var. *coreensis*〉イネ科。

ネズミシメジ 〈*Tricholoma virgatum* (Fr. : Fr.) Kummer〉キシメジ科のキノコ。中型。傘は灰色で中央部突出、放射状繊維模様。ひだは灰白色。

ネズミノオ 鼠の尾 〈*Sporobolus fertilis* (Steud.) W. Clayton〉イネ科の多年草。高さは40～80cm。

ネズミノオゴケ 〈*Myuloclada maximowiczii* Steere et Schof.〉アオギヌゴケ科のコケ。枝は長さ2～4cm、枝葉はほぼ円形。

ネズミムギ 鼠麦 〈*Lolium multiflorum* Lam.〉イネ科の一年草または二年草。別名イタリアンライグラス。高さは30～100cm。

ネズミモチ 鼠黐 〈*Ligustrum japonicum* Thunb.〉モクセイ科の常緑小高木。別名テラツバキ、タマツバキ。高さは2～5m。薬用植物。園芸植物。

ネーゼル・スコープ キク科のダリアの品種。園芸植物。

ネツジョウ 熱情 〈Netsujoh〉 バラ科。ハイブリッド・ティーローズ系。花は赤色。

ネッタイコフクレサルオガセ 〈*Usnea leucospilodea* Nyl.〉サルオガセ科の地衣類。地衣体は表面に白い粉茅をつける。

ネッタイスイレン 〈*Nymphaea capensis* L.〉スイレン科。園芸植物。

ネナガシロヤマイグチ 〈*Leccinum subradicatum* Hongo〉イグチ科のキノコ。

ネナガノヒトヨタケ 〈*Coprinus cinereus* (Schaeff. : Fr.) S. F. Gray〉ヒトヨタケ科のキノコ。

ネナシカズラ 根無葛 〈*Cuscuta japonica* Choisy〉ヒルガオ科の寄生の一年生つる草。薬用植物。

ネバジロ・ブランコ 〈Neva〉 モクセイ科のオリーブ(Olive)の品種。果実は長楕円形。

ネバダ 〈Nevada〉 バラ科。花はクリーミー・ホワイト色。

ネバリオグルマ 〈*Grindelia aquarrosa* (Pursh) Dunal.〉キク科の薬用植物。

ネバリタデ 粘蓼 〈*Persicaria viscofera* (Makino) H. Gross〉タデ科の一年草。別名ケネバリタデ。高さは40～80cm。

ネバリノギク 〈*Aster novae-angliae* L.〉キク科の多年草。高さは30～70cm。花は濃青紫色。園芸植物。

ネバリノギラン 粘り芒蘭 〈*Aletris foliata* Bureau et Franch.〉ユリ科の多年草。別名ナガハノギラン。高さは30～50cm。高山植物。

ネバリノボロギク 〈*Senecio viscosus* L.〉キク科の一年草。高さは10～40cm。花は濃黄色。

ネバリマメ 〈*Clitorea laurifolia* Poir.〉マメ科の草本。葉は厚く硬質、葉裏白毛。花は白色。熱帯植物。

ネバリモ 〈*Leathesia difformis* (L.) Areschoug〉ネバリモ科の海藻。肉質。

ネパールデイコ エリスリナ・アルボレスケンスの別名。

ネピアグラス イネ科。

ネビキグサ 〈*Machaerina rubiginosa* (Spreng.) T. Koyama〉カヤツリグサ科の多年生の抽水性～湿生植物。別名アンペライ、ヒラスゲ。稈は直立し、高さ60～120cm、小穂は赤褐色。

ネビキミヤコグサ 〈*Lotus pedunculatus* Cav.〉マメ科の多年草。長さは30～120cm。花は黄色。

ネフェラフィルム・プルクルム 〈*Nephelaphyllum pulchrum* Blume〉ラン科。高さは10cm。花は黄色。園芸植物。

ネプツニア・オレラケア ミズオジギソウの別名。

ネフティティス・アフゼーリイ 〈*Nephthytis afzelii* Schott〉サトイモ科の多年草。

ネブラスカスゲ 〈*Carex nebraskensis* Dewey〉カヤツリグサ科。

ネーブルオレンジ 〈*Citrus sinensis* (L.) Osbeck var. *brasiliensis* Tanaka〉ミカン科の木本。果実にネーブル(へそ)がある。園芸植物。

ネフロスペルマ・ファンフーテアヌム 〈*Nephrosperma vanhoutteanum* (H. Wendl. ex Van Houtte) Balf. f.〉ヤシ科。園芸植物。

ネフロレピス・エクサルタタ 〈*Nephrolepis exaltata* (L.) Schott〉シノブ科のシダ植物。別名セイヨウタマシダ。葉は長さ50～100cm。園芸植物。

ネフロレピス・コルディフォリア タマシダの別名。

ネフロレピス・ビセラタ ホウビカンジュの別名。

ネフロレピス・ヒルスツラ ヤンバルタマシダの別名。

ネペタ シソ科の属総称。宿根草。

ネペタ・カタリア イヌハッカの別名。

ネペタ・シビリカ 〈*Nepeta sibirica* L.〉シソ科の草本。高さは60cm。花は鮮青紫色。園芸植物。

ネペタ・スブセッシリス ミソガワソウの別名。

ネペタ・ファーセニー 〈*Nepeta* × *faassenii* Bergmans ex Stearn〉シソ科の草本。高さは30cm。花は青色。園芸植物。

ネペタ・ヤポニカ ケイガイの別名。

ネペタ・ロンギブラクテアタ 〈*Nepeta longibracteata* Benth.〉シソ科の多年草。高山植物。

ネペンテス 〈*Nepenthes hybrida* Masters.〉ウツボカズラ科。

ネペンテス ウツボカズラの別名。

ネペンテス・アラタ 〈*Nepenthes alata* Blanco〉ウツボカズラ科の食虫植物。高さは5〜6m。園芸植物。

ネペンテス・アルボマルギナタ シロヘリウツボの別名。

ネペンテス・アンプラリア コップウツボの別名。

ネペンテス・ウェントリコサ 〈*Nepenthes ventricosa* Blanco〉ウツボカズラ科の食虫植物。高さは2〜5m。園芸植物。

ネペンテス・カーシアナ 〈*Nepenthes khasiana* Hook. f.〉ウツボカズラ科の食虫植物。高さは10m。園芸植物。

ネペンテス・グラキリス コウツボカズラの別名。

ネペンテス・トレリー 〈*Nepenthes thorelii* Lecomte〉ウツボカズラ科の食虫植物。高さは3m。園芸植物。

ネペンテス・ビカルカラタ 〈*Nepenthes bicalcarata* Hook. f.〉ウツボカズラ科の食虫植物。高さは10〜15m。園芸植物。

ネペンテス・ヒルスタ 〈*Nepenthes hirsuta* Hook. f.〉ウツボカズラ科の食虫植物。高さは2〜3m。園芸植物。

ネペンテス・フッケリアナ 〈*Nepenthes × hookeriana* Lindl.〉ウツボカズラ科の常緑つる性植物。高さは10m以上。園芸植物。

ネペンテス・マクシマ 〈*Nepenthes maxima* Reinw.〉ウツボカズラ科の食虫植物。別名ベニジマウツボカズラ。高さは10m。園芸植物。

ネペンテス・マスタシアナ ウツボカズラ科。園芸植物。

ネペンテス・ミキスタ ウツボカズラ科。園芸植物。

ネペンテス・ミラビリス ウツボカズラの別名。

ネペンテス・ラフレシアーナ ラフルスウツボの別名。

ネマガリタケ チシマザサの別名。

ネマタンツス イワタバコ科の属総称。別名ヒポシルタ。

ネマタンツス・グレガリウス 〈*Nematanthus gregarius* D. L. Denh.〉イワタバコ科の着生植物。花は橙色。園芸植物。

ネマタンツス・ストリギロスス 〈*Nematanthus strigillosus* (Mart.) H. E. Moore〉イワタバコ科の着生植物。花は赤橙色。園芸植物。

ネマタンツス・ネルウォスス 〈*Nematanthus nervosus* (Fritsch) H. E. Moore〉イワタバコ科の着生植物。花は赤または赤橙色。園芸植物。

ネマタンツス・フリッチー 〈*Nematanthus fritschii* Hoehne〉イワタバコ科の着生植物。高さは70cm。園芸植物。

ネムノキ 合歓木 〈*Albizzia julibrissin* Durazz.〉マメ科の落葉小高木。別名コウカ、コウカギ。高さは10m。花は紅色。樹皮は暗褐色。薬用植物。園芸植物。

ネムリジシ 眠獅子 テロカクツス・フィマトテレの別名。

ネムリハギ 〈*Smithia sensitiva* Ait.〉マメ科の平開する草本。熱帯植物。

ネムロコウホネ 根室河骨 〈*Nuphar pumilum* (Timm.) DC. var. *pumilum*〉スイレン科の浮葉(稀に抽水性)植物。沈水葉は広卵形〜円心形、浮葉は広卵形。高山植物。薬用植物。

ネムロシオガマ 根室塩竈 〈*Pedicularis schistostegia* Vved.〉ゴマノハグサ科の草本。高山植物。

ネムロスゲ 〈*Carex gmelinii*〉カヤツリグサ科。

ネムロノアサ 根室の朝 〈Nemuro no Asa〉バラ科。ハイブリッド・ティーローズ系。花は淡いピンク。

ネムロブシダマ 〈*Lonicera chrysantha* Turcz.〉スイカズラ科の低木。別名ヒメブシダマ。高さは4m。花は初め淡黄、後に濃黄色。園芸植物。

ネムロホシクサ 〈*Eriocaulon glaberrimum* Satake〉ホシクサ科の草本。

ネメシア ゴマノハグサ科のアフリカウンラン属の総称。

ネメシア ウンランモドキの別名。

ネメシア・ウェルシコロル 〈*Nemesia versicolor* E. Mey. ex Benth.〉ゴマノハグサ科。高さは30cm。花は青あるいは桃色。園芸植物。

ネモトシャクナゲ 根本石楠花 ツツジ科の常緑低木。高山植物。

ネモトシャクナゲ ハクサンシャクナゲの別名。

ネモフィラ 〈*Nemophila insignis* Benth.〉ハゼリソウ科。別名コモンカラクサ(小紋唐草)、ルリカラクサ(瑠璃唐草)。園芸植物。

ネモフィラ・マクラータ 〈*Nemophila maculata* Benth. ex Lindl.〉ハゼリソウ科の一年草。高さは20〜30cm。花は白色。園芸植物。

ネモフィラ・メンジェシー 〈*Nemophila menziesii* Hook. et Arn.〉ハゼリソウ科の一年草。高さは15〜20cm。花は鮮やかな空色。園芸植物。

ネリウム・オレアンデル セイヨウキョウチクトウの別名。

ネリネ ヒガンバナ科の属総称。球根植物。別名ダイアモンドリリー。切り花に用いられる。

ネリネ・ウンドゥラタ ヒメヒガンバナの別名。

ネリネクル

ネリネ・クルウィフォリア 〈*Nerine curvifolia* (Jacq.) Herb.〉ヒガンバナ科の球根植物。高さは30～40cm。花は鮮緋紅色。園芸植物。
ネリネ・サルニエンシス 〈*Nerine sarniensis* (L.) Herb.〉ヒガンバナ科の球根植物。花は桜赤または鮮褐赤色。園芸植物。
ネリネ・フィラメントサ 〈*Nerine filamentosa* Bak.〉ヒガンバナ科の球根植物。高さは30～40cm。花は濃桃色。園芸植物。
ネリネ・フィリフォリア 〈*Nerine filiforia* Bak.〉ヒガンバナ科の球根植物。高さは20～30cm。花は淡紅色。園芸植物。
ネリネ・プディカ 〈*Nerine pudica* Hook. f.〉ヒガンバナ科の球根植物。高さは30～40cm。花は白色。園芸植物。
ネリネ・フミリス 〈*Nerine humilis* (Jacq.) Herb.〉ヒガンバナ科の球根植物。高さは30～40cm。花は淡紅色。園芸植物。
ネリネ・ボウデニー 〈*Nerine bowdenii* W. Wats.〉ヒガンバナ科の球根植物。花は濃いピンク色。園芸植物。
ネリー・モーザー キンポウゲ科のクレマチスの品種。園芸植物。
ネル・ギーウイン キク科のマリーゴールドの品種。園芸植物。
ネルテラ・グラナデンシス コケサンゴの別名。
ネルンボ・ヌキフェラ ムラサキスイレンの別名。
ネルンボ・ルテア キバナハスの別名。
ネンガ・プミラ 〈*Nenga pumila* (Mart.) H. Wendl.〉ヤシ科。高さは7m。花は黄白色。園芸植物。
ネンガ・マクロカルパ 〈*Nenga macrocarpa* Scort. ex Becc.〉ヤシ科。高さは3～7m。園芸植物。
ネンジュモ ネンジュモ科の属総称。
ネンドタケ 〈*Phellinus gilvus* (Schw. : Fr.) Pat.〉タバコウロコタケ科のキノコ。
ネンドタケモドキ 〈*Phellinus setifer* Hattori〉タバコウロコタケ科のキノコ。小型～中型。傘は茶褐色、剛毛。

【ノ】

ノアサガオ 野朝顔 〈*Pharbitis congesta* (R. Br.) Hara〉ヒルガオ科の一年生つる草。別名アサガオ。花は青色。熱帯植物。園芸植物。
ノアザミ 野薊 〈*Cirsium japonicum* DC.〉キク科の多年草。別名ドイツアザミ。高さは50～100cm。花は淡紅紫色。薬用植物。園芸植物。
ノアズキ 〈*Dunbaria villosa* (Thunb. ex Murray) Makino〉マメ科の多年生つる草。別名ヒメクズ。
ノイバラ 野茨 〈*Rosa multiflora* Thunb. ex Murray var. *multiflora*〉バラ科の落葉低木。別名ノバラ、シロイバラ、グイ。高さは1～3m。花は白か淡紅色。薬用植物。園芸植物。切り花に用いられる。
ノイバラ バラ科のバラ属の一部の総称。
ノウゴウイチゴ 能郷苺 〈*Fragaria iinumae* Makino〉バラ科の多年草。花弁、萼片とも7～8個。高さは10～15cm。高山植物。園芸植物。
ノウゼンカズラ 凌霄花 〈*Campsis grandiflora* (Thunb. ex Murray) K. Schum.〉ノウゼンカズラ科の落葉性つる植物。別名ノウゼン、ノショウ。高さは10m。花は濃橙赤色。薬用植物。園芸植物。
ノウゼンカズラ ノウゼンカズラ科の属総称。
ノウゼンハレン キンレンカの別名。
ノウタケ 〈*Calvatia craniiformis* (Schw.) Fr.〉ホコリタケ科のキノコ。中型～大型。白色→黄褐色。
ノウルシ 野漆 〈*Euphorbia adenochlora* Morren et Decne.〉トウダイグサ科の多年草。高さは30～50cm。薬用植物。
ノカイドウ 野海棠 〈*Malus spontanea* (Makino) Makino〉バラ科の落葉高木。別名ヤマカイドウ。花は白にやや淡紅を帯びる。園芸植物。
ノカラマツ 野唐松 〈*Thalictrum simplex* L. var. *brevipes* Hara〉キンポウゲ科の多年草。別名キカラマツ。高さは60～100cm。
ノガリヤス 野刈安 〈*Calamagrostis arundinacea* Roth var. *arundinacea*〉イネ科の多年草。別名サイトウガヤ。高さは50～160cm。
ノカンゾウ 野萱草 〈*Hemerocallis fulva* L. var. *disticha* (Donn) M. Hotta〉ユリ科の多年草。別名オヒナグサ、ニンギョウソウ、カンノンソウ。高さは50～90cm。薬用植物。
ノギク キク科のノコンギク、ヨメナなどの総称。
ノキシア・バレリアノイデス 〈*Knoxia valeianoides* Torel.〉アカネ科の薬用植物。
ノキシノブ 軒忍 〈*Lepisorus thunbergianus* (Kaulf.) Ching〉ウラボシ科の常緑性シダ。別名ヤツメラン、マツフウラン、カラスノワスレサ。葉身は長さ12～30cm。線形から広線形。薬用植物。園芸植物。
ノギラン 芒蘭 〈*Metanarthecium luteo-viride* Maxim.〉ユリ科の多年草。別名キツネノオ。高さは15～55cm。高山植物。薬用植物。
ノグサ 〈*Schoenus apogon* Roemer et Schultes〉カヤツリグサ科の一年草。別名ヒゲクサ。高さは10～25cm。
ノグチサキジロゴケ 野口先白苔 〈*Gymnomitrion noguchianum* S. Hatt.〉ミゾゴケ科のコケ。銀緑色、葉は卵形。
ノグルミ 野胡桃 〈*Platycarya strobilacea* Sieb. et Zucc.〉クルミ科の落葉高木。別名ノブノキ、ドクグルミ。樹高25m。樹皮は黄褐色。

ノグワ 野桑 〈*Morus tiliaefolia* Makino〉クワ科の木本。別名ケグワ。

ノゲイトウ 野鶏頭 〈*Celosia argentea* L.〉ヒユ科の一年草。別名ケロシア。葉を食用。高さは30～120cm。花はピンク色、後に白くなる。熱帯植物。薬用植物。園芸植物。切り花に用いられる。

ノゲエノコロ 〈*Aristida adscensionis* L.〉イネ科の一年草。別名ノゲシバ、ミツノギソウ。高さは10～40cm。

ノゲカモノハシ 〈*Ischaemum crassipes* Thell. f. *aristatum* Ohwi〉イネ科。匍匐茎を持つ草本。熱帯植物。

ノゲシ 野芥子 〈*Sonchus oleraceus* L.〉キク科の一年草または多年草。別名ハルノノゲシ、ケシアザミ。茎を切ると白乳を出す。高さは50～100cm。熱帯植物。

ノゲナシノイネ 〈*Oryza meyeriana* Baill.〉イネ科。無芒、小穂7～8mm。熱帯植物。

ノコギリコオイゴケ 〈*Diplophyllum serrulatum* (Müll. Frib.) Steph.〉ヒシャクゴケ科のコケ。茎は長さ5～10cm、腹片は長舌形。

ノコギリゴケ 〈*Duthiella flaccida* (Card.) Broth.〉ムジナゴケ科のコケ。別名タイワンノコギリゴケ。茎は這い、長さ5～10cm、葉は卵状の基部から漸尖。

ノコギリシダ 鋸羊歯 〈*Diplazium wichurae* (Mett.) Diels〉オシダ科の常緑性シダ。別名ヤブクジャク、オトヒメシダ。葉身は長さ20～45cm。広披針形。

ノコギリソウ 鋸草 〈*Achillea alpina* L.〉キク科の多年草。別名ノコギリ、ヤスリグサ、ウニクサ。高さは50～100cm。花は淡紅色。高山植物。薬用植物。園芸植物。

ノコギリソウ アキレアの別名。

ノコギリソウ ドロニクム・プランタギネウムの別名。

ノコギリノキ 〈*Streblus ilicifolius* (Vid.) Corner.〉クワ科の小木。葉は堅く光沢ありヒイラギ状。熱帯植物。

ノコギリパルメット セレノア・レペンスの別名。

ノコギリヘラシダ 〈*Diplazium tomitaroanum* Masam.〉オシダ科の常緑性シダ。葉縁が波状。葉身は下部ほど深く羽状に切れ込む。園芸植物。

ノコギリモク 〈*Sargassum macrocarpum* Agardh〉ホンダワラ科の海藻。茎は円柱状。体は1～4m。

ノコンギク 野紺菊 〈*Aster ageratoides* Turcz. subsp. *ovatus* (Franch. et Savat.) Kitamura var. *ovatus*〉キク科の多年草。高さは50～100cm。

ノササゲ 野豇豆、野大角豆 〈*Dumasia truncata* Sieb. et Zucc.〉マメ科の多年生つる草。別名キツネササゲ。高さは3m前後。

ノザワナ アブラナ科のカブナの一品種。園芸植物。

ノジアオイ 野路葵 〈*Melochia corchorifolia* L.〉アオギリ科の草本。花は黄色。熱帯植物。

ノジギク 野路菊 〈*Chrysanthemum japonense* Nakai〉キク科の多年草。高さは30～70cm。花は白または淡黄色。園芸植物。

ノヂシャ 野萵苣 〈*Valerianella locusta* (L.) Laterrade〉オミナエシ科の一年草または二年草。高さは15～25cm。花は薄い藤色。園芸植物。

ノジスミレ 野路菫 〈*Viola yedoensis* Makino〉スミレ科の多年草。高さは7～15cm。花は紫色。薬用植物。園芸植物。

ノジトラノオ 野路虎の尾 〈*Lysimachia barystachys* Bunge〉サクラソウ科の多年草。高さは50～70cm。

ノジマワセ 野島早生 バラ科のビワ(枇杷)の品種。果皮は橙黄色。

ノシラン 野紫蘭 〈*Ophiopogon jaburan* (Kunth) Lodd.〉ユリ科の多年草。高さは30～50cm。花は白または淡紫色。園芸植物。

ノジリボダイジュ 〈*Tilia × noziricola* Hisauti〉シナノキ科の木本。

ノスズメノテッポウ 〈*Alopecurus myosuroides* Huds.〉イネ科の一年草。高さは20～80cm。花は紫色。

ノゾミ 〈Nozomi〉バラ科。花はパールピンクと白のグラデーション。

ノソリホシクサ 〈*Eriocaulon nosoriense*〉ホシクサ科。

ノダイオウ 野大黄 〈*Rumex longifolius* DC.〉タデ科の多年草。高さは80～120cm。

ノダケ 野竹 〈*Angelica decursiva* (Miq.) Franch. et Savat.〉セリ科の多年草。高さは80～150cm。薬用植物。

ノダケウメノキゴケ 〈*Parmelia nodakensis* Asah.〉ウメノキゴケ科の地衣類。葉体も多少薄手。

ノダナガフジ マメ科。園芸植物。

ノタヌキモ 野狸藻 〈*Utricularia aurea* Lour.〉タヌキモ科の多年生の浮遊植物。茎は長さ1.5m、多数の捕虫囊が付く、花弁は淡黄色。高さは8～20cm。

ノダフジ フジの別名。

ノチドメ 野血止 〈*Hydrocotyle maritima* Honda〉セリ科の多年草。高さは7～15cm。

ノッポロガンクビソウ 〈*Carpesium divaricatum* Siebold et Zucc. var. *matsuei* (Tatew. et Kitam.) Kitam.〉キク科。

ノティリア・バーケリ 〈*Notylia barkeri* Lindl.〉ラン科。花は緑白色。園芸植物。

ノティリア・プンクタタ 〈*Notylia punctata* (Ker-Gawl.) Lindl.〉ラン科。花は白色。園芸植物。

ノテンツキ 野点突 〈*Fimbristylis complanata* (Retz.) Link〉カヤツリグサ科の多年草。別名ヒラテンツキ。茎は扁平。高さは20〜80cm。熱帯植物。

ノトカクツス サボテン科の属総称。サボテン。

ノトカクツス・アプリクス カワチマルの別名。

ノトカクツス・オットーニス セイオウマルの別名。

ノトカクツス・スコパ 〈*Notocactus scopa* (K. Spreng.) A. Berger〉サボテン科のサボテン。別名小町。径5〜7cm。花は鮮黄色。園芸植物。

ノトカクツス・スブマンムロッス 〈*Notocactus submammulosus* (Lem.) Backeb.〉サボテン科のサボテン。別名獅子王丸。径10〜15cm。花は輝黄色。園芸植物。

ノトカクツス・ヘルテリ 〈*Notocactus herteri* (Werderm.) Buin. et Kreuzgr.〉サボテン科のサボテン。径8〜10cm。花は濃紫紅色。園芸植物。

ノトカクツス・ボイニンギー 〈*Notocactus buiningii* Buxb.〉サボテン科のサボテン。別名獅子丸。高さは8cm。花は輝淡黄〜明黄色。園芸植物。

ノトカクツス・ユーベルマニアヌス 〈*Notocactus uebelmannianus* Buin.〉サボテン科のサボテン。別名芍薬丸、菫丸。高さは12cm。花は紫紅、濃紫紅、ブドウ酒色。園芸植物。

ノトスコルドゥム ユリ科の属総称。球根植物。別名ハタケニラ。

ノトスコルドゥム・イノドルム 〈*Nothoscordum inodorum* (Alt.) Nichols.〉ユリ科。高さは50cm。花は白色。園芸植物。

ノトスコルドゥム・ストリアツム 〈*Nothoscordum striatum* Kunth〉ユリ科。別名ニラモドキ。高さは20cm。花は白色。園芸植物。

ノトスコルドゥム・ネリニフロルム 〈*Nothoscordum neriniflorum* Benth. et Hook. f.〉ユリ科。別名ハナビニラ。高さは15cm。花は淡紅色。園芸植物。

ノトスコルドゥム・フラグランス ハタケニラの別名。

ノトスパルティウム・グラブレセンス 〈*Notospartium glabrescens* Petrie〉マメ科の多年草。

ノトプテリギウム・インキスム 〈*Notopterygium incisum* Ting ex H. T. Chang.〉セリ科の薬用植物。

ノトリリオン ユリ科の属総称。球根植物。

ノトリリオン・トムソニアヌム 〈*Notholirion thomsonianum* (Royle) Stapf〉ユリ科。高さは90cm。花は淡桃〜濃桃色。園芸植物。

ノトリリオン・ヒアキンティヌム 〈*Notholirion hyacinthum* (E. H. Wils.) Stapf〉ユリ科。高さは80〜100cm。花はラベンダー〜桃紫色。園芸植物。

ノトリリオン・マクロフィルム 〈*Notholirion macrophyllum* (D. Don) Boiss.〉ユリ科の多年草。高さは30〜90cm。花は桃紫色。高山植物。園芸植物。

ノニガナ 〈*Ixeris polycephala* Cass.〉キク科の一年草。高さは15〜50cm。

ノニレ 野楡 〈*Ulmus pumila* L.〉ニレ科の落葉高木。高さは25m。樹皮は灰褐色。園芸植物。

ノバショウ 〈*Musa violascens* Ridl.〉バショウ科。バナナよりやや小形、苞は淡紫色。熱帯植物。

ノバゼンブラ 〈Nova Zembla〉バラ科。ハイブリッド・ルゴサ・ローズ系。花は白色。

ノハナショウブ 野花菖蒲 〈*Iris ensata* Thunb. f. *spontanea* Makino〉アヤメ科の多年草。別名ヤマショウブ、ドンドバナ。高さは40〜100cm。高山植物。薬用植物。

ノハラアザミ 野原薊 〈*Cirsium tanakae* (Franch. et Savat.) Matsum.〉キク科の多年草。高さは50〜100cm。薬用植物。

ノハラカゼクサ 〈*Eragrostis intermedia* Hitchc.〉イネ科の多年草。高さは30〜80cm。

ノハラガラシ 〈*Sinapis arvensis* L.〉アブラナ科の一年草。高さは40〜80cm。花は黄色。

ノハラクサフジ 〈*Vicia amurensis* Oett.〉マメ科の多年草。高さは80〜150cm。

ノハラジャク 〈*Anthriscus vulgaris* Pers.〉セリ科の一年草。高さは30〜50cm。花は白色。

ノハラジャスミン 〈*Jasminum bifarium* Wall.〉モクセイ科の蔓木。花は白色。熱帯植物。

ノハラテンツキ 野原点突 〈*Fimbristylis pierotii* Miq.〉カヤツリグサ科の草本。別名ブゼンテンツキ。

ノハラナデシコ 〈*Dianthus armeria* L.〉ナデシコ科の一年草または越年草。高さは10〜50cm。花は淡紅色。高山植物。

ノハラヒジキ 〈*Salsola kali* L.〉アカザ科の一年草。高さは5〜40cm。

ノハラマツヨイグサ 〈*Oenothera villosa* Thunb.〉アカバナ科の二年草。高さは2m。花は黄色。

ノハラムラサキ 〈*Myosotis arvensis* (L.) Hill.〉ムラサキ科の一年草または多年草。高さは10〜50cm。花は淡青色。高山植物。

ノパルホキア・フィラントイデス 〈*Nopalxochia phyllanthoides* (DC.) Britt. et Rose〉サボテン科のサボテン。高さは15〜30cm。花は桃から淡い鮭肉色。園芸植物。

ノパレア・コケニリフェラ 〈*Nopalea cochenillifera* (L.) Salm-Dyck〉サボテン科のサボテン。別名コチニール団扇。高さは3〜4m。花は緋色。園芸植物。

ノパレア・デイエクタ 〈Nopalea dejecta (Salm-Dyck) Salm-Dyck〉サボテン科のサボテン。別名降魔の剣。高さは2～3m。花は朱紅～暗赤色。園芸植物。

ノビネチドリ 延根千鳥 〈Gymnadenia camtschatica (Cham.) Miyabe et Kudo〉ラン科の多年草。高さは30～60cm。高山植物。

ノヒメユリ 〈Lilium callosum Sieb. et Zucc.〉ユリ科の多肉植物。別名スゲユリ。高さは1～1.5m。花は橙赤色。園芸植物。

ノビル 野蒜 〈Allium grayi Regel〉ユリ科の多年草。別名ヒル、ヒロ、ヒルナ。直径1～2cmの白い鱗茎を生じる。高さは40～80cm。薬用植物。園芸植物。

ノブキ 野蕗 〈Adenocaulon himalaicum Edgew.〉キク科の多年草。別名オショウナ。高さは60～100cm。薬用植物。

ノブドウ 野葡萄 〈Ampelopsis glandulosa (Wall.) Momiyama var. heterophylla (Thunb. ex Murray) Momiyama〉ブドウ科のつる性多年草。別名ザトウエビ、ニシキノブドウ。薬用植物。園芸植物。

ノーブル・アントニー 〈Noble Antony〉バラ科。イングリッシュローズ系。花はマゼンタクリムゾン。

ノーブルファー マツ科の木本。

ノーブルモミ 〈Abies procera Rehd.〉マツ科の常緑高木。高さは90m。樹皮は淡い銀灰か帯紫色。園芸植物。

ノボタン 〈Melastoma candidum D. Don〉ノボタン科の低木。多毛。高さは1～1.8m。花は桃色。園芸植物。

ノボタンミズ 〈Pilea melastomoides Wedd.〉イラクサ科の草本。香味食品。熱帯植物。

ノボリリュウタケ 〈Helvella crispa (Scop.) Fr.〉ノボリリュウタケ科のキノコ。中型。頭部は不規則鞍形、黄白色。

ノボロギク 野襤褸菊 〈Senecio vulgaris L.〉キク科の一年草または越年草。高さは20～40cm。花は黄色。薬用植物。

ノマアザミ 〈Cirsium chikushiense Koidz.〉キク科の草本。

ノーマンビア・ノーマンビー 〈Normanbya normanbyi (W. Hill) L. H. Bailey〉ヤシ科。高さは18m。園芸植物。

ノーマンビーソテツ キカス・ノーマンビアナの別名。

ノミノコブスマ 〈Stellaria alsine Grimm var. alsine〉ナデシコ科の越年草。全体が無毛で白っぽい。

ノミノツヅリ 蚤の綴り 〈Arenaria serpyllifolia L.〉ナデシコ科の一年草または多年草。高さは5～25cm。

ノミノハゴロモグサ 〈Aphanes arvensis L.〉バラ科の一年草または二年草。別名イワムシロ。高さは10cm。

ノミノフスマ 蚤の衾 〈Stellaria alsine Grimm. var. undulata (Thunb. ex Murray) Ohwi〉ナデシコ科の一年草または越年草。高さは5～20cm。

ノミハニワゴケ 〈Haplocladium angustilolium (Hampe & Müll. Hal.) Broth.〉シノブゴケ科のコケ。春先に赤褐色の萌柄を出す。

ノムラ 野村 カエデ科のオオモミジの品種。別名ノウシ、ムサシノ。園芸植物。

ノムラサキ 〈Lappula squarrosa (Retz.) Dumort〉ムラサキ科の一年草。高さは15～60cm。花は淡青色。

ノモカリス・アペルタ 〈Nomocharis aperta (Franch.) W. W. Sm. et W. E. Evans〉ユリ科の球根類。高さは45～80cm。花は淡桃～桃紫色。園芸植物。

ノモカリス・オクシペタラ 〈Nomocharis oxypetala (Royle) E. H. Wils.〉ユリ科の球根類。高さは20～25cm。花は黄緑色。園芸植物。

ノモカリス・サルエネンシス 〈Nomocharis saluenensis Balf. f.〉ユリ科の球根類。高さは45～80cm。花は白、淡桃～桃紫色。園芸植物。

ノモカリス・パルダンティナ 〈Nomocharis pardanthina Franch.〉ユリ科の球根類。高さは30～80cm。花は淡桃色。園芸植物。

ノモカリス・マイレイ 〈Nomocharis mairei Lév〉ユリ科の球根類。高さは45～120cm。花は白～淡桃色。園芸植物。

ノモトヒルムシロ 〈Potamogeton nomotoensis Kadono & T. Noguchi〉ヒルムシロ科。沈水葉は線形で長さ5～17c。

ノモモ 〈Prunus persica (L.) Batsch var. davidiana (Carr) Maxim.〉バラ科の薬用植物。

ノヤシ 〈Clinostigma savoryanum (Rehder et Wils.) H. E. Moore et Fosberg〉ヤシ科の常緑高木。別名セボリーヤシ。高さは16m。園芸植物。

ノヤナギ 〈Salix subopposita Miq.〉ヤナギ科の木本。山地や丘陵の草地に生える。園芸植物。

ノヤマコンギク アスター・アゲラトイデスの別名。

ノヤマトンボ オオバノトンボソウの別名。

ノヤマトンボソウ オオバノトンボソウの別名。

ノラナ ノラナ科の属総称。

ノラナ・アクミナタ 〈Nolana acuminata Miers〉ノラナ科。高さは12～14cm。花は紫青色。園芸植物。

ノラナ・フミフサ 〈Nolana humifusa (Gouan) I. M. Johnst.〉ノラナ科。花は淡紫色。園芸植物。

ノラニンジン 〈Daucus carota L.〉セリ科の一年草または多年草。主根は白色、橙色の多肉根。高さは50～100cm。花は白色。園芸植物。

ノラフウロ 〈*Geranium pratense* L.〉フウロソウ科の多年草。別名ノハラフウロ。高さは30〜80cm。花は明るい青紫色。高山植物。園芸植物。

ノラ・ベドソン シュウカイドウ科のベゴニアの品種。園芸植物。

ノランテア・グイアネンシス 〈*Norantea guianensis* Aubl.〉マルクグラフィア科のつる性低木。高さは1〜2m。花は黄橙紅または紅黄色。園芸植物。

ノリ 総称。海藻。

ノリアサ 糊麻 〈*Abelmoschus* × *glutinotextilis* Kagawa〉アオイ科。

ノリウツギ 糊空木 〈*Hydrangea paniculata* Sieb. et Zucc.〉ユキノシタ科の落葉小高木あるいは低木。別名ノリノキ、トロロノキ、ヤマウツギ。高さは2〜3m。花は白色。薬用植物。園芸植物。

ノリクラアザミ 乗鞍薊 〈*Cirsium norikurense* Nakai〉キク科の多年草。別名ウラジロアザミ、ユキアザミ。高さは1〜1.5m。

ノリクラハナゴケ 〈*Cladonia norikurensis* Asah.〉ハナゴケ科の地衣類。子柄は長さ1〜3cm。

ノリナ・パリー 〈*Nolina parryi* S. Wats.〉リュウゼツラン科。高さは2m。園芸植物。

ノリナ・レクルウァタ トックリランの別名。

ノリナ・ロンギフォリア 〈*Nolina longifolia* (Schult. et Schult. f.) Hemsl.〉リュウゼツラン科。高さは3m。園芸植物。

ノリマキ 〈*Dermatolithon tumidulum* (Foslie) Foslie〉サンゴモ科の海藻。厚さ300〜800μ。

ノルマンゴケ 〈*Normandina pulchella* (Borr.) Nyl.〉アナイボゴケ科の地衣類。地衣体は灰白から灰青。

ノルロバリドンキクバゴケ 〈*Parmelia scabrosa* Tayl.〉ウメノキゴケ科の地衣類。ノルロバリドンを含有。

ノレンガヤ ラマルキア・アウレアの別名。

ノロカジメ カジメの別名。

【ハ】

ハアザミ アカンサスの別名。

バアンブ 〈*Codonopsis ussuriensis* (Rupr. et Maxim.) Hemsl.〉キキョウ科の多年草。全体に白毛を密布。園芸植物。

ハイアオイ 〈*Malva rotundifolia* L.〉アオイ科の草本。花は帯紅白または淡紫色。園芸植物。

ハイイヌガヤ 這犬榧 〈*Cephalotaxus harringtonia* (Knight ex Forbes) K. Koch var. *nana* (Nakai) Rehder〉イヌガヤ科の常緑低木。別名エゾイヌガヤ。

ハイイヌツゲ 這犬黄楊 〈*Ilex crenata* Thunb. ex Murray var. *paludosa* (Nakai) Hara〉モチノキ科の常緑つる状低木。

ハイイロイタチタケ 〈*Psathyrella cineraria* Har. Takahashi〉ヒトヨタケ科のキノコ。中型。傘は灰褐色、乾くと淡色。幼時被膜あり。ひだは白色→褐色。

ハイイロオニタケ 〈*Amanita japonica* Bas〉テングタケ科のキノコ。中型。傘は暗灰色〜淡褐灰色、角錐状のいぼ、条線なし、縁につばの破片。

ハイイロカブトゴケ 〈*Lobaria scrobiculata* (Scop.) DC.〉ヨロイゴケ科の地衣類。地衣体は灰白、灰緑または灰黄。

ハイイロカラチチタケ 〈*Lactarius acris* (Bolt. : Fr.) S. F. Gray〉ベニタケ科のキノコ。

ハイイロカンバ 〈*Betula populifolia*〉カバノキ科の木本。樹高10m。樹皮は白色。

ハイイロキゴケ 〈*Stereocaulon vesuvianum* Pers.〉キゴケ科の地衣類。子柄は叢生状。

ハイイロキノリ 〈*Leptogium tremelloides* (L.) Vain.〉イワノリ科の地衣類。地衣体は栗褐。

ハイイロクズチャワンタケ 〈*Mollisia cinerea* (Batsch : Fr.) Karst.〉ハイイロチャワンタケ科のキノコ。

ハイイロシメジ 〈*Clitocybe nebularis* (Batsch : Fr.) Kummer〉キシメジ科のキノコ。中型〜大型。傘は淡灰色、平滑。

ハイイロナメアシタケ 〈*Mycena vulgaris* (Pers. : Fr.) Quél.〉キシメジ科のキノコ。

ハイイロヤマナラシ 〈*Populus* × *canescens*〉ヤナギ科の木本。樹高30m。樹皮は淡灰色。

ハイイロヨモギ ニガヨモギの別名。

ハイウスバノリ 〈*Acrosorium yendoi* Yamada〉コノハノリ科の海藻。巾2〜3mm。

ハイウワバミ 〈*Elatostema repens* (Lour.) Hall.〉イラクサ科の草本。熱帯植物。

ハイオオギ 〈*Lobophora variegata* (Lamouroux) Womersley〉アミジグサ科の海藻。扇状乃至腎臓形。体は径4〜5cm。

ハイオオバコ 〈*Plantago squarrosa* Murray〉オオバコ科。花序は丸い。

ハイオトギリ イワオトギリの別名。

バイオレット ニオイスミレの別名。

バイオレット・クラウン シソ科のサルビアの品種。園芸植物。

バイオレットドーフィン ビオレ・ドーフィンの別名。

バイカアマチャ 梅花甘茶 〈*Platycrater arguta* Sieb. et Zucc.〉ユキノシタ科の落葉低木。別名モッコウバナ。

バイカイカリソウ 梅花碇草 〈*Epimedium diphyllum* (Morren et Decne.) Lodd. subsp.

diphyllum〉メギ科の多年草。高さは20〜30cm。花は白色。薬用植物。園芸植物。

バイカイチゲ アネモネ・シルウェストリスの別名。

バイカウツギ 梅花空木 〈*Philadelphus satsumi* Sieb. ex Lindl. et Paht.〉ユキノシタ科の直立性低木。別名サツマ、モックオレンジ、サツマウツギ。高さは2m。花は白色。園芸植物。切り花に用いられる。

バイカウツギ ユキノシタ科の属総称。別名サツマウツギ、リキュウバイ、セイヨウバイカウツギ。

バイカオウレン 梅花黄連 〈*Coptis quinquefolia* Miq. var. *quinquefolia*〉キンポウゲ科の多年草。別名ゴカヨウオウレン。高さは4〜15cm。花は白色。高山植物。園芸植物。

バイカカラマツソウ アネモネラ・タリクトロイデスの別名。

ハイカグラテングタケ 〈*Amanita sinensis* Z. L. Yang〉テングタケ科のキノコ。大型。傘は灰色、粉状〜綿屑状のいぼ・条線あり。

ハイカズラ 〈*Vitis repens* W. et A.〉ブドウ科の蔓草。熱帯植物。

バイカツツジ 梅花躑躅 〈*Rhododendron semibarbatum* Maxim.〉ツツジ科の落葉低木。園芸植物。

ハイカメバソウ ケルリソウの別名。

バイカモ 梅花藻 〈*Ranunculus nipponicus* (Makino) Nakai var. *submersus* Hara〉キンポウゲ科の常緑の沈水植物。別名ウメバチモ。葉柄の長さ0.5〜2cm、花弁は5枚で白色。高さは1〜2m。

ハイカモノハシ 〈*Ischaemum muticum* L.〉イネ科の低匍匐草。牧草。熱帯植物。

バイカラー・スカーレット ツリフネソウ科のインパティエンスの品種。園芸植物。

バイキアエア・インシグニス 〈*Baikiaea insignis* Benth.〉マメ科の常緑高木。

ハイキジムシロ 〈*Potentilla anglica* Laichard.〉バラ科の多年草。高さは15〜40cm。花は黄色。

ハイキヌゲ 〈*Corynospora sericata* (Segawa) Yoshida〉イギス科の海藻。トサカモドキ属の体の上に着生。

ハイキビ 這黍 〈*Panicum repens* L.〉イネ科の匍匐性草本。熱帯植物。

ハイキンギョソウ ゴマノハグサ科。園芸植物。

ハイキンゴジカ 〈*Sida rhombifolia* L. subsp. *insularis* (Hatus.) Hatus.〉アオイ科の木本。

ハイキンポウゲ 這金鳳花 〈*Ranunculus repens* L.〉キンポウゲ科の多年草。高さは15〜50cm。花は黄色。園芸植物。

ハイキンモウゴケ 〈*Ulota reptans* Mitt.〉タチヒダゴケ科のコケ。茎は樹皮上をはい、葉はさじ状〜披針形。

ハイクサネム 〈*Desmanthus illinoensis* (Michx.) MacMill. ex B. L. Rob. et Fernald〉マメ科の多年草。別名アメリカゴウカン。花は白色。

バイケイソウ 梅蕙草 〈*Veratrum album* L. subsp. *oxysepalum* Hultén〉ユリ科の多年草。高さは60〜150cm。高山植物。薬用植物。

バイケイラン 〈*Corymborchis veratrifolia*〉ラン科。

ハイゴケ ヒプヌム・プルマエフォルメの別名。

バイゴジュズカケザクラ バラ科のサクラの品種。

ハイゴショウ 〈*Piper sarmentosum* Roxb.〉コショウ科の草本。匍枝があり、葉は光沢。花序は白色。熱帯植物。

ハイコナハダ 〈*Yamadaella cenomyce* (Decaisne) Abbott〉ベニモズク科の海藻。叉状分枝。体は7〜8cm。

ハイコヌカグサ 〈*Agrostis stolonifera* L.〉イネ科の多年草。別名タマガワヌカボ、ハマヌカボ、オオヌカボ。高さは20〜100cm。園芸植物。

ハイコマツナギ 〈*Indigofera endecaphylla* Jacq.〉マメ科の匍匐性硬質草本。茎やや紅色。熱帯植物。

ハイコモチシダ 這子持羊歯 〈*Woodwardia unigemmata* (Makino) Nakai〉シシガシラ科の常緑性シダ。葉身は長さ1m。広披針形。薬用植物。園芸植物。

ハイシバ 〈*Lepturus repens* (G. Forst.) R. Br.〉イネ科の草本。熱帯植物。

ハイスギバゴケ 〈*Lepidozia reptans* (L.) Dumort.〉ムチゴケ科のコケ。茎は長さ1.5〜3cm。

ハイタムラソウ 〈*Salvia omerocalyx* Hayata var. *prostrata* Satake〉シソ科。

ハイチゴザサ 〈*Isachne nipponensis* Ohwi〉イネ科の多年草。別名ヒナザサ。高さは10〜40cm。

ハイチチブホラゴケ コケシノブ科のシダ植物。

ハイツガザクラ 這栂桜 ツツジ科。

ハイツメクサ 這爪草 〈*Minuartia biflora*〉ナデシコ科。高山植物。

ハイデルベリー 〈*Vaccinium myrtillus* L.〉ツツジ科の常緑小低木。別名セイヨウヒメスノキ。高山植物。

ハイテングサ 〈*Gelidium pusillum* (Stackhouse) Le Jolis〉テングサ科の海藻。直立枝は単条又は分岐。体は1cm。

ハイドジョウツナギ 〈*Torreyochloa viridis* (Honda) Church〉イネ科の草本。

ハイトバデリスの別名。

ハイドランジア アジサイの別名。

パイナップル 〈*Ananas comosus* (L.) Merr.〉パイナップル科の地生植物。別名パインアップル。高さは1.2m。熱帯植物。薬用植物。園芸植物。

パイナップル　パイナップル科の属総称。

パイナップル・セージ　シソ科のハーブ。切り花に用いられる。

パイナップル・フラワー　ユーコミスの別名。

パイナップル・ミント　シソ科のハーブ。別名斑入リアップルミント。

パイナップルリリー　ユーコミスの別名。

ハイニシキソウ　〈*Euphorbia chamaesyce* L.〉トウダイグサ科の一年草。長さは6.5～20cm。

ハイヌスビトハギ　〈*Desmodium ovalifolium* Wall.〉マメ科の草本。花は赤紫色。熱帯植物。

ハイヌメリ　〈*Sacciolepis indica* (L.) Chase var. *indica*〉イネ科の一年草。高さは20～35cm。

ハイネズ　這杜松　〈*Juniperus conferta* Parl. var. *conferta*〉ヒノキ科の常緑ほふく性低木。開花期は5月、雌雄異株。薬用植物。園芸植物。

ハイノキ　灰の木　〈*Symplocos myrtacea* Sieb. et Zucc.〉ハイノキ科の常緑低木。別名クロバイ、トチシバ、ソメシバ。花は白色。園芸植物。

ハイノキ科　科名。

ハイハネゴケ　〈*Pedinophyllum truncatum* (Steph.) Inoue〉ハネゴケ科のコケ。茎は長さ1～2cm。

ハイハマボッス　〈*Samolus parviflorus* Rafin.〉サクラソウ科の多年草。別名ヤチハコベ。高さは10～30cm。

ハイバンツス・モノペタルス　〈*Hybanthus monopetalus* Domin.〉スミレ科の多年草。

ハイビスカス　アオイ科の園芸品種群総称。木本。別名ヒビスカス、ブッソウゲ(仏桑花、仏桑華)。園芸植物。

ハイビスカス　ブッソウゲの別名。

ハイビスカス・ローゼル　アオイ科のハーブ。別名ローゼル、レモネードブッシュ、ローゼリソウ。

ハイヒバゴケ　〈*Hypnum cupressiforme* Hedw.〉ハイゴケ科のコケ。中形で、茎葉は卵形。

ハイヒモゴケ　〈*Meteorium subpolytrichum* (Besch.) Broth.〉ハイヒモゴケ科のコケ。茎は長く、しばしば15cm以上になり、葉は舌形。

ハイビャクシン　這柏槇　〈*Juniperus chinensis* L. var. *procumbens* (Sieb.) Endl.〉ヒノキ科の常緑ほふく性低木。別名ソナレ。高さは60cm。園芸植物。

ハイビユ　〈*Amaranthus deflexus* L.〉ヒユ科の一年草。高さは10～30cm。花は白色。

パイプカズラ　サラサバナの別名。

パイプタケ　〈*Henningsomyces candidus* (Pers. ex Schleich.) O. Kuntze〉コウヤクタケ科のキノコ。

ハイブッシュ・ブルーベリー　ウォッキニウム・コリンボスムの別名。

パイプバナ　サラサバナの別名。

ハイポエステス　ヒポエステスの別名。

ハイホラゴケ　〈*Vandenboschia radicans* (Sw.) Copel.〉コケシノブ科の常緑性シダ。別名ホラゴケ、ホラシノブ。葉身は長さ5～18cm。卵状披針形から倒卵状長楕円形。

ハイマツ　這松　〈*Pinus pumila* (Pallas) Regel〉マツ科の常緑低木。高さは1m。高山植物。園芸植物。

ハイマツゲボタン　〈*Calandrinia umbellata* DC.〉スベリヒユ科の一年草または多年草。別名ハナビソウ。高さは15cm。花は濃紅色。園芸植物。

ハイマツゴケ　〈*Cetraria juniperina* (L.) Ach.〉ウメノキゴケ科の地衣類。葉体は鮮黄色。

ハイミア・サリキフォリア　〈*Heimia salicifolia* (H. B. K.) Link〉ミソハギ科の低木。高さは1m。花は朱黄色。園芸植物。

ハイミア・ミルティフォリア　キバナミソハギの別名。

ハイミチヤナギ　〈*Polygonum arenastrum* Boreau〉タデ科の一年草。別名コゴメミチヤナギ、コミチヤナギ。高さは5～40cm。花は帯紅色。

ハイミミガタシダ　〈*Pseudophegopteris aurita* (Hook.) Ching〉オシダ科(ヒメシダ科)の常緑性シダ。葉身は長さ1m。長楕円形。

ハイミル　〈*Codium adhaerens* (Cabrera) Agardh〉ミル科の海藻。多肉で扁平。

バイモ　編笠百合　〈*Fritillaria verticillata* Willd. var. *thunbergii* (Miq.) Baker〉ユリ科の球根性多年草。別名アミガサユリ、ハハクリ。高さは30～60cm。薬用植物。園芸植物。切り花に用いられる。

バイモ　ユリ科の属総称。別名アミガサユリ。

バイモユリ　バイモの別名。

ハイユキソウ　アレナリア・バレアリカの別名。

ハイランドベル　キンポウゲ科のデルフィニウムの品種。切り花に用いられる。

ハイリンドウ　〈*Gentiana dahurica* Fisch.〉リンドウ科の薬用植物。園芸植物。

ハイルリソウ　〈*Omphalodes prolifera* Ohwi〉ムラサキ科の草本。

パイン　アナナス・パイナップルの別名。

パイン・ゼラニウム　ニオイテンジクアオイの別名。

ハウエア・フォーステリアナ　〈*Howea forsteriana* (C. Moore et F. J. Muell.) Becc.〉ヤシ科。別名ヒロハケンチャヤシ。高さは12m。園芸植物。

ハウエア・ベルモレアナ　ケンチャヤシの別名。

バウエラ　エリカモドキの別名。

パウダー・パフ　アオイ科のハワイアン・ハイビスカスの品種。

ハウチワ　葉団扇　ブラジリオプンティア・ブラジリエンシスの別名。

ハウチワカエデ 羽団扇楓 〈*Acer japonicum* Thunb. ex Murray〉カエデ科の雌雄同株の落葉高木。別名メイゲツカエデ、板屋。高さは10〜12m。樹皮は灰褐色。高山植物。園芸植物。

ハウチワカエデ・マイクジャク 舞孔雀 カエデ科。園芸植物。

ハウチワタヌキマメ 〈*Crotalaria quinquefolia* L.〉マメ科。葉は5〜7小葉。熱帯植物。

ハウチワテンナンショウ 〈*Arisaema stenophyllum*〉サトイモ科。

ハウチワノキ 〈*Dodonea viscosa* (L.) Jacq.〉ムクロジ科の常緑低木。高さは4m。園芸植物。

ハウトイニア・コルダタ ドクダミの別名。

バウヒニア マメ科の属総称。蔓または低木。別名ハカマカズラ。葉は先端二裂。熱帯植物。

バウヒニア・アクミナタ ソエバヌスビトハギの別名。

バウヒニア・ヴァリエガタ フイリソシンカの別名。

バウヒニア・ガルピニー 〈*Bauhinia galpinii* N. E. Br.〉マメ科の常緑木。別名ベニバナソシンカ。高さは3m以上。花はれんが色。園芸植物。

バウヒニア・バリエガタ・カンディダ 〈*Bauhinia variegata* L. var. *candida* Buch et Ham.〉マメ科の落葉小高木。

バウヒニア・ブラケアナ マメ科。園芸植物。

バウヒニア・プルプレア ムラサキモクワンジュの別名。

バウヒニア・ブレイケアナ アカバナハカマノキの別名。

バウヒニア・ペテルシアーナ 〈*Bauhinia petersiana* Bolle〉マメ科の常緑小高木。

バウヒニア・モナンドラ 〈*Bauhinia monandra* Kurz〉マメ科の常緑木。別名ナツザキソシンカ。高さは3m以下。花は紅色。園芸植物。

バウヒニア・ユンナネンシス 〈*Bauhinia yunnanensis* Franch.〉マメ科の常緑木。別名ウンナンソシンカ。花は淡紫色。園芸植物。

パウロウニア・ファルジェシー 〈*Paulownia fargesii* Franch.〉ノウゼンカズラ科の落葉高木。別名シナギリ。高さは20m。花は白色。園芸植物。

パウロウニア・フォーチュネイ 〈*Paulownia fortunei* Hemsl.〉ノウゼンカズラ科の落葉高木。別名ココノエギリ。高さは6m。花は淡黄色。園芸植物。

パウロチヤシ 〈*Paurotis wrightii* Cook.〉ヤシ科の観賞用植物。熱帯植物。

パエオニア・アノマラ 〈*Paeonia anomala* L.〉ボタン科。高さは70cm。花は深紅色。園芸植物。

パエオニア・ヴィットマニアナ 〈*Paeonia wittmanniana* Hartwiss ex Lindl.〉ボタン科。高さは1m。花は淡黄色。園芸植物。

パエオニア・エモディ 〈*Paeonia emodi* Wall. ex Royle〉ボタン科。高さは30〜90cm。花は白色。園芸植物。

パエオニア・オッフィキナリス オランダシャクヤクの別名。

パエオニア・カンベセデシー 〈*Paeonia cambessedesii* (Willk.) Willk.〉ボタン科。高さは60cm。花は桃色。園芸植物。

パエオニア・スツェチュアニカ 〈*Paeonia szechuanica* Fang〉ボタン科。別名シセンボタン（四川牡丹）。花は淡紅〜紅色。園芸植物。

パエオニア・スッフルティコサ ボタンの別名。

パエオニア・スムーシー 〈*Paeonia* × *smouthii* Van Houtte〉ボタン科。高さは50〜60cm。花は紅赤色。園芸植物。

パエオニア・テヌイフォリア 〈*Paeonia tenuifolia* L.〉ボタン科。別名ホソバシャクヤク。高さは45〜60cm。花は深紅色。園芸植物。

パエオニア・ドゥラヴェイー 〈*Paeonia delavayi* Franch.〉ボタン科。別名シボタン（紫牡丹）。花は紅、紅紫色。園芸植物。

パエオニア・ベイケリ 〈*Paeonia bakeri* hort〉ボタン科。高さは60cm。花は深紅色。園芸植物。

パエオニア・ペレグリナ 〈*Paeonia peregrina* Mill〉ボタン科。高さは50〜90cm。花は緋赤色。園芸植物。

パエオニア・マスクラ 〈*Paeonia mascula* (L.) Mill.〉ボタン科の宿根草。高さは60〜90cm。花は桃または桃紅色。園芸植物。

パエオニア・ムロコセヴィッチー 〈*Paeonia mlokosewitschii* Lomak.〉ボタン科。高さは60cm。花は淡黄色。園芸植物。

パエオニア・モリス 〈*Paeonia mollis* G. Anderson〉ボタン科。高さは30〜50cm。花は紅赤色。園芸植物。

パエオニア・ヤポニカ ヤマシャクヤクの別名。

パエオニア・ルテア 〈*Paeonia lutea* Delav. ex Franch.〉ボタン科。別名キボタン（黄牡丹）。花は黄色。園芸植物。

パエオニア・ルモアネイ 〈*Paeonia* × *lemoinei* Rehd.〉ボタン科。花は黄色。園芸植物。

ハエジゴク 〈*Dionaea muscipula* Ellis〉モウセンゴケ科の多年草。別名ハエトリグサ。花は白色。園芸植物。

ハエジゴク モウセンゴケ科の属総称。

ハエドクソウ 蠅毒草 〈*Phryma leptostachya* L. var. *asiatica* Hara〉ハエドクソウ科の多年草。高さは30〜70cm。薬用植物。

ハエトリグサ ハエジゴクの別名。

ハエトリシメジ 〈*Tricholoma muscarium* Kawamura ex Hogno〉キシメジ科のキノコ。中型。傘は黄褐オリーブ黄色で中央部が突出、放射状繊維模様。ひだは白色。

ハエトリナ

ハエトリナズナ 〈*Myagrum perfoliatum* L.〉アブラナ科。別名ハイトリナズナ。花は黄色。
ハエマンサス ヒガンバナ科の属総称。球根植物。別名マユハケオモト、アフリカンブラッドリリー、センコウハナビ。
ハエマンサス・アルビフロス マユハケオモトの別名。
ハエマンサス・カテリナエ 〈*Haemanthus katharinae* Bak.〉ヒガンバナ科の球根植物。別名オオハナビセンコウ。高さは60cm。花は朱赤色。園芸植物。
ハエマンサス・カルネウス 〈*Haemanthus carneus* Ker-Gawl.〉ヒガンバナ科の球根植物。高さは25cm。花はピンク色。園芸植物。
ハエマンサス・コッキネウス 〈*Haemanthus coccineus* L.〉ヒガンバナ科の球根植物。別名赤花マユハケオモト。高さは30cm。花はピンクないし赤色。園芸植物。
ハエマンサス・プベスケンス 〈*Haemanthus pubescens* L. f.〉ヒガンバナ科の球根植物。高さは25cm。花は緋色。園芸植物。
ハエマンサス・マグニフィクス 〈*Haemanthus magnificus* (Herb.) Herb.〉ヒガンバナ科の球根植物。花は赤色。園芸植物。
バオバブ 〈*Adansonia digitata* L.〉パンヤ科の常緑高木。垂下、種子はアーモンドの味がある。高さは20m。花は白色。熱帯植物。園芸植物。
バオバブ パンヤ科(キワタ科)のバオバブ属ディギータ種の総称。
ハオルテア ハワーシアの別名。
ハガクシ 葉隠 カキノキ科のカキの品種。別名豊国、青高瀬、元旦。果皮は濃黄橙色。
ハガクレカナワラビ 〈*Arachniodes yasu-inouei* Kurata〉オシダ科の常緑性シダ。裂片の先の刺は長さ約1mmの芒状に伸びる。
ハガクレキジノオ 〈*Plagiogyria* × *neointermedia* Nakaike〉キジノオシダ科のシダ植物。
ハガクレコメツブノボタン 〈*Memecylon wallichii* Benth.〉ノボタン科の小木。花は葉の下側にかくれて咲く。熱帯植物。
ハガクレスゲ 〈*Carex jacens* C. B. Clarke〉カヤツリグサ科の多年草。高さは7〜15cm。
ハガクレツリフネ 葉隠釣船 〈*Impatiens hypophylla* Makino〉ツリフネソウ科の一年草。高さは30〜80cm。花は白色。園芸植物。
ハガクレナガミラン 〈*Thrixspermum neglectum*〉ラン科。
ハガタウラミゴケ 〈*Nephroma tropicum* (Müll. Arg.) Zahlbr.〉ツメゴケ科の地衣類。地衣体はやや厚い。
ハカタシダ 博多羊歯 〈*Arachniodes simplicior* (Makino) Ohwi〉オシダ科の常緑性シダ。葉身は長さ30〜40cm。卵状長楕円形。園芸植物。

ハカタハク 博多白 ツツジ科のサツキの品種。園芸植物。
ハカタユリ 博多百合 〈*Lilium brownii* N. E. Br. ex Miellez var. *viridulum* Baker〉ユリ科。別名サツマユリ、シハイユリ。園芸植物。
ハガネイワヘゴ 〈*Dryopteris* × *haganecola* Kurata〉オシダ科のシダ植物。
バカバヤシ オエノカルプス・バカバの別名。
ハカマウラボシ 〈*Drynaria fortunei* (Kunze) J. Sm.〉ウラボシ科のシダ植物。薬用植物。園芸植物。
ハカマカズラ 袴蔓 〈*Bauhinia japonica* Maxim.〉マメ科の常緑つる性木本。別名ワンジュ。
ハカマカズラ属 バウヒニアの別名。
バカマツタケ 〈*Tricholoma bakamatsutake* Hongo〉キシメジ科のキノコ。中型。傘は中央部褐色、繊維状〜鱗片状。
ハカワラタケ 〈*Trichaptum biforme* (Fr.) Ryv.〉サルノコシカケ科のキノコ。小型〜中型。傘は類白色、環紋。
ハガワリイチョウゴケ 〈*Lophozia morrisoncola* Horik.〉ツボミゴケ科のコケ。別名ハガワリイチョウウロコゴケ。茎は長さ1〜3cm、葉はやや桶状。
ハガワリトボシガラ 〈*Festuca heterophylla* Lam.〉イネ科の多年草。高さは60〜120cm。
バーガンディー・マウンド キク科のディモルフォセカの品種。園芸植物。
ハギ 萩 マメ科の属総称。
ハギ ヤマハギの別名。
バーキィー ヒノキ科のエンピツビャクシンの品種。
ハギカズラ 〈*Galactia tashiroi* Maxim.〉マメ科の草本。
ハギカタバミ 〈*Oxalis barrelieri* L.〉カタバミ科の草本。蓚酸を含む。花はピンク色。熱帯植物。
ハギクソウ 〈*Euphorbia esula* L. var. *nakaii* (Hurusawa) Hurusawa〉トウダイグサ科の多年草。高さは20〜40cm。
パキケレウス サボテン科の属総称。サボテン。
パキケレウス・プリングレイ ブリンチュウの別名。
パキケレウス・ペクテン-アボリギヌム 〈*Pachycereus pecten-aboriginum* (Engelm.) Britt. et Rose〉サボテン科のサボテン。別名土人の櫛柱。高さは10m。花は白色。園芸植物。
パキサンドラ・テルミナリス フッキソウの別名。
パキスタキス キツネノマゴ科の属総称。
パキスタキス・コッキネア ベニサンゴバナの別名。
パキスタキス・ルテア 〈*Pachystachys lutea* Nees〉キツネノマゴ科の常緑低木。高さは1〜1.5m。花は白色。園芸植物。

ハキダメガヤ 〈*Dinebra arabica* Jacq.〉イネ科の一年草。高さは40〜120cm。

ハキダメギク 掃溜菊 〈*Galinsoga ciliata* (Rafin.) Blake〉キク科の一年草。高さは15〜60cm。花は黄色。熱帯植物。

バキニウム・ミルティルス ハイデルベリーの別名。

パキフィツム・オウィフェルム ホシビジンの別名。

パキフィツム・コンパクツム 〈*Pachyphytum compactum* Rose〉ベンケイソウ科。別名千代田の松。花は橙色。園芸植物。

パキフィツム・フッケリ 〈*Pachyphytum hookeri* (Salm-Dyck) A. Berger〉ベンケイソウ科。別名群雀。花は明赤ないし赤色。園芸植物。

パキフィツム・ブラクテオスム 〈*Pachyphytum bracteosum* Link, Klotzch et Otto〉ベンケイソウ科の多年草。花は赤色。園芸植物。

パキベリア・パキフィトイデス アズマビジンの別名。

パキポディウム キョウチクトウ科の属総称。

パキポディウム・ジェエイ 〈*Pachypodium geayi* Cost. et Bois〉キョウチクトウ科。別名亜阿相界。高さは8m。花は白色。園芸植物。

パキポディウム・スックレンツム 〈*Pachypodium succulentum* (L. f.) A. DC.〉キョウチクトウ科。別名天馬空、友玉。花は帯桃白ないし淡紅色。園芸植物。

パキポディウム・ナマクアヌム 〈*Pachypodium namaquanum* (Wyley ex Harv.) Welw.〉キョウチクトウ科。別名光堂。高さは1.5〜2.5m。花は赤褐色。園芸植物。

パキポディウム・バロニー 〈*Pachypodium baronii* Cost. et Bois〉キョウチクトウ科。花は赤色。園芸植物。

パキポディウム・ビスピノスム 〈*Pachypodium bispinosum* (L. f.) A. DC.〉キョウチクトウ科。高さは50cm。花は淡桃色。園芸植物。

パキポディウム・ブレウィカウレ 〈*Pachypodium brevicaule* Bak.〉キョウチクトウ科。別名恵比寿笑い。花は鮮レモン黄色。園芸植物。

パキポディウム・ラメーレイ 〈*Pachypodium lamerei* Drake〉キョウチクトウ科。高さは8m。花は白色。園芸植物。

パキポディウム・レアリー 〈*Pachypodium lealii* Welw.〉キョウチクトウ科。別名雲外万里。高さは6m。花は白色。園芸植物。

パキポディウム・ロスラツム 〈*Pachypodium rosulatum* Bak.〉キョウチクトウ科。高さは50〜150cm。花は鮮黄色。園芸植物。

パキラ パンヤ科の属総称。別名カイエンナッツ、ガイアナチェスナット。

パキラ・アクアティカ 〈*Pachira aquatica* Aubl.〉パンヤ科の常緑高木。高さは5〜20m。花は緑白から黄白色。園芸植物。

パキラ・マクロカルパ 〈*Pachira macrocarpa* Schlecht.〉パンヤ科の高木。

ハクウンカク 白雲閣 〈*Marginatocereus margindttus* (DC.) Backeb.〉サボテン科のサボテン。高さは6〜7m。花は白色。園芸植物。

ハクウンシダ 〈*Blechnum hancockii* Hance〉シシガシラ科の常緑性シダ。根茎は暗褐色で披針形の鱗片をつける。

ハクウンニシキ 白雲錦 〈*Oreocereus trollii* (Kupper) Backeb.〉サボテン科のサボテン。高さは60cm。花は赤色。園芸植物。

ハクウンボク 白雲木 〈*Styrax obassia* Sieb. et Zucc.〉エゴノキ科の落葉高木。別名オオバジシャ。高さは8〜15m。樹皮は灰褐色。園芸植物。

ハクウンラン 〈*Vexillabium nakaianum* F. Maek.〉ラン科の多年草。別名ムライラン、イセラン。高さは5〜10cm。

ハクオウギョク 白翁玉 ネオポルテリア・ゲロケファラの別名。

ハクオウジシ ボタン科のボタンの品種。

ハクオウマル 白王丸 マミラリア・パーキンソニーの別名。

ハクキョウリュウ 白恐竜 オレオケレウス・フォッスラッスの別名。

ハクギョクト 白玉兎 マミラリア・ゲミニスピナの別名。

ハクギンサンゴ 白銀珊瑚 トウダイグサ科。園芸植物。

ハクギンリュウ 〈*Kleinia fulgens* Hook. f.〉キク科の多年草。

ハクケイカン 白鶏冠 サボテン科のサボテン。園芸植物。

ハクコウツカサ 白紅司 エキノケレウス・クロランツスの別名。

ハクコウリュウ 白光竜 ユリ科。園芸植物。

ハクサイ 白菜 〈*Brassica rapa* L. var. *amplexicaulis* Tanaka et Ono subvar. *pe-tsai* (L. H. Bailey) Kitam.〉アブラナ科の葉菜類。園芸植物。

ハクサンアザミ 〈*Cirsium matsumurae* Nakai〉キク科の草本。

ハクサンイチゲ 白山一花 〈*Anemone narcissiflora* L. var. *nipponica* Tamura〉キンポウゲ科の多年草。高さは20〜30cm。花は白色。高山植物。園芸植物。

ハクサンイチゴツナギ 白山苺繋 〈*Poa hakusanensis*〉イネ科の多年草。高さは40〜90cm。

ハクサンオ

ハクサンオオバコ 白山大葉子 〈*Plantago hakusanensis* Koidz.〉オオバコ科の多年草。高さは7〜15cm。高山植物。

ハクサンオミナエシ コキンレイカの別名。

ハクサンコザクラ 白山小桜 〈*Primula cuneifolia* Ledeb. var. *hakusanensis* (Franch.) Makino〉サクラソウ科の多年草。別名ナンキンコザクラ。高さは5〜20cm。高山植物。園芸植物。

ハクサンサイコ 白山柴胡 〈*Bupleurum nipponicum* K.-Polj.〉セリ科の多年草。別名トウゴクサイコ。高さは20〜60cm。高山植物。

ハクサンシャクナゲ 白山石楠花 〈*Rhododendron brachycarpum* G. Don var. *brachycarpum*〉ツツジ科の常緑低木。別名シロシャクナゲ、エゾシャクナゲ、ウラゲハクサンシャクナゲ。高山植物。

ハクサンシャクナゲ ロドデンドロン・ブラキカルプムの別名。

ハクサンシャジン 白山沙参 〈*Adenophora triphylla* (Thunb. ex Murray) A. DC. var. *hakusanensis* Kitamura〉キキョウ科の多年草。別名タカネツリガネニンジン。高さは30〜60cm。高山植物。

ハクサンスゲ 白山菅 〈*Carex curta* Gooden.〉カヤツリグサ科の多年草。高さは30〜50cm。高山植物。

ハクサンタイゲキ 白山大戟 〈*Euphorbia togakusensis* Hayata〉トウダイグサ科の多年草。別名ミヤマノウルシ。高さは40〜80cm。

ハクサンチドリ 白山千鳥 〈*Orchis aristata* Fisch.〉ラン科の多年草。別名ウズラバハクサンチドリ。高さは10〜15cm。花は紅紫〜白色。高山植物。園芸植物。

ハクサントリカブト 〈*Aconitum hakusanense* Nakai〉キンポウゲ科の草本。別名ミヤマトリカブト、サクライウズ。高山植物。

ハクサンハタザオ 白山旗竿 〈*Arabis halleri* L.〉アブラナ科の越年草。高山植物。

ハクサンハタザオ ツルタガラシの別名。

ハクサンフウロ 白山風露 〈*Geranium yesoense* Franch. et Savat. var. *nipponicum* Nakai〉フウロソウ科の多年草。別名アカヌマフウロ。高さは30〜80cm。高山植物。

ハクサンボウフウ 白山防風 〈*Peucedanum multivittatum* Maxim.〉セリ科の多年草。別名エゾハクサンボウフウ。高さは30〜90cm。高山植物。

ハクサンボク 白山木 〈*Viburnum japonicum* (Thunb. ex Murray) Spreng.〉スイカズラ科の低木ないし小高木。高さは3〜6m。花は白色。園芸植物。

ハクジツショウ 〈*Carpanthea pomeridiana* N. E. Br.〉ツルナ科の一年草。

ハクシマル 白刺丸 〈*Neochilenia reichei* (K. Schum.) Backeb.〉サボテン科のサボテン。別名タマヒメマル(玉姫丸)。花は光沢ある黄色。園芸植物。

ハクジュマル 白珠丸 マミラリア・ゲミニスピナの別名。

ハクジンマル 白神丸 マミラリア・ゲミニスピナの別名。

ハクセイリュウ ユリ科。園芸植物。

ハクセン 白鮮 〈*Dictamnus dasycarpus* Turcz.〉ミカン科の多年草。薬用植物。園芸植物。

ハクセン ミカン科の属総称。

ハクセン ディクタムヌス・アルブスの別名。

ハクセン 白閃 クレイストカクツス・ヒアラカンツスの別名。

ハクセンギョク 白仙玉 マツカナ・ハイネイの別名。

ハクセンナズナ 白鮮薺 〈*Macropodium pterospermum* Fr. Schm.〉アブラナ科の多年草。高さは40〜100cm。高山植物。

ハクダマル 白蛇丸 マミラリア・ネヤペンシスの別名。

バクダンウリ 〈*Cyclanthera brachystachya* (Ser.) Cogn.〉ウリ科のつる。長さ3〜5cm。園芸植物。

バクチアデク 〈*Eugenia rugosa* Merr.〉フトモモ科の高木。樹皮褐色で剥離性。花は白色。熱帯植物。

バクチノキ 博打木 〈*Prunus zippeliana* Miq.〉バラ科の常緑高木。別名ビラン、ビランジュ、ネツサマシ。薬用植物。

パクチョイ 白梗菜 アブラナ科の中国野菜。別名広東白菜、杓子菜。園芸植物。

ハクチョウ 白鳥 〈Hakucho〉バラ科。ハイブリッド・ティーローズ系。花は白色。

ハクチョウ 白鳥 マミラリア・ヘレラエの別名。

ハクチョウゲ 白丁花 〈*Serissa japonica* (Thunb. ex Murray) Thunb.〉アカネ科の観賞用低木。別名ハクチョウボク、コチョウゲ。高さは60〜100cm。花は帯紫白色。熱帯植物。薬用植物。園芸植物。

ハクチョウソウ 白蝶草 〈*Gaura lindheimeri* Engelm. et A. Gray〉アカバナ科の宿根草。別名ヤマモモソウ、シロチョウソウ。園芸植物。

ハクテンゴケ 〈*Parmelia borreri* (Sm.) Turn.〉ウメノキゴケ科の地衣類。地衣体背面は灰褐色ないし淡褐色。

ハクテンマゾシア 〈*Mazosia melanophthalma* (Müll. Arg.) Sant.〉キゴウゴケ科の地衣類。地衣体は表面に白粒状の突起がある。

ハクテンヨロイゴケ 〈*Pseudocyphellaria argyracea* (Del.) Vain.〉ヨロイゴケ科の地衣類。地衣体背面に白の粉芽。

ハクトウ 白桃 バラ科のモモ(桃)の品種。果皮は白色。
ハクトウ バラ科のモモの品種。別名カンパク。
バクトリス ヤシ科の属総称。
バクトリス・ガシパエス 〈Bactris gasipaes Kunth〉ヤシ科。別名モモヤシ。高さは18m。園芸植物。
バクトリス・ギネーンシス 〈Bactris guineensis (L.) H. E. Moore〉ヤシ科。高さは2.5～3.6m。園芸植物。
バクトリス・トリニテンシス 〈Bactris trinitensis (L. H. Bailey) Glassm.〉ヤシ科。高さは1m。園芸植物。
ハクバブシ 白馬付子 〈Aconitum zigzag Lév. et Vaniot subsp. kishidae (Nakai) Kadota〉キンポウゲ科の草本。高山植物。
ハクビクジャク 白眉孔雀 エピフィルム・ダラーヒーの別名。
ハクホウ 白鳳 バラ科のモモ(桃)の品種。果皮は白色。
ハクホウ 白峰 グルソニア・ブラッティアナの別名。
ハクホウカズラ 〈Camoensia maxima Welw.〉マメ科の観賞用蔓本。花は辺縁褐色。熱帯植物。園芸植物。
ハクホウナズナ キタダケナズナの別名。
ハクボタン 白牡丹 ユリ科のオモトの品種。園芸植物。
ハグマノキ 白熊の木 〈Cotinus coggygria Scop.〉ウルシ科の落葉低木。別名カスミノキ、ケムリノキ。高さは4～5m。花は帯紫色。園芸植物。切り花に用いられる。
ハクムオウ 白夢翁 アレクイパ・スピノシッシマの別名。
ハクモウアカツメクサ 〈Trifolium striatum L.〉マメ科の一年草。花はピンク色。
ハクモウイノデ ミヤマシケシダの別名。
ハクモウコモチゴケ 〈Iwataukiella leucotricha (Mitt.) W. R. Buck & H. A. Crum〉ウスグロゴケ科のコケ。茎は細くはい、枝は長さ3mm、葉は卵形～広卵形。
ハクモウセイ 白毛青 オプンティア・エリナケアの別名。
ハクモクレン 白木蓮 〈Magnolia heptapeta (Buchoz) Dandy〉モクレン科の落葉高木。別名モクレンゲ、ハクレン、オオコブシ。高さは15m。花は乳白色。薬用植物。園芸植物。
バクヤギク 莫邪菊 〈Carpobrotus edulis (L.) L. Bolus〉ツルナ科の多年草。花は淡黄色。園芸植物。
ハクヨウ ウラジロハコヤナギの別名。
ハクヨウボク アフェランドラ・スクァローサ・ルイセの別名。

バクラヤスイレン 〈Barclaya kunstleri Ridl.〉スイレン科の水草。ミズオオバコにやや似る。熱帯植物。
ハクラン 白藍 アブラナ科の野菜。
ハクランポウギョク 白鷺鳳玉 アストロフィツム・コアウィレンセの別名。
ハクリュウマル 白竜丸 マミラリア・コンプレッサの別名。
ハクロウギョク 白琅玉 ギムノカクツス・ベギニーの別名。
ハグロソウ 葉黒草 〈Peristrophe japonica (Thunb. ex Murray) Brenek.〉キツネノマゴ科の多年草。高さは20～50cm。
ハクロバイ ギンロバイの別名。
ハグロムグラ 〈Borreria laevicaulis Ridl.〉アカネ科の草本。茎は直立、葉の先端暗紫色。花は白色。熱帯植物。
ハケア ヤマモガシ科の属総称。
ハケア・ヴィクトリアエ 〈Hakea victoriae Meissn.〉ヤマモガシ科の低木。高さは3m。花はクリーム色。園芸植物。
ハケア・エリアンタ 〈Hakea eriantha R. Br.〉ヤマモガシ科の低木。高さは7m。花は白色。園芸植物。
ハケア・クリスタタ 〈Hakea cristata R. Br.〉ヤマモガシ科の低木。高さは3m。花は黄白色。園芸植物。
ハケア・サリキフォリア 〈Hakea salicifolia (Venten.) B. L. Burtt〉ヤマモガシ科の低木。高さは3～4m。花は緑白色。園芸植物。
ハケア・セリケア 〈Hakea sericea Schrad.〉ヤマモガシ科の低木。高さは4m。花は白色。園芸植物。
ハケア・トリフルカタ 〈Hakea trifurcata (Sm.) R. Br.〉ヤマモガシ科の低木。高さは2m。花は白色。園芸植物。
ハケア・ブックレンタ 〈Hakea bucculenta C. Gardn.〉ヤマモガシ科の低木。高さは4m。花は輝橙赤色。園芸植物。
ハケア・フランシシアナ 〈Hakea francisiana F. J. Muell.〉ヤマモガシ科の低木。高さは3m。花は橙赤色。園芸植物。
ハケア・プルプレア 〈Hakea purpurea Hook.〉ヤマモガシ科の低木。高さは1m。花は輝赤色。園芸植物。
ハケア・プロピンクア 〈Hakea propinqua A. Cunn.〉ヤマモガシ科の低木。高さは3m。花は白色。園芸植物。
ハケア・ミクロカルパ 〈Hakea microcarpa R. Br.〉ヤマモガシ科の低木。高さは2m。花は白色。園芸植物。
ハケア・ラウリナ 〈Hakea laurina R. Br.〉ヤマモガシ科の低木。高さは6m。花は白色。園芸植物。

ハケア・レウコプテラ 〈*Hakea leucoptera* R. Br.〉ヤマモガシ科の低木。高さは3m。花は白色。園芸植物。

ハゲイトウ 葉鶏頭 〈*Amaranthus tricolor* L.〉ヒユ科の一年草。別名ガンライコウ。葉に赤や黄の斑がある。高さは80〜150cm。熱帯植物。園芸植物。

ハゲイトウ ヒユ科の属総称。

ハーゲオケレウス・アクラントゥス 〈*Haageocereus acranthus* (Vaup.) Backeb.〉サボテン科のサボテン。別名金煌柱。園芸植物。

ハーゲオケレウス・クリサカントゥス 〈*Haageocereus chrysacanthus* (Akers) Backeb.〉サボテン科のサボテン。別名華厳。園芸植物。

ハーゲオケレウス・コシケンシス 〈*Haageocereus chosicensis* (Werderm) et Backeb.)Backeb.〉サボテン科のサボテン。別名金焔柱。花は紫紅色。園芸植物。

ハケサキノコギリヒバ 〈*Odonthalia corymbifera* (Gmelin) J. Agardh Graville〉フジマツモ科の海藻。叢生。体は15〜30cm。

バケヌカボ 〈*Agrostis* × *dimorpholemma* Ohwi〉イネ科の多年草。高さは50cm。

バーケリア・エレガンス 〈*Barkeria elegans* Knowles et Westc.〉ラン科。高さは15〜40cm。花は暗紫赤〜淡紫赤色。園芸植物。

バーケリア・スキネリ 〈*Barkeria skinneri* (Batem. ex Lindl.) Paxt.〉ラン科。高さは30cm。花は藤〜赤紫色。園芸植物。

バーケリア・スペクタビリス 〈*Barkeria spectabilis* Batem. ex Lindl.〉ラン科。高さは15〜30cm。花は紅紫色。園芸植物。

パケレット 〈*Pâquerette*〉バラ科。ポリアンサ・ローズ系。花は純白色。

ハコネアザミ キク科。

ハコネイノデ 〈*Polystichum* × *hakonense* Kurata〉オシダ科のシダ植物。

ハコネイボゴケ 〈*Bacidia hakonensis* (Müll. Arg.) Yas.〉ヘリトリゴケ科の地衣類。地衣体は全体灰白または汚灰色。

ハコネウツギ 箱根空木 〈*Weigela coraeenisis* Thunb.〉スイカズラ科の落葉低木。高さは3〜5m。花は紅白色。園芸植物。

ハコネオオクジャク 〈*Dryopteris* × *hakonecola* Kurata〉オシダ科のシダ植物。

ハコネギク 箱根菊 〈*Aster viscidulus* (Makino) Makino〉キク科の多年草。別名ミヤマコンギク。高さは35〜65cm。

ハコネグミ 箱根茱萸 〈*Elaeagnus matsunoana* Makino〉グミ科の落葉低木。

ハコネクロア・マクラ ウラハグサの別名。

ハコネコメツツジ 箱根米躑躅 〈*Tsusiophyllum tanakae* Maxim.〉ツツジ科の半落葉低木。高さは1m。花は白色。高山植物。園芸植物。日本絶滅危機植物。

ハコネゴンゲンゴケ 〈*Parmelia revoluta* Flörke〉ウメノキゴケ科の地衣類。粉芽化したパスチュールがある。

ハコネサルオガセ 〈*Usnea hakonensis* Asah.〉サルオガセ科の地衣類。ソラリアが顆粒状。

ハコネシケチシダ 〈*Cornopteris hakonensis* Nakai〉オシダ科の夏緑性シダ。葉身は長さ30〜60cm。三角状からほぼ楕円形。

ハコネシダ ハコネソウの別名。

ハコネシロカネソウ 箱根白銀草 〈*Dichocarpum hakonense* (F. Maekawa et Tuyama) W. T. Wang et Hsiao〉キンポウゲ科の草本。別名イズシロカネソウ。

ハコネソウ 箱根草 〈*Adiantum monochlamys* D. C. Eat.〉ホウライシダ科(イノモトソウ科、ワラビ科)の常緑性シダ。別名ハコネシダ、イチョウシノブ。葉身は長さ10〜26cm。三角状卵形。薬用植物。園芸植物。

ハコネダケ 箱根竹 〈*Pleioblastus chino* (Franch. et Savat.) Makino var. *vaginatus* (Hack.) S. Suzuki〉イネ科の常緑大型笹。別名ナヨダケ。

ハコネトリカブト 〈*Aconitum hakonense*〉キンポウゲ科。

ハコネナンブスズ 〈*Sasa shimidzuana* Makino〉イネ科の木本。

ハコネハナヒリノキ 〈*Leucothoe grayana* Maxim. var. *venosa* Nakai〉ツツジ科の落葉低木。

ハコネヒヨドリ 〈*Eupatorium chinense* var. *hakonense*〉キク科。別名ホソバヨツバヒヨドリ。

ハコネラン 〈*Ephippianthus sawadanus* (F. Maek.) Ohwi〉ラン科の多年草。高さは10〜20cm。

ハコベ 繁縷 〈*Stellaria media* (L.) Vill.〉ナデシコ科の一年草または越年草。別名コハコベ、ハコベラ、アサシラゲ。茎は地面をはう。高さは10〜20cm。薬用植物。園芸植物。

ハコベ ミドリハコベの別名。

ハコベホオズキ 〈*Salpichroa rhomboidea* Miers〉ナス科の多年草。長さは2m。花は白色。

ハコベマンネングサ 〈*Sedum drymarioides* Hance〉ベンケイソウ科の草本。別名ナナツガママンネングサ、ケマンネングサ。日本絶滅危機植物。

ハゴロモ 〈*Udotea orientalis* A. et E. S. Gepp〉ミル科の海藻。体は数層の糸からなる。

ハゴロモ 羽衣 ツバキ科のツバキの品種。園芸植物。

ハゴロモ 羽衣 バラ科のバラの品種。園芸植物。

ハゴロモ 羽衣 ドリコテレ・スファエリカの別名。

ハゴロモイヌホオズキ 〈*Solanum triflorum* Nutt.*〉*ナス科の一年草。長さは0.3～1m。花は白色。

ハゴロモカズラ サトイモ科。別名アカインベ。園芸植物。

ハゴロモギク アークトチス・グランディスの別名。

ハゴロモギク アークトチス・ベヌスタの別名。

ハゴロモグサ 羽衣草 〈*Alchemilla japonica* Nakai et Hara〉バラ科の宿根草。別名ミラー。高さは20～40cm。花は緑黄色。高山植物。園芸植物。切り花に用いられる。

ハゴロモグサ レディース・マントルの別名。

ハゴロモクリハラン 〈*Neocheiropteris ensata* monstr. monstrifera (Tagawa) Nakaike〉ウラボシ科のシダ植物。

ハゴロモシダレ バラ科のモモの品種。

ハゴロモジャスミン モクセイ科。

ハゴロモソウ ドロニクム・プランタギネウムの別名。

ハゴロモタニワタリ 〈× *Asplenophyllitis ikekawae* Nakaike, nom. nud.〉チャセンシダ科のシダ植物。

ハゴロモナナカマド ソルブス・リクチュエンシスの別名。

ハゴロモノキ 忍木 〈*Grevillea robusta* A. Cunn. ex R. Br.〉ヤマモガシ科の木本。別名キヌガシワ、シノブノキ、ハゴロモガシワ。高さは30m。花は金色。園芸植物。

ハゴロモモ 羽衣藻 〈*Cabomba caroliniana* A. Gray.〉スイレン科の多年生の沈水植物。別名フサジュンサイ。葉柄は長さ5～20mm、白い花を付ける。園芸植物。

ハゴロモルコウ クアモクリト・ムルティフィダの別名。

ハゴロモルコウソウ 羽衣縷紅草 ヒルガオ科。別名モミジルコウソウ、チョウセンアサガオ。園芸植物。

ハザクラキブシ 〈*Stachyurus macrocarpus* var. *prunifolius*〉キブシ科。

パサジュラン 〈*Aglaia glabriflora* Hieron.〉センダン科の小木。熱帯植物。

ハサナダゴケ 〈*Plagiothecium denticulatum* (Hedw.) Schimp.〉サナダゴケ科のコケ。平たいマットをつくる。葉は卵状披針形。

ハシカグサ 〈*Hedyotis lindleyana* Hook. ex Wight et Arn. var. *hirsuta* (L. f.) Hara〉アカネ科の一年草。高さは20～40cm。

ハシカグサモドキ 〈*Richardia scabra* L.〉アカネ科の一年草または二年草。高さは20～50cm。花は白色。

ハシカン ハシカンボクの別名。

ハシカンボク 波志干木 〈*Bredia hirsuta* Blume〉ノボタン科の常緑低木。別名ハシカン。高さは30～100cm。花は紅色。園芸植物。

バシクルモン 〈*Apocynum venetum* L. var. *basikurumon* (Hara) Hara〉キョウチクトウ科の草本。別名オショロソウ。薬用植物。

ハシゴシダ 梯子羊歯 〈*Thelypteris glandulifera* (Kunze) Ching〉オシダ科(ヒメシダ科)の常緑性シダ。葉身は長さ20～40cm。披針形。

ハシドイ 〈*Syringa reticulata* (Blume) Hara〉モクセイ科の落葉小高木。別名キンツクバネ、ヤチカバ、ドスナラ。高さは10m。花は白色。園芸植物。

ハシナガヤマサギソウ 〈*Platanthera mandarinorum*〉ラン科。

ハシバミ 榛 〈*Corylus heterophylla* Fisch. ex Besser var. *thunbergii* Blume〉カバノキ科の落葉低木。別名オヒョウハシバミ、オオハシバミ。薬用植物。

ハシバミ カバノキ科の属総称。

パシフィック・ジャイアント サクラソウ科のプリムラ・ポリアンサの品種。園芸植物。

ハシボソゴケ 〈*Papillidiopsis macrosticta* (Broth. & Paris) W. R. Buck & B. C. Tan〉ナガハシゴケ科のコケ。黄緑色で光沢のある塊をつくる。

バショウ ムサ・バショーの別名。

ハシラサボテン サボテン科の属総称。サボテン。

ハシリドコロ 走野老 〈*Scopolia japonica* Maxim.〉ナス科の多年草。別名オメキグサ。高さは30～60cm。高山植物。薬用植物。

バジル 〈*Ocimum basilicum* L.〉シソ科の香辛野菜。別名スイートバジル、コモンバジル、メボウキ。毛少く葉紫。高さは45cm。花は淡紫色。熱帯植物。薬用植物。園芸植物。切り花に用いられる。

バジル シソ科の属総称。別名メボウキ。

ハス 蓮 〈*Nelumbo nucifera* Gaertn.〉スイレン科の多年生水草。別名レンコン。葉柄には突起が多くざらつく、葉は円形。葉径20～70cm。花の色は淡紅色または白色。熱帯植物。薬用植物。園芸植物。

ハス スイレン科の属総称。別名ハチス。

ハズ 巴豆 〈*Croton tiglium* L.〉トウダイグサ科の低木。別名ハズノキ。木はカクレミノの感じ。高さ3m。熱帯植物。薬用植物。

ハスイモ 蓮芋 〈*Colocasia gigantea* (Schott) Hook. f.〉サトイモ科の多年草。全体に緑白色。葉身の長さ3m。熱帯植物。園芸植物。

パスカリ 〈*Pascali*〉バラ科。ハイブリッド・ティーローズ系。

バスコスティリス・スーザン 〈× *Vascostylis* Susan〉ラン科。花はピンク色。園芸植物。

ハスコステ

バスコスティリス・タム・イェン・ハー 〈× *Vascostylis* Tham Yuen Hae〉ラン科。花は濃紫青色。園芸植物。

バスコスティリス・ブルー・フェアリー 〈× *Vascostylis* Blue Fairy〉ラン科。高さは20cm。花は青紫色。園芸植物。

ハスジギヌ 〈*Polyneura japonica* (Yamada) Mikami〉コノハノリ科の海藻。羽状分岐する。体は10〜12cm。

ハスジグサ 〈*Stenogramma interrupta* (Agardh) Montagne〉オキツノリ科の海藻。叉状に分岐。体は5〜15cm。

パストラル ハナシノブ科のフロックス・パニキュラータの品種。園芸植物。

パースニップ 〈*Pastinaca sativa* L.〉セリ科の二年草。別名オランダボウフウ、清正ニンジン、白ニンジン。花は白あるいは緑黄色。薬用植物。園芸植物。

ハスノハアカメガシワ 〈*Mallotus barbatus* Muell. Arg.〉トウダイグサ科の低木。若葉赤、子房赤、柱頭黄。熱帯植物。

ハスノハイチゴ 蓮葉苺 〈*Rubus peltatus* Maxim.〉バラ科の木本。別名ハスイチゴ。

ハスノハカズラ 蓮の葉葛 〈*Stephania japonica* (Thunb. ex Murray) Miers〉ツヅラフジ科のつる性木本。別名イヌツヅラ、ヤキモチカズラ。園芸植物。

ハスノハカラマツ タリクトルム・コレアヌムの別名。

ハスノハギリ 蓮葉桐 〈*Hernandia sonora* L.〉ハスノハギリ科の常緑高木。果実に乾性油がある。花は緑黄色。熱帯植物。薬用植物。園芸植物。

ハスノハグサ ポドフィルム・ウェルシペラの別名。

ハスノハヒルガオ 〈*Merremia peltata* Merr.〉ヒルガオ科の蔓草。花は白色。熱帯植物。

ハスノハベゴニア ベゴニア・ソコトラナの別名。

ハスノミカズラ 〈*Caesalpinia globulorum* Bakh. f. et van Royen〉マメ科の低木。多刺、葉光沢。花は黄色。熱帯植物。

ハセガワカタシロゴケ 〈*Calymperes fasciculatum* Dozy & Molk.〉カタシロゴケ科のコケ。茎は長さ2〜5cm、葉は鋭頭。

ハゼノキ 黄櫨 〈*Rhus succedanea* L.〉ウルシ科の落葉高木。別名トウハゼ、ハゼ。高さは10m。花は黄緑色。薬用植物。園芸植物。

バセラ・ルブラ 〈*Basella rubra* L.〉ツルムラサキ科のつる植物。別名ツルムラサキ。長さ2m。花は白色。園芸植物。

ハゼラン 〈*Talinum crassifolium* Willd.〉スベリヒユ科の一年草。葉はキンセンカに似る。高さは30〜60cm。花は紅紫色。熱帯植物。園芸植物。

パセリ 〈*Petroselinum crispum* (Mill.) Nyman ex A. W. Hill〉セリ科の多年草。別名ペトロセリヌム・クリスプム、オランダゼリ。高さは30〜60cm。花は黄緑色。薬用植物。園芸植物。

バーゼリア ベルセリアの別名。

ハゼリソウ 〈*Phacelia tanacetifolia* Benth.〉ハゼリソウ科の草本。高さは30〜100cm。園芸植物。

バーゼル シュウカイドウ科のベゴニアの品種。園芸植物。

ハダイロガサ 〈*Camarophyllus pratensis* (Pers. : Fr.) Kummer〉ヌメリガサ科のキノコ。別名オトメノハナガサ。小型〜中型。傘はくすんだ黄橙色、粘性なし。ひだはクリーム色。

ハダカホオズキ 裸酸漿 〈*Tubocapsicum anomalum* (Franch. et Savat.) Makino〉ナス科の多年草。別名キツネノホオズキ、アカコナスビ、ヤマホオズキ。高さは60〜100cm。薬用植物。

ハタガヤ 〈*Bulbostylis barbata* (Rottb.) Kunth〉カヤツリグサ科の一年草。高さは10〜40cm。

ハタキゴケ 〈*Aongstroemia orientalis* Mitt.〉シッポゴケ科のコケ。葉は卵形〜広卵形。

バタグルミ 〈*Juglans cineria* L.〉クルミ科の木本。別名シログルミ。高さは18〜30m。樹皮は灰色。園芸植物。

ハタケキノコ 〈*Agrocybe semiorbicularis* (Bull.) Fayod〉オキナタケ科のキノコ。小型。傘は黄土色。ひだは暗褐色。

ハタケコガサタケ 〈*Conocybe fragilis* (Peck) Sing.〉オキナタケ科のキノコ。小型。傘は湿時ワイン色、乾時淡色。ひだは黄土色→肉桂色。

ハタケゴケ 〈*Riccia glauca* L.〉ウキゴケ科のコケ。別名シロカズノゴケ。灰緑色、長さ5〜10mm。

ハタケシメジ 〈*Lyophyllum decastes* (Fr. : Fr.) Sing.〉キシメジ科のキノコ。別名ウリシメジ、ニワシメジ。中型〜大型。傘は灰褐色、白色かすり模様。ひだは類白色。

ハタケチャダイゴケ 〈*Cyathus stercoreus* (Schw.) De Toni〉チャダイゴケ科のキノコ。小型。外皮は剛毛、殻皮内側は平滑。

ハタケテンツキ 〈*Fimbristylis stauntonii* Deb. et Franch.〉カヤツリグサ科の草本。

ハタケニラ 白星蘭 〈*Nothoscordum fragrans* (Venten.) Kunth〉ユリ科の多年草。高さは20〜60cm。花は白色。園芸植物。

パタゴニアイチイ 〈*Saxegothaea conspicua*〉マキ科の木本。樹高12m。樹皮は紫褐色。

パタゴニアサイプレス 〈*Fitzroya cupressoides*〉ヒノキ科の木本。樹高50m。樹皮は赤褐色。

ハタザオ 旗竿 〈*Arabis glabra* (L.) Bernh.〉アブラナ科の一年草。高さは30〜130cm。

ハタザオガラシ 〈*Sisymbrium altissimum* L.〉アブラナ科の一年草。高さは20〜120cm。

ハダシシャジクモ 〈*Chara zeylanica* Willd.〉シャジクモ科。

ハタジュクイノデ 〈*Polystichum* × *hatajukuense* Kurata, nom. nud.〉オシダ科のシダ植物。

バタースコッチ 〈*Butterscotch*〉バラ科。花はクリームがかった茶色。

バタナット バタナット科の総称。果樹。

バタナットノキ 〈*Caryocar nuciferum* L.〉バタナット科の高木。果実は褐色。花は暗赤色。熱帯植物。

ハタベスゲ 〈*Carex latisquamea* Komarov〉カヤツリグサ科。

ハタンキョウ スモモの別名。

パダンシャシャンボ 〈*Vaccinium littoreum* Miq.〉ツツジ科の低木。熱帯植物。

バーチェラ・シューマニー 〈*Bartschella schumannii* (Hildm.) Britt. et Rose〉サボテン科のサボテン。別名蓬来宮。花は淡紫紅色。園芸植物。

バーチェリア・ブバリナ 〈*Burchellia bubalina* (L. f.) Sims〉アカネ科。高さは1～2m。花は朱赤色。園芸植物。

バチカラワン 〈*Parashorea plicata* Brandis〉フタバガキ科の高木。葉柄上面に溝毛、用材。熱帯植物。

ハチク 淡竹 〈*Phyllostachys nigra* (Lodd.) Munro var. *henonis* (Bean) Stapf〉イネ科の常緑大型竹。別名クレタケ、カラタケ。高さは10～15m。薬用植物。園芸植物。

ハチジョウイタドリ 〈*Reynoutria japonica* Houtt. var. *terminalis* Honda〉タデ科。別名ミハライタドリ。

ハチジョウイチゴ 八丈苺 〈*Rubus ribisoideus* Matsum.〉バラ科の落葉低木。別名ハチジョウクサイチゴ。

ハチジョウイボタ 〈*Ligustrum ovalifolium* Hassk. var. *pacificum* (Nakai) Mizushima〉モクセイ科の半常緑の低木。

ハチジョウウラボシ 〈*Lepisorus hachijoensis* Kurata〉ウラボシ科のシダ植物。

ハチジョウオトギリ 〈*Hypericum hachijoense* Nakai〉オトギリソウ科の草本。

ハチジョウカンスゲ 〈*Carex hachijoensis*〉カヤツリグサ科。

ハチジョウキブシ 〈*Stachyurus praecox* var. *matsuzakii*〉キブシ科の落葉低木。別名エノシマキブシ。

ハチジョウギボウシ 〈*Hosta rupifraga*〉ユリ科。

ハチジョウクサイチゴ 〈*Rubus nishimuranus* Koidz.〉バラ科の木本。

ハチジョウグワ 八丈桑 〈*Morus kagayamae* Koidz.〉クワ科の木本。

ハチジョウコゴメグサ 〈*Euphrasia hachijoensis* Nakai〉ゴマノハグサ科の草本。

ハチジョウシダ 八丈羊歯 〈*Pteris fauriei* Hieron.〉イノモトソウ科(ワラビ科)の常緑性シダ。別名シマハチジョウシダ。葉身は長さ30～45cm。卵状三角形。園芸植物。

ハチジョウシダモドキ 八丈羊歯擬 〈*Pteris oshimensis* Hieron.〉イノモトソウ科の常緑性シダ。別名コハチジョウシダ。葉身は長さ50cm。長楕円形。

ハチジョウシュスラン 〈*Goodyera hachijoensis* Yatabe〉ラン科の多年草。高さは10～20cm。花は黄褐色。園芸植物。

ハチジョウショウマ 〈*Astilbe hachijoensis* Nakai〉ユキノシタ科。

ハチジョウススキ 八丈薄 〈*Miscanthus sinensis* Andersson var. *condensatus* (Hack.) Makino〉イネ科。

ハチジョウチドリ 〈*Platanthera mandarinorum* var. *hachijoensis*〉ラン科。

ハチジョウツゲ 〈*Buxus microphylla* Sieb. et Zucc. var. *japonica* (Muell. Arg. ex Miq.) Rehder et Wils. f. *major* Makino〉ツゲ科。別名ベンテンツゲ。

ハチジョウツレサギ 〈*Platanthera okuboi* Makino〉ラン科の草本。

ハチジョウテングサモドキ 〈*Gelidiopsis hachijoensis* Yamada et Segawa〉オゴノリ科の海藻。体は5cm。

ハチジョウテンナンショウ 〈*Arisaema hatizyoense* Nakai〉サトイモ科。

ハチジョウナ 八丈菜 〈*Sonchus brachyotus* DC.〉キク科の多年草。高さは30～100cm。薬用植物。

ハチジョウベニシダ 〈*Dryopteris caudipinna* Nakai〉オシダ科の常緑性シダ。小羽片は線状披～線形、長さ3～4cm。

ハチヂレゴケ 〈*Ptychomitrium dentatum* Mitt.〉ギボウシゴケ科のコケ。体は高さ1～3cm、葉は広披針形～舌形。

ハチタケ 〈*Cordyceps sphecocephala* (Kl.) Sacc.〉バッカクキン科のキノコ。

ハチノスイシ 〈*Lithophyllum tortuosum* (Esper) Foslie〉サンゴモ科の海藻。蜂巣状。

ハチノスタケ 〈*Polyporus alveolaris* (DC. : Fr.) Bond. & Sing.〉サルノコシカケ科のキノコ。小型～中型。傘はベージュ～淡褐色、鱗片。

ハチミツソウ 〈*Verbesina alternifolia* (L.) Britton ex Kearney〉キク科の多年草。別名ハネミギク。葉は剛毛、温帯ではミツバチの蜜源。高さは1～1.5m。花は黄色。熱帯植物。

パチャットヤシ イグアヌラ・ゲオノミフォルミスの別名。

パチョリ 〈*Pogostemon cablin* Benth.〉シソ科の草本。別名ヒゲオシベ。開花は稀、芳香。熱帯植物。園芸植物。

ハツアラシ 初嵐 ヒルガオ科のアサガオの品種。園芸植物。

ハッカ 薄荷 〈*Mentha arvensis* L. var. *piperascens* Malinv.〉シソ科の匍匐草。別名メグサ。茎赤色、葉は皺多く芳香。高さは20～50cm。熱帯植物。薬用植物。

ハッカ シソ科の属総称。

ハッカゴムノキ 〈*Eucalyptus gunnii*〉フトモモ科の木本。樹高30m。樹皮は灰色。

ハツカダイコン 〈*Raphanus sativus* L. var. *radicula* DC.〉アブラナ科の野菜。熱帯植物。

ハツガラス 初烏 ボタン科の牡丹の園芸品種。園芸植物。

ハツキイヌワラビ 〈*Athyrium* × *pseudo-iseanum* Kurata〉オシダ科のシダ植物。

ハツキマンサク マンサク科の木本。別名カタソデ。

ハッキュウマル 白宮丸 メディオロビビア・ハーゲイの別名。

ハックエティア・エピパクティス 〈*Hacquetia epipactis* DC.〉セリ科の多年草。高山植物。

バッケベルギア・ミリタリス 〈*Backebergia militaris* (Audot) Bravo〉サボテン科のサボテン。別名黄金の帽子。花は金～黄橙色。園芸植物。

ハッケンギョク 白剣玉 〈*Wigginsia vorwerkiana* (Werderm.) D. M. Porter〉サボテン科のサボテン。高さは5cm。花は黄色。園芸植物。

ハツコイソウ クサトベラ科。

ハッコウザン 白虹山 スクレロカクツス・ポリアンキストルスの別名。

ハッコウダゴケ 〈*Eremonotus myriocarpus* (Carrington) Lindb. & Kaal. ex Pearson〉ミズゴケ科のコケ。緑褐色、茎は長さ0.5～1cm。

ハッコウダゴヨウ ピヌス・ハッコデンシスの別名。

バッコヤナギ ヤマネコヤナギの別名。

ハッザー ツツジ科のシャクナゲの品種。園芸植物。

ハッサク 八朔 〈*Citrus hassaku* hort. ex T. Tanaka〉ミカン科の木本。別名ハッサクザボン。果面は黄色ないし黄橙色。薬用植物。

ハツザクラ 初桜 アブラナ科のストックの品種。園芸植物。

パッシフロラ・アウランティア 〈*Passiflora aurantia* G. Forst.〉トケイソウ科のつる性植物。花は黄赤色。園芸植物。

パッシフロラ・アラタ 〈*Passiflora alata* Dryand.〉トケイソウ科のつる性植物。花は暗赤色。園芸植物。

パッシフロラ・アラーディー 〈*Passiflora* × *allardii* Lynch〉トケイソウ科のつる性植物。花は白でいくらか淡緑を帯びる。園芸植物。

パッシフロラ・アラトカエルレア 〈*Passiflora* × *alatocaerulea* Lindl.〉トケイソウ科のつる性植物。花は桃紫色。園芸植物。

パッシフロラ・アンティオクエンシス 〈*Passiflora antioquensis* Karst.〉トケイソウ科のつる性植物。花は鮮やかな赤色。園芸植物。

パッシフロラ・ウィティフォリア 〈*Passiflora vitifolia* H. B. K.〉トケイソウ科のつる性植物。花は緋紅色。園芸植物。

パッシフロラ・エクソニエンシス 〈*Passiflora* × *exoniensis* hort. ex L. H. Bailey〉トケイソウ科のつる性植物。花は淡紅桃色。園芸植物。

パッシフロラ・カエルレア トケイソウの別名。

パッシフロラ・カエルレア-ラケモサ 〈*Passiflora* × *caerulea-racemosa*〉トケイソウ科のつる性植物。花は赤紫色。園芸植物。

パッシフロラ・カプスラリス 〈*Passiflora capsularis* L.〉トケイソウ科のつる性植物。別名シロバナヒメトケイソウ。花は白色。園芸植物。

パッシフロラ・キャプスラリスト トケイソウ科。園芸植物。

パッシフロラ・クアドラングラリス オオミノトケイソウの別名。

パッシフロラ・グラキリス 〈*Passiflora gracilis* Jacq. ex Link〉トケイソウ科のつる性植物。別名ヒメミナリノトケイソウ。花は淡緑色。園芸植物。

パッシフロラ・コッキネア 〈*Passiflora coccinea* Aubl.〉トケイソウ科のつる性植物。花は緋紅色。園芸植物。

パッシフロラ・コリアケア 〈*Passiflora coriacea* Juss.〉トケイソウ科のつる性植物。花は黄緑色。園芸植物。

パッシフロラ・スブペルタタ 〈*Passiflora subpeltata* Ort.〉トケイソウ科のつる性植物。花は白色。園芸植物。

パッシフロラ・スベロサ 〈*Passiflora suberosa* L.〉トケイソウ科の常緑つる性低木。花は黄緑色。園芸植物。

パッシフロラ・トリファスキアタ 〈*Passiflora trifasciata* Lem.〉トケイソウ科のつる性植物。花は濃緑色。園芸植物。

パッシフロラ・ビフロラ 〈*Passiflora biflora* Lam.〉トケイソウ科のつる性植物。花は白色。園芸植物。

パッシフロラ・ブリオニオイデス 〈*Passiflora bryonioides* H. B. K.〉トケイソウ科のつる性植物。花は白色。園芸植物。

パッシフロラ・マニカタ 〈Passiflora manicata (Juss.) Pers.〉トケイソウ科のつる性植物。花は鮮赤色。園芸植物。

パッシフロラ・マメティスティナ 〈Passiflora mamethystina Mikan f.〉トケイソウ科のつる性植物。花は紫紅色。園芸植物。

パッシフロラ・ミクスタ 〈Passiflora mixta L. f.〉トケイソウ科のつる性植物。花は桃色。園芸植物。

パッシフロラ・モリッシマ 〈Passiflora mollissima (H. B. K.) L. H. Bailey〉トケイソウ科のつる性植物。花は桃色。園芸植物。

パッシフロラ・ラウリフォリア キミノトケイソウの別名。

パッシフロラ・ラケモサ ホザキノトケイソウの別名。

パッシフロラ・リグラリス 〈Passiflora ligularis Juss.〉トケイソウ科のつる性植物。花は白またはやや桃色。園芸植物。

ハツシマカンアオイ 〈Heterotropa hatsushimae F. Maek.〉ウマノスズクサ科の草本。

ハツシマラン 〈Odontochilus hatusimanus Ohwi et T. Koyama〉ラン科の草本。

ハッショウマメ 〈Mucuna pruriens (L.) DC. var. utilis (Wall. ex Wight) Burck〉マメ科の蔓草。別名オシャラクマメ、クズマメ。種皮は灰白色。花は黒紫色。熱帯植物。園芸植物。

パッション・フルーツ 〈Passiflora edulis Sims〉トケイソウ科の蔓草。別名クダモノトケイ、ショクヨウトケイソウ、マルミクダモノトケイ。果肉は橙黄色。花は白または淡紫色。熱帯植物。園芸植物。

ハツタカ 初鷹 〈Senecio pendulus (Forssk.) Schultz-Bip.〉キク科。高さは5〜10cm。花は朱赤〜紅赤色。園芸植物。

ハツタケ 初茸 〈Lactarius hatsudake Tanaka〉ベニタケ科のキノコ。別名アイタケ、ロクショウモタシ。中型。高さは2〜5cm。傘は黄緑色、濃い環紋あり。傷つくと青緑色のしみ。ひだはワイン紅色。園芸植物。

パット・オースチン 〈Pat Austin〉バラ科。イングリッシュローズ系。花は銅色。

ハットリイトヤナギゴケ 〈Platydictya hattorii Kanda〉ヤナギゴケ科のコケ。茎は糸状ではい、茎葉は披針形。

ハットリチョウチンゴケ 〈Rhizomnium hattorii T. J. Kop.〉チョウチンゴケ科のコケ。茎は長さ1〜2cm、葉は広倒卵形、乾くと淡緑色。

ハットリヤスデゴケ 〈Neohattoria herzogii (S. hatt.) Kamim.〉ヤスデゴケ科のコケ。褐色、茎は長さ2〜4mm。

ハツネ 初音 カンナ科のカンナの品種。園芸植物。

バッハ サクラソウ科のシクラメンの品種。園芸植物。

ハツバキ 〈Drypetes integerrima (Koidz.) Hurusawa〉トウダイグサ科の常緑小高木。別名ムニンハツバキ。

ハッピー・チャイルド 〈Happy Child〉バラ科。イングリッシュローズ系。花は濃い黄色。

ハッピー・トレイルズ 〈Happy Trails〉バラ科。

ハツヒノデ 初日の出 サボテン科のサボテン。園芸植物。

ハツミドリ 初緑 リプサリス・テレスの別名。

ハツユキカエデ 初雪楓 カエデ科のウリハダカエデの品種。園芸植物。

ハツユキソウ 初雪草 〈Euphorbia marginata Pursh〉トウダイグサ科の多肉植物。高さは90〜100cm。園芸植物。切り花に用いられる。

バツラマツ ピヌス・バツラの別名。

ハティオラ・サリコルニオイデス 〈Hatiora salicornioides (Haw.) Britt. et Rose〉サボテン科のサボテン。別名猿恋葦。長さ1m。花は濃黄色。園芸植物。

パーディタ 〈Perdita〉バラ科。イングリッシュローズ系。花は黄赤色。

ハデフラスコモ 〈Nitella pulchella T. F. Allen〉シャジクモ科。

ハテルマカズラ 〈Triumfetta repens (Blume) Merr.〉シナノキ科の木本。別名ケコンペイトウグサ。

ハテルマギリ 〈Guettarda speciosa L.〉アカネ科の木本。熱帯植物。

ハーデンベルギア マメ科。

ハートカズラ 〈Ceropegia woodii Schlechter〉ガガイモ科。花は黒紫色。園芸植物。

ハート・スロブ ヒガンバナ科のスイセンの品種。園芸植物。

ハドノキ 〈Oreocnide pedunculata (Shirai) Masamune〉イラクサ科の常緑低木。

ハトムギ 鳩麦 〈Coix lachryma-jobi L. var. mayuen (Roman.) Stapf〉イネ科の草本。別名センコク、シコクムギ。苞鞘が軟で淡褐色。熱帯植物。薬用植物。園芸植物。

バートラミア・ポミフォルミス タマゴケの別名。

パトリオット セリ科のエリンギウムの品種。切り花に用いられる。

パトリニア・ウィロサ オトコエシの別名。

パトリニア・シビリカ チシマキンレイカの別名。

パトリニア・スカビオシフォリア オミナエシの別名。

パトリニア・トリロバ コキンレイカの別名。

バートレット バラ科のナシの品種。別名ボンクレシアン ウイリアムス。果皮は鮮淡緑色。

バドレヤ・アルテルニフォリア 〈*Buddleja alternifolia* Maxim.〉フジウツギ科の木本。高さは3～6m。花は淡桃色。園芸植物。

バドレヤ・クリスパ 〈*Buddleja crispa* Benth.〉フジウツギ科の木本。高さは2～4m。花は濃桃色。園芸植物。

バドレヤ・コルヴィレイ 〈*Buddleja colvilei* Hook. f. et T. Thoms.〉フジウツギ科の木本。高さは10m以上。花は深紅色。園芸植物。

バドレヤ・サルヴィーフォリア 〈*Buddleja salviifolia* (L.) Lam.〉フジウツギ科の木本。高さ5m。花は白、黄、桃色。園芸植物。

バドレヤ・ダヴィディー フサフジウツギの別名。

バドレヤ・ツビフロラ 〈*Buddleja tubiflora* Benth.〉フジウツギ科の木本。高さは2～3m。花は淡黄色。園芸植物。

バドレヤ・ファローイアナ 〈*Buddleja fallowiana* Balf. f. et W. W. Sm.〉フジウツギ科の木本。高さは2～3m。花は桃色。園芸植物。

バドレヤ・ブラジリエンシス 〈*Buddleja brasiliensis* Jacq. f.〉フジウツギ科の木本。花は黄色。園芸植物。

バドレヤ・マダガスカリエンシス 〈*Buddleja madagascariensis* Lam.〉フジウツギ科の木本。高さは2～3m。花は黄色。園芸植物。

バドレヤ・ヤポニカ フジウツギの別名。

バドレヤ・リンドレヤナ トウフジウツギの別名。

ハナアオイ 花葵 〈*Lavatera trimestris* L.〉アオイ科の一年草。別名ラバテラ。高さは50～120cm。花は紅色。園芸植物。

ハナアカシア ハナエンジュの別名。

ハナアザミ ノアザミの別名。

ハナアナナス 〈*Tillandsia cyanea* E.Morr.〉パイナップル科の多年草。高さは80cm以下。花は藤紫色。園芸植物。

ハナアネモネ 〈*Anemone blanda* Schott et Kotschy〉キンポウゲ科の多年草。高さは5～20cm。花は濃青または白色。園芸植物。

ハナイ 〈*Butomus umbellatus* L.〉ハナイ科の多年草。

ハナイカダ 花筏 〈*Helwingia japonica* (Thunb. ex Murray) F. G. Dietr.〉ミズキ科の落葉低木。別名ツメデノキ、ママッコノキ、イカダソウ。花は淡緑色。薬用植物。園芸植物。

ハナイカリ 花碇 〈*Halenia corniculata* (L.) Cornaz〉リンドウ科の一年草または越年草。高さは10～60cm。高山植物。

ハナイグチ 花猪口 〈*Suillus grevillei* (Klotz.) Sing.〉イグチ科のキノコ。別名ラクヨウ、ラクヨウモダシ、ジコボウ。中型～大型。傘はこがね色～赤褐色、著しい粘性あり。

ハナイソギク 花磯菊 〈*Chrysanthemum pacificum* Nakai f. *radiatum* (Makino) Kitamura〉キク科。

ハナイチゲ 花一華 アネモネ・コロナリアの別名。

ハナイトナデシコ カスミソウの別名。

ハナイバナ 葉内花 〈*Bothriospermum tenellum* (Hornem.) Fisch. et C. A. Meyer〉ムラサキ科の一年草または越年草。高さは10～30cm。

ハナウド 花独活 〈*Heracleum nipponicum* Kitagawa〉セリ科の多年草または越年草。別名ゾウジョウジビャクシ。高さは70～100cm。薬用植物。

ハナウリクサ トレニアの別名。

ハナウロコタケ 〈*Stereopsis burtianum* (Peck) Reid〉タチウロコタケ科のキノコ。小型。傘は浅い漏斗形。

ハナエマキ 花絵巻 ヒルガオ科のアサガオの品種。園芸植物。

ハナエンジュ 花槐 〈*Robinia hispida* L.〉マメ科の落葉低木。別名バラアカシア、ハナアカシア。高さは0.5～2m。花は淡紅または淡紫紅色。園芸植物。

ハナオチバタケ 〈*Marasmius pulcherripes* Peck〉キシメジ科のキノコ。小型。傘は淡紅色～黄土色、放射状の溝があり、肉は薄く革質。

ハナカイドウ 花海棠 〈*Malus halliana* Koehne〉バラ科の落葉高木。別名スイシカイドウ、シダレカイドウ、フセン。園芸植物。

ハナカイドウ マルス・ハリアナの別名。

ハナガガシ 〈*Quercus hondae* Makino〉ブナ科の木本。

ハナカゴ 花篭 アステキウム・リッテリの別名。

ハナガゴケ 〈*Ditrichum divaricatum* Mitt.〉キンシゴケ科のコケ。茎は長さ1～4cm、葉は長卵形。

ハナガサ 花笠 〈*Delosperma echinatum* (Ait.) Schwant.〉ツルナ科の枝の多い低木。葉は対生し、卵球状、アズキ粒大。高さは約30cm。花は白色または淡クリーム色。園芸植物。

ハナガサ 花笠 〈Hanagasa〉バラ科。フロリバンダ・ローズ系。花は朱色。

ハナガサ 花笠 ベンケイソウ科。園芸植物。

ハナガサイグチ 〈*Pulveroboletus auriflammeus* (Berk. & Curt.) Sing.〉イグチ科のキノコ。小型～中型。傘は鮮橙色、粉質繊維状。

ハナガサソウ バーベナ・カナデンシスの別名。

ハナガサタケ 〈*Pholiota flammans* (Fr.) Kummer〉モエギタケ科のキノコ。中型。傘は鮮黄色～レモン色、繊維状鱗片。ひだは黄色。

ハナガサネ 〈*Rhodymenia coacta* Okamura et Segawa〉ダルス科の海藻。扁平。体は1cm。

ハナガサノキ 花傘木 〈*Morinda umbellata* L. subsp. *umbellata*〉アカネ科の常緑つる植物。集

果は黄色に熟し、葉裏葉脈は赤。花は白色。熱帯植物。薬用植物。

ハナガサマル 花笠丸 ヴァインガルティア・ネオカミンギーの別名。

ハナガスミ 花霞 〈Hana-Gasumi〉バラ科。フロリバンダ・ローズ系。

ハナカズラ 花葛 〈Aconitum ciliare DC.〉キンポウゲ科の草本。別名ハナヅル。

ハナガタカリメニア 〈Kallymenia callophylloides Okamura et Segawa in Sagawa〉ツカサノリ科の海藻。叉状分岐。体は10cm。

ハナガタジンガサゴケ ジンガサゴケの別名。

ハナカタバミ 花酢漿草 〈Oxalis bowieana Lodd.〉カタバミ科の多年草。高さは40cm。花は淡紅または白色。園芸植物。

ハナカミ 美香 バラ科のウメ(梅)の品種。別名花香味。果皮は緑黄で、陽向面は橙紅色。

ハナカンザシ 〈Helipterum roseum (Hook.) Benth.〉キク科の草本。高さは30～60cm。園芸植物。

ハナカンナ 〈Canna × generalis L. H. Bailey〉カンナ科の観賞用草本。別名インディアンショット。熱帯植物。園芸植物。

ハナキササゲ 〈Catalpa speciosa Warder ex Engelm.〉ノウゼンカズラ科の高木。別名オオアメリカキササゲ。樹高30m。花は白色。樹皮は灰色。園芸植物。

ハナキソイ ボタン科のボタンの品種。

ハナギリソウ 〈Achimenes longiflora (Sessé et Moç.) DC.〉イワタバコ科の観賞用草本。高さは30～50cm。花は淡青色。熱帯植物。園芸植物。

ハナキリン 花麒麟 〈Euphorbia millii Des Moul.〉トウダイグサ科の多肉植物。別名ユーフォルビア。花は赤、桃黄など。園芸植物。

ハナキンポウゲ 花金鳳花 〈Ranunculus asiaticus L.〉キンポウゲ科の球根植物。別名ターバンバターカップ、ペルシアンバターカップ。花は赤、緋、桃、橙、黄および白など。園芸植物。切り花に用いられる。

ハナクサキビ 〈Panicum capillare L.〉イネ科の一年草。別名キスイトヌカキビ。高さは20～80cm。

パナクス・ギンセン チョウセンニンジンの別名。

ハナグルマ 花車 ツツジ科のツツジの品種。園芸植物。

ハナケマンソウ 〈Dicentra formosa (Andr.) Walp.〉ケシ科の多年草。高さは50cm。花は紅紫または白色。園芸植物。

ハナゴケ 花苔 〈Cladonia rangiferina (L.) Web.〉ハナゴケ科の薬用植物。子柄は灰白色。園芸植物。

ハナゴショ 花御所 カキノキ科のカキの品種。果皮は淡帯紅黄色。

ハナコブシ 〈Magnolia × loebneri〉モクレン科の木本。樹高10m。樹皮は灰色。

ハナコミカンボク 〈Phyllanthus leptoclados〉トウダイグサ科の木本。

ハナコリウス 〈Coleus thyrsoideus Baker〉シソ科の低木。別名ハナシソ。

ハナサカズキ 花盃 エキノケレウス・ベイレイーの別名。

ハナサクラ 〈Chrysymenia okamurai Yamada et Segawa〉ダルス科の海藻。扁圧。

ハナササゲ ベニバナインゲンの別名。

ハナサナギタケ 〈Paecilomyces tenuipes (Peck) Samson〉スチルベラ科(バッカクキン科)のキノコ。子実体は樹枝状、枝先は白色粉状。

ハナサフラン 〈Crocus vernus (L.) J. Hill〉アヤメ科の多年草。別名ハルサフラン。花は紫または白色。園芸植物。

ハナサフラン クロッカス・インペラーティの別名。

ハナサルオガセ 〈Usnea orientalis Mot.〉サルオガセ科の地衣類。地衣体は円柱状。

ハナシノブ 花忍 〈Polemonium kiushianum Kitamura〉ハナシノブ科の多年草。高さは70～100cm。花は青紫色。園芸植物。日本絶滅危機植物。

ハナシノブ ポレモニウムの別名。

ハナシノブ科 科名。

ハナシュクシャ 〈Hedychium coronarium Koen.〉ショウガ科の観賞用草本。高さは1～2m。花は白色。熱帯植物。園芸植物。

ハナショウブ 花菖蒲 〈Iris ensata Thunb.〉アヤメ科の多年草。高さは30～60cm。花は赤紫色。薬用植物。園芸植物。切り花に用いられる。

ハナシンボウギ 〈Glycosmis citrifolia (Willd.) Lindl.〉ミカン科の木本。別名ゲッキツモドキ。葉はツヤのないミカンのようである。熱帯植物。

ハナズオウ 花蘇芳 〈Cercis chinensis Bunge〉マメ科の落葉小高木～低木。別名スオウバナ。高さは15m。花は紫を帯びた濃桃色。園芸植物。

ハナスグリ 花須具利 〈Ribes sanguineum Prush Wendl.〉ユキノシタ科の落葉低木。園芸植物。

ハナスゲ 花菅 〈Anemarrhena asphodeloides Bunge〉ユリ科の薬用植物。

ハナスズシロ 〈Hesperis matronalis L.〉アブラナ科の草本。別名ハナダイコン。高さは60cm。花は淡紫色。園芸植物。

ハナスズシロ ハナダイコンの別名。

ハナスベリヒユ スベリヒユの別名。

ハナスズルソウ 花蔓草 〈Aptenia cordifolia (L.) N. E. Brown〉ツルナ科の多年草。花は紫紅色。園芸植物。

ハナゼキショウ 花石菖 〈Tofieldia nuda Maxim.〉ユリ科の多年草。別名イワゼキショウ。高さは15～30cm。花は白色。高山植物。園芸植物。

ハナセンナ 〈Cassia corymbosa Lam.〉マメ科の観賞用小木。莢扁平。高さは2～3m。花は鮮黄色。熱帯植物。園芸植物。

ハナゾノシュンギク キク科。園芸植物。

ハナゾノツクバネウツギ アベリアの別名。

ハナダイコン 花大根 〈Orychophragmus violaceus (L.) O. E. Schulz〉アブラナ科の一年草または越年草。別名シキンサイ、オオアラセイトウ、ムラサキハナナ。高さは20～50cm。花は青紫色。園芸植物。

ハナダイコン ハナスズシロの別名。

ハナダイジン ボタン科のボタンの品種。

ハナタツナミソウ 花立波草 〈Scutellaria iyoensis Nakai〉シソ科の草本。

ハナタデ 花蓼 〈Persicaria posumbu (D. Don) H. Gross var. laxiflora (Meisn.) Hara〉タデ科の一年草。高さは20～60cm。

ハナタネツケバナ 〈Cardamine pratensis L.〉アブラナ科の多年草。高山植物。園芸植物。日本絶滅危機植物。

ハナタバコ ニオイバンマツリの別名。

ハナチダケサシ 〈Astilbe formosa Nakai〉ユキノシタ科。

ハナチョウジ 花丁字 〈Russelia equisetiformis Schlechtend. et Cham.〉ゴマノハグサ科の常緑小低木。高さは50～120cm。花は橙赤色。園芸植物。

パナックス・プセウド・ジンセング ウコギ科。高山植物。

パナックス・ヤポニクス・マヨル 〈Panax japonicus C. A. Mey. var. major (Burk.) C. Y. Wu et K. M. Feng.〉ウコギ科の薬用植物。

ハナツクバネウツギ アベリアの別名。

ハナツメクサ シバザクラの別名。

ハナツルボラン 〈Asphodelus fistulosus L.〉ユリ科の多年草。高さは40～50cm。花は白～淡いピンク色。園芸植物。

ハナトウガラシ ナス科。

ハナトラノオ 花虎尾 〈Physostegia virginiana (L.) Benth.〉シソ科の多年草。別名カクトラノオ。高さは40～120cm。花は紅、淡紅または白色。園芸植物。

ハナトリカブト 花鳥兜 〈Aconitum carmichaeli Debx.〉キンポウゲ科の薬用植物。別名カラトリカブト。

ハナナ アブラナの別名。

ハナナ カリフラワーの別名。

バナナ 〈Musa paradisiaca L. var. sapientum O. Kuntze.〉バショウ科の薬用植物。別名タイワンバナナ。園芸植物。

バナナ バショウ科のバショウ属の総称。栽培植物。別名バショウ。園芸植物。

バナナ ムサ・パラディシアカの別名。

ハナナズナ 花薺 〈Berteroella maximowiczii (Palib.) O. E. Schulz〉アブラナ科の一年草。

ハナニガナ 花苦菜 〈Ixeris dentata (Thunb.) Nakai var. amplifolia Kitam.〉キク科の薬用植物。別名オオバナニガナ。

ハナニラ 花韮 〈Ipheion uniflorum (Lind.) Rafin.〉ユリ科の多年草、中国野菜。別名セイヨウアマナ。高さは5cm。花は藤青色。園芸植物。

ハナニラ 花韮 ユリ科の属総称。球根植物。別名イフェイオン、スプリングスターフラワー。

ハナヌカススキ 〈Aira elegantissima Schur〉イネ科の一年草。高さは15～30cm。園芸植物。

ハナヌスビトハギ 〈Desmodium elegans DC.〉マメ科の低木。高さは2.5m。花はピンク～赤紫色。

ハナネコノメ 花猫の眼 〈Chrysosplenium album Maxim. var. stamineum (Franch.) Hara〉ユキノシタ科の多年草。高さは5～15cm。

ハナノエダ 〈Botryocladia leptopoda (J. Agardh) Kylin〉ダルス科の海藻。羽状に主枝を分ける。体は15～30cm。

ハナノキ 花之木 〈Acer rubrum L. var. pycnanthum (K. Koch) Makino〉カエデ科の雌雄異株の落葉高木。別名ハナカエデ、メグスリノキ、アズサギ。高さは15m。園芸植物。日本絶滅危機植物。

ハナノボロギク 〈Senecio vernalis Waldst. et Kit.〉キク科の一年草。高さは50cm。花は濃黄色。

ハナハギ 〈Campylotropis macrocarpa (Bunge) Rehder〉マメ科の低木。高さは1～2m。

ハナハコベ 〈Lepyrodiclis bolosteoides Fenzl〉ナデシコ科の一年草。長さは1m。花は白ときに淡紅色。

ハナハタザオ 花旗竿 〈Dontostemon dentatus (Bunge) Ledeb.〉アブラナ科の多年草。日本絶滅危機植物。

ハナハッカ オレガノの別名。

ハナハマサジ スターチスの別名。

ハナビガヤ 〈Melica onoei Franch. et Savat.〉イネ科の草本。別名ミチシバ、オカヨシ。高さは80～160cm。

ハナビガヤ カゼクサの別名。

ハナビシソウ 花菱草 〈Eschscholzia californica Cham.〉ケシ科の多年草。別名キンエイカ。高さは30～60cm。薬用植物。園芸植物。

ハナビシソウ ケシ科の属総称。

ハナビシゲ 〈Carex cruciata〉カヤツリグサ科。

ハナビゼキショウ 花火石菖 〈Juncus alatus Franch. et Savat.〉イグサ科の多年草。別名ヒロハノコウガイゼキショウ。高さは20～40cm。

ハナビゼリ 花火芹 〈Angelica inaequalis Maxim.〉セリ科の草本。

ハナビソウ ペリオニア・ダヴォーアナの別名。

ハナビニラ ノトスコルドゥム・ネリニフロルムの別名。

ハナヒョウタンボク 花瓢箪木 〈Lonicera maackii (Rupr.) Maxim.〉スイカズラ科の落葉低木。高さは2〜5m。花は初め白後に黄白色。園芸植物。

ハナビラゴケ 〈Pannaria rubiginosa (Thunb.) Del.〉ハナビラゴケ科の地衣類。地衣体は鱗片状。

ハナビラダクリオキン 〈Dacrymyces palmatus (Schw.) Burt.〉アカキクラゲ科のキノコ。

ハナビラタケ 〈Sparassis crispa Wulf.：Fr.〉ハナビラタケ科のキノコ。大型。子実体はハボタン状。

ハナビラツメゴケ 〈Peltigera lepidophora (Nyl.) Vain.〉ツメゴケ科の地衣類。腹面には白色脈が走る。

ハナビラニカワタケ 〈Tremella foliacea Pers.：Fr.〉シロキクラゲ科のキノコ。中型〜大型。子実体は八重咲きの花房状、表面は半透明。

ハナヒリノキ 鼻嚏木 〈Leucothoe grayana Maxim.〉ツツジ科の落葉低木。高山植物。薬用植物。

ハナブサ 花房 〈Hana-Busa〉バラ科。フロリバンダ・ローズ系。花は朱赤色。

ハナフノリ 〈Gloiopeltis complanata (Harvey) Yamada〉フノリ科の海藻。叉状様羽状に分岐。体は3cm。

ハナベゴニア クリスマス・ベゴニアの別名。

ハナホウキタケ 〈Ramaria sp.〉ホウキタケ科の属総称。キノコ。大型。形はほうき状、枝先は黄色(若いとき)。

ハナボウラン 花棒蘭 〈Vanda teres (Roxb.) Lindl.〉ラン科のつる性着生植物。花は白〜桃色。熱帯植物。園芸植物。

ハナボタン 花牡丹 アリオカルプス・フルフラケウスの別名。

ハナマガリスゲ サッポロスゲの別名。

ハナマキ カリステモン・キトリヌスの別名。

ハナマキアザミ 花巻薊 〈Cirsium hanamakiense Kitamura〉キク科の草本。

パナマゴム 〈Castilloa elastica Cerv.〉クワ科の高木。葉は大型。熱帯植物。

パナマソウ 〈Carludovica palmata Ruiz. et Pav.〉パナマソウ科。別名パナマハットソウ。無幹、葉は4深裂、若葉を裂いてパナマ帽を編む。葉は長さ1〜2m。熱帯植物。園芸植物。

パナマバカバヤシ オエノカルプス・パナマヌスの別名。

パナマハリネヤシ クリオソフィラ・ヴァルセヴィチーの別名。

ハナマメ ベニバナインゲンの別名。

ハナミガワ 花見川 〈Hanamigawa〉バラ科。シュラブ・ローズ系。花はサーモンピンク。

ハナミズキ 花水木 〈Cornus florida L.〉ミズキ科の落葉高木。別名アメリカヤマボウシ。高さは4〜10m。花は白色。樹皮は赤褐色ないし黒っぽい色。薬用植物。園芸植物。

ハナミョウガ 花茗荷 〈Alpinia japonica (Thunb. ex Murray) Miq.〉ショウガ科の多年草。別名ヤブミョウガ。高さは40〜60cm。薬用植物。園芸植物。

ハナミョウガ アモムム・キサンティオイデスの別名。

ハナムグラ 〈Galium tokyoense Makino〉アカネ科の多年草。長さは30〜60cm。日本絶滅危機植物。

ハナムシャ 華武者 ギムノカリキウム・ヴァイシアヌムの別名。

ハナムラサキリンゴ 〈Malus × purpurea〉バラ科の木本。樹高8m。樹皮は紫褐色。

ハナモツヤクノキ 〈Butea monosperma Taub.〉マメ科の小木。葉裏灰白。花は外面淡紅、内面濃赤色。熱帯植物。

ハナモモ 花桃 〈Prunus persica Batsch.〉バラ科。

ハナヤエムグラ 〈Sherardia arvensis L.〉アカネ科の一年草または二年草。別名アカバナムグラ、アカバナヤエムグラ。長さは20〜60cm。花は淡紅または淡紫色。

ハナヤサイ カリフラワーの別名。

ハナヤスリ 小花鑢 〈Ophioglossum petiolatum Hook.〉ハナヤスリ科の夏緑性シダ。葉身は長さ1〜6cm。長楕円形から広卵形。

ハナヤスリタケ 〈Cordyceps ophioglossoides (Ehrh.) Fr.〉バッカクキン科のキノコ。

ハナヤナギ 〈Chondria armata (Kützing) Okamura〉フジマツモ科の海藻。円柱状の茎。体は5cm。

ハナヤナギ 花柳 リプサリス・ウレティアナの別名。

ハナユ 花柚 〈Citrus hanayu hort. ex Shirai〉ミカン科。別名トコユ、ハナユズ。果面は黄色。高さは1.5m。園芸植物。

ハナルリソウ 〈Omphalodes verna Moench〉ムラサキ科の多年草。高山植物。園芸植物。

ハナワギク 花輪菊 〈Chrysanthemum carinatum Schousb.〉キク科の一年草。別名サンシキカミツレ。高さは90cm。花は白色。園芸植物。

ハナワラビ フユノハナワラビの別名。

ハーニー ユリ科のサンヴィエリアの品種。別名マルバチトセラン。園芸植物。

ハーニー リュウゼツラン科のアツバチトセランの品種。園芸植物。

パニカム イネ科の属総称。切り花に用いられる。

ハニシキ ニシキイモの別名。
バニステリア キントラノオ科の属総称。
パニセア・ウニフロラ 〈*Panisea uniflora* (Lindl.) Lindl.〉ラン科。花は淡褐黄色。園芸植物。
ハニーバード ヒガンバナ科のスイセンの品種。園芸植物。
バニヤン ベンガルボダイジュの別名。
バニラ 〈*Vanilla mexicana* Mill.〉バラ科。ハイブリッド・ティーローズ系。
バニラ 〈*Vanilla planifolia* G. Jackson〉ラン科の着生植物。葉は厚質、花は黄緑色、唇弁黄斑。熱帯植物。薬用植物。園芸植物。
バニラ ラン科の属総称。
バニラ・インペリアリス 〈*Vanilla imperialis* Kraenzl.〉ラン科の多年草。
バニラ・ファラエノプシス 〈*Vanilla phalaenopsis* Rchb. f. ex Van Houtte〉ラン科。花は白色。園芸植物。
ハネアオモグサ 〈*Boodlea composita* (Harvey et Hooker) Brand〉アオモグサ科の海藻。枝の小枝は対生。
ハネイギス 〈*Ceramium japonicum* Okamura〉イギス科の海藻。複羽状に分岐。体は5～10cm。
ハネエガンビヤ 〈*Uncaria longiflora* Merr.〉アカネ科の大蔓木。葉柄有翼、民間薬。熱帯植物。
ハネカズラ フィロデンドロン・グッティフェルムの別名。
ハネガヤ 羽茅 〈*Achnatherum pekinense* (Hance) Ohwi〉イネ科の多年草。高さは80～150cm。花は白緑色またはわずかに帯紫色。園芸植物。
ハネグサ 〈*Pterosiphonia pennata* (Roth) Falkenberg〉フジマツモ科の海藻。叢生。体は3～6cm。
ハネクスダマ 〈*Pleonosporium segawae* Yoshida〉イギス科の海藻。ホンダワラ類の上に着生。体は1cm。
ハネゲイトウ レッド・フォックスの別名。
ハネゴケ ハネゴケ科。
ハネスズメノヒエ 〈*Paspalum fimbriatum* H. B. K.〉イネ科。
ハネセンナ 〈*Cassia alata* L.〉マメ科。高さは1～3m。花は鮮黄色。熱帯植物。薬用植物。園芸植物。
ハネソゾ 〈*Laurencia pinnata* Yamada〉フジマツモ科の海藻。扁平。体は10cm。
ハネタマカズラ 〈*Sarcolobus globosus* Wall.〉ガガイモ科の蔓木。花は淡緑色縁条。熱帯植物。
バーネット・ダブル・ピンク 〈Burnet Double Pink〉バラ科。ハイブリッド・スピノシッシマ・ローズ系。花はピンク。
バーネット・ダブル・ホワイト 〈Burnet Double White〉バラ科。

バーネット・マーブルド・ピンク 〈Burnet Marbled Pink〉バラ科。花はピンク。
ハネバカクレミノ 〈*Arthrophyllum diversifolium* BL.〉ウコギ科の小木。羽状葉。熱帯植物。
ハネヒツジゴケ 〈*Brachythecium plumosum* (Hedw.) Schimp.〉アオギヌゴケ科のコケ。緑色でやや褐色をおび、茎葉は披針形。
ハネヒラゴケ 〈*Neckera pennata* Hedw.〉ヒラゴケ科のコケ。二次茎は長さ約4cm、枝葉は長卵形。
ハネホウオウゴケ 〈*Fissidens involutus* Wilson ex Mitt.〉ホウオウゴケ科のコケ。茎は葉を含め長さ1.5～5cm。
ハネミイヌエンジュ 跳実犬槐 〈*Maackia floribunda* (Miq.) Takeda〉マメ科の木本。
ハネミエンジュ 〈*Sophora tetraptera* Ait.〉マメ科の常緑小高木。
ハネミクチナシ 〈*Gardenia carinata* Wall.〉アカネ科の中高木。葉はビワの葉くらい。花白く後に黄変する。熱帯植物。園芸植物。
ハネミロバラン 〈*Terminalia pyrifolia* Kurz〉シクンシ科の高木。果実は2枚の翼がある。熱帯植物。
ハネムスカリ 〈*Muscari comosum* (L.) Mill. var. *plumosum* Hort.〉ユリ科。別名ハナビムスカリ。園芸植物。
ハネムーン バラ科。花はピンク。
ハネモ 〈*Bryopsis plumosa* (Hudson) Agardh〉ハネモ科の海藻。叢生。体は10cm。
ハネモモドキ 〈*Pseudobryopsis hainanensis* Tseng〉ハネモ科の海藻。叢生。
ハノジエビネ 〈*Calanthe discolor* Lindl. var. *divaricatipetala* lda〉ラン科。日本絶滅危機植物。
パパイヤ 〈*Carica papaya* L.〉パパイヤ科の常緑高木。別名チチウリ(乳瓜)、パパヤ。果肉は橙黄色または淡い紅橙色。高さは7～10m。花は白色。熱帯植物。薬用植物。園芸植物。
パパイヤ パパイヤ科の属総称。
パパウェル・アルゲモネ 〈*Papaver argemone* L〉ケシ科の一年草または多年草。
パパウェル・アルピヌム・レティクム ケシ科。高山植物。
パパウェル・オリエンタレ オニゲシの別名。
パパウェル・グラウクム 〈*Papaver glaucum* Boiss. et Hausskn.〉ケシ科。高さは1m。園芸植物。
パパウェル・コンムタツム 〈*Papaver commutatum* Fisch. et C. A. Mey.〉ケシ科。高さは50cm。花は濃赤色。園芸植物。
パパウェル・スアベオレンス ケシ科。高山植物。
パパウェル・スピカツム 〈*Papaver spicatum* Boiss. et Bal.〉ケシ科。高さは60～70cm。花は橙赤色。園芸植物。

パパウェル・ソムニフェルム ケシの別名。
パパウェル・ドゥビウム ナガミヒナゲシの別名。
パパウェル・ヌディカウレ アイスランド・ポッピーの別名。
パパウェル・ヌディコーレ・キサントペタルム ケシ科。高山植物。
パパウェル・パウオニヌム 〈Papaver pavoninum Fisch. et C. A. Mey.〉ケシ科。高さは60～70cm。花は基部は黒色。園芸植物。
パパウェル・ピロスム 〈Papaver pilosum Sibth. et Sm.〉ケシ科の多年草。高さは50～70cm。花は橙赤色。園芸植物。
パパウェル・フェッデイ 〈Papaver feddei O. Schwarz〉ケシ科。高さは50～60cm。花は紅橙色。園芸植物。
パパウェル・ブルセリ 〈Papaver burseri Crantz〉ケシ科。高さは20～30cm。花は白色。園芸植物。
パパウェル・ラエティクム 〈Papaver rhaeticum Leresche〉ケシ科。高さは15cm。花は濃黄色。園芸植物。
パパウェル・ラディカツム 〈Papaver radicatum Rottb.〉ケシ科の多年草。花は黄色。高山植物。園芸植物。
パパウェル・ロエアス ヒナゲシの別名。
ハハキモク 〈Sargassum kjellmanianum Yendo〉ホンダワラ科の海藻。茎は短かく円柱状。体は1m。
ハーバーク サクラソウ科のシクラメンの品種。園芸植物。
ハハコグサ 母子草 〈Gnaphalium affine D. Don〉キク科の一年草。別名ホウコグサ、オギョウ。葉は白毛密布。高さは15～35cm。花は黄色。熱帯植物。薬用植物。
ハハコヨモギ 母子蓬 〈Artemisia glomerata Ledeb.〉キク科の多年草。高さは7～15cm。高山植物。園芸植物。
ハハジマテンツキ 母島天突 〈Fimbristylis longispica Steud. var. hahajimensis (Tsuyama) Ohwi〉カヤツリグサ科。
ハハジマトベラ 〈Pittosporum beecheyi Tuyama〉トベラ科の常緑低木。
ハハジマヌカボシ 〈Microsorium masaskei〉ウラボシ科の常緑性シダ。葉身は長さ20～40cm。披針形。
ハハジマノボタン 〈Melastoma pentapetalum (Toyoda) Yamazaki et Toyoda〉ノボタン科の常緑低木。
ハハジマホラゴケ ホソバホラゴケの別名。
バーバスカム ゴマノハグサ科の属総称。別名モウズイカ。
バーバスカム モウズイカの別名。
ハハスヤシ ヤシ科。

ハハソ コナラの別名。
ハバノリ 〈Endarachne binghamiae J. Agardh〉カヤモノリ科の海藻。別名ハバモ。体は長さ25cm。
バーハーバー ヒノキ科のアメリカハイビャクシンの品種。
パパ・メイアン 〈Papa Meilland〉バラ科のバラの品種。ハイブリッド・ティーローズ系。園芸植物。
ハバモドキ 〈Punctaria latifolia Greville〉ハバモドキ科の海藻。倒卵形。体は30cm。
ハハヤマボクチ 草山火口 〈Synurus excelsus (Makino) Kitamura〉キク科の多年草。高さは1～2m。
バーバラ・エッケ・シュープリーム トウダイグサ科のポインセチアの品種。園芸植物。
バーバラ・クラーク ツバキ科のツバキの品種。
ババワラビ 〈Dryopteris × babae Nakaike, nom. nud.〉オシダ科のシダ植物。
パハンアカハダクス 〈Beilschmiedia pahangensis Gamble〉クスノキ科の高木。樹皮民間薬。熱帯植物。
バーバンクウチワ サボテン科のサボテン。別名バーバンクサボテン。園芸植物。
バヒアグラス イネ科。
バビアナ アヤメ科の属総称。別名ホザキアヤメ。切り花に用いられる。
バビアナ ホザキアヤメの別名。
バビアナ・アンビグア 〈Babiana ambigua (Roem. et Schult.) G. J. Lewis〉アヤメ科。高さは1～5cm。花は青または紫青色。園芸植物。
バビアナ・ウィロサ 〈Babiana villosa (Ait.) Ker-Gawl.〉アヤメ科。高さは20cm。花は赤から赤紫またはピンク色。園芸植物。
バビアナ・エクロニー 〈Babiana ecklonii Klatt〉アヤメ科。高さは8～20cm。花は青、青紫色。園芸植物。
バビアナ・オドラタ 〈Babiana odorata L. Bolus〉アヤメ科。高さは3～12cm。花は黄ないし乳黄色。園芸植物。
バビアナ・シヌアタ 〈Babiana sinuata G. J. Lewis〉アヤメ科。高さは10～25cm。花は淡い青紫色。園芸植物。
バビアナ・ストリクタ ホザキアヤメの別名。
バビアナ・ツブロサ 〈Babiana tubulosa (Burm. f.) Ker-Gawl.〉アヤメ科。高さは20cm。花はクリーム色。園芸植物。
バビアナ・ナナ 〈Babiana nana (Andr.) K. Spreng.〉アヤメ科。花は青、藤または紅梅色。園芸植物。
バビアナ・プルクラ 〈Babiana pulchra (Salisb.) G. J. Lewis〉アヤメ科。高さは20cm。花は青紫色。園芸植物。

バビアナ・ルブロキアネア 〈*Babiana rubrocyanea* (Jacq.) Ker-Gawl.〉アヤメ科。高さは15cm。花は基部が緋紅、上部が鮮青紫色。園芸植物。

パピオン バラ科。ハイブリッド・ティーローズ系。花は黄色。

バビショウ 〈*Pinus massoniana* Lamb.〉マツ科の薬用植物。別名タイワンアカマツ。

バービッジア・スキゾケイラ 〈*Burbidgea schizocheila* Hackett〉ショウガ科の多年草。高さは20～50cm。花は赤橙色。園芸植物。

バービッジア・プベスケンス 〈*Burbidgea pubescens* Ridl.〉ショウガ科の多年草。高さは50～70cm。花は赤橙色。園芸植物。

ハピネス 〈Happiness〉バラ科。ハイブリッド・ティーローズ系。花は濃紅色。

パピヨン ナス科。別名ムレゴチョウ。切り花に用いられる。

パピラガラガラ 〈*Galaxaura papillata* Kjellman〉ガラガラ科の海藻。叉状に分岐。体は3～8cm。

パピルス カミガヤツリの別名。

パブアヤシ 〈*Ptychococcus paradoxa* Becc.〉ヤシ科の観賞用植物。幹径12cm。熱帯植物。園芸植物。

パフィア・ビティエンシス 〈*Paphia vitiensis* Seem.〉ツツジ科の低木。

パフィオペディルム ラン科の属総称。別名トキワラン。

パフィオペディルム・アイアンサ・ステージ 〈*Paphiopedilum* Iantha Stage〉ラン科。園芸植物。

パフィオペディルム・アイコ・ヤマモト 〈*Paphiopedilum* Aiko Yamamoto〉ラン科。花は黄緑色。園芸植物。

パフィオペディルム・アクモドンツム 〈*Paphiopedilum acmodontum* Schoser ex M. W. Wood〉ラン科。高さは20～25cm。花は桃紫色。園芸植物。

パフィオペディルム・アナザー・ワールド 〈*Paphiopedilum* Another World〉ラン科。園芸植物。

パフィオペディルム・アーネスト・リード 〈*Paphiopedilum* Ernest Read〉ラン科。園芸植物。

パフィオペディルム・アーバニアヌム 〈*Paphiopedilum urbanianum* Fowlie〉ラン科。高さは20～30cm。花は緑色。園芸植物。

パフィオペディルム・アプルトニアヌム 〈*Paphiopedilum appletonianum* (Gower) Rolfe〉ラン科。高さは35～50cm。花は緑褐色。園芸植物。

パフィオペディルム・アマンダ 〈*Paphiopedilum* Amanda〉ラン科。花は濃紫紅色。園芸植物。

パフィオペディルム・アルグス 〈*Paphiopedilum argus* (Rchb. f.) Stein〉ラン科。高さは25～35cm。花は淡緑色。園芸植物。

パフィオペディルム・アルビオン 〈*Paphiopedilum* Albion〉ラン科。花は白色。園芸植物。

パフィオペディルム・アルマ・ハヴァールト 〈*Paphiopedilum* Alma Gavaert〉ラン科。花は白色。園芸植物。

パフィオペディルム・アルメニアクム 〈*Paphiopedilum armeniacum* Chen et Liu〉ラン科。高さは20～25cm。花は杏黄色。園芸植物。

パフィオペディルム・アン-ソン 〈*Paphiopedilum* × *ang-thong* Fowlie〉ラン科。高さは5～8cm。花は白色。園芸植物。

パフィオペディルム・アンバー・スター 〈*Paphiopedilum* Amber Star〉ラン科。園芸植物。

パフィオペディルム・アンビエンス 〈*Paphiopedilum* Ambience〉ラン科。花は黄緑色。園芸植物。

パフィオペディルム・イングレイヴド 〈*Paphiopedilum* Engraved〉ラン科。花は黄緑色。園芸植物。

パフィオペディルム・インシグネ トキワランの別名。

パフィオペディルム・インシグネ・サンデレー ラン科。園芸植物。

パフィオペディルム・ヴァルウィン 〈*Paphiopedilum* Valwin〉ラン科。花は紫褐色または斑点あり。園芸植物。

パフィオペディルム・ヴァンガード 〈*Paphiopedilum* Vanguard〉ラン科。園芸植物。

パフィオペディルム・ウィオラスケンス 〈*Paphiopedilum violascens* Schlechter〉ラン科。高さは25～30cm。花は桃紫色。園芸植物。

パフィオペディルム・ヴィクトリア-マリアエ 〈*Paphiopedilum victoria-mariae* (Sander ex M. T. Mast.) Rolfe〉ラン科。高さは30～50cm。花は赤褐色。園芸植物。

パフィオペディルム・ヴィクトリア-レギナ 〈*Paphiopedilum victoria-regina* (Sander) M. W. Wood〉ラン科。花は黄白色。園芸植物。

パフィオペディルム・ウィレンス 〈*Paphiopedilum virens* (Rchb. f.) Pfitz.〉ラン科。高さは20～25cm。花は緑色。園芸植物。

パフィオペディルム・ウィロスム 〈*Paphiopedilum villosum* (Lindl.) Stein〉ラン科。花は光沢ある黄褐色。園芸植物。

パフィオペディルム・ウィンストン・チャーチル 〈*Paphiopedilum* Winston Churchill〉ラン科。花は赤紫色。園芸植物。

パフィオペディルム・ウィンムーア 〈*Paphiopedilum* Winmoore〉ラン科。園芸植物。

パフィオペディルム・ウェイクスウッド　〈*Paphiopedilum* Wakeswood〉ラン科。花は紫紅色。園芸植物。

パフィオペディルム・ウェヌスツム　〈*Paphiopedilum venustum* (Wall.) Pfitz.〉ラン科の多年草。高さは15〜25cm。花は緑色。園芸植物。

パフィオペディルム・ウェンダロウ　〈*Paphiopedilum* Wendarrow〉ラン科。花は紫赤色。園芸植物。

パフィオペディルム・ウェントワーシアヌム　〈*Paphiopedilum wentworthianum* Schoser et Fowlie〉ラン科。高さは10〜20cm。花は暗桃紫色。園芸植物。

パフィオペディルム・ウォーディー　〈*Paphiopedilum* × *wardii* (Summerh.) Braem〉ラン科。高さは25cm。園芸植物。

パフィオペディルム・ウォーラー　〈*Paphiopedilum* Wallur〉ラン科。花は緑黄色。園芸植物。

パフィオペディルム・H.ヤマモト　〈*Paphiopedilum* H. Yamamoto〉ラン科。園芸植物。

パフィオペディルム・エウリオストム　〈*Paphiopedilum* Euryostom〉ラン科。園芸植物。

パフィオペディルム・エクスル　〈*Paphiopedilum exul* (Ridl.) Rolfe〉ラン科。高さは18〜20cm。花は黄褐色。園芸植物。

パフィオペディルム・F.C.パドル　〈*Paphiopedilum* F. C. Puddle〉ラン科。花は白色。園芸植物。

パフィオペディルム・エリオティアヌム　〈*Paphiopedilum elliottianum* (O'Brien) Stein〉ラン科。高さは30〜40cm。花は白色。園芸植物。

パフィオペディルム・エルスペス　〈*Paphiopedilum* Elspeth〉ラン科。園芸植物。

パフィオペディルム・オオイソ　〈*Paphiopedilum* Oiso〉ラン科。園芸植物。

パフィオペディルム・オーチージャ　〈*Paphiopedilum* Orchilla〉ラン科。花は濃赤紫色。園芸植物。

パフィオペディルム・オリヴィア　〈*Paphiopedilum* Olivia〉ラン科。園芸植物。

パフィオペディルム・オレヌス　〈*Paphiopedilum* Olenus〉ラン科。花は黄白色。園芸植物。

パフィオペディルム・ガウウェリアヌム　〈*Paphiopedilum* Gowerianum〉ラン科。園芸植物。

パフィオペディルム・カケイド　〈*Paphiopedilum* Cockade〉ラン科。園芸植物。

パフィオペディルム・ガートルード・ウェスト　〈*Paphiopedilum* Gertrude West〉ラン科。花は白または黄緑色。園芸植物。

パフィオペディルム・カナラ・ジャングル　〈*Paphiopedilum* Kanara Jungle〉ラン科。花は黄緑色。園芸植物。

パフィオペディルム・カロスム　〈*Paphiopedilum callosum* (Rchb. f.) Stein〉ラン科の多年草。高さは30〜40cm。花は褐紫色。園芸植物。

パフィオペディルム・カロデイ　〈*Paphiopedilum* Callo-Day〉ラン科。花は紫色。園芸植物。

パフィオペディルム・ギガス　〈*Paphiopedilum* Gigas〉ラン科。花は赤褐色。園芸植物。

パフィオペディルム・キーズヒル　〈*Paphiopedilum* Keyshill〉ラン科。花は紫褐色。園芸植物。

パフィオペディルム・キリオラレ　〈*Paphiopedilum ciliolare* (Rchb. f.) Stein〉ラン科。高さは30〜40cm。花は淡桃紫色。園芸植物。

パフィオペディルム・キング・オブ・スウェーデン　〈*Paphiopedilum* King of Sweden〉ラン科。花は黄緑色。園芸植物。

パフィオペディルム・グラウコフィルム　〈*Paphiopedilum glaucophyllum* J. J. Sm.〉ラン科。園芸植物。

パフィオペディルム・グラトリクシアヌム　〈*Paphiopedilum* × *gratrixianum* (Sander) Guillaum.〉ラン科。花は黄褐色。園芸植物。

パフィオペディルム・クリストファー　〈*Paphiopedilum* Christopher〉ラン科。園芸植物。

パフィオペディルム・クリソストム　〈*Paphiopedilum* Chrysostom〉ラン科。花は白色。園芸植物。

パフィオペディルム・グリーンヴィル　〈*Paphiopedilum* Greenville〉ラン科。園芸植物。

パフィオペディルム・グリーン・ムーン　〈*Paphiopedilum* Green Moon〉ラン科。花は黄緑色。園芸植物。

パフィオペディルム・グールテニアヌム　〈*Paphiopedilum* Goultenianum〉ラン科。園芸植物。

パフィオペディルム・クレイジー・ホース　〈*Paphiopedilum* Crazy Horse〉ラン科。園芸植物。

パフィオペディルム・グレイス・ダーリン　〈*Paphiopedilum* Grace Darling〉ラン科。花は黄緑色。園芸植物。

パフィオペディルム・グレイト・パシフィック　〈*Paphiopedilum* Great Pacific〉ラン科。園芸植物。

パフィオペディルム・クレール・ド・リュヌ　〈*Paphiopedilum* Clair de Lune〉ラン科。花は白色。園芸植物。

パフィオペディルム・グロサン　〈*Paphiopedilum* Glosan〉ラン科。園芸植物。

パフィオペディルム・グローブ 〈*Paphiopedilum* Grove〉ラン科。園芸植物。

パフィオペディルム・ゲイメイド 〈*Paphiopedilum* Gaymaid〉ラン科。花は黄緑色。園芸植物。

パフィオペディルム・ケイ・リナマン 〈*Paphiopedilum* Kay Rinaman〉ラン科。花は緑黄で褐色を帯びる。園芸植物。

パフィオペディルム・ゴース 〈*Paphiopedilum* Gorse〉ラン科。園芸植物。

パフィオペディルム・ゴドフロイアエ 〈*Paphiopedilum godefroyae* (Godefr.) Stein〉ラン科。高さは4～5cm。花は乳白～黄色。園芸植物。

パフィオペディルム・コマンド 〈*Paphiopedilum* Commando〉ラン科。花は白色。園芸植物。

パフィオペディルム・ゴールデン・エイカーズ 〈*Paphiopedilum* Golden Acres〉ラン科。花は黄緑色。園芸植物。

パフィオペディルム・ゴールド・モウアー 〈*Paphiopedilum* Gold Mohur〉ラン科。園芸植物。

パフィオペディルム・コロニスト 〈*Paphiopedilum* Colonist〉ラン科。園芸植物。

パフィオペディルム・コロパキンギー 〈*Paphiopedilum kolopakingii* Fowlie〉ラン科。高さは40～70cm。花は緑色。園芸植物。

パフィオペディルム・サイケ 〈*Paphiopedilum* Psyche〉ラン科。花は白色。園芸植物。

パフィオペディルム・サイモンバーン 〈*Paphiopedilum* Simonburn〉ラン科。花は赤紫色。園芸植物。

パフィオペディルム・サンウィロー 〈*Paphiopedilum* Sunwillow〉ラン科。花は黄緑色。園芸植物。

パフィオペディルム・サングローヴ 〈*Paphiopedilum* Sungrove〉ラン科。花は黄緑色。園芸植物。

パフィオペディルム・サンデリアヌム 〈*Paphiopedilum sanderianum* (Rchb. f.) Stein〉ラン科。花は淡黄色。園芸植物。

パフィオペディルム・サンドマン 〈*Paphiopedilum* Sandman〉ラン科。花は黄緑色。園芸植物。

パフィオペディルム・サンフランシスコ 〈*Paphiopedilum* San Francisco〉ラン科。花は黄緑色。園芸植物。

パフィオペディルム・シアライン 〈*Paphiopedilum* Sheerline〉ラン科。花は黄緑色。園芸植物。

パフィオペディルム・ジェームズ・クロー 〈*Paphiopedilum* James Crow〉ラン科。園芸植物。

パフィオペディルム・シャイアリーン 〈*Paphiopedilum* Shireen〉ラン科。園芸植物。

パフィオペディルム・シャーメイン 〈*Paphiopedilum* Sharmain〉ラン科。園芸植物。

パフィオペディルム・シャロン 〈*Paphiopedilum* Sharon〉ラン科。花は黄緑色。園芸植物。

パフィオペディルム・ジャワニクム 〈*Paphiopedilum javanicum* (Reinw. ex Lindl.) Pfitz.〉ラン科。高さは25～40cm。花は緑褐色。園芸植物。

パフィオペディルム・シュー 〈*Paphiopedilum* Sioux〉ラン科。花は紫褐色。園芸植物。

パフィオペディルム・ジョスリン 〈*Paphiopedilum* Jocelyn〉ラン科。花は黄緑色。園芸植物。

パフィオペディルム・ショー・ピース 〈*Paphiopedilum* Show Piece〉ラン科。花は紫紅色。園芸植物。

パフィオペディルム・ジョリー・グリーン・ジェム 〈*Paphiopedilum* Jolly Green Gem〉ラン科。花は黄緑色。園芸植物。

パフィオペディルム・シルヴァラ 〈*Paphiopedilum* Silvara〉ラン科。花は白色。園芸植物。

パフィオペディルム・スカクリー 〈*Paphiopedilum sukhakulii* Schoser et Sengh.〉ラン科。高さは20～25cm。花は黄緑色。園芸植物。

パフィオペディルム・スーザン・タッカー 〈*Paphiopedilum* Susan Tucker〉ラン科。花は白色。園芸植物。

パフィオペディルム・スタートラー 〈*Paphiopedilum* Startler〉ラン科。花は濃赤紫色。園芸植物。

パフィオペディルム・ストーネイ 〈*Paphiopedilum stonei* (Hook.) Stein〉ラン科。高さは40～60cm。花は赤紫色。園芸植物。

パフィオペディルム・スパイセリアヌム 〈*Paphiopedilum spicerianum* (Rchb. f. ex M. T. Mast. et T. Moore) Pfitz.〉ラン科。高さは10～20cm。花は緑色。園芸植物。

パフィオペディルム・スパーショルト 〈*Paphiopedilum* Sparsholt〉ラン科。園芸植物。

パフィオペディルム・スーパースク 〈*Paphiopedilum* Supersuk〉ラン科。花は黒紫色。園芸植物。

パフィオペディルム・スパルディー 〈*Paphiopedilum supardii* Braem et Loeb.〉ラン科。高さは50～60cm。花は淡黄色。園芸植物。

パフィオペディルム・スペルビエンス 〈*Paphiopedilum superbiens* (Rchb. f.) Stein〉ラン科。高さは20～30cm。花は淡桃白色。園芸植物。

パフィオペディルム・スポットグレン 〈*Paphiopedilum* Spotglen〉ラン科。園芸植物。

パフィオペディルム・スモール・ワールド 〈*Paphiopedilum* Small World〉ラン科。園芸植物。

パフィオペディルム・スラムズ 〈*Paphiopedilum* Thrums〉ラン科。園芸植物。

パフィオペディルム・スワン・ゴールド 〈*Paphiopedilum* Swan Gold〉ラン科。花は白色。園芸植物。

パフィオペディルム・セレベセンシス 〈*Paphiopedilum celebesensis* Fowlie et Birk〉ラン科。高さは25～35cm。花は桃紫色。園芸植物。

パフィオペディルム・セント・スウィジン 〈*Paphiopedilum* Saint Swithin〉ラン科。花は淡黄白色。園芸植物。

パフィオペディルム・ソング-バード 〈*Paphiopedilum* Song-Bird〉ラン科。花は紫褐色。園芸植物。

パフィオペディルム・ダイアナ・ブロートン 〈*Paphiopedilum* Diana Broughton〉ラン科。花は黄緑色。園芸植物。

パフィオペディルム・ダスキー・メイドゥン 〈*Paphiopedilum* Dusky Maiden〉ラン科。花は白に桃紅のぼかし。園芸植物。

パフィオペディルム・ダスティー・ミラー 〈*Paphiopedilum* Dusty Miller〉ラン科。花は白色。園芸植物。

パフィオペディルム・W.R.リー 〈*Paphiopedilum* W. R. Lee〉ラン科。園芸植物。

パフィオペディルム・ダーリン 〈*Paphiopedilum* Darling〉ラン科。花は桃色。園芸植物。

パフィオペディルム・チャールズ・スラドゥン 〈*Paphiopedilum* Charles Sladden〉ラン科。園芸植物。

パフィオペディルム・チャールズワーシー 〈*Paphiopedilum charlesworthii* (Rolfe) Pfitz.〉ラン科。高さは7～10cm。花は淡桃紫色。園芸植物。

パフィオペディルム・ツヤ・イケダ 〈*Paphiopedilum* Tsuya Ikeda〉ラン科。花は白色。園芸植物。

パフィオペディルム・ツリー・オブ・アマンダ 〈*Paphiopedilum* Tree of Amanda〉ラン科。花は紫褐色。園芸植物。

パフィオペディルム・ツリー・オブ・ギャラクシー 〈*Paphiopedilum* Tree of Galaxy〉ラン科。園芸植物。

パフィオペディルム・デカメロン 〈*Paphiopedilum* Decameron〉ラン科。花は紫赤色。園芸植物。

パフィオペディルム・テスト・フライト 〈*Paphiopedilum* Test Flight〉ラン科。花は紫褐色。園芸植物。

パフィオペディルム・デムラ 〈*Paphiopedilum* Demura〉ラン科。園芸植物。

パフィオペディルム・デヤヌム 〈*Paphiopedilum dayanum* (Rchb. f.) Stein〉ラン科。高さは20～25cm。花は白色。園芸植物。

パフィオペディルム・デルロシ 〈*Paphiopedilum* Delrosi〉ラン科。花は桃色。園芸植物。

パフィオペディルム・デレナティー 〈*Paphiopedilum delenatii* Guillaum.〉ラン科。高さは20～25cm。花は淡い桃を帯びた白色。園芸植物。

パフィオペディルム・ドゥルーリー 〈*Paphiopedilum druryi* (Beddome) Stein〉ラン科。高さは15～20cm。花は黄色。園芸植物。

パフィオペディルム・トップ・ムーヴ 〈*Paphiopedilum* Top Move〉ラン科。花は紫褐色。園芸植物。

パフィオペディルム・トミー・ヘインズ 〈*Paphiopedilum* Tommie Hanes〉ラン科。花は黄緑色。園芸植物。

パフィオペディルム・トランスヴァール 〈*Paphiopedilum* Transvaal〉ラン科。園芸植物。

パフィオペディルム・トンスム 〈*Paphiopedilum tonsum* (Rchb. f.) Stein〉ラン科。高さは30～40cm。花は淡黄褐色。園芸植物。

パフィオペディルム・ナリカツ・イケダ 〈*Paphiopedilum* Narikatsu Ikeda〉ラン科。花は濃赤紫色。園芸植物。

パフィオペディルム・ニウェウム 〈*Paphiopedilum niveum* (Rchb. f.) Stein〉ラン科。高さは10～15cm。花は白色。園芸植物。

パフィオペディルム・ニュー・エディション 〈*Paphiopedilum* New Edition〉ラン科。園芸植物。

パフィオペディルム・ニュー・ワールド 〈*Paphiopedilum* New World〉ラン科。園芸植物。

パフィオペディルム・ハイナルディアヌム 〈*Paphiopedilum haynaldianum* (Rchb. f.) Stein〉ラン科。高さは35～45cm。花は黄緑色。園芸植物。

パフィオペディルム・パーソネラ 〈*Paphiopedilum* Personnella〉ラン科。花は紫赤色。園芸植物。

パフィオペディルム・バトル・オブ・エジプト 〈*Paphiopedilum* Battle of Egypt〉ラン科。花は濃赤色。園芸植物。

パフィオペディルム・ハニー・ゴース 〈*Paphiopedilum* Honey Gorse〉ラン科。花は黄緑色。園芸植物。

パフィオペディルム・ハニー・デュー 〈*Paphiopedilum* Honey Dew〉ラン科。園芸植物。

パフィオペディルム・パリシー 〈*Paphiopedilum parishii* (Rchb. f.) Stein〉ラン科。高さは30～60cm。花は淡黄白色。園芸植物。

パフィオペディルム・ハリシアヌム
〈*Paphiopedilum* Harrisianum〉ラン科。園芸植物。

パフィオペディルム・バルバツム 〈*Paphiopedilum barbatum* (Lindl.) Pfitz.〉ラン科。高さは20〜25cm。花は緑紫色。園芸植物。

パフィオペディルム・バンダ・M.ピアマン
〈*Paphiopedilum* Vanda M. Pearman〉ラン科。花は桃白色。園芸植物。

パフィオペディルム・ハンターズ・ポイント
〈*Paphiopedilum* Hunters Point〉ラン科。園芸植物。

パフィオペディルム・ピオウニー 〈*Paphiopedilum* Paeony〉ラン科。花は紫褐色。園芸植物。

パフィオペディルム・ピーター・ブラック
〈*Paphiopedilum* Peter Black〉ラン科。花は褐黄色。園芸植物。

パフィオペディルム・ビット-オー-サンシャイン
〈*Paphiopedilum* Bit-O'Sunshine〉ラン科。花は黄緑色。園芸植物。

パフィオペディルム・ピノキオ 〈*Paphiopedilum* Pinocchio〉ラン科。花は淡緑黄色。園芸植物。

パフィオペディルム・ヒルスティッシムム
〈*Paphiopedilum hirsutissimum* (Lindl. ex Hook) Stein〉ラン科。高さは12〜30cm。花は基部黄緑で先端部は暗紫紅色。園芸植物。

パフィオペディルム・ビローサム ラン科。園芸植物。

パフィオペディルム・ピンク・フラッシュ
〈*Paphiopedilum* Pink Flash〉ラン科。花は赤紫褐色。園芸植物。

パフィオペディルム・フィネッタ 〈*Paphiopedilum* Finetta〉ラン科。園芸植物。

パフィオペディルム・フィプス 〈*Paphiopedilum* Phips〉ラン科。花は白色。園芸植物。

パフィオペディルム・フィリピネンセ
〈*Paphiopedilum philippinense* (Rchb. f.) Stein〉ラン科。高さは25〜50cm。花は紫褐色。園芸植物。

パフィオペディルム・フェアリーアヌム
〈*Paphiopedilum fairrieanum* (Lindl.) Stein〉ラン科。高さは10〜20cm。園芸植物。

パフィオペディルム・ブーゲンヴィレアヌム
〈*Paphiopedilum bougainvilleanum* Fowlie〉ラン科。高さは15〜25cm。花は淡桃色。園芸植物。

パフィオペディルム・フッケラエ 〈*Paphiopedilum hookerae* (Rchb. f.) Stein〉ラン科。高さは35〜45cm。園芸植物。

パフィオペディルム・プラエスタンス
〈*Paphiopedilum praestans* (Rchb. f.) Pfitz.〉ラン科。高さは25〜35cm。花は黄白色。園芸植物。

パフィオペディルム・ブラドフォード
〈*Paphiopedilum* Bradford〉ラン科。花は黄緑色。園芸植物。

パフィオペディルム・フランク・ピアス
〈*Paphiopedilum* Frank Pearce〉ラン科。花は赤褐色。園芸植物。

パフィオペディルム・ブルーノウ 〈*Paphiopedilum* Bruno〉ラン科。園芸植物。

パフィオペディルム・プルプラツム
〈*Paphiopedilum purpuratum* (Lindl.) Stein〉ラン科。高さは10〜20cm。花は濃紫色。園芸植物。

パフィオペディルム・フレックルズ
〈*Paphiopedilum* Freckles〉ラン科。園芸植物。

パフィオペディルム・フレッチェリアヌム
〈*Paphiopedilum* Fletcherianum〉ラン科。花は淡黄白色。園芸植物。

パフィオペディルム・ブレニアヌム
〈*Paphiopedilum bullenianum* (Rchb. f.) Pfitz.〉ラン科。高さは25〜35cm。花は緑白色。園芸植物。

パフィオペディルム・ベティー・ブレイシー
〈*Paphiopedilum* Betty Bracey〉ラン科。花は黄緑色。園芸植物。

パフィオペディルム・ヘニシアヌム
〈*Paphiopedilum hennisianum* (M. W. Wood) Fowlie〉ラン科。高さは20〜25cm。花は白色。園芸植物。

パフィオペディルム・ヘラス 〈*Paphiopedilum* Hellas〉ラン科。園芸植物。

パフィオペディルム・ベラツルム 〈*Paphiopedilum bellatulum* (Rchb. f.) Stein〉ラン科。花は白色。園芸植物。

パフィオペディルム・ヘラムーア 〈*Paphiopedilum* Hellamoore〉ラン科。園芸植物。

パフィオペディルム・ベリナイシ 〈*Paphiopedilum* Berenice〉ラン科。花は紫桃色。園芸植物。

パフィオペディルム・ベル・リンガー
〈*Paphiopedilum* Bell Ringer〉ラン科。園芸植物。

パフィオペディルム・ベロディ 〈*Paphiopedilum* Belodi〉ラン科。花は淡黄緑色。園芸植物。

パフィオペディルム・ヘンリアヌム
〈*Paphiopedilum henryanum* Braem〉ラン科。高さは16cm。花は淡紫紅色。園芸植物。

パフィオペディルム・ボタン 〈*Paphiopedilum* Botan〉ラン科。花は紫赤色。園芸植物。

パフィオペディルム・ホートニアエ
〈*Paphiopedilum* Houghtoniae〉ラン科。花は淡黄緑色。園芸植物。

パフィオペディルム・ホワイト・フリンジ
〈*Paphiopedilum* White Fringe〉ラン科。花は黄緑色。園芸植物。

パフィオペディルム・マヴァニーン 〈*Paphiopedilum* Mavourneen〉ラン科。花は白色。園芸植物。

パフィオペディルム・マスターシアヌム 〈*Paphiopedilum mastersianum* (Rchb. f.) Stein〉ラン科。高さは30～40cm。花は褐紫色。園芸植物。

パフィオペディルム・マダム・マルティーネ 〈*Paphiopedilum* Madame Martinet〉ラン科。花は桃色。園芸植物。

パフィオペディルム・マデラ 〈*Paphiopedilum* Madela〉ラン科。花は桃色。園芸植物。

パフィオペディルム・マリポエンセ 〈*Paphiopedilum malipoense* Chen et Tsi〉ラン科。高さは30～40cm。花は淡緑色。園芸植物。

パフィオペディルム・ミクランツム 〈*Paphiopedilum micranthum* Tang et Wang〉ラン科。高さは8～15cm。花は白色。園芸植物。

パフィオペディルム・ミラクル 〈*Paphiopedilum* Miracle〉ラン科。花は赤紫色。園芸植物。

パフィオペディルム・ミラーズ・ドーター 〈*Paphiopedilum* Miller's Daughter〉ラン科。花は白色。園芸植物。

パフィオペディルム・ミルムーア 〈*Paphiopedilum* Milmoore〉ラン科。花は紫赤色。園芸植物。

パフィオペディルム・ミンスター・ラヴル 〈*Paphiopedilum* Minster Lovell〉ラン科。花は黄緑色。園芸植物。

パフィオペディルム・ムーングローヴ 〈*Paphiopedilum* Moongrove〉ラン科。花は黄緑色。園芸植物。

パフィオペディルム・メアリー・アン 〈*Paphiopedilum* Mary Ann〉ラン科。花は紫紅色。園芸植物。

パフィオペディルム・メイ・グリーン 〈*Paphiopedilum* May Green〉ラン科。花は黄緑色。園芸植物。

パフィオペディルム・メドウスイート 〈*Paphiopedilum* Meadowsweet〉ラン科。花は白色。園芸植物。

パフィオペディルム・モーガニアエ 〈*Paphiopedilum* Morganiae〉ラン科。花は赤褐色。園芸植物。

パフィオペディルム・モーディアエ 〈*Paphiopedilum* Maudiae〉ラン科。園芸植物。

パフィオペディルム・ユメドノ 〈*Paphiopedilum* Yumedono〉ラン科。花は黄緑色。園芸植物。

パフィオペディルム・ヨシコ・ヤマモト 〈*Paphiopedilum* Yoshiko Yamamoto〉ラン科。花は黄緑色。園芸植物。

パフィオペディルム・ライラ・エマミ 〈*Paphiopedilum* Laila Emami〉ラン科。花は紫褐色。園芸植物。

パフィオペディルム・ラ・ホンダ 〈*Paphiopedilum* La Honda〉ラン科。花は黄緑色。園芸植物。

パフィオペディルム・ランジー 〈*Paphiopedilum randsii* Fowlie〉ラン科。高さは20～40cm。花は白色。園芸植物。

パフィオペディルム・ランバート・デイ 〈*Paphiopedilum* Lambert Day〉ラン科。花は黄緑色。園芸植物。

パフィオペディルム・リーアヌム 〈*Paphiopedilum* Leeanum〉ラン科。花は褐黄色。園芸植物。

パフィオペディルム・リーミアヌム 〈*Paphiopedilum liemianum* (Fowlie) K. Karasawa et K. Saito〉ラン科。高さは15～25cm。花は黄白色。園芸植物。

パフィオペディルム・レイバーネンセ 〈*Paphiopedilum* Leyburnense〉ラン科。園芸植物。

パフィオペディルム・レウコキルム 〈*Paphiopedilum leucochilum* (Rolfe) Fowlie〉ラン科。高さは3～5cm。園芸植物。

パフィオペディルム・レッドスタート 〈*Paphiopedilum* Redstart〉ラン科。花は濃赤紫色。園芸植物。

パフィオペディルム・レッド・ビューティー 〈*Paphiopedilum* Red Beauty〉ラン科。花は赤紫色。園芸植物。

パフィオペディルム・レディー・クルーナス 〈*Paphiopedilum* Lady Clunas〉ラン科。園芸植物。

パフィオペディルム・レモン・ハート 〈*Paphiopedilum* Lemon Hart〉ラン科。園芸植物。

パフィオペディルム・ローウィー 〈*Paphiopedilum lowii* (Lindl.) Stein〉ラン科。園芸植物。

パフィオペディルム・ローエングリン 〈*Paphiopedilum* Lohengrin〉ラン科。花は白色。園芸植物。

パフィオペディルム・ロージー・ドーン 〈*Paphiopedilum* Rosy Dawn〉ラン科。花は白色。園芸植物。

パフィオペディルム・ロスチャイルディアヌム 〈*Paphiopedilum rothschildianum* (Rchb. f.) Stein〉ラン科の多年草。高さは40～60cm。花は赤褐色。園芸植物。

パフィオペディルム・ロッキンジ 〈*Paphiopedilum* Lockinge〉ラン科。花は濃紫赤色。園芸植物。

パフィオペディルム・ロバート・クリスマン 〈*Paphiopedilum* Robert Chrisman〉ラン科。花は黄緑色。園芸植物。

パフィオペディルム・ロバート・ジョーンズ 〈*Paphiopedilum* Robert Jones〉ラン科。花は黄緑色。園芸植物。

パフィオペディルム・ロビン・フッド 〈*Paphiopedilum* Robin Hood〉ラン科。花は鮮桃紫色。園芸植物。

パフィオペディルム・ロルフェイ 〈*Paphiopedilum* Rolfei〉ラン科。園芸植物。

パフィオペディルム・ローレベル 〈*Paphiopedilum* Lawrebel〉ラン科。園芸植物。

パフィオペディルム・ローレンセアヌム 〈*Paphiopedilum lawrenceanum* (Rchb. f.) Pfitz.〉ラン科。高さは25～35cm。花は緑色。園芸植物。

パフィオペディルム・ロンドン・ウォール 〈*Paphiopedilum* London Wall〉ラン科。花は黄色。園芸植物。

パフィオペディルム・ワムパム 〈*Paphiopedilum* Wampum〉ラン科。花は紫赤色。園芸植物。

パフィオペディルム・ワールド・ヴェンチャー 〈*Paphiopedilum* World Venture〉ラン科。園芸植物。

パフィニア・グランディフロラ 〈*Paphinia grandiflora* Barb.-Rodr.〉ラン科。花は暗紫赤色。園芸植物。

ハブカズラ 〈*Epipremnum mirabile* Schott〉サトイモ科の常緑つる植物。葉長10m。園芸植物。

パブスティア・ユゴサ 〈*Pabstia jugosa* (Lindl.) Garay〉ラン科。高さは10～20cm。花は緑白色。園芸植物。

ハブソウ 波布草 〈*Cassia occidentalis* L.〉マメ科の多年草。別名クサセンナ。高さは15～150cm。花は鮮黄色。熱帯植物。薬用植物。園芸植物。

ハブタエソウ ウルドルフ・ロエルスの別名。

ハブタエノリ 〈*Marionella schmitziana* (De Toni et Okamura) Yoshida〉コノハノリ科の海藻。葉状。体は10～15cm。

バプティシア・アウストラリス ムラサキセンダイハギの別名。

バプティシア・ティンクトリア 〈*Baptisia tinctoria* (L.) Vent.〉マメ科の多年草。高さは60～80cm。花は黄色。園芸植物。

バプティストニア・エキナタ 〈*Baptistonia echinata* Barb.-Rodr.〉ラン科。花は黄色。園芸植物。

ハブハナワラビ 〈*Botrychium* × *argutum* (Sahashi) K. Iwats., nom. nud.〉ハナヤスリ科のシダ植物。

バフ・ビューティ 〈Buff Beauty〉バラ科。ハイブリッド・ムスク・ローズ系。花は黄色。

ハブランサス ヒガンバナ科の属総称。球根植物。

ハブランツス・アンダーソニー 〈*Habranthus andersonii* Herb.〉ヒガンバナ科の球根植物。花は黄銅赤色。園芸植物。

ハブランツス・ツビスパッス 〈*Habranthus tubispathus* (L'Hér.) Traub.〉ヒガンバナ科の球根植物。高さは30～40cm。花は淡紅色。園芸植物。

ハブランツス・ブラキアンドルス 〈*Habranthus brachyandrus* (Bak.) Sealy〉ヒガンバナ科の球根植物。花はラベンダー・ピンク色。園芸植物。

ハブランツス・ロブスツス 〈*Habranthus robustus* Herb.〉ヒガンバナ科の多年草。園芸植物。

パープル・クィーン スミレ科のガーデン・パンジーの品種。園芸植物。

パープルセージ シソ科のハーブ。別名レッドセージ、アカバセージ。切り花に用いられる。

パープル・タイガー 〈Purple Tiger〉バラ科。フロリバンダ・ローズ系。花は赤紫色。

パープルフェザー ヒノキ科のヌマヒノキの品種。別名レッドスター。

パープル・ローブ ナス科のニーレンベルギアの品種。園芸植物。

パープレア ムラサキバレンギクの別名。

ハーフレウス ハンニチバナ科。園芸植物。

バーベイン クマツヅラの別名。

ハーベスト・ムーン トウダイグサ科のクロトンノキの品種。園芸植物。

バーベナ 〈*Verbena* × *hybrida* Voss〉クマツヅラ科。別名ウェルベナ、ビジョザクラ(美女桜)。花は緋赤色または深紅色。園芸植物。

バーベナ ビジョザクラの別名。

バーベナ・カナデンシス 〈*Verbena canadensis* (L.) Britt.〉クマツヅラ科。別名ハナガサソウ。高さは10～50cm。花は紫から紅色。園芸植物。

バーベナ・コリンボサ 〈*Verbena corymbosa* Ruiz et Pav.〉クマツヅラ科。高さは1m。花は紫紅色。園芸植物。

バーベナ・テネラ ヒメビジョザクラの別名。

バーベナ・ハスタタ 〈*Verbena hastata* L.〉クマツヅラ科。花は紫紅色。園芸植物。

バーベナ・ビピンナティフィダ 〈*Verbena bipinnatifida* Nutt.〉クマツヅラ科。高さは20～50cm。花は桃から紫色。園芸植物。

バーベナ・ペルビアナ 〈*Verbena peruviana* Britt.〉クマツヅラ科の多年草。園芸植物。

バーベナ・ラキニアタ 〈*Verbena laciniata* (L.) Briq.〉クマツヅラ科。花は赤～菫か紫色。園芸植物。

ハベナリア・カルネア 〈*Habenaria carnea* N. E. Br.〉ラン科。花は微紅色。園芸植物。

ハベナリア・スザンナエ 〈*Habenaria suzannae* (L.) R. Br.〉ラン科。高さは60～100cm。花は白色。園芸植物。

ハベナリア・ディラタータ ラン科。高山植物。

ハベナリア・デンタタ ダイサギソウの別名。

ハベナリア・ポリトリカ 〈*Habenaria polytricha* Rolfe〉ラン科。高さは30～50cm。花は淡緑色。園芸植物。

ハベナリア・ラディアタ サギソウの別名。

ハベナリア・リンドレイアナ 〈Habenaria lindleyana Steud.〉ラン科。高さは30〜50cm。園芸植物。

ハベナリア・ロドケイラ 〈Habenaria rhodocheila Hance〉ラン科の多年草。高さは15〜30cm。花は朱赤、橙など。高山植物。園芸植物。

ハベルレア・ロドペンシス 〈Haberlea rhodopensis Friv.〉イワタバコ科。高さは10〜18cm。園芸植物。

ハボタン 葉牡丹 〈Brassica oleracea L. var. acephala DC.〉アブラナ科。別名ハナキャベツ。園芸植物。切り花に用いられる。

ババツ ホコリタケ科のホコリタケ科の中国名。別名ホコリタケ。

パボニア・インテルメディア 〈Pavonia intermedia Hort.〉アオイ科。園芸植物。

パボニア・インテルメディア・ケルメシナ アオイ科。園芸植物。

パボニア・ハスタタ ヤノネボンテンカの別名。

パボニア・ムルティフロラ 〈Pavonia multiflora St.-Hil.〉アオイ科の低木。花は青紫色。園芸植物。

ハマアオスゲ 〈Carex leucochlora Bunge var. fibrillosa (Franch. et Savat.) T. Koyama〉カヤツリグサ科の多年草。別名スナスゲ。高さは5〜30cm。

ハマアカザ 浜藜 〈Atriplex subcordata Kitagawa〉アカザ科の草本。別名コハマアカザ。

ハマアザミ 浜薊 〈Cirsium maritimum Makino〉キク科の多年草。高さは15〜60cm。園芸植物。

ハマアズキ 浜小豆 〈Vigna marina (Burm.) Merr.〉マメ科の草本。熱帯植物。

ハマイ 〈Juncus haenkei Meyer〉イグサ科の草本。別名オオイヌイ。

ハマイヌビワ 〈Ficus virgata Reinw. ex Blume〉クワ科の木本。

ハマウツボ 浜靫 〈Orobanche coerulescens Stephan〉ハマウツボ科の寄生植物。別名オカウツボ。高さは10〜25cm。薬用植物。

ハマウド 浜独活 〈Angelica japonica A. Gray〉セリ科の多年草。別名オニウド、クジラグサ。高さは1〜2m。

ハマウロコゴケ 〈Heterocarpon simodense Asah.〉アナイボゴケ科の地衣類。地衣体は乾燥時に黄褐色。

ハマエノコロ 浜狗尾草 〈Setaria viridis (L.) Beauv. var. pachystachys (Franch. et Savat.) Makino et Nemoto〉イネ科の草本。

ハマエンドウ 浜豌豆 〈Lathyrus japonicus Willd.〉マメ科の多年草。高さは20〜100cm。薬用植物。

ハマオミナエシ 〈Patrinia scabiosifolia Fisch. ex Trevir. f. crassa (Masam. et Satomi) Kitam. ex T. Yamaz.〉オミナエシ科。

ハマオモト 浜万年青 〈Crinum asiaticum L. var. japonicum Baker〉ヒガンバナ科の多年草。高さは50〜80cm。花は白色。熱帯植物。薬用植物。園芸植物。

ハマガキ 〈Diospyros ferrea (Willd) Bakh.〉カキノキ科。葉は極めて落ち易い。熱帯植物。

ハマカキラン 〈Epipactis papillosa Franch. et Savat. var. sayekiana (Makino) T. Koyama Et Asai〉ラン科の多年草。高さは30〜60cm。日本絶滅危機植物。

ハマガヤ 〈Leptochloa fusca (L.) Kunth〉イネ科の一年草または多年草。別名オニアゼガヤ。高さは30〜100cm。

ハマカラタチゴケ 〈Ramalina crassa (Nyl.) Mot.〉サルオガセ科の地衣類。地衣体は硬いがもろい。

ハマカラタチゴケモドキ 〈Ramalina siliquosa (Huds.) A. L. Sm.〉サルオガセ科の地衣類。サラチン酸を含まない。

ハマカンザシ 〈Armeria maritima (Mill.) Willd.〉イソマツ科の多年草。別名マツバカンザシ、アルメリア。高さは20cm。園芸植物。

ハマカンザシ スターチス・ボンデュエリ・エローの別名。

ハマカンゾウ 浜萱草 〈Hemerocallis fulva L. var. littorea (Makino) M. Hotta〉ユリ科の多年草。高さは50〜90cm。

ハマギク 浜菊 〈Chrysanthemum nipponicum Matsum.〉キク科の多年草。高さは50〜100cm。花は白色。園芸植物。

ハマキクバゴケ 〈Parmelia congensis Stein.〉ウメノキゴケ科の地衣類。地衣体は非常に小形。

ハマキゴケ 〈Hyophila propagulifera Broth.〉センボンゴケ科のコケ。体は長さ約1cm、葉は広楕円形〜広舌形。

ハマキタケ 〈Xylaria tabacina (Kickx.) Berk.〉クロサイワイタケ科のキノコ。小型。子実体は棍棒形、淡紅色。

ハマクサギ 浜臭木 〈Premna microphylla Turcz.〉クマツヅラ科の落葉低木。別名トウクサギ、キバナハマクサギ。

ハマグリゼニゴケ 〈Targionia hypophylla L.〉ハマグリゼニゴケ科のコケ。別名チンピンゼニゴケ。やや褐色、長さ1〜2cm。

ハマグルマ キク科。

ハマクワガタ 〈Veronica javanica Blume〉ゴマノハグサ科の草本。

ハマゴウ 蔓荊 〈Vitex rotundifolia L. f.〉クマツヅラ科の落葉ほふく性低木。別名ハマホウ、ハウ、ハマボウ。薬用植物。

ハマコウゾリナ 〈*Picris hieracioides* L. subsp. *japonica* (Thunb.) Krylov f. *maritima* Sugim.〉キク科の越年草。高さは25〜200cm。

ハマザクロ 浜石榴 〈*Sonneratia alba* Smith〉ハマザクロ科の高木、マングローブ植物。別名マヤプシキ。小さな呼吸根。熱帯植物。

ハマサジ 浜匙 〈*Limonium tetragonum* (Thunb.) Bullock〉イソマツ科の越年草。別名ハマジサ。高さは20〜60cm。

ハマサルトリイバラ 〈*Smilax sebeana* Miq.〉ユリ科の草本。別名トゲナシカカラ。

ハマサワヒヨドリ 〈*Eupatorium lindleyanum* DC. var. *yasushii* Tuyama〉キク科。

ハマシメジ 〈*Tricholoma myomyces* (Pers. : Fr.) J. E. Lange〉キシメジ科のキノコ。小型〜中型。傘は帯褐灰色、綿毛状〜繊維状小鱗片。ひだは灰白色。

ハマジンチョウ 浜沈丁 〈*Myoporum bontioides* (Sieb. et Zucc.) A. Gray〉ハマジンチョウ科の常緑低木。別名モクベンケイ、キンギョシバ。

ハマジンチョウ科 科名。

ハマスギナ 〈*Equisetum × litorale* Kuhlew. ex Rupr.〉トクサ科のシダ植物。

ハマスゲ 浜菅 〈*Cyperus rotundus* L.〉カヤツリグサ科の多年草。別名コウブシ、クグ。球茎は香あり、民間薬になる。高さは20〜40cm。熱帯植物。薬用植物。

ハマゼリ 浜芹 〈*Cnidium japonicum* Miq.〉セリ科の越年草。別名ハマニンジン。高さは10〜40cm。薬用植物。

ハマセンダン 浜栴檀 〈*Euodia meliifolia* (Hance) Benth.〉ミカン科の落葉高木。別名ウラジロシュユ、シマクロキ。高さは15m。花は白色。園芸植物。

ハマセンナ 〈*Ormocarpum sennoides* DC.〉マメ科の低木。やや有毒。花は黄色。熱帯植物。

ハマセンブリ 〈*Enicostemma hyssopifolium* (Willd.) Verdoorn.〉リンドウ科の草本。熱帯植物。

ハマタイゲキ スナジタイゲキの別名。

ハマダイコン 浜大根 〈*Raphanus sativus* L. var. *hortensis* Backer f. *raphanistroides* Makino〉アブラナ科の越年草。高さは30〜60cm。

ハマタイセイ 浜大青 〈*Isatis yezoensis* Ohwi〉アブラナ科の草本。別名エゾタイセイ。

ハマタマボウキ 〈*Asparagus kiusianus* Makino〉ユリ科の草本。

ハマチャヒキ 〈*Bromus hordeaceus* L.〉イネ科の一年草または越年草。高さは30〜80cm。

ハマツメクサ 浜爪草 〈*Sagina maxima* A. Gray〉ナデシコ科の一年草または多年草。別名ハマナデシコ、フジナデシコ。高さは25cm以下。花は紅紫色。園芸植物。

ハマデラソウ 〈*Froelichia gracilis* (Hook.) Moq.〉ヒユ科の一年草。長さは20〜70cm。

ハマトカクツス サボテン科の属総称。サボテン。

ハマトカクツス・セティスピヌス 〈*Hamatocactus setispinus* (Engelm.) Britt. et Rose〉サボテン科のサボテン。別名竜王丸。高さは15〜30cm。花は輝黄色。園芸植物。

ハマトカクツス・ハマタカンツス オオニジの別名。

ハマトラノオ 浜虎の尾 〈*Pseudolysimachion sieboldianum* (Miq.) Holub〉ゴマノハグサ科の草本。

ハマナ 〈*Crambe maritima* L.〉アブラナ科の野菜。高さは30〜75cm。園芸植物。

ハマナ クランベ・マリティマの別名。

ハマナシ ハマナスの別名。

ハマナス 浜梨 〈*Rosa rugosa* Thunb. ex Murray〉バラ科の落葉低木。別名ゲッキカ。花は濃桃色。薬用植物。

ハマナタマメ 浜鉈豆 〈*Canavalia lineata* (Thunb. ex Murray) DC.〉マメ科の多年生つる草。葉は厚質で光沢。熱帯植物。薬用植物。

ハマナツメ 浜棗 〈*Paliurus ramosissimus* (Lour.) Poir.〉クロウメモドキ科の落葉低木。

ハマナデシコ フジナデシコの別名。

ハマニガナ 浜苦菜 〈*Ixeris repens* (L.) A. Gray〉キク科の多年草。別名ハマイチョウ。

ハマニンドウ 浜忍冬 〈*Lonicera affinis* Hook. et Arn.〉スイカズラ科の半常緑つる性低木。別名イヌニンドウ。

ハマニンニク 浜蒜 〈*Elymus mollis* Trin.〉イネ科の多年草。別名クサドウ。高さは60〜140cm。薬用植物。

ハマネナシカズラ 浜根無葛 〈*Cuscuta chinensis* L.〉ヒルガオ科の草本。薬用植物。

パーマネント・ウエーブ 〈Permanent Wave〉バラ科。フロリバンダ・ローズ系。

ハマノヨソオイ 浜の粧 ツツジ科のアザレアの品種。園芸植物。

ハマハコベ 浜繁縷 〈*Honckenya peploides* (L.) Ehrh. var. *major* Hook.〉ナデシコ科の多年草。高さは10〜30cm。

ハマハタザオ 浜旗竿 〈*Arabis stelleri* DC. var. *japonica* (A. Gray) Fr. Schm.〉アブラナ科の越年草。高さは20〜40cm。

ハマハナヤスリ 浜花鑢 〈*Ophioglossum thermale* Komarov〉ハナヤスリ科の夏緑性シダ。葉は高さ7〜20cm。

ハマヒエガエリ 浜稗還り 〈*Polypogon monspeliensis* (L.) Desf.〉イネ科の草本。

ハマヒサカキ 浜姫榊 〈*Eurya emarginata* (Thunb. ex Murray) Makino〉ツバキ科の常緑低

木。別名イリヒサカキ、イリシバ。花は淡緑色。園芸植物。

ハマビシ 浜菱 〈*Tribulus terrestris* L.〉ハマビシ科の多年草。長さは40〜100cm。花は黄色。薬用植物。園芸植物。

ハマヒナノウスツボ 〈*Scrophularia grayanoides* M. Kikuchi〉ゴマノハグサ科。

ハマヒルガオ 浜昼顔 〈*Calystegia soldanella* (L.) Roem. et Schult.〉ヒルガオ科の多年生つる草。花は淡紅色。園芸植物。

ハマビワ 浜枇杷 〈*Litsea japonica* (Thunb.) Juss.〉クスノキ科の常緑高木。別名ケイジュ、シャクナンショ。花は白色。園芸植物。

ハマフウロ 〈*Geranium yesoense* var. *pseudopalustre*〉フウロソウ科。

ハマベノギク 〈*Heteropappus hispidus* (Thunb.) subsp. *arenarius* (Kitam.) Kitam.〉キク科の草本。

ハマベノギク イソノギクの別名。

ハマベブドウ 浜辺葡萄 〈*Coccoloba uvifera* (L.) L.〉タデ科の木本。高さは1.5〜2m。花は白色。園芸植物。

ハマベマンテマ ナデシコ科の宿根草。別名ホテイマンテマ。

ハマベンケイソウ 浜弁慶草 〈*Mertensia maritima* (L.) S. F. Gray subsp. *asiatica* Takeda〉ムラサキ科の多年草。高さは100cm以上。園芸植物。

ハマボウ 浜箒 〈*Hibiscus hamabo* Sieb. et Zucc.〉アオイ科の落葉低木または小高木。別名カワラムクゲ、キイロムクゲ。高さは2〜4m。花は黄色。園芸植物。

ハマボウフウ 浜防風 〈*Glehnia littoralis* Fr. Schm. ex Miq.〉セリ科の香辛野菜。別名イセボウフウ、ヤオヤボウフウ。高さは5〜30cm。薬用植物。園芸植物。

ハマボッス 浜払子 〈*Lysimachia mauritiana* Lam.〉サクラソウ科の越年草。高さは10〜40cm。薬用植物。

ハマホラシノブ 〈*Sphenomeris biflora* (Kaulf.) Tagawa〉イノモトソウ科(ホングウシダ科、ワラビ科)の常緑性シダ。葉身は長さ10〜30cm。卵形または長卵形。園芸植物。

ハママツナ 浜松菜 〈*Suaeda maritima* (L.) Dum.〉アカザ科の一年草。高さは20〜60cm。熱帯植物。

ハママンネングサ 浜万年草 〈*Sedum formosanum* N. E. Br.〉ベンケイソウ科の草本。別名シママンネングサ、タカサゴマンネングサ。

ハマミズナ 〈*Sesuvium portulacastrum* L.〉ツルナ科の草本。時に水中に没する。熱帯植物。

ハマムギ 〈*Elymus dahuricus* Turcz.〉イネ科の草本。

ハマムギクサ 〈*Hordeum marinum* Huds.〉イネ科の一年草。高さは5〜60cm。

ハマメリス・インテルメディア 〈*Hamamelis intermedia* Rehd.〉マンサク科。花は概して大きく花色が華やか。園芸植物。

ハマメリス・ヴァージニアナ アメリカマンサクの別名。

ハマメリス・ベルナリス 〈*Hamamelis vernalis* Sarg.〉マンサク科の落葉低木。

ハマメリス・モリス シナマンサクの別名。

ハマメリス・ヤポニカ マンサク科の別名。

ハマヤブマオ 〈*Boehmeria arenicola* Satake〉イラクサ科の多年草。高さは50〜120cm。

ハマユウ ハマオモトの別名。

ハマヨモギ 浜艾 〈*Artemisia scoparia* Waldst. et Kit.〉キク科の薬用植物。別名フクド。

ハマワスレナグサ 〈*Myosotis discolor* Pers.〉ムラサキ科の一年草。高さは5〜25cm。花は初め黄後に青色。高山植物。

パミアンテ・ペルビアーナ 〈*Pamianthe peruviana* Stapf.〉ヒガンバナ科の多年草。

ハミズゴケ 〈*Pogonatum spinulosum* Mitt.〉スギゴケ科のコケ。別名ハミズニワスギゴケ。茎は長さ2mm、葉は小さく鱗片状。

ハミズニハスギゴケ ハミズゴケの別名。

バミューダサバル サバル・バミューダナの別名。

パームグラス ユリ科。別名スティールグラス。切り花に用いられる。

ハーモニカス アヤメ科のクロッカスの品種。園芸植物。

バヤ キク科のマトリカリアの品種。切り花に用いられる。

ハヤザキアワダチソウ 〈*Solidago juncea* Aiton〉キク科の多年草。花期は6〜8月。園芸植物。

ハヤザキエリカ ツツジ科。園芸植物。

ハヤザキヒョウタンボク 〈*Lonicera praeflorens* Batalin var. *japonica* H. Hara〉スイカズラ科の木本。別名カイヒョウタンボク、ヒロハヒョウタンボク。

ハヤシウンシュウ 林温州 ミカン科のミカンの品種。果肉は濃色。

ハヤチネウスユキソウ 早池峰薄雪草 〈*Leontopodium hayachinense* (Takeda) Hara et Kitamura〉キク科の多年草。高さは10〜20cm。高山植物。園芸植物。日本絶滅危機植物。

ハヤチネウメノキゴケ 〈*Parmelia hayachinensis* Kurok.〉ウメノキゴケ科の地衣類。パスチュールがある。

バヤッツオ 〈*Bajazzo*〉バラ科。ハイブリッド・ティーローズ系。花は紫みをおびた赤色。

ハヤトウリ 隼人瓜 〈*Sechium edule* (Jacq.) Sw.〉ウリ科の多年生蔓草。別名センナリ、チャヨテ。

果色はクリーム色から濃緑色。熱帯植物。園芸植物。

ハヤトミツバツツジ 〈*Rhododendron dilatatum* Miq. var. *satsumense* Yamazaki〉ツツジ科の木本。日本絶滅危機植物。

ハヤマシダ 半山羊歯 〈*Asplenium wrightii* Eaton var. *shikokianum* Makino〉チャセンシダ科のシダ植物。

バラ 〈*Rosa Floribunda*〉バラ科。別名ゲッキカ、ショウビ。

バラ バラ科の属総称。切り花に用いられる。

バライチゴ 薔薇苺 〈*Rubus illecebrosus* Focke〉バラ科の落葉低木。別名ミヤマイチゴ。

ハライヌノヒゲ 〈*Eriocaulon ozense* T. Koyama〉ホシクサ科の草本。

バライロヒゲゴケ 〈*Usnea roseola* Vain.〉サルオガセ科の地衣類。地衣体は長さ5cm。

バライロモクセンナ 〈*Cassia nodosa* Buch-Ham.〉マメ科の観賞用中高木。花はピンク色。熱帯植物。

バライロルエリヤ 〈*Ruellia rosea* (Nees) Hemsl.〉キツネノマゴ科の観賞用草本。花は鮮赤紫色。熱帯植物。園芸植物。

ハラウロコゴケ 〈*Nardia scalaris* Gray subsp. harae (Amakawa) Amakawa〉ツボミゴケ科のコケ。黄緑色〜赤緑色、茎は長さ1〜1.5cm。

ハラエラ・レトロカラ 〈*Haraella retrocalla* (Hayata) Kudo〉ラン科。花は緑色。園芸植物。

バラ科 科名。

バラカ・ゼーマニー 〈*Balaka seemannii* (H. Wendl.) Becc.〉ヤシ科。高さは1.5〜3.6m。園芸植物。

パラグアイオニバス ヴィクトリア・クルシアナの別名。

パラクイレギア・ミクロフィラ キンポウゲ科。高山植物。

パラグラス 〈*Brachiaria mutica* (Forsk.) Stapf〉イネ科。

パラゴムノキ 〈*Hevea brasiliensis* (H. B. K.) Müll. Arg.〉トウダイグサ科の高木。別名ブラジルゴムノキ、ヘベアゴムノキ。種子が褐斑あり。高さは18〜35m。花は黄を帯びた白色。熱帯植物。薬用植物。園芸植物。

パラダイスナットノキ 〈*Lecythis paraensis* (Hub.) Ducke〉サガリバナ科の高木。果実は大型木質壁、蓋状に開裂。花は赤色。熱帯植物。

ハラタケ 原茸 〈*Agaricus campestris* L. : Fr.〉ハラタケ科のキノコ。別名シャンピニオン、マッシュルーム。

パラディセア・リリアストルム 〈*Paradisea liliastrum* (L.) Bertol.〉ユリ科の多年草。高さは30〜60cm。花は白色。高山植物。園芸植物。

バラード ユリ科のチューリップの品種。園芸植物。

パラノプス ブナ科。

パラファレノプシス・セルペンティリングア 〈*Paraphalaenopsis serpentilingua* (J. J. Sm.) Hawkes〉ラン科。花は黄白色。園芸植物。

パラファレノプシス・レイコッキー 〈*Paraphalaenopsis laycockii* (M. R. Henders.) Hawkes〉ラン科。花は白でわずかに桃紅を帯びる。園芸植物。

パラフバエア・ココイデス 〈*Parajubaea cocoides* Burret〉ヤシ科。高さは6m。園芸植物。

パラヘーベ・カタラクタエ 〈*Parahebe catarractae* (G. Frost.) W. Oliver〉ゴマノハグサ科の亜低木。高さは15〜30cm。花は白色。園芸植物。

パラヘーベ・カネスケンス 〈*Parahebe canescens* W. Oliver〉ゴマノハグサ科の亜低木。花は青色。園芸植物。

パラヘーベ・デコラ 〈*Parahebe decora* Ashw.〉ゴマノハグサ科の亜低木。花は白またはうすいライラック色。園芸植物。

パラヘーベ・ビドウィリー 〈*Parahebe × bidwillii* (Hook.) W. Oliver〉ゴマノハグサ科の亜低木。ほふく性。園芸植物。

パラヘーベ・ライアリー 〈*Parahebe lyallii* (Hook. f.) W. Oliver〉ゴマノハグサ科の亜低木。花は白色。園芸植物。

パラヘーベ・リニフォリア 〈*Parahebe linifolia* W. Oliver〉ゴマノハグサ科の亜低木。花は白、ピンク、董色。園芸植物。

パラミツ 婆羅密 〈*Artocarpus heterophyllus* Lam.〉クワ科の小木。別名ナガミパンノキ。葉無毛、果長50cm。高さは15〜20m。花は淡緑色。熱帯植物。園芸植物。

バラモンジン 婆羅門参 〈*Tragopogon porrifolius* L.〉キク科の越年草。別名サルシファイ、セイヨウゴボウ。高さは40〜90cm。花は青紫色。園芸植物。

パーラーヤシ コリニア・エレガンスの別名。

ハラン 葉蘭 〈*Aspidistra elatior* Blume〉ユリ科の常緑多年草。別名バラン、バレン。葉は長楕円状。薬用植物。園芸植物。切り花に用いられる。

ハランアナナス 〈*Pitcairnia corallina* Linden et André〉パイナップル科の多年草。花は赤色。園芸植物。

ハランウチワ アンスリウム・フッケリの別名。

ハリアオイ ヒビスクス・プロケルスの別名。

ハリアカシア 〈*Acacia armata* R. Br.〉マメ科の落葉低木。

ハリアサガオ 〈*Calonyction muricatum* (L.) G. Don〉ヒルガオ科のつる性多年草。別名アカバナヨルガオ。茎に刺がある。花は白または淡紅紫色。熱帯植物。園芸植物。

ハリアセタケ 〈*Inocybe calospora* Quél. f. *minor* Y. Kobayasi〉フウセンタケ科のキノコ。小型。傘は淡褐色、鱗片状。ひだは褐色。

ハリイ 針藺 〈*Eleocharis congesta* D. Don var. *congesta*〉カヤツリグサ科の一年生または多年生の抽水性〜沈水植物。別名オオハリイ。穂は卵形〜狭披針形で長さ3〜12mm。高さは8〜25cm。

ハリイギス 〈*Ceramium paniculatum* Okamura〉イギス科の海藻。複又状に分枝。体は3cm。

ハリイシバイゴケ 〈*Molendoa sendtneriana* (Bruch & Schimp.) Limpr.〉センボンゴケ科のコケ。茎は単軸分枝、葉は披針形で長さ約2mm。

ハリイヌナズナ 〈*Draba aizoides* L.〉アブラナ科の多年草。花は黄色。高山植物。園芸植物。

ハリウッド バラ科。花はクリームホワイト色。

パリウルス・スピナ-クリスティ 〈*Paliurus spina-christi* Mill.〉クロウメモドキ科の木本。高さは3m。花は黄緑色。園芸植物。

バリエガータ ヒノキ科のヌマヒノキの品種。別名ホワイトシダー。

バリエガタ クワ科のフィカス・ラディカーンスの品種。園芸植物。

バリエガタ コショウ科のペペロミア・スカンデンスの品種。園芸植物。

バリエガタ ツユクサ科のトラデスカンティア・フルミネンシスの品種。別名シロフハカタカラクサ、シロフハカタツユクサ。園芸植物。

バリエガータ・ディ・ボローニャ 〈Variegata di Bologna〉バラ科。ブルボン・ローズ系。

バリエガタム シソ科のラミアストラムの品種。園芸植物。

ハリエゾネジレゴケ 〈*Desmatodon latifolius* (Hedw.) Brid.〉センボンゴケ科のコケ。茎は直立し、長さ5mm以下、葉は広卵形〜楕円形。

ハリエニシダ 〈*Ulex europaeus* L.〉マメ科の夏緑低木。高さは0.6〜2m。花は明るい黄色。園芸植物。

バリエラ ツヅラフジ科の属総称。

ハリエンジュ 針槐 〈*Robinia pseudoacacia* L.〉マメ科の落葉高木。別名アカシア、アカシャ。高さは25m。花は白色。樹皮は灰褐色。薬用植物。園芸植物。

ハリガネ 〈*Gymnogongrus paradoxus* Suringar〉オキツノリ科の海藻。別名スジフノリ、ハチジョウフノリ、サイミ。又状様に分岐。体は20cm。

ハリガネオチバタケ 〈*Marasmius siccus* (Schw.) Fr.〉キシメジ科のキノコ。小型。傘は淡紅色〜肉桂色、放射状の溝あり、肉は薄く革質。

ハリガネカズラ 針金葛 〈*Gaultheria japonica* (A. Gray) Sleumer〉ツツジ科のわい小低木。高さは20〜30cm。高山植物。

ハリガネキノリ 〈*Alectoria americana* Mot.〉サルオガセ科の地衣類。地衣体は黒味のあるとび色。

ハリガネゴケ 〈*Bryum capillare* Hedw.〉ハリガネゴケ科のコケ。茎は長さ2〜2.5cm、葉は倒卵形に伸びる。園芸植物。

ハリガネスゲ 〈*Carex capillacea* Boott〉カヤツリグサ科の多年草。別名エゾマツバスゲ。高さは10〜30cm。

ハリガネヒバ セラギネラ・ロッシーの別名。

ハリガネワラビ 針金蕨 〈*Thelypteris japonica* (Baker) Ching〉オシダ科(ヒメシダ科)の夏緑性シダ。葉身は長さ25〜40cm。三角状長楕円形。

ハリギリ 針桐 〈*Kalopanax pictus* (Thunb. ex Murray) Nakai〉ウコギ科の落葉高木。別名センノキ、ヤマギリ、ボウダラ。高さは20m。花は淡黄緑色。樹皮は黒褐色。薬用植物。園芸植物。

ハリクジャクヤシ アイファネス・カリオティフォリアの別名。

ハリグワ 針桑 〈*Maclura tricuspidata* Carr.〉クワ科の木本。別名ドシャ。

ハリゲコウゾリナ 〈*Picris echioides* L.〉キク科の一年草または越年草。高さは30〜80cm。花は黄色。

ハリゲタビラコ 〈*Amsinckia tessellata* A. Gray〉ムラサキ科。果実に光沢がなく、萼片が2個ずつ合着。

ハリゲナタネ 〈*Brassica tornefortii* Gouan〉アブラナ科。嘴に種子を入れる。

ハリコウガイゼキショウ 〈*Juncus wallichianus* Laharpe〉イグサ科の多年草。高さは10〜50cm。

ハリゴケ 〈*Claopodium aciculum* (Broth.) Broth.〉シノブゴケ科のコケ。茎葉は漸尖。

パリジェンヌ バラ科。花はサーモンピンク。

パリス・ウェルティキラタ クルマバックバネソウの別名。

ハリスギゴケ 〈*Polytrichum piliferum* Hedw.〉スギゴケ科のコケ。小形、茎は高さ2〜3cm、葉鞘部は卵形。

パリス・クアドリフォリア 〈*Paris quadrifolia* L.〉ユリ科の多年草。高さは30cm。花は黄緑色。高山植物。園芸植物。

ハリスゲ ヒカゲハリスゲの別名。

パリス・ポリフィラ 〈*Paris polyphylla* Smith.〉ユリ科の薬用植物。

パリス・ポリフィラ・キネンシス 〈*Paris polyphylla* Smith var. *chinensis* (Franch.) Hara.〉ユリ科の薬用植物。

パリス・ヤポニカ キヌガサソウの別名。

ハリセンボン 針千本 〈*Chenopodium aristatum* L.〉アカザ科の一年草。高さは10〜30cm。

パリソタセブミョウガ 〈*Palisota borterii* Hook.〉ツユクサ科の観賞用草本。花は淡紫色。熱帯植物。

パリソタ・パイナールティー 〈*Palisota pynaertii* De Wild.〉ツユクサ科の多年草。花は白色。園芸植物。

パリソタ・バーテリ 〈*Palisota barteri* Hook. f.〉ツユクサ科の多年草。花は白色。園芸植物。

パリソタ・ブラクテオサ 〈*Palisota bracteosa* C. B. Clarke〉ツユクサ科の多年草。花は白色。園芸植物。

ハリソンズ・イエロー 〈*Rosa × harisonii*〉バラ科。花は鮮黄色。

ハリタケ 針茸 ハリタケ科のサルノコシカケ目の数種の総称。傘の裏、またはキノコの下側に無数の針状の突起がある。

ハリタデ 〈*Persicaria bungeana* (Turcz.) H. Gross ex Kitag.〉タデ科。茎と葉の裏面脈上に下向きの刺を多数つける。

ハリツルマサキ 針蔓柾木 〈*Maytenus diversifolia* (Maxim.) Ding Hou〉ニシキギ科の常緑半つる状低木。別名トゲマサキ、マッコウ。

ハリナズナ 〈*Subularia aquatica* L.〉アブラナ科の沈水植物または湿生植物。葉は長さ0.5～5cm。気中では白い花弁の花を付ける。

ハリナスビ 〈*Solanum sisymbriifolium* Lam.〉ナス科の一年草。長さは1m。花は白または淡紫色。園芸植物。

ハリナンバンクサフジ 〈*Tephrosia spinosa* Pers.〉マメ科の低木。托葉刺状。花は赤紫色。熱帯植物。

ハリノキ 〈*Neesia synandra* Masters.〉パンヤ科の高木。果内に硅酸質の針がある。熱帯植物。

パリノヒカリ アヤメ科のシベリアアヤメの品種。園芸植物。

ハリノホ 〈*Hainardia cylindrica* (Willd.) Greuter〉イネ科の一年草。高さは5～35cm。

バリバリノキ 〈*Litsea acuminata* (Blume) Kurata〉クスノキ科の常緑高木。別名アオガシ、アオゴノキ。

バリバリヤマニクズク 〈*Knema intermedia* Warb.〉ニクズク科の小木。葉は硬質でうすく、葉裏粉白。果実は褐色。熱帯植物。

ハリヒジキ 〈*Salsola ruthenica* Iljin〉アカザ科の一年草。別名オニヒジキ。高さは10～40cm。

ハリヒノキゴケ 〈*Pyrrhobryum spiniforme* (Hedw.) Mitt.〉ヒノキゴケ科のコケ。茎は長さ5cm以下、葉は線状披針形～線形。

ハリヒメハギ 〈*Polygala ambigua* Nutt.〉ヒメハギ科の一年草。高さは10～40cm。花は白色。

ハリビユ 〈*Amaranthus spinosus* L.〉ヒユ科の一年草。飼料、茎葉にサポニンあり。高さは40～80cm。花は黄緑色。熱帯植物。

ハリブキ 針蕗 〈*Oplopanax japonicus* (Nakai) Nakai〉ウコギ科の落葉小木。別名クマダラ。高山植物。薬用植物。

ハリフタバ 〈*Borreria articularis* (L. fil.) F. N. Will.〉アカネ科の草本。根はサルサパリラ代用。花は白色。熱帯植物。

ハリマイノデ 〈*Polystichum × utsumii* (Kurata) Kurata〉オシダ科のシダ植物。

ハリマツリ タイワンレンギョウの別名。

ハリミウム・ラシアンツム 〈*Halimium lasianthum* (Lam.) Spach〉ハンニチバナ科。高さは0.5～1m。花は濃緑色。園芸植物。

ハリミオネ・ポルツラコイデス 〈*Halimione portulacoides* Aellen〉アカザ科の小低木。

ハリミズゴケ 〈*Sphagnum cuspidatum* Hoffm.〉ミズゴケ科のコケ。茎葉は舌状三角形で先端はやや鋭頭。

ハリモクシュク 〈*Ononis spinosa* L.〉マメ科の多年草。別名ハリモクシュク。高さは30～60cm。花は桃色。園芸植物。

ハリモミ 針樅 〈*Picea polita* (Sieb. et Zucc.) Carr.〉マツ科の常緑高木。別名シロモミ、トラノオモミ。高さは35m。園芸植物。

ハリヤシ ラピドフィルム・ヒストリクスの別名。

ハリロカイゴケ 〈*Aloina obliquifolia* (Müll. Hal.) Broth.〉センボンゴケ科のコケ。体は葉を含めて長さ2～3mm、蒴柄は赤黄色。

バーリングトニア・アシアティカ ゴバンノアシの別名。

バリングトニア・サモエンシス 〈*Barringtonia samoensis* A. Gray〉サガリバナ科の常緑高木。

バーリングトニア・ラケモサ サガリバナの別名。

ハルオキナグサ プルサティラ・ウェルナリスの別名。

ハルカゼ 春風 〈Harukaze〉バラ科。シュラブ・ローズ系。花はピンク。

ハルガヤ 春茅 〈*Anthoxanthum odoratum* L.〉イネ科の多年草。高さは30～70cm。

ハルカラマツ 春唐松 〈*Thalictrum baicalense* Turcz.〉キンポウゲ科の草本。

バルカン アオイ科のハワイアン・ハイビスカスの品種。

ハルコガネバナ サンシュユの別名。

ハルゴマ 春駒 〈*Euphorbia pseudocactus* A. Berger〉トウダイグサ科の多肉植物。低木多肉植物で有刺。園芸植物。

ハルゴロモ 春衣 〈*Pilosocereus palmeri* (Rose) Byles et Rowley〉サボテン科のサボテン。高さは6m。花は淡い紫赤色。園芸植物。

バルサ 〈*Ochroma pyramidale* Urb.〉アオギリ科（キワタ科）。

バルサ 〈*Ochroma lagopus* Swartz〉パンヤ科の高木。葉は心形または鈍5角形。熱帯植物。

ハルザキクリスマスローズ レンテンローズの別名。

ハルザキヤツシロラン 〈*Gastrodia nipponica* (Honda) Tuyama〉ラン科の草本。日本絶滅危機植物。

ハルザキヤマガラシ 〈*Barbarea vulgaris* R. Br.〉アブラナ科の多年草。別名フユガラシ、セイヨウヤマガラシ。高さは30〜60cm。園芸植物。

ハルサザンカ カメリア・ウェルナリスの別名。

バルサムキリン ユーフォルビア・バルサミフェラの別名。

バルサムノキ マツ科。

バルサムポプラ 〈*Populus balsamifera*〉ヤナギ科の木本。樹高30m。樹皮は灰色。

バルサムモミ アビエス・バルサメアの別名。

ハルジオン 春紫苑 〈*Erigeron philadelphicus* L.〉キク科の多年草。別名ベニバナヒメジョオン。高さは30〜80cm。花は淡紅〜白色。

ハルシャギク 波斯菊 〈*Coreopsis tinctoria* Nutt.〉キク科の一年草。別名クジャクソウ、ジャノメソウ。高さは50〜120cm。花は鮮黄色。園芸植物。

ハルタデ 春蓼 〈*Persicaria vulgaris* Webb et Moq.〉タデ科の一年草。別名ハチノジタデ。高さは20〜50cm。

パルテノキッスス・クインクエフォリア アメリカヅタの別名。

パルテノキッスス・トリクスピダタ ツタの別名。

パルテノキッスス・ヘンリアナ ヘンリーヅタの別名。

バルトニア・オーレア メンツェリア・リンドレイの別名。

ハルトラノオ 春虎の尾 〈*Bistorta tenuicaulis* (Bisset et Moore) Nakai〉タデ科の多年草。高さは7〜15cm。花は白色。園芸植物。

パール・ドール 〈Perle d'Or〉バラ科。ポリアンサ・ローズ系。

パルナシア・フィンブリアータ ユキノシタ科。高山植物。

パルナッシア・パルストリス ウメバチソウの別名。

パルナッシア・フォリオサ 〈*Parnassia foliosa* Hook. f. et T. Thoms.〉ユキノシタ科の多年草。高さは12〜40cm。花は白色。園芸植物。

ハルナユキザサ 〈*Smilacina japonica* var. *robusta*〉ユリ科。

ハルニレ 春楡 〈*Ulmus davidiana* Planch. var. *japonica* (Rehder) Nakai〉ニレ科の落葉高木。別名アカダモ、コブニレ、ヤニレ。樹高30m。樹皮は淡い灰褐色。薬用植物。

ハルノアケボノ ボタン科のボタンの品種。

ハルノタムラソウ 春田村草 〈*Salvia ranzaniana* Makino〉シソ科の草本。

ハルノノゲシ ノゲシの別名。

ハルパゴフィツム・プロカムベンス 〈*Harpagophytum procumbens* DC.〉ゴマ科の多年草。

バルバドスアロエ アロエ・バルバデンシスの別名。

バルバドスザクラ 〈*Malpighia glabra* L.〉キントラノオ科の観賞用低木。高さは3m。花はピンク色。熱帯植物。園芸植物。

バルバル キク科のガーベラの品種。切り花に用いられる。

バルバレア・ウェルナ キバナクレスの別名。

バルバレア・ウルガリス ハルザキヤマガラシの別名。

バルビネラ ブルビネラ・フロリブンダの別名。

パルビフォリア 〈Parvifolia〉バラ科。ケンティフォリア・ローズ系。花は濃ピンク。

ハルフェアデク 〈*Eugenia helferi* Duthie〉フトモモ科の高木。花序の茎は茶色、幹は褐色。花は白色。熱帯植物。

バルボセラ・ククラタ 〈*Barbosella cucullata* (Lindl.) Schlechter〉ラン科。高さは8cm。園芸植物。

パルミラヤシ ウチワヤシの別名。

パールミレット 〈*Pennisetum glaucum* (L.) R. Br.〉イネ科。

パルメットヤシ 〈*Sabal palmetto* (Walt.) Lodd. ex Schult. et Schult. f.〉ヤシ科。別名アメリカサバル。幹の繊維はロープ、果実は黒熟。高さは20m。熱帯植物。園芸植物。

パルメリア・ティンクトルム ウメノキゴケの別名。

パルメンティエラ・エドゥリス 〈*Parmentiera edulis* DC.〉ノウゼンカズラ科。花は淡黄緑で、紫を帯びる。園芸植物。

パルメンティエラ・ケレイフェラ 〈*Parmentiera cereifera* Seem.〉ノウゼンカズラ科。別名ロウソクノキ。高さは6〜7m。花は白色。園芸植物。

ハルユキソウ ホマロメナ・ヴァリシーの別名。

ハルユキノシタ 〈*Saxifraga nipponica* Makino〉ユキノシタ科の多年草。高さは20〜30cm。

ハルヨ 晴世 〈Haruyo〉バラ科。ハイブリッド・ティーローズ系。

ハルランシダ 〈*Hemigramma decurrens* (Hook.) Copel.〉オシダ科の常緑性シダ。葉身は長さ15〜30cm。広披針形。

パール・リヒター ユリ科のチューリップの品種。園芸植物。

ハルリンドウ 〈*Gentiana thunbergii* (G. Don) Griseb.〉リンドウ科の一年草。高さは5〜15cm。花は淡青〜帯紫青色。園芸植物。

バルレリア キツネノマゴ科の属総称。

ハルレリア

バルレリア・アルボステラタ 〈*Barleria albostellata* C. B. Clarke〉キツネノマゴ科。高さは2〜3m。花は純白色。園芸植物。

バルレリア・ゴスワイレリ 〈*Barleria gossweileri* S. L. Moore〉キツネノマゴ科。花は淡紫青色。園芸植物。

バルレリア・シアメンシス 〈*Barleria siamensis* Craib〉キツネノマゴ科。高さは40〜60cm。花は淡紫赤色。園芸植物。

バルレリア・プリオニティス トゲバレリヤの別名。

バルレリア・マッケニー 〈*Barleria mackenii* Hook. f.〉キツネノマゴ科。高さは0.6〜1m。花は淡紫紅色。園芸植物。

バルレリア・ルプリナ マツカサバレリヤの別名。

バルレリア・レペンス 〈*Barleria repens* Nees〉キツネノマゴ科。高さは30〜60cm。花は橙赤色。園芸植物。

パルンビナ・カンディダ 〈*Palumbina candida* (Lindl.) Rchb. f.〉ラン科。高さは40cm。花は純白色。園芸植物。

パレイラ 〈*Cissampelos pareira* L.〉ツヅラフジ科の蔓木。葉裏褐毛、果実は赤。熱帯植物。

ハーレカイン キク科のアークトチスの品種。園芸植物。

ハーレカイン サクラソウ科のシクラメンの品種。園芸植物。

ハレニア・エリプティカ リンドウ科。高山植物。

バレリアナ・ケルティカ オミナエシ科。高山植物。

バレリアナ・サクサティリス オミナエシ科。高山植物。

バレリアナ・スピナ オミナエシ科。高山植物。

バレリアナ・ディオイカ 〈*Valeriana dioica* L.〉オミナエシ科の多年草。

バレリアナ・トリプテリス オミナエシ科。高山植物。

バレリアナ・ヤタマンシィ 〈*Valeriana jatamansii* Jones.〉オミナエシ科の薬用植物。

バレリアン セイヨウカノコソウの別名。

バレリーナ 〈Ballerina〉バラ科。ハイブリッド・ムスク・ローズ系。花は淡ピンク。

バレリーナ フウロソウ科のゼラニウムの品種。園芸植物。

バレリーナ モクレン科のコブシの品種。園芸植物。

バレリーナツリー・メイポール バラ科。切り花に用いられる。

バレンカズラ 〈*Melodorum aberrans* (Maing.) Sinclair〉バンレイシ科の蔓木。果実は甘く食用。熱帯植物。

バレンギク レパキス・ピンナタの別名。

バレンシア 〈Valencia〉バラ科。ハイブリッド・ティーローズ系。

バレンシアオレンジ 〈*Citrus sinensis* 'Valencia'〉ミカン科。別名ハッサクオレンジ。果皮は橙色。園芸植物。

バレンハカリノメ 〈*Polyalthia rumphii* (BL.) Merr.〉バンレイシ科の小木。果実は黄色。花は緑色。熱帯植物。

パロケツス・コンムニス 〈*Parochetus communis* Buch.-Ham. ex D. Don〉マメ科の多年草。豆果は線形。園芸植物。

バローダ バラ科。花は黄色。

バロタ・アケタブロサ 〈*Ballota acetabulosa* Benth.〉シソ科。高さは40〜60cm。花は紫紅色。園芸植物。

バロタ・ニグラ 〈*Ballota nigra* L.〉シソ科の多年草。高さは40〜80cm。花は紅紫か白色。高山植物。園芸植物。

バロタ・プセウドディクタムヌス 〈*Ballota pseudodictamnus* (L.) Benth.〉シソ科。花はピンクあるいは白色。園芸植物。

パロディア サボテン科の属総称。サボテン。

パロディア・アウレイスピナ キンシュウギョクの別名。

パロディア・クリサカンティオン 〈*Parodia chrysacanthion* (K. Schum.) Backeb.〉サボテン科のサボテン。別名錦翁玉。花は黄色。園芸植物。

パロディア・サングイニフロラ 〈*Parodia sanguiniflora* Friç ex Backeb.〉サボテン科のサボテン。別名緋ياة繡玉。花は輝血赤色。園芸植物。

パロディア・シュウェブシアナ 〈*Parodia schwebsiana* (Werderm.) Backeb.〉サボテン科のサボテン。別名紅繡玉。高さは10〜12cm。花は橙紅〜橙赤色。園芸植物。

パロディア・ニウォサ 〈*Parodia nivosa* Friç ex Backeb.〉サボテン科のサボテン。別名銀粧玉。高さは15cm。花は帯橙赤色。園芸植物。

パロディア・マーシー 〈*Parodia maassii* (Heese) A. Berger〉サボテン科のサボテン。別名魔神丸。径7〜8cm。花は帯赤色。園芸植物。

パロディア・ムタビリス 〈*Parodia mutabilis* Backeb.〉サボテン科のサボテン。別名麗繡玉。径8〜9cm。花は明黄〜黄金色。園芸植物。

バロニア 〈*Valonia utricularis* Agardh〉バロニア科の海藻。下部は傾臥し、のち直立。体は5cm。

バロニア バロニア科の属総称。

パロニキア・アルゲンテア 〈*Paronychia argentea* Lam.〉ナデシコ科。マット状になる。園芸植物。

パロニキア・カピタタ 〈*Paronychia capitata* (L.) Lam.〉ナデシコ科。高さは15cm。園芸植物。

パロニキア・カペラ 〈*Paronychia kapela* (Hacq.) Kern.〉ナデシコ科。高さは5〜15cm。園芸植物。

パロニキア・ブラジリアナ 〈*Paronychia brasiliana* DC.〉ナデシコ科。高さは12～30cm。園芸植物。

バロン・アドルフ・ド・ロスチャイルド 〈Baronne Adolphe de Rothschild〉 バラ科。ハイブリッド・パーペチュアルローズ系。

バロン・ジロー・ド・ラン 〈Baron Girod de l'Ain〉 バラ科。濃紅。

ハワイデイコ エリスリナ・タヒテンシスの別名。

ハワイビャクダン 〈*Santalum freycinetianum* Gaud.〉ビャクダン科の半寄生植物。熱帯植物。

ハワーシア ユリ科の属総称。

ハワーシア・アトロフスカ 〈*Haworthia atrofusca* G. G. Sm.〉ユリ科。ロゼット径3～4cm。園芸植物。

ハワーシア・アラクノイデア 〈*Haworthia arachnoidea* (L.) H. Duval〉ユリ科。ロゼット径8cm。園芸植物。

ハワーシア・ウィスコサ 〈*Haworthia viscosa* (L.) Haw.〉ユリ科。ロゼットは3列塔状。園芸植物。

ハワーシア・ウェノサ 〈*Haworthia venosa* (Lam.) Haw.〉ユリ科。ロゼット径8～10cm。園芸植物。

ハワーシア・エメリアエ 〈*Haworthia emelyae* Poelln.〉ユリ科。窓の色彩がウグイス色で鮮明。園芸植物。

ハワーシア・キンビフォルミス 〈*Haworthia cymbiformis* (Haw.) H. Duval〉ユリ科。ロゼットはユリ根状で、淡緑色。園芸植物。

ハワーシア・クスピダタ タカラグサの別名。

ハワーシア・グラウカ 〈*Haworthia glauca* Bak.〉ユリ科。淡青緑色の葉をらせん状に着生。園芸植物。

ハワーシア・クロラカンタ 〈*Haworthia chloracanta* Haw.〉ユリ科。別名星紫。ロゼット径3～4cm。園芸植物。

ハワーシア・ケルマニオルム 〈*Haworthia koelmaniorum* Oberm. et Hardy〉ユリ科。葉にガラス状の微粒をしきつめる。園芸植物。

ハワーシア・コアルクタタ 〈*Haworthia coarctata* Haw.〉ユリ科。別名鷲の爪。高さは20～30cm。園芸植物。

ハワーシア・コレクタ 〈*Haworthia correcta* Poelln.〉ユリ科。窓の線模様が中折れ、Y字形をする。園芸植物。

ハワーシア・コンプトニアナ 〈*Haworthia comptoniana* G. G. Sm.〉ユリ科。窓は不明瞭ながら亀甲模様が入る。園芸植物。

ハワーシア・スカブラ 〈*Haworthia scabra* Haw.〉ユリ科。ロゼット径8cm。園芸植物。

ハワーシア・スターキアナ 〈*Haworthia starkiana* Poelln.〉ユリ科。葉を風車状に着生する。園芸植物。

ハワーシア・セタタ 〈*Haworthia setata* Haw.〉ユリ科。H.setataとその変種群はH.arachnoideaの異名。園芸植物。

ハワーシア・デケナヒー 〈*Haworthia dekenachii* G. G. Sm.〉ユリ科。窓に微細な白点をカスリ状に散布する。園芸植物。

ハワーシア・テネラ 〈*Haworthia tenera* Poelln.〉ユリ科。ロゼット径2～3cm。園芸植物。

ハワーシア・トルツオサ 〈*Haworthia tortuosa* (Haw.) Haw.〉ユリ科。H.viscosaの雑種と推測される。園芸植物。

ハワーシア・トルンカタ 〈*Haworthia truncata* Schönl.〉ユリ科。別名玉扇。葉は短冊形、長さ2～3cm。園芸植物。

ハワーシア・ニグラ 〈*Haworthia nigra* (Haw.) Bak.〉ユリ科。葉の表裏には粗い不連続の隆線がある。高さは12cm。園芸植物。

ハワーシア・バディア 〈*Haworthia badia* Poelln.〉ユリ科。ロゼット径7～8cm。園芸植物。

ハワーシア・ピクタ 〈*Haworthia picta* Poelln.〉ユリ科。上面から見ると窓が重なって半円状をなす。園芸植物。

ハワーシア・ピグマエア 〈*Haworthia pygmaea* Poelln.〉ユリ科。窓はすりガラス状で数本の淡色線がある。園芸植物。

ハワーシア・ファスキアタ ジュウニノマキの別名。

ハワーシア・フェロクス 〈*Haworthia ferox* Poelln.〉ユリ科。ロゼット径4～5cm。園芸植物。

ハワーシア・ブラックバーニアエ 〈*Haworthia blackburniae* W. F. Barker〉ユリ科。葉数は少なく、古くなると茎幹を現す。園芸植物。

ハワーシア・ブラックビアディアナ 〈*Haworthia blackbeardiana* Poelln.〉ユリ科。H.setata型であるが、葉がいくぶん厚め。園芸植物。

ハワーシア・ベイツィアナ 〈*Haworthia batesiana* Uitew.〉ユリ科。ロゼット径4～5cm。園芸植物。

ハワーシア・ボウラシー 〈*Haworthia bolusii* Bak.〉ユリ科。別名曲水の宴。休眠期には葉先が枯れて紙状になり、結球する。園芸植物。

ハワーシア・マグニフィカ 〈*Haworthia magnifica* Poelln.〉ユリ科。地域変異に富み分類がむずかしい。園芸植物。

ハワーシア・マルガリティフェラ 〈*Haworthia margaritifera* (L.) Haw.〉ユリ科。葉は長三角状卵形、淡緑。高さは20cm。園芸植物。

ハワーシア・マルギナタ 〈*Haworthia marginata* (Lam.) Stearn〉ユリ科。別名瑞鶴。花は小形で全開せず筒状。園芸植物。

ハワーシア・マレイシー 〈*Haworthia maraisii* Poelln.〉ユリ科。窓は三角形で粗面。園芸植物。

ハワシアモ

ハワーシア・モーガニー 〈*Haworthia maughannii* Poelln.*〉ユリ科。別名万象。葉の頂面は窓になり、すりガラス状。園芸植物。

ハワーシア・ラインヴァルティー 〈*Haworthia reinwardtii* (Salm-Dyck) Haw.〉ユリ科。葉はらせん状に着生して塔状に育つ。園芸植物。

ハワーシア・リギダ 〈*Haworthia rigida* (Lam.) Haw.〉ユリ科。ロゼット径7～12cm。園芸植物。

ハワーシア・リミフォリア ルリデンの別名。

ハワーシア・レツサ コトブキの別名。

ハワーシア・ロックウッデイー 〈*Haworthia lockwoodii* Archbald〉ユリ科。葉は先細りの卵形で、淡緑色。園芸植物。

ハワーシア・ロンギアナ 〈*Haworthia longiana* Poelln.〉ユリ科。ほぼ真っ直ぐに放射状に着生する。園芸植物。

バンウコン 蕃欝金 〈*Kaempferia galanga* L.〉ショウガ科の球根植物。花は白で紫の斑点がある。熱帯植物。薬用植物。園芸植物。

バンオウカン 晩王柑 ミカン科のミカン(蜜柑)の品種。果皮は黄色。

ハンカイシオガマ 〈*Pedicularis gloriosa* Bisset et Moore〉ゴマノハグサ科の多年草。別名ハンカイアザミ。高さは30～90cm。

ハンカイソウ 樊噲草 〈*Ligularia japonica* (Thunb. ex Murray) Less.〉キク科の多年草。高さは60～100cm。園芸植物。

バンカシンジュガヤ 〈*Scleria ciliaris* Nees〉カヤツリグサ科の草本。茎は三角柱、果実は紫色から白色に変る。高さ1m。熱帯植物。

ハンカチツリー 〈*Davidia involucrata* Baill.〉ダビディア科(オオギリ科、ヌマミズキ科)の落葉高木。別名ハンカチノキ、ハトノキ。高さは15～20m。樹皮は橙褐色。園芸植物。

バンガード 〈Vanguard〉バラ科。ハイブリッド・ルゴサ・ローズ系。花はサーモンピンク。

バンカマンギス 〈*Garcinia bancana* Miq.〉オトギリソウ科の高木。果実は黄橙色。花は黄白色。熱帯植物。

ハンガリアナラ 〈*Quercus frainetto*〉ブナ科の木本。樹高30m。樹皮は暗灰色。園芸植物。

ハンガリーギキョウ カンパニュラ・グロッセキーの別名。

ハンガリーハシドイ シリンガ・ヨシカエアの別名。

パンギノキ 〈*Pangium edule* Reinw.〉イイギリ科の常緑高木。熱帯植物。

バンクシア ヤマモガシ科の属総称。

バンクシア・アスプレニーフォリア 〈*Banksia aspleniifolia* Salisb.〉ヤマモガシ科。高さは2m。花は黄色。園芸植物。

バンクシア・インテグリフォリア 〈*Banksia integrifolia* L. f.〉ヤマモガシ科。高さは25m。花は淡黄色。園芸植物。

バンクシア・エリキフォリア 〈*Banksia ericifolia* L. f.〉ヤマモガシ科。高さは5m。花は橙黄色。園芸植物。切り花に用いられる。

バンクシア・オブロンギフォリア 〈*Banksia oblongifolia* Cav.〉ヤマモガシ科。高さは3m。花は淡黄で灰青を帯びる。園芸植物。

バンクシア・オルナタ 〈*Banksia ornata* F. J. Muell. ex Meissn.〉ヤマモガシ科。高さは3m。花は緑黄から黄褐色。園芸植物。

バンクシア・カンドレアナ 〈*Banksia candolleana* Meissn.〉ヤマモガシ科。高さは1.3m。花は黄金色。園芸植物。

バンクシア・クエルキフォリア 〈*Banksia quercifolia* R. Br.〉ヤマモガシ科。高さは3m。花は橙褐色。園芸植物。

バンクシア・グランディス 〈*Banksia grandis* Willd.〉ヤマモガシ科。高さは10m。花は淡黄から輝黄色。園芸植物。

バンクシア・コッキネア 〈*Banksia coccinea* R. Br.〉ヤマモガシ科。高さは3m。花は鮮やかな赤色。園芸植物。切り花に用いられる。

バンクシア・スピヌロサ 〈*Banksia spinulosa* Sm.〉ヤマモガシ科。高さは1.5m。花はブロンズ黄色。園芸植物。

バンクシア・スペシオーサー ヤマモガシ科。切り花に用いられる。

バンクシア・セラタ 〈*Banksia serrata* L. f.〉ヤマモガシ科の高木。高さは10m。花は銀灰色。園芸植物。

バンクシア・ドリアンドロイデス 〈*Banksia dryandroides* Baxter〉ヤマモガシ科。高さは1m以下。花は黄色。園芸植物。

バンクシア・バクステリ 〈*Banksia baxteri* R. Br.〉ヤマモガシ科。高さは3m。花は黄色。園芸植物。

バンクシア・バーデッティー 〈*Banksia burdettii* Bak. f.〉ヤマモガシ科。高さは4m。花は橙色。園芸植物。

バンクシア・ピロスティリス 〈*Banksia pilostylis* C. Gardn.〉ヤマモガシ科。高さは4m。花は淡黄あるいは緑黄色。園芸植物。

バンクシア・フーケラーナ ヤマモガシ科。切り花に用いられる。

バンクシア・プラエモルサ 〈*Banksia praemorsa* Andr.〉ヤマモガシ科。高さは4m。花は黄色。園芸植物。

バンクシア・プリオノート ヤマモガシ科。切り花に用いられる。

バンクシア・マルギナタ 〈*Banksia marginata* Cav.〉ヤマモガシ科。高さは1m～10m。花は淡黄色ないし輝黄色。園芸植物。

バンクシア・メディア 〈*Banksia media* R. Br.〉ヤマモガシ科。高さは6m。花はクリーム黄や黄褐色。園芸植物。

バンクシア・メンジージー 〈*Banksia menziesii* R. Br.〉ヤマモガシ科。高さは3～10m。花は黄色。園芸植物。

バンクシア・ロブル 〈*Banksia robur* Cav.〉ヤマモガシ科。高さは2m。花は黄緑色。園芸植物。

バンクスマツ ピヌス・バンクシアナの別名。

パンクラチウム 〈*Hymenocallis littoralis* (Jacq.) Salisb.〉ヒガンバナ科の観賞用植物。高さは50～60cm。花は白色。熱帯植物。

パンクラチウム・イリリクム ヒガンバナ科。園芸植物。

パンクラティウム・マリティムム 〈*Pancratium maritimum* L.〉ヒガンバナ科の多年草。

ハンゲショウ 半夏生, 半化粧 〈*Saururus chinensis* Baill.〉ドクダミ科の多年草。別名カタシログサ。高さは60～100cm。薬用植物。園芸植物。

ハンゲツクジャク アジアンタム・フィリペンセの別名。

バンコック カンナ科のカンナの品種。園芸植物。

ハンコックシダ 〈*Monomelangium pullingeri* (Bak.) Tagawa〉オシダ科の常緑性シダ。葉身は長さ25～40cm。単羽状。

バンコノコエ 万戸の声 キンポウゲ科のシャクヤクの品種。園芸植物。

パンコムギ イネ科。

ハンゴンソウ 反魂草 〈*Senecio cannabifolius* Less.〉キク科の多年草。高さは100～200cm。高山植物。薬用植物。

パンジー 〈*Viola* × *wittrockiana* Hort. ex Gams〉スミレ科の薬用植物。別名サンシキスミレ、ユウチョウカ、コチョウソウ。園芸植物。

パンジー スミレ科の属総称。別名サンシキスミレ。

ハンシート 〈Hanseat〉バラ科。シュラブ・ローズ系。

バンジャク 磐石 サボテン科のサボテン。園芸植物。

バンシュン 晩春 クルミ科のクルミの品種。果実は平均13g。

ハンショウヅル 半鐘蔓 〈*Clematis japonica* Thunb. ex Murray〉キンポウゲ科の落葉性つる植物。花は紫色。園芸植物。

バンシリュウ 幡紫竜 コケミエア・ポーゼルゲリの別名。

バンジロウ グアバの別名。

バンジンガンクビソウ コバナガンクビソウの別名。

バンダ ラン科の属総称。切り花に用いられる。

バンダ・アイゼンハワー 〈*Vanda* Eisenhower〉ラン科。花は黄色。園芸植物。

バンダ・アムファイ 〈*Vanda* Amphai〉ラン科。花はややくすんだ黄色。園芸植物。

バンダ・アルピナ 〈*Vanda alpina* (Lindl.) Lindl.〉ラン科。高さは15～30cm。花は黄緑色。園芸植物。

バンダイ 万代 〈*Euphorbia valida* N. E. Br.〉トウダイグサ科の多肉植物。別名バリダ。高さは10～20cm。園芸植物。

バンダイ 万代 ツバキ科のユキツバキの品種。園芸植物。

バンダイキノリ 〈*Sulcaria sulcata* (Lév.) Bystr. ex Brodo et Haksw.〉サルオガセ科の地衣類。地衣体は灰白または褐色。

バンダイゴケ 〈*Rauiella fujisana* (Paris) Reimers〉シノブゴケ科のコケ。茎は細くてはい、茎葉は広卵形。

バンダイショウマ 〈*Astilbe odontophylla* var. *bandaica*〉ユキノシタ科。

バンダイソウ ベンケイソウ科。

パンダイチゴ イチゴ・ピンクパンダの別名。

バンダ・ヴァラヴット 〈*Vanda* Varavuth〉ラン科。花は紫みの強い紫青色。園芸植物。

バンダ・オノメア 〈*Vanda* Onomea〉ラン科。花は淡桃色。園芸植物。

バンダ・オフア 〈*Vanda* Opha〉ラン科。花は桃色。園芸植物。

バンダ・カーセムズ・デライト 〈*Vanda* Kasem's Delight〉ラン科。園芸植物。

バンダ・クニコ・スギハラ 〈*Vanda* Kuniko Sugihara〉ラン科。花はややくすんだ濃青紫色。園芸植物。

バンダ・クリスタタ 〈*Vanda cristata* Lindl.〉ラン科。高さは10～15cm。花は黄緑色。園芸植物。

バンダ・コエルレア 〈*Vanda coerulea* Griff. ex Lindl.〉ラン科の多年草。別名ヒスイラン(翡翠蘭)。高さは30～70cm。花は淡い空色。園芸植物。

バンダ・コエルレスケンス 〈*Vanda coerulescens* Griff.〉ラン科。高さは30～50cm。花は淡藤色。園芸植物。

バンダ・ゴードン・ディロン 〈*Vanda* Gordon Dillon〉ラン科。花は濃紫青あるいは濃桃紅色。園芸植物。

バンダ・サン・タン 〈*Vanda* Sun Tan〉ラン科。花は淡桃色。園芸植物。

バンダ・サンデリアナ 〈*Vanda sanderiana* Rchb. f.〉ラン科。園芸植物。

バンダ・サンレイ 〈*Vanda* Sunray〉ラン科。花は淡桃色。園芸植物。

バンダ・ジェニー・ハシモト 〈*Vanda* Jennie Hashimoto〉ラン科。花はピンク色。園芸植物。

ハンタシユ

バンダ・ジュディー・ミヤモト 〈Vanda Judy Miyamoto〉ラン科。花は淡紫青色。園芸植物。
バンダ・ジョーン・ロスサンド 〈Vanda Joan Rothsand〉ラン科。花はピンク色。園芸植物。
バンダ・スワピー 〈Vanda Suwapee〉ラン科。花は淡青色。園芸植物。
バンダ・セルレア バンダ・コエルレアの別名。
バンダ・ダイアン・オガワ 〈Vanda Diane Ogawa〉ラン科。花は淡桃色。園芸植物。
バンダ・タナンチャイ 〈Vanda Thananchai〉ラン科。花は黄緑色。園芸植物。
バンダ・テオライン・ロージーグロー 〈Vanda Teoline Rosieglow〉ラン科。園芸植物。
バンダ・テッセラタ 〈Vanda tessellata (Roxb.) G. Don〉ラン科。高さは30〜60cm。花は黄緑色。園芸植物。
バンダ・デニソニアナ 〈Vanda denisoniana R. Bens. ex Rchb. f.〉ラン科。高さは30〜50cm。花は白〜黄色。園芸植物。
バンダ・テレス ハナボウランの別名。
バンダ・トム・リッター 〈Vanda Tom Ritter〉ラン科。
バンダ・トリコロール ヒョウモンランの別名。
バンダ・ドーン・ニシムラ 〈Vanda Dawn Nishimura〉ラン科。花は淡桃色。園芸植物。
バンダ・ナンシー・ロディラス 〈Vanda Nancy Rodilas〉ラン科。花は桃色。園芸植物。
パンダヌス・アトロカルプス オオタコノキの別名。
パンダヌス・ウァリエガツス 〈Pandanus variegatus Miq.〉タコノキ科の木本。園芸植物。
パンダヌス・ウァンデルメースキー 〈Pandanus vandermeeschii Balf. f.〉タコノキ科の木本。高さは4〜6m。園芸植物。
パンダヌス・ヴィーチー 〈Pandanus veitchii hort. Veitch ex M. T. Mast. et T. Moore〉タコノキ科の木本。別名シマタコノキ、フイリタコノキ。園芸植物。
パンダヌス・ウティリス ビョウタコノキの別名。
パンダヌス・グラミニフォリウス 〈Pandanus graminifolius Kunze〉タコノキ科の木本。別名イトバタコノキ。園芸植物。
パンダヌス・サンデリ 〈Pandanus sanderi M. T. Mast.〉タコノキ科の木本。園芸植物。
パンダヌス・テクトリウス 〈Pandanus tectorius Soland. ex Parkins.〉タコノキ科の分岐性の小木。別名アダン。葉に刺がないので編物材料として栽培。高さは3〜6m。熱帯植物。園芸植物。
パンダヌス・ドゥビウス 〈Pandanus dubius K. Spreng.〉タコノキ科の木本。高さは20m。園芸植物。

パンダヌス・ピグマエウス 〈Pandanus pygmaeus Thouars〉タコノキ科の木本。別名ヒメタコノキ。高さは30〜60cm。園芸植物。
パンダヌス・フルカツス 〈Pandanus furcatus Roxb.〉タコノキ科の木本。高さは10m。園芸植物。
パンダヌス・ボニネンシス タコノキの別名。
バンダ・ネリー・モーリー 〈Vanda Nellie Morley〉ラン科。花は濃紅色。園芸植物。
バンダ・パトウ 〈Vanda Patou〉ラン科。花は濃赤褐色。園芸植物。
バンダ・バンコク・ブルー 〈Vanda Bangkok Blue〉ラン科。花は淡青色。園芸植物。
バンダ・パンチボール 〈Vanda Punchbowl〉ラン科。花はやや桃みを帯びた白色。園芸植物。
バンダ・ビーマヨティン 〈Vanda Bhimayothin〉ラン科。花は桃と黒色。園芸植物。
バンダ・ヒロ・ブルー 〈Vanda Hilo Blue〉ラン科。園芸植物。
バンダ・ファイロット 〈Vanda Phairot〉ラン科。花は濃桃色。園芸植物。
バンダ・フッケリアナ 〈Vanda hookeriana Rchb. f.〉ラン科の多年草。高さは30cm。花は淡紅色。園芸植物。
バンダ・プラキペッチ 〈Vanda Prakypetch〉ラン科。園芸植物。
バンダ・ボニー・ブルー・フクムラ 〈Vanda Bonnie Blue Fukumura〉ラン科。花は淡青色。園芸植物。
バンダ・マダム・ラッタナ 〈Vanda Madame Rattana〉ラン科。花は淡桃色。園芸植物。
バンダ・ミス・ジョアキン 〈Vanda Miss Joaquim〉ラン科。花は淡桃色。園芸植物。
バンダ・ラスリ 〈Vanda Rasri〉ラン科。花は黄緑色。園芸植物。
バンダ・ラメラタ 〈Vanda lamellata Lindl.〉ラン科。高さは30〜40cm。花は黄色。園芸植物。
バンダ・ルソニカ 〈Vanda luzonica Loher ex Rolfe〉ラン科。高さは1m。花は白色。園芸植物。
バンダ・レナヴァット 〈Vanda Lenavat〉ラン科。花は濃桃色。園芸植物。
バンダ・ロウブリンギアナ 〈Vanda roeblingiana Rolfe〉ラン科。高さは1m。花は褐赤色。園芸植物。
バンダ・ロスチャイルディアナ 〈Vanda Rothschildiana〉ラン科。花は白色。園芸植物。
バンダ・ローズ・デイヴィス 〈Vanda Rose Davis〉ラン科。園芸植物。
バンダ・ローレル・ヤップ 〈Vanda Laurel Yap〉ラン科。園芸植物。
ハンツルトウ 〈Calamus lobbianus Becc.〉ヤシ科。幹径5cm、羽片長35cm、幅3cm。熱帯植物。

ハンテンボク　ユリノキの別名。
バントウ　蟠桃　〈*Prunus persica* var. *compressa* (Loud.) Bean〉バラ科。別名ハントウ、ザゼンモモ。果実は扁円形。園芸植物。
ハントウギョク　半島玉　フェロカクツス・ペニンスラエの別名。
バンドフィネティア・パット・アルカリ　〈×*Vandofinetia* Pat Arcari〉ラン科。花は淡紫青色。園芸植物。
バンドプシス・パリシー　〈*Vandopsis parishii* (Rchb. f.) Schlechter〉ラン科。高さは15〜20cm。花は緑黄または褐紫色。園芸植物。
バンドプシス・リッソキロイデス　〈*Vandopsis lissochiloides* (Gaud.-Beaup.) Pfitz.〉ラン科。高さは1.5m。花は赤紫色。園芸植物。
パンドーレア・パンドラーナ　〈*Pandorea pandorana* Van Steenis〉ノウゼンカズラ科の常緑つる性低木。
パンドレア・ヤスミノイデス　ソケイノウゼンの別名。
ハントレヤ・メレアグリス　〈*Huntleya meleagris* Lindl.〉ラン科。花は地は白、先端3分の2は赤褐色。園芸植物。
ハンニチバナ　半日花　ハンニチバナ科の属の総称。
ハンニャ　般若　〈*Astrophytum ornatum* (DC.) A. Web. ex Britt. et Rose〉サボテン科のサボテン。高さは100cm。花は輝黄色。園芸植物。
ハンネマニア・フマリーフォリア　〈*Hunnemannia fumariifolia* Sweet〉ケシ科。高さは60cm。花は鮮黄色。園芸植物。
ハンノキ　榛木　〈*Alnus japonica* (Thunb.) Steud.〉カバノキ科の落葉高木。別名ソロバンノキ、ハノキ。高さは15〜20m。園芸植物。
パンノキ　〈*Artocarpus altilis* (Parkins.) Fosberg〉クワ科の薬用植物。高さは12〜18m。雄花は黄、雌花は緑色。園芸植物。
パンノキ　クワ科の属総称。
ハンノキイグチ　〈*Gyrodon lividus* (Bull. : Fr.) Sacc.〉イグチ科のキノコ。中型〜大型。傘は黄褐色〜褐色、多少綿毛状。
パンパスグラス　〈*Cortaderia selloana* (Schult.) Aschers. et Graebn.〉イネ科の多年草。別名シロガネヨシ。高さは1〜3m。花は銀白色。園芸植物。切り花に用いられる。
バンバラグラウンドナッツ　〈*Vigna subterranea* (L.) Verdc.〉マメ科の蔓草。別名バンバラマメ、フタゴマメ。非裂開性の莢を地下に結ぶ。長さ10〜15cm。花は淡黄色。熱帯植物。園芸植物。
バンバラマメ　バンバラグラウンドナッツの別名。
バンブサ・ウェントリコサ　〈*Bambusa ventricosa* McClure〉イネ科。別名オオフクチク(大福竹)。節ების直上部がふくらむ。園芸植物。
バンブサ・ウルガリス　ダイサンチクの別名。

バンブサ・オルダミー　〈*Bambusa oldhamii* Munro〉イネ科。別名リョクチク(緑竹)。高さは6〜12m。園芸植物。
バンブサ・ステノスタキア　〈*Bambusa stenostachya* Hack.〉イネ科。別名シチク(刺竹)。日本では防風、防盗のために生垣とされる。園芸植物。
バンブサ・ドリコクラダ　〈*Bambusa dolichoclada* Hayata〉イネ科。別名チョウシチク(長枝竹)。高さは20m。園芸植物。
バンブサ・ドリコメリタラ　〈*Bambusa dolichomerithalla* Hayata〉イネ科。園芸植物。
バンブサ・ムルティプレクス　ホウライチクの別名。
バンペイユ　ザボンの別名。
バンマツリ　蕃茉莉　〈*Brunfelsia uniflora* (Pohl) D. Don〉ナス科の観賞用低木。別名バンソケイ。高さは30cm。花は淡紫色、翌日白色となる。熱帯植物。薬用植物。園芸植物。
パンヤノキ　カポックの別名。
バンヤンノキ　ベンガルボダイジュの別名。
バンリュウガン　〈*Pometia pinnata* J. R. et G. Forst.〉ムクロジ科の高木。熱帯植物。
バンレイシ　蕃茘枝　〈*Annona squamosa* L.〉バンレイシ科の低木。別名シャカトウ。果実は甘く生食また醸酵飲料用。高さは2〜7m。花は緑色。熱帯植物。薬用植物。園芸植物。

【 ヒ 】

ヒアシンス　〈*Hyacinthus orientalis* L.〉ユリ科の球根植物。別名ニシキユリ、コモンヒアシンス。花は青紫色。薬用植物。園芸植物。切り花に用いられる。
ヒアシンス　ユリ科の属総称。
ビアデッド・アイリス　アヤメ科の園芸品種群。花は黄、ピンク、茶など。園芸植物。
ビアトレラゴケ　〈*Biatorella zeorina* (Vain.) Zahlbr.〉ホウネンゴケ科の地衣類。地衣体は灰白。
ピアランツス・コンプツス　〈*Piaranthus comptus* N. E. Br.〉ガガイモ科の多年草。長さ4〜6cm。花は緑褐色。園芸植物。
ビアンカ　バラ科。ハイブリッド・ティーローズ系。花は純白色。
ヒイラギ　柊, 疼木, 比比羅木　〈*Osmanthus heterophyllus* (G. Don) P. S. Green〉モクセイ科の常緑高木〜小高木。別名オニサシ、オニノメサシ、メツキシバ。高さは10m。花は白色。園芸植物。
ヒイラギズイナ　〈*Itea oldhamii* C. K. Schneid.〉ユキノシタ科の木本。高さは2〜3m。園芸植物。

ヒイラギソウ 柊草 〈*Ajuga incisa* Maxim.〉シソ科の多年草。高さは30〜50cm。

ヒイラギデンダ 柊連朶 〈*Polystichum lonchitis* (L.) Roth〉オシダ科の常緑性シダ。別名カラフトデンダ。葉身は長さ10〜20cm。線形〜線状披針形。園芸植物。

ヒイラギトラノオ 〈*Malpighia coccigera* L.〉キントラノオ科の観賞用低木。高さは1m。花はピンク色。熱帯植物。園芸植物。

ヒイラギナンテン 柊南天 〈*Mahonia japonica* (Thunb. ex Murray) DC.〉メギ科の常緑低木。別名トウナンテン、ヒラギナンテン。高さは1.5m。花は黄色。薬用植物。園芸植物。

ヒイラギノササゲ 柊野大角豆 マメ科の京野菜。

ヒイラギハギ 〈*Chorizema ilicifolium* Labill.〉マメ科の常緑低木。別名ホソバヒイラギマメ。園芸植物。

ヒイラギマメ 〈*Chorizema cordatum* Lindl.〉マメ科の常緑低木。別名ハナヒイラギ。園芸植物。

ヒイラギモクセイ 柊木犀 〈*Osmanthus fortunei* Carr.〉モクセイ科の常緑木。花は白色。園芸植物。

ヒイラギモチ 柊黐 〈*Ilex aquifolium* L.〉モチノキ科の木本。別名セイヨウヒイラギ。高さは6m。花は白色。樹皮は淡い灰色。園芸植物。

ヒイロガサ 〈*Hygrocybe flavescens* (Kauffm.) Sing.〉ヌメリガサ科のキノコ。

ヒイロタケ 〈*Pycnoporus coccineus* (Fr.) Boud. et Sing.〉サルノコシカケ科のキノコ。中型〜大型。傘は無毛、無毛。薬用植物。

ヒイロチャワンタケ 〈*Aleuria aurantia* (Fr.) Fuckel〉ピロネマキン科のキノコ。小型〜中型。子嚢盤は浅い椀形、子実層は緋色。

ヒイロハリタケ 〈*Phanerochaete chrysorhiza* (Torr.) Budington & Gilb.〉コウヤクタケ科のキノコ。中型〜大型。子実体は背着生、膜状。

ヒイロベニヒダタケ 〈*Pluteus aurantiorugosus* (Trog.) Sacc.〉ウラベニガサ科のキノコ。小型。傘は橙赤色、縁部は白い縁どり。ひだは白色→肉色。

ヒウメ 緋梅 バラ科のウメの品種。園芸植物。

ヒウン 飛雲 メロカクツス・オアハケンシスの別名。

ヒエ 稗,比要 〈*Echinochloa utilis* Ohwi et Yabuno〉イネ科の草本。熱帯植物。

ヒエガエリ 稗還り 〈*Polypogon fugax* Steud.〉イネ科の一年草。高さは20〜60cm。

ヒエスゲ マツマエスゲの別名。

ヒエモク 〈*Myagropsis Yendoi* Fensholt〉ホンダワラ科の海藻。気胞が球形。

ヒエラキウム・アウランティアクム コウリンタンポポの別名。

ヒエラキウム・オウランティアクム キク科。高山植物。

ヒエラキウム・ピロセラ 〈*Hieracium pilosella* L.〉キク科の多年草。高山植物。

ヒエラキウム・ブルネオクロケウム 〈*Hieracium brunneocroceum* Pugsl.〉キク科の多年草。

ヒエラキウム・マクラツム 〈*Hieracium maculatum* Sm.〉キク科。花は濃黄色。園芸植物。

ヒエラキウム・ヤポニクム ミヤマコウゾリナの別名。

ピエリス・タイワネンシス 〈*Pieris taiwanensis* Hayata〉ツツジ科の木本。別名タイワンアセビ。園芸植物。

ピエリス・フォルモサ 〈*Pieris formosa* (Wall.) D. Don〉ツツジ科の常緑低木。別名ヒマラヤアセビ。高さは3〜4m。高山植物。園芸植物。

ピエリス・フロリブンダ 〈*Pieris floribunda* (Pursh ex Sims) Benth. et Hook. f.〉ツツジ科の木本。別名アメリカアセビ。高さは1〜2m。花は白色。園芸植物。

ピエリス・ヤポニカ アセビの別名。

ピエール・ド・ロンサール 〈Pierre de Ronsard〉バラ科。クライミング・ローズ系。花はソフトピンク。

ピエロ ケシ科のハナゲシの品種。園芸植物。

ヒエンソウ 千鳥草 〈*Delphinium ajacis* L. (emend. J. Gay)〉キンポウゲ科の一年草。別名チドリソウ。高さは30〜90cm。花は青、藤、赤、桃、白など。薬用植物。園芸植物。切り花に用いられる。

ヒオウギ 檜扇 〈*Belamcanda chinensis* (L.) DC.〉アヤメ科の多年草。別名カラスオウギ、ウバダマ、ヌバタマ。高さは50〜120cm。花は黄赤色。薬用植物。園芸植物。切り花に用いられる。

ヒオウギ 緋扇 〈Hi-Ohgi〉バラ科。ハイブリッド・ティーローズ系。花は濃い朱色。

ヒオウギ 〈*Jania radiata* (Yendo) Yendo〉サンゴモ科の海藻。叉状分岐。体は5mm。

ヒオウギアヤメ 檜扇菖蒲,檜扇水仙 〈*Iris setosa* Pallas ex Link〉アヤメ科の多年草。高さは30〜70cm。花は紫色。高山植物。園芸植物。

ヒオウギズイセン 檜扇水仙 〈*Crocosmia aurea* (Pappe ex Hook.) Planch.〉アヤメ科。別名ワットソニア。花は黄金〜橙色。園芸植物。切り花に用いられる。

ヒオスキーアムス・アウレウス 〈*Hyoscyamus aureus* L.〉ナス科の多年草。花は鮮黄色。園芸植物。

ヒオスキアムス・アグレスティス 〈*Hyoscyamus agrestis* Kit. et Shult.〉ナス科の草本。別名マンシュウヒヨス、ロウトウ。園芸植物。

ヒオスキアムス・アルブス 〈*Hyoscyamus albus* L.〉ナス科の草本。高さは30～90cm。花は黄白色。園芸植物。

ヒオスパテ・エレガンス 〈*Hyospathe elegans* Mart.〉ヤシ科。高さは2m。園芸植物。

ヒオドシ 緋縅 マミラリア・マザトラネンシスの別名。

ヒオドシグサ 〈*Amansia japonica* (Holmes) Okamura〉フジマツモ科の海藻。羽状分岐。体は10～20cm。

ヒオフォルベ・インディカ 〈*Hyophorbe indica* Gaertn.〉ヤシ科。高さは8m。園芸植物。

ヒオフォルベ・ヴォーニー 〈*Hyophorbe vaughanii* L. H. Bailey〉ヤシ科。高さは10m。園芸植物。

ビオラケア 〈Voilacea〉バラ科。ガリカ・ローズ系。花は紅紫色。

ビオレット 〈Violette〉バラ科。ハイブリッド・ムルティフローラ・ローズ系。花は濃い紫色。

ビオレ・ドーフィン クワ科のイチジク(無花果)の品種。別名ドーフィン、バイオレットドーフィン。果肉やや黄紅色。

ビカカク 美花角 〈*Echinocereus pentalophus* (DC.) Rümpler〉サボテン科のサボテン。花は帯紫桃～濃紅桃色。園芸植物。

ビカクシダ 麋角羊歯 〈*Platycerium bifurcatum* (Cav.) C. Chr.〉ウラボシ科。別名コウモリラン。ネスト・リーフは褐色。園芸植物。

ビカクシダ ウラボシ科の属総称。別名コウモリラン。

ヒカゲアマクサシダ 〈*Pteris tokioi*〉イノモトソウ科(ワラビ科)の常緑性シダ。葉身は長さ1m。卵状長楕円形。

ヒカゲイノコズチ イノコズチの別名。

ヒカゲウラベニタケ 〈*Clitopilus prunulus* (Scop. : Fr.) Kummer〉イッポンシメジ科のキノコ。小型～中型。傘は白色、湿時粘性、微粉状。ひだはピンク色。

ヒカゲシビレタケ 〈*Psilocybe argentipes* K. Yokoyama〉モエギタケ科のキノコ。小型。傘は円錐状、頂端はやや尖る。暗褐色～黄土褐色。

ヒカゲシラスゲ 〈*Carex planiculmis* Komarov〉カヤツリグサ科の多年草。高さは30～60cm。

ヒカゲスゲ 日陰菅 〈*Carex humilis* Leyss. var. *subpediformis* (Kükehth.) T. Koyama〉カヤツリグサ科の多年草。高さは15～40cm。園芸植物。

ヒカゲスミレ 日陰菫 〈*Viola yezoensis* Maxim.〉スミレ科の多年草。高さは5～12cm。花は白色。園芸植物。

ヒカゲタケ 〈*Panaeolus sphinctrinus* (Fr.) Quél.〉ヒトヨタケ科のキノコ。小型。傘は灰褐色～暗褐色、鐘形。縁部にフリンジ。ひだは灰色→黒色。

ヒカゲツツジ 日陰躑躅 〈*Rhododendron keiskei* Miq.〉ツツジ科の常緑低木。別名ハイヒカゲツツジ。高さは1.8m。花はクリーム、淡黄色。高山植物。園芸植物。

ヒカゲノイト 〈*Nemastoma nakamurae* Yendo〉ヒカゲノイト科の海藻。円柱状。体は10cm。

ヒカゲノイネ 〈*Oryza ridleyi* Hook. f.〉イネ科。樹蔭のやや暗い湿地に生ずる。熱帯植物。

ヒカゲノカズラ 日陰蔓 〈*Lycopodium clavatum* L.〉ヒカゲノカズラ科の常緑性シダ。別名カミダスキ、キツネノタスキ、ウサギノタスキ。葉身は長さ3.5～7mm。線形または線状披針形。薬用植物。園芸植物。切り花に用いられる。

ヒカゲノカズラモドキ 〈*Aerobryopsis parisii* (Card.) Broth.〉ハイヒモゴケ科のコケ。二次茎の葉は狭卵形。

ヒカゲノツルニンジン 〈*Codonopsis pilosula* (Franch.) Nannf.〉キキョウ科の薬用植物。

ヒカゲハリスゲ 〈*Carex onoei* Franch. et Savat.〉カヤツリグサ科の草本。

ヒカゲヘゴ 日陰桫欏 〈*Cyathea lepifera* (J. Smith ex Hook.) Copel.〉ヘゴ科の常緑性シダ。別名モリヘゴ、アヤヘゴ。葉身は長さ2～3m。倒卵状長楕円形。園芸植物。

ヒカゲミズ 〈*Parietaria micrantha* Ledeb.〉イラクサ科の草本。

ヒカゲミツバ 日陰三葉 〈*Spuriopimpinella nikoensis* (Yabe ex Makino et Nemoto) Kitagawa〉セリ科の多年草。高さは50～80cm。高山植物。

ヒカゲワラビ 日陰蕨 〈*Diplazium chinense* (Baker) C. Chr.〉オシダ科の夏緑性シダ。葉身は長さ30～60cm。三角形。

ヒカダマ 緋花玉 ギムノカリキウム・ボールディアヌムの別名。

ピカデリー ナデシコ科のカーネーションの品種。園芸植物。

ヒカリゴケ 光苔 〈*Schistostega pennata* (Hedw.) Web. et Mohr〉ヒカリゴケ科のコケ。原糸体が光を反射して、黄緑色に光る。茎は7～8mm、披針形の葉。

ヒカリゼニゴケ 〈*Cyathodium cavernarum* Kumze〉ハマグリゼニゴケ科のコケ。白緑色であるが、光の反射によって黄金色に輝く。

ヒカルゲンジ 光源氏 ツバキ科のツバキの品種。園芸植物。

ヒガンザクラ 緋寒桜 〈*Prunus × subhirtella* Miq.〉バラ科の落葉低木。別名コヒガンザクラ、コヒガン、コザクラ。花は淡紅色。園芸植物。

ヒガンザクラ 彼岸桜 ポール・リコーの別名。

ヒガンバナ 彼岸花 〈*Lycoris radiata* Herb.〉ヒガンバナ科の多年草。別名マンジュシャゲ、ジゴクバナ、シビトバナ。高さは30～50cm。花は鮮赤色。薬用植物。園芸植物。

ヒガンバナ科 科名。

ヒガンマムシグサ 彼岸蛇草 〈Arisaema undulatifolium Nakai subsp. undulatifolium var. undulatifolium〉サトイモ科の草本。別名ナガバマムシグサ、ハウチワテンナンショウ、ナミウチマムシグサ。

ビキア・シルバティカ 〈Vicia sylvatica L.〉マメ科の多年草。

ヒキオコシ 引起 〈Isodon japonicus (Burm.) Hara〉シソ科の多年草。別名エンメイソウ。高さは50〜100cm。薬用植物。

ビキニ キク科のムギワラギクの品種。園芸植物。

ヒキノカサ 蛙の傘 〈Ranunculus extorris Hance〉キンポウゲ科の多年草。別名コキンポウゲ。高さは10〜30cm。薬用植物。

ピギーバック・プラント ユキノシタ科。園芸植物。

ヒキヨモギ 引艾、蠹蓬 〈Siphonostegia chinensis Benth.〉ゴマノハグサ科の半寄生一年草。高さは30〜70cm。薬用植物。

ヒギリ 緋桐 〈Clerodendron japonicum (Thunb. ex Murray) Sweet〉クマツヅラ科の観賞用低木。別名トウギリ。高さは2m。花は緋紅色。熱帯植物。園芸植物。

ピクサ・オレラナ ベニノキの別名。

ピクシー・ピンク イワタバコ科のセントポーリアの品種。園芸植物。

ビクトリー バラ科のバラの品種。切り花に用いられる。

ビクトリア サクラソウ科のシクラメンの品種。園芸植物。

ビクトリエ リュウゼツラン科(ユリ科)のドラセナ・フラグランスの品種。別名フクリンセンネンボク。

ビクトル・ユーゴ 〈Victor Hugo〉バラ科。ハイブリッド・ティーローズ系。花は濃紅色。

ピクノスターキス・ウルティキフォリア 〈Pycnostachys urticifolia Hook.〉シソ科の多年草。

ビグノニア ノウゼンカズラ科の属総称。別名ツリガネカズラ。

ヒクホウノオ 〈Platoma izunosimensis Segawa〉ヒカゲノイト科の海藻。厚く肉質。体は10cm。

ヒグラシ ボタン科のボタンの品種。

ヒグルマダリア 〈Dahlia coccinea Cav.〉キク科の多年草。別名ヒグルマテンジクボタン。

ヒグルマテンジクボタン ヒグルマダリアの別名。

ピクロリザ・スクロフラリフローラ ゴマノハグサ科。高山植物。

ピケア・アスペラタ 〈Picea asperata M. T. Mast.〉マツ科の常緑高木。別名チュウゴクハリモミ。高さは45m。園芸植物。

ピケア・アビエス ドイツトウヒの別名。

ピケア・イェゾエンシス エゾマツの別名。

ピケア・エンゲルマニー 〈Picea engelmannii Parry ex Engelm.〉マツ科の常緑高木。別名アリゾナトウヒ。高さは20m。園芸植物。

ピケア・オモリカ オモリカトウヒの別名。

ピケア・グラウカ カナダトウヒの別名。

ピケア・グレニー アカエゾマツの別名。

ピケア・シトケンシス シトカハリモミの別名。

ピケア・スミシアナ ヒマラヤハリモミの別名。

ピケア・プンゲンス アメリカハリモミの別名。

ピケア・ポリタ ハリモミの別名。

ピケア・マリアナ クロトウヒの別名。

ピケア・モリソニコラ 〈Picea morrisonicola Hayata〉マツ科の常緑高木。別名ニイカタトウヒ。高さは40m。園芸植物。

ヒゲアワビゴケ 〈Cetraria halei W. Culb. & C. Culb.〉ウメノキゴケ科の地衣類。地衣体背面は暗緑褐色。

ヒゲガヤ 〈Cynosurus echinatus L.〉イネ科の一年草。高さは10〜100cm。

ヒゲギキョウ カンパニュラ・トラケリウムの別名。

ヒゲクリノイガ 〈Cenchrus ciliaris L.〉イネ科。総苞の刺が剛毛。

ヒゲサルオガセ 〈Usnea comosa (Ach.) Röhl.〉サルオガセ科の地衣類。粉芽は裂芽状。

ヒゲシバ 鬚芝 〈Sporobolus japonicus (Steud.) Maxim.〉イネ科の一年草。別名カセンガヤ、アメリカヒゲシバ。高さは20〜50cm。

ヒゲスゲ 〈Carex oahuensis C. A. Meyer var. robusta Franch. et Savat.〉カヤツリグサ科の多年草。別名オニヒゲスゲ。高さは20〜50cm。

ヒゲナガコメススキ 髭長米芒 〈Ptilagrostis mongholica (Turcz.) Griseb.〉イネ科。別名ヒゲナガハネガヤ。

ヒゲナガスズメノチャヒキ 〈Bromus diandrus Roth〉イネ科の一年草または越年草。別名オオスズメノチャヒキ、オオキツネガヤ。高さは30〜80cm。

ヒゲナガトンボ 〈Habenaria flagellifera Makino var. yosiei Hara〉ラン科。日本絶滅危機植物。

ヒゲナガノイネ 〈Oryza rufipogon Griff.〉イネ科の草本。水中に群生、沼などに多い。熱帯植物。

ヒゲナデシコ 髭撫子 〈Dianthus barbatus L.〉ナデシコ科の多年草。別名ビジョナデシコ、アメリカナデシコ。花は緋赤、紅、紫紅、桃、白、蛇の目入り、など。園芸植物。

ヒゲネワチガイソウ 〈Pseudostellaria palibiniana (Takeda) Ohwi〉ナデシコ科の草本。

ヒゲノガリヤス 鬚野刈安 〈Calamagrostis longiseta Hack.〉イネ科の草本。

ヒゲバゴケ 〈Cirriphyllum cirrosum (Schwägr.) Grout〉アオギヌゴケ科のコケ。茎葉の葉身は楕円状卵形。

ヒゲハリスゲ 髭針菅 〈*Kobresia bellardii* (All.) Degl.〉カヤツリグサ科の多年草。高さは10〜25cm。
ヒゲフカトウ 〈*Calamus discolor* Mart.〉ヤシ科の蔓木。葉鞘は濃緑で白点がある。幹径2cm。熱帯植物。
ヒゲムラサキ 〈*Branchioglossum ciliatum* Okamura〉コノハノリ科の海藻。扁平。体は10〜12cm。
ヒゲレンリソウ 〈*Lathyrus ochrus* (L.) DC.〉マメ科の一年草。花は淡黄色。
ヒゴイカリソウ 〈*Epimedium grandiflorum* var. *higoense*〉メギ科。
ヒゴイチイゴケ 〈*Pseudotaxiphyllum maebarae* (Sakurai) Z. Iwats.〉ハイゴケ科のコケ。無性芽は数が少なく、不揃いな卵形〜球形。
ヒゴウカン カリアンドラの別名。
ヒコウキソウ クリスティア・ウェスペルティリオニスの別名。
ヒゴエビネ ラン科。別名キバナキリシマエビネ。園芸植物。
ヒゴギク キク科。園芸植物。
ヒゴクサ 〈*Carex japonica* Thunb. ex Murray〉カヤツリグサ科の多年草。高さは20〜40cm。
ヒコサンヒメシャラ 英彦山姫沙羅 〈*Stewartia serrata* Maxim.〉ツバキ科の落葉高木。園芸植物。
ヒゴシオン 肥後紫苑 〈*Aster maackii* Regel〉キク科の草本。
ヒゴスミレ 肥後菫 〈*Viola chaerophylloides* W. Becker var. *sieboldiana* (Maxim.) Makino〉スミレ科の多年草。高さは5〜10cm。
ヒゴスミレ ナンザンスミレの別名。
ヒゴタイ 平江帯 〈*Echinops setifer* Iljin〉キク科の多年草。高さは1m。日本絶滅危機植物。
ピコティ バラ科。別名ウラジロイチゴ。ハイブリッド・ティーローズ系。花は淡黄色。
ピコティ ヒガンバナ科のアマリリスの品種。園芸植物。
ピコティ・フリンジド シュウカイドウ科のベゴニアの品種。園芸植物。
ヒゴビャクゼン ロクオンソウの別名。
ヒゴロモコンロンカ 〈*Mussaenda erythrophylla* Schumach. et Thonn.〉アカネ科の常緑低木。高さは10m。花は赤色。熱帯植物。園芸植物。
ヒゴロモソウ 〈*Salvia splendens* Ker Gawl.〉シソ科。
ヒゴロモソウ サルビアの別名。
ヒサ キンポウゲ科のクレマチスの品種。
ヒサウチソウ 〈*Bellardia trixago* (L.) All.〉ゴマノハグサ科の一年草。高さは10〜80cm。花は白色。

ヒサカキ 姫榊 〈*Eurya japonica* Thunb.〉ツバキ科の常緑低木。別名ムニンヒサカキ、シマヒサカキ。花は帯黄白色。熱帯植物。園芸植物。
ヒサゴナ 〈*Brassica narinosa* L. H. Bailey〉アブラナ科の野菜。別名キサラギナ。
ヒサツイヌワラビ 〈*Athyrium* × *hisatuanum* Kurata〉オシダ科のシダ植物。
ヒサツオオクジャク 〈*Dryopteris* × *hisatsuana* Kurata〉オシダ科のシダ植物。
ヒサマル 緋紗丸 ロビウィア・プセウドカケンシスの別名。
ヒシ 菱 〈*Trapa bispinosa* Roxb. var. *iinumai* Nakano〉ヒシ科の一年生の浮葉植物。別名トウビシ、オニビシ。大きな果実を形成し、刺は上刺2本だけ。花は白または微紅色。薬用植物。園芸植物。
ヒシガタホウライシダ アジアンタム・テラペジフォルメの別名。
ヒシガタヤッコソウ 〈*Mitrastemon kanehirai* Yamamoto〉ラフレシア科。Castanopsisの根に寄生。熱帯植物。
ヒシカライト ツバキ科のツバキの品種。
ヒジキ 鹿尾菜 〈*Hizikia fusiformis* (Harvey) Okamura〉ホンダワラ科の海藻。葉は扁円で多肉。体は0.2〜1m。
ヒジキゴケ 〈*Hedwigia ciliata* P. Beauv.〉ヒジキゴケ科のコケ。別名シロヒジキゴケ、シモフリヒジキゴケ。茎ははうが先は立ち上がり、長さ4〜5cm、葉は卵形。
ヒシバウオトリギ 〈*Grewia rhombifolia* Kaneh. et Sasaki〉シナノキ科の木本。
ヒジハリノキ 〈*Oxyceros sinensis* Lour.〉アカネ科の木本。別名シナミサオノキ。
ヒシブクロ 〈*Gloioderma japonica* Okamura〉ダルス科の海藻。囊果は多角形。体は5〜8cm。
ヒシモドキ 菱擬 〈*Trapella sinensis* Oliv.〉ゴマ科の一年生の浮葉植物。別名ムシヅル。閉鎖花は無柄で細長いつぼみ状、開放花は淡紅色。
ヒシュウギョク 緋繍玉 パロディア・サングイニフロラの別名。
ビジョザクラ 〈*Verbena phlogiflora* Cham.〉クマツヅラ科。別名ハナガサ、バーベナ。花は紫紅色。園芸植物。
ビショップマツ 〈*Pinus muricata*〉マツ科の木本。樹高25m。樹皮は紫褐色。
ビショフィア・ジャワニカ アカギの別名。
ヒヂリメン 〈*Grateloupia sparsa* (Okamura) Chiang〉ムカデノリ科の海藻。不規則に叉状様に分裂。体は30cm。
ヒヂリメン ツバキ科のツバキの品種。
ビジンショウ ヒメバショウの別名。

ピース 〈Peace〉 バラ科のバラの品種。ハイブリッド・ティーローズ系。花は淡黄色。園芸植物。

ヒスイカク 翡翠閣 〈Cissus quadrangula L.〉ブドウ科。高さは1～2cm。園芸植物。

ヒスイラン 翡翠蘭 バンダ・コエルレアの別名。

ビスカリア ナデシコ科の属総称。

ビスカリア コムギセンノウの別名。

ビスキュテラ・ラエビガタ 〈Biscutella laevigata L.〉アブラナ科の多年草。高山植物。

ビスクム・クルキアーツム 〈Viscum cruciatum Sieber〉ヤドリギ科の小低木。

ピスシジア・エリスリナ 〈Piscidia erythrina L.〉マメ科の薬用植物。

ピスタキア・キネンシス ランシンボクの別名。

ピスタキア・テレビンツス 〈Pistacia terebinthus L.〉ウルシ科の木本。別名テレピンノキ、トクノウコウ。高さは9m。園芸植物。

ピスタチオ 〈Pistacia vera L.〉ウルシ科。別名ピスタシオノキ、フスダシウ。果実がナッツとして食用にされる。果実は楕円形。高さは6～10m。園芸植物。

ピスタチオ ウルシ科の属総称。

ピスタッシェ! バラ科。花は帯グリーン色。

ピスティア・ストラティオテス ボタンウキクサの別名。

ヒスパニカナラ 〈Quercus × hispanica〉ブナ科の木本。樹高30m。樹皮は灰色。

ビスマルキア・ノビリス 〈Bismarckia nobilis Hildebrandt et H. Wendl.〉ヤシ科。高さは7.5m。園芸植物。

ヒゼンエビネ ラン科。園芸植物。

ビゼンギョク 美髯玉 オロヤ・ペルーウィアナの別名。

ヒゼンマユミ 肥前真弓 〈Euonymus chibae Makino〉ニシキギ科の木本。

ヒソップ シソ科の属総称。

ヒソップ ヤナギハッカの別名。

ピソニア オシロイバナ科の属総称。

ピソニア・ウンベリフェラ ウドノキの別名。

ピソニア・ウンベリフェラ・バリエガタム オシロイバナ科。園芸植物。

ピソニア・グランディス トゲミウドノキの別名。

ヒダアザミ 〈Cirsium hidaense Kitam.〉キク科の草本。

ヒダカイワザクラ 日高岩桜 〈Primula hidakana Miyabe et Kudo〉サクラソウ科の草本。高山植物。

ヒダカキンバイソウ 日高金梅草 〈Trollius citrinus Miyabe〉キンポウゲ科。別名ピパイロキンバイソウ。

ヒダカゲンゲ オカダゲンゲの別名。

ヒダカソウ 日高草 〈Callianthemum miyabeanum Tatewaki〉キンポウゲ科の多年草。高さは10～25cm。花は帯白色。高山植物。園芸植物。

ヒダカトリカブト 日高鳥兜 〈Aconitum apoiense Nakai〉キンポウゲ科の草本。高山植物。

ヒダカミセバヤ 〈Hylotelephium cauticolum (Praeger) H. Ohba〉ベンケイソウ科の多年草。長さ10～20cm。花は紅紫色。高山植物。園芸植物。

ヒダカミツバツツジ 〈Rhododendron dilatatum Miq. var. boreale Sugim.〉ツツジ科の木本。

ヒダカミネヤナギ 日高峰柳 〈Salix hidakamontana Hara〉ヤナギ科の落葉小低木。高山植物。

ヒダカミヤマノエンドウ 日高深山の豌豆 〈Oxytropis hidaka-montana Miyabe et Tatew.〉マメ科の多年草。高山植物。

ヒダキクラゲ 〈Auricularia mesenterica (Dick.) Pers.〉キクラゲ科のキノコ。

ヒダゴケ 〈Ptychomitrium fauriei Besch.〉ギボウシゴケ科のコケ。体は暗緑色、高さ1～2cm、葉は線状披針形。

ヒダサカズキタケ 〈Omphalina epichysium (Pers.：Fr.) Quél.〉キシメジ科のキノコ。

ビターナット 〈Carya cordiformis〉クルミ科の木本。樹高30m。樹皮は灰色。

ヒダハイチイゴケ 〈Pseudotaxiphyllum densum (Card.) Z. Iwats.〉ハイゴケ科のコケ。葉は長さ1mm以下、卵形。

ヒダハタケ 〈Paxillus involutus (Batsch：Fr.) Fr.〉ヒダハタケ科のキノコ。中型。傘は浅い漏斗形、縁部は内に巻く。縁部に軟毛。

ピーターパン キク科のヒャクニチソウの品種。園芸植物。

ヒダヒトヨタケモドキ 〈Coprinus cortinatus J. E. Lange〉ヒトヨタケ科のキノコ。小型。傘は類白色～淡粘土色、綿屑状被膜。ひだは白色→黒色。

ピーター・フランケンフェルト 〈Peter Frankenfeld〉バラ科。ハイブリッド・ティーローズ系。

ヒダミカズラ 〈Myriopteron extensum K. Schum.〉ガガイモ科の蔓木。白乳液を含む、有条の果実は特異。熱帯植物。

ビタリアナ・プリムリフロラ サクラソウ科。高山植物。

ピタールツバキ カメリア・ピタルディーの別名。

ピーチパレット バラ科。花はアプリコット・ピンク。

ピーチ・ブロッサム 〈Peach Blossom〉バラ科。イングリッシュローズ系。花はピンクアプリコット色。

ピーチ・ユニーク バラ科。ハイブリッド・ティー・ローズ系。花は淡いオレンジ色。

ビーチワームウッド キク科のアルテミシアの品種。ハーブ。

ピック・ウィック アヤメ科のクロッカスの品種。園芸植物。

ビック・ボーイ ナス科のソラヌムの品種。園芸植物。

ヒッコリー 〈Carya ovata〉クルミ科の木本。樹高30m。樹皮は灰色ないし褐色。

ヒツジグサ 未草 〈Nymphaea tetragona Georgi〉スイレン科の多年生の浮葉植物。別名スイレン。浮葉は楕円形～卵形、花弁は白色で多数。葉径10～20cm。園芸植物。

ヒツジゴケ 〈Brachythecium moriense Besch.〉アオギヌゴケ科のコケ。葉身部は卵形～三角状卵形。

ヒッチコック スイレン科のスイレンの品種。園芸植物。

ビッチュウアザミ 備中薊 〈Cirsium bitchuense Nakai〉キク科の草本。

ビッチュウヒカゲワラビ 〈Diplazium × bittyuense Tagawa〉オシダ科のシダ植物。

ビッチュウフウロ 備中風露 〈Geranium yoshinoi Makino ex Nakai〉フウロソウ科の多年草。別名キビフウロ。高さは40～70cm。

ビッチュウヤマハギ 備中山萩 〈Lespedeza formosa (Vogel) Koehne subsp. velutina (Nakai) S. Akiyama et H. Ohba〉マメ科。

ヒッチョウカ 蓽澄茄 〈Piper cubeba L.〉コショウ科の蔓木。雌雄異株、果実は有梗でスパイスに用いる。熱帯植物。薬用植物。

ヒッチョウカモドキ 〈Piper crassipes Korth.〉コショウ科の蔓木。ヒッチョウカに酷似、果実はヒッチョウカ代用。熱帯植物。

ヒッツキアザミ 〈Cirsium congestissimum Kitam.〉キク科の草本。

ピッツバーグ ウコギ科のヘデラの品種。

ヒッドコート シソ科のラベンダーの品種。ハーブ。

ピットスポルム コヤスノキの別名。

ピットスポルム・エウゲニオイデス 〈Pittosporum eugenioides A. Cunn.〉トベラ科の木本。高さは12m。花は淡黄緑色。園芸植物。

ピットスポルム・クラッシフォリウム 〈Pittosporum crassifolium Banks et Soland ex A. Cunn.〉トベラ科の木本。高さは4～9m。花は暗赤または紫色。園芸植物。

ピットスポルム・トビラ トベラの別名。

ピットスポルム・フロリブンドゥム 〈Pittosporum floribundum Wight et Arn.〉トベラ科の木本。花は黄色。園芸植物。

ピットスポルム・ラルフィー 〈Pittosporum ralphii T. Kirk〉トベラ科の木本。花は紅色。園芸植物。

ヒット・パレード ナス科のムレゴチョウの品種。園芸植物。

ヒッペアストルム・アウリクム 〈Hippeastrum aulicum (Ker-Gawl.) Herb.〉ヒガンバナ科の球根植物。高さは60cm。花は赤色。園芸植物。

ヒッペアストルム・ウィッタツム 〈Hippeastrum vittatum (L'Hér.) Herb.〉ヒガンバナ科の球根植物。花は赤に白の縦縞色。園芸植物。

ヒッペアストルム・エヴァンシアエ 〈Hippeastrum evansiae (Traub et I. S. Nels.) H. E. Moore〉ヒガンバナ科の球根植物。園芸植物。

ヒッペアストルム・グラキリス 〈Hippeastrum × gracilis hort.〉ヒガンバナ科の球根植物。園芸植物。

ヒッペアストルム・スティロスム 〈Hippeastrum stylosum Herb.〉ヒガンバナ科の球根植物。花は淡褐桃色。園芸植物。

ヒッペアストルム・ビフィドゥム 〈Hippeastrum bifidum (Herb.) Bak.〉ヒガンバナ科の球根植物。花は濃紅色。園芸植物。

ヒッペアストルム・ヒブリドゥム アマリリスの別名。

ヒッペアストルム・プニケウム 〈Hippeastrum puniceum (Lam.) O. Kuntze〉ヒガンバナ科の球根植物。花は黄赤色。園芸植物。

ヒッペアストルム・ヘンリアエ 〈Hippeastrum × henryae (Traub) H. E. Moore〉ヒガンバナ科の球根植物。花はピンク色。園芸植物。

ヒッペアストルム・レオポルディー 〈Hippeastrum leopoldii Dombr.〉ヒガンバナ科の球根植物。花は白と赤色。園芸植物。

ヒッペアストルム・レティクラツム 〈Hippeastrum reticulatum (L'Hér.) Herb.〉ヒガンバナ科の球根植物。花は淡桃と白色。園芸植物。

ヒッポクラテア ヒポクラテア科の属総称。

ヒッポクレピス・コモサ 〈Hippocrepis comosa L.〉マメ科の多年草。

ヒッポファエ・ラムノイデス 〈Hippophae rhamnoides L.〉グミ科の落葉木。高さは2m。樹皮は灰褐色ないし帯黒色。園芸植物。

ピティログランマ ホウライシダ科の属総称。

ピテケロビウム マメ科の属総称。

ピテコクテニウム・キナコイデス 〈Pithecoctenium cynachoides DC.〉ノウゼンカズラ科の常緑高木。

ヒデリコ 日照子 〈Fimbristylis miliacea (L.) Vahl〉カヤツリグサ科の一年草。高さは10～45cm。

ビーデルマイヤー キンポウゲ科のアメリカオダマキの品種。園芸植物。

ビデンス・トリプリネルウィア 〈*Bidens triplinervia* H. B. K.〉キク科。花は黄色。園芸植物。

ビデンス・ピロサ コセンダングサの別名。

ビデンス・フェルリフォリア 〈*Bidens ferulifolia* (Jacq.) DC.〉キク科。高さは90cm。花は黄色。園芸植物。

ビデンス・ラエウィス キクザキセンダングサの別名。

ビート 〈*Beta vulgaris* L.〉アカザ科の多年草。別名カエンサイ、ガーデンビート、ビーツ。肥大した根を野菜として利用。高さは2m。園芸植物。

ヒトエグサ 〈*Monostroma nitidum* Wittrock〉ヒトエグサ科の海藻。老成しても体に穴があかない。

ヒトエグサ ヒトエグサ科の属総称。

ヒトエゴケ 〈*Lindbergia japonica* Card.〉ウスグロゴケ科のコケ。小形で、茎は這い、長さ2cm、茎葉は披針形。

ヒトエニワザクラ ニワザクラの別名。

ヒトエノコクチナシ 一重小口無 〈*Gardenia jasminoides* Ellis var. *radicans* (Thunb.) Makino f. *simpliciflora* Makino〉アカネ科の木本。別名ケンサキ。

ヒトクチタケ 〈*Cryptoporus volvatus* (Peck) Shear〉サルノコシカケ科のキノコ。小型。傘は赤茶色〜褐色、ニス状光沢。

ピトケアニア・アトロルベンス 〈*Pitcairnia atrorubens* (Beer) Bak.〉パイナップル科。高さは60〜90cm。花は淡黄色。園芸植物。

ピトケアニア・アフェランドリフロラ 〈*Pitcairnia aphelandriflora* Lem.〉パイナップル科。高さは30cm。花は鮮紅色。園芸植物。

ピトケアニア・アンドレアナ 〈*Pitcairnia andreana* Linden〉パイナップル科。別名ウラジロアナナス。高さは60cm。花は鮮橙色。園芸植物。

ピトケアニア・インブリカタ 〈*Pitcairnia imbricata* (Brongn.) Regel〉パイナップル科。高さは1m以下。花は緑がかった白か黄色。園芸植物。

ピトケアニア・カリオアナ 〈*Pitcairnia carioana* Wittm.〉パイナップル科。園芸植物。

ピトケアニア・コラリナ ハランアナナスの別名。

ピトケアニア・チュルクハイミー 〈*Pitcairnia tuerckheimii* Donn〉パイナップル科。高さは40〜60cm。花は鮮紅色。園芸植物。

ピトケアニア・プニケア 〈*Pitcairnia punicea* Scheidw〉パイナップル科。高さは40cm。花は赤色。園芸植物。

ピトケアニア・フランメア 〈*Pitcairnia flammea* Lindl.〉パイナップル科。花は鮮赤色。園芸植物。

ピトケアニア・ヘテロフィラ 〈*Pitcairnia hererophylla* (Lindl.) Beer〉パイナップル科。高さは10cm。花は鮮赤色。園芸植物。

ピトケアニア・マイディフォリア 〈*Pitcairnia maidifolia* (C. Morr.) Decne.〉パイナップル科。別名マルバケイビアナナス。高さは1.3m。花は白か淡緑白色。園芸植物。

ピトケアニア・レクルウァタ 〈*Pitcairnia recurvata* (Scheidw.) K. Koch〉パイナップル科。高さは1.5m以下。花は乳白か淡黄白色。園芸植物。

ピトケアニア・レーマニー 〈*Pitcairnia lehmannii* Bak.〉パイナップル科。高さは1〜2m。園芸植物。

ヒトコブシ 一拳 サクラソウ科のサクラソウの品種。園芸植物。

ヒトスジグサ 〈*Aglaonema costatum* N. E. Br. 'Immaculatum'〉サトイモ科。園芸植物。

ヒトスジグサ アグラオネマ・コスタツム・インマクラータムの別名。

ヒトツバ 一葉 〈*Pyrrosia lingua* (Thunb. ex Murray) Farwell〉ウラボシ科の常緑性シダ。別名イワノカワ、イワグミ、イワガシワ。葉の裏面は密に星状毛でおおわれる。葉柄は長さ7〜20cm。葉身は卵形から広披針形。薬用植物。園芸植物。

ヒトツバイワヒトデ 〈*Colysis simplicifrons*〉ウラボシ科の常緑性シダ。葉身は長さ15〜25cm。披針形〜線状披針形。

ヒトツバエニシダ 〈*Genista tinctoria* L.〉マメ科の落葉小低木。高さは60〜80cm。花は黄色。薬用植物。園芸植物。

ヒトツバエニシダ ゲニスタ・ヒスパニカの別名。

ヒトツバカエデ 一葉楓 〈*Acer distylum* Sieb. et Zucc.〉カエデ科の雌雄同株の落葉高木。別名マルバカエデ。高山植物。

ヒトツバカタバミノキ 〈*Connaropsis monophylla* Planch.〉カタバミ科の高木。葉は厚く滑、葉裏短毛、果実は赤。熱帯植物。

ヒトツバキソチドリ ラン科。

ヒトツバキソチドリ キソチドリの別名。

ヒトツバグサ 〈*Argostemma unifolium* Benn.〉アカネ科の草本。大きな葉は一枚、茎は白緑色。熱帯植物。

ヒトツバコウモリシダ 〈*Pronephrium simplex* (Hook.) Holttum〉オシダ科(ヒメシダ科)の常緑性シダ。葉身は長さ15〜20cm。長楕円形。

ヒトツバシケシダ 〈× *Depazium lobato-crenatum* (Tagawa) Nakaike〉オシダ科の夏緑性シダ。葉身は長さ20〜30cm。線状披針形から披針形。

ヒトツバショウマ 一葉升麻 〈*Astilbe simplicifolia* Makino〉ユキノシタ科の多年草。高さは10〜30cm。花は白色。園芸植物。

ヒトツバタゴ 〈*Chionanthus retusus* Lindl. et Paxt.〉モクセイ科の落葉大高木。別名ナンジャモンジャ。葉は長楕円形か楕円形で長さ4～10cm。樹高20m。樹皮は灰褐色。園芸植物。日本絶滅危機植物。

ヒトツバテンナンショウ 一葉天南星 〈*Arisaema monophyllum* Nakai〉サトイモ科の多年草。高さは20～60cm。薬用植物。

ヒトツバノキシノブ 〈*Pyrrosia angustissima* (Gies. ex Diels) Tagawa et K. Iwats.〉ウラボシ科の常緑性シダ。葉身は長さ5～12cm。線形。日本絶滅危機植物。

ヒトツバハギ 一葉萩 〈*Securinega suffruticosa* (Pallas) Rehder var. *japonica* (Miq.) Hurusawa〉トウダイグサ科の落葉低木。薬用植物。

ヒトツバマメ 一つ葉豆蔦 〈*Hardenbergia violacea* Stearn.〉マメ科のつる性常緑低木。

ヒトツバマメヅタ 〈*Pyrrosia adnascens* (Sw.) Ching〉ウラボシ科の常緑性シダ。葉身は長さ4～10cm。卵状披針形。日本絶滅危機植物。

ヒトツバヨモギ 一葉蓬 〈*Artemisia monophylla* Kitamura〉キク科の多年草。別名ヤナギヨモギ。高さは10～60cm。高山植物。

ヒトツボクロ 〈*Tipularia japonica* Matsum.〉ラン科の多年草。高さは20～30cm。

ヒトツボクロモドキ 〈*Tipularia japonica* Matsum. var. *harae* F. Maekawa〉ラン科の草本。日本絶滅危機植物。

ヒトツマツ 〈*Carpopeltis divaricata* Okamura〉ムカデノリ科の海藻。体は12cm。

ヒトデカズラ 〈*Philodendron selloum* K. Koch〉サトイモ科の多年草。別名フィロデンドロン。大形で、直立する。園芸植物。切り花に用いられる。

ヒトデゼニゴケ 〈*Marchantia cuneiloba* Steph.〉ゼニゴケ科。別名テガタゼニゴケ。

ヒドノラ・アフリカーナ 〈*Hydnora africana* Thunb.〉ヒドノラ科の一年草。

ヒトモトススキ 一本薄 〈*Cladium chinense* Nees〉カヤツリグサ科の多年草。別名シシキリガヤ。高さは1～2m。

ヒトヨシイノデ 〈*Polystichum* × *hitoyoshiense* Kurata〉オシダ科のシダ植物。

ヒトヨシゴケ 〈*Bruchia microspora* Nog.〉シッポゴケ科のコケ。微小、茎は長さ4mm以下、葉は卵形。

ヒトヨシテンナンショウ 〈*Arisaema serratum* (Thunb.) Schott var. *mayebarae* (Nakai) H. Ohashi et J. Murata〉サトイモ科。

ヒトヨタケ 〈*Coprinus atramentarius* (Bull.: Fr.) Fr.〉ヒトヨタケ科のキノコ。中型～大型。傘は灰色～灰褐色、繊維状鱗片あり。時間とともに液化する。鐘形～円錐形。ひだは白色→黒色。

ヒドラスチス 〈*Hidrastis canadensis* L.〉キンポウゲ科の薬用植物。

ヒドランゲア・アスペラ 〈*Hydrangea aspera* D. Don〉ユキノシタ科。高さは1～4m。花は白または淡い青紫色。園芸植物。

ヒドランゲア・アルボレスケンス 〈*Hydrangea arborescens* L.〉ユキノシタ科。高さは1～3m。花は白色。園芸植物。

ヒドランゲア・インウォルクラタ タマアジサイの別名。

ヒドランゲア・クエルキフォリア 〈*Hydrangea quercifolia* Bartr.〉ユキノシタ科。別名カシワバアジサイ。高さは1～2m。花は白色。園芸植物。

ヒドランゲア・シコキアナ ヤハズアジサイの別名。

ヒドランゲア・スカンデンス ガクウツギの別名。

ヒドランゲア・ストリゴサ 〈*Hydrangea strigosa* Rehd.〉ユキノシタ科の薬用植物。

ヒドランゲア・セラタ ヤマアジサイの別名。

ヒドランゲア・パニクラタ ノリウツギの別名。

ヒドランゲア・ヒルタ コアジサイの別名。

ヒドランゲア・ペティオラリス ツルアジサイの別名。

ヒドランゲア・ヘテロマラ 〈*Hydrangea heteromalla* D. Don〉ユキノシタ科。別名トウアジサイ。高さは0.5～7m。花は白色。園芸植物。

ヒドランゲア・ペルーウィアナ 〈*Hydrangea peruviana* Moric.〉ユキノシタ科。花は赤あるいはピンク色。園芸植物。

ヒドランゲア・マクロフィラ アジサイの別名。

ヒドリアステレ・ロストラタ 〈*Hydriastele rostrata* Burret〉ヤシ科。別名ホソバイズミケンチャ。花はクリーム色。園芸植物。

ヒトリシズカ 一人静 〈*Chloranthus japonicus* Sieb.〉センリョウ科の多年草。別名ヨシノシズカ、マユハキソウ。高さは20～30cm。花は白色。薬用植物。園芸植物。

ヒドロカリス・モルススラナエ 〈*Hydrocharis morsus-ranae* L.〉トチカガミ科の多年草。

ヒドロコチレ・ブルガリス 〈*Hydrocotyle vulgaris* L.〉セリ科の多年草。

ヒナアンズタケ 〈*Cantharellus minor* Peck〉アンズタケ科のキノコ。超小型～小型。傘は黄色。

ヒナイトゴケ 〈*Forsstroemia japonica* (Besch.) Paris〉イトヒバゴケ科のコケ。小形、枝は長さ2～5mm、枝葉は卵形。

ヒナイワヅタ 〈*Caulerpa parvifolia* Harvey〉イワヅタ科の海藻。葉は卵形で長さ5～20mm。

ヒナイワベンケイ ロディオラ・プリムロイデスの別名。

ヒナウキクサ 雛浮草 〈*Lemna minuscula* Herter〉ウキクサ科の帰化植物。葉状体は緑白色、緑色、葉脈は1本。長さは2～4mm。

ヒナウスユキソウ ミヤマウスユキソウの別名。

ヒナウチワカエデ 雛団扇楓 〈*Acer tenuifolium* (Koidz.) Koidz.〉カエデ科の雌雄同株の落葉小高木。

ヒナウンラン 〈*Chaenorhinum minus* (L.) Lange〉ゴマノハグサ科の一年草。高さは5〜30cm。花は淡紫色。

ヒナカサノリ 〈*Acetabularia parvula* Solms-Laubach〉カサノリ科の海藻。石灰を沈着。

ヒナカニノテ 〈*Amphiroa pusilla* Yendo〉サンゴモ科の海藻。叉状に分岐。体は1.5〜3cm。

ヒナガヤツリ 雛蚊帳釣 〈*Cyperus flaccidus* R. Br.〉カヤツリグサ科の一年草。高さは5〜15cm。

ヒナカラスノエンドウ 〈*Vicia lathyroides* L.〉マメ科の一年草。花は淡紫色。

ヒナガリヤス ヒナノガリヤスの別名。

ヒナカンアオイ 〈*Asarum okinawense*〉ウマノスズクサ科。

ヒナギキョウ 〈*Wahlenbergia marginata* (Thunb. ex Murray) A. DC.〉キキョウ科の多年草。高さは20〜30cm。花は淡青色。園芸植物。

ヒナキキョウソウ 〈*Triodanis biflora* (Ruiz et Pav.) Greene〉キキョウ科の一年草。別名ヒメダンダンキキョウ。高さは15〜40cm。花は紫色。

ヒナギク 雛菊 〈*Bellis perennis* L.〉キク科の一年草および多年草。別名エンメイギク、チョウメイギク。花は淡紅色。園芸植物。

ヒナギョリュウ 〈*Tamarix pentandra* Pall.〉ギョリュウ科の木本。高さは3〜5m。園芸植物。

ヒナゲシ 雛芥子 〈*Papaver rhoeas* L.〉ケシ科の一年草。別名グビジンソウ。高さは50cm。花は桃、紅、紅紫など。高山植物。薬用植物。園芸植物。

ヒナゲシナデシコ ヒゲナデシコの別名。

ヒナコゴメグサ 〈*Euphrasia insignis* Wettst. subsp. *insignis* (E. yabeana Nakai)〉ゴマノハグサ科。

ヒナザクラ 雛桜 〈*Primula nipponica* Yatabe〉サクラソウ科の多年草。高さは7〜15cm。花は白色。高山植物。園芸植物。

ヒナザサ 〈*Coelachne japonica* Hack.〉イネ科の一年草。高さは10〜25cm。

ヒナシャジン 雛沙参 〈*Adenophora maximowicziana* Makino〉キキョウ科の草本。

ビーナス ランのデンドロビウム・ゴールデンブロッサムの品種。園芸植物。

ヒナスゲ 〈*Carex grallatoria* Maxim.〉カヤツリグサ科の草本。

ヒナスミレ 雛菫 〈*Viola takedana* Makino〉スミレ科の多年草。高さは3〜15cm。

ヒナソウ 〈*Houstonia caerulea* L.〉アカネ科の多年草。別名トキワナズナ。花は2〜15cm。花は白または青色。園芸植物。

ヒナタイノコズチ 〈*Achyranthes bidentata* Blume var. *tomentosa* (Honda) Hara〉ヒユ科の多年草。高さは50〜100cm。薬用植物。

ヒナタノイノコズチ ヒナタイノコズチの別名。

ヒナタラン 〈*Bromheadia finlaysoniana* Reichb.〉ラン科の地生植物。花は白、唇弁両翼紫色。熱帯植物。

ヒナチドリ 雛千鳥 〈*Orchis chidori* (Makino) Schltr.〉ラン科の多年草。高さは7〜15cm。

ヒナツチガキ 〈*Geastrum mirabile* (Mont.) Fisch.〉ヒメツチグリ科のキノコ。小型。外皮はキキョウの花様に裂開。

ヒナツメクサ 〈*Trifolium resupinatum* L.〉マメ科の一年草。花は淡桃〜淡紅紫色。

ヒナトラノオゴケ 〈*Hylocomiopsis ovicarpa* (Besch.) Card.〉シノブゴケ科のコケ。大形で、二次茎はやや樹状になる。

ヒナノウスツボ 雛の臼壺 〈*Scrophularia duplicato-serrata* (Miq.) Makino〉ゴマノハグサ科の多年草。別名ヤマヒナノウスツボ。高さは40〜80cm。

ヒナノガリヤス 雛野刈安 イネ科の草本。

ヒナノカンザシ 雛の簪 〈*Salomonia oblongifolia* DC.〉ヒメハギ科の一年草。高さは6〜25cm。

ヒナノキンチャク 〈*Polygala tatarinowii* Regel〉ヒメハギ科の一年草。高さは4〜25cm。

ヒナノシャクジョウ 雛の錫杖 〈*Burmannia championii* Thw.〉ヒナノシャクジョウ科の多年生腐生植物。高さは3〜15cm。

ヒナノシャクジョウ科 科名。

ヒナノハイゴケ 〈*Venturiella sinensis* C. Müll.〉ヒナノハイゴケ科のコケ。小形、茎は這い、腹面から褐色の仮根束を出す。葉は卵形〜卵状楕円形。

ヒナノヒガサ 〈*Gerronema fibula* (Bull. : Fr.) Sing.〉キシメジ科のキノコ。小型。傘は橙黄色、湿時条線あり。

ヒナノボタン プレディア・オルダミーの別名。

ヒナバト 雛鳩 〈*Conophytum velutinum* (Schwant.) Schwant.〉ツルナ科のハート形の小形種。体面にはうぶ毛があり、青緑色。花は濃い赤桃色。園芸植物。

ヒナヒゴタイ 〈*Saussurea japonica* (Thunb.) DC.〉キク科の草本。別名トウヒゴタイ。

ピナピナツル 〈*Pterococcus corniculatus* Pax et Hoffm.〉トウダイグサ科の蔓草。全株緑色。熱帯植物。

ヒナフラスコモ 〈*Nitella gracillima* T. F. Allen〉シャジクモ科。

ヒナベニタケ 〈*Russula kansaiensis* Hongo〉ベニタケ科のキノコ。

ヒナマツヨイグサ 〈*Oenothera perennis* L.〉アカバナ科の多年草。高さは15～30cm。花はピンクまたは赤色。園芸植物。

ヒナムラサキ 〈*Plagiobothrys scouleri* (Hook. et Arn.) I. M. Johnst.〉ムラサキ科。

ヒナユリ カマッシア・クァマッシュの別名。

ヒナヨシ 〈*Arundo formosana* Hack.〉イネ科の多年草。別名タイワンアシ、タイワンヨシ。高さは1m。園芸植物。

ヒナラン 雛蘭 〈*Amitostigma gracilis* (Blume) Schltr.〉ラン科の多年草。別名ヒメイワラン。高さは5～15cm。日本絶滅危機植物。

ヒナリンドウ 〈*Gentiana aquatica* L.〉リンドウ科の草本。高山植物。

ピナンガ ヤシ科の属総称。

ピナンガ・クーリー 〈*Pinanga kuhlii* Blume〉ヤシ科。高さは3～9m。園芸植物。

ピナンガ・スコルテキーニー 〈*Pinanga scortechinii* Becc.〉ヤシ科。高さは3m。園芸植物。

ビナンカズラ サネカズラの別名。

ピナンガ・ディスティカ 〈*Pinanga disticha* (Roxb.) Blume ex H. Wendl.〉ヤシ科。高さは1m。園芸植物。

ピナンガ・マクラタ 〈*Pinanga maculata* Porte ex Lem.〉ヤシ科。高さは0.8～1m。園芸植物。

ピヌス・アリスタタ 〈*Pinus aristata* Engelm.〉マツ科の木本。別名イゴヨウ。高さは12m。園芸植物。

ピヌス・アルビカウリス 〈*Pinus albicaulis* Engelm.〉マツ科の木本。別名アメリカシロゴヨウ。高さは10m。園芸植物。

ピヌス・アルマンディー 〈*Pinus armandii* Franch.〉マツ科の木本。別名タカネゴヨウ、シマチョウセンマツ。高さは20m。園芸植物。

ピヌス・ウォリッキアナ ヒマラヤゴヨウの別名。

ピヌス・ケンブラ ヨーロッパハイマツの別名。

ピヌス・コーライエンシス チョウセンゴヨウの別名。

ピヌス・シュヴェリニー 〈*Pinus* × *schwerinii* Fitschen〉マツ科の木本。別名ベルリンゴヨウ。園芸植物。

ピヌス・シルウェストリス ヨーロッパアカマツの別名。

ピヌス・タエダ モミの別名。

ピヌス・ツンベルギー クロマツの別名。

ピヌス・デンシ-ツンベルギー 〈*Pinus* × *densi-thunbergii* Uyeki〉マツ科の木本。別名アイグロマツ(間黒松)。園芸植物。

ピヌス・デンシフロラ アカマツの別名。

ピヌス・ハッコデンシス 〈*Pinus* × *hakkodensis* Makino〉マツ科の木本。別名ハッコウダゴヨウ、ザオウゴヨウ。園芸植物。

ピヌス・パツラ 〈*Pinus patula* Schlechtend. et Cham.〉マツ科の木本。別名パツラマツ。園芸植物。

ピヌス・パルウィフロラ ゴヨウマツの別名。

ピヌス・パルストリス ダイオウショウの別名。

ピヌス・バンクシアナ 〈*Pinus banksiana* Lamb.〉マツ科の木本。別名バンクスマツ。高さは30m。園芸植物。

ピヌス・プミラ ハイマツの別名。

ピヌス・ブンゲアナ シロマツの別名。

ピヌス・ムゴ モンタナマツの別名。

ピヌス・モンティコラ 〈*Pinus monticola* Dougl. ex D. Don〉マツ科の木本。別名アメリカミヤマゴヨウ。高さは60m。園芸植物。

ピヌス・ラディアタ 〈*Pinus radiata* D. Don〉マツ科の木本。別名モンテレーマツ。園芸植物。

ピヌス・リギダ リギダマツの別名。

ピヌス・ルクエンシス リュウキュウマツの別名。

ピヌス・ロクスバリー 〈*Pinus roxburghii* Sarg.〉マツ科の木本。別名ヒマラヤマツ、ナガバマツ。園芸植物。

ピネーリア・コルダタ 〈*Pinellia cordata* N. E. Br.〉サトイモ科の多年草。別名ニオイハンゲ。花は淡緑色。園芸植物。

ピネーリア・テルナタ カラスビシャクの別名。

ピネーリア・トリパルティタ オオハンゲの別名。

ピネーリア・ペダティセクタ サトイモ科の薬用植物。

ヒノカンムリ 緋の冠 〈*Senecio grantii* (Hook. f.) Schultz-Bip.〉キク科。別名紅鷹。高さは15～20cm。花は朱紅色。園芸植物。

ヒノキ 檜 〈*Chamaecyparis obtusa* (Sieb. et Zucc.) Sieb. et Zucc. ex Endl.〉ヒノキ科の常緑高木。高さは40m。樹皮は赤褐色。薬用植物。園芸植物。

ヒノキアスナロ ヒノキ科の木本。

ヒノキアスナロ アスナロの別名。

ピノキオ 〈Pinocchio〉バラ科。フロリバンダ・ローズ系。花はピンク。

ピノキオ キク科のアスターの品種。園芸植物。

ヒノキオチバタケ 〈*Marasmiellus chamaecyparidis* (Hongo) Hongo〉キシメジ科のキノコ。

ヒノキ科 科名。

ヒノキゴケ 檜苔 〈*Pyrrhobryum dozyanum* (Lac.) Manuel〉ヒノキゴケ科のコケ。別名イタチノシッポ。全体はイタチ尾を思わせ、茎は長さ5～10cm、葉は線状披針形～線形。園芸植物。

ヒノキシダ 檜羊歯 〈*Asplenium prolongatum* Hook.〉チャセンシダ科の常緑性シダ。葉身は長さ10～20cm。狭長楕円形から披針形。園芸植物。

ヒノキノアオバゴケ 〈*Catillaria bouteillei* (Desm.) Zahlbr.〉ヘリトリゴケ科の地衣類。地衣体は青白から青灰色。

ヒノキバヤドリギ 檜葉宿生木 〈*Korthalsella japonica* (Thunb.) Engler〉ヤドリギ科の常緑低木。別名ツバキヒジキ、ヒノキツバキ。薬用植物。

ヒノクサリ 緋の鎖 キク科。園芸植物。

ヒノタニシダ 樋の谷羊歯 〈*Pteris nakashimae* Tagawa〉イノモトソウ科の常緑性シダ。羽片の中助の両側に網状脈が規則的に並ぶ。

ヒノタニリュウビンタイ 〈*Angiopteris fokiensis* Hieron.〉リュウビンタイ科の常緑性シダ。小羽片に下行偽脈がない。園芸植物。

ヒノツカサシダレ 緋の司枝垂 バラ科のウメの品種。園芸植物。

ヒノデ 日の出 〈Early Purple Guigne, Early Purple〉バラ科のオウトウ(桜桃)の品種。別名1号。果皮は赤紅から紫赤色。

ヒノデキリシマ ツツジ科のツツジの品種。別名ヒノデ。

ヒノデマル 日の出丸 〈*Ferocactus latispinus* (Haw.) Britt. et Rose〉サボテン科のサボテン。別名セキリュウマル。花は淡桃から紫紅色。園芸植物。

ヒノデラン カトレヤ・ラビアタの別名。

ヒノナ 日野菜 〈*Brassica campestris* L. subsp. *rapa* Hook. f. et Anders. var. *akana* Makino〉アブラナ科の野菜。別名アカナ。

ヒノハカマ 緋の袴 サクラソウ科のサクラソウの品種。園芸植物。

ヒノマル 日の丸 アオイ科のムクゲの品種。園芸植物。

ヒノマル 日の丸 ナデシコ科のセキチクの品種。園芸植物。

ヒノマルウツギ ベル・エトワールの別名。

ヒノミハタ 緋之御旗 バラ科のボケの品種。園芸植物。

ヒバ アスナロの別名。

ビーバ 〈Viva〉バラ科。フロリバンダ・ローズ系。花は濃紅色。

ヒバゴケ 檜葉苔 〈*Selaginella boninensis* Baker〉イワヒバ科の常緑性シダ。別名ムニンクラマゴケ。主茎は長く匍匐、30cmをこえることもある。

ヒハツ 〈*Piper retrofractum* Vahl〉コショウ科の蔓木。別名ヒハチ、ヒハツモドキ。果実は上向(垂下せず)。スパイス用。高さは2~4m。熱帯植物。薬用植物。園芸植物。

ヒハツモドキ ヒハツの別名。

ビバーナム・ティヌス オオデマリの別名。

ヒバノバンブサ・トランクイランス インヨウチクの別名。

ヒバマタ 〈*Fucus evanescens* Agardh〉ヒバマタ科の海藻。別名ヒバツノマタ、カルマタ。革質。体は30cm。

ビーバーム ゴールデン・レモンバームの別名。

ビーバーム レモン・バジルの別名。

ヒビスクス・アケトセラ 〈*Hibiscus acetosella* Welw. ex Hiern〉アオイ科。高さは2m。花は黄を帯びた紫紅色。園芸植物。

ヒビスクス・アーノッティアヌス 〈*Hibiscus arnottianus* A. Gray〉アオイ科。高さは3~9m。花は白色。園芸植物。

ヒビスクス・インカヌス 〈*Hibiscus incanus* J. C. Wendl.〉アオイ科。高さは1~1.5m。花は白、黄または淡桃色。園芸植物。

ヒビスクス・インスラリス 〈*Hibiscus insularis* Endl.〉アオイ科の常緑低木。

ヒビスクス・カリフィルス 〈*Hibiscus calyphyllus* Cav.〉アオイ科。高さは1~3m。花は黄色。園芸植物。

ヒビスクス・カルディオフィルス 〈*Hibiscus cardiophyllus* A. Gray〉アオイ科。高さは30~80cm。花は緋紅色。園芸植物。

ヒビスクス・カンナビヌス ケナフの別名。

ヒビスクス・キスプラティヌス 〈*Hibiscus cisplatinus* St.-Hil.〉アオイ科。高さは1~2m。花は桃色。園芸植物。

ヒビスクス・キャメロニー 〈*Hibiscus cameronii* Knowles et Westc.〉アオイ科。高さは1m。花は桃色で、やや橙を含む。園芸植物。

ヒビスクス・クベンシス 〈*Hibiscus cubensis* A. Rich.〉アオイ科。花は紫を帯びた桃色。園芸植物。

ヒビスクス・グラベル モンテンボクの別名。

ヒビスクス・グランディフロルス 〈*Hibiscus grandiflorus* Michx〉アオイ科。高さは1~2m。花は白、桃または淡い紫紅色。園芸植物。

ヒビスクス・クレイー 〈*Hibiscus clayii* Degener et I. Degener〉アオイ科。花は紅か赤色。園芸植物。

ヒビスクス・コキオ 〈*Hibiscus kokio* Hillebr. ex Wawra〉アオイ科。別名コキアケオケオ。高さは3~4m。花は橙から深紅色。園芸植物。

ヒビスクス・コスタツス 〈*Hibiscus costatus* A. Rich.〉アオイ科。高さは1~2m。花は桃色。園芸植物。

ヒビスクス・コッキネウス モミジアオイの別名。

ヒビスクス・サブダリファ ローゼルの別名。

ヒビスクス・ジェネヴィー 〈*Hibiscus genevii* Bojer〉アオイ科。高さは3~4m。花は白か淡い桃色。園芸植物。

ヒビスクス・シノシリアクス 〈*Hibiscus sinosyriacus* L. H. Bailey〉アオイ科。別名タイ

リンムクゲ。高さは1.5〜2.5m。花は紫を含む菫色。園芸植物。

ヒビスクス・シリアクス　ムクゲの別名。

ヒビスクス・スキゾペタルス　フウリンブッソウゲの別名。

ヒビスクス・ストーキー　〈Hibiscus storckii Seem.〉アオイ科。別名デニソンムクゲ。高さは1.5〜3m。花は白色。園芸植物。

ヒビスクス・トリオヌム　ギンセンカの別名。

ヒビスクス・ハマボー　ハマボウの別名。

ヒビスクス・パラムタビリス　〈Hibiscus paramutabilis L. H. Bailey〉アオイ科。別名ロザンフヨウ。花は白色。園芸植物。

ヒビスクス・フエゲリー　〈Hibiscus huegelii Endl.〉アオイ科の常緑低木。

ヒビスクス・プナルウェンシス　〈Hibiscus punaluuensis Degener et I. Degener〉アオイ科。園芸植物。

ヒビスクス・プラタニフォリウス　〈Hibiscus platanifolius (Willd.) Sweet〉アオイ科。花は白色。園芸植物。

ヒビスクス・ブラッケンリッジー　〈Hibiscus brackenridgei A. Gray〉アオイ科。高さは2〜10m。花は黄色。園芸植物。

ヒビスクス・フルケラツス　〈Hibiscus furcellatus Desr.〉アオイ科。高さは1〜2.5m。花は桃または淡い紫紅色。園芸植物。

ヒビスクス・プロケルス　〈Hibiscus procerus Roxb. ex Wall.〉アオイ科。別名ハリアオイ。花は淡紅色。園芸植物。

ヒビスクス・ヘテロフィルス　〈Hibiscus heterophyllus Venten.〉アオイ科。花は白かわずかに桃色。園芸植物。

ヒビスクス・ペドゥンクラツス　〈Hibiscus pedunculatus L. f.〉アオイ科。高さは0.5〜1.5m。花は紫を含んだ桃色。園芸植物。

ヒビスクス・ミリタリス　〈Hibiscus militaris Cav.〉アオイ科。別名ソコベニアオイ。高さは1.5〜2m。花は白色。園芸植物。

ヒビスクス・ムタビリス　フヨウの別名。

ヒビスクス・モスケウトス　アメリカフヨウの別名。

ヒビスクス・ヤンギアヌス　〈Hibiscus youngianus Hook. et Arn.〉アオイ科。高さは1〜2m。花は淡紅か淡いラベンダー色。園芸植物。

ヒビスクス・ラシオカルプス　〈Hibiscus lasiocarpus Cav.〉アオイ科。高さは1.3〜2m。花は白または淡桃色。園芸植物。

ヒビスクス・リリフロルス　〈Hibiscus liliflorus Cav.〉アオイ科。別名ユリザキムクゲ。高さは2〜5m。花は紅、黄および橙黄色。園芸植物。

ヒビスクス・ルドヴィギー　〈Hibiscus ludwigii Eckl. et Zeyh.〉アオイ科。高さは0.7〜1.2m。花は黄色。園芸植物。

ヒビスクス・ロサ-シネンシス　ブッソウゲの別名。

ヒビスクス・ワイメアエ　〈Hibiscus waimeae A. Heller〉アオイ科。花は白色。園芸植物。

ヒビミドロ　〈Ulothrix flacca (Dillwyn) Thuret in Le Jolis〉ヒビミドロ科の海藻。巾は10〜25μ。

ビビ・メイズーン　〈Bibi Maizoon〉バラ科。イングリッシュローズ系。花はピンク。

ヒビロード　〈Dudresnaya japonica Okamura〉リュウモンソウ科の海藻。円柱状。

ヒビワレシロハツ　〈Russula alboareolata Hongo〉ベニタケ科のキノコ。中型。傘は白色、細かいひび割れる。ひだは白色。

ヒファエネ・ウェントリコサ　〈Hyphaene ventricosa J. Kirk〉ヤシ科。高さは10m。園芸植物。

ヒファエネ・コリアケア　〈Hyphaene coriacea Gaertn.〉ヤシ科。長さ30cm。園芸植物。

ヒファエネ・シャタン　〈Hyphaene schatan Bojer ex Dammer〉ヤシ科。長さ80cm。園芸植物。

ビフクモン　ボタン科のボタンの品種。

ヒプセラ・レニフォルミス　〈Hypsela reniformis C. Presl〉キキョウ科の多年草。高山植物。

ヒプセルパ　〈Hypserpa cuspidata Mirs.〉ツヅラフジ科の蔓木。葉は硬質濃緑、果実は黄〜赤〜紫黒と変色する。熱帯植物。

ピプタンツス・ネパレンシス　マメ科。高山植物。

ヒプヌム・プルマエフォルメ　〈Hypnum plumaeforme Wils.〉ハイゴケ科のコケ。別名ムクムクチリメンゴケ。黄緑色で、茎は這い、長さ10cm。園芸植物。

ビフレナリア　ラン科の属総称。

ビフレナリア・アトロプルプレア　〈Bifrenaria atropurpurea (Lodd.) Lindl.〉ラン科。高さは6〜8cm。花は桃色。園芸植物。

ビフレナリア・イノドラ　〈Bifrenaria inodora Lindl.〉ラン科。花は白、黄または淡紅色。園芸植物。

ビフレナリア・ティリアンティナ　〈Bifrenaria thyrianthina (Loud.) Rchb. f.〉ラン科。花は白色。園芸植物。

ビフレナリア・テトラゴナ　〈Bifrenaria tetragona (Lindl.) Schlechter〉ラン科。花は菫紫を帯びる。園芸植物。

ビフレナリア・ハリソニアエ　〈Bifrenaria harrisoniae (Hook.) Rchb. f.〉ラン科の多年草。高さは5〜15cm。花は淡黄白色。園芸植物。

ヒペリクム　オトギリソウ科。別名コボウズオトギリ。切り花に用いられる。

ヒペリクム・アクモセパルム 〈Hypericum acmosepalum N. Robs.〉オトギリソウ科。高さは1.3〜1.7m。花は濃黄色。園芸植物。

ヒペリクム・アスキロン トモエソウの別名。

ヒペリクム・アンドロサエムム 〈Hypericum androsaemum L.〉オトギリソウ科の常緑低木。高さは70〜90cm。園芸植物。

ヒペリクム・イノドルム 〈Hypericum inodorum Mill.〉オトギリソウ科。高さは1.6m。花は黄色。園芸植物。

ヒペリクム・ウンドゥラツム 〈Hypericum undulatum Schousb. ex Willd.〉オトギリソウ科。高さは1m。園芸植物。

ヒペリクム・エリコイデス 〈Hypericum ericoides L.〉オトギリソウ科。高さは10〜12cm。園芸植物。

ヒペリクム・エレクツム オトギリソウの別名。

ヒペリクム・エロデス 〈Hypericum elodes L.〉オトギリソウ科の多年草。

ヒペリクム・エンペトリフォリウム 〈Hypericum empetrifolium Willd.〉オトギリソウ科。高さは35〜45cm。花は淡黄色。園芸植物。

ヒペリクム・オーガスティニー 〈Hypericum augustinii N. Robs.〉オトギリソウ科。高さは1m。花は鮮明な黄色。園芸植物。

ヒペリクム・オリンピクム 〈Hypericum olympicum L.〉オトギリソウ科。別名トモエオトギリ。高さは20〜45cm。花は輝黄色。園芸植物。

ヒペリクム・カナリエンセ 〈Hypericum canariense L.〉オトギリソウ科。高さは3m。花は黄色。園芸植物。

ヒペリクム・ガリオイデス 〈Hypericum galioides Lam.〉オトギリソウ科。高さは60〜100cm。園芸植物。

ヒペリクム・カルミアヌム 〈Hypericum kalmianum L.〉オトギリソウ科。高さは0.6〜1m。花は輝黄色。園芸植物。

ヒペリクム・キスティフォリウム 〈Hypericum cistifolium Lam.〉オトギリソウ科。高さは30cm。園芸植物。

ヒペリクム・キネンセ ビヨウヤナギの別名。

ヒペリクム・ケラストイデス 〈Hypericum cerastoides (Spach) N. Robs.〉オトギリソウ科。花は鮮黄色。園芸植物。

ヒペリクム・ステラツム 〈Hypericum stellatum N. Robs.〉オトギリソウ科。高さは1m。花は濃黄色。園芸植物。

ヒペリクム・テトラポテルム 〈Hypericum tetrapoterum Fries〉オトギリソウ科の多年草。

ヒペリクム・パツルム キンシバイの別名。

ヒペリクム・プセウドヘンリー 〈Hypericum pseudohenryi N. Robs.〉オトギリソウ科。花は純黄色。園芸植物。

ヒペリクム・フッケリアヌム 〈Hypericum hookerianum Wight et Arn.〉オトギリソウ科。高さは0.6〜1.6m。花は淡黄から濃黄色。園芸植物。

ヒペリクム・ペルフォラツム セイヨウオトギリソウの別名。

ヒペリクム・ポリフィルム 〈Hypericum polyphyllum Boiss. et Bal.〉オトギリソウ科。高さは20〜40cm。園芸植物。

ヒペリクム・モーセリアヌム 〈Hypericum × moserianum André〉オトギリソウ科。高さは60cm。園芸植物。

ヒペリクム・モンタヌム 〈Hypericum montanum L.〉オトギリソウ科。高さは1m。花は淡黄色。園芸植物。

ヒペリクム・ヤクシメンセ ヤクシマコオトギリの別名。

ヒペリクム・ヤポニクム ヒメオトギリの別名。

ヒペリクム・ラクスム コケオトギリの別名。

ヒペリクム・レシェノーティー 〈Hypericum leshenaultii Choisy〉オトギリソウ科。高さは1.3〜2.6m。花は濃黄色。園芸植物。

ヒペリクム・レスケナウリティー 〈Hypericum leschenaultii Choisy〉オトギリソウ科の低木。

ピペル・アウリツム 〈Piper auritum H. B. K.〉コショウ科。高さは3m。園芸植物。

ピペル・オルナツム 〈Piper ornatum N. E. Br.〉コショウ科。葉は盾状。園芸植物。

ピペル・カズラ フウトウカズラの別名。

ピペル・クロカツム 〈Piper crocatum Ruiz et Pav.〉コショウ科。茎は針金状。園芸植物。

ピペル・シルウァティクム 〈Piper sylvaticum Roxb.〉コショウ科。葉は長楕円形。園芸植物。

ヒベルティア・スカンデンス 〈Hibbertia scandens Gilg.〉マタタビ科(ビワモドキ科)の常緑低木。園芸植物。

ピペル・ニグルム コショウの別名。

ピペル・ベトレ キンマの別名。

ピペル・ポステルシアヌム タイヨウフウトウカズラの別名。

ピペル・マグニフィクム 〈Piper magnificum Trel.〉コショウ科。高さは1m。園芸植物。

ピペル・メティスティクム カバの別名。

ピペル・レトロフラクツム ヒハツの別名。

ヒホウマル 緋宝丸 ルブティア・クラインツィアナの別名。

ヒポエステス キツネノマゴ科の属総称。別名ソバカスソウ。

ヒポエステス・アリスタタ 〈*Hypoestes aristata* (Vahl) Soland. ex R. Br.*〉*キツネノマゴ科。高さは1～1.5m。花は紅紫色。園芸植物。

ヒポエステス・ウェルティキラリス 〈*Hypoestes verticillaris* (L. f.) Soland. ex R. Br.〉キツネノマゴ科。高さは50～60cm。花は白～淡いピンク色。園芸植物。

ヒポエステス・サンギノレンタ キツネノマゴ科。園芸植物。

ヒポエステス・フィロスタキア 〈*Hypoestes phyllostachya* Bak.〉キツネノマゴ科。高さは1m以上。花は紅紫色。園芸植物。

ヒポキルタ イワタバコ科の属総称。

ヒポキルタ・ヌムラリア 〈*Hypocyrta nummularia* Wiehler〉イワタバコ科のつる性小低木。

ヒポクシス・アウレア コキンバイザサの別名。

ヒポクシス・ヒルスタ 〈*Hypoxis hirsuta* (L.) Coville〉キンバイザサ科。花は鮮やかな黄色。園芸植物。

ヒポクレア・フラボビレンス ニクザキン科のキノコ。

ヒボケ バラ科。別名カンボケ。園芸植物。

ヒポケーリス・ウニフロラ キク科。高山植物。

ヒポコエリス・ラジカタ ブタナの別名。

ヒボタン 緋牡丹 〈*Gymnocalycium × rubra*〉サボテン科のサボテン。花はピンク色。園芸植物。

ヒボタンニシキ 緋牡丹錦 サボテン科のサボテン。園芸植物。

ヒポブロマ・ロンギフロラ 〈*Hippobroma longiflora* (L.) G. Don〉キキョウ科の多年草。花は白色。園芸植物。

ビホロサルオガセ 〈*Usnea glabrata* (Ach.) Vain. subsp. *pseudoglabrata* Asah.〉サルオガセ科の地衣類。地衣体は小形または中形。

ヒマ トウダイグサ科の属総称。

ヒマ トウゴマの別名。

ヒマラヤアオキ アウクバ・ヒマライカの別名。

ヒマラヤアセビ ピエリス・フォルモサの別名。

ヒマラヤウバユリ カルディオクリヌム・ギガンテウムの別名。

ヒマラヤウラジロノキ 〈*Sorbus vestita*〉バラ科の木本。樹高15m。樹皮は淡灰色。

ヒマラヤオニク 〈*Xylache himalaica* G. Beck〉ハマウツボ科の一年草。高山植物。

ヒマラヤカンバ 〈*Betula utilis*〉カバノキ科の木本。樹高25m。樹皮は濃い銅褐色から淡紅色、または純白色。

ヒマラヤゴヨウ 〈*Pinus wallichiana* A. B. Jacks.〉マツ科の木本。別名ブータンマツ。樹高40m。樹皮は灰色。園芸植物。

ヒマラヤサクラソウ 〈*Primula capitata* Hook.〉サクラソウ科の多年草。花は紫色。高山植物。園芸植物。

ヒマラヤシャクナゲ 〈*Rhododendron arboreum*〉ツツジ科の木本。樹高15m。樹皮は赤褐色。高山植物。園芸植物。

ヒマラヤシャリントウ 〈*Cotoneaster frigidus*〉バラ科の木本。樹高10m。樹皮は灰色。

ヒマラヤシュスラン グッディエラ・フォリオサの別名。

ヒマラヤスギ 〈*Cedrus deodara* Loud.〉マツ科の大形の常緑高木。別名ヒマラヤシーダー。樹高50m。樹皮は暗灰色。園芸植物。

ヒマラヤセンノウ リクニス・ヒマレイエンシスの別名。

ヒマラヤツクバネウツギ 〈*Abelia triflora* R. Br. ex Wall.〉スイカズラ科の常緑低木。高さは2～4m。花は白色。園芸植物。

ヒマラヤツチトリモチ 〈*Balanophora dioica* R. BR.〉ツチトリモチ科の寄生植物。雌雄異株。花穂は淡赤褐色。熱帯植物。

ヒマラヤトキワサンザシ カザンテマリの別名。

ヒマラヤニオイエビネ ラン科。園芸植物。

ヒマラヤニッケイ 〈*Cinnamomum obtusifolium* Nees〉クスノキ科の小木。樹皮の香は軽い。熱帯植物。薬用植物。

ヒマラヤネズ 〈*Juniperus recurva*〉ヒノキ科の木本。樹高15m。樹皮は赤褐色。

ヒマラヤノアオイケシ 〈*Meconopsis betonicifolia* Franch.〉ケシ科の多年草。高さは1.5m。花は青色。高山植物。園芸植物。

ヒマラヤハシドイ シリンガ・エモディの別名。

ヒマラヤハッカクレン 〈*Podophyllum hexandrum* Royle〉メギ科の多年草。高さは30～40cm。花は白または桃色。高山植物。園芸植物。

ヒマラヤハリモミ 〈*Picea smithiana* (Wall.) Boiss.〉マツ科の常緑高木。別名モリンダトウヒ。高さは50m。樹皮は紫灰色。園芸植物。

ヒマラヤパロッティア 〈*Parrotiopsis jacquemontiana*〉マンサク科の木本。樹高6m。樹皮は灰色。園芸植物。

ヒマラヤヒザクラ プルヌス・カルメシナの別名。

ヒマラヤビロウ リヴィストナ・ジェンキンシアナの別名。

ヒマラヤベニモクレン 〈*Magnolia campbellii* Hook. f. et T. Thoms.〉モクレン科の落葉高木。高さは20m。花は紫紅～白色。樹皮は灰色。高山植物。園芸植物。

ヒマラヤマツ ピヌス・ロクスバリーの別名。

ヒマラヤモミ アビエス・スペクタビリスの別名。

ヒマラヤユキノシタ 〈*Bergenia stracheyi* (Hook. f. et Thoms.) Engl.〉ユキノシタ科の多年草。別名ヒマラヤクモマグサ。花は白、後に桃色。園芸植物。

ヒマワリ 向日葵 〈*Helianthus annuus* L.〉キク科の一年草。別名ヒグルマ(日車)、テンジクアオイ

（天竺葵)、ニチリンソウ(日輪草)。高さは90〜200cm。花は黄または淡橙黄色。薬用植物。園芸植物。切り花に用いられる。

ヒマワリ キク科の属総称。

ヒマワリヒヨドリ 〈*Eupatorium odoratum* L.〉キク科の草本。葉はキクイモに似て対生、花は乾季に咲く。熱帯植物。

ピーマン 〈*Capsicum annuum* L.〉ナス科の多年草。高さは70〜80cm。花は白色。薬用植物。園芸植物。

ヒマントグロスウム・ヒルキヌム 〈*Himantoglossum hircinum* Sprengel〉ラン科の多年草。

ピムリコ'81 〈Pimlico'81〉バラ科。フロリバンダ・ローズ系。花は濃い朱色。

ヒムロ 檜榁杉 〈*Chamaecyparis pisifera* (Sieb. et Zucc.) Sieb. et Zucc. ex Endl. cv. Squarrosa〉ヒノキ科。別名ヤワラスギ、シモフリヒバ、アヤスギ。園芸植物。

ヒムロゴケ 〈*Pterobryum arbuscula* Mitt.〉ヒムロゴケ科のコケ。大形、一次茎は細く、葉は小さく鱗片状。

ヒムロスギ ヒムロの別名。

ヒメアオイ 〈*Hibiscus micranthus* L.〉アオイ科の草本。熱帯植物。

ヒメアオイゴケモドキ 〈*Geophila humifusa* King et Gamble〉アカネ科の小草。渓流の石面に生じ果実は暗紫色。熱帯植物。

ヒメアオガヤツリ 〈*Cyperus extremiorientalis* Ohwi〉カヤツリグサ科。

ヒメアオキ 姫青木 〈*Aucuba japonica* var. *borealis*〉ミズキ科の常緑低木。

ヒメアオゲイトウ 〈*Amaranthus arenicola* I. M. Johnst.〉ヒユ科の一年草。高さは0.5〜1m。花は白色。

ヒメアカショウマ 〈*Astilbe thunbergii* var. *sikokumontana*〉ユキノシタ科。

ヒメアカタネノキ 〈*Bouea microphylla* Griff.〉ウルシ科の小木。花は黄色。熱帯植物。

ヒメアカバナ 姫赤花 〈*Epilobium fauriei* Lév.〉アカバナ科の多年草。高さは3〜20cm。高山植物。

ヒメアカヤシ 〈*Pinanga furfuracea* BL.〉ヤシ科の観賞用植物。幹径10ミリ。熱帯植物。

ヒメアカヤスデゴケ 〈*Frullania parvistipula* Steph.〉ヤスデゴケ科のコケ。葉は早落性、赤褐色。

ヒメアザミ 〈*Cirsium buergeri* Miq.〉キク科の草本。別名ヒメヤマアザミ。

ヒメアザミ ナンブタカネアザミの別名。

ヒメアジサイ 〈*Hydrangea serrata* (Thunb. ex Murray) Ser. f. *cuspidata* (Thunb. ex Murray) Nakai〉ユキノシタ科。

ヒメアシボン 〈*Microstegium vimineum* (Trin.) A. Camus f. *willdenowianum* (Nees) Osada〉イネ科の草本。

ヒメアジロガサモドキ 〈*Galerina helvoliceps* (Berk. et Curt.) Sing.〉フウセンタケ科のキノコ。

ヒメアゼスゲ 姫畔菅 〈*Carex eleusinoides*〉カヤツリグサ科。

ヒメアセタケ 〈*Inocybe senkawensis* Y. Kobayasi〉フウセンタケ科のキノコ。小型。傘は白色〜にぶいクリーム色、繊維状。ひだは黄褐色〜赤褐色。

ヒメアセビ ツツジ科。園芸植物。

ヒメアナナス 〈*Cryptanthus acaulis* (Lindl.) Beer〉パイナップル科の地生種。葉長10〜15cm。花は白色。園芸植物。

ヒメアブラススキ 〈*Bothriochloa parviflora* (R. Br.) Ohwi〉イネ科の多年草。高さは50〜100cm。

ヒメアマナ 姫甘菜 〈*Gagea japonica* Pascher〉ユリ科の多年草。高さは5〜15cm。

ヒメアマナズナ 〈*Camelina microcarpa* Andrz. ex DC.〉アブラナ科の一年草。別名ヒメタマナズナ。高さは20〜100cm。花は淡黄色。

ヒメアミガサソウ 〈*Acalypha gracilens* A. Gray〉トウダイグサ科。葉が細く、雌花とその苞葉が葉腋に密に集まる。

ヒメアメリカアゼナ 〈*Lindernia anagallidea* (Michx.) Pennell〉ゴマノハグサ科の一年草。高さは15〜25cm。花は淡紫色。

ヒメアメリカチャボヤシ ヤシ科。別名マドヤシ。園芸植物。

ヒメアヤメ アヤメ科。

ヒメアラセイトウ 〈*Malcomia maritima* R. Br.〉アブラナ科。別名ハマアラセイトウ。園芸植物。

ヒメアリアケカズラ 姫有明葛 〈*Allamanda neriifolia* Hook.〉キョウチクトウ科の常緑つる性植物。高さは1m。園芸植物。

ヒメイカリソウ 〈*Epimedium trifoliatobinatum* Koidz. subsp. *trifoliatobinatum*〉メギ科。

ヒメイクビゴケ 〈*Diphyscium satoi* Tuzibe〉キセルゴケ科のコケ。葉は披針形。

ヒメイサワゴケ 〈*Syrrhopodon fimbriatulus* Müll. Hal.〉カタシロゴケ科のコケ。小形、葉は乾くと内曲し褐色になる。

ヒメイズイ 〈*Polygonatum humile* Fisch.〉ユリ科の多年草。別名ヒメアマドコロ。高さは10〜30cm。園芸植物。

ヒメイソツツジ 姫磯躑躅 〈*Ledum palustre* L. subsp. *palustre* var. *decumbens* Ait.〉ツツジ科の常緑低木。別名ホソバイソツツジ。高山植物。

ヒメイタチシダ 〈*Dryopteris varia* var. *sacrosancta* (Koidz.) Ohwi〉オシダ科の常緑性シダ。葉身は長さ50cm。五角状広卵形。

ヒメイタビ 〈*Ficus thunbergii* Maxim.〉クワ科の常緑つる植物。別名ヒメビタイ、ヒゴヅタ、ジャゴケ。園芸植物。

ヒメイチゲ 姫一花 〈*Anemone debilis* Fisch.〉キンポウゲ科の多年草。別名ルリイチゲソウ。高さは5～15cm。高山植物。

ヒメイチョウ 〈*Udotea javensis* (Montagne) Gepp〉ミル科の海藻。体の糸は並行に並んで癒着。

ヒメイヌノハナヒゲ イトイヌノハナヒゲの別名。

ヒメイヌビエ 〈*Echinochloa crus-galli* (L.) P. Beauv. var. *praticola* Ohwi〉イネ科。

ヒメイノモトソウ 〈*Pteris yamatensis* (Tagawa) Tagawa〉イノモトソウ科(ワラビ科)の常緑性シダ。葉身は長さ3～12cm。

ヒメイバラモ 〈*Najas tenuicaulis* Miki〉イバラモ科。日本絶滅危機植物。

ヒメイラクサ 〈*Urtica urens* L.〉イラクサ科の一年草。高さは7～50cm。

ヒメイワカガミ 姫岩鏡 〈*Schizocodon ilicifolia* Maxim.〉イワウメ科の多年草。高さは4～8cm。高山植物。

ヒメイワギボウシ 〈*Hosta gracillima*〉ユリ科。

ヒメイワショウブ 姫岩菖蒲 〈*Tofieldia okuboi* Makino〉ユリ科の多年草。高さは8～15cm。高山植物。

ヒメイワヅタ 〈*Caulerpa ambigua* Okamura〉イワヅタ科の海藻。体は1～2cm。

ヒメイワタケ 〈*Umbilicaria kisovana* (Zahlbr.) Kurok.〉イワタケ科の地衣類。地衣体背面は暗褐色。

ヒメイワタケモドキ 〈*Umbilicaria krascheninnikovii* (Sav.) Zahlbr.〉イワタケ科の地衣類。地衣体背面は灰褐色。

ヒメイワタデ 姫岩虎尾 〈*Aconogonum ajanense* (Regel et Tiling) Hara〉タデ科の草本。別名チシマヒメイワタデ。

ヒメイワトラノオ 姫岩虎尾 〈*Asplenium capillipes* Makino〉チャセンシダ科の常緑性シダ。葉身は長さ3～10cm。

ヒメウイキョウ 姫茴香 〈*Anethum graveolens* L.〉セリ科の一、二年草、ハーブ、香辛野菜。別名イノンド。高さは30～50cm。花は黄色。薬用植物。園芸植物。

ヒメウキガヤ ウキガヤの別名。

ヒメウキクサ 姫浮草 〈*Spirodela punctata* (G. F. W. Meyer) Thompson〉ウキクサ科の常緑の浮遊植物。別名シマウキクサ。葉状体は左右不相称の長楕円形で表面は濃緑色。

ヒメウコギ 姫欝金、五加木 〈*Acanthopanax sieboldianus* Makino〉ウコギ科の落葉低木。別名ムコギ。高さは3m。花は黄緑色。薬用植物。園芸植物。

ヒメウシオスゲ 〈*Carex subspathacea*〉カヤツリグサ科。

ヒメウズ 姫烏頭 〈*Semiaquilegia adoxoides* (DC.) Makino〉キンポウゲ科の多年草。別名トンボソウ。高さは10～30cm。薬用植物。園芸植物。

ヒメウスグロゴケ 〈*Leskeella pusilla* (Mitt.) Nog.〉ウスグロゴケ科のコケ。茎は這い、やや羽状に分枝する。茎葉は広披針形。

ヒメウスノキ 姫臼の木 〈*Vaccinium myrtillus* L. var. *yatabei* (Makino) Matsum. et Komatsu〉ツツジ科の落葉低木。別名アオジクスノキ。高山植物。

ヒメウスベニ 〈*Erythroglossum minimum* Okamura〉コノハノリ科の海藻。複羽状に分岐。体は1～2.5cm。

ヒメウスユキソウ 姫薄雪草 〈*Leontopodium shinanense* Kitam.〉キク科の草本。別名コマウスユキソウ。高山植物。

ヒメウツギ 姫空木 〈*Deutzia gracilis* Sieb. et Zucc.〉ユキノシタ科の落葉低木。高さは1m。花は白色。園芸植物。

ヒメウマノアシガタ 〈*Ranunculus yakushimensis* (Makino) Masam.〉キンポウゲ科の草本。葉身は卵状楕円形または卵円形。園芸植物。

ヒメウマノミツバ 〈*Sanicula lamelligera* Hance〉セリ科の草本。

ヒメウメバチソウ 姫梅鉢草 〈*Parnassia alpicola* Makino〉ユキノシタ科の草本。別名タカネウメバチソウ。高山植物。

ヒメウラシマソウ 姫浦島草 〈*Arisaema kiushianum* Makino〉サトイモ科の草本。

ヒメウラジロ 姫裏白 〈*Cheilanthes argentea* (Gmel.) Kunze〉イノモトソウ科(ワラビ科、ホウライシダ科)。別名ウラジロシダ。葉身は裏面が白色の粉状物におおわれる。葉身は長さ3～10cm。五角形状。園芸植物。

ヒメウラボシ 姫裏星 〈*Grammitis dorsipila* (Christ) C. Chr. et Tard.-Blot〉ヒメウラボシ科の常緑性シダ。葉身は長さ2～8cm。狭披針形。

ヒメウルシゴケ 〈*Jubula japonica* Steph.〉ヒメウルシゴケ科のコケ。茎は長さ1～2cm。

ヒメウロコゴヘイヤシ レピドカリウム・テヌエの別名。

ヒメウワバミソウ 〈*Elatostema japonicum* Wedd. var. *japonicum*〉イラクサ科。

ヒメエゾネギ 姫蝦夷葱 〈*Allium schoenoprasum* L. var. *yezomonticoea* Hara〉ユリ科の多年草。高山植物。

ヒメエンゴサク 〈*Corydalis lineariloba* Sieb. et Zucc. var. *capillaris* Ohwi〉ケシ科。

ヒメオトギリ 〈*Sarothra japonica* (Thunb. ex Murray) Y. Kimura〉オトギリソウ科の一年草または多年草。別名ミヤマオトギリ。高さは20〜30cm。園芸植物。

ヒメオドリコソウ 姫踊子草 〈*Lamium purpureum* L.〉シソ科の一年草または多年草。高さは10〜30cm。花は紅紫色。

ヒメオドリコソウ タヌキジソの別名。

ヒメオニササガヤ 〈*Dichanthium annulatum* (Forssk.) Stapf〉イネ科の多年草。別名マルバアブラススキ。高さは1m。

ヒメオニソテツ 姫鬼蘇鉄 〈*Encephalartos horridus* (Jacq.) Lehm.〉ソテツ科。高さは30cm。園芸植物。

ヒメオニタケ 〈*Cystoderma granulosum* (Batsch: Fr.) Fayod〉ハラタケ科のキノコ。

ヒメオノオレ ヤチカンバの別名。

ヒメオヒルムシロ 〈*Potamogeton yamagataensis* Kadono & Wiegleb〉ヒルムシロ科の浮葉植物。沈水葉は線形。

ヒメオランダセンニチ 〈*Spilanthes iabadicensis* H. Moore〉キク科の草本。花は黄色。熱帯植物。

ヒメカイウ 姫海芋 〈*Calla palustris* L.〉サトイモ科の多年草。別名ヒメカユウ、ミズイモ。根茎は径1〜2。高さは15〜30cm。園芸植物。

ヒメカイニット 〈*Chrysophyllum roxburghii* G. Don.〉アカテツ科の高木。葉面光沢あり。熱帯植物。

ヒメカガミゴケ 〈*Brotherella complanata* Reimers & Sakurai〉ナガハシゴケ科のコケ。枝葉は狭卵形で漸尖。

ヒメカカラ 〈*Smilax biflora* Sieb. ex Miq. var. *biflora*〉ユリ科の木本。別名ヒメサルトリイバラ。葉長5〜15mm。園芸植物。

ヒメカクラン 〈*Phaius mishmensis*〉ラン科。園芸植物。

ヒメカジイチゴ 〈*Rubus medius* O. Kuntze〉バラ科の落緑低木。

ヒメカズラ 〈*Philodendron oxycardium* Schott〉サトイモ科の多年草。小形で節間が伸びるつる性種。園芸植物。

ヒメカタショウロ 〈*Scleroderma areolatum* Ehrenb.〉ニセショウロ科のキノコ。

ヒメカナリークサヨシ 〈*Phalaris minor* Retz.〉イネ科の一年草。別名ヒメヤリクサヨシ。高さは60〜80cm。

ヒメカナワラビ 姫鉄蕨 〈*Polystichum tsussimense* (Hook.) J. Smith〉オシダ科の常緑性シダ。別名キヨスミシダ。葉長40〜60cm。葉身は披針形。園芸植物。

ヒメカニノテ 〈*Amphiroa misakiensis* Yendo〉サンゴ科の海藻。2〜3叉状に分岐。体は3cm。

ヒメカバイロタケ 〈*Xeromphalina campanella* (Batsch: Fr.) Maire〉キシメジ科のキノコ。超小型〜小型。傘は鈍橙黄色〜黄褐色。

ヒメガマ 姫蒲 〈*Typha angustifolia* L.〉ガマ科の多年生の抽水植物。別名レンジャク。全高1.3〜2（〜2.5)m、葉は細く、幅5〜15mm。高さは1〜1.5m。熱帯植物。薬用植物。園芸植物。

ヒメカムリゴケ 〈*Pilophoron curtulum* Kurok. & Shib.〉キゴケ科の地衣類。地衣体は顆粒状。

ヒメカモジゴケ 〈*Dicranum flagellare* Hedw.〉シッポゴケ科のコケ。小形、茎は長さ1〜2cm、葉は狭披針形。

ヒメガヤツリ ミズハナビの別名。

ヒメカユウ ヒメカイウの別名。

ヒメカラジウム カラディウム・フンボルティーの別名。

ヒメカラタチゴケ 〈*Ramalina minuscula* (Nyl.) Nyl.〉サルオガセ科の地衣類。地衣体は長さ1〜2cm。

ヒメカラマツ 姫唐松 〈*Thalictrum alpinum* L. var. *stipitatum* Yabe〉キンポウゲ科の多年草。高さは10〜20cm。高山植物。

ヒメカワズスゲ 姫蛙菅 〈*Carex brunnescens* (Pers.) Poir.〉カヤツリグサ科の草本。

ヒメカンアオイ 〈*Heterotropa takaoi* (F. Maekawa) F. Maekawa ex Nemoto〉ウマノスズクサ科の多年草。萼筒は比較的短いコップ状。葉径5〜8cm。園芸植物。

ヒメカンガレイ 〈*Schoenoplectus mucronatus* (L.) Palla subsp. *mucronatus*〉カヤツリグサ科の抽水植物。小穂の鱗片にやや稜角がある。高さ30〜80cm。

ヒメガンクビソウ 〈*Carpesium rosulatum* Miq.〉キク科の多年草。高さは15〜45cm。

ヒメカンスゲ 姫寒菅 〈*Carex conica* Boott〉カヤツリグサ科の多年草。高さは10〜40cm。

ヒメカンゾウ 姫萱草 〈*Hemerocallis dumortieri* C. Morren var. *dumortieri*〉ユリ科の多年草。高さは25〜50cm。園芸植物。

ヒメカンムリツチグリ 〈*Geastrum minus* (Pers.) Fisch.〉ヒメツチグリ科のキノコ。

ヒメキウメノキゴケ 〈*Parmelia ulophyllodes* (Vain.) Sav.〉ウメノキゴケ科の地衣類。地衣体背面は糞ないし帯緑黄色。

ヒメキカシグサ 〈*Rotala elatinomorpha* Makino〉ミソハギ科の草本。

ヒメキクタビラコ 〈*Myriactis japonensis* Koidz.〉キク科の草本。

ヒメキクバスミレ 〈*Viola ibukiana* Makino〉スミレ科。

ヒメキクラゲ 〈*Exidia glandulosa* Fr.〉ヒメキクラゲ科のキノコ。小型。子実体は脳表面のしわ状、表面は鋭い刺。

ヒメキゴケ 〈*Leprocaulon arbuscula* (Nyl.) Nyl.〉マツタケ科の不完全地衣。擬子柄は淡褐灰色または灰白色。

ヒメキゴケモドキ 〈*Leprocaulon pseudoarbuscula* (Asah.) Lamb & Ward.〉マツタケ科の不完全地衣。ヒメキゴケに似る。

ヒメキシメジ 〈*Cllistosporium luteoolivaceum* (Berk. & Curt.) Sing.〉キシメジ科のキノコ。小型。傘は中央が窪んだ丸山形、黄土色。ひだは黄色。

ヒメキセワタ 〈*Lamium tuberiferum* (Makino) Ohwi〉シソ科の草本。

ヒメキッコウゴケ 〈*Rinodina nephroides* (Vain.) Zahlbr.〉スミイボゴケ科の地衣類。地衣体は灰白色。

ヒメキノエアナナス ティランジア・ブルボサの別名。

ヒメキランソウ 〈*Ajuga pygmaea* A. Gray〉シソ科のサボテン。別名竜神木。高さは4m。花は緑白色。園芸植物。

ヒメギリソウ 〈*Streptocarpus rexii* (Bowie ex Hook.) Lindl.〉イワタバコ科の観賞用草本。無茎。花は青紫色、花喉に赤色。熱帯植物。園芸植物。

ヒメキリンソウ 姫麒麟草 〈*Sedum sikokianum* Maxim.〉ベンケイソウ科の草本。

ヒメキンギョソウ 〈*Linaria bipartita* (Venten.) Willd.〉ゴマノハグサ科の一年草または多年草。別名リナリア、ムラサキウンラン。高さは20～40cm。花は菫から紅紫色。園芸植物。

ヒメギンゴケモドキ 〈*Anomobryum filiforme* (Griff.) A. Jaeger〉ハリガネゴケ科のコケ。茎は長さ0.5～2cm、葉はふつう卵形～広卵形。

ヒメキンシゴケ 〈*Ditrichum macrorrhynchum* Broth.〉キンシゴケ科のコケ。小形、茎は長さ7～20mm。

ヒメキンジシ 姫金獅子 サボテン科のサボテン。園芸植物。

ヒメキンネム 姫銀合歓 〈*Desmanthus virgatus* (L.) Willd.〉マメ科の常緑低木。別名タチクサネム。

ヒメキンポウゲ 〈*Halerpestes kawakamii* (Makino) Tamura〉キンポウゲ科の草本。別名ツルヒキノカサ。

ヒメキンミズヒキ 〈*Agrimonia nipponica* Koidz.〉バラ科の多年草。高さは30～80cm。

ヒメキンレンカ トロパエオルム・ミヌスの別名。

ヒメクグ 〈*Cyperus brevifolius* (Rottb.) Hassk. var. *leiolepis* (Franch. et Savat.) T. Koyama〉カヤツリグサ科の多年草。高さは5～35cm。

ヒメクサリゴケ 〈*Cololejeunea longifolia* (Mitt.) Benedix〉クサリゴケ科のコケ。背片が長楕円形。

ヒメクジャクゴケ 〈*Hypopterygium japonicum* Mitt.〉クジャクゴケ科のコケ。野外でも蒴柄がわら色。

ヒメクジラグサ 〈*Descurainia pinnata* (Walt.) Britt.〉アブラナ科の一年草。高さは10～70cm。花は黄白色。

ヒメクズ ノアズキの別名。

ヒメクズタケ 〈*Psilocybe montana* (Fr.) Kummer〉モエギタケ科のキノコ。超小型。傘は暗赤褐色、半球形～鐘形。ひだは暗紫褐色。

ヒメクチキタンポタケ 〈*Cordyceps annullata* Y. Kobayasi & D. Shimizu〉バッカクキン科のキノコ。小型。子実体はタンポ形、長さは4cm前後。

ヒメグネモン 〈*Gnetum brunonianum* Griff.〉グネツム科の低木。高さは2m、幹は径3cm。熱帯植物。

ヒメクマツヅラ 〈*Verbena litoralis* Kunth〉クマツヅラ科。別名ハマクマツヅラ。

ヒメクマヤナギ 姫熊柳 〈*Berchemia lineata* (L.) DC.〉クロウメモドキ科の落葉低木。紫黒色の果実。園芸植物。

ヒメクモマグサ 姫雲間草 〈*Saxifraga cherlerioides* var. *rebunshirensis* form. *togakushiensis*〉ユキノシタ科。高山植物。

ヒメクラマゴケ ヒメタチクラマゴケの別名。

ヒメクラマゴケモドキ 〈*Porella caespitans* (Steph.) S. Hatt. var. *cordifolia* (Steph.) S. Hatt.〉クラマゴケモドキ科のコケ。朱色、茎は長さ3～8cm。

ヒメクリソラン 〈*Hancockia japonica* (Hatusima) F. Maekawa〉ラン科の草本。日本絶滅危機植物。

ヒメクリノイガ 〈*Cenchrus longispinus* (Hack.) Fernald〉イネ科の一年草。別名ヒメクリノイガモドキ、メリケンクリノイガ。高さは15～80cm。

ヒメクレオメ 〈*Cleome aculeata* L.〉フウチョウソウ科の草本。枝は散開性。熱帯植物。

ヒメクロアブラガヤ 〈*Scirpus microcarpus* C. Presl〉カヤツリグサ科の多年草。高さは50～80cm。

ヒメクロウメモドキ 〈*Rhamnus kanagusukii* Makino〉クロウメモドキ科の木本。

ヒメクロモジ 〈*Lindera lancea* (Momiy.) H. Koyama〉クスノキ科の木本。

ヒメクワガタ 姫鍬形 〈*Veronica nipponica* Makino var. *nipponica*〉ゴマノハグサ科の多年草。高さは7～20cm。花は淡青紫色。高山植物。園芸植物。

ヒメグンバイナズナ 〈*Lepidium densiflorum* Schrad.〉アブラナ科の一年草または二年草。高さは10～50cm。

ヒメケイヌホオズキ 〈*Solanum physalifolium* Rusby〉ナス科の一年草。高さは20～50cm。花は白色。

ヒメゲジゲジゴケ 〈*Anaptychia palmulata* (Michx.) Vain.〉ムカデゴケ科の地衣類。地衣体は白または淡褐色。

ヒメケビラゴケ 〈*Radula oyamensis* Steph.〉ケビラゴケ科のコケ。緑褐色、茎は長さ1～2cm。

ヒメケフシグロ 〈*Silene aprica* Turcz.〉ナデシコ科の草本。

ヒメコイワカガミ 〈*Shortia soldanelloides* var. *minima*〉イワウメ科。

ヒメコウオウソウ キク科。別名ホソバコウオウソウ。園芸植物。

ヒメコウガイゼキショウ 〈*Juncus bufonius* L.〉イグサ科の一年草。高さは8～30cm。

ヒメコウジ 〈*Gaultheria procumbens* L.〉ツツジ科の常緑小低木。高さは6～20cm。花は帯桃白色。薬用植物。園芸植物。

ヒメコウゾ 姫楮 〈*Broussonetia kazinoki* Siebold〉クワ科の木本。別名コウゾ、カゾ。薬用植物。

ヒメゴウソ アオゴウソの別名。

ヒメコウホネ 姫川骨,姫河骨 〈*Nuphar subintegerrimum* (Casp.) Makino〉スイレン科の水生植物。沈水葉は長さ6～17cm、浮葉形成後も多くの沈水葉が残る。花は黄色。園芸植物。日本絶滅危機植物。

ヒメコウモリソウ 〈*Cacalia shikokiana* Makino〉キク科の草本。高山植物。

ヒメコガサ 〈*Galerina hypnorum* (Schrank：Fr.) Kühn. s. J. Lange〉フウセンタケ科のキノコ。

ヒメコガネツルタケ 〈*Amanita melleiceps* Hongo〉テングタケ科のキノコ。小型。傘は帯黄色、帯白色～帯淡黄色のいぼ、条線あり。

ヒメコガネハイゴケ 〈*Podperaea krylovii* (Podb.) Z. Iwats. & Glime〉ハイゴケ科のコケ。植物体は微小、茎はほぼって糸状。

ヒメコガネヒルガオ 〈*Merremia gemella* Hall. f.〉ヒルガオ科の蔓草。果皮は皺質。花は濃黄色。熱帯植物。

ヒメコクサゴケ 〈*Isothecium subdiversiforme* Broth.〉トラノオゴケ科のコケ。二次茎は立ち上がって長さ3～4cm、葉は卵形～卵状楕円形。

ヒメコケ 〈*Herposiphonia fissidentoides* (Holmes) Okamura〉フジマツモ科の海藻。葉状部は卵形。

ヒメコゴメグサ 姫の小米草 〈*Euphrasia matsumurae* Nakai〉ゴマノハグサ科の半寄生一年草。別名コバノコゴメグサ。高さは3～20cm。高山植物。

ヒメコザクラ 姫小桜 〈*Primula macrocarpa* Maxim.〉サクラソウ科の草本。高さは5～10cm。花は白色。高山植物。園芸植物。

ヒメコザネ 〈*Symphyocladia pennata* Okamura〉フジマツモ科の海藻。複羽状に分岐。

ヒメコスモス ブラキカムの別名。

ヒメコナカブリツルタケ 〈*Amanita farinosa* Schw.〉テングタケ科のキノコ。小型。傘は灰色、粉状、条線あり。

ヒメコヌカグサ 〈*Agrostis nipponensis* Honda〉イネ科の草本。日本絶滅危機植物。

ヒメコバンソウ 姫小判草 〈*Briza minor* L.〉イネ科の一年草。別名スズガヤ。葉は細長い披針形。高さは10～60cm。園芸植物。

ヒメコブトリハダゴケ 〈*Pertusaria subobductans* Nyl.〉トリハダゴケ科の地衣類。孔口が黒色。

ヒメゴヨウイチゴ 姫五葉苺 〈*Rubus pseudojaponicus* Koidz.〉バラ科の落葉ほふく性低木。別名トゲナシゴヨウイチゴ。高山植物。

ヒメコラ 〈*Cola acuminata* (Beauvois) Schott et Endl.〉アオギリ科の高木。別名コラ、コラナットノキ。葉は3裂するものもある。高さは12～18m。熱帯植物。園芸植物。

ヒメコリウス コリウス・プミルスの別名。

ヒメコンイロイッポンシメジ 〈*Rhodophyllus coelestinus* (Fr.) Quél. var. *violaceus* (Kauffm.) A. H. Smith〉イッポンシメジ科のキノコ。

ヒメコンロンカ 〈*Mussaenda glabra* Vahl.〉アカネ科の低木。葉は無毛、若葉は裏面紫色。花は橙黄色。熱帯植物。

ヒメサギゴケ 〈*Mazus goodenifolius* (Hornem.) Pennell〉ゴマノハグサ科の草本。

ヒメサキジロゴケ 〈*Gymnomitrion concinnatum* (Lightf.) Corda〉ミゾゴケ科のコケ。緑黄色～濃褐色。

ヒメザクラ 〈*Primula rosea* Royle〉サクラソウ科の多年草。高さは30cm。花は桃色。園芸植物。

ヒメサクラシメジ 〈*Hygrophorus capreolarius* (Kalchbr.) Sacc.〉ヌメリガサ科のキノコ。小型～中型。傘はワイン色で湿時粘性。ひだはワイン色。

ヒメサクラタデ タデ科の多年草。高さは40～70cm。

ヒメサクラマンテマ ナデシコ科。

ヒメサザンカ 姫山茶花 〈*Camellia lutchuensis* T. Ito ex Matsum.〉ツバキ科の常緑高木。別名リュウキュウツバキ。花は白色。園芸植物。

ヒメサジラン 〈*Loxogramme grammitoides* (Bak.) C. Chr.〉ウラボシ科の常緑性シダ。葉身は長さ2～12cm。倒卵形。

ヒメザゼンソウ 姫坐禅草 〈*Symplocarpus nipponicus* Makino〉サトイモ科の多年草。苞は暗紫褐色。高さは10〜40cm。園芸植物。

ヒメサユリ 姫小百合 〈*Lilium rubellum* Baker〉ユリ科の多肉植物。別名アイズユリ、ハルユリ。高さは50〜60cm。花は淡桃〜濃紫桃色。園芸植物。

ヒメサラゴケ 〈*Petractis clausa* (Hoffm.) Kremp.〉チブサゴケ科の地衣類。地衣体は痂状。

ヒメサルダヒコ 〈*Lycopus ramosissimus* Makino var. *ramosissimus*〉シソ科。

ヒメサルダヒコ サルダヒコの別名。

ヒメサンカクゴケ 〈*Drepanolejeunea angustifolia* (Mitt.) Grolle〉クサリゴケ科のコケ。黄緑色、茎は長さ3〜7mm。

ヒメサンゴトリハダゴケ 〈*Pertusaria corallina* var. *minor* (Yas.) Oshio〉トリハダゴケ科の地衣類。地衣体は裂芽が小さい。

ヒメシオン 姫紫苑 〈*Aster fastigiatus* Fisch.〉キク科の多年草。高さは30〜100cm。

ヒメシカノキ 〈*Anisophyllea disticha* Baill.〉ヒルギ科の低木。枝は垂下、葉は光沢がある。熱帯植物。

ヒメシコロ 〈*Cheilosporum jungermannioides* Ruprecht in J. Agardh〉サンゴモ科の海藻。繊細。体は1〜3cm。

ヒメシラン 〈*Vittaria anguste-elongata* Hayata〉シシラン科の常緑性シダ。別名ムニンシシラン。葉身は長さ8〜30cm。線状。

ヒメジソ 〈*Mosla dianthera* Maxim.〉シソ科の一年草。高さは20〜60cm。

ヒメシダ 姫羊歯 〈*Thelypteris palustris* Schott.〉オシダ科(ヒメシダ科)の夏緑性シダ。葉身は長さ20〜35cm。広披針形。園芸植物。

ヒメジタノキ 〈*Alstonia venenata* R. BR.〉キョウチクトウ科の観賞用低木。花は白色。熱帯植物。

ヒメシノ 〈*Sasaella kogasensis* (Nakai) Nakai ex Koidz. var. *gracillima* Sad. Suzuki〉イネ科。園芸植物。

ヒメシノブゴケ 〈*Thuidium cymbifolium* (Dozy & Molk.) Dozy & Molk.〉シノブゴケ科のコケ。茎葉の先端は細い透明尖。

ヒメシマセンネンショウ リュウゼツラン科。園芸植物。

ヒメシャガ 姫射干 〈*Iris gracilipes* A. Gray〉アヤメ科の多年草。高さは20〜30cm。花は淡紫色。園芸植物。日本絶滅危惧植物。

ヒメシャクナゲ 姫石南花 〈*Andromeda polifolia* L.〉ツツジ科の常緑小低木。別名ニッコウシャクナゲ。高さは15cm。花は白から桃色。高山植物。園芸植物。

ヒメジャゴケ 〈*Conocephalum japonicum* (Thunb.) Grolle〉ジャゴケ科。

ヒメシャジン 姫沙参 〈*Adenophora nikoensis* Franch. et Savat. var. *nikoensis*〉キキョウ科の多年草。高さは20〜40cm。花は紫青色。高山植物。園芸植物。

ヒメジャモントウ ミリアレピス・パラドクサの別名。

ヒメシャラ 姫沙羅 〈*Stewartia monadelpha* Sieb. et Zucc.〉ツバキ科の落葉高木。別名サルタノキ、コナツツバキ。樹皮は赤褐色。樹高15m。樹皮は灰色。園芸植物。

ヒメシャリンバイ 姫車輪梅 〈*Rhaphiolepis indica* (L.) Lindl. ex Ker var. *umbellata* (Thunb.) H. Ohashi f. *minor* (Makino) H. Ohashi〉バラ科。園芸植物。

ヒメジュズスゲ 〈*Carex fillipes* var. *tremula*〉カヤツリグサ科。

ヒメジョウゴゴケ 〈*Cladonia conistea* (Del.) Asah.〉ハナゴケ科の地衣類。子柄は基部の径1mm。

ヒメジョウゴゴケモドキ 〈*Cladonia subconistea* Asah.〉ハナゴケ科の地衣類。真正の粉芽をつけない。

ヒメショウジョウバカマ コショウジョウバカマの別名。

ヒメショウジョウヤシ キルトスタキス・ラッカの別名。

ヒメジョオン 姫女苑 〈*Erigeron annuus* (L.) Pers.〉キク科の一年草または越年草。別名アメリカグサ、イヌヨメナ、サイゴウグサ。高さは30〜120cm。花は白〜淡紅色。薬用植物。

ヒメシラスゲ 〈*Carex mollicula* Boott〉カヤツリグサ科の多年草。高さは15〜30cm。

ヒメシラタマソウ 〈*Silene conica* L.〉ナデシコ科の一年草。高さは15〜35cm。花は紅紫色。

ヒメジリン 〈*Pithecellobium microcarpum* Benth.〉マメ科の小木。莢は小、少し回曲。熱帯植物。

ヒメシロアサザ 姫白莕菜 〈*Nymphoides coreana* (Lév.) Hara〉ミツガシワ科(リンドウ科)の浮葉植物。葉の表面に紫褐色の斑状模様、花は白色。

ヒメシロカイメンタケ 〈*Oxyporus cuneatus* (Murr.) Aoshi.〉タコウキン科のキノコ。

ヒメシロタモギタケ 〈*Clitocybe lignatilis* (Pers. : Fr.) Karst〉キシメジ科のキノコ。小型。傘は類白色、縁部波打つ。ひだは白色〜クリーム色。

ヒメシロネ 姫白根 〈*Lycopus maackianus* (Maxim.) Makino〉シソ科の多年草。高さは30〜70cm。薬用植物。

ヒメシロビユ 〈*Amaranthus albus* L.〉ヒユ科の一年草。別名シロビユ。高さは10〜50cm。花は小、苞は緑色。

ヒメシワゴケ 〈*Aulacopilum japonicum* Broth. ex Card.〉ヒナノハイゴケ科のコケ。茎、枝ともに樹皮上をはい、背側の葉は卵形。

ヒメシワタケ 〈*Leucogyrophana mollusca* (Fr.) Pouz.〉イドタケ科のキノコ。

ヒメスイバ 姫酸葉 〈*Rumex acetosella* L.〉タデ科の多年草。高さは20〜50cm。花は帯赤色。

ヒメスイレン 〈*Nymphaea pygmaea* Ait. var. *helvola* Hort.〉スイレン科。園芸植物。

ヒメスギゴケ 〈*Pogonatum neesii* (Müll. Hal.) Dozy〉スギゴケ科のコケ。薄板の端細胞は上から見てほぼ円形。

ヒメスギタケ 〈*Phaeomarasmius erinaceellus* (Peck) Sing.〉モエギタケ科のキノコ。小型、傘は黄褐色、刺状鱗片密。ひだは黄白色。

ヒメスギラン 姫杉蘭 〈*Lycopodium chinense* Christ〉ヒカゲノカズラ科の常緑性シダ。茎は葉とともに高さ5〜15cm。葉身は針状披針形。園芸植物。

ヒメスゲ 姫菅 〈*Carex oxyandra* (Franch. et Savat.) Kudo〉カヤツリグサ科の多年草。高さは10〜30cm。

ヒメスズゴケ 〈*Forsstroemia cryphaeoides* Card.〉イトヒバゴケ科のコケ。枝葉は卵形で漸尖。

ヒメスズメノテッポウ 〈*Alopecurus carolinianus* Walter〉イネ科。1991年に室井綽が兵庫県姫路市で採集。

ヒメズタ 〈*Taenioma perpusillum* (J. Agardh) J. Agardh〉コノハノリ科の海藻。主枝は円柱状。

ヒメスッポンタケ 〈*Phallus tenuis* (Fisch.) Kuntze〉スッポンタケ科のキノコ。中型。傘は長釣鐘形、鮮黄色、網目状突起。

ヒメストロファントス 〈*Strophanthus wallichii* A. DC.〉キョウチクトウ科の低木。花は黄色。熱帯植物。

ヒメスベリヒユ 〈*Portulaca quadrifida* L.〉スベリヒユ科の草本。花は黄色。熱帯植物。

ヒメスミレ 〈*Viola minor* Makino〉スミレ科の多年草。高さは4〜10cm。

ヒメスミレサイシン 〈*Viola yazawana* Makino〉スミレ科の多年草。花は白色。高山植物。園芸植物。

ヒメセンナリホオズキ 〈*Physalis pubescens* L.〉ナス科の一年草。長さは50〜80cm。花は黄白色。

ヒメセンニンゴケ 〈*Baeomyces absolutus* Tuck.〉センニンゴケ科の地衣類。地衣体は緑色。

ヒメセンブリ 〈*Lomatogonium carinthiacum* (Wulfen) Reichb.〉リンドウ科の草本。高山植物。

ヒメソクシンラン 〈*Aletris makiyataroi* Naruhashi〉ユリ科の草本。

ヒメソケイ モクセイ科。別名ウンナンソケイ。切り花に用いられる。

ヒメタイサンボク 姫泰山木 〈*Magnolia virginiana* L.〉モクレン科の常緑小高木または低木。別名ウラジロタイサンボク、バージニアモクレン。花は白色。園芸植物。

ヒメダイフウシ 〈*Hydnocarpus ilicifolia* King〉イイギリ科の小木。石灰岩地方、果実は褐色。熱帯植物。

ヒメタカノハウラボシ 〈*Crypsinus yakushimensis* (Makino) Tagawa〉ウラボシ科の常緑性シダ。葉身は長さ5〜20cm。狭披針形。

ヒメタケシマラン 姫竹縞蘭 〈*Streptopus streptopoides* (Ledeb.) Frye et Rigg var. *streptopoides*〉ユリ科の多年草。高さは10〜20cm。高山植物。

ヒメタコノキ パンダヌス・ピグマエウスの別名。

ヒメタシロイモ 〈*Tacca minor* Ridl.〉タシロイモ科の草本。花は緑色で少し紫色を帯びる。熱帯植物。

ヒメタチクラマゴケ 〈*Selaginella heterostachys* Bak.〉イワヒバ科の常緑性シダ。黄緑色。

ヒメタチゲットウ 〈*Languas mutica* Merr.〉ショウガ科。葉幅3cm、ショウガ状。高さ1m。花は白色。熱帯植物。

ヒメタチゴケ 〈*Atrichum rhystophyllum* (Müll. Hal.) Paris〉スギゴケ科のコケ。小形、茎は長さ0.5〜2cm、葉は披針形。

ヒメタデ 〈*Persicaria erecto-minor* (Makino) Nakai〉タデ科の草本。

ヒメタニイキ 〈*Schismatoglottis wallichii* Hook. f.〉サトイモ科の草本。苞は中途から切れて落ちる。熱帯植物。

ヒメタニワタリ 姫谷渡 〈*Boniniella ikenoi* (Makino) Hayata〉チャセンシダ科の常緑性シダ。葉身は長さ5〜12cm。広い卵形。日本絶滅危機植物。

ヒメタヌキモ 姫狸藻 〈*Utricularia multispinosa* (Miki) Miki〉タヌキモ科の多年生食虫植物。茎は長さ5〜30cm、花弁は淡黄色または白色。

ヒメタゴザサ 〈*Cyrtococcum patens* (L.) A. Camus〉イネ科。

ヒメチシオタケ 〈*Mycena sanguinolenta* (Alb. & Schw. : Fr.) Kummer〉キシメジ科のキノコ。超小型。傘は淡灰褐色〜暗赤褐色。ひだは暗赤褐色の縁どり。

ヒメチヂレコケシノブ 〈*Meringium denticulatum* (Sw.) Copel.〉コケシノブ科の常緑性シダ。別名ナンブコケシノブ。葉身は長さ2.5〜6.5cm。卵円形から長楕円形。

ヒメチチコグサ 〈*Gnaphalium uliginosum* L.〉キク科の草本。別名エゾノハハコグサ。薬用植物。

ヒメチドメ 姫血止 〈*Hydrocotyle yabei* Makino〉セリ科の草本。

ヒメチャルメルソウ 〈*Mitella doiana* Ohwi〉ユキノシタ科の草本。

ヒメツクバネアサガオ 〈*Petunia parviflora* Juss.〉ナス科の一年草。高さは8～20cm。花はるり色。

ヒメツゲ 姫黄楊 〈*Buxus microphylla* Sieb. et Zucc. var. *microphylla*〉ツゲ科の常緑低木。別名クサツゲ。高さは50～60cm。園芸植物。

ヒメツバキ イジュの別名。

ヒメツボミゴケ 〈*Jungermannia japonica* Amakawa〉ツボミゴケ科のコケ。茎は長さ1cm。

ヒメツメゴケ 〈*Peltigera verosa* (L.) Baumg.〉ツメゴケ科の地衣類。地衣体は葉状。

ヒメツユノイト 〈*Derbesia ryukyuensis* Yamada et Tanaka〉ツユノイト科の海藻。遊走子嚢は楕円形。体は0.3～1cm。

ヒメツリガネ ソリア・ヘテロフィラの別名。

ヒメツルアズキ 姫蔓小豆 〈*Vigna nakashimae* (Ohwi) Ohwi et Ohashi〉マメ科の草本。

ヒメツルアダン 姫蔓阿檀 〈*Freycinetia williamsii* Merr.〉タコノキ科の木本。

ヒメツルウンラン 〈*Kickxia elatine* (L.) Dumort.〉ゴマノハグサ科の一年草。長さは20～80cm。花は淡黄色。

ヒメツルキジムシロ 〈*Potentilla stolonifera* var. *yamanakae*〉バラ科。

ヒメツルコケモモ 姫蔓苔桃 〈*Vaccinium microcarpum* (Turcz.) Schmalh.〉ツツジ科の木本。花は紅紫色。高山植物。園芸植物。

ヒメツルソバ 〈*Persicaria capitata* (Buch.-Ham. ex D. Don) H. Gross〉タデ科の多年草。別名カンイタドリ。花は淡紅～白色。園芸植物。

ヒメツルソバ ポリゴヌム・カピタツムの別名。

ヒメツルニチニチソウ 〈*Vinca minor* L.〉キョウチクトウ科のつる性多年草。花は青紫色。熱帯植物。園芸植物。

ヒメテーブルヤシ チャマエドレア・テネラの別名。

ヒメテリハボク 〈*Calophyllum depressinervosum* Haud et WS.〉オトギリソウ科の高木。葉は厚く光沢、幹から樹脂が出る。熱帯植物。

ヒメテングサ 〈*Gelidium divaricatum* Martens〉テングサ科の海藻。軟骨質で扁円。

ヒメテングサゴケ 〈*Riccardia planiflora* (Steph.) S. Hatt.〉スジゴケ科のコケ。表皮細胞の細胞壁が著しく厚い。

ヒメテンツキ 姫点突 〈*Fimbristylis autumnalis* (L.) Roem. et Schult.〉カヤツリグサ科の一年草。別名クサテンツキ。高さは5～60cm。

ヒメテンナンショウ キリシマテンナンショウの別名。

ヒメテンマ 〈*Gastrodia elata* form. *pallens*〉ラン科。別名シロテンマ。

ヒメドクサ 〈*Equisetum scirpoides* Michx.〉トクサ科の常緑性シダ。茎は細く、長さ20cm。園芸植物。

ヒメトケイソウ 〈*Passiflora minima* L.〉トケイソウ科の蔓草。花は白色。熱帯植物。

ヒメトケンラン 〈*Tainia laxiflora* Makino〉ラン科の多年草。高さは20～30cm。園芸植物。

ヒメトコロ 姫野老 〈*Dioscorea tenuipes* Franch. et Savat.〉ヤマノイモ科の多年生つる草。別名エドドコロ。

ヒメトサカゴケ 〈*Leptogium lichenoides* Zahlbr.〉イワノリ科の地衣類。地衣体は乾燥すると褐色ないし灰褐色。

ヒメトサカゴケ 〈*Chiloscyphus minor* (Nees) J. J. Engel & R. M. Schust.〉ウロコゴケ科のコケ。無性芽をもつ。

ヒメトラノオ 〈*Veronica rotunda* var. *petiolata*〉ゴマノハグサ科の草本。別名ヤマトラノオ。

ヒメトリトマ ユリ科。園芸植物。

ヒメトリハダゴケ 〈*Pertusaria commutata* Müll. Arg.〉トリハダゴケ科の地衣類。地衣体はにごった類灰から淡灰色。

ヒメトロイブゴケ 〈*Apotreubia nana* (S. Hatt. & Inoue) S. Hatt. & Mizut.〉トロイブゴケ科のコケ。鮮緑色、長さ1～3cm。

ヒメナエ 〈*Mitrasacme indica* Wight〉マチン科(フジウツギ科)の草本。

ヒメナズナ 〈*Erophila verna* (L.) DC.〉アブラナ科の一年草。高さは30cm。花は白色。

ヒメナツメヤシモドキ フェニクス・プシラの別名。

ヒメナデシコ 〈*Dianthus deltoides* L.〉ナデシコ科の多年草。高さは20～30cm。花は紅紫、淡紅、白色。高山植物。園芸植物。

ヒメナベワリ 〈*Croomia japonica* Miq.〉ビャクブ科の草本。

ヒメナミキ 姫浪来 〈*Scutellaria dependens* Maxim.〉シソ科の多年草。高さは10～50cm。

ヒメニオイズイキ 〈*Homalomena humilis* (Jack.) Hook. f.〉サトイモ科。葉はビロード状、脈は濃緑、苞は赤緑色。高さは5～15cm。熱帯植物。園芸植物。

ヒメニクイボゴケ 〈*Ochrolechia upsaliensis* (L.) Mass.〉トリハダゴケ科の地衣類。地衣体は灰白。

ヒメニコバルヤシ プティコラフィス・シンガポーレンシスの別名。

ヒメニシキノボタン 〈*Bertolonia maculata* Mart. ex DC.〉ノボタン科の多年草。花は淡紅色。園芸植物。

ヒメニセダイオウヤシ プセウドフェニクス・サージェンティーの別名。

ヒメニラ 姫韮 〈*Allium monanthum* Maxim.〉ユリ科の多年草。別名ヒメビル。高さは6～10cm。

ヒメヌカボ 〈*Agrostis canina* L.〉イネ科の多年草。高さは10〜70cm。園芸植物。

ヒメヌマタコ 〈*Pandanus helicopus* Kurz〉タコノキ科。葉は細く、幹は紫黒色。幹径1cm。熱帯植物。

ヒメネズミノオ 〈*Sporobolus hancei* Rendle〉イネ科。

ヒメノアサガオ 〈*Ipomoea obscura* Ker.〉ヒルガオ科の蔓草。花は淡黄色、花筒底部に淡紅紫色の帯あり。熱帯植物。

ヒメノアズキ 姫野小豆 〈*Rhynchosia minima* (L.) DC.〉マメ科。

ヒメノイネ 〈*Oryza minuta* J. S. Presl.〉イネ科。平地(水田地帯)の水中に束生、穀実は黒熟し。熱帯植物。

ヒメノウゼンカズラ 〈*Tecomaria capensis* (Thunb.) Spach〉ノウゼンカズラ科の半つる性の低木。別名テコマ。花は紅橙色。熱帯植物。園芸植物。

ヒメノカリス ヒガンバナ科の属総称。球根植物。別名イスメネ、クラウンビューティー、スパイダーリリー。

ヒメノカリス・アマンケス 〈*Hymenocallis amancaes* (Ruiz et Pav.) Nichols.〉ヒガンバナ科。花は黄色。園芸植物。

ヒメノカリス・カラシーナ ヒメノカリス・カラティナの別名。

ヒメノカリス・カラティナ 〈*Hymenocallis calathina* (Ker-Gawl.) Nichols.〉ヒガンバナ科の多年草。花は白色。園芸植物。切り花に用いられる。

ヒメノカリス・カリバエア 〈*Hymenocallis caribaea* (L.) Herb.〉ヒガンバナ科。花は白色。園芸植物。

ヒメノカリス・スペキオサ 〈*Hymenocallis speciosa* (L. f. ex Salisb.) Salisb.〉ヒガンバナ科の多年草。別名ササガニユリ。園芸植物。

ヒメノカリス・ハリシアナ 〈*Hymenocallis harrisiana* Herb.〉ヒガンバナ科。花は白色。園芸植物。

ヒメノカリス・マクロステフアナ 〈*Hymenocallis* × *macrostephana* Bak.〉ヒガンバナ科。高さは30〜45cm。花は白色。園芸植物。

ヒメノカリス・ロタタ 〈*Hymenocallis rotata* (Ker-Gawl.) Herb.〉ヒガンバナ科。花は白色。園芸植物。

ヒメノガリヤス 姫野刈安 〈*Calamagrostis hakonensis* Franch. et Savat.〉イネ科の多年草。高さは30〜80cm。

ヒメノキシノブ 姫軒忍 〈*Lepisorus onoei* (Franch. et Savat.) Ching〉ウラボシ科の常緑性シダ。別名ヨロイラン、ミヤマイツマデグサ。葉身は長さ3〜10cm。線形。園芸植物。

ヒメノコギリシダ 〈*Diplazium wichurae* var. *amabile* Tagawa〉オシダ科のシダ植物。

ヒメノコギリソウ 〈*Achillea tomentosa* L.〉キク科の多年草。高さは20cm。花は黄色。園芸植物。

ヒメノダケ 〈*Angelica cartilaginomarginata* (Makino) Nakai〉セリ科の多年草。別名ツクシノダケ。高さは50〜80cm。

ヒメノハギ 姫野萩 〈*Desmodium microphyllum* (Thunb. ex Murray) DC.〉マメ科の草本。

ヒメノボタン 姫野牡丹 〈*Osbeckia chinensis* L.〉ノボタン科の草本状小低木。別名シゾセントロン、ヘテロケントロン。高さは30〜60cm。花は淡紫色。園芸植物。

ヒメノヤガラ 〈*Hetaeria sikokiana* (Makino et F. Maek.) Tuyama〉ラン科の草本。

ヒメバイカモ 姫梅花藻 〈*Ranunculus kazusensis* Makino〉キンポウゲ科の沈水植物。別名ヒメウメバチモ。葉身の長さ1.5〜3cm、花茎は長さ1〜3cm。日本絶滅危機植物。

ヒメハイカラゴケ サヤゴケの別名。

ヒメハイゴケ 〈*Hypnum oldhamii* (Mitt.) A. Jaeger & Sauerb.〉ハイゴケ科のコケ。茎は這い、茎葉は卵形〜三角形。

ヒメハイホラゴケ 〈*Crepidomanes amabile* (Nakai) K. Iwats.〉コケシノブ科の常緑性シダ。葉身は長さ3〜5cm。三角状楕円形から広披針形。

ヒメハイモ カラディウム・フンボルティーの別名。

ヒメハギ 姫萩 〈*Polygala japonica* Houtt.〉ヒメハギ科の多年草。高さは10〜30cm。薬用植物。

ヒメハギ科 科名。

ヒメハゴロモゴケ 〈*Homaliodendron exiguum* (Bosch. & Sande Lac.) M. Fleisch.〉ヒラゴケ科のコケ。二次茎は長さ2〜4cm、葉は舌形。

ヒメハシゴシダ 〈*Thelypteris cystopteroides* (Eat.) Ching〉オシダ科(ヒメシダ科)の常緑性シダ。葉身は長さ3〜8cm。長楕円形〜広披針形。

ヒメハシボソゴケ 〈*Taxithelium parvulum* (Broth. & Paris) Broth.〉ナガハシゴケ科のコケ。枝は長さ2〜3mm、葉は卵状披針形。

ヒメバショウ 姫芭蕉 〈*Musa uranoscopos* Lour.〉バショウ科の観賞用植物。別名ビジンショウ。バナナより小形、苞は赤色。熱帯植物。園芸植物。

ヒメハチク 姫淡竹 フィロスタキス・フミリスの別名。

ヒメハッカ 〈*Mentha japonica* (Miq.) Makino〉シソ科の多年草。高さは20〜40cm。

ヒメハナシノブ ギリア・トリコロルの別名。

ヒメバナチュウ 姫花柱 ヴェーベロケレウス・ツニラの別名。

ヒメバナツルバシラ 姫花蔓柱 ウィルマッテア・ミヌティフロラの別名。

ヒメハナビソソウ エッショルチア・カエスピトサの別名。

ヒメハナビラゴケ 〈*Pannaria leucosticta* Tuck.〉ハナビラゴケ科の地衣類。地衣体は褐色から暗色。

ヒメハナヒリノキ 〈*Leucothoe grayana* var. *parvifolia*〉ツツジ科の落葉低木。

ヒメハナワラビ 〈*Botrychium lunaria* (L.) Sw.〉ハナヤスリ科の夏緑性シダ。別名ヘビノシタ、アキノハナワラビ。葉身は長さ1.5〜6cm。三角状長楕円形。

ヒメハニシキ カラディウム・フンボルティーの別名。

ヒメハマアカザ 〈*Chenopodium leptophyllum* Nutt.〉アカザ科。

ヒメハマナデシコ 姫浜撫子 〈*Dianthus kiusianus* Makino〉ナデシコ科の多年草。別名リュウキュウカンナデシコ。高さは15〜30cm。花は紫紅色。園芸植物。

ヒメハミズゴケ 〈*Pogonatum camusii* (Thér.) Touw〉スギゴケ科のコケ。小形、上部の葉は針状に伸び鱗片状、長さ約4mm。

ヒメバライチゴ 姫薔薇苺 〈*Rubus minusculus* Lév. et Vaniot〉バラ科の木本。

ヒメパラミツ 〈*Artocarpus integer* L. f.〉クワ科の小木。若葉と葉脈有毛、果実は長さ25cmで細長い。熱帯植物。

ヒメバラモミ 〈*Picea maximowiczii* Regel〉マツ科の常緑高木。別名アズサバラモミ。立性、種子は赤、白、褐色等種々。花は紫色。高山植物。熱帯植物。

ヒメハリイ クロハリイの別名。

ヒメハルガヤ 〈*Anthoxanthum aristatum* Boiss.〉イネ科の一年草。円錐花序は長さ1〜5cm。

ヒメヒオウギ 姫檜扇水仙 〈*Lapeirousia cruenta* (Lindl.) Bak.〉アヤメ科の球根植物。別名アノマテカ。園芸植物。

ヒメヒオウギズイセン 姫檜扇水仙 〈*Crocosmia* × *crocosmiiflora* (Lemoine ex Morren) N. E. Brown〉アヤメ科の観賞用草本。別名モンテブレチア。高さは60〜100cm。花は橙から深紅色。熱帯植物。園芸植物。

ヒメヒガサヒトヨタケ 〈*Coprinus plicatilis* (Curt.：Fr.) Fr.〉ヒトヨタケ科のキノコ。

ヒメヒガンバナ 〈*Nerine undulata* (L.) Herb.〉ヒガンバナ科の球根植物。別名ネリネ・ウンズラタ。高さは30〜45cm。花はピンク色。園芸植物。

ヒメヒゴタイ 姫平江帯 〈*Saussurea pulchella* Fisch.〉キク科の越年草。高さは30〜150cm。

ヒメヒサカキ 〈*Eurya yakushimensis* Makino〉ツバキ科の常緑木。花は紅紫色。園芸植物。

ヒメビシ 姫菱 〈*Trapa incisa* Sieb. et Zucc.〉ヒシ科の一年生の浮葉植物。花は小さく白〜薄い桃色を呈する。薬用植物。

ヒメヒシブクロ 〈*Gloioderma iyoensis* Okamura〉ダルス科の海藻。体は3cm。

ヒメビジョザクラ 〈*Verbena tenera* K. Spreng.〉クマツヅラ科の宿根草。別名ヒナビジョザクラ、ネバリビジョザクラ。花は紫紅色。園芸植物。

ヒメヒトヨタケ 〈*Coprinus friesii* Quél.〉ヒトヨタケ科のキノコ。

ヒメヒビロード 〈*Dudresnaya minima* Okamura〉リュウモンソウ科の海藻。体は3cm。

ヒメヒマワリ 姫向日葵 〈*Helianthus debilis* Nutt.〉キク科の宿根草。別名コキクイモ。高さは1.5m。花は黄色。園芸植物。切り花に用いられる。

ヒメヒムロ ヒノキ科。別名チリメンヒムロ。園芸植物。

ヒメヒャクニチソウ 〈*Zinnia pauciflora* L.〉キク科の一年草。別名キバナノジニア。

ヒメヒラゴケ 〈*Neckera pusilla* Mitt.〉ヒラゴケ科のコケ。二次茎は斜上し、長さ3〜5cm、葉は卵形〜長卵形。

ヒメヒラテンツキ ヒメテンツキの別名。

ヒメヒルギ 〈*Bruguiera parviflora* W. et A.〉ヒルギ科の高木、マングローブ植物。熱帯植物。

ヒメヒレアザミ 〈*Carduus pycnocephalus* L.〉キク科の一年草あるいは二年草。別名オニヒレアザミ、ヒッツキヒレアザミ。高さは30〜80cm。花は淡紅紫色。

ヒメビロードカズラ フィロデンドロン・ミカンスの別名。

ヒメビロードスゲ 〈*Carex pellita* Muhl. ex Willd.〉カヤツリグサ科。湿地や湿った草地に生える。

ヒメピンゴケ 〈*Calicium trabinellum* (Ach.) Ach.〉ピンゴケ科の地衣類。地衣体は灰白。

ヒメフウロ 姫風露 〈*Geranium robertianum* L.〉フウロソウ科の一年草または多年草。別名シオヤキソウ。高さは20〜60cm。薬用植物。園芸植物。

ヒメフクロツナギ 〈*Erythrocolon podagricum* (Harvey ex J. Agardh in Grunow) J. Agardh in Kylin〉ダルス科の海藻。又状、掌状に分岐。

ヒメフシツナギ 〈*Lomentaria pinnata* Segawa〉ワツナギソウ科の海藻。扁圧。体は2〜3cm。

ヒメブタナ 〈*Hypochoeris glabra* L.〉キク科の多年草。別名ケナシブタナ。高さは15〜30cm。花は黄色。

ヒメフタバラン 〈*Listera japonica* Blume〉ラン科の多年草。別名ムラサキフタバラン。高さは5〜20cm。

ヒメブッソウゲ アオイ科。

ヒメフトエクマデヤシ　プリチャーディア・サーストニーの別名。

ヒメフトモモ　〈*Syzygium cleyeraefolium* (Yatabe) Makino〉フトモモ科の木本。

ヒメフヨウ　マルウァウィクス・アルブロレウスの別名。

ヒメブラジルトゲヤシ　〈*Bactris acanthocarpa* Mart.〉ヤシ科。多刺、葉の繊維から魚網を作るという。幹径3cm。熱帯植物。

ヒメフラスコモ　〈*Nitella flexilis* Agardh〉シャジクモ科。

ヒメヘイシソウ　サラセニア・プシッタキナの別名。

ヒメベゴニア　ベゴニア・シュミッティアナの別名。

ヒメベニテングダケ　〈*Amanita rubrovolvata* Imai〉テングタケ科のキノコ。小型。傘は赤色、赤色のいぼ。

ヒメベニヤハズ　〈*Schizoseris subdichotoma* (Segawa) Yamada〉コノハノリ科の海藻。叉状様分岐。体は2cm。

ヒメヘビイチゴ　〈*Potentilla centigrana* Maxim.〉バラ科の多年草。

ヒメホウオウゴケ　〈*Fissidens gymnogynus* Besch.〉ホウオウゴケ科のコケ。小形、茎は葉を含め長さ5～14mm、葉は披針形針状～狭披針形。

ヒメボウキ　シソ科の草本。毛少く葉紫。高さ1m。花は淡紫色。熱帯植物。

ヒメホウキタケ　〈*Ramaria flaccida* (Fr.) Ricken〉ホウキタケ科のキノコ。

ヒメホウビカンジュ　〈*Nephrolepis biserrata* (Sw.) Schott × *N. cordifolia* (L.) C. Presl〉シノブ科のシダ植物。

ヒメホウビシダ　〈*Athyrium nakanoi* Makino〉オシダ科の常緑性シダ。葉身は長さ5～20cm。披針形～狭披針形。

ヒメホウライタケ　〈*Marasmius graminum* (Lib.) Berk.〉キシメジ科のキノコ。

ヒメホコリタケ　〈*Lycoperdon hiemale* Bull. : Pers. em. Vitt.〉ホコリタケ科のキノコ。

ヒメホシビジン　姫星美人　〈*Sedum dasyphyllum* L.〉ベンケイソウ科の草本。高さは2～6cm。花は帯淡桃白色。園芸植物。

ヒメホタルイ　〈*Scirpus lineolatus* Franch. et Savat.〉カヤツリグサ科の多年生の抽水性～沈水植物。稈は円柱形で高さ7～25cm、小穂が1個だけ側生状に付く。

ヒメホテイラン　〈*Calypso bulbosa* (L.) Oakes〉ラン科。花は淡桃色。高山植物。園芸植物。

ヒメホラゴケ　〈*Crepidophyllum humile* (L.)〉コケシノブ科の常緑性シダ。別名ヒメホラゴケモドキ。葉身は長さ2～8cm。三角状長楕円形から卵形。

ヒメホラゴケモドキ　〈*Crepidophyllum gracillimum*〉コケシノブ科。

ヒメホラシノブ　〈*Sphenomeris gracilis*〉ホングウシダ科(イノモトソウ科)の常緑性シダ。葉身は長さ25cm。

ヒメホングウシダ　〈*Lindsaea parvipinnula*〉ホングウシダ科(イノモトソウ科、ワラビ科)の常緑性シダ。葉身は長さ3～8cm。三角状長楕円形。

ヒメマイヅルソウ　姫舞鶴草　〈*Maianthemum bifolium* (L.) F. W. Schmidt〉ユリ科の草本。日本での分布はマイヅルソウより狭い。高山植物。園芸植物。

ヒメマサキ　〈*Euonymus boninensis* Koidz.〉ニシキギ科の常緑低木。

ヒメマツタケ　ハラタケ科。

ヒメマツバギク　姫松葉菊　〈*Lampranthus tenuifolius* Schwant.〉ツルナ科。マツバギクを小形にしたような種類。高さは約20cm。花は紅紫色、オレンジがかった緋紅色。園芸植物。

ヒメマツバシバ　〈*Aristida longespica* Poir〉イネ科。盛岡市の記録がある。

ヒメマツハダ　〈*Picea koyamae* Hayashi var. *acicularis* (Shiras. et Koyama) T. Shimizu〉マツ科の木本。

ヒメマツバボタン　〈*Portulaca pilosa* L.〉スベリヒユ科の一年草。別名ケツメクサ。高さは10～20cm。花は紅紫色。

ヒメマツムシソウ　アルビナの別名。

ヒメマラハマクサギ　〈*Premna foetida* Reinw.〉クマツヅラ科の大低木。熱帯植物。

ヒメマンネングサ　〈*Sedum zentaro-tashiroi* Makino〉ベンケイソウ科。

ヒメミカンソウ　〈*Phyllanthus matsummurae* Hayata〉トウダイグサ科の一年草。高さは10～30cm。

ヒメミクリ　姫実栗　〈*Sparganium stenophyllum* Maxim.〉ミクリ科の多年生の抽水性～湿生植物。全高40～90cm、果実は倒卵形。高さは30～60cm。

ヒメミズキ　ヒュウガミズキの別名。

ヒメミズゴケ　〈*Sphagnum fimbriatum* Wilson ex Wilson & Hook. f.〉ミズゴケ科のコケ。茎葉は側方までささくれる。

ヒメミズゴケモドキ　〈*Pleurozia acinosa* (Mitt.) Trevis.〉ミズゴケモドキ科のコケ。茎は長さ1～3cm、腹片は舌状。

ヒメミズニラ　〈*Isoëtes asiatica* (Makino) Makino〉ミズニラ科の夏緑性シダ。葉は長さ5～25cm、大胞子の表面に密に円錐状の突起。

ヒメミズニラ　ミズニラの別名。

ヒメミゾシダ　〈*Leptogramma gymnocarpa* subsp. *amabilis* (Tagawa) Nakaike〉オシダ科(ヒメシダ

科)の常緑性シダ。葉身は長さ6〜13cm。披針形〜狭披針形。

ヒメミソハギ 〈*Ammannia multiflora* Roxb.〉ミソハギ科の一年草。別名ヤマモモソウ。高さは10〜30cm。

ヒメミゾハナゴケ 〈*Cladonia brevis* (Sandst.) Sandst.〉ハナゴケ科の地衣類。鱗葉は3mm以内。

ヒメミナリノトケイソウ パッシフロラ・グラキリスの別名。

ヒメミノゴケ 〈*Macromitrium gymnostomum* Sull. & Lesq.〉タチヒダゴケ科のコケ。枝葉は長さ1.3〜2.4mm。狭披針形。

ヒメミノリゴケ 〈*Acrolejeunea pusilla* (Steph.) Grolle & Gradst.〉クサリゴケ科のコケ。茎は長さ0.5〜1mm。

ヒメミミカキグサ 〈*Utricularia nipponica* Makino〉タヌキモ科の草本。

ヒメミヤマウズラ 姫深山鶉 〈*Goodyera repens* (L.) R. Br.〉ラン科の多年草。高さは10〜20cm。高山植物。園芸植物。

ヒメミヤマカラマツ 姫深山唐松 〈*Thalictrum nakamurae* Koidz.〉キンポウゲ科の草本。

ヒメミヤマスミレ 〈*Viola boissieuana* Makino〉スミレ科の多年草。高さは5〜10cm。花は白色。園芸植物。

ヒメムカゴシダ 姫雰余子羊歯 〈*Monachosorum arakii* Tagawa〉イノモトソウ科(コバノイシカグマ科、ワラビ科)の常緑性シダ。葉身は長さ50〜70cm。卵状披針形から三角状卵形。

ヒメムカシヨモギ 姫昔艾 〈*Erigeron canadensis* L.〉キク科の一年草または越年草。別名カングンソウ、ゴイッシングサ、サイゴウグサ。高さは80〜180cm。花は白色。

ヒメムカデクラマゴケ 〈*Selaginella lutchuensis* Koidz.〉イワヒバ科の常緑性シダ。主茎は長さ5〜10cm。

ヒメムギクサ 〈*Hordeum hystrix* Roth〉イネ科の一年草。高さは20〜40cm。

ヒメムサシノ 姫武蔵野 テフロカクツス・グロメラツスの別名。

ヒメムツオレガヤツリ 〈*Cyperus ferruginescens* Boeck.〉カヤツリグサ科の一年草。高さは20〜100cm。

ヒメムヨウラン 姫無葉蘭 〈*Neottia asiatica* Ohwi〉ラン科の多年生腐生植物。高さは10〜20cm。高山植物。

ヒメムラサキシメジ 〈*Calocybe ionides* (Bull. : Fr.) Donk〉キシメジ科のキノコ。小型。傘はライラック色〜青紫褐色。ひだは白色。

ヒメムラダチヒルガオ 〈*Convolvulus pilosellifolius* Desrousseaux〉ヒルガオ科の多年草。花は淡桃色。

ヒメモグサタケ 〈*Bjerkandera fumosa* (Pers. : Fr.) Karst.〉タコウキン科のキノコ。

ヒメモサズキ 〈*Jania adhaerens* Lamouroux〉サンゴモ科の海藻。塊状。

ヒメモチ 姫黐 〈*Ilex leucoclada* (Maxim.) Makino〉モチノキ科の常緑小低木。高山植物。

ヒメモンステラ サトイモ科。園芸植物。

ヒメヤガミスゲ 〈*Carex athrostachya* Olney〉カヤツリグサ科。葉は花序よりも長い。

ヒメヤグラゴケ 〈*Cladonia calycantha* Del. ex Nyl.〉ハナゴケ科の地衣類。子柄は有盃。

ヒメヤシ ヤシ科。別名ブラジルヒメヤシ。園芸植物。

ヒメヤシャブシ 姫夜叉五倍子 〈*Alnus pendula* Matsum.〉カバノキ科の落葉低木。別名ハゲシバリ。高さは4〜7m。園芸植物。

ヒメヤスデゴケ 〈*Frullania diversitexta* Steph.〉ヤスデゴケ科のコケ。アオシマヤスデゴケに似るが、背片に眼点細胞がない。

ヒメヤツシロラン 〈*Didymoplexis pallens* Griff.〉ラン科の草本。

ヒメヤナギゴケ 姫柳蘚 〈*Amblystegium serpens* (hedw.) Schimp.〉ヤナギゴケ科のコケ。繊細で茎は這い、偽毛葉は小葉状。

ヒメヤナギラン カマエネリオン・ラティフォリウムの別名。

ヒメヤハズヤシ ヤシ科の属総称。

ヒメヤハズヤシ プティコスペルマ・エレガンスの別名。

ヒメヤブラン 姫藪蘭 〈*Liriope minor* (Maxim.) Makino〉ユリ科の多年草。高さは7〜15cm。花は淡紫色。園芸植物。

ヒメユカリ 〈*Plocamium ovicornis* Okamura〉ユカリ科の海藻。うすい膜質。体は3〜10cm。

ヒメユズリハ 姫譲葉 〈*Daphniphyllum teijsmanni* Zoll. ex Kurz〉ユズリハ科(トウダイグサ科)の常緑低木または高木。別名オキナワヒメユズリハ。高さは3〜7m。薬用植物。園芸植物。

ヒメユリ 姫百合 〈*Lilium concolor* Salisb. var. *partheneion* (Sieb. et. de Vriese) Baker〉ユリ科の多肉植物。高さは50〜100cm。花は濃朱赤〜朱橙色。園芸植物。切り花に用いられる。日本絶滅危機植物。

ヒメヨウラクヒバ 〈*Lycopodium salvinioides*〉ヒカゲノカズラ科の常緑性シダ。葉身は長さ5〜10mm。広卵形。

ヒメヨツバハギ 〈*Vicia venosa* (Willd. ex Link) Maxim. subsp. *cuspidata* (Maxim.) Y. Endo et H. Ohashi var. *subcuspidata* Nakai〉マメ科。

ヒメヨツバムグラ 〈*Galium gracilens* (A. Gray) Makino〉アカネ科の多年草。別名コバノヨツバムグラ。高さは10〜30cm。

ヒメヨモギ 姫蓬, 姫艾 〈Artemisia feddei Lév. et Vaniot〉キク科の多年草。高さは1〜1.2m。

ヒメライデン ナンキンナナカマドの別名。

ヒメリボンゴケ 〈Hypogymnia vittata (Ach.) Gas.〉ウメノキゴケ科の地衣類。腹面に穿孔がある。

ヒメリボンゴケモドキ 〈Hypogymnia mundata (Nyl.) Rass. fo. sorediosa (Bitt.) Rass.〉ウメノキゴケ科の地衣類。地衣体は灰白緑または灰白色。

ヒメリュウキンカ 〈Ranunculus ficaria L.〉キンポウゲ科の多年草。ほとんど全縁で心形の葉をつける。高さは30cm。花は黄色。園芸植物。

ヒメリンゴ 姫林檎 〈Malus prunifolia Brokh.〉バラ科の落葉高木。別名エゾリンゴ。園芸植物。

ヒメルリトラノオ ゴマノハグサ科。園芸植物。

ピメレア ジンチョウゲ科の属総称。

ピメレア・スペクタビリス 〈Pimelea spectabilis (Fisch. et C. A. Mey.) Lindl.〉ジンチョウゲ科の低木。高さは80cm。花は桃、白、淡黄色。園芸植物。

ピメレア・フェルギネア 〈Pimelea ferruginea Labill.〉ジンチョウゲ科の常緑低木。高さは1m。花は桃あるいは白色。園芸植物。

ピメレア・プロスタータ 〈Pimelea prostata Willd.〉ジンチョウゲ科の常緑小低木。

ピメレア・ロセア 〈Pimelea rosea R. Br.〉ジンチョウゲ科の低木。高さは60cm。花は濃桃から白色。園芸植物。

ヒメレンゲ 姫蓮華 〈Sedum subtile Miq.〉ベンケイソウ科の多年草。別名コマンネンソウ。高さは5〜15cm。

ヒメレンゲゴケ 〈Cladonia pityrea (Flörke) Fr.〉ハナゴケ科の地衣類。子柄は円筒状、有盃。

ヒメレンリソウ マメ科。別名ベニザラサ。

ヒメワカフサタケ 〈Hebeloma sacchariolens Quél.〉フウセンタケ科のキノコ。

ヒメワタスゲ 〈Scirpus hudsonianus (Michx.) Fern.〉カヤツリグサ科の草本。

ヒメワラビ 姫蕨 〈Thelypteris torresiana (Gaud.) Alston var. clavata (Baker) K. Iwatsuki〉オシダ科（ヒメシダ科）の夏緑性シダ。葉身は長さ50〜100cm。広卵状長楕円形。

ヒモウメノキゴケ 〈Parmelia laevior Nyl.〉ウメノキゴケ科の地衣類。地衣体は細長い紐状。

ヒモカズラ 紐蔓 〈Selaginella shakotanensis (Franch.) Miyabe et Kudo〉イワヒバ科の常緑性シダ。葉は茎にらせん状につく。園芸植物。

ヒモカズラ 〈Deeringia amaranthoides Merr.〉ヒユ科の蔓草。若葉はゆでて食すが、やや有毒。熱帯植物。

ヒモゲイトウ 紐鶏頭 〈Amaranthus caudatus L.〉ヒユ科の一年草。別名センニンコク。高さは70〜100cm。花は紅色。園芸植物。切り花に用いられる。

ヒモスギラン 〈Lycopodium fargesii〉ヒカゲノカズラ科の常緑性シダ。葉身は長さ1mm。針形か針状披針形。

ヒモヅル 〈Lycopodium casuarinoides Spring〉ヒカゲノカズラ科のつる性の常緑性シダ。葉の先端は糸状に伸びる。

ヒモヒツジゴケ 〈Brachythecium helminthocladum Broth. & Paris〉アオギヌゴケ科のコケ。大形で、茎葉は卵形。

ヒモラン 紐蘭 〈Lycopodium sieboldii Miq.〉ヒカゲノカズラ科の常緑性シダ。別名イワヒモ。高さは20〜50cm。葉身は三角状卵形〜卵形。日本絶滅危惧植物。

ビャクシン イブキの別名。

ビャクシンヅタ 〈Caulerpa cupressoides (Vahl) Agardh var. cupressoide〉イワヅタ科の海藻。又状に分岐。

ビャクシンモドキ 〈Baeckea frutescens L.〉フトモモ科の低木。葉は針状。熱帯植物。

ビャクズク 白豆蔲 〈Amomum compactum Soland. ex Maton〉ショウガ科の多年草。ショウガ状、花序は地上に出る。高さは1m。花は淡黄色。熱帯植物。園芸植物。

ビャクダン 白檀 〈Chamaecereus silvestrii (Speg.) Britt. et Rose〉サボテン科の小低木。花は紅色。園芸植物。

ビャクダン 白檀 〈Santalum album L.〉ビャクダン科の木本。他植物の根に寄生し、果実は紫黒色。花は初め淡黄で後に紫紅色。熱帯植物。薬用植物。園芸植物。

ビャクダン科 科名。

ヒャクニチソウ 百日草 〈Zinnia elegans Jacq.〉キク科の一年草。別名チョウキュウソウ、ウラシマグサ。高さは30〜90cm。花は赤みのある紫または淡紫色。園芸植物。切り花に用いられる。

ヒャクニチソウ キク科の属総称。

ビャクブ 百部 〈Stemona japonica Miq.〉ビャクブ科の単子葉植物。別名ツルビャクブ。長さ1〜2m。花は淡緑色。薬用植物。園芸植物。切り花に用いられる。

ビャクブ科 科名。

ビャクレン 〈Ampelopsis japonica (Thunb. ex Murray) Makino〉ブドウ科の薬用植物。別名カガミグサ、ヤマカガミ。

ビャクレンカク 白蓮閣 ヒロケレウス・ウンダッスの別名。

ビャッコイ 白虎藺 〈Scirpus crassiusculus Benth.〉カヤツリグサ科の沈水性〜抽水植物。別名ウキイ。葉身は細い線形、果実は狭倒卵形。

ヒユ 莧 〈*Amaranthus mangostanus* L.〉ヒユ科の中国野菜。別名バイアム、ジャワホウレンソウ。熱帯植物。薬用植物。園芸植物。

ピュア バラ科。花は純白色。

ピュア・ホワイト サクラソウ科のシクラメンの品種。別名モンブラン。園芸植物。

ヒュウガアジサイ 〈*Hydrangea serrata* (Thunb.) Ser. var. *minamitanii* H. Ohba〉ユキノシタ科。

ヒュウガウメノキゴケ 〈*Parmelia orientalis* Hale〉ウメノキゴケ科の地衣類。葉体表面に裂芽とマキラ。

ヒュウガオオクジャク 〈*Dryopteris dickinsii* × *poylepis*〉オシダ科のシダ植物。

ヒュウガカナワラビ 〈*Arachniodes hiugana* Sa. Kurata〉オシダ科の常緑性シダ。葉身は長さ30〜40cm。

ヒュウガギボウシ 〈*Hosta kikutii* F. Maek.〉ユリ科の多年草。高さは30〜80cm。花は白色。園芸植物。

ヒュウガシケシダ 〈*Deparia minamitanii* Serizawa〉オシダ科(イワデンダ科)の常緑性シダ。葉身は長さ15〜20cm。広披針形。日本絶滅危機植物。

ヒュウガシダ 〈*Diplazium* × *takii* Kurata〉オシダ科のシダ植物。

ヒュウガトウキ 〈*Angelica furcijuga*〉セリ科。

ヒュウガトラノオ 〈*Asplenium wilfordii* × *yoshinagae*〉チャセンシダ科のシダ植物。

ヒュウガナツ 日向夏 〈*Citrus tamurana* Hort. 〔ex Tanaka〕ex Takahashi〉ミカン科の木本。別名コナツミカン、ニュー・サマー・オレンジ。果実は球形ないしは倒卵形。園芸植物。

ヒュウガホシクサ 〈*Eriocaulon seticuspe* Ohwi〉ホシクサ科の草本。日本絶滅危機植物。

ヒュウガミズキ 日向水木 〈*Corylopsis pauciflora* Sieb. et Zucc.〉マンサク科の落葉低木。別名ヒュガミズキ、イヨミズキ。高さは2〜3m。園芸植物。

ヒュウガミツバツツジ 〈*Rhododendron hyugaense* (T. Yamaz.) T. Yamaz.〉ツツジ科の木本。

ヒユ科 科名。

ビューティー バラ科のスモモ(李)の品種。果皮は黄色。

ヒュー・ディクソン 〈Hugh Dickson〉バラ科。ハイブリッド・パーペチュアルローズ系。花は紅色から濃紅色。

ビュティー・ミックス ハナシノブ科のフロックス・ドラモンディの品種。園芸植物。

ヒユナ ヒユの別名。

ヒユモドキ 〈*Amaranthus tuberculatus* (Moq.) Sauer〉ヒユ科の一年草。雌花には花被片がない。

ピュリティ ツツジ科のアセビの品種。園芸植物。

ヒョウガ 氷河 トウダイグサ科のハツユキソウの品種。園芸植物。

ビョウタケ 〈*Bisporella citrina* (Batsch.) Korf et al.〉ズキンタケ科のキノコ。

ビョウタコノキ 〈*Pandanus utilis* Bory〉タコノキ科の木本。別名アカタコノキ。葉縁の刺は赤色。高さは20m。熱帯植物。園芸植物。

ヒョウタン 瓢箪 〈*Lagenaria siceraria* (Molina) Standley var. *gourda* (Ser.) Hara〉ウリ科。園芸植物。

ヒョウタン ウリ科の属総称。

ヒョウタンカズラ 〈*Coptosapelta diffusa* (Champ. ex Benth.) Steenis〉アカネ科の常緑つる植物。

ヒョウタンギシギシ 〈*Rumex pulcher* L.〉タデ科の多年草。高さは30〜60cm。花は灰緑色。

ヒョウタンゴケ 瓢箪苔 〈*Funaria hygrometrica* Hedw.〉ヒョウタンゴケ科のコケ。茎は短く、長さ1cm以下、葉は芽状、卵形。

ヒョウタンノキ 〈*Crescentia cujete* L.〉ノウゼンカズラ科の低木。花は緑色。熱帯植物。

ヒョウタンハリガネゴケ 〈*Plagiobryum japonicum* Nog.〉ハリガネゴケ科のコケ。葉は卵状披針形、長さ0.7〜2mm。

ヒョウタンボク 瓢箪木 〈*Lonicera morrowii* A. Gray〉スイカズラ科の落葉低木。高さは1〜3m。花は初め白後に黄色。薬用植物。園芸植物。

ビョウテリハボク 〈*Calophyllum pulcherrimum* Wall.〉オトギリソウ科の小木。熱帯植物。

ヒョウトウ 豹頭 ネオチレニア・ナピナの別名。

ヒョウノコ 豹の子 フライレア・ピグマエアの別名。

ビョウモクキリン 美葉杢麒麟 サボテン科のサボテン。園芸植物。

ヒョウモンウラベニガサ 〈*Pluteus pantherinus* Courtecuisse & Uchida〉ウラベニガサ科のキノコ。中型、傘は黄土色、大小の白い斑紋。ひだは白色→肉色。

ヒョウモンヨウショウ マランタ・レウコネウラ・マッサンゲアーナの別名。

ヒョウモンラン 豹紋蘭 〈*Vanda tricolor* Lindl.〉ラン科。花は淡黄色。園芸植物。

ビョウヤナギ 美容柳 〈*Hypericum chinense* L. var. *salicifolium* Y. Kimura〉オトギリソウ科の半常緑小低木。高さは1m。花は濃黄色。薬用植物。園芸植物。

ヒヨクソウ 〈*Veronica melissaefolia* Poir.〉ゴマノハグサ科の多年草。高さは25〜70cm。

ヒヨクソウ 〈*Ardissonula regularis* (Okamura) J. De Toni〉フジマツモ科の海藻。糸状で扁円。体は20cm。

ヒヨクヒバ 比翼檜葉 〈*Chamaecyparis pisifera* (Sieb. et Zucc.) Sieb. et Zucc. ex Endl. cv.

ヒヨコマメ

Filifera〉ヒノキ科。別名イトヒバ、エンコウヒバ。園芸植物。

ヒヨコマメ 雛豆 〈*Cicer arietinum* L.〉マメ科の草本。種子は四角錐形、食用。高さは30〜50cm。花は白または淡紫色。熱帯植物。園芸植物。

ヒヨス 菲沃斯 〈*Hyoscyamus niger* L.〉ナス科の多年草または一年草。薬用植物。園芸植物。

ヒヨス ナス科の属総称。

ヒヨドリジョウゴ 鵯上戸 〈*Solanum lyratum* Thunb. ex Murray〉ナス科のつる生多年草。花は白色。薬用植物。園芸植物。

ヒヨドリバナ 鵯花 〈*Eupatorium chinense* L. var. *oppositifolium* (Koidz.) Murata et H. Koyama〉キク科の多年草。高さは40〜100cm。薬用植物。

ヒラアオノリ 〈*Enteromorpha compressa* (Linné) Greville〉アオサ科の海藻。円筒状時に扁圧。体は長さ40cm。

ヒラアンペライ 〈*Machaerina glomerata*〉カヤツリグサ科。

ヒライボ 〈*Lithophyllum okamurai* Foslie〉サンゴモ科の海藻。はじめ球状。体は3〜5cm。

ピラエラ 〈*Pylayella littoralis* (Linné) Kjellman〉シオミドロ科の海藻。密に分岐し枝は対生。

ヒラガラガラ 〈*Galaxaura falcata* Kjellman〉ガラガラ科の海藻。別名ガラガラモドキ。基部は円柱状。体は長さ10cm。

ピラカンサ バラ科の属総称。別名ピラカンタ、トキワサンザシ。園芸植物。

ピラカンサ トキワサンザシの別名。

ピラカンサタ・コイズミー 〈*Pyracantha koidzumii* (Hayata) Rehd.〉バラ科の常緑性低木。別名タイトウカマツカ、タイトウサンザシ。若枝は紅く短毛があるが、後に紫紅色、無毛。園芸植物。

ピラカンタ・アングスティフォリア タチバナモドキの別名。

ピラカンタ・クレヌラタ カザンテマリの別名。

ヒラギギク 〈*Pluchea indica* Less.〉キク科の低木。垣根にも作る。熱帯植物。

ヒラギシスゲ 平岸菅 〈*Carex augustinowiczii* Meinsh.〉カヤツリグサ科の多年草。別名エゾアゼスゲ。高さは30〜50cm。

ヒラキバヤスデゴケ 〈*Frullania monocera* (Tayl.) Tayl.〉ヤスデゴケ科のコケ。腹葉は茎の約4倍幅で、側縁に鋸歯。

ヒラキントキ 〈*Prionitis patens* Okamura〉ムカデノリ科の海藻。羽状に分岐。体は10〜20cm。

ヒラグキイチジク 〈*Ficus sagittata* Vahl〉クワ科の木本。枝は扁圧、縦の皺がある。果嚢は肉黄色。熱帯植物。園芸植物。

ヒラグキヨウブドウ 〈*Vitis lanceolaria* Wall.〉ブドウ科の蔓本。古茎は扁平、果実は白緑色。熱帯植物。

ヒラクサ 〈*Beckerella subcostata* (Okamura in Schmitz) Kylin〉テングサ科の海藻。別名ヒラテン。体は20〜30cm。

ヒラコトジ 〈*Chondrus pinnulatus* (Harvey) Okamura〉スギノリ科の海藻。扁圧。体は10〜20cm。

ヒラサンゴゴケ 〈*Sphaerophorus melanocarpus* DC.〉サンゴゴケ科の地衣類。地衣体背面は灰緑から灰白。

ヒラシオグサ 〈*Willeella japonica* Yamada et Segawa〉ウキオリソウ科の海藻。分岐は一平面に拡がる。

ヒラタオヤギ 〈*Cryptarachne polyglandulosa* (Okamura) Segawa〉ダルス科の海藻。扁平。体は径10cm。

ヒラタケ 平茸 〈*Pleurotus ostreatus* (Jacq. : Fr.) Kummer〉ヒラタケ科(キシメジ科、シメジ科)のキノコ。別名カンタケ、ワカイ、アオケ。中型〜大型。傘は貝殻形、灰色。ひだは白色〜灰色。園芸植物。

ヒラタネナシ 平無核 カキノキ科のカキの品種。別名庄内柿、八珍。

ヒラトゲクリガシ 〈*Castanopsis wallichii* King〉ブナ科。C.malaccensisに似るがイガは扁平で、イガと葉裏には短毛がある。熱帯植物。

ヒラトゲドコロ 〈*Dioscorea piscatorum* P. et B.〉ヤマノイモ科の蔓草。茎には扁平の刺がある。熱帯植物。

ヒラドツツジ 〈*Rhododendron* cv.〉ツツジ科の園芸品種群。木本。園芸植物。

ヒラナス 〈*Solanum integrifolium* Poir.〉ナス科の多年草。別名アカナス、カザリナス。高さは0.5〜1m。花は白色。園芸植物。

ヒラハイゴケ 〈*Hypnum erectiusculum* Sull. & Lesq.〉ハイゴケ科のコケ。別名タチヒラゴケモドキ。大形で、茎葉は卵状披針形で漸尖。

ヒラハスギバゴケ 〈*Lepidozia wallichiana* Gottsche〉ムチゴケ科のコケ。茎は長さ約2cm。

ヒラフサノリ 〈*Scinaia latifrons* Howe〉ガラガラ科の海藻。扁圧。体は9〜26cm。

ヒラフスベ 〈*Laetiporus versisporus* (Lloyd) Imazeki〉サルノコシカケ科(タコウキン科)のキノコ。中型〜大型。傘は類白色〜褐色。

ヒラマメ 〈*Lens culinaris* Medik.〉マメ科の草本。別名レンズマメ。高さは15〜75cm。花は白、ピンク、赤紫色。熱帯植物。園芸植物。

ヒラミイチジク 〈*Ficus fistulosa* Reinw. var. *tengerensis* O. K.〉クワ科の小木。果嚢は有柄、数ケづつ小枝から垂下。熱帯植物。

ヒラミガシ 〈*Quercus ewickii* Korth.〉ブナ科の高木。幹はスダジイに似、葉はサカキに似る。熱帯植物。

ヒラミカンコノキ 〈*Glochidion rubrum* Blume〉トウダイグサ科の木本。熱帯植物。

ヒラミツメゴケ 〈*Peltigera horizontalis* (Huds.) Baumg.〉ツメゴケ科の地衣類。黒褐色の網状脈がある。

ヒラミノシリブカガシ 〈*Quercus wallichiana* Wall.〉ブナ科の高木。葉裏帯白、葉はシリブカガシに似る。熱帯植物。

ヒラミタイサンチク 〈*Bambusa vulgaris*〉イネ科。タケノコの葉鞘の毛は紫黒色、稈の直径6cm。熱帯植物。

ヒラミヤイトゴケ 〈*Solorina platycarpa* Hue〉ツメゴケ科の地衣類。地衣体背面は灰緑色。

ヒラミル 〈*Codium latum* suringar〉ミル科の海藻。単条、大形。

ヒラミレモン シーカーシャーの別名。

ヒラムカデ 〈*Grateloupia livida* (Harvey) Yamada〉ムカデノリ科の海藻。叢生。体は30cm。

ヒラモ 〈*Vallisneria asiatica* Miki var. *higoensis* Miki〉トチカガミ科の大形の常緑植物。葉は長さ30〜100cm、子房に短毛がある。

ヒラヤスデゴケ 〈*Frullania inflata* Gottsche〉ヤスデゴケ科のコケ。別名マエバラヤスデゴケ。茎は長さ約1cm。

ヒラヤマカンザキヤエヤグルマソウ キク科のヤグルマソウの品種。園芸植物。

ヒラワツナギソウ 〈*Champia bifida* Okamura〉ワツナギソウ科の海藻。青い螢光を発する。体は8〜10cm。

ビランジ 〈*Silene keiskei* Miq.〉ナデシコ科の多年草。高さは10〜30cm。園芸植物。

ピリヒバ 〈*Corallina pilulifera* Postels et Ruprecht〉サンゴモ科の海藻。叢生。体は3、4cm。

ビリァディア・インブリカタ 〈*Villadia imbricata* Rose〉ベンケイソウ科。高さは2〜6cm。花は白色。園芸植物。

ビリァディア・エロンガタ 〈*Villadia elongata* (Rose) R. T. Clausen〉ベンケイソウ科。別名雨竜。高さは20cm。花は白ないし淡桃白色。園芸植物。

ビリァディア・ベイツィー 〈*Villadia batesii* (Hemsl.) Baehni et Macbr.〉ベンケイソウ科。高さは10〜15cm。花は赤色。園芸植物。

ヒリュウガシ 〈*Quercus glauca* Thunb. ex Murray cv. Lacera〉ブナ科。

ヒリュウシダ 飛竜羊歯 〈*Blechnum orientale* L.〉シシガシラ科の常緑性シダ。葉身は長さ60〜150cm。披針形。園芸植物。

ビリンビン 〈*Averrhoa bilimbi* L.〉カタバミ科の小木。枝少数、葉は淡緑、果実は黄熟。花はピンク色。熱帯植物。

ヒルガオ 昼顔 〈*Calystegia japonica* Choisy〉ヒルガオ科の多年生つる草。別名オオヒルガオ。花は淡紅色。薬用植物。園芸植物。

ヒルガオ科 科名。

ヒルギ ヒルギ科。

ヒルギカズラ 〈*Dalbergia candenatensis*〉マメ科の木本。

ヒルギダマシ 〈*Avicennia marina* (Forsk.) Vierh.〉クマツヅラ科の常緑低木、マングローブ植物。別名ヤナギバヒルギ。熱帯植物。

ヒルギモドキ 〈*Lumnitzera racemosa* Wild.〉シクンジ科の木本、マングローブ植物。呼吸根はない。花は白色。熱帯植物。

ヒルザキツキミソウ 昼咲月見草 〈*Oenothera speciosa* Nutt.〉アカバナ科の多年草。高さは30〜60cm。花は白で開花後に紅となる。園芸植物。

ピルス・ウスリーエンシス 〈*Pyrus ussuriensis* Maxim.〉バラ科。別名ホクシヤマナシ、マンシュウヤマナシ、ミチノクヤマナシ。枝は黄灰色または黄褐色。園芸植物。

ピルス・カレリアナ マメナシの別名。

ピルス・コンムニス セイヨウナシの別名。

ピルス・ニヴァリス 〈*Pyrus nivalis* Jacq.〉バラ科の木本。高さは16m。花は純白色。園芸植物。

ピルス・ベツリフォリア 〈*Pyrus betulifolia* Bunge〉バラ科。別名ホクシマメナシ、マンシュウマメナシ。園芸植物。

ヒルゼンバイカモ 〈*Ranunculus nipponicus* (Makino) Nakai var. *okayamensis* Wiegleb〉キンポウゲ科。葉全体の長さは8cm。

ヒルダ・マーレル 〈Hilda Murrell〉バラ科。イングリッシュローズ系。花は濃いピンク。

ヒルナミマクラ 〈*Elachista taeniaeformis* Yamada〉ナミマクラ科の海藻。放射状に細胞糸を出す。

ビルベルギア・アモエナ 〈*Billbergia amoena* (Lodd.) Lindl.〉パイナップル科。花は黄緑色。園芸植物。

ビルベルギア・サンデリアナ 〈*Billbergia sanderiana* E. Morr.〉パイナップル科。花は黄緑色。園芸植物。

ビルベルギア・ゼブリナ 〈*Billbergia zebrina* (Herb.) Lindl.〉パイナップル科。別名トラフツツアナナス。花は黄緑色。園芸植物。

ビルベルギア・ソーンダーシー 〈*Billbergia saundersii* hort. ex K. Koch〉パイナップル科の多年草。花は淡黄緑色。園芸植物。

ビルベルギア・ディスタキア 〈*Billbergia distachia* (Vell.) Mez〉パイナップル科。花は淡緑色。園芸植物。

ビルベルギア・ディスターキア・コンコロール パイナップル科。園芸植物。

ビルベルギア・デコラ 〈*Billbergia decora* Poepp. et Endl.〉パイナップル科。花は黄緑色。園芸植物。

ビルベルギア・ヌータンス ヨウラクツツアナナスの別名。

ビルベルギア・ピラミダリス 〈*Billbergia pyramidalis* (Sims) Lindl.〉パイナップル科。別名ベニフデッツアナナス。光沢のある赤。園芸植物。

ビルベルギア・ブラジリエンシス 〈*Billbergia brasiliensis* L. B. Sm.〉パイナップル科。花は淡青紫色。園芸植物。

ビルベルギア・ベネズエラナ 〈*Billbergia venezuelana* Mez〉パイナップル科。花は黄緑色。園芸植物。

ビルベルギア・ホリダ 〈*Billbergia horrida* Regel〉パイナップル科。花は黄緑色。園芸植物。

ビルベルギア・マクロカリクス 〈*Billbergia macrocalyx* Hook.〉パイナップル科。別名ヒロハツアナナス。花は淡黄緑色。園芸植物。

ビルベルギア・モレリー 〈*Billbergia morelii* Brongn.〉パイナップル科。花は青紫色。園芸植物。

ビルベルギア・ユーフィーミアエ 〈*Billbergia euphemiae* E. Morr.〉パイナップル科。花は淡黄緑色。園芸植物。

ビルベルギア・レプトポダ 〈*Billbergia leptopoda* L. B. Sm.〉パイナップル科。花は黄緑色。園芸植物。

ビルベルギア・ロセア 〈*Billbergia rosea* Beer〉パイナップル科。花は黄緑色。園芸植物。

ビルマダケ 〈*Bambusa burmanica* Gamb.〉イネ科。タケノコの葉鞘は巨大、稈は肉が厚い。熱帯植物。

ビルマネム オオバネムノキの別名。

ビールムギ イネ科。

ヒルムシロ 蛭筵、蛭蓆 〈*Potamogeton distinctus* A. Benn.〉ヒルムシロ科の多年生水草。別名ヒルモ、サジナ。葉身は披針形、長さ5〜16cm。薬用植物。

ヒルムシロ科 科名。

ピレア イラクサ科の属総称。別名ミズ。

ピレア・インウォルクラタ 〈*Pilea involucrata* (Sims) Urb.〉イラクサ科の草本。高さは15cm。花は褐色。園芸植物。

ピレア・カディエレイ 〈*Pilea cadierei* Gagnep. et Guillaum.〉イラクサ科の草本。別名アサバソウ、アルミニウム・プラント。高さは30cm。花は白色。園芸植物。

ピレア・グランディス イラクサ科。園芸植物。

ヒレアザミ 鰭薊 〈*Carduus crispus* L.〉キク科の二年草。別名ヤハズアザミ。高さは60〜120cm。花は淡紅紫色。薬用植物。

ピレア・スプルーセアナ 〈*Pilea spruceana* Wedd.〉イラクサ科の草本。高さは10cm。花は緑白色。園芸植物。

ピレア・セルピラケア 〈*Pilea serpyllacea* (H. B. K.) Liebm.〉イラクサ科の草本。別名メキシコミズ。高さは30cm。園芸植物。

ピレア・ヌンムラリーフォリア 〈*Pilea nummulariifolia* (Swartz) Wedd.〉イラクサ科の草本。園芸植物。

ピレア・ペペロミオイデス 〈*Pilea peperomioides* Diels〉イラクサ科の草本。葉は長さ8cm、円状卵形。園芸植物。

ピレア・レペンス 〈*Pilea repens* (Swartz) Wedd.〉イラクサ科の草本。花は緑白色。園芸植物。

ピレオギク イワギクの別名。

ヒレシア・マゲラニカ 〈*Philesia magellanica* J. F. Gmelin〉ユリ科の常緑低木。

ヒレタゴボウ 鰭田牛蒡 〈*Ludwigia decurrens* Walt.〉アカバナ科の水生植物。別名アメリカミズキンバイ。高さは50〜100cm。花は鮮黄色。園芸植物。

ヒレトキンソウ 〈*Epaltes divaricata* Caht.〉キク科の草本。スマトラで市販、民間薬。熱帯植物。

ピレナカンタ・マルウィフォリア 〈*Pyrenacantha malvifolia* Engl.〉クロタキカズラ科。花は緑色。園芸植物。

ピレネーイワタバコ 〈*Ramonda myconi* (L.) Rchb.〉イワタバコ科の多年草。黄色い葯あり。高山植物。園芸植物。

ピレネーナラ 〈*Quercus pyrenaica*〉ブナ科の木本。樹高15m。樹皮は淡い灰色。

ピレネーフウロ 〈*Geranium pyrenaicum* Burm. f.〉フウロソウ科の多年草。高さは20〜70cm。花は赤紫または藤色。高山植物。

ヒレハリギク 〈*Centaurea melitensis* L.〉キク科の一年草あるいは二年草。高さは20〜80cm。花は黄色。

ヒレハリソウ コンフリーの別名。

ヒレフリカラマツ 〈*Thalictrum toyamae* Hatus. et Ohwi〉キンポウゲ科の草本。日本絶滅危機植物。

ヒレミヤガミスゲ 〈*Carex brevior* (Dewey) Mack. ex Lunell〉カヤツリグサ科の多年草。高さは50cm。

ビレンス キク科のサントリナの品種。ハーブ。別名サントリナ・グリーン、ワタスギギク。

ヒーロー 〈Hero〉バラ科。イングリッシュローズ系。

ヒロ アオイ科のハイビスカスの品種。園芸植物。

ビロウ 蒲葵、檳榔 〈*Livistona chinensis* (N. J. Jacq.) R. Br. ex Martius var. *subglobosa* (Hask.) Martius〉ヤシ科の常緑高木。別名ワビロウ。

ビロウ ヤシ科の属総称。

ビロウモドキ 〈*Pholidocarpus kingianus* Ridl.〉ヤシ科。湿地生、葉柄長さ2m、葉面径1m。幹径50cm。熱帯植物。

ヒロエロウヤシ コペルニキア・ベイレヤナの別名。

ピロカクツス・ウマデアウェ 〈*Pyrrhocactus umadeave* (Friç ex Werderm.) Backeb.〉サボテン科のサボテン。別名寒鬼玉。高さは10～15cm。花は淡黄色。園芸植物。

ピロカルプス・ペンナティフォリウス 〈*Pilocarpus pennatifolius* Lem.〉ミカン科の多年草。薬用植物。

ヒログチキンモウゴケ 〈*Ulota eurystoma* Nog.〉タチヒダゴケ科のコケ。全形はカラフトキンモウゴケに似る。雌苞葉は小形。

ヒロクチゴケ 〈*Physcomitrium eurystomum* Sendt.〉ヒョウタンゴケ科のコケ。コツリガネゴケに非常によく似るが、胞子が黒褐色を呈す。

ヒロケレウス・ウンダツス 〈*Hylocereus undatus* (Haw.) Britt. et Rose〉サボテン科のサボテン。別名白蓮閣。花は黄緑色。園芸植物。

ピロシア・ポリダクティリス モミジヒトツバの別名。

ピロシア・リネアリフォリア ビロードシダの別名。

ピロシア・リングア ヒトツバの別名。

ピロシア・ロンギフォリア 〈*Pyrrosia longifolia* (Burm.) C. V. Mort.〉ウラボシ科のシダ植物。長くはう根茎から細長い葉を下垂する。園芸植物。

ヒロシマナ アブラナ科。

ヒロスジツリバリゴケ 〈*Campylopus gracilis* (Mitt.) A. Jaeger〉シッポゴケ科のコケ。茎は長さ2～3cm、葉の先端には少数の歯がある。

ピロステギア ノウゼンカズラ科の属総称。別名カエンカズラ。

ピロステギア・ウェヌスタ 〈*Pyrostegia venusta* (Ker-Gawl.) Miers〉ノウゼンカズラ科のつる性低木。花は橙色。園芸植物。

ピロソケレウス サボテン科の属総称。サボテン。

ピロソケレウス・クリサカンツス 〈*Pilosocereus chrysacanthus* (A. Web. ex K. Schum.) Byles et Rowley〉サボテン科のサボテン。高さは5m。花は白ないしピンク色。園芸植物。

ピロソケレウス・ノビリス ベニフデの別名。

ピロソケレウス・パルメリ ハルゴロモの別名。

ピロソケレウス・レウコケファルス 〈*Pilosocereus leucocephalus* (Poselg.) Byles et Rowley〉サボテン科のサボテン。別名ライオン。高さは10m。花は白色。園芸植物。

ヒロツメゴケモドキ 〈*Peltigera leucophlebia* (Nyl.) Gyeln.〉ツメゴケ科の地衣類。地衣体は大形の葉状。

ヒロテレフィウム・ウィリデ アオベンケイの別名。

ヒロテレフィウム・ウェルティキラツム ミツバベンケイソウの別名。

ヒロテレフィウム・エヴァルシー 〈*Hylotelephium ewersii* (Ledeb.) H. Ohba〉ベンケイソウ科の多年草。長さ20～35cm。花は桃または紫紅色。園芸植物。

ヒロテレフィウム・エリトロスティクツム ベンケイソウの別名。

ヒロテレフィウム・カウティコルム ヒダカミセバヤの別名。

ヒロテレフィウム・シーボルディー ミセバヤの別名。

ヒロテレフィウム・スペクタビレ オオベンケイソウの別名。

ヒロテレフィウム・ソルディドゥム チチッパベンケイの別名。

ヒロテレフィウム・ツガルエンセ ツガルミセバヤの別名。

ヒロテレフィウム・プルリカウレ カラフトミセバヤの別名。

ヒロテレフィウム・ポプリフォリウム 〈*Hylotelephium populifolium* (Pall.) H. Ohba〉ベンケイソウ科の多年草。高さは35～60cm。花は白で紅を帯びる。園芸植物。

ビロードアオイ 〈*Althaea officinalis* L.〉アオイ科の多年草。別名マーシュ・マロウ、ウスベニタチアオイ。高さは1m。薬用植物。園芸植物。切り花に用いられる。

ビロードアカツメクサ 〈*Trifolium hirtum* L.〉マメ科。花序は有性花よりなる。

ビロードアキギリ サルビア・アルゲンテアの別名。

ビロードイチゴ 〈*Rubus corchorifolius* L. f.〉バラ科の落葉低木。

ビロードイワギリ アロプレクツス・ウィッタツスの別名。

ビロードウチワ アンスリウム・マグニフィクムの別名。

ビロードウチワ オプンティア・トメントサの別名。

ビロードウツギ 天鷺絨空木 〈*Weigela floribunda* (Sieb. et Zucc.) K. Koch var. *nakaii* (makino) Hara〉スイカズラ科の木本。別名ケウツギ、ミヤマウツギ。

ビロードエノキタケ 〈*Xeromphalina tenuipes* (Schw.) A. H. Smith〉キシメジ科のキノコ。小型～中型。傘は帯褐橙黄色、ビロード状、湿時条線。ひだは帯黄色。

ビロードガシワ 〈*Endospermum malaccense* Muell. Arg.〉トウダイグサ科の小木。全株ビロード毛がある。熱帯植物。

ビロードカズラ 〈*Philodendron andreanum* Devans.〉サトイモ科の多年草。大形で茎の節間は伸び、つる性となる。園芸植物。

ビロードキビ 〈*Brachiaria villosa* (Lam.) A. Camus〉イネ科の草本。

ビロードクサフジ 〈*Vicia villosa* Roth〉マメ科の一年草または多年草。別名ヘアリーベッチ。長さは150cm。花は青紫～紅紫色。

ビロードゴケ 〈*Pylaisiella intricata* (Hedw.) Grout〉ハイゴケ科のコケ。小形で、葉は長さ0.8mm以下。

ビロードサンシチ 〈*Gynura aurantiaca* (Blume) DC.〉キク科。高さは60～100cm。園芸植物。

ビロードシダ 天鷺絨羊歯 〈*Pyrrosia linearifolia* (Hook.) Ching〉ウラボシ科の常緑性シダ。別名ビロードラン、ミルラン。葉は褐色の長い星状毛におおわれる。葉身は長さ2～15cm。線形。園芸植物。

ビロードスゲ 〈*Carex fedia* Nees var. *miyabei* (Franch.) T. Koyama〉カヤツリグサ科の多年草。高さは30～60cm。

ビロードツエタケ 〈*Oudemansiella pudens* (Pers.) Pegler〉キシメジ科のキノコ。小型～中型。傘は灰褐色、細毛を密生。ひだは乳白色。

ビロードテンツキ 〈*Fimbristylis sericea* (Poir.) R. Br.〉カヤツリグサ科の多年草。高さは10～30cm。

ビロドトネリコ 〈*Fraxinus pennsylvanica* Marsh.〉モクセイ科の落葉高木。高さは12～20m。樹皮は灰褐色。園芸植物。

ビロードトラノオ エゾルリトラノオの別名。

ビロードノリウツギ 〈*Hydrangea paniculata* var. *velutina*〉ユキノシタ科。

ビロードハカマノキ 〈*Bauhinia mollissima* Wall.〉マメ科のややつる性の低木。花はピンクで縁部白。熱帯植物。

ビロードハギ 〈*Lespedeza stuevei* Nutt.〉マメ科の多年草。高さは70～150cm。花は紅紫色。

ビロードハナゴケ 〈*Cladonia parasitica* (Hoffm.) Hoffm.〉ハナゴケ科の地衣類。子柄は短小。

ビロードヒメアナナス 〈*Cryptanthus bivittatus* (Hook.) Regel〉パイナップル科の地生種。葉長8～10cm。園芸植物。

ビロードベゴニア ベゴニア・アングラーリスの別名。

ビロードホオズキ 〈*Physalis heterophylla* Nees〉ナス科の多年草。別名アメリカホオズキ。長さは0.5～1m。花は淡黄色。

ビロードボタンヅル 〈*Clematis leschenaultiana* DC.〉キンポウゲ科の草本。

ビロードムラサキ 〈*Callicarpa kochiana* Makino〉クマツヅラ科の落葉低木。別名コウチムラサキ、トサムラサキ、オニヤブムラサキ。

ビロードモウズイカ 天鷺毛蕊花 〈*Verbascum thapsus* L.〉ゴマノハグサ科の多年草。別名ニワタバコ。高さは100～200cm。花は黄色。高山植物。薬用植物。園芸植物。

ビロードヨウラク 〈*Gmelina villosa* Roxb.〉クマツヅラ科の高木。外面に褐毛を被る。花は黄色。熱帯植物。

ピロネマ・オムファロデス ピロネマキン科のキノコ。

ヒロハアカザ 〈*Chenopodium opulifolium* Schrad. ex W. D. J. Koch et Ziz〉アカザ科。花序や花被に白色の球状突起。

ヒロハアカミゴケ 〈*Cladonia yunnana* (Vain.) Abb.〉ハナゴケ科の地衣類。子柄は帯黄色。

ヒロハアツイタ 〈*Elaphoglossum tosaense* (Yatabe) Makino〉オシダ科(ツルキジノオ科)の常緑性シダ。葉身は長さ5～15cm。長楕円形から狭楕円形。園芸植物。

ヒロハアマナ 広葉甘菜 〈*Tulipa latifolia* Makino〉ユリ科の多年草。別名ヒロハムギグワイ。高さは15～20cm。

ヒロハアメリカシオン 〈*Aster macrophyllus* L.〉キク科の多年草。

ヒロハアルマニア 〈*Allmania nodiflora* R. BR. var. *procumbens*〉ヒユ科の草本。葉はやや広い。熱帯植物。

ヒロハアンズタケ 〈*Hygrophoropsis aurantiaca* (Wulf.：Fr.) Maire〉ヒダハタケ科のキノコ。小型～中型。傘は橙黄色、漏斗形。ひだは橙黄色。

ヒロハイッポンスゲ 広葉一本菅 〈*Carex pseudololiacea*〉カヤツリグサ科。

ヒロハイヌノヒゲ 広葉犬の髭 〈*Eriocaulon robustius* (Maxim.) Makino〉ホシクサ科の一年草。別名オオミズタマソウ。高さは5～20cm。

ヒロハイヌワラビ 広葉犬蕨 〈*Athyrium wardii* (Hook.) Makino〉オシダ科の夏緑性シダ。葉身は長さ20～35cm。三角形～広卵形。

ヒロハウキガヤ 〈*Glyceria fluitans* (L.) R. Br.〉イネ科。小穂は長さ10～35mm。

ヒロハウスズミチチタケ 〈*Lactarius subplinthogalus* Coker〉ベニタケ科のキノコ。小型～中型。傘は灰褐色、つやなし。周辺に溝線。

ヒロハウラジロヨモギ オオワタヨモギの別名。

ヒロハオキナグサ 〈*Pulsatilla chinensis* (Bge.) Regel.〉キンポウゲ科の薬用植物。

ヒロハオゼヌマスゲ 〈*Carex traiziscana* Fr. Schm.〉カヤツリグサ科の草本。別名オゼヌマスゲ。

ヒロハオラクス 〈*Olax scandens* Roxb.〉ボロボロノキ科の低木。熱帯植物。

ヒロハオリズルラン ユリ科。園芸植物。

ヒロハカエデ 〈*Acer macrophyllum* Pursh〉カエデ科の落葉高木。別名オレゴンカエデ。葉は3～5裂。樹高25m。樹皮は灰褐色。園芸植物。

ヒロハカツラ 広葉桂 〈*Cercidiphyllum magnificum* (Nakai) Nakai〉カツラ科の落葉低木または高木。葉は少し大形の広心臓形。高山植物。園芸植物。

ヒロハガマズミ 〈*Viburnum koreanum* Nakai〉スイカズラ科の木本。

ヒロハカラタチゴケ 〈*Ramalina sinensis* Jatta〉サルオガセ科の地衣類。地衣体は幅1～2cm。

ヒロハキゴケ 〈*Stereocaulon apocalypticum* Nyl. ex Midd.〉キゴケ科の地衣類。擬子柄は多数群生。

ヒロハキゴケモドキ 〈*Stereocaulon wrightii* Tuck.〉キゴケ科の地衣類。スチクチン酸を含む。

ヒロハキミノバンジロウ 〈*Psidium acre* Ten.〉フトモモ科の低木。葉はモッコク状に厚く光沢がある。熱帯植物。

ヒロハギョボク 〈*Crataeva speciosa* Volk.〉フウチョウソウ科の高木。熱帯植物。

ヒロハクサフジ 広葉草藤 〈*Vicia japonica* A. Gray〉マメ科の多年草。別名ハマクサフジ。高さは50～100cm。

ヒロハクジャク アジアンタム・マクロフィルムの別名。

ヒロハグネモン 〈*Gnetum latifolium* BL.〉グネツム科の蔓木。種子は白褐色。熱帯植物。

ヒロハケンチャヤシ ハウエア・フォーステリアナの別名。

ヒロハゴマギ スイカズラ科の木本。

ヒロハコモチイトゴケ 〈*Gammiella ceylonensis* (Broth.) B. C. Tan & W. R. Buck〉ナガハシゴケ科のコケ。非常に小形で、枝葉は卵形～卵状楕円形。

ヒロハコンロンカ 広葉崑崙花 〈*Mussaenda shikokiana* Makino〉アカネ科の木本。

ヒロハコンロンソウ 広葉崑崙草 〈*Cardamine appendiculata* Franch. et Savat.〉アブラナ科の多年草。別名タデノウミコンロンソウ。高さは30～60cm。

ヒロハサギゴケ 〈*Hemigraphis reptans* (G. Forst.) T. Anderson ex Hemsl.〉キツネノマゴ科。

ヒロハサトウヤシ 〈*Arenga undulatifolia* Becc.〉ヤシ科。やや叢生、葉羽片は波状縁。熱帯植物。

ヒロハサボテングサ 〈*Halimeda macroloba* Decaisne〉ミル科の海藻。太い円柱状の茎。

ヒロハザミア 〈*Zamia furfuracea* Aiton〉ソテツ科。園芸植物。

ヒロハシイクリガシ 〈*Castanopsis hullettii* King〉ブナ科。性状用途共にC.inermisに似る。熱帯植物。

ヒロハシデチチタケ 〈*Lactarius circellatus* Fr. f. distantifolius* Hongo〉ベニタケ科のキノコ。中型。傘は灰褐色、暗色の環紋あり。湿時粘性。ひだは淡黄土色。

ヒロハシノブイトゴケ 〈*Trachyladiella aurea* (Mitt.) M. Menzel〉ハイヒモゴケ科のコケ。枝葉は長さ2～2.5mm、卵形～広卵形。

ヒロバスゲ 〈*Carex insaniae* Koidz. var. insaniae〉カヤツリグサ科の多年草。高さは5～40cm。

ヒロハススキゴケ 〈*Dicranella palustris* (Dicks.) Crundw. ex Warb.〉シッポゴケ科のコケ。やや大形、茎は長さ2～6cm。

ヒロハセネガ 〈*Polygala senega* L. var. latifolia* Torr. et Gray.〉ヒメハギ科の薬用植物。園芸植物。

ヒロハセンニンゴケ 〈*Baeomyces placophyllus* (Lam.) Ach.〉センニンゴケ科の地衣類。地衣体背面は灰緑色。

ヒロハタマイタダキ 〈*Ptilonia okadai* Yamada〉カギノリ科の海藻。体の縁辺鋸歯状。体は20cm。

ヒロハタマミズキ 〈*Ilex macrocarpa* Oliv.〉モチノキ科の木本。

ヒロハタンポポ 〈*Taraxacum longeappendiculatum* Nakai〉キク科の草本。別名トウカイタンポポ。

ヒロハチチタケ 〈*Lactarius volemus* (Fr.) Fr.〉ベニタケ科のキノコ。

ヒロハチトセラン サンセヴィエリア・ヒアキントイデスの別名。

ヒロハツツアナナス ビルベルギア・マクロカリクスの別名。

ヒロハツボミゴケ 〈*Jungermannia exsertifolia* Steph.〉ツボミゴケ科のコケ。緑褐色、茎は長さ1～3cm。

ヒロハツメゴケ 〈*Peltigera aphthosa* (L.) Willd.〉ツメゴケ科の地衣類。地衣体は大形の葉状。

ヒロハツヤゴケ 〈*Entodon challengeri* (Paris) Card.〉ツヤゴケ科のコケ。茎葉は長さ2mm前後、卵状楕円形。

ヒロハツリシュスラン 〈*Goodyera pendula* var. brachyphylla〉ラン科。

ヒロハツリバナ 〈*Euonymus macropterus* Rupr.〉ニシキギ科の落葉小高木。別名ヒロハノツリバナ。高山植物。

ヒロハテイショウソウ 〈*Ainsliaea cordifolia* Franch. et Savat. var. maruoi* Makino〉キク科。

ヒロハテングサゴケ 〈*Riccardia latifrons* (Lindb.) Lindb.〉スジゴケ科のコケ。鮮緑色、長さ1～2cm。

ヒロハテンナンショウ 広葉天南星 〈*Arisaema ovale* Nakai〉サトイモ科の多年草。高さは20～45cm。高山植物。

ヒロハテン

ヒロハテンニンソウ トサノミカエリソウの別名。

ヒロハドウダンツツジ 〈*Enkianthus perulatus* var. *japonicus*〉ツツジ科。園芸植物。

ヒロハトリゲモ サガミトリゲモの別名。

ヒロハトンボソウ 〈*Tulotis fuscescens* (L.) Czerniask.〉ラン科の草本。

ヒロハナライシダ 〈*Leptorumohra miqueliana* subsp. *fimbriata* (Koidz.) Nakaike〉オシダ科の常緑性シダ。葉身は長さ25〜40cm。五角形。

ヒロハナンヨウウコギ 〈*Nothopanax guilfoylei* Miq.〉ウコギ科の観賞用低木。熱帯植物。

ヒロハネム アルビジア・グラブリオルの別名。

ヒロハノアマナ 〈*Amana latifolia* (Makino) Honda〉ユリ科の草本。日本絶滅危機植物。

ヒロハノイヌノヒゲ ヒロハイヌノヒゲの別名。

ヒロハノウシノケグサ 〈*Festuca pratensis* Huds.〉イネ科の多年草。別名メドウフェスク。葉身は幅4mm未満。

ヒロハノエビモ 広葉の海老藻 〈*Potamogeton perfoliatus* L.〉ヒルムシロ科の多年生水草。葉身基部が茎を半周以上抱く。

ヒロハノカラン ダルマエビネの別名。

ヒロハノカワラサイコ 〈*Potentilla nipponica* Th. Wolf〉バラ科の多年草。高さは30〜70cm。

ヒロハノキカイガラタケ 〈*Gloeophyllum subferrugineum* (Berk.) Bond. & Sing.〉サルノコシカケ科のキノコ。中型〜大型。傘は黄褐色、環紋。

ヒロハノキハダ 広葉黄膚 ミカン科の木本。別名カラフトキハダ。

ヒロハノコウガイゼキショウ 広葉の笄石菖 〈*Juncus diastrophanthus* Buchen.〉イグサ科の多年草。高さは20〜40cm。

ヒロハノコギリシダ 〈*Diplazium dilatatum* Bl.〉オシダ科の常緑性シダ。葉身は長さ1m。ほぼ三角形。

ヒロハノコヌカグサ 〈*Aulacolepis treutleri* (O. Kuntze) Hack. var. *japonica* (Hack.) Ohwi〉イネ科の草本。

ヒロハノコメススキ 〈*Deschampsia caespitosa* (L.) Beauv. var. *festucaefolia* Honda〉イネ科の草本。別名ミヤマコメススキ。

ヒロハノジアオイ 〈*Melochia umbellata* Stapf〉アオギリ科の小木。葉裏多毛。熱帯植物。

ヒロハノセンニンモ 〈*Potamogeton leptocephalus* Koidz.〉ヒルムシロ科の常緑の沈水植物。別名ツクシササエビモ。葉は線形、長さ1.5〜3.5cm。

ヒロハノトサカモドキ 〈*Callophyllis crispata* Okamura〉ツカサノリ科の海藻。巾は1cm。体は20cm。

ヒロハノドジョウツナギ 〈*Glyceria leptolepis* Ohwi〉イネ科の草本。

ヒロハノナンヨウスギ 〈*Araucaria bidwillii* Hook.〉ナンヨウスギ科の常緑大高木。高さは30〜45m。園芸植物。

ヒロハノハナカンザシ ローダンセの別名。

ヒロハノハネガヤ 〈*Orthoraphium coreanum* (Honda) Ohwi var. *kengii* (Ohwi) Ohwi〉イネ科の草本。

ヒロハノヒトエグサ 〈*Monostroma latissimum* Wittrock〉ヒトエグサ科の海藻。稍倒卵形。

ヒロハノフィリレア 〈*Phillyrea latifolia*〉モクセイ科の木本。樹高10m。樹皮は淡い灰色。

ヒロハノヘビノボラズ ヒロハヘビノボラズの別名。

ヒロハノマンテマ 〈*Silene pratensis* (Rafn.) Godr. et Gren.〉ナデシコ科の一年草または多年草。別名マツヨイセンノウ。高さは30〜70cm。花は白色。

ヒロハノミミズバイ 広葉蚯蚓灰 〈*Symplocos tanakae* Matsum.〉ハイノキ科の常緑高木。園芸植物。

ヒロハノユキザサ ヒロハユキザサの別名。

ヒロハノレンリソウ 広葉の連理草 〈*Lathyrus latifolius* L.〉マメ科の多年草。長さは1〜3m。花は白または紅紫色。

ヒロハハナゴケ 〈*Cladonia turgida* (Ehrh.) Hoffm.〉ハナゴケ科の地衣類。地衣体は長さ3cm。

ヒロハハナヒリノキ ツツジ科の木本。

ヒロハハナヤスリ 広葉花鑢 〈*Ophioglossum vulgatum* L.〉ハナヤスリ科の夏緑性シダ。別名ハルハナヤスリ。葉身は長さ6〜12cm。広披針形から広卵形。

ヒロハヒメウラボシ 〈*Grammitis nipponica* Tagawa et K. Iwats.〉ウラボシ科(ヒメウラボシ科)の常緑性シダ。葉身は長さ2〜3.5cm。線状披針形。

ヒロハヒメジョオン キク科。園芸植物。

ヒロハヒメハマアカザ 〈*Chenopodium pratericola* Rydb.〉アカザ科。葉は披針形、幅5〜10mm。

ヒロハヒルガオ 〈*Calystegia sepium* (L.) R. Br.〉ヒルガオ科の多年草。花は白または桃色。園芸植物。

ヒロハフイシスチグマ 〈*Fissistigma latifolium* Merr.〉バンレイシ科の蔓木。葉は両面ビロード毛、葉脈褐色。花は褐色。熱帯植物。

ヒロハフクロトウ 〈*Korthalsia scortechinii* Becc.〉ヤシ科の蔓木。羽軸基部は黄条、葉鞘膨出。幹径1cm。熱帯植物。

ヒロハフサゴケ 〈*Brachythecium salebrosum* (F. Weber & Mohr) Schimp.〉アオギヌゴケ科のコケ。茎葉は卵状披針形。

ヒロハフサマメノキ 〈*Parkia biglandulosa* Wight et Arn.〉マメ科の高木。莢は捩れず、小葉片はやや広い。熱帯植物。

ヒロハフシツナギ 〈*Lomentaria orcadensis* (Harvey) Collins〉ワツナギソウ科の海藻。1回羽状。体は4cm。

ヒロハフタバムグラ 〈*Borreria latifolia* K. SChum.〉アカネ科の草本。茎四稜、有毛、食用。花は淡紫色。熱帯植物。

ヒロハヘビノボラズ 広葉蛇上らず 〈*Berberis amurensis* Rupr.〉メギ科の落葉低木。高さは2〜3m。花は淡黄色。高山植物。薬用植物。園芸植物。

ヒロハホウキギク 〈*Aster subulatus* Michx. var. *sandwicensis* (A. Gray et H. Mann) A. G. Jones〉キク科の越年草。高さは50〜120cm。

ヒロハホザキアヤメ 〈*Costus malortieanus* H. Wendls〉ショウガ科の観賞用植物。唇弁赤褐色、筒部白黄色。熱帯植物。園芸植物。

ヒロハホラゴケモドキ 〈*Metacalypogeia cordifolia* (Steph.) Inoue〉ツキヌキゴケ科のコケ。不透明な濃緑色〜緑褐色、茎は長さ1〜3mm。

ヒロハマツナ 〈*Suaeda malacosperma* Hara〉アカザ科の草本。

ヒロハミヤマノコギリシダ 〈*Diplazium petri* Tard.-Blot〉オシダ科の常緑性シダ。葉身は長さ45cm。卵状三角形。

ヒロハヤブソテツ 広葉藪蘇鉄 〈*Cyrtomium macrophyllum* (Makino) Tagawa〉オシダ科の常緑性シダ。葉身は単羽状複生、側羽片は2−8対。

ヒロハヤマヨモギ 〈*Artemisia stolonifera* (Maxim.) Komarov〉キク科の草本。別名ヒロハノヒトツバヨモギ。

ヒロハユキザサ 広葉雪笹 〈*Smilacina yezoensis* Franch. et Sav.〉ユリ科の多年草。別名ミドリユキザサ。高さは45〜70cm。花は帯緑色。高山植物。園芸植物。

ヒロハリュウビンタイ 〈*Marattia tuyamae*〉リュウビンタイ科。別名イオウトウリュウビンタイモドキ。

ヒロハレンリソウ ヒロハノレンリソウの別名。

ヒロヒダタケ 〈*Oudemansiella platyphylla* (Pers. : Fr.) Moser in Gams〉キシメジ科のキノコ。中型〜大型。傘は灰色〜黒褐色、放射状繊維紋。ひだは白色。

ヒロヒダタケモドキ 〈*Hydropus atrialbus* (Murrill) Sing.〉キシメジ科のキノコ。中型。傘は灰褐色、漏斗形。ひだは白色。

ヒロビューティー サトイモ科のアロカシアの品種。園芸植物。

ヒロメ 〈*Undaria undarioides* (Yendo) Okamura〉コンブ科の海藻。茎は扁圧。

ヒロメノトガリアミガサタケ 〈*Morchella costata* (Vent.) Pers.〉アミガサタケ科のキノコ。中型〜大型。頭部は長円錐形、灰黄褐色。

ピロラ・アサリフォリア 〈*Pyrola asarifolia* Michx.〉イチヤクソウ科の常緑多年草。高さは10〜25cm。花は紅色。園芸植物。

ピロラ・アサリフォリア イチヤクソウの別名。

ピロラ・グランディフローラ 〈*Pyrola grandiflora* Radius〉イチヤクソウ科の多年草。

ピロラ・ミノール エゾイチヤクソウの別名。

ピロラ・ヤポニカ イチヤクソウの別名。

ピロラ・レニフォリア ジンヨウイチヤクソウの別名。

ビワ 枇杷 〈*Eriobotrya japonica* (Thunb. ex Murray) Lindl.〉バラ科の常緑高木。高さは10m。花は白色。薬用植物。園芸植物。

ビワ バラ科の属総称。

ビワモドキ 〈*Dillenia indica* L.〉ビワモドキ科(ディレニア科)の木本。果実は黄緑色、葉はビワに似る。花は白色。熱帯植物。園芸植物。

ピンオーク 〈*Quercus palustris*〉ブナ科の木本。樹高25m。樹皮は灰褐色。園芸植物。

ビンカ キョウチクトウ科の属総称。別名ツルニチニチソウ。

ビンカ・ミノール ヒメツルニチニチソウの別名。

ピングイクラ・ブルガリス ムシトリスミレの別名。

ピングイクラ・レプトケラス タヌキモ科。高山植物。

ピング バラ科のオウトウ(桜桃)の品種。果皮は黄色。

ピンクアガパンサス ツルバギア・フラグランスの別名。

ピングイクラ・アルピナ タヌキモ科。高山植物。

ピングイクラ・カエルレア 〈*Pinguicula caerulea* Walt.〉タヌキモ科の食虫植物。高さは16〜26cm。花は青紫〜堇色。園芸植物。

ピングイクラ・ギプシコラ 〈*Pinguicula gypsicola* Btandeg.〉タヌキモ科の食虫植物。高さは7.5〜12cm。花は赤紫色。園芸植物。

ピングイクラ・グランディフローラ 〈*Pinguicula grandiflora* Lam.〉タヌキモ科の多年草。高山植物。

ピングイクラ・コリメンシス 〈*Pinguicula colimensis* McVaugh et Mickel〉タヌキモ科の食虫植物。高さは6〜14cm。花は淡紅色。園芸植物。

ピングイクラ・シャーピー 〈*Pinguicula sharpii* Casper et Kondo〉タヌキモ科の食虫植物。高さは10〜40mm。花は黄色。園芸植物。

ピングイクラ・プミラ 〈*Pinguicula pumila* Michx.〉タヌキモ科の食虫植物。高さは3〜15cm。花は黄〜赤黄色。園芸植物。

ピングイクラ・モラネンシス 〈Pinguicula moranensis H. B. K.〉タヌキモ科の食虫植物。高さは5～14cm。花は白、菫など。園芸植物。

ピンクカラー モモイロカイウの別名。

ピンク・クラウド サトイモ科のカラディウムの品種。園芸植物。

ピンク・クラウン サクラソウ科のプリムラ・マラコイデスの品種。園芸植物。

ピンク・グルーデンドルスト 〈Pink Grootendorst〉バラ科。

ピンク・シフォン 〈Pink Chiffon〉バラ科。フロリバンダ・ローズ系。花はピンク。

ピンク・ジョイ ツツジ科のアザレアの品種。園芸植物。

ピンク・スター キク科のマーガレットの品種。園芸植物。

ピンクセンセーション キンポウゲ科のデルフィニウムの品種。切り花に用いられる。

ピンク・タンゴ バラ科。花はピンク。

ピンク・チャーム バラ科。花は濃いピンク。

ピンク・デライト アオイ科のムクゲの品種。園芸植物。

ピンクネバダ マルゲリータ・ヒリングの別名。

ピンク・パレット バラ科。花は真ピンク。

ピンク・パンサー 〈Pink Panther〉バラ科。ハイブリッド・ティーローズ系。花はサーモンがかったピンク。

ピンクピグミー レイデケリー・ロゼアの別名。

ピンク・ラ・セビリアーナ 〈Pink La Sevilliana〉バラ科。フロリバンダ・ローズ系。

ピンゴケモドキ 〈Calicium subquercinum Asah.〉ピンゴケ科の地衣類。地衣体は薄い。

ヒンジガヤツリ 品字蚊帳釣 〈Lipocarpha microcephala (R. Br.) Kunth〉カヤツリグサ科の一年草。高さは5～35cm。

ヒンジモ 品字藻 〈Lemna trisulca L.〉ウキクサ科の沈水性の浮遊植物。別名サンカクナ。葉状体は半透明で、広披針形～狭卵形、長さ7～10mm。日本絶滅危機植物。

ビンジャイマンゴウ 〈Mangifera caesia Jack.〉ウルシ科の高木。幹は直立、灰白色、葉は硬質。熱帯植物。

ピンタケ 〈Vibrissea truncorum Fr.〉オストロパ科のキノコ。

ピントウ バントウの別名。

ピンナタ・ボローニア ミカン科。

ピンピネラ 〈Pimpinella major〉セリ科の薬用植物。別名ピンクレースフラワー。切り花に用いられる。

ピンピネラ アニスの別名。

ピンピネラ・サキシフラガ 〈Pimpinella saxifraga L.〉セリ科の多年草。

ピンポンノキ 〈Sterculia nobilis Sm.〉アオギリ科の落葉高木。高さは10～17m。花は白色。園芸植物。

ピンポンマム キク科。切り花に用いられる。

ビンロウジュ 檳榔樹 〈Areca catechu L.〉ヤシ科の薬用植物。別名ビロウ、ビンロウ、ビンロウジ。幹はモウソウチク状で緑色、果実は橙色に熟す。高さは10～20m。花は白色。熱帯植物。園芸植物。

ビンロウジュ ヤシ科の属総称。別名ビンロウ。

ビンロウモドキ 〈Actinorhytis calapparia (Blume) H. Wendl. et Drude ex Scheff.〉ヤシ科。別名カラッパヤシ。果実は赤熟、胚乳内に赤白条が射入。高さは12m、幹径25cm。花は赤色。熱帯植物。園芸植物。

【 フ 】

ファイウス・タンカヴィレアエ カクチョウランの別名。

ファイウス・フラウス ガンゼキランの別名。

ファイナンシャル・タイムズ・センティナリー 〈Financial Times Centenary〉バラ科。イングリッシュローズ系。花はピンク。

ファイヤー・グロウ バラ科のバラの品種。園芸植物。

ファイヤー・バード イワタバコ科のセントポーリアの品種。園芸植物。

ファイヤー・ブランド アヤメ科のグラジオラスの品種。園芸植物。

ファウカリア・アルビデンス 〈Faucaria albidens N. E. Br.〉ツルナ科の常緑高木。別名白波。花は輝黄色。園芸植物。

ファウカリア・カンディダ 〈Faucaria candida L. Bolus〉ツルナ科の常緑高木。別名雪波。花は白色。園芸植物。

ファウカリア・スミシー 〈Faucaria smithii L. Bolus〉ツルナ科の常緑高木。花は黄色。園芸植物。

ファウカリア・ダンカニー 〈Faucaria duncanii L. Bolus〉ツルナ科の常緑高木。花は黄色。園芸植物。

ファウカリア・ツベルクロサ アラナミの別名。

ファウカリア・ティグリナ シカイナミの別名。

ファウカリア・ボッシェアナ 〈Faucaria bosscheana (A. Berger) Schwant.〉ツルナ科の常緑高木。別名片男波。花は輝黄色。園芸植物。

ファウカリア・ルピナ サカナミの別名。

ファウカリア・ロンギデンス 〈Faucaria longidens L. Bolus〉ツルナ科の常緑高木。花は黄色。園芸植物。

ファウカリア・ロンギフォリア 〈Faucaria longifolia L. Bolus〉ツルナ科の常緑高木。花は濃黄色。園芸植物。

ファエドランツス・ブッキナトリウス 〈Phaedranthus buccinatorius (DC.) Miers〉ノウゼンカズラ科。花は赤血または濃紅を帯びた黄色。園芸植物。

ファグラエア・オボウァタ 〈Fagraea obovata Wall.〉マチン科。花はクリーム色。園芸植物。

ファグラエア・ベルテリアナ 〈Fagraea berteriana A. Gray ex Benth.〉マチン科。花は開花時はクリーム白、古くなると淡いオレンジ色。園芸植物。

ファケリア ハゼリソウ科の属総称。

ファケリア・ウィスキダ 〈Phacelia viscida (Benth. ex Lindl.) Torr.〉ハゼリソウ科の一年草。高さは10～60cm。花は濃青色。園芸植物。

ファケリア・カンパヌラリア 〈Phacelia campanularia A. Gray〉ハゼリソウ科の一年草。高さは15～30cm。花は濃青色。園芸植物。

ファケリア・タナケティフォリア ハゼリソウの別名。

ファゴピルム・ディボトリス シャクチリソバの別名。

ファシネイティング フジウツギ科のフジウツギの品種。

ファスティギアータ イチイ科のヨーロッパイチイの品種。

ファースト・F・ルネッサンス 〈First Federal's Renaissance〉バラ科。ハイブリッド・ティーローズ系。花はピンク。

ファースト・プライズ 〈First Prize〉バラ科。ハイブリッド・ティーローズ系。花はピンク。

ファースト・ホワイト キク科のマリーゴールドの品種。園芸植物。

ファースト・ラブ 〈First Love〉バラ科。ハイブリッド・ティーローズ系。花はピンク。

ファセリア ファケリアの別名。

ファツィア・ヤポニカ ヤツデの別名。

ファッション 〈Fashion〉バラ科。フロリバンダ・ローズ系。

ファットアルバート マツ科のコロラドトウヒの品種。

ファツヘデラ ファトスヘデラの別名。

ファトスヘデラ 〈× Fatshedera lizei (Cochet) Guillaum.〉ウコギ科。別名ハトスヘデラ。高さは2～3m。花は黄緑色。園芸植物。

ファニー キク科のガーベラの品種。切り花に用いられる。

ファニア・アウストラリス 〈Juania australis (Mart.) Drude ex Hook. f.〉ヤシ科。高さは15m。園芸植物。

ファヌリョア・アウランティアカ 〈Juanulloa aurantiaca Otto et A. Dietr.〉ナス科の低木。高さは1m。花は黄または橙黄色。園芸植物。

ファバージェ 〈Fabergé〉バラ科。フロリバンダ・ローズ系。花はサーモンピンク。

ファビアナ・インブリカタ 〈Fabiana imbricata Ruiz et Pav.〉ナス科の常緑小低木。高さは1～2.5m。花は白色。園芸植物。

ファーマメント シナワスレナグサの別名。

ファラオン 〈Pharaon〉バラ科。ハイブリッド・ティーローズ系。花は赤色。

ファラリス・アルンディナケア クサヨシの別名。

ファラリス・カナリエンシス カナリークサヨシの別名。

ファルビティス・ニル ノアサガオの別名。

ファルビティス・プルプレア マルバアサガオの別名。

ファルビティス・ヘデラケア ミケリアの別名。

ファルフギウム・ヤポニクム ツワブキの別名。

ファレノプシス コチョウランの別名。

ファレノプシス・アーサー・フリード 〈Phalaenopsis Arthur Freed〉ラン科。花は淡い色。園芸植物。

ファレノプシス・アマビリス 〈Phalaenopsis amabilis (L.) Blume〉ラン科の多年草。高さは1m。花は白色。園芸植物。

ファレノプシス・アリス・グロリア 〈Phalaenopsis Alice Gloria〉ラン科。花は白色。園芸植物。

ファレノプシス・アンボイネンシス 〈Phalaenopsis amboinensis J. J. Sm.〉ラン科。高さは15～20cm。花は白色。園芸植物。

ファレノプシス・アンボライダー 〈Phalaenopsis Amborider〉ラン科。花は淡緑色。園芸植物。

ファレノプシス・ウィオラケア 〈Phalaenopsis violacea Witte〉ラン科。茎の長さ10～15cm。花は菫桃色。園芸植物。

ファレノプシス・エクエストリス 〈Phalaenopsis equestris (Schauer) Rchb. f.〉ラン科。高さは20～40cm。花は白または淡紫紅色。園芸植物。

ファレノプシス・エリナ・シェイファー 〈Phalaenopsis Elinor Shaffer〉ラン科。花は白色。園芸植物。

ファレノプシス・オトヒメ 〈Phalaenopsis Otohime〉ラン科。花は桃色。園芸植物。

ファレノプシス・カーニヴァル 〈Phalaenopsis Carnival〉ラン科。花は白色。園芸植物。

ファレノプシス・カーニヴァル・クイーン 〈Phalaenopsis Carnival Queen〉ラン科。花は赤色。園芸植物。

ファレノプシス・カブリロ・スター 〈Phalaenopsis Cabrillo Star〉ラン科。花は白色。園芸植物。

ファレノプシス・カルメン・コル 〈Phalaenopsis Carmen Coll〉ラン科。花は桃色。園芸植物。

ファレノフ

ファレノプシス・ギガンテア 〈*Phalaenopsis gigantea* J. J. Sm.〉ラン科。茎の長さ40cm。花は淡黄緑色。園芸植物。

ファレノプシス・キース・シェイファー 〈*Phalaenopsis* Keith Shaffer〉ラン科。花は白色。園芸植物。

ファレノプシス・キャスト・アイアン・モナーク 〈*Phalaenopsis* Cast Iron Monarch〉ラン科。花は白色。園芸植物。

ファレノプシス・キャピトラ 〈*Phalaenopsis* Capitola〉ラン科。花はレモン黄色。園芸植物。

ファレノプシス・キャリア・ガール 〈*Phalaenopsis* Career Girl〉ラン科。花は白色。園芸植物。

ファレノプシス・クイーン・エマ 〈*Phalaenopsis* Queen Emma〉ラン科。花は濃色。園芸植物。

ファレノプシス・グラディス・リード 〈*Phalaenopsis* Gladys Read〉ラン科。花は白色。園芸植物。

ファレノプシス・グレイス・パーム 〈*Phalaenopsis* Grace Palm〉ラン科。花は白色。園芸植物。

ファレノプシス・コキネット 〈*Phalaenopsis* Coquinette〉ラン科。点花グループ。園芸植物。

ファレノプシス・コクレアリス 〈*Phalaenopsis cochlearis* Holtt.〉ラン科。高さは30～50cm。花は白～淡緑黄色。園芸植物。

ファレノプシス・ゴールディアナ 〈*Phalaenopsis* Goldiana〉ラン科。花は黄色。園芸植物。

ファレノプシス・ゴールデン・サンズ 〈*Phalaenopsis* Golden Sands〉ラン科。花は黄色。園芸植物。

ファレノプシス・コルニンギアナ 〈*Phalaenopsis corningiana* Rchb. f.〉ラン科。高さは20cm。花は深紅色。園芸植物。

ファレノプシス・コルヌ-ケルウィ 〈*Phalaenopsis cornu-cervi* (Breda) Blume et Rchb. f.〉ラン科。高さは10～40cm。花は白色。園芸植物。

ファレノプシス・コロナ 〈*Phalaenopsis* Corona〉ラン科。花は緑～黄色。園芸植物。

ファレノプシス・ザダ 〈*Phalaenopsis* Zada〉ラン科。花は濃桃色。園芸植物。

ファレノプシス・サーフライダー 〈*Phalaenopsis* Surfrider〉ラン科。花は白色。園芸植物。

ファレノプシス・サンバ 〈*Phalaenopsis* Samba〉ラン科。花はクリーム色に赤斑紋。園芸植物。

ファレノプシス・シェアー・アン 〈*Phalaenopsis* Cher Ann〉ラン科。中輪。園芸植物。

ファレノプシス・シェールッヒ 〈*Phalaenopsis* Sherluch〉ラン科。花は白に紫赤色のストライプ。園芸植物。

ファレノプシス・シオミ 〈*Phalaenopsis* Shiomi〉ラン科。花は濃桃色。園芸植物。

ファレノプシス・ジョーイ 〈*Phalaenopsis* Joey〉ラン科。中輪。園芸植物。

ファレノプシス・ショー・ガール 〈*Phalaenopsis* Show Girl〉ラン科。花は純白色。園芸植物。

ファレノプシス・ジョージ・バスケス 〈*Phalaenopsis* George Vasquez〉ラン科。花は濃色。園芸植物。

ファレノプシス・ジョーゼフ・ハンプトン 〈*Phalaenopsis* Joseph Hampton〉ラン科。花は白色。園芸植物。

ファレノプシス・シルヴァー・ピース 〈*Phalaenopsis* Silver Piece〉ラン科。花は白あるいは淡緑に赤紫の縞色。園芸植物。

ファレノプシス・シレリアナ 〈*Phalaenopsis schilleriana* Rchb. f.〉ラン科の多年草。別名コチョウラン。茎の長さ1m。花は桃色。園芸植物。

ファレノプシス・スチュアーティアナ 〈*Phalaenopsis stuartiana* Rchb. f.〉ラン科。茎の長さ60cm。花は白色。園芸植物。

ファレノプシス・セレベンシス 〈*Phalaenopsis celebensis* H. R. Sweet〉ラン科。高さは40cm。花は白色。園芸植物。

ファレノプシス・ドス・プエブロス 〈*Phalaenopsis* Dos Pueblos〉ラン科。花は白色。園芸植物。

ファレノプシス・ドリス 〈*Phalaenopsis* Doris〉ラン科。花は白色。園芸植物。

ファレノプシス・パウラ・ハウゼルマン 〈*Phalaenopsis* Paula Hausermann〉ラン科。花は黄色。園芸植物。

ファレノプシス・ハマオカ 〈*Phalaenopsis* Hamaoka〉ラン科。花は白色。園芸植物。

ファレノプシス・パリシー 〈*Phalaenopsis parishii* Rchb. f.〉ラン科。花は乳白色。園芸植物。

ファレノプシス・ヒエログリフィカ 〈*Phalaenopsis hieroglyphica* (Rchb. f.) H. R. Sweet〉ラン科。高さ30cm。花は白またはクリーム色に紫褐色の斑紋。園芸植物。

ファレノプシス・ファスキアタ 〈*Phalaenopsis fasciata* Rchb. f.〉ラン科。高さは25cm。花は淡黄緑色に栗の斑紋。園芸植物。

ファレノプシス・フアニータ 〈*Phalaenopsis* Juanita〉ラン科。花は白色。園芸植物。

ファレノプシス・フィンブリアタ 〈*Phalaenopsis fimbriata* J. J. Sm.〉ラン科。高さは27cm。花は白～クリーム、または緑～緑白色。園芸植物。

ファレノプシス・フスカタ 〈*Phalaenopsis fuscata* Rchb. f.〉ラン科。高さは30cm。花は黄緑色。園芸植物。

ファレノプシス・プリンセス・カイウラニ 〈*Phalaenopsis* Princess Kaiulani〉ラン科。大きな斑紋が入る。園芸植物。

ファレノプシス・フロル・デ・マト 〈*Phalaenopsis* Flor de Mato〉ラン科。花は桃色。園芸植物。

ファレノプシス・ペナン 〈*Phalaenopsis* Penang〉ラン科。点花グループ。園芸植物。

ファレノプシス・ペパーミント 〈*Phalaenopsis* Peppermint〉ラン科。花は桃に濃の縞色。園芸植物。

ファレノプシス・マウント・カーラ 〈*Phalaenopsis* Mount Kaala〉ラン科。花は白色。園芸植物。

ファレノプシス・マッド・ハッター 〈*Phalaenopsis* Mad Hatter〉ラン科。中輪。園芸植物。

ファレノプシス・マニー 〈*Phalaenopsis mannii* Rchb. f.〉ラン科。花は黄に栗褐色の斑紋。園芸植物。

ファレノプシス・マニトバ 〈*Phalaenopsis* Manitoba〉ラン科。花は赤色。園芸植物。

ファレノプシス・マリアエ 〈*Phalaenopsis mariae* Burb. ex Warner et B. S. Williams〉ラン科。茎の長さ30cm。花は白またはクリーム色。園芸植物。

ファレノプシス・メイ・リー 〈*Phalaenopsis* May Lee〉ラン科。花は淡紫紅色。園芸植物。

ファレノプシス・リューデ-ウィオラケア 〈*Phalaenopsis* Luedde-violacea〉ラン科。花は濃色。園芸植物。

ファレノプシス・リューデマニアナ 〈*Phalaenopsis lueddemanniana* Rchb. f.〉ラン科の多年草。花は白またはクリーム色に紅の斑紋。園芸植物。

ファレノプシス・リンデニー 〈*Phalaenopsis lindenii* Loher〉ラン科。茎の長さ20〜30cm。花は淡桃色。園芸植物。

ファレノプシス・ルス・ヴァルブルン 〈*Phalaenopsis* Ruth Wallbrunn〉ラン科。花はクリーム黄色。園芸植物。

ファレノプシス・ルビー・リップス 〈*Phalaenopsis* Ruby Lips〉ラン科。花は淡紅の縞色。園芸植物。

ファレノプシス・レイクラフト 〈*Phalaenopsis* Raycraft〉ラン科。花は濃桃色。園芸植物。

ファレノプシス・レイラ・ビアード 〈*Phalaenopsis* Layla Beard〉ラン科。花は白に桃の縞色。園芸植物。

ファレノプシス・レーディー・ヴァイーヘ 〈*Phalaenopsis* Lady Weihe〉ラン科。花は濃色。園芸植物。

ファレノプシス・レモン・パイ 〈*Phalaenopsis* Lemon Pie〉ラン科。花は黄色。園芸植物。

ファレノプシス・ロビー 〈*Phalaenopsis lobbii* (Rchb. f.) H. R. Sweet〉ラン科。花は乳白色。園芸植物。

ファレリヤ 〈*Phaleria blumei* Benth.〉ジンチョウゲ科の観賞用低木。芳香。花は白色。熱帯植物。

ファンタジア バラ科。ハイブリッド・ティーローズ系。花は白色。

ファンタジア ラン科のパフィオペディルムの品種。園芸植物。

ファンタン・ラトール 〈Fantin-Latour〉バラ科。ケンティフォリア・ローズ系。花はソフトピンク。

ファンファーレ 〈Fanfare〉バラ科。フロリバンダ・ローズ系。花はピンク。

フィエスタ・ギターナ キク科のキンセンカの品種。園芸植物。

フィオナ バラ科。花は白色。

フィオルド 〈Fiord〉バラ科。ハイブリッド・ティーローズ系。花はローズ色。

フィカス・アスペラ 〈*Ficus aspera* G. Forst.〉クワ科の木本。低木あるいは小高木。園芸植物。

フィカス・アルテッシマ クワ科。

フィカス・トライアンギュラリス クワ科の木本。

フィカス・マクロフィラ 〈*Ficus macrophylla* Desf. ex Pers.〉クワ科の木本。高さは15m。園芸植物。

フィカス・ロブスタ クワ科の木本。

フィクス・アウケオツァング カンテンイタビの別名。

フィクス・アスペラ フィカス・アスペラの別名。

フィクス・エラスティカ インドゴムノキの別名。

フィクス・エレクタ イヌビワの別名。

フィクス・サギッタタ ヒラグキイチジクの別名。

フィクス・スペルバ アコウの別名。

フィクス・デルトイデア コバンボダイジュの別名。

フィクス・プミラ オオイタビの別名。

フィクス・ベンガレンシス ベンガルボダイジュの別名。

フィクス・ベンジャミナ ベンジャミンゴムの別名。

フィクス・ミクロカルパ ガジュマルの別名。

フィクス・リラタ カシワバゴムノキの別名。

フィクス・レツサ 〈*Ficus retusa* L.〉クワ科の木本。園芸植物。

フィクス・レリギオサ インドボダイジュの別名。

フィゲリウス・アエクアリス 〈*Phygelius aequalis* Harv. ex Hiern.〉ゴマノハグサ科の低木。高さは50〜60cm。花は鮭肉色。園芸植物。

フィゲリウス・カペンシス 〈*Phygelius capensis* E. Mey. ex Benth.〉ゴマノハグサ科の低木。高さは1.5〜2m。花は緋色。園芸植物。

フィサリス ショクヨウホオズキの別名。

フィサリス・アルケケンギ 〈*Physalis alkekengi* L.〉ナス科の草本。別名ヨウシュホオズキ。園芸植物。

フィサリス・イクソカルパ ホオズキトマトの別名。

フィージー オシロイバナ科のブーゲンビレアの品種。園芸植物。

フィジーフトエクマデヤシ プリチャーディア・パキフィカの別名。

フィズマゴケ 〈*Physma radians* Vain.〉イワノリ科の地衣類。地衣体背面は灰鉛。

フィソカルプス・アムレンシス 〈*Physocarpus amurensis* (Maxim.) Maxim.〉バラ科の落葉低木。別名テマリシモツケ。高さは1.3～2m。花は白色。園芸植物。

フィソカルプス・インテルメディウス 〈*Physocarpus intermedius* (Rydb.) C. K. Schneid.〉バラ科の落葉低木。高さは1.5～2m。園芸植物。

フィソカルプス・オプリフォリウス 〈*Physocarpus opulifolius* (L.) Maxim.〉バラ科の落葉低木。別名アメリカテマリシモツケ。高さは2～3m。園芸植物。

フィソカルプス・ブラクテアツス 〈*Physocarpus bracteatus* (Rydb.) Rehd.〉バラ科の落葉低木。高さは2m。園芸植物。

フィソカルプス・モノギヌス 〈*Physocarpus monogynus* (Torr.) Coult.〉バラ科の落葉低木。高さは2m。園芸植物。

フィゾスチグマ・ベネノスム 〈*Physostigma venenosum* Balfour.〉マメ科の薬用植物。

フィソステギア ハナトラノオの別名。

フィソステギア・ヴァージニアナ ハナトラノオの別名。

フィッシャーマンズ・フレンド 〈Fisherman's Friend〉バラ科。イングリッシュローズ系。花は濃赤紫色。

フィットニア キツネノマゴ科の属総称。別名アミメグサ。

フィットニア ベニアミメグサの別名。

フィテウマ・オルビクラレ 〈*Phyteuma orbiculare* L.〉キキョウ科の多年草。高さは20～60cm。花は濃紫青色。高山植物。園芸植物。

フィテウマ・グロブラリィフォリウム キキョウ科。高山植物。

フィテウマ・コモスム 〈*Phyteuma comosum* L.〉キキョウ科の多年草。高さは9～18cm。花は桃～紅菫色。園芸植物。

フィテウマ・ショイヒツェリ 〈*Phyteuma scheuchzeri* All.〉キキョウ科の多年草。高さは10～40cm。花は濃紫青色。高山植物。園芸植物。

フィテウマ・スピカツム 〈*Phyteuma spicatum* L.〉キキョウ科の多年草。高さは30～70cm。花は帯黄白または青色。園芸植物。

フィテウマ・ベトニキフォリウム キキョウ科。高山植物。

フィテウマ・ヘミスフェリクム キキョウ科。高山植物。

フィデリオ 〈Fidélio〉バラ科。フロリバンダ・ローズ系。花は朱赤色。

フィトクレネ 〈*Phytocrene bracteata* Wall.〉クロタキカズラ科の蔓木。有刺、果実は集団、多毛。熱帯植物。

フィトニア・ギガンテア 〈*Fittonia gigantea* Linden ex André〉キツネノマゴ科の多年草。高さは45cm以上。花は淡黄色。園芸植物。

フィトニア・フェルシャフェルティー ベニアミメグサの別名。

フィトラッカ・ディオイカ 〈*Phytolacca dioica* L.〉ヤマゴボウ科。別名メキシコヤマゴボウ。高さは8～10m。園芸植物。

フィナーレ 〈Finale〉バラ科。フロリバンダ・ローズ系。

フィバーフュー ナツシロギクの別名。

フィブラウレア 〈*Fibraurea chloroleuca* Miers.〉ツヅラフジ科の蔓木。茎内部はベルベリンを含み黄色で、民間薬となる。熱帯植物。

フィブラウレア・レシサ 〈*Fibraurea recisa* Pierre.〉ツヅラフジ科の薬用植物。

フィラデルフス・グランディフロルス 〈*Philadelphus grandiflorus* Willd.〉ユキノシタ科の直立性低木。別名セイヨウバイカウツギ。高さは3m。花は雪白まれに帯黄色。園芸植物。

フィラデルフス・コウルテリ 〈*Philadelphus coulteri* S. Wats.〉ユキノシタ科の直立性低木。高さは3m。花は白色。園芸植物。

フィラデルフス・コロナリウス 〈*Philadelphus coronarius* L.〉ユキノシタ科の直立性低木。高さは3m。花は白あるいは乳白色。園芸植物。

フィラデルフス・サツミ バイカウツギの別名。

フィラデルフス・スブカヌス 〈*Philadelphus subcanus* Koehne〉ユキノシタ科の直立性低木。高さは1.5m以上。花は白色。園芸植物。

フィラデルフス・ツァイヘリ 〈*Philadelphus zeyheri* Schrad. ex DC.〉ユキノシタ科の直立性低木。高さは3m。花は純白色。園芸植物。

フィラデルフス・トメントスス 〈*Philadelphus tomentosus* Wall. ex G. Don.〉ユキノシタ科の直立性低木。高さは2m以上。園芸植物。

フィラデルフス・ペキネンシス 〈*Philadelphus pekinensis* Rupr.〉ユキノシタ科の直立性低木。高さは1.5m。園芸植物。

フィラデルフス・ミクロフィルス 〈*Philadelphus microphyllus* A. Gray〉ユキノシタ科の直立性低木。高さは2m。花は白色。園芸植物。

フィラデルフス・ルイシー 〈*Philadelphus lewisii* Pursh〉ユキノシタ科の直立性低木。高さは3m。園芸植物。

フィランツス・アルブスクルス 〈*Phyllanthus arbusculus* (Swartz) J. F. Gmel.〉トウダイグサ科。高さは3～4m。花は白色。園芸植物。

フィランサス・アルボレスケンス 〈*Phyllanthus arborescens* Müll. Arg.〉トウダイグサ科。高さは10m以上。園芸植物。

フィランサス・アングスティフォリウス 〈*Phyllanthus angustifolius* (Swartz) Swartz〉トウダイグサ科。高さは3m。園芸植物。

フィランサス・ウリナリア コミカンソウの別名。

フィランサス・エピフィランサス 〈*Phyllanthus epiphyllanthus* L.〉トウダイグサ科。花はピンク〜赤色。園芸植物。

フィランサス・エンブリカ 〈*Phyllanthus emblica* L.〉トウダイグサ科の薬用植物。別名ユカン(油柑)。園芸植物。

フィランサス・ニルリ 〈*Phyllanthus niruri* L.〉トウダイグサ科。園芸植物。

フィランサス・ミルティフォリウス 〈*Phyllanthus myrtifolius* Moon〉トウダイグサ科。花はピンク色。園芸植物。

フィランサス・モンタヌス 〈*Phyllanthus montanus* Swartz〉トウダイグサ科。高さは2〜10m。園芸植物。

フイリアジサイ 斑入紫陽花 ユキノシタ科。園芸植物。

フイリアブチロン 〈*Abutilon × hybridum* Hort. ex Voss.〉アオイ科。園芸植物。

フイリイノモトソウ ワラビ科(ウラボシ科)。別名ビクトリー。園芸植物。

フイリイボタ モクセイ科。別名コガネイボタ、コガネエボタ。園芸植物。

フイリオイデス パイナップル科。園芸植物。

フイリカキドオシ 〈*Glechoma hederacea* L. subsp. *grandis* (A. Gray) H. Hara f. *albovariegata* (Makino) H. Hara〉シソ科。園芸植物。

フイリグサ 〈*Halymenia dilatata* Zanardini〉ムカデノリ科の海藻。葉状。体は径20cm。

フイリゲットウ 〈*Alpinia sanderae* hort. Sander〉ショウガ科の多年草。高さは1.2m。園芸植物。

フイリコンフリー ムラサキ科のハーブ。別名フイリヒレハリソウ。

フイリサクララン 〈*Hoya carnosa* (L. f.) R. Br. f. *variegata* (Vriese) H. Hara〉ガガイモ科。園芸植物。

フイリササバシバ イネ科。園芸植物。

フイリセイヨウダンチク オキナダンチクの別名。

フイリソシンカ 〈*Bauhinia variegata* L.〉マメ科の観賞用小木。高さは5〜10m。花は紅紫色。高山植物。熱帯植物。園芸植物。

フイリタコノキ タコノキ科。別名シマタコノキ。園芸植物。

フイリタコノキ パンダヌス・ヴィーチーの別名。

フイリタサ 〈*Porphyra variegata* (Kjellman) Kjellman in Hus〉ウシケノリ科の海藻。長卵形乃至篦形。体は長さ10〜36cm。

フィリックス・クルース キンポウゲ科のシャクヤクの品種。園芸植物。

フイリツメゴケ 〈*Peltigera spuria* (Ach.) DC.〉ツメゴケ科の地衣類。地衣体は灰褐色。

フイリテイカカズラ 斑入定家葛 キョウチクトウ科。園芸植物。

フィリティラリア・チュービイフォルミス ユリ科。高山植物。

フイリドクダミ 〈*Houttuynia cordata* Thunb. f. *variegata* (Makino) Sugim., n. n.〉ドクダミ科のハーブ。別名ヴァップカ、フイリジュウヤク。園芸植物。

フイリナワシログミ グミ科。園芸植物。

フイリニュウサイラン 斑入新西蘭 ユリ科。園芸植物。

フイリパイナップル パイナップル科。園芸植物。

フイリパピリオ 〈*Paphiopedilum concolor* Pfitz〉ラン科の観賞用地生植物。葉に灰色斑紋。花は黄色。熱帯植物。園芸植物。

フイリハラン ユリ科。園芸植物。

フイリバンウコン 〈*Kaempferia pulchra* Ridl.〉ショウガ科の観賞用低草。葉は淡緑の斑入。花は淡紫色。熱帯植物。園芸植物。

フイリヒイラギ 斑入り柊 モクセイ科の木本。

フイリヒカゲスゲ カヤツリグサ科。園芸植物。

フイリヒメバショウ カラテア・ムサイカの別名。

フィリピンドクヤシ 〈*Orania palindan* (Blanco) Merrill〉ヤシ科。別名フィリピンクワズヤシ。羽片長さ1m、果実は黄色、果皮は堅い。幹径30cm。熱帯植物。園芸植物。

フィリピンビロウ リヴィストナ・メリリーの別名。

フィリフェラオーレア オウゴンヒヨクヒバの別名。

フイリブーゲンビレア オシロイバナ科。別名グラブラ・ヴァリアガタ。園芸植物。

フイリペリウィンクル キョウチクトウ科のハーブ。別名ソーサラーズバイオレット、斑入リツルニチニチソウ。

フィリペンドゥラ・ウルガリス ロクベンシモツケの別名。

フィリペンドゥラ・ウルマリア セイヨウナツユキソウの別名。

フィリペンドゥラ・カムチャティカ オニシモツケの別名。

フィリペンドゥラ・プルプレア キョウガノコの別名。

フィリペンドゥラ・ムルティユガ シモツケソウの別名。

フイリマト

フイリマートル　フトモモ科のハーブ。別名ミルテ、斑入リギンバイカ、斑入リイワイノキ。
フイリマロウ　アオイ科のハーブ。
フイリミセバヤ　ベンケイソウ科。園芸植物。
フイリムラサキオモト　ツユクサ科。園芸植物。
フイリユズリハ　〈Daphniphyllum macropodum Miq. f. variegatum (Bean) Rehder〉トウダイグサ科。園芸植物。
フイリリコリス・プラント　キク科のハーブ。
フィールディア・アウストラリス　〈Fieldia australis Cunn.〉イワタバコ科の多年草。
フィルバート　ブナ科のハシバミ属果実総称。園芸植物。
フィルミアーナ・コロラータ　〈Firmiana colorata R. Br.〉アオギリ科の落葉高木。
フィルミアナ・シンプレクス　アオギリの別名。
フィログロッスム　ヒカゲノカズラ科の属総称。
フィロスタキス・アウレア　ホテイチクの別名。
フィロスタキス・アウレオスルカタ　〈Phyllostachys aureosulcata McClure〉イネ科。高さは2〜4m。園芸植物。
フィロスタキス・ウィオレスケンス　〈Phyllostachys violescens (Carrière) A. Rivière et C. Rivière〉イネ科。別名ムラサキシマダケ(紫縞竹)。高さは8〜15m。園芸植物。
フィロスタキス・ウィリディグラウケスケンス　〈Phyllostachys viridiglaucescens (Carrière) A. Rivière et C. Rivière〉イネ科。高さは4〜8m。園芸植物。
フィロスタキス・ウィリディス　〈Phyllostachys viridis (R. A. Young) McClure〉イネ科。別名コウチク、アオダケ。高さは10〜15m。園芸植物。
フィロスタキス・ニグラ　オニウシノケグサの別名。
フィロスタキス・ニドゥラリア　〈Phyllostachys nidularia Munro〉イネ科。高さは1〜5m。園芸植物。
フィロスタキス・ヌダ　〈Phyllostachys nuda McClure〉イネ科。高さは6〜7m。園芸植物。
フィロスタキス・フミリス　〈Phyllostachys humilis Muroi〉イネ科。別名ヒメハチク(姫淡竹)。高さは2〜5m。園芸植物。
フィロスタキス・フレクスオサ　〈Phyllostachys flexuosa (Carrière) A. Rivière et C. Rivière〉イネ科。高さは2〜6m。園芸植物。
フィロスタキス・ヘテロキクラ　モウソウチクの別名。
フィロスタキス・マキノイ　〈Phyllostachys makinoi Hayata〉イネ科。別名ケイチク(桂竹)、タイワンマダケ(台湾真竹)。高さは2〜7m。園芸植物。
フィロデンドロン　サトイモ科の属総称。

フィロデンドロン・アングスティセクツム　〈Philodendron angustisectum Engl.〉サトイモ科の多年草。茎は太くつる状に伸びる。園芸植物。
フィロデンドロン・アンドレアナム　ビロードカズラの別名。
フィロデンドロン・インベ　〈Philodendron imbe Schott〉サトイモ科の多年草。園芸植物。
フィロデンドロン・ウェルコスム　〈Philodendron verrucosum Mathieu〉サトイモ科の多年草。やや小形で節間が伸びるつる性。園芸植物。
フィロデンドロン・ウェンドランディ　〈Philodendron wendlandii Schott〉サトイモ科の多年草。別名ボウカズラ。やや大形で、茎は短く、直立あるいは斜上する。園芸植物。
フィロデンドロン・エルベスケンス　サトイモカズラの別名。
フィロデンドロン・オクシカルディウム　ヒメカズラの別名。
フィロデンドロン・グッティフェルム　〈Philodendron guttiferum Kunth〉サトイモ科の多年草。別名ハネカズラ。つる性で節間は伸びる。園芸植物。
フィロデンドロン・グロリオスム　シロスジビロードカズラの別名。
フィロデンドロン・スカンデンス　〈Philodendron scandens K. Koch et F. Sellow〉サトイモ科の多年草。ヒメカズラに近縁で、形態も類似。園芸植物。
フィロデンドロン・スクアミフェルム　〈Philodendron squamiferum Poepp.〉サトイモ科の多年草。別名ワタゲカズラ。南アメリカ北部の原産。園芸植物。
フィロデンドロン・セロウム　ヒトデカズラの別名。
フィロデンドロン・ソディロイ　〈Philodendron sodiroi hort.〉サトイモ科の多年草。別名シロガネカズラ。つる性。園芸植物。
フィロデンドロン・ドメスティクム　〈Philodendron domesticm Bunt.〉サトイモ科の多年草。基部がややほこ形になる。園芸植物。
フィロデンドロン・パンドゥリフォルメ　〈Philodendron panduriforme (H. B. K.) Kunth〉サトイモ科の多年草。別名センニンカズラ。つる性で節間は伸びる。園芸植物。
フィロデンドロン・ビピンナティフィドゥム　〈Philodendron bipinnatifidum Schott〉サトイモ科の多年草。直立性の茎をもつ大形の種。園芸植物。
フィロデンドロン・フロリダ　〈Philodendron florida Hort.〉サトイモ科。
フィロデンドロン・ベルコーサム　サトイモ科。別名シコンカズラ。園芸植物。

フィロデンドロン・マルティアヌム 〈*Philodendron martianum* Engl.〉サトイモ科の多年草。ほふく性で、茎はつる性にはならない。園芸植物。

フィロデンドロン・ミカンス 〈*Philodendron micans* (Klotzsch) K. Koch〉サトイモ科の多年草。別名ヒメビロードカズラ。ビロードカズラより小形のつる性種。園芸植物。

フィロデンドロン・ラキニアツム ヤッコカズラの別名。

フィロデンドロン・ラディアータム サトイモ科。別名トサカカズラ。園芸植物。

フィロデンドロン・ルブラム サトイモ科。園芸植物。

フィロドケ・アレウティカ アオノツガザクラの別名。

フィロドケ・カエルレア エゾノツガザクラの別名。

フィロドケ・ニッポニカ ツガザクラの別名。

フウ 楓 〈*Liquidambar formosana* Hance.〉マンサク科の落葉高木。高さは40m。花は淡黄緑色。樹皮は灰白色。薬用植物。園芸植物。

ブヴァルディア アカネ科の属総称。別名ブバリア、ブバルジア、カニノメ(蟹目)。切り花に用いられる。

ブーヴァルディア・テルニフォリア ミツバカンチョウジの別名。

ブヴァルディア・ヒブリダ 〈*Bouvardia hybrida* Hort.〉アカネ科。別名ブバリア。園芸植物。

ブヴァルディア・フンボルティー アカネ科。別名シロカンチョウジ。園芸植物。

ブヴァルディア・レイアンタ 〈*Bouvardia leiantha* Benth.〉アカネ科の低木。別名カンチョウジ。高さは30～80cm。花は緋紅色。園芸植物。

ブヴァルディア・ロンギフロラ 〈*Bouvardia longiflora* (Cav.) H. B. K.〉アカネ科の低木。別名ナガバナカンチョウジ。高さは1m。花は白色。園芸植物。

フウキギク シネラリアの別名。

フウゲツ 風月 リプサリス・ヴァルミンギアナの別名。

フウセンアカメガシワ 〈*Kleinhovia hospita* L.〉アオギリ科の木本。

フウセンアサガオ 〈*Operculina turpethum* (L.) Manso〉ヒルガオ科の蔓草。茎は3翼、肥大根にツルペチンあり。花は白色。熱帯植物。

フウセンカズラ 風船葛 〈*Cardiospermum halicacabum* L.〉ムクロジ科の観賞用蔓草。果実は三角形、気室がある。高さは3m。花は淡緑白色。熱帯植物。園芸植物。

フウセンカンコノキ 〈*Phyllanthodendron dubium* C. B. Kloss〉トウダイグサ科の低木。葉裏粉白、果実は緑色、中に空気室がある。熱帯植物。

フウセンタケ フウセンタケ科の属総称。

フウセンタケモドキ 〈*Cortinarius pseudopurpurascens* Hongo〉フウセンタケ科のキノコ。

フウセンツメクサ 〈*Trifolium tomentosum* L.〉マメ科の一年草。長さは8～20cm。花は淡桃～淡紅紫色。

フウセントウワタ 風船唐綿 〈*Gomphocarpus fruticosus* (L.) R. Br.〉ガガイモ科の多年草。高さは1～2m。花は白色。園芸植物。切り花に用いられる。

フウセンノキ 〈*Arfeuillea arborescens* Pierre〉ムクロジ科の小木。果実は3翼。熱帯植物。

フウチョウゴケ 〈*Macrothamnium macrocarpum* (Reinw. & Hornsch.) M. Fleisch.〉イワダレゴケ科のコケ。茎は長く、茎葉はほぼ円形～広卵形。

フウチョウソウ 風蝶草 〈*Gynandropsis gynandra* (L.) Briq.〉フウチョウソウ科の一年草。高さは30～90cm。花は白黄色。熱帯植物。園芸植物。

フウチョウボク フウチョウソウ科。

フウトウカズラ 風藤葛 〈*Piper kadzura* Ohwi〉コショウ科の多年草。花は緑色。薬用植物。園芸植物。

フウラン 風蘭 〈*Neofinetia falcata* (Thunb. ex Murray) Hu〉ラン科の多年草。別名フウキラン(富貴蘭)、ケイラン(桂蘭)、センラン(仙蘭)。長さは5～10cm。花は白色。園芸植物。日本絶滅危惧植物。

フウリンメモドキ 風鈴梅擬 〈*Ilex geniculata* Maxim.〉モチノキ科の落葉低木。高山植物。

フウリンオダマキ キンポウゲ科の宿根草。

フウリンゴケ 〈*Bartramiopsis lescurii* (James) Kindb.〉スギゴケ科のコケ。茎は高さ3～8cm、細い針金状で赤褐色。

フウリンソウ 風鈴草 〈*Campanula medium* L.〉キキョウ科の多年草。高さは60～100cm。花は濃紫、藤、青、ピンク、白など。園芸植物。

フウリンブッソウゲ 風鈴仏桑花 〈*Hibiscus schizopetalus* (Mast.) Hook. f.〉アオイ科の常緑低木。ブッソウゲに似る。花は赤、桃と白の絞り。熱帯植物。薬用植物。園芸植物。

フウリンホオズキ 〈*Physalis acutifolia* (Miers) Sandow.〉ナス科の一年草。別名ナガエノセンナリホオズキ。高さは30～60cm。花は淡黄緑色。

フウロケマン 風露華曼 〈*Corydalis pallida* Pers.〉ケシ科の草本。花は黄色。薬用植物。園芸植物。

フウロシダ ドリオプテリス・コンコロルの別名。

フウロソウ ゲンノショウコの別名。

フウロソウ科 科名。

フェア・ビアンカ 〈Fair Bianca〉バラ科。イングリッシュローズ系。花は白色。

フェアリー・ミックス アブラナ科のイベリスの品種。園芸植物。

フェアリーランド キク科のヒャクニチソウの品種。園芸植物。

フェイジョア 〈*Feijoa sellowiana* O. Berg.〉フトモモ科の常緑低木。別名アナナスガヤバ。高さは3～5m。花は白色。園芸植物。

フェイバナナ ムサ・フェイの別名。

フェスク フェスツカの別名。

フェスタ バラ科。花はソフトピンク。

フェスツカ イネ科の属総称。別名ウシノケグサ。

フェスツカ・アメティスティナ 〈*Festuca amethystina* L.〉イネ科の草本。高さは50～80cm。花は緑または紫がかる。園芸植物。

フェスツカ・アルピナ 〈*Festuca alpina* Suter〉イネ科の草本。高さは10～15cm。花は帯黄緑色。園芸植物。

フェスツカ・アルンディナケア オニウシノケグサの別名。

フェスツカ・エスキア 〈*Festuca eskia* Ram. ex DC.〉イネ科の草本。高さは30cm。花は紅褐色。園芸植物。

フェスツカ・オウィナ ウシノケグサの別名。

フェスツカ・ギガンテア オウシュウトボシガラの別名。

フェスツカ・グラキリアス 〈*Festuca glacialis* (Miègev. ex Hack.) K. Richt.〉イネ科の草本。高さは15cm。花は紫色。園芸植物。

フェスツカ・ノウァエ-ゼランディアエ 〈*Festuca novae-zelandiae* (Hack.) Cockayne〉イネ科の草本。高さは50cm。園芸植物。

フェスツカ・プンクトリア 〈*Festuca punctoria* Sibth. et Sm.〉イネ科の草本。高さは30cm。園芸植物。

フェスツカ・ルブラ オオウシノケグサの別名。

フェスティバ・マキシマ キンポウゲ科のシャクヤクの品種。園芸植物。

フェステュカ・グラウカ イネ科の宿根草。別名ウシノケグサ、ギンシンソウ。

フェニクス・アカウリス 〈*Phoenix acaulis* Buch.-Ham. ex Roxb.〉ヤシ科。別名チャボナツメヤシ。園芸植物。

フェニクス・カナリエンシス カナリーヤシの別名。

フェニクス・シルウェストリス サトウナツメヤシの別名。

フェニクス・ダクティリフェラ ナツメヤシの別名。

フェニクス・パルドサ 〈*Phoenix paludosa* Roxb.〉ヤシ科。別名ウラジロナツメヤシ。高さは9m。花は黄色。熱帯植物。園芸植物。

フェニクス・プシラ 〈*Phoenix pusilla* Gaertn.〉ヤシ科。別名ヒメナツメヤシモドキ。高さは30cm。園芸植物。

フェニクス・レクリナタ 〈*Phoenix reclinata* Jacq.〉ヤシ科。別名カブダチソテツジュロ。高さは6～12m。花はクリーム色。園芸植物。

フェニクス・レーベレニー シンノウヤシの別名。

フェニクス・ローレイリー 〈*Phoenix loureirii* Kunth〉ヤシ科。別名ソテツジュロ。高さは2m。園芸植物。

フェニコフォリウム・ボルシヒアヌム キリンヤシの別名。

フェニックス・ロウレイリィ フェニクス・ローレイリーの別名。

フェネストラリア・アウランティアカ イスズギョクの別名。

フェネストラリア・ロパロフィラ グンギョクの別名。

フェノコマ・プロリフェラ 〈*Phaenocoma prolifera* D. Don.〉キク科の多年草。

フェバリウム・スクアムロサム 〈*Phebalium squamulosum* Engler〉ミカン科の低木。

フェバリウム・ロツンドディフォリウム 〈*Phebalium rotundifolium* Benth.〉ミカン科の低木。

フエフキ 笛吹 マイフエニア・ペーピッヒーの別名。

フェラーリア アヤメ科の属総称。球根植物。別名スパイダーフラワー。

フェラーリア・クリスパ 〈*Ferraria crispa* Burm.〉アヤメ科。高さは50cm。花は暗褐色に淡黄の条斑と斑点。園芸植物。

プエラリア・トムソニイ 〈*Pueraria thomsonii* Benth.〉マメ科の薬用植物。

フェリキア・アエティオピカ 〈*Felicia aethiopica* (Burm. f.) Adamson et Salter〉キク科。高さは60cm以上。花は淡青色。園芸植物。

フェリキア・アメロイデス ブルー・デージーの別名。

フェリキア・エキナタ 〈*Felicia echinata* (Thunb.) Nees〉キク科。高さは30～100cm。花は淡藤色。園芸植物。

フェリキア・フィリフォリア 〈*Felicia filifolia* (Vent.) Davy〉キク科。高さは1～1.5m。花は藤色。園芸植物。

フェリキア・フルティコサ 〈*Felicia fruticosa* (L.) Nichols.〉キク科。高さは70cm。花は紫紅色。園芸植物。

フェリキア・ヘテロフィラ 〈*Felicia heterophylla* (Cass.) Grau〉キク科。高さは20～30cm。花は紫色。園芸植物。

フェリキア・ロツンディフォリア 〈*Felicia rotundifolia* G. C. Taylor〉キク科。高さは20cm。花は淡藤色。園芸植物。

フェリシア 〈*Felicia*〉バラ科。ハイブリッド・ムスク・ローズ系。花はピンク。

フェルシェフェルティア・スプレンディダ 〈*Verschaffeltia splendida* H. Wendl.〉ヤシ科。別名タケウマキリンヤシ。高さは25m。園芸植物。

フェルディナンドサ・スペキオーサ〈*Ferdinandusa speciosa* Pohl〉アカネ科の低木。

フェルトハイミア・カペンシス〈*Veltheimia capensis* (L.) DC.〉ユリ科の多年草。高さは30cm。花はピンク、赤の斑点がつく白または赤紫色。園芸植物。切り花に用いられる。

フェルトハイミア・ブラクテアタ〈*Veltheimia bracteata* Harv. ex Bak.〉ユリ科。高さは45cm。花は桃赤色。

フエルニア・オクラタ〈*Huernia oculata* Hook. f.〉ガガイモ科の多肉植物。別名剣竜角。高さは7〜10cm。花は内側下半が帯黄白、上半が紫黒色。園芸植物。

フエルニア・カーキー〈*Huernia kirkii* N. E. Br.〉ガガイモ科の多肉植物。別名九竜閣。高さは4〜6cm。花は淡黄地に赤い不規則な斑点。園芸植物。

フエルニア・ゼブリナ〈*Huernia zebrina* N. E. Br.〉ガガイモ科の多肉植物。別名赤鬼角、縞馬。高さは5〜7cm。花はチョコレート色。園芸植物。

フエルニア・ヒストリクス〈*Huernia hystrix* (Hook. f.) N. E. Br.〉ガガイモ科の多肉植物。別名点美閣。高さは4〜7cm。花は淡緑黄で赤色の横縞と赤茶の毛茸色。園芸植物。

フエルニア・ピランシー アシュラの別名。

フエルニア・フェレケリ〈*Huernia verekeri* Stent〉ガガイモ科の多肉植物。別名尖鋭角。高さは10cm。花は淡黄緑色。園芸植物。

フエルニア・プリムリナ リュウオウカクの別名。

フエルニア・ブレウィロストリス ガクの別名。

フエルニア・マクロカルパ〈*Huernia macrocarpa* (A. Rich.) Sprenger〉ガガイモ科の多肉植物。高さは9cm。園芸植物。

フエルニア・マルニエラナ〈*Huernia marnierana* Lavr.〉ガガイモ科の多肉植物。別名塔輪。高さは4〜6cm。花は灰白地に赤紫の小斑点。園芸植物。

フエルニオプシス・デキピエンス〈*Huerniopsis decipiens* N. E. Br.〉ガガイモ科。高さは3〜7cm。花は鈍い紫褐〜深紅色。園芸植物。

フェロカクツス サボテン科の属総称。サボテン。

フェロカクツス・アカントデス シャチガシラの別名。

フェロカクツス・ヴィクトリエンシス〈*Ferocactus victoriensis* (Rose) Backeb.〉サボテン科のサボテン。別名文珠丸。花は黄色。園芸植物。

フェロカクツス・ヴィスリツェニー〈*Ferocactus wislizenii* (Engelm.) Britt. et Rose〉サボテン科のサボテン。別名金赤竜。花は黄橙〜黄色。園芸植物。

フェロカクツス・ウィリデスケンス〈*Ferocactus viridescens* (Torr. et A. Gray.) Britt. et Rose〉サボテン科のサボテン。別名竜眼。高さは30〜40cm。花は黄から黄緑色。園芸植物。

フェロカクツス・エモリー エモリの別名。

フェロカクツス・オーカッティー〈*Ferocactus orcuttii* (Engelm.) Britt. et Rose〉サボテン科のサボテン。別名オルクット玉、紫鳳竜。高さは30〜40cm。花は紫紅色。園芸植物。

フェロカクツス・グラウケスケンス〈*Ferocactus glaucescens* (DC.) Britt. et Rose〉サボテン科のサボテン。別名王冠竜。径30〜50cm。花は黄色。園芸植物。

フェロカクツス・グラキリス〈*Ferocactus gracilis* H. E. Gates〉サボテン科のサボテン。別名刈穂玉。高さは2〜3m。花は黄色。園芸植物。

フェロカクツス・クリサカンツス〈*Ferocactus chrysacanthus* (Orcutt) Britt. et Rose〉サボテン科のサボテン。別名金冠竜。高さは50cm。花は黄から緑がかった黄色。園芸植物。

フェロカクツス・コロラツス〈*Ferocactus coloratus* H. E. Gates〉サボテン科のサボテン。別名神仙玉。高さは1m。花は黄橙色。園芸植物。

フェロカクツス・シュワルツィー〈*Ferocactus schwarzii* G. Lindsay〉サボテン科のサボテン。別名黄彩玉。径40〜50cm。花は黄色。園芸植物。

フェロカクツス・ステインジー〈*Ferocactus stainesii* (Hook.) Britt. et Rose〉サボテン科のサボテン。別名赤鳳。径30〜50cm。園芸植物。

フェロカクツス・ディギュティー〈*Ferocactus diguetii* (A. Web.) Britt. et Rose〉サボテン科のサボテン。別名紫紫城。高さは3〜4m。花は赤褐色の中筋のある黄色。園芸植物。

フェロカクツス・トルツロスピヌス〈*Ferocactus tortulospinus* H. E. Gates〉サボテン科のサボテン。別名旋風玉。高さは60cm。花は黄色。園芸植物。

フェロカクツス・ヒストリクス ブンチョウマルの別名。

フェロカクツス・フォーディー〈*Ferocactus fordii* (Orcutt) Britt. et Rose〉サボテン科のサボテン。別名紅洋丸。花は紫紅色。園芸植物。

フェロカクツス・ペニンスラエ〈*Ferocactus peninsulae* (A. Web.) Britt. et Rose〉サボテン科のサボテン。別名半島玉。高さは1〜2m。園芸植物。

フェロカクツス・ヘレラエ〈*Ferocactus herrerae* Ort.〉サボテン科のサボテン。別名春楼。高さは1〜2m。花は黄色。園芸植物。

フェロカクツス・ホリドゥス〈*Ferocactus horridus* Britt. et Rose〉サボテン科のサボテン。別名巨鷲玉。高さは1m。園芸植物。

フェロカクツス・マクロディスクス〈*Ferocactus macrodiscus* (Mart.) Britt. et Rose〉サボテン科のサボテン。別名赤城。径30〜40cm。花は赤紫色。園芸植物。

フェロカクツス・ラティスピヌス ヒノデマルの別名。

フェロカクツス・レクティスピヌス 〈*Ferocactus rectispinus* (Engelm.) Britt. et Rose〉サボテン科のサボテン。別名烈刺玉。高さは1～2m。花は黄色。園芸植物。

フェロカクツス・レクルウス 〈*Ferocactus recurvus* (Mill.) Y. Ito〉サボテン科のサボテン。別名真珠。高さは25cm。花は紫紅からピンク色。園芸植物。

フェロカクツス・ロスティー 〈*Ferocactus rostii* Britt. et Rose〉サボテン科のサボテン。別名偉壮玉。花は黄から緑がかった黄色。園芸植物。

フェロカクツス・ロブスツス 〈*Ferocactus robustus* (Link et Otto) Britt. et Rose〉サボテン科のサボテン。別名勇壮丸。高さは3m。花は黄色。園芸植物。

フェロデンドロン・アムレンセ キハダの別名。

フェロデンドロン・キネンセ 〈*Phellodendron chinense* C. K. Schneid.〉ミカン科の落葉高木。別名シナキハダ。花序は密。薬用植物。園芸植物。

フェンネル ウイキョウの別名。

フォアハウンド ニガハッカの別名。

フォイルステケアラ・エドナ 〈× *Vuylstekeara* Edna〉ラン科。茎の長さ40～50cm。花は鮮赤紅色。園芸植物。

フォイルステケアラ・カンブリア 〈× *Vuylstekeara* Cambria〉ラン科。高さは50～80cm。花は濃赤紅色。園芸植物。

フォイルステケアラ・ヨカラ 〈× *Vuylstekeara* Yokara〉ラン科。花は濃紫紅色。園芸植物。

フォイルステケアラ・ルティラント 〈× *Vuylstekeara* Rutilant〉ラン科。園芸植物。

フォウキエラ フーキエリア科の属総称。

フォゲルヤハズカツラ ツンベルギア・フォーゲリアナの別名。

フォーサイシア・インテルメディア 〈*Forsythia* × *intermedia* Zab.〉モクセイ科の落葉低木。別名アイノコレンギョウ。園芸植物。

フォーサイシア・ウィリディッシマ シナレンギョウの別名。

フォーサイシア・ススペンサ レンギョウの別名。

フォーサイシア・トガシー ショウドシマレンギョウの別名。

フォーサイシア・ヤポニカ ヤマトレンギョウの別名。

フォザギラ・ガーデニー 〈*Fothergilla gardenii* J. Murr.〉マンサク科の落葉低木。高さは1m。園芸植物。

フォザギラ・パルウィフォリア 〈*Fothergilla parvifolia* Kearn.〉マンサク科の落葉低木。高さは50cm。園芸植物。

フォザギラ・マヨル 〈*Fothergilla major* (Sims) Lodd.〉マンサク科の落葉低木。高さは3m。園芸植物。

フォサーギラ・メジャー マンサク科。園芸植物。

フォザギラ・モンティコラ 〈*Fothergilla monticola* Ashe〉マンサク科の落葉低木。高さは1.5m。園芸植物。

フォステリアナ・チューリップ ユリ科。園芸植物。

フォーチュニアナ 〈Fortuniana〉バラ科。ミセレイニァス・ローズ系。花は白色。

フォーチュネラ・オボウァタ チョウジュキンカンの別名。

フォーチュネラ・クラッシフォリア ニンポウキンカンの別名。

フォーチュネラ・ハインジー マメキンカンの別名。

フォーチュネラ・マルガリタ キンカンの別名。

フォーチュネラ・ヤポニカ マルキンカンの別名。

フォーチュン ヒガンバナ科のスイセンの品種。園芸植物。

フォーチュンズ・ダブル・イエロー 〈Fortune's Double Yellow〉バラ科。ミセレイニァス・ローズ系。花はサーモンがかった黄色。

フォックス・フェース ツノナスの別名。

フォッケア・クリスパ 〈*Fockea crispa* (Jacq.) K. Schum.〉ガガイモ科の多肉植物。別名京舞子、宇宙船。花は灰緑色。園芸植物。

フォティニア・グラブラ カナメモチの別名。

フォティニア・セラティフォリア オオカナメモチの別名。

フォプシス・スティロサ 〈*Phuopsis stylosa* (Trin.) B. D. Jacks.〉アカネ科。高さは30cm。花は桃色。園芸植物。

フォーリーアザミ 〈*Saussurea fauriei* Franch.〉キク科の草本。

フォーリーイチョウゴケ 〈*Lophozia longiflora* (Nees) Schiffn.〉ツボミゴケ科のコケ。別名フォーリーイチョウウロコゴケ。緑色～黄緑色、茎は長さ1cm。

フォーリーガヤ 〈*Schizachne purpurascens* (Torr.) Swallen〉イネ科の草本。別名ミヤマチャヒキ。

フォーリザクロゴケ 〈*Haematomma fauriei* Zahlbr.〉チャシブゴケ科の地衣類。子器盤は赤色。

フォーリースギナ トクサ科のシダ植物。

フォーリースギバゴケ 〈*Lepidozia fauriana* Steph.〉ムチゴケ科のコケ。茎は長さ10cm。

フォリダ・アルティクラタ 〈*Pholidota articulata* Lindl.〉ラン科。花は桃赤褐色。園芸植物。

フォリドタ・インブリカタ 〈*Pholidota imbricata* Lindl.〉ラン科。茎の長さ10〜15cm。花は淡白桃色。園芸植物。

フォリドタ・キネンシス 〈*Pholidota chinensis* Lindl.〉ラン科。茎の長さ10〜15cm。花は淡白褐色。園芸植物。

フォーリームチゴケ 〈*Bazzania fauriana* (Steph.) S. Hatt.〉ムチゴケ科のコケ。茎は長さ3〜8cm。

フォルカフリーデン キンポウゲ科のデルフィニウムの品種。切り花に用いられる。

フォルシシア・インテルメディア フォーサイシア・インテルメディアの別名。

フォルミウム・クッキアヌム 〈*Phormium cookianum* Le Jolis〉ユリ科の多年草。花は黄を帯びる。園芸植物。

フォルミウム・テナクス ニューサイランの別名。

フォレストナナカマド 〈*Sorbus forrestii*〉バラ科の木本。樹高6m。樹皮は紫灰色。

フォーン ヒガンバナ科のヒガンバナの品種。園芸植物。

フォンタネシア・フィリレオイデス 〈*Fontanesia phyllyreoides* Labill.〉モクセイ科の落葉低木。園芸植物。

フォンタネシア・フォーチュネイ 〈*Fontanesia fortunei* Carrière〉モクセイ科の落葉低木。別名コバタゴ、カラユキヤナギ。高さは4〜5m。花は淡紅〜白色。園芸植物。

フォンテンブローアズキナシ 〈*Sorbus latifolia*〉バラ科の木本。樹高12m。樹皮は暗灰色。

フカギレサンザシ 〈*Crataegus laciniata*〉バラ科の木本。樹高6m。樹皮は灰色。園芸植物。

フカギレモウコリンゴ 〈*Malus transitoria*〉バラ科の木本。樹高5m。樹皮は紫褐色。

フガクスズムシソウ 〈*Liparis fujisanensis* F. Maek.〉ラン科の草本。別名フガクスズムシ。高さは10cm。園芸植物。日本絶滅危機植物。

フガゴケ 〈*Gymnostomiella longinervis* Broth.〉オオツボゴケ科のコケ。小形、茎は長さ2〜6mm、葉は倒卵形〜へら形。

フカノキ 〈*Schefflera octophylla* (Lour.) Harms〉ウコギ科の常緑高木。花は白緑色。薬用植物。園芸植物。

ブカノキ 〈*Mischocarpus sumatranus* Bl.〉ムクロジ科の高木。熱帯植物。

ブカレン マミラリア・ブカレリエンシスの別名。

フキ 蕗 〈*Petasites japonicus* (Sieb. et Zucc.) Maxim.〉キク科の葉菜類。葉柄を野菜として利用。高さは葉柄60cm。薬用植物。園芸植物。

フキアゲ 吹上 〈*Agave stricta* Salm-Dyck〉ヒガンバナ科の多年草。園芸植物。

フーキエリア・スプレンデンス 〈*Fouquieria splendens* Engelm.〉フーキエリア科の落葉低木。別名尾紅龍。高さは2〜7m。花は深紅か暗赤色。園芸植物。

フキクラベ 吹競べ リプサリス・ファスキクラタの別名。

フキサクラシメジ 〈*Hygrophorus pudorinus* (Fr.) Fr.〉ヌメリガサ科のキノコ。中型〜大型。傘はとのこ色で湿時粘性。ひだは淡ピンク色。

フキタンポポ 蕗蒲公英 〈*Tussilago farfara* L.〉キク科の多年草。別名カントウ。花は黄、後に橙黄色。高山植物。薬用植物。園芸植物。

フキノトウ キク科の山菜。

フキヤミツバ 吹屋三葉 〈*Sanicula tuberculata* Maxim.〉セリ科の草本。

フキユキノシタ 蕗雪の下 〈*Saxifraga japonica* H. Boiss.〉ユキノシタ科の多年草。高さは15〜80cm。高山植物。

フギレオオバキスミレ 〈*Viola brevistipulata* W. Beck. var. *laciniata* W. Beck.〉スミレ科の多年草。高山植物。

フギレキスミレ 〈*Viola brevistipulata* var. *hidakana* forma *incisa* S. Watanaba〉スミレ科の多年草。高山植物。

フクオウソウ 〈*Prenanthes acerifolia* (Maxim.) Matsum.〉キク科の多年草。高さは35〜100cm。

フクギ 福木 〈*Garcinia subelliptica* Merr.〉オトギリソウ科の常緑高木。別名ショウガツナ、ハチス。高さは7〜18m。花は淡緑白色。薬用植物。園芸植物。

フクシア 〈*Fuchsia × hybrida* Voss.〉アカバナ科の木本。別名ヒョウタンソウ、ツリウキソウ、ホクシャ。園芸植物。

フクシア アカバナ科の属総称。別名ホクシャ、ホクシア。

フクシア・アルボレスケンス 〈*Fuchsia arborescens* Sims〉アカバナ科の木本。高さは7〜8m。花は藤色。園芸植物。

フクシア・エクスコルティカータ 〈*Fuchsia excorticata* L.〉アカバナ科の落葉高木。

フクシア・エンクリアンドラ 〈*Fuchsia encliandra* Steud.〉アカバナ科の木本。高さは4m。花は赤色。園芸植物。

フクシア・コッキネア 〈*Fuchsia coccinea* Soland.〉アカバナ科の木本。高さは1〜3m。花は紫色。園芸植物。

フクシア・コリンビフロラ 〈*Fuchsia corymbiflora* Ruiz et Pav.〉アカバナ科の木本。高さは3〜4m。花は暗赤色。園芸植物。

フクシア・スプレンデンス 〈*Fuchsia splendens* Zucc.〉アカバナ科の木本。高さは0.6〜2.5m。花は緑を帯びる。園芸植物。

フクシア・ティミフォリア 〈*Fuchsia thymifolia* H. B. K.〉アカバナ科の木本。高さは1m。花は赤色。園芸植物。

フクシア・デンティクラタ 〈*Fuchsia denticulata* Ruiz et Pav.〉アカバナ科の木本。花は紅色。園芸植物。

フクシア・トリフィラ 〈*Fuchsia triphylla* L.〉アカバナ科の木本。別名チョウジフクシア。高さは30〜60cm。花は赤色。園芸植物。

フクシア・フルゲンス ショウジョウフクシアの別名。

フクシア・プロクンベンス 〈*Fuchsia procumbens* R. Cunn. ex A. Cunn.〉アカバナ科の落葉低木。園芸植物。

フクシア・ボリビアナ 〈*Fuchsia boliviana* Carrière〉アカバナ科の木本。高さは6m。花は赤色。園芸植物。

フクシア・マジェラニカ 〈*Fuchsia magellanica* Lam.〉アカバナ科の低木。高さは3m。花は明紫色。園芸植物。

フクシア・ミクロフィラ 〈*Fuchsia microphylla* H. B. K.〉アカバナ科の木本。高さは0.3〜1.8m。花は淡紅色。園芸植物。

フクシア・ミヌティフロラ 〈*Fuchsia minutiflora* Hemsl.〉アカバナ科の木本。花は淡桃から赤色。園芸植物。

フクシア・レギア 〈*Fuchsia regia* (Vand. ex Vell.) Munz〉アカバナ科の木本。花は紫色。園芸植物。

フクシマシャジン 福島沙参 〈*Adenophora divaricata* Franch. et Savat.〉キキョウ科の多年草。別名ツルシャジン。高さは60〜100cm。

フクジュカイ 福寿海 キンポウゲ科のフクジュソウの品種。園芸植物。

フクジュソウ 福寿草 〈*Adonis amurensis* Regel et Radde〉キンポウゲ科の多年草。別名ガショウラン(賀正蘭)、チョウジュソウ(長寿草)、ホウシュンソウ(報春草)。高さは15〜30cm。花は黄色。薬用植物。園芸植物。日本絶滅危惧植物。

フクジュソウ キンポウゲ科の属総称。

フクジンソウ 〈*Costus speciosus* (J. König) Sm.〉ショウガ科の観賞用草本。別名オオホザキアヤメ。茎は先端ラセン形に曲る。高さは3m。花は白色。熱帯植物。園芸植物。

ブクスス・センペルウィレンス 〈*Buxus sempervirens* L.〉ツゲ科の常緑低木。造園樹。園芸植物。

ブクスス・ミクロフィラ ヒメツゲの別名。

フクド 〈*Artemisia fukudo* Makino〉キク科の一年草〜越年草またはやや多年草。別名ハマヨモギ。高さは40〜140cm。

フクニシキ 福錦 バラ科のリンゴ(苹果)の品種。果皮は黄緑色。

フクバ ウツボカズラ科のネペンテスの品種。園芸植物。

フクハラオレンジ 福原オレンジ 〈*Citrus sinensis* 'Fukuhara'〉ミカン科。果皮は濃橙、陽向面は紅色。園芸植物。

フクベ 瓠 〈*Lagenaria siceraria* (Molina) Standley var. *depressa* (Ser.) Hara〉ウリ科。

フクベノキ ノウゼンカズラ科の属総称。

フクマンギ 〈*Ehretia microphylla* Lam.〉ムラサキ科の木本。葉は濃緑でサンザシに似る。熱帯植物。

フクミン 福民 バラ科のリンゴ(苹果)の品種。果皮は黄色。

フクラゴケ 〈*Eumyurium sinicum* (Mitt.) Nog.〉ヒムロゴケ科のコケ。別名ナワゴケ。カクレゴケに似るが小形、二次茎の葉は広卵形。

ブクリュウサイ 茯苓菜 〈*Dichrocephala integrifolia* (Ait.) O. Kuntze〉キク科の一年草。高さは20〜40cm。

ブクリョウ 茯苓 〈*Wolfiporia cocos* (Schw.) Ryv. & Gilb.〉サルノコシカケ科のキノコ。別名マツホド。中型〜大型。地中生(マツの根)、菌核は類球形。薬用植物。

フクリンアセビ ツツジ科。園芸植物。

フクリンアツバセンネンボク リュウゼツラン科(ユリ科)。園芸植物。

フクリンアミジ 〈*Dilophus okamurai* Dawson〉アミジグサ科の海藻。糸状根をもって立つ。

フクリンカスリソウ ディフェンバキア・パウセイの別名。

フクリンシロバナジンチョウゲ 覆輪白花沈丁花 ジンチョウゲ科の木本。

フクリンセンネンボク リュウゼツラン科。園芸植物。

フクリンセンネンボク ビクトリエの別名。

フクリンチトセラン サンセヴィエリア・ローレンチーの別名。

フクリンツルニチニチソウ キョウチクトウ科の木本。

フクリンマンネングサ 覆輪万年草 〈*Sedum lineare* Thunb. f. *variegatum* Praeger〉ベンケイソウ科。園芸植物。

フクレギクジャク 〈*Diplazium* × *kidoi* Kurata〉オシダ科のシダ植物。

フクレギシダ 〈*Diplazium pin-faense* Ching〉オシダ科の常緑性シダ。葉身は長さ20cm。卵形。

フクレサルオガセ 〈*Usnea japonica* Vain.〉サルオガセ科の地衣類。地衣体は黄緑またはわら色。

フクレセンシゴケ 〈*Menegazzia asahinae* (Yas.) Sant.〉ウメノキゴケ科の地衣類。地衣体背面に円形の孔。

フクレヘラゴケ 〈*Thysanothecium casuarinarum* Groenh. subsp. *nipponicum* (Asah.) Asah.〉ハナゴケ科の地衣類。子柄は先端がへら形。

フクレミカン ミカン科の木本。別名サガミコウジ。

フクロカズラ ディスキディア・ペクテノイデスの別名。

フクロクジュ 福禄寿 サボテン科のサボテン。園芸植物。

フクロクジュ 福禄寿 バラ科のサクラの品種。園芸植物。

フクロゴケ 〈*Hypogymnia physodes* (L.) Nyl.〉ウメノキゴケ科の地衣類。地衣体は灰白、灰緑、淡褐色など。

フクロゴケモドキ 〈*Hypogymnia pseudophysodes* (Asah.) Kurok.〉ウメノキゴケ科の地衣類。地衣体は粉芽を散生。

フクロシダ 袋羊歯 〈*Woodsia manchuriensis* Hook.〉オシダ科の夏緑性シダ。葉身は長さ5〜30cm。狭披針形。

フクロシトネタケ 〈*Discina perlata* Fr.〉ノボリリュウタケ科のキノコ。中型〜大型。子嚢盤は皿形、内面は茶褐色。

ブグロソイデス・アルベンシス 〈*Buglossoides arvensis* I. M. Johnston〉ムラサキ科の多年草。高山植物。

フクロダガヤ 〈*Tripogon longearistatus* Honda var. *japonicus* Honda〉イネ科の多年草。高さは15〜40cm。

フクロタケ 袋茸 ウラベニガサ科(テングタケ科)のキノコ。

フクロツチガキ 〈*Geastrum fimbriatum* (Fr.) Fisch.〉ヒメツチグリ科のキノコ。

フクロツナギ 〈*Coelarthron muelleri* (Sonder) Boergesen〉ダルス科の海藻。円柱状。体は20〜40cm。

フクロツルタケ 〈*Amanita volvata* (Peck) Martin〉テングタケ科のキノコ。中型。傘は白色〜帯褐色、粉状〜綿屑状鱗片。

フクロナデシコ 袋撫子 ナデシコ科。別名オオマンテマ、サクラマンテマ。園芸植物。

フクロノリ 〈*Colpomenia sinuosa* (Mertens ex Roth) Derbes et Solier in Castagne〉カヤモノリ科の海藻。うすい膜質。体は径4〜10cm。

フクロハイゴケ 〈*Vesicularia ferriei* (Card. & Thér.) Broth.〉ハイゴケ科のコケ。茎は這い、枝葉は卵形〜広卵形。

フクロフノリ 袋布海苔 〈*Gloiopeltis furcata* J. Agardh〉フノリ科の海藻。別名フノリ、ブツ、フクロノリ。叢生。体は7cm。薬用植物。

フクロミル 〈*Codium saccatum* Okamura〉ミル科の海藻。囊状でうすい膜質。

フクロモチ 袋糯 〈*Ligustrum japonicum* Thunb. f. *rotundifolium* (Blume) Noshiro〉モクセイ科。園芸植物。

フクロヤシ マニカリア・ブルクネティーの別名。

フクロヤバネゴケ 〈*Nowellia curvifolia* (Dicks.) Mitt.〉ヤバネゴケ科のコケ。赤色、茎は長さ7〜15mm。

フクロユキノシタ 〈*Cephalotus follicularis* Labill.〉ケファロトゥス科の多年草。園芸植物。

フクワバモクゲンジ ケールロイテリア・ビピンナタの別名。

フケイヌワラビ 〈*Athyrium × masayukianum* Sa. Kurata〉オシダ科のシダ植物。

ブーゲンヴィレア・グラブラ テリハイカダカズラの別名。

ブーゲンヴィレア・スペクタビリス イカダカズラの別名。

ブーゲンヴィレア・バッティアナ 〈*Bougainvillea × buttiana* Holtt. et Standl.〉オシロイバナ科。花は紫、白紅、橙、黄、赤など。園芸植物。

フゲンゾウ 普賢象 〈*Prunus × lannesiana* (Carr.) Wils. cv. Alborosea〉バラ科のサクラの品種。別名フゲンドウ。園芸植物。

ブーゲンビレア オシロイバナ科の属総称。別名イカダカズラ。

ブーゲンビレア テリハイカダカズラの別名。

ブーゲンビレア・サンデリアナ オシロイバナ科。園芸植物。

ブコイノキ 〈*Crypteronia paniculata* BL.〉クリプテロニア科の高木。心材赤褐色、堅く耐久材。熱帯植物。

ブコウマメザクラ 武甲豆桜 〈*Cerasus incisa* (Thunb.) Loisel. var. *bukosanensis* (Honda) H. Ohba〉バラ科の木本。

フコクデン 富国殿 ユリ科のオモトの品種。園芸植物。

フサアイバゴケ 〈*Tetralophozia filiformis* (Steph.) Urmi〉ツボミゴケ科のコケ。葉が4裂する。茎は長さ1〜2cm。

フサアカシア 〈*Acacia dealbata* Link〉マメ科の木本。別名ハナアカシア、ミモザ。高さは10〜15m。花は濃黄色。樹皮は緑色または青緑色。園芸植物。

フサアサガオ 〈*Ipomoea sepiaria* Koen.〉ヒルガオ科の蔓草。花は淡紫色、中央紫色。熱帯植物。

フサイワヅタ 〈*Caulerpa okamurai* Weber van Bosse in Okamura〉イワヅタ科の海藻。小枝は長楕円形。体は17cm。

フサカニノテ 〈*Marginisporum aberrans* (Yendo) Johansen et Chihara in Johansen〉サンゴモ科の海藻。集繖状。体は10〜20cm。

フサガヤ 総茅 〈*Cinna latifolia* (Trevir.) Griseb.〉イネ科の草本。

フサクギタケ 〈*Chroogomphus tomentosus* (Murrill) O. K. Miller〉オウギタケ科のキノコ。小型〜中型。傘は淡黄土色、綿毛状の軟毛。

フサゴケ 〈*Rhytidiadelphus squarrosus* (Hedw.) Warnst.〉イワダレゴケ科のコケ。茎葉の葉身部は卵形。

フサザキチョウジ 〈*Eugenia cymosa* Lam.〉フトモモ科の小木。花托はクリーム色で紅色斑。熱帯植物。

フサザクラ 総桜 〈*Euptelea polyandra* Sieb. et Zucc.〉フサザクラ科の落葉高木。別名タニグワ、サワグワ、コウヤマンサク。花は暗赤色。薬用植物。園芸植物。

フササジラン 〈*Asplenium griffithianum* Hook.〉チャセンシダ科の常緑性シダ。葉身は長さ5〜15cm。披針形。

フササシダ 房羊歯 〈*Schizaea digitata* (L.) Sw.〉フサシダ科の常緑性シダ。高さ20〜30cm。

フサスギナ 〈*Equisetum sylvaticum* L.〉トクサ科の夏緑性シダ。栄養茎は緑色。栄養茎は高さ30〜70cm。

フサスグリ 房須具利 〈*Ribes rubrum* L.〉ユキノシタ科の落葉低木。別名アカスグリ、アカフサスグリ。高さは1.5m。園芸植物。

フサスグリ 〈*Ribes*〉ユキノシタ科の属総称。別名リベス。園芸植物。

フサスゲ シラホスゲの別名。

フサタケ 〈*Pterula multifida* Fr.〉シロソウメンタケ科のキノコ。

フサタヌキモ 房狸藻 〈*Utricularia dimorphantha* Makino〉タヌキモ科の多年生の浮遊植物。茎は長さ30〜80cm、捕虫嚢はごく少数、花弁は淡黄色。日本絶滅危惧植物。

フサナキリスゲ 〈*Carex teinogyna* Boott〉カヤツリグサ科の草本。

フサナリイチジク 〈*Ficus racemosa* L.〉クワ科。幹生果嚢、可食。熱帯植物。

フサナリビャクダン 〈*Scleropyrum maingayi* Hook. f.〉ビャクダン科の高木。果実はやや大型。熱帯植物。

フサノリ 〈*Scinaia japonica* Setchell〉ガラガラ科の海藻。円柱状。体は10〜20cm。

フサヒメホウキタケ 〈*Clavicorona pyxidata* (Pers.：Fr.) Doty〉フサヒメホウキタケ科のキノコ。別名コトジホウキタケ。小型〜大型。形はほうき状、淡黄色→赤褐色。

フサヒルガオ 〈*Convolvulus parviflorus* Vahl〉ヒルガオ科の蔓草。花は淡紅色。熱帯植物。

フサフサシダ ウラボシ科。園芸植物。

フサフジウツギ 〈*Buddleja davidii* Franch.〉フジウツギ科の落葉低木。別名ブッドレヤ、サマーライラック。葉裏白毛。高さは2m。花は淡紫色。薬用植物。園芸植物。切り花に用いられる。

フサマメノキ 〈*Parkia javanica* Merr.〉マメ科の高木。莢は扁平で捩れず。花は白黄色。熱帯植物。

フサムスカリ ムスカリ・コモスムの別名。

フサモ 房藻 〈*Myriophyllum verticillatum* L.〉アリノトウグサ科の多年生の沈水植物。別名キツネノオ。葉は4〜5輪生で羽状に細裂、花序は長さ4〜12cmで水面上に出る。高さは50cm。花は白色。園芸植物。

フサヤスデゴケ 〈*Frullania ramuligera* (Nees) Mont.〉ヤスデゴケ科のコケ。アオシマヤスデゴケに似るが、透明感がある。

フジ 藤 〈*Wistaria floribunda* (Willd.) DC.〉マメ科の落葉のつる性木本。別名ノダフジ。花は紫色。薬用植物。園芸植物。

フジ マメ科の属総称。

フジアカショウマ 〈*Astilbe thunbergii* (Siebold et Zucc). Miq. var. *fujisanensis* (Nakai) Ohwi〉ユキノシタ科。

フジアザミ 富士薊 〈*Cirsium purpuratum* (Maxim.) Matsum.〉キク科の多年草。高さは50〜100cm。花は紅紫色。高山植物。園芸植物。

フジアワビゴケ 〈*Cetraria platyphylloides* (Asah.) Sato〉ウメノキゴケ科の地衣類。葉体は径2〜3cm。

フジイバラ 富士茨 〈*Rosa fujisanensis* Makino〉バラ科の落葉低木。

フジイロチャワンタケモドキ 〈*Peziza praetervisa* Bres.〉チャワンタケ科のキノコ。

フジイロテンジクボタン ダリア・メルキーの別名。

フジウスタケ 〈*Gomphus fujisanensis* (Imai) Parmasto〉ラッパタケ科のキノコ。

フジウツギ 藤空木 〈*Buddleja japonica* Hemsl.〉フジウツギ科の落葉低木。高さは1.5m。花は淡藤色。薬用植物。園芸植物。

フジウツギ科 科名。

フジウロコゴケ 〈*Chiloscyphus polyanthos* (L.) Corda〉ウロコゴケ科。

フシエホルトノキ 〈*Elaeocarpus hulletti* King.〉ホルトノキ科の高木。果実は藍黒色、種子は褐色。花は緑色。熱帯植物。

フジオシダ 〈*Dryopteris* × *watanabei* Kurata〉オシダ科のシダ植物。

フジオトギリ 富士弟切 〈*Hypericum erectum* Thunb. ex Murray var. *caespitosum* Makino〉オトギリソウ科。

フジカンゾウ 藤甘草 〈*Desmodium oldhamii* Oliv.〉マメ科の多年草。別名フジクサ、ヌスビトノアシ。高さは50〜150cm。

フジキ 藤木 〈*Cladrastis platycarpa* (Maxim.) Makino〉マメ科の落葉高木。別名ヤマエンジュ。高さは10〜15m。花は白色。園芸植物。

フシキゴケ 〈*Stereocaulon prostratum* Zahlbr.〉キゴケ科の地衣類。子柄は直立せず斜上。

フジキノリ 〈*Alectoria lactinea* Nyl.〉サルオガセ科の地衣類。地衣体は淡褐色。

フシキントキ 〈*Carpopeltis articulata* (Okamura) Okamura〉ムカデノリ科の海藻。軟骨質。体は15〜20cm。

フジクマワラビ 〈*Dryopteris* × *fujipedis* Kurata〉オシダ科のシダ植物。

フシクレノリ 〈*Corallopsis opuntia* J. Agardh〉オゴノリ科の海藻。不規則に分岐。体は4cm。

フシグロ 節黒 〈*Silene firma* Sieb. et Zucc.〉ナデシコ科の越年草。別名サツマニンジン。高さは30〜80cm。

フシグロセンノウ 節黒仙翁 〈*Lychnis miqueliana* Rohrb.〉ナデシコ科の多年草。別名フシグロ。高さは50〜80cm。花は淡いれんが色。園芸植物。

フジゴシ 富士越 サクラソウ科のサクラソウの品種。園芸植物。

プシコトリア・セルペンス シラタマカズラの別名。

プシコトリア・バクテリオフィラ 〈*Psychotria bacteriophila* Val.〉アカネ科の木本。高さは3m。花は白色。園芸植物。

プシコトリア・ヤスミニフロラ 〈*Psychotria jasminiflora* (Linden et André) M. T. Mast.〉アカネ科の木本。花は白色。園芸植物。

プシコトリア・ルブラ ボチョウジの別名。

フシザキソウ 〈*Synedrella nodiflora* (L.) Gaertn.〉キク科の草本。花は黄色。熱帯植物。

フジザクラ 富士桜 サクラソウ科のプリムラ・マラコイデスの品種。園芸植物。

フジザクラ マメザクラの別名。

フジサルオガセ 〈*Usnea montis-fuji* Mot.〉サルオガセ科の地衣類。地衣体は層がある。

フジサンギンゴケモドキ 〈*Aongstroemia julacea* (Hook.) Mitt.〉シッポゴケ科のコケ。茎は長さ約2cm、葉は卵形〜倒卵形でさじ状に凹む。

フジサンシキウツギ サンシキウツギの別名。

フジシダ 富士羊歯 〈*Ptilopteris maximowiczii* (Baker) Hance〉常緑性シダ。葉身は長さ15〜30cm。線状披針形。

フシスジモク 〈*Sargassum confusum* Agardh〉ホンダワラ科の海藻。茎は円柱状。体は2m。

フジスミレ 〈*Viola tokubuchiana* Makino〉スミレ科の多年草。高さは5〜8cm。花は淡紅紫または紅紫色。園芸植物。

フジセンニンソウ 〈*Clematis fujisanensis* Hisauti et hara〉キンポウゲ科の草本。

フジチドリ 〈*Gymnadenia fujisanensis* Sugimoto〉ラン科の多年草。高さは4〜7cm。日本絶滅危機植物。

フジチャヒラタケ 〈*Crepidotus sulphurinus* Imazeki & Toki〉チャヒラタケ科(フウセンタケ科)のキノコ。小型。傘は硫黄色、扇形〜腎臓形、表面粗毛を密生。ひだは硫黄色〜淡黄色。

フジツツジ 藤躑躅 〈*Rhododendron tosaense* Makino〉ツツジ科の半常緑の低木。別名メンツツジ、ヒュウガツツジ。花は淡紅紫色。園芸植物。

フシツナギ 〈*Lomentaria catenata* Harvey in Perry〉ワツナギソウ科の海藻。叢生。体は10cm。

フシナガタケ 〈*Tainostachyum dulloa* Gamb.〉イネ科。タケノコの葉鞘の毛は黄褐色で皮膚を刺す。熱帯植物。

フシナシオサラン 〈*Eria ovata* var. *retroflexa*〉ラン科。

フジナデシコ 藤撫子 〈*Dianthus japonicus* Thunb. ex Murray〉ナデシコ科の多年草。別名ハマナデシコ。高さは20〜50cm。園芸植物。

フシニシキウツギ スイカズラ科の木本。

フシネキンエノコロ 〈*Setaria gracilis* Kunth〉イネ科の多年草。高さは30〜120cm。

フシネハナカタバミ イモカタバミの別名。

フジノカンアオイ 〈*Heterotropa fudsinoi* (T. Ito) F. Maekawa ex Nemoto〉ウマノスズクサ科の草本。

フシノハアワブキ 〈*Meliosma oldhamii* Miq. ex Maxim. var. *oldhamii*〉アワブキ科の半常緑高木。別名リュウキュウアワブキ。

フジノハヅタ 〈*Caulerpa fergusoni* Murray〉イワヅタ科の海藻。匍匐茎は円柱状。

フジノハナ 富士の華 イワヒバ科のイワヒバの品種。園芸植物。

フジノマンネングサ 富士の万年草 〈*Pleuroziopsis ruthenica* (Weinm.) Kindb. ex Britt.〉コウヤマンネングサのコケ。二次茎は上部で全体が樹状になる。葉は卵形〜卵状披針形。

フジノミネ 藤の峰 ツバキ科のサザンカの品種。園芸植物。

フジハイゴケ 〈*Hypnum fujiyamae* (Broth.) Paris〉ハイゴケ科のコケ。大形で、茎ははって長さ10cm以上。

フジバカマ 藤袴 〈*Eupatorium fortunei* Turcz.〉キク科の多年草。別名カオリグサ、コウソウ、ランソウ。高さは100〜150cm。薬用植物。園芸植物。日本絶滅危機植物。

フジハタザオ 富士旗竿 〈*Arabis serrata* Franch. et Savat. var. *serrata*〉アブラナ科の草本。花は白色。高山植物。園芸植物。

フジボグサ 〈*Uraria crinita* Desv.〉マメ科の草本。葉に白斑がある。花は淡紫色。熱帯植物。薬用植物。

フジボタンシダレ バラ科のウメの品種。

フジマツモ 〈*Neorhodomela aculeata* (Perestenko) Masuda〉フジマツモ科の海藻。茎は円柱状。体は10〜25cm。

フジマメ　藤豆　〈*Lablab purpureus* (L.) Sweet〉マメ科のつる性多年草。別名インゲンマメ、センゴクマメ、アジマメ。一年生と多年生とがある。花は紫紅色。熱帯植物。薬用植物。園芸植物。

フジマリモ　シオグサ科。

フジムスメ　藤娘　ツツジ科のツツジの品種。園芸植物。

フジモドキ　藤擬　〈*Daphne genkwa* Sieb. et Zucc.〉ジンチョウゲ科の落葉低木。別名サツマフジ、チョウジザクラ。高さは1m。花は淡紫色。薬用植物。園芸植物。

ブシュカン　仏手柑　〈*Citrus medica* L. var. *sarcodactylus* (Hoola van Nooten) Swingle〉ミカン科の木本。熱帯植物。薬用植物。園芸植物。

プーシュキニア・シロイデス・リバノティカ 〈*Puschkiniaq scilloidea* var. *libanotica*〉ユリ科の球根植物。園芸植物。

プーシュキニア・スキルロイデス 〈*Puschkinia scilloides* Adams〉ユリ科の球根植物。花は白か淡青色。園芸植物。

プシュードパナクス・クラシフォリウス　プセウドパナクス・クラッシフォリウスの別名。

プシュードブラクテアツム　サトイモ科のアグラオネマの品種。園芸植物。

プシロツム・コンプラナツム　〈*Psilotum complanatum* Swartz〉マツバラン科。長さ1m。園芸植物。

プシロツム・ヌドゥム　マツバランの別名。

フーストニア・カエルレア　ヒナソウの別名。

プセウダナナス・サゲナリウス　〈*Pseudananas sagenarius* (Arr. Cam.) F. Camargo〉パイナップル科。花は淡紫色。園芸植物。

プセウデランテムム　キツネノマゴ科の属総称。

プセウデランテムム・アクミナティッシィムム 〈*Pseuderanthemum acuminatissimum* (Miq.) Radlk.〉キツネノマゴ科。花は淡桃紫色。園芸植物。

プセウデランテムム・アトロプルプレウム 〈*Pseuderanthemum atropurpureum* (Bull) L. H. Bailey〉キツネノマゴ科。高さは1〜2m。花は白または淡桃色。園芸植物。

プセウデランテムム・アラツム 〈*Pseuderanthemum alatum* (Nees) Radlk.〉キツネノマゴ科。高さは15〜20cm。花は鮮紫紅色。園芸植物。

プセウデランテムム・シヌアツム 〈*Pseuderanthemum sinuatum* (Vahl) Radlk.〉キツネノマゴ科。花は白色。園芸植物。

プセウデランテムム・セティカリクス 〈*Pseuderanthemum seticalyx* (C. B. Clarke) Stapf〉キツネノマゴ科。高さは40〜60cm。花は橙赤色。園芸植物。

プセウデランテムム・ツベルクラツム 〈*Pseuderanthemum tuberculatum* (Hook. f.) Radlk.〉キツネノマゴ科。花は白色。園芸植物。

プセウデランテムム・ビコロル 〈*Pseuderanthemum bicolor* (Schrank) Radlk.〉キツネノマゴ科。高さは1m。花は白色。園芸植物。

プセウデランテムム・ヒルデブランティー 〈*Pseuderanthemum hildebrandtii* Lindau〉キツネノマゴ科。高さは50〜90cm。花は橙赤色。園芸植物。

プセウデランテムム・ラクシフロルム 〈*Pseuderanthemum laxiflorum* (A. Gray) F. T. Hubb. ex L. H. Bailey〉キツネノマゴ科。高さは60〜120cm。花は濃赤紫色。園芸植物。

プセウデランテムム・リラキヌム 〈*Pseuderanthemum lilacinum* Stapf〉キツネノマゴ科。高さは60〜120cm。花は淡桃紫色。園芸植物。

プセウデランテムム・レティクラツム　ニセエランテマムの別名。

プセウドエスポストア・メラノステレ 〈*Pseudoespostoa melanostele* (Vaup.) Backeb.〉サボテン科のサボテン。別名幻楽。高さは2m。花は白色。園芸植物。

プセウドカリンマ・アリアケウム 〈*Pseudocalymma alliaceum* (Lam.) Sandw.〉ノウゼンカズラ科。高さは4〜5m。花は紫紅色。園芸植物。

プセウドササ・オーワタリー　ヤクシマダケの別名。

プセウドササ・テッセラタ　オオバヤダケの別名。

プセウドササ・ヤポニカ　ヤダケの別名。

プセウドツガ・メンジージー　アメリカトガサワラの別名。

プセウドツガ・ヤポニカ　トガサワラの別名。

プセウドパナクス・クラッシフォリウス 〈*Pseudopanax crassifolius* (Soland. ex A. Cunn.) K. Koch〉ウコギ科の常緑木。別名アラリア。高さは6〜15m。園芸植物。

プセウドパナクス・レソニー　〈*Pseudopanax lessonii* (DC.) K. Koch〉ウコギ科の常緑木。高さは6m。園芸植物。

プセウドフェニクス・ウィニフェラ 〈*Pseudophoenix vinifera* (Mart.) Becc.〉ヤシ科。別名ワインニセダイオウヤシ。高さは25m。花は淡黄色。園芸植物。

プセウドフェニクス・エクマニー　〈*Pseudophoenix ekmanii* Burret〉ヤシ科。別名チャボニセダイオウヤシ。高さは4〜5m。園芸植物。

プセウドフェニクス・サージェンティー 〈*Pseudophoenix sargentii* H. Wendl. ex Sarg.〉ヤ

シ科。別名ヒメニセダイオウヤシ。高さは4～8m。花は緑色。園芸植物。

プセウドフェニクス・レディニアナ 〈*Pseudophoenix lediniana* Read〉ヤシ科。別名セダカニセダイオウヤシ。高さは25m。園芸植物。

プセウドペクティナリア・マルム 〈*Pseudopectinaria malum* Lavr.〉ガガイモ科の多肉植物。長さ3～10cm。花は白色。園芸植物。

プセウドラリクス・ケンペリ イヌカラマツの別名。

プセウドリトス・クビフォルメ 〈*Pseudolithos cubiforme* (Bally) Bally〉ガガイモ科の多肉植物。高さは3～5cm。花は淡緑色。園芸植物。

プセウドロビウィア・アウレア オウショウマルの別名。

プセウドロビウィア・ケルメシナ 〈*Pseudolobivia kermesina* Krainz〉サボテン科のサボテン。別名紅鳳丸。径15cm。花は洋紅～濃紅色。園芸植物。

プセウドロビウィア・ハマタカンタ 〈*Pseudolobivia hamatacantha* (Backeb.) Backeb.〉サボテン科のサボテン。別名豊麗丸。高さは7cm。花は白色。園芸植物。

プセウドロビウィア・レウコロダンタ 〈*Pseudolobivia leucorhodantha* (Backeb.) Backeb.〉サボテン科のサボテン。別名桃香丸。高さは4cm。花は明桃色。園芸植物。

プセウドロビウィア・ロンギスピナ 〈*Pseudolobivia longispina* (Britt. et Rose) Backeb.〉サボテン科のサボテン。別名黄朱丸。花は白色。園芸植物。

ブセントラノオ 〈*Asplenium* × *shigeru-kobayasii* Nakaike, nom. nud.〉チャセンシダ科のシダ植物。

ブゼンノギク 〈*Heteropappus hispidus* (Thunb.) subsp. *koidzumianus* (Kitam.) Kitam.〉キク科の草本。

フソウツカサ 扶桑司 ボタン科の牡丹の園芸品種。園芸植物。

フソウツキヌキゴケ 〈*Calypogeia japonica* Steph.〉ツキヌキゴケ科のコケ。淡緑色～淡褐色。

フタイロアサガオ 〈*Ipomoea rubro-caerulea* Hook.〉ヒルガオ科の多年草。

フタイロシメジ 〈*Tricholoma aurantiipes* Hongo〉キシメジ科のキノコ。中型。傘は中央部が突出。ひだは白色。

フタイロフウセンタケ 〈*Cortinarius haasii* (Moser) Moser〉フウセンタケ科のキノコ。

フタイロベニタケ 〈*Russula viridirubrolimbata* Ying.〉ベニタケ科のキノコ。大型。傘は暗赤色、ひび割れる。ひだは白色。

フタエオギ 〈*Distromium decumbens* (Okamura) Levring〉アミジグサ科の海藻。放射状に裂片をもつ。体は径2～4cm。

フタエオシロイバナ 〈*Mirabilis jalapa* L. f. *dichlamydomorpha* (Makino) Hiyama〉オシロイバナ科の多年草。別名フタエシロイ。園芸植物。

フタエギキョウ キキョウ科。園芸植物。

ブタクサ 豚草 〈*Ambrosia artemisiaefolia* L. var. *elatior* (L.) Desc.〉キク科の一年草。高さは30～120cm。薬用植物。

ブタクサモドキ 〈*Ambrosia psilostachya* DC.〉キク科の多年草。高さは30～100cm。

フタゴチズゴケ 〈*Rhizocarpon eupetraeoides* (Nyl.) Blomb. & Forss.〉ヘリトリゴケ科の地衣類。成熟した胞子は2室。

フタゴトリハダゴケ 〈*Varicellaria rhodocarpa* (Körb.) Th. Fr.〉トリハダゴケ科の地衣類。胞子が2室。

フタゴヒルギ 〈*Rhizophora candelaria* DC.〉ヒルギ科の高木、マングローブ植物。支柱根。高さ20m。熱帯植物。

フタコブカズラ 〈*Dichapetalum griffithii* Engl.〉ディカペタルム科の蔓木。枝は褐色多毛、果実は黄褐毛。熱帯植物。

フタゴヤシ 双子椰子 〈*Lodoicea maldivica* (J. F. Gmel.) Pers.〉ヤシ科。雌雄異株、果実は長さ35cm、幅30cm、果皮厚さ18cm。高さは18～30m。熱帯植物。園芸植物。

フタゴヤシ ヤシ科の属総称。別名オオミヤシ、ウミヤシ。

フタダネジャケツイバラ 〈*Caesalpinia digyna* Rottl.〉マメ科の蔓木。多刺、莢中種子2ケ、堅い。花は黄色。熱帯植物。

フタツガサネ 〈*Antithamnion nipponicum* Yamada et Inagaki〉イギス科の海藻。イガイ及び他海藻上に着生。

フタツキジノオ 〈*Plagiogyria* × *sessilifolia* Nakaike〉キジノオシダ科のシダ植物。

ブタナ 豚菜 〈*Hypochoeris radicata* L.〉キク科の多年草。別名タンポポモドキ。高さは25～80cm。花は黄色。

フタナミソウ 二並草 〈*Scorzonera rebunensis* Tatewaki et Kitamura〉キク科の草本。高山植物。

フタバアオイ 二葉葵 〈*Asarum caulescens* Maxim.〉ウマノスズクサ科の多年草。別名カモアオイ。葉は円形。葉径6～15cm。薬用植物。園芸植物。

フタバアッサムヤシ ウォリッキア・ディスティカの別名。

フタバオニザミア マクロザミア・ディプロメラの別名。

フタバガキ フタバガキ科の属総称。

ブタハコベ 〈*Borreria setidens* (Miq.) Bold.〉アカネ科の草本。葉は淡緑色。熱帯植物。

フタバネゼニゴケ 二翅銭苔 〈*Marchantia paleacea* Bert. var. *diptera* (Mont.) Hatt.〉ゼニゴケ科のコケ。縁が赤色、長さ3～5cm。

フタバハンショウヅル 〈*Naravelia laurifolia* Wall.〉キンポウゲ科の蔓草。芳香。熱帯植物。

フタバムグラ 二葉葎 〈*Hedyotis diffusa* Willd.〉アカネ科の一年草。高さは10～30cm。熱帯植物。薬用植物。

フタバチゴケ 〈*Bazzania bidentula* (Steph.) Steph.〉ムチゴケ科のコケ。葉が平面的。

フタバヤブウコン 〈*Hitcheniopsis kunstleri* Ridl.〉ショウガ科の草本。葉は裏面も緑色。花は黄色。熱帯植物。

フタバラン 〈*Listera cordata* (L.) R. Br. var. *japonica* Hara〉ラン科の多年草。別名フタバソウ、コフタバラン。高さは10～20cm。高山植物。

フタマタイチゲ 〈*Anemone dichotoma* L.〉キンポウゲ科の草本。別名オウシキナ。

フタマタタンポポ 二股蒲公英 〈*Crepis hokkaidoensis* Babcock〉キク科の草本。高山植物。

フタマタマンテマ 〈*Silene dichotoma* Ehrh.〉ナデシコ科の越年草。別名ホザキマンテマ、マンテマモドキ。高さは20～100cm。花は白または淡紅紫色。

フタマタモウセンゴケ 〈*Drosera binata* Labill.〉モウセンゴケ科の多年草。

フタリシズカ 二人静 〈*Chloranthus serratus* (Thunb.) Roem. et Schult.〉センリョウ科の多年草。高さは30～60cm。園芸植物。

プタリン 〈*Ochanostachys amentacea* Mast.〉ボロボロノキ科の高木。葉光沢、葉柄は軟、芽は褐色。熱帯植物。

フダンソウ 不断草 〈*Beta vulgaris* L. var. *vulgaris*〉アカザ科の葉菜類。別名恭菜、不断菜、イツモヂシャ。園芸植物。

フチドリスジゴケ 〈*Riccardia marginata* (Colenso) Pearson var. *pacifica* Furuki〉スジゴケ科のコケ。葉状体は背面にも粘液毛をもつ。

フチトリセッコク デンドロビウム・フィンブリアツムの別名。

フチドリツエタケ 〈*Oudemansiella brunneomarginata* L. Vass.〉キシメジ科のキノコ。小型～大型。傘は灰褐色で放射状のしわ。粘性あり。ひだは縁部は濃紫褐色。

フチナシツガゴケ 〈*Distichophyllum osterwaldii* M. Fleisch.〉アブラゴケ科のコケ。茎の背方の葉は倒卵形～舌形。

フツインヤッコウソウ 〈*Mitrastemon cochinchinensis* Nakai〉ラフレシア科。カシ類の根に寄生。熱帯植物。

フッキソウ 富貴草 〈*Pachysandra terminalis* Sieb. et Zucc.〉ツゲ科の常緑の半低木。別名キッショウソウ(吉祥草)、キチジソウ(吉事草)。高さは20～30cm。薬用植物。園芸植物。

フッコクカイガンショウ ピヌス・ピナステルの別名。

ブッコノキ 〈*Barosma betulina* Bartling〉ミカン科の低木。熱帯植物。薬用植物。

ブッソウゲ 扶桑花 〈*Hibiscus rosa-sinensis* L.〉アオイ科の常緑低木または小高木。別名リュウキュウムクゲ。高さは2～5m。花は赤黄、白、桃など。熱帯植物。薬用植物。園芸植物。

ブットウ 仏塔 アズレオケレウス・ヘルトリンギアヌスの別名。

ブッドレヤ フジウツギ科の属総称。別名フジウツギ。

ブティア ヤシ科の属総称。

ブティア・エリオスパタ 〈*Butia eriospatha* (Mart. ex Drude) Becc.〉ヤシ科。高さは3m。花はクリーム色。園芸植物。

ブティア・カピタタ ココスの別名。

フーディア・クラーリー 〈*Hoodia currorii* (Hook.) Decne.〉ガガイモ科。高さは20～50cm。花は黄緑ないし濁黄色。園芸植物。

フーディア・ゴードニー 〈*Hoodia gordonii* (Masson) Sweet〉ガガイモ科。別名麗盃閣。高さは30～50cm。花は淡褐色。園芸植物。

フーディア・バイニイ 〈*Hoodia bainii* Dyer〉ガガイモ科の低木。別名キンバイカク。

ブティア・ボネティー 〈*Butia bonnetii* (Becc.) Becc.〉ヤシ科。高さは1.2m。園芸植物。

ブティア・ヤタイ ヤタイヤシの別名。

フーディオプシス・トリーブネリ 〈×*Hoodiopsis triebneri* Lückh.〉ガガイモ科。高さは12～18cm。花は濃紫紅色。園芸植物。

プティコスペルマ・エレガンス 〈*Ptychosperma elegans* (R. Br.) Blume〉ヤシ科。別名ヒメヤハズヤシ。高さは7.5m。園芸植物。

プティコスペルマ・プロピンクーム 〈*Ptychosperma propinquum* (Becc.) Becc.〉ヤシ科。高さは1.8m。園芸植物。

プティコスペルマ・マカーサリー コモチケンチャヤシの別名。

プティコプタルム・オラコイデス 〈*Ptychopetalum olacoides* Benth.〉ボロボロノキ科の薬用植物。

プティコラフィス・シンガポーレンシス 〈*Ptychoraphis singaporensis* (Becc.) Becc.〉ヤシ科。別名ヒメニコバルヤシ。高さは1.8～3.6m。花は緑色。園芸植物。

プティ・ド・オランド 〈Petite de Hollande〉バラ科。ケンティフォリア・ローズ系。花はピンク。

プティローツス・エクザルタツス 〈*Ptilotus exaltatus* Nees〉ヒユ科の多年草。

プティローツス・スパツレーツス 〈*Ptilotus spathulatus* Poir.〉ヒユ科の多年草。

プティローツス・マングレシー 〈*Ptilotus manglesii* F. v. Muell.〉ヒユ科の多年草。

プディンググラス ペニーロイヤル・ミントの別名。

フデガタツチトリモチ 〈*Balanophora mutinoides* Hay.〉ツチトリモチ科の寄生植物。熱帯植物。

フデゴケ 〈*Campylopus umbellatum* Par.〉シッポゴケ科のコケ。やや大形で強壮、茎は長さ6～7cm。

フデノホ 〈*Neomeris annulata* Dickie〉カサノリ科の海藻。配偶子嚢は卵形又は倒卵形。

プテリス イノモトソウ科(ワラビ科)の属総称。別名イノモトソウ。

プテリス・アスペリカウリス 〈*Pteris aspericaulis* Wall. ex J. G. Agardh〉ワラビ科。葉は長さ30～100cm。園芸植物。

プテリス・トレムラ 〈*Pteris tremula* R. Br.〉ワラビ科。葉は長さ60～150cm。園芸植物。

プテリス・ニッポニカ マツザカシダの別名。

プテリディウム・アクイリヌム 〈*Pteridium aquilinum* (L.) Kuhn〉ワラビ科。園芸植物。

フデリンドウ 筆竜胆 〈*Gentiana zollingeri* Fawc.〉リンドウ科の多年草。高さは5～10cm。花は青紫色。園芸植物。

プテレア・トリフォリアタ ホップノキの別名。

プテロカクツス・ツベロスス 〈*Pterocactus tuberosus* (Pfeiff.) Britt. et Rose〉サボテン科のサボテン。別名黒竜。地中茎8cm。花は黄色。園芸植物。

プテロカリア・ステノプテラ シナサワグルミの別名。

プテロカリア・ロイフォリア サワグルミの別名。

プテロキゴヌム・ギラルディ 〈*Pteroxygonum giraldii* Dammer et Diels.〉タデ科の薬用植物。

プテロキムビウム・ティンクトリウム 〈*Pterocymbium tinctorium* Merr. var. *javanicum* R. Br.〉アオギリ科の落葉高木。

プテロケファルス・フッケリ マツムシソウ科。高山植物。

プテロスティリス・クルタ 〈*Pterostylis curta* R. Br.〉ラン科の多年草。高さは10～30cm。花は緑色。園芸植物。

プテロスティリス・バプティスティー 〈*Pterostylis baptistii* R. Fitzg.〉ラン科。茎の長さ30～40cm。花は赤褐色。園芸植物。

プテロスティリス・バンクシー 〈*Pterostylis banksii* R. Br. ex Cunn.〉ラン科の多年草。

プテロスペルムム・ヘテロフィルム 〈*Pterospermum heterophyllum* Hance.〉アオギリ科の薬用植物。

プテロディスクス・アウランティアクス 〈*Pterodiscus aurantiacus* Welw.〉ゴマ科。花は鮮紅色。園芸植物。

プテロディスクス・スペキオスス 〈*Pterodiscus speciosus* Hook.〉ゴマ科。花は明紫紅色。園芸植物。

フトイ 太藺 〈*Scirpus lacustris* L. var. *tabernaemontani* (Gmel.) Trautv.〉カヤツリグサ科の大形の抽水植物。別名オオイ、トウイ、マルスゲ。桿は高さ0.8～2.5m、上部はやや垂れる。園芸植物。切り花に用いられる。

フトイギス 〈*Campylaephora crassa* (Okamura) Nakamura〉イギス科の海藻。円柱状又は扁円。体は3～25cm。

フトイグサ 〈*Polysiphonia crassa* Okamura〉フジマツモ科の海藻。円柱状。体は6～10cm。

ブドウ 葡萄 〈*Vitis vinifera* L.〉ブドウ科の薬用植物。園芸植物。

ブドウ ブドウ科の総称。園芸植物。

ブドウ科 科名。

ブドウカズラ 〈*Cyphostemma juttae* (Dinter et Gilg ex Gilg et M. Brandt) Desc.〉ブドウ科。別名葡萄甕。高さは4～7m。園芸植物。

ブドウタケ 〈*Nigroporus vinosus* (Berk.) Murrill〉サルノコシカケ科のキノコ。中型。傘は帯紫褐色～暗褐色、環紋。

ブドウハゼ 〈*Sapium baccatum* Roxb.〉トウダイグサ科の高木。葉裏粉白、果実はブドウ色、種子黒。熱帯植物。

ブドウヒルガオ 〈*Merremia vitifolia* Hall. f.〉ヒルガオ科の蔓草。多毛。花は内面クロム黄色外面淡黄色。熱帯植物。

ブドウホオズキ 〈*Physalis peruviana* L.〉ナス科の多年草。別名ケホオズキ、シマホオズキ。長さは1m。花は黄色。園芸植物。

フトウワラビ 〈*Diplazium* × *hutohanum* Kurata ex Serizawa〉オシダ科のシダ植物。

フトエカラスウリ 〈*Trichosanthes palmata* Roxb.〉ウリ科の蔓草。葉は厚質、果実は赤色、光沢がある。熱帯植物。

フトクビクチキムシタケ 〈*Cordyceps facis* Kobayasi et Shimizu〉バッカクキン科のキノコ。

フトゴケ 〈*Rhytidium rugosum* (Hedw.) Kindb.〉イワダレゴケ科のコケ。大形で、茎は長さ10cm以上、茎葉は卵状披針形。

フトサナダゴケ 〈*Entodon luridus* (Griff.) A. Jaeger〉ツヤゴケ科のコケ。葉は卵形または倒卵形。

フトジュズモ 〈*Chaetomorpha spiralis* Okamura〉シオグサ科の海藻。ラセン状に縮れる。

フトスジニセオキナゴケ 〈*Paraleucobryum enerve* (Thed.) Loeske〉シッポゴケ科のコケ。葉身部は全縁、葉先はあまり曲がらず。

フトスズゴケ 〈*Forsstroemia neckeroides* Broth.〉イトヒバゴケ科のコケ。二次茎は10cm前後、基物から懸垂する。

フトハイゴケ 〈*Stereodontopsis pseudorevoluta* (Reimers) Ando〉ハイゴケ科のコケ。大形、茎葉は長さ2.5〜3mm、披針形。

フトバクレソラン ポマトカルパ・ブラキボトリウムの別名。

フトハリゴケ 〈*Claopodium pellucinerve* (Mitt.) Best〉シノブゴケ科のコケ。小形で、細い糸くず状、葉は卵形の下部から漸尖。

フトヒモゴケ 〈*Aulacomnium turgidum* (Wahlenb.) Schwägr.〉ヒモゴケ科のコケ。葉は長い倒卵形。

フトヒルムシロ 太蛭蓆 〈*Potamogeton fryeri* A. Benn.〉ヒルムシロ科の多年生水草。太い地下茎が発達、花はしばしば赤銅色がかる。

フトボナギナタコウジュ 太穂薙刀香薷 〈*Elsholtzia argi* Lév. var. *nipponica* (Ohwi) Murata〉シソ科の一年草。高さは30〜60cm。

フトボヌカボタデ タデ科。

フトモズク 太水雲 〈*Tinocladia crassa* (Suringar) Kylin〉ナガマツモ科の海藻。別名スノリ。体は15cm。

フトモモ 〈*Syzygium jambos* (L.) Alston〉フトモモ科の常緑高木。果実は黄白色。高さは10m。花は白色。熱帯植物。園芸植物。

フトモモ科 科名。

フトリア・カラブリカ 〈*Putoria calabrica* DC.〉アカネ科の低木。

フトリュウビゴケ 〈*Loeskobryum cavifolium* (Sande Lac.) M. Fleisch. ex Broth.〉イワダレゴケ科のコケ。大形で、茎は赤褐色で長さ10cm以上。

ブナ 橅, 椈 〈*Fagus crenata* Blume〉ブナ科の落葉高木。別名シロブナ、ホンブナ、ソバグリ。高山植物。園芸植物。

ブナ科 科名。

フナコシイノデ 〈*Polystichum × inadae* Kurata〉オシダ科のシダ植物。

ブナシメジ 〈*Lyophyllum ulmarium* (Fries) Kühner〉キシメジ科のキノコ。別名ブナモダシ、ブナワカイ、ニレタケ。小型〜中型。傘は淡褐灰色、大理石模様。ひだは類白色。園芸植物。

ブナタ ブタナの別名。

ブナノキ 〈*Tetramerista glabra* Miq.〉ツバキ科の高木。内陸沼地、果実は酸味あり可食。熱帯植物。

フナノリウチワ 舟乗団扇 クイアベンティア・カコエンシスの別名。

フナバシソウ 〈*Iva xanthifolia* Nutt.〉キク科の一年草。別名アカザヨモギ。高さは40〜100cm。花は黄色。

フナバラソウ 舟腹草 〈*Cynanchum atratum* Bunge〉ガガイモ科の多年草。別名ロクオンソウ。高さは40〜80cm。薬用植物。

ブナハリタケ 〈*Mycoleptodonoides aitchisonii* (Berk.) Maas G.〉エゾハリタケ科のキノコ。別名カノカ、ブナカノカ、ブナワカイ。中型。傘は半円形〜へら状。

ブニノキ 〈*Antidesma bunius* Spreng.〉トウダイグサ科の小木。果実は赤から黒に熟す。熱帯植物。

フノリ フノリ科の属総称。

フノリノウシゲ 〈*Bangia gloiopeltidicola* Tanaka〉ウシケノリ科の海藻。単条。体は1.5cm。

フバエア・チレンシス 〈*Jubaea chilensis* (Mol.) Baill.〉ヤシ科。別名チリサケヤシ。高さは12〜18m。花は黄を帯びたえび茶色。園芸植物。

フバエオプシス・カフラ 〈*Jubaeopsis caffra* Becc.〉ヤシ科。別名アフリカチリヤシ。高さは6m。花はクリーム色。園芸植物。

ブバリア ブヴァルディア・ヒブリダの別名。

ブバルジア ブヴァルディアの別名。

プファルツァー・ゴールド 〈Pfalzer Gold〉バラ科。ハイブリッド・ティーローズ系。花は濃黄色。

フブキショウマ 〈*Cimicifuga dahurica* (Turcz.) Maxim.〉キンポウゲ科の薬用植物。

フブキチュウ 吹雪柱 クレイストカクツス・シュトラウシーの別名。

フブキバナ 吹雪花 〈*Iboza riparia* (Hochst.) N. E. Br.〉シソ科。高さは1m。花は白色。園芸植物。

フブキバナ エオランツス・レペンスの別名。

ブフタルムム・サリキフォリウム 〈*Buphthalmum salicifolium* L.〉キク科の多年草。別名トウカセン。高さは60〜80cm。花は輝黄色。園芸植物。

ブフタルムム・スペキオスム 〈*Buphthalmum speciosum* Schreb.〉キク科の多年草。高さは60〜180cm。花は橙黄色。園芸植物。

ブプレウルム ミシマサイコの別名。

ブプレウルム・ファルカツム ミシマサイコの別名。

ブプレウルム・マージナーツム 〈*Bupleurum marginatum* Wall. ex DC.〉セリ科の薬用植物。

ブプレウルム・ロッキイ 〈*Bupleurum rockii* Wolff.〉セリ科の薬用植物。

ブプレウルム・ロンギカウレ・アムプレキシカウレ 〈*Bupleurum longicaule* Wall. ex DC. var. *amplexicaule*# C. Y. Wu.〉セリ科の薬用植物。

フマタ・タイアマニー 〈*Humata tyermannii* (T. Moore) T. Moore〉シノブ科のシダ植物。別名トキワシノブ。園芸植物。

フマタ・レペンス キクシノブの別名。

フミカ バラ科。花は赤レンガ色。

フミヅキタケ 〈*Agrocybe praecox* (Pers. : Fr.) Fayod〉オキナタケ科のキノコ。中型。傘は黄土色、縁部に白色膜を付着。ひだは白色→暗褐色。

フミレギンリョウソウ モントロパストルム・フミレの別名。

フムルス・ルプルス ホップの別名。

フモトカグマ 〈*Microlepia pseudo-strigosa* Makino〉イノモトソウ科(コバノイシカグマ科、ワラビ科)の常緑性シダ。別名ヤマクジャクシダ。葉身は長楕円状披針形。

フモトシケシダ 〈*Deparia pseudoconilii* (Seriz.) Seriz.〉オシダ科の夏緑性シダ。葉身は長さ15〜30cm。広披針形。

フモトシダ 麓羊歯 〈*Microlepia marginata* (Panzer) C. Chr.〉コバノイシカグマ科(イノモトソウ科、ワラビ科)の常緑性シダ。葉身は長さ30〜60cm。卵状披針形から卵形。

フモトスミレ 麓菫 〈*Viola pumilio* W. Becker〉スミレ科の多年草。高さは4〜10cm。花は白または淡紅色。園芸植物。

フヤジョウ 不夜城 ユリ科。園芸植物。

プヤ・ライモンデイ 〈*Puya raimondii* Harms.〉パイナップル科の大形多年草。高山植物。

フユアオイ 冬葵 〈*Malva verticillata* L. var. *verticillata*〉アオイ科の多年草。別名カンアオイ。高さは60〜100cm。花は白地に紫の縁取りまたは淡紅色。高山植物。薬用植物。園芸植物。

フユアサヒラン 〈*Laelia anceps* Lindl.〉ラン科の多年草。園芸植物。

フユイチゴ 冬苺 〈*Rubus buergeri* Miq.〉バラ科の常緑つる性低木。別名カンイチゴ。薬用植物。園芸植物。

フユウ 富有 カキノキ科のカキの品種。別名水御所。果皮は橙紅色。

ブユウマル 武勇丸 エキノケレウス・エンゲルマニーの別名。

フユガラシ ハルザキヤマガラシの別名。

フユザキベゴニア クリスマス・ベゴニアの別名。

フユザクラ 冬桜 バラ科のサクラの品種。別名コバザクラ。

フユサンゴ 玉珊瑚 〈*Solanum pseudocapsicum* L.〉ナス科の小低木。別名タマヤナギ(玉柳)、タマサンゴ(玉珊瑚)。高さは50〜100cm。花は白色。園芸植物。

フユザンショウ 冬山椒 〈*Zanthoxylum armatum* DC. var. *subtrifoliatum* (Franch.) Kitamura〉ミカン科の常緑低木。別名フダンザンショウ、チクヨウショウ、オニザンショウ。薬用植物。

フユナラ 〈*Quercus petraea*〉ブナ科の木本。樹高40m。樹皮は灰色。薬用植物。

フユヌカボ 〈*Agrostis hyemalis* (Walter) Britton, Sterns et Poggenb.〉イネ科の多年草。別名ハナビヌカボ。高さは20〜50cm。

フユノセイザ 冬の星座 ユリ科。園芸植物。

フユノハナワラビ 冬花蕨 〈*Sceptridium ternatum* (Thunb. ex Murray) Lyon〉ハナヤスリ科の冬緑性シダ。別名ハナワラビ、フユワラビ、カンワラビ。葉身は長さ5〜10cm。ほぼ五角形。薬用植物。園芸植物。

フユボダイジュ 冬菩提樹 〈*Tilia cordata* Mill.〉シナノキ科の落葉広葉高木。別名コバノシナノキ。高さは35m。樹皮は灰色。園芸植物。

フユムシナツクサタケ 〈*Cordyceps sinensis* (Berk.) Sacc.〉バッカクキン科の薬用植物。

フユヤマタケ 〈*Hygrophorus hypothejus* (Fr. : Fr.) Fr. f. *pinetorum* (Hongo) Hongo〉ヌメリガサ科のキノコ。小型。傘はオリーブ色、粘性。

フヨウ 芙蓉 〈*Hibiscus mutabilis* L.〉アオイ科の落葉低木。別名モクフヨウ(木芙蓉)。高さは2〜5m。花は白からピンク色。園芸植物。

フヨウカタバミ 〈*Oxalis purpurea* L.〉カタバミ科の多年草。高さは5〜20cm。花は紫紅、桃、白、橙黄など。園芸植物。

ブライアー ツツジ科。別名エイジュ。

ブライス・レイ アヤメ科のルイジアナ・アイリスの品種。園芸植物。

ブライダル・ピンク 〈Bridal pink〉バラ科のバラの品種。フロリバンダ・ローズ系。園芸植物。

ブライダル・ブーケ オシロイバナ科のブーゲンビレアの品種。園芸植物。

ブライダル・ベール 〈*Gibasis geniculata* Rohw.〉ツユクサ科。園芸植物。

ブライダルホワイト ナデシコ科のカーネーションの品種。草本。切り花に用いられる。

ブライニア・ディスティカ 〈*Breynia disticha* J. R. Forst. et G. Forst.〉トウダイグサ科。高さは1.5m。花は緑色。園芸植物。

ブライニカンジス 〈*Garcinia prainiana* King.〉オトギリソウ科の小木。熱帯植物。

ブライネア・インシグニス 〈*Brainea insignis* (Hook.) J. Sm.〉シシガシラ科の薬用植物。

ブライヤン ツバキ科のツバキの品種。

ブライリー・No.II 〈Blairii No. II〉バラ科。HCh。花は淡ピンク。

フライレア・カスタネア 〈*Frailea castanea* Backeb.〉サボテン科のサボテン。別名士童。径2〜3cm。花は黄色。園芸植物。

フライレア・カタフラクタ テンケイマルの別名。

フライレア・ピグマエア 〈*Frailea pygmaea* (Speg.) Britt. et Rose〉サボテン科のサボテン。別名釣の子。花は黄色。園芸植物。

フライレア・プミラ 〈*Frailea pumila* (Lem.) Britt. et Rose〉サボテン科のサボテン。別名虎の子。花は黄色。園芸植物。

フラウ・カール・ドルシュキ 〈Frau Karl Druschki〉バラ科。ハイブリッド・パーペチュアルローズ系。花は白色。

フラウ・ダグマー・ハルトップ 〈Frau Dagmar Hartopp〉バラ科。花はローズピンク。

ブラウニンギア・カンデラリス 〈*Browningia candelaris* (Meyen) Britt. et Rose〉サボテン科のサボテン。別名青銅竜。高さは2～3m。花は白色。園芸植物。

ブラウネア・アリザ 〈*Brownea ariza* Benth.〉マメ科の小高木。高さは6～20m。花は深紅色。園芸植物。

ブラウネア・グランディケプス オオホウカンボクの別名。

ブラウネア・コッキネア 〈*Brownea coccinea* Jacq.〉マメ科の小高木。別名ホウカンボク(宝冠木)。花は緋紅色。園芸植物。

ブラウネア・マクロフィラ 〈*Brownea macrophylla* Linden ex M. T. Mast.〉マメ科の小高木。花は橙深紅色。園芸植物。

ブラウン・ターキー クワ科のイチジク(無花果)の品種。果皮は紫褐色。

フラガリア・アナナッサ オランダイチゴの別名。

フラガリア・イイヌマエ ノウゴウイチゴの別名。

フラガリア・ヴァージニアナ 〈*Fragaria virginiana* Duchesne〉バラ科。果実は緋色～深紅色。園芸植物。

フラガリア・ウェスカ エゾヘビイチゴの別名。

フラガリア・オウァリス 〈*Fragaria ovalis* Rydb.〉バラ科。果実は赤色。園芸植物。

フラガリア・チロエンシス ブラックベリーの別名。

フラガリア・ベスカ バラ科。高山植物。

フラガリア・モスカタ 〈*Fragaria moschata* Duchese〉バラ科。高さは30cm。園芸植物。

ブラキカム 〈*Brachyscome iberidifolia* Benth.〉キク科の一年草。別名ヒメヨメナ(姫嫁菜)、ヒメコスモス。高さは30～40cm。花は青色。園芸植物。

ブラキカリキウム・ティルカレンセ 〈*Brachycalycium tilcarense* (Backeb.) Backeb.〉サボテン科のサボテン。別名新世界。高さは30～40cm。花は白色。園芸植物。

ブラキーキトン・ディスコロル 〈*Brachychiton discolor* F. Muell〉アオギリ科の落葉高木。

ブラキキルム・テネルム 〈*Brachychilum tenellum* K. Schum.〉ショウガ科の多年草。小形。園芸植物。

ブラキキルム・ホースフィールディー 〈*Brachychilum horsfieldii* (R. Br. ex Wall.) Petersen〉ショウガ科の多年草。高さは50～60cm。花は白または黄白色。園芸植物。

ブラキコム・ムルティフィダ キク科の宿根草。ブラキコメ ブラキカムの別名。

ブラキシヌス・キネンシス 〈*Fraxinus chinensis* Roxb.〉モクセイ科の薬用植物。

ブラキスコメ・イベリディフォリア ブラキカムの別名。

ブラキステルマ・バーベラエ 〈*Brachystelma barberae* Harv. ex Hook. f.〉ガガイモ科の多年草。別名竜卵窟。塊根は扁円形。園芸植物。

フラクシヌス・アメリカナ アメリカトネリコの別名。

フラクシヌス・アングスティフォリア ホソバトネリコの別名。

フラクシヌス・エクスケルシオル セイヨウトネリコの別名。

フラクシヌス・グリフィシー シマトネリコの別名。

フラクシヌス・シーボルディアナ マルバアオダモの別名。

フラクシヌス・プラティポダ シオジの別名。

フラクシヌス・ペンシルヴァニカ ビロドトネリコの別名。

フラクシヌス・ヤポニカ トネリコの別名。

フラクシヌス・ロンギクスピス ヤマトアオダモの別名。

ブラクストニア・ペルフォリアタ 〈*Blackstonia perfoliata* Hudson〉リンドウ科の多年草。高山植物。

フラグミテス・アウルトラリス ヨシの別名。

フラグミテス・カルカ セイコノヨシの別名。

フラグミペディウム ラン科の属総称。

フラグミペディウム・ウィッタツム 〈*Phragmipedium vittatum* (Vell.) Rolfe〉ラン科。高さは30cm。園芸植物。

フラグミペディウム・エクアドレンセ 〈*Phragmipedium ecuadorense* Garay〉ラン科。高さは30cm。花は緑色。園芸植物。

フラグミペディウム・カウダツム 〈*Phragmipedium caudatum* (Lindl.) Rolfe〉ラン科。高さは50～70cm。園芸植物。

フラグミペディウム・カリキヌム 〈*Phragmipedium caricinum* (Lindl.) Rolfe〉ラン科。高さは30cm。花は淡黄緑色。園芸植物。

フラグミペディウム・カルルム 〈*Phragmipedium Calurum*〉ラン科。花は淡紅色。園芸植物。

フラグミペディウム・グランデ 〈*Phragmipedium* Grande〉ラン科。花は黄緑褐色。園芸植物。

フラグミペディウム・クロチアヌム 〈*Phragmipedium klotzschianum* (Rchb. f.) Rolfe〉ラン科。高さは30cm。花は桃褐色。園芸植物。

フラグミペディウム・サージェンティアヌム 〈*Phragmipedium sargentianum* (Rolfe) Rolfe〉ラン科。高さは40～80cm。花は緑黄色。園芸植物。

フラグミペディウム・シュリミー 〈*Phragmipedium schlimii* (Linden et Rchb. f.) Rolfe〉ラン科。高さは25～30cm。花は淡桃紅色。園芸植物。

フラグミペディウム・シュロデラエ 〈*Phragmipedium* Schroderae〉ラン科。花は暗桃色。園芸植物。

フラグミペディウム・セデニー 〈*Phragmipedium* Sedenii〉ラン科。花は桃色。園芸植物。

フラグミペディウム・ドミニアヌム 〈*Phragmipedium* Dominianum〉ラン科。花は黄緑色。園芸植物。

フラグミペディウム・ハルトヴェギー 〈*Phragmipedium hartwegii* (Rchb. f.) L. O. Williams〉ラン科。高さは25cm。花は淡黄緑色。園芸植物。

フラグミペディウム・ピアセイ 〈*Phragmipedium pearcei* (Rchb. f.) Rauh et Sengh.〉ラン科。高さは40cm。花は褐色みが強い。園芸植物。

フラグミペディウム・ベセアエ 〈*Phragmipedium besseae* Dodson et Kuhn〉ラン科。高さは15～20cm。花は褐赤色。園芸植物。

フラグミペディウム・ボアセリアヌム 〈*Phragmipedium boisserianum* (Rchb. f.) Rolfe〉ラン科。高さは40～60cm。花は黄緑色。園芸植物。

フラグミペディウム・リンドレイアヌム 〈*Phragmipedium lindleyanum* (Schomb. ex Lindl.) Rolfe〉ラン科。高さは1m。花は黄緑色。園芸植物。

フラグミペディウム・ロンギフォリウム 〈*Phragmipedium longifolium* (Rchb. f. et Warsz.) Rolfe〉ラン科の多年草。高さは40cm。花は緑色。高山植物。園芸植物。

フラグモペジラム・グランデ フラグミペディウム・グランデの別名。

フラグランティシマム ツツジ科のシャクナゲの品種。園芸植物。

フラグラントファンタジー バラ科。ハイブリッド・ティーローズ系。花はオレンジ色。

ブラザー・カドフェル 〈Brother Cadfael〉バラ科。イングリッシュローズ系。花はピンク。

フラサバソウ 〈*Veronica hederifolia* L.〉ゴマノハグサ科の越年草。別名ツタノハイヌノフグリ。長さは10～30cm。花は淡青紫色。

プラサン 〈*Nephelium mutabile* BL.〉ムクロジ科の小木。果実は暗赤色。熱帯植物。

ブラシカ・ニグラ カラシの別名。

プラジョウノキ 〈*Pentaspadon officinalis* Houmes〉ウルシ科の高木。種子とその油は食用。熱帯植物。

ブラジリオプンティア・ブラジリエンシス 〈*Brasiliopuntia brasiliensis* (Willd.) A. Berger〉サボテン科のサボテン。別名葉団扇。高さは4m。花は黄色。園芸植物。

ブラジリカクツス・グレースネリ 〈*Brasilicactus graessneri* (K. Schum.) Backeb.〉サボテン科のサボテン。別名黄雪晃。径10cm。花は黄緑色。園芸植物。

ブラジリカクツス・ハゼルベルギー セッコウの別名。

ブラジルシシガシラ ブレクヌム・ブラジリエンセの別名。

ブラジルゾウゲヤシ アッタレア・フニフェラの別名。

ブラジルチドメグサ 〈*Hydrocotyle ranunculoides* L. f.〉セリ科の多年草。長さは1m。花は白色。

ブラジルデイコ エリスリナ・スペキオサの別名。

ブラジルトゲヤシ 〈*Bactris major* Jacq.〉ヤシ科。羽軸の中部や上部に細い刺がある。幹径10cm。熱帯植物。

ブラジルナットノキ 〈*Bertholletia excelsa* Humb. et Bonpl.〉サガリバナ科の常緑高木。果実は大型、球形、壁は木質で厚く堅い。高さは45m。花はクリーム色。熱帯植物。園芸植物。

ブラジルハシカグサモドキ 〈*Richardia brasiliensis* Gomez〉アカネ科。ハシカグサモドキに似るが、小堅果の溝の幅が広い。

ブラジルヒメヤシ ヒメヤシの別名。

ブラジルボク マメ科。

ブラジルマツ 〈*Araucaria angustifolia* (Bertol.) O. Kuntze〉ナンヨウスギ科の常緑大高木。別名パラナマツ。高さは30～60m。園芸植物。

ブラジルヤカランダノキ 〈*Jacaranda mimosifolia* D. Don〉ノウゼンカズラ科の落葉高木。高さは15m。花は青藤色。園芸植物。

ブラジルロウヤシ コペルニキア・プルニフェラの別名。

ブラジルワタ 〈*Gossypium brasiliense* Macfad.〉アオイ科の低木。果実は長く3室。高さ2m。花は黄色。熱帯植物。

フラスコモ シャジクモ科。

フラスコモダマシ 〈*Nitella imahorii* Wood〉シャジクモ科。

ブラストデスミアゴケ 〈*Blastodesmia albonigra* Zahlbr.〉 アオバゴケ科の地衣類。地衣体は類白。
ブランレリオカトレヤ ラン科。園芸植物。
プラタナス スズカケノキ科の属総称。
プラタナス スズカケノキの別名。
プラタヌス・アケリフォリア モミジバスズカケノキの別名。
プラタヌス・オッキデンタリス アメリカスズカケノキの別名。
プラタヌス・オリエンタリス スズカケノキの別名。
プラタヌス・ラケモサ 〈*Platanus racemosa* Nutt.〉スズカケノキ科の落葉高木。別名カリフォルニアスズカケノキ。高さは40m。園芸植物。
プラタンテーラ・キロランタ 〈*Platanthera chlorantha* Rchb.〉ラン科の多年草。
プラタンテーラ・ビフォリア 〈*Platanthera bifolia* L. C. Rich.〉ラン科の多年草。高山植物。
プラタンテラ・ホログロッティス ミズチドリの別名。
プラタンテラ・ヤポニカ ツレサギソウの別名。
ブラックカラー サトイモ科。園芸植物。
ブラック・クィーン ブドウ科のブドウ(葡萄)の品種。果皮は濃紫色。
ブラックサポテ カキノキ科。
ブラックジャック 〈*Quercus marilandica*〉ブナ科の木本。樹高10m。樹皮は黒色。
フラックス アマの別名。
ブラック・ティー 〈Black Tea〉バラ科のバラの品種。ハイブリッド・ティーローズ系。花は紫がかった朱色。
ブラックバッカラ バラ科のバラの品種。別名メイデベンネ。切り花に用いられる。
ブラックベリー 〈*Rubus fruticosus* L. Agg.〉バラ科の落葉低木。別名クロミキイチゴ。園芸植物。
ブラックベリー 〈*Fragaria chiloensis* (L.) Duchesne〉バラ科のキイチゴ類果樹の一群。葉は光沢のある濃緑色。園芸植物。
ブラック・マジック バラ科。ハイブリッド・ティーローズ系。
ブラッサヴォラ ラン科の属総称。
ブラッサヴォラ・アカウリス 〈*Brassavola acaulis* Lindl. et Paxt.〉ラン科。花は乳白色。園芸植物。
ブラッサヴォラ・ククラタ 〈*Brassavola cucullata* (L.) R. Br.〉ラン科。花は白色。園芸植物。
ブラッサヴォラ・グラウカ 〈*Brassavola glauca* Lindl.〉ラン科。花は白緑色。園芸植物。
ブラッサヴォラ・コルダタ 〈*Brassavola cordata* Lindl.〉ラン科。高さは30cm。花は淡緑〜淡緑黄色。園芸植物。

ブラッサヴォラ・ジミニー・クリケット 〈*Brassavola* Jimminey Cricket〉ラン科。花は淡緑白色。園芸植物。
ブラッサヴォラ・ツベルクラタ 〈*Brassavola tuberculata* Hook.〉ラン科。花は白〜黄白色。園芸植物。
ブラッサヴォラ・ディグビアナ 〈*Brassavola digbyana* Lindl.〉ラン科。花は緑黄色。園芸植物。
ブラッサヴォラ・ノドサ 〈*Brassavola nodosa* (L.) Lindl.〉ラン科の多年草。花は黄緑色。園芸植物。
ブラッシア ラン科の属総称。
ブラッシア・ウェルコサ 〈*Brassia verrucosa* Lindl.〉ラン科。高さは40〜50cm。花は白色。園芸植物。
ブラッシア・カウダタ 〈*Brassia caudata* (L.) Lindl.〉ラン科。高さは50〜60cm。花は淡黄色。園芸植物。
ブラッシア・ギレオウディアナ 〈*Brassia gireoudiana* Rchb. f. et Warsz.〉ラン科。高さは40〜50cm。花は淡緑白色。園芸植物。
ブラッシア・ベルコーサ ラン科。園芸植物。
ブラッシア・レクス 〈*Brassia* Rex〉ラン科。花は黄白色。園芸植物。
ブラッシア・ローレンセアナ 〈*Brassia lawrenceana* Lindl.〉ラン科。高さは40〜50cm。花は淡白黄緑色。園芸植物。
ブラッシア・ロンギシマ 〈*Brassia longissima* Hash.〉ラン科の多年草。園芸植物。
ブラッシカ・オレラケア 〈*Brassica oleracea* L.〉アブラナ科の草本。園芸植物。
ブラッシカ・レパンダ アブラナ科。高山植物。
ブラッシディウム・アロハ 〈× *Brassidium* Aloha〉ラン科。花は緑黄色。園芸植物。
ブラッシディウム・イエロー・ウィングズ 〈× *Brassidium* Yellow Wings〉ラン科。花は黄色。園芸植物。
ブラッシディウム・ヘッドライナー 〈× *Brassidium* Headliner〉ラン科。花は白色。園芸植物。
ブラッシノキ 〈*Callistemon speciosus* (Sims) DC.〉フトモモ科の常緑性低木または小高木。別名ブラシノキ。高さは2〜3m。花は鮮紅色。園芸植物。
ブラッシノキ フトモモ科の属総称。木本。樹高10m以下。
ブラッシュ バラ科。花は純白色。
ブラッシュ・ノアゼット 〈Blush Noisette〉バラ科。ノアゼット・ローズ系。花は淡ピンク。
ブラッシュ・ランブラー 〈Blush Rambler〉バラ科。ランブラー・ローズ系。花は淡ピンク。
ブラッシング・メイド ナス科のペチュニアの品種。園芸植物。

ブラッソエピデンドルム・アレックス・ホークス〈× *Brassoepidendrum* Alex Hawkes〉ラン科。花は白に緑を彩る。園芸植物。

ブラッソエピデンドルム・プセウドサ〈× *Brassoepidendrum* Pseudosa〉ラン科。花は淡黄色。園芸植物。

ブラッソカトレヤ・アルビオン〈× *Brassocattleya* Albion〉ラン科。花は白色。園芸植物。

ブラッソカトレヤ・エンプレス・オブ・ラシャ〈× *Brassocattleya* Empress of Russia〉ラン科。花は淡桃色。園芸植物。

ブラッソカトレヤ・オリンピック・メドウズ〈× *Brassocattleya* Olympic Meadows〉ラン科。花は緑色。園芸植物。

ブラッソカトレヤ・クリフトニー〈× *Brassocattleya* Cliftonii〉ラン科。花は淡紅紫色。園芸植物。

ブラッソカトレヤ・ジョージ・ウォード〈× *Brassocattleya* George Ward〉ラン科。花は乳白色。園芸植物。

ブラッソカトレヤ・シンシア〈× *Brassocattleya* Cynthia〉ラン科。花径が12〜13cm。園芸植物。

ブラッソカトレヤ・スター・ルビー〈× *Brassocattleya* Star Ruby〉ラン科。花は褐色。園芸植物。

ブラッソカトレヤ・ダフォディル〈× *Brassocattleya* Daffodil〉ラン科。花は杏色。園芸植物。

ブラッソカトレヤ・チェスティー・プラー〈× *Brassocattleya* Chesty Puller〉ラン科。花は淡桃色。園芸植物。

ブラッソカトレヤ・ディーセ〈× *Brassocattleya* Déesse〉ラン科。花は白色。園芸植物。

ブラッソカトレヤ・ディートリヒアナ〈× *Brassocattleya* Dietrichiana〉ラン科。花は乳白や濃桃色。園芸植物。

ブラッソカトレヤ・ドナ・キムラ〈× *Brassocattleya* Donna Kimura〉ラン科。花は白色。園芸植物。

ブラッソカトレヤ・ノヴェンバー・ブライド〈× *Brassocattleya* November Bride〉ラン科。花は明るいパステルカラー色。園芸植物。

ブラッソカトレヤ・ハイ・シエラ〈× *Brassocattleya* High Sierra〉ラン科。花は白色。園芸植物。

ブラッソカトレヤ・パストラル〈× *Brassocattleya* Pastoral〉ラン科。花は白色。園芸植物。

ブラッソカトレヤ・ハートランド〈× *Brassocattleya* Hartland〉ラン科。花は濃桃色。園芸植物。

ブラッソカトレヤ・ハリエト・モウズリー〈× *Brassocattleya* Harriet Moseley〉ラン科。花は淡いライムグリーン。園芸植物。

ブラッソカトレヤ・ビノサ〈× *Brassocattleya* Binosa〉ラン科。花は淡い緑色。園芸植物。

ブラッソカトレヤ・ピンク・デビュターント〈× *Brassocattleya* Pink Debutante〉ラン科。花はパステルピンク色。園芸植物。

ブラッソカトレヤ・プラチャブ〈× *Brassocattleya* Prachub〉ラン科。花は淡紫紅色。園芸植物。

ブラッソカトレヤ・プリンセス・テレサ〈× *Brassocattleya* Princess Teresa〉ラン科。花はごく淡い桃色。園芸植物。

ブラッソカトレヤ・プリンセス・パトリシア〈× *Brassocattleya* Princess Patricia〉ラン科。花は淡桃色。園芸植物。

ブラッソカトレヤ・ヘヴンズ・セイク〈× *Brassocattleya* Heaven's Sake〉ラン科。花は乳白色。園芸植物。

ブラッソカトレヤ・マイカイ〈× *Brassocattleya* Maikai〉ラン科。花は淡桃色。園芸植物。

ブラッソカトレヤ・マウント・アンダーソン〈× *Brassocattleya* Mount Anderson〉ラン科。花は淡桃または白色。園芸植物。

ブラッソカトレヤ・マウント・フッド〈× *Brassocattleya* Mount Hood〉ラン科。花は淡桃色。園芸植物。

ブラッソカトレヤ・マーセラ・コース〈× *Brassocattleya* Marcella Koss〉ラン科。花径13〜14cm。園芸植物。

ブラッソカトレヤ・ミセス・J.リーマン〈× *Brassocattleya* Mrs. J. Leemann〉ラン科。花は淡黄色。園芸植物。

ブラッソレリア・フラドサ〈× *Brassolaelia* Fladosa〉ラン科。花は黄色。園芸植物。

ブラッソレリア・リヒャルト・ミュラー〈× *Brassolaelia* Richard Mueller〉ラン科。花は橙赤〜橙黄、黄色。園芸植物。

ブラッソレリオカトレヤ・アリス・オースティン〈× *Brassolaeliocattleya* Alice Austin〉ラン科。花はレモン黄色。園芸植物。

ブラッソレリオカトレヤ・イロコイ・トレイル〈× *Brassolaeliocattleya* Iroquois Trail〉ラン科。花は赤ワイン色。園芸植物。

ブラッソレリオカトレヤ・ウィリアム・スチュアート〈× *Brassolaeliocattleya* William Stewart〉ラン科。花は明橙黄色。園芸植物。

ブラッソレリオカトレヤ・エイミー・ワカスギ〈× *Brassolaeliocattleya* Amy Wakasugi〉ラン科。花は紫紅色。園芸植物。

ブラッソレリオカトレヤ・エリザベス・ハーン〈× *Brassolaeliocattleya* Elizabeth Hearn〉ラン科。花は桃紅色。園芸植物。

ブラッソレリオカトレヤ・オーコーニー〈× *Brassolaeliocattleya* Oconee〉ラン科。花は極濃紫紅赤色。園芸植物。

ブラッソレリオカトレヤ・オサイアリス・ベイ 〈× *Brassolaeliocattleya* Osiris Bay〉ラン科。花は濃桃紅から濃紫紅、さらに濃い暗濃紅色。園芸植物。

ブラッソレリオカトレヤ・カドミウム・ライト 〈× *Brassolaeliocattleya* Cadmium Light〉ラン科。園芸植物。

ブラッソレリオカトレヤ・キーオウィー 〈× *Brassolaeliocattleya* Keowee〉ラン科。花は黄金色。園芸植物。

ブラッソレリオカトレヤ・キティー・クロッカー 〈× *Brassolaeliocattleya* Kitty Crocker〉ラン科。中輪。園芸植物。

ブラッソレリオカトレヤ・ギフト 〈× *Brassolaeliocattleya* Gift〉ラン科。園芸植物。

ブラッソレリオカトレヤ・グリニッジ 〈× *Brassolaeliocattleya* Greenwich〉ラン科。花は淡い青リンゴ色。園芸植物。

ブラッソレリオカトレヤ・グリーン・ジャイアント 〈× *Brassolaeliocattleya* Green Giant〉ラン科。花は緑色。園芸植物。

ブラッソレリオカトレヤ・ゴールデン・キー 〈× *Brassolaeliocattleya* Golden Key〉ラン科。花は黄色。園芸植物。

ブラッソレリオカトレヤ・ゴールデン・スリッパーズ 〈× *Brassolaeliocattleya* Golden Slippers〉ラン科。花は淡黄色。園芸植物。

ブラッソレリオカトレヤ・サウス・ギル 〈× *Brassolaeliocattleya* South Ghyll〉ラン科。花は赤みの強い濃紫紅色。園芸植物。

ブラッソレリオカトレヤ・ザンシット 〈× *Brassolaeliocattleya* Xanthette〉ラン科。花は淡黄色。園芸植物。

ブラッソレリオカトレヤ・ジェイン・シローズ 〈× *Brassolaeliocattleya* Jane Sherouse〉ラン科。花は暗酒赤色。園芸植物。

ブラッソレリオカトレヤ・ジェイン・ヘルトン 〈× *Brassolaeliocattleya* Jane Helton〉ラン科。花は淡黄色。園芸植物。

ブラッソレリオカトレヤ・ジャネル・トクナガ 〈× *Brassolaeliocattleya* Janelle Tokunaga〉ラン科。花は黄色。園芸植物。

ブラッソレリオカトレヤ・ジョージ・キング 〈× *Brassolaeliocattleya* George King〉ラン科。花はサーモンピンク色。園芸植物。

ブラッソレリオカトレヤ・シルヴィア・フライ 〈× *Brassolaeliocattleya* Sylvia Fry〉ラン科。花は淡いラベンダーピンク色。園芸植物。

ブラッソレリオカトレヤ・デイナ・トマス 〈× *Brassolaeliocattleya* Dana Thomas〉ラン科。花は黄色。園芸植物。

ブラッソレリオカトレヤ・デスティニー 〈× *Brassolaeliocattleya* Destiny〉ラン科。園芸植物。

ブラッソレリオカトレヤ・デューイ・フォレスト 〈× *Brassolaeliocattleya* Dewy Forest〉ラン科。花は淡緑や赤みが入る。園芸植物。

ブラッソレリオカトレヤ・トシエ・アオキ 〈× *Brassolaeliocattleya* Toshie Aoki〉ラン科。花は鮮黄色。園芸植物。

ブラッソレリオカトレヤ・ナコーチー 〈× *Brassolaeliocattleya* Nacouchee〉ラン科。花は淡いパステルピンク色。園芸植物。

ブラッソレリオカトレヤ・ノーマンズ・ベイ 〈× *Brassolaeliocattleya* Norman's Bay〉ラン科。花は紫紅色。園芸植物。

ブラッソレリオカトレヤ・バターカップ 〈× *Brassolaeliocattleya* Buttercup〉ラン科。花は純黄色。園芸植物。

ブラッソレリオカトレヤ・パミラ・ファレル 〈× *Brassolaeliocattleya* Pamela Farrell〉ラン科。花は濃紫紅色。園芸植物。

ブラッソレリオカトレヤ・パミラ・ヘザリントン 〈× *Brassolaeliocattleya* Pamela Hetherington〉ラン科。花は桃色。園芸植物。

ブラッソレリオカトレヤ・ハミング・バード 〈× *Brassolaeliocattleya* Humming Bird〉ラン科。花は淡緑色。園芸植物。

ブラッソレリオカトレヤ・ビリー 〈× *Brassolaeliocattleya* Billye〉ラン科。花は黄色。園芸植物。

ブラッソレリオカトレヤ・フェイ・ミヤモト 〈× *Brassolaeliocattleya* Faye Miyamoto〉ラン科。花はレモン黄色。園芸植物。

ブラッソレリオカトレヤ・フォーチュン 〈× *Brassolaeliocattleya* Fortune〉ラン科。園芸植物。

ブラッソレリオカトレヤ・ブライス・キャニオン 〈× *Brassolaeliocattleya* Bryce Canyon〉ラン科。花は深紅色。園芸植物。

ブラッソレリオカトレヤ・フランク・フォーダイス 〈× *Brassolaeliocattleya* Frank Fardyce〉ラン科。花は黄色。園芸植物。

ブラッソレリオカトレヤ・フランシス・マイルズ 〈× *Brassolaeliocattleya* Frances Miles〉ラン科。花は淡い緑黄色。園芸植物。

ブラッソレリオカトレヤ・ブルーメン・インゼル 〈× *Brassolaeliocattleya* Blumen Insel〉ラン科。花は深紫紅色。園芸植物。

ブラッソレリオカトレヤ・ヘロンズ・ギル 〈× *Brassolaeliocattleya* Herons Ghyll〉ラン科。花は紫紅色。園芸植物。

ブラッソレリオカトレヤ・ボタン・ディオール　〈× *Brassolaeliocattleya* Bouton D'Or〉ラン科。花は杏色。園芸植物。

ブラッソレリオカトレヤ・ポーツ・オブ・パラダイス　〈× *Brassolaeliocattleya* Ports of Paradise〉ラン科。花は緑色。園芸植物。

ブラッソレリオカトレヤ・マカハ・ボンファイアー　〈× *Brassolaeliocattleya* Makaha Bonfire〉ラン科。花は橙赤を帯びた強い濃紅赤色。園芸植物。

ブラッソレリオカトレヤ・マリブ・ジェム　〈× *Brassolaeliocattleya* Malibu Gem〉ラン科。花は赤みの強い鮮明なラベンダー色。園芸植物。

ブラッソレリオカトレヤ・マルワース　〈× *Brassolaeliocattleya* Malworth〉ラン科。花は混じりけのない黄色。園芸植物。

ブラッソレリオカトレヤ・マルワース・サンセット　〈× *Brassolaeliocattleya* Malworth Sunset〉ラン科。花は赤橙色。園芸植物。

ブラッソレリオカトレヤ・メモリア・クリスピン・ローサーレイス　〈× *Brassolaeliocattleya* Memoria Crispin Rosales〉ラン科。花は紅紫色。園芸植物。

ブラッソレリオカトレヤ・メモリア・ヘレン・ブラウン　〈× *Brassolaeliocattleya* Memoria Helen Brown〉ラン科。花は緑色。園芸植物。

ブラッソレリオカトレヤ・メモリア・ローズリン・ライズマン　〈× *Brassolaeliocattleya* Memoria Roselyn Reisman〉ラン科。花は濃紫紅色。園芸植物。

ブラッソレリオカトレヤ・メロー・ジェム　〈× *Brassolaeliocattleya* Mellow Gem〉ラン科。花は橙黄色。園芸植物。

ブラッソレリオカトレヤ・モルフロラ　〈× *Brassolaeliocattleya* Molflora〉ラン科。花は紫紅色。園芸植物。

ブラッソレリオカトレヤ・ライアノーズ　〈× *Brassolaeliocattleya* Lyonors〉ラン科。花は極濃紅紫色。園芸植物。

ブラッソレリオカトレヤ・リヴィング・ギフト　〈× *Brassolaeliocattleya* Living Gift〉ラン科。花は淡黄色。園芸植物。

ブラッソレリオカトレヤ・リヴィング・ゴールド　〈× *Brassolaeliocattleya* Living Gold〉ラン科。花は鮮黄色。園芸植物。

ブラッソレリオカトレヤ・レインジャー・シックス　〈× *Brassolaeliocattleya* Ranger Six〉ラン科。花は白色。園芸植物。

ブラッソレリオカトレヤ・レズリー・ホフマン　〈× *Brassolaeliocattleya* Leslie Hoffman〉ラン科。花は濃黄金色。園芸植物。

ブラッソレリオカトレヤ・ローレイン・マルワース　〈× *Brassolaeliocattleya* Lorraine Malworth〉ラン科。花は濃紫色。園芸植物。

ブラッソレリオカトレヤ・ワイキキ・サンセット　〈× *Brassolaeliocattleya* Waikiki Sunset〉ラン科。花は濃橙色。園芸植物。

プラティア・アングラタ　〈*Pratia angulata* (G. Forst.) Hook. f.〉キキョウ科の多年草。高さは6〜7cm。花は白色。園芸植物。

プラティア・プベルラ　〈*Pratia puberula* Benth.〉キキョウ科の多年草。高さは2〜3cm。花は淡紫色。園芸植物。

プラティケリウム　ビカクシダの別名。

プラティケリウム・アルキコルネ　〈*Platycerium alcicorne* Desv.〉ウラボシ科。ネスト・リーフは腎臓形。園芸植物。

プラティケリウム・アンディヌム　〈*Platycerium andinum* Bak.〉ウラボシ科。園芸植物。

プラティケリウム・ウォリッキー　〈*Platycerium wallichii* Hook.〉ウラボシ科。ネスト・リーフは褐色。園芸植物。

プラティケリウム・エリシー　〈*Platycerium ellisii* Bak.〉ウラボシ科。ネスト・リーフは円腎形。園芸植物。

プラティケリウム・エレファントティス　〈*Platycerium elephantotis* Schweinf.〉ウラボシ科。ネスト・リーフは長楕円形。園芸植物。

プラティケリウム・クアドリディコトムム　〈*Platycerium quadridichotomum* (Bonap.) Tardieu〉ウラボシ科。ネスト・リーフは不規則な長楕円形。園芸植物。

プラティケリウム・グランデ　〈*Platycerium grande* (Fée) Kunze〉ウラボシ科。ネスト・リーフは緑色。園芸植物。

プラティケリウム・コロナリウム　〈*Platycerium coronarium* (J. König ex O. F. Müll.) Desv.〉ウラボシ科。別名オオビカクシダモドキ。ネスト・リーフは長径50〜100cm。園芸植物。

プラティケリウム・ステマリア　〈*Platycerium stemaria* (Beauvois) Desv.〉ウラボシ科。ネスト・リーフは長さ40cm。園芸植物。

プラティケリウム・スペルブム　〈*Platycerium superbum* De Jonch. et Hennipm.〉ウラボシ科。樹上に着生。園芸植物。

プラティケリウム・ビフルカツム　ビカクシダの別名。

プラティケリウム・ホルタミー　〈*Platycerium holttumii* De Jonch. et Hennipm.〉ウラボシ科。ネスト・リーフは褐色。園芸植物。

プラティケリウム・マダガスカリエンセ　〈*Platycerium madagascariense* Bak.〉ウラボシ科。ネスト・リーフは腎臓形。園芸植物。

プラティケリウム・リドリー　〈*Platycerium ridleyi* Christ〉ウラボシ科。ネスト・リーフは腎臓形。園芸植物。

プラティケリウム・ワンダエ 〈*Platycerium wandae* Racib.〉ウラボシ科。ネスト・リーフは緑色。園芸植物。
プラティコドン・グランディフロルス キキョウの別名。
プラティステモン・カリフォルニクス 〈*Platystemon californicus* Benth.〉ケシ科の一年草。
ブラディミリア・ソウリエイ 〈*Vladimiria souliei* (Franch.) Ling.〉キク科の薬用植物。
フラテルナー ツバキ科の木本。
フラノキ 〈*Elateriospermum tapos* BL.〉トウダイグサ科の高木。葉身と葉柄の境に2個の腺がある。熱帯植物。
ブラヘア・ドゥルキス 〈*Brahea dulcis* (Kunth) Mart.〉ヤシ科。別名オオミブラヘアヤシ。高さは2〜7m。園芸植物。
ブラヘア・ベラ 〈*Brahea bella* L. H. Bailey〉ヤシ科。別名ブラヘアヤシ。高さは4〜10m。園芸植物。
ブラヘアヤシ ブラヘア・ベラの別名。
ブラボー ナデシコ科のテイアンサツスの品種。園芸植物。
フラミンゴ ツツジ科のアセビの品種。園芸植物。
フラミンゴ ナデシコ科のカスミソウの品種。園芸植物。
プラムコット サンタ・ローザの別名。
プラム・ダンディ 〈Plum Dandy〉バラ科。ミニアチュア・ローズ系。花は赤紫色。
フラワー・ガール ツバキ科のツバキの品種。
フラングラ セイヨウイソノキの別名。
フランクリニア・アラタマハ 〈*Franklinia alatamaha* Marsh.〉ツバキ科の落葉低木。別名フランクリンノキ。花は白色。園芸植物。
フランクリンノキ フランクリニア・アラタマハの別名。
プランコネラ 〈*Planchonella obovata* H. J. Lam.〉アカテツ科の高木。熱帯植物。
フランシーヌ・オースチン 〈Francine Austin〉バラ科。イングリッシュローズ系。花は白色。
フランスカイガンショウ 〈*Pinus pinaster*〉マツ科の高木。別名カイガンショウ、カイガンマツ、フッコクカイガンショウ。樹高35m。樹皮は紫褐色。薬用植物。園芸植物。
フランスギク 〈*Chrysanthemum leucanthemum* L.〉キク科の多年草。別名オクスアイ・デージー。高さは20〜100cm。花は白色。園芸植物。
フランスゴムノキ コバノゴムビワの別名。
フランスゼリ 〈*Bifora dicocca* Hoffm.〉セリ科の一年草。大散形花序の総花柄が長い。
フランスモミジ アケル・モンスペッスラヌムの別名。

フランソワズ・ジュランビル 〈François Juranville〉バラ科。クライミング・ローズ系。花はピンク。
プランタゴ・アシアティカ オオバコの別名。
プランタゴ・アトラータ オオバコ科。高山植物。
プランタゴ・アルピナ オオバコ科。別名ミヤマオオバコ。高山植物。
プランタゴ・カムチャティカ エゾオオバコの別名。
プランタゴ・プシリウム 〈*Plantago psyllium* L.〉オオバコ科の薬用植物。
プランタゴ・マヨル セイヨウオオバコの別名。
プランタゴ・メディア 〈*Plantago media* L.〉オオバコ科の多年草。
プランタゴ・ヤポニカ トウオオバコの別名。
プランタゴ・ランケオラタ ヘラオオバコの別名。
フランチェスカ 〈Francesca〉バラ科。ハイブリッド・ムスク・ローズ系。花はアプリコットイエロー。
ブラン・ドゥブル・ド・クーベル 〈Blanc Double de Coubert〉バラ科。ハイブリッド・ルゴサ・ローズ系。花は純白色。
ブランドフォーディア・グランディフロラ 〈*Blandfordia grandiflora* R. Br.〉ユリ科の低木。花は赤色。園芸植物。
ブランドフォーディア・ノビリス 〈*Blandfordia nobilis* Sm.〉ユリ科。花は赤褐色。園芸植物。
ブランドフォーディア・プニケア 〈*Blandfordia punicea* (Labill.) Sweet〉ユリ科。花は橙赤または鮮赤色。園芸植物。
フランネルゴケ 〈*Dictyonema morrei* (Nyl.) Henss.〉ケットゴケ科の地衣類。地衣体は腹面に白色の子実層。
プランバゴ ルリマツリの別名。
ブリウム・アルゲンテウム ギンゴケの別名。
ブリオニア・ディオイカ 〈*Bryonia dioica* Facq.〉ウリ科の多年草。
ブリオフィルム・ウニフロルム 〈*Bryophyllum uniflorum* (Stapf) A. Berger〉ベンケイソウ科の多肉植物。別名エンゼルランプ。花は赤ないし濃紅色。園芸植物。
ブリオフィルム・クレナツム 〈*Bryophyllum crenatum* Bak.〉ベンケイソウ科の多肉植物。別名胡蝶の舞。花は淡黄色。園芸植物。
ブリオフィルム・スカンデンス 〈*Bryophyllum scandens* (Perr.) A. Berger〉ベンケイソウ科の多肉植物。別名黒錦蝶。長さ2〜3m。花は帯黒紫色。園芸植物。
ブリオフィルム・ツビフロルム キンチョウの別名。
ブリオフィルム・デーグルモンティアヌム コダカラベンケイの別名。

ブリガドーン 〈Brigadoon〉 バラ科。ハイブリッド・ティーローズ系。花は淡いピンク。

プリカリア・ディセンテリカ 〈Pulicaria dysenterica Bernh.〉キク科の多年草。

ブリグハミア・ロッキー 〈Brighamia rockii St. John〉キキョウ科の低木。

ブリザ・マクシマ コバンソウの別名。

ブリザ・ミノル ヒメコバンソウの別名。

フリージア 〈Friesia〉 バラ科。フロリバンダ・ローズ系。

フリージア アヤメ科の属総称。別名アサギズイセン。切り花に用いられる。

フリージア・アームストロンギー 〈Freesia armstrongii W. Wats.〉アヤメ科。花は紅桃色。園芸植物。

フリシア・プルクラ 〈Frithia pulchra N. E. Br.〉ツルナ科。花は洋紅色。園芸植物。

フリージア・ブルーレディ アヤメ科。別名アサギズイセン。切り花に用いられる。

フリージア・レフラクタ 〈Freesia reflacta (Jacq.) Klatt〉アヤメ科の球根植物。別名アサギズイセン(浅黄水仙)。高さは30〜45cm。花は黄緑か鮮黄色。園芸植物。

プリスタイン 〈Pristine〉 バラ科。ハイブリッド・ティーローズ系。花は白色。

ブリストル・フェアリー ナデシコ科のカスミソウの品種。園芸植物。

ブリストル・ルビー スイカズラ科のワイゲラの品種。園芸植物。

プリスマトメリス 〈Prismatomeris malayana Ridl.〉アカネ科の低木。葉は民間薬、根皮は矢毒に混ぜる。花は白色。熱帯植物。

フリーセア パイナップル科の属総称。

フリーセア・インペリアリス 〈Vriesea imperialis E. Morr. ex Bak.〉パイナップル科の多年草。別名ミカドアナナス。高さは1〜2.5m。花は黄色。園芸植物。

フリーセア・エリトロダクティロン 〈Vriesea erythrodactylon E. Morr. ex Mez〉パイナップル科の多年草。花は黄色。園芸植物。

フリーセア・エレクタ パイナップル科。園芸植物。

フリーセア・ギガンテア 〈Vriesea gigantea Gaud.-Beaup.〉パイナップル科の多年草。高さは1.5m。花は白色。園芸植物。

フリーセア・グッタタ 〈Vriesea guttata Linden et André〉パイナップル科の多年草。花は黄色。園芸植物。

フリーセア・コルコバーデンシス 〈Vriesea corcovadensis (Britt.) Mez〉パイナップル科の多年草。高さは20cm。花は黄白色。園芸植物。

フリーセア・シュヴァッケアナ 〈Vriesea schwackeana Mez〉パイナップル科の多年草。花は淡黄色。園芸植物。

フリーセア・スカラリス 〈Vriesea scalaris E. Morr.〉パイナップル科の多年草。長さ15〜20cm。花は黄色。園芸植物。

フリーセア・スプレンデンス 〈Vriesea splendens (Brongn.) Lem.〉パイナップル科の多年草。別名トラフアナナス。高さは30〜35cm。花は濃黄色。園芸植物。

フリーセア・ソーンダーシー 〈Vriesea saundersii (Carrière) E. Morr. ex Mez〉パイナップル科の多年草。高さは30〜35cm。花は黄色。園芸植物。

フリーセア・テッセラータ パイナップル科。園芸植物。

フリーセア・ドレパノカルパ 〈Vriesea drepanocarpa (Bak.) Mez〉パイナップル科の多年草。花は黄白色。園芸植物。

フリーセア・ナナ 〈Vriesea × nana〉パイナップル科の多年草。花は黄色。園芸植物。

フリーセア・バリレティー 〈Vriesea barilletii E. Morr.〉パイナップル科の多年草。花は黄色。園芸植物。

フリーセア・ヒエログリフィカ 〈Vriesea hieroglyphica (Carrière) E. Morr.〉パイナップル科の多年草。高さは1〜1.5m。花は淡黄色。園芸植物。

フリーセア・フィリッポコブルギー 〈Vriesea philippocoburgii Wawra〉パイナップル科の多年草。高さは60〜70cm。花は黄色。園芸植物。

フリーセア・フェネストラリス 〈Vriesea fenestralis Linden et André〉パイナップル科の多年草。高さは40〜50cm。花は淡黄色。園芸植物。

フリーセア・プシッタキナ 〈Vriesea psittacina (Hook.) Lindl.〉パイナップル科の多年草。高さは35cm。花は濃黄色。園芸植物。

フリーセア・ブラジリア 〈Vriesea × brasilia〉パイナップル科の多年草。花茎が直立。園芸植物。

フリーセア・プラツマニー 〈Vriesea platzmannii E. Morr.〉パイナップル科の多年草。高さは60〜70cm。花は黄色。園芸植物。

フリーセア・プラティネマ 〈Vriesea platynema Gaud.-Beaup.〉パイナップル科の多年草。高さは40cm。花は緑白色。園芸植物。

フリーセア・ペールマニー オオインコアナナスの別名。

フリーセア・ポエルマンニー オオインコアナナスの別名。

フリーセア・マリアエ 〈Vriesea × mariae André〉パイナップル科の多年草。高さは30〜35cm。園芸植物。

フリセアマ

フリーセア・マルジネイ 〈*Vriesea malzinei* E. Morr.〉パイナップル科の多年草。高さは30〜40cm。花は白色。園芸植物。

フリーセア・ヨンギー 〈*Vriesea jonghii* (Libon ex K. Koch) E. Morr.〉パイナップル科の多年草。高さは40〜50cm。花はクリーム白色。園芸植物。

フリーセア・ラシナエ 〈*Vriesea racinae* L. B. Sm.〉パイナップル科の多年草。高さは12〜15cm。花は緑白色。園芸植物。

フリーセア・ルブラ 〈*Vriesea × rubra*〉パイナップル科の多年草。花は黄色。園芸植物。

フリーセア・ロッディガシアナ 〈*Vriesea roddigasiana* E. Morr.〉パイナップル科の多年草。高さは30〜35cm。花は黄色。園芸植物。

フリンデヤナギ 振袖柳 〈*Salix × leucopithecia* Kimura〉ヤナギ科の木本。高さは5m。園芸植物。切り花に用いられる。

プリチャーディア・サーストニー 〈*Pritchardia thurstonii* F. J. Muell. et Drude〉ヤシ科。別名ヒメフトエクマデヤシ。高さは4.5m。園芸植物。

プリチャーディア・パキフィカ 〈*Pritchardia pacifica* Seem. et H. Wendl.〉ヤシ科。別名フィジーフトエクマデヤシ。高さは9m。花は褐色がかった黄色。園芸植物。

プリチャーディア・ベッカリアナ 〈*Pritchardia beccariana* Rock〉ヤシ科。高さは18m。園芸植物。

プリチャーディア・レモタ 〈*Pritchardia remota* Becc.〉ヤシ科。別名チャボフトエクマデヤシ。高さは4〜5m。園芸植物。

フリッツ・ルーシー ホウライシダ科(ウラボシ科)のアジアンタムの品種。園芸植物。

プリティー スミレ科のタフテッド・パンジーの品種。園芸植物。

プリティー・ジェシカ 〈Pretty Jessica〉バラ科。イングリッシュローズ系。花はローズピンク。

フリティラリア ユリ科の属総称。球根植物。別名ヨウラクユリ、クラウンインペリアル。

フリティラリア・アクモペタラ 〈*Fritillaria acmopetala* Boiss.〉ユリ科の球根性多年草。高さは30〜40cm。花は緑色。園芸植物。

フリティラリア・アッシリアカ 〈*Fritillaria assyriaca* Bak.〉ユリ科の球根性多年草。高さは6cm。花は紫褐色。園芸植物。

フリティラリア・アマビリス ホソバナコバイモの別名。

フリティラリア・インペリアリス ヨウラクユリの別名。

フリティラリア・ウェルティキラタ バイモの別名。

フリティラリア・ウニブラクテアータ 〈*Fritillaria unibracteata* Hsiao et K. C. Hsiao.〉ユリ科の薬用植物。

フリティラリア・カムチャトケンシス クロユリの別名。

フリティラリア・キロサ 〈*Fritillaria cirrhosa* D. Don.〉ユリ科の薬用植物。

フリティラリア・キロサ・エキロサ 〈*Fritillaria cirrhosa* D. Don var. *ecirrhosa* Franch.〉ユリ科の薬用植物。

フリティラリア・グラエカ 〈*Fritillaria graeca* Boiss. et Sprun.〉ユリ科の球根性多年草。高さは20cm。花は赤褐色と緑色。園芸植物。

フリティラリア・クラッシフォリア 〈*Fritillaria crassifolia* Boiss. et Huet〉ユリ科の球根性多年草。高さは30cm。花は緑色。園芸植物。

フリティラリア・ゼヴェルツォウィー 〈*Fritillaria sewerzowii* Regel〉ユリ科の球根性多年草。高さは30〜45cm。花は灰緑色。園芸植物。

フリティラリア・ニグラ 〈*Fritillaria nigra* Mill.〉ユリ科の多年草。

フリティラリア・パリディフロラ 〈*Fritillaria pallidiflora* Schrenk〉ユリ科の球根性多年草。高さは15〜50cm。花は淡黄または黄色。園芸植物。

フリティラリア・ピレナイカ 〈*Fritillaria pyrenaica* L.〉ユリ科の球根性多年草。高さは30cm。花は紫紅褐色に淡黄緑の市松状模様。高山植物。園芸植物。

フリティラリア・プディカ ユリ科。高山植物。

フリティラリア・プルツェワルスキ 〈*Fritillaria przewalskii* Maxim ex Batalin.〉ユリ科の薬用植物。

フリティラリア・ペルシカ 〈*Fritillaria persica* L.〉ユリ科の球根性多年草。高さは30〜100cm。花は暗褐色または赤褐色。園芸植物。

フリティラリア・ミハイロフスキー 〈*Fritillaria michailovskyi* Fomin〉ユリ科の球根性多年草。高さは15cm。花は暗紫赤で灰を帯びる。園芸植物。

フリティラリア・メレアグリス 〈*Fritillaria meleagris* L.〉ユリ科の球根性多年草。高さは30cm。花は濃いチョコレート、赤紫紅、桃藤などに白の市松模様。高山植物。園芸植物。

フリティラリア・ヤポニカ コバイモの別名。

フリティラリア・ラティフォリア 〈*Fritillaria latifolia* Willd.〉ユリ科の球根性多年草。高さは20〜30cm。花は黄、紫褐色など。園芸植物。

フリティラリア・ルテニカ 〈*Fritillaria ruthenica* Wikstr.〉ユリ科の球根性多年草。高さは50cm。花はチョコレート赤とその淡の市松模様。園芸植物。

フリティラリア・ロイテリ 〈*Fritillaria reuteri* Boiss.〉ユリ科の球根性多年草。高さは25cm。花は赤栗色。園芸植物。

フリティラリア・ロイレイ 〈*Fritillaria roylei* Hook.〉ユリ科の多年草。高山植物。

フリードマンニー リュウゼツラン科のドラセナの品種。園芸植物。

プリマドンナ キキョウ科のロベリアの品種。園芸植物。

プリマ・バレリーナ 〈Prima Ballerina〉バラ科。ハイブリッド・ティーローズ系。花はピンク。

プリムラ サクラソウ科の属総称。別名サクラソウ。

プリムラ・アウランティアカ 〈*Primula aurantiaca* W. W. Sm. et Forr.〉サクラソウ科。高さは30cm。花は橙赤色。園芸植物。

プリムラ・アウリクラ オーリキュラの別名。

プリムラ・アコーリス イチゲサクラソウの別名。

プリムラ・アペンニナ 〈*Primula apennina* Widm.〉サクラソウ科。高さは6cm。花は紫紅色。園芸植物。

ブリムーラ・アメティスティナ 〈*Brimeura amethystina* (L.) Chouard〉ユリ科。高さは23cm♂。花は淡青色。園芸植物。

プリムラ・アモエナ 〈*Primula amoena* Bieb.〉サクラソウ科。高さは20cm。花は紫紅、藤色。園芸植物。

プリムラ・アリオニー 〈*Primula allionii* Loisel.〉サクラソウ科。花はピンク色。園芸植物。

プリムラ・アルピコラ 〈*Primula alpicola* (W. W. Sm.) Stapf〉サクラソウ科。花は白、黄、紫紅、紫など。園芸植物。

プリムラ・イェスアナ オオサクラソウの別名。

プリムラ・インウォルクラタ 〈*Primula involucrata* Wall.〉サクラソウ科。高さは2.5cm。花は白色。園芸植物。

プリムラ・インテグリフォリア 〈*Primula integrifolia* L.〉サクラソウ科。花は紫紅色。高山植物。園芸植物。

プリムラ・インテルメディア 〈*Primula × intermedia* Portenschl.〉サクラソウ科。園芸植物。

プリムラ・ヴィアリー プリムラ・ビアリーの別名。

プリムラ・ウィロサ 〈*Primula villosa* Wulfen〉サクラソウ科。高さは12～15cm。花は紫紅色。園芸植物。

プリムラ・ウェヌスタ 〈*Primula × venusta* Host〉サクラソウ科。花は濃紅～紫色。園芸植物。

プリムラ・ウェリス キバナノクリンザクラの別名。

プリムラ・ウォキネンシス 〈*Primula × vochinensis* Gusmus〉サクラソウ科。花は濃紅色。園芸植物。

プリムラ・ウルガリス イチゲサクラソウの別名。

プリムラ・ヴルフェニアナ 〈*Primula wulfeniana* Schott〉サクラソウ科。高さは5cm。花は濃桃色。園芸植物。

プリムラ・エッジワーシー 〈*Primula edgeworthii* (Hook. f.) Pax〉サクラソウ科。花は淡紫紅色。園芸植物。

プリムラ・エラティオール 〈*Primula elatior* (L.) J. Hill〉サクラソウ科。別名セイタカセイヨウサクラソウ。高さは30cm。花は硫黄色。高山植物。

プリムラ・オブコニカ トキワザクラの別名。

プリムラ・オーリキュラ オーリキュラの別名。

プリムラ・カピタタ ヒマラヤサクラソウの別名。

プリムラ・キオナンタ 〈*Primula chionantha* Balf. f. et Forr.〉サクラソウ科。花は白または淡桃色。園芸植物。

プリムラ・キソアナ カッコソウの別名。

プリムラ・キューエンシス 〈*Primula × kewensis* W. Wats.〉サクラソウ科。別名ヤグラザクラ、キューコザクラ。高さは40cm。花は鮮黄色。園芸植物。

プリムラ・クネイフォリア エゾコザクラの別名。

プリムラ・グラウケスケンス 〈*Primula glaucescens* Moretti〉サクラソウ科。花は淡い紫紅色。園芸植物。

プリムラ・グラキリペス 〈*Primula gracilipes* Craib〉サクラソウ科。花は鮮紫紅色。園芸植物。

プリムラ・クラーケイ 〈*Primula clarkei* G. Watt〉サクラソウ科。花はバラ桃色。園芸植物。

プリムラ・グリフィシー 〈*Primula griffithii* (G. Watt.) Pax〉サクラソウ科。高さは10～20cm。花は濃紫紅色。園芸植物。

プリムラ・クルシアナ 〈*Primula clusiana* Tausch〉サクラソウ科。高さは20cm。花は淡紅または藤色。高山植物。園芸植物。

プリムラ・グルティノサ 〈*Primula glutinosa* Wulf.〉サクラソウ科。花は紫色。高山植物。園芸植物。

プリムラ・ゲラニーフォリア 〈*Primula geraniifolia* Hook. f.〉サクラソウ科。園芸植物。

プリムラ・コードリアナ 〈*Primula cawdoriana* F. K. Ward〉サクラソウ科。高さは10～15cm。花は紫紅色。高山植物。園芸植物。

プリムラ・コーバーニアナ 〈*Primula cockburniana* Hemsl.〉サクラソウ科。花はオレンジ色。園芸植物。

プリムラ・コルツソイデス 〈*Primula cortusoides* L.〉サクラソウ科。花は濃桃色。園芸植物。

プリムラ・サクサティリス 〈*Primula saxatilis* Kom.〉サクラソウ科。花は淡紫藤色。園芸植物。

プリムラ・シアメンシス 〈*Primula siamensis* Craib〉サクラソウ科の多年草。

フリムラシ

プリムラ・シッキメンシス 〈Primula sikkimensis Hook.〉サクラソウ科の多年草。高さは1m。花は黄色。高山植物。園芸植物。

プリムラ・シネンシス チュウカザクラの別名。

プリムラ・ジュリアエ プリムラ・ジュリエの別名。

プリムラ・ジュリエ 〈Primula juliae Kuzn.〉サクラソウ科の宿根草。別名ジュリアナハイブリッド、ミニポリアンサ。花は紫紅色。園芸植物。

プリムラ・ストリクタ 〈Primula stricta Hornem.〉サクラソウ科の多年草。

プリムラ・スペクタビリス 〈Primula spectabilis Tratt.〉サクラソウ科。花は濃桃色。高山植物。園芸植物。

プリムラ・セクンディフロラ 〈Primula secundiflora Franch.〉サクラソウ科。高さは1m。花は赤を帯びた紫紅色。園芸植物。

プリムラ・セラティフォリア 〈Primula serratifolia Franch.〉サクラソウ科。高さは45cm。花は黄色。園芸植物。

プリムラ・ソンキフォリア 〈Primula sonchifolia Franch.〉サクラソウ科の多年草。

プリムラ・ダリアリカ 〈Primula darialica Rupr.〉サクラソウ科。花は濃桃色。園芸植物。

プリムラ・チュンゲンシス 〈Primula chungensis Balf. f. et F. K. Ward〉サクラソウ科。高さは60cm。花は黄色。園芸植物。

プリムラ・ディアナエ 〈Primula × dianae Balf. f. et R. E. Cooper〉サクラソウ科。花は濃桃色。園芸植物。

プリムラ・デンティクラータ タマザキサクラソウの別名。

プリムラ・ニッポニカ ヒナザクラの別名。

プリムラ・パリー 〈Primula parryi A. Gray〉サクラソウ科の草本。花は鮮やかな紫色。園芸植物。

プリムラ・ハレリ 〈Primula halleri J. F. Gmel.〉サクラソウ科の多年草。高山植物。園芸植物。

プリムラ・ビアリー 〈Primula vialii Delav. ex Franch.〉サクラソウ科の多年草。花は紫色。高山植物。園芸植物。

プリムラ・ビーシアナ 〈Primula beesiana Forr.〉サクラソウ科。高さは60cm。花は桃紅色。園芸植物。

プリムラ・ヒルスタ 〈Primula hirsuta All.〉サクラソウ科。花は濃桃色。高山植物。園芸植物。

プリムラ・ビレキー 〈Primula × bileckii Sünderm.〉サクラソウ科。高さは2～3cm。花は濃桃～紅色。園芸植物。

プリムラ・ファリノーサ セイヨウユキワリソウの別名。

プリムラ・ブーシー 〈Primula boothii Craib〉サクラソウ科。花は淡紫紅色。園芸植物。

プリムラ・ブータニカ 〈Primula bhutanica H. R. Fletch.〉サクラソウ科。花は青または青紫色。園芸植物。

プリムラ・プベスケンス 〈Primula × pubescens jacq.〉サクラソウ科。花形は丸弁。園芸植物。

プリムラ・プラエニテンス チュウカザクラの別名。

プリムラ・ブラクテオサ 〈Primula bracteosa Craib〉サクラソウ科。花は淡紫紅色。園芸植物。

プリムラ・フラッキダ 〈Primula flaccida Balakr.〉サクラソウ科。長さ25～45cm。花は淡紫または紫色。園芸植物。

プリムラ・ブリーアナ 〈Primula bulleyana Forr.〉サクラソウ科。蕾や茎にやや白粉がある。園芸植物。

プリムラ・プルウェルレンタ 〈Primula pulverulenta Duthie〉サクラソウ科。花は紅紫色。園芸植物。

プリムラ・プロリフェラ 〈Primula prolifera Wall.〉サクラソウ科の多年草。

プリムラ・フロリンダエ 〈Primula florindae F. K. Ward〉サクラソウ科。花はクリーム色。園芸植物。

プリムラ・フロンドサ 〈Primula frondosa Janka〉サクラソウ科。高さは15cm。花は桃紅または赤紫紅色。園芸植物。

プリムラ・ペデモンタナ サクラソウ科。高山植物。

プリムラ・ヘーリー 〈Primula × heerii Brügg.〉サクラソウ科。花は濃桃色。園芸植物。

プリムラ・ベリス 〈Primula officinalis Hill.〉サクラソウ科。別名キバナノクリンザクラ。高山植物。園芸植物。

プリムラ・ベルニナエ 〈Primula × berninae A. Kern.〉サクラソウ科。花は濃桃色。園芸植物。

プリムラ・ヘロドクサ 〈Primula helodoxa Balf. f.〉サクラソウ科の宿根草。別名キバナクリンソウ。高さは1m。花は黄色。園芸植物。

プリムラ・ポリアンサ 〈Primula × polyantha hort.〉サクラソウ科。別名クリンザクラ。高さは30cm。園芸植物。

プリムラ・ポリアンタ プリムラ・ポリアンサの別名。

プリムラ・ポリネウラ 〈Primula polyneura Franch.〉サクラソウ科。高さは40cm。花は濃桃色。園芸植物。

プリムラ・ポワソニー 〈Primula poissonii Franch.〉サクラソウ科。花は濃紫紅赤色。園芸植物。

プリムラ・マクロカルパ ヒメコザクラの別名。

プリムラ・マクロフィラ 〈Primula macrophylla Don〉サクラソウ科の多年草。高山植物。

プリムラ・マジェラニカ 〈*Primula magellanica* Lehm.〉サクラソウ科の多年草。
プリムラ・マラコイデス オトメザクラの別名。
プリムラ・マルギナタ 〈*Primula marginata* Curtis〉サクラソウ科。高さは3cm。花は藤色。高山植物。園芸植物。
プリムラ・ミニマ 〈*Primula minima* L.〉サクラソウ科。花はピンク色。高山植物。園芸植物。
プリムラ・モデスタ ユキワリソウの別名。
プリムラ・ヤポニカ クリンソウの別名。
プリムラ・ヤルゴンゲンシス 〈*Primula yargongensis* Petitm.〉サクラソウ科。花は紫紅色。園芸植物。
プリムラ・ライニー コイワザクラの別名。
プリムラ・ラティフォリア 〈*Primula latifolia* Lapeyr.〉サクラソウ科。花は濃桃〜紫紅色。高山植物。園芸植物。
プリムラ・リーディー 〈*Primula reidii* Duthie〉サクラソウ科の多年草。高さは10cm。花は白色。園芸植物。
プリムラ・ルテオラ 〈*Primula luteola* Rupr.〉サクラソウ科。高さは20〜35cm。花は淡黄色。園芸植物。
プリムラ・ロセア ヒメザクラの別名。
プリメロダーク ナデシコ科のカーネーションの品種。草本。切り花に用いられる。
ブリヤンタイシア・パツラ 〈*Brillantaisia patula* T. Anderson〉キツネノマゴ科の多年草。高さは2〜3m。園芸植物。
ブリヤンタイシア・ラミウム 〈*Brillantaisia lamium* (Nees) Benth.〉キツネノマゴ科の多年草。高さは1〜1.5m。花は濃紫青色。園芸植物。
フリュイテ 〈Fruité〉バラ科。フロリバンダ・ローズ系。花はオレンジ色。
フリューリングズアンファン 〈Frühlingsanfang〉バラ科。ハイブリッド・スピノシッシマ・ローズ系。
フリューリングズドゥフト 〈Frühlingsduft〉バラ科。ハイブリッド・スピノシッシマ・ローズ系。花はレモンイエロー。
フリューリングズモルゲン 〈Frühlingsmorgen〉バラ科。ハイブリッド・スピノッシマ・ローズ系。花は黄色。
ブリュワートウヒ 〈*Picea breweriana* S. Wats.〉マツ科の常緑高木。別名シダレベイトウヒ。樹高35m。樹皮は灰紫色。園芸植物。
ブリリアントスカーレット バラ科。ハイブリッド・ティーローズ系。花は濃いピンク。
ブリリアント・メイアンディナ 〈Brilliant Meillandina〉バラ科のバラの品種。別名'メイラノガ'。ミニアチュア・ローズ系。花は朱赤色。園芸植物。

フリワケサンゴバナ 〈*Justicia ghiesbreghtiana* Lem.〉キツネノマゴ科の観賞用低木状草本。高さは1〜1.5m。花は橙赤色。熱帯植物。園芸植物。
プリングレア・アンティスコルブティカ 〈*Pringlea antiscorbutica* R. Br. ex Hook. f.〉アブラナ科の一年草。
フリンジド・ビューティー ユリ科のチューリップの品種。園芸植物。
フリンジ・ミックス シソ科のコリウスの品種。園芸植物。
プリンス ラン科のレリオカトレヤ・エバの品種。園芸植物。
プリンス・カミユ・ド・ロアン 〈Prince Camille de Rohan〉バラ科。ハイブリッド・パーペチュアルローズ系。花は濃紅色。
プリンス・メイアンディナ 〈Prince Meillandina〉バラ科。花は赤色。
プリンセス・オブ・ウェールズ 〈Princess of Wales〉バラ科。
プリンセス・オブ・ハノーヴァー シュウカイドウ科のベゴニアの品種。園芸植物。
プリンセス・チチブ 〈Princess Chichibu〉バラ科のバラの品種。フロリバンダ・ローズ系。花は濃いローズレッド。園芸植物。
プリンセス・ドゥ・モナコ 〈Princesse de Monaco〉バラ科。
プリンセス・ミカエル・オブ・ケント 〈Princess Michael of Kent〉バラ科。フロリバンダ・ローズ系。
プリンセス・ミチコ バラ科のバラの品種。園芸植物。
プリンセピア・ウニフローラ 〈*Prinsepia uniflora* Batal.〉バラ科の薬用植物。
ブリンチュウ 武倫柱 〈*Pachycereus pringlei* (S. Wats.) Britt. et Rose〉サボテン科のサボテン。高さは10m。花は白色。園芸植物。
ブルーアイス ヒノキ科のアリゾナイトスギの品種。
フルイサルオガセ 〈*Usnea merrillii* Mot.〉サルオガセ科の地衣類。地衣体は横に輪状の割れ目。
ブルウキモ 〈*Nereocystis luetkeana* (Mert.) Post. et Rupr.〉コンブ科の海藻。
ブルーエンジェル ヒノキ科のコロラドビャクシンの品種。
ブルーカーペット ヒノキ科のニイタカビャクシンの品種。
ブルーカーペット コンボルブルス・サバティウスの別名。
ブルキガタパチヤ 〈*Palaquium burckii* H. J. Lam.〉アカテツ科の高木。葉裏褐毛、グッタペルカを採る。熱帯植物。
ブルー・キング ユキノシタ科のアジサイの品種。園芸植物。

ブルグマンシア ナス科の属総称。別名キダチチョウセンアサガオ、コダチチョウセンアサガオ。

フルクラエア・ウンドゥラタ 〈Furcraea undulata Jacobi〉リュウゼツラン科。花は淡緑色。園芸植物。

フルクラエア・フォエティダ 〈Furcraea foetida (L.) Haw.〉リュウゼツラン科。花は緑を帯びた白色。園芸植物。

フルクラエア・ヘクサペタラ 〈Furcraea hexapetala (Jacq.) Urb.〉リュウゼツラン科。花は乳白色。園芸植物。

ブルー・クリップ キキョウ科のカンパニュラの品種。園芸植物。

フルクレア・セロア ヒガンバナ科。園芸植物。

フルクレサイザル 〈Furcraea gigantea Vent〉リュウゼツラン科の低木。葉長さ120cm、幅12cm、青緑色。熱帯植物。

ブルークローバー マメ科。

ブルグント'81 〈Burgund'81〉バラ科。ハイブリッド・ティーローズ系。花は濃紅色。

ブルケア・ジャバニカ 〈Brucea javanica (L.) Merr.〉ニガキ科の薬用植物。

ブルケルリア アカネ科の属総称。

フルコン・レッド ナス科のペチュニアの品種。園芸植物。

プルサティラ・アルピナ 〈Pulsatilla alpina (L.) Delarbre〉キンポウゲ科の多年草。高さは15～35cm。高山植物。園芸植物。

プルサティラ・アルピナ・アピィフォリア キンポウゲ科。高山植物。

プルサティラ・ウェルナリス 〈Pulsatilla vernalis (L.) Mill.〉キンポウゲ科の多年草。別名ハルオキナグサ。高さは5～15cm。園芸植物。

プルサティラ・ウルガリス セイヨウオキナグサの別名。

プルサティラ・ケルヌア オキナグサの別名。

プルサティラ・コレアーナ 〈Pulsatilla koreana (Yabe) Nakai ex Mori.〉キンポウゲ科の薬用植物。

プルサティラ・ダフリカ 〈Pulsatilla dahurica (Fisch.) Spreng.〉キンポウゲ科の薬用植物。

プルサティラ・ニッポニカ ツクモグサの別名。

プルサティラ・ハレリ 〈Pulsatilla halleri (All.) Willd.〉キンポウゲ科の多年草。高さは30cm。園芸植物。

プルサティラ・プラテンシス 〈Pulsatilla pratensis (L.) Mill.〉キンポウゲ科の多年草。高さは30cm。高山植物。園芸植物。

プルサティラ・ベルナリス キンポウゲ科。高山植物。

ブルー・サファイア アヤメ科のジャーマン・アイリスの品種。園芸植物。

ブルーサルビア 〈Salvia farinacea Benth.〉シソ科の草本。別名ケショウサルビア。花は藤青色。園芸植物。切り花に用いられる。

ブルー・ジョイ ラン科のバンデノプシスの品種。園芸植物。

ブルースター 瑠璃唐綿 〈Oxypetalum caeruleum Decne.〉ガガイモ科の多年草。別名オキシペタラム、ルリトウワタ(瑠璃唐綿)。園芸植物。切り花に用いられる。

ブルースター ヒノキ科のニイタカビャクシンの品種。

ブルセラ・ファガロイデス 〈Bursera fagaroides (H. B. K.) Engl.〉カンラン科の木本。高さは50～100cm。園芸植物。

ブルソネティア・カジノキ コウゾの別名。

ブルソネティア・ケンペリ ツルコウゾの別名。

ブルソネティア・パピリフェラ カジノキの別名。

ブルー・ダイヤモンド アヤメ科のグラジオラスの品種。園芸植物。

プルチノ・ミックス キク科のヒャクニチソウの品種。園芸植物。

フルーツセンテッド・セージ シソ科のハーブ。

ブルー・デージー 〈Felicia amelloides (L.) Voss〉キク科の宿根草。別名ブルーマーガレット、ルリヒナギク(瑠璃雛菊)。高さは1m。花は淡青色。園芸植物。

フルテミア・ペルシカ 〈Hulthemia persica Bornm.〉バラ科の落葉小低木。

ブルニア・ストコエイ 〈Brunia stokoei Phillips〉ブルニア科の低木。

プルヌス・アウィウム セイヨウミザクラの別名。

プルヌス・アペタラ チョウジザクラの別名。

プルヌス・イエドエンシス ソメイヨシノの別名。

プルヌス・インキサ マメザクラの別名。

プルヌス・ヴァージニアナ 〈Prunus virginiana L.〉バラ科。葉は楕円形～倒卵形。園芸植物。

プルヌス・ウェレクンダ カスミザクラの別名。

プルヌス・エッフスス 〈Prunus × effusus (Host) C. K. Schneid.〉バラ科。酸味が強い。園芸植物。

プルヌス・エマルギナタ 〈Prunus emarginata (Dougl. ex Hook.) Walp.〉バラ科。高さは1～6m。園芸植物。

プルヌス・カルメシナ バラ科。別名ヒマラヤヒザクラ。高山植物。

プルヌス・カンパヌラタ カンヒザクラの別名。

プルヌス・クネアタ 〈Prunus cuneata Raf.〉バラ科。葉は楕円形～長楕円形。園芸植物。

プルヌス・グランドゥロサ ニワザクラの別名。

プルヌス・グレイアナ ウワミズザクラの別名。

プルヌス・ケラシフェラ ミロバランスモモの別名。

プルヌス・ケラスス スミノミザクラの別名。

プルヌス・コンラディナエ 〈*Prunus conradinae* Koehne〉バラ科の落葉高木。
プルヌス・サージェンティー オオヤマザクラの別名。
プルヌス・シビリカ モウコアンズの別名。
プルヌス・スシオリ シウリザクラの別名。
プルヌス・スブヒルテラ ポール・リコーの別名。
プルヌス・トメントサ ユスラウメの別名。
プルヌス・ニッポニカ ミネザクラの別名。
プルヌス・パウキフロラ 〈*Prunus pauciflora* Bunge〉バラ科。別名カラミザクラ。高さは2〜3m。園芸植物。
プルヌス・パルウィフォリア 〈*Prunus* × *parvifolia* Koehne〉バラ科。高さは10〜15m。花は淡白紅または白色。園芸植物。
プルヌス・ビュルゲリアナ イヌザクラの別名。
プルヌス・プセウドケラスス シナミザクラの別名。
プルヌス・プミラ 〈*Prunus pumia* L.〉バラ科。高さは2.5m。園芸植物。
プルヌス・フルティコサ 〈*Prunus fruticosa* Pall.〉バラ科。高さは1m。花は白色。園芸植物。
プルヌス・ベッシー 〈*Prunus besseyi* L. H. Bailey〉バラ科。果実は紫黒色。園芸植物。
プルヌス・マクシモヴィッチー ミヤマザクラの別名。
プルヌス・マハレブ 〈*Prunus mahaleb* L.〉バラ科。高さは9m。花は白色。園芸植物。
プルヌス・マンシュリカ マンシュウアンズの別名。
プルヌス・ヤポニカ ニワウメの別名。
プルヌス・ヤマサクラ ヤマザクラの別名。
プルヌス・ラウロケラスス セイヨウバクチノキの別名。
プルヌス・ランネシアナ 〈*Prunus lannesiana* (Carrière) E. H. Wils.〉バラ科。高さは8〜15m。花は白色。園芸植物。
プルネラ・ウェッビアナ 〈*Prunella webbiana* hort. ex J. B. Keller et W. Mill.〉シソ科。別名シンナイウツボ。高さは15cm。園芸植物。
プルネラ・ウルガリス 〈*Prunella vulgaris* L.〉シソ科。園芸植物。
プルネラ・グランディフロラ 〈*Prunella grandiflora* (L.) Scholl.〉シソ科。別名タイリンウツボグサ。高さは15〜30cm。花は紅紫色。園芸植物。
プルネラ・プルネリフォルミス タテヤマウツボグサの別名。
プルネラ・マクロフィラ 〈*Brunnera macrophylla* (Adams) I. M. Johnst.〉ムラサキ科。高さは40cm。園芸植物。
プルネラ・ラキニアータ 〈*Prunella laciniata* Walt.〉シソ科の多年草。

フルノコゴケ 〈*Trocholejeunea sandvicensis* (Gottsche) Mizut.〉クサリゴケ科のコケ。淡緑色〜黄緑色、茎は長さ1〜2cm。
ブルーパシフィック ヒノキ科のハイネズの品種。
ブルー・バード アオイ科のムクゲの品種。園芸植物。
ブルー・パヒューム 〈Blue Perfume/Blue Parfum〉バラ科。ハイブリッド・ティーローズ系。花は紫色。
ブルー・バユー 〈Blue Bajou〉バラ科。フロリバンダ・ローズ系。花は紫色。
ブルー・パロット ユリ科のチューリップの品種。園芸植物。
プルピエ タチスベリヒユの別名。
ブルー・ピコティ ナス科のペチュニアの品種。園芸植物。
ブルー・ピーター アヤメ科のクロッカスの品種。園芸植物。
ブルビネ・セミバルバタ 〈*Bulbine semibarbata* (R. Br.) Haw.〉ユリ科。花は黄色。園芸植物。
ブルビネ・メセンブリアントイデス 〈*Bulbine mesembryanthoides* Haw.〉ユリ科。葉は長さ16mm。園芸植物。
ブルビネラ ユリ科の属総称。球根植物。別名キャッツテール、バルビネラ。
ブルビネラ・カウド-フェリス 〈*Bulbinella caudfelis* (L.) T. Durand et Schinz〉ユリ科。高さは60cm。花は白色。園芸植物。
ブルビネラ・フロリブンダ 〈*Bulbinella floribunda* (Ait.) T. Durand et Schinz〉ユリ科。別名バルビネラ。高さは1m。花は鮮黄色。園芸植物。切り花に用いられる。
ブルーファンフラワー 〈*Scaevola aemule* 'Blue Wonder'〉クサトベラ科。
ブルーヘブン ヒノキ科のコロラドビャクシンの品種。
ブルーベリー ツツジ科のスノキ属の低木群総称。木本。別名クロマメノキ。園芸植物。
ブルー・ボーイ キク科のヤグルマソウの品種。園芸植物。
ブルーポイント ヒノキ科のビャクシンの品種。
ブルボコディウム・ウェルヌム 〈*Bulbocodium vernum* L.〉ユリ科。高さは10cm。花はローズ紫色。園芸植物。
ブルボフィルム・アッフィネ クスクスランの別名。
ブルボフィルム・アンブロシア 〈*Bulbophyllum ambrosia* (Hance) Schlechter〉ラン科。花は白地に紫絣色。園芸植物。

ブルボフィルム・ウァギナツム 〈*Bulbophyllum vaginatum* (Lindl.) Rchb. f.〉ラン科。茎の長さ10cm。花は淡黄白色。園芸植物。

ブルボフィルム・オルナティッシムム 〈*Bulbophyllum ornatissimum* (Rchb. f.) J. J. Sm.〉ラン科。茎の長さ10cm。花は淡黄緑色。園芸植物。

ブルボフィルム・グッツラツム 〈*Bulbophyllum guttulatum* Wall. ex Hook. f.〉ラン科。茎の長さ15cm。花は黄褐色。園芸植物。

ブルボフィルム・グラキリムム 〈*Bulbophyllum gracillimum* (Rolfe) Rolfe〉ラン科。高さは20cm。花は濃赤色。園芸植物。

ブルボフィルム・クラッシペス 〈*Bulbophyllum crassipes* Hook. f.〉ラン科。茎の長さ10〜15cm。花は桃紫色。園芸植物。

ブルボフィルム・グランディフロルム 〈*Bulbophyllum grandiflorum* Blume〉ラン科。花は淡緑色。園芸植物。

ブルボフィルム・シッキメンセ 〈*Bulbophyllum sikkiimense* (King et Pantl.) J. J. Sm.〉ラン科。茎の長さ5cm。花は緑黄褐色。園芸植物。

ブルボフィルム・ディアレイ 〈*Bulbophyllum dearei* (hort.) Rchb. f.〉ラン科。高さは10〜15cm。花は黄色。園芸植物。

ブルボフィルム・デイジー・チェーン 〈*Bulbophyllum* Daisy Chain〉ラン科。高さは20cm。花は褐赤色。園芸植物。

ブルボフィルム・トリステ 〈*Bulbophyllum triste* Rchb. f.〉ラン科。茎の長さ6〜12cm。花は黒紫色。園芸植物。

ブルボフィルム・バルビゲルム 〈*Bulbophyllum barbigerum* Lindl.〉ラン科。高さは10〜15cm。花は白色。園芸植物。

ブルボフィルム・ヒルツム 〈*Bulbophyllum hirtum* (Sm.) Lindl.〉ラン科。花は黄色。園芸植物。

ブルボフィルム・フレッチャーリアヌム 〈*Bulbophyllum fletcherianum* Rolfe〉ラン科。花はビロード状暗紫赤色。園芸植物。

ブルボフィルム・ブレファリステス 〈*Bulbophyllum blepharistes* Rchb. f.〉ラン科。茎の長さ20cm。園芸植物。

ブルボフィルム・ペクティナツム 〈*Bulbophyllum pectinatum* Finet〉ラン科。別名ユリラン。花は緑黄色。園芸植物。

ブルボフィルム・ベッカリー 〈*Bulbophyllum beccarii* Rchb. f.〉ラン科。茎の長さ25cm。花は白色。園芸植物。

ブルボフィルム・マクランツム 〈*Bulbophyllum macranthum* (Lindl.) Lindl.〉ラン科。花は白色。園芸植物。

ブルボフィルム・マクレイー シコウランの別名。

ブルボフィルム・マコヤヌム 〈*Bulbophyllum makoyanum* (Rchb. f.) Ridl.〉ラン科。茎の長さ15〜25cm。花は白地に桃紫色。園芸植物。

ブルボフィルム・メデュサエ 〈*Bulbophyllum medusae* (Lindl.) Rchb. f.〉ラン科。茎の長さ15cm。花は白〜淡黄色。園芸植物。

ブルボフィルム・ラシオキルム 〈*Bulbophyllum lasiochilum* C. Parish et Rchb. f.〉ラン科。黒紫色の斑紋を有する。茎の長さ3〜5cm。園芸植物。

ブルボフィルム・ルイス・サンダー 〈*Bulbophyllum* Louis Sander〉ラン科。茎の長さ10〜15cm。花は赤褐色。園芸植物。

ブルボフィルム・レオパルディヌム 〈*Bulbophyllum leopardinum* (Wall.) Lindl.〉ラン科。花は緑黄色。園芸植物。

ブルボフィルム・レフラクツム 〈*Bulbophyllum refractum* (Zoll.) Rchb. f.〉ラン科。茎の長さ10cm。花は緑黄褐色。園芸植物。

ブルボフィルム・ロスチャイルディアヌム 〈*Bulbophyllum rothschildianum* (O'Brien) J. J. Sm.〉ラン科。茎の長さ20cm。花は桃紫色。園芸植物。

ブルボフィルム・ロビー 〈*Bulbophyllum lobbii* Lindl.〉ラン科。高さは15cm。花は黄褐色。園芸植物。

ブルボフィルム・ロンギッシムム 〈*Bulbophyllum longissimum* (Ridl.) Ridl.〉ラン科。花は乳白色。園芸植物。

ブルボフィルム・ロンギフロルム 〈*Bulbophyllum longiflorum* Thouars〉ラン科。花は淡黄色。園芸植物。

ブルボン・カルネ・ブラン 〈Bourbon Carne Blanc〉バラ科。ブルボン・ローズ系。花は白色。

ブルボン・クイーン 〈Bourbon Queen〉バラ科。ブルボン・ローズ系。

ブルー・マウンテン キキョウ科のヤシオネの品種。園芸植物。

ブルーマーガレット ブルー・デージーの別名。

ブルー・マジック アヤメ科のダッチ・アイリスの品種。園芸植物。

ブルー・マゼンタ 〈Bleu Magenta〉バラ科。花はグレーパープル。

ブルー・ムーン 〈Blue Moon〉バラ科のバラの品種。別名Blue Monday/Sissi。ハイブリッド・ティーローズ系。花は青色。園芸植物。

プルメリア キョウチクトウ科の属総称。別名インドソケイ。切り花に用いられる。

プルメリア・オブツサ 〈*Plumeria obtusa* L.〉キョウチクトウ科の木本。花は白色。園芸植物。

ブルーメリア・クロケア 〈*Bloomeria crocea* (Torr.) Cov.〉ユリ科。花は橙黄色。園芸植物。

プルメリア・ルブラ インドソケイの別名。
プルメリア・ルブラ・アクティフォリア 〈*Plumeria rubra-acutifolia* L.〉キョウチクトウ科の低木。
プルモナリア・アングスティフォリア 〈*Pulmonaria angustifolia* L.〉ムラサキ科の多年草。花は純青色。高山植物。園芸植物。
プルモナリア・オッフィキナリス 〈*Pulmonaria officinalis* L.〉ムラサキ科の多年草。高さは30cm。花は桃、後に藤青色。園芸植物。
プルモナリア・サッカラタ 〈*Pulmonaria saccharata* Mill.〉ムラサキ科の多年草。高さは30cm。花は初め桃であるが、青を帯びてくる。園芸植物。
プルモナリア・モリス 〈*Pulmonaria mollis* Wulfen ex Hornem〉ムラサキ科の多年草。高さは45cm。花は青、後に紫紅または珊瑚赤色。園芸植物。
プルモナリア・ルブラ 〈*Pulmonaria rubra* Schott〉ムラサキ科の多年草。花は珊瑚赤色。園芸植物。
ブルー・リバー 〈Blue River〉バラ科。ハイブリッド・ティーローズ系。花は藤色。
ブルーリボン セリ科のエリンギウムの品種。切り花に用いられる。
ブルーレースフラワー ディディスカスの別名。
プルーン バラ科。
ブルンスヴィギア ヒガンバナ科の属総称。球根植物。
ブルンスヴィギア・オリエンタリス 〈*Brunsvigia orientalis* (L.) Ait. ex Eckl.〉ヒガンバナ科。高さは30～50cm。花はピンク、赤色。園芸植物。
ブルンスヴィギア・グレガリア 〈*Brunsvigia gregaria* R. A. Dyer〉ヒガンバナ科。高さは20～25cm。花はピンク色～緋色。園芸植物。
ブルンスヴィギア・マルギナタ 〈*Brunsvigia marginata* (Jacq.) Ait.〉ヒガンバナ科。高さは20cm。花は緋色。園芸植物。
プルンバゴ イソマツ科の属総称。別名ルリマツリ、ブルームーン。
プルンバゴ・アウリクラタ ルリマツリの別名。
プルンバゴ・インディカ アカマツリの別名。
プルンバーゴ・カペンシス ルリマツリの別名。
プルンバゴ・ゼイラニカ セイロンマツリの別名。
ブルンフェルシア ナス科の属総称。別名バンマツリ。
ブルンフェルシア・アウストラリス ニオイバンマツリの別名。
ブルンフェルシア・アメリカナ 〈*Brunfelsia americana* L.〉ナス科の木本。別名アメリカバンマツリ。高さは2～3m。花は白、後に黄となる。園芸植物。
ブルンフェルシア・ウニフロラ バンマツリの別名。
ブルンフェルシア・ニティダ 〈*Brunfelsia nitida* Benth.〉ナス科の木本。高さは2m。花は白色。園芸植物。
ブルンフェルシア・パウキフロラ 〈*Brunfelsia pauciflora* (Cham. et Schlechtend.) Benth.〉ナス科の木本。花は白色。園芸植物。
フレアー バラ科。花は黄色。
プレイオスピロス ツルナ科の属総称。
プレイオスピロス・ウィローモレンシス 〈*Pleiospilos willowmorensis* L. Bolus〉ツルナ科。花は黄色。園芸植物。
プレイオスピロス・シムランス 〈*Pleiospilos simulans* (Marloth) N. E. Br.〉ツルナ科。別名青鸞。花は黄色。園芸植物。
プレイオスピロス・ネリー テイギョクの別名。
プレイオスピロス・ヒルマリー 〈*Pleiospilos hirmarii* L. Bolus〉ツルナ科。別名明玉。花は黄金色。園芸植物。
プレイオスピロス・ボウラシー ホウランの別名。
プレイオネ・フォルモサナ タイリントキソウの別名。
プレイオネ・フォレスティー 〈*Pleione forrestii* Schlechter〉ラン科。茎の長さ5～11cm。花は淡黄～濃黄金色。園芸植物。
プレイオネ・フッケリアナ 〈*Pleione hookeriana* (Lindl.) B. S. Williams〉ラン科。茎の長さ7～14cm。花はライラックピンク～ローズピンク色。高山植物。園芸植物。
プレイオネ・フミリス 〈*Pleione humilis* (Sm.) D. Don〉ラン科。花は白色。園芸植物。
プレイオネ・プラエコクス 〈*Pleione praecox* (Sm.) D. Don〉ラン科。茎の長さ13cm。花は白～紫桃色。高山植物。園芸植物。
プレイオネ・ブルボコディオイデス 〈*Pleione bulbocodioides* Rolfe〉ラン科の多年草。高山植物。薬用植物。
プレイオネ・マクラタ 〈*Pleione maculata* (Lindl.) Lindl.〉ラン科。花は白色。園芸植物。
プレイオネ・ユンナネンシス 〈*Pleione yunnanensis* (Rolfe) Rolfe〉ラン科。花は淡いラベンダー～ローズピンク色。園芸植物。
プレイオブラスツス・アルゲンテオストリアツス 〈*Pleioblastus argenteostriatus* (Regel) Nakai〉イネ科。別名オキナダケ(翁竹)、アケボノザサ(暁笹)。園芸植物。
プレイオブラスツス・ウィリディストリアツス カムロザサの別名。
プレイオブラスツス・キノ アズマネザサの別名。
プレイオブラスツス・グラミネウス タイミンチクの別名。
プレイオブラスツス・シモニー メダケの別名。

プレイオブラスツス・ディスティクス オロシマチクの別名。

プレイオブラスツス・ハインジー カンザンチクの別名。

プレイオブラスツス・フォーチュネイ チゴザサの別名。

プレイオブラスツス・リネアリス リュウキュウチクの別名。

フレイザーカナメモチ 〈*Photinia* × *fraseri*〉バラ科の木本。樹高6m。樹皮は灰褐色。園芸植物。

ブレイニア トウダイグサ科の属総称。別名オオシマコバンノキ、タカサゴコバンノキ。

ブレウエリアサガオ 〈*Breweria cordata* BL.〉ヒルガオ科の蔓草。葉裏淡褐毛。花は白色。熱帯植物。

プレウロタリス・オボウァタ 〈*Pleurothallis obovata* Lindl.〉ラン科。高さは7.5～28cm。花は白色。園芸植物。

プレウロタリス・ガカヤナ 〈*Pleurothallis gacayana* Schlechter〉ラン科。高さは20cm。花は初め緑、後に橙色。園芸植物。

プレウロタリス・グロビー 〈*Pleurothallis grobyi* Batem. ex Lindl.〉ラン科。高さは3～15cm。園芸植物。

プレウロタリス・テレス 〈*Pleurothallis teres* Lindl.〉ラン科。高さは4～7cm。花は黄色。園芸植物。

プレウロタリス・マツディアナ 〈*Pleurothallis matudiana* C. Schweinf.〉ラン科。高さは15cm。花は淡黄色。園芸植物。

プレウロタリス・ルテオラ 〈*Pleurothallis luteola* Lindl.〉ラン科。高さは12cm。園芸植物。

プレウロタリス・レストレピオイデス 〈*Pleurothallis restrepioides* Lindl.〉ラン科。花は紅紫の斑がある。園芸植物。

プレウロフィリューム・スペキオサム 〈*Pleurophyllum speciosum* Hook. f.〉キク科の多年草。

ブレクシア・マダガスカリエンシス 〈*Brexia madagascariensis* (Lam.) Ker-Gawl.〉ユキノシタ科の木本。高さは6～9m。花は淡緑色。園芸植物。

プレクトコミア・エロンガタ 〈*Plectocomia elongata* Mart. ex Blume〉ヤシ科。別名セダカシロジクトウ、ペナンロタン。長さ50m。園芸植物。

プレクトコミア・グリフィシー エダウチトウの別名。

プレクトコミオプシス・ゲミニフロラ 〈*Plectocomiopsis geminiflora* (Griff. ex Mart.) Becc.〉ヤシ科。高さは20m。園芸植物。

プレクトランサス・オーストラリス シソ科。園芸植物。

プレクトランツス・エールテンダリー 〈*Plectranthus oertendahlii* T. C. E. Fries〉シソ科。高さは30cm。花は淡紫白色。園芸植物。

プレクトランツス・コレオイデス 〈*Plectranthus coleoides* Benth.〉シソ科。高さは80cm。園芸植物。

プレクトランツス・ヌンムラリウス 〈*Plectranthus nummularius* Briq.〉シソ科。花は淡いラベンダー色。園芸植物。

プレクトランツス・パルウィフロルス 〈*Plectranthus parviflorus* Willd.〉シソ科。花は白色。園芸植物。

プレクトランツス・フルティコスス 〈*Plectranthus fruticosus* L'Her.〉シソ科。高さは1m。花は青色。園芸植物。

プレクトランツス・プロストラツス 〈*Plectranthus prostratus* Gürke〉シソ科。花は菫色。園芸植物。

プレクトレルミンツス・カウダツス 〈*Plectrelminthus caudatus* (Lindl.) Summerh.〉ラン科。高さは50cm。花は緑色。園芸植物。

ブレクヌム オシダ科の属総称。別名ヒリュウシダ、ロマリア。

ブレクヌム・アマビレ オサシダの別名。

ブレクヌム・オッキデンタレ 〈*Blechnum occidentale* L.〉シシガシラ科。別名アメリカシシガシラ。園芸植物。

ブレクヌム・オリエンタレ ヒリュウシダの別名。

ブレクヌム・ギッブム 〈*Blechnum gibbum* (Labill.) Mett.〉シシガシラ科。高さは50cm。園芸植物。

ブレクヌム・ニポニクム シシガシラの別名。

ブレクヌム・ブラジリエンセ 〈*Blechnum brasiliense* Desv.〉シシガシラ科。別名ブラジルシシガシラ。高さは30～100cm。園芸植物。

フレーグラント・ピンク ツバキ科のツバキの品種。

プレコース バラ科のナシの品種。別名ドクツール・ジュール・ギュヨー、三季梨、炭田尾。果皮は黄緑で陽向面は赤色。

プレシアス・プラチナム 〈Precious Platinum〉バラ科。ハイブリッド・ティーローズ系。花は赤色。

プレジデント・カルノ シュウカイドウ科のベゴニアの品種。園芸植物。

プレジデント・ド・セーゼ 〈Président de Sèze〉バラ科。ガリカ・ローズ系。花はマゼンダ色。

プレジデント・ルーズベルト ツツジ科のシャクナゲの品種。

フレシネティア・アルボレア 〈*Freycinetia arborea* Gaud.-Beaup.〉タコノキ科。葉の長さ50～90cm。花は暗赤色。園芸植物。

フレシネティア・バンクシー 〈*Freycinetia banksii* A. Cunn.〉タコノキ科。葉の長さ60～90cm。花は白色。園芸植物。

フレシネティア・ファルモサ ツルアダンの別名。

フレシネティア・ムルティフロラ 〈*Freycinetia multiflora* Merrill〉タコノキ科。花は赤色。園芸植物。

ブレース バラ科の木本。別名ダムソンプラム。樹高7m。樹皮は暗灰色。

ブレーズ クマツヅラ科のバーベナの品種。園芸植物。

フレダイコ ふれ太鼓 〈Fure-Daiko〉バラ科。クライミング・ローズ系。花は黄、オレンジ、赤色。

フレダイコ 触太鼓 バラ科のバラの品種。園芸植物。

ブレチネイデラ 〈*Bretschneidera sinensis* Hemsl.〉ブレチネイデラ科の残存植物。

フレッド・ハワード 〈Fred Haward〉バラ科。ハイブリッド・ティーローズ系。花はクリーム黄色。

ブレディア・オルダミー 〈*Bredia oldhamii* Hook. f.〉ノボタン科の低木。別名ヒナノボタン。花は帯紫紅色。園芸植物。

ブレディア・ヒルスタ ハシカンボクの別名。

ブレティア・プルプレア 〈*Bletia purpurea* (Lam.) DC.〉ラン科。高さは1～1.5m。花は桃ないし紫紅色。園芸植物。

ブレティア・フロリダ 〈*Bletia florida* (Salisb.) R. Br.〉ラン科。花は淡紅がかった紫色。園芸植物。

ブレティラ・オクラケア 〈*Bletilla ochracea* Schlechter〉ラン科。高さは25～50cm。花は黄または帯黄白色。園芸植物。

ブレティラ・ストリアタ シランの別名。

ブレティラ・フォルモサナ 〈*Bletilla formosana* (Hayata) Schlechter〉ラン科。別名アマナラン。花は桃を帯びる。園芸植物。

フレドニア ブドウ科のブドウ(葡萄)の品種。別名ブルーオンタリオ。果皮は濃青藍紫色。

プレナンテス・プルプレア キク科。高山植物。

フレボディウム ウラボシ科の属総称。別名ダイオウウラボシ。

フレボディウム・アウレウム 〈*Phlebodium aureum* (L.) J. Sm.〉ウラボシ科のシダ植物。別名ダイオウウラボシ。園芸植物。

ブレボールチア ユリ科。園芸植物。

フレモンティア・カリフォルニカ 〈*Fremontia californica* Torr.〉アオギリ科の常緑低木。

フレモントデンドロン・カリフォルニクム 〈*Fremontodendron californicum* (Torr.) Cov.〉アオギリ科の木本。高さは2～10m。花は黄金色。園芸植物。

フレモントデンドロン・デクンベンス 〈*Fremontodendron decumbens* R. Lloyd〉アオギリ科の木本。高さは1m以上。園芸植物。

フレモントデンドロン・メキシカヌム 〈*Fremontodendron maxicanum* A. Davids.〉アオギリ科の木本。高さは3～7m。園芸植物。

フレルケピンゴケ 〈*Calicium pusillum* Flörke〉ピンゴケ科の地衣類。子柄は長さ約1mm。

フレンシャム 〈Frensham〉バラ科。フロリバンダ・ローズ系。花は緋紅色。

フレンチ・マリゴールド クジャクソウの別名。

フレンチ・ラベンダー シソ科のハーブ。別名ストエカス・ラベンダー。

フロウソウ 〈*Climacium dendroides* (Hedw.) F. Weber & Mohr〉コウヤノマンネングサ科のコケ。蒴柄は長さ3cm前後。園芸植物。

フロガカンツス・グッタツス 〈*Phlogacanthus guttatus* Nees〉キツネノマゴ科の小低木。

プロスタンテラ シソ科の属総称。別名ミントブッシュ。

プロスタンテラ・インカナ 〈*Prostanthera incana* A. Cunn. ex Benth.〉シソ科の常緑低木。高さは1.5m。花は菫色。園芸植物。

プロスタンテラ・オウァリフォリア 〈*Prostanthera ovalifolia* R. Br.〉シソ科の常緑低木。花は紫色。園芸植物。

プロスタンテラ・ニウェア 〈*Prostanthera nivea* A. Cunn. ex Benth.〉シソ科の常緑低木。高さは3m。花は白色。園芸植物。

ブロスフェルディア・リリプタナ 〈*Blossfeldia liliputana* Werderm.〉サボテン科のサボテン。別名松露玉。花は白色。園芸植物。

プロスペリテイ 〈Prosperity〉バラ科。ハイブリッド・ムスク・ローズ系。花はアイボリーホワイト色。

プロスペロ 〈Prospero〉バラ科。イングリッシュローズ系。花は紫色。

フロックス ハナシノブ科の属総称。別名オイランソウ、クサキョウチクトウ、キキョウナデシコ。切り花に用いられる。

フロックス・アドスルゲンス 〈*Phlox adsurgens* Torr. ex A. Gray〉ハナシノブ科。高さは20～30cm。花は紫からピンク、白など。園芸植物。

フロックス・アモエナ 〈*Phlox amoena* Sims〉ハナシノブ科。高さは30cm。花は紫桃～ピンク色。園芸植物。

フロックス・オウァタ 〈*Phlox ovata* L.〉ハナシノブ科。高さは25～50cm。花は紫紅または桃色。園芸植物。

フロックス・カロリナ 〈*Phlox carolina* L.〉ハナシノブ科。高さは1m。花は紫からピンク色。園芸植物。

フロツクス

フロックス・ストロニフェラ 〈*Phlox stolonifera* Sims〉ハナシノブ科。高さは30cm。花は淡紫、紫または藤色。園芸植物。

フロックス・スブラタ シバザクラの別名。

フロックス・ダグラシー 〈*Phlox douglasii* Hook.〉ハナシノブ科。花は紫桃、ライラック、ピンク、白色。園芸植物。

フロックス・ディウァリカタ 〈*Phlox divaricata* L.〉ハナシノブ科。高さは45cm。花は淡紫青から藤色。園芸植物。

フロックス・ディッフサ 〈*Phlox diffusa* Benth.〉ハナシノブ科。高さは20cm。花は桃、藤、白色。園芸植物。

フロックス・ドラモンディ キキョウナデシコの別名。

フロックス・ナナ 〈*Phlox nana* Nutt.〉ハナシノブ科。花は紫から白色。園芸植物。

フロックス・パニクラータ クサキョウチクトウの別名。

フロックス・ビフィダ 〈*Phlox bifida* L. Beck〉ハナシノブ科。高さは25cm。花は淡紫または藤色。園芸植物。

フロックス・ピロサ 〈*Phlox pilosa* L.〉ハナシノブ科。高さは25〜50cm。花は紫紅、桃または白色。園芸植物。

フロックス・マクラタ 〈*Phlox maculata* L.〉ハナシノブ科。高さは1.5m。花は紫からピンク色。園芸植物。

フロックス・メソレウカ 〈*Phlox mesoleuca* Greene〉ハナシノブ科。高さは30cm。花は紫紅、桃、黄色。園芸植物。

ブロッコリー 〈*Brassica oleracea* L. var. *italica* Plenck〉アブラナ科の栽培植物。別名ミドリハナヤサイ、イタリアンブロッコリー、コダチハナヤサイ。葉は長楕円形。園芸植物。

プロテア ヤマモガシ科の属総称。

プロテア・アリスタタ 〈*Protea aristata* E. P. Phillips〉ヤマモガシ科。花は輝紅色。園芸植物。

プロテア・アンプレキシカウリス 〈*Protea amplexicaulis* R. Br.〉ヤマモガシ科の常緑低木。

プロテア・エクシミア 〈*Protea eximia* (Salisb. ex J. Knight) Fourc.〉ヤマモガシ科の常緑低木。高さは2〜5m。花は赤紫色。園芸植物。

プロテア・オブツシフォリア 〈*Protea obtusifolia* Buek ex Meissn.〉ヤマモガシ科の常緑低木。高さは4m。花は白、桃、赤色。園芸植物。

プロテア・キナロイデス 〈*Protea cynaroides* (L.) L.〉ヤマモガシ科の常緑低木。高さは0.3〜2m。花は桃色。園芸植物。

プロテア・グランディケプス 〈*Protea grandiceps* Tratt.〉ヤマモガシ科。高さは2m。花はサンゴ色。園芸植物。

プロテア・コンパクタ 〈*Protea compacta* R. Br.〉ヤマモガシ科の常緑低木。高さは3.5m。花は濃桃色。園芸植物。

プロテア・シンプレクス 〈*Protea simplex* E. P. Phillips〉ヤマモガシ科。高さは0.3〜1m。花は乳緑ないし赤色。園芸植物。

プロテア・スコリモケファラ 〈*Protea scolymocephala* (L.) Reichard〉ヤマモガシ科。高さは0.5〜1.5m。花は乳緑色。園芸植物。

プロテア・スペキオサ 〈*Protea speciosa* (L.) L.〉ヤマモガシ科。高さは0.5〜1.2m。花は桃色。園芸植物。

プロテア・ナナ 〈*Protea nana* (Bergius) Thunb.〉ヤマモガシ科。高さは1m。花はワイン赤色。園芸植物。

プロテア・ネリーフォリア 〈*Protea neriifolia* R. Br.〉ヤマモガシ科。高さは3m。花は純白、桃ないしブドウ色。園芸植物。

プロテア・バーチェリー 〈*Protea burchellii* Stapf〉ヤマモガシ科。高さは1〜2m。園芸植物。

プロテア・バルビゲラ 〈*Protea barbigera* L.〉ヤマモガシ科の常緑低木。

プロテア・マグニフィカ 〈*Protea magnifica* Link〉ヤマモガシ科。花は白色。園芸植物。

プロテア・レペンス 〈*Protea repens* (L.) L.〉ヤマモガシ科。高さは4m。花は白から深紅または白色。園芸植物。

プロテア・ロンギフォリア 〈*Protea longifolia* Andr.〉ヤマモガシ科。高さは0.5〜1.5m。花は緑、白、桃色。園芸植物。

ブローディア ユリ科の属総称。球根植物。別名ヒメアガパンサス、カリフォルニアヒアシンス、ブローディアエア。切り花に用いる。

ブローディア・イダマイア ユリ科。別名ブローディア・コクキネア。園芸植物。

ブローディア・カリフォルニカ 〈*Brodiaea californica* Lindl.〉ユリ科。高さは45〜60cm。花は薄紫から童色。園芸植物。

ブローディア・コクキネア ブローディア・イダマイアの別名。

ブローディア・コロナリア 〈*Brodiaea coronaria* (Salisb.) Engl.〉ユリ科。別名ムラサキハナニラ。高さは15〜30cm。花は童から薄紫色。園芸植物。

ブローディア・ステラリス 〈*Brodiaea stellaris* S. Wats.〉ユリ科。高さは25cm。花は童青色。園芸植物。

ブロディア・ドウグラシー ユリ科。高山植物。

ブロディア・ビオラセア ユリ科。園芸植物。

ブロディア・ブリッジェシー 〈*Brodiaea bridegsii* Wats.〉ユリ科。園芸植物。

ブロディア・ミノール ユリ科。園芸植物。

ブロディア・ラクサ ユリ科。園芸植物。

ブロードウェイ バラ科。花は濃紅色。

ブロートニア・サングイネア 〈*Broughtonia sanguinea* (Swartz) R. Br.〉ラン科。高さは40cm。花は血赤色。園芸植物。

プロバンシアーリス ユリ科のヒアシンスの品種。園芸植物。

フロミス シソ科の属総称。宿根草。別名エルサレム・セージ。

フロミス・ウィスコサ 〈*Phlomis viscosa* Poir.〉シソ科。高さは40〜50cm。花は黄色。園芸植物。

フロミス・カシュメリアナ 〈*Phlomis cashmeriana* Royle ex Benth.〉シソ科。高さは60〜90cm。花は淡紫色。園芸植物。

フロミス・クレティカ 〈*Phlomis cretica* K. Presl.〉シソ科。葉の両面に密に星状毛。園芸植物。

フロミス・ツベロサ 〈*Phlomis tuberosa* L.〉シソ科。高さは80〜150cm。花は淡紅から紫色。園芸植物。

フロミス・フルティコーサ 〈*Phlomis fruticosa* L.〉シソ科の常緑低木。高さは130cm。花は黄色。園芸植物。

フロミス・プルプレア 〈*Phlomis purpurea* L.〉シソ科。高さは2cm。花は淡紅から紫色。園芸植物。

フロミス・ヘルバ-ウェンティ 〈*Phlomis herba-venti* L.〉シソ科。高さは70cm。花は紫から淡紅色。園芸植物。

フロミス・マクシモヴィッチー 〈*Phlomis maximowiczii* Regel〉シソ科。別名オオキセワタ、オオバキセワタ。高さは40〜70cm。花は淡紅色。園芸植物。

プロミネント バラ科のバラの品種。園芸植物。

ブロムス・ランケオラツス オオチャヒキの別名。

プロメナエア・クサンティナ 〈*Promenaea xanthina* (Lindl.) Lindl.〉ラン科。花は黄色。園芸植物。

プロメナエア・クローシェイアナ 〈*Promenaea Crawshayana*〉ラン科。高さは4cm。花は緑黄色。園芸植物。

プロメナエア・コルマニアンス 〈*Promenaea Colmanians*〉ラン科。花は黄色。園芸植物。

プロメナエア・スタペリオイデス 〈*Promenaea stapelioides* (Lindl.) Lindl.〉ラン科。花は灰緑色。園芸植物。

プロメナエア・ミクロプテラ 〈*Promenaea microptera* Rchb. f.〉ラン科。茎の長さは5cm。花は淡黄色。園芸植物。

ブローメリア・オーレア ユリ科。園芸植物。

ブロメリア・クリサンタ 〈*Bromelia chrysantha* Jacq.〉パイナップル科の地生種。高さは70〜150cm。園芸植物。

ブロメリア・シルウェストリス 〈*Bromelia sylvestris* Willd. ex Sims〉パイナップル科の地生種。高さは1m。花は桃か青色。園芸植物。

ブロメリア・ニドゥス-プエラエ 〈*Bromelia nidus-puellae* (André) André ex Mez〉パイナップル科の地生種。花は菫色。園芸植物。

ブロメリア・ピングイン 〈*Bromelia pinguin* L.〉パイナップル科の地生種。園芸植物。

ブロメリア・フミリス 〈*Bromelia humilis* Jacq.〉パイナップル科の地生種。花は先端が紫で基部に向かってしだいに白色。園芸植物。

ブロメリア・プルミエリ 〈*Bromelia plumieri* (E. Morr.) L. B. Sm.〉パイナップル科の地生種。高さは2m。花は桃色。園芸植物。

フロラドーラ 〈*Floradora*〉バラ科。フロリバンダ・ローズ系。花は朱赤色。

フローラル・カーペット ゴマノハグサ科のキンギョソウの品種。園芸植物。

フローリスツ・クリサンテマムス スプレーマム・ベスビオの別名。

フロリダサバル サバル・エトニアの別名。

フロリダンテツ 〈*Zamia floridana* A. DC.〉ソテツ科。別名フロリダザミア。球果は褐色。園芸植物。

フロリダダイオウヤシ ロイストネア・エラタの別名。

フロリダホオノキ 〈*Magnolia ashei*〉モクレン科の木本。樹高10m。樹皮は淡灰色。

フロリドール 〈*Floridor*〉バラ科。フロリバンダ・ローズ系。花は黄色。

フロリバンダ バラ科の木本。

フローレンスフェンネル アマウイキョウの別名。

ブロワリア・アメリカナ 〈*Browallia americana* L.〉ナス科の草本。高さは60cm。花は青紫色。園芸植物。

ブンカンカ 〈*Xanthoceras sorbifolium*〉ムクロジ科の木本。樹高8m。樹皮は灰褐色。

ブンゴ 豊後 バラ科のウメ(梅)の品種。別名肥後梅、越中梅、鶴頂梅。

ブンゴウメ 豊後梅 〈*Prunus mume* Sieb. et Zucc. var. *bungo* Makino〉バラ科の落葉小高木。

ブンジンギク キク科。園芸植物。

ブンタン 〈*Citrus grandis* (L.) Osbeck〉ミカン科。別名ウチムラサキ、ザボン。果実はミカン属の中では最大。園芸植物。

プンチ キク科のガーベラの品種。切り花に用いられる。

ブンチョウマル 文鳥丸 〈*Ferocactus histrix* (DC.) G. Lindsay〉サボテン科のサボテン。径40〜50cm。花は淡い黄色。園芸植物。

フンテリヤ 〈*Hunteria corymbosa* Roxb.〉キョウチクトウ科の高木。花は白、蕾は黄緑色。熱帯植物。

【 ヘ 】

ベアグラス　ユリ科。切り花に用いられる。

ベアララ・ヴァション　〈× *Beallara* Vashon〉ラン科。高さは20〜25cm。園芸植物。

ベアララ・サンシャイン　〈× *Beallara* Sunshine〉ラン科。花は赤紫色。園芸植物。

ベアララ・タホマ・グレイシャー　〈× *Beallara* Tahoma Glacier〉ラン科。高さは50〜60cm。園芸植物。

ヘイアンデン　平安殿　トウダイグサ科のトウゴマの品種。園芸植物。

ヘイケイヌワラビ　〈*Athyrium eremicola* Oka et Kurata〉オシダ科の常緑性シダ。葉身は長さ25cm。披針形。日本絶滅危機植物。

ヘイサン　ヒガンバナ科のリコリスの品種。園芸植物。

ヘイシソウ　サラセニア・プルプレアの別名。

ベイスギ　米杉　〈*Thuja plicata* J. Donn ex D. Don〉ヒノキ科の木本。別名ウエスタンレッドシーダー。高さは30〜60m。樹皮は紫褐色。園芸植物。

ベイツガ　アメリカツガの別名。

ベイトマニア・コリー　〈*Batemannia colleyi* Lindl.〉ラン科。茎の長さ20cm。花は濃い赤ワインないし赤褐色。園芸植物。

ベイトマニア・レピダ　〈*Batemannia lepida* Rchb. f.〉ラン科。花はピンク色。園芸植物。

ヘイネヤ　〈*Heynea trijuga* Roxb. var. *multijuga* Roxb.〉センダン科の小木。材は赤褐色、果実は黄白色。熱帯植物。

ベイマツ　コロラドモミの別名。

ベイラム　〈*Pimenta racemosa* (Mill.) J. M. Moore〉フトモモ科の小高木。

ベイリア・カナ　〈*Bijlia cana* N. E. Br.〉ツルナ科。別名金糸、富士の峰。花は黄色。園芸植物。

ベイリーフ　ゲッケイジュの別名。

ヘイルジア・カロライナ　アメリカアサガラの別名。

ヘイルジア・ディプテラ　〈*Halesia diptera* Ellis〉エゴノキ科の木本。園芸植物。

ヘイルジア・モンティコラ　〈*Halesia monticola* (Rehd.) Sarg.〉エゴノキ科の木本。高さは30m。園芸植物。

ヘイワ　平和　バラ科のアンズ(杏)の品種。果皮は橙黄色。

ヘウィッツ・ダブル　キンポウゲ科のタリクトルム・デラバイの品種。宿根草。

ヘウェア・ブラジリエンシス　パラゴムノキの別名。

ペウケダヌム・プラエルプトルム　〈*Peucedanum praeruptorum* Dunn.〉セリ科の薬用植物。

ペウムス・ボルドゥス　〈*Peumus boldus* Morina.〉モニミア科の薬用植物。

ペオニア・デラバイ・ルテア　〈*Paeonia delavayi* Franch. var. *lutea* (Franch.) Finet et Gagnep.〉ボタン科の薬用植物。

ペガ　ツリフネソウ科のインパティエンスの品種。園芸植物。

ペガサス　サボテン科のサボテン。園芸植物。

ペガサス　〈Pegasus〉バラ科。イングリッシュローズ系。花は濃いアプリコットイエロー。

ペガヌム・ハルマラ　〈*Peganum harmala* .〉ハマビシ科の薬用植物。

ペカン　〈*Carya illinoinensis* (Wangenh.) K. Koch〉クルミ科の木本。別名カリア・イリノイネンシス。高さは30〜50m。樹皮は灰色。園芸植物。

ヘキサガタパチヤ　〈*Palaquium hexandrum* Engl.〉アカテツ科の高木。葉裏褐毛。熱帯植物。

ヘキトウ　碧塔　イソラトケレウス・デュモルティエリの別名。

ペキンハシドイ　シリンガ・ペキネンシスの別名。

ヘクサデスミア・ダンスタヴィレイ　〈*Hexadesmia dunstervillei* Garay〉ラン科。高さは20〜30cm。花は淡緑白色。園芸植物。

ヘクシセア・ビデンタタ　〈*Hexisea bidentata* Lindl.〉ラン科。花は朱色。園芸植物。

ヘクソカズラ　屁糞蔓　〈*Paederia scandens* (Lour.) Merr.〉アカネ科の多年生つる草。別名ヤイトバナ、サオトメバナ、クソカズラ。薬用植物。

ペクティナリア・サクサティリス　〈*Pectinaria saxatilis* N. E. Br.〉ガガイモ科の多年草。長さ3.5〜12cm。花は帯黒紫ないし濃暗紫褐色。園芸植物。

ペグノキ　〈*Acacia catechu* (L.) Willd.〉マメ科の薬用植物。葉は再羽状細裂片、托葉刺化。花は黄白色。熱帯植物。

ヘゴ　杪欏　〈*Cyathea spinulosa* Wall. ex Hook.〉ヘゴ科の常緑性シダ。別名タイワンヘゴ、リュウキュウヘゴ。葉身は長さ40〜60cm。倒卵状長楕円形。園芸植物。

ヘゴ　ヘゴ科の属総称。

ベゴニア　〈*Begonia semperflorens* Link et Otto〉シュウカイドウ科。

ベゴニア　シュウカイドウ科の属総称。別名秋白。園芸植物。

アイラン・クロス　〈*Begonia masoniana* Irmsch.〉シュウカイドウ科のベゴニアの品種。花は光沢のある淡緑色。園芸植物。

ベゴニア・アキダ　〈*Begonia acida* Vell.〉シュウカイドウ科。花は白色。園芸植物。

ベゴニア・アコニティフォリア　〈*Begonia aconitifolia* A. DC.〉シュウカイドウ科。高さは1m。花は白色。園芸植物。

ベゴニア・アリディカウリス 〈Begonia aridicaulis Ziesenh.〉シュウカイドウ科。花は白色。園芸植物。

ベゴニア・アルゲンテオグッタータ シュウカイドウ科。別名天の川ベゴニア。園芸植物。

ベゴニア・アングラーリス シュウカイドウ科。別名ビロードベゴニア。園芸植物。

ベゴニア・インカナ シュウカイドウ科。別名ワタゲベゴニア。園芸植物。

ベゴニア・インペリアリス 〈Begonia imperialis Lem.〉シュウカイドウ科。花は白色。園芸植物。

ベゴニア・ウェノサ 〈Begonia venosa Skan ex Hook. f.〉シュウカイドウ科。花は白色。園芸植物。

ベゴニア・ヴォルニー 〈Begonia wollnyi Herz.〉シュウカイドウ科。花は緑を帯びた白色。園芸植物。

ベゴニア・エヴァンシアナ シュウカイドウの別名。

ベゴニア・オーリクラータ シュウカイドウ科。園芸植物。

ベゴニア・カリエアエ 〈Begonia carrieae Ziesenh.〉シュウカイドウ科。花は白色。園芸植物。

ベゴニア・キンナバリナ 〈Begonia cinnabarina Hook.〉シュウカイドウ科。高さは20～30cm。花は赤橙色。園芸植物。

ベゴニア・ククラタ 〈Begonia cucullata Willd.〉シュウカイドウ科。高さは70cm。花は白または淡桃色。園芸植物。

ベゴニア・クリスタータ 〈Begonia cristata Hort.〉シュウカイドウ科。

ベゴニア・クロロスティクタ 〈Begonia chlorosticta M. J. S. Sands〉シュウカイドウ科。高さは50cm。花は白色。園芸植物。

ベゴニア・ケイマンタ クリスマス・ベゴニアの別名。

ベゴニア・ケラーマニー 〈Begonia kellermannii C. DC.〉シュウカイドウ科。花は白で、かすかに淡桃色。園芸植物。

ベゴニア・ゴエゴエンシス 〈Begonia goegoensis N. E. Br.〉シュウカイドウ科。花は淡桃色。園芸植物。

ベゴニア・コクシネア ベニバナベゴニアの別名。

ベゴニア・コンキフォリア 〈Begonia conchifolia A. Dietr.〉シュウカイドウ科。花は白色。園芸植物。

ベゴニア・サザランディー 〈Begonia sutherlandii Hook. f.〉シュウカイドウ科。高さは50cm。花は赤橙色。園芸植物。

ベゴニア・シュミッティアナ 〈Begonia schmidtiana Regel〉シュウカイドウ科。別名ヒメベゴニア。高さは30cm。花は白色。園芸植物。

ベゴニア・スジャネ シュウカイドウ科。園芸植物。

ベゴニア・セプトラム シュウカイドウ科。園芸植物。

ベゴニア・セラチペタラ シュウカイドウ科。園芸植物。

ベゴニア・センパフロレンス シキザキベゴニアの別名。

ベゴニア・センペルフロレンス-クルトルム シキザキベゴニアの別名。

ベゴニア・ソコトラナ 〈Begonia socotrana Hook. f.〉シュウカイドウ科。別名ハスノハベゴニア。高さは20～30cm。花は淡紅色。園芸植物。

ベゴニア・ソラナンテラ 〈Begonia solananthera A. DC.〉シュウカイドウ科。花は白色。園芸植物。

ベゴニア・ツベルヒブリダ キュウコンベゴニアの別名。

ベゴニア・ディクロア 〈Begonia dichroa T. Sprague〉シュウカイドウ科。高さは30cm。花はオレンジ色。園芸植物。

ベゴニア・デリキオサ 〈Begonia deliciosa Böhme〉シュウカイドウ科。高さは30～60cm。花は淡桃色。園芸植物。

ベゴニア・ドレゲイ 〈Begonia dregei Otto et A. Dietr.〉シュウカイドウ科。高さは50cm。花は白色。園芸植物。

ベゴニア・バウエラエ 〈Begonia bowerae Ziesenh.〉シュウカイドウ科。花は淡桃色。園芸植物。

ベゴニア・ハーゲアーナ 〈Begonia haageana W. Watson〉シュウカイドウ科の多年草。

ベゴニア・ピアセイ 〈Begonia pearcei Hook. f.〉シュウカイドウ科。高さは30～50cm。花は黄色。園芸植物。

ベゴニア・ヒエマリス リーガース・ベゴニアの別名。

ベゴニア・ヒドロコティリフォリア 〈Begonia hydrocotylifolia Otto ex Hook.〉シュウカイドウ科。花はローズピンク色。園芸植物。

ベゴニア・フィキコラ 〈Begonia ficicola Irmsch.〉シュウカイドウ科。花は黄色。園芸植物。

ベゴニア・フォリオサ 〈Begonia foliosa H. B. K.〉シュウカイドウ科。別名コバノシダレベゴニア。花は白色。園芸植物。

ベゴニア・フクシオイデス 〈Begonia fuchsioides Hook.〉シュウカイドウ科。花は紅、弱光下ではピンク色。園芸植物。

ベゴニア・フスコマクラータ シュウカイドウ科。園芸植物。

ベゴニア・プリスマトカルパ 〈Begonia prismatocarpa Hook. f.〉シュウカイドウ科。花は黄色。園芸植物。

ベゴニア・ブレウィリモサ 〈Begonia brevirimosa Irmsch.〉シュウカイドウ科。高さは70cm。花はピンク色。園芸植物。

ベゴニア・プロクンベンス 〈Begonia procumbens Vell.〉シュウカイドウ科。花は橙紅色。園芸植物。

ベゴニア・フロッキフェラ 〈Begonia floccifera Beddome〉シュウカイドウ科。花はかすかにピンクを帯びた白色。園芸植物。

ベゴニア・ヘムスレイアーナ シュウカイドウ科。園芸植物。

ベゴニア・ヘラクレイフォリア 〈Begonia heracleifolia Cham. et Schlechtend.〉シュウカイドウ科。園芸植物。

ベゴニア・ベルシコロール シュウカイドウ科。園芸植物。

ベゴニア・ヘルバケア 〈Begonia herbacea Vell.〉シュウカイドウ科。花は白または淡桃色。園芸植物。

ベゴニア・ベロゾアーナ シュウカイドウ科。園芸植物。

ベゴニア・ヘンズリーアナ 〈Begonia hemsleyana Hook. f.〉シュウカイドウ科。高さは60cm。花は淡桃色。園芸植物。

ベゴニア・ボグネリ 〈Begonia bogneri Ziesenh.〉シュウカイドウ科。高さは3～5cm。花は淡桃色。園芸植物。

ベゴニア・ボリウィエンシス 〈Begonia boliviensis A. DC.〉シュウカイドウ科。高さは1m。花は赤桃あるいは緋紅色。園芸植物。

ベゴニア・マクラータ シュウカイドウ科。別名シラホシベゴニア。園芸植物。

ベゴニア・マニー 〈Begonia mannii Hook. f.〉シュウカイドウ科。花は淡紅色。園芸植物。

ベゴニア・マルガリテー シュウカイドウ科。別名ツヤベゴニア。園芸植物。

ベゴニア・メタリカ シュウカイドウ科。別名ケテリハベゴニア。園芸植物。

ベゴニア・ラキニアタ マルヤマシュウカイドウの別名。

ベゴニア・リスタダ 〈Begonia listada hort.〉シュウカイドウ科。高さは30cm。花は淡桃色。園芸植物。

ベゴニア・リチモンデンシス シュウカイドウ科。園芸植物。

ベゴニア・ルクスリアンス 〈Begonia luxurians Scheidw.〉シュウカイドウ科。高さは1m。花は淡黄色。園芸植物。

ベゴニア・ルディクラ 〈Begonia ludicra A. DC.〉シュウカイドウ科。花はやや緑を帯びた白色。園芸植物。

ベゴニア・ルバーシー シュウカイドウ科。園芸植物。

ベゴニア・レクス タイヨウベゴニアの別名。

ベゴニア・レクス-クルトルム 〈Begonia rex-cultorum L. H. Bailey〉シュウカイドウ科。別名レクス・ベゴニア。花は淡桃色。園芸植物。

ベゴニア・レックス 〈Begonia rex hybrida Hort.〉シュウカイドウ科。

ベゴニア・ロツンディフォリア 〈Begonia rotundifolia Lam.〉シュウカイドウ科。花は白色。園芸植物。

ペジザ・ミクロプス チャワンタケ科のキノコ。

ペスカトレア・クラボコルム 〈Pescatorea klabochorum Rchb. f.〉ラン科。花は白色。園芸植物。

ペスカトレア・ケリナ 〈Pescatorea cerina (Lindl. et Paxt.) Rchb. f.〉ラン科。高さは10～15cm。花は白色。園芸植物。

ペスカトレア・デヤナ 〈Pescatorea dayana Rchb. f.〉ラン科。高さは70cm。花は白色。園芸植物。

ベスティタ・ルブロオクラータ ラン科。園芸植物。

ベスビアス 〈Vesuvius〉バラ科。ハイブリッド・ティーローズ系。花は濃赤色。

ベスビアス バラ科のボケの品種。園芸植物。

ヘスペラロエ・パルウィフロラ 〈Hesperaloe parviflora (Torr.) J. Coult.〉リュウゼツラン科の多肉植物。花は淡桃緑色。園芸植物。

ヘスペランタ アヤメ科の属総称。球根植物。

ヘスペランタ・ウァギナタ 〈Hesperantha vaginata (Sweet) P. Goldblatt〉アヤメ科。高さは30cm。花は鮮黄色。園芸植物。

ヘスペランタ・ククラタ 〈Hesperantha cucullata Klatt〉アヤメ科。高さは25～30cm。花は白色。園芸植物。

ヘスペランタ・バウリー 〈Hesperantha baurii Bak.〉アヤメ科。高さは60cm。花は淡紅色。園芸植物。

ヘスペランタ・ラディアタ 〈Hesperantha radiata (Jacq.) Ker-Gawl.〉アヤメ科。花は乳白色。園芸植物。

ヘセア・ゲンマタ 〈Hessea gemmata (Ker-Gawl.) Benth.〉ヒガンバナ科。花はうすいクリーム色。園芸植物。

ヘセア・チャプリニー 〈Hessea chaplinii W. F. Barker〉ヒガンバナ科。高さは10cm。花は白色。園芸植物。

ヘセア・テネラ 〈Hessea tenella (L. f.) Oberm.〉ヒガンバナ科。高さは10cm。花は白、ピンク色。園芸植物。

ヘーゼルナッツ カバノキ科のハシバミ属果実の総称。園芸植物。

ヘソノヤシ キフォフェニックス・エレガンスの別名。

ベータ・ブルガリス ビートの別名。

ベチバー ベチベルソウの別名。

ベチベルソウ 〈*Vetiveria zizanioides* (L.) Nash〉イネ科の草本。大株をなす。高さ2m。花序は紫色を帯びる。熱帯植物。薬用植物。

ヘチマ 糸瓜 〈*Luffa aegyptiaca* Mill.〉ウリ科の野菜。別名イトウリ。花は黄色。熱帯植物。薬用植物。園芸植物。

ヘチマゴケ 〈*Pohlia nutans* Lindb.〉カサゴケ科(ハリガネゴケ科)のコケ。茎は長さ1〜2cm、葉は披針形〜卵状披針形。

ペチュニア ナス科の属総称。別名ツクバネアサガオ。

ペチュニア ツクバネアサガオの別名。

ペチュニア・アクシラリス 〈*Petunia axillaris* (Lam.) B. S. P.〉ナス科。高さは60cm。花はクリーム白色。園芸植物。

ペチュニア・ウィオラケア 〈*Petunia violacea* Lindl.〉ナス科。高さは30cm。花は紫紅または桃赤色。園芸植物。

ペチュニア・ヒブリダ 〈*Petunia × hybrida* hort. Vilm.-Andr.〉ナス科。園芸植物。

ヘツカコナスビ 〈*Lysimachia ohsumiensis* Hara〉サクラソウ科の草本。

ヘツカシダ 辺塚羊歯 〈*Bolbitis subcordata* (Copel.) Ching〉オシダ科(ツルキジノオ科)の常緑性シダ。根茎は短くよく、葉は接して出る。葉身は長さ30〜70cm。披針形。園芸植物。

ヘツカニガキ 辺塚苦木 〈*Nauclea racemosa* Sieb. et Zucc.〉アカネ科の落葉高木。別名ハニガキ。高さは5〜6m。花は淡黄色。園芸植物。

ヘツカラン 辺塚蘭 〈*Cymbidium dayanum* Reichb. fil. var. *austro-japonicum* Tuyama〉ラン科の多年草。長さは30〜50cm。日本絶滅危機植物。

ヘツカリンドウ 〈*Frasera tashiroi* (Maxim.) Toyokuni〉リンドウ科の草本。

ベッコウタケ 〈*Perenniporia fraxinea* (Fr.) Ryv.〉サルノコシカケ科のキノコ。大型。傘は黄白色→赤褐色、縁部類白色。

ベッコウマサキ ニシキギ科の木本。別名金柾(キンマサキ)、覆輪柾(フクリンマサキ)。

ベッセラ・エレガンス 〈*Bessera elegans* Schult. f.〉ユリ科の球茎植物。高さは30〜60cm。花は鮮朱赤色。園芸植物。切り花に用いられる。

ベッチ マメ科の属総称。別名ソラマメ。

ペッパーベリー コショウ科。別名コショウ。切り花に用いられる。

ベツラ・エルマニー ダケカンバの別名。

ベツラ・プラティフィラ 〈*Betula platyphylla* Sukachev〉カバノキ科の木本。高さは20m。花は黄褐色。園芸植物。

ベツラ・マクシモヴィッチアナ ウダイカンバの別名。

ペディオカクツス・シンプソニー 〈*Pediocactus simpsonii* (Engelm.) Britt. et Rose〉サボテン科のサボテン。別名月華玉。高さは22cm。花は帯黄、帯黄桃か帯緑桃、淡桃色。園芸植物。

ヘディキウム ショウガ科の属総称。別名シュクシャ、ユクシア。

ヘディキウム・アウランティアクム 〈*Hedychium aurantiacum* Wall. ex Roscoe〉ショウガ科の多年草。高さは2〜3m。花は橙黄色。園芸植物。

ヘディキウム・アクミナツム 〈*Hedychium acuminatum* Roscoe〉ショウガ科の多年草。高さは1〜1.2m。花はクリーム色。園芸植物。

ヘディキウム・ウェヌスツム 〈*Hedychium venustum* Wight〉ショウガ科の多年草。高さは1m。花は白色。園芸植物。

ヘディキウム・ガードネリアヌム キバナシュクシャの別名。

ヘディキウム・カルネウム ニクイロシュクシャの別名。

ヘディキウム・グリーネイ 〈*Hedychium greenei* W. W. Sm.〉ショウガ科の多年草。高さは0.6〜2m。花はレンガ赤色。園芸植物。

ヘディキウム・コッキネウム 〈*Hedychium coccineum* Buch.-Ham.〉ショウガ科の多年草。別名ベニバナシュクシャ、ガランガ。高さは1.2〜1.5m。花は紅色。園芸植物。

ヘディキウム・スピカツム サンナの別名。

ヘディキウム・ティルシフォルメ 〈*Hedychium thyrsiforme* Buch.-Ham.〉ショウガ科の多年草。高さは2cm。花は白色。園芸植物。

ヘディキウム・デンシフロルム 〈*Hedychium densiflorum* Wall.〉ショウガ科の多年草。高さは2m。花は黄色。園芸植物。

ヘディキウム・フラウェスケンス 〈*Hedychium flavescens* W. Carey〉ショウガ科の多年草。高さは2m。花は黄色。園芸植物。

ヘディキウム・フラウム 〈*Hedychium flavum* Roxb.〉ショウガ科の多年草。高さは1.6m。花は淡黄色。園芸植物。

ヘディキウム・ホースフィールディー 〈*Hedychium horsfieldii* R. Br. ex Wall.〉ショウガ科の多年草。高さは1m。花は黄色。園芸植物。

ペディクラリス・オーデリー ゴマノハグサ科。高山植物。

ペディクラリス・ギロフレクサ ゴマノハグサ科。高山植物。

ペディクラリス・グロエンランディカ ゴマノハグサ科。高山植物。

ペディクラリス・コントルタ ゴマノハグサ科。高山植物。

ペディクラリス・シルバティカ 〈*Pedicularis sylvatica* L.〉ゴマノハグサ科の多年草。

ヘテイクラ

ペディクラリス・スクリアナ ゴマノハグサ科。高山植物。
ペディクラリス・トリコグローサ ゴマノハグサ科。高山植物。
ペディクラリス・パルスツリス 〈*Pedicularis palustris* L.〉ゴマノハグサ科の多年草。
ペディクラリス・ビコルヌタ ゴマノハグサ科。高山植物。
ペディクラリス・ヒルスタ 〈*Pedicularis hirsuta* L.〉ゴマノハグサ科の多年草。
ペディクラリス・メガランタ ゴマノハグサ科。高山植物。
ペディクラリス・レクティータ ゴマノハグサ科。高山植物。
ペディクラリス・ロイレイ ゴマノハグサ科。高山植物。
ペディクラリス・ロストラトスピカータ ゴマノハグサ科。高山植物。
ペディクラリス・ロンギフローラ ゴマノハグサ科。高山植物。
ヘディサルム・ウィキオイデス イワオウギの別名。
ヘディサルム・ヘディサロイデス カラフトゲンゲの別名。
ヘディサルム・ポリボトリス 〈*Hedysarum polybotrys* Hand.-Mazz.〉マメ科の薬用植物。
ヘディサルム・ボレアレ 〈*Hedysarum boreale* Nutt.〉マメ科。高さは10〜60cm。花は赤色。園芸植物。
ベティ・シェフィールド・シュプリーム ツバキ科のツバキの品種。園芸植物。
ヘディスケペ・カンタベリーアナ 〈*Hedyscepe canterburyana* (C. Moore et F. J. Muell.) H. Wendl. et Drude〉ヤシ科。高さは9m。園芸植物。
ペディランツス トウダイグサ科の属総称。別名ダイギンリュウ。
ペディランツス ギンリュウの別名。
ペディランツス・キンビフェルス 〈*Pedilanthus cymbiferus* Schlechtend.〉トウダイグサ科の低木。別名群叢。高さは1m。園芸植物。
ペディランツス・ブラクテアツス 〈*Pedilanthus bracteatus* (Jacq.) Boiss.〉トウダイグサ科の低木。高さは1m。園芸植物。
ペディランツス・マクロカルプス 〈*Pedilanthus macrocarpus* Benth.〉トウダイグサ科の低木。別名怪竜。高さは90〜100cm。花は赤色。園芸植物。
ヘデラ ウコギ科の属総称。別名キヅタ。
ヘデラ・カナリエンシス カナリーキヅタの別名。
ヘデラ・コルキカ 〈*Hedera colchica* (K. Koch) K. Koch〉ウコギ科の常緑つる性低木。別名コルシカキヅタ。葉長10〜20cm。園芸植物。

ヘデラ・ネパレンシス 〈*Hedera nepalensis* K. Koch〉ウコギ科の常緑つる性低木。葉は卵形〜披針形。園芸植物。
ヘデラ・パスツチョフィー 〈*Hedera pastuchovii* Woronow ex Grossh.〉ウコギ科の常緑つる性低木。葉色は濃緑。園芸植物。
ヘデラ・ヘリクス セイヨウキヅタの別名。
ヘデラ・ロンベア キヅタの別名。
ヘテロケントロン ノボタン科の属総称。別名メキシコノボタン。
ヘテロケントロン・エレガンス 〈*Heterocentron elegans* (Schlechtend.) O. Kuntze〉ノボタン科。花は鮮紫紅色。園芸植物。
ヘテロケントロン・マクロスタキウム 〈*Heterocentron macrostachyum* Naud.〉ノボタン科。別名メキシコノボタン、メキシコヒメノボタン。高さは40〜90cm。花は桃色。園芸植物。
ヘテロスパテ・ソロモネンシス 〈*Heterospathe solomonensis* Becc.〉ヤシ科。高さは12m。園芸植物。
ベトニー シソ科のハーブ。別名ビショップスウォート、カッコウチョロギ。
ペトレア クマツヅラ科の属総称。別名ヤモメカズラ。
ペトレア・ウォルビリス シダレペトレアの別名。
ペトレア・コハウティアナ 〈*Petrea kohautiana* C. Preal〉クマツヅラ科のつる性低木。
ペトロカリス・ピレナイカ アブラナ科。高山植物。
ペトロラギア・サクシフラガ 〈*Petrorhagia saxifraga* (L.) Link〉ナデシコ科の多年草。花は白または桃色。高山植物。園芸植物。
ベナリーズ・ノンストップ シュウカイドウ科のベゴニアの品種。園芸植物。
ペナンロタン プレクトコミア・エロンガタの別名。
ベニアマモ 〈*Cymodocea rotundata* Ehrenb. et Hempr. ex Aschers.〉イトクズモ科の草本。
ベニアミメグサ 紅網目草 〈*Fittonia verschaffeltii* (Lem.) Van Houtte〉キツネノマゴ科の多年草。高さは15cm。園芸植物。
ベニイグチ 〈*Heimiella japonica* Hongo〉オニイグチ科のキノコ。中型〜大型。傘は赤色。
ベニチャクソウ ベニバナイチヤクソウの別名。
ベニイトスゲ 〈*Carex sachalinensis* F. Schmidt var. *sikokiana* (Franch. et Sav.) Ohwi〉カヤツリグサ科の草本。別名シコクイトスゲ。
ベニイロクチキムシタケ 〈*Cordyceps roseostromata* Kobayasi et Shimizu〉バッカクキン科のキノコ。
ベニウスタケ 〈*Cantharellus cinnabarinus* Schw.〉アンズタケ科のキノコ。超小型〜小型。傘は紅色、薄い。

ベニウチワ 〈*Anthurium scherzerianum* Schott〉サトイモ科の多年草。仏炎苞は朱赤色。園芸植物。

ベニウツギ スイカズラ科。園芸植物。

ベニエキンシゴケ キンシゴケの別名。

ベニエリカ レッド・クィーンの別名。

ベニオグラコウホネ 〈*Nuphar oguraense* Miki var. *akiense* Shimoda〉スイレン科。

ベニオケレウス・グレッギー 〈*Peniocereus greggii* (Engelm.) Britt. et Rose〉サボテン科のサボテン。別名大和魂。高さは3m。花は白または淡い黄色。園芸植物。

ベニオケレウス・ジョンストニー 〈*Peniocereus johnstonii* Britt. et Rose〉サボテン科のサボテン。別名峨眉山。高さは3m。園芸植物。

ベニガク 紅額 〈*Hydrangea serrata* (Thunb. ex Murray) Ser. f. *rosalba* (Van Houtte) Wils.〉ユキノシタ科の落葉低木。園芸植物。

ベニガクヒルギ オヒルギの別名。

ベニガサ 紅傘 ツツジ科のサツキの品種。園芸植物。

ベニガサマル 紅笠丸 ロビウィア・ヤヨイアナの別名。

ベニガシワ 〈*Quercus coccinea*〉ブナ科の木本。樹高25m。樹皮は暗灰褐色。園芸植物。

ベニカスミ ナハカノコソウの別名。

ベニカタバミ 〈*Oxalis brasiliensis* Lodd. ex Westc. et Knowles〉カタバミ科の多年草。高さは10cm。花は濃紫紅色。園芸植物。

ベニカノアシタケ 〈*Mycena acicula* (Schaeff. : Fr.) Kummer〉キシメジ科のキノコ。別名キカノアシタケ。超小型。傘は朱色、円錐形。ひだは白色。

ベニカノコソウ 紅鹿子草 〈*Centranthus ruber* (L.) DC.〉オミナエシ科の多年草。別名ヒカノコソウ(緋鹿子草)。高さは80cm。花は濃紅色。園芸植物。切り花に用いられる。

ベニカヤラン 紅榧蘭 〈*Saccolabium matsuran* Makino〉ラン科の多年草。

ベニカンバ 〈*Betula albo-sinensis*〉カバノキ科の木本。樹高30m。樹皮は橙色ないし赤銅色。

ベニキリシマ 紅霧島 ツツジ科のツツジの品種。園芸植物。

ベニキリン 紅麒麟 〈*Euphorbia aggregata* A. Berger〉トウダイグサ科の多肉植物。別名竜珠。高さは5～7.5cm。園芸植物。

ベニキリン 紅麒麟 サクラソウ科のサクラソウの品種。園芸植物。

ベニグチホザキアヤメ 〈*Costus lucanusianus* J. Braun & K. Schum.〉ショウガ科の観賞用植物。花は上部赤、下部白色。熱帯植物。

ベニゲンペイカズラ クレロデンドルム・スペキオスムの別名。

ベニゴウカン 紅合歓 〈*Calliandra eriophylla* Benth.〉マメ科の常緑低木。別名ヒゴウカン(緋合歓)、ヒネム。高さは1.5m。花は赤紫色。園芸植物。

ベニゴチョウ アロンソア・ヴァルシェヴィッチーの別名。

ベニコマチ 紅小町 アブラナ科のハボタンの品種。園芸植物。

ベニサカズキ 紅盃 ヘリオケレウス・スペキオスの別名。

ベニサキガケ 紅魁 〈Red Astrachan〉バラ科のリンゴ(苹果)の品種。別名山野早生、6号、58号。果皮は紅色。

ベニササバゴケ 〈*Calliergon sarmentosum* (Wahlenb.) Kindb.〉ヤナギゴケ科のコケ。茎は長さ15cm以上、茎葉は長い卵形～舌形。

ベニサラサドウダン 紅更紗灯台 〈*Enkianthus campanulatus* (Miq.) Nichols. var. *rubicundus* (Matsum. et Nakai) Makino〉ツツジ科の落葉低木。高さは1m。花は白または桃色。高山植物。園芸植物。

ベニサラタケ 〈*Melastiza chateri* (Smith) Boud.〉ピロネマキン科のキノコ。

ベニサンゴバナ 〈*Pachystachys coccinea* (Aubl.) Nees〉キツネノマゴ科の観賞用低木状草本。高さは1～3m。花は深紅色。熱帯植物。園芸植物。

ベニジウム 〈*Venidium fastuosum* (Jacq.) Stapf〉キク科の一年草。別名カンザキジャノメギク。高さは80cm。花は黄または黄橙色。園芸植物。

ベニジウム キク科の属総称。

ベニジウム・デクールレンス 〈*Venidium decurrens* Less.〉キク科の草本。高さは60cm。花は黄橙色。園芸植物。

ベニシオガマ 紅塩竈 〈*Pedicularis koidzumiana* Tatew. et Ohwi〉ゴマノハグサ科の草本。別名リシリシオガマ。高山植物。

ベニシダ 紅羊歯 〈*Dryopteris erythrosora* (Eaton) O. Kuntze〉オシダ科の常緑性シダ。別名ヤヨイワラビ。葉身は長さ30～70cm。長楕円形～卵状長楕円形。園芸植物。

ベニシダレ バラ科の木本。

ベニシタン 〈*Cotoneaster horizontalis* Decne.〉バラ科の低木。別名コトネアスター。高さは1m。花は白で紅色を帯びる。薬用植物。園芸植物。

ベニジマウツボカズラ ネペンテス・マクシマの別名。

ベニジャケツイバラ カエサルピニア・ギリージーの別名。

ベニシュスラン 紅繻子蘭 〈*Goodyera macrantha* Maxim.〉ラン科の多年草。高さは4～10cm。花は紅色を帯びた白色。高山植物。園芸植物。

ベニスナゴ 〈*Schizymenia dubyi*（Chauvin in Duby) J. Agardh〉ヒカゲノイト科の海藻。長楕円形。体は10～30cm。

ベニスモモ 紅李 〈*Prunus simonii* Carr.〉バラ科の落葉小高木。

ベニスモモ ベニバスモモの別名。

ベニゾノ 紅園 アブラナ科のハボタンの品種。園芸植物。

ベニゾメハグロ 〈*Peristrophe bivalvis* Merr.〉キツネノマゴ科の草本。花は紅紫色。熱帯植物。

ベニタイゲキ マルミノウルシの別名。

ベニタカ 紅鷹 テロカクツス・ヘテロクロムスの別名。

ベニタケ 紅茸 ベニタケ科のベニタケ属のキノコの総称。

ベニダマ 紅玉 〈*Lithops pseudotruncatella* N. E. Br. var. *mundtii* Tisch.〉ツルナ科の曲玉の変種。性状、形態、模様はほぼ同様。体色は淡あずき色、頂面の模様は赤褐色。園芸植物。

ベニチドリ 紅千鳥 バラ科のウメの品種。園芸植物。

ベニチャワンタケ 〈*Sarcoscypha coccinea* (Gray) Lamb.〉ベニチャワンタケ科のキノコ。

ベニチャワンタケモドキ 〈*Sarcoscypha occidentalis* (Schw.) Sacc.〉ベニチャワンタケ科のキノコ。

ベニチョウジ 〈*Cestrum elegans* Schlecht.〉ナス科のややつる性の観賞用低木。花は赤紫色。熱帯植物。園芸植物。

ベニチョウジ 紅丁字 〈*Cuphea ignea* A. DC.〉ミソハギ科の観賞用草本。別名タバコソウ。高さは30～50cm。花は(萼筒)赤色。熱帯植物。園芸植物。

ベニツゲ ツゲ科の木本。

ベニデマリ 〈*Ixora coccinea* L.〉アカネ科の観賞用低木。花、葉、根は民間薬となる。高さは1m。花は暗緋紅色。熱帯植物。園芸植物。

ベニテングタケ 〈*Amanita muscaria* (L. : Fr.) Pers.〉テングタケ科のキノコ。別名アカハエトリタケ。

ベニドウダン ドウダンツツジの別名。

ベニナギナタタケ 〈*Clavaria aurantio-cinnabarina* Schw.〉シロソウメンタケ科のキノコ。形は円筒状、鮮紅色→退色。

ベニナデシコ ナデシコ科。園芸植物。

ベニナデシコ 紅撫子 キンポウゲ科のフクジュソウの品種。園芸植物。

ベニナンヨウニシキギ 〈*Salacia flavescens* Kurz〉ヒポクラテア科の低木。葉はバクチノキに似る。花は肉～橙色。熱帯植物。

ベニニガナ 紅苦菜 〈*Emilia javanica* (Burm. f.) C. B. Robins.〉キク科の一年草。別名エフデギク(絵筆菊)、キヌフサソウ(絹房草)。高さは25～50cm。花は緋紅色。園芸植物。切り花に用いられる。

ベニノキ 紅木 〈*Bixa orellana* L.〉ベニノキ科の木本。果実は暗赤色。高さは4～8m。花は白または淡桃色。熱帯植物。薬用植物。園芸植物。

ベニハエギリ 〈*Episcia cupreata* (Hook.) Hanst.〉イワタバコ科の多年草。別名ベニギリソウ。花は鮮やかな赤色。園芸植物。

ベニバスモモ 紅葉李 バラ科。別名ベニスモモ、アカバザクラ。園芸植物。

ベニバナ 紅花 〈*Carthamus tinctorius* L.〉キク科の一年草。別名クレノアイ、スエツムハナ。高さは1m。花は鮮黄色。薬用植物。園芸植物。切り花に用いられる。

ベニバナアマ 〈*Linum grandiflorum* Desf.〉アマ科。高さは50～60cm。花は赤色。園芸植物。

ベニバナイグチ 〈*Suillus pictus* (Peck) A. H. Smith & Thiers〉イグチ科のキノコ。中型。傘は赤色、繊維状鱗片。

ベニバナイチゴ 紅花苺 〈*Rubus vernus* Focke〉バラ科の落葉低木。高山植物。

ベニバナイチヤクソウ 紅花一薬草 〈*Pyrola incarnata* Fischer〉イチヤクソウ科の多年草。高さは10～25cm。高山植物。薬用植物。

ベニバナインゲン 紅花隠元 〈*Phaseolus coccineus* L.〉マメ科の果菜類。別名アカハナマメ、ハナマメ。種子は淡い紫赤色。長さ3m。花は朱赤色。園芸植物。

ベニバナオキナグサ 紅花翁草 アネモネ・コロナリアの別名。

ベニバナキジムシロ ポテンティラ・アトロサングイネアの別名。

ベニハナギリ 〈*Dombeya spectabilis* Boj.〉アオギリ科の観賞用小木。花はピンク色。熱帯植物。

ベニバナクサギ ボタンクサギの別名。

ベニバナグスタビヤ 〈*Gustavia gracillima* Miers〉サガリバナ科の観賞用小木。花は紅紫色。熱帯植物。

ベニバナサルビア 〈*Salvia coccinea* L.〉シソ科の草本。高さは30～60cm。花は濃い緋紅色。園芸植物。

ベニバナサワギキョウ ロベリア・カルディナリスの別名。

ベニバナシュクシャ ヘディキウム・コッキネウムの別名。

ベニハナシンボウギ 〈*Glycosmis puberula* Lindl.〉ミカン科の低木。葉3小葉。花は内面肉色、外面白色。熱帯植物。

ベニバナセンブリ 〈*Centaurium erythraea* Raf.〉リンドウ科の二年草。高さは60cm。花は淡紅色。高山植物。園芸植物。

ベニバナソケイ ヤスミヌム・ビーシアヌムの別名。

ベニバナソシンカ バウヒニア・ガルピニーの別名。

ベニバナダイコンソウ 〈*Geum coccineum* Sibth. et Smith.〉バラ科の多年草。高さは30〜40cm。花は赤色。園芸植物。

ベニバナチャ 〈*Camellia sinensis* (L.) Kuntze f. *rosea* (Makino) Kitam.〉ツバキ科。園芸植物。

ベニバナツメクサ 紅花詰草 〈*Trifolium incarnatum* L.〉マメ科の一年草。別名レッドクローバー。高さは30〜60cm。花は深紅色。切り花に用いられる。

ベニバナトチノキ 紅花橡木 〈*Aesculus × carnea* Hayne〉トチノキ科(ムクロジ科)の落葉高木。高さは10〜25m。花は紅色。樹皮は赤みのある褐色。園芸植物。

ベニバナトチノキ ムクロジ科の木本。

ベニバナノツクバネウツギ 〈*Abelia spathulata* Sieb. et Zucc. var. *sanguinea* Makino〉スイカズラ科の落葉低木。高山植物。

ベニバナヒメイワカガミ イワウメ科。

ベニバナヒョウタンボク 〈*Lonicera maximowiczii* (Rupr.) Maxim.〉スイカズラ科の落葉低木。葉は長楕円形。園芸植物。

ベニバナフクジンソウ 〈*Costus igneus* N. E. Br.〉ショウガ科の多年草。高さは50cm。花は橙黄か橙紅色。園芸植物。

ベニバナベゴニア 〈*Begonia coccinea* Ruiz.〉シュウカイドウ科の多年草。園芸植物。

ベニバナボロギク 紅花襤褸菊 〈*Crassocephalum crepidioides* (Benth.) S. Moore〉キク科の一年草。別名ナンヨウギク。高さは50〜70cm。花は初め紅赤、後に橙赤色。薬用植物。園芸植物。日本絶滅危機植物。

ベニバナヤハズカズラ ツンベルギア・コッキネアの別名。

ベニバナロウゲ ポテンティラ・ネパーレンシスの別名。

ベニハリ 紅波璃 リビングストン・デージーの別名。

ベニヒ カマエキパリス・フォルモセンシスの別名。

ベニヒガサ 〈*Hygrocybe cantharellus* (Schw.) Murrill〉ヌメリガサ科のキノコ。小型。傘は橙色〜朱赤色、平らで細鱗片。ひだは黄色。

ベニヒダタケ 〈*Pluteus leoninus* (Schaeff. : Fr.) Kummer〉ウラベニガサ科のキノコ。小型〜中型。傘は鮮黄色、周辺に条線あり。ひだは白色→肉色。

ベニヒバ 〈*Psilothallia dentata* (Okamura) Kylin〉イギス科の海藻。線状で扁圧。体は5〜20cm。

ベニヒバダマシ 〈*Rhodocallis elegans* Kützing〉イギス科の海藻。羽枝は外側に鈍頭の歯がある。体は2〜3cm。

ベニヒメ 紅姫 〈Benihime〉バラ科。ミニアチュア・ローズ系。

ベニヒメ 紅姫 〈*Aeonium haworthii* (Salm-Dyck) Webb et Berth.〉ベンケイソウ科。園芸植物。

ベニヒメ 紅姫 バラ科のバラの品種。園芸植物。

ベニヒメコブシ モクレン科。

ベニヒメリンドウ 紅姫龍胆 〈*Exacum affine* Balf.〉リンドウ科の一年草。別名エクサクム。高さは15〜20cm。花は青紫色。高山植物。園芸植物。

ベニヒモノキ 紅紐木 〈*Acalypha hispida* Burm. f.〉トウダイグサ科の常緑低木。別名サンデリー。花は紅色。熱帯植物。薬用植物。園芸植物。

ベニフクリンセンネンボク 〈*Dracaena concinna* Kunth〉リュウゼツラン科の木本。高さは2m。園芸植物。切り花に用いられる。

ベニフクロノリ 〈*Halosaccion saccatum* Kützing〉ダルス科の海藻。単条で嚢状。体は10〜20cm。

ベニフサノキ 〈*Erismanthus obliqua* Wall.〉トウダイグサ科の低木。熱帯植物。

ベニフデ 紅筆 〈*Pilosocereus nobilis* (Haw.) Byles et Rowley〉サボテン科のサボテン。径5〜7cm。花は紫桃色。園芸植物。

ベニフデ 紅筆 バラ科のウメの品種。別名ベニコフデ。園芸植物。

ベニフデツツアナナス ビルベルギア・ピラミダリスの別名。

ベニベンケイ 紅弁慶 〈*Kalanchoe blossfeldiana* Poelln.〉ベンケイソウ科の多肉植物。花は深赤色。園芸植物。

ベニマツリ 紅蜜柑 〈*Rondeletia odorata* Jacq.〉アカネ科の観賞用低木。高さは2m。花は中央黄色。熱帯植物。園芸植物。

ベニミカン 紅蜜柑 〈*Citrus benikoji* Hort. ex Tanaka〉ミカン科。別名ベニコウジ。

ベニミゾホオズキ 〈*Mimulus cardinalis* Dougl. ex Benth.〉ゴマノハグサ科の多年草。高さは30〜90cm。花は赤または黄赤色。園芸植物。

ベニミョウレンジ 紅妙蓮寺 ツバキ科のツバキの品種。園芸植物。

ベニモズク 〈*Helminthocladia australis* Harvey〉ベニモズク科の海藻。軟骨質様。体は45cm。

ベニモンジ 紅文字 ルメーレオケレウス・ホリアヌスの別名。

ベニヤナギノリ 〈*Chondria ryukyuensis* Yamada〉フジマツモ科の海藻。円柱状。体は15cm。

ベニヤマタケ 〈*Hygrocybe coccinea* (Schaeff. : Fr.) Kummer〉ヌメリガサ科のキノコ。小型〜中型。傘は鮮赤色、粘性なし。ひだは黄橙色。

ヘニラタン

ベニラタンヤシ　ラタニア・コンメルソニーの別名。
ベニラタンヤシ　ラタニア・ロンタロイデスの別名。
ベニリンゴ　ウケザキカイドウの別名。
ペニーロイヤルハッカ　メグサハッカの別名。
ペニーロイヤル・ミント　シソ科のハーブ。別名プディンググラス、メグサハッカ。
ベニワビスケ　紅侘助　ツバキ科のツバキの品種。園芸植物。
ベヌスタツリガネ　〈Bignonia venusta Ker-Gawl.〉ノウゼンカズラ科の観賞用蔓木。花は黄橙色。熱帯植物。
ペネロペ　〈Penelope〉　バラ科。
ヘパティカ・アクティロバ　〈Hepatica acutiloba DC.〉キンポウゲ科の多年草。花は白、青紫、桃など。園芸植物。
ヘパティカ・アメリカナ　〈Hepatica americana (DC.) Ker-Gawl.〉キンポウゲ科の多年草。花は白から濃青色。園芸植物。
ヘパティカ・トランスシルヴァニカ　〈Hepatica transsylvanica Fuss〉キンポウゲ科の多年草。花は紫色。園芸植物。
ヘパティカ・ノビリス　〈Hepatica nobilis Mill.〉キンポウゲ科の多年草。花は淡紅、青紫、白など。高山植物。園芸植物。
ヘパティカ・ヘンリー　〈Hepatica henryi (D. Oliver) Steward〉キンポウゲ科の多年草。花は白色。
ペーパーデージー　〈Helichrysum subulifolim〉キク科。別名オーストラリアデージー。
ペパー・ミント　シソ科のハーブ。別名セイヨウハッカ。
ペパーミント　バラ科。花は砂地色。
ヘビイチゴ　蛇苺　〈Duchesnea chrysantha (Zoll. et Morren) Miq.〉バラ科の多年生匍匐草本。別名カラスノイチゴ、ヘビノマクラ、クチナワイチゴ。薬用植物。
ヘビイモ　〈Sauromatum venosum Schott〉サトイモ科の多年草。園芸植物。
ヘビイモ　アモルフォファルス・リヴィエリの別名。
ヘビウリ　〈Trichosanthes anguina L.〉ウリ科のつる性草本。別名ゴーダー・ビーン、ケカラスウリ。果実は熟すると赤色。長さ30～100cm。花は白色。熱帯植物。園芸植物。
ヘビキノコモドキ　〈Amanita spissacea Imai〉テングタケ科のキノコ。中型。傘は灰褐色、黒褐色のいぼ、条線なし。
ヘビゴケ　〈Campylopodium medium (Duby) Giesenh. & J.-P. Frahm〉シッポゴケ科のコケ。茎は高さ5～15mm、雌雄異株。

ヘヒティア・アルゲンテア　〈Hechtia argentea Bak. ex Hemsl.〉パイナップル科の多肉植物。高さ90cm。花は緑白色。園芸植物。
ヘヒティア・テクセンシス　〈Hechtia texensis S. Wats.〉パイナップル科の多肉植物。高さは180cm。園芸植物。
ヘヒティア・マルニエ-ラポストレイ　〈Hechtia marnier-lapostollei L. B. Sm.〉パイナップル科の多肉植物。高さは90cm。花は白色。園芸植物。
ペピーノ　ソラヌム・ムリカツムの別名。
ヘビノシタ　ヒメハナワラビの別名。
ヘビノネゴザ　蛇の寝御座　〈Athyrium yokoscense (Franch. et Savat.) Christ〉オシダ科(イワデンダ科)の夏緑性シダ。別名カナクサ、カナヤマシダ。葉身は長さ20～40cm。披針形～長楕円状披針形。園芸植物。
ヘビノボラズ　蛇上らず　〈Berberis sieboldi Miq.〉メギ科の木本。別名トリトマラズ、コガネエンジュ。
ベビー・ベティー　〈Baby Betty〉　バラ科。ポリアンサ・ローズ系。花はピンク。
ヘビホソバイヌワラビ　〈Athyrium × inouei Sa. Kurata〉オシダ科のシダ植物。
ベビー・マスカレード　〈Baby Masquerade〉　バラ科のバラの品種。別名Baby Carnival。ミニチュア・ローズ系。花は黄色。園芸植物。
ヘビヤマイヌワラビ　〈Athyrium × mentiens Sa. Kurata〉オシダ科のシダ植物。
ヘブンリー・ブルー　ヒルガオ科のソライロアサガオの品種。園芸植物。
ヘブンリー・ロザリンド　〈Heavenly Rosalind〉バラ科。イングリッシュローズ系。花はソフトピンク。
ヘーベ　ゴマノハグサ科の属総称。
ヘーベ・アノマラ　〈Hebe anomala (J. F. Armstr.) Cockayne〉ゴマノハグサ科の木本。高さは90～150cm。花は白またはピンク色。園芸植物。
ヘーベ・アームストロンギー　〈Hebe armstrongii (J. B. Armstr.) Cockayne et Allan〉ゴマノハグサ科の木本。高さは30～90cm。花は白色。園芸植物。
ヘーベ・アルビカンス　〈Hebe albicans (Petrie) Cockayne〉ゴマノハグサ科の木本。高さは50cm。花は白色。園芸植物。
ヘーベ・アンダーソニー　〈Hebe × andersonii (Lindl. et Paxt.) Cockayne〉ゴマノハグサ科の木本。高さは1.2m。花は紅紫色。園芸植物。
ヘーベ・ウィルコクシー　〈Hebe willcoxii (Petrie) Cockayne et Allan〉ゴマノハグサ科の木本。葉は灰青色。園芸植物。
ヘーベ・エパクリデア　〈Hebe epacridea (Hook. f.) Cockayne et Allan〉ゴマノハグサ科の木本。花は白色。園芸植物。

ヘーベ・エリプティカ 〈Hebe elliptica (G. Forst.) Penn.〉ゴマノハグサ科の木本。花は白または淡紫色。園芸植物。

ヘーベ・オクラケア 〈Hebe ochracea Ashw.〉ゴマノハグサ科の木本。枝を曲線的に伸ばす。園芸植物。

ヘーベ・カミタカ 〈Hebe chathamica (J. Buchan.) Cockayne et Allan〉ゴマノハグサ科の木本。高さは40cm。花は紫色。園芸植物。

ヘーベ・クッキアナ 〈Hebe cookiana (Colenso) Cockayne et Allan〉ゴマノハグサ科の木本。高さは1〜2m。園芸植物。

ヘーベ・クプレッソイデス 〈Hebe cupressoides (Hook. f.) Cockayne et Allan〉ゴマノハグサ科の木本。花は淡青紫色。園芸植物。

ヘーベ・グラウコフィラ 〈Hebe glaucophylla (Cockayne) Cockayne〉ゴマノハグサ科の木本。花は白色。園芸植物。

ヘーベ・コレンソイ 〈Hebe colensoi Cockayne〉ゴマノハグサ科の木本。高さは90cm。花は白色。園芸植物。

ヘーベ・サリキフォリア 〈Hebe salicifolia (G. Forst.) Penn.〉ゴマノハグサ科の木本。高さは1〜3m。花は紫みを帯びた白色。園芸植物。

ヘーベ・スバルピナ 〈Hebe subalpina (Cockayne) Cockayne et Allan〉ゴマノハグサ科の木本。高さは1.5m。花は白色。園芸植物。

ヘーベ・スペキオサ 〈Hebe speciosa (R. Cunn. ex A. Cunn.) Cockayne et Allan〉ゴマノハグサ科の落葉低木。別名トラノオノキ。高さは1.5m。園芸植物。

ヘーベス・リップ 〈Hebe's Lip〉 バラ科。エグランテリア・ローズ系。花はクリーミーホワイト色。

ヘーベ・ディオスミフォリア 〈Hebe diosmifolia (R. Cunn. ex A. Cunn.) Cockayne et Allan〉ゴマノハグサ科の木本。高さは60cm。花はうすいラベンダーあるいは白色。園芸植物。

ヘーベ・デクンベンス 〈Hebe decumbens (J. B. Armstr.) Cockayne et Allan〉ゴマノハグサ科の木本。高さは30〜90cm。花は白色。園芸植物。

ヘーベ・トラヴァーシー 〈Hebe traversii (Hook. f.) Cockayne et Allan〉ゴマノハグサ科の木本。高さは1.5m。花は白色。園芸植物。

ヘーベ・ハルケアナ 〈Hebe hulkeana (F. J. Muell.) Cockayne et Allan〉ゴマノハグサ科の木本。高さは1.2m。花は淡いラベンダー色。園芸植物。

ヘーベ・バルフォリアナ 〈Hebe balfouriana (Hook. f.) Cockayne〉ゴマノハグサ科の木本。高さは1m。花は紫青色。園芸植物。

ヘーベ・ピメレオイデス 〈Hebe pimeleoides (Hook. f.) Cockayne et Allan〉ゴマノハグサ科の木本。花はうすいラベンダー色。園芸植物。

ヘーベ・ピングイフォリア 〈Hebe pinguifolia (Hook. f.) Cockayne et Allan〉ゴマノハグサ科の木本。花は白色。園芸植物。

ヘーベ・ブキャナニー 〈Hebe buchananii (Hook. f.) Cockayne et Allan〉ゴマノハグサ科の木本。花は白色。園芸植物。

ヘーベ・ブクシフォリア 〈Hebe buxifolia (Benth.) Cockayne et Allan〉ゴマノハグサ科の木本。高さは1.5m。花は白色。園芸植物。

ヘーベ・ブラキシフォン 〈Hebe brachysiphon Summerh.〉ゴマノハグサ科の木本。高さは1.5m。花は紫青色。園芸植物。

ヘーベ・フランシスカナ 〈Hebe × franciscana (Eastw.) Souster〉ゴマノハグサ科の木本。高さは1〜2m。園芸植物。

ヘーベ・ヘクトリー 〈Hebe hectorii (Hook. f.) Cockayne et Allan〉ゴマノハグサ科の木本。高さは0.2〜0.5cm。花は白〜淡桃色。園芸植物。

ヘーベ・ラカイエンシス 〈Hebe rakaiensis (J. B. Armstr.) Cockayne〉ゴマノハグサ科の木本。高さは1m。花は白色。園芸植物。

ヘーベ・リコポディオイデス 〈Hebe lycopodioides (Hook. f.) Cockayne et Allan〉ゴマノハグサ科の木本。花は白色。園芸植物。

ヘーベ・レクルウァ 〈Hebe recurva Simps. et J. S. Thoms.〉ゴマノハグサ科の木本。高さは1m。花は白色。園芸植物。

ペペロミア コショウ科の属総称。別名サダソウ、シマアオイソウ、ペペ。

ペペロミア シマアオイソウの別名。

ペペロミア・アリフォリア・リトラリス コショウ科。園芸植物。

ペペロミア・インカナ 〈Peperomia incana (Haw.) Hook.〉コショウ科の多年草。高さは30〜40cm。園芸植物。

ペペロミア・ウェルティキラタ 〈Peperomia verticillata (L.) A. Dietr.〉コショウ科の多年草。高さは30cm。園芸植物。

ペペロミア・ウェルティナ 〈Peperomia velutina Linden et André〉コショウ科の多年草。茎は直立し、分枝が少なく、有毛。園芸植物。

ペペロミア・エロンガタ 〈Peperomia elongata H. B. K〉コショウ科の多年草。南アメリカ北部の原産。園芸植物。

ペペロミア・オブツシフォリア 〈Peperomia obtusifolia (L.) A. Dietr.〉コショウ科の多年草。高さは30cm。園芸植物。

ペペロミア・オルバ 〈Peperomia orba Bunt.〉コショウ科の多年草。高さは17cm。園芸植物。

ペペロミア

ペペロミア・ガードネリアナ 〈*Peperomia gardneriana* Miq.〉コショウ科の多年草。花は白色。園芸植物。

ペペロミア・カペラタ チヂミバペペロミアの別名。

ペペロミア・カルウィカウリス 〈*Peperomia calvicaulis* C. DC. ex T. Durand et Pitt.〉コショウ科の多年草。葉は大きく楕円形、上面が明るい緑色、下面が淡色。園芸植物。

ペペロミア・グラベラ 〈*Peperomia glabella* (Swartz) A. Dietr.〉コショウ科の多年草。高さ15cm。園芸植物。

ペペロミア・グランディフォリア 〈*Peperomia grandifolia* A. Dietr.〉コショウ科の多年草。花は強い香りがある。園芸植物。

ペペロミア・グリセオアルゲンテア 〈*Peperomia griseoargentea* Yunck.〉コショウ科の多年草。高さは15cm。園芸植物。

ペペロミア・クルシーフォリア 〈*Peperomia clusiifolia* Hook.〉コショウ科の多年草。葉縁が紅色となることから「フチベニバペペロミア」とよばれる。園芸植物。

ペペロミア・サルコフィラ 〈*Peperomia sarcophylla* Sodiro〉コショウ科の多年草。葉柄には赤点が多数ある。園芸植物。

ペペロミア・ストロニフェラ 〈*Peperomia stolonifera* H. B. K.〉コショウ科の多年草。茎と葉全体に白色微毛を密生する。園芸植物。

ペペロミア・セルペンス 〈*Peperomia serpens* (Swartz) Loud.〉コショウ科の多年草。長さ1m。園芸植物。

ペペロミア・ダールステッティー 〈*Peperomia dahlstedtii* C. DC.〉コショウ科の多年草。葉は鋭頭〜鈍頭の楕円形ないし卵形。園芸植物。

ペペロミア・ドラブリフォルミス 〈*Peperomia dolabriformis* H. B. K.〉コショウ科の多年草。花は淡黄緑色。園芸植物。

ペペロミア・ビコロル 〈*Peperomia bicolor* Sodiro〉コショウ科の多年草。高さは25〜30cm。園芸植物。

ペペロミア・フェルシャフェルティー 〈*Peperomia verschaffeltii* Lem.〉コショウ科の多年草。P. argyreiaに似た叢生種。園芸植物。

ペペロミア・フェンツレイ 〈*Peperomia fenzlei* Regel〉コショウ科の多年草。通常4個の葉が輪生し、裏面が赤色を帯びる。園芸植物。

ペペロミア・プテオラタ 〈*Peperomia puteolata* Trel.〉コショウ科の多年草。淡黄色の明瞭な葉脈が5本走り、裏面が淡黄緑色。園芸植物。

ペペロミア・ブランダ 〈*Peperomia blanda* (Jacq.) H. B. K.〉コショウ科の多年草。葉は対生、広楕円形、緑色。園芸植物。

ペペロミア・フレイゼリ 〈*Peperomia fraseri* C. DC.〉コショウ科の多年草。長さ30cm。園芸植物。

ペペロミア・フレクシカウリス 〈*Peperomia flexicaulis* Wawra〉コショウ科の多年草。花は淡紅色。園芸植物。

ペペロミア・ヘデラエフォリア ギンバペペロミアの別名。

ペペロミア・ペルシャフェルティー コショウ科。園芸植物。

ペペロミア・ペレスキーフォリア 〈*Peperomia pereskiifolia* (Jacq.) H. B. K.〉コショウ科の多年草。高さは25cm。園芸植物。

ペペロミア・ホフマニー 〈*Peperomia hoffmannii* C. DC.〉コショウ科の多年草。花は乳白色。園芸植物。

ペペロミア・ポリボトリア 〈*Peperomia polybotrya* H. B. K.〉コショウ科の多年草。高さは25cm。園芸植物。

ペペロミア・マグノリアエフォリア・バリエガタ コショウ科。別名シロシマアオイソウ。園芸植物。

ペペロミア・マクロサ 〈*Peperomia maculosa* (L.) Hook.〉コショウ科の多年草。高さは30cm。園芸植物。

ペペロミア・マルモラタ 〈*Peperomia marmorata* Hook. f.〉コショウ科の多年草。P.verschaffeltiiに似るが、縞模様は明瞭でない。園芸植物。

ペペロミア・メタリカ 〈*Peperomia metallica* Linden et Rodig.〉コショウ科の多年草。分枝した赤い茎を多く直立する。園芸植物。

ペペロミア・ランケオラタ 〈*Peperomia lanceolata* C. DC.〉コショウ科の多年草。高さは1m。園芸植物。

ペペロミア・ルベラ 〈*Peperomia rubella* (Haw.) Hook.〉コショウ科の多年草。高さは15cm。花は淡黄緑色。園芸植物。

ペペロミア・ロツンディフォリア 〈*Peperomia rotundifolia* H. B. K.〉コショウ科の多年草。熱帯アメリカに広く分布するほふく性種。園芸植物。

ペペロミア・ロンギスピカタ 〈*Peperomia longispicata* C. DC.〉コショウ科の多年草。葉は長さ6〜10cm。園芸植物。

ペポカボチャ 〈*Cucurbita pepo* L.〉ウリ科の野菜。別名ポンキン。葉や花はカボチャに似る。熱帯植物。園芸植物。

ヘマリア・ディスコロール ラン科。園芸植物。

ヘミグラフィス キツネノマゴ科の属総称。

ヘミグラフィス・アルテルナタ シソモドキの別名。

ヘミグラフィス・オカモトイ ミヤコジマソウの別名。

ヘミグラフィス・レパンダ 〈*Hemigraphis repanda* (L.) H. G. Hallier〉キツネノマゴ科。花は白色。園芸植物。

ヘムスレヤ・アマビリス 〈*Hemsleya amabilis* Diels.〉ウリ科の薬用植物。

ヘメロカリス ユリ科の属総称。宿根草。別名デイリリー。切り花に用いられる。

ヘメロカリス デイリリーの別名。

ヘメロカリス・アウランティアカ ワスレグサの別名。

ヘメロカリス・キトリナ 〈*Hemerocallis citrina* Baroni〉ユリ科の多年草。花を乾かして食用とし、根を利尿剤とする。園芸植物。

ヘメロカリス・ツンベルギー ユウスゲの別名。

ヘメロカリス・ドゥモルティエリ ゼンテイカの別名。

ヘメロカリス・フォレスティー 〈*Hemerocallis forrestii* Diels〉ユリ科の多年草。種の形容語は、イギリスの植物採集家フォレストの名にちなむ。園芸植物。

ヘメロカリス・フルウァ ホンカンゾウの別名。

ヘメロカリス・ミノル 〈*Hemerocallis minor* Mill.〉ユリ科の多年草。別名ホソバキスゲ。園芸植物。

ヘメロカリス・ムルティフロラ 〈*Hemerocallis multiflora* Stout〉ユリ科の多年草。中国河南省、湖北省に分布。園芸植物。

ヘメロカリス・リリオアスフォデルス 〈*Hemerocallis lilioasphodelus* L.〉ユリ科の多年草。別名マンシュウキスゲ。中国長江以北、東北部、東シベリアに分布。園芸植物。

ヘライワヅタ 〈*Caulerpa brachypus* Harvey〉イワヅタ科の海藻。葉はリボン状。

ペラエア・ウィリディス 〈*Pellaea viridis* (Forssk.) Prantl〉ワラビ科のシダ植物。鉢植えとして栽培され、冬期は保温が必要。園芸植物。

ペラエア・ファルカタ 〈*Pellaea falcata* (R. Br.) Fée〉ワラビ科のシダ植物。根茎は横にはう。園芸植物。

ペラエア・ロツンディフォリア 〈*Pellaea rotundifolia* (G. Forst.) Hook.〉ワラビ科のシダ植物。葉柄と中肋は黒褐色で、開出する赤褐色の剛毛状の鱗片がある。園芸植物。

ヘラオオバコ 箆大葉子 〈*Plantago lanceolata* L.〉オオバコ科の多年草または二年草。高さは40～60cm。花は汚白色。薬用植物。園芸植物。

ヘラオモダカ 箆面高 〈*Alisma canaliculatum* A. Br. et Bouché〉オモダカ科の抽水性～湿生の多年草。全長8～55cm、葉がへら形、花弁3で白色～淡い桃色。高さは10～130cm。薬用植物。園芸植物。

ヘラガタカブトゴケ 〈*Lobaria spathulata* (Inum.) Yoshim.〉ヨロイゴケ科の地衣類。葉縁に腹背性のある裂芽。

ヘラクレウム・スカブリドム 〈*Heracleum scabridum* Franch.〉セリ科の薬用植物。

ヘラクレウム・スフォンディリウム 〈*Heracleum sphondylium* L.〉セリ科の多年草。高山植物。

ヘラクレウム・マンテガズジアヌム 〈*Heracleum mantegazzianum* Sommier et Levier〉セリ科の多年草。

ヘラゴケ 〈*Glossodium japonicum* Zahlbr.〉ハナゴケ科の地衣類。地衣体は痂状。

ヘラシダ 箆羊歯 〈*Diplazium subsinuatum* (Wall. ex Hook. et Grev.) Tagawa〉オシダ科（イワデンダ科）の常緑性シダ。葉身は長さ10～30cm。披針形～線形。園芸植物。

ヘラタケ 〈*Spathularia flavida* Pers. : Fr.〉テングノメシガイ科のキノコ。小型。頭部は黄色～クリーム色、へら形。

ベラドンナ 〈*Atropa belladonna* L.〉ナス科の薬用植物。高山植物。

ベラドンナ セイヨウハシリドコロの別名。

ベラドンナ・リリー ホンアマリリスの別名。

ヘラナレン 箆ナレン 〈*Crepidiastrum linguaefolium* (A. Gray) Nakai〉キク科の常緑低木。

ヘラノキ 箆の木 〈*Tilia kiusiana* Makino et Shirasawa〉シナノキ科の落葉広葉高木。別名トクオノキ。高さは20m。園芸植物。

ヘラハネジレゴケ 〈*Tortula muralis* Hedw.〉センボンゴケ科のコケ。茎は長さ5mm以下、中心束がある。葉は長楕円形～楕円形舌形。

ヘラハヒメアナナス クリプタンサス・ベウケリーの別名。

ヘラバヒメジョオン 〈*Erigeron strigosus* Muhl.〉キク科の一年草または越年草。高さは30～100cm。花は白または淡紅色。

ヘラペラヨメナ 〈*Erigeron karvinskianus* DC.〉キク科の多年草。別名ペラペラヒメジョオン、メキシコヒナギク。高さは20～40cm。花は白色。園芸植物。

ヘラヤハズ 〈*Dictyopteris prolifera* Okamura〉アミジグサ科の海藻。分岐が甚しい。体は30cm。

ヘラリュウモン 〈*Dumontia simplex* Cotton〉リュウモンソウ科の海藻。体は10～30cm。

ペラルゴニウム フウロソウ科の属総称。宿根草。別名テンジクアオイ。

ペラルゴニウム・アケトスム 〈*Pelargonium acetosum* (L.) L'Hér. ex Ait.〉フウロソウ科の多年草。高さは60cm。花は淡桃色。園芸植物。

ペラルゴニウム・インクラッサツム 〈*Pelargonium incrassatum* (Andr.) Sims〉フウロソウ科。花は濃紅色。園芸植物。

ペラルゴニウム・ウィオラレウム 〈*Pelargonium violareum* Jacq.〉フウロソウ科。花は白色。園芸植物。

ペラルゴニウム・ウステラエ 〈*Pelargonium worcesterae* Knuth〉フウロソウ科。高さは30cm。花は白または淡桃色。園芸植物。

ペラルゴニウム・エキナツム 〈*Pelargonium echinatum* Curtis〉フウロソウ科の多年草。高さは60cm。花は白または淡紅色。高山植物。園芸植物。

ペラルゴニウム・エレガンス 〈*Pelargonium elegans* (Andr.) Willd.〉フウロソウ科。高さは25cm。花は淡桃色。園芸植物。

ペラルゴニウム・オウァレ 〈*Pelargonium ovale* (Burm. f.) L'Hér.〉フウロソウ科。高さは30cm。花は淡桃または桃色。園芸植物。

ペラルゴニウム・オドラティッシムム 〈*Pelargonium odoratissimum* (L.) L'Hér. ex Ait.〉フウロソウ科。花は白色。園芸植物。

ペラルゴニウム・カピタツム 〈*Pelargonium capitatum* (L.) L'Hér. ex Ait.〉フウロソウ科の宿根草。高さは0.25〜1m。花は淡桃色。園芸植物。

ペラルゴニウム・クエルキフォリウム 〈*Pelargonium quercifolium* (L. f.) L'Hér. ex Ait.〉フウロソウ科。高さは1.5m。花は淡紅色。園芸植物。

ペラルゴニウム・ククラツム 〈*Pelargonium cucullatum* (L.) L'Hér. ex Ait.〉フウロソウ科。高さは2m。花は白、桃、紅色。園芸植物。

ペラルゴニウム・グランディフロルム 〈*Pelargonium grandiflorum* (Andr.) Willd.〉フウロソウ科。高さは75cm。花は白、桃、紅色。園芸植物。

ペラルゴニウム・クリスプム 〈*Pelargonium crispum* (L.) L'Hér. ex Ait.〉フウロソウ科。高さは75cm。園芸植物。

ペラルゴニウム・クリトミフォリウム 〈*Pelargonium crithmifolium* Sm.〉フウロソウ科。高さは50cm。花は白色。園芸植物。

ペラルゴニウム・コルディフォリウム 〈*Pelargonium cordifolium* (Cav.) Curtis〉フウロソウ科。高さは1〜1.5m。花は紅色。園芸植物。

ペラルゴニウム・コロノピフォリウム 〈*Pelargonium coronopifolium* Jacq.〉フウロソウ科。高さは40cm。花は紅色。園芸植物。

ペラルゴニウム・スティプラケウム 〈*Pelargonium stipulaceum* (L. f.) Willd.〉フウロソウ科。高さは20〜40cm。花は淡黄色。園芸植物。

ペラルゴニウム・ステノペタリューム 〈*Pelargonium stenopetalum* Ehrh.〉フウロソウ科の多年草。

ペラルゴニウム・セリキフォリウム 〈*Pelargonium sericifolium* J. J. A. van der Walt〉フウロソウ科。高さは20cm。花は濃紅色。園芸植物。

ペラルゴニウム・テトラゴヌム 〈*Pelargonium tetragonum* (L. f.) L'Hér. ex Ait.〉フウロソウ科。花は白〜淡黄色。園芸植物。

ペラルゴニウム・パピリオナケウム 〈*Pelargonium papilionaceum* (L.) L'Hér. ex Ait.〉フウロソウ科の多年草。高さは1m。花は桃色。園芸植物。

ペラルゴニウム・ヒルストム 〈*Pelargonium hirsutum* L, Herit. ex Ait.〉フウロソウ科の多年草。

ペラルゴニウム・プラエモルスム 〈*Pelargonium praemorsum* (Andr.) F. Dietr.〉フウロソウ科。高さは1m。花は淡黄色。園芸植物。

ペラルゴニウム・プルウェルレンツム 〈*Pelargonium pulverulentum* Colv. ex Sweet〉フウロソウ科。花は黄色。園芸植物。

ペラルゴニウム・フルギドゥム 〈*Pelargonium fulgidum* (L.) L'Hér. ex Ait.〉フウロソウ科。高さは1m。花は朱赤色。園芸植物。

ペラルゴニウム・プルケルム 〈*Pelargonium pulchellum* Sims〉フウロソウ科。高さは50cm。花は白色。園芸植物。

ペラルゴニウム・ベツリヌム 〈*Pelargonium betulinum* (L.) L'Hér. ex Ait.〉フウロソウ科。高さは0.3〜1.3m。花は淡紅色。園芸植物。

ペラルゴニウム・ボウケリ 〈*Pelargonium bowkeri* Harvey〉フウロソウ科の多年草。

ペラルゴニウム・ラエウィガツム 〈*Pelargonium laevigatum* (L. f.) Willd.〉フウロソウ科。高さは1m。花は淡桃色。園芸植物。

ペラルゴニウム・レニフォルメ 〈*Pelargonium reniforme* Curtis〉フウロソウ科。高さは40cm。花は淡桃、淡紅または紅色。園芸植物。

ヘラワツナギ 〈*Champia japonica* Okamura〉ワツナギソウ科の海藻。軸は扁円。体は10〜15cm。

ヘリアンサス ヒメヒマワリの別名。

ヘリアンツス・アルゴフィルス シロタエヒマワリの別名。

ヘリアンツス・アンヌース ヒマワリの別名。

ヘリアンツス・ギガンテウス 〈*Helianthus giganteus* L.〉キク科。高さは1〜3m。花は淡黄色。園芸植物。

ヘリアンツス・サリキフォリウス ヤナギバヒマワリの別名。

ヘリアンツス・デカペタルス コヒマワリの別名。

ヘリアンツス・デビリス ヒメヒマワリの別名。

ヘリアンツス・リギドゥス 〈*Helianthus rigidus* (Cass.) Desf.〉キク科。高さは30〜90cm。花は深紅から黄色。園芸植物。

ヘリアンテムム・アペンニヌム 〈*Helianthemum apenninum* (L.) Mill.〉ハンニチバナ科の小低木。高さは50〜60cm。花は白色。園芸植物。

ヘリアンテムム・オエランディクム 〈Helianthemum oelandicum (L.) DC.〉ハンニチバナ科。花は黄色。園芸植物。

ヘリアンテムム・カヌム 〈Helianthemum canum (L.) Baumg.〉ハンニチバナ科。高さは20cm。花は黄色。園芸植物。

ヘリアンテムム・カマエキスツス 〈Helianthemum chamaecistus Mill.〉ハンニチバナ科の小低木。

ヘリアンテムム・コリンボスム 〈Helianthemum corymbosum Michx.〉ハンニチバナ科。高さは40cm。花は濃黄色。園芸植物。

ヘリアンテムム・サリキフォリウム 〈Helianthemum salicifolium (L.) Mill.〉ハンニチバナ科。高さは10～20cm。園芸植物。

ヘリアンテムム・ヌンムラリウム 〈Helianthemum nummularium (L.) Mill.〉ハンニチバナ科。花は白、黄、桃色。園芸植物。

ヘリアンテムム・リッピー 〈Helianthemum lippii Ters.〉ハンニチバナ科。花は黄色。園芸植物。

ヘリアンテムム・ルヌラツム 〈Helianthemum lunulatum (All.) DC.〉ハンニチバナ科。高さは30cm。花は黄色。園芸植物。

ヘリアントケレウス・グランディフロルス 〈Helianthocereus grandiflorus (Britt. et Rose) Backeb.〉サボテン科のサボテン。別名巨麗丸。花は光沢のある赤色。園芸植物。

ヘリアントケレウス・パサカナ 〈Helianthocereus pasacana (A. Web.) Backeb.〉サボテン科のサボテン。別名мате鷹。高さは10m。園芸植物。

ヘリアントケレウス・フアスカ 〈Helianthocereus huascha (A. Web.) Backeb.〉サボテン科のサボテン。別名湘南丸。高さは50cm。花は鮮やかな黄色。園芸植物。

ヘリアンフォラ・ヌタンス サラセニア科。別名キツネノメシガイソウ。園芸植物。

ペリーウィンクル ツルニチニチソウの別名。

ベリーA マスカット・ベリーAの別名。

ヘリオケレウス・スペキオスス 〈Heliocereus speciosus (Cav.) Britt. et Rose〉サボテン科のサボテン。別名紅盃。花は紅色。園芸植物。

ペリオサンテス・アリサネンシス 〈Peliosanthes arisanensis Hayata〉ユリ科の草本。別名アリサンヒメバラン。花は黒紫色。園芸植物。

ヘリオトロープ 〈Heliotropium〉ムラサキ科のヘリオトロピューム属の数種の園芸名。草本、ハーブ。別名ニオイムラサキ、キダチルリソウ。花は青菫あるいは白色。園芸植物。切り花に用いられる。

ペリオニア イラクサ科の属総称。

ペリオニア・ダヴォーアナ 〈Pellionia daveauana (Godefr.) N. E. Br.〉イラクサ科の草本。別名ハナビソウ、モヨウカラクサ、オランダミズ。長さ5～10cm。園芸植物。

ペリオニア・プルクラ 〈Pellionia pulchra N. E. Br.〉イラクサ科の草本。ほふく性多年草で、茎は黒赤紫色。園芸植物。

ヘリオプシス キク科の属総称。

ヘリオプシス キクイモドキの別名。

ヘリオプシス・ヘリアントイデス キクイモドキの別名。

ヘリクトトリコン・センペルウィレンス 〈Helictotrichon sempervirens (Vill.) Pilg.〉イネ科の多年草。高さは1.2m。園芸植物。

ヘリクトトリコン・デセルトルム 〈Helictotrichon desertorum (Less.) Nevski ex Krasch.〉イネ科の多年草。園芸植物。

ヘリクリスム・アルゲンテウム 〈Helichrysum argenteum Thunb.〉キク科。高さは25～60cm。花は黄色。園芸植物。

ヘリクリスム・アルメニウム 〈Helichrysum armenium DC.〉キク科。高さは40～50cm。花は黄色。園芸植物。

ヘリクリスム・アレナリウム キク科の薬用植物。

ヘリクリスム・イタリクム 〈Helichrysum italicum (Roth) G. Don〉キク科。高さは60cm。花は黄色。園芸植物。

ヘリクリスム・クリスプム 〈Helichrysum crispum (L.) D. Don〉キク科。高さは30～60cm。花は淡黄色。園芸植物。

ヘリクリスム・シブソーピー 〈Helichrysum sibthorpii Rouy〉キク科。高さは10cm。花は黄色。園芸植物。

ヘリクリスム・ストエカス 〈Helichrysum stoechas DC.〉キク科。高さは50cm。花は黄色。園芸植物。

ヘリクリスム・スプレンディドゥム 〈Helichrysum splendidum (Thunb.) Less.〉キク科。高さは60～90cm。花は鮮黄色。園芸植物。

ヘリクリスム・セラゴ 〈Helichrysum selago (Hook. f.) Benth. et Hook. f.〉キク科。花は黄白色。園芸植物。

ヘリクリスム・セロティヌム 〈Helichrysum serotinum Boiss.〉キク科。花は黄色。園芸植物。

ヘリクリスム・ティアンスカニクム 〈Helichrysum thianschanicum Regel〉キク科。高さは60cm。園芸植物。

ヘリクリスム・プミルム 〈Helichrysum pumilum Hook. f.〉キク科。高さは15cm。園芸植物。

ヘリクリスム・プリカツム 〈Helichrysum plicatum (Fisch. et C. A. Mey.) DC.〉キク科。高さは70cm。花は黄色。園芸植物。

ヘリクリスム・フリギドゥム 〈Helichrysum frigidum (Labill.) Willd.〉キク科。花は黄色。園芸植物。

ヘリクリス

ヘリクリスム・ペティオラツム 〈*Helichrysum petiolatum* (L.) DC.〉キク科。花は黄色。園芸植物。

ヘリクリスム・ペティオラレ 〈*Helichrysum petiolare* Hilliard et B. L. Burtt〉キク科。高さは1m。園芸植物。

ヘリクリスム・ベリディオイデス 〈*Helichrysum bellidioides* (G. Forst.) Willd.〉キク科。園芸植物。

ヘリクリスム・マリティムム 〈*Helichrysum maritimum* D. Don〉キク科。高さは40〜50cm。花は黄色。園芸植物。

ヘリクリスム・ミルフォーディアエ 〈*Helichrysum milfordiae* Killick〉キク科。高さは15cm。園芸植物。

ヘリクリスム・レウコプシデウム 〈*Helichrysum leucopsideum* DC.〉キク科。高さは30〜40cm。花は黄色。園芸植物。

ペリグリナム イソマツ科。切り花に用いられる。

ヘリゲセンスゴケ 〈*Sticta duplolimbata* (Hue) Vain.〉ヨロイゴケ科の地衣類。地衣体は多くの裂芽をつける。

ヘリコディケロス・ムスキウォルス 〈*Helicodiceros muscivorus* (L. f.) Engl.〉サトイモ科。高さは60cm。園芸植物。

ヘリコニア バショウ科。園芸植物。

ヘリコニア バショウ科の属総称。別名オウムバナ。切り花に用いられる。

ヘリコニア・アウランティアカ 〈*Heliconia aurantiaca* Ghiesbr. ex Lem.〉バショウ科の多年草。高さは1〜1.5m。花は淡黄色。園芸植物。

ヘリコニア・イルストリス 〈*Heliconia illustris* J. Ball ex M. T. Mast.〉バショウ科の多年草。園芸植物。

ヘリコニア・ヴァグネリアナ 〈*Heliconia wagneriana* Petersen〉バショウ科の多年草。高さは2m。園芸植物。

ヘリコニア・カリバエ 〈*Heliconia caribae* Lam.〉バショウ科の多年草。花は白色。園芸植物。

ヘリコニア・ココニアナ 〈*Heliconia choconiana* S. Wats.〉バショウ科の多年草。高さは0.9〜1.2m。花は淡黄色。園芸植物。

ヘリコニア・ゴルフォドゥルケンシス 〈*Heliconia golfodulcensis* G. S. Daniels et F. G. Stiles〉バショウ科の多年草。高さは2〜4m。花は黄白色。園芸植物。

ヘリコニア・ビコロル 〈*Heliconia bicolor* Benth.〉バショウ科の多年草。高さは1.6m。園芸植物。

ヘリコニア・ビハイ 〈*Heliconia bihai* (L.) L.〉バショウ科の多年草。高さは4.8m。花は黄色。園芸植物。

ヘリコニア・フミリス 〈*Heliconia humilis* (Aubl.) Jacq.〉バショウ科の多年草。高さは60〜80cm。園芸植物。

ヘリコニア・プラティスタキス 〈*Heliconia platystachys* Bak.〉バショウ科の多年草。高さは5m。花は淡黄色。園芸植物。

ヘリコニア・ペンドゥラ 〈*Heliconia pendula* Wawra〉バショウ科の多年草。高さは2〜3m。花は黄白色。園芸植物。

ヘリコニア・ムティシアナ 〈*Heliconia mutisiana* Cuatrec.〉バショウ科の多年草。園芸植物。

ヘリコニア・メタリカ 〈*Heliconia metallica* Planch. et Linden ex Hook.〉バショウ科の多年草。高さは2.7〜3m。花は淡紅色。園芸植物。

ヘリコニア・ラティスパタ 〈*Heliconia latispatha* Benth.〉バショウ科の多年草。高さは2〜4m。園芸植物。

ヘリコニア・リングラタ 〈*Heliconia lingulata* Ruiz et Pav.〉バショウ科の多年草。花は黄から黄緑色。園芸植物。

ヘリコニア・ロストラタ 〈*Heliconia rostrata* Ruiz et Pav.〉バショウ科の多年草。高さは3m。花は黄色。園芸植物。

ヘリコニヤ 〈*Heliconia psittacorum* L. f.〉バショウ科。葉は光沢あり。花序橙朱色。熱帯植物。園芸植物。

ペリステリア・エラタ 〈*Peristeria elata* Hook.〉ラン科。高さは1m。花は純白色。園芸植物。

ペリストロフェ・スペキオサ 〈*Peristrophe speciosa* (Roxb. ex Wall.) Nees〉キツネノマゴ科の草本。高さは80〜100cm。花は鮮紫紅色。園芸植物。

ペリストロフェ・ヒッソピフォリア 〈*Peristrophe hyssopifolia* (Burm. f.) Bremek.〉キツネノマゴ科の草本。花は鮮紫紅色。園芸植物。

ベリス・ペレンニス ヒナギクの別名。

ペリーズホワイト キク科のアキレア(ハゴロモソウ)の園芸品種。切り花に用いられる。

ヘリテージ 〈Heritage〉バラ科。イングリッシュローズ系。花は淡ピンク。

ペリデリディア・ガードネリ 〈*Perideridia gairdneri* (H. & A.) Mathias〉セリ科。高山植物。

ヘリトリウラミゴケ 〈*Nephroma parile* Ach.〉ツメゴケ科の地衣類。別名コフキウラミゴケ。地衣体は褐色。

ヘリトリウロコゴケ 〈*Gymnocolea inflata* (Huds.) Dumort.〉ツボミゴケ科のコケ。黒褐色をおびる。茎は長さ約1cm。

ヘリトリカニノテ 〈*Maginisporum crassissimum* (Yendo) Ganesan〉サンゴ科の海藻。集簇状。

ヘリトリゴケ 〈*Lecidea albocoerulescens* (Wulf.) Ach.〉ヘリトリゴケ科の地衣類。地衣体は灰白から淡青緑色。

ヘリトリシッポゴケ 〈*Dicranodontium fleischeriana* W. Schultze-Motel〉シッポゴケ科のコケ。茎は長く、葉は強く鎌形に曲がる。

ヘリトリツメゴケ 〈*Peltigera collina* (Ach.) Schrad.〉ツメゴケ科の地衣類。地衣体は緑から灰褐色。

ヘリトリミョウガ 〈*Hornstedtia megalocheilus* Ridl.〉ショウガ科の草本。大形のショウガ状、花序は地中。高さ2m。熱帯植物。

ヘリトリモジゴケ 〈*Phaeographis exaltata* Müll. Arg.〉モジゴケ科の地衣類。地衣体は黄灰色。

ヘリプテラム ハナカンザシの別名。

ヘリプテラム・アンテモイデス 〈*Helipterum anthemoides* DC.〉キク科の草本。高さは30cm。園芸植物。

ヘリプテラム・カネセンス 〈*Helipterum canescens* DC.〉キク科の多年草。

ペリプロカ・グラエカ 〈*Periploca graeca* L.〉ガガイモ科の落葉性つる植物。園芸植物。

ペリラ・フルテスケンス 〈*Perilla frutescens* (L.) Britt.〉シソ科の一年草。高さは20〜70cm。園芸植物。

ペリレプタ キツネノマゴ科の属総称。別名ウラムラサキ。

ベリンダ 〈Belinda〉バラ科。フロリバンダ・ローズ系。花はオレンジ色。

ベル・イシス 〈Belle Isis〉バラ科。ガリカ・ローズ系。

ヘルヴィンギア・ヤポニカ ハナイカダの別名。

ペルーウロコゴヘイヤシ レピドカリウム・テスマニーの別名。

ベル・エトアール ユキノシタ科。園芸植物。

ベル・エトワール ユキノシタ科のバイカウツギの品種。別名ヒノマルウツギ。園芸植物。

ベル・オブ・ホーランド キキョウ科のカンパニュラの品種。園芸植物。

ベルガモット 〈*Citrus bergamia* Risso〉ミカン科のハーブ。

ヘルキア・サングイノレンタ 〈*Helcia sanguinolenta* Lindl.〉ラン科。花は黄緑色。園芸植物。

ベルクヘヤ・スペキオサ 〈*Berkheya speciosa* O. Hoffm.〉キク科。高さは60cm。園芸植物。

ベルゲニア・キリアタ 〈*Bergenia ciliata* (Haw.) Sternb.〉ユキノシタ科の多年草。高さは35cm。花は桃色。園芸植物。

ベルゲニア・コルディフォリア 〈*Bergenia cordifolia* (Haw.) Sternb.〉ユキノシタ科の多年草。高さは45cm。花は藤桃色。園芸植物。

ベルゲニア・ストレイチー ヒマラヤユキノシタの別名。

ベルゲニア・プルプラスケンス 〈*Bergenia purpurascens* (Hook. f. et T. Thoms.) Engl.〉ユキノシタ科の多年草。高さは30〜40cm。花は紫紅色。高山植物。園芸植物。

ベルゲランツス・ウェスペルティヌス 〈*Bergeranthus vespertinus* (A. Berger) Schwant.〉ツルナ科。別名大群波。花は黄色。園芸植物。

ベルゲランツス・ジェイムシー 〈*Bergeranthus jamesii* L. Bolus〉ツルナ科。別名瀬波。花は黄色。園芸植物。

ペルーコショウ コショウボクの別名。

ペルシアンオケイ ヤスミヌム・オッフィキナレの別名。

ペルシアン・イエロー 〈Persian Yellow〉バラ科。花は純黄色。

ペルシアンイエロー ロサ・フェティダ・ペルシアナの別名。

ペルシアン・ジュエル キンポウゲ科のクロタネソウの品種。園芸植物。

ベルケミア・スカンデンス 〈*Berchemia scandens* (J. Hill) K. Koch〉クロウメモドキ科。花は緑白色。園芸植物。

ベルケミア・ラケモサ クマヤナギの別名。

ベルケミア・リネアタ ヒメクマヤナギの別名。

ペルシヤカジカエデ 〈*Acer velutinum* Boiss.〉カエデ科の落葉高木。葉は5裂。樹高15m。樹皮は灰褐色。園芸植物。

ペルシャグルミ 〈*Juglans regia* L.〉クルミ科の木本。別名ペルシアグルミ、セイヨウグルミ。高さは20〜30m。樹皮は淡灰色。薬用植物。園芸植物。

ペルシャハシドイ 〈*Syringa persica* L.〉モクセイ科の落葉低木。

ペルシャパロッティア 〈*Parrotia persica*〉マンサク科の木本。樹高5m。樹皮は灰褐色。園芸植物。

ヘルスシェリア・グラミニフォリア 〈*Herschelia graminifolia* Dur. et Schinz〉ラン科の多年草。

ベル・ストーリー 〈Belle Story〉バラ科。イングリッシュローズ系。花はピンク。

ベルセイミア ユリ科の属総称。球根植物。別名ウインターレッドホットポーカー、バーゼリア、フェルトハイミア。

ベルセリア ブルニア科。切り花に用いられる。

ベルセリア・ガルピニー 〈*Berzelia galpinii* Pillans〉ブルニア科の低木。高さは1〜2m。花はクリーム色。園芸植物。

ベルセリア・ラヌギノサ 〈*Berzelia lanuginosa* (L.) Brongn.〉ブルニア科の低木。高さは1.5〜2m。花は白色。園芸植物。

ベルタイーミア・ヴィリディフォーリア フェルトハイミア・カペンシスの別名。

ペルティフィルム・ペルタツム 〈*Peltiphyllum peltatum* (Torr. ex Benth.) Engl.〉ユキノシタ科の多年草。高さは60〜80cm。花は白または淡桃色。園芸植物。

ベルテミア・ビリディフォリア フェルトハイミア・カペンシスの別名。

ベル・ドゥ・クレシー 〈Belle de Crécy〉バラ科。花はモーブ色。

ペルトフォルム・プテロカルプム コウエンボクの別名。

ヘルトリコケレウス・ベネッケイ ライフカクの別名。

ベルトローニア ノボタン科の属総称。

ベルトローニア・マクラタ ヒメニシキノボタンの別名。

ベルトローニア・マルモラタ ヒメノボタンの別名。

ベルナ スミレ科のガーデン・パンジーの品種。園芸植物。

ペールニッチア・ルブリフロラ 〈*Poellnitzia rubriflora* (L. Bolus) Uitew.〉ユリ科。園芸植物。

ペルニーヒイラギ イレクス・ベルニーの別名。

ペルネティア・プロストラタ 〈*Pernettya prostrata* (Cav.) Sleum.〉ツツジ科の低木。花は白色。園芸植物。

ペルネティア・ムクロナタ ベニサラサドウダンの別名。

ベルノキ 〈*Aegle marmelos* Correa〉ミカン科の小木。多刺、果実は球形あるいは楕円形。熱帯植物。薬用植物。

ベルノニア キク科の属総称。

ベルフラワー オトメギキョウの別名。

ベルベリス・アシアティカ 〈*Berberis asiatica* Roxb. ex DC.〉メギ科の低木。高さは3m。花は黄。園芸植物。

ベルベリス・アッグレガタ 〈*Berberis aggregata* C. K. Schneid.〉メギ科の低木。高さは1〜1.5m。花は淡黄色。園芸植物。

ベルベリス・アムーレンシス ヒロハヘビノボラズの別名。

ベルベリス・ウィルソニアエ 〈*Berberis wilsoniae* Hemsl.〉メギ科の低木。高さは2m。花は紅色。園芸植物。

ベルベリス・ウィントネンシス 〈*Berberis* × *wintonensis* Ahrendt〉メギ科の低木。園芸植物。

ベルベリス・ウェルナエ 〈*Berberis vernae* C. K. Schneid.〉メギ科の低木。高さは2〜3m。花は黄色。園芸植物。

ベルベリス・ウルガリス 〈*Berberis vulgaris* L.〉メギ科の低木。高さは2〜3m。花は黄色。園芸植物。

ベルベリス・カヴァレリエイ 〈*Berberis cavaleriei* Lév.〉メギ科の低木。高さは2m。花は赤色。園芸植物。

ベルベリス・ガニェパニー 〈*Berberis gagnepainii* C. K. Schneid.〉メギ科の低木。高さは2〜3m。花は黄色。園芸植物。

ベルベリス・カンディドゥラ 〈*Berberis candidula* (C. K. Schneid.) C. K. Schneid.〉メギ科の低木。高さは1m。花は輝黄色。園芸植物。

ベルベリス・キトリア 〈*Berberis chitria* Lindl.〉メギ科の低木。花は黄色。園芸植物。

ベルベリス・サングイネア 〈*Berberis sanguinea* Franch.〉メギ科の低木。高さは2〜3m。花は黄金色。園芸植物。

ベルベリス・ステノフィラ 〈*Berberis* × *stenophylla* Lindl.〉メギ科の低木。高さは2m。花は黄色。園芸植物。

ベルベリス・ダーウィニー 〈*Berberis darwinii* Hook.〉メギ科の常緑低木。花は濃黄色。園芸植物。

ベルベリス・ツンベルギー メギの別名。

ベルベリス・パルウィフォリア 〈*Berberis parvifolia* T. Sprague〉メギ科の低木。高さは1m。花は淡黄色。園芸植物。

ベルベリス・バルディウィアナ 〈*Berberis valdiviana* Phil.〉メギ科の低木。高さは2.5〜4m。園芸植物。

ベルベリス・ヒブリドガニェパニー 〈*Berberis* × *hybridogagnepainii* Suring.〉メギ科の低木。高さは2m。花は黄で緑を帯びる。園芸植物。

ベルベリス・ブクシフォリア 〈*Berberis buxifolia* Lam.〉メギ科の低木。高さは2〜3m。花は黄色。園芸植物。

ベルベリス・フッケリ 〈*Berberis hookeri* Lem.〉メギ科の低木。高さは1〜1.5m。花は淡黄色。園芸植物。

ベルベリス・プルイノサ 〈*Berberis pruinosa* Franch.〉メギ科の低木。高さは3m。花は淡黄色。園芸植物。

ベルベリス・ホルスティー 〈*Berberis holstii* Engl.〉メギ科の低木。高さは2m。花は黄色。園芸植物。

ベルベリス・マニプラナ 〈*Berberis manipurana* Ahrendt〉メギ科の低木。高さは3m。花は黄色。園芸植物。

ベルベリス・ユリアナエ 〈*Berberis julianae* C. K. Schneid.〉メギ科の低木。高さは3m。花は黄色。園芸植物。

ベルベリス・リキウム 〈*Berberis lycium* Royle〉メギ科の低木。高さは2m。園芸植物。

ベルベリス・リネアリフォリア 〈Berberis linearifolia Phil.〉メギ科の低木。高さは1〜2.5m。花は杏黄色。園芸植物。

ベルベリス・レプリカタ 〈Berberis replicata W. W. Sm.〉メギ科の低木。高さは1.5m。花は輝黄色。園芸植物。

ベルベリドプシス・コラルリナ 〈Berberidopsis corallina Hook.〉イイギリ科の常緑低木。

ヘルベルティ ヒガンバナ科のクリナムの品種。園芸植物。

ヘルムット・シュミット 〈Helmut Schmidt〉バラ科。ハイブリッド・ティーローズ系。花は黄色。

ヘルモサ 〈Hermosa〉バラ科。チャイナ・ローズ系。

ヘルモダクティルス・ツベロッス クロバナイリスの別名。

ベルリンゴヨウ ピヌス・シュヴェリニーの別名。

ペルーワタ ゴッシピウム・バルバデンセの別名。

ペレア・ビリディス ペラエア・ウィリディスの別名。

ペレキフォラ サボテン科の属総称。サボテン。

ペレキフォラ・アセリフォルミス 〈Pelecyphora asellifomis C. A. Ehrenb.〉サボテン科のサボテン。別名精巧丸。高さは5〜8cm。園芸植物。

ペレキフォラ・プセウドペクティナタ セイコウデンの別名。

ペレジア・レクルバータ 〈Perezia recurvata Les.〉キク科の多年草。

ペレスキア 〈Pereskia grandifolia How.〉サボテン科の多肉低木。多刺、葉は厚く。花はピンク色。熱帯植物。

ペレスキア サボテン科の属総称。サボテン。

ペレスキア・アクレアタ モクキリンの別名。

ペレスキア・ブレオ サクラキリンの別名。

ペレスキア・フンボルティー 〈Pereskia humboldtii Britt. et Rose〉サボテン科のサボテン。別名月の桂。高さは6m。花は橙から赤色。園芸植物。

ペレスキオプシス・ウェルティナ 〈Pereskiopsis velutina Rose〉サボテン科のサボテン。別名麒麟団扇。高さは1.2m。花は輝黄色。園芸植物。

ペレニアルカモマイル レオントポディウム・スリーエイの別名。

ヘレニウム キク科の属総称。

ヘレニウム ダンゴギクの別名。

ヘレニウム・アマルム マツバハルシャギクの別名。

ヘレニウム・ハイブリデン キク科。園芸植物。

ヘレニウム・ビゲロウィー 〈Helenium bigelovii A. Gray〉キク科の草本。別名ヤハズダンゴ。高さは60〜120cm。花は黄色。園芸植物。

ヘレボルス・アーグチフォリウス キンポウゲ科の宿根草。別名ヘレボルス・コルシクス。

ヘレボルス・アトロルベンス 〈Helleborus atrorubens Waldst. et Kit.〉キンポウゲ科の多年草。濃褐色に紫を帯び、老化するにしたがって紫が増す。園芸植物。

ヘレボルス・アブチャシクス キンポウゲ科の宿根草。

ヘレボルス・アンティクオルム 〈Helleborus antiquorum A. Braum〉キンポウゲ科の多年草。花は淡紫紅色。園芸植物。

ヘレボルス・ヴェシカリウス キンポウゲ科の宿根草。

ヘレボルス・オドルス キンポウゲ科の宿根草。

ヘレボルス・オリエンタリス 〈Helleborus orientalis Lam.〉キンポウゲ科の多年草。花はクリーム色、後に褐色を帯びた黄緑色。園芸植物。

ヘレボルス・オリエンタリス・コーカシクス キンポウゲ科の宿根草。

ヘレボルス・グッタツス 〈Helleborus guttatus A. Braum〉キンポウゲ科の多年草。花は白色。園芸植物。

ヘレボルス・クロアチアカス キンポウゲ科の宿根草。

ヘレボルス・コルシクス ヘレボルス・アーグチフォリウスの別名。

ヘレボルス・シクロフィリス キンポウゲ科の宿根草。

ヘレボルス・ステルニー キンポウゲ科の宿根草。

ヘレボルス・チベタヌス キンポウゲ科の宿根草。

ヘレボルス・ドメトルム キンポウゲ科の宿根草。

ヘレボルス・トルクオータス キンポウゲ科の宿根草。

ヘレボルス・ニゲル クリスマスローズの別名。

ヘレボルス・ニゲルコルス キンポウゲ科の宿根草。

ヘレボルス・パープレッセンス キンポウゲ科の宿根草。

ヘレボルス・バラーディアエ キンポウゲ科の宿根草。

ヘレボルス・ビリディス 〈Helleborus viridis L.〉キンポウゲ科の多年草。

ヘレボルス・フォエティドゥス 〈Helleborus foetidus L.〉キンポウゲ科の多年草。長さ45cm。花は淡緑色。園芸植物。

ヘレボルス・プルプラスケンス 〈Helleborus purpurascens Waldst. et Kit.〉キンポウゲ科の多年草。花は淡紫紅色。園芸植物。

ヘレボルス・ムルティフィドゥス 〈Helleborus multifidus Vis.〉キンポウゲ科の多年草。高さは30cm。花は淡紅または白緑色。園芸植物。

ヘレボルス・リウィドゥス 〈Helleborus lividus Ait.〉キンポウゲ科の多年草。高さは30cm。花は淡緑色。園芸植物。

ヘレリアサ

ヘレリア・サルサパリラ 〈*Herreria salsaparilla* Mart.*〉*ユリ科。花は黄緑色。園芸植物。

ヘレロア・インクルウァ 〈*Hereroa incurva* L. Bolus〉ツルナ科。別名夕霧。花は黄金色。園芸植物。

ヘレロア・グラヌラタ 〈*Hereroa granulata* (N. E. Br.) Dinter et Schwant.〉ツルナ科。別名奔竜。花は黄色。園芸植物。

ヘレロア・プットカーメリアナ 〈*Hereroa puttkameriana* (A. Berger et Dinter) Dinter et Schwant.〉ツルナ科。別名放竜。花は橙色。園芸植物。

ヘレロア・ミュアリー 〈*Hereroa muirii* L. Bolus〉ツルナ科。別名旋竜。花は黄色。園芸植物。

ヘレロア・レーネルティアナ 〈*Hereroa rehneltiana* (A. Berger) Dinter et Schwant.〉ツルナ科。別名玲音。園芸植物。

ヘレン・マウント スミレ科のタフテッド・パンジーの品種。園芸植物。

ベロジア ベロジア科の属総称。

ベロジア・レティネルビス 〈*Vellozia retinervis* Bak.〉ベロジア科の低木。

ヘロニアス 〈*Helonias bullata* L.〉ユリ科。

ヘロニオプシス・ウンベラタ コショウジョウバカマの別名。

ヘロニオプシス・オリエンタリス ショウジョウバカマの別名。

ヘロニオプシス・レウカンタ 〈*Heloniopsis leucantha* (Koidz.) Hatus.〉ユリ科の多年草。別名オオシロショウジョウバカマ。高さは10〜30cm。花は白色。園芸植物。

ベロニカ ゴマノハグサ科の属総称。別名クワガタソウ。

ベロニカ・アウストリアカ 〈*Veronica austrica* L.〉ゴマノハグサ科。高山植物。

ベロニカ・アグレスティス 〈*Veronica agrestis* L.〉ゴマノハグサ科の多年草。

ベロニカ・アナガリス-アクアティカ オオカワヂシャの別名。

ベロニカ・アフィラ 〈*Veronica aphylla* L.〉ゴマノハグサ科。高山植物。

ベロニカ・アルピナ 〈*Veronica alpina* L.〉ゴマノハグサ科。高山植物。

ベロニカ・アルベンシス タチイヌノフグリの別名。

ベロニカ・インカナ 〈*Veronica incana* L.〉ゴマノハグサ科。高さは30〜60cm。花は濃い菫色。園芸植物。

ベロニカ・オフィキナリス 〈*Veronica officinalis* L.〉ゴマノハグサ科の多年草。高山植物。

ベロニカ・カマエドリス カラフトヒヨクソウの別名。

ベロニカストルム・シビリクム 〈*Veronicastrum sibiricum* (L.) Penn.〉ゴマノハグサ科の多年草。高さは0.8〜1.3m。花は青紫色。園芸植物。

ベロニカ・テウクリウム 〈*Veronica teucrium* L.〉ゴマノハグサ科。高さは60cm。花は青色。園芸植物。

ベロニカ・フルティカンス 〈*Veronica fruticans* Jack〉ゴマノハグサ科。高山植物。

ベロニカ・ベッカブンガ 〈*Veronica beccabunga* L.〉ゴマノハグサ科の多年草。

ベロニカ・ポナエ 〈*Veronica ponae* Gouan〉ゴマノハグサ科。高山植物。

ベロニカ・ロンギフォーリア ゴマノハグサ科。高さは60〜80cm。園芸植物。

ベロニカ・ロンギフォリア 〈*Veronica longifolia* Linn.〉ゴマノハグサ科。別名セイヨウトラノオ。高山植物。園芸植物。

ペロフスキア シソ科の宿根草。別名ロシアンセージ。

ペロフスキア・アトリプリキフォリア 〈*Perovskia atriplicifolia* Benth.〉シソ科の亜低木。高さは1.5m。花は青色。園芸植物。

ペロフスキア・アブロタノイデス 〈*Perovskia abrotanoides* Kar.〉シソ科の亜低木。高さは1.2m。花はピンク色。園芸植物。

ベロペロネ キツネノマゴ科の属総称。別名ベルペローネ、コエビソウ。切り花に用いられる。

ベロペロネ コエビソウの別名。

ベロペロネ・ウィオラケア 〈*Beloperone violacea* Planch. et Lindl.〉キツネノマゴ科の常緑の低木。高さは1.2m。花は紫色。園芸植物。

ベロペロネ・グッタタ コエビソウの別名。

ペンウィズ エウクリフィア科のエウクリフィアの品種。木本。樹高15m。樹皮は暗灰色。

ベンガルアケビカズラ ディスキディア・ベンガレンシスの別名。

ベンガルボダイジュ 〈*Ficus benghalensis* L.〉クワ科の中高木。横に枝を張り気根を垂らす。高さは30m。熱帯植物。園芸植物。

ベンガルヤハズカズラ 〈*Thunbergia grandiflora* (Roxb. ex Rottl.) Roxb.〉キツネノマゴ科の常緑つる性植物。花は淡青色。熱帯植物。園芸植物。

ペンギン ウリ科のオモチャカボチャの品種。園芸植物。

ベンケイ 弁慶 〈*Echinocactus grandis* Rose〉サボテン科のサボテン。高さは1〜2m。花は黄色。園芸植物。

ベンケイソウ 弁慶草 〈*Hylotelephium erythrostictum* (Miq.) H. Ohba〉ベンケイソウ科の多年生草本。別名コベンケイソウ。高さは30〜100cm。花は紅色。薬用植物。園芸植物。

ベンケイソウ科 科名。

ベンケイチュウ 弁慶柱 〈*Carnegiea gigantea* (Engelm.) Britt. et Rose〉サボテン科の多年草。高さは15m。園芸植物。

ベンケイナズナ 〈*Lepidium latifolium* L.〉アブラナ科の多年草。別名ヒロハヒメグンバイナズナ、ヒロハグンバイナズナ。高さは40〜150cm。花は白またはやや赤色。

ベンジャミンゴム 〈*Ficus benjamina* L.〉クワ科の木本。別名ベンジャミン。果嚢は肉黄色、枝は垂下性。熱帯植物。園芸植物。

ペンジュラ シュウカイドウ科のベゴニアの品種。園芸植物。

ペンステモン ゴマノハグサ科の属総称。宿根草。別名イワブクロ。

ペンステモン・アズレウス 〈*Penstemon azureus* Benth.〉ゴマノハグサ科。高さは75cm。花は濃青紫紅色。園芸植物。

ペンステモン・アルピヌス 〈*Penstemon alpinus* Torr.〉ゴマノハグサ科。高さは70〜80cm。花は青から紫青色。園芸植物。

ペンステモン・アングスティフォリウス 〈*Penstemon angustifolius* Nutt. ex Pursh〉ゴマノハグサ科。高さは30cm。花は青、藤または白色。園芸植物。

ペンステモン・イソフィルス 〈*Penstemon isophyllus* B. L. Robinson〉ゴマノハグサ科。高さは2m。花は緋赤色。園芸植物。

ペンステモン・エリプティクス 〈*Penstemon ellipticus* J. Coult. et E. Fisher〉ゴマノハグサ科。高さは20cm。花は淡紫色。園芸植物。

ペンステモン・オウァツス 〈*Penstemon ovatus* Dougl. ex Hook〉ゴマノハグサ科。高さは60cm。花は青紫色。園芸植物。

ペンステモン・カードウェリー 〈*Penstemon cardwellii* T. J. Howell〉ゴマノハグサ科。高さは30cm。花は紫紅色。園芸植物。

ペンステモン・カンパヌラツス ツリガネヤナギの別名。

ペンステモン・グラベル 〈*Penstemon glaber* Pursh〉ゴマノハグサ科。高さは60cm。花は淡紫紅色。園芸植物。

ペンステモン・グロキシニオイデス 〈*Penstemon gloxinoides* Hort.〉ゴマノハグサ科。別名ツリガネヤナギ。園芸植物。

ペンステモン・コバエア 〈*Penstemon cobaea* Nutt.〉ゴマノハグサ科。別名ウスムラサキツリガネヤナギ。高さは80cm。花は淡紫色。園芸植物。

ペンステモン・コリンボス 〈*Penstemon corymbosus* Benth.〉ゴマノハグサ科。高さは60cm。花はれんが赤色。園芸植物。

ペンステモン・コンフェルツス 〈*Penstemon confertus* Dougl. ex Lindl.〉ゴマノハグサ科。高さは60cm。花は黄色。園芸植物。

ペンステモン・ジェイムシー 〈*Penstemon jamesii* Benth.〉ゴマノハグサ科。高さは50cm。花は紫紅色。園芸植物。

ペンステモン・スモーリー 〈*Penstemon smallii* A. Heller〉ゴマノハグサ科。高さは70cm。花は紫紅色。園芸植物。

ペンステモン・セクンディフロルス 〈*Penstemon secundiflorus* Benth.〉ゴマノハグサ科。高さは60cm。花は桃色。園芸植物。

ペンステモン・セルラツス 〈*Penstemon serrulatus* Mens. ex Sm.〉ゴマノハグサ科。高さは60cm。花は青〜紫紅色。園芸植物。

ペンステモン・ツビフロルス 〈*Penstemon tubiflorus* Nutt.〉ゴマノハグサ科。高さは90cm。花は白色。園芸植物。

ペンステモン・デイヴィドソニー 〈*Penstemon davidsonii* Greene〉ゴマノハグサ科。花は紫紅色。園芸植物。

ペンステモン・ディギタリス 〈*Penstemon digitalis* Nutt.〉ゴマノハグサ科。高さは1.5m。花は白または桃を帯びる。園芸植物。

ペンステモン・ニューベリー 〈*Penstemon newberryi* A. Gray〉ゴマノハグサ科。高さは30cm。花は淡紅桃色。園芸植物。

ペンステモン・バカリフォーリウス 〈*Pentstemon baccharifolius* Hook.〉ゴマノハグサ科の多年草。

ペンステモン・ハートウェッギー ゴマノハグサ科。別名リンドウツリガネヤナギ。園芸植物。

ペンステモン・ハーバーリー 〈*Penstemon harbourii* A. Gray〉ゴマノハグサ科。高さは20cm。花は淡紫紅色。園芸植物。

ペンステモン・パーメリ 〈*Penstemon palmeri* A. Gray〉ゴマノハグサ科。高さは1m。花は白でわずかに桃または淡紫を帯びる。園芸植物。

ペンステモン・ハルトヴェギー 〈*Penstemon hartwegii* Benth.〉ゴマノハグサ科。高さは1m。花は濃紅色。園芸植物。

ペンステモン・バルバツス 〈*Penstemon barbatus* (Cav.) Roth〉ゴマノハグサ科。別名ヤナギチョウジ。高さは1m。花は淡紅から肉色。園芸植物。

ペンステモン・ピニフォリウス 〈*Penstemon pinifolius* Greene〉ゴマノハグサ科。高さは60cm。花は朱赤色。園芸植物。

ペンステモン・ヒブリダ 〈*Penstemon hybrida* Hort.〉ゴマノハグサ科。

ペンステモン・ヒルスツス 〈*Penstemon hirsutus* (L.) Willd.〉ゴマノハグサ科。高さは30〜90cm。花は淡紫または白っぽい紫紅色。園芸植物。

ペンステモン・フミリス 〈*Pentstemon humilis* Willd〉ゴマノハグサ科の多年草。

ペンステモン・ブラドブリイ 〈*Pentstemon bradburii* Pursh〉ゴマノハグサ科の多年草。

ペンステモン・フルティコスス 〈*Penstemon fruticosus* (Pursh) Greene〉ゴマノハグサ科の低木。高さは30cm。花は紫紅色。高山植物。園芸植物。

ペンステモン・プロケルス 〈*Penstemon procerus* Dougl. ex R. C. Grah.〉ゴマノハグサ科。高さは45〜50cm。花は紫紅青を帯びる。園芸植物。

ペンステモン・ヘテロフィルス 〈*Penstemon heterophyllus* Lindl.〉ゴマノハグサ科。高さは30から150cm。花は青色。園芸植物。

ペンステモン・モンタヌス 〈*Penstemon montanus* Greene〉ゴマノハグサ科。高さは25〜30cm。花は青藤色。園芸植物。

ペンステモン・ユタエンシス 〈*Penstemon utahensis* Eastw.〉ゴマノハグサ科。高さは60cm。花は紫紅色。園芸植物。

ペンステモン・ライアリー 〈*Penstemon lyallii* (A. Gray) A. Gray〉ゴマノハグサ科。高さは75cm。花は紫紅色。高山植物。園芸植物。

ペンステモン・ルピコラ 〈*Penstemon rupicola* (Piper) T. J. Howell〉ゴマノハグサ科。高さは10〜15cm。花は濃桃で後に淡桃色。園芸植物。

ヘンスロウイヤ 〈*Henslowia umbellata* BL.〉ビャクダン科。他の木の幹に寄生。熱帯植物。

ペンタグロッティス・センペルビレンス 〈*Pentaglottis sempervirens* Tausch.〉ムラサキ科の多年草。

ペンタス アカネ科の属総称。

ペンタス・ブッセイ 〈*Pentas bussei* Kurt Krause〉アカネ科。高さは1.2m。花は濃赤色。園芸植物。

ペンタス・ランケオラタ クササンダンカの別名。

ペンタペテス・フォエニケア ゴジカの別名。

ベンティンキア・ニコバリカ 〈*Bentinckia nicobarica* (Kurz) Becc.〉ヤシ科。高さは18〜21m。園芸植物。

ペンデュラ マツ科のカナダツガの品種。

ベンデラ バラ科のバラの品種。切り花に用いられる。

ベンテンアサツキ 〈*Allium schoenoprasum* var. *bellum*〉ユリ科。

ベンテンギョク 弁天玉 〈*Lithops venteri* Nel〉ツルナ科。球体は長倒円すい形、青みがかった灰白色。花は黄色。園芸植物。

ベンテンモ 〈*Benzaitenia yenoshimensis* Yendo〉ダジア科の海藻。半球状の黄色の塊を作る。

ヘントウ 〈*Prunus dulcis*〉バラ科の木本。樹高8m。樹皮は濃灰色。

ベントグラス イネ科。

ヘンナ シコウカの別名。

ペンニセツム・ウィロスム 〈*Pennisetum villosum* R. Br. ex Fresen.〉イネ科の草本。高さは60cm。園芸植物。

ペンニセツム・セタケウム 〈*Pennisetum setaceum* (Forssk.) Chiov.〉イネ科の草本。高さは1m。園芸植物。

ヘンリーグリ カスタネア・ヘンリーの別名。

ヘンリーヅタ 〈*Parthenocissus henryana* (Hemsl.) Graebn. ex Diels et Gilg〉ブドウ科のつる植物。葉は掌状複葉。園芸植物。

ヘンリ・フーキェー 〈Henri Fouquier〉バラ科。ガリカ・ローズ系。花は明桃色。

ヘンリーメヒシバ 〈*Digitaria henryi* Rendle〉イネ科。

ヘンルーダ 〈*Ruta graveolens* L.〉ミカン科の多年草。別名ハーブオブグレース。高さは60〜90cm。薬用植物。園芸植物。切り花に用いられる。

ヘンルーダ ミカン科の属総称。

【 ホ 】

ポイズキャッスル キク科のアルテミシアの品種。ハーブ。

ホイヘラ・アメリカナ 〈*Heuchera americana* L.〉ユキノシタ科の多年草。高さは90cm。花は緑白色。園芸植物。

ホイヘラ・ウィロサ ツボサンゴの別名。

ホイヘラ・キリンドリカ 〈*Heuchera cylindrica* Dougl. ex Hook.〉ユキノシタ科の多年草。高さは70cm。花は黄緑からクリーム色。園芸植物。

ホイヘラ・クロランタ 〈*Heuchera chlorantha* Piper〉ユキノシタ科の多年草。高さは90cm。花は緑色。園芸植物。

ホイヘラ・サングイネア 〈*Heuchera sanguinea* Engelm.〉ユキノシタ科の多年草。別名ツボサンゴ。高さは30〜60cm。花は赤色。園芸植物。

ホイヘラ・プベスケンス 〈*Heuchera pubescens* Pursh〉ユキノシタ科の多年草。高さは90cm。花は白色。園芸植物。

ホイヘラ・ミクランタ 〈*Heuchera micrantha* Dougl. ex Lindl.〉ユキノシタ科の多年草。高さは60cm。花は白色。園芸植物。

ポインシアーナ マメ科のポインシアーナ属の総称。園芸植物。

ポインセチア 〈*Euphorbia pulcherrima* Willd. ex Klotz.〉トウダイグサ科の常緑低木。別名ショウジョウボク。苞が緋赤色に着色する。熱帯植物。園芸植物。

ボウアオノリ 〈*Enteromorpha intestinalis* (L.) Link〉アオサ科の海藻。別名ヨレアオノリ。筒状で単系。

ボウエア ユリ科の属総称。

ボーウィエア・ウォルビリス タマツルソウの別名。

ホウエア ヤシ科の属総称。

ボウエニア・スペクタビリス 〈*Bowenia spectabilis* Hook. ex Hook. f.〉ソテツ科。高さは90〜120cm。園芸植物。

ボウエニア・セルラタ 〈*Bowenia serrulata* (Bull) Chamberl.〉ソテツ科。葉長1.8m。園芸植物。

ポウエルハマユウ 〈*Crinum powellii* Hort.〉ヒガンバナ科。鱗茎は短い。花は赤味を帯びる。熱帯植物。

ホウオウゴケ 〈*Fissidens nobilis* Griff.〉ホウオウゴケ科のコケ。別名オオバホウオウゴケ。大形、茎は長さ2〜9cm、葉は披針形。

ホウオウシャジン 鳳凰沙参 〈*Adenophora takedae* var. *howozana*〉キキョウ科。高山植物。

ホウオウチク 〈*Bambusa multiplex* (Lour.) Raeusch. ex J. A. et J. H. Schult. 'Fernleaf'〉イネ科の木本。園芸植物。

ホウオウボク 鳳凰木 〈*Delonix regia* (Bojer ex Hook.) Raf.〉マメ科の観賞用高木。横に枝を拡げる。高さは10m。花は赤色。熱帯植物。園芸植物。

ボウカズラ 〈*Lycopodium laxum*〉ヒカゲノカズラ科の常緑性シダ。葉身は長さ12mm。針形から線状披針形。

ボウカズラ フィロデンドロン・ウェンドランディの別名。

ボウガタムラチドリ 〈*Chnoospora minima* (Hering) Papenfuss〉ムラチドリ科の海藻。扁圧。体は7.5cm。

ホウカマル 鳳華丸 コリファンタ・レッサの別名。

ホウガンノキ 〈*Couroupita guianensis* Aubl.〉サガリバナ科の常緑大高木。花は幹生花で大花序につく。橙赤色。熱帯植物。園芸植物。

ホウガンヒルギ 〈*Carapa granatum* Alston〉センダン科。果実は径20cmの球形。熱帯植物。

ホウカンボク 宝冠木 ブラウネア・コッキネアの別名。

ホウガンボク サガリバナ科の属総称。

ホウキアゼガヤ 〈*Leptochloa mucronata* (Michx.) Kunth〉イネ科。イトアゼガヤにきわめて近縁。

ホウキギ 箒木 〈*Kochia scoparia* (L.) Schrad.〉アカザ科の一年草。別名ホウキグサ(箒草)、ニワクサ(爾波久佐)、ネンドウ。多数の細い枝が直立して束状に伸びる。高さは1m。花は淡緑色。薬用植物。園芸植物。

ホウキギク 箒菊 〈*Aster subulatus* Michx.〉キク科の一年草または越年草。別名アレチシオン、ハハキシオン、ホウキシオン。高さは50〜120cm。花は白または淡桃色。

ホウキゴケ 〈*Jungermannia comata* Nees〉ツボミゴケ科のコケ。葉は長い披針形。

ホウキタケ 箒茸 〈*Ramaria botrytis* (Pers.) Ricken〉ホウキタケ科のキノコ。別名ネズミタケ、ネズミアシ、ハキモダシ。

ホウキタケ 〈*Ramaria* sp.〉ホウキタケ科の属総称。キノコ。中型〜大型。形はほうき状、枝先は暗赤色。

ホウキヌカキビ 〈*Panicum scoparium* Lam.〉イネ科の多年草。別名ケヌカキビ。高さは1m。

ホウキマル 芳姫丸 ロビウィア・ニーレアナの別名。

ホウキモモ バラ科のモモの品種。園芸植物。

ホウキモロコシ 箒蜀黍 〈*Sorghum bicolor* Moench var. *hoki* Ohwi〉イネ科。

ボウコウマメ コルテア・アルボレスケンスの別名。

ホウコウマル 芳香丸 ドリコテレ・ボイミーの別名。

ボウコマメ マメ科。

ホウサイラン 報才蘭 〈*Cymbidium sinense* (Andr.) Willd.〉ラン科の草本。別名タイワンホウサイ、ホウサイ。高さは60〜70cm。花は紫褐、紅、桃色。園芸植物。日本絶滅危機植物。

ホウザン 宝山 〈*Rebutia minuscula* K. Schum.〉サボテン科のサボテン。径5cm。花は明赤色。園芸植物。

ボウシュウボク 〈*Lippia citriodora* (Ort. ex Pers.) H. B. K.〉クマツヅラ科の多年草または低木。別名レモンバービナ、コウスイボク、ボクシュウボク。高さは3m。花は白または淡紫色。薬用植物。

ホウジュマル 宝珠丸 スルコルブティア・シュタインパッヒーの別名。

ホウジュン 芳純 〈Hoh-Jun〉バラ科。ハイブリッド・ティーローズ系。花はローズピンク。園芸植物。

ホウシュンカ 望春花 〈*Magnolia biondii* Pamp.〉モクレン科の薬用植物。

ホウショウ 〈*Cinnamomum camphora* (L.) J. Presl f. *linaloolifera* (Y. Fujita) Sugim.〉クスノキ科。

ホウショウチク 〈*Bambusa multiplex* (Lour.) Raeusch. ex J. A. et J. H. Schult. 'Silverstripe'〉イネ科の木本。

ホウストニア アカネ科の属総称。

ホウセンカ 鳳仙花 〈*Impatiens balsamina* L.〉ツリフネソウ科の一年草、観賞用草本。別名ツマクレナイ、ツマベニ、ホネヌキ。高さは30〜70cm。花は紅色。熱帯植物。薬用植物。園芸植物。

ホウセンカ ツリフネソウ科の属総称。別名ツマクレナイ、ツマベニ。

ホウダイ ボタン科のボタンの品種。

ボウチトセラン サンセヴィエリア・キリンドリカの別名。

ホウチャクソウ 宝鐸草 〈*Disporum sessile* D. Don ex Schult.〉ユリ科の多年草。高さは30〜60cm。花は帯緑白色。園芸植物。

ホウネンゴケ 〈*Acarospora fuscata* (Nyl.) Arn.〉ホウネンゴケ科の地衣類。地衣体は褐色。

ホウネンタケ 〈*Loweporus pubertatis* (Lloyd) Hattori〉サルノコシカケ科のキノコ。中型～大型。傘は薄紫色～褐色。

ホウノオ 〈*Schmitzia japonica* (Okamura) Silva〉ヌメリグサ科の海藻。扁平。体は30cm。

ホウノカワシダ 朴の川羊歯 〈*Dryopteris shikokiana* (Makino) C. Chr.〉オシダ科の常緑性シダ。別名ホオノカワシダ。葉身は長さ30～80cm。三角状広卵形～長卵形。

ホウビカンジュ 鳳尾貫衆 〈*Nephrolepis biserrata* (Sw.) Schott〉シノブ科(ツルシダ科)の常緑性シダ。葉は長さ60～150cm。披針形。園芸植物。

ホウビシダ 鳳尾羊歯 〈*Asplenium unilaterale* Lam.〉チャセンシダ科の常緑性シダ。別名ヒメクジャクシダ。葉身は長さ10～20cm。披針形から長楕円状披針形。園芸植物。

ボウフウ 防風 〈*Ledebouriella seseloides* (Hoffm.) Wolff.〉セリ科の薬用植物。

ボウブラ 〈*Cucurbita moschata* (Duch.) Poir. var. *melonaeformis* (Carr.) Makino〉ウリ科の一年草。別名キクザカボチャ。

ボウブラ カボチャの別名。

ボウ・ベルズ 〈Bow Bells〉バラ科。イングリッシュローズ系。花はローズピンク。

ポウポウ ポポーの別名。

ボウムギ 〈*Lolium rigidum* Gaudin〉イネ科の一年草。別名トゲシバ、トゲムギ。高さは10～60cm。

ホウメイマル 豊明丸 〈*Mammillaria bombycina* Quehl〉サボテン科の多年草。高さは8～15cm。花は桃～紫桃色。園芸植物。

ホウヤクイヌワラビ 〈*Athyrium × neoelegans* Sa. Kurata〉オシダ科のシダ植物。

ホウライアオキ 〈*Rauwolfia verticillata* (Lour.) Baill〉キョウチクトウ科の低木。レセルピンを含む。花は白色。熱帯植物。薬用植物。

ホウライイヌワラビ 〈*Athyrium subrigescens* Hayata〉オシダ科の常緑性シダ。別名オトメイヌワラビ。葉身は長さ30～50cm。三角状卵形～卵状長楕円形。

ホウライウスヒメワラビ 〈*Acystopteris tenuisecta* (Blume) Tagawa〉オシダ科の夏緑性シダ。別名ホウライナヨシダ。葉身は長さ40cm。三角状披針形から卵状披針形。

ホウライオバナゴケ 〈*Dicranella coarctata* (Müll. Hal.) Bosch & Sande Lac.〉シッポゴケ科のコケ。茎は高さ5～15mm、葉は長さ2.5～6m。

ホウライカガミ 〈*Parsonsia laevigata* (Moon) Alston〉キョウチクトウ科の草本。

ホウライカズラ 蓬莱葛 〈*Gardneria nutans* Sieb. et Zucc.〉マチン科(フジウツギ科)の常緑つる性植物。

ホウライキュウ 蓬来宮 バーチェラ・シューマニーの別名。

ホウライクジャク 〈*Adiantum capillus-junonis* Rupr.〉ホウライシダ科(ワラビ科)の常緑性シダ。葉身は長さ6～20cm。単羽状、披針形。

ホウライサワゴケ 〈*Philonotis Hastata* (Duby) Wijk & Margad.〉タマゴケ科のコケ。小形、茎は長さ1cm、葉は卵状楕円形。

ホウライシ 蓬莱柿 クワ科のイチジク(無花果)の品種。別名唐柿、南蛮柿。果皮は赤紫色。

ホウライシダ 蓬莱羊歯 〈*Adiantum capillus-veneris* L.〉イノモトソウ科(ホウライシダ科、ワラビ科)の常緑性シダ。葉身は長さ5～12cm。三角状長楕円形かやや狭い。園芸植物。

ホウライショウ 蓬莢蕉 〈*Monstera deliciosa* Liebm.〉サトイモ科の観賞用蔓木。別名デンシンラン(電信蘭)。果実は芳香可食、パイナップルの香。長さ1m。熱帯植物。園芸植物。

ホウライショウモドキ モンステラ・ドゥビアの別名。

ホウライスギゴケ 〈*Pogonatum cirratum* (Sw.) Brid. subsp. *fuscatum* (Mitt.) Hyvönen〉スギゴケ科のコケ。茎は高さ3～10cm。

ホウライチク 蓮莱竹 〈*Bambusa multiplex* (Lour.) Raeusch.〉イネ科の常緑中型竹。別名ドヨウダケ(土用竹)。密集束生、小形で垣根用。高さは5～10m。熱帯植物。園芸植物。

ホウライツヅラフジ 〈*Pericampylus formosanus* Diels〉ツヅラフジ科。

ホウライツユクサ 〈*Commelina auriculata* Blume〉ツユクサ科の草本。

ホウライハナワラビ 蓬莱花蕨 〈*Sceptridium daucifolium* (Wall.) Lyon〉ハナヤスリ科の常緑性シダ。葉身は長さ8～35cm。三角状菱形。

ホウライヒメワラビ 〈*Nothoperanema hendersonii* (Bedd.) Ching〉オシダ科の常緑性シダ。葉身は長さ30～50cm。広卵状三角形～卵形。

ホウライムラサキ 〈*Callicarpa formosana* Rolfe〉クマツヅラ科の木本。高さは3～5m。花は淡紫色。園芸植物。

ホウラン 鳳卵 〈*Pleiospilos bolusii* (Hook. f.) N. E. Br.〉ツルナ科の高度多肉植物。茎はなく、葉肉が厚い。花は鮮黄色。園芸植物。

ボウラン 棒蘭 〈*Luisia teres* (Thunb. ex Murray) Blume〉ラン科の多年草。高さは10～40cm。花は淡黄緑色。園芸植物。

ホウリュウカク バラ科のウメの品種。

ホウリンジ バラ科のサクラの品種。

ポウルティアエア・ウィロサ ワタゲカマツカの別名。

ボウルトニア・アステロイデス アメリカギクの別名。

ポウル・ミッケルセン・ダウン トウダイグサ科のポインセチアの品種。園芸植物。

ホウレイ 豊鈴 バラ科のリンゴ(苹果)の品種。

ホウレイマル 豊麗丸 プセウドロビウィア・ハマタカンタの別名。

ホウレンソウ 菠薐草 〈Spinacia oleracea L.〉アカザ科の葉菜類。別名スピナキア・オレラケア。薬用植物。園芸植物。

ホウロク 宝緑 〈Glottiphyllum lingiforme N. E. Br.〉ツルナ科の高度多肉植物。葉は長3角形、平滑で鮮緑色。花は黄金色。園芸植物。

ホウロクイチゴ 焙烙苺 〈Rubus sieboldii Blume〉バラ科の常緑つる性低木。別名タグリイチゴ。

ホウロクタケ 〈Daedalea dickinsii Yasuda〉サルノコシカケ科のキノコ。中型～大型。傘は淡褐色、環溝。

ボウンカク 暮雲閣 オロヤ・ボルハーシーの別名。

ホエア ホウエアの別名。

ポエム! バラ科。花は淡いピンク。

ホーエンベルギア・アウグスタ 〈Hohenbergia augusta (Vell.) E. Morr.〉パイナップル科。花は淡青白色。園芸植物。

ホーエンベルギア・グアテマレンシス 〈Hohenbergia guatemalensis L. B. Sm.〉パイナップル科。花は淡青色。園芸植物。

ホーエンベルギア・ザルツマニー 〈Hohenbergia salzmannii (Bak.) E. Morr. ex Mez〉パイナップル科。花は鮮菫色。園芸植物。

ホーエンベルギア・ステラタ 〈Hohenbergia stellata Schult. f. ex Schult. et Schult. f.〉パイナップル科。花は青色。園芸植物。

ホーエンベルギア・プロクトリ 〈Hohenbergia proctori L. B. Sm.〉パイナップル科。園芸植物。

ホーエンベルギア・リドリー 〈Hohenbergia ridleyi (Bak.) Mez〉パイナップル科。高さは1～1.3m。花は紫色。園芸植物。

ホオズキ 酸漿 〈Physalis alkekengi L. var. francheti (Masters) Makino〉ナス科の多年草。別名カガチ(輝血)、アカカガチ(赤加賀智)。高さは60～90cm。花は朱赤色。薬用植物。園芸植物。

ホオズキ ナス科の属総称。

ホオズキタケ 〈Entonaema splendens (Berk. et Curt.) Lloyd〉クロサイワイタケ科のキノコ。

ホオズキトマト 〈Physalis ixocarpa Brot.〉ナス科の一年草。別名オオブドウホオズキ。高さは1～1.3m。花は黄色。園芸植物。

ホオノキ 朴、朴木 〈Magnolia obovata Thunb.〉モクレン科の落葉高木。別名ホオガシワ、ホオガシワノキ、ウマノベロ。樹高30m。花は白色。樹皮は灰色。薬用植物。園芸植物。

ホオベニエニシダ 頬紅金雀児 〈Cytisus scoparius (L.) Link 'Andreanus'〉マメ科。別名ニシキエニシダ、アカバナエニシダ。園芸植物。

ホオベニシロアシイグチ 〈Tylopilus valens (Corner) Hongo & Nagasawa〉イグチ科のキノコ。中型～大型。傘は灰褐色。

ホオベニタケ 〈Calostoma sp.〉クチベニタケ科のキノコ。

ホガエリガヤ 〈Brylkinia caudata (Munro) Fr. Schm.〉イネ科の多年草。高さは25～60cm。

ホガクレシバ 〈Crypsis schoenoides (L.) Lam.〉イネ科の一年草。高さは10～30cm。

ホクシア フクシアの別名。

ホクシマメナシ ピルス・ベッリフォリアの別名。

ホクシャ フクシアの別名。

ホクシヤマナシ ピルス・ウスリーエンシスの別名。

ホクチアザミ 火口薊 〈Saussurea gracilis Maxim.〉キク科の草本。

ホクチガヤ 〈Rhynchelytrum repens (Willd.) C. E. Hubb.〉イネ科の一年草または多年草。高さは20～150cm。

ホクチビユ 〈Aerva lanata Juss.〉ヒユ科の草本。全株白短毛を被る。民間薬(強壮剤)。熱帯植物。

ボクハン ツバキ科のツバキの品種。

ホクリクアオウキクサ 〈Lemna aoukikusa Beppu et Murata subsp. hokurikuensis Beppu et Murata〉ウキクサ科の浮遊植物。冬に葉状体が澱粉を貯蔵し、水中に沈む。

ホクリクイヌワラビ 〈Athyrium × saitoanum (Sugim.) Seriz.〉オシダ科のシダ植物。

ホクリクイノデ 〈Polystichum × hokurikuense Kurata〉オシダ科のシダ植物。

ホクリクトウヒレン 〈Saussurea nipponica var. hokurokuensis〉キク科。

ホクリクネコノメ 〈Chrysosplenium fauriei Franch.〉ユキノシタ科の草本。

ホクリクムヨウラン 〈Lecanorchis hokurikuensis Masam.〉ラン科の草本。

ホクロ シュンランの別名。

ホグロタテガミゴケ 〈Alectoria nigricans (Ach.) Nyl.〉サルオガセ科の地衣類。乾燥標本は赤橙色。

ホグロハナゴケ 〈Cladonia amaurocraea (Flörke) Schaer.〉ハナゴケ科の地衣類。地衣体はわら黄か灰緑色。

ボケ 木瓜 〈Choenomeles speciosa (Sweet) Nakai〉バラ科の落葉低木。別名カラボケ、カンボケ。高さは1～2m。花は淡紅、緋紅、白など。薬用植物。園芸植物。切り花に用いられる。

ボケ バラ科の属総称。

ホコガタアカザ 〈Atriplex patula L. var. hastata (L.) A. Gray〉アカザ科の一年草。別名アレチハマアカザ。高さは20〜60cm。花は緑色。

ホコガタシダ 〈Asplenium ensiforme Wall. ex Hook. et Grev.〉チャセンシダ科の常緑性シダ。葉身は長さ10〜40cm。へら形。

ホコザキウラボシ 〈Microsorium dilatatum (Bl.) Sledge〉ウラボシ科の常緑性シダ。葉柄は長さ10〜30cm。

ホコザキノコギリシダ 〈Diplazium yaoshanense (Wu) Tard.-Blot〉オシダ科の常緑性シダ。葉身は長さ50cm。広卵形。

ホコザキベニシダ 〈Dryopteris koidzumiana Tagawa〉オシダ科の常緑性シダ。小羽片は狭長楕円形〜線状長楕円形。

ホコシダ 鉾羊歯 〈Pteris ensiformis Burm.〉イノモトソウ科(ワラビ科)の常緑性シダ。葉柄は長さ6〜10cm。葉身は2回羽状複葉。園芸植物。

ポゴニア・オフィオグロッソイデス 〈Pogonia ophioglossoides (L.) Ker-Gawl.〉ラン科。高さは10〜30cm。花は桃または白色。園芸植物。

ポゴニア・ミノル ヤマトキソウの別名。

ポゴニア・ヤポニカ トキソウの別名。

ホコバカタシロゴケ 〈Calymperes Ionchophyllum Schwägr.〉カタシロゴケ科のコケ。非常に短い茎に非常に長いリボン状の葉をつける。

ホコリタケ 埃茸 〈Lycoperdon perlatum Pers.〉ホコリタケ科のキノコ。別名キツネノチャブクロ。中型。地上生、子実体は擬宝珠形、内皮は類白色〜淡褐色(成熟時)。薬用植物。

ホコリモジゴケ 〈Graphina deserpens (Vain.) Zahlbr.〉モジゴケ科の地衣類。果殻は黒色。

ホザキアヤメ 〈Babiana stricta (Ait.) Ker-Gawl.〉アヤメ科。高さは20〜30cm。園芸植物。

ホザキイカリソウ 穂咲碇草 〈Epimedium sagittatum Maxim.〉メギ科の多年草。別名ホザキノイカリソウ。高さは30〜40cm。花は白色。薬用植物。園芸植物。

ホザキイチヨウラン 穂咲一葉蘭 〈Malaxis monophyllos (L.) Sw.〉ラン科の多年草。高さは15〜30cm。高山植物。

ホザキウオトリギ 〈Grewia paniculata Roxb.〉シナノキ科の小木。若葉は赤褐色、茎・葉脈に褐毛あり。花は淡黄色。熱帯植物。

ホザキカナワラビ 穂咲鉄蕨 〈Arachniodes dimorphophylla (Hayata) Ching〉オシダ科の常緑性シダ。葉身は長さ20〜40cm。長楕円形状抜針形。

ホザキキカシグサ 〈Rotala rotundifolia (Roxb.) Kohne〉ミソハギ科の草本。

ホザキキケマン 〈Corydalis racemosa (Thunb.) Pers.〉ケシ科の草本。

ホザキキンゴジカ 〈Sida subspicata F. v. M.〉アオイ科の低木。高さは40〜80cm。

ホザキザクラ 〈Stimpsonia chamaedryoides C. Wright〉サクラソウ科の草本。別名リュウキュウコザクラ。

ホザキシオガマ 〈Pedicularis spicata Pallas〉ゴマノハグサ科の草本。

ホザキシモツケ 穂咲下野 〈Spiraea salicifolia L.〉バラ科の落葉低木。別名エゾハギ、アカヌマシモツケ、ヤチハギ。高さは1〜2m。花は淡紅色。園芸植物。

ホザキツヌヌキソウ 〈Triosteum pinnatifidum Maxim.〉スイカズラ科の草本。日本絶滅危機植物。

ホザキツリガネツツジ 〈Menziesia katsumatae M. Tashiro et Hatta〉ツツジ科の落葉低木。

ホザキナナカマド 穂咲七竈 〈Sorbaria sorbifolia (L.) A. Br.〉バラ科の落葉低木。高さは2〜3m。園芸植物。

ホザキナンヨウヤドリギ 〈Helixanthera coccinea Jack.〉ヤドリギ科の半寄生植物。花は赤色。熱帯植物。

ホザキニワヤナギ 〈Polygonum ramosissimum Michx.〉タデ科の一年草。別名ホザキミチヤナギ。高さは15〜70cm。花は黄緑色。

ホザキノツチトリモチ 〈Balanophora parvior Hay.〉ツチトリモチ科。海抜1000m位の森林下でキズミに寄生。熱帯植物。

ホザキノトケイソウ 穂咲時計草 〈Passiflora racemosa Brot.〉トケイソウ科の常緑つる性低木。花は濃赤色。園芸植物。

ホザキノフサモ 穂咲総藻 〈Myriophyllum spicatum L.〉アリノトウグサ科の常緑の沈水植物。別名キンギョモ。羽状葉は全長1.5〜3cm、雄花の花弁は淡紅色。高さは30〜150cm。園芸植物。

ホザキノミミカキグサ 穂咲の耳掻草 〈Utricularia racemosa Wall. ex Walp.〉タヌキモ科の多年生食虫植物。高さは10〜40cm。

ホザキハナズオウ 〈Cercis racemosa〉マメ科の木本。樹高10m。樹皮は淡灰色。

ホザキヒメラン 〈Malaxis latifolia Sm.〉ラン科。別名キザンヒメラン、ヤエヤマヒメラン。高さは15〜60cm。花は黄緑色。園芸植物。

ホザキモクセイソウ 〈Reseda luteola L.〉モクセイソウ科。別名ホソバモクセイソウ。花は淡黄色。

ホザキヤドリギ 穂咲宿生木 〈Hyphear tanakae (Franch. et Savat.) Hosokawa〉ヤドリギ科の落葉低木。薬用植物。

ホシアサガオ 星朝顔 〈Ipomoea triloba L.〉ヒルガオ科の一年草。サツマイモに近縁、葉は3裂の傾向あり。花は淡紅紫色。熱帯植物。

ホシアザミ 〈*Isotoma longiflora* Presl.〉キキョウ科の草本。葉は軟く刺はない。高さ30cm。花は白色。熱帯植物。

ホシアンズタケ 〈*Rhodotus palmatus* (Bull. : Fr.) Maire〉キシメジ科のキノコ。小型〜中型。傘は帯橙ピンク色〜肉色、網目状のしわ。ひだはピンク色〜肉色。

ホシイリカラー サトイモ科。別名シロボシカイウ。園芸植物。

ホシガタウスバノリ 〈*Nitophyllum stellato-corticatum* Okamura〉コノハノリ科の海藻。舌状の裂片を持つ。体は径30cm。

ホシガタチョウチンゴケ 〈*Mnium stellare* Reichard ex Hedw.〉チョウチンゴケ科のコケ。小形、茎は長さ2cm以下、葉は卵形〜長卵形。

ホシクサ 星草 〈*Eriocaulon cinereum* R. Br.〉ホシクサ科の一年草。別名ミズタマソウ。高さは4〜15cm。

ホシクサ科 科名。

ホシクジャク 星孔雀 サボテン科のサボテン。園芸植物。

ホシザキアオイ 〈*Asarum stellatum*〉ウマノスズクサ科。

ホシザキフロックス スター・フロックスの別名。

ホシザキユウガギク 〈*Aster iinumae* Kitamura f. *discoidea* Makino〉キク科。

ホシサンゴ 〈*Cycloloma atriplicifolia* (Spreng.) J. M. Coult.〉アカザ科。花はまばらに穂状につく。

ホシセンネンボク 星千年木 〈*Dracaena surculosa* Lindl.〉リュウゼツラン科の観賞用草本。葉に白斑。花は黄緑色。熱帯植物。園芸植物。切り花に用いられる。

ホジソニア ウリ科の属総称。

ホジソニア・ヘテロクリタ 〈*Hodgsonia heteroclita* Hook. f. et Thom.〉ウリ科のつる性多年草。

ホシダ 穂羊歯 〈*Thelypteris acuminata* (Houtt.) C. V. Morton〉ヒメシダ科の常緑性シダ。葉身は長さ40〜60cm。広披針形。

ホシダイゴケ 〈*Sarcographa tricosa* Müll. Arg.〉モジゴケ科の地衣類。地衣体は灰白から淡灰褐色。

ホシダネヤシ アストロカリウム・アクレアツムの別名。

ホシツヅリ サクシフラガ・アイゾオンの別名。

ホシツバキ 〈*Angelesia splendens* Korth.〉バラ科の小木。板根を生ずる。熱帯植物。

ホシツリモ 〈*Nitellopsis obtusa* Groves〉シャジクモ科。

ホシツルラン 〈*Calanthe hoshii* S. Kobayashi〉ラン科。日本絶滅危機植物。

ホシハラン ユリ科。園芸植物。

ホシバンレイシ 〈*Annona montana* Macfad.〉バンレイシ科の低木。果実を食用とする。熱帯植物。

ホシビジン 星美人 〈*Pachyphytum oviferum* J. Purpus〉ベンケイソウ科。花は淡赤紫色。園芸植物。

ホシヒメ 星姫 ナデシコ科のセキチクの品種。園芸植物。

ホシヒリュウ 星飛竜 ツバキ科のハルサザンカの品種。園芸植物。

ホシフリュウゼツ 星斑竜舌 アロエ・ダヴィアナの別名。

ホシヤドリ ミズキ科。園芸植物。

ボスウェリア ニュウコウジュの別名。

ホスゲ 〈*Carex deweyana* Schwein. subsp. *senanensis* (Ohwi) T. Koyama〉カヤツリグサ科の草本。

ホスタ・ウェヌスタ オトメギボウシの別名。

ホスタ・ウェントリコサ 〈*Hosta ventricosa* (Salisb.) Stearn〉ユリ科の多年草。別名ムラサキギボウシ。花は濃い赤紫色。園芸植物。

ホスタ・ウンドゥラタ スジギボウシの別名。

ホスタ・カピタタ カンザシギボウシの別名。

ホスタ・キクチー ヒュウガギボウシの別名。

ホスタ・キヨスミエンシス キヨスミギボウシの別名。

ホスタ・クラウサ 〈*Hosta clausa* Nakai〉ユリ科の多年草。別名ツボミギボウシ。花は赤紫色。園芸植物。

ホスタ・シコキアナ シコクギボウシの別名。

ホスタ・シーボルディー コバギボウシの別名。

ホスタ・シーボルディアナ オオバギボウシの別名。

ホスタ・タルディウア ナンカイギボウシの別名。

ホスタ・ツシメンシス ツシマギボウシの別名。

ホスタ・ピクノフィラ セトウチギボウシの別名。

ホスタ・ヒポレウカ ウラジロギボウシの別名。

ホスタ・プランタギネア 〈*Hosta plantaginea* (Lam.) Asch.〉ユリ科の多年草。別名マルバタマノカンザシ。花は純白色。園芸植物。

ホスタ・プルケラ ウバタケギボウシの別名。

ホスタ・ロンギッシマ ミズギボウシの別名。

ホスタ・ロンギペス イワギボウシの別名。

ポストオーク 〈*Quercus stellata*〉ブナ科の木本。樹高20m。樹皮は灰褐色。

ボストンタマシダ ツルシダ科。園芸植物。

ボスニアマツ 〈*Pinus leucodermis*〉マツ科の木本。樹高25m。樹皮は灰色。園芸植物。

ホースラディッシュ ワサビダイコンの別名。

ホソアオゲイトウ 細青鶏頭 〈*Amaranthus patulus* Bertol.〉ヒユ科の一年草。別名アオビユ。高さは60〜150cm。花は白まれに帯紅紫色。

ホソアヤギヌ 〈*Caloglossa ogasawaraensis* Okamura〉コノハノリ科の海藻。膜質。

ホソイ 細藺 〈*Juncus setchuensis* Buchen. var. *effusoides* Buchen.〉イグサ科の多年草。高さは8〜50cm。

ホソイチョウゴケ 〈*Barbilophozia attenuata* (Mart.) Loeske〉ツボミゴケ科のコケ。別名ホソイチョウウロコゴケ。緑褐色、茎は長さ1〜2cm。

ホソイトスギ イタリアスギの別名。

ホソイノデ 細猪の手 〈*Polystichum braunii* (Spenner) Fée〉オシダ科の夏緑性シダ。葉身は長さ30〜60cm。披針形。

ホソイボノリ 〈*Gigartina ochotensis* Ruprecht in Kjellman〉スギノリ科の海藻。円柱状の茎を持つ。体は3〜6cm。

ホソウスバヒメヤシ ゲオノマ・ピネルウィアの別名。

ホソウリゴケ 〈*Brachymenium exile* (Dozy & Molk.) Bosch & Sande Lac.〉ハリガネゴケ科のコケ。小形、茎は長さ5mm以下、葉は卵形。

ホソエカエデ 細柄楓 〈*Acer capillipes* Maxim.〉カエデ科の雌雄異株の落葉高木。別名ホソエウリハダ、アシボソウリノキ。樹高15m。樹皮は緑色。

ホソエガサ 〈*Acetabularia calyculus* Quoy et Gaimard〉カサノリ科の海藻。うすく石灰を沈着。

ホソエガラシ 〈*Sisymbrium irio* L.〉アブラナ科の一年草。高さは60cm。花は淡黄色。

ホソエゾブクロ 〈*Coilodesme cystoseirae* (Ruprecht) Setchell et Gardner〉エゾブクロ科の海藻。中空。

ホソエダアオノリ 〈*Enteromorpha crinita* (Roth) J. Agardh〉アオサ科の海藻。細い円柱状。

ホソエノアカクビオレタケ 〈*Cordyceps rubrostromata* Kobayasi〉バッカクキン科のキノコ。

ホソエノアザミ 〈*Cirsium effusum* Matsum.〉キク科の多年草。高さは80〜120cm。

ホソエノヒメムヨウラン 〈*Neottia asiatica* var. *capillipes*〉ラン科。

ホソエヘチマゴケ 〈*Pohlia proligera* (Kindb.) Lindb. ex Arn.〉ハリガネゴケ科のコケ。茎は長さ1〜2cm、葉は卵状披針形〜線形。

ホソオカムラゴケ 〈*Okamuraea brachydictyon* (Card.) Nog.〉ウスグロゴケ科のコケ。枝は長さ5〜10mm、先端に細い芽状の無性芽が集まってつく。

ホソカタシロゴケ 〈*Calymperes tenerum* Müll. Hal.〉カタシロゴケ科のコケ。小形、茎は長さ7mm以下、葉は舌形。

ホソガタスズメウリ 〈*Melothria perpusilla* (Blume) Cogn.〉ウリ科の草本。

ホソカラタチゴケ 〈*Ramalina exilis* Asah.〉サルオガセ科の地衣類。地衣体は繊弱で叢生。

ホソキゴケ 〈*Stereocaulon exile* Asah.〉キゴケ科の地衣類。子柄は長さ0.5〜2.0cm。

ホソキマキ 細黄巻 トウダイグサ科のクロトンノキの品種。別名ラセンクロトン。園芸植物。

ホソゲジゲジゴケ 〈*Anaptychia angustiloba* (Müll. Arg.) Kurok.〉ムカデゴケ科の地衣類。裂芽がない。

ホソコウガイゼキショウ 〈*Juncus fauriensis* Buchen.〉イグサ科の多年草。高さは20〜40cm。高山植物。

ホソコゴケモドキ 〈*Weisiopsis anomala* (Broth. & Paris) Broth.〉センボンゴケ科のコケ。体は微小、へら形の葉、円鈍の葉先。

ホソコザネモ 〈*Symphyocladia linearis* (Okamura) Falkenberg〉フジマツモ科の海藻。複羽状に分岐。体は30cm。

ホソコバカナワラビ 〈*Arachniodes* × *neointermedia* Nakaike, nom. nud.〉オシダ科のシダ植物。

ホソジクカンノンチク ラピス・スブティリスの別名。

ホソジクヤシ カトブラスツス・ドルデイの別名。

ホソジュズモ 〈*Chaetomorpha crassa* (Agardh) Kuetzing〉シオグサ科の海藻。塊になる。

ホソスゲ 〈*Carex disperma* Dewey〉カヤツリグサ科の草本。

ホソセイヨウヌカボ 〈*Apera interrupta* (L.) P. Beauv.〉イネ科の一年草。高さは5〜50cm。

ホソツクシタケ 〈*Xylaria magnolia* J. D. Rogers〉クロサイワイタケ科のキノコ。超小型〜小型。子実体は波打った針状、長さは2〜5cm。

ホソツユノイト 〈*Derbesia marina* Solier〉ツユノイト科。

ホソナガクモノスゴケ 〈*Pellia calycina* (Tayl.) Nees.〉ミズゼニゴケ科のコケ植物。

ホソナガベニハノリ 〈*Hypoglossum nipponicum* Yamada〉コノハノリ科の海藻。団塊をなす。体は長さ9cm。

ホソナルコビエ 〈*Eriochloa gracilis* (E. Fourn.) Hitchc.〉イネ科。葉身は無毛で幅1cm以上。

ホソネヒトヨタケ 〈*Coprinus rhizophorus* Kawamura ex Hongo & K. Yokoyama〉ヒトヨタケ科のキノコ。小型〜中型。傘は淡灰色、淡褐色のささくれ状鱗片あり。時間とともに液化。ひだは白色→黒色。

ホソノゲムギ 〈*Hordeum jubatum* L.〉イネ科の多年草。高さは20〜50cm。

ホソバアカクダタマ 〈*Chasalia curviflora* Thm.〉アカネ科の小低木。花は白色。熱帯植物。

ホソバアカザ 〈*Chenopodium stenophyllum* (Makino) Koidz.〉アカザ科の草本。

ホソバアカジュズヤシ 〈*Ptychosperma sanderiana* Ridl.〉ヤシ科の観賞用植物。羽片長さ30cm。熱帯植物。園芸植物。

ホソバアカバナ 〈*Epilobium palustre* L.〉アカバナ科の草本。別名ヤナギアカバナ。

ホソバアカメギ 細葉赤目木 メギ科の木本。別名ホソバテンジクメギ。

ホソバアサガオ 〈*Merremia hastata* Hall. f.〉ヒルガオ科の蔓草。花は淡黄色、中央赤紫色。熱帯植物。

ホソバアナナス ティランジア・プンクツラタの別名。

ホソバアラリア ポリスキアス・フルティコサの別名。

ホソバイズミケンチャ ヒドリアステレ・ロストラタの別名。

ホソバイヌタデ 細葉犬蓼 〈*Persicaria trigonocarpa* (Makino) Nakai〉タデ科の草本。

ホソバイヌワラビ 細葉犬蕨 〈*Athyrium iseanum* Rosenstock〉オシダ科の夏緑性シダ。葉身は長さ50cm。卵形から長楕円形。

ホソバイモヒルムシロ 〈*Aponogeton crispus* Thunb.〉レースソウ科の水生植物。地下の球根および挺出花茎を食す。葉は長さ20〜35cm。花は白色。熱帯植物。園芸植物。

ホソバイラクサ 〈*Urtica angustifolia* Fischer〉イラクサ科の草本。

ホソバイワウメ ディアペンシア・ラッポニカの別名。

ホソバイワガネソウ 〈*Coniogramme japonica* subsp. *gracilis* (Ogata) Nakaike〉ホウライシダ科(ワラビ科)の常緑性シダ。葉身は長さ35〜50cm。長卵形から広卵形。

ホソバイワベンケイ 細葉岩弁慶 〈*Rhodiola ishidae* (Miyabe et Kudo) Hara〉ベンケイソウ科の多年草。別名アオイワベンケイソウ。長さ7〜20cm。花は緑を帯びた黄色。高山植物。園芸植物。

ホソバウキミクリ 細葉浮実栗 〈*Sparganium angustifolium* Michaux〉ミクリ科の多年生の沈水植物〜浮葉植物。花序は分枝せず、果実は紡錘形。高山植物。

ホソバウルップソウ 細葉得撫草 〈*Lagotis yezoensis* Tatewaki〉ウルップソウ科(ゴマノハグサ科)の草本。高山植物。

ホソバウロコザミア レピドザミア・ペロフスキアナの別名。

ホソバウンラン 細葉海蘭 〈*Linaria vulgaris* Mill.〉ゴマノハグサ科の一年草または多年草。別名セイヨウウンラン。高さは30〜100cm。花は淡黄色。高山植物。園芸植物。

ホソバオオカグマ 〈*Woodwardia kempii* Copel.〉シシガシラ科の常緑性シダ。葉身は長さ15cm。三角状から広卵形。

ホソバオキナグサ 細葉翁草 〈*Pulsatilla turczaninovii* rylov et Serg.〉キンポウゲ科の薬用植物。

ホソバオキナゴケ 〈*Leucobryum neilgherrense* K. Müll. Hal.〉シラガゴケ科のコケ。茎は高さ2〜3cm、葉の基部は卵形。園芸植物。

ホソバオケラ 細葉朮 〈*Atractylodes lancea* (Thunb) DC.〉キク科の薬用植物。別名サドオケラ。

ホソバオゼヌマスゲ 〈*Carex nemurensis* Franch.〉カヤツリグサ科の草本。

ホソバオニザミア マクロザミア・ミクエリーの別名。

ホソバオニトウ 〈*Daemonorops fissus* BL.〉ヤシ科の蔓木。幹径3cm、羽片長45cm、幅3cm。熱帯植物。

ホソバガキ 〈*Diospyros decipiens* Clarke〉カキノキ科の小木。葉は光沢あり。熱帯植物。

ホソバカクレミノ 〈*Aralia trifoliata* Meyen〉ウコギ科の低木。葉は厚質、若木の葉は3裂。花は白色。熱帯植物。

ホソバカナワラビ 細葉鉄蕨 〈*Arachniodes aristata* (G. Forst.) Tindale〉オシダ科の常緑性シダ。葉身は3回羽状複生から4回羽状深裂。園芸植物。

ホソバカブトゴケモドキ 〈*Lobaria pseudopulmonaria* Geyln.〉ヨロイゴケ科の地衣類。共生藻は藍藻。

ホソバカラテヤ 〈*Calathea amabilis*〉クズウコン科の観賞用草本。葉の中央に灰色斑。花は白色。熱帯植物。

ホソバカラマツ 細葉唐松 〈*Thalictrum integrilobum* Maxim.〉キンポウゲ科の草本。別名サマニカラマツ。

ホソバガンクビソウ 〈*Carpesium divaricatum* Siebold et Zucc. var. *abrotanoides* (Matsum. et Koidz.) H. Koyama〉キク科の草本。

ホソバキジカクシ ユリ科。園芸植物。

ホソバキスゲ ヘメロカリス・ミノルの別名。

ホソバキダチロカイ 細葉木立蘆薈 アロエ・アリスタタの別名。

ホソバキチョウジ 〈*Cestrum parqui* L'her〉ナス科の常緑低木。園芸植物。

ホソバギボウシゴケ 〈*Schistidium strictum* (Turner) Loeske〉ギボウシゴケ科のコケ。茎は長さ1〜数cm、葉は卵状披針形。

ホソバキンゴジカ 〈*Sida acuta* Burm. f.〉アオイ科の一年草または多年草。民間薬。高さは1.5m。花は淡黄色。熱帯植物。

ホソバクサクロトン 〈*Croton bonplandianus* Baill.〉トウダイグサ科の草状低木。熱帯植物。

ホソバクジャクソウ タゲテス・テヌイフォリアの別名。

ホソバグネモン 〈*Gnetum tenuifolium* Ridl.〉グネツム科の蔓木。葉はうすく、種子は赤色。熱帯植物。

ホソバクリハラン 〈*Lepisorus boninensis* (Christ) Ching〉ウラボシ科の常緑性シダ。葉身は長さ10～40cm。線形。

ホソバゲッケイ 〈*Acronychia porteri* Hook. f.〉ミカン科の小木。果実はやや四角形。熱帯植物。

ホソバコオニユリ 〈*Lilium leichtlinii* var. *tigrinum* form. *tenuifolium*〉ユリ科。別名タニマユリ。

ホソバコガク 細葉小額 ユキノシタ科の落葉低木。別名アマギアマチャ。

ホソバコゴケ 〈*Mielichhoferia japonica* Besch.〉ハリガネゴケ科のコケ。小形、茎は長さ3mm以下、葉は卵状披針形。

ホソバコケシノブ 〈*Mecodium polyanthos* (Sw.) Copel.〉コケシノブ科の常緑性シダ。別名ヒメコケシノブ、フジコケシノブ、ホソバヒメコケシノブ。葉身は長さ2.5～12cm。三角状卵形。

ホソバコゴメグサ 細葉小米草 〈*Euphrasia insignis* Wettst. subsp. *insignis* var. *japonica* Ohwi〉ゴマノハグサ科。高山植物。

ホソバゴシュ 〈*Evodia ridleyi* Hook.〉ミカン科の観賞用低木。小葉はヤナギの葉に似る。熱帯植物。

ホソバゴショウ 〈*Piper caninum* BL.〉コショウ科の蔓木。葉は香辛料、シレ代用、果実はヒッチョウカ代用。熱帯植物。

ホソバコバンノキ 〈*Breynia discigera* Muell. Arg.〉トウダイグサ科の小木。果実は黄色。熱帯植物。

ホソバサトメシダ 〈*Athyrium deltoidofrons* Makino × *A. iseanum* Rosenst.〉オシダ科のシダ植物。

ホソバシケシダ 細葉湿気羊歯 〈*Deparia conilii* (Franch. et Savat.) M. Kato〉オシダ科の夏緑性シダ。葉身は長さ10～30cm。狭披針形から披針形。

ホソバシケチシダ 〈*Cornopteris banajaoensis* (C. Chr.) K. Iwats. et Price〉オシダ科の常緑性シダ。別名オオバミヤマイヌワラビ。葉身は長さ20～60cm。三角形～三角状卵形。

ホソバシコロゴケ 〈*Parmieliella adglutinata* Asah.〉ハナビラゴケ科の地衣類。周辺部では地衣体が少し伸長。

ホソバシマケンザン ディッキア・ラリフロラの別名。

ホソバシャクナゲ エンシュウシャクナゲの別名。

ホソバシャクヤク パエオニア・テヌイフォリアの別名。

ホソバシャリンバイ 細葉車輪梅 〈*Rhaphiolepis indica* (L.) Lindl. ex Ker var. *liukiuensis* (Koidz.) Kitam.〉バラ科。

ホソバシュロソウ 長葉棕櫚草 〈*Veratrum maackii* Regel〉ユリ科の多年草。別名ナガバシュロソウ。高さは40～100cm。花は濃紫褐色。薬用植物。園芸植物。

ホソバショリマ 〈*Thelypteris beddomei* (Bak.) Ching〉オシダ科(ヒメシダ科)の常緑性シダ。葉身は長さ20～50cm。倒披針形。

ホソバシロスミレ 〈*Viola patrinii* DC. ex Ging. var. *angustifolia* Regel〉スミレ科。

ホソバスミレノキ 〈*Rinorea lanceolata* Kunze〉スミレ科の低木。果実は3裂する。熱帯植物。

ホソバセイロンハクカ 〈*Leucas lavandulifolia* Smith.〉シソ科の草本。セイロンハクカに似て葉が細い。熱帯植物。

ホソバセンネンボク 〈*Dracaena graminifolia* Wall〉リュウゼツラン科の低木。若果は可食。熱帯植物。

ホソバタイセイ 〈*Isatis tinctoria* L.〉アブラナ科の多年草。薬用植物。

ホソバタゴボウ 〈*Ludwigia perennis* L.〉アカバナ科の多年草。別名ホソバチョウジタデ。高さは20～100cm。花は黄色。

ホソバタチゴケ タチゴケの別名。

ホソバタデ 細葉蓼 〈*Persicaria hydropiper* (L.) Spach var. *maximowiczii* (Makino) Nemoto〉タデ科。

ホソバタブ 細葉椨 〈*Machilus japonica* Sieb. et Zucc.〉クスノキ科の常緑高木。別名アオガシ。葉長8～20cm。園芸植物。

ホソバタマミクリ 細葉球実栗 〈*Sparganium glomeratum* var. *angustifolium*〉ミクリ科。高山植物。

ホソバチョウジソウ アムソニア・アングスティフォリアの別名。

ホソバツメクサ コバノツメクサの別名。

ホソバツヤゴケ 〈*Orthothecium rufescens* (Brid.) Schimp.〉ツヤゴケ科のコケ。葉は黄緑色でときに褐色～紅色になり、大形。

ホソバツルノゲイトウ 〈*Alternanthera denticulata* R. Br.〉ヒユ科の一年草。長さは50cm。

ホソバツルメヒシバ 〈*Axonopus fissifolius* (Raddi) Kuhlm.〉イネ科の多年草。高さは20～60cm。

ホソバツルリンドウ 〈*Pterygocalyx volubilis* Maxim.〉リンドウ科の草本。

ホソバテンジクアオイ キクバテンジクアオイの別名。

ホソバテンニンギク ガイヤールディア・ランケオラタの別名。

ホソバテンブス 〈*Fagraea lanceolata* Wall.〉マチン科の高木。花に近い葉は黄色。熱帯植物。

ホソバトウキ 細葉当帰 〈*Angelica stenoloba* Kitagawa〉セリ科の草本。高山植物。

ホソバトゲカラクサイヌワラビ オシダ科のシダ植物。

ホソバドジョウツナギ 〈*Torreyochloa natans* (Komar.)〉イネ科の草本。

ホソバトネリコ 〈*Fraxinus angustifolia* Vahl〉モクセイ科の落葉高木。高さは25m。樹皮は灰褐色。園芸植物。

ホソバトラノオ ホソバヒメトラノオの別名。

ホソバトリカブト 細葉鳥兜 〈*Aconitum senanense* Nakai subsp. *senanense*〉キンポウゲ科の多年草。高さは15〜200cm。高山植物。

ホソバナゴケ 〈*Cladonia tenuiformis* Ahti〉ハナゴケ科の地衣類。子柄は暗緑灰色。

ホソバナコバイモ 〈*Fritillaria amabilis* Koidz.〉ユリ科の球根性多年草。高さは10〜20cm。花は淡桃色。園芸植物。

ホソバナチシケシダ 〈*Deparia conilii* × *petersenii*〉オシダ科のシダ植物。

ホソバナデシコ ディアンツス・カルシツアノルムの別名。

ホソバナミノハナ 〈*Chondrococcus hornemanni* Schmitz〉ナミノハナ科の海藻。複羽状に分岐。体は12cm。

ホソバナライシダ ナライシダの別名。

ホソバナンヨウウコギ 〈*Nothopanax filicifolia* Hort.〉ウコギ科の観賞用低木。葉は黄緑色。熱帯植物。

ホソバニオイグサ 〈*Hedyotis glabra* R. BR.〉アカネ科の草本。熱帯植物。

ホソバニガナ 〈*Ixeris makinoana* (Kitamura) Kitamura〉キク科の草本。

ホソバノアキノノゲシ キク科。

ホソバノアマナ 〈*Lloydia triflora* (Ledeb.) Baker〉ユリ科の多年草。高さは10〜25cm。

ホソバノイタチシダ ウラボシ科。

ホソバノウナギツカミ 〈*Persicaria praetermissa* (Hook. f.) Hara〉タデ科の草本。

ホソバノオトコヨモギ 〈*Artemisia japonica* Thunb. ex Murray f. *resedifolia* Takeda〉キク科。

ホソバノカラスノエンドウ 〈*Vicia angustifolia* L. var. *minor* (Bertol.) Ohwi〉マメ科。

ホソバノギク 〈*Aster sohayakiensis* Koidz.〉キク科の草本。別名キシュウギク。

ホソバノキンチドリ 細葉の木曽千鳥 〈*Platanthera tipuloides* (L. f.) Lindl.〉ラン科の多年草。高さは25〜50cm。高山植物。

ホソバノキミズ 〈*Elatostema lineoratum* Forst. var. *major* Thwait.〉イラクサ科。日本絶滅危機植物。

ホソバノキリンソウ 細葉の麒麟草 〈*Sedum aizoon* L. var. *aizoon*〉ベンケイソウ科の草本。花は黄色。園芸植物。

ホソバノコウガイゼキショウ アオコウガイゼキショウの別名。

ホソバノコウガイゼキショウ ホソコウガイゼキショウの別名。

ホソバノサンジソウ クラーキア・プルケラの別名。

ホソバノシバナ 細葉の塩場菜 〈*Triglochin palustre* L.〉シバナ科の多年草。別名ミサキソウ。高さは15〜35cm。

ホソバノセンダングサ 〈*Bidens parviflora* Willd.〉キク科の一年草。高さは30〜70cm。花は黄色。

ホソバノトサカモドキ 〈*Callophyllis japonica* Okamura in De Toni et Okamura〉ツカサノリ科の海藻。巾は2〜5mm。体は15cm。

ホソバノハマアカザ 〈*Atriplex gmelini* C. A. Meyer〉アカザ科の一年草。高さは40〜60cm。

ホソバノヤマハハコ 〈*Anaphalis margaritacea* (L.) Benth. et Hook. f. var. *japonica* (Sch. Bip.) Makino〉キク科。

ホソバノヨツバムグラ 細葉四葉葎 〈*Galium trifidum* L. var. *brevipedunculatum* Regel〉アカネ科の多年草。長さは15〜50cm。高山植物。

ホソバノロクオンソウ 〈*Cynanchum multinerve* (Franch. et Savat.) Matsum.〉ガガイモ科の草本。日本絶滅危機植物。

ホソバハカタシダ 〈*Arachniodes* × *respiciens* Kurata〉オシダ科のシダ植物。

ホソバハグマ 〈*Ainsliaea faurieana* Beauv.〉キク科の草本。

ホソバハシボソゴケ 〈*Papillidiopsis complanata* (Dixon) W. R. Buck & B. C. Tan〉ナガハシゴケ科のコケ。枝葉は長さ2.5mm、披針形。

ホソバハナウド 細葉花独活 〈*Heracleum akasimontanum*〉セリ科。高山植物。

ホソバハネスゲ 〈*Carex kujuzana* Ohwi var. *dissitispicula* (Ohwi) T. Koyama〉カヤツリグサ科。別名カルイザワツリスゲ。

ホソバヒイラギナンテン 細葉柊南天 〈*Mahonia fortunei* (Lindl.) Fedde〉メギ科の常緑低木。高さは1m。花は黄色。園芸植物。

ホソバヒカゲスゲ 〈*Carex humilis* Leyss. var. *nana* Ohwi〉カヤツリグサ科の多年草。別名ヒメヒカゲスゲ。高さは10〜30cm。

ホソバヒグルマ 〈*Helianthus angustifolius* L.〉キク科の観賞用草本。花は黄色。熱帯植物。

ホソバヒナ

ホソバヒナウスユキソウ 細葉雛薄雪草 〈*Leontopodium fauriei* (Beauv.) Hand.-Mazz. var. *angustifolium* Hara et Kitamura〉キク科。高山植物。

ホソバヒメシャジン 〈*Adenophora nikoensis* Fr. et Sav. forma *linearifolia* Tak.〉キキョウ科の多年草。高山植物。

ホソバヒメトウ ダエモノロプス・アングスティフォリアの別名。

ホソバヒメトラノオ 〈*Pseudolysimachion lineariifolium* (Pallas) Holub〉ゴマノハグサ科の草本。

ホソバヒメミソハギ 〈*Ammannia coccinea* Rottb.〉ミソハギ科の一年草。高さは20～100cm。花は紫紅色。

ホソバヒャクニチソウ 〈*Zinnia angustifolia* H. B. K.〉キク科の観賞用草本。高さは25～30cm。花は橙色。熱帯植物。園芸植物。

ホソバヒルムシロ 〈*Potamogeton alpinus* Balbis〉ヒルムシロ科の沈水植物または浮葉植物。沈水葉は無柄、狭披針形。

ホソバピンポン 〈*Sterculia laevis* Wall.〉アオギリ科の高木。果実は緋赤色、種子は黒。熱帯植物。

ホソバフクロトウ 〈*Korthalsia echinometra* Becc.〉ヤシ科の蔓木。別名ノギトウサゴヤシ。葉裏銀白。幹径15ミリ、羽片長さ30cm。花は黄色。熱帯植物。園芸植物。

ホソバフジボグサ 〈*Uraria picta* (Jacq.) Desv.〉マメ科の木本。

ホソバフモトシケシダ 〈*Deparia conilii* × *pseudo-conilii*〉オシダ科のシダ植物。

ホソバブラシノキ カリステモン・リネアリスの別名。

ホソバホラゴケ 〈*Cephalomanes boninense* (Tagawa et K. Iwats.) K. Iwats.〉コケシノブ科の常緑性シダ。別名ハハジマホラゴケ。葉身は長さ5～12cm。長楕円状披針形。日本絶滅危惧植物。

ホソバマオ 〈*Boehmeria glomerulifera* Miq.〉イラクサ科の草本。葉裏は白くない。熱帯植物。

ホソバママコナ 〈*Melampyrum setaceum* (Maxim.) Nakai〉ゴマノハグサ科の半寄生一年草。高さは25～60cm。

ホソバマヤプシキ 〈*Sonneratia caseolaris* Engl.〉ハマザクロ科の高木。呼吸根を出す。熱帯植物。

ホソバミズアオイ 〈*Monochoria elata* Ridl.〉ミズアオイ科の水草。花はコバルト色。熱帯植物。

ホソバミズゴケ 〈*Sphagnum girgensohnii* Russow〉ミズゴケ科のコケ。大形、長さ15～20cm、淡緑色。

ホソバミズゼニゴケ 細葉水銭苔 〈*Pellia endiviifolia* (Dicks.) Dum.〉ミズゼニゴケ科のコケ。別名ムラサキミズゼニゴケ。紅紫色、長さ2～5cm。

ホソバミズヒキモ 細葉水引藻 〈*Potamogeton octandrus* Poiret〉ヒルムシロ科の小形の浮葉植物。別名ヒメヒルムシロ。浮葉は長楕円形で明るい黄緑色。

ホソバミミナグサ 〈*Cerastium rubescens* Mattf. var. *ovatum* (Miyabe) Mizushima〉ナデシコ科の草本。別名ホクセンミミナグサ。高山植物。

ホソバミリン 〈*Solieria mollis* (Harvey) Kylin〉ミリン科の海藻。細い円柱状分岐多数。体は10～25cm。

ホソバムカシヨモギ 〈*Erigeron acris* var. *linearifolius*〉キク科の草本。

ホソバムクイヌビワ 〈*Ficus ampelas* Burm. f.〉クワ科の木本。別名キングイヌビワ。

ホソバムクゲシケシダ 〈*Deparia conilii* × *kiusiana*〉オシダ科のシダ植物。

ホソバムグラ 〈*Oldenlandia dichotoma* Hook. f.〉アカネ科の草本。花は青色。熱帯植物。

ホソバムシトリスミレ タヌキモ科。園芸植物。

ホソバメハジキ 〈*Leonurus sibiricus* L.〉シソ科の草本。やや麻酔性がありインド大麻のように喫煙する。熱帯植物。

ホソバヤハズカズラ 〈*Thunbergia kirkii* Hook. f.〉キツネノマゴ科の観賞用低木。花は青色。熱帯植物。園芸植物。

ホソバヤブソテツ 〈*Cyrtomium hookerianum* (Pr.) C. Chr.〉オシダ科の常緑性シダ。葉身は長さ30～40cm。広披針形。

ホソバヤブレガサ シネイレシス・アコニティフォリアの別名。

ホソバヤマジソ 細葉山紫蘇 〈*Mosla chinensis* Maxim.〉シソ科の草本。薬用植物。

ホソバヤマブキソウ 細葉山吹草 〈*Hylomecon japonicum* (Thunb. ex Murray) Prantl var. *lanceolatum* (Makino)〉ケシ科。

ホソバヤロード キョウチクトウ科の木本。

ホソバハリガネゴケ 〈*Bryum caespiticium* L. ex Hedw.〉ハリガネゴケ科のコケ。茎は長さ0.5～1cm、葉は卵状披針形。

ホソバリュウビンタイ 〈*Angiopteris palmiformis* (Cav.) C. Chr.〉リュウビンタイ科の常緑性シダ。羽片の長さは65～70cm。

ホソバリンドウ 〈*Gentiana scabra* Bunge var. *buergeri* Maxim. f. *stenophylla* (Hara) Ohwi〉リンドウ科の薬用植物。

ホソバロニア 〈*Valoniopsis pachynema* Boergesen〉ウキオリソウ科の海藻。往々錯綜する。

ホソバワダン 〈*Crepidiastrum lanceolatum* (Houtt.) Nakai〉キク科の多年草。高さは10～30cm。

ホソヒモヨウラクヒバ 〈*Lycopodium quasiprimaevum*〉ヒカゲノカズラ科。

ホソヒラゴケ 〈*Neckera goughiana* Mitt.〉ヒラゴケ科のコケ。二次茎は長さ70mm以下、葉は狭舌形〜狭長楕円形。

ホソベニモズク 〈*Helminthocladia yendoana* Narita〉ベニモズク科の海藻。軟骨質。体は30cm。

ホソベリミズゴケ 〈*Sphagnum junghuhnianum* Dozy & Molk. subsp. *pseudomolle* (Warnst.) H. Suzuki〉ミズゴケ科のコケ。やや大形で淡緑色〜黄褐色、黄葉は長さ約1.3mm。

ホソホウオウゴケ 〈*Fissidens grandifrons* Brid.〉ホウオウゴケ科のコケ。大形、茎は葉を含め長さ3〜8cm、葉は狭披針形。

ホソボリイゴケ 〈*Cladonia kanewskii* Oxn.〉ハナゴケ科の地衣類。子柄は淡緑灰色から黄灰色。

ホソミキンガヤツリ 〈*Cyperus engelmannii* Steud.〉カヤツリグサ科の一年草。高さは20〜100cm。

ホソミツヤゴケ 〈*Entodon sullivantii* Lindb. var. *versicolor* U. Mizushima〉ツヤゴケ科のコケ。茎葉は長さ1.5〜2mm、卵状披針形。

ホソミノクダハナゴケ 〈*Cladonia glauca* Flörke〉ハナゴケ科の地衣類。子柄は高さ2〜5cm。

ホソミノゴケ 〈*Macrocoma tenue* (Hook. & Grev.) Vitt subsp. *sullivantii* (Müll. Hal.) Vitt.〉タチヒダゴケ科のコケ。茎は這い、葉は卵状披針形。

ホソミヤマタコ 〈*Pandanus ornatus* Kurz.〉タコノキ科の小木。葉裏粉白。幹径3cm、葉長2m、幅3cm。熱帯植物。

ホソムギ 〈*Lolium perenne* L.〉イネ科の多年草。葉身は2〜4mm。高さは30〜120cm。

ホソムジナゴケ 〈*Trachypus humilis* Londb.〉ムジナゴケ科のコケ。小形、二次茎は長さ3cm以下、茎葉は卵状。

ホソメコンブ 〈*Laminaria religiosa* Miyabe in Okamura〉コンブ科の海藻。葉片は披針形。体は長さ2m。

ホソモツレグサ 〈*Spongomorpha duriuscula* Collins var. *tenuis* Yamada〉シオグサ科の海藻。叢生。体は10〜25cm。

ホソヤグラゴケ 〈*Cladonia pseudogymnopoda* Asah.〉ハナゴケ科の地衣類。子柄は高さ5cm。

ホソヤスデゴケ 〈*Frullania densiloba* Steph. ex A. Evans〉ヤスデゴケ科のコケ。アオシマヤスデゴケに酷似、背片の眼点細胞が6個以下。

ホソヤリタケ 〈*Macrotyphula juncea* (Fr.) Berthier〉シロソウメンタケ科のキノコ。形は細長い紡錘形、淡褐色。

ホソユカリ 〈*Plocamium leptophyllum* Kützing var. *flexuosum* J. Agardh〉ユカリ科の海藻。小羽枝を両側に3〜5個ずつ互生。体は15cm。

ボダイジュ 菩提樹 〈*Tilia miqueliana* Maxim.〉シナノキ科の落葉広葉高木。別名リンデン、セイヨウシナノキ。高さは25m。園芸植物。

ボダイジュ シナノキ科の属総称。

ボダイジュモドキ 〈*Ficus rumphii* BL.〉クワ科の高木。葉はインドボダイジュより尾端が短い。熱帯植物。

ホタカワラビ 〈*Dryopteris × tonensis* Kurata, nom. nud.〉オシダ科のシダ植物。

ポタモゲトン・アクティフォリウス 〈*Potamogeton acutifolius* Link〉ヒルムシロ科の多年草。

ポタモゲトン・ルケンス 〈*Potamogeton lucens* L.〉ヒルムシロ科の多年草。

ホタルイ 蛍藺 〈*Scirpus juncoides* Roxb.〉カヤツリグサ科の一年生の抽水植物。高さ30〜60cm、花序は側生状。

ホタルカズラ 蛍葛 〈*Lithospermum zollingeri* DC.〉ムラサキ科の多年草。別名ホタルソウ、ホタルカラクサ、ルリソウ。高さは15〜25cm。花は碧色。園芸植物。

ホタルサイコ 蛍柴胡 〈*Bupleurum longiradiatum* Turcz. subsp. *sachalinense* (Fr. Schm.) Kitagawa var. *elatius* Kitagawa〉セリ科の多年草。別名ホタルソウ、ダイサイコ。高さは50〜150cm。高山植物。薬用植物。

ホタルナデシコ ディアンツス・クナーピーの別名。

ホタルブクロ 蛍袋 〈*Campanula punctata* Lam. var. *punctata*〉キキョウ科の多年草。別名ツリガネソウ、チョウチンバナ(提燈花)。高さは50〜80cm。花は白または淡紫紅色。園芸植物。

ボタン 牡丹 〈*Paeonia suffruticosa* Andr.〉ボタン科(キンポウゲ科)の木本。別名カオウ(花王)、フウキソウ(富貴草)。高さは2m。花は白、桃、紅、紫色。薬用植物。園芸植物。

ボタン ボタン科の属総称。

ボタンアオサ 〈*Ulva conglobata* Kjellman〉アオサ科の海藻。団塊状。体は径2〜4cm。

ボタンイチゲ 牡丹一花 アネモネ・コロナリアの別名。

ボタンイボタケ 〈*Thelephora aurantiotincta* Corner〉イボタケ科のキノコ。中型〜大型。子実体はボタンの花状。

ボタンウキクサ 牡丹浮草 〈*Pistia stratiotes* L.〉サトイモ科の水生多年草。別名ウォーター・レタス。葉はロゼット状につき、全縁の扇形。花は淡緑色。熱帯植物。園芸植物。

ボタン科 科名。

ボタンカラマツソウ キンポウゲ科の宿根草。

ポダンギス・ダクティロケラス 〈*Podangis dactyloceras* (Rchb. f.) Schlechter〉ラン科。花は半透質の白色。園芸植物。

ボタンキンバイ 牡丹金梅草 〈*Trollius pulcher* Makino〉キンポウゲ科の草本。高山植物。

ボタンクサギ 〈*Clerodendrum bungei* Steud.〉クマツヅラ科の落葉小低木。別名ヒマラヤクサギ、ベニバナクサギ。高さは1m。花は淡紅色。薬用植物。園芸植物。

ボタンゲシ ケシ科。園芸植物。

ボタンヅル 牡丹蔓 〈*Clematis apiifolia* DC. var. *apiifolia*〉キンポウゲ科の落葉性つる植物。花径1.5〜2.5cm。園芸植物。

ボタンタケ ボタンタケ科。

ボタンネコノメソウ 〈*Chrysosplenium kiotoense* Ohwi〉ユキノシタ科の草本。

ボタンバラ 〈*Rosa odorata* (Andr.) Sweet〉バラ科。別名マイカイ。園芸植物。

ボタンボウフウ 牡丹防風 〈*Peucedanum japonicum* Thunb. ex Murray〉セリ科の多年草。別名イワゼリ、ケズリボウフウ、サクナ。高さは60〜100cm。薬用植物。

ボタンマル 牡丹丸 サボテン科のサボテン。園芸植物。

ボタンヤシ 〈*Coelococcus amicarum* Warb.〉ヤシ科。果実は径70cm、褐色鱗片に被われる。幹径60cm。熱帯植物。

ポチナラ・カトレヤ ラン科。園芸植物。

ポチヤナギ 〈*Salix × sepulcralis*〉ヤナギ科の木本。樹高20m。樹皮は淡い灰褐色。

ポーチュラカ スベリヒユ科の属総称。

ポーチュラカ スベリヒユの別名。

ボチョウジ 〈*Psychotria rubra* (Lour.) Poir.〉アカネ科の常緑低木。別名リュウキュウアオキ。高さは1〜2m。花は白色。園芸植物。

ホッカイトウキ 〈*Angelica acutiloba* (Sieb. et Zucc) Kitagawa var. *sugiyamae* Hikono.〉セリ科の薬用植物。

ホッキョクマル 北極丸 コリファンタ・ウィウィパラの別名。

ホッスガヤ 払子茅 〈*Calamagrostis pseudophragmites* (Haller f.) Koeler〉イネ科の多年草。高さは100〜160cm。

ホッスモ 払子藻 〈*Najas graminea* Del.〉イバラモ科の一年生水草。葉は3輪生状、葉鞘の先が耳状に突き出て尖る。熱帯植物。

ポッター・アンド・ムーアー 〈Potter & Moore〉バラ科。イングリッシュローズ系。花はローズピンク。

ホツツジ 穂躑躅 〈*Elliotia paniculata* (Sieb. et Zucc.) Benth. et Hook. f.〉ツツジ科の落葉低木。別名マツノキハダ、ヤマワラ、ヤマボウキ。高さは2m。花は白色。薬用植物。園芸植物。

ポット・ガーベラ キク科のガーベラの品種。園芸植物。

ホット・ジャズ シソ科のサルビアの品種。園芸植物。

ホットショット サトイモ科のカラーの品種。切り花に用いられる。

ホットニア・パルストリス 〈*Hottonia palustris* L.〉サクラソウ科の多年草。

ポット・マリーゴールド キンセンカの別名。

ホップ 〈*Humuls lupulus* L.〉クワ科のつる性多年草。別名コモンホップ、セイヨウカラハナソウ。長さ6〜7m。薬用植物。園芸植物。

ホップ クワ科の属総称。

ポップコーン イネ科の野菜。別名パプコーン、ハゼトウモロコシ。

ホップノキ 〈*Ptelea trifoliata* L.〉ミカン科の落葉低木または小高木。高さは4〜7m。樹皮は暗灰色。園芸植物。

ホテイアオイ 布袋葵 〈*Eichhornia crassipes* Solms-Laub.〉ミズアオイ科の多年生水草。別名スイギョク(水玉)、ホテイソウ。高さ10〜80cm、総状花序に淡紫色の花を多数付ける。熱帯植物。園芸植物。

ホテイアオイ ミズアオイ科の属総称。

ホテイアツモリソウ 〈*Cypripedium macranthum* var. *hotei-atsumorianum*〉ラン科。高山植物。

ホテイシダ 布袋羊歯 〈*Lepisorus annuifrons* (Makino) Ching〉ウラボシ科の夏緑性シダ。別名オオノキシノブ。葉身は長さ25cm弱。披針形。園芸植物。

ホテイシメジ 〈*Clitocybe clavipes* (Pers. : Fr.) Kummer〉キシメジ科のキノコ。中型。傘は灰褐色、漏斗形。ひだは白色〜クリーム色。

ホテイソウ ホテイアオイの別名。

ホテイタケ 〈*Cudonia circinans* (Pers. : Fr.) Fr.〉テングノメシガイ科のキノコ。

ホテイチク 布袋竹 〈*Phyllostachys aurea* Carr. ex A. et C. Riv.〉イネ科の常緑中型竹。高さは3〜5m。園芸植物。

ポティナラ・アマンギ 〈× *Potinara* Amangi〉ラン科。花は光沢のある濃紫紅赤色。園芸植物。

ポティナラ・エスター・コスタ 〈× *Potinara* Esther Costa〉ラン科。花は杏橙色。園芸植物。

ポティナラ・エステラ・スミス 〈× *Potinara* Estella Smith〉ラン科。花は深紅に橙の入る複合色。園芸植物。

ポティナラ・ゴードン・シュー 〈× *Potinara* Gordon Siu〉ラン科。花は濃桃赤色。園芸植物。

ポティナラ・コーラル・クイーン 〈× *Potinara* Coral Queen〉ラン科。花は濃朱赤色。園芸植物。

ポティナラ・ゴールデン・キャンディー 〈× *Potinara* Golden Candy〉ラン科。花は黄、橙など。園芸植物。

ポティナラ・サンセット・ベイ 〈× *Potinara* Sunset Bay〉ラン科。花は橙朱紅色。園芸植物。
ポティナラ・シュー・スリッパーズ 〈× *Potinara* Siu Slippers〉ラン科。花は濃黄色。園芸植物。
ポティナラ・スカーレット・ダイナスティー 〈× *Potinara* Scarlet Dynasty〉ラン科。花は濃橙赤色。園芸植物。
ポティナラ・ナオカズ 〈× *Potinara* Naokazu〉ラン科。花は紫を帯びる。園芸植物。
ポティナラ・フクシア・ファンタジー 〈× *Potinara* Fuchsia Fantasy〉ラン科。花は赤ワイン色。園芸植物。
ポティナラ・ヘイスタック・マウンテンズ 〈× *Potinara* Haystack Mountains〉ラン科。花は濃黄色。園芸植物。
ポティナラ・マギー・マケンジー 〈× *Potinara* Maggie McKenzie〉ラン科。花は深紅色。園芸植物。
ポティナラ・メデア 〈× *Potinara* Medea〉ラン科。花は明るい桃紫紅色。園芸植物。
ポティナラ・メモリア・ヒロカズ・ゴウダ 〈× *Potinara* Memoria Hirokazu Gouda〉ラン科。花は深紫紅色。園芸植物。
ポティナラ・ライジング・ムーン 〈× *Potinara* Rising Moon〉ラン科。花は杏色。園芸植物。
ポティナラ・レベッカ・マーケル 〈× *Potinara* Rebecca Markell〉ラン科。花は鮮濃赤色。園芸植物。
ホテイラン 布袋蘭 〈*Calypso bulbosa* (L.) Oakes var. *japonica* (Schltr.) Makino〉ラン科の多年草。別名ツリフネラン。高さは6〜15cm。高山植物。園芸植物。日本絶滅危機植物。
ポテンティラ バラ科の属総称。別名キンロバイ、キジムシロ(雉蓆)。
ポテンティラ・アウレア 〈*Potentilla aurea* L.〉バラ科の多年草。高さは10〜15cm。花は黄金色。高山植物。園芸植物。
ポテンティラ・アトロサングイネア 〈*Potentilla atrosanguinea* Lodd.〉バラ科の多年草。別名ベニバナキジムシロ。高さは50〜100cm。花は暗紫赤色。園芸植物。
ポテンティラ・アルギロフィラ 〈*Potentilla argyrophylla* Wall. ex Lehm.〉バラ科の多年草。別名オオロウゲ。高さは60〜90cm。花は黄色。園芸植物。
ポテンティラ・アルケミロイデス 〈*Potentilla alchemilloides* Lapeyr.〉バラ科の多年草。高さは30cm。花は白色。園芸植物。
ポテンティラ・アルゲンテア 〈*Potentilla argentea* L.〉バラ科の多年草。別名ウラジロロウゲ。高さは50cm。花は黄色。園芸植物。
ポテンティラ・アルバ 〈*Potentilla alba* L.〉バラ科の多年草。花は白色。園芸植物。

ポテンティラ・カウレスケンス 〈*Potentilla caulescens* L.〉バラ科。高山植物。
ポテンティラ・キネレア バラ科。高山植物。
ポテンティラ・グランディフローラ 〈*Potentilla grandiflora* L.〉バラ科。高山植物。
ポテンティラ・ディキンシー イワキンバイの別名。
ポテンティラ・ニティダ 〈*Potentilla nitida* L.〉バラ科の多年草。別名チゴキンバイ。高さは2〜5cm。花は淡紅色。高山植物。園芸植物。
ポテンティラ・ネパーレンシス 〈*Potentilla nepalensis* Hook.〉バラ科の多年草。別名ベニバナロウゲ。高さは30〜60cm。花は濃紫紅色。園芸植物。
ポテンティラ・ヒパルクティカ 〈*Potentilla hyparctica* Malte〉バラ科の多年草。
ポテンティラ・マツムラエ ミヤマキンバイの別名。
ポテンティラ・メガランタ チシマキンバイの別名。
ポテンティラ・ルペストリス 〈*Potentilla rupestris* L.〉バラ科の多年草。別名シロバナロウゲ。高さは20〜50cm。花は白色。園芸植物。
ホド ホドイモの別名。
ホドイモ 土芋,塊,塊芋 〈*Apios fortunei* Maxim.〉マメ科の多年生つる草。高さは100〜150cm。
ポドカルプス・ナギ ナギの別名。
ポドカルプス・マクロフィルス イヌマキの別名。
ホトギス ホトトギスの別名。
ポドキルス・ミクロフィルス 〈*Podochilus microphyllus* Lindl.〉ラン科。花は白色。園芸植物。
ホトケノザ 仏座 〈*Lamium amplexicaule* L.〉シソ科の一年草または多年草。別名サンガイグサ、ホトケノツヅレ、カスミソウ。高さは10〜30cm。
ポトス サトイモ科。別名オウゴンカズラ。園芸植物。
ポトス・キネンシス 〈*Pothos chinensis* (Ref.) Merill〉サトイモ科の常緑のつる性植物。別名ユズノハカズラ。園芸植物。
ポドストロマ・アルタケウム ニクザキン科のキノコ。
ポトス・ヘルマフロディツス 〈*Pothos hermaphroditus* (Blanco) Merrill〉サトイモ科の常緑のつる性植物。園芸植物。
ホトトギス 杜鵑草 〈*Tricyrtis hirta* (Thunb. ex Murray) Hook.〉ユリ科の多年草。高さは40〜100cm。園芸植物。
ホトトギス 杜鵑草 ユリ科の属総称。
ポドフィルム・ウェルシペラ 〈*Podophyllum versipella* Hance〉メギ科の多年草。別名キキュウ、ハスノハグサ。高さは20〜30cm。花は深紅色。園芸植物。

ポドフィルム・プレイアンツム　ミヤオソウの別名。

ポドフィルム・ヘクサンドルム　ヒマラヤハッカクレンの別名。

ポドフィルム・ペルタツム　〈*Podophyllum peltatum* L.〉メギ科の多年草。高さは30～50cm。花は白色。薬用植物。園芸植物。

ポドラネア・リカソリアナ　〈*Podranea ricasoliana* (Tanfani) T. Sprague〉ノウゼンカズラ科。花は淡桃色。園芸植物。

ポートランド・ローズ　〈Portland Rose〉バラ科。ポートランド・ローズ系。

ボトリオキルス・ベルス　〈*Bothriochilus bellus* Lem.〉ラン科。花は乳白色。園芸植物。

ボトリオキルス・マクロスタキウス　〈*Bothriochilus macrostachyus* (Lindl.) L. O. Williams〉ラン科。高さは40～60cm。花は暗桃紫色。園芸植物。

ボトリキウム・テルナツム　フユノハナワラビの別名。

ボトリキウム・ヤポニクム　オオハナワラビの別名。

ポートレイト　〈Portrait〉バラ科。ハイブリッド・ティーローズ系。花はピンク。

ホナガアオゲイトウ　〈*Amaranthus powelii* S. Watson〉ヒユ科の一年草。別名イガホビユ。高さは30～100cm。

ホナガアセビ　〈*Pieris japonica* (Thunb.) D. Don ex G. Don f. *monostachya* (Nakai) H. Hara〉ツツジ科。園芸植物。

ホナガイヌビユ　穂長犬莧　〈*Amaranthus viridis* L.〉ヒユ科の一年草。別名ナガホイヌビユ。食用可。高さは1m位。花は帯褐色。熱帯植物。

ホナガクマヤナギ　穂長熊柳　〈*Berchemia longeracemosa* Okuyama〉クロウメモドキ科の木本。

ホナガソウ　〈*Stachytarpheta jamaicensis* (L.) Vahl〉クマツヅラ科。熱帯植物。

ホナガタツナミソウ　穂長立浪草　〈*Scutellaria laeteviolacea* Koidz. var. *maekawae* (Hara) Hara〉シソ科の草本。

ボナテア・カッシデア　〈*Bonatea cassidea* Sond.〉ラン科。高さは20～30cm。花は白色。園芸植物。

ボナテア・スペキオサ　〈*Bonatea speciosa* Willd.〉ラン科。高さは30～40cm。花は白色。園芸植物。

ポナペノヤシ　クリノスティグマ・ポナペンセの別名。

ボナンザ・ピーチ　バラ科のモモの品種。園芸植物。

ボニータピンク　キク科のサンティニマムの品種。切り花に用いられる。

ボーヌス・ヘンリークス　〈*Chenopodium bonus-henricus* L.〉アカザ科の多年草。

ホネキノリ　〈*Alectoria lata* (Tayl.) Lindb.〉サルオガセ科の地衣類。地衣体は淡黄灰白から黄緑色。

ホネタケ　〈*Onygena corvina* Alb. et Schw.〉ホネタケ科のキノコ。

ポネロルキス・グラミニフォリア　ウチョウランの別名。

ポネロルキス・クロカミアナ　クロカミランの別名。

ポネロルキス・タイワネンシス　〈*Ponerorchis taiwanensis* (Fukuyama) Ohwi〉ラン科。別名アネチドリ。茎の長さ7～18cm。花は紅紫色。園芸植物。

ホノオ　炎　アヤメ科のジャーマン・アイリスの品種。園芸植物。

ホノオノナミ　焔の波　〈Honoo-no-Nami〉バラ科。クライミング・ローズ系。花は朱赤色。

ホハラミサトウキビ　〈*Saccharum officinarum* L.-tēbu tēlor-〉イネ科。若穂を食す。熱帯植物。

ポピー　アイスランド・ポッピーの別名。

ボーファネ　ヒガンバナ科の属総称。球根植物。別名ブーファン。

ボーファネ・ディスティカ　〈*Boophane disticha* (L. f.) Herb.〉ヒガンバナ科の球根植物。花はピンク、赤色。園芸植物。

ボーファネ・ハエマントイデス　〈*Boophane haemanthoides* Leighton〉ヒガンバナ科の球根植物。花は黄桃色。園芸植物。

ボーファネ・プルクラ　〈*Boophane pulchra* W. F. Barker〉ヒガンバナ科の球根植物。花は濃いピンク色。園芸植物。

ホーフェニア・ドゥルキス　ケンポナシの別名。

ボーフォーティア・エレガンス　〈*Beaufortia elegans* Schauer〉フトモモ科の低木。高さは2m。花は赤橙ないし紫色。園芸植物。

ボーフォーティア・オルビフォリア　〈*Beaufortia orbifolia* F. J. Muell.〉フトモモ科の低木。高さは2m。花は輝赤色。園芸植物。

ボーフォーティア・スクアロサ　〈*Beaufortia squarrosa* Schauer〉フトモモ科の低木。高さは1～4m。花は輝赤色。園芸植物。

ボーフォーティア・スパルサ　〈*Beaufortia sparsa* R. Br.〉フトモモ科の低木。高さは2m。花は輝赤橙色。園芸植物。

ボーフォーティア・デクッサタ　〈*Beaufortia decussata* R. Br.〉フトモモ科の低木。高さは2～3m。花は深赤色。園芸植物。

ホプシー　マツ科のコロラドトウヒの品種。

ホフマニア・ギースブレヒティー　〈*Hoffmannia ghiesbreghtii* (Lem.) Hemsl.〉アカネ科の小低木。高さは1m。園芸植物。

ホフマニア・レフルゲンス 〈*Hoffmannia refulgens* (Hook.) Hemsl.〉アカネ科の小低木。高さは50cm。園芸植物。

ホフマニア・ロエズリー 〈*Hoffmannia roezlii* Regel〉アカネ科の多年草。

ポプラ 〈*Populus nigra* L. var. *italica* Moench.〉ヤナギ科の落葉高木。別名ピラミッドヤマナラシ、イタリアヤマナラシ。園芸植物。

ポプラ ヤナギ科のヤマナラシ属総称。別名ハコヤナギ、ヤマナラシ。

ポプルス・アルバ ウラジロハコヤナギの別名。

ポプルス・エウフラティカ 〈*Populus euphratica* Olivier〉ヤナギ科の落葉高木。別名コヨウ、コトカケヤナギ。園芸植物。

ポプルス・エウロアメリカナ 〈*Populus × euroamericana* Guinier〉ヤナギ科の落葉高木。園芸植物。

ポプルス・シーボルディー ヤマナラシの別名。

ポプルス・ポプルネア 〈*Populus populnea* A. Cunn.〉ヤナギ科の落葉高木。高さは5～10m。園芸植物。

ポプルス・マクシモヴィッチー ドロヤナギの別名。

ポプルス・ライアリー 〈*Populus lyallii* Hook. f.〉ヤナギ科の落葉高木。高さは6m。園芸植物。

ホペア・オドラータ 〈*Hopea odorata* Roxb.〉フタバガキ科の薬用植物。

ホーベア・ロンギフォーリア 〈*Hovea longifolia* R. Br. var. *laceolata* Benth.〉マメ科の低木。

ホヘリア・ポプルネア 〈*Hoheria populnea* A. Cunn.〉アオイ科の常緑高木。高さは5～10m。園芸植物。

ホヘリア・ライアリー 〈*Hoheria lyallii* Hook. f.〉アオイ科の落葉低木。高さは6m。園芸植物。

ポポー 〈*Asimina triloba* (L.) Dunal〉バンレイシ科の木本。別名アシミナ・トリロバ。果皮は黄緑色。高さは6～10m。花は緑で、徐々に暗紫に変化色。樹皮は灰褐色。薬用植物。園芸植物。

ポーポーノキ バンレイシ科。園芸植物。

ホホバ 〈*Simmondsia chinensis* (Link) C. K. Schneid.〉ツゲ科の薬用植物。根は2.5～4m。花は淡緑色。園芸植物。

ポマトカルパ・セツレンセ 〈*Pomatocalpa setulense* (Ridl.) Holtt.〉ラン科。花は黄緑色。園芸植物。

ポマトカルパ・ブラキボトリウム 〈*Pomatocalpa brachybotryum* (Hayata) Hayata〉ラン科。別名フトバクレソラン。花は黄で赤褐色の斑紋。園芸植物。

ホマメノキ 〈*Antidesma velutinosum* BL.〉トウダイグサ科の小木。茎は有毛、果実は赤熟。熱帯植物。

ボーマレア・アクティフォリア 〈*Bomarea actifolia* (Link et Otto) Herb.〉ヒガンバナ科の多年草。花は黄色。園芸植物。

ボーマレア・カルダシー 〈*Bomarea caldasii* (H. B. K.) Asch. et Graebn.〉ヒガンバナ科の多年草。花は黄色。園芸植物。

ホマロケファラ・テクセンシス 〈*Homalocephala texensis* (Hopffer) Britt. et Rose〉サボテン科のサボテン。別名綾波。径25～30cm。花は濃紅色。園芸植物。

ホマロメナ サトイモ科の属総称。

ホマロメナ・アロマティカ 〈*Homalomena aromatica* (Roxb.) Schott〉サトイモ科。高さは30cm。園芸植物。

ホマロメナ・ヴァリシー 〈*Homalomena wallisii* Regel〉サトイモ科。別名ハルユキソウ。園芸植物。

ホマロメナ・オキュラタ 〈*Homalomena occulata* (Lour.) Schott.〉サトイモ科の薬用植物。

ホマロメナ・ペンドゥラ 〈*Homalomena pendula* (Blume) Buck. f.〉サトイモ科。高さは50cm。園芸植物。

ホマロメナ・ルベスケンス 〈*Homalomena rubescens* (Roxb.) Kunth〉サトイモ科。別名アカジクセントンイモ。園芸植物。

ボムバクス・インシグネ 〈*Bombax insigne* Wall.〉パンヤ科の落葉高木。

ホームランド ナデシコ科のナデシコの品種。園芸植物。

ホメリア アヤメ科の属総称。球根植物。

ホメリア・オクロレウカ 〈*Homeria ochroleuca* Salisb.〉アヤメ科。高さは75cm。花は黄色。園芸植物。

ホメリア・コリナ 〈*Homeria collina* (Thunb.) Salisb.〉アヤメ科。高さは50cm。園芸植物。

ホメリア・フラッキダ 〈*Homeria flaccida* Sweet〉アヤメ科。園芸植物。

ホメリア・リラシナ アヤメ科。園芸植物。

ホモギネ・アルピナ 〈*Homogyne alpina* Cass.〉キク科の多年草。高山植物。

ホモグロッスム アヤメ科の属総称。球根植物。別名フレームス。

ホモグロッスム・ハットニー 〈*Homoglossum huttonii* N. E. Br.〉アヤメ科。高さは75cm。花は赤～オレンジ色。園芸植物。

ホモグロッスム・プライアリー 〈*Homoglossum priori* (N. E. Br.) N. E. Br.〉アヤメ科。高さは60cm。花は緋色。園芸植物。

ホモグロッスム・メリアネルム 〈*Homoglossum merianellum* (Thunb.) Bak.〉アヤメ科。高さは70cm。花は赤～オレンジ色。園芸植物。

ホモグロッスム・ワトソニウム 〈*Homoglossum watsonium* (Thunb.) N. E. Br.〉アヤメ科。高さは75cm。花は赤色。園芸植物。

ボーモンティア・グランディフロラ 〈*Beaumontia grandiflora* (Roxb.) Wall.〉キョウチクトウ科のつる性木本。花は白色。園芸植物。

ボーモンティア・ジャードニアナ 〈*Beaumontia jerdoniana* Wight〉キョウチクトウ科のつる性木本。花は白色。園芸植物。

ホヤ ガガイモ科の属総称。別名サクララン。

ホヤ・アウストラリス 〈*Hoya australis* R. Br. ex J. Traill〉ガガイモ科の低木。花は白色。園芸植物。

ホヤ・カーリー 〈*Hoya kerrii* Craib〉ガガイモ科の低木。別名シャムサクララン。花は乳白、後に褐色。園芸植物。

ホヤ・カルノサ サクラランの別名。

ホヤ・キーシー 〈*Hoya keysii* F. M. Bailey〉ガガイモ科の低木。園芸植物。

ホヤ・コリアケア 〈*Hoya coriacea* Blume〉ガガイモ科のつる植物。

ホヤ・スースウエラ 〈*Hoya sussuela* Lindl.〉ガガイモ科の多年草。

ホヤ・プルプレオフスカ 〈*Hoya purpureofusca* Hook.〉ガガイモ科のつる植物。花は錆がかった赤に灰褐色を帯びる。園芸植物。

ホヤ・ベラ 〈*Hoya bella* Hook.〉ガガイモ科の低木。高さは50～100cm。花は白色。園芸植物。

ホヤ・マクロフィラ 〈*Hoya macrophylla* Blume〉ガガイモ科の低木。花は紫青色。園芸植物。

ホヤ・ロンギフォリア 〈*Hoya longifolia* Wall.〉ガガイモ科の低木。花は白あるいは淡桃色。園芸植物。

ホラカグマ 〈*Ctenitis eatonii* (Bak.) Ching〉オシダ科の常緑性シダ。葉身は長さ30～45cm。長楕円状卵形から卵形。

ボラゴ・オッフィキナリス ルリジサの別名。

ホラゴケ ハイホラゴケの別名。

ホラゴケモドキ 〈*Calypogeia azurea* Stotler & Crotz〉ツキヌキゴケ科のコケ。油体がブドウ房状で青色。

ホラゴソウ ムラサキ科。

ボラゴ・ピグマエア 〈*Borago pygmaea* (DC.) Chater et Greuter〉ムラサキ科の草本。長さ15～60cm。花は青色。園芸植物。

ボラゴ・ラクシフローラ 〈*Borago laxiflora* DC.〉ムラサキ科の一年草。

ホラシノブ 洞忍 〈*Sphenomeris chinensis* (L.) Maxon〉ホングウシダ科(ワラビ科、イノモトソウ科)の常緑性シダ。別名トワノシダ。葉身は長さ15～60cm。長楕円状披針形。園芸植物。

ポラスキア・チチペ 〈*Polaskia chichipe* (Rol.-Goss.) Backeb.〉サボテン科のサボテン。別

名雷神閣。高さは5～6m。花は少しクリームがかった白色。園芸植物。

ボラッスス・アエティオプム 〈*Borassus aethiopum* Mart.〉ヤシ科。別名アフリカオウギヤシ。高さは25m。園芸植物。

ボラヤシ シネカンツス・ヴァルセヴィチアヌスの別名。

ホーリー モチノキ科のヒイラギモチやアメリカヒイラギ、シナヒイラギなどの俗称。

ホーリー シナヒイラギの別名。

ポーリア・ヤポニカ ヤブミョウガの別名。

ポリアルティア・ラテリフローラ 〈*Polyalthia lateriflora* Kurz.〉バンレイシ科の高木。

ポリアンテス リュウゼツラン科の属総称。別名ゲッカコウ。

ポリアンテス・ゲミニフロラ 〈*Polianthes geminiflora* (Llave et Lex.) Rose〉リュウゼツラン科。高さは60cm。花は橙赤色。園芸植物。

ポリアンテス・ツベロサ チューベローズの別名。

ポリアンドラッチトリモチ 〈*Balanophora polyandra* Griff.〉ツチトリモチ科の寄生植物。熱帯植物。

ホリウチカンザキツツジ 堀内寒咲躑躅 ツツジ科。園芸植物。

ポリオスマ 〈*Polyosma conocarpa* Ridl.〉ユキノシタ科の小木。熱帯植物。

ポリガラ ヒメハギ科。園芸植物。

ポリガラ・アルペストリス 〈*Polygala alpestris* Reichb.〉ヒメハギ科。高山植物。

ポリガラ・カマエブクスス 〈*Polygala chamaebuxus* L.〉ヒメハギ科。高さは15～30cm。花は白または黄色。高山植物。園芸植物。

ポリガラ・セネガ 〈*Polygala senega* L.〉ヒメハギ科の薬用植物。高さは40～60cm。花は白または緑白色。園芸植物。

ポリガラ・セルピリィフォリア 〈*Polygala serpyllifolia* Hose〉ヒメハギ科の小低木。高山植物。

ポリガラ・ブルガリス 〈*Polygala vulgaris* L.〉ヒメハギ科の小低木。

ポリガラ・ミルティフォリア 〈*Polygala myrtifolia* L.〉ヒメハギ科の常緑低木。高さは1～2m。花は緑白色。園芸植物。

ホリカワキララゴケ 〈*Cololejeunea horikawana* (S. Hatt.) Mizut.〉クサリゴケ科のコケ。背片は長さ約0.9mm。

ホリカワゴボウ 堀川牛蒡 キク科の京野菜。

ホリカワハネゴケ 〈*Plagiochila bantamensis* (Reinw., Blume & Nees) Mont.〉ハネゴケ科のコケ。緑褐色、茎は長さ3～6cm。

ポリキクニス・ムスキフェラ 〈*Polycycnis muscifera* (Lindl. et Paxt.) Rchb. f.〉ラン科。高さは50～60cm。花は黄緑色。園芸植物。

ポリクセナ・エンシフォリア 〈Polyxena ensifolia (Thunb.) Schönl.〉ユリ科の球根植物。花は白または ピンク色。園芸植物。

ポリクセナ・コリンボサ 〈Polyxena corymbosa (L.) Jessop〉ユリ科の球根植物。花はピンク色。園芸植物。

ポリゴナツム・インウォルクラツム ワニグチソウの別名。

ポリゴナツム・オドラツム 〈Polygonatum odoratum (Mill.) Druce〉ユリ科の多年草。高さは40〜50cm。花は白色。園芸植物。

ポリゴナツム・ファルカツム ナルコユリの別名。

ポリゴナツム・フミレ ヒメイズイの別名。

ポリゴナーツム・ムルチフロルム 〈Polygonatum multiflorum All.〉ユリ科の多年草。

ポリゴヌム・アフィネ 〈Polygonum affine D. Don〉タデ科の一年草。高さは60cm。花は紅桃色。高山植物。園芸植物。

ポリゴヌム・アンプレクシカウレ 〈Polygonum amplexicaule D. Don〉タデ科。高さは1m。花は紅色。園芸植物。

ポリゴヌム・ウァッキニーフォリウム 〈Polygonum vaccinifolium Wall. ex Meissn.〉タデ科。花は桃色。園芸植物。

ポリゴヌム・オーベールティー 〈Polygonum aubertii L. Henry〉タデ科。別名ナツユキカズラ。長さ7m。花は白色。園芸植物。

ポリゴヌム・オリエンタレ オオケタデの別名。

ポリゴヌム・カピタツム 〈Polygonum capitatum Buch.-Ham. ex D. Don〉タデ科。別名ヒメツルソバ。花は淡桃色。園芸植物。

ポリゴヌム・カンパヌラツム 〈Polygonum campanulatum Hook. f.〉タデ科の多年草。高さは90cm。花は淡桃色。高山植物。園芸植物。

ポリゴヌム・キリネルベ 〈Polygonum ciliinerve (Nakai) Ohwi.〉タデ科の薬用植物。

ポリゴヌム・クスピダツム イタドリの別名。

ポリゴヌム・コンスピクーム 〈Polygonum conspicuum (Nakai) Nakai〉タデ科。別名サクラタデ。高さは1m。花は淡紅色。園芸植物。

ポリゴヌム・ティンクトリウム ポリゴヌム・コンスピクームの別名。

ポリゴヌム・テヌイカウレ ハルトラノオの別名。

ポリゴヌム・ネパーレンセ タニソバの別名。

ポリゴヌム・バクシニフォリウム タデ科。高山植物。

ポリゴヌム・ビストルタ イブキトラノオの別名。

ポリゴヌム・ヒドロピペル ヤナギタデの別名。

ポリゴヌム・フィリフォルメ ミズヒキの別名。

ポリゴヌム・マクロフィルム 〈Polygonum macrophyllum D. Don〉タデ科。高さは60cm。花は明るい桃色。園芸植物。

ポリゴヌム・ムルティフロルム ツルドクダミの別名。

ポリゴヌム・モレ 〈Polygonum molle D. Don〉タデ科。高さは1.5m。花は白色。園芸植物。

ポリゴヌム・ロンギセツム イヌタデの別名。

ボリジ ムラサキ科の属総称。別名ルリジサ。

ボリジ ルリジサの別名。

ポリスキアス ウコギ科の属総称。別名タイワンモミジ。

ポリスキアス・ギルフォイレイ 〈Polyscias guilfoylei (Bull) L. H. Bailey〉ウコギ科の木本。別名アラリア、タイワンモミジ。高さは4〜6m。園芸植物。

ポリスキアス・バルフォリアナ 〈Polyscias balfouriana (hort. ex Sander) L. H. Bailey〉ウコギ科の木本。熱帯では高さ8mにもなる。園芸植物。

ポリスキアス・フィリキフォリア 〈Polyscias filicifolia (C. Moore ex E. Fourn.) L. H. Bailey〉ウコギ科の木本。別名キレハアラリア。高さは2〜2.5m。園芸植物。

ポリスキアス・フルティコサ 〈Polyscias fruticosa (L.) Harms〉ウコギ科の木本。別名タイワンモミジ、ホソバアラリア。高さは2〜3m。園芸植物。

ポリスタキア・オットーニアナ 〈Polystachya ottoniana Rchb. f.〉ラン科。茎の長さ5cm。花は黄緑〜淡桃色。園芸植物。

ポリスタキア・クルトリフォルミス 〈Polystachya cultriformis (Thouars) K. Spreng.〉ラン科。花は白色。園芸植物。

ポリスタキア・ザンベシアカ 〈Polystachya zambesiaca Rolfe〉ラン科。高さは10cm。花は緑黄色。園芸植物。

ポリスタキア・プベスケンス 〈Polystachya pubescens (Lindl.) Rchb. f.〉ラン科の多年草。高さは10cm。花は黄〜橙黄色。園芸植物。

ポリスタキア・ベラ 〈Polystachya bella Summerh.〉ラン科。茎の長さ10〜20cm。花は橙黄色。園芸植物。

ポリスティクム・クラスペドソルム ツルデンダの別名。

ポリスティクム・セティフェルム 〈Polystichum setiferum (Forssk.) Woyn.〉オシダ科。羽片は狭披針形。園芸植物。

ポリスティクム・ツッシメンセ ヒメカナワラビの別名。

ポリスティクム・トリプテロン ジュウモンジシダの別名。

ポリスティクム・ポレブレファルム イノデの別名。

ポリスティクム・ロンキティス ヒイラギデンダの別名。

ホリドカクツス・クルウィスピヌス 〈*Horridocactus curvispinus* (Bertero) Backeb.〉サボテン科のサボテン。別名登陽丸。径15cm。園芸植物。

ホリドカクツス・ツベリスルカツス 〈*Horridocactus tuberisulcatus* (Jacobi) Y. Ito〉サボテン科のサボテン。別名魁壮玉。球径12～15cm。花は帯褐黄～赤褐色。園芸植物。

ポリトリクム・コンムネ ウマスギゴケの別名。

ポリトリクム・フォルモスム オオスギゴケの別名。

ボリビアキナ 〈*Cinchona ledgeriana* Moens〉アカネ科の大低木。花は淡紅色。熱帯植物。

ボリビケレウス・サマイパタヌス 〈*Bolivicereus samaipatanus* Cardenas〉サボテン科のサボテン。高さは1.5m。園芸植物。

ポリポジウム 〈*Microsorium punctatum* (L.) E. Copel.〉ウラボシ科のシダ植物。別名ミクロソリューム。園芸植物。切り花に用いられる。

ホリホック ユリ科のヒアシンスの品種。園芸植物。

ホリホック タチアオイの別名。

ポリポディウム・ヴァージニアヌム エゾデンダの別名。

ポリポディウム・ウルガレ オオエゾデンダの別名。

ポリポディウム・ニポニクム アオネカズラの別名。

ポリポディウム・フォリー オシャグジデンダの別名。

ポリポディウム・フォルモサヌム タイワンアオネカズラの別名。

ポリリザ・フナリス 〈*Polyrrhiza funalis* (Swartz) Pfitz.〉ラン科。花は淡黄緑色。園芸植物。

ポリリザ・リンデニー 〈*Polyrrhiza lindenii* (Lindl.) Cogn.〉ラン科。高さは10～20cm。園芸植物。

ポーリンバイオレット キンポウゲ科のラナンキュラスの品種。切り花に用いられる。

ホルクス・ラナツス シラゲガヤの別名。

ホルコグロッスム・キンバリアヌム 〈*Holcoglossum kimballianum* (Rchb. f.) Garay〉ラン科。高さは15～20cm。花は白色。園芸植物。

ホルコグロッスム・クアシピニフォリウム 〈*Holcoglossum quasipinifolium* (Hayata) Schlechter〉ラン科。高さは10cm。花は白色。園芸植物。

ポルシェ バラ科。花は濃い赤色。

ホルジューム・ジュバタム イネ科。切り花に用いられる。

ポールズ・スカーレット・クライマー 〈Paul's Scarlet Climber〉バラ科。花は緋色。

ホルスタインパール 〈Holsteinperle〉バラ科。ハイブリッド・ティーローズ系。花は鮮やかな朱色。

ホルストサンユウカ 〈*Tabernaemontana holstii* K. Schum.〉キョウチクトウ科の観賞用低木。花は白色。熱帯植物。

ポールズ・ヒマラヤン・ムスク 〈Paul's Himalayan Musk〉バラ科。ハイブリッド・ムスク・ローズ系。花は淡ピンク。

ポルツラカ・オレラケア スベリヒユの別名。

ポルツラカ・グランディフロラ マツバボタンの別名。

ポルツラカリア・アフラ イチョウボクの別名。

ポルテア・ケルメシナ 〈*Portea kermesina* Brongn. ex K. Koch〉パイナップル科の地生または着生。花は菫色。園芸植物。

ポルテア・フォステリアナ 〈*Portea fosteriana* L. B. Sm.〉パイナップル科の地生または着生。高さは80cm。花は菫色。園芸植物。

ポルテア・ペトロポリタナ 〈*Portea petropolitana* (Wawra) Mez〉パイナップル科の地生または着生。高さは70cm。花は白色。園芸植物。

ホルデウム・ウルガレ オオムギの別名。

ホルトカズラ 〈*Erycibe henryi* Prain〉ヒルガオ科の常緑藤本。別名サタカズラ。薬用植物。

ポルトガルリンボク 〈*Prunus lusitanica*〉バラ科の木本。樹高10m。樹皮は濃い灰褐色。

ホルトソウ 続随子草 〈*Euphorbia lathyris* L.〉トウダイグサ科の多肉植物。高さは50～70cm。薬用植物。園芸植物。

ボルトニア キク科の属総称。

ボルトニア チョウセンシオンの別名。

ボルトニア・ラティスクアマ 〈*Boltonia latisquama* A. Gray〉キク科の多年草。高さは1.5m。花は白または青菫色。園芸植物。

ホルトニセアカシア 〈*Robinia × holdtii*〉マメ科の木本。樹高20m。樹皮は灰褐色。

ホルトノキ 〈*Elaeocarpus sylvestris* (Lour.) Poir. var. *ellipticus* (Thunb. ex Murray) Hara〉ホルトノキ科の常緑高木。別名モガシ。

ホルトノキ科 科名。

ポルトランディア・アルビフローラ 〈*Portlandia albiflora* Britton et Harris ex Standl.〉アカネ科の常緑低木。

ポール・ネイロン 〈Paul Neyron〉バラ科。ハイブリッド・パーペチュアルローズ系。花は濃いピンク。

ボルネオジンコウ 〈*Aquilaria beccariana* Van Tiegh.〉ジンチョウゲ科の高木。樹脂材を沈香の一種として用いる。熱帯植物。

ボルネオソンケイ ヤスミヌム・ムルティフロルムの別名。

ボルネオテツボク 〈*Eusideroxylon zwageri* Teysm.〉クスノキ科の高木。材は黒褐色で堅く有用材。葉と花序は褐毛。熱帯植物。

ボールバード ヒノキ科のサワラの品種。

ボルビティス・スブコルダタ ヘツカシダの別名。

ボルビティス・フードゥローティー 〈*Bolbitis heudelotii* (Fée) Alston〉オシダ科。葉脈は細かい網目をつくる。園芸植物。

ボルビティス・ヘテロクリタ オオヘツカシダの別名。

ホルフォードマツ 〈*Pinus × holfordiana*〉マツ科の木本。樹高25m。樹皮は灰色。

ホルミヌウム・ピレナイクム 〈*Horminum pyrenaicum* L.〉シソ科の多年草。高山植物。

ホルムショルディア クマツヅラ科の属総称。別名チャイニーズ・ハット。

ホルムショルディア・サングイネア 〈*Holmskioldia sanguinea* Retz.〉クマツヅラ科の観賞用高木。萼はロート状で橙色。花はれんが〜オレンジ色。熱帯植物。

ホルムスキオルディア ホルムショルディア・サングイネアの別名。

ポール・リコー 〈Paul Ricault〉バラ科。ケンティフォリア・ローズ系。花は濃ピンク。

ボレア・ウィオラケア 〈*Bollea violacea* (Lindl.) Rchb. f.〉ラン科。花は濃藤紫色。園芸植物。

ボレア・コエレスティス 〈*Bollea coelestis* (Rchb. f.) Rchb. f.〉ラン科。花は藤色。園芸植物。

ポレモニウム ハナシノブ科の属総称。宿根草。

ポレモニウム・キウシアヌム ハナシノブの別名。

ポレモニウム・ケルレウム 〈*Polemonium caeruleum* L.〉ハナシノブ科の多年草。高さは90cm。花は青色。高山植物。園芸植物。

ポレモニウム・フォリオシシムム 〈*Polemonium foliosissimum* A. Gray〉ハナシノブ科の多年草。

ポレモニウム・プルケリムム 〈*Polemonium pulcherrimum* Hook.〉ハナシノブ科。高山植物。

ポレモニウム・レプタンス 〈*Polemonium reptans* L.〉ハナシノブ科の多年草。高さは20〜30cm。花は淡青色。園芸植物。

ボレロ キク科のマリーゴールドの品種。園芸植物。

ポログロッスム・エキドゥヌム 〈*Porroglossum echidnum* (Rchb. f.) Garay〉ラン科。高さは15cm。花は淡黄褐色。園芸植物。

ボロッコ キク科のサンティニマムの品種。切り花に用いられる。

ホロテンナンショウ 幌天南星 〈*Arisaema cucullatum* M. Hotta〉サトイモ科の草本。

ボローニア ミカン科の属総称。

ボローニア・グラニティカ 〈*Boronia granitica* Maiden et Betche〉ミカン科の常緑低木。

ボローニア・デンティクラタ 〈*Boronia denticulata* Sm.〉ミカン科の低木。高さは1m。花は桃色。園芸植物。

ボローニア・ピンナタ 〈*Boronia pinnata* Sm.〉ミカン科の低木。高さは1.5m。花は桃色。園芸植物。

ボローニア・ヘテロフィラ 〈*Boronia heterophylla* F. J. Muell.〉ミカン科の低木。高さは1m。花は桃色。園芸植物。切り花に用いられる。

ボロニア・メガステグマ 〈*Boronia megastigma* Nees〉ミカン科の低木。

ボロボロノキ 〈*Schoeffia jasminodora* Sieb. et Zucc.〉ボロボロノキ科の木本。

ホロムイイチゴ 谷地苺 〈*Rubus chamaemorus* L.〉バラ科の落葉ほふく性草。別名ホルムイイチゴ、ヤチイチゴ。高山植物。

ホロムイコウガイ 〈*Juncus tokubuchii* Miyabe et Kudo〉イグサ科の草本。

ホロムイスゲ 幌向菅 〈*Carex middendorffii* Fr. Schm. var. *middendorffii*〉カヤツリグサ科の多年草。別名トマリスゲ、ホロムイスゲ。高さは30〜70cm。

ホロムイソウ 幌向草 〈*Scheuchzeria palustris* L.〉ホロムイソウ科の多年草。別名エゾゼキショウ、ホリソウ。高さは10〜30cm。高山植物。

ホロムイリンドウ 〈*Gentiana triflora* var. *horomuiensis*〉リンドウ科。

ホワイト・ウィズ・レッドアイ サクラソウ科のシクラメンの品種。園芸植物。

ホワイトオーク 〈*Quercus alba*〉ブナ科の木本。樹高35m。樹皮は淡灰色。園芸植物。

ホワイト・ギガンテア スイレン科のスイレンの品種。園芸植物。

ホワイトクラウド バラ科。花は白色。

ホワイト・クリスマス 〈White Christmas〉バラ科。ハイブリッド・ティーローズ系。花は白色。

ホワイト・グルーテンドルスト 〈White Grootendorst〉バラ科。ハイブリッド・ルゴサ・ローズ系。

ホワイトサポテ ミカン科。

ホワイト・ジャイアント ヒガンバナ科のアマリリスの品種。園芸植物。

ホワイト・シュペーリア アヤメ科のダッチ・アイリスの品種。園芸植物。

ホワイト・スター キク科のマーガレットの品種。園芸植物。

ホワイト・スター キク科のマトリカリアの品種。園芸植物。

ホワイト・スプレンダー キンポウゲ科のアネモネの品種。園芸植物。

ホワイト・ゼノア クワ科のイチジク(無花果)の品種。果皮は淡褐色。

ホワイト・バタフライ サトイモ科のシンゴニウムの品種。園芸植物。

ホワイトビーム 〈Sorbus aria〉バラ科の木本。樹高15m。樹皮は灰色。園芸植物。

ホワイトファー コロラドモミの別名。

ホワイト・プラム バラ科のスモモ(李)の品種。果皮は黄色。

ホワイト・プロバンス 〈White Provence〉バラ科。ケンティフォリア・ローズ系。花は白色。

ホワイトマグワート キク科のアルテミシアの品種。ハーブ。

ホワイト・マスターピース 〈White Masterpiece〉バラ科。ハイブリッド・ティーローズ系。花は白色。

ホワイトマリポサ カロコロルツス・ウェヌスツスの別名。

ホワイト・ラッフルズ キク科のヒャクニチソウの品種。園芸植物。

ホワイト・レディ キキョウ科のロベリアの品種。園芸植物。

ホワイト・ローズマリー マンネンロウの別名。

ホワリー・バード ノウゼンハレン科のナスタチウムの品種。園芸植物。

ホンアマリリス 〈Amaryllis belladonna L.〉ヒガンバナ科の球根植物。別名ベラドンナリリー、ケープベラドンナ。高さは50～70cm。花は淡紅色。園芸植物。切り花に用いられる。

ホンアンズ 〈Prunus armeniaca〉バラ科の木本。樹高10m。樹皮は赤褐色。園芸植物。

ホンオニク 〈Cistanche salsa (C. A. Mey.) G. Beck.〉ハマウツボ科の薬用植物。

ポンカン 椪柑 〈Citrus reticulata Blanco〉ミカン科の木本。別名貝林蜜柑、新埔蜜柑。果柄部に小突起がある。薬用植物。園芸植物。

ホンカンゾウ 本萱草 〈Hemerocallis fulva (L.) L.〉ユリ科の多年草。別名カンゾウ、シナカンゾウ、フルバ。花を乾かして食用とする。熱帯植物。薬用植物。園芸植物。

ホンギキョウ カンパニュラ・ガルガニカの別名。

ポンキルス・トリフォリアタ カラタチの別名。

ホンキンセンカ キンセンカの別名。

ホングウシダ 〈Lindsaea odorata Roxb.〉ワラビ科(イノモトソウ科、ホングウシダ科)の常緑性シダ。別名ニセホングウシダ。葉は長さ10～40cm、幅1.5～2.5cm。狭長楕円形から披針形。園芸植物。

ホンケンヤ 〈Honckenya ficifolia Willd.〉シナノキ科の観賞用低木。葉は銅色。花は淡紫色。熱帯植物。

ホンケンヤ・ペプロイデス 〈Honkenya peploides Errh.〉ナデシコ科の多年草。

ホンゴウソウ 本呉茱萸 〈Andruis japonica (Makino) Giesen〉ホンゴウソウ科の多年生腐生植物。高さは3～8cm。

ホンコクタン 〈Diospyros mollis Wall.〉カキノキ科の小木。葉は軟く、中肋有毛。熱帯植物。

ホンコンカポック ウコギ科。園芸植物。

ホンコンシュスラン 〈Ludisia discolor (Ker-Gawl.) A. Rich.〉ラン科。高さは30cm。花は白色。園芸植物。

ホンコンツバキ 香港椿 〈Camellia hongkongensis Seem.〉ツバキ科の木本。花は紅色。園芸植物。

ホンコンホウオウゴケ 〈Fissidens oblongifolius Hook. f. & Wilson〉ホウオウゴケ科のコケ。小形、葉は披針形。

ボンジゴケ 〈Phaeographis asteriformis (Zahlbr.) Nak.〉モジゴケ科の地衣類。子器は黒色または暗褐色。

ホンシノブゴケ 〈Bryonoguchia molkenboeri (Sande Lac.) Z. Iwats. & Inoue〉シノブゴケ科のコケ。大形で茎は密に規則正しく2回羽状に分枝。

ホンシメジ シメジの別名。

ホンシャクナゲ 本石楠花 〈Rhododendron japonoheptamerum Kitam. var. hondoense (Nakai) Kitam.〉ツツジ科の常緑低木。

ホンシャクナゲ シャクナゲの別名。

ホンショウロ 〈Rhizopogon luteolus Fr. et Nordh.〉ショウロ科のキノコ。

ホンダゴケ 〈Hondaella caperata (Mitt.) Ando, B. C. Tan & Z. Iwats.〉ハイゴケ科のコケ。茎は這い、長さ約2cm、茎葉は披針形。

ホンダワラ 馬尾藻 〈Sargassum fulvellum (Turner) Agardh〉ホンダワラ科の海藻。別名ジンバソウ、ナノリソ、ホダワラ。根は仮根状。体は2m。薬用植物。

ポンツクショウガ 〈Zingiber cassumunar Roxb.〉ショウガ科の草本。高さ60cm。熱帯植物。

ポンテデリア ミズアオイの別名。

ポンテデリア・コルダータ 〈Pontederia cordata L. forma cordata〉ミズアオイ科の多年草。

ポンデローサマツ 〈Pinus ponderosa〉マツ科の木本。樹高50m。樹皮は黄褐色か帯赤色。園芸植物。

ボンテンカ 梵天花 〈Urena lobata L. var. sinuata L.〉アオイ科の落葉小低木。園芸植物。

ボントクタデ 〈Persicaria pubescens (Blume) Hara〉タデ科の一年草。辛くない。高さは40～100cm。熱帯植物。

ホンドサルオガセ 〈Usnea pangiana Stirt. subsp. hondoensis (Asah.) Asah.〉サルオガセ科の地衣類。地衣体は盛んに分枝。

ホンドハナゴケ 〈Cladonia hondoensis Asah.〉ハナゴケ科の地衣類。バルバチン酸を含む。

ホンドハナゴケモドキ 〈*Cladonia pseudohondoensis* Asah.〉ハナゴケ科の地衣類。子柄は帯灰褐。

ホンドミヤマネズ 本土深山杜松 〈*Juniperus sibirica* Burgsd. var. *hondoensis* Satake〉ヒノキ科の常緑低木。高山植物。

ボンバクス・ケイバ キワタの別名。

ボンバックス・コスターツム 〈*Bombax costatum* Pellegrin et Vuillet〉パンヤ科の高木。

ボン・ファイアー シソ科のサルビアの品種。園芸植物。

ホンフサフラスモコ 〈*Nitella pseudoflabellata* Braun var. *pseudoflabellata* Imah.〉シャジクモ科。

ポンポネット・ローズ キク科のデージーの品種。園芸植物。

ポンポンド・パリ 〈Pompon de Paris〉バラ科。チャイナ・ローズ系。

ホンモンジゴケ 〈*Scopelophila cataractae* (Mitt.) Broth.〉センボンゴケ科のコケ。体は長さ5～15mm、葉は舌状～倒披針形。

ホンモンジスゲ 〈*Carex pisiformis* Boott〉カヤツリグサ科の多年草。高さは30～40cm。

【マ】

マアザミ キセルアザミの別名。

マアザミ サワアザミの別名。

マアミ ラン科のオドントキディウム・タイガーバターの品種。園芸植物。

マイアンテムム・ディラタツム マイヅルソウの別名。

マイアンテムム・ビフォリウム ヒメマイヅルソウの別名。

マイオウギ 舞扇 アヤメ科のハナショウブの品種。園芸植物。

マイオウギ 舞扇 シュウカイドウ科のベゴニアの品種。園芸植物。

マイカイ 玫瑰 〈*Rosa* × *maikai*〉バラ科の落葉低木。シュラブ・ローズ系。薬用植物。

マイクジャク 舞孔雀 〈*Acer japonicum* Thunb. ex Murray f. *heyhachii* Makino〉カエデ科の木本。

マイクジャク 舞孔雀 アヤメ科のカキツバタの品種。園芸植物。

マイサギソウ 〈*Platanthera mandarinorum* var. *neglecta*〉ラン科。

マイヅルソウ 舞鶴草 〈*Majanthemum dilatatum* (Wood) Nels. et Macbr.〉ユリ科の多年草。高さは8～15cm。高山植物。園芸植物。

マイヅルテンナンショウ 舞鶴天南星 〈*Arisaema heterophyllum* Blume〉サトイモ科の多年草。高さ60～120cm。日本絶滅危機植物。

マイタケ 舞茸 〈*Grifola frondosa* (Dicks. : Fr.) S. F. Gary〉サルノコシカケ科のキノコ。別名クロブサ、クロフ、メタケ。大型。傘は扇形、黒色→淡褐色。薬用植物。園芸植物。

マイテン 〈*Maytenus boaria*〉ニシキギ科の木本。樹高20m。樹皮は灰色。

マイナーフェアー 〈Mainaufeuer〉バラ科。花は鮮赤色。

マイハギ 舞萩 〈*Codariocalyx motorius* (Houtt.) Ohashi〉マメ科の落葉小低木。別名ユレハギ、マイクサ。花は桃紫色。熱帯植物。園芸植物。

マイヒレン 舞妃蓮 スイレン科のハスの品種。園芸植物。

マイフエニア・ペーピッヒー 〈*Maihuenia poeppigii* (Otto ex Pfeiff.) A. Web. ex K. Schum.〉サボテン科のサボテン。別名笛吹。高さは1m。花は黄色。園芸植物。

マイマイカク まいまい角 スタペリア・クウェベンシスの別名。

マイ・ラブリー バラ科。ハイブリッド・ティーローズ系。

マイロ イネ科。

マウイビャクダン 〈*Santalum haleakalae* Hillebr.〉ビャクダン科の半寄生植物。熱帯植物。

マウナ・ロア サトイモ科のスパティフィルムの品種。園芸植物。

マウリティア・セティゲラ 〈*Mauritia setigera* Griseb. et H. Wendl.〉ヤシ科。別名シマテングヤシ。高さは30m。園芸植物。

マウリティア・フレクスオサ 〈*Mauritia flexuosa* L. f.〉ヤシ科。別名オオミテングヤシ。高さは30m。園芸植物。

マウント・シャスタ 〈Mount Shasta〉バラ科。ハイブリッド・ティーローズ系。花はクリーム色。

マウント・フッド ヒガンバナ科のスイセンの品種。園芸植物。

マエカワジロウ 前川次郎 カキノキ科のカキの品種。果皮は橙黄色。

マエサ・テネラ シマイズセンリョウの別名。

マエサ・ヤポニカ イズセンリョウの別名。

マエバラアミバゴケ 〈*Anastrophyllum bidens* (Nees) Steph.〉ツボミゴケ科のコケ。葉は2/3まで不等に2裂。

マエバラナガダイゴケ 〈*Trematodon mayebarae* Takaki〉シッポゴケ科のコケ。小形、葉長3mm以下、卵形。

マエバラハネゴケ 〈*Plagiochilion mayeharae* S. Hatt.〉ハネゴケ科のコケ。黄緑色～緑褐色、茎は長さ2～5cm。

マエバラヤバネゴケ 〈*Lophozia mayebarae* (S. Hatt.) N. Kitag.〉ツボミゴケ科のコケ。淡褐色、茎は長さ約5mm。

マオウ 支那麻黄 〈*Ephedra sinica* Stapf〉マオウ科の半低木状の裸子植物。別名シナマオウ。高さは50cm。薬用植物。園芸植物。

マオウ マオウ科の属総称。

マオウカニノテ 〈*Amphiroa ephedraea* (Lamarck) Decaisne〉サンゴモ科の海藻。複叉状分岐。

マオモドキ 〈*Coelodiscus montanus* Muell. Arg.〉トウダイグサ科の低木。短毛。熱帯植物。

マオラン ニューサイランの別名。

マカエロケレウス・エルカ 〈*Machaerocereus eruca* (T. S. Brandeg.) Britt. et Rose〉サボテン科のサボテン。別名入鹿。花は白色。園芸植物。

マガオニザミア マクロザミア・セクンダの別名。

マオハクサイ 〈*Brassica parachinensis* Bail.〉アブラナ科の野菜。葉柄やや広く長く扁平、葉面円形。熱帯植物。

マガタマ 曲玉 〈*Lithops pseudotruncatella* (A. Berger) N. E. Br.〉ツルナ科の倒卵すい形の典型的な独楽形のリトープス。体色はかっ灰色、頂面は平らで青みを帯びた褐色の点と線の唐草模様。花は黄色。園芸植物。

マガタマモ 〈*Boergesenia forbesii* Feldmann〉マガタマモ科の海藻。曲玉状に屈曲。体は2.5cm。

マカダミア 〈*Macadamia ternifolia* F. Muell.〉ヤマモガシ科。別名マカダミア・インテグリフォリア、クイーンズランドナットノキ。高さは10m。花は黄白色。園芸植物。

マカラスムギ エンバクの別名。

マガリカニノテ 〈*Marginisporum declinatum* (Yendo) Ganesan〉サンゴモ科の海藻。小柄で傾臥。

マガリシタバケビラゴケ 〈*Radula retroflexa* Tayl.〉ケビラゴケ科のコケ。茎は長さ1.5～2cm。

マガリバナ 歪り花 〈*Iberis amara* L.〉アブラナ科。別名クッキョクカ、イベリス。高さは20～30cm。花は白色。園芸植物。切り花に用いられる。

マガリミイヌガラシ 〈*Rorippa curvisiliqua* (Hook.) Bessey ex Britt.〉アブラナ科。

マーガレット 〈*Chrysanthemum frutescens* L.〉キク科の宿根草。別名キダチカミツレ、モクシュンギク(木春菊)。園芸植物。切り花に用いられる。

マーガレット・カーネーション ナデシコ科。園芸植物。

マーガレット・メリル 〈Margaret Merril〉バラ科。フロリバンダ・ローズ系。花は白色。

マカレナ バラ科のバラの品種。切り花に用いられる。

マカロニコムギ 〈*Triticum durum* Desf.〉イネ科。

マカンバ 〈*Betula ermanii* Cham. var. *subcordata* (Regel) Koidz.〉カバノキ科。別名アカカンバ。

マキ イヌマキの別名。

マーキア・アムーレンシス 〈*Maackia amurensis* Rupr. et Maxim.〉マメ科の落葉高木。別名カライヌエンジュ。高さは9～14m。園芸植物。

マキイトグサ 〈*Enelittosiphonia hakodatensis* (Yendo) Segi〉フジマツモ科の海藻。細糸状。

マキエハギ 蒔絵萩 〈*Lespedeza virgata* (Thunb. ex Murray) DC.〉マメ科の落葉小低木。高さは40～60cm。花は白色。園芸植物。

マキ科 科名。

マキギヌ 巻絹 ベンケイソウ科。別名クモノスバンダイソウ。園芸植物。

マキシミリアンヤシ ヤシ科の属総称。

マキシム 〈Maxim〉バラ科。花はクリーム色。

マキノゴケ 〈*Makinoa crispata* Miyake〉マキノゴケ科のコケ。不透明な暗緑色、長さ5～8cm。

マキノシダ 牧野羊歯 〈*Asplenium loriceum* Christ ex C. Chr.〉チャセンシダ科の常緑性シダ。葉身は長さ40cm。単羽状複生。

マキノスミレ 〈*Viola violacea* Makino var. *makinoi* H. Boiss.〉スミレ科。

マキエイランタイ 〈*Cetraria ericetorum* Opiz.〉ウメノキゴケ科の地衣類。葉体は内巻。

マキハキヌゴケ 〈*Pylaisiella subcircinata* (Card.) Z. Iwats. & Nog.〉ハイゴケ科のコケ。茎葉の翼細胞は少数。

マキバクロカワズスゲ 〈*Carex pansa* Bailey〉カヤツリグサ科。根茎は長く横にはう。

マキバハナゴケ 〈*Cladonia polycarpoides* Nyl.〉ハナゴケ科の地衣類。地衣体背面は灰緑から灰褐色。

マキバハナゴケモドキ 〈*Cladonia clavulifera* Vain.〉ハナゴケ科の地衣類。鱗葉は長さ2～3mm。

マキハハリゴケ 〈*Claopodium assugens* (Sull. & Lesq.) Card.〉シノブゴケ科のコケ。茎は這い、長さ3～7cm、多くの枝が斜上。

マキバブラシノキ 〈*Callistemon rigidus* R. Br.〉フトモモ科の常緑性低木または小高木。花は濃赤色。園芸植物。

マキハヘチマゴケ 〈*Pohlia revolvens* (Card.) Nog.〉ハリガネゴケ科のコケ。下方の葉は線状披針形、上方の葉は線形。

マキユカリ 〈*Plocamium recurvatum* Okamura〉ユカリ科の海藻。うすい膜質。体は3cm。

マキルス・ツンベルギー タブノキの別名。

マキルス・ヤポニカ ホソバタブの別名。

マクキヌガサタケ 〈*Dictyophora duplicata* Fisch.〉スッポンタケ科のキノコ。

マクサ テングサの別名。

マクシミリアナ・カリバエア 〈*Maximiliana caribaea* Griseb. et H. Wendl.〉ヤシ科。高さは18～25m。園芸植物。

マクシラリア ラン科の属総称。
マクシラリア・アラクニテス 〈*Maxillaria arachnites* Rchb. f.〉ラン科。高さは20cm。花は淡黄色。園芸植物。
マクシラリア・ウァリアビリス 〈*Maxillaria variabilis* Batem. ex Lindl.〉ラン科。高さは3cm。花は黄緑、橙、暗赤色。園芸植物。
マクシラリア・カマリディー 〈*Maxillaria camaridii* Rchb. f.〉ラン科。高さは4～5cm。花は白色。園芸植物。
マクシラリア・ククラタ 〈*Maxillaria cucullata* Lindl.〉ラン科。高さは10～15cm。花は黄～赤褐色。園芸植物。
マクシラリア・クラッシフォリア 〈*Maxillaria crassifolia* (Lindl.) Rchb. f.〉ラン科。花は黄～橙色。園芸植物。
マクシラリア・グランディフロラ 〈*Maxillaria grandiflora* (H. B. K.) Lindl.〉ラン科。高さは12cm。花は白色。園芸植物。
マクシラリア・クルティペス 〈*Maxillaria curtipes* Hook.〉ラン科。高さは3cm。花は赤褐色。園芸植物。
マクシラリア・コンサングイネア 〈*Maxillaria consanguinea* Klotzsch〉ラン科。高さは10～15cm。花は黄褐色。園芸植物。
マクシラリア・サンデリアナ 〈*Maxillaria sanderiana* Rchb. f.〉ラン科。花は白色。園芸植物。
マクシラリア・テヌイフォリア 〈*Maxillaria tenuifolia* Lindl.〉ラン科。高さは5cm。花は黄色。園芸植物。
マクシラリア・デンサ 〈*Maxillaria densa* Lindl.〉ラン科。花は淡緑～黄白色。園芸植物。
マクシラリア・バレンスエラナ 〈*Maxillaria valenzuelana* (A. Rich.) Nash〉ラン科。花は淡緑～黄緑色。園芸植物。
マクシラリア・ピクタ 〈*Maxillaria picta* Hook.〉ラン科。高さは12cm。花は黄色。園芸植物。
マクシラリア・ポルフィロステレ 〈*Maxillaria porphyrostele* Rchb. f.〉ラン科。高さは8cm。花は黄緑色。園芸植物。
マクシラリア・メレアグリス 〈*Maxillaria meleagris* Lindl.〉ラン科。高さは4～7cm。花は黄褐色。園芸植物。
マクシラリア・ユールゲンシー 〈*Maxillaria juergensii* Schlechter〉ラン科。高さは1cm。花は白色。園芸植物。
マクシラリア・リンゲンス 〈*Maxillaria ringens* Rchb. f.〉ラン科。高さは18cm。花は黄緑～淡黄色。園芸植物。
マクシラリア・ルテオアルバ 〈*Maxillaria luteoalba* Lindl.〉ラン科。高さは15cm。花は黄色。園芸植物。

マクシラリア・ルフェスケンス 〈*Maxillaria rufescens* Lindl.〉ラン科。花は黄～橙色。園芸植物。
マグソヒトヨタケ 〈*Coprinus sterquilinus* (Fr.) Fr.〉ヒトヨタケ科のキノコ。小型。傘は白色→灰色～黒色、白色の繊維状鱗片をもつ。時間とともに液化。ひだは白色→黒色。
マクナブイトスギ クプレッスス・マクナビアナの別名。
マグノリア・アクミナタ キモクレンの別名。
マグノリア・ヴァージニアナ ヒメタイサンボクの別名。
マグノリア・ヴィースネリ ウケザキオオヤマレンゲの別名。
マグノリア・ウィルソニィー 〈*Magnolia wilsonii* Rehd.〉モクレン科の落葉小高木～低木。
マグノリア・クインクエペタ モクレンの別名。
マグノリア・グランディフロラ タイサンボクの別名。
マグノリア・サリキフォリア タムシバの別名。
マグノリア・サルゲンチアナ 〈*Magnolia sargentiana* Rehd. et Wils.〉モクレン科の薬用植物。
マグノリア・シーボルディー オオヤマレンゲの別名。
マグノリア・スプレンゲリ 〈*Magnolia sprengeri* Pamp.〉モクレン科の薬用植物。
マグノリア・スーランジアナ 〈*Magnolia × soulangiana* Soul.-Bod.〉モクレン科。花は紫紅色。園芸植物。
マグノリア・トムソニアナ 〈*Magnolia × thompsoniana* (Loud.) Vos〉モクレン科。花は黄白色。園芸植物。
マグノリア・トメントサ シデコブシの別名。
マグノリア・ヒポレウカ ホオノキの別名。
マグノリア・ビロバ 〈*Magnolia biloba* (Rehd. et Wils.) Cheng.〉モクレン科の薬用植物。
マグノリア・プミラ トキワレンゲの別名。
マグノリア・プラエコキッシマ コブシの別名。
マグノリア・ヘプタペタ ハクモクレンの別名。
マクファディエナ・ウングイス-カティ 〈*Macfadyena unguis-cati* (L.) A. Gentry〉ノウゼンカズラ科のつる性木本。別名ネコノツメ、トラノツメ。小葉は披針状楕円形または長楕円状卵形。園芸植物。
マクファディエナ・デンタタ 〈*Macfadyena dentata* K. Schum.〉ノウゼンカズラ科のつる性木本。葉は長さ3～4cm。園芸植物。
マグマ バラ科。フロリバンダ・ローズ系。
マクラデニア・ムルティフロラ 〈*Macradenia multiflora* (Kränzl.) Cogn.〉ラン科。高さは10～20cm。花は紫褐色。園芸植物。

マクラデニア・ルテスケンス 〈Macradenia lutescens R. Br.〉ラン科。高さは10～15cm。花は黄緑色。園芸植物。

マクリ 海仁草 〈Digenea simplex (Wulfen) C. Agardh〉フジマツモ科の海藻。別名カイニンソウ。円柱状。体は5～25cm。薬用植物。

マクレイア・コルダタ タケニグサの別名。

マクレラナラ・ペイガン・ラヴソング 〈× Maclellanara Pagan Lovesong〉ラン科。花は鮮黄色。園芸植物。

マクロザミア・コンムニス 〈Macrozamia communis L. A. S. Johnson〉ソテツ科。別名ヤブオニザミア。高さは1.8m。園芸植物。

マクロザミア・ステノメラ 〈Macrozamia stenomera L. A. S. Johnson〉ソテツ科。別名マツバオニザミア。高さは8～15cm。園芸植物。

マクロザミア・スピラリス 〈Macrozamia spiralis (Salisb.) Miq.〉ソテツ科。別名ネジレオニザミア。羽片は長さ10～20cm。園芸植物。

マクロザミア・セクンダ 〈Macrozamia secunda C. Moore〉ソテツ科。別名マガオニザミア。羽片は長さ5～6cm。園芸植物。

マクロザミア・ディプロメラ 〈Macrozamia diplomera (F. J. Muell.) L. A. S. Johnson〉ソテツ科。別名フタバオニザミア。園芸植物。

マクロザミア・フォーセッティー 〈Macrozamia fawcettii C. Moore〉ソテツ科。球果は卵状。園芸植物。

マクロザミア・ヘテロメラ 〈Macrozamia heteromera C. Moore〉ソテツ科。別名マタバオニザミア。羽片は長さ10～20cm。園芸植物。

マクロザミア・ポーリ-ギリエルミ 〈Macrozamia pauli-guilielmi W. Hill et F. J. Muell.〉ソテツ科。羽片は長さ10～30cm。園芸植物。

マクロザミア・ミクエリー 〈Macrozamia miquelii (F. J. Muell.) A. DC.〉ソテツ科。別名ホソバオニザミア。羽片は長さ15～30cm。園芸植物。

マクロザミア・ムーレイ 〈Macrozamia moorei F. J. Muell.〉ソテツ科。球果は内側が鮭肉色。園芸植物。

マクロザミア・リードレイ 〈Macrozamia riedlei (Fisch. ex Gaud.-Beaup.) C. Gardn.〉ソテツ科。高さは4.5m。園芸植物。

マクロザミア・ルキダ 〈Macrozamia lucida L. A. S. Johnson〉ソテツ科。羽片は長さ15～35cm。園芸植物。

マグワ 真桑 〈Morus alba L.〉クワ科の落葉高木。別名トウグワ、カラグワ、カラヤマクワ。高さは8～15m。樹皮は橙褐色。熱帯植物。薬用植物。園芸植物。

マクワウリ 真桑瓜 〈Cucumis melo L. var. makuwa Makino〉ウリ科の薬用植物。園芸植物。

マグワート キク科のアルテミシアの品種。ハーブ。

マゲイ リュウゼツラン科の属総称。

マケドニアマツ 〈Pinus peuce〉マツ科の木本。樹高30m。樹皮は紫褐色。園芸植物。

マケンマル 魔剣丸 エキノプシス・レウカンタの別名。

マゴジャクシ 万年茸 〈Ganoderma lucidum (Fries) Karst.〉マンネンタケ科のキノコ。小型～中型。傘は帯紫褐色～黒褐色、ニス状光沢。薬用植物。園芸植物。

マコデス・ペトラ ナンバンカモメランの別名。

マコトハス 誠蓮 スイレン科のハスの品種。園芸植物。

マコモ 真菰, 真薦 〈Zizania latifolia Turcz.〉イネ科の大型草本。別名シナタケ、チマキ草。全高1～3m、葉身は線形で長さ40～90cm。熱帯植物。薬用植物。園芸植物。

マコンブ 真昆布 〈Laminaria japonica Areschoug〉コンブ科の海藻。別名エビスメ、シノリコンブ、ウミマヤコンブ。葉片は笹葉状。体は長さ2～6m。

マサキ 柾, 正木 〈Euonymus japonicus Thunb.〉ニシキギ科の常緑低木。別名オオバマサキ、ナガバマサキ。高さは2～3m。花は帯緑白色。薬用植物。園芸植物。

マサキカナワラビ 〈Arachniodes × yamaguchiensis Nakaike, nom. nud.〉オシダ科のシダ植物。

マサゴシバリ 〈Rhodymenia intricata (Okamura) Okamura〉ダルス科の海藻。単条又は叉状に分岐。体は2～3cm。

マザーファーン チャセンシダ科。園芸植物。

マサユキ 正雪 〈Masayuki (Shirogane)〉バラ科。別名白銀。ハイブリッド・ティーローズ系。

マジェスティック・ジャイアント スミレ科のガーデン・パンジーの品種。園芸植物。

マシカクイ 〈Eleocharis tetraquetra Nees var. tetraquetra〉カヤツリグサ科。

マシケゲンゲ 増毛紫雲英 〈Oxytropis shokanbetsuensis Miyabe et Tatewaki〉マメ科。高山植物。

マジック・キャローセル バラ科のバラの品種。園芸植物。

マジック・シルバー バラ科。フロリバンダ・ローズ系。花は淡いオレンジとピンク。

マジック・レッド サトイモ科のアンスリウムの品種。切り花に用いられる。

マーシャル・マクマホン フウロソウ科のゼラニウムの品種。園芸植物。

マシュウヨモギ 〈Artemisia koidzumii var. tsuneoi〉キク科。

マシュマロウ ビロードアオイの別名。

マジュール　バラ科のバラの品種。園芸植物。
マジョラム　オレガノの別名。
マジョレット　アオイ科のタチアオイの品種。園芸植物。
マジンマル　魔神丸　パロディア・マーシーの別名。
マスイドーフィン　桝井ドーフィン　クワ科のイチジク(無花果)の品種。別名ドーフィン。果皮は紫褐色。
マスカット・オブ・アレキサンドリア　ブドウ科のブドウ(葡萄)の品種。別名ジッビブ、アレキサンドリア、アレキ。果皮は黄青色。
マスカット・ベリー　マスカット・ベリーAの別名。
マスカット・ベリーA　ブドウ科のブドウ(葡萄)の品種。別名ベリーA、マスカット ベリー。果皮は紫黒色。
マスカレナ・フェルシャフェルティー　トックリヤシモドキの別名。
マスカレナ・ラゲニカウリス　トックリヤシの別名。
マスカレンゴムノキ　〈Mascarenhasia elastica Schum.〉キョウチクトウ科の小木。花は白色。熱帯植物。
マスカレンハシア・クルノウィアーナ　〈Mascarenhasia curnowiana Hort.〉キョウチクトウ科の低木。
マスクスゲ　〈Carex gibba Wahl.〉カヤツリグサ科の多年草。別名マスクサ。高さは30〜70cm。
マスクメロン　アミメロンの別名。
マスケラード　〈Masquerade〉バラ科。フロリバンダ・ローズ系。花は黄、サーモンピンク、赤色。
マスコット77　〈Mascotte'77〉バラ科。ハイブリッド・ティーローズ系。花は黄色。
マスコット・ホワイト　サクラソウ科のシクラメンの品種。園芸植物。
マズス・ランディカンス　〈Mazus radicans (Hook. f.) Cheesem.〉ゴマノハグサ科の草本。高さは10cm。花は白色。園芸植物。
マスタケ　〈Laetiporus sulphureus (Fr.) Murrill〉サルノコシカケ科のキノコ。大型。傘はピンク色〜帯黄紅色。
マスタード ゴールド　バラ科。花は濃黄色。
マスチックノキ　〈Pistacia lentiscus L.〉ウルシ科の薬用植物。園芸植物。
マスデバリア　ラン科の属総称。
マスデバリア・アウロプルプレア　〈Masdevallia auropurpurea Rchb. f. ex Warsz.〉ラン科。高さは15〜20cm。花は濃暗紫赤色。園芸植物。
マスデバリア・アングラタ　〈Masdevallia angulata Rchb. f.〉ラン科。花は淡黄に暗紫褐色の条と斑点。園芸植物。

マスデバリア・アングリフェラ　〈Masdevallia angulifera Rchb. f. ex Kränzl.〉ラン科。高さは10〜12cm。花は乳白色。園芸植物。
マスデバリア・イグネア　〈Masdevallia ignea Rchb. f.〉ラン科。高さは30cm。花は朱赤色。園芸植物。
マスデバリア・インフラクタ　〈Masdevallia infracta Lindl.〉ラン科。花は暗紫のくすむ乳白色。園芸植物。
マスデバリア・ヴァグネリアナ　〈Masdevallia wageneriana Lindl.〉ラン科。高さは6〜8cm。花は淡汚黄色。園芸植物。
マスデバリア・ウァーダッキー　〈Masdevallia wurdackii C. Schweinf.〉ラン科。高さは10〜15cm。花は淡黄緑色。園芸植物。
マスデバリア・ヴィーチアナ　〈Masdevallia veitchiana Rchb. f.〉ラン科。高さは30〜60cm。花は朱赤か赤と橙赤色の染分け。園芸植物。
マスデバリア・ウェレクンダ　〈Masdevallia verecunda C. A. Luer〉ラン科。高さは6cm。花は淡黄色。園芸植物。
マスデバリア・ウェントリクラリア　〈Masdevallia ventricularia Rchb. f.〉ラン科。高さは5〜8cm。花は暗紫赤色。園芸植物。
マスデバリア・ウニフロラ　〈Masdevallia uniflora Ruiz et Pav.〉ラン科。高さは15〜30cm。花は鮮紫色。園芸植物。
マスデバリア・エストラダエ　〈Masdevallia estradae Rchb. f.〉ラン科。高さは8cm。花は側萼片は濃紫色。園芸植物。
マスデバリア・エリナケア　〈Masdevallia erinacea Rchb. f.〉ラン科。高さは6〜8cm。花は両側萼片は暗紫褐色。園芸植物。
マスデバリア・オウア-アウィス　〈Masdevallia ova-avis C. A. Luer〉ラン科。花は汚白色。園芸植物。
マスデバリア・オフィオグロッサ　〈Masdevallia ophioglossa Rchb. f.〉ラン科。高さは4〜5cm。園芸植物。
マスデバリア・カウダタ　〈Masdevallia caudata Lindl.〉ラン科。花は白と紫赤斑の染分け。園芸植物。
マスデバリア・カエシア　〈Masdevallia caesia Roezl〉ラン科。高さは10cm。花は黄色。園芸植物。
マスデバリア・カロプテラ　〈Masdevallia caloptera Rchb. f.〉ラン科。高さは15cm。花は白色。園芸植物。
マスデバリア・キウィリス　〈Masdevallia civilis Rchb. f. et Warsz.〉ラン科。高さは5〜6cm。花は淡緑色。園芸植物。

マステハリ

マスデバリア・クサンティナ 〈*Masdevallia xanthina* Rchb. f.〉ラン科。高さは5cm。花は淡橙黄色。園芸植物。

マスデバリア・コッキネア 〈*Masdevallia coccinea* Linden ex Lindl.〉ラン科。高さは20〜30cm。花は朱赤のほか紫赤、黄、白色。園芸植物。

マスデバリア・コルニクラタ 〈*Masdevallia corniculata* Rchb. f.〉ラン科。高さは6〜8cm。園芸植物。

マスデバリア・シュレーデリアナ 〈*Masdevallia schroederiana* Veitch〉ラン科。花は暗紫赤色。園芸植物。

マスデバリア・ステノリンコス 〈*Masdevallia stenorhynchos* Kränzl.〉ラン科。高さは10cm。花は緑黄色。園芸植物。

マスデバリア・ストロベリー 〈*Masdevallia strobelii* H. R. Sweet et Garay〉ラン科。高さは3〜4cm。花は硫黄〜橙黄色。園芸植物。

マスデバリア・デイヴィシー 〈*Masdevallia davisii* Rchb. f.〉ラン科。高さは20cm。花は鮮黄〜橙黄色。園芸植物。

マスデバリア・デフォルミス 〈*Masdevallia deformis* Kränzl.〉ラン科。高さは3cm。花は輝赤色。園芸植物。

マスデバリア・トバレンシス 〈*Masdevallia tovarensis* Rchb. f.〉ラン科。高さは10〜15cm。花は純白色。園芸植物。

マスデバリア・トリアングラリス 〈*Masdevallia triangularis* Lindl.〉ラン科。高さは10〜15cm。花は黄色。園芸植物。

マスデバリア・ニディフィカ 〈*Masdevallia nidifica* Rchb. f.〉ラン科。高さは3〜10cm。園芸植物。

マスデバリア・パンドゥリラビア 〈*Masdevallia pandurilabia* C. Schweinf.〉ラン科。高さは15〜18cm。花は黄色。園芸植物。

マスデバリア・ピクツラタ 〈*Masdevallia picturata* Rchb. f.〉ラン科。花は尾状部は淡緑色。園芸植物。

マスデバリア・ビコロル 〈*Masdevallia bicolor* Poepp. et Endl.〉ラン科。花は白色。園芸植物。

マスデバリア・ファルカゴ 〈*Masdevallia falcago* Rchb. f.〉ラン科。高さは8cm。花は黄〜橙黄色。園芸植物。

マスデバリア・ブラキウラ 〈*Masdevallia brachyura* F. C. Lehm. et Kränzl.〉ラン科。高さは6cm。花は淡黄色。園芸植物。

マスデバリア・プリンス・チャーミング 〈*Masdevallia* Prince Charming〉ラン科。花は暗赤色。園芸植物。

マスデバリア・プロディギオサ 〈*Masdevallia prodigiosa* W. Königer〉ラン科。高さは3〜5cm。花は淡黄に橙黄を重ねる。園芸植物。

マスデバリア・フロリブンダ 〈*Masdevallia floribunda* Lindl.〉ラン科。高さは10cm。花は淡褐色。園芸植物。

マスデバリア・ヘラドゥラエ 〈*Masdevallia herradurae* F. C. Lehm. et Kränzl.〉ラン科。高さは3〜5cm。花は暗赤褐色。園芸植物。

マスデバリア・ペリステリア 〈*Masdevallia Peristeria* Rchb. f.〉ラン科。高さは6cm。花は緑黄〜淡黄褐色。園芸植物。

マスデバリア・ポリスティクタ 〈*Masdevallia polysticta* Rchb. f.〉ラン科。高さは20〜25cm。花は乳白色。園芸植物。

マスデバリア・マクラタ 〈*Masdevallia maculata* Klotzsch et Karst.〉ラン科。高さは20〜25cm。花は尾状部は淡緑黄色。園芸植物。

マスデバリア・マクルラ 〈*Masdevallia macrura* Rchb. f.〉ラン科。高さは30cm。花は黄褐色に赤褐色を重ねる。園芸植物。

マスデバリア・メサエ 〈*Masdevallia mezae* C. A. Luer〉ラン科。花は乳白色。園芸植物。

マスデバリア・メヒアナ 〈*Masdevallia mejiana* Garay〉ラン科。花は尾状部は橙黄色。園芸植物。

マスデバリア・メンドーサエ 〈*Masdevallia mendozae* C. A. Luer〉ラン科。高さは6〜8cm。花は橙黄〜橙赤色。園芸植物。

マスデバリア・ライヘンバッヒアナ 〈*Masdevallia reichenbachiana* Endres ex Rchb. f.〉ラン科。高さは15cm。花は紫赤色。園芸植物。

マスデバリア・リクニフォラ 〈*Masdevallia lychniphora* W. Königer〉ラン科。高さは2cm。花は尾状部は橙黄色。園芸植物。

マスデバリア・リリプティアナ 〈*Masdevallia lilliputiana* Cogn.〉ラン科。高さは2〜3cm。花は汚白色。園芸植物。

マスデバリア・ロルフェアナ 〈*Masdevallia rolfeana* Kränzl.〉ラン科。高さは6〜8cm。花は暗紫赤色。園芸植物。

マスハイチョウゴケ 〈*Lophozia sudetica* (Nees ex Huebener) Grolle〉ツボミゴケ科のコケ。別名マスハイチョウウロコゴケ。褐色をおびる。茎は長さ1cm。

マスラマル 益荒丸 サボテン科のサボテン。別名マスアラマル。園芸植物。

マゾウマル 魔象丸 コリファンタ・マイツ-タブラセンシスの別名。

マダイオウ 真大黄 〈*Rumex madaio* Makino〉タデ科の草本。

マダガスカルシタキソウ マダガスカルジャスミンの別名。

マダガスカルジャスミン 〈*Stephanotis floribunda* A. Brongn.〉ガガイモ科の観賞用蔓草。別名ステファノティス、ステファノチス、ハナヨメバナ。

花は白色。熱帯植物。園芸植物。切り花に用いられる。

マダケ　真竹　〈*Phyllostachys bambusoides* Sieb. et Zucc.〉イネ科の常緑大型竹。別名ニガタケ、クレタケ。高さは10〜20m。薬用植物。園芸植物。

マタゴケ　〈*Cladonia furcata* (Huds.) Schaer.〉ハナゴケ科の地衣類。子柄はほぼ円筒形。

マタゴケモドキ　〈*Cladonia pseudorangiformis* Asah.〉ハナゴケ科の地衣類。子柄は高さ2〜3cm。

マタジャムノキ　〈*Erioglossum rubiginosum* BL.〉ムクロジ科の高木。果実は赤から果熟する。熱帯植物。

マタタビ　木天蓼　〈*Actinidia polygama* (Sieb. et Zucc.) Planch. ex Maxim.〉マタタビ科(サルナシ科)の落葉つる性低木。別名ナツメ。花は白色。薬用植物。園芸植物。

マタタビ科　科名。

マタバオニザミア　マクロザミア・ヘテロメラの別名。

マタボウ　〈*Polyopes polyideoides* Okamura〉ムカデノリ科の海藻。扁円。体は5〜15cm。

マダム・アントワヌ・マリ　〈Mme. Antoine Mari〉バラ科。ティー・ローズ系。花はピンク。

マダム・エミール・ムリエール　ユキノシタ科のアジサイの品種。園芸植物。

マダム・サンシー・エドワール　〈Mme. Sancy Edouerd〉バラ科。アルバ・ローズ系。

マダム・ジョルジュ・ブリュアン　〈Mme. George Bruant〉バラ科。ハイブリッド・ルゴサ・ローズ系。花は純白色。

マダム・バタフライ　〈Mme. Butterfly〉バラ科。ハイブリッド・ティーローズ系。花はソフトピンク。

マダム・ハーディー　〈Mme. Hardy〉バラ科。ダマスク・ローズ系。花は純白色。

マダム・バン・ホーテ　キンポウゲ科のクレマティスの品種。園芸植物。

マダム・ビオレ　〈Mme. Violet〉バラ科。ハイブリッド・ティーローズ系。花は藤色。

マダム・ビクトール・ベルシエ　〈Mme. Victor Verdier〉バラ科。ハイブリッド・パーペチュアルローズ系。花は緋紅色。

マダム・プルム・コワ　ユキノシタ科のセイヨウアジサイの品種。

マダム・マリー・キュリー　〈Mme. Marie Curie〉バラ科。ハイブリッド・ティーローズ系。花は鮮やかな黄色。

マダム・ルイズ・レベク　〈Mme. Louise Lévêque〉バラ科。モス・ローズ系。花はサーモンピンク。

マダム・ルグラ・ド・サンジェルマン　〈Mme. Legras de St. Germain〉バラ科。アルバ・ローズ系。花はクリーム色。

マダム・レイアル　フウロソウ科のペラルゴニウムの品種。園芸植物。

マダムレフェーバー　レッド・エンペラーの別名。

マダム・ローリオール・ド・バルニー　〈Mme. Lauriol de Bany〉バラ科。ブルボン・ローズ系。花はピンク。

マダライワギリ　〈*Gloxinia maculata* L'Herit〉イワタバコ科の観賞用草本。茎に赤色斑。花は淡紫色。熱帯植物。

マダラハナゴケ　〈*Cladonia phyllophora* Hoffm.〉ハナゴケ科の地衣類。子柄は高さ2〜5cm。

マダラヤグラゴケ　〈*Cladonia lepidota* Nyl.〉ハナゴケ科の地衣類。子柄は高さ6〜10cm。

マーチ　バラ科。花は赤色。

マチーオラ・シヌアタ　〈*Matthiola sinuata* R. Br.〉アブラナ科の多年草。

マチク　〈*Dendrocalamus latiflorus* Munro〉イネ科の常緑中型竹。高さは20m。園芸植物。

マチヨイクジャク　待宵孔雀　エピフィルム・フッケリの別名。

マチルダ　〈Matilda〉バラ科。フロリバンダ・ローズ系。花はクリーム白色。

マチン　馬銭、番木鼈　〈*Strychnos nux-vomica* L.〉マチン科のやや蔓性の小高木。別名ストリキニーネノキ。枝端に短刺、果実は漿果。熱帯植物。薬用植物。

マチン科　科名。

マチン属　マチン科の属総称。熱帯植物。

マツ　マツ科の属総称。

マツアラシ　松嵐　〈*Cylindropuntia bigelovii* (Engelm.) F. M. Knuth〉サボテン科のサボテン。高さは1m。花は黄白色。園芸植物。

マツオウジ　〈*Neolentinus lepideus* (Fr.：Fr.) Redhead & Ginns〉ヒラタケ科のキノコ。中型〜大型。傘は淡黄色、繊維状鱗片あり。

マツ科　科名。

マツカガミ　松鏡　ツツジ科のサツキの品種。園芸植物。

マツカサアナナス　〈*Acanthostachys strobilacea* Link, Klotzsch et Otto〉パイナップル科の着生植物。花は黄色。園芸植物。

マツカサウチワ　松笠団扇　サボテン科のサボテン。園芸植物。

マツカサギク　松笠菊　ルドベキア・ヒルタの別名。

マツガサギク　リアトリス・スカリオサの別名。

マツカサキノコモドキ　〈*Strobilurus stephanocystis* (Hora) Sing.〉キシメジ科のキノコ。小型。ひだは白色で密。

マツカサシメジ　〈*Strobilurus tenacellus* (Pers：Fr.) Sing.〉キシメジ科。別名マツカサツエタケ。

マツカサススキ　松毬薄　〈*Scirpus mitsukurianus* Makino〉カヤツリグサ科の多年草。高さは100〜150cm。

マツカサタケ 〈*Auriscalpium vulgare* S. F. Gray〉マツカサタケ科のキノコ。超小型〜小型。傘は白色微毛。

マツカサチャワンタケ 〈*Ciboria rufofusca* (Web.) Sacc.〉キンカクキン科のキノコ。

マツカサツエタケ マツタケ科。

マツカサバレリヤ 〈*Barleria lupulina* Lindl.〉キツネノマゴ科の低木。茎は紫黒色、コブラの咬傷に内用。高さは0.6〜2m。花は淡黄色。熱帯植物。園芸植物。

マツガスミ 松霞 マミラリア・ムルティケプスの別名。

マツカゼ 松風 リプサリス・カピリフォルミスの別名。

マツカゼスゲ 〈*Carex sachalinensis* var. *pineticola*〉カヤツリグサ科。

マツカゼソウ 松風草 〈*Boenninghausenia albiflora* Reichb. var. *japonica* (Nakai) S. Suzuki〉ミカン科の多年草。高さは40〜80cm。薬用植物。

マッカナス・ジャイアント キンポウゲ科のアメリカオダマキの品種。園芸植物。

マツカナ・ハイネイ 〈*Matucana haynei* (Otto ex Salm-Dyck) Britt. et Rose〉サボテン科のサボテン。別名白仙玉。高さは30cm。花は鮮紅色。園芸植物。

マツカリタケナガゴケ 〈*Plagiothecium obtusissimum* Broth.〉サナダゴケ科のコケ。小形でやや光沢がある。葉は楕形状卵形。

マツカワノコモジゴケ 〈*Melaspilea gemella* Nyl.〉モジゴケ科の地衣類。別名フタゴゴケ。地衣体は灰白粉霜状。

マックス・グラフ 〈Max Graf〉バラ科。ハイブリッド・ルゴサ・ローズ系。花はピンク。

マツグミ 松胡頽子, 松茱萸 〈*Taxillus kaempferi* (DC.) Danser〉ヤドリギ科の常緑低木。別名マツヤドリギ、マツホヤ、カラスノツギホ。薬用植物。

マッケイア キツネノマゴ科の属総称。

マッケイア・ベラ 〈*Mackaya bella* Harv.〉キツネノマゴ科。高さは1〜2m。花は淡紅紫色。園芸植物。

マツゲカヤラン 〈*Saccolabium ciliare* (F. Maek.) Ohwi〉ラン科の草本。

マツゲゴケ 〈*Parmelia clavulifera* Räs.〉ウメノキゴケ科の地衣類。地衣体背面は灰白から灰褐色。

マツザカシダ 〈*Pteris nipponica* Shieh〉ワラビ科(イノモトソウ科)の常緑性シダ。別名ハゴロモシダ、ハツユキシダ。葉身は長さ10〜20cm。側羽片は線状長楕円形。園芸植物。

マッサロンゴゴケ 〈*Massalongia carnosa* (Dicks.) Körb.〉クロサビゴケ科の地衣類。地衣体背面は褐色。

マッシー バラ科。花は純白色。

マッシメジ キシメジ科。

マッシュ・マロウ ビロードアオイの別名。

マッシュルーム 〈*Agaricus bisporus* (J. Lange) Imbach〉ハラタケ科のキノコ。別名アガリクス・ビスポルス、ツクリタケ、セイヨウマツタケ。傘の表面は、初め白色、後に淡黄褐色または淡赤褐色。園芸植物。

マッソニア ユリ科の属総称。球根植物。

マッソニア・デプレッサ 〈*Massonia depressa* Houtt.〉ユリ科の球根植物。花は20〜30個つく。開花期は冬。園芸植物。

マッソニア・プスツラタ 〈*Massonia pustulata* Jacq.〉ユリ科の球根植物。園芸植物。

マツタケ 松茸 〈*Tricholoma matsutake* (S. Ito et Imai) Sing.〉キシメジ科のキノコ。別名トリコロマ・マツタケ。傘は通常、直径6〜20cm。傘は褐色繊維状鱗片。ひだは白色。園芸植物。

マツタケ シメジ科の野菜。

マツタケモドキ 〈*Tricholoma robustum* (Alb. & Schw. : Fr.) Ricken (sensu Imazeki)〉キシメジ科のキノコ。中型。ひだは白、形態はマツタケ様だが肉はマツタケ臭なし。

マットゴケ 〈*Pannaria stylophora* Vain.〉ハナビラゴケ科の地衣類。地衣体はほぼ円状。

マツナ 松菜 〈*Suaeda glauca* (Bunge) Bunge〉アカザ科の野菜。別名スアエダ・アスパラゴイデス。高さは1m。園芸植物。

マツナミ ツツジ科のサツキの品種。

マツノカワシワタケ 〈*Meruliopsis taxicola* (Pers. : Fr.) Bond.〉シワタケ科のキノコ。

マツノコベニサラタケ 〈*Pithya vulgaris* Funkel〉ベニチャワンタケ科のキノコ。

マツノシモ 松の霜 ユリ科。園芸植物。

マツノタバコウロコタケ 〈*Hymenochaete yasudai* Imaz.〉タバコウロコタケ科のキノコ。

マツノハマンネングサ 松の葉万年草 〈*Sedum hakonense* Makino〉ベンケイソウ科の草本。

マツノホマレ ツツジ科のサツキの品種。

マツノミ マツ科のピヌス属種子総称。園芸植物。

マツノユキ 松の雪 ユリ科。園芸植物。

マツノユキ 松の雪 サクラソウ科のサクラソウの品種。園芸植物。

マツノリ 〈*Carpopeltis affinis* (Harvey) Okamura〉ムカデノリ科の海藻。軟骨質。体は7cm。

マツバイ 松葉藺 〈*Eleocharis acicularis* (L.) Roem. et Schult.〉カヤツリグサ科の小形の抽水性〜湿生植物。別名コゲ、コウゲ。桿は細く毛管状、先端は鈍頭。高さは3〜17(ふつう4〜8)cm。

マツバウミジグサ 〈*Halodule pinifolia* (Miki) Hartog〉イトクズモ科の草本。

マツバウンラン 〈*Linaria canadensis* (L.) Dum.〉ゴマノハグサ科の越年草。高さは30〜60cm。花は紫色。

マツバオニザミア マクロザミア・ステノメラの別名。

マツバギク 松葉菊 〈*Lampranthus spectabilis* (Haw.) N. E. Brown〉ツルナ科の低度の多肉多年草。別名サボテンギク。花は日光を受けて咲き、夕刻に閉じる。従来はメセンブルアンセマム属であったが分離された。高さは30cm。花は桃赤色、淡い桃白色、桃紅色。薬用植物。園芸植物。

マツバゴケ 〈*Leucoloma molle* (Müll. Hal.) Mitt.〉シッポゴケ科のコケ。茎は長さ5cm、葉は線状披針形。

マツバコケシダ 〈*Crepidomanes latemarginale*〉コケシノブ科の常緑性シダ。別名ミツデコケシダ。葉身は長さ0.6〜2cm。円形から卵状長楕円形。

マツバサワギク 〈*Senecio blochmanae* Greene〉キク科の多年草。高さは60cm。花は黄色。

マツバシャモジタケ 〈*Microglossum viride* (Pers. : Fr.) Gill.〉テングノメシガイ科のキノコ。小型。灰オリーブ色〜緑色、頭部は棍棒状。

マツバスゲ 松葉薹 〈*Carex rara* Boott var. *biwensis* (Franch.) Kükenth.〉カヤツリグサ科の多年草。高さは10〜40cm。

マツバゼリ 〈*Apium leptophyllum* (Pers.) F. Muell. ex. Benth.〉セリ科の一年草。高さは15〜70cm。花は白色。

マツハダ イラモミの別名。

マツハダ ピケア・ビコロルの別名。

マツバダケブキ 丸葉岳蕗 キク科。別名マルバノチョウリョウソウ。

マツバツメゴケ 〈*Peltigera malacea* (Ach.) Funck〉ツメゴケ科の地衣類。地衣体背面は褐色から褐緑色。

マツバトウダイ 〈*Euphorbia cyparissias* L.〉トウダイグサ科の多年草。長さは7〜16cm。高山植物。園芸植物。

マツバナデシコ アマ科。別名マツバニンジン。

マツバナデシコ マツバニンジンの別名。

マツバニンジン 松葉撫子 〈*Linum stelleroides* Planch.〉アマ科の一年草。別名マツバナデシコ。高さは50〜60cm。花は淡紫色。園芸植物。

マツバノヒゲワンタケ 〈*Desmazierella acicola* Lib.〉クロチャワンタケ科のキノコ。

マツバハリタケ 〈*Bankera fuligineo-alba* (Fr.) Pouz.〉イボタケ科のキノコ。中型。肉は白色放射状模様。

マツバハルシャギク 〈*Helenium amarum* (Raf.) Rock〉キク科の一年草。別名イトギク、マツバダンゴギク。高さは20〜60cm。花は淡黄色。園芸植物。

マツバボタン 松葉牡丹 〈*Portulaca grandiflora* Hook.〉スベリヒユ科の一年草。別名ツメキリソウ、ヒデリソウ。高さは25cm。花は淡紅または紫紅色。園芸植物。切り花に用いられる。

マツバラン 松葉蘭 〈*Psilotum nudum* (L.) Griseb.〉マツバラン科の常緑性シダ。別名ホウキラン、チクラン、フウキソウ。胞子は黄白色。高さは10〜50cm。園芸植物。日本絶滅危機植物。

マツブサ 松房 〈*Schizandra nigra* Maxim.〉マツブサ科の落葉つる植物。別名ウシブドウ、ワタカズラ、ヤワラヅル。薬用植物。

マツブサ科 科名。

マツホド ブクリョウの別名。

マツマエ 松前 バラ科のサクラの品種。園芸植物。

マツマエスゲ 〈*Carex longerostrata* C. A. Meyer〉カヤツリグサ科の草本。別名チュウゼンジスゲ。

マツムシソウ 松虫草 〈*Scabiosa japonica* Miq. var. *japonica*〉マツムシソウ科の一年草。高さは30〜80cm。花は淡青紫色。薬用植物。園芸植物。

マツムシソウ マツムシソウ科の属総称。別名リンボウギク、スカビオサ。

マツムシソウ科 科名。

マツムラゴケ 〈*Duthiella speciosissima* Broth. ex Card.〉ムジナゴケ科のコケ。大形で茎は長さ15cm、葉は卵形の基部から漸尖。

マツムランウ 〈*Titanotrichum oldhami* (Hemsl.) Soler.〉イワタバコ科の草本。

マツモ 〈*Analipus japonicus* (Harvey) Wynne〉イソガワラ科(ナガマツモ科)の海藻。根は細く叉状分岐する。

マツモ 松藻 〈*Ceratophyllum demersum* L.〉マツモ科の多年生の沈水浮遊植物。別名キンギョモ。盛んに分枝し、葉は全長8〜25mm。茎は全長20〜120cm。園芸植物。

マツモト マツモトセンノウの別名。

マツモトクレナイ 松本紅 キク科のアスターの品種。園芸植物。

マツモトセンノウ 松本 〈*Lychnis sieboldi* Van Houtt.〉ナデシコ科の一年草または多年草。別名マツモト。花は深赤、白、オレンジ、桃色。園芸植物。日本絶滅危機植物。

マツモトワセフユウ 松本早生富有 カキノキ科のカキの品種。果皮は橙紅色。

マツヤニカンラン 〈*Canarium purpurascens* Benn.〉カンラン科の高木。葉裏短毛。熱帯植物。

マツヤマワセウンシュウ 松山早生温州 ミカン科のミカン(蜜柑)の品種。

マツヨイグサ 待宵草 〈*Oenothera striata* Ledeb.〉アカバナ科の一年草または二年草。別名ヤハズキンバイ。高さは30〜100cm。花は黄色。薬用植物。園芸植物。

マツヨイセンノウ ヒロハノマンテマの別名。

マツラン ベニカヤランの別名。

マツリカ 茉莉花 〈*Jasminum sambac* (L.) Ait.〉モクセイ科の低木。別名アラビアン・ジャスミン、モウリンカ、サンパギタ。花は白、黄色。熱帯植物。薬用植物。園芸植物。

マテチャ 〈*Ilex paraguayensis* St.-Hil.〉モチノキ科の薬用植物。別名パラグアイチャ。

マテバシイ 真手葉椎 〈*Lithocarpus edulis* (Makino) Nakai〉ブナ科の常緑高木。別名マテガシ、マテノキ、マタジイ。高さは10〜15m。樹皮は灰褐色。園芸植物。

マテンリュウ 摩天竜 ギムノカリキウム・マザネンセの別名。

マトイクラベ 纏くらべ チアパシア・ネルソニーの別名。

マドカズラ モンステラ・フリードリヒスターリーの別名。

マドノウメ 窓の梅 リプサリス・クリスパタの別名。

マドフカ 〈*Madhuca utilis* H. J. Lam.〉アカテツ科の高木。材は柄の材料。熱帯植物。

マドモアゼル・ド・パリ アヤメ科のグラジオラスの品種。園芸植物。

マトリカリア ナツシロギクの別名。

マトリカリア・イノドラ イヌカミツレの別名。

マトリカリア・カウカシカ 〈*Matricaria caucasica* (Willd.) Poir.〉キク科の草本。高さは50〜60cm。花は白色。園芸植物。

マトリカリア・チハチェウィー 〈*Matricaria tchihatchewii* (Boiss.) Voss〉キク科の草本。高さは30cm。花は白色。園芸植物。

マトリカリア・マリティマ 〈*Matricaria maritima* L.〉キク科の一年草または多年草。

マトリカリア・レクティタ カミツレの別名。

マドリードチャヒキ 〈*Bromus madritensis* L.〉イネ科。外花頴は長さ12〜20mm。園芸植物。

マートル ギンバイカの別名。

マドルライラック 〈*Gliricidia sepium* Steud.〉マメ科の小木。挿木によりよく育つ。花はピンク色。熱帯植物。

マドロナ 〈*Arbutus menziesii* Pursh〉ツツジ科の常緑低木。高さは7〜30m。花は白色。樹皮は赤褐色。熱帯植物。

マドンナ バラ科。花は赤色。

マドンナ アオイ科のハイビスカスの品種。園芸植物。

マドンナ・グランディフローラ キョウチクトウ科のキョウチクトウの品種。

マドンナ・リリー ニワシロユリの別名。

マニカリア・プルクネティー 〈*Manicaria pulkenetii* Griseb. et H. Wendl.〉ヤシ科。別名フクロヤシ。高さは5〜6m。園芸植物。

マニホット・エスクレンタ キッコウキリンの別名。

マニホット・グラジオウィー マニホットゴムノキの別名。

マニホットゴムノキ 〈*Manihot glaziovii* Muell. Arg.〉トウダイグサ科の低木。枝は叉状に分岐して高く伸びる。熱帯植物。園芸植物。

マニホルトノキ 〈*Elaeocarpus jackianus* Wall.〉ホルトノキ科の高木。葉は厚く、裏面有毛。熱帯植物。

マニラアサ 〈*Musa textilis* Née〉バショウ科の多年草。葉には白粉はなく濃緑色で光沢がある。熱帯植物。園芸植物。

マニラウメノキゴケ 〈*Parmelia adducta* Nyl.〉ウメノキゴケ科の地衣類。粉芽もパスチュールもない。

マニラエレミ 〈*Canarium luzonicum* Gray〉カンラン科の高木。熱帯植物。薬用植物。

マニラヤシ ヴィーチア・メリリーの別名。

マヌカ ギョリュウバイの別名。

マネキグサ 招草 〈*Lamium ambiguum* (Makino) Ohwi〉シソ科の多年草。別名ヤマキセワタ。高さは40〜90cm。

マネキシンジュガヤ 招き真珠茅 〈*Scleria rugosa* R. Br. var. *glabrescens* Ohwi et T. Koyama〉カヤツリグサ科。

マネチア カエンソウの別名。

マネッティア・インフラタ カエンソウの別名。

マネッティア・コルディフォリア 〈*Manettia cordifolia* Mart.〉アカネ科のつる性草本。南アメリカ原産。園芸植物。

マノセカワゴケソウ 〈*Cladopus doianus* (Koidz.) Koriba〉カワゴケソウ科の草本。葉状体は幅1〜2mm、花に奇形が多く見られる。日本絶滅危機植物。

マノラ 〈Manora〉バラ科。ハイブリッド・ティーローズ系。花は濃紅色。

マフノリ 〈*Gloiopeltis tenax* (Turner) J. Agardh〉フノリ科の海藻。別名ホンフノリ、ヤナギフノリ、スジフノリ。叉状分岐。体は10〜20cm。

マーブル・クィーン サトイモ科のポトスの品種。別名シルバーポトス。園芸植物。

マーブル・クィーン サトイモ科のスキンダプススの品種。園芸植物。

マーブルハゼ 〈*Sapium indicum* Willd.〉トウダイグサ科の小木。熱帯植物。

マホガニー 〈*Swietenia mahogani* Jacq.〉センダン科の高木。別名アカジョー。果実は褐色。熱帯植物。薬用植物。

マホガニー センダン科の属総称。

マボケ コエノメレス・ラゲナリアの別名。

マホニア・アクイフォリウム 〈*Mahonia aquifolium* (Pursh) Nutt.〉メギ科の常緑低木。別名セイヨウヒイラギナンテン。高さは1m。花は黄色。園芸植物。

マホニア・グラキリペス 〈*Mahonia gracilipes* (D. Oliver) Fedde〉 メギ科の常緑低木。高さは1m。花は深紫色。園芸植物。

マホニア・ネパレンシス 〈*Mahonia nepalensis* DC.〉メギ科の常緑低木。高山植物。

マホニア・ビーレイ 〈*Mahonia bealei* (Fort.) Carrière〉 メギ科の常緑低木。別名オオバヒイラギナンテン。高さは4m。花は褐色を帯びた黄色。園芸植物。

マホニア・フォーチュネイ ホソバヒイラギナンテンの別名。

マホニア・ヤポニカ ヒイラギナンテンの別名。

マホニア・ロマリーフォリア 〈*Mahonia lomariifolia* Takeda〉 メギ科の常緑低木。高さは2～3m。花は濃黄色。園芸植物。

マホベルベリス・アクイサルゲンティー 〈× *Mahoberberis aquisargentii* Krüssm.〉メギ科。高さは80cm。園芸植物。

マホベルベリス・ニューベールティー 〈× *Mahoberberis neubertii* (Baumann) C. K. Schneid.〉メギ科。高さは1.5m。園芸植物。

マホベルベリス・ミースケアナ 〈× *Mahoberberis miethkeana* Melander et Eade〉 メギ科。花は淡黄色。園芸植物。

ママコナ 飯子菜 〈*Melampyrum roseum* Maxim. var. *japonicum* Franch. et Savat.〉ゴマノハグサ科の半寄生一年草。高さは20～50cm。

ママコノシリヌグイ 継子の尻拭 〈*Persicaria senticosa* (Franch. et Savat.) H. Gross〉タデ科の一年生つる草。別名トゲソバ。長さは1～2m。薬用植物。

マーマーレード キク科のルドベキアの品種。園芸植物。

マーマンディ ヒガンバナ科のヒメノカリスの品種。園芸植物。

マミラリア サボテン科の属総称。サボテン。

マミラリア・アルビフロラ 〈*Mammillaria albiflora* (Werderm.) Backeb.〉サボテン科のサボテン。別名白鷺。花は白色。園芸植物。

マミラリア・アルビラナタ 〈*Mammillaria albilanata* Backeb.〉サボテン科のサボテン。別名希望丸。高さは15cm。花は紫紅色。園芸植物。

マミラリア・ウアガスピナ 〈*Mammillaria vagaspina* R. T. Craig〉サボテン科のサボテン。別名断琴丸。径9cm。花は帯紫紅色。園芸植物。

マミラリア・ヴィルディー 〈*Mammillaria wildii* A. Dietr.〉サボテン科のサボテン。別名七々子丸。径3～6cm。園芸植物。

マミラリア・ヴィンテラエ 〈*Mammillaria winterae* Böd.〉サボテン科のサボテン。別名大疣丸。径20～30cm。花は黄白色。園芸植物。

マミラリア・ウォブルネンシス 〈*Mammillaria woburnensis* Scheer〉サボテン科のサボテン。別名紫金剛、紫丸。高さは5～15cm。花は黄色。園芸植物。

マミラリア・ウッジー 〈*Mammillaria woodsii* R. T. Craig〉サボテン科のサボテン。別名霧棲丸。径8cm。花は紫紅色。園芸植物。

マミラリア・ウンキナタ 〈*Mammillaria uncinata* Zucc.〉サボテン科のサボテン。別名金剛石。高さは8cm。花は淡桃色。園芸植物。

マミラリア・エロンガタ 〈*Mammillaria elongata* DC.〉サボテン科の多年草。高さは3～10cm。花は淡黄色。園芸植物。

マミラリア・オルティツ-ルビオナ モチズキの別名。

マミラリア・カウペラエ 〈*Mammillaria cowperae* Shurly〉サボテン科のサボテン。別名菊慈童。径10cm。花は白色。園芸植物。

マミラリア・カルメナエ 〈*Mammillaria carmenae* Castañeda et Nuñez〉サボテン科のサボテン。高さは5～8cm。花は白か淡い桃色。園芸植物。

マミラリア・カンデイダ 〈*Mammillaria candida* Scheidw.〉サボテン科のサボテン。別名雪白丸、満月。径9～10cm。花は淡桃、帯黄桃、帯緑桃色。園芸植物。

マミラリア・キオノケファラ 〈*Mammillaria chionocephala* J. Purpus〉サボテン科のサボテン。別名雪頭丸。径12cm。花は白～桃紅色。園芸植物。

マミラリア・グラキリス 〈*Mammillaria gracilis* Pfeiff.〉サボテン科のサボテン。別名銀手毬。径2～2.5cm。花は帯黄白色。園芸植物。

マミラリア・クリシンギアナ 〈*Mammillaria kissingiana* Böd.〉サボテン科のサボテン。別名翁玉。径9cm。花は桃紅色。園芸植物。

マミラリア・グロキディアタ 〈*Mammillaria glochidiata* Mart.〉サボテン科のサボテン。別名轟。径2～3.5cm。花は淡桃色。園芸植物。

マミラリア・ゲミニスピナ 〈*Mammillaria geminispina* Haw.〉サボテン科のサボテン。別名白玉兎、白珠丸、白神丸。高さは15cm。花は紫紅色。園芸植物。

マミラリア・コロンビアナ 〈*Mammillaria columbiana* Salm-Dyck〉サボテン科のサボテン。別名崑崙丸。高さは10～25cm。花は橙赤色。園芸植物。

マミラリア・コンプレッサ 〈*Mammillaria compressa* DC.〉サボテン科のサボテン。別名白竜丸。高さは10～20cm。花は紫紅色。園芸植物。

マミラリア・シーデアナ 〈*Mammillaria schiedeana* C. A. Ehrenb.〉サボテン科のサボテン。別名明星。径4cm。花は黄白色。園芸植物。

マミラリア・シュヴァルツィー 〈*Mammillaria schwartzii* (Friç) Backeb.〉サボテン科のサボテ

マミラリア

ン。別名関白。径3～4cm。花は白色。園芸植物。

マミラリア・スウィングレイ 〈*Mammillaria swinglei* (Britt. et Rose) Böd.〉サボテン科のサボテン。別名寿楽丸。高さ20cm。花は淡桃色。園芸植物。

マミラリア・スクリップシアナ 〈*Mammillaria scrippsiana* (Britt. et Rose) Orcutt〉サボテン科のサボテン。別名桃花丸。高さ6cm。花は濃桃色。園芸植物。

マミラリア・スピノシッシマ 〈*Mammillaria spinosissima* Lem.〉サボテン科のサボテン。別名錦丸。高さは30cm。花は紅桃～紫紅色。園芸植物。

マミラリア・セニリス ゲッキュウデンの別名。

マミラリア・ツァイルマニアナ 〈*Mammillaria zeilmanniana* Böd.〉サボテン科のサボテン。別名月影丸。高さは6～8cm。花は紫紅色。園芸植物。

マミラリア・デアルバタ 〈*Mammillaria dealbata* A. Dietr.〉サボテン科のサボテン。別名内裏玉。径4～5cm。花は紫紅色。園芸植物。

マミラリア・ディオイカ 〈*Mammillaria dioica* K. Brandeg.〉サボテン科のサボテン。別名単独丸。高さは33cm。花は淡黄色。園芸植物。

マミラリア・テレサエ 〈*Mammillaria theresae* Cutak〉サボテン科のサボテン。高さは4cm。花は紫桃色。園芸植物。

マミラリア・ニウォサ 〈*Mammillaria nivosa* Link〉サボテン科のサボテン。別名金銀司。径5～6cm。花は淡黄から黄色。園芸植物。

マミラリア・ネオミスタクス 〈*Mammillaria neomystax* Backeb.〉サボテン科のサボテン。別名白鳩丸。高さは10cm。花は紫桃色。園芸植物。

マミラリア・ネヤペンシス 〈*Mammillaria nejapensis* R. T. Craig et Dawson〉サボテン科のサボテン。別名白蛇丸。高さは15cm。花は白～黄白色。園芸植物。

マミラリア・ハイデリ 〈*Mammillaria heyderi* Mühlenpf.〉サボテン科のサボテン。別名御幸丸。径6～10cm。花は淡黄色。園芸植物。

マミラリア・パーキンソニー 〈*Mammillaria parkinsonii* C. A. Ehrenb.〉サボテン科のサボテン。別名白王丸。高さは10～15cm。花は帯黄白色。園芸植物。

マミラリア・ハーニアナ タマオキナの別名。

マミラリア・ブカレリエンシス 〈*Mammillaria bucareliensis* R. T. Craig〉サボテン科のサボテン。別名ブカレン。径9cm。花は濃桃～紫紅色。園芸植物。

マミラリア・ブーリー 〈*Mammillaria boolii* G. Lindsay〉サボテン科のサボテン。別名桜富士。高さ3.5cm。花は帯紫桃色。園芸植物。

マミラリア・プルモサ シロボシの別名。

マミラリア・ブロスフェルディアナ 〈*Mammillaria blossfeldiana* Böd.〉サボテン科のサボテン。別名綾衣、風流丸。径3～4cm。花は淡桃色。園芸植物。

マミラリア・ペルベラ 〈*Mammillaria perbella* Hildm.〉サボテン科のサボテン。別名大福丸。径5～8cm。花は濃桃色。園芸植物。

マミラリア・ヘレラエ 〈*Mammillaria herrerae* Werderm.〉サボテン科のサボテン。別名白鳥。径3.5cm。花は淡桃～桃紅色。園芸植物。

マミラリア・ペンニスピノサ 〈*Mammillaria pennispinosa* Krainz〉サボテン科のサボテン。別名陽炎。高さは3cm。花は帯桃白色。園芸植物。

マミラリア・ボカサナ 〈*Mammillaria bocasana* Poselg.〉サボテン科のサボテン。別名高砂。径4～5cm。花は黄白色。園芸植物。

マミラリア・ボンビキナ ホウメイマルの別名。

マミラリア・マグニフィカ 〈*Mammillaria magnifica* Buchenau〉サボテン科のサボテン。高さは15～20cm。花は紫紅ないし深桃色。園芸植物。

マミラリア・マグニマンマ 〈*Mammillaria magnimamma* Haw.〉サボテン科のサボテン。別名夢幻城。径12cm。花はくすんだ黄色。園芸植物。

マミラリア・マザトラネンシス 〈*Mammillaria mazatlanensis* K. Schum.〉サボテン科のサボテン。別名緋縅。高さは12cm。花は洋紅～紫紅色。園芸植物。

マミラリア・マルクシアナ 〈*Mammillaria marksiana* Krainz〉サボテン科のサボテン。別名金洋丸。径8cm。花は帯緑黄色。園芸植物。

マミラリア・ミクロカルパ 〈*Mammillaria microcarpa* Engelm.〉サボテン科のサボテン。別名紫金竜。高さは16cm。花は桃色。園芸植物。

マミラリア・ミクロテレ 〈*Mammillaria microthele* (K. Spreng) Mühlenpf.〉サボテン科のサボテン。別名雪絹丸。径5～8cm。花は白色。園芸植物。

マミラリア・ミクロヘリア 〈*Mammillaria microhelia* Werderm.〉サボテン科のサボテン。別名夕霧。高さは15cm。花は黄白～黄～桃紅色。園芸植物。

マミラリア・ミューレンフォルティー 〈*Mammillaria muehlenpfordtii* C. F. Först.〉サボテン科のサボテン。別名明燿丸。径12～15cm。花は濃桃色。園芸植物。

マミラリア・ムルティケプス 〈*Mammillaria multiceps* Salm-Dyck〉サボテン科のサボテン。別名松霞。径2cm。花は淡黄色。園芸植物。

マミラリア・メラノケントラ 〈*Mammillaria melanocentra* Poselg.〉サボテン科のサボテン。

別名夕凪丸。径10〜12cm。花は濃桃色。園芸植物。

マミラリア・レンタ〈*Mammillaria lenta* K. Brandeg.〉サボテン科のサボテン。別名白絹丸。径3〜5cm。花は輝白色。園芸植物。

マミラリア・ロダンタ〈*Mammillaria rhodantha* Link et Otto〉サボテン科のサボテン。別名朝日丸。高さは30cm。花は紫紅色。園芸植物。

マミラリア・ロンギコマ〈*Mammillaria longicoma* (Britt. et Rose) A. Berger〉サボテン科のサボテン。別名雪衣。径3〜5cm。花は白〜淡黄桃色。園芸植物.。

マムシゴケ〈*Meiothecium microcarpum* (Harv.) Mitt.〉ナガハシゴケ科のコケ。中形で、茎葉は卵形〜狭卵形。

マムシフウセンタケ〈*Cortinarius trivialis* J. E. Lange〉フウセンタケ科のキノコ。中型〜大型。傘は粘土褐色、著しい粘液あり。ひだは淡帯紫色→肉桂色。

マムシヤブソテツ〈*Cyrtomium devexiscapulae* × *fortunei* var. *clivicola*〉オシダ科のシダ植物。

マメ マメ科のマメ科種子の総称。園芸植物。

マメアサガオ 豆朝顔〈*Ipomoea lacunosa* L.〉ヒルガオ科の一年生つる草。長さは1〜3m。花は白色。

マメアデク〈*Eugenia polyantha* Wight〉フトモモ科の高木。熱帯植物。

マメイ アカテツ科。

マーメイド〈Mermaid〉バラ科。ハイブリッド・ブラクテアタ・ローズ系。花はクリーム色。

マメ科 科名。

マメガキ〈*Diospyros lotus*〉カキノキ科の落葉高木。別名コガキ、ブドウガキ、ヤマシブ。樹高15m。樹皮は灰色。薬用植物。園芸植物。

マメカミツレ〈*Cotula australis* (Spreng.) Hook. f.〉キク科の一年草。高さは5〜20cm。花は黄白色。

マメキンカン 豆金柑〈*Fortunella hindsii* (Champ. ex Benth.) Swingle〉ミカン科。別名インズ、ヒメキンカン。果実は径1cmほど。高さは1m。園芸植物。

マメグミ 豆茱萸〈*Elaeagnus montana* Makino〉グミ科の落葉低木。高さは2m。高山植物。園芸植物。

マメグンバイナズナ 豆軍配薺〈*Lepidium virginicum* L.〉アブラナ科の一年草または二年草。別名セイヨウグンバイナズナ、コウベナズナ。高さは20〜40cm。花は緑白色。薬用植物。

マメゴケシダ〈*Microgonium beccarianum* (Ces.) Copel.〉コケシノブ科の常緑性シダ。葉身は長さ3〜4mm。ほぼ円形。

マメザクラ 豆桜〈*Prunus incisa* Thunb. subsp. *incisa*〉バラ科の落葉低木または小高木。別名ハコネザクラ(箱根桜)、フジザクラ(富士桜)。樹高10m。花は淡紅色。樹皮は濃い灰色。園芸植物。

マメサヤサイシン〈*Apama tomentosa* Soler.〉ウマノスズクサ科の匍匐低木。葉裏淡褐毛。花は暗紫色。熱帯植物。

マメザヤタケ〈*Xylaria polymorpha* Crev.〉クロサイワイタケ科のキノコ。小型。子実体はすりこぎ形〜倒徳利形。

マメスゲ〈*Carex pudica* Honda〉カヤツリグサ科の草本。

マメヅタ 豆蔦〈*Lemmaphyllum microphyllum* Presl〉ウラボシ科の常緑性シダ。別名マメゴケ、イワマメ、カガミグサ。岩上や樹上に着生する小形の常緑のシダ類。葉身は長さ1〜2cm。円形から楕円形。園芸植物。

マメヅタカズラ〈*Dischidia formosana* Maxim.〉ガガイモ科。

マメヅタラン 豆蔦蘭〈*Bulbophyllum drymoglossum* Maxim.〉ラン科の多年草。

マメダオシ 豆倒〈*Cuscuta australis* R. Br.〉ヒルガオ科の寄生の一年生つる草。薬用植物。

マメタワラ〈*Sargassum piluliferum* (Turner) C. Agardh〉ホンダワラ科の海藻。複羽状に分岐。体は1〜2m。

マメナシ 豆梨〈*Pyrus calleryana* Decne.〉バラ科の落葉高木。別名イヌナシ、フォーリーナシ、チュウキョウナシ。高さは10m。花は白色。樹皮は濃灰色。園芸植物。日本絶滅危機植物。

マメホラゴケ〈*Crepidomanes kurzii* (Bedd.) Tagawa et K. Iwats.〉コケシノブ科の常緑性シダ。葉身は長さ5〜8cm。卵状長楕円形。

マメラン マメヅタランの別名。

マヤプシキ ハマザクロの別名。

マヤヤシ オブシアンドラ・マヤの別名。

マヤラン〈*Cymbidium nipponicum* (Franch. et Savat.) Makino〉ラン科の多年生腐生植物。別名サガミラン。高さは15〜20cm。

マユハキタケ〈*Trichocoma paradoxa* Jungh.〉マユハキタケ科のキノコ。小型。材上生(タブ)、円筒形。

マユハキモ〈*Chlorodesmis fastigiata* (C. Agardh) Ducker〉ミル科の海藻。叢生、糸は60〜140μ。

マユハケアザミ キク科。園芸植物。

マユハケオモト〈*Haemanthus albiflos* Jacq.〉ヒガンバナ科の球根植物。高さは10〜20cm。花は白色。園芸植物。

マユハケオモト ハエマンサスの別名。

マユハケゴケ〈*Campylopus fragilis* (Brid.) Bruch & Schimp.〉シッポゴケ科のコケ。小形、茎は長さ1.2〜2cm。

マユミ 真弓 〈*Euonymus sieboldianus* Blume〉ニシキギ科の落葉小高木。別名ヤマニシキギ、トレイジュ、ハクト。花は緑白色。園芸植物。

マヨラナ 〈*Origanum majorana* L.〉シソ科のハーブ。高さは50cm。花は白、紫色。薬用植物。園芸植物。

マヨラナ オレガノの別名。

マライガマズミ 〈*Viburnum sambucinum* BL.〉スイカズラ科の小木。花は白黄色。熱帯植物。

マライカンラン 〈*Cymbidium finlaysonianum* Lindl.〉ラン科の着生植物。花は褐色。熱帯植物。園芸植物。

マライキシロピヤ 〈*Xylopia malayana* Hook. f.〉バンレイシ科の高木。葉は厚質でツバキに似る。熱帯植物。

マライケーパー 〈*Capparis micracantha* DC.〉フウチョウソウ科の低木。有刺、果実は紫色、芳香。熱帯植物。

マライコーヒー 〈*Coffea malayana* Ridl.〉アカネ科の低木。花は小さく径15ミリ。白色。熱帯植物。

マライサクライソウ 〈*Protolirion paradoxum* Ridl.〉ユリ科の無葉緑草。全株淡黄色。高さ10cm。熱帯植物。

マライササバラン 〈*Liparis longipes* Lind.〉ラン科の地生植物。花は淡褐色、唇弁橙色。熱帯植物。

マライサラカヤシ 〈*Zalacca affinis* BL.〉ヤシ科。無幹、果実は褐色鱗片に被われる。熱帯植物。

マライサンユウカ 〈*Ervatamia malaccensis* K. et G.〉キョウチクトウ科の低木。果実は橙色。花は白色。熱帯植物。

マライシャクジョウ 〈*Bumannia disticha* L.〉ヒナノシャクジョウ科の菌根性小草。花は淡紫色。熱帯植物。

マライジャボク 〈*Rauwolfia perakensis* King et Gam.〉キョウチクトウ科の小低木。インドジャボクに極めて近似した種。熱帯植物。

マライシラタマ 〈*Psychotria obovata* Wall.〉アカネ科の低木。果実は白色。熱帯植物。

マライシロヨナ 〈*Intsia retusa* O. K.〉マメ科の小木。マングローブの要素あり。熱帯植物。

マライスズメウリ 〈*Melothria affinis* King〉ウリ科の蔓草。熱帯植物。

マライチリアコラ 〈*Tiliacora triandra* Diels〉ツヅラフジ科の蔓草。熱帯植物。

マライツリフネソウ インパティエンス・ミラビリスの別名。

マライツルノボタン 〈*Marumia nemorosa* BL.〉ノボタン科の蔓木。葉裏淡褐色、粉末密布、果実は赤紅色。花はピンク色。熱帯植物。

マライテンナンショウ 〈*Arisaema anomalum* Hemsl.〉サトイモ科の草本。苞は白、紫緑。熱帯植物。

マライトウ 〈*Calamus caesius* BL.〉ヤシ科の蔓木。葉鞘の刺は長さ15ミリ、幹径3cm。熱帯植物。

マライドクヤシ 〈*Orania sylvicola* (Griff.) H. E. Moore〉ヤシ科。別名ナガエクワズヤシ。幹に縦の皺、葉裏灰白でやや褐色。高さは15m。花は緑色。熱帯植物。園芸植物。

マライトゲタケ 〈*Bambusa blumeana* Sculters〉イネ科。密集束生、刺は多く上と下に向う。熱帯植物。

マライハグロソウ 〈*Dicliptera rosea* Ridl.〉キツネノマゴ科の草本。花は淡紅色。熱帯植物。

マライハマクサギ 〈*Premna integrifolia* L.〉クマツヅラ科の大低木。熱帯植物。

マライハマビワ 〈*Litsea amara* BL.〉クスノキ科の小木。枝と葉裏の中肋褐毛、4個の黄花が集合。熱帯植物。

マライフジバシデ 〈*Engelhardtia serrata* BL.〉クルミ科の高木。熱帯植物。

マライフトモモ 〈*Eugenia malaccensis* L.〉フトモモ科の高木。葉は厚く光沢、葉柄褐色。花は赤色。熱帯植物。

マライホマリウム 〈*Homalium propinquum* C. B. Clarke〉イイギリ科の低木。花や花序は短毛、材は有用。花は黄緑色。熱帯植物。

マライマンリョウ 〈*Ardisia wrayi* K. et G.〉ヤブコウジ科の低木。葉縁に鈍鋸歯あり、果実は赤い。花梗は紫黒色。熱帯植物。

マライミズ 〈*Pilea calcarea* Ridl.〉イラクサ科の草本。林下に生ずる。熱帯植物。

マライモチノキ 〈*Ilex macrophylla* Wall.〉モチノキ科の小木。果実は紅紫色。熱帯植物。

マライモッコク 〈*Ternstroemia penangiana* Choisy〉ツバキ科の小木。果実は橙赤色、萼は褐色。熱帯植物。

マライヤブガンピ 〈*Wikstroemia ridleyi* Gamble〉ジンチョウゲ科の低木。果実は赤色で有毒、樹皮は魚毒。花は緑色。熱帯植物。

マライヤマコカ 〈*Erythroxylum cuneatum* Kurz〉コカノキ科の小木。若枝は扁平。花弁は緑、副花冠は白。熱帯植物。

マライヤマゴンニャク 〈*Amorphophallus bufo* Ridl.〉サトイモ科の草本。苞は肉色で紫色の斑、棍状体は濃紫色。熱帯植物。

マライヤマバショウ 〈*Musa malaccensis* Ridl.〉バショウ科。苞は暗赤色、果実は長さ10cm。花は白色。熱帯植物。

マライヤマモガシ 〈*Helicia attenuata* BL.〉ヤマモガシ科の小木。果実は紫黒色。花は肉色。熱帯植物。

マライワニラ 〈*Vanilla griffithii* Reichb.〉ラン科の着生植物。葉は厚質。花緑色、唇弁中央赤褐色。熱帯植物。

マラクシス・カーシーアナ 〈*Malaxis khasiana* (Hook. f.) O. Kuntze〉ラン科。高さは5～12cm。花は暗紫色。園芸植物。

マラクシス・ラティフォリア ホザキヒメランの別名。

マラッカジンコウ 〈*Aquilaria malaccensis* Lam.〉ジンチョウゲ科の高木。葉は滑らか。熱帯植物。

マラッカノキ 〈*Emblica officinalis* Gaertn.〉トウダイグサ科の落葉性小木。葉裏粉白。熱帯植物。

マラバルキノカリン 〈*Pterocarpus marsupium* Roxb.〉マメ科の高木。樹皮よりキノをとる。熱帯植物。

マラバルニワウルシ 〈*Ailanthus malabarica* DC.〉ニガキ科の高木。小葉片は左右不整、葉裏有毛。熱帯植物。

マラバルノボタン 〈*Melastoma malabathricum* L.〉ノボタン科の低木。多毛。高さは2～3m。花は桃～紫紅色。熱帯植物。園芸植物。

マランタ クズウコン科の属総称。

マランタ トラフヒメバショウの別名。

マランタ・アルンディナケア クズウコンの別名。

マランタ・エリスロニュウラ クズウコン科。園芸植物。

マランタ・ビコロル モンヨウショウの別名。

マランタ・レウコネウラ 〈*Maranta leuconeura* E. Morr.〉クズウコン科。葉は長楕円形ないし広楕円形。園芸植物。

マランタ・レウコネウラ・マッサンゲアーナ クズウコン科。別名ヒョウモンヨウショウ。園芸植物。

マリー ユリ科のヒアシンスの品種。園芸植物。

マリア・カラス 〈Maria Callas〉 バラ科のバラの品種。ハイブリッド・ティーローズ系。園芸植物。

マリアナソケイ ヤスミヌム・マリアヌムの別名。

マリーゴールド キク科の属総称。ハーブ。別名クジャクソウ(孔雀草)、マンジュギク(万寿菊)、センジュギク(千寿菊)。園芸植物。切り花に用いられる。

マリゴールド クジャクソウの別名。

マリネット 〈Marinette〉 バラ科。イングリッシュローズ系。花はクリーム色。

マリー・パビ 〈Marie Pavié〉 バラ科。ポリアンサ・ローズ系。花は白色。

マリブ ラン科のシンビジウム・ショーガールの品種。園芸植物。

マリー・ホワイト アヤメ科のフリージアの品種。園芸植物。

マリモ シオグサ科。

マリュウギョク 魔竜玉 ネオポルテリア・カスタネオイデスの別名。

マリリン・モンロー ラン科のシンビジウムの品種。園芸植物。

マリー・ルイーズ 〈Marie Louise〉 バラ科。

マルアミハ 〈*Struvea japonica* Okamura et Segawa〉マガタマモ科の海藻。茎の基部に小数の環状のくびれ。体は4cm。

マルヴァウイクス・アルボレウス 〈*Malvaviscus arboreus* Cav.〉アオイ科の低木。別名ヒメフヨウ。園芸植物。

マルヴァヴィスクス アオイ科の属総称。別名ヒメフヨウ。園芸植物。

マルウァ・ウェルティキラタ フユアオイの別名。

マルウァ・モスカタ ジャコウアオイの別名。

マルウァ・ロツンディフォリア ハイアオイの別名。

マルオウギ 〈*Licuala grandis* Wendl.〉ヤシ科の小木。果実は赤色。熱帯植物。園芸植物。

マルギナータ ウコギ科。別名フクリンアラリア。園芸植物。

マルギナトケレウス・マルギナツス ハクウンカクの別名。

マルキンカン 丸金柑 〈*Fortunella japonica* (Thunb. ex Murray) Swingle var. *japonica*〉ミカン科の常緑低木。別名ヒメタチバナ、マルミキンカン。高さは2m。園芸植物。

マルクグラビア・ブロウネイ ノランテア・グイアネンシスの別名。

マルクビツチトリモチ 〈*Balanophora globosa* Jungh.〉ツチトリモチ科の寄生植物。雌株のみが知られている。熱帯植物。

マルゲリータ・ヒリング 〈Marguerite Hilling〉 バラ科。別名ピンク ネバダ。ハイブリッド・モエシー・ローズ系。

マルコミア・キア 〈*Malcolmia chia* DC.〉アブラナ科の一年草。高さは20～30cm。花は紫紅藤色。園芸植物。

マルコミア・マリティマ 〈*Malcolmia maritima* (L.) R. Br.〉アブラナ科の一年草。花は藤、桃または白色。園芸植物。

マルコミア・リットレア 〈*Malcolmia littorea* (L.) R. Br.〉アブラナ科の一年草。高さは10～35cm。花は紫紅色。園芸植物。

マルシャンティア・ポリモルファ ゼニゴケの別名。

マルシレア・クアドリフォリア デンジソウの別名。

マルシレア・クレナタ ナンゴクデンジソウの別名。

マルシレア・ドラモンディー 〈*Marsilea drummondii* A. Broun〉デンジソウ科の水生シダ。縁は波うつ。園芸植物。

マルスグリ セイヨウスグリの別名。

マルス・フペネンシス ツクシカイドウの別名。

マルス・ミクロマルス ミカイドウの別名。

マルタ イワタバコ科のセントポーリアの品種。園芸植物。

マルタイゴケ 〈Tetraplodon mnioides (Hedw.) Bruch & Schimp.〉オオツボゴケ科のコケ。茎下部は褐色の仮根で覆われる。葉は卵形。

マルタゴン・リリー リリウム・マルタゴンの別名。

マルチフロラ・デライト ゴマノハグサ科のカルセオラリアの品種。園芸植物。

マルチ・ローズ キク科のデージーの品種。園芸植物。

マルニエラ・クリソカルディウム 〈Marniera chrysocardium (Alexand.) Backeb.〉サボテン科のサボテン。別名ゴールデン・ハート。長さ50～60cm。花は白色。園芸植物。

マルバアオダモ 〈Fraxinus sieboldiana Blume〉モクセイ科の落葉高木。別名ホソバアオダモ、トサトネリコ、コガネヤチダモ。4個の花弁をもつ。園芸植物。

マルバアカザ 〈Chenopodium acuminatum Willd.〉アカザ科の一年草。高さは20～60cm。

マルバアカバ 〈Neodilsea tenuipes Yamada et Mikami in Mikami〉リュウモンソウ科の海藻。基部は円形。

マルバアキグミ 〈Elaeagnus umbellata Thunb. var. rotundifolia Makino〉グミ科の木本。

マルバアサガオ 丸葉朝顔 〈Pharbitis hederacea (Jacq.) Choisy〉ヒルガオ科のつる性植物。花は白、淡紅、紅紫、青紫など。薬用植物。園芸植物。

マルバアマノリ 〈Porphyra suborbiculata Kjellman〉ウシケノリ科の海藻。円形又は腎臓形。体は3～7cm。

マルバイチジク 〈Ficus curtipes Corner〉クワ科の小木。果嚢は扁球形で黄赤色。熱帯植物。

マルバイワシモツケ 丸葉岩下野 〈Spiraea nipponica Maxim. var. nipponica f. rotundifolia Makino〉バラ科。

マルバインドゴムノキ 〈Ficus elastica Roxb. ex Hornem. 'Decora'〉クワ科。園芸植物。

マルバウスゴ 丸葉臼子 〈Vaccinium ovalifolium var. shikokianum〉ツツジ科の落葉低木。別名ナンブクロウスゴ、シコクウスゴ。

マルバウツギ 円葉空木 〈Deutzia scabra Thunb.〉ユキノシタ科の落葉低木。別名ツクシウツギ。高さは1.5m。花は白色。園芸植物。

マルバウマノスズクサ 〈Aristolochia contorta Bunge〉ウマノスズクサ科の多年生つる草。別名コウマノスズクサ。葉径4～10cm。

マルバオウセイ 〈Polygonatum trichosanthum Koidz.〉ユリ科の草本。

マルバオモダカ 丸葉面高 〈Caldesia parnassifolia (Bassi ex L.) Parlat.〉オモダカ科の一年生または多年生水草。高さ30～100cm、花は白色。園芸植物。日本絶滅危機植物。

マルバガタパチヤ 〈Palaquium ridleyi Burck.〉アカテツ科の湿地の高木。葉裏は褐色でない。熱帯植物。

マルバカラテヤ 〈Calathea roseopicta (Linden) Regel〉クズウコン科の多年草。別名チャボベニスジヒメバショウ。葉面に白い輪斑。高さは20～30cm。花は白、淡紫斑あり。熱帯植物。園芸植物。

マルバカンアオイ タイリンアオイの別名。

マルバカンコモドキ 〈Bridelia stipularis BL.〉トウダイグサ科の小木。葉と葉柄は褐毛、葉脈は葉縁まで達する。熱帯植物。

マルバギシギシ ジンヨウスイバの別名。

マルバキンゴジカ 〈Sida cordifolia L.〉アオイ科の草本状低木。民間薬、靱皮繊維は利用しうる。熱帯植物。

マルバキンレイカ 丸葉金鈴花 〈Patrinia gibbosa Maxim.〉オミナエシ科の多年草。高さは30～70cm。

マルバグサ 〈Halymenia rotunda Okamura〉ムカデノリ科の海藻。あらい鋸歯がある。

マルバクサギ 〈Clerodendron crytophyllum Turcz.〉クマツヅラ科の薬用植物。

マルバクチナシ 〈Gardenia jasminoides Ellis 'Maruba'〉アカネ科。別名オカメクチナシ。園芸植物。

マルバクマツヅラ 〈Verbena stricta Vent.〉クマツヅラ科の多年草。花は青紫色。

マルバグミ 丸葉茱萸 〈Elaeagnus macrophylla Thunb.〉グミ科の常緑低木。別名オオバグミ。高さは2m。園芸植物。

マルバケイビアナナス ビトケアニア・マイディフォリアの別名。

マルバケヅメグサ 〈Portulaca boninensis〉スベリヒユ科。

マルバコオイゴケモドキ 〈Diplophyllum andrewsii A. Evans〉ヒシャクゴケ科のコケ。茎は長さ0.5～1cm。

マルバコケシダ 〈Trichomanes bimarginatum Bosch〉コケシノブ科の常緑性シダ。葉身は長さ0.5～1.5cm。倒卵状長楕円形。

マルバコゴメグサ 丸葉小米草 〈Euphrasia insignis var. nummularia〉ゴマノハグサ科。高山植物。薬用植物。

マルバコマチゴケ 〈Calobryum mnioides Steph.〉ミズゼニゴケ科のコケ植物。

マルバコンロンソウ 円葉崑崙草 〈Cardamine tanakae Franch. et Savat.〉アブラナ科の越年草。高さは7～20cm。

マルバサツキ 丸葉皐月 〈Rhododendron eriocarpum (Hayata) Nakai〉ツツジ科の常緑低

木。別名シナサツキ、リュウキュウヤマツツジ。花は淡紫色。園芸植物。日本絶滅危惧植物。

マルバサンキライ 丸葉山奇粮 〈*Smilax vaginata* Decne. var. *stans* (Maxim.) T. Koyama〉ユリ科の草本。高山植物。

マルバシクラメン 〈*Cyclamen purpurascens* Mill.〉サクラソウ科の多年草。花は淡紅紫から濃紅紫色。園芸植物。

マルバシタン 〈*Dalbergia latifolia* Roxb.〉マメ科の高木。花は白色。熱帯植物。

マルバシマザクラ 〈*Hedyotis mexicana*〉アカネ科の常緑低木。

マルバシモツケ 丸葉下野 〈*Spiraea betulifolia* Pallas var. *betulifolia*〉バラ科の落葉低木。高山植物。

マルバシモツケ スピラエア・ベツリフォリアの別名。

マルバシャリンバイ 丸葉車輪梅 バラ科の常緑低木。

マルバシャリンバイ シャリンバイの別名。

マルバシュウカイドウ 〈*Begonia sinuata* Wall.〉シュウカイドウ科の草本。茎と葉裏の脈は赤。熱帯植物。

マルバスイバ ルメックス・スクータスの別名。

マルバスミレ 〈*Viola keiskei* Miq.〉スミレ科の多年草。

マルバソコマメゴケ 〈*Heteroscyphus tener* (Steph.) Schiffn.〉ウロコゴケ科のコケ。茎は長さ1〜3cm、葉は卵形。

マルバタイミンタチバナ 〈*Myrsine okabeana*〉ヤブコウジ科の常緑低木。

マルバタイミンタチバナ シマタイミンタチバナの別名。

マルバタケハギ 〈*Alysicarpus vaginalis* DC.〉マメ科の低木。葉は円形、良質の牧草。熱帯植物。

マルバダケブキ 丸葉岳蕗 〈*Ligularia dentata* (A. Gray) Hara〉キク科の多年草。別名マルバノチョウリョウソウ。高さは40〜120cm。高山植物。園芸植物。

マルバタチヒダゴケ 〈*Orthotrichum obtusifolium* Brid.〉タチヒダゴケ科のコケ。小形、茎は長さ5〜10mm、小さな塊をつくる。葉は長楕円形〜長楕円状卵形。

マルバタチムカデゴケ マルバハネゴケの別名。

マルバタバコ 丸葉煙草 〈*Nicotiana rustica* L.〉ナス科の薬用植物。別名ルスチカタバコ。

マルバタマノカンザシ ホスタ・プランタギネアの別名。

マルハチ 丸八 〈*Cyathea mertensiana* (Kunze) Copel.〉ヘゴ科の常緑性シダ。葉痕は○の中に八の字を逆にしたように並ぶ。葉身は長さ130cm。倒卵状楕円形。園芸植物。

マルハチ 丸八 ヘゴ科の属総称。

マルバチシマクロノリ 〈*Porphyra purpurea* (Roth) C. Agardh〉ウシケノリ科の海藻。倒卵形。体は長さ6〜18cm。

マルバチシャノキ 〈*Ehretia dicksoni* Hance〉ムラサキ科の落葉小高木。

マルバチャルメルソウ 〈*Mitella nuda* L.〉ユキノシタ科の草本。

マルバツヤゴケ 〈*Entodon concinnus* (De Not.) Paris subsp. *caliginosus* (Mitt.) Mizush.〉ツヤゴケ科のコケ。茎は長さ10cm前後、羽状に分枝、枝葉は楕円形〜やや舌形。

マルバツユクサ 〈*Commelina benghalensis* L.〉ツユクサ科の一年草。高さは20〜50cm。花はコバルト色。熱帯植物。

マルバツルノゲイトウ 〈*Alternanthera pungens* Kunth〉ヒユ科の一年草。別名ケツルノゲイトウ。長さは40cm。花は汚白色。

マルバデイコ アメリカデイゴの別名。

マルバテイショウソウ 〈*Ainsliaea fragrans* Champ. var. *integrifolia* (Maxim.) Kitamura〉キク科の草本。

マルバトウキ 〈*Ligusticum hultenii* Fern.〉セリ科の多年草。高さは30〜100cm。

マルバニッケイ 円葉肉桂 〈*Cinnamomum daphnoides* Sieb. et Zucc.〉クスノキ科の常緑小高木。別名コウチニッケイ。

マルバヌカイタチシダモドキ 〈*Dryopteris tsugiwoi* Kurata〉オシダ科の常緑性シダ。葉身は長さ40cm。三角状長卵形。

マルバヌスビトハギ 円葉盗人萩 〈*Desmodium podocarpum* DC. subsp. *podocarpum*〉マメ科の多年草。高さは30〜120cm。

マルバネコノメソウ 〈*Chrysosplenium ramosum* Maxim.〉ユキノシタ科の草本。

マルバノイチヤクソウ 丸葉の一薬草 〈*Pyrola nephrophylla* H. Andres〉イチヤクソウ科の多年草。高さは10〜20cm。高山植物。

マルバノキ 丸葉木 〈*Disanthus cercidifolia* Maxim.〉マンサク科の落葉低木。別名ベニマンサク。高さは1〜3m。花は淡紅色。園芸植物。

マルバノサワトウガラシ 〈*Deinostema adenocaulon* (Maxim.) Yamazaki〉ゴマノハグサ科の草本。

マルバノフナバラソウ 〈*Cynanchum krameri* (Franch. et Savat.) Matsum.〉ガガイモ科の草本。

マルバノホロシ 〈*Solanum maximowiczii* Koidz.〉ナス科のつる生多年草。別名ヤママルバノホロシ。

マルバハカマカズラ 〈*Bauhinia bidentata* Jack.〉マメ科の半蔓木。葉は硬質、サルトリイバラのような質。熱帯植物。

マルハハキ

マルバハギ 円葉萩 〈*Lespedeza cyrtobotrya* Miq.〉マメ科の落葉低木。別名ミヤマハギ、コハギ。高さは1.5〜2m。花は紅紫色。園芸植物。

マルバハスノハカズラ 〈*Stephania rotunda* Lour.〉ツヅラフジ科の蔓草。葉は赤脈、根は球形、民間薬。熱帯植物。

マルバ・ハッカ アップル・ミントの別名。

マルバハッカ 円葉薄荷 〈*Mentha suaveolens* Ehrh.〉シソ科の多年草。高さは30〜80cm。園芸植物。

マルバハネゴケ 円葉羽根苔 〈*Plagiochila ovalifolia* Mitt.〉ハネゴケ科のコケ。別名マルバタチムカデゴケ。茎は長さ3〜5cm、葉は卵形で円頭。

マルババライロセンナ 〈*Cassia renigera* Wall.〉マメ科の観賞用小木。短毛。花はピンク色。熱帯植物。

マルバヒメクサリゴケ 〈*Cololejeunea minutissima* (Sm.) Schiffn.〉クサリゴケ科のコケ。茎は長さ0.3〜1cm、背片は円形。

マルバヒメフヨウ 〈*Malvaviscus mollis* DC.〉アオイ科の小木。花は暗赤色。熱帯植物。

マルバヒユ 〈*Iresine herbstii* Hook. f.〉ヒユ科。別名ケショウビユ。葉は紫紅色。長さ2〜6cm。園芸植物。

マルバヒルギダマシ 〈*Avicennia lanata* Ridl.〉クマツヅラ科の高木、マングローブ植物。葉裏白黄毛。熱帯植物。

マルバヒレアザミ 〈*Cirsium grayanum* (Maxim.) Nakai〉キク科の草本。

マルバフジバカマ 〈*Eupatorium rugosum* Houtt.〉キク科の多年草。高さは40〜160cm。花は白色。園芸植物。

マルバフタバムグラ 〈*Borreria ocymoides* DC.〉アカネ科の草本。花は白色。熱帯植物。

マルバフユイチゴ コバノフユイチゴの別名。

マルバベニシダ 丸葉紅羊歯 〈*Dryopteris fuscipes* C. Chr.〉オシダ科の常緑性シダ。葉身は長さ25〜60cm。卵状長楕円形〜三角状卵形。

マルバ・ベルティキラータ フエアオイの別名。

マルバホウオウゴケ 〈*Fissidens diversifolius* Mitt.〉ホウオウゴケ科のコケ。小形、茎は葉を含め長さ6mm以下、葉は卵形〜長楕円状披針形。

マルバホングウシダ 〈*Lindsaea orbiculata* (Lam.) Mett. ex Kuhn〉ワラビ(ホングウシダ科)の常緑性シダ。葉身は長さ5〜10cm。単羽状。

マルバマライヤマイモ 〈*Dioscorea orbiculata* Hook. f.〉ヤマノイモ科の蔓草。葉は時に互生もする。熱帯植物。

マルバマンサク 丸葉万作 〈*Hamamelis japonica* Sieb et Zucc. var. *obtusata* Matsum.〉マンサク科の落葉小高木。

マルバマンネングサ 丸葉万年草 〈*Sedum makinoi* Maxim.〉ベンケイソウ科の多年草。別名マメゴケ、ノビキヤシ。高さは8〜20cm。花は黄色。園芸植物。

マルバムグラ 〈*Oldenlandia paniculata* L.〉アカネ科の草本。花は白色。熱帯植物。

マルバモミジイチゴ バラ科の木本。

マルバヤナギ アカメヤナギの別名。

マルバヤナギ エゾノタカネヤナギの別名。

マルバヤハズソウ 丸葉矢筈草 〈*Kummerowia stipulacea* (Maxim.) Makino〉マメ科の一年草。高さは10〜20cm。

マルバヤバネゴケ 〈*Cephalozia lunulifolia* (Dumort.) Dumort.〉ヤバネゴケ科のコケ。淡緑色。

マルバユーカリ フトモモ科。園芸植物。

マルバユリゴケ 〈*Tayloria hornschuchii* (Grev. & Arn.) Broth.〉オオツボゴケ科のコケ。小形、茎は高さ約1cm、葉は卵形〜舌形。

マルバラセンソウ 〈*Triumfetta suffruticosa* BL.〉シナノキ科の草本。カジバラセンソウに似る。熱帯植物。

マルバルコウソウ 円葉縷紅草 〈*Quamoclit coccinea* (L.) Moench〉ヒルガオ科の一年生つる草。別名ルコウアサガオ。花は紅黄色。薬用植物。園芸植物。

マルバルリミノキ 〈*Lasianthus wallichii* Wight〉アカネ科の木本。

マルピーギア・グラブラ バルバドスザクラの別名。

マルピーギア・コッキゲラ ヒイラギトラノオの別名。

マルフサゴケ 〈*Plagiothecium cavifolium* (Brid.) Z. Iwats.〉サナダゴケ科のコケ。葉は淡緑色〜黄褐色、卵形〜卵状楕円形。

マルブシュカン シトロンの別名。

マルホハリイ 〈*Eleocharis ovata* (Roth) Roem. et Schult.〉カヤツリグサ科の一年草。高さは6〜40cm。

マルミカムリゴケ 〈*Pilophoron nigricaule* Sato〉キゴケ科の地衣類。地衣体は灰白または汚れた灰緑色。

マルミカンアオイ 〈*Asarum subglobosum* F. Maek.〉ウマノスズクサ科の多年草。別名マルミノカンアオイ。萼筒入口付近は不規則に低く隆起。園芸植物。

マルミキゴケ 〈*Stereocaulon pomiferum* Duvign.〉キゴケ科の地衣類。棘枝は円柱状またはサンゴ状。

マルミキンカン マルキンカンの別名。

マルミクダモノトケイ パッション・フルーツの別名。

マルミスブタ 〈*Blyxa aubertii* L. C. Rich.〉トチカガミ科の一年生沈水植物。葉は線形、種子に尾状突起が発達しない。

マルミスミレノキ 〈*Rinorea wallichiana* Kuntze〉スミレ科の低木。果実は白黄色。熱帯植物。

マルミノウルシ 円実野漆 〈*Euphorbia ebracteolatus* Hayata〉トウダイグサ科の草本。薬用植物。

マルミノオオカラスウリ 〈*Trichosanthes cordata* Roxb.〉ウリ科の蔓草。果実は球形で赤、果肉淡黄橙色。熱帯植物。

マルミノヒトヨタケ 〈*Coprinus kimurae* Hongo & Aoki〉ヒトヨタケ科のキノコ。小型。傘は淡灰色、綿屑状の被膜あり。鐘形で時間とともに液化。ひだは白色→黒色。

マルミノフウセンタケ 〈*Cortinarius anomalus* (Fr. : Fr.) Fr.〉フウセンタケ科のキノコ。

マルミノヤマゴボウ 〈*Phytolacca japonica* Makino〉ヤマゴボウ科の多年草。高さは約1m。薬用植物。

マルメロ 榲桲 〈*Cydonia oblonga* Mill.〉バラ科の落葉高木。別名カマクラカイドウ、マルメ。樹高5m。花は白または淡紅色。樹皮は紫褐色。薬用植物。園芸植物。

マルメロ バラ科の属総称。

マルヤマカンコノキ 〈*Bridelia insulata* Hance〉トウダイグサ科の木本。

マルヤマシュウカイドウ 〈*Begonia laciniata* Roxb.〉シュウカイドウ科。高さは30～60cm。花は白色。園芸植物。

マレシャル・ニエール 〈*Maréchal Niel*〉バラ科。ノアゼット・ローズ系。花はレモンイエロー。

マレシャル・フォック 〈*Maéchal Foch*〉バラ科。ポリアンサ・ローズ系。花は濃いピンク。

マレーフトモモ 〈*Syzygium malaccense* (L.) Merrill et L. M. Perry〉フトモモ科の常緑高木。高さは15m。花は紅色。園芸植物。

マロウ コモン・マロウの別名。

マロツス・ヤポニクス アカメガシワの別名。

マロニエ トチノキ科の属総称。

マロニエ セイヨウトチノキの別名。

マロニエ・ヒポカスタナム トチノキ科。別名ヨウシュトチノキ。園芸植物。

マロペ・トリフィダ 〈*Malope trifida* Cav.〉アオイ科の一年草。高さは60～90cm。花は紫紅色。園芸植物。

マロン・ピコティ スミレ科のタフテッド・パンジーの品種。園芸植物。

マンキンアオイ 〈*Hibiscus surratensis* L.〉アオイ科の匍匐性草。多刺、多毛。花は黄、中心赤黒色。熱帯植物。

マンゲツ 満月 マミラリア・カンデイダの別名。

マンゲツノヒカリ 満月の光 キク科のキクの品種。園芸植物。

マンゴ バラ科。フロリバンダ・ローズ系。

マンゴー 〈*Mangifera indica* L.〉ウルシ科の常緑高木。別名マンギフェラ・インディカ。果実は扁球形、品種が多い。高さは10～40m。花は白、ピンク、赤色。熱帯植物。薬用植物。園芸植物。

マンゴーカジュツ 〈*Curcuma mangga* Val. et Zyp.〉ショウガ科の草本。葉の中央に赤条なく、中肋凹溝は狭い。高さ1m。熱帯植物。

マンゴスチン 〈*Garcinia mangostana* L.〉オトギリソウ科の常緑小高木。別名ガルサニア・マンゴスタナ。雌雄異株、果実は紫、果肉は厚く赤色。高さは9～12m。花はピンク色。熱帯植物。薬用植物。園芸植物。

マンゴスチン オトギリソウ科の属総称。

マンサク 万作 〈*Hamamelis japonica* Sieb. et Zucc. var. *japonica*〉マンサク科の落葉小高木。高さは3～5m。花は緑黄色。薬用植物。園芸植物。

マンサク科 科名。

マンサクヒャクニチソウ 万作百日草 〈*Zinnia peruviana* (L.) L.〉キク科。園芸植物。

マンザニロ 〈Manzanilla, Manza〉モクセイ科のオリーブ(Olive)の品種。果実は円形。

マンジュウパンノキ 〈*Artocarpus borneensis* Merr. var. *griffithii* King.〉クワ科の高木。葉は厚く、材は暗褐色で耐久材。熱帯植物。

マンジュ 万寿 ラン科のシュンランの品種。園芸植物。

マンシュウアンズ 〈*Prunus mandshurica* (Maxim.) Koehne〉バラ科の薬用植物。果実は小形。園芸植物。

マンシュウウマノスズクサ 〈*Aristolochia manshuriensis* Kom.〉ウマノスズクサ科の薬用植物。別名キダチウマノスズクサ。萼筒の先端に黒褐色の模様。園芸植物。

マンシュウカエデ アケル・マンシュリクムの別名。

マンシュウキスゲ ヘメロカリス・リリオアスフォデルスの別名。

マンシュウグルミ ユグランス・マンシュリカの別名。

マンシュウクロカワスゲ 〈*Carex peiktusanii* Komar.〉カヤツリグサ科。日本絶滅危機植物。

マンシュウクロマツ 〈*Pinus tabulaeformis*〉マツ科の木本。樹高25m。樹皮は灰色。

マンシュウスイラン チョウセンスイランの別名。

マンシュウハシドイ 〈*Syringa amurensis* Rupr.〉モクセイ科の木本。高さは4m。花はクリームがかった白色。園芸植物。

マンシュウヒヨス ヒオスキアムス・アグレスティスの別名。

マンシユウボダイジュ 〈*Tilia mandschurica* Rupr. et Maxim. var. *mandschurica*〉シナノキ科の落葉広葉高木。別名トウホクジナ、マンシュウジナ。高さは22m。園芸植物。

マンシュウマメナシ ピルス・ベツリフォリアの別名。

マンシュウミシマサイコ 満州三島柴胡〈*Bupleurum chinense* DC.〉セリ科の薬用植物。別名ヒロハミシマサイコ。

マンシュウヤマナシ ピルス・ウスリーエンシスの別名。

マンシュウリンドウ 〈*Gentiana manshurica* Kitag.〉リンドウ科の薬用植物。

マンセイギョク 万青玉 トウダイグサ科。園芸植物。

マンダイ 万代 ヒガンバナ科。園芸植物。

マンダリン 〈Mandarin〉バラ科。ミニアチュア・ローズ系。花は橙朱色。

マンダリン ミカン科の属総称。

マンデヴィラ キョウチクトウ科の属総称。別名チリソケイ。

マンデヴィラ・アマビリス 〈*Mandevilla* × *amabilis* (hort. Backh.) Dress〉キョウチクトウ科のつる植物。花は淡桃から濃桃赤色。園芸植物。

マンデヴィラ・サンデリ 〈*Mandevilla sanderi* (Hemsl.) Woodson〉キョウチクトウ科のつる植物。花は淡桃～濃桃赤色。園芸植物。

マンデヴィラ・スプレンデンス 〈*Mandevilla splendens* Woodson〉キョウチクトウ科の常緑つる性植物。

マンデヴィラ・ボリウィエンシス 〈*Mandevilla boliviensis* (Hook. f.) Woodson〉キョウチクトウ科のつる植物。花は純白色。園芸植物。

マンデヴィラ・ラクサ チリソケイの別名。

マンテマ 〈*Silene gallica* L. var. *quinquevulnera* (L.) Rohrb.〉ナデシコ科の一年草または多年草。高さは30～50cm。

マントカラカサタケ 〈*Macrolepiota* sp.〉ハラタケ科のキノコ。大型。傘は淡褐色鱗片。ひだは白色→淡赤色のしみ。

マンドラゴラ 〈*Mandragora officinarum* L.〉ナス科の多年草。別名マンドレイク、マンダラゲ。薬用植物。

マンドラゴラ ナス科の属総称。

マンドラゴラ・カウレスケンス 〈*Mandragora caulescens* C. B. Clarke〉ナス科。高山植物。

マンナゴケ チャシブゴケ科。

マンナノキ 〈*Fraxinus ornus*〉モクセイ科の木本。樹高20m。樹皮は灰色。薬用植物。園芸植物。

マンネングサ ベンケイソウ科の属総称。

マンネングサ オノマンネングサの別名。

マンネンスギ 万年杉 〈*Lycopodium obscurum* L.〉ヒカゲノカズラ科の常緑性シダ。高さは10～30cm。葉身は線形。薬用植物。園芸植物。

マンネンタケ 〈*Ganoderma lucidum* (Leyss. : Fr.) Karst.〉マンネンタケ科（サルノコシカケ科）のキノコ。小型～中型。傘は淡褐色～赤褐色、ニス状光沢。薬用植物。

マンネンタケ マゴジャクシの別名。

マンポウ 万宝 〈*Senecio serpens* Rowley〉キク科。高さは15～20cm。花は白色。園芸植物。

マンモス・エロー アヤメ科のクロッカスの品種。園芸植物。

マンモス・スカーレット キク科のガーベラの品種。園芸植物。

マンヨウ 万葉 〈Manyoh〉バラ科。フロリバンダ・ローズ系。花はオレンジ色。

マンリョウ 万両 〈*Ardisia crenata* Sims〉ヤブコウジ科の常緑小低木。高さは30～100cm。花はピンク色。熱帯植物。園芸植物。

マンリョウ ヤブコウジ科の属総称。

【 ミ 】

ミアナグサ 〈*Trematocarpus pygmaeus* Yendo〉アツバノリ科の海藻。円柱状又は扁圧。体は1～3cm。

ミイケイワヘゴ 〈*Dryopteris* × *miyazakiensis* Miyamoto〉オシダ科のシダ植物。

ミイノヒガサタケ 〈*Leucocoprinus otsuensis* Hongo〉ハラタケ科のキノコ。小型～中型。傘は綿屑状小鱗片、溝線。

ミイノモミウラモドキ 〈*Rhodophyllus staurosporus* (Bres.) J. Lange〉イッポンシメジ科のキノコ。

ミイロアミタケ 〈*Daedaleopsis purpurea* (Cooke) Imazeki & Aoshima〉サルノコシカケ科のキノコ。大型。傘は褐色・暗褐色・黒色、環紋あり。

ミイロヒメバショウ クズウコン科。園芸植物。

ミウラノデ 〈*Polystichum* × *miuranum* Kurata〉オシダ科のシダ植物。

ミウラオトメ ツバキ科のツバキの品種。

ミオスルス・ミニムス 〈*Myosurus minimus* L.〉キンポウゲ科の一年草。

ミオソティス・アルペストリス 〈*Myosotis alpestris* F. W. Schmidt〉ムラサキ科の多年草。高山植物。

ミオソティス・アルベンシス ノハラムラサキの別名。

ミオソティス・カピタータ 〈*Myosotis capitata* Hook. f.〉ムラサキ科の多年草。

ミオソティス・シルウァティカ エゾムラサキの別名。

ミオソティス・スコルピオイデス ワスレナグサの別名。

ミオソティス・ラクサ 〈*Myosotis laxa* Lehmann〉ムラサキ科の一年草。高山植物。

ミオソティディウム・ホルテンシア 〈*Myosotidium hortensia* (Decne.) Baill.〉ムラサキ科の多年草。高さは30〜60cm。花は濃青色。園芸植物。

ミカイドウ 実海棠 〈*Malus micromalus* Makino〉バラ科の落葉小高木。別名カイドウ、ナガサキリンゴ。高さは3〜5m。花は淡紅色。園芸植物。

ミガエリスゲ タカネハリスゲの別名。

ミカエリソウ 見返草 〈*Leucosceptrum stellipilum* (Miq.) Kitamura et Murata var. *stellipilum*〉シソ科の草本状小低木。別名イトカケソウ。高さは40〜100cm。

ミカガミ 御鏡 オプンティア・ロブスタの別名。

ミカサヤマ 三笠山 カエデ科のコハウチワカエデの品種。園芸植物。

ミカヅキグサ 三日月草 〈*Rhynchospora alba* (L.) Vahl〉カヤツリグサ科の多年草。高さは15〜50cm。

ミカヅキゼニゴケ 〈*Lunularia cruciata* (L.) Dumort. ex Lindb.〉ミカヅキゼニゴケ科のコケ。淡緑色〜青緑色、長さ2〜4cm。

ミカドアナナス フリーセア・インペリアリスの別名。

ミカドニシキ ユリ科。園芸植物。

ミカドニシキ 帝錦 アロエ・アフリカナの別名。

ミカワイヌノヒゲ 〈*Eriocaulon mikawanum* Satake et T. Koyama〉ホシクサ科の草本。

ミカワシオガマ 〈*Pedicularis resupinata* L. subsp. *oppositifolia* (Miq.) T. Yamaz. var. *microphylla* Honda〉ゴマノハグサ科。

ミカワショウマ 〈*Astilbe thunbergii* var. *okuyamae*〉ユキノシタ科。

ミカワシライトソウ 〈*Chinographis koidzumiana* var. *mikawana*〉ユリ科。

ミカワシンジュガヤ 〈*Scleria mikawana* Makino〉カヤツリグサ科の草本。

ミカワスブタ 〈*Blyxa leiosperma* Koidz.〉トチカガミ科の草本。

ミカワタヌキモ 糸狸藻 〈*Utricularia exoleta* R. BR.〉タヌキモ科の浮遊植物または湿生の一年生または多年草。葉には少数の捕虫嚢、花は淡い黄色。熱帯植物。

ミカワチャセンシダ 〈*Asplenium* × *masakii* Nakaike, nom. nud.〉チャセンシダ科のシダ植物。

ミカワツツジ 〈*Rhododendron kaempferi* Planch. var. *mikawanum* (Makino) Makino〉ツツジ科の木本。

ミカワノチャルメルソウ 〈*Mitella furusei* Ohwi〉ユキノシタ科の多年草。別名ミカワチャルメルソウ。花は淡緑または茶褐色。園芸植物。

ミカワバイケイソウ 〈*Veratrum stamineum* Maxim. var. *micranthum* Satake〉ユリ科。

ミカワリシダ 〈*Tectaria subtriphylla* (Hook. et Arn.) E. Copel.〉オシダ科の常緑性シダ。葉身は長さ25〜50cm。広卵形。園芸植物。

ミカン ミカン科のミカン属のうちミカン区に属する柑橘の総称。

ミカン科 科名。

ミカンモドキ 〈*Atalantia spinosa* Koorders〉ミカン科の小木。ミカン属に近縁。熱帯植物。

ミキイロウスタケ 〈*Cantharellus infundibuliformis* (Scop.) Fr.〉アンズタケ科のキノコ。小型〜中型。傘は黄茶色。ひだは灰黄白色。

ミキナシサバル 〈*Sabal minor* (Jacq.) Pers.〉ヤシ科。別名クマデヤシ、チャボサバル。無幹、葉は青緑色。高さは2〜3m。花は白色。熱帯植物。園芸植物。

ミキナシナガヤクヤシ タエニアンテラ・アカウリスの別名。

ミキナシヤレオウギ 〈*Licuala ferruginea* Becc.〉ヤシ科。無幹、葉面直径1m、葉柄長さ50cm。熱帯植物。

ミギワガラシ 水際芥 〈*Rorippa nikkoensis* Hara〉アブラナ科の草本。

ミクソパイルム 〈*Myxopyrum nervosum* BL.〉モクセイ科の蔓性木。熱帯植物。

ミクマノシダ 〈*Diplazium hachijoense* × *virescens* var. *conterminum*〉オシダ科のシダ植物。

ミクリ 実栗 〈*Sparganium stoloniferum* Buch.-Ham. var. *stoloniferum*〉ミクリ科の多年生の抽水植物。別名ヤガラ。全高は0.6〜2m、果実は紡錘形で長さ6〜8mm。薬用植物。日本絶滅危機植物。

ミクリ科 科名。

ミクリガヤ 〈*Rhynchospora malasica* C. B. Clarke〉カヤツリグサ科の草本。

ミクリガヤツリ 〈*Cyperus echinatus* (L.) A. W. Wood〉カヤツリグサ科の多年草。高さは40〜80cm。

ミクリゼキショウ 実栗石菖 〈*Juncus ensiformis* Wikstr.〉イグサ科の多年草。別名クロミクリゼキショウ。高さは30〜50cm。高山植物。

ミクロキカス・カロコマ 〈*Microcycas calocoma* (Miq.) A. DC.〉ソテツ科。高さは9m。園芸植物。

ミクロコエリア・エクシリス 〈*Microcoelia exilis* Lindl.〉ラン科。高さは10〜15cm。花は白色。園芸植物。

ミクロコエリア・ギュイーヨーニアナ 〈Microcoelia guyoniana (Rchb. f.) Summerh.〉ラン科。高さは8cm。花は白色。園芸植物。

ミクロコエルム・ヴェデリアヌム 〈Microcoelum weddellianum (H. Wendl.) H. E. Moore〉ヤシ科。園芸植物。

ミクロソリウム・スコロペンドリア オキナワウラボシの別名。

ミクロソリウム・プテロプス ミツデヘラシダの別名。

ミクロソリウム・ブラキレピス ヌカボシクリハランの別名。

ミクロソリウム・プンクタツム ポリポジウムの別名。

ミクロペラ・オブツサ 〈Micropera obtusa (Lindl.) Tang et Wang〉ラン科。高さは20～25cm。花は白～淡紅色。園芸植物。

ミクロペラ・フィリピネンシス 〈Micropera philippinensis (Lindl.) Garay〉ラン科。茎の長さ30～60cm。花は乳白色。園芸植物。

ミクロペラ・マニー 〈Micropera mannii (Hook. f.) Tang et Wang〉ラン科。高さは20～30cm。花は淡紅紫色。園芸植物。

ミクロレピア・ストリゴサ イシカグマの別名。

ミクロレピア・セトサ コバノイシカグマ科。園芸植物。

ミクロレピア・プラティフィラ 〈Microlepia platyphylla (D. Don) Sm.〉ワラビ科のシダ植物。別名タイワンオオカグマ、タイワンカグマ。葉は大形で長さ2m。園芸植物。

ミケーリア ギンコウボクの別名。

ミケリア モクレン科の属総称。別名オガタマノキ。

ミケーリア・アルバ ギンコウボクの別名。

ミケーリア・コンプレッサ オガタマノキの別名。

ミケーリア・チャンパカ キンコウボクの別名。

ミケーリア・ドルツォパ 〈Michelia doltsopa Buch.-Ham. ex DC.〉モクレン科の常緑高木。花は白色。園芸植物。

ミケーリア・フィゴ カラタネオガタマの別名。

ミケルマスデージー ユウゼンギクの別名。

ミコシガヤ 〈Carex neurocarpa Maxim.〉カヤツリグサ科の多年草。高さは30～60cm。

ミコシギク 〈Chrysanthemum lineare Matsum.〉キク科の草本。別名ホソバノセイタカギク。高さは30～100cm。花は白色。園芸植物。日本絶滅危機植物。

ミコニア・カルウェスケンス 〈Miconia calvescens DC.〉ノボタン科の常緑木。別名オオバノボタン。高さは10m。花は白色。園芸植物。

ミサオノキ 操の木 〈Randia cochinchinensis (Lour.) Merr.〉アカネ科の木本。果実は黒熟。花は黄色。熱帯植物。

ミサキカグマ 〈Dryopteris chinensis (Baker) Koidz.〉オシダ科の夏緑性シダ。別名ホソバノイタチシダ。葉身は長さ15～30cm。五角状広卵形。

ミサキノハナ 〈Mimusops elengi L.〉アカテツ科の高木。葉光沢。花は白色。熱帯植物。

ミサクボシダ 〈Asplenium × iidanum (Kurata) Shimura et Takiguchi〉チャセンシダ科のシダ植物。

ミザクラ シナミザクラの別名。

ミザクラアデク 〈Eugenia pseudosubtilis King〉フトモモ科の高木。葉は厚質、花は白で3コずつ接着。熱帯植物。

ミサトムラサキ キキョウ科のキキョウの品種。園芸植物。

ミサヤマチャヒキ 〈Helictotrichon hideoi (Honda) Ohwi〉イネ科の多年草。高さは60～100cm。

ミサヨ キンポウゲ科のクレマチスの品種。

ミシェル・メイアン 〈Michèle Meilland〉バラ科。ハイブリッド・ティーローズ系。花はソフトピンク。

ミシェル・リ 〈Michèle Lis〉バラ科。ハイブリッド・ティーローズ系。花は赤色。

ミシシッピエノキ 〈Celtis laevigata〉ニレ科の木本。樹高30m。樹皮は淡灰色。

ミシマサイコ 三島柴胡 〈Bupleurum scorzoneraefolium Willd. var. stenophyllum Nakai〉セリ科の多年草。別名ブプレリウム、バプローラム、ポプラリアン。高さは30～70cm。薬用植物。園芸植物。切り花に用いられる。

ミシマハクトウ 箕島白桃 バラ科のモモ(桃)の品種。果皮は光沢のある白黄色。

ミショーキシア・カンパヌロイデス 〈Michauxia campanuloides L'Herit〉キキョウ科の多年草。

ミショーキシア・チハチェフィー 〈Michauxia tchihatcheffii Fisch. et Heldr.〉キキョウ科の多年草。

ミジンコウキクサ 微塵子浮草 〈Wolffia globosa (Roxb.) Hartog et Plas〉ウキクサ科の微小な浮遊植物。別名コナウキクサ。根を欠き、緑色でつやのある葉状体。長さは0.3～0.8mm。

ミジンコゴケ 〈Zoopsis liukiuensis Horik.〉ムチゴケ科のコケ。茎は長さ約5mm。

ミズ 〈Pilea hamaoi Makino〉イラクサ科の一年草。高さは20～40cm。

ミズアオイ 水葵 〈Monochoria korsakowii Regel et Maack〉ミズアオイ科の抽水性の一年草。高さ30～70cm、花被片は6枚であざやかな青紫色。熱帯植物。薬用植物。切り花に用いられる。日本絶滅危機植物。

ミズイモ ヒメカイウの別名。

ミズイロゴケ 〈Cladonia cyanipes (Somm.) Nyl.〉ハナゴケ科の地衣類。子柄は高さ2～8cm。

ミズイロナガボソウ 〈Stachytarpheta indica Vahl.〉クマツヅラ科の草本。葉は皺質でない。花は淡紫色。熱帯植物。

ミス・ウエノ アオイ科のハイビスカスの品種。園芸植物。

ミズオオバコ 水大葉子 〈Ottelia alismoides (L.) Pers.〉トチカガミ科の一年生の沈水植物。別名ミズアサガオ。葉身は披針形～広卵形～円心形、花弁は白～薄い桃色で3枚。熱帯植物。薬用植物。

ミズオジギソウ 〈Neptunia oleracea Lour.〉マメ科の水草。別名カイジンソウ。葉は触れると閉合、小葉片は赤緑。花は黄色。熱帯植物。園芸植物。

ミズオトギリ 水弟切 〈Triadenum japonicum Makino〉オトギリソウ科の多年草。高さは20～100cm。

ミズガヤツリ 水蚊張吊 〈Cyperus serotinus Rottb.〉カヤツリグサ科の多年草。別名オオガヤツリ。高さは50～100cm。

ミスカンツス・オリゴスタキウス カリヤスモドキの別名。

ミスカンツス・シネンシス ススキの別名。

ミスカンツス・ティンクトリウス カリヤスの別名。

ミズカンナ 〈Thalia dealbata J. Fraser〉クズウコン科の湿生植物。別名ウォーター・カンナ。長さ1～3m。花は紫色。園芸植物。

ミズガンピ 水雁皮 〈Pemphis acidula J. R. et G. Forst〉ミソハギ科の常緑低木。葉灰色毛。花は白色。熱帯植物。

ミズキ 水木 〈Cornus controversa Hemsl.〉ミズキ科の落葉高木。別名クルマミズキ。高さは15～20m。花は初め黄紅色後に暗紫色。樹皮は灰色。園芸植物。

ミズキ科 科名。

ミズキカシグサ 〈Rotala leptopetala Koehne var. littorea (Miq.) Koehne〉ミソハギ科の草本。

ミズギク 水菊 〈Inula ciliaris (Miq.) Maxim.〉キク科の多年草。別名オゼミズギク。高さは20～50cm。高山植物。

ミズギボウシ 〈Hosta longissima Honda ex F. Maekawa〉ユリ科の多年草。別名ナガバミズギボウシ。高さは40～65cm。花は濃淡のまだら色。園芸植物。

ミズキャラハゴケ 〈Taxiphyllum barbieri (Cardot et Copp.) Z. Iwatsuki〉サナダゴケ科。園芸植物。

ミズキンバイ 水金梅 〈Ludwigia stipulacea (Ohwi) Ohwi〉アカバナ科の浮葉～抽水植物。葉腋に黄色い花を付ける。高さは20～50cm。熱帯植物。

ミスコカルプス 〈Mischocarpus lessertianus Ridl.〉ムクロジ科の小木。葉の中肋黄、果実は赤、種子青黒色。熱帯植物。

ミズゴケ ミズゴケ科。

ミズゴケ属 ミズゴケ科の属総称。

ミズゴケノハナ 〈Hygrocybe coccineocrenata (P. D. Orton) Moser〉ヌメリガサ科のキノコ。

ミスジコンブ 〈Cymathaere triplicata (Postels et Ruprecht) J. Agardh〉コンブ科の海藻。葉は線状。体は長さ1.5～4m。

ミスシダゴケ 〈Cratoneuron filicinum Spruce〉ヤナギゴケ科のコケ。茎は長さ10cm、横断面で中心束は明瞭。

ミズジヤバネゴケ 〈Clastobryum glabrescens (Z. Iwats.) B. C. Tan, Z. Iwats. & D. H. Norris〉ナガハシゴケ科のコケ。枝葉は披針形。

ミズズイキ 〈Cyrtosperma lasioides Griff.〉サトイモ科の水草。挺水、根茎を食用。熱帯植物。園芸植物。

ミズスギ 水杉 〈Lycopodium cernuum L.〉ヒカゲノカズラ科の常緑性シダ。葉は淡緑色、茎は分岐して樹木状となる。高さは10～50cm。園芸植物。

ミズスギ グリプトストロブス・ペンシリスの別名。

ミズスギナ 水杉菜 〈Rotala hippuris Makino〉ミソハギ科の多年生の沈水性～抽水性または湿生植物。茎は柔らかく円柱状。

ミズスギモドキ 〈Aerobryopsis subdivergens (Broth.) Broth.〉ハイヒモゴケ科のコケ。別名オオバミズヒキゴケ。葉は広く横に展開し、広卵形。

ミズスマシノキ 〈Strychnos patatorum L. f.〉マチン科の小木。熱帯植物。

ミスズラン 〈Androcorys japonensis F. Maek.〉ラン科の多年草。高さは8～15cm。高山植物。

ミズゼニゴケモドキ 〈Aneura maxima (Schiffn) Steph.〉スジゴケ科のコケ。透明感のある緑色。

ミズタカモジ 〈Agropyron humidorum Ohwi et Sakamoto〉イネ科の多年草。高さは50～80cm。日本絶滅危機植物。

ミズタガラシ 水田辛子 〈Cardamine lyrata Bunge〉アブラナ科の草本。

ミスタキディウム・ウェノスム 〈Mystacidium venosum Harv. ex Rolfe〉ラン科。花は白色。園芸植物。

ミスタキディウム・カペンセ 〈Mystacidium capense (L. f.) Schlechter〉ラン科。高さは15～20cm。花は純白色。園芸植物。

ミスタキディウム・ミラリー 〈Mystacidium millarii H. Bolus〉ラン科。花は白色。園芸植物。

ミズタネツケバナ 〈*Cardamine scutata* Thunb. var. *latifolia* (Maxim.) H. Hara〉アブラナ科の越年草。高さは10～30cm。

ミズタビラコ 水田平子 〈*Trigonotis brevipes* (Maxim.) Maxim.〉ムラサキ科の多年草。高さは10～40cm。

ミズタマ 〈*Bornetella sphaerica* (Zanardini) Solms-Laubach〉カサノリ科の海藻。球形。

ミズタマアナナス ネオレゲリア・マルモラタの別名。

ミズタマソウ 水玉草 〈*Circaea mollis* Sieb. et Zucc.〉アカバナ科の多年草。高さは20～60cm。

ミスター・リンカーン 〈Mister Lincoln〉バラ科。ハイブリッド・ティーローズ系。花は黒っぽい赤色。

ミズチドリ 水千鳥 〈*Platanthera hologlottis* Maxim.〉ラン科の多年草。別名ジャコウチドリ。高さは50～90cm。高山植物。園芸植物。

ミズドクサ 水木賊 〈*Equisetum limosum* L.〉トクサ科の抽水性の多年草。高さ50～100cm、濃い緑色。園芸植物。

ミズトラノオ 水虎の尾 〈*Eusteralis yatabeana* (Makino) Murata〉シソ科の多年草。別名ムラサキミズトラノオ。高さは30～50cm。

ミストレス・クイックリー 〈Mistress Quickly〉バラ科。イングリッシュローズ系。花はピンク。

ミズトンボ 水蜻蛉 〈*Habenaria sagittifera* Reichb. f.〉ラン科の多年草。別名アオサギソウ。高さは40～70cm。

ミズナ 水菜 〈*Brassica rapa* L. var. *nipposinica* (L. H. Bailey) Kitam.〉アブラナ科の京野菜。

ミスナガサキ ミス長崎 アカバナ科のゴデチアの品種。園芸植物。

ミズナラ 水楢 〈*Quercus crispula* Blume〉ブナ科の落葉高木。別名オオナラ。高山植物。薬用植物。

ミズニラ 水韮 〈*Isoetes japonica* A. Br.〉ミズニラ科の沈水性～湿生の多年草または一年草。別名イケニラ、カワニラ。葉は多年生、鮮緑色～緑白色。日本絶滅危機植物。

ミズネコノオ 水猫の尾 〈*Eusteralis stellata* (Lour.) Murata〉シソ科の一年草。高さは15～50cm。日本絶滅危機植物。

ミズハコベ 水繁縷 〈*Callitriche palustris* L.〉アワゴケ科の一年生(越年生?)の沈水性～浮水～湿生植物。茎は水中で明るい緑白色のパッチをなす。

ミズバショウ 水芭蕉 〈*Lysichiton camtschatcense* (L.) Schott〉サトイモ科の多年草。白色の仏炎苞を有する。高さは10～30cm。高山植物。薬用植物。園芸植物。

ミズハナビ 水花火 〈*Cyperus tenuispica* Steud.〉カヤツリグサ科の草本。別名ヒメガヤツリ。

ミズヒキ 水引 〈*Antenoron filiforme* (Thunb. ex. Murray) Roberty et Vautier〉タデ科の多年草。高さは30～50cm。花は暗紅色。薬用植物。園芸植物。

ミズヒキモ 水引藻 〈*Potamogeton octandrus* Poir. var. *miduhikimo* (Makino) Hara〉ヒルムシロ科。別名イトモ。

ミズヒナゲシ ウォーター・ポピーの別名。

ミズヒマワリ 〈*Gymnocoronis spilanthoides* DC.〉キク科の多年草。高さは1～1.5m。花は白色。

ミズビワソウ 〈*Cyrtandra cumingii* C. B. Clarke〉イワタバコ科の草本。

ミズフトモモ 〈*Eugenia aquea* Burm.〉フトモモ科の小木。果実は白あるいは淡紅、扁形。熱帯植物。

ミズベノニセズキンタケ 〈*Cudoniella clavus* (Alb. et Schw.) Dennis〉ズキンタケ科のキノコ。

ミズホ 瑞穂 バラ科のビワ(枇杷)の品種。果皮は橙黄色。

ミズホラゴケモドキ 〈*Calypogeia sphagnicola* (Arnell & J. Perss.) Warnst. & Loeske〉ツキヌキゴケ科のコケ。クロマスティグム型分枝をする。

ミズマツバ 水松葉 〈*Rotala pusilla* Tulasne〉ミソハギ科の一年草。高さは3～10cm。

ミスミイ 〈*Eleocharis fistulosa* (Poir.) Link〉カヤツリグサ科の多年生の抽水植物。稈は高さ40～70cm、鋭い三稜形、穂が先端に付く。

ミスミグサ 〈*Elephantopus scaber* L. subsp. *oblanceolata* Kitam.〉キク科の草本。別名ミスミギク、イガコウゾリナ。下葉は地に密着。花は淡紫色。熱帯植物。

ミスミソウ 三角草 〈*Hepatica nobilis* Schreber var. *japonica* Nakai f. *japonica*〉キンポウゲ科の多年草。別名オオミスミソウ、スハマソウ。高さは10～15cm。園芸植物。

ミズメ 水芽 〈*Betula grossa*〉カバノキ科の木本。別名ヨグソミネバリ、アズサ、アズサカンバ。樹高20m。樹皮は暗灰色。

ミズメ アズサの別名。

ミズヤツデ 〈*Lasia spinosa* Thwaites〉サトイモ科の水草。若葉の葉柄は皮を剥ぎ食用。熱帯植物。

ミズユキノシタ 〈*Ludwigia ovalis* Miq.〉アカバナ科の水生植物。葉身は広卵形で長さ1～3cm、花被は淡黄緑色。高さは20～40cm。園芸植物。

ミズリーマツヨイグサ 〈*Oenothera macrocarpa* Nutt.〉アカバナ科の多年草。花は黄色。

ミズレンブ 〈*Syzygium aqueum* Alston〉フトモモ科。高さは3～10m。花は白あるいは桃色。園芸植物。

ミズワラビ 水蕨 〈*Ceratopteris thalictroides* (L.) Brongn.〉ミズワラビ科の抽水性〜湿生の一年草。別名ミズシダ、ミズボウフウ、ミズニンジン。根茎は短く、葉は叢生、ときどき無性芽を生ず。長さ20〜50cm。葉身は三角状から長楕円形、胞子葉は長さ50cm。園芸植物。

ミセス・アンソニー・ウォーターラー 〈Mrs. Anthony Waterer〉バラ科。ハイブリッド・ルゴサ・ローズ系。花は深紅色。

ミセス・ウッドロー・ウィルソン スイレン科のスイレンの品種。園芸植物。

ミセス・オークリー・フィッシャー 〈Mrs. Oakley Fisher〉バラ科。ハイブリッド・ティーローズ系。花はアプリコットイエロー。

ミセス・ジョン・レイン 〈Mrs. John Laing〉バラ科。ハイブリッド・パーペチュアルローズ系。花はソフトピンク。

ミセス・スローカム スイレン科のハスの品種。園芸植物。

ミセス・スワンソン キョウチクトウ科のキョウチクトウの品種。

ミセス・D.W.デービス ツバキ科のツバキの品種。園芸植物。

ミセス・ドリーン・パイク 〈Mrs. Dreen Pike〉バラ科。イングリッシュローズ系。花はピンク。

ミセス・ハシモト シュウカイドウ科のベゴニアの品種。園芸植物。

ミセスバット 〈*Bougainvillea mrs-butt* Hort.〉オシロイバナ科のブーゲンビレアの品種。蔓木。花序の苞は濃赤色。熱帯植物。園芸植物。

ミゼット・ブルー キキョウ科のキキョウの品種。園芸植物。

ミゼット・ホワイト キキョウ科のキキョウの品種。園芸植物。

ミセバヤ 〈*Hylotelephium sieboldii* (Sweet ex Hook.) H. Ohba〉ベンケイソウ科の多年草。別名タマノオ、タマスダレ。高さは10〜30cm。花は紅色。園芸植物。日本絶滅危惧植物。

ミゾイチゴツナギ 溝苺繋 〈*Poa acroleuca* Steud.〉イネ科の一年草または越年草。高さは40〜80cm。

ミゾオゴノリ 〈*Gracilaria incurvata* Okamura〉オゴノリ科の海藻。葉片が溝状になる。体は10cm。

ミゾカクシ 溝隠 〈*Lobelia chinensis* Lour.〉キキョウ科の多年草。別名アゼムシロ。高さは3〜15cm。薬用植物。

ミソガワソウ 味噌川草 〈*Nepeta subsessilis* Maxim.〉シソ科の多年草。高さは50〜100cm。花は薄紫色。高山植物。園芸植物。

ミゾコウジュ 溝香薷 〈*Salvia plebeia* R. Br.〉シソ科の越年草。別名ユキミソウ。高さは30〜70cm。日本絶滅危惧植物。

ミゾサデクサ サデクサの別名。

ミゾシダ 溝羊歯 〈*Stegnogramma pozoi* (Lagasc.) K. Iwatsuki subsp. *mollissima* (Fisch. ex Kunze) K. Iwatsuki〉オシダ科の夏緑性シダ。葉身は長さ50cm。長楕円形〜長楕円状披針形。

ミゾシダモドキ 〈*Cyclogramma leveillei* (Christ) Ching〉オシダ科(ヒメシダ科)の常緑性シダ。葉身は長さ30〜60cm。長楕円状披針形。

ミゾシロミモジゴケ 〈*Graphina intortula* Stirt.〉モジゴケ科の地衣類。果殻は淡色。

ミゾソバ 溝蕎麦 〈*Persicaria thunbergii* (Sieb. et Zucc.) H. Gross var. *thunbergii*〉タデ科の一年草。別名コンペトウグサ、カワソバ、タソバ。高さは30〜100cm。薬用植物。

ミゾダイオウ 〈*Rumex hydrolapathum* L.〉タデ科。葉の基部がくさび形に細まる。

ミソナオシ 味噌直 〈*Desmodium caudatum* (Thunb. ex Murray) DC.〉マメ科の草本。別名ウジクサ。薬用植物。

ミソハギ 禊萩 〈*Lythrum anceps* Makino〉ミソハギ科の宿根草。別名ボンバナ(盆花)、ショウリョウバナ(聖霊花)、ミズカケグサ(水懸草)。高さは1m前後。薬用植物。園芸植物。

ミソハギ科 科名。

ミゾハコベ 溝繁縷 〈*Elatine triandra* Schk.〉ミゾハコベ科の沈水性〜湿生の一年草。茎は長さ2〜10cm、花弁は淡紅色。

ミゾハナゴケ 〈*Cladonia macrophylla* (Schaer.) Stenhorm〉ハナゴケ科の地衣類。地衣体は長さ5mm。

ミゾハナゴケモドキ 〈*Cladonia acuminata* (Ach.) Norrl.〉ハナゴケ科の地衣類。子柄の表面は白色。

ミゾホオズキ 溝酸漿 〈*Mimulus nepalensis* Benth. var. *japonicus* Miq.〉ゴマノハグサ科の多年草。高さは10〜30cm。園芸植物。

ミタキノリ 〈*Thyrea hondoana* Zahlbr.〉リキナ科の地衣類。地衣体は真黒色。

ミタケウズ 〈*Aconitum mitakense*〉キンポウゲ科。

ミタケスゲ 深岳菅 〈*Carex michauxiana* Böcklr. var. *asiatica* (Hultén) Ohwi〉カヤツリグサ科の多年草。高さは20〜50cm。

ミタケトラノオ 〈*Asplenium × mitakense* Nakaike, nom. nud.〉チャセンシダ科のシダ植物。

ミダレアミイグチ 〈*Gyrodon merulioides* (Schw.) Sing.〉イグチ科のキノコ。小型〜大型。傘は黄褐色、フェルト状。触ると暗色に変化。

ミダレアミタケ 〈*Cerrena unicolor* (Fr.) Murr.〉タコウキン科のキノコ。

ミダレタケ サルノコシカケ科。

ミダレバヤシ 〈*Maximiliana martiana* Karst.〉ヤシ科。葉柄残基が上方に残る。羽片は不揃。幹径30cm。熱帯植物。

ミチガエソウ 〈*Pikea californica* Harvey〉リュウモンソウ科の海藻。体は5〜15cm。

ミチシバ カゼクサの別名。

ミチシルベ 道知辺 バラ科のウメの品種。園芸植物。

ミチタネツケバナ 〈*Cardamine hirsuta* L.〉アブラナ科の越年草。高さは3〜30cm。花は白色。

ミチノクイチイゴケ 〈*Herzogiella perrobusta* (Broth. & Card.) Z. Iwats.〉ハイゴケ科のコケ。茎は這い、長さ約4cm、茎葉は広披針形。

ミチノクエンゴサク 陸奥延胡索 〈*Corydalis capillipes* Franch.〉ケシ科の草本。別名ヒメヤマエンゴサク。

ミチノククマワラビ 〈*Dryopteris × wakui* Kurata〉オシダ科のシダ植物。

ミチノクコゴメグサ 〈*Euphrasia maximowiczii* var. *arcuata*〉ゴマノハグサ科。

ミチノクコザクラ 陸奥小桜 〈*Primula cuneifolia* Ledeb. var. *heterodonta* Makino〉サクラソウ科の多年草。別名イワキコザクラ。高さは8〜20cm。高山植物。

ミチノクサイシン 〈*Heterotropa fauriei* (Franch.) F. Maekawa ex Nemoto var. *fauriei*〉ウマノスズクサ科の草本。別名ミヤマカンアオイ。

ミチノクチドリ 〈*Platanthera ophrydioides* var. *ophrydioides*〉ラン科。別名オオキソチドリ。

ミチノクナシ 陸奥梨 〈*Pyrus ussuriensis* Maxim. var. *ussuriensis*〉バラ科の木本。別名イワテヤマナシ、アオナシ、チョウセンヤマナシ。薬用植物。

ミチノクモジゴケ 〈*Graphis rikuzensis* (Vain) Nak.〉モジゴケ科の地衣類。地衣体は痂状。

ミチノクヤマタバコ 〈*Ligularia fauriei* (Franch.) Koidz.〉キク科の草本。

ミチノクヤマナシ ピルス・ウスリーエンシスの別名。

ミチバタガラシ 〈*Rorippa dubia* (Pers.) Hara〉アブラナ科の多年草。高さは10〜20cm。

ミチヤナギ 道柳 〈*Polygonum aviculare* L.〉タデ科の一年草。別名ニワヤナギ。高さは10〜40cm。薬用植物。

ミツイシイノデ 〈*Polystichum × namegatae* Kurata〉オシダ科のシダ植物。

ミツイシコンブ 三石昆布 〈*Laminaria angustata* Kjellman〉コンブ科の海藻。葉片は線状。体は長さ2〜6m。薬用植物。

ミツガシワ 三槲 〈*Menyanthes trifoliata* L.〉ミツガシワ科（リンドウ科）の多年生の抽水植物。別名ミズハンゲ。各小葉は卵状楕円形、縁に鈍鋸歯。高さは20〜40cm。花は白色。高山植物。薬用植物。園芸植物。

ミツガシワ科 科名。

ミッション モクセイ科のオリーブ(Olive)の品種。果皮は紫黒色。

ミッション・ベル ツツジ科のアザレアの品種。園芸植物。

ミツデウラボシ 三手裏星 〈*Crypsinus hastatus* (Thunb. ex Murray) Copel.〉ウラボシ科の常緑性シダ。葉身は長さ7〜15cm。単葉から3出葉、単葉の場合は披針形。薬用植物。

ミツデオオバギ 〈*Macaranga triloba* Muell. Arg.〉トウダイグサ科の小木。熱帯植物。

ミツデオワンバノキ 〈*Nothopanax balfouriana* Hort.〉ウコギ科の観賞用低木。熱帯植物。

ミツデカエデ 三手楓 〈*Acer cissifolium* (Sieb. et Zucc.) K. Koch〉カエデ科の雌雄異株の落葉高木。葉色は黄緑色。樹高20m。樹皮は黄灰色。高山植物。園芸植物。

ミツデサボテングサ 〈*Halimeda incrassata* (Ellis) Lamouroux f. *incrassata*〉ミル科の海藻。厚く石灰質を被る。

ミツデスミレ ウィオラ・トリロバの別名。

ミツデンソ 〈*Laurencia okamurai* Yamada〉フジマツモ科の海藻。羽状分岐。体は20cm。

ミツデダルマカズラ 〈*Adenia palmata* Engl.〉トケイソウ科の蔓草。果実は橙色、葉や根は有毒。熱帯植物。

ミツデハンゲ 〈*Typhonium trilobatum* Schott.〉サトイモ科の草本。苞は赤紫色、葉は食用。熱帯植物。

ミツデヘラシダ 三手篦羊歯 〈*Microsorium pteropus* (Blume) Copel〉ウラボシ科の常緑性シダ。葉は単葉または3出のほこ形。葉身は長さ12cm弱。単葉から3出葉。園芸植物。

ミツバ 三葉 〈*Cryptotaenia japonica* Hassk.〉セリ科の香辛野菜。別名クリプトタエニア・ヤポニカ。高さは30〜60cm。花は白色。薬用植物。園芸植物。

ミツバアケビ 三葉木通,三葉通草 〈*Akebia trifoliata* (Thunb.) Koidz.〉アケビ科のつる性の落葉木。花は濃暗紫色。薬用植物。園芸植物。

ミツバイワガサ イワガサの別名。

ミツバウツギ 三葉空木 〈*Staphylea bumalda* DC.〉ミツバウツギ科の落葉低木。別名コメノキ、コメゴメ、ハシノキ。花は白色。薬用植物。園芸植物。

ミツバウツギ科 科名。

ミツバエウクリフィア 〈*Eucryphia × intermedia* Bausch〉エウクリフィア科の木本。樹高5m。花は白色。樹皮は灰色。園芸植物。

ミツバオウレン 三葉黄連 〈*Coptis trifolia* (L.) Salisb.〉キンポウゲ科の多年草。高さは5〜10cm。花は白色。高山植物。園芸植物。

ミツバオオハンゴンソウ 〈*Rudbeckia triloba* L.〉キク科の一年草または越年草。高さは50〜150cm。花は黄色。園芸植物。

ミツバオランダフウロ 〈*Erodium crinitum* Caroline〉フウロソウ科。花は紫色。

ミツバカタバミノキ 〈*Connaropsis griffithii* Planch.〉カタバミ科の高木。幹はサルスベリのように赤褐色で滑。熱帯植物。

ミツバカラスウリ 〈*Trichosanthes wawraei* Cogn.〉ウリ科の蔓草。葉は滑、果実は赤、先端部黄色。熱帯植物。

ミツバカンチョウジ 〈*Bouvardia ternifolia* (Cav.) Schlechtend.〉アカネ科の常緑低木。高さは60cm。花は緋紅色。園芸植物。

ミツハギ ミソハギ科の多年草。

ミツバグサ 三葉草 〈*Pimpinella diversifolia* DC.〉セリ科の草本。

ミツバコンロンソウ 三葉崑崙草 〈*Cardamine anemonoides* O. E. Schulz〉アブラナ科の多年草。高さは10〜20cm。

ミツバシモツケソウ 〈*Gillenia trifoliata* Mnch.〉バラ科の多年草。園芸植物。

ミツバツチグリ 三葉土栗 〈*Potentilla freyniana* Bornm.〉バラ科の多年草。高さは15〜30cm。

ミツバツツジ 三葉躑躅 〈*Rhododendron dilatatum* Miq.〉ツツジ科の落葉低木。別名イチバンツツジ。花は紫色。園芸植物。

ミツバテンナンショウ 三つ葉天南星 〈*Arisaema ternatipartitum* Makino〉サトイモ科の多年草。高さは10〜30cm。高山植物。

ミツバドコロ 〈*Dioscorea hispida* Dennst〉ヤマノイモ科の蔓草。葉は3裂、芋は浅在性である。熱帯植物。

ミツバトリカブト 〈*Aconitum triphyllum* Nakai〉キンポウゲ科の草本。

ミツバナガイモ 〈*Dioscorea tamarisciflora* P. et B.〉ヤマノイモ科の蔓草。葉は3出複葉、芋は長く下向。熱帯植物。

ミツハネカズラ 〈*Triopterys rigida* Sw. var. *jamaicaensis*〉キントラノオ科の観賞用蔓木。葉は厚い。花は紅紫色。熱帯植物。

ミツバノコマツナギ 〈*Indigofera trifoliata* L.〉マメ科のやや匍匐性草本。熱帯植物。

ミツバノバイカオウレン 三葉の梅花黄蓮 〈*Coptis trifoliolata* (Makino) Makino〉キンポウゲ科の多年草。葉は3出複葉。高山植物。園芸植物。

ミツバハマゴウ 〈*Vitex trifolia* L.〉クマツヅラ科の匍匐性低木。葉裏粉白。花は青〜紫紅色。熱帯植物。園芸植物。

ミツバビンボウヅル ブドウ科の木本。別名オモロカズラ

ミツバフウチョウソウ 〈*Polanisia trachysperma* Torr. et A. Gray〉フウチョウソウ科の草本。花は白または淡黄色。園芸植物。

ミツバフウロ 三葉風露 〈*Geranium wilfordii* Maxim.〉フウロソウ科の多年草。別名フシダカフウロ。高さは30〜80cm。

ミツバブドウ 〈*Vitis trifolia* L.〉ブドウ科の蔓木。熱帯植物。

ミツバベンケイソウ 三葉弁慶草 〈*Hylotelephium verticillatum* (L.) H. Ohba〉ベンケイソウ科の多年草。高さは20〜80cm。高山植物。園芸植物。

ミツバヨモギ ヨモギナの別名。

ミツフカラテヤ 〈*Calathea trifasciata* Koern.〉クズウコン科の観賞用植物。葉に三条の斑。花は白、紫斑あり。熱帯植物。

ミツマタ 三椏 〈*Edgeworthia chrysantha* Lindl.〉ジンチョウゲ科の落葉低木。別名キズイコウ。高さは1〜2m。薬用植物。園芸植物。切り花に用いられる。

ミツミネモミ 三峰樅 〈*Abies* × *umbellata* Mayr〉マツ科の木本。

ミツモトソウ 三本草 〈*Potentilla cryptotaeniae* Maxim.〉バラ科の多年草。別名ミナモトソウ。高さは30〜100cm。

ミツヤヤシ ネオディプシス・デカリーの別名。

ミテラ・フルセイ ミカワノチャルメルソウの別名。

ミトラリア・コッキネア 〈*Mitraria coccinea* Cav.〉イワタバコ科の多年草。長さ1.8m。花は緋または朱紅色。園芸植物。

ミドリアカザ イワアカザの別名。

ミドリアツバベンケイ セドゥム・コリネフィルムの別名。

ミドリイズイヌワラビ 〈*Athyrium* × *amagipedis* Sa. Kurata f. *viridipes* Sa. Kurata〉オシダ科のシダ植物。

ミドリイノデ 〈*Polystichum* × *midoriense* T. Oka et Ohtani〉オシダ科のシダ植物。

ミドリオオカラクサイヌワラビ 〈*Athyrium* × *tokashikii* Sa. Kurata f. *viridulum* Sa. Kurata〉オシダ科のシダ植物。

ミドリオオメシダ 〈*Deparia pterorachis* × *viridifrons*〉オシダ科のシダ植物。

ミドリカナワラビ 緑鉄蕨 〈*Arachniodes nipponica* (Rosenstock) Ohwi〉オシダ科の常緑性シダ。葉身は長さ40〜60cm。長卵形。

ミドリゲ 〈*Cladophoropsis zollingeri* Boergesen〉アオモグサ科の海藻。マット状。

ミドリサンゴ アオサンゴの別名。

ミドリシャクシゴケ シャクシゴケの別名。

ミドリスギ 緑杉 スギ科の木本。

ミドリスギタケ 〈*Gymnopilus aeruginosus* (Peck) Sing.〉フウセンタケ科のキノコ。中型。傘は赤褐色〜黄褐色、青緑色のしみ。ひだはさび褐色。

ミドリセンボンゴケ 〈*Weisia viridula* Hedw.〉センボンゴケ科の蘚類。

ミドリツヤゴケ 〈*Entodon viridulus* Card.〉ツヤゴケ科のコケ。茎はやや羽状に分枝、葉は楕円形。

ミドリニガイグチ 〈*Tylopilus virens* (Chiu) Hongo〉イグチ科のキノコ。中型。傘はオリーブ黄色。

ミドリニセゴケ 〈*Aneura pinguis* (L.) Dumort.〉スジゴケ科のコケ。不透明な黄緑色、長さ2〜5cm。

ミドリノスズ 緑鈴 〈*Senecio rowleyanus* Jacobsen〉キク科のキクの品種。別名グリーン・ネックレス。花は白色。園芸植物。

ミドリノスズ セネキオ・ブラシカの別名。

ミドリハコベ 繁縷 〈*Stellaria neglecta* Weihe〉ナデシコ科の一年草または越年草。別名ハコベラ、アサシラゲ。高さは10〜20cm。

ミドリハッカ オランダハッカの別名。

ミドリハナワラビ 〈*Botrychium triangularifolium* (Sahashi) M. Kato〉ハナヤスリ科の冬緑性シダ。葉身は長さ5〜12cm。三角状。

ミドリヒメワラビ 〈*Thelypteris viridifrons* Tagawa〉オシダ科(ヒメシダ科)の夏緑性シダ。葉身は広披針形から三角状長楕円形。

ミドリボタン 緑牡丹 ベンケイソウ科。園芸植物。

ミドリホラゴケモドキ 〈*Calypogeia granulata* Inoue〉ツキヌキゴケ科のコケ。不透明な緑色、葉は三角形。

ミドリミズゼニゴケ 〈*Pellia epiphylla* Dum.〉ミズゼニゴケ科のコケ植物。

ミドリヤスデゴケ 〈*Frullania ericoides* (Nees) Mont.〉ヤスデゴケ科のコケ。緑色で稀に赤色、茎は長さ3〜5cm。

ミドリユキザサ ヒロハユキザサの別名。

ミドリヨウラク 〈*Polygonatum inflatum* Komar.〉ユリ科の草本。

ミドリワラビ 〈*Lunathyrium viridifrons* (Makino) Kurata〉オシダ科の夏緑性シダ。葉身は長さ30〜70cm。三角状長楕円形から狭披針形。

ミドリワラビモドキ 〈*Deparia okuboana* × *viridifrons*〉オシダ科のシダ植物。

ミトロフィルム・ミトラツム 〈*Mitrophyllum mitratum* (Marloth) Schwant.〉ツルナ科。別名怪奇鳥。園芸植物。

ミナカタトマヤタケ 〈*Inocybe glabrodisca* P. D. Orton〉フウセンタケ科のキノコ。小型〜中型。傘は暗赤褐色、繊維状、放射状に裂ける。ひだはにぶい黄橙色。

ミナヅキ 〈*Hydrangea paniculata* Sieb.〉ユキノシタ科の木本。別名ノリアジサイ。

ミナトアカザ 〈*Chenopodium murale* L.〉アカザ科の一年草。別名ノコギリアカザ。高さは10〜60cm。

ミナトカラスムギ 〈*Avena barbata* Brot.〉イネ科。

ミナトクマツヅラ 〈*Verbena bracteata* Lag. et Rodr.〉クマツヅラ科の多年草。花は淡紫色。園芸植物。

ミナトタムラソウ 〈*Salvia verbenaca* L.〉シソ科の多年草。高さは30〜50cm。花は青色。

ミナトマツヨイグサ 〈*Oenothera indecora* Cambess.〉アカバナ科の一年草。高さは20〜40cm。花は黄〜明るい黄色。

ミナトムギクサ 〈*Hordeum pusillum* Nutt.〉イネ科の一年草。高さは10〜50cm。

ミナトムグラ 〈*Galium tricornutum* Dandy〉アカネ科の一年草。高さは10〜80cm。花は白、黄白または緑白色。

ミナハサクサギ 〈*Clerodendron minahassae* T. et B.〉クマツヅラ科の観賞用低木。花筒は長く垂下する。花は白色。熱帯植物。

ミナハサツチトリモチ 〈*Balanophora celebica* Warb.〉ツチトリモチ科の寄生植物。熱帯植物。

ミナミスギ 〈*Athrotaxis laxifolia*〉スギ科の木本。樹高10m。樹皮は赤褐色。

ミナミハマアカザ 〈*Atriplex suberecta* I. Verd.〉アカザ科。葉は長楕円形または卵形。

ミナミヒナガヤツリ 〈*Cyperus cuspidatus* Hbk.〉カヤツリグサ科の草本。熱帯植物。

ミナミホウオウゴケ 〈*Fissidens zollingeri* Mont.〉ホウオウゴケ科のコケ。小形、茎は葉を含め長さ1.6〜3.0mm、葉は披針形〜狭披針形。

ミナミボロボロノキ 〈*Schopfla chinensis*. G et C.〉ボロボロノキ科の小木。おそらく半寄生植物。熱帯植物。

ミナリアヤメ イリス・フォエティデッシマの別名。

ミニオネット 〈Mignonette〉バラ科。ポリアンサ・ローズ系。花は白色。

ミニパイナップル 〈*Ananas nanus*〉パイナップル科。別名アナナス。切り花に用いられる。

ミニパピルス シペラス・イソクラドスの別名。

ミニバラ バラ科の属総称。別名ミニチュアローズ。

ミニポリアンサ プリムラ・ジュリエの別名。

ミニマ キョウチクトウ科のオオバナカリッサの品種。園芸植物。

ミニ・ローズ・シェード サクラソウ科のシクラメンの品種。園芸植物。

ミヌアルティア・ウェルナ 〈*Minuartia verna* (L.) Hiern〉ナデシコ科の多年草。園芸植物。

ミヌアルティア・セドイデス ナデシコ科。高山植物。

ミヌアルティア・ベルナ ナデシコ科。高山植物。

ミヌアルティア・ラリキフォリア 〈*Minuartia laricifolia* (L.) Schinz et Thell.〉ナデシコ科の多年草。高さは10cm。花は白色。園芸植物。

ミネアザミ 〈*Cirsium inundatum* var. *alpicola*〉キク科。

ミネウスユキソウ 峰薄雪草 〈*Leontopodium japonicum* var. *shiroumense*〉キク科。別名シロウマウスユキソウ。高山植物。

ミネオラ 〈*Citrus* × *tangelo* 'Minneola'〉ミカン科。果実は卵形。園芸植物。

ミネカエデ 峰楓 〈*Acer tschonoskii* Maxim.〉カエデ科の落葉高木。高山植物。

ミネガラシ ミヤマタネツケバナの別名。

ミネザクラ 峰桜 〈*Prunus nipponica* Matsum.〉バラ科の落葉低木または小高木。別名タカネザクラ(高嶺桜)。花は淡紅白色。高山植物。園芸植物。

ミネザクラ タカネザクラの別名。

ミネシメジ 〈*Tricholoma saponaceum* (Fr.) Kummer〉キシメジ科のキノコ。中型。傘は中央部にすす色の小鱗片。ひだは白色に帯赤色のしみ。

ミネズオウ 峰蘇芳 〈*Loiseleuria procumbens* (L.) Desv.〉ツツジ科の常緑の矮性低木。高さは10～15cm。花は白から紅紫色。高山植物。園芸植物。

ミネハリイ 峰針藺 〈*Scirpus caespitosus* L.〉カヤツリグサ科の多年草。高さは5～30cm。

ミノウ キク科のガーベラの品種。切り花に用いられる。

ミノゴケ 蓑苔 〈*Macromitrium japonicum* Doz. et Molk.〉タチヒダゴケ科のコケ。別名カギバダンツリゴケ。枝葉は長さ1.5～2.5mm、舌形。

ミノコバイモ コバイモの別名。

ミノゴメ カズノコグサの別名。

ミノノホマレ 美濃の誉 キク科のキクの品種。園芸植物。

ミノボロ 〈*Lophochloa phleoides* Reichb.〉イネ科の多年草。高さは25～70cm。

ミノボロスゲ 蓑襤褸菅 〈*Carex nubigera* D. Don subsp. *albata* (Boott) T. Koyama〉カヤツリグサ科の多年草。高さは20～60cm。

ミノボロモドキ 〈*Rostraria cristata* (L.) Tzvelev〉イネ科の一年草。別名アオセトガヤ。小穂は長さ4～5mm。

ミバショウ ムサ・アクミナタの別名。

ミバショウ ムサ・パラディシアカの別名。

ミハタ 御旗 エキノケレウス・ダシアカンツスの別名。

ミフクラギ 目膨木 〈*Cerbera manghas* L.〉キョウチクトウ科の常緑高木。別名サーベル、ポンポン。花は白色。熱帯植物。園芸植物。

ミブナ 壬生菜 アブラナ科の京野菜。園芸植物。

ミブヨモギ 壬生蓬 〈*Artemisia maritima* L.〉キク科の多年草。薬用植物。園芸植物。

ミホノマツ 三保の松 ドリコテレ・デキピエンスの別名。

ミミアポロサ 〈*Aporosa benthamiana* Hook. f.〉トウダイグサ科の高木。若葉は赤緑色。熱帯植物。

ミミイチジク 〈*Ficus hispida* L.〉クワ科の小木。果嚢周に3つの耳あり。熱帯植物。

ミミイヌガラシ 〈*Rorippa austriaca* (Crantz) Bess.〉アブラナ科の多年草。高さは30～100cm。花は黄色。

ミミエデン バラ科のバラの品種。別名メイプティピエール。切り花に用いられる。

ミミカキグサ 耳搔草 〈*Utricularia bifida* L.〉タヌキモ科の多年生食虫植物。高さは7～15cm。園芸植物。

ミミカキタケ ニクザキン科。別名カメムシタケ。

ミミカキタケ カメムシタケの別名。

ミミガタシダ 〈*Pseudophegopteris subaurita* (Tagawa) Ching〉オシダ科(ヒメシダ科)の常緑性シダ。葉身は長さ1m。長楕円形。

ミミガタテンナンショウ 耳形天南星 〈*Arisaema undulatifolium* Nakai subsp. *undulatifolium* var. *limbatum* (Nakai et F. Maekawa) Ohashi et J. Murata〉サトイモ科の多年草。高さは20～70cm。薬用植物。

ミミガタホオノキ 〈*Magnolia fraseri*〉モクレン科の木本。樹高15m。樹皮は褐色か灰色。

ミミコウモリ 耳蝙蝠 〈*Cacalia auriculata* DC. var. *Kamtschatica* (Maxim.) Matsum.〉キク科の草本。高山植物。

ミミズアシ 蚯蚓葦 リプサリス・ルンブリコイデスの別名。

ミミズバイ 蚯蚓灰 〈*Symplocos glauca* (Thunb. ex Murray) Koidz.〉ハイノキ科の常緑高木。別名ミミズノマクラ、ミミズベリ、ミミズリバ。花は白色。園芸植物。

ミミセンナ 〈*Cassia auriculata* L.〉マメ科の低木。果実は扁平波状、托葉耳形、葉は茶用。花は黄色。熱帯植物。

ミミナグサ 耳菜草 〈*Cerastium fontanum* Baumg. subsp. *triviale* (Link) Jalas var. *angustifolium* (Franch.) Hara〉ナデシコ科の一年草または越年草。高さは15～25cm。

ミミバフサアサガオ 〈*Merremia umbellata* Hall. f.〉ヒルガオ科の蔓草。葉有毛。花は黄色。熱帯植物。

ミミヒラゴケ 〈*Calyptothecium philippinense* Broth.〉ヒムロゴケ科のコケ。大形、二次茎は長く伸び、葉は卵状楕円形。

ミミブサタケ 〈*Wynnea gigantea* Berk. et Curt.〉ベニチャワンタケ科のキノコ。中型～大型。子嚢盤は耳形、内面は帯赤褐色。

ミミモチシダ 耳持羊歯 〈*Acrosticum aureum* L.〉イノモトソウ科(ワラビ科)の常緑性シダ。別名コガネシダ。葉身は長さ3m。狭長楕円形。日本絶滅危機植物。

ミムラス ミゾホオズキの別名。

ミムルス ゴマノハグサ科の属総称。別名ミゾホオズキ。

ミムルス・アウランティアクス 〈*Mimulus aurantiacus* Curtis〉ゴマノハグサ科。高さは1m。花は橙または濃黄色。園芸植物。

ミムルス・カルディナリス ベニミゾホオズキの別名。

ミムルス・グッタツス 〈*Mimulus guttatus* Fisch. ex DC.〉ゴマノハグサ科の多年草。高さは60cm。花は黄色。高山植物。園芸植物。

ミムルス・クプレウス 〈*Mimulus cupreus* hort. ex Dombr.〉ゴマノハグサ科。高さは30～35cm。園芸植物。

ミムルス・バーネッティー 〈*Mimulus* × *burnetii* hort.〉ゴマノハグサ科。高さは22～30cm。花は黄に青銅を帯びる。園芸植物。

ミムルス・ビフィドゥス 〈*Mimulus bifidus* Penn.〉ゴマノハグサ科。高さは80cm。花は淡黄色。園芸植物。

ミムルス・ヒブリドゥス 〈*Mimulus* × *hybridus* hort. ex A. Siebert et Voss〉ゴマノハグサ科。花は緋赤色。園芸植物。

ミムルス・プニケウス 〈*Mimulus puniceus* (Nutt.) Steud.〉ゴマノハグサ科。高さは1.5m。花は黄紅、赤色。園芸植物。

ミムルス・プリムロイデス 〈*Mimulus primuloides* Benth.〉ゴマノハグサ科。高さは10～13cm。花は純黄色。園芸植物。

ミムルス・ブレウィペス 〈*Mimulus brevipes* Benth.〉ゴマノハグサ科。高さは60cm。花は淡黄色。園芸植物。

ミムルス・モスカツス 〈*Mimulus moschatus* Dougl. ex Lindl.〉ゴマノハグサ科。高さは30cm。花は淡黄色。園芸植物。

ミムルス・ルイシー 〈*Mimulus lewisii* Pursh〉ゴマノハグサ科。高さは45～70cm。花は淡紅赤から桃色。高山植物。園芸植物。

ミムルス・ルテウス ニシキミゾホオズキの別名。

ミムルス・ロンギフロルス 〈*Mimulus longiflorus* (Nutt.) A. L. Grant〉ゴマノハグサ科。高さは1m。花は乳白から淡黄色。園芸植物。

ミメテス・ホッテントティカ 〈*Mimetes hottentotica* Phillips et Hutchins.〉ヤマモガシ科の低木。

ミモザ マメ科の属総称。別名アカシア。

ミモサアカシア アカシア・デクレンスの別名。

ミモザアカシア マメ科のハーブ。別名ミモザ、アカシア、フサアカシア。

ミモサバサンタロイデス 〈*Santaloides simile* Kuntze〉マメモドキ科の蔓木。果実は赤、種子は黒色。熱帯植物。

ミモサ・プディカ オジギソウの別名。

ミヤオソウ 〈*Podophyllum pleianthum* Hance〉メギ科の多年草。別名ハッカクレン、ミヤオソウ。高さは30～60cm。薬用植物。園芸植物。

ミヤガラシ 〈*Rapistrum rugosum* (L.) J. P. Bergeret〉アブラナ科の一年草。高さは20～70cm。花は黄色。

ミヤガワワセ 宮川早生 ミカン科のミカン(蜜柑)の品種。果面は平滑。

ミヤギノ ツツジ科のツツジの品種。

ミヤギノハギ 宮城野萩 〈*Lespedeza thunbergii* (DC.) Nakai〉マメ科の落葉低木。別名ナツハギ。花は紅紫色。薬用植物。園芸植物。

ミヤケツノゴケ 〈*Phaeoceros laevis* (L.) Prosk.〉ツノゴケ科のコケ。葉状体の腹面に長い柄のある無性芽。

ミヤケハタケゴケ 〈*Riccia miyakeana* Schiffn.〉ウキゴケ科のコケ。淡緑色、長さ1～2cm。

ミヤケラン 三宅蘭 〈*Platanthera chorisiana* var. *elata*〉ラン科。

ミヤコアオイ 〈*Heterotropa aspera* (F. Maekawa) F. Maekawa〉ウマノスズクサ科の多年草。花は淡紫褐色。園芸植物。

ミヤコアザミ 都薊 〈*Saussurea maximowiczii* Herd.〉キク科の多年草。高さは50～150cm。

ミヤコイヌワラビ 〈*Athyrium frangulum* Tagawa〉オシダ科の夏緑性シダ。別名ダンドイヌワラビ。葉身は長さ50cm。卵形から楕円形。

ミヤコイバラ 〈*Rosa paniculigera* Makino ex Momiyama〉バラ科の木本。

ミヤコオトギリ 〈*Hypericum kinashianum* Koidz.〉オトギリソウ科の草本。

ミヤコグサ 都草 〈*Lotus corniculatus* L. var. *japonicus* Regel〉マメ科の多年草。別名コガネバナ、エボシグサ。高さは20～40cm。薬用植物。

ミヤコザサ 都笹 〈*Sasa nipponica* (Makino) Makino et Shibata〉イネ科の常緑小型の笹。別名イトザサ、タノカミザサ、オオミネザサ。

ミヤコジマソウ 〈*Hemigraphis okamotoi* Masam.〉キツネノマゴ科の草本。花は白色。園芸植物。日本絶滅危機植物。

ミヤコジマツヅラフジ 〈*Cyclea insularis* (Makino) Hatusima〉ツヅラフジ科の草本。

ミヤコジマニシキソウ 〈*Euphorbia vachellii* Hook. et Arn.〉トウダイグサ科の草本。別名アワユキニシキソウ。

ミヤコジマハナワラビ　宮古島花蕨　〈*Helminthostachys zeylanica* (L.) Hook.〉ハナヤスリ科の常緑性シダ。葉は高さ20〜60cm。

ミヤコジマハマアカザ　〈*Atriplex maximowicziana* Makino〉アカザ科。

ミヤコゼニゴケ　〈*Mannia fragrans* (Balb.) Frye & L. Clark〉ジンガサゴケ科のコケ。縁が紅紫色、ロゼット状。

ミヤコノツチゴケ　〈*Archidium ohioense* Schimp. ex Müll. Hal.〉ツチゴケ科のコケ。別名カンザキエリカ。小形、茎は長さ7〜8mm、葉は披針形。高山植物。

ミヤコホウライタケ　〈*Marasmius echinatulus* Sing.〉キシメジ科のキノコ。中型。傘は剛毛密生、濃朱紅色。ひだは白色。

ミヤコミズ　〈*Pilea kiotensis* Ohwi〉イラクサ科の草本。

ミヤコヤブソテツ　〈*Cyrtomium fortunei* var. *intermedium* Tagawa〉オシダ科のシダ植物。園芸植物。

ミヤコワスレ　都忘　〈*Gymnaster savatieri* (Makino) Kitamura〉キク科の宿根草。別名ノシュンギク(野春菊)、ミヤマヨメナ(深山嫁菜)、アズマギク(東菊)。園芸植物。切り花に用いられる。

ミヤジマシダ　〈*Cyrtomium balansae* (Christ) C. Chr.〉オシダ科の常緑性シダ。葉身は長さ60cm。広披針形。

ミヤジマヨウジョウゴケ　〈*Cololejeunea planissima* (Mitt.) Abeyw.〉クサリゴケ科のコケ。茎は長さ0.3〜1cm、背片は円形。

ミヤビ　〈*Miyabi*〉バラ科。ハイブリッド・ティーローズ系。花はクリーム色。

ミヤビカンアオイ　〈*Asarum celsum*〉ウマノスズクサ科。

ミヤヒバ　〈*Corallina squamata* Ellis〉サンゴモ科の海藻。軸は太く扁円又は扁圧。

ミヤヒバモドキ　〈*Corallina sessilis* Yendo〉サンゴモ科の海藻。叢生。

ミヤベゴケ　〈*Miyabea fruticella* (Mitt.) Broth.〉シノブゴケ科のコケ。二次茎は斜上し、長さ1〜2cm、枝葉は卵形〜卵状楕円形。

ミヤベツノゴケ　〈*Folioceros fuciformis* (Mont.) D. C. Bharadwaj〉ツノゴケ科のコケ。緑色、長さ2〜3cm。

ミヤマアオイ　〈*Asarum fauriei* Franch. var. *nakaianum* (F. Maek.) Ohwi〉ウマノスズクサ科。

ミヤマアオダモ　〈*Fraxinus apertisqumifera* Hara.〉モクセイ科の落葉小高木。

ミヤマアカバナ　深山赤花　〈*Epilobium hornemanni* Reichb. var. *foucaudianum* (Lév.)

Hara〉アカバナ科の多年草。別名コアカバナ。高さは5〜25cm。高山植物。

ミヤマアキノキリンソウ　深山秋の麒麟草　〈*Solidago virga-aurea* subsp. *leiocarpa* f. *japonalpestris*〉キク科。別名キリガミネアキノキリンソウ、コガネギク。高山植物。

ミヤマアキノノゲシ　〈*Lactuca triangulata* Maxim.〉キク科の越年草。高さは60〜200cm。高山植物。

ミヤマアケボノソウ　深山曙草　〈*Swertia perennis* L. subsp. *cuspidata* (Maxim.) Hara〉リンドウ科の多年草。高さは15〜40cm。高山植物。園芸植物。

ミヤマアシボソスゲ　深山足細菅　〈*Carex scita* Maxim. var. *scita*〉カヤツリグサ科の多年草。高さは20〜70cm。

ミヤマアズマギク　深山東菊　〈*Erigeron thunbergii* A. Gray subsp. *glabratus* (A. Gray) Hara〉キク科の多年草。高さは10〜30cm。高山植物。

ミヤマアブラススキ　コアブラススキの別名。

ミヤマアワガエリ　深山粟還り　〈*Phleum alpinum* L.〉イネ科の多年草。高さは15〜50cm。

ミヤマイ　深山藺　〈*Juncus beringensis* Buchen.〉イグサ科の多年草。別名タテヤマイ。高さは15〜40cm。高山植物。

ミヤマイクビゴケ　〈*Diphyscium foliosum* (Hedw.) Mohr〉キセルゴケ科のコケ。葉は線状披針形で長さ2〜3mm。

ミヤマイタチシダ　〈*Dryopteris sabaei* (Franch. et Savat.) C. Chr.〉オシダ科の常緑性シダ。葉身は長さ35〜45cm。卵状長楕円形から広卵形。

ミヤマイチゴツナギ　〈*Poa malacantha* var. *shinanoana*〉イネ科。別名タカネイチゴツナギ。

ミヤマイヌノハゴケ　〈*Cynodontium gracilescens* (F. Weber & Mohr) Schimp.〉シッポゴケ科のコケ。葉の中助の背面の細胞に1個の刺状のパピラがある。

ミヤマイヌノハナヒゲ　深山犬の鼻髭　〈*Rhynchospora yasudana* Makino〉カヤツリグサ科。

ミヤマイボタ　深山イボタ　〈*Ligustrum tschonoskii* Decne. var. *tschonoskii*〉モクセイ科の落葉低木。別名オクイボタ。

ミヤマイラクサ　深山刺草　〈*Laportea macrostachya* (Maxim.) Ohwi〉イラクサ科の多年草。別名アイコ。葉の表面に刺毛。高さは40〜80cm。高山植物。薬用植物。園芸植物。

ミヤマイワスゲ　〈*Carex chrysolepis* var. *odontostoma*〉カヤツリグサ科。別名ソボサンスゲ。

ミヤマイワデンダ　深山岩連朶　〈*Woodsia ilvensis* (L.) R. Br.〉オシダ科の夏緑性シダ。別名リシリ

デンダ。葉身は長さ3〜15cm。披針形〜長楕円状披針形。
ミヤマイワニガナ 深山岩苦菜 〈*Ixeris stolonifera* A. Gray forma *capillaris* Ohwi〉キク科の多年草。高山植物。
ミヤマウイキョウ 深山茴香 〈*Tilingia tachiroei* (Franch. et Savat.) Kitag.〉セリ科の多年草。別名イワウイキョウ、シラヤマニンジン。高さは10〜35cm。高山植物。
ミヤマウグイスカグラ 〈*Lonicera gracilipes* Miq. var. *glandulosa* Maxim.〉スイカズラ科の落葉低木。
ミヤマウコギ 〈*Acanthopanax trichodon* Franch. et Savat.〉ウコギ科の落葉低木。
ミヤマウスユキソウ 深山薄雪草 〈*Leontopodium fauriei* (Beauv.) Hand.-Mazz. var. *fauriei*〉キク科の多年草。別名ヒナウスユキソウ。高さは6〜15cm。高山植物。園芸植物。
ミヤマウズラ 深山鶉 〈*Goodyera schlechtendaliana* Reichb. f.〉ラン科の多年草。高さは12〜25cm。花は微紅白色。園芸植物。
ミヤマウツボグサ 〈*Prunella vulgaris* L. subsp. *asiatica* (Nakai) H. Hara var. *aleutica* Fernald〉シソ科。
ミヤマウド 深山独活 〈*Aralia glabra* Matsum.〉ウコギ科の草本。高山植物。
ミヤマウメモドキ 〈*Ilex nipponica* Makino〉モチノキ科の落葉低木。花は白色。園芸植物。
ミヤマウラギンタケ 〈*Inonotus radiatus* (Sow. : Fr.) Karst.〉タバコウロコタケ科のキノコ。
ミヤマウラジロ 深山裏白 〈*Cheilanthes kuhnii* Milde var. *brandtii* (Franch. et Savat.) Tagawa〉イノモトソウ科(ホウライシダ科、ワラビ科)の夏緑性シダ。葉は長さ10〜35cm。三角状披針形から卵状三角形。
ミヤマウラジロイチゴ 深山裏白苺 〈*Rubus idaeus* L. var. *yabei* Koidz.〉バラ科の落葉低木。
ミヤマウラボシ 深山裏星 〈*Crypsinus veitchii* (Baker) Copel.〉ウラボシ科の夏緑性シダ。葉身は長さ4〜25cm。三角状卵形。
ミヤマウラミゴケ 〈*Nephroma arcticum* (L.) Tross.〉ツメゴケ科の地衣類。地衣体背面は黄緑色。
ミヤマウロコゴケ 〈*Dermatocarpon tuzibei* Sato〉アナイボゴケ科の地衣類。地衣体は褐色から暗黒褐色。
ミヤマエンレイソウ 〈*Trillium tschonoskii* Maxim.〉ユリ科の多年草。別名シロバナエンレイソウ。高さは20〜30cm。花は白色。薬用植物。園芸植物。
ミヤマオオバコ プランタゴ・アルピナの別名。

ミヤマオクマワラビ 〈*Dryopteris* × *pseudopolylepis* Nakaike, nom. nud.〉オシダ科のシダ植物。
ミヤマオグルマ 深山小車 〈*Senecio kawakamii* Makino〉キク科の草本。高山植物。
ミヤマオシダ 〈*Dryopteris* × *tohokuensis* Nakaike, nom. nud.〉オシダ科のシダ植物。
ミヤマオダマキ 深山苧環 〈*Aquilegia flabellata* Sieb. et Zucc. var. *pumila* Kudo〉キンポウゲ科の多年草。別名ヒメオダマキ。高さは10〜25cm。高山植物。薬用植物。園芸植物。
ミヤマオチバタケ 〈*Marasmius cohaerens* (Alb. et Schw. : Fr.) Cooke et Quél.〉キシメジ科のキノコ。
ミヤマオトギリ シナノオトギリの別名。
ミヤマオトコヨモギ 深山男蓬 〈*Artemisia pedunculosa* Miq.〉キク科の多年草。高さは15〜40cm。高山植物。園芸植物。
ミヤマカギハイゴケ 〈*Drepanocladus exannulatus* (Schimp.) Warnst.〉ヤナギゴケ科のコケ。葉は褐黒色、卵形〜線状披針形。
ミヤマカタバミ 深山酢漿草 〈*Oxalis griffithii* Edgew. et Hook. f.〉カタバミ科の多年草。別名エイザンカタバミ。高さは5〜10cm。
ミヤマカニツリ 〈*Trisetum koidzumianum*〉イネ科の多年草。別名タカネカニツリ。
ミヤマカニツリ リシリカニツリの別名。
ミヤマガマズミ 深山莢蒾 〈*Viburnum wrightii* Miq.〉スイカズラ科の落葉低木。
ミヤマガラシ ヤマガラシの別名。
ミヤマカラマツ 深山唐松 〈*Thalictrum filamentosum* Maxim. var. *tenerum* (H. Boiss.) Ohwi〉キンポウゲ科の多年草。高さは30〜80cm。花は淡紫色。高山植物。園芸植物。
ミヤマカワラハンノキ 深山河原榛木 〈*Alnus fauriei* Lév. et Vaniot〉カバノキ科の木本。別名オバルハンノキ。
ミヤマカンスゲ 深山寒菅 〈*Carex dolichostachya* Hayata var. *glaberrima* (Ohwi) T. Koyama〉カヤツリグサ科の多年草。花穂に淡紫褐色の鱗片。高さは20〜50cm。園芸植物。
ミヤマガンピ 桜雁皮 〈*Diplomorpha albiflora* (Yatabe) Nakai〉ジンチョウゲ科の落葉低木。
ミヤマキオン ダキバキオンの別名。
ミヤマキケマン 深山黄華鬘 〈*Corydalis pallida* (Thunb.) Pers. var. *tenuis* Yatabe〉ケシ科の越年草。高さは15〜40cm。薬用植物。
ミヤマキケマン フウロケマンの別名。
ミヤマキゴケ 〈*Stereocaulon curtatum* Nyl.〉キゴケ科の地衣類。擬枝は汚灰色。
ミヤマキスミレ 深山黄菫 〈*Viola brevistipulata* W. Beck. var. *acuminata* Nakai〉スミレ科の多年草。高山植物。

ミヤマキタアザミ 深山北薊 〈*Saussurea franchetii* Koidz.〉キク科の草本。高山植物。
ミヤマキヌタソウ 深山砧草 〈*Galium nakaii* Kudo〉アカネ科の草本。
ミヤマキノリ 〈*Leptogium delavayi* Hue〉イワノリ科の地衣類。地衣体は鉛。
ミヤマギボウシゴケモドキ 〈*Anomodon abbreviatus* Mitt.〉シノブゴケ科のコケ。二次茎は長さ5〜10cmであまり分枝しない。
ミヤマキヨタキシダ 〈*Diplazium* × *wakui* Kurata, nom. nud.〉オシダ科のシダ植物。
ミヤマキリシマ 深山霧島 〈*Rhododendron kiusianum* Makino〉ツツジ科の半落葉の低木。高山植物。園芸植物。
ミヤマキンバイ 深山金梅 〈*Potentilla matsumurae* Th. Wolf〉バラ科の多年草。高さは10〜20cm。花は黄色。高山植物。園芸植物。
ミヤマキンポウゲ 深山金鳳花 〈*Ranunculus acris* L. var. *nipponicus* Hara〉キンポウゲ科の多年草。高さは10〜50cm。高山植物。
ミヤマクグラ 〈*Oropogon asiaticus* Asah.〉サルオガセ科の地衣類。分枝は中空。
ミヤマクサゴケ 〈*Heterophyllium affine* (Hook.) M. Fleisch.〉ナガハシゴケ科のコケ。大形で、やつやのある平たいマットをつくる。
ミヤマクササギゴケ 〈*Timmia megapolitana* Hedw.〉クサスギゴケ科のコケ。茎は6〜7cm、下部は褐色の仮根で覆われる。葉は披針形。
ミヤマクマザサ 〈*Sasa hayatae* Makino〉イネ科の常緑中型笹。別名タンザワザサ。
ミヤマクマヤナギ 深山熊柳 〈*Berchemia pauciflora* Maxim.〉クロウメモドキ科の木本。高山植物。
ミヤマクマワラビ 深山熊蕨 〈*Dryopteris polylepis* (Franch. et Savat.) C. Chr.〉オシダ科の夏緑性シダ。葉身は長さ70cm。倒披針形。
ミヤマクルマバナ 深山車花 〈*Clinopodium macranthum* (Makino) Hara〉シソ科の多年草。高さは10〜40cm。高山植物。
ミヤマクロスゲ 深山黒菅 〈*Carex flavocuspis* Franch. et Savat.〉カヤツリグサ科の多年草。高さは10〜50cm。
ミヤマクロモジ ウスゲクロモジの別名。
ミヤマクロユリ 深山黒百合 〈*Fritillaria camtschatcensis* subsp. *alpina*〉ユリ科の多年草。高さは10〜30cm。
ミヤマクワガタ 深山鍬形 〈*Pseudolysimachion schmidtianum* (Regel) Holub subsp. *senanense* (Maxim.) Yamazaki var. *senanense*〉ゴマノハグサ科の多年草。別名ミヤマトラノオ。高さは10〜25cm。
ミヤマコウゾリナ 深山髪剃菜 〈*Hieracium japonicum* Franch. et Savat.〉キク科の多年草。高さは10〜45cm。花は淡黄色。高山植物。園芸植物。
ミヤマコウボウ 深山香茅 〈*Hierochloe alpina* (Sw.) Roem. et Schult. var. *intermedia* Hack.〉イネ科の多年草。高さは15〜30cm。
ミヤマコクサゴケ 〈*Isothecium hakkodense* Besch.〉トラノオゴケ科のコケ。葉先は広い鈍頭で小さな歯がある。
ミヤマコゲノリ 〈*Umbilicaria proboscidea* (L.) Schrad.〉イワタケ科の地衣類。地衣体背面は黒褐色。
ミヤマコゴメグサ 深山小米草 〈*Euphrasia insignis* Wettst. subsp. *insignis* var. *insignis*〉ゴマノハグサ科の半寄生一年草。別名オオミコゴメグサ。高さは3〜15cm。高山植物。日本絶滅危機植物。
ミヤマコナスビ 〈*Lysimachia tanakae* Nakai〉サクラソウ科の多年草。高さは7〜20cm。
ミヤマゴマシオゴケ 〈*Arthothelium scandinavicum* Th. Fr. var. *japonicum* Vain.〉ホシゴケ科の地衣類。地衣体は類白。
ミヤマコンギク ハコネギクの別名。
ミヤマザクラ 深山桜 〈*Prunus maximowiczii* Rupr.〉バラ科の落葉小高木。別名シロザクラ(白桜)。高さは4〜10m。花は白色。高山植物。園芸植物。
ミヤマササガヤ 〈*Microstegium nudum* (Trin.) A. Camus〉イネ科の草本。
ミヤマサナダゴケ 〈*Plagiothecium nemorale* (Mitt.) A. Jaeger〉サナダゴケ科のコケ。葉は暗緑色〜黄緑色、卵形。
ミヤマザラミノヒトヨタケ 〈*Coprinus insignis* Peck〉ヒトヨタケ科のキノコ。中型。傘は淡灰色、繊維状被膜。ひだは白色→黒色。
ミヤマサワアザミ 深山沢薊 〈*Cirsium pectinellum* A. Gray var. *alpinum* Koidz.〉キク科の多年草。別名タカネサワアザミ。高山植物。
ミヤマシオガマ 深山塩竈 〈*Pedicularis apodochila* Maxim.〉ゴマノハグサ科の多年草。高さは5〜20cm。高山植物。
ミヤマシキミ 深山樒 〈*Skimmia japonica* Thunb. var. *japonica*〉ミカン科の常緑小低木。高さは50cm。花は黄白色。高山植物。薬用植物。園芸植物。
ミヤマシグレ 深山時雨 〈*Viburnum urceolatum* Sieb. et Zucc.〉スイカズラ科の落葉低木。高山植物。
ミヤマシケシダ 深山湿気羊歯 〈*Deparia pycnosora* (Christ) M. Kato〉オシダ科の夏緑性シダ。別名ハクモウイノデ。葉身は長さ30〜90cm。長楕円形から倒披針形。薬用植物。
ミヤマシシウド 深山猪独活 セリ科の多年草、薬用植物。高山植物。

ミヤマシシウド　シシウドの別名。

ミヤマシシガシラ　深山獅子頭　〈*Blechnum castaneum* Makino〉シシガシラ科の常緑性シダ。別名ムカデグサ、イワシボネ。葉身は長さ10～18cm。薬用植物。

ミヤマシダ　深山羊歯　〈*Athyrium crenatum* (Sommer.) Rupr. var. *glabrum* Tagawa〉オシダ科の夏緑性シダ。葉身は長さ20～35cm。三角形。

ミヤマシッポゴケ　〈*Dicranoloma cylindrothecium* (Mitt.) Sakurai〉シッポゴケ科のコケ。茎は長さ5cm以下、葉は線状披針形。

ミヤマシトネゴケ　タチハイゴケの別名。

ミヤマシャジン　深山沙参　〈*Adenophora nikoensis* Franch. et Savat var. *nikoensis* f. *nipponica* (Kitamura) Hara〉キキョウ科の薬用植物。高山植物。

ミヤマジュズスゲ　〈*Carex dissitiflora* Franch.〉カヤツリグサ科の多年草。高さは40～80cm。

ミヤマシラスゲ　〈*Carex confertiflora* Boott〉カヤツリグサ科の多年草。高さは30～80cm。

ミヤマシロバイ　〈*Symplocos sonoharae* Koidz.〉ハイノキ科の木本。別名ルスン。

ミヤマスカシユリ　〈*Lilium maculatum* Thunb. var. *bukosanense* (Honda) Hara〉ユリ科。日本絶滅危機植物。

ミヤマスギゴケ　〈*Pogonatum alpinum* (Hedw.) Röhl.〉スギゴケ科のコケ。茎は高さ3～15cm、は線状披針形に伸び、長さ6～10mm。

ミヤマスズメノヒエ　深山雀の稗　〈*Luzula sudetica* DC. var. *nipponica* Satake〉イグサ科の草本。高山植物。

ミヤマスミレ　深山菫　〈*Viola selkirkii* Pursh〉スミレ科の多年草。高さは3～10cm。花は紅紫色。高山植物。園芸植物。

ミヤマゼキショウ　〈*Juncus yakeisidakensis* Satake〉イグサ科の草本。

ミヤマセンキュウ　深山川芎　〈*Conioselinum filicinum* (Wolff) Hara〉セリ科の多年草。別名チョウカイゼリ。高さは40～80cm。高山植物。

ミヤマゼンコ　深山前胡　〈*Coelopleurum multisectum* (Maxim.) Kitagawa〉セリ科の多年草。高さは40～60cm。高山植物。

ミヤマセントウソウ　〈*Chamaele decumbens* (Thunb. ex Murray) Makino var. *japonica* (Yabe) Makino〉セリ科。

ミヤマダイコンソウ　深山大根草　〈*Geum calthaefolium* Smith var. *nipponicum* (F. Bolle) Ohwi〉バラ科の多年草。高山植物。

ミヤマダイコンソウ　ゲウム・カルティフォリウムの別名。

ミヤマダイモンジソウ　〈*Saxifraga fortunei* var. *alpina*〉ユキノシタ科。高山植物。

ミヤマタゴボウ　ギンレイカの別名。

ミヤマタニソバ　〈*Persicaria debilis* (Meisn.) H. Gross〉タデ科の一年草。高さは10～30cm。

ミヤマタニタデ　深山谷蓼　〈*Circaea alpina* L.〉アカバナ科の多年草。高さは5～18cm。高山植物。

ミヤマタニワタシ　深山谷渡し　〈*Vicia bifolia* Nakai〉マメ科の多年草。高さは30～70cm。

ミヤマタネツケバナ　深山種漬花　〈*Cardamine nipponica* Franch. et Savat.〉アブラナ科の多年草。高さは3～10cm。高山植物。

ミヤマタムラソウ　〈*Salvia lutescens* var. *crenata*〉シソ科。

ミヤマタンポタケ　〈*Cordyceps intermedia* Imai f. *michinokuensis* Kobayasi et Shimizu〉バッカクキン科のキノコ。

ミヤマタンポポ　深山蒲公英　〈*Taraxacum alpicola* Kitamura〉キク科の多年草。高さは10～20cm。高山植物。

ミヤマチドメグサ　深山血止草　〈*Hydrocotyle japonica* Makino〉セリ科の草本。高山植物。

ミヤマチドリ　深山千鳥　〈*Platanthera takedai* Makino〉ラン科の多年草。別名ニッコウチドリ。高さは25cm。高山植物。

ミヤマチリメンゴケ　〈*Hypnum plicatulum* (Lindb.) A. Jaeger & Sauerb.〉ハイゴケ科のコケ。小形で、茎は這い、茎葉は卵形～三角形。

ミヤマツチトリモチ　〈*Balanophora nipponica* Makino〉ツチトリモチ科の草本。落葉樹林に生じ寄主はカエデ、クロズル。熱帯植物。

ミヤマツバタケ　〈*Naematoloma squamosum* (Pers. : Fr.) Sing.〉モエギタケ科のキノコ。

ミヤマツボスミレ　〈*Viola verecunda* var. *fibrillosa*〉スミレ科。高山植物。

ミヤマツメクサ　深山爪草　〈*Arenaria macrocarpa* Pursch var. *jooi* (Makino) Hara〉ナデシコ科の多年草。高さは～5cm。高山植物。

ミヤマトウキ　イワテトウキの別名。

ミヤマトウバナ　深山塔花　〈*Clinopodium sachalinensis* (Fr. Schm.) Koidz.〉シソ科の多年草。高さは30～70cm。

ミヤマトウヒレン　〈*Saussurea pennata* Koidz.〉キク科の草本。

ミヤマトサミズキ　コウヤミズキの別名。

ミヤマドジョウツナギ　深山泥鰌繋　〈*Glyceria alnasteretum* Komarov〉イネ科の多年草。別名ミヤマイチゴツナギ。高さは60～110cm。

ミヤマトベラ　深山扉木、山豆根　〈*Euchresta japonica* Hook. f. ex Regel〉マメ科の常緑小低木。薬用植物。

ミヤマトリカブト　深山鳥兜　〈*Aconitum nipponicum* Nakai subsp. *nipponicum*〉キンポウゲ科。

ミヤマトンビマイタケ 〈*Bundarzewia montana* (Quél.) Sing.〉ミヤマトンビマイタケ科のキノコ。

ミヤマナズナ トガクシナズナの別名。

ミヤマナナカマド 深山七竈 〈*Sorbus sambucifolia* (Cham. et Schltdl.) M. Roem. var. *pseudogracilis* C. K. Schneid.〉バラ科。

ミヤマナミキ 深山波来 〈*Scutellaria shikokiana* Makino〉シソ科の多年草。高さは5〜15cm。

ミヤマナラ 深山楢 〈*Quercus crispula* Blume var. *horikawae* H. Ohba〉ブナ科の木本。

ミヤマナルコスゲ アズマナルコの別名。

ミヤマナルコユリ 深山鳴子百合 〈*Polygonatum lasianthum* Maxim.〉ユリ科の多年草。高さは30〜70cm。

ミヤマニガイチゴ 深山苦苺 〈*Rubus subcrataegifolius* (Lév. et Vaniot) Lév.〉バラ科の落葉低木。

ミヤマニガウリ 深山苦瓜 〈*Schizopepon bryoniaefolius* Maxim.〉ウリ科の一年草。高山植物。

ミヤマニワトコ スイカズラ科の落葉低木。

ミヤマニンジン 〈*Osteicum florentii* (Franch. et Savat.) Kitagawa〉セリ科の多年草。別名ヤマニンジン。高さは15〜30cm。高山植物。

ミヤマヌカボ 深山糠穂 〈*Agrostis flaccida* Hack.〉イネ科の多年草。別名ヒメコメススキ。高さは15〜30cm。

ミヤマヌカボシソウ 深山糠星草 〈*Luzula rostrata* Buchen.〉イグサ科の草本。高山植物。

ミヤマネコノメソウ イワボタンの別名。

ミヤマネズ 深山杜松 〈*Juniperus communis* L. var. *nipponica* (Maxim.) Wils.〉ヒノキ科の常緑ほふく性低木。高山植物。

ミヤマネズミガヤ 〈*Muhlenbergia curviaristata* var. *nipponica*〉イネ科の草本。

ミヤマノガリヤス 深山野刈安 〈*Calamagrostis sesquiflora* (Trin.) Tzvel.〉イネ科の多年草。高さは15〜40cm。

ミヤマノギク 深山野菊 〈*Erigeron miyabeanus* Tatew. et Kitam.〉キク科の草本。高山植物。

ミヤマノキシノブ 深山軒忍 〈*Lepisorus ussuriensis* (Regel et Maack) Ching var. *distans* (Makino) Tagawa〉ウラボシ科の常緑性シダ。葉身は長さ8〜20cm。線状披針形。薬用植物。

ミヤマノコギリシダ 深山鋸羊歯 〈*Diplazium mettenianum* (Miq.) C. Chr.〉オシダ科の常緑性シダ。葉身は長さ40cm。長楕円形。

ミヤマノダケ 〈*Angelica cryptotaeniaefolia*〉セリ科。

ミヤマバイケイソウ 深山梅蕙草 〈*Veratrum alpestre* Nakai〉ユリ科の多年草。高さは50〜100cm。高山植物。

ミヤマハイゴケ 〈*Eurohypnum leptothallum* (Müll. Hal.) Ando〉ハイゴケ科のコケ。茎は這い、不規則に分枝し、枝葉は卵形。

ミヤマハイビャクシン ミヤマビャクシンの別名。

ミヤマハコベ 深山繁縷 〈*Stellaria sessiliflora* Yabe〉ナデシコ科の多年草。高さは約30cm。

ミヤマハシカンボク 〈*Blastus cochinchinensis* Lour.〉ノボタン科の木本。

ミヤマハタザオ 深山旗竿 〈*Arabis lyrata* L. var. *kamtschatica* Fisch.〉アブラナ科の多年草。高さは10〜40cm。高山植物。

ミヤマハナゴケ 深山花苔 〈*Cladonia stellaris* (Opiz) Pouzar et Vězda〉ハナゴケ科の地衣類。子柄は黄色を帯びる。

ミヤマハナシノブ 深山花忍 〈*Polemonium caeruleum* L. subsp. *yezoense* (Miyabe et Kudo) Hara var. *yezoense*〉ハナシノブ科の多年草。別名ヒダカハナシノブ。高さは40〜80cm。高山植物。

ミヤマハナワラビ 〈*Botrychium lanceolatum* (Gmel.) Angst.〉ハナヤスリ科の夏緑性シダ。葉身は長さ1〜6cm。円錐形。

ミヤマハハソ 深山柞 〈*Meliosma tenuis* Maxim.〉アワブキ科の落葉低木。

ミヤマハリゴケ 〈*Claopodium crispifolium* (Hook.) Renauld & Card.〉シノブゴケ科のコケ。茎は這い、長さ4〜8cm、葉は乾くと強く巻縮。

ミヤマハルガヤ 深山春茅 〈*Anthoxanthum nipponicum* Honda〉イネ科。

ミヤマバルサムモミ 〈*Abies lasiocarpa* (Hook.) Nutt.〉マツ科の常緑高木。別名ミヤマバルサム。高さは30m。樹皮は灰白色。園芸植物。

ミヤマハンショウヅル 深山半鐘蔓 〈*Clematis ochotensis* (Pallas) Poir.〉キンポウゲ科の多年生つる草。別名コミヤマハンショウヅル。花は紫ないし青紫色。高山植物。園芸植物。

ミヤマハンノキ 深山榛木 〈*Alnus maximowiczii* Callier〉カバノキ科の落葉低木。高さは5〜8m。高山植物。園芸植物。

ミヤマハンモドキ 深山榛擬 〈*Rhamnus ishidae* Miyabe et Kudo〉クロウメモドキ科の落葉小低木。別名ユウバリノキ。高山植物。

ミヤマヒカゲノカズラ 深山日陰の蔓 〈*Lycopodium alpinum* L. var. *planiramulosum* Takeda〉ヒカゲノカズラ科。

ミヤマヒキオコシ 〈*Rabdosia shikokiana* (Makino) Hara〉シソ科の草本。

ミヤマヒゴタイ 深山平江帯 キク科の草本。

ミヤマヒジキゴケ 〈*Cornicularia normoerica* (Gunn.) Du Rietz〉サルオガセ科の地衣類。地衣体は黒褐色。

ミヤマヒナゲシ 〈*Papaver alpinum* L.〉ケシ科。別名タカネヒナゲシ。花は黄、橙、白色。高山植物。園芸植物。

ミヤマヒナホシクサ 深山雛星草 〈*Eriocaulon nanellum* Ohwi〉ホシクサ科の草本。

ミヤマヒメヒラタケ 〈*Panellus ringens* (Fr.) Romagnesi〉キシメジ科のキノコ。

ミヤマビャクシン 深山柏槇 〈*Juniperus chinensis* L. var. *sargentii* Henry〉ヒノキ科の常緑ほふく性低木。別名シンパク、ミヤマハイビャクシン。高山植物。

ミヤマフタバラン 深山二葉蘭 〈*Listera nipponica* Makino〉ラン科の多年草。高さは10～25cm。高山植物。

ミヤマフタマタゴケ 深山二叉苔 〈*Metzgeria furcata* (L.) Dum.〉フタマタゴケ科のコケ。別名オカカズノゴケ。長さ1～3cm。

ミヤマフユイチゴ 深山冬苺 〈*Rubus hakonensis* Franch. et Savat.〉バラ科の常緑ほふく性低木。

ミヤマベニイグチ 〈*Boletellus obscurecoccineus* (Höhn.) Sing.〉オニイグチ科のキノコ。小型～中型。傘は深紅色～帯紅褐色。

ミヤマベニシダ 深山紅羊歯 〈*Dryopteris monticola* (Makino) C. Chr.〉オシダ科の夏緑性シダ。葉身は長さ50～80cm。長楕円状卵形から長楕円形。

ミヤマヘビノネゴザ 深山蛇の寝御座 〈*Athyrium rupestre* Kodama〉オシダ科の夏緑性シダ。葉身は披針形～長楕円状披針形。

ミヤマホウオウゴケ 〈*Fissidens perdecurrens* Besch.〉ホウオウゴケ科のコケ。葉は長さ2～3mm。

ミヤマホウソ ミヤマハハソの別名。

ミヤマホソコウガイゼキショウ 深山細笄石菖 〈*Juncus kamtschatcensis* (Buchen.) Kudo〉イグサ科の草本。高山植物。

ミヤマホタルイ 深山蛍蘭 〈*Scirpus hondoensis* Ohwi〉カヤツリグサ科の草本。

ミヤマホタルカズラ 〈*Lithospermum diffusum* Lag.〉ムラサキ科の宿根草。花は濃碧、青、淡青、白など。園芸植物。

ミヤマホツツジ 深山穂躑躅 〈*Cladothamnus bracteatus* (Maxim.) Yamazaki〉ツツジ科の落葉低木。別名ハコツツジ。高さは1～1.5m。花は白でわずかに緑みを帯びる。高山植物。園芸植物。

ミヤマママタタビ 深山木天蓼 〈*Actinidia kolomikta* (Maxim. et Rupr.) Maxim.〉マタタビ科(サルナシ科)のつる性低木。花は白色。高山植物。薬用など。園芸植物。

ミヤマママコナ 深山飯子菜 〈*Melampyrum laxum* Miq. var. *nikkoense* Beauv.〉ゴマノハグサ科の半寄生一年草。高さは20～50cm。高山植物。

ミヤママンネングサ 深山万年草 〈*Sedum japonicum* Sieb. ex Miq. var. *senanense* Makino〉ベンケイソウ科。高山植物。

ミヤマミズ 〈*Pilea petiolaris* (Sieb. et Zucc.) Blume〉イラクサ科の草本。

ミヤマミズゼニゴケ 〈*Calycularia crispula* Mitt.〉アリソンゴケ科のコケ。不透明な緑褐色、長さ2～4cm。

ミヤマミミナグサ 深山耳菜草 〈*Cerastium schizopetalum* Maxim.〉ナデシコ科の多年草。高さは10～15cm。花は白色。高山植物。園芸植物。

ミヤマムギラン 深山麦蘭 〈*Bulbophyllum japonicum* (Makino) Makino〉ラン科の多年草。高山植物。

ミヤマムグラ 〈*Galium paradoxum* Maxim.〉アカネ科の多年草。高さは10～30cm。高山植物。

ミヤマムラサキ 深山紫 〈*Eritrichium nipponicum* Makino〉ムラサキ科の多年草。高さは6～20cm。高山植物。

ミヤマメシダ 深山雌羊歯 〈*Athyrium melanolepis* (Franch. et Savat.) Christ〉オシダ科の夏緑性シダ。葉身は長さ60cm。長楕円状披針形。

ミヤマモジズリ 深山捩摺 〈*Gymnadenia cucullata* (L.) Richard〉ラン科の多年草。高さは10～20cm。花は淡紅紫色。高山植物。園芸植物。

ミヤマモミジイチゴ 深山紅葉苺 〈*Rubus pseudoacer* Makino〉バラ科の落葉低木。高山植物。

ミヤマヤチヤナギ 深山谷地柳 〈*Salix paludicola* Koidz.〉ヤナギ科の木本。北海道に分布し、高山の湿地に生える。園芸植物。

ミヤマヤナギ 深山柳 〈*Salix reinii* Franch. et Savat.〉ヤナギ科の落葉低木。別名ミネヤナギ。成葉は楕円形または倒卵形。高山植物。園芸植物。

ミヤマヤブタバコ 深山藪煙草 〈*Carpesium triste* Maxim.〉キク科の多年草。別名ガンクビヤブタバコ。高さは40～100cm。

ミヤマヤマブキショウマ 深山山吹升麻 〈*Alchemilla dioicus* Fern. var. *astilboides* Hara〉バラ科の多年草。高山植物。

ミヤマヤリカツギ 〈*Encalypta rhaptocarpa* Schwägr.〉ヤリカツギ科のコケ。茎は長さ1～3cm、葉は狭楕円形。

ミヤマユーカリ 〈*Eucalyptus pauciflora*〉フトモモ科の木本。樹高15m。樹皮は灰と白色。

ミヤマヨメナ 深山嫁菜 〈*Aster savatieri* Makino var. *savatieri*〉キク科の多年草。別名ノシュンギク、ミヤコワスレ。高さは20～50cm。花は紫青、淡桃、白色。園芸植物。

ミヤマヨメナ・ピグマエア シュンジュギクの別名。

ミヤマラッキョウ 深山辣韮 〈*Allium splendens* Willden.〉ユリ科の多年草。高さは25〜40cm。高山植物。

ミヤマリュウビゴケ 〈*Hylocomiastrum pyrenaicum* (Spruce) Broth.〉イワダレゴケ科のコケ。大形で、茎は赤褐色、不規則な羽状に分枝。

ミヤマリンドウ 深山竜胆 〈*Gentiana nipponica* Maxim. var. *nipponica*〉リンドウ科の多年草。高さは5〜10cm。花は紫青色。高山植物。園芸植物。

ミヤマワスレソウ エゾムラサキの別名。

ミヤマワラビ 深山蕨 〈*Phegopteris connectilis* (Michx.) Watt〉オシダ科(ヒメシダ科)の夏緑性シダ。葉身は長さ10〜15cm。三角状長楕円形。

ミューレンベッキア・アクシラリス 〈*Muehlenbeckia axillaris* (Hook. f.) Walp.〉タデ科のつる性植物。園芸植物。

ミョウガ 茗荷 〈*Zingiber mioga* (Thunb. ex Murray) Rosc.〉ショウガ科の香辛野菜。若い花序や茎葉を食用とする。高さは40〜100cm。薬用植物。園芸植物。

ミョウギイワザクラ 〈*Primula reinii* var. *myogiensis*〉サクラソウ科。

ミョウギウロコゴケ 〈*Dermatocarpon myogiense* Asah.〉アナイボゴケ科の地衣類。地衣体は灰白。

ミョウギシダ 妙義羊歯 〈*Polypodium someyae* Yatabe〉ウラボシ科の夏緑性シダ。葉身は長さ10〜30cm。狭卵形〜卵形。

ミョウギシャジン 〈*Adenophora petrophila*〉キキョウ科。

ミョウギトリカブト 〈*Aconitum suspensum* Nakai〉キンポウゲ科の草本。

ミョウコウ キンポウゲ科のクレマチスの品種。

ミョウコウトリカブト 妙高鳥兜 〈*Aconitum septemcarpum* Nakai〉キンポウゲ科の草本。高山植物。

ミョウジョウ 明星 バラ科のモモ(桃)の品種。果肉は濃橙黄色。

ミョウジョウ 明星 マミラリア・シーデアナの別名。

ミヨノサカエ 御代の栄 ツツジ科のアザレアの品種。園芸植物。

ミヨノサカエ ツツジ科のツツジの品種。

ミラ ユリ科。別名メキシカンスター、ナガエアマナ。切り花に用いられる。

ミラ・カエスピトサ 〈*Mila caespitosa* Britt. et Rose〉サボテン科のサボテン。別名怪巣玉、群小槌。高さは5〜15cm。花は黄色。園芸植物。

ミラクル バラ科。ハイブリッド・ティーローズ系。花は赤と黄のリバーシブル。

ミラクル ニューミラクルの別名。

ミラクルフルーツ 〈*Synsepalum dulcificum* (Schum. & Thonn.) Daniell.〉アカテツ科の薬用植物。別名ミラクルベリー。

ミラノ バラ科。花は赤色。

ミラ・ビフロラ 〈*Milla biflora* Cav.〉ユリ科。高さは45cm。花は白色。園芸植物。

ミラビリス・ハラバ オシロイバナの別名。

ミラビリス・ロンギフロラ 〈*Mirabilis longiflora* L.〉オシロイバナ科の草本。別名ナガバナオシロイバナ。高さは1m。園芸植物。

ミリアレピス・パラドクサ 〈*Myrialepis paradoxa* (Kurz) J. Dransfield〉ヤシ科。別名ヒメジャモントウ。園芸植物。

ミリウム・エッフスム イブキヌカボの別名。

ミリオカルパ・スティピタタ 〈*Myriocarpa stipitata* Benth.〉イラクサ科の低木。葉は卵状披針形。園芸植物。

ミリオフィルム・アクアティクム オオフサモの別名。

ミリオフィルム・ウェルティキラツム フサモの別名。

ミリオフィルム・スピカツム ホザキノフサモの別名。

ミリオン ユリ科。別名ミリオ、ミリオクラダス、タチホウキ。切り花に用いられる。

ミリオンベル ナス科。

ミリカ・ケリフェラ 〈*Myrica cerifera* L.〉ヤマモモ科の木本。別名シロコヤマモモ。園芸植物。

ミリカリア 〈*Myricaria germanica* Desv.〉ギョリュウ科。

ミリカ・ルブラ ヤマモモの別名。

ミリガンエウクリフィア 〈*Eucryphia milliganii*〉エウクリフィア科の木本。樹高6m。樹皮は灰色。

ミリン 〈*Solieria robusta* (Greville) Kylin〉ミリン科の海藻。円柱状、又は扁圧。体は35cm。

ミル 海松 〈*Codium fragile* (Suringar) Hariot〉ミル科の海藻。密に又状に分岐し扇形。体は30cm。

ミルタッシア・アズテック 〈× *Miltassia* Aztec〉ラン科。花は鮮桃色。園芸植物。

ミルチロカクタス サボテン科の属総称。サボテン。

ミルツス・コンムニス ギンバイカの別名。

ミルティロカクツス・ゲオメトリザンス ヒメキランソウの別名。

ミルトニア 〈*Miltonia hybrida* Hort.〉ラン科。

ミルトニア ラン科の属総称。別名パンジーオーキッド。園芸植物。

ミルトニア・アレクサンドル・デュマ 〈*Miltonia* Alexandre Dumas〉ラン科。花は明黄色。園芸植物。

ミルトニア・アン・ウォーン 〈*Miltonia* Anne Warne〉ラン科。花は濃紅色。園芸植物。

ミルトニア

ミルトニア・ヴァルセヴィチー 〈*Miltonia warscewiczii* Rchb. f.〉ラン科。高さは30～40cm。花は褐色。園芸植物。

ミルトニア・ウェクシラリア 〈*Miltonia vexillaria* (Rchb. f.) Nichols.〉ラン科。高さは30cm。花は淡桃色。園芸植物。

ミルトニア・ウッドランズ 〈*Miltonia* Woodlands〉ラン科。花は白、ピンク色。園芸植物。

ミルトニア・エヴァーグリーン・ジョイ 〈*Miltonia* Evergreen Joy〉ラン科。花は桃色。園芸植物。

ミルトニア・エヴェレット・チャーチ 〈*Miltonia* Everett Church〉ラン科。花は白色。園芸植物。

ミルトニア・エモーション 〈*Miltonia* Emotion〉ラン科。花は白、黄、桃色など。園芸植物。

ミルトニア・カンディダ 〈*Miltonia candida* Lindl.〉ラン科。高さは50～60cm。花は白色。園芸植物。

ミルトニア・クネアタ 〈*Miltonia cuneata* Lindl.〉ラン科。花は黄色。園芸植物。

ミルトニア・クラウシー 〈*Miltonia clowesii* Lindl.〉ラン科。高さは7～10cm。花は白色。園芸植物。

ミルトニア・ゴードン・ホイト 〈*Miltonia* Gordon Hoyt〉ラン科。園芸植物。

ミルトニア・ジャン・サブラン 〈*Miltonia* Jean Sabourin〉ラン科。花は紅色。園芸植物。

ミルトニア・ストーム 〈*Miltonia* Storm〉ラン科。花は濃紅色。園芸植物。

ミルトニア・スペクタビリス 〈*Miltonia spectabilis* Lindl.〉ラン科。茎の長さは20cm。花はクリーム色。園芸植物。

ミルトニア・セーヌ 〈*Miltonia* Seine〉ラン科。花は白色。園芸植物。

ミルトニア・ソネット ラン科。園芸植物。

ミルトニア・ツェレ 〈*Miltonia* Celle〉ラン科。花は濃紅色。園芸植物。

ミルトニア・ディアレスト 〈*Miltonia* Dearest〉ラン科。花は濃桃～紅色。園芸植物。

ミルトニア・バート・フィールド 〈*Miltonia* Bert Field〉ラン科。花は濃紅色。園芸植物。

ミルトニア・ハンブルク 〈*Miltonia* Hamburg〉ラン科。花は濃赤紅色。園芸植物。

ミルトニア・ファラエノプシス 〈*Miltonia phalaenopsis* (Linden et Rchb. f.) Nichols.〉ラン科。花は白色。園芸植物。

ミルトニア・フラウェスケンス 〈*Miltonia flavescens* Lindl.〉ラン科。高さは40～60cm。花は白色。園芸植物。

ミルトニア・プレスティジ 〈*Miltonia* Prestige〉ラン科。花は濃紅色。園芸植物。

ミルトニア・リシーナ 〈*Miltonia* Lycaena〉ラン科。花は白地に紅色のぼかし。園芸植物。

ミルトニア・リベルテ 〈*Miltonia* Liberte〉ラン科。花は紅色。園芸植物。

ミルトニア・リングウッド 〈*Miltonia* Lingwood〉ラン科。花は紅色。園芸植物。

ミルトニア・ルージュ 〈*Miltonia* Rouge〉ラン科。園芸植物。

ミルトニア・レグネリー 〈*Miltonia regnellii* Rchb. f.〉ラン科。花は淡桃色。園芸植物。

ミルトニア・レッドファーン・ベイ 〈*Miltonia* Redfern Bay〉ラン科。花は血赤色。園芸植物。

ミルトニア・レーツリー 〈*Miltonia roezlii* (Rchb. f.) Nichols.〉ラン科。高さは20～25cm。花は白色。園芸植物。

ミルトニディウム・イエロー・モナーク 〈× *Miltonidium* Yellow Monarch〉ラン科。高さは60cm。花は黄色。園芸植物。

ミルトニディウム・イッサク・ナガタ 〈× *Miltonidium* Issaku Nagata〉ラン科。高さは15～20cm。花は黄褐色。園芸植物。

ミルトニディウム・リー・ヒルシュ 〈× *Miltonidium* Lee Hirsch〉ラン科。花は黄色。園芸植物。

ミルノベニ 〈*Acrochaetium howei* (Yamada)〉シャントランシア科の海藻。四分胞子嚢をつける。

ミルフラスコモ 〈*Nitella axilliformis* Imah.〉シャジクモ科。

ミルマツナ シチメンソウの別名。

ミルラノキ 〈*Commiphora abyssinica* (Berg) Engl.〉カンラン科の薬用植物。

ミルリス・オドラタ 〈*Myrrhis odorata* Scop.〉セリ科の多年草。高山植物。

ミレティア・スツルマンニー 〈*Millettia stuhlmannii* Taub.〉マメ科の木本。高さは5m。花は青紫色。園芸植物。

ミレティア・ディエルシアナ 〈*Milletia dielsiana* Harms.〉マメ科の薬用植物。

ミレティア・ヤポニカ ナツフジの別名。

ミレティア・レティクラタ ムラサキナツフジの別名。

ミレニアムゴールド バラ科のバラの品種。切り花に用いられる。

ミロード 〈Milord〉バラ科。ハイブリッド・ティーローズ系。花は紅色。

ミロバランスモモ 〈*Prunus cerasifera* J. F. Ehrh.〉バラ科の木本。高さは7～8m。花は淡紅色。樹皮は紫褐色。園芸植物。

ミロバランノキ 〈*Terminalia chebula* Retz〉シクンシ科の落葉高木。葉裏粉白。熱帯植物。薬用植物。

ミワク 魅惑 〈Miwaku〉バラ科。ハイブリッド・ティーローズ系。花は白色。

ミント シソ科のハーブ。別名セイヨウハッカ。

ミントウジン 明党参 〈*Changium smyrnioides* Wolff.〉セリ科の薬用植物。

【ム】

ムイリア・ホルテンセアエ 〈*Muiria hortenseae* N. E. Br.〉ツルナ科。別名宝輝玉。園芸植物。

ムカゴイラクサ 零余子刺草, 珠芽刺草 〈*Laportea bulbifera* Wedd.〉イラクサ科の多年草。高さは40～70cm。薬用植物。

ムカゴコンニャク 〈*Amorphophallus bulbifer* BL.〉サトイモ科の草本。葉柄は緑色で長形の白斑、葉の所々にムカゴを作る。熱帯植物。

ムカゴサイシン 〈*Nervilia nipponica* Makino〉ラン科の草本。

ムカゴソウ 零余子草 〈*Herminium lanceum* (Thunb. ex Sw.) J. Vuijk var. *longicrure* (C. Wright) Hara〉ラン科の草本。

ムカゴツヅリ 〈*Poa tuberifera* Faurie ex Hack.〉イネ科の草本。

ムカゴトラノオ 零余子虎の尾 〈*Bistorta vivipara* (L.) S. F. Gray〉タデ科の多年草。別名コモチトラノオ。高さは10～30cm。高山植物。薬用植物。

ムカゴトンボ 〈*Habenaria flagellifera* Makino〉ラン科の多年草。

ムカゴニンジン 零余子人参 〈*Sium ninsi* L.〉セリ科の多年草。高さは30～80cm。

ムカゴネコノメソウ 〈*Chrysosplenium maximowiczii* Franch. et Savat.〉ユキノシタ科の多年草。高さは3～20cm。

ムカゴフルクレア 〈*Furcraea tuberosa* Ait.〉リュウゼツラン科の多肉草。葉は革質、淡緑色、長さ1.5m。熱帯植物。園芸植物。

ムカゴユキノシタ 零余子雪の下 〈*Saxifraga cernua* L.〉ユキノシタ科の多年草。高さは5～25cm。高山植物。

ムカシオオミダレタケ 〈*Protodaedalea hispida* Imazeki〉ヒメキクラゲ科のキノコ。中型～大型。傘は淡黄褐色。

ムカシヒシャクゴケ 〈*Scapania ornithopodioides* (With.) Waddel〉ヒシャクゴケ科のコケ。緑褐色、茎は長さ3～7cm。

ムカシベニシダ 〈*Dryopteris anadroma* Mitsuta, nom. nud.〉オシダ科の常緑性シダ。葉身は長さ15～30cm。三角状長楕円形。

ムカシヤバネゴケ 〈*Cephaloziella crispata* N. Kitag.〉コヤバネゴケ科のコケ。茎は長さ2～4mm。

ムカシヨモギ ヤナギヨモギの別名。

ムカデカズラ ヒカゲノカズラ科。園芸植物。

ムカデタイゲキ ギンリュウの別名。

ムカデノリ 〈*Grateloupia filicina* (Lamouroux) Agardh〉ムカデノリ科の海藻。叢生、主軸の両側に羽状に分岐した枝が並ぶ。体は20～30cm。

ムカデラン 蜈蚣蘭 〈*Sarcanthus scolopendrifolius* Makino〉ラン科の多年草。園芸植物。

ムギ イネ科の総称。

ムギガラガヤツリ 〈*Cyperus unioloides* R. Br.〉カヤツリグサ科の草本。

ムギクサ 麦草 〈*Hordeum murinum* L.〉イネ科の一年草または越年草。高さは15～60cm。園芸植物。

ムギスゲ 〈*Carex parciflora* Boott var. *macroglossa* (Franch. et Sav.) Ohwi f. *subsessilis* Ohwi〉カヤツリグサ科。

ムギセンノウ 麦仙翁 〈*Agrostemma githago* L.〉ナデシコ科の一年草または多年草。別名ムギナデシコ。高さは30～100cm。花は紫桃赤色。高山植物。園芸植物。

ムキタケ 〈*Panellus serotinus* (Pers.：Fr.) Kühner〉キシメジ科のキノコ。別名カタハ、カワムキ、ノドヤケ。中型～大型。傘は汚黄色～黄褐色、細毛を密生する。表皮ははがれやすい。

ムギナデシコ ムギセンノウの別名。

ムギフジ マメ科の木本。別名サラシフジ(晒藤)。

ムギラン 麦蘭 〈*Bulbophyllum inconspicuum* Maxim.〉ラン科の多年草。別名イボラン。

ムギワラギク 麦藁菊 〈*Helichrysum bracteatum* (Vent.) Andr.〉キク科の多年草。別名テイオウカイザイク。園芸植物。切り花に用いられる。

ムクイヌビワ 〈*Ficus irisana* Elmer〉クワ科の木本。別名ムクバイヌビワ、ホソバムクイヌビワ、キングイヌビワ。

ムクキッコウグサ 〈*Dictyosphaeria versluysii* W. v. Bosse〉バロニア科の海藻。半球形。体は径3～4cm。

ムクゲ 木槿 〈*Hibiscus syriacus* L.〉アオイ科の落葉小高木または低木。別名モクゲ、ハチス、キハチス。高さは3～4m。花は淡青紫、白、ピンクなど。薬用植物。園芸植物。

ムクゲアカシア 〈*Acacia podalyriifolia* A. Cunn. ex G. Don〉マメ科の低木。花は黄色。園芸植物。

ムクゲシケシダ 尨毛湿気羊歯 〈*Deparia kiusiana* (Koidz.) M. Kato〉オシダ科の夏緑性シダ。葉身は長さ35～40cm。長楕円形から長楕円状披針形。

ムクゲタチゴショウ 〈*Piper stylosum* Miq.〉コショウ科の直立草。葉は表裏有毛、花序は短く下向。熱帯植物。

ムクゲチャヒキ 〈*Bromus commutatus* Schrad.〉イネ科の一年草または越年草。高さは40～100cm。

ムクゲナチシケシダ 〈Deparia kiusiana × petersenii〉オシダ科のシダ植物。
ムクゲヒダハタケ 〈Paxillus sp.〉ヒダハタケ科のキノコ。
ムクゲヒノキゴケ ヒノキゴケの別名。
ムクゲフモトシケシダ 〈Deparia kiusiana × pseudo-conilii〉オシダ科のシダ植物。
ムクゲムサシシケシダ 〈Deparia japonica × kiusiana〉オシダ科のシダ植物。
ムクーナ・アトロプルプレア 〈Mucuna atropurpurea DC.〉マメ科の常緑つる性植物。
ムクナ・ノウァーグイネーンシス 〈Mucuna nova-guineensis Scheff.〉マメ科。花は橙赤または赤色。園芸植物。
ムクナ・ベネッティー 〈Mucuna bennettii F. J. Muell〉マメ科。花は橙赤、赤、緋など。園芸植物。
ムクノキ 椋木 〈Aphananthe aspera (Thunb. ex Murray) Planch.〉ニレ科の落葉高木。別名ムクエノキ、ムク、モク。高さは20m。薬用植物。園芸植物。
ムクバナタオレボク 〈Streblus asper Lour.〉クワ科の小木。葉はムクのようでトクサ代用。熱帯植物。
ムクムクキゴケ 〈Stereocaulon sasakii Zahlbr.〉キゴケ科の地衣類。擬子柄は灰白色。
ムクムクキゴケモドキ 〈Stereocaulon paschale (L.) Hoffm.〉キゴケ科の地衣類。擬子柄は高さ3～8cm。
ムクムクゴケ 〈Trichocolea tomentella (Ehrh.) Dun.〉ムクムクゴケ科のコケ。別名アオジロムクムクゴケ。白緑色～緑褐色、長さ2～数cm。
ムクムクサワラゴケ 〈Ptilidium bisseti (Mitt.) Evans.〉サワラゴケ科。
ムクムクシミズゴケ カワゴケの別名。
ムクムクチリメンゴケ ヒプヌム・プルマエフォルメの別名。
ムクロジ 無患子 〈Sapindus mukurossi Gaertn.〉ムクロジ科の落葉高木。別名ムクロ。熱帯では薬用に果を市販する。高さは20m。花は淡黄緑色。熱帯植物。薬用植物。園芸植物。
ムクロジ科 科名。
ムゲンジョウ 夢幻城 マミラリア・マグニマンマの別名。
ムサ バナナの別名。
ムサ・アクミナタ 〈Musa acuminata Colla〉バショウ科の多年草。別名タイワンバナナ、ミバショウ。偽茎は黒色。園芸植物。
ムサ・ウェルティナ 〈Musa velutina H. Wendl. et Drude〉バショウ科の多年草。高さは1.5m。花は淡桃色。園芸植物。
ムサエンダ・エリスロフィルラ 〈Musaenda erythrophylla Schum. et Thonn.〉アカネ科。

ムサエンダ・パルビフロラ コンロンカの別名。
ムサ・キリオカルパ 〈Musa chiliocarpa Backer〉バショウ科の多年草。別名センナリバナナ。園芸植物。
ムサ・コッキネア ヒメバショウの別名。
ムササビタケ 〈Psathyrella piluliformis (Bull.： Fr.) P. D. Orton〉ヒトヨタケ科のキノコ。小型～中型。傘は黄褐色～褐色、幼時被膜あり。湿時条線。ひだは淡灰褐色→暗褐色。
ムサシアブミ 武蔵鐙 〈Arisaema ringens (Thunb.) Schott〉サトイモ科の多年草。あぶみ状にゆがんだ仏炎苞を有する。高さは10～20cm。薬用植物。園芸植物。
ムサシシケシダ 〈Deparia × musashiensis (H. Ohba) Serizawa〉オシダ科のシダ植物。
ムサシタイゲキ 〈Euphorbia sendaica Makino var. musashiensis (Nakai) Hurusawa〉トウダイグサ科。日本絶滅危惧植物。
ムサシノ 武蔵野 バラ科のウメの品種。園芸植物。
ムサシノ 武蔵野 テフロカクツス・アルティクラッスの別名。
ムサシモ 武蔵藻 〈Najas ancistrocarpa A. Br.〉イバラモ科の沈水植物。別名マガリミサヤモ。葉は糸状、縁に細かい鋸歯がある。薬用植物。園芸植物。切り花に用いられる。
ムサ・テクスティリス マニラアサの別名。
ムサ・バショー 芭蕉 〈Musa basjoo Sieb.〉バショウ科の多年草。別名バショウ。園芸植物。
ムサ・パラディシアカ 〈Musa × paradisiaca L.〉バショウ科の多年草。別名ミバショウ。葉裏粉白。熱帯植物。園芸植物。
ムサ・フェイ 〈Musa fehi Bertero ex Vieill.〉バショウ科の多年草。別名フェイバナナ。花序は直立。園芸植物。
ムシカリ 虫狩 〈Viburnum furcatum Blume ex Maxim.〉スイカズラ科の落葉低木。別名オオカメノキ。高さは2～5m。花は白色。高山植物。園芸植物。
ムシクサ 虫草 〈Veronica peregrina L.〉ゴマノハグサ科の一年草。高さは5～20cm。
ムシゴケ 〈Thamnolia vermicularis Ach.〉マツケ科(サルオガセ科)の不完全地衣。地衣体は白から灰白色。薬用植物。
ムシトリスミレ 虫取菫 〈Pinguicula vulgaris L. var. macroceras Herder〉タヌキモ科の多年生食虫植物。高さは5～15cm。高山植物。園芸植物。
ムシトリスミレ タヌキモ科の属総称。
ムシトリナデシコ 虫取撫子 〈Silene armeria L.〉ナデシコ科の一年草または多年草。別名コマチソウ、ハエトリナデシコ。高さは50～60cm。花は紅紫色。園芸植物。
ムシトリビランジ ナデシコ科。別名ビスカリア、ウメナデシコ。園芸植物。

ムシトリマンテマ 〈*Silene antirrhina* L.〉ナデシコ科の一年草または越年草。高さは10～70cm。花は白または淡紅色。

ムジナオオバコ 〈*Plantago depressa* Willd.〉オオバコ科の一年草。高さは30cm。

ムジナゴケ 〈*Trachypus bicolor* Reinw. & Hornsch.〉ムジナゴケ科のコケ。大形、二次茎は長さ2～6cm、下方の葉はしばしば黒色となる。

ムジナスゲ 〈*Carex lasiocarpa* Ehrh. subsp. *occultans* (Franch.) Hulten〉カヤツリグサ科の草本。

ムジナタケ 〈*Psathyrella velutina* (Pers.) Sing.〉ヒトヨタケ科のキノコ。小型～中型。傘はさび褐色、繊維状鱗片あり。縁部に被膜の名残。ひだは暗紫褐色。

ムジナノカミソリ 〈*Lycoris sanguinea* Maxim. var. *koreana* (Nakai) Koyama〉ヒガンバナ科。日本絶滅危機植物。

ムジナモ 狢藻 〈*Aldrovanda vesiculosa* L.〉モウセンゴケ科の沈水性の浮遊植物。茎は長さ5～25cm、白～緑白色の花。園芸植物。日本絶滅危機植物。

ムシャウチワ 武者団扇 コリノプンティア・インウィクタの別名。

ムシャリンドウ 武者竜胆 〈*Dracocephalum argunense* Fisch.〉シソ科の宿根草。高さは15～30cm。花は青紫色。園芸植物。

ムスカリ ユリ科の属総称。球根植物。別名グレープヒアシンス、ルリムスカリ。切り花に用いられる。

ムスカリ・アルメニアクム 〈*Muscari armeniacum* Leichtl. ex Bak.〉ユリ科の球根植物。高さは10～30cm。花は濃青色。園芸植物。

ムスカリ・コモスム 〈*Muscari comosum* (L.) Mill.〉ユリ科の球根植物。別名フサムスカリ。花は緑褐色、紫紅青色、紫色。高山植物。園芸植物。

ムスカリ・チューベルゲニアナム ユリ科。園芸植物。

ムスカリ・ネグレクツム 〈*Muscari neglectum* Guss. ex Ten.〉ユリ科の球根植物。別名クロムスカリ。花は暗青色。高山植物。園芸植物。

ムスカリ・パラドクスム 〈*Muscari paradoxum* (Fisch. et C. A. Mey.) K. Koch〉ユリ科の球根植物。高さは20～30cm。花は暗青色。園芸植物。

ムスカリ・ピナルディー 〈*Muscari pinardii* (Boiss.) Boiss.〉ユリ科の球根植物。花は淡い菫色。園芸植物。

ムスカリ・ボトリオイデス ルリムスカリの別名。

ムスカリ・ボトリオイデス・アルバム ユリ科。園芸植物。

ムスカリ・モスカツム 〈*Muscari moschatum* Willd.〉ユリ科の球根植物。別名クロムスカリ。花は初め紫、後に緑色。園芸植物。

ムスカリ・ラティフォリウム 〈*Muscari latifolium* Armitage, J. Kirk et Playne ex J. Kirk〉ユリ科の球根植物。高さは20～30cm。花は淡青色。園芸植物。

ムスクマロウ ジャコウアオイの別名。

ムスー・ドゥ・ジャポン 〈Mousseux du Japon〉バラ科。モス・ローズ系。花は紫桃色。

ムセンスゲ 無線菅 〈*Carex livida*〉カヤツリグサ科。

ムチエダイトゴケ 〈*Haplohymenium flagelliforme* L. I. Savicz〉シノブゴケ科のコケ。枝葉は広卵形の基部からやや急に狭くなり、鋭頭。

ムチゴケ 〈*Bazzania pompeana* (Lac.) Mitt.〉ムチゴケ科のコケ。別名オオムカデゴケ。茎は長さ12cm。

ムチハネゴケ 〈*Plagiochila dendroides* (Nees) Lindenb.〉ハネゴケ科のコケ。茎は長さ2～5cm。

ムチモ 〈*Cutleria cylindrica* Okamura〉ムチモ科の海藻。円柱状。

ムツ 陸奥 バラ科のリンゴ(苹果)の品種。果皮は淡黄緑色。

ムツアカバナ 〈*Epilobium pyrricholophum* var. *curvatopilosum*〉アカバナ科。

ムツイトグサ 〈*Polysiphonia senticulosa* Harvey〉フジマツモ科の海藻。叉状様羽状に分岐。体は5～10cm。

ムツオレガヤツリ 〈*Cyperus odoratus* L.〉カヤツリグサ科の一年草。別名キンガヤツリ。高さは20～70cm。日本絶滅危機植物。

ムツオレグサ 六折草 〈*Glyceria acutiflora* Torr.〉イネ科の抽水性の多年草。別名ミノゴメ、タムギ。高さ30～60cm、葉身は線形。

ムッサエンダ アカネ科の属総称。別名コンロンカ。

ムッサエンダ・エリトロフィラ ヒゴロモコンロンカの別名。

ムッサエンダ・パルウィフロラ コンロンカの別名。

ムッサエンダ・フィリッピカ 〈*Mussaenda philippica* A. Rich.〉アカネ科の低木。高さは5m。花は白色。園芸植物。

ムッサエンダ・プベスケンス 〈*Mussaenda pubescens* Ait. f.〉アカネ科の低木。花は白色。園芸植物。

ムツデチョウチンゴケ 〈*Pseudobryum speciosum* (Mitt.) T. J. Kop.〉チョウチンゴケ科のコケ。別名カシワバチョウチンゴケ。大形、茎は長さ10cm、葉は光沢があり、長楕円形。

ムツノウラベニタケ 〈*Rhodocybe mundula* (Lasch) Sing.〉イッポンシメジ科のキノコ。小型〜中型。傘は灰白色、微粉状。ひだはピンク色。

ムツノガリヤス 陸奥野刈安 〈*Calamagrostis matsumurae* Maxim.〉イネ科の草本。

ムティシア・イリキフォーリア 〈*Mutisia ilicifolia* Cav.〉キク科のつる性低木。

ムティシア・クレマティス 〈*Mutisia clematis* L. f.〉キク科の常緑低木。高さは5〜7m。花は赤色。園芸植物。

ムティシア・スピノサ 〈*Mutisia spinosa* Ruiz et Pav.〉キク科の常緑低木。高さは5〜6m。花は桃色。園芸植物。

ムティシア・デクレンス 〈*Mutisia decurrens* Cav.〉キク科のつる性低木。高さは2.5〜3m。花は橙色。園芸植物。

ムニンアオガンピ 無人青雁皮 〈*Wikstroemia pseudoretusa* Koidz.〉ジンチョウゲ科の半常緑低木。別名オガサワラガンピ。

ムニンアンペライ ネビキグサの別名。

ムニンイヌツゲ 〈*Ilex matanoana* Makino〉モチノキ科の常緑低木。

ムニンイヌノハナヒゲ 〈*Rhynchospora japonica* var. *curvo-aristata*〉カヤツリグサ科。

ムニンウメノキゴケ 〈*Parmelia robusta* Degel.〉ウメノキゴケ科の地衣類。地衣体はシリアをもつ。

ムニンエダウチホングウシダ 無人枝打ち本宮羊歯 〈*Lindsaea repanda* Kunze〉ホングウシダ科(イノモトソウ科、ワラビ科)の常緑性シダ。葉身は長さ8〜13cm。三角状長楕円形。

ムニンカラスウリ 〈*Trichosanthes boninensis* Nakai ex Tuyama〉ウリ科の草本。

ムニンキヌラン 〈*Zeuxine boninensis* Tuyama〉ラン科。日本絶滅危機植物。

ムニンクロキ 〈*Symplocos boninensis*〉ハイノキ科の常緑高木。

ムニンコケシダ 〈*Crepidomanes acuto-obtusum*〉コケシノブ科。

ムニンコゲボシゴケ 〈*Bombiliospora domingensis* (Pers.) Zahlbr. var. *glaucocarpa* (Nyl.) Vain.〉ヘリトリゴケ科の地衣類。胞子は長円形。

ムニンゴシュユ 〈*Euodia nishimurae* Koidz.〉ミカン科の常緑低木。

ムニンサジラン 〈*Loxogramme boninensis* Nakai〉ウラボシ科の常緑性シダ。別名シマサジラン。葉身は長さ10〜25cm。狭披針形。

ムニンシダ 〈*Asplenium polyodon* G. Forst.〉チャセンシダ科の常緑性シダ。長さ30〜50cm。葉身は単羽状複生。園芸植物。

ムニンシャシャンボ 〈*Vaccinium boninense* Nakai〉ツツジ科の木本。

ムニンタイトゴメ 〈*Sedum boninense* Tuyama〉ベンケイソウ科。別名マンネングサ。

ムニンタツナミソウ 〈*Scutellaria longituba*〉シソ科。

ムニンツツジ 〈*Rhododendron boninense* Nakai〉ツツジ科の常緑低木。別名オガサワラツツジ。日本絶滅危機植物。

ムニンツレサギソウ 〈*Platanthera boninensis*〉ラン科。別名シマツレサギソウ。

ムニンテンツキ 〈*Fimbristylis longispica* var. *boninensis*〉カヤツリグサ科。

ムニンヌカゴケ 〈*Coniocybe luteum* Asah.〉ピンゴケ科の地衣類。地衣体は淡黄灰緑色。

ムニンネズミモチ 〈*Ligustrum micranthum* Zucc.〉モクセイ科の常緑低木。

ムニンノキ 〈*Pouteria boninensis* (Nakai) Baehni〉アカテツ科の常緑高木。別名オオバクロテツ。

ムニンノボタン 〈*Melastoma tetramerum* Hayata〉ノボタン科の常緑低木。日本絶滅危機植物。

ムニンハダカホウズキ 〈*Tubocapsicum boninense*〉ナス科。

ムニンハチジョウシダ 〈*Pteris boninensis*〉イノモトソウ科。

ムニンハツバキ ハツバキの別名。

ムニンハナガサノキ 〈*Morinda umbellata* L. subsp. *boninensis* (Ohwi) Yamazaki〉アカネ科の常緑つる植物。別名コハナガサノキ。

ムニンハマウド 〈*Angelica boninensis* Tuyama〉セリ科。

ムニンヒサカキ 〈*Eurya boninensis* Koidz.〉ツバキ科の木本。日本絶滅危機植物。

ムニンヒメワラビ 〈*Thelypteris ogasawarensis* (Nakai) H. Ito ex Honda〉オシダ科(ヒメシダ科)の夏緑性シダ。葉柄は長さ1m。葉身は三角状卵形〜広披針形。

ムニンビャクダン 無人白檀 〈*Santalum boninense* Tuyama〉ビャクダン科の常緑小高木。寄生性、古幹にビャクダンの香あり。熱帯植物。

ムニンプソロマゴケ 〈*Psoroma boninense* Kurok.〉クロサビゴケ科の地衣類。地衣体は葉状。

ムニンフトモモ 〈*Metrosideros boninensis* (Hayata ex Koidz.) Tuyama〉フトモモ科の常緑小高木。別名オガサワラフトモモ。日本絶滅危機植物。

ムニンヘツカシダ 〈*Bolbitis quoyana* (Gaudich.) Ching〉オシダ科(ツルキジノオ科)の常緑性シダ。葉身は長さ60cm。卵状長楕円形。

ムニンベニシダ 〈*Dryopteris insularis* Kodama〉オシダ科の常緑性シダ。別名オオバノイタチシダ。葉身は長さ30〜45cm。三角状長卵形。

ムニンホウズキ 〈*Solanum biflorum* var. *glabrum*〉ナス科。
ムニンボウラン 〈*Luisia occidentalis* Lindl.〉ラン科。花は淡黄緑色。園芸植物。
ムニンホラゴケ 〈*Gonocormus bonincola*〉コケシノブ科。
ムニンホンゴウソウ 〈*Sciaphila boninensis*〉ホンゴウソウ科。
ムニンミゾシダ 〈*Thelypteris boninensis*〉オシダ科。別名オオホシダ。
ムニンミドリシダ 〈*Diplazium subtripinnatum* Nakai〉オシダ科の常緑性シダ。葉身は長さ6cm弱。広卵状。
ムニンモチ 〈*Ilex beechyi* Makino〉モチノキ科の常緑低木。別名シイモチ。
ムニンヤツシロラン 〈*Gastrodia boninensis*〉ラン科。
ムニンヤツデ 〈*Fatsia oligocarpella* (Nakai) Koidz.〉ウコギ科の常緑低木。
ムニンラッパゲジゲジゴケ 〈*Anaptychia pacifica* Kurok.〉ムカデゴケ科の地衣類。ヂセクト酸がない。
ムベ 郁子 〈*Stauntonia hexaphylla* (Thunb. ex Murray) Decne.〉アケビ科の常緑つる性木本。別名トキワアケビ、ウベ。小葉は長楕円形、卵形、倒卵形など。薬用植物。園芸植物。
ムベツヅラフジ 〈*Tinomiscium petiolare* Miers.〉ツヅラフジ科の蔓木。葉はトキワアケビの葉片に酷似。熱帯植物。
ムユウジュ 無憂樹 〈*Saraca indica* L.〉マメ科の観賞用小木。別名アソカノキ。若葉は紅色で垂下。熱帯植物。園芸植物。
ムヨウラン 無葉蘭 〈*Lecanorchis japonica* Blume〉ラン科の多年草。
ムラクモ 叢雲 〈*Melocactus maxonii* (Rose) Gürke〉サボテン科のサボテン。径10cm。花は紅色。園芸植物。
ムラクモアザミ 〈*Cirsium maruyamanum* Kitam.〉キク科の草本。
ムラサキ 紫 〈*Lithospermum officinale* L. var. *erythrorhizon* (Sieb. et Zucc.) Hand.-Mazz.〉ムラサキ科の多年草。高さは40〜70cm。花は白色。薬用植物。園芸植物。日本絶滅危機植物。
ムラサキ 紫 バラ科のリンゴ(苹果)の品種。果皮は黄緑色。
ムラサキアサヒラン 〈*Laelia gouldiana* Reichb. f.〉ラン科の多年草。
ムラサキアツバセンネンボクラン コルジリネ・インディビサ・アトロプルプレアの別名。
ムラサキアブラシメジモドキ 〈*Cortinarius salor* Fr.〉フウセンタケのキノコ。小型〜中型。傘は青紫色〜藤色、粘液に覆われる。ひだは淡紫色→肉桂褐色。

ムラサキアリアケ 〈*Allamanda violacea* G. Gardn. et Fielding〉キョウチクトウ科の常緑つる性植物。花は赤紫色。熱帯植物。園芸植物。
ムラサキイガヤグルマギク 〈*Centaurea calicitrapa* L.〉キク科の二年草。高さは20〜100cm。花は淡紅紫色。
ムラサキイチョウゴケ イチョウウキゴケの別名。
ムラサキイヌホオズキ 〈*Solanum memphiticum* Mart.〉ナス科の一年草。高さは30〜60cm。花は淡青紫色。
ムラサキイリス ジャーマン・アイリスの別名。
ムラサキイロガワリハツ 〈*Lactarius repraesentaneus* Britz.〉ベニタケ科のキノコ。別名キイロケチチタケ。大型。傘は黄色、周辺に粗毛。縁部は内側に巻く。
ムラサキウマゴヤシ 〈*Medicago sativa* L.〉マメ科の多年草。別名アルファルファ。高さは30〜100cm。花は紫〜青紫色。高山植物。園芸植物。
ムラサキウンラン ヒメキンギョソウの別名。
ムラサキエノコロ 紫狗児 〈*Setaria viridis* (L.) Beauv. var. *viridis* f. *purpurascens* Maxim.〉イネ科。
ムラサキエンレイソウ 〈*Trillium tschonoskii* Maxim. f. *violaceum* Makino〉ユリ科。園芸植物。
ムラサキオグルマ セネキオ・エレガンスの別名。
ムラサキオトメイヌワラビ 〈*Athyrium × purpurascens* (Tagawa) Sa. Kurata〉オシダ科のシダ植物。
ムラサキオヒゲシバ 〈*Enteropogon dolichostachys* (Lagasc.) Keng.〉イネ科の多年草。別名ムラサキヒゲシバ。高さは1m。花は紫色。
ムラサキオモト 紫万年青 〈*Rhoeo spathacea* (Sw.) Stearn〉ツユクサ科の多年草。別名レオ、シキンラン。葉裏紫紅色。高さは20cm。花は白または淡紫色。熱帯植物。薬用植物。園芸植物。
ムラサキオンツツジ 〈*Rhododendron weyrichii* Maxim. f. *purpuriflorum* T. Yamaz.〉ツツジ科の木本。
ムラサキ科 科名。
ムラサキカガリ 紫鐶 サクラソウ科のサクラソウの品種。園芸植物。
ムラサキカギハイゴケ 〈*Drepanocladus revolvens* (Sw.) Warnst.〉ヤナギゴケ科のコケ。茎はやや羽状に分枝、茎葉は披針形。
ムラサキガジュツ 〈*Curcuma aeruginosa* Roxb.〉ショウガ科の草本。葉の上面中肋の両側は赤紫色。高さ1.5m。熱帯植物。
ムラサキカスリタケ 〈*Russula amoena* Quél.〉ベニタケ科のキノコ。小型〜中型。傘は赤紫色、表面粉状。ひだはクリーム色。

ムラサキカタバミ 紫酸漿草 〈*Oxalis corymbosa* DC.〉カタバミ科の多年草。別名キキョウカタバミ。高さは5～15cm。花は淡紅紫色。

ムラサキ・カピタン マメ科のフジの品種。園芸植物。

ムラサキギボウシ ホスタ・ウェントリコサの別名。

ムラサキクビオレタケ 〈*Cordyceps purpureostromata* Kobayasi et Shimizu〉バッカクキン科のキノコ。

ムラサキクララ 〈*Sophora flavescens* Ait. f. *purpurascens* (Makino) Sugimoto〉マメ科の低木。有毒。花は淡紫色。薬用植物。

ムラサキケマン 紫華鬘 〈*Corydalis incisa* (Thunb.) Pers.〉ケシ科の一年草または越年草。別名ヤブケマン。高さは17～50cm。薬用植物。

ムラサキゴジアオイ 〈*Cistus incanus* L.〉ハンニチバナ科の落葉小低木。園芸植物。

ムラサキゴムタケ 〈*Ascocoryne cylichnium* (Tul.) Korf〉ズキンタケ科のキノコ。超小型～小型。材上生(朽ち木)、肉質はゼラチン状。

ムラサキコロマンソウ 〈*Asystasia chelonoides* Nees〉キツネノマゴ科の観賞用草本。花は内面紫色。熱帯植物。

ムラサキコンゴウ 紫金剛 マミラリア・ウォブレネンシスの別名。

ムラサキサギゴケ サギゴケの別名。

ムラサキサフラン クロッカス・インペラーティの別名。

ムラサキサルスベリ ラジェルストレーミア・アマビリスの別名。

ムラサキサルビア 〈*Salvia viridis* L.〉シソ科の草本。高さは30～60cm。花は紫色。園芸植物。切り花に用いられる。

ムラサキシキブ 紫式部,紫敷実 〈*Callicarpa japonica* Thunb. ex Murray var. *japonica*〉クマツヅラ科の落葉低木。別名ミムラサキ、コメゴメ。高さは2～3m。花は淡紫紅色。薬用植物。園芸植物。

ムラサキシキブ 紫式部 アヤメ科のハナショウブの品種。園芸植物。

ムラサキジシ 紫獅子 ヒルガオ科のアサガオの品種。園芸植物。

ムラサキシマダケ 紫縞竹 フィロスタキス・ウィオレスケンスの別名。

ムラサキシマヒゲシバ 〈*Chloris barbata* Sw.〉イネ科の一年草。別名タイワンヒゲシバ、ムラサキヒゲシバ。高さは30～80cm。

ムラサキシメジ 紫占地 〈*Lepista nuda* (Bull. : Fr.) Cooke〉キシメジ科のキノコ。中型～大型。傘は平滑。

ムラサキスイレン 〈*Nymphaea stellata* Willd.〉スイレン科の水草。葉に鋸歯あり。花は青色。熱帯植物。

ムラサキスジカルミ カルミア・ラティフォリア・ファスケータの別名。

ムラサキススキ 〈*Miscanthus sinensis* Andersson var. *sinensis* f. *purpurascens* (Andersson) Nakai〉イネ科。別名マスウノススキ。

ムラサキスズメノオゴケ 〈*Cynanchum purpurascens* Morren et Decne.〉ガガイモ科。

ムラサキストロファントス 〈*Strophanthus dichotomus* DC.〉キョウチクトウ科の蔓木。別名キンリュウカ。枝は黒紫色。花は黄色。熱帯植物。園芸植物。

ムラサキセンダイハギ 〈*Baptisia australis* (L.) R. Br.〉マメ科の多年草。高さは1～1.5m。花は藍青色。園芸植物。

ムラサキセンブリ 〈*Ophelia pseudo-chinensis* (Hara) Toyokuni〉リンドウ科の一年草または越年草。高さは15～30cm。

ムラサキソシンカ ムラサキモクワンジュの別名。

ムラサキチュウガエリ 〈*Malaxis bancanoides*〉ラン科。別名イリオモテヒメラン。

ムラサキチョウマメドキ 〈*Centrosema pubescens* Benth.〉マメ科の蔓草。旗弁淡青紫色、葉裏有毛、緑肥。熱帯植物。

ムラサキツメクサ 紫詰草 〈*Trifolium pratense* L.〉マメ科の多年草。別名アカツメクサ。高さは30～60cm。花は淡紅色。高山植物。熱帯植物。薬用植物。園芸植物。

ムラサキツユクサ 紫露草 〈*Tradescantia ohiensis* Rafin.〉ツユクサ科の多年草。高さは50～90cm。花は青紫から淡紅色。薬用植物。園芸植物。

ムラサキツユクサ ツユクサ科の属総名。

ムラサキツリガネツツジ 〈*Menziesia multiflora* Maxim. var. *purpurea* (Makino) Ohwi〉ツツジ科の落葉低木。園芸植物。日本絶滅危惧植物。

ムラサキツリバナ 〈*Euonymus sachalinensis* Maxim. var. *tricarpus* Kudo〉ニシキギ科の落葉低木。別名クロツリバナ。高山植物。

ムラサキツリバナ クロツリバナの別名。

ムラサキナギナタガヤ 〈*Vulpia octoflora* (Walt.) Rydb.〉イネ科の一年草。高さは15～30cm。

ムラサキナギナタタケ 〈*Clavaria purpurea* Muell. : Fr.〉シロソウメンタケ科のキノコ。形は平たい棒状～円筒状、淡紫色。

ムラサキナズナ 紫撫子 〈*Aubrieta deltoidea* (L.) DC.〉アブラナ科の常緑多年草。別名オーブリエタ。高さは15cm。花は淡紅色～紫紅色。園芸植物。

ムラサキナツフジ 紫夏藤 〈*Millettia reticulata* Benth.〉マメ科の木本。別名サッコウフジ。長さ10m。花は帯紅紫～暗紫色。園芸植物。

ムラサキニオイグサ 〈*Hedyotis congesta* Wall.〉アカネ科のやや大型の草本。葉はやや厚く淡紫色を帯びる。熱帯植物。

ムラサキニガナ 〈*Lactuca sororia* Miq.〉キク科の多年草。高さは60～120cm。

ムラサキニセエランテマム 〈*Pseuderanthemum graciliflorum* Ridl.〉キツネノマゴ科の観賞用草本。花淡紫色、唇弁に赤点。熱帯植物。

ムラサキヌスビトハギ 〈*Desmodium tortuosum* (Swartz) DC.〉マメ科の一年草。高さは1.5m。花は薄紫～やや赤紫色。熱帯植物。

ムラサキヌメリハダ 〈*Tristania obovata* R. BR.〉フトモモ科の高木。幹は滑で赤紫色。花は白色。熱帯植物。

ムラサキノキビ 〈*Eriochloa procera* (Retz.) C. E. Hubb.〉イネ科。葉身は幅2～5mm。

ムラサキハシドイ ライラックの別名。

ムラサキハナナ ハナダイコンの別名。

ムラサキハナニラ ブローディア・コロナリアの別名。

ムラサキバレンギク 〈*Echinacea purpurea* (L.) Moench〉キク科の多年草。別名エキナケア、エキナセア、プルプレア。高さは60～100cm。花は紫紅～白色。園芸植物。切り花に用いられる。

ムラサキヒエンソウ 〈*Delphinium peregrinum* Lam.〉キンポウゲ科の一年草。

ムラサキヒゲシバ ムラサキオヒゲシバの別名。

ムラサキヒシャクゴケ 〈*Scapania undulata* (L.) Dumort.〉ヒシャクゴケ科のコケ。赤紫色、茎は長さ10cm。

ムラサキヒメアナナス クリプタンサス・アコーリス・ルーベルの別名。

ムラサキヒメノイネ 〈*Oryza officinalis* Wall. ex Watt.〉イネ科の草本。浅い水中や湿地に生じ、ヒメノイネに似る。熱帯植物。

ムラサキヒメフウチョウ 〈*Cleome chelidonii* L.〉フウチョウソウ科の草本。刺は痛い。花は淡紫色。熱帯植物。

ムラサキフウセンタケ 〈*Cortinarius violaceus* (L.：Fr.) Fr.〉フウセンタケ科のキノコ。中型～大型。傘は暗紫色、微細なささくれ状。ひだは暗紫色→さび褐色。

ムラサキフトモモ 〈*Eugenia cumini* Druce〉フトモモ科の高木。果実は紫黒色、漿果。熱帯植物。

ムラサキヘイシソウ サラセニア・プルプレアの別名。

ムラサキベニシダ 〈*Dryopteris purpurella* Tagawa〉オシダ科の常緑性シダ。葉身は長さ30～45cm。三角状広卵形。

ムラサキベンケイソウ 紫弁慶草 〈*Hylotelephium telephium* (L.) H. Ohba〉ベンケイソウ科の多年草。高さは20～50cm。花は赤紫色。園芸植物。

ムラサキベンケイソウ 紫弁慶草 ベンケイソウ科の属総称。

ムラサキホウキタケ 〈*Clavaria zollingeri* Lév.〉シロソウメンタケ科のキノコ。小型～中型。形はほうき状、淡紫色。

ムラサキホウキタケモドキ 〈*Clavulina amethystinoides* (Peck) Corner〉カレエダタケ科のキノコ。

ムラサキマユミ 紫真弓 〈*Euonymus lanceolatus* Yatabe〉ニシキギ科の木本。花は暗紫色。高山植物。園芸植物。

ムラサキマル 紫丸 マミラリア・ウォブルネンシスの別名。

ムラサキミズゴケ 〈*Sphagnum magellanicum* Brid.〉ミズゴケ科のコケ。大形、赤紫色をおび、枝葉は長さ約2mm。

ムラサキミズゼニゴケ ホソバミズゼニゴケの別名。

ムラサキミズトラノオ ミズトラノオの別名。

ムラサキミズヒイラギ 〈*Acanthus ilicifolius* L.〉キツネノマゴ科の低木。花は紫色。熱帯植物。

ムラサキミミカキグサ 紫耳搔草 〈*Utricularia yakusimensis* Masamune〉タヌキモ科の多年生食虫植物。高さは5～15cm。

ムラサキムカシヨモギ ヤンバルヒゴタイの別名。

ムラサキムヨウラン 〈*Lecanorchis purpurea* Masam.〉ラン科の草本。

ムラサキモクワンジュ 〈*Bauhinia purpurea* L.〉マメ科の常緑高木。高さは8m。花は淡紅、紅紫など。熱帯植物。薬用植物。園芸植物。

ムラサキモメンヅル 紫木綿蔓 〈*Astragalus adsurgens* Pallas〉マメ科の多年草。高さは5～40cm。花は紫色。高山植物。園芸植物。

ムラサキヤシオツツジ 紫八汐躑躅 〈*Rhododendron albrechtii* Maxim.〉ツツジ科の落葉低木。別名ミヤマツツジ。高山植物。

ムラサキヤナギ 〈*Salix daphnoides*〉ヤナギ科の木本。樹高10m。樹皮は灰色。

ムラサキヤネゴケ ヤノウエノアカゴケの別名。

ムラサキヤハズカズラ 〈*Thunbergia affinis* S. Moore〉キツネノマゴ科の観賞用蔓性低木。花は濃青紫色、花喉黄色。熱帯植物。園芸植物。

ムラサキヤマドリタケ 〈*Boletus violaceofuscus* Chiu〉イグチ科のキノコ。中型～大型。傘は暗紫色。

ムラサキランタナ ランタナ・リラキナの別名。

ムラサキリュウキュウツツジ 〈*Rhododendron hortense* Nakai〉ツツジ科の植物。

ムラサキルエリア 〈*Ruellia tuberosa* L.〉キツネノマゴ科の草本。高さは50～60cm。花は青紫色。熱帯植物。園芸植物。

ムラサキルーシャン キク科。

ムラサキワカバノキ 〈*Gluta elegans* Kurz〉ウルシ科の小木。若葉は美しい紫色。花は白黄色。熱帯植物。

ムラダチサトウヤシ 〈*Arenga westerhoutii* Griff.〉ヤシ科。叢生、望方するとニボンヤシに似る。熱帯植物。

ムラダチビンロウ 〈*Areca triandra* Roxb. var. *alicae*〉ヤシ科。叢生、果実は朱色、苞は黄、果肉は軟。幹径3cm。熱帯植物。

ムラチドリ 〈*Chnoospora implexa* (Hering in Schimper) J. Agardh〉ムラチドリ科の海藻。扁圧。

ムラムスメ 村娘 オプンティア・スルフレアの別名。

ムルレイア・エウクレスティフォリア 〈*Murraya euchrestifolia* Hayata〉ミカン科の木本。常緑大高木で、樹皮が平滑。園芸植物。

ムルレイア・パニクラタ ゲッキツの別名。

ムレイセンキュウ 〈*Ligusticum jeholense* (Nakai et Kitag.) Nakai et Kitag.〉セリ科の薬用植物。

ムーレイン ゴマノハグサ科のハーブ。別名マーレイン、ベルバスクム、ビロウドモウズイカ。

ムレオオイチョウタケ 〈*Leucopaxillus septentrionalis* Sing. & A. H. Smith〉キシメジ科のキノコ。大型～超大型。傘は浅い漏斗形、淡黄色。ひだは黄白色。

ムレオオフウセンタケ 〈*Cortinarius praestans* (Cord.) Sacc.〉フウセンタケ科のキノコ。大型。傘は褐色、周辺は帯紫色、放射状溝線、湿時強い粘性。

ムレコヅチ 群小槌 ミラ・カエスピトサの別名。

ムレスズメ 群雀 〈*Caragana chamlagu* Lam.〉マメ科の落葉低木。高さは1～2m。花は黄色。園芸植物。

ムレチドリ ステノグロッティス・ロンギフォリアの別名。

ムロウテンナンショウ 〈*Arisaema yamatense* (Nakai) Nakai subsp. *Yamatense*〉サトイモ科の多年草。高さは25～100cm。

ムロウマムシグサ キシダマムシグサの別名。

ムロヤカグマ 〈*Microlepia* × *muroyae* Sa. Kurata, nom. nud.〉イノモトソウ科のシダ植物。

ムーン・ショット ラン科のソフロレリオカトレヤ・ナタリー・キャニペリーの品種。園芸植物。

ムーン・スプライト 〈Moonsprite〉バラ科。フロリバンダ・ローズ系。花はクリーミーホワイト色。

ムーンダスト ナデシコ科のカーネーションの品種。草本。切り花に用いられる。

ムーンビーム 〈Moonbeam〉バラ科。イングリッシュローズ系。花は白色。

ムンプレー 〈*Fagraea racemosa* Jack.〉マチン科の低木。花は肉色。熱帯植物。

【 メ 】

メアオスゲ 〈*Carex leucochlora* Bunge var. *aphanandra* (Franch. et Sav.) T. Koyama〉カヤツリグサ科の草本。

メアカンキンバイ 雌阿寒金梅 〈*Potentilla miyabei* Makino〉バラ科の草本。高山植物。園芸植物。

メアカンフスマ チョウカイフスマの別名。

メアゼテンツキ 〈*Fimbristylis velata* R. Br.〉カヤツリグサ科。

メアリー・ウェッブ 〈Mary Webb〉バラ科。イングリッシュローズ系。花はクリームイエロー。

メアリー・ローズ 〈Mary Rose〉バラ科。イングリッシュローズ系。花はピンク。

メアンカフスマ アレナリア・メルキオイデスの別名。

メイキョウ 明鏡 〈*Aeonium tabuliforme* (Haw.) Webb et Berth.〉ベンケイソウ科。ロゼット径15～20cm。花は黄色。園芸植物。

メイキョウ 明鏡 ツツジ科のサツキの品種。園芸植物。

メイゲツ 銘月, 名月 〈*Sedum adolphii* Hamet〉ベンケイソウ科の草本。花は白色。園芸植物。

メイゲツソウ 〈*Fallopia japonica* (Houtt.) Ronse Decr. var. *compacta* (Hook. f.) J. P. Bailey f. *colorans* (Makino)〉タデ科。園芸植物。

メイゴールド 〈Maigold〉バラ科。シュラブ・ローズ系。

メイデベンネ ブラックバッカラの別名。

メイデンス・ブラッシュ 〈Maiden's Blush〉バラ科。HAlba。花はソフトピンク。

メイプティピエール ミミエデンの別名。

メイヨウマル 明燿丸 マミラリア・ミューレンフォルティーの別名。

メイラキリウム・トリナスツム 〈*Meiracyllium trinasutum* Rchb. f.〉ラン科。花は赤紫色。園芸植物。

メイラノガ ブリリアント・メイアンディナの別名。

メイリー ユリ科のアスパラガスの品種。園芸植物。

メイリンニシキ 明鱗錦 ユリ科。別名シャボンアロエ。園芸植物。

メイ・ワンダー ユリ科のチューリップの品種。園芸植物。

メウリカエデ ウリカエデの別名。

メオトシダレ バラ科のウメの品種。

メガルカヤ 雌刈茅, 雌刈萱 〈*Themeda japonica* (Willd.) C. Tanaka〉イネ科の多年草。別名カルカヤ。高さは70～100cm。

メギ 目木 〈*Berberis thunbergii* DC.〉メギ科の落葉低木。別名ヨロイドウシ、コトリトマラズ、トリトマラズ。高さは2m。薬用植物。園芸植物。
メギ科 科名。
メキシカン・マリーゴールド キク科。園芸植物。
メキシコイトスギ 〈*Cupressus lusitanica* Mill.〉ヒノキ科の常緑高木。高さは30m。樹皮は褐色。園芸植物。
メキシコウマノスズクサ 〈*Aristolochia chapmaniana* Standl.〉ウマノスズクサ科の蔓草。葉はウマノスズクサに似る。熱帯植物。
メキシコキクバゴケ 〈*Parmelia mexicana* Gyeln.〉ウメノキゴケ科の地衣類。葉体腹面は淡褐色。
メキシコキッコウリュウ メキシコ亀甲竜 ディオスコレア・マクロスタキアの別名。
メキシコサバル サバル・メキシカナの別名。
メキシコサルビア サルビア・フルゲンスの別名。
メキシコサンザシ バラ科。
メキシコジギタリス 〈*Tetranema roseum* (M. Martens et Galeotti) Standl. et Steyerm.〉ゴマノハグサ科の観賞用草本。白斑、葉裏白粉。高さは10～20cm。花は淡紫赤色。熱帯植物。園芸植物。
メキシコ・ジニア 〈*Zinnia haageana* Regel〉キク科の一年草。別名メキシコヒャクニチソウ。高さは30～40cm。園芸植物。
メキシコトビマメ マメ科。
メキシコノボタン ヘテロケントロン・マクロスタキウムの別名。
メキシコハクセンヤシ エリテア・エドゥリスの別名。
メキシコヒメノボタン ヘテロケントロン・マクロスタキウムの別名。
メキシコヒャクニチソウ メキシコ・ジニアの別名。
メキシコマンネングサ 〈*Sedum mexicanum* Britt.〉ベンケイソウ科の多年草。高さは10～20cm。花は鮮黄色。
メキシコミズ ピレア・セルピラケアの別名。
メキシコヤマゴボウ フィトラッカ・ディオイカの別名。
メキシコラクウショウ タクソディウム・ムクロナツムの別名。
メキャベツ 〈*Brassica oleracea* L. var. *gemmifera* DC.〉アブラナ科の野菜。別名コモチカンラン、コモチタマナ、ヒメカンラン(姫甘藍)。園芸植物。
メグサハッカ 〈*Mentha pulegium* L.〉シソ科の多年草。高さは10～40cm。花は淡紅色。薬用植物。園芸植物。
メグサハッカ ペニーロイヤル・ミントの別名。
メグスリノキ 眼薬木 〈*Acer nikoense* Maxim.〉カエデ科の雌雄異株の落葉高木。別名チョウジャノ

キ。小葉は狭卵形または狭楕円形。樹高20m。樹皮は灰褐色。薬用植物。園芸植物。
メクナ・ビルドウーディアナ 〈*Mucuna birdwoodiana* Tutcher.〉マメ科の薬用植物。
メグミ 恵 バラ科のリンゴ(苹果)の品種。果肉は黄白色。
メクラフジ 盲藤 〈*Milletia japonica* (Sieb. et Zucc.) A. Gray var. *microphylla* Makino〉マメ科。別名ヒメフジ。
メコノプシス ケシ科の属総称。別名ヒマヤラの青い芥子。
メコノプシス・アクレアタ 〈*Meconopsis aculeata* Royle〉ケシ科の多年草。高さは60cm。花は青、紫または紅紫色。高山植物。園芸植物。
メコノプシス・インテグリフォリア 〈*Meconopsis integrifolia* (Maxim.) Franch.〉ケシ科の多年草。高さは1m。花は黄色。高山植物。園芸植物。
メコノプシス・カンブリカ 〈*Meconopsis cambrica* (L.) Vig.〉ケシ科の多年草。高さは60cm。花は黄または黄橙色。高山植物。園芸植物。
メコノプシス・クインツプリネルウィア 〈*Meconopsis quintuplinervia* Regel〉ケシ科の草本。高さは30cm。花は青紫または紫色。園芸植物。
メコノプシス・グランディス 〈*Meconopsis grandis* Prain〉ケシ科の草本。高さは1m。花は紫青、濃青、または紫紅色。高山植物。園芸植物。
メコノプシス・シェルダニー 〈*Meconopsis* × *sheldonii* G. Tayl.〉ケシ科の草本。花は青色。園芸植物。
メコノプシス・シンプリキフォリア 〈*Meconopsis simplicifolia* (DC.) Walp.〉ケシ科の草本。花は紫または青紫色。高山植物。園芸植物。
メコノプシス・ドラヴェーイ 〈*Meconopsis delavayi* (Fanch.) Franch. ex Prain〉ケシ科の草本。花は紫色。園芸植物。
メコノプシス・ナパウレンシス 〈*Meconopsis napaulensis* DC.〉ケシ科の草本。高さは2m。花は青紫、紅紫あるいは淡紅色。園芸植物。
メコノプシス・パニクラタ 〈*Meconopsis paniculata* (D. Don) Prain〉ケシ科の草本。高さは2m。花は黄色。高山植物。園芸植物。
メコノプシス・ベトニキフォリア ヒマラヤノアオイケシの別名。
メコノプシス・ベラ 〈*Meconopsis bella* Prain〉ケシ科の草本。花は淡青色。園芸植物。
メコノプシス・ホリドゥラ 〈*Meconopsis horridula* Hook. f. et T. Thoms.〉ケシ科の多年草。花は青色。高山植物。園芸植物。
メコノプシス・リラタ 〈*Meconopsis lyrata* (Cummins et Prain) Fedde ex Prain〉ケシ科の草本。高さは5～45cm。花は淡青色。園芸植物。

メコノプシス・ワーリッキイ ケシ科。高山植物。

メシダ 〈*Athyrium filix-foemina* (L.) Roth〉オシダ科(イワデンダ科)のシダ植物。

メジニラ ノボタン科。

メシマコブ 〈*Phellinus linteus* (Berk. et Curt.) Teng.〉サルノコシカケ科の薬用植物。

メジロスギ 〈*Cryptomeria japonica* (L. f.) D. Don 'Albospica'〉スギ科の木本。

メジロダイ 目白台 サクラソウ科のサクラソウの品種。園芸植物。

メジロホオズキ 〈*Solanum biflorum* Lour.〉ナス科の草本。別名サンゴホオズキ。

メスア・フェレア セイロンテツボクの別名。

メズラシクマワラビ 〈*Dryopteris* × *rarissima* Kurata〉オシダ科のシダ植物。

メスレー 〈Methley〉バラ科のスモモ(李)の品種。果皮は濃赤紫色。

メセンブリアンテマム 女仙 ツルナ科のツルナ科多肉植物総称。

メセンブリアンテマム リビングストン・デージーの別名。

メセンブリアンテムム・クリスタリヌム 〈*Mesembryanthemum crystallinum* L.〉ツルナ科。花は白〜帯赤色。園芸植物。

メダイゴケ 〈*Chiodecton ocellulatum* Vain.〉キゴウゴケ科の地衣類。地衣体は類褐色。

メタカラコウ 雌宝香 〈*Ligularia stenocephala* (Maxim.) Matsum. et Koidz.〉キク科の多年草。オタカラコウに比し、細身。高さは60〜100cm。高山植物。園芸植物。

メダケ 女竹 〈*Pleioblastus simonii* (Carr.) Nakai〉イネ科の常緑大型笹。別名オンナダケ、ニガタケ、カワタケ。葉舌はほぼ切頭。園芸植物。

メタセコイア 蘆生杉 〈*Metasequoia glyptostroboides* Hu et Cheng〉スギ科の落葉性針葉高木。別名アケボノスギ、イチイヒノキ、ヌマスギモドキ。高さは30m。樹皮は橙褐色ないし赤褐色。園芸植物。

メダラ 〈*Aralia elata* (Miq.) Seem. f. *subinermis* (Ohwi) Jotani〉ウコギ科の木本。

メタリナ バラ科。花はブロンズ色。

メタリナ バラ科のバラの品種。別名コルウェイネウ。切り花に用いられる。

メディオロビウィア・ハーゲイ 〈*Mediolobivia haagei* (Friç et Schelle) Backeb.〉サボテン科のサボテン。別名白宮丸。花は鮮肉色。園芸植物。

メディカゴ・サティウァ ムラサキウマゴヤシの別名。

メディカゴ・ポリモルファ ウマゴヤシの別名。

メディカゴ・ムレクス 〈*Medicago murex* Willd.〉マメ科の多年草。

メディニラ ノボタン科の属総称。

メディニラ・カミンギー 〈*Medinilla cummingii* Naud.〉ノボタン科の常緑小低木。花は淡紫色。園芸植物。

メディニラ・スコルテキニー 〈*Medinilla scortechinii* King〉ノボタン科の常緑小低木。高さは1m。花は淡橙赤色。園芸植物。

メディニラ・スペキオサ 〈*Medinilla speciosa* Blume〉ノボタン科の常緑小低木。高さは1.2m。花は淡紅色。園芸植物。

メディニラ・マグニフィカ 〈*Medinilla magnifica* Lindl.〉ノボタン科の常緑小低木。高さは1.5m。花はコーラルピンク色。園芸植物。

メテロシデーロス フトモモ科の属総称。

メテロスタキス・シコキアヌス チャボツメレンゲの別名。

メドウスイート バラ科のハーブ。別名クイーンオブザメドー、セイヨウナツユキソウ。

メドハギ 目処萩 〈*Lespedeza cuneata* (Du Mont. d. Cours.) G. Don〉マメ科の多年草。高さは60〜100cm。薬用植物。

メドラ セイヨウカリンの別名。

メトロクシロン・アミカルム 〈*Metroxylon amicarum* (H. Wendl.) Becc.〉ヤシ科。別名カロリンゾウゲヤシ。高さは20m。園芸植物。

メトロクシロン・サグ サゴヤシの別名。

メトロシデロス・エクスケルサ 〈*Metrosideros excelsa* Soland. ex Gaertn.〉フトモモ科。高さは25m。花は暗赤色。園芸植物。

メトロシデロス・カルミネア 〈*Metrosideros carminea* W. Oliver〉フトモモ科。長さ12m。園芸植物。

メトロシデロス・トメントーサ フトモモ科。園芸植物。

メトロシデロス・フロリダ 〈*Metrosideros florida* Sm.〉フトモモ科の常緑つる性植物。

メナデニウム・ラビオスム 〈*Menadenium labiosum* (L. Rich.) Cogn.〉ラン科。花は緑黄で灰またはピンクを帯びる。園芸植物。

メナモミ 〈*Siegesbeckia pubescens* Makino〉キク科の一年草。別名イシモチ、アキボコリ、モチナモミ。高さは60〜120cm。薬用植物。

メニアンテス・トリフォリアタ ミツガシワの別名。

メニスペルムム・カナデンセ 〈*Menispermum canadense* L.〉ツヅラフジ科。高さは20m。花は白または淡緑色。園芸植物。

メニスペルムム・ダウリクム コウモリカズラの別名。

メニッコウシダ 〈*Thelypteris nipponica* var. *borealis* (Hara) Hara〉オシダ科のシダ植物。

メニー・ハッピー・リターンズ 〈Many Happy Returns〉バラ科。花はブラッシュピンク。

メノマンネングサ 雌万年草 〈*Sedum japonicum* Sieb. ex Miq. var. *japonicum*〉ベンケイソウ科の多年草。別名コマノツメ、ハナツヅキ。高さは5〜15cm。花は濃黄色。園芸植物。

メハジキ 目弾 〈*Leonurus japonicus* Houtt.〉シソ科の越年草。別名ヤクモソウ。高さは50〜150cm。薬用植物。

メハジキ ホソバメハジキの別名。

メビシ 雌菱 〈*Trapa natans* L. var. *rubeola* Makino〉ヒシ科。

メヒシバ 雌日芝 〈*Digitaria ciliaris* (Retz.) Koeler〉イネ科の一年草。別名メシバ、ジシバリ、ハタカリ。高さは40〜80cm。

メヒルギ 雌蛭木 〈*Kandelia candel* (L.) Druce〉ヒルギ科の常緑高木、マングローブ植物。別名リュウキュウコウガイ。呼吸根はない。花は白色。熱帯植物。

メヘゴ 〈*Cyathea ogurae* (Hayata) Domin〉ヘゴ科の常緑性シダ。葉身は長さ50cm。卵状長楕円形。

メボウキ バジルの別名。

メボタンヅル コバノボタンヅルの別名。

メマツヨイグサ 雌待宵草 〈*Oenothera biennis* L.〉アカバナ科の二年草。高さは0.3〜2m。花は黄色。

メモリー バラ科。花はアプリコット色。

メモリアム 〈Memoriam〉 バラ科。ハイブリッド・ティーローズ系。花はソフトピンク。

メヤブソテツ 雌藪蘇鉄 〈*Cyrtomium caryotideum* (Wall. ex Hook. et Grev.) Presl〉オシダ科の常緑性シダ。別名イワヤブソテツ。葉身は長さ50cm。狭長楕円形。園芸植物。

メヤブマオ 〈*Boehmeria platanifolia* Franch. et Savat. ex C. H. Wright〉イラクサ科の多年草。高さは1m。

メラストマ ノボタン科の属総称。別名ノボタン。

メラストマ・サングイネウム 〈*Melastoma sanguineum* Sims〉ノボタン科の低木。高さは1m。花は紫桃色。園芸植物。

メラストマ・デセンフィダム ノボタン科。園芸植物。

メラストマ・ポリアンツム 〈*Melastoma polyanthum* Blume〉ノボタン科の低木。別名コウトウノボタン。高さは1m。花は紫紅色。園芸植物。

メラスファエルラ・ラモサ 〈*Melasphaerula ramosa* (L.) N. E. Br.〉アヤメ科。高さは30〜75cm。花は淡黄色。園芸植物。切り花に用いられる。

メラスフェルラ アヤメ科の属総称。球根植物。

メラレウカ フトモモ科。別名コバノブラシノキ。切り花に用いられる。

メラレウカ・アルミラリス 〈*Melaleuca armillaris* (Soland. ex Gaertn.) Sm.〉フトモモ科。高さは5m。園芸植物。

メラレウカ・インカナ 〈*Melaleuca incana* R. Br.〉フトモモ科。高さは3m。花は黄白色。園芸植物。

メラレウカ・ウィルソニー 〈*Melaleuca wilsonii* F. J. Muell.〉フトモモ科。高さは2m。園芸植物。

メラレウカ・スカブラ 〈*Melaleuca scabra* R. Br.〉フトモモ科。高さは1m。花は紫桃色。園芸植物。

メラレウカ・スクアロサ 〈*Melaleuca squarrosa* Sm.〉フトモモ科。高さは3m。花はクリーム色。園芸植物。

メラレウカ・スティードマニー 〈*Melaleuca steedmanii* C. Gardn.〉フトモモ科。高さは1.5m。花は輝赤色。園芸植物。

メラレウカ・ティミフォリア 〈*Melaleuca thymifolia* Sm.〉フトモモ科。高さは80cm。花は紫赤色。園芸植物。

メラレウカ・デクッサタ 〈*Melaleuca decussata* R. Br. ex Ait. f.〉フトモモ科。高さは2m。園芸植物。

メラレウカ・ヒペリキフォリア 〈*Melaleuca hypericifolia* (Salisb.) Sm.〉フトモモ科。高さは6m。花はくすんだ赤色。園芸植物。

メラレウカ・プルケラ 〈*Melaleuca pulchella* R. Br.〉フトモモ科。高さは70cm。花は桃色。園芸植物。

メラレウカ・フルゲンス 〈*Melaleuca fulgens* R. Br.〉フトモモ科。高さは1.5m。花は赤色。園芸植物。

メラレウカ・レウカデンドラ 〈*Melaleuca leucadendra* (L.) L.〉フトモモ科。高さは30m。園芸植物。

メラワン 〈*Balanocarpus heimii* King.〉フタバガキ科の高木。粗悪なダマールがとれる。熱帯植物。

メランチウム 〈*Melanthium virginicum* L.〉ユリ科。

メランピルム・アルベンス 〈*Melampyrum arvense* L.〉ゴマノハグサ科の一年草。

メランピルム・プラテンス 〈*Melampyrum pratense* L.〉ゴマノハグサ科の一年草。

メランポジウム 〈*Melampodium divaricatum* DC.〉キク科の観賞用草本。花は黄色。熱帯植物。

メリー・ウィドー ユリ科のチューリップの品種。園芸植物。

メリケンガヤツリ 〈*Cyperus eragrostis* Lam.〉カヤツリグサ科の多年草。別名オニシロガヤツリ、アメリカガヤツリ。高さは30〜100cm。

メリケンカルカヤ 〈*Andropogon virginicus* L.〉イネ科の多年草。高さは50〜120cm。

メリケンキビ 〈*Brachiaria extensa* Chase〉イネ科の一年草。高さは30〜70cm。

メリケントキンソウ 〈*Soliva sessilis* Ruiz et Pav.〉キク科の一年草。高さは5cm。花は黄色。

メリケンニクキビ メリケンキビの別名。

メリケンムグラ 〈*Diodia virginiana* L.〉アカネ科の一年草。長さは10〜80cm。花は白または桃色。

メリッサ ゴールデン・レモンバームの別名。

メリッサ レモン・バジルの別名。

メリッサ・オッフィキナリス 〈*Melissa officinalis* L.〉シソ科の多年草。高さは60cm。花は白色。園芸植物。

メリナ 〈*Melina*〉バラ科。ハイブリッド・ティーローズ系。花は赤色。

メリロツス・アルティッシマ 〈*Melilotus altissima* Thuill.〉マメ科の一年草。

メリロツス・オッフィキナリス シナガワハギの別名。

メリロートソウ シナガワハギの別名。

メルギーカンジス 〈*Garcinia merguensis* Wight〉オトギリソウ科の小木。幹より黄褐色のニス染料をとる。熱帯植物。

メルクシマツ 〈*Pinus merkusii* Jungh.〉マツ科の高木。二葉性。熱帯植物。

メルクリアリス・ペレニス 〈*Mercurialis perennis* L.〉トウダイグサ科の多年草。高山植物。

メルサワ 〈*Anisoptera marginata* Korth.〉フタバガキ科の高木。幹から黄色樹脂が出る。熱帯植物。

メルテンシア・アシアティカ ハマベンケイソウの別名。

メルテンシア・ヴァージニカ 〈*Mertensia virginica* (L.) Pers.〉ムラサキ科の多年草。高さは60cm。花は紫紅色。園芸植物。

メルテンシア・パニクラタ 〈*Mertensia paniculata* (Ait.) G. Don〉ムラサキ科の多年草。別名タカオカソウ。高さは1m。園芸植物。

メルテンシア・プテロカルパ 〈*Mertensia pterocarpa* (Turcz.) Tatew. et Ohwi〉ムラサキ科の多年草。別名チシマルリソウ。花は青色。園芸植物。

メルテンシア・マリティマ 〈*Mertensia maritima* (L.) S. F. Gray〉ムラサキ科の多年草。高さは60cm。花は桃、後に青色。園芸植物。

メルバウ 〈*Intsia bakeri* Prain〉マメ科の高木。材は黄褐色光沢あり有用材。熱帯植物。

メルベーユ・ド・リヨン 〈*Merveille de Lyon*〉バラ科。ハイブリッド・パーペチュアルローズ系。花は白色。

メルヘン・ケニギン 〈*Märchenkönigin*〉バラ科。ハイブリッド・ティーローズ系。花は淡いピンク。

メレミア・ツベロサ ウッドローズの別名。

メレミア・ディッセクタ 〈*Merremia dissecta* (Jacq.) H. G. Hallier〉ヒルガオ科のつる性。別名キレハヒルガオ。花は白色。園芸植物。

メレミア・ヘデラケア ツタノハヒルガオの別名。

メレミア・ホルビー 〈*Merremia holubii* hort.〉ヒルガオ科のつる性。花は赤紫色。園芸植物。

メレンデーラ・モンターナ ユリ科。高山植物。

メロカクツス サボテン科の属総称。サボテン。

メロカクツス・アズレウス 〈*Melocactus azureus* Buin. et Brederoo〉サボテン科のサボテン。別名鷲鳴雲。径14cm。花は濃紅色。園芸植物。

メロカクツス・アモエヌス ソウウンの別名。

メロカクツス・エリトランツス 〈*Melocactus erythranthus* Buin. et Brederoo〉サボテン科のサボテン。別名火焔雲。径12cm。花は短紫赤色。園芸植物。

メロカクツス・オアハケンシス 〈*Melocactus oaxacensis* (Britt. et Rose) Backeb.〉サボテン科のサボテン。別名飛雲。径15cm。花は濃桃色。園芸植物。

メロカクツス・ギガンテウス 〈*Melocactus giganteus* Buin. et Breaderoo〉サボテン科のサボテン。別名雷電雲。高さは50cm。花は淡紫色。園芸植物。

メロカクツス・ネリー 〈*Melocactus neryi* K. Schum.〉サボテン科のサボテン。別名巻雲。径14cm。園芸植物。

メロカクツス・マクソニー ムラクモの別名。

メロカクツス・マクラカンツス 〈*Melocactus macracanthus* (Salm-Dyck) Link et Otto〉サボテン科のサボテン。別名赫雲。径30cm。園芸植物。

メロカクツス・マタンサヌス 〈*Melocactus matanzanus* León〉サボテン科のサボテン。別名朱雲。径9cm。園芸植物。

メロジョウゴゴケ 〈*Cladonia merochlorophaea* Asah.〉ハナゴケ科の地衣類。葉体の鱗葉は小形。

メロン 〈*Cucumis melo* L.〉ウリ科の野菜。別名ククミス・メロ。園芸植物。

メンジーシア・プルプレア ドウダンツツジの別名。

メンジーシア・ペンタンドラ コヨウラクツツジの別名。

メンジーシア・ムルティフロラ アズマツリガネツツジの別名。

メンタ・アクアティカ 〈*Mentha aquatica* L.〉シソ科の多年草。高さは20〜90cm。花は藤色。高山植物。

メンタ・アルウェンシス 〈*Mentha arvensis* L.〉シソ科の多年草。高さは60cm。花は藤、白色。高山植物。園芸植物。

メンタ・ガッテフォセイ 〈Mentha gattefossei Maire〉シソ科の多年草。高さは20～30cm。花は藤色。園芸植物。

メンタ・ゲンティリス 〈Mentha × gentilis L.〉シソ科の多年草。高さは30～90cm。園芸植物。

メンタ・スピカタ オランダハッカの別名。

メンタ・ピペリタ セイヨウハッカの別名。

メンタ・プレギウム メグサハッカの別名。

メンタ・ルキアニー 〈Mentha requienii Benth.〉シソ科の多年草。高さは3～12cm。花は淡藤色。園芸植物。

メンツェーリア ロアサの別名。

メンツェーリア・リンドレイ ロアサ科。別名バルトニア・オーレア。園芸植物。

メンドンセラ・フィンブリアタ 〈Mendoncella fimbriata (Linden et Rchb. f.) Garay〉ラン科。花は濃色の条線をもつ。園芸植物。

【 モ 】

モイワシャジン 藻岩沙参 〈Adenophora pereskiaefolia (Fisch.) Fisch. var. moiwana (Nakai) Hara〉キキョウ科の草本。

モイワナズナ 藻岩薺 〈Draba sachalinensis Trautv.〉アブラナ科の草本。別名ソウウンナズナ。高山植物。

モウコアンズ 〈Prunus sibirica L.〉バラ科の薬用植物。果実は円形。園芸植物。

モウコオキナグサ 〈Pulsatilla ambigua Turcz. ex Pritz.〉キンポウゲ科の薬用植物。

モウコカタヒバ セラギネラ・シネンシスの別名。

モウコガマ 〈Typha laxmannii Lepech.〉ガマ科の多年草。高さは1～1.3m。

モウコグワ 〈Morus Mongolica (Bureau) Schneid.〉クワ科の薬用植物。別名チョウセングワ。

モウコシナノキ 〈Tilia mongolica〉シナノキ科の木本。樹高10m。樹皮は灰色。

モウコタンポポ 〈Taraxacum mongolicum Hand.-Mazz.〉キク科の薬用植物。

モウシュウギョク 猛鷲玉 ギムノカリキウム・ニドゥランスの別名。

モウズイカ 毛蕊花 〈Verbascum blattaria L.〉ゴマノハグサ科の多年草。別名ニワタバコ。高さは50～150cm。花は黄色。園芸植物。

モウセンゴケ 毛氈苔 〈Drosera rotundifolia L.〉モウセンゴケ科の多年草または一年草。高さは6～30cm。高山植物。薬用植物。園芸植物。

モウセンゴケ科 科名。

モウソウチク 孟宗竹 〈Phyllostachys pubescens Mazel ex Houz. de Lehaie〉イネ科の常緑大型竹。別名コウナンチク、ザトウチク、ワカタケ。高さは10～20m。園芸植物。

モエギアミアシイグチ 〈Tylopilus nigerrimus (Heim) Hongo & Endo〉イグチ科のキノコ。中型～大型。傘は黒色～帯紫黒色。

モエギイボゴケ 〈Lecanora yasudae Zahlbr.〉チャシブゴケ科の地衣類。地衣体は淡黄緑色。

モエギスゲ 〈Carex tristachya Thunb. ex Murray〉カヤツリグサ科の多年草。高さは20～40cm。

モエギタケ 〈Stropharia aeruginosa (Curt. : Fr.) Quél.〉モエギタケ科のキノコ。小型～中型。傘は青緑色～緑色、強い粘性あり。ひだは紫褐色、縁白色。

モエギトリハダゴケ 〈Pertusaria flavicans Lamy〉トリハダゴケ科の地衣類。地衣体は黄。

モエギビョウタケ 〈Bisporella sulfurina (Quél.) Carp.〉ズキンタケ科のキノコ。超小型。鮮黄色～硫黄色。

モエギホウキタケ 〈Ramaria abietina (Pers. : Fr.) Quél.〉ホウキタケ科のキノコ。

モエジマシダ 〈Pteris vittata L.〉イノモトソウ科(ワラビ科)の常緑性シダ。葉身は長さ10～80cm。倒披針形。園芸植物。

モカサ 〈Fosliella zostericola (Foslie) Segawa in Yoshida〉サンゴモ科の海藻。殻皮状。

モギ 茂木 バラ科のビワ(枇杷)の品種。果皮は橙黄色。

モクアオイ ラヴァテラ・アルボレアの別名。

モクキリン 杢麒麟 〈Pereskia aculeata Mill.〉サボテン科の低木。長さ10m。花は白色。園芸植物。

モクゲンジ 欒樹, 木患子, 無患子 〈Koelreuteria paniculata Laxm.〉ムクロジ科の落葉高木。別名センダンバノボダイジュ、モクレンジ。高さは10～12m。花は黄色。樹皮は淡褐色。薬用植物。園芸植物。

モクシュンギク マーガレットの別名。

モクズゴケ 〈Parmeliella grisea (Hue) Kurok.〉ハナビラゴケ科の地衣類。地衣体は灰黒色。

モクセイ モクセイ科。別名ギンモクセイ。

モクセイ ギンモクセイの別名。

モクセイ科 科名。

モクセイソウ 木犀草 〈Reseda odorata L.〉モクセイソウ科の一年草または多年草。高さは40cm。花は黄白色。園芸植物。

モクセンナ 〈Cassia surattensis Burm. f.〉マメ科の小木。別名キダチセンナ。莢扁平、葉裏粉白。高さは2～7m。花は鮮黄色。熱帯植物。園芸植物。

モクタチバナ 〈Ardisia sieboldii Miq.〉ヤブコウジ科の常緑高木。

モクタマツナギ 〈Desmos dasymaschala Saff.〉バンレイシ科の低木。花は淡黄色。熱帯植物。

モクビャッコウ　木百香　〈*Crossostephium chinense* (L.) Makino〉キク科の常緑小低木。花は黄色。園芸植物。

モクベツシ　〈*Momordica cochinchinensis* (Lour.) K. Spreng.〉ウリ科のつる性植物。別名ナンバンキカラスウリ。花は白黄色。熱帯植物。薬用植物。園芸植物。

モクマオ　〈*Boehmeria densiflora* Hook. et Arn.〉イラクサ科の常緑低木。別名ヤナギバモクマオ、オガサワラモクマオ。

モクマオウ　木麻黄　〈*Casuarina stricta* Ait.〉モクマオウ科の木本。別名オガサワラマツ。樹皮にタンニンが多い。高さは10m。熱帯植物。園芸植物。

モクマオウ　モクマオウ科の属総称。

モクマオウ科　科名。

モグリゴケ　〈*Lethocolea naruto-toganensis* Furuki〉チチブイチョウゴケ科のコケ。茎は長さ1〜2cm、仮根は赤紫色。

モクレイシ　木茘枝　〈*Microtropis japonica* (Franch. et Savat.) H. Hallier〉ニシキギ科の常緑低木。別名フクボク、クロギ。

モクレン　木蓮　〈*Magnolia quinquepeta* (Buchoz) Dandy〉モクレン科の落葉低木。別名モクレンゲ、シモクレン。花は濃紫色。薬用植物。園芸植物。

モクレン　モクレン科の属総称。

モクレン科　科名。

モクワンジュ　〈*Bauhinia acuminata* L.〉マメ科の観賞用小木。別名ソシンカ、キワンジュ。花は白色。熱帯植物。園芸植物。

モサヤナギ　〈*Chondria expansa* Okamura〉フジマツモ科の海藻。叢生マット状に広く拡がる。

モジゴケ　〈*Graphis scripta* (L.) Ach.〉モジゴケ科のコケ。

モジズリ　ネジバナの別名。

モズク　水雲、母豆久、毛豆久、海蘊　〈*Nematocystis decipiens* (Suringar) Kuckuck〉モズク科の海藻。粘質にとむ。体は30cm。

モス・フロックス　シバザクラの別名。

モダマ　藻玉　〈*Entada phaseoloides* (L.) Merr.〉マメ科の常緑つる性木本。別名モダマヅル。莢は巨大、樹皮繊維淡褐色。熱帯植物。

モダマ　マメ科の属総称。

モダンガール！　バラ科。花は鮮紅色。

モチイネ　糯稲　〈*Oryza sativa* L.〉イネ科。別名モチゴメ。

モチヅキ　望月　〈*Mammillaria ortiz-rubiona* (Bravo) Werderm.〉サボテン科のサボテン。径10cm。花は淡緑白〜淡桃色。園芸植物。

モチツツジ　糯躑躅, 餅躑躅　〈*Rhododendron macrosepalum* Maxim.〉ツツジ科の半常緑の低木。花は淡紅紫色。園芸植物。

モチツツジ　イワツツジの別名。

モチノキ　黐木　〈*Ilex integra* Thunb. ex Murray〉モチノキ科の常緑高木。別名モチ、トリモチノキ、ホンモチ。花は黄緑色。薬用植物。園芸植物。

モチノキ科　科名。

モーツアルト　〈Mozart〉バラ科。シュラブ・ローズ系。花は濃いピンク。

モツキチャソウメン　〈*Saundersella simplex* (Saunders) Kylin〉ナガマツモ科の海藻。やわらかく粘滑。体は20cm。

モツキヒトエ　〈*Kormannia zostericola* (Tilden) Bliding〉ヒトエグサ科の海藻。体は3〜4cm。

モッコウ　木香　〈*Saussurea lappa* L.〉キク科の多年草。薬用植物。

モッコウバラ　木香薔薇　〈*Rosa banksiae* R. Br.〉バラ科の落葉低木。別名モッコウイバラ、スダレバラ。長さ6〜7m。花は白または淡黄色。園芸植物。

モッコク　木斛　〈*Ternstroemia gymnanthera* (Wight et Arn.) Sprague〉ツバキ科の常緑高木。別名アカモモ、ブッポノキ、ベベノキ。高さは10〜15m。花は黄色。薬用植物。園芸植物。

モッチョムシダ　〈*Diplazium* × *kawabatae* Kurata〉オシダ科のシダ植物。

モツボレサガリゴケ　コハイヒモゴケの別名。

モツヤクジュ　カンラン科の属総称。

モツレミル　〈*Codium intricatum* Okamura〉ミル科の海藻。大きな団塊をつくる。

モツレユナ　〈*Chondria intertexta* Silva〉フジマツモ科の海藻。円柱状。体は5cm。

モトゲイタヤ　カエデ科の木本。

モナデニウム・エレンベッキー　〈*Monadenium ellenbeckii* N. E. Br.〉トウダイグサ科の多年草。高さは1m。園芸植物。

モナデニウム・ギュンテリ　〈*Monadenium guentheri* Pax〉トウダイグサ科の多年草。別名紫紋竜。園芸植物。

モナデニウム・モンタヌム　〈*Monadenium montanum* Bally〉トウダイグサ科の多年草。園芸植物。

モナリザ　〈Mona Lisa〉バラ科。フロリバンダ・ローズ系。花はオレンジ黄色。

モナルダ　シソ科の属総称。

モナルダ　タイマツバナの別名。

モナルダ・ディディマ　タイマツバナの別名。

モナルダ・プンクタータ　タイマツバナの別名。

モナルデラ・マクランタ　〈*Monardella macrantha* A. Gray〉シソ科の草本。別名カモジゴケ。高さは35cm。花は黄赤色。園芸植物。

モナンテス・ポリフィラ　〈*Monanthes polyphylla* (Webb) Haw.〉ベンケイソウ科の草本。ロゼット径1〜2cm。花は赤色。園芸植物。

モナンテス・ムラリス 〈*Monanthes muralis* (Webb) Christ〉ベンケイソウ科の草本。花は帯桃白色。園芸植物。

モニカ バラ科。ハイブリッド・ティーローズ系。花はオレンジ色。

モニミア モニミア科の属総称。

モニラリア・ピシフォルミス 〈*Monilaria pisiformis* (Haw.) Schwant.〉ツルナ科の常緑高木。別名貴光玉。花は中心が赤みがかった白色。園芸植物。

モニラリア・モニリフォルミス 〈*Monilaria moniliformis* (Haw.) Schwant.〉ツルナ科の常緑高木。別名碧光環。花は白色。園芸植物。

モーニングベル キキョウ科のカンパニュラの品種。切り花に用いられる。

モーニングミスト 〈Morning Mist〉 バラ科。イングリッシュローズ系。

モノカラー ホウライシダ科のアジアンタムの品種。園芸植物。

モノタグマ・スマラグディヌム ヤバネヒメバショウの別名。

モノドラカンアオイ 〈*Asarum monodoraeflora*〉ウマノスズクサ科。

モノドーラ・ミリスティカ 〈*Monodora myristica* Dunal〉バンレイシ科の常緑高木。

モノレ バラ科。花はチョコレート色。

モノレナ・プリムリフロラ 〈*Monolena primuliflora* Hook. f.〉ノボタン科の多年草。高さは15〜30cm。花は桃色。園芸植物。

モーパングリ カスタネア・セガニーの別名。

モミ 樅 〈*Abies firma* Sieb. et Zucc.〉マツ科の常緑高木。別名モムノキ、オミノキ、サナギ。高さは45m。園芸植物。

モミ マツ科の属総称。木本。切り花に用いられる。

モミゴケ 〈*Schlotheimia grevilleana* Mitt.〉タチヒダゴケ科のコケ。枝葉は密につき、やや光沢があり、舌形。

モミサルノコシカケ 〈*Phellinus hartigii* (Allesch. et Schnabl) Imaz.〉タバコウロコタケ科のキノコ。

モミジアオイ 紅葉葵 〈*Hibiscus coccineus* (Medik.) Walt.〉アオイ科の多年草。別名コウショッキ。高さは1〜2m。花は深紅色。園芸植物。

モミジイタヤ 〈*Acer cappadocicum* Gled.〉カエデ科の落葉高木。秋に黄葉。樹高20m。樹皮は灰色。園芸植物。

モミジイチゴ キイチゴの別名。

モミジウリノキ 紅葉瓜木 〈*Alangium platanifolium* (Sieb. et Zucc.) Harms var. *platanifolium*〉ウリノキ科の木本。園芸植物。

モミジウロコタケ 〈*Xylobolus spectabilis* (Klotz.) Boiden〉ウロコタケ科のキノコ。

モミジガサ 紅葉笠 〈*Cacalia delphiniifolia* Sieb. et Zucc.〉キク科の多年草。別名モミジソウ、シトギ、シドキ。高さは50〜90cm。花は白色。園芸植物。

モミジカラスウリ 〈*Trichosanthes multiloba* Miq.〉ウリ科の多年生つる草。薬用植物。

モミジカラマツ 紅葉唐松 〈*Trautvetteria caroliniensis* (Walt.) Vail var. *japonica* (Sieb. et Zucc.) T. Shimizu〉キンポウゲ科の多年草。高さは30〜60cm。高山植物。園芸植物。

モミジコウモリ 〈*Cacalia kiusiana* Makino〉キク科の草本。

モミジゴケ 〈*Barbilophozia lycopodioides* (Wellr.) Loeske〉ツボミゴケ科のコケ。茎は長さ3cm。

モミジスジゴケ 〈*Riccardia palmata* (Hedw.) Carruth.〉スジゴケ科のコケ。葉状体が小さく、濃緑色。

モミジセンダイソウ 〈*Saxifraga sendaica* Maxim. var. *laciniata* Nakai〉ユキノシタ科の多年草。高山植物。

モミジタケ 〈*Thelephora palmata* Scop. : Fr.〉イボタケ科のキノコ。

モミジタマブキ 〈*Cacalia farfaraefolia* Sieb. et Zucc. var. *acerina* (Makino) Kitamura〉キク科。別名ミヤマコウモリソウ。

モミジチャルメルソウ 〈*Mitella acerina* Makino〉ユキノシタ科の草本。

モミジツメゴケ 〈*Peltigera polydactyla* (Neck.) Hoffm.〉ツメゴケ科の地衣類。地衣体は葉状。

モミシノブゴケ 〈*Abietinella abietina* (Hedw.) M. Fleisch.〉シノブゴケ科のコケ。大形で、茎は1回羽状に分枝。

モミジバアラリア 〈*Dizygotheca elegantissima* (Veitch) R. Vig. et Guillaum.〉ウコギ科。別名アラリア、モミジバアラリア。高さは10m。園芸植物。

モミジバウチワ アンスリウム・ポリスキスツムの別名。

モミジバウリノキ モミジウリノキの別名。

モミジバカラスウリ 〈*Gymnopetalum cochinchinense* Kurz〉ウリ科の蔓草。果実は赤色。花は白色。熱帯植物。

モミジバキセワタ 〈*Leonurus cardiaca* L.〉シソ科の多年草。高さは1〜1.5m。花は淡紅紫色。

モミジハグマ 紅葉羽熊 〈*Ainsliaea acerifolia* Sch. Bip. var. *acerifolia*〉キク科の草本。高山植物。

モミジバショウマ 〈*Astilbe platyphylla* H. Boiss.〉ユキノシタ科の草本。別名サルレショウマ。

モミジバスズカケノキ 紅葉葉鈴懸木 〈*Platanus × acerifolia* (Ait.) Willd.〉スズカケノキ科の落

葉高木。高さは35m。樹皮は褐色、灰色および乳黄色。園芸植物。

モミジバセンダイソウ 〈*Saxifraga sendaica* Maxim. f. *laciniata* (Nakai ex Hara) Ohwi〉ユキノシタ科。

モミジバヒメオドリコソウ 〈*Lamium hybridum* Vill.〉シソ科の越年草。別名キレハヒメオドリコソウ。高さは10〜30cm。花は紅紫色。

モミジバフウ 〈*Liquidambar styraciflua* L.〉マンサク科の落葉高木。高さは25〜45m。樹皮は濃灰褐色。園芸植物。

モミジバルコウ クアモクリト・ムルティフィダの別名。

モミジヒトツバ 〈*Pyrrosia polydactylis* (Hance) Ching〉ウラボシ科のシダ植物。葉の裏面は密に星状毛におおわれる。園芸植物。

モミジヒルガオ 〈*Ipomoea cairica* (L.) Sweet〉ヒルガオ科の蔓草。別名タイワンアサガオ。種子に長毛있り。花は白あるいは紫。熱帯植物。園芸植物。

モミタケ 樅茸 〈*Catathelasma ventricosum* (Peck) Sing.〉キシメジ科のキノコ。大型。傘は縁部は強く内側に巻く。

モミノキゴケ 〈*Pinnatella anacamptolepis* (Müll. Hal.) Broth.〉ヒラゴケ科のコケ。二次茎は長さ1〜3cm、葉は密で広卵形。

モミラン 〈*Saccolabium toramanum* Makino〉ラン科の多年草。長さは3〜8cm。

モメンヅル 木綿蔓 〈*Astragalus reflexistipulus* Miq.〉マメ科の多年草。高さは30〜80cm。

モモ 桃 〈*Prunus persica* Batsch.〉バラ科の落葉小高木〜高木。別名プルヌス・ペルシカ。樹高8m。花は白、ピンク、紅色。樹皮は濃い灰色。薬用植物。園芸植物。

モモイロアカンサス 〈*Acanthus montanus* (Nees) T. Anderson〉キツネノマゴ科の観賞用小低木。高さは50〜70cm。花はピンク色。熱帯植物。園芸植物。

モモイロイシズチリンドウ リンドウ科。園芸植物。

モモイロカイウ 桃色海芋 〈*Zantedeschia rehmannii* Engl.〉サトイモ科の多年草。高さは30cm。花は淡桃の仏炎苞色。園芸植物。

モモイロタンポポ センボンタンポポの別名。

モモイロノヂシャ 〈*Valerianella coronata* DC.〉オミナエシ科。花は淡紅色。

モモイロハゴロモノキ 〈*Grevillea rosmarinifolia* A. Cunn.〉ヤマモガシ科の常緑低木。高さは1〜2m。花は白、赤、淡緑色。園芸植物。

モモイロバナ 桃色花 ユキノシタ科のズダヤクシュの品種。宿根草。

モモイロハリエンジュ ロビニア・ウィスコサの別名。

モモイロマユハケオモト ヒガンバナ科。園芸植物。

モモタマナ 〈*Terminalia catappa* L.〉シクンシ科の半落葉高木。別名コバテイシ、シウボウ。高さは25m。花は白色。熱帯植物。園芸植物。

モモノハギキョウ 〈*Campanula persicifolia* L.〉キキョウ科の多年草。園芸植物。切り花に用いられる。

モモバギキョウ モモノハギキョウの別名。

モモハナツキミンソウ アカバナ科。園芸植物。

モモミヤシ ヤシ科。

モモヤシ バクトリス・ガシパエスの別名。

モモヤマ ツツジ科のツツジの品種。

モモヤマニシキ 桃山錦 ラン科のシュンランの品種。園芸植物。

モモルディカ・カランティア ツルレイシの別名。

モモルディカ・グロスベノリイ 〈*Momordica grosvenorii* Swingle.〉ウリ科の薬用植物。

モモルディカ・コキンキネンシス モクベッシの別名。

モヤシ マメ科の葉菜類。

モヨウカラクサ ペリオニア・ダヴォーアナの別名。

モヨウビユ 〈*Alternanthera ficoidea* (L.) R. Br. ex Roem. et Schult.〉ヒユ科の低草。別名サジバモヨウビユ、アキランサス。赤葉種、黄葉種あり。花は白または淡白褐色。熱帯植物。園芸植物。

モラウェッチア・ドエルジアナ 〈*Morawetzia doelziana* Backeb.〉サボテン科のサボテン。別名鶴嶺丸。高さは1m。花は赤紫色。園芸植物。

モラエア アヤメ科の属総称。球根植物。園芸植物。

モラエア・アリスタタ 〈*Moraea aristata* (D. Delar.) Asch. et Graebn.〉アヤメ科の球根植物。高さは25〜35cm。花は白色。園芸植物。

モラエア・ウィスカリア 〈*Moraea viscaria* (L. f.) Ker-Gawl.〉アヤメ科の球根植物。高さは20〜45cm。花は白色。園芸植物。

モラエア・ウィロサ 〈*Moraea villosa* (Ker-Gawl.) Ker-Gawl.〉アヤメ科の球根植物。高さは20〜40cm。花は紫、青紫色。園芸植物。

モラエア・ウェゲタ 〈*Moraea vegeta* L.〉アヤメ科の球根植物。高さは15〜30cm。花はにぶい黄褐色、青桃色。園芸植物。

モラエア・ギガンドラ 〈*Moraea gigandra* L. Bolus〉アヤメ科の球根植物。高さは20〜40cm。花は青紫色。園芸植物。

モラエア・キリアタ 〈*Moraea ciliata* (L. f.) Ker-Gawl.〉アヤメ科の球根植物。高さは3〜20cm。花は白、青または黄色。園芸植物。

モラエア・サクシコラ 〈*Moraea saxicola* P. Goldblatt〉アヤメ科の球根植物。高さは20～40cm。花は淡青色。園芸植物。

モラエア・スパツラタ 〈*Moraea spathulata* (L. f.) Klatt〉アヤメ科の球根植物。高さは50～90cm。花は黄色。園芸植物。

モラエア・トリコロル 〈*Moraea tricolor* Andr.〉アヤメ科の球根植物。高さは5～15cm。花はピンク、赤色。園芸植物。

モラエア・トリペタラ 〈*Moraea tripetala* (L. f.) Ker-Gawl.〉アヤメ科の球根植物。高さは10～50cm。花は青、青紫色。園芸植物。

モラエア・ネオパウォニア 〈*Moraea neopavonia* R. Foster〉アヤメ科の球根植物。高さは30～60cm。花はオレンジ色。園芸植物。

モラエア・ハットニー 〈*Moraea huttonii* (Bak.) Oberm.〉アヤメ科の球根植物。高さは1m。花は黄色。園芸植物。

モラエア・パピリオナケア 〈*Moraea papilionacea* (L. f.) Ker-Gawl.〉アヤメ科の球根植物。高さは10～15cm。花はサーモン・ピンク、淡黄色。園芸植物。

モラエア・フガクス 〈*Moraea fugax* (D. Delar.) Jacq.〉アヤメ科の球根植物。高さは12～40cm。花は白、青、黄色。園芸植物。

モラエア・ポリアントス 〈*Moraea polyanthos* L. f.〉アヤメ科の球根植物。高さは15～45cm。花は青紫または白色。園芸植物。

モラエア・ポリスタキア 〈*Moraea polystachya* (Thunb.) Ker-Gawl.〉アヤメ科の球根植物。高さは30～80cm。花は青紫、淡青色。園芸植物。

モラエア・ラモシッシマ 〈*Moraea ramosissima* (L. f.) Druce〉アヤメ科の球根植物。高さは50～120cm。花は明るい黄色。園芸植物。

モラエア・ロウブセリ 〈*Moraea loubseri* P. Goldblatt〉アヤメ科の球根植物。高さは15～20cm。花は青紫色。園芸植物。

モリアガリゴケ 〈*Phaeographina quassiaecola* (Fée) Müll. Arg.〉モジゴケ科の地衣類。地衣体は黄褐色。

モリアザミ 森薊 〈*Cirsium dipsacolepis* Matsum.〉キク科の多年草。別名キクゴボウ。高さは50～100cm。花は紅紫色。薬用植物。園芸植物。

モリイチゴ シロバナノヘビイチゴの別名。

モリイバラ 森茨 〈*Rosa jasminoides* Koidz.〉バラ科の落葉低木。

モリカンディア・アルベンシス イタリアソウの別名。

モリシア・モナントス 〈*Morisia monanthos* (Viv.) Asch.〉アブラナ科。花は濃黄色。園芸植物。

モリシマアカシア 〈*Acacia mearnsii* De Wild.〉マメ科の木本。高さは15～20m。花は淡い黄色。薬用植物。園芸植物。

モリスクマデヤシ トリナクス・モリシーの別名。

モーリッシュゲリゴケ 〈*Tuyamaella molischii* (Schiffn.) S. Hatt.〉クサリゴケ科のコケ。淡緑色、茎は長さ5～10cm。

モリナ・ロンギフォリア 〈*Morina longifolia* DC.〉マツムシソウ科の多年草。高さは0.6～1.2m。花はピンク、後に紅色。高山植物。園芸植物。

モリニア・カエルレア 〈*Molinia caerulea* (L.) Moench〉イネ科の多年草。高さは60cm。花は帯紫色。園芸植物。

モリノー 〈Molineux〉バラ科。イングリッシュローズ系。花は濃い黄色。

モリノカレバタケ 〈*Collybia dryophila* (Bull. : Fr.) Kummer〉キシメジ科のキノコ。小型。傘は黄土色～クリーム色。ひだは白色～クリーム色。

モリヘゴ ヒカゲヘゴの別名。

モリワセ 森早生 ブナ科のクリ(栗)の品種。果皮は濃褐色。

モリンダ・オフィシナリス 〈*Morinda officinalis* How.〉アカネ科の薬用植物。

モルス・アウストラリス ヤマグワの別名。

モルス・アルバ マグワの別名。

モルセラ カイガラサルビアの別名。

モルッカイチゴ 〈*Rubus moluccanus* L.〉バラ科の低木。多刺、果実は赤、食用。花は白色。熱帯植物。

モルッカジタノキ 〈*Alstonia villosa* BL.〉キョウチクトウ科の高木。熱帯植物。

モルッカヤシ ヤシ科の属総称。別名ロバロブラステ。

モルトキア・スフルティコーサ 〈*Moltkia suffruticosa* Brand〉ムラサキ科。高山植物。

モルトキア・ペトラエア 〈*Moltkia petraea* (Tratt.) Griseb.〉ムラサキ科の多年草。高さは30cm。花は青から青紫色。園芸植物。

モルモデス・アロマティカ 〈*Mormodes aromatica* Lindl.〉ラン科。銅赤色の斑点を密布。高さは20cm。園芸植物。

モルモデス・イグネア 〈*Mormodes ignea* Lindl. ex Paxt.〉ラン科。茎の長さ30～40cm。花は暗緑褐色。園芸植物。

モルモデス・ブッキナトル 〈*Mormodes buccinator* Lindl.〉ラン科。茎の長さ30cm。花は銅赤色。園芸植物。

モルモデス・フッケリ 〈*Mormodes hookeri* Lem.〉ラン科。赤褐色の細点を密布。園芸植物。

モルモデス・マクラタ 〈*Mormodes maculata* (Klotzsch) L. O. Williams〉ラン科。茎の長さ30～50cm。花は鮮黄色。園芸植物。

モルモリカ・リンゲンス 〈*Mormolyca ringens* (Lindl.) Schlechter〉ラン科。高さは20〜30cm。花は黄緑色。園芸植物。

モレア モロエアの別名。

モレア・イリディオイデス アヤメ科。園芸植物。

モロイトグサ 〈*Polysiphonia morrowii* Harvey〉フジマツモ科の海藻。複羽状に分岐。体は10〜25cm。

モロコシ 蜀黍, 唐黍 〈*Sorghum bicolor* (L.) Moench var. *bicolor*〉イネ科の草本。別名ソルガム、ナミモロコシ。穀実食用、果穂は垂下性のものと直立性。高さは3〜4m。熱帯植物。園芸植物。

モロコシガヤ 〈*Sorghum nitidum* (Vahl) Pers. var. *majus* (Hack.) Ohwi〉イネ科の多年草。高さは60〜120cm。

モロコシソウ 唐土草 〈*Lysimachia sikokiana* Miq.〉サクラソウ科の多年草。別名ヤマクネンボ、アンダグサ、ヤマクニブー。高さは20〜80cm。薬用植物。

モロヘイヤ シナノキ科の葉菜類。別名台湾ツナソ、シマツナソ。薬用植物。

モンヴィレア サボテン科の属総称。サボテン。

モンヴィレア・スペガッチニー 〈*Monvillea spegazzinii* (A. Web.) Britt. et Rose〉サボテン科のサボテン。別名墨残雪。花はピンクから紫気味色。園芸植物。

モンカタバミ 紋酢漿草 〈*Oxlis tetraphylla* Cav.〉カタバミ科の。

モンゴリナラ クエルクス・モンゴリカの別名。

モンジュマル 文珠丸 フェロカクツス・ヴィクトリエンシスの別名。

モンシロゴケ 〈*Parmelia marmariza* Nyl.〉ウメノキゴケ科の地衣類。地衣体背面は灰白色。

モンシロゴケモドキ 〈*Parmelia submarmariza* Asah.〉ウメノキゴケ科の地衣類。斑紋は子器托表面と同一。

モンステラ サトイモ科の属総称。別名ホウライショウ。

モンステラ ホウライショウの別名。

モンステラ・ドゥビア 〈*Monstera dubia* (H. B. K.) Engl. et Kurt Krause〉サトイモ科の多年草。別名ホウライショウモドキ。長さ40〜60cm。園芸植物。

モンステラ・フリードリヒスターリー 〈*Monstera friedrichsthalii* Schott〉サトイモ科の多年草。別名マドカズラ。長さ20〜30cm。園芸植物。

モンステラ・ペルツサ 〈*Monstera pertusa* (L.) de Vriese〉サトイモ科の多年草。長さ30〜40cm。園芸植物。

モンストローザ キク科のムギワラギクの品種。園芸植物。

モンソニア・スペキオサ 〈*Monsonia speciosa* L. f.〉フウロソウ科。高さは30cm。花は紫紅色。園芸植物。

モンタナ 〈Montana〉バラ科。フロリバンダ・ローズ系。

モンタナマツ 〈*Pinus mugo* Turra〉マツ科の木本。別名スイスミヤママツ、ムーゴマツ。園芸植物。

モンツキウマゴヤシ 〈*Medicago arabica* (L.) Huds.〉マメ科の一年草。長さは60cm。花は黄色。

モンツキガヤ 〈*Bothriochloa glabra* (Roxb.) A. Camus〉イネ科。

モンティア・シビリカ 〈*Montia sibirica* Howell〉スベリヒユ科の一年草。

モンティア・ペルフォリアタ 〈*Montia perfoliata* (Donn) J. T. Howell〉スベリヒユ科の一年草。高さは15〜30cm。花は白または桃色。高山植物。園芸植物。

モンテ・カルロ ユリ科のチューリップの品種。園芸植物。

モンテズママツ 〈*Pinus montezumae*〉マツ科の木本。樹高20m。樹皮は灰色。園芸植物。

モンテレーマツ ピヌス・ラディアタの別名。

モンテンジクアオイ 紋天竺葵 〈*Pelargonium zonale* (L.) L'Hérit. ex Ait.〉フウロソウ科。

モンテンボク 〈*Hibiscus glaber* Matsum.〉アオイ科の高木。別名テリハノハマボウ、マルミノハマボウ。高さは2〜5m。花は黄色。園芸植物。

モントブレチア アヤメ科の属総称。球根植物。別名ヒメヒオウギズイセン、モンテブレチア。切り花に用いられる。

モントブレチア ヒメヒオウギズイセンの別名。

モントレーイトスギ 〈*Cupressus macrocarpa*〉ヒノキ科の木本。樹高25m。樹皮は赤褐色。園芸植物。

モントレーマツ ラジアタマツの別名。

モントローサ キク科のデージーの品種。園芸植物。

モンパノキ 紋葉の木 〈*Messerschmidia argentea* Johnston〉ムラサキ科の常緑低木。別名ハマムラサキノキ。枝は平開、葉は白毛蜜布白ビロウド状。熱帯植物。

モンパミミナグサ 〈*Glinus lotoides* Loefl.〉ツルナ科の草本。葉3対生、白毛。熱帯植物。

モンビレイ ギムノカリキウム・モンヴィレイの別名。

モンビン 〈*Spondias mombin* L.〉ウルシ科。

モンブラン スミレ科のガーデン・パンジーの品種。園芸植物。

モンブラン ピュア・ホワイトの別名。

モンヨウショウ 〈*Maranta bicolor* Ker-Gawl.〉クズウコン科。園芸植物。

【ヤ】

ヤイトバナ ヘクソカズラの別名。

ヤエオグルマ 〈*Inula britannica* L. subsp. *japonica* (Thunb.) Kitam. f. *plena* Makino〉キク科。園芸植物。

ヤエオヒョウモモ バラ科の木本。

ヤエガキヒメ 八重垣姫 アヤメ科のハナショウブの品種。園芸植物。

ヤエガヤ 〈*Hackelochloa granularis* (L.) O. Kuntze〉イネ科。

ヤエガワカンバ 八重皮樺 〈*Betula davurica* Pallas〉カバノキ科の落葉高木。別名コオノオレ。

ヤエキョウチクトウ 八重夾竹桃 〈*Nerium indicum* Mill. 'Plenum'〉キョウチクトウ科。園芸植物。

ヤエギョリュウバイ フトモモ科の木本。

ヤエキリシマ 〈*Rhododendron obtusum* (Lindl.) Planch. cv. Yaekirishima〉ツツジ科。

ヤエキリシマ 八重霧島 ツツジ科のツツジの品種。園芸植物。

ヤエクチナシ 〈*Gardenia jasminoides* Ellis 'Flore-pleno'〉アカネ科。園芸植物。

ヤエコクリュウ マメ科。園芸植物。

ヤエザキタイカアジサイ 八重咲帯化紫陽花 ユキノシタ科。園芸植物。

ヤエザキムクゲ 八重木槿 アオイ科のムクゲの八重咲き品種。別名ハチス、キハチス。園芸植物。

ヤエザキヤマツツジ 〈*Rhododendron kaempferi* Planch. f. *komatsui* (Nakai) H. Hara〉ツツジ科。園芸植物。

ヤエザクラ 八重桜 キンポウゲ科のボタンの品種。園芸植物。

ヤエザクラ バラ科のサトザクラの八重咲き品種の通称。別名ボタンザクラ。

ヤエサンユウカ 〈*Ervatamia coronaria* Stapf.〉キョウチクトウ科の観賞用低木。花は白色。熱帯植物。

ヤエチョウセンアサガオ 〈*Datura metel* L. 'Floreplena'〉ナス科。園芸植物。

ヤエドクダミ 〈*Houttuynia cordata* Thunb. f. *plena* (Makino) Okuyama〉ドクダミ科。園芸植物。

ヤエニオイバイカウツギ ユキノシタ科。園芸植物。

ヤエハマナシ ロサ・ルゴサ・プレナの別名。

ヤエベニシダレ バラ科の木本。園芸植物。

ヤエボクゲ ヤエザキムクゲの別名。

ヤエムグラ 八重葎 〈*Galium aparine* L.〉アカネ科の一年草または越年草。長さは60〜200cm。

ヤエヤマアオキ 〈*Morinda citrifolia* L.〉アカネ科の常緑低木。果実は黄緑に熟す。花は白色。熱帯植物。

ヤエヤマアブラスゲ 〈*Rhynchospora corymbosa* Britt.〉カヤツリグサ科。葉は硬剛。高さ1m。熱帯植物。

ヤエヤマイワタバコ 〈*Cyrtandra yaeyamae*〉イワタバコ科。

ヤエヤマウツギ ヤエヤマヒメウツギの別名。

ヤエヤマカリン 〈*Pterocarpus vidalianus* Rolf.〉マメ科の高木。莢の中央に刺群がある。花は黄色。熱帯植物。

ヤエヤマカンアオイ ヤクシマアオイの別名。

ヤエヤマキランソウ 〈*Ajuga taiwanensis* Nakai〉シソ科のハーブ。別名クレアリーセージ、オニサルビア。切り花に用いられる。

ヤエヤマコウゾリナ 〈*Blumea lacera* DC.〉キク科の草本。全株短毛。高さ1m以上。花は黄色。熱帯植物。

ヤエヤマコクタン リュウキュウコクタンの別名。

ヤエヤマコンテリギ 〈*Hydrangea chinensis* Maxim. var. *koidzumiana* H. Ohba et S. Akiyama〉ユキノシタ科の木本。別名シマコンテリギ。

ヤエヤマシタン 紫檀 〈*Pterocarpus santalinus* L. f.〉マメ科の高木。別名インドシタン、インドカリン。心材は褐色。花は黄色。熱帯植物。薬用植物。日本絶滅危機植物。

ヤエヤマスミレ 〈*Viola tashiroi* Makino〉スミレ科。花は白色。園芸植物。

ヤエヤマチシャノキ リュウキュウチシャノキの別名。

ヤエヤマトラノオ 〈*Polystichum yaeyamense*〉オシダ科の常緑性シダ。葉身は長さ10〜20cm。線形。

ヤエヤマネコノチチ 〈*Rhamnella franguloides* (Maxim.) Weberb. var. *inaequilatera* (Ohwi) Hatus.〉クロウメモドキ科の落葉低木。

ヤエヤマネムノキ 〈*Albizzia retusa*〉マメ科の落葉高木。

ヤエヤマノボタン 〈*Bredia yaeyamensis* (Matsum.) Li〉ノボタン科の常緑低木。別名マルバヤエヤマノボタン。

ヤエヤマハギカズラ 〈*Galactia tashiroi* var. *yaeyamensis*〉マメ科。

ヤエヤマハマゴウ 〈*Vitex trifolia* var. *bicolor*〉クマツヅラ科。

ヤエヤマハマナツメ 〈*Colubrina asiatica* (L.) Brongn.〉クロウメモドキ科の低木。多刺。花は緑色。熱帯植物。

ヤエヤマヒメウツギ 〈*Deutzia yaeyamensis*〉ユキノシタ科の木本。

ヤエヤマヒ

ヤエヤマヒルギ 八重山蛭木 〈*Rhizophora mucronata* Lam.〉ヒルギ科の常緑高木、マングローブ植物。別名シロバナヒルギ。支柱根。高さ30m。熱帯植物。

ヤエヤマブキ 八重山吹 〈*Kerria japonica* (L.) DC. f. *plena* C. K. Schneid.〉バラ科の木本。園芸植物。

ヤエヤマホングウシダ 八重山本宮羊歯 〈*Lindsaea gracilis* Blume〉イノモトソウ科(ホングウシダ科、ワラビ科)の常緑性シダ。葉身は長さ10〜40cm。線形。

ヤエヤマヤシ 八重山椰子 〈*Satakentia liukiuensis* (Hatusima) H. E. Moore〉ヤシ科の常緑高木。高さは25m。園芸植物。日本絶滅危惧植物。

ヤガミスゲ 〈*Carex maackii* Maxim.〉カヤツリグサ科の多年草。高さは40〜60cm。

ヤカール 〈*Hopea plagata* Vidal.〉フタバガキ科の高木。重い硬材。熱帯植物。

ヤギタケ 〈*Hygrophorus camarophyllus* (Alb. & Schw. : Fr.) Dumée et al.〉ヌメリガサ科のキノコ。中型。傘は灰色〜灰褐色、弱い粘性。ひだは白色〜クリーム色。

ヤギムギ 〈*Aegilops cylindrica* Host〉イネ科の一年草。高さは20〜60cm。

ヤクイヌワラビ 〈*Athyrium masamunei* Seriz.〉オシダ科の夏緑性シダ。葉身は裂片が幅狭く、鋭尖頭。

ヤクカナモドキ 〈*Arachniodes* × *pseudoyakusimensis* Nakaike, nom. nud.〉オシダ科のシダ植物。

ヤクシケチシダ 〈*Cornopteris* × *masachikana* Kurata〉オシダ科のシダ植物。

ヤクシソウ 薬師草 〈*Paraixeris denticulata* (Houtt.) Maxim.〉キク科の越年草。別名チチクサ、ウサギノチチ、ニガミグサ。高さは30〜120cm。薬用植物。

ヤクシビイヌワラビ 〈*Athyrium* × *yakuinsulare* Sa. Kurata〉オシダ科のシダ植物。

ヤクシマアオイ 〈*Heterotropa yakusimensis* (Masam.) F. Maek.〉ウマノスズクサ科の草本。別名オニカンアオイ。

ヤクシマアカシュスラン 〈*Hetaeria cristata* Blume〉ラン科の多年草。高さは10〜15cm。

ヤクシマアザミ 〈*Cirsium yakushimense* Masam.〉キク科の草本。

ヤクシマアジサイ 〈*Hydrangea kawagoeana* Koidz. var. *grosseserrata* (Engl.) Hatus.〉ユキノシタ科の木本。別名ヤクシマコンテリギ。

ヤクシマアセビ 〈*Pieris japonica* (Thunb.) D. Don var. *yakushimensis* T. Yamaz.〉ツツジ科の木本。

ヤクシマアミバゴケ 〈*Hattoria yakushimensis* (Horik.) R. M. Schust.〉ツボミゴケ科のコケ。赤色をおびる。茎は長さ1〜2cm。

ヤクシマウラボシ 〈*Crypsinus yakuinsularis* (Masamune) Tagawa〉ウラボシ科の夏緑性シダ。葉身は長さ5〜17cm。三角状広卵形。

ヤクシマオナガカエデ 〈*Acer morifolium* Koidz.〉カエデ科の木本。

ヤクシマガクウツギ 〈*Hydrangea luteovenosa* Koidz. var. *yakusimensis* (Masam.) Sugim.〉ユキノシタ科の木本。

ヤクシマカグマ 〈*Microlepia oblusiloba*〉イノモトソウ科。

ヤクシマカナワラビ 〈*Arachniodes cavalerii* (Christ) Ohwi〉オシダ科の常緑性シダ。葉身は長さ30〜60cm。卵状三角形。

ヤクシマカラスザンショウ 〈*Zanthoxylum yakumontanum* (Sugimoto) Nagamasu〉ミカン科の木本。

ヤクシマカワゴロモ 〈*Hydrobryum puncticulatum* Koidz.〉カワゴケソウ科の草本。針状葉は長さ2〜4mmで2〜5本が束生。

ヤクシマガンピ 屋久島雁皮 ジンチョウゲ科の木本。別名シャクナンガンピ。

ヤクシマグミ 〈*Elaeagnus yakusimensis* Masam.〉グミ科の木本。

ヤクシマコオトギリ 〈*Hypericum yakusimense* Koidz.〉オトギリソウ科。高さは5〜10cm。園芸植物。

ヤクシマゴケ 〈*Isotachis japonica* Steph.〉ヤクマゴケ科のコケ。紅色をおびる。茎は長さ約2〜6cm。

ヤクシマコンテリギ ヤクシマアジサイの別名。

ヤクシマサルオガセ 〈*Usnea yakushimensis* Asah.〉サルオガセ科の地衣類。タムノール酸を含む。

ヤクシマサルスベリ 屋久島猿滑り 〈*Lagerstroemia fauriei* Koehne〉ミソハギ科の木本。別名アカハダサルスベリ。花は白色。園芸植物。

ヤクシマシオガマ 屋久島塩竈 〈*Pedicularis ochiaiana* Makino〉ゴマノハグサ科の草本。

ヤクシマシダ 〈*Asplenium yakumontanum*〉チャセンシダ科。

ヤクシマシャクナゲ 屋久島石南花 〈*Rhododendron yakusimanum* Nakai var. *yakusimanum*〉ツツジ科の木本。高さは1.5m。花は白色。園芸植物。

ヤクシマシュスラン 〈*Goodyera hachijoensis* var. *yakushimensis*〉ラン科。

ヤクシマショウジョウバカマ 〈*Heloniopsis orientalis* var. *yakushimensis*〉ユリ科。

ヤクシマショウマ 〈*Astilbe japonica* var. *terrestris*〉ユキノシタ科。

ヤクシマスギバゴケ〈*Lepicolea yakusimensis* (S. Hatt.) S. Hatt.〉ヤクシマスギバゴケ科のコケ。白緑色〜黄緑色、長さ3〜6cm。

ヤクシマスゲ〈*Carex atroviridis*〉カヤツリグサ科。

ヤクシマススキ 屋久島薄 イネ科。別名イトススキ。園芸植物。

ヤクシマスミレ〈*Viola iwagawae* Makino〉スミレ科の草本。花は白色。園芸植物。

ヤクシマタカノハウラボシ〈*Crypsinus × pseudo-yakushimensis* Nakaike, nom. nud.〉ウラボシ科のシダ植物。

ヤクシマダケ 屋久島竹〈*Pseudosasa owatarii* (Makino) Makino〉イネ科の木本。高さは0.5〜1m。園芸植物。

ヤクシマタチゴケ〈*Atrichum yakushimense* (Horik.) Mizush.〉ラン科のコケ。茎は長さ1cm以下、葉は広楕円状舌形。

ヤクシマタニイヌワラビ〈*Athyrium yakushimense* Tagawa〉オシダ科の常緑性シダ。葉身は長さ20〜40cm。三角形〜卵状三角形。

ヤクシマチドリ〈*Platanthera amabilis* Koidz.〉ラン科の草本。

ヤクシマチャボゼキショウ〈*Tofieldia nuda* Maxim. var. *yoshiiana* (Makino) T. Yamaz.〉ユリ科。

ヤクシマツガゴケ〈*Distichophyllum collenchymatosum* Card.〉アブラゴケ科のコケ。茎は黒褐色、葉は長さ2〜2.6mm。

ヤクシマツチトリモチ 屋久島土鸚〈*Balanophora yakushimensis* Hatusima et Masamune〉ツチトリモチ科の草本。

ヤクシマツツジ〈*Rhododendron scabrum* var. *yakuinsulare*〉ツツジ科の木本。別名ヤクシマヤマツツジ。

ヤクシマツバキ リンゴツバキの別名。

ヤクシマテングサゴケ〈*Lobatiriccardia yakusimensis* (S. Hatt.) Furuki〉スジゴケ科のコケ。葉状体は1〜3回羽状になり、縁は内曲。

ヤクシマテンナンショウ〈*Arisaema yakushimense*〉サトイモ科。

ヤクシマナワゴケ〈*Oedicladium rufescens* (Reinw. & Hornsch.) Mitt. var. *yakushimense* (Sakurai) Z. Iwats.〉ナワゴケ科のコケ。二次茎は長さ7〜40mm、やや暗い黄緑色。

ヤクシマネッタイラン〈*Tropidia nipponica* Masam.〉ラン科の草本。

ヤクシマノガリヤス〈*Calamagrostis masamunei*〉イネ科。

ヤクシマノダケ〈*Angelica yakusimensis* Hara〉セリ科。

ヤクシマハチジョウシダ〈*Pteris yakuinsularis* Kurata〉ワラビ科のシダ植物。

ヤクシマヒカゲツツジ〈*Rhododendron keiskei* var. *cordifolia*〉ツツジ科。

ヤクシマヒメアリドオシラン〈*Vexillabium yakushimense* (Yamamoto) F. Maek.〉ラン科の草本。

ヤクシマヒヨドリ〈*Eupatorium yakushimense* Masam. et Kitam.〉キク科の草本。

ヤクシマフウロ〈*Geranium shikokianum* var. *yoshiianum*〉フウロソウ科。

ヤクシマホウオウゴケ〈*Fissidens polypodioides* Hedw.〉ホウオウゴケ科のコケ。茎は葉を含め長さ2.1〜7.5cm、葉は長楕円状披針形。

ヤクシマホウビシダ〈*Asplenium obliquissimum* (Hayata) Sugimoto et Kurata〉チャセンシダ科の常緑性シダ。別名オトメホウビシダ。葉身は長さ20cm。狭披針形。

ヤクシマホシクサ〈*Eriocaulon hananoegoense* Masam.〉ホシクサ科の草本。

ヤクシマホツツジ ツツジ科。

ヤクシマホングウシダ〈*Lindsaea kawabataeoides* Nakaike, nom. nud.〉イノモトソウ科のシダ植物。

ヤクシマママコナ〈*Melampyrum laxum* var. *yakushimense*〉ゴマノハグサ科。

ヤクシマミズゴケモドキ〈*Pleurozia subinflata* (Austin) Austin〉ミズゴケモドキ科のコケ。茎は長さ3〜5cm。

ヤクシマミゾゴケ〈*Marsupella yakushimensis* (Horik.) S. Hatt.〉ミゾゴケ科のコケ。灰緑色〜褐緑色、茎は長さ1〜5cm。

ヤクシマミツバツツジ〈*Rhododendron yakumontanum* (T. Yamaz.) T. Yamaz.〉ツツジ科の木本。

ヤクシマモジゴケ〈*Phaeographis yakushimensis* Nak.〉モジゴケ科の地衣類。子器は長円形。

ヤクシマヤダケ ヤクシマダケの別名。

ヤクシマヤマツツジ ヤクシマツツジの別名。

ヤクシマヨウラクツツジ〈*Menziesia yakushimensis* M. Tash. et H. Hatta〉ツツジ科の落葉低木。

ヤクシマラン〈*Apostasia wallichii* R. Br. var. *nipponica* (Masam.)〉ラン科の草本。

ヤクシマリンドウ〈*Gentiana yakushimensis* Makino〉リンドウ科の草本。高さは5〜20cm。花は青紫色。園芸植物。日本絶滅危機植物。

ヤクシマワラビ〈*Diplazium yakumontanum* Tagawa〉オシダ科の常緑性シダ。葉身は長さ50cm弱。卵状三角形。

ヤクシワダン〈*Crepidiastrum platyphyllum × Paraixeris denticulata*〉キク科。

ヤクタネゴヨウ 屋久種子五葉〈*Pinus armandii* Franch. var. *amamiana* (Koidz.) Hatusima〉マツ科の木本。別名アマミゴヨウ。

ヤグチ 矢口 バラ科のモモの品種。園芸植物。
ヤクナガイヌムギ 〈*Bromus carinatus* Hook. et Arn.〉イネ科の多年草。高さは30〜150cm。
ヤクモ 八雲 バラ科のナシの品種。果皮は淡黄緑色。
ヤクヨウサルビア セージの別名。
ヤクヨウホオノキ 〈*Magnolia officinalis*〉モクレン科の木本。樹高15m。樹皮は淡灰色。薬用植物。
ヤグラゴケ 〈*Cladonia krempelhuberi* Vain.〉ハナゴケ科。皮層は平滑。園芸植物。
ヤグラザクラ プリムラ・キューエンシスの別名。
ヤグラタケ 〈*Asterophora lycoperdoides* (Bull.) Ditm.：Fr.〉キシメジ科のキノコ。小型。傘は白色、表面粘土褐色の粉塊に変化。ひだは白色。
ヤグラネギ 〈*Allium fistulosum* L. var. *viviparum* Makino〉ユリ科の野菜。別名サンカイネギ。園芸植物。
ヤグルマアザミ 〈*Centaurea jacea* L.〉キク科の多年草。高さは15〜120cm。花は紅紫色。園芸植物。
ヤグルマカエデ 〈*Acer mono* Maxim. var. *ambiguum* (Pax) Rehder f. *subtrifidum* (Makino) Rehder〉カエデ科。
ヤグルマギク 矢車菊 〈*Centaurea cyanus* L.〉キク科の一年草または多年草。別名ヤグルマソウ、セントレア。高さは30〜100cm。花は青藍色。園芸植物。切り花に用いられる。
ヤグルマギク キク科の属総称。別名ヤグルマソウ。
ヤグルマソウ 矢車草 〈*Rodgersia podophylla* A. Gray〉ユキノシタ科の多年草。高さは50〜130cm。花は白色。園芸植物。
ヤグルマソウ ヤグルマギクの別名。
ヤグルマハッカ 〈*Monarda fistulosa* L.〉シソ科の草本。高さは50〜120cm。花は桃色。園芸植物。
ヤケアトツムタケ 〈*Pholiota highlandensis* (Peck) A. H. Smith & Hesler〉モエギタケ科のキノコ。小型。傘は黄褐色、平滑、粘性。ひだは淡黄色。
ヤケイロタケ 〈*Bjerkandera adusta* (Willd.：Fr.) Karst.〉タコウキン科のキノコ。
ヤケコゲタケ 〈*Inonotus hispidus* (Bull.：Fr.) Karst.〉タバコウロコタケ科のキノコ。
ヤケノアカヤマタケ 〈*Hygrocybe conica* (Scop.：Fr.) Kummer f. *carbonaria* (Hongo) Hongo〉ヌメリガサ科のキノコ。
ヤケノシメジ 〈*Lyophyllum anthracophilum* (Lasch) M. Lange & Sivertsen〉キシメジ科のキノコ。小型。傘はオリーブ褐色で中央部は窪む。湿時縁部に条線。
ヤコウタケ 〈*Mycena chlorophos* (Berk. et Curt.) Sacc.〉キシメジ科のキノコ。

ヤコウボク 夜香木 〈*Cestrum nocturnum* L.〉ナス科の観賞用低木。別名ヤコウカ。高さは3m。花は夜開性で黄緑色。熱帯植物。園芸植物。
ヤーコン 〈*Polymnia sonchifolium* Poepp. et Endl.〉キク科の根菜類。別名アンデス・ポテト。薬用植物。
ヤサイカラスウリ 〈*Coccinia indica* W. et A.〉ウリ科の蔓草。葉はやや厚く軟。花は白色。熱帯植物。
ヤサイコスモス 〈*Cosmos caudatus* H. B. er K.〉キク科の草本。全株芳香、野菜として食す。花は紅色。熱帯植物。
ヤシ ヤシ科の総称。
ヤシ ココヤシの別名。
ヤシオネ キキョウ科の属総称。
ヤシオネ・クリスパ 〈*Jasione crispa* (Pourr.) Samp.〉キキョウ科の草本。高さは2〜10cm。高山植物。園芸植物。
ヤシオネ・モンタナ 〈*Jasione montana* L.〉キキョウ科の多年草。高さは15〜30cm。花は淡青色。園芸植物。
ヤシオネ・ラエウィス 〈*Jasione laevis* Lam.〉キキョウ科の草本。高さは30〜50cm。花は青色。園芸植物。
ヤシノビッソロマ 〈*Byssoloma leucoblepharum* (Nyl.) Vain.〉ヘリトリゴケ科の地衣類。子器の盤が灰褐色。
ヤシャイグチ 〈*Austroboletus fusisporus* (Kawamura ex Imaz. & Hongo) Wolfe〉オニイグチ科のキノコ。小型〜中型。傘は黄褐色、縁部に皮膜の破片。
ヤシャイノデ 〈*Polystichum neo-lobatum* Nakai〉オシダ科の常緑性シダ。葉身は長さ25〜60cm。狭披針形。
ヤシャゼンマイ 夜叉薇 〈*Osmunda lancea* Thunb. ex Murray〉ゼンマイ科の夏緑性シダ。葉身は長さ20〜45cm。卵状楕円形。園芸植物。
ヤシャダケ 〈*Semiarundinaria yashadake* (Makino) Makino〉イネ科の木本。
ヤシャビシャク 夜叉柄杓 〈*Ribes ambiguum* Maxim.〉ユキノシタ科の落葉性小低木。別名テンノウメ、テンバイ。萼は淡緑白色。高山植物。薬用植物。園芸植物。日本絶滅危機植物。
ヤシャブシ 夜叉五倍子 〈*Alnus firma* Sieb. et Zucc.〉カバノキ科の落葉高木。別名ミネバリ。高さは10〜15m。園芸植物。
ヤスダウメノキゴケ 〈*Parmelia isidioclada* Vain.〉ウメノキゴケ科の地衣類。地衣体は径15cm。
ヤスダゲジゲジゴケ 〈*Anaptychia hypocaesia* Yas.〉ムカデゴケ科の地衣類。粉芽を有する型。
ヤスダニクイボゴケ 〈*Ochrolechia yasudae* Vain.〉トリハダゴケ科の地衣類。地衣体は灰白

ヤスデゴケ ヤスデゴケ科。

ヤスデゴケモドキ 〈*Phylliscum japonicum* Zahlbr.〉リキナ科の地衣類。地衣体は暗赤褐色。

ヤスミヌム モクセイ科の属総称。別名オウバイ、ソケイ。

ヤスミヌム・アウリクラツム 〈*Jasminum auriculatum* Vahl〉モクセイ科の低木。高さは1m。花は白色。園芸植物。

ヤスミヌム・オッフィキナレ 〈*Jasminum officinale* L.〉モクセイ科の低木。別名シロモッコウ、ペルシアソケイ。花は白色。園芸植物。

ヤスミヌム・オドラティッシムム 〈*Jasminum odoratissimum* L.〉モクセイ科の常緑低木。花は黄色。園芸植物。

ヤスミヌム・ギラルディ モクセイ科の薬用植物。

ヤスミヌム・グランディフロルム ソケイの別名。

ヤスミヌム・サンバク マツリカの別名。

ヤスミヌム・シネンセ オキナワソケイの別名。

ヤスミヌム・ニティドゥム 〈*Jasminum nitidum* Skan〉モクセイ科の低木。別名オオシロソケイ。花は白色。園芸植物。

ヤスミヌム・ヌディフロルム オウバイの別名。

ヤスミヌム・ネルウォスム 〈*Jasminum nervosum* Lour.〉モクセイ科の低木。花は白色。園芸植物。

ヤスミヌム・パーケリ 〈*Jasminum parkeri* S. T. Dunn〉モクセイ科の低木。高さは20cm。花は鮮黄色。園芸植物。

ヤスミヌム・ビーシアヌム 〈*Jasminum beesianum* Forr. et Diels〉モクセイ科の低木。別名ベニバナソケイ。花は紅色。園芸植物。

ヤスミヌム・フミレ キソケイの別名。

ヤスミヌム・フルティカンス 〈*Jasminum fruticans* L.〉モクセイ科の低木。花は黄色。園芸植物。

ヤスミヌム・フルミネンセ 〈*Jasminum fluminense* Vell.〉モクセイ科の低木。花は白色。園芸植物。

ヤスミヌム・フロリドゥム 〈*Jasminum floridum* Bunge〉モクセイ科の低木。別名リュウキュウオウバイ。花は鮮黄色。園芸植物。

ヤスミヌム・ポリアンツム 〈*Jasminum polyanthum* Franch.〉モクセイ科の常緑つる性低木。花は白色。園芸植物。

ヤスミヌム・マリアヌム 〈*Jasminum marianum* DC.〉モクセイ科の低木。別名マリアナソケイ。花は白色。園芸植物。

ヤスミヌム・ムルティパルティツム 〈*Jasminum multipartitum* Hochst.〉モクセイ科の低木。花は白色。園芸植物。

ヤスミヌム・ムルティフロルム 〈*Jasminum multiflorum* (Burm. f.) Andr.〉モクセイ科の低木。別名ボルネオソケイ。花は白色。園芸植物。

ヤスミヌム・メズニー オウバイモドキの別名。

ヤスミヌム・レクス 〈*Jasminum rex* S. T. Dunn〉モクセイ科のつる性低木。花は白色。園芸植物。

ヤスミノケレウス・トゥアールシー 〈*Jasminocereus thouarsii* (A. Web.) Backeb.〉サボテン科のサボテン。別名麝香柱。高さは8m。花はチョコレート色。園芸植物。

ヤスリバカズラ 〈*Tetracera indica* Merr.〉ビワモドキ科の蔓木。葉は粗剛。花は白色。熱帯植物。

ヤセウツボ 〈*Orobanche minor* Sm.〉ハマウツボ科の寄生植物。高さは15〜50cm。花は淡黄色。

ヤセノイネ 〈*Oryza granulata* Nees et Arn.〉イネ科。穂は分岐少く、無芒。熱帯植物。

ヤタイヤシ 〈*Butia yatay* (Mart.) Becc.〉ヤシ科。高さは6m。花は黄色。園芸植物。

ヤダケ 矢竹 〈*Pseudosasa japonica* (Sieb. et Zucc.) Makino〉イネ科の常緑大型笹。別名ヘラダケ、シノベ、ヤジノ。高さは2〜5m。園芸植物。

ヤタケイワヘゴ 〈*Dryopteris* × *otomasui* Kurata〉オシダ科のシダ植物。

ヤタノカガミ 八咫の鏡 ツツジ科のサツキの品種。園芸植物。

ヤタベグサ 〈*Yatabella hirsuta* Okamura〉テングサ科の海藻。硬く軟骨質。体は15〜20cm。

ヤタベヨロイゴケ 〈*Sticta yatabeana* Müll. Arg.〉ヨロイゴケ科の地衣類。盃点は不規則な形。

ヤチアザミ 〈*Cirsium shinanense*〉キク科の多年草。高さは1〜1.5m。

ヤチイチゴ ホロムイイチゴの別名。

ヤチカワズスゲ 〈*Carex omiana* Franch. et Savat.〉カヤツリグサ科の多年草。高さは25〜50cm。

ヤチカンバ 〈*Betula ovalifolia* Rupr.〉カバノキ科の落葉低木。別名ヒメオノオレ、ルクタマカンバ。

ヤチコタヌキモ 〈*Utricularia ochroleuca*〉タヌキモ科。

ヤチシャジン 〈*Adenophora palustris* Komarov〉キキョウ科の草本。日本絶滅危機植物。

ヤチジリン 〈*Pithecellobium kunstleri* Prain〉マメ科の小木。熱帯植物。

ヤチスギナ 〈*Equisetum pratense* Ehrh.〉トクサ科の夏緑性シダ。栄養茎は高さ20〜60cm。

ヤチスギラン 谷地杉蘭 〈*Lycopodium inundatum* L.〉ヒカゲノカズラ科のシダ植物。長さ20cm以下。

ヤチスゲ 谷地菅 〈*Carex limosa* L.〉カヤツリグサ科の多年草。別名アカヌマゴウソ。高さは20〜40cm。高山植物。

ヤチダモ 谷地だも 〈*Fraxinus mandshurica* Rupr.〉モクセイ科の落葉大高木。園芸植物。

ヤチツツジ 〈*Chamaedaphne calyculata* (L.) Moench〉ツツジ科の常緑小低木。別名ホロムイ

ヤチトリカ

ツツジ。高さは0.3～1m。花は白色。高山植物。園芸植物。

ヤチトリカブト 谷地鳥兜 〈*Aconitum senanense* Nakai subsp. *paludicola* (Nakai) Kadota〉キンポウゲ科の多年草。高さは15～200cm。高山植物。

ヤチナラタケ 〈*Armillaria nabsnona* Volk & Burdsall〉キシメジ科のキノコ。小型～中型。傘は中央突出し、明黄褐色。強い粘性あり。

ヤチモククコク 〈*Ploiarium alternifolium* Melcior〉ツバキ科の小木。湿地に多く、気根を出す。熱帯植物。

ヤチヤナギ 谷地柳 〈*Gale belgica* Duham. var. *tomentosa* (C. DC.) Yamazaki〉ヤマモモ科の落葉低木。別名エゾヤマモモ。高山植物。薬用植物。

ヤチヨ ヒユ科のケイトウの品種。園芸植物。

ヤチヨツバキ 八千代椿 ボタン科の牡丹の園芸品種。園芸植物。

ヤチラン 〈*Malaxis paludosa* (L.) Sw.〉ラン科の多年草。日本絶滅危機植物。

ヤツガシラ サトイモ科のサトイモの一品種。

ヤツガタケアザミ ハガ岳薊 〈*Cirsium nipponicum* var. *yatsugatakense*〉キク科。高山植物。

ヤツガタケキスミレ ハガ岳黄菫 〈*Viola crassa* var. *yatsugatakeana* T. Shimizu〉スミレ科の多年草。高山植物。

ヤツガタケキンポウゲ ハケ岳金鳳花 〈*Ranunculus yatsugatakensis* Honda et Kumazawa〉キンポウゲ科の草本。高山植物。

ヤツガタケシノブ ハガ岳忍 〈*Cryptogramma stelleri* (S. G. Gmel.) Prantl〉ホウライシダ科(ワラビ科、イノモトソウ科)の夏緑性シダ。葉身は長さ3～6cm。卵状披針形。園芸植物。

ヤツガタケジンチョウゴケ 〈*Sauteria yatsuensis* S. Hatt.〉ジンチョウゴケ科のコケ。白緑色、長さ5～10mm。

ヤツガタケタンポポ ハガ岳蒲公英 〈*Taraxacum yatsugatakense* H. Koidz.〉キク科の多年草。高さは10～20cm。高山植物。

ヤツガタケトウヒ 〈*Picea koyamai* Shirasawa〉マツ科の木本。高山植物。

ヤツガタケムグラ 〈*Galium triflorum* Michx.〉アカネ科の草本。

ヤッコカズラ 〈*Philodendron laciniatum* (Vell.) Engl.〉サトイモ科の多年草。つる性で節間は伸びる。園芸植物。

ヤッコササゲ マメ科。

ヤッコソウ 奴草 〈*Mitrastemon yamamotoi* Makino〉ラフレシア科の一年生寄生植物。シイノキ等の根に寄生、淡黄紅色。高さは4～8cm。熱帯植物。

ヤツシロ 八代 ミカン科の木本。別名ヤツシロミカン。

ヤツシロソウ 八代草 〈*Campanula glomerata* L. var. *dahurica* Fisch.〉キキョウ科の草本。園芸植物。日本絶滅危機植物。

ヤツシロヒトツバ 〈*Pyrrosia × nipponica* Beppu et Serizawa〉ウラボシ科のシダ植物。

ヤツシロラン 〈*Gastrodia verrucosa* Blume〉ラン科の多年生腐生植物。別名アキザキヤツシロラン。高さは5～15cm。

ヤツデ 八手 〈*Fatsia japonica* (Thunb. ex Murray) Decns. et Planch.〉ウコギ科の常緑低木。別名テングノハウチワ。高さは2～3m。花は白色。薬用植物。園芸植物。

ヤツデアオギリ 〈*Sterculia foetida* L.〉アオギリ科の落葉高木。スカトール臭、果実は赤色。高さは20m。花は暗赤色。熱帯植物。園芸植物。

ヤツデアサガオ 〈*Ipomoea digitata* L.〉ヒルガオ科の蔓草。花は紅紫色中央濃紫色。熱帯植物。園芸植物。

ヤツデウチワ アンスリウム・ペダトラディアツムの別名。

ヤツデガタトサカモドキ 〈*Callophyllis palmata* Yamada〉ツカサノリ科の海藻。巾3cm。体は25cm。

ヤツデグワ 〈*Cecropia peltata* L.〉クワ科の観賞用小木。熱帯植物。

ヤツブサ 八房 〈*Capsicum annuum* L. var. *fasciculatum* Irish f. *erectum* Makino〉ナス科。別名テンジクマモリ、テンジョウマモリ。園芸植物。

ヤツブサウメ 八房梅 〈*Prunus mume* Sieb. et Zucc. var. *pleiocarpa* Maxim.〉バラ科の木本。別名ザロンバイ。

ヤツマタモク 〈*Sargassum patens* Agardh〉ホンダワラ科の海藻。茎は扁圧。体は1～2m。

ヤドリギ 寄生木 〈*Viscum album* L. var. *lutescens* Makino〉ヤドリギ科の常緑低木。別名ホヤ、ホヨ、トビヅタ。薬用植物。

ヤドリギ科 科名。

ヤドリコケモモ 〈*Vaccinium amamianum* Hatusima〉ツツジ科の木本。別名オオバコケモモ。日本絶滅危機植物。

ヤドリノボタン 〈*Medinilla hasseltii* BL.〉ノボタン科の樹上着生低木。葉は厚く裏面褐毛。熱帯植物。

ヤドリフカノキ 〈*Schefflera arboricola* (Hayata) Hayata ex Kaneh.〉ウコギ科の木本。高さは3～7m。花は白黄色。園芸植物。

ヤトロファ トウダイグサ科の属総称。別名タイワンアブラギリ、サンゴアブラギリ。

ヤトロファ タイワンアブラギリの別名。

ヤトロファ・インテゲリマ 〈*Jatropha integerrima* Jacq.〉トウダイグサ科の木本。別名ナンヨウサクラ。高さは1～3m。花は濃いローズレッド。園芸植物。

ヤナギ ヤナギ科の属総称。

ヤナギアザミ 楊柳薊 〈*Cirsium lineare* Sch. Bip.〉キク科の草本。別名アメリカムカシヨモギ。高さは3m。花は紫色。園芸植物。

ヤナギイチゴ 柳苺 〈*Debregeasia edulis* (Sieb. et Zucc.) Wedd.〉イラクサ科の落葉低木。別名カラスヤマモモ、スズメノコウメ。薬用植物。

ヤナギイノコズチ 〈*Achyranthes longifolia* (Makino) Makino〉ヒユ科の多年草。高さは50～100cm。薬用植物。

ヤナギイボタ 〈*Ligustrum salicinum* Nakai〉モクセイ科の木本。別名ハナイボタ。

ヤナギウンラン 〈*Linaria maroccana* Hook. f.〉ゴマノハグサ科の一年草または多年草。高さは50～100cm。花は藍色がかった紅紫色。園芸植物。

ヤナギ科 科名。

ヤナギゴケ 〈*Leptodictyum riparium* (Hedw.) Warnst.〉ヤナギゴケ科のコケ。葉は披針形、先は細長く漸尖。

ヤナギゴケモドキ 〈*Campylium hispidulum* (Brid.) Mitt.〉ヤナギゴケ科のコケ。小形で、茎は這い、茎葉は卵形。

ヤナギスブタ 〈*Blyxa japonica* (Miq.) Maxim.〉トチカガミ科の一年生の沈水植物。葉身は線形、葉縁に細鋸歯がある。

ヤナギタウコギ 柳田五加木 〈*Bidens cernua* L.〉キク科の一年草。

ヤナギタデ 柳蓼 〈*Persicaria hydropiper* (L.) Spach var. *hydropiper*〉タデ科の一年草。別名タデ、ホンタデ、カクラングサ。葉は辛く香辛料。高さは30～60cm。花は白～淡枇杷色。熱帯植物。薬用植物。園芸植物。

ヤナギタムラソウ ヴァーノニア・ノウェボラケンシスの別名。

ヤナギタンポポ 柳蒲公英 〈*Hieracium umbellatum* L.〉キク科の多年草。高さは30～120cm。

ヤナギチョウジ ペンステモン・バルバツスの別名。

ヤナギトウワタ 柳唐綿 〈*Asclepias tuberosa* L.〉ガガイモ科の多年草。別名シュッコントウワタ、シュッコンパンヤ。高さは50～80cm。花は橙色。園芸植物。切り花に用いられる。

ヤナギトラノオ 柳虎の尾 〈*Lysimachia thyrsiflora* L.〉サクラソウ科の多年草。高さは30～80cm。高山植物。

ヤナギニガナ 〈*Ixeris laevigata* (Blume) Sch. Bip. ex Maxim.〉キク科の草本。

ヤナギヌカボ 〈*Persicaria foliosa* (H. Lindb.) Kitagawa var. *paludicola* (Makino) Hara〉タデ科の草本。

ヤナギノギク 〈*Heteropappus hispidus* (Thunb.) subsp. *leptocladus* (Makino) Kitam.〉キク科の草本。

ヤナギノリ 〈*Chondria dasyphylla* (Woodward) C. Agardh〉フジマツモ科の海藻。複羽状に分岐。体は20cm。

ヤナギバアザミ キク科。

ヤナギバイチジク 〈*Ficus celebensis* Corner〉クワ科。葉柄褐色、果嚢黄緑色。熱帯植物。

ヤナギバグミ 〈*Elaeagnus angustifolia* L.〉グミ科の木本。別名ホソバグミ。高さは7m。花は内部は黄色。樹皮は赤褐色。園芸植物。

ヤナギハグロ オギノツメの別名。

ヤナギバゲイトウ ヒユ科。別名ホソバハゲイトウ。園芸植物。

ヤナギバサザンカ カメリア・サリキフォリアの別名。

ヤナギバチョウジソウ アムソニア・タベルナエモンタナの別名。

ヤナギハッカ 〈*Hyssopus officinalis* L.〉シソ科のハーブ。薬用植物。切り花に用いられる。

ヤナギバテンモンドウ 〈*Asparagus falcatus* L.〉ユリ科の常緑低木。別名マキバアスパラガス。塊根は薬用。高さは7～15m。花は白色。熱帯植物。園芸植物。

ヤナギバハナガサ 〈*Verbena bonariensis* L.〉クマツヅラ科の多年草。別名サンジャクバーベナ、ヤナギハナガサ。高さは1mをこえる。花は青から紫色。園芸植物。

ヤナギバナシ 〈*Pyrus salicifolia*〉バラ科の木本。樹高10m。樹皮は淡灰褐色。園芸植物。

ヤナギバナラ 〈*Quercus phellos*〉ブナ科の木本。樹高30m。樹皮は灰色。

ヤナギバヒマワリ 〈*Helianthus salicifolius* A. Dietr.〉キク科の宿根草。高さは2～3m。花はレモンイエロー。園芸植物。

ヤナギバヒメジョオン 〈*Erigeron pseudoannuus* Makino〉キク科。

ヤナギバモクマオ モクマオの別名。

ヤナギバレンリソウ 〈*Lathyrus sylvestris* L.〉マメ科。小葉は線形～狭卵形または狭楕円形。

ヤナギマツタケ 〈*Agrocybe cylindracea* (DC. : Fr.) Maire〉オキナタケ科のキノコ。別名ヤナギモダセ、カエデモダシ。中型～大型。傘は淡黄土色、粘性なし。

ヤナギモ 柳藻 〈*Potamogeton oxyphyllus* Miq.〉ヒルムシロ科の常緑性の沈水植物。別名ササモ。葉は無柄、線形で鋭尖頭。

ヤナギヤブマオ モクマオの別名。

ヤナギヨモギ 柳艾 〈*Erigeron acris* L. var. *kamtschaticus* (DC.) Herd.〉キク科の多年草。別名ムカショモギ。高さは30〜60cm。

ヤナギラン 柳蘭 〈*Epilobium angustifolium* L.〉アカバナ科の多年草。高さは0.5〜1m。花は紅紫色。高山植物。園芸植物。

ヤニタケ(広葉樹型) 〈*Ischnoderma resinosum* (Fr.) Karst.〉サルノコシカケ科のキノコ。中型〜大型。傘は縁は白色、微細な密毛。

ヤニタケ(針葉樹型) 〈*Ischnoderma benzoinum* (Wahlb.：Fr.) Karst.〉サルノコシカケ科のキノコ。中型〜大型。傘は茶褐色〜黒褐色、微細な密毛。

ヤネタビラコ 〈*Crepis tectorum* L.〉キク科の一年草。高さは6〜100cm。花は淡黄色。

ヤネバンダイソウ 屋根万代草 〈*Sempervivum tectorum* L.〉ベンケイソウ科の多年草。別名平和、酒中花。高さは20〜50cm。花は紫赤色。高山植物。園芸植物。

ヤノウエノアカゴケ 〈*Ceratodon purpureus* Brid.〉キンシゴケ科のコケ。茎は長さ0.5〜1cm、葉は幅広い披針形〜披針形。

ヤノネグサ 矢の根草 〈*Persicaria nipponensis* (Makino) H. Gross ex Nakai〉タデ科の一年生ぐる草。長さは1〜2m。

ヤノネゴケ 〈*Bryhnia novae-angliae* (Sull. & Lesq.) Grout〉アオギヌゴケ科のコケ。茎葉は長さ1〜1.5mm、卵形。

ヤノネシダ 矢の根羊歯 〈*Neocheiropteris buergeriana* (Miq.) Nakaike〉ウラボシ科の常緑性シダ。葉柄は長さほとんどないものから10cm以上。葉身は三角形から、披針形まで。

ヤノネボンテンカ 〈*Pavonia hastata* Cav.〉アオイ科の落葉低木。高さは50〜200cm。花は淡桃色。園芸植物。

ヤパサバル サバル・ヤパの別名。

ヤハズアジサイ 矢筈紫陽花 〈*Hydrangea sikokiana* Maxim.〉ユキノシタ科の落葉低木。別名ウリノキ、ウリハ。花は白色。園芸植物。

ヤハズア アメリカチャボヤシ ラインハルティア・グラキリスの別名。

ヤハズエンドウ カラスノエンドウの別名。

ヤハズカズラ 矢羽葛 〈*Thunbergia alata* Bojer ex Sims〉キツネノマゴ科の観賞用蔓草。別名タケダカズラ。高さは1〜2.5m。花は橙黄色、中心濃紫色。熱帯植物。園芸植物。

ヤハズカワツルモ 〈*Ruppia truncatifolia* Miki〉ヒルムシロ科の沈水植物。葉身の長さが10〜30cm、葉端が切形〜凹形。

ヤハズグサ 〈*Dictyopteris latiuscula* (Okamura) Okamura〉アミジグサ科の海藻。巾広く全縁。体は30cm。

ヤハズシコロ 〈*Alatocladia modesta* (Yendo) Johansen〉サンゴモ科の海藻。集繖状に分岐。体は5cm。

ヤハズソウ 矢筈草 〈*Kummerowia striata* (Thunb. ex Murray) Schindl.〉マメ科の一年草。高さは10〜30cm。

ヤハズダンゴ ヘレニウム・ビギロウィーの別名。

ヤハズトウヒレン 〈*Saussurea sagitta* Franch.〉キク科の多年草。高さは30〜45cm。

ヤハズニオイズイキ 〈*Homalomena propinqua* Schott〉サトイモ科の山草。芳香。熱帯植物。

ヤハズハハコ 〈*Anaphalis sinica* Hance var. *sinica*〉キク科の多年草。別名ヤバネホウコ。高さは20〜35cm。

ヤハズハンノキ 矢筈榛木 〈*Alnus matsumurae* Callier〉カバノキ科の落葉高木。別名ハクサンハンノキ。高さは3〜7m。高山植物。園芸植物。

ヤハズヒゴタイ 矢筈平江帯 〈*Saussurea triptera* Maxim.〉キク科の多年草。別名ミヤマヒゴタイ。高さは30〜55cm。高山植物。

ヤハズブドウ 〈*Vitis hastata* Miq.〉ブドウ科の蔓木。葉の周辺赤色、茎は断面四角形、巻蔓木。熱帯植物。

ヤハズマメ 〈*Crotalaria alata* Buch.-Ham. ex D. Don〉マメ科。別名クロタラーリア。高さは30〜50cm。花は淡黄色。園芸植物。

ヤハズマンネングサ 矢筈万年草 〈*Sedum tosaense* Makino〉ベンケイソウ科の草本。

ヤハズヤシ ヤシ科。

ヤハズヤトロパ 〈*Jatropha hastata* Griseb.〉トウダイグサ科の観賞用低木。花は赤色。熱帯植物。

ヤバネオオムギ 矢羽大麦 〈*Hordeum vulgare* L. var. *distichon* (L.) Alefeld〉イネ科の一年草。別名ヤバネムギ、ニレツオオムギ。高さは90cm。

ヤバネカズラ ヤハズカズラの別名。

ヤバネシハイヒメバショウ 〈*Calathea insignis* Bull〉クズウコン科。園芸植物。

ヤバネパナマ 〈*Carludovica brachyps* Drude〉パナマソウ科。無幹、葉は2浅裂。熱帯植物。

ヤバネハハコ ヤハズハハコの別名。

ヤバネヒメバショウ 〈*Monotagma smaragdinum* (Linden et André) K. Schum.〉クズウコン科。高さは30〜40cm。園芸植物。

ヤバネモク 〈*Hormophysa triquetra* (C. Agardh) Kützing〉ホンダワラ科の海藻。乾燥すれば暗褐色となる。

ヤハラウスバゴケ ウスバゼニゴケの別名。

ヤビツブシ 〈*Aconitum maruyamai*〉キンポウゲ科。

ヤブアカゲシメジ 〈*Tricholomopsis bambusina* Hongo〉キシメジ科のキノコ。

ヤブイチゲ 藪一花 〈*Anemone nemorosa* L.〉キンポウゲ科の多年草。高さは10～25cm。花は白色。高山植物。園芸植物。

ヤブイバラ 藪茨 〈*Rosa luciae* Franch. et Rochebr. var. *onoei* (Makino) Momiyama〉バラ科の木本。別名ニオイイバラ。

ヤブウツギ 藪空木 〈*Weigela floribunda* (Sieb. et Zucc.) K. Koch var. *floribunda*〉スイカズラ科の落葉低木。別名ケウツギ。高さは2～3m。花は濃紅色。園芸植物。

ヤブエンゴサク ヤマエンゴサクの別名。

ヤブオニザミア マクロザミア・コンムニスの別名。

ヤブガラシ 藪枯 〈*Cayratia japonica* (Thunb. ex Murray) Gagn.〉ブドウ科の多年生つる草。別名ビンボウカズラ。薬用植物。

ヤブカンゾウ 藪萱草 〈*Hemerocallis fulva* L. var. *kwanso* Regel〉ユリ科の多年草。別名オニカンゾウ、カンゾウナ。若芽には独特のぬめり。高さは50～100cm。薬用植物。園芸植物。

ヤブコウジ 藪柑子 〈*Ardisia japonica* (Thunb.) Blume〉ヤブコウジ科の常緑小低木。別名コウジ、ヤマタチバナ、ヤブタチバナ。高さは10～30cm。花は白色。薬用植物。園芸植物。

ヤブコウジ科 科名。

ヤブザクラ 〈*Prunus hisauchiana* Koidz. ex Hisauchi〉バラ科。

ヤブサラカ 〈*Zalacca conferta* Griff.〉ヤシ科。無幹、果実は黄、種衣は酸味。熱帯植物。

ヤブサンザシ 藪山査子 〈*Ribes fasciculatum* Sieb. et Zucc.〉ユキノシタ科の落葉低木。別名キヒヨドリジョウゴ。高さは1m。園芸植物。

ヤブジラミ 藪虱 〈*Torilis japonica* (Houtt.) DC.〉セリ科の多年草。別名ノサバリコ、オンナヨバイド。高さは30～70cm。薬用植物。

ヤブスゲ 〈*Carex rochebrunii* Franch. et Savat.〉カヤツリグサ科の多年草。高さは40～60cm。

ヤブソテツ 藪蘇鉄 〈*Cyrtomium fortunei* J. Smith〉オシダ科の常緑性シダ。別名キジノオ、トラノオ。葉身は長さ80cm。披針形。薬用植物。園芸植物。

ヤブソテツ キルトミウム・フォーチュネイの別名。

ヤブタデ ハナタデの別名。

ヤブタバコ 藪煙草 〈*Carpesium abrotanoides* L.〉キク科の越年草。高さは50～100cm。薬用植物。

ヤブタビラコ 藪田平子 〈*Lapsana humilis* (Thunb. ex Murray) Makino〉キク科の越年草。高さは9～50cm。

ヤブチョロギ 藪草石蚕 〈*Stachys arvensis* L.〉シソ科の一年草。別名ヤブイヌゴマ。高さは10～40cm。花は淡紅色。

ヤブツバキ 藪椿 〈*Camellia japonica* L. var. *japonica*〉ツバキ科の常緑小高木。別名ヤマツバキ、ホウザンツバキ、タイワンヤマツバキ。薬用植物。

ヤブツルアズキ 藪蔓小豆 〈*Vigna angularis* (Willd.) Ohwi et Ohashi var. *nipponensis* (Ohwi) Ohwi et Ohashi〉マメ科の一年生つる草。

ヤブデマリ 藪手毬 〈*Viburnum plicatum* Thunb. ex Murray var. *tomentosum* (Thunb. ex Murray) Miq.〉スイカズラ科の落葉低木。別名ヤマデマリ、バンザノキ、ヘミノキ。薬用植物。

ヤブニッケイ 藪肉桂 〈*Cinnamomum japonicum* Sieb. ex Nakai〉クスノキ科の常緑高木。別名マツラニッケイ、クスタブ、クロダモ。薬用植物。

ヤブニワタケ 〈*Paxillus atrotomentosus* (Batsch：Fr.) Fr. var. *bambusinus* Baker et Dale〉ヒダハタケ科のキノコ。

ヤブニンジン 藪人参 〈*Osmorhiza aristata* (Thunb. ex Murray) Rydb.〉セリ科の多年草。別名ナガジラミ。高さは40～60cm。薬用植物。

ヤブハギ 〈*Desmodium podocarpum* DC. subsp. *oxyphyllum* (DC.) Ohashi var. *mandshuricum* Maxim.〉マメ科の多年草。高さは60～90cm。

ヤブヒョウタンボク 藪瓢箪木 〈*Lonicera linderifolia* Maxim.〉スイカズラ科の木本。

ヤブヘビイチゴ 藪蛇苺 〈*Duchesnea indica* (Andr.) Focke〉バラ科の多年生匍匐草本。薬用植物。

ヤブボロギク 〈*Senecio jacobaea* L.〉キク科の二年草または多年草。別名ヤコブコウリンギク、ヤコブボロギク。高さは30～150cm。花は濃黄色。

ヤブマオ 藪麻苧 〈*Boehmeria japonica* (L. f.) Miq. var. *longispica* (Steud.) Yahara〉イラクサ科の多年草。高さは80～100cm。

ヤブマメ 藪豆 〈*Amphicarpaea edgeworthii* Benth. var. *japonica* Oliver〉マメ科の一年生つる草。別名ギンマメ。高さは80～100cm。

ヤブミョウガ 藪茗荷 〈*Pollia japonica* Thunb.〉ツユクサ科の多年草。高さは50～100cm。花は白色。園芸植物。

ヤブムグラ 〈*Galium niewerthii* Franch. et Savat.〉アカネ科の多年草。長さは40～60cm。日本絶滅危機植物。

ヤブムラサキ 藪紫 〈*Callicarpa mollis* Sieb. et Zucc.〉クマツヅラ科の落葉低木。高さは2～3m。花は紫紅色。園芸植物。

ヤブヨモギ 〈*Artemisia rubripes* Nakai〉キク科の草本。

ヤブラン 藪蘭 〈*Liriope muscari* (Decne.) L. H. Bailey〉ユリ科の多年草。高さは30～50cm。花は淡紫色。薬用植物。園芸植物。

ヤブレガサ 破傘 〈*Syneilesis palmata* (Thunb. ex Murray) Maxim.〉キク科の多年草。高さは70〜120cm。花は白色。園芸植物。

ヤブレガサウラボシ 破傘裏星 〈*Dipteris conjugata* Reinw.〉ウラボシ科の常緑性シダ。葉身は長さ25〜50cm。2裂。

ヤブレガサモドキ 〈*Syneilesis tagawae* (Kitamura) Kitamura〉キク科の草本。

ヤブレキンチャクゴケ 〈*Eccremidium minutum* (Mitt.) I. G. Stone & G. A. M. Scott〉キンシゴケ科のコケ。非常に小形、葉は披針形〜狭披針形。

ヤブレグサ 〈*Ulva japonica* (Holmes) Papenfuss〉アオサ科の海藻。体は5〜20cm。

ヤブレツチガキ 〈*Geastrum rufescens* Pers. : Pers.〉ヒメツチグリ科のキノコ。

ヤブレハナゴケ 〈*Cladonia submultiformis* Asah.〉ハナゴケ科の地衣類。子柄はほぼ円筒形。

ヤブレベニタケ 〈*Russula lepida* Fr.〉ベニタケ科のキノコ。中型。傘は赤色、周辺割れる。ひだはやや黄土色に赤い縁どり。

ヤマアイ 山藍 〈*Mercurialis leiocarpa* Sieb. et Zucc.〉トウダイグサ科の多年草。高さは30〜40cm。薬用植物。

ヤマアサ オオハマボウの別名。

ヤマアザミ 山薊 〈*Cirsium spicatum* Matsum.〉キク科の草本。別名ツクシヤマアザミ。

ヤマアジサイ 山紫陽花 〈*Hydrangea serrata* (Thunb. ex Murray) Ser.〉ユキノシタ科の落葉低木。別名コガク、サワアジサイ。園芸植物。

ヤマアゼスゲ 〈*Carex heterolepis* Bunge〉カヤツリグサ科の多年草。高さは20〜60cm。

ヤマアワ 山粟 〈*Calamagrostis epigeios* (L.) Roth〉イネ科の多年草。高さは70〜180cm。

ヤマイ 〈*Fimbristylis subbispicata* Nees et Meyen〉カヤツリグサ科の多年草。高さは10〜60cm。

ヤマイグチ 〈*Leccinum scabrum* (Bull. : Fr.) S. F. Gray〉イグチ科のキノコ。中型。傘は灰褐色〜黄土褐色。

ヤマイタチシダ 山鼬羊歯 〈*Dryopteris varia* var. *setosa* (Thunb.) Ohwi〉オシダ科の常緑性シダ。葉柄は長さ20〜40cm。葉身は卵状長楕円形。

ヤマイヌワラビ 山犬蕨 〈*Athyrium vidalii* (Franch. et Savat.) Nakai〉オシダ科の夏緑性シダ。別名オオイヌワラビ。葉身は長さ20〜50cm。卵形〜三角状長卵形。

ヤマイバラ 山茨 〈*Rosa sambucina* Koidz.〉バラ科の木本。

ヤマイモ ナガイモの別名。

ヤマイモ ヤマノイモの別名。

ヤマイモモドキ 〈*Cardiopteris lobata* Wall.〉ヤマイモモドキ科の蔓草。熱帯植物。

ヤマイワカガミ 山岩鏡 〈*Schizocodon intercedens* (Ohwi) Yamazaki〉イワウメ科の多年草。高さは8〜20cm。

ヤマウグイスカグラ 鶯神楽 〈*Lonicera gracilipes* Miq. var. *gracilipes*〉スイカズラ科の低木。高さは1〜3m。花は淡紅色。園芸植物。

ヤマウコギ 山五加 〈*Acanthopanax spinosus* (L. f.) Miq.〉ウコギ科の落葉低木。別名オニウコギ、ウコギ。薬用植物。

ヤマウツボ 〈*Lathraea japonica* Miq.〉ゴマノハグサ科の多年生寄生植物。別名ケヤマウツボ。高さは15〜30cm。

ヤマウルシ 山漆 〈*Rhus trichocarpa* Miq.〉ウルシ科の落葉低木。樹高8m。樹皮は淡い灰褐色。薬用植物。

ヤマエンゴサク 山延胡索 〈*Corydalis lineariloba* Sieb. et Zucc. var. *lineariloba*〉ケシ科の多年草。別名ササバエンゴサク、ヤブエンゴサク。高さは10〜20cm。花は淡紅紫から青紫色。薬用植物。園芸植物。

ヤマオオイトスゲ 〈*Carex clivorum* Ohwi〉カヤツリグサ科の多年草。高さは20〜40cm。

ヤマオオウシノケグサ 〈*Festuca rubra* var. *hondoensis*〉イネ科。

ヤマオダマキ 山苧環 〈*Aquilegia buergeriana* Sieb. et Zucc.〉キンポウゲ科の多年草。高さは50〜60cm。花は淡黄色。薬用植物。園芸植物。

ヤマガキ 〈*Diospyros kaki* var. *sylvestris*〉カキノキ科。

ヤマガシュウ 山河首鳥 〈*Smilax sieboldii* Miq.〉ユリ科のつる生低木。

ヤマガタイヌワラビ 〈*Athyrium iseanum* Rosenst. × *A. neglectum* Seriz.〉オシダ科のシダ植物。

ヤマガタミヤマシケシダ 〈*Deparia* × *yamagataensis* Nakaike, nom. nud.〉オシダ科のシダ植物。

ヤマカモジグサ 山髢草 〈*Brachypodium sylvaticum* (Huds.) Beauv.〉イネ科の多年草。高さは40〜70cm。

ヤマカライヌワラビ 〈*Athyrium clivicola* Tagawa × *A. vidalii* (Franch. et Sav.) Nakai〉オシダ科のシダ植物。

ヤマガラシ 山芥子 〈*Barbarea orthoceras* Ledeb.〉アブラナ科の多年草。別名イブキガラシ、チュウゼンジナ。高さは20〜60cm。高山植物。

ヤマカルチュウ ケレウス・ヤマカルの別名。

ヤマキケマン 〈*Corydalis ophiocarpa* Hook. f. et Thoms.〉ケシ科の越年草。高さは40〜100cm。

ヤマキダチハッカ ウィンター・サボリーの別名。

ヤマキツネノボタン 〈*Ranunculus silerifolius* var. *quelpaertensis*〉キンポウゲ科。

ヤマグチイヌワラビ 〈*Athyrium oblitescens* Sa. Kurata × *A. subrigescens* (Hayata) Hayata ex H. Ito〉オシダ科のシダ植物。

ヤマグチカナワラビ 〈*Arachniodes × subamabilis* Sa. Kurata〉オシダ科のシダ植物。

ヤマクラマゴケ 〈*Selaginella tamamontana* Seriz.〉イワヒバ科の常緑性シダ。長さ5～10cm。

ヤマグルマ 山車 〈*Trochodendron aralioides* Sieb. et Zucc.〉ヤマグルマ科の常緑の高木。別名トリモチノキ。高さは20m。花は緑黄色。樹皮は灰色ないし暗褐色。薬用植物。園芸植物。

ヤマクルマバナ 〈*Clinopodium chinense* (Benth.) O. Kuntze var. *shibetchense* Koidz.〉シソ科。

ヤマグワ 山桑 〈*Morus bombycis* Koidz.〉クワ科の落葉低木。別名クワ。集合果は黒紫色。薬用植物。園芸植物。

ヤマクワガタ 山鍬形 〈*Veronica japonensis* Makino〉ゴマノハグサ科の多年草。高さは5～20cm。高山植物。

ヤマゲジゲジゴケ 〈*Anaptychia pseudospeciosa* Kurok.〉ムカデゴケ科の地衣類。地衣体は灰白色。

ヤマコウバシ 山香, 山胡淑 〈*Lindera glauca* (Sieb. et Zucc.) Blume〉クスノキ科の落葉低木。別名モチギ、ヤマコショウ。花は黄緑色。園芸植物。

ヤマゴケ 〈*Oreas martiana* (Hoppe & Hornsch.) Brid.〉シッポゴケ科のコケ。小形、密な塊をつくる。

ヤマコスギゴケ 〈*Pogonatum urnigerum* (Hedw.) P. Beauv.〉スギゴケ科のコケ。葉は披針形に伸び、長さ4～7mm。

ヤマゴボウ 山牛蒡 〈*Phytolacca esculenta* Van Houtt.〉ヤマゴボウ科の多年草。別名イヌゴボウ。高さは1～1.7m。花は白、紅紫色。薬用植物。

ヤマコンニャク 山蒟蒻 〈*Amorphophallus hirtus* N. E. Brown〉サトイモ科の多年草。長さは15～25cm。

ヤマサカバサト メシダ 〈*Athyrium × calophyllum* Sa. Kurata ex Seriz.〉オシダ科のシダ植物。

ヤマサガリバナ 〈*Barringtonia macrostachya* Kurz〉サガリバナ科の小木。果実は暗赤色。熱帯植物。

ヤマサギゴケ 〈*Mazus miquelii* Makino f. *rotundifolius* (Franch. et Sav.) T. Yamaz.〉ゴマノハグサ科。

ヤマサギソウ 〈*Platanthera mandarinorum* Reichb. fil. var. *brachycentron* (Franch. et Savat.) Koidz.〉ラン科の草本。

ヤマザクラ 山桜 〈*Prunus jamasakura* Sieb. ex Koidz.〉バラ科の落葉高木。別名シロヤマザクラ。高さは25m。花は白または淡紅色。樹皮は紫褐色。薬用植物。園芸植物。

ヤマジオウ 山地黄 〈*Lamium humile* (Miq.) Maxim.〉シソ科の多年草。別名ミヤマキランソウ。高さは5～10cm。

ヤマシグレ 〈*Viburnum urceolatum* Siebold et Zucc.〉スイカズラ科の木本。別名マルバミヤマシグレ。

ヤマシコロゴケ 〈*Parmeliella incisa* Müll. Arg.〉ハナビラゴケ科の地衣類。地衣体は鱗片状。

ヤマジスゲ 〈*Carex bostrychostigma* Maxim.〉カヤツリグサ科の草本。

ヤマジン 山紫蘇 〈*Mosla japonica* (Benth.) Maxim.〉シソ科の一年草。高さは5～30cm。薬用植物。日本絶滅危機植物。

ヤマジノキク 〈*Aster altaicus* Willd.〉キク科の二年草。

ヤマジノキク アレチノギクの別名。

ヤマジノタツナミソウ 山路の立波草 〈*Scutellaria amabilis* Hara〉シソ科の草本。

ヤマジノホトトギス 山路の杜鵑草 〈*Tricyrtis affinis* Makino〉ユリ科の多年草。高さは30～60cm。園芸植物。

ヤマシバカエデ チドリノキの別名。

ヤマシャクヤク 山芍薬 〈*Paeonia japonica* (Makino) Miyabe et Takeda〉ボタン科の多年草。別名ノシャクヤク、クサボタン、イナカシャクヤク。高さは40～60cm。花は白色。薬用植物。園芸植物。

ヤマシロギク 白嫁菜 〈*Aster leiophyllus* Franch. et Savat.〉キク科の多年草。高さは50～100cm。

ヤマシロギク イナカギクの別名。

ヤマスカシユリ 〈*Lilium maculatum* var. *monticola*〉ユリ科。

ヤマスズメノヒエ 〈*Luzula multiflora* Lej.〉イグサ科の多年草。高さは20～40cm。

ヤマスズメノヤリ ヤマスズメノヒエの別名。

ヤマズミシダ 〈× *Leptoarachniodes yamazumii* Nakaike, nom. nud.〉オシダ科のシダ植物。

ヤマゼリ 山芹 〈*Ostericum sieboldii* (Miq.) Nakai〉セリ科の多年草。高さは50～90cm。

ヤマンテツ 山蘇鉄 〈*Plagiogyria matsumureana* (Makino) Makino〉キジノオシダ科の夏緑性シダ。別名ホソバキジノオ、チリメンガンシュウ。葉身は長さ25～70cm。

ヤマタイミンガサ 山大明傘 〈*Cacalia yatabei* Matsum. et Koidz.〉キク科の多年草。別名タイミンガサモドキ。高さは60～90cm。

ヤマタカネサト メシダ 〈*Athyrium × pseudopinetorum* Seriz.〉オシダ科のシダ植物。

ヤマダグサ 〈*Sebdenia yamadai* Okamura et Segawa in Segawa〉オカムラグサ科の海藻。腎臓形。体は径5～13cm。

ヤマタチヒダゴケ 〈*Orthotrichum anomalum* Hedw.〉タチヒダゴケ科のコケ。茎は長さ1〜1.5cm、葉は披針形〜狭楕円状卵形。

ヤマタツナミソウ 山立浪草 〈*Scutellaria pekinensis* Maxim. var. *transitra* (Makino) Hara〉シソ科の多年草。高さは10〜35cm。

ヤマタニイヌワラビ 〈*Athyrium × quaesitum* Sa. Kurata〉オシダ科のシダ植物。

ヤマタニタデ 〈*Circaea quadrisulcata* (Maxim.) Franch. et Savat.〉アカバナ科の草本。別名エゾミズタマソウ。

ヤマタヌキラン 山狸蘭 〈*Carex angustisquama* Franch.〉カヤツリグサ科の草本。

ヤマタネツケバナ オオバタネツケバナの別名。

ヤマタバコ 山煙草 〈*Ligularia angusta* (Nakai) Kitamura〉キク科の多年草。別名シカナ。高さは1〜1.3m。

ヤマチャンペダ 〈*Artocarpus kemando* Miq.〉クワ科の高木。果食用、材も有用。熱帯植物。

ヤマツツジ 山躑躅 〈*Rhododendron obtusum* (Lindl.) Planch. var. *kaempferi* (Planch.) Wils.〉ツツジ科の半落葉の低木。花は紅色。園芸植物。

ヤマツバキ ヤブツバキの別名。

ヤマテキリスゲ 〈*Carex flabellata* Lév. et Vaniot〉カヤツリグサ科。

ヤマテリハノイバラ 〈*Rosa luciae* Franch. et Rochebr. var. *luciae*〉バラ科の落葉低木。別名オオフジイバラ。

ヤマトアオダモ 〈*Fraxinus longicuspis* Sieb. et Zucc.〉モクセイ科の落葉高木。別名オオトネリコ。小葉は長楕円状披針形。薬用植物。園芸植物。

ヤマトアナツブゴケ 〈*Verrucaria nipponica* Zahlbr.〉アナイボゴケ科の地衣類。地衣体は灰緑色。

ヤマトウバナ 山塔花 〈*Clinopodium multicaule* (Maxim.) O. Kuntze〉シソ科の多年草。高さは10〜30cm。

ヤマトエビラゴケ 〈*Lobaria adscripturiens* (Nyl.) Hue〉ヨロイゴケ科の地衣類。地衣体背面は淡褐色ないし暗褐色。

ヤマトガスリ 大和絣 アヤメ科のハナショウブの品種。園芸植物。

ヤマトカワホリゴケ 〈*Collema japonicum* (Müll. Arg.) Hue〉イワノリ科の地衣類。別名ヤマトイワノリ。地衣体は淡黄緑または黒褐色。

ヤマトキゴケ 〈*Stereocaulon japonicum* Th. Fr.〉キゴケ科の地衣類。表面は灰白色の綿毛をそなえる。

ヤマトキソウ 山鴇草 〈*Pogonia minor* (Makino) Makino〉ラン科の多年草。高さは10〜20cm。花は白色。高山植物。園芸植物。

ヤマトキヌタゴケ 〈*Homomallium japonicoadnatum* (Broth.) Broth.〉ハイゴケ科のコケ。葉身部は卵形〜狭卵形。

ヤマトキホコリ 〈*Elatostema laetevirens* Makino〉イラクサ科の草本。

ヤマトキンチャクゴケ 〈*Pleuridium japonicum* Deguchi, Matsui & Z. Iwats.〉キンシゴケ科のコケ。茎は長さ3〜6mm。

ヤマトグサ 大和草 〈*Theligonum japonicum* Okubo et Makino〉ヤマトグサ科の多年草。高さは15〜30cm。

ヤマトクサリゴケ 〈*Cheilolejeunea nipponica* (S. Hatt.) S. Hatt.〉クサリゴケ科のコケ。茎は長さ3〜8mm、背片は円形。

ヤマトクラマゴケモドキ 〈*Porella japonica* (Sande Lac.) Mitt.〉クラマゴケモドキ科のコケ。灰緑色、茎は長さ4〜6cm。

ヤマトクロウロコゴケ 〈*Lopholejeunea zollingeri* (Steph.) Schiffn.〉クサリゴケ科のコケ。クロウロコゴケに似るが、背片の先端がつねに円頭。

ヤマトクロコボシゴケ 〈*Megalospora nipponensis* Asah.〉ヘリトリゴケ科の地衣類。地衣体は淡黄。

ヤマトコミミゴケ 〈*Lejeunea japonica* Mitt.〉クサリゴケ科のコケ。茎は長さ5〜10mm、背片は卵形。

ヤマトサンカクゴケ 〈*Drepanolejeunea erecta* (Steph.) Mizut.〉クサリゴケ科のコケ。黄緑色、茎は長さ5〜10mm。

ヤマトソコマメゴケ 〈*Geocalyx lancistipulus* (Steph.) S. Hatt.〉ウロコゴケ科のコケ。不透明な緑色、茎は長さ約2cm。

ヤマトソリハゴケ 〈*Anacamptodon fortunei* Mitt.〉コゴメゴケ科のコケ。小形で茎は這い、枝葉は披針形。

ヤマトタチバナ タチバナの別名。

ヤマトダマシイ 大和魂 ベニオケレウス・グレッギーの別名。

ヤマトチョウチンゴケ 〈*Plagiomnium japonicum* (Lindb.) T. J. Kop.〉チョウチンゴケ科のコケ。長い匍匐茎をもち、直立茎は長さ5〜10cm、葉は倒卵形〜広い倒卵形。

ヤマトナデシコ ナデシコの別名。

ヤマトパウリア 〈*Paulia japonica* Asah.〉リキナ科の地衣類。地衣体は乾燥時は暗褐色。

ヤマトハクチョウゴケ 〈*Campylostelium brachycarpum* (Nog.) Z. Iwats., Tateishi & Tad. Suzuki〉ギボウシゴケ科のコケ。茎は高さ1〜2mm、葉は線状。

ヤマトハクトウ 大和白桃 バラ科のモモ(桃)の品種。果皮は乳白色。

ヤマトハナゴケ 〈*Cladonia carassensis* Vain. subsp. *japonica* (Vain.) Asah.〉ハナゴケ科の地衣類。子柄は灰白色。

ヤマトヒャクメ 大和百目 カキノキ科のカキの品種。果皮は橙黄色。

ヤマトフクロゴケ 〈*Hypogymnia metaphysodes* (Asah.) Rass.〉ウメノキゴケ科の地衣類。地衣体背面は灰白色。

ヤマトフタマタゴケ 〈*Metzgeria lindbergii* Schiffn.〉フタマタゴケ科のコケ。長さ1～2cm。

ヤマトフデゴケ 〈*Campylopus japonicus* Broth.〉シッポゴケ科のコケ。茎は長さ2～6cm、下部は密に黒褐色の仮根で覆われる。

ヤマトボシガラ 〈*Festuca japonica* Makino〉イネ科。

ヤマトホシクサ 〈*Eriocaulon japonicum* Koernicke〉ホシクサ科の草本。

ヤマトマイマイゴケ 〈*Holomitrium densifolium* (Wilson) Wijk & Margad.〉シッポゴケ科のコケ。茎は高さ1～2cm、葉は乾くと著しく巻縮。

ヤマトミクリ 〈*Sparganium fallax* Graebn.〉ミクリ科の多年生の抽水植物。全高50～120cm、葉は幅10～20mm。高さは40～100cm。

ヤマトムチゴケ 〈*Bazzania japonica* (Sande Lac.) Lindb.〉ムチゴケ科のコケ。茎は長さ3～5cm。

ヤマトヤハズゴケ 〈*Moerckia japonica* Inoue〉クモノスゴケ科のコケ。黄緑色、長さ2～3cm。

ヤマトユキザサ 〈*Smilacina hondoensis* Ohwi〉ユリ科の多年草。別名オオバユキザサ。高さは30～80cm。花は白色。高山植物。園芸植物。

ヤマトヨウジョウゴケ 〈*Cololejeunea japonica* (Schiffn.) S. Hatt. ex Mizut.〉クサリゴケ科のコケ。茎は長さ3～5mm、背片は卵形。

ヤマトラノオ 〈*Pseudolysimachion rotundum* (Nakai) Holub var. *subintegrum* (Nakai) Yamazaki〉ゴマノハグサ科の多年草。高さは40～100cm。

ヤマトリカブト 山鳥兜 〈*Aconitum japonicum* Thunb. ex Murray subsp. *japonicum*〉キンポウゲ科の多年草。別名ツクバトリカブト。高さは80～180cm。高山植物。薬用植物。

ヤマドリシダ ヤマドリゼンマイの別名。

ヤマドリゼンマイ 山鳥薇 〈*Osmunda cinnamomea* L. var. *fokiensis* Copel.〉ゼンマイ科の夏緑性シダ。葉身は長さ30～80cm。卵状披針形。

ヤマドリタケ 山鳥茸 イグチ科のキノコ。別名セップ、セーペ、ポルチーニ。

ヤマドリタケモドキ 〈*Boletus reticulatus* Schaeff.〉イグチ科のキノコ。中型～大型。傘は黄褐色～オリーブ黄褐色。

ヤマドリトラノオ 〈*Asplenium* × *kobayashii* Tagawa〉チャセンシダ科のシダ植物。

ヤマドリヤシ 山鳥椰子 ヤシ科の属総称。別名クリサリドカルプス。

ヤマトレンギョウ 大和連翹 〈*Forsythia japonica* Makino〉モクセイ科の落葉低木。枝は黄褐色。園芸植物。

ヤマトワセ 大和早生 バラ科のモモ(桃)の品種。果皮は乳白色。

ヤマトワセ 大和早生 ブナ科のクリ(栗)の品種。肉質は半粉質。

ヤマナカシダ 〈*Dryopteris* × *tetsu-yamanakae* Kurata〉オシダ科のシダ植物。

ヤマナカシャジン 〈*Adenophora nikoensis* Fr. et Sav. forma *multiloba* Tak.〉キキョウ科の多年草。高山植物。

ヤマナシ 山梨 〈*Pyrus pyrifolia* (Burm. f.) Nakai var. *pyrifolia*〉バラ科の落葉高木。薬用植物。

ヤマナシウマノミツバ 山梨馬の三葉 〈*Sanicula kaiensis* Makino et Hisauchi〉セリ科。

ヤマナラシ 山鳴らし 〈*Populus sieboldii* Miq.〉ヤナギ科の落葉高木。別名ハコヤナギ。高さは20m。花は雄花は紅紫、雌花は黄緑色。園芸植物。

ヤマニガナ 〈*Lactuca raddeana* Maxim. var. *elata* (Hemsl.) Kitamura〉キク科の一年草または越年草。高さは60～200cm。

ヤマヌカボ 〈*Agrostis clavata* Trin.〉イネ科の草本。

ヤマネコノメソウ 〈*Chrysosplenium japonicum* (Maxim.) Makino〉ユキノシタ科の多年草。高さは10～20cm。

ヤマネコヤナギ 山猫柳 〈*Salix bakko* Kimura〉ヤナギ科の落葉小高木～高木。別名バッコヤナギ。山地のやや乾いたところに生える高木。園芸植物。

ヤマノイモ 山芋,薯蕷 〈*Dioscorea japonica* Thunb. ex Murray〉ヤマノイモ科の多年生つる草。別名ジネンジョ、ジネンジョウ。長さ1m。花は白色。薬用植物。園芸植物。

ヤマノイモ ヤマノイモ科の属総称。熱帯植物。

ヤマノイモ科 科名。

ヤマノコギリソウ 〈*Achillea alpina* L. var. *discoidea* (Regel) Kitam.〉キク科の薬用植物。

ヤマノヒカリ 山の光 ツツジ科のサツキの品種。園芸植物。

ヤマハイゴケ 〈*Hypnum subimponens* Lesq. subsp. *ulophyllum* (Müll. Hal.) Ando〉ハイゴケ科のコケ。中形で茎は這い、茎葉は披針形。

ヤマハギ 山萩 〈*Lespedeza bicolor* Turcz.〉マメ科の落葉低木。別名エゾヤマハギ。高さは1.5～2m。花は明るい紅紫色。薬用植物。園芸植物。

ヤマハクレン 〈*Magnolia delavayi*〉モクレン科の本。樹高10m。樹皮は暗褐色。

ヤマハコベ 〈*Stellaria uchiyamana* Makino〉ナデシコ科の草本。

ヤマハゼ 山黄櫨 〈*Rhus silvestris* Sieb. et Zucc.〉ウルシ科の落葉高木。別名ハゼノキ、ハニシ。高さは6m。薬用植物。園芸植物。

ヤマハタザオ 山旗竿 〈*Arabis hirsuta* (L.) Scop.〉アブラナ科の多年草。高さは30～90cm。高山植物。

ヤマハッカ 山薄荷 〈*Isodon inflexus* (Thunb. ex Murray) Kudo〉シソ科の多年草。高さは40～100cm。

ヤマハナゴケ 〈*Cladonia ceratophyllina* (Nyl.) Vain.〉ハナゴケ科の地衣類。子柄は円筒状。

ヤマハナソウ 山鼻草 〈*Saxifraga sachalinensis* Fr. Schm.〉ユキノシタ科の多年草。別名イワユキソウ。高さは10～40cm。高山植物。

ヤマハナワラビ エゾフユノハナワラビの別名。

ヤマハハコ 山母子 〈*Anaphalis margaritacea* (L.) Benth. et Hook. f. var. *margaritacea*〉キク科の多年草。高さは30～70cm。高山植物。薬用植物。園芸植物。

ヤマハマナス カラフトイバラの別名。

ヤマハリガネゴケ 〈*Bryum paradoxum* Schwägr.〉ハリガネゴケ科のコケ。茎は長さ3cm以下、葉には光沢、披針形～卵状披針形。

ヤマハンショウヅル 〈*Clematis crassifolia* Benth.〉キンポウゲ科の草本。

ヤマハンノキ 山榛木 〈*Alnus hirsuta* (Turcz. ex Spach) Rupr.〉カバノキ科の落葉高木。別名マルバハンノキ。薬用植物。

ヤマヒガサタケ 〈*Hygrocybe subcinnabarina* (Hongo) Hongo〉ヌメリガサ科のキノコ。小型。傘はくすんだ朱色で中央に乳首状突起あり、粘性なし。ひだは淡ワイン色。

ヤマヒコノリ 〈*Evernia esorediosa* (Müll. Arg.) DR.〉サルオガセ科の地衣類。地衣体は帯緑黄色。

ヤマヒナノウスツボ ゴマノハグサ科。

ヤマヒハツ 〈*Antidesma japonicum* Sieb. et Zucc.〉トウダイグサ科の常緑低木。別名ウグヨシ。

ヤマヒメワラビ 〈*Cystopteris sudetica* A. Br. et Milde〉オシダ科の夏緑性シダ。葉身は長さ10～20cm。広卵形～三角状卵形。

ヤマヒョウタンボク 山瓢箪木 〈*Lonicera mochidzukiana* var. *nomurana*〉スイカズラ科の木本。

ヤマヒヨドリ 〈*Eupatorium variabile* Makino〉キク科の多年草。別名ヤマヒヨドリバナ。葉は光沢がある。高さは40～100cm。園芸植物。

ヤマヒロハイヌワラビ 〈*Athyrium* × *pseudowardii* Seriz.〉オシダ科のシダ植物。

ヤマビワ 山枇杷 〈*Meliosma rigida* Sieb. et Zucc.〉アワブキ科の木本。

ヤマビワソウ 山枇杷草 〈*Rhynchotechum discolor* (Maxim.) B. L. Burtt〉イワタバコ科の草本。

ヤマビワモドキ 〈*Dillenia sumatrana* Miq.〉ビワモドキ科の小木。葉裏多毛、果を包む萼は酸甘。花は黄色。熱帯植物。

ヤマブキ 山吹 〈*Kerria japonica* (L.) DC.〉バラ科の落葉低木。別名オモカゲグサ、タイトウカ、カガミグサ。高さは1～2m。花は黄色。薬用植物。園芸植物。切り花に用いられる。

ヤマブキショウマ 山吹升麻 〈*Aruncus dioicus* (Walt.) Fern. var. *tenuifolius* (Nakai) Hara〉バラ科の多年草。別名ジョウナ、ジョンナ。若芽を山菜として利用。高さは30～100cm。高山植物。薬用植物。園芸植物。

ヤマブキソウ 山吹草 〈*Hylomecon japonicum* (Thunb. ex Murray) Prantl var. *japonicum*〉ケシ科の多年草。別名クサヤマブキ。高さは30～40cm。花は鮮黄色。薬用植物。園芸植物。

ヤマブキツメクサ 〈*Trifolium fucatum* Lindley〉マメ科。花は淡黄色。

ヤマブキミカン 山吹蜜柑 〈*Citrus yamabuki* Hort. ex Y. Tanaka〉ミカン科。

ヤマフジ 山藤 〈*Wistaria brachybotrys* Sieb. et Zucc.〉マメ科の落葉性つる植物。別名ノフジ。

ヤマブシタケ 〈*Hericium erinaceus* (Bull.：Fr.) Pers.〉サンゴハリタケ科のキノコ。中型～大型。形は球塊、無数の針を垂らす。薬用植物。

ヤマブドウ 山葡萄 〈*Vitis coignetiae* Pulliat ex Planch.〉ブドウ科の落葉つる植物。別名ヤマエビ、オオエビヅル、エビカズラ。薬用植物。

ヤマボウシ 山法師 〈*Cornus kousa* Buerg. ex Hance〉ミズキ科の落葉高木。別名ヤマグルマ。高さは10～15m。花は白色。樹皮は赤褐色。高山植物。薬用植物。園芸植物。

ヤマホウレンソウ アカザ科の野菜。

ヤマホオズキ 山酸漿 〈*Physalis chamaesarachoides* Makino〉ナス科の多年草。

ヤマホオズキ ハダカホオズキの別名。

ヤマボクチ 〈*Synurus palmatopinnatifidus* (Makino) Kitam. var. *indivisus* Kitam.〉キク科の草本。

ヤマボクチ キクバヤマボクチの別名。

ヤマホソバイヌワラビ 〈*Athyrium* × *pseudospinescens* Seriz.〉オシダ科のシダ植物。

ヤマホタルブクロ 山蛍袋 〈*Campanula punctata* Lam. var. *hondoensis* (Kitamura) Ohwi〉キキョウ科の多年草。別名ホンドホタルブクロ。高さは30～70cm。

ヤマホトトギス 山杜鵑草 〈*Tricyrtis macropoda* Miq.〉ユリ科の多年草。高さは40～100cm。花は白色。園芸植物。

ヤマホマメノキ 〈*Antidesma montanum* BL.〉トウダイグサ科の小木。葉滑、若葉は裏面紅紫色。熱帯植物。

ヤマホルスフィルジヤ 〈*Horsfieldia wallichii* Warb.〉ニクズク科の高木。花は黄色。熱帯植物。

ヤマホロシ 〈*Solanum japonense* Nakai var. *japonense*〉ナス科のつる生多年草。別名ホソバノホロシ。高山植物。

ヤママツゲゴケ 〈*Parmelia perlata* (Huds.) Ach.〉ウメノキゴケ科の地衣類。網状斑がない。

ヤマミズ 山赤車使者 〈*Pilea japonica* (Maxim.) Hand.-Mazz.〉イラクサ科の一年草。高さは10〜20cm。

ヤマムグラ 〈*Galium pogonanthum* Franch. et Savat.〉アカネ科の多年草。高さは10〜30cm。

ヤマメシダ 〈*Athyrium melanolepis* (Franch. et Sav.) H. Christ × *A. vidalii* (Franch. et Sav.) Nakai〉オシダ科のシダ植物。

ヤマモガシ 山茂樫 〈*Helicia cochinchinensis* Lour.〉ヤマモガシ科の常緑高木。別名カマノキ。果実は紫黒色。花は白色。熱帯植物。

ヤマモミジ 山紅葉 〈*Acer palmatum* Thunb. ex Murray var. *matsumurae* (Koidz.) Makino〉カエデ科の雌雄同株の落葉高木。

ヤマモモ 山桃 〈*Myrica rubra* Sieb. et Zucc.〉ヤマモモ科の常緑高木。別名ヤンメ、ヤンモ。高さは15m。薬用植物。園芸植物。

ヤマモモ科 科名。

ヤマモモノボタン 〈*Pternandra capitellata* Jack.〉ノボタン科の小木。茎は紫色。花は淡紫紅色。熱帯植物。

ヤマヤグルマギク ケンタウレア・モンタナの別名。

ヤマヤナギ 山柳 〈*Salix sieboldiana* Blume〉ヤナギ科の落葉低木・小高木。別名ハシカエリヤナギ、ダイセンヤナギ、ツクシヤマヤナギ。

ヤマヤブソテツ 〈*Cyrtomium fortunei* var. *clivicola* (Makino) Tagawa〉オシダ科のシダ植物。

ヤマユリ 山百合 〈*Lilium auratum* Lindl.〉ユリ科の多肉植物。別名ニオイユリ、ハコネユリ、カマクラユリ。高さは1〜1.5m。花は白色。薬用植物。園芸植物。

ヤマヨモギ 山艾 キク科。

ヤマヨモギ オオヨモギの別名。

ヤマラッキョウ 山辣韮 〈*Allium thunbergii* G. Don〉ユリ科の多年草。別名タマムラサキ。高さは30〜60cm。

ヤマランバイ 〈*Baccaurea brevipes* Hook. f.〉トウダイグサ科の小木。果実は白色、肉紫。熱帯植物。

ヤマリボンノキ 〈*Hoheria glabrata*〉アオイ科の木本。樹高10m。樹皮は灰色。

ヤマルリソウ 山瑠璃草 〈*Omphalodes japonica* Maxim.〉ムラサキ科の多年草。高さは7〜20cm。花は青色。園芸植物。

ヤマルリトラノオ 〈*Veronica kiusiana* var. *japonica*〉ゴマノハグサ科。

ヤマワキオゴケ 〈*Cynanchum yamanakae* Ohwi et Ohashi〉ガガイモ科の草本。

ヤムイモ ヤマノイモ科のヤマイモ属の食用種の総称。

ヤメツヒメ 八女津姫 〈*Yametsuhime*〉バラ科。花は白色。

ヤラッパ 〈*Ipomoea purga* Hayne〉ヒルガオ科の薬用植物。花は赤紫色。園芸植物。

ヤラメスゲ 〈*Carex lyngbyei* Hornem.〉カヤツリグサ科の草本。

ヤーリー 鴨梨 バラ科のナシの品種。別名ハイリー。果皮は淡緑で、成熟すると黄色。

ヤリカツギ 〈*Encalypta ciliata* Hedw.〉ヤリカツギ科のコケ。茎は長さ2〜3cm、葉は卵形またはさじ形。

ヤリギボウシゴケ 〈*Grimmia elongata* Kaulf.〉ギボウシゴケ科のコケ。体は暗緑色〜黒褐色、茎は長さ1(〜2)cm、葉は狭卵形披針形。

ヤリゲイトウ 〈*Celosia cristata* L. var. *childsii* Hort.〉ヒユ科。園芸植物。

ヤリズイセン 〈*Ixia maculata* L.〉アヤメ科。別名モニキシア。高さは30〜50cm。花はオレンジないし黄橙色。園芸植物。

ヤリスゲ 槍菅 〈*Carex kabanovii*〉カヤツリグサ科。

ヤリテンツキ 〈*Fimbristylis monostachyos* (L.) Hassk.〉カヤツリグサ科の多年草。高さは15〜40cm。

ヤリノホアカザ 〈*Monolepis nuttalliana* Greene〉アカザ科。茎や葉裏に白色球状の突起。

ヤリノホクリハラン 槍之穂栗葉蘭 〈*Colysis wrightii* (Hook.) Ching〉ウラボシ科の常緑性シダ。葉身は長さ10〜30cm。披針形〜線状披針形。

ヤリノホゴケ 〈*Cladonia coniocraea* (Flörke) Spreng.〉ハナゴケ科の地衣類。子柄は長さ0.3〜2.0cm。

ヤリノホゴケ 〈*Calliergonella cuspidata* (Hedw.) Loeske〉ヤナギゴケ科のコケ。茎は長く、茎葉は卵形〜楕円状卵形。

ヤリホギョク 槍穂玉 〈*Echinofossulocactus hastatus* (Hopffer) Britt. et Rose〉サボテン科のサボテン。径12cm。花は淡桃色。園芸植物。

ヤレウスバノリ 〈*Acrosorium flabellatum* Yamada〉コノハノリ科の海藻。末端は細線状。体は10〜15cm。

ヤレオウギ 〈*Licuala spinosa* Wurm.〉ヤシ科。やや叢生し湿地生、果実は赤熟。高さは2.4～3m。花は白色。熱帯植物。園芸植物。

ヤレオオギ 〈*Homoeostrichus flabellatus* Okamura〉アミジグサ科の海藻。扇状。

ヤロー セイヨウノコギリソウの別名。

ヤロード 〈*Ochrosia nakaiana* Koidz.〉キョウチクトウ科の常緑高木。

ヤワゲフウロ 〈*Geranium molle* L.〉フウロソウ科の一年草または多年草。長さは5～40cm。花は桃紅紫色。高山植物。園芸植物。

ヤワタソウ 八幡草 〈*Peltoboykinia tellimoides* (Maxim.) Hara〉ユキノシタ科の多年草。別名タキナショウマ。高さは30～60cm。高山植物。

ヤワライチョウゴケ 〈*Lophozia excisa* (Dicks.) Dumort.〉ツボミゴケ科のコケ。別名ヤワライチョウウロコゴケ。鮮緑色、葉は長さと幅がほぼ同長。

ヤワラケガキ 〈*Diospyros eriantha* Champ. ex Benth.〉カキノキ科の木本。

ヤワラシダ 柔羊歯 〈*Thelypteris laxa* (Franch. et Savat.) Ching〉オシダ科(ヒメシダ科)の夏緑性シダ。葉身は長さ30cm。広披針形。

ヤワラスゲ 〈*Carex transversa* Boott〉カヤツリグサ科の多年草。高さは20～70cm。

ヤワラゼニゴケ 〈*Monosolenium tenerum* Griff.〉ヤワラゼニゴケ科のコケ。不透明な緑色、長さ2～4cm。

ヤワラバシタン 〈*Dalbergia balansae* Prain〉マメ科の高木。葉質はコカの葉のようで淡緑で軟い。熱帯植物。

ヤワラハチジョウシダ 〈*Pteris natiensis* Tagawa〉イノモトソウ科(ワラビ科)の常緑性シダ。葉身は長さ25～40cm。広卵形。

ヤワラバノキ 〈*Claoxylon polot* Merr.〉トウダイグサ科の小木。成長速、短毛密毛、葉身の基に腺点2個。熱帯植物。

ヤワラバヤシ 〈*Astrocaryum tucumoides* Druge〉ヤシ科。叢生。幹径9cm、葉羽片長60cm。熱帯植物。

ヤンバルアカメガシワ 〈*Melanolepis multiglandulosa* (Reinw. ex Blume) Rchb. f. et Zoll.〉トウダイグサ科の木本。

ヤンバルキヌラン 〈*Zeuxine leucochila* Schltr.〉ラン科の草本。

ヤンバルゴマ 〈*Helicteres angustifolia* L.〉アオギリ科の木本。全株多毛。花はピンク色。熱帯植物。

ヤンバルセンニンソウ 〈*Clematis meyeniana* Walp.〉キンポウゲ科の草本。

ヤンバルタマシダ 〈*Nephrolepis hirsutula* (G. Forst.) K. Presl〉シノブ科(ツルシダ科)の常緑性シダ。別名ムニンタマシダ、オオタマシダ。葉は長さ60～100cm。園芸植物。

ヤンバルツルハッカ 山原蔓薄荷 〈*Leucas mollissima* Wall. subsp. *chinensis* (Benth.) Murata〉シソ科。

ヤンバルツルマオ 〈*Pouzolzia zeylanica* (L.) J. Benn.〉イラクサ科の草本。別名ツルマオモドキ。

ヤンバルナスビ 〈*Solanum verbascifolium* L.〉ナス科の常緑木本。短毛密布、果実は黄色、薬用。花は白色。熱帯植物。

ヤンバルハグロソウ 〈*Dicliptera chinensis* (L.) Juss.〉キツネノマゴ科の草本。花は紅色。熱帯植物。

ヤンバルハコベ 〈*Drymaria diandra* Blume〉ナデシコ科。別名ネバリハコベ。

ヤンバルヒゴタイ 〈*Vernonia cinerea* (L.) Less.〉キク科の草本。花序は紫色。熱帯植物。

ヤンバルフモトシダ 〈*Microlepia hookeriana* (Wall. ex Hook.) Pr.〉コバノイシカグマ科(ワラビ科、イノモトソウ科)の常緑性シダ。葉身は長さ35～50cm。狭披円形。

ヤンバルマユミ 〈*Euonymus tashiroi* Maxim.〉ニシキギ科の木本。

ヤンバルミチヤナギ 〈*Polygonum plebeium* R. Br.〉タデ科の草本。

ヤンバルミミズバイ ヒロハノミミズバイの別名。

ヤンバルミョウガ 〈*Amischotolype hispida* (Less. et A. Rich.) D. Y. Hong〉ツユクサ科。

ヤンマタケ 〈*Hymenostilbe odonatae* Kobayasi〉バッカクキン科のキノコ。

【 ユ 】

ユイキリ 指切 〈*Acanthopeltis japonica* Okamura〉テングサ科の海藻。別名トリノアシ、トリアシ。体は5～20cm。

ユウアイ 友愛 〈Yu-Ai〉バラ科。ハイブリッド・ティーローズ系。花はローズレッド。

ユウガオ 夕顔 〈*Lagenaria siceraria* (Molina) Standley var. *hispida* (Thunb. ex Murray) Hara〉ウリ科の野菜。別名ラゲナリア・シケラリア、カンピョウ。夜開性、果壁硬化。長さ20m。花は白色。熱帯植物。薬用植物。園芸植物。

ユウガギク 柚香菊 〈*Aster iinumae* Kitamura〉キク科の多年草。高さは40～150cm。

ユウギリ 夕霧 ヘレロア・インクルウァの別名。

ユウギリ 夕霧 マミラリア・ミクロヘリアの別名。

ユウギリソウ 夕霧草 〈*Trachelium caeruleum* L.〉キキョウ科の多年草。高さは30～100cm。花は紫青色。園芸植物。

ユウゲショウ 〈*Oenothera rosea* Ait.〉アカバナ科の多年草。別名アカバナユウゲショウ。高さは20～40cm。花はピンク～紅紫色。園芸植物。

ユウコクラン 幽谷蘭 〈*Liparis formosana* Reichb. f.〉ラン科の多年草。高さは30～40cm。花は褐紫～黒紫色。園芸植物。

ユウシュンラン 〈*Cephalanthera erecta* var. *subaphylla*〉ラン科。

ユウショウマル 勇将丸 ギムノカリキウム・エウプレウルムの別名。

ユウスゲ 夕菅 〈*Hemerocallis citrina* Baroni var. *vesperitima* (Hara) M. Hotta〉ユリ科の多年草。別名キスゲ。高さは50～100cm。花は黄色。園芸植物。

ユウゼン 友禅 〈Yuzen〉バラ科。ハイブリッド・ティーローズ系。花はバラ色。

ユウゼンギク 友禅菊 〈*Aster novi-belgii* L.〉キク科の多年草。別名シュッコンアスター、ニューヨークアスター。高さは20から180cm。花は紫～青紫、赤、紫、白、ピンクなど。園芸植物。

ユウソウマル 勇壮丸 フェロカクツス・ロブスツスの別名。

ユウナギマル 夕凪丸 マミラリア・メラノケントラの別名。

ユウナミ 夕波 〈*Delosperma lehmannii* Schwant〉ツルナ科の小低木ないしは多年草。葉は多肉で3稜あり、灰緑色。花は淡黄色。園芸植物。

ユウバエ 栄 サクラソウ科のサクラソウの品種。園芸植物。

ユウパリキンバイ 夕張金梅 〈*Potentilla matsumurae* Th. Wolf var. *yuparensis* Kudo〉バラ科の多年草。高山植物。

ユウバリコザクラ 夕張小桜 〈*Primula yuparensis* Takeda〉サクラソウ科の草本。高山植物。

ユウバリシャジン 夕張沙参 〈*Adenophora pereskiaefolia* G. Don var. *yamadae* Toyokuni et Nosaka〉キキョウ科の多年草。高山植物。

ユウバリソウ 夕張草 〈*Lagotis takedana* Miyabe et Tatewaki〉ウルップソウ科の多年草。高山植物。

ユウバリツガザクラ 〈*Phyllodoce caerulea* Bobin. forma *takedana* Ohwi〉ツツジ科の多年草。高山植物。

ユウバリミセバヤ 〈*Sedum pluricaule* Kudo subsp. *hidakanum* Nosaki〉ベンケイソウ科の多年草。高山植物。

ユウパリリンドウ 〈*Gentianella amarella* (L.) Börner subsp. *yuparensis* (Takeda) Toyokuni〉リンドウ科の草本。別名エゾノエリンドウ。高山植物。

ユウフブキ 優吹雪 クレイストカクツス・フフイエンシスの別名。

ユウホウ 勇鳳 ルクスビア・エウフォルビオイデスの別名。

ユウホウマル 優宝丸 アイロステラ・クッペリアナの別名。

ユウリョクチュウ 有力柱 ケレウス・ワァリドゥスの別名。

ユウレイホウオウゴケ 〈*Fissidens protonemaecola* Sakurai〉ホウオウゴケ科のコケ。茎や葉は微小、葉は卵形～披針形。

ユウレイラン 〈*Didymoplexis subcampanulata*〉ラン科。

ユオウゴケ 〈*Cladonia theiophila* Asah.〉ハナゴケ科の地衣類。子柄は無盃。

ユガミウチワ 〈*Pentaphragma begoniifolium* Wall.〉ユガミウチワ科の草本。葉は厚く軟。花は白色。熱帯植物。

ユガミキヌタゴケ 〈*Homomallium incurvatum* (Brid.) Loeske〉ハイゴケ科のコケ。葉身部は披針形～楕円状披針形。

ユガミタチヒラゴケ 〈*Taxiphyllum arcuatum* (Bosch & Sande Lac.) S. He〉ハイゴケ科のコケ。小形で、枝葉は楕円形。

ユガミチョウチンゴケ 〈*Trachycystis ussuriensis* (Maack & Regel) T. J. Kop.〉チョウチンゴケ科のコケ。茎は長さ1～5cm、葉は卵状披針形。

ユガミミズゴケ 〈*Sphagnum subsecundum* Nees ex Sturm〉ミズゴケ科のコケ。小形～中形、茎葉は長さ約1mm。

ユーカリ フトモモ科の属総称。切り花に用いられる。

ユカリ 〈*Plocamium telfairiae* (Harvey) Harvey in Kuetzing〉ユカリ科の海藻。叢生。体は10～15cm。

ユカリツバキ 縁椿 カメリア・アッシミリスの別名。

ユーカリノキ 有加利樹 〈*Eucalyptus globulus* Labill.〉フトモモ科のハーブ。別名アオゴムノキ。薬用植物。園芸植物。

ユーカリプタス・カマルデュレンシス フトモモ科。園芸植物。

ユーカリプタス・カマルドゥレンシス 〈*Eucalyptus camaldulensis* Dehnh.〉フトモモ科。高さは20～35m。花は白色。園芸植物。

ユーカリプタス・グランディス 〈*Eucalyptus grandis* W. Hill ex Maiden〉フトモモ科。高さは50m。花は白色。園芸植物。

ユーカリプタス・コルヌータ 〈*Eucalyptus cornuta* Labill.〉フトモモ科の常緑高木。

ユーカリプタス・サリグナ 〈*Eucalyptus saligna* Sm.〉フトモモ科。高さは40m。花は白色。園芸植物。

ユーカリプタス・シデロクシロン 〈*Eucalyptus sideroxylon* A. Cunn. es Wools〉フトモモ科。別名アカゴムノキ。高さは15～30m。花は深紅または白色。園芸植物。

ユーカリプタス・ニコリー 〈*Eucalyptus nicholii* Maiden et Blakely〉フトモモ科。高さは9〜30m。花は白色。園芸植物。

ユーカリプタス・ビコスタタ 〈*Eucalyptus bicostata* Maiden, Blakely et Simmonds〉フトモモ科。高さは12〜30m。花は白色。園芸植物。

ユーカリプタス・フィシフォリア 〈*Eucalyptus ficifolia* F. Muell.〉フトモモ科の常緑高木。

ユーカリプタス・ブレークリー 〈*Eucalyptus blakelyi* Maiden〉フトモモ科。高さは9〜30m。花は白色。園芸植物。

ユーカリプタス・ボトリオイデス 〈*Eucalyptus botryoides* Sm.〉フトモモ科。高さは12〜24m。花は白色。園芸植物。

ユーカリプタス・マクロカルパ 〈*Eucalyptus macrocarpa* Hook.〉フトモモ科の常緑低木。

ユーカリプタス・ルビダ 〈*Eucalyptus rubida* H. Deane et Maiden〉フトモモ科。高さは9〜30m。花は白色。園芸植物。

ユーカリプタス・レウコクシロン 〈*Eucalyptus leucoxylon* F. J. Muell.〉フトモモ科。高さは8m。花は白または紅色。園芸植物。

ユーカリプタス・ロブスタ 〈*Eucalyptus robusta* Sm.〉フトモモ科。高さは30m。花は白色。園芸植物。

ユーカリプツス・キトリオドラ レモン・ユーカリの別名。

ユーカリプツス・キネレア ギンマルバユーカリの別名。

ユカン 油柑 フィランツス・エンブリカの別名。

ユキイヌノヒゲ 〈*Eriocaulon dimorphoelytrum* T. Koyama〉ホシクサ科の草本。

ユキオグニ ツバキ科のツバキの品種。

ユキオコシ キンポウゲ科。別名キクザキカザグルマ。園芸植物。

ユキギヌマル 雪絹丸 マミラリア・ミクロテレの別名。

ユキグニミツバツツジ 〈*Rhododendron lagopus* Nakai var. *niphophilum* (Yamazaki) Yamazaki〉ツツジ科の落葉低木。

ユキクラトウウチソウ 雪倉唐打草 バラ科の多年草。高山植物。

ユキクラトウウチソウ カライトソウの別名。

ユキクラヌカボ 〈*Agrostis hideoi*〉イネ科の草本。別名オクヤマヌカボ。

ユキゲユリ 〈*Chionodoxa luciliae* Boiss.〉ユリ科の多年草。高さは15cm。花は空色。園芸植物。

ユキゴロモ 雪衣 マミラリア・ロンギコマの別名。

ユキザサ 雪笹 〈*Smilacina japonica* A. Gray〉ユリ科の多年草。高さは20〜60cm。花は白色。薬用植物。園芸植物。

ユキサン 〈Youki San〉バラ科。ハイブリッド・ティーローズ系。

ユキツバキ 雪椿 〈*Camellia japonica* L. var. *decumbens* Sugimoto〉ツバキ科の常緑低木。別名オクツバキ、ハイツバキ、サルイワツバキ。花は赤色。薬用植物。園芸植物。

ユキノシタ 雪の下 〈*Saxifraga stolonifera* Meerb.〉ユキノシタ科の多年草。高さは20〜50cm。花は白色。薬用植物。園芸植物。切り花に用いられる。

ユキノシタ科 科名。

ユキノハナ スノードロップの別名。

ユキハタザオ アラビス・アルピナの別名。

ユキバタツバキ 〈*Camellia japonica* L. subsp. *japonica* × subsp. *rusticana*〉ツバキ科の木本。

ユキバトウヒレン 雪葉唐飛廉 〈*Saussurea yanagisawae* Takeda forma *nivea* Ohwi〉キク科の多年草。高山植物。

ユキハナガタ アンドロサケ・ラクテアの別名。

ユキバヒゴタイ 雪葉平江帯 〈*Saussurea chionophylla* Takeda〉キク科の草本。高山植物。

ユキミバナ 〈*Strobilanthes wakasana*〉キツネノマゴ科。

ユキモチソウ 雪持草 〈*Arisaema sikokianum* Franch. et Savat.〉サトイモ科の多年草。別名カンキソウ。仏炎苞は暗紫色。高さは20〜60cm。園芸植物。日本絶滅危機植物。

ユキヤナギ 雪柳 〈*Spiraea thunbergii* Sieb. ex Blume〉バラ科の落葉低木。別名コゴメバナ(小米花)、ニワヤナギ(庭柳)、イワヤナギ(岩柳)。葉は単葉、狭披針形。高さは2m。花は白色。園芸植物。切り花に用いられる。

ユキヨモギ 〈*Artemisia momiyamae* Kitam.〉キク科の草本。

ユキワリイチゲ 雪割一花 〈*Anemone keiskeana* T. Ito〉キンポウゲ科の多年草。別名ウラベニイウ、ルリイチゲ。高さは20〜30cm。花は白色。園芸植物。

ユキワリコザクラ 雪割小桜 〈*Primula modesta* Bisset et S. Moore var. *fauriei* (Franch.) Takeda〉サクラソウ科。高山植物。

ユキワリソウ 雪割草 〈*Primula modesta* Bisset et S. Moore var. *modesta*〉サクラソウ科の多年草。高さは7〜15cm。花は淡紅色。高山植物。園芸植物。

ユキワリソウ ミスミソウの別名。

ユクノキ 〈*Cladrastis sikokiana* (Makino) Makino〉マメ科の落葉高木。別名ミヤマフジキ。

ユグランス・アイラウンティフォリア オニグルミの別名。

ユグランス・カタイエンシス 〈*Juglans cathayensis* Dode〉クルミ科。別名チュウゴクグルミ。高さは20〜25m。園芸植物。

ユグランス・キネリア バタグルミの別名。

ユグランス・ニグラ　クロクルミの別名。
ユグランス・ハインジー　〈Juglans hindsii (Jeps.) Jeps. ex R. E. Sm.〉クルミ科。別名カリフォルニアクログルミ。高さは10～20m。園芸植物。
ユグランス・マンシュリカ　〈Juglans mandshurica Maxim.〉クルミ科。別名マンシュウグルミ。高さは15～20m。園芸植物。
ユグランス・レギア　ペルシャグルミの別名。
ユーゲニア・グラキリペス　〈Eugenia gracilipes A. Gray〉フトモモ科の常緑高木。
ユーコミス　ユリ科の属総称。球根植物。別名パイナップルフラワー、パイナップルリリー。園芸植物。切り花に用いられる。
ユーコミス・ウンドラタ　ユリ科。園芸植物。
ユサン　アブラスギの別名。
ユズ 柚　〈Citrus junos Sieb. ex Tanaka〉ミカン科のハーブ。別名キトルス・ユノス、ホンユ、ユノス。果面は黄色。花は白色。薬用植物。園芸植物。
ユズノハカズラ　ポトス・キネンシスの別名。
ユスラウメ 梅桃,英桃　〈Prunus tomentosa Thunb. ex Murray〉バラ科の落葉低木。果皮は紅色。高さは2～3m。花は白あるいは淡紅色。薬用植物。園芸植物。
ユスラヤシ　〈Archontophoenix alexandrae (F. J. Muell.) H. Wendl. et Drude〉ヤシ科の木本、観賞用植物。果実は赤熟、果皮はうすい。高さは15～21m、幹径10cm。熱帯植物。
ユスラヤ　ヤシ科の属総称。
ユスラヤシモドキ　アルコントフェニクス・カニンガミアナの別名。
ユズリハ 譲葉　〈Daphniphyllum macropodum Miq. var. macropodum〉ユズリハ科(トウダイグサ科)の常緑高木。高さは5～10m。薬用植物。園芸植物。
ユズリハワダン　〈Crepidiastrum ameristophyllum (Nakai) Nakai〉キク科の常緑小低木。日本絶滅危機植物。
ユソウボク 癒瘡木　〈Guajacum officinale L.〉ハマビシ科の高木。葉は黄褐色でツゲの感じ。花は青色。熱帯植物。薬用植物。
ユタヒア・ジレリ　〈Utahia sileri (Engelm.) Britt. et Rose〉サボテン科のサボテン。別名天狼。径10cm。花は黄白色。園芸植物。
ユチャ　カメリア・ドルピフェラの別名。
ユーチャリス　ヒガンバナ科の属総称。
ユッカ　リュウゼツラン科の属総称。別名青年の樹、キミガヨラン。
ユッカ・アウストラリス　〈Yucca australis Trel.〉リュウゼツラン科の木本。高さは5～7m。花は白色。園芸植物。
ユッカ・アロイフォリア　〈Yucca aloifolia L.〉リュウゼツラン科の木本。高さは4～6m。園芸植物。

ユッカ・エレファンティペス　〈Yucca elephantipes Regel〉リュウゼツラン科の木本。高さは5～6m。花は白色。園芸植物。
ユッカ・グラウカ　〈Yucca glauca Nutt. ex J. Fraser〉リュウゼツラン科の木本。長さ40～60cm。花は白色。園芸植物。
ユッカ・グロリオサ　アツバキミガヨランの別名。
ユッカ・トレクレアナ　〈Yucca treculeana Carrière〉リュウゼツラン科の木本。高さは5～7m。花は白色。園芸植物。
ユッカ・バッカタ　〈Yucca baccata Torr.〉リュウゼツラン科の木本。花は白色。園芸植物。
ユッカ・フィラメントサ　イトランの別名。
ユッカ・ホイップレイ　〈Yucca whipplei Torr.〉リュウゼツラン科の木本。長さ30～60cm。花は白色。園芸植物。
ユナ　〈Chondria crassicaulis Harvey〉フジマツモ科の海藻。円柱状。体は10～20cm。
ユニカム　キク科のアスターの品種。園芸植物。
ユニペルス・ヴァージニアナ　エンピツビャクシンの別名。
ユニペルス・エクスケルサ　〈Juniperus excelsa Bieb.〉ヒノキ科の木本。高さは15～20m。園芸植物。
ユニペルス・キネンシス　イブキの別名。
ユニペルス・コンフェルタ　ハイネズの別名。
ユニペルス・コンムニス　セイヨウネズの別名。
ユニペルス・サビナ　〈Juniperus sabina L.〉ヒノキ科の木本。高さは4～5m。園芸植物。
ユニペルス・スクアマタ　〈Juniperus squamata Buch.-Ham. ex D. Don〉ヒノキ科の常緑低木。園芸植物。
ユニペルス・タクシフォリア　シマムロの別名。
ユニペルス・フォルモサナ　〈Juniperus formosana Hayata〉ヒノキ科の木本。別名タイワンビャクシン。高さは5～15m。園芸植物。
ユニペルス・プロクンベンス　ハイビャクシンの別名。
ユニペルス・ホリゾンタリス　〈Juniperus horizontalis Moench〉ヒノキ科の木本。別名アメリカハイネズ。高さは1.2m。園芸植物。
ユニペルス・メディア　〈Juniperus × media Van Melle〉ヒノキ科の木本。多くの栄養系品種が知られる。園芸植物。
ユニペルス・リギダ　ネズの別名。
ユノツルイヌワラビ　〈Athyrium × kidoanum Kurata〉オシダ科のシダ植物。
ユノミネシダ 湯之峰羊歯　〈Histiopteris incisa (Thunb.) J. Smith〉イノモトソウ科(コバノイシカグマ科、ワラビ科)の常緑性シダ。別名カナヤマシダ。葉身は長さ70cm。大型。
ユビキゴケ　〈Stereocaulon octomerum Müll. Arg.〉キゴケ科の地衣類。子柄は長さ約2cm。

ユビソヤナギ 湯檜曽柳 〈*Salix hukaoana* Kimura〉ヤナギ科の木本。

ユーフォルビア トウダイグサ科の属総称。別名アオサンゴ。

ユーフォルビア ハツユキソウの別名。

ユーフォルビア・アウァスモンタナ 〈*Euphorbia avasmontana* Dinter〉トウダイグサ科の多肉植物。別名婆羅門閣、角キリン。高さは2m。園芸植物。

ユーフォルビア・アエルギノサ 〈*Euphorbia aeruginosa* Schweick.〉トウダイグサ科の多肉植物。高さは15～30cm。園芸植物。

ユーフォルビア・アオサンゴ アオサンゴの別名。

ユーフォルビア・アッグレガタ ベニキリンの別名。

ユーフォルビア・アトロプルプレア 〈*Euphorbia atropurpurea* Brouss.〉トウダイグサ科の多肉植物。高さは1.5m。園芸植物。

ユーフォルビア・アビシニカ 〈*Euphorbia abyssinica* J. F. Gmel.〉トウダイグサ科の多肉植物。別名彎学。高さは10m。園芸植物。

ユーフォルビア・アフィラ 〈*Euphorbia aphylla* Brouss. ex Willd.〉トウダイグサ科の多肉植物。別名糸キリン。高さは1m。園芸植物。

ユーフォルビア・アブデルクリ 〈*Euphorbia abdelkuri* Balf. f.〉トウダイグサ科の多肉植物。高さは2m。園芸植物。

ユーフォルビア・アミグダロイデス 〈*Euphorbia amygdaloides* L.〉トウダイグサ科の多肉植物。高さは30～80cm。園芸植物。

ユーフォルビア・イネルミス 〈*Euphorbia inermis* Mill.〉トウダイグサ科の多肉植物。別名久頭竜。葉は小さく、長さ幅ともに1mmで早落生。園芸植物。

ユーフォルビア・ウァリダ バンダイの別名。

ユーフォルビア・ヴィギエリ 〈*Euphorbia viguieri* M. Denis〉トウダイグサ科の多肉植物。高さは20～150cm。園芸植物。

ユーフォルビア・ウィロサ 〈*Euphorbia virosa* Willd.〉トウダイグサ科の多肉植物。別名矢毒キリン、八大龍王。高さは2.7m。園芸植物。

ユーフォルビア・エキヌス タイショウキリンの別名。

ユーフォルビア・エノプラ 〈*Euphorbia enopla* Boiss.〉トウダイグサ科の多肉植物。別名虹彩閣。高さは30cm。園芸植物。

ユーフォルビア・エピティモイデス 〈*Euphorbia epithymoides* Jacq.〉トウダイグサ科の多肉植物。高さは50cm。園芸植物。

ユーフォルビア・オベサ コウギョクの別名。

ユーフォルビア・カナリエンシス 〈*Euphorbia canariensis* L.〉トウダイグサ科の多肉植物。別名墨キリン。高さは2～3m。園芸植物。

ユーフォルビア・カピツラタ 〈*Euphorbia capitulata* Rchb.〉トウダイグサ科の多肉植物。高さは10cm。園芸植物。

ユーフォルビア・カプツ-メドゥサエ 〈*Euphorbia caput-medusae* L.〉トウダイグサ科の多肉植物。別名王孔雀丸。園芸植物。

ユーフォルビア・カラキアス 〈*Euphorbia characias* L.〉トウダイグサ科の多肉植物。高さは1.2m。園芸植物。

ユーフォルビア・カンスイ トウダイグサ科の薬用植物。

ユーフォルビア・キリンドリフォリア 〈*Euphorbia cylindrifolia* J. Marn.-Lap. et Rauh〉トウダイグサ科の多肉植物。長さ5～15cm。園芸植物。

ユーフォルビア・クアルツィティコラ 〈*Euphorbia quartziticola* Leandri〉トウダイグサ科の多肉植物。葉は光沢のある黄緑色、全縁、倒卵形。園芸植物。

ユーフォルビア・クジャクマル クジャクマルの別名。

ユーフォルビア・クシロフィロイデス 〈*Euphorbia xylophylloides* Brongn. ex Lem.〉トウダイグサ科の多肉植物。別名硬葉キリン、ヘラサンゴ。高さは1～2m。園芸植物。

ユーフォルビア・クーペリ 〈*Euphorbia cooperi* N. E. Br. ex A. Berger〉トウダイグサ科の多肉植物。別名瑠璃塔、コーベル麒麟。高さは3～5m。園芸植物。

ユーフォルビア・クラウァリオイデス 〈*Euphorbia clavarioides* Boiss.〉トウダイグサ科の多肉植物。別名飛頭蕃。径10～30cm。園芸植物。

ユーフォルビア・グランディコルニス 〈*Euphorbia grandicornis* Goeb.〉トウダイグサ科の多肉植物。別名キリン冠。高さは1.5m。園芸植物。

ユーフォルビア・クランデスティナ 〈*Euphorbia clandestina* Jacq.〉トウダイグサ科の多肉植物。別名逆鱗竜。高さは30～60cm。園芸植物。

ユーフォルビア・クリスパ 〈*Euphorbia crispa* (Haw.) Sweet〉トウダイグサ科の多肉植物。別名波濤キリン。葉は長さ10～12mmの葉柄をもち、葉身は長さ15～40mm。園芸植物。

ユーフォルビア・グリフィシー 〈*Euphorbia griffithii* Hook. f.〉トウダイグサ科の多肉植物。高さは75～100cm。高山植物。園芸植物。

ユーフォルビア・グロボサ 〈*Euphorbia globosa* (Haw.) Sims〉トウダイグサ科の多肉植物。別名玉鱗宝、玉麒麟。園芸植物。

ユーフォルビア・コエルレスケンス 〈*Euphorbia coerulescens* Haw.〉トウダイグサ科の多肉植物。別名大鳳角。高さは1.5m。園芸植物。

ユーフォルビア・コティニフォリア 〈*Euphorbia cotinifolia* L.〉トウダイグサ科の多肉植物。高さは1～9m。園芸植物。

ユーフォルビア・コルムナリス 〈*Euphorbia columnaris* Bally〉トウダイグサ科の多肉植物。高さは1.3m。園芸植物。

ユーフォルビア・コロラタ 〈*Euphorbia corollata* L.〉トウダイグサ科の多肉植物。高さは45～95cm。園芸植物。

ユーフォルビア・サイウンカク サイウンカクの別名。

ユーフォルビア・シェーンランディー 〈*Euphorbia schoenlandii* Pax〉トウダイグサ科の多肉植物。別名闘牛角。高さは1.3m。園芸植物。

ユーフォルビア・シッキメンシス 〈*Euphorbia sikkimensis* Boiss.〉トウダイグサ科の多肉植物。高さは1.2m。園芸植物。

ユーフォルビア・シンメトリカ 〈*Euphorbia symmetrica* A. C. White, R. A. Dyer et Sloane〉トウダイグサ科の多肉植物。主幹は扁球形。園芸植物。

ユーフォルビア・ステラタ 〈*Euphorbia stellata* Willd.〉トウダイグサ科の多肉植物。別名飛竜。刺は褐色ないし灰白色。園芸植物。

ユーフォルビア・ステリスピナ 〈*Euphorbia stellispina* Haw.〉トウダイグサ科の多肉植物。別名群星冠。園芸植物。

ユーフォルビア・ストロニフェラ 〈*Euphorbia stolonifera* Marl.〉トウダイグサ科の低木。

ユーフォルビア・セギエリアナ 〈*Euphorbia seguieriana* Neck.〉トウダイグサ科の多肉植物。高さは60cm。園芸植物。

ユーフォルビア・ツベロサ 〈*Euphorbia tuberosa* L.〉トウダイグサ科の多肉植物。別名羊玉。表皮は褐色。園芸植物。

ユーフォルビア・ツルビニフォルミス 〈*Euphorbia turbiniformis* Chiov.〉トウダイグサ科の多肉植物。園芸植物。

ユーフォルビア・ティルカリ アオサンゴの別名。

ユーフォルビア・デカリー 〈*Euphorbia decaryi* Guillaum.〉トウダイグサ科の多肉植物。花は帯緑黄色。園芸植物。

ユーフォルビア・デキドゥア 〈*Euphorbia decidua* Bally et Leach〉トウダイグサ科の多肉植物。別名蓬莱島。長さ12～15cm。園芸植物。

ユーフォルビア・テッコウマル テッコウマルの別名。

ユーフォルビア・トリカデニア 〈*Euphorbia trichadenia* Pax〉トウダイグサ科の多肉植物。高さは10cm。園芸植物。

ユーフォルビア・ニカエーンシス 〈*Euphorbia nicaeensis* All.〉トウダイグサ科の多肉植物。高さは50～80cm。園芸植物。

ユーフォルビア・ネリーフォリア キリンカクの別名。

ユーフォルビア・ハナキリン ハナキリンの別名。

ユーフォルビア・バルサミフェラ 〈*Euphorbia balsamifera* Ait.〉トウダイグサ科の多肉植物。別名バルサムキリン。高さは2m。園芸植物。

ユーフォルビア・パルストリス 〈*Euphorbia palustris* L.〉トウダイグサ科の多肉植物。高さは1m。園芸植物。

ユーフォルビア・ピスキデルミス 〈*Euphorbia piscidermis* M. G. Gilb.〉トウダイグサ科の多肉植物。高さは4～12cm。園芸植物。

ユーフォルビア・ピルリフェラ トウダイグサ科の薬用植物。

ユーフォルビア・ファスキクラタ 〈*Euphorbia fasciculata* Thunb.〉トウダイグサ科の多肉植物。別名歓喜天、覇亜主竜、天主閣。高さは15～20cm。園芸植物。

ユーフォルビア・フィッシェリアナ トウダイグサ科の薬用植物。

ユーフォルビア・フェロクス 〈*Euphorbia ferox* Marloth〉トウダイグサ科の多肉植物。別名勇猛閣。高さは15cm。園芸植物。

ユーフォルビア・プセウドカクツス ハルゴマの別名。

ユーフォルビア・ブプレウリフォリア テッコウマルの別名。

ユーフォルビア・フラナガニー クジャクマルの別名。

ユーフォルビア・プリムリフォリア 〈*Euphorbia primulifolia* Bak.〉トウダイグサ科の多肉植物。径5～7cm。園芸植物。

ユーフォルビア・プルウィナタ 〈*Euphorbia pulvinata* Marloth〉トウダイグサ科の多肉植物。別名笹蟹丸。径1.5m。花は赤ブドウ酒色。園芸植物。

ユーフォルビア・フルゲンス 〈*Euphorbia fulgens* Karw. ex Klotzsch〉トウダイグサ科の常緑小低木。高さは1～2m。園芸植物。

ユーフォルビア・フルティコサ 〈*Euphorbia fruticosa* Forssk.〉トウダイグサ科の多肉植物。別名閃光閣。高さは50cm。園芸植物。

ユーフォルビア・フルーネウァルディー 〈*Euphorbia groenewaldii* R. A. Dyer〉トウダイグサ科の多肉植物。枝は帯青緑色。園芸植物。

ユーフォルビア・ヘテロフィラ ショウジョウソウの別名。

ユーフォルビア・ベニキリン ベニキリンの別名。

ユーフォルビア・ボーイー 〈*Euphorbia bougheyi* Leach〉トウダイグサ科の多肉植物。高さは7m。園芸植物。

ユーフォルビア・ホッテントタ 〈*Euphorbia hottentota* Marloth〉トウダイグサ科の多肉植物。別名金剛閣。高さは2m。園芸植物。

ユーフォルビア・ホリダ 〈*Euphorbia horrida* Boiss.〉トウダイグサ科の多肉植物。別名魁偉玉。高さは40～50cm。園芸植物。

ユーフォルビア・マウリタニカ 〈*Euphorbia mauritanica* L.〉トウダイグサ科の多肉植物。別名蒼龍、マウリタニア麒麟。高さは1～2m。園芸植物。

ユーフォルビア・マウリタニカ リンボウの別名。

ユーフォルビア・マミラリス リンボウの別名。

ユーフォルビア・マルギナタ ハツユキソウの別名。

ユーフォルビア・ミリー ハナキリンの別名。

ユーフォルビア・ミルシニテス 〈*Euphorbia myrsinites* L.〉トウダイグサ科の多肉植物。高さは15～40cm。園芸植物。

ユーフォルビア・メリフェラ 〈*Euphorbia mellifera* Ait.〉トウダイグサ科の多肉植物。高さは5m。園芸植物。

ユーフォルビア・メロフォルミス キセイギョクの別名。

ユーフォルビア・ラクテア テイキンの別名。

ユーフォルビア・ラティリス ホルトソウの別名。

ユーフォルビア・レウコケファラ 〈*Euphorbia leucocephala* Lotsy〉トウダイグサ科の多肉植物。高さは2～3m。園芸植物。

ユーフォルビア・レギス-ユバユ 〈*Euphorbia regis-jubae* Webb et Berth.〉トウダイグサ科の多肉植物。刺はなく、葉は線形。園芸植物。

ユーフォルビア・レシニフェラ 〈*Euphorbia resinifera* A. Berger〉トウダイグサ科の多肉植物。別名白角キリン、老キリン、多角キリン。高さは50cm。園芸植物。

ユーフォルビア・ロッビアエ 〈*Euphorbia robbiae* Turrill〉トウダイグサ科の多肉植物。高さは60cm。園芸植物。

ユーフラテス 〈*Euphrates*〉バラ科。シュラブ・ローズ系。花は淡いサーモンピンク。

ユーベルマニア サボテン科の属総称。サボテン。

ユーベルマニア・ペクティニフェラ 〈*Uebelmannia pectinifera* Buin.〉サボテン科のサボテン。径15cm。園芸植物。

ユミゴケ 〈*Dicranodontium denudatum* (Brid.) E. G. Britt. ex Williams〉シッポゴケ科のコケ。茎は長さ1～2cm、葉長5～6mm。

ユミヅルノキ グネツム・グネモンの別名。

ユミダイゴケ 〈*Trematodon longicollis* Michx.〉シッポゴケ科のコケ。別名カマガタナガダイゴケ。茎は長さ3～10mm。

ユメ 夢 〈*Yume*〉バラ科。花は薄いオレンジ色。

ユメノシマガヤツリ 〈*Cyperus congestus* Vahl〉カヤツリグサ科の多年草。高さは20～70cm。

ユモジゴケ 〈*Phaeographina montagnei* (v. d. Bosch) Müll. Arg.〉モジゴケ科の地衣類。子器の盤は赤色。

ユモトマムシグサ 湯本蛇草 〈*Arisaema nikoense* Nakai subsp. *nikoense*〉サトイモ科の多年草。5小葉からなる2個の葉をつける。高さは15～30cm。高山植物。園芸植物。

ユリ ユリの属総称。球根植物。別名リリー。切り花に用いられる。

ユリアザミ 百合薊 〈*Liatris pycnostachya* Michx.〉キク科の宿根草。別名キリンギク。高さは150cm。花は淡紅紫色。園芸植物。

ユリオプス・アクラエウス 〈*Euryops acraeus* M. D. Henders〉キク科の木本。高さは90cm。園芸植物。

ユリオプス・デージー 〈*Euryops pectinatus* Cass.〉キク科の宿根草。高さは90cm。花は黄色。園芸植物。

ユリオプス・デージー キク科のユリオプス属の総称。

ユリオプス・ペクティナツス ユリオプス・デージーの別名。

ユリ科 科名。

ユリグルマ 〈*Gloriosa superba* L.〉ユリ科の観賞用蔓性草。花被は初め上半赤、下半黄色。熱帯植物。薬用植物。園芸植物。

ユリゴケ 〈*Tayloria indica* Mitt.〉オオツボゴケ科のコケ。全形はスルメゴケに似る。葉は長い倒卵形。

ユリザキムクゲ ヒビスクス・リリフロルスの別名。

ユリ・シベリア ユリ科。切り花に用いられる。

ユリズイセン 〈*Alstroemeria pulchella* Sims〉ヒガンバナ科の多年草。別名オキハナビ。園芸植物。

ユリ・セラダ ユリ科。切り花に用いられる。

ユリツバキ ツバキ科。園芸植物。

ユリネ ユリ科の根菜類。

ユリネ・ヒブリダ ヒガンバナ科。園芸植物。

ユリノキ 百合木 〈*Liriodendron tulipifera* L.〉モクレン科の落葉高木。別名チューリップ・ツリー、ハンテンボク。高さは40m。花は緑黄色。樹皮は灰褐色。園芸植物。

ユリノキ モクレン科の属総称。

ユリ・ブリンディシ ユリ科。切り花に用いられる。

ユリ・マザーズチョイス ユリ科。切り花に用いられる。

ユリミゴケ 〈*Tetraplodon angustatus* (Hedw.) Bruch & Schimp.〉オオツボゴケ科のコケ。葉は長卵形。

ユリラン ブルボフィルム・ペクティナツムの別名。

ユリワサビ 百合山葵 〈*Wasabia tenuis* (Miq.) Matsum.〉アブラナ科の多年草。高さは10〜30cm。薬用植物。

ユーレカ・レモン 〈Eureka, Gareys Eureka〉ミカン科のミカン(蜜柑)の品種。別名レモン。果皮は明黄色。

ユワンツチトリモチ 〈*Balanophora yuwanensis*〉ツチトリモチ科。

ユワンハネゴケ 〈*Plagiochila arbuscula* (Brid. ex Lehm. & Lindenb.) Lindenb.〉ハネゴケ科のコケ。緑褐色、茎は長さ5〜10cm。

【ヨ】

ヨウキギョク 妖鬼玉 コピアポア・モンタナの別名。

ヨウギク・クッションマム キク科。園芸植物。

ヨウギク・スプレーギク キク科。園芸植物。

ヨウギク・ポットマム キク科。園芸植物。

ヨウキヒ 楊貴妃 バラ科のサクラの品種。園芸植物。

ヨウキヒ 楊貴妃 コリファンタ・エレクタの別名。

ヨウサイ 〈*Ipomoea aquatica* Forssk.〉ヒルガオ科の中国野菜。別名アサガオナ。茎は中空。花は白色。熱帯植物。園芸植物。

ヨウシュイブキジャコウソウ クリーピング・タイムの別名。

ヨウシュイボタノキ リグストルム・ウルガレの別名。

ヨウシュエンレイソウ 〈*Trillium grandiflorum* Salisb.〉ユリ科の多年草。園芸植物。

ヨウシュオグルマ 〈*Inula britannica* L. subsp. *britannica*〉キク科。園芸植物。

ヨウシュカノコソウ セイヨウカノコソウの別名。

ヨウシュカンボク 洋種肝木 〈*Viburnum opulus* L.〉スイカズラ科の低木ないし小高木。別名セイヨウカンボク。高さは3〜5m。花は白色。園芸植物。

ヨウシュキダチルリソウ 〈*Heliotropium europaeum* L.〉ムラサキ科の一年草。花は青菫あるいは白色。園芸植物。

ヨウシュクモマグサ ユキノシタ科。別名コケクモマグサ。園芸植物。

ヨウシュコナスビ 〈*Lysimachia nummularia* L.〉サクラソウ科の多年草。別名コバンバコナスビ。長さは10〜60cm。花は黄色。園芸植物。

ヨウシュコバンノキ トウダイグサ科。別名ブレイニア。園芸植物。

ヨウシュシモツケ ロクベンシモツケの別名。

ヨウシュジンチョウゲ 〈*Daphne mezereum* L.〉ジンチョウゲ科の落葉低木。高さは1m。花は紫紅色。高山植物。園芸植物。

ヨウシュタカネアズマギク エリゲロン・アルピヌスの別名。

ヨウシュチョウセンアサガオ 洋種朝鮮朝顔 〈*Datura stramonium* L.〉ナス科の一年草。別名フジイロマンダラゲ。高さは50〜120cm。花は淡紫または白色。薬用植物。園芸植物。

ヨウシュトチノキ マロニエ・ヒポカスタナムの別名。

ヨウシュトリカブト アコニツム・ナペルスの別名。

ヨウシュノツルキンバイ 〈*Potentilla anserina* L.〉バラ科の多年草。薬用植物。園芸植物。

ヨウシュハクセン ディクタムヌス・アルブスの別名。

ヨウシュハッカ 〈*Mentha arvensis* L. var. *arvensis*〉シソ科。葉がやや楕円形。

ヨウシュヒナギキョウ ヴァーレンベルギア・ヘデラケアの別名。

ヨウシュフクジュソウ 洋種福寿草 〈*Adonis vernalis* L.〉キンポウゲ科の薬用植物。園芸植物。

ヨウシュホオズキ フィサリス・アルケケンギの別名。

ヨウシュヤマゴボウ 洋種山牛蒡 〈*Phytolacca americana* L.〉ヤマゴボウ科の多年草。別名アメリカヤマゴボウ。高さは0.7〜2.5m。花は白か帯紅色。薬用植物。園芸植物。

ヨウシュンシャ 〈*Amomum villosum* Lour.〉ショウガ科の薬用植物。

ヨウジョウイボゴケ 〈*Lopadium puiggarii* (Müll. Arg.) Zahlbr.〉ヘリトリゴケ科の地衣類。地衣体は灰緑から灰白。

ヨウジョウクサリゴケ 〈*Drepanolejeunea follicola* Horik.〉クサリゴケ科のコケ。背片は楕円形。

ヨウジョウゴケ 〈*Cololejeunea goebelii* (Schiffn.) Schiffn.〉クサリゴケ科のコケ。茎は長さ5〜10mm、背片は卵形。

ヨウジョウバカスゴケ 〈*Arthonia macrosperma* (Zahlbr.) Sant.〉ホシゴケ科の地衣類。地衣体は皮層を欠き、下菌糸も不明瞭。

ヨウセイマル 陽盛丸 〈*Lobivia famatimensis* (Speg.) Britt. et Rose〉サボテン科の多年草。高さは3.5cm。花は黄色。園芸植物。

ヨウラクツツアナナス 〈*Billbergia nutans* H. Wendl. ex Regel〉パイナップル科の一年草。花は黄緑色。園芸植物。

ヨウラクツツジ 瓔珞躑躅 〈*Menziesia purpurea* Maxim.〉ツツジ科の落葉低木。別名ヨウラクドウダン、フウリンツツジ、ツリガネツツジ(釣鐘躑躅)。高さは1〜3m。園芸植物。

ヨウラクツツジ ドウダンツツジの別名。

ヨウラクヒ

ヨウラクヒバ 〈Lycopodium phlegmaria L.〉ヒカゲノカズラ科の常緑性シダ。葉身は長さ10〜15mm。卵状披針形。園芸植物。
ヨウラクホオズキ 瓔珞酸漿 〈Physalis alkekengi L. var. francheti (Masters) Makino f. monstrosa Miq.〉ナス科。
ヨウラクボク 〈Amherstia nobilis Wall.〉マメ科の落葉高木、観賞用小木。高さは4〜6m。花は赤色。熱帯植物。園芸植物。
ヨウラクボク マメ科の属総称。
ヨウラクユリ 瓔珞百合 〈Fritillaria imperialis L.〉ユリ科の球根性多年草。別名フリチラリア。高さは60〜100cm。花は黄とれんが赤色。園芸植物。切り花に用いられる。
ヨウラクラン 瓔珞蘭 〈Oberonia japonica (Maxim.) Makino〉ラン科の多年草。別名モミジラン、ヒオウギラン。高さは2〜8cm。花は橙黄色。園芸植物。
ヨウロウ 養老 バラ科のウメ(梅)の品種。果皮は淡緑色。
ヨーク・アンド・ランカスター 〈York and Lancaster〉バラ科。ダマスク・ローズ系。花はピンク。
ヨグソミネバリ 夜糞峰榛 〈Betula grossa Sieb. et Zucc. var. ulmifolia Makino〉カバノキ科の落葉高木。別名ミズメ。
ヨーコ・オノ キク科のサンティニマムの品種。切り花に用いられる。
ヨコグラオオクジャク 〈Dryopteris × kouzaii Akasawa〉オシダ科のシダ植物。
ヨコグラノキ 横倉の木 〈Berchemiella berchemiaefolia (Makino) Nakai〉クロウメモドキ科の落葉高木。別名エイノキ。
ヨコグラハネゴケ 〈Plagiochila yokogurensis Steph.〉ハネゴケ科のコケ。黄緑色、茎は長さ2〜5cm。
ヨコグラヒメワラビ 〈Thelypteris hattorii (H. Ito) Tagawa〉オシダ科(ヒメシダ科)の夏緑性シダ。葉身は長さ20〜30cm。三角状卵形。
ヨコジマノリ 〈Striaria attenuata (Agardh) Greville〉ヨコジマノリ科の海藻。体は長さ1m。
ヨコスカイチイゴケ 〈Vesicularia flaccida (Sull. & Lesq.) Z. Iwats.〉ハイゴケ科のコケ。別名ヒナサナダゴケ。小形で、枝葉は長さ1.5〜2mm、卵状披針形。
ヨコノ 横野 カキノキ科のカキの品種。果皮は紅橙色。
ヨコハマイノデ 〈Polystichum × yokohamaense T. Oka et Ohtani〉オシダ科のシダ植物。
ヨコハマダケ 〈Pleioblastus matsunoi Nakai ex Makino et Nemoto〉イネ科の常緑大型笹。
ヨコメガシ 〈Quercus glauca Thunb. ex Murray cv. Fasciata〉ブナ科。別名シマガシ。

ヨコヤマリンドウ 〈Gentiana glauca Pallas〉リンドウ科の草本。高山植物。
ヨゴレイタチシダ 〈Dryopteris sordidipes Tagawa〉オシダ科の常緑性シダ。葉身は長さ25〜60cm。卵形〜卵状長楕円形。
ヨゴレコナハダ 〈Liagora japonica Yamada〉ベニモズク科の海藻。汚れた赤褐色。体は5〜16cm。
ヨゴレネコノメ 〈Chrysosplenium macrostemon Maxim. var. atrandrum H. Hara〉ユキノシタ科。
ヨコワサルオガセ 〈Usnea diffracta Vain.〉サルオガセ科の薬用植物。別名サルオガセ、キリモ。地衣体は伸長し、樹皮より垂れ下がる。
ヨシ 葦, 蘆, 葭 〈Phragmites australis (Cav.) Trin. ex Steud.〉イネ科の抽水性〜湿生植物。別名アシ、キタヨシ、ハマオギ。葉身は線形で長さ20〜50cm、円錐花序は大形。高さは100〜300cm。熱帯植物。薬用植物。園芸植物。
ヨシタケ ダンチクの別名。
ヨシナガクロウロコゴケ 〈Dicranolejeunea yoshinagana (S. Hatt.) Mizut.〉クサリゴケ科のコケ。緑褐色、茎は長さ1.5〜2mm。
ヨシナガチブサゴケ 〈Thelotrema faveolare Müll. Arg.〉チブサゴケ科の地衣類。地衣体は灰白。
ヨシノアザミ 〈Cirsium nipponicum Makino var. yoshinoi Kitamura〉キク科の草本。
ヨシノミヤマクグラ 〈Oropogon tanakae Asah.〉サルオガセ科の地衣類。髄は白色。
ヨシノヤナギ 〈Salix yoshinoi Koidz.〉ヤナギ科の木本。湿地に生える高木。園芸植物。
ヨシモトゴウ 好本号 〈Alexandrine Douillard〉バラ科のナシの品種。果皮は鮮黄緑色。
ヨソオイ 〈Yosooi〉バラ科。ミニアチュア・ローズ系。花はアイボリー色。
ヨソオイチャワンタケ 〈Sarcoscypha vassiljevae Raitv.〉ベニチャワンタケ科のキノコ。
ヨツガサネ 〈Platythamnion yezoense Inagaki〉イギス科の海藻。他海藻上につく。
ヨツシベヤナギ 〈Salix tetrasperma Roxb.〉ヤナギ科の小木。水田の付近に植える。熱帯植物。
ヨツノサデ 〈Crouania attenuata (C. Agardh) J. Agardh〉イギス科の海藻。ホンダワラの体上、又は低潮線付近の岩上に生ずる。
ヨツバゴケ 四葉苔 〈Tetraphis pellucida Hedw.〉ヨツバゴケ科のコケ。茎は長さ1〜2cm、葉は卵形〜卵状披針形。
ヨツバシオガマ 四葉塩竈 〈Pedicularis chamissonis Stev. var. Japonica (Miq.) Maxim.〉ゴマノハグサ科の多年草。高さは20〜60cm。高山植物。

ヨツバジャボク 〈*Rauwolfia tetraphylla* L.〉キョウチクトウ科の低木。果実は紫黒色、茎葉に短毛あり、葉は軟。花は白色。熱帯植物。

ヨツバセンナ 〈*Cassia fruticosa* Mill.〉マメ科の観賞用小木。花は黄色。熱帯植物。

ヨツバハギ 四葉萩 〈*Vicia nipponica* Matsum.〉マメ科の多年草。高さは30〜80cm。

ヨツバハコベ 和田草 〈*Pseudostellaria heterophylla* (Miq.) Pax〉ナデシコ科の一年草。高さは10〜20cm。薬用植物。

ヨツバヒヨドリ 四葉鵯 〈*Eupatorium glehni* Fr. Schm.〉キク科の多年草。別名クルマバヒヨドリ。高さは40〜100cm。高山植物。薬用植物。

ヨツバムグラ 四葉葎 〈*Galium trachyspermum* A. Gray〉アカネ科の多年草。高さは10〜30cm。

ヨツマタモウセンゴケ 〈*Drosera binata* Labill.〉モウセンゴケ科の食虫植物。高さは10〜100m。花は白色。園芸植物。

ヨツミゾ 四つ溝 カキノキ科のカキの品種。別名溝柿。果皮は橙黄色。

ヨド ガワツツジ 淀川躑躅 〈*Rhododendron yedoense* Maxim. var. *yedoense* f. *yedoense*〉ツツジ科の木本。別名ボタンツツジ。園芸植物。

ヨドボケ 〈*Chaenomeles speciosa* Nakai〉バラ科の落葉低木。

ヨナイザサ イネ科の常緑中型笹。別名カガミナンブズベ。

ヨネザワウンシュウ 米沢温州 ミカン科のミカン(蜜柑)の品種。果肉は濃色。

ヨネザワラ ラン科の属総称。

ヨハン・シュトラウス バラ科。花はソフトピンク。

ヨヒンベノキ 〈*Pausinystalia johimbe* Pierre〉アカネ科の小木。樹皮からヨヒンビンを採る。熱帯植物。

ヨブスマソウ 夜衾草 〈*Cacalia hastata* L. var. *orientalis* Kitamura〉キク科の多年草。別名ボウナ、ホンナ。葉は大形でひし形。高さは90〜250cm。高山植物。薬用植物。

ヨメナ 嫁菜 〈*Aster yomena* (Kitamura) Honda〉キク科の多年草。別名ハギナ、オハギ。若い茎葉には香りがある。高さは60〜120cm。薬用植物。園芸植物。

ヨモギ 蓬,艾 〈*Artemisia princeps* Pamp.〉キク科の多年草。別名モチグサ、フツ、モグサ。高さは50〜100cm。熱帯植物。薬用植物。園芸植物。

ヨモギ キク科の属総称。

ヨモギギク 蓬菊 〈*Chrysanthemum vulgare* (L.) Bernh.〉キク科の多年草。別名エゾヨモギギク、エゾノヨモギギク。高さは30〜90cm。花は黄色。薬用植物。園芸植物。切り花に用いられる。

ヨモギナ 〈*Artemisia lactiflora* Wall. ex DC.〉キク科の草本、薬用植物。根出葉はウマノミツバに似る。高さは1m。花は白黄色。熱帯植物。園芸植物。

ヨモギボク 〈*Vernonia wallichii* Ridl. var. *arborea* Buch-ham.〉キク科の高木。葉柄は紫、葉は波縁。高さ20m。熱帯植物。

ヨルガオ 夜顔 〈*Calonyction aculeatum* (L.) House〉ヒルガオ科のつる性多年草。別名ユウガオ、シロバナユウガオ、ヤカイソウ(夜会草)。果実は紫褐色。花は白色。熱帯植物。園芸植物。

ヨルザキアラセイトウ 〈*Matthiola longipetala* (Vent.) DC. subsp. *bicornis* (Sm.) P. W. Ball〉アブラナ科。園芸植物。

ヨルザキトケイソウ 〈*Passiflora vespertilio* L.〉トケイソウ科の蔓草。果実は紫色。花は淡緑色。熱帯植物。

ヨルザキナンバンクサフジ 〈*Tephrosia noctiflora* Bojer〉マメ科の観賞用半木性草。全株短毛、葉柄と莢は褐色。熱帯植物。

ヨルノオウジョ 夜の王女 セレニケレウス・マクドナルディアエの別名。

ヨルノジョオウ 夜の女王 サボテン科のサボテン。園芸植物。

ヨルノジョオウ 夜の女王 セレニケレウス・プテランツスの別名。

ヨレエゴケ 〈*Discelium nudum* (Dicks.) Brid.〉ヨレエゴケ科のコケ。原糸体は宿存性で、緑色、雌苞葉は鱗片状、卵状披針形。

ヨレクサ 〈*Gelidium vagum* Okamura〉テングサ科の海藻。扁平。体は5〜10cm。

ヨレスギ 捻杉 〈*Cryptomeria japonica* (L. f.) D. Don cv. Spiralis〉スギ科。別名クサリスギ、ホウオウスギ。園芸植物。

ヨレヅタ 〈*Caulerpa serrulata* (Forsskål) J. Agardh var. *serrulata*〉イワヅタ科の海藻。葉は複叉状に分岐。体は8cm。

ヨレモク 〈*Sargassum siliquastrum* (Turner) Agardh〉ホンダワラ科の海藻。茎は円柱状。体は2〜3m。

ヨロイグサ 鎧草 〈*Angelica dahurica* (Fisch.) Benth. et Hook. f. ex Franch. et Savat.〉セリ科の薬用植物。別名ウドモドキ、ビャクシ。

ヨロイゴケ ヨロイゴケ科の属総称。

ヨロイニシキ 鎧錦 ユリ科。園芸植物。

ヨロコビ 〈Yorokobi〉バラ科。

ヨーロッパアカマツ 欧州赤松 〈*Pinus sylvestris* L.〉マツ科の木本。別名オウシュウアカマツ、セイヨウアカマツ。樹高35m。樹皮は紫灰色。園芸植物。

ヨーロッパアサガラヤナギ 〈*Salix fragilis*〉ヤナギ科の木本。樹高15m。樹皮は暗灰色。

ヨーロッパアサダ 〈*Ostrya carpinifolia*〉カバノキ科の木本。樹高20m。樹皮は灰色。

ヨーロッパイチイ セイヨウイチイの別名。

ヨーロッパエノキ 〈*Celtis australis*〉ニレ科の木本。樹高20m。樹皮は淡灰色。

ヨーロッパカイドウ バラ科の木本。

ヨーロッパカエデ 〈*Acer platanoides* L.〉カエデ科の落葉高木。別名ノルウェーカエデ。葉は5裂。樹高25m。樹皮は灰色。園芸植物。

ヨーロッパカラマツ 〈*Larix decidua*〉マツ科の木本。樹高40m。樹皮は灰色から赤褐色。

ヨーロッパグリ 西洋栗 〈*Castanea sativa* Mill.〉ブナ科の木本。高さは30m。樹皮は灰色。園芸植物。

ヨーロッパクロマツ 〈*Pinus nigra*〉マツ科の木本。樹高40m。樹皮はほぼ黒色。園芸植物。

ヨーロッパゴールド ヒノキ科のニオイヒバの品種。

ヨーロッパシラカンバ 〈*Betula pubescens* Ehrh.〉カバノキ科の落葉高木。樹高25m。樹皮は白色。薬用植物。

ヨーロッパシロヤナギ 〈*Salix alba*〉ヤナギ科の木本。樹高25m。樹皮は灰褐色。薬用植物。

ヨーロッパツゲ セイヨウツゲの別名。

ヨーロッパナナカマド 〈*Sorbus aucuparia* L.〉バラ科の木本。高さは18m。樹皮は灰色。園芸植物。

ヨーロッパナラ 〈*Quercus robur*〉ブナ科の木本。別名イギリスナラ。樹高35m。樹皮は淡い灰色。園芸植物。

ヨーロッパナラガシワ 〈*Quercus pubescens*〉ブナ科の木本。樹高20m。樹皮は濃い灰色。

ヨーロッパニレ ウルムス・プロケラの別名。

ヨーロッパハイマツ 〈*Pinus cembra* L.〉マツ科の木本。高さは30m。樹皮は灰褐色。園芸植物。

ヨーロッパブナ 欧州撫 〈*Fagus sylvatica* L.〉ブナ科の落葉高木。樹高40m。樹皮は灰色。園芸植物。

ヨーロッパマンネングサ 〈*Sedum acre* L.〉ベンケイソウ科の多年草。

ヨーロッパモミ 〈*Abies alba* Mill.〉マツ科の常緑高木。別名オウシュウモミ、ギンモミ。高さは50m。樹皮は灰色。園芸植物。

ヨーロッパヤマナラシ 〈*Populus tremula*〉ヤナギ科の木本。樹高20m。樹皮は灰色。

ヨーロピアーナ バラ科のバラの品種。園芸植物。

【ラ】

ライアニア・オウァリフォリア 〈*Lyonia ovalifolia* (Wall.) Drude〉ツツジ科の小高木。高さは12m。園芸植物。

ライオン ピロソケレウス・レウコケファルスの別名。

ライオンソウ カエンキセワタの別名。

ライオンニシキ オレオケレウス・ネオケルシアヌスの別名。

ライカク 雷角 〈*Stapelianthus madagascariensis* (Choux) Choux ex A. C. White et Sloane〉ガガイモ科の多肉植物。別名竜の落し子。花は暗紫のまだら色。園芸植物。

ライガン 〈*Polyporus mylittae* Cook. et Mass.〉サルノコシカケ科の薬用植物。

ライジン 雷神 〈*Agave potatorum* Zucc.〉ヒガンバナ科(リュウゼツラン科)の多肉植物。ロゼット径1.3～1.6m。花は緑黄色。園芸植物。

ライジンカク 雷神閣 ポラスキア・チチペの別名。

ライスフラワー キク科。切り花に用いられる。

ライチー レイシの別名。

ライチエラ 〈*Wrightiella loochooensis* Yendo〉フジマツモ科の海藻。円柱状。体は10cm。

ライデンウン 雷電雲 メロカクツス・ギガンテウスの別名。

ライト キク科のシネラリアの品種。園芸植物。

ライネッケア・カルネア キチジョウソウの別名。

ライノスケコノハ 〈*Pseudophycodrys rainosukei* Tokida〉コノハノリ科の海藻。下部は茎状。

ライフカク 雷斧閣 〈*Hertrichocereus beneckei* (C. A. Ehrenb.) Backeb.〉サボテン科のサボテン。高さは2m。花は白にやや赤みを帯びる。園芸植物。

ライプニチア・アナンドリア センボンヤリの別名。

ライヘオカクツス・プセウドライヘアヌス 〈*Reicheocactus pseudoreicheanus* Backeb.〉サボテン科のサボテン。別名黒斜子。高さは7cm。花は黄色。園芸植物。

ライマビーン ライマメの別名。

ライマメ 〈*Phaseolus lunatus* L.〉マメ科の野菜。別名アオイマメ、ライマビーン。長さ5～12cm。花は白または黄白色。園芸植物。

ライム 〈*Citrus aurantiifolia* (Christm.) Swingle〉ミカン科の常緑小高木。果面滑らかで淡黄色。熱帯植物。園芸植物。

ライムギ 〈*Secale cereale* L.〉イネ科の一年草。別名クロムギ、ナツコムギ。高さは50～100cm。

ライヤンツウリー 莱陽慈梨 バラ科のナシの品種。別名慈梨、虎の子。果皮は黄緑色。

ライラック 〈*Syringa vulgaris* L.〉モクセイ科の落葉小高木。別名リラ、ハナハシドイ、キンツクバネ。高さは4～8m。花は淡紫、紅紫、紅、白など。薬用植物。園芸植物。切り花に用いられる。

ライラック モクセイ科の属総称。別名リラ、ハナハシドイ(花丁香花)、キンツクバネ。

ライラック・ローズ 〈Lilac Rose〉バラ科。イングリッシュローズ系。花はライラック色。

ライリック 〈Lyric〉バラ科。シュラブ・ローズ系。花はローズピンク。

ライン・ゴールド スミレ科のガーデン・パンジーの品種。園芸植物。

ラインゴールド ヒノキ科のニオイヒバの品種。

ラインハルティア・グラキリス 〈Reinhardtia gracilis (H. Wendl.) Drude ex Dammer〉ヤシ科。別名ヤハズアメリカチャボヤシ。高さは2.5m。園芸植物。

ラインハルティア・シンプレクス 〈Reinhardtia simplex (H. Wendl.) Drude ex Dammer〉ヤシ科。別名アメリカチャボヤシ。高さは1.2m。園芸植物。

ラインベルト・ゴールデン・イエロー アヤメ科のフリージアの品種。園芸植物。

ラインワルドティア・キカノバ 〈Reinwardtia cicanoba Hara〉アマ科の小低木。

ラヴァテラ・アッスルゲンティフロラ 〈Lavatera assurgentiflora Kellogg〉アオイ科。高さは2〜4m。園芸植物。

ラヴァテラ・アルボレア 〈Lavatera arborea L.〉アオイ科。別名モクアオイ。園芸植物。

ラヴァテラ・オルビア 〈Lavatera olibia L.〉アオイ科。高さは2m。花は紅紫色。園芸植物。

ラヴァテラ・カシュミリアナ 〈Lavatera cachemiriana Camb.〉アオイ科。高さは2m。花はピンク色。園芸植物。

ラヴァテラ・ツリンギアカ 〈Lavatera thuringiaca L.〉アオイ科。高さは1.5m。花はローズピンク色。園芸植物。

ラヴァテラ・トリメストリス ハナアオイの別名。

ラヴァテラ・マリティマ 〈Lavatera maritima Gouan〉アオイ科。高さは1.2m。花は紅紫色。園芸植物。

ラウェナラ・マダガスカリエンシス オウギバショウの別名。

ラウオルフィア・ユンナネンシス 〈Rauwolfia yunnanensis Tsiang.〉キョウチクトウ科の薬用植物。

ラウリ 〈Nothofagus nervosa〉ブナ科の木本。樹高25m。樹皮は暗灰色。

ラウリア・アウストラリス 〈Raoulia australis Hook. f. ex Raoul〉キク科。ロゼット径1cm。花は淡黄色。園芸植物。

ラウリア・グラブラ 〈Raoulia glabra Hook. f.〉キク科。花は白色。園芸植物。

ラウリア・フッケリ 〈Raoulia hookeri Allan〉キク科。花は黄色。園芸植物。

ラウルス・ノビリス ゲッケイジュの別名。

ラウレンティア・フルウィアティリス 〈Laurentia fluviatilis (R. Br.) F. E. Wimm.〉キキョウ科の草本。高さは2.5cm。花は明青〜白色。園芸植物。

ラウレンティア・ペトラエア 〈Laurentia petraea (F. J. Muell.) F. E. Wimm.〉キキョウ科の草本。高さは45cm。花は白または藤青色。園芸植物。

ラウンドリーブドミント アップル・ミントの別名。

ラカニシキギ 〈Salacia prinoides DC.〉ヒポクラテア科の低木。枝垂下。熱帯植物。

ラカンマキ 羅漢槇 〈Podocarpus macrophyllus (Thunb. ex Murray) D. Don var. maki Sieb.〉マキ科の常緑高木。

ラクウショウ 落羽松 〈Taxodium distichum (L.) Richards〉スギ科の落葉高木。別名ニレツバスイショウ(二列葉水松)、ヌマスギ(沼杉)。高さは25m。樹皮は灰褐色。園芸植物。

ラークスパー ヒエンソウの別名。

ラクツカ・ビロサ 〈Lactuca virosa L.〉キク科の一年草。薬用植物。

ラグナリア・パターソニー 〈Lagunaria patersonii (Andr.) G. Don〉アオイ科の高木。高さは15m。花は淡紅色。園芸植物。

ラクネルルラ・ウィルコムミイ ヒナノチャワンタケ科のキノコ。

ラグルス ウサギノオの別名。

ラケナリア ユリ科。園芸植物。

ラケナリア ユリ科の属総称。球根植物。別名アフリカンヒアシンス、ケープカウスリップス。切り花に用いられる。

ラケナリア・オーレア 〈Lachenalia aurea Lindl.〉ユリ科のハーブ。別名チャイブス、エゾネギ。園芸植物。

ラケナリア・パーソニー ユリ科。園芸植物。

ラゴティス・ステレリ 〈Lagotis stelleri (Cham. et Schlechtend.) Rupr.〉ゴマノハグサ科の多年草。高さは15〜40cm。園芸植物。

ラコミトリウム・カネスケンス スナゴケの別名。

ラザースターン キンポウゲ科のクレマティスの品種。園芸植物。

ラサマラソゴウコウ 〈Altingia excelsa Noronha〉マンサク科の高木。葉は松脂の香あり。熱帯植物。

ラジア・オリエンタリス 〈Rhazya orientalis (Decne.) A. DC.〉キョウチクトウ科の多年草。高さは30〜60cm。園芸植物。

ラジアタマツ マツ科の木本。別名モントレーマツ、ニュージーランドマツ。樹高30m。樹皮は濃灰色。

ラジェルストレーミア・アマビリス 〈Lagerstroemia × amabilis Makino〉ミソハギ科の木本。別名ムラサキサルスベリ、コサルスベリ。高さは3m。花は白かごく淡い紫色。園芸植物。

ラジェルストレーミア・インディカ サルスベリの別名。

ラジェルストレーミア・スブコスタタ シマサルスベリの別名。

ラジェルストレーミア・スペキオサ オオバナサルスベリの別名。

ラジェルストレーミア・フォーリエイ ヤクシマサルスベリの別名。

ラシオスファエラ・フェンツリイ 〈*Lasiosphaera fenzlii* Reich.〉ホコリタケ科の薬用植物。

ラジオ・タイムズ 〈Radio Times〉バラ科。イングリッシュローズ系。花はローズピンク。

ラジノクローバー マメ科。

ラージ・ホワイト サクラソウ科のシクラメンの品種。園芸植物。

ラシャカキグサ 羅紗搔草 〈*Dipsacus sativus* (L.) Honck.〉マツムシソウ科の多年草。別名オニナベナ。高さは1～2m。花は青または淡青紫色。薬用植物。園芸植物。

ラシャナス 〈*Solanum elaeagifolium* Cavanilles〉ナス科の多年草。別名グミバナス。高さは0.3～1m。花は淡青紫色。

ラシャニシキ 羅紗錦 グランドゥリカクツス・ウンキナツスの別名。

ラシュウギョク 羅繡玉 サボテン科のサボテン。園芸植物。

ラシュナリア・アロイデス 〈*Lachenalia aloides* (L. f.) hort. ex Asch. et Graebn〉ユリ科の球根植物。高さは30cm。園芸植物。

ラシュナリア・ウィリディフロラ 〈*Lachenalia viridiflora* W. F. Barker〉ユリ科の球根植物。高さは20cm。花は青白色。園芸植物。

ラシュナリア・ウェントリコサ 〈*Lachenalia ventricosa* Schlechter ex W. F. Barker〉ユリ科の球根植物。高さは30cm。花は淡青色。園芸植物。

ラシュナリア・ウニコロル 〈*Lachenalia unicolor* Jacq.〉ユリ科の球根植物。高さは30cm。花はピンク色。園芸植物。

ラシュナリア・ウニフォリア 〈*Lachenalia unifolia* Jacq.〉ユリ科の球根植物。高さは1.5cm。花は桃白色。園芸植物。

ラシュナリア・エレガンス 〈*Lachenalia elegans* W. F. Barker〉ユリ科の球根植物。高さは30cm。花は淡い青色。園芸植物。

ラシュナリア・オルキオイデス 〈*Lachenalia orchioides* (L.) Soland.〉ユリ科の球根植物。高さは35cm。花は淡青または青緑色。園芸植物。

ラシュナリア・グラウキナ 〈*Lachenalia glaucina* Jacq.〉ユリ科の球根植物。高さは30～40cm。花は淡青色。園芸植物。

ラシュナリア・コンタミナタ 〈*Lachenalia contaminata* Soland.〉ユリ科の球根植物。高さは20cm。花は白色。園芸植物。

ラシュナリア・パリダ 〈*Lachenalia pallida* Soland.〉ユリ科の球根植物。高さは25cm。花は白色。園芸植物。

ラシュナリア・プシラ 〈*Lachenalia pusilla* Jacq.〉ユリ科の球根植物。花は白または淡青紫色。園芸植物。

ラシュナリア・ブルビフェラ 〈*Lachenalia bulbifera* (Cyr.) hort. ex Asch. et Graebn.〉ユリ科の球根植物。高さは30cm。花は濃紅色。園芸植物。

ラシュナリア・プルプレオカエルレア 〈*Lachenalia purpureocaerulea* Jacq.〉ユリ科の球根植物。高さは25cm。花は紫青色。園芸植物。

ラシュナリア・フレイムシー 〈*Lachenalia framesii* W. F. Barker〉ユリ科の球根植物。高さは15cm。花は黄緑色。園芸植物。

ラシュナリア・マシューシー 〈*Lachenalia mathewsii* W. F. Barker〉ユリ科の球根植物。高さは20cm。花は黄色。園芸植物。

ラシュナリア・ムタビリス 〈*Lachenalia mutabilis* Lodd.〉ユリ科の球根植物。高さは30cm。花は灰緑色。園芸植物。

ラシュナリア・ラティメラエ 〈*Lachenalia latimerae* W. F. Barker〉ユリ科の球根植物。高さは30cm。花は淡いピンク色。園芸植物。

ラシュナリア・リリフロラ 〈*Lachenalia liliflora* Jacq.〉ユリ科の球根植物。高さは30cm。花は白色。園芸植物。

ラシュナリア・ルビダ 〈*Lachenalia rubida* Jacq.〉ユリ科の球根植物。高さは25cm。花は明紅色。園芸植物。

ラシュナリア・レフレクサ 〈*Lachenalia reflexa* Thunb.〉ユリ科の球根植物。高さは15cm。花は浅緑黄色。園芸植物。

ラショウモンカズラ 羅生門蔓 〈*Meehania urticifolia* (Miq.) Makino〉シソ科の多年草。高さは20～30cm。高山植物。

ラスキン 〈Ruskin〉バラ科。ハイブリッド・ルゴサ・ローズ系。花は濃紫色。

ラスティー・レッド キク科のフレンチ・マリゴールドの品種。園芸植物。

ラスベガス バラ科のバラの品種。園芸植物。

ラズベリー 〈*Rubus idaeus* L.〉バラ科の落葉低木。別名アメリカアカミキイチゴ。高山植物。園芸植物。

ラズベリー バラ科のキイチゴ属数種の総称。

ラセイタソウ 羅西板草, 羅背板草 〈*Boehmeria biloba* Wedd.〉イラクサ科の多年草。高さは30～70cm。

ラセイマル 羅星丸 ギムノカリキウム・ブルヒーの別名。

ラセツチク イネ科のメダケ属にあらわる奇形。木本。

ラ・セビリアーナ 〈La Sevillana〉バラ科。フロリバンダ・ローズ系。花は朱赤色。

ラセンイ 〈*Juncus decipiens* (Buchenau) Nakai 'Spiralis'〉 イグサ科。園芸植物。

ラセンゴケ 〈*Herpetineuron toccoae* (Sull. & Leaq.) Card.〉シノブゴケ科のコケ。二次茎は葉を蜜につけ、葉は広披針形。

ラセンジリン 〈*Pithecellobium confertum* Benth.〉マメ科の小木。熱帯植物。

ラセンソウ 羅氈草 〈*Triumfetta japonica* Makino〉シナノキ科の一年草。高さは60〜130cm。

ラタニア・コンメルソニー ヤシ科。別名ベニラタンヤシ。園芸植物。

ラタニア・フェルシャフェルティー 〈*Latania verschaffeltii* Lem.〉ヤシ科。別名キラタンヤシ。高さは15m。園芸植物。

ラタニア・ロンタロイデス 〈*Latania lontaroides* (Gaertn.) H. E. Moore〉ヤシ科。別名ベニラタンヤシ。高さは15m。園芸植物。

ラッカセイ 南京豆 〈*Arachis hypogaea* L.〉マメ科の野菜。別名ナンキンマメ(南京豆)。匍性と立性あり、地下結実。花は黄色。熱帯植物。薬用植物。園芸植物。

ラッカノマイ 落下の舞 リプサリドプシス・ロセアの別名。

ラッキョウ 辣韮 〈*Allium chinense* G. Don〉ユリ科の根菜類。別名オオニラ、サトニラ。葉は長さ30〜50cm。薬用植物。園芸植物。

ラッキョウチク イネ科。園芸植物。

ラッキョウヤダケ 辣韮矢竹 〈*Pseudosasa japonica* (Siebold et Zucc. ex Steud.) Makino ex Nakai var. *tsutsumiana* Yanagita〉イネ科の木本。

ラッコゴケ 〈*Gollania varians* (Mitt.) Broth.〉ハイゴケ科のコケ。やや大形で、茎の背面の葉は卵形。

ラッシングストリーム 〈Rushing Stream〉 バラ科。イングリッシュローズ系。花は白色。

ラッセリア・エクイセティフォルミス ハナチョウジの別名。

ラッセリア・サルメントサ 〈*Russelia sarmentosa* Jacq.〉ゴマノハグサ科の常緑小低木。高さは1〜1.8m。花は橙赤色。園芸植物。

ラッセル・ルピナス 〈*Lupinus polyphyllus* Russell Hort.〉マメ科。

ラッパガサ 〈*Centotheca lappacea* Desf.〉イネ科の草本。穂は衣類に鉤着、牧草。熱帯植物。

ラッパゲジゲジゴケ 〈*Anaptychia hypochraea* Vain.〉ムカデゴケ科の地衣類。地衣体は腹面白色。

ラッパゲジゲジゴケモドキ 〈*Anaptychia pandurata* Kurok.〉ムカデゴケ科の地衣類。ヂセクト酸がある。

ラッパズイセン 喇叭水仙 〈*Narcissus pseudo-narcissus* L.〉ヒガンバナ科の多年草。高さは36cm。花は濃黄、淡黄色。園芸植物。

ラッパバナ 〈*Solandra grandiflora* Swartz〉ナス科の観賞用蔓木。高さは5〜6m。花は黄白色。熱帯植物。園芸植物。

ラッパミサオ 〈*Randia macrophylla* Hook. f.〉アカネ科の低木。花は白く紫点あり。熱帯植物。

ラッパモク 〈*Turbinaria ornata* (Turner) J. Agardh〉ホンダワラ科の海藻。生育時は黄褐色。体は15cm。

ラッフルド・カメリア シュウカイドウ科のベゴニアの品種。園芸植物。

ラッフルド・サーモン サクラソウ科のシクラメンの品種。園芸植物。

ラディオラ・リノイデス 〈*Radiola linoides* Roth〉アマ科の多年草。

ラディシュ アブラナ科。園芸植物。

ラティビダ・ピンナタ 〈*Ratibida pinnata* (Venten.) Barnh.〉キク科の草本。高さは1〜1.3m。花は黄色。園芸植物。

ラティルス・オドラツス スイートピーの別名。

ラティルス・ニゲル 〈*Lathyrus niger* Bernh.〉マメ科の多年草。

ラティルス・プラテンシス キバナノレンリソウの別名。

ラティルス・モンタヌス 〈*Lathyrus montanus* L.〉マメ科の多年草。

ラデルマケラ ノウゼンカズラ科の属総称。別名センダイキササゲ、ステレオスペルマム。

ラデルマケラ・シニカ 〈*Radermachera sinica* (Hance) Hemsl.〉ノウゼンカズラ科の木本。別名センダンキササゲ。高さは10m。園芸植物。

ラデルマツヘラ 〈*Radermachera glandulosa* K. SChum.〉ノウゼンカズラ科の小木。花は白、ただし筒上部の外面は淡紅紫色。熱帯植物。

ラトラエア・スクアマリア 〈*Lathraea squamaria* L.〉ハマウツボ科の多年草。高山植物。

ラナタ キク科のアルテミシアの品種。ハーブ。

ラナンキュラス キンポウゲ科の属総称。別名キンポウゲ。

ラナンキュラス ハナキンポウゲの別名。

ラナンキュラス・アクアティリス 〈*Ranunculus aquatilis* L.〉キンポウゲ科の多年草。

ラナンキュラス・アクリス セイヨウキンポウゲの別名。

ラナンキュラス・アコニティフォリウス 〈*Ranunculus aconitifolius* L.〉キンポウゲ科の草本。高さは20〜60cm。花は純白色。園芸植物。

ラナンキュラス・アルペストリス キンポウゲ科。別名イワキンポウゲ。高山植物。

ラナンキュラス・イリリクス 〈Ranunculus illyricus L.〉キンポウゲ科の草本。高さは40～50cm。花はレモンイエロー。園芸植物。
ラナンキュラス・インシグニス 〈Ranunculus insignis Hook. f.〉キンポウゲ科の多年草。
ラナンキュラス・キルキナータス 〈Ranunculus circinatus Sibth.〉キンポウゲ科の多年草。
ラナンキュラス・グラキアリス 〈Ranunculus glacialis L.〉キンポウゲ科の多年草。高山植物。
ラナンキュラス・グラニティコラ 〈Ranunculus graniticola Melv.〉キンポウゲ科の草本。高さは20cm。花は黄色。園芸植物。
ラナンキュラス・グラベリムス キンポウゲ科。高山植物。
ラナンキュラス・グラミネウス 〈Ranunculus gramineus L.〉キンポウゲ科の草本。高さは20～30cm。花は輝黄色。園芸植物。
ラナンキュラス・コルツシフォリウス 〈Ranunculus cortusifolius Willd.〉キンポウゲ科の草本。高さは30～90cm。花は黄色。園芸植物。
ラナンキュラス・セグイエリイ キンポウゲ科。高山植物。
ラナンキュラス・トーラ 〈Ranunculus thora L.〉キンポウゲ科の草本。高さは25cm。花は濃黄色。園芸植物。
ラナンキュラス・パプレンツス 〈Ranunculus papulentus Melv.〉キンポウゲ科の草本。高さは15cm。花は黄色。園芸植物。
ラナンキュラス・パルナッシーフォリウス 〈Ranunculus parnassiifolius L.〉キンポウゲ科の草本。高さは25cm。花は白色。高山植物。園芸植物。
ラナンキュラス・ピレネウス キンポウゲ科。高山植物。
ラナンキュラス・ピングイス 〈Ranunculus pinguis Hook. f.〉キンポウゲ科の多年草。
ラナンキュラス・フィカリア ヒメリュウキンカの別名。
ラナンキュラス・フランムラ 〈Ranunculus flammula L.〉キンポウゲ科の多年草。高山植物。
ラナンキュラス・ブルボサス タマキンポウゲの別名。
ラナンキュラス・モンタヌス キンポウゲ科。高山植物。
ラナンキュラス・ラヌギノスス 〈Ranunculus lanuginosus L.〉キンポウゲ科の草本。花は濃黄色。園芸植物。
ラナンキュラス・リィアリー 〈Ranunculus lyallii Hook. f.〉キンポウゲ科の多年草。高山植物。
ラナンキュラス・リングア 〈Ranunculus lingua L.〉キンポウゲ科の多年草。高さは60～90cm。花は黄色。園芸植物。

ラニウム・アウィクラ 〈Lanium avicula (Lindl.) Benth.〉ラン科。高さは10～15cm。花は黄白色。園芸植物。
ラヌンキュラス・アシアティクス ハナキンポウゲの別名。
ラヌンキュラス・ヤクシメンシス ヒメウマノアシガタの別名。
ラヌンキュラス・レペンス ハイキンポウゲの別名。
ラハオシダ 〈Asplenium exisum Presl〉チャセンシダ科の常緑性シダ。葉身は長さ30～40cm。単羽状。
ラバグルト 〈Lavaglut〉バラ科。フロリバンダ・ローズ系。花は濃赤色。
ラバテア ラバテア科の属総称。
ラバーテラ ハナアオイの別名。
ラバテラ アオイ科の属総称。
ラバルサンザシ 〈Crataegus × lavallei〉バラ科の木本。樹高10m。樹皮は灰色。
ラバンジン シソ科のハーブ。
ラバンデュラ・ストエカス 〈Lavandula stoechas L.〉シソ科の小低木。
ラビシヤ 〈Labisia pothoina Lindl.〉ヤブコウジ科の半木性植物。花はうす桃色。熱帯植物。
ラピ ヤシ科の属総称。別名カンノンチク。
ラピス・エクスケルサ カンノンチクの別名。
ラピス・グラキリス 〈Rhapis gracilis Burret〉ヤシ科。別名チャボカンノンチク。高さは1～1.5m。園芸植物。
ラピス・スブティリス 〈Rhapis subtilis Becc.〉ヤシ科。別名ホソジクカンノンチク。高さは1m。園芸植物。
ラピス・フミリス シュロチクの別名。
ラピダリア・マルガレータエ 〈Lapidaria margaretae (Schwant.) Dinter et Schwant.〉ツルナ科。別名魔玉。花は黄金色。園芸植物。
ラビッジ セリ科のハーブ。別名ロベージ、ラブバセリ。
ラビットアイ・ブルーベリー ウォッキニウム・アシェイの別名。
ラピドフィルム・ヒストリクス 〈Rhapidophyllum hystrix (Pursh) H. Wendl. et Drude〉ヤシ科。別名ハリヤシ。高さは0.9～1.2m。花は黄を帯びた赤色。園芸植物。
ラビル・ド・ブリュッセル 〈La Ville de Bruxelles〉バラ科。ダマスク・ローズ系。
ラファヌス・ラファニストルム・マルティムス 〈Raphanus raphanistrum maritimus Sm.〉アブラナ科の一年草。
ラフィア ヤシ科の属総称。
ラフィア・ウィニフェラ 〈Raphia vinifera Beauvois〉ヤシ科。別名サケラフィア。高さは4～5m。園芸植物。

ラフィアヤシ〈*Raphia farinifera* (Gaertn.) Hyl.〉ヤシ科。別名ウラジロラフィア。高さは9m。園芸植物。

ラフィアヤシ〈*Raphia ruffia* Mart.〉ヤシ科。果実は球形、鱗を被る。羽片は長さ2m。熱帯植物。

ラフィオナクメ・ヒルスタ〈*Raphionacme hirsuta* (E. Mey) Dyer〉ガガイモ科。園芸植物。

ラフィオレピス・インディカ〈*Rhaphiolepis indica* (L.) Lindl.〉バラ科の常緑低木。花は白、淡桃色。園芸植物。

ラフィオレピス・ウンベラタ タチシャリンバイの別名。

ラフィドフォラ・コルタルシー〈*Rhaphidophora korthalsii* Schott〉サトイモ科のつる性多年草。葉は大形で羽状に切れ込み、深緑色。園芸植物。

ラフィドフォラ・フォラミニフェラ〈*Rhaphidophora foraminifera* Engl.〉サトイモ科のつる性多年草。葉身に穴が開く。園芸植物。

ラフヴォルフィア・セルペンティナ インドジャボクの別名。

ラブ・デュエット スミレ科のガーデン・パンジーの品種。園芸植物。

ラブドタムヌス・ソランドリー〈*Rhabdothamnus solandri* Cunn.〉イワタバコ科の低木。

ラブ・ミー シュウカイドウのベゴニアの品種。園芸植物。

ラ・フランス〈La France〉バラ科。ハイブリッド・ティーローズ系。花は濃いピンク。

ラ・フランス バラ科のナシの品種。果皮は緑黄色。

ラ・プリュ・ベル・デ・ポンクチュエ〈La Plus Belle des Ponctués〉バラ科。ガリカ・ローズ系。花は明桃色。

ラブリー・レッド バラ科。花は赤色。

ラフルスウツボ〈*Nepenthes rafflesiana* Jack〉ウツボカズラ科の常緑つる性植物。捕虫嚢は大形、緑色で紫斑。高さは15m。熱帯植物。園芸植物。

ラブルヌム・アナギロイデス キングサリの別名。

ラブルヌム・ウォータレリ〈*Laburnum × watereri* (Kirchn.) Dipp.〉マメ科。園芸植物。

ラフレシア ラフレシア科。熱帯植物。

ラペイロージャ ラペルージア・ラクサの別名。

ラベニヤ〈*Ravenia spectabilis* Grieseb.〉ミカン科の観賞用低木。花は赤色。熱帯植物。

ラペルージア ラペルージア・ラクサの別名。

ラペルージア・ユンケア〈*Lapeirousia juncea* (L. f.) Pourr.〉アヤメ科。高さは20～60cm。花は淡桃～淡紅赤色。園芸植物。

ラペルージア・ラクサ〈*Lapeirousia laxa* (Thunb.) N. E. Br.〉アヤメ科。別名ラペイロージャ、ラペルージア。園芸植物。切り花に用いられる。

ラベンダー〈*Lavandula angustifolia* Mill.〉シソ科の香料作物。別名ストエカス・ラベンダー、スパイク・ラベンダー。薬用植物。園芸植物。切り花に用いられる。

ラベンダーミント オーデコロン・ミントの別名。

ラマルキア・アウレア〈*Lamarckia aurea* (L.) Moench〉イネ科。別名ノレンガヤ。高さは30cm。花は黄～淡緑色。園芸植物。

ラマルク〈Lamarque〉バラ科。ノアゼット・ローズ系。花は純白色。

ラマルクザイフリボク〈*Amelanchier lamarckii* F. G. Schroeder〉バラ科の木本。樹高12m。花は白色。樹皮は灰色。園芸植物。

ラミー ナンバンカラムシの別名。

ラミアストルム・ガレオブドロン〈*Lamiastrum galeobdolon* (L.) Ehrend. ex Polatsch.〉シソ科の多年草。花は黄色。園芸植物。

ラミウム・アルブム〈*Lamium album* L.〉シソ科の多年草。

ラミウム・オルバラ〈*Lamium orvala* L.〉シソ科の多年草。

ラミウム・マクラツム〈*Lamium maculatum* L.〉シソ科の多年草。花は桃～紫紅色。園芸植物。

ラミニウム・プルプレウム〈*Lamium Purpreum* L.〉シソ科。高山植物。

ラムズイヤー シソ科のハーブ。別名スタキス、スタキスラナータ、ワタチョロギ。切り花に用いられる。

ラムステール シソ科。別名スタキス、スタキスラナータ、ワタチョロギ。切り花に用いられる。

ラムヌス・ウティリス シーボルトノキの別名。

ラムヌス・クレナタ イソノキの別名。

ラムヌス・コスタタ クロカンバの別名。

ラムヌス・ダウリカ クロツバラの別名。

ラムヌス・ヤポニカ クロウメモドキの別名。

ラモンダ イワタバコ科の属総称。

ラモンダ・ミコニ ピレネーイワタバコの別名。

ラリクス・グメリニー〈*Larix gmelinii* (Rupr.) Kuzen.〉マツ科の落葉高木。高さは30cm。園芸植物。

ラリクス・ケンペリ カラマツの別名。

ラワン フタバガキ科の主としてショレア属、パラショレア属、ペンタクメ属の三属に入る、比較的材質が軽軟な樹種の総称。

ラン ラン科の総称。

ラン科 科名。

ランガエリス・アマニエンシス〈*Rangaeris amaniensis* (Kränzl.) Summerh.〉ラン科。高さは20～30cm。花は乳白色。園芸植物。

ランゲリア〈*Wrangelia tayloriana* Tseng〉イギス科の海藻。低潮線付近の波の静かな所の岩上時に他海藻上につく。

ランサー 〈*Lansium domesticum* Corrêa〉センダン科の高木。果実は淡褐色で密集した房状につく。高さは10〜15m。花は淡黄色。熱帯植物。園芸植物。

ランザニア・ヤポニカ トガクシソウの別名。

ランシンボク 〈*Pistacia chinensis* Bunge〉ウルシ科の木本。別名トネリバハゼノキ。高さは25m。園芸植物。

ランソウモドキ 〈*Collinsiella tuberculata* Setchell et Gardner〉ヨツメモ科の海藻。粘質の中で群体をつくる。

ランダイミズ 〈*Elatostema platyphyllum*〉イラクサ科。

ランタナ 〈*Lantana camara* L. var. *aculeata* (L.) Moldenke〉クマツヅラ科の低木状草本。別名シチヘンゲ、コウオウカ、セイヨウサンダンカ。刺多く、強臭。高さは100〜120cm。花は黄より紅まで変色。熱帯植物。薬用植物。園芸植物。切り花に用いられる。

ランタナ クマツヅラ科の属総称。

ランタナ・カマラ ランタナの別名。

ランタナ・ヒブリダ クマツヅラ科の木本。

ランタナ・モンテビデンシス コバノランタナの別名。

ランタナ・リラキナ 〈*Lantana lilacina* Desf.〉クマツヅラ科。別名ムラサキランタナ。花は桃紫色。園芸植物。

ランチュウソウ ダーリングトニア・カリフォルニカの別名。

ランドラ 〈Landora〉バラ科。ハイブリッド・ティーローズ系。

ランバイ 〈*Baccaurea motleyana* Muell. Arg.〉トウダイグサ科の高木。果穂垂下、果実は白から橙色に熟す。熱帯植物。

ランバイ属 トウダイグサ科の属総称。高木。熱帯植物。

ランブータン 〈*Nephelium lappaceum* L.〉ムクロジ科の高木。別名ネフェリウム・ラッパケウム。果実は赤熟。高さは8〜10m。熱帯植物。薬用植物。

ランブータン ムクロジ科の属総称。

ランプランツス・ツァイヘリ 〈*Lampranthus zeyheri* (Salm-Dyck) N. E. Br.〉ツルナ科。花は紫菫色。園芸植物。

ランプランツス・ロセウス 〈*Lampranthus roseus* (Willd.) Schwant.〉ツルナ科。高さは60cm。花はパールピンク色。園芸植物。

ランブルックシルバー キク科のアルテミシアの品種。ハーブ。

ランホウギョク 鸞鳳玉 〈*Astrophytum myriostigma* Lem.〉サボテン科の多年草。高さは50cm。花は黄色。園芸植物。

ランヨウアオイ 乱葉葵 〈*Heterotropa blumei* (Duchartre) F. Maekawa〉ウマノスズクサ科の多年草。葉径10〜15cm。花は緑紫色。園芸植物。

ランヨウハリガネゴケ 〈*Bryum cyclophyllum* (Schwägr.) Bruch & Schimp.〉ハリガネゴケ科のコケ。茎は長さ1.3cm、葉は卵形〜卵円形。

【リ】

リーア・グイネーンシス 〈*Leea guineensis* G. Don〉リーア科の常緑低木。高さは2〜2.5m。花は黄色。園芸植物。

リーア・コッキネア 〈*Leea coccinea* Planch.〉リーア科の常緑低木。高さは2〜2.5m。花はピンク色。園芸植物。

リーア・コッシネア ブドウ科。園芸植物。

リアトリス キク科の属総称。別名ユリアザミ、キリンギク。切り花に用いられる。

リアトリス・エレガンス 〈*Liatris elegans* (Walt.) Michx.〉キク科。高さは120cm。花は紫紅色。園芸植物。

リアトリス・スカリオサ 〈*Liatris scariosa* (L.) Willd.〉キク科。別名マツガサギク。高さは90cm。花は紫紅色。園芸植物。

リアトリス・スピカタ キリンギクの別名。

リアトリス・ピクノスタキア ユリアザミの別名。

リアトリス・リグリスティリス タマザキリアトリスの別名。

リアリア・ケルグエレンシス 〈*Lyallia kerguelensis* Hook. f.〉ナデシコ科の多年草。

リアンダー 〈Leander〉バラ科。イングリッシュローズ系。花は淡アプリコット色。

リヴィストナ・アウストラリス 〈*Livistona australis* (R. Br.) Mart.〉ヤシ科。高さは18〜23m。園芸植物。

リヴィストナ・キネンシス シナビロウの別名。

リヴィストナ・サリブス 〈*Livistona saribus* (Lour.) Merrill ex Cheval.〉ヤシ科。高さは18〜23m。花は淡緑色。園芸植物。

リヴィストナ・ジェンキンシアナ 〈*Livistona jenkinsiana* Griff.〉ヤシ科。別名ヒマラヤビロウ。高さは6〜10m。花は淡緑色。園芸植物。

リヴィストナ・メリリー 〈*Livistona merrillii* Becc.〉ヤシ科。別名フィリピンビロウ。高さは20m。花は淡緑色。園芸植物。

リヴィストナ・ロツンディフォリア セイタカビロウの別名。

リヴィナ・フミリス ジュズサンゴの別名。

リオ・サンバ 〈Rio Samba〉バラ科。ハイブリッド・ティーローズ系。花は純黄色。

リオナラ・フォアキャスター 〈× *Lyonara* Forecaster〉ラン科。高さは50〜70cm。花は淡紅紫色。園芸植物。

リオナラ・レッド・ヘッド 〈× *Lyonara* Red Head〉ラン科。花は濃紫赤色。園芸植物。

リオン 〈*Chelone lyonii* Pursh〉ゴマノハグサ科の宿根草。別名ジャコウソウモドキ、ケロネ、チェロン。園芸植物。

リカステ ラン科の属総称。

リカステ・アクイラ 〈*Lycaste* Aquila〉ラン科。花は黄、橙黄、緑黄色。園芸植物。

リカステ・アロマティカ 〈*Lycaste aromatica* (R. C. Grah. ex Hook.) Lindl.〉ラン科。高さは15cm。花は黄色。園芸植物。

リカステ・インシュートィアナ 〈*Lycaste* Imschootiana〉ラン科。花は淡黄、乳白、淡桃色。園芸植物。

リカステ・ヴァーゴー 〈*Lycaste* Virgo〉ラン科。花は緑黄、赤のぼかしなど。園芸植物。

リカステ・オーバーン 〈*Lycaste* Auburn〉ラン科。花は白、桃、黄、紅など。園芸植物。

リカステ・カプリコーン 〈*Lycaste* Capricorn〉ラン科。花は褐赤、濃紅色。園芸植物。

リカステ・キャシオピーア 〈*Lycaste* Cassiopeia〉ラン科。花は黄、褐黄、橙朱色。園芸植物。

リカステ・キャンベリー 〈*Lycaste campbellii* Schweinf.〉ラン科。高さは6〜8cm。花は緑黄色。園芸植物。

リカステ・キリアタ 〈*Lycaste ciliata* (Ruiz et Pav.) Lindl. ex Rchb. f.〉ラン科。高さは10cm。花は白色。園芸植物。

リカステ・クイーン・エリザベス 〈*Lycaste* Queen Elizabeth〉ラン科。花は鮮緑〜淡緑色。園芸植物。

リカステ・クシトリフォラ 〈*Lycaste xytriphora* Rchb. f.〉ラン科。高さは10〜12cm。花は白色。園芸植物。

リカステ・クルエンタ 〈*Lycaste cruenta* (Lindl.) Lindl.〉ラン科の多年草。高さは7〜17cm。花は橙黄色。園芸植物。

リカステ・クーレナ 〈*Lycaste* Koolena〉ラン科。花は紅、赤、白色。園芸植物。

リカステ・ケープ・オブ・アイランド 〈*Lycaste* Cape of Island〉ラン科。花は緑黄、黄、桃色。園芸植物。

リカステ・サンライズ 〈*Lycaste* Sunrise〉ラン科。園芸植物。

リカステ・ショウルヘイヴン 〈*Lycaste* Shoalhaven〉ラン科。花は桃、淡桃、白色。園芸植物。

リカステ・スキネリ 〈*Lycaste skinneri* (Batem. ex Lindl.) Lindl.〉ラン科。高さは15〜30cm。花は赤菫色。園芸植物。

リカステ・ダイエリアナ 〈*Lycaste dyeriana* Sander et Rolfe〉ラン科。高さは7〜13cm。花は淡緑色。園芸植物。

リカステ・ダウイアナ 〈*Lycaste dowiana* Endres et Rchb. f〉ラン科。高さは9cm。花は淡黄白色。園芸植物。

リカステ・デッペイ 〈*Lycaste deppei* (Lodd.) Lindl.〉ラン科。高さは12〜15cm。花は白色。園芸植物。

リカステ・トリコロル 〈*Lycaste tricolor* (Klotzsch) Rchb. f.〉ラン科。高さは12cm。花は白で紅を帯びる。園芸植物。

リカステ・ハイランド・ピーク 〈*Lycaste* Highland Peak〉ラン科。花は鮮緑色。園芸植物。

リカステ・パウエリー 〈*Lycaste powellii* Schlechter〉ラン科。高さは8〜12cm。花は白色。園芸植物。

リカステ・バリントニアエ 〈*Lycaste barringtoniae* (Sm.) Lindl.〉ラン科。高さは12cm。花は淡緑色。園芸植物。

リカステ・ヒブリダ 〈*Lycaste* Hybrida〉ラン科。花は白色。園芸植物。

リカステ・フルウェスケンス 〈*Lycaste fulvescens* Hook.〉ラン科。高さは15cm。花は淡褐黄色。園芸植物。

リカステ・ブルゲンシス 〈*Lycaste* Brugensis〉ラン科。花は緑黄色。園芸植物。

リカステ・ブレウィスパタ 〈*Lycaste brevispatha* (Klotzsch) Lindl.〉ラン科。高さは10cm。花は白で桃を帯びる。園芸植物。

リカステ・ボーリアエ 〈*Lycaste* Balliae〉ラン科。花は桃、褐赤色。園芸植物。

リカステ・マカマ 〈*Lycaste* Macama〉ラン科。花は鮮桃、紅、白色。園芸植物。

リカステ・マクロフィラ 〈*Lycaste macrophylla* (Poepp. et Lindl.) Lindl.〉ラン科。高さは15cm。花は白色。園芸植物。

リカステ・モモヤマ 〈*Lycaste* Momoyama〉ラン科。花は白、淡黄、淡桃色。園芸植物。

リカステ・ラシオグロッサ 〈*Lycaste lasioglossa* Rchb. f.〉ラン科。高さは25cm。花は黄色。園芸植物。

リカステリア・ダライアス 〈× *Lycasteria* Darius〉ラン科。花は黄白、淡紫桃色。園芸植物。

リカステ・リブラ 〈*Lycaste* Libra〉ラン科。花は褐色、褐赤色。園芸植物。

リカステ・レウカンタ 〈*Lycaste leucantha* (Klotzsch) Lindl.〉ラン科。高さは20cm。花はクリーム白色。園芸植物。

リカステ・レオ 〈*Lycaste* Leo〉ラン科。花は緑、黄色。園芸植物。

リカステ・ロクスタ 〈*Lycaste locusta* Rchb. f.〉ラン科。高さは15～25cm。花は緑色。園芸植物。

リカステ・ロンギスカパ 〈*Lycaste longiscapa* Rolfe ex E. Cooper〉ラン科。高さは60cm。花は帯褐緑色。園芸植物。

リカステ・ロンギペタラ 〈*Lycaste longipetala* (Ruiz et Pav.) Garay〉ラン科。高さは30cm。花は帯褐緑色。園芸植物。

リカステ・ワイルド・コート 〈*Lycaste* Wyld Court〉ラン科。花は濃紅色。園芸植物。

リカステ・ワイルドファイアー 〈*Lycaste* Wyldfire〉ラン科。花は濃紅、紅赤色。園芸植物。

リーガース・ベゴニア 〈*Begonia* × *hiemalis* Fotsch〉シュウカイドウ科。別名エラチオール・ベゴニア、ベゴニア・ヒエマリス。高さは30～50cm。園芸植物。

リーガルリリー オウカンユリの別名。

リーキ 〈*Allium ampeloprasum* L. Porrum Group〉ユリ科の野菜。葉は扁平で龍骨状あり。長さ60～80cm。花は淡紫紅色。熱帯植物。園芸植物。

リギダマツ 〈*Pinus rigida* Mill.〉マツ科の木本。別名ミツバマツ。高さは20m。園芸植物。

リキヌス・コンムニス トウゴマの別名。

リキュウソウ ビャクブの別名。

リキュウバイ 梅咲空木 〈*Exochorda racemosa* (Lindl.) Rehder〉バラ科の落葉低木。別名マルバヤギザクラ、ウメギキウツギ、バイカシモツケ。高さは3～4m。園芸植物。

リクアラ・プミラ 〈*Licuala pumila* Blume〉ヤシ科。別名チャボゴヘイヤシ。高さは1.5m。花は灰白色。園芸植物。

リクアラ・ブレウィカリクス 〈*Licuala brevicalyx* Becc.〉ヤシ科。別名ダイオウゴヘイヤシ。高さは3～4m。花は白色。園芸植物。

リクアラ・ルンフィー 〈*Licuala rumphii* Blume〉ヤシ科。高さは1～3.6m。園芸植物。

リクイダンバル・スティラキフルア モミジバフウの別名。

リクイダンバル・フォルモサナ フウの別名。

リグスティクム・シネンセ 〈*Ligusticum sinense* Oliv.〉セリ科の薬用植物。

リグスティクム・プテリドフィルム 〈*Ligusticum pteridophyllum* Frach.〉セリ科の薬用植物。

リグストルム・インディクム 〈*Ligustrum indicum* (Lour.) Merrill〉モクセイ科の木本。花冠はやや球形。園芸植物。

リグストルム・ウルガレ 〈*Ligustrum vulgare* L.〉モクセイ科の木本。別名ヨウシュイボタノキ。高さは2～5m。花は白色。園芸植物。

リグストルム・オウァリフォリウム オオバイボタの別名。

リグストルム・オブツシフォリウム イボタノキの別名。

リグストルム・ヤポニクム ネズミモチの別名。

リグストルム・ルキドゥム トウネズミモチの別名。

リクゼンクマワラビ 〈*Dryopteris* × *shojii* Nakaike, nom. nud.〉オシダ科のシダ植物。

リクゼンタニヘゴモドキ 〈*Dryopteris* × *rikuzenensis* Sagawa et Nakaike, nom. nud.〉オシダ科のシダ植物。

リクチュウダケ 〈*Semiarundinaria kagamiana* Makino〉イネ科の木本。高さは10m。園芸植物。

リクチュウナナカマド ソルブス・リクチュエンシスの別名。

リグナムバイタ ユソウボクの別名。

リクニス ナデシコ科の属総称。別名小麦仙翁(コムギセンノウ)、松本仙翁(マツモトセンノウ)、仙翁(センノウ)。

リクニス・ウィルフォーディー エンビセンノウの別名。

リクニス・カルケドニカ アメリカセンノウの別名。

リクニス・コロナタ ガンピの別名。

リクニス・コロナリア スイセンノウの別名。

リクニス・シーボルディー マツモトセンノウの別名。

リクニス・センノウ センノウの別名。

リクニス・ハーゲアナ 〈*Lychnis* × *haageana* Lem.〉ナデシコ科の一年草または多年草。高さは30～40cm。花は鮮やかな橙紅色。園芸植物。

リクニス・ビスカリア 〈*Lychnis viscaria* L.〉ナデシコ科の多年草。高山植物。

リクニス・ヒマレイエンシス ナデシコ科。別名ヒマラヤセンノウ。高山植物。

リクニス・フルゲンス エゾセンノウの別名。

リクニス・フロスヨービス ナデシコ科。高山植物。

リグラリア・ステノケファラ メタカラコウの別名。

リグラリア・デンタタ マルバダケブキの別名。

リグラリア・フィッシェリ オタカラコウの別名。

リグラリア・プルゼワルシキー 〈*Ligularia przewalskii* Diels.〉キク科の多年草。

リグラリア・ヤポニカ ハンカイソウの別名。

リケア・スコパリア 〈*Richea scoparia* Hook.〉エパクリス科の低木。

リケア・ドラコフィーラ 〈*Richea dracophylla* R. Br.〉エパクリス科の低木。

リゴディウム・パルマツム 〈*Lygodium palmatum* (Bernh.) Swartz〉フサシダ科。葉長0.5～1.5m。園芸植物。

リゴディウム・ミクロフィルム　イリオモテシャミセンヅルの別名。
リゴディウム・ヤポニクム　カニクサの別名。
リゴデスミア・グランディフロラ　〈*Lygodesmia grandiflora* T. & G.〉キク科。高山植物。
リコプス・エウロパエウス　〈*Lycopus europaeus* L.〉シソ科の多年草。
リコポディウム・オブスクルム　マンネンスギの別名。
リコポディウム・キネンセ　ヒメスギランの別名。
リコポディウム・クラウァツム　ヒカゲノカズラの別名。
リコポディウム・クリプトメリヌム　スギランの別名。
リコポディウム・ケルヌーム　ミズスギの別名。
リコポディウム・シーボルディー　ヒモランの別名。
リコポディウム・スクアロスム　〈*Lycopodium squarrosum* G. Forst.〉ヒカゲノカズラ科。高さは40〜70cm。園芸植物。
リコポディウム・セラツム　トウゲシバの別名。
リコポディウム・ハミルトニー　ナンカクランの別名。
リコポディウム・フレグマリア　ヨウラクヒバの別名。
リコリス　ヒガンバナ科の属総称。球根植物。別名夏水仙(ナツズイセン)、狐剃刀(キツネノカミソリ)、彼岸花(ヒガンバナ)。切り花に用いられる。
リコリス　リコリス・プラントの別名。
リコリス・アウレア　ショウキランの別名。
リコリス・アルビフロラ　シロバナマンジュシャゲの別名。
リコリス・インカルナタ　〈*Lycoris incarnata* Comes ex K. Spreng.〉ヒガンバナ科。高さは40〜50cm。花は乳白色。園芸植物。
リコリス・スクアミゲラ　ナツズイセンの別名。
リコリス・スプレンゲリ　〈*Lycoris sprengeri* Comes ex Bak.〉ヒガンバナ科。別名ムラサキキツネノカミソリ。花は紫桃色。園芸植物。
リコリス・プラント　キク科のハーブ。別名リコリス。
リコリス・ヘイワルディ　ヒガンバナ科。園芸植物。
リコリス・ラディアタ　ヒガンバナの別名。
リゴレット　キク科のダリアの品種。園芸植物。
リシアンティウス・ウムベラーツス　〈*Lisianthius umbellatus* Sw.〉リンドウ科の低木。
リシアンティウス・ニグレセンス　〈*Lisianthius nigrescens* Cham. et Schlecht.〉リンドウ科の一年草または多年草。
リシオノツス・セラツス　〈*Lysionotus serratus* D. Don〉イワタバコ科の着生植物。葉が楕円形で全体に大形。園芸植物。

リシオノツス・パウキフロルス　シシンランの別名。
リシキトン・アメリカヌム　アメリカミズバショウの別名。
リシキトン・カムチャトケンセ　ミズバショウの別名。
リシマキア　ヨウシュコナスビの別名。
リシマキア・ウルガリス　クサレダマの別名。
リシマキア・クリスチナエ　〈*Lysimachia christinae* Hance.〉サクラソウ科の薬用植物。
リシマキア・クレトロイデス　オカトラノオの別名。
リシマキア・ヌンムラリア　ヨウシュコナスビの別名。
リシマキア・ネモルム　〈*Lysimachia nemorum* L.〉サクラソウ科の多年草。
リシマキア・プンクタタ　〈*Lysimachia punctata* L.〉サクラソウ科の草本。高さは50cm。花は黄色。園芸植物。
リシマキア・ヤポニカ　コナスビの別名。
リシマキア・レスケナウリティー　〈*Lysimachia leschenaultii* Duby〉サクラソウ科の多年草。
リシリオウギ　利尻黄耆　〈*Astragalus frigidus* (L.) Bunge subsp. *parviflorus* (Turcz.) Hultén〉マメ科の多年草。高さは15〜30cm。高山植物。
リシリカニツリ　利尻蟹釣　〈*Trisetum spicatum* (L.) Richt.〉イネ科の多年草。別名タカネカニツリ。高さは10〜45cm。
リシリゲンゲ　利尻紫雲英　〈*Oxytropis campestris* (L.) DC. subsp. *rishiriensis* (Matsum.) Toyokuni〉マメ科の草本。別名タカネオオギ。高山植物。
リシリシノブ　利尻忍草　〈*Cryptogramma crispa* (L.) R. Br. ex Richards〉ホウライシダ科(イノモトソウ科、ワラビ科)の夏緑性シダ。別名イワシノブ。葉身は長さ30cm。3回羽状に分裂。園芸植物。
リシリスゲ　利尻菅　〈*Carex scita* var. *riishirensis*〉カヤツリグサ科。
リシリゼニゴケ　〈*Peltolepis quadrata* (Saut.) Müll. Frib.〉ジンチョウゴケ科のコケ。縁が赤色、長さ2cm以下。
リシリソウ　利尻草　〈*Zigadenus sibiricus* (L.) A. Gray〉ユリ科の多年草。高さは10〜25cm。花は紫色。高山植物。園芸植物。
リシリヒナゲシ　利尻雛罌粟　〈*Papaver fauriei* Fedde〉ケシ科の多年草。高さは10〜30cm。高山植物。日本絶滅危機植物。
リシリビャクシン　〈*Juniperus sibirica*〉ヒノキ科の常緑ほふく性低木。
リシリブシ　利尻付子　〈*Aconitum sachalinense* var. *compactum*〉キンポウゲ科。別名リシリトリカブト。高山植物。

リシリリンドウ 〈*Gentiana jamesii* Hemsl.〉リンドウ科の草本。別名カワカミリンドウ、クモマリンドウ。高山植物。

リスゴケ 〈*Dozya japonica* Sande Lac.〉イタチゴケ科のコケ。長さ3〜5cm、枝葉は広披針形。

リステラ・オバータ 〈*Listera ovata* R. Br.〉ラン科の多年草。

リスノシッポ 〈*Justicia betonica* L.〉キツネノマゴ科の草本。苞は白色、緑脈。高さは1〜1.5m。花は白、淡紫色の斑。熱帯植物。

リスノドリアン 〈*Boschia griffithii* Masters.〉パンヤ科の高木。果実は小枝につく、種衣黄色。熱帯植物。

リスボン・レモン ミカン科のミカン(蜜柑)の品種。果皮は明黄色。

リゼット バラ科のカイドウの品種。園芸植物。

リゾゴニウム・ドウアイアヌム ヒノキゴケの別名。

リチャー リチャード・デリシアスの別名。

リチャード リチャード・デリシアスの別名。

リチャード・カーベル キンポウゲ科のシャクヤクの品種。園芸植物。

リチャード・デリシアス バラ科のリンゴ(苹果)の品種。別名リチャード、リチャー。果皮は鮮紅色。

リチャード・ロビンソン シュウカイドウ科のベゴニアの品種。園芸植物。

リツェア・クベバ アオモジの別名。

リツェア・ヤポニカ ハマビワの別名。

リッソキルス・パニクラツス 〈*Lissochilus paniculatus* (Rolfe) H. Perr.〉ラン科。高さは1m。花は黄白色。園芸植物。

リッチア・フルイタンス ウキゴケの別名。

リッテロケレウス・プルイノスス 〈*Ritterocereus pruinosus* (Otto) Backeb.〉サボテン科のサボテン。別名朝霧閣。高さは7m。花は淡いピンク色。園芸植物。

リットニア ユリ科の属総称。球根植物。

リットニア・モデスタ 〈*Littonia modesta* Hook.〉ユリ科の多年草。高さは1.5m。花は橙黄色。園芸植物。

リッピア・カネスケンス 〈*Lippia canescens* Kunth〉クマツヅラ科の多年草または低木。高さは30cm。花は明るいピンク色。園芸植物。

リッピア・キトリオドラ ボウシュウボクの別名。

リッピア・ノディフロラ イワダレソウの別名。

リディア 〈*Lydia*〉バラ科。シュラブ・ローズ系。花は濃いオレンジ色。

リティココス・アマラ 〈*Rhyticocos amara* (Jacq.) Becc.〉ヤシ科。高さは20m。園芸植物。

リティドフィルム・トメントスム 〈*Rytidophyllum tomentosum* (L.) Mart.〉イワタバコ科の低木。高さは1.5m。花は淡緑色。園芸植物。

リトウトンボソウ 〈*Platanthera pachyglossa*〉ラン科。

リトカルプス・エドゥリス マテバシイの別名。

リトカルプス・グラブラ シリブカガシの別名。

リトキエア・ポリペタラ 〈*Ritchiea polypetala* Hook. f.〉フウチョウソウ科の常緑高木。

リトスペルムム・エリトロリゾン ムラサキの別名。

リトスペルムム・ツォリンゲリ ホタルカズラの別名。

リトスペルムム・ディフフーサム ムラサキ科。園芸植物。

リトスペルムム・ディフフスム ミヤマホタルカズラの別名。

リトドラ・オレイフォリア 〈*Lithodora oleifolia* (Lapeyr.) Griseb.〉ムラサキ科の低木。高さは20cm。花は紫色。園芸植物。

リトドラ・ディッフサ 〈*Lithodora diffusa* (Lag.) I. M. Johnst.〉ムラサキ科の低木。高さは35cm。花は青色。園芸植物。

リトプス ツルナ科の属総称。

リトプス・アウカンピアエ 〈*Lithops aucampiae* L. Bolus〉ツルナ科。別名日輪玉。高さは2cm。園芸植物。

リトプス・ヴァリス-マリアエ 〈*Lithops vallis-mariae* (Dinter et Schwant.) N. E. Br.〉ツルナ科。別名碧賜玉。高さは2〜4cm。園芸植物。

リトプス・ウィリディス 〈*Lithops viridis* H. Lückh.〉ツルナ科。別名美梨玉。葉は割れ目の深い倒円錐形で幅広く、灰褐色。園芸植物。

リトプス・ヴィレッティー 〈*Lithops villettii* L. Bolus〉ツルナ科。別名麗典玉。高さは4.7cm。園芸植物。

リトプス・ヴェーベリ 〈*Lithops weberi* Nel〉ツルナ科。葉は赤みを帯びた灰褐色。園芸植物。

リトプス・ウェルクロサ 〈*Lithops verruculosa* Nel〉ツルナ科。別名朝貢玉。高さは2〜3cm。園芸植物。

リトプス・ヴェルネリ 〈*Lithops werneri* Schwant. et Jacobsen〉ツルナ科。別名雲映玉。高さは1cm。園芸植物。

リトプス・エリサエ 〈*Lithops elisae* De Boer〉ツルナ科。葉は深さ1cmの割れ目をもつ長円形。園芸植物。

リトプス・エルニアナ 〈*Lithops erniana* Loesch et Tisch.〉ツルナ科。別名英留玉。高さは2.5〜3cm。園芸植物。

リトプス・オツェニアナ 〈*Lithops otzeniana* Nel〉ツルナ科。別名大津絵。高さは2〜3cm。園芸植物。

リトプス・オプティカ 〈*Lithops optica* (Marloth) N. E. Br.〉ツルナ科の多年草。別名大内玉。高さは3〜4cm。園芸植物。

リトプス・オリーブギョク 〈Lithops olivacea L. Bolus〉ツルナ科。別名オリーブ玉。高さは2cm。園芸植物。
リトプス・カラスモンタナ カモンギョクの別名。
リトプス・グラウディナエ 〈Lithops glaudinae De Boer〉ツルナ科。葉は丈の低い倒円錐形。園芸植物。
リトプス・グラキリデリネアタ 〈Lithops gracilidelineata Dinter〉ツルナ科。別名荒玉。体色は明るい乳白色。園芸植物。
リトプス・クリスティナエ 〈Lithops christinae De Boer〉ツルナ科。頂面が扁平、淡黄色。園芸植物。
リトプス・ゲシナエ 〈Lithops gesinae De Boer〉ツルナ科。別名源氏玉。高さは1.8〜2.2cm。園芸植物。
リトプス・コンプトニー 〈Lithops comptonii L. Bolus〉ツルナ科。別名太古玉。頂面がわずかにふくらむ。園芸植物。
リトプス・サリコラ リフジンの別名。
リトプス・シュヴァンテシー 〈Lithops schwantesii Dinter〉ツルナ科。別名招福玉。高さは3〜4cm。園芸植物。
リトプス・シュタイネッケアナ 〈Lithops steineckeana Tisch.〉ツルナ科。別名翠蛾。高さは2.2cm。園芸植物。
リトプス・ツルビニフォルミス 〈Lithops turbiniformis (Haw.) N. E. Br.〉ツルナ科。別名露美玉。高さは2〜2.5cm。園芸植物。
リトプス・ディウェルゲンス 〈Lithops divergens L. Bolus〉ツルナ科。別名宝翠玉。体色は灰緑色。園芸植物。
リトプス・ディンテリ 〈Lithops dinteri Schwant.〉ツルナ科。別名神笛玉。高さは2〜3cm。園芸植物。
リトプス・デボエリ 〈Lithops deboeri Schwant.〉ツルナ科。別名伝宝玉。高さは3cm。園芸植物。
リトプス・ドロテアエ 〈Lithops dorotheae Nel〉ツルナ科。別名麗虹玉。高さは2〜3cm。園芸植物。
リトプス・ハリー 〈Lithops hallii De Boer〉ツルナ科。別名巴里玉。高さは2〜2.5cm。園芸植物。
リトプス・プセウドトルンカテラ マガタマの別名。
リトプス・フランシスキー 〈Lithops franciscii (Dinter et Schwant.) N. E. Br.〉ツルナ科。別名古典玉。高さは1.5〜3cm。園芸植物。
リトプス・ブレウィス 〈Lithops brevis L. Bolus〉ツルナ科。別名惜春玉。頂面が扁平かわずかにふくらむ。園芸植物。
リトプス・フレリ 〈Lithops fulleri N. E. Br.〉ツルナ科。別名福来玉。高さは3〜4cm。園芸植物。

リトプス・ブロムフィールディー 〈Lithops bromfieldii L. Bolus〉ツルナ科。別名七宝玉、柘榴玉。高さは1.5cm。園芸植物。
リトプス・ベラ 〈Lithops bella (Dinter) N. E. Br.〉ツルナ科。別名琥珀玉。高さは2.5〜3cm。園芸植物。
リトプス・ヘルムーティー セイジギョクの別名。
リトプス・ヘレイ 〈Lithops herrei L. Bolus〉ツルナ科。別名澄青玉。園芸植物。
リトプス・マイエリ 〈Lithops meyeri L. Bolus〉ツルナ科。別名菊水玉。高さは3cm。園芸植物。
リトプス・マーサエ 〈Lithops marthae Loesch et Tisch.〉ツルナ科。別名絢爛玉。高さは2〜3cm。園芸植物。
リトプス・マルギナタ 〈Lithops marginata (N. E. Br.) N. E. Br.〉ツルナ科。別名丸貴玉。葉は丈の低い倒円錐形、菫灰色。園芸植物。
リトプス・マルモラタ 〈Lithops marmorata (N. E. Br.) N. E. Br.〉ツルナ科。別名繭形玉。高さは3cm。園芸植物。
リトプス・ミネリー 〈Lithops mennellii L. Bolus〉ツルナ科。別名雀卵玉。高さは1.7〜2cm。園芸植物。
リトプス・ユリー 〈Lithops julii (Dinter et Schwant.) N. E. Br.〉ツルナ科。別名寿麗玉。高さは2〜3cm。園芸植物。
リトプス・ルシオルム 〈Lithops ruschiorum (Dinter et Schwant.) N. E. Br.〉ツルナ科。別名瑠蝶玉。高さは2〜4.5cm。園芸植物。
リトプス・レズリー 〈Lithops lesliei (N. E. Br.) N. E. Br.〉ツルナ科。別名紫勲。高さは3〜4cm。園芸植物。
リトプス・ロカリス 〈Lithops locaris (N. E. Br.) Schwant.〉ツルナ科。別名露花玉。高さは6〜12mm。園芸植物。
リトフラグマ・パルビフローラ 〈Lithophragma parviflora (Hook.) Nutt.〉ユキノシタ科。高山植物。
リトマスゴケ リトマスゴケ科のコケ。
リトル・アーテイスト 〈Little Artist〉バラ科。ミニアチュア・ローズ系。花は赤色。
リトル・ジェム 〈Little Gem〉バラ科。モス・ローズ系。花はモスローズ色。
リトル・スイート・ハート マメ科のスイートピーの品種。園芸植物。
リトル・ダーリン ゴマノハグサ科のキンギョソウの品種。園芸植物。
リトルム・アンケプス ミソハギの別名。
リトルム・サリカリア エゾミソハギの別名。
リトルム・ポルツラ 〈Lythrum portula D. A. Webb〉ミソハギ科の一年草。
リトル・リンダ キョウチクトウ科のビンカの品種。園芸植物。

リナカンツス・ナスタ 〈Rhinacanthus nasutus Kurz〉キツネノマゴ科の小低木。花は白色。熱帯植物。薬用植物。

リナム ベニバナアマの別名。

リナム・ペレネ・アルピナム リヌム・アルピヌムの別名。

リナリア ゴマノハグサ科の属総称。宿根草。別名紫海蘭(ムラサキウンラン)、姫金魚草(ヒメキンギョソウ)。切り花に用いられる。

リナリア ヒメキンギョソウの別名。

リナリア・アルピナ 〈Linaria alpina (L.) Mill.〉ゴマノハグサ科の一年草または多年草。高さは15cm。花は青または菫色。高山植物。園芸植物。

リナリア・ウルガリス ホソバウンランの別名。

リナリア・トリオルニトフォーラ 〈Linaria triornithophora Willd.〉ゴマノハグサ科の多年草。

リナリア・トリフィラ 〈Linaria triphylla Miller〉ゴマノハグサ科の一年草。

リナリア・ビパルティタ ヒメキンギョソウの別名。

リナリア・プルプレア 〈Linaria purpurea (L.) Mill.〉ゴマノハグサ科の一年草または多年草。高さは75〜90cm。花は紫菫色。園芸植物。

リナリア・マロッカナ ヤナギウンランの別名。

リナリア・レティクラタ 〈Linaria reticulata (Sm.) Desf.〉ゴマノハグサ科の一年草または多年草。高さは60〜120cm。花は紫紅色。園芸植物。

リナリア・レペンス 〈Linaria repens Miller〉ゴマノハグサ科の多年草。高山植物。

リナンタス・グランディフロルス 〈Linanthus grandiflorus Benth.〉ハナシノブ科の一年草。

リナンツス・ミノール 〈Rhinanthus minor L.〉ゴマノハグサ科の多年草。

リヌム・アウストリアクム 〈Linum austriacum L.〉アマ科の多年草。

リヌム・アルピヌム 〈Linum alpinum Jacq.〉アマ科。高さは20〜30cm。花は青色。高山植物。園芸植物。

リヌム・アングリカム 〈Linum anglicum Mill.〉アマ科の多年草。

リヌム・ウシタティッシムム アマの別名。

リヌム・カタルティクム 〈Linum catharticum L.〉アマ科の一年草。

リヌム・カンパヌラツム 〈Linum campanulatum L.〉アマ科。高さは30〜40cm。花は黄色。園芸植物。

リヌム・グランディフロルム ベニバナアマの別名。

リヌム・サルソロイデス アマ科。園芸植物。

リヌム・スッフルティコスム 〈Linum suffruticosum L.〉アマ科。高さは30〜50cm。花は白色。園芸植物。

リヌム・ステレロイデス マツバニンジンの別名。

リヌム・ナルボネンセ 〈Linum narbonense L.〉アマ科。高さは50〜60cm。花は藍色。園芸植物。

リヌム・ビエネ 〈Linum bienne Miller〉アマ科の一年草または多年草。

リヌム・ヒペリキフォリウム 〈Linum hypericifolium K. Presl〉アマ科。高さは40cm。花は中心部は淡黄色。園芸植物。

リヌム・フラウム 〈Linum flavum L.〉アマ科。高さは30〜50cm。花は鮮黄色。園芸植物。

リヌム・ペレンネ シュッコンアマの別名。

リヌム・レューイシイ 〈Linum Lewisii Pursh〉アマ科。高山植物。

リネリザ・ディウィティフロラ 〈Rhinerrhiza divitiflora (F. J. Muell. ex Benth.) Rupp〉ラン科。高さは7.5cm。花は明るい橙色。園芸植物。

リノシエラ 〈Linociera pauciflora Clarke〉モクセイ科の低木。熱帯植物。

リバティー バラ科。ハイブリッド・ティーローズ系。

リバプール・エコー 〈Liverpool Echo〉バラ科。

リパリア・スファエリカ 〈Liparia sphaerica L.〉マメ科の低木。

リパリス・アウリクラタ ギボウシランの別名。

リパリス・オドラタ ササバランの別名。

リパリス・クモキリ クモキリソウの別名。

リパリス・クラメリ ジガバチソウの別名。

リパリス・コルディフォリア 〈Liparis cordifolia Hook. f.〉ラン科。高さは6〜9cm。花は淡緑色。園芸植物。

リパリス・ディスタンス 〈Liparis distans C. B. Clarke〉ラン科。高さは20cm。花は黄緑色。園芸植物。

リパリス・ネルウォサ コクランの別名。

リパリス・フォルモサナ ユウコクランの別名。

リパリス・フジサネンシス フガクスズムシソウの別名。

リパリス・ブータネンシス チケイランの別名。

リパリス・マキノアナ スズムシソウの別名。

リパリス・ヤポニカ セイタカスズムシソウの別名。

リパリス・リザレンシス 〈Liparis rizalensis Ames〉ラン科。高さは12〜20cm。花は橙茶〜明赤橙色。園芸植物。

リパリス・リリーフォリア 〈Liparis liliifolia (L.) L. Rich. ex Lindl.〉ラン科。高さは10〜20cm。園芸植物。

リヒトホーフェニア 〈Richthofenia siamensis Hosse.〉ラフレシア科の寄生植物。サプリアに似るが少し異なる。熱帯植物。

リビングストン・デージー 〈Dorotheanthus bellidiformis N. E. Br. (Mesembryanthemum criniflorum L. fil.)〉ツルナ科の低度多肉の小形の

一年草。別名ベニハリ(紅波璃)。葉はへら形で厚肉、茎は暗紅紫色。高さは10〜15cm。花は紅、紫紅、白、桃、あんず、橙、等がある。園芸植物。

リファルジェンス〈Refulgence〉バラ科。エグランテリア・ローズ系。花はピンク。

リプサリス サボテン科の属総称。サボテン。

リプサリス・ヴァルミンギアナ〈Rhipsalis warmingiana K. Schum.〉サボテン科の多年草。別名風月。花は白色。園芸植物。

リプサリス・ウレティアナ〈Rhipsalis houlletiana Lem.〉サボテン科のサボテン。別名花柳。長さ30〜50cm。花は赤色。園芸植物。

リプサリス・カピリフォルミス〈Rhipsalis capilliformis A. Web.〉サボテン科の多年草。別名松風。花はクリーム色。園芸植物。

リプサリス・クリスパタ〈Rhipsalis crispata (Haw.) Pfeiff.〉サボテン科のサボテン。別名窓の梅。長さ6〜12cm。花は黄白色。園芸植物。

リプサリス・ケレウスクラ〈Rhipsalis cereuscula Haw.〉サボテン科のサボテン。別名青柳。長さ10〜30cm。花は黄白色。園芸植物。

リプサリス・テレス〈Rhipsalis teres (Vell.) Steud.〉サボテン科のサボテン。別名初緑。花は淡黄色。園芸植物。

リプサリス・パキプテラ〈Rhipsalis pachyptera Pfeiff.〉サボテン科のサボテン。別名星座の光。長さ10〜20cm。花は白色。園芸植物。

リプサリス・バーチェリー〈Rhipsalis burchellii Britt. et Rose〉サボテン科のサボテン。別名青簾。花は白色。園芸植物。

リプサリス・バッキフェラ〈Rhipsalis baccifera (Soland. ex J. Mill.) Stearn〉サボテン科のサボテン。別名糸葦。長さ1〜数m。花は乳白色。園芸植物。

リプサリス・ファスキクラタ〈Rhipsalis fasciculata (Willd.) Haw.〉サボテン科のサボテン。別名吹競べ。花は白色。園芸植物。

リプサリス・ペンタプテラ〈Rhipsalis pentaptera Pfeiff.〉サボテン科のサボテン。別名手綱絞り。花は透明状淡紅色。園芸植物。

リプサリス・ミクランタ〈Rhipsalis micrantha (H. B. K.) DC.〉サボテン科のサボテン。別名露の舞。花は白色。園芸植物。

リプサリス・メセンブリアンテモイデス〈Rhipsalis mesembryanthemoides Haw.〉サボテン科のサボテン。別名千代の松。長さ20〜40cm。花は白色。園芸植物。

リプサリス・ルンブリコイデス〈Rhipsalis lumbricoides Lem.〉サボテン科のサボテン。別名蚯蚓葦。花は乳白色。園芸植物。

リプサリス・ロンベア オウバイの別名。

リプサリドプシス・ロセア〈Rhipsalidopsis rosea (Lagerh.) Britt. et Rose〉サボテン科のサボテン。別名落下の舞。高さは20〜30cm。花は淡紅紫色。園芸植物。

リフジン 李夫人〈Lithops salicola L. Bolus〉ツルナ科。球体は灰緑青色の長倒円すい形。高さは2〜2.5cm。花は白色。園芸植物。

リヘイグリ 利平ぐり ブナ科のクリ(栗)の品種。果皮は帯紫黒褐色。

リベス・アンビグーム ヤシャビシャクの別名。

リベス・グロッスラリア セイヨウスグリの別名。

リベス・サハリネンセ トガスグリの別名。

リベス・シナネンセ スグリの別名。

リベス・スペキオーサム〈Ribes speciosum Pursh〉ユキノシタ科の落葉低木。

リベス・トリステ テカチスグリの別名。

リベス・ニグルム〈Ribes nigrum L.〉ユキノシタ科の落葉低木。別名クロスグリ。高さは1.8m。園芸植物。

リベス・ヒルテルム〈Ribes hirtellum Michx.〉ユキノシタ科の落葉低木。別名アメリカスグリ。高さは1m。園芸植物。

リベス・ファスキクラツム ヤブサンザシの別名。

リベス・マクシモヴィッチアヌム ザリコミの別名。

リベス・ヤポニクム コマガタケスグリの別名。

リベス・ラティフォリウム エゾスグリの別名。

リベス・ルブルム フサスグリの別名。

リベリヤコーヒー〈Coffea liberica Bull.〉アカネ科の小木。枝は上向性でコーヒーの中最も低地によく育つ。熱帯植物。

リベルティア・イクシオイデス〈Libertia ixioides (G. Forst.) K. Spreng.〉アヤメ科の多年草。高さは30〜60cm。花は緑を帯びる。園芸植物。

リベルティア・フォルモサ〈Libertia formosa R. C. Grah.〉アヤメ科の多年草。高さは60〜130cm。花は緑がかった茶色。園芸植物。

リーベンボルシースゲ〈Carex leavenworthii Dewey〉カヤツリグサ科。1節に1個の小穂をつける。

リボンアオサ〈Ulva fasciata Delile〉アオサ科の海藻。体は長さ1m。

リボングラス〈Arrhenatherum elatius Mart. et KOCH var. tuberosum HALAC. f. variegatum Hort.〉イネ科。別名チグサ、シマヨシ。園芸植物。

リボンゴケ〈Neckeropsis nitidula (Mitt.) Fleisch.〉ヒラゴケ科(ウメノキゴケ科)のコケ。別名ヒラゴケ、ツヤツケリボンゴケ。地衣体は帯緑黄〜わら色。二次茎は長さ1〜5cm、葉はへら状。

リムナンテ

リムナンテス・ダグラシー 〈*Limnanthes douglasii* R. Br.〉リムナンテス科の一年草。高さは30cm。花は中心が黄、先端は白色。園芸植物。

リモニウム スターチス・ハイブリッドシネンシス・キノセリーズの別名。

リモニウム・カスピア スターチス・カスピアの別名。

リモニウム・シヌアツム スターチスの別名。

リモニウム・シネンセ タイワンハマサジの別名。

リモニウム・スヴォロヴィー 〈*Limonium suworowii* (Regel) O. Kuntze〉イソマツ科の多年草。高さは40〜60cm。花は桃色。園芸植物。

リモニウム・タタリクム ダッタンハマサジの別名。

リモニウム・ドゥモスム スターチス・デュモーサの別名。

リモニウム・ブルガレ 〈*Limonium vulgare* Miller〉イソマツ科の多年草。

リモニウム・ブルーファンタジア イソマツ科。別名スターチス、リモニューム。切り花に用いられる。

リモニウム・ベリディフォリウム スターチス・カスピアの別名。

リモニウム・ペレージー スターチス・ペレジーの別名。

リモニウム・ボンデュエレイ スターチス・ボンデュエリーの別名。

リモニウム・ラティフォリウム ニワハナビの別名。

リモニューム スターチス・デュモーサの別名。

リモニューム リモニウム・ブルーファンタジアの別名。

リュウオウカク 竜王閣 〈*Huernia primulina* N. E. Br.〉ガガイモ科の多肉植物。別名キバナギュウカク。高さは3〜5cm。花は黄白〜淡黄色。園芸植物。

リュウオウマル 竜王丸 ハマトカクツス・セティスピヌスの別名。

リュウガギョク 竜牙玉 コピアポア・キネラスケンスの別名。

リュウカクボタン 竜角牡丹 アリオカルプス・スカファロストルスの別名。

リュウガン 竜眼 〈*Dimocarpus longan* Lour.〉ムクロジ科の高木。果実は球形で滑。高さは10〜14m。花は淡黄色。熱帯植物。薬用植物。園芸植物。

リュウガン 竜眼 フェロカクツス・ウィリデスケンスの別名。

リュウキュウアイ 琉球藍 〈*Strobilanthes cusia* (Nees) O. Kuntze〉キツネノマゴ科の多年草。別名キアイ。高さは60〜120cm。花は淡紅紫色。熱帯植物。薬用植物。園芸植物。

リュウキュウアオキ ボチョウジの別名。

リュウキュウアセビ 〈*Pieris japonica* (Thunb.) D. Don var. *koidzumiana* (Ohwi) Masamune〉ツツジ科の木本。日本絶滅危機植物。

リュウキュウアマモ 〈*Cymodocea serrulata* (R. Br.) Aschers. et Magnus〉イトクズモ科の草本。

リュウキュウアリドオシ 〈*Damnacanthus biflorus* (Rehder) Masam.〉アカネ科の木本。別名オキナワジュズネノキ。

リュウキュウイクビゴケ 〈*Diphyscium involutum* Mitt.〉キセルゴケ科のコケ。葉はへら形でややつや。

リュウキュウイチゴ 琉球苺 〈*Rubus grayanus* Maxim.〉バラ科の木本。別名シマアワイチゴ。

リュウキュウイトバショウ ムサ・バルビシアナの別名。

リュウキュウイナモリ 〈*Ophiorrhiza kuroiwai*〉アカネ科。

リュウキュウイナモリソウ アカネ科。

リュウキュウイノモトソウ 〈*Pteris ryukyuensis* Tagawa〉イノモトソウ科(ワラビ科)の常緑性シダ。葉身は長さ30cm。

リュウキュウイボゴケ 〈*Taxithelium liukiuense* Sakurai〉ナガハシゴケ科のコケ。茎は這い、枝葉は楕円形。

リュウキュウウマノスズクサ 〈*Aristolochia liukiuensis* Hatusima〉ウマノスズクサ科。

リュウキュウウロコマリ 〈*Lepidagathis inaequalis* C. B. Clarke ex Elmer〉キツネノマゴ科の草本。

リュウキュウエビネ 〈*Calanthe × okinawensis* Hayata〉ラン科。園芸植物。

リュウキュウオウバイ ヤスミヌム・フロリドゥムの別名。

リュウキュウカイロラン タネガシマカイロランの別名。

リュウキュウガキ 〈*Diospyros maritima* Blume〉カキノキ科の常緑高木。別名クサノガキ。

リュウキュウカギホソエゴケ 〈*Radulina elegantissima* (M. Fleisch.) W. R. Buck & B. C. Tan〉ナガハシゴケ科のコケ。小形で茎葉は長さ1mm以下、卵状披針形〜披針形。

リュウキュウガシワ 〈*Cynanchum liukiuense* Warb.〉ガガイモ科の草本。

リュウキュウカラスウリ 〈*Trichosanthes miyagii* Hayata〉ウリ科の草本。

リュウキュウキジノオ 〈*Plagiogyria koidzumii* Tagawa〉キジノオシダ科の常緑性シダ。葉身は長さ15〜30cm。

リュウキュウキンモウワラビ 〈*Hypodematium fordii* (Bak.) Ching〉オシダ科の夏緑性シダ。葉身は長さ3.5〜12cm。三角状長楕円形。

リュウキュウクロウメモドキ 〈*Rhamnus liukiuensis* (E. H. Wilson) Koidz.〉クロウメモドキ科の落葉低木。

リュウキュウクロウロコゴケ 〈*Lopholejeunea nicobarica* Steph.〉クサリゴケ科のコケ。背片が円頭で内曲せず。

リュウキュウコクタン 〈*Diospyros ferrea* (Willd.) Bakh. var. *buxifolia* (Rottb.) Bakh.〉カキノキ科の木本。心材は黒色部を交え美術材となる。熱帯植物。

リュウキュウコケシノブ 〈*Mecodium riukiuense* (Christ) Copel.〉コケシノブ科の常緑性シダ。別名オキナワコケシノブ。葉身は長さ3〜10cm。卵状長楕円形から卵形。

リュウキュウコザクラ 琉球小桜 〈*Androsace umbellata* (Lour.) Merr.〉サクラソウ科の一年草または越年草。高さは3〜12cm。

リュウキュウコスミレ 〈*Viola pseudo-japonica* Nakai〉スミレ科。

リュウキュウゴヘイゴケ 〈*Mastigolejeunea auriculata* (Wilson) Schiffn.〉クサリゴケ科のコケ。暗緑色、茎は長さ1〜3cm。

リュウキュウコマツナギ 〈*Indigofera zollingeriana* Miq.〉マメ科の木本。

リュウキュウコンテリギ 〈*Hydrangea liukiuensis* Nakai〉ユキノシタ科の木本。

リュウキュウサギソウ 〈*Habenaria longitentaculata* Hayata〉ラン科。日本絶滅危機植物。

リュウキュウシダ 〈*Arachniodes hasseltii* (Bl.) Ching〉オシダ科の常緑性シダ。葉身は長さ40cm。卵状長楕円形。

リュウキュウスガモ 〈*Thalassia hemprichii* (Ehrenb.) Aschers.〉トチカガミ科の草本。

リュウキュウスゲ 〈*Carex alliiformis* C. B. Clarke〉カヤツリグサ科。

リュウキュウセッコク 琉球石斛 〈*Eria ovata* Lindl.〉ラン科。高さは10〜25cm。花は黄白色。園芸植物。

リュウキュウタイゲキ 〈*Chamaesyce makinoi* (Hayata) H. Hara〉トウダイグサ科の一年草。別名コバノニシキソウ。花は白色。

リュウキュウチク 琉球竹 〈*Pleioblastus linearis* (Hack.) Nakai〉イネ科の常緑大型笹。別名ギョウヨウチク(仰葉竹)。高さは3〜4m。園芸植物。

リュウキュウチシャノキ 〈*Ehretia dichotoma* Blume〉ムラサキ科の木本。

リュウキュウツチトリモチ 琉球土鳥黐 〈*Balanophora fungosa* J. R. et G. Forst subsp. *fungosa*〉ツチトリモチ科の寄生草。全株肉質紅色。熱帯植物。

リュウキュウツツジ 琉球躑躅 〈*Rhododendron mucronatum* (Blume) G. Don〉ツツジ科の常緑低木。別名シロリュウキュウ、リュウキュウ。花は白色。園芸植物。

リュウキュウツルウメモドキ 〈*Celastrus kusanoi* Hayata〉ニシキギ科の木本。別名オオバツルウメモドキ。

リュウキュウツルグミ 〈*Elaeagnus liukiuensis* Rehder〉グミ科の木本。別名ヒロハツルグミ、オキナワグミ。

リュウキュウトベラ 〈*Pittosporum lutchuensis* Koidz. var. *denudatum* (Nakai) S. Kobayashi〉トベラ科の常緑小高木。

リュウキュウトリノスシダ 〈*Asplenium australasicum* (J. Sm.) Hook.〉チャセンシダ科の常緑性シダ。葉身は長さ1.5m。

リュウキュウナガエサカキ 〈*Adinandra ryukyuensis* Masam.〉ツバキ科の木本。

リュウキュウナガハシゴケ 〈*Trichosteleum boschii* (Dozy & Molk.) A. Jaeger〉ナガハシゴケ科のコケ。茎葉は卵状披針形で長く漸尖。

リュウキュウヌスビトハギ 〈*Desmodium laxum* DC. subsp. *laterale* (Schindl.) Ohashi〉マメ科。

リュウキュウハイノキ 琉球灰の木 〈*Symplocos okinawensis* Matsum.〉ハイノキ科の木本。

リュウキュウハグマ 〈*Ainsliaea apiculata* var. *acerifolia*〉キク科。別名モミジキッコウハグマ。

リュウキュウバショウ 〈*Musa balbisiana* Colla〉バショウ科の木本。別名イトバショウ。偽茎は緑色。園芸植物。

リュウキュウハゼ ウルシ科。別名トウロウ、ハゼ。

リュウキュウハナイカダ 〈*Helwingia liukiuensis* Hatusima〉ミズキ科。

リュウキュウハンゲ 琉球半夏 〈*Typhonium blumei* Nicols. et Sivadasan〉サトイモ科の草本。熱帯植物。

リュウキュウハンゲ サトイモ科の属総称。

リュウキュウヒメハギ 〈*Polygala longifolia* Poir.〉ヒメハギ科の草本。

リュウキュウヒモラン 〈*Lycopodium sieboldii* var. *christensenianum*〉ヒカゲノカズラ科。

リュウキュウベンケイ 琉球弁慶 〈*Kalanchoe spathulata* DC.〉ベンケイソウ科の草本。

リュウキュウホウライカズラ 〈*Gardneria liukiuensis* Hatus., nom. illeg.〉マチン科の木本。別名リュウキュウチトセカズラ。

リュウキュウホラゴケ 〈*Lacosteopsis liukiuensis* (Yabe) Nakaike〉コケシノブ科の常緑性シダ。葉身は長さ8〜20cm。広披針形。

リュウキュウマツ 琉球松 〈*Pinus luchuensis* Mayr〉マツ科の常緑高木。別名オキナワマツ。高さは15m。園芸植物。

リュウキュウマメガキ 琉球豆柿 〈*Diospyros japonica* Sieb. et Zucc.〉カキノキ科の落葉高木。別名シナノガキ。

リュウキュウ

リュウキュウマユミ 〈*Euonymus lutchuensis* T. Ito〉ニシキギ科の木本。

リュウキュウミツデウラボシ 〈*Crypsinus longisquamatus*〉ウラボシ科。

リュウキュウミノゴケ 〈*Macromitrium ferriei* Card. & Thér.〉タチヒダゴケ科のコケ。枝葉は長さ1.5～2.5mm、披針形。

リュウキュウモクセイ 〈*Osmanthus marginatus* (Champ. ex Benth.) Hemsl.〉モクセイ科の木本。

リュウキュウモチ 〈*Ilex liukiuensis* Loes.〉モチノキ科の木本。

リュウキュウヤナギ ナス科。別名スズカケヤナギ。

リュウキュウヤナギ ルリヤナギの別名。

リュウキュウヤブラン コヤブランの別名。

リュウキュウルリミノキ 〈*Lasianthus fordii* Hance〉アカネ科の常緑低木。別名ミヤマルリミノキ。

リュウキンカ 立金花 〈*Caltha palustris* L. var. *nipponica* Hara〉キンポウゲ科の多年草。別名エンコウソウ。高さは15～50cm。高山植物。園芸植物。

リュウケツジュ 竜血樹 〈*Dracaena draco* (L.) L.〉リュウゼツラン科の木本。高さは20m以上。花は帯緑色。園芸植物。

リュウケンマル 竜剣丸 〈*Echinofossulocactus coptonogonus* (Lem.) G. Lawr.〉サボテン科のサボテン。高さは10cm。花は淡桃色。園芸植物。

リュウココリネ・イキシオイデス ユリ科。別名チリーニラ。園芸植物。

リュウコスペルマム ヤマモガシ科の属総称。

リュウジュ 竜珠 コケミエア・セティスピナの別名。

リュウジンボク 竜神木 〈*Myrtillocactus geometrizans* (Mart. ex Pfeiff.) Console〉サボテン科のサボテン。園芸植物。

リュウセイクロトン トウダイグサ科のクロトンノキの品種。別名マツバ。

リュウゼツギョク 竜舌玉 エキノフォッスロカクツス・ラモロススの別名。

リュウゼツサイ 竜舌菜 〈*Lactuca indica* L. var. *dracoglossa* (Makino) Kitamura〉キク科の草本。葉は粉白、葉を食用とする。熱帯植物。

リュウゼツラン 竜舌蘭 〈*Agave americana* L.〉リュウゼツラン科の多肉植物。別名マンネンラン。葉の繊維はロープ、ロゼット径3～4m。花は淡黄色。熱帯植物。園芸植物。

リュウゼツラン リュウゼツラン科の属総称。別名アガベ。

リュウゼツラン・オオヒササノユキ 王妃笹の雪 リュウゼツラン科。園芸植物。

リュウゼツラン・ササノユキ 笹の雪 〈*Agave victoriae-reginae* T. Moore〉リュウゼツラン科の多肉植物。別名笹の雪。花は淡緑色。園芸植物。

リュウゼツラン・フキアゲ 吹上 〈*Agave striata* Zucc.〉リュウゼツラン科の多肉植物。長さ40～45cm。園芸植物。

リュウノウギク 竜脳菊 〈*Chrysanthemum makinoi* Matsum. et Nakai〉キク科の多年草。高さは40～80cm。花は白色。薬用植物。園芸植物。

リュウノウジュ 竜脳樹 〈*Dryobalanops aromatica* Gaertn.〉フタバガキ科の大高木。群生する。高さ60m。熱帯植物。薬用植物。

リュウノタマ 〈*Acrothamnion preisii* (Sonder) Wollaston〉イギス科の海藻。ヒラクサ他の海藻上に着生。

リュウノツメ 竜の爪 ユリ科。園芸植物。

リュウノヒゲ ジャノヒゲの別名。

リュウノヒゲモ 竜の髭藻 〈*Potamogeton pectinatus* L.〉ヒルムシロ科の沈水植物。沈水葉は針状、先端は鋭尖頭。

リュウビンタイ 〈*Angiopteris lygodiifolia* Rosenstock〉リュウビンタイ科の常緑性シダ。別名リュウリンタイ、ウロコシダ。葉は長さ60～200cm。葉身は広楕円形。園芸植物。

リュウビンタイモドキ 〈*Marattia boninensis* Nakai〉リュウビンタイ科の常緑性シダ。葉身は長さ6～15cm。3回羽状複葉。

リュウモンソウ 〈*Dumontia incrassata* (Müller) Lamouroux〉リュウモンソウ科の海藻。糸状、ほぼ円柱状又は扁圧。

リュウリン 竜鱗 ユリ科。園芸植物。

リュウリンギョク 竜鱗玉 コピアポア・マルギナタの別名。

リュエリア キツネノマゴ科の属総称。

リュエリア・エレガンス 〈*Ruellia elegans* Poir.〉キツネノマゴ科。高さは20～25cm。花は洋紅色。園芸植物。

リュエリア・キリオサ 〈*Ruellia ciliosa* Pursh〉キツネノマゴ科。高さは30～50cm。花は淡青紫色。園芸植物。

リュエリア・グラエキザンス 〈*Ruellia graecizans* Backer〉キツネノマゴ科。高さは30～60cm。花は赤色。園芸植物。

リュエリア・コロラタ 〈*Ruellia colorata* Baill.〉キツネノマゴ科。花は赤色。園芸植物。

リュエリア・シリオーサ キツネノマゴ科。園芸植物。

リュエリア・ソリタリア 〈*Ruellia solitaria* Vell.〉キツネノマゴ科。高さは50～60cm。花は鮮赤紫色。園芸植物。

リュエリア・ツベロサ ムラサキルエリヤの別名。

リュエリア・デフォシアナ 〈Ruellia devosiana Makoy〉キツネノマゴ科。別名ルイラソウ。高さは20〜25cm。花は白色。園芸植物。

リュエリア・バルビラナ 〈Ruellia barbillana Cuf.〉キツネノマゴ科。高さは50〜80cm。花は赤紫色。園芸植物。

リュエリア・ブリトニアナ 〈Ruellia brittoniana E. Leonard〉キツネノマゴ科。高さは60〜100cm。花は赤紫色。園芸植物。

リュエリア・マクランタ 〈Ruellia macrantha Mart. ex Nees〉キツネノマゴ科の低木。高さは1〜2m。花は明るい桃赤紫色。園芸植物。

リュエリア・マコヤナ 〈Ruellia makoyana Closon〉キツネノマゴ科。高さは20〜30cm。花は鮮赤紫色。園芸植物。

リュエリア・ロセア バライロルエリヤの別名。

リューココリーネ ユリ科の属総称。球根植物。別名グローリーオブザサン、リューココリネ。切り花に用いられる。

リョウカン 良寛 ギムノカリキウム・ハンマーシュミッディーの別名。

リョウハクトリカブト 両白鳥兜 〈Aconitum zigzag Lév. et Vaniot subsp. ryohakuense Kadota〉キンポウゲ科。

リョウブ 令法 〈Clethra barbinervis Sieb. et Zucc.〉リョウブ科の落葉低木または高木。別名ハタツモリ。高さは3〜7m。花は白色。薬用植物。園芸植物。

リョウメンシダ 両面羊歯 〈Arachniodes standishii (Moore) Ohwi〉オシダ科の常緑性シダ。別名コガネワラビ、コガネシダ、ゼンマイシノブ。葉身は長さ40〜65cm。長卵状広披針形。園芸植物。

リョウリギク 料理菊 〈Chrysanthemum × morifolium Ramat. f. esculentum Makino〉キク科。花は黄か赤紫色。園芸植物。

リョウリダケ 〈Dendrocalamus asper Backer〉イネ科。やや粗大、タケノコの葉鞘は褐紫色で食用。熱帯植物。

リョウリバナナ 〈Musa sapientum L.〉バショウ科。果実は長さ30cm。熱帯植物。

リョクガクバイ 緑萼梅 〈Prunus mume Sieb. et Zucc. var. viridicalyx Makino〉バラ科。

リョクガクバイ 緑萼梅 バラ科のウメの品種。園芸植物。

リョクチク アグラオネマ・シンプレクスの別名。

リョクチク 緑竹 バンブサ・オルダミーの別名。

リョクトウ 緑搭 〈Crassula pyramidalis Thunb.〉ベンケイソウ科の多肉植物。花は白色。園芸植物。

リョクトウ 緑豆 〈Vigna radiata (L.) R. Wilcz.〉マメ科。別名ブンドウ、ヤエナリ。園芸植物。

リリアン・オースチン 〈Lilian Austin〉バラ科。イングリッシュローズ系。花はサーモンピンク。

リリウム・アウラツム ヤマユリの別名。

リリウム・アマビレ 〈Lilium amabile Palib.〉ユリ科の多肉植物。別名コマユリ。高さは60〜100cm。花は朱赤色。園芸植物。

リリウム・アレクサンドラエ ウバタマの別名。

リリウム・ウィルモッティアエ 〈Lilium willmottiae E. H. Wils.〉ユリ科の多肉植物。高さは1〜2m。園芸植物。

リリウム・エレガンス 〈Lilium × elegans Thunb.〉ユリ科の多肉植物。高さは20〜70cm。花は黄〜血赤色。園芸植物。

リリウム・カナデンセ 〈Lilium candense L.〉ユリ科の多肉植物。花は黄橙色。園芸植物。

リリウム・カルニオリクム ユリ科。高山植物。

リリウム・カロスム ノヒメユリの別名。

リリウム・カンディドゥム ニワシロユリの別名。

リリウム・ケンティフォリウム 〈Lilium centifolium Stapf〉ユリ科の多肉植物。高さは1〜2m。花は白色。園芸植物。

リリウム・コンコロル ヒメユリの別名。

リリウム・サージェンティアエ 〈Lilium sargentiae E. H. Wils.〉ユリ科の多肉植物。高さは100〜180cm。花は白色。園芸植物。

リリウム・スペキオスム カノコユリの別名。

リリウム・スペルブム 〈Lilium superbum L.〉ユリ科の多肉植物。高さは2m。花は濃淡のある橙色。園芸植物。

リリウム・ダウリクム エゾスカシユリの別名。

リリウム・タリエンセ 〈Lilium taliense Franch.〉ユリ科の多年草。

リリウム・ダルハンソニー 〈Lilium × dalhansonii C. B. Powell〉ユリ科の多肉植物。園芸植物。

リリウム・テヌイフォリウム 〈Lilium tenuifolium Fisch.〉ユリ科の多肉植物。別名イトハユリ。高さは50〜60cm。花は光沢のある濃朱赤色。園芸植物。

リリウム・ネパレンシス ユリ科。別名ウコンユリ。高山植物。

リリウム・ネパレンセ 〈Lilium nepalense D. Don〉ユリ科の多年草。

リリウム・ノビリッシムム タモトユリの別名。

リリウム・パークマニー 〈Lilium × parkmannii Sarg. ex T. Moore〉ユリ科の多肉植物。花は白、桃、濃紅など。園芸植物。

リリウム・ハンソニー タケシマユリの別名。

リリウム・ピュミルム 〈Lilium pumilum DC.〉ユリ科の薬用植物。

リリウム・ピレナイクム 〈Lilium pyrenaicum Gouan〉ユリ科の多年草。高山植物。

リリウム・フォルモサヌム タカサゴユリの別名。

リリウム・フォルモロンギ シンテッポウユリの別名。

リリウム・ブラウニー 〈*Lilium brownii* F. E. Br.〉ユリ科の多肉植物。高さは60〜80cm。花は黄色。園芸植物。

リリウム・ブルビフェルム ユリ科。高山植物。

リリウム・ヘンリー アカンペ・リギダの別名。

リリウム・ホランディクム 〈*Lilium × hollanaicum* Bergmans ex Woodcock et Stearn〉ユリ科の多肉植物。高さは60〜100cm。花は黄〜赤色。園芸植物。

リリウム・マクラツム スカシユリの別名。

リリウム・マルタゴン 〈*Lilium martagon* L.〉ユリ科の多肉植物。別名マルタゴン・リリー。高さは90〜200cm。花は濃淡の桃紫色。高山植物。園芸植物。

リリウム・メデオロイデス クルマユリの別名。

リリウム・ヤポニクウム ササユリの別名。

リリウム・ライヒトリニー 〈*Lilium leichtlinii* Hook. f.〉ユリ科の多肉植物。別名キヒラトユリ、キバナノコオニユリ。園芸植物。

リリウム・ランキフォリウム オニユリの別名。

リリウム・ルベルム ヒメサユリの別名。

リリウム・レガレ オウカンユリの別名。

リリウム・レッドエース 〈*Lilium parkmannii* T. Moore〉ユリ科。

リリウム・ロイヤルゴールド 〈*Lilium royal gold* Hort.〉ユリ科。

リリウム・ロンギフロルム テッポウユリの別名。

リリオデンドロン・キネンセ シナユリノキの別名。

リリオデンドロン・ツリピフェラ ユリノキの別名。

リリオペ・スピカタ コヤブランの別名。

リリオペ・プラティフィラ ヤブランの別名。

リリオペ・ミノル ヒメヤブランの別名。

リワード2 バラ科。花は深紅色。

リンゴ 林檎 〈*Malus pumila* Mill. var. *dulcissima* Koidz〉バラ科の落葉高木。別名セイヨウリンゴ。薬用植物。園芸植物。

リンゴ バラ科の属総称。

リンコスティリス ラン科の属総称。

リンコスティリス・ギガンテア 〈*Rhynchostylis gigantea* (Lindl.) Ridl.〉ラン科。高さは20〜35cm。花は純白および濃紫色。園芸植物。

リンコスティリス・コエレスティス 〈*Rhynchostylis coelestis* Rchb. f.〉ラン科。高さは20〜25cm。花は白色。園芸植物。

リンコスティリス・コーカラッド 〈*Rhynchostylis Chorchalood*〉ラン科。花は白または淡桃色に淡紅色の斑紋。園芸植物。

リンコスティリス・レツサ 〈*Rhynchostylis retusa* (L.) Blume〉ラン科。茎の長さ30〜60cm。花は白色。高山植物。園芸植物。

リンゴツバキ 林檎椿 ツバキ科の木本。別名オオミツバキ、ヤクシマツバキ。

リンコバンダ・ウォン・ヨーク・シム 〈× *Rhynchovanda* Wong Yoke Sim〉ラン科。高さは30cm。花は青色。園芸植物。

リンコバンダ・スリ-サイアム 〈× *Rhynchovanda* Sri-Siam〉ラン科。高さは30cm。花は濃紫黒色。園芸植物。

リンコバンダ・ブルー・エンゼル 〈× *Rhynchovanda* Blue Angel〉ラン科。高さは20cm。花は青色。園芸植物。

リンゴパンノキ 〈*Artocarpus lakoocha* Roxb.〉クワ科の高木。果実はリンゴ状、果肉ピンク。熱帯植物。

リンザエア・オドラタ ホングウシダの別名。

リンショウバイ ニワウメの別名。

リンデラ・ウンベラタ クロモジの別名。

リンデラ・オブツシロバ ダンコウバイの別名。

リンデラ・グラウカ ヤマコウバシの別名。

リンデラ・ストリクニフォリア テンダイウヤクの別名。

リンデラ・トリロバ シロモジの別名。

リンデラ・プラエコクス アブラチャンの別名。

リンデローフィア・ロンギフロラ 〈*Lindelofia longiflora* Gürke〉ムラサキ科の多年草。

リンデンバウム セイヨウボダイジュの別名。

リンドウ 竜胆 〈*Gentiana scabra* Bunge var. *buergeri* (Miq.) Maxim.〉リンドウ科の多年草。別名疫病草（エヤミグサ）、苦胆（クタニ）。高さは20〜90cm。薬用植物。切り花に用いられる。

リンドウ リンドウ科の属総称。

リンドウ科 科名。

リンドウザキカンパヌラ カンパニュラ・グロメラタの別名。

リンドウツリガネヤナギ ペンステモン・ハートウェッジーの別名。

リンドヘイメラ・テキサナ 〈*Lindheimera texana* Gray et Engelm.〉キク科の一年草。

リンドレイクサギ 〈*Clerodendron frograns* Vent.〉クマツヅラ科の木本。薬用植物。

リンネソウ 〈*Linnaea borealis* L.〉スイカズラ科の草本状小低木。別名メオトバナ、エゾアリドオシ。高さは5〜10cm。高山植物。

リンノーセンス ユリ科のヒアシンスの品種。園芸植物。

リンペンチュウ 鱗片柱 ケレウス・ヘクサゴヌスの別名。

リンポウ 鱗宝 〈*Euphorbia mammillaris* L.〉トウダイグサ科の多肉植物。高さは20cm。園芸植物。

リンポウ 輪宝 ボタン科の牡丹の園芸品種。園芸植物。

リンボク 檀木 〈*Prunus spinosa* Sieb. et Zucc.〉バラ科の常緑高木。別名ヒイラギガシ、カタザクラ。

【ル】

ルー ヘンルーダの別名。

ルアモン・モックオレンジ ユキノシタ科。園芸植物。

ルイシア・オッキデンタリス ムニンボウランの別名。

ルイシア・コティレドン 〈*Lewisia cotyledon* (S. Wats.) B. L. Robinson〉スベリヒユ科。花はピンク色。園芸植物。

ルイシア・コロンビアナ 〈*Lewisia columbiana* (J. T. Howell) B. L. Robinson〉スベリヒユ科。花はピンク色。園芸植物。

ルイシア・テレス ボウランの別名。

ルイシア・トゥイーディー 〈*Lewisia tweedyi* (A. Gray) B. L. Robinson〉スベリヒユ科。ロゼット径20cm。花はピンク、オレンジ、濃桃色。高山植物。

ルイジアナ・アイリス アヤメ科の園芸品種群。花は白、黄、紫、赤など。園芸植物。

ルイシア・ネヴァデンシス 〈*Lewisia nevadensis* (A. Gray) B. L. Robinson〉スベリヒユ科。花は白色。園芸植物。

ルイシア・ピグマエア 〈*Lewisia pygmaea* (A. Gray) B. L. Robinson〉スベリヒユ科。花はピンク色。園芸植物。

ルイシア・ブラキカリクス 〈*Lewisia brachycalyx* Engelm. ex A. Gray〉スベリヒユ科。葉は長さ5cm。花は白色。園芸植物。

ルイシア・レディウィウァ 〈*Lewisia rediviva* Pursh〉スベリヒユ科。花はピンク～紫紅色。園芸植物。

ルイス・フィリップ 〈Louis Philippe〉バラ科。チャイナ・ローズ系。花は濃紅色。

ルイヨウショウマ 類葉升麻 〈*Actaea asiatica* Hara〉キンポウゲ科の多年草。高さは50～70cm。花は白色。高山植物。

ルイヨウボタン 類葉牡丹 〈*Caulophyllum robustum* Maxim.〉メギ科の多年草。高さは40～80cm。高山植物。薬用植物。

ルイラソウ リュエリア・デフォシアナの別名。

ルエリア リュエリアの別名。

ルカムモモ 〈*Flacourtia jangomas* Raeusch〉イイギリ科の大低木。葉は光沢、幹に刺多く、果実は赤色。熱帯植物。

ルクスビア・エウフォルビオイデス 〈*Rooksbya euphorbioides* (Haw.) Backeb.〉サボテン科のサボテン。別名勇鳳。高さは3～5m。花はピンク色。園芸植物。

ルクリア アカネ科。別名ニオイザクラ、カオリザクラ、アッサムニオイザクラ。

ルクリア・グラティッシマ 〈*Luculia gratissima* (Wall.) Sweet〉アカネ科の常緑低木。高さは5～6m。花は淡桃色。高山植物。園芸植物。

ルクリア・グランディフォリア 〈*Luculia grandifolia* Ghose〉アカネ科の常緑低木。高さは5～7m。花は白色。園芸植物。

ルクリア・ピンケアナ 〈*Luculia pinceana* Hook.〉アカネ科の低木。

ルコウソウ 縷紅草 〈*Quamoclit pennata* (Desr.) Bojer〉ヒルガオ科の蔓草。別名カボチャアサガオ。花は紅色。熱帯植物。園芸植物。

ルゴサ 〈*Conophytum* sp.〉ツルナ科の小形の丸形種。頂面は平らで中央がへこんでいる。色は青緑。開花は初秋。花は濃い桃紫色。園芸植物。

ルシア・ウィルマニアエ 〈*Ruschia wilmaniae* (L. Bolus) L. Bolus〉ツルナ科。別名晃竜。花はピンク色。園芸植物。

ルシア・エウォルタ 〈*Ruschia evoluta* (N. E. Br.) L. Bolus〉ツルナ科。別名鈴篭。花は洋紅色。園芸植物。

ルシア・クラッサ 〈*Ruschia crassa* (L. Bolus) Schwant.〉ツルナ科。別名銀孔雀。長さ1～2cm。園芸植物。

ルシア・ステノフィラ 〈*Ruschia stenophylla* (L. Bolus) L. Bolus ex Fourc.〉ツルナ科。別名浅茅菊。花は帯桃色。園芸植物。

ルシア・ディウェルシフォリア 〈*Ruschia diversifolia* L. Bolus〉ツルナ科。別名片敷菊。高さは15cm。園芸植物。

ルシア・ドゥアリス 〈*Ruschia dualis* (N. E. Br.) L. Bolus〉ツルナ科。別名翡翠鉾。高さは5cm。花は洋紅色。園芸植物。

ルシア・ピグマエア 〈*Ruschia pygmaea* (Haw.) Schwant.〉ツルナ科。別名白天子。花は赤色。園芸植物。

ルシア・ピスコドラ 〈*Ruschia piscodora* L. Bolus〉ツルナ科。別名琴柱菊。高さは20cm。花はピンク色。園芸植物。

ルシア・フォルフィカタ 〈*Ruschia forficata* (L.) L. Bolus〉ツルナ科。別名彩竜。高さは3～6.5cm。花は紫色。園芸植物。

ルシア・ヘレイ 〈*Ruschia herrei* Schwant.〉ツルナ科。別名弥生。花は白色。園芸植物。

ルシダスンデ 〈*Payena lucida* DC.〉アカテツ科の小木。熱帯植物。

ルージュ・カージナル キンポウゲ科のクレマティスの品種。園芸植物。

ルージュ・メイアン バラ科のバラの品種。園芸植物。

ルス・ウェルニキフルア　ウルシの別名。

ルスクス　ユリ科。別名イカダバルスカス。切り花に用いられる。

ルスクス・アクレアツス　ナギイカダの別名。

ルスクス・ヒポグロッスム　〈Ruscus hypoglossum L.〉ユリ科。高さは20～40cm。園芸植物。

ルスクス・ヒポフィルム　〈Ruscus hypophyllum L.〉ユリ科。高さは10～70cm。園芸植物。

ルス・グラブラ　〈Rhus glabra L.〉ウルシ科の木本。高さは1.2～5m。花は淡緑色。園芸植物。

ルス・シルウェストリス　ヤマハゼの別名。

ルス・スッケダネア　ハゼノキの別名。

ルズラ・シルウァティカ　〈Luzula sylvatica (Huds.) Gaudin〉イグサ科の多年草。高さは50～70cm。花は褐色。園芸植物。

ルズラ・ニウェア　〈Luzula nivea (L.) DC.〉イグサ科の多年草。長さ30～60cm。花はやや白色。園芸植物。

ルズラ・ピロサ　〈Luzula pilosa (L.) Willd.〉イグサ科の多年草。葉は長さ20cm。花は褐色。園芸植物。

ルズラ・ルズリナ　〈Luzula luzulina (Vill.) Dalla Torre et Sarnth.〉イグサ科の多年草。葉は長さ5cm。園芸植物。

ルズラ・ルズロイデス　〈Luzula luzuloides (Lam.) Dandy et A. Wilm.〉イグサ科の多年草。葉は長さ30cm。花は灰白色。園芸植物。

ルゾンクサギ　クマツヅラ科の木本。

ルソンゴヘイゴケ　〈Thysananthus aculeatus Herzog〉クサリゴケ科のコケ。緑褐色、茎は長さ1～3cm。

ルタ・カレペンシス　〈Ruta chalepensis L.〉ミカン科。葉の裂片は楕円形～長楕円形。園芸植物。

ルタ・グラウエオレンス　ヘンルーダの別名。

ルタバガ　〈Brassica napus L. var. napobrassica (L.) Rchb.〉アブラナ科の根菜類。別名カブカンラン、スウェーデンカブ。根部は長楕円形、肉質は緻密。園芸植物。

ルチェッタ　〈Lucetta〉バラ科。イングリッシュローズ系。花はブラッシュピンク。

ルッカ　モクセイ科のオリーブ(Olive)の品種。果実は卵形。

ルッセリア・エキセティフォルミス　ハナチョウジの別名。

ルテア・スプレンデンス　スミレ科のタフテッド・パンジーの品種。園芸植物。

ルティア・フルティコサ　〈Ruttya fruticosa Lindau〉キツネノマゴ科の低木。

ルディシア・ディスコロル　ホンコンシュスランの別名。

ルドヴィギア・アドスケンデンス　〈Ludwigia adscendens (L.) Hara〉アカバナ科の水生植物。高さは30～90cm。花は黄色。園芸植物。

ルドヴィギア・オウァリス　ミズユキノシタの別名。

ルドヴィギア・デクレンス　ヒレタゴボウの別名。

ルドヴィギア・ナタンス　〈Ludwigia natans (L.) Elliott〉アカバナ科の水生植物。花は黄色。園芸植物。

ルドヴィギア・パルストリス　セイヨウミズユキノシタの別名。

ルドヴィギア・ロンギフォリア　〈Ludwigia longifolia (DC.) Hara〉アカバナ科の水生植物。別名アメリカミズキンバイ。高さは1.5～1.8m。花は黄色。園芸植物。

ルドゥーテ　〈Redoute〉バラ科。イングリッシュローズ系。花はやわらかなピンク。

ルドベキア　キク科の属総称。宿根草。別名オオハンゴンソウ。切り花に用いられる。

ルドベキア・アンプレクシカウリス　〈Rudbeckia amplexicaulis Vahl.〉キク科の一年草。

ルドベキア・スブトメントサ　〈Rudbeckia subtomentosa Pursh〉キク科の多年草または一年草。高さは1.5m。園芸植物。

ルドベキア・ニティダ　〈Rudbeckia nitida Nutt.〉キク科の多年草または一年草。花は黄色。園芸植物。

ルドベキア・ビコロル　〈Rudbeckia bicolor Nutt.〉キク科の多年草または一年草。別名テンニンギクモドキ。高さは60cm。花は黄色。園芸植物。

ルドベキア・ヒルタ　〈Rudbeckia hirta L.〉キク科の多年草または一年草。別名グロリオサデージー、マツカサギク。高さは90cm。花は黄または橙色。園芸植物。

ルドベキア・フルギダ　〈Rudbeckia fulgida Ait.〉キク科の多年草または一年草。高さは1m。花は橙黄色。園芸植物。

ルドベキア・ラキニアタ　オオハンゴンソウの別名。

ルドベッキア　ルドベキア・ヒルタの別名。

ルドルフ・ロエルス　サトイモ科のディフェンバキア・ピクタの品種。別名ハブタエソウ。園芸植物。

ルナ　バラ科。花は黄色。

ルナシェーナ　バラ科。花は黄色。

ルナシヤ　〈Lunasia amara Blanco〉ミカン科の小木。葉柄に関節がある。熱帯植物。

ルナリア　ギンセンソウの別名。

ルナロッサ　バラ科。花は淡いオレンジ色。

ルネ・ジェラール　スイレン科のスイレンの品種。園芸植物。

ルバーブ　掌葉大黄　〈Rheum rhabarbarum L.〉タデ科のハーブ。別名ショクヨウダイオウ(食用大

黄)、マルバダイオウ(丸葉大黄)。葉柄は紅色。高さは1〜2m。薬用植物。園芸植物。

ルバンニンジンボク 〈Vitex pubescens Vahl〉クマツヅラ科の高木。葉や樹皮は民間薬。花は白、唇弁のみ紫色。熱帯植物。

ルビーアニバーサリー 〈Ruby Anniversary〉バラ科。

ルビーガヤ ホクチガヤの別名。

ルピナス キバナノハウチワマメの別名。

ルピナス マメ科の属総称。宿根草。別名ノボリフジ。

ルピヌス・アッフィニス 〈Lupinus affinis J. Agardh〉マメ科。高さは25〜30cm。花は濃青色。園芸植物。

ルピヌス・アルビフロンス 〈Lupinus albifrons Benth.〉マメ科。高さは1.5〜2m。花は白色。園芸植物。

ルピヌス・アルボレウス 〈Lupinus arboreus Sims〉マメ科。高さは2〜2.5m。花は硫黄色。園芸植物。

ルピヌス・オルナツス 〈Lupinus ornatus Dougl.〉マメ科の多年草。

ルピヌス・カリフォルニアブルーボンネット マメ科。切り花に用いられる。

ルピヌス・サキシアティリス 〈Lupinus saxiatilis〉マメ科。高山植物。

ルピヌス・スブカルノッス 〈Lupinus subcarnosus Hook.〉マメ科。高さは40cm。花はクリーム色を帯びた白色。園芸植物。

ルピヌス・ナヌス 〈Lupinus nanus Dougl.〉マメ科。高さは60cm。花は青色。園芸植物。

ルピヌス・ヌートカテンシス 〈Lupinus nootkatensis Donn〉マメ科。高さは60cm。花は青色。園芸植物。

ルピヌス・ハルトヴェギー 〈Lupinus hartwegii Lindl.〉マメ科。高さは60〜90cm。花は青藍色。園芸植物。

ルピヌス・ビコロル 〈Lupinus bicolor Lindl.〉マメ科。高さは50cm。花は青色。園芸植物。

ルピヌス・ヒルスツス カサバルピナスの別名。

ルピヌス・ビルロッス 〈Lupinus villosus Willd.〉マメ科の多年草。

ルピヌス・プベスケンス 〈Lupinus pubescens Benth.〉マメ科。高さは40〜70cm。花は紫青と白の混色。園芸植物。

ルピヌス・ポリフィルス 〈Lupinus polyphyllus Lindl.〉マメ科。高さは1〜1.5m。花は青から帯赤色。園芸植物。

ルピヌス・ムタビリス 〈Lupinus mutabilis Sweet〉マメ科。別名ザッショクノボリフジ。高さは1〜1.5m。花は青と白色。園芸植物。

ルピヌス・ラティフォリウス 〈Lupinus latifolius J. Agardh〉マメ科。高さは1.3m。花は青から紫紅色。園芸植物。

ルピヌス・ルテウス キバナノハウチワマメの別名。

ルピヌス・ロンギフォリウス 〈Lupinus longifolius (S. Wats.) Abrams〉マメ科。高さは1.5m。花は紫青色。園芸植物。

ルビー・リップス 〈Ruby Lips〉バラ科。フロリバンダ・ローズ系。花は明るい赤色。

ルビー・ワイン アヤメ科のシベリアアヤメの品種。園芸植物。

ループ・ザ・ループ アヤメ科のジャーマン・アイリスの品種。園芸植物。

ルブス・アルグツス 〈Rubus argutus L.〉バラ科。果実は円筒形。園芸植物。

ルブス・アレゲニエンシス 〈Rubus allegheniensis T. C. Porter〉バラ科。果実は円形。園芸植物。

ルブス・ウィティフォリウス 〈Rubus vitifolius Cham. et Schlechtend.〉バラ科。果実は黒色。園芸植物。

ルブス・ウルミフォリウス 〈Rubus ulmifolius Schott〉バラ科の落葉低木。

ルブス・オッキデンタリス 〈Rubus occidentalis L.〉バラ科。花は白色。園芸植物。

ルブス・カエシウス 〈Rubus caesius L.〉バラ科の落葉低木。高山植物。

ルブス・デリキオサス 〈Rubus deliciosus Torr.〉バラ科の落葉低木。

ルブス・トリウィアリス 〈Rubus trivialis Michx.〉バラ科。果実は円形。園芸植物。

ルブス・ネグレクツス 〈Rubus × neglectus Peck〉バラ科。果実は紫または黄色か紅色。園芸植物。

ルブス・パルブス 〈Rubus parvus Buchanan〉バラ科の落葉低木。

ルブス・フラゲラリス 〈Rubus flagellaris Willd.〉バラ科。果実は黒色。園芸植物。

ルブス・ラキニアツス 〈Rubus laciniatus Willd.〉バラ科。枝は暗赤色。園芸植物。

ルブティア・ヴェスネリアナ 〈Rebutia wessneriana Bewerunge〉サボテン科のサボテン。別名銀宝丸。径8cm。花は暗赤色。園芸植物。

ルブティア・クラインツィアナ 〈Rebutia krainziana W. Kessler.〉サボテン科のサボテン。別名緋宝丸。高さは5cm。花は赤色。園芸植物。

ルブティア・クリサカンタ 〈Rebutia chrysacantha Backeb.〉サボテン科のサボテン。別名錦宝丸。花は赤みを帯びた橙色。園芸植物。

ルブティア・マルソネリ 〈Rebutia marsoneri Werderm.〉サボテン科のサボテン。高さは4cm。花は黄色。園芸植物。

ルブティア・ミヌスクラ ホウザンの別名。

ルーブル バラ科。ハイブリッド・ティーローズ系。花は赤色。

ル・ベスーブ 〈Le Vésuve〉バラ科。チャイナ・ローズ系。花は薄紅色。

ルベラナズナ 〈Capsella rubella Reut.〉アブラナ科。花弁と萼片はほぼ同長。

ルーマ 〈Myrtus luma〉フトモモ科の木本。樹高12m。樹皮は鮮黄橙色。

ルメクス・アケトサ スイバの別名。

ルメックス・スクータータス タデ科。別名マルバスイバ。高山植物。

ルメーレオケレウス サボテン科の属総称。サボテン。

ルメーレオケレウス・ホリアヌス 〈Lemaireocereus hollianus (A. Web.) Britt. et Rose〉サボテン科のサボテン。別名紅文字。高さは5m。花は白色。園芸植物。

ルモーラ オシダ科の属総称。別名レザーリーフファン。

ルモーラ・アディアンティフォルミス レザーファンの別名。

ルリイロツルナス 〈Solanum seaforthianum Andr.〉ナス科。花は青紫色。園芸植物。

ルリオコシ キンポウゲ科。別名フジボタン。園芸植物。

ルリカンザシ 〈Globularia cordifolia L.〉グロブラリア科。高さは5cm。高山植物。

ルリギク ストケシアの別名。

ルリキョウ 〈Opuntia lindheimeri Engelm.〉サボテン科の多年草。別名瑠璃鏡。高さは2〜4m。花は黄から暗赤色。園芸植物。

ルリコウ 瑠璃晃 トウダイグサ科。園芸植物。

ルリジサ 〈Borago officinalis L.〉ムラサキ科の多年草。別名スターフラワー、ルリチシャ。高さは15〜70cm。花は青色。園芸植物。

ルリシャクジョウ 瑠璃錫杖 〈Burmannia itoana Makino〉ヒナノシャクジョウ科の多年生腐生植物。別名ヤエヤマシャクジョウ。高さは5〜12cm。

ルリシュクジョウ ヒナノシャクジョウ科。

ルリソウ 瑠璃草 〈Omphalodes krameri Franch. et Savat.〉ムラサキ科の多年草。高さは20〜40cm。

ルリタマアザミ 瑠璃玉薊 〈Echinops ritro L.〉キク科の多年草。別名ウラジロヒゴタイ。高さは70cm。花は鮮青色。薬用植物。園芸植物。切り花に用いられる。

ルリチョウ 瑠璃鳥 〈Aylostera deminuta (A. Web.) Backeb.〉サボテン科のサボテン。別名麗盛丸(レイセイマル)。球形6cm。花は白色。園芸植物。

ルリデライヌワラビ 〈Athyrium wardii var. inadae〉オシダ科。

ルリデン 瑠璃殿 〈Haworthia limifolia Marloth〉ユリ科。ロゼットは葉を風車状につける。園芸植物。

ルリトウワタ ブルースターの別名。

ルリトラノオ 瑠璃虎の尾 〈Pseudolysimachion subsessile (Miq.) Holub〉ゴマノハグサ科の草本。園芸植物。

ルリニガナ 〈Catananche caerulea L.〉キク科の多年草。高さは40〜60cm。花は青色。園芸植物。

ルリハコベ 瑠璃繁蔞 〈Anagallis arvensis L.〉サクラソウ科の一年草または越年草。高さは10〜50cm。花は青紫、赤などの濃淡色。園芸植物。

ルリハッカ 〈Amethystea caerulea L.〉シソ科の草本。

ルリハツタケ 〈Lactarius indigo (Schw.) Fr.〉ベニタケ科のキノコ。

ルリハナガサ 〈Eranthemum pulchellum Andr.〉キツネノマゴ科の常緑低木。別名ダーダラカンサス。高さは0.5〜2m。花は青紫色。園芸植物。

ルリヒエンソウ コンソリダ・レガリスの別名。

ルリヒナギク 瑠璃雛菊 ブルー・デージーの別名。

ルリフタモジ 〈Tulbaghia violacea Harv.〉ユリ科の多年草。高さは30〜40cm。園芸植物。

ルリマガリバナ 〈Browallia demissa L.〉ナス科の観賞用草本。花は青紫色で白点がある。熱帯植物。

ルリマツリ 〈Plumbago auriculata Lam.〉イソマツ科の観賞用多年草。別名アオマツリ。高さは1.5m。花は青空色。熱帯植物。園芸植物。

ルリマツリモドキ 〈Ceratostigma plumbaginoides Bunge〉イソマツ科の多年草。高さは30〜60cm。花は濃碧色。高山植物。園芸植物。

ルリミノキ 瑠璃実の木 〈Lasianthus japonicus Miq.〉アカネ科の常緑低木。別名ルリダマノキ。

ルリムスカリ 〈Muscari botryoides (L.) Mill.〉ユリ科の球根植物。別名ブドウムスカリ。高さは15〜30cm。花は空青から菫青色。園芸植物。

ルリヤナギ 琉球柳 〈Solanum glaucophyllum Desf.〉ナス科の常緑低木。別名スズカケヤナギ、ハナヤナギ。高さは1〜2m。花は紫色。園芸植物。

ルリルエリヤ 〈Ruellia malacosperma Greenm.〉キツネノマゴ科の観賞用低木。花は紫色。熱帯植物。

ルンバ 〈Rumba〉バラ科。フロリバンダ・ローズ系。花はオレンジ色。

ルンフソテツ キカス・ルンフィーの別名。

ルンボン 〈Pithecellobium affine Baker〉マメ科の小木。多毛、莢を煮食する。花は白色。熱帯植物。

【レ】

レイイア・エレガンス 〈*Layia elegans* Torr. et A. Gray〉キク科の一年草。高さは30〜60cm。花は黄色。園芸植物。

レイイア・グランドゥロサ 〈*Layia glandulosa* Hook. et Arn.〉キク科の一年草。高さは18〜50cm。花は白色。園芸植物。

レイケステリア・フォルモサ レステリア・フォルモサの別名。

レイゲツ 麗月 アヤメ科のハナショウブの品種。園芸植物。

レイコウ 玲紅 バラ科のモモ(桃)の品種。果皮は黄緑色。

レイコウ デロスペルマ・クーペリの別名。

レイコウデン 麗光殿 クラインツィア・ギュルツォヴィアナの別名。

レイコウトウヒ 〈*Picea likiangensis*〉マツ科の木本。樹高30m。樹皮は淡灰色。園芸植物。

レイコウマル 麗光丸 エキノケレウス・ライヘンバッヒーの別名。

レイシ 荔枝 〈*Litchi chinensis* Sonnerat〉ムクロジ科の常緑小高木。別名ライチー。可食部は白い半透明の仮種皮。高さは7〜10m。花は淡黄色。熱帯植物。薬用植物。

レイシ ムクロジ科の属総称。別名マンネンタケ。

レイシギョク 麗刺玉 ソエレンシア・フォルモサの別名。

レイシゴケ 〈*Myurella sibirica* (Müll. Hal.) Reimers〉ヒゲゴケ科のコケ。小形で、糸状、茎は灰緑色の塊となる。

レイシモドキ 〈*Xerospermum intermedium* Radlk.〉ムクロジ科の小木。芳香。熱帯植物。

レイシュウギョク 麗繍玉 パロディア・ムタビリスの別名。

レイショウカク 麗鐘閣 〈*Decabelone grandiflora* K. Schum.〉ガガイモ科の多年草。高さは10〜15cm。花は淡黄〜緑黄色。園芸植物。

レイジンソウ 伶人草 〈*Aconitum loczyanum* Rapaics〉キンポウゲ科の多年草。別名イブキレイジンソウ。高さは30〜80cm。花は淡紫〜淡紅色。高山植物。薬用植物。園芸植物。

レイジンヤナギ 麗人柳 サボテン科のサボテン。園芸植物。

レイゼンギョク 麗髯玉 サボテン科のサボテン。園芸植物。

レイデケリー・ロゼア スイレン科のスイレンの品種。別名ピンクピグミー。園芸植物。

レイメイ 黎明 アヤメ科のジャーマン・アイリスの品種。園芸植物。

レイヨウマル 麗陽丸 コリファンタ・レクルウァタの別名。

レイランドヒノキ 〈× *Cupressocyparis leylandii* (A. B. Jacks. et Dallim.) Dallim. et A. B. Jacks.〉ヒノキ科の木本。葉はやや灰色。樹高30m。樹皮は赤褐色。園芸植物。

レイリョウコウ 零陵香 〈*Trigonella caerulea* (L.) Ser.〉マメ科。園芸植物。

レインウァルティア・インディカ キバナアマの別名。

レインボー アオイ科のハイビスカスの品種。園芸植物。

レインボー・パゴダ シソ科のコリウスの品種。園芸植物。

レウィシア スベリヒユ科の属総称。

レウィシア・ハイブリダ スベリヒユ科。園芸植物。

レウィシア・レディヴィーバ スベリヒユ科。高山植物。

レウカエナ・レウコケファラ ギンネムの別名。

レウカデンドロン ヤマモガシ科の属総称。別名ロイカデンドロ。切り花に用いられる。

レウカデンドロン・アドスケンデンス 〈*Leucadendron adscendens* R. Br.〉ヤマモガシ科。高さは1.5〜2m。園芸植物。

レウカデンドロン・アルゲンテウム ギンヨウジュの別名。

レウカデンドロン・ウリギノスム 〈*Leucadendron uliginosum* R. Br.〉ヤマモガシ科。高さは2.3m。花は銀色。園芸植物。

レウカデンドロン・コモスム 〈*Leucadendron comosum* (Thunb.) R. Br.〉ヤマモガシ科。高さは1.7m。花は紅褐色。園芸植物。

レウカデンドロン・サリグヌム 〈*Leucadendron salignum* Bergius〉ヤマモガシ科。高さは2m。花は赤または黄色。園芸植物。

レウカデンドロン・ディスコロル 〈*Leucadendron discolor* Buek ex Meissn.〉ヤマモガシ科の常緑低木。高さは2m。園芸植物。

レウカデンドロン・ティンクツム 〈*Leucadendron tinctum* I. Williams〉ヤマモガシ科。高さは1〜1.3m。花は褐赤色。園芸植物。

レウカンテムム・ブルガレ 〈*Leucanthemum vulgare* Lam.〉キク科の多年草。

レウココリネ・イクシオイデス 〈*Leucocoryne ixioides* (Hook.) Lindl.〉ユリ科の多年草。花は鮮藤紫色。園芸植物。

レウコジウム・ベルナム 〈*Leucojum vernum* L.〉ヒガンバナ科の多年草。園芸植物。

レウコセプトルム・カヌム 〈*Leucosceptrum canum* Smith〉シソ科。高山植物。

レウコスペルムム ヤマモガシ科の属総称。

レウコスペルムム・ウェスティツム 〈*Leucospermum vestitum* (Lam.) Rourke〉ヤマモガシ科。高さは3m。花は濃い橙色。園芸植物。

レウコスペルムム・オレイフォリウム 〈*Leucospermum oleifolium* (Bergius) R. Br.〉ヤマモガシ科。高さは1m。花は黄色。園芸植物。

レウコスペルムム・キャサリナエ 〈*Leucospermum catherinae* Compt.〉ヤマモガシ科。高さは3m。花は淡黄色。園芸植物。

レウコスペルムム・グアインツィー 〈*Leucospermum gueinzii* Meissn.〉ヤマモガシ科。高さは3m。園芸植物。

レウコスペルムム・コノカルポデンドロン 〈*Leucospermum conocarpodendron* (L.) Buek〉ヤマモガシ科。高さは3〜5m。花は黄色。園芸植物。

レウコスペルムム・コルディフォリウム 〈*Leucospermum cordifolium* (Salisb. ex J. Knight) Fourc.〉ヤマモガシ科。高さは3m。花は黄、桃、橙、赤色。園芸植物。

レウコスペルムム・ヌタンス 〈*Leucospermum nutans* R. Br.〉ヤマモガシ科。高さは1.3m。花は黄赤色。園芸植物。

レウコスペルムム・パターソニー 〈*Leucospermum patersonii* E. P. Phillips〉ヤマモガシ科。高さは3m。園芸植物。

レウコスペルムム・パリレ 〈*Leucospermum parile* (Salisb. ex J. Knight) Sweet〉ヤマモガシ科。高さは1m。花は輝黄色。園芸植物。

レウコスペルムム・リネアレ 〈*Leucospermum lineare* R. Br.〉ヤマモガシ科。花は淡黄色。園芸植物。

レウコスペルムム・レフレクスム 〈*Leucospermum reflexum* Buek ex Meissn.〉ヤマモガシ科。高さは4〜5m。花は赤色。園芸植物。

レウコトエ・ウォルテリ アメリカイワナンテンの別名。

レウコトエ・ケイスケイ イワナンテンの別名。

レウコトエ・デイヴィシアエ 〈*Leucothoe davisiae* Torr. ex A. Gray〉ツツジ科の低木。高さは1.5m。花は白色。園芸植物。

レウコフィルム ゴマノハグサ科の属総称。

レウコブリウム・スカブルム オオシラガゴケの別名。

レウコブリウム・ネイルゲレンセ ホソバオキナゴケの別名。

レウコポゴン・メラレウコイデス 〈*Leucopogon melaleucoides* Cunn.〉エパクリス科の低木。

レウコユウム・アエスティブウム ヒガンバナ科。高山植物。

レウコユウム・ベルヌム ヒガンバナ科。高山植物。

レウコユム・アウツムナレ アキザキスノーフレークの別名。

レウコユム・アエスティウム スノーフレークの別名。

レウコユム・ロセウム 〈*Leucojum roseum* Martin〉ヒガンバナ科の球根植物。花は濃い桃紅色。園芸植物。

レウコルキス・アルビダ ラン科。高山植物。

レーヴ・ドール 〈Reve d'Or〉バラ科。ノアゼット・ローズ系。花はアプリコットイエロー。

レウム・オッフィキナレ ダイオウの別名。

レウム・ノビレ 〈*Rheum nobile* Hook. f. et T. Thoms.〉タデ科の多年草。高さは1〜1.5m。花は緑色。高山植物。

レウム・パルマツム 〈*Rheum palmatum* L.〉タデ科の多年草。高さは1.5m。園芸植物。

レオキルス・スクリプツス 〈*Leochilus scriptus* (Scheidw.) Rchb. f.〉ラン科。高さは25cm。花は緑色。園芸植物。

レオニー・ラメシュ 〈Léonie Lamesch〉バラ科。ポリアンサ・ローズ系。花は黄色。

レオノティス シソ科の属総称。別名カエンキセワタ。

レオノティス・ネペティフォリア 〈*Leonotis nepetifolia* (L.) R. Br.〉シソ科。高さは30〜150cm。花は橙黄または緋色。園芸植物。

レオノティス・レオヌルス カエンキセワタの別名。

レオントポディウム・アルピナム エーデルワイスの別名。

レオントポディウム・カロケファルム 〈*Leontopodium calocephalum* (Franch.) Beauverd〉キク科。高さは40cm。園芸植物。

レオントポディウム・スリーエイ 〈*Leontopodium souliei* Beauverd〉キク科のハーブ。別名イングリッシュカモミール、ペレニアルカモマイル、ローマンカミツレ。高さは10〜20cm。園芸植物。

レオントポディウム・ハヤチネンセ ハヤチネウスユキソウの別名。

レオントポディウム・フォリー ミヤマウスユキソウの別名。

レオントポディウム・ヤポニクム ウスユキソウの別名。

レーク・オブ・ツン スミレ科のガーデン・パンジーの品種。園芸植物。

レクスティネリア イワタバコ科の属総称。

レクステイネリア・カルディナリス 〈*Rechsteineria cardinalis* Kuntze〉イワタバコ科の多年草。別名ゼスネリア、ゲスネリア。園芸植物。

レクステイネリア・レウコトリカ 〈*Rechsteineria leucotricha* Hoehne〉イワタバコ科の多年草。園芸植物。

レス・ベゴニア ベゴニア・レクス-クルトルムの別名。

レクトフィラム サトイモ科の属総称。

レクトフィルム・ミラビレ 〈*Rhektophyllum mirabile* N. E. Br.〉サトイモ科の多年草。高さは10m。園芸植物。

レゲリオキクルス・ハイブリッド アヤメ科の園芸品種群。花は淡い紫、茶色。園芸植物。

レザーファン 〈*Rumohra adiantiformis* (G. Forst.) Ching〉オシダ科。別名レザーリーフファーン。長さ0.1〜1m。園芸植物。切り花に用いられる。

レスケナウルティア・ビロバ 〈*Leschenaultia biloba* Lindl.〉クサトベラ科の低木または小低木。

レースソウ 〈*Aponogeton fenestralis* (Poir) Hook. f.〉レースソウ科の観賞用沈水性植物。葉は格子状に孔があいてレース状。熱帯植物。

レスティオ レスティオ科のレスティオ科総称。

レステリア・クロコティルソス 〈*Leycesteria crocothyrsos* Airy-Shaw〉スイカズラ科の落葉低木。高さは2m。花は黄色。園芸植物。

レステリア・フォルモサ 〈*Leycesteria formosa* Wall.〉スイカズラ科の落葉低木。高さは2m。花は紅を帯びる白色。園芸植物。

レストレピア・アンテンニフェラ 〈*Restrepia antennifera* H. B. K.〉ラン科。高さは2〜20cm。花は白〜淡黄褐色。園芸植物。

レストレピア・エレガンス 〈*Restrepia elegans* Karst.〉ラン科。高さは10cm。花は白色。園芸植物。

レストレピエラ・オフィオケファラ 〈*Restrepiella ophiocephala* (Lindl.) Garay et Dunst.〉ラン科。高さは5〜25cm。花は淡黄色。園芸植物。

レースフラワー ドクゼリモドキの別名。

レスペデザ・ウィルガタ マキエハギの別名。

レスペデザ・キルトボトリア マルバハギの別名。

レスペデザ・ツンベルギー ミヤギノハギの別名。

レスペデザ・パテンス ケハギの別名。

レスペデザ・ビコロル ヤマハギの別名。

レスペデザ・ピロサ ネコハギの別名。

レスペデザ・フォルモサ 〈*Lespedeza formosa* (Vogel) Koehne〉マメ科。高さは1.5〜2m。花は紅紫色。園芸植物。

レスペデザ・ホモロバ ツクシハギの別名。

レスペデザ・マクシモヴィッチー 〈*Lespedeza maximowiczii* C. K. Schneid.〉マメ科。別名チョウセンキハギ。花は紅紫色。園芸植物。

レスペデザ・メラナンタ クロバナキハギの別名。

レスペデザ・ヤポニカ シラハギの別名。

レスペデザ・ユンケア カラメドハギの別名。

レセダ モクセイソウの別名。

レセダ・アルバ シノブモクセイソウの別名。

レゾミー キク科のデンドランテマの品種。切り花に用いられる。

レダ 〈*Léda*〉バラ科。ダマスク・ローズ系。花はソフトピンク。

レーダーサワグルミ 〈*Pterocarya* × *rehderiana*〉クルミ科の木本。樹高25m。樹皮は紫褐色。

レタス 萵苣 〈*Lactuca sativa* L.〉キク科の葉菜類。別名サラダナ、チサ。葉をサラダとして生食。花は黄色。熱帯植物。薬用植物。園芸植物。

レタス キク科の属総称。別名チサ、チシャ。

レダマ 連玉 〈*Spartium junceum* L.〉マメ科の木本。別名キレダマ、モクレダマ。高さは2〜3.5m。花は黄色。薬用植物。園芸植物。

レダン 〈*Nephelium glabrum* Noronha〉ムクロジ科の高木。熱帯植物。

レックス・ベゴニア タイヨウベゴニアの別名。

レッシギョク 烈刺玉 フェロカクツス・レクティスピヌスの別名。

レッド・エンペラー ユリのチューリップの品種。別名マダムレフェーバー。園芸植物。

レッドキャンピオン ナデシコ科のハーブ。

レッド・クィーン ツツジ科のエリカの品種。別名ベニエリカ。園芸植物。

レッドゴールド 〈Redgold〉バラ科。フロリバンダ・ローズ系。花は濃黄色。

レッドジンジャー ショウガ科。切り花に用いられる。

レッドセンチネル ユキノシタ科のアスティルベの品種。園芸植物。

レッド・デビル 〈Red Devil〉バラ科。ハイブリッド・ティーローズ系。花は赤色。

レッドパレット バラ科。

レッド・バレリアン ベニカノコソウの別名。

レッド・ピノキオ 〈Red Pinocchio〉バラ科。フロリバンダ・ローズ系。

レッド・フォックス ヒユ科のケイトウの品種。別名ハネゲイトウ。園芸植物。

レッド・フラッシュ アブラナ科のイベリスの品種。園芸植物。

レッド・ベルサイユ キク科のコスモスの品種。園芸植物。

レッド・ホワイト・センター キク科のアスターの品種。園芸植物。

レッド・ホワイト・チューブ イワタバコ科のグロクシニアの品種。園芸植物。

レッド・ミニモ 〈Red Minimo〉バラ科。ミニチュア・ローズ系。

レッド・ミルレンニューム ブドウ科のブドウ(葡萄)の品種。果皮は赤紅色。

レッド・ライオン アヤメ科のフリージアの品種。園芸植物。

レッド・ライオン ヒガンバナ科のアマリリスの品種。園芸植物。

レッド・ロビン バラ科のカナメモチの品種。

レテアレリア・クラドニオイデス 〈*Lethearellia cladonioides* (Nyl.) Krog.〉サルオガセ科の薬用植物。

レディ・エックス〈Lady X〉バラ科。ハイブリッド・ティーローズ系。花は藤色。

レディ・カーゾン〈Lady Curzon〉バラ科。ハイブリッド・ルゴサ・ローズ系。花はサーモンピンク。

レディー・ストラセデン バラ科のジュームの品種。園芸植物。

レディース・マントル バラ科のハーブ。別名ハゴロモグサ。

レディ・ヒリントン〈Lady Hillingdon〉バラ科。ティー・ローズ系。花はアプリコットイエロー。

レディー・ヒンドリップ キク科のアスター・アメルスの品種。園芸植物。

レディ・ペンザンス〈Lady Penzance〉バラ科。花はサーモンピンク。

レディ・メイアン〈Lady Meillan〉バラ科。ハイブリッド・ティーローズ系。花は朱色。

レデボーリア・ソシアリス ユリ科。園芸植物。

レドゥム・パルストレ〈Ledum palustre L.〉ツツジ科の常緑小低木。高さは30～100cm。花は白色。園芸植物。

レナネティア・サンライズ〈× Renanetia Sunrise〉ラン科。花は淡橙色。園芸植物。

レナンケントルム・ステラ〈× Renancentrum Stella〉ラン科。高さは60cm。花は濃朱赤色。園芸植物。

レナンケントルム・ヤプ・シン・イー〈× Renancentrum Yap Sin Yee〉ラン科。花は濃赤色。園芸植物。

レナンケントルム・リトル・レッド〈× Renancentrum Little Red〉ラン科。高さは20cm。花は濃朱赤色。園芸植物。

レナンスティリス・クイーン・エマ〈× Renanstylis Queen Emma〉ラン科。高さは80～100cm。花は朱紅色。園芸植物。

レナンスティリス・ジョ・アン〈× Renanstylis Jo Ann〉ラン科。高さは50～70cm。花は鮮桃～鮮桃色。園芸植物。

レナンスティリス・ファブロサ〈× Renanstylis Fabulosa〉ラン科。高さは70cm。花は橙黄色。園芸植物。

レナンソプシス ラン科。園芸植物。

レナンタンダ・ゴールド・ナギット〈× Renantanda Gold Nugget〉ラン科。花は橙黄～鮮黄色。園芸植物。

レナンテラ・インスホーティアナ〈Renanthera imschootiana Rolfe〉ラン科。高さは40～80cm。花は橙赤色。園芸植物。

レナンテラ・コッキネア〈Renanthera coccinea Lour.〉ラン科。高さは4m。花は鮮赤色。園芸植物。

レナンテラ・ストーリエイ〈Renanthera storiei Rchb. f.〉ラン科。花は橙赤色。園芸植物。

レナンテラ・ツイン・スター〈Renanthera Twin Star〉ラン科。花は橙黄色。園芸植物。

レナンテラ・ナンシー・チャンドラー〈Renanthera Nancy Chandler〉ラン科。花は濃朱紅色。園芸植物。

レナンテラ・ヒストリモナ〈Renanthera Histrimona〉ラン科。花は朱黄色。園芸植物。

レナンテラ・ブルーキー・チャンドラー〈Renanthera Brookie Chandler〉ラン科。花は濃朱紅色。園芸植物。

レナンテラ・ポイプ〈Renanthera Poipu〉ラン科。高さは20cm。花は朱紅色。園芸植物。

レナンテラ・マツティナ〈Renanthera matutina (Blume) Lindl.〉ラン科。茎の長さ60～80cm。花は橙赤色。園芸植物。

レナンテラ・モナキカ〈Renanthera monachica Ames〉ラン科。高さは60cm。花は黄色。園芸植物。

レナントグロッスム・レッド・デライト〈× Renanthoglossum Red Delight〉ラン科。花は濃赤色。園芸植物。

レナントプシス・ラヴリー〈× Renanthopsis Lovely〉ラン科。花は淡桃色。園芸植物。

レーヌ・デ・ビオレッツ〈Reine de Violetts〉バラ科。ハイブリッド・パーペチュアルローズ系。花は赤紫色。

レノーア・オリヴィエ シュウカイドウ科のベゴニアの品種。園芸植物。

レノフィルム・グッタツム〈Lenophyllum guttatum (Rose) Rose〉ベンケイソウ科の多肉性草本。別名京鹿の子。長さ2～3cm。花は淡黄色。園芸植物。

レパキス・コルムナリス〈Lepachys columnaris (Pursh) Torr. et A. Gray〉キク科の草本。高さは30～100cm。花は黄色。園芸植物。

レパキス・ピンナタ〈Lepachys pinnata (Venten.) Torr. et A. Gray〉キク科の草本。別名バレンギク。高さは1～1.5m。園芸植物。

レバノンシーダ マツ科の木本。

レバノンスギ〈Cedrus libani A. Rich.〉マツ科の大形の常緑高木。樹高40m。樹皮は濃灰色。園芸植物。

レバノンスギ マツ科の属総称。

レパンテス・ガライー〈Lepanthes garayi Hashimoto〉ラン科。高さは10cm。花は淡黄に紅紫の部分がある。園芸植物。

レビスチクム・オフィキナーレ〈Levisticum officinale Koch.〉セリ科の薬用植物。

レピスミウム・クルキフォルメ〈Lepismium cruciforme (Vell.) Miq.〉サボテン科のサボテン。別名三稜葦。花は白～淡桃色。園芸植物。

レピスミウム・パラドクスム〈Lepismium paradoxum Salm-Dyck〉サボテン科のサボテ

ン。別名玉柳。長さ20～30cm。花は白色。園芸植物。

レピソルス・アンヌイフロンス ホテイシダの別名。

レピソルス・ウスリーエンシス 〈*Lepisorus ussuriensis* (Regel et Maack) Ching〉ウラボシ科のシダ植物。別名ウスリーノキシノブ。園芸植物。

レピソルス・オノエイ ヒメノキシノブの別名。

レピソルス・ツンベルギアヌス ノキシノブの別名。

レピソルス・ロンギフォリウス 〈*Lepisorus longifolius* (Blume) Holtt.〉ウラボシ科のシダ植物。葉は長さ30～70cm。園芸植物。

レピディウム・ヘテロフィーラム 〈*Lepidium heterophyllum*〉アブラナ科の多年草。

レピドカリウム・テスマニー 〈*Lepidocaryum tessmannii* Burret〉ヤシ科。別名ペルーウロコゴヘイヤシ。高さは2m。花は深紅色。園芸植物。

レピドカリウム・テヌエ 〈*Lepidocaryum tenue* Mart.〉ヤシ科。別名ヒメウロコゴヘイヤシ。高さは2～3m。花は淡桃色。園芸植物。

レピドコリファンタ・マクロメリス 〈*Lepidocoryphantha macromeris* (Engelm.) Backeb.〉サボテン科のサボテン。別名大分丸。高さは10～12cm。花は紅～紫紅色。園芸植物。

レピドザミア・ペロフスキアナ 〈*Lepidozamia peroffskyana* Regel〉ソテツ科。別名ホソバウロコザミア。高さは6m。園芸植物。

レピドラキス・ムーレアナ 〈*Lepidorrhachis mooreana* (F. J. Muell.) O. F. Cook〉ヤシ科。高さは2.4m。花はクリーム色を帯びた白色。園芸植物。

レプトコドン・グラキリス 〈*Leptocodon gracilis* Hook. f. et Thoms〉リンドウ科のつる植物。高山植物。

レプトシホン 〈*Gilia micrantha* Steud. ex Benth.〉ハナシノブ科。園芸植物。

レプトスペルマム ギョリュウバイの別名。

レプトスペルムム フトモモ科の属総称。別名ネズモドキ。

レプトスペルムム・ミルシノイデス 〈*Leptospermum myrsinoides* Schlechter〉フトモモ科の常緑の低木ないし小高木。高さは2m。花は白または桃色。園芸植物。

レプトスペルムム・ラエウィガツム 〈*Leptospermum laevigatum* (Soland. ex Gaertn.) F. J. Muell.〉フトモモ科の常緑の低木ないし小高木。高さは6m。花は白色。園芸植物。

レプトテス・ウニコロル 〈*Leptotes unicolor* Barb.-Rodr.〉ラン科。花は淡藤紅～白色。園芸植物。

レプトテス・ビコロル 〈*Leptotes bicolor* Lindl.〉ラン科。花は白色。園芸植物。

レプトデルミス・プルケラ シチョウゲの別名。

レブンアツモリソウ 〈*Cypripedium macranthum* Sw. var. *rebunense* (Kudo) Miyabe et Kudo〉ラン科。日本絶滅危機植物。

レブンイワレンゲ 〈*Sedum iwarenge* var. *furusei*〉ベンケイソウ科。

レブンキンバイソウ 礼文金梅草 〈*Trollius ledebourii* Reichb. var. *polysepalus* Regel et Til.〉キンポウゲ科の草本。別名オクキンバイソウ。高山植物。

レブンコザクラ 礼文小桜 〈*Primula modesta* var. *matsumurae*〉サクラソウ科。高山植物。

レブンサイコ 礼文柴胡 〈*Bupleurum triradiatum* Adams ex Hoffm.〉セリ科の草本。別名チシマサイコ。高山植物。

レブンサクラソウモドキ 〈*Cortusa matthioli* var. *congesta*〉サクラソウ科。

レブンソウ 礼文草 〈*Oxytropis megalantha* H. Boiss.〉マメ科の草本。高山植物。日本絶滅危機植物。

レブントウヒレン 〈*Saussurea riederi* var. *insularis*〉キク科。

レベッカ ヒガンバナ科のアルストロメリアの品種。切り花に用いられる。

レマイレオセレウス ルメーレオケレウスの別名。

レーマニア ゴマノハグサ科の属総称。別名地黄（ジオウ）、花地黄（ハナジオウ）。

レーマニア・グルティノサ ジオウの別名。

レーマニア・ヘンリーイ 〈*Rehmannia henryi* N. E. Br.〉ゴマノハグサ科の多年草。

レーマニア・ヤポニカ センリゴマの別名。

レミー・ショレー ラン科のカトレヤの品種。園芸植物。

レムサティア・ビィビィパラ 〈*Remusatia vivipara* Schott〉サトイモ科の多年草。

レモネードブッシュ ハイビスカス・ローゼルの別名。

レモン 檸檬 〈*Citrus limon* (L.) Burm. f.〉ミカン科のハーブ。果面は黄色。花は紫色。熱帯植物。薬用植物。園芸植物。

レモン ユーレカ・レモンの別名。

レモンエゴマ 〈*Perilla frutescens* (L.) Britton var. *citriodora* (Makino) Ohwi〉シソ科の一年草。高さは20～70cm。薬用植物。

レモングラス 〈*Cymbopogon citratus* (DC.) Stapf〉イネ科の多年草。別名メリッサグラス、レモンガヤ。粉白、芳香。高さは2m。熱帯植物。薬用植物。園芸植物。

レモンゴケ 〈*Cetraria pallescens* Schaer.〉ウメノキゴケ科の地衣類。地衣体背面は黄緑色。

レモン・ゼラニウム フウロソウ科のハーブ。別名センテッドペラゴニウム、イングリッシュフィンガーゼラニウム、ニオイテンジクアオイ。
レモンセンテッド・ガム レモン・ユーカリの別名。
レモン・タイム シソ科のハーブ。
レモン・バジル シソ科のハーブ。別名バジル。
レモンバーベナ ボウシュウボクの別名。
レモンバーム シソ科の属総称。別名コウスイハッカ。切り花に用いられる。
レモンバーム レモン・バジルの別名。
レモン・ユーカリ 〈*Eucalyptus citriodora* Hook.〉フトモモ科のハーブ。別名レモンセンテッド・ガム、スポッテッド・ガム。高さは20m。花は白色。園芸植物。
レモンリーフ ツツジ科。切り花に用いられる。
レリア ラン科の属総称。別名ラエリア。
レリア・アイエルマニアナ 〈*Laelia* × *eyermaniana* Rchb. f.〉ラン科。花は桃紫色。園芸植物。
レリア・アウツムナリス 〈*Laelia autumnalis* Lindl.〉ラン科。高さは50〜80cm。花は鮮桃赤色。園芸植物。
レリア・アモエナ 〈*Laelia* Amoena〉ラン科。高さは20cm。花は紫紅色。園芸植物。
レリア・アルビダ 〈*Laelia albida* Batem. ex Lindl.〉ラン科。高さは20〜60cm。花は白色。園芸植物。
レリア・ヴェンドランディー 〈*Laelia wendlandii* Rchb. f.〉ラン科。高さは18cm。花は緑茶〜黄褐茶色。園芸植物。
レリア・エサルケアナ 〈*Laelia esalqueana* Blumensch.〉ラン科。花はクリーム黄〜鮮黄色。園芸植物。
レリア・オステルマイエリ 〈*Laelia ostermayeri* Hoehne〉ラン科。高さは5〜6cm。花は濃紫赤色。園芸植物。
レリア・カナリエンシス 〈*Laelia* Canariensis〉ラン科。茎の長さ80cm。花は黄、橙黄色。園芸植物。
レリア・キンナバリナ 〈*Laelia cinnabarina* Batem. ex Lindl.〉ラン科。高さは35〜50cm。花は鮮橙赤色。園芸植物。
レリア・クサンティナ 〈*Laelia xanthina* Lindl.〉ラン科。高さは20cm。花は鮮黄色。園芸植物。
レリア・グランディス 〈*Laelia grandis* Lindl.〉ラン科。高さは15〜20cm。花は黄褐色。園芸植物。
レリア・クリスパ 〈*Laelia crispa* (Lindl.) Rchb. f.〉ラン科。高さは30cm。花は白色。園芸植物。
レリア・クリスパタ 〈*Laelia crispata* (Thunb.) Garay〉ラン科。高さは30〜40cm。花は桃紫色。園芸植物。

レリア・クリスピラビア 〈*Laelia crispilabia* A. Rich. ex Warner〉ラン科。高さは35cm。花は紫色。園芸植物。
レリア・クローシェーヤナ 〈*Laelia* × *crawshayana* Rchb. f.〉ラン科。花は紫色。園芸植物。
レリア・ゴールド・スター 〈*Laelia* Gold Star〉ラン科。花は橙黄色。園芸植物。
レリア・コロネット 〈*Laelia* Coronet〉ラン科。花は橙赤色。園芸植物。
レリア・シーガル 〈*Laelia* Seagull〉ラン科。高さは20cm。花は黄、橙黄、赤色。園芸植物。
レリア・ジップ 〈*Laelia* Zip〉ラン科。高さは40cm。花は褐赤、橙赤色。園芸植物。
レリア・シンコラナ 〈*Laelia sincorana* Schlechter〉ラン科。花は濃紫桃〜鮮紫桃色。園芸植物。
レリア・スペキオサ 〈*Laelia speciosa* (H. B. K.) Schlechter〉ラン科。高さは10cm。花は淡桃紫色。園芸植物。
レリア・バヒエンシス 〈*Laelia bahiensis* Schlechter〉ラン科。花は黄〜濃黄色。園芸植物。
レリア・ハルポフィラ 〈*Laelia harpophylla* Rchb. f.〉ラン科。高さは10〜12cm。花は鮮朱橙色。園芸植物。
レリア・ピルチェリ 〈*Laelia* × *pilcheri* Dombr.〉ラン科。花は淡藤色。園芸植物。
レリア・フィンケニアナ 〈*Laelia* × *finckeniana* O'Brien〉ラン科。花は白色。園芸植物。
レリア・プミラ 〈*Laelia pumila* (Hook.) Rchb. f.〉ラン科の多年草。花は淡桃色。園芸植物。
レリア・フラウァ 〈*Laelia flava* Lindl.〉ラン科。高さは25〜50cm。花は鮮黄色。園芸植物。
レリア・ブリーゲリ 〈*Laelia briegeri* Blumensch.〉ラン科。高さは12〜15cm。花は黄〜濃黄色。園芸植物。
レリア・プルプラタ 〈*Laelia purpurata* Lindl.〉ラン科。高さは20cm。花は白、あるいは紫紅色。園芸植物。
レリア・ブレイデイ 〈*Laelia bradei* Pabst〉ラン科。高さは4〜5cm。花は黄色。園芸植物。
レリア・ペリニー 〈*Laelia perrinii* Lindl.〉ラン科。茎の長さ12cm。花は淡紫紅色。園芸植物。
レリア・ミレリ 〈*Laelia milleri* Blumensch.〉ラン科。高さは15〜20cm。花は濃赤橙色。園芸植物。
レリア・ヨンゲアナ 〈*Laelia jongheana* Rchb. f.〉ラン科。花は淡紅紫色。園芸植物。
レリア・ラトナ 〈*Laelia* Latona〉ラン科。花は橙黄色。園芸植物。

レリア・リリプタナ 〈*Laelia liliputana* Pabst〉ラン科。高さは4〜5cm。花は紫紅〜桃紫色。園芸植物。

レリア・ルベスケンス 〈*Laelia rubescens* Lindl.〉ラン科。茎の長さ25〜50cm。花は淡藤色。園芸植物。

レリア・ルンディー 〈*Laelia lundii* Rchb. f.〉ラン科。花は淡藤色。園芸植物。

レリア・レウコプテラ 〈*Laelia* × *leucoptera* Rolfe〉ラン科。花は明桃色。園芸植物。

レリア・レギナエ 〈*Laelia reginae* Pabst〉ラン科。茎の長さ4〜5cm。花は紫紅〜淡桃色。園芸植物。

レリア・ロバタ 〈*Laelia lobata* (Lindl.) Veitch〉ラン科。花は紫菫色。園芸植物。

レリア・ロンギペス 〈*Laelia longipes* Rchb. f.〉ラン科。花は紫紅色。園芸植物。

レリオカトニア・ペギー・サン 〈× *Laeliocatonia* Peggy San〉ラン科。花は淡い紫紅色。園芸植物。

レリオカトニア・ロイ・フィールズ 〈× *Laeliocatonia* Roy Fields〉ラン科。花は紫赤色。園芸植物。

レリオカトレヤ 〈*Laeliocattleya* Bonanza Paydat〉ラン科。園芸植物。

レリオカトレヤ・アイリーン・フィニー 〈× *Laeliocattleya* Irene Finney〉ラン科。花は明るい鮮やかなラベンダー色。園芸植物。

レリオカトレヤ・アクイ-フィン 〈× *Laeliocattleya* Aqui-Finn〉ラン科。花はごく淡い桃色。園芸植物。

レリオカトレヤ・アコンカガウ 〈× *Laeliocattleya* Aconcagua〉ラン科。花は白色。園芸植物。

レリオカトレヤ・アデレイド・ウォルトマン 〈× *Laeliocattleya* Adelaide Waltman〉ラン科。花は淡緑色。園芸植物。

レリオカトレヤ・アドルフ・ヘッカー 〈× *Laeliocattleya* Adolph Hecker〉ラン科。花は光沢のある濃紫紅色。園芸植物。

レリオカトレヤ・アレカ 〈× *Laeliocattleya* Areca〉ラン科。花は紫紅色。園芸植物。

レリオカトレヤ・アントネッタ・マハン 〈× *Laeliocattleya* Antonetta Mahan〉ラン科。花は鮮やかなラベンダー色。園芸植物。

レリオカトレヤ・アンバー・グロー 〈× *Laeliocattleya* Amber Glow〉ラン科。花はレモン黄色。園芸植物。

レリオカトレヤ・アン・フォリス 〈× *Laeliocattleya* Ann Follis〉ラン科。花は淡黄緑色。園芸植物。

レリオカトレヤ・イシュタール 〈× *Laeliocattleya* Ishtar〉ラン科。花は濃桃色。園芸植物。

レリオカトレヤ・エクスタシー 〈× *Laeliocattleya* Ecstacy〉ラン科。花は純白色。園芸植物。

レリオカトレヤ・エリノア 〈× *Laeliocattleya* Elinor〉ラン科。花は橙黄色。園芸植物。

レリオカトレヤ・エル・セントロ 〈× *Laeliocattleya* El Centro〉ラン科。花は朱黄色。園芸植物。

レリオカトレヤ・オリー・ジョンセン 〈× *Laeliocattleya* Olie Johnsen〉ラン科。花は紫紅色。園芸植物。

レリオカトレヤ・オルガ 〈× *Laeliocattleya* Olga〉ラン科。花は白地に濃紫紅色。園芸植物。

レリオカトレヤ・オレンジ・ジェム 〈× *Laeliocattleya* Orange Gem〉ラン科。花は橙色。園芸植物。

レリオカトレヤ・ガスケル-プミラ 〈× *Laeliocattleya* Gaskell-pumila〉ラン科。高さは15cm。花は淡紫色。園芸植物。

レリオカトレヤ・ガトン・グローリー 〈× *Laeliocattleya* Gatton Glory〉ラン科。高さは11cm。花は鮮明な純黄色。園芸植物。

レリオカトレヤ・キャスリン・レイヘイ 〈× *Laeliocattleya* Kathryn Leahey〉ラン科。花は鮮桃色。園芸植物。

レリオカトレヤ・ギャラクシー 〈× *Laeliocattleya* Galaxy〉ラン科。花は白色。園芸植物。

レリオカトレヤ・キャンベラ 〈× *Laeliocattleya* Canberra〉ラン科。花は黄色。園芸植物。

レリオカトレヤ・キュルミナン 〈× *Laeliocattleya* Culminant〉ラン科。花は濃紫桃紅色。園芸植物。

レリオカトレヤ・ギラ・ウィルダネス 〈× *Laeliocattleya* Gila Wilderness〉ラン科。花は白色。園芸植物。

レリオカトレヤ・クイシーグ 〈× *Laeliocattleya* Cuiseag〉ラン科。花は明緑色。園芸植物。

レリオカトレヤ・ケリー 〈× *Laeliocattleya* Keri〉ラン科。花は淡桃紫色。園芸植物。

レリオカトレヤ・コーネリア 〈× *Laeliocattleya* Cornelia〉ラン科。花は淡紫青色。園芸植物。

レリオカトレヤ・ゴールデン・ガール 〈× *Laeliocattleya* Golden Girl〉ラン科。花は橙黄色。園芸植物。

レリオカトレヤ・コロラマ 〈× *Laeliocattleya* Colorama〉ラン科。花はラベンダー色。園芸植物。

レリオカトレヤ・サウス・エスク 〈× *Laeliocattleya* South Esk〉ラン科。花はラベンダー色。園芸植物。

レリオカトレヤ・サマーランド・ガール 〈× *Laeliocattleya* Summerland Girl〉ラン科。花は濃い赤ブドウ酒色。園芸植物。

レリオカトレヤ・ジェイ・マーケル 〈× *Laeliocattleya* Jay Markell〉ラン科。花は純白色。園芸植物。

レリオカトレヤ・シェリー・コンプトン 〈× *Laeliocattleya* Shellie Compton〉ラン科。花は雪白色。園芸植物。

レリオカトレヤ・シャスタ・スカイズ 〈× *Laeliocattleya* Shasta Skies〉ラン科。花は藤紫色。園芸植物。

レリオカトレヤ・ジュディー・スモール 〈× *Laeliocattleya* Judy Small〉ラン科。花は淡いラベンダー色。園芸植物。

レリオカトレヤ・シンシア 〈× *Laeliocattleya* Cynthia〉ラン科。花は白色。園芸植物。

レリオカトレヤ・ズイホー 〈× *Laeliocattleya* Zuiho〉ラン科。花は純白色。園芸植物。

レリオカトレヤ・スーザン・オールギーン 〈× *Laeliocattleya* Susan Holguin〉ラン科。花は紫紅色。園芸植物。

レリオカトレヤ・ステファン・オリヴァー・フォウレイカー 〈× *Laeliocattleya* Stephen Oliver Fouraker〉ラン科。花は純白色。園芸植物。

レリオカトレヤ・スモール・トーク 〈× *Laeliocattleya* Small Talk〉ラン科。花は純白色。園芸植物。

レリオカトレヤ・スワン・バレー 〈× *Laeliocattleya* Swan Ballet〉ラン科。花はわずかにピンクを帯びた白色。園芸植物。

レリオカトレヤ・ダーク・スター 〈× *Laeliocattleya* Dark Star〉ラン科。花は濃い紫紅色。園芸植物。

レリオカトレヤ・チット・チャット 〈× *Laeliocattleya* Chit Chat〉ラン科。花はオレンジ色。園芸植物。

レリオカトレヤ・チャールズワーシー 〈× *Laeliocattleya* Charlesworthii〉ラン科。花は橙黄色。園芸植物。

レリオカトレヤ・ドーセット・ゴールド 〈× *Laeliocattleya* Dorset Gold〉ラン科。花は濃黄金色。園芸植物。

レリオカトレヤ・ドラムビート 〈× *Laeliocattleya* Drumbeat〉ラン科。花は紅紫色。園芸植物。

レリオカトレヤ・トリック・オア・トリート 〈× *Laeliocattleya* Trick or Treat〉ラン科。花は濃橙朱色。園芸植物。

レリオカトレヤ・ドロシー・ウォーン 〈× *Laeliocattleya* Dorothy Warne〉ラン科。花は濃いラベンダー色。園芸植物。

レリオカトレヤ・トロピカル・ポインター 〈× *Laeliocattleya* Tropical Pointer〉ラン科。花は黄から橙黄色。園芸植物。

レリオカトレヤ・ニガデイル 〈× *Laeliocattleya* Nigadale〉ラン科。花は非常に濃い紫紅色。園芸植物。

レリオカトレヤ・ニッポン 〈× *Laeliocattleya* Nippon〉ラン科。花は白色。園芸植物。

レリオカトレヤ・パイリト・キング 〈× *Laeliocattleya* Pirate King〉ラン科。花は赤ブドウ酒色。園芸植物。

レリオカトレヤ・パーセポリス 〈× *Laeliocattleya* Persepolis〉ラン科。園芸植物。

レリオカトレヤ・バタフライ・ウィングズ 〈× *Laeliocattleya* Butterfly Wings〉ラン科。花は黄色。園芸植物。

レリオカトレヤ・バトン・トップ 〈× *Laeliocattleya* Button Top〉ラン科。花は鮮桃色。園芸植物。

レリオカトレヤ・パピー・ラヴ 〈× *Laeliocattleya* Puppy Love〉ラン科。花は淡いパステルカラー色。園芸植物。

レリオカトレヤ・ハワイアン・フレアー 〈× *Laeliocattleya* Hawaiian Flare〉ラン科。花は淡い桃色。園芸植物。

レリオカトレヤ・ヒペリオン 〈× *Laeliocattleya* Hyperion〉ラン科。花は濃桃色。園芸植物。

レリオカトレヤ・ピンク・フェイヴァリット 〈× *Laeliocattleya* Pink Favourite〉ラン科。花は鮮濃桃色。園芸植物。

レリオカトレヤ・ピンチュラ 〈× *Laeliocattleya* Pintura〉ラン科。花は先端は濃紅紫、中央は白、基部が黄色。園芸植物。

レリオカトレヤ・ファビエスク 〈× *Laeliocattleya* Fabiesk〉ラン科。花は淡いラベンダー色。園芸植物。

レリオカトレヤ・フェリシテイション 〈× *Laeliocattleya* Felicitation〉ラン科。花は濃い紫紅色。園芸植物。

レリオカトレヤ・フランク・ロイド・ライト 〈× *Laeliocattleya* Frank Lloyd Wright〉ラン科。花は鮮やかなラベンダー色。園芸植物。

レリオカトレヤ・プリズム・パリット 〈× *Laeliocattleya* Prism Palette〉ラン科。花は白色。園芸植物。

レリオカトレヤ・ブリリアント・オレンジ 〈× *Laeliocattleya* Brilliant Orange〉ラン科。花は橙黄色。園芸植物。

レリオカトレヤ・プリンセス・マーガレット 〈× *Laeliocattleya* Princess Margaret〉ラン科。巨大輪。園芸植物。

レリオカトレヤ・ブルー・ボーイ 〈× *Laeliocattleya* Blue Boy〉ラン科。花は桃紫色。園芸植物。

レリオカトレヤ・プロフェシー 〈× *Laeliocattleya* Prophesy〉ラン科。花は紫紅色。園芸植物。

レリオカトレヤ・ペギー・ホフマン 〈× *Laeliocattleya* Peggy Huffman〉ラン科。花は紫紅色。園芸植物。

レリオカトレヤ・ボナンザ 〈× *Laeliocattleya* Bonanza〉ラン科。花はやや濃いめの桃色。園芸植物。

レリオカトレヤ・ボナンザ・クイーン 〈× *Laeliocattleya* Bonanza Queen〉ラン科。花は深紫紅色。園芸植物。

レリオカトレヤ・マギーズ・ベビー 〈× *Laeliocattleya* Maggie's Baby〉ラン科。花は純白色。園芸植物。

レリオカトレヤ・マコーミック・フェニックス 〈× *Laeliocattleya* McCormick Phoenix〉ラン科。花は鮮明なラベンダー色。園芸植物。

レリオカトレヤ・マティー・シェイヴ 〈× *Laeliocattleya* Mattie Shave〉ラン科。花は非常に濃い紫紅色。園芸植物。

レリオカトレヤ・マリア・オゼラ 〈× *Laeliocattleya* Maria Ozzella〉ラン科。花は濃暗赤色。園芸植物。

レリオカトレヤ・ミグドリス 〈× *Laeliocattleya* Mygdollys〉ラン科。花は白色。園芸植物。

レリオカトレヤ・ミニ・パープル 〈× *Laeliocattleya* Mini Purple〉ラン科。高さは10〜12cm。花は濃紫紅色。園芸植物。

レリオカトレヤ・ミルドレッド・リーヴズ 〈× *Laeliocattleya* Mildred Rives〉ラン科。花は純白色。園芸植物。

レリオカトレヤ・メアリー・エリザベス・ボン 〈× *Laeliocattleya* Mary Elizabeth Bohn〉ラン科。花は明藤青色。園芸植物。

レリオカトレヤ・メモリア・ドクター・ペン 〈× *Laeliocattleya* Memoria Dr. Peng〉ラン科。花は純白色。園芸植物。

レリオカトレヤ・メモリア・ラファエル・シントロン 〈× *Laeliocattleya* Memoria Rafael Cintron〉ラン科。花は橙色。園芸植物。

レリオカトレヤ・モリー・タイラー 〈× *Laeliocattleya* Molly Tyler〉ラン科。花は濃紫紅色。園芸植物。

レリオカトレヤ・ヨロ 〈× *Laeliocattleya* Yolo〉ラン科。花は濃い紫赤色。園芸植物。

レリオカトレヤ・ラヴ・ノット 〈× *Laeliocattleya* Love Knot〉ラン科。花はやや淡いラベンダー色。園芸植物。

レリオカトレヤ・リグリー 〈× *Laeliocattleya* Wrigleyi〉ラン科。花は淡いライラック色。園芸植物。

レリオカトレヤ・リサ・アン 〈× *Laeliocattleya* Lisa Ann〉ラン科。花は橙に橙紫を帯びる。園芸植物。

レリオカトレヤ・リトル・オリヴァー 〈× *Laeliocattleya* Little Oliver〉ラン科。花は純白色。園芸植物。

レリオカトレヤ・リーフウッド・レイン 〈× *Laeliocattleya* Leafwood Lane〉ラン科。花は光沢のある鮮やかな濃緑色。園芸植物。

レリオカトレヤ・レッド・エンプレス 〈× *Laeliocattleya* Red Empress〉ラン科。花は淡紫紅色。園芸植物。

レリオカトレヤ・ロイヤル・エンペラー 〈× *Laeliocattleya* Royal Emperor〉ラン科。花は赤ブドウ酒色。園芸植物。

レリオカトレヤ・ロホ 〈× *Laeliocattleya* Rojo〉ラン科。花は濃橙赤色。園芸植物。

レリオカトレヤ・ロボン 〈× *Laeliocattleya* Robon〉ラン科。花は紫紅色。園芸植物。

レリオカトレヤ・ロレイン・シライ 〈× *Laeliocattleya* Lorraine Shirai〉ラン科。花は濃黄色。園芸植物。

レリオカトレヤ・ワイアット・アープ 〈× *Laeliocattleya* Wyatt Earp〉ラン科。花は紫紅色。園芸植物。

レリオカトレヤ・ワイアナエ・サンセット 〈× *Laeliocattleya* Waianae Sunset〉ラン科。花は光沢のある濃橙色。園芸植物。

レリオカトレヤ・ワイン・フェスティヴァル 〈× *Laeliocattleya* Wine Festival〉ラン科。花はやや紅みのある赤褐色。園芸植物。

レリオプシス・ドミンゲンシス 〈*Laeliopsis domingensis* Lindl.〉ラン科。花は淡桃色。園芸植物。

レロニア・アラウラ 〈× *Laelonia* Alaula〉ラン科。高さは30〜50cm。花は紫紅桃色。園芸植物。

レンガ 〈*Nothofagus pumilio*〉ブナ科の木本。樹高25m。樹皮は紫褐色。

レンカク 連鶴 キンポウゲ科のボタンの品種。園芸植物。

レンガスウルシ 〈*Gluta renghas* L.〉ウルシ科の高木。葉は滑で光沢、果実は褐色。熱帯植物。

レンガタケ 〈*Heterobasidion insularis* (Murr.) Ryv.〉タコウキン科のキノコ。

レンギョウ 連翹 〈*Forsythia suspensa* (Thunb. ex Murray) Vahl〉モクセイ科の落葉低木。別名レンギョウウツギ。花は帯橙黄色。薬用植物。園芸植物。切り花に用いられる。

レンギョウ モクセイ科の属総称。

レンギョウエビネ 〈*Calanthe lyroglossa* Reichb. fil.〉ラン科の草本。別名スズフリエビネ。

レンゲイワヤナギ タカネイワヤナギの別名。

レンゲショウマ 蓮華升麻 〈*Anemonopsis macrophylla* Sieb. et Zucc.〉キンポウゲ科の多年草。別名クサレンゲ。高さは40〜80cm。花は淡

紫色。高山植物。園芸植物。切り花に用いられる。

レンゲソウ ゲンゲの別名。

レンゲツツジ 蓮華躑躅 〈Rhododendron japonicum (A. Gray) Sur.〉ツツジ科の落葉低木。別名オニツツジ、ウマツツジ、ドクツツジ。花は黄からオレンジ色。高山植物。薬用植物。園芸植物。

レンコン ハスの別名。

レンザン 連山 〈Roseocactus lloydii (Rose) A. Berger〉サボテン科のサボテン。径20cm。花は紫赤からうすいピンク色。園芸植物。

レンジョウカク 連城角 ケレウス・ネオテトラゴヌスの別名。

レンズマメ ヒラマメの別名。

レンテンローズ キンポウゲ科。別名ヤツデハナガサ、レンテンローズ。園芸植物。

レンネイ モクレン科のモクレンの品種。園芸植物。

レンブ ジャワフトモモの別名。

レンプクソウ 連福草 〈Adoxa moschatellina L.〉レンプクソウ科の多年草。別名ゴリンバナ。高さは8〜15cm。

レンマフィルム・ミクロフィルム マメヅタの別名。

レンリソウ 連理草 〈Lathyrus quinquenervius (Miq.) Litv.〉マメ科の多年草。高さは30〜80cm。薬用植物。

【ロ】

ロアサ ロアサ科の属総称。

ロアサ・ウルカニカ 〈Loasa vulcanica Andr´e〉ロアサ科の一年草。高さは20cm。花は白色。園芸植物。

ロアサ・ウレンス 〈Loasa urens Jacq.〉ロアサ科の草本。高さは45cm。花は黄色。園芸植物。

ロアズルーリア・プロクンベンス ミネズオウの別名。

ロイストネア・エラタ 〈Roystonea elata (Bartr.) F. Harper〉ヤシ科。別名フロリダダイオウヤシ。高さは20cm。園芸植物。

ロイストネア・ベネズエラナ 〈Roystonea venezuelana L. H. Bailey〉ヤシ科。高さは20〜30m。園芸植物。

ロイストネア・ボリンクエナ 〈Roystonea borinquena O. F. Cook〉ヤシ科。高さは17m。園芸植物。

ロイストネア・レギア ダイオウヤシの別名。

ロイヒテンベルギア・プリンキピス コウザンの別名。

ロイヤル マメ科のスイトピーの品種。園芸植物。

ロイヤル・サンセット 〈Royal Sunset〉バラ科。クライミング・ローズ系。花はアプリコット色。

ロイヤル・ハイネス 〈Royal Highness〉バラ科。ハイブリッド・ティーローズ系。花は淡いピンク。

ロイヤル・メイアンディナ 〈Royal Meillandina〉バラ科。ミニアチュア・ローズ系。花は濃黄色。

ロウ ラン科のブラソレリオカトレヤ・ノーマンズ・ベイの品種。園芸植物。

ロウエイカク 臘影閣 ガガイモ科。園芸植物。

ロウエンダイ 狼煙台 タキンガ・フナリスの別名。

ロウコウレイ 〈Styrax hemsleyana〉エゴノキ科の木本。樹高8m。樹皮は淡い灰色。

ロウジュラク 老寿楽 エスポストア・リッテリの別名。

ロウソクゴケ 〈Candelaria concolor (Dicks.) Stein.〉ロウソクゴケ科の地衣類。地衣体は黄から黄緑色。

ロウソクゴケモドキ 〈Candelariella vitellina (Ehrht.) Müll. Arg.〉ロウソクゴケ科の地衣類。地衣体は鮮黄ないし黄緑色。

ロウソクノキ パルメンティエラ・ケレイフェラの別名。

ロウトウ ヒオスキアムス・アグレスティスの別名。

ロウバイ 蝋梅 〈Chimonanthus praecox (L.) Link var. praecox〉ロウバイ科の落葉低木。別名カラウメ、トウウメ、ナンキンウメ。高さは2〜4m。花は黄色。薬用植物。園芸植物。切り花に用いられる。

ロウブンダンソ 老文団素 ラン科のシナシュンランの品種。園芸植物。

ロウヤシ 〈Ceroxylon apinum Bonpl.〉ヤシ科。高さは60m。園芸植物。

ロウヤシ ヤシ科の属総称。

ロエイト ユキノシタ科のアジサイの品種。園芸植物。

ロエオ・スパタケア ムラサキオモトの別名。

ロエメリア・レフラクタ 〈Roemeria refracta DC.〉ケシ科の一年草。

ローガンベリー 〈Rubus loganobaccus Bailey〉バラ科。

ロクオンソウ 〈Cynanchum amplexicaule (Sieb. et Zucc.) Hemsl.〉ガガイモ科の草本。

ロクサンテラ・スペキオサ 〈Loxanthera speciosa Blume〉マツグミ科の低木。

ロクショウグサレキン 〈Chlorociboria aeruginosa (Fr.) Seaver ex Ram. et al.〉ズキンタケ科のキノコ。

ロクショウグサレキンモドキ 〈Chlorociboria aeruginascens (Nyl.) Kanouse ex Ram. & al.〉ズキンタケ科のキノコ。超小型。材を青緑色に染める。

ロクスタイネリア　レクスティネリアの別名。

ロクテイソウ　〈*Pyrola rotundifolia* L. subsp. *chinensis* Andr.〉イチヤクソウ科の薬用植物。

ロクベンシモツケ　六弁下野草　〈*Filipendula vulgaris* Moench.〉バラ科の多年草。別名ヨウシュシモツケ。高さは60〜90cm。花は白色。高山植物。園芸植物。

ログリス・ジャイアント　スミレ科のガーデン・パンジーの品種。園芸植物。

ロケア　〈*Rochea coccinea* (L.) DC.〉ベンケイソウ科の多年草。別名ロシェア、ベニロケア。高さは30〜60cm。花は緋紅色。園芸植物。

ロケア　ベンケイソウ科の属総称。

ロケット　キバナスズシロの別名。

ロケットサラダ　キバナスズシロの別名。

ロサ・アルバ・カルネア　〈*Rosa alba* var. *carnea*〉バラ科。アルバ・ローズ系。花は淡ピンク。

ロサ・アルバ・セミプレナ　〈*Rosa alba* 'Semi-Plena'〉バラ科。アルバ・ローズ系。花は純白色。

ロサ・アルバ・マキシマ　〈*Rosa alba* 'Maxima'〉バラ科。アルバ・ローズ系。

ローザ・アルベンシス　〈*Rosa arvensis* Hudson〉バラ科の落葉小低木。

ロサ・イワラ　〈*Rosa* × *iwara*〉バラ科。別名コハマナシ。ミセレィニアス・ローズ系。

ロサ・ヴァージニアナ　〈*Rosa virginiana* Mill.〉バラ科の低木。高さは1.5m。花は桃色。園芸植物。

ロサ・ヴィキュライアナ　テリハノイバラの別名。

ロサ・ウイクライアナ　テリハノイバラの別名。

ロサ・ウィルモッティアエ　〈*Rosa willmottiae* Hemsl.〉バラ科の低木。高さは1.5〜3m。花はライラックピンク。園芸植物。

ロサ・ウィロサ　〈*Rosa villosa* L.〉バラ科の低木。高さは2m。花は淡紅桃色。園芸植物。

ローサ・ウッドシイ　〈*Rosa Woodsii* Lindl.〉バラ科。高山植物。

ロサ・ウッドシー・フェンドレリ　〈*Rosa woodsii* var. *fendleri*〉バラ科。花は明るいライラックピンク。

ロサ・エグランテリア・ロード・ペンザンス　〈*Rosa eglanteria* 'Lord Penzance'〉バラ科。花はオレンジ系ピンク。

ロサ・オメイエンシス・プテラカンタ　〈*Rosa omeiensis* var. *pteracantha*〉バラ科。

ローサ・カニナ　〈*Rosa canina* L.〉バラ科の落葉低木。高さは1〜3m。花は白や桃色。高山植物。園芸植物。

ロサ・ガリカ　〈*Rosa gallica* L.〉バラ科の低木。ガリカ・ローズ系。高さは1〜2m。花は桃または赤色。園芸植物。

ロサ・ガリカ・オフィキナリス　〈*Rosa gallica* var. *officinalis*〉バラ科。別名ダブル フレンチ ローズ、アポテカリーローズ。ガリカ・ローズ系。花はローズレッド。

ロサ・ガリカ・コンディトラム　〈*Rosa gallica* var. *conditorum*〉バラ科。ガリカ・ローズ系。花は渋い紅紫色。

ロサ・ガリカ・ベルシコロール　〈*Rosa gallica* var. *versicolor*〉バラ科。ガリカ・ローズ系。

ロサ・カリフォルニカ　〈*Rosa californica* Cham. et Schlechtend.〉バラ科の低木。高さは1.5〜2.0m。花は桃色。園芸植物。

ロサ・カリフォルニカ・プレナ　〈*Rosa californica* var. *plena*〉バラ科。花はピンク。

ロサ・カロリナ　〈*Rosa carolina* L.〉バラ科の落葉低木。

ロサ・ギガンティア　〈*Rosa gigantea*〉バラ科。花はクリーム色。

ロサ・キネンシス　コウシンバラの別名。

ロサ・キネンシス・アルバ　〈*Rosa chinensis* alba〉バラ科。花は白色。

ロサ・キネンシス・スポンタネア　〈*Rosa chinensis* var. *spontanea*〉バラ科。

ロサ・キネンシス・センパーフローレンス　〈*Rosa chinensis* var. *semperflorens*〉バラ科。チャイナ・ローズ系。花は強い紅色。

ロサ・キネンシス・ビリディフロラ　グリーンローズの別名。

ロサ・キネンシス・ミニマ　〈*Rosa chinensis* var. *minima*〉バラ科。花はピンク。

ロサ・キネンシス・ムタビリス　〈*Rosa chinensis* mutabilis〉バラ科。花はピンク。

ロサ・ギラルディー　〈*Rosa giraldii*〉バラ科。花はローズピンク。

ロサ・クサンティナ　〈*Rosa xanthina* Lindl.〉バラ科の低木。高さは2m。花は黄色。園芸植物。

ロサ・グラウカ　〈*Rosa glauca* Pourr.〉バラ科の低木。高さは2〜2.5m。花は紅桃で基部が淡または白色。園芸植物。

ロサ・グルティノサ　〈*Rosa glutinosa* Sibth et. Sm.〉バラ科の常緑低木。

ロサ・ケンティフォリア　〈*Rosa centifolia* L.〉バラ科の低木。別名キャベジローズ。ケンティフォリア・ローズ系。花は白から赤色。園芸植物。

ロサ・ケンティフォリア・ムスコーサ　〈*Rosa centifolia* var. *muscosa*〉バラ科。ケンティフォリア・ローズ系。

ロサ・コリナ　〈*Rosa* × *collina* Jacq.〉バラ科の低木。園芸植物。

ロサ・コリンビフェラ　〈*Rosa corymbifera* Borkh.〉バラ科の低木。花は白または淡桃色。園芸植物。

ロサ・コルデシー　〈*Rosa kordesii*〉バラ科。コルデシー・ローズ系。

ロサ・シンナモメア 〈*Rosa cinnamomea*〉バラ科。別名シナモンローズ。花は紫を帯びたピンク。

ロサ・スピノシッシマ 〈*Rosa spinosissima*〉バラ科。花は白クリームや淡ピンクなど。

ロサ・スーリエアナ 〈*Rosa soulieana* Crép.〉バラ科の低木。高さは3～4m。花は白で、桃を帯びる。園芸植物。

ロサ・セティゲラ 〈*Rosa setigera* Michx.〉バラ科の落葉低木。花は白～深紅色。園芸植物。

ロサ・セリケア 〈*Rosa sericea* Lindl.〉バラ科の低木。高さは2m。花は乳白または硫黄色。園芸植物。

ロサ・センペルウィレンス 〈*Rosa sempervirens* L.〉バラ科の常緑つる性低木。

ロサ・ダヴィディー 〈*Rosa davidii* Crép.〉バラ科の低木。高さは2～4m。花は淡紅桃色。園芸植物。

ロサ・ダマスケナ 〈*Rosa damascena* Mill.〉バラ科の低木。ダマスク・ローズ系。高さは2m。花は白、桃、赤、紅白まだら。園芸植物。

ロサ・ダマスケナ・トリギンティペタラ 〈*Rosa damascena trigintipetala*〉バラ科。ダマスク・ローズ系。花はピンク。

ロサ・デュポンティー 〈*Rosa × dupontii* Déségl.〉バラ科の低木。ミセレィニアス・ローズ系。花は赤みを帯びるが後に乳白色。園芸植物。

ロサ・ニティダ 〈*Rosa nitida* Willd.〉バラ科の低木。高さは60cm。花はピンク。園芸植物。

ロサ・ハイブリッド・ティー 〈*Rosa* Hybrid Tee〉バラ科の木本。

ロサ・ハリソニー ハリソンズ・イエローの別名。

ロサ・バンクシア モッコウバラの別名。

ロサ・バンクシアエ・ノルマリス 〈*Rosa banksiae* var. *normalis*〉バラ科。

ロサ・ヒルツラ サンショウバラの別名。

ローザ・ピンピネリフォリア 〈*Rosa pimpinellifolia* L.〉バラ科の低木。花は白または淡桃色。高山植物。園芸植物。

ロサ・ファレリ 〈*Rosa farreri* Stapf.〉バラ科の低木。高さは2m。花は白または桃色。園芸植物。

ロサ・フェティダ・ビカラー 〈*Rosa foetida* var. *bicolor*〉バラ科。別名オーストラリアン カッパーローズ。花は朱銅色。

ロサ・フェティダ・ペルシアナ 〈*Rosa foetida* var. *persiana*〉バラ科。別名ペルシアン イエロー。花は黄色。

ロサ・ブランダ 〈*Rosa blanda* Ait.〉バラ科の低木。高さは1～2m。花は淡桃色。園芸植物。

ロサ・プリムラ 〈*Rosa primula*〉バラ科。花はレモンイエロー。

ロサ・ブルノニー 〈*Rosa brunonii* Lindl.〉バラ科の低木。花は白色。園芸植物。

ロサ・ベアニー 〈*Rosa × beanii*〉バラ科。

ロサ・ヘレナエ 〈*Rosa helenae* Rehd. et E. H. Wils.〉バラ科の低木。高さは6m。花は白色。園芸植物。

ロサ・ペンドゥリナ 〈*Rosa pendulina* L.〉バラ科の常緑低木。別名セツザンバラ。高さは1m。花は桃または紫紅桃色。高山植物。園芸植物。

ロサ・ポミフェラ 〈*Rosa pomifera*〉バラ科。別名アップルローズ。花はクリアピンク。

ロサ・ポーリー 〈*Rosa × paulii* Rehd.〉バラ科の低木。花は白色。園芸植物。

ロサ・ホリダー 〈*Rosa horrida*〉バラ科。

ロサ・マクロフィラ 〈*Rosa macrophylla* Lindl.〉バラ科の低木。高さは3～4m。花は濃桃色。園芸植物。

ロサ・ムルティフロラ ノイバラの別名。

ロサ・ムルティフロラ・アデノカエタ ツクシイバラの別名。

ロサ・ムルティフロラ・カルネア 〈*Rosa multiflora* var. *carnea*〉バラ科。

ロサ・ムルティフロラ・ワトソニアーナ 〈*Rosa multiflora* var. *watsoniana*〉バラ科。別名ショウノスケバラ。

ロザムンデ サクラソウ科のシクラメンの品種。園芸植物。

ロサ・モイシー 〈*Rosa moyesii* Hemsl. et E. H. Wils.〉バラ科の落葉低木。高さは3m以下。花は血赤色。高山植物。園芸植物。

ロサ・モスカタ 〈*Rosa moschata* J. Herrm.〉バラ科の低木。花は白色。園芸植物。

ロサ・ユーゴニス 〈*Rosa hugonis* Hemsl.〉バラ科の低木。高さは2m。花は黄色。園芸植物。

ロサ・ラエウィガタ ナニワイバラの別名。

ロサ・ルゴサ ハマナスの別名。

ロサ・ルゴサアルバ 〈*Rosa rugosa* var. *alba*〉バラ科。

ロサ・ルゴサ・プレナ 〈*Rosa rugosa* var. *plena*〉バラ科。別名ヤエハマナシ。

ロサ・ルビギノサ 〈*Rosa rubiginosa* L.〉バラ科の多年草。高さは2～3m。花は桃色。園芸植物。

ロサ・ルブリフォリア 〈*Rosa rubrifolia*〉バラ科。

ロサ・レビガータ ナニワイバラの別名。

ロサ・ロックスブルギー 〈*Rosa roxburghii*〉バラ科。別名イザヨイバラ。

ロサ・ロックスブルギー・ヒルツラ 〈*Rosa roxburghii* var. *hirtula*〉バラ科。別名サンショウバラ。

ロサ・ロンギクスピス 〈*Rosa longicuspis* Bertol.〉バラ科の低木。花は白色。園芸植物。

ロザンナ 〈Rosanna〉バラ科。クライミング・ローズ系。花はピンク。

ロザンハク 芦山白 スイレン科のハスの品種。別名セイジン。園芸植物。

ロザンフヨウ ヒビスクス・パラムタビリスの別名。

ロシェア・コッキネア ロケアの別名。

ロジェ・ランブリン 〈Roger Lanbelin〉バラ科。ハイブリッド・パーペチュアルローズ系。花は濃紅色。

ロシェリア・メラノカエテス 〈Roscheria melanochaetes (H. Wendl.) H. Wendl. ex Balf. f.〉ヤシ科。高さは5〜8m。園芸植物。

ロージ・オ・ディ アブラナ科のアリッスムの品種。園芸植物。

ロジカーネーション ナデシコ科。園芸植物。

ロジータミコーレ バラ科。ミニアチュア・ローズ系。花はオレンジ色。

ロジャーシア・サンブキフォリア 〈Rodgersia sambucifolia Hemsl.〉ユキノシタ科の多年草。羽状複葉。園芸植物。

ロジャーシア・ポドフィラ ヤグルマソウの別名。

ローズ バラの別名。

ローズ・クィーン イワタバコ科のセントポーリアの品種。園芸植物。

ローズ・クィーン フウチョウソウ科のフウチョウソウの品種。園芸植物。

ローズ・クィーン ゴマノハグサ科のヘーベの品種。園芸植物。

ローズグラス イネ科。

ロスコエア・アルピナ 〈Roscoea alpina Royle〉ショウガ科の多年草。高さは13〜27cm。花は紫紅色。園芸植物。

ロスコエア・カウトレオイデス 〈Roscoea cautleoides Gagnep.〉ショウガ科の多年草。高さは30cm。花は淡黄色。園芸植物。

ロスコエア・ヒューメアナ 〈Roscoea humeana Balf. f. et W. W. Sm.〉ショウガ科の多年草。高さは25cm。花は紫紅色。園芸植物。

ロスコエア・プルプレア 〈Roscoea purpurea Sm.〉ショウガ科の多年草。高さは35cm。花は淡紫紅色。園芸植物。

ローズ・ゴジャール 〈Rose Gaujard〉バラ科。ハイブリッド・ティーローズ系。花は白色。

ローズ・ゼム ナデシコ科のビスカリアの品種。園芸植物。

ローズ・ゼラニウム フウロソウ科のハーブ。別名センテッドペラゴニウム、ニオイテンジクアオイ。

ローズダリス ヒノキ科のコノテガシワの品種。

ローズ・デール バラ科のピラカンサの品種。園芸植物。

ローズ・ドゥ・メトル・デコール 〈Rose du Maître d'École〉バラ科。ガリカ・ローズ系。花はピンク。

ローズ・ドゥ・ルア・ア・フルール・プルプレス 〈Rosa du Roi á Flueurs Pourpres〉バラ科。ポートランド・ローズ系。花は紅紫色。

ローズ・ドゥ・レッシュ 〈Rose de Rescht〉バラ科。

ローズ・ド・メイ 〈Rosa de Mai〉バラ科。ダマスク・ローズ系。

ローズ・ピンク・ブーム キク科のヒャクニチソウの品種。園芸植物。

ローズフォームド シュウカイドウ科のベゴニアの品種。園芸植物。

ロスマニア・カペンシス 〈Rothmannia capensis Thunb.〉アカネ科の低木または小高木。高さは14m。花は白またはクリーム色。園芸植物。

ロスマニア・グロボサ 〈Rothmannia globosa (Hochst.) Keay〉アカネ科の低木または小高木。高さは4〜7m。花は白色。園芸植物。

ロスマニア・ロンギフロラ 〈Rothmannia longiflora Salisb.〉アカネ科の低木または小高木。高さは3〜5m。花は緑色。園芸植物。

ローズ・マリー アヤメ科のフリージアの品種。園芸植物。

ローズマリー 〈Rosmarinus officinalis L.〉シソ科の香辛野菜。別名マンネンロウ、ロスマリン。薬用植物。園芸植物。切り花に用いられる。

ロスマリヌス・オッフィキナリス マンネンロウの別名。

ロズマリン・89 〈Rosmarin 89〉バラ科。ミニアチュア・ローズ系。花はピンク。

ローズ・ユミ バラ科。花は白色。

ロスラリア・パリダ 〈Rosularia pallida (Schott et Kotschy) Stapf〉ベンケイソウ科。花は白ないし黄色。園芸植物。

ローズルート イワベンケイの別名。

ロゼアム・エレガンス ツツジ科のシャクナゲの品種。園芸植物。

ロゼオカクツス サボテン科の属総称。サボテン。別名アリオカルプス。

ロゼオカクツス・コチューベイアヌス コクボタンの別名。

ロゼオカクツス・フィッスラツス キッコウボタンの別名。

ロゼオカクツス・ロイディー レンザンの別名。

ローゼリソウ ハイビスカス・ローゼルの別名。

ローゼル 〈Hibiscus sabdariffa L.〉アオイ科の高草。別名ロゼリソウ。茎葉は赤脈のものが多い。高さは1.2〜2m。花は淡い黄色。熱帯植物。園芸植物。

ローゼル ハイビスカス・ローゼルの別名。

ロソウ 〈Morus alba L. var. multicaulis (Perrotiet) Loudon.〉クワの薬用植物。

ローソニア・イネルミス シコウカの別名。

ローソンヒノキ 〈*Chamaecyparis lawsoniana*〉ヒノキ科の木本。別名グラントヒノキ。樹高40m。樹皮は紫褐色。園芸植物。

ローター・アハト サクラソウ科のプリムラ・オブコニカの品種。別名ウツリベニ。園芸植物。

ロータス・アルピヌス 〈*Lotus alpinus* Schleich. ex Ram.〉マメ科。高山植物。

ロータス・コルニクラッス ローツス・コルニクラッスの別名。

ロダムノキ 〈*Rhodamnia trinervia* BL.〉フトモモ科の小木。果実は赤から紫黒色に変って熟す。熱帯植物。

ローダンセ 〈*Helipterum manglesii* Muell.〉キク科。別名姫貝細工(ヒメカイザイク)、乙女貝細工(オトメカイザイク)、広葉花簪(ヒロハノハナカンザシ)。園芸植物。切り花に用いられる。

ロタントウ カラムス・ロタングの別名。

ロッカクキリン 鹿角麒麟 トウダイグサ科。園芸植物。

ロッカーティア・アクタ 〈*Lockhartia acuta* (Lindl.) Rchb. f.〉ラン科。高さは50cm。花は黄色。園芸植物。

ロッカーティア・エルステッディー 〈*Lockhartia oerstedii* Rchb. f.〉ラン科。高さは40〜50cm。花は黄色。園芸植物。

ロッカーティア・ミクランタ 〈*Lockhartia micrantha* Rchb. f.〉ラン科。花は鮮黄色。園芸植物。

ロッグウッド 〈*Haematoxylon campecheanum* L.〉マメ科の小木。有刺、羽状複葉。花は黄色。熱帯植物。園芸植物。

ロック・ローズ バラ科のハーブ。

ローツス・コルニクラッス 〈*Lotus corniculatus* L.〉マメ科の多年草。高山植物。

ロツス・ベルテロティー 〈*Lotus berthelotii* Lowe ex Masf.〉マメ科の宿根草。別名ツルミヤコグサ。花は赤〜オレンジ色。園芸植物。

ローデア・ヤポニカ オモトの別名。

ロディオラ・アマビリス 〈*Rhodiola amabilis* (H. Ohba) H. Ohba〉ベンケイソウ科の多年草。長さ5〜10cm。花は淡紅または白色。園芸植物。

ロディオラ・イシダエ ホソバイワベンケイの別名。

ロディオラ・ウォリッキアナ 〈*Rhodiola wallichiana* (Hook.) Fu〉ベンケイソウ科の多年草。長さ15〜30cm。花は淡緑または黄白色。園芸植物。

ロディオラ・キリロウィー 〈*Rhodiola kirilowii* (Regel) Regel ex Maxim.〉ベンケイソウ科の多年草。長さ25〜50cm。花は淡黄緑色。園芸植物。

ロディオラ・クアドリフィダ 〈*Rhodiola quadrifida* (Pall.) Fisch. et C. A. Mey.〉ベンケイソウ科の多年草。長さ6〜9cm。花は黄またはクリーム色。園芸植物。

ロディオラ・クリサンテミフォリア 〈*Rhodiola chrysanthemifolia* (Lév.) Fu〉ベンケイソウ科の多年草。長さ5〜20cm。花は白色。園芸植物。

ロディオラ・ディスコロル 〈*Rhodiola discolor* (Franch.) Fu〉ベンケイソウ科の多年草。長さ7〜15cm。花は暗紅紫または濃紫色。園芸植物。

ロディオラ・ドゥムロサ 〈*Rhodiola dumulosa* (Franch.) Fu〉ベンケイソウ科の多年草。長さ5〜15cm。花は純白またはクリーム色。園芸植物。

ロディオラ・ヒマレンシス 〈*Rhodiola himalensis* (D. Don) Fu〉ベンケイソウ科の多年草。長さ20〜30cm。花は紅紫色。園芸植物。

ロディオラ・ブプレウロイデス 〈*Rhodiola bupleuroides* (Wall. ex Hook. f. et T. Thoms.) Fu〉ベンケイソウ科の多年草。長さ3〜150cm。花は淡紅紫または淡黄緑色。園芸植物。

ロディオラ・プリムロイデス 〈*Rhodiola primuloides* (Franch.) Fu〉ベンケイソウ科の多年草。別名ヒナイワベンケイ。長さ3〜5cm。花は白色。園芸植物。

ロディオラ・プルプレオウィリディス 〈*Rhodiola purpureoviridis* (Praeg.) Fu〉ベンケイソウ科の多年草。花は暗緑色。園芸植物。

ロディオラ・プレイニー 〈*Rhodiola prainii* (Hamet) H. Ohba〉ベンケイソウ科の多年草。長さ1.5〜3cm。花は白色。園芸植物。

ロディオラ・ユンナネンシス 〈*Rhodiola yunnanensis* (Franch.) Fu〉ベンケイソウ科の多年草。高さは60から100cm。花は黄緑色。園芸植物。

ロディオラ・ロセア イワベンケイの別名。

ロディオラ・ロダンタ 〈*Rhodiola rhodantha* (A. Gray) Jacobsen〉ベンケイソウ科の多年草。長さ20〜40cm。花は紅褐色。園芸植物。

ローデンティオフィラ・アタカメンシス 〈*Rodentiophila atacamensis* F. Ritter, nom. subnud.〉サボテン科のサボテン。別名彗星冠。園芸植物。

ロードカクタス サボテン科の属総称。サボテン。

ロドキトン・アトロサンギネウス 〈*Rhodochiton atrosanguineus* (Zucc.) Rothm.〉ゴマノハグサ科のつる植物。花は黒紫色。園芸植物。

ロードス アヤメ科のフリージアの品種。園芸植物。

ロドティポス・スカンデンス シロヤマブキの別名。

ロドデンドロン 〈*Rhododendron hybrid* Hort.〉ツツジ科。園芸植物。

ロドデンドロン・アウリゲラヌム 〈*Rhododendron aurigeranum* Sleum.〉ツツジ科の木本。高さは2.4m。花は橙または橙黄色。園芸植物。

ロドデンドロン・アウレウム キバナシャクナゲの別名。

ロドデンドロン・アデノポドゥム 〈*Rhododendron adenopodum* Franch.〉ツツジ科の木本。高さは3m。花は淡紅色。園芸植物。

ロドデンドロン・アバコンウェイー 〈*Rhododendron aberconwayi* Cowan〉ツツジ科の木本。高さは2.4m。花は帯白色。園芸植物。

ロドデンドロン・アルギロフィルム 〈*Rhododendron argyrophyllum* Franch.〉ツツジ科の木本。高さは6m。花は白または帯桃白色。園芸植物。

ロドデンドロン・アントポゴン 〈*Rhododendron anthopogon* D. Don〉ツツジ科の木本。高さは60cm。園芸植物。

ロドデンドロン・アンビグーム 〈*Rhododendron ambiguum* Hemsl.〉ツツジ科の常緑低木。高さは5.4m。花は黄緑または淡黄色。園芸植物。

ロドデンドロン・イェドエンセ ヨドガワツツジの別名。

ロドデンドロン・インディクム サツキの別名。

ロドデンドロン・インペディツム 〈*Rhododendron impeditum* Balf. f. et W. W. Sm.〉ツツジ科の木本。高さは60cm。花は青紫〜桃紫色。園芸植物。

ロドデンドロン・ヴァランタニアヌム 〈*Rhododendron ualentinianum* Forr. ex Hutch.〉ツツジ科の木本。高さは90cm。花は黄色。園芸植物。

ロドデンドロン・ウィスコスム 〈*Rhododendron viscosum* (L.) Torr.〉ツツジ科の木本。高さは1〜3m。花は白か淡い紅色。園芸植物。

ロドデンドロン・ウィリアムシアヌム 〈*Rhododendron williamsianum* Rehd. et E. H. Wils.〉ツツジ科の木本。高さは1.5m。花はピンク色。園芸植物。

ロドデンドロン・ヴェイリチー オンツツジの別名。

ロドデンドロン・ウェルニコスム 〈*Rhododendron vernicosum* Franch.〉ツツジ科の木本。高さは6m。花は白色。園芸植物。

ロドデンドロン・ウォーディー 〈*Rhododendron wardii* W. W. Sm.〉ツツジ科の木本。高さは6m。花は光沢のある黄色。園芸植物。

ロドデンドロン・ウンゲルニー 〈*Rhododendron ungernii* Trautv.〉ツツジ科の木本。高さは6m。花は淡いバラ色。園芸植物。

ロドデンドロン・エッジワーシー 〈*Rhododendron edgeworthii* Hook. f.〉ツツジ科の木本。高さは3m。花は白〜帯桃白色。高山植物。園芸植物。

ロドデンドロン・エリオカルプム マルバサツキの別名。

ロドデンドロン・エリプティクム 〈*Rhododendron ellipticum* Maxim.〉ツツジ科の木本。高さは4.5m。花は淡いバラ色。園芸植物。

ロドデンドロン・オーガスティニー 〈*Rhododendron augustinii* Hemsl.〉ツツジ科の木本。高さは5m。花は濃青紫、紫桃色。高山植物。園芸植物。

ロドデンドロン・オブツスム ギョリュウモドキの別名。

ロドデンドロン・オームラサキ オオムラサキの別名。

ロドデンドロン・オルビクラレ 〈*Rhododendron orbiculare* Decne.〉ツツジ科の木本。高さは3m。花はピンクの濃淡色。園芸植物。

ロドデンドロン・オレオドクサ 〈*Rhododendron oreodoxa* Franch.〉ツツジ科の木本。高さは6m。花はピンク色。園芸植物。

ロドデンドロン・カウカシクム 〈*Rhododendron caucasicum* Pall.〉ツツジ科の木本。高さは90cm。花は黄色。園芸植物。

ロドデンドロン・カトウビエンセ 〈*Rhododendron catawbiense* Michx.〉ツツジ科の木本。高さは3m。花は藤、紫紅、桃色。園芸植物。

ロドデンドロン・カナデンセ 〈*Rhododendron canadense* (L.) Torr.〉ツツジ科の木本。花は淡い紅紫色。園芸植物。

ロドデンドロン・カマエトムソニー 〈*Rhododendron chamaethomsonii* (Tagg et Forr.) Cowan et Davidian〉ツツジ科の木本。高さ90cm。花は緋紅、淡紅色。園芸植物。

ロードデンドロン・カメキスツス 〈*Rhododendron chamaecistus* L.〉ツツジ科。高山植物。

ロドデンドロン・ガラクティヌム 〈*Rhododendron galactinum* Balf. f. ex Tagg〉ツツジ科の木本。高さは7.5m。花は白、淡紅色。園芸植物。

ロドデンドロン・カロストロツム 〈*Rhododendron calostrotum* Balf. f. et F. K. Ward〉ツツジ科の木本。高さは1.2m。花は桃紫〜紫紅色。園芸植物。

ロドデンドロン・カロフィツム 〈*Rhododendron calophytum* Franch.〉ツツジ科の木本。高さは3〜13m。花は白、帯桃白色。園芸植物。

ロドデンドロン・カロリニアヌム 〈*Rhododendron carolinianum* Rehd.〉ツツジ科の木本。高さは1.8m。花は桃紫色。園芸植物。

ロドデンドロン・カワカミー 〈*Rhododendron kawakamii* Hayata〉ツツジ科の木本。別名シマシャクナゲ。高さは1.5m。花は白色。園芸植物。

ロドデンドロン・カンパヌラツム 〈*Rhododendron campanulatum* D. Don〉ツツジ科の木本。高さは5m。花は淡桃〜青紫色。園芸植物。

ロドデンドロン・カンピロギヌム 〈*Rhododendron campylogynum* Franch.〉ツツジ科の木本。高さは50cm。花は桃紫、紅紫、黒紫色。園芸植物。

ロドデンドロン・キウシアヌム ミヤマキリシマの別名。

ロドデンドロン・キュービッティー 〈*Rhododendron cubittii* Hutch.〉ツツジ科の木本。高さは3.6m。花は白色。園芸植物。

ロドデンドロン・キヨスミエンセ キヨスミミツバツツジの別名。

ロードデンドロン・キリアータム 〈*Rhododendron cilictum* Hook. fil.〉ツツジ科。高山植物。

ロドデンドロン・キンナバリヌム 〈*Rhododendron cinnabarinum* Hook. f.〉ツツジ科の木本。高さは4.5m。花は朱赤色。高山植物。園芸植物。

ロドデンドロン・クサントステファヌム 〈*Rhododendron xanthostephanum* Merrill〉ツツジ科の木本。高さは2.7m。花は淡黄色。園芸植物。

ロドデンドロン・クラッスム 〈*Rhododendron crassum* Franch.〉ツツジ科の木本。高さは6m。花は白、乳白色。園芸植物。

ロードデンドロン・グランデ 〈*Rhododendron grande* Wight〉ツツジ科。高山植物。

ロドデンドロン・グリアソニアヌム 〈*Rhododendron griersonianum* Balf. f. et Forr.〉ツツジ科の木本。高さは3m。花は光沢のある緋紅色。園芸植物。

ロドデンドロン・グリスクルム 〈*Rhododendron glischrum* Balf. f. et W. W. Sm.〉ツツジ科の木本。高さは7.5m。花はアンズ色。園芸植物。

ロドデンドロン・グリフィシアヌム 〈*Rhododendron griffithianum* Wight〉ツツジ科の木本。高さは6m。花は白、帯桃白色。園芸植物。

ロドデンドロン・グロメルラツム 〈*Rhododendron glomerulatum* Hutch.〉ツツジ科の木本。高さは90cm。花は明るい藤紫色。園芸植物。

ロドデンドロン・ケイシー ヒカゲツツジの別名。

ロドデンドロン・ケイスケイ ヒカゲツツジの別名。

ロドデンドロン・ケラシヌム 〈*Rhododendron cerasinum* Tagg〉ツツジ科の木本。高さは3.6m。花は赤桃色。園芸植物。

ロドデンドロン・ケレティクム 〈*Rhododendron keleticum* Balf. f. et Forr.〉ツツジ科の木本。高さは30cm。花は紅紫色。園芸植物。

ロードデンドロン・ケンドリッキー 〈*Rhododendron kendrickii* Nutall〉ツツジ科。高山植物。

ロドデンドロン・ケンペリ ヤマツツジの別名。

ロドデンドロン・サタエンセ サタツツジの別名。

ロドデンドロン・サルエンセ 〈*Rhododendron saluenense* Franch.〉ツツジ科の木本。高さは1.2m。花は濃桃紫色。園芸植物。

ロドデンドロン・ザレウクム 〈*Rhododendron zaleucum* Balf. f. et W. W. Sm.〉ツツジ科の木本。高さは10m。花は淡いバラ色。園芸植物。

ロドデンドロン・サングイネウム 〈*Rhododendron sanguineum* Franch.〉ツツジ科の木本。高さは1.8m。花は深紅色。園芸植物。

ロドデンドロン・シアージアエ 〈*Rhododendron searsiae* Rehd. et E. H. Wils.〉ツツジ科の木本。高さは3.6m。花は淡紅色。園芸植物。

ロドデンドロン・シムジー ダイセンミツバツツジの別名。

ロドデンドロン・ジャワニクム 〈*Rhododendron javanicum* (Blume) J. Benn.〉ツツジ科の木本。高さは3m。花はオレンジ色。園芸植物。

ロドデンドロン・シュリッペンバヒー 〈*Rhododendron schlippenbachii* Maxim.〉ツツジ科の木本。別名クロフネツツジ。花は淡桃色。園芸植物。

ロドデンドロン・ジョンストネアヌム 〈*Rhododendron johnstoneanum* G. Watt ex Hutch.〉ツツジ科の木本。高さは4.5m。花は淡黄色。園芸植物。

ロドデンドロン・スカブルム ケラマツツジの別名。

ロドデンドロン・スキンティランス 〈*Rhododendron scintillans* Balf. f. et W. W. Sm.〉ツツジ科の木本。高さは60cm。花は藤紫色。園芸植物。

ロドデンドロン・スピヌリフェルム 〈*Rhododendron spinuliferum* Franch.〉ツツジ科の木本。高さは2.4m。花はれんが〜紅色。園芸植物。

ロードデンドロン・セトースム ツツジ科。高山植物。

ロドデンドロン・セルピリフォリウム ウンゼンツツジの別名。

ロドデンドロン・ダウリクム エゾムラサキツツジの別名。

ロドデンドロン・タシロイ サクラツツジの別名。

ロドデンドロン・ダルハウジアエ 〈*Rhododendron dalhousiae* Hook. f.〉ツツジ科の木本。高さは3m。花は淡黄色。園芸植物。

ロドデンドロン・チャプマニー 〈*Rhododendron chapmanii* A. Gray〉ツツジ科の木本。高さは1.8m。花は淡紅、ピンク色。園芸植物。

ロドデンドロン・チョーノスキー コメツツジの別名。

ロドデンドロン・ツアリエンセ 〈*Rhododendron tsariense* Cowan〉ツツジ科の木本。高さは3.6m。花は帯桃白色。園芸植物。

ロドデンドロン・ディアプレペス 〈*Rhododendron diaprepes* Balf. f. et W. W. Sm.〉ツツジ科の木本。高さは9m。花は白、淡紅色。園芸植物。

ロドデンドロン・デイヴィッドソニアヌム 〈*Rhododendron davidsonianum* Rehd. et E. H. Wils.〉ツツジ科の木本。高さは3m。花はピンクの濃淡色。園芸植物。

ロドデンドロン・ディクロアンツム 〈*Rhododendron dichroanthum* Diels〉ツツジ科の木本。高さは1.8m。花はサーモンピンクを帯びた橙色。園芸植物。

ロドデンドロン・ディスコロル 〈*Rhododendron discolor* Franch.〉ツツジ科の木本。高さは6m。花は白、帯桃白色。園芸植物。

ロドデンドロン・ディラタツム ミツバツツジの別名。

ロドデンドロン・デグロニアヌム アズマシャクナゲの別名。

ロドデンドロン・デコルム 〈*Rhododendron decorum* Franch.〉ツツジ科の木本。高さは6m。花は白、帯桃色。園芸植物。

ロドデンドロン・デスクアマツム 〈*Rhododendron desquamatum* Balf. f. et Forr.〉ツツジ科の木本。高さは7.5m。花は桃、桃紫色。園芸植物。

ロドデンドロン・テフロペプルム 〈*Rhododendron tephropeplum* Balf. f. et Farrer〉ツツジ科の木本。高さは1.8m。花はピンク、淡紅色。園芸植物。

ロドデンドロン・トサエンセ フジツツジの別名。

ロドデンドロン・トムソニー 〈*Rhododendron thomsonii* Hook. f.〉ツツジ科の常緑低木。高さは6m。花は濃赤血色。高山植物。園芸植物。

ロドデンドロン・トリカンツム 〈*Rhododendron trichanthum* Rehd.〉ツツジ科の木本。高さは6m。花は藤色。園芸植物。

ロドデンドロン・トリコストムム 〈*Rhododendron trichostomum* Franch.〉ツツジ科の木本。高さは1.2m。花は淡紅色。園芸植物。

ロドデンドロン・ヌディペス サイコクミツバツツジの別名。

ロドデンドロン・ハエマトデス 〈*Rhododendron haematodes* Franch.〉ツツジ科の木本。高さは3m。花は濃紅色。園芸植物。

ロドデンドロン・パルウィフォリウム サカイツツジの別名。

ロドデンドロン・ハンセアヌム 〈*Rhododendron hanceanum* Hemsl.〉ツツジ科の木本。高さは1.2m。花はクリーム、淡黄色。園芸植物。

ロドデンドロン・ヒペリトルム 〈*Rhododendron hyperythrum* Hayata〉ツツジ科の木本。別名アカボシシャクナゲ。高さは2.4m。花は白色。園芸植物。

ロドデンドロン・ビューローウィー 〈*Rhododendron bureavii* Franch.〉ツツジ科の木本。高さは2.4m。花は白色。園芸植物。

ロドデンドロン・ヒルスツム 〈*Rhododendron hirsutum* L.〉ツツジ科の木本。高さは90cm。花はピンク、緋紅色。高山植物。園芸植物。

ロードデンドロン・ファスティギアツム 〈*Rhododendron fastigiatum* Franch.〉ツツジ科の常緑小低木。高さは90cm。花は藤、青紫色。高山植物。園芸植物。

ロドデンドロン・フィクトラクテウム 〈*Rhododendron fictolacteum* Balf. f.〉ツツジ科の常緑高木。高さは13m。花は白、帯桃白色。高山植物。園芸植物。

ロドデンドロン・フィンブリアツム 〈*Rhododendron fimbriatum* Hutch.〉ツツジ科の木本。高さは90cm。花は濃藤紫色。園芸植物。

ロドデンドロン・フェルギネウム 〈*Rhododendron ferrugineum* L.〉ツツジ科の木本。高さは1.2m。花は赤桃、ピンク、白色。高山植物。園芸植物。

ロドデンドロン・フォークネリ 〈*Rhododendron falconeri* Hook. f.〉ツツジ科の木本。高さは17m。花は黄、クリーム色。高山植物。園芸植物。

ロドデンドロン・フォーチュネイ 〈*Rhododendron fortunei* Lindl.〉ツツジ科の木本。高さは6m。花はピンクの濃淡色。園芸植物。

ロドデンドロン・フォレスティー 〈*Rhododendron forrestii* Balf. f. ex Diels〉ツツジ科の木本。花は光沢のある濃赤色。園芸植物。

ロドデンドロン・プラエウェルヌム 〈*Rhododendron praevernum* Hutch.〉ツツジ科の木本。高さは4.5m。花は白、淡紅色。園芸植物。

ロドデンドロン・ブラキアンツム 〈*Rhododendron brachyantum* Franch.〉ツツジ科の木本。高さは1m。花は淡黄または黄緑色。園芸植物。

ロドデンドロン・ブラキカルプム 〈*Rhododendron brachycarpum* D. Don ex G. Don〉ツツジ科の木本。別名ハクサンシャクナゲ、エゾシャクナゲ。高さは3m。花は白、帯桃白色。園芸植物。

ロドデンドロン・プラルブム 〈*Rhododendron puralbum* Balf. f. et W. W. Sm.〉ツツジ科の木本。高さは4.5m。花は純白色。園芸植物。

ロドデンドロン・ブルマニクム 〈*Rhododendron burmanicum* Hutch.〉ツツジ科の木本。高さは1.8m。花は黄、淡黄色。園芸植物。

ロドデンドロン・フロッキゲルム 〈*Rhododendron floccigerum* Franch.〉ツツジ科の木本。高さは1.8m。花は赤、淡紅色。園芸植物。

ロドデンドロン・プロテオイデス 〈*Rhododendron proteoides* Balf. f. et W. W. Sm.〉ツツジ科の木本。高さは90cm。花は乳白色。園芸植物。

ロドデンドロン・ヘリオレピス 〈*Rhododendron heliolepis* Franch.〉ツツジ科の木本。高さは3m。

花は白、紫紅色。園芸植物。

ロドデンドロン・ペンタフィルム アケボノツツジの別名。

ロドテンドロン・ポンチカム 〈*Rhododendron ponticum* L.〉ツツジ科の木本。高さは9m。花は紫紅、白色。園芸植物。

ロドデンドロン・ポンティクム ロドテンドロン・ポンチカムの別名。

ロドデンドロン・マキノイ エンシュウシャクナゲの別名。

ロドデンドロン・マクシムム 〈*Rhododendron maximum* L.〉ツツジ科の木本。高さは4.5m。花はピンクの濃淡色。園芸植物。

ロドデンドロン・マグレゴリアエ 〈*Rhododendron macgregoriae* F. J. Muell.〉ツツジ科の木本。高さは4.8m。花は淡黄から濃橙色。園芸植物。

ロドデンドロン・マクロセパルム モチツツジの別名。

ロドデンドロン・マケイベアヌム 〈*Rhododendron macabeanum* G. Watt. ex Balf. f.〉ツツジ科の木本。高さは13m。花は濃黄、黄緑、クリーム黄色。園芸植物。

ロドデンドロン・メッテルニヒー ツクシシャクナゲの別名。

ロドデンドロン・モリー 〈*Rhododendron morii* Hayata〉ツツジ科の木本。高さは9m。花は白色。薬用植物。園芸植物。

ロドデンドロン・ヤクシマヌム ヤクシマシャクナゲの別名。

ロドデンドロン・ヤスミニフロルム 〈*Rhododendron jasminiflorum* Hook.〉ツツジ科の木本。高さは2.4m。花は純白、帯桃白色。園芸植物。

ロドデンドロン・ヤポニクム レンゲツツジの別名。

ロドデンドロン・ユンナネンセ 〈*Rhododendron yunnanense* Franch.〉ツツジ科の木本。高さは3.6m。花はピンク、白色。園芸植物。

ロドデンドロン・ラクシフロルム 〈*Rhododendron laxiflorum* Balf. f. et Forr.〉ツツジ科の木本。高さは4.5m。花は純白、帯桃白色。園芸植物。

ロドデンドロン・ラケモスム 〈*Rhododendron racemosum* Franch.〉ツツジ科の木本。高さは1.8m。花は桃、白色。園芸植物。

ロドデンドロン・ラディカンス 〈*Rhododendron radicans* Balf. f. et Forr.〉ツツジ科の木本。高さは15cm。花は藤、濃紫紅色。園芸植物。

ロドデンドロン・ラトゥーシェアエ セイシカの別名。

ロドデンドロン・リペンセ キシツツジの別名。

ロードデンドロン・リンドレイ 〈*Rhododendron linfleyi* T. Moore〉ツツジ科。高山植物。

ロドデンドロン・ルッサツム 〈*Rhododendron russatum* Balf. f. et Forr.〉ツツジ科の木本。高さは1.2m。花は濃青紫色。園芸植物。

ロドデンドロン・ルドヴィギアヌム 〈*Rhododendron ludwigianum* Hosseus〉ツツジ科の木本。高さは1.3m。花は白、淡紅色。園芸植物。

ロドデンドロン・レツスム 〈*Rhododendron retusum* J. Benn.〉ツツジ科の木本。高さは3.9m。花は赤、緋紅色。園芸植物。

ロドデンドロン・レティクラツム コバノミツバツツジの別名。

ロドデンドロン・レピドスティルム 〈*Rhododendron lepidostylum* Balf. f. et Forr.〉ツツジ科の木本。高さは90cm。花は淡黄色。園芸植物。

ロドデンドロン・レピドツム 〈*Rhododendron lepidotum* Wall. ex G. Don〉ツツジ科の木本。高さは1.5m。花はピンク、紫紅色。園芸植物。

ロドデンドロン・ロクシーアヌム 〈*Rhododendron roxieanum* Forr.〉ツツジ科の木本。高さは2.7m。花は乳白色。園芸植物。

ロード・ビーコンズフィールド スミレ科のガーデン・パンジーの品種。園芸植物。

ロドヒポクシス アッツザクラの別名。

ロドヒポクシス・バウリー アッツザクラの別名。

ロドフィアラ ヒガンバナ科の球根植物。別名アマリリス・ビフィダ。

ロドフィアラ ヒガンバナ科の属総称。

ロドブリウム・ギガンテウム オオカサゴケの別名。

ロドミルツス・トメントサ テンニンカの別名。

ロドミルツス・プシディオイデス 〈*Rhodomyrtus psidioides* Benth.〉フトモモ科の木本。高さは12m。花は白あるいは桃色。園芸植物。

ロードラエナ・バケリアーナ 〈*Rhodolaena bakeriana* Baill.〉サルコラエナ科の低木。

ロード・ランボーン マメ科のエニシダの品種。園芸植物。

ロドリキディウム・セヴァ 〈× *Rodricidium* Seva〉ラン科。花は黄〜白色。園芸植物。

ロドリキディウム・タヒチ 〈× *Rodricidium* Tahiti〉ラン科。花は濃赤色。園芸植物。

ロドリグロッスム・ドリー 〈× *Rodriglossum* Dolly〉ラン科。花は鮮紫紅色。園芸植物。

ロドリゲシア・ウェヌスタ 〈*Rodriguezia venusta* Rchb. f.〉ラン科。花は純白色。園芸植物。

ロドリゲシア・セクンダ 〈*Rodriguezia secunda* H. B. K.〉ラン科。花は濁桃赤紫色。園芸植物。

ロドリゲシア・デコラ 〈*Rodriguezia decora* (Lem.) Rchb. f.〉ラン科。花は白色。園芸植物。

ロドリゲシア・バーガンディー 〈*Rodriguezia* Burgundy〉ラン科。花は朱赤色。園芸植物。

ロドリゲシエラ・ゴメソイデス 〈*Rodrigueziella gomezoides* (Barb.-Rodr.) O. Kuntze〉ラン科。高さは8～15cm。花は緑褐色。園芸植物。

ロドルミルツス フトモモ科の属総称。別名テンニンカ。

ロドレイア・チャンピオニー 〈*Rhodoleia championii* Hook.〉マンサク科の常緑小高木。別名シャクナゲモドキ。高さは10m。花は紅色。園芸植物。

ロドレッティア・カネオヘ 〈× *Rodrettia* Kaneohe〉ラン科。花は濃紅色。園芸植物。

ロドレッティア・ストロベリー・ウィップ 〈× *Rodrettia* Strawberry Whip〉ラン科。花は濃赤色。園芸植物。

ロナス・アンヌア アフリカヒナギクの別名。

ロニケラ・アメリカナ 〈*Lonicera* × *americana* (Mill.) K. Koch〉スイカズラ科の低木。高さは9m。花は白から淡黄色。園芸植物。

ロニケラ・アルピゲナ 〈*Lonisera alpigena* L.〉スイカズラ科。高山植物。

ロニケラ・アルベルティー 〈*Lonicera albertii* Regel〉スイカズラ科の低木。高さは1.2m。花は淡桃～藤色。園芸植物。

ロニケラ・エトルスカ 〈*Lonicera etrusca* Santi〉スイカズラ科の低木。花は淡黄から黄色。園芸植物。

ロニケラ・カプリフォリウム 〈*Lonicera caprifolium* L.〉スイカズラ科の低木。高さは6～7m。花は白または黄白色。園芸植物。

ロニケラ・クシロステウム 〈*Lonicera xyrosteum* L.〉スイカズラ科の低木。高さは3m。花は黄白色。園芸植物。

ロニケラ・グラキリペス ヤマウグイスカグラの別名。

ロニケラ・クリサンタ ネムロブシダマの別名。

ロニケラ・コンヒュサ 〈*Lonicera confusa* DC.〉スイカズラ科の薬用植物。

ロニケラ・シャミッソイ チシマヒョウタンボクの別名。

ロニケラ・スタンディッシー 〈*Lonicera standishii* Jacques〉スイカズラ科の低木。高さは2m。花は黄白色。園芸植物。

ロニケラ・スピノサ 〈*Lonicera spinosa* Jacquem. ex Walp.〉スイカズラ科の低木。高さは1m。花は紫紅色。園芸植物。

ロニケラ・センペルウィレンス ツキヌキニンドウの別名。

ロニケラ・タタリカ 〈*Lonicera tatarica* L.〉スイカズラ科の低木。高さは3m。花は白、淡紅または深紅色。園芸植物。

ロニケラ・ディオイカ 〈*Lonicera dioica* L.〉スイカズラ科の低木。花は帯緑、白黄色。園芸植物。

ロニケラ・テルマンニアナ 〈*Lonicera* × *tellmanniana* Magyar et F. L. Späth〉スイカズラ科の低木。花は橙黄色。園芸植物。

ロニケラ・トラゴフィラ 〈*Lonicera tragophylla* Hemsl.〉スイカズラ科の低木。花は黄色。園芸植物。

ロニケラ・ニティダ 〈*Lonicera nitida* E. H. Wils.〉スイカズラ科の低木。高さは1.5～4m。花は淡黄色。園芸植物。

ロニケラ・ヒルデブランディアナ 〈*Lonicera hildebrandiana* Collett et Hemsl.〉スイカズラ科の常緑つる性植物。花はクリーム、後に橙黄色。園芸植物。

ロニケラ・ブラウニー 〈*Lonicera* × *brownii* (Regel) Carrière〉スイカズラ科の低木。別名キバナノツキヌキニンドウ。花は橙緋色。園芸植物。

ロニケラ・フラグランティッシマ 〈*Lonicera fragrantissima* Lindl. et Paxt.〉スイカズラ科の低木。高さは2～2.5m。花は乳白色。園芸植物。

ロニケラ・プロリフェラ 〈*Lonicera prolifera* (Kirchn.) Rehd.〉スイカズラ科の低木。高さは2m。花は淡黄、後に黄色。園芸植物。

ロニケラ・ヘックロッティー 〈*Lonicera* × *heckrottii* hort. et Rehd.〉スイカズラ科の低木。高さは3～4m。花は紫紅色。園芸植物。

ロニケラ・ペリクリメヌム ニオイニンドウの別名。

ロニケラ・マーキー ハナヒョウタンボクの別名。

ロニケラ・マクシモヴィッチー ベニバナヒョウタンボクの別名。

ロニケラ・モロウィー ヒョウタンボクの別名。

ロニケラ・ヤポニカ スイカズラの別名。

ロニケラ・レデボウリー 〈*Lonicera ledebourii* Eschsch.〉スイカズラ科の落葉低木。

ロパロクネミス 〈*Rhopalocnemis phalloides* Jungh.〉ツチトリモチ科の寄生植物。雌雄異花穂。花穂は赤橙色。熱帯植物。

ロパロスティリス・サピダ 〈*Rhopalostylis sapida* H. Wendl. et Drude〉ヤシ科。別名ナガバハケヤシ。高さは3～7.5m。花は紫からライラック色。園芸植物。

ロパロスティリス・バウエリ 〈*Rhopalostylis baueri* H. Wendl. et Drude〉ヤシ科。高さは15m。花は白色。園芸植物。

ロパロブラステ・ケラミカ 〈*Phopaloblaste ceramica* (Miq.) Burret〉ヤシ科。別名シダレモルッカヤシ。高さは15m。園芸植物。

ロビウィア・オリゴトリカ 〈*Lobivia oligotricha* Cardenas〉サボテン科のサボテン。高さは8cm。花は淡赤～紅色。園芸植物。

ロビウィア・ニーレアナ 〈*Lobivia nealeana* Backeb.〉サボテン科のサボテン。別名芳姫丸。高さは7cm。花は鮮赤〜濃紅色。園芸植物。

ロビウィア・ファマティメンシス ヨウセイマルの別名。

ロビウィア・プセウドカケンシス 〈*Lobivia pseudocachensis* Backeb.〉サボテン科のサボテン。別名緋紗丸。高さは3cm。花は深紅〜暗赤色。園芸植物。

ロビウィア・ペントランディー 〈*Lobivia pentlandii* Britt. et Rose〉サボテン科の多年草。

ロビウィア・ヤヨイアナ 〈*Lobivia jajoiana* Backeb.〉サボテン科のサボテン。別名紅笠丸。花は暗赤色。園芸植物。

ロビケチヤ 〈*Saccolobium densiflorum* Lindl.〉ラン科の着生植物。花は赤褐色。熱帯植物。

ロビニア・ウィスコサ 〈*Robinia viscosa* Venten.〉マメ科の木本。別名モモイロハリエンジュ。高さは10〜12m。花は淡紅色。園芸植物。

ロビニア・ヒスピダ ハナエンジュの別名。

ロビニア・プセウドアカシア ハリエンジュの別名。

ロビビア・ファマティメンシス ヨウセイマルの別名。

ロフォケレウス・ショッティー 〈*Lophocereus schottii* (Engelm.) Britt. et Rose〉サボテン科のサボテン。別名上帝閣。高さは3m。花は白色。園芸植物。

ロフォフォラ サボテン科の属総称。サボテン。

ロフォフォラ・ウィリアムシー ウバタマの別名。

ロフォフォラ・ディッフサ 〈*Lophophora diffusa* (Croiz.) Bravo.〉サボテン科のサボテン。別名翠冠玉。花は白からうすいピンク色。園芸植物。

ロフォミルツス・オブコルダタ 〈*Lophomyrtus obcordata* (Raoul) Burret〉フトモモ科の常緑低木。高さは1.8〜4m。園芸植物。

ロフォミルツス・ブラタ 〈*Lophomyrtus bullata* (Soland. ex A. Cunn.) Burret〉フトモモ科の常緑低木。高さは2〜4m。花はクリーム白色。園芸植物。

ロフォミルツス・ラルフィー 〈*Lophomyrtus × ralphii* (Hook. f.) S. G. Harrison〉フトモモ科の常緑低木。L.bullataとL.obcordataとの自然雑種。園芸植物。

ロ―ブッシュ・ブルーベリー ウォッキニウム・アングスティフォリウムの別名。

ロブラリア・マリティマ アリッスムの別名。

ロ―ブルミナミブナ 〈*Nothofagus obliqua*〉ブナ科の木本。樹高35m。樹皮は灰色。

ロベリア 〈*Lobelia erinus* L.〉キキョウ科。別名瑠璃溝隠(ルリミゾカクシ)、瑠璃雛々(ルリチョウチョウ)。高さは10〜25cm。花は青、青紫、紺青、赤紫、白色。園芸植物。切り花に用いられる。

ロベリア キキョウ科の属総称。

ロ―ベリア・インフラタ ロベリアソウの別名。

ロベリア・ウェドラリエンシス 〈*Lobelia × vedrariensis* hort.〉キキョウ科。高さは60〜80cm。花は紫紅色。園芸植物。

ロベリア・エクスケルサ 〈*Lobelia excelsa* Lesch.〉キキョウ科。高さは70〜80cm。花は黄赤色。園芸植物。

ロベリア・カルディナリス 〈*Lobelia cardinalis* L.〉キキョウ科の多年草。別名ベニバナサワギキョウ。高さは60〜90cm。花は緋紅色。園芸植物。

ロベリア・コロノピフォリア 〈*Lobelia coronopifolia* L.〉キキョウ科。花は淡紫紅色。園芸植物。

ロベリア・ジェラーディー 〈*Lobelia × gerardii* Chabanne et Goujon ex Sauv.〉キキョウ科。高さは150cm。花はピンクまたは紅紫色。園芸植物。

ロベリア・シフィリティカ 〈*Lobelia siphilitica* L.〉キキョウ科。別名オオロベリアソウ。高さは60〜90cm。花は濃青色。園芸植物。

ロベリア・ジョージアナ 〈*Lobelia georgiana* McVaugh〉キキョウ科。高さは50〜60cm。花は紫色。園芸植物。

ロベリア・スプレンデンス 〈*Lobelia splendens* Willd.〉キキョウ科。高さは30〜90cm。花は緋赤色。園芸植物。

ロ―ベリア・セッシリフォリア サワギキョウの別名。

ロベリアソウ 〈*Lobelia inflata* L.〉キキョウ科の一年草。別名セイヨウミゾカクシ。高さは30〜80cm。花は淡青または白色。薬用植物。園芸植物。

ロベリア・ツパ 〈*Lobelia tupa* L.〉キキョウ科。高さは2〜2.5m。花は赤色。園芸植物。

ロベリア・デケニー 〈*Lobelia deckenii* Hemsl.〉キキョウ科の多年草。高山植物。

ロベリア・テヌイオル 〈*Lobelia tenuior* R. Br.〉キキョウ科。園芸植物。

ロベリア・テレキィー 〈*Lobelia telekii* Schwein.〉キキョウ科の多年草。

ロベリア・ラクシフォリア 〈*Lobelia laxifolia* H. B. K.〉キキョウ科。高さは1m。花は緋、黄など。園芸植物。

ロベリア・リチャードソニー 〈*Lobelia richardsonii* hort.〉キキョウ科。花は淡紫青色。園芸植物。

ロベールカエデ 〈*Acer × lobelii* Ten.〉カエデ科の落葉高木。葉は掌状。樹高20m。樹皮は淡灰色。園芸植物。

ロベール・ル・ディアーブル 〈Robert le Diable〉バラ科。花は紫やチェリー、緋など。

ロボウガラシ 〈*Diplotaxis tenuifolia* (L.) DC.〉アブラナ科の多年草。高さは20～80cm。花は黄色。

ローマエビ 羅馬蝦 〈*Echinocereus octacanthus* (Mühlenpf.) Britt. et Rose〉サボテン科のサボテン。別名猛虎。高さは10～15cm。花は赤紅～帯紫赤色。園芸植物。

ローマカミツレ 〈*Anthemis nobilis* L.〉キク科の多年草。高さは10～30cm。花は白色。薬用植物。園芸植物。

ローマカミルレ ローマカミツレの別名。

ロマトゴニウム・ロタートゥム 〈*Lomatogonium rotatum* Fries ex Fernald〉リンドウ科。高山植物。

ロマリア シシガシラ科のギップムの品種。園芸植物。

ローマンカミツレ レオントポディウム・スリーエイの別名。

ローマン・カモミール レオントポディウム・スリーエイの別名。

ロマンゾフィア・シッチエンシス 〈*Romanzoffia sitchensis* Bong.〉ハゼリソウ科。高山植物。

ローマンワームウッド キク科のアルテミシアの品種。ハーブ。

ロムニーア・クルテイ ロムネヤ・クールテリーの別名。

ロムネヤ・クールテリー 〈*Romneya coulteri* Harv.〉ケシ科の常緑低木。高さは1～2.5m。花は黄金色。園芸植物。

ロムレア アヤメ科の属総称。球根植物。

ロムレア・アモエナ 〈*Romulea amoena* Schlechter ex Béguinot〉アヤメ科の球根植物。花は赤紫またはピンク色。園芸植物。

ロムレア・キトリナ 〈*Romulea citrina* Bak.〉アヤメ科の球根植物。花はレモン黄色。園芸植物。

ロムレア・クルシアナ アヤメ科。園芸植物。

ロムレア・サブロサ 〈*Romulea sabulosa* Schlechter ex Béguinot〉アヤメ科の球根植物。花は緋色。園芸植物。

ロムレア・シトリナ アヤメ科。園芸植物。

ロムレア・タブラリス 〈*Romulea tabularis* Eckl. ex Béguinot〉アヤメ科の球根植物。花は淡青紫色。園芸植物。

ロムレア・トルツオサ 〈*Romulea tortuosa* (Licht. ex Roem. et Schult.) Bak.〉アヤメ科の球根植物。花は黄色。園芸植物。

ロムレア・ヒルスタ 〈*Romulea hirsuta* (Eckl. ex Klatt) Bak.〉アヤメ科の球根植物。花はピンク色。園芸植物。

ロムレア・フラウァ 〈*Romulea flava* (Lam.) De Vos〉アヤメ科の球根植物。花は黄または白色。園芸植物。

ロムレア・ブルボコディウム 〈*Romulea bulbocodium* (L.) Sebast. et Mauri〉アヤメ科の球根植物。花は紫青色。園芸植物。

ロムレア・レイポルティー 〈*Romulea leipoldtii* W. Marais〉アヤメ科の球根植物。花はクリーム色。園芸植物。

ロムレア・ロセア 〈*Romulea rosea* (L.) Eckl.〉アヤメ科の球根植物。花は赤紫、ピンク色。園芸植物。

ローヤル・ワイン パイナップル科のエクメアの品種。園芸植物。

ローラ 〈Laura〉バラ科。ハイブリッド・ティーローズ系。花は朱橙色。

ロリッパ・モンタナ 〈*Rorippa montana* (Wall.) Small.〉アブラナ科の薬用植物。

ロルフェアラ・ナランハ 〈× *Rolfeara* Naranja〉ラン科。園芸植物。

ローレルオーク 〈*Quercus laurifolia*〉ブナ科の木本。樹高20m。樹皮は灰色。

ローレルカズラ 〈*Thunbergia laurifolia* Lindl.〉キツネノマゴ科の観賞用蔓木。別名ゲッケイカズラ。花は淡青紫色。熱帯植物。園芸植物。

ロロペタルム・キネンセ トキワマンサクの別名。

ロワラ・スピットファイアー 〈× *Lowara* Spitfire〉ラン科。花は紫橙、朱橙、橙赤色。園芸植物。

ロワラ・トリンケット 〈× *Lowara* Trinket〉ラン科。花は紫橙、橙赤、紫桃、黄、クリームなど。園芸植物。

ロンド ラン科のパフィオペディルム・シャーラインの品種。園芸植物。

ロンドレティア・オドラタ ベニマツリの別名。

ロンボフィルム・ドラブリフォルメ 〈*Rhombophyllum dolabriforme* (L.) Schwant.〉ツルナ科。別名銀鉾。高さは30cm。花は黄色。園芸植物。

ロンボフィルム・ネリー カイトウランマの別名。

【ワ】

ワイズ・ポーシャー 〈Wise Portia〉バラ科。イングリッシュローズ系。花は藤色。

ワイフ・オブ・バス 〈Wife of Bath〉バラ科。イングリッシュローズ系。花は淡ピンク。

ワイルドストロベリー エゾヘビイチゴの別名。

ワイルド・パセリー パセリの別名。

ワインサップ 〈Wine sap〉バラ科のリンゴ(苹果)の品種。別名初日の出。果皮は黄色。

ワインニセダイオウヤシ プセウドフェニクス・ウィニフェラの別名。

ワーウィック・キャッスル 〈Warwick Castle〉バラ科。イングリッシュローズ系。花は紫色。

ワカクサタケ 〈*Hygrocybe psittacina* (Schaeff. : Fr.) Wünsche〉ヌメリガサ科のキノコ。小型

傘は地色は黄色〜橙色で、緑色の著しい粘液あり。ひだは黄色。

ワカサハマギク 〈*Chrysanthemum makinoi* var. *wakasaense*〉キク科。

ワカナオオクジャク 〈*Dryopteris* × *kaii* Nakaike, nom. nud.〉オシダ科のシダ植物。

ワカナシダ 〈*Dryopteris kuratae* Nakaike〉オシダ科の常緑性シダ。葉柄基部の鱗片は黒褐色から褐色。

ワカミドリ 若緑 ベンケイソウ科。園芸植物。

ワカムラサキ キンポウゲ科のクレマチスの品種。

ワカメ 若布 〈*Undaria pinnatifida* (Harvey) Suringar〉コンブ科(チガイソ科、アイヌワカメ科)の海藻。別名メノハ。茎は扁円。薬用植物。

ワカメスジミココヤシ シアグルス・オレラケアの別名。

ワケギ 分葱 〈*Allium* × *wakegi* Aaraki〉ユリ科の栽培植物。濃緑葉をもつ。園芸植物。

ワコウマル 和光丸 テロカクツス・ヴァグネリアヌスの別名。

ワサビ 山葵 〈*Eutrema japonica* (Miq.) Koidz.〉アブラナ科の香辛野菜。別名エウトレマ・ヤポニカ。高さは35〜45cm。花は白色。薬用植物。園芸植物。

ワサビカレバタケ 〈*Collybia peronata* (Bolt. : Fr.) Kummer〉キシメジ科のキノコ。

ワサビダイコン 〈*Armoracia rusticana* Gaertn., Meyer et Scherb.〉アブラナ科の多年草。別名レッドコール、ワサビダイコン、セイヨウワサビ。長さ50〜80cm。花は白色。薬用植物。園芸植物。

ワサビタケ 〈*Panellus stypticus* (Bull. : Fr.) Karst.〉キシメジ科のキノコ。小型。傘は淡黄褐色〜淡肉桂色、革質。

ワサビノキ 山葵木 〈*Moringa pterygosperma* Gaertn.〉ワサビノキ科の落葉小高木。葉はマツカゼソウに似る。花は黄色。熱帯植物。薬用植物。

ワジキギク 〈*Dendranthema* × *cuneifolium* (Kitam.) Kitam.〉キク科の草本。

ワシノオ バラ科のサクラの品種。

ワシントニア・フィリフェラ オキナヤシの別名。

ワシントニア・ロブスタ オキナヤシモドキの別名。

ワシントンサンザシ 〈*Crataegus phaenopyrum*〉バラ科の木本。樹高12m。樹皮は赤褐色ないし灰褐色。

ワシントン・ネーブル 〈Washington Navel〉ミカン科のミカン(蜜柑)の品種。別名オレンジ＝アマダイダイ。果皮は橙黄色。

ワシントンヤシ ヤシ科の属総称。

ワシントンヤシモドキ オキナヤシモドキの別名。

ワシントン・ルピナス マメ科。園芸植物。

ワスレグサ 〈*Hemerocallis aurantiaca* Bak.〉ユリ科の多年草。別名ナンバンカンゾウ。九州、沖縄に分布し、海岸の近くに生える。園芸植物。

ワスレグサ ヤブカンゾウの別名。

ワスレナグサ 勿忘草 〈*Myosotis scorpioides* L.〉ムラサキ科の多年草。別名ウォーター・フォーゲット・ミー・ノット。花は径8mm、鮮青色。高さは20〜40cm。高山植物。園芸植物。切り花に用いられる。

ワセアカ 早生赤 バラ科のナシの品種。果皮は赤褐色。

ワセオバナ 〈*Saccharum spontaneum* L. var. *arenicola* (Ohwi) Ohwi〉イネ科の多年草。別名ハマススキ。高さは100〜250cm。熱帯植物。

ワセビエ 〈*Echinochloa colonum* (L.) Link〉イネ科の一年草。高さは20〜100cm。

ワタ 棉 〈*Gossypium arboreum* L.〉アオイ科の薬用植物。別名アジアワタ。高さは3m。花は黄〜紫紅色。熱帯植物。園芸植物。

ワタ アオイ科の属総称。別名コットン。切り花に用いられる。

ワタ(雑種) 〈*Gossypium hirsutum* × *mexicanum*〉アオイ科の低木。花は淡黄色。熱帯植物。

ワタカカ 〈*Dregea volubilis* Benth.〉ガガイモ科の蔓木。熱帯植物。

ワタカラカサタケ 〈*Lepiota ventriosospora* Reid〉ハラタケ科のキノコ。中型。傘は淡褐色、綿屑状鱗片。ひだは白色。

ワタゲガシ 〈*Lithocarpus henryi*〉ブナ科の木本。樹高20m。樹皮は灰色。

ワタゲカズラ フィロデンドロン・スクアミフェルムの別名。

ワタゲカマツカ 〈*Pourthiaea villosa* (Thunb.) Decne.〉バラ科の落葉低木あるいは小高木。別名アツバカマツカ、オオカマツカ。高さは5m。樹皮は灰か灰褐色。園芸植物。

ワタゲサルオガセ 〈*Usnea intumescens* Asah.〉サルオガセ科の地衣類。地衣体は直立ないし斜上または垂れ下がる。

ワタゲサルオガセモドキ 〈*Usnea subintumescens* Asah.〉サルオガセ科の地衣類。地衣体は柔軟。

ワタゲツルハナグルマ 〈*Arctotheca prostrata* (Salisb.) Britten〉キク科の多年草。花は淡黄色。

ワタゲナラタケ 〈*Armillaria gallica* Marxmuller & Romagn.〉キシメジ科のキノコ。小型〜中型。傘は淡橙褐色、綿毛状鱗片。ひだは帯淡褐白色。

ワタゲヌメリイグチ 〈*Suillus tomentosus* (Kauffm.) Sing., Snell & Dick〉イグチ科のキノコ。中型〜大型。傘は淡黄色、綿毛状の小鱗片、粘性。

ワタゲハシドイ シリンガ・トメンテラの別名。

ワタゲハナグルマ 〈*Arctotheca calendula* (L.) Levyns〉キク科の一年草または多年草、宿根草。高さは30〜60cm。花は淡黄色。園芸植物。

ワタゲベゴニア ベゴニア・インカーナの別名。

ワタスゲ 綿菅 〈*Eriophorum vaginatum* L.〉カヤツリグサ科の多年草。別名スズメノケヤリ、マユハキグサ、カヤナ。高さは30〜60cm。園芸植物。

ワダス・トライアンフ ツツジ科のシャクナゲの品種。園芸植物。

ワダズメモリー 〈*Magnolia* 'Wada's Memory'〉モクレン科のコブシの品種。木本。樹高9m。樹皮は灰色。

ワダソウ ヨツバハコベの別名。

ワタチョロギ スタキス・ビザンティナの別名。

ワタナ イズハコの別名。

ワタナベソウ 〈*Peltoboykinia watanabei* (Yatabe) Hara〉ユキノシタ科の多年草。高さは30〜60cm。日本絶滅危機植物。

ワタノキ 〈*Bombax malabaricum* DC.〉パンヤ科の高木。幹有刺、種子間の毛を詰物代用とする。花は赤色。熱帯植物。

ワタフジウツギ 〈*Buddleja officinalis* Maxim.〉フジウツギ科の薬用植物。

ワタミズゴケ 〈*Sphagnum tenellum* Hoffm.〉ミズゴケ科のコケ。茎葉は卵形、先端はささくれ状か鋸歯状。

ワタムキアザミ 〈*Cirsium tashiroi* Kitam.〉キク科の草本。

ワタモ 〈*Colpomenia bullosa* Yamada〉カヤモノリ科の海藻。腸管状。体は長さ20cm。

ワタヨモギ 〈*Artemisia gilvescens* Miq.〉キク科の草本。日本絶滅危機植物。

ワタリミヤコグサ 〈*Lotus glaber* Mill.〉マメ科の多年草。長さは20〜90cm。花は黄色。

ワダン 〈*Crepidiastrum platyphyllum* (Franch. et Savat.) Kitamura〉キク科の多年草。高さは10〜20cm。

ワダンノキ 〈*Dendrocacalia crepidifolia* Nakai ex Tuyama〉キク科の常緑小高木。別名ニガナノキ。

ワチガイソウ 〈*Pseudostellaria heterantha* (Maxim.) Pax〉ナデシコ科の多年草。高さは10〜15cm。高山植物。

ワックスフラワー フトモモ科。別名ジェラルトンワックスフラワー。切り花に用いられる。

ワットエランテマム 〈*Eranthemum wattii* (Beddome) Stapf〉キツネノマゴ科の観賞用草本。高さは50〜60cm。花は濃紫色、花筒外面紅色。熱帯植物。園芸植物。

ワツナギソウ 〈*Champia parvula* (Agardh) Harvey〉ワツナギソウ科の海藻。円柱状。体は5〜10cm。

ワトソニア アヤメ科の属総称。球根植物。別名ヒオウギズイセン、ビューグルリリー、ワットソニア。

ワトソニア・アーデルネイ 〈*Watsonia ardernei* hort. Sander〉アヤメ科。高さは90〜150cm。花は純白色。園芸植物。

ワトソニア・コッキネア 〈*Watsonia coccinea* Herb.〉アヤメ科。高さは30cm。花は鮮赤色。園芸植物。

ワトソニア・デンシフロラ 〈*Watsonia densiflora* Bak.〉アヤメ科。高さは60〜90cm。花は鮮やかな淡紅色。園芸植物。

ワトソニア・ハイブリッド・ピンク アヤメ科。園芸植物。

ワトソニア・ピラミダタ 〈*Watsonia pyramidata* (Andr.) Stapf〉アヤメ科。高さは120〜150cm。花は藤桃色。園芸植物。

ワトソニア・ベアトリキス 〈*Watsonia beatricis* Mathews et L. Bolus〉アヤメ科。高さは90〜120cm。花は橙赤色。園芸植物。

ワトソニア・マルギナタ 〈*Watsonia marginata* (Eckl.) Ker-Gawl.〉アヤメ科。高さは120〜150cm。花は藤桃色。園芸植物。

ワナミノハナ 輪波の花 ラン科のシュンランの品種。園芸植物。

ワニカワビャクシン 〈*Juniperus deppeana*〉ヒノキ科の木本。樹高15m。樹皮は濃灰色。

ワニグチソウ 鰐口草 〈*Polygonatum involucratum* (Franch. et Savat.) Maxim.〉ユリ科の多年草。高さは20〜40cm。園芸植物。

ワニグチモダマ 〈*Mucuna gigantea* (Willd.) DC.〉マメ科の常緑つる性木本。別名ミドリモダマ、ムニンモダマ。

ワニナシ アボカドの別名。

ワニラ バニラの別名。

ワビスケ 侘助 〈*Camellia wabiske* Kitam.〉ツバキ科の木本。別名タロウカジャ(太郎冠者)、ベニワビスケ(紅侘助)、コチョウワビスケ(胡蝶侘助)。一重杯状咲き。園芸植物。

ワビスケツバキ ワビスケの別名。

ワヒダタケ 〈*Cyclomyces fuscus* Fr.〉タバコウロコタケ科のキノコ。小型〜中型。傘はさび褐色、絹糸状光沢。

ワームウッド キク科のアルテミシアの品種。ハーブ。

ワライタケ 笑茸 〈*Panaeolus papilionaceus* (Bull. : Fr.) Quél.〉ヒトヨタケ科のキノコ。小型。傘は鐘形、灰色〜褐色。縁部にフリンジ。ひだは灰色→黒色。

ワラハナゴケ 〈*Cladonia arbuscula* (Wallr.) Rabh. subsp. *beringiana* Ahti〉ハナゴケ科の地衣類。地衣体は黄色。

ワラハナコ

ワラハナゴケモドキ 〈*Cladonia mitis* Sandst.〉ハナゴケ科の地衣類。子柄は帯黄灰色から類白色。

ワラビ 〈*Pteridium aquilinum* (L.) Kuhn ssp. *aquilinum* var. *latiusculum* (Desv.) Underw.〉ワラビ科(イノモトソウ科、コバノイシカグマ科)の夏緑性シダ。別名ワラビナ、ヤワラビ、サワラビ。葉身は長さ1m。三角状卵形。薬用植物。園芸植物。

ワラビツナギ 蕨繋 〈*Arthropteris palisotii* (Desv.) Alston〉シノブ科(ツルシダ科)の常緑性シダ。葉身は長さ40cm弱。狭披針形。

ワーリィギッグ キク科のヒャクニチソウの品種。園芸植物。

ワリキウメノキゴケ 〈*Parmelia wallichiana* Tayl.〉ウメノキゴケ科の地衣類。地衣体は腹面黒色。

ワリンゴ 和林檎 〈*Malus asiatica* Nakai〉バラ科の木本。別名ジリンゴ。

ワルタビラコ 〈*Amsinckia lycopsoides* Lehm.〉ムラサキ科の一年草。高さは30～60cm。花は濃黄色。

ワルデエイミア・ストリツカイ 〈*Waldheimia Stoliczkai* Ostenf.〉キク科。高山植物。

ワルナスビ 悪茄子 〈*Solanum carolinense* L.〉ナス科の多年草。別名オニナスビ、ノハラナスビ。高さは30～70cm。花は淡紫色。

ワルポールヒナゲシ 〈*Papaver walpolei* A. E. Pors〉ケシ科の多年草。

ワレモコウ 吾木香, 吾亦紅 〈*Sanguisorba officinalis* L.〉バラ科の多年草。別名ウマズイカ、ダンゴバナ。高さは30～100cm。薬用植物。園芸植物。切り花に用いられる。

ワンピ 〈*Clausena lansium* Skeels〉ミカン科の低木。果実は黄熟。熱帯植物。

植物3.2万 名前大辞典

2008年6月25日　第1刷発行
2009年7月15日　第2刷発行

発　行　者／大高利夫
編集・発行／日外アソシエーツ株式会社
　　　　　　〒143-8550 東京都大田区大森北1-23-8　第3下川ビル
　　　　　　電話(03)3763-5241(代表)　FAX(03)3764-0845
　　　　　　URL http://www.nichigai.co.jp/
発　売　元／株式会社紀伊國屋書店
　　　　　　〒163-8636 東京都新宿区新宿3-17-7
　　　　　　電話(03)3354-0131(代表)
　　　　　　ホールセール部(営業)　電話(03)6910-0519

電算漢字処理／日外アソシエーツ株式会社
印刷・製本／株式会社平河工業社

不許複製・禁無断転載　　　　　《中性紙三菱クリームエレガ使用》
〈落丁・乱丁〉本はお取り替えいたします〉
ISBN978-4-8169-2120-9　　　Printed in Japan, 2009

本書はデジタルデータでご利用いただくことができます。詳細はお問い合わせください。

植物文化人物事典
—江戸から近現代・植物に魅せられた人々

大場秀章 編　A5・640頁　定価7,980円（本体7,600円）　2007.4刊

植物学者、農業技術者、園芸家、文人、植物画家、写真家など、様々な分野で植物に関して功績を残した1,157人を収録。

動植物名よみかた辞典 普及版

A5・960頁　定価10,290円（本体9,800円）　2004.1刊

当て字や読みが難しい動植物名の読み方がわかる辞典。動物13,000件、植物15,000件を収録。学名の確認もでき、簡便な動植物事典としても利用できる。

さまざまな調べ物に。好評のユニークな事典

環境史事典　—トピックス1927-2006

日外アソシエーツ編集部 編　A5・650頁　定価14,490円（本体13,800円）　2007.6刊

日本の環境問題に関する出来事を年月日順に掲載。戦前の土呂久鉱害からクールビズ、国際会議・法令・条約・市民運動まで、幅広いテーマを収録。

地震・噴火災害全史 シリーズ 災害・事故史2

災害情報センター, 日外アソシエーツ 共編
A5・400頁　定価9,800円（本体9,333円）　2008.2刊

古代から平成19年(2007)に発生した地震・噴火災害を多角的に調べられる事典。大災害55件の背景・概要・特徴等の詳細な解説と、1,847件の解説年表。

事典・日本の観光資源
—○○選と呼ばれる名所15000

A5・590頁　定価8,400円（本体8,000円）　2008.1刊

「名水百選」など全国から選ばれた名数選や、「かながわの公園50選」など地方公共団体による名数選の概要を、地域別・選定別に一覧できる。

お問い合わせは…　データベースカンパニー　**日外アソシエーツ**

〒143-8550　東京都大田区大森北1-23-8
TEL.(03)3763-5241　FAX.(03)3764-0845
http://www.nichigai.co.jp/